实用供热空调设计手册（下册）

（第二版）

陆耀庆　主编

中国建筑工业出版社

目录（下册）

第 19 章　空调设计的基本资料 ········ 1441
19.1　大气环境的质量标准 ············· 1441
　19.1.1　大气质量分级 ················· 1441
　19.1.2　不同质量等级的浓度限值 ····· 1441
　19.1.3　环境质量区的划分 ············ 1442
19.2　热舒适和热舒适方程 ············· 1442
　19.2.1　室内的热舒适性及影响热舒
　　　　　适性的因素 ···················· 1442
　19.2.2　人体热平衡和舒适方程
　　　　　（Fanger 方程） ·············· 1453
　19.2.3　热环境的评价指标 ············ 1458
19.3　室内空气的质量标准及
　　　设计参数 ···························· 1459
　19.3.1　室内空气的质量标准 ········· 1459
　19.3.2　室内空调计算参数 ············ 1464
　19.3.3　新风量 ·························· 1465
19.4　实用设计指标汇编 ················ 1479
　19.4.1　空调冷负荷设计指标 ········· 1479
　19.4.2　冷、热源设备的装机容量及能源
　　　　　效率限定值 ···················· 1481
　19.4.3　其他指标 ························ 1483
　19.4.4　各种空调系统投资、寿命等
　　　　　的比较 ·························· 1486
19.5　简易空调负荷估算方法 ··········· 1487
　19.5.1　基本设计条件 ··················· 1488
　19.5.2　最大冷、热负荷的确定 ········ 1488
　19.5.3　单位面积冷热负荷估算值 ····· 1491
19.6　通过风管、风机和水泵的
　　　得热和失热 ························· 1496
　19.6.1　通过风管的得热与失热 ······· 1496
　19.6.2　空气流经通风机时的温升 ···· 1498
　19.6.3　通过水泵和水管道的温升 ···· 1499
19.7　风机连接对全压的影响 ··········· 1500
　19.7.1　风机的出口 ····················· 1500
　19.7.2　风机的进口 ····················· 1503
19.8　空调过程的热、质平衡及不同大气
　　　压力时的修正 ······················ 1504

　19.8.1　空调过程的热、质平衡 ········ 1504
　19.8.2　不同大气压力时的修正问题 ··· 1505
　19.8.3　保持正压所需风量的估算 ····· 1506
19.9　空调系统的划分与技术
　　　层的设置 ···························· 1507
　19.9.1　空调系统的划分、选择与配置 ··· 1507
　19.9.2　技术设备层的设置 ············ 1510
19.10　h—d 图的应用 ···················· 1511
　19.10.1　湿空气的状态参数 ··········· 1511
　19.10.2　不同状态空气的混合 ········ 1511
　19.10.3　典型的空气状态变化和
　　　　　　处理过程 ···················· 1512
19.11　空调系统的优化设计 ············ 1513
　19.11.1　年经常费法 ···················· 1513
　19.11.2　等价均匀全年费用法 ········ 1514

第 20 章　空调负荷计算 ··················· 1515
20.1　空调区冷负荷的基本构成 ········ 1515
　20.1.1　空调区得热量的构成 ·········· 1515
　20.1.2　空调区冷负荷的构成 ·········· 1515
　20.1.3　空调区湿负荷的构成 ·········· 1515
20.2　空调区负荷计算的准备工作 ····· 1516
　20.2.1　围护结构的夏季热工指标 ···· 1516
　20.2.2　房间的分类 ····················· 1522
　20.2.3　城市的分组 ····················· 1522
　20.2.4　有外遮阳板的窗口直射面积和散射
　　　　　面积的计算 ···················· 1523
20.3　外墙、架空楼板或屋面的
　　　传热冷负荷 ·························· 1525
20.4　外窗的温差传热冷负荷 ··········· 1534
20.5　外窗的太阳辐射冷负荷 ··········· 1536
　20.5.1　外窗无任何遮阳设施的
　　　　　辐射负荷 ······················· 1536
　20.5.2　外窗只有内遮阳设施的
　　　　　辐射负荷 ······················· 1546
　20.5.3　外窗只有外遮阳板的辐射负荷 ······ 1546
　20.5.4　外窗既有内遮阳设施又有外

遮阳板的辐射负荷 ………… 1546
20.6 内围护结构的传热冷负荷 ……… 1546
　20.6.1 相邻空间通风良好时内围护结构温差
　　　　传热的冷负荷 ……………… 1546
　20.6.2 相邻空间有发热量时内围护结构温差
　　　　传热的冷负荷 ……………… 1546
20.7 人体显热冷负荷 ………………… 1547
20.8 灯具冷负荷 …………………… 1550
　20.8.1 白炽灯散热形成的冷负荷 …… 1550
　20.8.2 荧光灯散热形成的冷负荷 …… 1552
20.9 设备显热冷负荷 ………………… 1552
　20.9.1 发热设备显热散热量的计算 … 1553
　20.9.2 设备显热形成的冷负荷计算 … 1554
20.10 渗透空气显热冷负荷 …………… 1556
　20.10.1 渗入空气量的计算 ………… 1557
　20.10.2 渗入空气显热形成的冷
　　　　　负荷计算 ………………… 1557
20.11 食物的显热散热冷负荷 ………… 1558
20.12 散湿量与潜热冷负荷 …………… 1558
　20.12.1 人体散湿量与潜热冷负荷 … 1558
　20.12.2 渗入空气散湿量与潜热冷负荷 … 1558
　20.12.3 食物散湿量与潜热冷负荷 … 1558
　20.12.4 水面蒸发散湿量与潜热冷负荷 … 1559
20.13 各个环节的计算冷负荷 ………… 1560
　20.13.1 空调区的计算冷负荷 ……… 1560
　20.13.2 空调建筑的计算冷负荷 …… 1560
　20.13.3 空调系统的计算冷负荷 …… 1560
　20.13.4 空调冷源的计算冷负荷 …… 1561
20.14 计算例题 ………………………… 1561
20.15 空调冷负荷计算的电算法 ……… 1565

第21章 空气处理和处理设备 …… 1566
21.1 空气的过滤净化 ………………… 1566
　21.1.1 大气污染物的分类 …………… 1566
　21.1.2 空气过滤器的性能 …………… 1566
　21.1.3 过滤净化的计算 ……………… 1568
　21.1.4 空气的除臭、消毒 …………… 1569
21.2 空气的冷却 ……………………… 1572
　21.2.1 设计要点 ……………………… 1572
　21.2.2 热工计算和压力损失计算 …… 1573
21.3 喷水室 …………………………… 1581
　21.3.1 喷水室设计要点 ……………… 1581
　21.3.2 喷水室构件 …………………… 1582
　21.3.3 Luwa型高速喷水室及流体动力
　　　　式喷水室 ………………… 1587

　21.3.4 喷水室热工及阻力计算 ……… 1588
21.4 蒸发冷却器 ……………………… 1595
　21.4.1 直接蒸发冷却器 ……………… 1595
　21.4.2 间接蒸发冷却器 ……………… 1601
21.5 空气的加热 ……………………… 1606
　21.5.1 设计要点 ……………………… 1606
　21.5.2 空气加热器的选择计算
　　　　（见表21.5-2） ……………… 1607
　21.5.3 电加热器 ……………………… 1608
21.6 空气的加湿 ……………………… 1610
　21.6.1 空气加湿的方法 ……………… 1610
　21.6.2 各种加湿器的比较 …………… 1611
　21.6.3 湿膜蒸发式加湿器 …………… 1612
　21.6.4 干蒸汽加湿器 ………………… 1618
　21.6.5 电极式加湿器 ………………… 1620
　21.6.6 电热式加湿器 ………………… 1621
　21.6.7 PTC蒸汽加湿器 …………… 1621
　21.6.8 间接蒸汽加湿器 ……………… 1622
　21.6.9 超声波加湿器的应用 ………… 1622
　21.6.10 高压喷雾加湿器 …………… 1623
　21.6.11 室内直接加湿 ……………… 1624
21.7 空气的除湿 ……………………… 1626
　21.7.1 各种除湿方法的比较 ………… 1626
　21.7.2 冷冻除湿的选择计算 ………… 1627
　21.7.3 固体除湿 ……………………… 1629
　21.7.4 干式除湿——转轮除湿机 …… 1634
　21.7.5 除湿系统设计与安装注意事项 … 1642
　21.7.6 溶液除湿 ……………………… 1644
21.8 组合式空调机组 ………………… 1646
　21.8.1 组合式空调机组的类型
　　　　（见表21.8-1） ……………… 1646
　21.8.2 组合式空调机组的型号 ……… 1649
　21.8.3 组合式空调机组的基本规格
　　　　（见表21.8-3） ……………… 1649
　21.8.4 组合式空调机组的噪声界限 … 1650
　21.8.5 组合式空调机组的技术要求 … 1650
　21.8.6 组合式空调机组空气处理要求 … 1651
21.9 风机盘管机组 …………………… 1652
　21.9.1 风机盘管机组分类 …………… 1652
　21.9.2 风机盘管机组型号表示方法 … 1653
　21.9.3 风机盘管机组基本性能参数 … 1653
　21.9.4 风机盘管机组技术要求 ……… 1654
　21.9.5 风机盘管新风供给方式
　　　　（见表21.9-4） ……………… 1655
　21.9.6 风机盘管水系统（表21.9-5） …… 1656
　21.9.7 风机盘管调节方法 …………… 1657

21.9.8　冷热负荷计算 …………………… 1657
21.10　单元式空调机 ……………………………… 1657
　21.10.1　分类 ……………………………… 1657
　21.10.2　单元式空调机的能源效率限定值
　　　　　及能源效率等级 ………………… 1659
　21.10.3　空调机的制冷量 ………………… 1660
　21.10.4　蒸发器（直接蒸发式空气冷却器）
　　　　　的计算 ……………………………… 1661
　21.10.5　空调机的热平衡计算 …………… 1664
　21.10.6　选择计算举例 …………………… 1665
　21.10.7　空调机应用范围的扩大——
　　　　　循环混合 …………………………… 1667
　21.10.8　空调机出口风管的合理连接 …… 1668
21.11　分散式高大建筑屋顶通风空
　　　调机组 ……………………………… 1669
　21.11.1　概述 ……………………………… 1669
　21.11.2　Roof Vent LHW 机组的类型
　　　　　与结构 ……………………………… 1670
　21.11.3　运行流程与模式 ………………… 1672
　21.11.4　系统配管设计 …………………… 1673
　21.11.5　Top Vent 冷/暖、通风机组 ……… 1673

第22章　空调系统 ………………………… 1675
22.1　空调系统的分类（见表22.1-1） …… 1675
22.2　空调系统的比较与选择 ……………… 1676
22.3　集中式空调系统 ……………………… 1679
　22.3.1　系统划分原则 ……………………… 1679
　22.3.2　回风系统选择 ……………………… 1679
　22.3.3　一次回风系统与一、二次回风系统的
　　　　　处理过程和计算方法见表22.3-3 … 1679
　22.3.4　单风机系统与双风机系统 ………… 1683
22.4　蒸发冷却式空调系统 ………………… 1683
　22.4.1　一级蒸发冷却空调系统 …………… 1683
　22.4.2　二级蒸发冷却空调系统 …………… 1685
　22.4.3　三级蒸发冷却空调系统 …………… 1686
　22.4.4　除湿与蒸发冷却联合空调系统 …… 1690
　22.4.5　蒸发冷却空调系统的设计
　　　　　选用原则 …………………………… 1691
　22.4.6　蒸发冷却空调系统的设计要点 …… 1693
22.5　变制冷剂流量多联分体式
　　　空调系统 ……………………………… 1696
　22.5.1　简介 ………………………………… 1696
　22.5.2　产品性能测试条件 ………………… 1696
　22.5.3　系统工作范围 ……………………… 1697
　22.5.4　系统应用场合 ……………………… 1697
　22.5.5　系统分类 …………………………… 1697
　22.5.6　机组规格 …………………………… 1699
　22.5.7　系统设计 …………………………… 1700
　22.5.8　系统制热能力校核 ………………… 1703
　22.5.9　系统配管设计 ……………………… 1705
　22.5.10　系统控制配线设计 ………………… 1710
　22.5.11　室外机安装 ………………………… 1712
　22.5.12　新风供给设计 ……………………… 1715
22.6　高大建筑物分层空调设计 …………… 1716
　22.6.1　分层空调适用范围和空调方式 …… 1716
　22.6.2　分层空调负荷计算 ………………… 1717
　22.6.3　分层空调气流组织 ………………… 1723
　22.6.4　空调系统 …………………………… 1733
22.7　部分空调系统实例汇编 ……………… 1734
　22.7.1　国家电力调度中心空调系统设计 … 1734
　22.7.2　江苏省电网调度中心蓄冷
　　　　　空调设计 …………………………… 1740
　22.7.3　上海财富广场办公楼地板送风
　　　　　系统的设计和应用 ………………… 1748
　22.7.4　上海儿童医学中心空调设计 ……… 1751
　22.7.5　上海科技馆空调设计 ……………… 1755
　22.7.6　上海世茂国际广场暖通空调设计 … 1760
　22.7.7　上海四季酒店 ……………………… 1768
　22.7.8　上海体育馆水蓄冷工程改造 ……… 1780
　22.7.9　苏州工业园区现代大厦空调设计 … 1783
22.8　温湿度独立控制空调系统 …………… 1790
　22.8.1　概述 ………………………………… 1790
　22.8.2　系统运行策略 ……………………… 1792
　22.8.3　系统的主要组成部件 ……………… 1795
　22.8.4　运行能耗分析 ……………………… 1798
　22.8.5　干燥地区温湿度独立控制空调
　　　　　系统的设计 ………………………… 1799
　22.8.6　应用实例 …………………………… 1805
22.9　溶液调湿式空调系统与设备 ………… 1808
　22.9.1　除湿溶液处理空气的基本原理 …… 1808
　22.9.2　除湿溶液处理空气的基本单元
　　　　　与装置 ……………………………… 1810
　22.9.3　溶液热回收型新风机组 …………… 1811
　22.9.4　溶液热回收型新风机组的
　　　　　性能参数 …………………………… 1814
　22.9.5　溶液热回收型新风机组的选型 …… 1817

第23章　变风量空调系统 ………………… 1821
23.1　基本概念 ……………………………… 1821
　23.1.1　系统特点与适用范围 ……………… 1821
　23.1.2　系统调节原理 ……………………… 1822

23.2 负荷计算 …………………………… 1822
　23.2.1 现代化办公和商业建筑的特点与热舒适性 …………………… 1822
　23.2.2 内外分区与空调负荷 ………… 1822
　23.2.3 负荷计算步骤及注意事项 …… 1824
　23.2.4 负荷分类与用途 ……………… 1825
23.3 变风量空调系统末端装置 ………… 1826
　23.3.1 变风量末端装置 ……………… 1826
　23.3.2 常用变风量末端装置的特点与适用范围 ………………… 1829
　23.3.3 变风量末端装置的主要部件 … 1829
23.4 系统选择 …………………………… 1831
　23.4.1 风机动力型变风量空调系统 … 1831
　23.4.2 单风管变风量空调系统 ……… 1832
　23.4.3 系统布置及注意事项 ………… 1834
23.5 变风量空气处理系统设计 ………… 1836
　23.5.1 变风量空气处理系统分类 …… 1836
　23.5.2 送风温度及系统风量计算 …… 1836
　23.5.3 空气处理机组选用 …………… 1837
23.6 变风量末端装置选择计算与选型 ………………………………… 1838
　23.6.1 风量计算 ……………………… 1838
　23.6.2 选型实例 ……………………… 1839
23.7 变风量空调系统新风设计 ………… 1846
　23.7.1 新风处理方式（表 23.7-1） … 1846
　23.7.2 几个新风问题及对策 ………… 1847
23.8 风系统设计 ………………………… 1848
　23.8.1 风管计算方法 ………………… 1848
　23.8.2 风管布置特点 ………………… 1849
　23.8.3 风系统设计步骤 ……………… 1850
23.9 自动控制 …………………………… 1851
　23.9.1 室内（区域）温度控制 ……… 1851
　23.9.2 空调系统控制 ………………… 1852

第24章　低温送风空调系统 ………… 1856
24.1 概述 ………………………………… 1856
　24.1.1 低温送风系统分类及冷媒温度 … 1856
　24.1.2 低温送风系统特点 …………… 1856
　24.1.3 低温送风空调系统的建筑适用性 … 1857
24.2 低温送风空调系统冷源选择 ……… 1857
　24.2.1 冷源型式与送风温度关系 …… 1857
　24.2.2 冷水机组直接产生低温空调冷水 … 1858
　24.2.3 直接膨胀式（DX）系统 …… 1858
　24.2.4 冰蓄冷系统 …………………… 1858
24.3 低温送风空调系统设计 …………… 1859

　24.3.1 空调负荷计算 ………………… 1860
　24.3.2 附加负荷计算 ………………… 1862
　24.3.3 低温送风空调系统设计 ……… 1865
24.4 低温送风空调器选型及机房布置 … 1882
　24.4.1 空调器选型 …………………… 1882
　24.4.2 空调机房布置要求 …………… 1883
24.5 低温送风空调系统运行 …………… 1884
　24.5.1 低温送风系统的软启动 ……… 1884
　24.5.2 送风温度的再设定 …………… 1884
　24.5.3 利用自然冷源节能运行 ……… 1884

第25章　气流组织 ……………………… 1886
25.1 气流组织的基本要求及分类 ……… 1886
25.2 侧向送风 …………………………… 1888
　25.2.1 侧向送风的送、回风口布置形式及适用条件 ……………… 1888
　25.2.2 侧送百叶送风口的最大送风速度（见表 25.2-1） ……………… 1888
　25.2.3 侧送气流组织的设计计算 …… 1888
　25.2.4 侧向送风的设计要求及注意事项 ………………………… 1904
25.3 孔板送风 …………………………… 1905
　25.3.1 孔板送风及其适用条件 ……… 1905
　25.3.2 孔板送风的设计计算 ………… 1905
　25.3.3 孔板送风的设计要求及注意事项 ………………………… 1908
25.4 散流器送风 ………………………… 1911
　25.4.1 散流器送风及其适用条件 …… 1911
　25.4.2 散流器送风的最大送风速度，见表 25.4-1 …………………… 1912
　25.4.3 散流器送风的设计计算 ……… 1912
　25.4.4 散流器送风的设计要求及注意事项 ………………………… 1916
25.5 喷口送风 …………………………… 1916
　25.5.1 喷口送风及其适用条件 ……… 1916
　25.5.2 喷口送风的设计计算 ………… 1917
　25.5.3 喷口送风的设计要求及注意事项 … 1921
25.6 条缝口送风 ………………………… 1922
　25.6.1 条缝口送风及其适用条件 …… 1922
　25.6.2 条缝口送风的设计计算 ……… 1922
　25.6.3 条缝口送风的设计要求及注意事项 ………………………… 1926
25.7 下部送风 …………………………… 1928
　25.7.1 下部送风的类型、特征及与其他送风方式的对比 ……………… 1928

25.7.2 地板送风静压箱（层） …… 1931
25.7.3 地板送风系统设计中的问题 …… 1934
25.8 空气分布器 …… 1941
  25.8.1 常用空气分布器的型式、特征及适用范围 …… 1941
  25.8.2 常用空气分布器的选用简表 …… 1951
  25.8.3 地板送风的空气分布器 …… 1951
25.9 回风口 …… 1961
  25.9.1 回风口的布置方式及吸风速度 …… 1961
  25.9.2 常用回风口的型式 …… 1962

第26章 空调水系统 …… 1965

26.1 空调水系统分类 …… 1965
26.2 水系统的承压及设备布置 …… 1966
  26.2.1 水系统的承压 …… 1966
  26.2.2 设备布置 …… 1968
  26.2.3 水系统的水温、竖向分区及设计注意事项 …… 1970
26.3 空调水系统的形式、管路特性及流量变化 …… 1971
  26.3.1 水系统的典型形式 …… 1971
  26.3.2 水系统的管路特性曲线 …… 1974
  26.3.3 水系统流量的调节方法 …… 1974
26.4 PP-R塑铝稳态管在空调水系统中的应用 …… 1976
  26.4.1 概述 …… 1976
  26.4.2 PP-R稳态管的适用范围、规格尺寸与连接方式 …… 1977
  26.4.3 设计与选用 …… 1978
  26.4.4 管道布置及敷设原则 …… 1980
  26.4.5 管道水力计算 …… 1982
  26.4.6 管道试压 …… 1984
26.5 水系统的水力计算 …… 1984
  26.5.1 沿程阻力 …… 1984
  26.5.2 局部阻力 …… 1989
  26.5.3 部分设备压力损失的参考值 …… 1994
  26.5.4 水击的防止与水流速度的选择 …… 1994
  26.5.5 冷凝水管的设计 …… 1998
26.6 水力平衡及平衡阀 …… 1999
  26.6.1 水力失调和水力平衡理念 …… 1999
  26.6.2 平衡阀的类型 …… 2001
  26.6.3 水力平衡装置的设置原则 …… 2007
  26.6.4 手动平衡阀的设计排布及选型 …… 2008
  26.6.5 自动流量平衡阀的设计排布及选型 …… 2009
  26.6.6 自力式压差控制器的设计排布及选型 …… 2010
  26.6.7 多功能平衡阀的排布及选型示例 …… 2012
  26.6.8 平衡阀的现场调试 …… 2012
  26.6.9 平衡阀设计应用示例 …… 2013
26.7 变流量空调水系统设计 …… 2015
  26.7.1 概述 …… 2015
  26.7.2 一次泵定流量系统 …… 2016
  26.7.3 二次泵变流量系统 …… 2018
  26.7.4 一次泵变流量系统 …… 2020
  26.7.5 "低温差综合症" …… 2023
  26.7.6 变流量水系统比较 …… 2024
  26.7.7 一次泵变流量水系统设计注意事项 …… 2025
  26.7.8 含热回收机组的冷水系统设计 …… 2025
26.8 水系统的附件、设备及配管 …… 2027
  26.8.1 集管及分、集水器 …… 2027
  26.8.2 水过滤器 …… 2028
  26.8.3 循环水系统的补水、定压与膨胀 …… 2030
  26.8.4 减压稳压阀 …… 2037
  26.8.5 循环水泵 …… 2038
  26.8.6 排气阀 …… 2041
  26.8.7 设备的配管 …… 2043
26.9 水系统的水处理 …… 2043
  26.9.1 循环冷却水的主要水质指标 …… 2043
  26.9.2 结垢与腐蚀倾向的预测 …… 2044
  26.9.3 阻垢措施（盐垢）与现场监测 …… 2045
  26.9.4 腐蚀控制 …… 2046
  26.9.5 腐蚀鉴定及监测 …… 2050
  26.9.6 微生物污染的控制 …… 2051
  26.9.7 物理水处理方法 …… 2052
26.10 冷却塔 …… 2053
  26.10.1 冷却塔类型 …… 2053
  26.10-2 冷却塔产品标记 …… 2055
  26.10.3 选择冷却塔的基本技术参数 …… 2056
  26.10.4 冷却塔的噪声及噪声控制 …… 2056
  26.10.5 冷却塔的选型 …… 2057
  26.10.6 冷却塔的布置 …… 2059
  26.10.7 冷却水系统设计 …… 2059
  26.10.8 冷却水系统的防冻 …… 2060

第27章 空气洁净 …… 2062

27.1 洁净空调技术的应用 …… 2062
  27.1.1 微电子工业 …… 2062
  27.1.2 医药卫生 …… 2062

27.1.3 食品工业 …………………… 2062
27.1.4 其他 ………………………… 2063
27.2 污染物质 …………………………… 2063
27.2.1 污染物的分类 ………………… 2063
27.2.2 污染物的浓度 ………………… 2063
27.2.3 污染物的来源和发尘量 ……… 2064
27.3 洁净室的洁净度等级标准 ………… 2066
27.3.1 室内尘粒的级别标准 ………… 2066
27.3.2 室内细菌浓度的级别标准 …… 2067
27.3.3 工业洁净室的分子态污染物（AMC）
有关标准 ……………………… 2068
27.3.4 各种行业的洁净标准参考 …… 2069
27.4 洁净室的原理、构成与分类 ……… 2070
27.4.1 洁净室的原理 ………………… 2070
27.4.2 洁净室的构成 ………………… 2070
27.4.3 洁净室的分类 ………………… 2071
27.5 空气过滤器的特性指标和分类 …… 2073
27.5.1 过滤器的特性指标 …………… 2073
27.5.2 过滤器的分类 ………………… 2075
27.5.3 空气过滤器的滤材和型式结构 … 2078
27.5.4 静电空气过滤器 ……………… 2080
27.5.5 化学过滤器 …………………… 2080
27.5.6 高效过滤器的安装 …………… 2081
27.5.7 关于过滤器的选择 …………… 2082
27.6 局部净化设备及洁净室
附属设备 …………………………… 2083
27.6.1 局部净化设备的应用和围挡 … 2083
27.6.2 各种局部净化设备 …………… 2083
27.6.3 洁净室的附属设备 …………… 2085
27.7 洁净室的风量确定与气流组织 …… 2086
27.7.1 非单向流洁净室的风量确定 … 2086
27.7.2 单向流洁净室的风量确定 …… 2088
27.7.3 洁净室的气流组织和换气次数 … 2088
27.8 净化空调系统设计 ………………… 2090
27.8.1 净化空调系统的特点 ………… 2090
27.8.2 实现各种不同级别洁净室的
系统方式 ……………………… 2091
27.8.3 工业净化空调方式应用例 …… 2096
27.9 生物洁净室的设计 ………………… 2099
27.9.1 生物洁净室与工业洁净室的
主要区别（表27.9-1） ………… 2099
27.9.2 医院洁净手术室设计 ………… 2099
27.9.3 无菌病房与隔离病房 ………… 2103
27.9.4 实验动物洁净设施设计 ……… 2103
27.9.5 生物安全技术 ………………… 2105

27.10 洁净室的节能 …………………… 2108
27.10.1 能耗特点 …………………… 2108
27.10.2 节能措施 …………………… 2109
27.11 洁净室设计的综合要求与规
划原则 …………………………… 2110
27.11.1 洁净室建筑设计的综合原则 … 2111
27.11.2 洁净室的人、物净化流程设计 … 2112
27.11.3 其他问题 …………………… 2112

第28章 蓄冷和蓄热 …………………… 2114
28.1 基本概念 …………………………… 2114
28.1.1 概述 …………………………… 2114
28.1.2 蓄冷系统的计量 ……………… 2114
28.1.3 系统的运行及控制策略 ……… 2115
28.1.4 蓄冷常用术语 ………………… 2117
28.2 空调蓄冷系统的分类和蓄冷介质 … 2118
28.2.1 蓄冷系统的分类与蓄冷介质的选择 … 2118
28.2.2 各类蓄冷空调系统的性能、
价格对比 ……………………… 2119
28.3 水蓄冷 ……………………………… 2121
28.3.1 水蓄冷空调系统 ……………… 2121
28.3.2 水蓄冷空调系统设计 ………… 2122
28.3.3 水蓄冷系统的控制 …………… 2125
28.3.4 蓄冷水槽 ……………………… 2126
28.3.5 水蓄冷系统的运行和保养 …… 2134
28.4 冰蓄冷 ……………………………… 2134
28.4.1 冰蓄冷空调系统的适用条件和要求 … 2134
28.4.2 冰蓄冷空调系统制冰与蓄冷方式 … 2135
28.4.3 各种冰蓄冷装置的性能、特点
和选用 ………………………… 2137
28.4.4 冰蓄冷空调系统的设计 ……… 2156
28.4.5 蓄冰空调系统的设计注意事项 … 2171
28.4.6 冰蓄冷空调系统的运行、控制
策略和自动控制 ……………… 2172
28.4.7 冰蓄冷技术在其他领域中的应用 … 2175
28.5 蓄热系统 …………………………… 2176
28.5.1 蓄热系统的形式与分类 ……… 2176
28.5.2 蓄热系统及设备的性能和特点 … 2177
28.5.3 电蓄热供暖和空调系统的设计 … 2183
28.5.4 蓄热生活热水系统的设计 …… 2186
28.5.5 蓄热系统的控制 ……………… 2187
28.5.6 蓄热系统的施工、运行和保养 … 2187

第29章 空调冷源 ……………………… 2189
29.1 空调冷源选择基本原则…………… 2189

29.1.1 空调冷源的种类及其特点 ………… 2189
29.1.2 空调冷源选择基本原则 …………… 2189
29.2 制冷剂 …………………………………… 2191
　29.2.1 制冷剂的种类及编号方法 ………… 2191
　29.2.2 制冷剂的分类、特性及评价指标 … 2194
　29.2.3 制冷剂的选用原则与技术要求 …… 2200
　29.2.4 常用制冷剂的热力特性及压焓图 … 2205
　29.2.5 有关"保护臭氧层和抑制全球气候
　　　　 变暖"方面的资料摘编 …………… 2250
29.3 制冷机的选择 …………………………… 2260
　29.3.1 制冷机的种类 ……………………… 2260
　29.3.2 空调用制冷机的优缺点比较 ……… 2261
　29.3.3 各类制冷机的名义工况条件 ……… 2264
29.4 活塞式制冷压缩机及冷水机组 ………… 2265
　29.4.1 活塞式制冷压缩机的构造原理
　　　　 及特点 ………………………………… 2265
　29.4.2 活塞式冷水机组 …………………… 2268
29.5 涡旋式压缩机及冷水机组 ……………… 2270
　29.5.1 工作过程 …………………………… 2270
　29.5.2 涡旋式压缩机的特点 ……………… 2271
　29.5.3 压缩机的结构简介 ………………… 2272
　29.5.4 压缩机的输气量、制冷量及电
　　　　 机功率 ……………………………… 2272
　29.5.5 涡旋式冷水机组 …………………… 2274
　29.5.6 冷水机组的制冷、制热循环过程
　　　　 及外部水管系统连接图 …………… 2274
29.6 螺杆式压缩机及冷水机组 ……………… 2276
　29.6.1 螺杆式压缩机分类 ………………… 2276
　29.6.2 螺杆式冷水机组 …………………… 2280
　29.6.3 螺杆式冷水机组的控制原理
　　　　 与保护 ……………………………… 2284
　29.6.4 螺杆式冷水机组选用指南 ………… 2286
29.7 离心式压缩机及冷水机组 ……………… 2287
　29.7.1 离心式压缩机的原理 ……………… 2288
　29.7.2 离心式压缩机的组成与分类 ……… 2288
　29.7.3 离心式冷水机组 …………………… 2292
　29.7.4 离心式冷水机组的控制原理
　　　　 与保护 ……………………………… 2297
　29.7.5 离心式冷水机组的选用指南 ……… 2298
　29.7.6 离心式冷水机组的运行规律 ……… 2300
29.8 溴化锂吸收式冷(热)水机组 …………… 2305
　29.8.1 吸收式制冷原理及工质 …………… 2305
　29.8.2 蒸汽和热水型溴化锂吸收式
　　　　 冷水机组 …………………………… 2309
　29.8.3 直燃型溴化锂吸收式冷热水机组 … 2312
　29.8.4 溴化锂吸收式冷(热)水机组

　　　　 选用指南 …………………………… 2314
29.9 模块化水冷式冷水机组 ………………… 2322
　29.9.1 简介 ………………………………… 2322
　29.9.2 模块化水冷式冷水机组的型号
　　　　 及代号 ……………………………… 2322
　29.9.3 模块化水冷式冷水机组性能参数 … 2323
　29.9.4 模块化水冷式冷水机组不同工况下
　　　　 的制冷性能 ………………………… 2325
　29.9.5 换热器水侧阻力及修正 …………… 2327
　29.9.6 可变水量运行的模块化冷水机组 … 2328
　29.9.7 模块化冷水机组的安装与进出水管
　　　　 的连接 ……………………………… 2329
　29.9.8 选型示例 …………………………… 2333
29.10 制冷系统的管道设计与配管 …………… 2334
　29.10.1 氟制冷系统管道设计与配置 ……… 2334
　29.10.2 氨制冷系统管道设计与配置 ……… 2341
29.11 制冷机房设计 …………………………… 2343
　29.11.1 制冷机房设计原则及要求 ………… 2343
　29.11.2 直燃型溴化锂吸收式冷(热)水
　　　　 机组的机房设计 …………………… 2345

第30章　热泵 …………………………… 2347

30.1 空气源热泵机组 ………………………… 2347
　30.1.1 概述 ………………………………… 2347
　30.1.2 热泵机组的种类与特点 …………… 2347
　30.1.3 空气-水热泵机组 ………………… 2348
　30.1.4 机组的变工况特性 ………………… 2349
　30.1.5 空气源热泵系统设计与机组容
　　　　 量确定 ……………………………… 2351
　30.1.6 季节性能系数 ……………………… 2356
　30.1.7 噪声与振动控制 …………………… 2357
　30.1.8 设计注意事项 ……………………… 2360
30.2 地下水式水源热泵 ……………………… 2362
　30.2.1 概述 ………………………………… 2362
　30.2.2 地下水式水源热泵机组 …………… 2363
　30.2.3 热泵机组与水源的连接使用方式 … 2365
　30.2.4 机房系统设计 ……………………… 2367
　30.2.5 地下水源系统设计 ………………… 2370
　30.2.6 其他水源系统设计 ………………… 2374
30.3 水环热泵 ………………………………… 2375
　30.3.1 概述 ………………………………… 2375
　30.3.2 水环热泵机组 ……………………… 2377
　30.3.3 系统设计 …………………………… 2382
　30.3.4 自控设计 …………………………… 2390
　30.3.5 安装与噪声控制 …………………… 2393
30.4 地源热泵 ………………………………… 2394

30.4.1 简介 ………………………………… 2394
30.4.2 地埋管换热器系统的形式与连接 … 2395
30.4.3 设计方法及步骤 ………………… 2399
30.4.4 设计注意事项 …………………… 2406
30.4.5 地埋管的水力计算 ……………… 2407
30.4.6 地埋管换热系统的检验 ………… 2411
30.4.7 设计举例 ………………………… 2412

第31章 户式集中空调 ……………………… 2415
31.1 概述 …………………………………… 2415
31.1.1 户式集中空调分类 ……………… 2415
31.1.2 户式集中空调的特点 …………… 2415
31.2 负荷计算 ……………………………… 2416
31.2.1 室内设计参数选用 ……………… 2416
31.2.2 夏季空调负荷计算 ……………… 2416
31.2.3 冬季空调负荷计算 ……………… 2419
31.3 风管式集中空调系统的设计 ………… 2419
31.3.1 系统特点 ………………………… 2419
31.3.2 系统总负荷的确定 ……………… 2420
31.3.3 设备选用与布置 ………………… 2420
31.3.4 风管系统的设计 ………………… 2421
31.3.5 系统控制 ………………………… 2422
31.4 水管式集中空调系统的设计 ………… 2422
31.4.1 系统的组成与特点 ……………… 2422
31.4.2 系统负荷确定 …………………… 2422
31.4.3 设备选择 ………………………… 2423
31.4.4 水管系统设计 …………………… 2424
31.4.5 系统控制 ………………………… 2427
31.5 蒸发冷凝式空调系统 ………………… 2428
31.5.1 机组分类 ………………………… 2428
31.5.2 主要技术性能 …………………… 2429
31.5.3 系统特点 ………………………… 2430
31.5.4 系统设计方法及注意事项 ……… 2430
31.5.5 控制系统设计 …………………… 2431
31.5.6 工程设计举例 …………………… 2432

第32章 供暖通风与空调系统的节能设计 …… 2434
32.1 冷热源的节能设计 …………………… 2434
32.1.1 冷热源节能设计的主要途径 …… 2434
32.1.2 供热系统循环水泵的选择 ……… 2439
32.1.3 室外热力网的节能设计 ………… 2440
32.1.4 空气源热泵机组应用须知 ……… 2445
32.2 供暖系统的节能设计 ………………… 2447
32.3 空调系统的节能设计 ………………… 2449
32.3.1 空调系统的节能措施 …………… 2449
32.3.2 空调系统的节能评价指标及评价方法 ………………………………… 2457
32.3.3 风机的单位风量耗功率 ………… 2460
32.4 能量回收装置 ………………………… 2461
32.4.1 概述 ……………………………… 2461
32.4.2 转轮式热回收器 ………………… 2465
32.4.3 液体循环式热回收器 …………… 2476
32.4.4 板式显热回收器 ………………… 2484
32.4.5 板翅式全热回收器 ……………… 2486
32.4.6 热管热回收器 …………………… 2491
32.4.7 溶液吸收式全热回收装置 ……… 2510
32.5 冷水机组的热回收 …………………… 2514
32.5.1 冷水机组热回收分类 …………… 2514
32.5.2 热回收冷水机组的特点 ………… 2514
32.5.3 热回收冷水机组的运行控制 …… 2516
32.5.4 提高热回收机组热水水温的冷水系统设计 ……………………………… 2518
32.6 游泳馆的热能回收与利用 …………… 2519
32.6.1 游泳馆的特殊性 ………………… 2519
32.6.2 游泳馆的能源再生系统 ………… 2519
32.6.3 控制运行的温度模式 …………… 2520
32.6.4 运行模式 ………………………… 2521
32.6.5 再生系统应用示例 ……………… 2522

第33章 供暖与空调系统的自动控制 ……… 2523
33.1 基础知识 ……………………………… 2523
33.1.1 基本概念 ………………………… 2523
33.1.2 自控系统的结构与功能 ………… 2524
33.1.3 供暖与空调自控系统的设计 …… 2528
33.1.4 供暖与空调专业的设计范围 …… 2529
33.2 常用传感器 …………………………… 2529
33.2.1 温度传感器 ……………………… 2529
33.2.2 湿度传感器 ……………………… 2531
33.2.3 压力/压差传感器 ……………… 2531
33.2.4 流量计 …………………………… 2532
33.2.5 液位计 …………………………… 2534
33.2.6 气体成分传感器 ………………… 2535
33.2.7 人员进出检测器 ………………… 2535
33.3 常用执行器 …………………………… 2535
33.3.1 电磁阀 …………………………… 2535
33.3.2 电加热器的控制设备 …………… 2536
33.3.3 电动机的控制设备 ……………… 2536
33.3.4 电动调节阀 ……………………… 2539

33.4 控制器及调节方法 ……………… 2552
 33.4.1 控制器 ………………………… 2552
 33.4.2 自动控制系统的结构形式 …… 2553
 33.4.3 控制规律 ………………………… 2555
33.5 制冷机房和水系统的监测与控制 …… 2558
 33.5.1 监测与控制内容 ……………… 2558
 33.5.2 冷水机组的监测与控制 ……… 2559
 33.5.3 冷却水系统的监测与控制 …… 2560
 33.5.4 冷水系统的监测与控制 ……… 2563
33.6 空调系统的监测与控制 ……………… 2566
 33.6.1 风机盘管机组的监测与控制 … 2567
 33.6.2 新风机组的监测与控制 ……… 2567
 33.6.3 空调机组的监测与控制 ……… 2569
 33.6.4 变风量系统空调机组的监测与
    控制 ……………………………… 2572
 33.6.5 多工况节能控制 ……………… 2576
33.7 锅炉房的监测与控制 ………………… 2582
 33.7.1 锅炉房监测与控制的任务 …… 2582
 33.7.2 供暖锅炉房检测参数和仪表 … 2583
 33.7.3 供暖锅炉房的自动控制 ……… 2593
33.8 供热系统的监测与控制 ……………… 2601
 33.8.1 供热监测与控制系统的设计 … 2601
 33.8.2 供热网的主要调节方法与目标 … 2603
 33.8.3 几种典型换热站自动监测与控制 … 2604
 33.8.4 通信系统 ……………………… 2610

第34章 人工冰场设计 …………………… 2615
34.1 人工冰场的基本设计条件 …………… 2615
 34.1.1 冰场的类型 …………………… 2615
 34.1.2 冰场的设计参数 ……………… 2616
34.2 人工冰场的场地构造与排管布置 …… 2616
 34.2.1 冰场场地的构造形式 ………… 2616
 34.2.2 供冷排管设计 ………………… 2619
34.3 人工冰场的冷负荷计算 ……………… 2621
 34.3.1 指标估算法 …………………… 2621
 34.3.2 图表计算法 …………………… 2622
 34.3.3 分项计算法 …………………… 2622
34.4 人工冰场的制冷系统 ………………… 2624
 34.4.1 人工冰场的供冷方式 ………… 2624
 34.4.2 间接供冷系统 ………………… 2625
 34.4.3 制冷机及制冷机容量的确定 … 2628
34.5 消除雾气和防止结露 ………………… 2629
 34.5.1 消除冰面雾气 ………………… 2629
 34.5.2 防止顶棚结露 ………………… 2630
34.6 人工冰场设计与施工的注意事项 …… 2631
34.7 工程实例 ……………………………… 2632
 34.7.1 首都体育馆冰场 ……………… 2632
 34.7.2 吉林市冰上运动中心冰场 …… 2634
 34.7.3 西安博登文化娱乐公司人
    工溜冰场 ……………………… 2636

第35章 暖通专业设计深度及设计
　　　 与施工说明范例 …………… 2637
35.1 方案设计深度的规定 ………………… 2637
 35.1.1 设计说明书 …………………… 2637
 35.1.2 设计图纸 ……………………… 2638
35.2 初步设计的深度规定 ………………… 2638
 35.2.1 供暖通风与空气调节 ………… 2638
 35.2.2 热能动力 ……………………… 2640
35.3 施工图设计的深度规定 ……………… 2641
 35.3.1 供暖通风与空气调节 ………… 2641
 35.3.2 热能动力 ……………………… 2644
35.4 供暖通风与空气调节初步设计
  说明范例 ……………………………… 2646
35.5 供暖通风与空气调节施工图设计
  说明范例 ……………………………… 2653
 35.5.1 供暖工程施工图设计说明 …… 2653
 35.5.2 空调与制冷工程施工图设计说明 … 2658

参考文献 …………………………………… 2665
"产品资讯"目录（见光盘） …………… 2684

第 19 章 空调设计的基本资料

19.1 大气环境的质量标准

19.1.1 大气质量分级

根据国家标准（GB 3095）的规定，我国大气环境分为三级：

1. **一级** 为保护自然生态和人群健康，在长期接触情况下，不发生任何危害影响的空气质量要求。
2. **二级** 为保护人群健康和城市、乡村的动、植物，在生长和短期接触情况下，不发生伤害的空气质量要求。
3. **三级** 为保护人群不发生急、慢性中毒和城市一般动、植物（敏感者除外）正常生长的空气质量要求。

19.1.2 不同质量等级的浓度限值

不同质量等级的浓度限值，见表 19.1-1。

不同质量等级空气污染物的浓度限值 表 19.1-1

污染物名称	取值时间	浓度限值 （mg/m^3）		
		一级	二级	三级
总悬浮微粒 （T.S.P）	日平均 任一次	0.15 0.30	0.30 1.00	0.50 1.50
飘 尘	日平均 任一次	0.05 0.15	0.15 0.50	0.25 0.70
二氧化硫（SO$_2$）	年日平均 日平均 任一次	0.02 0.05 0.15	0.06 0.15 0.05	0.10 0.25 0.70
氮氧化物（NO$_X$）	日平均 任一次	0.05 0.10	0.10 0.15	0.15 0.30
一氧化碳（CO）	日平均 任一次	4.00 10.00	4.00 10.00	6.00 20.00
光化学氧化剂（O$_3$）	一小时平均	0.12	0.16	0.20

注：日平均——任何一天的平均浓度不许超过的限值；
任一次——任何一次采样测定不许超过的限值；
年日平均——任何一年的日平均浓度均值不许超过的限值；
总悬浮微粒——指 100μm 以下的微粒；
飘尘——指 10μm 以下的微粒；
光化学氧化剂——1h 平均值每月不得超过一次以上。

污染物浓度的监测,应符合下列规定:
(1) 总悬浮微粒:采取滤膜采样,重量法。
(2) 飘尘:采取压电晶体法。
(3) 二氧化硫:采取盐酸副玫瑰苯胺比色法。
(4) 氮氧化物(以二氧化氮计):采取盐酸萘乙二胺比色法。
(5) 一氧化碳:采取红外分析、气相色谱法、汞置换法。
(6) 光化学氧化剂(O_3):采取硼酸碘化钾法(要扣除同步监测 NO_X 的干扰)。

19.1.3 环境质量区的划分

环境质量区的划分,见表 19.1-2。

大气环境质量区的划分及执行标准的规定 表 19.1-2

环境质量区	划 分 条 件	执行标准	备 注
一类区	国家规定的自然保护区、风景游览区、名胜古迹和疗养地等	一级	国家确定
二类区	城市规划中确定的居民区、商业交通居民混合区、文化区、名胜古迹和广大农村	二级	当地政府确定
三类区	大气污染程度比较严重的城镇和工业区以及城市交通枢纽、干线等	三级	当地政府确定

注:位于二类区内的工业企业,应执行二级标准,位于三类区内的非规划的居民区,应执行三类区的三级标准。

19.2 热舒适和热舒适方程

19.2.1 室内的热舒适性及影响热舒适性的因素

热舒适性是人体生理和心理相关的主观感觉,舒适性是人体通过自身的热平衡条件和对环境的热感觉经综合判断后得出的主观评价或判断。ASHRAE 55—1992 对热舒适所作的定义是:对环境表示满意的意识状态。

除了衣着、活动方式等个人因素外,影响人体热平衡从而影响热舒适性的环境因素主要是温度、湿度、气流运动和辐射换热量。

1. 室内空气温度与房间温度

室内空气温度是影响热舒适的主要因素,第 6.1.4 节中已介绍了"作用温度","作用温度"有时也称为修正干球温度(adjusted dry bulb temperature)或显热温度(sensitive temperature)。根据作用温度的计算公式,房间温度 t_r(℃)可表示为:

$$t_r = \frac{1}{2}(t_s + t_a) \tag{19.2-1}$$

式中 t_s——房间围护结构的内表面温度,℃;
t_a——房间内的空气温度,℃。

很多研究发现:当人以坐姿、着轻便服装,处于舒适的房间温度范围内时,即满足条件 $20℃ < t_r < 26℃$,$|t_s - t_a| < 4℃$ 时,其辐射散热和对流散热基本上各占一半;实际上上式就是表达这一特性的温度——作用温度。

2. 平均辐射温度

平均辐射温度（mean radiant temperature），是描述室内辐射换热状况的基本指标，其定义为：假设在一个绝热黑体表面构成的封闭空间里，人体与周围的辐射换热量和在实际房间里的辐射换热量相同，则这一黑体封闭空间的表面平均温度称为实际房间的平均辐射温度。

平均辐射温度 $\overline{T}_r$ 可按下式计算：

$$\overline{T}_r^4 = T_1^4 \cdot F_{p-1} + T_2^4 \cdot F_{p-2} + \cdots\cdots + T_n^4 \cdot F_{p-n} \tag{19.2-2}$$

式中　T_n——表面 n 的表面热力学温度，K；

F_{p-n}——人与表面 n 之间的角系数。

角系数 F_{p-n} 取决于人的位置和方向，以及围护结构的尺寸，一般可根据图 19.2-1 和图 19.2-2（引自 SAHRAE Handbook Fundamentals 2005）确定。

如果围护物表面之间存在的温度差异比较小，式（19.2-1）可简化成线性形式：

$$\overline{t}_r = t_1 \cdot F_{p-1} + t_2 \cdot F_{p-2} + \cdots\cdots + t_n \cdot F_{p-n} \tag{19.2-3}$$

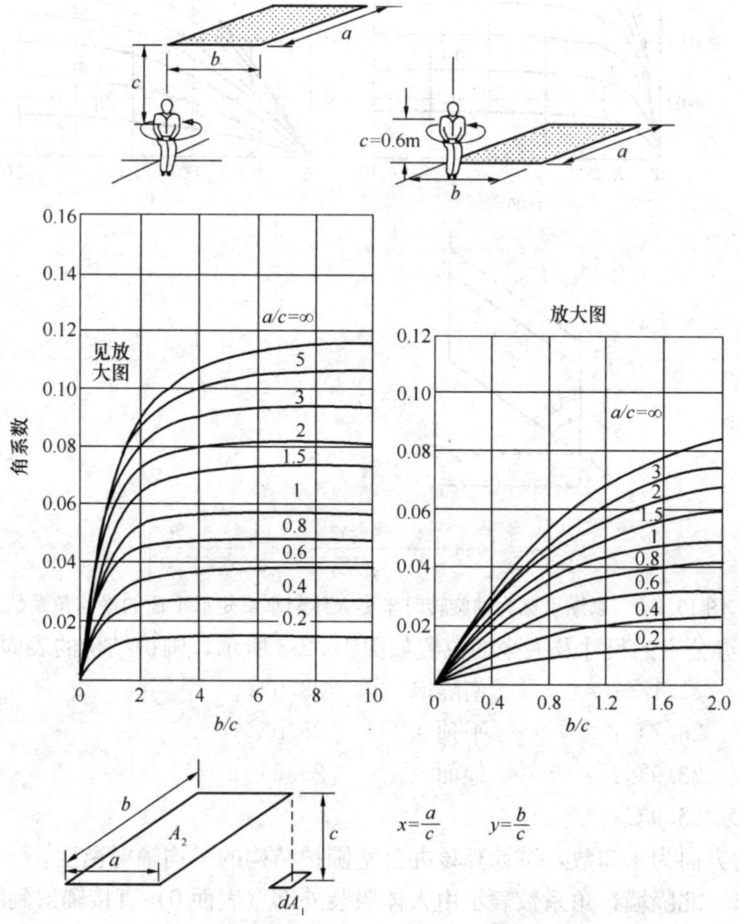

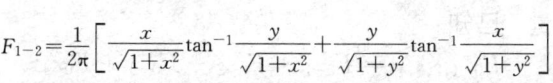

$$F_{1-2} = \frac{1}{2\pi}\left[\frac{x}{\sqrt{1+x^2}}\tan^{-1}\frac{y}{\sqrt{1+x^2}} + \frac{y}{\sqrt{1+y^2}}\tan^{-1}\frac{x}{\sqrt{1+y^2}}\right]$$

图 19.2-1　以纵坐标为轴旋转时坐姿人体与水平矩形平面的平均角系数

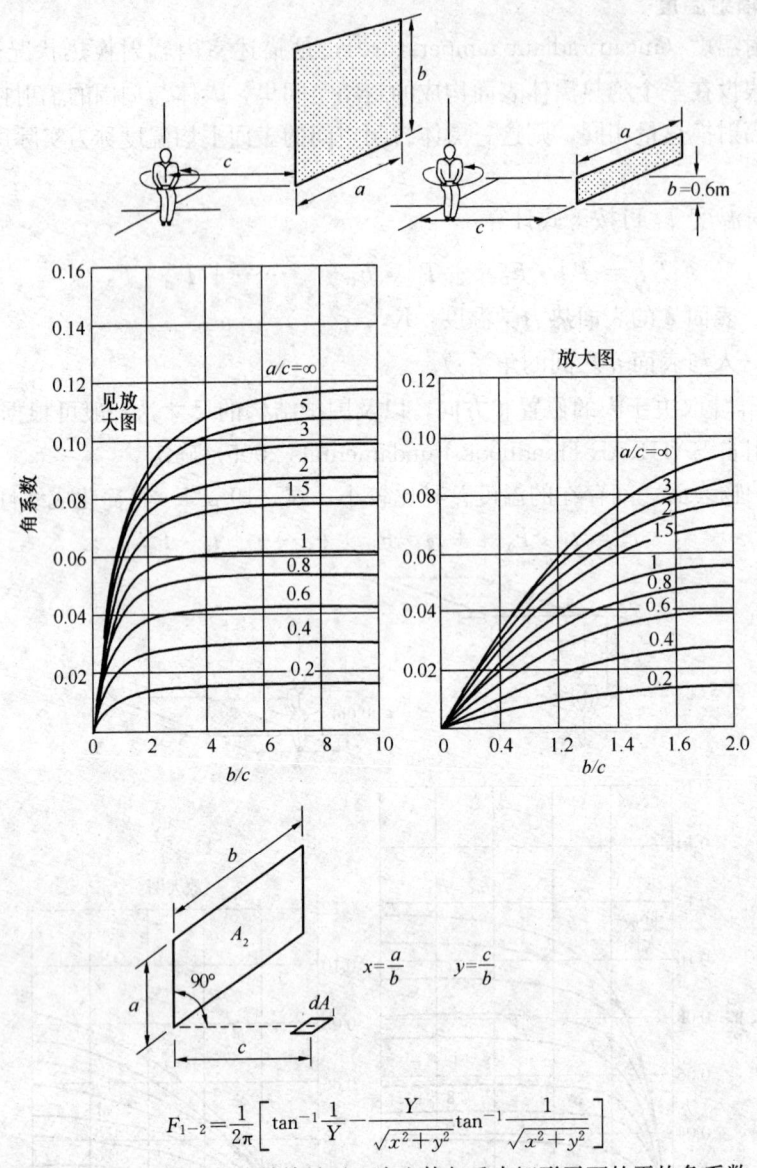

图 19.2-2 以纵坐标为轴旋转时坐姿人体与垂直矩形平面的平均角系数

【例1】 办公室的尺寸及人坐的位置如图 19.2-3 所示,围护结构的表面温度分别为:

西窗	31.1℃;	南隔墙	23.9℃;
西墙	26.7℃;	平顶	25.0℃;
北隔墙	23.9℃;	地面	25.6℃;
东隔墙	23.9℃;		

人员坐的方向为未知数,试计算该办公室围护结构的平均辐射温度。

【解】 (1) 北隔墙:角系数表示由人体服装外部(表面0)直接辐射到隔墙(表面1、2、3 和 4)上的总能量,已知

$$F_{0-1,2,3,4} = F_{0-1} + F_{0-2} + F_{0-3} + F_{0-4}$$

式中 F_{0-1} 是表面0至北隔墙表面1的角系数,根据 $b/L = 0.54/0.9 = 0.6$ 和 $a/L =$

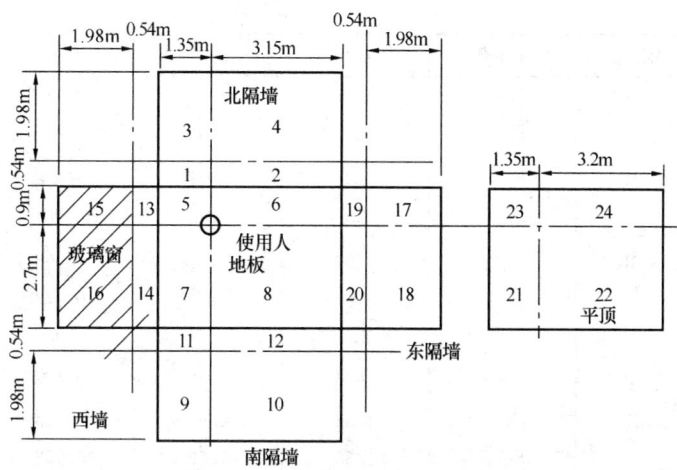

图 19.2-3 办公室尺寸（m）

1.35/0.9=1.5，由图 19.2-2 得角系数 $F_{0-1}=0.04$。L 是由人体至北隔墙的水平距离（$L=0.9m$）。以同样方法可计算出角系数 F_{0-2}、F_{0-3} 和 F_{0-4}。

（2）确定人体（表面0）至地面（表面5）的角系数 F_{0-5}，坐着的人的中心至地面的垂直距离是 0.54m，则 $b/L=0.9/0.54=1.67$，$a/L=1.35/0.54=2.5$，由图 19.2-1 可得角系数 $F_{0-5}=0.068$。以同样方法，可求出如表 19.2-1 所示的其他角系数。

（3）对于北隔墙（表面1）：

$$\overline{T}_{r\cdot 1}^4 \cdot F_{0-1}=(23.9+273)^4=3.11\times 10^8$$

其他的 $\overline{T}_{r\cdot n}^4 \cdot F_{0-n}$ 乘积，可按此方式进行计算，结果如表 19.2-1 所示。

乘积的总和为：$\sum \overline{T}_{r\cdot n}^4=78.98\times 10^8$，即 $\overline{T}_r^4=78.98\times 10^8$

所以，$\overline{T}_r=(78.98\times 10^8)^{\frac{1}{4}}=298.1K$ 或 $\overline{t}_n=298.1-273=25.1℃$

（4）角系数之和为：$F_{0-n}=0.994\approx 1.0$

F_{0-n} 和 $\overline{T}_{r\cdot n}^4$ 计算值　　　　　表 19.2-1

表面	表面温度	角系数	b/L	a/L	F_{0-n}	$\overline{T}_{r\cdot n}^4 F_{0-n}\times 10^8$
北隔墙	296.9K	F_{0-1}	0.6	1.5	0.04	3.11
		F_{0-2}	0.6	3.5	0.045	3.5
		F_{0-3}	2.2	1.5	0.07	5.44
		F_{0-4}	2.2	3.5	0.087	6.76
东隔墙	296.9K	F_{0-17}	0.63	0.29	0.014	1.09
		F_{0-18}	0.63	0.86	0.03	2.33
		F_{0-19}	0.17	0.29	0.004	0.31
		F_{0-20}	0.17	0.86	0.009	0.7
南隔墙	296.9K	F_{0-9}	0.73	0.5	0.023	1.79
		F_{0-10}	0.73	1.17	0.038	2.95
		F_{0-11}	0.2	0.5	0.008	0.62
		F_{0-12}	0.2	1.17	0.013	1.01

续表

表面	表面温度	角系数	b/L	a/L	F_{0-n}	$\overline{T}_{r \cdot n}^4 F_{0-n} \times 10^8$
西 墙	299.7K	F_{0-13}	0.4	0.67	0.018	1.45
		F_{0-14}	0.4	2.0	0.03	2.42
西 窗	304.1K	F_{0-15}	1.6	0.67	0.04	3.42
		F_{0-16}	1.6	2.0	0.07	5.99
地 面	298.6K	F_{0-5}	1.67	2.5	0.068	5.41
		F_{0-6}	1.67	5.8	0.073	5.8
		F_{0-7}	5.0	2.5	0.087	6.92
		F_{0-8}	5.0	5.8	0.102	8.11
平 顶	298K	F_{0-21}	1.36	0.68	0.033	2.6
		F_{0-22}	1.36	1.59	0.052	4.1
		F_{0-23}	0.45	0.68	0.015	1.18
		F_{0-24}	0.45	1.59	0.025	1.97
Σ					0.994	78.9×10⁸

【例2】 仍以上列办公室为例，但按式（19.2-3）进行计算，比较两种计算方法的差异。

【解】 计算结果如表19.2-2所示。

F_{0-n} 和 $\overline{t}_n$ 计算值　　　　　　　　表 19.2-2

表面	表面温度	角系数	b/L	a/L	F_{0-n}	$\overline{t}_r \cdot F_{0-n}$
北隔墙	23.9℃	F_{0-1}	0.6	1.5	0.04	0.96
		F_{0-2}	0.6	3.5	0.045	1.08
		F_{0-3}	2.2	1.5	0.07	1.67
		F_{0-4}	2.2	3.5	0.087	2.08
东隔墙	23.9℃	F_{0-17}	0.63	0.29	0.014	0.34
		F_{0-18}	0.63	0.86	0.03	0.72
		F_{0-19}	0.17	0.29	0.004	0.10
		F_{0-20}	0.17	0.86	0.009	0.22
南隔墙	23.9℃	F_{0-9}	0.73	0.5	0.023	0.55
		F_{0-10}	0.73	1.17	0.038	0.91
		F_{0-11}	0.2	0.5	0.008	0.19
		F_{0-12}	0.2	1.17	0.013	0.31
西 墙	26.7℃	F_{0-13}	0.4	0.67	0.018	0.48
		F_{0-14}	0.4	2.0	0.03	0.80
西 窗	31.1℃	F_{0-15}	1.6	0.67	0.04	1.24
		F_{0-16}	1.6	2.0	0.07	2.18
地 面	25.6℃	F_{0-5}	1.67	2.5	0.068	1.74
		F_{0-6}	1.67	5.8	0.073	1.87
		F_{0-7}	5.0	2.5	0.087	2.23
		F_{0-8}	5.0	5.8	0.102	2.61

续表

表　面	表面温度	角系数	b/L	a/L	F_{0-n}	$\bar{t}_r \cdot F_{0-n}$
平　顶	25℃	F_{0-21}	1.36	0.68	0.033	0.83
		F_{0-22}	1.36	1.59	0.052	1.3
		F_{0-23}	0.45	0.68	0.015	0.38
		F_{0-24}	0.45	1.59	0.025	0.63
Σ					0.994	25.42

由计算结果可知，两者相差仅 0.32℃，百分比则为：

$$\Delta = \frac{25.42 - 25.1}{25.42} \times 100\% = 1.26\%$$

平均辐射温度也可以根据平面辐射温度 t_{pr}（plane radiant temperature）以六个方向 [上（up）、下（down）、右（right）、左（left）、前（front）、后（back）] 与人员在相同方向的投影面积系数进行计算。

对于站立的人，平均辐射温度可按下式计算：

$$\bar{t}_r = \{0.08[t_{pr}(\text{up}) + t_{pr}(\text{down})] + 0.23[t_{pr}(\text{right}) + t_{pr}(\text{left})] \\ + 0.35[t_{pr}(\text{front}) + t_{pr}(\text{back})]\} \div [2(0.08 + 0.23 + 0.35)] \quad (19.2\text{-}4)$$

对于坐着的人，平均辐射温度可按下式计算：

$$\bar{t}_r = \{0.18[t_{pr}(\text{up}) + t_{pr}(\text{down})] + 0.22[t_{pr}(\text{right}) + t_{pr}(\text{left})] \\ + 0.30[t_{pr}(\text{front}) + t_{pr}(\text{back})]\} \div [2(0.18 + 0.22 + 0.30)] \quad (19.2\text{-}5)$$

由第 6 章所述可知，应用 Vernon 球型温度计，可以测量出室内的黑球温度 T_g（K）；当已知黑球温度和空气流速 v（m/s）时，则可按下式估算平均辐射温度值：

$$\bar{T}_r^4 = T_g^4 + cv^{0.5}(T_g - T_a) = T_g^4 + 0.247 \times 10^9 v^{0.5}(T_g - T_a)$$

或

$$\bar{T}_r = [T_g^4 + 0.247 \times 10^9 \times v^{0.5}(T_g - T_a)]^{\frac{1}{4}} \quad (19.2\text{-}6)$$

式中　T_g——黑球温度，K；

T_a——环境空气温度，K；

v——空气流速，m/s。

【例3】　房间有一个面积较大的玻璃窗，在窗附近测得干球温度为：$t_a = 24℃$，黑球温度为：$t_g = 28℃$，空气流速为：$v = 0.15\text{m/s}$，试求该房间的作用温度。

【解】　由式（19.2-6）可计算出平均辐射温度为：

$$\bar{T}_r = [T_g^4 + 0.247 \times 10^9 \times v^{0.5}(T_g - T_a)]^{\frac{1}{4}}$$

$$= [(28 + 273)^4 + 0.247 \times 10^9 \times 0.15^{0.5}(28 - 24)]^{\frac{1}{4}} = 304.5\text{K} = 31.5℃$$

注意：式（19.2-6）中，含 4 次方项中的温度必须用热力学温度，温度差项中的温度，则可以采用摄氏温度。

据此可估算出作用温度为：

$$t_o = \frac{1}{2} \cdot (\bar{t}_r + t_a) = \frac{1}{2} \times (31.5 + 24) = 27.8℃$$

作用温度反映的是环境辐射和空气流动的综合影响，本例的作用温度比周围空气的温度高 27.8－24＝3.8℃，由图 19.2-8 可以看出，这是一个不符合舒适性要求的环境。这种不舒适并不是由温度引起，而是由周围环境中的热表面（大面积玻璃窗）造成的。

3. 有效温度（effective temperature）ET*

有效温度是最常用的环境指标，它指的是当相对湿度为 50%，皮肤表面的热损失与实际环境中的热损失相同时的环境温度。ASHRAE Standard 55—1992 就是用有效温度和作用温度来定义舒适条件的。

有效温度同时考虑了温度与湿度两个因素，所以对于有效温度相同的两种环境，即使其温度与湿度可能不同，也能产生相同的热效应。

$$\mathrm{ET}^* = t_o + wi_m LR(p_a - 0.5 p_{\mathrm{ET}^*}) \tag{19.2-7}$$

式中　t_o——无因次；

i_m——水汽总渗透效率；

LR——Lewis 比，$LR=h_e/h_c$，在典型室内条件下，LR 近似等于 16.5K/kPa；

h_e——蒸发换热系数作用温度；

w——皮肤湿度（类似于 h_c），W/（m²·kPa）；

h_c——对流换热系数，W/（m²·K）；

p_a——周围空气中的水蒸气分压力，kPa；

p_{ET^*}——在 ET* 条件下的饱和水蒸气压力，kPa。

有效温度 ET* 的计算比较复杂（参见 2005 ASHRAEHandbook fundamentals 第 8 章），为此，针对典型的室内环境条件，定义了标准有效温度 SET（standard effective temperature）指标。其假定条件是：

服装热阻（thermal resistance of clothing）：$R_{cl}=0.6$clo$=0.093$m²·K/W；

服装透湿指数：0.4；

代谢活动水平：$M=1.0$met（1met$=58.15$W/m²）；

空气流速：$v<0.102$m/s；

环境温度：$t_a=$MRT，即环境温度等于平均辐射温度。

湿作用温度（humid operative temperature）t_{oh}，是指在相对湿度为 100% 时，人体通过皮肤损失的总热量与在实际环境中损失量相同时的均匀环境温度：

$$t_{oh} = t_o + wi_m LR(p_a - 0.5 p_{oh\cdot s}) \tag{19.2-8}$$

式中　$p_{oh\cdot s}$——在 ET* 条件下的饱和水蒸气分压力，kPa。

4. 房间表面温度与房间空气温度间的温度差

假设房间围护结构的绝热良好，与外界没有传热，房间辐射供暖/冷面以外表面温度与空气温度间温差的主要影响因素为围护结构的蓄热能力、房间负荷特性和供暖/冷方式。

例如夏季供冷：

（1）如空调方式为全空气系统，房间表面吸收的辐射热只能以对流方式传给空气；这时房间表面温度总是高于空气温度。冷负荷中辐射成分占得越多，表面温度与空气温度间的温度差也就越大。从极端状况而言，辐射传热占到总负荷的 100% 时，温差将达到最大值；反之，当对流传热占到 100% 时，则由于表面没有得热，表面温度将与空气温度相等，温度差为零。

（2）如空调方式为辐射供冷系统，非供冷表面温度与空气温度间的差值主要取决于冷表面温度和负荷中辐射热的强度。一般情况下,房间辐射供暖/冷面以外表面温度与空气温度间温差较小。当冷负荷中的辐射热部分与冷辐射面的辐射供冷量相等时,非供冷表面温度与空气温度相等。当对流热部分占到负荷的100%时,非供冷表面温度低于空气温度,且达到最低值。

5. 竖向空气温度的变化

竖向空气温度的变化,是由于不同温度空气的密度不同以及竖向空气流动造成的;竖向空气的流动速度越大,温度变化也越大,舒适性也就差。

B. W. Olessen通过实验得出的结论是:当以不满意率PPD=10%作为舒适界限时,允许舒适温差为3.7K。

6. 辐射的不对称(均衡)性

围护结构各内表面之间温度差异的存在,会造成辐射的不对称(均衡)性(Radiation Asymmetry);即使这时表面平均温度处于允许范围之内,仍会导致舒适性的降低。

辐射的不均衡性,可以使用半空间辐射温度进行定量评价。所谓半空间(Half-space),就是将房间一分为二,变成两个"半空间",然后,分别计算其表面平均温度,两者的差值 Δt_s 越大,表明辐射的不对称性越大。其数学表达式为:

$$\Delta t_s = | t_{s1} - t_{s2} | \qquad (19.2\text{-}9)$$

式中 t_{s1}、t_{s2}——半空间1和半空间2的表面平均温度,K。

P. O. Fanger通过实验,得出了图19.2-4所示的结果(受试者情况:静坐,代谢率1met;衣服热阻0.6clo)。图中水平虚线表示不满意率为5%,虚线以下为可接受的辐射不对称性。

由图19.2-4可知:冷/热辐射板位置不同时,人们对辐射不对称性的接受程度相差很大。例如在不满意率5%时,热墙面的允许辐射不对称性可高达22K而热顶板时仅为4K。

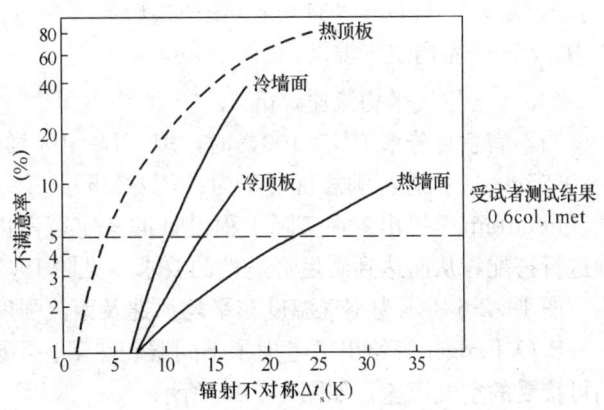

图19.2-4 辐射不对称性引起的人员不满意百分率

7. 空气湿度

空气的湿度,主要影响人体表面汗液的蒸发量;当湿度过高时,因汗液不能及时地充分地蒸发掉而积于皮肤表面,使人们的不舒适感增强。空气湿度对人体舒适感的影响,可用皮肤湿润度来衡量。

湿润度是一个无量纲的参数,它的定义是:体汗的实际蒸发量与同一热环境下体表完全湿润而可能产生的最大蒸发量之比。

超出一定范围以后,皮肤湿润度越大,不舒适感就越强烈。导致不舒适的皮肤湿润度 w 的上限,可按下式计算:

$$w < 0.0012M + 0.15 \qquad (19.2\text{-}10)$$

式中 M——人体能量代谢率。

8. 空气流速和紊流强度

空气流速的变化程度，即某一时间段内速度扰动平均大小的量度，一般以紊流强度 (Turbulence Intensity) 来衡量。紊流强度越大，说明速度扰动越剧烈，风速越不均匀。

紊流强度 Tu 的定义是：瞬时速度的标准偏差除以平均速度，是一个无量纲的百分比值，其计算式为：

$$Tu = \frac{s_v}{\bar{v}} \times 100\% \tag{19.2-11}$$

$$s_v = \sqrt{\frac{1}{n-1} \cdot \sum_{i=1}^{n}(v_i - \bar{v})^2} \tag{19.2-12}$$

式中 $\bar{v}$——空气的平均流速；
  s_v——平均流速与流速瞬时值间的标准差；
  v_i——空间某点空气流速在 i 时刻的瞬时值。

空气流速对热舒适感的影响比较复杂，至今还没有得出令人满意的定量关系。

人体对气流速度的大小比较敏感，只有在"中性——热"状态下的微风，人们会感到舒适，超过一定限度的风速，会引起"吹风感 (draft)"，导致不满意率的升高。吹风感定义为：由于空气流动造成的人体所不希望的局部冷却不适感。它是评价人体舒适性的重要标准之一。

吹风感的不满意百分率 PD，可按下列公式计算（本公式由 P. O. Fanger 等提出，被 ISO 7730 标准采用）：

$$PD = (34 - t_a)(\bar{v} - 0.05)^{0.62} \times (0.37 \cdot \bar{v} \cdot Tu + 3.14) \tag{19.2-13}$$

式中 t_a——室内空气温度，℃；
  $\bar{v}$——空气平均流速，m/s；

当不满意百分率 $PD>100\%$ 时，取 $PD=100\%$；空气平均流速 $\bar{v}<0.05$m/s 时，取 $\bar{v}=0.05$m/s。推荐不满意百分率为：$PD<15\%$。

Fountain 等提出：在实际工程设计的一定范围内，可以将作用温度与不同的气流速度进行搭配，从而达到满足舒适性的要求（见图 19.2-5）。

图 19.2-6 所示为空气温度与平均风速及紊流强度的关系。

P. O. Fanger 等给出了考虑了不同服装热阻、不同代谢率、不同温度等多种影响下人们可接受的空气流速，如图 19.2-7 所示。

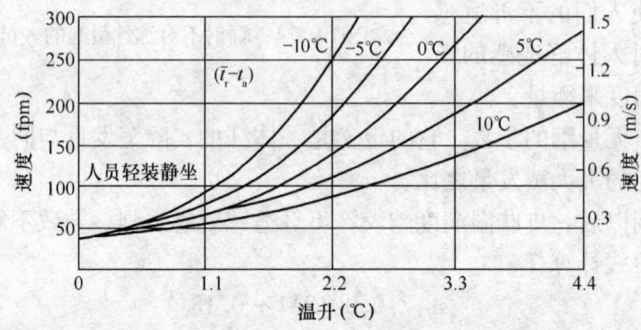

图 19.2-5 弥补温度升高所需提高的风速

9. 舒适标准与舒适范围

（1）ISO 7730 标准：ISO 7730 标准对从事轻的、主要是坐着的活动（如办公室工作），提出了表 19.2-3 的建议值。

（2）ASHRAE标准

图 19.2-8 是 ASHRAE Standard 55—1992 给出的冬季和夏季舒适区，它的具体条件是：穿着典型夏季和冬季服装进行轻体力活动或处于静坐状态（$M \leqslant 1.2\text{met}$）的人可接受的作用温度和湿度的范围，该范围内人群的不满意率为10％。

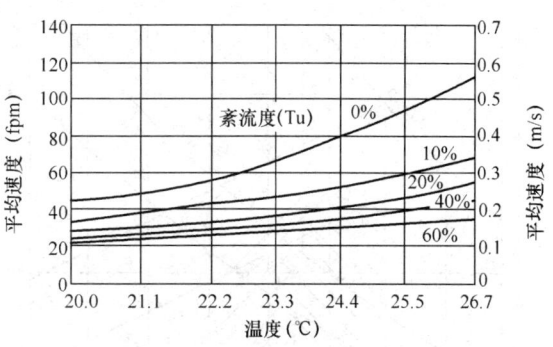

图 19.2-6 空气温度与平均风速及紊流强度的关系

标准中湿度的上下限，是综合考虑了皮肤干燥、眼睛发炎、呼吸健康、微生物繁殖以及其他与湿度有关的现象后给定的。在确定室内设计条件时，要注意通过调节室内露点和控制临界表面温度，防止建筑物和建材表面产生结露。

由图 19.2-8 可以看出，在部分区域里，冬季和夏季的舒适区是相互重叠的。在该区域内，穿夏季服装的人会感到稍凉，而穿冬季服装的人则感觉稍暖。实际上，由于每个人在给定条件下的反应不可能完全一致，所以，不能将该图给定的边界理解为突变的分界线。

图 19.2-9 所示为在各种舒适度条件下给定温度时，从事轻肢体活动或久坐的人的服装热阻（$<1.2\text{met}$）。

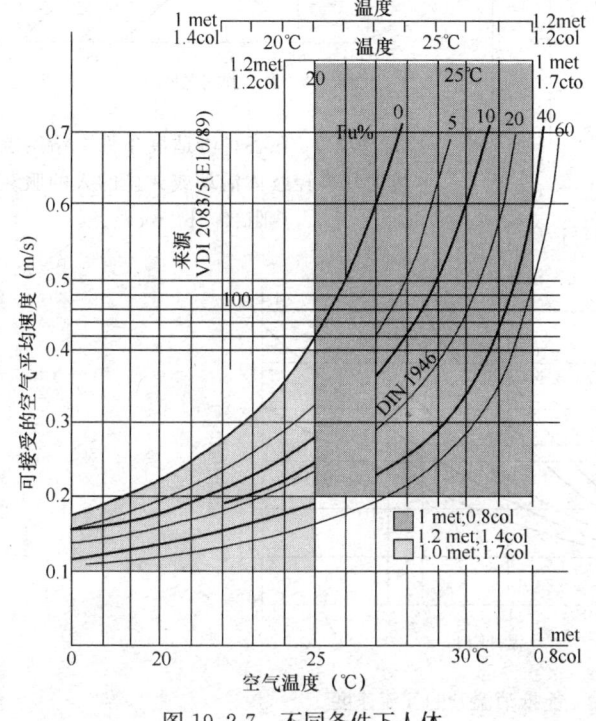

图 19.2-7 不同条件下人体可接受的空气流速

ISO 7730 对舒适区的建议值　　　　表 19.2-3

项　目		夏　季	冬　季
干球温度（℃）		23～26	20～24
地面以上 0.1～1.1m 间的垂直温度差（℃）		<3	<3
室内平均风速（m/s）		<0.25	<0.15
地表面温度（℃）		—	19～26（地面辐射供暖≤29）
辐射温度不均衡性（℃）	平顶与地面 0.6m 以上水平之间平面		<5
	窗或其他冷垂直面与地面 0.6m 以上水平之间		<10

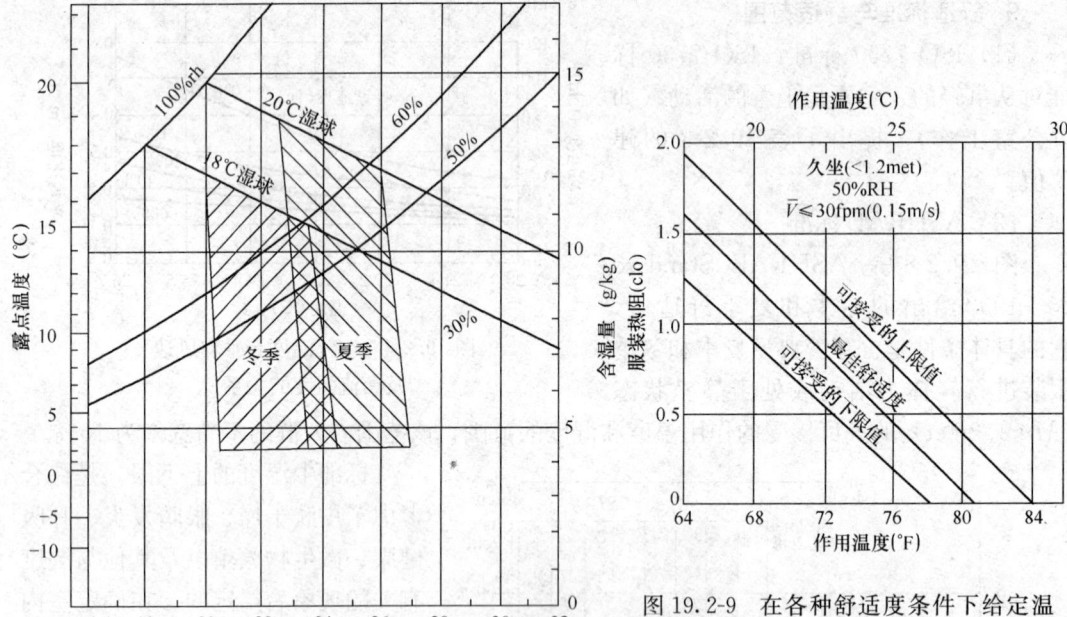

图 19.2-8　ASHRAE 夏季和冬季的舒适区

图 19.2-9　在各种舒适度条件下给定温度时从事轻肢体活动或久坐的人的服装热阻（<1.2met）

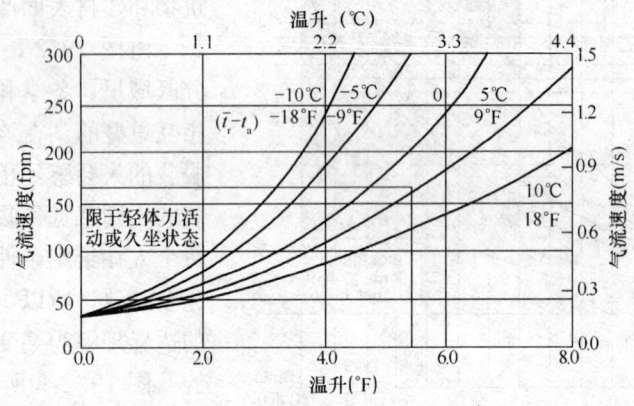

图 19.2-10　能抵消温升的气流速度

对于长久处于坐姿工作（活动量<1.2met）的人来说，避免吹风不适是非常必要的，但是，对于正在活动的人来说，不一定会感到吹风不适。图 19.2-10 所示为空气流速和温度对图 19.2-8 的舒适区的综合影响。由图可见，夏季空气温度升高时，如果空气流速也相应增加的话，有可能保持原有的舒适度。

对于活动中（活动量：1.2<met<3）的人员来说，可接受的作用温度也可按下式计算：

$$t_o = t_o' - 3.0 \times (1 + r_{clo})(M - 1.2) \quad (19.2\text{-}14)$$

式中　t_o'——由图 19.2-9 得出的久坐状态下的作用温度，℃；

M——活动量，met；

r_{clo}——服装热阻，clo。

图 19.2-11 所示为作用温度、活动量和服装的综合影响，给出了空气低速流动条件下活动中的人的最佳作用温度（空气流动速度 $\overline{V}<0.15\mathrm{m/s}$）。

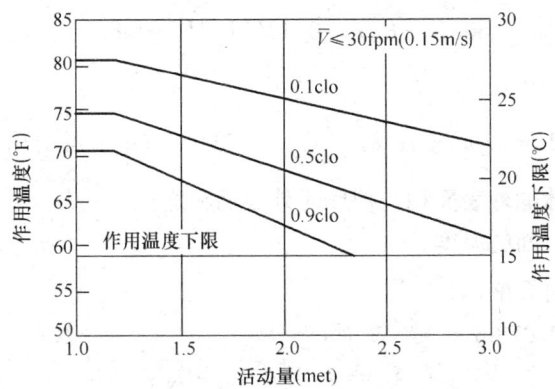

图 19.2-11　空气低速流动条件下活动中的人的最佳作用温度（$\overline{V}<0.15\mathrm{m/s}$）

19.2.2　人体热平衡和舒适方程（Fanger 方程）

1. 热平衡方程式

$$S = M - W - E - R - C \tag{19.2-15}$$

式中　S——人体蓄热率，$\mathrm{W/m^2}$；
　　　M——人体能量代谢率，$\mathrm{W/m^2}$；
　　　W——人体所作机械功，$\mathrm{W/m^2}$；
　　　E——蒸发热损失，$\mathrm{W/m^2}$；
　　　R——辐射热损失，$\mathrm{W/m^2}$；
　　　C——对流热损失，$\mathrm{W/m^2}$。

2. 蒸发热损失 E（$\mathrm{W/m^2}$）：

$$E = L + E_{\mathrm{hu}} + E_{\mathrm{p}} + E_{\mathrm{h}} \tag{19.2-16}$$

式中　L——呼吸时的显热损失，$\mathrm{W/m^2}$；

$$L = 0.0014 M (34 - t_{\mathrm{a}}) \tag{19.2-17}$$

　　　E_{hu}——呼吸时的潜热损失，$\mathrm{W/m^2}$；

$$E_{\mathrm{hu}} = 1.72 \times 10^{-5} M (5867 - P_{\mathrm{q}}) \tag{19.2-18}$$

　　　E_{p}——皮肤扩散蒸发热损失，$\mathrm{W/m^2}$；

$$E_{\mathrm{p}} = 3.05 \times 10^{-3} \times (254 t_{\mathrm{p}} - 3335 - P_{\mathrm{q}}) \tag{19.2-19}$$

　　　E_{h}——皮肤出汗造成的热损失，$\mathrm{W/m^2}$；

$$E_{\mathrm{h}} = 0.42 (M - W - 58.15) \tag{19.2-20}$$

　　　t_{a}——人体周围的空气温度，℃；
　　　P_{q}——人体周围空气的水蒸气分压力，Pa；
　　　t_{p}——人体皮肤的平均温度，℃；

$$t_p = 35.7 - 0.0275(M-W) \tag{19.2-21}$$

因此 $E = 0.0014M(34-t_a) + 1.72 \times 10^{-5}M(5867-P_q) + 3.05 \times 10^{-3}$

$$\times (254t_p - 3335 - P_q) + 0.42(M-W-58.15) \tag{19.2-22}$$

3. 辐射热损失 R（W/m²）：

$$R = 3.95 \times 10^{-8} A_y [(t_y+273)^4 - (\bar{t_r}+273)^4] \tag{19.2-23}$$

式中　A_y——穿衣人体的外表面积与裸体时外表面积之比；
　　　t_y——衣着外表面的温度，℃；
　　　$\bar{t_r}$——平均辐射温度，℃。

当服装热阻 $R_y \leqslant 0.078 \text{m}^2 \cdot \text{℃/W}$ 时：

$$A_y = 1.00 + 1.29 R_y \tag{19.2-24}$$

当服装热阻 $R_y > 0.078 \text{m}^2 \cdot \text{℃/W}$ 时：

$$A_y = 1.05 + 0.645 R_y \tag{19.2-25}$$

衣着外表面的温度 t_y，按热平衡关系为：

$$t_y = t_p - R_y(R+C) \tag{19.2-26}$$

4. 对流热损失 C（W/m²）：

$$C = A_y h_c (t_y - t_a) \tag{19.2-27}$$

式中　h_c——对流换热系数，W/m² · ℃。

当 $2.38(t_y-t_n)^{0.25} > 12.1\sqrt{v}$ 时：

$$h_c = 2.38(t_y-t_n)^{0.25} \tag{19.2-28}$$

当 $2.38(t_y-t_n)^{0.25} > 12.1\sqrt{v}$ 时：

$$h_c = 12.1\sqrt{v} \tag{19.2-29}$$

式中　v——空气的相对流速，m/s。

当人体蓄热率 $S=0$ 时，达到舒适状态；这时，得如下热舒适方程式：

$$M-W-E-R-C = 0 \tag{19.2-30}$$

5. 人体能量代谢率 M（W/m²）：

$$M = \frac{21(0.23RQ + 0.77)Q_{O_2}}{A_D} \tag{19.2-31}$$

式中　RQ——呼吸商，$RQ = \frac{Q_{CO_2}}{Q_{O_2}}$；
　　　Q_{CO_2}——人体的 CO_2 呼出量，L/min；
　　　Q_{O_2}——在呼出 CO_2 时的耗 O_2 量，L/min；
　　　A_D——人体的表面积，可按表 19.2-4 确定，该表是根据下列 DuBois 公式编制的：

$$A_D = 0.202 m^{0.425} \times h^{0.725} \tag{19.2-32}$$

　　　m——人体的体重，kg；
　　　h——身高，m。

人体（裸体）的表面积（m²） 表 19.2-4

身高 (m)	体 重 （kg）												
	30	40	50	60	65	70	75	80	85	90	95	100	105	110
1.20	0.99	1.12	1.23	1.33	1.37	1.42	1.46	1.50	1.54	1.58	1.61	1.65	1.68	1.72
1.30	1.05	1.18	1.30	1.41	1.45	1.50	1.55	1.59	1.63	1.67	1.71	1.75	1.78	1.82
1.40	1.10	1.25	1.37	1.48	1.53	1.58	1.63	1.68	1.72	1.76	1.80	1.84	1.88	1.92
1.45	1.13	1.28	1.41	1.52	1.57	1.62	1.67	1.72	1.76	1.81	1.85	1.89	1.93	1.97
1.50	1.16	1.31	1.44	1.56	1.61	1.67	1.71	1.76	1.81	1.85	1.90	1.94	1.98	2.02
1.55	1.19	1.34	1.48	1.60	1.65	1.71	1.76	1.80	1.85	1.90	1.94	1.98	2.03	2.07
1.60	1.22	1.38	1.51	1.63	1.69	1.74	1.80	1.85	1.90	1.94	1.99	2.03	2.07	2.11
1.65	1.24	1.41	1.55	1.67	1.73	1.78	1.84	1.89	1.94	1.99	2.03	2.08	2.12	2.16
1.70	1.27	1.44	1.58	1.71	1.77	1.82	1.88	1.93	1.98	2.03	2.08	2.12	2.17	2.21
1.75	1.30	1.47	1.61	1.74	1.80	1.86	1.92	1.97	2.02	2.07	2.12	2.17	2.21	2.26
1.80	1.33	1.50	1.65	1.78	1.84	1.90	1.96	2.01	2.06	2.11	2.16	2.21	2.26	2.30
1.85	1.35	1.53	1.68	1.82	1.88	1.94	2.00	2.05	2.11	2.16	2.21	2.26	2.30	2.35
1.90	1.38	1.56	1.71	1.85	1.92	1.98	2.04	2.09	2.15	2.20	2.25	2.30	2.35	2.40
1.95	1.41	1.59	1.75	1.89	1.95	2.01	2.07	2.13	2.19	2.24	2.29	2.34	2.39	2.44
2.00	1.43	1.62	1.78	1.92	1.99	2.05	2.11	2.17	2.23	2.28	2.34	2.39	2.44	2.49

呼吸商 RQ 值，取决于人的活动、饮食和身体条件，ASHRAE 手册给出了下列数据：成年人坐着从事轻工作（$M<1.5$）时，平均 $RQ=0.83$；从事非常重的劳动时（$M=5$），比例增加至 $RQ=1.0$。

表 19.2-5 列出了不同活动水平时的心率和耗氧量。

表 19.2-6 列出了不同活动时的能量代谢率（摘自 ASHRAE 手册）。

不同活动水平时的心率和耗氧量 表 19.2-5

劳 动 水 平	心率 (b/min)	耗氧量 (mL/s)
轻劳动	<90	<8
中等劳动	90~110	8~16
重劳动	110~130	16~24
很重的劳动	130~150	24~32
非常重的劳动	150~170	>32

不同活动时的能量代谢率 表 19.2-6

序 号	活 动 类 型	能量代谢率	
		W/m²	met
1	静止的： 睡眠 向后靠着 坐着，平静的 站着，无拘束的	40 45 60 70	0.7 0.8 1.0 1.2

续表

序号	活动类型	能量代谢率 W/m²	met
2	走路（在平面上）：		
	3.2km/h（0.9m/s）	115	2.0
	4.3km/h（1.2m/s）	150	2.6
	6.4km/h（1.8m/s）	220	3.8
3	办公活动：		
	阅读，坐着	55	1.0
	书写	60	1.0
	打字	65	1.1
	整理文档，坐着	70	1.2
	整理文档，站着	80	1.4
	到处走动	100	1.7
	包装	120	2.1
4	驾驶/飞行：		
	汽车	60～115	1.0～2.0
	飞机，常规操作	70	1.2
	飞机，起降	105	1.8
	飞机，战斗	140	2.4
	重型运输工具	185	3.2
5	各种活动：		
	烹饪	90～115	1.6～2.0
	清扫房屋	115～200	2.0～3.4
	坐着，繁重的零部件移动	130	2.2
	机械操作：锯（台锯）	105	1.8
	轻（电气作业）	115～140	2.0～2.4
	重	235	4.0
	搬运50kg箱包	235	4.0
	挖掘、铲工作	235～280	4.0～4.8
6	各种悠闲活动：		
	舞蹈，社交	140～255	2.4～4.4
	柔软体操/锻炼	175～235	3.0～4.0
	网球	210～270	3.6～4.0
	篮球	290～440	5.0～7.6
	摔跤，竞赛	410～505	7.0～8.7

注：① met（metabolic rate）＝（某种活动强度时的能量代谢率）/（静坐时的能量代谢率）；
② 1 met＝58.15W/m²。

服装的热阻，也可以按下式计算确定：

$$R_y = (0.534 + 0.135x_f)(A_G/A_D) - 0.0549 \qquad (19.2\text{-}33)$$

式中　x_f——织物的厚度，mm；

　　　A_G——身体被衣服覆盖的表面积，m²。

表19.2-7和表19.2-8给出了各种服装的热阻，其中：表19.2-7的数据引自ISO 7730，表19.2-8的数据引自ASHRAE Handbook 2005。

各种服装的热阻 表 19.2-7

服 装 种 类	热 阻	
	m² · ℃/W	clo
裸体	0	0
短裤	0.015	0.1
典型的炎热季服装：短裤、短袖开领衫、薄短袜、凉鞋	0.045	0.3
一般的夏季服装：短裤、薄长裤、短袖开领衫、薄短袜、鞋子	0.080	0.5
薄工作服：薄内衣、长袖棉工作衬衣、工作裤、羊毛袜和鞋子	0.110	0.7
典型冬季室内服装：内衣、长袖衬衫、裤子、茄克衫或长袖毛衣、厚袜和鞋子	0.160	1.0
厚的传统欧洲服装：长袖棉内衣、衬衫、背带裤、茄克套装、羊毛袜和厚鞋子	0.230	1.5

衣着的热阻 表 19.2-8

衣 着 类 别	R_y (clo)	衣 着 类 别	R_y (clo)
内衣裤		裤子和连衣裤工作服	
男士内裤	0.04	短裤	0.06
妇女与儿童的短衬裤	0.03	步行用短裤	0.08
乳罩	0.01	薄长裤	0.15
T恤	0.08	厚长裤	0.24
妇女的全衬裙	0.16	宽松长运动裤	0.28
妇女的半衬裙	0.14	防护服（罩衫）	0.30
连裤工作服	0.49	厚无袖内衣	0.17
衬衫、茄克衫和汗衫、背心		厚运动衫，毛线衫	
薄单层护胸（Breasted）	0.36	薄无袖背心（防护服）	0.13
厚单层护胸	0.44	厚无袖背心（防护服）	0.22
薄双层护胸	0.42	薄长袖	0.25
厚双层护胸	0.48	厚长袖	0.36
薄无袖内衣	0.10	衣服和裙子	
长内上衣	0.20	薄裙子	0.14
长至臀部的内衣	0.15	厚裙子	0.23
鞋袜		薄长袖衬衣式连衣裙	0.33
短运动袜	0.02	厚长袖衬衣式连衣裙	0.47
短袜（至小腿）	0.03	薄短袖衬衣式连衣裙	0.29
厚短袜（到膝盖）	0.06	薄无袖开衫	0.23
长统袜	0.02	厚无袖开衫，套头衫	0.27
凉鞋/皮带	0.02	睡衣裤和罩衣（长袍）	
拖鞋	0.03	薄无袖短睡袍	0.18
（长）靴	0.10	薄无袖长睡袍	0.20
衬衣和宽松短衫		短袖大夫工作服	0.31
无袖低领开衫	0.12	厚长袖长袍	0.46
短袖衬衫	0.19	厚长袖睡衣	0.57
长袖衬衫	0.25	薄长袖睡衣	0.42
法兰绒长袖衬衫	0.34	厚长袖长罩衣，外套	0.69
短袖运动衣	0.17	厚长袖短罩衣	0.48
长袖汗衫	0.34	薄短袖短罩衣	0.34

注：① "薄"以单薄织物做成供夏季穿着的服装；"厚"以粗厚织物做成供冬季穿着的服装。
　　② 1clo＝0.155m² · K/W。

19.2.3 热环境的评价指标

ISO 7730 标准，以预计平均得票数 PMV（Predicted Mean Vote）——预计不满意的百分比 PPD（Predicted Percentage of Dissatisfied）来描述和评价热环境，热舒适指标：

$$PMV = (0.303e^{-0.036M} + 0.028)\{M - W - 3.05 \times 10^{-3}[5733 - 6.99(M-W) - P_f]$$
$$- 0.42[(M-W) - 58.15] - 1.7 \times 10^{-5}M(5867 - P_f)$$
$$- 0.0014M(34 - t_n) - 3.96 \times 10^{-8}A_y[(t_y + 273)^4$$
$$- (MRT + 273)^4] - A_y a_c(t_y - t_n)\} \qquad (19.2\text{-}34)$$

PMV 指标的判断标准如下（ASHRAE Handbook 2005）：

  PMV＝＋3 热（hot）

  PMV＝＋2 暖和（warm）

  PMV＝＋1 稍暖和（slightly warm）

  PMV＝0 适中、舒适（neutral）

  PMV＝－1 稍凉快（slightly cool）

  PMV＝－2 凉快（cool）

  PMV＝－3 冷（cold）

表示对热舒适环境不满意的百分数 PPD 指标，与 PMV 之间的关系如下式和图 19.2-12 所示。

$$PPD = 100 - 95\exp[-(0.03353PMV^4 + 0.2179PMV^2)] \qquad (19.2\text{-}35)$$

ISO 7730 标准对指标的推荐值为：PPD＜10％

对 PMV 指标的要求为：－0.5＜PMV＜＋0.5

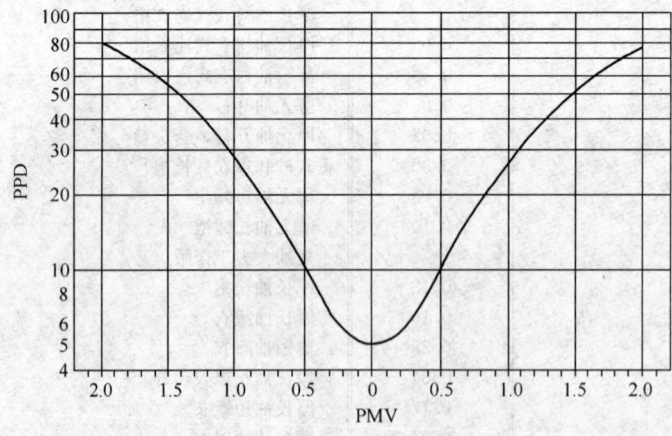

图 19.2-12 PPD 与 PMV 的关系

19.3 室内空气的质量标准及设计参数

19.3.1 室内空气的质量标准

长期在现代建筑物中生活和工作的人群，表现出越来越严重的病态反应，从而提出了病态建筑（Sick Building）和病态建筑综合症（SBS）的概念。

根据世界卫生组织 WHO（World health organization）的定义，病态建筑综合症是因建筑物使用而产生的症状，包括眼睛发红、流鼻涕、嗓子疼、困倦、头痛、恶心、头晕、皮肤搔痒等。

调查表明：人们全天有 80% 的时间在室内度过，因此，SBS 的问题主要是由于室内空气品质 IAQ（Indoor Air Quality）不佳而引起的。为此，IAQ 问题已成为当今建筑环境领域普遍关注的热点。

1. 可接受的室内空气品质

（1）ASHRAE 62—1989 和 1989R 中，首次提出了可接受的室内空气品质（Acceptable Indoor Air Quality）和感受到的可接受的室内空气品质（Acceptable Perceived Indoor Air Quality）等概念。

（2）在 ASHRAE Standard 62—1989R 中，可接受的室内空气品质的定义为：空调空间中的绝大多数人（≥80%）没有对室内空气表示不满意，并且空气中没有已知的污染物达到了公认的权威机构所确定的可能对人体产生严重健康威胁的浓度。

（3）感受到的可接受的室内空气品质定义为：空调空间中绝大多数人（≥80%）没有因为气味或刺激而表示不满意。

（4）感受到的可接受的室内空气品质，是满足标准定义的"可接受的室内空气品质"的必要条件，但并非充分条件。因为有些污染物并不产生气味和刺激，如氡、一氧化碳。由于没有气味，对人也没有刺激作用，不会被人感觉到，但却对人危害很大。因此，仅用感受到的室内空气品质是不够的，必须同时引入可接受的室内空气品质。

在可接受的室内空气品质的条件下，不仅人们感觉舒适，而且，环境中没有异味，污染物也未达到有害水平。

（5）保持良好的 IAQ，就是要使室内气体及颗粒状污染物的浓度低于可接受水平。室内污染物包括：CO_2、CO、其他气体、蒸气、放射性物质、微生物、病毒、病原体和悬浮颗粒物质等。

（6）为了保护人体健康，预防和控制室内空气污染，我国国家质量监督检验检疫总局、卫生部和国家环境保护总局于 2002 年 11 月 19 日联合发布了国家标准—《室内空气质量标准》（GB/T 18883—2002），为设计、监测和检验室内空气的品质提供了依据。

标准明确规定：室内空气应无毒、无害、无异常嗅味。同时，具体给出了物理性、化学性、生物性和放射性参数的标准值，详见表 19.3-1。

（7）进行室内空气监测时，应注意以下事项：

1）采样点的数量：房间面积 $A<50m^2$ 时，应设 1~3 个点；$A=50~100m^2$ 时，应设 3~5 个点；$A>100m^2$ 时，至少应设 5 个点。

室内空气品质的标准值（GB/T 18883—2002） 表 19.3-1

序号	参数类别	参数	单位	标准值	备注
1	物理性	温度	℃	22~28 16~24	夏季空调 冬季采暖
2		相对湿度	%	40~80 30~60	夏季空调 冬季采暖
3		空气流速	m/s	0.3 0.2	夏季空调 冬季采暖
4		新风量	m³/(h·人)	30[a]	
5	化学性	二氧化硫 SO_2	mg/m³	0.5	1h均值
6		二氧化氮 NO_2	mg/m³	0.24	1h均值
7		一氧化碳 CO	%	10	1h均值
8		二氧化碳 CO_2	mg/m³	0.1	1h均值
9		氨 NH_3	mg/m³	0.2	1h均值
10		臭氧 O_3	mg/m³	0.16	1h均值
11		甲醛 HCHO	mg/m³	0.1	1h均值
12		苯 C_6H_6	mg/m³	0.11	1h均值
13		甲苯 C_7H_8	mg/m³	0.2	1h均值
14		二甲苯 C_8H_{10}	mg/m³	0.2	1h均值
15		苯并[a]芘 B(a)P	mg/m³	1.0	日平均值
16		可吸入颗粒 PM10	mg/m³	0.15	日平均值
17		总挥发性有机物 TVOC	mg/m³	0.6	8h均值
18	生物性	菌落数	cfu/m³	2500	依据仪器定[b]
19	放射性	氡 ^{222}Rn	Bq/m³	400	年平均值（行动水平[c]）

a. 新风要求不小于标准值，除温度和相对湿度外的其他参数，要求不大于标准值。
b. 撞击法（impacting method）：采用撞击式空气微生物采样器采样，通过抽气动力作用，空气通过狭缝或小孔而产生高速气流，使悬浮在空气中的带菌粒子撞击到营养琼脂平板上，经37℃、48h培养后，计数菌落数，并根据采样器的流量和采样时间，换算成每 1m³ 空气中的菌落数，以 cfu/m³ 报告结果。
c. 行动水平即达到此水平建议采取干预行动以降低室内氡浓度。
d. 1ppm=10^{-6}。

2）采样点应在对角线上，或按梅花式均匀分布，离墙距离应>0.5m，且应避开通风口。

3）采样点的高度，应与人的呼吸带高度相一致，相对高度 0.5~1.0m 之间。

4）采样时间：年平均浓度的采样时间应≥3 个月；日平均浓度的采样时间应≥18h；8h 平均浓度的采样时间应≥6h；1h 平均浓度的采样时间应≥45min；采样时间应涵盖通风最差的时间段。

5）采用筛选法采样时，采样前应关闭门窗 12h，采样时关闭门窗，至少采样 45min。

6）当筛选法采样达不到《室内空气质量标准》要求时，必须采用累积法（按年平均、日平均，8h 平均值）的要求采样。

7) 在计算浓度时，应按下式将采样体积换算成标准状态下的体积 V_0（L）：

$$V_0 = V \frac{T_0}{T} \cdot \frac{P}{P_0} \qquad (19.3\text{-}1)$$

式中　V——采样体积，L；

　　　T_0——采样时现场的绝对温度，K；

　　　T——标准状态下的绝对温度，273K；

　　　P_0——标准状态下的大气压力，101.3kPa；

　　　P——采样时现场的大气压力，kPa。

8) 每次平行采样，测定之差与平均值比较的相对偏差不应超过20%。

2. IAQ 的影响因素

根据对上海市大量写字楼与商场的调查发现，引起 IAQ 问题的原因，主要有下列两个方面：

(1) HVAC 系统方面

包括通风与气流组织不好，新风量不足，室内未达到要求的热舒适性条件等。

在这方面新风量不足是一个关键问题。新风量不足的原因一般有以下四种情况：

1) 管理水平太低，缺乏空调系统的运行经验：空调系统仅起供冷、供暖作用，平时根本不启动和运行空调系统，所以实际上有时是没有新风；

2) 片面节省能耗，盲目采用最小新风量运行；

3) 设计新风量过小，或室内污染物多，新风量不能满足保持 IAQ 的要求；

4) 排风量太少，设计时没有充分考虑排风出路，存在严重的送排风风量不平衡现象，导致实际运行时新风不能如数送入室内。

(2) 污染物作用方面

包括由于室外大气环境的恶化，由新风吸入口或门窗进入的污染，交叉污染（由于各室之间压力分布不当，导致其他房间如印刷、停车场、餐厅、吸烟区的污染物扩散至其他房间），微生物污染和室内产生的污染，如办公设备、家具、装修材料、人员等。

广义上的污染物包括了固体颗粒、微生物和有害气体。由于微生物多依附于固体颗粒或液滴传播，所以可以将污染物分为颗粒污染物和有害气体污染物，而颗粒污染物包括固体颗粒和微生物。

产生颗粒污染物的主因是一、二次扬尘和室内湿度过大，一般可采用避免扬尘，增强过滤、控制湿度等方法以及控制发生源等措施来避免这方面的污染。

比较复杂的是气态污染物的控制，至今人们对它们的产排特性、具体影响、如何相互反应等关键问题，还知之甚少，而且，这些问题不可能很快的全部得到解决，这是改善 IAQ 面临的最大难题。

根据测试发现，室内的污染物多得惊人，有害气体有几百种。最常见的污染物主要如下：

1) 二氧化碳及其他气体

ASHRAE 62—1989 规定 1000×10^{-6} 为 CO_2 稳定浓度的极限值，并明确指出：该浓度并不是从危害健康角度考虑，而是人体舒适感的一种表征。人们关注室内 CO_2 的浓度，原因并不在于 CO_2 对健康的直接危害，而是因为 CO_2 是很容易测量、且能作为反映室内通风有效性的指示物；它能间接地反映出其他有害气体潜在的不可接受水平。

一氧化碳 CO 的毒性很大，碳氢燃料的不完全燃烧和吸烟，是一氧化碳 CO 的主要来源。一氧化碳非常有害，它能严重影响人体的化学组成及性质。当其浓度超过人们的承受限度时，常见的症状是头痛、恶心。

硫氧化物是含硫燃料的燃烧产物，与水接触可以发生水解形成硫酸，引起上呼吸道刺激、诱发哮喘等。

2）挥发性有机化合物 VOCs（Volatile Organic Compound）

VOCs 主要来源于燃烧设备、杀虫剂、建筑材料、油漆、清洗剂等，最常见的是甲醛气体，它是随着建筑装修材料、家具等进入室内的，这些材料和家具，在很长一段时间里持续地释放甲醛（大部分在第一年内释放），甲醛能够刺激眼睛和呼吸道黏膜，引起哮喘和免疫神经反应等各种问题，被认为是潜在的致癌元凶。

3）氡

氡是镭衰变过程中自然产生的放射性气体，人们之所以对它关注，主要是担心氡能够引发肺癌。

氡的浓度水平随地区的变化有很大差异，有些地区浓度水平很低，对人类的危害程度很小；有些地区则浓度水平很高，在这些地区可能会有大量的氡由土壤经地面的接缝、基础墙或沿着水管进入室内。

另外，不可忽视某些含铀或钍的建筑材料如有些花岗石、大理石……等也能把氡带入室内，对人体健康构成严重的危害。为此，世界各国对室内氡的浓度作出了严格的限制。但是，各国规定的行动水平，并不完全相同，而且，各国规定的数值差异较大，表19.3-2 摘引了 ASHRAE Handbook 2001 中汇总的资料。

必须指出：由土壤进入室内的氡的数量多少，与两侧压差的大小有密切关系，所以，室内空气保持一定的正压，是降低室内氡浓度的有效措施之一。其他如对地面接缝进行密封处理、地板下设置通风间层、室内下部空间（地面至 1.0m 高度范围内）的通风等，都是降低室内氡浓度的有效措施。

4）真/霉菌

真/霉菌中毒的后果，包括人体免疫系统损害、性格改变、短期记忆力减退、心理伤害及呼吸系统出血等。

医学文献介绍，霉菌是加重哮喘、过敏、超敏反应疾病和感染的原因，即使是大范围地清除可见的、被霉菌污染的材料后，室内人员仍经常认为他得的病症没有消退。

5）颗粒物质

室外空气中可能含有烟尘、二氧化硅、黏土、棉绒、植物纤维、金属颗粒、花粉、霉菌孢子、细菌及其他有生命的物质，它们的粒径，小到低于 $0.01\mu m$（$10^{-8}m$），大到几十甚至几百 mm。

当颗粒物悬浮于空气中时，颗粒物与空气的混合物通常称为气溶胶（aerosol），室外空气引入室内后，还可能被室内人群及其活动、室内的家具及设备等污染，条件适宜时，微生物及传染性有机物能生存并繁殖。空气中颗粒物的存在，也是导致过敏症发生的重要原因。

室内吸烟，是影响室内空气品质的重要因素，长期吸烟和生活在吸烟环境之中，往往会导致肺病、特别是肺癌。

室内氡浓度的行动水平 表 19.3-2

国家/机构	行动水平 Bq/m³	行动水平 pCi/L	国家/机构	行动水平 Bq/m³	行动水平 pCi/L
澳大利亚(Australia)	200	5.4	爱尔兰(Ireland)	200	5.4
奥地利(Austria)	400	10.8	意大利(Italy)	400	10.8
比利时(Belgium)	400	10.8	挪威(Norway)	400	10.8
加拿大(Canada)	800	21.6	瑞典(Sweden)	400	10.8
捷克(Czech Repulic)	400	10.8	英国(United Kindom)	200	5.4
中国(P. R. China)	200(400)*	5.4(10.8)	美国(United States)	148	4.0
芬兰(Finland)	400	10.8			
德国(Germany)	250	6.7			
国际放射性防护委员会(ICRP)(International commission on radiological protection)	200	5.4	世界卫生组织(World health organization)	200	5.4

* 我国2002年GB/T 18883中正式发布的数字为400Bq/m³

3. IAQ 的评价方法

目前应用较多的是由主观评价与客观评价相结合的综合评价法：

（1）主观评价法　利用人身的感觉器官，对室内空气品质进行描述与评价；常用的方法是通过问卷调查，根据反映确定室内空气品质的满意与否。

（2）客观评价法　通过量化监测，根据直接测量出的各种污染物的浓度，来客观评定室内空气品质的满意与否。由于涉及的污染物太多，不可能每种都测，所以，通常都是选择部分有代表性的污染物作为评价指标。我国的《室内空气质量标准》（GB/T 18883—2002）规定了以二氧化碳、一氧化碳、甲醛、可吸入颗粒物、二氧化氮、二氧化硫等17项污染物作为定量反映、推断室内空气品质优劣的依据（见表19.3-1）；实践中可根据具体情况与要求，增减监测污染物的项目。

所测得的数据需进行整理、分析、归纳成指数；将实测污染物浓度 C_i（平均值）作为客观评价指标，以该污染物的标准值 S_i（采用现行标准、规范中的标准值）的倒数作为权重系数，把无量纲的 C_i/S_i 作为污染物的分布指数来反映室内各种污染物之间污染程度上的差异。通常，把各项分指数 C_i/S_i 的叠加值称为算术叠加指数 p，即：

$$p = \Sigma \frac{C_i}{S_i}$$

室内污染物的平均污染水平，则由算术平均指数 Q 来反映：

$$Q = \frac{1}{n}\Sigma \frac{C_i}{S_i} \tag{19.3-2}$$

而污染物的综合污染程度，则由综合指数 I 来反映：

$$I = \sqrt{\frac{1}{n}\left(\sum_{i=1}^{n}\frac{C_i}{S_i}\right) \cdot \max \cdot \left|\frac{C_1}{S_1},\frac{C_2}{S_2}\cdots\cdots\frac{S_n}{S_n}\right|} \tag{19.3-3}$$

一般认为，综合指数 $I<0.50$ 时，属于清洁环境，可获得室内人员的最大接受率；$I>1.00$ 时，则属于污染环境。室内空气品质的等级指标评价、它与综合指数及对应的室内环境特征的关系，如表19.3-3所示。

室内空气品质的等级指标及对应的环境特征　　　　　　表 19.3-3

综合指数	室内空气品质等级	等级评语	对应的环境特征
$I \leqslant 0.49$	I	清洁	适宜于人类生活
$I=0.50 \sim 0.99$	II	未污染	各项环境要素的污染物均不超标，人类生活正常
$I=1.00 \sim 1.49$	III	轻污染	至少有一种环境要素的污染物超标，除敏感者外，一般不会发生急、慢性中毒
$I=1.49 \sim 1.99$	IV	中污染	一般有 2~3 项环境要素的污染物超标，人群健康明显受害，敏感者受害严重
$I \geqslant 2.00$	V	重污染	一般有 3~4 个环境要素的污染物超标，人群健康受害严重，敏感者可能死亡

4. 浓度的换算关系

空气中物质的浓度，是在 25℃ 和 760mmHg 的条件下测得的，一般以体积的百万分之几（ppm）来表示，或以单位体积的质量数来表示；两者之间的换算关系为：

$$ppm \times 分子量/24450 = mg/L$$
$$ppm \times 分子量/0.02445 = g/m^3$$
$$ppm \times 分子量/24.45 = mg/m^3$$
$$ppm \times 分子量 \times 28.3/24450 = mg/ft^3$$
$$ppm \times 分子量 \times 28.3 \times 64.8/24450 = gr/ft^3$$

以每立方英尺的百万分之数（mppcf）或每立方米的百万分子数（粒子数/cm^3）为单位的空气携带颗粒物浓度，可用下式将其近似地转换为单位体积质量：

$$mppcf \times 6 （近似于） = mg/m^3$$
$$粒子数/cm^3 \times 210 （近似于） = mg/m^3$$

19.3.2 室内空调计算参数

一般认为，在供热工况下，室内温度每降低 1℃，能耗可减少 10%~15%；在供冷工况下，室内温度每提高 1℃，能耗可减少 8%~10%。表 19.3-4 摘引了日本井上宇市教授给出的室内设计参数改变时，节能效果的具体数值。

室内设计温度改变的节能效果　　　　　　表 19.3-4

季　节	夏季 [kW/(m^2·a)]			冬季 [kW/(m^2·a)]		
室内温度（℃）	24	26	28	22	20	18
新风负荷	23	17	12.2	32.6	21.7	13.5
其　他	25.8	23	18.7	6.6	5.1	4.0
总　计	48.8	40	30.9	39.2	26.8	17.5
节能率（%）	0	18	36.6	0	31.6	55

由此可见，在满足使用要求的前提下，不应任意提高供暖室内计算温度或降低空调室内计算温度。

室内空调计算参数，通常可按表 19.3-5 采用。与建筑物出入口相邻的过渡区，如过厅、大堂等，室内空调计算温度，可适当提高，根据保证健康、舒适和节省能耗的要求，与当地空调室外计算温度的差值不宜大于10℃。

空气相对湿度的高低，对人体健康与舒适有很大影响。图 19.3-1 给出了人体舒适与健康的最佳湿度范围。

由图可知，在常温条件下，相对湿度 $\phi=30\%\sim60\%$ 为最佳区域（图中阴影部分），在这个范围里，细菌及生物有机组织之间相互发生化学作用的速率最小。

室内空调计算参数　　表 19.3-5

参　　数	冬　季	夏　季
温度（℃）	20	25
	18	室内外温差≤10
风速（v）（m/s）	0.10≤v≤0.20	0.15≤v≤0.30
相对湿度（%）	30～60	40～65

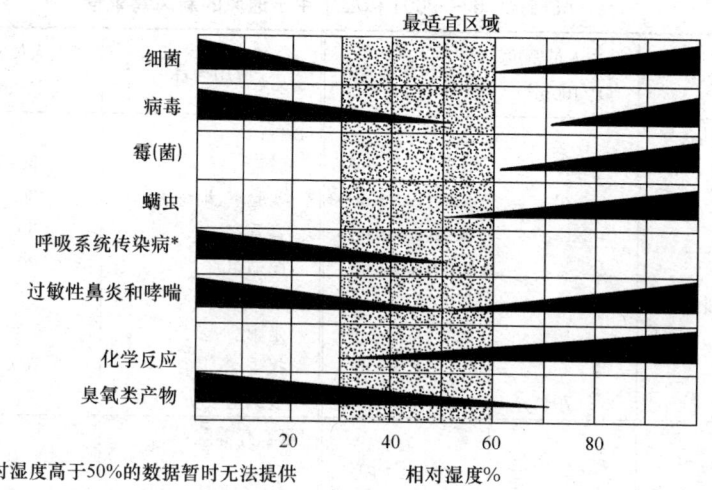

图 19.3-1　相对湿度与健康的关系图

由于满足舒适、健康要求的相对湿度范围较宽，所以，对于舒适性空调来说，为了节约能源消耗，通常没有必要刻意去追求保持某个恒定的湿度值；尤其是冬季供暖时，室内的相对湿度一般可以不进行控制。ASHRAE 62—1989 标准也明确规定："在非生产工艺需要的场合，不提倡采用加湿措施"。

19.3.3　新　风　量

新风量的多少，是影响空调负荷的重要因素之一。新风量少了，会使室内卫生条件恶化，IAQ 下降，甚至成为"病态建筑"；新风量多了，会使空调负荷加大，造成能量浪费。

长期以来，普遍认为"人"是室内仅有的污染源。因此，新风量的确定一直沿用每人每小时所需最小新风量这个概念。

随着越来越多的新型化学建材、装潢材料、家具……进入建筑物内，在室内散发大量的污染物。人们发现，不仅应考虑人类造成的污染，还必须同时考虑室内其他污染源带来的污染；有时甚至人的污染并不占主要地位。室内所需新风量，应该是稀释人员污染和建筑物污染两部分之和。

1. 新风量的确定

ASHRAE 62—2001 标准给出了"规定设计法"和"性能设计法"两种新风量的确定

方法。在理论上，性能设计法计算更科学、精确，但实际上由于对污染物的发散量、浓度限值等缺乏足够的认识与实用数据，不能应用于较多场合，所以实践中绝大多数还是采用"规定设计法"。

(1) 规定设计法

根据室内人员数 P、建筑面积 A（m^2）和标准给出的不同场合每人所需的最小新风量 R_P（$L/s \cdot p$）和单位地板面积所需的最小新风量 R_B（$L/s \cdot m^2$）（见表19.3-6）计算设计室外通风量 DVR（Design outdoor air ventilation rate）：

$$DVR = R_P \cdot P \cdot D + R_B \cdot A \tag{19.3-4}$$

式中　D——参差（变化）系数。

ASHRAE 62—2001 标准中用于通风的新风需求量　　表 19.3-6

应用场合	最大人员密度（P/100m²）	新风需要量	应用场合	最大人员密度（P/100m²）	新风需要量
零售商店、销售店：			教育：		
地下室、过道	30	1.50(L/s·m²)	教室	50	8(L/s·p)
楼上店铺	20	1.00(L/s·m²)	实验室、训练房	30	10(L/s·p)
储藏室	15	0.75(L/s·m²)	音乐室	50	8(L/s·p)
试衣间		1.00(L/s·m²)	图书馆	20	8(L/s·p)
有拱廊的商业街	20	1.00(L/s·m²)	锁门教室		2.50(L/s·m²)
购物与接待	10	0.75(L/s·m²)	走廊		0.50(L/s·m²)
仓库	5	0.25(L/s·m²)	报告厅	150	8(L/s·p)
吸烟室	70	30(L/s·p)	吸烟室	70	30(L/s·p)
专业商店：			医院、疗养院：		
理发	25	8(L/s·p)	病房	10	13(L/s·p)
美容	25	13(L/s·p)	诊断、治疗	20	8(L/s·p)
减肥沙龙	20	8(L/s·p)	手术室	20	15(L/s·p)
花店	8	8(L/s·p)	Recovery an ICU	20	8(L/s·p)
服装、家具		1.5(L/s·m²)	解剖室	20	2.5(L/s·m²)
五金、药品、布匹	8	8(L/s·p)	理疗		8(L/s·p)
超市	8	8(L/s·p)	干洗店、洗衣房：		
宠物商店		5.0(L/s·m²)	洗衣店	10	13(L/s·p)
体育与娱乐：			干洗衣店	30	15(L/s·p)
观众区	150	8(L/s·p)	储藏、分拣	30	18(L/s·p)
娱乐室	70	13(L/s·p)	自助洗衣店	20	8(L/s·p)
滑冰场(滑冰区)		2.50(L/s·m²)	自助干洗店	20	8(L/s·p)
游泳池(池边区)		2.50(L/s·m²)	食品与饮料：		
体操室	30	10(L/s·p)	食堂	70	10(L/s·p)
舞厅、迪斯科	100	13(L/s·p)	加啡店、快餐店	100	10(L/s·p)
保龄球道(设施区)	70	13(L/s·p)	酒吧、鸡尾酒店	100	15(L/s·p)
剧场：			厨房(烹饪间)	20	8(L/s·p)
票房	60	10(L/s·p)	汽车房、修理保养站：		
门厅	150	10(L/s·p)	封闭式停车库		7.5(L/s·m²)
观众席	150	8(L/s·p)	汽车修理房		7.5(L/s·m²)
舞台、演员室	70	8(L/s·p)			
工厂：					
肉加工场	10	8(L/s·p)			

续表

应用场合	最大人员密度 (P/100m²)	新风需要量	应用场合	最大人员密度 (P/100m²)	新风需要量
旅馆、汽车旅馆、宿舍、旅游站：			电梯		5.0(L/s·m²)
卧室		15(L/s·室)	摄影室、照相馆	10	8(L/s·p)
起居间		15(L/s·室)	冲印暗房	10	2.50(L/s·m²)
浴室		18(L/s·室)	药房	20	8(L/s·p)
门厅	30	8(L/s·p)	银行金库	5	8(L/s·p)
会议室	50	10(L/s·p)	打印、复印		2.50(L/s·m²)
集结室	120	8(L/s·p)	交通：		
宿舍睡眠区	20	8(L/s·p)	候车室、月台	100	8(L/s·p)
赌场	120	15(L/s·p)	车辆	150	8(L/s·p)
办公楼：			住宅：		
办公室	7	10(L/s·p)	起居区		0.35h⁻¹, 7.5L/s·p
接待区	60	8(L/s·p)	厨房		50L/s 间歇，或 12L/s 连续或能开窗
商务中心	60	10(L/s·p)			
会议室	50	10(L/s·p)	浴室、盥洗室		25L/s 间歇，或 10L/s 连续或能开窗
公共区域：					
走廊		0.25(L/s·m²)	车库		50L/s·辆，7.5L/s·m²
公共厕所、小便处		25(L/s·p)	逐辆分计		50L/s·car
锁门更衣室		2.5(L/s·m²)	公共		7.5L/s·m²
吸烟室	70	30(L/s·p)			

(2) 根据 CO_2 浓度确定呼吸所需空气量

氧气是食物新陈代谢，维持生命所必需的。食物中的碳与氢被氧化成 CO_2 和 H_2O，然后作为废物排出体外。产生的 CO_2 与消耗氧气的体积比，一般称为呼吸商（比）RQ。

食用 100% 脂肪食品的呼吸商约为：RQ=0.71；

食用 100% 蛋白质食品的呼吸商约为：RQ=0.80；

食用 100% 碳水化合物食品的呼吸商约为：RQ=1.00；

食用含脂肪、碳水化合物与蛋白质的一般食品，呼吸商约为：RQ=0.83。

氧气消耗速率与二氧化碳产生速率，取决人们的活动量，两者之间的关系如图 19.3-2 所示。

稳定状态下控制 CO_2 浓度保持在限值以下所需的新风量，可按下式确定（图 19.3-3）：

$$V_o = \frac{N}{C_s - C_o} \quad (19.3-5)$$

式中　V_o——人均新风量；

　　　C_s——室内二氧化碳浓度；

　　　C_o——新风中的二氧化碳浓度；

　　　N——人均二氧化碳生成量。

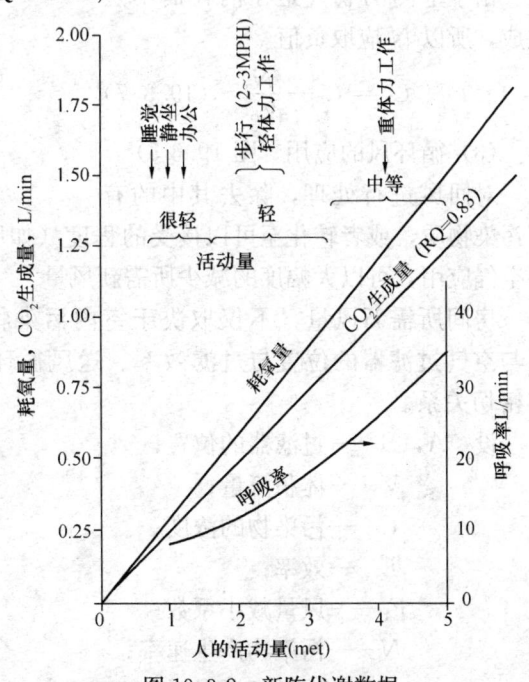

图 19.3-2　新陈代谢数据

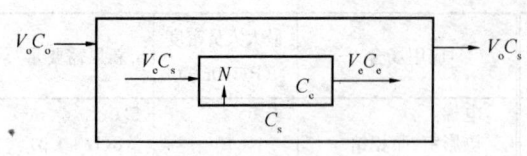

图 19.3-3 两室模型

图 19.3-3 中：V_e——呼吸量；C_e——呼出空气中的二氧化碳浓度。

人们静坐时（活动量为 1.2met），CO_2 的生成量为 0.31L/min。很多实验研究表明，这时只需要 7.5L/s 新风量就可以将人体新陈代谢产物发出的气味稀释至绝大部分（80%）非居留人员（来访者）满意的程度。这时，相对于新风中的 CO_2 浓度值，室内的 CO_2 稳定浓度为：

$$C_s - C_o = \frac{N}{V_o} = \frac{0.31}{7.5 \times 60} = 0.000689 L(CO_2)/L(空气) \approx 700 ppm$$

新风中可接受的 CO_2 浓度范围为 300~500ppm，若高于此范围，表明室外存在燃烧源或污染源。

图 19.3-4 表达了人的活动量、稳定的室内 CO_2 与需要新风量的函数关系。如果人的活动量大于 1.2met，则必须加大通风量，以保持相同的 CO_2 浓度水平。

若以氧浓度替代式（19.3-5）中的 CO_2 浓度，则可计算出室内空气中氧气量的减少值：

$$C_o - C_s = \frac{N}{V_o} \quad (19.3\text{-}6)$$

由于室内的氧气是在消耗而不是生成，所以 N 应取负值。

$$C_s = C_o - \frac{N}{V_o} \quad (19.3\text{-}7)$$

(3) 循环风的应用（图 19.3-5）

对回风进行处理，除去其中的有害污染物质，或者转化至可以接受的程度（如甲醛可氧化为 H_2O 和 CO_2），然后作为循环空气应用，可以大幅度的减少所需新风量。

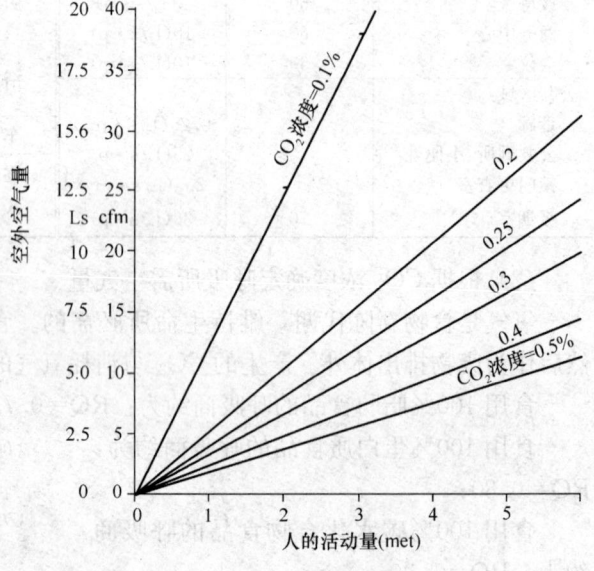

图 19.3-4 通风要求

房间所需新风量，不仅取决于室内污染物的发生量和室外空气中污染物的浓度，还与空气过滤器的位置与过滤效率、送风循环量、再循环空气的比率以及通风效率等有密切关系。

设　A, B——过滤器的位置；
　　V——体积流量；
　　C——污染物的浓度；
　　E——效率；
　　F_r——风量减小系数；
　　N——污染物产生速率；
　　R——再循环风量系数。

下标：
　　f——过滤器；
　　o——新风；
　　r——回风；
　　s——送风；
　　v——通风。

19.3 室内空气的质量标准及设计参数　1469

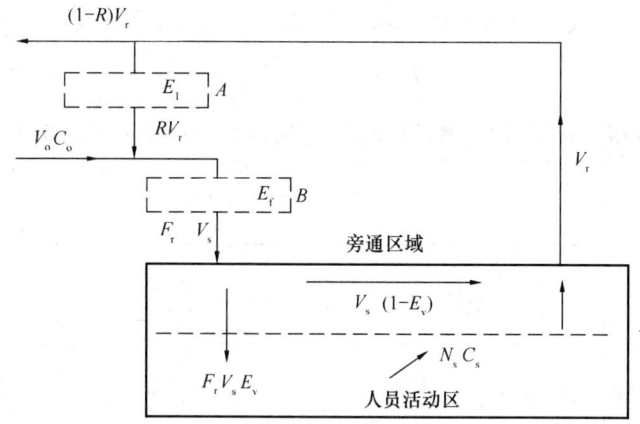

图 19.3-5　循环与过滤模型

由图 19.3-5 可知：

$$V_e = V_o \tag{19.3-8}$$

若 V_e' 为经由回风管排出的排风量；V_e'' 为直接由房间中排出的排风量。则

$$V_e = V_e' + V_e'' \tag{19.3-9}$$

$$V_r = V_s - V_e'' \tag{19.3-10}$$

送风口处的物量平衡为：

$$V_s = V_o + RV_r = (V_e' + V_e'') + RV_r \tag{19.3-11}$$

再循环风量为：

$$RV_r = V_s - (V_e' + V_e'') \tag{19.3-12}$$

$$R = \frac{V_s - (V_e' + V_e'')}{V_r} \tag{19.3-13}$$

空调系统在满足负荷需要后，VAV 系统可通过风量减小系数 F_r 来减少再循环风量；CAV 系统则需要改变送风温度。当然，VAV 系统也可以保持新风量恒定或保持一定的新风比。

表 19.3-7 汇总了七种空气处理与分布类型下计算室内污染物浓度的质量平衡方程式。当已知室内污染物的允许浓度时，可以很方便的利用表列方程式求解新风量。

（4）通风效率

图 19.3-6 所示为一典型的 HVAC 空气分布系统图，送风中的新风量为 V_{os}，送风的一部分（S）可能会不经过人员活动区（图中虚线以下部分）直接经回风口进入回风管。

送至房间内的新风量为：

$$V_{os} = V_o + R \cdot S \cdot V_{os} \tag{19.3-14}$$

未进入活动区而被直接排走的送风量为：

$$V_{oe} = (1 - R) \cdot S \cdot V_{os} \tag{19.3-15}$$

通风效率的定义是：

$$E_v = \frac{V_o - V_{oe}}{V_o} \tag{19.3-16}$$

将式(19.3-14)、式(19.3-15)和式(19.3-16)合并,可得:

$$E_v = \frac{1-S}{1-R \cdot S} \tag{19.3-17}$$

利用再循环风和空气过滤时所需的新风量及室内污染物的浓度　　表 19.3-7

类型	需要再循环风				所需新风量	室内污染物浓度	需要再循环风量
	位置	风量	温度	新风			
I	无	VAV	恒定	100%	$V_o = \dfrac{N}{E_v F_r (C_s - C_o)}$	$C_s = C_o + \dfrac{N}{E_v F_r V_o}$	不适用
II	A	CAV	可变	恒定	$V_o = \dfrac{N - E_v R V_r E_f C_s}{E_v (C_s - C_o)}$	$C_s = \dfrac{N + E_v V_o C_o}{E_v (V_o + R V_r E_f)}$	$RV_r = \dfrac{N + E_v V_o (C_o - C_s)}{E_v E_f C_s}$
III	A	VAV	恒定	恒定	$V_o = \dfrac{N - E_v F_r R V_r E_f C_s}{E_v (C_s - C_o)}$	$C_s = \dfrac{N + E_v V_o C_o}{E_v (V_o + F_r R V_r E_f)}$	$RV_r = \dfrac{N + E_v V_o (C_o - C_s)}{E_v F_r E_f C_s}$
IV	A	VAV	恒定	比例	$V_o = \dfrac{N - E_v F_r R V_r E_f C_s}{E_v F_r (C_s - C_o)}$	$C_s = \dfrac{N + E_v F_r C_o}{F_r E_v (V_o + R V_r E_f)}$	$RV_r = \dfrac{N + E_v F_r V_o (C_o - C_s)}{E_v E_f C_s}$
V	B	CAV	可变	恒定	$V_o = \dfrac{N - E_v R V_r E_f C_s}{E_v [C_s - (1 - E_f) C_o]}$	$C_s = \dfrac{N + E_v V_o (1 - E_f) C_o}{E_v (V_o + R V_r E_f)}$	$RV_r = \dfrac{N + E_v V_o [(1 - E_f) C_o - C_s]}{E_v E_f C_s}$
VI	B	VAV	恒定	恒定	$V_o = \dfrac{N - E_v F_r R V_r E_f C_s}{E_v [C_s - (1 - E_f) C_o]}$	$C_s = \dfrac{N + E_v V_o (1 - E_f) C_o}{E_v (V_o + F_r R V_r E_f)}$	$RV_r = \dfrac{N + E_v V_o [(1 - E_f) C_o - C_s]}{E_v F_r E_f C_s}$
VII	B	VAV	恒定	比例	$V_o = \dfrac{N - E_v F_r R V_r E_f C_s}{E_v F_r [C_s - (1 - E_f) C_o]}$	$C_s = \dfrac{N + E_v F_r V_o (1 - E_f) C_o}{E_v F_r (V_o + R V_r E_f)}$	$RV_r = \dfrac{N + E_v F_r V_o [(1 - E_f) C_o - C_s]}{E_v F_r E_f C_s}$

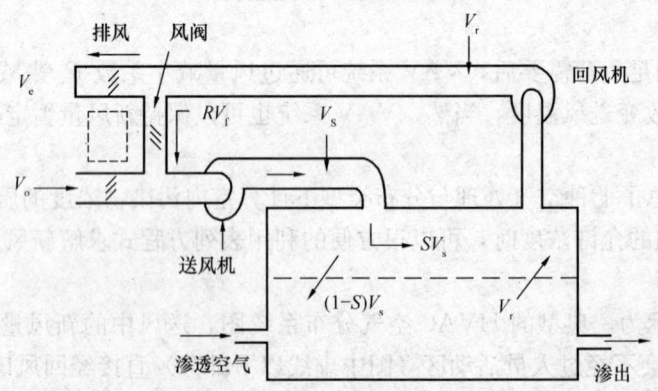

图 19.3-6　典型的空气分布系统

(5) 换气效率 (Air Exchange Efficiency)

换气效率表示室内空气被新鲜空气替代的快慢,是气流本身的特性参数。其定义式为:

$$\varphi = \frac{\tau_n}{\tau_r} = \frac{\tau_n}{2\tau} \tag{19.3-18}$$

式中 τ_n——名义时间常数;

τ_r——实际换气时间;

$\bar{\tau}$——室内平均空气龄。

换气效率愈高,意味着入室空气停留时间愈短,表明它的清洁度愈高。通常可将充分混合之空间的换气效率定义为 1.0(供冷系统即使顶送顶回,其效率也非常接近 1.0;顶送顶回供热系统的效率大约为 0.80)。

空气龄(Air Age)的含义是指空气质点从进入房间起至达到某点所需经历的时间。其定义为:

$$\tau_p = \frac{\int_0^\infty c(t)}{c_0} \tag{19.3-19}$$

式中 c_0——初始浓度;

$c(t)$——瞬时浓度;

τ_p——空气龄。

对室内某点而言,空气龄越短,意味着空气滞留在室内的时间越短,即被更新的有效性越好。

通常,也以通风系统效率(Ventilation Efficiency)表示送风排除室内余热及有害物的快慢程度,它从整体上反映一个通风系统新风的有效利用情况,是衡量通风系统有效性的主要指标。其定义为:

$$\eta = \frac{t_p - t_0}{t_n - t_0} = \frac{t_p - t_0}{t_n - t_0} \tag{19.3-20}$$

式中 t_p——排风温度;

t_n——工作区温度;

t_0——送风温度;

c_p——排风浓度;

c_n——工作区浓度;

c_0——送风浓度。

(6)延迟或提前启用通风系统

建筑物或建筑物中某些房间,经常会有数小时不用后再次投入使用的情况,这时,可以采用延迟运行的方法,即先利用房间内的空气稀释污染物,直至污染物浓度达到可接受浓度上限值时,再让通风系统投入运行。这种运行方式,可以节省能耗,但只适用于室内污染物仅与人员相关的场合,或室内污染物能通过自然方式消散的场合。

若未进行通风房间的容积为 v,任何污染物 C 的浓度可以下式表示:

$$C_t = \frac{N \cdot t}{v} \tag{19.3-21}$$

式中 N——污染物的生成速率;

t——时间。

当通风量为 V,且处于稳定条件下时,污染物浓度可表示为:

$$C_s = \frac{N}{V} \tag{19.3-22}$$

在房间使用后，允许的最大通风滞后时间出现在 $C_t = C_s$ 时，或表示为：

$$t = \frac{v}{V} \tag{19.3-23}$$

当污染物与人或人的活动量无关、且不会造成短期的健康危害时，可在室内无人使用时关闭通风。

但应注意，必须要在房间有人使用之前提前进行通风，以确保在人们进入房间时，室内空气品质就已经达到"可以接受"的水平了。

在污染物浓度达到稳态之前，通风系统以最小风量运行是不切合实际的。这是由于污染物达到稳定状态的过程并不是随时间渐近的，可能需要几个小时才能达到实际平衡状态。

ASHRAE 62—2001《Ventilation for acceptable indoor air quality》规定：设计估算时，可将房间有人使用时最大的污染物浓度选择为稳态浓度值的 1.25 倍。

当室内污染物起始浓度为 C_i，且以给定的通风量 V 进行稀释，将污染物浓度降低到比最终稳态浓度高 X% 需要的时间为：

$$t = \left(\frac{v}{V}\right) \ln\left[\frac{C_i \cdot \frac{v}{N} - 1}{X}\right] \tag{19.3-24}$$

式中　　t——时间；
　　　　v——房间体积；
　　　　V——通风量；
　　　　N——污染物生成速率；
　　　　C_i——起始浓度。

图 19.3-7 和图 19.3-8 分别表示确保室内空气质量达到可接受水平可以延迟或需要提

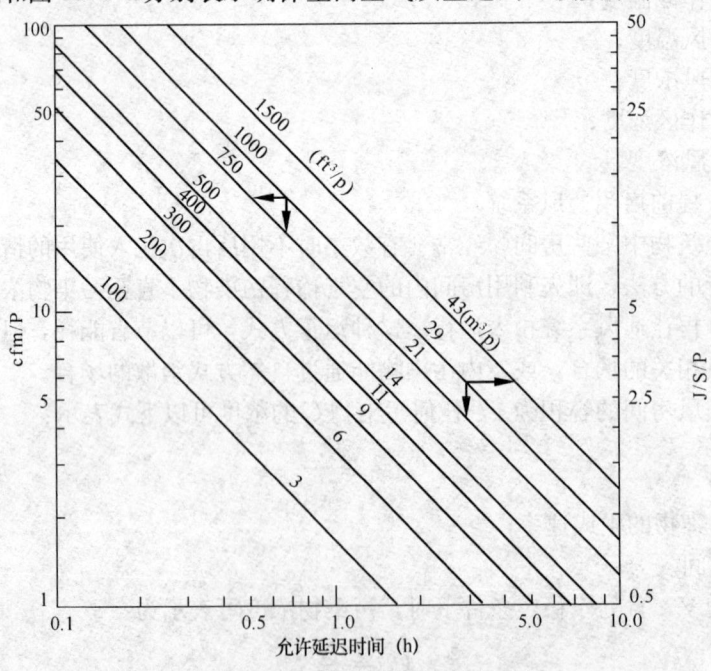

图 19.3-7　允许延迟通风的最长时间

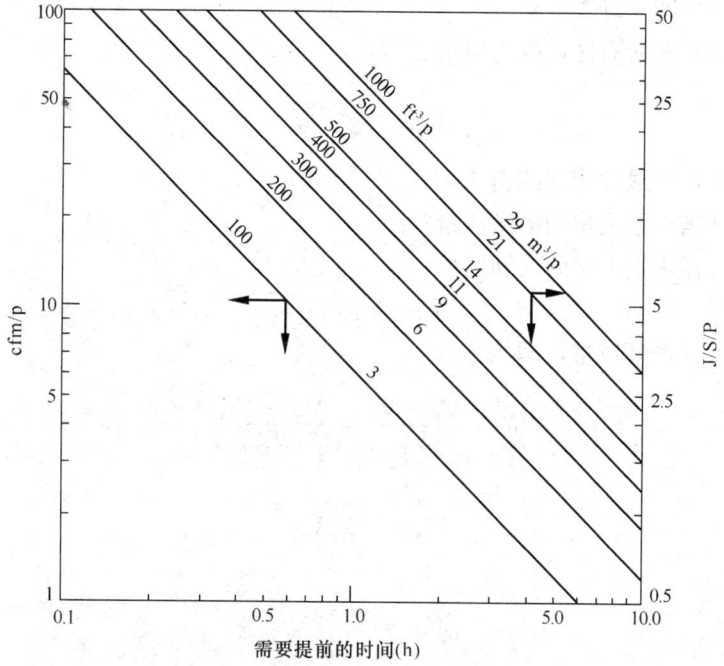

图 19.3-8 使用前需要提前通风的最少时间

前进行通风的时间。

(7) 多房间系统减少新风量的方法

一个由多个房间组成的 HVAC 系统,当各房间的新风比不相同时,若取系统中需求最大房间的新风比作为系统的新风比,虽然各房间的通风要求可以得到满足,但必然导致一部分新风未得到有效利用,即回风中含有新风,其结果是初投资和能耗都增加。

其实,当房间通风要求不同时,回风中的一部分可以被重新使用,从而可以使总送风量中的新风比,减至低于新风要求高的房间的新风比。

假设通风系统由两个房间组成,如图 19.3-9 所示。其中一个代表新风量需求大的房间(带下标 C);另一个房间代表新风量需求小于要求大的房间的其他房间的总和。

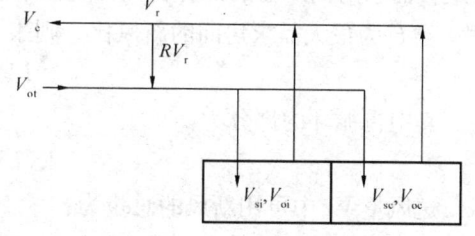

图 19.3-9 计算模型

令 V_e——系统排风;

V_{ot}——考虑再循环风修正后的新风量;

V_{st}——总送风量;

V_r——回风量;

V_{oi}——房间 i 的新风量;

V_{on}——送至所有区域(房间)的新风量之和:

$$V = \sum_{i=1}^{n} V_{ot}$$

V_{si}——房间 i 的送风量；

V_{sn}——送至所有区域的送风量之和：

$$V_{sn} = \sum_{i=1}^{n} V_{si}$$

V_{oc}——需求最大房间的新风量；

V_{sc}——需求最大房间的送风量；

F——需求最大房间的新风比：

$$F = V_{oc}/V_{sc} \tag{19.3-25}$$

R——再循环风量，即

$$R = \frac{V_r - V_e}{V_r} = \frac{V_{st} - V_{ot}}{V_{st}} \tag{19.3-26}$$

由于

$$V_{on} = \sum_{i=1}^{n} V_{oi} \tag{19.3-27}$$

$$V_{sn} = \sum_{i=1}^{n} V_{si} \tag{19.3-28}$$

根据需求最大风量的定义，得：

$$\frac{V_{oc}}{V_{sc}} \geqslant \frac{V_{on}}{V_{st}} \tag{19.3-29}$$

因此，如果送风的新风比要满足最大需求房间的要求，那么其他房间的通风量将过大，这些房间的回风中会含没有使用过的新风。回风中的 R 部分可以循环使用，用以补充最大需求房间所需的部分新风；这样系统所需要的新风量就可以减少。

若 F 为最大需求房间的新风比，则来自通风量过大房间的回风中的未使用新风量为：

$$FV_{st} - V_{on} \tag{19.3-30}$$

其中再循环的部分为：

$$R(FV_{st} - V_{on}) \tag{19.3-31}$$

送风量 V_{st} 中可用新风的总量为：

$$V_{ot} + R(FV_{st} - V_{on}) \tag{19.3-32}$$

当最大需求房间的通风要求得到满足时，包含部分新风的送风量 V_{st} 等于：

$$FV_{st} = V_{ot} + R(FV_{st} - V_{on}) \tag{19.3-33}$$

根据式（19.3-33）再循环系数 R 的定义，可以得到：

$$FV_{st} = V_{ot} + \frac{V_{st} - V_{ot}}{V_{st}} \cdot (FV_{st} - V_{on}) \tag{19.3-34}$$

式（19.3-34）可以用来求解总新风量或满意所有区域所需的新风量：

$$FV_{st} = V_{ot} + FV_{st} - FV_{ot} - V_{on} + \frac{V_{ot} \cdot V_{on}}{V_{st}} \tag{19.3-35}$$

$$O = V_{ot} \cdot \left(1 - F + \frac{V_{on}}{V_{st}}\right) - V_{on} \tag{19.3-36}$$

因此
$$V_{ot} = \frac{V_{on}}{1 + \frac{V_{on}}{V_{st}} - F} \tag{19.3-37}$$

或替换 F 值，在公式两边同除以总送风量 V_{st}：

$$\frac{V_{ot}}{V_{st}} = \frac{\frac{V_{on}}{V_{st}}}{1 + \frac{V_{on}}{V_{st}} - \frac{V_{oc}}{V_{sc}}} \tag{19.3-38}$$

设
$$X = V_{on}/V_{st} \tag{19.3-39}$$
$$Z = V_{oc}/V_{sc} \tag{19.3-40}$$

则式（19.3-34）可改写为：

$$Y = \frac{V_{ot}}{V_{st}} = \frac{X}{1+X-Z} \tag{19.3-41}$$

式中 Y——修正后的系统新风量在送风量中的比例，相当于所定义的通风系统效率；

X——未修正的系统新风量在送风量中的比例；

Z——需求最大房间的新风比；

V_{ot}——修正后的总新风量，m^3/h；

V_{st}——系统的总送风量（即系统中所有房间送风量之和），m^3/h；

V_{on}——系统中所有房间的新风量之和，m^3/h；

V_{oc}——需求最大房间的新风量，m^3/h；

V_{sc}——需求最大房间的送风量，m^3/h。

通风系统启动后，回风中的新风逐步被利用，一般经过 $5\sim10h^{-1}$ 左右换气就基本达到稳定。稳定后，各空间的实际新风比均为临界新风比 Z。因为 $X \leqslant Y < Z$，所以，该项修正是满足各空间新风需求与不浪费之间的一个折中。

通过图 19.3-10 可以直接查出修正后系统新风比 Y。多房间系统的总新风量，就等于 Y 与系统总送风量之乘积。

【例】 确定全空气空调系统的总新风量。空调系统的组成如表 19.3-8 所示：

【解】 ①若按满足需要新风量最大的会议室设计，则所需总新风量为：

$$13560 \times 33\% = 4475 m^3/h$$

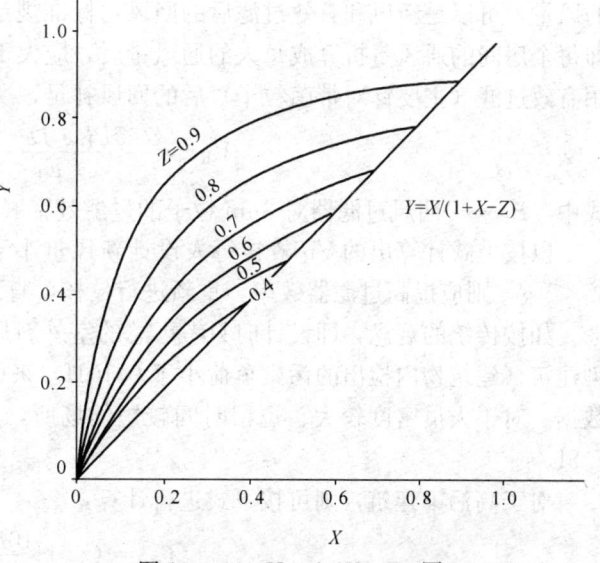

图 19.3-10 $Y=f(X, Z)$ 图

空调系统的组成　　　　　　　　　表 19.3-8

空调区	人员数	新风量（m³/h）	总风量（m³/h）	新风比（%）
1. 办公室（1）	20	680	3400	20
2. 办公室（2）	4	136	1940	7
3. 会议室	50	1700	5100	33
4. 接待室	6	156	3120	5
合　计	80	2672	13560	20

比实际需要的新风量之和又增大了：

$$\frac{4475-2672}{2672}\times 100\% = 67.5\%$$

②已知 $V_{st}=13560\text{m}^3/\text{h}$；$V_{on}=2672\text{m}^3/\text{h}$；$V_{oc}=1700\text{m}^3/\text{h}$；$V_{sc}=5100\text{m}^3/\text{h}$。现按式（19.3-39）、式（19.3-40）和式（19.3-41）计算如下：

$$Y=\frac{V_{ot}}{V_{st}}=\frac{V_{ot}}{13560}$$

$$X=\frac{V_{on}}{V_{st}}=\frac{2672}{13560}=19.7\%$$

$$Z=\frac{V_{oc}}{V_{sc}}=\frac{1700}{5100}=33.3\%$$

则

$$Y=\frac{X}{1+X-Z}=\frac{V_{ot}}{13560}=\frac{0.197}{1+0.197-0.333}=0.228$$

最后得：$V_{ot}=13560\times 0.228=3092\text{m}^3/\text{h}$（即系统新风量略大于各空调房间新风量之和，但远小于按满足最大新风比空调区要求的新风量）。

(8) 最小通风量

这里所说的"通风量"，既不同于送风量，也异于新风量，而应理解为具有稀释作用的风量，可以是新风和有效过滤后的回风：标准规定 7.5L/s·p 是通风量的合理最小值，即每个房间的通风量折算成每人的通风量后，应大于 7.5L/s·p。如果不能满足，则必须用有效过滤（主要针对带菌粒子）后的回风补足，所需回风量可按下式计算：

$$V_R=\frac{7.5P_D \cdot D - DVR}{E_F} \tag{19.3-42}$$

式中　E_F——回风过滤器对 $3\mu m$ 粒子的过滤效率（以小数表示），不应小于 0.60。

以按上式计算出的 V_R 校核每人设计新风量小于 7.5L/s·p 之空间的回风量 V_r，若 $V_r<V_R$，则应提高过滤器效率，重新进行校核，直至 $V_r \geqslant V_R$。

如按传统的观念，即设计时只考虑总的室外新风量（不考虑两部分之和），对于低污染建筑（建筑物内检出的污染负荷小于 0.101f）来说，仍可采用修订前 62—1989 标准的数据。对于人员密度较大、逗留时间较短的场所，最小新风量可适当减少，但不能低于 7.5L/s。

对于高污染建筑，则可按下式进行计算：

$$C_n=C_w+\frac{10L}{Q} \tag{19.3-43}$$

式中 C_n——在室内所感受的空气品质，以 1.4decipol 为可接受程度；

C_w——所感受的室外空气品质，城镇室外空气一般为 0.1decipol；

L——新风量，L/s；

Q——室内及相应的通风空调系统污染源强度，Olf，见表 19.3-9。

2. CEN 标准

欧洲标准组织（CEN）技术委员会提出的"建筑物通风：室内环境的设计规范（CEN1996）"对办公室、会议室和一般教室等规定了 A、B 和 C 三个不同等级（相应的满意率为：A＝85％、B＝80％和 C＝70％），对应要求的新风量如表 19.3-10 所示。

CEN 标准将建筑物分为低污染建筑和非低污染建筑两大类，其分类指标见表 19.3-11。

办公楼的污染负荷估算　　　表 19.3-9

类型	污染源	Olf/m²
室内人员	室内人员（0.1p/m²）生物散发量	0.1
	20％吸烟附加负荷	0.1
	40％吸烟附加负荷	0.2
	60％吸烟附加负荷	0.3
建筑材料	现有大楼的平均值	0.4
空调系统	低污染建筑	0.1
办公大楼	现有大楼的平均值（吸烟）	0.7
总负荷	低污染建筑（无人吸烟）	0.2

CEN 标准要求的最小新风量　　　表 19.3-10

等级	在下列条件下所需的新风量（L/s·p）			
	无吸烟	20％吸烟	40％吸烟	100％吸烟
A	10	20	30	30
B	7	14	21	21
C	4	8	12	12

建筑材料分类指标　　　表 19.3-11

污染物	不同材料类别的最大散发量 [mg/(m²·h)]		
	M1	M2	M3
TVOC	＜0.20	＜0.40	散发量高于 M1 类、M2 类
H₂CO	＜0.05	＜0.125	
NH₃	＜0.03	＜0.06	无散发量数据
致癌化合物	＜0.0005	＜0.0005	

注：M1 类根据 IARC（WHO）一分类标准。

满足"低污染"建筑的要求，建筑物中所使用的 M2 材料，不得超过 20％，M3 类材料允许使用的比例很小。

3. GB 50189—2005 标准

我国《公共建筑节能设计标准》（GB 50189—2005）在归纳我国现行规范标准规定新风量的基础上，给出了主要房间设计新风量的规定值（表19.3-12）；表中列出的新风量，适用于低污染建筑。

4. 注意事项

由于各个房间的人员数总会有随机性的变化，而且房间具有一定的容积，因此，不问情况、不加区别的按室内可能出现的总人数计算新风量，是不恰当的。

ASHRAE 62—2001《Ventilation for acceptable indoor air quality》规定：对于出现

最多人数的持续时间少于3h的房间,所需新风量可按平均在室人数确定;该平均人数不应少于最多人数的1/2。

公共建筑主要空间的设计新风量　　　表 19.3-12

建筑类型与房间名称			风量 [m³/(h·p)]
旅游旅馆	客房	5星级	50
		4星级	40
		3星级	30
	餐厅、宴会厅、多功能厅	5星级	30
		4星级	25
		3星级	20
		2星级	15
	商业、服务	4～5星级	20
		2～3星级	10
	美容、理发、康乐设施		30
	大堂、四季厅	4～5星级	10
旅店	客房	一～三级	30
		四级	20
文化娱乐	影剧院、音乐厅、录像厅		20
	游艺厅、舞厅(包括卡拉OK歌厅)		30
	酒吧、茶座、咖啡厅		10
商场(店)、书店			20
饭馆(餐厅)			20
体育馆			20
办公			30
学校	教室	小学	11
		初中	14
		高中	17

例如,某高级多功能厅,设计最多容纳人数为 200 人,使用时间 3h,假设平均在室人数为 120 人,则其所需新风量应为:$L=25\text{m}^3/(\text{h}\cdot\text{p})\times 120\text{p}=3000\text{m}^3/\text{h}$。

而不是按:$L=25\text{m}^3/(\text{h}\cdot\text{p})\times 200\text{p}=5000\text{m}^3/\text{h}$ 计算。

假如平均人数为 90 人(少于最多人数的 1/2),则其所需新风量应为:$L=25\text{m}^3/(\text{h}\cdot\text{p})\times 100\text{p}=2500\text{m}^3/\text{h}$,而不能取:$L=25\text{m}^3/(\text{h}\cdot\text{p})\times 90\text{p}=2250\text{m}^3/\text{h}$。

5. 新风口的设计要求

(1) 新风口的位置,应选择布置在清洁度符合卫生标准要求的环境里;保证吸入的是未受污染的新鲜空气。严禁直接抽吸机房、走道或吊平顶内的空气作为新风。

(2) 新风口应优先布置在北向外墙上,其底部与室外地面之间的距离,不宜小于 2.0m;当风口位于绿化地带时,离地不宜小于 1.0m。

(3) 新风口应尽可能布置在排风口的上风侧,且应低于排风口。

(4) 当新风口与排风口之间的水平距离大于 20m 时,可布置在同一高度上。

(5) 新风进口和排风出口处,应设置能严密关闭的风阀;它们的面积,应能适应系统按最大新风量工况运行时的需要。

(6) 新风阀宜分成最小新风量和最大新风量两个风阀。新、回风比例固定的系统,可只设一个新风阀,但应有最小新风量的限位装置。

(7) 最小新风阀可仅设启、闭控制,在系统进行预热或预冷运行时关闭,在正常运行过程中可以不予控制，始终处于全开状态。

（8）在双风机系统中，新、回风比例的调节，可以通过控制回风与排风阀来实现，这时，新风阀可不予控制。

19.4 实用设计指标汇编

19.4.1 空调冷负荷设计指标

1. 我国的统计值

根据我国近 12 年内已建成使用的 388 个空调工程的统计，通过回归得出的冷负荷指标，如表 19.4-1 所示。

回归过程中，发现离差很大，为此，采取分上、下限两组分别进行回归。统计时概以空调面积为计算依据。

尽管统计对象覆盖了我国的绝大部分地区，但由于实际工程千差万别，所以，本表所列指标，只能供方案设计和初步设计阶段估算空调负荷之用，决不能作为施工图设计时确定空调负荷的依据。

同时，必须指出，随着各种节能标准的贯彻执行，建筑外围护结构的热工性能正在逐步改善，围护结构的温差传热明显减少，因此，今后的空调负荷设计指标必然将相应地减小。因此，进行负荷估算时，应充分考虑这个因素，一般宜取下限值或中间值。

冷负荷指标的统计值　　　　　　　　　表 19.4-1

序号	建筑类型及房间名称	冷负荷指标 (W/m²)	序号	建筑类型及房间名称	冷负荷指标 (W/m²)
	旅游旅馆：			医院：	
1	客房	70～100	23	高级病房	80～120
2	酒吧、咖啡	80～120	24	一般病房	70～110
3	西餐厅	100～160	35	诊断、治疗、注射、办公	75～140
4	中餐厅、宴会厅	150～250	26	X光、CT、B超、核磁共振	90～120
5	商店、小卖部	80～110	27	一般手术室、分娩室	100～150
6	大堂、接待	80～100	28	洁净手术室	180～380
7	中庭	100～180	29	大厅、挂号	70～120
8	小会议室（少量人吸烟）	140～250		商场、百货大楼：	
9	大会议室（不准吸烟）	100～200	30	营业厅（首层）	160～280
10	理发、美容	90～140	31	营业厅（中间层）	150～200
11	健身房	100～160	32	营业厅（顶层）	180～250
12	保龄球	90～150		超市：	
13	弹子房	75～110	33	营业厅	160～220
14	室内游泳池	160～260	34	营业厅（鱼肉副食）	90～160
15	交谊舞舞厅	180～220		影剧院：	
16	迪斯科舞厅	220～320	35	观众厅	180～280
17	卡拉OK	100～160	36	休息厅（允许吸烟）	250～360
18	棋牌、办公	70～120	37	化妆室	80～120
19	公共洗手间	80～100	38	大堂、洗手间	70～100
	银行：			体育馆：	
20	营业大厅	120～160			
21	办公室	70～120	39	比赛馆	100～140
22	计算机房	120～160	40	贵宾室	120～180

续表

序号	建筑类型及房间名称	冷负荷指标 (W/m²)	序号	建筑类型及房间名称	冷负荷指标 (W/m²)
41	观众休息厅（允许吸烟）	280～360		写字楼：	
42	观众休息厅（不准吸烟）	160～250	53	高级办公室	120～160
43	裁判、教练、运动员休息室	100～140	54	一般办公室	90～120
44	展览馆、陈列厅	150～200	55	计算机房	100～140
45	会堂、报告厅	160～240	56	会议室	150～200
46	多功能厅	180～250	57	会客室（允许吸烟）	180～260
	图书馆：		58	大厅、公共洗手间	70～110
47	阅览室	100～160		住宅、公寓：	
48	大厅、借阅、登记	90～110	59	多层建筑	88～150
49	书库	70～90	60	高层建筑	80～120
50	特藏（善本）	100～150	61	别墅	150～220
	餐馆：				
51	营业大厅	200～280			
52	包间	180～250			

2. 日本资料上的空调冷负荷设计指标

日本资料上发表的空调冷负荷设计指标，见表 19.4-2。

日本资料上发表的空调冷负荷设计指标　　　表 19.4-2

建筑类型	冷负荷指标（W/m²）		建筑类型	冷负荷指标（W/m²）	
	一般系统	节能系统		一般系统	节能系统
一般办公：			商店：		
整体	93～116	70～93	整体	209～244	175～198
顶层	116～151	105～128	首层	279～314	233～256
标准层	99～128	76～93	二层及以上	186～233	151～186
高层办公	105～145	81～128	医院	112～140	84～112
旅馆、饭店	79～93	52～70	剧场观众厅	233～349	175～233

注：引自日本《空调设备实务知识》修订第三版。

3. 英国发表的空调冷负荷和送风量设计指标

英国资料上发表的空调冷负荷和送风量设计指标，见表 19.4-3。

英国资料上发表的空调冷负荷和送风量设计指标　　　表 19.4-3

序号	建筑类型及房间名称		指标	
			冷负荷（W/m²）	送风量 [m³/(m²·h)]
1	办公	外区	98	18～32
			134	18～32
			151	18～32
		内区	84	15～18
2	会议室		151～190	
3	百货大楼（二层或以上）		95～134	27～36
4	商店		151	27～36
5	银行：大厅		134～169	36

续表

序 号	建筑类型及房间名称	指标	
		冷负荷（W/m²）	送风量 [m³/(m²·h)]
6	剧院、会堂	176W/p	34m³/p
7	计算机房	190～380	36～72
8	旅馆：单人卧室	1759W/间	85～120m³/间
	双人卧室	2462W/间	120～200m³/间
	公用室	112～190	27～45
	餐厅	151～264	45/63
	酒吧	151～190	45～63
9	超市	95～134	
10	公寓	77～95	
11	保龄球	3520～5280（每条球道）	

19.4.2 冷、热源设备的装机容量及能源效率限定值

1. 冷源设备（装机）容量指标

根据对大量工程的统计，我国空调工程中制冷机的设计装机容量指标，变化范围很宽，按空调面积计算的装机容量指标为：$R_c=66\sim180\mathrm{W/m^2}$；其中分布在 $R_c=80\sim102\mathrm{W/m^2}$ 区间的比例占66%左右，平均值为 $R_c=91\mathrm{W/m^2}$。

2. 国外的参考数据

（1）冷、热源设备的容量

日本《空气调和卫生工学便览》（第10版）中给出了空调冷、热源设备容量估算的经验公式，见表19.4-4所示。

空调冷、热源设备容量的估算公式（W）　　　　表19.4-4

建筑类型	冷源设备	热源设备	备 注
办公：多层	$R=105.5A+175850$	$B_c=112.2A+225860$	
高层	$R=103.1A+474795$	$B_c=79.4A+1453750$	
旅馆、酒店	$R=83.4A+140680$	$B_c=204A+360530$	含生活热水
医院	$R=111.1A+105510$	$B_c=313.4A$	含生活热水
商店	$R=165A+175850$	$B_c=91.6A+697800$	

注：A——建筑面积，m²。

（2）不同类型建筑空调面积占建筑总面积的百分比（表19.4-5）

3. 冷水机组的能源效率限定值和能源效率等级

（1）能源效率限定值

机组在额定制冷工况条件下，能效比的最小允许值，称为能源效率限定值（The minimum allowable value of energy efficiency），简称能效限定值。各类冷水机组能效比的实测值，应大于等于表19.4-6的规定值。

不同类型建筑空调面积占建筑总面积的百分比　　表 19.4-5

建筑类型	空调面积占建筑总面积的百分比（%）
旋游旅馆、酒店、饭店	70～90
办公、展览中心	65～80
剧院、电影院、俱乐部	75～85
医院	70～85
百货商店	65～80

机组的能源效率限定值　　表 19.4-6

类　型	额定制冷量（CC）(kW)	能效比（COP）(W/W)
风冷式或蒸发冷却式	CC≤50	2.40
	50＜CC	2.60
水冷式	CC≤528	3.80
	528＜CC≤1163	4.00
	1163＜CC	4.20

注：引自国标《冷水机组能效限定值及能源效率等级》(GB 19577—2004)。

(2) 能源效率等级

能源效率等级 (Rated energy efficiency grade)，是区别机组是否属于节能型产品的主要标准。能源效率等级，通常是根据机组的能效比测试结果，与表 19.4-7 所列 COP 值相对照，从而判定该机组的额定能源效率等级。

机组的能源效率等级指标　　表 19.4-7

机组类型	额定制冷量(CC)(kW)	能效等级（COP）(W/W)				
		1	2	3	4	5
风冷式或蒸发冷却式	CC≤50	3.20	3.00	2.80	2.60	2.40
	50＜CC	3.40	3.20	3.00	2.80	2.60
水冷式	CC≤528	5.00	4.70	4.40	4.10	3.80
	528＜CC≤1163	5.50	5.10	4.70	4.30	4.00
	1163＜CC	6.10	5.60	5.10	4.60	4.20

注：引自国标《冷水机组能效限定值及能源效率等级》(GB 19577—2004)。

产品能效比测试值和标准值，应大于等于其额定能源效率等级指标值。等级 1 是企业的努力目标；等级 2 代表节能型产品的门槛；等级 3、4 代表我国的平均水平；等级 5 代表未来淘汰产品。

节能评价值 (The evaluating values of energy conservation)，是在额定制冷工况和规定条件下，节能型机组应达到的能效比最小值。机组的节能评价值为表 19.4-7 中能效等级 2 级。也就是说，只有 COP 值等于和高于能效等级 2 级的机组（表中有填充色部分），才能称为节能型机组。

4. 国家标准《单元式空气调节机能源效率限定值及能效等级》(GB 19576—2004) 对名义制冷量大于 7000W、采用电机驱动压缩机的单元式空调机（热泵）、风管送风式和屋顶式空调（热泵）机组的能源效率作了如下具体规定：

(1) 能源效率限定值 (The minimum allowable value of energy consumption)：能源效率限定值，是空调机在额定工况和规定条件下，能效比（或性能系数）的最小允许值。空调机的实测能效比，应大于或等于表 19.4-8。

(2) 节能评价值 (The evaluating values of energy conservation)：在额定工况和规定条件下，节能型空调机应达到的能效比（或性能系数）的最小值。

(3) 能源效率等级 (Energy efficiency grade)：能源效率等级，简称能效等级，是表示产品能源效率高低差别的一种分级方法。《单元式空气调节机能源效率限定值及能效等级》(GB 19576—2004) 标准根据能效比（或性能系数）的大小，分成 1、2、3、4 和 5 五个等级，1 级表示能源效率最高（表 19.4-9），5 级代表未来淘汰产品。

空调机能源效率限定值（Emin） 表 19.4-8

类型		能效等级 EER (W/W)
风冷式	不接风管	2.4
	接风管	2.1
水冷式	不接风管	2.8
	接风管	2.5

注：热泵型空调机的制热工况性能系数暂未作出规定

（4）额定能源效率等级（Rated energy efficiency grade）：生产企业规定的空调机的能源效率等级。

单元式空气调节机的能效等级 表 19.4-9

类型		能效等级 EER (W/W)				
		1	2	3	4	5
风冷式	不接风管	3.2	3.0	2.8	2.6	2.4
	接风管	2.9	2.7	2.5	2.3	2.1
水冷式	不接风管	3.6	3.4	3.2	3.0	2.8
	接风管	3.3	3.1	2.9	2.7	2.5

注：不包括多联机。

（5）能源效率评定方法

1）能源效率等级判定方法：按表 19.4-9 判定能源效率等级，此能源效率等级应与该类型产品的额定能源效率等级一致（不包括多联机）。

2）当空调机的能效比实测值大于或等于表 19.4-9 中所对应的产品类型第 2 能效等级所规定的值时，判定该批产品的能源效率指标符合节能型空调机的要求。

19.4.3 其他指标

1. 冷水机组的耗电量、耗蒸汽量和耗冷却水量指标（表 19.4-10）

冷水机组的耗电量、耗蒸汽量和耗冷却水量指标 表 19.4-10

序号	机组类型	电量 (kW/kW)	蒸汽量 [kg/(kW·h)]	冷却水量 [m³/(kW·h)]
1	活塞式	0.25～0.35	—	0.22～0.26
2	涡旋式	0.21～0.25	—	0.21～0.24
3	螺杆式	0.16～0.24	—	0.20～0.26
4	离心式	0.15～0.23	—	0.20～0.26
5	溴化锂吸收式：			
	单效	0.005～0.01	1.0～2.4	0.30～0.35
	双效	0.003～0.02	0.90～1.4	0.25～0.30
	直燃	0.004～0.02	0.063～0.08（轻油） 0.065～0.09（天然气）	0.28～0.30

2. 辅助设备耗电量指标（表 19.4-11）

空调辅助设备耗电量指标　　　　表 19.4-11

序号	设备名称	单位制冷量的耗电量指标（kW/kW）
1	制冷（冷冻）水循环水泵（闭式）：	
	一次泵系统	0.020～0.035
	二次泵系统	0.031～0.055
2	冷却水循环水泵	0.020～0.038
3	冷却塔风机	0.006～0.009
4	风冷冷凝器风扇	0.015～0.055

3. 建筑物的空调耗电量指标（表 19.4-12）

建筑物的空调耗电量指标　　　　表 19.4-12

序号	建筑类型和房间名称	耗电量指标（W/m²）	序号	建筑类型和房间名称	耗电量指标（W/m²）
1	旅馆：走道	69～86	4	商店：百货	86
	客房	43～60		珠宝	60
	酒吧、咖啡	60～86		美容、理发	52～95
	洗手间	60		服装、医药	43～78
	厨房	86～103			
2	写字楼：一般办公室	52～60	5	医院	43～60
	高级办公室	55～86			
	私人办公室	60	6	舞厅	86
	会议室	52～69	7	夜总会舞厅	129～190
	制图室	60	8	剧院	60
3	饭店：餐厅	60	9	计算机房	129～258
	快餐厅	55～86			
	普通厨房	60			
	电气化厨房	86～103			

注：①资料来源：《高层建筑电气工程》，水利电力出版社，1988。
　　②南方地区，宜取接近上限的数值；三北地区，宜取接近下限的数值。

4. 制冷机房、锅炉房及空调机房的面积指标

空调和制冷机房所需占用的建筑面积，随系统形式、设备类型等的不同有很大差异。全空调建筑的通风、空调和制冷机房所需的建筑面积，一般可按建筑总面积的 3‰～8‰ 考虑。其中：风管与管道井约占 1‰～3‰；制冷机房约占 0.5‰～1.2‰。建筑总面积大者宜取下限值，建筑总面积小者，宜取上限值。

空调和制冷机房所需占用的建筑面积，也可按下列经验公式及相应的附图确定：

（1）制冷机房需占用的建筑面积 A_L（m²），可按下式计算或按图 19.4-1 确定：

$$A_L = 0.0086A \quad (19.4\text{-}1)$$

（2）锅炉房需占用的建筑面积 A_G（m²），可按下式计算或按图 19.4-2 确定：

$$A_G = 0.01A \quad (19.4\text{-}2)$$

（3）空调机房需占用的建筑面积 A_K（m²），可按下式计算或按图 19.4-3 确定：

$$A_K = 0.0098A \quad (19.4\text{-}3)$$

式中　A——建筑面积，m²。

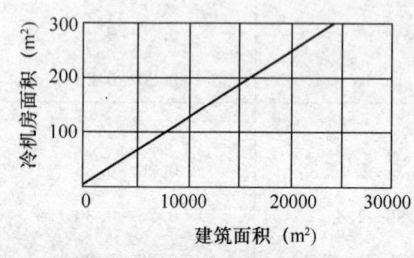

图 19.4-1　建筑面积与制冷机房面积的关系

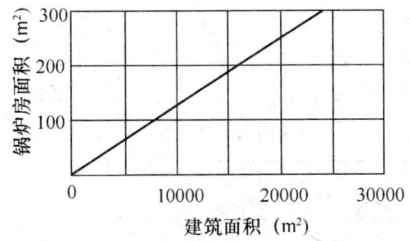
图 19.4-2 建筑面积与锅炉房面积的关系

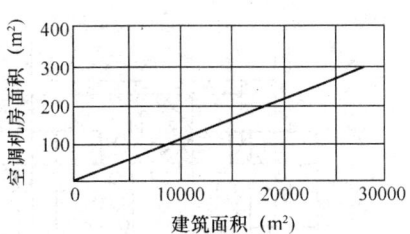
图 19.4-3 建筑面积与空调机房面积的关系

（4）国外资料上发表的空调机房面积估算指标，见表 19.4-13。

国外资料上发表的空调机房面积估算指标（%）　　表 19.4-13

空调建筑面积	分楼层单风管 （全空气系统）	风机盘管加新风 （分楼层单风管）	双风管 （全空气系统）	单元式 空调机	平均指标
1000	7.5	4.5	7.0	5.0	7.0
3000	6.5	4.0	6.7	4.5	6.5
5000	6.0	4.0	6.0	4.2	5.5
10000	5.5	3.7	5.0	—	4.5
15000	5.0	3.6	4.0	—	4.0
20000	4.8	3.5	3.5	—	3.8
25000	4.7	3.4	3.2	—	3.7
30000	4.6	3.3	3.0	—	3.6

注：制冷机和水泵所需建筑面积，约为表列空调机房面积的 1/4～1/3。

5. 风管竖井和管道井

空调建筑中，布置竖风管的风管竖井和安装冷、热水管的管道井所需的建筑面积，一般约占总建筑面积的 1‰～3‰左右。

风管竖井的平面尺寸，可按下式确定（图 19.4-4a）：

$$x = 2a + \sum_{i=1}^{n} x_i + b(n-1) \tag{19.4-4}$$

$$y = a + \sum_{i=1}^{n} y_i + b(n-1) + c \tag{19.4-5}$$

上式中的尺寸 x、y，已包括绝热层的厚度。

管道井的平面尺寸，可按下式确定（图 19.4-4b）：

$$x = 2a + \sum_{i=1}^{n} d_i + b(n-1) \tag{19.4-6}$$

$$y = a + \sum_{i=1}^{n} d_i + b(n-1) + c \tag{19.4-7}$$

式中　d_i——管道外径，mm；

a、b——间距（不包含绝热层厚度），mm；

c——操作空间，不宜小于 600mm。

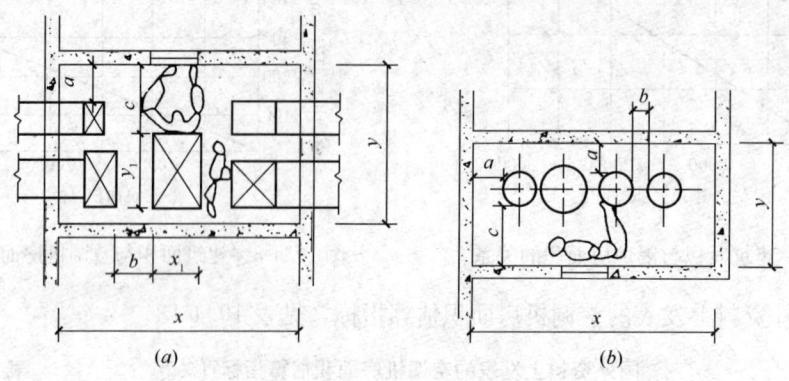

图 19.4-4 竖井、管道井尺寸
(a) 风管竖井；(b) 冷、热水管道井

19.4.4 各种空调系统投资、寿命等的比较

1. 各种空调系统相对投资的比较（表 19.4-14）

各种空调系统相对投资的比较　　　　表 19.4-14

系　统	两管制周边诱导器	四管制周边诱导器	风机盘管加新风	VAV 加周边供暖	双风管全空气	低速单风管全空气
上限	1.30	1.50	1.40	1.50	1.70	1.45
下限	0.70	0.80	0.80	0.70	1.00	1.25
平均	1.00	1.15	1.10	1.10	1.35	1.35

注：引自 W. P. Jones. Air conditioning applications and design. 1980

2. 各种空调方式的综合比较（表 19.4-15）

各种空调方式的综合比较　　　　表 19.4-15

空调方式	设备费	维护管理	室温控制	室内湿度控制	分隔灵活性	管道空间
单元式空调器	A	B	B	B	(C)	A
单风管低速送风	A	A	D	C	(A)	D
单风管高速送风	B	A	D	C	(A)	C
风机盘管	B	C	A	C	C	A
风机盘管加新风	B	C	A	A	A	B
诱导器	B	B	A	A	A	B
区域机组	C	B	B	C	(B)	(B)
双风管	B	B	A	B	A	D
辐射供冷	D	A	B	C	(A)	C

注：1. A、B、C…序列按有利至不利排列；
　　2. 带（ ）者表示处理得当时可以达到的序列。

3. 各种部件所占投资的百分比（表 19.4-16）

各种部件所占投资的百分比　　　　　　　　表 19.4-16

设备部件	两管制周边诱导器	双风管全空气	风机盘管加风管送风	风机盘管加局部送风	低速全空气单风管
制冷机和冷却塔	19.1	16.3	20.7	23.6	18.4
AHU 及其控制	7.6	13.7	7.4	2.1	17.7
水泵	1.1	0.5	0.6	1.4	0.5
管道等	5.5	1.8	5.7	6.5	2.1
设备、管道绝热处理	4.5	1.5	7.3	8.3	1.4
散流器、格栅风口	23.0	44.6	27.0	14.3	51.5
末端机组	21.6	8.5	22.2	33.3	
末端机组的控制	8.3	4.0			
空压机及辅助装置	0.5	0.4			
锅炉	2.6	3.3	3.1	3.6	2.8
电线、开关	6.2	5.4	6.0	6.9	5.6

注：引自 W. P. Jones. Air conditioning applications and design. 1980。

4. 空调制冷设备的平均使用寿命（表 19.4-17）

空调制冷设备的平均使用寿命　　　　　　　　表 19.4-17

设 备 名 称	平均寿命 (a)	设 备 名 称	平均寿命 (a)
窗式空调器	10	离心式冷水机组	23
空气源热泵（住宅用）	10	螺杆式冷水机组	25
分体式空调器	15	吸收式冷水机组	23
水冷单元式空调器	15	离心通风机	23
水源热泵（商用）	19	水泵（安在基座上）	20
空气源热泵（商用）	15	镀锌钢板冷却塔	20
安装在屋顶上的 AHU	15	镀锌钢板风管	20
往复式冷水机组	20	空气冷却器	20

注："使用寿命"是指新设备在正常维护和使用条件下，从投入使用起，直至虽经修理也不能正常保证其出力（允许波动在一定范围之内）或正常工作的时间周期。

19.5　简易空调负荷估算方法

本简易估算方法，引自日本空气调和卫生工学会颁布的《冷、热负荷简易计算法》（HASS112—1992）。该方法既保持了负荷指标估算法便捷、简单的特点，又尽量顾及建筑性质的差异，使估算具有科学性和合理性，且更加符合实际。

确定空调负荷时，一般应考虑建筑朝向、窗面积、外围护结构热工性能、有无外挑檐、楼层位置、房间进深、新风量和室内计算温度等影响空调最大负荷的八项因素。《冷、热负荷简易计算法》针对上述八项因素，各设定 2~4 个基准值，用正交法构成 64 个计算对象，用日本东京的平均气象年参数作全年动态负荷计算，根据不保证率 2.5%，求出各计算对象的最大冷、热负荷。假定供冷期为 6 月至 9 月（共 4 个月）、供暖期为 12 月至 3 月（共 4 个月），然后对计算结果进行方差分析，从 5% 显著性因素中得出实用的负荷计算指标。再用正交法计算,从在室人员的发热量、照明和设备发热量等因素得到内部负荷,作为修正值加至冷负荷计算值中。

19.5.1 基本设计条件

基本设计条件见表 19.5-1 和表 19.5-2。

计算对象办公楼的建筑和使用条件　　　　表 19.5-1

建筑构造	钢筋混凝土构造,外壁幕墙
层高	3.75m
吊顶高	2.55m
最上层屋顶传热系数	0.54W/($m^2 \cdot ℃$)
百叶窗	夜间关闭,白天根据透过日射量大小调整叶片角度和开闭
渗透风	按周边区容积取 $0.2h^{-1}$(换气次数)
家具热容量	4.2Wh/($m^2 \cdot ℃$)
供暖时内部发热量	取夏季照明、机器发热量 $25W/m^2$ 和人员密度 $0.2p/m^2$ 时发热量之和的 25%,从供暖负荷中减去

对象办公楼的基本设计条件(东京地区)　　　　表 19.5-2

建筑物条件		空调条件	
房间进深	12m	空调方式	● 周边区空调机,内区空调机。 ● 各空调机处理各区域的房间负荷和新风负荷。
周边区进深	5m		
窗面积率	45%		
楼层位置	中间层		
隔热条件	单层玻璃		
外壁传热系数	1.6W/($m^2 \cdot ℃$)		
室内设计条件		运行方式	● 间歇空调。平日 8~18 时全天运行,星期六 8~13 时半天运行,星期日和节假日停止运行。 ● 预热、预冷 1h(8~9 时),预热、预冷时关闭新风。 ● 不使用全热交换器
室内温、湿度:供冷	26℃,50%		
供暖	22℃,50%		
新风量	$4m^3$/($m^2 \cdot h$)		
内部发热量:照明机器发热	$25W/m^2$		
在室人员数	$0.2p/m^2$		

注意:当不符合以上基本条件时,求出的最大热负荷需进行修正。

19.5.2 最大冷、热负荷的确定

在表 19.5-1 和表 19.5-2 的条件下,最大冷、热负荷 q(W/m^2)可用下式计算:

$$q = q_0 + \Sigma \Delta q_k \tag{19.5-1}$$

式中　q_0——基准冷热负荷,W/m^2;
　　　Δq_k——因素 k 的修正冷热负荷,W/m^2。

q_0 是供冷时南向房间、供热时北向房间在基准设计条件下的最大冷、热负荷(包括新风负荷)。

Δq_k 是基准条件以外的修正值。表 19.5-3 和表 19.5-4 给出了供冷和供热时的 q_0 和 Δq_k 值(全热热量)。按全年计算,建筑物负荷超过该值的危险率为 2.5%。

供冷用基准冷负荷 q_0 和修正冷负荷 Δq_k　　　　表 19.5-3

基准冷负荷 q_0 (W/m²)					周边区供冷				内区供冷	
					136				92	
	外遮阳	窗面积率	窗主朝向		修正值				修正值	
修正负荷 Δq_k	无	30%	南 西 北 东		−12	−14	−40	−20		
		45%	南 西 北 东		0	2	−32	−7	—	
		60%	南 西 北 东		13	18	−24	−7		
	有	30%	南 西 北 东		−45	−32	−42	−42		
		45%	南 西 北 东		−37	−21	−39	−33		
		60%	南 西 北 东		−29	−10	−37	−25		
	照明设备发热 (W/m²)		25		50	0	29		0	29
	在室人员 (p/m²)		0.1		0.2	−12	0		−12	0
	新风量 [m³/(h·m²)]		2		4	−11	0		−12	0
	设定室温 (℃)		26		28	0	−13		0	−10

供热用基准热负荷 q_0 和修正热负荷 Δq_k　　　　表 19.5-4

基准热负荷 q_0 (W/m²)					周边区供暖				内区供暖			
					125				93			
					修正值				修正值			
修正负荷 Δq_k	窗主朝向	南	西	北	东	−18	−3	0	−13	—			
	外围护结构	大	中	小		−14	0	14		−8	0	8	
	楼层	中间层		顶层		0		14		0		17	
	房间进深 (m)	8	12	16	20	12	0	−7	−12	23	0	−11	−18
	新风量 [m³/(h·m²)]	2		4		−16		0		−16		0	
	设定室温 (℃)	20		22		−16		0		−13		0	

表 19.5-3 和表 19.5-4 中：
- 外围护结构隔热的大、中、小，是指表 19.5-5 所给出的传热系数。根据窗墙比的不同而取不同的值。根据传热系数的值进行内插或外插取修正负荷。
- 外遮阳板挑出 1m。
- 房间进深，指从外围护结构到内区隔墙的距离。而拐角房间则由下式求出当量进深：

$$房间当量进深 = \frac{地板面积}{外壁长度}$$

在作修正时，如果朝向、窗面积率、照明机器发热、在室人员数、房间进深、新风量和室温等数值与表中数据不同可以用内外插值。

除表 19.5-3 和 19.5-4 中的修正之外，还应根据空调分区情况和预热时间等作其他修正。

空调不分区时，用下式作修正：

$$Q' = q_p \cdot A_p + q_i \cdot A_i \tag{19.5-2}$$

式中　Q'——空调不分区时的最大热负荷，W；

q_p，q_i——由式（19.5-1）计算得到的周边区、内区的最大负荷，W/m²；

A_p——由窗开始进深 5m 的假想周边区地板面积，m^2；

A_i——假想周边区以外的房间地板面积，m^2。

隔热水平和外壁传热系数 [W/(m²·℃)] 表 19.5-5

隔热水平		大	中	小
单层玻璃	窗 30%	1.0	2.3	3.7
	窗 45%	—	1.6	3.3
	窗 60%	—	0.4	2.8
双层玻璃	窗 30%	1.9	3.2	4.5
	窗 45%	1.6	3.3	5.0
	窗 60%	1.1	3.4	5.7

周边区空调机主要承担围护结构负荷时，用以下两式作修正：

供暖时：
$$Q' = 5 \times (q_{pn} - q_i) \cdot l_p \tag{19.5-3}$$

供冷时：
$$Q' = [5 \times (q_p - q_i) + 20] \cdot l_p \tag{19.5-4}$$

式中 Q'——主要承担围护结构负荷的周边区空调设备的最大冷热负荷，W；

q_{pn}——按式（19.5-1）计算得到的北向周边区最大热负荷，W/m^2；

q_p，q_i——由式（19.5-1）计算得到的周边区、内区的最大冷热负荷，W/m^2；

l_p——外墙长度，m。

如果预热预冷时间不是 1h，则由上述方法得到的最大冷热负荷应乘以表 19.5-6 中的修正系数。

预热时间的修正系数 表 19.5-6

预热时间（h）	0.5	1.0	1.5	2.0	3.0
修正系数	1.22	1.0	0.91	0.85	0.77

如果空调系统中采用全热交换器，则应根据热回收效率，相应扣减新风量的比例。

对银行、百货商店、超市、旅馆、餐厅、酒吧、公民会馆、图书馆、医院、剧场等其他公共和商用建筑，也设定了一些统一的计算条件，见表 19.5-7。

公共和商用建筑统一的基准设计条件 表 19.5-7

建筑条件		
地区		东京
外围护结构隔热条件		屋顶、外墙均有 25mm 泡沫塑料隔热
室内条件		
室内温湿度	供 冷	26℃，50%；旅馆、酒吧为 25℃，50%
	供 暖	22℃，50%；百货、超市为 20℃，50%，旅馆客房为 23℃，50%
空调条件		
运行方式		旅馆客房、医院为终日空调，其余为间歇空调。间歇空调预冷热 1h，银行、公民会馆、图书馆预冷热 2h
		不使用全热交换器

19.5.3 单位面积冷热负荷估算值

考虑到各种建筑物的不同用途,日本空气调和卫生工学会收集了一些建筑实例并进行统计分析,取各种建筑物的平均值。与办公楼相同,在供暖计算时的内部发热量只考虑取供冷条件下的 25%,其余作为安全因素。

1. 银行

银行营业室的窗面积率取 70%;室内照明、设备发热负荷取 $50W/m^2$。银行的接待室是为顾客服务的重要房间,其照明以白炽灯为主,取 $30W/m^2$;在室人员数取 0.2 人$/m^2$;渗透风量在营业室为 $5.25m^3/(m^2 \cdot h)$;接待室取 $1.35m^3/(m^2 \cdot h)$。

2. 百货商店

百货商店的一层系主要入口,人流较大,在室人数取 0.8 人$/(m^2 \cdot h)$。一层沿街店面有展示窗口的作用,窗面积较大,窗面积率取 60%。由于窗面积大,室内外照度相差悬殊,从室外看室内显得较昏暗,所以往往把商场底层照度提得很高,照明负荷取 $80W/m^2$。按照规范要求新风量应为 $20m^3/(h \cdot p)$,因人员密度很大,新风负荷会变得非常大;简易计算方法中取 $10m^3/(h \cdot p)$。专卖店的人员密度取 $1p/m^2$。一层商场渗透风取 $8m^3/(m^2 \cdot h)$,专卖店和其他楼层商场取 $1.75m^3/(m^2 \cdot h)$。

3. 超级市场(指居民区中很普遍的营业时间很长的购物超市)

超市建筑的窗面积率取 70%;室内开放式冷柜货架散出冷量,能消减夏季冷负荷,增加冬季热负荷。因此在供冷负荷中减去 $35W/m^2$,供暖负荷中增加 $21W/m^2$。食品和服装商场的渗透风取 $1.5m^3/(m^2 \cdot h)$。

4. 酒店旅馆

旅馆宴会厅的人员数是按照自助餐或鸡尾酒会的形式考虑,取 $1p/m^2$,照明负荷取 $80W/m^2$。标准客房是双人间。宴会厅无渗透风,客房取 $1.25m^3/(m^2 \cdot h)$。

5. 餐厅或饮食店

考虑为观光饭店,因此窗面积较大。照明以白炽灯为主,照明负荷取 $40W/m^2$,渗透风 $1.5m^3/(m^2 \cdot h)$。

6. 社区活动中心

具有日本特色的公民会馆近年来在我国城市的街道和社区也开始出现。简易计算方法中主要考虑公民会馆研修室的讲习会形式(例如社区大学、老年大学、科普讲座等)。渗透风取 $1.5m^3/(m^2 \cdot h)$。

7. 图书馆

指小型的开架图书馆,书库和阅览室是一体的,窗也比较大。照明负荷取 $30W/m^2$,渗透风取 $1.5m^3/(m^2 \cdot h)$。

8. 医院

考虑为 6 床的病室;负荷中已包括新风负荷;渗透风取 $1.25m^3/(m^2 \cdot h)$。

9. 剧场

演出用照明应作单独排热处理,因此照明负荷取 $25W/m^2$;人员密度取 $1.5p/m^2$;简易计算方法中并未考虑空调再热负荷。为使计算偏于安全,大厅(前厅)取较大的玻璃面积。观众厅无渗透风,大厅渗透风量取 $2m^3/(m^2 \cdot h)$。

由此可以得到公共建筑和商用建筑的单位面积冷热负荷估算值，见表 19.5-8。

不同用途的公共和商用建筑单位面积冷热负荷估算值　　　表 19.5-8

建筑种类			冷、热负荷（W/m²）		室内冷、热负荷条件			
			供冷	供暖	照明（包括OA*）(W/m²)	人员(p/m²)	新风量[m³/(m²·h)]	渗透风(h⁻¹)
银　行		营业室	242	220	50	0.30	6	1.5
		接待室	179	184	30	0.20	4	0.5
百货商店		一层商场	355	246	80	0.80	8	2.0
		专卖店	307	161	60	1.00	10	0.5
		商　场	217	137	60	0.40	8	0.5
超级市场		食　品	212	195	60	0.60	6	0.5
		服　装	215	167	60	0.30	6	0.5
旅　馆		宴会厅	449	312	80	1.00	20	0
	客房	南向	127	207	20	0.12	6	0.5
		西向	131	207	20	0.12	6	0.5
		北向	125	207	20	0.12	6	0.5
		东向	130	207	20	0.12	6	0.5
饮食店		餐　厅	286	228	40	0.60	12	0.5
社区中心		学习室	233	228	20	0.50	10	0.5
图书馆		阅览室	143	125	30	0.20	4	0.5
医　院	病室6床	南向	91	112	15	0.20	4	0.5
		西向	110	112	15	0.20	4	0.5
		北向	79	112	15	0.20	4	0.5
		东向	96	112	15	0.20	4	0.5
剧　场		观众厅	512	506	25	1.50	30	0
		大　厅	237	219	30	0.30	6	0.5

※　OA—自动化办公设备（Office automation）。

对不同的隔热方式可将表 19.5-8 得到的最大冷热负荷乘以表 19.5-9 中的修正系数。

围护结构隔热性能的修正系数　　　表 19.5-9

空调模式	50mm 泡沫塑料隔热		无　隔　热	
	屋　顶	仅外墙	屋　顶	仅外墙
供　冷	1.0	1.0	1.2	1.1
供　暖	0.95	1.0	1.3	1.2

表 19.5-10 给出了不同用途建筑物在表 19.5-8 中新风量下的新风负荷。如果实际设计中的新风量与表 19.5-8 中所给的新风量不符，则应根据表 19.5-10 中的新风负荷进行修正。如果采用全热交换器，则应根据全热交换器的热回收效率在新风负荷中减去相应的

比例。如果在预冷热时关断新风,需将供暖的最大热负荷乘以 0.9 的系数。

不同用途建筑物的新风负荷 表 19.5-10

房间种类		新风负荷(W/m²)		新风量 [m³/(m²·h)]
		供冷	供暖	
银行	营业室	72	90	6
	接待室	48	59	4
百货商店	一层商场	97	107	8
	专卖店	121	134	10
	商场	97	107	8
超级市场	食品	72	80	6
	服装	72	80	6
旅馆	宴会厅	260	299	20
	客房	78	90	6
饮食店	餐厅	144	179	12
社区中心	学习室	121	149	10
图书馆	阅览室	48	59	4
医院	病室	48	59	4
剧场	观众厅	362	448	30
	大厅	78	90	6

渗透风的变化部分,按空调面积折算成新风量,用表 19.5-10 修正。

照明增减时负荷的修正及人员密度增减时人体发热量的修正分别见表 19.5-11 及表 19.5-12。

照明增减时照明负荷的修正 表 19.5-11

项目	照明密度增减	负荷增减
供冷时	±10W/m²	±12W/m²
供暖时	−10W/m² 照明密度增加时不修正	+2W/m²

人员密度增减时人体发热量修正 表 19.5-12

项目	人员密度增减	负荷增减
供冷时	±0.1P/m²	±12W/m²
供暖时	−0.1P/m² 人员密度增加时不修正	+2W/m²

上述计算方法是根据日本东京的气象参数做成的,我国的设计人员在使用时,要根据我国各地的气象参数对所得到的最大热负荷作修正。

根据我国《采暖通风与空气调节设计规范》(GB 50019—2003)中的气象参数,可以得出我国各主要城市的地区修正系数(见表 19.5-13)。

由上述简易计算方法得到的最大冷、热负荷,需乘以表 19.5-13 中的地区修正系数。

【例】 计算确定位于北京市内的四层办公楼的空调冷负荷。已知:

1. 室内空调计算温度为 27℃。办公楼内的工作人员数:每层平均有 90 人,全楼共计 360 人。窗上无内、外遮阳。新鲜空气由机房集中补充,经由各房间的窗缝排除,因室内压力高于室外,所以不计算由于窗缝渗透引起的空调冷负荷。

2. 各部分围护结构的构造与面积:

我国各地区供冷和供暖负荷修正系数　　　表 19.5-13

城市	夏季室温 25℃	夏季室温 26℃	冬季室温 22℃	城市	夏季室温 25℃	夏季室温 26℃	冬季室温 22℃
北京	1.01	1.01	1.62	武汉	1.14	1.14	1.29
天津	0.99	0.99	1.57	厦门	1.10	1.11	0.76
石家庄	1.04	1.04	1.57	长沙	1.14	1.15	1.19
太原	0.95	0.95	1.76	广州	1.07	1.07	0.81
沈阳	0.94	0.94	2.10	海口	1.11	1.12	0.57
大连	0.90	0.90	1.71	成都	0.96	0.96	1.00
长春	0.90	0.90	2.29	重庆	1.08	1.08	0.95
哈尔滨	0.91	0.90	2.43	贵阳	0.96	0.96	1.19
上海	1.07	1.07	1.24	昆明	0.87	0.87	1.00
南京	1.09	1.09	1.33	拉萨	0.83	0.83	1.43
杭州	1.09	1.10	1.24	西安	1.06	1.06	1.43
合肥	1.10	1.10	1.38	兰州	0.98	0.97	1.67
福州	1.12	1.12	0.86	西宁	0.88	0.88	1.76
南昌	1.14	1.15	1.19	银川	0.94	0.94	1.90
济南	1.08	1.06	1.52	乌鲁木齐	1.06	1.07	2.33
青岛	0.97	0.97	0.48	台北	1.12	1.12	0.62
南宁	1.05	1.05	0.81	香港	1.11	1.12	0.67
郑州	1.07	1.07	1.38	呼和浩特	0.96	0.95	2.10

屋面：70mm 混凝土屋面板加 125mm 加气混凝土保温层。464.76m²；

地面：464.76m²；

外墙：内面抹灰 490 砖墙，南墙为 391.56m²，东墙为 134m²，西墙为 134m²，北墙为 286m²；

窗：单层玻璃木框窗，南窗为 170m²，东窗为 40m²，西窗为 40m²，北窗为 120m²；窗的总面积为 370m²。

【解】

1. 从例题已知数据中求出本计算中必要的数据（见表 19.5-14）。

例题中的计算条件　　　表 19.5-14

南外墙长度	36.9m	东、西墙窗墙比	30%
北外墙长度	27m	北墙窗墙比	45%
楼宽/楼高	12.6m/10.6m	在室人员	0.2人/m²
南墙窗墙比	45%	新风量	30m³/(人·h)，5.8m³/(h·m²)

2. 在平面上划分计算区域

因为对象建筑是板式建筑，进深仅 6.3m，可不分内外区，均作为周边区对待。本文将平面划分成五个区域（见图 19.5-1）。

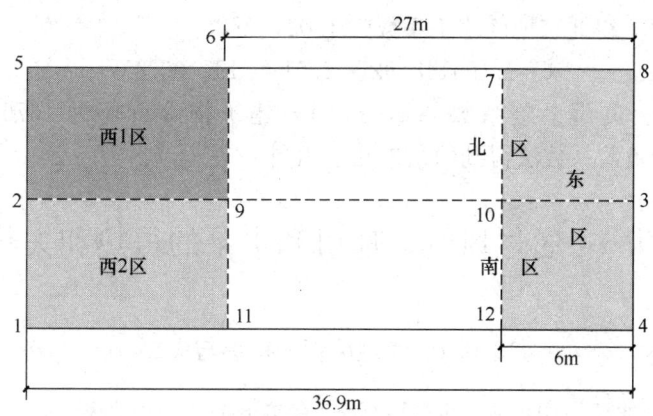

图 19.5-1 例题计算中的平面分区

分区中的考虑方式如下:
- 对象建筑除北墙的一部分 (5-6) 是内墙外,其余均为外墙。因此,该建筑有东、南、西、北四个周边区。但四个周边区有搭接。搭接部分的建筑负荷应重复计算,而搭接部分的内部负荷和新风负荷则不重复计算。
- 因为北墙的一部分是内墙,故单独分出一个西 1 区 (2-5-6-9)。该区域按西区计算建筑负荷和内部负荷。现将各区的面积和计算内容列入表 19.5-15。

各区面积和计算内容　　　　　　　　　　　　　　　　表 19.5-15

区 域	单层面积	计算内容
南区 (1-2-3-4)	36.9×6.3=232.47m²	建筑负荷+内部负荷
北区 (6-9-3-8)	27×6.3=170m²	建筑负荷+内部负荷
东区 (7-8-4-12)	12.6×6=75.6m²	建筑负荷
西 1 区 (2-5-6-9)	6.3×9.9=62.37m²	建筑负荷+内部负荷
西 2 区 (1-2-9-11)	6.3×9.9=62.37m²	建筑负荷

3. 负荷计算　查表 19.5-3,周边区基准冷负荷为 136W/m²,不考虑照明设备负荷,故应减去 29W/m²,所以实际基准冷负荷为 107W/m²。

根据表 19.5-3 作各项修正,见表 19.5-16。

计算中各项修正　　　　　　　　　　　　　　　　表 19.5-16

区 域	基准负荷 (W/m²)	各项修正 (W/m²)				最大负荷 (W/m²)
		窗面积	在室人员	新风量	室温	
南 区	107	0	0	+10	−6	111
北 区		−32	0	+10	−6	69
东 区		−20	−24	−22	−6	35
西 1 区		−14	−24	−22	−6	41
西 2 区		−14	0	+10	−6	97

由此可得到该建筑最大负荷:
$$Q = 4×(111×232.47+69×170+35×75.6+41×62.37+97×62.37) = 195148.92W$$

再查表 19.5-13 得北京地区修正系数为 1.01，所以：
$$Q = 195148.92 \times 1.01 = 197100.4 \text{W}$$

最后还要乘上负荷参差系数 0.8，得到该建筑物冷负荷为 157680W。平均值为 85W/m²，与按冷负荷系数法得到的结果几乎相同。

19.6 通过风管、风机和水泵的得热和失热

19.6.1 通过风管的得热与失热

由于风管内、外存在温度差，所以，就会有热流通过风管管壁进行传递，从而导致风管内空气温度的升高（得热时）或降低（失热时）。

通过风管管壁传热量的多少，与风管的材料、绝热情况、风管的几何尺寸、内外温差、空气流速等诸多因素有关，一般可按下列简化公式计算确定空气的温升（降）值 Δt (℃)：

$$\Delta t = \frac{3.6 u \cdot k \cdot l}{c \cdot \rho \cdot L}(t_1 - t_2) \tag{19.6-1}$$

式中 c——空气的比热容，一般取 $c=1.013$J/(kg·℃)；
L——空气量，kg/s；
u——风管的周长，m；
k——风管材料的传热系数，W/(m²·℃)；
l——风管长度，m；
ρ——空气的密度，一般取 $\rho=1.2$kg/m³；
t_1——风管外空气的温度，℃；
t_2——风管内空气的温度，℃。

表 19.6-1 给出了在 $t_1-t_2=1$℃、$l=10$m 时无绝热层薄钢板风管的温升（降）值。

无绝热层薄钢板风管的温升（降）值 [℃/(℃·10m)]　　　表 19.6-1

风量 (m³/h)	风管内空气的流速 (m/s)					
	2.5	5.0	6.5	8.0	10.0	12.0
500	0.38	0.27	0.24	0.22	0.19	0.18
1000	0.27	0.19	0.17	0.15	0.13	0.12
1500	0.22	0.16	0.14	0.12	0.11	0.10
2000	0.19	0.13	0.12	0.11	0.10	0.09
4000	0.13	0.10	0.08	0.08	0.07	0.06
6000	0.11	0.08	0.07	0.06	0.06	0.05
8000	0.10	0.07	0.06	0.06	0.05	0.04
10000	0.09	0.06	0.05	0.05	0.04	0.04
12500	0.08	0.05	0.05	0.04	0.04	0.04
15000	0.07	0.05	0.04	0.04	0.04	0.03

续表

风量 (m³/h)	风管内空气的流速（m/s）					
	2.5	5.0	6.5	8.0	10.0	12.0
20000	0.06	0.04	0.04	0.03	0.03	0.03
22500	0.06	0.04	0.04	0.03	0.03	0.03
25000	0.05	0.04	0.04	0.03	0.03	0.03
30000	0.05	0.03	0.03	0.03	0.03	0.02
35000	0.05	0.03	0.03	0.03	0.02	0.02
40000	0.04	0.03	0.03	0.02	0.02	0.02

由表 19.6-1 得出的数据，应乘以风管形状修正系数 f（表 19.6-2）。

风管形状修正系数 f　　表 19.6-2

圆形风管的修正系数	不同高宽比时矩形风管的修正系数					
	1:2	1:3	1:4	1:5	1:6	1:7
0.89	1.07	1.15	1.25	1.35	1.43	1.50

当风管有绝热层时，则应乘以绝热修正系数 ϕ：

$$\phi = \frac{k}{6.68} \cdot A \tag{19.6-2}$$

圆形风管：
$$A = 1 + \frac{2\delta}{d} \tag{19.6-3}$$

矩形风管：
$$A = 1 + \frac{4\delta}{a+b} \tag{19.6-4}$$

式中　k——风管壁（含绝热层）的传热系数，W/(m²·℃)；

　　　A——带绝热层风管和不带绝热层风管的外表面积比；

　　　d——圆形风管的直径，m；

　　　δ——绝热层的厚度，m；

　　　a、b——矩形风管的高和宽，m。

表 19.6-3 给出了风管壁传热系数 $k=1.16$W/(m²·℃)、绝热层厚度 $\delta=0.05$mm、风管内外空气的温度差 $t_1-t_2=10$℃时矩形风管每 10m 长的温升值。

有绝热层的矩形风管每 10m 长的温升值　　表 19.6-3

风量 (m³/h)	风管内空气的流速（m/s）					
	2.5	5.0	6.5	8.0	10.0	12.0
500	0.65	0.46	0.41	0.37	0.33	0.30
1000	0.46	0.33	0.29	0.26	0.23	0.21
1500	0.38	0.27	0.23	0.21	0.19	0.17
2000	0.33	0.23	0.21	0.19	0.17	0.15
4000	0.23	0.17	0.15	0.13	0.11	0.11
6000	0.19	0.13	0.12	0.11	0.09	0.09
8000	0.17	0.11	0.10	0.09	0.08	0.07

续表

风量 (m³/h)	风管内空气的流速 (m/s)					
	2.5	5.0	6.5	8.0	10.0	12.0
10000	0.15	0.11	0.09	0.08	0.07	0.07
12500	0.13	0.09	0.08	0.07	0.06	0.06
15000	0.12	0.09	0.07	0.07	0.06	0.05
20000	0.11	0.07	0.07	0.06	0.05	0.05
22500	0.10	0.07	0.06	0.05	0.05	0.05
25000	0.09	0.07	0.06	0.05	0.05	0.04
30000	0.09	0.06	0.05	0.05	0.04	0.04
35000	0.08	0.05	0.05	0.05	0.04	0.03
40000	0.07	0.05	0.05	0.04	0.04	0.03

19.6.2 空气流经通风机时的温升

空气流经通风机时的温升 Δt（℃），可按下式确定：

$$\Delta t = \frac{3.6 \cdot \frac{L \cdot H}{3600\eta_2} \cdot \eta}{1.013 \times 1.2\eta_1 \cdot L} = \frac{0.0008 H \cdot \eta}{\eta_1 \cdot \eta_2} \tag{19.6-5}$$

式中　L——风量，m³/h；

　　　H——风压，Pa；

　　　η——电动机安装位置的修正系数，当电动机安装在输送气流内时，$\eta=1.0$；安装在气流外时，$\eta=\eta_2$；

　　　η_1——通风机的全压效率（应取实际值）；

　　　η_2——电动机的效率，一般 $\eta_2=0.8\sim0.9$。

如取电动机的效率 $\eta_2=0.85$，则可计算出不同风压时空气通过通风机的温升值，见表 19.6-4。

空气通过通风机的温升值　　　　　　　表 19.6-4

风机全压 (Pa)	电动机位于输送气流外（$\eta=\eta_2=0.85$）				电动机位于输送气流内（$\eta=1.0$）			
	$\eta_1=0.5$	$\eta_1=0.6$	$\eta_1=0.7$	$\eta_1=0.8$	$\eta_1=0.5$	$\eta_1=0.6$	$\eta_1=0.7$	$\eta_1=0.8$
300	0.48	0.40	0.34	0.30	0.57	0.47	0.40	0.35
400	0.64	0.53	0.46	0.40	0.75	0.63	0.54	0.47
500	0.80	0.67	0.57	0.50	0.94	0.78	0.67	0.59
600	0.96	0.80	0.69	0.60	1.13	0.94	0.81	0.71
700	1.12	0.93	0.80	0.70	1.32	1.10	0.94	0.82
800	1.28	1.07	0.91	0.80	1.51	1.26	1.08	0.94
900	1.44	1.20	1.03	0.90	1.69	1.41	1.21	1.06
1000	1.60	1.33	1.14	1.00	1.88	1.57	1.35	1.18
1200	1.92	1.60	1.37	1.20	2.26	1.88	1.61	1.41

注：①通过通风机的温升值 Δt 与送风温差 Δt_s 之比，即为空气通过通风机后增加的冷负荷百分率。

②表中的温升，仅考虑了风机运行时，机械能转变为热能的部分，未计及机壳传热导致的冷量损耗。

19.6.3 通过水泵和水管道的温升

1. 通过水泵的温升

冷水通过水泵后水的温升值 Δt（℃），一般可按下式计算：

$$\Delta t = \frac{860 \times \dfrac{W \cdot H}{3600 \times 102 \eta_s}}{W} = \frac{0.0023H}{\eta_s} \tag{19.6-6}$$

由于水温升而形成的冷负荷附加率 α（%）相应为：

$$\alpha = \frac{0.0023H}{\eta_s(t_h - t_g)} \tag{19.6-7}$$

式中　H——水泵扬程，m；
　　　W——水泵流量，kg/h；
　　　η_s——水泵效率；
　　　t_g——供水温度，℃；
　　　t_h——回水温度，℃。

冷水通过水泵后水的温升值和因此而引起的冷负荷附加率，也可以按表 19.6-5 和表 19.6-6（水泵效率 $\eta_s=0.5$）确定。

水 泵 温 升 值　　　　　表 19.6-5

水泵效率 η_s	水 泵 扬 程 (m)						
	10	15	20	25	30	35	40
0.50	0.05	0.07	0.09	0.12	0.14	0.16	0.19
0.60	0.04	0.06	0.08	0.10	0.11	0.13	0.16
0.70	0.03	0.05	0.07	0.08	0.10	0.12	0.14
0.80	0.03	0.04	0.06	0.07	0.09	0.12	0.12

通过水泵引起的冷负荷附加率（$\eta_s=0.5$）(%)　　　表 19.6-6

水泵扬程 (m)	进出空气处理机的水温差（℃）				
	2	3	4	5	6
10	2.3	1.6	1.2	1.0	0.8
20	4.6	3.2	2.4	1.9	1.6
30	6.9	4.8	3.6	2.9	2.4

2. 通过冷水管道壁传热而引起的温升

通过冷水管道管壁传热而引起的温升 Δt（℃），可按下式计算：

$$\Delta t = \frac{q_l \cdot l}{1.16W} \tag{19.6-8}$$

$$q_l = \frac{t_1 - t_2}{\dfrac{1}{2\pi \cdot \lambda} \ln \dfrac{D}{d} + \dfrac{1}{\alpha \cdot \pi \cdot D}} \tag{19.6-9}$$

式中　q_l——单位长度冷水管道的冷损失，W/m；
　　　l——冷水管的长度，m；
　　　W——冷水流量，kg/h；
　　　λ——绝热层材料的导热系数，W/(m·℃)；
　　　α——表面换热系数，W/(m·℃)；
　　　d——管道外径，m；

D——管道加绝热层以后的外径，m；
t_1——管内冷水的温度，℃；
t_2——管外的空气温度，℃。

通常，也可按表 19.6-7 和表 19.6-8 对冷水管道的冷损失和温升值进行估算。

冷水管道的近似温升值 Δt（℃/100m）　　　表 19.6-7

D (mm)	50	70~80	100	150	200 以上
Δt (℃/100m)	0.15	0.10	0.07	0.05	0.03

冷水管道的近似冷损失（W/m）　　　表 19.6-8

D (mm)	管内、外温度差（℃）					
	15	20	25	30	35	40
60	2.44	3.14	3.95	4.65	5.47	6.28
80	3.14	4.19	5.23	6.28	7.33	8.37
100	3.95	5.23	6.51	7.09	9.19	10.47
150	5.93	7.09	11.36	11.75	13.72	15.70
200	7.09	10.47	13.03	15.70	18.26	19.31
250	9.77	13.03	16.28	19.65	22.79	26.05
300	11.63	15.58	19.65	23.38	27.45	31.17

19.7　风机连接对全压的影响

当风机和风管系统连接不正常时，风机的性能急剧下降。为此，通常要求风机的进风和排风应尽可能保持均匀，不要出现流向或流速的急剧变化。但是，在实际工程中，由于受到安装空间的限制，往往很难避免出现非最优化的连接方式；问题是设计人员必须明确出现这些非最优化连接方式时，会对风机的全压和效率产生多大影响，以便对按常规计算得出的风压需求值，作相应的调整（增大）。

19.7.1　风机的出口

风机出口速度的分布，在一定长度内是不均匀的，这个长度称为"有效风管长度"（Effective duct length），如图 19.7-1 所示。

为了最大限度地利用风机提供的能量，风机的出口应该保持有这一长度。这个长度随风管内流速的增大而增大，具体数值如表 19.7-1 所示。

表 19.7-1 是按圆形风管给出的，若为矩形风管时，则应按其当量直径 d_e 计算：

$$d_e = \left(\frac{4 \cdot H \cdot W}{\pi}\right)^{1/2} \quad (19.7-1)$$

式中　H——矩形风管的高度，m；
　　　W——矩形风管的宽度，m。

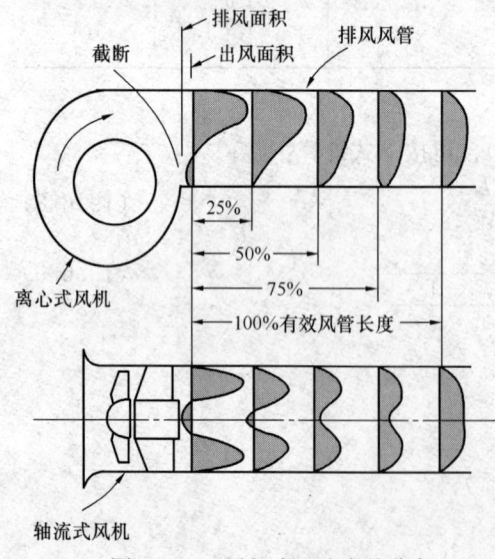

图 19.7-1　风机出口速度的分布

风管的尺寸,最好和风机出口尺寸保持一致,不过,若风管断面积变化在风机出口面积的85%~110%范围之内,系统的流动特性还是比较好的。通常断面渐缩时,斜度不应大于15,断面渐扩时,斜度不应大于7。

不同流速时的有效风管长度　　　　　　　　　　　　　　　　表 19.7-1

风管流速 (m/s)	有效风管长度 (风管直径的倍数)	风管流速 (m/s)	有效风管长度 (风管直径的倍数)
12.5	2.5	30.0	6.0
15	3.0	35.0	7.0
20	4.0	40.0	8.0
25	5.0		

当风管的长度小于有效风管长度时,将产生额外的压力损失 ΔP_0 (Pa),这些损失必须计入风机的总压需求内。

$$\Delta P_0 = C_0 \cdot P_d \quad (19.7\text{-}2)$$

$$P_d = \rho \cdot \left(\frac{v}{1.414}\right)^2 \quad (19.7\text{-}3)$$

式中　C_0——基于出口风管面积的损失系数;
　　　P_d——动压,Pa;
　　　ρ——空气的密度,kg/m³;
　　　v——出口平面的风速,m/s。

由于图 19.7-1 中截断(cutoff)的存在,排风面积小于出风口面积。这两个面积的比值,定义为排风面积比。

排风面积比=排风面积/出风口面积

排风面积比可用于确定压力损失系数;其值应由风机制造商提供。估算时可按表 19.7-2 确定。

风机的排风面积比　　　　　　　　　　　　　　　　　　　　表 19.7-2

离心风机	排风面积比	轴流风机	排风面积比
后向式	0.70	轮心比=0.3	0.90
径向式	0.80	轮心比=0.4	0.85
前向式	0.90	轮心比=0.5	0.75
		轮心比=0.6	0.65
		轮心比=0.7	0.50

表 19.7-3 列出了风机向静压箱送风的损失系数。注意:至少需要 50% 的有效风管长度才能保证得到最好的风机特性。

离心式风机向静压箱送风的损失系数 C_0　　　　　　　　　表 19.7-3

A_b/A_0	C_0				
	$L/L_e=0.00$	0.12	0.25	0.50	1.00
0.40	2.00	1.00	0.40	0.18	0.00
0.50	2.00	1.00	0.40	0.18	0.00
0.60	1.00	0.67	0.33	0.14	0.00
0.70	0.80	0.40	0.14	0.00	0.00
0.80	0.47	0.22	0.10	0.00	0.00
0.90	0.22	0.14	0.00	0.00	0.00
1.00	0.00	0.00	0.00	0.00	0.00

注:①资料来源:ASHRAE Duct Fitting Database,1992。
　　②A_b—排风面积;A_0—出风口面积;L—风管长度;L_e—有效风管长度。

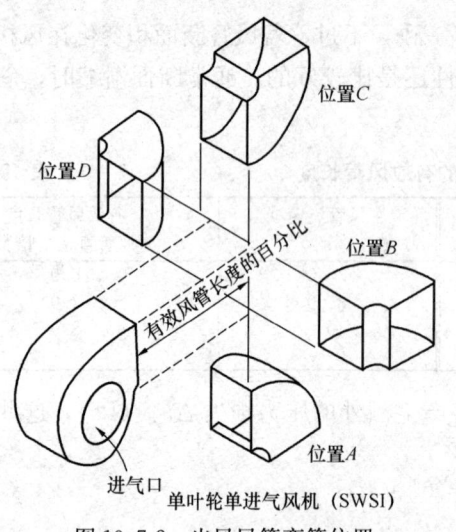

图 19.7-2　出风风管弯管位置

为了得到额定的风机性能，第一个弯管接头与风机出口至少应保持一个有效风管长度的距离，如图 19.7-2 所示。

根据式（19.7-2）可以计算出压力损失值，式中的损失系数可按表 19.7-4 确定。表中的损失系数适合于单叶轮单进风风机，对于双叶轮双进风风机，应乘以下列修正系数：

弯管位于 A 和 C 位置时 1.00
弯管位于 B 位置时 1.25
弯管位于 D 位置时 0.85

出风风管弯管的损失系数 C_0　　　　表 19.7-4

排风面积比	出风风管弯管位置	有效风管长度的损失系数			
		0%	12%	25%	50%
0.4	A	3.20	2.50	1.80	0.80
	B	3.80	3.20	2.20	1.00
	C&D	5.50	4.50	3.20	1.60
0.5	A	2.20	1.80	1.20	0.53
	B	2.90	2.20	1.60	0.67
	C&D	3.80	3.20	2.20	1.00
0.6	A	1.60	1.40	0.80	0.40
	B	2.00	1.60	1.20	0.53
	C&D	2.90	2.50	1.60	0.80
0.7	A	1.00	0.80	0.53	0.26
	B	1.40	1.00	0.67	0.33
	C&D	2.00	1.60	1.00	0.53
0.8	A	0.80	0.67	0.47	0.18
	B	1.00	0.80	0.53	0.26
	C&D	1.40	1.20	0.80	0.33
0.9	A	0.53	0.47	0.33	0.18
	B	0.80	0.67	0.47	0.18
	C&D	1.20	0.80	0.67	0.26
1.0	A	0.53	0.47	0.33	0.18
	B	0.67	0.53	0.40	0.180
	C&D	1.00	0.80	0.53	0.26

注：资料来源：ASHRAE Duct Fitting Database，1992。

19.7.2 风机的进口

当在风机进口需要装置弯管时,在风机与弯管之间应设计一段直管段,而且,弯管的曲率半径应该尽可能大一些,如图 19.7-3 所示。

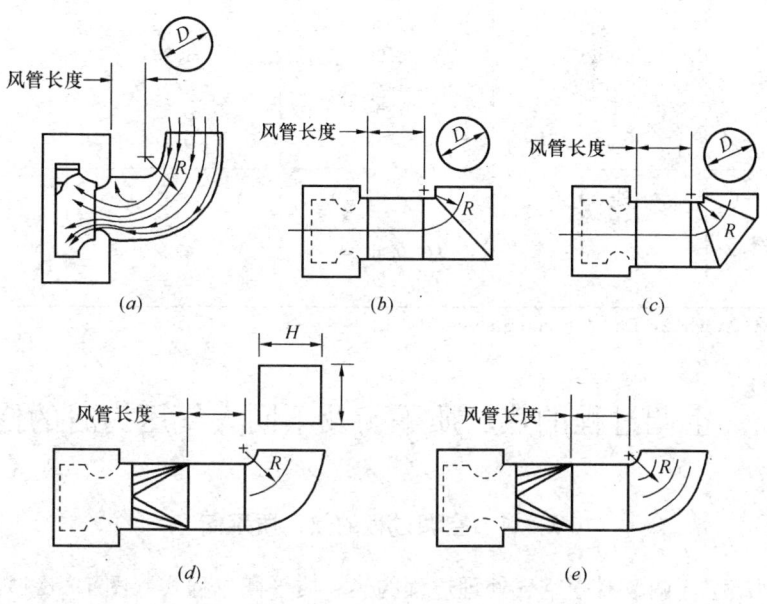

图 19.7-3 进风风管弯管结构

进风弯管产生的附加压力损失,也必须计入风机总压需求内。

表 19.7-5 给出了带导流片和不带导流片弯管的损失系数,根据式(19.7-2)即可计算出弯管的附加损失。

风机进口弯管损失系数 C_0 表 19.7-5

结构形式	风管半径比 R/D	风管长度比 L/D 或 L/H 对应的压力损失系数		
		0.0	2.0	5.0
图 19.7-3 (a)	0.50	1.80	1.00	0.53
	0.75	1.40	0.80	0.40
	1.00	1.20	0.67	0.33
	1.50	1.10	0.60	0.33
	2.00	1.00	0.53	0.33
	3.00	0.67	0.40	0.22
图 19.7-3 (b)		3.20	2.00	1.00
图 19.7-3 (c)	0.50	2.50	1.60	0.80
	0.75	1.60	1.00	0.47
	1.00	1.20	0.67	0.33
	1.50	1.10	0.60	0.33
	2.00	1.00	0.53	0.33
	3.00	0.80	0.47	0.26

续表

结构形式	风管半径比 R/D R/H	风管长度比 L/D 或 L/H 对应的压力损失系数		
		0.0	2.0	5.0
图 19.7-3 (d)	0.50	2.50	1.60	0.80
	0.75	2.00	1.20	0.67
	1.00	1.20	0.67	0.33
	1.50	1.00	0.57	0.30
	2.00	0.80	0.47	0.26
图 19.7-3 (e)	0.50	0.80	0.47	0.26
	0.75	0.53	0.33	0.18
	1.50	0.40	0.28	0.16
	2.00	0.26	0.22	0.14

注：资料来源：ASHRAE Duct Fitting Database, 1992。

19.8 空调过程的热、质平衡及不同大气压力时的修正

19.8.1 空调过程的热、质平衡

空调房间或空气调节器中空气处理过程的热、质平衡方程式（图 19.8-1）：

进入的热量等于排出的热量

$$Gh_1 + q + Wh_s = Gh_2 \quad (19.8\text{-}1)$$

水分的质平衡

$$Gd_1 + W = Gd_2 \quad (19.8\text{-}2)$$

所以

$$G(h_2 - h_1) = q + Wh_s \quad (19.8\text{-}3)$$

$$G(d_2 - d_1) = W \quad (19.8\text{-}4)$$

以式 (19.8-3) 除式 (19.8-4)，得

$$\frac{h_2 - h_1}{d_2 - d_1} = \frac{q + Wh_s}{W} = \frac{q}{W} + h_s = \varepsilon \quad (19.8\text{-}5)$$

ε 值称为热湿比。

在北美和西欧，通常往往以显热比或显热系数 SHF (sensible heat factor) 替代热湿比，它们的关系如下：

$$SHF = \frac{q_x}{q_x + q_q} = \frac{1}{\varepsilon} \cdot \frac{q_x}{W} \quad (19.8\text{-}6)$$

式中　G——空气量，kg/s；
　　h_1、h_2——空气的初、终比焓值，J/kg；
　　d_1、d_2——空气的初、终含湿量，kg/kg；
　　W——加入或除去的水分（即湿量），kg/s；
　　q——加入或除去的热量，W；
　　h_s——水分的比焓值，J/kg；
　　q_x——加入或除去的显热量，W；
　　q_q——加入或除去的潜热量，W。

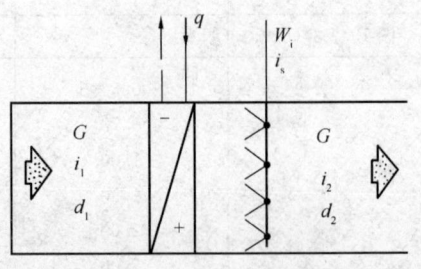

图 19.8-1　空气状态的变化

19.8.2 不同大气压力时的修正问题

大气的压力和温度随海拔高度、地理位置和气候条件等的不同而改变,标准大气压给定了估计不同海拔高度下空气性能的参考标准:在海平面上、温度为15℃的条件下,大气压力为101.325kPa。同时,假定从对流层直至同温层,空气的温度降与海拔高度的增加成线性关系;重力 $g = 9.80656 =$ constant。

表19.8-1列出了海拔高度与大气温度和压力的关系(引自 ASHRAE Handbook 2001)。

海拔高度与大气温度和压力的关系　　　　　　　　　表 19.8-1

海拔高度(m)	温度(℃)	压力(kPa)	海拔高度(m)	温度(℃)	压力(kPa)
−500	18.2	107.478	6000	−24	47.181
0	15.0	101.325	7000	−30.5	41.061
500	11.8	95.461	8000	−37.0	35.600
1000	6.5	89.875	9000	−43.5	30.742
1500	5.2	84.556	10000	−50	26.436
2000	2.0	79.495	12000	−63	19.284
2500	−1.2	74.682	14000	−76	13.786
3000	−4.5	70.108	16000	−89	9.632
4000	−11.0	61.640	18000	−102	6.556
5000	−17.5	54.020	20000	−115	4.328

风管的水力计算表、通风机等设备的性能等,通常都是建立在标准状态($P_d = 101.325$kPa, $t=20℃$, $\phi=50\%$, $\rho=1.2$kg/m³)条件下给出的。当实际大气压力与标准状态相差较大时,空气密度变化会对通风机等设备的风量、全压、以及风管系统的阻力产生影响。

众所周知,空气密度的改变,与大气压力的增减成正比,即

$$\rho_q = 1.2 \times \frac{P_{d \cdot q}}{1013} \quad (19.8\text{-}7)$$

式中　ρ_q——计算条件下的空气密度,kg/m³;

　　　$P_{d \cdot q}$——计算条件下的大气压力,hPa。

因此,若按照与当地大气压力相适应的 $h-d$ 图计算出的系统空气的质量流量为 G (kg/h),则其体积流量 L_q (m³/h) 应为:

$$L_q = \frac{G}{\rho_q} \quad (19.8\text{-}8)$$

若按照 L_q 计算出风管内空气的流速,并根据标准状态下风管水力计算图表算出系统总阻力为 p (Pa),则在当地大气压力下的总阻力 p_q (Pa) 应为:

$$p_q = p \cdot \frac{\rho_q}{1.2} \quad (19.8\text{-}9)$$

空气密度不同时,对于同一台通风机来说,若转速不变,则它送出的体积风量是不变的。但风机产生的压力是不相同的,它随空气密度的增减而增减。由于通风机的铭牌压力是按标准状态给出的,所以,通风机的选用压力 p_s (Pa) 应为:

$$p_s = p_q \cdot \frac{1.2}{\rho_q} \tag{19.8-10}$$

由式（19.8-9）和式（19.8-10）得：$p_s = p$

在高海拔地区，还应考虑由于大气压力低于标准状态时的大气压力，空气密度的减小会使电动机的散热量减少，从而导致电动机出力减小的影响。

值得指出的是：在气体密度改变时，虽然通风机的全压会发生变化，但与此同时，管路系统的阻力也发生变化。例如：当气体密度大于标准状态下的密度时，由式（19.8-9）和式（19.8-10）可知，风机的全压将增加，管路系统的阻力也相应增加。因此，在实际工程设计中，当气体的密度、温度及大气压力发生变化时，对通风机的风量、全压和管道系统的阻力等，都不需要进行修正，只要对通风机所需功率进行修正就可以了。

19.8.3 保持正压所需风量的估算

空调房间内通常应保持适当的正压，一般舒适性空调的室内正压，宜取 5~10Pa；最大不应大于 50Pa。

补偿排风与保持室内正压所需的风量，可按下列方法进行估算：

1. 缝隙法（表 19.8-2）

单位长度缝隙的渗风量　　　　　　　　　　　　　　　表 10.8-2

围护结构两侧压差 (Pa)	缝隙的渗风量 [m³/(m·h)]		
	单层钢窗	双层钢窗	门
5	2.6	1.8	16.6
10	4.0	2.8	23.5
20	6.1	4.3	33.3
25	7.1	4.9	37.2
50	10.9	7.6	52.6

注：门缝宽度为 0.002mm。

2. 换气次数法（表 19.8-3）

保持室内正压所需的换气次数（1/h）　　　　　　　　表 19.8-3

室内正压值 (Pa)	无外窗房间	有外窗房间	
		密封较好	密封较差
5	0.6	0.7	0.9
10	1.0	1.2	1.5
15	1.5	1.8	2.2
20	2.1	2.5	3.0
25	2.5	3.0	3.6
30	2.7	3.3	4.0
35	3.0	3.8	4.5
40	3.2	4.2	5.0
45	3.4	4.7	5.7
50	3.6	5.3	6.5

19.9 空调系统的划分与技术层的设置

19.9.1 空调系统的划分、选择与配置

1. 系统的划分原则（表 19.9-1）

系统的划分原则　　　　　　　　　　　　　　　　表 19.9-1

划分依据	划 分 的 原 则
负荷特性	1. 根据建筑朝向的不同，分别划分为不同的空调系统； 2. 根据室内发热量的大小，分成不同的区域，分别设置空调系统； 3. 按照室内热湿比大小，将相同或接近的房间划分为一个系统
使用时间	依据使用时间的不同进行划分，使用间时不相同的空调区，宜分别设置空调系统
使用功能	按照房间的使用功能进行划分，如在同一时段里分别需要供热与供冷的空调区，不应划分为一个系统
建筑平面位置	将临近外围护结构 3~5m 范围的区域，与外围护结构的其他区域，区分为"外区"和"内区"，分别配置空调系统
温湿度基数	根据室内空调的温湿度设计基数的不同，将温度、相对湿度等要求相同或相近的空调区划分为一个系统
洁净要求	对空气的洁净要求不相同的空调区，应分别或独立设置空调系统
噪　声	产生噪声的空调区与对消声有要求的空调区，不应划分为同一个空调系统
建筑层数	在高层建筑中，根据静水压力的大小和设备、管道、管件、阀门等的承压能力，沿建筑高度方向划分为低区、中区和高区，分别配置空调水系统； 有时，为了使用灵活、充分利用设备能力或节省初投资，也可在高度方向上将若干层组合在一起，合用一个空调系统
空调精度	在工艺性空调中，应将室内温、湿度基数及其允许波动范围相同的空调对象划分为同一个系统；对于 ±0.1~0.2℃ 的高精度恒温恒湿系统，宜单独设空调系统
防火防爆	空气中含有易燃易爆物质的空调区，必须独立设置空调系统

2. 空调系统的选择（表 19.9-2）

空调系统的选择　　　　　　　　　　　　　　　　表 19.9-2

空调系统		适 用 条 件	应用举例
全空气系统	CAV 单风管	1. 空调区的面积和空间大、人员多、使用时间基本一致； 2. 对噪声控制有较高要求； 3. 要求对空调区的温、湿度进行集中监控和管理； 4. 要求恒温、恒湿或有高洁净度要求的工艺性空调系统	商场、影剧院、体育馆、多功能厅、候机（车）大厅、手术室、播音室等
	CAV 双风管	1. 要求对空调区内各个房间能单独进行温湿度调控； 2. 空调冷热负荷分布特别复杂	投资高、耗能大，一般不宜采用
	VAV	1. 同一个空调系统中，各空调区的冷、热负荷差异和变化大； 2. 低负荷运行时间较长； 3. 各空调区的温度，要求分别进行控制； 4. 建筑内区全年需要送冷风	大型商场、超市营业厅、大型写字楼等

续表

空调系统		适用条件	应用举例
水空气系统	FCU+新风	1. 空调房间较多，层高较低，各房间要求对室温进行单独调节； 2. 对室内温湿度参数及温度的区域偏差没有严格限制； 3. 室内人员不多且对空气品质与噪声控制无严格要求	旅馆客房、办公室、公寓、VAV系统的建筑外区
	诱导器	1. 使用者能根据自己的要求对室温进行单独调节； 2. 对室内温湿度参数及温度的区域偏差没有严格限制； 3. 室内人员不多且对空气品质与噪声控制无严格的要求	旅馆客房、办公室、公寓、VAV系统的建筑外区
	LHW屋顶机组	1. 建筑层高 $H \geqslant 6m$ 的高大建筑； 2. 室内常年需要保持一定的温度，但对噪声没有严格要求	车间、超市、展厅、室内体育场馆
水环热泵空调系统		1. 室内有较大的"内区"，且常年有大量稳定的余热； 2. 在冬季，"内区"散发的余热量，基本上能满足外区的供暖需要	写字楼、大型商场、超市、候车室
VRV空调系统		1. 建筑层高较低、总楼层数不多的中、小型建筑； 2. 缺乏冷却水水源，没有布置制冷机组的机房	住宅、别墅、公寓、中小型写字楼
单元式空调机		1. 独立的小型建筑物或空调区； 2. 设有集中冷源的大型建筑中，少数使用时间、温度要求不一致的空调区； 3. 高层或超高层建筑的高区部分（为了降低系统的静水压力）	餐厅、中小型商店、展厅、住宅的客厅

3. 系统的配置

（1）新风系统

1）当采用风机盘管加新风空调方式时，新风系统的配置，可以有多种形式供设计选择，如图19.9-1所示。

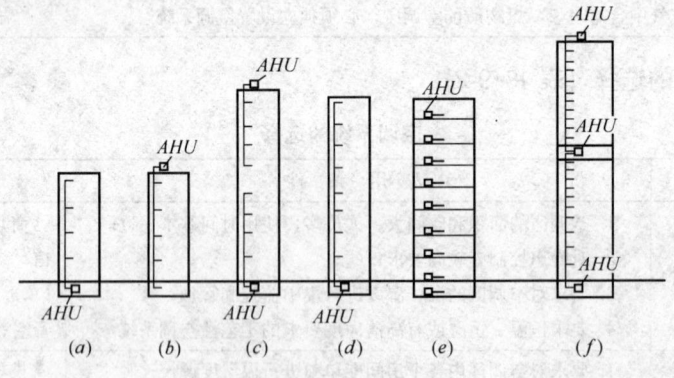

图19.9-1 新风系统的配置

根据系统服务房间（如旅游旅馆的客房数）的多少和新风量的大小，新风系统可分为大系统和小系统两种类型，它们各有利弊，适用于不同的对象，详见表19.9-3。

2）采用双风机式空气处理机组时，新风口与排风口应按最大风量设置，新回风混合室的新风入口，应全年处于负压状态。

大、小新风系统的利弊比较　　　　表 19.9-3

类型	服务客房数	风量（m³/h）	利	弊
小	≤50 间	≤5000	漏风量少；便于风量平衡与调节；使用灵活，可以停止部分客房的送风，节省能耗与经常费；出现故障时，影响面小	所需机房面积多；初投资略高，维护管理分散
大	>150 间	>10000	所需机房面积少；初投资稍低；维护管理集中	漏风量多；风量平衡与调节较麻烦；使用灵活性差；无法关闭部分客房的送风；出现故障时，影响面大

3）舒适性空调系统的新风和回风，包括风机盘管加新风系统的新风，必须经过过滤处理，并应符合下列要求：

● 确保送风中可吸入颗粒物的浓度不大于 $0.15mg/m^3$。位于大中城市中的建筑，一般应设粗效和中效两级过滤；

● 过滤器的拆装更换应方便，且不宜采用油过滤器；

● 应设置过滤器阻力检测和报警装置；

● 应根据终阻力选择计算过滤器的阻力。

4）两管制空调水系统空气处理机组的空气加热器和冷却器，一般可以合用；但是，应分别计算各自所需的换热面积，并应按其大者进行配置。

5）当冬、夏季水量相差很大，或加热与冷却过程所需的换热面积相差很大时，可按以下第 6）的要求分别设置空气加热器、冷却器和调节阀。

6）在冬季有冻结危险的地区，空气加热器应采取下列防冻保护措施：

a. 设置热媒温度达下限时自动关闭风机的控制环节，新风入口密闭调节阀的启闭，应与风机的停开相连锁。

b. 当空气处理机组的空气加热器设有水路电动调节阀时，可采取下列措施：

● 设置热水阀先于风机和风阀开启，后于风机和风阀关闭的连锁装置；

● 设热水调节阀最小开度限制，并在空气加热器出水温度达到下限值时开大热水调节阀；

● 两管制水系统宜按冷热水流量分别设置冷水调节阀和热水调节阀。

c. 设置空气预加热器（预热器水路上不设置自动调节阀）。

（2）调节装置　空调风系统，应设置下列调节装置：

1）风系统各支路应设置调节风量平衡的手动调节风阀，一般可采用三通调节阀或多叶调节阀。

2）送风口宜设调节装置，一般可采用双层百叶风口。

3）空气处理机组的新风入口和排风口处，应设置具备启闭和调节功能的风阀，一般可采用对开式多叶调节阀；在严寒地区，应采用保温风阀。风阀需要自动调节与控制时，应采用电动型调节阀。

19.9.2 技术设备层的设置

1. 技术设备层的设置原则

技术设备层,是建筑物中专门用来布置制冷机房、空调机房、水泵房、通风机房、变配电房等机电设备和敷设风管、冷热水管、给排水管和电缆等的楼层,简称设备层;它是高层和超高层建筑中不可缺少的一个构成部分。

设备层的设置,可按以下原则处理:

(1) 多层建筑中,除工艺性空调外,一般不应设置专门的技术设备层。
(2) 建筑楼层数 $n \leqslant 20$ 时,宜在建筑物的下部或顶部设置一个技术设备层。
(3) 建筑楼层数 $20 < n \leqslant 30$ 时,宜在建筑物的下部和顶部分别设置技术设备层。当裙房与塔楼之间设计有转换层时,可利用转换层作为设备层。
(4) 建筑楼层数 $30 < n < 60$ 时,宜在建筑物的下部、中部和顶部分别设置技术设备层。
(5) 建筑楼层数 $n > 60$ 时,除应在建筑物的下部和顶部设置技术设备层外,应根据建筑楼层数并结合工程具体条件,在中间每间隔 20~40 层设置若干个技术设备层。
(6) 当采用各层机组空调方式时,应在每层设空调机房。
(7) 制冷机、锅炉等既大又重的设备,应尽可能布置在下部技术设备层内。
(8) 为了避免承受过高的静水压力,换热器、组合式空调机、新风机等,应尽量考虑布置在中部和顶部的技术设备层内。

2. 技术设备层内各类设备、管线的排列及层高的确定

技术设备层内的各类设备、管线的布置与排列,由于涉及"水、暖、电"三个专业工种,因此,必须进行充分的协商,以求得合理与正确。协商过程一般应遵循"小的让大的、软的让硬的、有压的让无压的"原则进行。

常规的布置与排列规律如下:

(1) 设备层地面以上 2.0~2.5m 范围以内:布置水泵、空调机组、冷水机组、锅炉、换热机组、水处理设备、水池等;
(2) 设备层地面以上 2.5~3.5m 范围以内:布置冷水管、热水管、蒸汽管、冷却水管、给水管等;
(3) 设备层地面以上 3.5~4.5m 范围以内:布置通风管、空调送回风管等;
(4) 设备层地面以上 4.5m 的区域:布置电缆、消防用自动喷淋水管等。
(5) 设备层的层高,一般可根据建筑面积的大小按表 19.9-4 确定:

设备层层高估算表　　　　　　　　　表 19.9-4

建筑面积 (m²)	设备层(含制冷机、锅炉)层高(m)	泵房、水池、变配电、发电机房	建筑面积 (m²)	设备层(含制冷机、锅炉)层高(m)	泵房、水池、变配电、发电机房
1000	4.0	4.0	15000	5.5	6.0
3000	4.5	4.5	20000	6.0	6.0
5000	4.5	4.5	25000	6.0	6.0
10000	5.0	5.0	30000	6.5	6.5

注:若技术设备层内无制冷机和锅炉,层高宜保持为 $h \leqslant 2.1m$。

19.10 h—d 图的应用

19.10.1 湿空气的状态参数

由本手册第 1.6.2 和 1.6.3 节介绍的有关湿空气的性质和湿空气焓湿图的绘制方法可知：

1. 湿空气的状态参数主要有温度（t）、相对湿度（ϕ）、含湿量（d）、比焓（h）等。
2. 湿空气的状态参数，随大气压力的变化而改变。每张焓湿（$h-d$）图都是根据一定的大气压力绘制的，因此，应用时必须注意选择与当地大气压力相同或接近的焓湿图。
3. 在一定的大气压力下，只要已知其中的任意两个参数，在焓湿图上空气状态点的位置就固定了，另外两个参数也就确定了。
4. 借助焓湿（$h-d$）图，不仅可以确定湿空气的各种状态变化，还可以查出空气的相对湿度、湿球温度、露点温度等各种参数。

19.10.2 不同状态空气的混合

状态 1 和 2 表示混合前两种空气的状态，3 表示混合后的状态。它们的流量 G (kg/h)、比焓 h (kJ/kg)、含湿量 d (g/kg)、温度 t (℃) 分别为 (G_1、h_1、d_1、t_1)、(G_2、h_2、d_2、t_2) 和 (G_3、h_3、d_3、t_3)。假设混合过程中与外界没有热湿交换，则

$$G_3 = G_1 + G_2 \tag{19.10-1}$$

$$(G_1 + G_2) \cdot d_3 = G_1 d_1 + G_2 d_2 \tag{19.10-2}$$

$$(G_1 + G_2) \cdot h_3 = G_1 \cdot h_1 + G_2 \cdot h_2 \tag{19.10-3}$$

从而得：

$$\frac{G_1}{G_2} = \frac{d_2 - d_3}{d_3 - d_1} \tag{19.10-4}$$

$$\frac{G_1}{G_2} = \frac{h_2 - h_3}{h_3 - h_1} \tag{19.10-5}$$

$$\frac{h_2 - h_3}{h_3 - h_1} = \frac{d_2 - d_3}{d_3 - d_1} \tag{19.10-6}$$

式（19.10-6）系一直线方程，这说明混合点 3 位于 1 点和 2 点的连接直线上，且把直线 1—2 分割成 $(1-k):k$ 的比例。混合状态点的具体位置取决于 $(1-k):k$ 的比例，即风量比 G_1/G_2，如图 19.10-1 所示。

由此，可列出下列表达式：

$$t_3 \approx k \cdot t_1 + (1-k) \cdot t_2 \tag{19.10-7}$$

$$d_3 = k \cdot d_1 + (1-k) \cdot d_2 \tag{19.10-8}$$

$$h_3 = k \cdot h_1 + (1-k) \cdot h_2 \tag{19.10-9}$$

因此，混合状态点的各项参数，也可在 $h-d$ 图上直接读出。

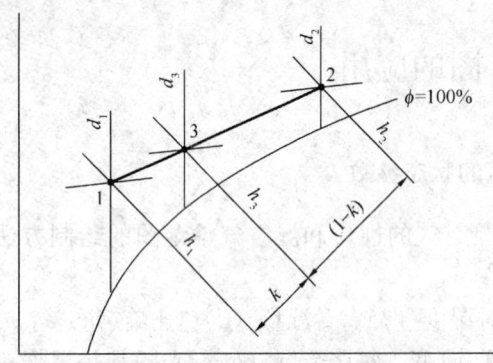

图 19.10-1 两种空气的混合

例如设室外空气状态点 1 的参数为：$t_1=35℃$、$d_1=0.022\text{kg/kg}$；状态点 2 的参数为：$t_2=27℃$、$d_2=0.012\text{kg/kg}$。已知室外空气的比例为：$k=30\%$，室内空气的比例为：$(1-k)=1-0.3=0.7=70\%$。则可计算出：

$$t_3 = 0.3 \times 35 + (1-0.3) \times 27 = 29.4℃$$

$$d_3 = 0.3 \times 0.022 + (1-0.3) \times 0.012 = 0.015\text{kg/kg}$$

根据以上条件，在 $h-d$ 图上可确定出混合状态点 3 的具体位置，查得其状态参数为：$t_3=29.4℃$，$d_3=0.015\text{kg/kg}$。

【例】 已知大气压力 $P_b=1013\text{hPa}$，空气状态 1 的参数为：$G_1=16000\text{kg/h}$，$t_1=26℃$，$\phi_1=60\%$；空气状态 2 的参数为：$G_2=4000\text{kg/h}$，$t_2=35℃$，$\phi_2=70\%$，求混合点 3 的状态参数。

【解】 在已知大气压力 $P_b=1013\text{hPa}$ 的 $h-d$ 图上，确定状态 1 和状态 2 的位置，分别得出其他参数为：$h_1=58.4\text{kJ/kg}$，$d_1=0.0126\text{kg/kg}$；$h_2=100\text{kJ/kg}$，$d_2=0.0252\text{kg/kg}$。

由公式 (19.10-5) 可得：

$$\frac{16000}{4000} = \frac{100-h_3}{h_3-58.4}$$

$$h_3 = 66.72 \quad \text{kJ/kg}$$

在直线 1—2 上定出比焓值为 66.72kJ/kg 的点，该点即为混合状态点 3。

19.10.3 典型的空气状态变化和处理过程

1. 典型的空气状态变化过程（见图 19.10-2）

2. 各种过程的处理内容和方法

各种处理过程在 $h-d$ 图上的表示，如图 19.10-3 所示。

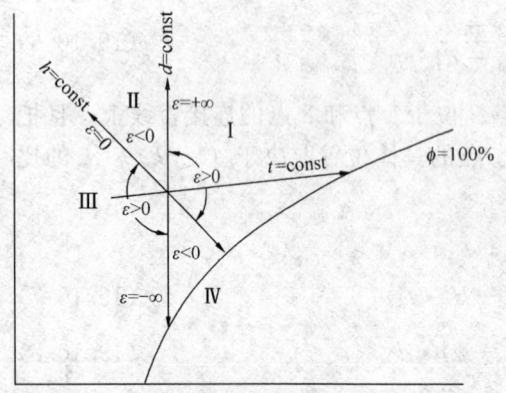

图 19.10-2 几种典型空气状态变化过程的不同热湿比值

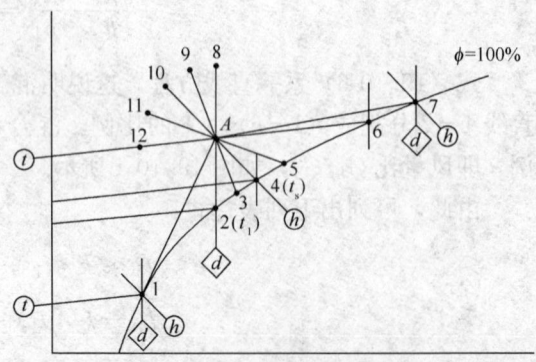

图 19.10-3 各种处理过程

图中：t_1—露点温度；t_s—湿球温度；A 点表示空气的初状态点，1、2、3……12 表示 A 状态点的空气，通过不同的处理方法可能达到的状态；常用的处理过程如表 19.10-1 所示。

各种过程的处理内容和方法　　　　　　　　　　　　　　　表 19.10-1

过程线	象限	热湿比 ε	状态变化	处 理 方 法
A-1	Ⅲ	ε>0	减焓降湿降温	喷淋温度低于 t_1 的冷水； 空气冷却器（表面温度低于 t_1）； 蒸发器直接膨胀（蒸发温度低于 t_1）
A-2	d=const	ε=-∞	减焓等湿降温	喷淋平均温度稍低于 t_1 的冷水； 干式空气冷却器（表面温度稍低于 t_1）； 蒸发器直接膨胀（蒸发温度稍低于 t_1）
A-3	Ⅳ	ε<0	减焓加湿降温	喷淋水温为 t 的冷水（$t_1 < t < t_s$）
A-4	h=const	ε=0	等焓加湿降温	喷淋循环水（绝热加湿）
A-5	Ⅰ	ε>0	增焓加湿降温	喷水温度：$t_s < t < t_A$（t_A—A 点的空气温度）
A-6	Ⅰ（t=const）	ε>0	增焓加湿等温	喷水室：水温 $t=t_A$；喷低压蒸汽
A-7	Ⅰ	ε>0	增焓加湿升温	喷水室：水温 $t>t_A$；喷过热蒸汽
A-8	d=const	ε=+∞	增焓等湿升温	空气加热器（蒸汽、热水、电）干式加热
A-9	Ⅱ	ε<0	增焓降湿升温	冷冻降湿（热泵）
A-10	h=const	ε=0	等焓降湿升温	固体吸湿剂吸湿
A-11	Ⅲ	ε>0	增焓降湿升温	喷淋温度稍高于 t_A 液体除湿剂
A-12	Ⅲ（t=const）	ε>0	增焓降湿等温	喷淋温度等于 t_A 的液体除湿剂

19.11　空调系统的优化设计

19.11.1　年经常费法

年经常费（YTC）法以系统的年经常费为判别依据，并认为经常费最低的空调方案，即为最优化的设计。

年经常费可近似按下式计算：

$$YTC = COF + COR \tag{19.11-1}$$

$$COF = D + I + T + INS$$
$$= \frac{C}{n} + \frac{1}{2} \times C \cdot (R + 0.8R_S) + INS \tag{19.11-2}$$

式中　COF——固定费；
　　　COR——运行费；
　　　　D——设备折旧费；
　　　　I——利息；
　　　　T——税金；

INS——保险费；
C——设备费用；
n——补偿年限；
R——利率；
R_S——税率。

设备折旧的补偿年限，可按下列原则确定：
- 小型空调设备（制冷量 $Q \leqslant 22kW$）： $n=13$ 年
- 大型空调设备： $n=15$ 年

运行费 COR，可根据空调全年（或某个期间）耗能量及单位能源价格求出；有关空调全年耗能量的计算，详见本手册第18章。

19.11.2 等价均匀全年费用法

等价均匀全年费用法以等价均匀的全年费用（$EUAC$）为判别依据，并认为 $EUAC$ 值最低的空调方案，即为最优化的设计。

等价均匀全年费用，可按下式计算：

$$EUAC = C_h \cdot \left[C_{ch}\varphi + \sum_{j=1}^{n} \varphi_j (C_w + C_{yj} \cdot i_j + C_{wj}) + S\varphi \right] \qquad (19.11\text{-}3)$$

$$C_h = \frac{I \cdot (1+I)^n}{(1+I)^n - 1} \qquad (19.11\text{-}4)$$

$$\varphi = \frac{1}{(1+I)^n} \qquad (19.11\text{-}5)$$

式中　C_h——资本（投资）回收率；
　　　C_{ch}——规划、设计和建设的初期费用；
　　　φ——当年价格换算率；
　　　φ_j——j 年度的价格换算率；
　　　C_w——使用寿命期间的设备维修费；
　　　C_{yj}——j 年度的年运行费（基础年的换算）；
　　　i_j——j 年度的通货膨胀率（利率上升率）；
　　　C_{wj}——由基础年换算的 j 年度年维修费；
　　　S——报废处理费或剩余价值；
　　　I——利息。

第20章 空调负荷计算

本章内容仅涉及"标准日"室外计算参数下的设计冷负荷计算问题。有关"标准年"全年能耗分析方面的内容，另见本手册第18章。

现行《采暖通风与空气调节设计规范》规定："**除方案设计或初步设计阶段可使用冷负荷指标进行必要的估算之外，应对空调区进行逐项逐时的冷负荷计算**"。根据这一强制性条文的要求，本章主要叙述夏季空调区逐项逐时冷负荷手算法。至于电算法，可试用本手册所附光盘中的软件。有关冷负荷概算指标方面的内容，另见本手册第19章第19.5节。

关于冬季空调区的热负荷计算，除了室外气象参数采用规范规定的冬季空调参数之外，均可按本手册第5章第5.1节所述的方法进行，本章不再重复。

20.1 空调区冷负荷的基本构成

20.1.1 空调区得热量的构成

空调区的得热量由下列各项得热量构成：
1. 通过围护结构传入的热量；
2. 透过外窗进入的太阳辐射热量；
3. 人体散热量；
4. 照明散热量；
5. 设备、器具、管道及其他内部热源的散热量；
6. 食品或物料的散热量；
7. 渗透空气带入的热量；
8. 伴随各种散湿过程产生的潜热量。

20.1.2 空调区冷负荷的构成

空调区的夏季冷负荷，应根据上述各项得热量的种类、性质以及空调区的蓄热特性，分别进行逐时转化计算，确定出各项冷负荷，而不应将得热量直接视为冷负荷。

20.1.3 空调区湿负荷的构成

空调区的散湿量由下列各项散湿量构成：
1. 人体散湿量；
2. 渗透空气带入的湿量；

3. 化学反应过程的散湿量;
4. 各种潮湿表面、液面或液流的散湿量;
5. 食品或其他物料的散湿量;
6. 设备散湿量。

20.2 空调区负荷计算的准备工作

在进行逐时负荷计算之前,需要预先知道空调区各面围护结构的热工特性,并对空调建筑物所在地点适当进行归类。当窗户有外遮阳板时,尚应对窗口进行阴影计算。

20.2.1 围护结构的夏季热工指标

常用围护结构的夏季热工指标,见表20.2-1至表20.2-5。

外墙的夏季热工指标　　　　　　表 20.2-1

序号	基本构造	保温层	δ	K	β	ξ	D
1	轻集料混凝土砌块框架填充墙 1. 外装饰层 2. 通风空气层 3. 保温层 δ 4. 190mm轻集料混凝土空心砌块 5. 15mm内墙面抹灰	主体部分					
1		玻璃棉(矿棉、岩棉)板	40	0.70	0.41	7	2.96
2			60	0.56	0.37	8	3.24
3			80	0.46	0.34	8	3.53
4			90	0.42	0.33	9	3.67
5		挤塑聚苯板	30	0.66	0.40	7	2.73
6			45	0.52	0.37	7	2.89
7			55	0.45	0.35	8	3.00
8			65	0.40	0.34	8	3.11
9		硬质聚氨酯板	20	0.74	0.42	7	2.62
10			35	0.54	0.37	7	2.79
11			45	0.46	0.36	8	2.90
12			50	0.42	0.35	8	2.95
13		柱子部分					
13		玻璃棉(矿棉、岩棉)板	40	0.96	0.21	8	2.66
14			60	0.71	0.19	8	2.94
15			80	0.56	0.18	8	3.22
16			90	0.51	0.18	9	3.36
17		挤塑聚苯板	30	0.88	0.20	8	2.42
18			45	0.65	0.19	8	2.58
19			55	0.55	0.19	8	2.69
20			65	0.48	0.18	8	2.80
21		硬质聚氨酯板	20	1.04	0.21	7	2.31
22			35	0.68	0.19	8	2.48
23			45	0.56	0.19	8	2.59
24			50	0.51	0.19	8	2.64

续表

序号	基本构造	保温层		δ	K	β	ξ	D
25	加气混凝土砌块框架填充墙 1. 外装饰层 2. 通风空气层 3. 保温层 δ 4. 15mm 内墙面抹灰层	主体部分	04 级加气混凝土	200	0.83	0.59	7	3.19
26				240	0.71	0.47	8	3.74
27				300	0.59	0.31	11	4.57
28				350	0.51	0.22	13	5.26
29			05 级加气混凝土	250	0.80	0.40	9	3.97
30				300	0.68	0.28	11	4.68
31				400	0.53	0.13	15	6.10
32				450	0.48	0.09	17	6.80
33		柱子部分	04 级加气混凝土	200	0.80	0.24	7	2.33
34				240	0.51	0.21	8	2.68
35				300	0.50	0.14	9	3.27
36				350	0.49	0.10	11	3.76
37			05 级加气混凝土	250	0.89	0.18	9	2.82
38				300	0.58	0.14	9	3.27
39				400	0.56	0.07	12	4.25
40				450	0.55	0.05	13	4.74
41	混凝土剪力墙 1. 外装饰层 2. 通风空气层 3. 保温层 δ 4. 160mm 现浇混凝土剪力墙 5. 内墙面刮腻子		玻璃棉（矿棉、岩棉）板	55	0.77	0.24	7	2.52
42				80	0.57	0.23	8	2.87
43				95	0.49	0.22	8	3.08
44				110	0.43	0.21	8	3.30
45			挤塑聚苯板	40	0.72	0.24	7	2.18
46				55	0.55	0.23	7	2.35
47				65	0.48	0.23	7	2.45
48				75	0.42	0.22	7	2.56
49			硬质聚氨酯板	35	0.69	0.24	7	2.14
50				45	0.56	0.23	7	2.24
51				55	0.47	0.23	7	2.35
52				60	0.44	0.22	7	2.41
53	不透明幕墙 1. 外装饰层 2. 通风空气层 3. 保温层 δ 4. 轻钢龙骨 5. 石膏板		玻璃棉（矿棉、岩棉）板	60	0.76	0.99	1	1.03
54				85	0.56	0.97	2	1.38
55				100	0.49	0.96	2	1.59
56				115	0.43	0.94	2	1.80
57			挤塑聚苯板	40	0.76	0.99	1	0.62
58				55	0.58	0.99	1	0.78
59				70	0.47	0.99	1	0.94
60				75	0.44	0.99	1	1.00
61			硬质聚氨酯板	35	0.73	0.99	1	0.57
62				50	0.53	0.99	1	0.74
63				55	0.49	0.99	1	0.79
64				65	0.42	0.99	1	0.90

续表

序号	基本构造	保温层	δ	K	β	ξ	D
65	聚合物砂浆加强面层外墙 1. 外涂料装饰层 2. 聚合物砂浆加强面层 3. 保温层 δ 4. 主体结构：混凝土剪力墙；KPI空心砖；混凝土空心砌块 5. 内墙面刮腻子	混凝土剪力墙	50	0.78	0.21	7	2.42
66		膨胀聚苯板	70	0.60	0.20	8	2.59
67			90	0.48	0.20	8	2.76
68			100	0.44	0.19	8	2.84
69		KPI空心砖	35	0.77	0.15	11	3.79
70		膨胀聚苯板	55	0.59	0.14	11	3.95
71			75	0.48	0.13	11	4.12
72			85	0.44	0.12	11	4.21
73		空心砌块	50	0.75	0.37	6	2.18
74		膨胀聚苯板	70	0.58	0.36	7	2.35
75			90	0.47	0.35	7	2.52
76			100	0.43	0.34	7	2.61
77	现浇混凝土模板内置保温板外墙 1. 外装饰层（面砖；涂料） 2. 特种砂浆加强层 3. 保温层 δ：单层钢丝网架聚苯板；无网聚苯板 4. 180mm现浇混凝土 5. 内墙面刮腻子	钢网聚苯板	65	0.75	0.21	8	2.68
78			95	0.55	0.20	8	2.93
79			110	0.49	0.19	9	3.06
80			125	0.44	0.19	9	3.31
81		无网聚苯板	55	0.75	0.21	7	2.46
82			75	0.58	0.20	8	2.63
83			95	0.48	0.20	8	2.80
84			105	0.44	0.19	8	2.88
85	面砖饰面聚氨酯复合板 1. 装饰面砖＋聚氨酯复合板 δ 2. 主体结构 3. 内墙面刮腻子	混凝土剪力墙	30	0.72	0.21	8	2.46
86		聚氨酯	40	0.57	0.20	8	2.57
87			50	0.47	0.20	8	2.68
88			55	0.43	0.19	8	2.73
89		KPI空心砖	20	0.75	0.15	11	3.84
90		聚氨酯	35	0.53	0.13	11	4.01
91			40	0.48	0.13	11	4.06
92			50	0.41	0.12	11	4.17
93		混凝土砌块	30	0.69	0.37	7	2.22
94			40	0.55	0.35	7	2.33
95			50	0.46	0.35	7	2.44
96			55	0.42	0.34	7	2.50

续表

序号	基本构造	保温层	δ	K	β	ξ	D
97	聚氨酯硬泡喷涂外墙外保温	混凝土剪力墙	25	0.68	0.21	8	2.59
98			35	0.55	0.20	8	2.70
99			45	0.46	0.20	8	2.81
100			50	0.42	0.19	8	2.87
101		KPI空心砖	15	0.71	0.15	11	3.98
102			25	0.56	0.13	11	4.09
103	1. 外涂料装饰层		35	0.47	0.13	11	4.20
104	2. 聚合物砂浆加强面层		40	0.43	0.12	11	4.25
105	3. 聚苯颗粒保温浆料找平层	混凝土空心砌块	20	0.75	0.37	6	2.30
106	4. 保温层δ		35	0.53	0.35	7	2.47
107	5. 主体结构：混凝土剪力墙；KPI空心砖；混凝土空心砌块		40	0.42	0.35	7	2.52
108	6. 内墙面刮腻子		50	0.41	0.34	7	2.63

屋面的夏季热工指标　　　　　　　　　　　　　　　　表 20.2-2

序号	基 本 构 造	保温层	δ	K	β	ξ	D
1	架空层屋面	聚苯板	50	0.60	0.17	12	3.93
2			60	0.53	0.16	12	4.01
3			70	0.48	0.16	12	4.10
4			80	0.44	0.15	12	4.18
5			90	0.40	0.15	12	4.27
6		挤塑聚苯板	35	0.60	0.17	12	3.88
7			40	0.56	0.16	12	3.94
8	1. 混凝土板		50	0.48	0.16	12	4.05
9	2. 架空层		60	0.43	0.15	12	4.15
10	3. 防水层		70	0.38	0.15	12	4.26
11	4. 15厚水泥砂浆找平层	硬质聚氨酯板	30	0.59	0.17	12	3.83
12	5. 最薄30厚轻集料混凝土找坡层		40	0.50	0.16	12	3.94
13	6. 100厚加气混凝土		50	0.43	0.15	12	4.05
14	7. 保温层δ		60	0.37	0.15	12	4.16
	8. 150厚钢筋混凝土屋面板						
15	卵石层屋面	聚苯板	70	0.57	0.22	8	2.98
16			80	0.51	0.22	9	3.07
17			100	0.43	0.21	9	3.24
18			110	0.39	0.21	9	3.32
19		挤塑聚苯板	50	0.57	0.22	8	2.93
20			60	0.49	0.22	9	3.04
21	1. 卵石层		70	0.43	0.21	9	3.15
22	2. 保护薄膜		80	0.39	0.21	9	3.26
23	3. 保温层δ	硬质聚氨酯板	40	0.59	0.22	8	2.83
24	4. 防水层		50	0.49	0.22	9	2.94
25	5. 15厚水泥砂浆找平层		60	0.42	0.21	9	3.05
26	6. 最薄30厚轻集料混凝土找坡层		70	0.37	0.21	9	3.16
	7. 150厚钢筋混凝土屋面板						

架空楼板的夏季热工指标　　　　表 20.2-3

序号	基本构造		δ	K	β	ξ	V_f	D
1		1. 细石混凝土 2. 现浇混凝土楼板 3. 挤塑聚苯板 δ 4. 聚合物砂浆（网格布）+涂料	20	1.17	0.37	6	2.4	1.51
2			25	0.99	0.36	6	2.4	1.56
3			30	0.86	0.35	6	2.5	1.61
4			40	0.68	0.34	6	2.5	1.71
5			50	0.57	0.33	6	2.5	1.80
6			60	0.48	0.33	6	2.6	1.90
7			70	0.42	0.33	6	2.6	2.00
8			80	0.37	0.32	6	2.6	2.09
9			90	0.34	0.32	6	2.6	2.19
10			100	0.31	0.32	6	2.6	2.29
11		1. 细石混凝土 2. 现浇混凝土楼板 3. 膨胀聚苯板 δ 4. 聚合物砂浆（网格布）+涂料	25	1.27	0.38	6	2.3	1.49
12			30	1.11	0.37	6	2.3	1.53
13			35	0.99	0.36	6	2.4	1.56
14			40	0.90	0.35	6	2.4	1.60
15			50	0.75	0.34	6	2.5	1.67
16			60	0.65	0.34	6	2.5	1.73
17			70	0.57	0.33	6	2.5	1.80
18			80	0.51	0.33	6	2.6	1.87
19			90	0.46	0.33	6	2.6	1.94
20			100	0.41	0.33	6	2.6	2.01
21		1. 实木地板 2. 矿棉、岩棉或玻璃棉 δ 3. 水泥砂浆 4. 现浇混凝土楼板	30	1.10	0.57	6	1.2	2.14
22			35	1.00	0.56	6	1.2	2.21
23			40	0.91	0.56	6	1.2	2.28
24		1. 实木地板+细木板 2. 矿棉、岩棉或玻璃棉 δ 3. 水泥砂浆 4. 现浇混凝土楼板	30	0.97	0.57	6	1.2	2.29
25			35	0.89	0.56	6	1.1	2.36
26			40	0.82	0.56	6	1.1	2.43

注：本表所述"架空楼板"，指的是底部直接接触室外空气，负荷计算中应视为外围护结构的一类楼板。

内墙夏季热工指标　　　　表 20.2-4

序号	基本构造			δ	K	β	ξ	V_f	D

1		1. 砂浆
		2. 主体材料
		  A. 混凝土多孔砖
		  B. PKI 多孔砖
		  C. 混凝土空心砌块
		  D. 加气混凝土砌块
		3. 砂浆
			A	240	1.66	0.27	9	2.0	3.43

2			B	240	1.45	0.25	10	1.9	3.75
3			C	190	1.89	0.46	7	1.7	2.53
4			D	240	0.80	0.42	8	1.4	3.55

续表

序号	基本构造		δ	K	β	ξ	V_f	D

5	1. 砂浆
	2. 主体材料
	  A. 钢筋混凝土
	  B. 混凝土空心砌块
	3. 20 厚保温砂浆
	4. 抗裂石膏
		A	140	1.60	0.32	6	2.4	2.09

6		A	160	1.57	0.28	7	2.5	2.28
7		A	180	1.54	0.24	7	2.6	2.48
8		A	200	1.51	0.22	8	2.6	2.67
9		B	190	1.40	0.43	7	1.7	2.45

10	1. 砂浆
	2. 15 厚保温砂浆
	3. 主体材料
	  A. 钢筋混凝土
	  B. 混凝土空心砌块
	4. 15 厚保温砂浆
	5. 抗裂石膏
		A	140	1.78	0.29	7	1.7	2.25

11		A	160	1.75	0.26	7	1.7	2.45
12		A	180	1.71	0.22	8	1.8	2.65
13		A	200	1.68	0.20	8	1.8	2.84
14		B	190	1.39	0.40	7	1.5	2.71
15	轻钢龙骨内隔墙（石膏板，GRC 板，埃特板，中夹保温棉）			1.00			1.0	

注：轻钢龙骨内隔墙的具体构造，见国家建筑标准设计图集。

层间楼板的夏季热工指标　　　　　　　　　　　　　　　表 20.2-5

序号	基本构造		δ	K	β	ξ	V_f	D

1	1. 细石混凝土
	2. 钢筋混凝土板
	3. 保温材料 δ
	  A. 保温砂浆
	  B. 聚苯颗粒浆料
	4. 抗裂石膏＋网格布＋柔性腻子
		A	15	1.88	0.42	5	2.2	1.65

2							1.4	
3		B	15	1.89	0.43	5	2.2	1.58
4							1.4	

5	1. 木地板 δ
	  A. 实木地板
	  B. 实木地板＋细木板
	2. 木龙骨
	3. 水泥砂浆
	4. 钢筋混凝土板
		A	18	1.84	0.45	6	1.4	1.72

6							2.1	
7		B	27	1.49	0.42	6	1.3	1.87
8							2.2	

为正确使用这些表格，下面做几点简要说明。

1. 表头符号

δ——保温层或主体材料层的厚度，mm；

K——围护结构的传热系数，W/($m^2 \cdot ℃$)；

β——当围护结构一侧空气介质作用一个周期为 24 小时的谐性温度波，而另一侧空气温度恒为此温度波的平均值时，传热温差的衰减系数；

ξ——当周期为 24 小时的谐性温度波由围护结构一侧空气介质传递至另一侧表面时，波的延迟时间，h；

V_f——当周期为 24 小时的谐性辐射热波作用于空调房间围护结构内侧表面上时，该表面向房间谐性放热的波幅衰减倍数；

D——围护结构的热惰性指标。

2. 间层楼板的放热指标

每种间层楼板的放热特性 V_f 有两行，上行对应于热扰量作用在上表面的情况，即围护结构作为空调房间楼板的情况；下行对应于热扰量作用在下表面的情况，即围护结构作为空调房间顶棚的情况。

3. 屋面和楼板的承重层厚度

凡未标明厚度者，均按折算厚度为 100mm 的钢筋混凝土实型板考虑。在其他情况下，如计算上无特殊要求，表中所有数据均可直接取用。

4. 楼板地毯

如楼板上满铺地毯时，则不论该楼板构造如何，均可视其属于 $V_f \leqslant 1.2$ 的轻型构造，并且认为每 10mm 地毯厚度约使楼板总热阻增加 $0.19 m^2 \cdot ℃/W$。

5. 尺寸单位

构造简图上标注的尺寸单位为 mm。

20.2.2 房间的分类

在进行冷负荷计算之前，房间应依据其各面围护结构的夏季热工指标，特别是内墙和楼板的放热衰减倍数 V_f 进行分类。房间分类指标的概略值见表 20.2-6。

当实际计算的房间与表 20.2-6 所列的三类典型房间不同时，应将实际楼板和内墙的放热衰减倍数与典型房间相应的放热衰减倍数加以比较，其数值接近某一类型，就认为该房间属于这一类型。如果楼面上满铺地毯，则不论楼板构造如何，均视该房间为轻型。如果内墙属于轻钢龙骨或轻质条板之类的隔墙，则不论隔墙的具体构造如何，均视该内墙为轻型。如果楼板和内墙分别属于相邻的不同类型，则视该房间为较轻的那一类型。如果楼板和内墙分别属于轻、重两个类型，则视该房间为中型。

房间的分类　　　表 20.2-6

房间类型	围护结构的放热衰减倍数 V_f	
	内 墙	地 板
轻 型	≤1.2	≤1.4
中 型	1.3~1.9	1.5~1.9
重 型	≥2.0	≥2.0

20.2.3 城市的分组

后面的手算表格是按北京、西安、上海、广州四个代表城市编制的，当计算其他城市空调建筑物的冷负荷时，可近似套用相应代表城市的表格，并根据相应的说明对表中数据做必要的修正。城市的分组情况见表 20.2-7。但确定玻璃窗温差传热的冷负荷时，应直接查表 20.4-1 并按表注的方法进行修正。

城市的分组　　　表 20.2-7

代表城市	适 用 城 市
北 京	哈尔滨、长春、乌鲁木齐、沈阳、呼和浩特、天津、银川、石家庄、太原
西 安	济南、西宁、兰州、郑州
上 海	南京、合肥、成都、武汉、杭州、拉萨、重庆、南昌、长沙
广 州	贵阳、福州、台北、昆明、南宁、香港、澳门、海口

20.2.4 有外遮阳板的窗口直射面积和散射面积的计算

透过外窗的太阳直射辐射和散射辐射形成的冷负荷,其计算方法是不一样的。因此在负荷计算之前,需要预先确定窗口受到太阳照射时的直射面积和散射面积。

设窗口及外遮阳板关系尺寸如图 20.2-1 所示,则窗口的计算面积 F (m²) 应为:

$$F = BH \tag{20.2-1}$$

式中　B——窗洞宽度,m;

　　　H——窗洞高度,m。

如果已知窗口受到太阳照射时的直射面积为 F_1 (m²),则其散射面积 F_2 (m²) 应为:

$$F_2 = F - F_1 \tag{20.2-2}$$

因此,下面只需讨论直射面积 F_1 的确定方法。

1. 当 $mM \leqslant g$ 且 $lL \leqslant f$ 时,

$$F_1 = BH \tag{20.2-3}$$

2. 当 $mM \leqslant g$ 但 $f < lL < H + f$ 时,

$$F_1 = B(H + f - lL) \tag{20.2-4}$$

3. 当 $lL \leqslant f$ 但 $g < mM < B + g$ 时,

$$F_1 = (B + g - mM)H \tag{20.2-5}$$

4. 当 $f < lL < H + f$ 且 $g < mM < B + g$ 时,

$$F_1 = (B + g - mM)(H + f - lL) \tag{20.2-6}$$

5. 当 $mM \geqslant B + g$ 或 $lL \geqslant H + f$ 时,

$$F_1 = 0 \tag{20.2-7}$$

式中　m——垂直遮阳板对于窗面的突出长度,m;

　　　M——垂直遮阳板单位影长,可查表 20.2-8;

　　　g——垂直遮阳板到窗口的距离,m;

　　　l——水平遮阳板对于窗面的突出长度,m;

　　　L——水平遮阳板单位影长,可查表 20.2-8;

　　　f——水平遮阳板到窗口的距离,m。

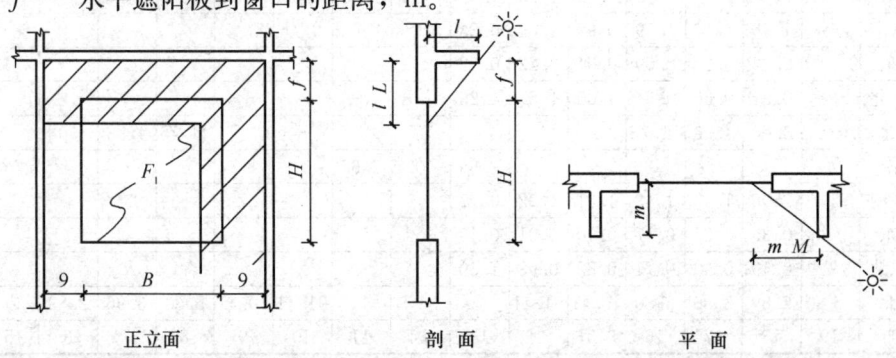

图 20.2-1　窗口及遮阳板的尺寸关系

遮阳板单位影长   表20.2-8

代表城市	窗朝向	下列时刻水平遮阳板的 L 值（m/m）														窗朝向
		5	6	7	8	9	10	11	12	13	14	15	16	17	18	19	
北京	南				19.98	4.78	3.41	2.98	2.87	2.98	3.41	4.78	19.98				南
	东南	0.12	0.48	0.74	0.98	1.27	1.67	2.36	4.06	19.66							西南
	东	0.04	0.24	0.45	0.72	1.11	1.81	3.80									西
	东北	0.04	0.26	0.57	1.06	2.04	5.47										西北
	北	0.09	0.83	3.57										3.57	0.83	0.09	北
西安	南					9.05	5.22	4.32	4.10	4.32	5.22	9.05					南
	东南		0.43	0.75	1.06	1.42	1.94	2.90	5.80								西南
	东		0.21	0.44	0.72	1.13	1.85	3.90									西
	东北		0.23	0.53	0.99	1.82	4.07	57.11									西北
	北		0.68	2.58	21.74								21.74	2.58	0.68		北
上海	南				26.31	8.50	6.38	5.93	6.38	8.50	26.31						南
	东南		0.40	0.76	1.11	1.53	2.17	3.45	8.39								西南
	东		0.19	0.43	0.72	1.13	1.88	3.96									西
	东北		0.20	0.50	0.93	1.67	3.40	14.73									西北
	北		0.58	2.12	8.43								8.43	2.12	0.58		北
广州	南							30.67	22.63	30.67							南
	东南		0.32	0.76	1.20	1.77	2.70	5.01	32.01								西南
	东		0.15	0.40	0.70	1.13	1.89	4.00									西
	东北		0.16	0.45	0.85	1.46	2.64	6.51									西北
	北		0.43	1.58	4.07	11.75	172.6			172.6	11.75	4.07	1.58	0.43			北

代表城市	窗朝向	下列时刻垂直对称遮阳板的 M 值（m/m）														窗朝向
		5	6	7	8	9	10	11	12	13	14	15	16	17	18	19	
北京	南				27.69	4.32	1.88	0.79	0	0.79	1.88	4.32	27.69				南
	东南	2.78	1.81	1.29	0.93	0.62	0.31	0.12	1	8.32							西南
	东	0.47	0.29	0.13	0.04	0.23	0.53	1.27									西
	东北	0.36	0.55	0.77	1.07	1.60	3.27										西北
	北	2.13	3.46	7.85										7.85	3.46	2.13	北
西安	南					8.04	2.82	1.11	0	1.11	2.82	8.04					南
	东南		1.90	1.41	1.07	0.78	0.48	0.05	1								西南
	东		0.31	0.17	0.03	0.12	0.36	0.90									西
	东北		0.53	0.71	0.94	1.28	2.10	19.70									西北
	北		3.22	5.87	30.13								30.13	5.87	3.22		北
上海	南					23.25	4.53	1.61	0	1.61	4.53	23.55					南
	东南		1.96	1.51	1.19	0.92	0.64	0.23	1								西南
	东		0.32	0.20	0.09	0.04	0.22	0.62									西
	东北		0.51	0.66	0.84	1.09	1.57	4.26									西北
	北		3.08	4.96	11.75								11.75	4.96	3.08		北
广州	南							7.66	0	7.66							南
	东南		2.06	1.68	1.42	1.21	1.02	0.77	1								西南
	东		0.35	0.25	0.17	0.10	0.01	0.13									西
	东北		0.49	0.60	0.71	0.82	0.98	1.30									西北
	北		2.89	3.96	5.80	10.41	91.41			91.41	10.41	5.80	3.96	2.89			北
时刻		19	18	17	16	15	14	13	12	11	10	9	8	7	6	5	时刻

注：表中空白处为阴影区，外窗不受太阳直接照射，只接受太阳散射辐射。

20.3 外墙、架空楼板或屋面的传热冷负荷

外墙、架空楼板或屋面传热形成的计算时刻冷负荷 Q_τ（W），可按下式计算：

$$Q_\tau = KF(t_{\tau-\xi} + \Delta - t_n) \tag{20.3-1}$$

式中 K——传热系数，W/(m²·℃)；

　　F——计算面积，m²；

　　τ——计算时刻，h；

　　$\tau-\xi$——温度波的作用时刻，即温度波作用于围护结构外侧的时刻，h；

　　$t_{\tau-\xi}$——作用时刻下的冷负荷计算温度，简称冷负荷温度，对于外墙、架空楼板，可查表20.3-1；对于屋面，可查表20.3-2，℃；

　　Δ——负荷温度的地点修正值，见表20.3-1和表20.3-2的表注，℃；

　　t_n——室内计算温度，℃。

注：1. 关于"时刻"的约定：本章凡涉及时间概念，均指地方太阳时，即以阳光直射当地子午线为中午12时。
　　2. 关于"计算时刻"与"作用时刻"的意义，举例说明如下。假定有一面延迟时间为5小时的外墙，在确定其16时的传热冷负荷时，应取计算时刻 $\tau=16$，延迟时间 $\xi=5$，作用时刻 $\tau-\xi=16-5=11$。这是因为16点钟时，外墙内表面由于温度波动形成的冷负荷是5小时之前，即11点钟时作用于外墙外表面温度波动产生的结果。
　　3. 计算架空楼板的传热冷负荷时，冷负荷计算温度应取表20.3-1"零朝向"的数值。

当外墙、架空楼板或屋面的衰减系数 $\beta<0.2$ 时，可近似使用日平均冷负荷 Q_{pj}（W）代替各计算时刻的冷负荷 Q_τ：

$$Q_{pj} = KF(t_{pj} + \Delta - t_n) \tag{20.3-2}$$

式中 t_{pj}——负荷温度的日平均值，见表20.3-1或表20.3-2的最后一列数据，℃。

北京市外墙的冷负荷温度　　表20.3-1

衰减系数 β	朝向	下列作用时刻的 $t_{\tau-\xi}$ 逐时值（℃）																							平均值 t_{pj}
		0	1	2	3	4	5	6	7	8	9	10	11	12	13	14	15	16	17	18	19	20	21	22	23	
0.15～0.30	南	32	32	31	31	32	32	32	33	33	34	35	35	35	35	35	35	35	35	34	34	33	33	33	32	33
	西南	34	33	33	33	32	33	33	33	34	34	35	36	37	37	37	37	37	36	36	35	35	34	34	34	35
	西	34	34	33	33	33	33	33	34	34	35	35	36	37	37	38	38	38	37	37	36	36	35	35	34	35
	西北	33	32	32	32	32	32	32	32	33	34	34	35	35	35	35	35	35	35	35	34	34	34	33	33	34
	北	31	30	30	30	30	30	31	31	31	32	31	32	32	32	33	33	33	32	32	32	32	31	31	31	32
	东北	32	31	31	31	32	33	33	34	34	35	35	35	35	35	35	35	35	35	35	34	34	34	33	33	34
	东	33	33	33	32	34	35	35	36	36	37	37	37	37	37	37	37	36	36	35	35	35	34	34	34	35
	东南	33	33	33	33	34	35	35	36	36	36	37	37	37	37	36	36	36	36	35	35	35	34	34	34	35
	零	30	30	30	30	30	30	30	31	31	31	32	32	32	32	32	32	32	32	31	31	31	30	30	30	31
0.31～0.40	南	31	31	31	31	30	31	31	32	32	33	34	35	35	36	36	36	36	36	36	35	35	34	33	32	33
	西南	33	33	32	32	32	32	32	32	33	34	35	36	37	38	39	39	39	38	38	37	36	35	34	34	35
	西	34	33	32	32	32	32	32	32	33	34	35	36	37	38	39	39	39	38	38	37	36	35	34	34	35
	西北	32	32	31	31	31	30	31	31	32	33	34	35	35	36	36	36	36	36	35	35	34	33	33	32	34

续表

衰减系数 β	朝向	\multicolumn{24}{c	}{下列作用时刻的 $t_{z\xi}$ 逐时值（℃）}	平均值 t_{pj}
		0	1	2	3	4	5	6	7	8	9	10	11	12	13	14	15	16	17	18	19	20	21	22	23	
0.31～0.40	北	30	30	30	30	30	30	30	31	31	32	32	33	33	33	33	33	33	33	32	32	31	31	31	31	32
	东北	31	31	31	32	32	33	33	34	34	35	35	35	36	36	35	35	35	35	34	34	33	32	32	31	34
	东	32	32	32	33	34	35	36	36	37	37	38	38	38	38	37	37	37	36	35	35	34	34	33	32	35
	东南	32	31	31	32	33	33	34	35	36	37	37	37	38	38	37	37	37	36	35	35	34	34	33	32	35
	零	30	29	29	29	29	29	30	30	31	31	32	32	33	33	33	33	32	32	32	31	31	31	30		31
0.41～0.60	南	30	30	29	29	29	30	31	32	33	34	36	37	37	37	37	37	36	35	34	34	33	32	31		33
	西南	32	31	31	30	30	31	31	32	34	35	37	38	39	40	40	40	39	38	37	36	35	34	33		35
	西	33	32	31	31	30	30	31	32	33	34	36	38	40	41	41	41	40	39	38	37	36	35	34		35
	西北	32	31	30	30	30	30	31	31	32	33	34	36	37	38	38	38	37	37	36	35	34	34	33		34
	北	30	29	29	29	29	29	30	31	32	32	33	34	34	34	34	34	34	33	33	33	32	31	31	30	32
	东北	30	30	30	31	32	33	33	34	35	35	36	36	36	36	36	35	35	34	33	33	32	31	31		34
	东	31	30	31	32	33	34	36	37	38	38	39	39	39	38	38	38	37	36	35	34	33	32	31		35
	东南	31	30	30	31	32	34	36	37	38	38	39	39	39	38	38	37	37	36	36	35	34	33	32	31	35
	零	29	29	28	28	28	29	29	30	30	31	32	33	33	33	34	34	33	33	33	32	32	31	30	30	31
0.61～0.70	南	30	29	28	28	28	29	30	32	33	35	37	38	39	39	39	38	37	36	35	34	33	32	32		33
	西南	31	30	29	29	29	29	30	32	34	36	38	40	41	42	42	41	40	39	37	36	34	33	32		35
	西	32	31	30	30	29	29	30	31	33	34	37	39	41	43	43	43	41	40	38	37	35	34	33		35
	西北	31	30	29	29	29	29	30	30	31	33	35	37	38	39	40	39	39	37	36	35	34	33	32		34
	北	29	28	28	28	29	29	30	30	31	32	33	34	34	35	35	35	35	34	33	33	32	31	31	30	32
	东北	29	29	29	30	31	33	34	35	36	36	37	37	37	37	36	36	35	34	33	33	32	31	31		34
	东	30	29	29	30	32	35	37	38	39	40	40	40	40	39	39	38	37	36	35	34	33	32	31		35
	东南	30	29	29	31	33	35	37	38	39	40	40	40	40	39	38	38	37	36	35	34	33	32	31		35
	零	29	28	28	28	28	29	30	31	32	33	34	34	34	34	33	33	33	32	31	31	30	29			31
＞0.7	南	28	28	27	26	27	28	29	32	36	39	42	43	44	43	40	38	37	35	35	34	33	31	30		33
	西南	29	28	28	27	27	28	29	31	32	34	38	42	45	48	48	47	44	39	36	34	32	32	29		35
	西	29	28	28	27	27	27	28	29	30	32	35	40	43	47	50	51	49	42	37	35	32	32	29		35
	西北	29	28	27	26	26	27	28	29	31	34	35	36	38	41	44	46	45	40	36	33	33	31	30		34
	北	28	28	27	26	28	29	30	31	32	33	35	36	36	37	37	37	34	32	30	30	29	28			32
	东北	28	27	27	26	26	31	36	39	40	40	38	38	38	37	36	35	34	32	31	30	30	29	29		34
	东	28	28	27	26	27	31	38	42	45	46	45	42	40	38	36	35	34	33	33	32	31	30	29		35
	东南	28	28	27	26	27	29	33	38	42	44	45	44	42	41	40	39	38	36	34	33	32	31	30		35
	零	28	27	27	26	26	26	28	29	31	32	33	35	35	36	37	36	36	35	32	31	31	30	29	28	31

注：1. 表中"零"朝向的数据，用于架空楼板由于温差传热形成的冷负荷计算。参见本章第20.3节。

2. 城市的地点修正值如下表

城 市	石家庄	天津	乌鲁木齐	沈阳	哈尔滨、长春、呼和浩特、银川、太原
地点修正值 Δ（℃）	+1	0	−1	−2	−3

西安市外墙的冷负荷温度

续表 20.3-1

衰减系数 β	朝向	下列作用时刻的 $t_{\tau\cdot\xi}$ 逐时值（℃）																								平均值 t_{pj}
		0	1	2	3	4	5	6	7	8	9	10	11	12	13	14	15	16	17	18	19	20	21	22	23	
0.15~0.30	南	33	33	33	33	33	33	34	34	35	35	36	36	36	36	36	36	36	36	36	35	35	35	34	34	35
	西南	35	35	34	34	34	34	34	35	35	36	37	37	38	38	38	38	38	38	38	37	37	36	36	35	36
	西	36	35	35	35	35	35	35	35	36	36	37	38	39	39	39	39	39	39	38	38	37	37	36	36	37
	西北	35	34	34	34	34	34	34	35	35	36	36	37	38	38	37	37	37	37	36	36	36	35	35	35	36
	北	33	33	33	33	33	33	33	33	34	34	34	35	35	35	35	35	35	35	35	34	34	34	33	33	34
	东北	34	34	34	34	35	35	36	36	36	37	37	37	37	37	37	37	37	36	36	36	35	35	34	34	36
	东	35	35	35	35	36	37	37	37	38	38	38	39	39	39	39	38	38	38	37	37	36	36	35	35	37
	东南	34	34	34	35	35	36	36	37	37	37	38	38	38	38	38	37	37	37	36	36	35	35	35	34	36
	零	32	32	32	32	32	32	32	32	33	33	33	34	34	34	34	34	34	34	34	34	33	33	33	33	33
0.31~0.40	南	33	33	32	32	32	32	32	33	34	35	36	37	37	37	37	37	37	36	36	36	35	35	34	33	35
	西南	35	34	34	33	33	33	33	33	34	35	35	37	38	39	39	40	40	40	39	39	38	38	37	36	35	36
	西	35	35	34	34	34	34	34	34	35	36	37	38	40	41	41	40	40	40	40	39	39	38	37	37	36	37
	西北	34	34	33	33	33	33	33	34	34	35	35	36	37	38	38	37	37	37	37	37	37	36	36	35	35	36
	北	32	32	32	32	32	32	33	33	34	34	34	35	35	36	36	36	35	35	35	34	34	33	33	32	34
	东北	33	33	33	34	34	35	35	36	36	37	37	38	38	37	37	37	37	37	36	36	35	34	34	34	36
	东	34	34	34	34	35	36	37	38	38	39	39	39	39	39	39	39	38	38	37	37	36	36	35	35	37
	东南	34	33	33	33	34	35	36	37	37	38	38	39	39	39	39	38	38	37	37	36	36	35	35	34	36
	零	32	32	31	31	31	32	32	32	33	33	34	35	35	35	35	35	35	34	34	34	33	33	32	32	33
0.41~0.60	南	32	32	31	31	31	31	32	32	33	34	36	37	38	38	38	38	37	37	36	36	35	34	34	33	35
	西南	34	33	32	32	32	32	32	32	33	34	35	37	38	40	41	41	41	41	40	39	38	37	36	36	35	36
	西	34	34	33	33	33	33	33	33	34	35	36	38	40	41	42	42	42	41	41	40	39	38	37	36	37
	西北	34	33	33	32	32	32	32	33	33	34	35	37	38	39	40	40	39	39	38	37	36	35	35	34	36
	北	32	31	31	31	31	31	32	32	33	34	34	35	36	36	36	36	36	35	35	35	34	33	33	32	34
	东北	32	32	32	32	33	33	34	35	36	37	38	39	39	39	38	38	37	37	36	35	34	34	33	33	36
	东	33	32	32	33	34	36	37	38	39	40	40	41	41	40	40	40	39	38	37	37	36	35	34	34	37
	东南	32	32	32	32	33	34	36	37	38	39	39	40	40	40	40	39	39	38	37	37	36	35	34	33	36
	零	31	31	31	31	31	31	31	31	32	33	34	35	35	36	36	36	35	35	34	34	33	33	32	33
0.61~0.70	南	31	31	30	30	30	31	32	33	35	36	38	39	40	39	39	38	36	35	35	34	33	32	35
	西南	33	32	31	31	31	32	32	33	34	35	39	41	42	43	43	42	41	40	38	37	36	35	34	36
	西	33	32	32	31	31	32	33	34	35	37	39	41	43	44	45	44	43	41	40	39	38	37	36	37
	西北	33	32	31	31	31	31	32	33	34	36	39	41	42	42	41	40	39	38	37	36	35	34	36
	北	31	31	30	30	31	32	33	34	35	36	37	37	38	37	37	36	36	35	34	33	33	32	34
	东北	31	31	31	32	33	34	36	37	38	38	39	39	39	38	37	36	36	35	35	34	33	32	32	35
	东	32	31	31	32	34	36	38	40	41	41	42	42	42	41	40	39	38	37	36	35	34	33	32	37
	东南	32	31	31	31	32	34	36	38	39	40	41	41	41	40	40	39	38	37	36	35	34	33	32	36
	零	31	30	30	30	30	30	31	32	33	34	35	36	36	37	37	37	36	36	35	34	34	33	32	31	33

续表

衰减系数 β	朝向	下列作用时刻的 $t_{\tau-\xi}$ 逐时值（℃）																							平均值 t_{pj}
		0	1	2	3	4	5	6	7	8	9	10	11	12	13	14	15	16	17	18	19	20	21	22	23	
>0.7	南	30	30	29	29	28	29	30	31	34	37	39	42	43	44	43	41	40	38	36	35	33	32	32	31	35
	西南	31	30	30	29	29	29	30	32	33	35	36	39	43	46	48	49	48	44	40	37	35	34	33	32	36
	西	31	30	30	29	29	29	30	32	33	35	36	38	41	45	49	51	51	49	43	38	36	34	33	32	37
	西北	31	30	30	29	29	29	30	31	33	35	36	37	39	41	44	47	48	46	41	37	35	34	33	32	36
	北	30	29	29	28	28	30	31	32	34	35	36	37	38	39	39	39	39	39	36	34	33	32	31	31	34
	东北	30	30	29	28	32	37	40	42	42	41	40	40	41	40	40	40	39	38	36	34	33	32	31	31	36
	东	30	30	29	28	30	34	38	43	46	47	46	44	42	42	42	41	40	38	36	35	33	32	32	31	37
	东南	30	30	30	28	30	34	38	42	45	45	45	43	42	42	41	40	38	36	35	35	34	32	31	31	36
	零	30	29	29	28	28	29	30	31	33	34	36	37	38	39	39	39	39	38	37	35	34	33	31	30	33

注：1. 表中"零"朝向的数据，用于架空楼板由于温差传热形成的冷负荷计算。参见本章第20.3节。

2. 城市的地点修正值如下表

城　　市	济南	郑州	兰州	西宁
地点修正值 Δ（℃）	+1	−1	−5	−10

上海市外墙的冷负荷温度　　　　　　续表 20.3-1

衰减系数 β	朝向	下列作用时刻的 $t_{\tau-\xi}$ 逐时值（℃）																								平均值 t_{pj}
		0	1	2	3	4	5	6	7	8	9	10	11	12	13	14	15	16	17	18	19	20	21	22	23	
0.15～0.30	南	33	33	33	32	33	33	33	34	34	34	35	35	35	35	35	35	35	35	34	34	34	33	33	33	34
	西南	35	34	34	34	34	34	34	34	34	35	36	36	37	37	38	38	38	37	37	37	37	36	36	35	35	36
	西	35	35	35	35	35	35	35	35	35	35	36	37	38	38	39	39	39	39	38	38	37	37	36	36	37
	西北	34	34	34	34	34	34	34	34	34	35	36	36	37	37	37	37	37	37	37	37	36	36	35	35	35
	北	33	33	32	32	33	33	33	33	33	34	34	34	35	35	35	35	34	34	34	34	33	33	33	33	34
	东北	34	34	34	34	34	34	35	36	36	36	36	36	37	37	37	37	37	36	36	35	35	35	35	34	35
	东	34	34	35	34	35	35	36	36	37	37	37	38	38	38	38	38	37	37	37	36	36	36	35	35	37
	东南	34	34	34	34	35	35	36	36	36	37	37	37	37	37	37	37	36	36	36	35	35	35	34	34	36
	零	32	32	32	32	32	32	32	33	33	33	33	34	34	34	34	34	34	34	33	33	33	33	33	32	33
0.31～0.40	南	32	32	32	32	32	32	33	33	34	34	35	36	36	36	36	36	36	35	35	35	34	34	33	33	34
	西南	34	34	34	33	33	33	34	34	34	35	36	37	37	38	39	39	39	39	38	38	37	37	36	35	36
	西	35	34	34	34	34	34	34	34	35	35	36	37	39	40	40	40	40	39	39	38	38	37	36	36	37
	西北	34	34	34	33	33	33	33	34	34	35	35	36	37	37	38	38	38	38	37	37	36	36	35	35	35
	北	32	32	32	32	32	33	33	33	34	34	35	35	35	35	35	35	35	34	34	34	34	33	33	33	34
	东北	33	33	33	33	34	35	36	36	37	37	38	37	37	37	37	37	36	36	36	35	35	34	34	33	35
	东	34	34	34	34	34	35	36	37	38	38	39	39	39	39	38	38	37	37	37	36	36	35	35	34	37
	东南	33	33	33	33	34	35	35	36	37	38	38	38	38	38	37	37	36	36	35	35	35	34	34	33	36
	零	32	31	31	31	31	31	32	32	33	33	34	34	34	35	35	35	34	34	34	34	33	33	33	32	33

续表

衰减系数 β	朝向	下列作用时刻的 $t_{\tau-\xi}$ 逐时值（℃）																								平均值 t_{pj}
		0	1	2	3	4	5	6	7	8	9	10	11	12	13	14	15	16	17	18	19	20	21	22	23	
0.41~0.60	南	32	31	31	31	31	31	32	33	34	35	36	36	37	37	37	37	36	36	35	35	34	34	33	32	34
	西南	33	33	32	32	32	32	32	33	34	35	36	38	39	40	40	40	40	39	38	38	37	36	35	34	36
	西	34	33	33	33	32	32	33	33	34	35	36	38	39	41	41	42	41	41	40	39	38	37	36	35	37
	西北	33	33	32	32	32	32	32	33	34	35	36	38	39	39	40	39	39	38	37	37	36	35	34	34	35
	北	32	31	31	31	31	31	32	33	34	35	36	36	36	36	36	35	35	35	34	34	33	33	32	32	34
	东北	32	32	32	33	35	36	37	38	38	38	38	38	38	38	37	37	36	35	35	34	34	33	33	32	35
	东	32	32	32	32	34	36	37	38	39	40	40	40	40	40	40	39	38	38	37	36	35	34	34	33	37
	东南	32	32	32	32	32	34	35	37	38	39	39	39	39	39	38	38	37	36	35	35	34	34	33	33	36
	零	31	31	31	31	31	31	31	32	33	34	35	35	35	35	35	35	35	34	34	33	33	33	32	32	33
0.61~0.70	南	31	31	30	30	30	31	31	32	33	34	35	37	37	38	38	38	37	36	36	35	35	34	33	32	34
	西南	32	32	31	31	31	31	31	32	33	35	37	38	40	41	42	42	41	40	39	38	37	36	35	33	36
	西	33	32	32	31	31	32	32	32	33	35	36	38	41	43	44	44	43	42	40	39	38	36	35	34	37
	西北	33	32	32	31	31	31	32	32	33	34	37	39	40	41	41	41	40	39	38	37	36	35	34	33	35
	北	31	31	30	30	30	31	31	32	33	34	35	37	37	37	37	37	36	35	35	34	34	33	32	32	34
	东北	31	31	31	32	33	35	36	37	38	39	39	39	39	39	38	38	37	37	36	35	34	34	33	32	35
	东	31	31	31	32	34	36	38	39	40	41	41	41	41	40	39	39	38	37	36	35	34	34	33	32	37
	东南	31	31	31	31	32	34	36	37	39	40	40	40	40	39	39	38	37	36	35	35	34	33	32	32	36
	零	31	30	30	30	30	30	31	32	33	34	35	36	36	36	36	35	35	34	34	33	33	32	32	31	33
≥0.7	南	30	30	29	29	28	29	30	31	33	36	38	40	41	41	41	39	38	37	35	34	33	32	31	31	34
	西南	31	30	29	29	29	29	30	32	33	34	38	41	45	47	47	46	43	39	36	35	34	33	32	31	36
	西	31	30	29	29	29	30	30	32	33	35	36	39	44	48	50	50	49	45	39	37	35	33	32	31	37
	西北	31	30	30	29	29	29	30	32	33	34	37	38	41	44	46	47	45	40	37	35	33	32	32	31	35
	北	30	30	29	29	29	30	32	33	34	35	36	38	38	38	39	38	36	34	33	32	31	31	31	30	34
	东北	30	30	29	29	30	32	37	40	42	43	41	40	40	40	40	39	37	35	34	33	32	31	31	30	35
	东	30	30	29	29	32	38	43	46	47	46	43	42	41	40	39	38	36	35	34	33	32	31	31	30	37
	东南	30	30	29	29	30	34	38	42	44	45	44	43	41	40	39	38	36	35	34	33	32	31	31	30	36
	零	30	29	29	29	28	29	30	31	33	34	36	37	37	38	38	38	37	36	34	33	32	31	31	30	33

注：1. 表中"零"朝向的数据，用于架空楼板由于温差传热形成的冷负荷计算。参见本章第20.3节。
2. 城市的地点修正值如下表

城 市	重庆、武汉、长沙、南昌	南京、合肥、杭州	成都	拉萨
地点修正值 Δ（℃）	+1	0	−3	−12

广州市外墙的冷负荷温度   续表 20.3-1

衰减系数 β	朝向	0	1	2	3	4	5	6	7	8	9	10	11	12	13	14	15	16	17	18	19	20	21	22	23	平均值 t_{pj}
0.15~0.30	南	32	32	32	32	32	32	32	32	33	33	33	34	34	34	34	34	34	34	33	33	33	33	32	32	33
	西南	34	33	33	33	33	33	33	34	34	35	35	36	36	36	36	36	36	36	36	35	35	34	34	34	35
	西	35	35	34	34	34	34	34	34	35	35	36	37	38	38	38	38	38	38	37	37	37	36	36	35	36
	西北	34	34	34	34	34	34	34	34	35	35	36	36	37	37	37	37	37	37	37	36	36	36	35	35	35
	北	33	32	32	32	33	33	33	33	33	34	34	34	35	35	35	35	35	34	34	34	34	34	33	33	34
	东北	34	34	34	34	35	35	35	36	36	36	37	37	37	37	37	36	36	36	36	35	35	34	34	34	35
	东	34	34	34	34	35	36	36	37	37	37	37	38	38	37	37	37	37	36	36	36	35	35	34	34	36
	东南	33	33	33	33	34	35	35	35	36	36	36	36	36	36	36	35	35	35	35	34	34	34	33	33	35
	零	32	32	31	31	32	32	32	33	33	33	34	34	34	34	34	34	34	33	33	33	33	33	32	32	33
0.31~0.40	南	32	31	31	31	31	31	32	32	32	33	33	34	34	34	34	34	34	34	33	33	33	33	32	32	33
	西南	33	33	32	32	32	32	33	33	34	34	35	35	36	37	37	37	37	37	36	36	36	35	35	34	35
	西	35	34	34	33	33	33	33	34	34	35	36	37	38	39	39	39	39	38	38	37	36	36	35	35	36
	西北	34	33	33	33	33	33	33	33	34	35	36	37	38	38	38	38	38	37	37	37	36	35	35	35	35
	北	32	32	32	32	32	32	33	33	33	34	34	35	35	35	35	35	35	35	34	34	34	33	33	33	34
	东北	33	33	33	33	34	35	35	36	37	37	37	37	37	37	37	36	36	35	35	35	34	34	34	33	35
	东	33	33	33	34	34	35	36	37	38	38	38	38	38	38	38	37	37	36	36	35	35	35	34	34	36
	东南	33	32	32	32	32	34	34	35	36	36	36	37	37	37	37	36	36	35	35	35	34	34	33	33	35
	零	31	31	31	31	31	31	32	32	33	33	34	34	34	34	34	34	34	33	33	33	33	32	32	32	33
0.41~0.60	南	31	31	30	30	30	31	31	32	32	33	34	34	35	35	35	35	34	34	34	33	33	33	32	32	33
	西南	33	32	32	31	31	31	32	32	33	34	35	36	38	38	39	39	38	38	37	36	36	35	34	33	35
	西	34	33	32	32	32	32	32	33	33	35	36	38	39	40	41	41	41	40	39	38	37	36	36	35	36
	西北	33	33	32	32	32	32	32	33	33	34	35	37	38	39	40	40	39	39	38	37	37	36	35	34	35
	北	32	31	31	31	31	31	32	32	33	34	35	36	36	36	36	36	36	35	34	34	33	33	32	32	34
	东北	32	32	32	32	33	34	35	36	37	38	38	38	38	38	37	36	36	35	35	34	34	33	32	32	35
	东	32	32	32	33	34	35	36	38	39	39	40	40	39	39	38	38	37	36	36	35	35	34	33	33	36
	东南	32	31	31	32	32	32	34	35	36	37	37	37	38	38	38	37	37	36	35	35	34	34	33	32	35
	零	31	31	30	30	30	31	31	32	32	33	34	34	35	35	35	35	35	34	34	33	33	32	32	31	33
0.61~0.70	南	30	30	30	30	30	30	31	32	32	33	34	34	35	36	36	36	35	35	35	33	33	33	32	31	33
	西南	32	31	31	30	30	31	31	32	33	34	35	37	39	40	40	40	39	38	37	36	35	34	33	33	35
	西	33	32	32	31	31	31	32	32	33	34	36	38	40	42	43	43	42	41	40	38	37	36	35	34	36
	西北	32	32	31	31	31	31	31	32	33	34	35	37	39	41	42	42	41	40	39	37	36	35	34	33	35
	北	31	30	30	30	31	31	32	33	34	35	36	36	37	37	37	37	36	35	34	34	33	32	32	31	34
	东北	31	31	30	31	33	34	36	37	38	39	39	39	39	39	38	37	36	35	35	34	33	32	32	31	35
	东	31	31	31	33	35	37	39	40	40	41	41	40	40	39	38	37	37	36	35	35	34	33	32	31	36
	东南	31	30	30	31	32	33	35	36	37	38	38	39	39	39	38	38	37	36	35	34	34	33	32	32	35
	零	30	30	30	30	30	30	31	32	32	33	34	35	35	36	36	36	35	35	34	33	33	32	31	31	33

20.3 外墙、架空楼板或屋面的传热冷负荷

续表

衰减系数 β	朝向	下列作用时刻的 $t_{\tau-\xi}$ 逐时值（℃）																							平均值 t_{pj}
		0	1	2	3	4	5	6	7	8	9	10	11	12	13	14	15	16	17	18	19	20	21	22	23	
>0.7	南	30	29	29	28	28	28	30	31	32	34	36	37	38	38	38	37	37	35	34	33	32	31	31	30	33
	西南	30	30	29	29	29	29	30	31	33	34	35	37	39	42	44	45	44	41	38	35	34	33	32	31	35
	西	31	30	30	29	29	29	30	31	33	35	37	39	41	44	48	50	49	46	40	37	35	34	33	32	36
	西北	31	30	30	29	29	30	31	33	34	37	39	42	45	47	47	44	39	36	35	34	33	32	31	35	
	北	30	29	29	28	29	29	31	33	34	35	36	37	38	39	39	38	37	35	34	33	32	31	31	30	34
	东北	30	29	29	28	31	36	40	43	44	43	41	40	40	40	39	38	36	35	34	33	32	31	31	30	35
	东	30	29	29	31	37	42	45	46	45	43	41	40	39	39	38	37	36	35	34	33	32	31	31	30	36
	东南	30	29	29	30	33	37	40	42	42	41	40	39	38	38	37	35	34	33	32	31	31	30			35
	零	30	29	29	28	28	28	29	31	32	34	35	36	37	38	38	37	37	35	34	33	32	31	31	30	33

注：1. 表中"零"朝向的数据，用于架空楼板由于温差传热形成的冷负荷计算。参见本章第20.3节。
2. 城市的地点修正值如下表

城 市	福州、台北、南宁、海口	香港、澳门	贵阳	昆明
地点修正值 Δ（℃）	0	−1	−4	−8

北京市屋面的冷负荷温度　　　　表 20.3-2

吸收系数 ρ	衰减系数 β	下列作用时刻的 $t_{\tau-\xi}$ 逐时值（℃）																								平均值 t_{pj}
		0	1	2	3	4	5	6	7	8	9	10	11	12	13	14	15	16	17	18	19	20	21	22	23	
0.90（深）	0.2	41	41	41	41	41	42	43	44	45	46	47	47	48	48	48	48	47	47	46	45	44	43	42	42	44
	0.3	40	39	39	39	39	40	41	43	44	46	47	48	49	50	50	49	49	48	47	46	45	43	42	41	
	0.4	39	37	37	37	37	38	40	42	44	46	48	50	51	52	52	51	50	48	46	45	43	41	40		
	0.5	37	36	35	35	35	37	39	42	45	48	50	52	54	54	54	53	51	49	48	46	44	42	40	38	
	0.6	37	35	34	33	33	34	36	39	45	49	52	54	55	56	56	54	53	50	47	45	43	41	39		
	0.7	36	34	32	31	31	32	34	37	41	46	50	54	57	58	59	58	56	54	51	48	45	42	40	38	
0.75（中）	0.2	38	38	38	38	38	39	40	41	42	43	44	44	44	44	44	44	44	43	42	42	41	40	39		41
	0.3	37	37	36	36	36	37	38	40	41	42	44	45	46	46	46	46	45	44	43	42	41	40	39	38	
	0.4	36	35	35	35	35	36	37	39	41	43	45	46	47	48	48	47	46	45	43	42	41	39	38		
	0.5	35	34	33	33	34	35	37	39	41	44	46	48	49	49	49	48	47	46	44	42	41	39	38	36	
	0.6	35	33	32	31	32	34	36	39	42	45	48	50	51	51	50	48	46	44	42	40	38	36			
	0.7	34	31	30	31	32	34	37	39	42	46	49	51	53	54	53	52	49	47	44	42	40	38	36		
0.45（浅）	0.2	33	33	33	33	33	34	35	36	36	36	37	37	37	37	37	37	36	36	35	35	35	34	34		35
	0.3	33	32	32	32	32	33	34	35	36	37	38	38	38	38	38	38	38	37	36	36	35	34	33		
	0.4	32	31	31	31	31	32	34	35	36	37	38	39	39	40	40	39	39	38	37	36	35	34			
	0.5	31	31	31	31	31	31	32	34	36	37	39	40	41	41	41	40	39	38	37	36	34	33	32		
	0.6	31	30	29	29	29	30	32	34	36	40	41	41	41	40	39	37	36	35	33	32					
	0.7	30	29	28	28	27	28	29	31	35	40	41	42	43	42	41	39	37	36	34	33	32				

注：城市的地点修正值如下表

城 市	石家庄	天津	乌鲁木齐	沈阳	哈尔滨、长春、呼和浩特、银川、太原
地点修正值 Δ（℃）	+1	0	−1	−2	−3

西安市屋面的冷负荷温度 续表 20.3-2

吸收系数 ρ	衰减系数 β	下列作用时刻的 $t_{\tau-\xi}$ 逐时值（℃）																							平均值 t_{pj}
		0	1	2	3	4	5	6	7	8	9	10	11	12	13	14	15	16	17	18	19	20	21	22	23	
0.90 (深)	0.2	43	42	42	42	43	43	44	45	46	47	48	49	49	49	49	49	49	48	47	47	46	45	44	43	46
	0.3	42	41	40	40	41	41	43	44	46	47	49	50	51	51	51	51	50	50	49	48	46	45	44	43	
	0.4	40	39	38	38	39	40	41	43	46	48	50	52	53	53	53	53	52	51	49	48	46	45	43	42	
	0.5	39	37	37	36	37	39	41	44	46	49	52	54	55	56	55	54	53	51	49	47	45	44	42	41	
	0.6	38	37	35	35	35	36	38	40	44	47	51	54	56	57	58	57	56	54	52	49	47	45	42	40	
	0.7	37	36	34	33	33	34	36	39	43	47	51	55	58	60	61	60	58	55	52	49	46	44	42	39	
0.75 (中)	0.2	40	40	40	40	40	41	42	43	44	45	46	46	46	46	45	45	44	44	43	42	41	41		43
	0.3	39	39	38	38	38	39	40	41	43	44	45	46	47	47	47	47	46	45	44	43	42	41	40		
	0.4	38	37	37	36	37	38	39	41	43	46	48	49	49	49	48	47	46	45	44	43	42	41	39		
	0.5	37	36	35	35	35	37	38	41	43	46	48	50	51	51	50	49	47	46	45	43	41	40	38		
	0.6	37	35	34	33	33	34	36	38	41	44	47	49	51	53	53	53	51	50	48	46	44	42	40	38	
	0.7	36	34	33	32	32	32	34	37	40	44	47	51	53	55	55	55	53	51	48	46	44	41	39	37	
0.45 (浅)	0.2	35	35	35	35	35	36	36	37	37	38	38	39	39	39	39	38	38	37	37	36	36	35		37
	0.3	35	34	34	34	34	35	36	37	38	39	39	40	40	40	39	38	38	37	37	36	35			
	0.4	34	33	33	33	34	34	35	36	38	39	40	40	41	41	41	40	40	39	38	37	36	35		
	0.5	33	32	32	31	32	33	34	35	37	38	40	41	42	42	42	41	40	39	38	37	36	35	34		
	0.6	33	32	31	31	30	31	32	35	37	39	41	42	43	43	43	42	40	39	38	37	35	34		
	0.7	32	31	30	30	29	30	31	34	37	40	42	44	45	44	45	44	42	41	39	38	36	35	34		

注：城市的地点修正值如下表

城　　　市	济南	郑州	兰州	西宁
地点修正值 Δ（℃）	+1	−1	−5	−10

上海市屋面的冷负荷温度 续表 20.3-2

吸收系数 ρ	衰减系数 β	下列作用时刻的 $t_{\tau-\xi}$ 逐时值（℃）																								平均值 t_{pj}
		0	1	2	3	4	5	6	7	8	9	10	11	12	13	14	15	16	17	18	19	20	21	22	23	
0.90 (深)	0.2	42	42	42	42	43	43	44	45	46	47	48	49	49	49	49	49	48	48	47	46	45	45	44	43	46
	0.3	41	41	40	40	40	41	43	44	46	47	49	50	51	51	51	51	50	49	48	47	46	45	44	42	
	0.4	40	39	38	38	39	40	41	43	46	48	50	51	53	53	53	52	51	50	49	47	46	44	43	41	
	0.5	38	37	36	36	37	39	41	43	46	49	52	54	55	55	55	54	52	50	49	47	45	43	42	40	
	0.6	38	37	35	35	35	36	38	40	44	47	50	53	56	57	57	57	55	53	51	49	47	44	42	40	
	0.7	37	36	34	33	33	34	36	39	43	47	51	55	58	60	60	59	57	54	51	49	46	43	41	39	
0.75 (中)	0.2	40	40	39	40	40	41	41	42	43	44	45	45	45	45	45	45	44	44	43	42	41	40			43
	0.3	39	38	38	38	38	39	40	41	43	44	45	46	47	47	47	46	46	45	44	43	42	41	40		
	0.4	38	37	36	36	38	39	41	44	46	47	48	49	49	48	48	47	46	45	44	42	40	39		
	0.5	37	36	35	35	35	37	38	41	43	46	48	49	50	51	50	49	48	47	45	44	42	41	39	38	
	0.6	36	35	34	33	33	34	36	38	41	44	47	49	51	52	52	51	49	47	45	44	42	40	38		
	0.7	36	34	33	32	32	32	34	37	40	44	47	50	53	55	55	54	52	50	48	45	43	41	39	37	

续表

吸收系数 ρ	衰减系数 β	下列作用时刻的 $t_{\tau-\xi}$ 逐时值（℃）																							平均值 t_{pj}
		0	1	2	3	4	5	6	7	8	9	10	11	12	13	14	15	16	17	18	19	20	21	22	23	
0.45（浅）	0.2	35	35	35	35	35	35	36	36	37	37	38	38	38	38	38	38	38	38	37	37	37	36	36	35	37
	0.3	34	34	34	33	34	34	35	35	36	37	38	39	39	39	39	39	39	39	38	37	37	36	36	35	
	0.4	34	33	33	32	33	33	34	35	36	37	39	39	40	40	40	40	40	39	38	38	37	36	35	34	
	0.5	33	32	31	31	32	32	34	35	37	38	40	41	41	42	42	42	41	40	39	38	37	36	35	34	
	0.6	33	32	31	30	30	31	32	33	35	37	39	40	42	43	43	43	42	41	40	39	37	36	35	34	
	0.7	32	31	30	30	29	30	31	32	35	37	39	41	43	44	44	44	43	42	39	37	36	34	33		

注：城市的地点修正值如下表

城 市	重庆、武汉、长沙、南昌	南京、合肥、杭州	成都	拉萨
地点修正值 Δ（℃）	+1	0	−3	−12

广州市屋面的冷负荷温度   续表 20.3-2

吸收系数 ρ	衰减系数 β	下列作用时刻的 $t_{\tau-\xi}$ 逐时值（℃）																								平均值 t_{pj}
		0	1	2	3	4	5	6	7	8	9	10	11	12	13	14	15	16	17	18	19	20	21	22	23	
0.90（深）	0.2	42	41	41	42	42	43	44	45	46	47	47	48	48	49	48	48	48	47	47	46	45	44	43	42	45
	0.3	41	40	40	39	40	41	42	43	45	47	48	49	50	50	50	50	49	49	48	47	45	44	43	42	
	0.4	40	38	38	38	38	39	41	44	47	49	51	52	52	53	51	50	50	49	47	45	44	44	43	41	
	0.5	38	37	36	36	36	38	40	43	46	49	51	54	55	55	54	53	52	50	48	46	44	43	41	39	
	0.6	38	36	35	34	34	35	37	40	44	47	50	54	56	57	57	55	53	53	51	48	46	44	42	40	
	0.7	37	35	34	33	32	33	35	38	42	47	51	55	58	59	60	69	56	54	51	48	45	43	41	39	
0.75（中）	0.2	39	39	39	39	39	40	41	42	43	44	45	45	45	45	45	44	44	43	43	42	41	41	41	40	42
	0.3	38	38	37	37	38	38	39	41	42	43	45	46	47	47	46	46	45	44	44	43	41	40			
	0.4	37	36	36	36	36	37	38	40	42	44	46	48	48	48	47	46	45	44	42	41	39				
	0.5	36	35	34	34	35	36	38	40	43	45	47	49	50	50	49	48	46	43	42	40	39	37			
	0.6	36	34	33	33	33	34	35	37	39	43	46	49	51	52	52	50	48	46	44	42	40	39	37		
	0.7	35	34	32	31	31	32	33	36	40	43	47	50	53	54	55	54	52	49	47	45	42	40	38	37	
0.45（浅）	0.2	34	34	34	34	34	34	35	35	36	37	37	38	38	38	38	37	37	37	37	36	36	35	35		36
	0.3	34	33	33	33	33	34	34	35	36	37	38	38	39	39	39	38	38	37	37	36	36	35	34		
	0.4	33	32	32	32	32	33	34	35	36	37	39	40	40	40	40	40	39	38	37	36	36	35	34		
	0.5	32	32	31	31	32	33	34	36	37	39	40	41	41	41	41	40	39	38	37	36	35	33			
	0.6	32	31	31	30	30	31	33	34	36	38	40	41	42	42	42	41	40	39	38	37	36	35	34		
	0.7	32	31	30	29	29	29	30	32	34	36	39	41	43	44	44	44	42	41	40	38	37	35	34	33	

注：城市的地点修正值如下表

城 市	福州、台北、南宁、海口	香港、澳门	贵阳	昆明
地点修正值 Δ（℃）	0	−1	−4	−8

20.4 外窗的温差传热冷负荷

通过外窗温差传热形成的计算时刻冷负荷 Q_τ（W）可按下式计算：

$$Q_\tau = aKF(t_\tau + \delta - t_n) \tag{20.4-1}$$

式中　t_τ——计算时刻下的冷负荷温度，见表 20.4-1，℃；
　　　δ——地点修正系数，见表 20.4-1 的最后一列数据，℃；
　　　K——窗玻璃的传热系数，见表 20.4-2，W/（m²·℃）；
　　　a——窗框修正系数，见表 20.4-2。

玻璃窗温差传热的冷负荷温度　　　　表 20.4-1

代表城市 $\triangle$ (t_{wg}/t_{wp}，℃)	房间类型	下列作用时刻的 t_τ 逐时值（℃）																								平均值（℃）	适用城市及修正值 δ（℃）
		0	1	2	3	4	5	6	7	8	9	10	11	12	13	14	15	16	17	18	19	20	21	22	23		
香港 2.4 (32.4/30.0)	轻	29	29	29	28	28	28	28	29	29	30	30	31	31	32	32	32	32	31	31	30	30	30	29	29	30	澳门 0
	中、重	29	29	29	29	28	28	28	29	29	29	30	30	31	31	32	32	32	32	31	31	31	30	30	30	30	
武汉 3.1 (35.3/32.2)	轻	31	31	30	30	30	30	30	31	32	32	33	34	34	35	35	35	34	34	33	33	32	32	31	32	台北−1.7
	中、重	31	31	31	30	30	30	30	31	31	32	32	33	33	34	34	34	34	34	33	33	32	32	32	32	32	
上海 3.3 (34.6/31.3)	轻	30	30	29	29	29	29	29	30	31	32	32	33	33	34	34	34	33	33	32	31	31	30	31		
	中、重	30	30	30	29	29	29	29	30	30	31	32	32	33	33	33	33	33	33	32	32	31	31	31	31		
南昌 3.4 (35.6/32.2)	轻	31	31	30	30	30	30	30	31	32	33	34	34	35	35	35	35	35	34	34	33	32	32	32	32	合肥 0.5
	中、重	31	31	31	30	30	30	30	31	31	32	33	33	34	34	34	34	34	34	33	33	32	32	32	32		
广州 3.6 (34.2/30.6)	轻	29	29	28	28	28	28	28	29	30	31	32	32	33	33	33	33	33	32	32	31	31	30	30	31	济南 0.6 南京 0.6
	中、重	30	29	29	29	28	28	29	29	30	31	31	32	32	33	33	33	33	33	32	32	31	31	30	30	31	
贵阳 3.8 (30.1/26.3)	轻	25	24	24	24	23	23	23	24	25	26	27	28	28	29	29	30	29	29	29	28	27	26	26	25	26	
	中、重	25	25	24	24	24	24	24	25	25	26	26	27	28	28	29	29	29	28	28	27	27	26	26	26		
南宁 4.0 (34.4/30.4)	轻	29	28	28	28	27	27	27	28	29	30	31	32	33	33	34	34	33	33	32	31	30	30	29	30	成都−2.5 昆明−8.1
	中、重	29	29	28	28	27	27	28	28	29	29	30	31	31	32	33	33	33	33	32	32	31	31	30	30		
重庆 4.1 (36.3/32.2)	轻	31	30	30	29	29	29	29	30	31	32	33	34	34	35	36	36	35	35	34	33	33	32	32	31	32	沈阳−4.9 杭州−0.6
	中、重	31	31	30	30	30	29	29	30	30	31	31	32	33	33	34	34	35	35	35	34	34	33	32	31	32	
长春 4.3 (30.4/26.1)	轻	25	24	24	24	23	23	23	24	25	26	27	27	28	29	29	29	29	28	28	27	27	26	25	25	26	
	中、重	25	24	24	24	23	23	24	24	24	25	26	27	28	28	29	29	28	28	28	27	26	26	26	26		
西安 4.4 (35.1/30.7)	轻	29	28	28	28	28	28	28	29	30	32	32	33	34	34	34	34	33	33	32	31	31	30	29	31	长沙 1.4
	中、重	30	29	29	28	28	28	29	29	30	31	31	32	33	33	34	33	33	33	32	32	31	31	31	31		
北京 4.5 (33.6/29.1)	轻	27	27	26	26	26	25	26	27	28	29	31	32	33	33	33	32	32	31	30	29	28	28	29		哈尔滨−3
	中、重	28	27	27	27	27	26	26	27	27	28	29	30	31	32	32	32	32	32	31	31	30	29	28	28	29	
天津 4.6 (33.9/29.3)	轻	28	28	27	27	27	26	26	27	28	29	30	31	32	33	33	32	32	32	31	30	30	29	29		29	
	中、重	28	28	27	27	27	27	26	26	27	28	28	29	30	31	32	32	32	32	32	31	30	30	29	28	29	

20.4 外窗的温差传热冷负荷   1535

续表

代表城市 Δ (t_{wg}/t_{wp},℃)	房间类型	下列作用时刻的 t_τ 逐时值（℃）																								平均值（℃）	适用城市及修正值 δ（℃）
		0	1	2	3	4	5	6	7	8	9	10	11	12	13	14	15	16	17	18	19	20	21	22	23		
海口 4.7 (35.1/30.4)	轻	29	28	28	27	27	27	27	28	29	30	31	32	33	34	34	34	34	34	33	32	31	30	30	29	30	
	中、重	29	29	28	28	27	27	27	28	29	30	30	31	32	33	33	34	34	33	33	32	31	31	30	30	30	
郑州 4.9 (35.0/30.1)	轻	28	28	27	27	26	26	26	27	28	29	31	32	33	34	34	34	34	34	33	32	31	30	29	29	30	呼和浩特 −4.3
	中、重	29	28	28	27	27	27	27	27	28	29	30	31	32	33	34	34	34	33	33	32	31	30	30	29	30	
拉萨 5.0 (24.0/19.0)	轻	17	16	16	16	15	15	15	16	17	18	19	20	21	22	23	23	23	23	23	22	21	20	19	18	19	
	中、重	18	17	17	16	16	16	16	16	17	18	19	20	21	22	22	23	23	22	22	22	21	20	19	19	18	19	
石家庄 5.1 (35.2/30.1)	轻	28	27	27	27	26	26	26	27	28	29	31	32	33	34	34	34	34	34	33	32	31	30	29	29	30	银川 −3.9 乌鲁木齐 −1.8
	中、重	29	28	28	28	27	27	27	27	28	29	30	31	32	33	34	34	34	33	33	32	31	30	30	29	30	
福州 5.3 (36.0/30.7)	轻	29	28	28	27	26	27	26	29	30	31	32	34	34	35	35	35	35	34	33	32	31	30	30	30	31	兰州 −4.7
	中、重	29	29	28	28	27	27	27	28	29	30	31	32	33	34	34	34	34	34	33	32	31	31	30	30	31	
太原 5.6 (31.6/26.0)	轻	24	23	23	22	22	22	22	23	24	25	27	28	30	31	31	30	30	30	29	28	26	25	24	24	26	
	中、重	25	24	24	23	22	22	22	23	24	25	26	27	28	29	30	30	30	29	28	27	26	26	25	25	26	
西宁 5.7 (26.4/20.7)	轻	19	18	17	17	16	16	16	17	19	20	22	23	25	25	26	25	25	25	24	23	22	20	19	19	21	
	中、重	19	18	18	17	17	17	17	18	19	20	21	22	23	24	24	25	24	24	23	22	22	21	20	20	21	

注：1. 表头中"代表城市"一栏括号中符号的意义：
Δ——温差，$\Delta = t_{wg} - t_{wp}$，℃；
t_{wg}——夏季空调室外计算干球温度，℃；
t_{wp}——夏季空调室外计算日平均温度，℃。

2. 对于未列入表中的城市，采用本表数据计算时，步骤如下：第一，查出该城市的 t_{wg} 和 t_{wp} 值；第二，找出与该城市的温差值 Δ 相同或最接近的代表城市；第三，计算出该城市的 t_{wp} 与代表城市 t_{wp} 的差值作为表中所列数据的修正值；第四，表中所列数据加上前述修正值，即为该城市 t_τ 逐时值的计算数据。

玻璃窗的传热系数   表 20.4-2

玻璃		间隔层厚（mm）	间隔层充气体	窗玻璃的传热系数 $K[W/(m^2·℃)]$	窗框修正系数 a							
					塑料		铝合金		PA 断热桥铝合金		木框	
普通玻璃	玻璃厚度 3mm	—	—	5.8	0.72	0.79	1.07	1.13	0.84	0.90	0.72	0.82
		12	空气	3.3	0.84	0.88	1.20	1.29	1.05	1.07	0.89	0.93
	玻璃厚度 6mm	—	—	5.7	0.72	0.79	1.07	1.13	0.84	0.90	0.72	0.82
		12	空气	3.3	0.84	0.88	1.20	1.29	1.05	1.07	0.89	0.93
Low-E 玻璃		—		3.5	0.82	0.86	1.16	1.24	1.02	1.03	0.86	0.90
中空玻璃		6	空气	3.0	0.86	0.93	1.23	1.46	1.06	1.11		
		12		2.6	0.90	0.95	1.30	1.59	1.10	1.19		
辐射率≤0.25 Low-E 中空玻璃（在线）		6	空气	2.8	0.87	0.94	1.24	1.49	1.06	1.13		
		9		2.2	0.95	0.97	1.36	1.73	1.14	1.27		
		12		1.9	1.03	1.04	1.45	1.91	1.19	1.38		
		6	氩气	2.4	0.92	0.96	1.32	1.63	1.11	1.22		
		9		1.8	1.01	1.02	1.49	1.98	1.2	1.42		
		12		1.7	1.02	1.05	1.53	2.06	1.24	1.47		

续表

玻 璃	间隔层厚(mm)	间隔层充气体	窗玻璃的传热系数 $K[W/(m^2·℃)]$	窗框修正系数 a						
				塑料		铝合金		PA断热桥铝合金		木框
辐射率≤0.15 Low-E中空玻璃(离线)	12	空气	1.8	1.01	1.02	1.49	1.98	1.21	1.42	
		氩气	1.5	1.05	1.11	1.63	2.25	1.29	1.59	
双银Low-E中空玻璃	12	空气	1.7	1.02	1.05	1.53	2.06	1.24	1.47	
		氩气	1.4	1.07	1.14	1.69	2.37	1.33	1.66	
窗框比(窗框面积与整窗面积之比)				30%	40%	20%	30%	25%	40%	30% 45%

注：1. 本表所指的玻璃窗，包括一般外窗、天窗、以及阳台门上的玻璃部分。整樘玻璃窗的传热系数，应等于本表给出的窗玻璃传热系数 K 和窗框修正系数 a 的乘积。
2. 表中窗框修正系数 a，与表中最后一行规定的窗框比（%）相对应。设计计算时，可根据建筑物采用外窗的具体构造与实际的窗框比，插值选用。

20.5 外窗的太阳辐射冷负荷

透过外窗的太阳辐射形成的计算时刻冷负荷 Q_τ（W），应根据不同情况分别进行计算。

20.5.1 外窗无任何遮阳设施的辐射负荷

$$Q_\tau = FX_g X_d J_{w\tau} \tag{20.5-1}$$

式中 X_g——窗的构造修正系数，见表 20.5-1；
　　 X_d——地点修正系数，见表 20.5-2；
　　 $J_{w\tau}$——计算时刻下，透过无遮阳设施窗玻璃太阳辐射的冷负荷强度，见表 20.5-3，W/m^2。

玻璃窗的构造修正系数 X_g 表 20.5-1

玻 璃 类 型		玻璃颜色	塑钢		铝合金		PA段热桥铝合金		木 框	
			窗框比（窗框面积与整窗面积之比）							
			30%	40%	20%	30%	25%	40%	30%	45%
普通玻璃	3mm单层玻璃	无色	0.70	0.60	0.80	0.70	0.75	0.60	0.70	0.55
	3mm双层玻璃		0.60	0.52	0.69	0.60	0.65	0.52	0.60	0.47
	6mm单层玻璃		0.67	0.58	0.77	0.67	0.72	0.58	0.67	0.53
	6mm双层玻璃		0.52	0.44	0.59	0.52	0.56	0.44	0.52	0.41
中空玻璃	每隔层6mm	无色	0.57	0.49	0.65	0.57	0.61	0.49	0.57	0.45
	间隔层12mm		0.54	0.46	0.62	0.54	0.58	0.46	0.54	0.42

续表

玻璃类型			玻璃颜色	塑钢		铝合金		PA段热桥铝合金		木框	
				窗框比（窗框面积与整窗面积之比）							
				30%	40%	20%	30%	25%	40%	30%	45%
着色中空玻璃			蓝色	0.46	0.39	0.52	0.46	0.49	0.39	0.46	0.36
			绿色	0.46	0.40	0.53	0.46	0.50	0.40	0.46	0.36
			茶色	0.45	0.38	0.51	0.45	0.48	0.38	0.45	0.35
			灰色	0.38	0.32	0.43	0.38	0.41	0.32	0.38	0.30
热反射中空玻璃	反射颜色	深绿	无色	0.18	0.16	0.21	0.18	0.20	0.16	0.18	0.14
		绿色	绿色	0.29	0.25	0.34	0.29	0.32	0.25	0.29	0.23
			蓝绿	0.28	0.24	0.32	0.28	0.30	0.24	0.28	0.22
		蓝绿	蓝绿	0.32	0.28	0.37	0.32	0.35	0.28	0.32	0.25
		灰绿	绿、蓝绿	0.31	0.26	0.35	0.31	0.33	0.26	0.31	0.24
		现代绿	绿色	0.31	0.26	0.35	0.31	0.33	0.26	0.31	0.24
		蓝色	无色	0.34	0.29	0.38	0.34	0.36	0.29	0.34	0.26
		银灰		0.48	0.41	0.55	0.48	0.52	0.41	0.48	0.38
辐射率≤0.25Low-E中空玻璃（在线）			无色	0.44	0.38	0.50	0.44	0.47	0.38	0.44	0.35
			绿色	0.27	0.23	0.30	0.27	0.29	0.23	0.27	0.21
			蓝色	0.26	0.22	0.30	0.26	0.28	0.22	0.26	0.20
辐射率≤0.15 Low-E中空玻璃（离线）	反射颜色	绿色	绿色	0.21	0.18	0.24	0.21	0.23	0.18	0.21	0.17
		蓝绿		0.22	0.19	0.25	0.22	0.23	0.19	0.22	0.17
		蓝、淡蓝	无色	0.35	0.30	0.40	0.35	0.38	0.30	0.35	0.28
		银蓝		0.26	0.22	0.30	0.26	0.28	0.22	0.26	0.20
		银灰		0.24	0.20	0.27	0.24	0.26	0.20	0.24	0.19
		金色		0.22	0.19	0.26	0.22	0.24	0.19	0.22	0.17
		无色		0.31	0.26	0.35	0.31	0.33	0.26	0.31	0.24

玻璃窗太阳辐射冷负荷强度的地点修正系数 X_d　　　　表 20.5-2

代表城市	适用城市	下列朝向的修正系数					
		南	西南、东南	东、西	东北、西北	北、散射	水平
北京	哈尔滨	1.23	1.07	0.99	0.97	0.96	0.95
	长春	1.16	1.05	1	0.98	0.97	0.96
	乌鲁木齐	1.19	1.13	1.10	1.11	0.91	1.01
	沈阳	1.06	0.98	0.92	0.89	1.05	0.95
	呼和浩特	1.06	1.08	1.11	1.12	0.92	1.03
	天津	0.96	0.95	0.92	0.89	1.07	0.97
	银川	0.95	0.98	1	1.01	1.01	1.01
	石家庄	0.93	0.98	1	1.01	1.02	1.02
	太原	0.92	0.97	1	1.01	1.02	1.02

续表

代表城市	适用城市	下列朝向的修正系数					
		南	西南、东南	东、西	东北、西北	北、散射	水平
西安	济南	1.12	1.04	1	0.97	0.99	0.99
	西宁	1.12	1.14	1.20	1.22	0.87	1.06
	兰州	1.09	1.07	1.08	1.08	0.95	1.03
	郑州	1.02	1.01	1	1	1	1
上海	南京	1.10	1.03	1	0.98	1	1
	合肥	1.09	1.03	1	0.98	1	1
	成都	1.05	0.94	0.90	0.88	1.08	0.95
	武汉	1	1.04	1.09	1.07	0.94	1.04
	杭州	1	1	1	1	1	1
	拉萨	0.93	1.08	1.20	1.20	0.88	1.08
	重庆	0.97	0.99	1	1.01	1	1
	南昌	0.90	1	1.08	1.09	0.95	1.04
	长沙	0.88	1	1.08	1.10	0.95	1.05
广州	贵阳	1.10	1.07	1.01	0.98	0.99	0.99
	福州	1.04	1.10	1.10	1.06	0.94	1.03
	台北	1	1.07	1.09	1.07	0.94	1.04
	昆明	1.05	1.04	1.01	0.99	0.99	0.99
	南宁	1	0.99	1	1	1	1
	香港、澳门	0.94	1.01	1.09	1.09	0.95	1.05
	海口	0.93	1	1.09	1.09	0.95	1.05

注：表头朝向一栏中，"散射"数据适用于表 20.5-3 中 J_{nr}^0 和 J_{wr}^0 的修正。

北京市透过标准窗玻璃太阳辐射的冷负荷强度　　　　表 20.5-3

遮阳类型	房间类型	朝向	下列计算时刻 J_τ 的逐时值（W/m²）																					
			0	1	2	3	4	5	6	7	8	9	10	11	12	13	14	15	16	17	18	19	20	21	22	23
内遮阳 J_{nr}	轻	南	8	7	6	5	5	3	29	52	72	117	179	233	266	266	237	184	131	100	74	37	24	17	13	10
		西南	17	14	11	9	8	6	32	54	73	93	108	119	183	277	362	407	402	347	250	105	61	44	30	23
		西	21	18	13	12	10	8	33	55	74	94	109	118	123	185	314	429	493	486	407	154	83	61	40	31
		西北	16	13	10	9	7	6	31	53	73	92	107	116	123	123	149	231	323	364	340	122	63	47	30	24
		北	6	5	5	3	4	0	66	74	77	95	108	117	122	123	121	113	99	91	104	40	21	16	11	9
		东北	8	5	7	3	8	0	207	323	339	297	210	165	152	144	135	124	106	87	66	31	20	15	12	9
		东	10	7	9	4	9	0	226	389	465	482	416	300	203	174	155	137	116	94	71	36	24	18	15	11
		东南	9	8	7	5	2	2	115	237	332	393	402	358	276	193	162	142	118	95	72	36	24	18	14	11
		水平	34	29	25	21	20	16	77	183	317	454	570	650	699	706	676	603	490	354	225	119	83	64	50	41
		J_{nr}^0	5	4	4	3	3	2	27	50	70	90	105	114	121	122	120	112	98	80	61	27	17	12	9	7

20.5 外窗的太阳辐射冷负荷

续表

遮阳类型	房间类型	朝向	下列计算时刻 J_τ 的逐时值（W/m²）																						
			0	1	2	3	4	5	6	7	8	9	10	11	12	13	14	15	16	17	18	19	20	21	22	23
内遮阳 $J_{n\tau}$	中	南	21	18	15	13	11	9	31	48	65	104	157	203	232	235	213	172	132	110	88	56	45	37	31	25
		西南	43	36	30	25	22	18	38	54	70	86	98	108	166	247	319	359	357	315	238	121	93	78	63	52
		西	53	45	37	31	26	22	42	58	72	88	100	108	114	171	281	378	432	430	367	157	116	98	78	66
		西北	39	33	27	23	19	16	36	53	68	85	97	105	112	113	138	212	288	323	302	117	85	72	57	48
		北	16	13	12	9	9	5	63	65	68	84	96	105	111	113	113	107	96	92	103	46	34	29	23	19
		东北	19	15	14	10	12	4	190	276	289	255	188	159	154	148	141	131	116	98	79	49	39	32	27	22
		东	25	20	18	14	15	7	208	335	398	414	365	274	204	187	173	157	137	116	94	61	49	41	34	28
		东南	24	20	17	14	13	9	109	208	286	339	349	317	254	192	173	157	136	115	93	60	48	40	34	28
		水平	71	60	52	44	39	32	82	168	279	395	496	570	621	637	624	572	485	377	271	181	146	121	101	85
		$J_{n\tau}^0$	14	11	10	8	7	5	28	46	62	79	92	101	108	111	111	106	95	81	65	37	29	24	20	16
	重	南	26	22	19	16	14	12	32	48	64	101	152	196	223	226	206	168	130	110	90	59	49	42	35	30
		西南	50	43	37	32	27	23	42	57	71	85	97	106	161	239	307	345	344	305	233	122	95	83	69	60
		西	62	53	45	39	33	28	46	61	74	88	99	106	112	166	272	364	416	415	355	157	119	103	85	74
		西北	45	39	33	28	24	20	39	55	69	84	95	103	110	111	134	205	278	312	292	117	86	75	62	54
		北	19	16	14	12	11	8	62	63	66	82	93	101	108	110	110	105	95	91	101	47	36	32	26	23
		东北	24	20	18	14	15	7	184	266	277	245	182	155	151	147	140	131	117	101	83	53	44	38	32	27
		东	31	25	23	18	18	10	201	323	382	397	351	266	200	185	173	159	140	120	99	68	56	48	41	35
		东南	30	25	22	18	17	12	107	201	276	325	335	305	247	188	171	157	138	119	98	67	55	47	40	34
		水平	88	75	64	55	48	40	87	169	274	383	477	547	595	612	601	554	474	373	275	193	163	140	119	102
		$J_{n\tau}^0$	16	14	12	10	9	7	28	45	60	77	89	98	105	107	107	103	93	80	65	38	31	27	22	19
无遮阳 $J_{w\tau}$	轻	南	16	14	12	11	10	8	23	44	62	100	154	205	238	246	227	186	142	113	90	59	39	30	23	19
		西南	33	29	25	22	20	17	32	52	70	88	104	115	164	245	321	368	373	332	258	137	82	64	48	40
		西	40	36	30	27	24	21	35	55	72	91	106	117	123	169	275	376	443	444	395	194	105	84	59	51
		西北	28	25	20	19	16	14	28	49	67	85	102	112	121	122	142	206	289	328	324	155	78	63	42	37
		北	11	9	8	5	7	1	48	65	66	84	97	108	116	119	120	114	105	95	106	59	31	25	17	14
		东北	17	13	15	8	15	0	152	271	295	272	204	164	152	148	141	133	120	103	84	55	37	29	24	18
		东	24	19	20	13	20	3	168	324	398	427	385	297	212	183	168	154	137	116	97	65	47	37	31	25
		东南	22	18	18	14	16	8	87	195	280	342	359	333	271	202	171	155	136	116	95	64	54	36	29	24
		水平	54	45	40	34	31	25	62	142	252	376	489	578	639	666	658	612	527	413	296	189	132	102	79	65
		$J_{w\tau}^0$	8	7	6	5	5	3	19	40	58	78	94	105	114	117	118	113	103	88	71	43	26	19	14	11
	中	南	34	29	25	22	19	16	26	39	51	75	112	151	184	202	201	183	155	132	113	86	69	58	48	41
		西南	66	56	48	42	37	31	39	51	62	75	88	97	128	182	241	288	312	303	267	191	143	117	94	79
		西	80	69	58	51	44	38	45	56	66	79	91	100	107	134	202	279	343	369	361	253	181	148	117	98

续表

遮阳类型	房间类型	朝向	下列计算时刻 J_τ 的逐时值（W/m²）																					
			0	1	2	3	4	5	6	7	8	9	10	11	12	13	14	15	16	17	18	19	20	21	22	23
无遮阳 $J_{w\tau}$	中	西北	59	50	42	36	31	27	35	47	58	72	84	94	103	107	120	159	218	259	276	192	134	110	86	72
		北	25	21	18	15	14	9	36	52	56	69	80	90	98	103	106	105	100	94	100	74	54	46	36	31
		东北	34	28	26	20	22	10	94	183	222	230	200	175	162	155	147	140	129	115	101	78	63	53	46	38
		东	44	37	34	27	29	16	106	217	290	338	336	297	243	214	194	177	159	141	123	97	80	68	58	49
		东南	42	36	32	27	26	19	62	132	199	257	290	292	265	224	196	178	158	140	121	95	77	66	56	48
		水平	113	96	82	70	61	51	69	118	192	281	372	451	515	557	575	563	519	449	369	287	232	192	160	134
		$J_{w\tau}^0$	22	18	15	13	11	9	19	32	45	60	74	85	94	99	103	103	98	89	78	58	46	38	31	26
	重	南	40	34	29	24	21	17	24	36	46	67	99	134	166	186	192	181	161	141	123	98	80	68	57	48
		西南	83	70	58	49	41	34	38	47	56	67	78	86	112	158	212	258	287	290	269	211	170	144	119	100
		西	103	87	72	61	51	42	44	52	60	71	80	89	95	118	175	243	305	340	346	269	212	181	148	126
		西北	75	64	53	45	38	31	36	45	54	65	76	85	93	98	109	142	193	233	256	196	153	132	108	92
		北	31	26	23	19	17	12	34	48	53	66	76	85	93	98	101	101	97	92	96	75	58	51	42	36
		东北	35	29	26	20	21	11	79	155	196	214	199	183	173	165	156	147	135	121	106	84	68	58	49	41
		东	44	36	32	25	25	14	86	180	251	305	319	299	261	236	216	196	176	154	134	107	87	73	62	52
		东南	44	37	32	26	23	17	52	111	171	228	266	279	266	237	214	195	175	154	133	106	87	73	61	52
		水平	139	119	102	87	75	63	77	119	183	262	342	415	475	517	538	533	501	444	376	306	258	222	190	162
		$J_{w\tau}^0$	26	22	19	16	14	11	20	32	43	56	69	79	88	94	98	98	95	87	78	61	49	42	36	31

西安市透过标准窗玻璃太阳辐射的冷负荷强度   续表 20.5-3

遮阳类型	房间类型	朝向	下列计算时刻 J_τ 的逐时值（W/m²）																					
			0	1	2	3	4	5	6	7	8	9	10	11	12	13	14	15	16	17	18	19	20	21	22	23
内遮阳 $J_{n\tau}$	轻	南	7	6	5	4	4	3	25	51	75	104	147	185	209	209	188	152	120	94	66	32	21	15	11	9
		西南	15	12	10	8	7	6	27	53	77	99	117	126	164	241	318	362	353	297	200	87	52	37	26	20
		西	19	16	12	10	9	7	29	55	78	100	117	128	134	193	313	419	463	437	330	130	74	53	35	27
		西北	15	12	10	8	7	5	27	53	76	99	117	126	134	134	178	263	332	347	282	106	58	42	28	22
		北	7	5	5	3	4	1	55	78	83	102	117	127	134	134	132	123	107	102	97	39	22	16	11	9
		东北	8	6	7	4	7	0	155	283	327	310	239	179	164	156	146	134	114	92	64	32	21	16	12	9
		东	10	7	8	5	8	1	166	329	421	453	402	295	207	180	163	145	122	97	69	35	24	18	14	11
		东南	9	7	7	5	6	3	84	195	286	346	352	309	236	182	162	144	121	96	68	34	23	17	13	10
		水平	33	28	24	21	19	16	62	164	300	446	568	649	699	705	677	601	478	336	205	113	80	62	48	39
		$J_{n\tau}^0$	6	5	4	3	3	2	24	51	74	97	114	125	132	133	131	122	106	85	59	28	17	13	9	7
	中	南	18	15	13	11	9	8	26	48	67	92	129	162	184	185	171	143	120	100	76	48	38	32	26	22
		西南	37	31	26	22	19	15	33	53	72	90	105	114	148	216	282	320	314	271	193	103	81	67	54	45
		西	48	41	34	29	24	20	37	57	74	93	107	116	122	177	281	370	407	389	301	139	106	88	71	59

20.5 外窗的太阳辐射冷负荷

续表

遮阳类型	房间类型	朝向	下列计算时刻 J_τ 的逐时值（W/m²）																						
			0	1	2	3	4	5	6	7	8	9	10	11	12	13	14	15	16	17	18	19	20	21	22	23
内遮阳 $J_{n\tau}$	中	西北	37	32	26	22	19	15	33	53	71	90	105	114	122	123	165	238	296	309	254	109	81	68	55	46
		北	17	14	12	10	9	6	53	69	73	90	104	113	121	123	123	116	104	102	97	47	35	30	24	20
		东北	20	16	15	11	12	6	143	244	280	266	211	168	163	158	151	140	123	103	79	50	40	34	28	23
		东	24	20	18	14	14	8	154	286	361	389	350	267	204	188	176	160	140	117	91	60	49	40	34	28
		东南	22	19	16	13	12	9	80	173	247	298	305	273	218	179	168	153	134	112	86	56	45	38	31	26
		水平	69	59	50	43	37	32	69	152	265	387	493	568	619	636	623	569	474	361	253	175	142	118	98	82
		$J_{n\tau}^0$	14	12	10	9	8	6	25	46	66	85	100	110	118	121	121	115	102	86	65	38	30	24	21	17
	重	南	22	19	16	14	12	10	28	47	65	90	125	156	177	179	165	139	118	99	77	51	42	36	30	26
		西南	44	38	32	28	24	20	36	55	72	89	103	111	144	209	272	308	303	263	190	105	84	72	60	52
		西	56	48	41	35	30	26	41	59	75	92	105	114	120	172	271	356	392	375	293	140	109	93	78	67
		西北	43	37	32	27	23	20	36	55	72	89	103	111	118	120	160	230	286	299	247	109	83	72	60	51
		北	20	17	15	12	11	8	53	67	71	87	101	110	117	119	119	114	102	101	96	48	38	33	27	24
		东北	25	20	18	15	14	9	139	235	269	255	204	164	159	155	149	140	124	105	82	55	46	39	33	28
		东	30	25	22	18	17	11	150	275	346	373	337	258	199	186	176	161	142	121	96	66	55	47	40	34
		东南	27	23	20	17	15	12	80	167	238	286	293	263	211	176	165	153	135	114	90	62	51	44	37	32
		水平	85	73	63	54	46	39	74	153	260	376	474	545	594	610	600	550	462	358	258	187	159	136	116	100
		$J_{n\tau}^0$	17	15	13	11	10	8	26	46	64	82	97	106	114	117	117	112	100	85	65	40	33	28	24	20
无遮阳 $J_{w\tau}$	轻	南	13	11	9	8	8	6	19	41	63	91	127	164	190	196	183	155	128	106	82	51	34	25	19	15
		西南	28	24	21	18	17	14	27	48	70	91	109	121	151	215	284	328	330	289	213	114	71	54	41	34
		西	36	32	27	24	22	19	31	52	73	94	112	125	132	176	275	370	420	407	330	165	94	74	54	45
		西北	27	24	20	18	16	13	26	48	69	90	109	120	131	132	166	235	300	320	279	136	74	58	41	34
		北	11	9	8	6	7	3	40	65	71	88	105	118	126	130	130	125	113	106	104	58	32	25	19	14
		东北	17	13	14	9	13	3	114	232	281	279	227	178	163	159	152	143	128	108	85	55	38	29	24	19
		东	22	18	18	14	17	6	124	269	357	398	369	289	213	187	173	159	141	119	95	63	46	36	30	24
		东南	19	16	15	12	13	8	63	158	239	299	315	289	233	187	168	154	136	115	90	64	42	33	26	22
		水平	52	44	38	33	30	25	52	126	237	365	485	575	638	665	658	611	518	399	278	179	128	98	77	63
		$J_{w\tau}^0$	9	7	6	5	5	3	17	39	61	83	102	115	124	128	128	124	111	94	72	44	27	20	15	11
	中	南	29	25	21	18	16	13	21	35	50	69	95	124	148	161	161	149	132	116	98	75	60	50	41	35
		西南	57	49	42	36	31	27	33	46	60	75	90	101	121	163	215	258	277	266	227	163	124	101	82	69
		西	73	63	53	46	40	35	40	53	65	80	94	105	113	140	204	276	329	345	317	223	164	133	106	89
		西北	57	48	41	35	30	26	32	45	59	75	89	100	110	115	136	181	231	260	253	177	127	104	82	69
		北	27	22	19	16	14	10	31	51	59	72	85	96	106	112	115	114	108	103	102	75	57	47	38	32
		东北	34	29	26	21	21	13	73	156	207	227	210	183	169	163	156	148	136	121	103	80	66	55	47	39
		东	42	36	32	27	26	17	81	180	256	309	316	282	236	210	193	178	161	142	121	95	78	66	57	48
		东南	38	33	29	24	23	17	48	108	169	223	253	253	229	199	182	168	152	134	114	89	73	61	52	44
		水平	110	93	80	68	59	50	62	107	180	272	365	446	512	554	573	560	512	439	355	278	225	187	155	131
		$J_{w\tau}^0$	23	19	16	14	12	9	18	32	47	64	79	91	102	108	112	112	106	95	81	61	48	40	33	28

续表

遮阳类型	房间类型	朝向	下列计算时刻 J_τ 的逐时值（W/m²）																						
			0	1	2	3	4	5	6	7	8	9	10	11	12	13	14	15	16	17	18	19	20	21	22	23
无遮阳 $J_{w\tau}$	重	南	35	29	25	21	18	15	21	33	46	63	86	112	135	149	153	146	134	120	103	82	67	57	48	41
		西南	72	60	51	42	36	30	33	43	55	68	81	90	108	145	191	232	255	255	229	180	146	123	103	86
		西	94	79	66	55	46	38	40	49	59	72	84	94	101	124	178	243	295	320	308	240	192	163	134	113
		西北	72	61	51	43	36	30	33	43	55	68	81	91	100	105	123	162	207	237	239	185	146	125	103	87
		北	32	27	24	20	18	13	30	47	56	69	81	91	100	106	110	110	105	101	99	77	61	53	44	38
		东北	37	30	27	21	21	13	62	132	181	208	204	188	179	172	164	155	142	127	109	86	71	60	51	43
		东	44	36	32	26	24	16	67	150	221	277	297	281	250	229	211	194	175	154	131	105	86	72	61	51
		东南	41	34	30	25	22	17	41	91	146	198	232	242	229	209	194	180	163	144	123	98	81	68	57	48
		水平	135	116	99	85	73	62	70	109	173	254	337	410	471	514	536	531	494	434	363	298	252	216	185	158
		$J_{w\tau}^0$	28	24	20	17	15	12	19	32	45	60	74	85	95	102	106	107	103	94	82	64	52	45	38	32

上海市透过标准窗玻璃太阳辐射的冷负荷强度   续表 20.5-3

遮阳类型	房间类型	朝向	下列计算时刻 J_τ 的逐时值（W/m²）																						
			0	1	2	3	4	5	6	7	8	9	10	11	12	13	14	15	16	17	18	19	20	21	22	23
内遮阳 $J_{n\tau}$	轻	南	6	5	4	4	4	3	23	50	74	99	131	162	180	182	165	138	114	90	61	30	19	14	10	8
		西南	14	11	9	8	7	5	25	52	76	99	116	128	152	222	296	342	336	284	187	81	49	35	24	18
		西	19	16	12	10	9	7	27	53	77	100	117	129	134	194	314	420	462	433	316	126	72	52	35	27
		西北	15	13	10	8	7	6	25	52	76	99	117	128	134	138	194	281	346	353	274	105	58	42	28	22
		北	7	5	5	4	4	2	53	81	86	103	118	129	134	136	133	124	110	106	96	38	22	16	11	9
		东北	8	6	6	4	6	0	144	280	335	325	258	189	168	159	148	135	115	91	63	32	21	16	12	9
		东	10	7	8	5	7	1	153	321	417	452	402	296	207	181	164	145	122	96	67	35	24	18	14	11
		东南	8	7	6	5	5	3	76	186	273	329	330	286	215	175	158	141	119	94	65	33	22	16	13	10
		水平	33	28	24	21	19	16	57	158	297	448	570	657	705	715	683	605	478	332	198	112	80	61	48	39
		$J_{n\tau}^0$	6	5	4	3	3	2	22	49	73	97	114	126	132	135	132	123	106	84	58	27	17	12	9	7
	中	南	16	14	12	10	9	7	24	46	66	87	115	143	159	162	150	130	112	93	70	43	35	29	24	20
		西南	35	30	25	21	18	15	31	52	70	90	104	115	137	200	263	303	299	259	181	97	76	63	51	43
		西	48	40	33	28	24	20	35	55	74	92	106	117	122	178	281	371	406	385	289	137	104	87	70	58
		西北	38	32	27	22	19	16	32	52	71	90	105	115	121	127	178	254	308	315	248	110	83	69	55	47
		北	17	14	12	10	9	6	51	71	75	91	105	115	121	124	123	117	107	106	96	47	36	30	24	20
		东北	20	17	15	12	12	7	133	243	286	278	227	177	166	161	153	142	124	104	78	51	41	34	28	24
		东	24	20	17	14	14	8	143	280	358	388	349	267	203	189	176	160	139	116	89	59	48	40	33	28
		东南	21	18	15	13	11	9	73	164	236	283	286	253	199	173	163	149	130	108	82	54	44	36	30	25
		水平	69	59	50	43	37	32	64	147	262	388	495	574	624	644	628	573	475	358	249	174	142	117	98	82
		$J_{n\tau}^0$	14	12	10	9	7	6	23	45	65	85	100	111	118	122	121	115	102	85	63	38	30	25	21	17
	重	南	20	17	15	13	11	9	25	46	64	85	111	137	153	156	145	126	110	93	71	46	38	32	27	23
		西南	41	36	30	26	22	19	34	53	71	89	102	112	133	192	254	292	289	251	177	99	80	68	57	49
		西	56	48	41	35	30	26	38	57	75	92	105	115	119	173	272	357	391	372	281	137	107	92	77	66
		西北	44	38	32	28	24	20	35	54	71	89	103	112	118	124	172	245	297	304	241	110	85	73	61	52
		北	20	17	15	13	11	9	51	70	74	88	101	111	117	121	120	114	105	104	95	49	38	33	28	24
		东北	25	21	19	15	14	9	130	234	275	268	218	171	162	159	152	142	125	106	82	56	46	39	34	29
		东	30	25	22	18	17	12	139	270	344	372	336	259	198	186	175	161	142	120	94	66	55	47	40	34
		东南	26	22	19	16	15	11	73	159	228	272	275	244	193	170	160	148	131	111	86	59	49	42	36	31
		水平	85	73	63	54	46	39	69	148	257	377	476	551	598	618	604	554	463	355	254	187	159	136	116	100
		$J_{n\tau}^0$	17	15	13	11	10	8	24	45	63	82	97	107	114	118	118	112	100	85	64	40	33	28	24	20

续表

遮阳类型	房间类型	朝向	下列计算时刻 J_τ 的逐时值（W/m²）																						
			0	1	2	3	4	5	6	7	8	9	10	11	12	13	14	15	16	17	18	19	20	21	22	23
无遮阳 $J_{w\tau}$	轻	南	11	9	8	7	6	5	17	39	61	85	115	145	165	171	161	140	121	100	76	47	31	23	17	14
		西南	26	22	19	17	16	13	24	46	68	90	108	122	142	199	265	310	315	276	200	107	67	51	39	32
		西	36	31	27	24	21	19	29	51	72	94	112	126	132	177	276	371	419	404	319	160	93	72	53	44
		西北	27	24	20	18	16	14	25	47	68	90	109	121	131	135	178	251	313	327	274	134	75	58	41	35
		北	11	9	8	6	7	3	38	67	74	90	106	119	127	131	131	125	115	110	104	57	33	25	18	14
		东北	17	14	14	10	13	4	106	229	286	291	243	188	167	162	154	145	129	109	85	55	37	30	24	19
		东	22	18	18	14	16	7	114	262	354	397	369	289	213	187	174	159	141	119	93	62	45	36	29	24
		东南	18	15	14	12	12	8	57	149	228	284	296	269	214	178	164	151	134	112	87	57	40	31	25	21
		水平	52	44	38	33	30	26	48	121	233	365	486	580	643	673	664	615	520	397	273	177	127	97	77	62
		$J_{w\tau}^0$	9	7	6	5	5	3	15	38	60	83	102	115	124	129	129	124	112	94	71	43	27	20	14	11
	中	南	26	22	19	16	14	11	19	33	48	66	87	111	130	141	142	133	121	107	90	68	55	45	37	31
		西南	54	46	39	34	30	25	31	44	58	74	88	100	116	153	201	243	263	253	214	154	118	96	78	65
		西	72	62	52	45	40	34	39	51	65	80	94	105	113	141	204	277	329	344	311	219	161	131	105	88
		西北	57	49	41	36	31	26	32	45	59	75	89	101	110	116	143	192	242	268	254	178	129	105	84	70
		北	27	22	19	16	14	10	30	52	61	74	86	98	106	113	116	115	110	106	102	75	57	48	39	32
		东北	35	29	26	21	21	13	69	153	209	234	221	192	175	167	159	151	138	123	104	81	66	56	47	40
		东	42	36	32	27	26	18	76	174	253	306	314	281	235	209	193	177	160	141	120	94	78	66	56	48
		东南	36	31	27	23	21	17	44	102	161	213	239	237	212	188	174	161	147	129	109	85	69	59	50	42
		水平	110	93	80	68	59	51	60	103	177	271	366	449	515	560	578	564	515	439	353	277	225	186	155	130
		$J_{w\tau}^0$	23	19	16	14	12	9	17	32	47	64	79	92	101	109	112	112	106	95	80	60	48	40	33	27
	重	南	31	27	23	20	17	14	20	32	45	61	80	101	119	131	135	130	121	109	94	74	61	52	44	37
		西南	68	57	48	40	34	28	31	42	53	67	80	91	104	136	179	218	242	242	216	169	138	116	97	81
		西	93	78	65	54	45	38	39	48	59	71	83	94	101	125	179	243	295	319	303	236	190	160	133	112
		西北	73	62	52	43	37	30	33	43	54	68	81	91	100	106	129	171	216	245	242	187	149	127	105	89
		北	32	28	24	20	18	14	29	48	57	70	82	93	101	107	111	110	106	103	100	78	62	53	45	38
		东北	37	31	27	22	21	14	58	129	182	213	213	197	185	177	168	159	145	129	110	88	72	61	51	43
		东	43	36	31	26	24	16	63	145	218	274	295	280	248	228	211	194	174	153	130	104	86	72	61	51
		东南	39	33	28	24	21	16	38	86	139	189	220	227	213	197	185	172	156	138	118	94	77	65	55	46
		水平	135	116	99	85	73	62	68	106	170	253	337	412	474	518	540	534	496	434	362	297	252	216	185	158
		$J_{w\tau}^0$	28	24	20	17	15	12	18	31	44	60	74	86	95	102	107	107	103	94	81	64	52	44	38	32

广州市透过标准窗玻璃太阳辐射的冷负荷强度　　　　续表 20.5-3

遮阳类型	房间类型	朝向	下列计算时刻 J_τ 的逐时值（W/m²）																						
			0	1	2	3	4	5	6	7	8	9	10	11	12	13	14	15	16	17	18	19	20	21	22	23
内遮阳 $J_{n\tau}$	轻	南	5	4	4	3	3	2	16	45	71	96	114	128	136	139	133	123	105	82	50	25	16	12	9	7
		西南	12	9	8	7	6	5	18	47	72	97	115	129	135	177	242	290	291	248	149	66	42	29	21	15
		西	18	14	12	10	8	7	20	49	74	99	116	130	135	197	314	420	456	421	269	112	68	47	33	24
		西北	16	13	10	8	7	6	19	48	73	98	116	129	135	161	240	331	378	367	242	98	59	41	28	21
		北	7	6	5	4	4	2	40	86	100	111	121	131	137	138	134	129	124	121	88	37	23	16	12	9
		东北	8	7	6	5	5	2	105	268	348	360	308	228	182	168	154	138	116	90	57	30	21	16	12	10
		东	9	8	7	6	6	3	110	295	405	445	399	295	207	181	164	145	121	94	59	32	23	17	13	11
		东南	7	6	5	5	4	3	53	159	239	282	275	227	177	162	150	135	113	88	55	29	20	15	11	9
		水平	32	27	24	21	18	17	40	140	283	442	571	665	716	726	690	607	470	316	178	106	78	59	47	38
		$J_{n\tau}^0$	5	4	4	3	3	2	16	45	71	96	114	127	134	136	132	123	105	82	50	25	16	12	9	7
	中	南	14	12	10	8	7	6	17	42	63	84	99	113	121	125	122	116	101	83	57	37	30	24	20	17
		西南	30	25	21	18	15	13	23	47	67	87	102	115	122	161	217	258	260	226	145	82	65	53	44	36
		西	46	38	32	27	22	19	28	51	71	91	105	117	123	179	281	371	401	374	248	127	99	82	67	55
		西北	39	33	27	23	19	16	26	49	67	89	104	116	122	147	218	295	335	327	222	109	85	70	57	47
		北	17	15	12	10	9	7	40	77	88	97	107	118	124	127	125	122	119	118	89	47	37	31	25	21
		东北	21	17	15	12	11	8	100	235	297	309	268	207	178	170	160	147	127	105	75	51	42	35	29	24
		东	23	19	17	14	12	9	105	260	347	381	345	265	202	188	175	159	137	113	81	57	47	39	32	27
		东南	19	16	13	11	10	8	52	142	206	243	238	202	165	158	150	139	121	99	70	48	39	32	27	22
		水平	68	58	49	42	36	32	49	131	249	383	494	580	632	653	633	574	468	346	231	170	139	115	96	80
		$J_{n\tau}^0$	14	12	10	8	7	6	17	42	63	84	99	112	119	123	121	115	101	83	57	36	29	24	20	17
	重	南	17	15	12	11	9	7	18	41	61	81	96	109	117	121	118	113	99	83	58	39	32	27	23	20
		西南	35	30	26	22	19	16	26	48	67	86	100	111	118	156	210	249	251	219	142	83	68	57	49	41
		西	53	45	39	33	28	24	33	54	72	90	104	115	120	174	272	357	386	361	242	128	102	87	73	62
		西北	45	39	33	29	24	21	30	51	70	88	102	113	119	143	210	284	323	315	216	110	88	74	63	53
		北	21	18	15	13	11	9	41	75	85	94	104	114	120	123	121	119	117	116	89	49	40	34	29	24
		东北	26	22	19	16	14	11	98	227	286	296	258	201	174	167	159	147	129	107	79	57	48	41	35	30
		东	29	24	21	18	16	12	103	251	333	366	332	256	197	185	174	159	139	116	87	63	53	45	39	33
		东南	23	20	17	15	13	10	52	138	199	233	228	194	161	155	148	138	121	101	73	52	44	37	32	27
		水平	84	72	61	53	45	39	55	133	246	372	476	556	606	626	609	555	456	343	238	183	156	134	114	98
		$J_{n\tau}^0$	17	14	12	11	9	8	18	41	61	81	96	108	114	119	118	112	99	82	58	39	32	27	23	20

续表

遮阳类型	房间类型	朝向	下列计算时刻 J_τ 的逐时值（W/m²）																						
			0	1	2	3	4	5	6	7	8	9	10	11	12	13	14	15	16	17	18	19	20	21	22	23
无遮阳 $J_{w\tau}$	轻	南	9	7	6	5	5	4	11	33	57	81	101	117	127	132	131	125	111	92	66	40	26	19	14	11
		西南	22	18	16	14	13	11	18	40	63	87	105	121	129	163	218	264	273	244	165	88	57	42	33	26
		西	34	29	15	23	20	18	24	46	68	92	110	125	132	179	276	372	414	396	282	141	88	66	51	41
		西北	29	25	21	19	17	15	21	43	66	89	108	123	131	152	215	295	343	344	252	125	76	57	43	35
		北	12	10	8	7	7	5	30	68	85	97	109	121	130	134	133	130	127	124	101	54	33	25	18	14
		东北	18	15	14	12	12	7	78	214	295	317	286	223	183	171	161	149	132	110	81	53	39	30	24	20
		东	21	18	16	14	14	10	83	236	341	388	365	287	212	186	174	159	140	116	87	58	43	34	28	23
		东南	15	13	11	10	9	8	40	125	199	244	248	216	176	162	154	143	127	105	77	49	35	27	21	18
		水平	51	43	37	33	29	26	38	105	219	357	484	584	651	682	672	619	516	386	256	168	123	94	75	61
		$J_{w\tau}^0$	8	7	6	5	5	4	11	33	57	81	101	116	125	130	130	124	111	92	66	39	26	19	14	11
	中	南	22	19	16	13	11	10	14	28	44	62	78	92	103	111	114	113	106	94	77	58	47	39	32	27
		西南	46	39	33	29	25	22	24	38	53	70	85	98	107	130	168	206	226	220	180	129	100	81	66	55
		西	69	59	50	43	38	33	34	47	61	77	91	104	112	141	204	277	326	338	288	202	153	123	100	83
		西北	59	50	43	37	32	28	30	43	58	74	88	101	110	126	176	223	268	288	250	176	132	106	86	71
		北	28	23	20	17	15	12	25	52	68	80	90	101	109	115	118	118	117	116	103	76	59	49	40	33
		东北	36	31	27	23	21	16	54	141	210	247	248	220	193	180	169	158	144	126	104	82	68	57	49	41
		东	40	35	31	26	24	19	58	154	240	296	308	276	232	207	191	175	158	138	114	91	75	64	54	46
		东南	32	27	24	20	18	15	32	85	140	183	202	194	174	163	155	146	134	118	97	75	62	52	44	37
		水平	108	92	78	67	58	50	52	92	166	263	361	449	519	565	582	567	513	432	341	269	220	182	152	128
		$J_{w\tau}^0$	22	19	16	13	11	9	14	28	44	62	78	91	102	109	113	112	105	94	76	58	47	39	32	26
	重	南	27	23	20	17	15	12	15	28	42	58	72	85	96	104	108	108	103	93	78	62	51	43	37	31
		西南	58	49	41	34	29	24	25	36	49	63	77	89	98	118	151	186	207	209	181	142	117	98	82	69
		西	88	74	61	52	43	36	35	44	55	69	81	93	100	125	178	243	293	314	284	221	181	151	126	106
		西北	75	63	53	44	37	31	31	41	53	67	79	91	100	113	148	197	241	266	244	189	154	129	108	90
		北	33	28	24	21	18	14	25	47	62	75	86	96	104	110	113	114	113	112	102	79	65	55	46	39
		东北	38	32	27	23	20	15	45	118	181	223	234	220	203	192	181	168	153	135	112	90	74	63	53	45
		东	42	35	30	25	22	17	48	128	206	264	287	273	244	224	208	191	172	150	125	100	83	70	59	50
		东南	35	30	25	22	19	15	29	73	121	163	186	188	176	169	162	153	140	124	103	82	68	58	49	41
		水平	133	114	98	84	72	62	61	95	160	245	333	412	477	523	544	536	494	428	351	291	248	212	182	155
		$J_{w\tau}^0$	27	23	20	17	15	12	15	28	42	58	72	85	95	103	107	107	102	93	78	61	51	43	37	31

20.5.2 外窗只有内遮阳设施的辐射负荷

$$Q_\tau = FX_g X_d X_z J_{n\tau} \quad (20.5\text{-}2)$$

式中 X_z——内遮阳系数,见表 20.5-4;

$J_{n\tau}$——计算时刻下,透过有内遮阳设施窗玻璃太阳辐射的冷负荷强度,见表 20.5-3,W/m²。

玻璃窗内遮阳系数 X_z 表 20.5-4

遮阳设施及颜色		遮阳系数	遮阳设施及颜色		遮阳系数
布窗帘	白色	0.50	塑料活动百叶 (叶片45°)	白色	0.60
	浅色	0.60		浅色	0.68
	深色	0.65		灰色	0.75
半透明卷轴遮阳帘	浅色	0.30	铝活动百叶	灰白	0.60
不透明卷轴遮阳帘	白色	0.25	毛玻璃	次白	0.40
	深色	0.50	窗面涂白	白色	0.60

20.5.3 外窗只有外遮阳板的辐射负荷

$$Q_\tau = [F_1 J_{w\tau} + (F - F_1) J_{w\tau}^0] X_g X_d \quad (20.5\text{-}3)$$

式中 F_1——窗口受到太阳照射时的直射面积,算法见第 20.2.4 节,m²;

$J_{w\tau}^0$——计算时刻下,透过无遮阳设施窗玻璃太阳散射辐射的冷负荷强度,见表 20.5-3,W/m²。

20.5.4 外窗既有内遮阳设施又有外遮阳板的辐射负荷

$$Q_\tau = [F_1 J_{n\tau} + (F - F_1) J_{n\tau}^0] X_g X_d X_z \quad (20.5\text{-}4)$$

式中 $J_{n\tau}^0$——计算时刻下,透过有内遮阳设施窗玻璃太阳散射辐射的冷负荷强度,见表 20.5-3,W/m²。

20.6 内围护结构的传热冷负荷

20.6.1 相邻空间通风良好时内围护结构温差传热的冷负荷

1. 内窗温差传热的冷负荷

当相邻空间通风良好时,内窗温差传热形成的冷负荷可按式(20.4-1)计算。

2. 其他内围护结构温差传热的冷负荷

当相邻空间通风良好时,内墙或间层楼板由于温差传热形成的冷负荷可按下式估算:

$$Q = KF(t_{wp} - t_n) \quad (20.6\text{-}1)$$

式中 t_{wp}——夏季空调室外计算日平均温度,参见表 20.4-1 第 1 列,℃。

20.6.2 相邻空间有发热量时内围护结构温差传热的冷负荷

当邻室存在一定的发热量时,通过空调房间内窗、内墙、间层楼板或内门等内围护结构温差传热形成的冷负荷 Q（W），可按下式计算：

$$Q = KF(t_{wp} + \Delta t_{ls} - t_n) \tag{20.6-2}$$

式中 Δt_{ls}——邻室温升，可根据邻室散热强度，按表 20.6-1 采用，℃。

邻 室 温 升　　　　　　　　　　表 20.6-1

邻室散热量	Δt_{ls}（℃）	邻室散热量	Δt_{ls}（℃）
很少（如办公室、走廊等）	0	23～116W/m³	5
<23W/m³	3		

20.7 人体显热冷负荷

人体显热散热形成的计算时刻冷负荷 Q_τ（W），可按下式计算：

$$Q_\tau = \varphi n q_1 X_{\tau-T} \tag{20.7-1}$$

式中 n——计算时刻空调区内的总人数，当缺少数据时，可根据空调区的使用面积按表 20.7-1 给出的人均面积指标推算；

φ——群集系数，见表 20.7-2；

q_1——一名成年男子小时显热散热量，见表 20.7-3，W；

τ——计算时刻，h；

T——人员进入空调区的时刻，h；

$\tau-T$——从人员进入空调区的时刻算起到计算时刻的持续时间，h；

$X_{\tau-T}$——$\tau-T$ 时刻人体显热散热的冷负荷系数，见表 20.7-4。

注：关于"时刻"的意义，见公式（20.3-1）的注 2，举例说明如下。假定工作人员上午 8 点上班，欲计算 11 点的冷负荷，则应取：$\tau=11$，$T=8$，$\tau-T=11-8=3$。

不同类型房间人均占有的使用面积指标　　　　表 20.7-1

建筑类别	房间类别	人均面积指标(m²/人)	建筑类别	房间类别	人均面积指标(m²/人)
办公建筑	普通办公室	4	宾馆建筑	普通客房	15
	高档办公室	8		高档客房	30
	会议室	2.5		会议室、多功能厅	2.5
	走廊	50		走廊	50
	其他	20		其他	20
			商场建筑	一般商店	3
				高档商店	4

某些场所的群集系数　　　　表 20.7-2

典型场所	群集系数	典型场所	群集系数
影剧院	0.89	体育馆	0.92
图书馆、阅览室	0.96	商场	0.89
旅馆、餐馆	0.93	纺织厂	0.90

一名成年男子的散热量和散湿量　　　　　　　　　　表 20.7-3

类别	室内温度（℃）								
	20	21	22	23	24	25	26	27	28
静坐：影剧院、会堂、阅览室等									
显热 q_1（W）	84	81	78	75	70	67	62	58	53
潜热 q_2（W）	25	27	30	34	38	41	46	50	55
散湿 g（g/h）	38	40	45	50	56	61	68	75	82
极轻活动：办公室、旅馆、体育馆、小型元器件及商品的制造、装配等									
显热 q_1（W）	90	85	79	74	70	66	61	57	52
潜热 q_2（W）	46	51	56	60	64	68	73	77	82
散湿 g（g/h）	69	76	83	89	96	102	109	115	123
轻度活动：商场、实验室、计算机房、工厂轻台面工作等									
显热 q_1（W）	93	87	81	75	69	64	58	51	45
潜热 q_2（W）	90	94	101	106	112	117	123	130	136
散湿 g（g/h）	134	140	150	158	167	175	184	194	203
中等活动：纺织车间、印刷车间、机加工车间等									
显热 q_1（W）	118	112	104	96	88	83	74	68	61
潜热 q_2（W）	117	123	131	139	147	152	161	168	174
散湿 g（g/h）	175	184	196	207	219	227	240	250	260
重度活动：炼钢车间、铸造车间、排练厅、室内运动场等									
显热 q_1（W）	168	162	157	151	145	139	134	128	122
潜热 q_2（W）	239	245	250	256	262	268	273	279	285
散湿 g（g/h）	356	365	373	382	391	400	408	417	425

人体显热散热的冷负荷系数　　　　　　　　　　表 20.7-4

房间类型	工作总时数（h）	从开始工作时刻算起到计算时刻的持续时间 $\tau - T$（h）																						
		1	2	3	4	5	6	7	8	9	10	11	12	13	14	15	16	17	18	19	20	21	22	23	24
轻	1	.48	.28	.07	.04	.03	.02	.01	.01	.01	.01	.01													
	2	.48	.76	.36	.12	.07	.05	.03	.02	.02	.01	.01	.01	.01	.01	.01	.01								
	3	.48	.76	.83	.40	.14	.09	.06	.04	.03	.03	.02	.02	.01	.01	.01	.01	.01	.01	.01	.01				
	4	.48	.76	.83	.88	.43	.16	.10	.07	.05	.04	.03	.02	.02	.02	.01	.01	.01	.01	.01	.01	.01	.01	.01	.01
	5	.48	.76	.84	.88	.90	.45	.18	.12	.08	.06	.04	.04	.03	.02	.02	.02	.01	.01	.01	.01	.01	.01	.01	.01
	6	.48	.77	.84	.88	.91	.92	.46	.19	.12	.09	.06	.05	.04	.03	.02	.02	.02	.01	.01	.01	.01	.01	.01	.01
	7	.49	.77	.84	.88	.91	.92	.94	.47	.20	.13	.09	.07	.05	.04	.03	.02	.02	.02	.01	.01	.01	.01	.01	.01
	8	.49	.77	.84	.88	.91	.93	.94	.95	.48	.20	.14	.10	.07	.05	.04	.03	.02	.02	.02	.02	.01	.01	.01	.01
	9	.49	.77	.84	.88	.91	.93	.94	.95	.96	.49	.21	.14	.10	.08	.06	.05	.04	.03	.03	.02	.02	.02	.02	.02
	10	.49	.77	.84	.89	.91	.93	.94	.95	.96	.96	.49	.21	.14	.10	.08	.06	.05	.04	.04	.03	.03	.02	.02	.02
	11	.50	.78	.85	.89	.91	.93	.95	.96	.96	.96	.97	.50	.22	.15	.11	.08	.06	.05	.04	.04	.03	.03	.03	.02
	12	.50	.78	.85	.89	.92	.93	.95	.95	.96	.97	.97	.97	.50	.22	.15	.11	.08	.07	.05	.05	.04	.03	.03	.03
	13	.50	.78	.85	.89	.92	.94	.95	.96	.96	.97	.97	.97	.98	.50	.22	.15	.11	.09	.07	.06	.05	.04	.04	.03

20.7 人体显热冷负荷

续表

房间类型	工作总时数 (h)	从开始工作时刻算起到计算时刻的持续时间 $\tau-T$ (h)																						
		1	2	3	4	5	6	7	8	9	10	11	12	13	14	15	16	17	18	19	20	21	22	23	24
轻	14	.51	.79	.86	.90	.92	.94	.95	.96	.96	.97	.97	.98	.98	.98	.51	.23	.15	.11	.09	.07	.06	.05	.04	.04
	15	.51	.79	.86	.90	.92	.94	.95	.96	.97	.97	.97	.98	.98	.98	.98	.51	.23	.16	.12	.09	.07	.06	.05	.04
	16	.52	.80	.86	.90	.93	.94	.95	.96	.97	.97	.98	.98	.98	.98	.98	.99	.51	.23	.16	.12	.09	.07	.06	.05
	17	.53	.80	.87	.91	.93	.95	.96	.97	.97	.98	.98	.98	.98	.99	.99	.99	.51	.23	.16	.12	.09	.08	.06
	18	.54	.81	.88	.91	.94	.95	.96	.97	.97	.98	.98	.98	.98	.99	.99	.99	.99	.52	.23	.16	.12	.09	.08
	19	.55	.82	.88	.92	.94	.96	.96	.97	.98	.98	.98	.99	.99	.99	.99	.99	.99	.99	.52	.24	.16	.12	.10
	20	.57	.84	.90	.93	.95	.96	.97	.98	.98	.99	.99	.99	.99	.99	.99	.99	.99	.99	.99	.52	.24	.17	.12
中	1	.47	.20	.06	.05	.04	.03	.03	.02	.02	.01	.01	.01	.01	.01	.01	.01								
	2	.47	.67	.26	.11	.09	.07	.06	.05	.04	.03	.03	.02	.02	.02	.01	.01	.01	.01	.01	.01	.01			
	3	.47	.67	.73	.31	.15	.12	.09	.08	.06	.05	.04	.04	.03	.03	.02	.02	.02	.01	.01	.01	.01	.01	.01	
	4	.48	.67	.73	.78	.35	.18	.14	.11	.09	.08	.06	.05	.05	.04	.03	.03	.02	.02	.02	.02	.01	.01	.01	
	5	.48	.67	.73	.78	.82	.38	.20	.16	.13	.11	.09	.07	.06	.05	.04	.04	.03	.03	.02	.02	.02	.02	.01	.01
	6	.48	.68	.74	.78	.82	.85	.40	.23	.18	.15	.12	.10	.08	.07	.06	.05	.04	.04	.03	.03	.02	.02	.02	.02
	7	.48	.68	.74	.79	.82	.85	.87	.42	.24	.19	.16	.13	.11	.09	.08	.07	.06	.05	.04	.04	.03	.03	.02	.02
	8	.49	.68	.74	.79	.82	.85	.87	.89	.44	.26	.21	.17	.14	.12	.10	.08	.07	.06	.05	.04	.04	.03	.03	.03
	9	.49	.69	.75	.79	.83	.85	.88	.90	.91	.46	.27	.22	.18	.15	.12	.10	.09	.07	.06	.05	.05	.04	.03	.03
	10	.50	.69	.75	.79	.83	.86	.88	.90	.91	.92	.47	.28	.23	.18	.15	.13	.11	.09	.08	.07	.06	.05	.04	.04
	11	.51	.70	.76	.80	.83	.86	.88	.90	.91	.93	.94	.48	.29	.23	.19	.16	.13	.11	.09	.08	.07	.06	.05	.04
	12	.51	.70	.76	.80	.84	.86	.89	.90	.92	.93	.94	.95	.49	.30	.24	.20	.17	.14	.11	.10	.08	.07	.06	.05
	13	.52	.71	.77	.81	.84	.87	.89	.91	.92	.93	.94	.95	.96	.49	.30	.24	.20	.17	.14	.12	.10	.09	.07	.06
	14	.53	.72	.77	.82	.85	.87	.89	.91	.92	.93	.94	.95	.96	.96	.50	.31	.25	.21	.17	.14	.12	.10	.09	.08
	15	.54	.73	.78	.82	.85	.88	.90	.91	.93	.94	.95	.95	.96	.97	.97	.51	.31	.25	.21	.17	.15	.12	.10	.09
	16	.56	.74	.79	.83	.86	.88	.90	.92	.93	.94	.95	.96	.96	.97	.97	.97	.51	.32	.26	.21	.18	.15	.13	.11
	17	.58	.76	.81	.84	.87	.89	.91	.92	.94	.95	.95	.96	.97	.97	.97	.98	.98	.52	.32	.26	.21	.18	.15	.13
	18	.60	.77	.82	.85	.88	.90	.92	.93	.94	.95	.96	.96	.97	.97	.98	.98	.98	.98	.52	.32	.26	.22	.18	.15
	19	.62	.80	.84	.87	.89	.91	.93	.94	.95	.96	.96	.97	.97	.98	.98	.98	.98	.99	.99	.52	.33	.27	.22	.18
	20	.65	.82	.86	.89	.91	.92	.94	.95	.95	.96	.97	.97	.98	.98	.98	.98	.99	.99	.99	.99	.53	.33	.27	.22
重	1	.47	.18	.06	.05	.04	.03	.03	.02	.02	.02	.01	.01	.01	.01	.01	.01								
	2	.47	.64	.24	.11	.09	.07	.06	.05	.04	.04	.03	.03	.02	.02	.02	.01	.01	.01	.01	.01	.01			
	3	.47	.65	.70	.28	.15	.12	.10	.08	.07	.06	.05	.04	.04	.03	.03	.02	.02	.02	.01	.01	.01	.01	.01	
	4	.47	.65	.71	.75	.32	.18	.15	.12	.10	.09	.07	.06	.05	.05	.04	.03	.03	.02	.02	.02	.02	.01	.01	.01
	5	.48	.65	.71	.75	.79	.36	.21	.17	.14	.12	.10	.09	.07	.06	.05	.05	.04	.03	.03	.02	.02	.02	.02	.01
	6	.48	.65	.71	.76	.79	.82	.38	.23	.19	.16	.14	.12	.10	.08	.07	.06	.05	.04	.04	.03	.03	.02	.02	.02
	7	.48	.66	.71	.76	.79	.82	.85	.41	.25	.21	.17	.15	.13	.11	.09	.08	.07	.06	.05	.04	.04	.03	.03	.02
	8	.49	.66	.72	.76	.80	.83	.85	.87	.43	.27	.22	.19	.16	.13	.11	.10	.08	.07	.06	.05	.04	.04	.03	.03
	9	.49	.67	.72	.76	.80	.83	.85	.88	.89	.45	.28	.23	.20	.17	.14	.12	.10	.09	.08	.06	.06	.05	.04	.03
	10	.50	.67	.73	.77	.80	.83	.86	.88	.90	.91	.46	.29	.24	.21	.18	.15	.13	.11	.09	.08	.07	.06	.05	.04
	11	.51	.68	.73	.77	.81	.84	.86	.88	.90	.91	.93	.47	.30	.25	.21	.18	.15	.13	.11	.10	.08	.07	.06	.05
	12	.52	.69	.74	.78	.81	.84	.86	.88	.90	.92	.93	.94	.48	.31	.26	.22	.19	.16	.14	.12	.10	.08	.07	.06

续表

房间类型	工作总时数（h）	从开始工作时刻算起到计算时刻的持续时间 $\tau-T$ (h)																						
		1	2	3	4	5	6	7	8	9	10	11	12	13	14	15	16	17	18	19	20	21	22	23	24
重	13	.53	.70	.75	.79	.82	.85	.87	.89	.90	.92	.93	.94	.95	.49	.32	.27	.23	.19	.16	.14	.12	.10	.09	.07
	14	.54	.71	.76	.79	.82	.85	.87	.89	.91	.92	.93	.94	.95	.96	.50	.33	.27	.23	.20	.17	.14	.12	.10	.09
	15	.56	.72	.77	.80	.83	.86	.88	.90	.91	.92	.94	.95	.96	.97	.51	.33	.28	.24	.20	.17	.14	.12	.11
	16	.57	.73	.78	.81	.84	.87	.89	.90	.92	.93	.94	.95	.96	.96	.97	.51	.34	.28	.24	.20	.17	.15	.13
	17	.59	.75	.79	.83	.85	.87	.89	.91	.92	.94	.95	.96	.96	.97	.97	.98	.52	.34	.29	.24	.21	.18	.15
	18	.62	.77	.81	.84	.86	.88	.90	.92	.93	.94	.95	.96	.96	.97	.97	.98	.98	.98	.52	.35	.29	.24	.21	.18
	19	.64	.79	.83	.86	.88	.90	.91	.93	.94	.95	.95	.96	.97	.97	.98	.98	.98	.98	.99	.52	.35	.29	.25	.21
	20	.68	.82	.85	.88	.90	.91	.93	.94	.95	.95	.96	.97	.97	.98	.98	.98	.98	.99	.99	.99	.53	.35	.29	.25

20.8 灯具冷负荷

照明设备散热形成的计算时刻冷负荷，应根据灯具的种类和安装情况分别计算。

20.8.1 白炽灯散热形成的冷负荷

白炽灯散热形成的冷负荷 Q_τ（W），可按下式计算：

$$Q_\tau = n_1 N X_{\tau-T} \tag{20.8-1}$$

式中 n_1——同时使用系数，当缺少实测数据时，可取 0.6—0.8；

N——灯具的安装功率，W，当缺少数据时，可根据空调区的使用面积按表 20.8-1 给出的照明功率密度指标推算；

τ——计算时刻，h；

T——开灯时刻，h；

$\tau-T$——从开灯时刻算起到计算时刻的持续时间，h；

$X_{\tau-T}$——$\tau-T$ 时刻灯具散热的冷负荷系数，见表 20.8-2。

照明功率密度指标　　　　表 20.8-1

建筑类别	房间类别	照明功率密度（W/m²）	建筑类别	房间类别	照明功率密度（W/m²）
办公建筑	普通办公室	11	宾馆建筑	客房	15
	高档办公室、设计室	18		餐厅	13
	会议室	11		会议室、多功能厅	18
	走廊	5		走廊	5
	其他	11		门厅	15
			商场建筑	一般商店	12
				高档商店	19

灯具散热的冷负荷系数   表 20.8-2

房间类型	开灯总时数 (h)	从开灯时刻算起到计算时刻的持续时间 $\tau - T$ (h)																						
		1	2	3	4	5	6	7	8	9	10	11	12	13	14	15	16	17	18	19	20	21	22	23	24
轻	1	.36	.33	.09	.05	.04	.03	.02	.01	.01	.01	.01	.01	.01											
	2	.36	.70	.42	.14	.09	.06	.04	.03	.02	.02	.02	.01	.01	.01	.01	.01	.01	.01						
	3	.37	.70	.78	.47	.18	.12	.08	.06	.04	.03	.03	.02	.02	.02	.01	.01	.01	.01	.01	.01	.01	.01	.01	
	4	.37	.70	.79	.84	.51	.20	.13	.09	.07	.05	.04	.03	.03	.02	.02	.02	.01	.01	.01	.01	.01	.01	.01	
	5	.37	.70	.79	.84	.87	.54	.22	.15	.11	.08	.06	.05	.04	.03	.03	.02	.02	.02	.01	.01	.01	.01	.01	
	6	.37	.70	.79	.84	.88	.90	.56	.24	.16	.11	.08	.07	.05	.04	.03	.03	.03	.02	.02	.02	.01	.01	.01	
	7	.38	.70	.79	.84	.88	.90	.92	.57	.25	.17	.12	.09	.07	.06	.05	.04	.03	.03	.03	0.2	.02	.02	.02	.02
	8	.38	.71	.79	.85	.88	.90	.92	.93	.58	.26	.18	.13	.10	.07	.06	.05	.04	.04	.03	.03	.02	.02	.02	.02
	9	.38	.71	.80	.85	.88	.91	.92	.93	.94	.59	.26	.18	.13	.10	.08	.06	.05	.04	.04	.03	.03	.03	.02	.02
	10	.38	.71	.80	.85	.88	.91	.92	.94	.94	.95	.60	.27	.19	.14	.10	.08	.07	.06	.05	.04	.04	.03	.03	.03
	11	.39	.72	.80	.85	.89	.91	.93	.94	.95	.95	.96	.60	.28	.19	.14	.11	.09	.07	.06	.05	.04	.04	.03	.03
	12	.39	.72	.81	.86	.89	.91	.93	.94	.95	.96	.96	.96	.61	.28	.19	.14	.11	.09	.07	.06	.05	.04	.04	.03
	13	.40	.72	.81	.86	.89	.92	.93	.94	.95	.96	.97	.97	.97	.61	.28	.20	.15	.11	.09	.07	.06	.05	.05	.04
	14	.40	.73	.81	.86	.90	.92	.93	.94	.95	.96	.96	.97	.97	.97	.62	.29	.20	.15	.12	.09	.08	.06	.05	.05
	15	.41	.74	.82	.87	.90	.92	.94	.95	.96	.96	.97	.97	.98	.98	.98	.62	.29	.20	.15	.12	.09	.08	.07	.06
	16	.42	.74	.82	.87	.90	.93	.94	.95	.96	.97	.97	.98	.98	.98	.98	.98	.62	.29	.21	.15	.12	.10	.08	.06
	17	.43	.75	.83	.88	.91	.93	.94	.95	.96	.97	.97	.97	.98	.98	.98	.98	.98	.63	.30	.21	.16	.12	.10	.08
	18	.44	.76	.84	.89	.91	.93	.95	.96	.97	.97	.98	.98	.98	.99	.99	.99	.99	.99	.63	.30	.21	.16	.12	.10
	19	.46	.78	.85	.89	.92	.94	.95	.96	.97	.97	.98	.98	.98	.98	.99	.99	.99	.99	.99	.63	.30	.21	.16	.13
	20	.49	.80	.87	.91	.93	.95	.96	.97	.97	.98	.98	.98	.98	.99	.99	.99	.99	.99	.99	.99	.63	.30	.21	.16
中	1	.35	.22	.08	.06	.05	.04	.03	.03	.02	.02	.02	.01	.01	.01	.01	.01	.01							
	2	.35	.57	.30	.14	.11	.09	.07	.06	.05	.04	.03	.03	.02	.02	.02	.02	.01	.01	.01	.01	.01	.01	.01	
	3	.35	.57	.65	.36	.19	.15	.12	.10	.08	.07	.06	.05	.04	.03	.03	.02	.02	.02	.02	.01	.01	.01	.01	
	4	.36	.57	.65	.71	.41	.23	.18	.15	.12	.10	.08	.07	.06	.05	.04	.04	.03	.03	.02	.02	.02	.02	.01	.01
	5	.36	.58	.66	.72	.76	.45	.27	.21	.17	.14	.12	.10	.08	.07	.06	.05	.04	.04	.03	.03	.02	.02	.01	.01
	6	.37	.58	.66	.72	.77	.80	.49	.29	.23	.19	.16	.13	.11	.09	.08	.06	.06	.05	.04	.04	.03	.03	.02	.02
	7	.37	.58	.66	.72	.77	.81	.84	.51	.32	.25	.21	.17	.14	.12	.10	.08	.07	.06	.05	.04	.04	.03	.03	.03
	8	.38	.59	.67	.73	.77	.81	.84	.86	.54	.34	.27	.22	.18	.15	.13	.11	.09	.08	.07	.06	.05	.04	.04	.03
	9	.38	.59	.67	.73	.77	.81	.84	.86	.88	.55	.35	.28	.23	.19	.16	.13	.11	.09	.08	.07	.06	.05	.04	.04
	10	.39	.60	.68	.73	.78	.81	.84	.87	.89	.90	.57	.36	.29	.24	.20	.17	.14	.12	.10	.08	.07	.06	.05	.05
	11	.40	.61	.68	.74	.78	.82	.85	.87	.89	.91	.92	.58	.38	.30	.25	.21	.17	.14	.12	.10	.09	.08	.07	.06
	12	.41	.62	.69	.75	.79	.82	.85	.87	.89	.91	.92	.93	.59	.38	.31	.25	.21	.18	.15	.13	.11	.09	.08	.07
	13	.42	.62	.70	.75	.79	.83	.86	.88	.90	.91	.92	.93	.94	.60	.39	.32	.26	.22	.18	.15	.13	.11	.09	.08
	14	.43	.64	.71	.76	.80	.83	.86	.88	.90	.92	.93	.94	.95	.95	.61	.40	.32	.27	.22	.19	.16	.13	.11	.10
	15	.45	.65	.72	.77	.81	.84	.87	.89	.91	.92	.93	.94	.95	.96	.96	.62	.41	.33	.27	.23	.19	.16	.14	.12
	16	.46	.66	.73	.78	.82	.85	.87	.89	.91	.92	.94	.95	.95	.96	.97	.62	.41	.33	.28	.23	.19	.16		.14
	17	.49	.68	.75	.79	.83	.86	.88	.90	.92	.93	.94	.95	.96	.97	.97	.97	.63	.42	.34	.28	.23	.19		.16
	18	.51	.71	.77	.81	.84	.87	.89	.91	.92	.94	.95	.96	.96	.97	.97	.98	.98	.63	.42	.34	.28	.23		.20
	19	.55	.73	.79	.83	.86	.88	.90	.92	.93	.94	.95	.96	.96	.97	.97	.98	.98	.98	.64	.42	.34	.28		.24
	20	.59	.77	.82	.85	.88	.90	.92	.93	.94	.95	.96	.96	.97	.97	.98	.98	.98	.98	.99	.64	.43	.35		.29

续表

房间类型	开灯总时数 (h)	从开灯时刻算起到计算时刻的持续时间 $\tau-T$ (h)																						
		1	2	3	4	5	6	7	8	9	10	11	12	13	14	15	16	17	18	19	20	21	22	23	24
重	1	.35	.20	.07	.06	.05	.04	.04	.03	.03	.02	.02	.02	.01	.01	.01	.01	.01	.01	.01					
	2	.35	.55	.27	.13	.11	.09	.08	.07	.06	.05	.04	.04	.03	.03	.02	.02	.02	.01	.01	.01	.01	.01	.01	.01
	3	.35	.55	.62	.33	.18	.15	.13	.11	.09	.08	.07	.06	.05	.04	.04	.03	.03	.02	.02	.02	.01	.01	.01	.01
	4	.36	.55	.62	.68	.38	.22	.18	.16	.13	.12	.10	.08	.07	.06	.05	.05	.04	.03	.03	.02	.02	.02	.02	.01
	5	.36	.56	.62	.68	.72	.42	.25	.21	.18	.16	.13	.11	.10	.08	.07	.06	.05	.05	.04	.03	.03	.02	.02	.02
	6	.37	.56	.63	.68	.73	.77	.45	.28	.24	.21	.18	.15	.13	.11	.09	.08	.07	.06	.05	.04	.04	.03	.03	.02
	7	.37	.57	.63	.68	.73	.77	.80	.48	.31	.26	.23	.19	.16	.14	.12	.10	.09	.08	.06	.06	.04	.04	.04	.03
	8	.38	.57	.64	.69	.73	.77	.80	.83	.51	.33	.28	.24	.21	.18	.15	.13	.11	.09	.08	.07	.06	.05	.04	.04
	9	.39	.58	.64	.69	.74	.78	.81	.84	.86	.53	.35	.30	.26	.22	.19	.16	.14	.12	.10	.09	.07	.06	.05	.05
	10	.40	.59	.65	.70	.74	.78	.84	.86	.88	.55	.37	.31	.27	.23	.20	.17	.14	.12	.11	.09	.08	.07	.06	
	11	.41	.60	.66	.71	.75	.78	.82	.84	.86	.88	.90	.57	.38	.32	.28	.24	.20	.17	.15	.13	.11	.09	.08	.07
	12	.42	.61	.67	.71	.76	.79	.82	.85	.87	.89	.92	.58	.39	.33	.29	.25	.21	.18	.15	.13	.11	.10	.08	
	13	.43	.62	.68	.72	.76	.80	.83	.85	.87	.89	.91	.92	.93	.59	.40	.34	.29	.25	.22	.18	.16	.14	.12	.10
	14	.45	.63	.69	.73	.77	.80	.83	.86	.88	.89	.91	.92	.93	.94	.60	.41	.35	.30	.26	.22	.19	.16	.14	.12
	15	.47	.65	.70	.74	.78	.81	.84	.87	.88	.90	.92	.93	.94	.95	.95	.61	.42	.36	.31	.26	.22	.19	.16	.14
	16	.49	.67	.72	.76	.79	.82	.85	.87	.89	.90	.92	.93	.94	.95	.96	.96	.62	.43	.36	.31	.27	.23	.20	.17
	17	.52	.69	.74	.77	.81	.84	.86	.87	.89	.90	.91	.92	.94	.95	.96	.96	.97	.63	.43	.37	.32	.27	.23	.20
	18	.55	.72	.76	.79	.82	.85	.87	.89	.91	.92	.93	.94	.95	.96	.96	.97	.98	.63	.44	.37	.32	.27	.23	
	19	.58	.75	.79	.82	.84	.87	.88	.90	.92	.93	.94	.95	.96	.97	.98	.98	.98	.64	.44	.38	.32	.28		
	20	.62	.78	.82	.84	.87	.88	.90	.92	.93	.94	.95	.95	.96	.97	.97	.98	.98	.98	.99	.64	.45	.38	.32	

20.8.2 荧光灯散热形成的冷负荷

1. 镇流器设在空调区之外的荧光灯

此种情况下的灯具散热形成的冷负荷 Q_τ（W），计算公式同式（20.8-1）。

2. 镇流器设在空调区之内的荧光灯

此种情况下的灯具散热形成的冷负荷 Q_τ（W），可按下式计算：

$$Q_\tau = 1.2 n_1 N X_{\tau-T} \qquad (20.8-2)$$

3. 暗装在空调房间吊顶玻璃罩之内的荧光灯

此种情况下的灯具散热形成的冷负荷 Q_τ（W），可按下式计算：

$$Q_\tau = n_1 n_0 N X_{\tau-T} \qquad (20.8-3)$$

式中 n_0——考虑玻璃反射及罩内通风情况的系数。当荧光灯罩有小孔，利用自然通风散热于顶棚之内时，取为 0.5～0.6；当荧光灯罩无小孔时，可视顶棚内的通风情况取为 0.6～0.8。

20.9 设备显热冷负荷

确定设备显热散热形成冷负荷的计算过程应分两步进行：第一步，需要正确计算各种情况下的设备散热量,然后才有可能对此散热量进行冷负荷的转化计算。

20.9.1 发热设备显热散热量的计算

1. 电热工艺设备的散热量

电热设备的散热量 q_s（W）可按下式计算：

$$q_s = n_1 n_2 n_3 n_4 N \tag{20.9-1}$$

式中 n_1——同时使用系数,即同时使用的安装功率与总安装功率之比,一般为 0.5~1.0；

n_2——安装系数,即最大实耗功率与安装功率之比,一般可取 0.7~0.9；

n_3——负荷系数,即小时平均实耗功率与最大实耗功率之比,一般取 0.4~0.5；

n_4——通风保温系数,见表 20.9-1；

N——电热设备的总安装功率,W。

通 风 保 温 系 数　　　　表 20.9-1

保温情况	有局部排风时	无局部排风时
设备有保温	0.3~0.4	0.6~0.7
设备无保温	0.4~0.6	0.8~1.0

2. 电动工艺设备的散热量

（1）电动机和工艺设备均在空调区内的散热量

此时设备的散热量 q_s（W）可按下式计算：

$$q_s = n_1 n_2 n_3 N/\eta \tag{20.9-2}$$

式中　　N——电动设备的总安装功率,W；

η——电动机的效率,见表 20.9-2；

n_1, n_2, n_3——同式（20.9-1）。

（2）只有电动机在空调区内的散热量

此时设备的散热量 q_s（W）可按下式计算：

$$q_s = n_1 n_2 n_3 N(1-\eta)/\eta \tag{20.9-3}$$

常用电动机的效率　　　　表 20.9-2

电动机类型	功率（W）	满负荷效率	电动机类型	功率（W）	满负荷效率
罩极电动机	40	0.35	三相电动机	1500	0.79
	60	0.35		2200	0.81
	90	0.35		3000	0.82
	120	0.35		4000	0.84
分相电动机	180	0.54		5500	0.85
	250	0.56		7500	0.86
	370	0.60		11000	0.87
三相电动机	550	0.72		15000	0.88
	750	0.75		18500	0.89
	1100	0.77		20000	0.89

(3) 只有工艺设备在空调区内的散热量

此时设备的散热量 q_s（W）可按下式计算：

$$q_s = n_1 n_2 n_3 N \tag{20.9-4}$$

3. 办公及电器设备的散热量

空调区办公设备的散热量 q_s（W）可按下式计算：

$$q_s = \sum_{i=1}^{p} s_i q_{a,i} \tag{20.9-5}$$

式中 p——设备的种类数；
  s_i——第 i 类设备的台数；
  $q_{a,i}$——第 i 类设备的单台散热量，见表20.9-3，W。

办公设备散热量 表20.9-3

名称及类别		单台散热量（W）		名称及类别		单台散热量（W）		
		连续工作	节能模式			连续工作	每分钟输出1页	待机状态
计算机	平均值	55	20	打印机	小型台式	130	75	10
	安全值	65	25		台式	215	100	35
	高安全值	75	30		小型办公	320	160	70
显示器	小屏幕（330～380mm）	55	0		大型办公	550	275	125
	中屏幕（400～460mm）	70	0	复印机	台式	400	85	20
	大屏幕（480～510mm）	80	0		办公	1100	400	300

当办公设备的类型和数量事先无法确定时，可按表20.9-4给出的电器设备功率密度推算空调区的办公设备散热量。

此时空调区电器设备的散热量 q_s（W）可按下式计算：

$$q_s = F q_f \tag{20.9-6}$$

式中 F——空调区面积，m^2；
  q_f——电器设备的功率密度，见表20.9-4，W/m^2。

电器设备的功率密度 表20.9-4

建筑类别	房间类别	功率密度（W/m²）	建筑类别	房间类别	功率密度（W/m²）
办公建筑	普通办公室	20	宾馆建筑	普通客房	20
	高档办公室	13		高档客房	13
	会议室	5		会议室、多功能厅	5
	走廊	0		走廊	0
	其他	5		其他	5
			商场建筑	一般商店	13
				高档商店	13

20.9.2 设备显热形成的冷负荷计算

设备显热散热形成的计算时刻冷负荷 Q_τ（W），可按下式计算：

$$Q_\tau = q_s X_{\tau-T} \tag{20.9-7}$$

式中 q_s——热源的显热散热量，按本节式（20.9-1）至式（20.9-6）计算，W；
　　τ——计算时刻，h；
　　T——热源投入使用的时刻，h；
　　$\tau-T$——从热源投入使用的时刻算起到计算时刻的持续时间，h；
　　$X_{\tau-T}$——$\tau-T$ 时间设备、器具散热的冷负荷系数，见表20.9-5。

设备、器具显热散热的冷负荷系数　　表20.9-5

房间类型	开机总时数（h）	从开机时刻算起到计算时刻的持续时间 $\tau-T$ (h)																						
		1	2	3	4	5	6	7	8	9	10	11	12	13	14	15	16	17	18	19	20	21	22	23	24
轻	1	.76	.13	.03	.02	.01	.01	.01																	
	2	.76	.89	.16	.05	.03	.02	.01	.01	.01	.01	.01													
	3	.76	.89	.93	.18	.06	.04	.03	.02	.01	.01	.01	.01	.01	.01										
	4	.76	.89	.93	.94	.19	.07	.04	.03	.02	.02	.01	.01	.01	.01	.01	.01	.01							
	5	.76	.90	.93	.94	.96	.20	.08	.05	.03	.03	.02	.02	.01	.01	.01	.01	.01	.01	.01					
	6	.77	.90	.93	.94	.96	.96	.21	.08	.05	.04	.03	.02	.02	.02	.01	.01	.01	.01	.01	.01	.01	.01		
	7	.77	.90	.93	.95	.96	.96	.97	.21	.09	.06	.04	.03	.02	.02	.02	.01	.01	.01	.01	.01	.01	.01	.01	
	8	.77	.90	.93	.95	.96	.96	.97	.97	.22	.09	.06	.04	.03	.03	.02	.02	.01	.01	.01	.01	.01	.01	.01	.01
	9	.77	.90	.93	.95	.96	.97	.97	.98	.98	.22	.09	.06	.04	.03	.03	.02	.02	.02	.01	.01	.01	.01	.01	.01
	10	.77	.90	.93	.95	.96	.97	.97	.98	.98	.98	.22	.09	.06	.05	.04	.03	.02	.02	.02	.02	.01	.01	.01	.01
	11	.77	.90	.93	.95	.96	.97	.97	.98	.98	.98	.98	.22	.09	.06	.05	.04	.03	.03	.02	.02	.02	.01	.01	.01
	12	.77	.90	.93	.95	.96	.97	.97	.98	.98	.98	.98	.98	.23	.10	.07	.05	.04	.03	.03	.02	.02	.02	.02	.01
	13	.78	.91	.94	.95	.96	.97	.97	.98	.98	.98	.99	.99	.99	.23	.10	.07	.05	.04	.03	.03	.02	.02	.02	.02
	14	.78	.91	.94	.95	.96	.97	.98	.98	.98	.98	.99	.99	.99	.99	.23	.10	.07	.05	.04	.03	.03	.02	.02	.02
	15	.78	.91	.94	.96	.97	.97	.98	.98	.99	.99	.99	.99	.99	.99	.99	.23	.10	.07	.05	.04	.03	.03	.02	.02
	16	.78	.91	.94	.96	.97	.98	.98	.98	.99	.99	.99	.99	.99	.99	.99	.99	.23	.10	.07	.05	.04	.03	.03	.03
	17	.79	.91	.94	.96	.97	.98	.98	.99	.99	.99	.99	.99	.99	.99	.99	.99	.99	.23	.10	.07	.05	.04	.04	.03
	18	.79	.92	.95	.96	.97	.98	.98	.99	.99	.99	.99	.99	.99	.99	.99	.99	.99	.99	.23	.10	.07	.06	.04	.04
	19	.80	.92	.95	.97	.97	.98	.98	.99	.99	.99	.99	.99	.99	.99	.99	1.0	1.0	1.0	1.0	.24	.10	.07	.06	.04
	20	.81	.93	.96	.97	.98	.98	.99	.99	.99	.99	.99	.99	1.0	1.0	1.0	1.0	1.0	1.0	1.0	1.0	.24	.11	.07	.06
中	1	.76	.10	.02	.02	.02	.01	.01	.01	.01	.01	.01													
	2	.76	.86	.13	.04	.03	.03	.02	.01	.01	.01	.01	.01	.01	.01										
	3	.76	.86	.89	.15	.06	.05	.04	.03	.02	.02	.02	.01	.01	.01	.01	.01	.01							
	4	.76	.87	.89	.91	.16	.07	.06	.05	.04	.03	.02	.02	.02	.01	.01	.01	.01	.01	.01					
	5	.76	.87	.89	.91	.92	.17	.08	.07	.05	.04	.04	.03	.03	.02	.02	.02	.01	.01	.01	.01	.01	.01		
	6	.77	.87	.89	.91	.92	.93	.18	.09	.07	.06	.05	.04	.04	.03	.02	.02	.02	.01	.01	.01	.01	.01	.01	
	7	.77	.87	.89	.91	.92	.94	.94	.19	.10	.08	.06	.05	.05	.04	.03	.03	.02	.02	.02	.01	.01	.01	.01	.01
	8	.77	.87	.89	.91	.93	.94	.94	.95	.20	.10	.08	.07	.06	.05	.04	.04	.03	.03	.02	.02	.01	.01	.01	.01
	9	.77	.87	.90	.91	.93	.94	.95	.95	.96	.21	.11	.09	.07	.06	.05	.04	.04	.03	.03	.02	.02	.02	.02	.01
	10	.77	.88	.90	.91	.93	.94	.95	.96	.96	.97	.21	.11	.09	.08	.06	.05	.05	.04	.03	.03	.02	.02	.02	.02

续表

房间类型	开机总时数(h)	从开机时刻算起到计算时刻的持续时间 τ−T (h)																						
		1	2	3	4	5	6	7	8	9	10	11	12	13	14	15	16	17	18	19	20	21	22	23	24
中	11	.78	.88	.90	.92	.93	.94	.95	.96	.96	.97	.97	.22	.12	.10	.08	.07	.06	.05	.04	.03	.03	.03	.02	.02
	12	.78	.88	.90	.92	.93	.94	.95	.96	.96	.97	.97	.98	.22	.12	.10	.08	.07	.06	.05	.04	.04	.03	.03	.02
	13	.78	.88	.90	.92	.93	.94	.95	.96	.97	.97	.97	.98	.98	.22	.12	.10	.08	.07	.06	.05	.04	.04	.03	.03
	14	.79	.89	.91	.92	.94	.95	.95	.96	.97	.97	.97	.98	.98	.98	.23	.12	.10	.09	.07	.06	.05	.04	.04	.03
	15	.79	.89	.91	.93	.94	.95	.96	.96	.97	.98	.98	.98	.98	.98	.23	.13	.10	.09	.07	.06	.05	.05	.04
	16	.08	.90	.92	.93	.94	.95	.96	.96	.97	.97	.98	.98	.98	.99	.99	.99	.23	.13	.11	.09	.07	.06	.05	.05
	17	.81	.90	.92	.94	.95	.95	.96	.97	.97	.98	.98	.98	.98	.99	.99	.99	.23	.13	.11	.09	.08	.06	.06
	18	.82	.91	.93	.94	.95	.96	.96	.97	.97	.98	.98	.98	.99	.99	.99	.99	.99	.23	.13	.11	.09	.08	.07
	19	.83	.92	.93	.95	.96	.96	.97	.97	.98	.98	.98	.99	.99	.99	.99	.99	.99	.99	.24	.13	.11	.09	.08
	20	.84	.93	.94	.95	.96	.97	.97	.98	.98	.98	.99	.99	.99	.99	.99	.99	.99	.99	1.0	1.0	.24	.13	.11	.09
重	1	.76	.09	.03	.02	.02	.01	.01	.01	.01	.01	.01													
	2	.76	.85	.12	.05	.04	.03	.03	.02	.02	.01	.01	.01	.01	.01	.01									
	3	.76	.85	.88	.14	.07	.05	.04	.03	.03	.02	.02	.02	.01	.01	.01	.01	.01	.01	.01					
	4	.76	.85	.88	.90	.16	.08	.06	.05	.04	.04	.03	.03	.02	.02	.02	.01	.01	.01	.01	.01	.01			
	5	.76	.85	.88	.90	.92	.17	.09	.07	.06	.05	.04	.03	.03	.03	.02	.02	.02	.01	.01	.01	.01	.01	.01
	6	.76	.85	.88	.90	.92	.93	.18	.10	.08	.07	.06	.05	.04	.03	.03	.02	.02	.02	.01	.01	.01	.01	.01
	7	.77	.85	.88	.90	.92	.93	.94	.19	.11	.09	.07	.06	.05	.04	.04	.03	.03	.02	.02	.01	.01	.01	.01
	8	.77	.86	.88	.90	.92	.93	.94	.95	.20	.12	.09	.08	.06	.06	.05	.04	.03	.03	.02	.02	.01	.01	.01
	9	.77	.86	.88	.90	.92	.93	.94	.95	.96	.21	.12	.10	.08	.07	.06	.05	.04	.04	.03	.03	.02	.02	.01
	10	.77	.86	.89	.91	.92	.93	.94	.95	.96	.96	.21	.13	.10	.08	.07	.06	.05	.04	.04	.03	.03	.02	.02
	11	.78	.86	.89	.91	.92	.93	.94	.95	.96	.97	.97	.22	.13	.11	.09	.07	.06	.05	.04	.04	.03	.03	.02	.02
	12	.78	.87	.89	.91	.92	.94	.95	.96	.96	.97	.98	.22	.13	.11	.09	.08	.06	.05	.05	.04	.03	.03	.02
	13	.78	.87	.89	.91	.93	.94	.95	.96	.96	.97	.98	.98	.22	.14	.11	.09	.08	.07	.06	.05	.04	.03	.03
	14	.79	.87	.90	.92	.93	.94	.95	.96	.96	.97	.98	.98	.98	.23	.14	.11	.09	.08	.07	.06	.05	.04	.04
	15	.79	.88	.90	.92	.93	.94	.95	.96	.97	.97	.98	.98	.98	.99	.23	.14	.12	.10	.08	.07	.06	.05	.04
	16	.80	.88	.91	.92	.94	.95	.95	.96	.97	.98	.98	.98	.98	.99	.99	.23	.14	.12	.10	.08	.07	.06	.05
	17	.81	.89	.91	.93	.94	.95	.96	.96	.97	.97	.98	.98	.99	.99	.99	.99	.23	.15	.12	.10	.08	.07	.06
	18	.82	.90	.92	.93	.94	.95	.96	.97	.97	.98	.98	.99	.99	.99	.99	.99	.99	.24	.15	.12	.10	.08	.07
	19	.83	.91	.93	.94	.95	.96	.96	.97	.98	.98	.98	.99	.99	.99	.99	.99	.99	.99	.24	.15	.12	.10	.08
	20	.84	.92	.94	.95	.96	.96	.97	.97	.98	.98	.98	.99	.99	.99	.99	.99	.99	.99	1.0	1.0	.24	.15	.12	.10

20.10 渗透空气显热冷负荷

一般空调房间不考虑空气渗透冷负荷，只有当送入的新风无法使房间维持足够正压的情况下，方可参考本节的方法进行估算。

20.10.1 渗入空气量的计算

1. 外门开启进入的空气量

通过外门开启进入室内的空气量 G_1 (kg/h),可按下式估算:

$$G_1 = n_1 V_1 \rho_o \quad (20.10\text{-}1)$$

式中 n_1——小时人流量,1/h;

V_1——外门开启一次的渗入空气量,见表 20.10-1,m³;

ρ_o——夏季空调室外干球温度下的空气密度,kg/m³。

外门开启一次的空气渗透量　　　　　　　表 20.10-1

每小时进、出人数	普通门		带门斗的门		转门	
	单扇	一扇以上	单扇	一扇以上	单扇	一扇以上
<100	3.0	4.75	2.5	3.5	0.8	1.0
100~700	3.0	4.75	2.5	3.5	0.7	0.9
701~1400	3.0	4.75	2.25	3.5	0.5	0.6
1401~2100	2.75	4.0	2.25	3.25	0.3	0.3

2. 门、窗缝隙渗入的空气量

通过房间门、窗缝隙渗入的空气量 G_2 (kg/h),可按下式估算:

$$G_2 = n_2 V_2 \rho_o \quad (20.10\text{-}2)$$

式中 n_2——每小时换气次数,1/h,见表 20.10-2;

V_2——房间容积,m³。

换 气 次 数　　　　　　　表 20.10-2

房间容积(m³)	换气次数(1/h)	备 注
<500	0.70	
501~1000	0.60	
1001~1500	0.55	本表适用于一面或两面有门、窗暴露面的房间。当房间有三面或四面有门、窗暴露面时,表中数值应乘以系数 1.15
1501~2000	0.50	
2001~2500	0.42	
2501~3000	0.40	
>3000	0.35	

20.10.2 渗入空气显热形成的冷负荷计算

渗入空气显热形成的冷负荷 Q (W),可按下式计算:

$$Q = 0.28 G(t_w - t_n) \quad (20.10\text{-}3)$$

式中 G——单位时间渗入室内的空气总量,$G = G_1 + G_2$,其中 G_1 和 G_2 的计算见式 (20.10-1) 和式 (20.10-2),kg/h;

t_w——夏季空调室外干球温度,℃。

20.11 食物的显热散热冷负荷

进行餐厅冷负荷计算时，需要考虑食物的散热量。食物的显热散热形成的冷负荷，可按每位就餐客人 9W 考虑。

20.12 散湿量与潜热冷负荷

20.12.1 人体散湿量与潜热冷负荷

1. 人体散湿量

计算时刻的人体散湿量 D_τ（kg/h），可按下式计算：

$$D_\tau = 0.001\varphi n_\tau g \tag{20.12-1}$$

式中 φ——群集系数，见表 20.7-2；
n_τ——计算时刻空调区内的总人数；
g——一名成年男子小时散湿量，见表 20.7-3，g/h。

2. 人体散湿形成的潜热冷负荷

计算时刻人体散湿形成的潜热冷负荷 Q_τ（W），可按下式计算：

$$Q_\tau = \varphi n_\tau q_2 \tag{20.12-2}$$

式中 n_τ——计算时刻空调区内的总人数；
q_2——一名成年男子小时潜热散热量，见表 20.7-3，W。

20.12.2 渗入空气散湿量与潜热冷负荷

1. 渗透空气带入的湿量

渗透空气带入室内的湿量 D（kg/h），可按下式计算：

$$D = 0.001G(d_w - d_n) \tag{20.12-3}$$

式中 d_w——室外空气的含湿量，g/kg；
d_n——室内空气的含湿量，g/kg；
G——渗透空气总量，见式（20.10-3）的说明，kg/h。

2. 渗透空气形成的潜热冷负荷

渗透空气形成的全热冷负荷 Q_q（W），可按下式计算：

$$Q_q = 0.28G(h_w - h_n) \tag{20.12-4}$$

式中 h_w——室外空气的焓，kJ/kg；
h_n——室内空气的焓，kJ/kg。

渗透空气形成的潜热冷负荷，等于 Q_q 与式（20.10-3）所得计算结果之差。

20.12.3 食物散湿量与潜热冷负荷

1. 餐厅的食物散湿量

计算时刻餐厅的食物散湿量 D_τ（kg/h），可按下式计算：

$$D_\tau = 0.012\varphi n_\tau \tag{20.12-5}$$

式中 φ——群集系数，见表 20.7-2；

n_τ——计算时刻的就餐总人数。

2. 食物散湿形成的潜热冷负荷

计算时刻食物散湿形成的潜热冷负荷 Q_τ（W），可按下式计算：

$$Q_\tau = 700D_\tau \tag{20.12-6}$$

20.12.4 水面蒸发散湿量与潜热冷负荷

1. 敞开水面的蒸发散湿量

计算时刻敞开水面的蒸发散湿量 D_τ（kg/h），可按下式计算：

$$D_\tau = F_\tau g \tag{20.12-7}$$

式中 F_τ——计算时刻的蒸发表面积，m²；

g——水面的单位蒸发量，见表 20.12-1，kg/（m²·h）。

2. 敞开水面蒸发形成的潜热冷负荷

计算时刻敞开水面蒸发形成的潜热冷负荷 Q_τ（W），可按下式计算：

$$Q_\tau = 0.28rD_\tau \tag{20.12-8}$$

式中 r——冷凝热，见表 20.12-1，kJ/kg；

D_τ——同式（20.12-7）。

敞开水表面的单位蒸发量　　　　表 20.12-1

室温 （℃）	室内相对 湿度（%）	下列水温（℃）时敞开水表面的单位蒸发量 [kg/（h·m²）]								
		20	30	40	50	60	70	80	90	100
20	40	0.24	0.59	1.27	2.33	3.52	5.39	9.75	19.93	42.17
	45	0.21	0.57	1.24	2.30	3.48	5.36	9.71	19.88	42.11
	50	0.19	0.55	1.21	2.27	3.45	5.32	9.67	19.84	42.06
	55	0.16	0.52	1.18	2.23	3.41	5.28	9.63	19.79	42.00
	60	0.14	0.50	1.16	2.20	3.38	5.25	9.59	19.74	41.95
	65	0.11	0.47	1.13	2.17	3.35	5.21	9.56	19.70	41.89
	70	0.09	0.45	1.10	2.14	3.31	5.17	9.52	19.65	41.84
22	40	0.21	0.57	1.24	2.30	3.48	5.36	9.71	19.88	42.11
	45	0.18	0.54	1.21	2.26	3.44	5.31	9.67	19.83	42.05
	50	0.16	0.51	1.18	2.22	3.40	5.27	9.62	19.78	41.98
	55	0.13	0.49	1.14	2.19	3.36	5.23	9.58	19.72	41.92
	60	0.10	0.46	1.11	2.15	3.33	5.19	9.53	19.67	41.86
	65	0.07	0.43	1.08	2.12	3.29	5.15	9.49	19.62	41.80
	70	0.04	0.40	1.05	2.08	3.25	5.11	9.44	19.57	41.74
24	40	0.18	0.54	1.21	2.26	3.44	5.31	9.67	19.83	42.04
	45	0.15	0.51	1.17	2.22	3.40	5.27	9.61	19.77	41.97
	50	0.12	0.48	1.13	2.18	3.35	5.22	9.56	19.71	41.90
	55	0.09	0.45	1.10	2.14	3.31	5.17	9.51	19.65	41.84
	60	0.06	0.42	1.06	2.10	3.27	5.13	9.46	19.59	41.77
	65	0.03	0.38	1.03	2.06	3.22	5.08	9.41	19.53	41.70
	70	−0.01	0.35	0.99	2.02	3.18	5.03	9.36	19.47	41.63

续表

室温 (℃)	室内相对 湿度(%)	下列水温(℃)时敞开水表面的单位蒸发量 [kg/(h·m²)]								
		20	30	40	50	60	70	80	90	100
26	40	0.15	0.51	1.17	2.22	3.40	5.27	9.61	19.77	41.97
	45	0.12	0.47	1.13	2.17	3.35	5.21	9.56	19.70	41.90
	50	0.08	0.44	1.09	2.13	3.30	5.16	9.50	19.63	41.82
	55	0.05	0.40	1.05	2.08	3.25	5.11	9.44	19.57	41.74
	60	0.01	0.37	1.01	2.04	3.20	5.06	9.39	19.50	41.66
	65	−0.03	0.33	0.97	1.99	3.15	5.00	9.33	19.43	41.58
	70	−0.06	0.30	0.93	1.95	3.10	4.95	9.27	19.37	41.50
28	40	0.12	0.47	1.13	2.17	3.35	5.21	9.56	19.70	41.90
	45	0.08	0.43	1.09	2.12	3.29	5.15	9.49	19.63	41.81
	50	0.04	0.40	1.04	2.07	3.24	5.09	9.43	19.55	41.72
	55	0	0.36	1.00	2.02	3.18	5.04	9.37	19.48	41.63
	60	−0.04	0.32	0.95	1.97	3.13	4.98	9.30	19.40	41.54
	65	−0.08	0.28	0.91	1.92	3.07	4.92	9.24	19.33	41.45
	70	−0.12	0.24	0.86	1.87	3.02	4.86	9.18	19.25	41.36
冷凝热 r (kJ/kg)		2510	2528	2544	2559	2570	2582	2602	2626	2653

注：制表条件为：水面风速 $v=0.3$m/s；$B=101325$Pa。当工程所在地点大气压力为 b 时，表中所列数据应乘以修正系数 B/b。

20.13 各个环节的计算冷负荷

20.13.1 空调区的计算冷负荷

空调区计算冷负荷的确定方法是：将此空调区的各分项冷负荷按各计算时刻累加，得出空调区总冷负荷逐时值的时间序列，之后找出序列中的最大值，即作为该空调区的计算冷负荷。

20.13.2 空调建筑的计算冷负荷

这里所谓的"空调建筑"，特指一个集中空调系统所服务的建筑区域，它可能是一整幢建筑物，也可能是该建筑物的一部分。

空调建筑的计算冷负荷，应按下列不同情况分别确定。

1. 当空调系统末端装置不能随负荷变化而自动控制时，该空调建筑的计算冷负荷应采用同时使用的所有空调区计算冷负荷的累加值。

2. 当空调系统末端装置能随负荷变化而自动控制时，应将此空调建筑同时使用的各个空调区的总冷负荷按各计算时刻累加，得出该空调建筑总冷负荷逐时值的时间序列，找出其中的最大值，即作为该空调建筑的计算冷负荷。

20.13.3 空调系统的计算冷负荷

集中空调系统的计算冷负荷，应根据所服务的空调建筑中各分区的同时使用情况、空调系统类型及控制方式等的不同，综合考虑下列各分项负荷，通过焓湿图分析和计算确定。

1. 系统所服务的空调建筑的计算冷负荷；
2. 该空调建筑的新风计算冷负荷；
3. 风系统由于风机、风管产生温升以及系统漏风等引起的附加冷负荷；
4. 水系统由于水泵、水管、水箱产生温升以及系统补水引起的附加冷负荷；
5. 当空气处理过程产生冷、热抵消现象时，尚应考虑由此引起的附加冷负荷。

注：风系统、水系统温升的计算，另见本手册第19章第19.7节。

20.13.4 空调冷源的计算冷负荷

空调冷源的计算冷负荷，应根据所服务的各空调系统的同时使用情况，并考虑输送系统和换热设备的冷量损失，经计算确定。

20.14 计 算 例 题

下面列举一个假想的例子，目的是为了在计算过程中出现不同的计算项目，以使读者多接触一些本章给出的手算表。实际的计算过程，可在具有固定格式的空白表上进行。

【例题】 假设济南地区有一处于顶层的空调房间，其平面如图 20.14-1 所示。当地夏季空调室外计算日平均温度 $t_{wp}=31.2℃$，室内设计温度 $t_n=26℃$。空调采用内墙风机盘管加新风系统，室内保持正压，可不考虑空气渗透负荷。房间南向有一樘 6mm 普通玻璃单框双层塑钢窗，玻璃窗面比外墙面退缩 180mm，窗框比约 30%，内挂白布窗帘，且室外有贯通的横向遮阳板，$f=0.3m$，$g=0$，$l=0.5m$，$m=0.18m$，$B=2m$，$H=2.5m$（参见图 20.2-1）。东向外窗构造及尺寸相同，只是窗面与外墙面平齐，且内侧装白色不透明卷轴遮阳帘。房间有 2 名男子办公；200W 白炽灯照明，同时使用系数 $n_1=0.8$；500W 用电设备，按电热设备考虑，同时使用系数 $n_1=0.7$，安装系数 $n_2=0.8$，负荷系数 $n_3=0.5$，通风保温系数 $n_4=1$。人员、设备与灯具的工作时间为：上午 8:00~12:00，下午 2:00~6:00。按表 20.2-1~20.2-5 中的序号，各围护结构的构造如下：

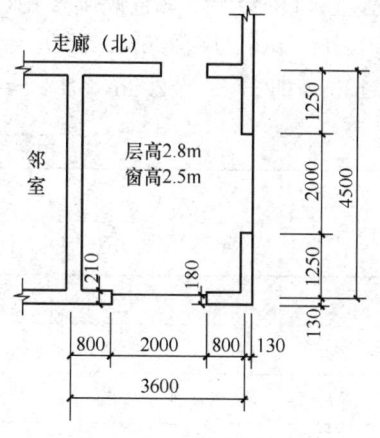

图 20.14-1 房间平面图

外墙为 98 号；屋面为 17 号，表面为深色（$\rho=0.9$）；内墙为 3 号；楼板为 5 号。西邻通风良好的非空调房间，走廊有空调，楼下为散热强度约 $20W/m^3$ 的非空调房间。试求房间的计算冷负荷与湿负荷。

【解】 第一步先要做些前期准备工作，之后，计算各分项负荷，最后，按计算时刻将各项负荷累加，求出房间逐时冷负荷，其中的最大值即是该房间的计算冷负荷。需要说明：限于版面，本例的计算过程及结果并未按全天 24 小时列出，只给出了部分时刻的数据。

1. 准备工作

(1) 围护结构的夏季热工指标

各围护结构的夏季热工指标可从表 20.2-1～20.2-5 中查到，结果已列入表 20.14-1。

主要围护结构的夏季热工指标　　　　　表 20.14-1

围护结构名称	K	β	ξ	V_f	备注
外墙 98 号	0.55	0.20	8	—	
屋面 17 号	0.43	0.21	9	—	深色表面
内墙 3 号	1.89	0.46	7	1.7	
楼板 5 号	1.84	0.45	6	1.4	
外窗	2.77				查表 20.4-2：$K=3.3$，$a=0.84$

(2) 房间的分类

根据 20.2.2 节所述的判断原则，内墙属于中型，楼板属于轻型，房间可视为轻型。

(3) 城市的分组

根据表 20.2-7，济南属于以西安为代表城市的那一组，计算外墙、屋面、玻璃窗辐射等负荷项目时，应查西安的有关表格，并注意根据计算项目的不同加以修正。但确定玻璃窗温差传热的冷负荷时，应直接查表 20.4-1 并按表注的方法进行修正。

(4) 南向窗口太阳直射面积的计算

南窗外部虽然没有特设的垂直遮阳板，但与外墙面相比，玻璃窗面退缩 180mm，因此，窗口也会产生垂直遮阳作用，必须与水平遮阳作用同时考虑。根据图 20.2-1，本例有：$B=2m$，$H=2.5m$，即 $F=B\times H=5m^2$；又知 $f=0.3m$，$g=0$，$l=0.5m$，$m=0.18m$，即 $H+f=2.8m$，$B+g=2m$。计算过程及计算结果已列入表 20.14-2 中。

南窗窗口直射面积与阴影面积的计算　　　　　表 20.14-2

项目	计算时刻 τ							备注
	9	10	11	12	13	14	15	
L	9.05	5.22	4.32	4.10	4.32	5.22	9.05	查表 20.2-8
$l\times L$	4.53	2.61	2.16	2.05	2.16	2.61	4.53	
M	8.04	2.82	1.11	0	1.11	2.82	8.04	查表 20.2-8
$m\times M$	1.45	0.51	0.20	0	0.20	0.51	1.45	
F_l	0	0.28	1.15	1.50	1.15	0.28	0	见式 (20.2-7) 见式 (20.2-6) 见式 (20.2-4)
$F-F_l$	5	4.72	3.85	3.50	3.85	4.72	5	

注：其他时刻窗户均处于阴影区，取 $F_l=0$，$F-F_l=5$。

2. 温差传热形成的冷负荷

各项温差传热冷负荷的计算过程及计算结果已列入表 20.14-3 中。

20.14 计算例题 1563

各项温差传热的逐时冷负荷计算　　　　　　　　　　表 20.14-3

项　目		计 算 时 刻 τ								备 注
		8	9	10	11	12	13	14	15	16	
南外墙 $K=0.55$ $\xi=8, F=5.44$ $\beta=0.2, \Delta=1$	$\tau-\xi$	0	1	2	3	4	5	6	7	8	
	$t_{\tau-\xi}$	33	33	33	33	33	33	34	34	35	查表 20.3-1
	Q_τ	24	24	24	24	24	24	27	27	30	见式（20.3-1）
东外墙 $K=0.55$ $\xi=8, F=7.96$ $\beta=0.2, \Delta=1$	$\tau-\xi$	0	1	2	3	4	5	6	7	8	
	$t_{\tau-\xi}$	35	35	35	35	36	37	37	38	38	查表 20.3-1
	Q_τ	44	44	44	44	48	53	53	57	57	见式（20.3-1）
屋面 $K=0.43$ $\xi=9, F=15.56$ $\beta=0.21, \Delta=1$	$\tau-\xi$	23	0	1	2	3	4	5	6	7	
	$t_{\tau-\xi}$	41	41	40	40	40	41	41	42	43	查表 20.3-2
	Q_τ	107	107	100	100	100	107	107	114	120	见式（20.3-1）
内墙 $K=1.89$ $F=12.38$	τ	8	9	10	11	12	13	14	15	16	
	t_{wp}	31.3	31.3	31.3	31.3	31.3	31.3	31.3	31.3	31.3	空调室外日平均温度
	Q_τ	124	124	124	124	124	124	124	124	124	见式（20.6-1）
楼板 $K=1.84$, $F=15.56$ $\Delta t_{ls}=3$	τ	8	9	10	11	12	13	14	15	16	
	t_{wp}	31.3	31.3	31.3	31.3	31.3	31.3	31.3	31.3	31.3	空调室外日平均温度
	Q_τ	238	238	238	238	238	238	238	238	238	见式（20.6-2）
外窗 $K=3.3$, $a=0.84$ $F=5, \delta=0.6$	t_τ	29	30	31	32	33	33	34	34	33	查表 20.4-1（广州）
	Q_τ 南	50	64	78	91	105	105	119	119	105	见式（20.4-1）
	东	50	64	78	91	105	105	119	119	105	
冷负荷小计 ΣQ_τ		637	665	686	712	744	756	787	798	779	

3. 透过玻璃窗太阳辐射形成的冷负荷

透过玻璃窗太阳辐射形成的冷负荷计算过程见表 20.14-4。其中窗户的构造修正系数 X_g、地点修正系数 X_d 和内遮阳系数 X_z 分别见表 20.5-1、表 20.5-2 和表 20.5-4。

透过玻璃窗的太阳辐射逐时冷负荷计算　　　　　　　表 20.14-4

计 算 项 目			计 算 时 刻 τ								备 注
			8	9	10	11	12	13	14	15	16	
东窗	$F=5, X_z=0.25$ $X_g=0.52, X_d=1$	$J_{n\tau}$	421	453	402	295	207	180	163	145	122	查表 20.5-3
		Q_τ	274	294	261	192	135	117	106	94	79	见式(20.5-2)
南窗	$F=5$ $X_z=0.5$ $X_g=0.52$ $X_d=1.12$	F_1	0	0	0.28	1.15	1.50	1.15	0.28	0	0	查表 20.14-2
		$J_{n\tau}$	75	104	147	185	209	209	188	152	120	查表 20.5-3
		$F_1 J_{n\tau}$	0	0	41	213	314	240	53	0	0	
		$F-F_1$	5	5	4.72	3.85	3.50	3.85	4.72	5	5	查表 20.14-2
		$J_{n\tau}^0$	74	97	114	125	132	133	131	122	106	查表 20.5-3
		$(F-F_1)J_{n\tau}^0$	370	485	538	481	462	512	618	610	530	
		Q_τ	108	141	169	202	226	219	195	178	154	见式(20.5-4)
冷负荷小计 ΣQ_τ			382	435	430	394	361	336	301	272	233	

室内发热量形成的冷负荷计算   表 20.14-5

计算项目			计算时刻 τ									备注
			8	9	10	11	12	13	14	15	16	
人体 $\varphi=1$ $n=2$ $q_1=61$	上午 $T=8$ 连续工作 小时数=4	$\tau-T$	0	1	2	3	4	5	6	7	8	查表 20.7-4
		$X_{\tau-T}$	0.48	0.76	0.83	0.88	0.43	0.16	0.10	0.07	0.05	
		$Q_{\tau1}$	59	93	101	107	52	20	12	9	6	见式(20.7-1)
	下午 $T=14$ 连续工作 小时数=4	$\tau-T$							0	1	2	
		$X_{\tau-T}$							0.48	0.76	0.83	查表 20.7-4
		$Q_{\tau2}$							59	93	101	见式(20.7-1)
	$Q_\tau=Q_{\tau1}+Q_{\tau2}$		59	93	101	107	52	20	71	102	107	
灯光 $n_1=0.8$ $N=0.2$	上午 $T=8$ 连续工作 小时数=4	$\tau-T$	0	1	2	3	4	5	6	7	8	查表 20.8-2
		$X_{\tau-T}$	0.37	0.70	0.79	0.84	0.51	0.20	0.13	0.09	0.07	
		$Q_{\tau1}$	59	112	126	134	82	32	21	14	11	见式(20.8-1)
	下午 $T=14$ 连续工作 小时数=4	$\tau-T$							0	1	2	
		$X_{\tau-T}$							0.37	0.70	0.79	查表 20.8-2
		$Q_{\tau2}$							59	112	126	见式(20.8-1)
	$Q_\tau=Q_{\tau1}+Q_{\tau2}$		59	112	126	134	82	32	80	126	137	
设备 $n_1=0.7$ $n_2=0.8$ $n_3=0.5$ $n_4=1.0$ $N=0.5$	上午 $T=8$ 连续工作 小时数=4	$\tau-T$	0	1	2	3	4	5	6	7	8	查表 20.9-5
		$X_{\tau-T}$	0.76	0.89	0.93	0.94	0.19	0.07	0.04	0.03	0.02	
		$Q_{\tau1}$	106	125	130	132	27	10	6	4	3	见式(20.9-7)
	下午 $T=14$ 连续工作 小时数=4	$\tau-T$							0	1	2	
		$X_{\tau-T}$							0.76	0.89	0.93	查表 20.9-5
		$Q_{\tau2}$							106	125	130	见式(20.9-7)
	$Q_\tau=Q_{\tau1}+Q_{\tau2}$		106	125	130	132	27	10	112	129	133	
冷负荷小计 ΣQ_τ			224	330	357	373	161	62	263	357	377	

4. 室内发热量形成的冷负荷

室内热源形成的冷负荷计算过程见表 20.14-5。其中人体单位显热散热量可从表 20.7-3 查到:$q_1=61$W。由于工作人员只有 2 名成年男子,故取群集系数 $\varphi=1$,$n=2$。计算公式见式 (20.7-1)。

5. 人体潜热冷负荷

人体潜热散热量形成的冷负荷计算公式见式 (20.12-2)。取群集系数 $\varphi=1$,$n=2$。查表 20.7-3 知,人体潜热散热量 $q_2=73$W。计算结果列入表 20.14-6。

6. 人体散湿负荷

散湿源为 2 名成年男子,散湿量的计算公式见式 (20.12-1)。取群集系数 $\varphi=1$,人数 $n=2$。查表 20.7-3 知,人体单位散湿量 $g=109$g/h。计算结果列入表 20.14-6。

7. 房间总负荷

整个房间的全热冷负荷与湿负荷已汇总于表 20.14-6 中。由表可以看出:房间计算冷负荷为 1625W；计算湿负荷为 0.218kg/h；对应的计算时刻可为上午 11 点钟。

房间冷负荷与湿负荷汇总 表 20.14-6

负荷项目	计算时刻 τ									备注
	8	9	10	11	12	13	14	15	16	
传热负荷	637	665	686	712	744	756	787	798	779	查表 20.14-3
辐射负荷	382	435	430	394	361	336	301	272	233	查表 20.14-4
室内发热负荷	224	330	357	373	161	62	263	357	377	查表 20.14-5
人体潜热负荷	146	146	146	146	0	0	146	146	146	见式（20.12-2）
房间全热负荷	1389	1576	1619	1625	1266	1154	1497	1573	1535	上述 4 项负荷累计
房间湿负荷	0.218	0.218	0.218	0.218	0	0	0.218	0.218	0.218	见式（20.12-1）

20.15 空调冷负荷计算的电算法

鉴于空调负荷计算是一项复杂、繁琐的工作，为缩短设计周期、加速计算过程，本手册所附光盘中给出了与本章内容一致的空调负荷计算电算化软件供读者试用。具体使用方法、注意事项、常见问题等等，可随时进入该软件的"帮助"菜单中查阅。

第 21 章 空气处理和处理设备

21.1 空气的过滤净化

21.1.1 大气污染物的分类

根据粒子的大小，大气污染物可大致作如表 21.1-1 所示的分类。

大气污染物的分类   表 21.1-1

分 类	名 称	粒径（μm）	说 明
固体	粉尘（dusts）	<100	由于自然或人为过程如风化、破碎等造成的固体粒子；在静电力的影响下会凝并，在重力作用下会沉降
	烟尘（fumes）	<1	因升华或蒸气冷凝和随后的融合所组成，这些蒸气在常温常压下会冷凝成固态
	黑烟（smokes）	<1	部分燃烧形成的固态、液态和气态粒子的混合物，从气流中清除这些粒子比较困难
液体	水雾及烟雾（mists and fogs）	<100	在常温常压下为液体的悬浮水珠，其大小通常为 15～35μm 左右
	雨滴（raindrops）	500～5000	
	气溶胶（aerosols）		指气体中未稳定分散的细小液态或固态粒子，它们可能凝并，或在正常的重力、惯性力等的作用下，沉降在一些表面上
气体	水汽和气体（vapours and gases）		常温常压下为气相，通过冷凝可除去蒸汽，气体则不能
有机物	有机粒子（organic particles）	细菌：0.2～5 花粉：5～150 真菌：1～20 病毒：<1	

21.1.2 空气过滤器的性能

1. 过滤器的作用原理 空调系统的过滤器，应用的滤料主要有玻璃纤维、合成纤维及这些纤维制成的滤纸（布）等，它们的过滤作用比较复杂，大致如表 21.1-2 所示。

过滤器的过滤作用与原理 表 21.1-2

顺序	作用	原 理	说 明
1	重力作用	尘粒在纤维间运动时,在重力作用下沉降在纤维表面上	只对较大粒径（如≥5μm）起作用
2	惯性作用	尘粒随气流运动,逼近滤料时,在惯性作用下,尘粒来不及随气流改变流向而继续向前运动,与滤料撞击而附着于纤维上	惯性作用的大小,随尘粒直径和过滤风速的增加而增加
3	扩散作用	气体分子作布朗运动时,空气中的细微尘粒（<1μm）随之运动,当尘粒围绕纵横交错的纤维表面作布朗运动时,在扩散作用下,有可能与极细的纤维接触而附着在纤维上面	尘粒越小,过滤风速越低,扩散作用就越明显
4	接触阻留作用	对非常小的（亚微米级）尘粒,可以近似认为没有惯性的,它随气流流线运动,当流线紧靠细微的表面时,尘粒与纤维表面接触而被阻留下来	接触作用往往与惯性作用同时存在,或在低速时,与扩散作用同时存在。尘粒尺寸大于纤维网眼而被阻留的现象,称筛滤作用
5	静电作用	含尘空气经过某些纤维料时,由于气流摩擦,可能产生电荷,从而增加了吸附尘粒的能力	静电作用与纤维材料的物理性质有关

2. 影响过滤效果的因素（表 21.1-3）

影响过滤效果的因素 表 21.1-3

顺序	影响因素	说 明
1	灰尘颗粒直径	粒径愈大,撞击作用越大,过滤效果越好；粒径愈小,布朗运动产生的过滤效果越明显,但重力和惯性作用极小
2	滤料纤维的粗细和密实性	在相同的密实条件下,纤维直径越细,接触面积越大,过滤效率就越高；但是,阻力也大幅度增加
3	过滤风速	风速较高时,惯性作用增大；同时,阻力也随之增高。但应注意,风速过高时,有可能将附着的灰尘吹出
4	附尘影响	非自净过滤器经长久使用后,灰尘越积越多,这时,虽可增高过滤效率,但阻力也随之上升,实际上是不经济的

3. 过滤效率 η（%）：过滤器的过滤效率,是衡量过滤器捕集灰尘能力的指标。

穿透率 K（%）：穿透率是指过滤后空气含尘浓度与过滤前空气含尘浓度之比的百分数。

有关过滤效率和穿透率的阐述与计算,详见本手册 27.5 节。

4. 空气通过过滤器时的阻力（压力损失）ΔP（Pa）：

$$\Delta P = av + bv^2 \qquad (21.1.-1)$$

式中 v——过滤器的迎风面速度,m/s；

a,b——实验系数,由制造企业提供。

随着使用时间的增长,空气过滤器上的沾尘量越来越多,阻力也越来越大。通常,把过滤器开始使用时的阻力称为初阻力,而把必须更换时的阻力称为终阻力。

在额定风量下,过滤器由初阻力变化至终阻力的过程中,所截留与容纳的灰尘数量,称为过滤器的容尘量；过滤的容尘量越大,使用周期就越长。

国家标准《空气过滤器》(GB/T 14295) 规定：

粗效过滤器的初阻力为50Pa（粒径5μm，效率20%～80%）；终阻力为100Pa；

中效过滤器的初阻力为80Pa（粒径1μm，效率20%～70%）；终阻力为160Pa。

21.1.3 过滤净化的计算

根据图21.1-1所示，设房间的送风量为L（m³/h），其中新风量为L_x（m³/h），回风量为L_h（m³/h），则可列出风平衡式如下：

$$L = L_x + L_h = L_x + RL \tag{21.1-2}$$

而

$$K(L_x C_x + RL \cdot C) + M = C(RL + L_p)$$

因此

$$K = \frac{C(RL + L_p) - M}{L_x C_x + CRL} \tag{21.1-3}$$

式中 L_p——排风量，m³/h；

C_x——新风的含尘浓度，mg/m³；

C——室内空气的允许浓度，mg/m³；

R——回风比率，%；

K——穿透率，%；

M——室内的发尘量，mg/h。

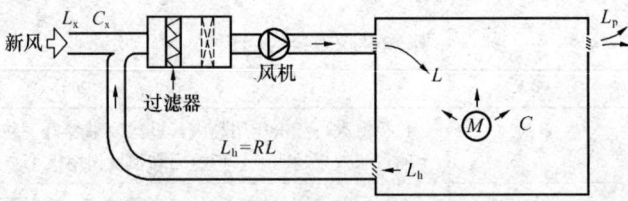

图 21.1-1　过滤净化示意图

空调系统处理的空气，来源有二：一是室外吸入的新鲜空气，习称新风；二是由空调区抽回来的室内再循环空气，习称回风。新风由于会受到室外环境如尘埃的污染；回风则会受到室内人员、建筑材料、工艺过程等的污染。因此，为了满足《室内空气质量标准》(GB/T 18883—2002) 规定的要求，确保空气中可吸入颗粒的浓度$C \leqslant 0.15$mg/m³，必须对空气进行净化处理。

大部分地区室外空气的含尘浓度，都超过标准的允许值。因此，室外空气送入室内之前，都必须进行过滤处理。而且，很多地区采用一级粗效过滤都无法满足$C \leqslant 0.15$mg/m³。

例如，若取室外空气的含尘浓度为$C_1 = 0.9$mg/m³，室内允许的含尘浓度为$C_2 = 0.15$mg/m³，则要求粗效过滤器的效率力为：

$$\eta = \frac{c_1 - c_2}{c_1} \times 100\% = \frac{0.9 - 0.15}{0.9} \times 100\% = 83\%$$

国家标准规定的粗效过滤器的过滤效率为20%～80%（一般粗效过滤器的效率很少能高于60%），显然，仅一级粗效过滤无法满足要求，必须再配置中效过滤。

有关过滤器的详细资料，参见本手册第27.5节。

21.1.4 空气的除臭、消毒

1. 活性炭过滤器

空气中的某些有毒、有异味的气体，可以采用活性炭过滤器进行吸附处理。

活性炭一般由有机物如木材、果核、椰子壳等加工而成。成品活性炭内部有许多极细的孔隙，每 1g（约合 $2cm^3$）活性炭的有效接触面积接近 $1000m^2$，每升活性炭的重量为 485g，在正常条件下，它所能吸附的物质重量，约为它自身重量的 15%～20%，当吸附量达到这种程度时，就应该进行更换。

为了防止活性炭过滤器的过滤层被堵塞，活性炭过滤器的入口前应设置其他类型空气过滤器。

活性炭过滤器的构造形式，见图 21.1-2。

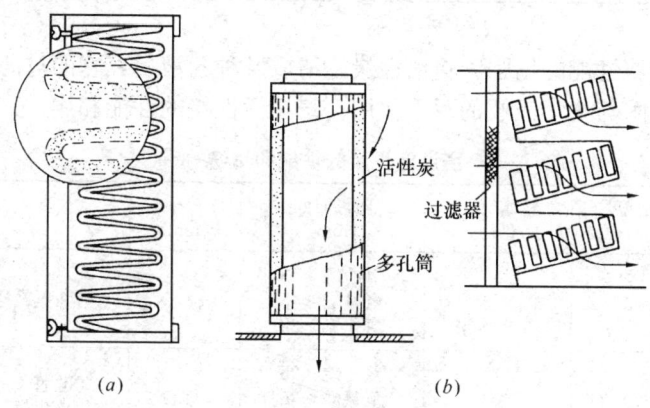

图 21.1-2 活性炭过滤器
(a) 为 W 形；(b) 为圆筒形

2. 活性炭的性能

(1) 活性炭的吸附性能：见表 21.1-4。

活性炭的吸附性能 表 21.1-4

物质名称	分子式	吸附保持量（%）	物质名称	分子式	吸附保持量（%）
氨	NH_3	少量	苯	C_6H_6	24
二氧化硫	SO_2	10	吡啶（烟草燃烧产生）	C_5H_5N	25
氯气	Cl_2	15	丁基酸（汗、体臭）	$C_5H_{10}O_2$	35
二硫化碳	CS_2	15			
臭氧	O_3	能还原为 O_2			
二氧化碳	CO_2	少量	烹调臭		约 30%
一氧化碳	CO	少量	浴厕臭		约 30%

注：吸附保持量是指在 20℃，100kPa 条件下，被吸附物质的保持量与活性炭质量之比（%）。

(2) 活性炭的用量与使用寿命（再生周期）：见表 21.1-5。

活性炭的用量与使用寿命（再生周期） 表 21.1-5

场合	居住建筑	商业建筑	工业建筑
用量（kg/h×$10^3 m^3$ 空气）	10	10～12	16
平均使用寿命（年）	≥2	1～1.5	0.5～1.0

(3) 不同型号活性炭的性能和用途：见表 21.1-6。

活性炭的性能和用途　　表 21.1-6

型号	粒径 (mm)	水分 (%)	强度 (%)	CCl$_4$ 吸附率 (%)	碘值 (mg/g)	硫容量 (mg/g)	用途
DX-15	φ1.5	≤3	≥85	≥60			装填各种防毒面具和过滤器
DX-30	φ3.0	≤3	≥90	≥60			
ZX-15	φ1.5	≤5	≥85	≥40min*			
ZK-40	φ4.0	≤5	≥90		≥700		净化空气中的污染物
ZL-30	φ3.0	≤5	≥90			≥800	净化硫化氢及其他硫化物
ZH-30	φ3.0	≤5	≥90	≥54			净化苯、甲苯、醚、三氯甲烷、碳氢化合物等

* 对苯的防护时间

(4) 活性炭过滤性能的增强：将活性炭浸渍以某种药液后，它的过滤性能可以得到增强，并兼有物理吸附与化学吸收的双重作用。浸渍活性炭的性能和用途，见表 21.1-7。

浸渍活性炭的性能和用途　　表 21.1-7

型号	机械强度 (%)	水分 (%)	防毒时间 (min)	粒径 (mm)	主要用途
KZ15-1	≥73	≤3	氯乙烷≥28 氢氰酸≥45 氯化氰≥28	φ1.5	清除氢氰酸及衍生物、砷化物
KZ15-2	≥70	≤5	氯乙烷≥25 氢氰酸≥36 苯≥46	φ1.5	防酸性气体和蒸气、二氧化硫、硫化氢、氮的氧化物 NO$_x$
KZ15-3	≥70	≤5	一氧化碳≥120	φ1.5	防一氧化碳、干燥剂
KZ15-3-1	≥70	≤5		φ1.5	防一氧化碳、干燥剂
KZ15-4	≥70	≤50	氨≥40 硫化氢≥16	φ1.5	防硫化氢和氨
KZ15-5	≥70	≤3		φ1.5	防汞蒸气
KZ07-1	≥73	≤3	氯乙烷≥27 氢氰酸≥48 氯化氰≥42	φ0.7	防各种有毒蒸气和气体（装填防毒面具及各种滤毒器）
KZ40-1	≥90	≤3		φ4.0	脱除硫化氢和其他有机硫
雷加拉特剂 (Hopcalite)	≥73	≤1		φ1～2.75	防一氧化碳

3. 活性炭过滤装置的设计要点

(1) 活性炭过滤装置的构造设计，应满足装活性炭与再生操作方便、空气通过活性炭层时分布均匀的要求。

(2) 气流经活性炭层的面风速宜保持在 $v=0.1\sim0.5\mathrm{m/s}$。

(3) 污染气体与活性炭的接触时间，宜保持在 $\tau=0.20\sim0.40\mathrm{s}$。

(4) 活性炭层厚度 H (m)，可按下式确定：

$$H=\frac{V}{F}=\frac{Gv}{KL} \tag{21.1-4}$$

$$G = Z \cdot C \cdot L \cdot 3600/(1000xm) = ZCL \times 3.6/(xm) \tag{21.1-5}$$

式中 V——活性炭的容积，m^3；

G——活性炭的重量，kg；

F——活性炭层的迎风面积，m^2；

v——空气通过炭层时的面风速，m/s；

K——活性炭的充填密度，kg/m^3；

L——风量，m^3/s；

Z——再生周期（累计吸附时间），h；

C——污染物的浓度，g/m^3；

m——活性炭的再生效率，一般 $m=95\%$；

x——吸附比，$x=g$（污染物）/kg（活性炭）。

(5) 活性炭的吸附效率随时间的增加而降低，如图 21.1-3 所示。

(6) 在活性炭层和净化后空气层内，宜设温度检测和报警装置，最好设自动喷水保护。

(7) 空气通过活性炭层的阻力，见图 21.1-4、图 21.1-5 和图 21.1-6。

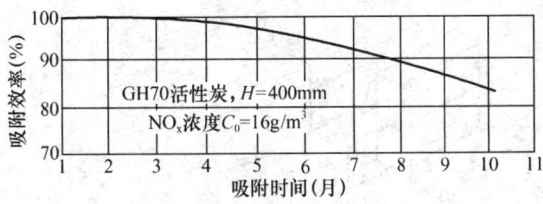

图 21.1-3 吸附效率与吸附时间的关系

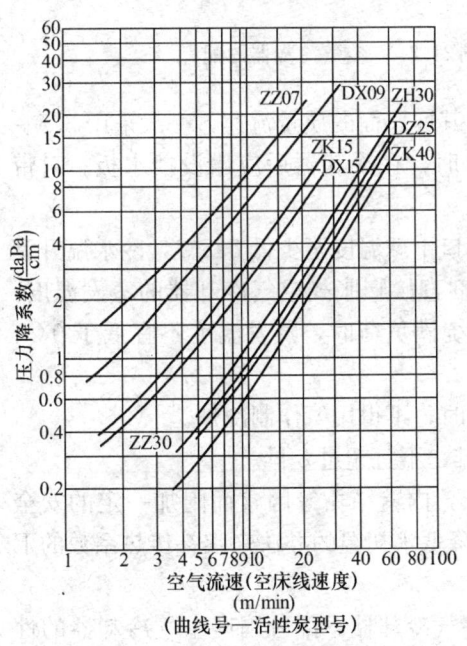

图 21.1-4 不同型号活性炭的阻力
（20℃，100kPa）

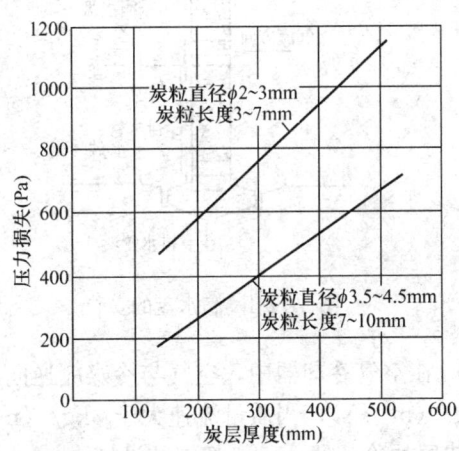

图 21.1-5 不同厚度时的阻力（$v=0.3$m/s）

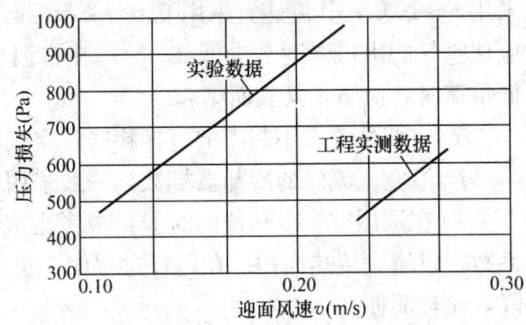

图 21.1-6 不同 v 值时的阻力
（活性炭粒径 $\phi 2.5\sim 6$mm，炭层厚度 $H=250$mm）

21.2 空气的冷却

21.2.1 设 计 要 点

1. 空气冷却器,可以水平安装,也可以横向垂直安装或倾斜安装,但必须使冷却器凝水能顺肋片下流,以免肋片积水而降低传热性能和增加空气阻力。

2. 空气冷却器的下部应安装滴水盘和泄水管;当冷却器叠放时,在两个冷却器之间应装设中间滴水盘和泄水管,泄水管应设水封,以防吸入空气,见图21.2-1。

3. 按空气流动方向,空气冷却器可以并联或串联装置。通常,当通过空气量多时,宜采用并联;要求空气温降大时应串联。并联的空气冷却器,供水管也应并联;串联的空气冷却器,供水管也应串联。冷水与空气应逆向流动,见图21.2-2。

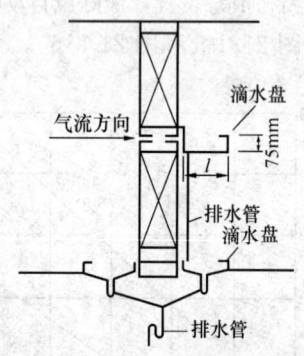
图21.2-1 滴水盘的安装

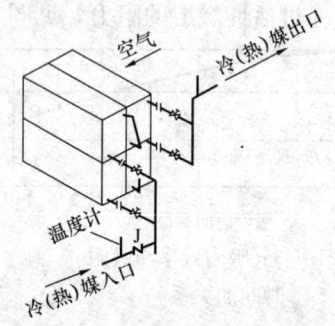
图21.2-2 空气冷却器的配管

4. 在空气冷却器中,空气与冷媒应逆向流动,其迎风面的质量流速,一般采用2.5~3.5kg/(m²·s),当质量流速大于3kg/(m²·s)时,在冷却器后应增设挡水板。对带喷水装置的冷却器,一般都应装设挡水板。

5. 空气冷却器的冷水进口温度,应比空气的出口干球温度至少低3.5℃,冷水温升宜采用5~10℃,其流速宜采用0.6~1.5m/s。制冷剂直接膨胀式空气冷却器的蒸发温度,应比空气的出口温度至少低3.5℃;在常温空调系统满负荷时,蒸发温度不宜低于0℃;低负荷时,应防止其表面结霜。

6. 空调系统采用制冷剂直接膨胀式空气冷却器时,不得用氨作制冷剂。

7. 沿空气流向的冷却器排数,一般采用4~6排,不宜超过8排。

8. 在选用空气冷却器的时候,应考虑表面积灰,内壁结垢等因素而附加一定的安全系数,以增大传热面积。在运行过程中,也可以用降低水初温的办法来弥补传热系数的下降,比较简便。

9. 根据各生产厂产品样本和热工计算来选择空气冷却器。部分国产空气冷却器的性能参数见表21.2-4。

21.2.2 热工计算和压力损失计算

1. 热工设计计算和压力损失计算，见表 21.2-1～表 21.2-6。

已知条件：①空气量 G，②空气初参数 t_{g1}、t_{s1}、h_1、φ_1，③空气终参数 t_{g2}、t_{s2}、h_2、φ_2。

求解：①选择空气冷却器型号、台数、排数，②确定冷水温度和水量。

空气冷却器热工设计计算和压力损失计算　　　表 21.2-1

计算步骤	计 算 内 容	计算公式和图表
1	接触系数	$\varepsilon_2 = 1 - \dfrac{t_{g2} - t_{s2}}{t_{g1} - t_{s1}}$ （21.2-1）
2	空气冷却器排数	按表 21.2-3 决定
3	空气冷却器型号与参数	1. 假定面风速 v'_y，求所需冷却器迎风面积： $$F'_y = \dfrac{G}{v'_y \rho} \quad \text{m}^2$$ 2. 按 F'_y 和选定的冷却器排数，查产品样本，选择冷却器型号、并列台数、串联台数、每台冷却器的传热面积、迎风面积、通水截面积 f_w 3. 计算实际的迎面风速 v_y： $$v_y = \dfrac{G}{F_y \rho} \quad \text{m/s} \quad (21.2\text{-}2)$$
4	校核接触系数 ε_2	按冷却器型号、排数和实际的迎面风速 v_y，由表 21.2-2 查出实际的接触系数 ε_2，若相差较大，须改选别的型号
5	析湿系数 ξ	$\xi = \dfrac{h_1 - h_2}{c_p(t_{g1} - t_{g2})}$ （21.2-3）
6	传热系数 K	按冷却器的型号和排数，由表 21.2-3 的相应公式计算出传热系数 K，式中水流速 $$w = 0.6 \sim 1.8 \text{m/s}$$
7	冷水量 W	$W = f_w \times w \times 10^3 \quad \text{kg/s}$
8	热交换效率系数 ε_1	1. 计算传热单元数 $$\beta = \dfrac{KF}{\xi G c_p} \quad (21.2\text{-}4)$$ 2. 计算水当量比 $$\gamma = \dfrac{\xi G c_p}{W c} \quad (21.2\text{-}5)$$ 3. 由 β，γ 查图 21.2-3 得 ε_1

计算步骤	计算内容	计算公式和图表	
9	初、终水温 t_{w1}、t_{w2}	1. $t_{w1} = t_{g1} - \dfrac{t_{g1} - t_{g2}}{\varepsilon_1}$	(21.2-6)
		2. $t_{w2} = t_{w1} + \dfrac{G(h_1 - h_2)}{Wc}$	(21.2-7)
10	空气压力损失 ΔP 和水压力损失 Δp	查表21.2-3的相应公式算出 ΔP 和 Δp，也可以查表21.2-5得出空气压力损失 ΔP，查表21.2-6得出水压力损失 Δp	

表中：t_{g1}、t_{g2}——处理前后空气的干球温度，℃；

t_{s1}、t_{s2}——处理前后空气的湿球温度，℃；

h_1、h_2——处理前后空气的焓值，kJ/kg；

ε_1——热交换效率系数；

ε_2——接触系数；

ξ——析湿系数；

t_{w1}、t_{w2}——冷水初、终温，℃；

G——空气量，kg/s；

v_y——迎面风速，m/s；

F_y——冷却器的迎风面积，m^2；

ρ——空气的密度，1.2kg/m^3；

c_p——空气的定压比热 J/(kg·℃)；

K——湿工况下空气冷却器的传热系数，W/(m^2·℃)；

W——冷水量，kg/s；

f_w——冷却器管道的通水截面积，m^2；

w——冷却器管道内的水流速度，m/s；

c——水的比热，4187J/(kg·℃)；

β——传热单元数；

F_d——每排空气冷却器的传热面积，m^2；

F——空气冷却器的总传热面积，$F = F_d \times$排数，m^2；

γ——水当量比；

N——排数；

ΔP——空气侧压力损失，Pa；

Δp——水侧压力损失，kPa。

部分空气冷却器的接触系数 ε_2 表21.2-2

冷却器型号	排数 N	迎面风速 v_y (m/s)			
		1.5	2.0	2.5	3.0
UⅡ型 GLⅡ型	2	0.543	0.518	0.499	0.484
	4	0.791	0.767	0.748	0.733
	6	0.905	0.887	0.875	0.863
	8	0.957	0.946	0.937	0.930
JW型	2	0.590	0.545	0.515	0.490
	4	0.845	0.797	0.768	0.745
	6	0.940	0.911	0.888	0.872
	8	0.977	0.964	0.954	0.945
SXL-B型	2	0.826	0.780	0.760	0.740
	4	0.970	0.952	0.942	0.932
	6	0.995	0.989	0.986	0.982
	8	0.999	0.997	0.996	0.995

续表

冷却器型号	排数 N	迎面风速 v_y (m/s)			
		1.5	2.0	2.5	3.0
KL-1 型	2	0.466	0.440	0.423	0.408
	4	0.715	0.686	0.665	0.649
	6	0.848	0.800	0.806	0.792
	8	0.917	0.824	0.887	0.877
KL-2 型	2	0.553	0.530	0.511	0.493
	4	0.800	0.780	0.762	0.743
	6	0.909	0.896	0.886	0.870
KL-3 型	2	0.450	0.439	0.429	0.416
	4	0.700	0.685	0.672	0.660
	6	0.834	0.823	0.813	0.802
CR 型	2	0.768	0.696	0.661	0.625
	4	0.890	0.868	0.857	0.846
	6	0.949	0.940	0.936	0.932
	8	0.962	0.959	0.957	0.956
LT 型	4	0.940	0.927	0.914	0.901

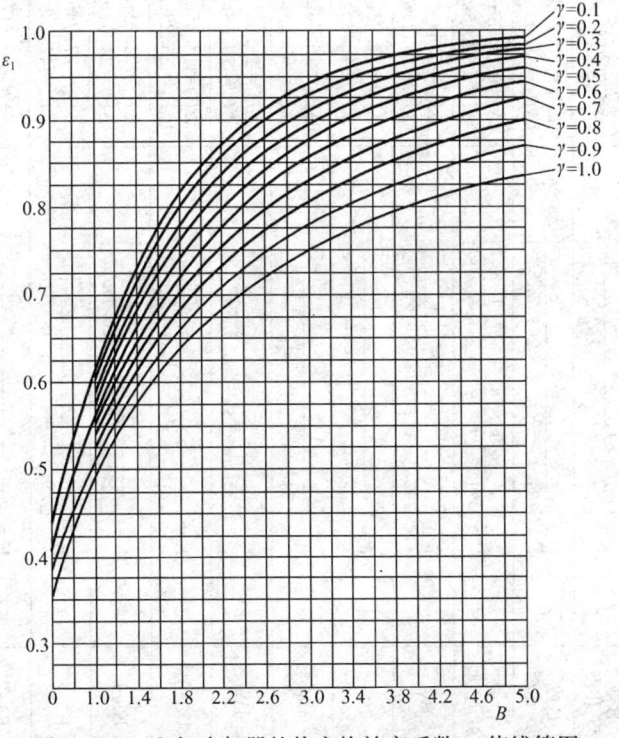

图 21.2-3 空气冷却器的热交换效率系数 ε_1 值线算图

空气冷却器的传热系数和压力损失试验公式

表 21.2-3

型号	排数	作为冷却用的传热系数 K [W/(m²·℃)]	干冷时空气压力损失 ΔP_g 和湿冷时空气压力损失 ΔP_s (Pa)	水压力损失 Δp (kPa)	作为热水加热用的传热系数 K [W/(m²·℃)]	试验时用的型号
LT	4	$K=\left[\dfrac{1}{52.1v_y^{0.459}\xi^{0.679}}+\dfrac{1}{219.7w^{0.8}}\right]^{-1}$	$\Delta P_g=15.11v_y^{1.883}$ $\Delta P_s=30.613v_y^{1.673}$	$\Delta p=17.59w^{0.92}$		小型试验样品
B 或 U-Ⅱ型	2	$K=\left[\dfrac{1}{34.3v_y^{0.781}\xi^{1.03}}+\dfrac{1}{207w^{0.8}}\right]^{-1}$	$\Delta P_s=20.97v_y^{1.39}$			B-2R-6-27
B 或 U-Ⅱ型	6	$K=\left[\dfrac{1}{31.4v_y^{0.857}\xi^{1.03}}+\dfrac{1}{281.7w^{0.8}}\right]^{-1}$	$\Delta P_g=29.75v_y^{1.98}$ $\Delta P_s=38.93v_y^{1.84}$	$\Delta p=64.68w^{1.854}$		B-6R-8-24
GL 或 GL-Ⅱ型	6	$K=\left[\dfrac{1}{21.1v_y^{0.845}\xi^{1.15}}+\dfrac{1}{216.6w^{0.8}}\right]^{-1}$	$\Delta P_g=19.99v_y^{1.862}$ $\Delta P_s=32.05v_y^{1.695}$	$\Delta p=64.68w^{1.854}$		GL-6R-8-24
JW	2	$K=\left[\dfrac{1}{42.1v_y^{0.52}\xi^{1.03}}+\dfrac{1}{332.6w^{0.8}}\right]^{-1}$	$\Delta P_g=5.68v_y^{1.89}$ $\Delta P_s=25.28v_y^{0.895}$	$\Delta p=8.18w^{1.93}$	$K=34.77v_y^{0.4}w^{0.079}$	小型试验样品
JW	4	$K=\left[\dfrac{1}{39.7v_y^{0.52}\xi^{1.03}}+\dfrac{1}{332.6w^{0.8}}\right]^{-1}$	$\Delta P_g=11.96v_y^{1.72}$ $\Delta P_s=42.8v_y^{0.992}$	$\Delta p=12.54w^{1.93}$	$K=31.87v_y^{0.48}w^{0.08}$	小型试验样品
JW	6	$K=\left[\dfrac{1}{41.5v_y^{0.52}\xi^{1.02}}+\dfrac{1}{325.6w^{0.8}}\right]^{-1}$	$\Delta P_g=16.66v_y^{1.75}$ $\Delta P_s=62.23v_y^{1.1}$	$\Delta p=14.5w^{1.93}$	$K=30.7v_y^{0.485}w^{0.08}$	小型试验样品
JW	8	$K=\left[\dfrac{1}{35.5v_y^{0.58}\xi^{1.0}}+\dfrac{1}{353.6w^{0.8}}\right]^{-1}$	$\Delta P_g=23.8v_y^{1.74}$ $\Delta P_s=70.56v_y^{1.21}$	$\Delta p=20.19w^{1.93}$	$K=27.3v_y^{0.58}w^{0.075}$	小型试验样品
SXL-B	2	$K=\left[\dfrac{1}{27v_y^{0.425}\xi^{0.74}}+\dfrac{1}{157w^{0.8}}\right]^{-1}$	$\Delta P_g=17.35v_y^{1.54}$ $\Delta P_s=35.28v_y^{1.4}\xi^{0.183}$	$\Delta p=15.48w^{1.97}$	$K=\left[\dfrac{1}{21.5v_y^{0.520}}+\dfrac{1}{319.8w^{0.8}}\right]^{-1}$	
KL-1	4	$K=\left[\dfrac{1}{32.6v_y^{0.57}\xi^{0.987}}+\dfrac{1}{350.1w^{0.8}}\right]^{-1}$	$\Delta P_g=24.21v_y^{1.828}$ $\Delta P_s=24.01v_y^{1.913}$	$\Delta p=18.03w^{2.1}$	$K=\left[\dfrac{1}{28.6v_y^{0.656}}+\dfrac{1}{286.1w^{0.8}}\right]^{-1}$	
KL-2	4	$K=\left[\dfrac{1}{29v_y^{0.622}\xi^{0.758}}+\dfrac{1}{385w^{0.8}}\right]^{-1}$	$\Delta P_g=27v_y^{1.43}$ $\Delta P_s=42.2v_y^{1.2}\xi^{0.18}$	$\Delta p=22.5w^{1.8}$	$K=11.16v_y+15.54w^{0.276}$	KL-2-4-6-10/600
KL-3	6	$K=\left[\dfrac{1}{27.5v_y^{0.778}\xi^{0.843}}+\dfrac{1}{460.5w^{0.8}}\right]^{-1}$	$\Delta P_g=26.3v_y^{1.75}$ $\Delta P_s=63.3v_y^{1.2}\xi^{0.15}$	$\Delta p=27.9w^{1.81}$	$K=12.97v_y+15.08w^{0.13}$	KL-3-6-10/600
CR	2~8	$K=B\left[\dfrac{1}{31.89v_y^{0.422}\xi^{0.602}}+\dfrac{1}{180.74w^{0.8}}\right]^{-1}$	$\Delta P_g=B_g6.83v_y^{1.743}$ $\Delta P_s=B_s8.91v_y^{1.758}\xi^{0.256}$	$\Delta p=19w^{1.23}$		

注：CR 排数修正系数

	2	4	6	8
B	1.228	1.298	1.340	1.371
B_g	1.56	2.43	3.14	3.78
B_s	1.67	2.46	3.20	3.86

空气冷却器性能参数

表 21.2-4

序 号		1	2	3	4	5	6	7	8	9	10	11
型 号		UⅡ	GLⅡ	JW	SXL-B	KL-2	PB	LT	CR	TSL	JKW	*
肋片特性	材料	铜	钢	铝	铝	铝	铝	铝	铝	铝	铝	铝
	片型(mm)	皱折绕片	皱折绕片	光滑绕片	镶片	轧片	轧片	波纹套片	条缝套片	平板套片	平板套片	平板套片
	片厚(mm)	0.3	0.3	0.3	0.4	0.3	0.4	0.2	0.2	0.2	0.2	0.2
	片距(mm)	3.2	3.2	3.0	2.32	2.5	3.5	3.2	3.5	2.5	2.43	2.29
管子特性	材料	铜	钢	钢	钢	铝	铝	铜	铜	铜	铜	铜
	外径(mm)	16	18	16	25	20	26	16	16	16	16	16
	内径(mm)	14	14	12	19	16	20	14	15	14.5	14	14
	管间距(mm)	35.33	39	34	60	41	50	50.3	40	37.5	37	40
	排间距(mm)	30.6	33.8	29.4	52.0	35.5	43.3	35.7	34.64	32.48	32	34.64
每 m 传热面积 (m^2)		0.55	0.64	0.45	1.825	0.775	0.63	0.94	0.766	0.841	0.867	1.072
肋化系数		12.3	14.56	11.9	30.4	15.4	10.0	16.0	16.17	18.83	20.48	22.64
肋通系数 a		15.8	15.8	12.3	28.5	19.3	12.7	18.71	19.14	22.42	23.42	26.8
传热系数 K [W/($m^2 \cdot °C$)]		59.7	58.2	69.4	37.6	60.8	64.2	47.3	57.2	48	38.5	43.8
K_a		943.26	919.56	853.62	1071.6	1173.44	815.34	884.98	1094.81	1076.16	901.67	1173.84
旁通系数		0.252	0.371	0.232	0.058	0.238	0.267	0.232	0.143	0.135	0.139	0.106
焓降 Δh (kJ/kg)		16.5	16.6	15.0	17.2	19.4	15.1	15.3	17.8	17.6	15.4	18.4
通水截面积×10^{-3} (m^2)		3.08	2.77	2.26	3.26	3.62	4.40	2.16	3.18	2.97	2.77	2.77
水温升 (°C)		2.26	2.53	2.79	2.22	2.25	1.45	3.00	2.37	2.49	2.34	2.80
水量 (kg/h)		10888	9976	8136	11736	13032	15833	7758	11451	10700	9976	9976
水压力损失 (kPa)		44	44	12.8	15.8	22.1	23	19.8	19.3	8.5	51.7	8.76
空气压力损失 ΔP (Pa)		161	175	109	137	132	121	112	126	99		136
E_w		221	199	47	84	136	165	69	100	41	234	40
E_A		337	367	227	287	276	254	234	251	207	250	285
COP_A		87	80	100	106	124	106	116	125	150	109	114
COP		52.2	51.8	96.2	81.7	82.9	63.5	89.2	89.8	125.0	56.1	99.7
冷量 Q (kW)		29.1	29.3	26.4	30.3	34.1	26.6	27.1	31.5	31.0	27.2	32.4
单位体积冷量 Q_v (kW/m^3)		254	243	234	198	276	193	217	257	261	138	265

注：第11项*，型号未定。

空气冷却器空气压力损失 (Pa)　　表 21.2-5 (1)

型号	冷却过程	排深	迎面风速 v_y (m/s)									
			1.0	1.2	1.4	1.6	1.8	2.0	2.2	2.4	2.6	2.8	3.0
JW	干冷	2	5.8	8.2	11.0	14.1	17.6	21.5	25.7	30.3	35.3	40.6	46.3
		4	12.2	16.7	21.8	27.4	33.5	40.2	47.4	55.0	63.1	71.7	80.7
		6	17.0	23.4	30.6	38.7	47.6	57.1	67.6	78.7	90.5	103.0	116.3
		8	24.3	33.4	43.6	55.1	67.6	81.1	95.8	111.5	128.1	145.8	164.4
	湿冷	2	25.8	30.4	34.9	39.3	43.7	48.0	52.3	58.5	60.7	64.8	69.0
		4	43.7	52.4	61.0	69.7	78.3	86.9	95.5	104.1	112.8	121.4	130.0
		6	63.5	77.6	91.9	106.5	121.2	136.1	151.2	166.3	181.7	197.1	212.6
		8	72.0	89.8	108.2	127.2	146.6	166.6	186.9	207.7	228.8	250.3	272.1
GLⅡ	干冷	2	6.8	9.6	12.8	16.4	20.4	24.8	29.6	34.8	40.2	46.2	52.6
		4	13.6	19.2	25.6	32.8	40.8	49.6	59.2	69.6	80.4	92.4	105.2
		6	20.4	28.8	38.4	49.2	61.2	74.4	88.8	104.4	120.6	138.6	157.8
		8	27.2	38.4	51.2	65.6	81.6	99.2	118.4	139.2	160.8	184.8	210.4
	湿冷	2	10.9	14.8	19.2	24.2	29.6	35.4	41.4	48.0	55.0	62.4	70.2
		4	21.8	29.6	38.4	48.4	59.2	70.8	82.8	96.0	110.0	124.8	140.4
		6	32.7	44.4	57.6	72.6	88.8	106.2	124.2	144.0	165.0	187.2	210.6
		8	43.6	59.2	76.8	96.8	118.4	141.6	165.6	192.0	220.0	249.6	280.8
UⅡ	干冷	2	10.1	14.6	19.8	25.6	32.4	40.0	48.2	57.2	67.2	77.4	89.2
		4	20.2	29.2	39.6	51.2	64.8	80.0	96.4	114.4	134.4	158.4	178.4
		6	30.3	43.8	59.4	76.8	97.2	120.0	144.6	171.6	201.6	232.2	267.6
		8	40.4	58.4	79.2	102.4	129.6	160.0	192.8	228.8	268.8	309.6	356.8
	湿冷	2	13.2	18.6	24.6	31.4	39.0	47.4	56.4	66.4	76.8	88.0	100.0
		4	26.5	37.2	49.2	62.8	78.0	94.8	112.8	132.8	153.6	176.0	200.0
		6	39.6	55.8	73.8	94.2	117.0	142.2	169.2	199.2	230.4	264.0	300.0
		8	53.0	74.4	98.4	125.6	156.0	189.6	225.6	265.6	307.2	352.0	400.0
KL-1	干冷	2	12.2	17.0	22.6	28.8	35.6	43.2	51.4	60.4	69.8	79.8	90.6
		4	24.4	34.0	45.2	57.6	71.2	86.4	102.8	120.8	139.6	159.6	181.2
		6	36.6	51.0	67.8	86.4	106.8	129.6	154.2	181.2	209.4	239.4	271.8
		8	48.8	68.0	90.4	115.2	142.4	172.8	205.6	241.6	279.2	319.2	362.4
	湿冷	2	12.2	17.4	23.2	30.0	37.6	46.0	55.2	65.2	76.0	87.4	99.8
		4	24.4	34.8	46.4	60.0	75.2	92.0	110.4	130.4	152.0	174.8	199.6
		6	36.6	52.2	69.6	90.0	112.8	138.0	165.6	195.6	228.0	262.2	299.4
		8	48.8	69.6	92.8	120.0	150.4	184.0	220.8	260.8	304.0	349.6	399.2
LT	干冷	4	15.1	21.3	28.5	36.6	45.7	55.7	66.7	78.6	91.3	105.0	119.6
	湿冷	4	30.6	41.5	53.8	67.2	81.8	97.6	114.5	132.4	151.4	171.4	192.4

空气冷却器空气压力损失 (kPa)　　　表 21.2-5 (2)

型号	冷却过程	排深 N	析湿系数 ξ	迎面风速 v_y (m/s)										
				1.0	1.2	1.4	1.6	1.8	2.0	2.2	2.4	2.6	2.8	3.0
SXL-B	干冷	2	1.0	9.0	12.0	15.2	18.6	22.2	26.2	30.4	34.6	39.2	44.0	48.8
		4		18.0	24.0	30.4	37.2	44.4	52.4	60.8	69.2	78.4	88.0	97.6
		6		27.0	36.0	45.6	55.8	66.6	78.6	91.2	103.8	117.6	132.0	146.4
		8		36.0	48.0	60.8	74.4	88.8	104.8	121.6	138.4	156.8	176.0	195.2
	湿冷	2	1.2	19.6	25.2	31.4	36.6	44.6	51.6	59.0	66.6	74.6	82.8	91.2
			2.4	22.2	28.8	37.8	41.6	50.6	60.4	67.0	75.8	84.8	94.0	103.6
		4	1.2	39.2	50.4	62.8	73.2	89.2	103.2	118.0	133.2	149.2	165.6	182.4
			2.4	44.4	57.6	75.6	83.2	101.2	120.8	134.0	151.6	169.0	188.0	207.2
		6	1.2	58.8	75.6	94.2	109.8	133.8	154.8	177.0	199.8	223.8	248.4	273.6
			2.4	66.6	86.4	113.4	124.8	151.8	181.2	201.0	227.4	254.4	282.0	310.8
		8	1.2	78.4	100.8	125.6	146.4	178.4	206.4	236.0	266.4	298.4	331.2	364.8
			2.4	88.8	115.2	151.2	166.4	202.4	241.6	268.0	303.2	339.2	376.0	414.4
KL-2	干冷	2	1.0	13.8	18.0	22.4	27.0	32.0	37.2	42.6	48.2	54.2	60.2	66.4
		4		27.6	36.0	44.8	54.0	64.0	74.4	85.2	96.4	108.4	120.4	132.8
		6		41.4	54.0	67.2	81.0	96.0	111.6	127.8	144.6	162.6	180.6	199.2
		8		55.2	72.0	89.6	108.0	128.0	148.0	170.4	192.8	216.8	240.8	265.6
	湿冷	2	1.2	22.2	27.4	32.6	37.8	43.2	48.8	54.2	59.8	65.6	71.2	77.0
			2.4	25.2	31.1	37.0	42.9	49.1	55.4	61.6	67.9	75.4	80.9	87.5
		4	1.2	44.4	54.8	65.2	75.6	86.4	97.6	108.4	119.6	131.2	142.4	154.0
			2.4	50.4	62.2	74.0	85.8	98.2	110.8	123.2	135.8	149.0	161.8	175.0
		6	1.2	66.6	82.2	97.8	113.4	129.6	146.4	162.6	179.4	196.8	213.6	231.0
			2.4	75.6	93.3	111.0	128.7	147.3	166.2	184.8	203.8	223.5	242.7	262.5
		8	1.2	88.8	109.6	130.4	151.2	172.8	195.2	216.8	239.2	262.4	284.8	308.0
			2.4	100.8	124.4	148.0	171.6	196.4	221.6	246.0	271.2	298.0	323.8	350.0
KL-3	干冷	2	1.0	8.9	12.2	16.0	20.2	25.0	30.0	35.4	41.2	47.4	54.0	61.0
		4		17.8	24.4	32.0	40.8	50.0	60.0	70.8	82.4	94.8	108.0	122.0
		6		26.8	36.6	48.0	61.2	75.0	90.0	106.2	123.6	142.2	162.0	183.0
		8		35.7	48.8	64.0	81.6	100.0	120.0	141.6	164.8	189.6	216.0	244.0
	湿冷	2	1.2	22.2	27.8	33.4	39.2	45.0	51.2	57.4	63.6	70.0	76.6	83.2
			2.4	24.6	30.8	37.0	43.4	49.8	56.7	63.5	70.4	77.5	84.8	92.1
		4	1.2	4.44	55.6	66.8	78.4	90.0	102.4	114.8	127.2	140.0	153.2	166.4
			2.4	49.2	61.6	74.0	86.8	99.8	113.4	127.0	140.8	155.0	169.6	184.2
		6	1.2	66.6	83.4	100.2	117.6	135.0	153.6	172.2	190.8	210.0	229.8	249.6
			2.4	73.8	92.4	111.0	130.2	149.4	170.1	190.5	211.2	232.5	254.4	276.3
		8	1.2	88.8	111.2	133.6	156.8	180.0	204.8	229.6	254.4	280.0	306.4	332.8
			2.4	98.4	123.2	148.0	173.6	199.2	226.8	254.0	281.6	310.0	339.2	368.4

空气冷却器水压力损失 (kPa)　　　表 21.2-6

| 型号 | 排深 N | \multicolumn{11}{c}{水 速 w (m/s)} |
		0.4	0.6	0.8	1.0	1.2	1.4	1.6	1.8	2.0	2.2	2.4	2.6
JW	2	1.4	3.1	5.4	8.3	11.9	15.9	20.7	26.0	31.8	38.2	45.3	52.8
	4	2.2	4.8	8.3	12.8	18.2	24.4	31.7	39.8	48.8	58.6	69.4	79.6
	6	2.5	5.5	9.6	14.8	21.0	28.3	36.7	46.0	56.4	67.8	80.2	93.5
	8	3.5	7.7	13.4	20.6	29.3	39.3	51.1	64.1	78.5	94.3	111.7	130.2
UⅡ GLⅡ	2	4.0	8.5	14.5	22.0	30.8	41.1	52.6	65.4	79.5	94.9	111.5	129.4
	4	8.1	17.1	29.1	44.0	61.6	82.1	105.2	130.9	159.1	189.8	223.0	258.7
	6	12.1	25.6	43.6	66.0	92.4	123.2	157.7	196.3	238.6	284.7	334.6	388.1
	8	16.1	34.1	58.2	88.0	123.2	164.2	210.3	261.7	318.1	379.6	446.1	517.4
SXL-B	2	1.3	2.9	5.2	8.0	11.5	15.5	20.2	25.5	31.3	37.8	44.9	52.6
	4	2.6	5.9	10.3	16.0	22.9	31.0	40.4	50.9	62.7	75.6	89.8	105.1
	6	3.8	8.8	15.5	24.0	34.4	46.6	60.6	76.4	94.0	113.4	134.7	157.7
	8	5.1	11.7	20.6	32.0	45.8	62.1	80.8	101.9	125.4	151.3	179.6	210.2
KL-1	2	1.3	3.2	5.8	9.2	13.5	18.7	24.7	31.6	39.4	48.2	57.8	68.4
	4	2.7	6.3	11.5	18.4	27.0	37.3	49.4	63.2	78.9	96.4	115.7	136.7
	6	4.0	9.4	17.3	27.6	40.5	55.9	74.1	94.8	118.3	144.5	173.5	205.3
	8	5.4	12.6	23.0	36.8	54.0	74.6	98.7	126.4	157.8	192.7	231.4	273.7
KL-2	2	2.2	4.6	7.7	11.5	16.0	21.1	26.8	33.1	40.0	47.5	55.6	64.2
	4	4.4	9.2	15.4	23.0	32.0	42.2	53.6	66.2	80.1	95.1	111.2	128.4
	6	6.6	13.8	23.1	34.5	48.0	63.3	80.4	99.4	120.1	142.6	166.8	192.6
	8	8.8	18.4	30.8	46.0	64.0	84.4	107.2	152.3	160.2	190.2	222.4	256.9
KL-3	2	1.8	3.8	6.4	9.6	13.4	17.7	22.5	27.8	33.7	40.0	46.8	54.1
	4	3.7	7.6	12.8	19.2	26.7	35.3	44.9	55.6	67.3	80.0	93.6	108.3
	6	5.5	11.4	19.2	28.8	40.1	53.0	67.4	83.5	101.0	120.0	140.5	162.4
	8	7.3	15.3	25.7	38.4	53.4	70.6	89.9	111.3	134.6	160.0	187.3	216.5
LT	4	7.6	11.0	14.3	17.6	20.8	24.0	27.1	30.2	33.3	36.3	39.4	42.4

2. 热工校核计算　见表 21.2-7。

已知条件：①空气量 G，②空气初参数 t_{g1}、t_{s1}、h_1，③冷水量 W 和冷水初温 t_{w1}，④冷却器型号、排数。

求解：对空气进行冷却干燥时所能达到的空气终状态和水终温

空气冷却器热工校核计算　　　表 21.2-7

计算步骤	计算内容	计算公式和图表
1	迎面风速 v_y 和水流速 w	1. 由空气冷却器样本查出迎风面积 F_y、每排传热面积 F_d 和通水截面积 f_w 2. 计算迎面风速 $$v_y = \frac{G}{F_y \cdot \rho} \quad \text{m/s} \quad (21.2\text{-}8)$$ 3. 计算水流速 $$w = \frac{W}{f_w \times 10^3} \quad \text{m/s} \quad (21.2\text{-}9)$$

续表

计算步骤	计算内容	计算公式和图表
2	接触系数 ε_2	由表21.2-2，按迎面风速 v_y、排数 N，查得 ε_2
3	空气终状态 t_{g2}、t_{s2}、h_2	1. 先假定空气干球温度 $t_{g2}=t_{w1}+(4\sim6)$ ℃ 2. 计算空气湿球温度 $t_{s2}=t_{g2}-(t_{g1}-t_{s1})(1-\varepsilon_2)$ ℃ (21.2-10) 3. 查 h—d 图，得 h_2
4	析湿系数 ξ	$\xi=\dfrac{h_1-h_2}{c_p(t_{g1}-t_{g2})}$ (21.2-11)
5	传热系数 K	由表21.2-3的相应公式算出传热系数 K
6	热交换效率系数 ε_1	1. 计算传热单元数 $\beta=\dfrac{KF}{\xi Gc_p}$ (21.2-12) 2. 计算水当量比 $\gamma=\dfrac{\xi Gc_p}{Wc}$ (21.2-13) 3. 由 β，γ，查图21.2-3得 ε_1' 4. 计算 $\varepsilon_1=\dfrac{t_{g1}-t_{g2}}{t_{g1}-t_{w1}}$ (21.2-14) 5. 比较 ε_1' 与 ε_1，若接近，可取用
7	水终温 t_{w2}	$t_{w2}=t_{w1}+\dfrac{G(h_1-h_2)}{Wc}$ ℃ (21.2-15)

注：符号同表21.2-1。

21.3 喷 水 室

21.3.1 喷水室设计要点

1. 单级喷水室：用于冷却去湿时，通常采用两排对喷；喷大水量时，采用三排或四排。仅用于加湿时，通常采用一排。喷嘴直径 $d_0 \leqslant 5.5\text{mm}$ 和风量 $L \leqslant 10\times10^4 \text{m}^3/\text{h}$ 时，排间间距可采用 600mm；风量大时，宜采用 1000~1200mm。对于两排喷水室，一般采用对喷（第一排顺喷，第二排逆喷）；采用三排时，第一排顺喷，第二、三排逆喷。喷水管距整流栅和挡水板的距离一般为 200~300mm。喷水压力宜保持 100~150kPa，不宜大于 250kPa。

2. 通过低速喷水室断面的空气质量流速，宜取 $v\rho=2.5\sim3.5\text{kg}/(\text{m}^2 \cdot \text{s})$；通过高速喷水室断面的空气质量流速，一般可取 $v\rho=3.5\sim6.5\text{kg}/(\text{m}^2 \cdot \text{s})$。

3. 喷水室终喷水段前后应分别设置整流栅和挡水板，挡水板与空调器壁间应密封，并应考虑挡水板后气流中的带水量对处理后空气参数的影响。常用的折板形挡水板，当空气质量流速为 $3.6\text{kg}/(\text{m}^2 \cdot \text{s})$ 时，其局部阻力系数为 10.4~11.4。挡水板的过水量不应超过 0.4g/kg。

从瑞士罗瓦公司（Luwa）引进的波形挡水板，当空气的质量流速为 4.2~7.8kg/($\text{m}^2 \cdot \text{s}$) 时，其阻力系数为 3.8，板材采用改性聚氯乙烯塑料。国内已生产 JS 型波形挡水板和在此基础上改进的蛇形挡水板。

4. 冷水温升一般采用 3~5℃。据实测，目前国产空调机组，二排喷水室最大焓降可达 37.7kJ/kg，最大进回水温差可达 6.5℃，三排喷水室最大焓降可达 41.9kJ/kg。

5. 喷水室补充水量可按水量的 2%~4%考虑。

6. 制冷系统采用螺旋管式或直立管式蒸发器时，喷水室的回水，宜利用重力流回蒸发器的水箱。

21.3.2 喷水室构件

1. 整流栅

整流栅又称导流栅或整（导）流板（器），是一种用塑料或尼龙压制而成的方形格栅，瑞士罗瓦公司的整流栅结构如图 21.3-1 所示。方格尺寸为 38mm×38mm，每块格栅尺寸为 608mm×304mm，由每块格栅单件组装而成。格栅断面呈机翼流线型，国内改进为橄榄形，使阻力减小（机翼形阻力系数为 1.1，橄榄形阻力系数仅为 0.6），节省材料，制造工艺简单，价格低。整流栅安装在喷水室入口处，喷淋排管之前。其主要作用是对进入喷水室的空气进行整流，使气流稳定，减少涡流，提高空气与水之间的热湿交换效率。

2. 喷嘴

（1）Y-1 型喷嘴

Y-1 型喷嘴的结构如图 21.3-2a 所示，性能参数曲线见图 21.3-2b。采用 Y-1 型喷嘴的两排或三排的单级喷水室，喷嘴密度为 18~24 个/（m²·排），当在以下工况进

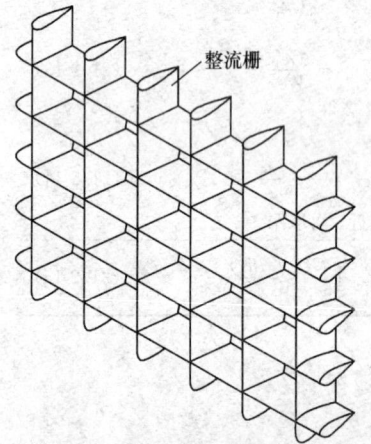

图 21.3-1 瑞士罗瓦公司的整流栅

行试验时：进风干球温度 27℃、进风湿球温度 19.5℃、进口水温差 5℃，喷水段热交换效率应不小于表 21.3-1 规定。

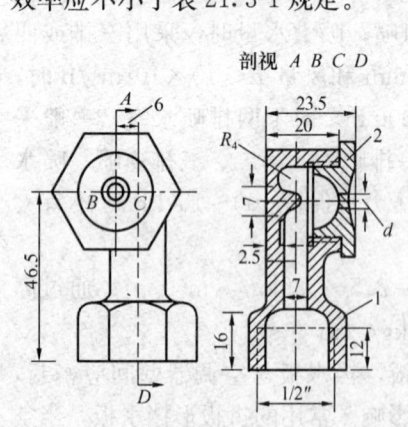

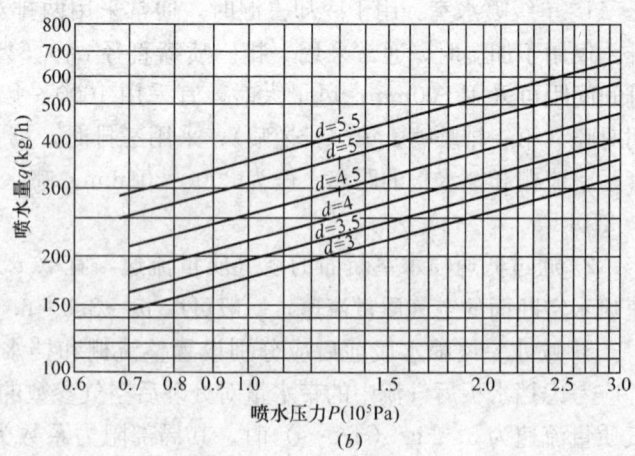

图 21.3-2 Y-1 型喷嘴
1—喷嘴本体；2—喷头
（a）构造；（b）性能曲线

21.3 喷水室

喷水室热交换效率 表21.3-1

迎面风速 v_y	kg/(m²·s)	2.0	2.2	2.4	2.6	2.8	≥3.0
喷嘴直径 d	≥4mm	0.63	0.63	0.64	0.64	0.65	0.68
	<4mm	0.72	0.72	0.73	0.74	0.74	0.78

注：喷嘴直径≥4mm，供水表压117.7kPa；喷嘴直径2.5～3.5mm，供水表压196.1kPa；喷嘴直径2～2.5mm，供水表压345.8kPa。

(2) Luwa 型喷嘴

Luwa 型喷嘴的结构如图 21.3-3 所示。喷嘴主体由塑料制成，孔盖由塑料螺纹与不锈钢抛物面形喷口套压在一起。进水管内流道形状由圆锥形逐渐过渡到方形，使水流在进入旋流室内形成带状薄膜，增加水流的旋转动能。喷嘴与喷排的连接，采用不锈钢或塑料搭扣方式，安装和更换喷嘴较为方便。但由于牢固程度差和易漏水等缺点，国内改用插转式或钢管内衬丝扣式连接。喷排采用一级两排对喷形式，两排间距304mm，喷嘴纵向间距为152mm，喷嘴布置密度为38～41只/(m²·排)。Luwa 型高速喷水室每排喷排喷嘴数量如表21.3-2所示。Luwa 型喷嘴的性能曲线见图21.3-4。喷水量 q 与喷水压力 P 和出口孔径 d_o 之间的关系式为：

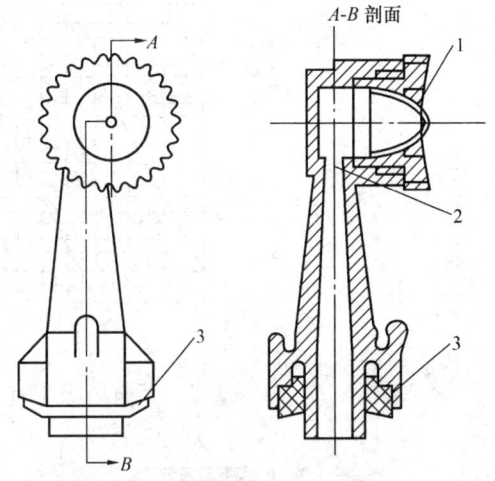

图 21.3-3 Luwa 型喷嘴
1—不锈钢盖；2—矩形流道；3—橡胶密封圈

$$q = 313.17 P^{0.490} d_o^{1.013} \quad (21.3-1)$$

式中 q——喷水量，kg/h；
P——喷水压力，MPa；
d_o——喷嘴出口孔径，mm。

Luwa 型喷嘴出水孔径有 Φ3mm 和 Φ4mm 两种规格。由于孔径较小，实际使用中发现堵塞严重，不能发挥应有的作用，影响热湿交换效果。因此，国内开发研制了 PY 型和 PX 型等大孔径、高效率、防堵型离心式喷嘴。

Luwa 型喷水室每排喷排喷嘴数量 表21.3-2

高度 H (mm)	公称高度 H_1 (mm)	宽度 B (mm)										
		1520	1824	2128	2432	2736	3120	3424	3728	4032	4336	4640	4944
3040	2888 2736			259	296	333	370	407	444	481	518	555	592
2128	1976		150	175	200	225	250	275	300	325	350	375	400
1824	1672	105	126	147	168	189	210	231	252	273	294		
1520	1368	85	102	119	136								
每排排管立管根数		5	6	7	8	9	10	11	12	13	14	15	16

(3) PX 型喷嘴

PX 型喷嘴的结构如图 21.3-5 所示。该类型喷嘴的出口孔径为 6～8mm，喷嘴均采用

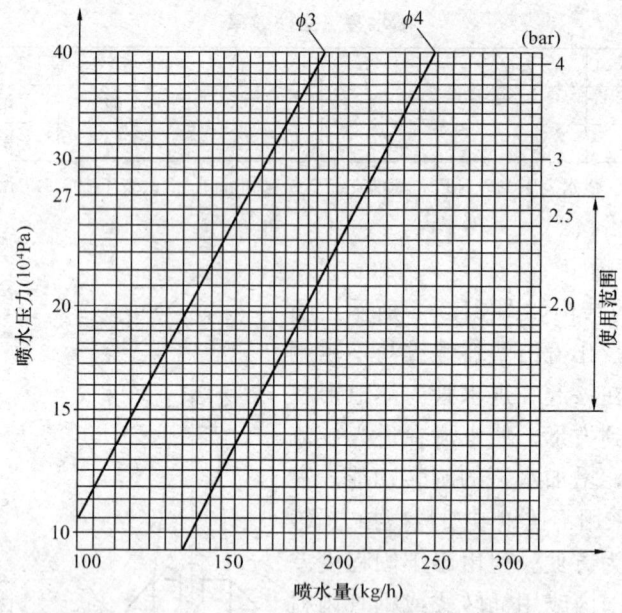

图 21.3-4　Luwa 型喷嘴性能曲线

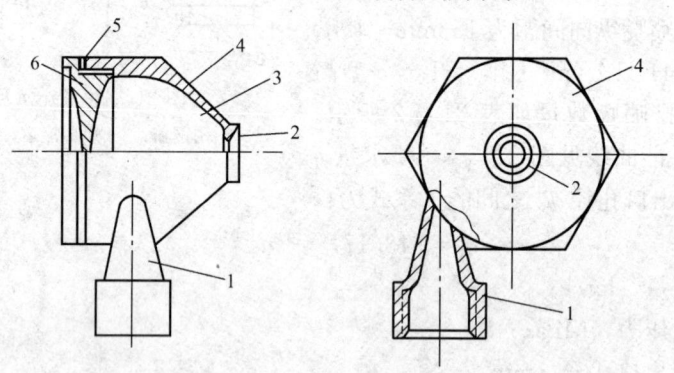

图 21.3-5　PX 型喷嘴结构
1—进水管；2—出口导流扩散管；3—旋流室；4—出口端盖；5—橡胶密封圈；6—后盖

ABS 工程塑料制成。喷嘴出口处设有锥形导流扩散管，可使喷嘴雾化角大大提高，一般在 110°～130°之间，喷出的水滴颗粒细小均匀，雾化效果良好。由于该喷嘴雾化角较大，因此，喷嘴密度大为减小，通常为 6～12 只/（m²·排）。PX 型喷嘴的性能参数见表 21.3-3，性能曲线见图 21.3-6。喷水量 q 与喷水压力 P 和出口孔径 d_o 之间的关系式：

$$q = 73.756 P^{0.475} d_o^{0.844} \tag{21.3-2}$$

（4）PY 型喷嘴

PY 型喷嘴的出口孔径为 6～8mm，喷嘴均采用 ABS 工程塑料制成。喷嘴密度同 PX 型喷嘴。该类型喷嘴有单向喷和双向喷两种形式，其性能参数见表 21.3-4，性能曲线见图 21.3-7。喷水量 q 与喷水压力 P 和出口孔径 d_o 之间的关系式为：

$$q = 266.260 P^{0.313} d_o^{0.368} \tag{21.3-3}$$

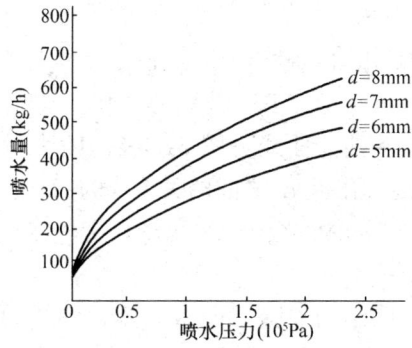

图 21.3-6　PX 型喷嘴性能曲线

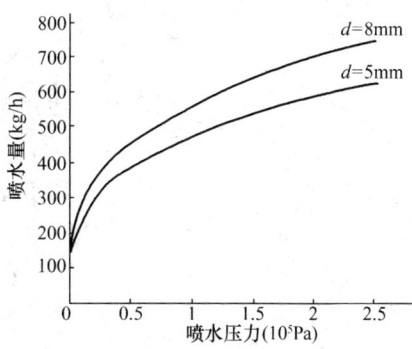

图 21.3-7　PY 型喷嘴性能曲线

PX 型喷嘴性能参数　　　　　　　　　　表 21.3-3

喷嘴规格	性能参数	喷水压力（MPa）											
		0.02	0.04	0.06	0.08	0.10	0.12	0.14	0.16	0.18	0.20	0.22	0.24
进水孔径8mm，出水孔径8mm	喷水量(kg/h)	254	365	420	488	550	581	655	690	761	783	820	915
	雾化角(°)	114	115	116	118	118	120	125	125	126	128	128	128
	射程(m)	0.85	1.10	1.40	1.70	1.85	2.00	2.10	2.25	2.35	2.45	2.50	2.55
进水孔径7mm，出水孔径8mm	喷水量(kg/h)	237	278	411	426	452	470	487	624	634	684	694	727
	雾化角(°)	111	112	115	117	121	123	123	125	125	127	128	128
	射程(m)	0.80	1.05	1.38	1.65	1.82	1.95	2.06	2.20	2.31	2.40	2.47	2.52
进水孔径6mm，出水孔径8mm	喷水量(kg/h)	221	254	392	404	421	432	451	587	603	627	642	665
	雾化角(°)	110	112	114	115	118	119	121	121	123	126	126	128
	射程(m)	0.70	0.92	1.25	1.50	1.68	1.87	1.96	2.05	2.12	2.24	2.35	2.45
进水孔径6mm，出水孔径6mm	喷水量(kg/h)	185	224	246	304	325	350	384	399	431	456	471	492
	雾化角(°)	114	115	116	118	118	120	121	123	125	125	127	127
	射程(m)	0.78	0.82	1.00	1.24	1.40	1.60	1.75	1.80	2.05	2.10	2.15	2.20
进水孔径5mm，出水孔径6mm	喷水量(kg/h)	174	216	227	300	323	346	373	394	411	422	455	482
	雾化角(°)	113	115	115	116	116	119	120	122	123	125	126	127
	射程(m)	0.70	0.75	0.95	1.20	1.35	1.45	1.70	1.75	2.00	2.05	2.10	2.15

PY 型喷嘴性能参数　　　　　　　　　　表 21.3-4

喷水压力	单向喷雾（ϕ8mm）		双向喷雾（ϕ8mm×2）	
	喷水量	雾化角	喷水量	雾化角
10^5Pa	kg/h	(°)	kg/h	(°)
0.4	318	115	390	126
0.6	386	118	471	126
0.8	444	118	540	128
1.0	522	120	591	128
1.2	558	120	630	130
1.4	588	120	675	130
1.6	624	120	750	130
2.0	678	120	820	130
2.5	780	120	910	130
3.0	840	120	990	130
3.5	912	120	1050	130

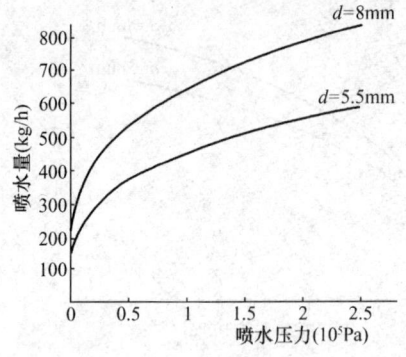

图 21.3-8 FD 型喷嘴性能曲线

(5) FD 型喷嘴

FD 型喷嘴的出口孔径为 6~8mm，喷嘴采用工程塑料聚碳酸酯（PC）及 ABS 工程塑料制成。喷嘴密度同 PX 型喷嘴，其性能曲线见图 21.3-8。喷水量 q 与喷水压力 P 和出口孔径 d_o 之间的关系式为：

$$q = 89.395(10P)^{0.274} d_o^{0.984} \qquad (21.3-4)$$

(6) 撞击流式喷嘴

撞击流式喷嘴结构如图 21.3-9 所示，性能参数见表 21.3-5 所示。水流通过两个直流短管喷嘴相向喷射，由于水流的惯性作用，一侧水流穿过撞击面渗入相向水流，并往复作减幅振荡运动，产生一个高度湍流区，在这个区域中，渗透水流与相向水流间的最大速度可达两倍流体速度，往返渗透作用使撞击区的平均停留时间延长；另外，撞击可造成液滴的破碎和磨损，促使表面更新并使其表面积增大，从而达到水流的雾化作用。

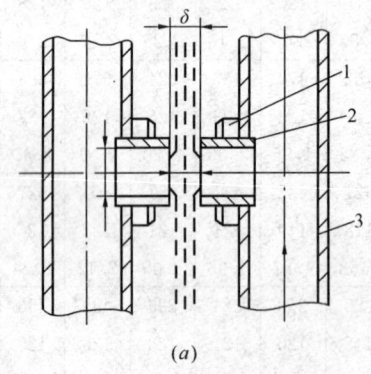
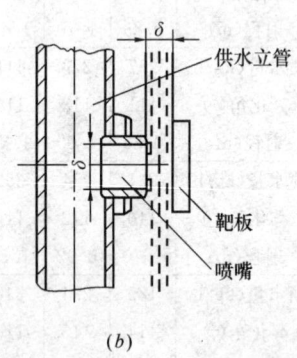

图 21.3-9 流体动力式喷水室撞击流式喷嘴
1—紧箍螺母；2—喷嘴；3—供水立管
(a) 对喷式；(b) 靶式

撞击流式喷嘴喷水量　　　　　表 21.3-5

间距 δ (mm)	喷水量 (kg/h)			
	喷水压力 P (MPa)			
	0.05	0.10	0.15	0.20
0.5	1620	2280	2640	3000
1	1920	3000	2600	3920
2	2520	4030	4920	5880
3	2880	4440	5400	6480
4	3240	4920	6000	7200
5	3300	4920	6120	7040
6	3240	5040	6000	7040
7	3300	4860	6000	7100

3. 挡水板

挡水板可采用塑料、玻璃钢或金属等材料制成。结构如图 21.3-10 所示，板面由 S 形

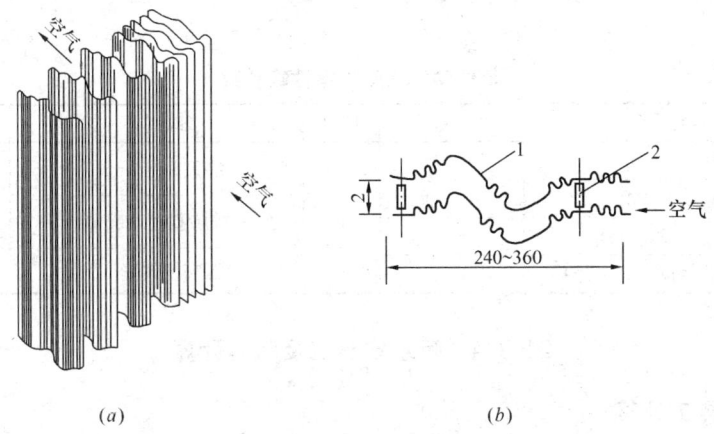

图 21.3-10 波形挡水板
1—挡水板；2—隔套

大波纹和沟槽式小波纹构成。大波纹构成的流道引导气流使其平稳地沿圆弧改变运动方向，从而可减少涡流，降低气流的流动阻力（比折形挡水板小 65%～75%）；小波纹沟槽则可使分离的水滴顺利地流入水池内，而不会被后来的气流吹散，因而具有较高的挡水效率（高达 99.98%）。波形挡水板的板间距为 20～25mm，板宽 270mm。国内在波形挡水板的基础上，开发了宽间距（30mm）和少滤水沟槽的蛇形挡水板。与波形挡水板相比，蛇形挡水板的阻力损失较小（阻力系数为 3.06，而波形挡水板阻力系数为 3.8），制造工艺简单，节省材料，降低了成本，且便于安装加固。

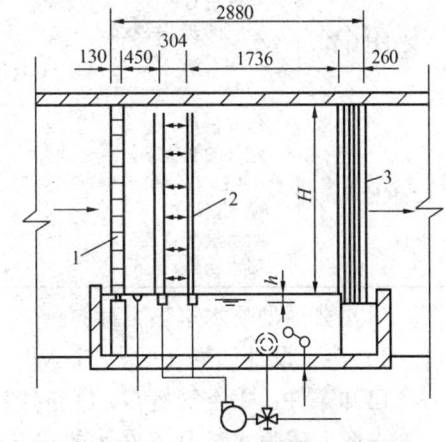

图 21.3-11 Luwa 型喷水室
1—整流栅；2—喷排；3—波形挡水板；
H—喷水室高度；h—水位距离

21.3.3 Luwa 型高速喷水室及流体动力式喷水室

1. Luwa 型高速喷水室

Luwa 型高速喷水室中主要构件整流栅 1、喷排 2 与波形挡水板 3 之间的相互距离，如图 21.3-11 所示。构件规格与计算面积见表 21.3-6。

Luwa 型喷水室构件规格与计算面积　　表 21.3-6

高度 H (mm)	公称高度 H_1 (mm)	计 算 面 积 (m²)										
		宽度 B (mm)										
		1520	1824	2128	2432	2736	3120	3424	3728	4032	4336	4640	4944
3040	2888 2736			5.8	6.6	7.4	8.3	9.2	10.0	10.8	11.7	12.5	13.4
2128	1976		3.6	4.2	4.8	5.3	6.0	6.7	7.3	7.9	8.5	9.1	9.7
1824	1672	2.5	3.0	3.5	4.0	4.5	3.1	2.6	6.1	6.6	7.2		
1520	1368	2.08	2.5	2.9	3.35								

2. 流体动力式喷水室

流体动力式喷水室是以撞击流式喷嘴为核心的新型喷水室。其主要设计性能参数见表21.3-7。

流体动力式喷水室性能参数　　　　　表21.3-7

序号	参数单位	数值范围	序号	参数单位	数值范围
1	迎面风速（m/s）	0～3	5	喷嘴间距（mm）	3～5
2	喷水压力（MPa）	0.15～0.2	6	喷嘴孔径（mm）	4～6
3	水气比（kg/kg）	0.35～0.5	7	热湿交换效率（%）	90～95
4	喷嘴密度［对/（m²·排）］	2～3			

21.3.4 喷水室热工及阻力计算

1. 喷水室热工计算

喷水室热工计算可按未知数特点分为设计性和校核性两种计算类型，详见表21.3-8。

喷水室的计算类型　　　　　表21.3-8

计算类型	已 知 条 件	计 算 内 容
设计性计算	空气量 G 空气的初、终状态 t_{g1}、t_{s1} $(h_1\cdots\cdots)$ t_{g2}、t_{s2} $(h_2\cdots\cdots)$	喷水室结构（选定后成为已知条件） 喷水量 W（或 μ）　水的初、终温度 t_{w1}、t_{w2}
校核性计算	空气量 G 空气的初状态 t_{g1}、t_{s1} $(h_1\cdots\cdots)$ 喷水室结构 喷水量 W（或 μ） 喷水初温 t_{w1}	空气的终状态 t_{g2}、t_{s2} $(h_2\cdots\cdots)$ 水的终温 t_{w2}

(1) 普通型喷水室热工计算

1) 热工设计计算（见表21.3-9）

已知条件：①空气量 G，②空气初终状态 t_{g1}、t_{g2}、t_{s1}、t_{s2}、h_1、h_2。

求解：①喷水量 W，②水的初终温度 t_{w1}、t_{w2}，③喷水室结构。

普通型喷水室热工设计计算　　　　　表21.3-9

计算步骤	计 算 内 容	计 算 公 式	
1	接触系数 η_2	$\eta_2 = 1 - \dfrac{t_{g2}-t_{s2}}{t_{g1}-t_{s1}}$	(21.3-5)
2	η_2 实验公式	1. 选用喷水室结构，计算 v_p 2. 查取相应空气处理过程 η_2 的实验公式 $\eta_2 = A'(v_p)^{m'}\mu^{n'}$	(21.3-6)
3	求 μ 值	1. 使 η_2 的式（21.3-5）与式（21.3-6）两式相等 2. 求出 μ 值	
4	求喷水量 W	$W = \mu G$ kg/h	(21.3-7)
5	热交换系数 η_1	$\eta_1 = 1 - \dfrac{t_{s2}-t_{w2}}{t_{s1}-t_{w1}}$	(21.3-8)

续表

计算步骤	计算内容	计算公式
6	η_1 实验公式	查取相应的空气处理过程 η_1 的实验公式 $\eta_1 = A(v_\rho)^m \mu^n$ (21.3-9)
7	热平衡方程式	$h_1 - h_2 = \mu c_w (t_{w2} - t_{w1})$ (21.3-10)
8	水的初、终温度 t_{w1}、t_{w2}	联立式 (21.3-8) 和式 (21.3-9)，求得 t_{w1}、t_{w2}

2) 热工校核计算（见表 21.3-10～表 21.3-12）

已知条件：①空气量 G，②空气初状态 t_{g1}、t_{s1}、h_1，③水量 W，④水初温 t_{w1}。

求解：①空气终状态 t_{g2}、t_{s2}、h_2，③水终温 t_{w2}。

普通喷水室热工校核计算　　　　　表 21.3-10

计算步骤	计算内容	计算公式
1	水气比 μ	$\mu = \dfrac{W}{G}$ (21.3-11)
2	η_1，η_2	按选喷水室结构的相应空气处理过程的两个实验公式，求出： $\eta_1 = A(v_\rho)^m \mu^n$ (21.3-12) $\eta_2 = A'(v_\rho)^{m'} \mu^{n'}$ (21.3-13)
3	t_{s2}，t_{w2}	1. $\eta_1 = 1 - \dfrac{t_{s2}-t_{w2}}{t_{s1}-t_{w1}}$ (21.3-14) 2. $a_1 t_{s1} - a_2 t_{s2} = c_w \mu (t_{w2} - t_{w1})$ (21.3-15) 3. 联立式 (21.3-14) 和式 (21.3-15) 求得 t_{s2}，t_{w2}
4	t_{g2}	$\eta_2 = 1 - \dfrac{t_{g2}-t_{s2}}{t_{g1}-t_{s1}}$，求得 t_{g2} (21.3-16)
5	h_2	$h_1 - h_2 = \mu c_w (t_{w2} - t_{w1})$，求得 h_2 (21.3-17)

表中符号：

G——通过喷水室的空气量，kg/h；

W——喷水量，kg/h；

t_{g1}、t_{g2}——空气初、终状态干球温度，℃；

t_{s1}、t_{s2}——空气初、终状态湿球温度，℃；

h_1、h_2——空气初、终状态的焓，kJ/kg；

η_1——喷水室热交换效率系数；

η_2——喷水室接触系数；

μ——水气比（或喷水系数）$\mu = \dfrac{W}{G}$，kg/kg；

空气冷却干燥过程，取 $\mu = 1 \sim 1.5$；

空气绝热加湿过程，取 $\mu = 0.5 \sim 1$；

c_w——水的比热，在常温下为 4.19kJ/kg；

v——空气流速，m/s；

ρ——空气密度，kg/m³；

A、A'、m、m'、n、n'——实验得出的系数和指数；见表 21.3-11；

a——空气的焓与湿球温度的比值，见表 21.3-12。

热交换效率 η_1、η_2 实验公式　　　　　表 21.3-11

	过程特性	单排顺喷	双排对喷
一级喷水室	减焓冷却去湿	$\eta_1 = 0.635 (v_\rho)^{0.245} \mu^{0.42}$ $\eta_2 = 0.662 (v_\rho)^{0.25} \mu^{0.67}$	$\eta_1 = 0.745 (v_\rho)^{0.07} \mu^{0.265}$ $\eta_2 = 0.755 (v_\rho)^{0.12} \mu^{0.27}$
	减焓冷却加湿	—	$\eta_1 = 0.76 (v_\rho)^{0.12} \mu^{0.234}$ $\eta_2 = 0.835 (v_\rho)^{0.04} \mu^{0.23}$
	等焓加湿	$\eta_2 = 0.8 (v_\rho)^{0.25} \mu^{0.4}$	$\eta_2 = 0.75 (v_\rho)^{0.15} \mu^{0.29}$
	增焓降温加湿	$\eta_1 = 0.855 (v_\rho)^{0.09} \mu^{0.061}$ $\eta_2 = 0.8 (v_\rho)^{0.13} \mu^{0.42}$	$\eta_1 = 0.82 (v_\rho)^{0.09} \mu^{0.11}$ $\eta_2 = 0.84 (v_\rho)^{0.05} \mu^{0.21}$

过程特性		单排顺喷	双排对喷
一级喷水室	增焓等温加湿	$\eta_1=0.87\,(v_\rho)^{0.05}$ $\eta_2=0.89\,(v_\rho)^{0.06}\mu^{0.29}$	$\eta_1=0.81\,(v_\rho)^{0.1}\mu^{0.135}$ $\eta_2=0.88\,(v_\rho)^{0.03}\mu^{0.15}$
	增焓加热加湿	$\eta_1=0.86\mu^{0.09}$ $\eta_2=1.05\mu^{0.25}$	—
	二级喷水室冷却去湿	—	$\eta_1=0.945\,(v_\rho)^{0.1}\mu^{0.36}$ $\eta_2=1$

空气的焓与湿球温度的比值　　　　表 21.3-12

大气压力 (Pa)	湿球温度 t_s (℃)					
	5	10	15	20	25	30
101325	3.73	2.93	2.81	2.87	3.06	3.21
99325	3.77	2.98	2.84	2.90	3.08	3.23
97325	3.90	3.01	2.91	2.97	3.14	3.28
95325	3.94	3.06	2.94	2.98	3.18	3.31

(2) Luwa 型喷水室热工计算

Luwa 型喷水室热工设计性计算步骤见表 21.3-13，校核性计算步骤见表 21.3-14。Luwa 型高速喷水室（风速范围为 3.5～6.5m/s）的热交换比（SWU）和热湿交换效率 η_B 线图分布见图 21.3-12 和图 21.3-13。Luwa 型低速喷水室（风速范围为 2～3m/s）的 SWU 和 η_B 线图分布见图 21.3-14 和图 21.3-15（图中"排"为喷淋排管的排数）。

Luwa 型喷水室热工设计计算　　　　表 21.3-13

计算步骤	计算内容
1	假定喷水室内风速（3.5～6.5m/s）求断面积 F
2	按已有的高速喷水室规格（表 21.3-6）确定喷水室断面尺寸，并求出实际风速 v
3	按公式 $\eta_B=1-\dfrac{t_{g2}-t_{s2}}{t_{g1}-t_{s1}}$ 求热湿交换效率 η_B
4	选定喷嘴孔径（ϕ3mm、ϕ4mm）根据 v 和 η_B 值按图 21.3-13 确定需要的喷水压力
5	根据图 21.3-4 确定每个喷嘴的喷水量，计算出总喷水量 W
6	根据 v 及 W/F，按图 21.3-12 求热交换比（SWU）
7	计算处理空气需要的冷量 Q
8	令 $Q_0=Q$，根据 $AED=Q_0/F\cdot SWU$ 求 AED
9	按 $h_{W1}=h_1-AED$ 求 h_{W1} 和与之相对应的 t_{W1}
10	根据热平衡式求水终温度 t_{W2}

Luwa 型喷水室热工校核计算　　　　表 21.3-14

计算步骤	计 算 内 容
1	根据风量及喷水室断面积求风速 v
2	根据每个喷嘴的喷水量，按图 21.3-4 求喷水压力
3	按喷水压力，喷嘴孔径及风速 v，根据图 21.3-13 查找 η_B
4	假定 t_2，根据 $\eta_B = 1 - \dfrac{t_{g2} - t_{s2}}{t_{g1} - t_{s1}}$ 计算 t_{s2}，并由 t_{s2} 得到 h_2
5	按 $Q = G(h_1 - h_2)$ 求处理空气需要的冷量
6	根据 v 及 W/F，按图 21.3-12 求 SWU
7	按 $Q_0 = SWU \cdot F \cdot (h_1 - h_{w1})$，求喷水室能提供的冷量
8	比较 Q 与 Q_0，如果两者不相等，证明所设的 t_2 不合适，需要重新假定，并重复上述步骤，直到 Q 与 Q_0 的偏差满足一定的精度要求为止

表 21.3-13～表 21.3-14 及图 21.3-12～图 21.3-15 中符号说明：

SWU——热交换比；

η_B——热湿交换效率（接触系数）；

AED——空气与水的初始焓差，kJ/kg；

Q_0——喷水室能提供的冷量，W；

Q——处理空气需要的冷量，W；

h_1, h_2——空气初、终状态的焓，kJ/kg；

t_{w1}, t_{w2}——水的初、终温度，℃；

t_{g1}, t_{g2}——空气初、终状态干球温度，℃；

t_{s1}, t_{s2}——空气初、终状态湿球温度，℃；

h_{w1}——与喷水初温 t_{w1} 相对应的饱和空气的焓，kJ/kg；

F——喷水室的断面积，m^2；

v——喷水室内空气流速，m/s；

W——喷水量，kg/h；

G——通过喷水室的空气量，kg/h；

μ——水气比（喷水系数），kg/kg，表示处理每 kg 空气所用的水量。对于 Luwa 型喷水室，μ 一般在 0.6 左右。

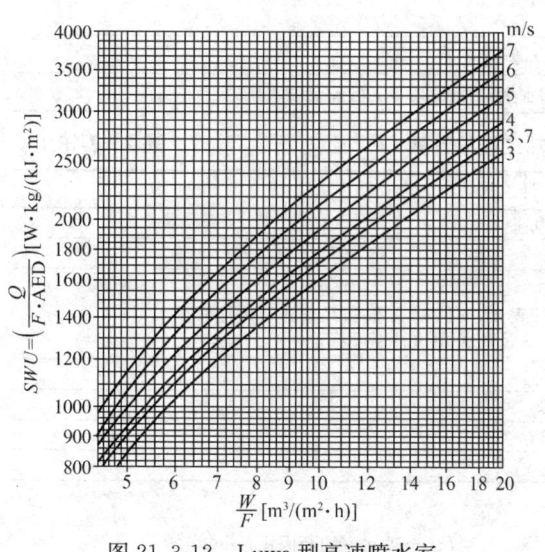

图 21.3-12　Luwa 型高速喷水室的热交换比（SWU）

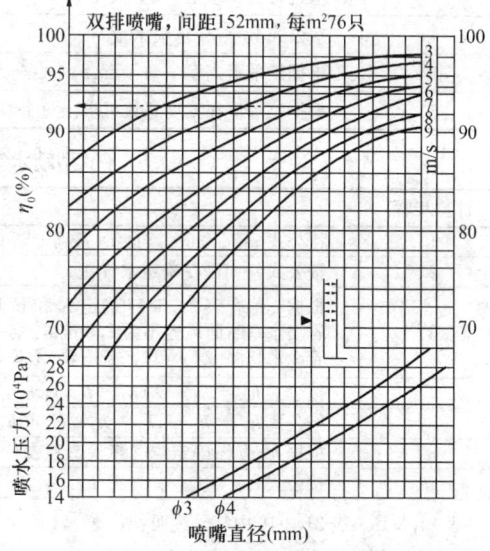

图 21.3-13　Luwa 型高速喷水室的热湿交换效率 η_B

(3) PY 型喷水室热工计算

PY 型喷水室热工设计性计算步骤见表 21.3-15，校核性计算步骤见表 21.3-16。PY 型单级双排喷水室冷却干燥工况传热效率 X 和通用热交换效率（接触系数）E 见表 21.3-17。PY

型喷水室断面风速和冷水温度修正系数分布见表 21.3-18 和表 21.3-19 所示。PY 型喷水室第 I 级通常采用循环水喷淋，循环级水气比为 μ_1；第 II 级采用冷水喷淋，水气比为 μ_2，两级水气比之比值 S（$S=\mu_1/\mu_2$）在热工性能图（图 21.3-16）上可查取。PY 型喷水室中喷嘴设计最小密度曲线（喷嘴工作压力通常为 0.06～0.15MPa）如图 21.3-17 所示。

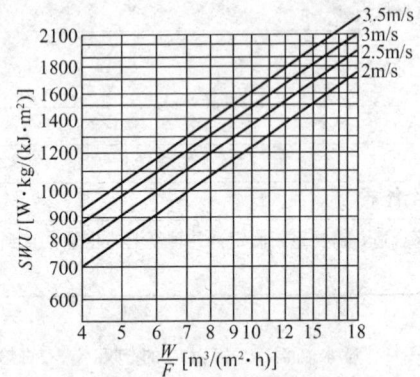

图 21.3-14 Luwa 型低速喷水室的热交换比（SWU）

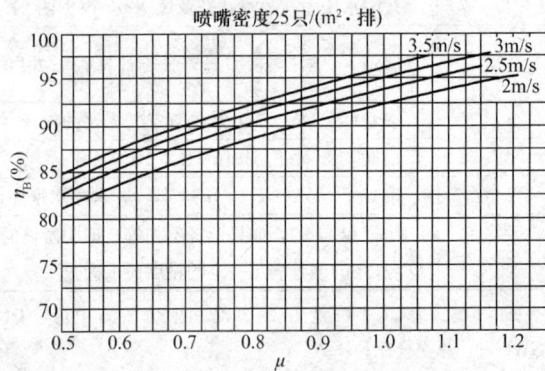

图 21.3-15 Luwa 型低速喷水室的热湿交换效率 η_B

PY 型喷水室热工设计计算　　　　　　　　　　　　　　　表 21.3-15

计算步骤	计 算 内 容
1	按公式 $E=\dfrac{h_1-h_2}{h_1-h_3}$ 确定接触系数 E
2	若喷水室断面风速不为 2.5m/s，则应按表 21.3-18 对 E 值进行风速修正
3	按公式 $h_{w1}=h_1-(h_1-h_2)/X$，求和与之相对应的 t_{w1}，若 $t_{w1}\geqslant 7℃$，需按表 21.3-19 对 E 和 X 值进行温度修正
4	按公式 $W=\mu G$ 求喷水量 W
5	根据热平衡式 $h_1-h_2=\mu c_w(t_{w2}-t_{w1})$，确定冷水终温 t_{w2}
6	根据喷水量和喷嘴总数可求出每个喷嘴水量，查图 21.3-7 可确定喷水压力

PY 型喷水室热工校核计算　　　　　　　　　　　　　　　表 21.3-16

计算步骤	计 算 内 容
1	按公式 $v=G/3600\times 1.2\times F$ 确定断面风速
2	按公式 $\mu=W/G$ 确定水气比
3	根据 μ 值查表 21.3-17 确定 X 和 E 值 若喷水室断面风速不为 2.5m/s，则应按表 21.3-18 对 X 值和 E 值进行风速修正 若冷水初温 $t_{w1}\geqslant 7℃$，需按表 21.3-19 对 E 和 X 值进行温度修正
4	按公式 $h_2=h_1-X(h_1-h_{w1})$，求 h_2 值
5	按公式 $h_3=h_1-(h_1-h_2)/E$，求 h_3 值
6	根据 h-d 图确定空气终状态参数 t_2 和 t_{s2}
7	按公式 $t_{w2}=t_{w1}+(h_1-h_2)/\mu c$，求 t_{w2} 值

表 21.3-15、表 21.3-16 中符号说明：

E——接触系数；
X——传热效率；
h_1,h_2——空气初、终状态的焓，kJ/kg；
h_3——空气饱和状态的焓，kJ/kg；
t_{w1},t_{w2}——水的初、终温度，℃；
t_{g2},t_{s2}——空气终状态的干球温度和湿球温度，℃；
F——喷水室的断面积，m^2；
v——喷水室内空气流速，m/s；
W——喷水量，kg/h；
μ——水气比；
G——通过喷水室的空气量，kg/h；
c——水的定压比热，在常温下为 4.19kJ/kg。

PY 型单级双排逆喷喷水室冷却干燥工况传热效率 X 和接触系数 E　　表 21.3-17

μ	0.4	0.5	0.6	0.7	0.8	0.9	1.0	1.1
E	0.830	0.839	0.860	0.869	0.904	0.908	0.917	0.929
X	0.304	0.352	0.399	0.437	0.485	0.513	0.542	0.570
μ	1.2	1.3	1.4	1.5	1.6	1.7	1.8	1.9
E	0.931	0.934	0.937	0.940	0.941	0.942	0.943	0.945
X	0.590	0.609	0.627	0.643	0.657	0.670	0.681	0.693

注：实验条件 PY 型单侧喷水喷嘴，喷嘴孔径 8mm，喷嘴密度 10 只/（m²·排），空气的质量流速 $v_p=3$kg/（m²·s）

PY 型喷水室风速修正系数　　表 21.3-18

断面风速（m/s）	1.5	2.0	2.5	3.0	3.5	4.0	5.0
X 值的修正系数	1.05	1.03	1.00	0.96	0.95	0.935	0.914
E 值的修正系数	1.01	1.003	1.00	0.994	0.988	0.984	0.978

PY 型喷水室冷水温度修正系数　　表 21.3-19

冷水温度（℃）	X 值的修正系数	E 值的修正系数	冷水温度（℃）	X 值的修正系数	E 值的修正系数
7	1.000	1.000	14	0.914	0.956
8	0.992	0.996	15	0.901	0.949
9	0.982	0.990	16	0.888	0.942
10	0.966	0.984	17	0.878	0.934
11	0.951	0.976	18	0.862	0.928
12	0.940	0.970	19	0.847	0.920
13	0.927	0.962			

注：当效率修正后，单级双排 $X \geqslant 0.729$ 时，$X=0.729$；$E \geqslant 0.995$ 时，$E=0.995$。
当效率修正后，单级双排 $X \geqslant 0.75$ 时，$X=0.75$；$E \geqslant 1.0$ 时，$E=1.0$。

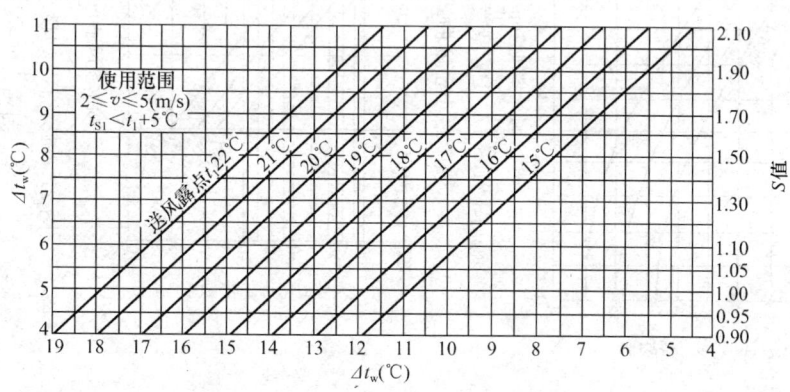

图 21.3-16　PY 型喷水室热工性能图

2. 喷水室压力损失计算

（1）普通型喷水室压力损失计算

喷水室压力损失计算见表 21.3-20。

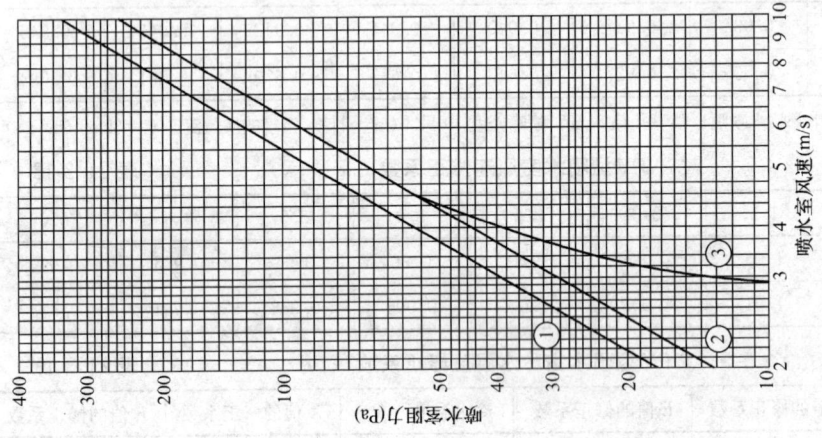

图 21.3-19 Luwa 型喷水室阻力
1—双排对喷；2—单排逆喷；3—单排顺喷

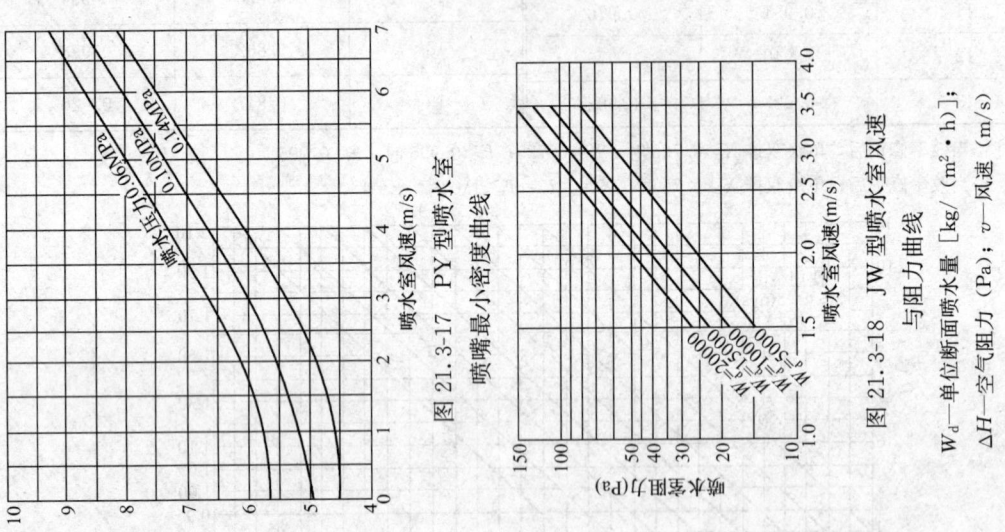

图 21.3-17 PY 型喷水室喷嘴最小密度曲线

图 21.3-18 JW 型喷水室风速与阻力曲线

W_d—单位断面喷水量 [kg/(m²·h)]；
ΔH—空气阻力 (Pa)；v—风速 (m/s)

喷水室压力损失　　　　　　　　　表 21.3-20

计算项目	计算公式	计算项目	计算公式
整流栅压力损失 ΔP_1	$\Delta P_1 = (1.1 \sim 1.7) \dfrac{\rho v^2}{2g}$ (21.3-18)	挡水板压力损失 ΔP_3	$\Delta P_3 = (3.8 \sim 5.4) \dfrac{\rho v^2}{2g}$ (21.3-20)
喷排压力损失 ΔP_2	$\Delta P_2 = (1.1 \sim 1.6) \dfrac{\rho v^2}{2g}$ (21.3-19)	水苗的压力损失 ΔP_4	$\Delta P_4 = 120 \eta P \mu$ (21.3-21)

表 21.3-20 中符号说明：

v——喷水室断面风速，m/s；

ρ——空气密度，kg/m³；

g——重力加速度，$g=9.81$ m/s²；

η——水苗的阻力系数（单排顺喷 $\eta=-0.22$，单排逆喷 $\eta=0.13$，对喷 $\eta=0.075$）；

P——喷嘴前压力，Pa；

μ——水气比。

挡水板的局部阻力系数见表 21.3-21。

挡水板的阻力系数　　　　　　　　　表 21.3-21

挡水板构造和规格	局部阻力系数	挡水板构造和规格	局部阻力系数
(1) 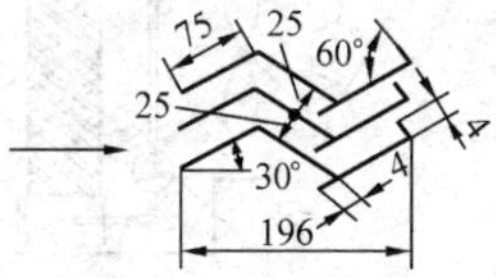	10.4	(3) 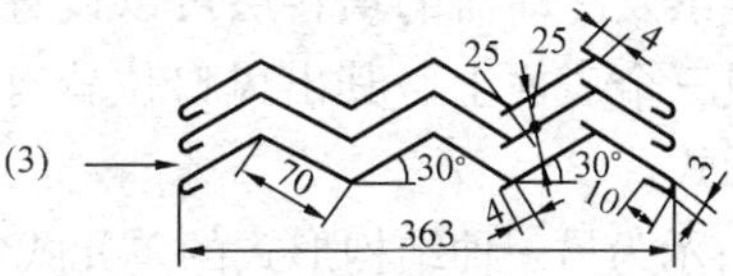	12.5
(2) 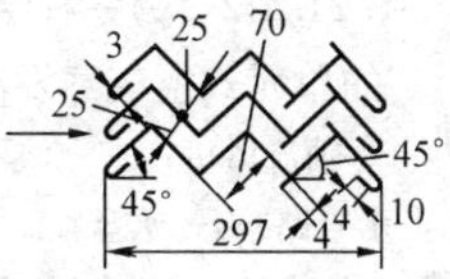	22.0	(4) 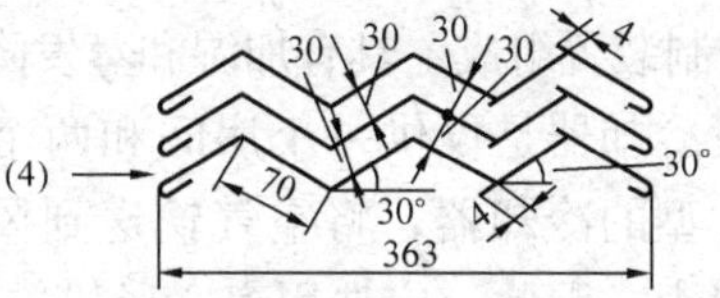	11.4

注：波形挡水板的阻力系数为 4.0 左右。整流栅的阻力系数接近于 1。

除了上述计算方法外，有些设备厂提供了设备性能曲线，可直接查图，见图 21.3-18。

(2) Luwa 型喷水室压力损失计算

Luwa 型高速喷水室的阻力也可直接查图 21.3-19。

21.4 蒸发冷却器

21.4.1 直接蒸发冷却器

1. 直接蒸发冷却器的类型

直接蒸发冷却器是通过空气与淋水填料层直接接触，把自身的显热传递给水而实现冷却的，因此，喷淋水的温度必须低于待处理空气的温度。与此同时，淋水因吸收空气中的热量而不断地蒸发;蒸发后的水蒸气又被气流带走,其结果是空气的温度降低,湿度增加。所以,这种用空气的显热换得潜热的处理过程,既可称为空气的直接蒸发冷却,又可称为空气的绝热降温加湿。它适用于低湿度地区,如我国海拉尔——锡林浩特——呼和浩特——西宁——兰州——甘孜一线以西的地区(如甘肃、新疆、内蒙、宁夏等省区)。

直接蒸发冷却器目前主要有两种类型:一类是将直接蒸发冷却装置与风机组合在一起,成为单元式空气蒸发冷却器;另一类是将该装置设在组合式空气处理机组内作为直接蒸发冷却段。

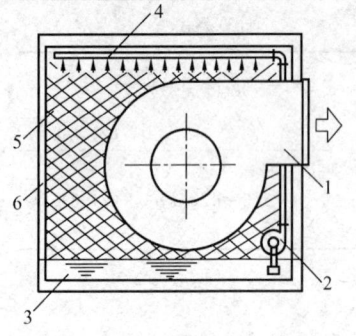

图 21.4-1 单元式空气蒸发
冷却器结构示意图
1—离心风机;2—水泵;3—集水盘;
4—喷水管路;5—填料层;6—箱体

(1) 单元式直接蒸发冷却器

单元式空气蒸发冷却器通常是由风机、水泵、集水盘、喷水管路及喷嘴、填料层、自动水位控制器和箱体组成,如图 21.4-1 所示。室外热空气通过填料,在蒸发冷却的作用下,热空气被冷却。水泵将水从底部的集水盘送到顶部的布水系统,由布水系统均匀地淋洒在填料上,水在重力作用下,回到集水盘。被冷却的空气可通过送风格栅直接送到房间或输送到风管系统,由送风系统输送到各个房间。

单元式空气蒸发冷却器的填料层可以设置在箱体的一个表面,两个表面或三个表面上。其出风口位置有下出风、侧出风和上出风三种形式。

图 21.4-2 所示为另一种结构形式的单元式空气蒸发冷却器。它是由轴流风机、水泵、喷水管路(含水过滤器)、填料层、自排式水盘和电控制装置组成,具有加湿和蒸发降温的双重功能。

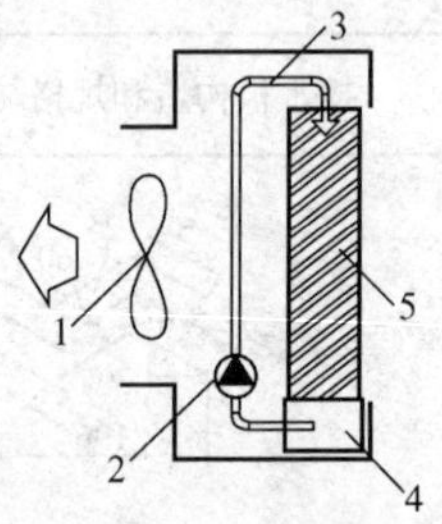

单元式蒸发冷却器是仅供一个房间和两个房间的小型冷却器。而对于较大型的冷却器,将空气输送到风管系统中,需克服较高的气流阻力,因此,应选用离心风机。离心风机运行时噪声较低,它的效率仅是轴流风机效率的一半。大多数单元式蒸发冷却器采用双速电机,电机的结构可以做到防水,且允许 50℃ 的温升。

图 21.4-2 另一种结构形式
的单元式空气蒸发冷却器
1—轴流风机;2—水泵;3—喷
水管路;4—水盘;5—填料层

单元式蒸发冷却器的水泵通常采用小型的潜水离心泵,水泵由安装在集水盘水平面上的干燥位置上的风冷式电机通过一垂直的轴来驱动。这种水泵价格便宜,运行寿命长,无需维护,但宜干燥运行。

(2) 组合式空气处理机组的蒸发冷却段

组合式空气处理机组的蒸发冷却段如图 21.4-3 所示。它是由填料层、挡水板、水泵、集水箱、喷水管、泵吸入管、溢流管、自动补水管、快速充水管及排水管等组成。

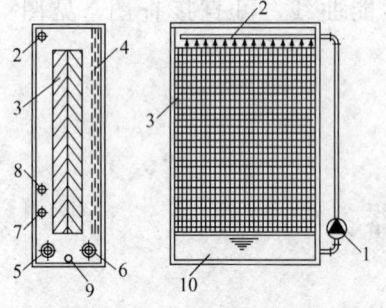

图 21.4-3 组合式空气处理
机组的蒸发冷却段
1—水泵;2—喷水管;3—填料层;4—挡
水板;5—泵吸入管;6—溢流管;7—自动
补水管;8—快速充水管;9—排水管;
10—集水箱

组合式空气处理机组的蒸发冷却段与喷淋段相比,具有更高的冷却效率,由于不需消耗喷嘴前压力(约

0.2MPa左右），所需的水压很低，用水量也少，因此，较喷淋段节能10倍左右。同时，也不会因水质不好而导致喷嘴堵塞现象发生。并且体积比喷淋段小得多，对灰尘的净化效果比喷淋段好。

组合式空气处理机组的蒸发冷却段还兼有加湿段的功能，即前面空气加湿器中提到的湿膜加湿器，达到对空气的加湿处理作用。

2. 直接蒸发冷却器填料的性能

填料或介质是直接蒸发冷却器的核心构件，理想的填料应具有以下特征：

(1) 气流阻力最小。
(2) 有最大的空气—水接触面积。
(3) 气流阻力、空气—水接触面积及水流等的均匀分布。
(4) 能阻止化学或生物的分解退化。
(5) 具有自我清洁空气中尘埃的能力。
(6) 经久耐用，使用周期性能保持稳定。
(7) 投资低。

目前常用的填料有有机填料，无机填料和金属填料三类。有机填料如瑞典Munters公司的CELdek，它是由加入了特殊化学原料的植物纤维纸浆制成。$1m^3$的CELdek填料可提供$440\sim660m^2$的接触面积。无机填料如Munters公司的GLASdek，它是以玻璃纤维为基材，经特殊成分树脂浸泡，再经烧结处理的高分子复合材料。GLASdek填料具有较强的吸水性，$1m^3$的GLASdek可吸水100kg。金属材料主要有铝合金填料和不锈钢填料两种，金属铝箔填料的比表面积为$400\sim500m^2/m^3$。国家空调设备质量监督检验中心对三种主要填料的检验结果如表21.4-1所示。

国家空调设备检验中心对三种填料的检验结果　　　　表21.4-1

湿材类型	加填料前			加填料后		测试结果		
	干球温度（℃）	湿球温度（℃）	迎面风速（m/s）	干球温度（℃）	湿球温度（℃）	填料前后温差（℃）	加湿量（g/kg）	风侧阻力（Pa）
有机	40.02	24.99	2.59	32.66	25.48	7.36	4.06	36.8
无机	40.06	23.54	2.45	29.58	23.74	10.48	9.70	26.7
金属	40.01	23.50	2.61	37.10	25.01	2.91	3.63	38.4

从填料的热工性能来看，三种填料中GLASdek最好。但综合考虑了填料的防腐、耐久、防火、除尘及经济等性能后，金属填料的综合性能最好，因此，目前在工程中应用最广。

3. 直接蒸发冷却器的热工计算和压力损失计算（见表21.4-2）

直接蒸发冷却器热工设计计算　　　　表21.4-2

计算步骤	计算内容	计算公式
1	预定直接蒸发冷却器的出口温度t_{g2}，计算换热效率η_{DEC}	$\eta_{DEC} = \dfrac{t_{g1} - t_{g2}}{t_{g1} - t_{s1}}$　　(21.4-1)
2	计算送风量L，v_y按2.7m/s计算，计算填料的迎风断面积F_y	$L = \dfrac{Q}{1.212(t_n - t_o)}; F_y = \dfrac{L}{v_y}$　　(21.4-2)
3	计算填料的厚度δ填料的比表面积ξ（一般$400\sim500m^2/m^3$）	$\eta_{DEC} = 1 - \exp(-0.029 t_{g1}^{1.678} t_{s1}^{1.855} v_y^{-0.97} \xi \delta)$　　(21.4-3)

续表

计算步骤	计算内容	计算公式
4	根据填料的迎风面积和厚度,设计填料的具体尺寸	
5	如果填料的具体尺寸能够满足工程实际的要求,计算完成,否则重复步骤1—5	

表中符号:

η_{DEC}——直接蒸发冷却器的换热效率;

t_{g1}、t_{g2}——直接蒸发冷却器进、出口干球温度,℃;

t_{s1}——直接蒸发冷却器进口湿球温度,℃;

Q——空调房间总的冷负荷,kW;

t_n——空调房间的干球温度,℃;

F_y——填料的迎风面积,m^2;

L——直接蒸发冷却段的送风量,m^3/h;

t_o——空调房间的送风温度,℃;

v_y——直接蒸发冷却器的迎面风速,m/s;

ξ——填料的比表面积,m^2/m^3;

CELdek 填料的特性曲线见图 21.4-4 和图 21.4-5。

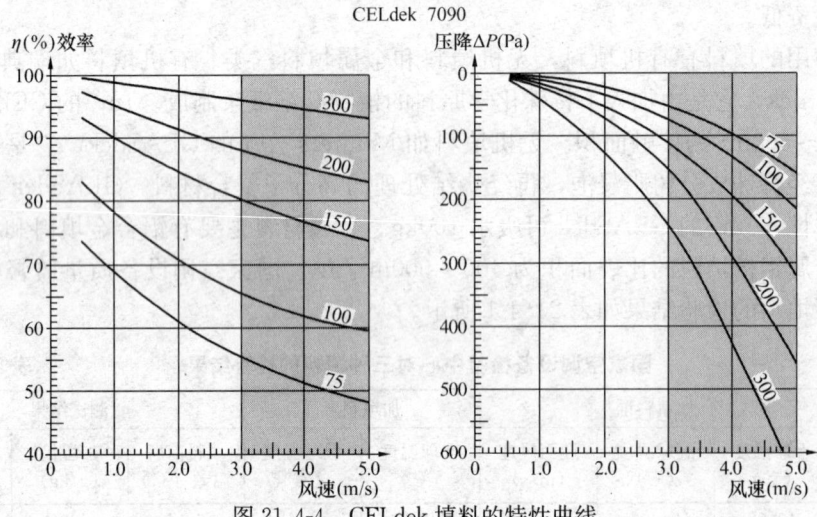

图 21.4-4 CELdek 填料的特性曲线

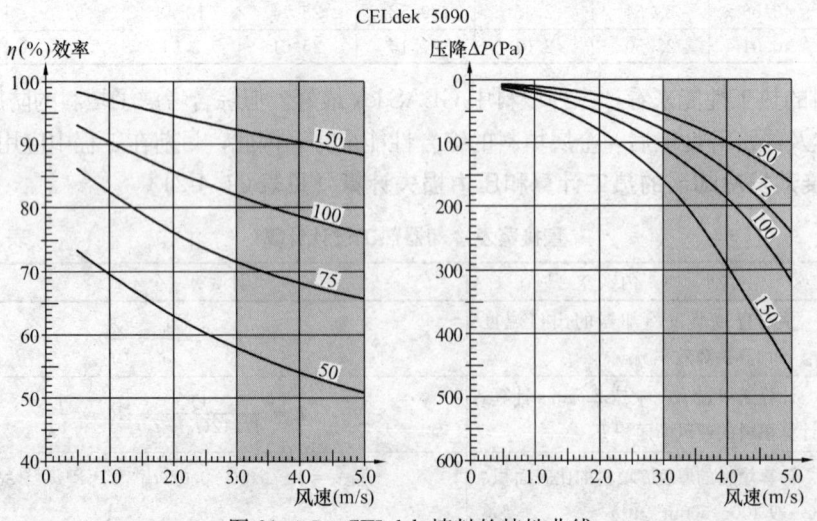

图 21.4-5 CELdek 填料的特性曲线

图 21.4-6 所示的是迎面风速为 2.0m/s 时两种类型的 CELdek 填料冷却效率与厚度间的关系。可见，当填料厚度增加时，空气与水的热湿交换时间增加，冷却效率增大。由于空气出口的干球温度最低只能达到入口空气的湿球温度，当填料厚度增加到一定数值时，空气的出口温度已基本接近入口空气的湿球温度，此时，再增加填料的厚度，效率也不会再继续提高，反而会大幅度增大空气阻力。因此，通常选择 CELdek 填料的最佳厚度为 300mm。

GLASdek 填料的特性曲线见图 21.4-7。

金属填料的蒸发冷却效率一般在 60%～90%，空气侧阻力约为 30～90Pa。

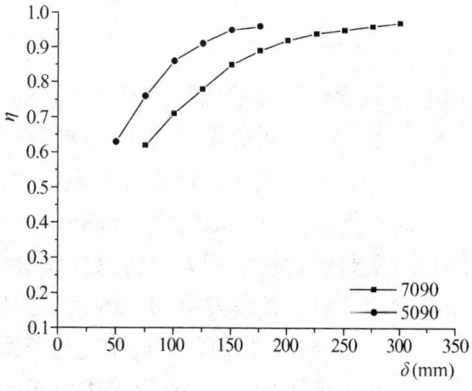

图 21.4-6 冷却效率与填料厚度的关系曲线

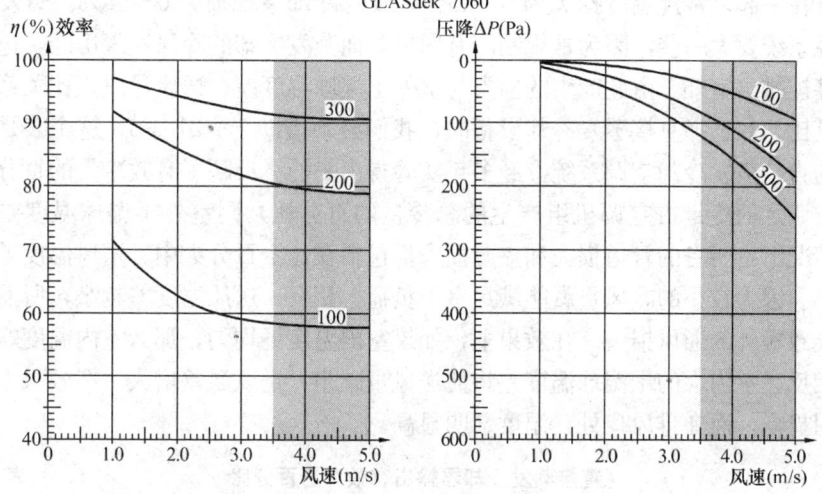

图 21.4-7 GLASdek 填料的特性曲线
（当风速曲线在阴影范围内时须加装挡水板）

4. 直接蒸发冷却器的性能评价

直接蒸发冷却器的性能评价　直接蒸发冷却是空气直接通过与湿表面接触使水分蒸发而达到冷却的目的，其主要特点是空气在降温的同时湿度增加，而水的焓值不变，其理论最低温度可达到被冷却空气的湿球温度。被冷却空气在整个过程的焓湿变化如图 21.4-8，温度由 t_{g1} 沿等焓线降到 t_{g2}，其换热效率（饱和效率）为：

$$\eta_{DEC} = (t_{g1} - t_{g2})/(t_{g1} - t_{s1}) \quad (21.4\text{-}4)$$

式中　t_{g1}——进风干球温度；

t_{g2}——出风干球温度；

t_{s1}——进风湿球温度。

直接蒸发冷却空调的经济性能，可以用能效比 EER_{DEC} 进行评价：

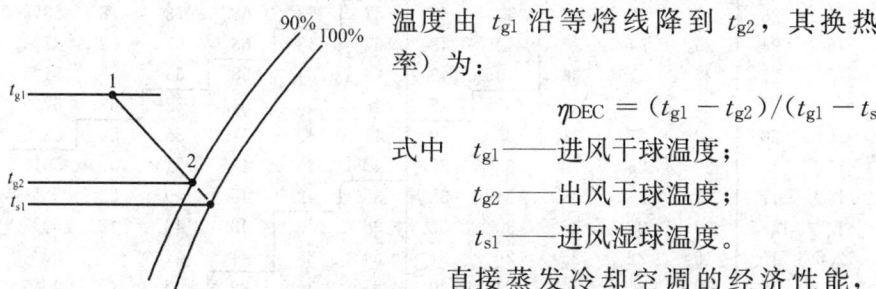

图 21.4-8 直接蒸发冷却过程焓湿图

$$EER_{DEC} = EER \cdot \frac{\Delta t_{des}}{\Delta t_{avr}} \qquad (21.4\text{-}5)$$

式中 EER——按常规制冷模式计算的直接蒸发冷却空调的能效比;

Δt_{avr}——供冷期平均干湿球温度差;

Δt_{des}——当地设计干湿球温度差。

对于直接蒸发冷却空调系统来说,仅有上述经济指标还不够。由于蒸发冷却空调系统的送风温差较常规空调大,所以送风量也大,送风过程的冷量损失相应增大。因此,全面而准确的评价直接蒸发冷却空调系统的经济性能时,还必须考虑这部分冷损失。

不管制冷效果如何,常规制冷与蒸发冷却制冷传送过程中都要承担一定的热量和风量损失。它由三部分组成:①在管道中由于渗漏、吸热和摩擦引起的损失;②在房间内,由于冷风会被过滤后的或用来通风的室外空气稀释而引起的损失;③由回风的吸热和渗漏引起的损失(对于有回风的系统)。如果考虑总的管道冷损失和渗漏损失(按5%计算),与因通风引起的损失算在一起,常规制冷损失为0~25%,蒸发冷却系统损失0~90%。蒸发冷却冷风损失较常规系统要大一些,因为常规制冷有回风,而蒸发冷却的冷风送入房间,进行热湿交换后,直接被排出室外。由此产生的损失与室外干湿球温度差、送风量成正比关系,而与送风温差成反比。在选择直接蒸发冷却设备时,我们必须借助于表21.4-3,这个表是根据美国某纺织厂的直接蒸发冷却空调系统,经多年实验得出来的。反映了有效冷量的百分比(即冷空气到达空调区的冷量占空调机组产生的总冷量的百分比)同室外干湿球温度差的变化关系。通常情况下,所有的管道损失和渗漏损失都包括在这个百分数中。送风温度差越大,冷损失就越小。因为较小的冷风量就能满足室内负荷。相反,送风温度差越小,所需的风量越大,这又导致额外的通风损失。在效果上,如果室内温度场均匀,那么室内温度略微比送风温度高。相反,室内大的干湿球温度差将使送风量减小,送风温差增大。在效果上,送风口附近温度明显低。而在排风口处,温度又明显高。

直接蒸发冷却器输出有效冷量百分比　　　　　　表21.4-3

被处理空气的干湿球温差(℃)	送风温差(℃)													
	1.7	2.2	2.8	3.3	3.9	4.4	5.0	5.6	6.1	6.7	7.2	7.8	8.3	8.9
6.7	31%	42%	52%	63%	73%	84%	94%							
7.8	27	36	45	54	63	71	80	89%	98%					
8.9	23	31	39	47	55	62	70	78	86	94%				
10.0	21	28	35	42	49	56	63	69	76	84	90%	97%		
11.1	19	25	31	37	44	50	56	62	69	75	81	88	94%	100%
12.2	17	23	28	34	40	45	51	57	62	68	74	80	85	91%
13.3	16	21	26	31	36	42	47	52	57	63	68	73	78	83%
14.4	14	19	24	29	34	38	43	48	53	58	63	67	72	77%
15.6	13	18	22	27	31	36	40	45	49	54	58	63	67	71%
16.7	12.5	17	21	25	29	33	37	42	46	50	54	58	62	67%
17.8	12	16	20	23	27	31	35	39	43	47	51	55	59	62%
18.9	11	15	18	22	26	29	33	37	40	44	48	51	55	59%
20.0	10	14	17	21	24	28	31	35	38	42	45	49	52	56%
21.1		13	16.5	20	23	26	30	33	36	40	43	46	49	53%
22.2		12.5	16	19	22	25	29	31	34	38	41	44	47	50%
23.3			12	15	18	21	24	27	30	33	36	39	42	45	48%

注:经准许,摘自:J.R.Watt:蒸发冷却空调手册,第二版,版权1986Chapman和Hall,纽约。

在表的左边，粗阶梯线左下方表示大风量情况，它适合在以通风为主的情况下。能量损失大约在61%~90%之间。在表中间，粗阶梯线右上方，代表房间的送风量不是很足，温度场不均匀的情况，从冷风进入到排出去，温度是明显上升的，这仅适合用于较小的房间中，冷损失低，在0~38%之间。在表中部的粗阶梯线与细阶梯线之间是推荐工作区，在细阶梯线附近，很容易达到舒适的要求，送风温差在4.4℃左右。冷损失在43%~60%之间。一般情况下，如果室内负荷以显热为主、房间较小、通风要求不高时，适当提高送风温差是可行的。当室内空气对流不佳时，可以在顶棚上装一个风扇，就可以增大对流换热，且费用很低。相反，若负荷以潜热为主，可适当降低送风温差。当然，在实际的使用当中，还应针对我国的具体情况酌情考虑。

21.4.2 间接蒸发冷却器

1. 间接蒸发冷却器的类型

在某些情况下，当对待处理空气有进一步的要求，如果要求较低含湿或焓时，就不得不采用间接蒸发冷却技术，间接蒸发冷却技术是利用一股辅助气流先经喷淋水（循环水）直接蒸发冷却，温度降低后，再通过空气-空气换热器来冷却待处理空气（即准备进入室内的空气），并使之降低温度。由此可见，待处理空气通过间接蒸发冷却所实现的便不再是等焓加湿降温过程，而是减焓等湿降温过程。间接蒸发冷却，除了适用于低湿度地区外，在中等湿度地区，如我国哈尔滨—太原—宝鸡—西昌—昆明一线以西地区，也有应用的可能性。

间接蒸发冷却器的核心构件是空气-空气换热器。与直接蒸发冷却器不同的是它不增加被处理空气的湿度。当空气通过换热器的一侧时，用水蒸发冷却换热器的另一侧，则温度降低。通常我们称被冷却的干侧空气为一次空气，而蒸发冷却发生的湿侧空气称为二次空气。目前，这类间接蒸发冷却器主要有板翅式、管式和热管式三种。不论哪种换热器都具有两个互不连通的空气通道。让循环水和二次空气相接触产生蒸发冷却效果的是湿通道（湿侧），而让一次空气通过的是干通道（干侧）。借助两个通道的间壁，使一次空气得到冷却。

(1) 板翅式间接蒸发冷却器

板翅式间接蒸发冷却器是目前应用最多的间接蒸发冷却形式，其结构如图21.4-9所示。换热器所采用的材料为金属薄板（铝箔）和高分子材料（塑料等）。

板翅式间接蒸发冷却器中的二次空气可以来自于室外新风，房间排风或部分一次空气。一、二次空气侧均需要设置排风机。一、二次空气的比例对板翅式间接蒸发冷却器的冷却效率影响较大。

(2) 管式间接蒸发冷却器

管式间接蒸发冷却器的结构如图21.4-10所示。常用的管式间接蒸发冷却器的管子断面形状有圆形和椭圆形（异形管）两种。所采用的材料有聚氯（苯）乙烯等高分子材料和铝箔等金属材料。管外包覆有吸水性纤维材料，使管外侧保持

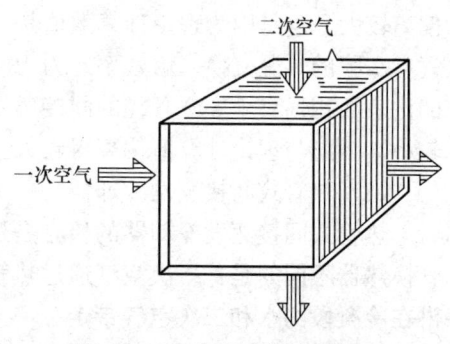

图21.4-9 板翅式间接蒸发冷却器结构示意图

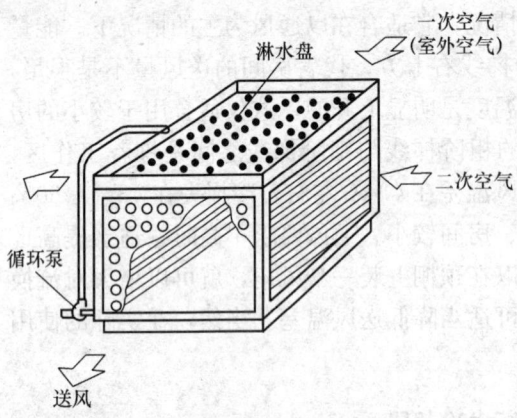

图 21.4-10 管式间接蒸发冷却器结构示意图

一定的水分,以增强蒸发冷却的效果。这层吸水性纤维套对管式间接蒸发冷却器的冷却效率影响很大。喷淋在蒸发冷却管束外表面的循环水,是通过上部多孔板淋水盘来实现的。

测试数据表明,管式间接蒸发冷却器中一次风受到的阻力较大,因此流量及流速衰减较大。图 21.4-11 和 21.4-12 间接蒸发冷却机芯在二次空气流量为定值（3600m³/h）时,一次空气流速变化对间接蒸发冷却器冷却效率的影响。一般而言,在二次风量一定时,随着一次空气流速（流量）的增大,间接蒸发冷却器的冷却效率是降低的。但对于不同类型的间接蒸发冷却器机芯,有一个一次空气流速的适宜区域,对于管式间接蒸发冷却器,$\phi 10$ 机芯一次空气的流速在 2.4～2.8m/s 之间,$\phi 20$ 机芯一次空气的流速宜选择在 2.95～3.2m/s 之间。

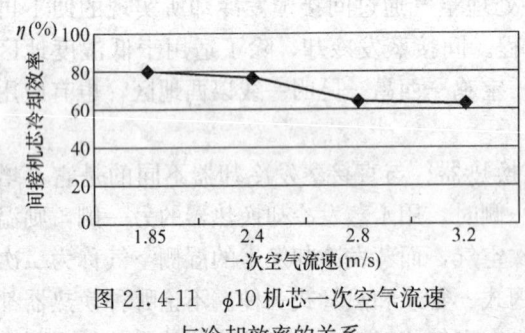

图 21.4-11 $\phi 10$ 机芯一次空气流速与冷却效率的关系

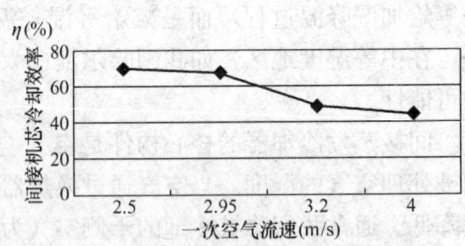

图 21.4-12 $\phi 20$ 机芯一次空气流速与冷却效率的关系

下面的数据和图表是不同风量比时的实测数据和理论数据的比较。

从图形的变化趋势来说,除了在较低的流量比处有两点实测值与理论计算值有误差外,三条曲线的走势基本吻合,在各点的变化趋势中也是一致的。

从图 21.4-13 还可以看到,除了个别点外（可以归结为测量误差造成的）,$\phi 10$ 管径的间接蒸发冷却机芯的实测值与理论计算值吻合得较好,$\phi 20$ 管径的机芯实测值与理论值偏离较大。这是因为理论计算数值是在假定一次空气与壁面的换热效率为 100%,二次空气与水膜的热湿交换（焓效率）为 100%的情况下得到的,由于 $\phi 20$ 管径的机芯其换热器的比表面积远小于 $\phi 10$ 管径的间接蒸发冷却器机芯,相对与小管径其一次空气的换热效率较小,因此与理论计算值偏离得较大。

(3) 热管式间接蒸发冷却器

热管式间接蒸发冷却器的核心是热管换热器。其结构如图 21.4-14 所示,与一般的热管换热器不同的是：一次空气通过热管换热器的蒸发段被冷却,冷凝段散发的热量由直接淋在冷凝段的水和二次空气带走。

热管式间接蒸发冷却器按热管的冷凝段与蒸发冷却的结合形式的不同主要有以下三种形式：

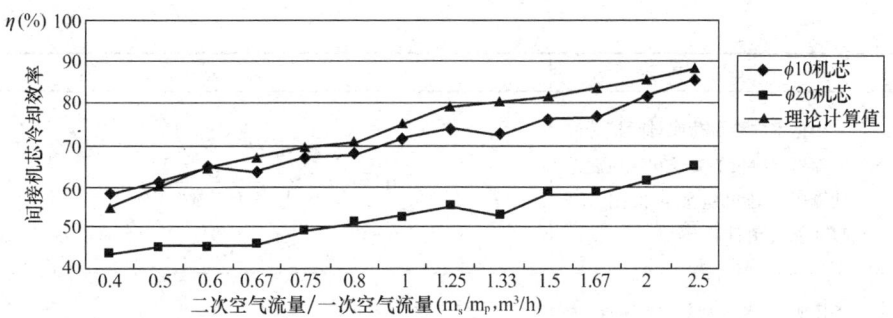

图 21.4-13 间接蒸发冷却机芯冷却效率和理论计算值对比

1) 填料层直接蒸发冷却与热管冷凝段结合，这类系统利用排气通过湿填料层来实现蒸发冷却。当热管冷凝段盘管表面风速较低时，系统只需设一个相对小的小室。填料层的平均寿命一般可持续 10 年，并且维修量相对少些。对于这些系统，冷凝段盘管无需特殊涂料。

2) 冷凝段盘管直接喷淋，排气与直接喷淋到冷凝段盘管上的雾化水直接接触得到处理。一些水直接蒸发到空气中冷却排气。通过转移一些空气传播的污染物使空气和盘管表面得到一定程度的净化。当盘管表面风速较低时，水从盘管滴到排水盘和集水箱内。这类热管式间接蒸发冷却器的性能比填料层的好，所需空间小。因此，目前得到广泛的应用。

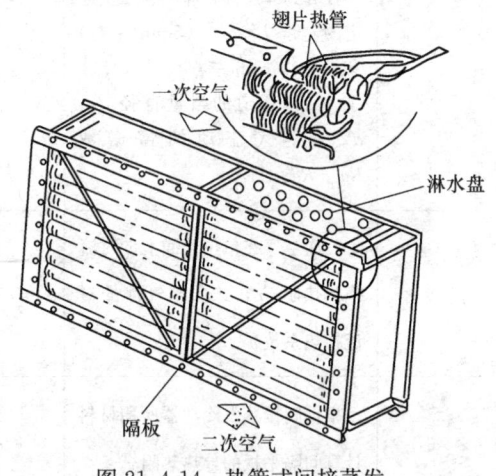

图 21.4-14 热管式间接蒸发冷却器结构示意图

3) 喷水室直接蒸发冷却与热管冷凝段结合，这类系统利用排气通过喷水室来实现蒸发冷却。部分水蒸发，冷却排气。空气也被净化。在喷水室后设有挡水板，去除排气中的小水滴。此系统的压降与以上两个系统相比是最小的，并可在很大设计条件范围内工作。

(4) 冷却塔＋空气冷却器式间接蒸发冷却器

冷却塔＋空气冷却器式间接蒸发冷却器，实际上是将空气冷却器作为间接蒸发冷却器。所不同的是采用冷却塔供冷方式（免费供冷）。

2. 间接蒸发冷却器的热工计算（见表 21.4-4）

间接蒸发冷却器热工设计计算　　　表 21.4-4

计算步骤	计算内容	计算公式	
1	给定要求的热交换效率 η_{IEC}（小于 75%），计算一次空气出风干球温度 t'_{g2}	$\eta_{IEC}=\dfrac{t'_{g1}-t'_{g2}}{t'_{g1}-t''_{s1}}$	(21.4-6)

续表

计算步骤	计算内容	计算公式	
2	根据室内冷负荷或对间接蒸发冷却器制冷量的要求和送风温差计算机组送风量 L',根据 M'/M' 的最佳值计算 L''	$L'=\dfrac{Q}{1.2(t_n-t_o)\cdot c_p}$	(21.4-7)
3	按照一次风迎面风速 v' 为 2.7m/s,M''/M' 在 0.6~0.8 之间,计算一、二次风道迎风断面积 F'_y,F''_y	$L''=0.6\sim 0.8L'$;$F'_y=\dfrac{L'}{v'}$;$F''_y=\dfrac{L''}{v''}$	
4	预算具体尺寸,即一、二次通道的宽度 B'、B''(5mm 左右)和长度 l'(1m 左右)、l'',计算一、二次通道的当量直径 d'_e、d''_e 和空气流动的雷诺数 Re'、Re''	$d_e=\dfrac{4f}{U}$;$Re'=\dfrac{v'd'_e}{v}$;$Re''=\dfrac{v''d''_e}{v}$	
5	一次空气在单位壁面上的对流换热热阻 $\dfrac{1}{\alpha'}$,二次空气侧的对流换热系数 α''	$\dfrac{1}{\alpha'}=\dfrac{d'^{0.2}_e}{0.023\left(\dfrac{v'}{v}\right)^{0.8}\cdot Pr^{0.3}\cdot\lambda}$;$\alpha''=\dfrac{0.023\left(\dfrac{v''}{v}\right)^{0.8}\cdot Pr^{0.3}\cdot\lambda}{d''^{0.2}_e}$	
6	根据间接蒸发冷却器所用材料计算间隔平板的导热热阻 $\dfrac{\delta_m}{\lambda_m}$		
7	计算以二次空气干、湿球温度差表示的相界面对流换热系数 α_w	$\alpha_w=\alpha''\left(1.0+\dfrac{2500}{c_p\cdot k}\right)$	(21.4-8)
8	根据实验确定的最佳淋水密度 Γ 为 4.4×10^{-3} kg/(m·s),计算得到 δ_w 为 0.51mm,计算 $\dfrac{\delta_w}{\lambda_w}$		
9	计算板式间接蒸发冷却器平均传热系数 K	$K=\left[\dfrac{1}{\alpha'}+\dfrac{\delta_m}{\lambda_m}+\dfrac{\delta_w}{\lambda_w}+\dfrac{1}{\alpha_w}\right]^{-1}$	(21.4-9)
10	给出关于总换热面积 F 的 NTU 表达式	$NTU=\dfrac{KF}{M'c_p}$	(21.4-10)
11	根据当地大气压下的焓湿图,分别计算湿空气饱和状态曲线的斜率 k 和以空气湿球温度定义的湿空气定压比热 c_{pw}	$k=\overline{\dfrac{t_s-t_l}{d_b-d}}$;$c_{pw}=1.01+2500\cdot\overline{\dfrac{d_b-d}{t_s-t_l}}$	

计算步骤	计算内容	计算公式
12	根据步骤1预定的 η_{IEC}，计算板式间接蒸发冷却器的总换热面积 F	$\eta_{IEC}=\left[\dfrac{1}{1-\exp(-NTU)}+\dfrac{\dfrac{M'c_p}{M''c_{pw}}}{1-\exp\left(-\dfrac{M'c_p}{M''c_{pw}}\cdot NTU\right)}-\dfrac{1}{NTU}\right]^{-1}$ (21.4-11)
13	按照 F，确定间接蒸发冷却器的具体尺寸，如果尺寸和换热效率同时满足工程要求，则计算完成，否则重复步骤（1）～（12）	

表中符号：

η_{IEC}——间接蒸发冷却器的换热效率；
t''_{s1}——二次空气的进口湿球温度，℃；
t_o——空调房间的送风温度，℃；
$L'、L''$——一、二次风量，m^3/h；
$v'、v''$——一次空气通道的空气流速，m/s；
$l'、l''$——二次通道沿空气流动方向的长度，m；
f——通道的内断面面积，m^2；
Re——雷诺（Reynolds）准则；
$\dfrac{1}{\alpha}$——一次空气在单位壁表面积上的对流换热热阻，$m^2\cdot℃/W$；
Pr——普朗特（Prandtl）准则；
α_w——以二次空气干、湿球温度差表示的相界面对流换热系数 $W/(m^2\cdot℃)$；
k——湿空气饱和状态曲线的斜率；
δ_m——板材的厚度，m；
δ_w——水膜厚度，m；
NTU——传热单元数；
$M'、M''$——一、二次空气的质量流速，kg/s；
t_l——空气的露点温度，℃；
d——空气的含湿量，kg/kg；
μ——水的动力黏度，kg/(s·m)；
g——重力加速度，m/s^2；
$t'_{g1}、t'_{g2}$——间接蒸发冷却器一次空气的进、出口干球

温度，℃；
Q——空调房间总冷负荷，kW；
t_n——空调房间的干球温度，℃；
F'_y——一次空气通道总的迎风面积，m^2；
$B'、B''$——一、二次空气通道宽度，m；
d_e——当量直径，m；
U——湿周，m；
ν——运动黏度，m^2/s；
α''——二次空气侧显热对流换热系数，$W/(m^2\cdot℃)$；
λ——空气的导热系数，$W/(m\cdot℃)$；
c_p——干空气的定压比热，$kJ/(kg\cdot℃)$；
K——板式间接蒸发冷却器平均传热系数，$W/(m^2\cdot℃)$；
λ_m——板材的导热系数，$W/(m\cdot℃)$；
λ_w——水的导热系数，$W/(m\cdot℃)$；
F——间接蒸发冷却器总传热面积，m^2；
t_s——空气的湿球温度，℃；
d_b——空气饱和状态含湿量，kg/kg；
c_{pw}——以空气湿球温度定义的空气定压比热容，$kJ/(kg\cdot℃)$；
ρ——水的密度，kg/m^3；
Γ——单位淋水长度上的淋水量，kg/m；

3. 间接蒸发冷却器的性能评价

间接蒸发冷却（IEC）是通过换热器使被冷却空气（一次空气）不与水接触，利用另一股气流（二次空气）与水接触让水分蒸发吸收周围环境的热量而降低空气和其他介质的温度。一次气流的冷却和水的蒸发分别在两个通道内完成，因此间接蒸发冷却的主要特点是降低了温度并保持了一次气流的湿度不变，其理论最低温度可降至蒸发侧二次空气流的湿球温度。一次气流在整个过程的焓湿变化如图 21.4-15，温度由 t_{g1} 沿等湿线降到 t_{g2}，其换热效率为：

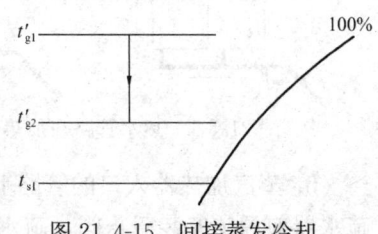

图 21.4-15 间接蒸发冷却过程焓湿图

$$\eta_{IEC} = (t'_{g1} - t'_{g2})/(t'_{g1} - t_{s1}) \tag{21.4-12}$$

式中 t'_{g1}——一次空气进口干球温度；
t'_{g2}——一次空气出口干球温度；
t_{s1}——二次空气进口湿球温度。

21.5 空气的加热

21.5.1 设计要点

1. 空调系统的热媒，宜采用热水或蒸汽。当某些房间的温湿度需要单独进行控制，且安装和选用热水或蒸汽加热装置有困难或不经济时，室温调节加热器可采用电加热器。对于工艺性空调系统，当室温允许波动范围小于±1.0℃时，室温调节加热器应采用电加热器。

空调系统的热媒和加热器类型一般可按表 21.5-1 选用。

热媒和加热器类型　　　　　　表 21.5-1

室温允许波动范围（℃）	一、二次加热器	室温调节加热器
>±1	高、低压蒸汽或热水	
±1	高、低压蒸汽或热水	低压蒸汽或热水
<±1	低压蒸汽或热水	电加热器

2. 空气加热器的热媒参数（压力、温度）应稳定；采用蒸汽为热媒的二次加热器和室温调节加热器，须按汽压大小，使压力稳定在±50~100kPa。若为电加热器时，则要求电压波动范围不超过±10%，否则应设稳压装置。

3. 室外空气或室内、外混合空气的焓值 h_w≤10.5kJ/kg 时，宜设计新风预热器，一般可预热到+5℃。当热媒为热水时，应采取防冻措施。

4. 空气加热器可以垂直或水平安装，水平安装时，应具有≥1/100 的斜度，以便排除凝结水。

5. 被加热空气的温升大时，宜采用串联安装；通过空气量大时，应采用并联安装。热媒是蒸汽时，蒸汽管路与加热器之间应并联连接；热媒是热水时，热水管路与加热器之间并联、串联均可，连接方法见图 21.5-1~图 21.5-3。

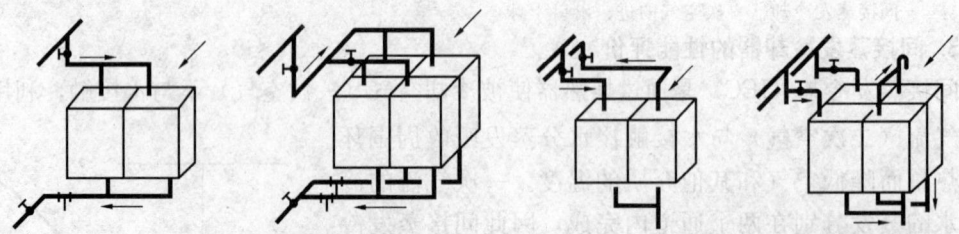

图 21.5-1 热水管路与加热器并联连接　　　图 21.5-2 热水管路与加热器串联连接

6. 蒸汽加热器入口的管路上，应安装压力表和调节阀，在凝水管路上应安装疏水器。疏水器前后须安装截止阀，疏水器后安装检查管。热水加热器的供回水管路上应安装调节阀和温度计，加热器上还应安设放气阀。

7. 考虑到空气加热器的结垢与积灰等因素，传热面积宜附加 10%～20%。此附加值在系统水力计算时可不计。

8. 通过空气加热器的空气质量流速 $v\rho$，应采用使运行费和初投资的总和为最小的经济质量流速，通常取 $v\rho=8kg/m^2·s$ 左右。

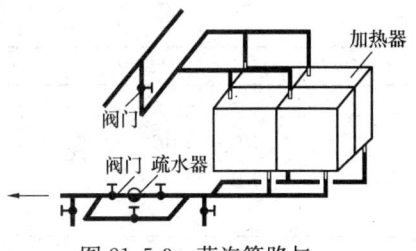

图 21.5-3 蒸汽管路与加热器并联连接

9. 热水加热器的传热系数 K 值受热水流速的影响，增加热水流速 w 可以提高 K 值，但 w 过大，K 值增加趋极限，而水流阻力急剧增加，因此，一般低温热水（$t<100℃$）加热系统中，取 $w=0.6\sim1.8m/s$ 较经济，对高温热水，可取 $w=0.2m/s$ 左右。

10. 计算加热器压力损失时，对空气侧考虑 1.1 的安全系数；对水侧考虑 1.2 的安全系数。对于蒸汽系统，加热器前的蒸汽压力，应保持不小于 $30kPa$（$0.3kg/cm^2$）。

11. 空气加热器内外介质的温差较大，可以根据不同条件选用钢管钢片或铜管铝片。

12. 对于冷、热两用的表面式换热器，其热媒以用热水为宜，热水温度应低于 $65℃$，且应进行软化处理。

21.5.2 空气加热器的选择计算（见表 21.5-2）

已知条件：①空气量 G，②空气初、终干球温度 t_{g1}、t_{g2}，③热媒初参数。

求解：选择空气加热器型号、规格和压力损失。

空气加热器选择计算　　　　　表 21.5-2

计算步骤	计算内容	计算公式和图表
1	初选加热器型号	1. 假定 $(v\rho)'=8kg/(m^2·s)$ 2. 计算加热器有效截面积 $f'=\dfrac{G}{(v\rho)}$，m^2 3. 由 f' 查样本，选择合适的空气加热器，找得实际的每台有效截面积 f_1、加热面积 F_1 和并联台数 M 4. 由 G、f_1、M 计算实际的 $v\rho$ $$v\rho=\dfrac{G}{f_1M}=\dfrac{G}{f}\quad kg/(m^2·s)\quad(21.5\text{-}1)$$
2	传热系数 K	由样本或表 21.5-3 确定加热器的传热系数 注：蒸汽加热器，应代入 $v\rho$； 热水加热器，应代入 $v\rho$ 与 w
3	加热面积 F、台数 N	1. 计算需要的加热量 $Q=Gc_p(t_{g2}-t_{g1})$　W　(21.5-2) 2. 确定加热面积为 $F=\dfrac{Q}{K\Delta t_p}$　m^2　(21.5-3) 3. 确定需要的加热器串联（对空气）台数 $$N=\dfrac{F}{F_1M}\quad(21.5\text{-}4)$$
4	安全系数	$\dfrac{MNF_1-F}{F}\times100\%\approx10\%\sim20\%$

续表

计算步骤	计算内容	计算公式和图表
5	空气压力损失 ΔP 水压力损失 Δh	1. 查样本或表21.5-3查得加热器的空气压力损失和水压力损失经验公式 2. 空气压力损失公式内代入 $v\rho$ 求得 ΔP、水压力损失公式内代入 w 求得 Δp

表中符号

G——空气量,kg/s;

$v\rho$——空气质量流速,kg/(m²·s);

f、f'、f_1——实际、计算、每台有效截面积,m²；

F、F_1——需要的、每台加热面积,m²；

M、N——并联、串联排数；

Q——计算需要的加热量,W；

K——传热系数,W/(m²·℃)；

t_{g1}、t_{g2}——空气初、终状态干球温度,℃；

Δt_p——热媒与空气之间的平均温差,℃；

当热媒为热水时，

$$\Delta t_p = \frac{t_{w1}+t_{w2}}{2} - \frac{t_{g1}+t_{g2}}{2} \quad ℃ \tag{21.5-5}$$

当热媒为蒸汽时，$\Delta t_p = t_g - \dfrac{t_{g1}+t_{g2}}{2}$ ℃ (21.5-6)

式中 t_{w1}、t_{w2}——热水的初、终温度,℃；

t_g——蒸汽温度,℃；

c_p——空气定压比热,c_p=1010J/(kg·℃)；

ΔP——空气压力损失,Pa；

Δp——水压力损失,kPa。

21.5.3 电加热器

1. 电加热系统的设计

常用的电加热器有：裸线式和管状两种。

为了确保安全，设计电加热系统特别是采用裸线式电加热器时，必须满足下述要求：

(1) 电加热器宜安设在风管中，尽量不要放在空调器内。

(2) 电加热器应与送风机连锁。

(3) 安装电加热器的金属风管应有良好的接地。

(4) 电加热器前后各 0.8m 范围内的风管，其保温材料均应采用绝缘的非燃烧材料。

(5) 安装电加热器的风管与其前后段风管连接的法兰中间须加绝缘材料的衬垫，同时也不要让连接螺栓传电。

(6) 暗装在吊顶内风管上的电加热器，在相对于电加热器位置处的吊顶上应开设检修孔。

(7) 在电加热器后的风管中宜安设超温保护装置。

21.5 空气的加热

部分空气加热器的传热系数和压力损失计算公式　　　　表 21.5-3

加热器型号		传热系数 K [W/(m²·℃)]		空气压力损失 ΔP (Pa)	热水压力损失 Δp (kPa)
		蒸　汽	热　水		
SRZ 型	5、6、10D	13.6 $(v\rho)^{0.49}$		1.76 $(v\rho)^{1.998}$	D 型：15.2$w^{1.96}$ Z、X 型：19.3$w^{1.83}$
	5、6、10Z	13.6 $(v\rho)^{0.49}$		1.47 $(v\rho)^{1.98}$	
	5、6、10X	14.5 $(v\rho)^{0.532}$		0.88 $(v\rho)^{2.12}$	
	7D	14.3 $(v\rho)^{0.51}$		2.06 $(v\rho)^{1.17}$	
	7Z	14.3 $(v\rho)^{0.51}$		2.94 $(v\rho)^{1.52}$	
	7X	15.1 $(v\rho)^{0.571}$		1.37 $(v\rho)^{1.917}$	
SRL 型	B×A/2	15.2 $(v\rho)^{0.40}$	16.5 $(v\rho)^{0.24}$ *	1.71 $(v\rho)^{1.67}$	
	B×A/3	15.1 $(v\rho)^{0.43}$	14.5 $(v\rho)^{0.29}$ *	3.03 $(v\rho)^{1.62}$	
SYA 型	D	15.4 $(v\rho)^{0.297}$	16.6 $(v\rho)^{0.36} w^{0.226}$	0.86 $(v\rho)^{1.96}$	
	Z	15.4 $(v\rho)^{0.297}$	16.6 $(v\rho)^{0.36} w^{0.226}$	0.82 $(v\rho)^{1.94}$	
	X	15.4 $(v\rho)^{0.297}$	16.6 $(v\rho)^{0.36} w^{0.226}$	0.78 $(v\rho)^{1.87}$	
I 型	2C	25.7 $(v\rho)^{0.375}$		0.80 $(v\rho)^{1.985}$	
	1C	26.3 $(v\rho)^{0.423}$		0.40 $(v\rho)^{1.985}$	
GL 或 GL-II 型		19.8 $(v\rho)^{0.608}$	31.9 $(v\rho)^{0.46} w^{0.5}$	0.84 $(v\rho)^{1.862} \times N$	10.8$w^{1.854} \times N$
B、U 型或 U-II 型		19.8 $(v\rho)^{0.608}$	25.5 $(v\rho)^{0.556} w^{0.0115}$	0.84 $(v\rho)^{1.862} \times N$	10.8$w^{1.854} \times N$

注：1. $v\rho$——空气质量流速，kg/(m²·s)；w——水流速，m/s；N——排数。
　　2. *——用 130℃ 过热水，$w=0.023\sim0.037$m/s。

2. 电加热器功率的确定

电加热器的功率 P（kW），可按下式计算：

$$P = \frac{L\Delta t}{3000\eta} \tag{21.5-7}$$

式中　L——送风量，m³/h；

　　　η——电加热器的效率，$\eta=0.85\sim0.9$，一般可取 $\eta=0.85$；

　　　Δt——经电加热器所要求的空气温升，℃。

Δt 应由空调计算确定，对于室温双位调节系统，一般可按表 21.5-4 中的经验数据选用。该表适用于室内换气次数 $n \leqslant 20$/h。

电加热器温升的经验数据　　　　表 21.5-4

室温允许波动范围（℃）	控制内容	送　风　方　式	
		侧面送风或散流器送风	孔板送风
±0.1	室　温 送风收敛控制	$\Delta t=1.5℃+1℃+0.5℃$ $\Delta t=2℃+4℃$	$\Delta t=1.5℃+1℃+0.5℃$ $\Delta t=2℃+4℃$
±0.2	室　温 送风收敛控制	$\Delta t=2℃+1℃+1℃$ $\Delta t=2℃+4℃$	$\Delta t=5℃+3℃+2℃$
±0.5	室　温	$\Delta t=5℃+2.5℃+2.5℃$	$\Delta t=6℃+3℃$
≥±1	室　温	$\Delta t=8℃+4℃$	$\Delta t=8℃+4℃$

注：对采暖地区，室温控制电加热器的总功率按过渡季的扰量计算来确定，一般取 $\Delta t=4\sim6℃$。

电加热器采用手动控制时，可按表中分组进行调节，电加热器采用自动控制时，表中分组可以减少一些，电加热器也可以部分自控部分手动。

21.6 空气的加湿

21.6.1 空气加湿的方法

空气加湿的方法很多,根据处理过程的不同,通常可分为等温加湿、等焓加湿、加热加湿和冷却加湿等,它们的特点见表 21.6-1。

空气加湿方法汇总　　　　　表 21.6-1

过程	空气状态变化过程	特 征	应用举例
等温加湿	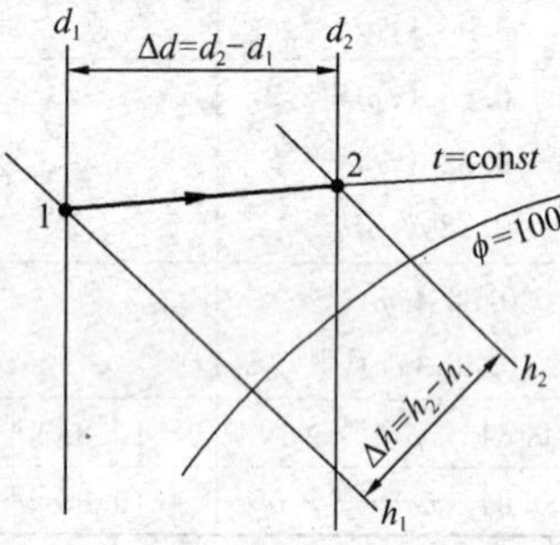 图 21.6-1	$t_1=t_2=\mathrm{const}$,没有显热交换;$d_2>d_1$,含湿量增加的同时,潜热量增加,因此,热由 h_1 增加至 h_2	干蒸汽加湿器、电极式加湿器、电热式加湿器、红外线加湿器、间接式蒸汽加湿器等
等焓加湿	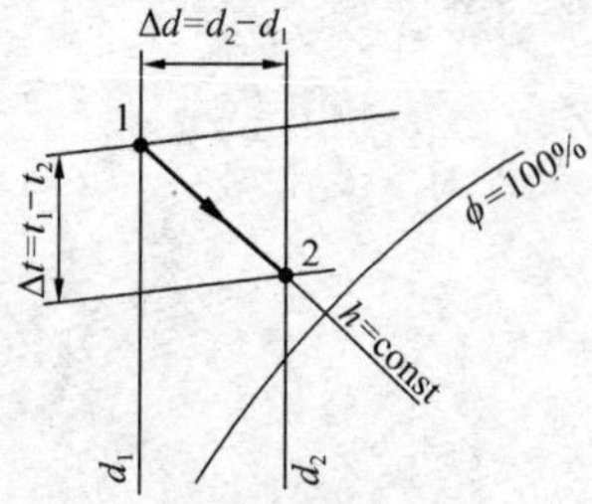 图 21.6-2	空气与水接触过程中,虽有显热和潜热交换,但由于进行的速度相等,所以,空气的焓值保持不变,即 $h_2=\mathrm{const}$,而空气的温度由 t_1 降低 t_2	湿膜气化加湿器、板面蒸发加湿器、高压喷雾加湿器、超声波加湿器、离心式加湿器、喷水室喷淋循环水等
加热加湿	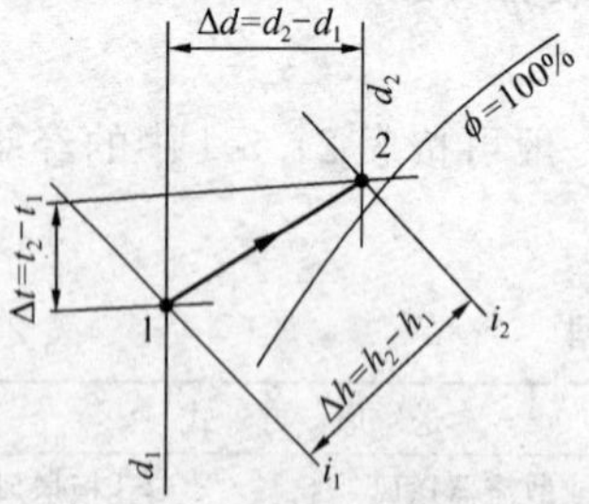 图 21.6-3	水温高于空气的干球温度,显热交换大于潜热交换量;在含湿量由 d_1 增加至 d_2 的过程中,空气的温度相应由 t_1 升高至 t_2	喷水室喷淋温度高于空气干球温度的热水
冷却加湿	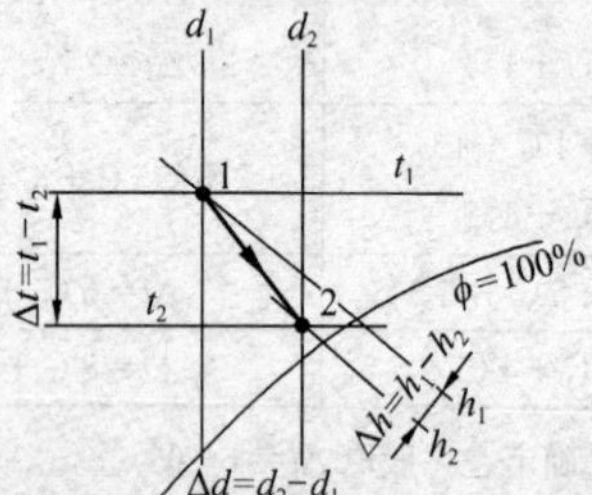 图 21.6-4	空气与水接触过程中,空气失去部分显热,其干球温度下降;水由于部分蒸发,所以,空气的含湿量由 d_1 增加至 d_2	喷水室喷淋温度低于空气的湿球温度、高于空气的露点温度的水

21.6.2 各种加湿器的比较

1. 各种加湿器的加湿能力、电耗及优缺点

加湿器的种类很多，加湿方法和加湿能力各异，为了便于选择，兹将各种加湿器汇总在一起加以比较，详见表21.6-2。

各种加湿器的加湿能力、电耗及优缺点　　　　　　表21.6-2

加湿器类型	加湿能力 (kg/h)	电耗 (W/kg)	优 点	缺 点
湿膜气化	可设定	小	加湿段短（汽化空间等于湿膜厚度），饱和效率高，节电、省水；初投资和运行费用都较低	易产生微生物污染，加湿后尚需升温
板面蒸发	容量小	小	加湿效果较好，运行可靠，费用低廉；具有一定的加湿速度；板面垫层兼有过滤作用	易产生微生物污染，必须进行水处理，加湿后尚需升温
电极式	4～20	780	加湿迅速、均匀、稳定，控制方便灵活；不带水滴、不带细菌，装置简单，没有噪声；可以满足室内相对湿度波动范围≤±3%的要求	耗电量大，运行费高；不使用软化水或蒸馏水时，内部易结垢，清洗困难
电热式	可设定			
干蒸汽	100～300		加湿迅速、均匀、稳定；不带水滴、不带细菌；节省电能，运行费低；装置灵活；可以满足室内相对湿度波动范围≤±3%的要求	必须有蒸汽源，并伴有输汽管道；设备结构比较复杂，初投资高
间接蒸汽	10～200		加湿迅速、均匀、稳定；不带水滴、不带细菌；节省电能，运行费低；控制性能好，可以满足室内相对湿度波动范围≤±3%的要求	设备比较复杂，必须有蒸汽输送管道和加热盘管
红外线	2～20		加湿迅速、不带水滴、不带细菌；动作灵敏，控制性能好；装置较简单，能自动清洗	耗电量大，运行费高，使用寿命不长，价格高
PTC	2～80	750	蒸发迅速、效率高，运行平稳、安全，寿命长	耗电量大，运行费较高
高压喷雾	6～600	890	加湿量大，雾粒细，效率高，运行可靠，耗电量低	可能带菌，喷嘴易堵塞（对水未进行有效的过滤时），加湿后尚需升温
超声波	1.2～20	20	体积小，加湿强度大，加湿迅速，耗电量少，使用灵活，控制性能好，雾粒小而均匀，加湿效率高	可能带菌，单价较高，使用寿命短，加湿后尚需升温
离心式	2～5	50	安装方便，使用寿命长，耗电量低	水滴颗粒较大，不能完全蒸发，需要排水，加湿后尚需升温
喷水室	可设定		加湿量大，可以利用循环水，节省能源；装置简单，运行费低，稳定、可靠	可能带菌，水滴较大，加湿后尚需升温

2. 加湿方式的选择原则

（1）当有蒸汽源可利用时，应优先考虑采用干蒸汽加湿器；医院洁净手术室的净化空调系统，宜采用干蒸汽加湿器。

（2）无蒸汽源可利用，但对湿度及控制精度有严格要求时，可通过经济比较采用电极式或电热式蒸汽加湿器。

（3）对空气湿度及其控制精度要求不高时，可采用高压喷雾加湿器。

（4）对湿度控制要求不高且经济条件许可时，可采用湿膜加湿器。

（5）对空气湿度有一定要求的小型空调系统，可采用超声波加湿器。

（6）对卫生要求较严格的医院空调系统，不应采用循环高压喷雾加湿器和湿膜加湿器。

21.6.3 湿膜蒸发式加湿器

1. 特点

湿膜蒸发式加湿器（图 21.6-5），习称湿膜加湿器，是工程上应用较多的一种加湿器。

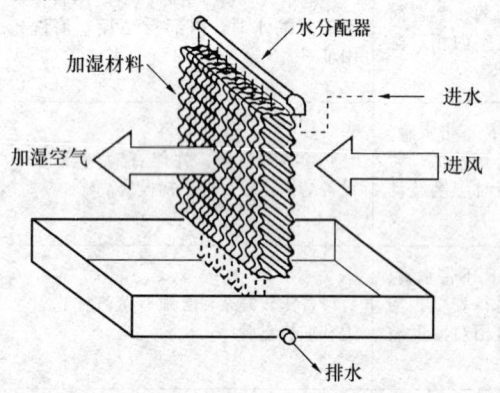

图 21.6-5 湿膜加湿器工作原理图

湿膜蒸发式加湿器的特点：

（1）饱和效率高　加湿器布水均匀，且具有较大的蒸发面积，所以饱和效率很高；而且不受入口温湿度的影响，即使在低温高湿条件下，仍能保持可靠的加湿性能。

（2）洁净加湿　由于是利用蒸发原理，水分子完全气化成水蒸气（不是雾滴），所以，不仅洁净，也不会出现"白粉"现象，对风机和风管不会产生结垢和腐蚀；湿膜具有除尘、脱臭辅助作用；经游离氯杀菌处理的自来水不断地清洗加湿表面，所以可以实现洁净加湿。

（3）不需水处理　水流不断地流过介质表面，形成水膜，加湿器基本上不受水质影响。

（4）节省空间　加湿器出口没有水滴飘洒，加湿吸收距离短，不需设置挡水板，组合式空调机组的长度可缩短。

（5）从空气中得到能量　加湿过程实际上就是空气的蒸发冷却过程，能量的转移表现是空气温度的下降。因此，在冬季需要提高进口空气的温度，保证加湿后达到要求的送风状态。在干热季节，加湿器可用以降温。

（6）使用周期长　加湿介质采用高分子复合材料，没有使用胶粘剂，不会孳生有害的微生物，结构强度及耐腐蚀性能优良，使用寿命长；具有阻燃特性，发生火灾时，不会导致火灾蔓延。

（7）加湿能力自我调节　由于饱和效率相对稳定，即入口空气的温湿度或加湿负荷有一定变化时，也可以自我调整加湿能力；风量变化时，加湿能力也能瞬时大致按比例变化，所以，变风量空调系统的控制容易实现。

2. 应用需知

(1) 蒸发式加湿器（以 Munters 产品为例），常用的有 FCl 和 FA 两种型式，其使用条件如表 21.6-3 所示。

FCl 和 FA 蒸发式加湿器的使用条件　　　　表 21.6-3

序号	使用条件	FC1	FA
1	加湿量（kg/h）	0.7～500	168～2280（2.8～38L/min）
2	公称饱和效率（%）	40（介质厚度 50mm） 60（介质厚度 100mm） 85（介质厚度 200mm）	60（介质厚度 100mm） 85（介质厚度 200mm） 95（介质厚度 300mm）
3	供水方式	直接供水	直接供水、循环供水
4	供水温度（℃）	2～30	0～40
5	供水压力（MPa）	0.08～0.5（0.7）	直接供水：0.15～1.4 循环供水：0.3～1.4

(2) 注意事项

1) 加湿器应紧靠空气加热/冷却器的后面安装，其宽度应等于空气加热/冷却器的宽度，高度应等于空调箱的高度。

2) 采用直流供水时，可按照图 21.6-6 进行配管。

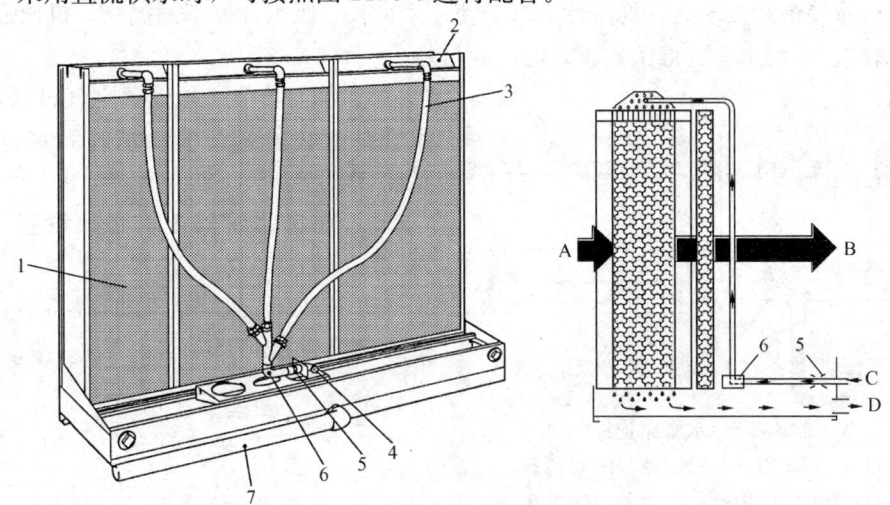

图 21.6-6　直流供水系统

A—加湿前空气；B—加湿后空气；C—管路供水；D—排水；
1—加湿器模块；2—输水器组件；3—输水管；4—管路供水接口；5—定流量阀门；
6—分水器组件；7—排水管

3) 采用循环供水时，可按照图 21.6-7 进行配管。

4) 空气通过湿膜介质迎风面的质量流速应保持≤3.0m/s，以避免加装挡水板。

5) 宜采用软化水，并应考虑选择有灭菌措施的产品。

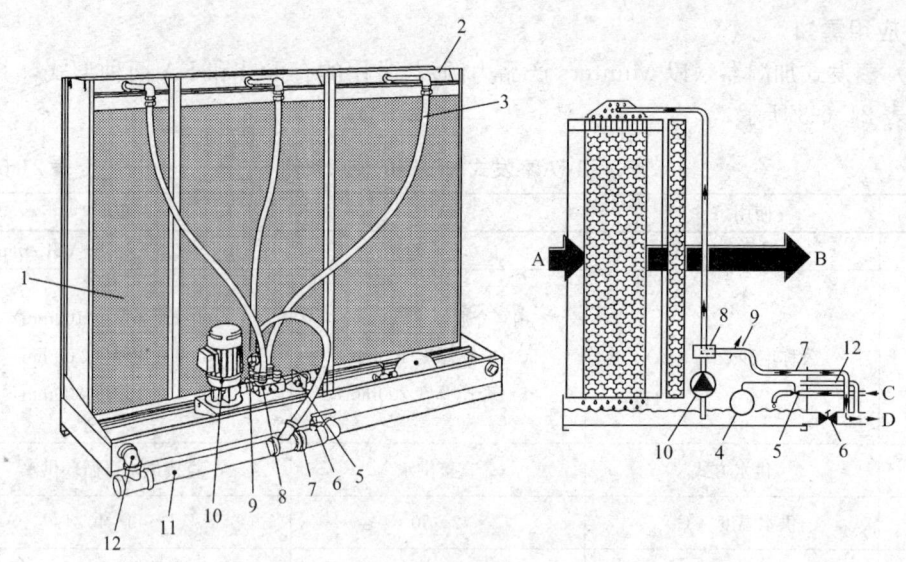

图 21.6-7 循环供水系统
A—加湿前空气；B—加湿后空气；C—管路供水；D—排水；
1—加湿器模块；2—输水器组件；3—输水管；4—浮球；5—浮球阀；6—水箱排水阀门；
7—定量排放管；8—分水器组件；9—定量排放控制阀；10—水泵；11—排水管；12—溢流口

6) 应定期清洗。

7) 应选择饱和效率高、加湿性能好、使用寿命长、吸水性好、耐温高、机械强度高、能反复清洗、耐粉尘、防霉菌效果好的湿膜材料。

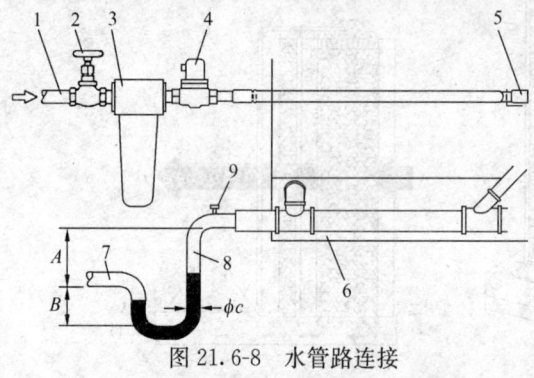

图 21.6-8 水管路连接
1—供水入口；2—闸阀；3—过滤器；4—电磁阀；5—定流量阀（用于直流供水系统）；6—水箱；7—排水；8—存水弯；9—注水塞。

8) 加湿器前必须设置空气过滤器，供水管路上必须装设手动闸阀和水过滤器，见图 21.6-8。

9) 在排水管路上，必须设置存水弯（图 21.6-8），存水弯的尺寸，可按下列规定确定（P—风机运行时加湿器后的负压值，换算为 mmH_2O）：

$$A = P + 25 \text{mm};$$

$$B = A/2 + 25 \text{mm};$$

$$\phi \geqslant 32 \text{mm}$$

3. 加湿器的阻力及饱和效率

FC1 型加湿器的阻力及饱和效率，可按图 21.6-9 确定。

4. 选型计算

(1) 全风量加湿 当已知送风量 L (m^3/h)、加湿器入口空气的含湿量 d_1 (kg/kg)、需要的加湿量 w (kg/h) 和表冷器（空气加热器）的尺寸等条件时，全风量加湿时加湿器的选型计算，可按表 21.6-4 所列步骤与方法进行。

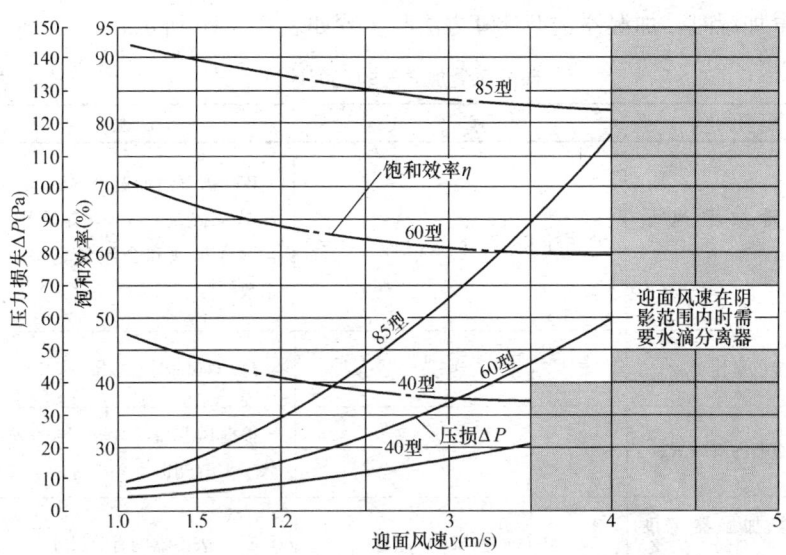

图 21.6-9 FC1 型加湿器的阻力及饱和效率

全风量加湿时的选型计算步骤 表 21.6-4

步骤	计算内容	计 算 公 式	说 明
1	含湿量差（kg/kg）	$\Delta d = \dfrac{w}{1.2L} = d_2 - d_1$	d_2—加湿器出口空气的含湿量，kg/kg d_1—加湿器入口空气的含湿量，kg/kg
2	所需饱和效率（%）	$\eta_r = \dfrac{\Delta d}{\Delta d_{\max}} = \dfrac{d_2 - d_1}{d_{\max} - d_1}$	η_r—需要的饱和效率，% $d_{\max}$—饱和状态时的含湿量，kg/kg
3	选择对应饱和效率	选择 $\eta > \eta_r$ 的加湿器型号 对于 FC1 型：　　　　　　　对于 FA 型： 23%≤η_r<40%时，选择 40 型　η_r<65%时，选择 65 型 40%≤η_r<60%，选择 60 型　65%≤η_r<85%时，选 85 型 60%≤η_r，选择 85 型　　　85%≤η_r，选择 95 型 注：η_r≤23%时，不应采用全风量加湿，应采用部分风量加湿方式	
4	加湿器的迎面风速	$v = \dfrac{L}{F \cdot A \cdot 3600}$ 迎面风速应保持 $v = 1.5 \sim 3.6 \text{m/s}$	v—迎面风速，m/s $F \cdot A$—加湿器的有效面积，m^2 L—风量，m^3/h
5	确定压力损失、饱和效率	根据迎面风速和加湿器的型号，由图 21.6-9 确定 Δp、η	
6	计算加湿器出口空气的含湿量	$d_2 = d_1 + \eta \cdot (d_{\max} - d_1)$	
7	计算实际加湿量	$w' = L \cdot 1.2 \times (d_2 - d_1)$	实际加湿量 w'，应大于需要加湿量 w 如 $w' < w$，则应重新选型

（2）部分风量加湿　当饱和效率 $\eta < 23\%$ 时，一般不应采用全风量加湿。这时，比较合理的方案是把总风量分为两部分：一部分风量加湿，另一部分风量不加湿。

部分风量加湿时,加湿器选型计算方法与步骤如表21.6-5所示。

部分风量加湿时的选型计算 表21.6-5

步骤	计算内容	计算公式	说 明
1	所需加湿风量(m^3/h)	$L_h = \dfrac{W}{1.2 \times 0.39 \times \Delta d_{max}} \times 1.15$	W—需要的加湿量(kg/h);0.39—饱和效率;Δd_{max}—最大含湿量差(加湿器入口含湿量与饱和含湿量之差);1.15—安全系数
2	加湿风量比(%)	$R_Q = \dfrac{L_h}{L}$	L—总风量,m^3/h
3	加湿器占有率R_A		根据风量比与表冷器的安装方式由图21.6-10查出
4	初算加湿器宽度尺寸	$H_W = EL \times R_A$	EL—表冷器的有效尺寸
5	加湿器的实际占有率	$R_{A1} = \dfrac{H_{W1}}{EL}$	根据加湿器的有效面积,选择宽度尺寸符合条件的型号,然后计算其实际占有率
6	实际加湿风量比R_{Q1}		由图21.6-10查出
7	需要的实际加湿风量	$L_{h1} = R_{Q1} \times L$	
8	加湿器的迎面风速	$v = \dfrac{L_{h1}}{F \cdot A \cdot 3600}$	$F \cdot A$—加湿器的有效面积,m^2
9	压力损失(Pa)		根据迎面风速v和加湿器实际占有率R_{A1}由图21.6-11查出
10	加湿器出口含湿量	$d_2 = d_1 + (d_{max} - d_1)$	d_1—加湿器入口空气的含湿量,kg/kg d_{max}—饱和状态时的含湿量,kg/kg
11	实际加湿量(kg/h)	$W = L_h \times 1.2 \times (d_2 - d_1)$	
12	确定加湿器型号		

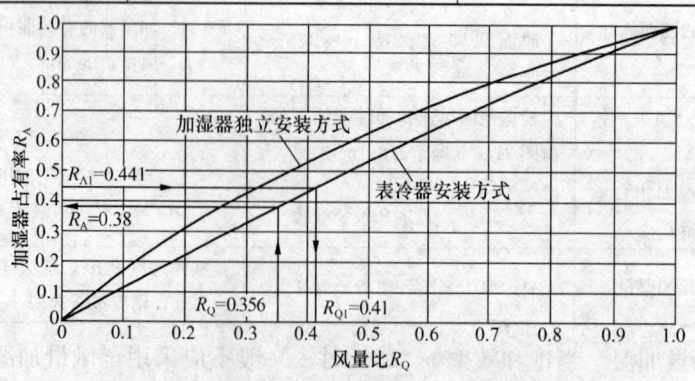

图21.6-10 部分风量加湿用R_Q—R_A选用图

5. 耗水量的确定

直流供水时,耗水量 w 等于蒸发水量 w_e（L/s）,一般可由产品样本中查到,也可以按下式确定:

$$w = w_e = L \cdot 3600 \cdot 1.2(d_2 - d_1) \tag{21.6-1}$$

式中 L——加湿空气量,m³/s;

d_2——加湿后空气的含湿量,kg/kg·干空气;

d_1——加湿前空气的含湿量,kg/kg·干空气。

循环供水时,耗水量等于蒸发水量与排放水量之和,即

$$w = w_e + w_d = w_e + f_a \cdot w_e$$
$$= w_e(1 + f_a) \tag{21.6-2}$$

式中 w_d——排放水量,L/s;

F_a——定量排放系数,按图 21.6-12 确定;当 $f_a > 2$ 时,应采用直流供水。

对于循环供水系统,通过定量排放,可以使循环水箱中的矿物质和盐分浓度保持在较低的水平。排放系数可根据水的 pH 值、Ca（CaCO₃）和 HCO₃ 的浓度由图 21.6-12 确定。

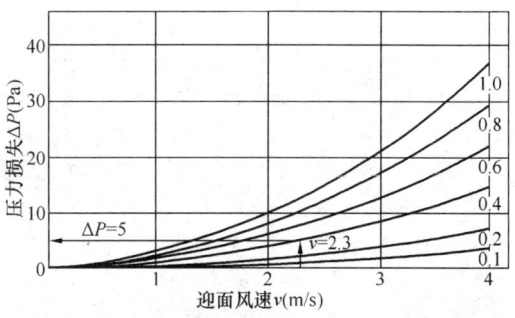

图 21.6-11 部分风量加湿用 $v-\Delta P$ 图

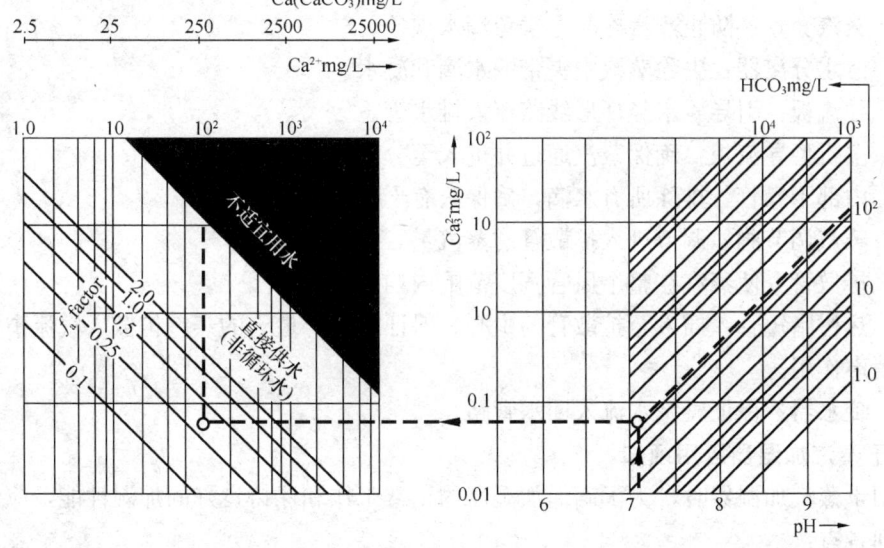

图 21.6-12 水质分析图表

应该指出,当排放系数 $f_a > 2$ 时,应考虑采用直流供水,或进行水质处理。

【例】 循环供水,加湿空气量 $L = 2.4$ m³/s,pH = 7.1,$Ca^{2+} = 100$ mg/L,$HCO_3 = 100$ mg/L,$d_1 = 0.0023$ kg/kg·干空气,$d_2 = 0.011$ kg/kg·干空气,求耗水量。

【解】 根据给定的 pH 值、Ca^{2+} 和 HCO_3 离子浓度,由图 21.6-12 可得出 $f_a = 0.30$,因此,按式（21.6-1）和式（21.6-2）可得耗水量为:

$$w = w_e(1 + f_a) = 2.4 \times 3600 \times 1.2 \times (0.011 - 0.0023) \times (1 + 0.3) = 117.3 \text{ L/h}$$

21.6.4 干蒸汽加湿器

1. 干蒸汽加湿器的构造

图 21.6-13 是常用的干蒸汽加湿器,它的构造如图 21.6-13 所示,它由下列部件组成:

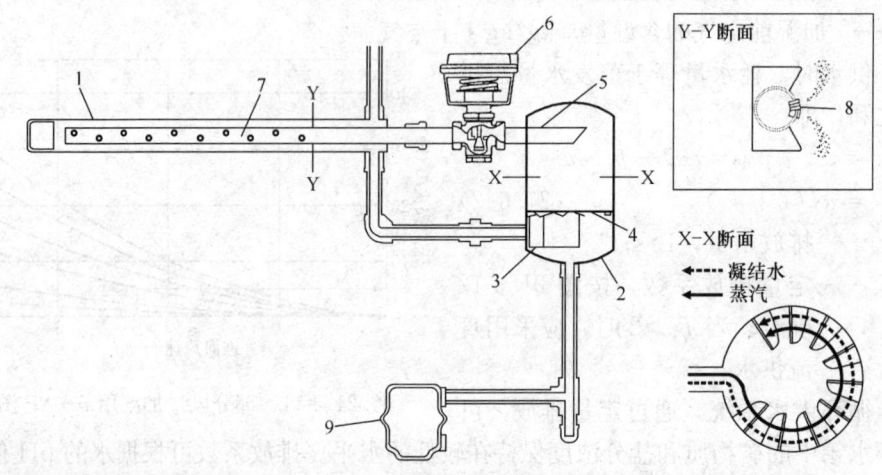

图 21.6-13 干蒸汽加湿器

(1) 蒸汽套管:防止蒸汽冷凝,避免滴水现象。

(2) 汽水分离器:去除蒸汽中夹带的水滴和凝水。

(3) 导流板:引导凝水经环形线路流入排水管。

(4) 多折型导流板:确保蒸汽通过并进入至分离器的上部。

(5) 内部干燥管:排除所有水滴,确保只有干蒸汽离开分离器。

(6) 蒸汽调节阀:调节进入扩散管的蒸汽量。

(7) 扩散管:使蒸汽在整个风管宽度范围内均匀扩散。

(8) 热树脂短管:插入至扩散管的中心,保证最热、最干的蒸汽扩散入气流中;同时能起到消声作用。

(9) 疏水器:保证凝结水流入回水管路。

2. 干蒸汽加湿器应用须知

采用干蒸汽加湿器时,为了确保加湿器的正常工作和保持良好的加湿性能,应注意和重视下列各点:

(1) 布置加湿器时,应注意保持由加湿器喷出的蒸汽能与气流进行迅速而良好的混合,并应防止喷出的蒸汽与冷壁面接触而冷凝。

(2) 喷管组件应优先考虑设置在空气处理室内,并应布置在空气加热器与送风机之间并尽可能靠近加热器和远离风机。当喷管组件必须布置在风管内时,应处于消声器之前,并应位于风管断面的中心部位。

(3) 当蒸汽压力 $p=0.05\sim0.1$MPa,蒸汽喷山方向与气流方向垂直时,喷管出口与前方障碍物之间必须保持的距离,不应小于图 21.6-14 的规定值。

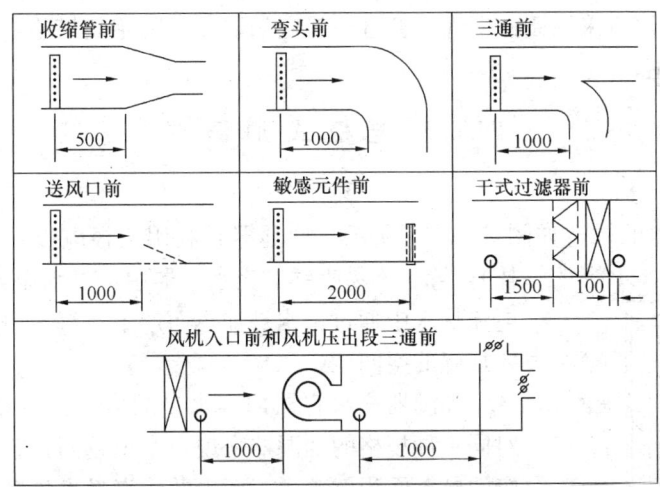

图 21.6-14 喷管出口与前方障碍物的最小间距

(4) 加湿量较大时,为了确保加湿效果,应采用多管式布置形式,如图 21.6-15 所示。

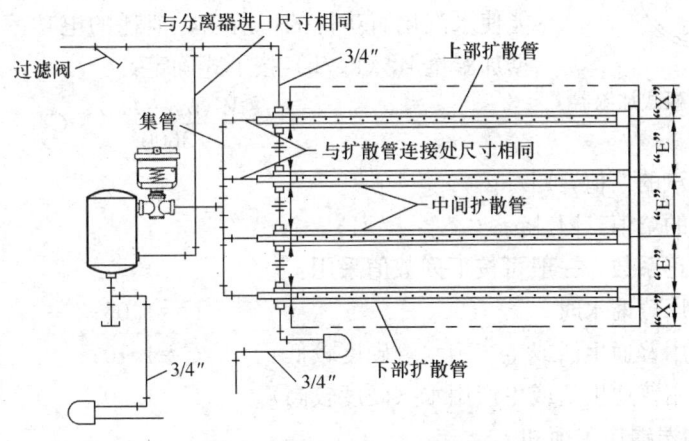

图 21.6-15 多组扩散管的布置

(5) 多组扩散管布置时,应保持 $E>X>0.5E$（图 21.6-15）,喷管长度不应小于气流宽度的 90%,蒸汽应迎风喷射,若扩散管有保温,则扩散管应顺气流方向扩散。

(6) 配管布置时,应力求管路简洁,便于安装、检修以及定期拆卸除垢。

(7) 加湿器的安装要有助于加湿器内的蒸汽所夹带的冷凝水能顺利地分离和排出,且应避免分离后的冷凝水二次带入和加湿蒸汽。

(8) 管路布置时,要力求进入加湿器的蒸汽不带或少带沿程产生的冷凝水。接至加湿器的供气支管,必须从干管的顶部引出。

(9) 干蒸汽加湿器宜水平安装,即自动调节阀立装在空气处理装置或风管侧。如采用垂直安装,则调节阀平置在风管的底部,不得平置在风管的顶部。

(10) 连接加湿器的蒸汽支管,长度越短越好。在连接支管上,应依次安装截止阀、过滤器、自动调节阀,调节阀应尽量靠近加湿器安装。当蒸汽压力高于加湿器的工作压力时,在过滤器与调节阀之间应设减压阀,在减压阀和自动阀的前后,均应装压力表。

(11) 蒸汽管道宜采用镀锌钢管，管道外部应采取良好的绝热措施，以便最大限度地减少冷凝水的产生。

21.6.5 电极式加湿器

1. 加湿器的构造

电极式加湿器的构造如图 21.6-16 所示。加湿器是利用三根电极（不锈钢或镀铬铜棒），置于不易生锈的充水容器中，以水作为电阻，通电后，电流从水中通过，水被加热而产生蒸汽，通过蒸汽管送至需要加湿的空间。

加湿器充水容器内容水量的多少，与导电面积成正比。对同一种规格的加湿器来说，水位越高，容水量就越多，相应的导电面积就越大，产生的蒸汽量也越多。因此，通过改变溢水口的高度，可以达到调节蒸汽供应量的目的。

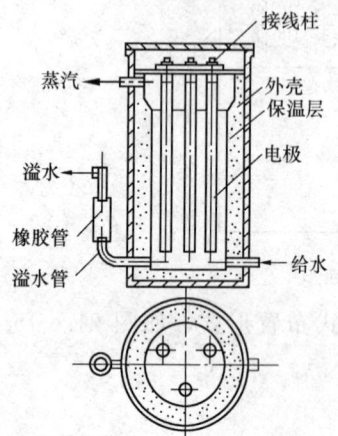

图 21.6-16 电极式加湿器

2. 加湿所需的功率

电极式（含电热式）加湿器产生的蒸汽，是通过消耗电能使水汽化而获得的，所以，消耗的电功率 P（kW）可根据加湿量 W（kg/h）按下式确定：

$$P = \frac{W(h_s - h_w)}{3600} \cdot C \qquad (21.6\text{-}3)$$

式中 h_s——蒸汽的焓值，kJ/kg；

h_w——水的焓值，kJ/kg；

C——修正系数，一般可按下列数值采用：

采用蒸馏水时　　　　　　　　　　　　　　$C=1.05$；

采用普通生活或生产用水（硬度较低）　　　$C=1.10$；

采用普通生活或生产用水（硬度较高）　　　$C=1.20$。

3. 电极式加湿器应用须知

应用电极式加湿器时，必须注意以下事项：

(1) 电极式加湿器的金属容器，必须进行可靠的接地。

(2) 电源线上必须安装电流表，以供调整水位之用，同时，也能预防电流过载。

(3) 加湿器宜采用专用水管供水，管上应设置电磁阀，并应与位式调节器控制电极的电源进行连锁。

(4) 加湿器的底侧部应设排污管，并安装阀门。

(5) 应采用蒸馏水、软化水或去离子水，不得采用纯水。应用软化水时，钠离子浓度不应过高，否则易产生泡沫，影响水位和加湿量的控制精度。

(6) 加湿器在投入使用之前，应标定最大允许额定电流下的水位高度。同时，应根据最大加湿量调整溢水管的高度，以减少调节频率，减小湿度的波动幅度。

(7) 加湿器内的水由于不断蒸发而浓缩，会有杂质沉积在底部，所以必须定期进行排污，排污周期一般以 8h（累计工作时间）为宜。

(8) 必须定期对加湿器内部进行清洗，除去表面的污垢，一般每隔 60～90 天应清洗一次。

(9) 必要时，可以在蒸汽出口后面再加一个电热式蒸汽过热器，通过加热使夹带的水滴蒸发，确保送出的是干蒸汽。

21.6.6 电热式加湿器

目前工程中应用较多的电热式加湿器，其构造如图 21.6-17 所示。图中的编号 1 为控制器，控制器中配有微处理器，通过它可以控制加湿器的全部过程。2 为水位探头，用以控制与调节液位。3 为排水装置，用以排除加湿器内的存水，通过控制器，可以设定排水周期和持续时间（一般停止加湿 72h 后，控制器将自动将水排空，以防止孳生微生物。再次需要加湿时，控制器能自动指挥进行充水和恢复加湿功能）。4 为表面除污（泡沫）装置，它能及时而有效地除去蒸发小室水表面上的矿物质和气泡，动作周期可通过控制器进行设定。5 为电热元件，用以对水进行加热产生蒸汽。6 为可抽出式蒸发箱，沿着箱底下的固定滑道，可以很方便地将蒸发箱抽出，进行检查和维护。7 是蒸汽出口管，可根据工程具体情况进行连接。

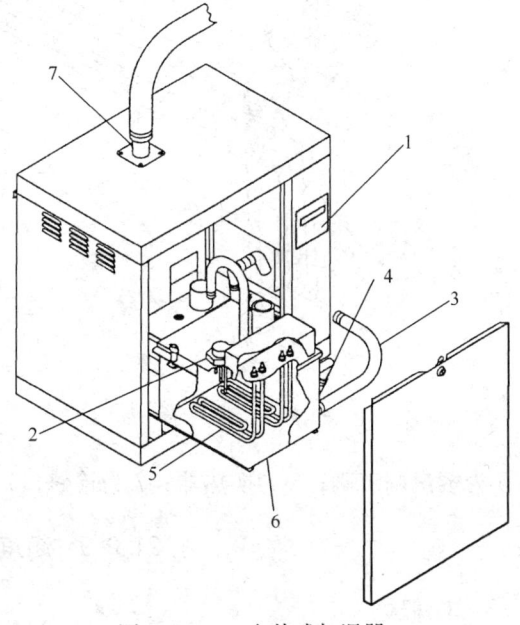

图 21.6-17 电热式加湿器

电热式加湿器的使用要求，原则上与电极式相似。

21.6.7 PTC 蒸汽加湿器

PTC 蒸汽加湿器，实际上也是一种电热式加湿器，所不同的是它以 PTC 热电变阻器（氧化陶瓷半导体）作为发热原件，放在水中，通电后，水被加热而产生蒸汽。

PTC 蒸汽加湿器的特点是运行平稳、产汽迅速、安全、不结露、寿命长、维修工作量少。表 21.6-6 列出了它的主要型号与性能。

PTC 蒸汽发生器的规格与性能参数　　　　表 21.6-6

型　号	加湿量（kg/h）	额定功率（kW）	型　号	加湿量（kg/h）	额定功率（kW）
UC-FSX15	2	1.5	UC-FSX240	32	24
UC-FSX30	4	3	UC-FSX270	36	27
UC-FSX45	6	4.5	UC-FSX300	40	30
UC-FSX60	8	6	UC-FSX330	44	33
UC-FSX75	10	7.5	UC-FSX360	48	36
UC-FSX90	12	9	UC-FSX420	56	42
UC-FSX120	16	12	UC-FSX480	64	48
UC-FSX150	20	15	UC-FSX540	72	54
UC-FSX180	24	18	UC-FSX600	80	60
UC-FSX210	28	21			

注：引自日本 UCAN 株式会社说明书。

21.6.8 间接蒸汽加湿器

图 21.6-18 所示是一种利用锅炉产生的蒸汽作为热源，间接加热加湿器中的水，使之变成蒸汽的加湿器。这种加湿器的最大特点是不直接应用锅炉产生的蒸汽来进行加湿。目的是为了防止锅炉产生的蒸汽中含有水处理的化学物质。

图中 1 为控制器，通过它可以控制和显示加湿器的所有功能，如自动排水和冲洗、控制水面除污器的工作、对多台加湿器的工作进行集中控制等。同时，控制器还能显示各种运行参数和情况，以及故障代码等；2 为水位探头；3 为排水装置；4 为水面除污器；

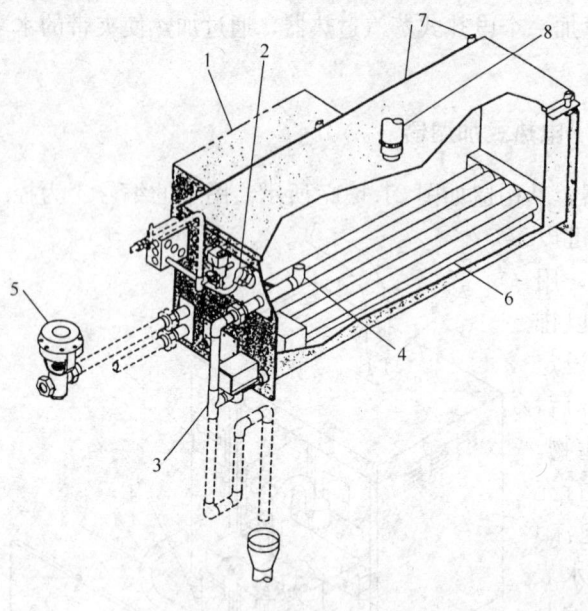

图 21.6-18 间接蒸汽加湿器

5 为蒸汽调节阀；6 为换热器；7 为检修口；8 为加湿蒸汽出口。

21.6.9 超声波加湿器的应用

1. 概述

超声波加湿器是利用水槽底部换能器（超声波振子）将电能转换成机械能，向水中发射 1.7MHz 超声玻。水表面在空化效应作用下，产生直径为 3~5μm 的超微粒子。水雾粒子与气流进行热湿交换，对空气进行等焓加湿。

超声波加湿器组成，如图 21.6-19 所示。

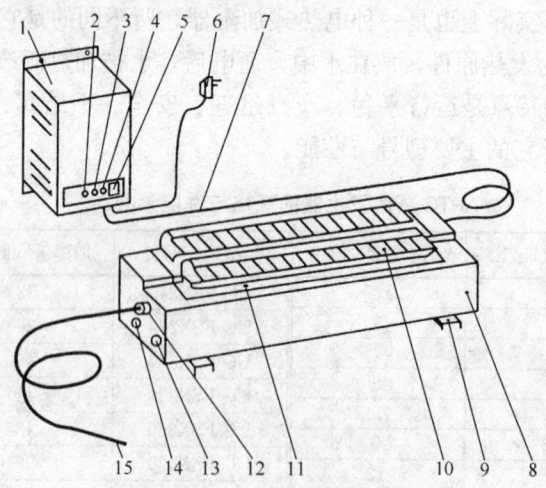

图 21.6-19 超声波加湿器的组成
1—加湿器电控箱；2—工作指示灯（绿）；3—电源指示灯（黄）；4—保险管座；5—电源开关；
6—电源插头；7—主机电缆；8—加湿器主机；9—安装架；10—喷雾口；11—水槽；
12—主机水嘴；13—溢流口；14—放水口；15—高压水管

2. 超声波加湿器的特点

（1）结构紧凑，安装方便，除需连接电源外，基本上不再需要配置其他设施。

（2）高效节电，与电极（热）式加湿器相比，可节省电能70%～85%左右。

注：超声波加湿器的电耗远远低于电极（热）式。但是，必须指出，电极（热）式加湿是等温过程，而超声波加湿是等焓过程。因此，经超声波加湿器加湿后的空气，还必须进行加热升温。所以，如果两者的加湿效率相同的话，从能量消耗角度来看，超波声加湿器省电但并不节能。

（3）控制灵敏，无噪声，无冷凝，安全可靠。

（4）超声波加湿器在低温环境下也能行加湿，这是它的一大特点。

（5）超声波加湿器的雾化效果好，水滴微细而均匀，运行安静，噪声低。

（6）根据报导：超声波加湿器在高频雾化过程中，能产生相当数量的负离子，有益于人体健康。

3. 超声波加湿器应用须知

（1）超声波加湿器本体及控制器必须直立安装，不得倾斜，以确保换能片上方的水面高度。

（2）空气经过加湿后，温度将有一定幅度的下降，所以尚需进行加热升温。

（3）加湿器的实际频率，往往会产生飘移，使加湿能力下降。选择加湿器时，宜考虑附加10%～20%安全裕量。

（4）随着水温的提高，加湿器的加湿能力增大。不过随着水温的升高，加湿器的寿命将降低。一般水温不宜高于35℃。

（5）注水容器中水位的高低，对加湿能力有一定影响，必须调整至产品规定的水位。

21.6.10 高压喷雾加湿器

高压喷雾加湿器一般由加湿器主机、湿度控制器和喷头三部分组成。

加湿器主机如图21.6-20所示。它通常由机壳1、电磁阀2、水压控制器3、高压加湿泵4、电机5、湿控接口6、自控开关7、工作指示灯8、水压表9、电源指示灯10、保险盒11、电源开关12、电控盒13和电源线14等组成。加湿器主机的下部有进水口15与出水口16，供与外界配管连接；加湿器主机应安装在空气处理设备的外部。

湿度控制器和喷头等的连接，根据工程实际情况进行配置和设计。

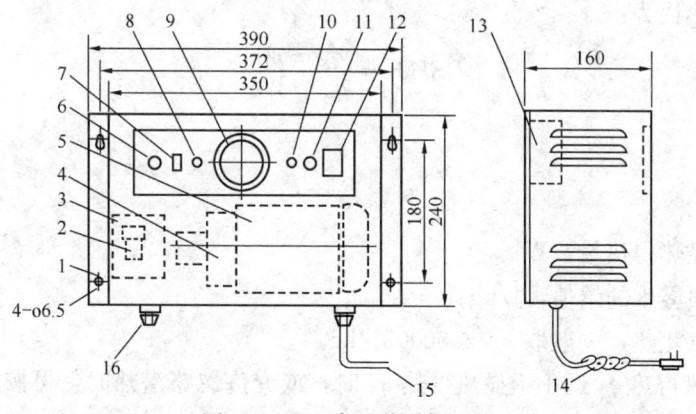

图21.6-20 高压喷雾加湿器

21.6.11 室内直接加湿

在散热量大、显热比高的场合，如果要求保持较高相对湿度，仅仅依靠空气处理机组进行加湿处理，有时会导致夏季空调露点温度偏高、送风温差偏小、送风量偏大的弊端。解决这个矛盾的有效途径，是仅在冬季利用空气处理机进行加湿处理，其他季节则采用室内直接加湿。

实用的室内直接加湿方法，是利用压缩空气通过喷嘴将水喷成雾状而扩散至室内空间，其装置如图21.6-21所示。

在 $h—d$ 图上，喷雾加湿系一等焓加湿过程，亦称绝热过程，如图21.6-22所示。

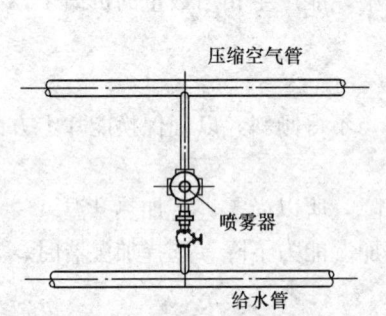
图 21.6-21　压缩空气喷雾装置

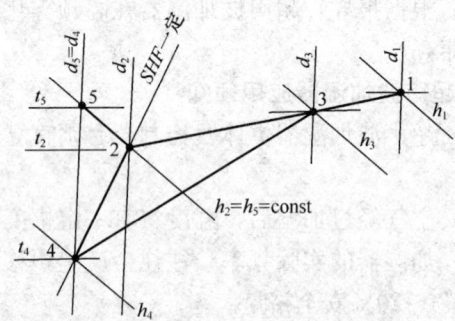
图 21.6-22　$h—d$ 图上的变化过程

设　G——送风量，kg/s；

　　W——加湿过程中蒸发的水分，kg/s。

由图21.6-22可知：

$$W = G(d_2 - d_4) \tag{21.6-4}$$

在绝热变化过程中，送风空气由点5沿等焓线（$h_2 = h_5 = \text{const}$）变化至点2，这也相当于把送风温度提高至点5。

所以

$$G = \frac{q_x}{1005 \times (t_5 - t_4)} \tag{21.6-5}$$

或

$$G = \frac{q_x - rW}{1005 \times (t_2 - t_4)} \tag{21.6-6}$$

这时，显热比为：

$$SHF = \frac{q_x - rW}{q_x - Wh} \tag{21.6-7}$$

热湿比为：

$$\varepsilon = \frac{q_x}{W} + h_s \tag{21.6-8}$$

式中　q_x——显热得热量，W；

　　　h_s——喷雾水的焓值，J/kg；

　　　r——汽化热，一般取 $r = 2500000$ J/kg。

当室内潜热得热 q_q 远小于显热得热 q_x 时，或允许忽略潜热时，可按式（21.6-5）确定送风量。不过，实际上室内总有潜热得热，因此

$$G(d_2 - d_4) = \frac{q_q}{r} + W \qquad (21.6\text{-}9)$$

$$c_p G(t_2 - t_4) = q_x - rW \qquad (21.6\text{-}10)$$

$$W = \frac{q_x(d_2 - d_4) - c_p \dfrac{q_q}{r}(t_2 - t_4)}{c_p(t_2 - t_4) + r(d_2 - d_4)} \qquad (21.6\text{-}11)$$

这时
$$SHF = \frac{q_x - rW}{q_x + q_q + Wh} \qquad (21.6\text{-}12)$$

式中 c_p——空气的比热容，一般可取 $c_p = 1005\text{J}/(\text{kg}\cdot\text{℃})$。

喷嘴的喷水量，一般由制造商提供。当缺乏有关资料时，可参考表21.6-7确定。

单个喷嘴的喷水量 (L/h) 表21.6-7

吸入高度 (mm)	压缩空气的压力（kPa）			
	30	40	60	80
100	4.3	5.0	5.6	6.0
150	3.8	4.6	5.2	5.6
200	3.3	4.2	4.7	5.2
250	2.3	3.3	3.8	4.3

压缩空气喷雾装置的配管尺寸，一般可按表21.6-8确定。

压缩空气喷雾装置的配管尺寸表 表21.6-8

喷嘴数	1～4	5～8	9～16	17～24	25～40	41～80	81～130
气管公称直径（mm）	32	40	50	65	80	100	125
水管公称直径（mm）	15	15	15	20	20	—	—

【例】 室外条件：$t_1 = 32℃$，$t_1' = 27℃$；室内条件：$t_2 = 29℃$，$t_2' = 23.7℃$，$d_2 = 0.0164\text{kg/kg}$，$\phi_2 = 65\%$；空调负荷：$q_x = 581500\text{W}$，$q_q = 23260\text{W}$。求送风量、喷雾水量和喷嘴数。

【解】

1. 假设喷水室空气的出口温度 $t_4 = 21℃$，$d_4 = 0.015\text{kg/kg}$。

2. 根据式（21.6-11）计算喷雾水量：

$$W = \frac{q_x(d_2 - d_4) - c_p \dfrac{q_q}{r}(t_2 - t_4)}{c_p(t_2 - t_4) + r(d_2 - d_4)}$$

$$= \frac{581500 \times (0.0164 - 0.015) - 1005 \times \dfrac{23260}{2500000} \times (29 - 21)}{1005 \times (29 - 21) + 2500000 \times (0.0164 - 0.015)}$$

$$= \frac{814.1 - 74.8}{8040 + 3500} = 0.064\text{kg/s}$$

3. 将水量代入式（21.6-9）求送风量：

$$G = \frac{\dfrac{q_q}{r} + W}{d_2 - d_4} = \frac{\dfrac{23260}{2500000} + 0.064}{0.0164 - 0.015} = \frac{0.0733}{0.0014} = 52.4\text{kg/s}$$

或代入式（21.6-10）：

$$G = \frac{q_x - rW}{c_p(t_2 - t_4)} = \frac{581500 - 2500000 \times 0.064}{1005 \times (29 - 21)} = \frac{421500}{8040} = 52.4 \text{kg/s}$$

4. 假设水温：$t_s = 17℃$，则 $h_s = 71400 \text{J/kg}$，由式（21.6-12）得：

$$SHF = \frac{q_x - rW}{q_x + q_q + Wh} = \frac{581500 - 2500000 \times 0.064}{581500 + 23260 + 71400 \times 0.064}$$

$$= \frac{421500}{609300} = 0.69 \approx 0.7$$

5. 连接图 21.6-22 中的点 2 和点 4，即为热湿比线，由于 $0.69 \approx 0.7$，可以认为满足要求。即说明起初假设的条件（$t_4 = 21℃$，$d_4 = 0.015 \text{kg/kg}$）符合设计要求。

6. 设喷雾效率 $\eta = 0.80$，取压缩空气的压力 $P = 30 \text{kPa}$，吸入高度 $h = 150 \text{mm}$，则由表 21.6-7 可得单个喷嘴的喷水量 $w = 3.8 \text{L/h}$，故所需喷嘴数为：

$$n = \frac{W \cdot 3600}{\eta \cdot w} = \frac{0.064 \times 3600}{0.80 \times 3.8} = 75.8 \approx 76 \text{ 个}$$

可以采用 4 个嘴的喷嘴 20 个。

21.7 空气的除湿

21.7.1 各种除湿方法的比较

空气除湿的方法很多，它们各有优缺点和适用的场合；表 21.7-1 汇总了空气的主要除湿方法及它们的优缺点和适用场合方面的资料，供设计参考。

各种除湿方法的比较　　　　　　　　　　表 21.7-1

方法	工作原理	优点	缺点	备注
升温除湿	湿空气通过加热器，在 $d = $ const 的条件下进行显热交换，在温度升高的同时，相对湿度降低	简单易行，投资和运行费用都不高	除湿的同时，空气温度升高，且空气不新鲜	适用于对室内温度没有要求的场合
通风除湿	向潮湿空间输入较干燥（含湿量小）的室外空气，同时排出等量的潮湿空气	经济、简单	保证率较低，有混合损失	适用于室外空气干燥、室内要求不很严格的场合
冷冻除湿	湿空气流经低温表面，温度下降至露点温度以下，湿空气中的水蒸气冷凝析出	性能稳定，工作可靠，能连续工作	设备费和运行费较高，有噪声	适用于空气露点温度高于 4℃ 的场合
溶液除湿	依靠空气的水蒸气分压力 P_V 与除湿溶液表面的饱和蒸汽分压力 P_S 之差为推动力而进行质传递，由于 $P_V > P_S$，所以，水蒸气由气相向液相传递。随着质传递过程的进行，空气的含湿量减少	除湿效果好，能连续工作，兼有清洁空气的功能	设备比较复杂，初投资高，再生时需要有热源，冷却水耗量大	适用于除湿量大、室内显热比小于 60%、空气出口露点温度低于 5℃ 的系统

续表

方法	工作原理	优点	缺点	备注
固体除湿	利用某些固体物质表面的毛细管作用，或相变时的蒸汽分压力差吸附或吸收空气中的水分	设备简单，投资和运行费用都较低	除湿性能不太稳定，并随时间的增加而下降；需要再生	适用于除湿量小，要求露点温度低于4℃的场合
干式除湿	湿空气通过以吸湿材料加工成的载体，如氯化锂转轮，在水蒸气分压力差的作用下，吸收或吸附空气中的水分成为结晶水，而不变成水溶液；转轮旋转至另一半空间时，吸湿载体通过加热而被再生	吸湿面积大，性能稳定，能连续进行除湿，湿度可调，除湿量大，能全自动运行	设备较复杂，并需要再生	适用温度范围宽，特别适宜于低温、低湿状态下应用
混合除湿	综合利用以上所列某几种方法，联合进行工作			

21.7.2 冷冻除湿的选择计算

冷冻除湿的选择计算，可按下列步骤进行：

(1) 根据设计条件，在 h—d 上确定室外空气的状态点 W，见图 21.7-1。

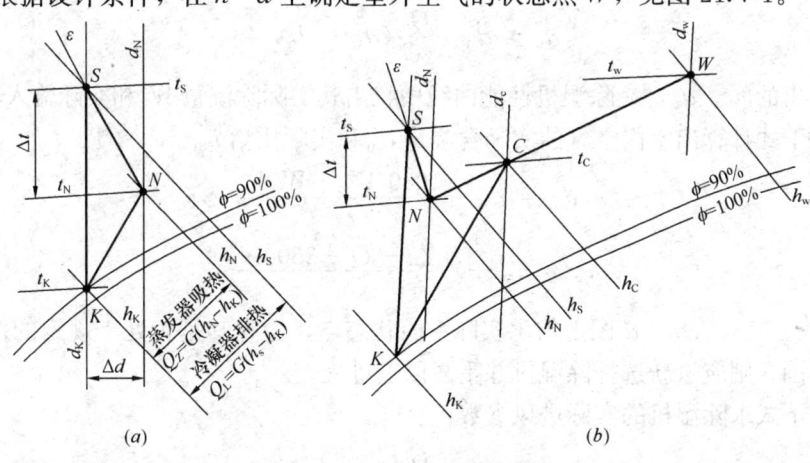

图 21.7-1 冷冻除湿过程
(a) 室内空气再循环；(b) 带新风

(2) 根据室内要求的温湿度条件，初步预选一状态点 N，并初选一种除湿机。具体过程如下：

室内空气的含湿量 d_n (g/kg)：

$$W = W_n + G_w \frac{d_w - d_n}{1000} \tag{21.7-1}$$

$$d_n = d_w - \frac{1000(W - W_n)}{G_w} \tag{21.7-2}$$

室内空气的焓 h_n (kJ/kg)：

$$Gc\Delta t = Q + 3600N + G_w(h_w - h_n) \tag{21.7-3}$$

$$h_n = h_w - \frac{Gc\Delta t - Q - 3600N}{G_w} \tag{21.7-4}$$

式中 W——除湿机的除湿量,kg/h;

W_n——室内的湿负荷,kg/h;

G_w——新风量,kg/h;

d_w——室外空气的含湿量,g/kg;

G——除湿机的风量,kg/h;

Δt——除湿机送风段的温降,一般 $\Delta t=2\sim 5℃$;

c——空气的比热容,一般 $c=1.01$kJ/(kg·℃);

Q——室内的余热量,取负值,kJ/h;

N——压缩机的输入功率,一般可取装机容量的 $75\%\sim85\%$,kW。

根据计算出的 d_n、h_n,定出室内空气状态点,得出对应的 t_n、ϕ_n,若符合要求,可以认为初选合适。若不符合要求,则应重新选择,并重复以上步骤,直至符合要求为止。

(3) 除湿机进风参数和除湿量的计算:

进风的焓 h_c:

$$h_c = h_n + \frac{G_w}{G}(h_w - h_n) \quad (21.7-5)$$

进风的含湿量 d_c:

$$d_c = d_n + \frac{G_w}{G}(d_w - d_n) \quad (21.7-6)$$

根据求出的 h_c、d_c,在除湿机性能曲线中找出其实际除湿量 W' 和实际输入功率 N'。

(4) 按下式计算出室内空气的实际含湿量 d'_n 和实际比焓 h'_n:

$$d'_n = d_n - \frac{1000(W' - W_n)}{G_w} \quad (21.7-7)$$

$$h'_n = h'_w - \frac{Gc\Delta t - Q - 3600N'}{G_w} \quad (21.7-8)$$

根据 d'_n、h'_n,在 h—d 图上求出实际室内状态点,检查其是否处于规定的范围之内。若越出该范围,则应重新选择除湿机并重复以上过程。

(5) 按下式求除湿机的实际进风参数:

$$d'_c = d'_n + \frac{G_w}{G}(d_w - d'_n) \quad (21.7-9)$$

$$h'_c = h'_n + \frac{G_w}{G}(h_w - h'_n) \quad (21.7-10)$$

根据 d'_c、h'_c,在 h—d 图上确定除湿机的实际进风状态点 c'。并据此由除湿机性能曲线图上求出其实际除湿量 W'',若 $W''\approx W'$,则可认为符合要求;否则应重新选择除湿机和计算。

【例】 地下工程,室内要求:$t_n\leqslant 28℃$,$\phi_n\leqslant 75\%$,新风量 $G_w=2400$kg/h,余热 $Q=30000$kJ/h,余湿 $W_n=15$kg/h,大气压力 $P=100$kPa,室外空气的 $t_w=30℃$,$d_w=18.5$g/kg,试选择冷冻除湿机。

【解】 (1) 在 h—d 图上,作出室外状态点 W,得 $h_w=78$kJ/kg。

(2) 按 $W>W_n$ 的原则初选 LC-20 型除湿机,其额定除湿量 $W=20$kg/h,风量 $G=7200$kg/h,装机容量 $N=13$kW(铭牌功率)。

由此可得：

$$d_n = d_w - \frac{1000(W-W_n)}{G_w} = 18.5 - \frac{1000\times(20-15)}{2400} = 16.4 \text{g/kg}$$

$$h_n = h_w - \frac{Gc\Delta t - Q - 3600N}{G_w}$$

$$= 78 - \frac{7200\times 1.01\times 4 + 30000 - 3600\times 0.8\times 13}{2400} = 69 \text{kJ/kg}$$

由 $d_n = 16.4$g/kg，$h_n = 69$kJ/kg，在 $h-d$ 图上得室内状态点：$t_n = 27℃ < 28℃$，$\phi_n = 74\% < 75\%$，说明满足设计条件，可以认为选型合适。

(3) 计算进风参数

$$h_c = h_n + \frac{G_w}{G}(h_w - h_n) = 69 + \frac{2400}{7200}\times(78-69) = 72 \text{kJ/kg}$$

$$d_c = d_n + \frac{G_w}{G}(d_w - d_n) = 16.4 + \frac{2400}{7200}\times(18.5-16.4) = 17.1 \text{g/kg}$$

据此，在 $h-d$ 图上可得：$t_c = 28℃$，$\phi_c = 72\%$。

在 LC-20 除湿机的性能曲线图上，得实际除湿量 $W' = 21$kg/h，实际功率 $N' = N = 13\times 0.8 = 10.4$kW（进风参数不同时，输入功率会相应改变，由于 LC-20 除湿机的技术资料中，未提供该项参数，所以本例假设 $N' = N$）。

(4) 校核室内空气的状态参数

$$d'_n = d_w - \frac{1000(W'-W_n)}{G_w} = 18.5 - \frac{1000\times(21-15)}{2400} = 16 \text{g/kg}$$

$$h'_n = h_w - \frac{Gc\Delta t - Q - 3600N'}{G_w}$$

$$= 78 - \frac{7200\times 1.01\times 4 + 30000 - 3600\times 0.8\times 13}{2400} = 69 \text{kJ/kg}$$

在 $h-d$ 图上可得：$t'_n = 28℃$，$\phi'_n = 67\%$，满足要求。

(5) 校核除湿机的进风状态参数

$$h'_c = h'_n + \frac{G_w}{G}(h_w - h'_n) = 69 + \frac{2400}{7200}\times(78-69) = 72 \text{kJ/kg}$$

$$d'_c = d'_n + \frac{G_w}{G}(d_w - d'_n) = 16 + \frac{2400}{7200}\times(18.5-16) = 16.8 \text{g/kg}$$

根据以上参数，在 $h-d$ 图上得：$t''_n = 28.5℃$，$\phi''_n = 68\%$；这时，除湿机的除湿量为 $W'' = W' = 21$kg/h，大于要求的 15kg/h，所以，可以认为全部符合要求。

21.7.3 固 体 除 湿

1. 常用固体除湿剂

工程上常用的固体除湿剂及其主要特性，如表 21.7-2 所示。

常用固体除湿剂及其特性 表21.7-2

分类	名称	分子式	主 要 特 性
吸收式	氯化钙	$CaCl_2$	无水氯化钙为白色多孔结晶体，有苦咸味，吸湿能力较强，但吸湿后就潮解，变成氯化钙溶液；相对密度2.15；熔点772℃；吸收水分时放出的溶解热为680kJ/kg。常用的工业氯化钙，纯度为70%，吸湿量可达自身质量的100%
	五氧化二磷	P_2O_5	又名磷酸酐。白色软质粉末；相对密度2.39；升华温度347℃；加压下于563℃熔解
	氢氧化钠	NaOH	又名苛性钠。无色透明的结晶体；相对密度2.13；熔点318.4℃
	硫酸铜	$CuSO_4$	$CuSO_4 \cdot 5H_2O$ 俗称蓝矾，蓝色三斜晶系结晶体，加热至250℃时，失去全部结晶水而成为绿白色粉末，相对密度由2.286升至3.606
吸附式	硅胶	SiO_2	无毒、无臭、无腐蚀性的半透明结晶体，不溶于水。孔隙率多达70%，平均密度为650kg/m³。吸湿率约为其重量的30%；吸附1kg水分放出吸附热约3276kJ/kg；吸湿后可经150～180℃热空气再生。还原水分需热约为13000～17000kJ/kg
	分子筛		具有均一微孔结构，能将不同大小的分子分离的固体吸湿剂
	活性炭		一种多孔结构和对气体、蒸气或胶态固体有较强吸附能力的炭，通常是由有机物如木材、果核等通过专门加工而成，含炭量最高达98%；真密度1.9～2.1；表观密度0.08～0.45

2. 除湿方法的比较

固体除湿，可分为静态除湿和动态除湿两种类型（表21.7-3）：

固 体 除 湿 比 较 表21.7-3

除湿类型	静 态 除 湿	动 态 除 湿
除湿过程	室内空气通过自然对流方式流过除湿材料层，与固体除湿剂表面进行热质交换而将水分除去	利用通风机，强制地使室内空气流过固体除湿剂表面进行热质交换而将水分除去
优 点	设备简单，初投资少	除湿快速，占用空间少，且能连续不断地工作
缺 点	除湿缓慢，占用空间多	设备较复杂，初投资多
适用条件	除湿量小的场合	除湿量大的场合

3. 静态除湿

除湿剂与空气的接触面积越大，除湿速度越快，效果也越好。所以，除湿剂粒径的大小，对除湿效果有显著影响。表21.7-4给出了氯化钙不同粒径时的吸水率。由表列值可以看出，粒径50～70mm时的吸湿量最大；30～40mm时次之。

氯化钙的吸水率（%） 表21.7-4

粒径（mm）	10～20	30～40	50～70	80～110	110～130
吸水率（%）	135	155	162	137	125

为了使房间内空气的相对湿度降低至70%以下，并密闭保持15天左右，氯化钙的用量G（kg），可按下式确定：

$$G = gV \tag{21.7-11}$$

式中 V——房间的容积，m³；

g——单位容积所需氯化钙量，kg/m³，见表 21.7-5。

单位容积所需氯化钙量　　表 21.7-5

除湿前空气的相对湿度（%）	<70	70~80	80~90	>90
单位容积所需氯化钙量（kg/m³）	0.20~0.25	0.25~0.30	0.30~0.40	>0.50

实践证明，如需要保持房间内相对湿度在 70%~75% 范围，筛盘内每 1kg 氯化钙与空气的接触表面积 F（m²）最好保持在 0.08~0.10m²。所以，氯化钙总用量 G（kg）与空气接触表面积的关系为：

$$G = F/(0.08 \sim 0.10) \tag{21.7-12}$$

即氯化钙的放置量，一般可按每 1m² 筛盘放置 10~12.5kg 计算。

硅胶能有效地使局部密闭空间内的相对湿度保持在 15%~20% 范围内，所以，在仪表贮存、运输过程中，经常应用硅胶作为吸湿剂。如果要使箱（盒）内的相对湿度保持在 15%~20% 范围，并保持 7 天左右，每 1m³ 空间约需要硅胶 1.0~1.2kg 左右。

4. 动态除湿

(1) 抽屉式除湿器　图 21.7-2 所示系一种以氯化钙为吸湿剂的动态除湿器，它的抽屉里一般放置 50~100mm 厚、粒径为 50~70mm 的固体氯化钙，湿空气以 0.35m/s 的流速由各进风口进入吸湿层，除湿后的空气则经风机送回房间。

图 21.7-3 给出了室温等于 27℃时抽屉式氯化钙除湿器的除湿量。

图 21.7-4 所示系以硅胶为吸湿剂的除湿器，表 21.7-6 是它的技术性能。

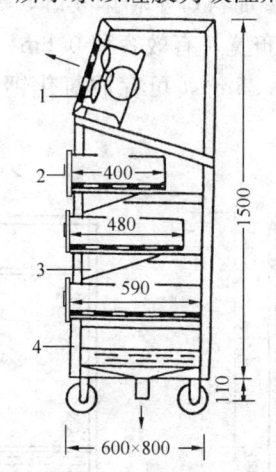
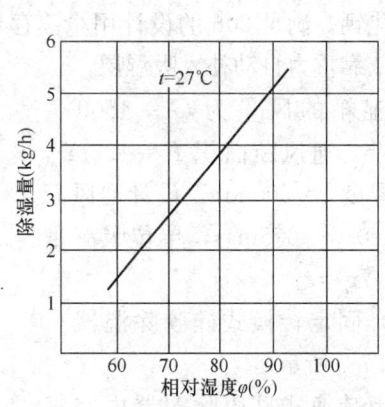

图 21.7-2　抽屉式氯化钙除湿器　　　　图 21.7-3　抽屉式氯化钙除湿器
1—风机；2—抽屉式除湿层；3—进风口；4—框架　　的除湿量（进风温度 27℃）

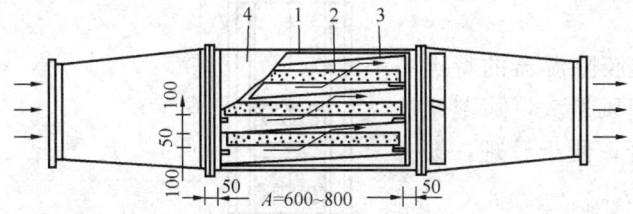

图 21.7-4　抽屉式硅胶除湿器
1—外壳；2—吸湿层；3—分风隔板；4—密闭门

抽屉式硅胶除湿器的性能　　　表 21.7-6

风量	除湿量	抽屉		高度	硅胶量
(m^3/h)	(kg/h)	数量	尺寸(mm)	(mm)	(kg)
1000	4	2	600×500	400	16
2000	7	4	600×500	700	35
3000	10	3	800×700	550	50
4000	14	4	800×700	700	70

(2) 整体式除湿器　如图 21.7-5 所示。

整体式除湿器由吸湿层 1、存料箱 2、贮液箱 3、风机 4、进风口 5、出风口 6、排液口 7、车轮 8 和加料口 9 等构成。吸湿层垂直布置，断面尺寸为 390mm×350mm，厚度为 250mm，有效容积 0.034m^3，可装氯化钙 28kg（17h 左右用量）。存料箱容积 0.033m^3，可装氯化钙 26kg，贮液箱有效容积 0.016m^3，可存连续工作 10h 所产生的氯化钙溶液。

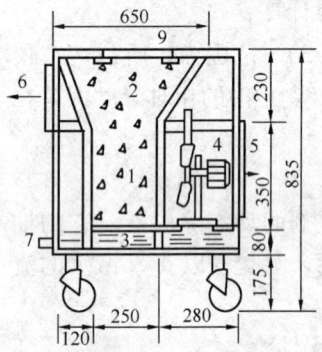
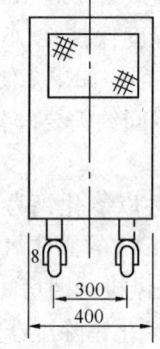

图 21.7-5　氯化钙整体式除湿器

(3) 通风除湿箱　如图 21.7-6 所示。

通风除湿箱由吸湿层 1、存料箱 2、贮液箱 3、加料口 4 和排液口 5 等构成。吸湿层垂直布置，有效容积 0.6m^3，可装 500kg 左右氯化钙，满足 20h 的设计用量。存料箱容积为 0.25m^3，可存放氯化钙 215kg 左右，氯化钙依靠重力自动补入吸湿层。

除湿箱的风量为 $G = 1500 \sim 2000$kg/h，通风断面积 $F = 1.2m^2$，吸湿层厚度 $\delta = 500$mm，设计迎风面风速 $v = 0.3 \sim 0.5$m/s，单位吸湿量 $\Delta d = 6 \sim 7$g/kg。

(4) 固定转换式硅胶除湿器　如图 21.7-7 所示。

固定转换式硅胶除湿器由空气入口 1、风机 2 和 7、转换开关 3 和 5、硅胶筒 4 和 9、加热器 6 及再生空气入口 8 等构成。

固定转换式硅胶除湿器的特点是设备简单，处理风量大，除湿系统与再生系统分开，便于管理，缺点是设备占地面积大。

(5) 转筒式硅胶除湿器　如图 21.7-8 所示。

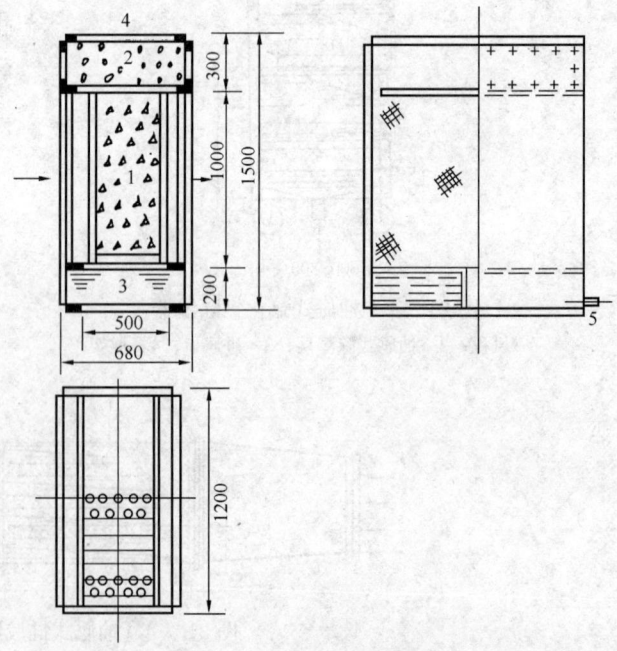

图 21.7-6　氯化钙通风除湿箱

转筒式硅胶除湿器由箱体 1、硅胶转筒 2、电加热器 3、密闭隔风板 4、空气进口 5、蒸发器 6、风机 7 和 10、空气出口 8、再生空气进口 9 及再生空气出口 11 等构成。转筒由两层金属多孔板（内衬铜丝网）组成夹层，夹层内填充 50mm 厚硅胶。转筒直径为 800mm，长度为 380mm，以 2r/h（30min/r）的速度旋转，隔板将箱体分隔为吸湿区和再生区两个部分。湿空气经蒸发器冷却后进入吸湿区，流经转筒的硅胶吸湿层后，水分被除去，除湿后的空气由风机送出。吸附水分后的硅胶层旋转至再生区后，与经电加热器加热的热空气接触而再生。

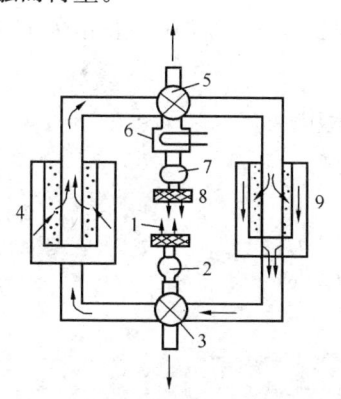

图 21.7-7 固定转换式硅胶除湿器

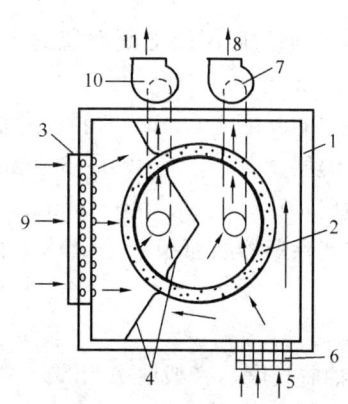

图 21.7-8 电加热转筒式硅胶除湿器

转筒式硅胶除湿器的除湿量及主要性能，分别见表 21.7-7 和表 21.7-8。

转筒式硅胶除湿器的除湿量　　　　　　表 21.7-7

进口空气的含湿量（g/kg）	1.5	2.5	3.5	4.5	5.5	6.5	7.5
除湿量（kg/h）	0.9	1.5	2.0	2.4	2.9	3.3	3.8

转筒式硅胶除湿器的主要性能　　　　　　表 21.7-8

名称	内容		
	除湿系统	再生系统	硅胶转筒
通风机的风量（m³/h）	1000	150～220	
电动机功率（kW）	0.4	0.25	0.8
电动机转数（r/min）	2800	1430	490
再生温度（℃）		150～160	
再生电加热器功率（kW）		12	
一次硅胶加入量（kg）			28
外形尺寸（mm）	1100×1100×1600		

5. 动态除湿的计算

（1）风量 L（kg/h）的确定：

$$L = \frac{1000W}{(d_1 - d_2)\rho} \tag{21.7-13}$$

式中　W——房间的湿负荷，kg/h；

　　　ρ——空气的密度，kg/m³；

　　　d_1——进风含湿量，g/kg；

　　　d_2——出风含湿量，g/kg。

(2) 固体除湿剂的用量 G (kg):
$$G = WZ/a \qquad (21.7\text{-}14)$$

式中 a——除湿剂的平均吸湿量，即吸湿能力降低室需再生时，每 1kg 除湿剂的吸湿量。工业纯氯化钙：$a=0.55$kg/kg；硅胶：$a=0.2\sim0.3$kg/kg；

Z——吸湿剂的再生周期，h。

(3) 通风断面积 F (m²):
$$F = L/(3600v) \qquad (21.7\text{-}15)$$

式中 v——空气通过吸湿层的断面流速，氯化钙取 $v=0.6\sim0.8$m/s；硅胶取 $v=0.3\sim0.5$m/s。

(4) 吸湿层的厚度 δ (mm)，可按下列数据采用：

氯化钙吸湿层 $\delta=250\sim500$mm

硅胶吸湿层 $\delta=40\sim60$mm

(5) 抽屉式除湿器的面积 f (m²) 及抽屉个数 n：
$$f = A \cdot B \qquad (21.7\text{-}16)$$
$$n = F/f \qquad (21.7\text{-}17)$$

式中 A——抽屉长度，一般取 $A=0.6\sim0.8$m；

B——抽屉宽度，一般取 $B=0.5\sim0.7$m。

(6) 阻力 H (Pa) 计算：

对于氯化钙： $\qquad\qquad H = K_1 \cdot \delta \cdot v^2 \qquad (21.7\text{-}18)$

对于硅胶： $\qquad\qquad H = K_2 \cdot \delta \cdot v^2 \qquad (21.7\text{-}19)$

式中 K_1——实验系数，采用图 21.7-2 的除湿器时，可取 $K_1=2000$；采用图 21.7-6 的除湿箱时，可取 $K_1=400$；

K_2——实验系数，$K_2=35\sim40$；

δ——吸湿层的厚度，m；

v——空气通过吸湿层的速度，m/s。

21.7.4 干式除湿——转轮除湿机

1. 氯化锂转轮除湿机的除湿原理及特点

(1) 特征 氯化锂转轮除湿，是最典型的干式除湿过程。氯化锂吸收空气中的水分后成为结晶水，而不变成水溶液，因此，不会产生氯化锂水溶液对设备的腐蚀。同时，无需添加和补充除湿剂，是一种理想的除湿设备。

(2) 工作原理（图 21.7-9）

载有吸湿剂的转轮，被密封条分隔成两个扇形区域：圆心角为 270°的处理区和圆心角为 90°的再生区。处理空气进入转轮的处理区后，由于在常温下，转轮中吸湿剂的水蒸气分压力低于湿空气的水蒸气分压力，所以，处理空气中的水分被转轮中的吸湿剂吸附，除湿后的空气由处理风机送出。与此同时，再生空气经加热后进入转轮的再生区；由于在高温下，空气的水蒸气分压力低于转轮中吸湿剂的水蒸气分压力，因此，原先吸附的水分被脱附，并随湿空气排至室外，转轮则又恢复了除湿能力。

(3) 优点

1) 转轮为无机材料,性能稳定,不会老化,使用寿命长。

2) 转轮采用蜂窝状结构,所以,吸湿面积大,每 $1m^3$ 的吸湿面积多达 $3000m^2$,除湿量大。

3) 机组结构紧凑,占地面积少,维护管理方便。

4) 适用温度范围宽,可在 $-30 \sim +40℃$ 温度范围内对空气有效地除湿。

5) 由于随着温度的降低,氯化锂所含的结晶水增多。所以,在低温低湿状态下,有良好的除湿效果。

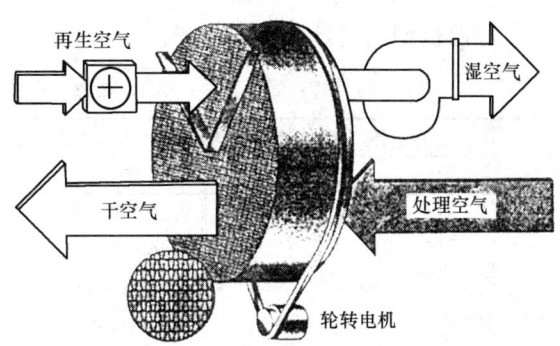

图 21.7-9 转轮除湿原理图

6) 温度低于 0℃时,不会结冰,仍能保持较好的热质交换;因此,很容易获得低露点的干空气。

7) 很容易实现自动化,做到无人值守。

8) 用途宽广,不仅适用于空调,也能用于干燥工艺;由于氯化锂具有强烈杀菌作用,所以,还广泛地用于制药和食品加工领域。

2. 氯化锂转轮除湿机的构造

氯化锂转轮除湿机由以下三部分组成:

(1) 除湿系统 包括箱体、吸湿转轮、减速传动装置、通风机和过滤器等。箱体以隔板对称分隔成大小不等的两部分,3/4 空间为吸湿区,1/4 空间为再生区。为了防止吸湿区和再生区的空气产生窜流,分区的界面采用弹性材料进行密封。

转轮是除湿机的心脏,它以复合纤维材料作为基材,与氯化锂、活性硅胶、分子筛等吸湿材料复合加工而成,并制成波纹状和平板状形成,然后按一层平板、一层波纹板相间卷绕成一个圆柱形的吸湿芯体。在层与层之间形成了许多蜂窝状的通道,这就是空气流道。转轮固定在箱体的中心部位,通过减速传动机构传动,以 $8 \sim 18r/h$ 的低速不断地旋转。

(2) 再生系统 包括箱体、加热器、通风机、过滤器和风阀等,吸湿后的转轮纸芯,在这里被加热而获得再生。加热器可以采用蒸汽为热媒,也可以采用电加热器。

(3) 控制系统 包括传动系统调控、再生温度和电加热器控制和保护等。如要做到自动化运行,还应配置湿度监控系统。

3. 转轮除湿机的主要技术数据

(1) 型号表示法(以沙漠公司产品为例)

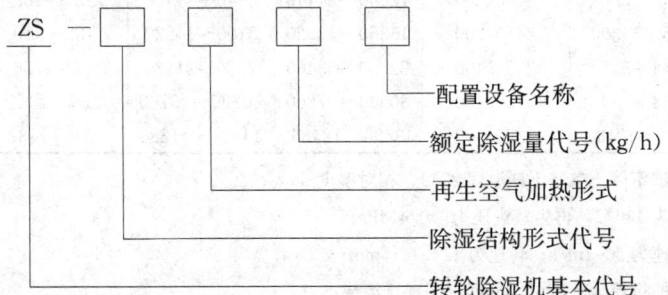

除湿机型式代号见表21.7-9：

除湿机型式代号表　　　表21.7-9

整体式		组装式		再生形式	
名　称	代　号	名　称	代　号	型　式	代　号
立式	—	表冷器组合	L	电加热	D
卧式	—	风冷却组合	F		
封闭式	F	净化组合	J	蒸汽加热	Q
挂壁式	G	防爆式	B		
吸顶式	X	变频式	P	燃气加热	R
		自循环式	H		
嵌入式	Q	模块式	M		
		叠加式	D		
冷却区式	E	热回收	R	太阳能	T
		双转轮	S		

【例】 ZS-10D　表示整体式转轮除湿机，额定除湿量10kg/h，电加热再生
　　　　ZSZQ-30F　表示组装式转轮除湿机，额定除湿量，蒸汽加热再生，带风冷机

(2) 转轮除湿机的主要技术数据（引自无锡沙漠除湿设备厂样本）
ZS整体式转轮除湿机的主要技术数据，见表21.7-10。
ZSZD/Q-L组装式转轮除湿机的主要技术数据，见表21.7-11。

整体式转轮除湿机的主要技术数据　　　表21.7-10

型　号	主要性能数据					
	除湿量 (kg/h)	转轮规格 (mm)	除湿风量 (m³/h)	再生风量 (m³/h)	电热功率 (kW)	蒸汽耗量 (kg/h)
ZS-2D	1.8	250/200	300	70	2.7	—
ZS-3D	3.65	370/200	600	180	5.4	—
ZS-6D (Q)	5.6	440/200	900	270	8.2	18
ZS-10D (Q)	4.9～14	550/200	1500	450	13.6	30
ZS-15D (Q)	9.4～26	770/200	1380～4020	240～660	17～47	51～141
ZS-20D (Q)	15.6～46	965/200	2280～6660	480～1320	28～80	86～240
ZS-30D (Q)	25.4～74	1220/200	3720～10740	780～2220	42～127	134～381
ZS-40D (Q)	42～119	1525/200	6120～17460	1260～3540	73～206	291～618
ZS-50 (D) Q	50～155	1700/200	7920～19680	2040～5760	95～330	283～990
ZS-60D (Q)	67.6～191	1940/200	9720～27900	3240～9240	116～268	348～804
ZS-80D (Q)	83～236	2190/200	12060～34440	3840～11400	137～408	411～1224
ZS-100D (Q)	105.4～300	2450/200	15360～43920	5100～14520	182～519	546～1557
ZS-180D (Q)	184～326	2950/400	22200～63480	7380～21120	264～756	792～2268
ZS-250D (Q)	253～780	3550/400	30600～87600	10200～29160	365～1043	1095～3129
ZS-360D (Q)	362～1043	4250/400	43680～124860	14520～41580	519～1487	1557～4461

注：1. 除湿量测试条件：空气干球温度27℃；相对湿度60%；
　　2. 再生温度为140℃，再生蒸汽压力≥0.4MPa；
　　3. 转轮面风速为2～4m/s；转速为12～18r/min；
　　4. 大型规格的机箱、转轮可以分拆，需现场组装。

21.7 空气的除湿

组装式转轮除湿机的主要技术数据表　　　　表 21.7-11

型　号	主　要　性　能　数　据						
	除湿量 (kg/h)	转轮规格 (mm)	处理风量 (m³/h)	再生风量 (m³/h)	电热功率 (kW)	再生蒸汽 (kg/h)	冷媒水负荷 (W)
ZSZD/Q-6L	28	440/200	900	270	8.2	18	39~48
ZSZD/Q-10L	47	550/200	1500	450	13.6	30	43.6~128.6
ZSZD/Q-15L	43~126	770/200	1380~4020	240~660	17~47	51~141	34~129
ZSZD/Q-20L	71~207	965/200	2280~6660	480~1320	28~80	86~240	73~214
ZSZD/Q-30L	115~334	1220/200	3720~10740	780~2220	42~127	134~381	120~346
ZSZD/Q-40L	190~543	1525/200	6120~17460	1260~3540	73~206	291~618	197~562
ZSZD/Q-50L	245~608	1700/200	7920~19680	2040~5760	95~330	283~990	255~634
ZSZD/Q-60L	300~861	1940/200	9720~27900	3240~9240	116~268	348~804	313~899
ZSZD/Q-80L	372~1062	2190/200	12060~34440	3840~11400	137~408	411~1224	388~1110
ZSZD/Q-100L	474~1355	2450/200	15360~43920	5100~14520	182~519	546~1557	495~1415

注：1. 除湿量测试条件：空气干球温度27℃；相对湿度60%；
　　2. 再生温度为140℃，再生蒸汽压力≥0.4MPa；
　　3. 转轮面风速为2~4m/s；转速为12~18r/min；
　　4. 大型规格的机箱、转轮可以分拆，需现场组装。

4. 单位除湿量和空气的温升

机组的单位除湿量和处理空气的温升，随处理前空气状态参数的不同而改变，见图 21.7-10 和图 21.7-11。

图 21.7-10 是当处理风量与再生风量之比为 3:1，再生空气温度为 120℃，转轮有效直径为 960mm，厚度为 350mm，转数为 6r/h 时的测定值。图中的 Δd 曲线表示该空气状态下每 kg 空气的除湿量（g/kg）。

图 21.7-11 是 Munters 公司 MA 系列除湿机的单位除湿量图（转轮厚度为 400mm，转数为 10r/h，处理空气与再生空气的进口状态相同，处理风量与再生风量之比为 3:1，再生空气温度为 120℃）。

5. 处理空气的温升

处理空气经转轮除湿后，由于水蒸气的潜热转化成显热，以及再生时转轮的蓄热，处理空气的温度将会有较大幅度的升高。温度升高的程度，与单位除湿量的大小和再生温度的高低有关。当再生温度为120℃时，处

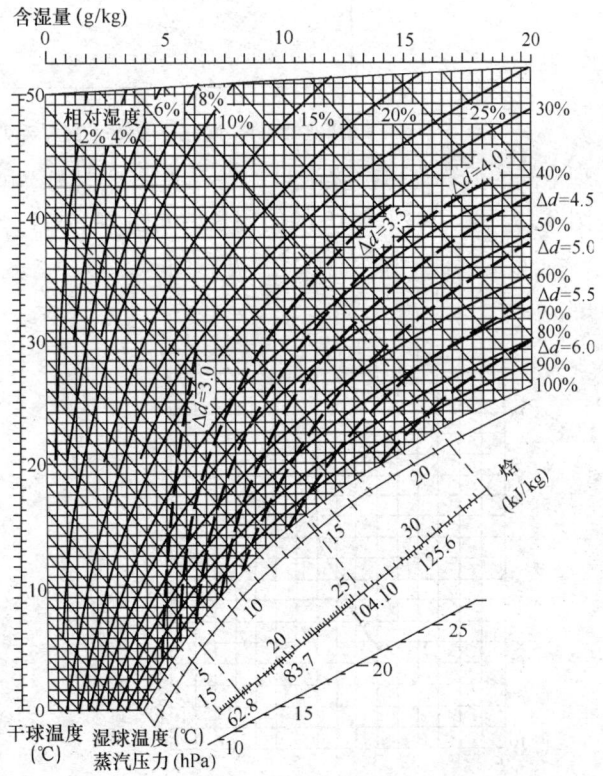

图 21.7-10　不同处理空气参数下除湿机的单位除湿量

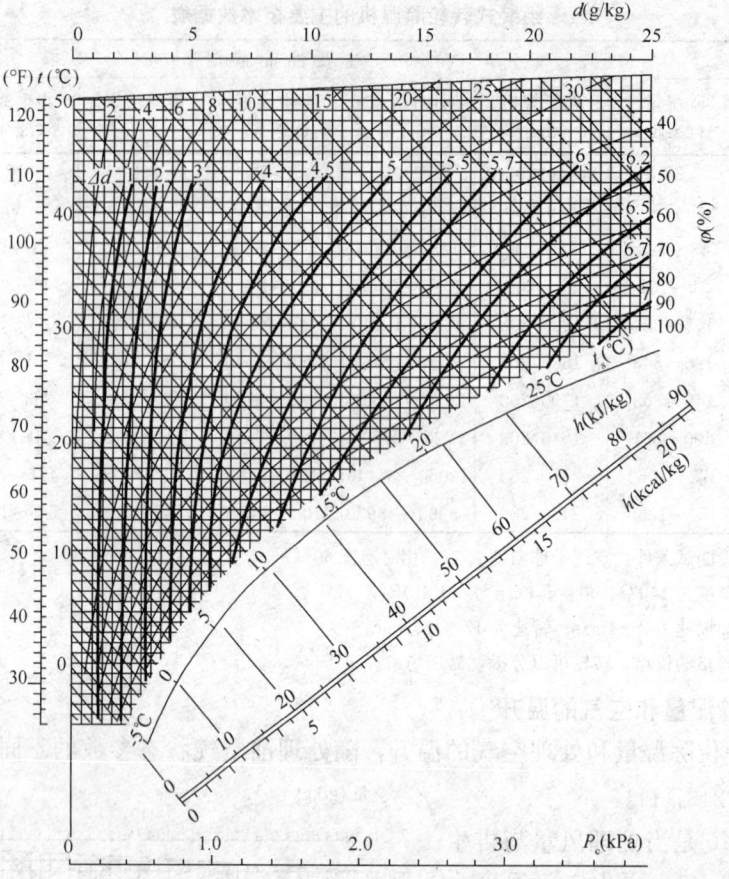

图 21.7-11　Munters 公司 MA 系列除湿机的单位除湿量

理空气的温升与单位除湿量的关系见图 21.7-12 和图 21.7-13。图 21.7-12 的使用条件同图 21.7-10；图 21.7-13 的使用条件同图 21.7-11。

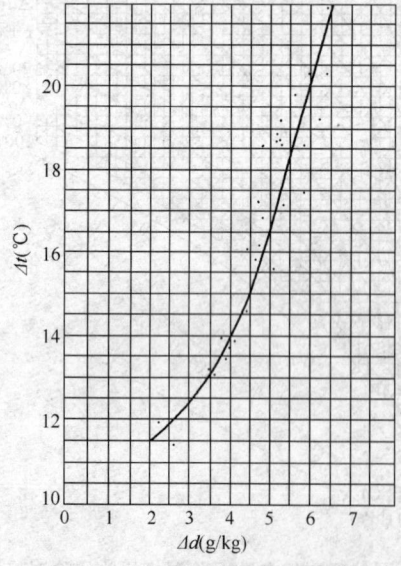

图 21.7-12　处理空气温升曲线

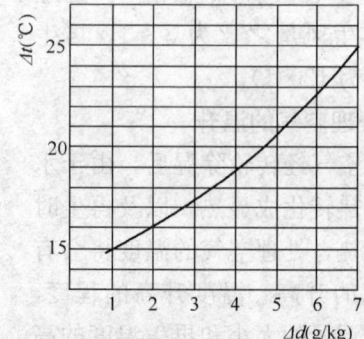

图 21.7-13　Munters 公司处理空气的温升曲线

6. 转轮除湿机的压力损失

空气通过转轮时的压力损失,与面风速的大小成正比,具体数值一般由制造企业提供。

表 21.7-12 列出了 Munters 公司 MA 系列除湿机的压力损失。

MA 系列除湿机的压力损失　　　　表 21.7-12

型号	处理空气		再生空气		
	风量 (m³/h)	压力损失 (Pa)	风量 (m³/h)	电加热器压力损失 (Pa)	蒸汽加热压力损失 (Pa)
MA3000B	3000	260	1000	340	460
	4000	330	1330	470	600
	5000	420	1670	580	730
	6000	540	2000	750	890
	7000	680	2330	930	1110
MA10000B	8000	280	2670	370	500
	10000	340	3330	470	630
	12000	410	4000	570	740
	15000	550	5000	770	920
	18000	720	6000	990	1210
MA25000B	20000	260	6670		510
	25000	310	8350		620
	30000	380	10000		720
	35000	440	11650	根据用户需要配置	830
	40000	540	13300		990
	45000	650	15000		1160
	50000	750	16700		1280

7. 转轮除湿机的计算步骤

转轮除湿机的计算,可按下列假设与步骤进行:

设 d_1——处理前空气的含湿量,g/kg;

d_2——处理后空气的含湿量,g/kg;

d_3——再生前空气的含湿量,g/kg;

d_4——再生后空气的含湿量,g/kg;

t_1——处理前空气的干球温度,℃;

t_2——处理后空气的干球温度,℃;

t_3——实际再生温度,℃;

a——再生温度不等于 120℃ 时,单位除湿量的修正系数,本次试验取 $a = 0.024$ g/(kg·℃);

Δd——单位质量空气的除湿量,根据处理前空气的状态参数由图 21.7-10、图 21.7-11 得出;

Δt——处理后空气的温升,按式(21.7-20)中的 $[\Delta d - a(120 - t_3)]$ 查图 21.7-12、图 21.7-13 处理后空气温升曲线。

(1) 处理后空气的含湿量:

$$d_2 = d_1 - [\Delta d - a(120 - t_3)] \quad (21.7\text{-}20)$$

(2) 处理后空气的干球温度:
$$t_2 = t_1 + \Delta t \quad (21.7\text{-}21)$$

(3) 再生后空气的含湿量:
$$d_4 = d_3 + 3[\Delta d - a(120 - t_3)] \quad (21.7\text{-}22)$$

(4) 再生后空气的干球温度:
$$t_4 = t_3 - 3\Delta t \quad (21.7\text{-}23)$$

(5) 处理空气量 L (m^3/h):
$$L = \frac{W}{\rho[\Delta d - a(120 - t_3)]} \quad (21.7\text{-}24)$$

式中 ρ——处理前空气的密度,kg/m^3。

(6) 再生空气量 L_z (m^3/h):
$$L_z = \frac{1}{3} \cdot L \quad (21.7\text{-}25)$$

(7) 再生加热量 Q_z (W):
$$Q_z = L_z \cdot \rho_z \cdot c \cdot (t_3 - t_w) \cdot \frac{1}{3.6} \quad (21.7\text{-}26)$$

式中 ρ_z——再生空气在加热前的密度,kg/m^3;
c——空气的比热容,一般可取 $c=1.01kJ/(kg \cdot ℃)$;
t_w——再生空气在加热前的温度,℃;一般可取室外空气计算温度。

(8) 确定再生电加热器容量 N (kW):
$$N = \frac{Q_z}{0.9 \times 1000} \quad (21.7\text{-}27)$$

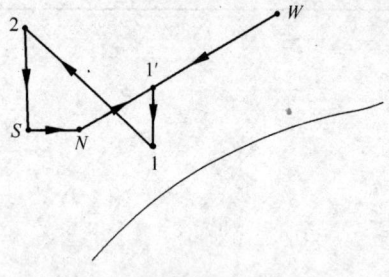

图 21.7-14 恒温低湿工程处理过程
W—室外状态点;N—室内状态点;1′—室内外空气的混合状态点;S—送风状态点;
1′→1(降温过程);1→2(除湿机除湿过程);
2→S(降温过程);S→N(室内变化过程)

【例】 恒温低湿工程,已知室外空气状态参数为:$t_w = 30℃$,$d_w = 16.25g/kg$,$\phi_w = 60\%$;室内的产湿量:$W_1 = 3280g/h$,无余热,房间体积:$V = 780m^3$。要求室内空气参数保持:$t_n = 20℃$,$d_n = 4.3g/kg$,$\phi_w = 30\%$;

【解】 首先绘制空气处理过程的 $h-d$ 图(图 21.7-14)。

①确定送风参数:送风量按换气次数 $n = 5h^{-1}$ 计算:

送风量: $L_s = 780m^3 \times 5h^{-1} = 3900m^3/h$

送风含湿量: $d_s = d_n - \dfrac{W_1}{\rho \cdot L_s} = 4.3 - \dfrac{3280}{1.2 \times 3900} = 3.599g/kg$

送风温度: $t_s = 20℃$

②计算混合后空气的状态参数:设回风量为送风量的70%,则

新风量: $L_w = 0.3 \times 3900 = 1170m^3/h$

回风量: $L_n = L_s - L_w = 3900 - 1170 = 2730 \text{m}^3/\text{h}$

混合空气的温度: $t'_1 = \dfrac{L_n t_n + L_w t_w}{L_s} = \dfrac{2730 \times 20 + 1170 \times 30}{3900} = 23℃$

混合空气的含湿量: $d'_1 = \dfrac{L_n d_n + L_w d_w}{L_s} = \dfrac{2730 \times 4.3 + 1170 \times 16.25}{3900} = 7.885 \text{g/kg}$

③计算总除湿量:新风带入的湿量为

$$W_2 = \rho \cdot L_w (d_w - d_n) = 1.2 \times 1170 \times (16.25 - 4.3) = 16777.8 \text{g/h}$$

$$W = W_1 + W_2 = 3280 + 16777.8 = 20057.8 \text{g/h}$$

④计算单位除湿量并求处理前空气的状态参数:

$$\Delta d = \dfrac{W}{\rho \cdot L_s} = \dfrac{20057.8}{1.2 \times 3900} = 4.286 \text{g/kg}$$

根据混合点状态参数 t'_1、d'_1 查图 21.7-10,得 $\Delta d = 3.75 \text{g/kg}$,小于计算的单位除湿量,因此,需先降温、后除湿;按 $d'_1 = 7.885 \text{g/kg}$、$\Delta d = 4.286$ 查上图,得 $t_1 = 17℃$,故需先将 t'_1 沿等 d 线降至 t_1 后再通过转轮除湿。

⑤计算再生风量: $L_z = \dfrac{1}{3} \cdot L_s = \dfrac{1}{3} \times 3900 = 1300 \text{m}^3/\text{h}$

⑥计算再生加热量及确定再生电加热器的功率:

$$Q_z = L_z \cdot \rho_z \cdot c \cdot (t_3 - t_w) \cdot \dfrac{1}{3.6} = 1300 \times 1.15 \times 1.01 \times (120 - 30) = 37750 \text{W}$$

$$N = \dfrac{Q_z}{0.9 \times 1000} = \dfrac{37750}{0.9 \times 1000} = 41.94 \text{kW}$$

⑦处理后空气的状态参数:

查图 21.7-12,当 $\Delta d = 4.286 \text{g/kg}$,$\Delta t = 14.8℃$,根据式 (21.7-20)、式 (21.7-21) 计算

$$t_2 = t_1 + \Delta t = 17 + 14.8 = 31.8℃$$

$$d_2 = d_1 - \Delta d = 7.885 - 4.286 = 3.599 \text{g/kg}$$

再生后的空气状态参数:

$$t_4 = t_3 - 3\Delta t = 120 - 3 \times 14.8 = 75.6℃$$

$$d_4 = d_w + 3\Delta d = 16.25 + 3 \times 4.286 = 29.108 \text{g/kg}$$

由以上计算可知,处理前和处理后,均需设置空气冷却设备。

8. MA 系列除湿机的除湿性能图(图 21.7-15)

图 21.7-14 是根据 MA5000 型号绘制的,其他型号除湿机可参考此图确定。若要求干空气含湿量保持小于 1g/kg 时,建议向 Menters 公司查询。

【例】已知 MA5000 除湿机的处理空气量为 5000m³/h,处理空气的初参数为: $d_1 = 12 \text{g/kg}$,$t_1 = 20℃$。求处理后干空气的含湿量、温升和温度。

【解】在图 21.7-15 上部曲线图(额定处理风量)的横坐标上,取 $d_1 = 12 \text{g/kg}$,沿

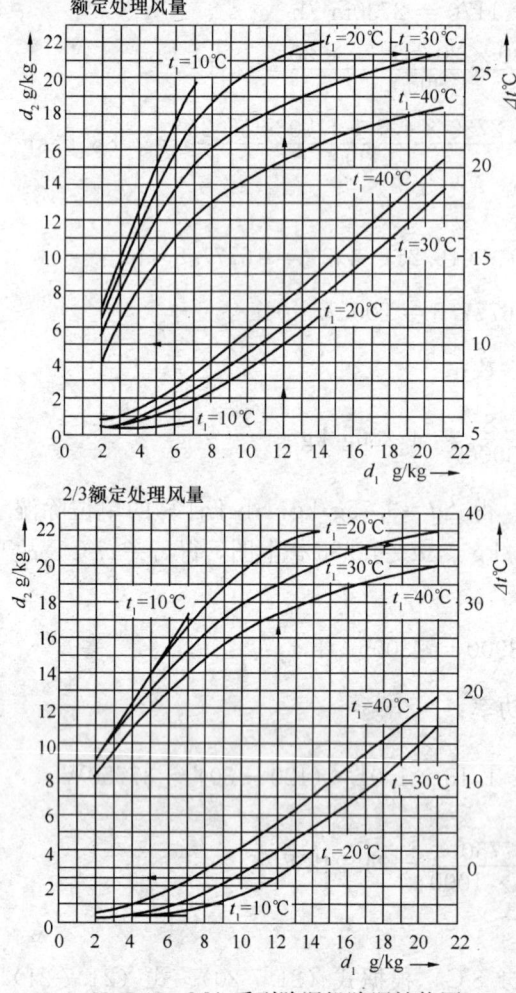

21.7-15 MA系列除湿机除湿性能图

坐标向上与 $t_1=20℃$ 曲线交于一点,在左侧纵坐标上可得出处理后干空气的含湿量为 $d_2=5.0g/kg$。继续向上,与上部的 $t_1=20℃$ 曲线交于一点,在右侧纵坐标上可得出干空气的温升为 $\Delta t=26.2℃$。由此,可求出干空气的温度为:

$$t_2 = 20 + 26.2 = 46.2℃$$

若处理风量为额定风量的 2/3,则由图 21.7-15 下部的曲线图可得出:$d_2=2.6g/kg$,$\Delta t=36.4℃$,$t_2=20+36.4=56.4℃$。

21.7.5 除湿系统设计与安装注意事项

1. 转轮除湿机作为空调系统中空气处理过程的一个部件使用时,由于在除湿机之前已经装置有空气过滤器,所以,除湿机中的过滤器可以省去,不必重复设置。

2. 当转轮除湿机作为空调系统中空气处理过程的一个部件使用时,必须设置旁通风管,并在风管上配置能严密关闭的风阀,以保证不使用除湿机时空气能迂回过除湿机。

3. 为了防止发生短路,除湿机的室外空气进口,应尽可能避免与再生空气排出口布置在同一方向侧。实践中如实在无法避免时,则应采取有效的防止短路措施。

4. 除湿机和除湿系统的控制应根据工程对湿度要求的高低区别对待:
(1) 对湿度仅有上限要求时,可采用简单的定时启停控制。
(2) 对湿度要求较严格的工程,可采用旁路控制,即控制处理风量的大小,或控制再生温度的高低,调节机组的除湿量。

5. 再生系统的风管,要选择采用耐热、耐湿、非燃或难燃材料制作。

6. 再生后空气的排出管应有不小于 2‰ 的坡度,坡向出口方向。

7. 再生后空气的排出管,长度不宜过长,并应作绝热处理。

8. 当再生后空气的排出管不能满足以上各项要求时,应在风管的最低点处设置凝水排出口;排水口应设置水封,以防止湿空气从排水口漏出。

9. 在转轮除湿机中,真正用于再生(即蒸发吸湿剂所吸收水分)的热量,大约占总供热量的 50% 左右,因此,还有大量热量随排出空气排入大气。对于除湿量大、运行时间长的工程,应考虑设置热回收器,对未利用的这部分热量予以回收(可以节能15%~40%)。

10. 安装转轮除湿机的环境温度,应高于处理空气的露点温度,如无法保证满足这个要求，则必须对处理空气的风管进行绝热处理，以防产生凝水，损坏转轮。

11. 对于要求送风的空气绝对含湿量较低的工程，处理空气系统宜采用压入式，即将风机设在转轮之前，以防止机组内部窜风，造成对处理后空气的再加湿。当然，也可以采取保持一定压力差（让处理系统的压力高于再生系统）的方式来防止。

12. 当采用电加热方式时，除湿机需用可手动复位的高温保护断路器和温度控制器进行安全保护。

注：温度控制器的作用是使再生温度保持在固定范围内，当温度超过上限时，温控器断开，电加热器停止加热；直至温度降至设定的下限时，温控器闭合，电加热器开始加热。高温保护断路器的作用是当再生温度异常升高并超过设定值时，自动切断电路，使整个机组停止运行。在正常情况下，除湿机停止运行时，时间继电器使再生风机延续运行一段时间，直至电加热器完全冷却为止。

13. 到目前为止，国产氯化锂转轮除湿机的技术资料尚不齐全，特别是低温低湿部分。实践中，建议按瑞典 Munters 公司的技术资料进行计算，然后，对结果增加 1.2 左右的性能差异系数。

14. 为了保证能顺利地进行必要的维护和管理，在设计和布置除湿机时，必须保证足够的空间尺寸，具体要求见图 21.7-16 和表 21.7-13。

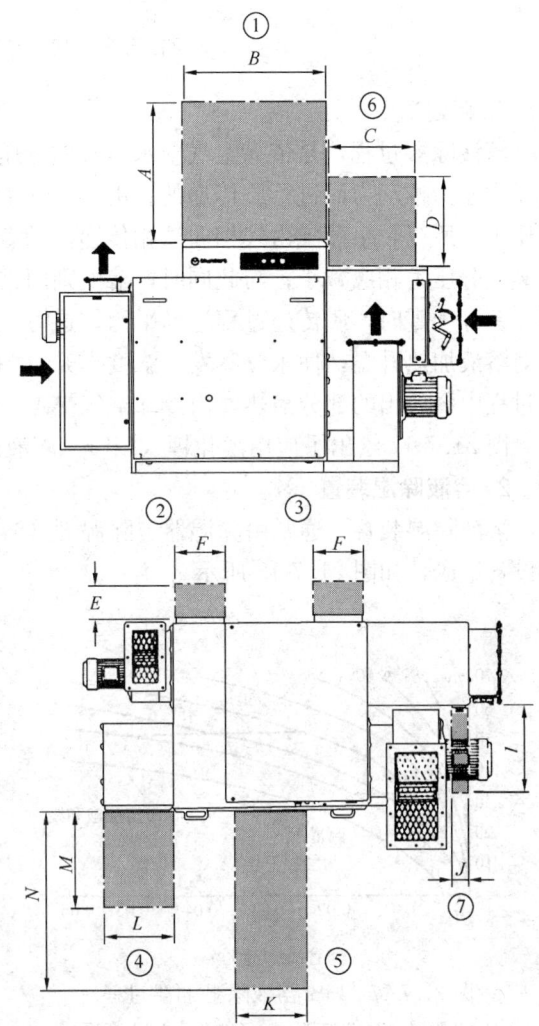

图 21.7-16 转轮除湿机需要保证的安装与检修尺寸空间
①电气控制箱；②湿空气段面板；③再生空气段面板；④处理空气过滤器；⑤干燥转轮；⑥电加热器；⑦再生空气过滤器

转轮除湿机需要保证的安装与检修尺寸空间　　　表 21.7-13

型号	A	B	C	D	E	F	I	J	K	L	M	N
MA1500 MA2000 MA2500	800	800	670	300	500	200	330	100	400	290	350	750
MA3500 MA5000	800	800	600	500	500	300	500	100	400	410	550	1000
MA6000 MA7000	800	800	800	650	500	300	—	—	400	410	600	1000

21.7.6 溶液除湿

1. 概述

溶液除湿过程，是依靠空气中水蒸气的分压力与除湿溶液表面的饱和蒸汽分压力之间的压力差为推动力而进行质传递的。由于空气中水蒸气的分压力大于溶液表面的饱和蒸汽分压力，所以，水蒸气由气相向液相传递。随着质传递过程的进行，空气的含湿量减少，水蒸气分压力相应减小；与此同时，溶液则因被稀释而表面的饱和蒸汽分压力相应增大。当压差等于零时，质传递过程达到平衡。这时，溶液已没有吸湿能力，必须进行再生（通过对溶液加热升温，使水分蒸发、浓度提升）；利用再生后的浓溶液，继续进行除湿。除湿过程中释放出的部分潜热，由冷却空气带走。

图 21.7-17 绘出了应用溴化锂（LiBr）溶液进行除湿时的除湿和再生过程。

2. 溶液除湿装置

溶液除湿装置，通常由除湿器、除湿剂（溶液）再生器、蒸发冷却器、换热器、水泵等设备组成，如图 21.7-18 所示。

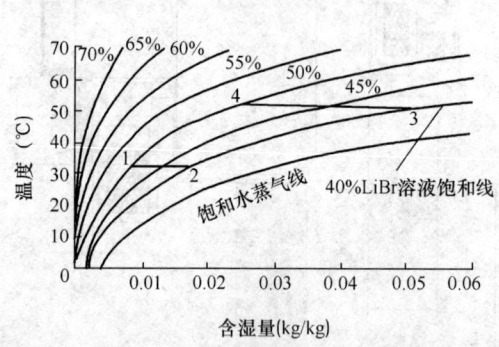

图 21.7-17　LiBr 溶液除湿-再生过程
1—2 吸湿；2—3 加热；3—4 再生；4—1 冷却

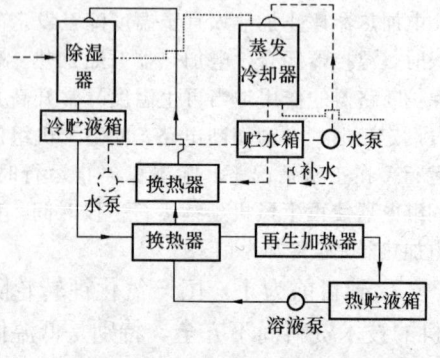

图 21.7-18　溶液除湿装置流程示意图

除湿器是装置中的核心，其工作机理如图 21.7-19 所示。溶液泵将除湿剂均匀的喷淋至紧密床体（填料层）上，并形成液膜向下流动。高温高温的空气由下而上通过紧密床体，与除湿剂进行热质交换，使空气的含湿量减少，达到除湿目的。

根据在除湿过程中冷却与否，除湿器可分成绝热型与内冷型两大类型，它们的结构、除湿流程等各不相同，详见表 21.7-14 所列。

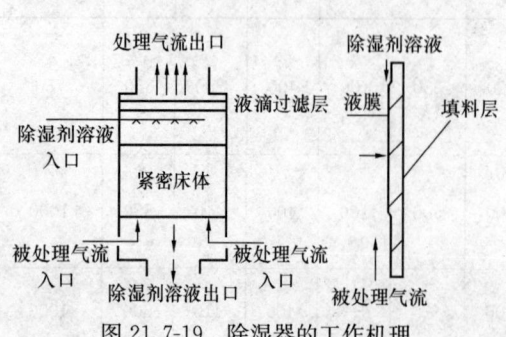

图 21.7-19　除湿器的工作机理

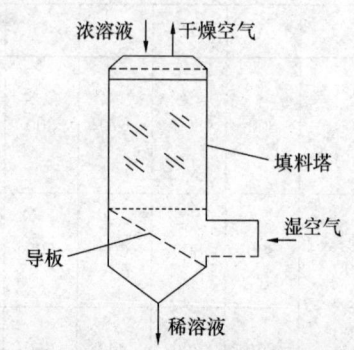

图 21.7-20　绝热型除湿器结构简图

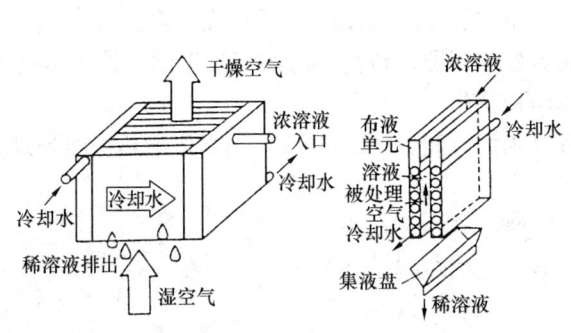
图 21.7-21 水冷型除湿器结构简图

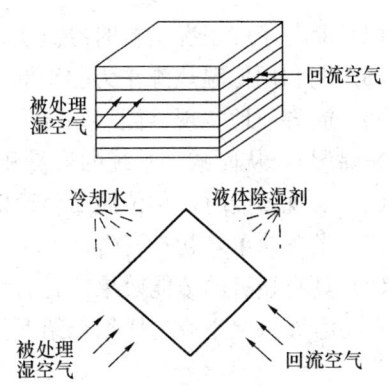
图 21.7-22 交叉流型板式除湿器结构简图

3. 溶液除湿空调

与传统的空调系统相比,溶液除湿空调系统具有以下特色:

(1) 热、湿负荷分开处理,避免了过度冷却和再热的能量损耗;能源利用效率较高,能改善和提高室内热舒适环境的质量。

(2) 通过喷淋溶液,能有效地除去空气中的尘埃、细菌、霉菌等有害物质。

(3) 可以采用全新风工况进行运行,提高室内空气的品质。

除湿器的类型、结构、除湿流程表　　　　　　　　表 21.7-14

类型	绝热型	内 冷 型	
结构简图	见图 21.7-20	见图 21.7-21	见图 21.7-22
除湿流程	除湿剂溶液由顶部向下喷洒,沿填料层表面呈膜层均匀的向下流淌;空气则由下部逆流向上流动,在填料塔内与除湿溶液进行热质交换	溶液从上部沿平板往下流动,平板上的涂层使溶液均布于整个平板上,空气从下而上流动,在板间与溶液发生热质交换	空气和溶液从不同方向呈十字交叉进入除湿器,在平板的一侧空气与除湿溶液直接接触而被除湿;进行热质交换
过程	除湿器与外界的热传递很小,所以,除湿过程可近似看成为绝热过程	平板内部敷设有冷却水管,除湿过程中产生的因水蒸气液化而释放出的潜热,被外加的冷源如冷却水冷却,因此,过程近似于等温过程	空调系统的回风与水在平板的另一侧直接接触,发生热质交换,带走主流空气侧在除湿过程中产生的潜热。因此,在 $h-d$ 图上,过程近似于等温过程
优点	结构简单,可以填充不同的填料,比表面积大;保持溶液的大流量,可起到溶液对自身的冷却效果,保持良好的除湿性能	采用冷水盘管或冷却空气(不与除湿溶液直接接触),将除湿过程释放出的部分潜热带走,抑制了除湿溶液的温升,提高了除湿效率;同时,由于空气与溶液的质量比较大,所以蓄能能力强	同左
缺点	空气的流动阻力较大,由于除湿溶液的绝热吸湿升温,除湿效率低。空气与溶液的质量比较小,蓄能能力差	为了防止冷却水或冷却空气泄漏,要求密封性要好,因此,制造相对复杂	同左

(4) 避免了湿工况运行时冷凝水造成的污染。
(5) 能利用低温热源作为驱动源,为低品位热源的利用提供了有效的途径。
(6) 能方便地实现蓄能(系统中设浓溶液贮存器,负荷小时用以贮存浓溶液,负荷大时用来除湿),从而减小系统的容量和相应的投资。
(7) 实现蓄能时,单位质量蓄冷能力为冰蓄冷能力的60%,且无需作绝热保温处理。
(8) 设备简单,初投资省。
(9) 具有显著的节能效果,且有利于保护环境。

有关溶液除湿空调的详细介绍,见本手册第22.9节。

21.8 组合式空调机组

21.8.1 组合式空调机组的类型(见表21.8-1)

组合式空调机组的类型 表21.8-1

项目	类型	特点
材料	金属	钢板或镀锌、复合钢板、合金铝板、不锈钢板	1. 体积小、重量轻; 2. 设计施工安装方便,容易保证装配质量和施工进度; 3. 可工厂化批量生产,有利于提高制造质量和降低生产成本; 4. 箱体、喷水室不易漏气、漏水; 5. 改造工程时可移动; 6. 合金铝板与不锈钢板空调器造价贵,只有在特殊需要时才采用; 7. 镀锌、复合钢板有利于防腐; 8. 一般碳素钢板存在腐蚀问题
	非金属	玻璃钢	1. 节省钢材; 2. 重量轻、比强度高、耐腐蚀、电绝缘; 3. 制造简单; 4. 喷水室不易漏水、不易腐蚀; 5. 防火性能差
		砖或钢筋混凝土	1. 节省钢材; 2. 造价低廉; 3. 体积大、质量重; 4. 施工安装费时,且不易保证质量; 5. 改造工程时不能移动; 6. 喷水室容易漏水; 7. 适用于大风量空调机组

续表

项目	类型	特点
安装形式	卧式	1. 安装、使用、维护方便； 2. 适用于大风量空调机组
	立式	1. 充分利用空间，节省占地面积； 2. 安装、使用、维护不如卧式方便； 3. 适用于较小风量
	双重卧式	1. 安装、使用、维护不如卧式方便； 2. 空气压力损失比卧式与立式大； 3. 叠合布置充分利用空间，节省占地面积； 4. 适用于大风量空调系统
	吊挂式	1. 适用于小风量空调机组； 2. 节省占地面积； 3. 安装、使用、维护不方便
外形	矩形	1. 制造、安装、维护方便； 2. 造价比圆形低； 3. 安设在地上稳固性好
	圆形	1. 结构紧凑，阻力小，漏风量小； 2. 喷水室热湿交换均匀； 3. 制造困难，造价较高； 4. 安装在支架上稳固性差； 5. 适用于较小风量
结构	框架式结构	1. 型钢框架与钢板壁体组合成空调机组； 2. 非标准构件规格多，生产、安装、运输均不便，提高成本； 3. 整体性与刚性较好； 4. 框架部分存在"热桥"
	板式结构	1. 采用模数制和组合构件标准化，便于工业化、系列化批量生产，安装与运输方便，降低成本； 2. 无框架，无加固件，只靠板件搭接组合，整体性与刚性比框架结构差
系统	直流式	1. 处理的空气全部来自室外； 2. 适用于散发大量有害物而不能利用再循环空气的空调房间； 3. 宜采用热回收装置回收排风中的冷热量来加热或冷却新风
	封闭循环式	1. 处理的空气全部来自空调房间本身，无新风； 2. 冷热耗量最省，卫生条件最差； 3. 适用于很少有人进出的场所
	混合式	1. 部分回风与部分新风混合，满足卫生要求，经济合理； 2. 适用于绝大部分空调房间； 3. 根据不同要求，选用一次回风或一、二次回风系统

续表

项目	类型	特点
冷却装置	喷水室	1. 可以实现空气的加热、冷却、加湿和减湿等多种空气处理过程，可以保证较严的相对湿度要求； 2. 耗金属少； 3. 水质要求高，水系统复杂； 4. 占地大； 5. 耗电多； 6. 采用金属空调机组时，易腐蚀
	表面冷却器	1. 可以实现等湿冷却或减湿冷却过程； 2. 难以保证较严的相对湿度要求； 3. 耗金属多； 4. 冷水不污染空气，水系统简单； 5. 节省机房面积，易施工； 6. 耗电少； 7. 目前国内常用铜管套铝片形式
过滤器	粗效	1. 有效捕集$\geq 5\mu m$直径的尘粒； 2. 计数效率E（%）为$20 \leq E < 80$； 3. 阻力$\leq 50Pa$
	中效	1. 有效捕集$\geq 1\mu m$直径的尘粒； 2. 计数效率E（%）为$20 \leq E < 70$； 3. 阻力$\leq 80Pa$
	高中效	1. 有效捕集$\geq 1\mu m$直径的尘粒； 2. 计数效率E（%）为$70 \leq E < 99$； 3. 阻力$\leq 100Pa$
	亚高效	1. 有效捕集$\geq 0.5\mu m$的尘粒； 2. 计数效率E（%）为$95 \leq E < 99.9$； 3. 阻力$\leq 120Pa$
风机	离心风机	1. 可采用定风量或变风量离心风机； 2. 风机段常采用双进风风机，条件合适时也可采用无蜗壳风机； 3. 电动机放在箱体外可节能； 4. 必须采用隔振基础，软接头； 5. 适用于较大风压的场所； 6. 噪声较小
	轴流风机	1. 可以2~4台并联；常采用变节距调节或改变叶片角度调节；根据空调负荷变化，实现变风量； 2. 体积小，长度短，可缩短机组长度； 3. 适用于较大风量、较小风压、要求减小机房长度的场所； 4. 噪声较大

21.8.2 组合式空调机组的型号

1. 组合式空调机组的形式和代号见表 21.8-2。

组合式空调机组形式和代号　　　　表 21.8-2

	形　　式		代　号
1	结构形式	立　式 卧　式 双重卧式 吊挂式	L W S D
2	箱体材料	金　属 玻璃钢 复　合 其　他	J B F Q
3	用途特征	通用机组 新风机组 变风量机组 净化机组 其　他	T X B J Q

2. 组合式空调机组型号表示方法

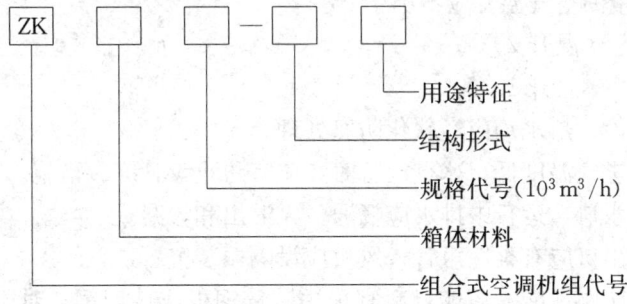

型号示例

ZKB10-WT

表示组合式玻璃钢的卧式空调机组，额定风量 10000m³/h；

ZKJ6-LX

表示组合式金属的立式新风机组，额定风量 6000m³/h。

21.8.3 组合式空调机组的基本规格（见表 21.8-3）

组合式空调机组基本规格　　　　表 21.8-3

规格代号	2	3	4	5	6	7	8	9	10	15	20
额定风量 （m³/h）	2000	3000	4000	5000	6000	7000	8000	9000	10000	15000	20000
规格代号	25	30	40	50	60	80	100	120	140	160	
额定风量 （m³/h）	25000	30000	40000	50000	60000	80000	100000	120000	140000	160000	

21.8.4 组合式空调机组的噪声限值

组合式空调机组声功率级噪声值（dB）应小于表21.8-4的规定。

组合式空调机组噪声限值 表21.8-4

机组额定风量（m³/h）	机组噪声声压级［dB（A）］	机组额定风量（m³/h）	机组噪声声压级［dB（A）］
2000～5000	≤65	30000～60000	≤85
6000～10000	≤70		
15000～25000	≤80	80000～160000	≤90

21.8.5 组合式空调机组的技术要求

1. 组合式空调机组的额定风量、全压、供冷量、供热量等基本参数，在规定的试验工况下应符合下列规定：

（1）机组风量实测值不低于额定值的95%，全压实测值不低于额定值的88%，机组供冷量和供热量不低于额定值的93%，功率实测值不超过额定值的10%。

（2）机组额定供冷量的空气焓降应不小于17kJ/kg；新风机组的空气焓降应不小于34kJ/kg。

（3）机组供热量的空气温升应不小于

蒸汽加热时　　　温升20℃；

热水加热时　　　温升15℃。

2. 机组使用的冷、热水均应经软化防腐处理。

3. 新风机组在进气温度低于冰点运行时，应有防止盘管冻裂措施。

4. 机组应设排水口，运行中排水应畅通，无溢出和渗漏。

5. 机组的风机出口应有柔性短管，风机应设隔振装置。

6. 为加强机组防腐性能，箱体材料宜采用镀锌钢板或玻璃钢，对于采用黑色金属制作的构件表面应作防腐处理，玻璃钢箱体应采用氧指数不小于30的阻燃树脂制作。

7. 机组内气流应均匀流经过滤器、换热器（或喷水室）和消声器，以充分发挥这些装置的作用。机组横断面上的风速均匀度应大于80%。

8. 在机组内静压保持700Pa时，机组漏风率应不大于3%，用于净化空调系统的机组，机组内静压应保持1000Pa，洁净度低于1000级（ISO 3级）时，机组漏风率不大于2%；洁净度高于等于1000级时，机组漏风率不大于1%。

9. 机组内宜设置必要的气温遥测点（包括新风、混合风、机器露点、送风等）；过滤器宜设压差检测装置；各功能段根据需要设检查门、检测孔和测试仪表接口；检查门应严密，内外均可灵活开启，并能锁紧。

10. 喷水段应有观察窗、挡水板和水过滤装置。喷水段的喷水压力小于245kPa时，其空气热交换效率不得低于80%。喷水段的本体及其检查门不得漏水。

11. 热交换盘管在安装前应作下列任一试验，确保无渗漏：

（1）水压试验压力应为设计压力的1.5倍，保持压力3min不漏；

（2）气压试验压力应为设计压力的1.2倍，保持压力1min不漏。

12. 机组箱体保温层与壁板应结合牢固、密实。壁板保温的热阻不小于 $0.68m^2 \cdot K/W$，箱体应有防冷桥措施。各功能段的箱体应有足够的强度，在运输和启动、运行、停止后不应出现凹凸变形。机组外表面应无明显划伤、锈斑和压痕，表面光洁，喷涂层均匀，色调一致，无流痕、气泡和剥落。机组应清理干净，箱体内无杂物。

13. 机组内配置的风机、冷、热盘管、过滤器、加湿器以及其他零部件应符合国家有关标准的规定。

14. 空气冷却器下部应设有排水装置，冷凝水引流应畅通，冷凝水不外溢。

21.8.6 组合式空调机组空气处理要求

1. 空气冷却装置的选择，应符合下列要求：

（1）采用循环水蒸发冷却或采用江水、湖水、地下水作为冷源时，宜采用喷水室；采用地下水等天然冷源且温度条件适宜时，宜选用两级喷水室。

（2）采用人工冷源时，宜采用空气冷却器、喷水室。当采用循环水进行绝热加湿或利用喷水提高空气处理后的饱和度时，可采用带喷水装置的空气冷却器。

2. 在空气冷却器中，空气与冷媒应逆向流动，其迎风面的空气质量流速宜采用 $2.5 \sim 3.5 kg/(m^2 \cdot s)$。当迎风面的空气质量流速大于 $3.0 kg/(m^2 \cdot s)$（或迎风面风速超过 $2.5m/s$）时，应在冷却器后设置挡水板。

3. 制冷剂直接膨胀式空气冷却器的蒸发温度，应比空气的出口温度至少低 $3.5℃$；在常温空调系统，满负荷时，蒸发温度不宜低于 $0℃$；低负荷时，应防止其表面结霜。

4. 空气冷却器的冷媒进口温度，应比空气的出口干球温度至少低 $3.5℃$，冷媒的温升宜采用 $5\sim10℃$，其流速宜采用 $0.6\sim1.5m/s$。

5. 空调系统采用制冷剂直接膨胀式空气冷却器时，不得用氨作制冷剂。

6. 采用人工冷源喷水室处理空气时，冷水的温升宜采用 $3\sim5℃$；采用天然冷源喷水室处理空气时，其温升应通过计算确定。

7. 在进行喷水室热工计算时，应进行挡水板过水量对处理后空气参数影响的修正，挡水板的过水量要求不超过 $0.4g/kg$。挡水板与壁板间的缝隙，应封堵严密，挡水板下端应伸入水池液面下。

8. 加热空气的热媒宜采用热水。对于工艺性空调系统，当室温允许波动范围要求小于 $\pm 1.0℃$ 时，送风末端精调加热器宜采用电加热器。

9. 空调系统的新风和回风管应设过滤器，过滤效率和出口空气清洁度应符合现行标准。当采用粗效过滤器不能满足要求时，应设置中效过滤器。空气过滤器的阻力应按终阻力计算。

10. 一般大、中型恒温恒湿类空调系统和相对湿度有上限控制要求的空调系统，其空气处理的设计，应采取新风预先单独处理，除去多余的含湿量，在随后的处理中取消再热过程，杜绝冷热抵消现象。

11. 对于冷水大温差系统，采用常规空调机组难于满足要求，将使空气冷却器产冷量下降，出风温度上升。冷水大温差专用机组可以采取增加空气冷却器排数、增加传热面积、降低冷水初温、改变管程数、改变助片材质等措施来实现。空气冷却器加大换热面积可以增大产冷量，比增加排数的效果更好（一般在 8 排以内比较合适）。缩小翅片片距来增大换热面积，可以不加大机组尺寸，但会增加造价，增大空气阻力，容易脏堵。采用增加迎风面积来保持空气冷却器出风温度和供冷量不变，则空气阻力、迎面风速均会减小，但会加大机组尺寸，增加造价，增大机房面积。降低进水温度，可以加大产冷量，进水温度为4.5℃（温升为10℃）时产冷量与进水温度为7℃（温升为5℃）时的产冷量基本相同。但冷水机组的蒸发温度下降，将使制冷量下降。加大管程数，提高水流速，明显加大产冷量，但水速过高，会使水阻力过大。翅片涂亲水膜，可促使冷凝水迅速流走，使产冷量加大。

21.9 风机盘管机组

21.9.1 风机盘管机组分类

风机盘管机组是用于外供冷水、热水由风机和盘管组成的机组，对房间直接送风，具有供冷、供热或分别供冷和供热功能，其送风量为$250 \sim 2500 m^3/h$，出风口静压小于100Pa的机组，其类型见表21.9-1。

风机盘管机组分类　　　　　表21.9-1

分类	形式	特点	使用范围
风机类型	离心式风机	前向多翼型，效率较高，每台机组风机单独控制，采用单相电容调速低噪声电机，调节电机输入电压改变风机转速，高、中、低三档变风量	宾馆客房、办公室等
	贯流式风机	前向多翼型，端面封闭，全压系数较大，效率较低（$\eta=30\% \sim 50\%$），进、出风口易与建筑物相配合，调节方法同上	为配合建筑布置时用
结构形式	卧式W	节省建筑面积，可与室内建筑装饰布置相协调，须用顶棚与管道间	宾馆客房、办公室、商业建筑等
	立式L（含低矮式LD）	暗装可安设在窗台下，出风口向上或向前，明装可安设在地面上，出风口向上、向前或向斜上方，可省去顶棚	要求地面安装或全玻璃结构的建筑物和一些公共场所以及工业建筑。北方冬季停开风机作散热器用
	柱式LZ	占地面积小；安装、维修、管理方便；冬季可靠机组自然对流散热；可节省管道间与顶棚，造价较贵	宾馆客房、医院等。北方冬季停开风机作散热器用。适用于房间面积较大、不便安装其他空调机组及旧房改造加装中央空调的场合
	卡式K	1. 有四面送风、双面送风与单面送风类型，供不同形式房间使用； 2. 送风叶片可调，适用于全年空调房间； 3. 可安装凝结水提升泵； 4. 铝合金面板可与室内装饰协调	办公室、会议室、大厅、商业建筑
	壁挂式B	适合于不便安装顶棚及旧房改造加装中央空调的场合。节省建筑面积，安装、维修、管理方便。须注意凝结水的排除	宾馆客房、办公室等

续表

分类	形式	特　点	使用范围
安装形式	明装 M	维护方便，卧式明装机组吊在顶棚下，立式明装安装简便，不美观，可加装饰面板成为立式半明装	卧式明装用于客房、酒吧、商业建筑等要求美观的场合；立式明装用于旧建筑改造或要求省投资、施工快的场合
安装形式	暗装 A	维护麻烦，卧式机组暗装在顶棚内，送风口在前部，回风口在下部或后部。立式机组暗装在窗台下，较美观，占地	要求整齐美观的房间
出口静压	低静压型	在额定风量时，带风口和过滤器的机组，出口静压为零，不带风口和过滤器的机组，出口静压为 12Pa	机组直接送风、不接风管的场合
出口静压	高静压型	在额定风量时，出口静压不小于 30Pa 的机组	机组须接风管与风口送风或采用风阻较大的过滤器
盘管配置	单盘管	机组内一个盘管，冷、热兼用	双管制水系统
盘管配置	双盘管 ZH	机组内有两个盘管，分别供冷和供热，能同时实现供冷或供热，造价高，体积大	四管制水系统，高级宾馆客房
进水方位	左式右式	面对机组出风口，供回水管在左侧，代号 Z；面对机组出风口，供回水管在右侧，代号 Y	根据安装位置选定

21.9.2　风机盘管机组型号表示方法

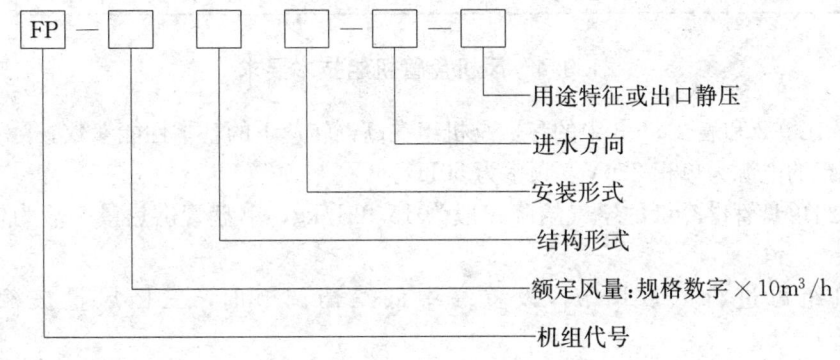

示例：

FP—68LM—Z—ZH

表示额定风量为 680m³/h 的立式明装、左进水、低静压、双盘管机组。

FP—51WA—Y—G30

表示额定风量为 510m³/h 的卧式暗装、右进水、高静压 30Pa 单盘管机组。

FP—85K—Z

表示额定风量为 850m³/h 的卡式、左进水、低静压、单盘管机组。

21.9.3　风机盘管机组基本性能参数

1. 机组额定风量、供冷量、供热量见表 21.9-2。

2. 机组额定风量的输入功率、噪声和水阻见表21.9-3。

机组额定风量、供冷量、供热量 表21.9-2

规 格	额定风量 (m³/h)	额定供冷量 (W)	额定供热量 (W)	规 格	额定风量 (m³/h)	额定供冷量 (W)	额定供热量 (W)
FP-34	340	1800	2700	FP-136	1360	7200	10800
FP-51	510	2700	4050	FP-170	1700	9000	13500
FP-68	680	3600	5400	FP-204	2040	10800	16200
FP-85	850	4500	6750	FP-238	2380	12600	18900
FP-102	1020	5400	8100				

机组额定风量的输入功率、噪声和水阻 表21.9-3

规格	风量 (m³/h)	输入功率 (W)			噪声 [dB (A)]			水阻 (kPa)
		低静压机组	高静压机组		低静压机组	高静压机组		
			30Pa	50Pa		30Pa	50Pa	
FP-34	340	37	44	49	37	40	42	30
FP-51	510	52	59	66	39	42	44	30
FP-68	680	62	72	84	41	44	46	30
FP-85	850	76	87	100	43	46	47	30
FP-102	1020	96	108	118	45	47	49	40
FP-136	1360	134	156	174	46	48	50	40
FP-170	1700	152	174	210	48	50	52	40
FP-204	2040	189	212	250	50	52	54	40
FP-238	2380	228	253	300	52	54	56	50

21.9.4 风机盘管机组技术要求

1. 表21.9-2和表21.9-3中的参数是机组在高档转速下的基本性能参数。
2. 机组的电源为单相220V，频率为50Hz。
3. 机组单盘管供冷量的空气焓降一般为15.9kJ/kg，单盘管供热量一般为供冷量的1.5倍。
4. 机组可进行风量调节，设置高中低三档调节时，三档风量按额定风量的1∶0.75∶0.5。
5. 机组作隔热保温。凝结水盘应有足够长度和坡度。盘管最高处设放气阀。
6. 机组的试验工况参数：
(1) 额定风量和输入功率的试验参数。进口空气干球温度14～27℃；不供水；出口静压：低静压机组带风口和过滤器为0Pa，不带风口和过滤器为12Pa，高静压机组不带风口和过滤器为30Pa或50Pa；风机转速为高档。
(2) 额定供冷量、供热量的试验工况参数。进口空气：供冷时干球温度27℃，湿球温度19.5℃，出口静压同上，供热时21℃（高档风量）；供水：供冷时7℃，供回水温差5℃，供热时60℃。
(3) 凝露和凝结水试验工况参数。进口空气：干球27℃，湿球24℃；供水：6℃，水温差3℃；风机转速：凝露试验时为低档，凝结水试验时为高档。出口静压同上。

7. 机组与管道的连接,宜采用弹性接管或软接管(金属或非金属软管),其耐压值应大于等于1.5倍的工作压力。软管的连接应牢固,不应有强扭和瘪管。

8. 机组安装前宜进行单机三速试运转及水压检漏试验。试验压力为系统工作压力的1.5倍,试验观察时间为2分钟,不参漏为合格。

9. 机组应设独立支、吊架,安装的位置、高度及坡度应正确、固定牢固。

10. 机组与风管回风箱或风口的连接,应严密、可靠。

21.9.5 风机盘管新风供给方式(见表21.9-4)

风机盘管新风供给方式   表21.9-4

新风供给方式	示意图	特　点	适用范围
房间缝隙自然渗入	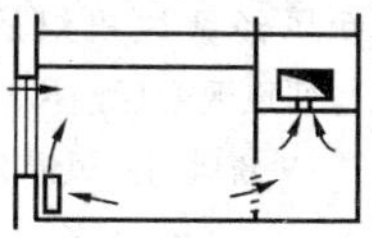 (a)	1. 无组织渗透风,室温不均匀; 2. 简单; 3. 卫生条件差; 4. 初投资与运行费低; 5. 机组承担新风负荷,长时间在湿工况下工作	1. 人少、无正压要求、清洁度要求不高的空调房间; 2. 要求节省投资与运行费用的房间; 3. 新风系统布置有困难或旧有建筑改造
机组背面墙洞引入新风	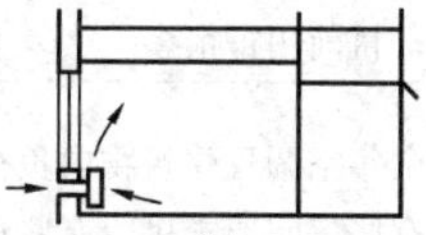 (b)	1. 新风口可调节,冬、夏季最小新风量,过滤季大量新风量; 2. 随新风负荷的变化,室内直接受到影响; 3. 初投资与运行费节省; 4. 须作好防尘、防噪声、防雨、防冻措施; 5. 机组长时间在湿工况下工作	1. 人少、要求低的空调房间; 2. 要求节省投资与运行费用的房间; 3. 新风系统布置有困难或旧有建筑改造; 4. 房高为5m以下的建筑物
单设新风系统,独立供给室内	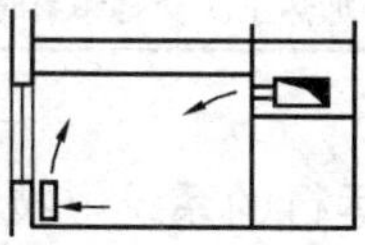 (c) 焓湿图见图21.9-1	1. 单设新风机组,可随室外气象变化进行调节,保证室内湿度与新风量要求; 2. 投资大; 3. 占空间多; 4. 新风口可紧靠风机盘管,也可不在一处,以前者为佳	要求卫生条件严格和舒适的房间,目前最常用
单设新风系统供给风机盘管	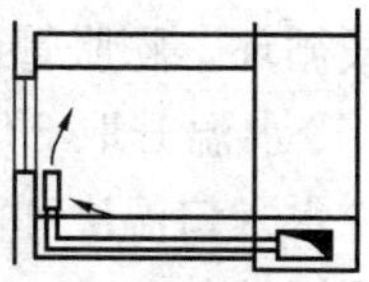 (d) 焓湿图见图21.9-2	1. 单设新风机组,可随室外气象变化进行调节,保证室内湿度与新风量要求; 2. 投资大; 3. 新风接至风机盘管,与回风混合后进入室内,加大了风机风量,增加噪声	要求卫生条件严格的房间,目前较少用

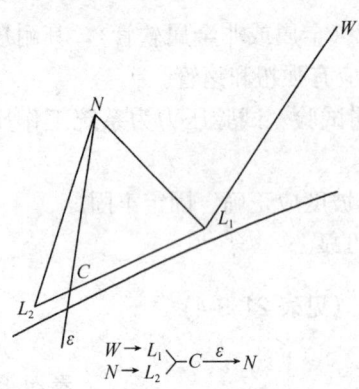 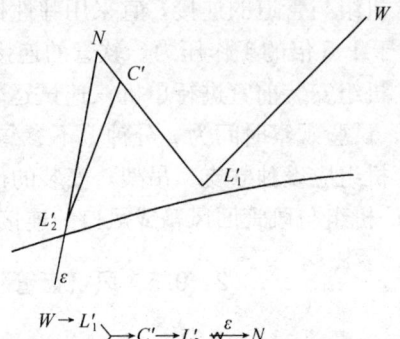

图 21.9-1 单设新风系统，独立供给室内的焓湿图

w—室外空气参数；N—室内空气参数；ε—热湿比线；L_1—新风经新风机组后的冷却减湿参数；L_2—回风经风机盘管后的冷却减湿参数；C—新风与回风在送风口处混合后的参数

图 21.9-2 单设新风系统，供给风机盘管的焓湿图

w—室外空气参数；N—室内空气参数；ε—热湿比线；L'_1—新风经新风机组后的冷却减湿参数；L'_2—新风与回风混合后经风机盘管冷却减湿参数；C'—新风与回风混合后的参数

21.9.6 风机盘管水系统（表 21.9-5）

风机盘管水系统　　　　　表 21.9-5

水系统	特　点	使 用 范 围
二管	供回水管各一根，夏季供冷水，冬季供热水；简便；省投资；冷热水量相差较大	全年运行的空调系统，仅要求按季节进行冷却或加热转换；目前用得最多
三管	盘管进口处设有三通阀，由室内温度控制装置控制，按需要供应冷水或热水；使用同一根回水管，存在冷热量混合损失；初投资较高	要求全年空调且建筑物内负荷差别很大的场合；过渡季节有些房间要求供冷有些房间要求供热；目前较少使用
四管	占空间大；比三管制运行费低；在三管制基础上加一回水管或采用冷却、加热两组盘管，供水系统完全独立；初投资高	全年运行空调系统，建筑物内负荷差别很大的场合；过渡季节有些房间要求供冷有些房间要求供热，或冷却和加热工况交替频繁时

水系统设计要点：

1. 水系统一般采用两管制，闭式系统；对于全年运行的系统，技术经济比较合理时，才用四管制闭式系统。

2. 水系统的竖向分区，应根据设备和管道及附件的承压能力确定，两管制系统尚应按建筑物朝向分区布置。为使水量分配比较均匀，对压差悬殊的环路应设置平衡阀。

3. 风机盘管凝结水盘的泄水管坡度，不宜小于 0.01。

4. 风机盘管用于高层建筑时，其水系统应采用闭式循环，膨胀管应接在回水管上。

5. 风机盘管的冷水入口温度，一般选用 7~10℃，冷水温升取 5℃ 左右；热水入口温度，一般选用 50~60℃；在可能条件下，应尽量提高冷水入口温度和降低热水入口温度。

6. 对于冷热两用的水系统，循环水和补给水宜采用锅炉软化水。

7. 风机盘管水系统水平管段和盘管接管的最高点，应设排气装置，最低点应设排污泄水阀。

8. 为了防止盘管、水泵和水管堵塞，应在水泵入口和风机盘管供水管道上装设过滤器；在冲洗水系统干管时，污水不准通过盘管。

9. 为了对风机盘管进行检修和对系统水量进行初调平衡，应在每一水平环路的供回水干管、垂直供回水主管的两端、机组供回水支管上装设调节阀门。

21.9.7 风机盘管调节方法

为了适应房间负荷变化，可采用表 21.9-6 所列方法进行调节。

风机盘管调节方法　　　　　　　　　表 21.9-6

调节方法	特　点	适用范围
风量调节	通过三速开关调节电机输入电压，以调节风机转速，调节风机盘管的冷热量；简单方便；初投资省；随风量的减小，室内气流分布不理想；选择时宜按中档转速的风量与冷量选用	用于要求不太高的场所；目前国内用得最广泛
水量调节	通过温度敏感元件、调节器和装在水管上的小型电动直通或三通阀自动调节水量或水温；初投资高	用于要求较高的场所
旁通风门调节	通过敏感元件、调节器和盘管旁通风门自动调节旁通空气混合比；调节负荷范围大（100%～20%）；初投资较高；调节质量好；送风含湿量变化不大；室内相对湿度稳定；总风量不变，气流分布均匀；风机功率并不降低	用于要求高的场合，可使室温允许波动范围达到±1℃，相对湿度达到40%～45%；目前国内用得不多

21.9.8 冷热负荷计算

选择风机盘管时，须根据不同的新风供给方式来计算冷热负荷。当单设独立新风系统时，若新风参数与室内参数相同，则可不计新风的冷热负荷，若新风参数夏季低于室内，冬季高于室内，则机组须扣除新风分担的负荷。若依靠渗透或墙洞引进新风，则应计入新风负荷。

由于盘管用久后管内积垢，管外积尘，影响传热效果，冷热负荷须按表 21.9-7 进行修正。

风机盘管冷热负荷修正系数　　　　　　　表 21.9-7

盘管使用条件	仅用于冷却干燥	仅用于加热升温	冷却、加热两用
修正系数	1.1	1.15	1.2

21.10 单元式空调机

21.10.1 分　类

单元式空气调节机，简称单元式空调机，是一种带有制冷压缩机、冷凝器、直接膨胀式蒸发器（空气冷却器）、空气过滤器、通风机和自控系统等整套装置的空气处理机组。根据依据的不同，可分成很多类型，详见表 21.10-1：

单元式空调机的分类 表21.10-1

分类依据	形式	特 征	备 注
冷却方式	水冷式	以水作为冷凝器的冷却介质	见图21.10-1
	风冷式	以空气作为冷凝器的冷却介质	见图21.10-2
结构形式	整体式	压缩机、冷凝器、蒸发器、通风机、空气过滤器及自动控制仪表等所有部件组合在一起	见图21.10-3
	分体式	压缩机、冷凝器和蒸发器、通风机、空气过滤器分别组成相互独立的室外机和室内机两部分,各自独立安装	见图21.10-2
	多联机（VRV）	属于分体式范畴,不同之处在于制冷剂流量可变;作用半径较大（$L \leqslant 175m$）,可以连接多台室内机;室外机与室内机之间允许有较大的高差（$H \leqslant 50m$）	详见本手册第22章第22.5节
	组合式	压缩机和冷凝器单独组成压缩冷凝机组;蒸发器、通风机和加热器单独组成空调机组。两套机组可以安装在同一个房间里,也可以分别安装在两个房间里	
	移动式	与整体式空调机基本相同,特点是容量较小,使用时可以自由移动,但需要带一条排气软管,用以向室外排除冷凝器的热量	
	屋顶式	由压缩冷凝机组和空调机组组合成一个整体的空调机组,其特点是容量较大,风冷,卧式,能露天安装在屋顶上	
供热方式	电热式	以电为加热能源,通过电加热器加热空气	
	热媒式	以外接蒸汽或热水为热媒,通过空气加热器加热空气	
	热泵式	在风冷式系统中,冬季通过四通换向阀阀位的改变,使冷凝器与蒸发器的功能互相转换,使原蒸发器变成空气加热器,对空气进行加热处理	
使用功能	单冷式	仅在夏季使用,进行单一供冷	见图21.10-3
	冷暖式	能根据使用要求,进行夏季供冷,冬季供暖	
	恒温恒湿机	不仅能根据使用要求,对空调区域进行供冷或供暖,还能同时对空调区域里空气的相对湿度进行调节,而且,还能自动保持空调区域里空气的温度和相对湿度恒定在某一区间内	见图21.10-4
	专用机	为满足某些特定环境如电子计算机房、通信机房等室内环境控制要求而专门设计的定型空调机	见图21.10-5

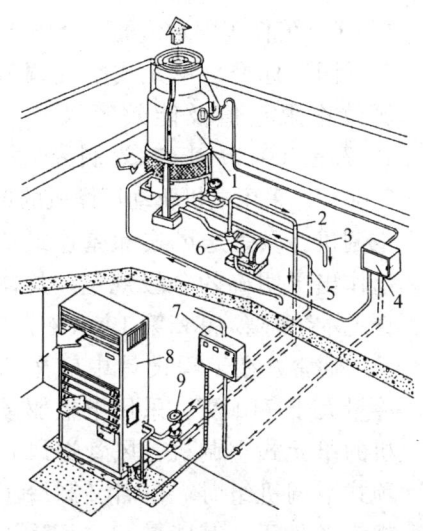
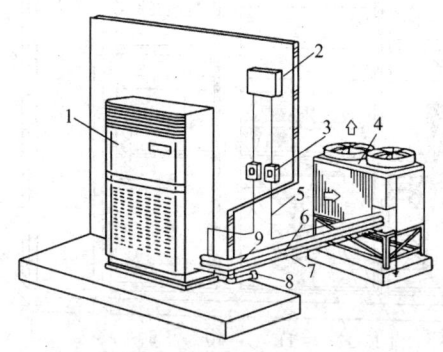

图 21.10-1 空调机与冷却塔连接示意图
1—冷却塔；2—供水管；3—放水管；4—分线盒；5—回水管；6—水泵；7—供电箱；8—空调机；9—截止阀

图 21.10-2 风冷分体式空调机安装示意图
1—空调机室内机；2—供电箱；3—空气开关；4—室外机组；5—电源线；6—输液管；7—控制线；8—排水管；9—输气管

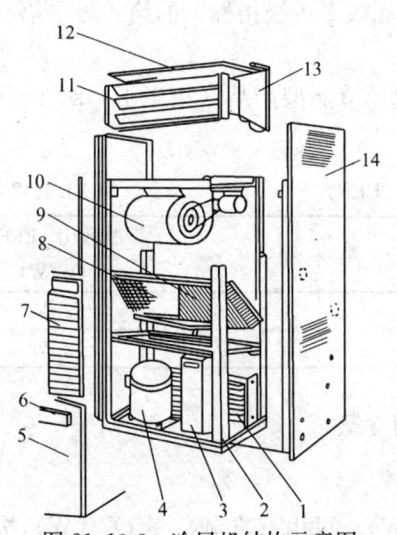
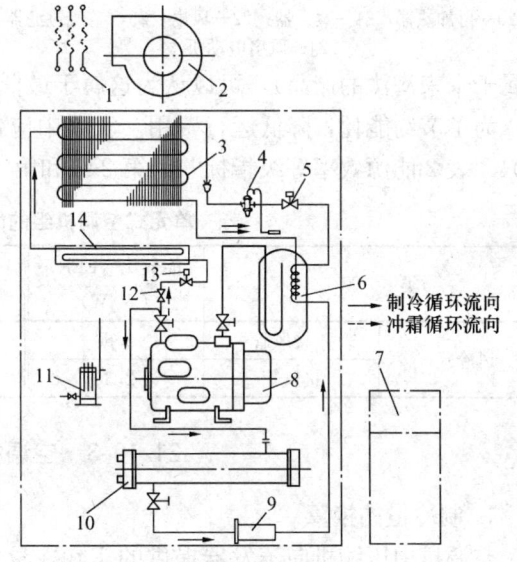

图 21.10-3 冷风机结构示意图
1—水冷冷凝器；2—底座；3—电气箱；4—压缩机；5—前门板；6—开关板；7—回风箱；8—过滤网；9—蒸发器；10—通风机；11—出风栅；12—顶板；13—后门板；14—侧板

图 21.10-4 HD30 型恒温恒湿机流程图
1—电加热器；2—通风机；3—蒸发器；4—膨胀阀；5—制冷电磁阀；6—分液-热交换器；7—电气箱；8—压缩机；9—过滤器；10—冷凝器；11—电加湿器；12—冲霜手阀；13—冲霜电磁阀；14—加热盘管

21.10.2 单元式空调机的能源效率限定值及能源效率等级

设计选择空调机、风管送风式和屋顶式空调（热泵）机组时，必须认真考核其能源效率。工程设计时，应该优先考虑选择节能型产品，其次，再考虑选择一般产品，决不能采用 COP 值低于限定值的不合格产品。

国家标准《单元式空气调节机能源效率限定值及能效等级》（GB 19576—2004）对名义制冷量大于 7100W、采用电机驱动压缩机的单元式空调机、风管送风式和屋顶式空调机组作出了明确的分级规定，具体内容详见本手册第 19 章第 19.4.2 节。

通常，在工程设计中应用名义制冷量大于 7100W、采用电机驱动压缩机的单元式空调机、风管送风式和屋顶式空调机组时，在名义制冷工况和规定条件下，其能效比（EER）必须高于或等于表 21.10-2 的规定值（引自国家标准 GB 50189—2005）。

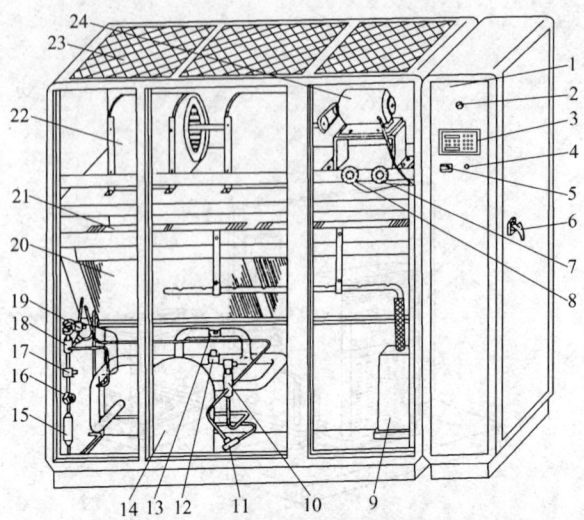

图 21.10-5 计算机房专用空调机外形及结构图
1—电气柜；2—蜂鸣器；3—可编程微处理器；4—电源指示灯；5—运行操作开关；6—电源开关；7—风压低压传感器；8—风压高压传感器；9—加湿器；10—三通阀；11—单向阀；12—电磁阀；13—手动调节阀；14—压缩机；15—干燥过滤器；16—视液镜；17—截止阀；18—膨胀阀；19—快速除湿电磁阀；20—再加热器；21—蒸发器；22—风扇；23—空气过滤器；24—风扇电动机

应该指出，表 21.10-2 中给出的能效比，相当于 GB 19576—2004"表 2 能源效率等级指标"的第 4 级（第 5 级是属于未来淘汰的产品），可以认为这属于最低要求。

为了节约能耗，降低运行费用，实践中应优先选择节能型产品（相当于 GB 19576—2004"表 2 能源效率等级指标"的第 2 级和第 1 级）。

单元式空调机组的能效比（EER）　　　　　　表 21.10-2

类　型		能效比（EER）(W/W)	类　型		能效比（EER）(W/W)
风冷式	不接风管	2.60	水冷式	不接风管	3.00
	接风管	2.30		接风管	2.70

21.10.3　空调机的制冷量

1. 制冷量的换算

空调机中压缩机向蒸发器提供的实际冷量 Q_1（W），可由标准制冷量 Q_0（W）按下式进行换算：

$$Q_1 = 0.9 Q_1' = 0.9 k_1 Q_0 \tag{21.10-1}$$

对于活塞式制冷压缩机：

$$k_1 = \frac{Q_1'}{Q_0} = 1.72 n_k e^{0.0437 t_z} \tag{21.10-2}$$

可得：

$$Q_1 = 1.548 \cdot Q_0 \cdot n_k \cdot e^{0.437 t_z} \tag{21.10-3}$$

式中　Q_1'——压缩机在空调设计工况下的制冷量，W；

Q_0——压缩机在标准工况（$t_1 = 30℃$，$t_z = -15℃$）下的制冷量，W；

0.9——由管路阻力等引起的制冷量损耗系数；
k_1——制冷量换算系数，见表 21.10-3；
n_k——冷凝温度系数，见表 21.10-4；
t_z——蒸发温度，℃。

制冷量换算系数 k_1 表 21.10-3

蒸发温度	冷凝温度（℃）					
（℃）	25	30	35	40	45	50
−10	1.41	1.31	1.21	1.11	1.03	0.96
−8	1.54	1.43	1.32	1.21	1.12	1.04
−6	1.68	1.56	1.44	1.32	1.23	1.12
−4	1.83	1.70	1.57	1.44	1.34	1.24
−2	2.00	1.86	1.72	1.57	1.46	1.35
0	2.18	2.03	1.87	1.72	1.60	1.48
2	2.38	2.21	2.04	1.88	1.74	1.61
4	2.60	2.42	2.23	2.05	1.91	1.76
6	2.84	2.64	2.44	2.24	2.08	1.92
8	3.10	2.88	2.66	2.44	2.27	2.10
10	3.40	3.14	2.90	2.66	2.48	2.29

冷凝温度系数   表 21.10-4

冷凝温度（℃）	25	30	35	40	45	50
冷凝温度系数 n_k	1.27	1.18	1.09	1.00	0.93	0.86

2. 冷凝温度和冷却水量

空调机的冷凝温度 t_l（℃），可根据不同的冷却方式按下列公式计算确定：

水冷
$$t_l = \frac{t_{w1} + t_{w2}}{2} + 4 \sim 5 \quad (21.10\text{-}4)$$

风冷
$$t_l = t_{w.x} + 15 \quad (21.10\text{-}5)$$

式中 t_{w1}、t_{w2}——冷却水的进、出口温度，℃；

t_{wx}——夏季空调室外计算干球温度，℃。

冷凝器需要的冷却水量 W（kg/s），可按下式计算确定：

$$W = \frac{1.2Q_1}{c\Delta t} = \frac{1.2Q_1}{c(t_2 - t_1)} \quad (21.10\text{-}6)$$

式中 Q_1——压缩机的实际制冷量，kW；

1.2——冷凝器的负荷系数；

c——水的比热容，一般取 $c=4.2$kJ/（kg·℃）；

Δt——冷却水的温升，一般取 4～6℃。

21.10.4 蒸发器（直接蒸发式空气冷却器）的计算

直接蒸发式空气冷却器的换热情况比较复杂，很难进行纯理论的分析计算。通常工程设计中，一般只需根据制造厂提供的热工性能实验数据进行选型计算。

1. 湿球温度效率 E_s

当利用温度效率和接触系数（冷却效率）进行热工计算时，在 h—d 图上的过程如图 21.10-6 所示。

（1）湿球温度效率 E_s：

$$a \cdot E_s = \frac{h_1 - h_2}{h_1 - h_z} \tag{21.10-7}$$

由于 $h \approx 0.7 t_s$

所以

$$a \cdot E_s = \frac{t_{s1} - t_{s2}}{t_{s1} - t_z} \tag{21.10-8}$$

而

$$t_z = t_{s1} - \frac{t_{s1} - t_{s2}}{a \cdot E_s} \tag{21.10-9}$$

式中 t_{s1}、t_{s2}——空气初、终状态的湿球温度，℃；

h_1、h_2——空气初、终状态的焓，J/kg；

t_z——蒸发温度，℃；

a——考虑结垢、积灰等因素的安全系数，一般取 $a=0.94$。

E_s 值与蒸发器的结构形式、排数、迎面风速、制冷剂种类等诸多因素有关，应通过实验求得，一般由制造厂提供。ZF24、ZF48 型蒸发器的 E_s 值，如图 21.10-7 所示。

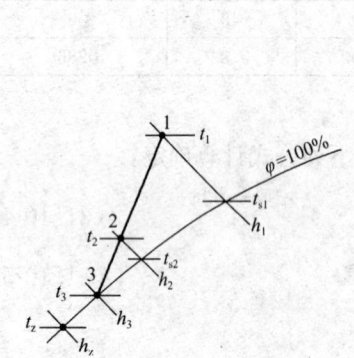

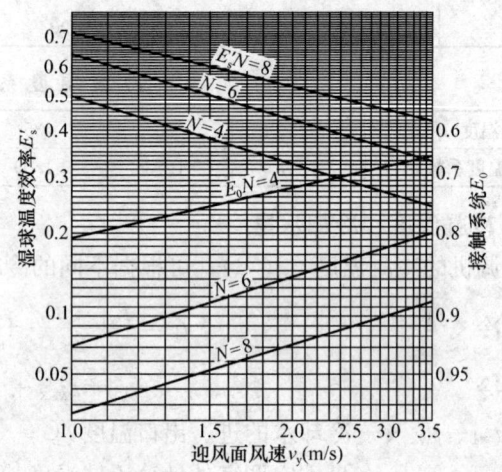

图 21.10-6 h—d 图上的过程　　图 21.10-7 ZF24、ZF48 型蒸发器之 E_s'、E_0 值计算图

对于一定形式的蒸发器来说，排数和迎面风速 v_y 一定时，温度效率 E_s 也一定。蒸发温度 t_z 越低，则所需 E_s' 值越低。但是，随着蒸发温度 t_z 的降低，制冷机的制冷量下降；同时，蒸发器表面会结露、结冰。因此，蒸发温度不能太低，一般宜取 $t_z=0\sim7℃$。

通常，为了防止蒸发器的表面结露、结冰、蒸发温度不应低于表 21.10-5 中的数值。

防止蒸发器表面结冰的最低蒸发温度（℃）　　　　表 21.10-5

出蒸发器空气的湿球温度（℃）	蒸发器的迎面风速（m/s）			出蒸发器空气的湿球温度（℃）	蒸发器的迎面风速（m/s）		
	1.5	2.0	2.5		1.5	2.0	2.5
7.2	0	0	0	12.8	0	−0.6	−1.0
10.0	0	0	0	15.6	−2.8	−3.3	−4.0

2. 接触系数 E_0

接触系数 E_0，可按下式计算：

$$E_0 = 1 - \frac{t_2 - t_3}{t_1 - t_3} \tag{21.10-10}$$

如在一定范围内忽略饱和曲线（$\phi = 100\%$）的曲率，而视为直线，则可近似地按下式计算：

$$E_0 = 1 - \frac{t_2 - t_{s2}}{t_1 - t_{s1}} \tag{21.10-11}$$

而 $\quad t_2 = t_{s2} + (1 - E_0)(t_1 - t_{s1}) \tag{21.10.12}$

式中 t_3——蒸发器的平均表面温度，℃；

t_1、t_2——空气进、出蒸发器时的干球温度，℃；

t_{s1}、t_{s2}——空气进、出蒸发器时的湿球温度，℃；

t_3——蒸发器表面的平均温度，℃。

与 E_s 值类似，E_0 值也与蒸发器的结构形式、排数、迎面风速、制冷剂类别等诸多因素有关，应通过实验求得，由制造企业提供。ZF24、ZF48 型蒸发器的 E_0 值，如图 21.10-7 所示。

3. 蒸发器的空气阻力

对于等湿减焓过程（干式冷却），空气通过蒸发器时的压力损失 ΔP_g（Pa），可按下式确定：

$$\Delta P_g = A v_y^m \tag{21.10-13}$$

对于减湿减焓过程（湿式冷却），空气通过蒸发器时的压力损失 ΔP_s（Pa），可按下式确定：

$$\Delta P_s = \psi \Delta P_g \tag{21.10-14}$$

式中 A、m——与蒸发器型式有关的常数；

ψ——修正系数，见图 21.10-9。

空气通过 ZF24、ZF48 型蒸发器的压力损失 ΔP_g 值及湿式冷却时的修正系数 ψ，均可根据气流方向和迎面风速 v_y 由图 21.10-8 及图 21.10-9 确定。

4. 设计与安装直接膨胀式空气冷却器的注意事项

（1）为了能获得较大的对数平均温度差，空气与制冷剂应保持逆向交叉流动，使制冷剂入口处于出风侧，制冷剂出口处于进风侧。

（2）当直接膨胀式空气冷却器上下叠装时，应分别配置收集冷凝水的接水盘。

（3）直接膨胀式空气冷却器可以平放、立放或斜放，但不宜竖放。

（4）在直接膨胀式空气冷却器之前，应配置空气过滤器，以减少肋片积尘，影响传热

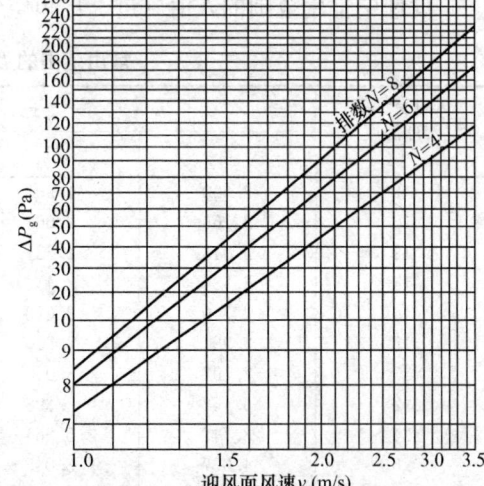

图 21.10-8 ZF24、ZF48 型蒸发器的 ΔP_g 值

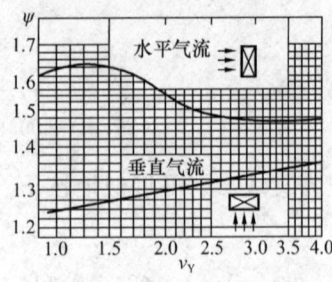

图 21.10-9 湿式冷却时的修正系数 ψ

效果。

(5) 空气流经直接膨胀式空气冷却器的迎面风速,应保持 $v_y=1.5\sim2.5\text{m/s}$。

(6) 直接膨胀式空气冷却器的排数,不宜多于 8 排。

21.10.5 空调机的热平衡计算

1. 空气处理

空气从蒸发器得到的冷量 Q_2 (kW):

$$Q_2 = G \cdot (h_1 - h_2) = G \cdot \Delta h \quad (21.10\text{-}15)$$

取

$$b = \frac{h_1 - h_2}{t_{s1} - t_{s2}} = \frac{\Delta h}{\Delta t_s} \quad (21.10\text{-}16)$$

则

$$Q_2 = G \cdot b \cdot \Delta t_s \quad (21.10\text{-}17)$$

式中 h_1、h_2——空气进、出蒸发器时的焓,kJ/kg;

G——风量,kg/s;

b——进、出口空气的焓差与湿球温差之比,kJ/(kg·℃);

t_{s1}、t_{s2}——空气进、出蒸发器时的湿球温度,℃。

工程实践中,一般 $t_{s1}=11\sim30$℃;这时,进、出口空气的焓差与湿球温差之比可按下式计算确定:

$$b = \frac{\Delta h}{\Delta t_s} = 1.754 \cdot c_a \Delta t_s^{-0.126} \times e^{0.0388 t_{s1}} \quad (21.10\text{-}18)$$

式中 c_a——大气压力修正系数,见表 21.10-6。

大气压力修正系数 c_a　　表 21.10-6

大气压力 (kPa)	67	73	80	87	93	100	107	113	120	127
修正系数 c_a	1.364	1.265	1.184	1.116	1.059	1.000	0.969	0.928	0.896	0.865

将式 (21.10-8) 代入式 (21.10-17),则得:

$$Q_2 = 1.754 G c_a \Delta t_s^{0.874} \times e^{0.0388 t_{s1}} \quad (21.10\text{-}19)$$

设计中常用范围的 b 值(进、出口空气的焓差与湿球温差之比),见表 21.10-7。

常用范围的 b 值 [kJ/(kg·℃)]　　表 21.10-7

进口空气的湿球温度 t_{s1} (℃)	进、出口空气的湿球温度差 Δt_s (℃)				
	4	6	8	10	12
8	2.000	1.908	1.837	1.789	1.741
10	2.166	2.063	1.985	1.934	1.882
12	2.343	2.231	2.147	2.092	2.036
14	2.534	2.414	2.323	2.263	2.202
16	2.740	2.610	2.512	2.447	2.382
18	2.961	2.820	2.715	2.644	2.574
20	3.197	3.045	2.931	2.855	2.779
22	3.462	3.298	3.174	3.091	3.009
24	3.742	3.564	3.430	3.341	3.252
26	4.037	3.845	3.700	3.604	3.508
28	4.361	4.153	3.998	3.894	3.790
30	4.711	4.490	4.322	4.210	4.097

2. 热平衡计算

制冷机实际提供的冷量 Q_1 应等于处理空气从蒸发器得到的冷量 Q_2，即

$$Q_1 = Q_2$$

所以
$$\frac{n_k Q_0}{\phi G c_a} = 1.02 \Delta t_s^{0.874} \times e^{0.0437 \Delta t_s / E_s} \qquad (21.10\text{-}20)$$

式中 ϕ——风量修正系数，$\phi = 1.11 \times e^{-0.0049 t_{s1}}$。

计算说明，空气湿球温度由 11℃ 变化至 30℃ 时，风量修正系数由 1.053 变化至 0.959。若近似地取 $\phi = 1.0$，造成的误差在 5% 左右，这在实际工程设计中是完全允许的。

根据式 (21.10-20)，可绘制成空调机组热平衡计算曲线图，如图 21.10-10 所示。

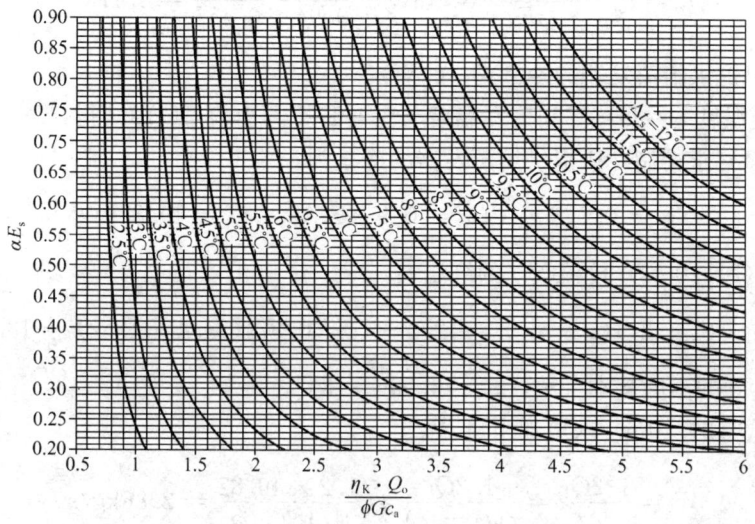

图 21.10-10 空调机组热平衡计算图

21.10.6 选择计算举例

【例 1】 已知：处理风量 $G = 2.722 \text{kg/s}$，大气压力 $P = 100 \text{kPa}$；冷却水的初、终温为：$t_{w1} = 32℃$，$t_{w2} = 37℃$。

要求：将初状态为：$t_1 = 24.4℃$，$t_{s1} = 18.2℃$，$h_1 = 51.5 \text{kJ/kg}$ 的空气处理至以下终状态：$t_2 = 13℃$，$t_{s2} = 12.2℃$，$h_2 = 35 \text{kJ/kg}$。试选择单元式空调机，并确定机组的冷凝温度、蒸发温度和压缩机提供给蒸发器的冷量，校核空气要求达到的终温。

【解】 1. 选择空调机组

计算空气处理前、后的湿球温度差 Δt_s：

$$\Delta t_s = t_{s1} - t_{s2} = 18.2 - 12.2 = 6℃$$

计算冷凝温度 t_l：

$$t_l = \frac{t_{w1} + t_{w2}}{2} + 5 = \frac{32 + 37}{2} + 5 = 39.5℃$$

2. 由表 21.10-4 得：$n_k \approx 1.00$，取 $\phi = 1.0$，$n_k / \phi = 1.00$，根据风量和 n_k / ϕ，查产品资料，选用 H48-Ⅰ型空调机组一台，$\Delta t_s = 6.3 > 6℃$，说明可以使用。

3. 求蒸发器的蒸发温度 t_z：

由相关产品资料查出：H48-Ⅰ型空调机的蒸发器迎风面积为 $F_y=1.3\text{m}^2$，排数为 $N=6$ 排，制冷压缩机为 6FW7B，标准制冷量为 $Q_0=27\text{kW}$。

计算空气通过蒸发器时的迎面风速 v_y：

$$v_y = \frac{G}{F_y \cdot \rho} = \frac{2.722}{1.3 \times 1.2} = 1.75\text{m/s}$$

根据 $v_y=1.75\text{m/s}$ 和 $N=6$ 排，由图 21.10-7 得：$E_s=0.455$，$E_0=0.87$。

根据式（21.10-9）可求出蒸发温度 t_z：

$$t_z = t_{s1} - \frac{t_{s1}-t_{s2}}{aE_s} = 18.2 - \frac{18.2-12.2}{0.94 \times 0.455} = 4.17\text{°C}$$

4. 制冷机提供给蒸发器的冷量 Q_1（kW）：

根据冷凝温度 $t_1=39.5\text{°C}$ 和蒸发温度 $t_z=4.17\text{°C}$，由表 21.10-3 得：$k_1=2.05$，则可按式（21.10-1）求得制冷机提供给蒸发器的冷量为：

$$Q_1 = 0.9 \times k_1 \cdot Q_0 = 0.9 \times 2.05 \times 27 = 49.82\text{kW}$$

5. 按式（21.10-12）校核空气的终温 t_2：

$$t_2 = t_{s2} + (1-E_0)(t_1-t_{s1}) = 12.2 + (1-0.87)(24.4-18.2) = 13.006\text{°C}$$

与要求达到的温度基本一致：$t_2=13.006 \approx 13\text{°C}$。

6. 根据式（21.10-6）求冷却水量 W：

$$W = \frac{1.2Q_1}{c\Delta t} = \frac{1.2Q_1}{c(t_2-t_1)} = \frac{1.2 \times 49.82}{4.187 \times 5} = 2.86\text{kg/s}$$

【例2】 已知空调机组为 H48-Ⅰ（一台），处理风量 $G=2.722\text{kg/s}$，大气压力 $P=100\text{kPa}$，冷凝温度 $t_1=30\text{°C}$，要求将点 1 状态的空气（$t_1=24.4\text{°C}$，$t_{s1}=18.2\text{°C}$，$h_1=51.5\text{kJ/kg}$）处理至状态点 2（$t_2=11.8\text{°C}$，$t_{s2}=11.2\text{°C}$，$h_2=32.24\text{kJ/kg}$）。求蒸发温度、机组制冷量和空气的实际终参数。

【解】 1. 求蒸发器的湿球温度效率 E_s：

由上例知，H48-Ⅰ蒸发器的各项参数为：迎风面积 $F_y=1.3\text{m}^2$，排数 $N=6$ 排，标准制冷量 $Q_0=27\text{kW}$，空气通过蒸发器时的迎面风速 $v_y=1.75\text{m/s}$，据此，由图 21.10-7 可求得湿球温度效率 $E_s=0.455$；取安全系数 $a=0.94$，则得：$aE_s=0.94 \times 0.455=0.428$。

2. 求空气处理终状态点 2 的实际参数：

已知冷凝温度 $t_1=30\text{°C}$，大气压力 $P=100\text{kPa}$，处理前空气的湿球温度 $t_{s1}=18.2$，根据表 21.10-4、表 21.10-6，可查得：$n_k=1.18$，$C_a=1.0$，同时取 $\phi=1.0$，则：

$$\frac{n_k \cdot Q_0}{\phi G C_a} = \frac{1.18 \times 27000}{1.0 \times 1.0 \times 2.722 \times 3600} = 3.25$$

根据 $aE_s=0.428$，由图 21.10-10 得：$\Delta t_s=7\text{°C}$，则可求出空气终状态的湿球温度：

$$t_{s2} = t_{s1} - \Delta t_s = 18.2 - 7 = 11.2\text{°C}$$

由 $h-d$ 图（大气压 $P=100\text{kPa}$）上可查出：$h_2=32.2\text{kJ/kg}$。

3. 根据迎面风速 $v_y=1.75\text{m/s}$ 和 $N=6$ 排，由图 21.10-7 可查出：$E_0=0.87$。
则 $t_2=t_{s2}+(1-E_0)(t_1-t_{s1})=11.2+(1-0.87)(24.4-18.2)=12℃$
由 $h-d$ 图可查得：$\varphi_2=93\%$。

4. 空气从蒸发器得到的冷量为：
$$Q_2=G\cdot(h_1-h_2)=2.722\times(51.5-32.24)=52.43\text{kW}$$

5. 根据式（21.10-9）求蒸发器的蒸发温度：
$$t_z=t_{s1}-\frac{t_{s1}-t_{s2}}{a\cdot E_s}=18.2-\frac{7.0}{0.428}=1.84℃$$

6. 根据 $t_1=30℃$ 和 $t_z=1.84℃$，由表 21.10-3 得：$k_1=2.19$，则由式（21.10-1）可求得制冷机提供给蒸发器的冷量为：
$$Q_1=0.9k_1\cdot Q_0=0.9\times2.19\times27=53.22\text{kW}$$

21.10.7 空调机应用范围的扩大——循环混合

1. 循环混合的流程

国产空调机的设计焓降 h，一般为 $h<20\text{kJ/kg}$。由于焓差较小，所以，新风比受到一定的限制。应用循环混合方法，可以在一定范围内增大新风比，从而扩大空调机的应用范围。

循环混合，实际上是利用已选定空调机在风量和冷量方面的裕量，在混合箱内以直接混合的方式对新风和回风进行预冷，然后，再进行冷却处理，如图 21.10-11 所示。图 21.10-12 所示，为循环混合在 $h-d$ 图上的处理过程。

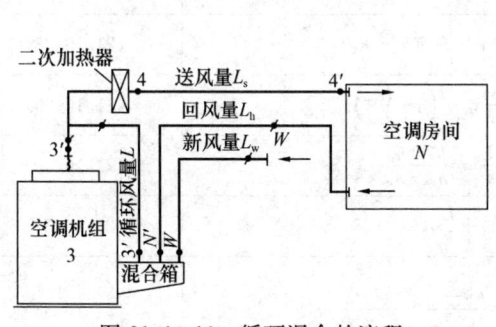

图 21.10-11 循环混合的流程
（二次加热器在空调器的外部）

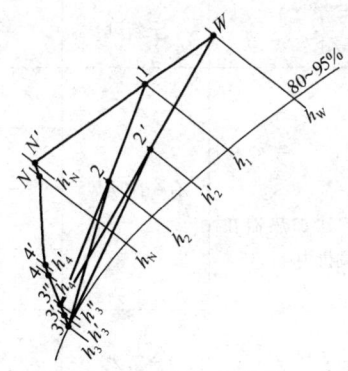

图 21.10-12 循环混合在 $h-d$ 图上的处理过程

由图 21.10-12 可知，回风（N'）和新风（W）先混合至状态 1，再与 $3''$ 状态的空气混合得状态点 2；进入空调机后，由点 2 冷却至点 3；经风机温升至状态点 $3'$，继经二次加热器加热至状态点 4，最点，经风管温升至状态点 $4'$，进入房间后沿热湿比线变化至 N 状态点。

当采用全新风时，则先混合至状态点 $2'$，再冷却至冷态点 3；以后的过程与有一次回风时完全相同。

2. 空调机的风量平衡

$$L_z = L_x + L_s = L_h + L_w + L_x \quad (21.10\text{-}21)$$

$$L_s = L_h + L_w \quad (21.10\text{-}22)$$

式中　L_z——通过蒸发器的风量，m^3/h；
　　　L_x——循环混合风量，m^3/h；
　　　L_s——室内送风量，m^3/h；
　　　L_h——室内回风量，m^3/h；
　　　L_w——新风量，m^3/h。

注意：通过蒸发器的风量 L_z（m^3/h），不得大于空调机的额定风量。

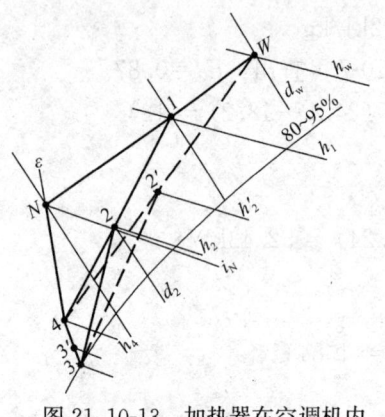

图 21.10-13　加热器在空调机内时处理过程的 h—d 图

3. 一些参数的计算（图 21.10-12、图 21.10-13）

表 21.10-8 汇总了处理过程中一些参数的计算公式。

处理过程中一些参数的计算公式　　　　表 21.10-8

加热器位置	有无回风	计 算 式	编号
二次加热器在空调机外	有一次回风	$h_1 = h_3'' + \dfrac{L_z}{L_s}(h_2 - h_3'')$	(21.10-23)
		$t_1 = \dfrac{L_w}{L_s} t_w + \dfrac{L_h}{L_s} t_n' = \dfrac{L_w}{L_s} t_w + \left(1 - \dfrac{L_w}{L_s}\right) t_n'$	(21.10-24)
		$\dfrac{L_w}{L_s} = \dfrac{h_1 - h_n'}{h_w - h_n'}$	(21.10-25)
		$t_2 = t_3'' + \dfrac{L_s}{L_z}(t_1 - t_3'')$	(21.10-26)
	全新风	$\dfrac{L_w}{L_z} = \dfrac{h_2' - h_3''}{h_w - h_3''} = \dfrac{t_2' - t_3''}{t_w - t_3''}$	(21.10-27)
二次加热器在空调机内	有一次回风	$h_1 = h_4 + \dfrac{L_z}{L_s}(h_2 - h_4)$	(21.10-28)
		$t_1 = \dfrac{L_w}{L_s} t_w + \left(1 - \dfrac{L_w}{L_s}\right) t_n$	(21.10-29)
		$\dfrac{L_w}{L_s} = \dfrac{h_1 - h_n}{h_w - h_n}$	(21.10-30)
		$t_2 = t_4 + \dfrac{L_s}{L_z}(t_1 - t_4)$	(21.10-31)
	全新风	$\dfrac{L_w}{L_z} = \dfrac{h_2' - h_4}{h_w - h_4} = \dfrac{t_2' - t_4}{t_w - t_4}$	(21.10-32)
不采用二次加热		$t_3'' = t_4；h_3'' = h_4$ 若不计回风管温升，则 $t_n = t_n'；h_n = h_n'$	

21.10.8　空调机出口风管的合理连接

1. 单个出风口（单风机）时的合理连接方式，如图 21.10-14 所示。
2. 两个出风口（双风机）时的合理连接方式，如图 21.10-15 所示。

3. 三个出风口时的合理连接方式，如图 21.10-16 所示。

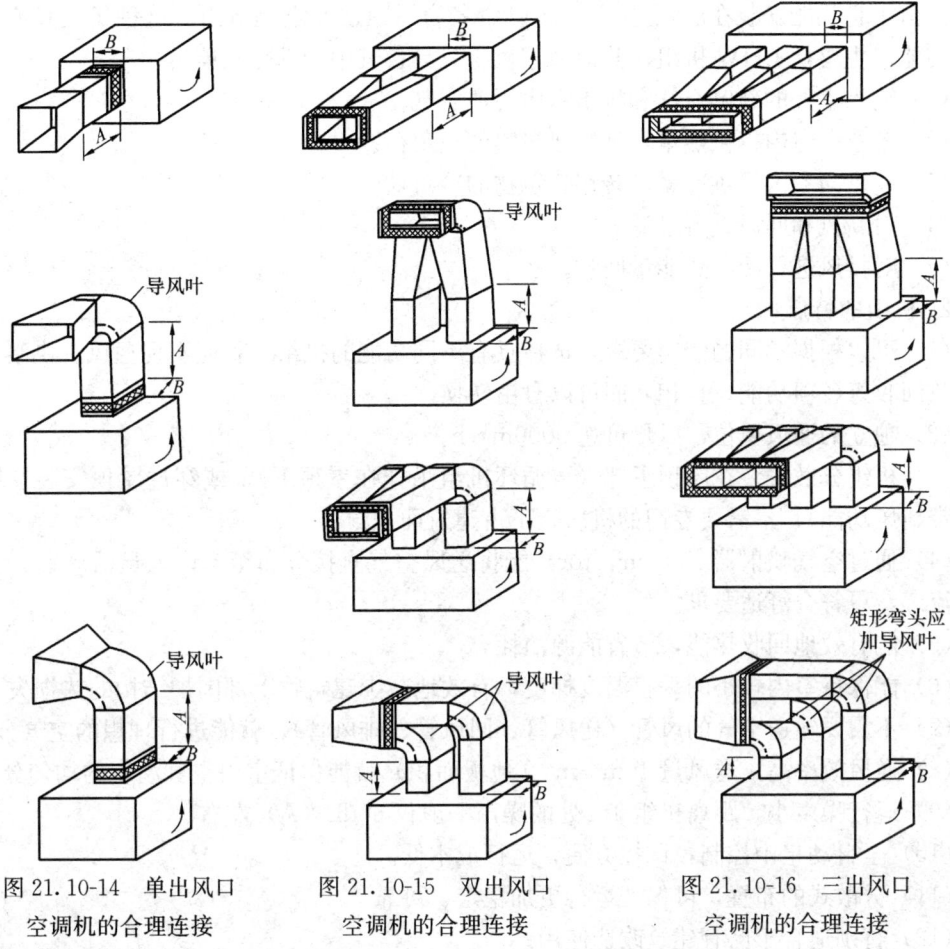

图 21.10-14 单出风口空调机的合理连接

图 21.10-15 双出风口空调机的合理连接

图 21.10-16 三出风口空调机的合理连接

4. 配管要点

（1）变径管的斜率最大不应超过 1∶7。
（2）尽可能用带导风叶的方弯替代圆弯头。
（3）出口弯头的朝向，必须与通风机叶轮的旋转方向保持一致；必要时，可改变通风机的出口方向，以适应本要求。
（4）变径管及其后面的风管，应有可靠的支吊架，避免其重量传递给隔振软接。
（5）图 21.10-14、图 21.10-15 和图 21.10-16 中的符号与尺寸如下：
$A = 1.5 \sim 2.5 B$；B—出风口长边的长度。

21.11 分散式高大建筑屋顶通风空调机组

21.11.1 概　　述

1. 机组的功能

分散式高大建筑屋顶通风空调机组，是 Hoval（瑞士）公司推出的一种单元式空气处理机组（不带冷热源）；用于如车间、超市、展厅等具有高大空间建筑的室内通风与空调设备。由于它只能安装在屋顶上/下，所以命名为屋顶通风空调机组。这种机组具有下列多种功能（主要指 LHW 机组，其他型号机组只具备其中的部分功能）：

(1) 输入室外的新鲜空气和排出室内污浊空气。
(2) 冬季向室内提供热量，补偿建筑物的热负荷。
(3) 夏季向室内提供冷量，转移建筑物的冷负荷。
(4) 对新风和回风进行过滤。
(5) 对排风进行冷、热能量回收。

2. 机组的特点

(1) 可以根据不同的使用要求，选择具有不同功能的机组，就能实现通风、供暖、供冷、热回收等各项功能，且相互间可以自由转换。
(2) 独立的通风单位，风量可达 $9000m^3/h$。
(3) 机组分散安装在屋顶下部（再循环机组吊挂在屋顶下），或穿过屋顶安装在屋面上（带新风功能）；不需要专门的机房，不占建筑面积。
(4) 通过空气喷射器（air-injector）能将送风空气直接分布至室内人员活动区，无强烈气流感，更符合舒适要求。
(5) 能有效地回收热能，节省能源消耗。
(6) 能保持室内较小的垂直温度梯度，有效地减少建筑物上部围护结构的热损失。
(7) 不需要输送空气的风管（送风管、回风管、排风管），就能进行理想的空气分布。
(8) 通风效率高，送风量 $10m^3/m^2$（地板面积）就能保证室内空气温度的均匀分布。
(9) 运行噪声小，距离机组 4m 处的噪声一般仅 60dB（A）左右。
(10) 全自动集中控制，调控方便，运行成本低。
(11) 分散式的布置，可保证运行更加稳定、可靠。
(12) 特别适合于已有建筑改造使用。

21.11.2 Roof Vent LHW 机组的类型与结构

Roof Vent LHW 是带有热回收功能的分散型屋顶空调机组的代号，LHW 机组包括：
- 屋顶单元部分 LW
- 屋顶下单元部分 DHF

两个部分通过螺栓连接，所以即使在安装以后也很容易进行拆卸，这是高机动性的保证，如图 21.11-1 所示。

1. 屋顶单元部分 LW

带有热能回收装置的屋顶单元 LW，是机组的主要功能组件，它们通过镀锌钢板外壳的自支承板与屋顶结构相结合。屋顶单元包括以下诸组件（图 21.11-2）：

图 21.11-2 中：
1—送风风机：双进风离心式通风机，根据运行

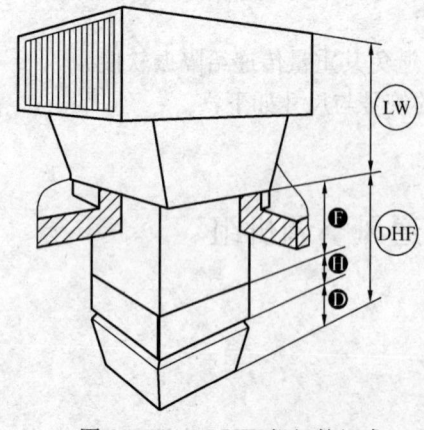

图 21.11-1 LHW 机组的组成

模式；提供新风和混合风功能；

2—排风风机：双进风离心式通风机，根据运行模式，将室内空气吸入经过滤箱、板式换热器或旁通风道，然后排至室外；

3—板式换热器：供进、排风进行热交换，回收排风中的热量或冷量；

4—冷凝水排水管：室外温度较低时，会有冷凝水生成，通过排水管可将冷凝水排至屋顶或其他指定部位；

5—ER 风阀：用以开启或关闭热能回收系统的通路，与旁通风阀一起控制热回收功能；

6—排风旁路：在排风通路上与板式换热器平行的通道；

7—排风旁路制动器：用以驱动排风旁路和 ER 风阀，带位置指示；

8—重力风阀：通风单元关闭时关闭排风通路，减少排风旁路上的热损失；

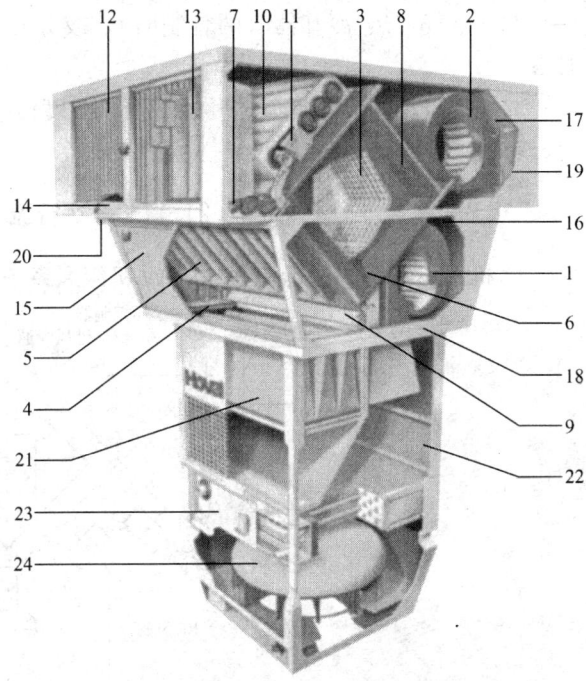

图 21.11-2　LHW 机组结构图

9—循环风阀：控制送风与排风之间的通路，关闭时，送风与排风之间的通路切断；只有在开启状态下，才能实现室内空气再循环的模式；

10—新风风阀：功能与循环风阀相反，用以控制送风与排风之间的通路，避免再循环时吸入新风，以减少能耗；

11—循环控制器：驱动新风风阀和混合风阀；

12—防雨折页门：开启后可以直接到达设备过滤部以及单元内部；

13—新风过滤器：袋式过滤器，固定在防雨折页门背后；

14—DigiUnit 控制器的终端接线盒；

15—过滤器通路面板：打开面板时，可对过滤器进行更换、维修；

16—风机通路面板：打开面板时，可到达送风机部分；

17—格栅排风口：打开面板后，可以到达排风机部分；

18—屋顶支承架：供与屋顶连接用的支承板，具有防水工能；

19—内部绝热层：用以减少热损失，防止产生冷凝水；

20—分离开关：用以启、停风机的开关。

2. 屋顶下单元部分 DHF

屋顶下单元部分 DHF，是位于室内的部分，主要包括：过滤（F）、加热（H）和空气分布（D）三个部分，图中：

21—回风过滤器：位于吸风部分，用以对回风进行有效过滤，确保再循环空气的品质；

22—检修加热器的可拆卸面板；

23—空气加热/冷却器（两管制时），或分开配置空气加热器和空气冷却器（四管制时）；

24—带自动调节气流流型叶片和送风温度传感器的喷射送风机，可实现无吹风感的气流分布。

21.11.3 运行流程与模式

1. 机组风系统的运行流程：LHW 机组风系统的运行流程，如图 21.11-3 所示。

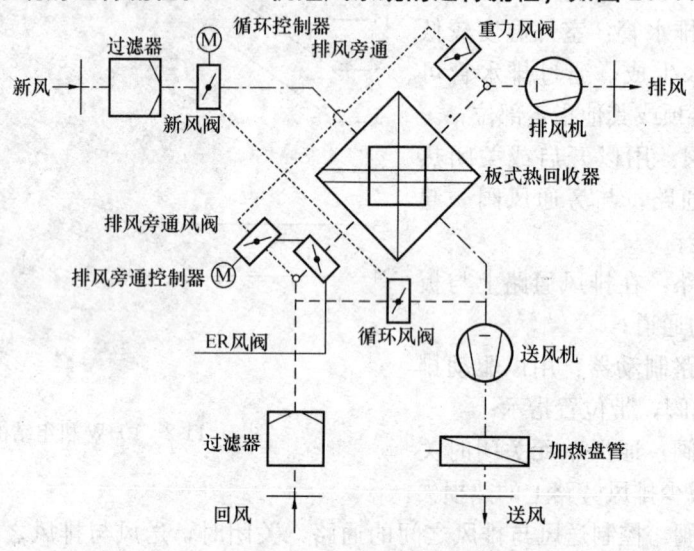

图 21.11-3 机组风系统运行流程图

2. 运行模式（见表 21.11-1）

运行模式　　　　　　　　　　　　　　表 21.11-1

运行模式		功　能	风机、风阀等的状态					
			送风机	排风机	旁通风阀	ER风阀	新风阀	循环风阀	供暖（冷）

运行模式		功　能	送风机	排风机	旁通风阀	ER风阀	新风阀	循环风阀	供暖（冷）
通风		供暖（冷），带热回收功能	开	开	关	开	开	关	开
		供暖（冷）关，带热回收功能	开	开	按需求定	按需求定	开	关	关
		供暖（冷）关，热回收功能关	开	开	开	关	开	关	关
		供暖（冷），热回收功能关	开	开	开	关	开	关	开
排风		引入新风、不加热或冷却	关	开	开	关	开	关	关
再循环		供暖但无新风要求	开	关	开	关	关	开	开
夜间降温		夏夜，利用室外的低温空气来降低室温	开	开	开	关	开	关	关
停或待机			关	关	开	关	开	关	关

Hoval 的 LHW 单元，可以实现以下标准运行模式：

(1) VE1……通风模式，风扇转速 1（低速运行）；

(2) VE2……通风模式，风扇转速 2（高速运行）；

(3) REC……根据室内设定温度值进行室内风循环（日间）；

(4) RECN……根据室内设定温度值进行室内风循环（夜间）；
(5) EA……排风模式；
(6) NCS……夏季夜间降温模式；
(7) OFF……停机模式，防冻保护开启；
(8) 紧急运行模式。

以上模式通过 DigiNet 全自动控制器进行分区区域控制（除了紧急运行模式）。而且每一台通风单元都可以通过手动来实现停机模式，室内风循环模式或者紧急启动模式。

21.11.4 系统配管设计

LHW 系统配管设计原理图，见图 21.11-4。

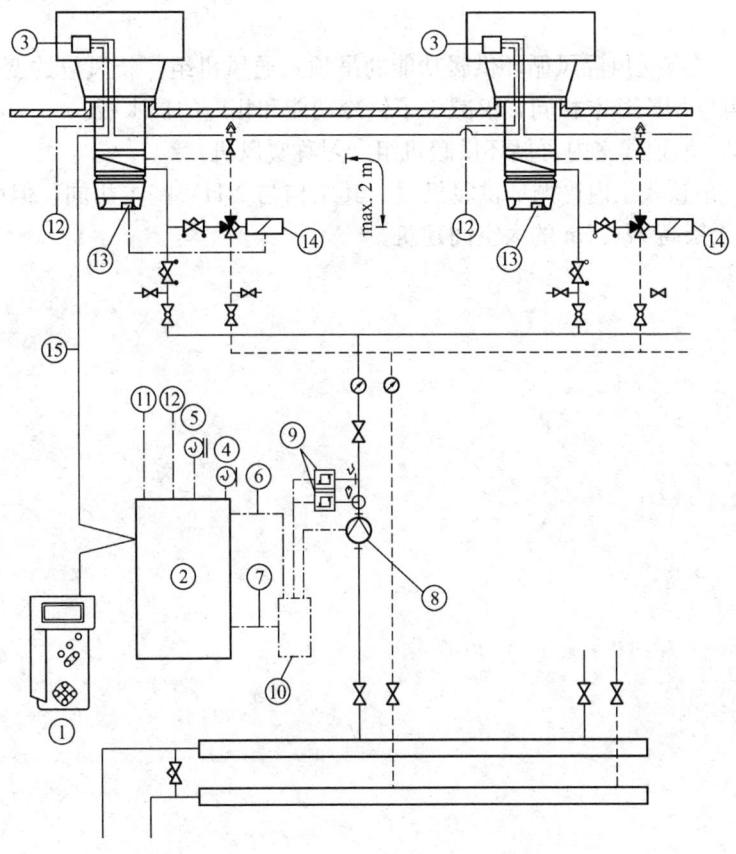

图 21.11-4　两管制系统配管设计原理图

①—DigiMaster 操作终端；②—区域控制面板；③—DigiUnit 控制器；④—室温传感器；⑤—新风温度传感器；⑥—供暖（冷）故障输入；⑦—供暖（冷）恢复；⑧—分配泵；⑨—水流、温度控制器；⑩—供暖（冷）控制面板；⑪—故障报警；⑫—电源；⑬—接线盒；⑭—三通调节阀；⑮—LON 总线

21.11.5　Top Vent 冷/暖、通风机组

Top Vent 是顶装式冷/暖、通风机组的代号。与 LHW 机组相比，Top Vent 机组的功能与结构相对比较简单，除 CAU 和 CUM 两种型号由室内与室外两部分组成外（在屋顶上有混风盒和防雨罩），其他型号都只有室内部分。根据机组功能的不同，分为 8 个

类型：

(1) CAU——具有供暖/供冷功能的通风屋顶机组，带有新风/回风混合盒和相应的过滤器及风量调节装置。

(2) CUM——具有供暖/供冷功能的通风屋顶机组，其结构与 CAU 机组基本相同，不同之处是没有混风盒。

(3) DKV——具有供暖/供冷功能的室内再循环吊顶式机组（类似于风机盘管机组），没有新风，不能排风。

(4) DHV——具有供暖功能的室内再循环吊顶式机组（类似于暖风机），没有新风，不能排风，其结构与 DKV 机组基本相同，仅减少了供冷功能和相应的挡水板。

(5) MK——具有通风混风循环供暖/供冷功能的吊顶式通风机组，新风量的变化范围为 0～100%。

(6) MH——具有通风混风循环供暖功能的吊顶式通风机组，新风量的变化范围为 0～100%，其结构与 MK 基本相同，仅减少了供冷功能和相应的挡水板。

(7) NHV——吊顶式室内再循环供暖机组（习称暖风机）。

(8) HV——吊顶式室内再循环供暖机组，其结构与 NHV 基本相同，但由于不带送风喷嘴，仅适用于层高 $H \leqslant 6m$ 的大空间建筑。

第 22 章 空 调 系 统

22.1 空调系统的分类（见表 22.1-1）

空调系统的分类 表 22.1-1

分 类	空调系统	系 统 特 征	系 统 应 用
按空气处理设备的设置情况分类	集中式系统	空气处理设备集中在机房内，空气经处理后，由风管送入各房间	单风管系统 双风管系统 变风量系统
	半集中式系统	除了有集中的空气处理设备外，在各个空调房间内还分别有处理空气的"末端装置"	风机盘管＋新风系统 多联机＋新风系统 诱导器系统 冷暖辐射板＋新风系统
	全分散式系统	每个房间的空气处理分别由各自的整体式（或分体式）空调器承担	单元式空调器系统 房间空调器系统 多联机系统
按负担室内空调负荷所用的介质来分类	全空气系统	全部由处理过的空气负担室内空调负荷	一次回风式系统 一、二次回风式系统
	空气—水系统	由处理过的空气和水共同负担室内空调负荷	新风系统和风机盘管系统并用，带盘管诱导器
	全水系统	全部由水负担室内空调负荷	风机盘管系统（无新风）
	制冷剂系统	制冷系统的蒸发器直接放室内，吸收余热余湿	单元式空调器系统 房间空调器系统 多联机系统
按集中系统处理的空气来源分类	封闭式系统	全部为再循环空气，无新风	再循环空气系统
	直流式系统	全部用新风，不使用回风	全新风系统
	混合式系统	部分新风，部分回风	一次回风系统 一、二次回风系统
按风管中空气流速分类	低速系统	考虑节能与消声要求的风管系统，风管截面较大	民用建筑主风管风速低于 10m/s 工业建筑主风管风速低于 15m/s
	高速系统	考虑缩小管径的风管系统，耗能多，噪声大	民用建筑主风管风速高于 12m/s 工业建筑主风管风速高于 15m/s

22.2 空调系统的比较与选择

各种空调系统的概略比较，见表 22.2-1。
各种空调系统适用条件和使用特点，见表 22.2-2。
常用空调系统比较，见表 22.2-3。

各种空调系统的概略比较　　　　　　　　　　　　　表 22.2-1

系统分类 比较分级 项目	集中式系统		半集中式系统		分散式系统
	单风管定风量	变风量	风机盘管+新风	诱导器	单元式或房间空调器
初投资	B	C	A	B	A
节能效果与运行费用	C	A	B	B	A
施工安装	C	C	B	B	A
使用寿命	A	A	B	A	C
使用灵活性	C	C	B	B	A
机房面积	C	C	B	B	A
恒温控制	A	B	B	C	B
恒湿控制	A	C	C	C	C
消声	A	A	B	C	C
隔振	A	A	B	A	C
房间清洁度	A	A	B	C	C
风管系统	C	C	B	B	A
维护管理	A	B	B	B	A
防火、防爆、房间串气	C	C	B	B	A

注：表中 A—较好；B—一般；C—较差。

各种空调系统适用条件和使用特点　　　　　　　　　表 22.2-2

空调系统	适用条件	空调装置	
		装置类别	使用特点
集中式	1. 房间面积大或多层、多室而热湿负荷变化情况类似； 2. 新风量变化大； 3. 室内温度、湿度、洁净度、噪声、振动等要求严格； 4. 全年多工况节能； 5. 采用天然冷源	单风管定风量直流式	房间内产生有害物质，不允许空气再循环使用
		单风管定风量一次回风式	1. 可利用较大送风温差送风。当送风温差受限制时，须再加热； 2. 室内散湿量较大
		单风管定风量一、二次回风式	1. 可用于室内温度要求均匀、送风温差较大、风量较大而又不采用再加热的系统； 2. 换气次数极大的洁净室
		变风量	室温允许波动范围 $t \geq \pm 1℃$，显热负荷变化较大
		冷却器	要求水系统简单，但室内相对湿度要求不严
		喷水室	1. 采用循环喷水蒸发冷却或天然冷源； 2. 室内相对湿度要求较严或相对湿度要求较大而又有较大发热量者； 3. 喷水室兼作辅助净化措施

续表

空调系统	适用条件	空调装置 装置类别	空调装置 使用特点
半集中式	1. 房间面积大但风管不易布置； 2. 多层多室层高较低，热湿负荷不一致或参数要求不同； 3. 室内温湿度要求 $t \geqslant \pm 1℃$，$\varphi \geqslant \pm 10\%$； 4. 要求各室空气不要串通； 5. 要求调节风量	风机盘管	1. 空调房间较多，空间较小，且各房间要求单独调节温度； 2. 空调房间面积较大但主风管敷设困难
半集中式		诱导器	多房间层高低，同时使用，空气不允许互相串通，室内要求防爆
分散式	1. 各房间工作班次和参数要求不同且面积较小； 2. 空调房间布置分散； 3. 工艺变更可能性较大或改建房屋层高较低且无集中冷源	冷风降温机组	仅用于夏季降温去湿
分散式		恒温恒湿机组	房间全年要求恒温恒湿
分散式		多联机	1. 无水系统和机房； 2. 可以分户控制；利于单独计费； 3. 无房间空调器影响建筑立面的缺点

常用空调系统比较　　　　　　　　　　　　　　　　　表 22.2-3

比较项目	集中式空调系统	单元式空调器	风机盘管空调系统
设备布置与机房	1. 空调与冷热源可以集中布置在机房； 2. 机房面积较大，层高较高； 3. 空调机组有时可以布置在屋顶上或安放在车间柱间平台上	1. 设备成套、紧凑，可以放在房间内，也可以安装在空调机房内； 2. 机房面积较小，机房层高较低； 3. 机组分散布置，敷设各种管线较麻烦	1. 只需要新风空调机房，机房面积小； 2. 风机盘管可以安设在空调房间内； 3. 分散布置，敷设各种管线较麻烦
风管系统	1. 空调送回风管系统复杂，占用空间多，布置困难； 2. 支风管和风口较多时不易调节风量	1. 系统小，风管短，各个风口风量的调节比较容易达到均匀； 2. 直接放室内时，可不接送风管，也没有回风管； 3. 小型机组机余压小，有时难于满足风管布置和必需的新风量	1. 放室内时，有时不接送、回风管； 2. 当和新风系统联合使用时，新风管较小

续表

比较项目	集中式空调系统	单元式空调器	风机盘管空调系统
节能与经济性	1. 可以根据室外气象参数的变化和室内负荷变化实现全年多工况节能运行调节，充分利用室外新风，减少与避免冷热抵消，减少冷水机组运行时间； 2. 对于热湿负荷变化不一致或室内参数不同的多房间，室内温湿度不易控制且不经济； 3. 部分房间停止工作不需空调时，整个空调系统仍须运行，不经济	1. 不能按室外气象参数的变化和室内负荷变化实现全年多工况节能运行调节，过渡季不能用全新风。大多用电加热，耗能大； 2. 灵活性大，各空调房间可根据需要停开	1. 灵活性大，节能效果好，可根据各室负荷情况自行调节； 2. 盘管冬夏兼用，内壁容易结垢，降低传热效率； 3. 无法实现全年多工况节能运行调节
使用寿命	使用寿命长	使用寿命较短	使用寿命较长
安装	设备与风管的安装工作量大，周期长	1. 安装投产快； 2. 对旧建筑改造和工艺变更的适应性强	安装投产较快，介于集中式空调系统与单元式空调器之间
维护运行	空调与制冷设备集中安设在机房，便于管理和维修	机组易积灰与油垢，清理比较麻烦，使用二三年后，风量、冷量将减少；难以做到快速加热（冬天）与快速冷却（夏天）。分散维修与管理较麻烦，维修要求高	布置分散，维护管理不方便。水系统复杂，易漏水
温湿度控制	可以严格地控制室内温度和相对湿度	各房间可以根据各自的负荷变化与参数要求进行温湿度调节。对要求全年须保证室内相对湿度，波动范围$<\pm 5\%$或要求室内相对湿度较大时，较难满足。多数机组按$17\sim21kJ/kg$的最大焓降设计，对室内温度要求较低、室外湿球温度较高、新风量要求较多时，较难满足	对室内温湿度要求较严时，难于满足
空气过滤与净化	可以采用粗效、中效和高效过滤器，满足室内空气清洁度的不同要求。采用喷水室时，水与空气直接接触，易受污染，须常换水；若水质清净，可净化空气	过滤性能差，室内清洁度要求较高时难于满足	过滤性能差，室内清洁度要求较高时难于满足
消声与隔振	可以有效地采取消声和隔振措施	机组安设在空调房间内时，噪声、振动不易处理	必须采用低噪声风机，才能满足室内一般噪声级要求
风管互相串通	空调房间之间有风管连通，易造成交叉污染。当发生火灾时，烟气会通过风管迅速蔓延	各空调房间之间不会互相污染、串声。发生火灾时烟气也不会通过风管蔓延	各空调房间之间空气不会互相污染

22.3 集中式空调系统

22.3.1 系统划分原则

对多房间空调系统划分的原则见表 22.3-1。

集中式空调系统划分原则　　　　表 22.3-1

项目	空调系统合并	空调系统分设
温度波动≥±0.5℃ 或 相对湿度波动≥±5%	1. 各室邻近,且室内温湿度基数、单位送风量的热湿扰量、运行时间接近时; 2. 单位送风量的热湿扰量虽不同,但有室温调节加热器的再热系统	1. 房间分散; 2. 室内温湿度基数、单位送风量的热湿扰量、运行时间差异较大时
±0.1~0.2℃	恒温面积较小且附近有温湿度基数和使用时间相同的恒温房间时	恒温面积较大且附近恒温房间温湿度基数和使用时间不同时
清洁度	1. 产生同类有害物质的多个空调房间; 2. 个别房间产生有害物质,但可用局部排风较好地排除,而回风不致影响其他要求洁净的房间时	1. 个别产生有害物质的房间不宜与其他要求洁净的房间合一系统; 2. 有洁净等级要求的房间不宜和一般空调房间合一系统
噪声标准	1. 各室噪声标准相近时; 2. 各室噪声标准不同,但可作局部消声处理时	各室噪声标准差异较大而难于作局部消声处理时
大面积空调	1. 室内温湿度精度要求不严且各区热湿扰量相差不大时; 2. 室内温湿度精度要求较严且各区热湿扰量相差较大时,可用按区分别设置再热系统的分区空调	1. 按热湿扰量的不同,分系统分别控制; 2. 负荷特性相差较大的内区与周边区,以及同一时间内须分别进行加热和冷却的房间,宜分区设置空调系统

22.3.2 回风系统选择

为了节约冷热量,根据不同条件,采用一次回风系统或一、二次回风系统,其选用条件见表 22.3-2。

22.3.3 一次回风系统与一、二次回风系统的处理过程和计算方法见表 22.3-3

一次回风系统与一、二次回风系统选用条件　　　　表 22.3-2

一次回风系统	一、二次回风系统
1. 仅作夏季降温用的空调系统,送风温差可取较大值时; 2. 室内散湿量较大时	1. 室内散湿量较小,且不允许选用较大送风温差时; 2. 在 1. 的前提下,室温允许波动范围较小或送风相对湿度小于某一值,宜采用固定比例的一、二次回风; 3. 室内散湿量较小,且全年使用的集中式系统或室内温湿度允许波动范围较大,可以采用可能的最大送风温差时,宜用变动的一、二次回风比或采用旁通的可能性

一次回风系统与一、二次回风系统的处理过程和计算方法　　　表 22.3-3

项目	图式、过程、计算式	一次回风系统	
		喷水系统（含带喷水的冷却器系统）	空气冷却器系统
	系统图	图 22.3-1	图 22.3-3
	焓湿图	图 22.3-2	图 22.3-4
夏季过程与计算	处理过程	$W \searrow \underset{N}{} \xrightarrow{一次混合} C \xrightarrow{冷却干燥} L \xrightarrow{二次加热} S \xrightarrow{\varepsilon} N$	$W \searrow \underset{N}{} \xrightarrow{一次混合} C \xrightarrow{冷却干燥} L \xrightarrow{二次加热} S \xrightarrow{\varepsilon} N$
	耗冷量计算（kW）	$Q_0 = G(h_C - h_L)$	$Q_0 = G(h_C - h_L)$
	二次加热量计算（kW）	$Q'_2 = G(h_S - h_L)$	$Q'_2 = G(h_S - h_L)$
冬季过程与计算	处理过程	$W' \xrightarrow{一次加热} W'_1 \searrow \underset{N'}{} \xrightarrow{一次混合} C' \xrightarrow{绝热加湿} L' \xrightarrow{二次加热} S' \xrightarrow{\varepsilon'} N'$	$W' \xrightarrow{一次加热} W'_1 \searrow \underset{N'}{} \xrightarrow{一次混合} C' \xrightarrow{二次加热} S'_1 \xrightarrow{等温加湿} S' \xrightarrow{\varepsilon'} N'$
	一次加热量计算（kW）	$Q_1 = G_{w'}(h_{w'1} - h_{w'})$	$Q_1 = G_{w'}(h_{w'1} - h_{w'})$
	二次加热量计算（kW）	$Q_2 = G(h_{S'} - h_{L'})$	$Q_2 = G(h_{S'1} - h_{C'})$
	加湿量计算（g/s）	$W = G(d_{L'} - d_{C'})$	$W = G(d_{S'} - d_{S'1})$

项目	图式、过程、计算式	一、二次回风系统	
		喷水系统（含带喷水的冷却器系统）	空气冷却器系统
	系统图	图 22.3-5	图 22.3-7
	焓湿图	图 22.3-6	图 22.3-8
夏季过程与计算	处理过程	$W \searrow \underset{N}{} \xrightarrow{一次混合} C \xrightarrow{冷却干燥} L \xrightarrow{二次混合} C_1 \xrightarrow{二次加热} S \xrightarrow{\varepsilon} N$	$W \searrow \underset{N}{} \xrightarrow{一次混合} C \xrightarrow{冷却干燥} L \xrightarrow{二次混合} C_1 \xrightarrow{二次加热} S \xrightarrow{\varepsilon} N$
	耗冷量计算（kW）	$Q_0 = G_1(h_C - h_L)$	$Q_0 = G_1(h_C - h_L)$
	二次加热量计算（kW）	$Q'_2 = G(h_S - h_{C_1})$	$Q'_2 = G(h_S - h_{C_1})$
冬季过程与计算	处理过程	$W' \xrightarrow{一次加热} W'_1 \searrow \underset{N'}{} \xrightarrow{一次混合} C' \xrightarrow{绝热加湿} L' \xrightarrow{二次混合} C'_1 \xrightarrow{二次加热} S' \xrightarrow{\varepsilon'} N'$	$W' \xrightarrow{一次加热} W'_1 \searrow \underset{N'}{} \xrightarrow{一次混合} C' \xrightarrow{等温加湿} L' \xrightarrow{二次混合} C'_1 \xrightarrow{二次加热} S' \xrightarrow{\varepsilon'} N'$
	一次加热量计算（kW）	$Q_1 = G_{w'}(h_{w'1} - h_{w'})$	$Q_1 = G_{w'}(h_{w'1} - h_{w'})$
	二次加热量计算（kW）	$Q_2 = G(h_{S'} - h_{C'_1})$	$Q_2 = G(h_{S'} - h_{C'_1})$
	加湿量计算（g/s）	$W = G(d_{L'} - d_{C'})$	$W = G(d_{L'} - d_{C'})$
式中符号		$G_{w'}$—新风量（kg/s）；G—总送风量（kg/s）；G_1——次回风与新风量之和（kg/s）；h—焓值（kJ/kg）；d—含湿量（g/kg）	

注：根据设计地点的冬季室外参数确定是否采用一次加热的空气预热器，可按下式计算判别：

$$h_{w'1} = h_{N'} - \frac{G}{G_{w'}}(h_{N'} - h_{C'}) \text{ kJ/kg},\text{当 } h_{w'} < h_{w'1} \text{ 时，就要设空气预热器。}$$

22.3 集中式空调系统 1681

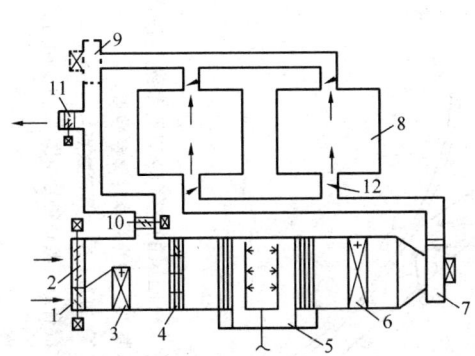

图 22.3-1 一次回风的喷水系统
1—最小新风阀；2—最大新风阀；
3—预热器（第一次加热器）；4—过滤器；
5—喷水室；6—第二次加热器；7—送风机；
8—空调房间；9—回风机；10——次回风阀；
11—排风阀；12—调节阀门

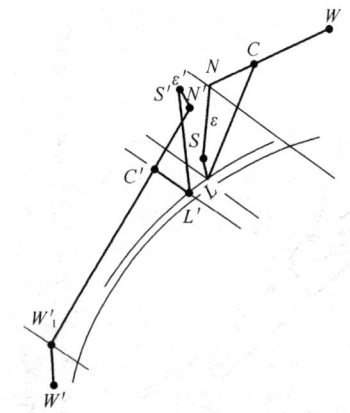

图 22.3-2 一次回风喷水系统的焓湿图
（图中不带"'"的为夏季计算参数点，
带"'"的为冬季计算参数点）
W、W'—室外参数点；N、N'—室内参数点；
C、C'——次回风和新风的混合点；
L、L'—经冷却或加湿后的"露点"；
S、S'—送风参数点；
W'_1——次加热后的参数点

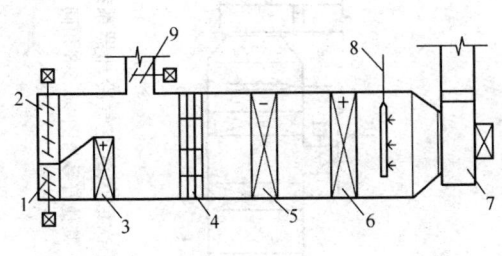

图 22.3-3 一次回风的空气冷却器系统
1—最小新风阀；2—最大新风阀；3—预热器（第一次加热器）；
4—过滤器；5—空气冷却器；6—第二次加热器；
7—送风机；8—加湿器；9——次回风阀

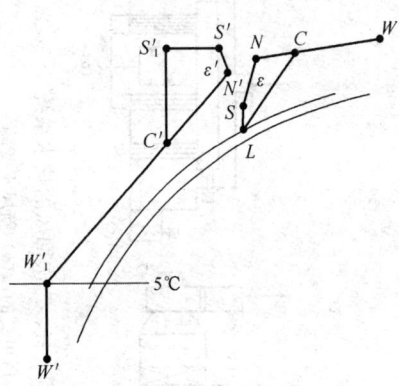

图 22.3-4 一次回风空气冷却器系统的焓湿图
（图中不带"'"的为夏季计算参数点，
带"'"的为冬季计算参数点）
W、W'—室外参数点；N、N'—室内参数点；
C、C'——次回风和新风的混合点；
L—经冷却后的"露点"；S、S'—送风参数点；
W'_1——次加热后的参数点；
S'_1—二次加热后的参数点

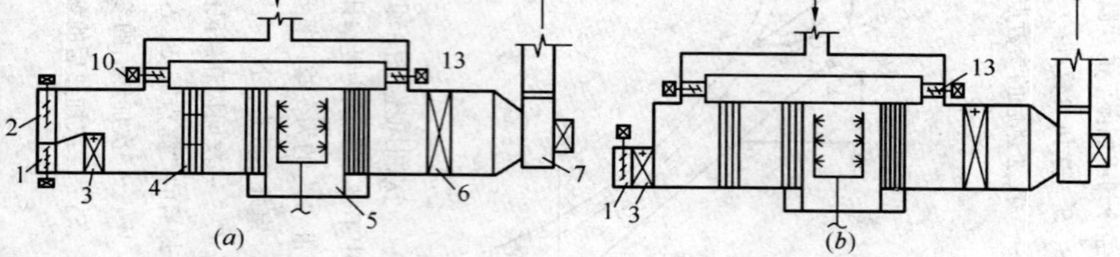

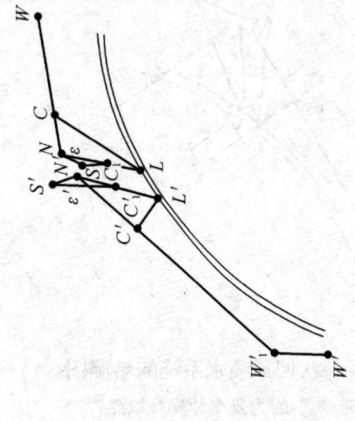

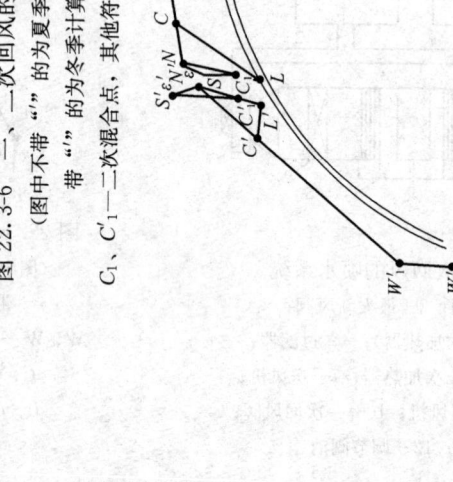

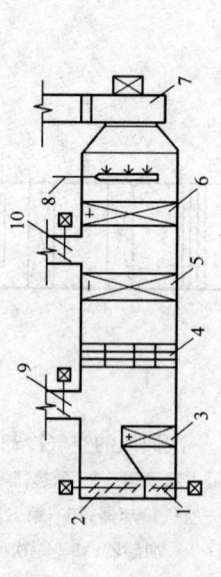

图 22.3-5 一、二次回风的喷水系统
(a) 新风可变的; (b) 新风不变的
13—二次回风阀; 其他符号与图 22.3-1 相同

图 22.3-6 一、二次回风的喷水系统焓湿图
(图中不带 "'" 的为夏季计算参数点,
带 "'" 的为冬季计算参数点)
C_1、C'_1——二次混合点, 其他符号与图 22.3-2 相同

图 22.3-7 一、二次回风的空气冷却器系统
10—二次回风阀, 其他符号与图 22.3-3 相同

图 22.3-8 一、二次回风的空气冷却器系统焓湿图
(图中不带 "'" 的为夏季计算参数点,
带 "'" 的为冬季计算参数点)
C_1、C'_1——二次混合点, 其他符号与图 22.3-4 相同

22.3.4 单风机系统与双风机系统

单风机系统与双风机系统的适用条件和优缺点见表22.3-4。

单、双风机系统的适用条件和优缺点 表22.3-4

系统	单风机系统	双风机系统
适用条件	1. 全年新风量不变的系统； 2. 当使用大量新风时，室内门窗可以排风，不会形成大于50Pa的过高正压； 3. 房间少、系统小、空调房间靠近空调机房，空调系统的排风口必须靠近空调房间	1. 不同季节的新风量变化较大，其他排风通路不能适应风量变化的要求时会导致室内正压过高； 2. 房间须维持一定的正压，而门窗严密，空气不易渗透，室内又无排风装置； 3. 要求保证空调系统有恒定的回风量或恒定的排风量； 4. 仅有少量回风的系统； 5. 通过技术经济比较，装设回风机合理时
优点	1. 投资省； 2. 经常耗电少； 3. 占地小	1. 空调系统可以采用全年多工况调节，节省能量； 2. 可保证设计要求的室内正压和回风量； 3. 风机风压低、噪声小
缺点	1. 全年新风量调节困难； 2. 当过渡季使用大量新风，室内又无足够的排风面积，会使室内正压过大，门也不易开启； 3. 风机风压高、噪声大； 4. 由于空调器内有较大负压，缝隙处易渗入空气，冷、热耗量增大； 5. 室内局部排风量大时，用单风机克服回风管的压力损失，不经济； 6. 空调系统供给多房间时，调节比较困难	1. 投资高； 2. 经常耗电多； 3. 占地大； 4. 当回风机选用不当而使风压过大时，会使新风口处形成正压，导致新风进不来； 5. 新风阀、回风阀、排风阀三阀之间按比例自动调节难度大
风机压力	风机负担整个空调系统全部压力损失	送风机负担由新风口至最远送风口压力损失。回风机负担最远回风口至空调器前的压力损失。一般回风机的压力仅为送风机压力的1/3~1/4（必须注意，排风口一定要处于回风机的正压段，新风口一定要处于送风机的负压段）

22.4 蒸发冷却式空调系统

22.4.1 一级蒸发冷却空调系统

1. 一级蒸发冷却空调系统处理过程

一级（直接）蒸发冷却系统蒸发冷却最常用的方式是由单元式空气蒸发冷却器或只有直接蒸发冷却段的组合式空气处理机组所组成的一级（直接）蒸发冷却系统。该系统制造

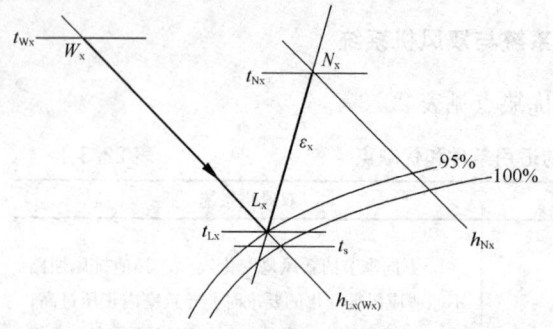

图 22.4-1 一级蒸发冷却系统夏季空气处理过程

技术和工艺都相对成熟,初投资和运行费用低,占地空间小,安装方便。在低湿球温度地区,一级(直接)蒸发冷却空调系统相对于机械制冷系统而言,能源消耗可节约 60%~80%。直接蒸发冷却实际上是一个等焓(绝热)加湿过程。

首先确定夏季室外空气状态点 W_x (t_{Wx}, t_{Ws}),然后从 W_x 作等焓线与 $\varphi=95\%$ 线相交于 L_x 点(机器露点,送风状态点),通过 L_x 点作空调房间的热湿比线 $\varepsilon_x = \dfrac{\Sigma Q}{\Sigma W}$,该线与室内设计温度 t_{Nx} 相交于 N_x,此为室内空气状态点。检查室内空气的相对湿度 φ_{Nx} 是否满足要求,$\Delta t_O = t_{Nx} - t_{Lx}$ 是否符合规范要求。如果符合,则 h—d 图绘制完毕,见图 22.4-1。

空气处理过程:

$$W_x \xrightarrow[\text{直接蒸发冷却器}]{\text{绝热加湿}} L_x \xrightarrow{\varepsilon_x} N_x \longrightarrow 排至室外$$

空调房间的送风量 q_m (kg/s):

$$q_m = \frac{\Sigma Q}{h_{Nx} - h_{Lx}} \tag{22.4-1}$$

直接蒸发冷却器处理空气所需显热冷量 Q_0 (kW):

$$Q_0 = q_m C_p (t_{Wx} - t_{Lx}) \tag{22.4-2}$$

式中 $C_p = 1.01$ kJ/(kg·K);

t_{Wx}, t_{Lx}——夏季室外干球温度、夏季机器露点温度,℃。

直接蒸发冷却器的加湿量 W (kg/s):

$$W = q_m \left(\frac{d_{Lx}}{1000} - \frac{d_{Wx}}{1000} \right) \tag{22.4-3}$$

2. 一级蒸发冷却空调系统设计实例

【例1】 西藏自治区昌都市一办公楼,室内设计状态参数为:$t_{Nx}=24℃$,$\phi_{Nx}=60\%$,夏季室外空气设计状态参数为:$t_{Wx}=26℃$,$d_{Wx}=11.22$g/kg(干空气),$t_{Ws}=14.8℃$。室内余热量为 100kW,室内余湿量为 36kg/h (0.01kg/s)。求采用一级直接蒸发冷却空调的换热效率、送风量与制冷量。

【设计步骤】

(1) 确定 W_x 点,过 W_x 点画等焓线与 $\varphi=90\%$ 线相交于 O 点,该点为机器露点,也是送风状态点。从 O_x 点作 $\varepsilon = \dfrac{Q}{W} = \dfrac{100}{0.01} = 10000$ kJ/kg 线与室内设计温度 $t_{Nx}=24℃$ 交于 N_x 点。经查 $P=68133$Pa 的 h—d 图(见图 22.4-2),知:$t_{Ox}=15.2℃$,$d_{Ox}=15.72$g/kg(干空气)。

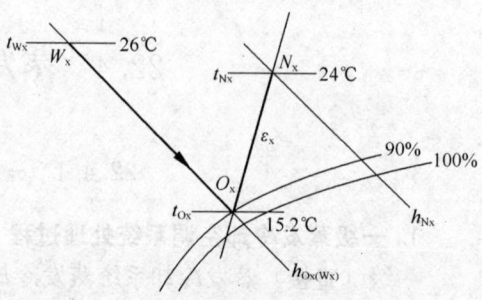

图 22.4-2 单级蒸发冷却例题 h—d 图

(2) 直接蒸发冷却空调的换热效率:

$$\eta_{DEC} = \frac{t_{Wx} - t_{Ox}}{t_{Wx} - t_{Ws}} = \frac{26 - 15.2}{26 - 14.8} = 0.96$$

(3) 送风量:

$$q_m = \frac{\Sigma Q}{h_{Nx} - h_{Ox}} \approx \frac{\Sigma Q_{显}}{c_p(t_{Nx} - t_{Ox})} = \frac{100}{1.01 \times (24 - 15.2)} \text{kg/s} = 11.25 \text{kg/s}$$

(4) 制冷量:

$$Q = q_m c_p (t_{Wx} - t_{Ox}) = 11.25 \times 1.01 \times (26 - 15.2) \text{kW} = 122.7 \text{kW}$$

22.4.2 二级蒸发冷却空调系统

1. 二级蒸发冷却空调系统处理过程

二级(间接+直接)蒸发冷却系统一级(直接)蒸发冷却系统受气候和地域等条件的诸多限制,存在空气调节区湿度偏大,温降有限,不能满足要求较高的场合使用等问题。因此,提出了间接蒸发冷却与直接蒸发冷却复合的二级蒸发冷却系统。间接蒸发冷却是一个等湿降温的过程,不会增加空调送风的含湿量,而间接+直接蒸发冷却两级的总温(焓)降大于单级直接蒸发冷却。目前,该系统在实际工程中应用最广。如图22.4-3所示。

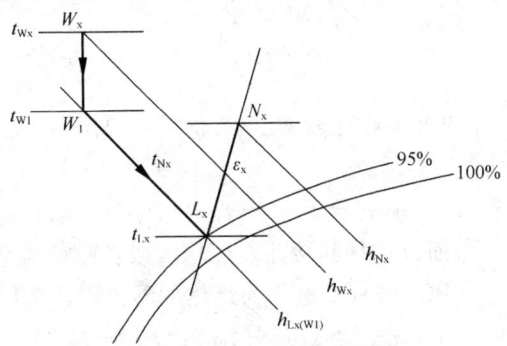

图22.4-3 二级蒸发冷却系统夏季空气处理过程

首先确定室内空气状态点 N_x (t_{Nx}, φ_{Nx}) 和夏季室外空气设计状态点 W_x (t_{Wx}, t_{Ws}),过 N_x 点作空调房间的热湿比线 $\varepsilon_x = \frac{\Sigma Q}{\Sigma W}$,该线与 $\varphi = 95\%$ 线相交于 L_x,该点为机器露点和送风状态点。从 W_x 向下作等含湿量线,从 L_x 点作等焓线,这两条线相交于 W_1 点,该点为室外新风经间接蒸发冷却器冷却后的状态点,也是进入直接蒸发冷却器的初状态点。空气处理过程为

$$W_x \xrightarrow[\text{间接蒸发冷却器}]{\text{等湿冷却}} W_1 \xrightarrow[\text{直接蒸发冷却器}]{\text{绝热加湿}} L_x \xrightarrow{\varepsilon_x} N_x \longrightarrow \text{排至室外}$$

空调房间的送风量 q_m (kg/s):

$$q_m = \frac{\Sigma Q}{h_{Nx} - h_{Lx}} \tag{22.4-4}$$

间接蒸发冷却器处理空气所需显热冷量 Q_{01} (kW):

$$Q_{01} = q_m (h_{Wx} - h_{Lx}) \tag{22.4-5}$$

直接蒸发冷却器处理空气所需显热冷量 Q_{02} (kW):

$$Q_{02} = q_m c_p (t_{Wx1} - t_{Lx}) \tag{22.4-6}$$

式中 $c_p = 1.01 \text{kJ/(kg·K)}$。

2. 二级蒸发冷却空调系统设计实例

【例2】 已知乌鲁木齐市某栋二层高级办公楼 $1800m^2$,其室内设计参数为:$t_{Nx}=26℃$,$\varphi_{Nx}=60\%$,$h_{Nx}=61.2kJ/kg$。乌鲁木齐市室外干球温度 $t_{Wx}=34.1℃$,湿球温度 $t_{Ws}=18.5℃$,室外空气焓值 $h_{Wx}=56.0kJ/kg$,经计算夏季室内冷负荷 $Q=126kW$,室内散湿量 $W=45kg/h$($0.0125kg/s$),热湿比 $\varepsilon=Q/W=10080kJ/kg$。确定夏季机组功能段,并求系统送风量及设备总显热制冷量。

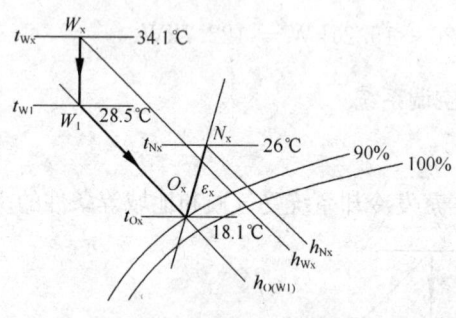

图 22.4-4 二级蒸发冷却例题 $h-d$ 图

【设计步骤】

(1) 空气处理过程及 $h-d$ 图(见图 22.4-4):根据已知条件,室外空气焓值小于室内焓值,故采用直流式系统。

室外状态 W_x($t_{Wx}=34.1℃$,$t_{Ws}=18.5℃$)等含湿量冷却处理至 W_1($t_{W1}=28.5℃$,$h_{W_1}=50.2kJ/kg$,$t_{W1s}=16.9℃$)点,再经绝热加湿处理至与 ε 线相应的机器露点 L_x 点,此点即是送风状态点 O_x($t_{Ox}=18.1℃$,$h_{Ox}=h_{W1}$,$t_{Os}=t_{W1s}$)。

$W_x \longrightarrow W_1$ 点过程的换热效率:

$$\eta_{DEC}=(t_{Wx}-t_{W_1})/(t_{Wx}-t_{Ws})=(34.1-28.5)/(34.1-18.5)=0.36$$

所以选择间接蒸发冷却段或者冷却塔空气冷却器冷却段都可以。

$W_1 \longrightarrow O_x$ 点,为绝热加湿过程,选用直接蒸发冷却段即可。相应加湿换热效率:

$$\eta_{DEC}=(t_{W_1}-t_{Ox})/(t_{W_1}-t_{W_{1s}})=(28.5-18.1)/(28.5-16.9)=90\%$$

符合要求。机组功能段为:混合进风段——过滤段——空气冷却器段——中间段——间接蒸发冷却段——中间段——直接蒸发冷却段——中间段——风机段;或为:混合进风段——过滤段——冷却塔空气冷却器段——中间段——直接蒸发冷却段——中间段——风机段。

(2) 系统送风量:

$$q_m=\frac{Q}{(h_{Nx}-h_{Ox})}=\frac{126}{(60.8-50.2)}kg/s=11.9kg/s$$

(3) 总显热冷量:

① 由于 $W_x \longrightarrow W_1$ 过程的换热效率 $E=0.36$,其显热冷量按下式计算:

$$Q_1=q_m c_p(t_{Wx}-t_{W_1})=11.9\times1.01\times(34.1-28.5)kW=67.3kW$$

② 由于 $W_1 \longrightarrow O_x$ 点的冷却加湿过程显热量应按公式计算:

$$Q_2=q_m c_p(t_{W_1}-t_{Ox})=11.9\times1.01\times(28.5-18.1)kW=125.0kW$$

机组提供的总显热量:$Q_o=Q_1+Q_2=(67.3+125.0)kW=192.3kW$

22.4.3 三级蒸发冷却空调系统

1. 三级蒸发冷却空调系统处理过程

三级(二级间接+一级直接)蒸发冷却系统(如图 22.4-5 所示)虽然二级蒸发冷却

系统在大部分应用场合得到广泛应用,取得了一定的效果,但在有些特定地区和场合,使用这种系统仍存在一些问题。主要表现在部分中湿度地区如果达到室内空气状态点,需要的送风量较大,从经济上来讲不合算,占地空间也较大,对于一些室内空气条件要求较高的场所(如星级宾馆、医院等)达不到送风要求。因此,又提出了两级间接蒸发冷却与一级直接蒸发冷却复合的三级蒸发冷却系统。典型的三级蒸发冷却系统有两种类型:第一种是一级和二级均为板翅式间接蒸发冷却器,第三级为直接蒸发冷却器;第二种是第一级为冷却塔+空气冷却器所构成的间接蒸发冷却器,第二级为板翅式间接蒸发冷却器,第三级为直接蒸发冷却器。目前,该系统正在推广应用。

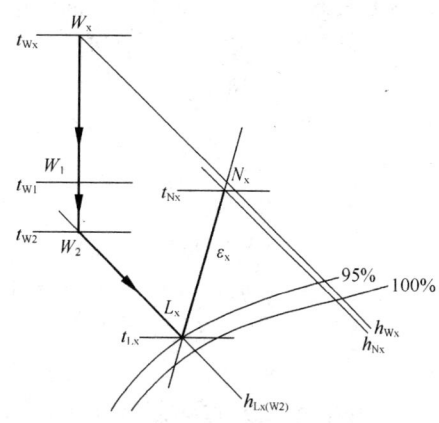

图 22.4-5 三级蒸发冷却系统夏季空气处理过程

空气处理过程为

$$W_x \xrightarrow[\text{第一级间接蒸发冷却器}]{\text{等湿冷却}} W_1 \xrightarrow[\text{第二级间接蒸发冷却器}]{\text{等湿冷却}} W_2 \xrightarrow[\text{直接蒸发冷却器}]{\text{绝热加湿}} L_x \xrightarrow{\varepsilon_x} N_x \longrightarrow \text{排至室外}$$

2. 三级蒸发冷却空调系统设计实例

【例 3】 其他条件同例 2,仅提高室内舒适标准:$t_{Nx}=25℃$,$\varphi_{Nx}=55\%$,$h_{Nx}=55kJ/kg$。确定夏季机组功能段,并求系统送风量及设备总显热制冷量。

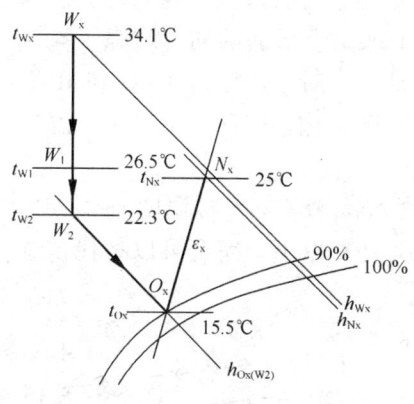

图 22.4-6 三级蒸发冷却例题 $h-d$ 图

【设计步骤】

(1) 空气处理过程及 $h-d$ 图(见图 22.4-6):根据已知条件,室外空气焓值($h_{Wx}=56.0kJ/kg$)与室内焓值($h_{Nx}=55.0kJ/kg$)几乎相等。可以使用 100% 新风。

假设机组提供的冷量能满足最大冷量要求,送风状态点 O_x($t_{Ox}=15.5℃$,$h_{Ox}=43.0kJ/kg$,$t_{Os}=14.6℃$)仍为机器露点 L。室外状态 W_x($t_{Wx}=34.1℃$,$t_{Ws}=18.5℃$)等含湿量冷却处理至 W_2($t_{W2}=22.3℃$,$h_{W2}=h_{Ox}$,$t_{W2s}=t_{Os}$)点,经绝热加湿至送风状态 O_x。

$W_x \longrightarrow W_2$ 点的冷却效率:

$$\eta_{DEC}=(t_{Wx}-t_{W2})/(t_{Wx}-t_{Ws})=(34.1-22.3)/(34.1-18.5)=76.1\% > 60\%$$

所以仅靠间接蒸发冷却段处理空气,制冷能力难以达到。所以要靠三级蒸发冷却处理空气才能把室外空气处理至送风状态 O 点。根据冷却塔空气冷却器冷却段处理空气的终状态 W_1($t_{W_1}=26.5℃$,$t_{W_1s}=16.4℃$,$h_{W_1}=48.0kJ/kg$),

相应换热效率:

$$\eta_{DEC}=(t_{W_1}-t_{W_2})/(t_{W_1}-t_{W_1s})=(26.5-22.3)/(26.5-16.4)=41.6\% < 60\%$$

已满足要求。机组功能段为：混合进风段——过滤段——冷却塔空气冷却器段——中间段——间接蒸发冷却段——中间段——直接蒸发冷却段——中间段——风机段。

(2) 系统送风量：

$$q_\mathrm{m} = \frac{Q}{(h_\mathrm{Nx} - h_\mathrm{Ox})} = \frac{126}{(55.0 - 43.0)} \mathrm{kg/s} = 10.5 \mathrm{kg/s}$$

(3) 总显热冷量：

① $W_\mathrm{x} \longrightarrow W_1$ 的显热冷量：

$$Q_0 = q_\mathrm{m} c_\mathrm{p} (t_\mathrm{Wx} - t_\mathrm{W1}) = 10.5 \times 1.01 \times (34.1 - 26.5) \mathrm{kW} = 80.6 \mathrm{kW}$$

② $W_1 \longrightarrow W_2$ 点的显热冷量：

$$Q_2 = q_\mathrm{m} c_\mathrm{p} (t_\mathrm{W1} - t_\mathrm{W2}) = 10.5 \times 1.01 \times (26.5 - 22.3) \mathrm{kW} = 44.5 \mathrm{kW}$$

③ $W_2 \longrightarrow O_\mathrm{x}$ 点的显热冷量：

$$Q_3 = q_\mathrm{m} c_\mathrm{p} (t_\mathrm{W2} - t_\mathrm{Ox}) = 10.5 \times 1.01 \times (22.3 - 15.5) \mathrm{kW} = 72.1 \mathrm{kW}$$

机组提供的总显热冷量：$Q_0 = Q_1 + Q_2 + Q_3 = (80.6 + 44.5 + 72.1) \mathrm{kW} = 197.2 \mathrm{kW}$

3. 三级蒸发冷却空调系统的运行方式

三级蒸发冷却空调系统可根据室外参数和建筑物使用特点等采用不同的运行方式。为简单表示不同段组合的效果，将冷却塔加盘管供冷的这一段称为表冷段，将板式间接蒸发冷却段称为板式间冷段，将直接蒸发冷却段称为直冷段。

(1) 表冷段＋板式间冷段＋直冷段

图 22.4-7 是在不同的进口状态下三段合开的制冷效果。

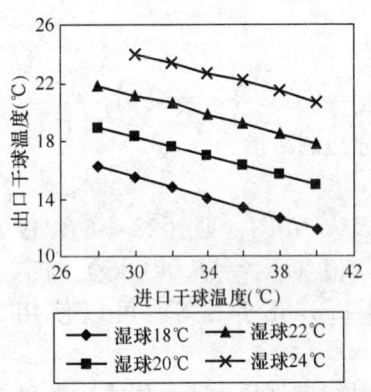

图 22.4-7 三级蒸发冷却送风

从图中可看出，当进口湿球温度不变时，出口空气干球温度随进口干球温度增加反而降低，温降增大。这是因为湿球温度不变，干球温度增加的同时增强了空气与水之间热湿交换的推动力。对于给定的 DEC 和 IEC，效率不随进口干、湿球温度变化。因此，进口干、湿球温差增大，温降也增大。

当室外空气湿球温度 $t_\mathrm{wb} \leqslant 18℃$，干球温度 $t_\mathrm{db} > 28℃$ 时，系统送风温度 t 达到 16℃ 以下，完全可以替代传统机械制冷空调，适用于室内设计温、湿度要求较高的场所。

当 $t_\mathrm{wb} = 20℃$ 时，送风温度 $t < 19℃$ 时，对于舒适性空调，适当提高送风量也可满足舒适性要求。

当 $t_\mathrm{wb} = 22℃$ 时，$t_\mathrm{db} > 30℃$ 时，送风温度 $t < 21℃$。这种系统只能用于室内温度稍高（28～29℃）及湿度稍大（<70%）的场合。

当 $t_\mathrm{wb} = 24℃$，$t_\mathrm{db} > 32℃$ 时，机组温降>8℃。此时，可以通过对机组进行优化设计或辅助以其他手段来提高其冷却能力，但需要对系统进行运行能耗和经济性分析。

(2) 板式间冷段＋直冷段

图 22.4-8 是在不同进口状态下开启板式间冷段和直

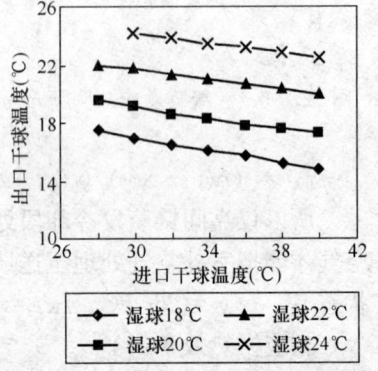

图 22.4-8 板式间冷段＋直冷段送风

冷段的效果。

对比图 22.4-7 和图 22.4-8，后者的曲线比前者平缓。当干球温度在 28~40℃ 之间变化时，送风温度变化在 3℃ 以内。相比于干球温度，湿球温度对送风状态的影响显著。

当 $t_{wb} \leqslant 20℃$，$t_{db} > 30℃$ 时，板式间冷段+直冷段的组合可以为用户提供 19℃ 以下的新鲜空气，维持舒适的室内环境。

当 $t_{wb} \geqslant 22℃$ 时，这种组合不能满足一般的舒适性空调要求。

(3) 表冷段+直冷段

图 22.4-9 是在不同进口状态下开启表冷段和直冷段的效果。

图 22.4-9 与图 22.4-7 和图 22.4-8 相比，送风温度曲线更为平缓，送风温度变化在 2℃ 以内；而湿球温度每增加 2℃，送风温度提高约 2.3℃。由此可见，湿球温度对这种系统送风温度的影响较前两者大。

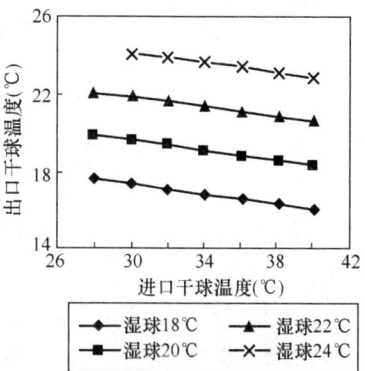

图 22.4-9 表冷段+直冷段送风

图 22.4-9 与图 22.4-8 相似，说明表冷段+直冷段的组合与板式间冷段+直冷段的组合效果差异不大。当 $t_{wb} < 18℃$ 时，送风温度 $t < 18℃$，能满足舒适性空调要求。

(4) 几种运行方式的对比

图 22.4-10 是上述三种组合方式在相同进口条件下的冷却效果。将表冷段+板式间冷段+直冷段的组合称为方式一，板式间冷段+直冷段的组合称为方式二，表冷段+直冷段的组合称为方式三。

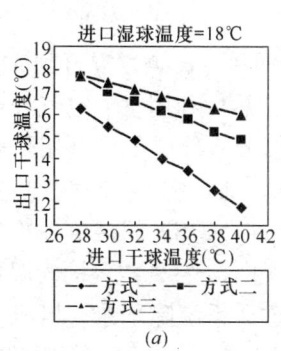
(a)

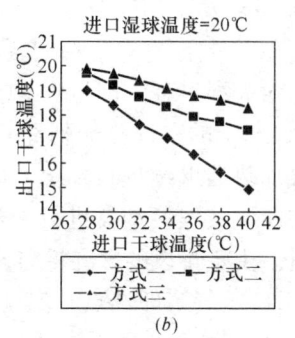
(b)

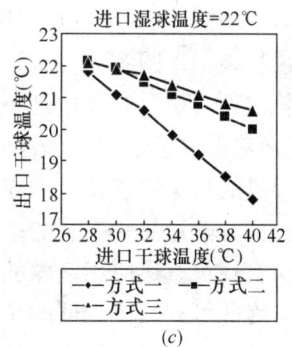
(c)

图 22.4-10 几种运行方式冷却效果的对比

图 22.4-10 明显地表示出三级系统和两级系统供冷效果的差异。由于增加了预冷段，三级系统的送风温度低于两级系统。随着进口干球温度的增加，三级和两级系统送风温度的差值增大，预冷段的作用更显著。当进口干、湿球温差减小时，三种运行方式送风温度的差值减小。因此，这种三级系统适宜在室外空气干、湿球温差较大的地区使用。

方式二和方式三出口温度曲线很接近。方式三的出口温度比方式二略高，这是因为冷却塔加表冷器的间接蒸发预冷段效率比板式间接蒸发冷却段低。

对比 (a)、(b)、(c) 三幅图，随着进口湿球温度升高，方式一与方式二的送风温度曲线越接近，预冷段的作用则减弱。

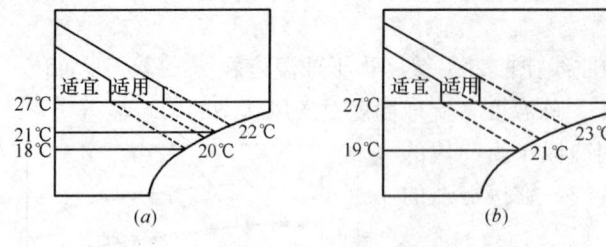

图 22.4-11 两级系统与三级系统使用范围的比较
(a) 两级系统;(b) 三级系统

根据上述三种组合方式所能提供的送风温度,若室内设计温度为27℃,相对湿度不超过60%,以不小于6℃的送风温差作为适用范围(对应送风温度 $t<21℃$),以不小于9℃的送风温差作为适宜范围(对应送风温度 $t<18℃$),则可绘出影响三级系统和两级系统使用的气象条件。由于方式二和方式三的效果相差不大,以方式二作为两级系统与三级系统进行比较,如图 22.4-11 所示。

图 22.4-11 在焓湿图上表示出两级系统和三级系统适宜和适用的范围。对于两级系统,如图 22.4-11 (a),适宜使用在湿球温度低于 20℃ 的地区,如我国新疆、青海及甘肃部分地区;适用于湿球温度低于 22℃ 的地区,如云南、宁夏、内蒙等地。

对于三级系统,如图 22.4-11 (b),适宜使用在湿球温度低于 21℃ 的地区,如我国新疆、青海、甘肃、内蒙等地区;适用于湿球温度低于 23℃ 的地区,如云南、贵州、宁夏、黑龙江北部、陕西北部的榆林、延安等地。

从焓湿图上来看,三级系统比两级系统的使用范围更广。当湿球温度低于 18℃ 时,三级系统甚至可以完全替代传统机械制冷,用于室内设计温度低或湿负荷较大的空调场所。

22.4.4 除湿与蒸发冷却联合空调系统

对于潮湿地区,可以采用除湿与蒸发冷却联合系统,如图 22.4-12 (a) 所示。空气处理过程表示于图 22.4-12 (b) 上。室外空气(O点)与部分回风(R点)混合到M点,经转轮式除湿机除湿。这是一个增焓去湿过程,即过程 M—1。然后利用室外空气经空气/空气换热器(板翅式换热器)将状态 1 的空气冷却到 2;这部分室外空气可利用作转轮式除湿机的再生空气,但需在空气加热器继续进行加热。因此,通过空气/空气换热器回收了一部分热量。状态 2 的空气在两级蒸发冷却器进行冷却,即 2-3-S。间接蒸发冷却器的二次空气可直接应用室内的排风。由于排风的含湿量与比焓均小于室外空气的含湿量与比焓,因此可获得比较低的 IEC 出口空气(即 3 点)温度。这个系统除了泵、风机等消耗电能外,还需要消耗再生空气的加热量。如果再生能量采用废热和太阳能等可再生能源,这种联合系统具有节能意义。

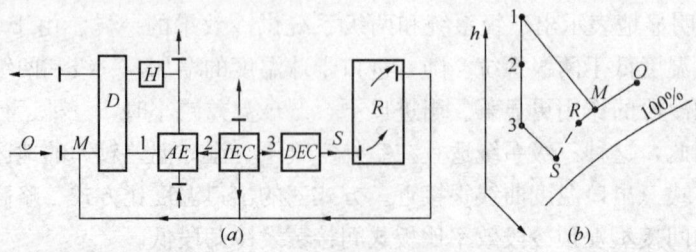

图 22.4-12 除湿与蒸发冷却联合系统

22.4.5 蒸发冷却空调系统的设计选用原则

《公共建筑节能设计标准》(GB 50189—2005) 5.3.24 规定在满足使用要求的前提下，对于夏季空气调节室外计算湿球温度较低、温度的日较差大的地区，空气的冷却过程，宜采用直接蒸发冷却、间接蒸发冷却或直接蒸发冷却与间接蒸发冷却相结合的二级或三级冷却方式。

我国各地区的夏季室外设计参数差异很大，在不同的夏季室外空气设计干、湿球温度下，所采用的蒸发冷却机组的功能段是不同的。图 22.4-13 将不同的夏季室外空气状态点在 h—d 图划分了五个区域，其中点 N、O 分别代表室内空气状态点、理想的送风状态点。表 22.4-1 给出了在 12 种不同室外空气状态参数下直接蒸发冷却器可达到的理论出风温度；表 22.4-2 给出了西北地区适合采用蒸发冷却空调地区的参数及理论出风温度。

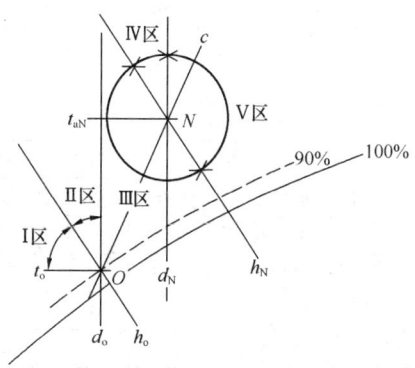

图 22.4-13 适合应用蒸发冷却的室外气象区

1. 夏季室外空气设计状态点 W 在象限Ⅰ区，即室外空气焓值小于送风焓值，室外空气含湿量小于送风状态点的含湿量（$h_w<h_o$，$d_w<d_o$），经等焓加湿即可达到要求的送风状态点，应使用直接蒸发冷却空调，并且是100%的全新风，落在该区的地区不多，见表 22.4-2。

2. 状态点 W 在象限Ⅱ区，即室外空气焓值大于送风焓值，室外空气含湿量小于送风含湿量（$h_w>h_o$，$d_w\leq d_o$），需先经一次或两次等湿冷却，再经一次等焓加湿即可达到要求的送风状态点，应使用二级或三级蒸发冷却，此时室外空气焓值小于室内空气焓值，所以也是100%的全新风，落在该区的地区比较多，见表 22.4-2。

不同室外空气状态参数下直接蒸发冷却器可达到的理论出风温度   表 22.4-1

室外空气温度(℃)	室外空气相对湿度（%）																
	2	5	10	15	20	25	30	35	40	45	50	55	60	65	70	75	80
23.9	12.2	12.8	13.9	14.4	15	16.1	16.7	17.2	17.8	18.3	18.9	19.4	20	20.6	21.1	23.9	22.2
26.7	13.9	14.4	15.6	16.7	17.2	17.8	18.9	19.4	20	20.6	21.7	22.2	22.8	23.3	24.4	26.7	25
29.4	16.1	16.7	17.2	18.3	19.4	20	21.1	21.7	22.2	22.8	23.3	24.4	25	26.1	29.4		
32.2	17.8	18.9	19.4	20.6	21.1	22.2	23.3	24.4	25	25.6	26.1	27.2	28.3	28.9	30		
35	19.4	20	21.1	22.2	23.3	24.4	25	26.1	27.2	27.8	28.9	29.4	30.6				
37.8	20.6	21.7	22.8	24	25	26.1	27.2	28.3	29.4	30.6	31.1						
40.6	22.2	23.3	25	26.1	27.2	28.9	30	31.1	31.7								
43.3	23.9	25	26.6	28.3	29.4	30.6	32.2	33.3									
46.1	25.5	26.7	28.3	30	31.7	32.8	34.4										
48.9	27.2	28.3	30	32.2	33.9	35											
51.7	28.3	30	32.2	33.9	35.6												

例如：室外空气温度35℃，相对湿度15%时，冷却器的出口温度应该≤22.2℃；若高于此温度则无法满足舒适要求。

3. 状态点 W 在象限Ⅲ区，即室外空气焓值大于送风焓值，室外空气含湿量大于送风含湿量（$h_w>h_o$，$d_w\geq d_o$），在西北地区很少有该区的，所以这里不做讨论。

西北地区适合采用蒸发冷却空调地区的参数及理论出风温度　　表22.4-2

序号	城市	夏季室外空气计算参数				SZHJ-II₂ 直接蒸发换热效率		SZHJ-II₁ 直接蒸发换热效率		SZHJ-III 直接蒸发换热效率		分区
		大气压 (Pa)	干球温度 (℃)	湿球温度 (℃)	空气焓值 (kJ/kg)	70%	90%	70%	90%	70%	90%	
1	乌鲁木齐	90700	34.1	18.5	56.0	17.7	15.9	18.0	16.1	15.0	13.8	
2	西宁	77400	25.9	16.4	55.3	16.1	15.0	16.4	15.3	14.5	13.9	
3	杜尚别	91000	34.3	19.4	59.1	18.6	17.0	19.2	17.5	15.5	14.6	
4	克拉玛依	95800	35.4	19.3	56.6	18.4	16.5	18.7	16.8	15.4	14.3	
5	阿尔泰	92500	30.6	18.5	55.8	18.2	16.9	18.5	17.2	16.0	15.2	II区
6	库车	88500	34.5	19.0	58.8	18.5	16.7	18.8	17.0	15.6	14.8	
7	酒泉	84667	30.5	18.9	60.9	18.6	17.3	19.5	18.0	16.5	15.8	
8	山丹	81867	30.0	17.1	55.7	16.6	15.2	17.7	16.0	14.8	13.8	
9	阿拉木图	93000	27.6	17.5	52.1	16.9	15.8	17.2	16.0	14.8	14.5	
10	且末	86800	34.1	19.4	61.1	18.8	17.2	19.4	17.7	16.4	15.5	
11	兰州	84300	30.5	20.2	65.8	19.8	18.7	20.0	18.9	18.2	17.5	
12	呼和浩特	88900	29.9	20.8	65.1	20.6	19.7	19.9	19.2	19.2	18.7	
13	塔什干	93000	33.2	19.6	59.0	19.1	17.6	19.4	17.8	16.4	15.5	
14	石河子	95700	32.4	21.6	65.3	21.1	20.2	21.6	20.4	19.6	18.9	
15	伊宁	98400	32.4	21.4	65.7	20.9	19.7	21.2	19.9	19.1	18	
16	博乐	94800	31.7	21.0	63.5	20.7	19.6	21.0	19.8	18.9	18.2	
17	塔城	94800	31.1	20.3	60.9	19.8	18.4	20.0	18.7	17.9	17.2	
18	呼图避	94800	33.6	20.8	62.6	20.7	19.2	20.5	18.9	18.1	17.3	IV区
19	米泉	94000	33.8	20.4	61.6	20.1	18.7	20.4	18.9	17.8	16.9	
20	昌吉	94400	32.7	20.5	63.2	20.5	19.2	20.8	19.5	18.6	17.9	
21	吐鲁番	99800	41.1	23.8	71.5	23.3	21.5	23.4	21.8	20.5	19.4	
22	鄯善	96100	37.0	21.3	63.7	20.4	18.6	20.9	19.0	17.6	16.4	
23	哈密	92100	36.5	19.9	60.3	19.3	17.4	19.7	17.8	16.3	15.2	
24	库尔勒	90100	33.8	21.6	68.0	21.4	20.1	21.7	20.4	19.2	18.4	
25	喀什	86500	33.2	20.0	63.6	19.8	18.4	20.2	18.7	17.7	16.9	
26	和田	85600	33.8	20.4	65.7	20.1	18.8			18.0	17.2	
27	昌都	86133	26.0	14.8	54.9	14.4	13.2	15.3	13.8			
28	林芝	70533	22.5	14.1	55.4	15.1	14.3	15.6	14.7	14.1	13.6	I区
29	日喀则	63867	22.6	12.3	48.5	11.9	10.8	12.7	11.4			
30	拉萨	65200	22.8	13.5	37.5	12.6	11.4	12.9	11.6			

注：(表中 SZHJ-II₁ 为冷却塔间接+直接两级蒸发冷却；SZHJ-II₂ 为板翅式间接+直接两级蒸发冷却；SZHJ-III 为三级蒸发冷却。)

4. 状态点 W 在象限IV区，即室外空气焓值大于室内空气的焓值，室外空气含湿量小于室内空气含湿量（$h_W > h_N$，$d_W \leqslant d_N$），为了回收室内的冷量，一般不能使用100%新风，而应采用回风，而且应使用回风作二次排风。但如果新回风的混合状态点使得送风温度较高，达不到要求时，还需采用100%的全新风，在例题中已有所体现。应使用一级或二级间接蒸发冷却（间接蒸发冷却器或表冷器+间接蒸发冷却器）。当室内外空气温差较大时，还可以考虑将室内排风和室外新风通入一台气—气换热器中将室外新风预冷；如果经过二级蒸发冷却空调机组处理后的送风温差达不到要求，可附加选用新风冷却换热机组。需要指出，当室外空气状态点距离 d_N 太近时，还会出现处理的送风温度太高，不能单独使用蒸发冷却空调，落在该区的地区最多。

5. 夏季设计室外空气状态点 W 在象限 Ⅴ 区，即室外空气焓值大于室内空气的焓值，室外空气含湿量大于室内空气含湿量（$h_w > h_N$，$d_w > d_N$），此时相对湿度较大，不能单独使用蒸发冷却空调，不做讨论。

22.4.6 蒸发冷却空调系统的设计要点

1. 舒适性问题

人体舒适与否与人体周围的气流速度紧密相关，在其他条件不变的情况下，蒸发冷却空调系统的送风量一般较传统机械制冷空调系统的送风量大，室内空气流速相应也大，根据 ASHRAE Systems Handbook（1980）舒适图介绍：蒸发冷却空调系统室内空气设计干球温度比传统空气温度舒适区高 2~3℃。

2. 湿度问题

在餐厅、舞厅、会议厅等高密度人流场所等工程中，直接蒸发换热效率太高（$E \geqslant 90\%$），会使室内湿度太大，造成人体的不舒适，这是人们对蒸发冷却空调常提出的一个质疑。为避免室内湿度过大，采用多级蒸发冷却，降低了送风的空气含湿量，增强了送风的除湿能力，可有效降低室内相对湿度。在对湿度精度要求很高的系统中，选室内湿度传感器（H7012A）准确控制室内空气相对湿度。

3. 冬季使用问题

为满足冬季室内新风量的要求，由蒸发冷却空调机组提供经过滤加湿的预热新风，并对回风进行处理，以保持室内空气品质的良好。需要指出，在冬季室内热负荷由专门的供暖系统来承担，蒸发冷却空调机组只起到新风换气和净化回风的作用。进出蒸发冷却空调机组加热器的热水温度一般为 60~50℃ 或 95~70℃。全年使用的二级、三级蒸发冷却机组在二次排风处，必须设密封效果好的密闭阀门。

4. 送风量问题

不得按一般资料介绍的换气次数法（N）确定系统送风量，其大小与建筑物性质、室外空气状态、舒适性空调、蒸发冷却空调机组处理空气的送风状态等因素相关，应根据热、湿平衡公式进行准确计算。

由于蒸发冷却空调的送风温度由当地的干湿球温差决定，从对西北地区适宜或适用蒸发冷却空调的计算来看，理论送风温度绝大多数在 16~20℃ 之间，详见表 22.4-3，这样必然使得室内空气流速较大，但同时弥补了送风温差较小带来舒适度不高的缺陷。

西北地区适宜或适用蒸发冷却空调的范围　　表 22.4-3

地区参数范围	送风温度	所属类别	备　注
$t_{wb} \leqslant 18℃$，$t > 28℃$	16℃ 以下	适宜	用于室内设计温度较高的场所
$18℃ < t_{wb} < 22℃$	19℃ 以下	适用	一般舒适性空调
$t_{wb} = 22℃$　$t > 30℃$	21℃ 以下	可用	只能用于室内温度稍高（28~29℃）及湿度稍大（<70%）的场所

5. 能效比的问题

一般来讲，蒸发冷却空调的能效比是机械制冷空调能效比的 2.5~5 倍，从技术经济和工程实践角度考虑，应尽可能地采用二级蒸发冷却空调系统，对室内空气舒适度要求较高的场所，可以采用三级或多级蒸发冷却空调系统。

6. 间接蒸发冷却器的一、二次风量比的问题

一、二次风量比对间接蒸发冷却器的效率影响较大，实践表明，二次风量为送风量的 60%~80% 之间时，换热效率较高，系统运行最经济，所以总进风量应考虑为送风量的 1.6~1.8 倍。目前工程中常用的二次风参数与一次风参数相同，但也可以考虑当室内回风焓值小于一次风焓值时用回风作为二次风，效果会更好。也就是二次进风口与回风管道相连，此时间接蒸发冷却器的总送风量就是实际的送风量。

7. 热回收问题

一般情况下，蒸发冷却空调系统采用全新风直流式，当夏季室外空气焓值大于要求的室内空气焓值时利用排风做二次空气冷却一次空气，在冬季采用排风对新风进行预热，以达到热回收的目的，利于节能。

8. 机房设计问题

蒸发冷却机房设计需要配合的专业有电气、给排水、土建，特别是多级蒸发制冷。机房设计时，除要考虑机组的新风进口、送风、冬季回风的土建配合外，还必须考虑二次空气的进口与排风的土建配合（二次空气大概为送风量的 60%，则新风进口应考虑 1.6 倍送风量。）

9. 设计参数的选择问题

（1）蒸发冷却器的迎面风速一般采用 2.2~2.8m/s，通常每 m² 迎风面积按 10000m³/h 设计，即对应的额定迎面风速为 2.7m/s。

（2）蒸发冷却空调送风系统风管内的风速按主风管：6~8m/s，支风管：4~5m/s，末端风管：3~4m/s 选取。

（3）蒸发冷却空调送风系统送风口喉部平均风速按 4~5m/s 设计。送风口出口风速按

居室：4~5m/s；办公室、影剧院：5~6m/s；储藏室、饭店：6~7m/s；工厂、商场：7~8m/s 选取。

（4）蒸发冷却空调房间的换气次数按一般环境：25~30 次/h；人流密集的公共场所：30~40 次/h；有发热设备的生产车间：40~50 次/h；高温及有严重污染的生产车间：50~60 次/h 选取。在较潮湿的南方地区，换气次数应适当增加。而较炎热干燥的北方地区则可适当减少换气次数。

（5）直接蒸发冷却器的淋水密度按 6000kg/(m²·h) 设计；间接蒸发冷却器的淋水密度按 16kg/(m²·h) 设计。

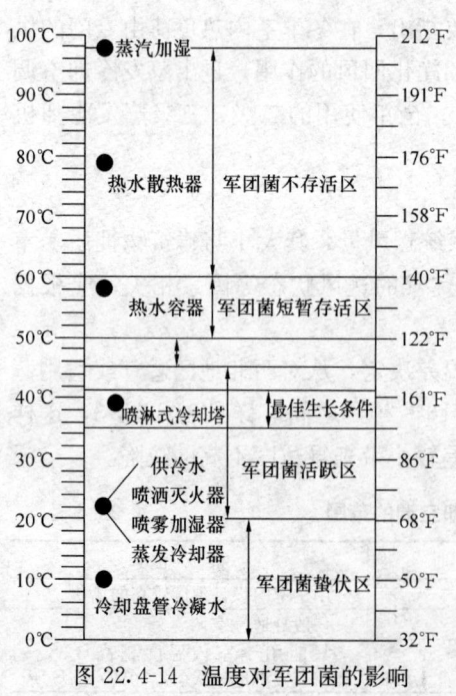

图 22.4-14　温度对军团菌的影响

10. 蒸发冷却空调的水质问题

(1) 蒸发冷却不会引发军团病

军团病的感染是因为人吸入了载有大量军团菌的气溶胶微粒沉淀，进入呼吸系统的深处而引起的。军团菌在进行细胞繁殖时也需要营养和最适宜的水温。在温度为20℃到45℃的范围具有活性，最适宜的生长条件为37℃至41℃（如图22.4-14）。而蒸发冷却器在大多数运行情况下低于24℃（75°F），或稍高于湿球温度，大多数情况下低于20℃（68°F），在这种情况下军团菌没有活性。

军团菌外形为杆状，$1 \times 3 \mu m$ 大小，能够被悬浮颗粒俘获并传送，但仅当悬浮颗粒粒径在1到 $5 \mu m$ 之间才会被深深的吸入肺部。而蒸发冷却器通常产生的水滴太重并且太大因此不能被人体吸入肺部。蒸发冷却器不会提供军团菌生长的条件，而且通常不会释放出气溶胶微粒。

由于蒸发冷却器不具有军团菌的生长条件，也不具有传播军团菌的条件，因此蒸发冷却器不会引发军团病。尽管如此，我们也应当加强对其水质的管理和系统的维护。

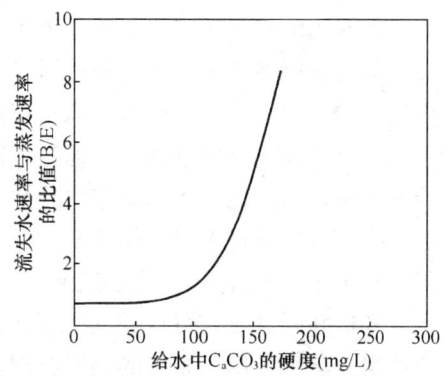

图 22.4-15 B/E 与给水 $CaCO_3$ 的硬度关系

(2) 防止蒸发冷却器结水垢的措施

用补充新鲜水可以保持水质稳定，从而减少水垢的生成。图22.4-15是被广泛应用于蒸发冷却器生产中对流失水的估算。从图中我们可以得出，在不同的给水硬度下，流失水的速率（B）和蒸发速率（E）的关系，设 $B=aE$

补充水的速率（A）为：$\qquad A=B+E$

所以补水速率和流失水速率的比例为：$A/B=(1+a)/a$ （22.4-7）

其中 X 为给水的硬度，一般以 $CaCO_3$ 为当量。

通过（22.4-7）式得到的比例，可以更好的控制蒸发冷却水系统的硬度，减少水垢的产生。

(3) 蒸发冷却器耗水量与湿球温降的关系

图22.4-16提供了蒸发冷却器在连续风量为80Pa的情况下的耗水量，该数据不包含排水。

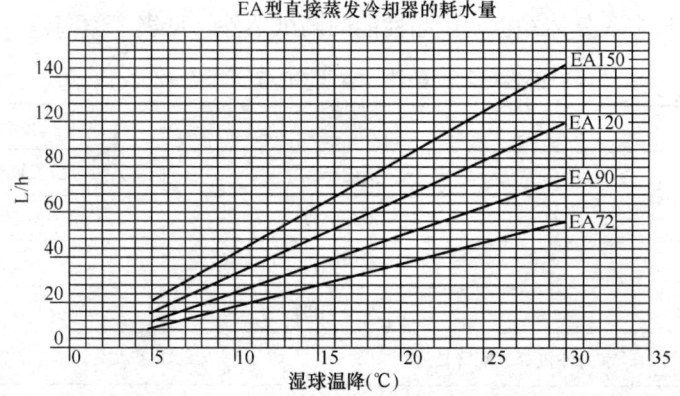

图 22.4-16 蒸发冷却器耗水量与温球湿降的关系

22.5 变制冷剂流量多联分体式空调系统

22.5.1 简　介

变制冷剂流量多联分体式空调，是指一台室外空气源制冷或热泵机组配置多台室内机，通过改变制冷剂流量能适应各房间负荷变化的直接膨胀式空气调节系统。它也是一个以制冷剂为输送介质，由制冷压缩机、电子膨胀阀、其他阀件（附件）以及一系列管路构成的环状管网系统。系统室外机包括了室外侧换热器、压缩机、风机和其他制冷附件；室内机包括了风机、电子膨胀阀和直接蒸发式换热器等附件。一台室外机通过管路能够向若干台室内机输送制冷剂液体，通过控制压缩机的制冷剂循环量和进入室内各个换热器的制冷剂流量，可以适时地满足室内冷热负荷要求。

变制冷剂流量多联分体式空调的基本单元是一台室外机连接多台室内机，每台室内机可以自由地运转/停运，或群组或集中控制。后在单台室外机运行的基础上，又发展出多台室外机并联系统，可以连接更多的室内机。众多的室内机同样可以自由地运转/停运，或群组或集中控制。系统的制冷原理及系统管路配置示意分别见图22.5-1和图22.5-2。

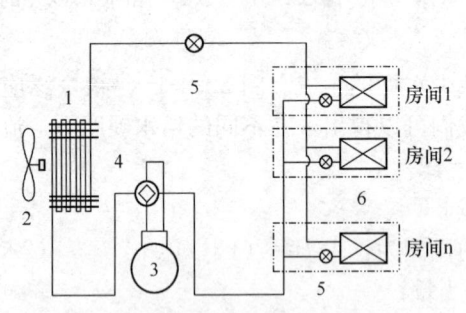
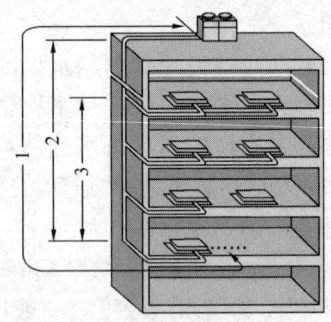

图22.5-1　制冷系统原理图　　　　　图22.5-2　空调系统示意图
1—风冷换热器；2—换热器风扇；3—压缩机；4—四通　　1—室内外机等效配管长度；2—室内外机
　阀；5—电子膨胀阀；6—直接蒸发式换热器　　　　　　高度落差；3—室内机间高度落差

22.5.2 产品性能测试条件

变制冷剂流量多联分体式空调产品性能的测试条件，见表22.5-1。

产品性能测试条件（参照GB/T 18837—2002）　　　　表22.5-1

分　类　内　容		范　　围
制冷工况	室内温度	27℃DB，19℃WB
	室外温度	35℃DB
制热工况	室内温度	20℃DB
	室外温度	7℃DB，6℃WB
室内外机等效配管长度		7.5m
室内外机高度落差		0m

22.5.3 系统工作范围

变制冷剂流量多联分体式空调系统的工作范围，见表 22.5-2。

变制冷剂流量多联分体式空调系统的工作范围　　　　表 22.5-2

分类内容	范围	分类内容	范围
制冷运行温度	$-5℃DB \sim 43℃DB$	室内外机高度落差	$\leqslant 50m$
制热运行温度	$-15℃WB \sim 16℃WB$	同一室外机系统室内机间高度落差	$\leqslant 18m$
室内外机等效配管长度	$\leqslant 175m$	室内外机容量比	$\leqslant 135\%$

注：不同厂家上述参数略有区别。

22.5.4 系统应用场合

变制冷剂流量多联分体式空调系统主要适用于办公楼、饭店、学校、高档住宅等建筑，特别适合于房间数量多、区域划分细致的建筑。另外，对于同时使用率比较低（部分运转）的建筑物来说其节能性更加显著。

根据《公共建筑节能设计标准》（GB 50189—2005）的规定，适用于中、小型规模的建筑。该系统不宜用于振动较大及产生大量油污蒸气的场所，对于变频机组还要尽量避免在有电磁波或高频波产生的场所使用。空调系统全年运行时，宜采用热泵式机组。在同一空调系统中，当同时需要供冷和供热时，宜选择热回收式机组。

表 22.5-3 列出了变制冷剂流量多联分体式空调系统与传统集中空调相比时的主要优缺点。

变制冷剂流量多联分体式空调系统的应用特点　　　　表 22.5-3

优点	安装管路简单、节省空间，设计简单、布置灵活，部分负荷情况下能效比高、节能性好、运行成本低，运行管理方便、维护简单，分户计量、分期建设
缺点	初投资较高，对建筑设计有要求，特别对于高层建筑，在设计时必须考虑系统的安装范围，室外机的安装位置。新风与湿度处理能力相对较差

22.5.5 系统分类

变制冷剂流量多联分体式空调有不同类型，表 22.5-4 对该系统进行了分类。目前国内变制冷剂流量多联分体式空调的主流是风冷变频机组空调和数码涡旋机组空调，其中数码涡旋机组空调是近几年发展起来的，在后述的系统设计中主要以风冷变频机组空调为例。

变制冷剂流量多联分体式空调系统分类　　　　　　　　表 22.5-4

分类内容	类型	特点说明
按压缩机类型	变频式	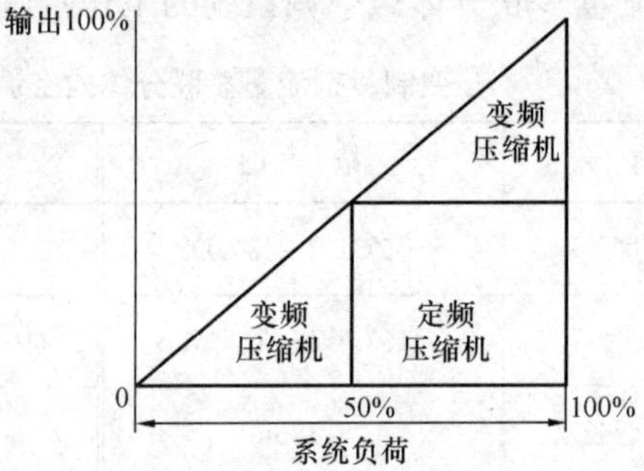 以目前普遍使用的 10 匹室外机为例，一般都采用双压缩机系统，一台为变频压缩机，另一台为定频压缩机。当系统负荷在 50% 以内时，通过改变压缩机的运转频率来调节制冷剂流量，以适应室内负荷的变化；当系统负荷超过 50% 时，定频压缩机开启，变频压缩机仍进行负荷调节。在部分室内机开启的情况下，能效比较满负荷时高。如果与定频系统在满负荷时系统能效比相同，则变频系统的整体节能性比定频式好
	定频式（包括采用数码涡旋压缩机）	对于 10 匹系统而言，室外压缩机由一台 5 匹的数码涡旋压缩机和一台 5 匹的普通定频压缩机组成。其中，数码涡旋压缩机起调节作用。数码涡旋压缩机在电磁阀控制电源的作用下，调节开启—关闭时间的比例，实现能量调节。下图是数码涡旋压缩机实现能量调节的原理： 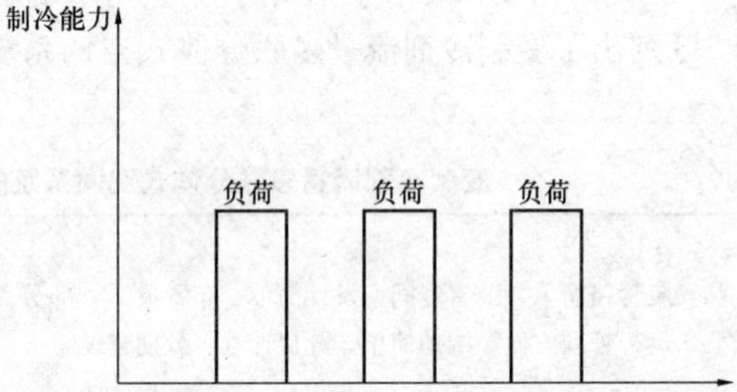 输出和卸载的比例为 2∶8，则系统能力输出为 2 匹；输出和卸载的比例为 5∶5，则系统能力输出为 5 匹。由于数码涡旋压缩机是定速压缩机，在系统启动后一直处于运行状态，因此在部分室内机开启的情况下，能效比较满负荷时低
按室外机冷却方式	风冷式	室外换热器的换热介质是空气，与水冷式相比安装比较简单。但在环境工况恶劣时，对系统性能影响比较大
	水冷式	室外换热器的换热介质是水，与风冷式相比，多一套水系统，设计安装比较复杂。系统性能比较高，环境工况对其影响没有风冷式大。目前国内还没有此类系统的应用

续表

分类内容	类型	特点说明
其他类型	热回收式	同一制冷系统中的不同室内机可以分别进行制冷和制热运转，系统性能好
	冰蓄冷式	变制冷剂流量多联分体式空调可以通过与小型冰蓄冷装置相连。在晚间低谷时，进行蓄冷，在白天高峰时释放冷量，达到转移用电高峰的效果

22.5.6 机 组 规 格

1. 室外机规格（表22.5-5）

系统室外机规格一览表　　　　表22.5-5

	小 容 量 型 式	
室外机容量	8~16kW（一般适合家用）	
室内机最大连接台数	5~8	
制冷剂	R22/R407C/R410A	
系统能效比	2.8~4.0/（部分负荷时最大值3.6~5.0）	
电源	220V，50Hz	
	中 容 量 型 式	
室外机容量	14kW　22.4/28kW　33.6/39.2/44.8/50.4/56kW	61.6/67.2/72.8/78.4/84kW
室内机最大连接台数	6~8　10~12　16~18	26~28
制冷剂	R22/R407C/R410A	
系统能效比	2.8~3.8/（部分负荷时最大值3.6~4.8）	
电源	380V，50Hz	
	大 容 量 型 式	
室外机容量	89.6/95.2/100.8/106.4/112kW	117.6/123.2/128.8/134.4kW
室内机最大连接台数	32~34	36~38
制冷剂	R22/R407C/R410A	
系统能效比	2.8~3.8/（部分负荷时最大值3.6~4.8）	
电源	380V，50Hz	

注：不同厂家上述参数略有区别。

2. 室内机型式及规格（表22.5-6）

系统室内机型式及规格一览表　　　　表22.5-6

类型		容量（kW）	备注
单向出风嵌入型		2.2/2.8/3.6/4.5/5.6	安装高度离地板不宜超过3m
双向出风嵌入型		2.2/2.8/3.6/4.5/5.6/7.1/8.0/9.0/11.2/14	安装高度离地板不宜超过3m
四向出风嵌入型		2.2/2.8/3.6/4.5/5.6/7.1/8.0/9.0/11.2/14	安装高度离地板不宜超过4m

续表

类型		容量（kW）	备注
低静压隐藏管道型		2.2/2.8/3.6/4.5/5.6/7.1/8.0/9.0/11.2/14	出口静压一般为 20～49Pa，常使用在层高较低的房间
高静压隐藏管道型		2.2/2.8/3.6/4.5/5.6/7.1/8.0/9.0/11.2/14/22.4/28	出口静压一般为 69～98Pa，最大 147Pa，可接一定长度风管，使用在层高较高、房间面积较大的场所
顶棚悬吊型		3.4/4.5/5.6/7.1/8.0/9.0/11.2/14	使用在房间装修顶部安装空间不够，层高较低的场合
壁挂型		2.8/3.6/4.5/5.6/7.1	使用在房间装修顶部安装空间不够，层高较低的场合
落地型		2.2/2.8/3.6/4.5/5.6/7.1	使用在房间装修顶部安装空间不够，层高较低的场合
电源		220V，50Hz	

注：不同厂家上述参数略有区别。

22.5.7 系统设计

空调系统设计流程图如图 22.5-3，各设计流程分述如下：

1. 设计条件和冷负荷

根据夏季室内要求的空气计算干、湿球温度以及夏季空调室外空气计算干、湿球温度等资料，计算出每个房间的冷负荷 $Q_{CL \cdot i}$，$i=1$，K，n，n 为房间数量。

2. 室内机制冷容量选择

室内机的额定制冷容量 Q_{CD} 是在标准空调工况时的制冷量。由于夏季空调系统的设计条件与标准空调工况并不一样，因此空调室内机的实际制冷容量与额定制冷容量也不相同。根据室内空气计算干、湿球温度以及室外空气计算干球温度，在厂家提供室内机制冷容量表中，选出最接近或大于房间冷负荷的室内机。

3. 系统组成和室外机制冷容量选择

在系统组成时，主要考虑以下几个原则：

1) 初步估算所连室内机实际总容量对应的室外机额定制冷容量；
2) 室外机放置位置；
3) 第 22.5.9 节中有关配管布置要求；
4) 配管长度尽可能短。系统配管越长，系

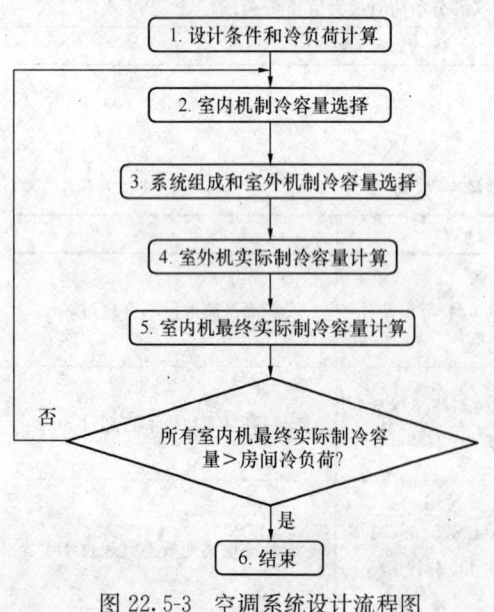

图 22.5-3 空调系统设计流程图

统能力衰减就越大，因此考虑到经济性，配管等效长度最好不要超过 80~100m，等效长度定义见表 22.5-20；

5）尽量把经常使用的房间和不经常使用的房间组合在一个系统，系统同时使用率最好能控制在 50%~80%，此时系统的能效比较高。如系统同时使用率低于 30%，则系统能效比较低、设备利用率低，系统经济性较差；

6）室内外机的容量配比系数是一个系统内所有室内机额定制冷容量之和与室外机额定制冷容量之比。尽管室外机可以在容量配比系数 135% 以内运行，但在设计选型时应根据系统的具体使用情况来决定，也可参考表 22.5-7 选择。需要注意的是，对制热有特殊要求的场合不适合超配；

室内外机的容量配比系数选择参考表　　　　　　　表 22.5-7

同时使用率	最大容量配比系数	同时使用率	最大容量配比系数
小于等于 70%	125%~135%	大于 80%，小于等于 90%	100%~110%
大于 70%，小于等于 80%	110%~125%	大于 90%	100%

7）室内机数量不能超过室外机容许连接的数量。

4. 室外机实际制冷容量计算

根据室内外机的容量配比系数、室内空气计算干、湿球温度以及室外空气计算干球温度，在厂家提供室外机制冷容量表中查出室外机在设计工况下的实际制冷容量 Q_{COF}。

5. 室内机最终实际制冷容量计算

系统中每台室内机的最终实际制冷容量为：

$$Q_{CIF \cdot j} = Q_{CD \cdot j} \times Q_{COF} / \sum_{k=1}^{m} Q_{CD \cdot k} \times \alpha_{C \cdot j} \tag{22.5-1}$$

式中　$Q_{CIF \cdot j}$——室内机的最终实际制冷容量，$j=1$、…、m，W；

　　　$Q_{CD \cdot j}$——室内机的额定制冷容量，$j=1$、…、m，W；

　　　Q_{COF}——室外机的实际制冷容量，W；

　　　m——系统中室内机的数量；

　　　$\alpha_{C \cdot j}$——配管长度及高度差容量修正系数（见图 22.5-4），$j=1$，…，m。

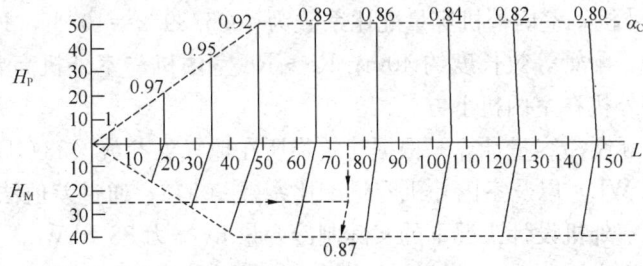

图 22.5-4　室内机制冷容量修正系数图

图中　H_P—室内机置于室外机下方时，室内外机的高度差，m；

　　　H_M—室内机置于室外机上方时，室内外机的高度差，m；

　　　L—等效配管长度，m，等效配管长度定义见表 22.5-20；

　　　α_C—配管长度及高度差容量修正系数。

应该指出，不同厂家产品的容量修正系数会略有区别。图中虚线表示了选择线路容量修正系数选择举例：当 $H_M=25m$，$L=75m$ 时，$\alpha_C=0.87$。

如果按照上式计算出的室内机的最终实际制冷量小于该室内机服务房间的冷负荷，则应重新选择室内机，再按 2~5 步骤进行计算，直到满足要求为止。

对于一般家用场合，由于房间间歇使用空调的间隔时间可能较长，为了使房间的温度在启动后快速下降，可以考虑室内机最终实际制冷容量远大于房间负荷，室内机最终实际容量与房间负荷之比的最大参考值为 1.5。若室内机最终实际容量与房间负荷比例值超过最大容许值时，则选配的空调容量会大大超出房间实际所需负荷，运行时会造成能源浪费、房间温度过冷过热、噪声增大等不良现象。家用空调系统同时开启的可能性非常小，室内外机的容量配比系数可选最大容许值。

6. 设计选择举例（以某厂家产品为例）

（1）某建筑物所在地有关气象参数（33℃DB），室内空气计算温度（26℃DB，18℃WB）计算出各房间的冷负荷如表 22.5-8 所示。

房间冷负荷计算值　　　　表 22.5-8

房　号	R1	R2	R3	R4	R5	R6	R7	R8
负荷（kW）	3.0	2.9	3.8	4.2	4.0	4.8	6.1	5.8

（2）根据建筑物所在地气象参数和室内空气计算温度，在室内机的实际制冷容量表中选择接近或大于房间冷负荷的室内机型号，选择结果见表 22.5-9。

室内机的额定制冷容量与实际制冷容量　　　　表 22.5-9

房　号	R1	R2	R3	R4	R5	R6	R7	R8
型　号	DZR-36	DZR-36	DZR-45	DZR-45	DZR-45	DZR-56	DZR-71	DZR-71
额定制冷容量（kW）	3.6	3.6	4.5	4.5	4.5	5.6	7.1	7.1
实际制冷容量（kW）	3.4	3.4	4.2	4.2	4.2	5.3	6.7	6.7

所选择的室内机如下：2 台 DZR-36，3 台 DZR-45，1 台 DZR-56，2 台 DZR-71。室内机额定制冷总容量为：40.5kW。

（3）选择室外机制冷容量。根据室内机额定制冷总容量，选择额定容量为 39.2kW 的 DZR-392W/BP 室外机。室内外机容量配比系数为 40.5/39.2=103%。R1~R4 室内机与室外机高差为 10m，配管等效长度约 40m；R5~R8 室内机与室外机高差为 5m，配管等效长度约 30m，室外机在室内机上方。

（4）室外机实际制冷容量计算。根据建筑物所在地气象参数（33℃DB），室内设计温度（26℃DB，18℃WB）以及室内外机容量配比系数 103%，通过差值法，在室外机的制冷容量表中查出该室外机设计工况下的实际制冷容量 Q_{COF} 为 38.6kW。

（5）室内机最终实际制冷容量计算。根据室内外机的位置，查取 R1~R4 室内机配管长度及高度差修正系数 $\alpha_C=0.94$，R5~R8 室内机配管长度及高度差修正系数 $\alpha_C=0.958$。据式（22.5-1），每台室内机的实际最终制冷容量见表 22.5-10。

室内机的最终实际制冷容量　　　　表 22.5-10

房　号	R1	R2	R3	R4	R5	R6	R7	R8
制冷量（kW）	3.22	3.22	4.03	4.03	4.11	5.11	6.48	6.48

(6) 由表 22.5-10 可以看出，R4 房间室内机的最终实际制冷容量小于房间冷负荷，将 R4 的室内机由 DZR-45 改为 DZR-56，重新进行计算。

1) 室内机额定制冷总容量为：41.6kW。
2) 室内外机容量配比系数为：41.6/39.2＝106％。
3) 室外机的实际制冷容量 Q_{COF}＝39.38kW。
4) 每台室内机的最终实际制冷容量见表 22.5-11。

室内机的最终实际制冷容量　　表 22.5-11

房　号	R1	R2	R3	R4	R5	R6	R7	R8
制冷量（kW）	3.20	3.20	4.00	4.98	4.08	5.08	6.44	644

5) 最终每个房间的室内机选择见表 22.5-12。

房间室内机的型号　　表 22.5-12

房　号	R1	R2	R3	R4	R5	R6	R7	R8
型　号	DZR-36	DZR-36	DZR-45	DZR-56	DZR-45	DZR-56	DZR-71	DZR-71

6) 最终室外机型号为：DZR-392W/BP。

22.5.8 系统制热能力校核

由于各空调房间内冷、热负荷存在着差异，即冷负荷接近的房间其热负荷可能相差很大，可以满足冷负荷要求的机组不一定能满足热负荷的要求，所以在完成按冷负荷选择机组后，还应对机组的制热能力进行校核。制热能力的校核流程见图 22.5-5。

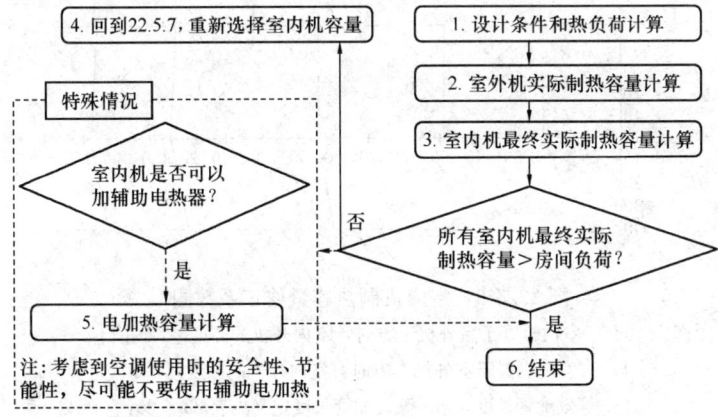

图 22.5-5　空调系统制热能力校核流程图

1. 计算条件

根据冬季房间内要求的空气计算干球温度以及冬季空调室外空气计算干球温度，计算出每个房间的热负荷 $Q_{HI.i}$，$i=1$、K、n，n 为房间数量。

2. 室外机实际制热容量

1) 根据冬季室内空气计算干球温度、室外空气计算干、湿球温度及室内外机容量配比系数，在厂家提供室外机制热容量表中，查出室外机制热容量 Q_{HOX}。室内外机容量配比系数是一个系统内所有室内机额定制热容量与室外机额定制热容量之比。

2) 制热时结霜、除霜容量修正。机组在结霜和除霜过程中的制热量会有衰减，衰减幅度根据室外空气湿球温度的不同而异，修正系数见表22.5-13。

室外机结霜、除霜制热容量修正系数 β 值　　　　表22.5-13

室外湿球温度（℃）	-10	-8	-6	-4	-2	0	1	2	4	6
修正系数 β	0.93	0.93	0.92	0.89	0.87	0.86	0.87	0.89	0.95	1.0

注：有部分厂家的机组在提供室外机制热容量表中已包含了结霜、除霜的容量修正系数，此时 β=1；由于不同厂家除霜技术不同，故结霜、除霜容量修正系数也会不同。

3) 室外机实际制热容量 Q_{HOF}（W）：

$$Q_{HOF} = Q_{HOX} \times \beta \tag{22.5-2}$$

式中　Q_{HOX}——空调系统设计工况下室外机制热容量，W；
　　　β——制热时结、除霜容量修正系数。

3. 室内机最终实际制热容量

系统中每台室内机的最终实际制热容量为：

$$Q_{HIF \cdot j} = Q_{HD \cdot j} \times Q_{HOF} / \sum_{k=1}^{m} Q_{HD \cdot k} \times \alpha_{H \cdot j} \tag{22.5-3}$$

式中　$Q_{HIF \cdot j}$——室内机的最终实际制热容量，$j=1、\cdots、m$，W；
　　　$Q_{HD \cdot j}$——室内机的额定制热容量，$j=1、\cdots、m$，W；
　　　Q_{HOF}——室外机的实际制热容量，W；
　　　m——系统中室内机的数量；
　　　$\alpha_{H \cdot j}$——配管长度及高度差容量修正系数（见图22.5-6），$j=1、\cdots、m$。

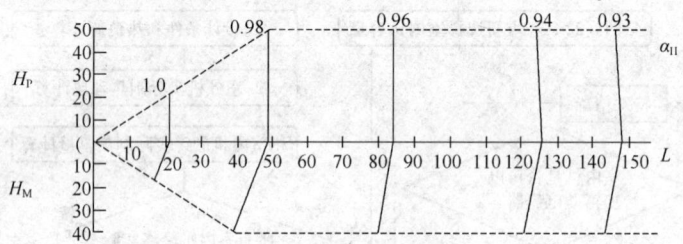

图22.5-6　室内机制热容量修正系数图
图中　H_P—室内机置于室外机下方时，室内外机的高度差，m；
　　　H_M—室内机置于室外机上方时，室内外机的高度差，m；
　　　L—等效配管长度，m，等效配管长度定义见表22.5-20；
　　　α_H—配管长度及高度差容量修正系数。

不同生产厂家产品的容量修正系数略有区别。选择示例类同"室内机制冷容量修正系数图"。

如果按照上式计算出的室内机的实际制热量小于该室内机所服务房间的热负荷，而室内机又不容许加电热器，则回到第22.5.7节，重新选择室内机容量，直到满足要求为止。

4. 辅助电热器容量选配

如果室内机需要又容许加电热器，则电热器选配容量 $Q_{E \cdot j}$ 为：

$$Q_{E \cdot j} = Q_{HI \cdot i} - Q_{HIF \cdot i}, i=1、K、n，n 为房间数量 \tag{22.5-4}$$

式中 $Q_{E \cdot j}$——电热器选配容量，W；

$Q_{HI \cdot j}$——室内机对应房间的热负荷，W；

$Q_{HIF \cdot j}$——室内机的最终实际制热容量，W。

5. 计算实例（案例同 22.5.7）

1) 按某建筑物所在地室外气象参数（-5℃ DB，-5.6℃ WB），室内设计温度（20℃DB）计算出各房间的热负荷如下表 22.5-14 所示。

房间计算热负荷值　　　　表 22.5-14

房　号	R1	R2	R3	R4	R5	R6	R7	R8
负荷（kW）	2.7	2.6	3.5	3.9	4.0	4.4	5.6	5.4

2) 室外机实际制热容量计算：

a. 根据案例 22.5.7 中的室内机型号，每个室内机的额定制热容量如下表 22.5-15 所示。

室内机的额定制热容量　　　　表 22.5-15

房　号	R1	R2	R3	R4	R5	R6	R7	R8
型　号	DZR-36	DZR-36	DZR-45	DZR-56	DZR-45	DZR-56	DZR-71	DZR-71
额定制热容量（kW）	4.0	4.0	5.0	6.3	5.0	6.3	8.0	8.0

室内机额定制热总容量为：46.6kW，而 DZR-392W/BP 室外机额定制热容量为：45kW，室内外机容量配比系数为 46.5/45=103%。根据冬季室内计算干球温度、室外计算干、湿球温度及室内外机容量配比系数，通过差值法，在室外机的制热容量表中查出该室外机在设计工况下的制热容量 Q_{HOX}=36.3kW。

b. 制热时结、除霜容量修正。通过差值法，查取修正系数 β=0.91。

c. 室外机实际制热容量 Q_{HOF}=36.3×0.91=33.033kW。

3) 室内机最终实际制热容量。查取 R1~R4 室内机配管长度及高度差修正系数 α_H=0.985，R5~R8 室内机配管长度及高度差修正系数 α_H=0.995。据式（22.5-2），每台室内机的最终实际制热容量见表 22.5-16。

室内机的最终实际制热容量　　　　表 22.5-16

房　号	R1	R2	R3	R4	R5	R6	R7	R8
最终实际制热量（kW）	2.80	2.80	3.50	4.40	3.53	4.44	5.64	5.64

4) 从表 22.5-16 可以看出 R5 房间室内机的最终实际制热容量小于房间的热负荷，如果加电热装置，则电热器容量=4.0-3.53=0.47kW。如果不能加电热器，则回到 22.5.7，重新选择室内机容量。

22.5.9 系统配管设计

1. 三种管道布置方式

(1) 线式布管方式

线式布管方式与配管　　　　　　　　　　　　　　　　　　表 22.5-17

	单台室外机安装	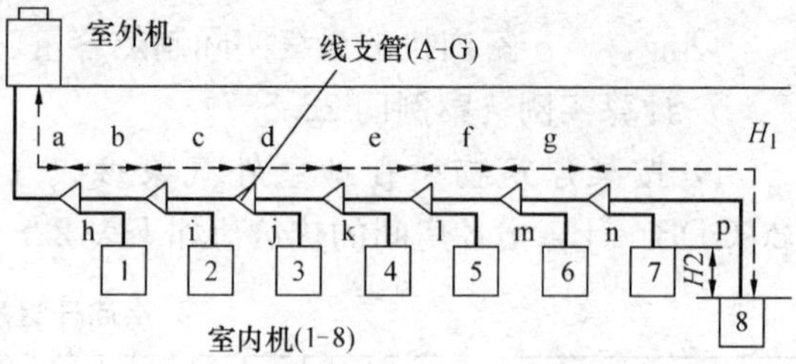	
	组合室外机安装		
最大允许长度	室外机与室内机之间	实际管长	室内/外机间配管长度≤150m
			如：a+b+c+d+e+f+g+p≤150m
		等效配管长度	室内/外机间等效配管长度≤175m
		总长度	室外机到全部室内机间的总管长≤300m
			如：a+b+c+d+e+f+g+p+h+i+j+k+l+m+n≤300m
	室外机分路与室外机之间	实际管长	室外机分路到室外机的管长≤10m
允许高度	室外机与室内机之间	高度差	室内/外机间高度差（H_1）≤50m（如果室外机处于下方时为最大40m），当高度差为30m以上时，每10m需加一个捕油器
	室内机与室内机之间	高度差	相邻室内机间高度差（H_2）≤18m
	室外机与室外机之间	高度差	室外机（主机）与室外机（副机）间高度差（H_3）≤5m
分路后的允许长度		实际配管长度	第一室内线支管与室内机之间管长≤40m
			如：b+c+d+e+f+g+p≤40m
线支管选择			室内机线支管的选择取决于下游室内机的总容量。如C线支管大小取决于3+4+5+6+7+8 的室内机总容量
			室外机线支管的选择取决于上游室外机的总容量。如室外机第一分路线支管大小取决于所有室外机总容量

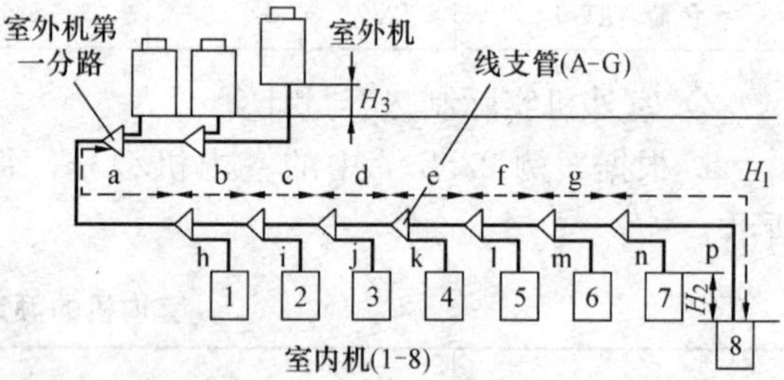

22.5 变制冷剂流量多联分体式空调系统

续表

配管尺寸选择	室内	主干管（单机：室外机到室内机第一线支管分路的配管；组合机：室外机第一分路到室内机第一线支管分路的配管）选择取决于所有室外机总容量。当等效管长超过90m时，要加大气体端主干管的直径
		分支主干管（线支管到线支管配管）取决于后面线支管下游室内机的总容量。如C线支管和D线支管之间的分支主干管大小取决于4＋5＋6＋7＋8的室内机总容量
		线支管与室内机间的管道取决于室内机的连接管道
	组合机室外	分支主干管（线支管到线支管配管）取决于后面线支管上游室外机的总容量。如上图组合室外机中，线支管和线支管之间的分支主干管大小取决于后面两台室外机总容量
		线支管与室外机间的管道取决于室外机的连接管道

注：当室内外机高度落差为30m以上时，每10m需有一个回油弯

注：不同厂家上述参数略有区别。

（2）集中式布管方式

集中式布管方式与配管　　　　　　表22.5-18

	单台室外机安装		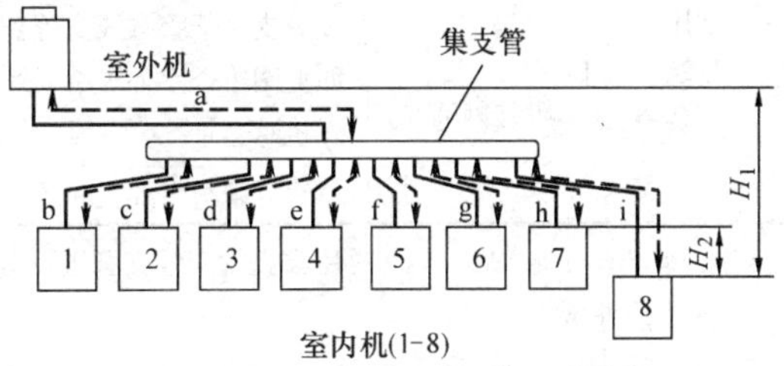
	组合室外机安装		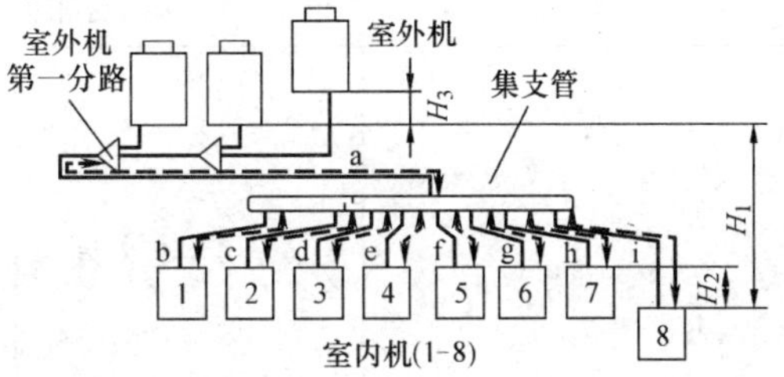
最大允许长度	室外机与室内机之间	实际管长	室内/外机间配管长度≤150m
			如：$a+i$≤150m
		等效配管长度	室内/外机间等效配管长度≤175m
		总长度	室外机到全部室内机间的总管长≤300m
			如：$a+b+c+d+e+f+g+h+i$≤300m
	室外机分路与室外机之间	实际管长	室外机分路到室外机的管长≤10m

续表

允许高度	室外机与室内机之间	高度差	室内/外机间高度差（H_1）≤50m（如果室外机处于下方时为最大40m），当高度差为30m以上时，每1m需加一个捕油器
	室内机与室内机之间	高度差	相邻室内机间高度差（H_2）≤18m
	室外机与室外机之间	高度差	室外机（主机）与室外机（副机）间高度差（H_3）≤5m
分路后的允许长度		实际配管长度	集支管与室内机之间管长≤40m
			如：i≤40m
集支管选择			室内机集支管的选择取决于室内机的总容量和数量
组合室外机线支管选择			室外机线支管的选择取决于上游室外机的总容量。如室外机第一分路线支管大小取决于所有室外机总容量
配管尺寸选择	室内		主干管（单机：室外机到室内机集支管的配管；组合机：室外机第一分路到室内机集支管的配管）选择取决于所有室外机总容量。当等效管长超过90m时，要加大气体端主干管的直径
			集支管与室内机间的管道取决于室内机的连接管道
	组合机室外		分支主干管（线支管到线支管配管）取决于后面线支管上游室外机的总容量。如上图组合室外机中，线支管和线支管之间的分支主干管大小取决于后面两台室外机总容量
			线支管与室外机间的管道取决于室外机的连接管道

注：集支管分支之后，不能再用集支管或线支管进行分支。当室内外机高度落差为30m以上时，每10m需有一个回油弯

（3）线式和集中式组合布管方式

组合布管方式与配管　　　　　　表 22.5-19

单台室外机安装	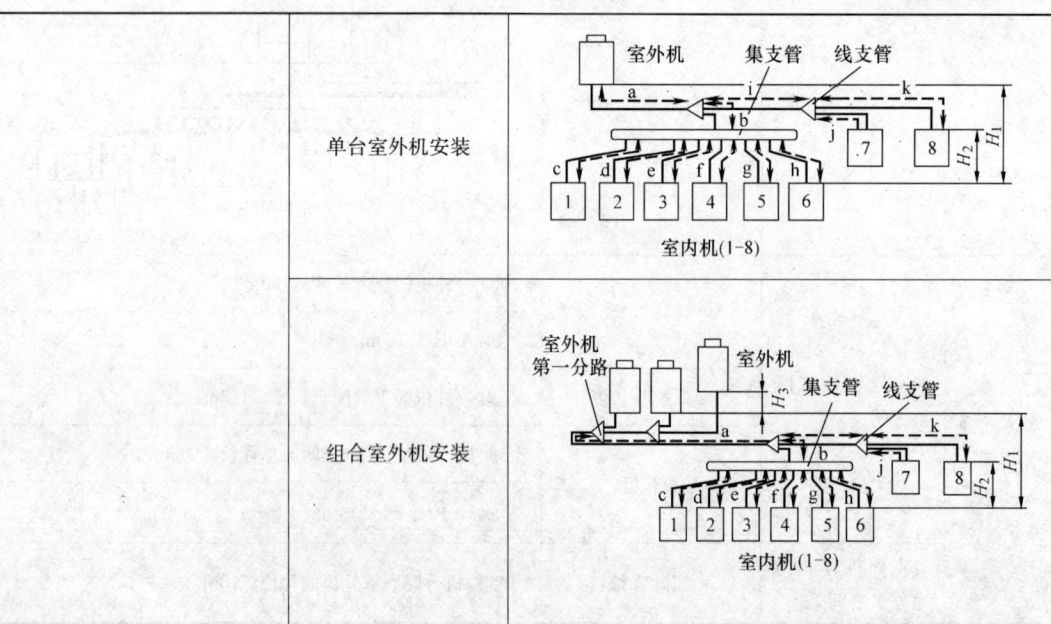
组合室外机安装	

续表

最大允许长度	室外机与室内机之间	实际管长	室内/外机间配管长度≤150m
			如：$a+b+h$≤150m，$a+i+k$≤150m
		等效配管长度	室内/外机间等效配管长度≤175m
		总长度	室外机到全部室内机间的总管长≤300m
			如：$a+b+c+d+e+f+g+h+i+j+k$≤300m
	室外机分路与室外机之间	实际管长	室外机分路到室外机的管长≤10m
允许高度	室外机与室内机之间	高度差	室内/外机间高差差（H_1）≤50m（如果室外机处于下方时为最大40m），当高度差为30m以上时，每10m需加一个捕油器
	室内机与室内机之间	高度差	相邻室内机间高度差（H_2）≤18m
	室外机与室外机之间	高度差	室外机（主机）与室外机（副机）间高度差（H_3）≤5m
分路后的允许长度		实际配管长度	第一室内线支管与室内机之间管长≤40m
			如：$b+h$≤40m，$i+k$≤40m
集支管选择			室内机集支管的选择取决于所连接室内机的总容量和数量
线支管选择			室内机线支管的选择取决于下游室外机的总容量。如第二个线支管大小取决于7+8的室内机总容量
			室外机线支管的选择取决于上游室外机的总容量。如室外机第一分路线支管大小取决于所有室外机总容量
配管尺寸选择	室内		主干管（单机：室外机到室内机第一线支管分路的配管；组合机：室外机第一分路到室内机第一线支管分路的配管）选择取决于所有室外机总容量。当等效管长超过90m时，要加大气体端主干管的直径
			分支主干管（线支管到线支管或集支管配管）取决于后面线支管或集支管下游室内机的总容量。如上图第一个线支管和集支管之间的分支主干管大小取决于集支管所连接的1+2+3+4+5+6的室内机总容量
			集支或线支管与室内机间的管道取决于室内机的连接管道
	组合机室外		分支主干管（线支管到线支管配管）取决于后面线支管上游室外机的总容量。如上图组合室外机中，线支管和线支管之间的分支主干管大小取决于后面两台室外机总容量
			线支管与室外机间的管道取决于室外机的连接管道

注：当室内外机高度落差为30m以上时，每10m需有一个回油弯

2. 室内外机等效配管长度定义（表22.5-20）

室内外机等效配管长度　　　　表22.5-20

等效配管长度	等效配管长度＝实际配管长度＋弯管个数×低处弯管等效长度＋回油弯个数×低处回油弯管等效长度＋线支管个数×线支管等效长度＋集支管等效长度 注：当等管长超过90m时，加大气体端主干管的直径。在进行等效管长制冷、制热容量修正时，总的等效长度应按下式计算： 总的等效长度＝主干管等效长度×0.5＋其他等效长度 然后按照总的等效长度进行查图，得出制冷、制热容量修正系数

续表

实际配管长度	室内外机实际配管长度		
弯管以及回油弯等效长度	管径（mm）	弯管等效长度（m）	回油弯等效长度（m）
	9.52	0.18	1.3
	12.7	0.2	1.5
	15.88	0.25	2.0
	19.05	0.35	2.4
	22.22	0.4	3.0
	25.4	0.45	3.4
	28.58	0.5	3.7
	31.8	0.55	4.0
	38.1	0.65	4.8
	44.5	0.8	5.9
线支管等效长度	0.5m		
集支管等效长度	集支管连接室内机总容量（kW）		等效长度（m）
	78.4～84.0		2
	84.0～98.0		3
	＞98.0		4

注：不同厂家上述参数略有区别。

3. 配管规格及最小壁厚（表22.5-21）

配管规格及最小壁厚　　　　　　　表22.5-21

规　格	材料热处理等级	最小壁厚（mm）	规　格	材料热处理等级	最小壁厚（mm）
ϕ19.1及以下	○	1.0	ϕ44.5以上	1/2H	1.7
ϕ44.5及以下	1/2H	1.4			

22.5.10　系统控制配线设计

1. 系统控制配线设计（表22.5-22）

系统控制配线设计参考表　　　　　　　表22.5-22

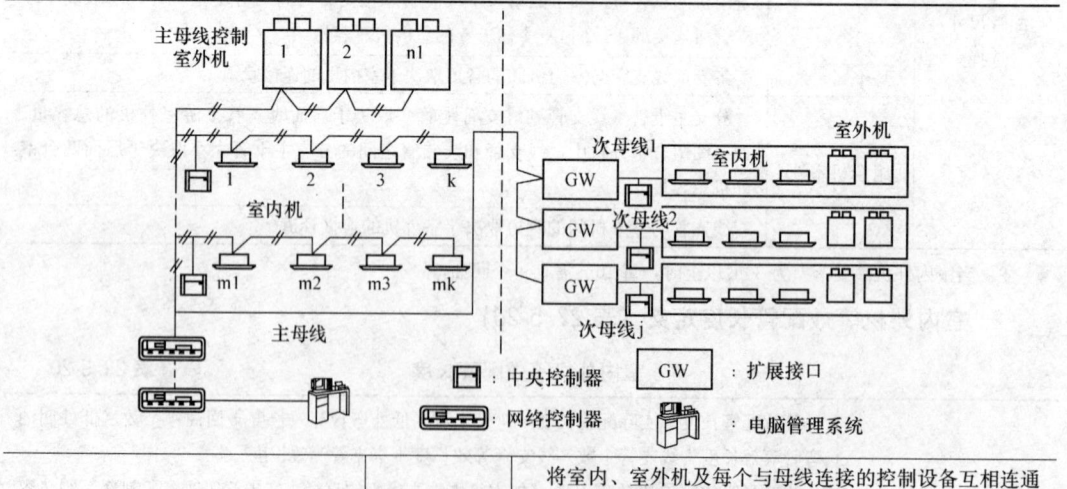

方　法	母线控制方法	将室内、室外机及每个与母线连接的控制设备互相连通
		连接控制线路时，可以忽略制冷管道系统
		采用地址编码方式，所有设备都有地址码。同一制冷管道系统室内外机地址是对应的

续表

设备数目	室内机数量＋室外机数量＋网络控制器数量＋中央控制器数量＋扩展接口数量＋电脑管理系统数量	
母线电源	DC24V	
母线传输距离	主母线和所有次母线长度总长不超过1000m	
	主母线	次母线
	当设备数目在128台以及以下时，系统结构为一条主母线	当设备数目在128台以上，256台以下时，通过扩展接口构成次母线
可连设备数目	128台	128台
相连设备 室内机	○	○
相连设备 室外机	○	○
相连设备 网络控制器	○	
相连设备 中央控制器	○	○
相连设备 扩展接口	○	
相连设备 电脑管理系统	○	
可连室内机数量	200台	
母线材料	0.75～1.0mm^2 双绞无屏蔽仪器用电缆	
母线电源提供	能提供DC24V电源的设备有3种：室外机、网络控制器、扩展接口；提供电源设备只能分别在主母线、次母线上的一点上安装，一条母线上不能有两点提供电源	
设计注意点	主母线上的网络控制器、中央控制器、电脑管理系统可以控制所有设备，次母线上的中央控制器不能控制主母线上的设备	
	在同一制冷管道系统内的室内机、室外机，不能分别连在主母线和次母线上	
	在母线法中，不能在末端处使用环路	
	不能通过GW连接到次母线上来安装更多机组	

注：不同厂家上述参数略有区别。

2. 系统控制设备功能说明（表22.5-23）

系统控制设备功能说明　　　　表22.5-23

控制设备		控制设备台数	控制部分	工作设定						显示监控				智能管理	
				开关控制	群组设定	日程设定	控制方式设定	工作模式设定	温度设定	风量设定	工作状态显示	故障显示	工作模式显示	温度设定显示	用电计费系统	楼宇控制系统
中央控制器		16	全部	○	—	○	○	○	○	○	○	○	○	○	—	—
			群组	○	○	○	○	○	○	○						
			单个	○		○	○	○	○	○						
网络控制器		128	全部	○	—	○	○	○	○	○	○	○	○	○	—	—
			群组	○	○	○	○	○	○	○						
			单个	○		○	○	○	○	○						
电脑管理系统		1024	全部	○	—	○	○	○	○	○	○	○	○	○	○	○
			群组	○	○	○	○	○	○	○						
			单个	○		○	○	○	○	○						

注：○表示有此功能，—表示无此功能

注：不同厂家上述参数略有区别。

22.5.11 室外机安装

室外机安装要求，见表22.5-24。

室外机安装要求　　　　　表22.5-24

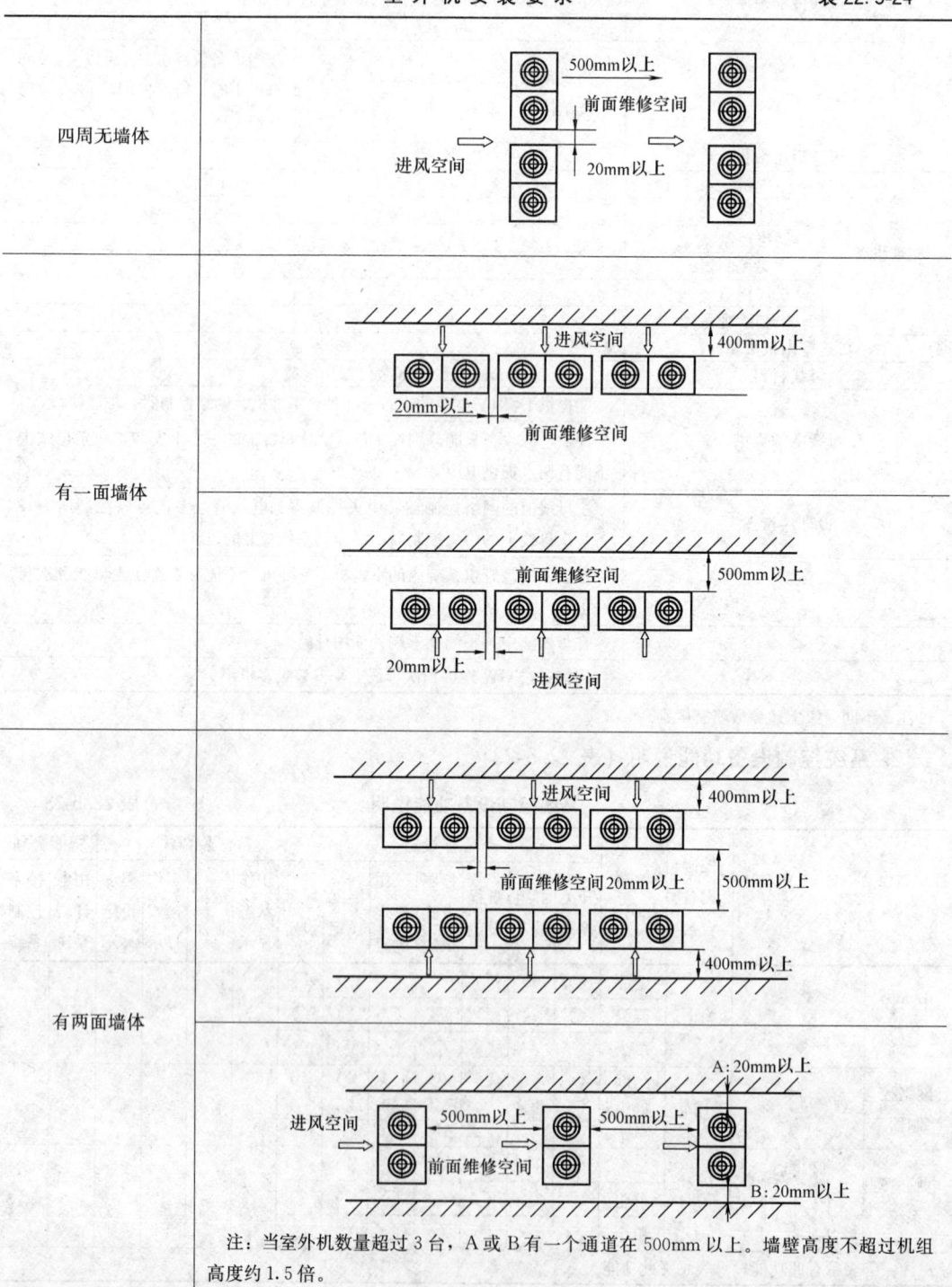

注：当室外机数量超过3台，A或B有一个通道在500mm以上。墙壁高度不超过机组高度约1.5倍。

续表

有两面墙体	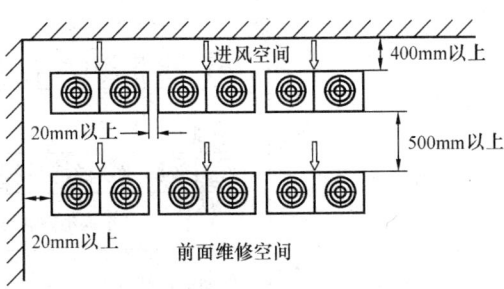 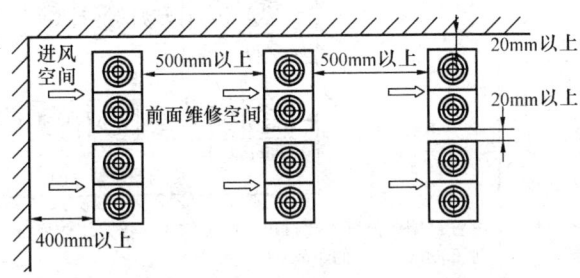
有三面墙体	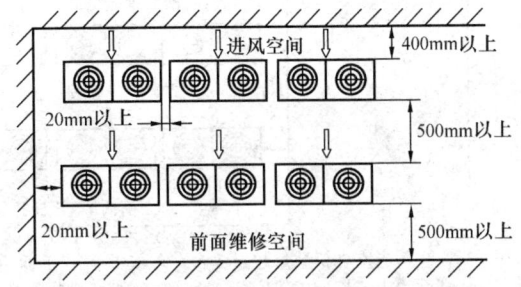 注：墙体底部如无通气间隙，则机组离地面必须保证500mm以上的距离 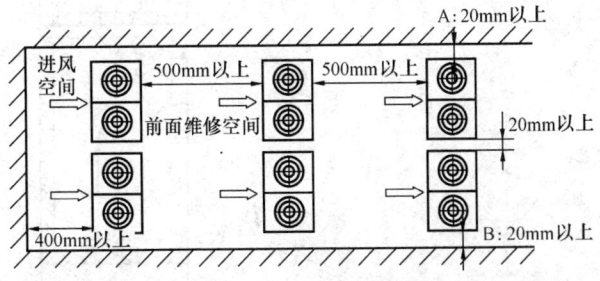 注：当室外机数量超过3台，A或B有一个通道在500mm以上。墙壁高度不超过机组高度约1.5倍。墙体底部如无通气间隙，则机组离地面必须保证500mm以上的距离

续表

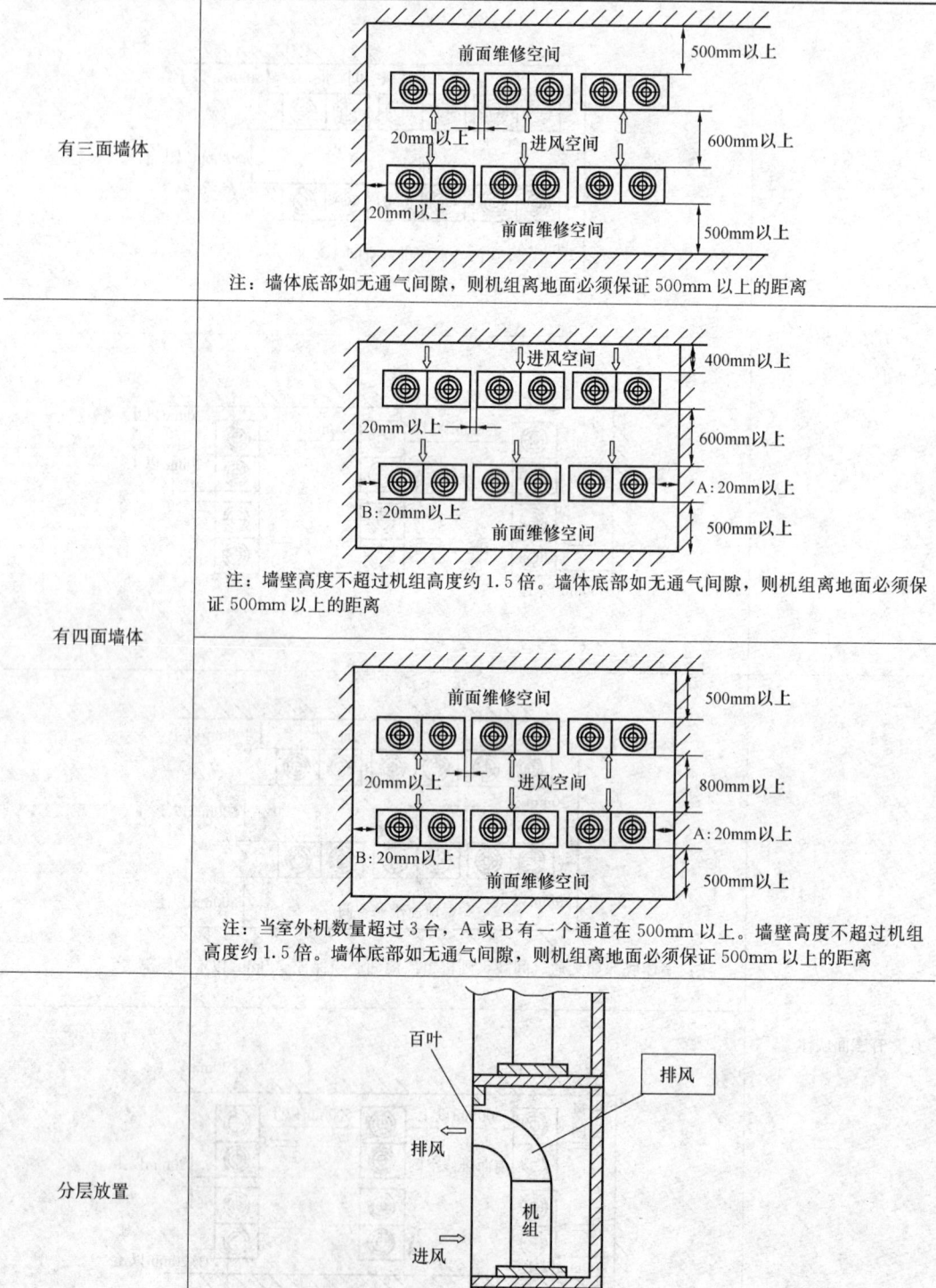

续表

分层放置	(3) 百叶的角度：小于水平 20 度； 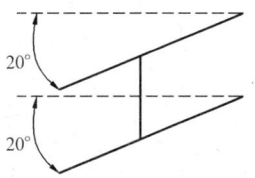 (4) 空气速度：排风：$V_D=5\sim8m/s$，V_D：有效排风速度，V_D=风量/有效排风面积； 进风：$V_S\leqslant1.6m/s$；V_S：有效进风速度，V_S=风量/有效进风面积； (5) 总压降（包括排风帽和百叶）需小于室外机机外静压； (6) 需确保机组有正常进风及安装、维护所需空间； (7) 需考虑室外机融霜水的排放。

注：为了获得最合适的空间，在机组和墙壁之间需留出足够的人行通道，并保证气流的畅通，机组排风上方应无障碍物。如果机组安装条件不满足上述范围，可向设备生产厂家咨询。

注：不同厂家上述参数略有区别。

22.5.12 新风供给设计

新风供给设计，详见表 22.5-25。

新风供给设计　　　　　　　　表 22.5-25

场合		处理方式
独立新风系统	在对新风要求比较高的场合，特别是对湿度、洁净度要求比较高的场合	应再追加一套新风处理系统，处理方式一般与传统的集中空调系统一样
与热回收器组合使用	在一般办公楼、学校等对新风要求比较低的场合	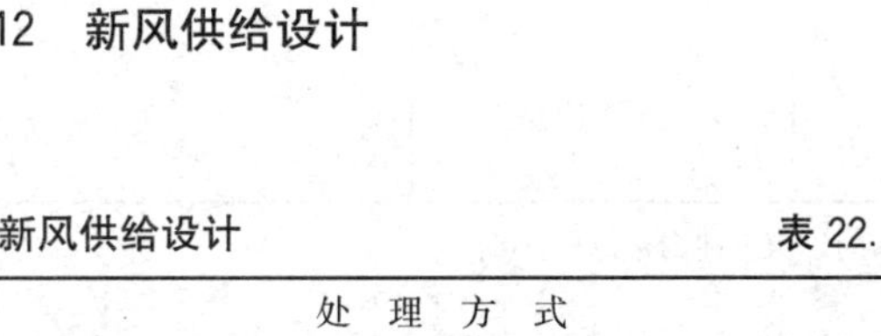 （示意图：空调系统室内机、室内新风、热回收器、室外新风、室内空气、排风） 在与热回收器组合使用时，必须在负荷计算时考虑新风负荷

续表

场合		处理方式	
变制冷剂流量多联分体式空调系统新风处理机	在一般办公楼、学校等对新风要求较低的场合	这是一种新型新风处理机，采用变制冷剂流量多联分体式机组，直接膨胀制冷与制热。通过变频控制以及室内电子膨胀法控制，精确地加热和冷却新风，系统较简单	
		适用温度范围	$-5℃\sim43℃$
		室内外机冷媒管长度	$\leqslant175m$
		室内外机高度落差	$\leqslant50m$
		同一室外机系统室内机高度落差	$\leqslant18m$
		出风控制温度	制冷：$13℃\sim28℃$；制热：$18℃\sim30℃$

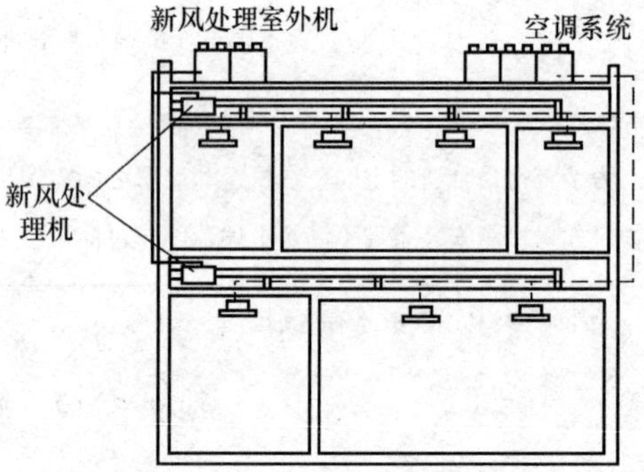

注：不同厂家上述参数略有区别。

22.6 高大建筑物分层空调设计

22.6.1 分层空调适用范围和空调方式

1. 分层空调及其适用范围

分层空调是指仅对高大空间的下部区域进行空调，保持一定的温湿度，而对上部区域不要求空调的空调方式。与全室空调相比，夏季可节省冷量30%左右，因而节省初投资和运行能耗。但冬季空调并不节能。

分层空调适用于高大建筑物，当建筑物高度 $H\geqslant10m$，建筑物体积 $V>1$ 万 m^3，空调区高度与建筑物高度之比 $h_1/H\leqslant\frac{1}{2}$ 时，这种空调方式才经济合理。

2. 分层空调方式

设计分层空调时，以送风口中心作为分层面，将整个高大建筑物在垂直方向分为二个区域，分层面以下的空间为空调区，分层面以上的空间为非空调区。而工作区则为高大建筑物所要求必须保证温湿度参数的区域，一般为设备的高度，舒适性空调，一般可取2m高。如图22.6-1所示。

在满足使用要求的前提下,分层高度 h_1 越低越节能,可由下式计算确定:

$$h_1 = h + y + h_a \quad (22.6\text{-}1)$$

式中 h——工作区高度,m;
y——射流垂直落差,m;
h_a——安全值,对恒温车间取 0.3m,一般舒适性空调可不考虑。

22.6.2 分层空调负荷计算

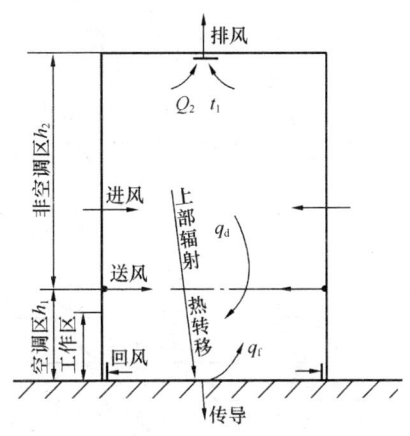

图 22.6-1 分层空调示意图

分层空调负荷计算主要指的是夏季分层空调冷负荷计算,至于冬季,则必须按全室采暖方式进行计算。特别是冬季在没有设置空气幕而且上下温度很不均匀时,则必须按照垂直方向温度梯度来确定上部的气温,然后计算围护结构耗热量。

空调区夏季分层空调冷负荷计算,在进行设计时,可采用经验系数法,即对分层空调建筑物按全室空调方法进行冷负荷计算,然后乘以经验系数 a,$a = \dfrac{\text{空调区分层空调冷负荷}}{\text{全室空调冷负荷}}$,常由特定性质的高大建筑物经实测与计算得出,通常 $a = 0.5 \sim 0.85$,当缺乏数据时,可取 $a = 0.7$。

在进行设计时,须按下述方法进行计算。

1. 空调区冷负荷的组成

$$q_{cl} = q_{1w} + q_{1n} + q_x + q_f + q_d \quad W \quad (22.6\text{-}2)$$

式中 q_{cl}——空调区分层空调冷负荷,W;
q_{1w}——通过空调区外围护结构得热形成的冷负荷,W;
q_{1n}——空调区内部热源散热形成的冷负荷,W;
q_x——空调区室外新风或渗透风形成的冷负荷,W;
q_f——非空调区向空调区辐射热转移形成的冷负荷,W;
q_d——非空调区向空调区对流热转移形成的冷负荷,W。

q_{1w}、q_{1n}、q_x 按全室空调冷负荷计算方法计算,q_f、q_d 按下述方法计算。

2. 非空调区向空调区辐射热转移形成的冷负荷 q_f

(1) 辐射热转移量 Q_f 可按下式计算:

$$\begin{aligned} Q_f &= C_1 (\Sigma Q_{id} + \Sigma Q_{fd}) \\ &= C_1 \left\{ \Sigma \varphi_{id} F_i \varepsilon_i \varepsilon_d C_0 \left[\left(\dfrac{T_i}{100}\right)^4 - \left(\dfrac{T_d}{100}\right)^4 \right] + \rho_d \varphi_{chd} F_{ch} J_{ch} \right\} \quad W \end{aligned} \quad (22.6\text{-}3)$$

式中 ΣQ_{id}——非空调区各个面对地板的辐射换热量,W;
ΣQ_{fd}——透过非空调区玻璃窗被地板接受的日射得热量,W;
C_1——系数,取 1.3;
φ_{id}——非空调区各个面对地板的形态系数,见图 22.6-2 和图 22.6-3;
F_i——计算表面积,m^2;
ε_i、ε_d——非空调区各个面和地板的表面材料黑度,见表 22.6-1;

C_0 —— 黑体的辐射系数,$C_0 = 5.68 \text{W/m}^2 \cdot \text{K}^4$;

T_i,T_d —— 非空调区各个面和地板的绝对温度,K;

ρ_d —— 空调区地板吸收率,见表22.6-1;

φ_{chd} —— 非空调区外窗对地板的形态系数见图22.6-2和图22.6-3;

F_{ch} —— 非空调区外窗的面积,m^2;

J_{ch} —— 透过非空调区外窗的太阳辐射强度,W/m^2。

常用建筑材料黑度和吸收率 表22.6-1

材料名称	黑度 ε	吸收率 ρ	材料名称	黑度 ε	吸收率 ρ
玻 璃	0.94		抹白灰墙	0.92	0.29
水泥地面	0.88	0.56~0.73	刷油漆构件	0.92~0.96	0.75
石灰粉刷	0.94	0.48	铝箔贴面	0.05~0.2	0.15

(2) 辐射热转移形成的冷负荷 q_f

$$q_f = C_2 Q_f \quad \text{W} \tag{22.6-4}$$

式中 C_2 —— 冷负荷系数,通常 $C_2 = 0.45 \sim 0.72$,对一般空调可取 $C_2 = 0.5$。

3. 非空调区向空调区对流热转移形成的冷负荷 q_d

$$Q_1 = 空调区得热量 = q_{1w} + q_{1n} + q_x + q_f \quad \text{W} \tag{22.6-5}$$

$$q_1 = 空调区热强度 = \frac{Q_1}{V_1} \quad \text{W/m}^3$$

$$Q_2 = 非空调区得热量 = Q_{2w} + Q_{2n} - Q_f \quad \text{W} \tag{22.6-6}$$

$$q_2 = 非空调区热强度 = \frac{Q_2}{V_2} \quad \text{W/m}^3$$

$$Q_p = 非空调区排热量 = 1.01 \rho V_2 n_2 \Delta t_p / 3600 \quad \text{kW} \tag{22.6-7}$$

式中 Q_2/Q_1 —— 非空调区与空调区热量比;

$\bar{q}_{21} = q_2/q_1$ —— 非空调区与空调区热强度比;

$\bar{Q}_p = Q_p/Q_2$ —— 非空调区的排热率;

$\bar{q}_d = q_d/Q_2$ —— 无因次对流热转移负荷。

式中 Q_{2w} —— 通过非空调区外围护结构的得热量,W;

Q_{2n} —— 非空调区内部热源散热量,W;

V_1、V_2 —— 空调区和非空调区体积,m^3;

1.01 —— 空气定压比热,$\text{kJ}/(\text{kg} \cdot \text{℃})$;

ρ —— 空气密度,kg/m^3;

n_2 —— 非空调区换气次数,次/h;

Δt_p —— 进排风温差,可取 2~3℃。

根据 q_2/q_1 和 Q_p/Q_2,查图22.6-4,即可求得 $\bar{q}_d$ 值。

4. 热转移负荷计算例题

【例】 南京市某装配车间,单层,车间长宽高为 24m×12m×14.6m,工作区高度 2.7m,两面外墙,墙厚为 240mm,南北外墙上各有高侧窗 1.5m×1.8m 共 16 个,北外墙上有下侧窗 1.5m×1.8m 共 16 个,均为单层玻璃窗,车间密封良好。

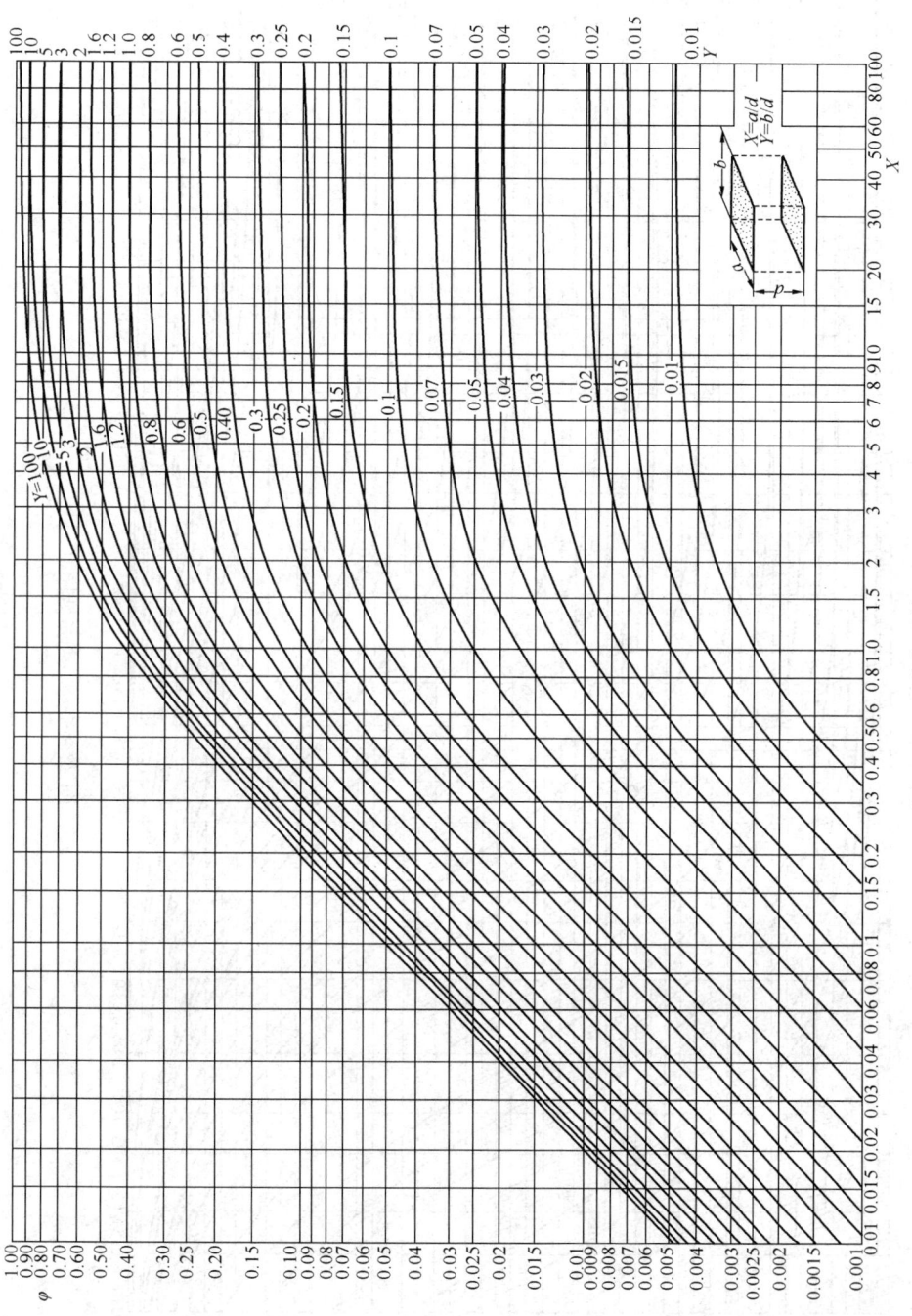

图 22.6-2 形态系数图（一）

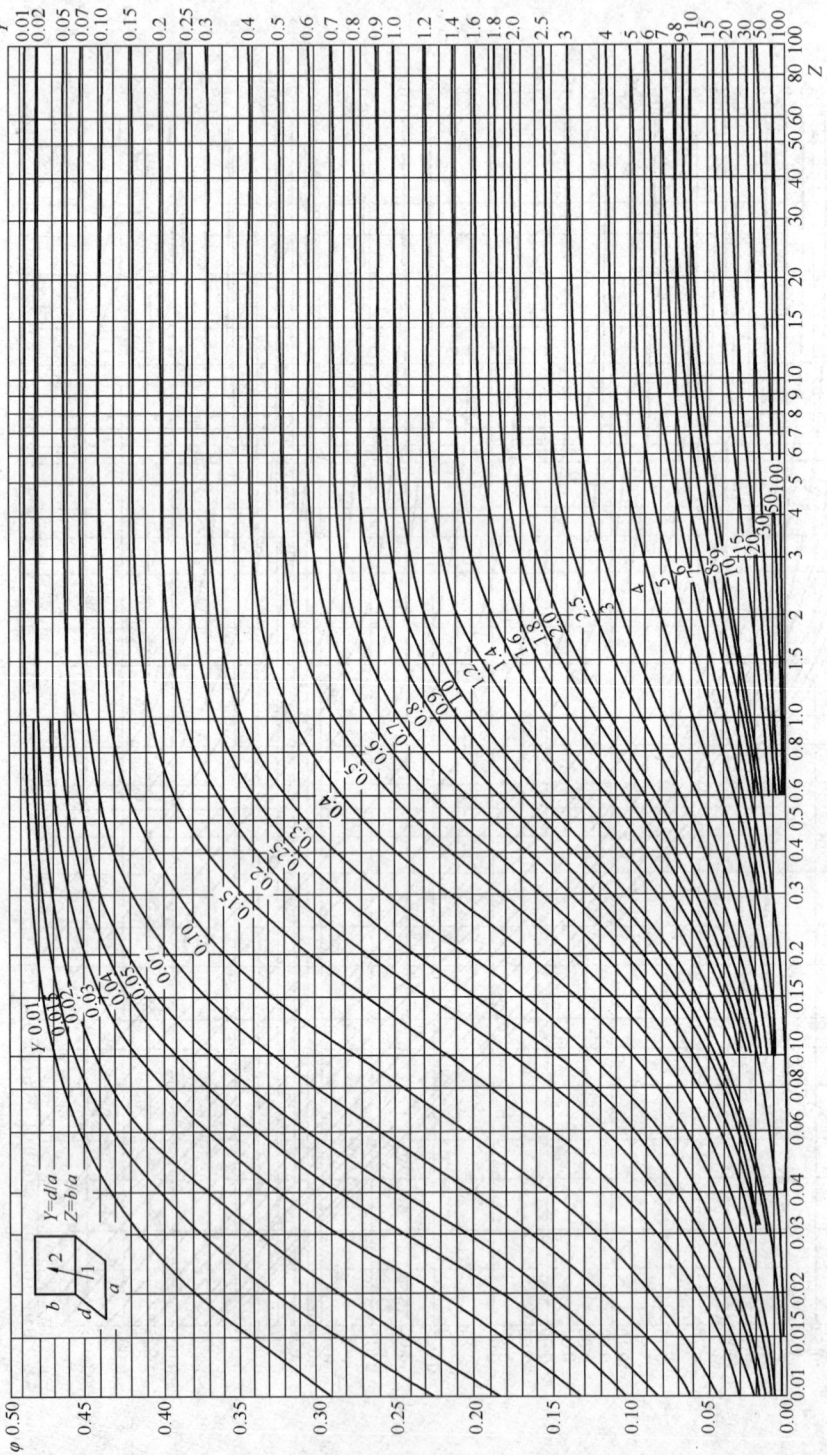

图 22.6-3 形态系数图(二)

屋盖 $K=1.02W/(m^2 \cdot ℃)$,$\varepsilon=0.88$
外墙 $K=2.04W/(m^2 \cdot ℃)$,$\varepsilon=0.92$
外窗 $K=6.4W/(m^2 \cdot ℃)$,$\varepsilon=0.94$
地面 $K=0.47W/(m^2 \cdot ℃)$,$\varepsilon=0.88$,$\rho=0.63$
室内空调区计算温度 $t_1=27℃$
夏季空调室外计算干球温度 $t_w=35.2℃$
夏季空调室外日平均温度 $t_w=32℃$
试计算分层空调热转移负荷

【解】
(1) 计算非空调区的室内温度 t_2

$$t_2 = \frac{1}{2}(t_1+t_{2d}) \quad (22.6-8)$$

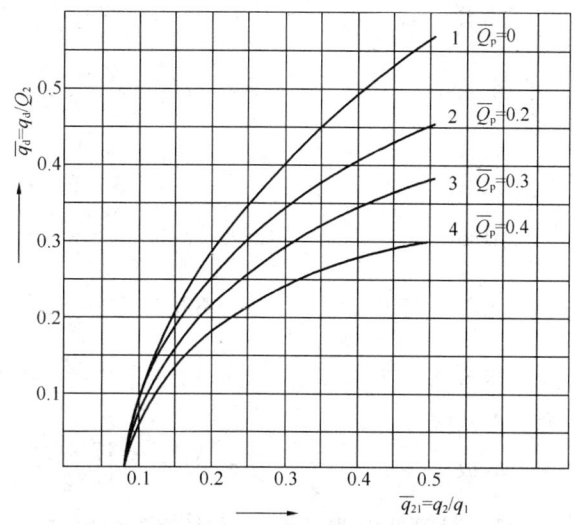

图 22.6-4 分层空调对流热转移负荷

式中 t_{2d}——屋盖下表面附近空气温度或排风温度。

$$t_{2d} = t_w+2\sim3℃ = 35.2+3 = 38.2℃$$

∴
$$t_2 = \frac{1}{2}(27+38.2) = 32.6℃$$

(2) 确定分层高度 h_1
由气流组织确定落差 $y=1.25m$

$$h_1 = h+y+h_a = 2.7+1.25+0.3 = 4.25m$$

(3) 分别计算非空调区和空调区外围护结构进入的热量和内部散热量,

$$Q_{2w} = 36860W$$
$$Q_{2n} = 0W$$
$$q_{1w} = 16459W$$
$$q_{1n} = 14235W$$

(4) 计算非空调区和空调区各个内表面温度 τ

$$\tau = t_n + K\Delta t_{zh}/a_n \quad ℃ \quad (22.6-9)$$

式中 t_n——室内计算温度,空调区为 t_1,非空调区为 t_2,℃;
K——外围护结构传热系数,$W/(m^2 \cdot ℃)$;
Δt_{zh}——综合温差。对于窗,不包括透过玻璃窗的太阳辐射热部分,℃;
a_n——外围护结构内表面放热系数,$W/m^2 \cdot ℃$,一般取 $8.72W/m^2 \cdot ℃$。

按上式计算结果如下:
非空调区:
南窗
$$\tau = 32.6 + \frac{6.4\times4.5}{8.72} = 35.9℃$$

北窗　　　　　$\tau = 32.6 + \dfrac{6.4 \times 4.5}{8.72} = 35.9℃$

东墙　　　　　$\tau = 32.6 + \dfrac{2.04 \times 8.9}{8.72} = 34.68℃$

西墙　　　　　$\tau = 32.6 + \dfrac{2.04 \times 8.9}{8.72} = 34.68℃$

南墙　　　　　$\tau = 32.6 + \dfrac{2.04 \times 5.9}{8.72} = 33.98℃$

北墙　　　　　$\tau = 32.6 + \dfrac{2.04 \times 4.4}{8.72} = 33.63℃$

屋盖　　　　　$\tau = 32.6 + \dfrac{1.02 \times 29.28}{8.72} = 36.02℃$

空调区：

地板　　　　　$\tau = 27 + \dfrac{0.47 \times 21}{8.72} = 28.13℃$

(5) 计算非空调区各个面对空调区地板的形态系数 φ_{id}

按各个面相对尺寸，查图得出 φ_{id} 如下：

φ_{id} 值

d ＼ φ_{id} ＼ i	屋盖 1	北墙 2	南墙 3	东墙 4	西墙 5	北高侧窗 N	南高侧窗 S
空调区地板 1′	0.225	0.148	0.148	0.155	0.155	0.148	0.148

(6) 计算辐射热转移量 Q_f

计算非空调区各个面对地板的辐射换热量

$$\Sigma Q_{id} = \Sigma \varphi_{id} F_i \varepsilon_i \varepsilon_d C_0 \left[\left(\dfrac{T_i}{100}\right)^4 - \left(\dfrac{T_d}{100}\right)^4 \right], W \tag{22.6-10}$$

计算结果列于下表。

ΣQ_{id} 计 算 表

	φ_{id}	F_i	ε_i	ε_d	T_i	T_d	C_0	Q_{id}
φ'_{11}	0.225	288	0.88	0.88	309.02	301.13	5.68	2565.26
φ'_{21}	0.148	205.2	0.92	0.88	306.63	301.13	5.68	865.86
φ'_{31}	0.148	205.2	0.92	0.88	306.98	301.13	5.68	921.73
φ'_{41}	0.155	124.2	0.92	0.88	307.68	301.13	5.68	655.1
φ'_{51}	0.155	124.2	0.92	0.88	307.68	301.13	5.68	655.1
φ'_{N1}	0.148	43.2	0.94	0.88	308.9	301.13	5.68	265.86
φ'_{S1}	0.148	43.2	0.94	0.88	308.9	301.13	5.68	265.86

$\Sigma Q_{id} = 6194.77 W$

计算透过非空调区玻璃窗被地板接受的日射得热量

$$\Sigma Q_{fd} = \rho_d \varphi_{chd} F_{ch} J_{ch}, W \tag{22.6-11}$$

计算结果列于下表：

ΣQ_{fd} 计 算 结 果

	φ_{chd}	F_{ch}	ρ_d	J_{ch}	Q_{fd}
φ'_{N1}	0.148	43.2	0.63	138.4	557.47
φ'_{S1}	0.148	43.2	0.63	296.6	1194.7

$\Sigma Q_{fd}=1752.17W$

$$Q_f = C_1(\Sigma Q_{id}+\Sigma Q_{fd}) = 1.3(6194.77+1752.17) = 10331W$$

(7) 计算辐射热转移负荷 q_f:

$$q_f = 0.5Q_f = 0.5 \times 10331 = 5166W$$

(8) 计算 Q_1 和 Q_2, q_1 和 q_2

$$Q_1 = q_{1w}+q_{1n}+q_x+q_f(q_x=0)$$
$$= 16459+14235+0+5166 = 35860W$$
$$Q_2 = Q_{2w}+Q_{2n}-Q_f$$
$$= 36860+0-10331 = 26529W$$

空调区体积　　$V_1 = 24 \times 12 \times 4.25 = 1224m^3$

非空调区体积　$V_2 = 24 \times 12 \times 10.35 = 2980.8m^3$

$$q_1 = Q_1/V_1 = 35860/1224 = 29.3W/m^3$$
$$q_2 = Q_2/V_2 = 26529/2980.8 = 8.90W/m^3$$
$$q_2/q_1 = 8.9/29.3 = 0.3$$

(9) 计算非空调区排热量 Q_p 和排热率 Q_p/Q_2

因 $q_2 > 4.2W/m^3$，可以设置进排风装置

若取 $n_2 = 3$ 次/h，$\Delta t_p = 3℃$

$$Q_p = 1.01\rho \cdot V_2 n_2 \Delta t_p/3600 kW$$
$$= 1.01 \times 1.2 \times 2980.8 \times 3 \times 3/3600 = 9.03kW = 9030W$$
$$Q_p/Q_2 = 9030/26529 = 0.34$$

(10) 由 q_2/q_1 和 Q_p/Q_2 值查图 22.6-4，得出对流热转移负荷

$$q_d/Q_2 = 0.27$$
$$q_d = 0.27 \times 26529 = 7163W$$

(11) 空调区冷负荷 q_{cl}

$$q_{cl} = 35860+7163 = 43023W$$

(12) 能量节约率

若按全室空调设计，得出空调负荷为 71994W，因此节约率 $= \dfrac{71994-43023}{71994} \times 100\%$
$=40\%$

22.6.3 分层空调气流组织

1. 气流组织形式

常用的分层空调气流组织形式及其特点见表 22.6-2。

分层空调气流组织形式　　　　表 22.6-2

序号	分层空调气流组织形式 示意图	空调区	非空调区	优点	缺点	实例
1	（示意图）	空调机组或集中系统送风，下部 100% 回风	上部散热量较大时，由高侧窗自然进风，屋顶机械排风，以排除上部热量。冬季停止运行	1. 上部非空调区的排风，不需要利用空调排风的冷量 2. 气流没有交叉	1. 如室内散逸有害气体与烟尘，容易使工作区污染 2. 上部进风量较大 3. 如采用屋顶排风器，数量多、投资大、密封差	南京汽轮电机厂①，美国格林维尔汽轮机厂，美国维尔明顿反应堆后处理厂
2	（示意图）$(0.15\sim 0.2)L$ 回风 $0.8L$	集中空调系统送风，下部 80% 回风	高侧窗自然进风并辅以 20% 空调排风进入非空调区，屋顶机械排风，以排除上部热量	1. 气流组织形式简单，设备费较便宜 2. 充分利用空调排风冷量排除上部热量 3. 有害气体、烟尘向上排走，减少对工作区污染	1. 冬季会加大温度梯度，耗热量增加 2. 气流交叉	天津第一机床厂②，美国什里夫波特变压器配电厂
3	（示意图）	集中系统或空调机组送风，下部 100% 回风	非空调区散热量 $q_2 < 4.2 \mathrm{W/m^3}$ 可不设进排风装置	系统简单	建筑物不很高或上部围护结构做得较差时，向下转移量较大	上海展览馆中央大厅③
4	（示意图）	集中系统送风，下部回风	空气幕为水平送风，仅在采暖季节采用，可以部分阻止热气流上升，适用于有害物和烟尘少的场合，其效果取决于空气幕的风量风速和温度	1. 冬季可以部分阻止热气流上升，防止过大的温度梯度 2. 如夏季也使用，可以减少上部热空气混入送风射流中	1. 增加设备费、管道费和能量消耗 2. 风口风速高，有些噪声 3. 有时管道不好布置	日本大型精密机械加工场④，葛洲坝二江电厂发电机房⑤

注：①空调区采用 LN-12 机组喷口送风，下部 100% 回风，非空调区高侧窗自然进风，屋顶排风器机械排风。
②空调区集中系统百叶格送风，15% 冷风上升至非空调区排除上部热量，5% 的风量形成室内正压，80% 的风量为回风。冬季时上部排风管变成向下吹风，使热气流不致上浮。
③空调区空调机组百叶格送风，下部回风，非空调区设新风口将新风送入空调器。
④空调区集中空调系统用诱导送风口，向下 15° 送往工作区，65° 斜角送风用以消除侧窗热负荷。下部回风，非空调区水平送风形成空气幕。
⑤厂房高度为 26m，跨度为 26m，单侧送回风，空气幕设在 12.8m 高度处，送风口设在 6.8m 高度处，回风口设在 5.7m 高度处。上部自然进风机械排风。

2. 送风口型式

(1) 分层空调送风口须满足以下要求：

①送风角度应调节方便，使夏季能进行水平送风，冬季能进行向下斜向送风，下倾角度大于 30°。

②对于集中空调系统或可配风管的空调机组，须考虑设置能使各个风口均匀送风的调节装置，如下图的调节板，效果较好，可满足风管长度小于 40m 的均匀送风调节要求。

③根据建筑物的具体条件来选择送风口。圆喷口射程最长；扁喷口平面扩散较快，落差较大；百叶风口速度衰减较快。

(2) 集中空调系统几种送风口构造型式

集中空调系统或可配风管的空调机组可以配置表 22.6-3 所列的几种送风口型式，以满足冬、夏季不同送风角度的要求。

分层空调送风口型式　　　　　表 22.6-3

序号	送风口型式	构造特点	优　点	缺　点
1	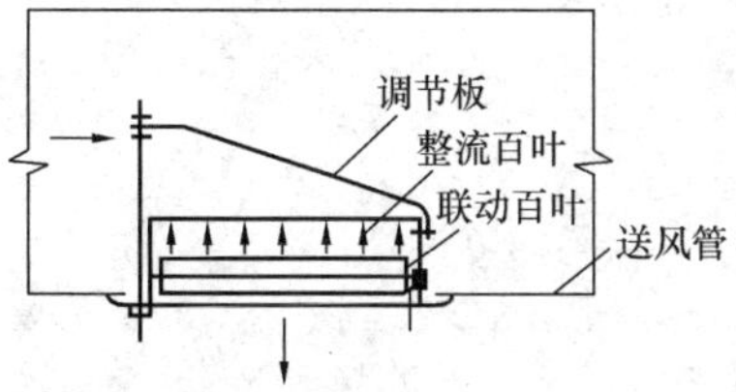 带调节板联动百叶风口	1. 第一层百叶片可调节送风角度； 2. 用调节板来调节各个送风口的送风量，使送风均匀	1. 可满足夏、冬季不同送风角度的要求； 2. 风口送风均匀； 3. 结构简单	人工调节风口送风角度，较麻烦
2	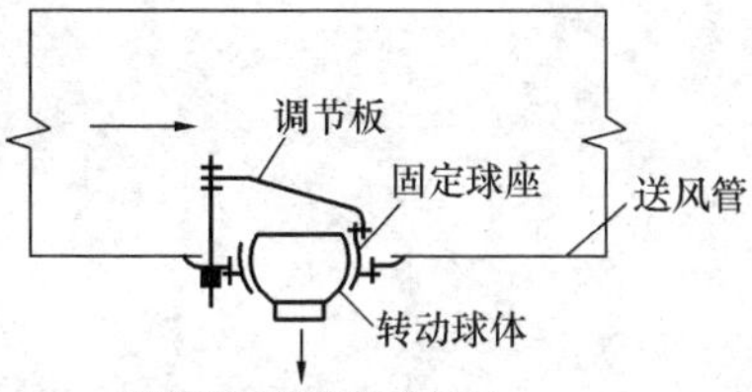 带调节板球形转动风口	1. 转动球体和固定球座的材料都应用铝合金，制造时必须用模具冲压，不能用手工敲打。出风口可做成圆喷口、矩形喷口或扁喷口； 2. 用调节板来调节各个送风口的送风量，使送风均匀	1. 可满足夏、冬季不同送风角度的要求； 2. 风口送风均匀； 3. 结构简单； 4. 比百叶格风口容易进行人工调节	风口造价较贵
3	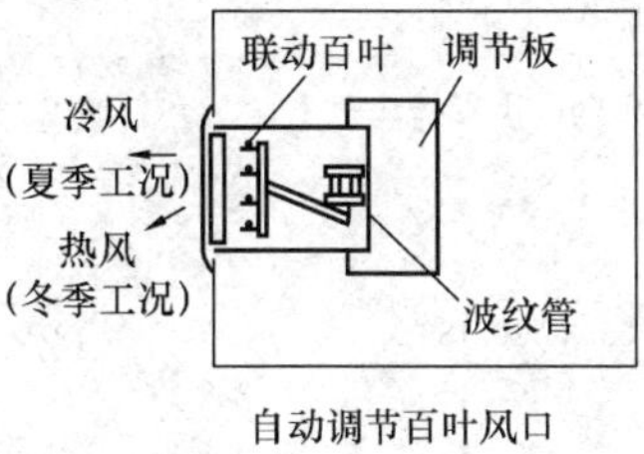 自动调节百叶风口	密封的波纹管内充以氯甲烷蒸气。当送热风时，氯甲烷受热膨胀，波纹管伸长，通过杠杆带动百叶片向下倾斜，热风温度愈高，向下倾斜角度愈大。当改送冷风时，氯甲烷受冷收缩，波纹管回缩复原，带动百叶片恢复水平状态，这样就起到自动调节百叶片角度的作用	1. 可满足夏、冬季不同送风角度的要求； 2. 风口送风均匀； 3. 自动调节送风角度	风口造价很贵

3. 气流组织计算

图 22.6-5 为分层空调气流组织示意图。

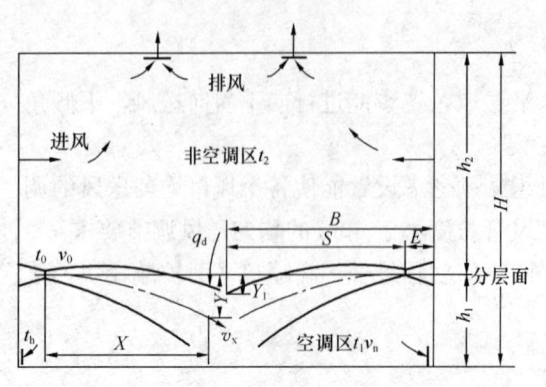

图 22.6-5 分层空调气流组织

图中　Y_1——射流上边界搭接位置，m；
　　　Y——落差，m；
　　　X——射程，m；
　　　t_1、t_2——空调区和非空调区平均温度，℃；
　　　t_0、t_h——送风温度和回风温度，℃；
　　　v_0、v_x、v_n——送风速度，射流轴心速度和工作区平均速度，m/s；
　　　q_d——对流热转移量，W。

(1) 计算方法和步骤
① 计算参数的确定
a. 射流的射程区：

$$X = 0.93S = 0.93(B-E)$$

式中　S——射流的作用距离，m；
　　　B——单侧送风时为厂房沿送风方向的宽度，双侧送风时则为一半宽度，m；
　　　E——风口离同侧的墙或柱子的距离，m。

b. 工作区平均风速 v_n 和射流末端轴心速度 v_x
(a) $v_n = v_p = 0.15 \sim 0.25$ m/s

式中　v_p——射流末端平均风速，m/s；
(b) 当 $X/d = 30 \sim 50$
$v_p/v_x = 0.4 \sim 0.54$，一般取 $v_p/v_x = 0.5$
则 $v_x = 2v_p = 2v_n$

c. 射流落差 Y

$$Y = \left(\frac{1}{16} \sim \frac{1}{4}\right)X \quad \text{m}$$

射程较大时取小值，射程较小时取大值。
d. 送风温差 Δt_0 按规范选用。
② 确定风口尺寸和送风速度
对于圆喷口水平吹出的多股平行冷射流；
圆喷口直径：

$$d_0 = 0.064\left(\frac{T}{\Delta t_0}\right)^{0.615} X^{-0.302} Y^{0.687} v_x^{1.23} \tag{22.6-12}$$

圆喷口送风速度：

$$v_0 = 4.295\left(\frac{T}{\Delta t_0}\right)^{-0.591} X^{1.124} Y^{0.533} V_x^{-0.182} \tag{22.6-13}$$

式中　T——空调区空气的绝对温度，K。

也可以按图 22.6-6 和图 22.6-7 的线解图求解。
当送风角度为 a 时，则用 $(X/\cos a)$ 和 $(Y+X\operatorname{tg}a)$ 代入公式或线解图中的 X 和 Y 值求解。

对于扁喷口

$$b_0 = d_0 \cdot C_b$$
$$v_{b0} = v_0 \cdot C_{vb}$$

对于其他风口

$$d_{f0} = d_0 \cdot C_a$$
$$v_{f0} = v_0 \cdot C_{va}$$

式中 b_0、v_{b0}——扁喷口的高（短边）及送风速度；

C_b、C_{vb}——与扁喷口高宽比有关的系数，由表22.6-4查得；

d_{f0}、v_{f0}——风口直径（或面积当量直径）和送风速度；

C_a、C_{va}——与风口紊流系数有关的系数，由表22.6-5查得。

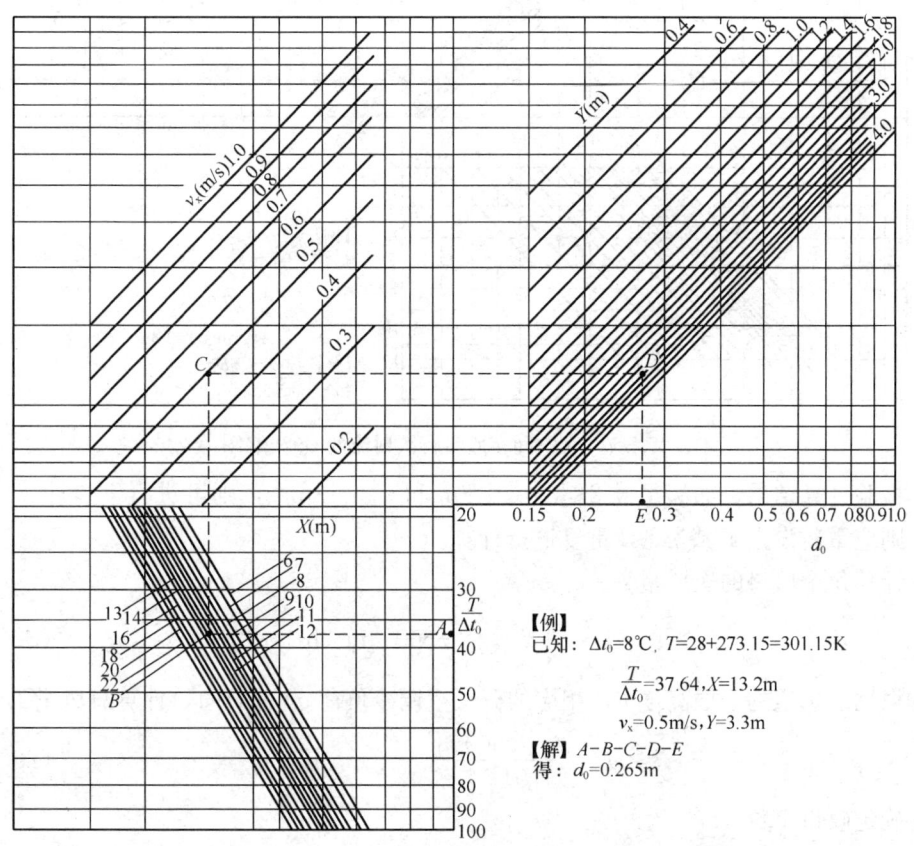

图22.6-6 大空间多股平行圆射流的 d_0 线解图

C_b，C_{vb} 表　　　　表22.6-4

高宽比	1:10	1:11	1:12	1:13	1:14	1:15	1:16	1:17	1:18	1:19	1:20
C_b	0.208	0.196	0.186	0.177	0.169	0.162	0.156	0.150	0.145	0.140	0.136
C_{vb}	1.261	1.272	1.282	1.292	1.300	1.309	1.316	1.324	1.330	1.337	1.343

C_a，C_{va} 表　　　　表22.6-5

紊流系数 a	0.07	0.076	0.10	0.11	0.12	0.13	0.14	0.15	0.16
C_a	1	0.972	0.885	0.856	0.831	0.808	0.788	0.770	0.753
C_{va}	1	1.022	1.100	1.128	1.155	1.179	1.203	1.225	1.247

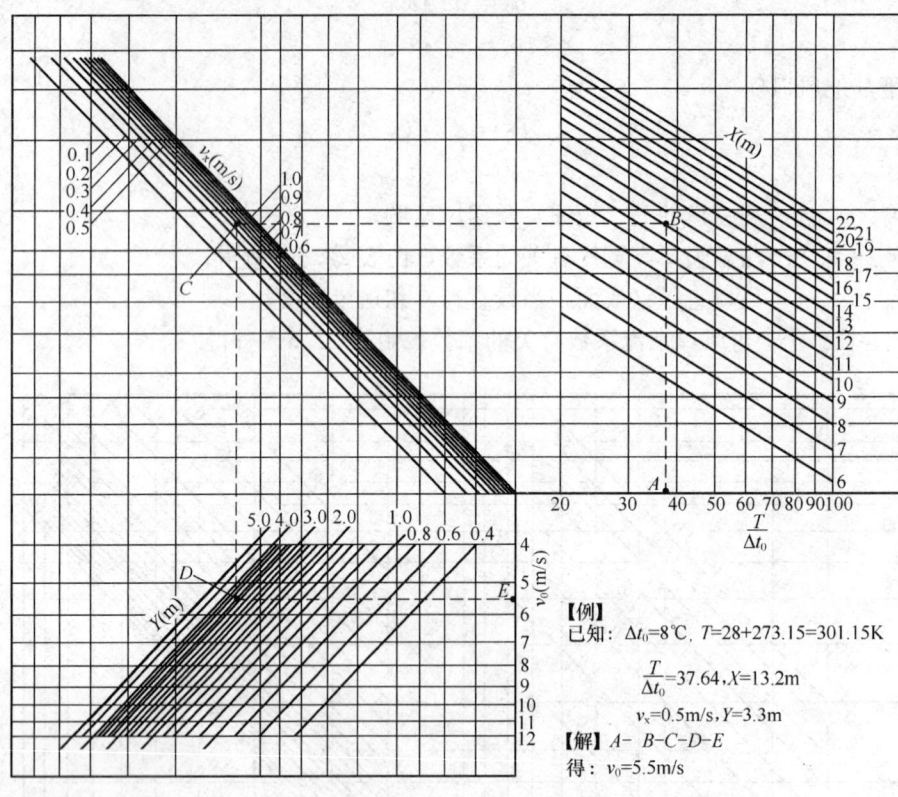

图 22.6-7 大空间多股平行圆射流的 v_0 线解图

③检验计算结果,如满足 $0.2 \leqslant d_0 \leqslant 0.8 \mathrm{m}$ 和 $v_0 \leqslant 12 \mathrm{m/s}$,则可进行下步计算,如不满足,则应重新设定 Y 或 Δt_0,重复进行计算。

④计算每个风口的送风量 l

$$l = \frac{\pi}{4} d_0^2 v_0 \times 3600 \quad \mathrm{m^3/h} \tag{22.6-14}$$

⑤根据已选定的分层高度 h,相应的分层空调冷负荷 q_{c1}(kW),计算总风量 L

$$L = \frac{3600 q_{c1}}{1.01 \cdot \rho \cdot \Delta t_0} \quad \mathrm{m^3/h} \tag{22.6-15}$$

⑥确定喷口个数 n

$$n = \frac{L}{l} \quad 个 \tag{22.6-16}$$

取 n 为整数,并求得实际送风速度

$$v_0' = \frac{4L}{\pi d_0^2 n \times 3600} \quad \mathrm{m/s} \tag{22.6-17}$$

⑦求阿基米德数 Ar

$$Ar = \frac{g \cdot \Delta t_0 \cdot d_0}{v_0^2 \cdot T} \tag{22.6-18}$$

式中 g——重力加速度,$\mathrm{m/s^2}$。

将 v_0',d_0,Δt_0,T 代入上式,即可求得 Ar 数。

⑧求实际射流落差 Y'，射流末端轴心速度 v'_x 和上边界搭接位置 Y_1。
对圆喷口水平吹出的多股平行冷射流主体段：

a. 轴心轨迹方程

$$\frac{Y}{d_0} = 0.812 Ar^{1.158} \left(\frac{X}{d_0}\right)^{2.5} \tag{22.6-19}$$

b. 轴心速度衰减方程

$$\frac{v_x}{v_0} = 3.347 Ar^{-0.147} \left(\frac{X}{d_0}\right)^{-1.151} \tag{22.6-20}$$

c. 上边界轨迹方程

Ar 数在 0.00055～0.0033 范围内

当 $30 < \frac{x}{d_0} \leq 50$ 时，

$$\frac{y_1}{d_0} = 8.453 \times 10^{-3} Ar^{0.81} \left(\frac{x}{d_0}\right)^{3.023} - 4 \tag{22.6-21}$$

式中　x——射流轴心线上任意点至风口的水平距离，m；
　　　Y——射流轴心线上任意点至风口中心线的垂直距离，m；
　　　y_1——射流边界上任意点至风口中心线的垂直距离，m；y_1 为正值时，则该点在风口中心线以下，为负值时反之；
　　　v_x——射流的轴心速度，m/s。

将 v'_0，d_0，Ar，X 代入以上各式，即可求得 Y'、v'_x、Y 与选定值比较，如满足：

$$\Delta Y = |Y' - Y|$$
$$\leq 0.2 \text{m}$$
$$\Delta v_x = |v'_x - v_x|$$
$$\leq 0.05 \text{m/s}$$
$$h_1 - Y \geq h$$

则达到设计要求，如不满足，则重新设定 Y 或 Δt_0，重复进行计算。

(2)【例】某机械加工厂房长 192m，跨距 30m，高 22m，3m 以下的空间为工作区，控制温度为 28±1℃，工作区平均风速为 0.25m/s，采用圆喷口双侧水平对送方式，喷口距离 0.8m。试确定喷口直径、送风速度和喷口个数。

【解】
①确定计算参数
射程　$X = 0.93S = 0.93(B - E) = 0.93 \times (15 - 0.8) = 13.2$
射流末端速度 $v_x = 2v_p \approx 2v_n = 0.5$ m/s，
落差 $Y = 1/4 X = 3.3$m，
分层高度 $h_1 = h + Y = 3 + 3.3 = 6.3$m，
送风温差选 8℃，
则 $T/\Delta t_0 = (273.15 + 28)/8 = 37.64$。
②由公式（22.6-12）和（22.6-13）求得

$$d_0 = 0.265 \text{m}, v_0 = 5.49 \text{m/s}$$

③计算结果满足 $0.2 < d_0 < 0.8$m 和 $v_0 < 12$m/s，

④每个喷口的送风量

$$l = \frac{\pi}{4}d_0^2 v_0 \times 3600 = 1090 \text{m}^3/\text{h}$$

⑤当分层高度为6.3m时，总的空调冷负荷为$Q=517.12$kW。则总送风量为

$$L = \frac{3600Q}{1.2 \times 1.01 \times \Delta t} = \frac{3600 \times 517.12}{1.2 \times 1.01 \times 8} = 192000 \text{m}^3/\text{h}$$

⑥喷口个数

$$n = \frac{L}{l} = \frac{192000}{1090} = 176.1 \approx 176 \text{ 个}$$

实际送风速度

$$v_0' = \frac{4 \times 192000}{\pi \times 0.265^2 \times 176 \times 3600} = 5.49 \text{m/s}$$

⑦送风射流的Ar值

$$Ar = \frac{g \cdot \Delta t_0 \cdot d_0}{v_0^2 \cdot T} = \frac{9.81 \times 8 \times 0.265}{5.49^2 \times 301.15} = 0.00229$$

⑧由式（22.6-19）、（22.6-20）和（22.6-21），求得

$$Y' = 3.30 \text{m} = Y \quad v_x' = 0.5 \text{m/s} = v_x$$
$$Y_1 = 1.685 \text{m},$$
$$h_1 - Y_1 = 4.615 \text{m} > 3 \text{m}$$

以上计算可以满足要求，则本题要求的结果为：$d_0 = 0.265$m，$v_0 = 5.49$m/s，$n = 176$个

4. 非空调区进排风方式

(1) 非空调区设置通风的原则

①设置通风的目的是为了排除上部余热、降低上部空气温度和屋顶内表面温度，以达到减少非空调区的对流热转移和辐射热转移量的效果。

②非空调区的得热有：通过围护结构传入室内的热量、通过高侧窗和屋面采光罩等进入室内的辐射热、上部设备和照明散热等。大部分高大建筑物非空调区的得热，以屋顶与窗传入热量和玻璃窗辐射热为主。因此要求屋顶作良好的保温或作通风屋面，向阳玻璃窗还要考虑遮阳。

③非空调区热强度$q_2 < 4.2$W/m³时，可不设进排风装置。

④非空调区上午得热量不大，因此上午不必通风。

⑤根据国内外实例，大多采用自然进风、机械排风。但按具体条件，也可采用机械进风、自然排风或机械进排风。

(2) 非空调区进风方式

①进风方式比较

机械进风和自然进风的进风设施、密封要求、设计要求及其优缺点的比较见表22.6-6。

非空调区排风方式比较　　　　　　　表22.6-6

进风方式	进风设施	密封要求	设计要求	优 点	缺 点	实 例
机械排风	进风系统	机房中风机前或后装风阀	1. 每个风口的进风量力求均匀； 2. 进风速度须低些； 3. 注意风机噪声的影响	1. 可以根据需要控制进风量； 2. 各个风口易于均匀进风； 3. 容易解决密封和防止渗漏问题	1. 风管布置困难； 2. 造价贵	
机械排风	轴流风机	将轴流风机与电磁风阀联动；或者采用带保温百叶式调节阀的$40L_2$-11型轴流风机；也可做防寒密闭窗，冬季关闭	1. 轴流风机布置尽量均匀； 2. 尽量选用多个小型轴流风机； 3. 注意风机噪声的影响	1. 没有风管； 2. 造价比进风系统便宜	1. 进风均匀性差； 2. 维修困难	天津第一机床厂
自然进风	高侧窗	1. 装设电动开窗机构； 2. 要求钢窗密封质量较好； 3. 必要时可设置人行走道，以利于关窗	1. 进风面积应按计算决定，不宜开得太多，须防止在上部空间形成穿堂风； 2. 高侧窗可作成单侧窗	利用采光窗进风，投资省	1. 窗户难以关严； 2. 容易形成穿堂风； 3. 电动开窗机构易出故障； 4. 进风位置与面积常受建筑设计的制约	天津第一机床厂，南京汽轮电机厂

②进风口高度

可按下式进行计算：

$$\overline{H} = \frac{h_3 - h_1}{h_2} \text{ m} \tag{22.6-22}$$

式中　$\overline{H}$——非空调区进风口相对高度，m；
　　　h_1——空调区高度，m；
　　　h_2——非空调区高度，m；
　　　h_3——非空调区进风口离地面高度，m。

一般进风口宜设在非空调区的适当高度处，该处的进风温度应小于非空调区同高度处的空气温度。进风口最低位置宜为非空调区高度的1/3处，以防止进风干扰空调区的气流组织。

(3) 非空调区排风方式

机械排风和自然排风的排风设施、密封要求、设计要求及其优缺点的比较见表22.6-7。

非空调区排风方式比较　　　　　　表 22.6-7

排风方式	排风设施	密封要求	设计要求	优点	缺点	实例
机械排风	排风系统	机房中风机前或后装风阀	排风管道布置在建筑物两侧屋面下，排风口均匀布置，向下偏斜45°角；夏季用作排风，冬季转为向下吹风，形成自上而下的垂直气流，迫使空调区热气流向下弯曲；注意风机噪声的影响	1. 容易达到密封要求；2. 夏冬两用，效果较好；3. 排风均匀	造价较贵	天津第一机床厂
	屋面通风器	风机与电磁风阀联动	可用轴流风机式屋顶通风器或调速式屋顶离心通风机，注意风机噪声的影响	没有风管	1. 造价贵；2. 密封困难；3. 维修麻烦	南京汽轮电机厂
自然排风	风帽或高侧窗	1. 风帽下装设电磁风阀，在工作区操作；2. 高侧窗装设电动开窗机构	用高侧窗排风，应尽量靠近屋顶	造价便宜	1. 密封困难；2. 维修麻烦；3. 靠近屋顶开高侧窗，其采光效果差	

（4）非空调区通风量的确定

按照要求排除的非空调区余热量，由下式计算通风量 L_2：

$$L_2 = \frac{3600Q_p}{1.01\rho \cdot \Delta t_p} \quad \text{m}^3/\text{h} \tag{22.6-23}$$

非空调区换气次数不宜大于3次/h。有条件时可以充分利用空调系统多余的低温排风量（包括建筑物的其他空调系统）来排除上部空间热量，此时通风量可适当减少。

5. 冬季减小温度梯度的措施

高大建筑物分层空调用于夏季节能效果显著，但用于冬季，却反而会加大温度梯度而使热耗增大，同时空调区垂直温度的均匀性也将变差，因此必须采取以下有效措施。

（1）分层空调用于冬季必须符合以下要求：

①送风口送风下倾角度应大于30°，使送出的热风斜向下吹。送风速度应较大，送风口应作成活动式，便于换季时进行调节。

②回风口应布置在室内两侧下部，不应采用集中回风、上部回风或中部回风。

③减小送风温差，增大送风量。在技术经济合理时，可以采用诱导风口。

④建筑物密封性能尽量做得好些，尽量减少渗透风的进入，以免浪费能量和影响工作区垂直温度场的均匀性。

(2) 利用垂直下送气流改变分层空调热射流流型。
(3) 设置水平空气幕，阻隔热气流上升。
(4) 夏季采用分层空调，冬季换用辐射采暖或顶送式暖风机采暖。

22.6.4 空 调 系 统

1. 空气处理系统选择

(1) 应根据工艺生产的性质（例如高大厂房有大设备，大吊车，大门斗等）、工艺设备的布置、温湿度与清洁度要求、热湿负荷特点、围护结构构造、空调与制冷机房的位置和面积、初投资和维护运行费用等进行综合技术经济分析来确定。一般宜采用集中空调系统或立式整体式空调机组。当集中系统送回风管布置困难时，可以选用立式整体式空调机组。当厂房要求清洁度较高、相对湿度较大或温湿度波动范围较小时，则以选用集中系统为宜。由于整体式空调机组噪声较大，选用台数太多时占用工艺生产面积较多，同时维护管理麻烦，因此较少采用。

(2) 集中系统用于分层空调的主要特点如下：

①可以实现全年多工况运行，节能显著，运行管理方便。

②处理空气量大，能够满足较高的清洁度，较大的相对湿度以及温湿度波动范围较小等要求。

③过渡季可以大量使用室外新风。

④风管较大，布置与调节困难。

⑤机房和风管占空间大。

(3) 立式整体式空调机组用于分层空调的主要特点如下：

①灵活性大，易于安装。

②风管短、小，易于布置与调节。

③新风机房面积小。

④布置分散，占去工艺生产面积，维护管理不便。

⑤不能实现多工况节能；过渡季不能大量使用新风；过滤器简单，空气洁净条件差；温湿度控制条件差。

2. 集中系统送回风管布置

(1) 送风管布置

①高大建筑物跨度在 18m 以上时，采用双侧送风。

②带送风口的送风管，其长度尽量短一些；各个风口采用弧形调节板调节时，最长不宜超过 40m。

(2) 回风管布置

①回风口应布置在建筑物两侧下部，风口底边距离地面 0.2～0.3m，回风口宜均匀布置且应邻近局部热源，尽量消除气流停滞死角，以减小空调区域温差。回风口吸风速度取 1.5～3.5m/s。

②回风干管一般可敷设在建筑物中部送风管以下位置。

③各个回风口的回风量宜进行调节，尽量利用回风支管接至总管处的三通风阀进行调节，不要用回风口上的百叶片进行调节，以免增大噪声。

22.7 部分空调系统实例汇编

22.7.1 国家电力调度中心空调系统设计

1. 工程概述

(1) 建筑概况

国家电力调度中心工程位于北京市西长安街,于2001年7月竣工并正式投入使用。该建筑地上12层,以办公、会议用房为主,部分区域设置电力调度、计算和通讯等生产工艺用房;地下建筑3层,主要为汽车库、建筑设备用房、职工餐厅和活动用房。总建筑面积73667m²,地上建筑高度49.2m。建筑设计定位为高智能化标准的现代化办公大楼。

图 27.7-1 国家电力调度中心外观图

(2) 空调设计原则

为满足建筑物的形体及功能特点要求,空调系统的设计原则为:内外分区,全年运行;品质优良,环境舒适;工艺空调,安全可靠;个别调节,智能监控;降低成本,环保节能等。

(3) 空调系统概况

该工程空调系统的设计全面基于整体化蓄冰空调系统的设计理念,即集成了冰蓄冷、变风量、低温送风等多项空调新技术。该工程空调面积约58000m²,空调冷负荷7718kW,热负荷6290kW。空调冷源采用蓄冰系统,空调热源来自城市热网。空调形式主要为全空气变风量的低温送风系统,局部区域设置风机盘管。大楼设有纳入BA系统之内的完整的空调自控系统。

(4) 使用效果及评价

几年来的运行实践证明,整体化蓄冰空调系统对减少空调投资和运行费用、大幅度空调节能以及对电力的"移峰填谷"方面都起到良好的作用。在室内空气品质方面,国家环境卫生权威检测机构对该建筑室内环境进行了全面的检测,包括室内空气质量、室内微生物含量、空调送风品质、室内噪声、室内热环境等,其评价结论为"达到世界卫生组织(WHO)室内环境标准的健康建筑物"。

2. 空调设计参数及负荷

(1) 室内设计参数(见表22.7-1)

室内设计参数表 表22.7-1

序号	房间名称	温度(℃)/相对湿度(%)		人员 (P/m²)	照明 (W/m²)	设备 (W/m²)	新风量 (m³/h·人)
		夏季	冬季				
1	办公室	24/45	20/35	0.5	40	15	35
2	商业用房	25/55	18/40	0.4	60	10	20

续表

序号	房间名称	温度（℃）/相对湿度（%） 夏季	温度（℃）/相对湿度（%） 冬季	人员 (P/m²)	照明 (W/m²)	设备 (W/m²)	新风量 (m³/h·人)
3	展览厅	24/45	18/35	0.12	50	—	20
4	报告厅	24/55	20/40	0.9	40	15	20
5	会议室	24/45	20/35	0.4	50	15	25
6	餐厅	24/55	20/40	0.4	40	15	30
7	门厅	24/45	18/35	0.3	40	—	20
8	工艺设备	24/45	22/40	0.08	40	70	35
9	计算机房	24/45	22/35	0.08	40	70	35
10	调度大厅	24/40	22/35	0.04	40	15	40

（2）空调负荷

建筑物设计日的逐时空调计算负荷见表22.7-2。

设计日逐时空调负荷表　　表22.7-2

时刻	冷负荷（RT）	时刻	冷负荷（RT）	时刻	冷负荷（RT）
0:00	342	8:00	2081	16:00	2188
1:00	320	9:00	2029	17:00	695
2:00	310	10:00	2070	18:00	671
3:00	311	11:00	2115	19:00	653
4:00	314	12:00	2148	20:00	605
5:00	322	13:00	2173	21:00	578
6:00	343	14:00	2185	22:00	462
7:00	374	15:00	2195	23:00	342

3. 空调冷热源及水系统

（1）冰蓄冷系统

冰蓄冷系统采用分量蓄冰方式，主机与蓄冰装置串联，主机上游。设计工况的供冷运行策略为主机优先，部分负荷时可按融冰优先甚至全量蓄冰模式运行。空调冷源系统流程见图1。

蓄冰装置采用8台钢盘管蓄冰槽，蓄冰量为6800RTh，占设计日空调负荷总量的26%。主机采用3台双工况螺杆式制冷机组和1台常规型螺杆制冷机组，制冷剂均为R22。每台双工况主机额定工况（7/12℃）制冷量为417RT，实际空调工况（5.0/10.1℃）时为394RT，制冰工况（-2.0/-5.6℃）时为271RT；载冷剂采用容积百分比浓度为25%的乙二醇溶液；常规型主机用作基载主机，制冷量为420RT。制冷机总装机容量比常规系统减少24%。乙二醇系统一次泵定流量运行，与制冷主机一一对应；二次泵变流量运行，为变频调速控制。

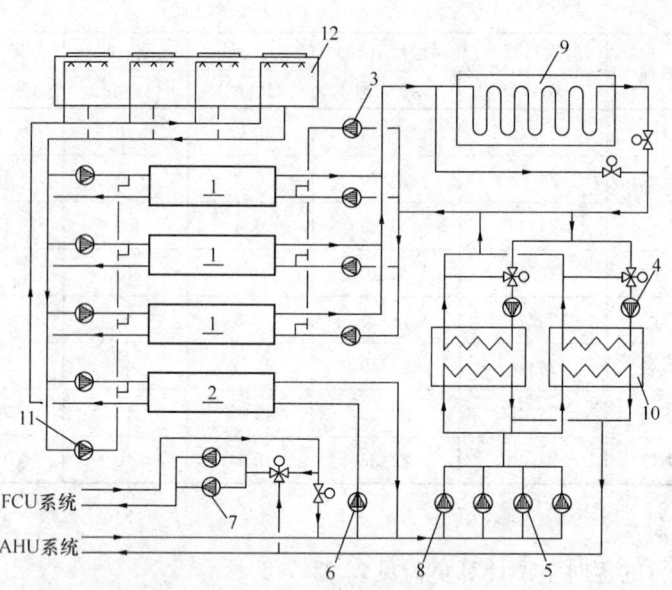

图 22.7-2 空调冷源系统流程图
图中设备名称、规格、数量等见后面表 3

冰蓄冷系统可以按照以下工作模式运行：①基载主机单供冷。②单制冰。③单融冰供冷。④双工况主机单供冷。⑤双工况主机与融冰的联合供冷。⑥制冰及供冷。其中，①模式可与其他 5 种模式中的任意一种联合运行。

设计日系统运行负荷图见图 22.7-3；系统主要设备配置见表 22.7-3。

系统主要设备配置表　　　　　　　　　　　　　　　　表 22.7-3

序号	设备名称	服务功能	规　　格	单位	数量	备注
1	双工况主机		$Q=417RT$, $N=277kW$	台	3	
2	基载主机		$Q=420RT$, $N=277kW$	台	1	
3	乙二醇水泵	双工况主机	$G=275m^3/h$, $H=27m$	台	4	3用1备
4	乙二醇水泵	融冰泵	$G=412m^3/h$, $H=17m$	台	2	
5	冷冻水泵	AHU 水系统	$G=321m^3/h$, $H=29m$	台	3	2用1备
6	冷冻水泵	基载主机	$G=212m^3/h$, $H=12m$	台	1	
7	冷冻水泵	FCU 水系统	$G=35m^3/h$, $H=16m$	台	2	1用1备
8	冷冻水泵	低负荷泵	$G=112m^3/h$, $H=19m$	台	1	
9	蓄冰槽		蓄冰量 850RTh	台	8	
10	板式换热器		$Q=3251kW$	台	2	
11	冷却水泵		$G=350m^3/h$, $H=26.5m$	台	5	4用1备
12	冷却塔		$G=160m^3/h$	台	8	

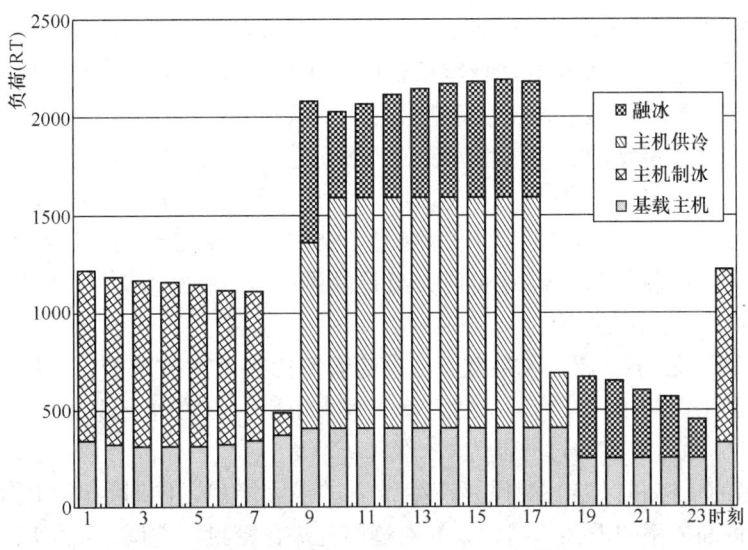

图 22.7-3 设计日蓄冷系统运行负荷图

(2) 空调冷热水

冰蓄冷系统的融冰出水温度为 2.2℃，经板式换热器换热得到 3.3℃ 的冷水，直接供给空调机组使用，回水温度为 14.4℃，温差 11.1℃，循环水量比常规系统减少 55%。大楼内的少量风机盘管采用 7.8℃ 的冷水，由 3.3℃ 冷水与回水混合后得到，回水仍为 14.4℃，温差 6.6℃。

空调热水是通过与城市热网中的 110/70℃ 高温水换热得到，供回水温度为 82/70℃，温差为 12℃，冬季时供给空调箱、变风量末端的再热盘管和风机盘管使用。

空调水系统为四管制，空调冷热水泵均采用变频调速的变流量控制。

4. 空调系统

全空气空调系统可以带来优良的空气品质。为利于房间单独的温度控制及空调节能，本工程大部分区域均采用单风道变风量系统与低温送风方式。一次风温度为 7.2℃，所需送风量可比 14℃ 送风的常规系统风量减少 40%。

(1) 系统设置

空调系统共采用 27 台空调箱（包括新风机组），除新风系统外，大都采用双风机方式。地下餐厅、活动用房和地上空调内区的报告厅、展览厅等利用回风机排风；地上的办公、会议、工艺用房等通过建筑中庭集中排风，系统回风机仅用于回风。过渡季时空调系统均可利用新风供冷。

空调送风通过变风量末端送入室内。变风量末端为压力无关型，并按空调内外区进行布置。外区采用并联或串联式的风机动力型末端，均带热水再热盘管；内区采用单风道型或串联风机动力型，不带热水盘管。空调一次风常年供冷，解决内区办公、展览厅、报告厅及大量设备发热的工艺用房的常年冷负荷，而外区冬季热负荷则由变风量末端上的热水再热盘管负担。

(2) 空调箱

空调箱的选择计算是低温送风空调系统设计中极为重要的环节。主要包括以下方面：

1) 送风温度。送风温度越低，越利于减少系统风量，但也会增加冷却盘管的费用、阻力以及风道保温的厚度,所以应通过技术经济比较来确定。与之密切相关的因素是:a. 供水温度。无疑供水温度越低,越容易获得较低的出风温度;b. 风机相对于盘管的位置。由于存在风机温升,风机位于盘管进风侧时(吹出式)比在出风侧时(吸入式)可获得更低的出风温度,但须增加空气均流装置。民用建筑的机房空间相对狭小,我们采用了"吸入式";c. 迎面风速。一般为 1.5~2.3m/s。太大则空气与盘管的换热不充分,风阻大,也容易带水;太小则空调机组的尺寸和造价要增加;d. 盘管的结构性能。排数越多,片距越密,出风温度就越低,也易实现大温差的供回水,但也要增大风阻。我们采用了 12 排、片距 14 片/英寸的盘管。

2) 过滤等级。由于空调送风量减少,意味着室内换气次数减少,所以应该提高空气过滤等级,也利于保护翅片较密的盘管。本工程采用粗、中效两级过滤,过滤效率分别为比色法 30% 和 85%,对应的过滤器为 G4 级和 F7 级。

3) 空调箱的结构和保温。漏风是产生结露的最大隐患,同时也影响空气的清洁度,所以宜采用较低漏风率的框架式结构,并对缝隙处进行密封。空调箱壁板以采用发泡聚氨酯保温的双壁面整体壁板为宜。从测试结果来看,空调箱在 1000Pa 静压下漏风率可小于 1%;在箱体内空气温度 4℃,环境温湿度 32℃、80% 的情况下,保温厚度为 25mm 的这种壁板即可防止结露发生。但按保冷的要求,保温厚度宜采用 38mm。

(3) 变风量末端

变风量末端在夏季是通过调节风阀控制一次风量、冬季调节热水盘管水阀控制加热量来控制室内温度的。加热时一次风均为满足室内通风要求的最小风量。单风道型末端仅送一次风;并联风机型末端供冷时也仅送一次风,冬季用再热盘管时才运行风机;串联风机型末端风机始终运行,由于混合了室内回风,所以送风温度比一次风高,一般控制在 13℃ 左右,接近常规空调的送风温度。

从气流分布的性能来看,串联风机型末端因送风量恒定无疑最佳,但因风机常开且风机效率低,其能耗足以抵消由于系统风量减少而在空调箱风机上节省的能量;从节能角度来讲,单风道型末端因本身无需风机而最具优势,且投资最省,噪声也低。并联风机型末端的性能介于两者之间。本工程设计中,优先选用的是单风道型和并联风机型末端,前提是需采用低温型送风口。

(4) 低温风口

采用低温风口能把低温一次空气直接送入室内而仍可获得良好的空调效果,实现了在末端设备及管道上降低能耗和投资的目的。低温风口不只局限在具有比常温风口更广泛的温度适用范围,还具有更广泛的风量适用范围、很好的空气分布特性和空气混合特性,以适应变风量系统的要求。本工程采用的是具有热力核芯的高诱导型低温风口(Thermal Core High Induction Diffuser)。低温一次空气以较高的速度经过核芯周边的小孔,产生对周围环境空气强烈的诱导和卷吸,使送风气流在离开风口时,已具备等同甚至高于常规送风温度,同时风量也急剧增加。该风口的特点是 a. 送风诱导比较常规风口大 100%~300%;b. 风量适用范围大;c. 扩散性能好使得温度梯度小;d. 能确保风口不结露;e. 送热风效果也十分令人满意。不足之处在于阻力偏大,品种较少,价格较高。

(5) 管道风速、材质、保温及漏风控制

变风量系统主风道内的风速可以提高,本工程采用 12m/s,而风道噪声则连同变风量末端产生的噪声均在末端下游的风道中消除。结合低温送风方式而减少的风量，空调主风道截面积比一般 8m/s 风速的常规系统减小 60%。空调主风道采用保温型双层无机玻璃钢成品风管（地下室使用）和镀锌钢板风管（地上部分使用）是为了满足主风管所应具备的刚度和强度；末端下游的支风道采用质轻、安装制作及更改简便的玻纤制品，具有良好消声性能。

上述风道均为工厂化加工，为低漏风率的实现提供了可靠的保障。实际测试证明，在 750Pa 静压下的漏风量均小于 $0.9 m^3/h \cdot m^2$。风道保温厚度除比常规系统稍厚外，更要注意杜绝冷桥现象发生。本工程采用的是 40mm 厚、密度为 $48kg/m^3$ 带铝箔的离心玻璃棉板。

（6）成组运行

变风量空调系统大都采用了 2 或 3 台空调箱并联连接并成组控制运行的方式，见图 22.7-4。在各层仅有局部负荷时，每组空调箱可仅开 1 台，既满足使用要求，又利于节能，增强了系统使用的灵活性。成组设置的空调箱型号规格应相同。

5. 空调自控

具备完善控制功能的自控系统是整体化蓄冰空调系统必不可少的组成部分。本工程采用了分布式计算机监控与管理的集散型系统，空调末端设备采用 DDC 控制，冷热源设备采用 PLC 控制，中央控制站对系统运行进行集中监视、控制和管理。

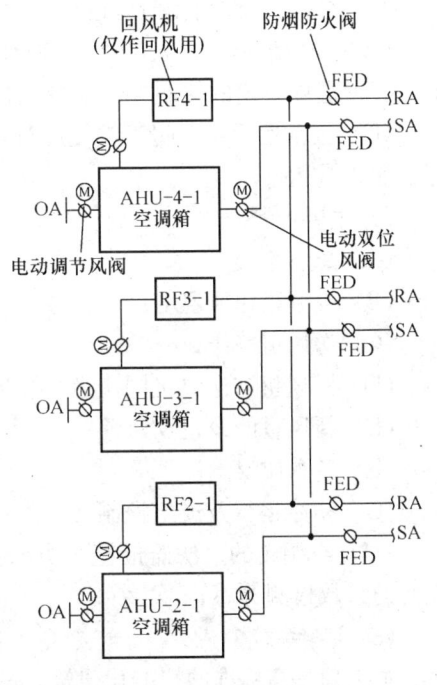

图 22.7-4 空调箱成组并联

（1）冰蓄冷及空调水系统

1）优化控制及负荷预测

制冰模式的控制比较简单，一般根据时间预设及剩余冰量来操作，如果剩余冰量大于第二天负荷的全部需求量也可不制冰。

供冷的模式较多，选择原则应是在满足使用要求前提下的运行费用最少。显然，优选次序是用融冰（单融冰方式），次加基载主机（融冰+基载），再加双工况主机（联合供冷+基载）。双工况主机单供冷及制冰供冷模式作为非常规情况的应急措施，一般不会用到。联合供冷时，是采用融冰优先还是主机优先，融冰和主机负荷在不同电价时段上如何分配，以及随着用户负荷变化而进行的各种模式转换、设备运行状态和参数的调整等，就要以丰富的运行经验为基础，制定出一套完善的优化控制程序。

实现系统优化控制的前提是系统的负荷预测能力。目前的做法是先利用运行日的室外气温和焓值条件对设计日负荷曲线进行修正，运行后的实际负荷曲线作为次日室外气候条件下负荷预测的基础。利用软件的再学习和记忆功能，经过一年时间的不断积累，建立起一套各种气候条件下比较符合本工程实际情况的专用数据库。

2）主要控制对象

（A）冷冻水系统的供水温度、工作压力和供回水压差；

（B）乙二醇系统的供液温度和工作压力；

（C）蓄冰装置的充冰量和融冰量；

（D）制冷机的出水温度、增载卸载及台数控制；

(E) 一次水泵的台数控制和二次水泵的变流量控制；

(F) 负荷侧（空调箱等）对供冷量的控制；板式换热器的防冻保护；低负荷泵、备用水泵及变频器的自动切换；其他必要的参数检测等。

(2) 空调系统

1) 运行模式

空调系统大致按三种模式运行，均按时间预设和程序预设进行控制：

(A) 无人占用：房间无人时，室温设置高限和低限（如夏季 32～29℃，冬季13～16℃）。供冷时空调箱无新风运行；供热时空调箱不运行，仅利用室内末端再热盘管。

(B) 预冷预热：在人员进入房间前的一段时间，系统应按该模式运行。此时，除室温按正常温度设定的控制外，设备运行同无人占用状态。

(C) 正常运行：房间正常使用时，室温按正常温度设定进行控制，所有设备均按程序控制正常运行。

2) 主要控制对象

(A) 室内温度；

(B) 空调箱送风温度；

(C) 送风道静压；

(D) 回风机与送风机同步运行和风量匹配；

(E) 新风量的设定及保证；

(F) 冬季加湿量；

(G) 初始运行及成组控制；

(H) 空调箱的过滤器报警、防冻保护、加湿水槽定时排水、相应部件的连锁控制、必要的参数检测等。

(3) BA 系统

本工程是高标准的智能化建筑，设置有楼宇建筑设备自动化管理系统（BA），空调自控系统为 BA 系统的主要组成部分。通过 BA 系统的数据通信，不仅可以对冷热源及空调系统的各种参数进行监测和设定，可以对各种通风空调设备进行启停、监视和故障报警，而且还可以通过与其他系统（如照明系统、门禁系统等）的通信，确定人员占有情况、确定系统工作模式、预测空调负荷等，大大提高了大楼整体的管理水平。

（供稿人：华东建筑设计研究院有限公司　杨光）

22.7.2　江苏省电网调度中心蓄冷空调设计

1. 工程概况

江苏省电网调度中心是华东地区重要的电力调度枢纽之一，也是一幢具有电力调度工艺、办公、会议及其他服务功能的综合性大楼。该工程建筑面积 74700m^2，地上 35 层，面积 53150m^2；地下 3 层，面积 21550m^2；主体建筑高度为 170m。

2. 负荷计算

正确计算和分析负荷是选择冷水机组、蓄冰装置和保证系统合理配置的前提。因此在负荷计算时充分考虑了各种影响因素，如办公室负荷主要出现在白天办公时间内，电网调度工艺负荷昼夜持续,餐厅、会议负荷是集中、短暂或随机,利用计算机软件进行 24 小时逐时冷负荷计算,热负荷则采用稳定传热的计算方法进行计算。

冷负荷计算结果如下:

(1) 设计日峰值负荷(15:00~16:00):2438RT
(2) 下班后峰值冷负荷(18:00~19:00):1046RT
(3) 设计日负荷(8:00~22:00):24967RTh
(4) 电网调度工艺负荷(24 小时运行):16800RTh
(5) 设计日蓄冰负荷:5800RTh
(6) 蓄冰负荷与设计日负荷之比:23.2%

3. 蓄冷系统

(1) 设计原则与方案

蓄冷系统的方案、设备选择与控制策略受诸多因素的影响。设计依据中最重要的是负荷及其分布特点以及当地的电价结构,只有在掌握负荷变化规律和充分利用电价政策的基础上才能确定合理的系统形式。本工程蓄冷系统的基本配置与参数如下:

1) 采用分量蓄冰、双工况冷水机组(后称主机)与蓄冰装置串联、双工况冷水机组上游、融冰优先的系统;

2) 蓄冰装置为钢盘管整体式蓄冰槽,内融冰,出水温度为 2~3℃;

3) 根据负荷的分布情况,设置 2 台基载冷水机组(后称基载机)与基载水泵等组成基载环路。供/回水温度为 5.5/11.5℃;

4) 主机、乙二醇泵和蓄冰装置等组成主环路。系统冷媒采用具有高压缩比的 R22,载冷剂采用重量比为 25% 的工业抑制性乙烯乙二醇溶液。利用蓄冷系统融冰时流量小压力损失大,制冰时流量大压力损失小的特点,依据乙二醇溶液在不同温度时的密度、黏度之差异,对流量进行修正,使得融冰环路与制冰环路共用一套循环泵成为可能。

(2) 主要设备

冰蓄冷系统的主要设备有:主机、基载机、钢盘管整体式蓄冰槽、板式换热器、冷却塔以及各类水泵,它们的性能参数见表 22.7-4。

主要设备性能参数 表 22.7-4

序号	设备名称	服务功能	性能参数	数量	备注
1	主机	制冰与空调	制冰(−3/−6℃):260RT,280m³/h 空调(11.5/6.5℃):380RT,250m³/h	3 台	螺杆式机型
2	基载机	空调	空调(11.5/5.5℃):380RT,200m³/h	2 台	螺杆式机型
3	蓄冰槽	蓄冷	蓄冷量:761RTh, 出水温度:3℃	8 台	整体式
4	乙二醇泵	制冰与融冰	制冰:280m³/h,39m 融冰:250m³/h,44m	4 台	3用1备
5	冷水泵	配合主机 环路供冷	230m³/h,20m	4 台	3用1备
6	冷水泵	配合基载机 环路供冷	200m³/h,20m	3 台	2用1备

续表

序号	设备名称	服务功能	性能参数	数量	备注
7	低区冷水二次泵	供低区用户系统	420m³/h, 26m	2台	2台共用
8	高区冷水二次泵	供高区用户系统	150m³/h, 24m	2台	2台共用
9	板式换热器	乙二醇系统	换热量：2180kW	3台	
10	冷却塔	空调水系统	350m³/h		单侧面强制进风逆流式集水型
11	冷却水泵		400m³/h, 30m	6台	

(3) 冷源系统

分量蓄冰对于冷源来说只是一部分，它还需要其他机组和设备予以支持，更需要一个完善的系统和控制策略来适应逐时负荷的需求，以获得良好的经济效益。

本工程制冷机房内的蓄冷与空调水系统流程见图 22.7-5。蓄冷系统通过板式换热器与基载环路共同组成冷源，作为空调水系统的一次水系统（冷源侧），二次变频泵负责向空调末端设备（用户侧）输送空调冷水，供/回水温度为 5.5/13℃。

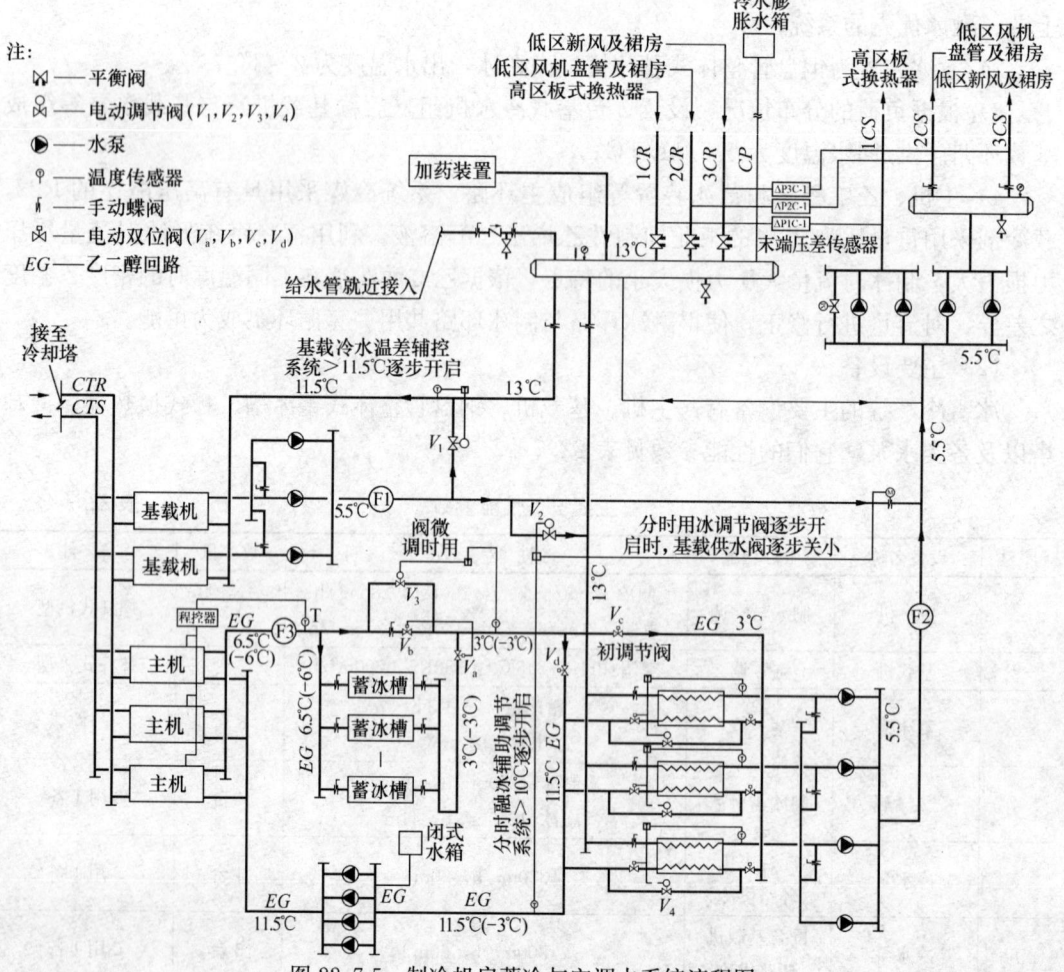

图 22.7-5 制冷机房蓄冷与空调水系统流程图

该系统可以实现以下 5 种运行模式：1) 主机制冰蓄冷＋基载机供冷；2) 融冰与基载机及主机联合供冷（不分时段与分时段）；3) 仅融冰供冷；4) 仅基载机供冷；5) 仅主机供冷。它们的运行模式流程见图 22.7-6。

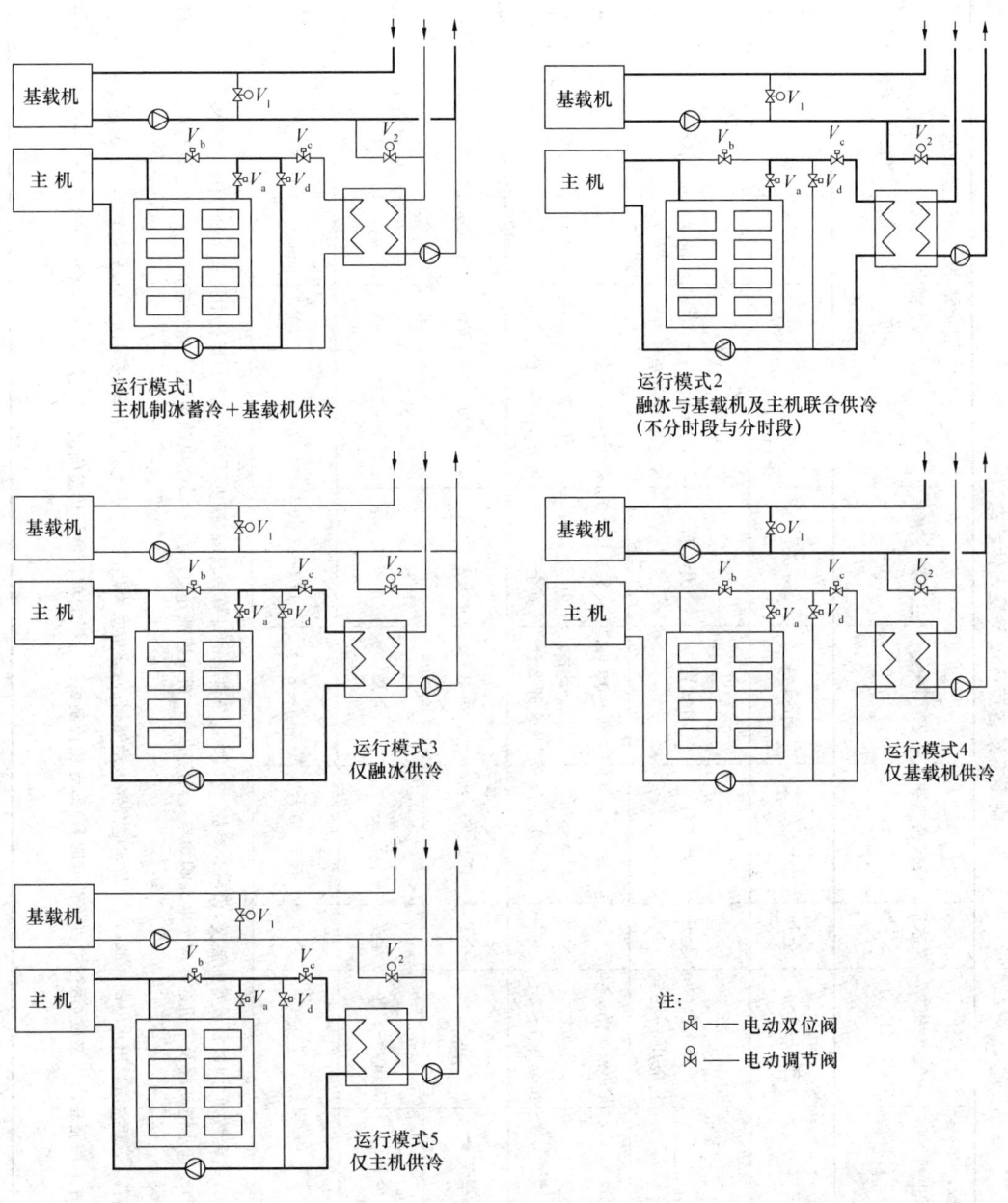

图 22.7-6　蓄冰空调运行模式流程图

(4) 系统运行控制

空调蓄冷系统是以回水温度来控制各阀门的状态并与各相关的设备联动，主环路与基载环路联合运行，根据设计负荷图和电价结构表，选择设计日的系统运行策略，设计中还考虑了不分时段和分时段 2 种运行模式，以后可以根据一段时间的实际运行情况进行优化组合，确定优化运行模式。各设备的运行情况、阀门的开关状态见图 22.7-7 及表 22.7-5。

制冷系统各运行设备及阀件状态表 表22.7-5

运行模式	模式名称	主机(3台)	基载机(2台)	蓄冰槽(8只)	板式换热器(3台)	乙二醇泵(3台)	主环路冷水泵(3台)	基载环路冷水泵(2台)	蓄冰槽出水温度调节阀	板式换热器出水温度调节阀 V_2	基载机组回水温度调节阀 V_3	分时融冰主机回水温度调节阀 V_1	蓄冰槽切换阀	板式换热器切换阀
1	主机制冰蓄冷与基载机供冷	开3台	开1~2台	全开	全关	开3台	关	开1~2台	关	关	调变	关	V_a开 V_b关	V_c关 V_d开
2a	融冰与基载机及主机不分时段联合供冷	8:00~17:59 开2台	8:00~17:59 开1台 其余开1~2台	全开	开2台	开2台	开2台	8:00~17:59 开1台 其余开1~2台	微调	调变	调变	关	V_a开 V_b关	V_c开 V_d关
2b	融冰与主机分时段联合供冷	11:00~17:59 开2台	8:00~10:59 开1台 其余开1~2台	全开	8:00~10:59 开2~3台 其余开2台	8:00~10:59 开2~3台 其余开2台	8:00~10:59 开2~3台 其余开2台	8:00~10:59 开1台 其余开1~2台	微调	调变	调变	>10℃ 时调变	V_a开 V_b关	V_c开 V_d关
3	仅融冰供冷	全关	全关	全开	开2~3台	开2~3台	开2~3台	全关	微调	关	关	关	V_a开 V_b关	V_c开 V_d关
4	仅基载机供冷	全关	开1~2台	全关	全关	全关	全关	开1~2台	关	关	调变	关	状态不变	状态不变
5	仅主机供冷	开1~3台	全关	全关	开1~3台	开1~3台	开1~3台	全关	关	关	关	关	V_a开 V_b关	V_c开 V_d关

备注:
(1) 表中所列设备开启台数、时间以及设置的温度、负荷等参数,均以规定条件下的计算为基础,仅供试运行参考。运行中视具体情况作适当调整。
(2) 基载机的冷水、冷却水电动阀和水电动阀均与主机的冷却水电动阀连锁开闭;主机的冷却水电动阀及主机连锁开启,仅与主机对应的乙二醇水泵同时开闭才能关闭。
(3) 切换阀的命名:V_a—蓄冰槽总出水电动蝶阀;V_b—蓄冰槽旁路电动蝶阀;V_c—板式换热器乙二醇总进水电动蝶阀;V_d—板式换热器乙二醇总旁路电动蝶阀。
(4) 主机程控器:由 T 控制总出水温度,运行主机负荷同时升降,台数控制由运行机的单台负荷状态确定,可初设为:开1台 $\xrightarrow{100\%}$ 开2台 $\xrightarrow{100\%}$ 开3台 $\xrightarrow{60\%}$ 开2台 $\xrightarrow{45\%}$ 开1台

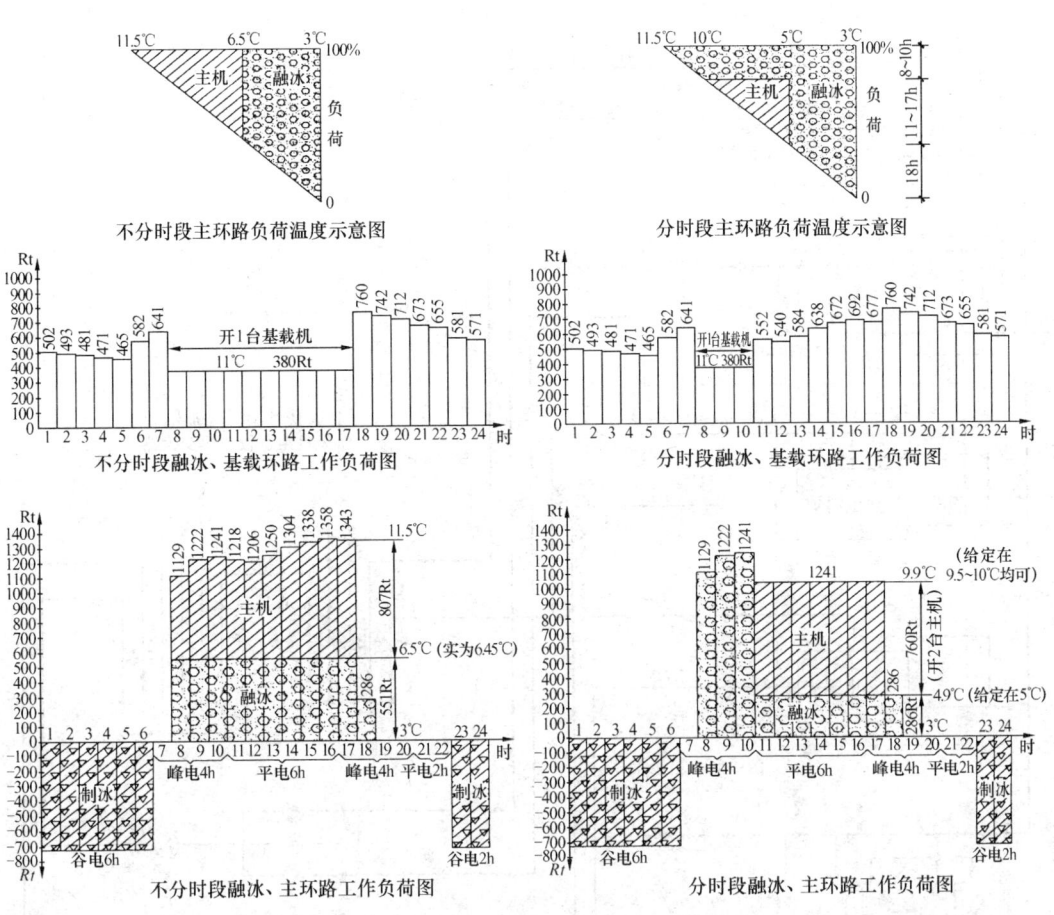

图 22.7-7 设备运行工作图

4. 空调热源

设计日空调热负荷为 44460kWh，峰值为 5000kW。热源系统主要由 2 台 990kW、蓄水量 100m³、供/回水温度为 138/71℃ 的蓄热电锅炉，2 台 330kW 供/回水温度为 65℃/55℃ 的直热式电热锅炉和热水循环泵等组成。蓄热锅炉自带板式换热器，由二次侧的供水温度传感器控制一次侧的流量，保证了二次侧空调用热水供回水温度为 65/55℃。由于每台锅炉具有完善的自控装置，配合系统的压差控制，故锅炉运行的台数、释热量以及热水循环泵的台数控制等都有良好的工作状态。蓄热锅炉房热水系统流程见图 22.7-8。

供热系统的控制策略是：蓄热锅炉上午 8～10 时峰值电价时段单独供热，其余时段由蓄热锅炉与直热锅炉联合供热。夜间蓄热锅炉蓄热时，直热锅炉服务电网调度工艺用房。

5. 空调水系统

大楼的水系统为四管制二次泵系统，一次泵定流量二次泵变流量。用户为三个部分：低区风机盘管及裙房、低区新风机组及裙房和高区。水系统流程示意见图 22.7-9。

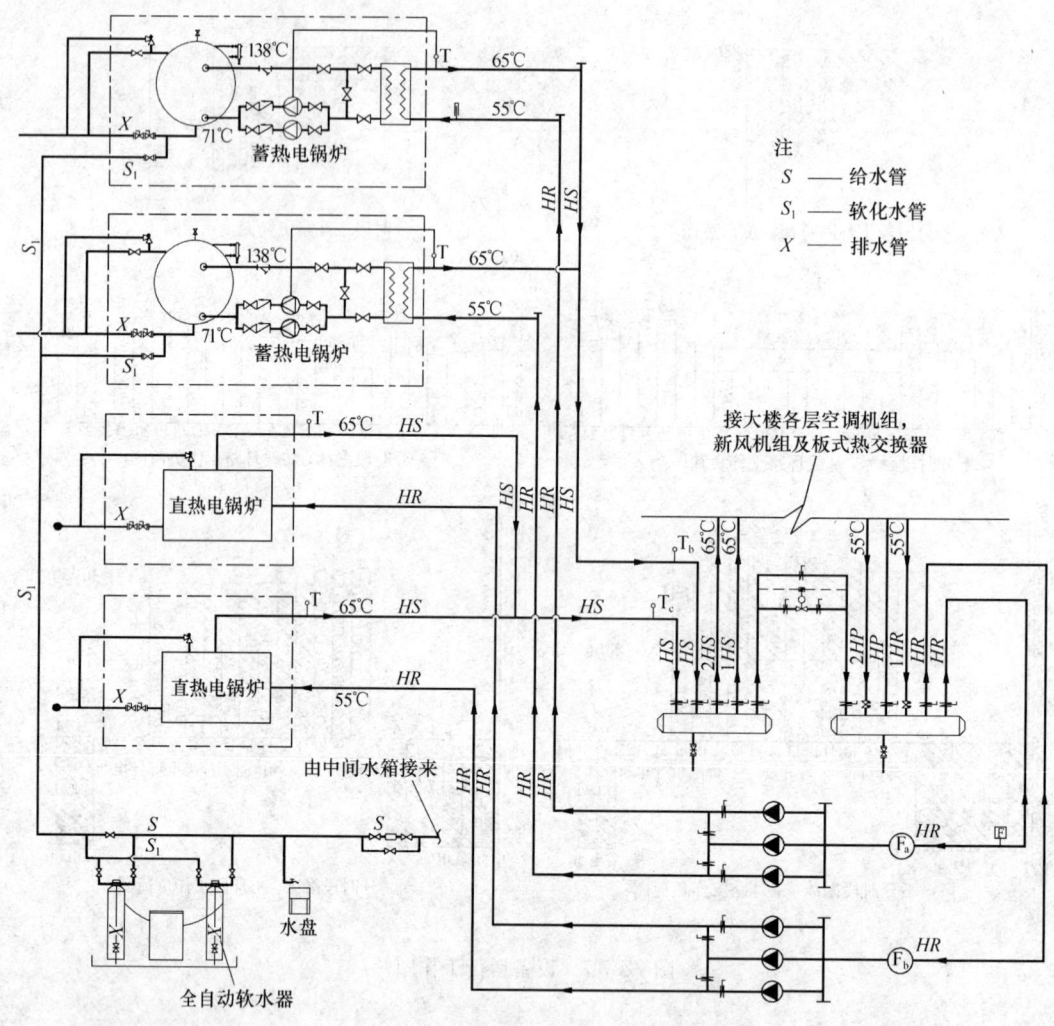

图 22.7-8 蓄热锅炉房热水系统流程图

由于主体建筑高度为 150m，为减小系统的承压，水系统分为两个不同工作压力区，即高区与低区，同时又根据不同的使用功能，将冷水按 3 个用户分配：低区风机盘管系统；低区空调/新风机组系统；高区系统。24 层为避难层兼作设备层，一次水系统在此层通过板式换热器为高区提供空调冷、热水。冷水一次侧供/回水温度 5.5/13℃，二次侧供/回水温度 7/14.5℃；热水一次侧供/回水温度 65/55℃供/回水温度 63.5/53.5℃。24 层以下低区膨胀水箱设在 25 层，高区的膨胀水箱设在屋面一层。设计优先采用开式膨胀水箱，是因为它简单、可靠和经济。在本工程的水系统设计中，还着重考虑了如下几个问题：

(1) 流量分配平衡。在确定空调水管径时，根据各个用户距离冷冻机房远近的不同，在 14~45mm/m 的范围内选用不同的比摩阻值。在主要供水分路及各层支管设置平衡阀，并标出各平衡阀的设计流量和初定开度或压差，以改善系统的水力平衡。

(2) 水大温差供回水。因为采用了冰蓄冷系统，供回水温差选为 7.5℃（5.5/13℃），大于常规值 5℃（7/12℃）。在项目设计初期，原想采用 VAV 低温送风实现大温差，但由

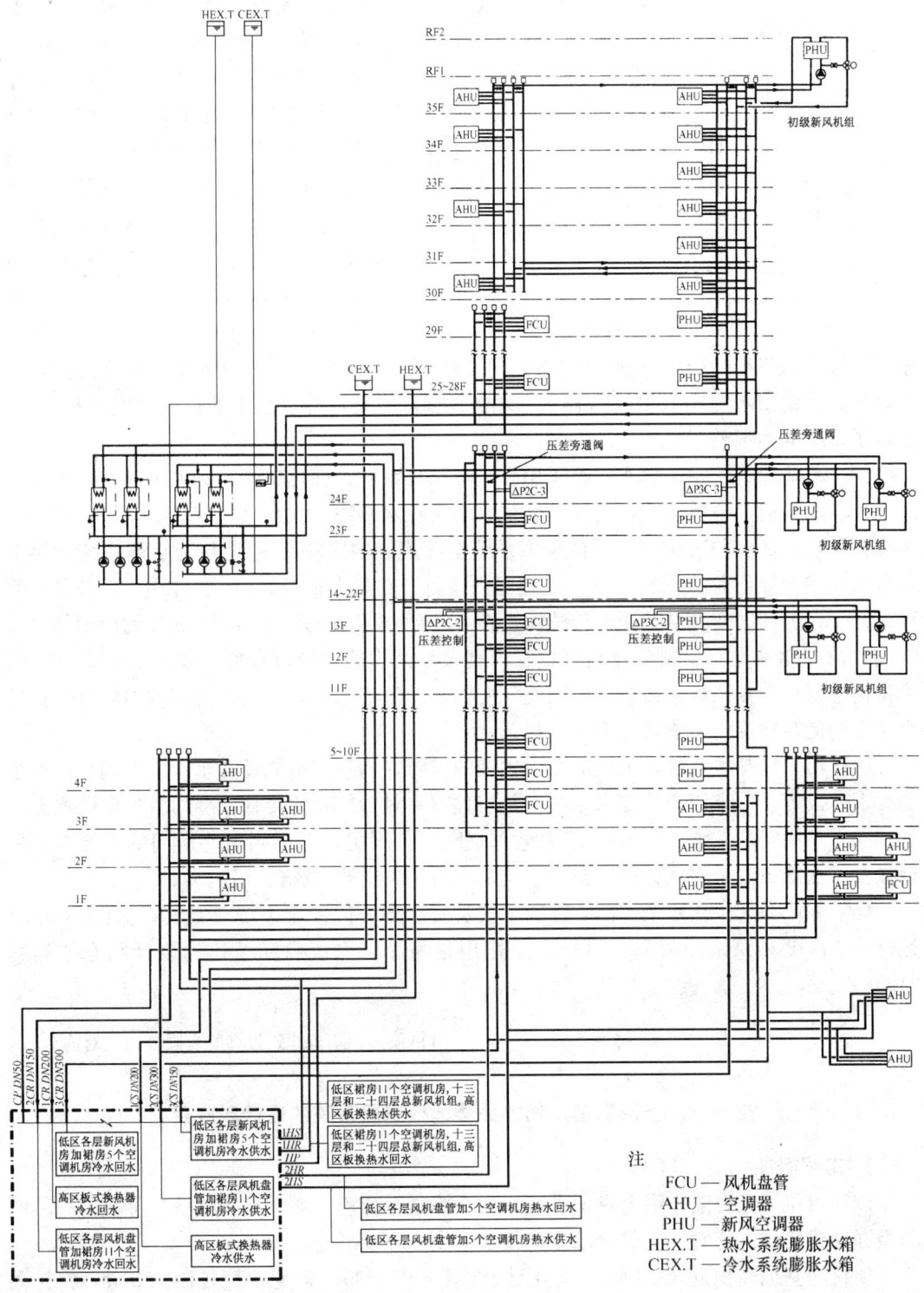

图 22.7-9 空调水系统流程图

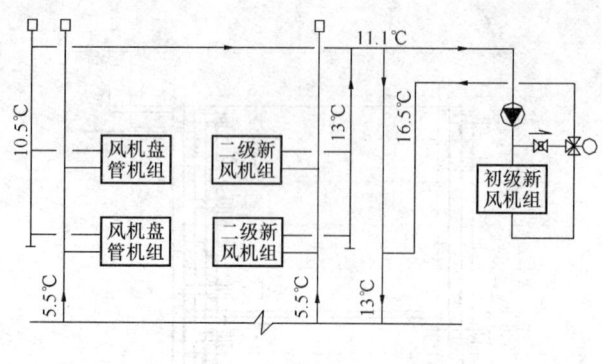

图 22.7-10 流程示意图

于受工程资金制约而未被采纳。目前工程是按图 22.7-10 所示水系统的合理配置加以实现。标准办公层的风机盘管回水和设在每层的二级新风机组的回水合流成温度为 11.1℃ 的空调水，其中一部分回水通过管道泵作为初级新风机组的空调供水。管道泵负担新风机组、管道、自控阀门等的压力损失，三通阀，受出风温度控制调节旁通流量。初级新风机组的回水温度为 16.5℃，再将此部分回水与未经初级新风机组的回水混合，达到系统回水温度 13℃。这样，末端的供回水温差与冷水机组的供回水温差相吻合，实现了系统的大温差。

(3) 节能运行。空调热水系统采用变流量循环系统，通过末端自动调节阀、压差旁通阀及控制水泵启停台数，跟踪负荷的变化。空调冷水系统二次泵采用变频驱动，高区与低区变频泵均为 2 台并联运行。每台泵为系统设计流量的 70%，这是基于空调系统全年大部分时间在设计负荷的 60%～70% 的范围内运行。在最大负荷时，2 台并用；大部分时间可只开 1 台。低区变频泵的压差传感器设在 24 层的立管末段，以 4～20mA 的模拟信号反映出负荷变化情况。变频泵控制箱具有内置微型处理器，经过计算，发出 0～10VDC 的模拟信号指令变频泵加速或减速。因此，变频泵的正确选型和应用，将有效地降低变流量水系统的运行费用，节能效益十分明显。

(4) 用户冷却水系统。为适应今后发展的需要，满足有可能设置水冷式专用空调机组的要求，设置了一个用户冷却水系统，每层预留一对 DN70 的接管，冷却塔独立设置。

(5) 备用空调系统。30～35 层为电力调度工艺用房，考虑到这些房间的重要性，另外设置了变冷媒流量多联分体式空调系统，作为中央空调系统的备用。

(6) 末段旁通。在每个支路立管的末段设置旁通，以便于系统放空气，保证 24 小时运行的二次变频泵最小流量，另外一个作用是缩小了系统启动至达到设计状态的运行时间。

(供稿人：华东建筑设计院有限公司 刘览)

22.7.3 上海财富广场办公楼地板送风系统的设计和应用

1. 工程概述

该项目位于上海陆家嘴金融贸易区，为 7 栋富有特色，融文化、科技、金融为一体的新型办公建筑群。它对空调的要求是：技术领先，环境舒适。

项目的基地面积近 30000m^2，地上建筑面积约 20000m^2，总高度控制为 24m，每栋面积为 2400～3400m^2。

2. 空调系统

(1) 空调冷热源。采用空气源热泵冷水机组，机组设在每栋办公楼的屋面上。

(2) 空调系统。采用地板送风系统。此系统目前国内应用甚少，故详述于后：

1) 系统优点

(A) 具有适应办公层平面常需要重新分隔、组合的灵活性；能适应使用人员工作位置的调整与变换，也能方便地更换电缆与导线系统，顺应通信技术的发展。

(B) 与其他全空气系统相比，可大大减少风道数量，减少安装工序，提高安装效率。

(C) 送风系统将处理后的空气通过末端装置直接送至人员工作区，风量与送风温度均可按个人需求而改变，有利于改善房间的热舒适性和室内空气品质。

(D) 节能性好。

a. 由于送风气流是自下到上地从地板流向平顶，减少了与上部热空气相混合的冷量损失；照明热量尚未转移到工作区时就被排风带走，排风温度得以提高，减少了冷负荷。

b. 地板下的静压箱横截面大，风速小，空气流动阻力小，可减少空调器风机的动力。

c. 系统送风温度较常规系统高，增加了利用室外新风供冷的时间，即减少了冷水机组运行时间。

(E) 清洗架空地板内部或检修送风末端装置方便，后者只要按需移去局部地板取出装置即可，对整个系统影响很小。

2) 静压箱。这是一个由楼板与在其上设置的一层架空地板所组成的可开启封闭空间。尺寸模数化的地板由金属架支承，地板面之上可铺地毯。本工程的地板架空高度为400mm。静压箱除了用于放置末端装置和作空调一次风的流动通道外，也是通信电缆的敷设空间。

3) 末端装置。它是一个含风机、一次风口、送风口、回风口、限位挡块、电加热器（当需要时）以及控制器的组合箱体（见图22.7-11）。其工作原理简述如下：

经过空调器处理后的空气被送入地板空间静压箱后，作为一次风（冷源）被吸入装置，同时室内回风——二次风也被吸入并进行混合。双位调节的一次风阀由电动机构驱动。当风阀开启时（图22.7-11），借助旁通道仍让部分二次风与一次风混合，以保证送风温度不会太低影响舒适感。在风机的出风段上还设有电加热器，以进一步控制出风温度。当风阀合上时（图22.7-12），通过限位挡块使风阀保持最小开度，但仍让有一定新风比的一次风经风道被吸入。本工程的一次风最小风量为总风量的10%。该末端装置的主要性能数据见表22.7-6，系统运行示意图见图22.7-13。

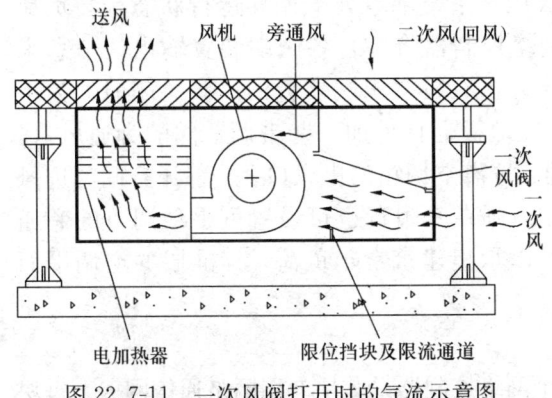

图22.7-11 一次风阀打开时的气流示意图

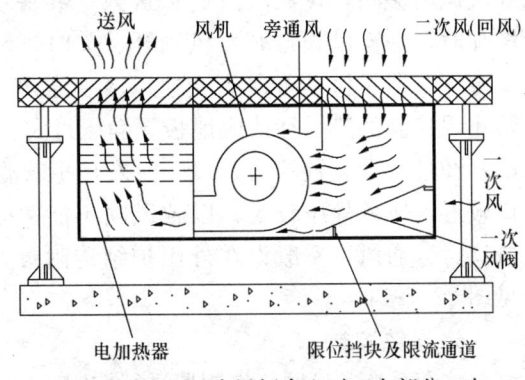

图22.7-12 一次风阀合上时（有部分一次风进入）的气流示意图

所选末端装置的主要性能　　　　　　　　表 22.7-6

风机				限流通道最大风量 (m^3/h)	最大冷量 (kW)	电加热器 (W)	外形尺寸 (mm)
风量 (m^3/h)	风压 (Pa)	轴功率 (W)	电源				$H \times L \times W$
405（中档）	1.5～2.5	54	220V50Hz	180	2.26	250/500	$215 \times 600 \times 600$

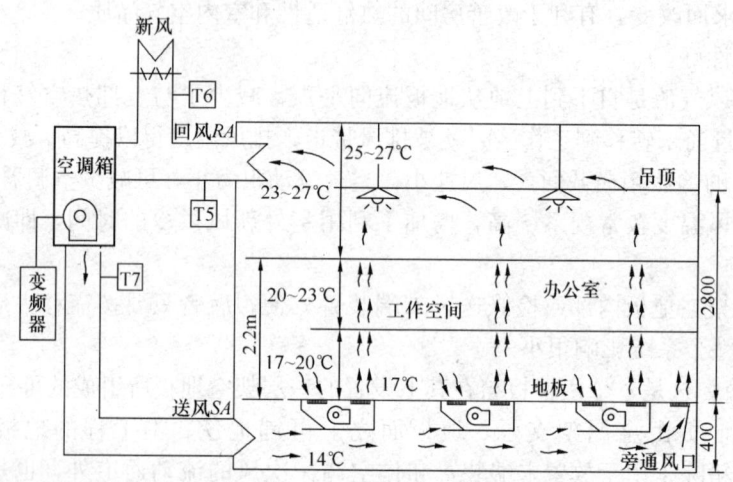

图 22.7-13　系统运行示意图

3. 系统运行

室外新风与室内回风在空调器内混合后经处理送入地板下空间，其内部压力一般维持在5～30Pa，通常推荐<15Pa。风机吸入一次与二次风后通过格栅送风口将空调风送入房间，送风温度17～19℃。气流在向上流动过程中接触热（冷）体，在进行热量交换后逐渐上升至顶部回风口，部分回风由排风系统排至室外。这样的气流组织利于节能、空气质量也较好。需注意的是出风口速度一般<2m/s，以防工作区有吹风感。

当房间空调负荷较小，末端的温度传感器测得室温达到了设定值时，则末端装置的一次风门关闭，仅从限流通道进入一些一次风，系统基本处于循环运行状态。当负荷增加时，一次风阀打开。风阀开、关时，网络控制器将综合各末端装置输出的信息来确定空调器风机是否需要变速以改变送风量。当有较多末端装置的风阀关闭时，为了防止因控制的滞后性造成地板下静压过大，在地板上宜另加一些带调节阀的旁通风口，即不经过末端装置的出风口。如果有些末端装置离空调箱的出风口——静压空间的进风口较近，所处静压较大，以致风阀不能关闭，则在其附近也可设置可手动调节的旁通风口。旁通风口一般设在外围护结构附近，以承担建筑常年负荷。标准层的空调平面见图22.7-14。

4. 系统控制

整个系统通过网络控制器进行控制。一个网络控制器设2块专用网络通信网卡，每块网卡管理24台主末端装置（主机），每台主机可携带8台子末端装置（子机）。控制只通

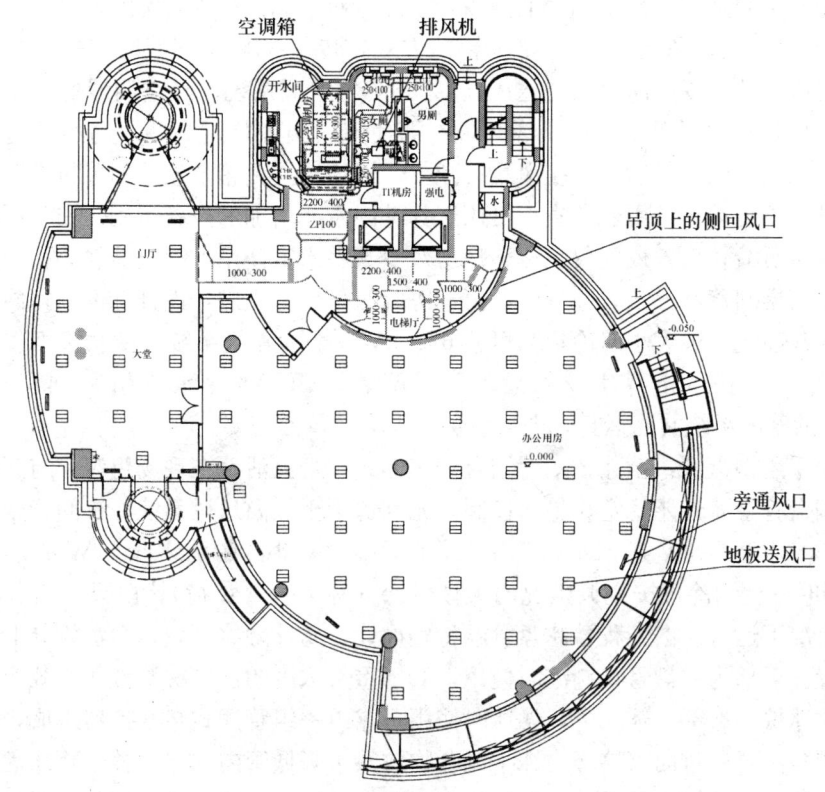

图 22.7-14 标准层空调平面

过主机来实施，子机对温度的控制完全服从主机，子机上只允许开/关操作。每台末端装置是扮演主机角色还是子机角色由控制软件来设定。

室内温度一般在主机上设定，但因诸原因无法在主机上设定时，也可在网络控制器上设定。这样，网络控制器和末端构成了一个完整的局域网。

（供稿人：上海财富广场工程筹建处　　　张焰
　　　　　上海建筑设计研究院有限公司　何焰　朱喆）

22.7.4 上海儿童医学中心空调设计

1. 概述

上海第二医科大学附属上海儿童医学中心是上海市首次采用冰蓄冷低温送风空调系统的工程，也是冰蓄冷系统首次在医院建筑中得到运用。该中心主体建筑面积约 4.5 万 m^2，分为九大功能区，是一座集临床、教学、科研为一体，具有国际先进水平的综合性儿童医院。医院内设有门诊区、急诊区、影像诊断及实验区、普通病房、重症监护病房、隔离病房及骨髓移植病房、中心供应部、手术部、新生儿监护室及各后勤保障等部门。1998年整个医院投入使用。

2. 冰蓄冷供冷系统

业主对医院定位高，室内空气品质要求参照美国有关设计规范和标准，并且在院区要求避免采用易引起感染、滋生病菌的湿盘管。经过对空调供冷方案与空调系统的分析，空调冷源确定为钢盘管不完全冻结式部分蓄冰方式，转移 35％日间峰时与平时段的冷负荷至夜间谷时段，并实现用冰水获得送风温度＜8℃的空调系统。经空调器处理后的低温空气含湿量较低，有利于保持室内干燥环境，即使室内温度相对高些，仍然可达到舒适要求。同时，采用低温送风后，系统风量可减少，风道、空调箱及送、回风机等一次投资相应下降，日后系统运行费用也节省，可用于弥补因蓄冰增加的设备费用。白天医院各功能区均使用，冷负荷较大；夜间仅急诊、病房及少数手术室使用，冷负荷较小；全天的冷负荷分布对采用夜间蓄冰方案较为有利。由于医院医疗设施先进，设计标准高，冷负荷指标高于一般医疗建筑，最大小时冷负荷可达 6329kW。如为常规系统，冷水机组装机容量应按此值配置。采用部分蓄冰技术后，只需配置 4220kW 冷水机组和利用蓄冷量为 12659kWh 的蓄冰系统共同运行，即可满足白天大楼供冷需要。

  本工程采用钢盘管式蓄冰技术，结合建筑形式，可灵活地在现场组装。与其他蓄冰方式相比，钢盘管融冰性能稳定，易于控制，尤其适用于低温送风系统。夜间，两台制冷机在小于 8 小时内蓄冷总量达 12659kWh（采用了小时蓄冰冷量为 105.5kW 的蓄冰盘管共 15 组），同时一台制冷机按空调工况向大楼供冷（称为基载负荷）；白天，三台制冷机同时在空调工况下运行。本工程蓄冰盘管经特别设计，属外融冰型，每个盘管分上、下两部分均匀布置。下部为主盘管，制冰时使用，30％重量浓度的乙二醇溶液作为载冷剂流经管内，管外为冰层。上部为辅盘管，融冰时使用，它由一组管翅式热交换器组成，管内流动的是空调用冷水，通过向蓄冰槽内冰水混合物放热来降低管内水温。整个蓄冰盘管组被包裹在设置了测冰（量）计的混凝土保温槽内。为使槽内冰水热交换更均匀，混凝土保温槽内另设置了压缩空气搅拌系统。系统为主机优先，使制冷机制冰容量与效率均相对较高。冰蓄冷系统的流程见图 1。制冰工况时，乙二醇溶液进、出蒸发器的温度分别为 $-2.58℃/-6.67℃$，不经板式换热器，直接进入主盘管，$V-2$ 走 ac，$V-1$ 关闭，$V-G1$ 开启。$V-4$ 可根据运行作设定调节。当乙二醇溶液离开主盘管温度下降到 $-2.78℃$ 或测量计显示 $100％$ 蓄冰量时，蓄冰过程结束。担任夜间值班的基载制冷机则不参与蓄冰运行，$V-2$ 走 ab，$V-1$ 开启，$V-G1$ 关闭，进、出蒸发器的溶液温度可与空调工况相同，也可另行设定。融冰工况时，乙二醇溶液出蒸发器的温度为 $4.44℃$，经板式换热器后，温度升至 $10.24℃$ 后回到蒸发器。$V-2$ 走 ab，$V-1$ 开启。用户回水经一级冷水泵送到板式换热器，温度由原来的 $13.3℃$ 下降到 $5.72℃$。部分水流经辅盘管二级降温，再与一级冷水混合后保持 $2.2℃$，由二级冷冻泵送至用户。从图 22.7-15 中可以看出，系统制冰、融冰的成功关键在于对 $V-3$、$V-4$ 的控制。

3. 大温差低温送风系统

  各区域空调系统根据其功能、使用特点不同而有所区别。除门厅、大堂、报告厅、宿舍等处采用常规空调系统外，其他空调系统的空气一般经低温、深度去湿处理。除病房采用诱导空气系统外，门诊急诊、医技、实验室、中心消毒供应、病区护理站、行政等区域普遍采用低温送风 VAV 变风量（含局部 CAV 定风量）空调系统。病房区采用低温、低湿新风一次风诱导室内回风的空调方式，其诱导比取 1：1。一次风送风温度为 $5.6℃$，室内回风为 $22\sim24℃$，混合后的二次风送风温度为 $12\sim13℃$。该装置无风机，故工程投资略少，但需增加一次风送风静压。考虑到工程造价及噪声等因数，其他系统一般采用单风

22.7 部分空调系统实例汇编

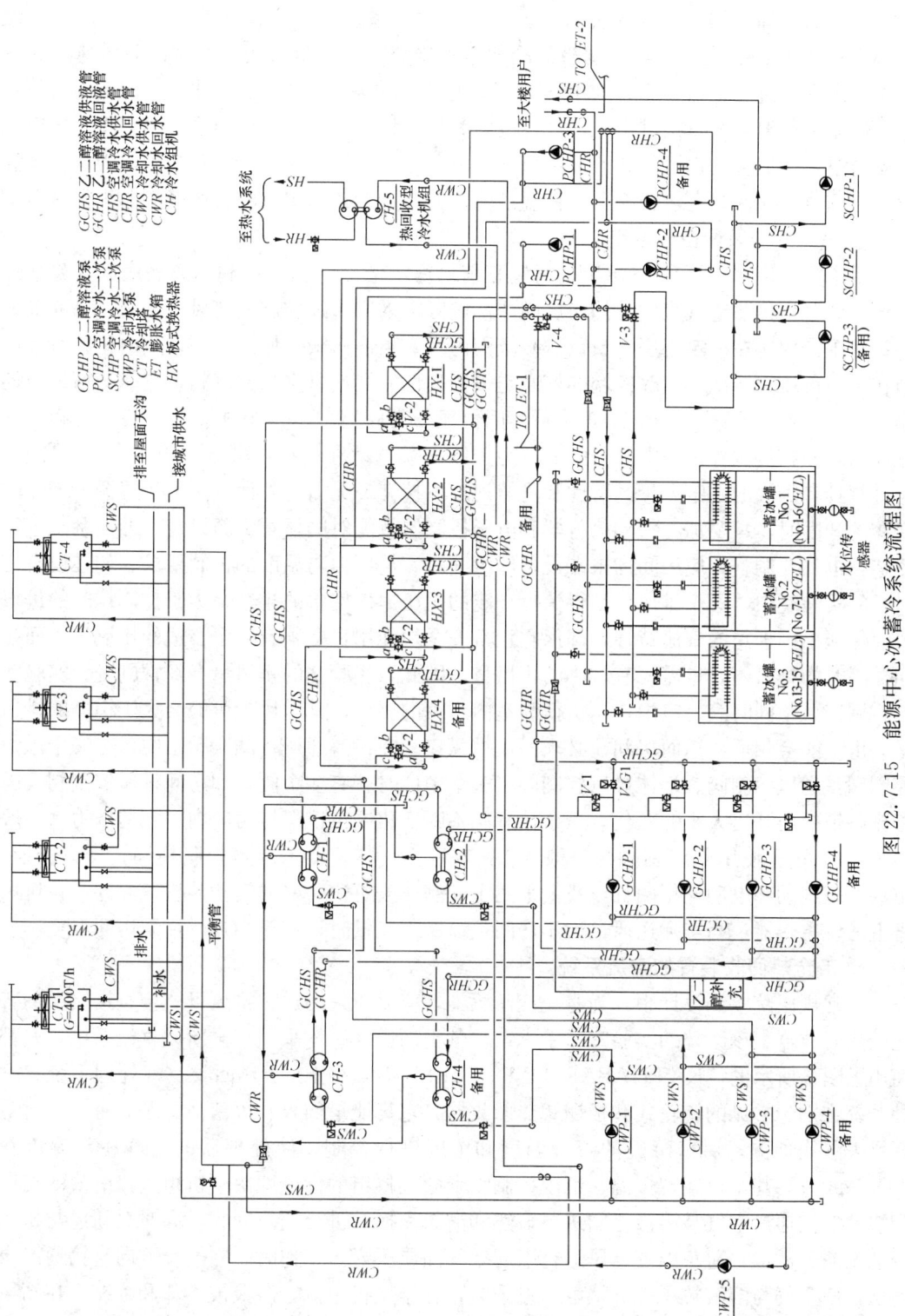

图 22.7-15 能源中心冰蓄冷系统流程图

道节流型 VAV 末端，其一次送风温度低于 7.2℃，送风温差远大于常规值 8~10℃。由于低温送风房间的相对湿度可达 40%~45%，故在系统设计中宜将室内干球温度设计值提高 1~2℃。低温送风系统空调箱的冷却盘管排数较多，阻力较大，对迎面风速有一定要求；冷水通过冷却盘管温升为 11~16℃，也大于常规 6~8℃。同时，为防止送风装置表面结露及低温空气直接进入工作区，设计时采用将一次风送入诱导混合箱，将一次空气与室内空气先混合的送风方式或采用低温散流器直接送风方式。需注意的是，为保证低温空气在到达工作区时已混合充分，低温散流器的送风量较同规格的普通散流器小得多。

4. 追踪式变风量空调系统

手术室、ICU、CCU、NICU、骨髓移植病房等洁净空调区域和隔离病房、实验室的空调设计严格按照空气流向从洁净区向非洁净区，采用追踪控制的变风量系统，可准确地将室内压力控制在一定正压（或负压）范围内。隔离病房根据使用需要，室内压力可灵活地在正、负压间转换。追踪控制的核心是采用高性能文丘里空气控制阀，它能较精确地控制送、回风量（或送、排风量），维持房间恒压。其阀体包括一个独立的、动作精确的圆锥体阀芯和弹簧拉杆。失电时，阀的压力控制无需电动和气动，可迅速转换为机械控制。这种阀具有很强的固定风量的特性和可监视与可控性，无需另外设置压力传感器。当需改变阀的开度时，只要加上气动执行器和电子控制器就能对阀任意重新设定。即使系统进行改造，也只要调整相应房间的末端设备即可同时满足压力与温度的控制要求。如在设有排风柜的实验室中，每个排风柜都得保持一定的负压。使用中的排气柜为了控制拉门的进口风速保证柜内理想的气流特性，确保它正常安全地使用，必须有一个合适的排风量；而拉门关闭时的排风柜，也需要有较小的排风量；因此，实验室的排风量会经常剧变。实验室的空调送风须同时满足室内空调负荷和室内压力的要求，其送风量可能会大于柜体的排风量，也可能会相反，因而房间还必须另设排风口。在设有通风柜的实验室中，有三个风量控制阀：送风控制阀、柜体排风控制阀（多个柜体时就有多个阀）和房间排风控制阀。随着排风柜拉门开启大小的变化，三个控制阀不断变化阀位以保持房间内一定的压力（一般为负压）。这里使用的控制阀与一般 VAV 末端不一样，要求风量控制精确、反应快速。市场上有气动和电动操作两种，我们采用了控制速度更快一些的气动装置。此外，在送风管上另设再热器，当实际送风量大于房间负荷所需风量时，用于加热以控制房间温度。

5. 带全热回收装置的直流系统

在常规医院空调设计中，为避免交叉感染，应避免采用送、排风可能会直接接触的普通全热回收器。该医院的实验室、手术室、各类病房区等均采用了全新风直流系统，并都使用了图 2 所示的"KATHABAR TWIN-CELL"（卡萨巴）全热回收空气处理系统。这种系统区别于常见的转轮式和板翅式热回收器，它集能量回收、灭菌消毒于一身，并可对新风去湿或加湿。对卡萨巴的溶液温度和浓度进行控制，使处理后的空气相对湿度在 20%~90%，甚至可实现恒温、恒湿控制。卡萨巴机组的性能取决于机组入口溶液的温度和浓度。它通过空气与溶液之间进行显热和潜热交换，进行全热回收，同时对新风与排风分别杀菌、消毒，避免因变新风运行引起空气品质下降。工作时，空气反方向直接通过填料层，使空气与溶液粒子充分接触。夏季时，在排风机组侧，溶液被冷却和浓缩。在新风机组侧，通过溶液与空气接触，使空气冷却并去湿。然后，溶液由循环泵打回到排风机组侧，完成全热交换过程。由于这一过程是可逆的，冬季时，新风就可通过溶液吸收排风中的热与湿获得加热和加湿。系统循环原理如图 22.7-16 所示。当然，系统也可进行显热回收，但全热回收的节能效果比仅为显热回收大得多。一般说，夏季全热回收的能量约为显热回收的 3 倍，冬季约多 20%。卡萨巴全热回收机组的工况转换由机组的自动控制系统完成。机组进、出口均须设温度监测。当新风机组侧检测到室外新风温度大于 21.1℃，即进入夏季工况；低于 10℃，即进入冬季工况。系统新风温度最

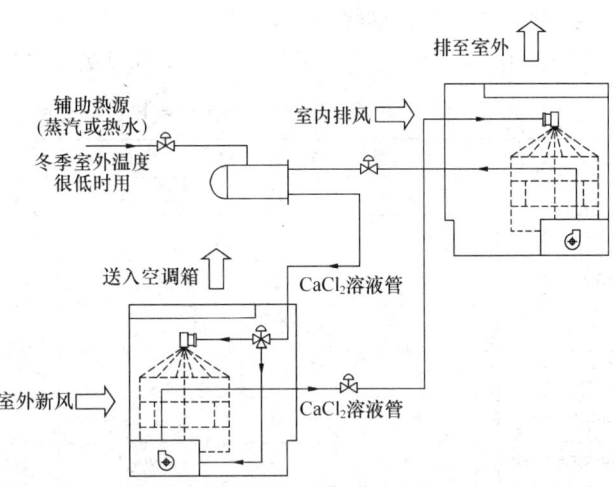

图 22.7-16 KATHABAR TWIN-CELL 系统循环原理

低可达到 −40℃，但这时须预热。机组设自动补水系统，主要是春、秋季空气需要加热量很少，可防止干燥天气下溶液过干。为保证系统在整个冬季运行过程中以一定温度与空气进行热交换，机组可选择溶液加热器，保证溶液在恶劣天气时仍保持一定的温度与浓度，防止溶液在寒冷和潮湿天气中变得过稀。另外，这种卡萨巴系统可由多个送风单元或排风单元组成，由机组自带的控制系统完成群控。

在 SARS 大爆发期间，该医院作为市政府指定的专门收治儿童病人的医院，其直流空调系统，经受了严峻的考验，并受到院方及社会的广泛肯定。

（供稿人：上海建筑设计研究院有限公司　宋静）

22.7.5 上海科技馆空调设计

1. 工程概述

（1）上海科技馆是一个能充分反映科技发展的过程与未来，且具有开放性、参与性，寓教于乐为一体的特色工程。它的设计原则是"以人为本、技术先进、实用节省、美观简朴、环保节能"，体现了创新和发展。建筑上以"天地、生命、智慧、创造、未来"为主题，满足科普教育、旅游休闲、科技交流的功能要求。

（2）整个工程的建筑面积 9.6 万 m²，包括主体建筑 8.8 万 m²，辅助建筑 0.8 万 m²。它们的功能用途见表 22.7-7。

房　间　功　能　　　　　　　　　　　表 22.7-7

	分　区	地下层数	地上层数	房间功能
主体建筑	A	1	4	展厅、餐厅、多功能厅、休息厅、厨房、共享空间、变配电房等
	B	1	2	4D 影院、共享空间、科技商店、咖啡厅、展厅、二次泵房、变配电房等
	C		1~2	3D 与球幕影院、共享空间、休息空间、生物万象展厅、消防、保安与楼宇自控中心等
辅助建筑		1	4	冷冻机房、锅炉房、变配电房、泵房、办公

2. 室内空气设计参数

主要功能房间空调设计参数与有关指标见表22.7-8。

室内空气设计参数与指标　　　　表22.7-8

房间名称	夏季		冬季		人员密度 (m²/人)	照明设备 (W/m²)	允许噪声值 dB (A)
	温度（℃）	相对湿度（%）	温度（℃）	相对湿度（%）			
展　　厅	25	65	20	35	5	20	55
多功能厅	22	65	22	35	—	40	35
贵宾厅	22	65	22	35	10	40	40
影　　院	24	65	20	35	—	10	35
共享空间	25	65	18	35	10	30	55
恒温恒湿库房	20±1	55±5	20±1	55±5	—	—	55

3. 冷源系统

（1）冷源确定

由于工程较大，大空间房间多，不论空调风系统或水系统，输送距离也较一般办公楼中的系统长，因此节约运行费用尤为重要。此外，当时电力部门给予峰谷电价差为4∶1的优惠政策。后经技术经济比较，采用了电动冷水机组与冰蓄冷为空调冷源。

（2）蓄冷系统配置

该冰蓄冷系统主要由制冷机组、钢盘管蓄冰槽、乙二醇溶液泵、板式换热器、冷水循环泵、冷却塔、冷却水循环泵、定压装置、膨胀水箱、自控装置以及乙二醇管路、冷水管路、冷却水管路等组成。

制冷机采用双工况螺杆式机组，共4台。空调工况单台制冷量550RT；制冰工况单台制冷量354RT，与空调工况制冷量之比为0.64。

蓄冰装置为20组钢盘管，组装成6050mm×3000mm×3600mm（长×宽×高）的蓄冰槽10个，总蓄冰冷量为9240RTh。槽体由镀锌厚钢板及绝热层、防潮层组成。

（3）系统特点

1）双工况主机的制冷剂为R22，载冷剂为浓度25%的乙烯乙二醇溶液；

2）钢盘管蓄冰槽静态制冰，管外结冰，管内融冰；

3）主机在系统上游。系统可实现蓄冰、融冰供冷、主机与融冰串联供冷、主机单独供冷、蓄冰同时主机空调供冷等运行模式。冷源系统的流程图见图22.7-17；

4）通过增加一组集管和相应的阀门，将2组乙二醇溶液泵制改成单组溶液泵制，该溶液泵兼作蓄冰泵、融冰泵和板式换热器的初级泵；

5）在蓄冰和空调二种工况时，流经主机蒸发器的溶液流量不同，但蓄冰盘管内为定流量；

6）采用分量蓄冰策略，蓄冰冷量约为设计日负荷的32.6%；小时最大融冰冷量为1019RT；融冰速率（小时最大融冰冷量与总蓄冷冷量之比）约为11%；日融冰率（日融冰冷量与总蓄冰冷量之比）达99%。由于采用了优化控制，峰值时段的移峰率（峰值时段融冰冷量与峰值时段空调负荷之比）为37.6%；小时最大负荷的移峰率（小时最大负荷时融冰冷量与空调负荷之比）为32.4%。

22.7 部分空调系统实例汇编

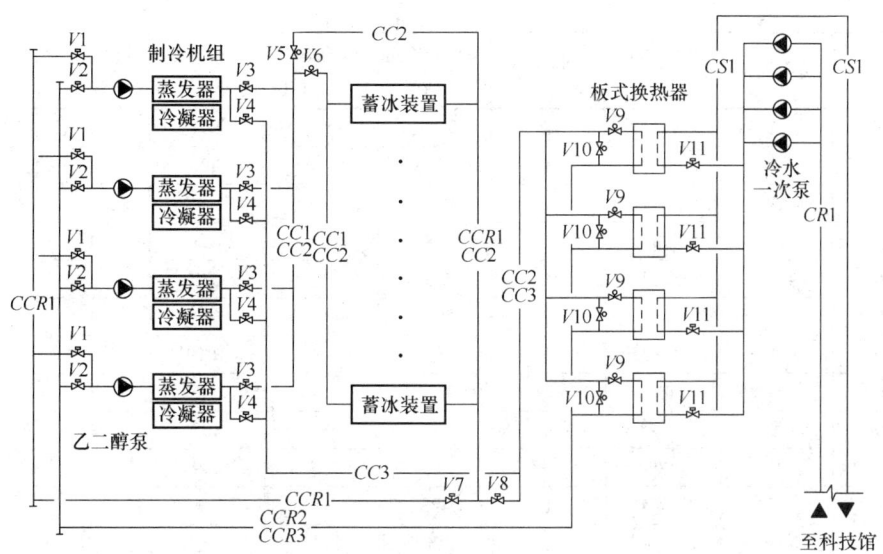

注:1. $CC1,CCR1$ — 蓄冰运行模式流程;
 2. $CC2,CCR2$ — 主机与融冰串联供冷运行模式流程;
 3. $CC3,CCR3$ — 主机单独空调供冷运行模式流程。

图 22.7-17 冷源系统流程图

(4) 系统运行

设计日蓄冷系统运行负荷图见图 22.7-18;各种运行模式时的运行值和有关阀门的启、闭状态分别见表 22.7-9 与表 22.7-10。

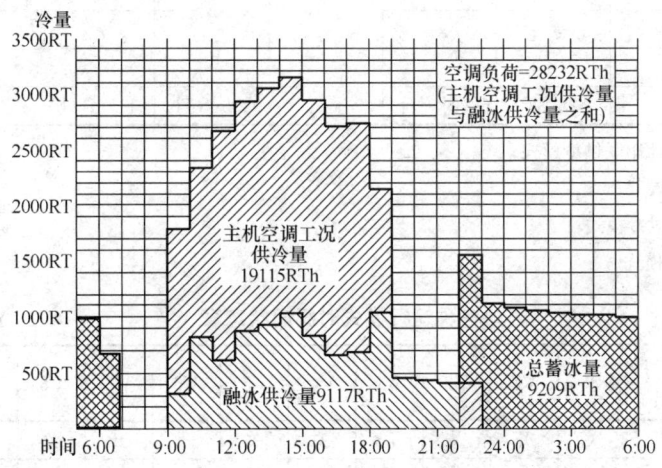

图 22.7-18 设计日蓄冷系统运行负荷图

各种运行模式时的运行值   表 22.7-9

时 间	运行模式	空调负荷 (RT)	开机台数	主机制冷量 (RT)	冰槽蓄冰冷量 (RT)	冰槽融冰冷量 (RT)	其他冷耗损 (RT)	冰槽贮冷量 (RTh)
9:00	A	1793	4	1463	—	330	4	9236
10:00	A	2346	4	1515	—	831	4	8902
11:00	A	2666	4	2058	—	608	4	8067

续表

时间	运行模式	空调负荷(RT)	开机台数	主机制冷量(RT)	冰槽蓄冰冷量(RT)	冰槽融冰冷量(RT)	其他冷耗损(RT)	冰槽贮冷量(RTh)
12:00	A	2944	4	2090	—	854	4	7455
13:00	A	3018	4	2098	—	920	4	6597
14:00	A	3122	4	2110	—	1012	4	5673
15:00	A	2935	4	2084	—	851	4	4657
16:00	A	2718	4	2056	—	662	3	3802
17:00	A	2734	4	2060	—	674	4	3137
18:00	A	2172	4	1153	—	1019	4	2459
19:00	B	465	—	—	—	465	3	1436
20:00	B	452	—	—	—	452	4	968
21:00	B	439	—	—	—	439	4	512
22:00	C	428	1	428	—	—	—	69
22:00	D	—	3	1147	1147	—	4	69
23:00	D	—	3	1114	1114	—	3	1212
24:00	D	—	3	1091	1091	—	4	2323
1:00	D	—	3	1074	1074	—	3	3410
2:00	D	—	3	1062	1062	—	5	4481
3:00	D	—	3	1051	1051	—	3	5538
4:00	D	—	3	1005	1005	—	4	6586
5:00	D	—	3	973	973	—	3	7587
6:00~6:43	D	—	3	692	692	—	4	8557
7:00		—	—	—	—	—	5	9245
8:00		—	—	—	—	—	4	9240
Σ		28232	68(时·台)		9209(RTh)	9117(RTh)		

注：A 为主机和融冰串联供冷模式；
    B 为融冰供冷模式；
    C 为主机单独供冷模式；
    D 为主机蓄冰模式。

各种运行模式时阀门状态表　　　　表 22.7-10

运行模式	主机	乙二醇溶液泵	冷水泵	V1	V2	V3	V4	V5	V6	V7	V8	V9	V10	V11
蓄冰	开	开	关	开	关	开	关	关	开	开	关	开	关	关
融冰供冷	关	开	开	关	开	关	开	互调		关	开	开	开(调节)	开
主机供冷	开	开	开	关	开	关	开	关	开	关	关	关	开(调节)	开
主机与融冰串联供冷	开	开	开	关	开	关	开	互调		关	开	开	开(调节)	开
蓄冰与主机单独供冷	按以上"蓄冰"和"主机供冷"模式操作相对应的泵与阀门													

(5) 自动控制

冰蓄冷系统的自动控制不仅应具备常规空调冷源系统有的功能,而且还应充分利用电力峰谷时段的电价差,优化控制,合理调节冰槽的放冷量,达到运行费用最省的目的。系统控制的主要内容有：

1) 根据气象资料与运行经验,使控制软件能预测次日的逐时空调负荷,能优化主机与蓄冰装置间的负荷分配,确定全天各时段系统运行模式；

2) 按运行模式控制制冷机、泵、冷却塔及各阀门的工作状态并进行检测；

3) 记录、显示、打印各设备的有关运行参数包括温度、压力、流量、蓄冰槽内的液位及贮冰量等；

4) 蓄冰时,当达到预定的蓄冰量时,根据蓄冰槽水位,通过压差传感器让机组自动停机；

5) 融冰工况时,联动互调蓄冰槽进水管路和旁通管路上的电动调节阀的开度,控制融冰速率,恒定供水温度；

6) 根据用户侧的供、回水温差与流量对冷源侧的水泵、板式换热器进行运行台数控制。

4. 热源系统

(1) 锅炉

本工程采用燃气型快装热水锅炉3台,其中2台的热功率为2960kW/台,1台的热功率为1172kW；锅炉的进/出水温度为71.1/93.1℃；负荷调节范围25%～100%。

(2) 热水系统

空调热水通过板式换热器获得,其一次侧为锅炉热水系统,供/回水温度为93.1/71.1℃；二次侧为空调热水系统,供/回水温度有二类：一类用于舒适性空调,水温为60/50℃；另一类用于热带雨林环境空气加热,水温为90/70℃。此外,二次侧的系统根据具体情况又有单式泵系统和复式泵系统。

(3) 热水系统控制

随着空调热负荷的变化,通过热水系统的供、回水温差和流量计算出热负荷值,据此启、停二次侧热水循环泵的台数和开、关对应板式换热器管路上的电动控制阀。随之,一次侧锅炉热水系统按负荷自动调节并进行锅炉及相应一次侧热水泵等的运行台数控制。

5. 空调风系统

(1) 设计原则

1) 根据各区域功能、使用时间等情况划分系统,达到使用灵活、管理方便之目的；

2) 封闭型、高大空间,空调系统能转换为消防排烟时的补风系统；

3) 当条件合适时,设全热回收装置,提高系统能效；

4) 既要满足建筑装饰需要,又要有合理的气流组织；

5) 尽可能在过渡季节时能多利用新风,提高室内空气品质,节约能量；

6) 对于门厅、中庭等大空间,积极采用置换通风。

(2) 送风系统与送风温度的确定

由于采用了冰蓄冷系统,空调用冷水供/回水温度为4.5/14.5℃。空调器内空气冷却器的风速取 1.8～2.3m/s，盘管排数＜8 排，空气阻力为 0.24～0.3kPa，水阻力＜30kPa，空调器的出风温度为 10℃。如果将 10℃空气直接送入室内，将需要进口大量的防结露风口，对高大空间冬季送热风时其气流组织不能保证，且型式较单调的低温送风口未必能与建筑装饰相适配。经技术、经济综合比较后，本工程采用了带风机的混合箱，即含有回风与定量新风的空气经空调器处理获得 10℃出风温度后，作为一次空气送到邻近空调区的混合箱内，此混合箱再吸入部分室内空气，使送风温度提高，然后再送入室内。这样可使用普通风口，同时保证室内必要的换气次数。

对于系统较小，空调负荷相对稳定的房间以及空间高大、热容量较大的区域也有采用二次回风方案的，即经空气冷却器处理后的低温空气再在空调器内与室内空气混合，提高温度后由空调器风机送入室内，不再另设混合风机箱。

(3) 气流组织与送风口选择

由于室内空间复杂多变，设计中采用了一些非常规型风口，使在空调区域有较均匀的温度场和速度场，具体型式有以下几种：

1) 可调型散流器风口。它由外圈、内芯和温感元件等组成，可实现较大送风温差。它根据供冷或供热时的不同送风温度，通过温感元件控制内芯位置，自动调整送风气流形式。供冷时为贴附型，供热时为喷口型，本工程用于天桥下侧、多功能厅等空间较高的场合；

2) 可调圆形喷口。它也由外圈、内圈和温感元件等组成。通过温感元件作用，在供冷或供热时使气流分别为平射流或下倾射流，解决了热风上浮问题，实际应用于共享空间的侧墙上，上送下回的气流组织；

3) 地板散流器。由外圈、内圈、风向调节器、集尘器等组成。通过风向调节器可使气流呈旋转贴附型或旋转喷射型。它用于厅堂中沿幕墙侧的地面上和天桥的地面上；

4) 座位送风口。在球幕影院中，因其空间构造的特殊性，常规型式的气流组织受到了限制，因此采用了置换式空调方式。送风口位于座位下，每个风口风量 65m³/h，送风温差 6℃。在距风口水平距离 0.65m，离地高度 0.15m 处，风速可衰减至 0.15m/s，送风温差减小到 1.5℃，噪声值达到 NC20。

（供稿人：上海建筑设计研究院有限公司　叶祖典　刘晓朝）

22.7.6　上海世茂国际广场暖通空调设计

1. 建筑概况

世茂国际广场地处上海市最繁华的南京路步行街的起点，是集超豪华宾馆、餐饮、娱乐、会议、商业为一体的综合性超高层建筑。该工程建筑面积为 13.6 万 m²，建筑高度 333m，主体高度为 245m，是目前浦西第一高楼。地上 60 层，地下 3 层，其中裙房 10 层。地下室为商场、车库及设备用房，1～6 层为大型商场，7～10 层为餐饮、娱乐、会议等功能，12～29 层为酒店式公寓，30～57 层为超豪华的五星级宾馆，58～60 层为高级俱乐部。

2. 空调室内设计参数及空调负荷

(1) 室内空气设计参数与照明、设备和人员的冷负荷分别见表 22.7-11 和表 22.7-12。

室内空气设计参数 表 22.7-11

房间名称	夏季		冬季		新风量
	干球温度（℃）	相对湿度（%）	干球温度（℃）	相对湿度（%）	(m³/h·人)
门厅	25	55	20	40	30
商场	25	60	18	30	25
会议室	25	60	20	40	30
中餐厅	23	65	20	40	25
西餐厅	23	60	20	40	30
宴会厅	23	60	20	40	30
多功能厅	23	60	20	40	30
会议酒吧	24	55	20	40	30
办公室	25	55	20	40	30
咖啡厅	23	60	20	40	30
宾馆客房	24	50	22	40	120m³/h·间
俱乐部	24	55	20	40	35

照明、设备和人员的冷负荷 表 22.7-12

房间名称	照明负荷	设备负荷	人员密度	人体负荷		散湿量
				显热	潜热	
	W/m²	W/m²	m²/人	W	W	g/h
门厅	50	10	4.0	64	122	175
商场一层	45	25	1.25	64	117	175
商场二层	45	25	1.5	64	117	175
商场三层	45	25	2.5	64	117	175
会议室	40	25	2.5	65	69	102
中餐厅	35	20	2.0	76	106	158
西餐厅	35	20	2.0	76	106	158
宴会厅	35	20	2.0	76	106	158
多功能厅	35	20	2.5	76	106	158
会议酒吧	35	20	2.0	70	112	167
办公室	25	40	6.0	65	69	102
咖啡厅	25	15	2.0	76	106	158
宾馆客房	25	25	2人/间	70	64	96
俱乐部	30	25	4.0	70	112	167

(2) 空调负荷

经过计算，空调负荷如表 22.7-13 所示。

空调负荷计算汇总表　　　　　　　表22.7-13

名称	建筑面积	冷负荷		热负荷	
	m²	kW	kW/m²	kW	kW/m²
裙楼及地下部分	58044	7697	0.132	3977	0.068
塔楼商场（1-6F）	10598	2151	0.203	937	0.088
塔楼酒店（7-27F）	31794	2912	0.0915	2500	0.078
塔楼酒店（28-60F）	35087	2531	0.072	2024	0.058
合计	135523	15291	0.112	9438	0.070

3. 空调冷热源及水系统

(1) 冷源

根据负荷计算，并考虑到五星级宾馆的特殊要求及空调部分负荷时运行的经济性，选用3台1200RT及2台700RT的离心式冷水机组。冷水机组设于地下三层冷冻机房内，冷水机组的冷水供回水温度为5/12℃，冷却水供回水温度为32/38℃。

(2) 热源

热源为蒸汽锅炉，设置在裙房十层。空调热水由蒸汽经板式换热器换热而得，供回水温度为60/50℃。裙房部分的换热器设在裙房九层，设两台板式换热器，每台换热量为2326kW；主楼低区（二十七层以下）的换热器设置在十一层设备层内，设两台板式换热器，每台换热量为2151kW；主楼中区（二十八至四十六层）的热水换热器设在二十八层设备层内，设两台板式换热器，每台换热量为1105kW；高区（四十七至六十层）的热水换热器设在四十七层设备层内，设两台板式换热器，每台换热量为407kW。

(3) 冷水机组匹配

冷水机组的电耗较大，对于离心式机组，大于60%机组容量时的运行效率比较高。为了节省能量，恰当地匹配机组可使每台机组高效率运行。本工程所选用的700RT和1200RT离心式冷水机组在部分负荷时的COP值如表22.7-14所示。表22.7-15为系统部分负荷时五台冷水机组的运行匹配情况。

离心式冷水机组部分负荷时的COP值　　　　　表22.7-14

机组负荷		耗电量	COP	机组负荷		耗电量	COP
%	USRT	kW	—	%	USRT	kW	—
10	120	158	4.071	10	70	116	3.190
20	240	185	4.562	20	140	131	3.757
30	360	239	5.297	30	210	160	4.615
40	480	293	5.761	40	280	190	5.181
50	600	345	6.116	50	350	219	5.619
60	720	414	6.116	60	420	257	5.746
70	840	491	6.017	70	490	302	5.705
80	960	585	5.771	80	560	356	5.531
90	1080	705	5.388	90	630	425	5.212
100	1200	854	4.942	100	700	514	4.788

冷水机组运行分析 表 22.7-15

系统冷负荷 USRT	负荷百分比 %	机组—1 USRT	机组—2 USRT	机组—3 USRT	机组—4 USRT	机组—5 USRT
5000	100	1200	1200	1200	700	700
		100	100	100	100	100
4500	90	1080	1080	1080	630	630
		90	90	90	90	90
4000	80	960	960	960	560	560
		80	80	80	80	80
3500	70	980	980	980	560	
		81.7	81.7	81.7	80	
3000	60	1000	1000	1000		
		83.3	83.3	83.3		
2500	50	1000	1000		500	
		83.3	83.3		71.4	
2000	40	1000	1000			
		83.3	83.3			
1500	30	1000			500	
		83.3			71.4	
1000	20	1000				
		83.3				
500	10				500	
					71.4	

(4) 冷水系统供回水温差选择

常规的空调冷水系统供回水温度为 7/12℃，温差为 5℃。本工程采用大温差系统，供回水温度为 5/12℃，温差为 7℃。输送同样的冷量，采用大温差系统可以减少水流量，从而使整个冷水系统的输配管道尺寸减小，水泵规格减小，水泵的耗电量降低，从这个角度上看，既节省初投资，又降低了运行费用。但是，采用大温差系统后，冷水机组的 COP 值降低了，冷水机组的耗电量会增加，空调机组和风机盘管的性能会降低。因此，在确定供回水温差时，应综合考虑这些因素。

(5) 空调水系统

1) 本工程空调水系统采用冷、热水四管制系统，以满足空调同时供冷、供热的要求。冷水采用大温差、二次泵系统，一次泵定流量、二次泵变流量运行。图 22.7-19、图 22.7-20 分别为空调冷水系统和热水系统原理图。

2) 竖向分区：如图 22.7-19 所示，冷水系统分为高中低三个区，二十七层以下为低区，二十八至四十六层为中区，四十七至六十层为高区。中区设两台板式换热器，每台换热量为 1250kW；高区设两台板式换热器，每台换热量为 698kW；中区冷水板式换热器设

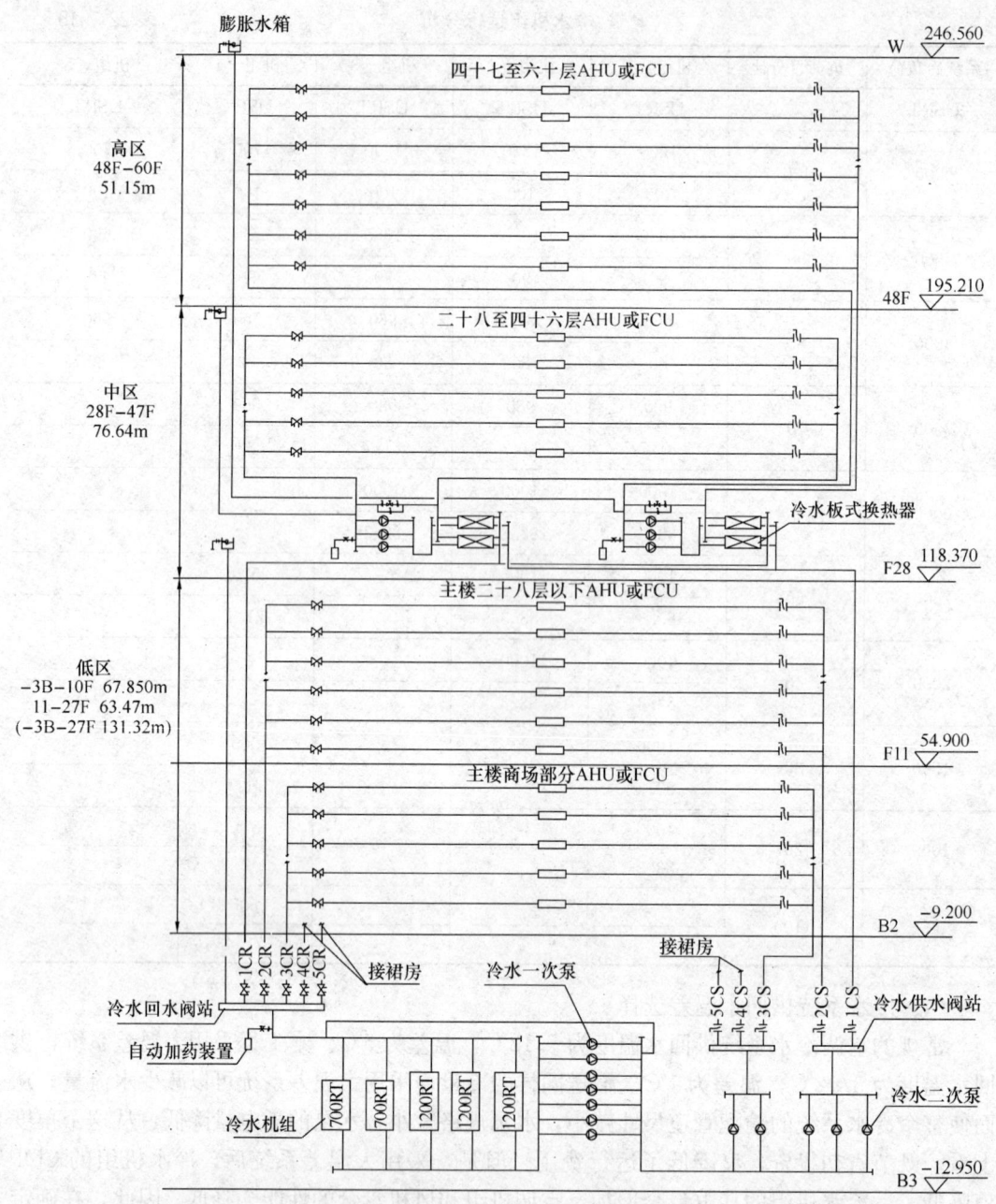

图 22.7-19 空调冷水系统原理图

置在中区设备层二十八层内,以满足空调水系统的承压要求,二次水供回水温度为 6.5/13.5℃。高区冷水板式换热器也设置在中区设备层二十八层内,换热后的二次水供回水管道至四十七层设备层进行分配,这样,高区板式换热器及途径二十八层至四十七层的供回水管道的承压能力较高,而四十七至六十层高区风机盘管的承压能力只需要 1.0MPa,二次水供回水温度为 6.5/13.5℃,不需要两次换热,既节省初投资,又节省能量。

3) 客房部分空调供回水管在设备层十一层、二十八层、四十七层分配,通过竖向立管接至各客房风机盘管,在每个立管的最高处的供回水管道之间设置电动调节阀,起到旁

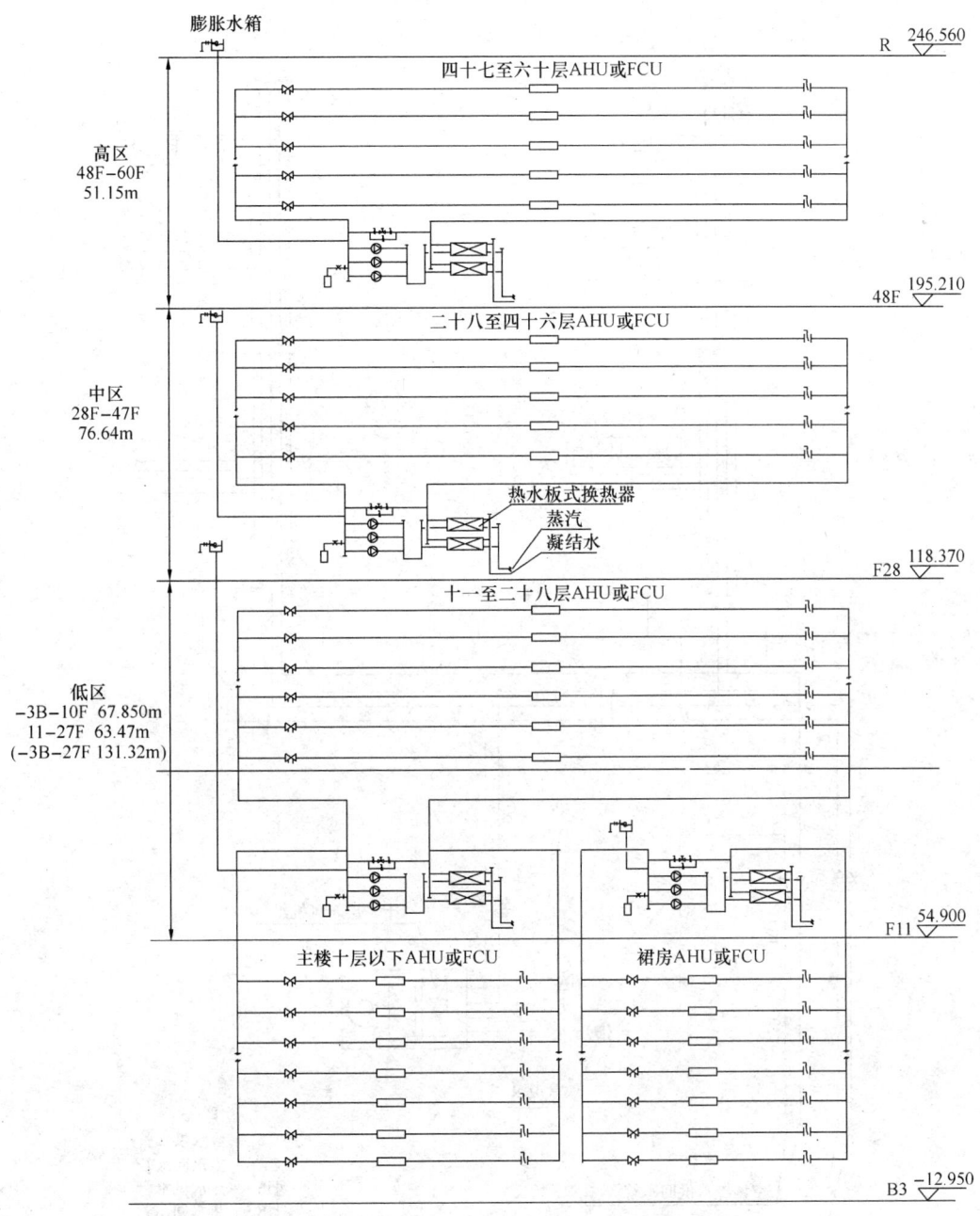

图 22.7-20 空调热水系统原理图

通的作用，也有利于立管排气。由于冷水大温差系统使风机盘管系统的性能降低，故客房部分的风机盘管供回水温差仍然采用 5℃。如低区客房部分风机盘管系统供回水温度为 5/10℃，利用风机盘管的回水作为新风机组的供水，新风机组供回水温度为 10/17℃，新风机组的回水与风机盘管的回水混合后的温度为 12℃，所以低区客房部分总的供回水温度为 5/12℃。为保证新风机组的水流量，在新风机组的供水管上设置一台管道泵，如图 22.7-21 所示。

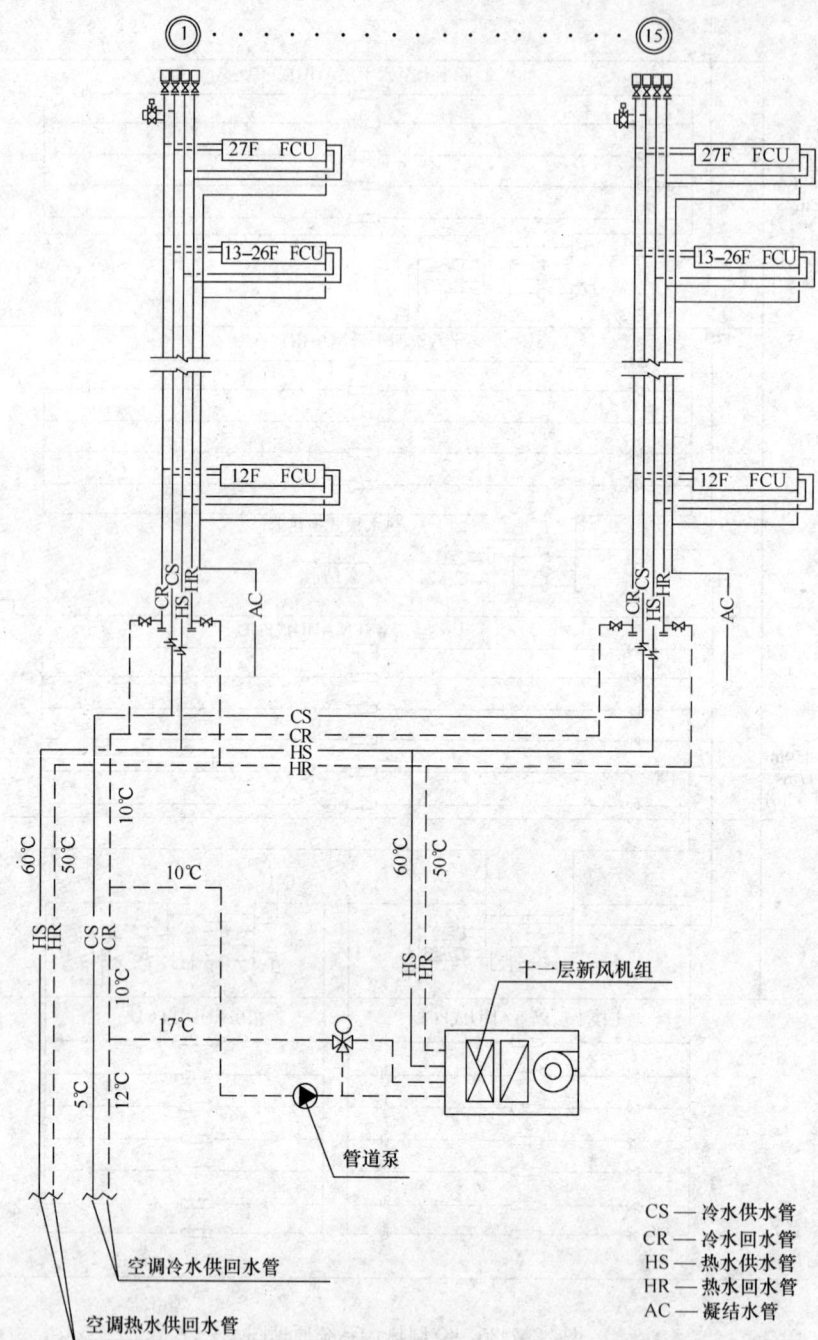

图 22.7-21 十一层设备层新风机组接管示意图

4）高中低区的空调冷水系统及热水系统均采用高位膨胀水箱定压与补水，高中低区膨胀水箱分别设于二十八层设备层、四十七层设备层和屋顶电梯机房层。同时，在地下室制冷机房以及十一、二十八、四十七层换热机房水系统循环水泵的吸入管上，另设有带止回阀的快速充水管，作为清洗后及初次运行前快速充水使用。系统冷热水均采用全自动智能加药装置进行处理，并带有在线检测腐蚀的装置。

4. 空调风系统

（1）地下一层商场、门厅、二至六层商场、中餐厅、西餐厅、大中型会议室、会议酒吧、多功能厅、舞厅、游泳池、休息厅、宾馆大堂、宾馆商场、三十七层中庭等房间，由于空间较大，使用周期参差不齐，负荷变化较大，故原则上按分区设置低速风道空调系统。例如，裙房一至六层商场，每层面积较大，空调面积为2636m²，内区外区各设置两台空调箱，这样可根据负荷情况分别调整送风温度，以保证室内的设计参数。

（2）游泳池的空调系统采用顶送顶回低速风道空调系统，采用四管制空调机组。在过渡季节和夏季主要考虑除湿，冬季除空调机组送热风外，地面采用低温热水地板辐射采暖系统，这样不仅可以满足游泳池房间的温湿度要求，而且人体足感也比较舒适。

（3）裙房部分一些独立的小房间、主楼部分宾馆客房、套房（包括总统套房）等，采用四管制风机盘管加新风的空调系统。卧式风机盘管设在吊顶内，室外新风经新风机组处理到室内焓值后，由新风管道送到空调房间。裙房部分每层设有独立的新风机组；十一层至五十七层客房部分的新风竖向分三个系统，每个系统设有两台新风机组，12-27层、29-46层、48-57层各为一个系统，新风机组分别设于十一、二十八、四十七设备层内，在各客房内设置新风立管，新风处理后由各个立管分别送入空调机房内。

（4）主楼最上面三层（58-60F）俱乐部采用变制冷剂流量（VRV）空调系统，室外机设于屋顶上，每层设置一台新风机组，新风机组的冷热水由集中空调系统中的高区供给。

（5）地下二层变电室中的变压器发热量较大，如果全部靠通风降温，计算出的通风量很大，所需要的风机房面积和风管截面积都比较大，难以布置。此外，考虑到这些年来夏季室外气温超过设计通风温度的时日颇多，为确保供电系统安全，同时设置了空调系统。当室外温度低于15℃时，采用通风系统平衡变压器的发热量，当室外温度高于15℃时，采用通风加空调系统，保证变压器能全年安全运行。

（6）大楼自控中心、电话机房、电梯机房等均设有独立的空调系统。总统套房等高级房间，其卫生间内设置电热地板辐射采暖系统。

5. 通风系统

（1）新风与排风

商场、餐厅、会议室等各类人员密集的场所除设置空调系统外，均独立设置排风系统。主楼和裙房十层以下部分的新风大部分在空调机房就地吸入。主楼十层以上部分的新风引入如前所述，排风主要通过卫生间排风。与新风相对应，排风在竖向也分为分三个系统，每个系统设有两台排风机。12-27层、29-46层、48-57层各为一个系统，排风机分别设于十一、二十八、四十七设备层内，在各客房卫生间内设置排风立管，至设备层排至室外。58-60F设有独立的排风系统与新风平衡。

（2）地下汽车库设置排风（兼火灾排烟）系统及送风系统，排风按6次/h换气设计，送风地下二层、地下三层按5次/h换气设计，地下一层主要依靠车道补风。

（3）地下自行车库设置机械通风系统，通风量按3次/h换气计算。

（4）部分设备用房均设置独立的进、排风系统，其通风换气量如表6所示。

设备用房通风换气量 表22.7-16

房 间	送 风	排 风	备 注
冷冻机房	10次/h	10次/h	
水泵房	4次/h	5次/h	
变电室	根据设备发热量计算		附以空调降温
配电室	4次/h	4次/h	
厨 房	35次/h	45次/h	不足部分由餐厅补充
裙房厕所	走道引入	20次/h	
污水处理	车道引入	15次/h	
柴油发电机房	根据设备发热量计算		

(5) 各厨房设置排油烟系统，炉灶上方设置油烟过滤器，油烟通过垂直管井至裙房屋顶经油烟净化装置处理后进入风机箱、消声器排至室外。

(6) 污水处理间的排风排至裙房屋顶。

(供稿人：华东建筑设计研究院有限公司 方伟)

22.7.7 上海四季酒店

1. 建筑概况

酒店级别	五星级	建成日期	2001年		总建筑面积	71728m²
建筑高度	165m	建筑物层数	地下	3层	客房数	439间（套）
			地上	38层		
楼层功能	地下室	汽车库、机电设备用房、内部办公、库房、食品粗加工、洗衣房、职工生活用房				
	裙房	1层——大堂、总服务台、咖啡酒吧茶座、自助餐厅 2层——各种风味餐厅　　3层——宴会厅 4层——美容、健身中心　5层——会议中心				
	主楼	客房				
	37层	歌舞中心、会所				

2. 主要设计参数

(1) 酒店客用区域室内空调设计参数

房间名称	夏季		冬季		人均使用面积 (m²/人)	照明与设备负荷 (W/m²)	新风量 (m³/h·人)	噪声标准 (NC)	空调方式
	温度（℃）	相对湿度（%）	温度（℃）	相对湿度（%）					
门厅	24	50	18	35	10	65	25	35	CAV
总台与休息厅	24	50	20	40	6	62	30	35	CAV
咖啡酒吧	24	55	20	40	1	55	30	35	CAV
自助餐厅	24	55	20	40	1	73[1]	30	35	CAV
餐厅等候	24	50	20	40	3.5	65	25	35	CAV
日本餐厅	24	55	20	40	1.4	194[1]	30	35	CAV
西餐厅	24	55	20	40	1.4	80[1]	30	35	CAV
中餐厅	24	55	20	40	1.4	65	30	35	CAV

续表

房间名称	夏季 温度（℃）	夏季 相对湿度（%）	冬季 温度（℃）	冬季 相对湿度（%）	人均使用面积（m²/人）	照明与设备负荷（W/m²）	新风量（m³/h·人）	噪声标准（NC）	空调方式
贵宾小餐厅	23	55	22	40	1.6	65	34	35	VAV
三楼前厅	24	50	20	40	3.6	82	25	35	CAV
多功能宴会厅	24	55	20	40	0.8	135	25	35	VAV
宴会休息厅	24	50	20	40	3.5	115	25	35	CAV
大会议室	24	55	20	40	1	75	25	30	CAV
会议休息厅	24	50	20	40	3.5	65	25	35	CAV
商务中心	24	60	20	40	5	55	30	35	FCU
室内游泳馆	26	60	29	70	10	20	2.6次/h	40	CAV
健身房	22	55	18	40	5	55	45	40	FCU
自行车模拟赛	22	60	18	40	4	40	50	40	FCU
有氧操房	24	60	20	40	4	50	40	40	FCU
美容美发中心	24	60	22	40	3.5	80	45	40	FCU
按摩房	24	60	23	40	5	40	50	30	FCU
休闲酒吧	24	60	22	40	2	40	50	40	FCU
接待室	24	60	20	40	6	50	30	35	FCU
中小会议室	24	60	20	40	1~2[2]	65	30~50	35	FCU
客房	22~24	60	22	40	2人/间	1600/间	120/r	30	FCU
歌舞厅	23	55	20	40	2	116	45	30	CAV
会所酒廊	24	55	20	40	2.5	179[1]	40	35	CAV

注：①自助餐厅、西餐厅及会所酒廊计入了展示厨房灶具使用的冷负荷；日本餐厅计入4组客用铁板烧的冷负荷；

②当会议室面积＞65m²，其人均使用面积为1m²/人；当会议室面积＜65m²，其人均使用面积为2m²/人；
FCU——表示空调方式为风机盘管加新风。

(2) 酒店后勤区夏季室内设计温度

房间名称	温度（℃）
办公室及职工餐厅	24.0
更衣室及浴室	25.0
电话机房	26.0
厨房、点心制作及洗衣房	27.0
裱花间	20.0
巧克力加工、花房、肉类与鱼类加工区、饮料及酒类储藏室	18.5
冰淇淋制作间	16.0

(3) 机电设备用房及酒店辅助用房通风换气次数（次/h）

房间名称	送风	排风
地下停车库	5	6
生活热水热交换器室	6	8
锅炉房	36[1,2]	21[2,3]

房间名称	送 风	排 风
水泵房	5	5
空调机房及风机房	3～5	3～5
变配电室	15	17.5[1]
制冷机房	5[4]	6[8]
电梯机房	10～15[4]	10～15
污水处理间（有盖）	6	8[6]
垃圾房	7[4]	8[6]
厨房24小时通风	5～9/9[3,5,7]	6～10/10[7]
厨房运作时总通风量	31/35[3,5,7]	36/40[7,9]
无空调的库房	4～6	4～6
更衣室	3[5]	2
浴 室	8	9
盥洗室	—	10～15[5]
洗衣房	22[3,5]	25.5
客房制冰间	—	52[1]

注：1—按热平衡计算确定；2—风机配变频调速装置；3—按风量平衡计算确定；4—有冷却降温设备；5—有空调；6—配活性炭除臭装置；7—对地面建筑中的厨房（斜线左侧数据），其体积按吊顶高度计算；地下室内的厨房（斜线右侧数据），其体积按地面到结构顶板底之间的高度计算；8—兼事故通风；9—配静电油雾净化装置。

3. 空调设计

(1) 空调冷、热源

夏季的计算冷负荷为8860kW，冬季的计算热负荷为5543kW。制冷机房设在地下三层。冷源为4台离心式冷水机组，其主要参数为：冷水设计供回水温度为6/11℃；冷却水的设计供回水温度为32/38℃，蒸发器的水侧工作压力1.0MPa。每台冷水机组的供冷量1998kW，冷源的总供冷量为7992kW。热源为燃油蒸汽锅炉提供的0.8MPa表压的饱和蒸汽，由管壳式汽水换热器制备空调用热水，其设计供回水温度为60/50℃，高、低区共4台，总供热量为6242kW。

(2) 空调水系统

根据业主对设计标准的要求，酒店全部采用四管制空调水系统。此外，按使用功能，将客房与裙房的水系统分开设置。客房风机盘管水系统按垂直同程式系统布置，裙房则采用异程系统。为平衡客房各立管的压降，在其所有供水立管上设置了平衡阀。由于各种规格的风机盘管在设计水流量时水侧的压降不同，故风机盘管全部选配流量系数可调的电动两通阀。设计中对每种规格风机盘管所配两通阀的流量系数进行计算，并要求产品出厂前按设计计算值整定、标识后供货，以保证安装在同一环路中、规格不同的风机盘管的水侧计算压降一致。

由于所订冷水机组的蒸发器水侧工作压力为1.0MPa，因此，设计以十二层（避难层兼下技术层）为界，将酒店的空调水系统分设为高区与低区两个压力无关的水系统；通过两台板式换热器制备高区空调用冷水，其设计供回水温度为7.8/12.8℃，两台板式热交换器的总供冷量为2340kW。高区热水直接由设在十二层的汽—水换热器供给，其供回水温度为60/50℃。(见图22.7-22，高区空调水系统原理图)

22.7 部分空调系统实例汇编

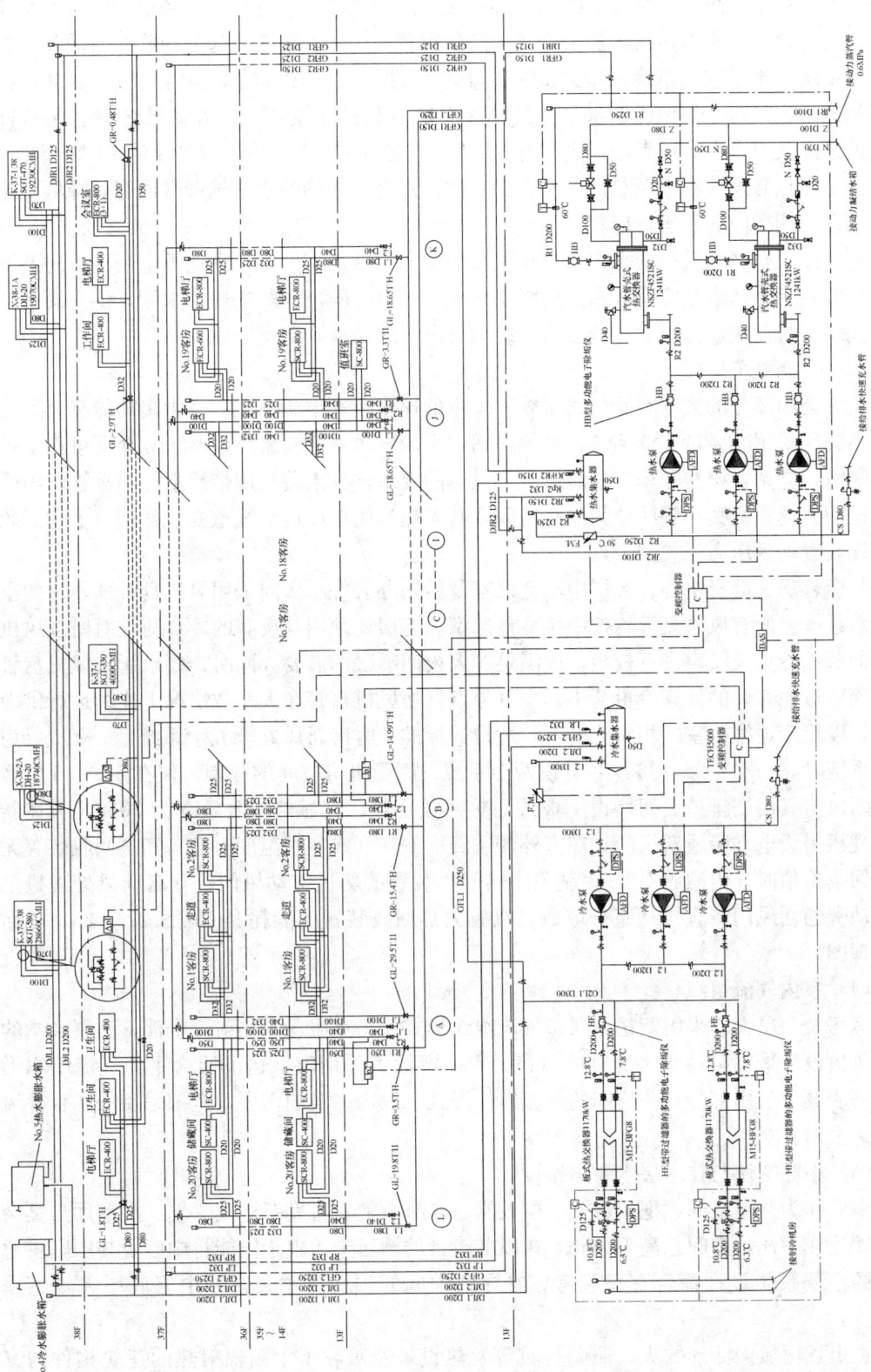

图 22.7-22　高区空调水系统原理图

低区采用定流量一次泵冷、热水循环系统。系统通过调节电动压差旁通阀的开度及控制水泵启停台数，跟踪负荷侧流量变化。高区空调冷、热水系统均为配变频调速循环泵的变流量系统。由于空调系统全年大多在设计负荷的60%~70%的范围内工作，因此，在变频调速的选型时，要使所选水泵在其设计流量70%的工况点，落在该转速时水泵特性曲线的最高效率点上；或者说，当只有水泵额定转速的特性曲线，须按设计工况选型时，水泵的工作点必须落在水泵最高效率点的右侧。总之，正确的水泵选型可以有效降低变流量水泵在空调期内的总运行能耗。

高、低区空调水系统均采用高位膨胀水箱定压与补水；同时，在地下室制冷机房及下技术层内高、低区水系统循环水泵的吸水管上，另设带隔离阀的快速充水管，供空调水系统清洗及运行前快速充水用。冷热水系统均设电子除垢仪，防腐阻垢。

(3) 空调系统形式

酒店公用部分的大空间及贵宾小餐厅采用低速全空气空调系统。其中多功能宴会厅与贵宾小餐厅采用变风量空调系统，其他房间均采用定风量空调系统。鉴于宴会厅可作多种形式隔断，空调系统在冬季有同时供冷与供热的要求，其末端选用带热水加热盘管的串联式风机动力箱；贵宾小餐厅全为内区房间，其末端选用单风道节流型变风量箱。上述变风量末端装置均为压力无关型。

酒店客房、健身中心、五层中小会议室及后勤办公等小房间采用风机盘管加新风的空气—水系统。所有风机盘管均按中档冷量选型。客房还须用其夜间的冷负荷，对所选风机盘管的低档冷量及噪声进行校核，以满足客人夜间睡眠的需要。同时，要求所选风机盘管的中档冷量比客房的计算冷负荷小几个百分点，使风机盘管在大多数情况下连续运行供冷除湿，以稳定地维持室内相对湿度不超过设计标准。客房新风共设五个系统：6~11层为一个系统，13~24、25~36层各分设两个系统。因受机房空间的限制，仅在13~36层客房的新风与其浴厕排风之间增设了板式显热回收装置，其显热回收效率为70%。上述新风处理机另设电动旁通新风门，在室外新风温度下降（或冬季温度上升）到热回收装置无能量回收价值时，由酒店BAS控制关闭热回收装置的新风电动风门，开启新风处理机上的电动旁通新风门，直接从室外取风，以省去热回收装置的能耗。（见图22.7-23，热回收原理图）

(4) 室内气流组织

客房及一层大堂采用侧送上回型气流组织形式，为克服冬季热射流上浮，一层大堂的侧送风口设计采用电动双工况百叶风口。室内游泳馆采用以下送下回为主的气流组织形式。酒店其他公用部分空调房间的气流组织形式，因内装潢的需要，全部采用条形百叶风口上送上回。

(5) 中庭空调与技术层水泵隔振设计

中庭作为共享空间，把裙房的一层大堂、咖啡酒吧、自助餐厅及二、三层前厅与宴会休息厅连成一体，空间总高14.5m。在以前设计的酒店中，由于没能将中庭及与中庭贯通空间的空调系统设计综合在一起考虑，导致中庭的顶层夏季过热，中庭底层大堂冬季过冷。

在上述区域内活动的人、照明灯具等发热设备及吸收了太阳辐射热的建筑构件与家具，作为分散的热源加热其周围的空气，以自然对流的形式使热量由下层向上层转移，是

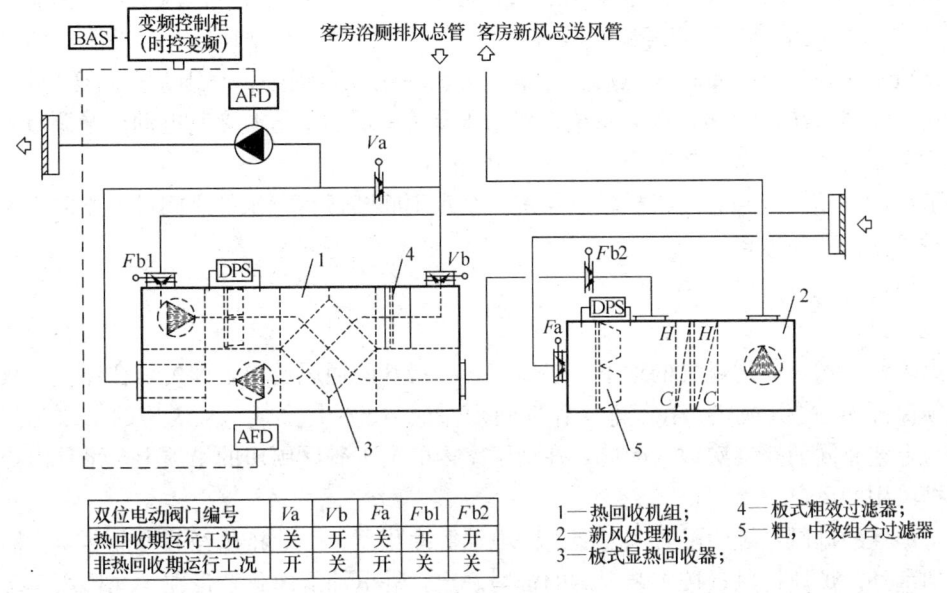

图 22.7-23 热回收原理图

客观存在的自然规律。因此，夏季时将中庭第三层（前厅与宴会休息厅）原室内计算冷负荷乘以 1.2 的热量转移系数，依此进行空气处理计算及设备选型；冬季时将底层原室内计算热负荷也乘以 1.2 的热量转移系数，对底层空调系统进行空气处理计算及设备选型。第二，缩小上述区域空调系统的送风温差，夏季设计送风温差不超过 7℃，冬季设计送风温差控制在 3.7～5.5℃ 的范围内，以缩小送风与室内空气的密度差，减小空气自然对流的动力。此外，在底层外窗下设置了暗装的铝串片散热器，并在门斗内设置了加热用风机盘管，以承担附加热负荷，提高了底层周边区域的舒适度，也有助于缩小底层空调系统冬季的送风温差的控制。酒店开业后一年多的运行实践表明，上述设计方法弥补了以往中庭空调设计的不足，完全能满足高标准酒店的使用要求。

高区空调冷、热水变频调速循环水泵均设在下技术层（十二层）空调机房内，其上下两层（即十一层与十三层）均为酒店客房。为提高隔振效果，避免水泵运行时的振动干扰客人休息，水泵设计采用双层隔振系统，即在单层隔振基础上再加一个弹簧支撑着的中间质量。双层隔振系统在共振区后的传递率曲线衰减速率为 24dB/oct（倍频程），比单层隔振的衰减速率高一倍。

4. 通风设计

（1）地下锅炉房通风

锅炉间设三台蒸发量为 6t/h 的燃油蒸汽锅炉，夏季通常只用一台，遇用汽高峰两台同时运行。夏季其室内通风计算温度为 38℃，通过热平衡计算确定其一台锅炉运行所需送风量。设计为满足两台锅炉同时运行的需要，在锅炉间设置了两个机械送风系统，并各配一个电动风量调节阀。同时，根据空气平衡计算确定的锅炉间夏季最大排风量，选设一台带变频调速装置的风机作锅炉间排风。夏季，一台锅炉运行时开一台送风风机；两台锅炉运行时，两台送风风机同时投入运行。排风系统根据室内外压差传感器的信号，调节排风风机的转速，使锅炉间维持 0～5Pa 正压。过渡季，当室内温度降到 28℃ 后，送风系统将根据室温传感器的信号改变其电动风量调节阀的开度，调节系统送入风量，使室温维持在 28℃ 左右，排风系统也将跟踪减少其排风量；当室外温度降到 18℃ 时，即使有两台锅炉同时运行，也可只开一台送风风机。冬季，无论使用几台锅炉，只须开一台送风风机，且无须启动排风系统；此间，送风系统将根据压差传感器的信号改变其电动风量调节阀的开度，调节系统送入风量，使室内维持 0~5Pa 正压。

锅炉房的油箱间设独立的机械排风系统，全年不间断运行。水处理间设独立的送风系统，冬季可按需要间歇启停。

(2) 厨房通风

1) 厨房排风

上海煤气公司对使用煤气的地下一层厨房，有特殊的通风要求，即厨房在煤气灶具工作期间须保证 40 次/h 换气，在其非工作期间须保证 10 次/h 换气，且厨房的吊顶空间也须保持与上述相同的换气次数。因此，在地下室内的员工餐厅厨房的吊顶上及吊顶内均设有上述排风用的风口。

厨房炉灶的排风系统中配置预过滤的静电油雾净化器，炉灶排风经静电油雾净化器除油后排到室外。炉灶排风量按工艺提供的资料确定，静电油雾净化器设在炉灶排风系统的负压段。厨房所设洗碗机、小冷库的冷凝器及主副食临时存放库合并设置一个排风系统，24 小时运行。

2) 厨房送风

为使厨房保持一定负压，避免油烟等异味外逸。设计根据各厨房的具体情况，通过空气平衡计算确定其送风量，通常按排风量的 0.85~0.9 选择。根据酒店管理公司的要求，本工程夏季对送风作降温处理，冬季对送风作加热处理。运行经验表明，设计应注意对送风温度进行调控，使厨房温度维持在 22~27℃ 之间。夏季，过高的室温会导致食物加快变质；冬季，过低的室温会使出锅的菜肴迅速变冷，引起客人不满。

(3) 污水处理间及垃圾间排风

在污水处理间及垃圾间的排风系统上均设有活性炭过滤除臭装置。运行实践表明，垃圾间排风系统的除臭效果比较稳定，而污水处理间除臭装置的有效运行时间极短，需频繁更换活性炭，导致运行成本太高，而且，稍有疏忽就会有臭气排出。为改变这种局面，在污水处理间的各吸风口处增设喷雾器，将天然植物中提取的 airSulotion 除臭液雾化，使之与污水处理间的排气均匀混合、吸附，经一系列化学反应，臭味分子的结构发生改变，从而消除排气的臭味。上述反应的生成物为水、氧、氮等无害物。实际运行的除臭效果显著，运行费用也明显低于活性炭的过滤吸附装置。

(4) 洗衣房通风

根据工艺提供的资料，洗衣房设置了全面排风与局部排风相结合的排风系统，并在 4 台烘干机的排风管路上设置了绒毛收集器，以清除排风中的飞絮。为改善操作人员的工作环境，夏季对送风作降温处理，并在高温操作区内，设球形铝合金可调风口作岗位送风。洗衣房送排风的气流组织，使送入洗衣房的空气从低温区流向高温区，然后经设在高温区上方的排风口，将吸收了高温区余热的空气排到室外。

(5) 客房层排风

每间客房厕所配一台管道型风机，淋浴器与坐便器的上方各设一个条形百叶风口，其

总排风量为 $102m^3/h$。根据热平衡计算,在每层的制冰间与服务间内各设管道风机一台,其计算排风量为 $230m^3/h$。客房排风分设五个系统与其新风系统一一对应,并对其 13~36 层的排风实施显热回收。当新风温度进入非热回收区间后,大楼 BAS 将关闭排风进热回收装置的电动风门,此时客房排风便由系统总风机将之直接排到室外。所有客房排风系统均配变频调速风机,每天 6:00~9:00 与 18:00~20:00 风机全速运行,其他时间按设计转速的 70% 运行。

(6) 全空气空调系统的排风

酒店的全空气空调系统分别配备空调季排风及过渡季排风系统。冬夏两季仅使用小风量的空调季排风系统,而在夏秋季节更替之际,当室外空气的焓值低于室内设定焓值时,其空调系统受 BAS 控制自动进入全新风工况,并同时启动过渡季排风系统,实施"免费冷却"。除多功能宴会厅外,空调季排风系统均按定风量设计;由于宴会厅实际使用人数变化很大,即使在空调季内,其空调系统所需的新风量也经常会发生较大变化,为维持室内适当的正压(宴会厅举办宴请或酒会时,其室内正压值按+0Pa 设定;当举办非宴请类会议或其他活动时,正压值设定为 5Pa),宴会厅空调季排风机及大多数过渡季的排风风机配变频调速装置,以跟踪因室温控制的需要(宴会厅还需跟踪空调季新风量的变化)而引起系统的新、排风量的改变;风机的转速受控于该系统的压差传感器,使空调房间内维持 0~5Pa 正压(室内游泳馆的池区部分须维持 20Pa 负压)。对一些需要划分吸烟区与非吸烟区的场所,如餐厅、咖啡酒吧的室内排风口集中布置在吸烟区上部的吊顶上。

(7) 酒店的变配电室、热交换器室、水泵房、无可开启窗的空调机房、电梯机房、地下停车库均配机械送、排风系统。所有送风风机箱内配可清洗型空气过滤器。电梯机房另设有风冷式冷风机组,当其机械通风系统无法维持电梯控制箱正常工作所需的环境温度时,可关停通风系统,启动冷风机降温。

位于地下三层的制冷机房内,设降温型通风系统及事故(兼过渡季)排风系统。机房内设氧气浓度传感器,当制冷机组的冷剂泄漏,导致机房下部空气中氧气浓度过低时,此时传感器报警,并同时启动(或将运行中的过渡季排风系统切换为)事故排风系统。

5. 空调自控

(1) 空调冷源系统控制

冷水机组与冷水泵及冷却水泵按一机一泵的原则配置。为保证冷水机组正常启停,BAS 对冷水机组、冷水泵、冷却水泵、冷却塔进出水管电动阀及其风机的启停顺序实施程序控制与均时控制。

在制冷机房的冷水供回水总管上分别设温度传感器,并在回水总管上设流量传感器,以测定每一瞬间冷水的供回水温度及空调末端的总用水量。BAS 将依此计算出酒店空调系统负荷侧每一瞬间的实际用冷量,并经逻辑判断确定是否需增减冷水机组的运行台数,通过与冷水机组上的 BA 接口,实现对冷水机组的自动启停控制。

设计在制冷机房的冷水分、集水器之间设置了压差传感器,并在冷水供回水总管之间设有电动压差旁通阀,BAS 根据压差传感器实测的供回水压差 ΔP 与设定压差 ΔP_S 的偏差调节电动压差旁通阀的开度:当 $\Delta P > \Delta P_S$ 时,压差旁通阀受控增大其开度,泄流降压,使冷水系统供回水压差下降,直到 $\Delta P = \Delta P_S$;当 $\Delta P < \Delta P_S$ 时,压差旁通阀受控减小其开度,截流增压,使冷水系统供回水压差回升,直到 $\Delta P = \Delta P_S$。与此同时,压差旁

通阀的分流作用,使流经冷水机组的水量稳定不变。其设定压差 $\Delta P_S=273\mathrm{kPa}$,在此压差下电动压差旁通阀全开时的设计流量为 $343\mathrm{m^3/h}$。

当冷水机组只有 1~2 台运行时,BAS 将启用冷却塔节能运行程序,增加实际布水的冷却塔台数,而不开冷却塔风机,用加大水与空气进行热质交换面积的方法,提高冷却水散热降温的能力;当 4 台冷却塔全部通水,且其出水温度也已升到 32℃ 时,BAS 即恢复一机(冷水机组)一塔(冷却塔)的程序控制,并同时启动投入运行的冷却塔风机,用强制通风强化热质交换。供冬季使用的一台冷却塔的水盘中设有 6kW 电加热器 2 组,当偶遇严寒,而且水塔又因故暂停运行时,BAS 将启动此电加热器加热防冻。

(2) 低区空调供热水系统控制

低区空调供热水循环泵设计为定流量水泵,其温度传感器、流量传感器、压差传感器以及电动压差旁通阀的设置及控制方法完全与冷水系统相同。为控制热水的供水温度,在汽—水换热器的供汽管上设电动调节阀,BAS 根据汽—水换热器出水管上的温度传感器的信号调节此电动调节阀的开度,使其供水温度稳定保持在 60℃。低区空调热水供回水设定压差 $\Delta P_S=224\mathrm{kPa}$,在此压差下电动压差旁通阀全开时的设计流量为 $161.7\mathrm{m^3/h}$。

(3) 高区冷热水系统(变频调速水泵)控制

高区冷热水全部用换热器制备,这些换热器均无恒流量要求,为节省水泵能耗,高区冷热水循环泵全部采用变频调速的变流量水泵。

变频控制系统由控制器、变频器、压差传感器及流量传感器组成:

1) 控制器内置一个有记忆的微处理器,一台控制器可控制 6 台水泵、连接 4 个压差传感器,控制器的显示屏上可显示各控制区域的设定值、过程变量、水泵运行情况、水泵运行次序、PID 调节范围、水泵或变频器失灵、报警、故障诊断、手动或自动转换、备用电池的储电量等。控制器内设控制程序,控制器出厂前已将受控水泵的特性曲线输入控制程序。因此,控制器可防止水泵电机过载、避免水泵在其特性曲线的末端工作,并按"适当效率程序"控制水泵在最高的"电—水总效率"下运行。BAS 可通过控制器设 RS—485 接口,了解变频控制系统及受控水泵的全部运行参数。

2) 变频器可显示频率、电压、电流、功率、转速、变频器失灵等重要运行参数,还有自动限流、高温控制、自动重新启动功能及手动操作功能。该变频器可在三相电压变化 $\pm10\%$ 的范围内正常工作;可减少产生不同直流电压所引起的线路干扰;且功率因数较高,可达 0.98。

3) 压差传感器可将设定点处测得的压差转换为 4~20mA 的直流电信号从 610m 外送至控制器与设定值比较,并根据其偏差值控制水泵转速。压差测量范围 0~0.25MPa,精度 $\pm0.25\%$。

4) 流量传感器将系统每一瞬间的总流量转换为 4~20mA 的直流电信号送到控制器,信号传输距离可达 610m。当管内水流速为 0.3~9.1m/s 时,其测量精度为 $\pm1\%$。

在该控制方案中,压差传感器的测点设在系统最不利环路的 AHU 冷(热)水盘管的进出水支管上。从本工程的计算结果看,这与目前大多数泵业公司采用的在机房内供回水总管之间设压差传感器的控制方法相比,水泵调速范围增加了一倍有余;水泵在零到设计流量的范围内运行时,其计算轴功率仅为后者的 37.6%~87.7%;同时,运行中控制器的"适当效率程序"还将随时根据系统流量传感器的流量信号,及其所预载的水泵特性曲线，综合水泵实际运行轴功率、水泵效率及变频器的功耗，适时确定水泵运行台数，使系统获得最佳节能效果。考虑到客房的负荷变化与最不利环路（歌舞厅、新风处理机）的负荷变化规律不同，设计在客房风机盘管水系统的最不利环路的供回水立管间设置了第二个压差传感器，变频控制器的"适当效率程序"将会随时根据两个压差信号偏差的高值，对水泵转速进行控制。由于为维持最不利环路的 AHU 冷（热）水盘管的进出水支管压差达到设定值的水泵最低转速（即零流量转速）大于额定转速的 30%，因此，本工程高区冷（热）水系统均不设低转速压差旁通。

(4) 全空气空调系统与新风系统控制

1) 定风量全空气空调系统（CAV）的空调箱设电动冷热水流量调节阀与蒸汽加湿器流量调节阀，在系统回风管内设温度传感器与相对湿度传感器。夏季时，BAS 根据同时接受温度与相对湿度的信号，选择与设定值偏差的高值来调节冷却器的水流量，当冷水流量受控于相对湿度偏差时，BAS 随即启动 AHU 的热水流量调节阀，并根据温度偏差调节热水盘管的再热量。冬季时，BAS 将根据温度偏差，调节 AHU 的热水流量调节阀的开度以恒定室温；并根据相对湿度的偏差，调节 AHU 的蒸汽加湿器流量调节阀的开度以恒定室内相对湿度。调节阀全部选用等百分比特性，阀权度 $S \geqslant 0.3$，BAS 通过 DDC 对之实施 PID 调节。

AHU 混合过滤段的新、回风管上装有设阀位传感器的电动调节风阀，在空调季时，BAS 调节两阀的开度，保证系统最小新风量；当室外空气的焓值低于室内设定焓值时，BAS 随即关闭回风阀，使新风阀全开，空调系统自动进入全新风工况。在秋冬转换之际，BAS 将通过调节新、回风阀的开度，改变系统新风比，以维持室温恒定，充分利用回风的热量，推迟 AHU 加热盘管投入运行的时间。AHU 的风机与新风电动调节风阀连锁，当 AHU 的风机停止工作时，其新风电动调节风阀随即关闭。餐厅、会议、宴会厅等间歇使用的空调系统，在其使用前空调系统的预冷或预热运行中，BAS 将关闭 AHU 的新风电动调节阀，仅用循环风进行预冷或预热，以节省能耗，缩短系统预冷或预热的运行时间。

2) 变风量空调系统（VAV）的空调箱设冷热水流量调节阀与蒸汽加湿量调节阀，BAS 在系统送风管内设温度传感器与相对湿度传感器，在夏季，BAS 根据同时接受温度与相对湿度的信号，选择与设定值偏差的高值来调节冷却器的水流量，当冷水流量受控于相对湿度偏差时，BAS 随即启动 AHU 的热水流量调节阀，并根据温度偏差调节热水盘管的再热量，使送风的温度与相对湿度保持设定值不变。在冬季，BAS 将根据送风温度的偏差调节 AHU 的热水流量调节阀的开度，根据送风相对湿度的偏差调节 AHU 的蒸汽加湿量调节阀的开度，使送风的温度与相对湿度保持设定值不变。调节阀的特性与控制同 CAV 部分。

在 AHU 的混合过滤段的新、回风管上，配置了有阀位传感器的电动调节风阀，其功能与上述 CAV 的新、回风调节阀功能基本一样。所不同的是，在 AHU 的新风入口分别设置两个电动风量调节阀：一个用于调节空调季系统新风量，一个用于过渡季实现 AHU 全新风工况以及过渡季后期调节系统的新、回风比以恒定 AHU 的送风温度。贵宾小餐厅的变风量空调系统设计时，在其空调季新风电动风量调节阀的上游，设置了一段长度等于 10 倍风管长边的直风管，并在该风管内设置风量传感器，BAS 根据风量传感器的信号与设定值的偏差，同时对新风与回风电动风量调节阀作 PID 调节，对该系统实施空调季定新风量控制。酒店多功能宴会厅实际使用的人员密度变化较大,且一个空调系统的服务范围也会因租用要求的不同而发生变化。如果宴会厅空调系统在空调季采用定新风控制,会造成较大的能源浪费。因此,设计在两个宴会厅空调系统的回风管内分别设置了CO_2浓度传感器,BAS将随时根据回风中CO_2浓度的偏差对该系统新、回风阀的开度进行PID调节,保持室内CO_2的体积浓度不超过设定值$1000×10^{-6}$。

AHU配风机变频调速器。运行时BAS根据系统中所有变风量末端装置一次风阀的开度及其室温信号与设定值的偏差,通过预载入DDC的变静压程序对风机变频调速器作PID调节,适时改变系统总风量,确保每一瞬间负荷最大的末端的一次风阀的开度≥90%。

当某种超设计范围的原因引起室内冷负荷增加,风机全速运转系统达到最大风量,仍然有部分末端的室温信号出现正偏差时,BAS须对系统送风温度作补偿调节。

3) 变风量末端的控制。贵宾小餐厅变风量空调系统的每一台末端装置都配一个室温控制器,其功能有:控制与之相连变风量末端装置的开关;设定并感测室内空气温度;向末端装置控制器传送温度偏差信号(24V低压直流电,设短路保护);具备风量设定功能,可对最小风量进行调整。末端装置控制器内含风量补偿压差转换的模拟电子控制器、一个电动一次风阀执行器与一个送风温度传感器;末端装置控制器根据室温控制器的信号,调节一次风阀的开度,使室温维持设定值不变,其风量控制精度±5%;冬季,每天早晨系统开始运行时,能自动逆向调节一次风阀完成小餐厅的预热;末端装置控制器可向区域管理器传送一次风调节阀的阀位信号与室温偏差信号。

宴会厅变风量空调系统的末端——串联式风机动力箱(FPS)按区域划分,每3~4个FPS为一组,合用一个室温控制器。该温控器具备贵宾小餐厅所用温控器的功能,但它有两个风量设定,分别调整供热与供冷工况的最小一次风量。其末端装置控制器除具备贵宾小餐厅的末端控制器的功能外,冬季时,当一次风量降到其设定值后,即使室温继续下降,一次风的风量调节阀不再关小,直到室温降到冬季设定值(20℃)以下时,末端控制器将打开FPS热水盘管上的电动两通阀向宴会厅供热,并根据室温信号偏差的正负,开闭电动两通阀,使室温维持冬季设定值不变。

4) 新风系统的空气处理机(PAU)设电动冷、热水流量调节阀与蒸汽加湿器流量调节阀(厨房送风系统无加湿器),BAS在系统送风管内设温度传感器与相对湿度传感器。在夏季,BAS根据同时接受温度与相对湿度的信号,与室内设定焓值的偏差来调节冷却器的水流量,保持处理后新风的焓值与室内设定值相等。在冬季,BAS将根据新风送风温度与设定值的偏差调节PAU的热水流量调节阀的开度,还根据送风相对湿度的偏差调节PAU的蒸汽加湿器流量调节阀的开度,使新风的送风温度与相对湿度保持设定值不变。调节阀的特性与控制同CAV部分。厨房专用的新风系统只作温度控制,其温度传感器设在厨房细加工的区域内,其设定值在现场可调。PAU的进风管或进风口上设电动双位阀,与PAU的风机同启闭。

5) 所有AHU、PAU以及热回收的空气过滤器的前后设压差开关。当过滤器前后的压差升至设定值时,压差开关闭合,BAS在制冷机房控制室(空调主控室)内发出声、光报警,通知空调维修保养人员更换过滤器。在AHU及PAU冷热盘管的前后设防盘管辐射的温度传感器T_{A1}、T_{A2},并在盘管的回水管上设回水温度传感器T_{W1}、T_{W2},把设计工况下的测定值按$(t_{A1}-t_{A2})/[t_{A1}-(t_{W1}+t_{W2})/2]$式计算所得值作为初始热交

换效率设定值 ε_{2S}。经一段时间运行后，当盘管的实际热交换效率 $\varepsilon_2 < 0.85\varepsilon_{2S}$ 时，BAS 随即在制冷机房控制室发出声、光报警，通知空调维修保养人员清洗盘管表面的污垢。

（5）BAS 对所有通风、空调系统的启、停进行控制及状态显示。

（6）BAS 定时（每 1 或 2 小时一次）记录并打印制冷机房冷热源的以下运行参数：

1）冷水机组的冷水供、回水温度，蒸发器水侧压降；

2）冷水机组的冷却水供、回水温度，冷凝器水侧压降；同时记录冷却塔运行台数及其风机的启停状态，记录室外空气温度与相对湿度；

3）冷水机组的运行电流、电压，以及发生故障的冷水机组的故障代号；

4）两台汽水热交换器的供、回水温度及其水侧压降；

5）酒店每小时累计用冷量与用热量。

6. 管材与保温

（1）本工程中与风机盘管连接的供回水支管采用紫铜管。除此之外，其他空调水管均采用热轧无缝钢管，焊接或法兰连接。

（2）一般通风与空调风管采用镀锌钢板制作；室内游泳馆的空调与排风管道采用铝合金板制作；厨房的送、排风管采用不锈钢板制作；风管全部采用法兰连接。

（3）火灾排烟风管采用镀锌钢板制作，外包防火板。

（4）空调送、回风管及新风送风管，采用厚度 30mm、密度 48kg/m^3 的铝箔离心玻棉板保温；空调水管采用厚度 30~50mm、密度 48kg/m^3 的铝箔离心玻棉管套保温；空气凝结水管采用厚度 20mm、密度 48kg/m^3 的铝箔离心玻棉管套保温。

7. 主要设计技术指标

建筑面积	71728m^2
空调面积	62861m^2
空调总冷负荷	8860kW
总供热负荷	5543kW
冷指标（按空调面积/按建筑面积计）	141.0/123.5W/m^2
热指标（按空调面积/按建筑面积计）	88.2/77.3W/m^2
制冷设备装机制冷量	7992kW
换热设备装机供热量	6242kW
空调与通风设备总装机功率（不含过渡季用排风机及消防风机功率）	4130kW
空调与通风用电指标（按建筑面积计）	56.9W/m^2

8. 主要设备表

序号	设备名称	型号与规格	单位	数量
1	离心式冷水机组	制冷量 1998kW；制冷剂 R-134a；蒸发器：冷水进出水温度 11/6℃，水流量 95.5L/s，水压降 69.5kPa 冷凝器：冷却水进出水温度 32/38℃，水量 93.9L/s，水压降 41.1kPa 电动机：380V/50Hz/3PH，输入功率 401kW，额定电流 711A，过载电流 768A，Y-△启动电流 1242A	台	4

续表

序号	设备名称	型号与规格	单位	数量
2	水平开壳卧式双吸泵（低区冷水循环泵）	流量：366m³/h；扬程：57.5m；电动机：380V/50Hz/3PH，输入功率90kW；配弹簧减振台座	台	5
3	超低噪声集水型逆流式冷却塔	中温型；冷却水流量350m³/h；当空气湿球温度为28.3℃时，其进出水温度40/32℃；配隔振基础	台	4
4	水平开壳卧式双吸泵（冷却水循环泵）	流量350m³/h；扬程28.0m；电动机：380V/50Hz/3PH，输入功率37kW；配弹簧减振台座	台	5
5	低区管壳式汽水热交换器	加热管长1800mm；换热量1880kW；蒸汽压力（表压）0.4MPa；冷凝水背压（表压）≥0.02MPa；供回水温度60/50℃；水压降15kPa	台	2
6	水平开壳卧式双吸泵（低区热水循环泵）	流量178m³/h；扬程28.6m；电动机：380V/50Hz/3PH，输入功率22kW；配弹簧减振台座	台	3
7	板式热交换器（高区供冷）	换热量1170kW；冷侧供回水温度6.3/10.8℃，水压降49.4kPa；热侧供回水温度7.8/12.8℃，水压降44kPa	台	2
8	水平开壳卧式双吸泵（高区冷水循环泵）	流量220.3m³/h；扬程30.4m；电动机：380V/50Hz/3PH，输入功率30kW；配双层弹簧减振台座与变频调速控制器	台	3
9	高区管壳式汽水热交换器	加热管长2100mm；换热量1241kW；蒸汽压力（表压）0.3MPa；冷凝水背压（表压）≥0.02MPa；供回水温度60/50℃；水压降15kPa	台	2
10	水平开壳卧式双吸泵（高区热水循环泵）	流量117.4m³/h；扬程24.5m；电动机：380V/50Hz/3PH，输入功率15kW；配双层弹簧减振台座与变频调速控制器	台	3

供稿者：许宏禊　万嘉凤

22.7.8　上海体育馆水蓄冷工程改造

1. 概况

原上海体育馆为改变单一比赛场地功能的状态，并创造一定的社会效益和经济效益，于1999年改建为上海大舞台。为配合大型演出的要求，缩小了东南西看台，拆除北看台，改建成一个超大型舞台，同时内场仍需满足各类体育比赛要求。由于其使用功能的改变及设备老化，原制冷空调系统必须进行改造，以适应各种不同类型比赛、演出、会议等多功能的需求。

原上海体育馆的冷源为水蓄冷系统，主要是考虑体育场馆使用的间隙性和短时性。在蓄冷系统中，水蓄冷系统与其他蓄冷系统比较具有控制简单，设计方便，运行可靠，可因地置宜地利用建筑物地下空间基础，节省投资等特点。蓄冷池一般分敞开式和密闭式两种。上海体育馆蓄冷池为一开放回路的敞开式水池，水池有效容积为1200m³，它利用原压缩制冰机房旁冰库下的建筑基础底板和格子状基础梁。这些格子状基础梁构成 24 个空心基础槽，每个槽 4m 见方，高 3.1m。设计时，在基础梁中设预留孔，使这些槽由迷宫式回路相连，组合成一个潜堰式蓄冷水池。该类型蓄冷水池的最大优点是经济性较好，投资节省。此外，不同温度时的冷水分层效果较好，但蓄冷水池表面积和容积之比偏大。为减少储存能量的损失和防止凝露，蓄冷池外壁采取了保温措施。

2. 改造设计

经计算，上海大舞台的夏季空调峰值负荷为 4200kW。由于改建后的上海大舞台的功能定位已发生变化，需满足多种功能的需求，即：一般体育比赛（2 小时左右），大型文艺演出（4 小时左右），大型会议（9 小时左右）。此外也由于市内各类体育场馆，剧场等公共建筑近年来不断涌现，大舞台的使用频率也较原体育馆大大降低，所以改建工程对冷水机组的选择应针对上述因素及蓄冷特性进行综合考虑而定。

工程改造前经上海体育馆工作人员实测，蓄冷水池内的水温约每 3 天升高 1℃，即蓄冷水池的冷损失为 $16.2W/m^3$。因每次使用与上次使用的间隔时间不同，故蓄冷所需的制冷量也不同，具体数值详见表 22.7-17（其中水池蓄冷温度为 7℃，蓄冷时按冷水机组夜间工作 7 小时计算）。

不同间隔天数的蓄冷制冷量　　　　　　　　　　　　表 22.7-17

间隔天数	水池水温（℃）	蓄冷温差（℃）	蓄冷所需制冷总量（kW·h）	蓄冷每小时制冷量（kW）
10	15.33	8.33	11623	1660
20	18.67	11.67	16284	2326
30	22.01	15.01	20944	2992

上海大舞台空调系统供回水温度为 7～12℃，则 1200m³ 蓄冷水池总蓄冷量为 6976kW·h。因此，当白天长时间使用空调系统，蓄冷水池蓄冷量不足时，需开启冷水机组作为补充。根据不同的使用功能和使用时间，空调所需制冷总负荷和除去蓄冷量仍需开启冷水机组的每小时制冷量详见表 22.7-18。

不同使用时间冷水机组的补充制冷量　　　　　　　　　　表 22.7-18

演出时间（h）	空调时段制冷总负荷（kW·h）	水池蓄冷量（kW·h）	冷水机组每小时补充制冷量（kW）
2	8196	6976	610
4	15120	6976	2036
8	27720	6976	2593

综合上述二方面原因，设计选用螺杆式冷水机组三台，每台制冷量为 1050kW，以同时满足若使用时间间隔较长引起池水温度上升而需增加较大的蓄冷量和白天长时间使用时的补充制冷要求。冷水机组和混凝土蓄冷水池，冷水泵，冷却水泵，送水泵，冷却塔组成了本改造工程的水蓄冷系统。制冷系统主要设备见表 22.7-19。冷冻水系统原理详见图 22.7-24。

水蓄冷系统主要设备表   表22.7-19

编号	名称	规格	数量	单位
1	螺杆式冷水机组	$Q=1050kW$，$N=225kW$	3	台
2	冷却塔	$G=300t/h$，$N=10kW$	3	台
3	蓄冷水池	$24m \times 16m \times 3.1m$，有效水容量$1200m^3$	1	只
4	冷却水泵	$G=275t/h$，$H=25.4m$，$N=37kW$	3	台
5	冷水泵	$G=200t/h$，$H=22m$；$N=18.5kW$	3	台
6	主馆送水泵	$G=180t/h$，$H=32.5m$，$N=30kW$	4	台
7	电子水处理仪	$D219 \times 6$	10	台

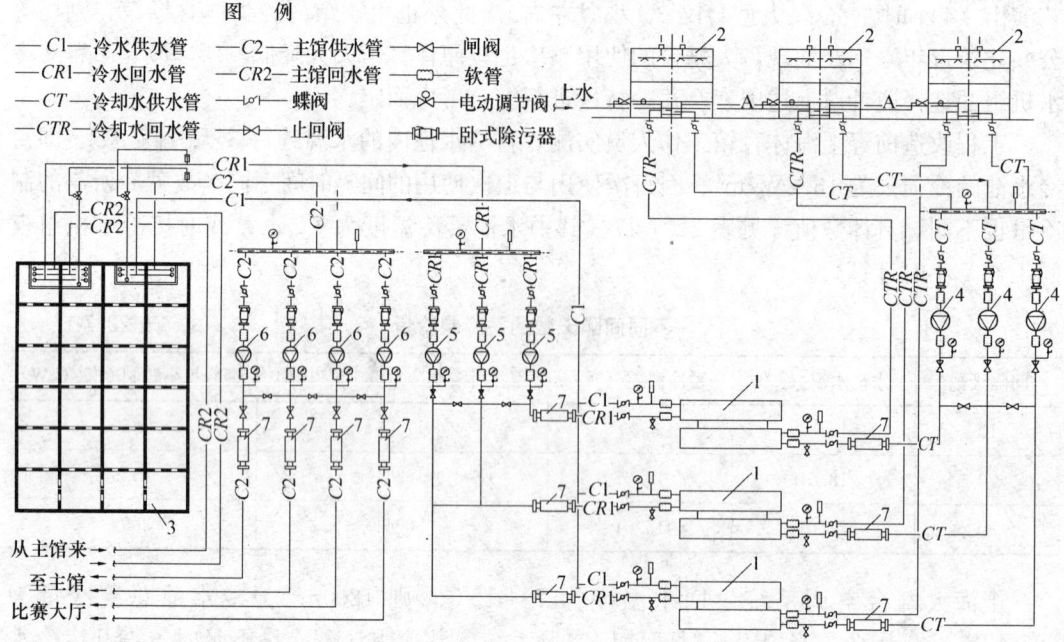

图22.7-24 水蓄冷系统原理图

该制冷系统的运行主要分为蓄冷运行和释冷运行。在有比赛、演出或会议任务的前一天晚上，制冷系统进行蓄冷运行，此时开启冷水机组，冷水泵，冷却水泵和冷却塔。冷水机组运行的具体台数视蓄冷前水池温度和蓄冷时间长短而定。蓄冷时，经冷水机组冷却后的冷水进入第一级水槽，根据水在不同温度下具有不同的密度，会产生不同浮力的原理，使冷、温水自行分层，然后再通过槽与槽之间的连通口，进入下一级蓄水槽。冷水在蓄冷池中顺时针方向流动，直至池内冷水全部达到所需的蓄冷水温7℃（也可降至5℃或6℃）。次日在比赛、演出或会议时，制冷系统进行释冷运行，主馆送水泵启动，将蓄冷水池第一级水槽内的冷水送至主馆内各空调末端机组。此时，蓄冷水池内的冷水逆时针方向流动，将所蓄冷量缓慢释放。当主馆空调使用时间过长，一般为2小时以上，$1200m^3$蓄冷水池无法提供足够冷量时，则在释冷运行的同时开启冷水机组，冷水泵，冷却水泵和冷却塔。冷水机组供/回水温度为7℃/12℃，冷水机组运行的具体台数由使用时间长短及当时气候条件而定。此时，蓄冷水池内仍为逆时针方向的释冷循环。水池蓄冷和释冷运行状况详见图22.7-25。

3. 总结

水蓄冷系统和常规系统相比，有其显著的优点：(1) 利用蓄冷水池进行蓄冷可减小冷水机组的容量，节省设备投资费用，减小机房面积，从而降低了制冷设备的初投资和建筑成本。本改造工程至少节省了一台 1050kW 的冷水机组，并且腾出的机房面积，现已作为训练馆空调改造之用。(2) 有利于空调制冷系统的高效与经济运行。其一是利用深夜廉价电力，避开用电峰值时间。其二，夜间开机，冷却水温度降低，冷凝温度下降，制冷效率提高，单位制冷量的耗电量下降。电力的节省可以有效地弥补蓄冷水池的冷损失。(3) 冷水机组容量减少后，使所需变配电设备的投资也将大大减少。(4) 水蓄冷池建造可利用建筑物地下基础，节省投资。

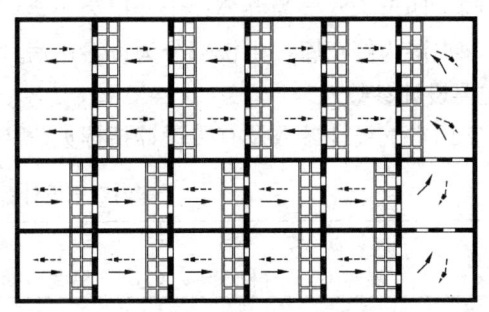

虚线为蓄冷，实线为释冷

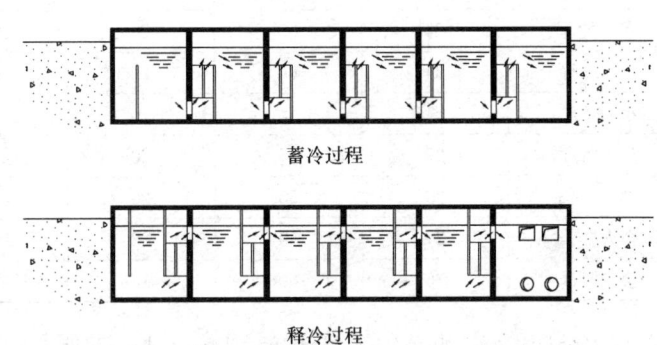

蓄冷过程

释冷过程

图 22.7-25　蓄冷水池工作状况图

但水蓄冷制冷系统也存在一些缺点。(1) 由于不可避免地存在着池内冷、温水的混合能量损失及池壁传热，不可能全部有效地使用所蓄的能量，蓄冷池热效率按池的构造、蓄冷温度、取水温度而不同。本蓄冷水池采用效率较高的潜堰式，一般效率为 90% 左右。水池外壁虽采取了隔热措施，但仍有一定的冷损失，使冷源能耗增加。为减少损失，水池必须有完好的隔热，从而增加了工程费用。(2) 敞开式蓄冷水池水泵所需扬程高于密闭式冷水系统水泵的扬程，水泵功率有所增加。(3) 敞开式水池中的水与空气接触，氧气溶解于水，外部杂质也易混入水池，使水混浊，加快装置和管路的腐蚀。本次改造时对蓄冷池和管路进行彻底清洗，去除了水池中藻类与微生物，从而改善水质。

该系统竣工后经各类演出、比赛、实际使用，效果良好。无论是蓄冷运行还是释冷运行均能达到设计参数。夜间蓄冷运行充分利用了电价优惠政策，运行成本低，业主感到满意。

(供稿人：上海建筑设计研究院有限公司　姚军)

22.7.9　苏州工业园区现代大厦空调设计

1. 建筑概况

现代大厦座落于苏州工业园区，总建筑面积 98220m²，地上建筑面积 79900m²。建筑高度 99m，地上 20 层，地下 1 层。一至三层为裙房，有多功能厅、餐厅、会议、大堂等大空间房间;四至十八层为办公;十九层为小会议室及餐厅。地下室面积 18320m²,其中裙房部分和夹层为停车库,主楼部分为设备用房。

2. 主要设计参数

(1) 室内空气设计参数及有关设计指标见表 22.7-20

室内空气设计参数　　　　表 22.7-20

房间名称	夏季		冬季		新风量	噪声级
	温度(℃)	相对湿度(%)	温度(℃)	相对湿度(%)	(m³/h·人)	dB(A)
大　堂	26	50	16		30	≤50
会　议	24	50	20	≥40	35	≤45
多功能厅	24	55	20	≥40	40	≤40
报告厅	24	60	20	≥40	35	≤40
小餐厅	24	55	20		30	≤50
员工餐厅	27	55	20	≥40	25	≤55
办　公	25	55	20	≥40	45	≤45
个人办公	24	50	22	≥40	120/间	≤40
会展厅	26	60	18	≥40	30	≤55

有关设计指标:办公室人员密度:14m²/人;照明:30W/m²;设备发热量:50W/m²;玻璃幕墙的传热系数:1.71W/(m²·℃)。

(2) 机电设备用房及辅助用房机械通风换气次数见表 22.7-21

房间换气次数　　　　表 22.7-21

房间名称	换气次数(次/小时)	房间名称	换气次数(次/小时)
地下停车库	6(排)/5(送)	污水泵房	25
水泵房	5	锅炉房	10(平时通风)
冷冻机房	9	更衣室	4
配电间	7.5	浴室	8
变压器室	38(按热平衡计算确定,夏季空调降温)	卫生间	15
柴油发电机房	10(平时通风)	厨房 24 小时通风	10
日用油箱间	10	厨房排油烟时通风	45
垃圾间	15		

3. 冷热源及水系统

办公大楼设集中空调系统,夏季空调设计冷负荷为 10550kW(3000RT),选用 3 台 2990kW 和一台 1400kW 的离心式冷水机组,机组进水温度 12.5℃,出水温度 6.5℃。冬季空调设计热负荷为 5000kW,空调热水由工业园区热力网提供蒸汽,经 3 台板式换热器换热,总换热量为 6600kW,热水进出水为 55/65℃。此外,按业主要求,另配 3 台燃气热水锅炉作为备用热源。冷水机组、板式换热器及冷、热水泵置于地下室冷冻机房内。空调水系统采用四管制系统、一次泵冷、热水系统。系统通过调节电动压差旁通阀的开度及控制水泵运行台数,适应负荷侧流量变化。负荷侧(空调机组)冷、热盘管上均设置动态平衡电动调节阀。当负荷变化时，该阀以比例积分的调节方式实时地调节流量，且在工作压差范围内不受系统压力波动的影响，自动保持所调流量恒定。系统形式见图22.7-26空调水系统原理图。根据平面布置，标准层分成左右两个区域，各区设一组供空调机组用的冷、热供回水管和一组供外区变风量末端装置再热盘管用的热水供回水管，每层热水管同程布置。空调冷、热水系统采用开式膨胀水箱定压和补水，水箱位于主楼屋面。水泵吸入口处设快速充水管；冷、热水系统均设自动加药装置，系统最大工作压力为1.48MPa。

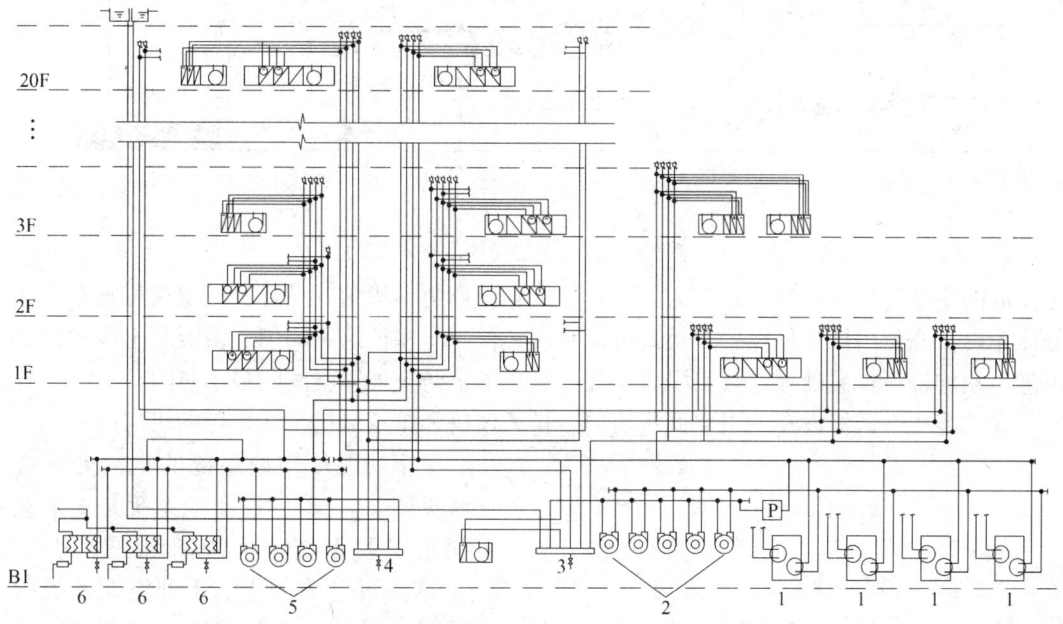

图22.7-26　空调水系统原理图
1—冷水机组；2—冷水泵；3—冷水集水器；4—热水集水器；
5—热水泵；6—板式换热器

4. 空调系统设计

办公大楼一至三层的会议室、餐厅、大堂等公用场所，区域空间较大，使用时间参差不齐，负荷变化大，分别设置全空气空调系统，一些小房间采用变风量空调系统。

四至十九层为标准层，这些办公用房使用时间相对集中，且对舒适性要求高。为了满足业主对新风的需求和每个区域室温的可调要求，标准办公层的空调方式采用变风量空调系统。

以下简述多功能厅和标准办公层的空调系统设计。

(1) 多功能厅空调设计

多功能厅设在裙房二层，建筑高18m，具有观看电影、演出及召开大型会议等功能，其剖面图见图22.7-27。由于业主要求厅堂高大通透，人员工作区空气清新、舒适，室内空气品质好以及系统节能，气流组织没有采用上送侧回或上送上回的常规形式，而采用了座位送风上部回风方式。

如图22.7-27所示，多功能厅下侧是另一大会议室，地面下无法设置大静压箱。在确保一层大会议室空调送风和吊顶高度的条件下，利用多功能厅观众区下梁的空间，用混凝

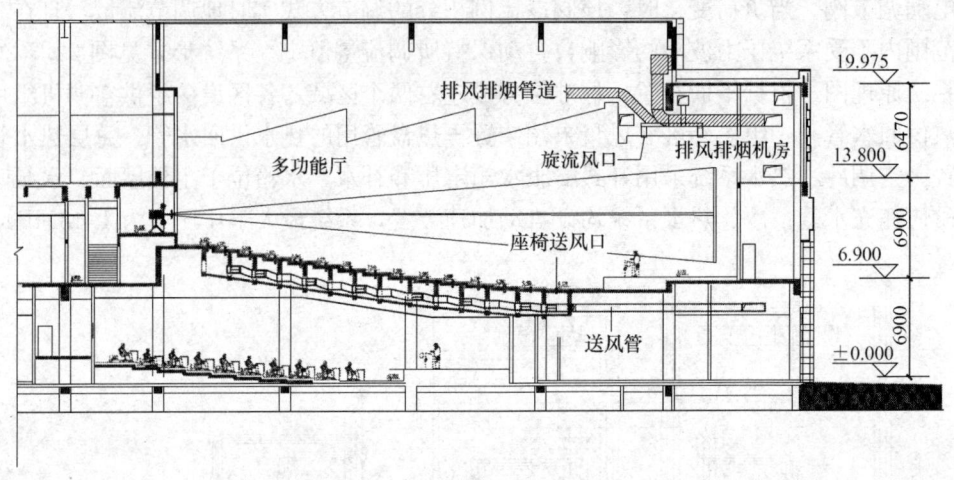

图 22.7-27 多功能厅示意图

土围成的小空间作送风静压箱。为了防止静压箱内压力不均匀，设计了两组送风管布置在静压箱内。座位出风口处设置孔板式可调装置，使每个座位送风均匀。由混凝土围成的送风静压箱均进行保温处理，其热阻大于最不利条件下防止外壁凝露的最小热阻。

多功能厅空调器设在一层空调机房内，排风风机和排烟风机设在顶部的机房内。

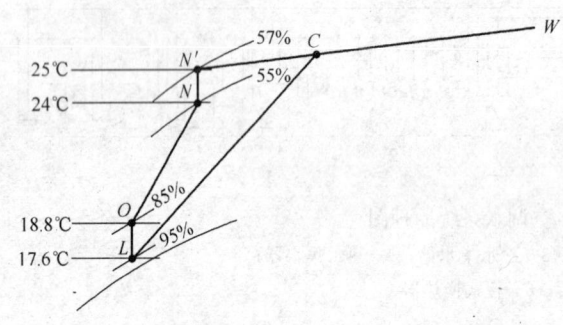

图 22.7-28 大会议厅空调系统空气处理过程

多功能厅空调系统的空气处理过程见图 22.7-28。由于该系统是一个置换式空调系统，其送回风温差小于 7.5℃，小于常规上送上回空调系统的送回风温差。基于结构的限制，回风口布置在顶部，系统回风受部分灯光和顶棚传热负荷加热后，再回到空调箱；另一部分灯光和吊顶负荷随排风排至室外。

由图 22.7-28 可见，回风从人员活动区的 N 点，一边上升，一边吸收部分灯光负荷和顶棚负荷的热量，逐渐升高到 N' 点，再与室外新风混合于 C 点进入空调器。排风也以 N' 点的空气参数排至室外。置换式空调系统比常规上送上回系统，具有较好的节能效果。

(2) 办公层变风量空调设计

1) 内外区划分

房间的冷负荷由两部分组成，即围护结构负荷和以室内人员、灯光、设备等构成的负荷。本工程的标准办公层，进深为 9~12m，且有较大的外窗面积，冬季时，靠近外窗的区域需要供热，而不受外界影响的区域，由于人员、灯光、设备等产生的热量，使其处于需要供冷的状态。因此，对标准办公层进行合理的内外分区，是设计好变风量空调系统的基础。在划分内外区时，除了考虑围护结构的影响，还必须考虑到内外区换气次数的差异。本工程设计时经过反复计算，将靠近外围护结构 3~5m 的范围划为外区，其余区域划为内区。图 22.7-29 为标准办公层分区平面，左右对称，分成 8 个区域。

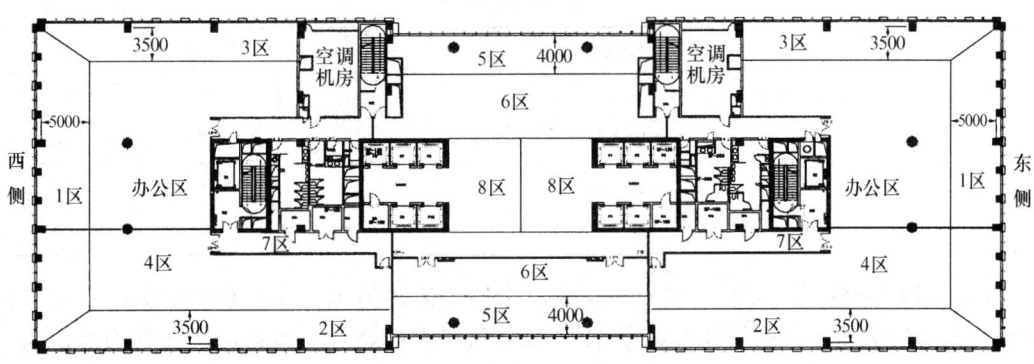

图 22.7-29 标准办公层分区平面

2) 各分区负荷计算

采用冷负荷系数法,对 8 个分区进行 24 小时逐时计算。再进行逐时合并,经空气处理过程计算和分析,确定标准办公楼层左右两个空调箱的送风量及进出风参数,结合各区的逐时负荷计算出各区的逐时送风量。

图 22.7-30 为西侧各分区逐时所需送风量。

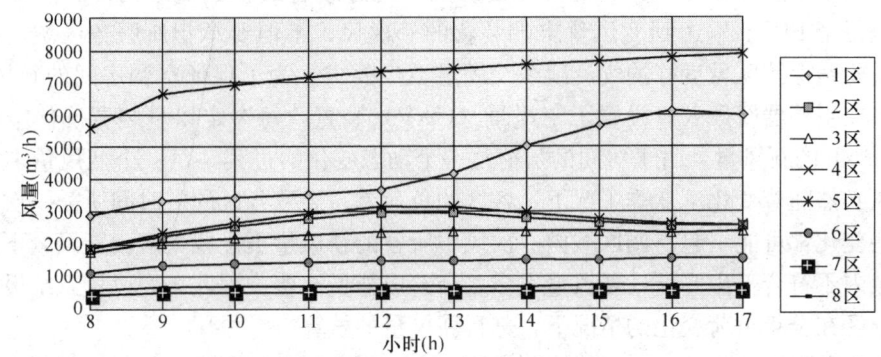

图 22.7-30 西侧各分区逐时所需风量分布

从图可见:不同分区所需最大风量的时刻不同,尤其是东西向外区,风量需求变化较大。

3) 变风量空调系统末端装置

变风量空调系统的风量调节是通过改变空调机组风机的转速来实现的,但各空调区域的一次风量是通过变风量末端装置来进行调节的。因此,选择一种合适的变风量末端装置很重要。

在分析了各种变风量末端装置的特点及适用场合后,本工程选择风机动力串联型变风量末端装置(FPB)。它由一次风风阀、风量传感器、执行器、风机和控制器组成(用于外区时另设加热器)。一次风根据房间温控器的指令调节一次风量,在与二次风(室内空气)混合后,通过装置内的送风机送出。当房间负荷减少时,为维持室内设定温度,一次风相应减少,二次风增加,但总送风量不变。由于送入房间的总风量不变,室内气流组织较稳定,换气效果好,人的舒适感也较好。标准层典型 FPB 性能参数见表 22.7-22。

标准层 FPB 性能参数　　　　　　　　表 22.7-22

服务区域	设计参数			风机		
	一次风量 (m³/h)	FPB 风量 (m³/h)	再热量 (kW)	余压 (Pa)	功率 (W)	噪声 (dB)
内 区	986	1150	—	108	184	55
外 区	1216	1360	4.25	95	184	60

串联型 FPB 的风机风量与最大一次风风量的比值约为 1.2。外区串联型 FPB 设有再热用热水盘管为冬季外区供热。串联型 FPB 变风量末端装置一般采用毕托管测速，为了保证该测速装置的准确性，一次风处风速不低于 6m/s，且进入变风量末端装置前需要有 4 倍接管直径长度的稳定段。每个变风量末端装置的服务范围约 50～100m²，否则会因风机规格较大使噪声增加。为了降低串联型 FPB 的噪声影响，回风口应尽量远离 FPB 装置。吊顶材料采用密度不小于 560kg/m³ 的材料；FPB 的送风段和二次风回风侧应有消声措施。

标准办公层变风量末端装置及风管平面布置详见图 22.7-31。

4）各分区新风量校核计算

新风由本层外墙百叶采集，与回风混合后，通过组合式空调机组的冷、热盘管处理后，送至每个 FPB。输送到变风量末端装置的一次风，不但要承担所服务区域的冷、热负荷，还要确保该区域良好的气流组织及满足卫生要求。为了保证空调房间的新风供应，设计时，在空调器新风入口设置了定风量（CAV）装置，每个定风量装置确保空调季节有 4050m³/h 的新风量。由于房间的负荷是一个动态变化的过程，每一个变风量末端装置的一次风必然随着变化。夏季工况下，各区的负荷差，导致各区同一时间所需一次风量不同。这些变化都可能引起空调区域内一次风中所含的新风量不足或太多。新风量不足将使空调区域内不符合卫生要求，新风量太多，会造成能量浪费。因此，变风量系统设计有必要对各分区在全年负荷变化的情况下，进行新风量的核算。

夏季工况下，对于 1～3，5 分区组成的外区，下午 16 时，一次风送风量为 13821m³/h，新风比 16.5%，平均每人新风量 76m³/h，而内区一次风送风量为 10769m³/h，平均每人新风量 29.5m³/h，可见内区基本达到卫生要求，而外区则人均新风量偏大。

在冬季，内区人员、灯光、设备的负荷基本与夏季相同，外区则需要供热。由于内外区使用的是同一台空调器，故一次风先要满足内区的供冷要求，外区的供热由变风量末端的再热盘管承担。为了最大程度地减少冷热抵消，外区在满足新风量的条件下，要求一次风风量最小，楼层的空调箱由变频装置相应减少一次风送风量。在对各分区新风量进行校核计算后，可知，当外区变风量末端装置的一次风量为夏季设计风量的 30% 时，新风比为 27.15%，内区人均新风量为 37.5m³/h，外区人均新风量为 49m³/h；随着外区变风量末端装置一次风量的提高，新风比下降，当外区一次风量是夏季设计一次风量的 40% 时，内、外区人均新风达 45m³/h 左右。

尽管外区变风量末端装置的一次风量如确定为夏季设计风量的 40% 可使新风的分配更为均匀合理，但考虑到节能及实际使用情况，使各个因素达到其最佳组合，在设计时，外区变风量末端装置冬季的一次风量最小值确定为夏季设计工况下一次风量的 30%。

22.7 部分空调系统实例汇编

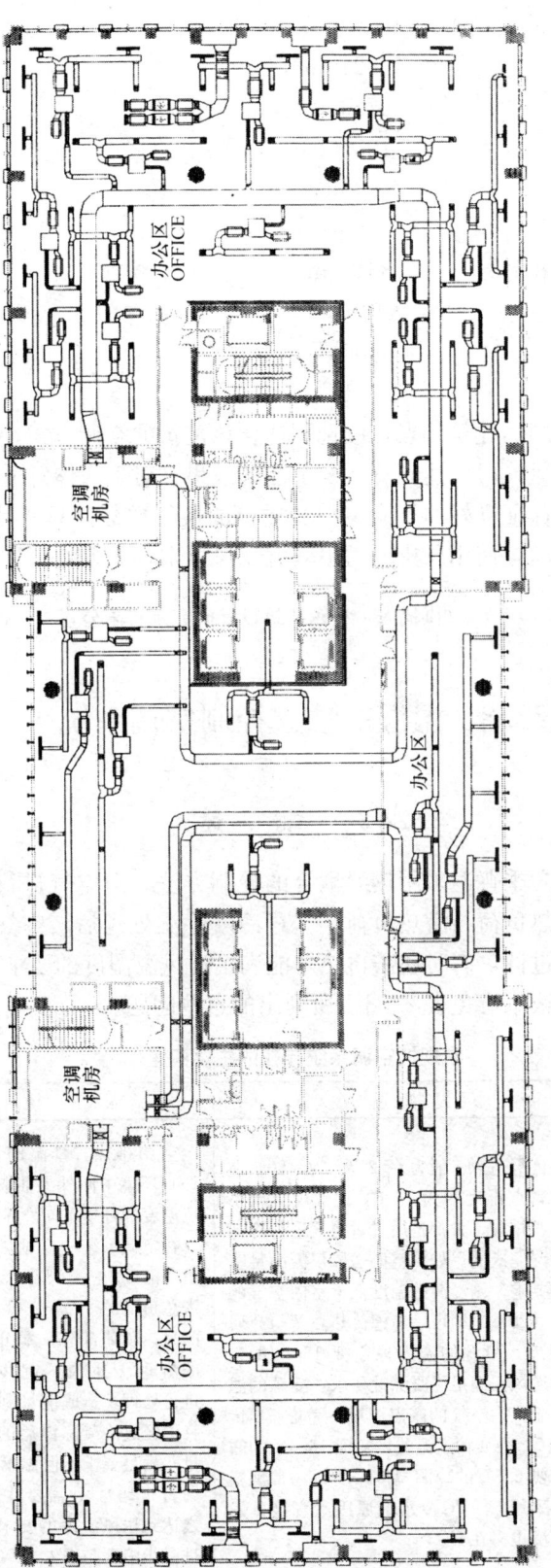

图 22.7-31 标准办公层风管布置平面

5. 主要技术指标

建筑面积	98220m²
空调面积	57500m²
空调设计冷负荷	10550kW
空调设计热负荷	5000kW
冷指标（按空调面积计）	83W/m²
热指标（按空调面积计）	86W/m²
冷水机组总容量	10270W
换热设备总容量	6600kW

6. 结束语

综上所述，针对不同的建筑特点，应选用适合该建筑的空调方式，对于层高较高的大空间建筑，结合座位送风，可以达到舒适及节能的效果；对于人体舒适性要求高且应划分内外区的办公大楼，为保证良好的气流组织和适当的换气次数，只要处理好设计、安装、调试中易出现的一些问题，使用风机动力串联型变风量末端装置是一种较好的选择。

（供稿人：华东建筑设计研究院有限公司　　杨裕敏　周静瑜）

22.8 温湿度独立控制空调系统

22.8.1 概　述

常规的空调系统，夏季普遍采用热湿耦合的控制方法，对空气进行降温与除湿处理，同时去除建筑物内的显热负荷与潜热负荷。经过冷凝除湿处理后，空气的湿度（含湿量）虽然满足要求，但温度过低，有时还需再热才能满足送风温湿度的要求。

常规空调系统通常很难避免表22.8-1所列出的这些问题。

常规的空调系统存在的主要问题　　　　　　　　　　　　表22.8-1

序号	问题	问题描述	说　明
1	热湿联合处理的损失	夏季人体舒适区一般为$t=25℃$，$\phi=60\%$左右，此时露点温度约为16.6℃。常规空调系统的排热、排湿，大都是通过对空气进行冷却和冷凝除湿完成的。如果空调送风仅需满足室内排热的要求，则冷源的温度低于室内空气的干球温度（25℃）即可，考虑传热温差与介质的输送温差，冷源的温度只需要15～18℃。如果空调送风需满足冷凝除湿要求，冷源的温度需要低于室内空气的露点温度，考虑5℃传热温差和5℃介质输送温差，实现16.6℃的露点温度需要6.6℃的冷源温度，所以，常规空调系统都采用5～7℃冷水的原因（直接蒸发时冷凝温度也多在5℃）	空调排热、排湿的任务，可以看成是从25℃环境中向外界抽取热量，在16.6℃的露点温度的环境下向外界抽取水分。 在空调系统中，显热负荷（排热）约占总负荷的50%～70%，而潜热负荷（排湿）约占总负荷的30%～50%。占总负荷一半以上的显热负荷部分，本可以采用高温冷源排走的热量却与除湿一起共用5～7℃的低温冷源进行处理，造成能量利用品位上的浪费。而且，经过冷凝除湿后的空气虽然湿度（含湿量）满足要求，但温度过低（此时相对湿度约为90%），还需要对空气进行再热处理，使之达到送风温度的要求。这就造成了能源的进一步浪费与损失

续表

序号	问题	问题描述	说明
2	难以适应热湿比的变化	通过冷凝方式对空气进行冷却和除湿，吸收的显热与潜热比只能在一定的范围内变化，图22.8-1中N、B、W围成的三角形区域（其中室内空气的状态点为N，对应的露点为B，冷水的状态点为W）。而建筑物实际需要的热湿比却在较大的范围内变化。室内的湿量一般来源于人体，当人数不变时，产生的潜热量不变。但显热却随气候、设备使用状况等发生大幅度的变化。在另一些场合，室内人数有可能有较大的变化，但很难与显热量的变化成正比。这种变化的显热与潜热比与冷凝除湿的空气处理方式的基本固定的显热潜热比也构成不匹配问题。对这种情况，一般是牺牲对湿度的控制，通过仅满足室内温度的要求来妥协	这样，就会造成室内相对湿度过高或过低的现象。过高的结果是不舒适，进而降低室温设定值，通过降低室温来改善热舒适，造成能耗不必要的增加（由于室内外温差加大而加大了通过围护结构的传热和处理新风的能量）；相对湿度过低也将导致由于与室外的焓差增加使处理室外新风的能耗增加。在一些情况下为协调热湿矛盾，还需要对降温除湿后的空气进行再加热，这更造成不必要的能源消耗。冷凝除湿的本质就是靠降温使空气冷却到露点而实现除湿，因此降温与除湿必然同时进行，很难随意改变二者之比。这样，要解决空气处理的显热与潜热比与室内热湿负荷相匹配的问题，就需要寻找新的除湿方法
3	对环境及室内空气品质的影响	常规空调系统大都依靠空气通过冷表面进行降温除湿，因此不可避免的会出现潮湿表面甚至产生积水，空调停机后这样的潮湿表面就成为霉菌繁殖的最好场所。从而使空调系统成为空调可能引起健康问题的主要原因。 排除室内装修与家具产生的VOC、排除人体散发的异味、降低室内CO_2浓度，最有效的措施是加大室内通风换气量，即引入室外空气、排除室内空气。然而大量引入室外空气就需要消耗大量冷量（在冬季为热量）去对室外空气降温除湿（冬季为加热）	实现空气除湿而不出现潮湿表面，构建无霉菌的健康空调系统，是当今空调面临的一个重要课题。 通常（建筑物围护结构性能较好，室内发热量不大时），处理室外空气需要的冷量约占总冷量的1/2左右。进一步加大室外新风量，就意味空调能耗将加大。 近30年来，国内外对人均室外空气供给量一直上下反复，如美国标准从人均$25m^3/h$到能源危机后的$10m^3/h$，现又重新上升至$30m^3/h$，而丹麦由于室外无高热高湿气候，其新风标准则为$90m^3/h \cdot p$。怎样能够加大室外新风量而又不增加空调处理能耗？这又是目前空调面对的严峻问题
4	能源供给与品位问题	空调耗电占到建筑总耗电的40%左右，怎样节省空调耗电成为重要的课题。随着能源问题的日益严峻，迫切需要以低品位热能作为夏季空调的动力。目前北方地区大量的热电联产集中供热系统在夏季由于无热负荷而无法运行，使得电力负荷出现高峰的夏季热电联产发电设施反而停机，或者按纯发电模式低效运行。如果可以利用这部分热量驱动空调，既能节省空调电耗，又可使热电联产电厂正常运行，增加发电能力。这样既可减缓夏季供电压力，又能提高能源利用率，是热电联产系统继续发展的关键。 目前全球供电系统陆续出现的事故使我们更重视供电安全性。建筑物内设置燃气发动机，带动发电机发电承担建筑的部分用电负荷，同时利用发动机的余热解决建筑的供热/冷问题（BCHP：Building Combined Heat&Power generation）是今后建筑物能源系统的最佳解决方案之一	此种方式目前需解决的问题之一是怎样用余热制冷或直接解决空气的冷却去湿，采用吸收式制冷有时并非最佳方案。优化BCHP的一个重要课题是使热电冷负荷的彼此匹配。当建筑物电力负荷出现高峰而无相应的热负荷或冷负荷时，发动机由于排热量无法充分利用而不能充分投入运行满足电负荷要求。当建筑物出现电力负荷低谷而热负荷或冷负荷高峰时，如果不能发电上网，发动机也由于电力无处使用而不能充分投入来满足热量的需求。其结果就导致BCHP仅能承担电负荷与热负荷相重合的这一小部分负荷。采用能量储存装置储存暂时多出的能量，就会大大缓解这一矛盾。但是怎样才能实现最高体积利用率的储存能量是一个非常关键的问题。冰蓄冷方式被认为是在建筑物内最有效的蓄能方式，并广泛使用。可是利用BCHP系统的余热制冰就难以采用目前普遍的吸收式制冷方式。制冰温度远低于空调温度，也使总的能源利用率降低

续表

序号	问题	问题描述	说明
5	输送能耗问题	为了完成室内环境控制的任务就需要有输配系统，带走余热、余湿、CO_2、气味等。在中央空调系统中，风机、水泵消耗了 40%～70% 的整个空调系统的电耗	采用不同的输配方式、采用不同的输配媒介，输配系统的效率存在着明显的差异，采用空气作为媒介的输送能源消耗是水作为媒介的 5～10 倍。在目前中央空调系统中，不少采用全空气系统的形式，所有的冷量全部用空气来传送，导致输配效率很低

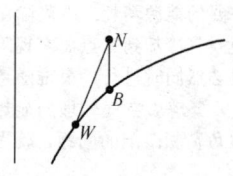

图 22.8-1 冷凝除湿的处理范围

此外，还有冬、夏采用不同的室内末端装置，导致室内重复安装两套环境控制系统，分别供冬夏使用等等。由上述各类问题可见，空调的广泛需求、人居环境健康的需要和能源系统平衡的要求，对目前空调方式提出了挑战。新的空调应该具备的特点为：

1. 加大室外新风量，能够通过有效的热回收方式，有效地降低由于新风量增加带来的能耗增大问题；
2. 减少室内送风量，部分采用与采暖系统共用的末端方式；
3. 取消潮湿表面，采用新的除湿途径；
4. 少用电能，以低品位热能为动力；
5. 能够实现高体积利用率的高效蓄能；
6. 能够实现各种空气处理工况的顺利转换。

22.8.2 系统运行策略

1. 室内环境控制系统的任务

室内环境控制系统的任务是提供舒适、健康的室内环境。舒适、健康的室内环境要求室内温度、湿度、空气流动速度、洁净度和空气品质都控制在一定范围内。室内环境控制的任务也可以理解为：排除室内余热、余湿、CO_2、室内异味与其他有害气体，使其参数在上述规定的范围内。排除余热可以采用多种方式实现，只要介质的温度低于室温即可实现降温效果，可以采用间接接触的方式（辐射板等），又可以通过低温空气的流动置换来实现。排除余湿的任务，就不能通过间接接触的方式，而只能通过低湿度的空气与房间空气的置换（质量交换）来实现。排除 CO_2、室内异味与其他有害气体与排除余湿的任务相同，需要通过低浓度的空气与房间空气进行质量交换才能实现。

室内余热的来源为：通过围护结构传入室内的热量、透过外窗进入室内的太阳辐射热量、人员与设备散热量等；室内余湿的来源为：人体散湿量、室内潮湿表面的散湿量、食品或其他物料的散湿量等。

排除室内余湿的方法，通常为向室内输送干燥空气。对于以人员活动为主的建筑而言，要求新风去除的室内余湿量，就等于室内人员的散湿量；因此余湿量与人数呈正比；但室内的余热却随气候、室内设备状况等的不同发生较大幅度的变化。因而需要送风含湿量满足下列关系式：

$$W = G_w \cdot \rho \cdot (d_n - d_s) \tag{22.8-1}$$

因此，送风含湿量 d_s（g/kg）为：

$$d_s = d_n - \frac{W}{G_w \cdot \rho} \tag{22.8-2}$$

图 22.8-2 给出了室内设定参数为 25℃、相对湿度为 55%（含湿量 10.8g/kg）情况下，送风含湿量随不同劳动强度与人均新风量的变化趋势。对于普通办公室，当人均新风量为 40m³/h 时，要求的送风与室内排风含湿量差为 2.1g/kg，因此所要求的送风含湿量为 10.8－2.1＝8.7g/kg。如果要求新风同时带走人员的显热负荷，在 25℃下办公室人员的显热散热量为 65W/人，当人均新风量为 40m³/h 时，为去除人员的余热，所需要的送风温差为 4.9℃，即新风的送风温度为 25－4.9＝20.1℃。

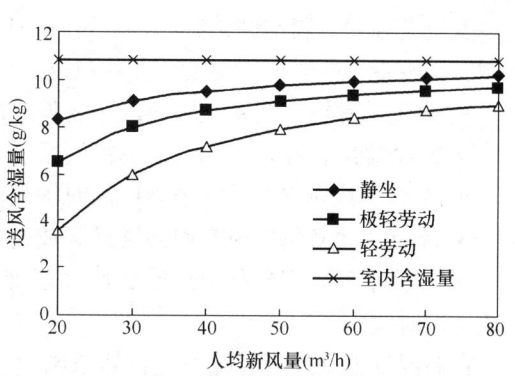

图 22.8-2 送风含湿量随人均新风量变化曲线

对于舒适性空调系统，室内 CO_2 和水蒸气的来源主要是人。表 22.8-2 给出了不同劳动强度时排除室内余湿所需的新风量的变化情况（室内温度为 25℃，室内的含湿量与送风含湿量的差值为 2.5g/kg）。

当室外环境的 CO_2 浓度为 300ppm 时，根据排湿确定的新风量，可以使室内环境的 CO_2 浓度保持在 850～950ppm 之间；当室外环境的 CO_2 浓度为 500ppm 时，根据排湿确定的新风量，可以使室内环境的 CO_2 浓度保持在 1000～1150ppm 范围内，基本满足室内空气品质的要求。

当根据排除 CO_2 要求确定的新风量所能带走的余湿量，室内的相对湿度可维持在 52%～59%之间，能够满足室内湿度的要求。也就是可以根据测量得到的 CO_2 浓度确定送风量，从而同时控制室内的空气品质与湿度满足要求。反之，也可以根据含湿量确定新风量，从而达到同时控制室内湿度和 CO_2 浓度的要求。

排除室内余湿所需新风量 表 22.8-2

劳动强度	散湿量	CO_2 排放量	新风量	新风带走的 CO_2 量[①]	新风带走的 CO_2 量[②]
	g/(h·p)	m³/(h·p)	m³/(h·p)	m³/(h·p)	m³/(h·p)
静 坐	61	0.013	20.3	0.014	0.010
极轻劳动	102	0.022	34.0	0.024	0.017
轻 劳 动	175	0.030	58.3	0.041	0.029
中等劳动	227	0.046	75.7	0.053	0.038
重 劳 动	400	0.074	133.3	0.093	0.067

注：①环境中 CO_2 浓度为 300ppm，室内外 CO_2 浓度差为 700ppm；
②环境中 CO_2 浓度为 500ppm，室内外 CO_2 浓度差为 500ppm。

2. 温湿度独立控制的空调系统

空调系统承担着排除室内余热、余湿、CO_2 与异味的任务。由于排除室内余热与排除 CO_2、异味所需要的新风量与变化趋势一致，因此，可以通过新风同时满足排除余湿、CO_2 与异味的要求；而排除室内余热的任务则通过其他的系统（独立的温度控制方式）

实现。由于无需承担除湿的任务,因而可用较高温度的冷源即可实现排除余热的控制任务。

温湿度独立控制空调系统的特点是:采用温度与湿度两套独立的空调控制系统,分别控制、调节室内的温度与湿度。其优点是:

- 避免了常规空调系统中热湿联合处理所带来的损失。
- 由于温度、湿度采用独立的控制系统,可以满足不同房间热湿比不断变化的要求。
- 克服了常规空调系统中难以同时满足温、湿度参数要求的致命弱点。
- 能有效地避免出现室内湿度过高或过低的现象。
- 过渡季节能充分利用自然通风来带走余湿,保证室内较为舒适的环境,缩短空调系统运行时间。

在温湿度独立控制情况下,自然通风可采用以下的运行模式:

(1) 当室外温度和湿度均低于室内要求的温湿度时,直接采用自然风来解决建筑的排热排湿;

(2) 当室外温度高于室内温度、但湿度低于室内要求的湿度时,采用自然风满足建筑排湿要求,利用辐射板或风机盘管等末端装置解决室内温度问题;

(3) 当室外湿度高于室内湿度时,关闭自然通风,采用机械方式解决室内空调要求。

当采用机械方式时,除湿系统把新风处理到足够干燥的程度,可用来排除室内人员和其他产湿源产生的水分,同时还作为新风承担排除 CO_2、室内异味等保证室内空气质量的任务。一般来说,这些排湿、排有害气体的负荷仅随室内人员数量而变化,因此可采用变风量方式,根据室内空气的湿度或 CO_2 浓度调节风量;而室内的显热则通过另外的系统来排除(或补充),由于这时只需要排除显热,因此就可以采用较高温度的冷源通过辐射、对流等多种方式实现。

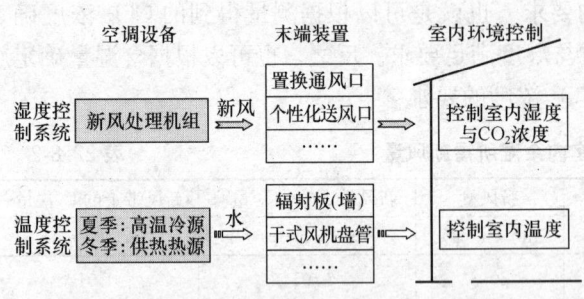

图 22.8-3 温湿度独立控制空调系统

温湿度独立控制空调系统基本上由处理显热与处理潜热的两个系统组成,两个系统独立调节,分别控制室内的温度与湿度,如图22.8-3所示。

处理显热的系统包括:高温冷源、消除余热的末端装置,以水作为输送媒介。由于除湿的任务由处理潜热的系统承担,因而显热系统的冷水供水温度不再是常规冷凝除湿空调系统中的7℃,而可以提高到18℃左右,从而为天然冷源的使用提供了条件,即使采用机械制冷方式,制冷机的性能系数也有大幅度的提高。消除余热的末端装置可以采用辐射板、干式风机盘管等多种形式,由于供水温度高于室内空气的露点温度,因而不存在结露的危险。

处理潜热的系统,同时承担去除室内 CO_2、异味等保证室内空气质量的任务。该系统由新风处理机组、送风末端装置组成,采用新风作为能量输送的媒介。在处理潜热的系统中,由于不需要处理温度,因而湿度的处理可能有新的节能高效方法。由于仅是为了满足新风和湿度的要求,温湿度独立控制系统的风量,远小于变风量系统的风量。

22.8.3 系统的主要组成部件

温湿度独立控制空调系统的主要组成部件有：
- 控制湿度的干燥新风处理系统，如溶液除湿、转轮除湿等方式处理新风；
- 末端送风系统，如置换送风、个性化送风等；
- 排除室内余热的高温冷源，如深井水、土壤源换热器等天然冷源、制备高温冷水（出水温度为18℃）的制冷机组等；
- 去除显热的室内末端装置，如辐射板方式、干式风机盘管等。

1. 新风处理方式

温湿度独立控制空调系统中，需要新风处理机组提供干燥的室外新风，以满足排湿、排CO_2、排味和提供新鲜空气的需求。采用转轮除湿方式是一种可能的解决途径，通过在转轮转芯中添加吸湿性能的固体材料（如硅胶等），被处理空气与固体吸湿材料直接接触从而完成对空气的除湿过程。吸湿材料的再生可选用电或者蒸汽等方式，再生温度一般在120℃左右。转轮的除湿过程接近等焓过程，参见图22.8-4，减湿加热后的空气可进一步通过高温冷源（18℃）冷却降温，从而实现温度与湿度的独立控制。

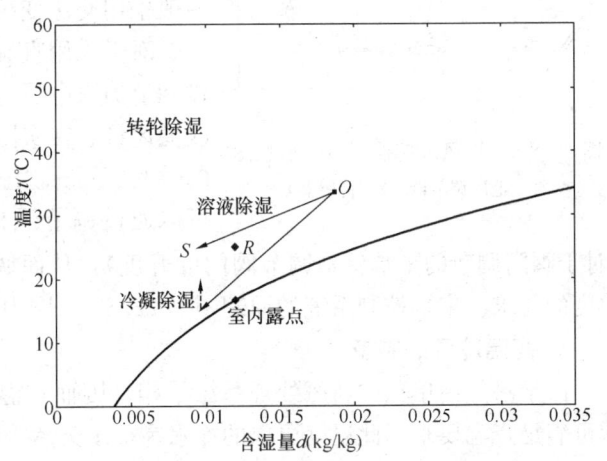

图 22.8-4 溶液除湿与冷凝除湿、转轮除湿处理过程
(O—室外空气；R—室内空气；S—送风状态点)

采用溶液除湿方式也是可行的途径之一，将空气直接与具有吸湿的盐溶液接触（如溴化锂溶液等），空气中的水蒸气被盐溶液吸收，从而实现空气的除湿处理过程。溶液除湿与转轮除湿机理相同，仅由吸湿溶液代替了固体转轮。由于可以改变溶液的浓度、温度和气液比，因此与转轮相比，这一方式还可实现对空气的加热、加湿、降温、除湿等各种处理过程。与转轮相同，吸湿后的溶液需要浓缩再生才能重新使用，但溶液的浓缩再生可采用70～80℃的热水、冷凝器的排热等低品位热能作为其驱动能源。热泵驱动的溶液式新风机（有关溶液式新风机的介绍，参见第21.7.7节），热泵的制冷量用于降低除湿溶液的温度从而提高其除湿性能，热泵的排热量用于溶液的浓缩再生，新风机的性能系数COP超过5；热水驱动（≥70℃）的新风机，平均性能系数COP可达1.5；而且由于溶液的蓄能密度约为1000MJ/m^3，其蓄能密度高于冰蓄冷，使得除湿过程与再生可以分别运行，降低了对于持续热源的依赖程度。

2. 送风末端装置

在温湿度独立控制空调系统中，采用新风承担排除室内余湿，保证室内空气质量的任务。由于仅是为了满足新风和湿度的要求，如果人均风量40m^3/h，每人5m^2面积，则换气次数只在2～3h^{-1}，远小于变风量系统的风量。这部分空气可通过置换送风的方式从下侧或地面送出，也可采用个性化送风方式直接将新风送入人体活动区。

基于温湿度独立控制的置换送风主要目的是去除湿,因此从"按需送风、就近排湿(污)"的原则出发,风口应接近于人员主要活动区。末端风量的调节方法可与传统的变风量系统类似,即可以采用阀门或者风机来调节末端风量。由于湿度独立控制风系统"小风量送风、高效去除余湿"的特点和要求,其调节方法也有独特之处。对于小风量范围($300m^3/h$ 以下)内的调节设备,阀门的价格甚至高于风机的价格;而且当各个末端所需风量与额定风量之比相差较大的时候,会有很多阀门处在开度较小的位置,增大了整个送风系统的阻力,造成了能源的浪费,因此建议末端采用风机来调节风量。由于末端阻力以及风量都较小,因此一般选用效率较高的直流无刷风机,负责克服末端阻力,而空调箱以及送风管道的阻力则全部由总送风机(由于风量以及需要的压头较大,一般采用交流变频风机)来克服。

对于采用直流无刷电机驱动的末端风机,可以通过调节输入电压(电流)等方法来改变风机转速从而改变风量。在实际运行过程中,当室内湿源发生变化的时候(可采用相对湿度传感器或者 CO_2 传感器),可以通过调节风机的转速或者改变风机的开启数量(对于阀门调节的末端就是调节阀门的开度),从而调整风量满足室内相对湿度或者 CO_2 浓度的要求。末端控制系统的原理图见 22.8-5(图中的风机也可以换作阀门)。

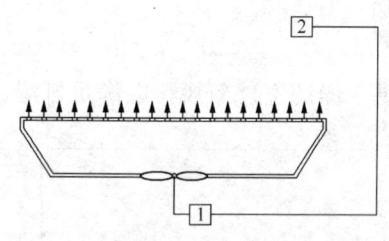

图 22.8-5 送风末端控制系统示意图
(1—电压调节器;2—传感器)

3. 高温冷源的制备

由于潜热由单独的新风处理系统承担,因而在温度控制系统中,采用约 18℃ 的冷水即可满足降温要求。此温度要求的冷水为很多天然冷源的使用提供了条件,如深井水、通过土壤源换热器获取冷水等,深井回灌与土壤源换热器的冷水出水温度与使用地的年平均温度密切相关,表 22.8-3 给出了我国一些主要城市的年平均温度,可以看出:不少地区可以直接利用该方式提供 18℃ 冷水。在某些干燥地区(如新疆等)可以通过直接蒸发或间接蒸发的方法制取 18℃ 冷水(参见第 22.8.5 节间接蒸发制冷的冷水机组)。

我国一些城市年平均温度(℃)　　　　　表 22.8-3

城市名称	哈尔滨	长春	西宁	乌鲁木齐	呼和浩特	拉萨	沈阳
年平均温度	3.6	4.9	5.7	5.7	5.8	7.5	7.8
城市名称	银川	兰州	太原	北京	天津	石家庄	西安
年平均温度	8.5	9.1	9.5	11.4	12.2	12.9	13.3
城市名称	郑州	济南	洛阳	昆明	南京	贵阳	上海
年平均温度	14.2	14.2	14.6	14.7	15.3	15.3	15.7
城市名称	合肥	成都	杭州	武汉	长沙	南昌	重庆
年平均温度	15.7	16.1	16.2	16.3	17.2	17.5	18.3
城市名称	福州	南宁	广州	台北	海口		
年平均温度	19.6	21.6	21.8	22.1	23.8		

即使采用机械制冷方式,由于要求的压缩比很小,制冷机的 COP 将有大幅度的提高。图 22.8-6 是三菱重工(MHI)微型离心式高温冷水机组的工作原理,采用"双级压缩+经济器"的制冷循环形式和传热性能优异的高效传热管,优化设计离心式压缩机叶轮和轴承,具有非常高的性能系数 COP。当冷冻水进、出水温度为 21/18℃、冷却水进、出水温度为 37/32℃时,其 COP=7.1,在部分负荷条件下或冷却水温度降低时,其性能则更为优越。

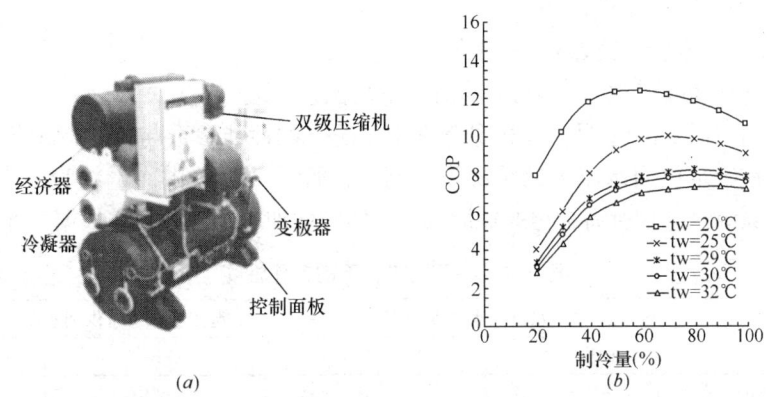

图 22.8-6　高温冷水机组
(a) 微型离心式高温冷水机组;(b) 性能曲线

4. 去除显热的末端装置

去除显热的末端装置可采用较高温度的冷源通过辐射、对流等多种方式实现。当室内设定温度为 25℃时,采用屋顶或垂直表面辐射方式,即使平均冷水温度为 20℃,每平方米辐射表面仍可排除显热 40W/m^2,已基本可满足多数类型建筑排除围护结构和室内设备发热量的要求。由于水温一直高于室内露点温度,因此不存在结露的危险和排凝水的要求。此外,还可以采用干式风机盘管通入高温冷水排除显热。由于不存在凝水问题,干式风机盘管可采用完全不同的结构和安装形式,使风机盘管成本和安装费大幅度降低,并且不再占用吊顶空间。这种末端方式在冬季可完全不改变新风送风参数,仍由其承担室内湿度和 CO_2 的控制。

干式风机盘管的典型设计思路是:

(1) 可选取较大的设计风量;

(2) 选取较大的盘管换热面积、但较少的盘管排数、以降低空气侧流动阻力;

(3) 选用大流量、小压头、低电耗的贯流风机或轴流式风机,或以自然对流方式的实现空气侧的流动;

(4) 选取灵活的安装布置方式,例如吊扇形式,安装于墙角、工位转角等角落,充分利用无凝水盘和凝水管所带来的灵活性。

目前风机盘管样本中提供的换热能力,基本上都是在"湿工况"(冷凝除湿)运行条件下的数据。在温湿度独立控制空调系统中,由于风机盘管在"干工况"下运行,并且供回水温度均和常规系统不同,风机盘管实际供冷量与常规设备样本中的数据又存在很大差别,不能按照常规设备样本提供的供冷量数据进行选型。

若将常规的湿式风机盘管直接使用在干工况情况下,则可根据产品样本中给出的标准工况下的供热量及供回水温度差由式(22.8-3)反算出风机盘管的传热能力 KF。继而根据供冷工况下的设计供水温度，由式（22.8-4）得到干工况下的实际供冷量。

$$Q_h = K \cdot F \cdot \Delta t_{m,h} \qquad (22.8\text{-}3)$$

$$Q_c = K \cdot F \cdot \Delta t_{m,c} \qquad (22.8\text{-}4)$$

式中　　Q_h——标准工况下的供热量，W；

　　　　Q_c——干工况下的供冷量，W；

　　　　F——传热面积，m²；

　　　　K——传热系数，W/m²·℃；

$\Delta t_{m,h}$、$\Delta t_{m,c}$——供热与供冷工况下的对数平均温差，℃。

表 22.8-4 给出了两种型号的风机盘管在干工况下的性能参数与样本额定值。由计算结果可以看出，在给定供回水温度的情况下，同一盘管干工况的供冷量约为湿工况的 40%。但由于不需要除湿，盘管所需承担的负荷减小，实际增加的盘管面积需根据工况进行核算。

风机盘管在不同工况下的工作性能　　表 22.8-4

型　号	干工况（冷水供回水温度为 17/21℃）		湿工况（冷水供回水温度为 7/12℃）	
	FP-5	FP-10	FP-5	FP-10
额定风量（m³/h）	619	1058	619	1058
室内状态	干球温度：26℃，相对湿度：50%			
送风温度（℃）	20.7	20.6	14.2	14.0
送风相对湿度（%）	69	69	95	95
冷　量（W）	1102	1914	2976	5312

22.8.4 运行能耗分析

在温湿度独立控制空调系统中，新风系统承担了所有的潜热负荷；18℃的冷水供给辐射板或干式风机盘管等室内末端装置承担显热负荷。表 22.8-5 给出了温湿度独立控制空调系统与常规空调系统耗电量与运行费用的比较情况。常规空调系统是指：采用电动制冷冷水机组制备 7℃冷水，同时去除显热负荷与潜热负荷（不考虑冷热抵消问题），机组耗电量 E'_w 为：

$$E'_w = \frac{L_{tol}}{COP'_R} \qquad (22.8\text{-}5)$$

温湿度独立控制空调系统与常规空调系统运行能耗比较　　表 22.8-5

系统	温湿度独立控制空调系统	温湿度独立控制系统与常规系统运行能耗比较	备　注
1	潜热负荷：热泵驱动的溶液除湿新风机组，机组耗电量 $E_{air} = \dfrac{x_1 \cdot L_{tol}}{COP_{air}}$ 显热负荷：电动制冷机制备 18℃冷冻水，机组耗电量 $E_w = \dfrac{x_2 \cdot L_{tol}}{COP_R}$	$R_E = R_Z = x_1 \cdot \dfrac{COP'_R}{COP_{air}} + x_2 \cdot \dfrac{COP'_R}{COP_R}$	$COP'_R = 5$； $COP_R = 6.5$； $COP_{air} = 5.5$； 当 $x_1 = 0.3$ 时，$R_E = R_Z = 0.81$； 当 $x_1 = 0.5$ 时，$R_E = R_Z = 0.84$。 [如果显热负荷由土壤源换热器或地下水等天然冷源提供，则当 $x_1 = 0.3$ 或 0.5 时，$R_E = R_Z = 0.27$ 或 0.45]

系统	温湿度独立控制空调系统	温湿度独立控制系统与常规系统运行能耗比较	备注
2	潜热负荷：70℃热水驱动的溶液除湿新风机组，机组耗热量 $Q_{air} = \dfrac{x_1 \cdot L_{tol}}{COP_{air}}$ 显热负荷：同系统1	$R_E = x_2 \cdot \dfrac{COP'_R}{COP_R}$ $R_Z = \dfrac{x_1}{R_J} \cdot \dfrac{COP'_R}{COP_{air}} + x_2 \cdot \dfrac{COP'_R}{COP_R}$	$COP'_R = 5$； $COP_R = 6.5$； $COP_{air} = 1.5$； $R_J = 5$； 当 $x_1 = 0.3$ 时，$R_E = 0.54$，$R_Z = 0.74$； 当 $x_1 = 0.5$ 时，$R_E = 0.38$，$R_Z = 0.72$。 [如果溶液的再生热量可以免费得到时，当 $x_1 = 0.3$ 或 0.5 时，$R_Z = 0.54$ 或 0.38]
3	潜热负荷：转轮除湿机组，采用电加热再生方式，机组耗电量 $E_{air} = \dfrac{x_1 \cdot L_{tol}}{COP_{air}}$ 显热负荷：同系统1	$R_E = R_Z = x_1 \cdot \dfrac{COP'_R}{COP_{air}} + x_2 \cdot \dfrac{COP'_R}{COP_R}$	$COP'_R = 5$； $COP_R = 6.5$； $COP_{air} = 0.7$； 当 $x_1 = 0.3$ 时，$R_E = R_Z = 2.7$， 当 $x_1 = 0.5$ 时，$R_E = R_Z = 4.0$。 [如果转轮除湿采用蒸汽再生，而且蒸汽可以免费得到时，当 $x_1 = 0.3$ 或 0.5 时，$R_Z = 0.54$ 或 0.38]

符号说明：

L_{tol}——空调系统总负荷；

COP'_R——制备 7℃ 冷水的电动制冷机的性能系数；

COP_R——制备 18℃ 冷水的电动制冷机的性能系数；

COP_{air}——新风处理机组的性能系数；

R_E——温湿度独立控制系统与常规空调系统的耗电量之比；

R_Z——温湿度独立控制系统与常规空调系统的运行费用之比；

R_J——电价与热价之比；

x_1——新风机组所承担的负荷占总负荷的比例；

x_2——18℃ 冷冻水承担显热负荷占总负荷的比例，$x_1 + x_2 = 1$。

22.8.5 干燥地区温湿度独立控制空调系统的设计

1. 间接蒸发冷水机组

（1）间接蒸发冷却冷水机组的原理

我国西北地区，室外空气的露点温度比湿球温度平均低 4~9℃。以新疆自治区乌鲁木齐等 21 个城市的气象台站统计数据为例，夏季最湿月的平均露点温度为 12.3℃，最湿月的平均湿球温度为 16.8℃；因此，间接蒸发冷却的应用具有很大的潜力。

间接蒸发冷却技术不仅能够得到温度较低的风且不会给新风加湿，保持了新风的干燥特性；同时，还能产生出低于湿球温度的冷水（16~18℃），作为房间显热去除末端的冷源。间接蒸发冷水机组的流程图如图 22.8-7 所示，图 22.8-8 为其空气处理过程。状态为

O 的空气从进风口进入空气冷却器 1，被从塔底部流出的冷水冷却到 A 状态，之后进入塔的尾部喷雾区和 B 状态的冷水进行充分热湿交换后近似等焓地到达接近饱和的状态。在排风机的作用下，空气进一步沿塔内填料层上升，上升过程中与顶部淋水逆流接触，沿饱和线升至 C 后排出。塔部分的热湿交换过程同时产生 B 状态的冷水，一部分进入空气冷却器冷却进口空气，一部分输出到用户，两部分回水混合到塔部分喷淋产生冷水，完成水侧循环。

间接蒸发冷却过程的核心是采用逆流换热、逆流传质来减小不可逆损失，以充分利用外界干空气中具有的潜在能源，得到较低的供冷温度和较大的供冷量。

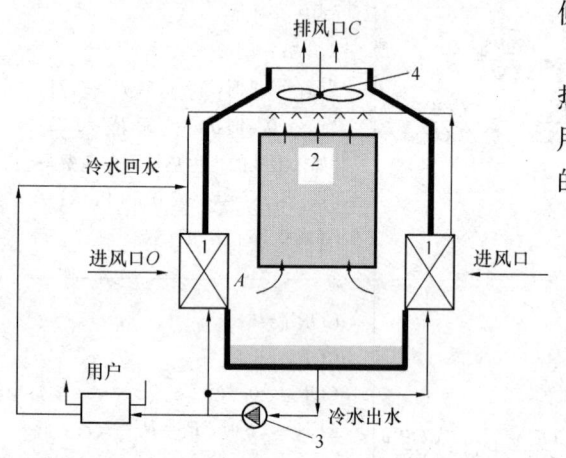

图 22.8-7 间接蒸发冷水机组流程图
1—空气—水逆流换热器；2—空气—水直接接触逆流换热器；3—循环水泵；4—风机

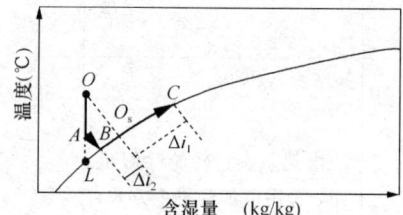

图 22.8-8 间接蒸发供冷装置内部的空气处理过程

空气在空气冷却器 1 中被自身产生的冷水等湿降温，使其接近饱和态，然后再和水接触，进行蒸发冷却，这样做比不饱和空气直接与水接触减少了传热传质的不可逆损失，使蒸发在较低的温度下进行，产生的冷水温度也随之降低。

(2) 间接蒸发冷水机组的性能

间接蒸发冷水机组的出水温度，理论上可无限接近室外空气的露点温度，室外越干，露点温度越低，冷水出水温度越低。实际的机器，室外含湿量仍然是主要影响因素，且由于换热面积有限，冷水温度将处在露点和湿球之间，实际上一般将比进口空气的露点平均高 3～5℃，同时由于空气冷却器 1 的存在，使冷水温度还受室外干球温度的影响。图 22.8-9 给出冷水出水温度随室外含湿量的变化关系。如图 22.8-9 可知，在不同的室外空气的等焓线上，出水温度随室外含湿量线性变化。

冷水机组的排风焓值越高，则从干空气中获得的能量越大。因此，要求冷水用户尽可能提高出口水温。在工程条件允许的情况下，建议的冷水流程形式是：间接蒸发冷水机组冷水先经过室内末端吸收房间显热，之后再通入新风机组表冷段冷却新风，最后回到机组与空气冷却器出水混合后到塔部分喷淋，如图 22.8-10 所示。这种串联的冷水流程设计能使冷水机组更充分地利用干空气的能量，同时满足不同温度热源的冷却需求。

(3) 间接蒸发冷水机组的型号与规格

表 22.8-6 列出了新疆绿色使者空气环境技术有限公司生产的间接蒸发冷水机组的规格，供设计选型时参考。

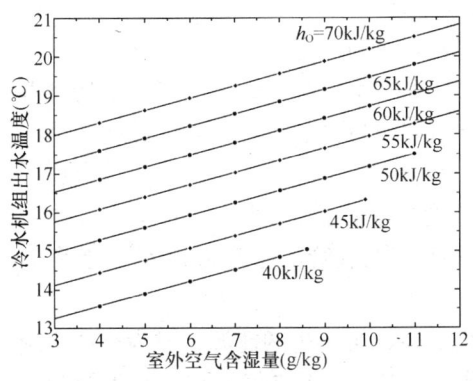

图 22.8-9 冷水机组出水温度随室外含湿量的变化关系

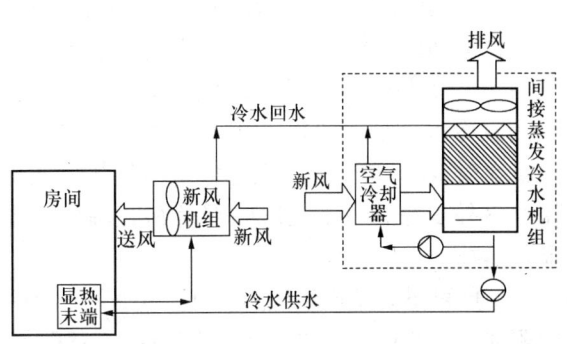

图 22.8-10 冷水系统串联流程图

间接蒸发冷水机组的规格　　　　　　表 22.8-6

参数 \ 型号	SZHJ-L-24	SZHJ-L-48	SZHJ-L-72	SZHJ-L-96	SZHJ-L-120	SZHJ-L-144
室内末端供冷量（kW）	140	280	420	560	700	840
预冷新风冷量（kW）	75	150	225	300	375	450
冷水出水温度（℃）	\multicolumn{6}{c}{16.5℃}					
室内末端回水温度（℃）	\multicolumn{6}{c}{21.5℃}					
出水量（m³/h）	24	48	72	96	120	144
输入总功率（kW）	7.5	15	22.5	30	37.5	45
室内末端冷量 COP	18.7	18.7	18.7	18.7	18.7	18.7
总冷量 COP	28.7	28.7	28.7	28.7	28.7	28.7

注：① 表中间接蒸发冷水机组的性能参数，是以乌鲁木齐室外气象参数为条件获得的。
② 间接蒸发冷水机组的冷量分为两部分，第一部分是室内末端供冷量；当采用室内末端和新风机组串联的冷水流程时，冷水机组还提供了新风预冷冷量，此处所取新风量与用户水量质量流量之比为 10∶7，当新风量加大时，新风预冷量还可相应的加大。
③ 当水量变化和水温变化时需对冷水机组冷量进行修正。
④ 冷水机组的运转部件只有风机和水泵，且室外越干，机组 COP 越高。

(4) 间接蒸发冷水机组运行安装注意事项

● 由于系统为开式系统，需要将间接蒸发冷水机组安装在系统最高处，如屋顶、建筑的顶层屋面等。

● 用户冷水循环泵应设在机组外机房内，而机组自身的旁路循环泵设在机组内。

● 由于冷水的温度在 15～20℃ 之间变化，在此温度范围内一般没有结垢的危险。同时由于是开式系统，需做好水的过滤。除机组内部水槽设置过滤装置外，需在冷水进入用户之前的总供水管上再设置过滤。另外，可在泄水管上设电磁阀定期排水。

● 机组本身应做好风侧的过滤，一是保证自身空气冷却器的效果，二是保证冷水水质。

● 应定期清洗或更换过滤网；冬季停用时放空水槽与盘管内的存水，关闭水管路上的阀门，并用雨布做好风机与盘管的维护。

2. 基于间接蒸发冷却技术的温湿度独立控制空调系统

(1) 基于间接蒸发冷却的温湿度独立控制空调系统的原理

根据新疆、西藏、青海、宁夏、甘肃五省气象台站统计数据，最湿月室外平均含湿量为 10.2g/kg，由此房间的湿负荷，可以完全依靠干燥的新风带走。同时通过设计间接蒸发冷水机组，利用室外干空气制得 15～20℃ 的高温冷水，送入室内的辐射地板、风机盘管等干式末端，带走房间的显热。此即温湿度独立控制的理念在干燥地区的应用：室外干燥新风带走房间湿负荷，辐射末端或干式风机盘管等走高温冷水带走房间显热负荷。

由此可见，干燥地区的室外干空气可作为一种低品位、可再生的能源，成为空调系统的驱动源，我们可称之为"干空气能"。从能量的形态上来讲，干空气能指的是不饱和空气由于处在化学不平衡状态而具有的化学能。从能量的质上讲，干空气能指的是空气由于处在不饱和状态而具有的对外做功的能力。通过蒸发冷却的方式，干空气能转化为热能（即输出的用户冷量），而通过间接蒸发冷却，能减少转化过程的损失，提高能量转化的效率。

(2) 基于间接蒸发冷却的空调系统设计流程

针对空气—水式的间接蒸发冷却式空调系统，设计流程如图 22.8-11 所示。

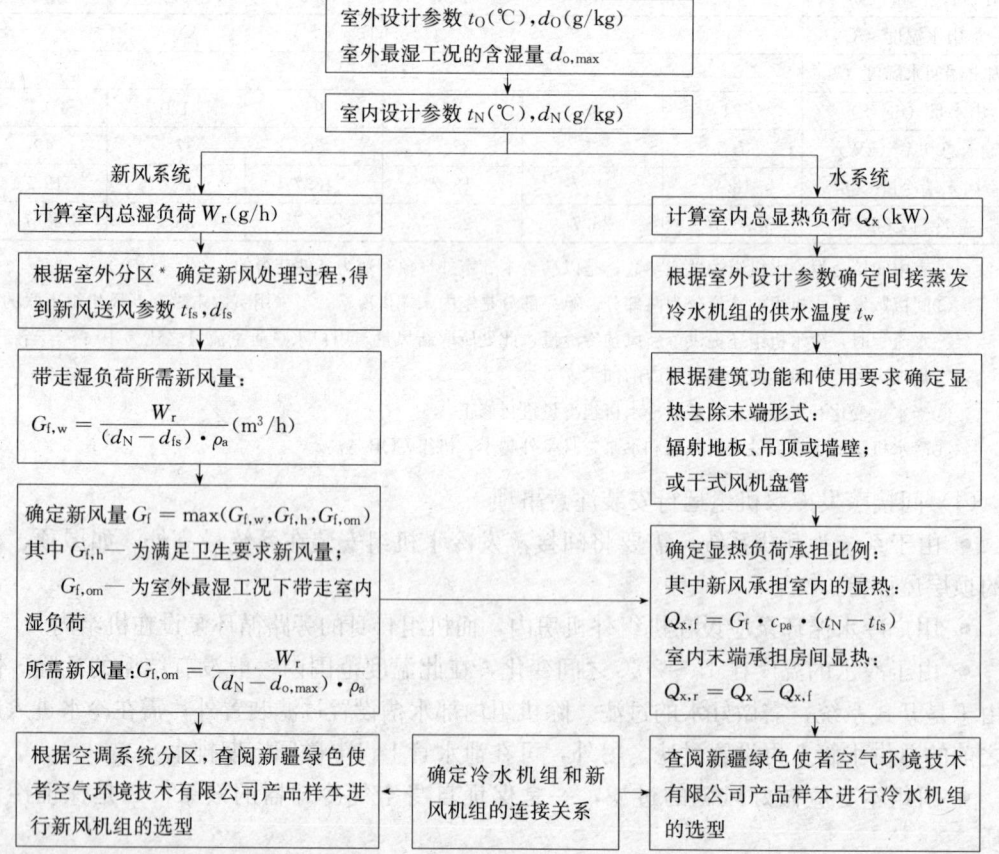

图 22.8-11 基于间接蒸发冷却技术的空调系统设计流程图

(3) 关于流程图的几点说明

1) 设计参数的确定：室外设计参数的选取和传统空调一致，但需注意的是，由于此系统需要新风来承担房间的湿负荷，设计得到的新风量必须保证在最湿工况下仍能满足室内的设计要求，因此需要室外最湿工况的含湿量参数（见表22.8-7），需对室外设计条件下选取的新风量进行校核，如流程图22.8-11所述。室内设计参数的选取和传统空调一致，考虑房间的类型、功能等要求来确定。

干燥地区各城市的最湿工况含湿量（不满足率为8%）　　表22.8-7

城 市	最湿工况室外新风含湿量（g/kg）	城 市	最湿工况室外新风含湿量（g/kg）
和布克赛尔	9.2	昌 都	12.60
乌鲁木齐	10.2	冷 湖	6.60
富 蕴	10.65	大柴旦	8.30
库 车	11.53	西 宁	12.80
克拉玛依	10.4	格尔木	8.50
民 丰	12.15	都 兰	9.10
和 田	12.4	敦 煌	12.00
阿勒泰	11.4	玉门镇	11.10
乌 苏	11	酒 泉	12.30
巴 楚	12.52	民 勤	12.30
哈 密	11.9	合 作	11.60
塔 城	11.7	松 潘	12.10
若 羌	12.6	甘 孜	12.00
伊 宁	12.3	理 塘	11.2
精 河	11.8	额济纳旗	11.00
吐鲁番	12	巴音毛道	11.50
拉 萨	12.00	海力素	11.40

2) 负荷计算：和传统的空调系统设计不同，需单独计算房间的湿负荷 W_r 和房间总显热负荷 Q_x。

3) 新风处理过程的确定

a. 对新风进行蒸发冷却处理的方式主要有三种：间接蒸发冷却、直接蒸发冷却、间接蒸发冷却和直接蒸发冷却相结合。当给定室内设计参数后，不同的室外设计状态有最佳的蒸发冷却方式，需对不同的室外设计状态进行分区，如图22.8-12所示。

b. 室内、外设计含湿量之差（$\Delta d_{N,O} = d_N - d_O$）决定了带走湿负荷所需新风量的大小。$d_N$ 确定后，d_O 越

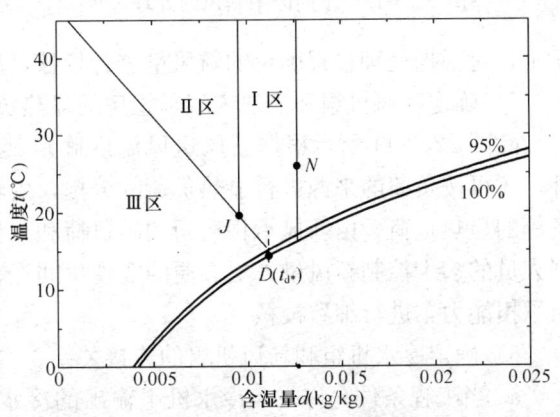

图22.8-12　处理新风时对室外气象参数的分区图

小，$G_{f,w}$ 越小，d_O 足够小时，可通过直接蒸发冷却方式处理新风，此时新风被降温加湿到相对湿度 95% 左右，且仍能满足带走湿负荷要求；随着 d_O 变大，单纯用直接蒸发冷却方式已不能满足送风含湿量的要求，需要辅助间接蒸发冷却冷却方式，先对新风等湿降温，再降温加湿；当 d_O 大到一定程度，用 d_O 计算得到的新风量已经较大时，就只能对新风进行间接蒸发冷却处理，这种情况在设计状态下就不存在对空气进行直接蒸发冷却的过程。由此将焓湿图 d_N 左半部分分为 Ⅰ、Ⅱ 和 Ⅲ 三个区（图 22.8-12）。

c. 三个区的划分原则：首先综合整个系统的输配电耗、投资、风道占用空间等实际工程的限制条件，得到一个合理的送风含湿量和室内设计含湿量差 $\Delta d_* = d_N - d_D$，如图 22.8-12 所示：

Ⅰ 区——只能对新风进行间接蒸发冷却的区域。由于 $\Delta d_{N,O} < \Delta d_*$，所以只能采用间接蒸发冷却方式；

Ⅱ 区——对新风进行间接蒸发冷却+直接蒸发冷却的区域。当 $\Delta d_{N,O} > \Delta d_*$ 时，系统中可能加入直接蒸发的处理方式，但需保证送风的露点温度 $t_{d,fs}$ 低于 D 点所对应的露点温度 t_{d*}；

Ⅲ 区——只采用直接蒸发冷却的区域。不加任何控制的直接蒸发冷却过程一般可将空气处理到 95% 的等相对湿度线上，以 D 点的等 d 线和 95% 的相对湿度线的交点作等焓线（可近似为 D 点等焓线），等焓线下部的区域即为 Ⅲ 区；

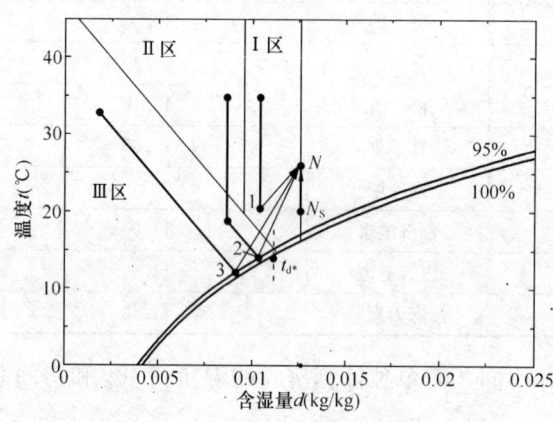

图 22.8-13 不同区中新风的处理过程

根据实际的间接蒸发冷却装置能达到的效率，还能确定图 22.8-12 所示 J 点，由 J 点等焓线、J 点的等 d 线，N 的等 d 线确定 Ⅰ 区，即只能采用间接蒸发冷却的区域；Ⅰ 区和 Ⅲ 区之间的部分即为可采用间接蒸发冷却和直接蒸发冷却相结合的处理方式的区域。

d. 在各个不同区域的空气处理过程如图 22.8-13 所示，在 Ⅰ、Ⅱ、Ⅲ 区中新风的送风状态点分别为 1、2、3 点。

4）确定新风量：如流程图 22.8-11 所示，对根据处理过程确定的新风量进行校核，满足最湿工况以及人的卫生要求。

5）确定新风机组和显热末端承担房间显热负荷的比例

除图 22.8-11 所示根据新风送风温度确定其承担的显热负荷进而确定负荷分配比例外，还可按负荷的来源进行显热负荷的分担，由辐射地板等末端承担围护结构、灯光、设备等的显热负荷，由新风承担房间的湿负荷和人员的显热负荷。这种分配负荷的方法可根据人员的多少控制新风量，更方便的实现房间温、湿度独立控制。但需根据显热末端的负荷承担能力，进行细致校核。

6）确定冷水机组和新风机组的连接关系。

a. 当工程条件允许时，冷水机组输出的冷水先经过室内的显热末端，之后通入新风机组第一级表冷段对新风进行预冷后再回到冷水机组喷淋。此种串联的冷水流程可使冷水机更多的利用干空气的能量,同时降低新风机组中进行间接蒸发冷却的进风温度,提高整体的新风冷却效率。

b. 当由于工程中的限制,比如由于机组放置位置使得管路连接受限时,设计冷水机组的冷水只供给室内的显热末端。此时新风机组选择多级间接蒸发冷却的形式。

(4) 末端方式的选择

1) 辐射地板、吊顶等辐射末端。采用辐射的方式带走室内显热有许多好处:和送风方式比,减少带走显热的换热环节;降低房间的尖峰负荷;热舒适性优于送风方式;无机械设备,节省空间等;用在西北干燥地区,不存在启动时刻结露问题。从全年使用看,此方式能100%满足冬季采暖使用的要求,而不必另外设一套采暖系统,可节省一次投资,与《公共建筑节能设计标准》(GB 50189—2005)第5.1.2条的要求相符合。辐射方式应成为干燥地区温湿度独立控制系统的优选末端方式。需要注意的是,由于采用辐射地板供冷,地面温度在18～20℃左右,环境温度约26℃,辐射供冷的温差较常规的辐射供暖小,由此,需要将辐射水管布置得较密,且进行详细计算。同时,由于冬夏共用辐射末端,使得冬季的热水温度可以降低到30～35℃,从而大大降低了由于水管接头处热胀冷缩引起漏水可能性,使得辐射末端系统安全可靠运行。辐射末端尤其适用于办公类建筑。

2) 干式风机盘管等末端。改变常规风机盘管的接管方式,采用准逆流方式的风机盘管。需对风机盘管在干工况下的冷量进行校核。同时由于风机盘管走干工况,取消凝水盘及凝水管路系统,可采用吊扇形式、安装于墙角等多种灵活的明装方式。

22.8.6 应 用 实 例

温湿度独立控制空调系统有多种组成形式:例如转轮除湿机组处理新风承担建筑潜热负荷,高温冷水机组(也可采用天然冷源)制备出的18℃冷水承担显热负荷;也可采用常规制冷机制备7℃冷水处理新风承担建筑潜热负荷,采用高温制冷机制备18℃冷水承担显热负荷等等多种形式,此节以热网驱动的溶液除湿空调系统与高温制冷机结合起来构成的温湿度独立控制空调系统为例进行介绍。

1. 示例建筑与空调系统设计

位于北京市的办公建筑,面积约3000m²,采用风机盘管加新风空调系统。溶液除湿空调机组处理新风,承担新风负荷和室内潜热负荷;溶液除湿机组以75℃热水(来自城市热网的热水)作为溶液浓缩再生的热源。室内的风机盘管承担围护结构、灯光、设备、日照和人体显热等负荷。和常规冷水系统相比,由于无需除湿,冷水的温度可提高10℃左右,该系统设计供回水温度为18/21℃,相应的风机盘管送回风温度为22/26℃。由于冷水供水温度高于室内设计露点温度,不会产生凝结水,取消了现有风机盘管系统中的凝结水管。

新风采用具有吸湿性能的溶液进行处理,这是与常规空调系统的最大区别。夏季新风机组运行在除湿冷却模式下,以溶液为工质,吸收空气中的水蒸气,需不断向新风机组提供浓溶液以满足工作需求,溶液循环系统的工作原理参见图22.8-14。浓溶液泵从位于一层机房的浓溶液罐中抽取浓溶液,输送到各层机房的新风机组,溶液和空气直接接触进行热质交换,吸收空气中的水蒸气后,浓度降低了的溶液通过溢流的方式流回稀溶液罐。由于一层的新风机组和储液罐没有高差,无法形成溢流,采用控制液位的方式,用泵把稀溶液抽回储液罐。溶液采取集中再生方式,从稀溶液罐中抽取溶液送入位于五层机房的再生器,浓缩后的浓溶液也通过溢流的方式回到浓溶液罐。热网中的热水提供再生所需的能量,设计供回水温度为75/60℃。进出再生器的溶液管之间有一个回热器,回收一部分再生后溶液的热量,提高系统效率。为了使系统运行稳定,利用供水管网定压的原理,在除湿溶液管路和再生溶液管路中各增加一个储液箱,每个储液箱上设有一根溢流管,多余的溶液通过溢流管回流到溶液罐。系统中设计储液量为 $3m^3$(约4.5吨溶液),可蓄能1070MJ,在不开启再生器的情况下,系统可连续工作3.3个小时。实际上,系统很少运行在设计负荷下,一般情况下蓄满浓溶液可满足一天的除湿要求。图22.8-14 右半边是水系统原理图,由电动制冷机产生的18℃冷水输送到室内风机盘管。冬季运行时,关闭图左边的溶液循环系统,新风机组通过内部溶液循环,实现对室内排风的全热回收从而有效的降低了新风处理能耗。此时关闭制冷机,热网的热水进入风机盘管向室内供热。

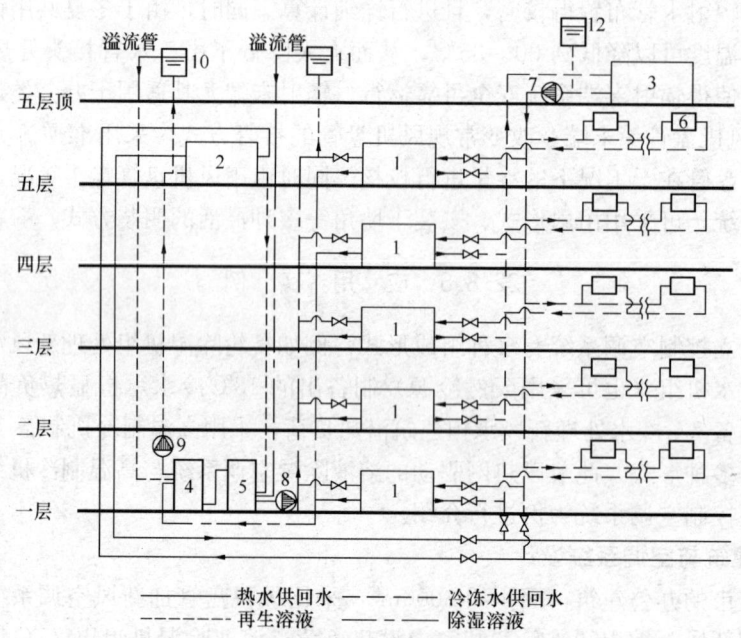

图 22.8-14 溶液系统和水系统原理图
1—新风机组;2—再生器;3—风冷冷水机组;4—稀溶液罐;
5—浓溶液罐;6—风机盘管;7—冷冻水泵;8—浓溶液泵;
9—稀溶液泵;10—稀溶液溢液箱;11—浓溶液溢液箱;12—膨胀水箱

2. 系统性能测试

(1) 空调房间温湿度

测量各个房间逐时温、湿度主要有两个目的:一是温、湿度是评价室内热舒适的重要指标,通过测量考察该湿度独立控制空调系统能否提供一个舒适的室内环境;二是室内风机盘管在干工况下运行,没有设计凝水排放管路,因此室内露点温度必须控制在低于冷冻水供水温度,才能保证不会结露。图22.8-15给出了从7月1日至31日室外干球温度、露点温度和室内干球温度、露点温度的变化情况,可看出室内温度大致在 24~27℃ 之间,相对湿度为 40%～60%，室内维持一个较为舒适的环境。而室内露点温度始终低于冷冻水供回水 18/21℃，不会结露。

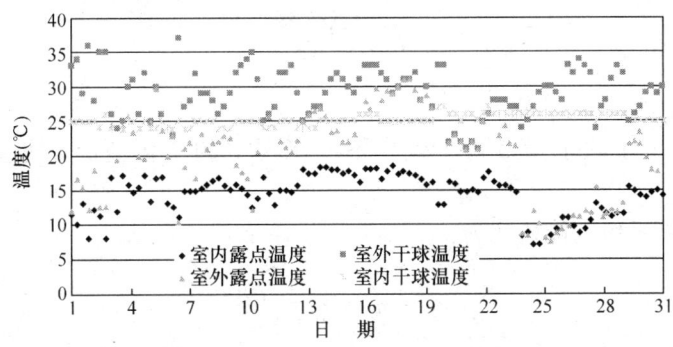

图 22.8-15　七月份各点温度变化图

(2) 溶液除湿新风处理系统

当新风机组工作在除湿冷却模式时，定义新风机组的能效比为：

$$\eta_0 = \frac{\Delta h}{\Delta w \times r} \tag{22.8-6}$$

式中　Δh——新风机组提供的冷量，其值等于新风量与新风进出口焓差的乘积，kW；

　　　Δw——溶液吸湿前后含水量差，kg/s，可认为是驱动新风机组投入的能量；

　　　r——水的汽化潜热，kJ/kg。

表 22.8-8 给出了几种典型工况下，新风机组的空气进出口参数随室外状态变化的情况，按新风含湿量从大到小排列。图 22.8-16 给出了新风机组的能效比随含湿量及相对湿度变化情况，可以看出能效比受室外状态影响显著，随着相对湿度的增加，能效比变小。通过对连续测量数据的分析计算，新风机组的平均能效比值为 1.83。

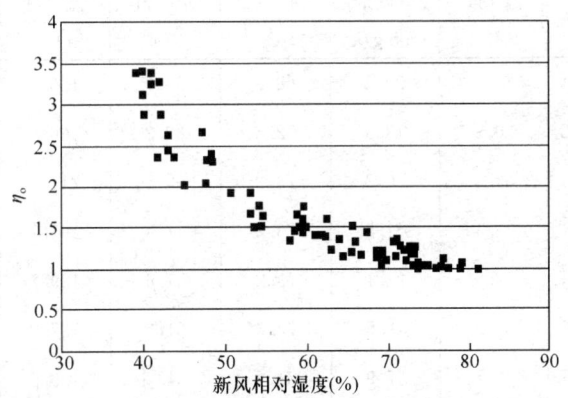

图 22.8-16　新风相对湿度对新风机组工作效率的影响

典型工况下新风机组的工作性能　　　表 22.8-8

新风				回风				η_0
进口		出口		进口		出口		
温度 ℃	含湿量 g/kg	温度 ℃	含湿量 g/kg	温度 ℃	含湿量 g/kg	温度 ℃	含湿量 g/kg	
28.6	17.1	27.1	10.6	26.7	12.4	29.9	23.3	1.11
29.3	13.7	24.3	10.4	26.1	11.9	27.5	19.3	1.66
31.3	11.6	22.8	9.8	26.4	10.6	26.6	17.3	2.87

再生器的工作性能以除水量和再生效率两个指标衡量，除水量为溶液浓缩前后含水量差，再生效率定义如下：

$$\eta_\mathrm{r} = \frac{\Delta w \times r}{Q} \tag{22.8-7}$$

式中　Q——再生加热量，kW。

表 22.8-8 列出了除水量及再生效率不同工况下的变化情况，再生的平均效率约为 0.82。

整个溶液除湿系统的能效比为：

$$\eta = \eta_\mathrm{o} \times \eta_\mathrm{r} = \frac{\Delta h}{Q} \tag{22.8-8}$$

由新风机组及再生器的测量数据可得，溶液除湿新风处理系统的平均能效比为 1.50。

由表 22.8-9 的比较结果可以得到：基于溶液除湿方式的温湿度独立控制系统的运行能耗比常规空调系统节能近 30%。

再生器在不同工况下的工作性能　　　表 22.8-9

工况	新风		热水温度		进口溶液		出口溶液		除水量	η_r
	温度 ℃	含湿量 ratio g/kg	进口 ℃	出口 ℃	流量 mL/s	密度 g/mL	流量 mL/s	密度 g/mL	g/s	
1	30.6	20.2	68.7	57.7	186.2	1.3049	147.3	1.3780	40.0	0.89
2	30.3	18.3	72.8	62.3	166.9	1.3550	128.8	1.4310	41.9	0.94
3	33.4	20.2	73.2	60.5	212.9	1.3452	173.2	1.4045	43.1	0.84
4	33.4	21.8	73.2	61.4	195.7	1.3648	161.3	1.4310	36.2	0.81
5	32.8	21.1	73.2	61.6	189.2	1.3722	156.6	1.4390	34.3	0.79
6	30.2	19.5	72.0	61.6	187.3	1.3815	155.6	1.4483	33.3	0.79
7	28.7	17.9	71.6	61.4	189.8	1.3855	155.6	1.4477	37.4	0.90
8	28.7	17.6	71.5	62.2	141.5	1.3868	112.6	1.4775	29.9	0.81

22.9　溶液调湿式空调系统与设备

22.9.1　除湿溶液处理空气的基本原理

除湿溶液除湿性能的好坏用其表面蒸汽压的大小来衡量。由于被处理空气的水蒸气分压力与除湿溶液的表面蒸汽压之间的压差是水分由空气向除湿溶液传递的驱动力，因而除湿溶液表面蒸汽压越低，在相同的处理条件下，溶液的除湿能力越强，与所接触的湿空气达到平衡时，湿空气的相对湿度越低。溶液的表面蒸汽压是溶液温度 t 与浓度 ξ 的函数，随着溶液温度的降低、溶液浓度的升高而降低。当被处理空气与除湿溶液接触达到平衡时，二者的温度与水蒸气分压力分别对应相等。

图 22.9-1 给出了不同温度与浓度的溴化锂溶液在湿空气焓湿图上的对应状态，溶液的等浓度线与湿空气的等相对湿度线基本重合。对于相同的空气状态 O 与相同浓度、温度不同的溶液（A，B，C）接触，最后达到平衡的空气终状态，溶液的温度越低，其等效含湿量也越低。

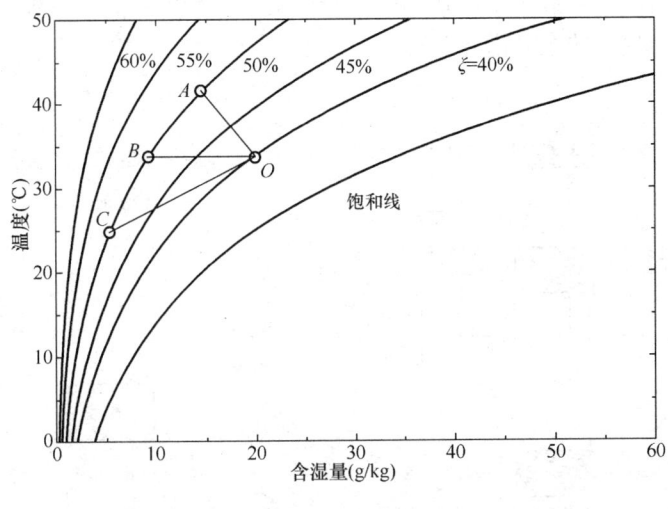

图 22.9-1　空气除湿过程

在溶液调湿空调系统中，溶液的性质直接关系到除湿效率和运行情况。期望溶液具有下列特性：

（1）相同的温度、浓度下，表面蒸汽压较低，使得与被处理空气中水蒸气分压力之间有较大的压差，即除湿溶液有较强的吸湿能力。

（2）对空气中的水分有较大的溶解度，这样可提高吸收率并减少除湿溶液的用量。

（3）对空气中水分有较强吸收能力的同时，对混合气体中的其他组分基本不吸收或吸收甚微，否则不能有效实现分离。

（4）低黏度，以降低泵的输送功耗，减小传热阻力。

（5）高沸点，高冷凝热和稀释热，低凝固点。

（6）性质稳定，低挥发性、低腐蚀性，无毒性。

（7）价格低廉，容易获得。

常用的除湿液体有溴化锂溶液、氯化锂溶液、氯化钙溶液、乙二醇等。

三甘醇是最早用于液体除湿系统的除湿溶液，由于它是有机溶剂，黏度较大，在系统中循环流动时容易发生停滞，粘附于空调系统的表面，影响系统稳定工作；而且，二甘醇、三甘醇等有机物质易挥发，容易进入空调房间，对人体造成危害，已逐渐被金属卤盐溶液所取代。

溴化锂、氯化锂等盐溶液虽有一定的腐蚀性，但塑料材料的使用，可以防止盐溶液对管道等设备的腐蚀，而且成本较低。另外，由于盐溶液的沸点（超过 1200℃）非常高，盐溶液不会挥发到空气中影响、污染室内空气，相反还具有除尘杀菌功能，有益于提高室内空气品质，所以盐溶液成为优选的除湿溶液。

在除湿过程中，除湿溶液吸收空气中的水分，自身浓度降低，需要浓缩再生才能重新使用。溶液的浓缩再生可以采用低品位的热能。在溶液系统中，投入的能量主要是用于除湿溶液的浓缩再生。

图 22.9-2 是一个典型的溶液除湿空调系统的工作原理图，由除湿器（新风机）、再生器、储液罐、输配系统和管路组成。溶液除湿系统中，一般采用分散除湿、集中再生的方式，将再生浓缩后的浓溶液分别输送到各个新风机中。利用溶液的吸湿性能实现新风的处理过程，使之承担建筑的全部潜热负荷。

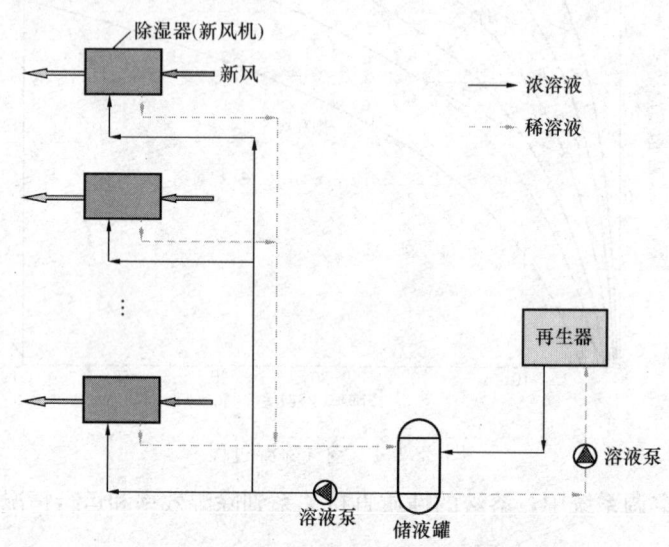

图 22.9-2 典型的溶液除湿空调系统

在除湿器（新风机）中，一般设有冷却装置（采用室内排风、冷却水等），用于降低除湿过程中溶液的温度，增强其除湿能力。在再生器中，加热装置利用外界提供的热能实现溶液的浓缩再生。在除湿器与再生器之间，通常设有储液罐，用以存储溶液与缓解再生器中对于持续热源的需求，同时，也可降低整个溶液除湿空调系统的容量。

22.9.2 除湿溶液处理空气的基本单元与装置

1. 可调温的单元喷淋模块

可调温单元喷淋模块的工作原理（专利号 ZL 03249068.2，2003）参见图 22.9-3，溶液从底部溶液槽内被溶液泵抽出，经过显热换热器与冷水（或热水）换热，吸收（或放出）热量后送入布液管。通过布液管将溶液均匀地喷洒在填料表面，与空气进行热质交换，然后在重力作用下流回溶液槽。

该装置有三股流体参与传热传质过程，分别为空气、溶液和提供冷量或热量的冷水或热水。通过在除湿/再生过程中，由外界冷热源排除/加入热量，从而调节喷淋溶液的温度，提高其除湿/加湿性能。

2. 溶液为媒介的全热回收装置

在新风处理过程中，应用热回收技术是降低处理能耗的重要途径。相对于显热回收装置而言，全热回收具有更高的热回收效率。目前普遍应用的转轮式及翅板式全热回收器，都无法完全避免新风和排风之间的交叉污染。利用具有吸湿性能的盐溶液作为媒介的溶液

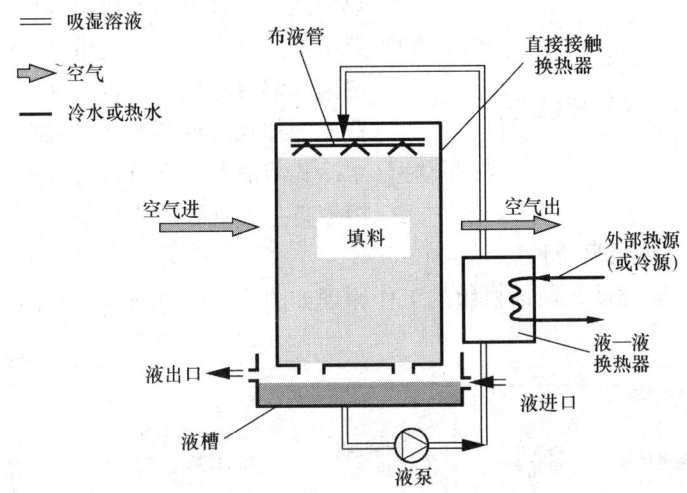

图 22.9-3 气液直接接触式全热换热装置结构示意图

全热回收装置（专利号 ZL 03251151.5，2003），不仅能够避免新风和室内排风的交叉污染，而且，盐溶液还具有杀菌和除尘功能。

图 22.9-4 是一个典型的单级溶液全热回收装置，上层为排风（r）通道，下层为新风（a）通道，z 表示溶液状态。

夏季运行时：

- 溶液泵将下层单元喷淋模块底部溶液槽中的溶液输送至上层单元喷淋模块的顶部，通过布液装置将溶液均匀地喷淋至填料上；
- 室内排风在上层填料中与溶液接触，溶液被降温浓缩，排风被加热加湿后排到室外；
- 降温浓缩后的溶液从上层单元喷淋模块底部溶液槽中溢流进入下层单元喷淋模块顶部，经布液装置均匀地分布到下层填料上；
- 室外新风在下层填料中与溶液接触，由于溶液的温度和表面蒸汽压均低于空气的温度和水蒸气分压

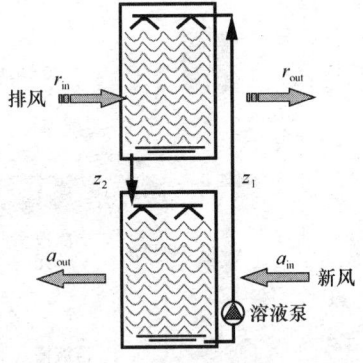

图 22.9-4 单级全热回收装置

力，溶液被加热稀释，空气被降温除湿。溶液重新回到底部溶液槽中，完成循环。

冬季运行时：情况与夏季类似，仅是传热传质的方向不同，新风被加热、加湿；排风被降温、除湿。

多个单级全热回收装置可以串联起来，组成多级全热回收装置，以达到更好的全热回收效果。

22.9.3 溶液热回收型新风机组

1. 机组的分类

采用溶液为媒介的新风机组，可分为电驱动（热泵驱动）型新风机组与热驱动型新风机组两种类型，每种类型又有多种形式：

溶液调湿型空气处理机组 ┫ 电驱动型 ┫ 热泵式溶液调湿新风机组（HVF）
热泵式溶液空气处理机组（HVA）
热泵式溶液深度除湿机组（HCA）
蒸发冷却式溶液调湿新风机组（ECVF）
水冷式溶液调湿新风机组（WCVF）
溶液再生器（WHSR）

2. 电驱动型（热泵驱动）

电驱动型（热泵驱动）新风机组的工作原理如图 22.9-5 所示。

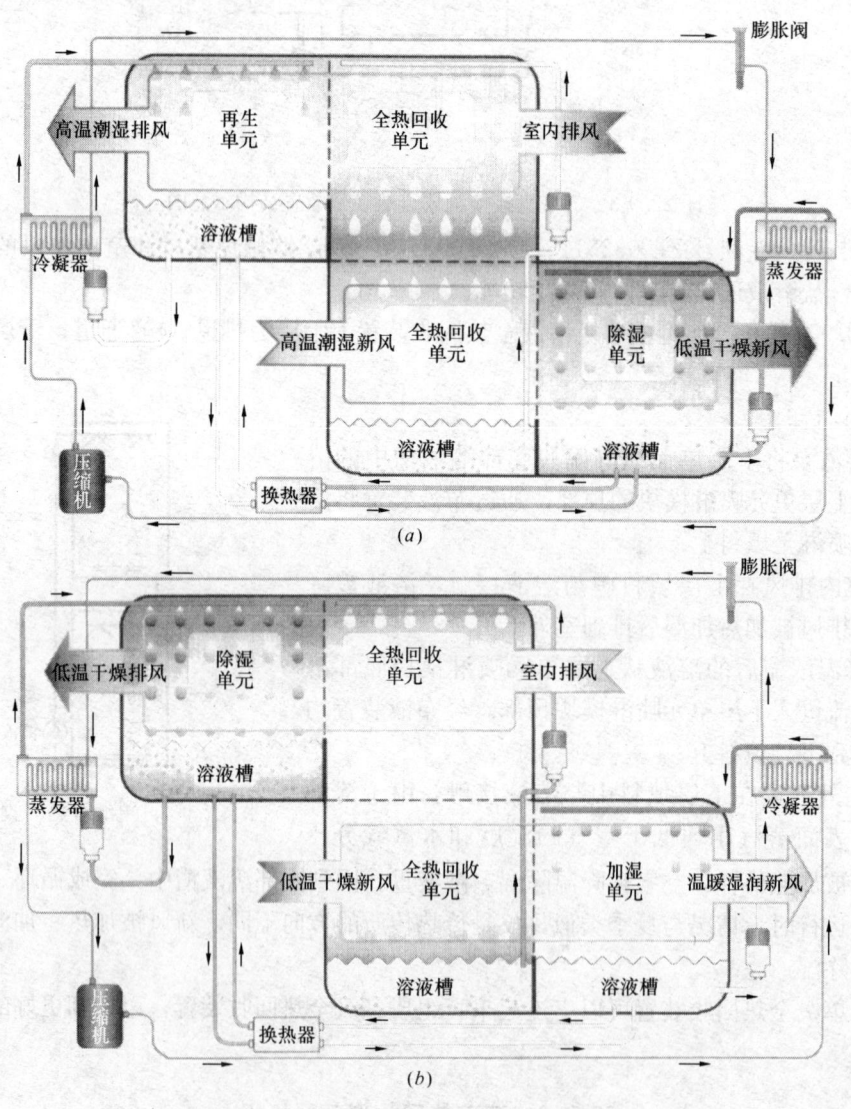

图 22.9-5　电驱动溶液热回收型新风机组原理图
(a) 夏季运行模式；(b) 冬季运行模式

夏季工况：高温潮湿的新风在全热回收单元中以溶液为媒介和回风进行全热交换，新风被初步降温除湿，然后进入除湿单元中进一步降温、除湿到达送风状态点。除湿单元中，除湿溶液吸收水蒸气后，浓度变稀，为重新具有吸水能力，稀溶液进入再生单元浓缩。热泵循环的制冷量用于降低溶液温度以提高除湿能力和对新风降温，冷凝器排热量用于浓缩再生溶液，能源利用效率极高。

冬季工况：只需切换四通阀改变制冷剂循环方向，便可实现空气的加热加湿功能。

3. 热驱动型

热驱动型新风机组的工作原理如图 22.9-6 所示。

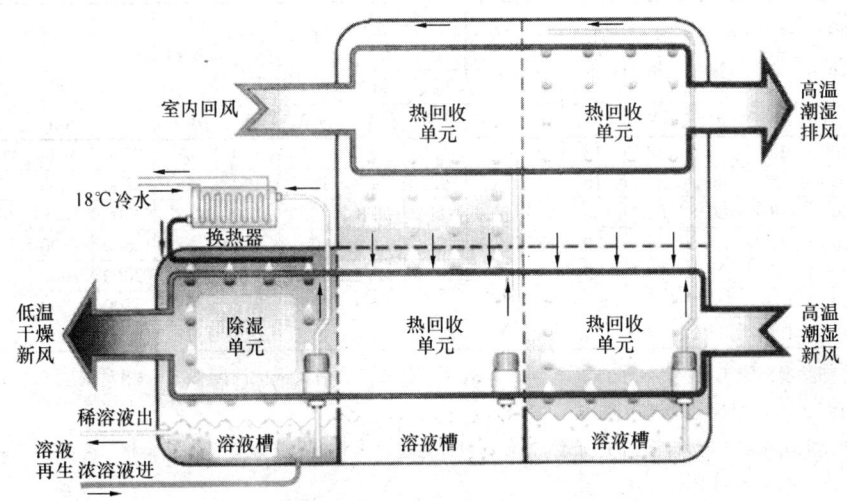

图 22.9-6 热驱动溶液热回收型新风机组原理图

夏季：高温潮湿的新风通过多级全热回收单元被初步降温、除湿，再经过除湿单元被处理到送风状态点，除湿单元所需的 16～20℃ 的冷水由另外的冷水机组提供，也可使用地下水等自然冷源。除湿后变稀的溶液需要进入再生器浓缩，重新具有吸湿能力，再生器的工作原理参见图 22.9-7。溶液浓缩过程所需的热量由余热源（≥70℃）提供，该新风处理机为夏季利用低品位热源驱动空调提供了新途径，节省大量电能。

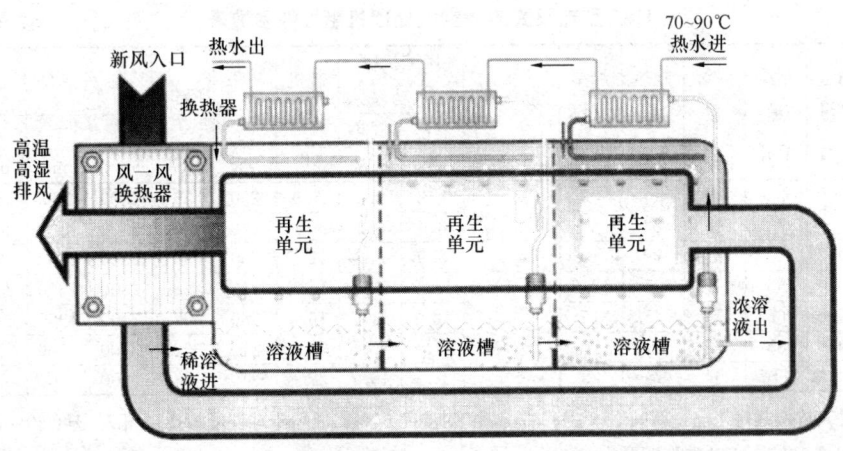

图 22.9-7 再生器原理图

冬季：原除湿单元变为加湿单元，经过全热回收的新风被进一步加热加湿再送入室内。此时加湿单元需要供给 32～40℃ 的热水。

22.9.4 溶液热回收型新风机组的性能参数

为了便于设计选用，兹将北京华创瑞风空调科技有限公司生产的溶液调湿型空气处理机组的性能参数摘引如下：

1. HVF 型热泵式溶液调湿新风机组的性能参数（见表 22.9-1）

HVF 型热泵式溶液调湿新风机组性能参数表　　　　表 22.9-1

型号	额定风量	制冷量	除湿量	制热量	加湿量	电源	压缩机输入功率		装机功率	机外余压	噪声	外形尺寸			运行重量
							制冷	制热				长	宽	高	
	m³/h	kW	kg/h	kW	kg/h	V/Ph/HZ	kW	kW	kW	Pa	dB(A)	mm	mm	mm	kg
HVF-02	2000	39	40	26	13		6.0	4.5	9.3	150	55	2500	900	2620	500
HVF-03	3000	59	60	39	19		9.2	7.1	12.5	150	55	2500	1200	2620	700
HVF-04	4000	78	80	52	26		12.2	8.8	15.9	150	58	2500	1500	2620	850
HVF-05	5000	98	100	65	32	380/3/50	15.3	12.0	20.1	180	58	2500	1500	2620	1200
HVF-06	6000	117	120	78	38		18.4	13.2	25.2	180	60	2600	1900	2700	1400
HVF-08	8000	157	160	104	52		24.5	18.1	32.5	210	63	2700	2500	2700	1700
HVF-10	10000	196	200	130	64		30.6	23.2	40.0	240	63	2900	2800	2700	2400

注：①冷却除湿额定工况：新风干球温度36℃，相对湿度65%；回风干球温度26℃，相对湿度60%；送风干球温度20℃，相对湿度55%。

②加热加湿额定工况：新风干球温度－5℃，相对湿度50%；回风干球温度20℃，相对湿度50%；送风干球温度20℃，相对湿度45%。

③额定工况下回风量等于送风量，实际运行时回风量不应小于送风量的80%。

热泵式溶液调湿新风机组是集冷热源、全热回气加湿、除湿处理段、过滤段、风机段为一体的新风处理设备，具备对空气冷却、除湿、加热、加湿、净化等多种功能，独立运行即可满足全年新风处理要求。

机组的性能系数 COP 可达 5.5 左右。

2. HVA 型热泵式溶液空气处理机组的性能参数（见表 22.9-2）

HVA 型热泵式溶液空气处理机组性能参数表　　　　表 22.9-2

型号	额定风量	制冷量	除湿量	制热量	加湿量	电源	压缩机输入功率		装机功率	机外余压	噪声	外形尺寸			运行重量
							制冷	制热				长	宽	高	
	m³/h	kW	kg/h	kW	kg/h	V/Ph/HZ	kW	kW	kW	Pa	dB(A)	mm	mm	mm	kg
HVA-02	2000	22	19	14	5		4.2	4.1	6.9	250	56	2300	900	2620	400
HVA-03	3000	33	28	23	7.5		6.4	6.1	9.1	250	56	2300	1200	2620	580
HVA-04	4000	44	37	29	10		8.9	8.3	12.1	250	58	2300	1500	2620	700
HVA-05	5000	55	47	37	12.5	380/3/50	11.2	10.4	15.2	280	58	2300	1500	2620	1000
HVA-06	6000	66	56	45	15		12.2	11.3	16.4	280	62	2400	1900	2700	1100
HVA-08	8000	88	74	57	20		17.4	15.8	22.6	310	62	2400	2500	2700	1400
HVA-10	10000	110	94	74	25		21.8	19.7	27.6	340	63	2600	2800	2700	2100

注：①冷却除湿额定工况：新风干球温度36℃，相对湿度65%；回风干球温度26℃，相对湿度60%；送风干球温度16℃，相对湿度75%。

②加热加湿额定工况：新风干球温度－5℃，相对湿度50%；回风干球温度20℃，相对湿度50%；送风干球温度26℃，相对湿度40%。

③额定工况下回风量等于送风量的85%。

热泵式溶液空气处理机组主要应用于全空气空调系统，室内回风与室外新风混合后可直接处理至期望的送风状态点。热泵式溶液空气处理机组无需额外的冷、热源即可对空气进行除湿、降温、加湿、加热等全工况处理。

机组的性能系数 COP 可达 5.0 左右。

3. HCA 型热泵式溶液深度除湿机组的性能参数（见表 22.9-3）

HCA 型热泵式溶液深度除湿机组性能参数表　　表 22.9-3

型号	额定风量	制冷量	除湿量	电源	压缩机输入功率	装机功率	机外余压	噪声	外形尺寸 长	宽	高	运行重量
	m³/h	kW	kg/h	V/Ph/Hz	kW	kW	Pa	dB(A)	mm	mm	mm	kg
HCA-02	2000	14	9.6		5.6	5.6	250	56	4000	900	1660	400
HCA-03	3000	21	14.4		8.4	8.4	250	56	4000	1200	1660	580
HCA-04	4000	28	19.2		11.2	11.2	250	58	4200	1500	1660	700
HCA-05	5000	35	24.0	380/3/50	14.0	14.0	280	58	4200	1500	1660	1000
HCA-06	6000	42	28.8		16.8	16.8	280	62	4400	1900	1740	1100
HCA-08	8000	56	38.4		22.4	22.4	310	62	4600	2500	1740	1400
HCA-10	10000	70	48.0		28.0	28.0	340	63	4600	2800	1740	2100

注：额定工况：新风（用于再生）干球温度 36℃，相对湿度 65%；回风干球温度 26.0℃，相对湿度 38%；送风干球温度 16.5℃，相对湿度 35%。

热泵式溶液深度除湿机组可以将空气含湿量处理低至 2.0g/kg（露点温度 −7.5℃）。机组内置热泵制冷系统，制冷量用于降低溶液温度以提高除湿能力，室内空气经溶液除湿后可保持干燥低湿要求。热泵冷凝排热量用于浓缩再生溶液，溶液从空气中吸收的水分经加热后释放出来，由室外新风带走，从而实现空气中的水分从室内到室外的转移。机组的性能系数 COP=2.0~3.5。

4. ECVF 型蒸发冷却式溶液调湿新风机组的性能参数（见表 22.9-4）

ECVF 型蒸发冷却式溶液调湿新风机组性能参数表　　表 22.9-4

型号	额定风量	制冷量	除湿量	制热量	加湿量	浓溶液流量	电源	装机功率	机外余压	噪声	外形尺寸 长	宽	高	运行重量
	m³/h	kW	kg/h	kW	kg/h	kg/h	V/Ph/Hz	kW	Pa	dB(A)	mm	mm	mm	kg
ECVF-02	2000	32	36	28	15	278		3.6	150	53	2500	1200	2100	500
ECVF-03	3000	47	54	43	21	417		3.6	150	53	2500	1500	2100	700
ECVF-04	4000	63	72	57	28	556		4.0	150	54	2500	1900	2100	850
ECVF-05	5000	79	90	71	36	695	380/3/50	5.1	180	54	2500	1900	2100	1200
ECVF-06	6000	94	108	86	42	834		7.2	180	56	2600	2300	2100	1400
ECVF-08	8000	125	144	114	56	1112		8.4	210	56	2700	2900	2100	1700
ECVF-10	10000	157	180	142	72	1390		9.8	240	58	2900	3200	2100	2400

注：①冷却除湿额定工况：新风干球温度 33.2℃，相对湿度 71%；回风干球温度 26℃，相对湿度 60%；送风干球温度 25℃，相对湿度 40%。
②加热加湿额定工况：新风干球温度 −5℃，相对湿度 50%；送风干球温度 20℃，相对湿度 60%。
③冷却除湿工况下，溶液进口状态为：温度 32℃，浓度 55%；溶液出口状态为：温度 38℃，浓度 48.7%。
④加热加湿工况下，热水供/回水温度为 32℃/28℃；机组无需补充浓溶液，自动补水调节溶液浓度。
⑤额定工况下回风量等于送风量，实际运行时回风量不应小于送风量的 80%。

蒸发冷却式溶液调湿新风机组是利用溶液的调湿特性来处理新风，溶液除湿过程中产生的热量最终通过回风蒸发冷却带走。机组新、回风通道分别采用溶液和冷水作为工作介质，溶液将热量传递给冷水，回风与冷水接触后通过蒸发冷却将热量排至室外，达到溶液冷却降温之目的。除湿所需的浓溶液由再生器集中提供。新风机组可采用低温余热、废热驱动（≥70℃），热效率可达1.5左右。

5. WCVF型水冷式溶液调湿新风机组的性能参数（见表22.9-5）

WCVF型水冷式溶液调湿新风机组性能参数表　　　表22.9-5

型号	额定风量	制冷量	除湿量	制热量	加湿量	浓溶液流量	冷却水流量	电源	装机功率	机外余压	噪声	外形尺寸			运行重量
												长	宽	高	
	m³/h	kW	kg/h	kW	kg/h	kg/h	t/h	V/Ph/Hz	kW	Pa	dB(A)	mm	mm	mm	kg
WCVF-02	2000	26	36	28	15	250	8.5		1.9	150	48	2500	1200	1200	300
WCVF-03	3000	38	54	43	21	370	10.0		1.9	150	48	2500	1500	1200	430
WCVF-04	4000	51	72	57	29	490	10.0		2.1	150	50	2500	1900	1200	520
WCVF-05	5000	64	90	71	36	630	12.5	380/3/50	2.7	180	50	2500	1900	1200	750
WCVF-06	6000	76	108	86	42	740	12.5		3.8	180	53	2600	2300	1200	800
WCVF-08	8000	102	144	114	56	980	15.0		4.4	210	53	2700	2900	1200	1050
WCVF-10	10000	128	180	142	72	1260	15.0		5.1	240	55	2900	3200	1200	1550

注：①冷却除湿额定工况：新风干球温度33.2℃，相对湿度71%；送风干球温度34℃，相对湿度24%。
②加热加湿额定工况：新风干球温度-5℃，相对湿度50%；送风干球温度20℃，相对湿度60%。
③冷却除湿工况下，冷却水供/回水温度为32℃/36℃；溶液进口状态为：温度32℃，浓度55%；溶液出口状态为：温度38℃，浓度48%。
④加热加湿工况下，热水供/回水温度为32℃/28℃；机组无需补充浓溶液，自动补水调节溶液浓度。

水冷式溶液调湿新风机组是利用溶液的调湿特性来处理新风，溶液除湿过程中产生的热量由冷水带走。机组采用溶液作为工作介质，溶液吸收了新风的能量而温度升高，通过板换将热量传递给冷水，从而达到溶液冷却降温之目的。除湿所需的浓溶液由再生器集中提供。新风机组与再生器结合使用，可采用低温余热、废热驱动（≥70℃），热效率可达1.0左右。

6. WHSR型溶液再生器的性能参数（见表22.9-6）

WHSR型溶液再生器性能参数表　　　表22.9-6

型号	浓溶液流量	热水流量	电源	装机功率	噪声	外形尺寸			运行重量
						长	宽	高	
	kg/h	t/h	V/Ph/Hz	kW	dB(A)	mm	mm	mm	kg
WHSR-600	600	11		4.2	55	3000	900	1800	450
WHSR-900	900	16	380/3/50	4.2	56	3000	1200	1800	650
WHSR-1200	1200	21		5.4	57	3000	1500	1800	800

注：①热水再生额定工况，热水供/回水温度为70℃/63℃。
②溶液进/出口浓度为：48%/55%。

溶液再生器（参见图 22.9-7）是以低品位热能作为驱动能源，用于浓缩再生溶液的设备。溶液对新风进行除湿后，由于吸收了空气中的水分而浓度降低，稀溶液需要浓缩再生后才能循环使用。再生器利用低品位热源加热溶液，溶液升温后与室外空气接触，向空气中释放出水分，溶液因散失水分而浓度增大，从而实现了浓缩再生。浓缩再生后的溶液具有高效吸湿能力，可提供给溶液调湿新风机组用于空气湿度处理。溶液再生器可对多台新风机组产生的稀溶液进行集中再生，浓缩再生后的溶液通过泵再输送至各新风机组。

22.9.5 溶液热回收型新风机组的选型

为了便于机组的选型，兹以北京华创瑞风空调科技有限公司提供的机组参数，提出选型设计的方法和步骤，如图 22.9-8 所示。

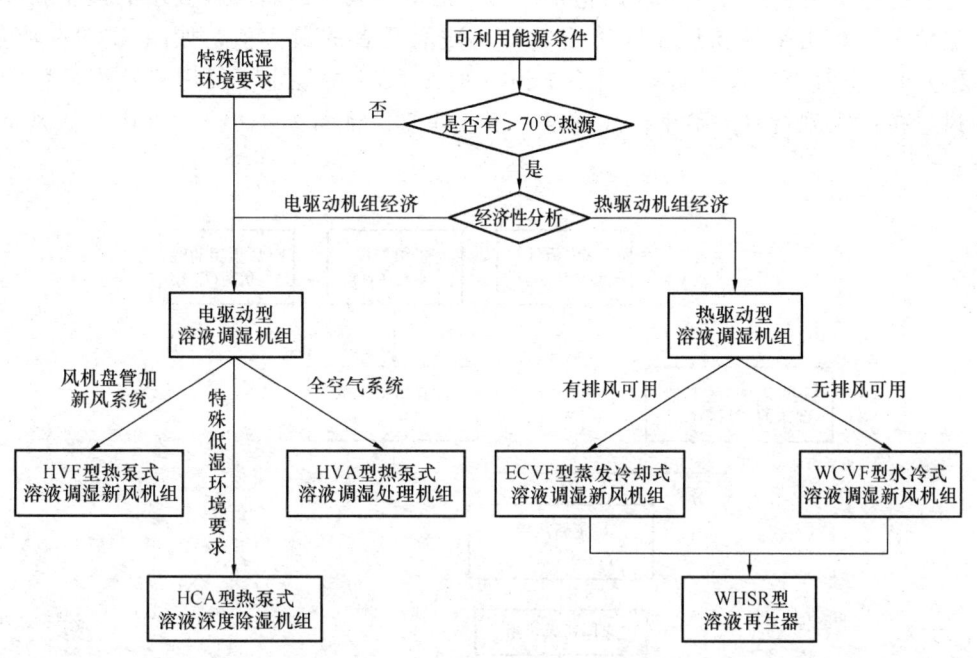

图 22.9-8 溶液调湿式空调机组选型

1. 确定机组的类型

(1) 能源条件

空调系统可以利用的能源条件是选用电驱动型机组还是热驱动型机组的首要判断条件，当建筑物中没有低品位的热源（温度超过 70℃ 的热水、蒸汽等）可以利用时，只能选择电驱动型溶液调湿空气处理机组。当系统可以提供低品位热源时，这样需要对两种类型的机组进行经济性分析，选用最经济的机组。经济性分析需要从整个系统出发，综合考虑各种经济因素，其选择、比较方法参见第 22.8.4 节。

(2) 风系统形式

电驱动型机组和热驱动型机组均有不同的形式。对于电驱动型机组，当空调风系统为风机盘管加新风系统时，选用 HVF 型热泵式溶液调湿新风机组；当空调风系统为全空气系统时，选用 HVA 型热泵式溶液调湿新风机组。对于热驱动型机组，当系统中可以有排风利用时，选用 ECVF 型蒸发冷却式溶液调湿新风机组；当系统中无排风可以利用时，选用 WCVF 型水冷式溶液调湿新风机组。

(3) 特殊工艺要求

对于要求具有低湿环境的特殊场合，可以选用 HCA 型热泵式溶液深度除湿机组，为电驱动型机组。

2. 确定机组的型号

在确定了溶液调湿机组的类型后，还需选择具体型号的溶液调湿式机组。对于应用于全空气系统的 HVA 型热泵式溶液调湿处理机组，其风量与送风参数的选择与常规全空气系统相同。对于其他新风处理机组，主要根据新风机组所承担的空调区域需要的新风量与承担的负荷来确定。

新风机组所负责的区域的新风量是综合考虑卫生要求或者其他要求的最小新风量和根据负荷计算出来的新风量来确定的，一般取两者的最大值，如图 22.9-9 所示。《采暖通风与空气调节设计规范》(GB 50019—2003) 中规定了民用建筑人员所需最小新风量按国家现行有关卫生标准确定，工业建筑保证每人不小于 30m³/h 新风量的要求。

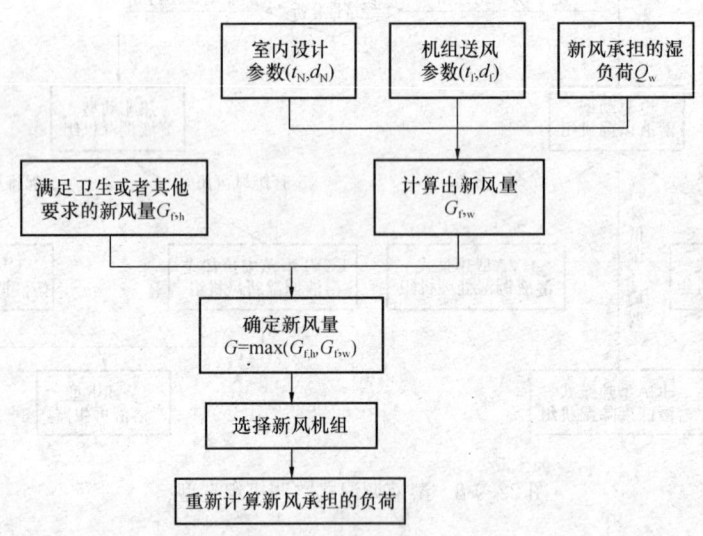

图 22.9-9 新风量的选取

当需要新风来承担建筑的所有湿负荷时，新风量的计算方法如下：

在设计过程中已确定新风承担房间的湿负荷 W_r (g/h)、额定室内设计工况：t_N (℃)、d_N (g/kg) 和送风参数；t_f (℃)、d_f (g/kg)，这样，便可以计算出为了满足房间湿负荷要求所需的新风量 $G_{f,w}$，为：

$$G_{f,w} = \frac{W_r}{(d_N - d_f)\rho_a}$$

例如 HVF 型机组夏季在额定工况下运行时，新风干球温度 36℃，相对湿度 65%；

回风干球温度 26℃，相对湿度 60%；送风干球温度 20℃，相对湿度 55%；计算出送风含湿量为 8g/kg，低于室内设计含湿量（12.6g/kg）。显然，此时新风可以承担房间的显热负荷和湿负荷的。

机组所需要提供的新风量便是满足卫生或者其他要求的新风量和根据负荷计算出的新风量的最大值。根据最终确定的新风量，参照样本，便可对新风机组进行选型。当确定了新风机组的型号后，需要根据机组提供的新风量，对新风承担的负荷重新计算，以便确定其他设备（如风机盘管等）承担的负荷。

3. 机组选型计算举例

【例】 要求选择一台溶液热回收型新风机组，用于满足某一空调区域的新风要求。空调设计的风系统形式为风机盘管加新风。该空调区域的室内设计参数为：26℃、60%相对湿度，室外设计参数 O 为 33.2℃、57%相对湿度。总热负荷 Q 为 39kW（不包括新风负荷），其中潜热负荷 Q_w 为 11kW。满足卫生需求的新风量 $G_{f,h}$ 为 3000m³/h，要求新风机组带走全部的湿负荷，系统中夏季无热源可用。

【解】
（1）确定机组类型

根据系统中夏季无热源可用、空调设计的风系统形式为风机盘管+新风系统的条件，从图 22.9-8 得出选择 HVF 型热泵式溶液调湿新风机组。

（2）确定机组型号

根据表 22.9-1，机组额定送风干球温度 20℃，相对湿度 55%，计算出送风含湿量为 8g/kg；由室内设计参数计算出室内空气含湿量为 12.6g/kg。由于要求新风带走空调区域所有的潜热负荷 Q_w 为 11kW。这样得出为带走全部湿负荷所需要的新风量 $G_{f,w}$ 为：

$$G_{f,w} = \frac{3.6 \times 10^6 Q_w}{\rho_a \cdot r \cdot (d_N - d_f)} = \frac{3.6 \times 10^6 \times 11}{1.2 \times 2500 \times (12.6 - 8)} = 2870 \text{m}^3/\text{h}$$

其中 ρ_a——空气密度，$\rho_a = 1.2\text{kg/m}^3$；
r——水的汽化潜热，$r = 2500\text{kJ/kg}$。

为满足卫生需求的新风量 $G_{f,h}$ 为 3000m³/h。因而选取新风量 $G = \max(G_{f,h}, G_{f,w}) = 3000\text{m}^3/\text{h}$。根据表 22.9-1，选择 HVF-03 型机组，额定风量为 3000m³/h。

（3）机组承担负荷情况

由新风量与室内外的空气参数可以得到，将新风处理到室内状态的负荷为：新风显热负荷=7.2kW，新风潜热负荷=14.3kW，总新风负荷=21.5kW。由题目的已知条件，除去新风负荷外，房间显热负荷=28kW，房间潜热负荷=11kW，房间总负荷=39kW。因而，加上处理新风的负荷后，建筑的显热负荷=新风显热负荷+房间显热负荷=35.2kW，建筑潜热负荷=25.3kW，建筑总负荷=60.5kW。在建筑总负荷中，将新风处理到室内状态的负荷占 36%，潜热负荷占建筑总负荷的 42%。

根据设计的要求，溶液调湿新风机组承担了建筑的全部潜热负荷（25.3kW）。此外，由于新风机组的送风温度低于室内设计温度，新风机组承担了建筑的部分显热负荷：

$$Q_f = c_{p,a} \times \rho_a \times G \times (t_O - t_f)/3600 = 1.005 \times 1.2 \times 3000 \times (33.2 - 20)/3600$$
$$= 13.3 \text{kW}$$

因而，溶液调湿新风机组承担的建筑总负荷 $= 25.3\text{kW}$ 潜热 $+ 13.3\text{kW}$ 显热 $= 38.6\text{kW}$，占建筑总负荷的 64%。

风机盘管系统承担了剩余的显热负荷 $= 7.2 + 28 - 13.3 = 21.9\text{kW}$，占建筑总负荷的 36%。

第 23 章 变风量空调系统

23.1 基 本 概 念

23.1.1 系统特点与适用范围

变风量空调系统是全空气空调系统的一种形式，它由单风管定风量系统演变而来。与定风量空调系统和风机盘管加新风系统相比，变风量空调系统具有区域温度可控、室内空气品质好、部分负荷时风机可调速节能和可利用低温新风冷却节能等优点，三种系统的比较详见表 23.1-1。

常用集中冷热源舒适性空调系统比较表　　　表 23.1-1

比较项目	全空气系统		空气—水系统
	变风量空调系统	定风量空调系统	风机盘管＋新风系统
优 点	1) 区域温度可控制 2) 空气过滤等级高，空气品质好 3) 部分负荷时风机可实现变频调速节能运行 4) 可变新风比，利用低温新风冷却节能	1) 空气过滤等级高，空气品质好 2) 可变新风比，利用低温新风冷却节能 3) 初投资较小	1) 区域温度可控 2) 空气循环半径小，输送能耗低 3) 初投资小 4) 安装所需空间小
缺 点	1) 初投资大 2) 设计、施工、和管理较复杂 3) 调节末端风量时对新风量分配有影响	1) 系统内各区域温度一般不可单独控制 2) 部分负荷时风机不可实现变频调速节能	1) 空气过滤等级低，空气品质差 2) 新风量一般不变，难以利用低温新风冷却节能 3) 室内风机盘管有孳生细菌、霉菌与出现"水患"的可能性
适用范围	1) 区域温度控制要求高 2) 空气品质要求高 3) 高等级办公、商业场所 4) 大、中、小型空间	1) 区域温控要求不高 2) 大厅、商场、餐厅等场所 3) 大、中型空间	1) 室内空气品质要求不高 2) 有区域温度控制要求 3) 普通等级办公、商业场所 4) 中、小型空间

在实际工程应用中，可根据具体情况组合使用各种类型的空调系统，以达到节省投资、舒适与节能的目的。

23.1.2 系统调节原理

相对于定风量空调方式，所谓变风量有两层含义：一是空调系统的风量可变；二是各空调区域末端的风量可变。表 23.1-2 分别表达了变风量与定风量空调系统及其温度控制区域的基本热平衡方程式、送风温度和送风量的调节与变化情况。

全空气空调系统温度调节原理　　　　表 23.1-2

项　目	变风量空调系统	定风量空调系统
系统显热平衡方程式	$Q_s=1.01G \cdot (t_n-t_o)$	$Q_s=1.01G \cdot (t_n-t_o)$
区域显热平衡方程式	$q_s=1.01g \cdot (t_n-t_o)$	$q_s=1.01g \cdot (t_n-t_o)$
系统送风量 G	系统显热负荷 Q_s 变化时，G 调节变化	系统显热负荷 Q_s 变化时，G 不变
送风温度 t_o	调节水量，维持 t_o 不变（亦可同时根据需要变化）	系统显热负荷 Q_s 变化时，调节水量，使回风温度不变，t_o 则会变化
温度控制区域风量 g	各温度控制区域显热负荷 q_s 变化时，g 调节变化	各温度控制区域显热负荷 q_s 变化时，g 不变，导致系统内各温控区域温度 t_n 有变化

式中　Q_s、q_s——分别为空调系统室内显热负荷、各温度控制区域室内显热负荷，kW；
　　　G、g——分别为空调系统送风量、各温度控制区域送风量，kg/s；
　　　t_n、t_o——分别为室内温度、送风温度，℃；
　　　1.01——干空气定压比热，kJ/(kg·K)。

23.2 负荷计算

变风量空调系统冷、热负荷的基本计算方法与其他空调系统相同，可参照本手册第20章进行，计算时应注意结合本节所述的一些特殊情况。

23.2.1 现代化办公和商业建筑的特点与热舒适性

1. 建筑体量及层面面积大，空调负荷出现内外分区情况；
2. 较多采用大面积玻璃幕墙和全封闭窗，因为无法利用开窗通风，故需全年空调；
3. 房间分隔与使用功能变化多；
4. 照明、设备、人体等内热负荷成为室内主要冷负荷；
5. 区域温度控制单元面积趋于缩小；
6. 对空气品质要求提高。

23.2.2 内外分区与空调负荷

为提高房间的热舒适性和新风分布均匀性，变风量空调系统设计的基本思路是对各类负荷作分别处理，即：内、外区负荷分别处理；冷、热负荷分别处理；不同温度控制区域负荷分别处理。因此，根据建筑使用功能和负荷情况恰当地进行空调分区十分重要。

1. 空调分区

在同一个建筑物内，各区域围护结构在构造、朝向和计算时间上的差异产生了不同的围护结构瞬时负荷，各区域功能和使用情况的差异也造成了不同的内热负荷。在负荷分析的基础上，根据空调负荷差异性，恰当地把空调系统划分为若干个温度控制区域称为空调分区。分区的目的在于使空调系统能更方便地跟踪负荷变化，改善室内热环境和节省空调能耗。

2. 内区和外区

空调最基本的分区是内区（内部区）和外区（周边区）。

外区的定义是：直接受到外围护结构日射得热、温差传热和空气渗透等负荷影响的区域。外区空调负荷主要包括外围护结构冷负荷或热负荷以及内热冷负荷。前者取决于地理位置和季节气候条件，致使该区有时需要供热，有时需要供冷。外围护结构负荷主要是通过外窗、外墙内表面与人体及其他室内物体表面的辐射换热传递的。辐射换热随距离增加而减小。当某区域受外围护结构的辐射换热影响小到可以忽略时，就可认为是内区。

内区的定义是：与建筑物外边界相隔离，具有相对稳定的内边界温度条件，不直接受来自外围护结构的日射得热、温差传热和空气渗透等负荷影响的区域。内区空调负荷全年主要是内热冷负荷，它随内照明、设备和人员发热量变化而变化，通常全年需要供冷。

外窗、外墙的绝热性和外窗的遮阳系数，可以直接影响其内表面温度，从而影响辐射换热。因此，建筑设计要十分注意外围护结构的热工性能和窗墙比，应遵守《公共建筑节能设计标准》GB 50189—2005 所规定的外围护结构的窗墙比、传热系数和遮阳系数。当外围护结构绝热性能很好、外窗窗墙比与遮阳系数较小、或有改善窗际热环境措施时，外围护结构内表面温度接近室内温度，负荷比较稳定，几乎没有外区。另外，进深 8m 以内的房间无明显的内、外分区现象，可不设内区，都按外区处理。

依据朝向和建筑平面布置，外区一般可分为 2~4 种类型（如图 23.2-1）。每个类型的分区又可按使用情况细分为若干不同的温度控制区域。内区也可根据使用情况细分为若干个不同的温度控制区域。

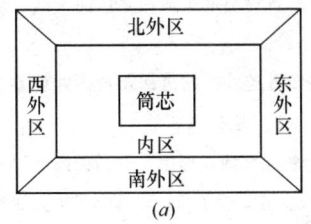 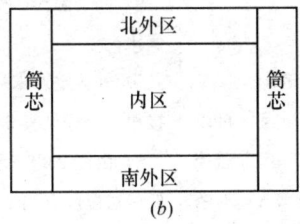 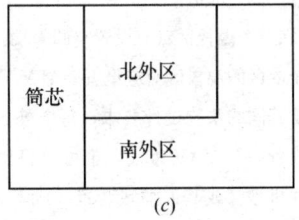

图 23.2-1 平面分区示意图
(a) 大型建筑 4 个外区＋内区；(b) 大型建筑 2 个外区＋内区；(c) 小型建筑不设内区

3. 外区进深

外区空调负荷冷、热交替，变化很大。跟踪并处理好外区空调负荷是变风量空调系统设计的难点之一。特别是在冬季的同一房间内，内、外区要进行供冷、供热两种完全不同的空气处理过程。供冷、供热量的计算是否符合实际情况，都与外区进深有关。因此恰当地确定外区进深对于后续设计计算，系统布置和设备选择都十分重要。

影响外区进深的主要因素有：
(1) 气候条件；
(2) 外围护结构热工性能；
(3) 内、外区空调系统情况；
(4) 受风口设置影响的室内气流组织。

外区进深与内、外区空调系统设置有关。简单的确定方法是：在满足《公共建筑节能设计标准》对各气候分区建筑热工设计标准的前提下，如果外围护结构绝热和遮阳性能很好，或者外围护结构的负荷在其内侧即被处理，使外围护结构内表面温度比较接近室内空气温度，则外区进深可按 2～3m 确定，否则一般可按 3～5m 确定。详细分析可见 23.4 节。

由于外区进深的划分直接影响新风供给、气流组织和末端选择，故划分应以建筑平面功能和空调负荷分析为基础，并尽可能使末端风量在各种工况下比较均衡，避免出现大幅度的风量调节。

23.2.3 负荷计算步骤及注意事项

变风量空调系统的负荷计算与其他系统相比既有共同性，也有特殊性，在一定程度上更为细化。表 23.2-1 为该系统负荷计算的通常步骤及注意事项。

负荷计算步骤及注意事项　　　　　表 23.2-1

计算步骤	注意事项
1) 根据系统选择的初步设想确定外区进深，进行内、外区划分 2) 将内、外区再细分成若干个温度控制区域，每个温控区域的控制面积： 　内区　50～80m² 　外区　25～50m² 3) 在每个温控区对应设置空调末端： 每个内区的温控区对应设置一个 VAV 末端； 根据不同的系统设计要求，每个外区的温控区可以对应设置一个 VAV 末端，也可以再增加一套带温控器的风机盘管或其他加热装置，或者不设 VAV 末端仅设置风机盘管或其他加热装置 4) 根据规范或设计要求，确定室内设计温、湿度 5) 采用现有计算方法分别逐时计算各温控区冷、热负荷 6) 进行各种负荷累计，用于选择设备，如：单个温控区负荷累计—选择末端多个温控区负荷累计—选择风管空调系统负荷累计—选择空调箱	1) 可参照表 23.4-1、表 23.4-2 2) 进深小于 8m 的房间可不分内、外区 3) 温控区划分过大，会影响温度控制精度，使末端设备过大；温控区过小会使末端与控制设备过多，投资过大 4) 划分区域需充分考虑房间用途 5) 每个区域需有相同的温度控制要求 6) 同一温控区中的各种空调负荷应尽可能按同一规律变化 7) 外区空调末端设置与外区的进深及负荷处理方法直接相关，详见表 23.4-1、表 23.4-2 8) 由图 23.2-2 等感温度曲线提示，适当提高室温并降低相对湿度有利于减少夏季冷负荷，也有利于扩大送风温差，减少送风量，降低风机能耗 9) 由图 23.2-3 可知，在冬季外区供暖、内区供冷的情况下，大空间室内设定温度内区应高于外区 1～2℃。使内区上部较热空气进入外区，外区下部较冷空气进入内区，形成室内气流混合得益。反之，可能形成室内气流混合损失 10) 负荷计算宜用电算程序进行，以方便按不同方式进行负荷组合统计

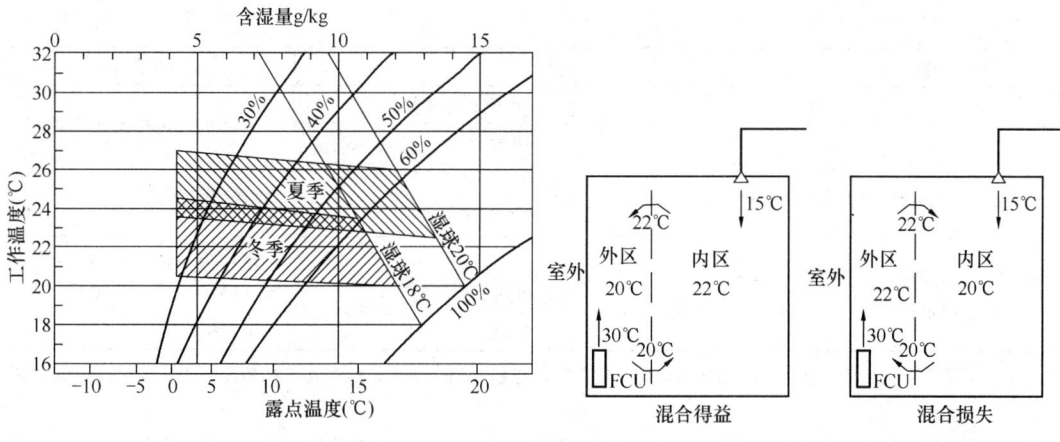

图 23.2-2 等感温度曲线　　图 23.2-3 两种不同的室内气流混合状况

23.2.4 负荷分类与用途

空调负荷计算是系统设计的基础，也是各种设备选择的依据。负荷的分类、组合和累计详见表 23.2-2。

各种负荷分类表　　表 23.2-2

区分	季节	负荷内容	设备选择
室内负荷外区温控区	夏季	1) 外围护结构冷负荷—温差传热、日射得热、空气渗透（可开启窗应考虑） 2) 内围护结构冷负荷—温差传热 3) 内热冷负荷—照明、设备、人员和末端内风机（如有）散热 4) 再热冷负荷—再热量（调节末端送风温度） 5) 蓄热冷负荷—蓄热量（东向房间间歇运行时应考虑）	累计负荷，按冬、夏季最大冷负荷选择VAV末端或风机盘管等
	冬季①	1) 内热冷负荷—照明、设备、人员和末端内风机（如有）散热 2) 再热冷负荷—再热量（调节末端送风温度）	
	冬季②	1) 外围护结构热负荷—温差传热、空气渗透（可开启窗应考虑） 2) 内围护结构热负荷—温差传热 3) 蓄热热负荷—蓄冷量（间歇运行时应考虑）	累计负荷，按最大热负荷选加热器，校核VAV末端、风机盘管等
室内负荷内区温控区	全年	1) 内热冷负荷—照明、设备、人员和末端内风机（如有）散热 2) 内围护结构冷负荷—温差传热 3) 内围护结构热负荷—温差传热（一般可作为有利因素不算） 4) 再热冷负荷—再热量（调节末端送风温度） 5) 蓄热冷负荷—蓄热量（夏季东向房间间歇运行时应考虑） 6) 蓄热热负荷—蓄冷量（冬季间歇运行时应考虑）	累计负荷，按最大冷负荷选VAV末端。累计蓄热负荷，计入系统热负荷。有些系统将内区蓄热负荷计入相邻外区，由外区末端处理

续表

区 分	季节	负 荷 内 容		设备选择
		室内负荷	系统其他冷热负荷	
变风量系统	夏季冷负荷	外区1+……+外区n（1） 内区1+……+内区n（1）	风机温升及风管得热引起的冷负荷（2） 新风冷负荷（3）	累计负荷，按系统总冷负荷（1）+（2）+（3）的累计值选择空调箱
	冬季热负荷	外区1+……+外区n+ 内区1+……+内区n（5）	新风热负荷（6）	累计负荷，按系统总热负荷（5）+（6）的累计值校核空调箱

注：①冬季外区一般存在外围护结构引起的热负荷与内热引起的冷负荷，后者在某些情况下也需要供冷，详见表23.4-1、2。
②对于冬季外围护结构引起的热负荷，通常的供热手段有：VAV末端附带加热器、另设热水（电）加热器或风机盘管和VAV系统直接供热风等。

23.3 变风量空调系统末端装置

23.3.1 变风量末端装置

变风量末端装置有很多类型，表23.3-1列举了它的分类。目前国内最常用的是串联与并联式风机动力型和单风管节流型末端装置。

变风量末端装置分类　　　　　　　　表23.3-1

分类名称	类 型
末端型式	单风管型、双风管型、诱导型、旁通型、串联式风机动力型、并联式风机动力型
再热方式	无再热型、热水再热型、电热再热型
风量调节	压力相关型、压力无关型
调节阀	单叶平板式、多叶平板式、文丘里管式、皮囊式
风量检测	毕托管式、风车式、热线热膜式、超声波式
控制方式	电气模拟控制、电子模拟控制、DDC控制
箱 体	圆型、矩型、风口型
保温消声	带/无保温型、带/无消声型

1. 串联式风机动力型（Series Fan Power Box Terminal）

串联式风机动力型变风量末端（简称串联型FPB）如图23.3-1所示。系统运行时由变风量空调箱送出的一次风，经末端内置的一次风风阀调节，再与吊顶内二次回风混合后通过末端风机增压送入空调区域。此类末端也可增设热水或电热加热器，用于外区冬季供热和区域过冷再热，供热时一次风保持最小风量。末端装置运行性能随负荷变化的情况见图23.3-2。图中有加热过程线1、2、3。当加热量采用双位调节时（如电加热器）为水平线1（开启时）或2（关闭时），出风口温度呈阶跃变化。当采用比例调节时（如热水盘管）为斜线3，出风口温度呈连续变化。

供冷时,串联型 FPB 一、二次风混合可提高出风温度,适用于低温送风。因送风量稳定,即使采用普通送风口也可防止冷风下沉,以保持室内气流分布均匀性。供热时,二次回风有二个作用,一是保持足够的风量,降低出风温度,防止热风分层。二是可减少一次风的再热损失。当一次冷风调到最小值后区域仍有过冷现象时,必须再热。二次回风可以利用吊顶内部分照明冷负荷产生的热量(约高于室内 2℃)抵消一次风部分供冷量,以减少区域过冷再热量。

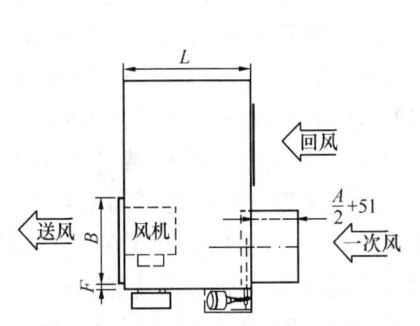
图 23.3-1 串联型 FPB

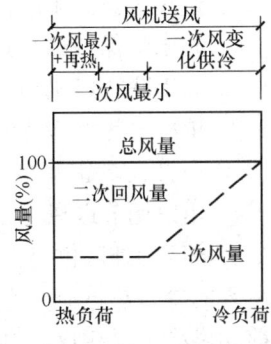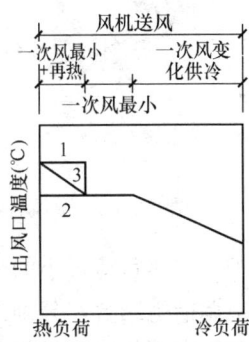
图 23.3-2 串联型 FPB 运行性能图

2. 并联式风机动力型 (Parallel Fan Power Box Terminal)

并联式风机动力型变风量末端(简称并联型 FPB)如图 23.3-3 所示。系统运行时由变风量空调箱送出的一次风,经末端内置的一次风风阀调节后,直接送入空调区域。大风量供冷时末端风机不运行,风机出口止回阀关闭。此类末端常带热水或电热加热器,用于外区冬季供热和区域过冷再热。供热时一次风保持最小风量。在小风量供冷或供热时,启动末端风机吸入二次回风,与一次风混合后送入空调区域。和串联型 FPB 一样,二次回风加大了送风量,保证了供热和室内气流组织的需要。对于区域过冷现象,二次回风可以利用吊顶内部分照明冷负荷产生的热量(约高于室内 2℃)抵消一次风部分供冷量,以减少区域过冷再热量。该型末端装置运行性能随负荷变化情况见图 23.3-4。图中加热过程线 1、2、3 的含义同串联式风机动力型末端。

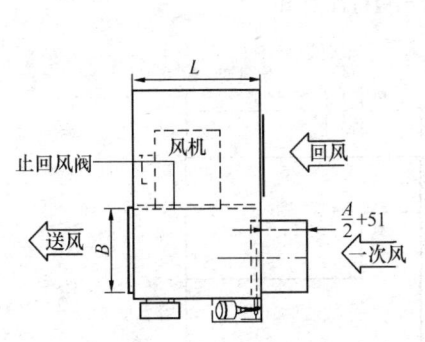
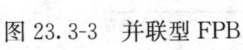
图 23.3-3 并联型 FPB

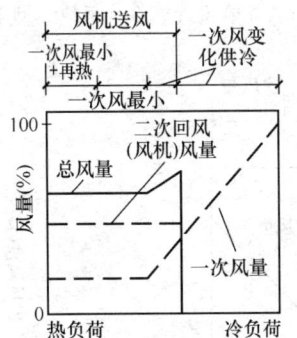
图 23.3-4 并联型 FPB 运行性能图

并联型 FPB 的风机也可在冷热工况下连续运行,用于低温送风系统。并联型 FPB 的风机也可变风量运行,与一次风量反比调节,用以保持末端送风量稳定、室内气流分布均匀。

3. 单风管型 (Single Duct Terminals)

单风管型变风量末端（简称单风管型 VAV）如图 23.3-5 所示。系统运行时，由变风量空调箱送出的一次风，经末端内置的风阀调节后送入空调区域。单风管型末端还可细分为三种型式：单冷型、单冷再热型和冷热型。前两型运行性能见图 23.3-6A，供冷时送风量随室温降低（冷负荷减小）而减小，直至最小风量。单冷再热型加热器有电热、热水之分，供热时末端保持最小风量。图中加热过程线 1、2、3 的含义同串联式风机动力型末端。受送风温度和一次风量限制，单冷再热型 VAV 供热量有限，仅适合于部分内热负荷小且人员密集的房间（如：会议室）的区域过冷再热，用以调节送风温度。单冷再热型 VAV 也可用于冬季外围护结构热负荷很小的夏热冬暖地区的外区供热，除此之外，一般单风管型 VAV 宜与其他空调措施结合，分别处理冬季的冷、热负荷。冷热型单风道末端是依靠系统送来的冷风或热风实现供冷或供热。与前述供冷工况相反，供热时送风量随室温降低（热负荷增大）而增大，运行性能图见 23.3-6B。这种型式多用于不分内、外区的夏季送冷风、冬季送热风的空调系统中。

图 23.3-5　单风管型

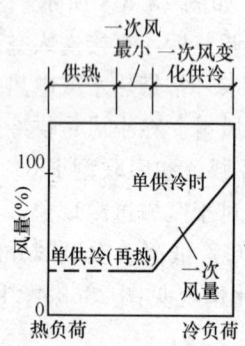

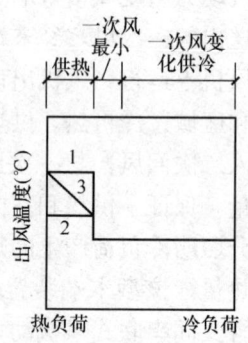

图 23.3-6A　单风管单冷（再热）型末端运行性能图

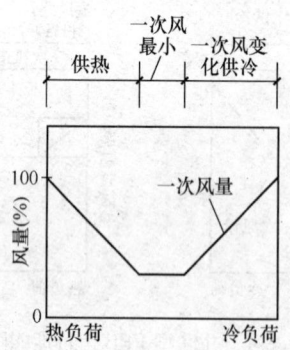

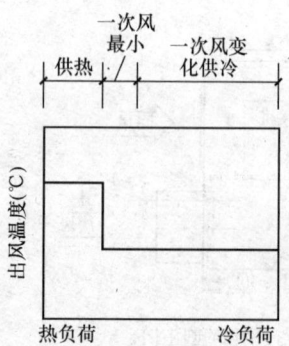

图 23.3-6B　单风管冷热型末端运行性能图

单风管型 VAV，如不按室温要求调节，人为确定一次风量的设定值，则末端装置起到稳定送风量的作用，便成为定风量末端装置，常用于新、排风系统控制风量。

23.3.2 常用变风量末端装置的特点与适用范围

几种常用变风量末端因结构差异，基本性能有所不同，其特点与适用范围见表 23.3-2。

常用变风量末端的特点与适用范围   表 23.3-2

项 目	串联型 FPB	并联型 FPB	单风管型 VAV
风 机	供冷、供热期间连续运行	仅在一次风小风量供冷和供热时运行	无风机
出口送风量	恒定	供冷时变化，非供冷时恒定	变化
出口送风温度	供冷时因一、二次风混合，送风温度变化；供热时送风温度呈阶跃或连续变化	大风量供冷时因仅送一次风，故送风温度不变，小风量供冷和供热时风机运行，一、二次风混合，故送风温度变化；供热时送风温度呈阶跃或连续变化	一次风供冷、供热时送风温度不变；再加热时送风温度呈阶跃或连续变化
风机风量	一般为一次风量设计值的 100%～130%	一般为一次风量设计值的 60%	无
箱体占用空间	大	中	小
风机耗电	大	小	无
噪声源	风机连续噪声+风阀噪声	风机间歇噪声+风阀噪声	仅风阀噪声
适用范围	可用于内区或外区，供冷或供热工况	可用于外区供冷或供热工况	可用于内区或外区，主要用于供冷工况

23.3.3 变风量末端装置的主要部件

1. 压力相关与压力无关

压力相关型末端：末端不设风量检测装置，风阀开度仅受室温控制器调节，在一定开度下，末端送风量随主风管内静压 P 波动而变化，室内温度不稳定，其控制原理见图 23.3-7。

压力无关型末端：末端增设风量检测装置，由测出室温与设定室温之差计算出需求风量，按其与检测风量之差计算出风阀开度调节量。主风管内静压 P 波动引起的风量变化将立即被检测并反馈到末端控制器，控制器通过调节风阀开度来补偿风量的变化。因此，送风量与主风管内静压 P 无关，室内温度比较稳定，其控制原理见图 23.3-8。目前国内除少数压力相关型变风量风口外，常用的变风量末端几乎都是压力无关型。

2. 风量检测装置

采用欧美技术的末端，常用毕托管型风量检测装置，其优点是结构简单、价格便宜；缺点是只输出压差（即全压与静压之差，或称为动压）信号，再由气电转换器转换为电信号。因受普通型压差传感器精度限制，它不能检测较低风速。采用日本技术的末端，常用风车型、热线热膜型、超声波型等风量检测装置，可直接输出电信号，能检测较低风速。缺点是价格较贵。各种风量检测装置的性能比较见表 23.3-3。

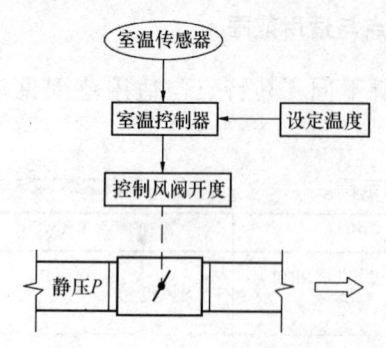
图 23.3-7 压力相关型末端控制原理图

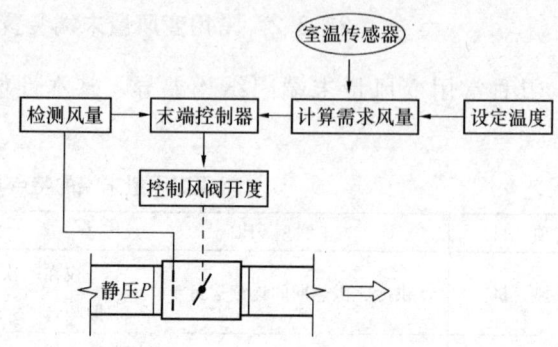
图 23.3-8 压力无关型末端控制原理图

风量检测装置性能表　　表 23.3-3

名　称	原　理	流速范围	精　度
压力式流速传感器（毕托管等）	根据伯努利定理，测得动压值，求出截面风速	3m/s 以上	1%
风车型流速传感器	根据流体推动叶轮旋转次数，求出截面风速	0.1~70m/s	1.5%
热线热膜风速传感器	根据惠斯顿电桥平衡原理，测出电流或电阻值求得截面风速	0.1~200m/s	2%
超声波风速传感器	根据声波的发送与反射，测出声波的时间差、位相差、频率差以及涡流频率等求得截面风速	0~45m/s	1~3%

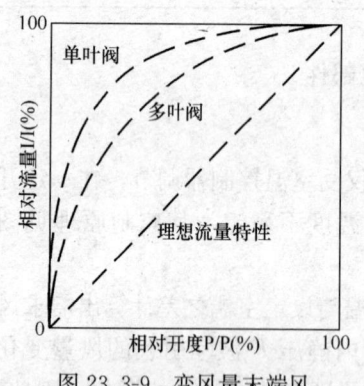

图 23.3-9 变风量末端风阀的流量特性

3. 风量调节阀

早期变风量末端的风量调节依赖机械装置，追求调节阀的流量随开度线性变化，如文丘里管型调节阀、皮囊式调节阀等。随着 DDC 控制技术的发展，风量调节阀日趋简单，多采用单叶或多叶平板调节阀。单叶阀为快开流量特性，多叶阀设计得好可接近理想流量特性，它们的调节特性曲线见图 23.3-9。

4. 加热器

变风量末端的辅助加热器有热水型和电热型两种。对大中型系统，热水加热器在经济性和消防安全性方面都优于电加热器。

5. 末端风机

风机动力型变风量末端的风机，一般采用单相交流外转子电机，电机效率 η 较低（$\eta=30\%\sim40\%$）；有些生产厂也有采用直流无刷电机，电机效率提高至 $\eta=70\%\sim80\%$。提高电机效率不仅可节电，而且可以减少风机散热量。由于直流无刷电机价格较贵，工程中实用尚少。末端风机一般设有电子调速器，供现场调试使用以达到设计风量与风压。也有的末端风机设计时可选择高、中、低不同转速，出厂先粗定转速，现场再由电子调速器细调。

23.4 系 统 选 择

在现代化办公建筑中,由内热负荷构成的内区负荷全年为冷负荷,且相对稳定。变风量空调方式比较容易跟踪处理,末端形式也比较单一。外区负荷受外围护结构形式、朝向、季节等的影响,冷、热交替很不稳定。另外,由于新风是按负荷(风量)比例分配的,外区末端在跟踪负荷的同时还必须兼顾新风分配和气流组织,难度较大。因此,变风量空调系统常结合其他空调方式共同处理外区负荷。选择好外区空调方式是变风量空调系统设计的一个重点和难点,必须予以重视,需在分析计算和技术经济比较后慎重选择。

23.4.1 风机动力型变风量空调系统

串联型与并联型风机动力型变风量末端功能不同,在实际工程中有几种常见的应用模式,它们的配置图式、焓湿图分析、特点与适用性见表 23.4-1。

风机动力型变风量空调系统应用比较表 表 23.4-1

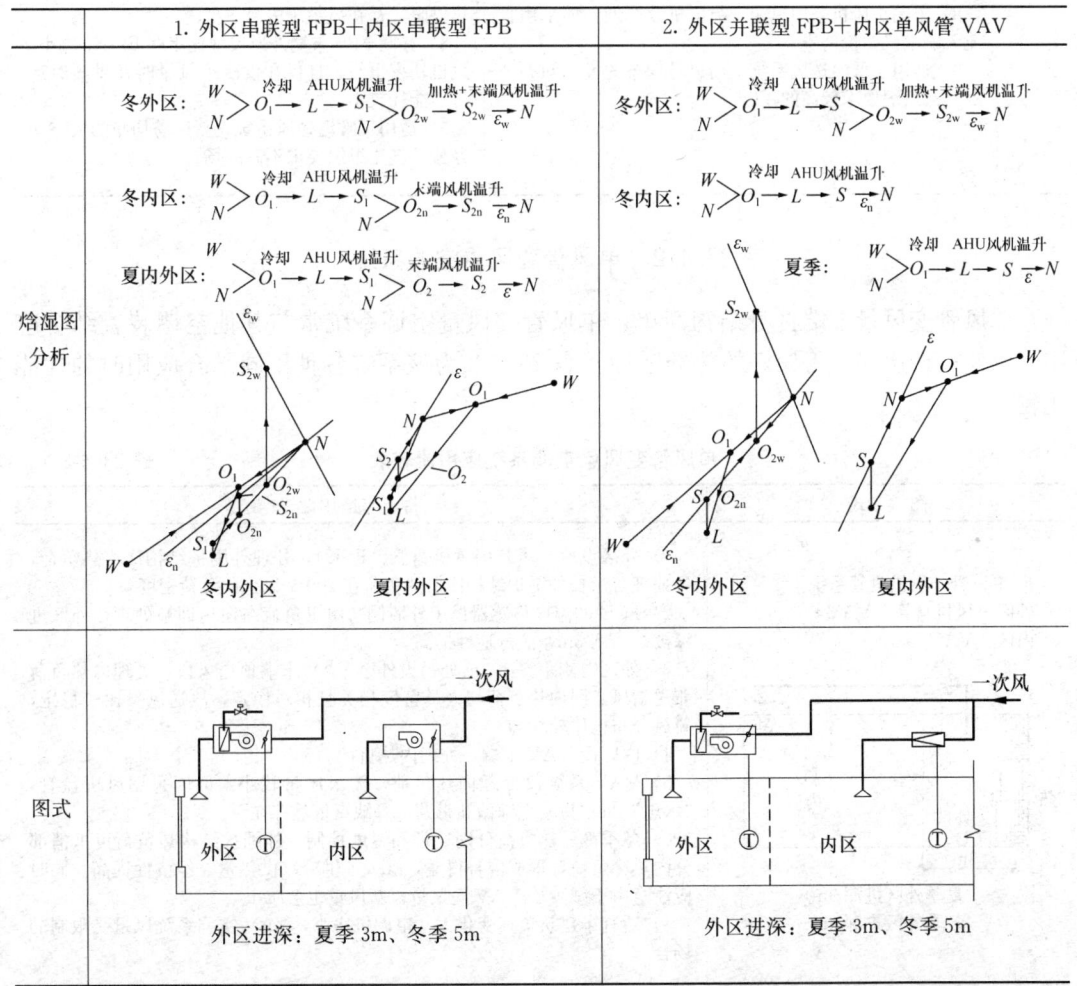

续表

	1. 外区串联型FPB+内区串联型FPB	2. 外区并联型FPB+内区单风管VAV
特点与适用性	1）系统全年送冷风 2）外区设带加热器的串联型FPB，处理冷、热负荷兼送新风 3）冬季外区内的外围护结构热负荷、内部发热量和含新风的最小一次冷风在冷、热抵消后余值为热负荷时，由加热器供暖；余值为冷负荷时则增加冷风送风量。由于采用了冷、热负荷混合处理的方法，外围护结构热负荷向内延伸，外区进深为5m 4）夏季外区一般设窗边顶送风，能就近处理外围护结构冷负荷，故外区进深约3m。考虑到兼顾冬、夏季工况且夏季内、外区皆为供冷，可统一按冬季时的5m分区 5）内区设串联型FPB，处理内热负荷兼送新风 6）外区新风量夏季偏大，冬季偏小，需复核区域内新风能否满足标准（详见23.7.2节） 7）冬季外区末端的一次冷风和二次风混合后再热供暖，存在风系统内冷、热抵消 8）末端小风机采用单相交流电机效率低，如采用直流无刷电机，价格贵 9）适用于低温送风系统，新风易均布的大空间办公及气流组织要求较高的场合	1）系统全年送冷风 2）外区设带加热器的并联型PPB，处理冷负荷兼送新风 3）冬季外区内的外围护结构热负荷、内部发热量和含新风的最小一次冷风在冷热抵消后，余值为热负荷时，由加热器供暖；余值为冷负荷时则增加冷风送风量。由于采用了冷热负荷混合处理的方法，外围护结构热负荷向内延伸，外区进深扩大到5m 4）夏季外区一般设窗边顶送风，能就近处理外围护结构冷负荷，故外区进深约3m。考虑到兼顾冬、夏季工况且夏季内、外区皆为供冷，可统一按冬季时的5m分区 5）内区因无需加热且并联型FPB送冷风时一般不启动风机，故可设单风道末端，处理内热负荷并兼送新风 6）外区新风量夏季偏大，冬季偏小，需复核区域内新风能否满足标准（详见23.7.2节） 7）冬季外区末端的一次冷风和二次风混合后再热供暖，存在风系统内冷热抵消 8）并联FPB末端外形尺寸比串联FPB末端小，风机功率也小，且仅在供冷小风量时及供暖时运行，能耗较小 9）适用于常温送风系统，新风易均布的大空间办公及气流组织要求不高的场合

23.4.2 单风管变风量空调系统

单风管变风量末端自身结构简单，单风管变风量空调系统常与其他空调装置结合应用，以使空调房间获得较好的热舒适性。表23.4-2为该系统各种不同结合应用时的性能比较。

单风管变风量空调系统应用比较表　　　　　　　表23.4-2

图式	特点与适用性
1. 单风管+风机盘管系统 外区：风机盘管+VAV 内区：VAV 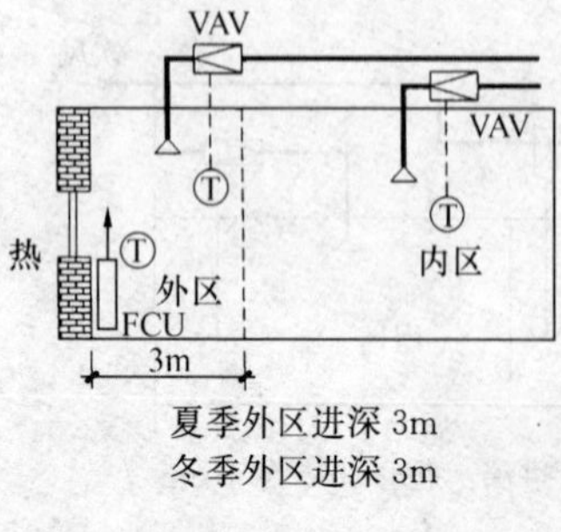 （图示：外区FCU，内区VAV） 夏季外区进深3m 冬季外区进深3m	1）外区设冷、热兼用风机盘管（FCU），处理外围护结构冷、热负荷，可处理每米长外围护结构冷、热负荷在200W以上的负荷密度 2）FCU的温度传感器设于外墙侧。由于负荷在窗边即被处理，外区进深被缩小到3m，热舒适性提高 3）外区内侧距窗边3m处另设外区VAV末端顶送风口，处理内热负荷兼送新风。因内热负荷与人员密度相关且相对稳定，故送风量比较稳定，新风分布也比较均匀 4）内区设VAV末端，处理内热负荷 5）VAV系统仅处理内热负荷，需求风量较小。但因采用风机盘管，"水患"与"易孳生细菌和霉菌"等缺点依然存在 6）冬季冷、热负荷分别处理和温度控制。外围护结构热负荷可抵消部分内热冷负荷，形成混合得益，减少了供冷、供暖量，经济性提高。同时应注意由于减少了VAV送风量，新风量也会减少 7）适宜于建筑负荷变化大，空调机房小，VAV空调系统风量受限制的场合

续表

图 式	特点与适用性
2. 单风管+加热器系统 外区：散热器+VAV 内区：VAV 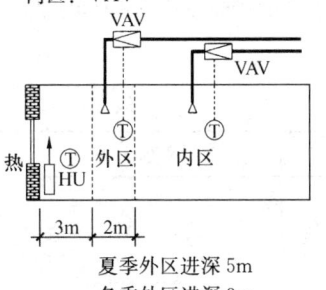 夏季外区进深5m 冬季外区进深3m	1) 为避开冬季窗边加热器的热风，本系统外区VAV末端（冷风）送风口一般设在距窗边3m处，使夏季外围护结构冷负荷向内延伸，外区进深为5m。外区VAV末端兼处理外围护结构负荷和内热负荷，系统风量较大 2) 外区设热水散热器或电加热器（HU）处理冬季外围护结构热负荷。由于负荷在窗边即被处理，使冬季外区进深缩小到3m，外区的VAV末端的送风口处在内、外区的交界处，处理内热负荷并承送新风 3) 采用电加热器或水加热器可全部或部分解决了"水患"和"易孳生细菌和霉菌"问题 4) 冬季冷、热负荷分别处理和温度控制，外围护结构热负荷可抵消部分内热负荷，形成混合得益，减少了供冷、供热量，经济性提高。同时应注意由于减少了VAV送风量，新风量也会减小 5) 内区设VAV末端处理内热负荷 6) 由于VAV在夏季要处理波动较大的外围护结构负荷，为避免末端风量大幅度调节使系统稳定性差，宜按朝向划分出若干个VAV系统，且采用不同的送风温度 7) 外区的VAV末端冬、夏季的风量相差较大，相应夏季新风量也较大、冬季较小，需复核冬夏区域内新风量（详见23.7.2节） 8) 电加热经济性差，仅适宜于外围护热工性能良好，每米长外围护结构热负荷在100W以下的场合，并以辐射型为优 9) 热水散热器适宜于每米长外围护结构热负荷在100~200W的场合 10) 本系统适宜于办公人员密度低，建筑设计标准高，空调系统多，机房较富裕的场合
3. 内外区单风管系统 外区：VAV 内区：VAV 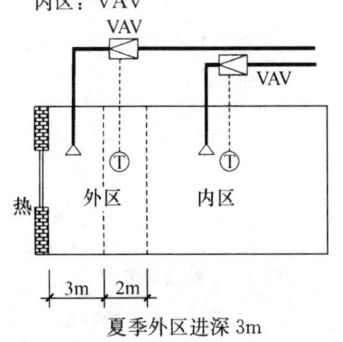 夏季外区进深3m 冬季外区进深5m	1) 内、外区分设变风量空调（风）系统，真正消除了"水患"与"易孳生细菌和霉菌"的问题 2) 冬季外区中外围护结构热负荷、内热冷负荷和VAV系统提供含新风的最小一次冷风量在冷、热抵消后仍为冷负荷时系统供冷风；为热负荷时系统供热风。冷热负荷的混合处理使外围护结构热负荷向内扩散，外区进深扩大到5m 3) 夏季内、外区全部供冷。当外区采用窗边顶送风时，由于外围护结构冷负荷在窗边即被处理，夏季外区进深约3m。考虑到兼顾冬、夏季工况且夏季内、外区皆为供冷，可统一按冬季时的5m分区 4) 内区设VAV末端处理内热负荷 5) 外区不同温度控制区域需要同时供冷和供热时将无法应对，一般需按朝向设置不同的系统 6) 外区变风量系统供热时温度控制与保证新风量有矛盾（如：外围护结构热负荷越小或者人越多、内热越大，送风量就越少，新风量也越少），末端以最小风量时新风量最少，需留意新风量问题 7) 因外区要求按朝向和使用功能分设变风量系统，故空调系统多，机房要求大
4. 全内区单风管系统 外区：改善窗际热环境 内区：VAV 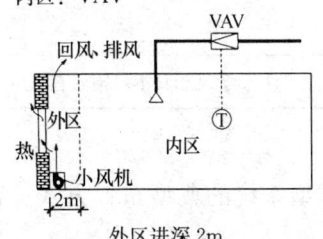 外区进深2m	1) 外区采用双层围护结构（double skin facade）、多层通风外窗（air flow window）、空气阻挡层（air barrier）等改善窗际环境的措施，使外围护结构冷、热负荷减少，内表面温度接近室内温度，外区进深缩短到2m，可不再设置其他空调措施 2) 变风量空调系统仅处理内区内热负荷，冬季内区室温如略高于外区1~2℃，可形成混合得益，节能性好 3) 内热负荷与人员数量相关且相对稳定，故新风量易保证 4) 双层围护结构、多层通风外窗等改善窗际热环境措施涉及外窗和玻璃幕墙整体设计，投资大、建筑设计难度高，仅在少数高标准工程中有应用

23.4.3 系统布置及注意事项

1. 系统规模

办公建筑变风量空调系统的规模差别很大，北美国家的设计基于再热理念，采用系统整体供冷，末端风量调节。如因各区域的冷、热要求，需要调节区域送风温度，则进行末端再热。因此，通常设计较为便宜的大型系统。日本设计从节能出发，倾向于按朝向划分小型系统，采用不同的系统送风温度来满足各区域不同的冷、热需求。外区常有其他辅助空调措施，力求避免系统再热。此外，小系统启停灵活，适应"不用即关"的节能理念。表 23.4-3 列举了大、中、小型系统各自的特点。

各种规模系统比较 表 23.4-3

类别	大型系统	中型系统	小型系统
系统规模	多层乃至十余层设一个由多台AHU组成的系统	每层设一个AHU系统	每层设多个AHU系统
系统风量	几十万 m^3/h	2~4 万 m^3/h	1~2 万 m^3/h
送风温度	常采用低温送风	常温或低温送风	常采用常温送风
风管设计	高速风道、静压复得法计算	低速、等摩阻法计算	低速、等摩阻法计算
优点	1）系统简单、数量少 2）设备和控制投资省 3）机房常设在设备层，占用楼面业务的面积少 4）维修简单	居于大小型系统之间	1）风系统循环半径小，无需高压送风，输送能耗低 2）按朝向划分系统，末端风量调节范围小，冷、热抵消少 3）不用的系统可方便关闭
缺点	1）风系统循环半径大，需要高压送风，输送能耗高 2）因朝向因素要求，末端风量调节范围较大 3）为满足不同的送风温度要求，需再热处理，节能性差 4）不使用区域难以灵活关闭 5）系统大，调试相对复杂	居于大小型系统之间	1）系统数量多 2）设备和控制投资高 3）机房占用面积大，减少了楼面业务用面积 4）维修复杂
应用情况	多见于北美国家，国内采用较少	国内常用	多见于日本，国内有采用

2. 典型系统布置方式简介

除了大型系统外，表 23.4-4 介绍了目前国内常用的中小型系统的典型布置方式、特点及注意事项。

典型系统布置方式简介　　　　　　　表 23.4-4

系统布置方式	特点与注意事项
(1) 每层单个内外区共用系统 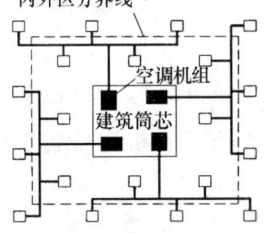	1) 每层设一个内、外区末端共用的 VAV 系统，属中型系统 2) 系统空调面积 1000~2000m²，风量 20000~40000m³/h 3) 适用于外区末端带再热或另设加热装置的系统，如： ● 串/并联型 FPB 系统，见表 23.4-1 ● 单风管＋外区风机盘管或加热器系统，见表 23.4-2 中的 1、2 4) 外区新风量有偏差 5) 因各朝向为同一送风温度，外区末端要求有较大的风量调节范围 6) 不使用的空调区域难以灵活关闭
(2) 每层多个内外区共用系统 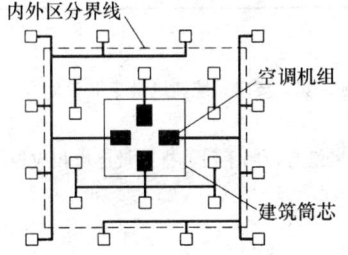	1) 每层设 2~4 个内、外区末端共用的 VAV 系统，属小型系统 2) 系统空调面积 500~1000m²；风量约 10000~20000m³/h 3) 常用于单风管＋外区风机盘管或加热器系统，见表 23.4-2 中的 1、2 4) 外区新风量有偏差 5) 因按朝向划分了系统，各系统送风温度可调节，外区末端调节范围可减小 6) 不使用的空调区域可灵活关闭
(3) 每层多个内外区分设系统 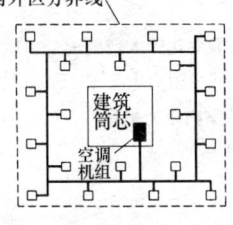	1) 每层设 4~8 个 VAV 系统，并划分为内区和外区系统，属小型系统 2) 系统空调面积 300~500m²，风量约 6000~10000m³/h 3) 适用于内、外区分列的 VAV 空调系统，如表 23.4-2 中 3 4) 外区单风道末端必须按朝向分区，否则难以满足各朝向不同的冷热要求 5) 外区末端风量调节范围可减小 6) 不使用的区域可灵活关闭
(4) 内区专用系统 内外区分界线 建筑筒芯 空调机组	1) 每层仅设单个或多个内区专用的 VAV 系统，属中小型系统 2) 空调面积 1000~2000m²，风量 20000~40000m³/h 3) VAV 系统只用于内区，采用改善窗际热环境方式处理外围护结构负荷，见表 23.4-2 中的 4 4) 各区域新风量稳定、均匀 5) 各末端风量调节范围可减小 6) 如采用多个系统，不使用的空调区域可灵活关闭

3. 注意事项

在具体的工程设计中，应根据实际情况有侧重地考虑下述注意事项，合理地选择和布置系统：

(1) 末端的风量调节范围不应过大。

(2) 尽可能使各区域新风量均匀。

(3) 减少风系统内因再热引起的冷、热混合损失。

(4) 缩短风系统输送半径,节省输送能耗。
(5) 减小末端风机能耗。
(6) 减少室内冷、热空气混合损失。
(7) 在节能的前提下控制空调系统数量,以节省投资和设备占用空间。
(8) 在保证气流组织和热舒适性前提下减少系统送风量。
(9) 有效地控制噪声与振动。
(10) 注意提高室内温度控制和系统控制精度和稳定性。
(11) 便于维修管理和使用。

23.5 变风量空气处理系统设计

23.5.1 变风量空气处理系统分类

变风量空气处理系统与定风量空气处理系统相似,也有单风机系统与双风机系统之分。它们的特点与适用性见表23.5-1,设计时可根据新排风处理方式、机房位置等因素选取。

变风量空气处理系统分类　　　　　　　表 23.5-1

系统分类	特点与适用性
1. 单风机系统 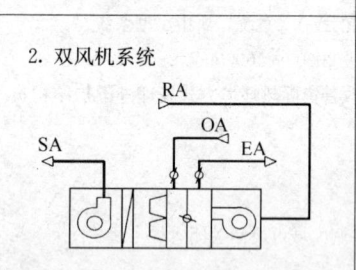	1) 以下情况常采用单风机系统: ● 新风集中处理后供给或可就地采集,要求系统新风量变化不大 ● 机房邻近空调区域 2) 一般应设相应排风系统,如新风量有控制手段,排风量也应相应控制,以求室内压力平衡 3) 风系统输送能耗较省 4) 控制与调试简单
2. 双风机系统	1) 以下情况常采用双风机系统: ● 可就地采集新风,且系统新风量可能变化较大或要求全新风运行 ● 机房远离空调区域,回风道较长,回风阻力大于150Pa 2) 要求送、回风机风量基本平衡,以求室内压力平衡 3) 风系统输送能耗较大 4) 控制与调试复杂

23.5.2 送风温度及系统风量计算

1. 供冷送风温度确定

在对空调房间进行分区、系统负荷计算和新风量确定后,可按系统夏季设计工况下的最大风量在焓湿图上作热湿处理分析计算:

(1) 根据室内点 N、夏季热湿比 ε_s、冷水盘管出风相对湿度(表23.5-2),确定送风

露点温度 t_{LS}，并应考虑风机与风道温升 $t_{SS}-t_{LS}$（约2℃），由此可确定 t_{SS}、t_{LS}（分别约为 13～15℃、11～13℃，详见图 23.5-1）。

冷水盘管出风相对湿度　　　　表 23.5-2

盘管排数	2	4	6	8	10
出风相对湿度（%）	76	86	92	95	96

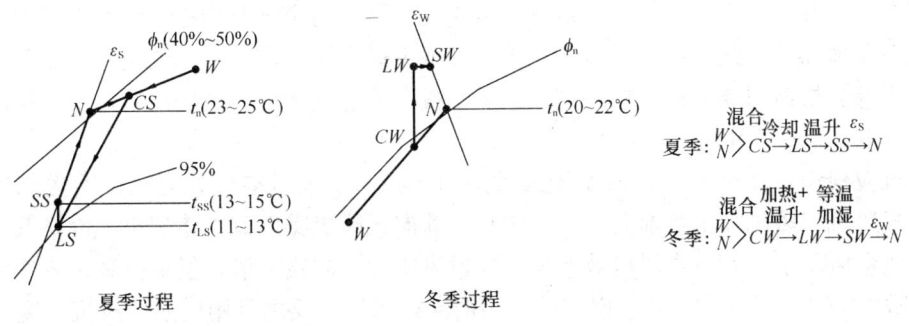

图 23.5-1　系统热湿处理 h-d 图

（2）如计算出的送风温度 t_{SS} 与设计要求偏离过大，可适当调整室内点 N（调整相对湿度）。

2. 系统风量计算

$$G = \frac{Q_S}{1.01(t_N - t_{SS})} = \frac{Q_T}{h_N - h_{SS}} \quad (23.5\text{-}1)$$

式中　Q_S、Q_T——分别为系统夏季室内显热冷负荷、全热冷负荷，kW；
　　　h_N、h_{SS}——分别为室内空气焓值、送风焓值，kJ/kg；
t_N、t_{SS}、t_{LS}——分别为室内空气干球温度、送风温度、送风露点温度，℃；
　　　G——系统送风量，kg/s；
　　　1.01——干空气定压比热，kJ/(kg·K)。

3. 供热送风温度 t_{SW} 校核

如系统冬季需送热风，需进行供热送风温度 t_{SW} 校核。如该系统全年送冷风，则 t_{SW} 无需校核。

$$t_{SW} = t_N + \frac{Q_W}{1.01 \times G} \quad (23.5\text{-}2)$$

式中　Q_W——系统冬季室内显热热负荷，kW；
　　　t_{SW}——系统供热送风温度，℃。

理论上还应考虑风机温升，因供热多在部分风量下运行，风机温升小且与风管温降相抵，故省略。

23.5.3　空气处理机组选用

1. 风机

空气处理机组（简称 AHU）风机的最大风量 G_{max} 即为系统风量 G ［式（23.5-1）］；风机最小风量 G_{min} 理论上应为系统最小显热负荷下的风量。实际上为保证区域新风量、区域良好的气流组织和末端最小风量限制,末端风量不可太小[见式(23.6-3)、式(23.6-4)]。故相应 AHU 风机最小风量一般为最大风量的 30%~40%,即 $G_{min} = (0.3～0.4) G_{max}$。

系统最大阻力应为 AHU 全风量下的阻力、风管全风量下的阻力及末端消耗的全压力降之和。在厂商样本中,记有各种末端在不同风量下的入口最小静压差（$Min\Delta P_S$）。其含义是:空气在末端风阀全开时流经末端的静压力降,最大风量时该值一般在 50Pa 左右。由单叶调节风阀的快开流量特性（图 23.3-9）可知,要有较好的调节性能,末端风阀应该在较小开度下工作。相同风量下,风阀较小开度与全开时相比,流经末端的空气静压力降也会增加。在此,把末端风阀在较小开度下最大风量流经末端的空气全压差称为末端的全压降。根据国外资料,在综合考虑了初投资、能耗和全寿命周期后,末端所需的全压降建议取 125~150Pa。

风机应根据 G_{max} 和 G_{min} 以及系统最大阻力选择。变风量空气处理机组的送风机一般为离心式风机。风机叶轮有前向、后向之别。前向式风机噪声低、体积小、价格低,但效率低、风量风压小;后向式风机效率高、风量风压大、曲线平滑,但价格高、体积大、噪声高。故 20000m³/h 或 1200Pa 以下建议用前向式风机,反之可用后向式风机。变风量系统常在部分风量下工作,一般宜以系统额定风量的 80%值作为风机最高效率选择点。

2. 风量调节装置

风机风量的调节手段有风阀调节、入口导叶调节、变频转速调节、轴流风机还有变翼角调节,其中最佳选择是变频转速调节。传统的风阀调节不仅节能性差,还会引起系统内静压过高产生噪声和漏风等问题。变频调速关键是选择合适的变频器,应与电气工程师配合选型,并注意变频器的谐波干扰和容量配置问题。

3. 其他功能部件

（1）变风量系统的空气过滤段与定风量系统相同,宜采用预过滤与主过滤二段。预过滤可采用平板式过滤器,过滤效率:计重法 65%~90%。主过滤一般采用袋式过滤器,过滤效率:比色法 40%~90%。

（2）常用的空气加湿方法有蒸汽加湿、湿膜气化加湿和喷雾加湿等,加湿量计算方法参见 21.6 节。

23.6 变风量末端装置选择计算与选型

23.6.1 风量计算

1. 一次风最大风量:按各温度控制区域内最大显热冷（热）负荷与相应的送风温差计算出一次风最大冷（热）风量,不计各空调温控区内的潜热负荷。取冷、热一次风最大风量中较大值为选择设备用的一次风最大风量。

2. 一次风最小风量:综合考虑新风量和气流组织确定。

3. 保证新风需求的送风量:对于设备发热量小,人员多的区域（如会议室）,应校核一次风最大风量是否满足新风需求,若不满足可采取局部再热措施,提高送风温度,增加送风量。

4. FPB 风机风量:串联型 FPB 风机的风量一般为一次风最大风量的 1.0~1.3 倍;

并联型 FPB 风机风量一般为一次风最大风量的 0.6 倍；也可按一、二次风温度计算确定。

5. 上述各种风量的计算公式见表 23.6-1。

末端风量计算公式表 表 23.6-1

项　目	单位	串联型 FPB	并联型 FPB	单风管 VAV
一次风最大冷风量 g_s	kg/s	$g_s = \dfrac{q_{SS}}{1.01(t_N - t_{SS})}$ (23.6-1)		
一次风最大热风量 g_W	kg/s	—	—	$g_W = \dfrac{q_{SW}}{1.01(t_{SW} - t_N)}$ (23.6-2)
一次风最小风量 g_{min}	kg/s	$g_{min} \geqslant 0.3 g_s$ (23.6-3)	$g_{min} \geqslant 0.4 g_s$ (23.6-4)	
保证新风量的最小送风量 g_V	kg/s	$g_V = \dfrac{g_f}{X_o/100}$ (23.6-5)		
风机风量 g_{fan}	kg/s	$g_{fan} = \dfrac{t_N - t_{SS}}{t_N - t_{SM}} g_s$ (23.6-6) 或 $=1.0 \sim 1.3 g_s$ (23.6-7)	$g_{fan} = \dfrac{t_{SM} - t_{SS}}{t_N - t_{SM}} g_s$ (22.6-8) 或 $=0.6 g_s$ (23.6-9)	—

各式中：g_f——区域设计新风量，kg/s；

　　　　q_{SS}, q_{SW}——分别为最大显热冷负荷、最大显热热负荷，kW；

t_N, t_{SS}, t_{SW}——分别为室内干球温度、一次风冷风送风温度、热风送风温度，℃；

　　　　t_{SM}——FPB 下游送风温度，根据室内气流组织要求与风口型式确定，℃；

　　　　X_o——全风量下新风比，%。

23.6.2 选型实例

1. 选型注意点

变风量末端选型应根据计算得到的各种参数、参照产品样本进行，并应注意下列几点：

（1）各空调区域的设备余量：在计算空气处理机组的盘管时，送风温度宜留有 0.5～1.0℃的余量。各末端可按一次风最大风量选型，风量不宜放大作为余量。试分析：某末端一次风最大风量 $g_s = 2000 m^3/h$，一次风最小风量 $g_{min} = 0.3 g_s = 600 m^3/h$，末端有效风量调节范围为 $1400 m^3/h$。如选用大一号末端，一次风最大风量放大了 20% 为 $2400 m^3/h$，一次风最小风量相应为 $720 m^3/h$。由于最大风量只需要 $2000 m^3/h$，末端有效风量调节范围减小为 $2000 - 720 = 1280 m^3/h$。而且因为一次风最小风量放大了 $120 m^3/h$，使末端难以应对小负荷。二者都影响了末端的风量调节性能。

（2）某些进口产品样本中的风机风量、风压是 60Hz 电源的数据，用于国内 50Hz 电源时，风量、风压均减小到 80% 左右，故应根据供应商提供的 50Hz 下的相应数据或试验台实测数据选型。

2. 串联型FPB选型（以A公司产品为选型示例，实际选型应根据所选产品样本）

（1）已知：内区采用串联型FPB，单冷无加热器，一次风最大冷风量 $g_s = 2040$ m³/h，一次风送风温度 $t_{SS}=13℃$，一次风最小风量 $g_{min}=0.35g_s=714$m³/h，要求末端下游送风温度 $t_{SM} \geq 13℃$，风机风量 $g_{fan}=(t_N-13)g_s/(t_N-13)=2040$m³/h，末端下游阻力80Pa。

（2）查图23.6-1：选No.2-4箱体比较合适，进口口径 $\phi250$；一次风量2040m³/h；入口最小静压69Pa。

（3）查图23.6-2：No.3型风机风量2040m³/h，出口静压140Pa，由电子调速器调至80Pa。

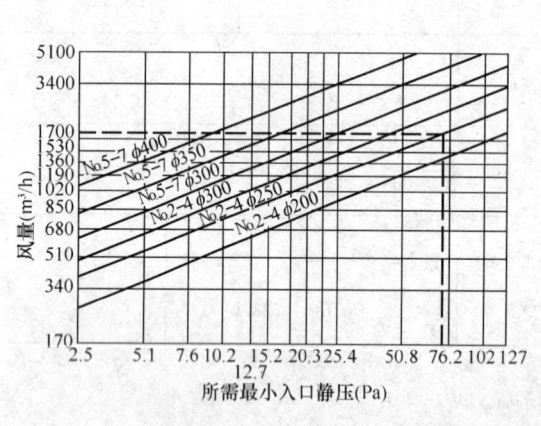

图 23.6-1 箱体选型图

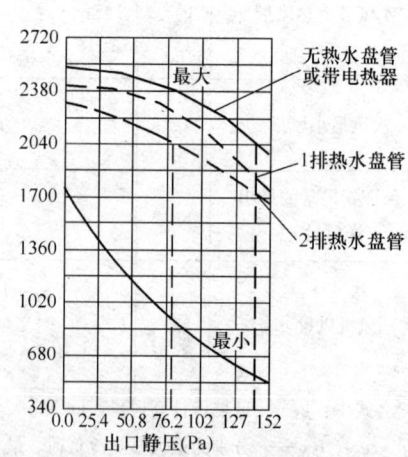

图 23.6-2 No.3型风机性能图

（4）查表23.6-2：No.3型风机电机输出功率186W（1/4HP），输入满负荷电流3.0A（用于配电设计）。

电 气 资 料　　　　　　　表 23.6-2

末端 NO	电机输出（W）	120V *FLA（A）	208/240V FLA（A）	277V FLA（A）
2	124	4.0	1.8	1.3
3	186	7.0	3.0	2.4
4	249	9.8	4.1	2.9
5	249	10.0	4.3	3.3
6	559	13.4	7.2	5.4
7	746	—	9.0	6.5

＊FLA—满负荷电流。

3. 并联型FPB选型（以B公司产品选型示例，实际选型应根据所选产品样本）

（1）已知：外区采用并联型FPB，一次风最大冷风量 $g_s=1700$m³/h；送风温度 $t_{SS}=13℃$；一次风最小风量 $g_{min}=0.4g_s=680$m³/h；风机风量 $g_{fan}=0.6g_s=1020$m³/h；末端下游阻力80Pa；热负荷2550W；热水盘管水温60～50℃；室内温度 $t_n=20℃$。

(2) 查表23.6-3：选 No.0811/φ200 比较合适；1700m³/h；入口最小静压 38.1Pa。

箱 体 选 型　　　　　表 23.6-3

末端型号	进风口尺寸（Φmm）	一次风量（m³/h）	入口最小静压（Pa）
0804 0806 0811	100 150 200	510	2.5
		680	7.6
		850	10.2
		1020	15.2
		1360	25.4
		1700	38.1

(3) 本型号热水加热器在二次风入口，故按风机风量 g_{fan} 计算加热量。查表23.6-4，得热水加热器1排；试选水流量为 0.454m³/h；加热量为 7.3kW；因 $\Delta T=60-20=40℃\neq 63.9℃$，故按表 23.6-5 修正，$7.3\times 0.65=4.73$kW；复核水温差：$4.73\times 860/454=9℃$，选择合适；如不合适可再调整水流量；加热器风侧阻力 7.6Pa；水侧阻力 1.1kPa。

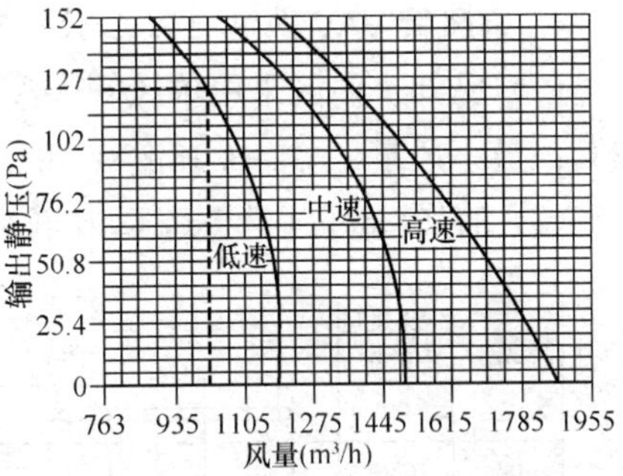

(4) 查图 23.6-3：No.0811 低速曲线风机风量 $g_{fan}=1020$m³/h 时，输出静压 120Pa≥80+7.6 =88Pa，可由电子调速器调至88Pa。

(5) 查表23.6-6：No.0811 低速电机输出功率 93W（1/8HP），输入满负荷电流 1.3A（用于配电设计）

图 23.6-3　No.0811 末端风机性能图

热水加热盘管选型表　　　　　表 23.6-4

风量 (m³/h)	风阻 (Pa)	水流 (m³/h)	水压降（kPa）		出风温度（℃）		出水温度（℃）		热量（kW）	
			1排	2排	1排	2排	1排	2排	1排	2排
1020	1排：7.6 2排：17.8	0.114	0.1	—	32.1	—	46.0	—	4.7	—
		0.227	0.3	0.08	36.4	43.3	58.3	49.2	6.2	8.6
		0.454	1.1	0.3	39.6	49.6	68.1	61.4	7.3	10.7
		0.681	2.2	0.6	40.6	52.4	72.2	67.1	7.7	11.7
		1.135	5.6	—	42.0	—	75.9	—	8.1	—

注：表中数据基于进水温度82.2℃，进风温度18.3℃，进水温度—进风温度（ΔT）=63.9℃。如实际温度不同可查（表23.6-5）修正。

温 差 修 正 表　　　　　表 23.6-5

ΔT	5.6	8.3	11.1	13.9	16.7	19.4	22.2	25.0	27.8	30.6	33.3	36.1	38.9	41.7	44.4
修正系数	0.15	0.19	0.23	0.27	0.31	0.35	0.39	0.43	0.47	0.51	0.55	0.59	0.63	0.67	0.71
ΔT	47.2	50.0	52.8	55.6	58.3	61.1	63.9	66.7	69.4	72.2	75.0	77.8	80.6	83.3	86.1
修正系数	0.75	0.79	0.83	0.88	0.92	0.96	1.00	1.04	1.08	1.13	1.17	1.21	1.25	1.29	133

电气资料   表 23.6-6

末端型号	风机输入功率 (W)			电 流 (A)					
				115 (V)			277 (V)		
	低速	中速	高速	低速	中速	高速	低速	中速	高速
0404, 0504, 0604, 0804	13	29	57	0.7	0.9	1.1	0.46	0.48	0.50
0606, 0806, 1006	75	93	124	1.8	2.1	2.6	0.65	0.80	0.90
0811, 1011, 1211, 1411	93	149	186	3.2	4.1	4.9	1.3	1.6	1.9
1018, 1218, 1418	186	249	373	6.9	7.9	8.8	2.7	3.2	3.6
1221, 1421, 1621	248	373	559	7.7	9.0	9.7	2.9	3.4	3.8
1424, 1624	373	559	745	8.9	11.0	12.3	3.4	3.8	4.5

4. 单风管 VAV 选型（以 C 公司产品选型示例，实际选型应根据所选产品样本）

(1) 已知：内区采用单风管 VAV，一次风最大风量 $g_s=1700 m^3/h$；送风温度 $t_{SS}=13℃$；最小风量 $g_{min}=0.48 g_s=680 m^3/h$。

(2) 查图 23.6-4 选 No.12 比较合适，入口最小静压约 35Pa。

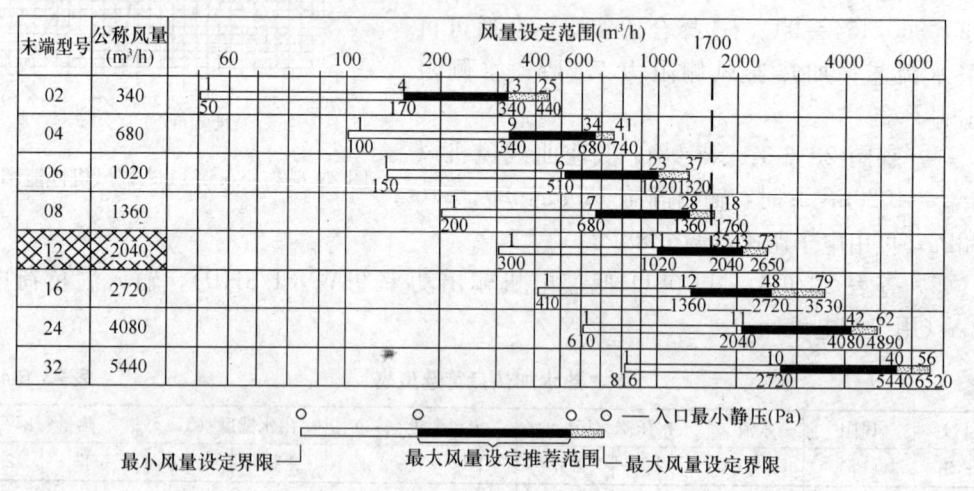

图 23.6-4 单风管 VAV 选型图

5. 末端噪声控制计算

(1) 对于变风量空气处理机组（AHU）产生的噪声及其控制与定风量系统一样，可参照第 17 章进行设计计算。

(2) 变风量末端装置直接置身于空调区域中，其噪声控制是 VAV 系统设计的另一个重点与难点。因此，设计时应根据末端样本的噪声数据认真分析计算和处理。

(3) 变风量末端有两个噪声源：末端调节风阀在高速气流作用下的气流噪声和风机动力型末端的风机噪声。

(4) 变风量末端噪声有两个传播途径：辐射噪声——穿透末端箱体，经吊平顶辐射到室内。出风口噪声——由末端上的出风口经风管、风口传播到室内。或经二次回风口、吊平顶回风口传播到室内。

(5) 某些进口末端样本上的风机噪声源是 60Hz 电源时的声功率级数据，用于 50Hz 电源时声功率级会降低，设计时应获取 50Hz 的数据，或由实验室实测。

(6) 变风量末端噪声校核计算有两种方法：满足 ARI 标准 885—90 给定条件（表 23.6-7），可查表 23.6-8 直接得到房间等响曲线（NC）。如与 ARI 标准 885—90 给定条件不符，可先由表 23.6-9、表 23.6-10 查得声功率级，再按第 17 章进行声学校核计算，部分计算可按下列例题步骤查表，求得房间声压级后再校核是否符合要求的 NC 曲线。

ARI 标准 885—90 条件 表 23.6-7

辐射噪声	出风口噪声
吊平顶类型：矿棉纤维板 16mm，560kg/m³	墙面反射条件：200mm 分隔墙 柔性风管类型：1.5m 长；聚乙烯内芯柔性材料 24.5mm 厚内衬

房间尺寸：大于 85m³，距声源 3m
最小静压（MinΔP_s）：为保持风循环的最小静压

ARI 标准 885—90 等响曲线（NC） 表 23.6-8

末端数据					辐射噪声 885—90（NC）				出风口噪声 885—90（NC）			
型号	进口(mm)	出口余压(Pa)	最小静压(Pa)	风量(m³/h)	仅风机	进口静压力（Pa）			仅风机	进口压力（Pa）		
						127	254	508		127	254	508
2	200	63.5	9.1	510	—	—	—	22	—	—	—	—
			16.5	680	21	21	23	25	—	—	—	—
			25.7	850	25	25	26	30	—	22	22	22
			40.1	1063	29	29	30	34	22	24	25	25
			57.9	1275	33	33	33	37	25	27	27	27
3	250	63.5	18.3	1020	20	20	23	26	—	—	—	—
			28.4	1275	23	23	26	29	—	—	—	—
			50.5	1700	26	28	30	34	—	—	—	—
			72.6	2040	29	31	33	37	—	—	20	21
			99.0	2380	31	33	36	39	21	21	21	22

注：表中（—）表示该区域等响曲线小于 20（NC）。

辐射声功率级表 表 23.6-9

型号	进口尺寸(mm)	出口余压(Pa)	风量(m³/h)	仅风机运行声功率级倍频程						风机运行+100%一次风														
										主风管静压 127（Pa）						主风管静压 254（Pa）						主风管静压 508（Pa）			
				2	3	4	5	6	7	2	3	4	5	6	7	2	3	4	5	6	7	2	3	4	5	6	7
2	200	64	510	57	51	47	40	33	27	59	51	47	40	36	32	60	51	50	43	39	37	62	55	52	45	44	43
			680	61	56	51	44	38	32	61	56	51	44	38	35	63	56	53	46	42	39	65	60	55	48	46	44
			850	63	59	54	47	41	37	63	59	54	47	41	38	66	59	54	49	44	41	68	63	57	51	48	45
			1063	66	63	57	50	45	41	66	63	57	50	45	41	69	63	57	52	47	43	71	67	60	54	50	46
			1275	69	66	59	52	48	45	69	66	59	53	48	45	72	66	59	55	48	45	73	69	62	56	51	48
3	250	64	1020	57	53	50	43	35	30	61	54	50	43	40	36	64	57	54	49	44	40	66	59	54	49	44	40
			1275	60	55	53	46	38	33	64	55	55	46	38	33	65	59	55	49	42	37	69	61	56	51	46	41
			1700	64	59	56	50	43	38	67	59	56	50	43	38	69	61	56	52	45	40	72	65	59	54	48	43
			2040	66	62	58	52	46	40	70	62	58	52	46	41	72	63	61	58	47	42	74	66	61	55	50	45
			2380	68	63	60	54	48	43	71	63	60	54	48	43	74	63	60	54	48	43	76	67	62	57	52	46

出风口声功率级表　　　　　　　表 23.6-10

型号	进口尺寸(mm)	出口余压(Pa)	风量(m³/h)	仅风机运行声功率级倍频程						风机运行+100%一次风														
										主风管静压 127（Pa）						主风管静压 254（Pa）						主风管静压 508（Pa）			
				2	3	4	5	6	7	2	3	4	5	6	7	2	3	4	5	6	7	2	3	4	5	6	7
2	200	64	510	68	62	58	55	54	53	70	64	60	57	56	55	70	64	60	57	56	55	70	64	60	57	56	55
			680	70	64	60	58	57	57	73	66	62	60	59	59	73	66	62	60	59	59	72	66	62	60	59	59
			850	72	66	62	60	59	59	75	68	64	62	61	61	74	67	64	62	61	61	74	67	63	62	62	61
			1063	74	68	64	62	62	62	77	70	66	64	64	64	77	70	66	64	64	64	76	70	66	64	64	64
			1275	76	70	65	64	64	64	78	72	67	66	66	66	78	72	67	66	66	66	78	72	67	66	66	66
3	250	64	1020	65	57	55	51	50	47	57	57	55	52	50	67	62	50	52	50	67	62	50	52	50	68	54	53	51
			1275	67	62	58	54	53	51	72	66	58	55	54	60	56	55	54	71	63	56	56	54
			1700	70	64	61	58	57	55	73	66	63	59	58	66	63	60	59	75	67	63	60	60
			2040	72	66	63	61	60	59	72	66	60	74	69	64	63	62	75	68	65	62	60
			2380	73	68	65	62	62	60	73	68	63	62	63	75	68	67	62	63	77	70	67	62	65	63

6.【例题】

以 23.6.2 节第 1 例所选 No2-4 型串联型 FPB 末端（进口直径 $\phi250$；No.3 风机）为例，说明噪声校核计算步骤。

（1）已知：该末端一次风量与风机风量均为 $2040m^3/h$；下游阻力 80Pa；假设末端进风支管附近的主风管静压 450Pa；房间面积 $70m^2$；房间表面积 $240m^2$；已知工作区距声源 3m。

（2）先假定满足 ARI 标准 885—90 给定条件（表 23.6-7），查表 23.6-8 直接得到房间等响曲线（NC）：

1) 辐射噪声：仅有风机运行时（不送一次风，故无风阀噪声，下同）NC=29，450Pa 静压下 NC=35。

2) 出风口噪声：仅有风机运行时 NC=20，450Pa 静压下 NC=20.5。

（3）如不满足 ARI 标准 885—90 给定条件，可按下列步骤计算：（结果见表 23.6-11、12）

1) 由表 23.6-9、表 23.6-10，分别查出末端的辐射噪声声功率级和出风口噪声声功率级（表中静压系指末端附近主风管的静压）

2) 辐射噪声：应计算吊平顶的隔声量，忽略吊平顶内吸声等有利因素。

3) 假设吊平顶类型为常见的纸面石膏板 12mm，面密度 $9kg/m^2$，考虑到吊平顶有回风口，平均隔声量取 10dB。

4) 出风口噪声：末端下游风管一般较短且风速较低约 3m/s，故忽略直管自然衰减量和管内气流噪声。风管常带有一个弯头（或三通），通常还设有软管和送风消声静压箱，应计算其自然衰减量。

5) 假设末端下游矩形风管 500mm×250mm，带有一个弯头，软管为 $\Phi250mm$、长 1.5m，条形风口带送风消声静压箱，软管自然衰减量取自厂家产品测试报告，送风消声静压箱自然衰减量约为 10dB。

6) 由图 23.6-5 查得房间常数为 $20m^2$（取中度混响室）；

7) 由图 23.6-6 查得房间自然衰减量（即：风口声功

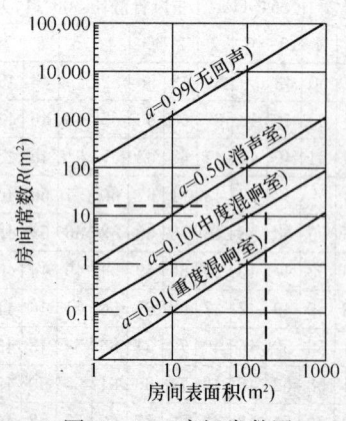

图 23.6-5　房间常数图

率级与房间声压级的差值）为 6.3dB，求各倍频程下房间的声压级值。

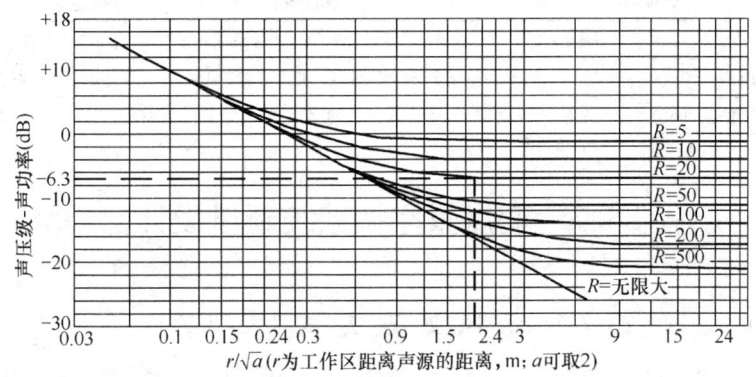

图 23.6-6　房间自然衰减量计算图（R 为房间常数）

8) 在图 23.6-7 上点出实际 NC 曲线，本例辐射与出风口噪声分别为 NC38 和 NC25。如不满足设计值，再增加消声措施。

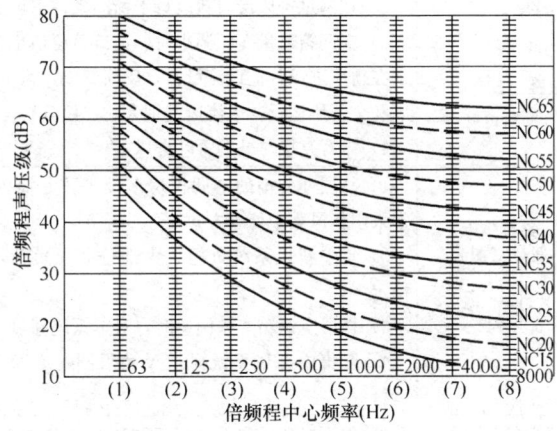

图 23.6-7　声压级—NC 换算图

辐射噪声计算实例　　　　　　　　　　　　　　　　　　　　表 23.6-11

序号	计算项目	计算方法	仅风机运行						风机运行+100%一次风					
1	各倍频程	计算方法	125	250	500	1000	2000	4000	125	250	500	1000	2000	4000
2	末端声功率级（dB）	表 23.6-9	66	61	58	52	46	40	74	66	61	55	50	45
3	吊平顶平均隔声量	第 17 章	10	10	10	10	10	10	10	10	10	10	10	10
4	房间自然衰减量	图 23.6-6	6.3	6.3	6.3	6.3	6.3	6.3	6.3	6.3	6.3	6.3	6.3	6.3
5	房间声压级（dB）	2-3-4=	49.7	44.7	41.7	35.7	30	24	57.7	49.7	44.7	38.7	33.7	28.7
6	房间等响曲线（NC）	图 23.6-7	约 32						约 38					

出风口噪声计算实例　　　　　　　　　　　　　　　　　　　表 23.6-12

序号	计算项目	计算方法	仅风机运行						风机运行+100%一次风					
1	各倍频程	计算方法	125	250	500	1000	2000	4000	125	250	500	1000	2000	4000
2	末端声功率级（dB）	表 23.6-10	72	66	63	60	60	60	75	68	65	62	62	62
3	弯头自然衰减量	第 17 章	1	5	7	5	3	3	1	5	7	5	3	3
4	软管自然衰减量	测试报告	10	14	18.5	30.5	30.5	26	10	14	18.5	30.5	30.5	26
5	送风消声静压箱		10	10	10	10	10	10	10	10	10	10	10	10

序号	计算项目		仅风机运行						风机运行+100%一次风					
6	房间自然衰减量	图 23.6-6	6.3	6.3	6.3	6.3	6.3	6.3	6.3	6.3	6.3	6.3	6.3	6.3
7	房间声压级（dB）	2-3-4-5-6=	44.7	30.7	21.2	8.2	10.2	14.7	47.7	32.7	23.2	10.2	12.2	16.7
8	房间等响曲线（NC）	图 23.6-7	约 25						约 25					

23.7 变风量空调系统新风设计

23.7.1 新风处理方式（表 23.7-1）

各种新风处理方式简介   表 23.7-1

图 式	特点与适用性
1. 新风分散处理方式 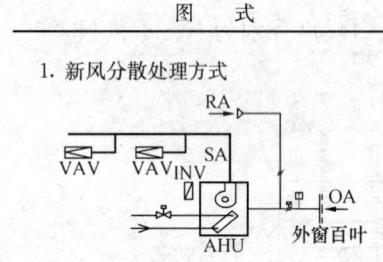	1）新风由变风量空调箱（单、双风机系统均可）自行、分散地从外围护结构上的百叶口吸入并进行处理 2）在满足排风量与新风量平衡的条件下可实现变新风比运行 3）空调箱风量变频调小时，进口负压值也会减小，导致新风量减小。常在新风进风管上设流量计，反馈偏差，再由新风调节阀补偿。最小新风和全新风运行，因流速差别大，建议分别设置进风管和流量计 4）需有直接对外的百叶进风
2. 新风集中处理系统 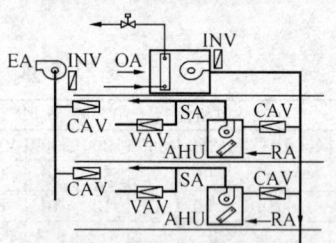	1）高层办公楼的空调机房多设于核心筒内，无直接对外新风百叶，常采用新风集中处理方式 2）集中新风系统负担了大部分新风负荷，使楼层空调箱负荷比较稳定 3）楼层空调箱变频调速时，对本系统新风量有影响 4）受集中新风系统风道尺寸限制，难以实现较大幅度的变新风比运行
3. 系统定新风式新风变风量系统 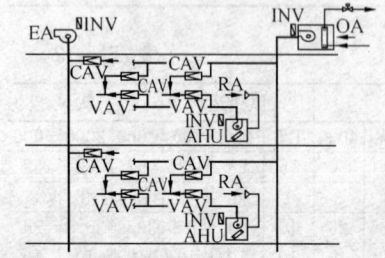	1）作为对新风集中处理系统的改进，在集中新风空调箱上设置风机变频器，在每个楼层上设置定风量装置 CAV。CAV 的作用：①补偿楼层空调箱调速对新风量的影响；②不使用的楼层可关闭新风 CAV，各楼层新风量可由控制系统方便地再设定。③新风空调箱变频调速，可在保证系统静压的同时实现风机节能 2）这种系统还常与排风变风量系统配套使用，配置排风机变频器和楼层排风定风量装置 CAV 3）一般采用定新风比运行
4. 末端定新风式新风变风量系统	1）每个温控区域设一个新风定风量装置 CAV，新风不再受送风量（负荷）的影响，从而保证了各个温控区域的新风量恒定 2）设置可服务于一层或多层的新风变风量系统向新风定风量装置 CAV 供给新风 3）常与排风变风量系统配套使用 4）设备与控制投资较大，适用于对保证新风量的要求较高，且小空间多的场合

23.7.2 几个新风问题及对策

变风量空调系统的新风问题在于：新风需求量与人数成正比，新风供给量与送风量（负荷）成正比，但人数与送风量不一定成正比，于是产生了新风需求与供给的矛盾。

1. 夏季外区新风问题

夏季内外区都供冷，内区仅有较为稳定的内热冷负荷且与滞留人数成正比，因此可以认为内区末端送风量能够基本保证人均新风量。

除了内热冷负荷外，外区 VAV 末端还负担围护结构冷负荷，它多耗用了一部分含有新风的送风量。如果仍按系统总人数×新风标准来确定总新风量，内区新风量会相对不足。对于分隔成小房间的系统，因相互间空气不流动，新风供给更为不利，因此夏季应增加附加新风量。

$$G_{OS} = G_a \times \frac{G_O}{G_n} \quad \text{kg/s} \tag{23.7-1}$$

总新风量
$$G_t = G_{OS} + G_O = G_O \times \left(\frac{G_a}{G_n} + 1\right) \quad \text{kg/s} \tag{23.7-2}$$

式中 G_{OS}——夏季附加新风量，kg/s；
G_a——消除围护结构冷负荷的风量，kg/s；
G_O——新风量（人均新风标准×总人数），kg/s；
G_n——消除内外区全部内热负荷的送风量，kg/s；
G_t——系统总新风量（新风量＋夏季附加新风量），kg/s。

2. 风机动力型变风量系统冬季新风问题

冬季外区的风机动力型末端处理负荷的逻辑是：如围护结构热负荷、内热冷负荷和最小送风量（冷风）在冷热抵消后余值为冷负荷，则末端增加送冷风量；若为热负荷，末端保持最小送风量（冷风），同时再热供暖。可见，由于内热负荷被全部或部分抵消，两种情况下冷风送风量都会减少。因此，新风量可能不足，设计时应作具体分析和处理。

冬季供暖时外区末端保持最小送风量，使系统总风量降低，系统的新风比提高。因此应分析外区各区域末端最小风量时的实际新风量。也可采用式（23.7-3）计算出末端需求最小风量比 Y。只要外区实际的最小风量比大于 Y 值，便可保证外区新风量。

$$Y = \frac{G_i \times G_{op}}{G_p(G_t - G_{op})} \tag{23.7-3}$$

式中 Y——末端最小风量比（最小风量/最大风量）；
G_i——内区末端最大送风量累计值，kg/s；
G_t——系统总新风量（新风量＋夏季附加新风量），kg/s；
G_{op}——外区最小新风量（人均新风标准×外区人数），kg/s；
G_p——外区各末端最大风量累计值，kg/s。

如外区末端最小风量比 Y 过大，会增大冷热混合损失，此时应考虑适当调整内、外区最大送风量之比 G_i/G_p 或增加总新风量 G_t，以减小 Y 值，使外区实际新风量满足卫生要求。

3. 单风管变风量系统冬季新风问题

单风管系统对冬季外区负荷有两种处理方法：第一种方法是建筑热负荷和内热冷负荷

由加热装置和VAV末端分别处理（表23.4-2中第1、第2和第4类）。由于含新风的送风量与内热冷负荷成正比，冬季新风量比较可保证。第二种方法（表23.4-2第3类——内外区单风管系统）与风机动力型末端情况类似，用供冷风或供热方式分别处理区域内冷热负荷抵消后的余下负荷。譬如：外围护结构热负荷越小或者人越多内热越大，送风量就越少，新风量也越少。因此，也有上述第2节所述新风不足的问题。宜将外围护结构热负荷差别较大的外区划分为不同的系统，另外可采用较大的末端最小风量比。

4. 局部区域新风不足问题

对于有些内热负荷小、人员密集等会产生新风不足的局部区域（如会议室、阅览室），可采用局部增加再热器，提高送风温度等措施解决。

5. 加强空气循环

上述1、2、3点中提出的主要是新风分配问题，并非新风总量不够。因此，在大空间的情况下也可以采取加强空气循环的措施，如设置循环小风机等（串联型风机动力型末端也具有一些循环作用），以促使新风量分布均匀。

6. 变风量空调系统与新风系统组合配置

从保证新风量考虑，变风量空调系统与新风系统可参考表23.7-2组合配置。

变风量空调与新风系统组合推荐表　　　　表23.7-2

系统	房间情况 新风要求	大空间			小空间		
		较低	中等	较高	较低	中等	较高
空调系统	风机动力型系统	○	○		○		○
	单风管第一种方法		○	○		○	○
	单风管第二种方法	○	○		○		○
新风系统	分散处理方式	○			○		
	集中处理系统	○			○		
	系统定新风式		○	○		○	
	末端定新风式						○

注：1. 单风管第1、2种方法见本节3。
　　2. 例：某大空间、新风要求中等、如采用风机动力型系统或单风管第二种方法，则应采用系统定新风式新风系统。

23.8　风系统设计

23.8.1　风管计算方法

变风量空调系统风管计算方法与定风量空调系统基本相同，常用的有：
- 等摩阻法（流速控制法）
- 静压复得法
- 优化设计法（ASHRAE T-METHOD）

空调通风设计中，通常把风速$v \geqslant 12 \text{m/s}$者称为高速风管，$v < 12 \text{m/s}$者称为低速风

管。高速风管可减小风管截面,节省建筑空间,但增加了风管阻力和风机压力,适用于大型系统。高速系统需采用静压复得法计算,以保证管内各点静压接近。低速风管截面相对较大,但降低了风管阻力和风机压力,适用于中小型系统。北美国家的设计常采用几十万 m^3/h 以上的大型空调高速送风系统,送风管采用静压复得法计算,回风道采用等摩阻法。亚洲国家,如:我国和日本比较重视节能,一般都采用几千到几万 m^3/h 的中小型空调低速送风系统,送回风管都采用等摩阻法计算。目前国内的变风量空调系统大多为低速风管,系统采用等摩阻法计算。

低速送风系统等摩阻法计算推荐的设计比摩阻为 1Pa/m,设计时可按此值选用送风管的风速。变风量系统一般不设回风末端,故各房间无回风量调节功能。为使各房间回风量比较平衡,宜减小回风管阻力,比摩阻可取 0.7~0.8Pa/m。此外,也常采用平顶集中回风。

末端下游送风管阻力不宜过大,以免降低单风管末端上调节风阀的阀权度,影响风阀的调节性能。风速应控制在 4~5m/s。末端下游送风管也有采用铝箔玻璃纤维风管,以强化消声功能。

在末端下游送风管与送风口间常采用软管连接,能起消声和接驳作用。由于软管摩阻较大,直软管 3m/s 风速的比摩阻相当于同径内表面光滑风管 8m/s 风速下的比摩阻,因此软管长度不宜大于 2m 和小半径弯曲,应直而短。

23.8.2 风管布置特点

1. 送风系统常采用环形风管(图 23.8-1)。

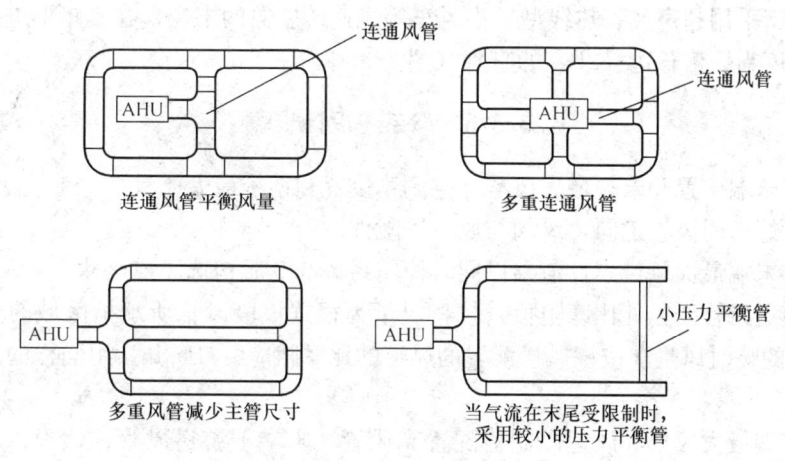

图 23.8-1 不同的接管方式

这些布置的特点是:可使气流从多通道流向末端,从而降低并均化了风管内静压。降低静压可以降低出口噪声,并为将来可能增加个别末端提供了方便。缺点是增大了风道尺寸和投资。

2. 在办公建筑中,变风量空调系统常采用平顶回风。平顶上部空间形成一个大的静压箱,使平顶内静压相对稳定,各点静压差约在 10~20Pa 间。当各末端送风量变化时,自然形成室内静压变化,使回风量随着改变。平顶静压箱有利于自然平衡室内送回风量,使室内压力不受送风量变化的干扰。

3. 末端支风管接出处不宜安装手动调节风阀。因手动风阀仅能在设计工况下保持平衡,而变风量系统却随时随刻在改变风量,以达到新的平衡。在这种动态平衡过程中,若设置支风管手动阀会降低末端调节阀的阀权度,起了阻碍调节的作用,因此,对一个正常的变风量空调系统是不需要的。

4. 对于平顶送风口,应选择诱导比大、风量变化时水平和垂直送风距离变化不大的风口。

5. 几个重要节点:

(1) 末端上游支风管接出处,圆形或矩形风管均需扩大接驳口(图23.8-2、图23.8-3)。

图 23.8-2 圆形接管示意　　　　图 23.8-3 矩形接管示意

(2) 由于毕托管压差测速要求气流稳定且在 5m/s 以上才较准确,因此,末端圆形进风口需接驳与其等径且长度为 4~5D 的直管,并保持 5~15m/s 的风速调节范围(图 23.8-2)。

(3) 对于采用超声波、热线型、小风车等风速传感器的末端,在其矩形进风口上接驳等尺寸且长度为 2 倍长边 (2B) 的直管(图 23.8-3)。

23.8.3　风系统设计步骤

1. 确定末端位置和末端最大风量、空调箱位置和系统最大风量。
2. 布置好送回风管走向,风阀与风口等附件。
3. 按各末端最大风量累计值乘以同时使用系数 0.9 后初选风道尺寸。
4. 校核送风管变径处比摩阻值。校核风量为根据该段风管所承担区域的显热瞬时负荷计算得到的瞬时风量。按该风量配置的风道的比摩阻应≤1Pa/m。用同样的方法校核回风道。
5. 按末端最大风量和风速限制值配置支风管,末端下游送风管、软管、送风静压箱和送风口。
6. 噪声计算。
7. 【例题】(图 23.8-4、表 23.8-1)

风管计算例题　　　　　　　　　　　　　　表 23.8-1

各末端瞬时显热负荷(W)						显热负荷叠加最大值 Q_s (W)	出现时刻	对应风量 G (m^3/h)	风道尺寸 (mm)	比摩阻 (Pa/m)
A	B	C	D	E	F					
1000	1100	1200				3300	14:00	985	320×200	1.04
1100	1200	1300	1100	1200	1300	7200	15:00	2150	500×250	0.87

注:$G=0.9Q_s/1.01/(t_N-t_{SS})$;$t_N$—室内温度,℃;$t_{SS}$—送风温度,℃。

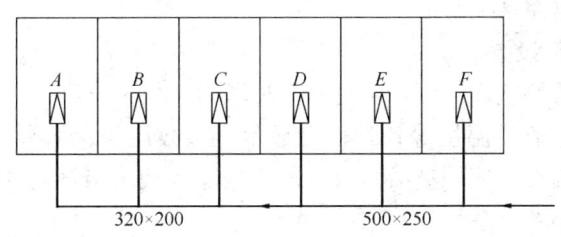

图 23.8-4 风管计算示意图

23.9 自 动 控 制

变风量空调系统对控制的依赖性很大,空调自动控制又是多学科交错,机、电密切配合的领域。正确地完成变风量空调系统控制设计是变风量空调系统设计的重点和难点之一,也是系统成功与否的关键。本手册 33.6.4 节将详细介绍变风量系统空调机组的自动控制原理,本节仅涉及变风量空调系统的控制内容及空调设计者如何提出控制要求。

23.9.1 室内(区域)温度控制

1. 风量末端控制内容

23.3.3 节已简要地介绍了压力无关型变风量末端调节风量、实现温度控制的基本原理。图 23.9-1 列出了变风量末端的主要控制内容:

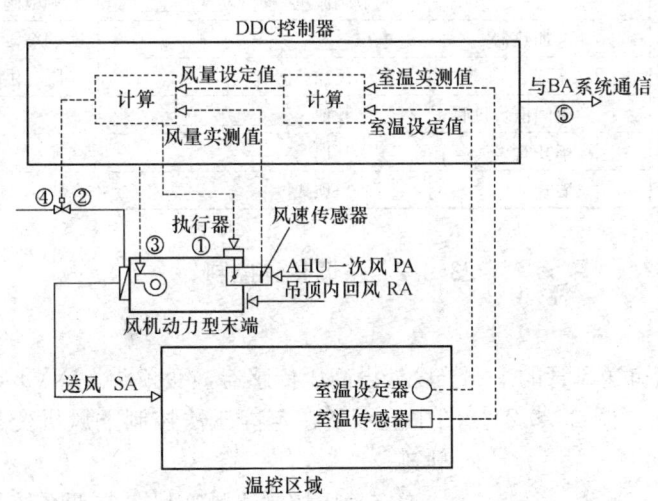

图 23.9-1 变风量末端控制原理图

(1) 根据室温设定值与实测值的偏差信号及风量设定值与实测值的偏差信号,比例积分调节送风量。

(2) 供热工况时,风机动力型末端维持最小送风量,比例或双位调节热水或电热加热器。

(3) 风机动力型末端连锁启停风机。

(4) 带再热装置的单风管末端维持一定风量,比例或双位调节热水或电热加热器。

(5) 与 BA 中央监控系统通信。

2. 温感器的选择与设置

温感器的功能是检测室内温度,常见有两种形式:

(1) 墙式温感器:兼有温度等各种信息显示、参数设定、末端运行启停与操作等功能。它能感应工作区温度,使用灵活。缺点是易被非专业人员随意拨弄,造成控制混乱,价格较高。适用于大小各种系统。

(2) 平顶式温感器设在平顶回风口内,仅有感温功能,其他功能如设定温度、启停末端运行由 BA 系统统一操作管理。它价格便宜,缺点是只能感应平顶处温度而非工作区温度,使用区无法显示、设定和启停操作。适用于管理水平高的大型系统。

3. 末端与 DDC 控制器的组合与整定

压力无关型变风量末端风量检测的准确性对室内温度控制十分重要。末端风速传感器自身精度;安装位置、DDC 控制器中气电转换器性能都会影响到风量检测的准确性。原则上 DDC 控制器应在末端生产线上逐台组装,并经整定、调试,作为一个机电一体化的产品送到现场,而不应在现场进行组装调试。

4. 变风量末端控制要求表(表 23.9-1)

变风量末端控制要求表   表 23.9-1

设备代号		数量				
变风量末端型式		□ 串联型 FPB		□ 并联型 FPB		□ 单风管 VAV
加热装置	□ 热水盘管		进/出水温 ___ /___ ℃		水量 ___ kg/h	
			调节阀流量系数 C_V ___		调节阀口径 D_N ___	
	□ 电加热器		电压 ___ V		功率 ___ kW	
风机运行方式		□ 连续		□ 仅加热时		□ 供冷小风量和加热时
		□ 夜间值班供暖		□ 其他 ___		
风速传感器型式		□ 毕托管		□ 其他 ___		
温感器型式		□ 墙式		□ 平顶式		

23.9.2 空调系统控制

1. 定静压法

在距空调器出口送风管的 1/3 长度处设静压传感器,变频器(INV)调节风机转速维持 P 点处静压稳定(图 23.9-2)。图中显示了在定静压法控制下风机变频调速工作点的轨迹。

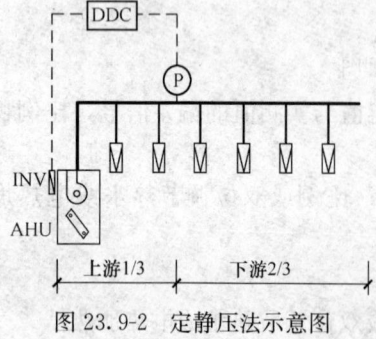

图 23.9-2 定静压法示意图

定静压控制法是变风量空调系统最经典的风量控制方法。其基本原理是在送风管中的最低静压处设置静压传感器 P(图 23.9-2)。当各温度控制区的显热负荷减小、变风量末端装置调节风阀调到最小风量时,由图 23.9-3 可见,管道的阻力曲线由 0-1 变化到 0-2,风机工作点由 a 点移动到 b 点。此时风机输出全压为 P_b,而实际需要全压仅为 P_c,超压值为 P_b-P_c,它使 P 点的静压实测值 P_m 远大于设定值 P_s。系统 DDC

控制器根据静压测定值 P_m 与静压设定值 P_s 的差值变频调节风机转速,使风机工作点由 b 点移动到 c 点,风机输出全压由 P_b 下降到 P_c,此时 P 点的静压实测值 P_m 接近设定值 P_s。由于主风管的静压降低,各变风量末端装置在同样的送风量下风阀开度增大,系统管道阻力曲线再由 0-2 变化到 0-5 后稳定下来。风机转速下降,使风机在较小风量时输出全压减小,运行功率也随之减小。根据国外文献记载,当系统静压设定值为总设计静压值的三分之一、系统风量为设计风量的 50% 时,风机运行功率仅为设计功率的 30%。

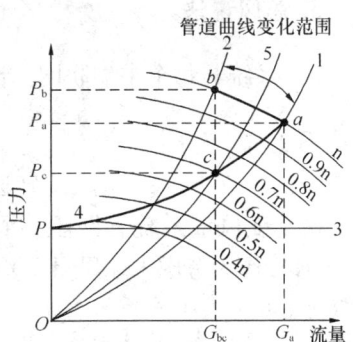

图 23.9-3 定静压法风量风压分析图

1—末端全开时管道曲线;2—末端关小时管道曲线;3—定静压值线;4—定静压法控制下的风机工作点轨迹;5—定静压法控制下瞬时管道曲线

a—设计点;b—末端关小,转速不变;c—末端关小,定静压调速

定静压控制法的难点在于如何找到稳定、合适的最低静压点,ASHRAE 标准 90.1—2001 提出:"除了变定静压控制法外,设计工况下变风量空调系统静压传感器所在位置的设定静压不应大于风机总设计静压的 1/3",如图 23.9-2 所示。如某系统设计风量下风机静压值为 1000Pa,全压值为 1100Pa,空调器内部阻力为 500Pa,风管系统总阻力为 600Pa,其中,送风管阻力损失为 500Pa,回风管阻力损失为 100Pa;系统设定静压值为 300Pa,采用等摩阻计算法,系统静压设定点应设置在离空调器出口约 1/3 处的主送风管上。

静压设定点为设计工况下系统的最低控制静压点(例如 300Pa),在静压设定点下游,因风速降低、动能减小、静压复得,风管内静压值会略有升高。因此,设计时应分析系统在设计工况下的静压分布,确定静压最低点位置与静压设定值。

2. 变静压法

BA 系统与每个末端控制器联网,读取风量需求值和阀位开度(图 23.9-4),工程调试时获取末端全开时 AHU 风量与转速对照表。根据各末端需求风量累计值 G_0 及 AHU 风量与转速对照表可初步设定转速 n_0(前馈控制量)。当前馈控制改变很小时不作前馈控制。

变静压法的控制原理见图 23.9-5。根据各末端风阀开度,修正风机转速:当风阀开度都小于 85% 时,降低转速;当风阀开度为 100% 时,提高转速,当风阀开度在 85%~99% 时,维持转速不变。变静压法比定静法更节能,但要求末端能输出阀位信号。

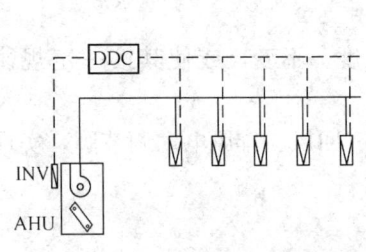

图 23.9-4 变静压法示意图

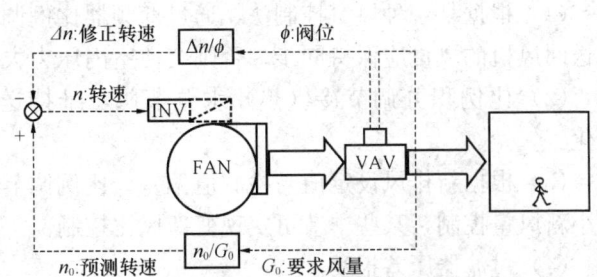

图 23.9-5 变静压法控制原理图

3. 总风量法

BA 系统与每个末端联网，读取各末端的要求风量并累计为 $\sum_{i=1}^{n} G_{S_i}$。当管网阻力特性曲线不变时，有：

$$设定转速/设计转速 = 要求风量/设计风量$$

由于变风量系统管网阻力特性曲线是变化的，且末端风量变化并不均衡，因此用 $(1+\sigma K)$ 作为考虑末端风量不均衡性的安全系数。据此，就可按下式求得风机运行时设定转速。

$$N_S = \frac{\sum_{i=1}^{n} G_{S_i}}{\sum_{i=1}^{n} G_{di}} N_d (1 + \sigma \cdot K) \tag{23.9-1}$$

式中　N_S、N_d——分别为风机运行时设定转速、设计转速，r/min；
　　　G_{S_i}、G_{di}——分别为第 i 个末端要求风量和设计风量，kg/s；
　　　$(1+\sigma K)$——考虑末端风量不均衡性的安全系数；n 为末端个数。

4. 系统控制要求实例

图 23.9-6 是一个比较完整的控制要求实例，按下列内容提出控制要求：

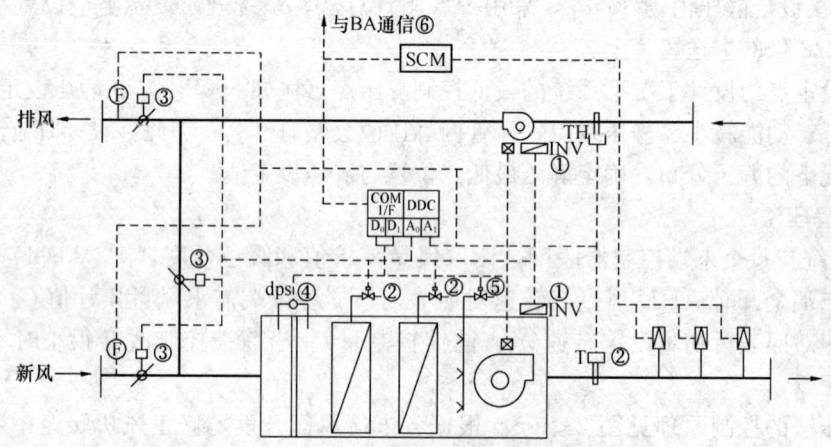

图 23.9-6　变风量空调系统控制原理图

（1）根据某一种风量控制法，通过变频器比例调节送（回）风机转速。这时，必须注意送回风机的风量应保持同步，否则会使室内压力失控。

（2）比例积分调节冷（热）水调节阀，维持送风温度 t 不变，或使其按一定规律变化。

（3）根据新排风设定值与检测值偏差，比例调节新风、回风、排风电动调节阀，实现最小新风量控制，某些季节可实现变新风比控制。

（4）过滤器压差报警。

（5）根据回风湿度双位调节加湿装置。

（6）与 BA 中央监控系统通信。

图中控制要求代号①～⑥说明如下：

①根据某一种风量控制法，通过变频器比例调节送（回）风机转速。这时，必须注意送回风机的风量应保持同步，否则会使室内压力失控。

②比例积分调节冷（热）水调节阀，维持送风温度 t 不变，或使其按一定规律变化。

③根据新排风设定值与检测值偏差，比例调节新风、回风、排风电动调节阀，实现最小新风量控制，某些季节可实现变新风比控制。

④过滤器压差报警。

⑤根据回风湿度双位调节加湿装置。

⑥与 BA 中央监控系统通讯。

5. 变风量空调系统控制要求表（表 23.9-2）

变风量空调系统控制要求表　　　　表 23.9-2

系统代号＿＿＿＿	数量＿＿＿＿			
变风量控制	□ 定静压法	□ 变静压法	□ 总风量法	□ 其他
	送回风机同步			
送风温度控制	□ 冷水盘管	流量＿＿＿＿kg/h		调节阀流量系数 C_V ＿＿＿＿
		调节阀口径 D_N ＿＿＿＿		
	□ 热水盘管	流量＿＿＿＿kg/h		调节阀流量系数 C_V ＿＿＿＿
		调节阀口径 D_N ＿＿＿＿		
	□ 变送风温度要求：＿＿＿＿			
新排风量控制	□ 新风阀＿＿＿＿mm/mm		□ 回风阀＿＿＿＿mm/mm	
	□ 排风阀＿＿＿＿mm/mm			
	□ 新风 CAV ＿＿＿＿ m^3/h		□ 排风 CAV ＿＿＿＿ m^3/h	
	□ 变新风比要求：＿＿＿＿			
加湿控制	□ 蒸汽压力＿＿＿＿MPa		□ 其他＿＿＿＿	
	□ 加湿量＿＿＿＿kg/h		□ 调节阀流量系数 C_V ＿＿＿＿	
	□ 双位	□ 比例	□ 调节阀 D_N ＿＿＿＿	
过滤器报警	□ 初阻力＿＿＿＿Pa		□ 终阻力＿＿＿＿Pa	

第24章 低温送风空调系统

24.1 概 述

相对于送风温度在12～16℃范围内的常温空调系统而言,所谓低温送风空调系统,是指系统运行时送风温度≤11℃的空调系统。

由于低温送风一般与变风量空调系统相结合,故本章各节内容均以这样的系统为主加以叙述。

24.1.1 低温送风系统分类及冷媒温度

低温送风系统的分类及所需冷媒温度,见表24.1-1。

低温送风系统的分类及冷媒温度　　　　　　　表24.1-1

空调系统类型	送风温度(℃)		进入盘管冷媒温度(℃)
	范围	名义值	
常温送风系统	12～16	13	7
低温送风系统	9～11	10	4～6
	6～8	7	2～4
	≤5	4	≤2

注:本章中讨论的低温送风系统如无特别说明,均指名义送风温度为7℃的低温送风系统。

24.1.2 低温送风系统特点

与常温空调系统相比,低温送风系统具有十分显著的特点,这些特点见表24.1-2。

低温送风系统的特点　　　　　　　表24.1-2

项 目	内 容	效 果	原 因
系统设备投资	空气处理设备	减小	送风温差增大,送风量减少;水温降低,冷却能力提高。同样风量下,输送冷量能力提高,服务区域增大
	风管尺寸	减小	送风温差增大,送风量减少,风管尺寸减小
	循环水泵规格/容量	减小/减小	供、回水温差增大,循环水量减少
	水管管径	减小	供、回水温差增大,循环水量减少,水管管径减小
建筑投资费用	建筑层高	降低	风管、水管和空气处理设备尺寸减小,风管甚至可以穿梁布置。在建筑高度不变时,可增加建筑层数
	占用建筑面积	减小	风管、水管、水泵及空气处理设备的尺寸均减小

续表

项 目	内 容	效 果	原 因
室内热环境	室内空气相对湿度	降 低	送风温度低，室内空气相对湿度可低达40%
	室内环境舒适度	提 高	室内空气相对湿度低，感觉空气清新。低温送风口空气扩散性能指数（ADPI值）高于95%
	室内空气设计干球温度	可提高	在不影响舒适性的条件下，由于相对湿度较低，室内空气设计干球温度可提高1℃左右，节省能量
运行费用	风机和水泵的电耗	减 少	风量和水量同时减少，输送能耗比常温空调系统的输送能耗可降低30%~40%
已有建筑改造	加设空调	有 利	风管、水管尺寸小，对建筑影响小
	提高供冷能力	合 适	利用常温空调系统风管、水管可提高系统供冷能力，解决已有建筑供冷能力不够问题

24.1.3 低温送风空调系统的建筑适用性

对于一个新的工程项目，是采用常温空调系统还是采用低温送风空调系统，需要对该建筑功能要求、冷源供应等各种因素进行全面的技术、经济论证后才能确定。

表24.1-3列出了一些适合和不适合采用低温送风空调系统的条件，可供设计人员在方案设计论证时参考。

低温送风空调系统的选择　　　　表24.1-3

适合采用低温送风系统	不适合采用低温送风系统
● 有≤4℃的低温水可供利用	● 无≤4℃的低温水可供利用
● 要求显著降低建筑高度，降低投资	● 空调区内的空气相对湿度大于50%
● 要求空调区内的空气相对湿度在40%左右	● 房间要求保持较高循环风量（换气次数）
● 冷负荷超过已有空调设备及管网供冷能力的改造工程	● 全年中有较长时间可利用室外空气进行节能运行

24.2 低温送风空调系统冷源选择

低温送风系统所用的空调冷水可由蓄冷系统提供或由冷水机组直接制备，低温冷水经水泵和输配管道输送给为各空调房间服务的空调器；直接膨胀系统也可作为低温送风的冷源。

24.2.1 冷源型式与送风温度关系

冷水机组或蓄冷系统能够提供满足低温送风所要求的空调冷水，冷水供水温度的高低是根据冷却盘管能够处理系统所需低温空气的换热特性所决定。因此，对于不同送风温度的系统应采用不同的制冷装置与不同的冷水供水温度。一般情况下，进入冷却盘管的冷水温度应比送风温度低 3～4℃。冷源型式与低温送风温度的关系见表 24.2-1。

冷源型式与低温送风温度关系　　　　　　　表 24.2-1

冷源型式	低温系统送风温度及要求
冷水机组或水蓄冷系统	制备 4～6℃冷水，适用于≥8℃的低温送风系统
直接膨胀型空调系统	一般适用于送风温度>7℃的低温送风系统
冰蓄冷系统	制备 1～4℃冷水，适用于≤7℃的低温送风系统

24.2.2　冷水机组直接产生低温空调冷水

公共建筑空调常用的冷水机组大多为离心式或螺杆式冷水机组，它们可以制取 1～7℃低温冷媒。当冷媒温度低于 3℃时，需要采用乙烯乙二醇水溶液。公共建筑常采用冷水机组制备 4～6℃冷水，可以满足空调器产生 8～11℃送风温度的要求。

24.2.3　直接膨胀式（DX）系统

直接膨胀式空调系统蒸发盘管内流动的不是冷水，而是制冷剂。利用直接膨胀式空调器进行低温送风具有系统简单，设备投资低，维护费用少的优点，但蒸发盘管热容量较小，压缩机的出力变化将直接影响到空调器的送风，易使送风温度产生波动。为了防止盘管结霜或结冰和液态制冷剂被带入压缩机，采用直接膨胀式空调系统进行低温送风时，其送风温度一般高于 7℃。

如果采用直接膨胀式系统来制取低于 7℃的低温送风，可考虑串接式系统。两个盘管串联，上游盘管可以是冷水盘管也可以是直接蒸发式盘管，它们承担大部分变化的冷负荷，将温度较高的进风处理到某一中间温度值；下游盘管采用直接膨胀式系统，主要承担稳定的冷负荷，将经上游盘管处理后的空气直接处理到所要求的温度值。这种组合，可以比较容易地实现送风温度低于 7℃的低温送风。

24.2.4　冰蓄冷系统

当低温送风系统的送风温度要求低于 7℃时，制冷系统必须向空气处理设备提供 1～4℃的空调冷水。冰蓄冷系统可以满足空调系统对此水温的要求。

冰蓄冷是利用冰融化成水时的潜热量，将能量储存在温度处于水的冰点的冰中。冰的相变潜热为 335kJ/kg，比水的显热大得多。冰蓄冷系统的主要设备有冷水机组、蓄冰装置、换热器、水泵、管道及控制系统。用于制冰的载冷剂可以是制冷剂，也可以是二次冷媒，在冰蓄冷工程中最常用的是重量比为 25％的工业用抑制性乙烯乙二醇溶液。

1. 蓄冷系统的特点

冰蓄冷系统的种类和制冰的方式有很多种，它们有盘管外融冰系统、内融冰系统、封装式蓄冰系统、动态冰片滑落式系统等。

水蓄冷系统与上述几种冰蓄冷系统的特点见表 24.2-2。

几种蓄冷系统特点　　　　　　　表 24.2-2

	水蓄冷系统	动态蓄冰系统	外融冰系统	内融冰系统	封装式蓄冰系统
冷水机组形式及冷媒	标准水蓄冷	预先装配或组装设备	低温冷媒或组装制冷站	低温二次冷媒	低温二次冷媒
充冷温度	4~6℃	−9~−4℃	冰厚 40mm −7~−3℃ 冰厚 65mm −12~−9℃	−6~−3℃	−6~−3℃
冷水机组充冷效率	0.6~0.7 kW/RT COP5.86~5.02	0.95~1.3 kW/RT COP3.7~2.7	0.85~1.2 kW/RT COP4.13~2.93	0.85~1.1 kW/RT COP4.13~3.19	0.85~1.2 kW/RT COP4.13~2.93
释冷温度	比充冷温度高 0.5~2℃	1~2℃	1~2℃	1~3℃	1~3℃
释冷流体	水	水	水	二次冷媒	二次冷媒

工程中选用何种蓄冷系统，应根据蓄冷系统的释冷特性和低温送风系统所需冷水的供、回水温度等因素，经技术和经济比较后确定。

2. 冰蓄冷系统组成

对于低温送风空调系统，在确定采用冰蓄冷方式后，必须根据空调所需要的供水温度和蓄冷系统的释冷速度确定冰蓄冷系统的蓄冷容量。如果蓄冷容量不够，就可能会过早地用完所蓄的冷量，造成电力非低谷时段冷水机组运行时间增加。

从冰蓄冷系统的释冷特性可见，融冰过程的初始阶段和最终阶段，水温的变化比较明显，从而会引起空调送风温度的变化。因此，低温送风空调系统所用的蓄冰装置常常与冷水机组串联配置，以确保稳定的冷水供水温度和较大的供回水温差。

蓄冰装置与冷水机组串联配置有两种方式：一种是冷水机组在系统的上游；另一种是冷水机组在系统的下游。这两种串联布置的特点比较见表 24.2-3。

蓄冰装置与冷水机组串联布置特点　　　表 24.2-3

冷水机组设置在上游	冷水机组设置在下游
● 适用于蓄冰装置的释冷温度较低且温度比较平稳的系统 ● 冷水机组在较高的温度下运行，运行效率高 ● 蓄冰装置提供最终的低温冷水，要求蓄冰系统有更大的蓄冷容量	● 适用于蓄冰装置的释冷温度波动较大的系统 ● 冷水机组在较低的温度下运行，运行效率低 ● 蓄冰装置按较高的释冷温度确定蓄冷容量，蓄冷容量可相应减少

蓄冷设备及系统配置详见本手册第 28 章"蓄冷和蓄热"。

24.3　低温送风空调系统设计

低温送风空调系统的设计流程见图 24.3-1。

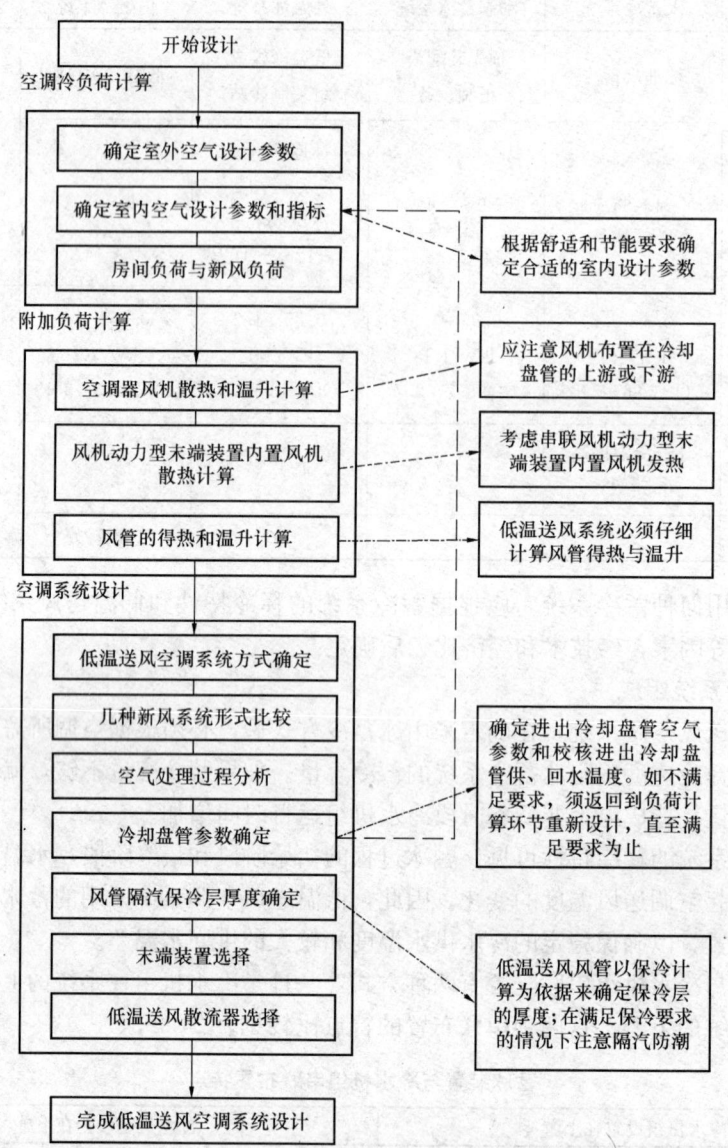

图 24.3-1 低温送风空调系统设计流程

24.3.1 空调负荷计算

1. 室内、外空气设计参数的确定

(1) 室外空气设计参数确定

空调室外空气设计参数必须根据建筑物所在地的室外设计参数确定。

(2) 室内空气设计参数确定

低温送风系统室内空气设计参数见表 24.3-1。

低温送风系统室内空气设计参数 表 24.3-1

内　容	室内空气设计参数		备　注
舒适性低温送风系统	干球温度（℃）	23～28	应根据冷源类型或冷水供水温度、室内冷负荷及湿负荷、系统形式、建筑层高、空调机房大小等确定；在满足舒适条件下，使系统初投资和运行费用最小
	相对湿度（％）	30～50（常用40）	
工艺性低温送风系统	干球温度（℃）	根据工艺要求确定	根据工艺要求的室内空气设计参数来确定冷源类型或冷水供水温度、系统形式、建筑层高、空调机房大小；在满足工艺要求的条件下，使系统初投资和运行费用最小
	相对湿度（％）		

注：① 当采用较低相对湿度时，室内空气设计干球温度可比常温送风系统提高1℃左右；
② 室内空气相对湿度不宜太低，如低于30%，可能会导致皮肤和粘膜干燥。在露点温度低于4℃的情况下，就会出现鼻子、喉咙、眼睛、皮肤干燥现象。

2. 空调冷负荷计算

低温送风空调系统冷负荷主要包括房间冷负荷、新风冷负荷、渗透风引起的冷负荷以及风管得热、空调器风机和风机动力型末端装置内置风机散热引起的附加冷负荷等。其组成见表 24.3-2。

低温送风系统空调冷负荷组成 表 24.3-2

负荷类别	负荷名称	备　注
基本负荷	围护结构引起的冷负荷	基本冷负荷的计算可按照第20章"空调负荷计算"的方法进行
	人体散热散湿引起的冷负荷	
	照明引起的冷负荷	
	设备散热引起的冷负荷	
	食物等散热散湿引起的冷负荷	
渗透空气负荷	渗透空气引起的冷负荷	与外围护结构气密性及外门开启方式有关，工程中可按0.5次/h换气次数计算
附加负荷	空调器送、回风机散热引起的冷负荷	与电动机在气流中或不在气流中有关
	风管得热引起的冷负荷	与风管内空气温度与速度及环境温度有关
	风机动力型末端装置内置风机散热引起的冷负荷	一般考虑串联式风机动力型末端装置内置风机的散热

空调负荷计算时必须注意下列要点：
(1) 正确选取建筑物所在地区的空调室外空气设计参数；
(2) 确定合理的空调室内空气设计参数和其他引起负荷的指标如新风量等；
(3) 仔细分析空调区域的负荷特点；
(4) 合理区分内、外区（分区方式可参照第23章"变风量空调系统"），使分区内温度要求和负荷趋势一致；
(5) 分别计算各分区的逐时空调负荷和整个空调区域的逐时空调负荷，分别求得各分区和整个空调区域的最大空调冷负荷。

24.3.2 附加负荷计算

1. 空调器送、回风机散热引起的冷负荷

空调系统依靠空调器风机实现空气循环。在压出式空调器中，送风机处在冷却盘管的上游，风机散热直接被冷却盘管吸收，成为盘管冷负荷的一部分。压出式空调器需在风机段和表冷段之间设置稳定段或均流装置，压头损失较吸入式空调器大。在吸入式空调器中，送风机处在冷却盘管的下游，风机散热被空调器送出的低温空气吸收，提高了送风温度。

空调器风机引起的空气温升可以根据式（24.3-1）计算：

$$\Delta T_f = \frac{P_T}{1212\eta} \tag{24.3-1}$$

式中　ΔT_f——风机散热引起的空气温升，℃；
　　　P_T——风机的全压，Pa；
　　　η——η_f，如果电动机在气流之外；
　　　η——$\eta_f \eta_m$，如果电动机在气流之中；
　　　η_f——风机效率；
　　　η_m——电动机与驱动装置效率。

电动机的效率见表24.3-3。

电　动　机　效　率　　　　表24.3-3

电动机功率（kW）	0~0.4	0.75~3.7	5.5~15	20以上
电动机效率	0.60	0.80	0.85	0.90

空调器风机散热引起的空气温升也可按表24.3-4和表24.3-5查取。在公共建筑低温送风空调系统中，一般组合式空调器所配离心通风机的电动机功率大多在5.5~15kW范围内。表24.3-4及表24.3-5中电动机效率按0.85选取。

空调器风机散热引起的空气温升（电动机在空调器外）　　　表24.3-4

风机效率	风机全压（Pa）										
	500	600	700	800	900	1000	1100	1200	1300	1400	1500
	空气温升（℃）										
0.40	1.0	1.2	1.4	1.7	1.9	2.1	2.3	2.5	2.7	2.9	3.1
0.45	0.9	1.1	1.3	1.5	1.7	1.8	2.0	2.2	2.4	2.6	2.8
0.50	0.8	1.0	1.2	1.3	1.5	1.7	1.8	2.0	2.1	2.3	2.5
0.55	0.8	0.9	1.1	1.2	1.4	1.5	1.7	1.8	2.0	2.1	2.3
0.60	0.7	0.8	1.0	1.1	1.2	1.4	1.5	1.7	1.8	1.9	2.1
0.65	0.6	0.8	0.9	1.0	1.1	1.3	1.4	1.5	1.7	1.8	1.9
0.70	0.6	0.7	0.8	0.9	1.1	1.2	1.3	1.4	1.5	1.7	1.8
0.75	0.6	0.7	0.8	0.9	1.0	1.1	1.2	1.3	1.4	1.5	1.7
0.80	0.5	0.6	0.7	0.8	0.9	1.0	1.1	1.2	1.3	1.4	1.5

空调器风机散热引起的空气温升（电动机在空调器内）　　　　　表 24.3-5

风机效率	风机全压（Pa）										
	500	600	700	800	900	1000	1100	1200	1300	1400	1500
	空气温升（℃）										
0.40	1.2	1.5	1.7	1.9	2.2	2.4	2.7	2.9	3.2	3.4	3.6
0.45	1.1	1.3	1.5	1.7	2.0	2.2	2.4	2.6	2.8	3.0	3.2
0.50	1.0	1.2	1.4	1.6	1.7	1.9	2.1	2.3	2.5	2.7	2.9
0.55	0.9	1.1	1.2	1.4	1.6	1.8	1.9	2.1	2.3	2.5	2.6
0.60	0.8	1.0	1.1	1.3	1.5	1.6	1.8	1.9	2.1	2.3	2.4
0.65	0.7	0.9	1.0	1.2	1.3	1.5	1.6	1.8	1.9	2.1	2.2
0.70	0.7	0.8	1.0	1.1	1.2	1.4	1.5	1.7	1.7	1.9	2.1
0.75	0.6	0.8	0.9	1.0	1.2	1.3	1.4	1.5	1.7	1.8	1.9
0.80	0.6	0.7	0.8	1.0	1.1	1.2	1.3	1.5	1.6	1.7	1.8

根据空气温升，利用式（24.3-2）计算空调器风机散热量：

$$q_{\text{fan}} = G c_p \Delta T_f \tag{24.3-2}$$

式中　q_{fan}——空调器风机散热量，kW；
　　　G——风机所输送的空气量，kg/s；
　　　c_p——湿空气的比热，$c_p = 1.01$ kJ/kg·℃。

空调器所用离心风机的效率一般在 50%～70%之间，平均约为 65%。电动机效率按表 24.3-3 选取。在得不到风机额定功率值时，可以在估计风机效率的条件下利用式（24.3-1）和式（24.3-2）计算风机引起的空气温升和风机散热量。

2. 风机动力型变风量末端装置内置风机散热计算

低温送风往往结合变风量空调系统来实现。变风量系统通过被称为变风量末端装置来调节送入空调区域的一次风风量，达到调节室内空气温度的目的。常用的变风量末端装置型式有：诱导型、单风道节流型和风机动力型，而风机动力型末端装置又分为并联式和串联式两种型式。

并联式风机动力型末端装置的内置风机在送冷风时一般不运行，只有当房间冷负荷很小或送热风时才启用，因此可不计算并联式风机动力型末端装置内置风机的散热量。串联式风机动力型末端装置不管是送冷风还是送热风，其内置风机始终运行，因此应计算它的散热量。

风机动力型末端装置（FPB）内置风机散热量可直接由其输入功率确定。一般来说，这类末端装置中的小型电机的效率大约为 35%，风机总效率在 30%左右。当风机动力型末端装置设在非顶层的吊顶内时，其二次回风中应包括一部分灯光负荷；当风机动力型末端装置设在顶层吊顶内时，二次回风中还应增加屋面负荷。设计人员应根据实际情况确定这些附加冷负荷。

风机动力型末端装置内置风机的散热量可以根据式（24.3-3）计算：

$$q = I \times V \tag{24.3-3}$$

式中 q——风机动力型末端装置内置风机散热量，W；
I——风机动力型末端装置内置风机的输入电流，A；
V——风机动力型末端装置内置风机的输入电压，V。

式（24.3-3）中的 I 和 V 值可从各末端装置供应商提供的样本中查得。

根据式（24.3-3）计算出的得热量，可以计算出各风机动力型末端装置需要增加的低温一次风送风量。

风机动力型末端装置内置风机的效率较低，风机输入功率中 65%～70% 的能量被低温空气吸收，使送风温度升高，剩余 30%～35% 的能量转换成空气动能，它随着空气与末端装置下游风管壁面的摩擦而慢慢地全部转换成热量，散发到送风气流中。

3. 风管得热与温升计算

低温送风系统风管的保冷层厚度比常温空调系统的厚。风管得热量可减少到常温空调系统的 40%～80%。但是，由于风管内输送的风量比常温系统小，故因风管得热而引起的送风温升仍然相当于或者稍大于常温送风系统的温升。

风管得热和离开风管的空气温度可以根据 McQuiston 和 Spitler 给出的公式计算。

$$q_\mathrm{d} = \frac{UPL_\mathrm{d}}{C_1}\left(T_\mathrm{a} - \frac{T_\mathrm{e}+T_\mathrm{l}}{2}\right) \tag{24.3-4}$$

$$T_\mathrm{l} = \frac{T_\mathrm{e}(y-1)+2T_\mathrm{a}}{y+1} \tag{24.3-5}$$

式中对于矩形风管

$$y = C_2 A_\mathrm{cs} V \frac{\rho}{UPL_\mathrm{d}} \tag{24.3-6}$$

对于圆形风管

$$y = C_3 DV \frac{\rho}{UPL_\mathrm{d}} \tag{24.3-7}$$

式中 A_cs——风管的横截面面积，mm^2；
V——平均风速，m/s；
L_d——风管长度，m；
q_d——通过风管壁管内空气的得热量，W；
U——风管的总传热系数，$W/(m^2 \cdot K)$；
P——保冷后风管的外周长，mm；
ρ——空气密度，kg/m^3；
T_e——进入风管时的空气温度，℃；
T_l——离开风管时的空气温度，℃；
T_a——风管周围空气温度，℃；
C_1——1000mm/m；
C_2——2.01W·m·s/(mm·kg)；
C_3——0.5W·m·s/(mm·kg)。

利用以上一组公式，可以计算出离开某段风管时的低温空气温度，计算时将离开上一段风管的空气温度作为进入下一段风管的低温空气温度的输入参数，进行反复计算，直至计算出离开系统中最不利环路最末一段风管的空气温度。并用计算出的实际送风温度来修正各分区的送风量。对于一般的办公建筑，设计时可将 1.6℃ 作为低温送风系统最不利环路因风管得热引起的空气温升值。

低温送风变风量系统在部分负荷时，由于送风量的减少，送风温度相差可能达到 3℃ 以上。送风温度的上升，将迫使控制系统适当增加送风量，从而改善了散流器在低风量情况下的扩散性能，维持较好的气流组织。

在一个低温送风变风量空调系统中，当系统中其他空调区域负荷变小，仍有一个区域负荷较大，需要较大的送风量时，就应该按较大的空气温升来计算该空调区域的送风量。

24.3.3 低温送风空调系统设计

1. 低温送风空调系统方式

低温送风空调系统是全空气系统的一种类型，按其末端装置和送风口型式的不同，可以组合成多种低温送风空调系统。

根据系统的初投资及运行经济性分析，目前低温送风系统可参考下列先后顺序择优确定末端装置与送风口的型式：低温送风散流器、低温变风量风口、诱导型末端装置、单风道节流型末端装置、并联式风机动力型末端装置以及串联式风机动力型末端装置。

表 24.3-6 为几种常用低温送风空调系统方式。

几种常用低温送风空调系统方式 表 24.3-6

内区空调方式	外区空调方式	备 注
采用低温送风口	无外区	无外区，空调负荷稳定。大堂、门厅等易受室外空气渗透影响的房间或区域不适合采用
单风道 VAV 末端装置或并联型 FPB 末端装置+低温送风口	风机盘管	风机盘管夏季供冷水，冬季供热水
	带电加热或热水再热盘管的并联型 FPB 末端装置+低温送风口	外区并联型 FPB 的内置风机只在冬季送热风时开启，其他季节同单风道 VAV 末端装置运行方式一致
	夏季（单风道 VAV 末端装置+低温送风口）+冬季风机盘管	风机盘管只在冬季运行，冬季当每米长度外围护结构热损耗大于 200W 时推荐采用风机盘管
	夏季（单风道 VAV 末端装置+低温送风口）+冬季散热器	冬季当每米长度外围护结构热损耗在 100~200W 时推荐采用散热器
	夏季（单风道 VAV 末端装置+低温送风口）+冬季电加热器	冬季当每米长度外围护结构热损耗小于 100W 时可采用电加热器
串联型 FPB 末端装置+普通送风口	带电加热或热水再热盘管的串联型 FPB 末端装置+普通送风口	串联型 FPB 末端装置内置风机常年运行
	风机盘管	风机盘管夏季供冷水，冬季供热水
诱导型末端装置+低温送风口（或普通送风口）	带电加热或热水再热盘管的诱导型末端装置+低温送风口（或普通送风口）	通过调节一次风阀和诱导风阀的开度，当房间需要充分供冷时，开大一次风阀，关闭诱导风阀

选择低温送风系统方式时应充分分析空调区域的负荷特点，合理划分内、外区，在确定末端装置和送风口型式时，须兼顾空调系统新风分配的均匀性和对气流组织的影响程度。

对于空调区域内新风分配的不均匀性，低温送风系统比常温空调系统突出。若系统选择或设计不合理，不但会导致设计工况下各温度控制区之间存在着新风分配的差异，而且在过渡季节时会使这种差异更显著。

2. 新风分布

(1) 几种常用通风换气方式比较

几种常用的通风换气方式比较见表 24.3-7。

几种常用通风换气方式比较　　　　　　　表 24.3-7

系统名称	图　示	特　点
机械进风、机械排风		能够保证一定的换气量，室内正压值可以得到有效控制，在需要时可进行全新风运行。对于低温送风系统比较合适
机械进风、自然排风	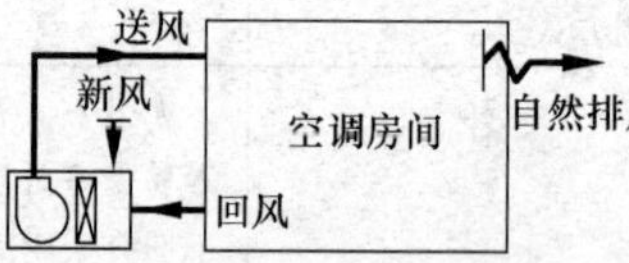	能够维持一定的换气量，室内正压值可以保证。不能进行全新风运行。可使用在有净化和正压要求的低温送风系统
自然进风、机械排风		能够维持一定的换气量，室内需要保持负压。由于室外新风补风无规律，可能造成部分区域湿度较高而产生凝露，这种系统形式不宜应用于低温送风系统
自然进风、自然排风	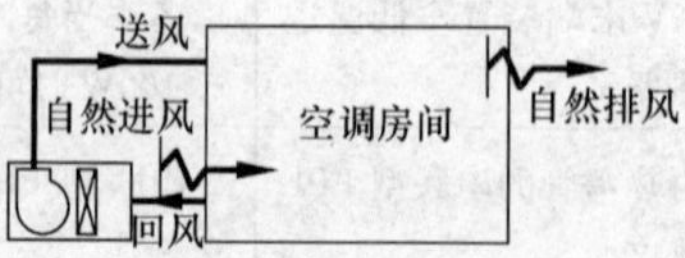	不能保证一定的换气量，难以维持有组织进风，易产生凝露现象。这种系统形式不宜应用于低温送风系统

(2) 低温送风系统新风设计

低温送风系统不采用自然进风的通风换气方式。低温送风的新风须经过空调器或新风机组集中处理后送入空调区域。表 24.3-8 为几种新风系统布置方式及特点。

24.3 低温送风空调系统设计

几种新风系统布置方式及特点 表 24.3-8

系统方式	系统图式	系统特点及适用性
(1) 新风和回风在空调器内集中处理后送到空调区域	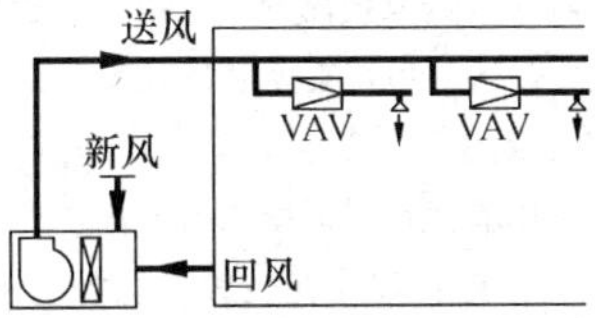	(1) 新风由空调器就近吸取或从集中的新风管道井中吸取 (2) 系统新风比较常温系统大 (3) 各分区所得新风量与该分区一次风量成正比，存在着各分区之间新风分布的不均匀性 (4) 外区空调系统应按朝向设置，内区系统中各房间功能应相同或相似
(2) 分别设置空调器和新风机组，新风送至空调末端装置送风管	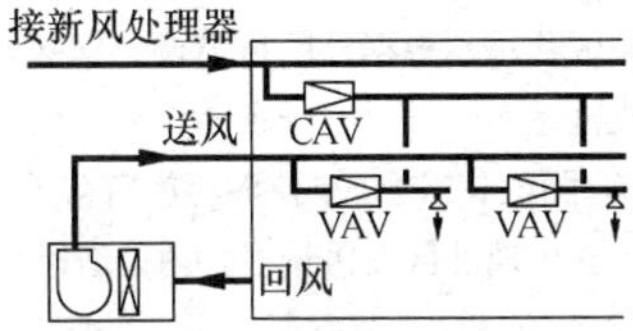	(1) 新风由独立的新风机组处理，且通过设在各分区内的定风量装置送至空调送风末端装置的出风管 (2) 各分区所得新风量与该分区一次风量无关 (3) 新风量可以按需分配且恒定，不随负荷变化而改变 (4) 空调系统设置较灵活，风管较复杂，吊顶空间高
(3) 分别设置空调器和新风机组，新风送至各分区	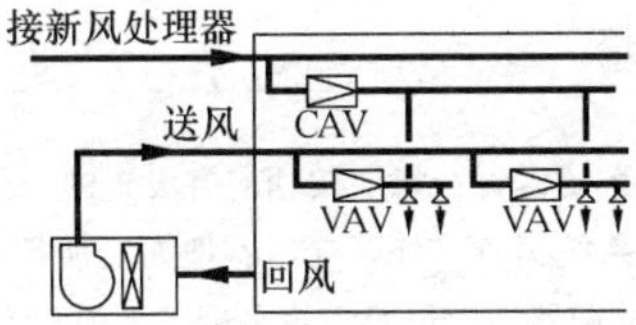	(1) 新风由独立的新风机组处理，且通过设在各分区内的定风量装置直接送至空调区域内 (2) 各分区所得新风量与该分区一次风量无关 (3) 新风量可以按需分配且恒定，不随负荷变化而改变 (4) 空调末端根据负荷变化运行，不用考虑新风不均匀性，系统设置灵活

为了保持空调房间的正压值，防止室外空气向内渗透，低温送风系统排风量一般比新风量少 5%~20%。

与常温空调系统相比，低温送风系统送风温度较低，送风量较小，新风比大。当系统中各分区空调负荷相差较大，负荷峰值出现时间不一致时，低温送风系统的新风分布不均匀性比常温空调系统更突出。

表 24.3-8 所列低温送风系统常用的三种新风分布方式中，第 2 和第 3 种方式新风分布较均匀，而第 1 种方式存在着新风分布不均匀性问题。下面所讨论的新风分布均匀性问题主要是针对第 1 种系统而言。

(3) 低温送风系统的新风分布均匀性分析

表 24.3-9 分析了新风和回风在空调器内集中处理的几种常用空调系统的设置及新风分布状况。

几种常用空调系统的设置及新风特点　　　　表 24.3-9

系统设置方式	新风分布特点及具体措施
1. 每层设一个内、外区共用系统 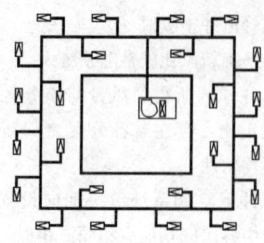	● 系统设置：每层一个系统，内、外区共用 ● 夏季设计工况：单位面积冷负荷外区（尤其是东、西向）比内区大许多，外区送风量比内区大很多，会出现外区新风量过多且随时间而变化，内区新风可能不够的现象，这种差异甚至高达数倍 ● 冬季或过渡季节空调工况：外区送热风或以最小一次风量运行，系统新风比增大，内区新风量增加，外区可能出现新风量不够的现象 ● 具体措施：如存在较大的新风分布不均匀性，则需加大外区进深，重新计算各分区负荷，选择末端装置型号，确定各分区最大送风量和最小送风量；适当提高系统送风温度，增加系统送风量；过渡季外区末端设再热；回风口位置可设置在新风分布较差的区域；增加系统新风量，使新风量分配最少的区域满足卫生要求
2. 每层设置多个内、外区共用系统 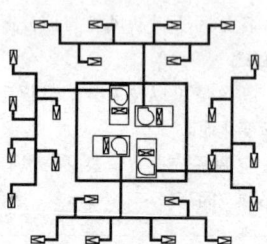	● 系统设置：每层设置多个按朝向或功能划分的系统，每个系统内、外区共用，根据外区负荷调整送风温度，新风的均匀性较方式 1 有所改善 ● 夏季设计工况：单位面积冷负荷外区比内区大，外区送风量比内区大，会出现外区新风量多，内区新风少的现象 ● 冬季或过渡季节空调工况：外区送热风或以最小一次风量运行，系统新风比增大，内区新风量增加，外区可能出现新风量不够的现象 ● 具体措施：如存在较大的新风分布不均匀性，则需加大外区进深，重新计算各分区负荷，选择末端装置型号，确定各分区最大送风量和最小送风量；适当提高系统送风温度，增加系统送风量；过渡季外区末端设再热；增加系统新风量，使新风量分配最少的区域满足卫生要求
3. 每层设置多个内、外区独立系统 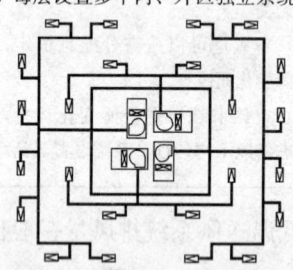	● 系统设置：每层按朝向各设置内、外区独立的空调系统 ● 系统运行：外区空调器把人员所需新风量送入相应的空调区域，内区空调器把人员所需新风量送入内部空调区域，各区域一般不存在新风不均匀问题 ● 具体措施：系统较多，新风需接至各空调器，当过渡季节外区空调系统负荷较小时，可适当提高系统的送风温度，增加系统送风量，保持空调区域的气流组织和新风分布的均匀性

在一台空调器对多个温度控制区进行空调的低温送风系统中，由于新风分布的不均匀性，系统新风量一般应比常温送风系统多 2%～4%。

(4) 低温送风系统新风分布设计要点

1) 系统不宜过大，且应按朝向和功能划分。在可能的条件下，内、外区由不同的空调系统承担；

2) 当系统较大、不能根据朝向或内、外区分别设置空调系统时，宜采用独立的新风系统，把各分区所需的新风量直接送到各温度控制区域内或末端装置的送风管内；

3) 若不能满足上述要求，则需对空调系统内各分区按夏季、冬季和过渡季节进行新风分布校核计算。如新风分布差异较大，需按照如下方法进行修正：

①调整内、外分区,加大外区的进深,重新进行负荷计算及末端装置的选型,使各分区的新风分布趋于均匀;

②系统回风口设置在新风分布最不利的区域,以使其他区域空气中的过量新风为新风短缺区域所用;

③增加整个空调系统的新风量,使新风分布最少的区域也基本满足国家现行卫生要求,但这种方法增加了系统处理新风的能耗;

④开启新风分布较少区域内末端装置的加热盘管或电加热器。这种方法会减小末端装置的风量调节比,导致冷、热抵消、能耗增加;

⑤对于人员密度较高、冷负荷较小的房间,当送风量太小不能满足室内人员的卫生要求时,需把送风温度重新调整到较高的数值,提高系统送风量,以满足最小新风量的要求。

3. 低温送风系统焓湿图分析

表 24.3-10 为几种低温送风系统常用的空气处理过程焓湿图分析,冷却盘管位于风机吸入侧。

低温送风常用空气处理过程焓湿图分析　　表 24.3-10

系统分类		焓湿图表示	空气处理过程分析
冷却盘管位于风机吸入侧	新风和回风在空调器内集中处理后送入空调区域	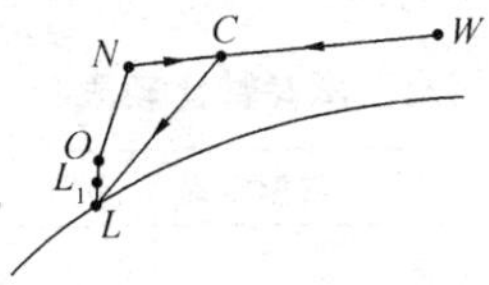	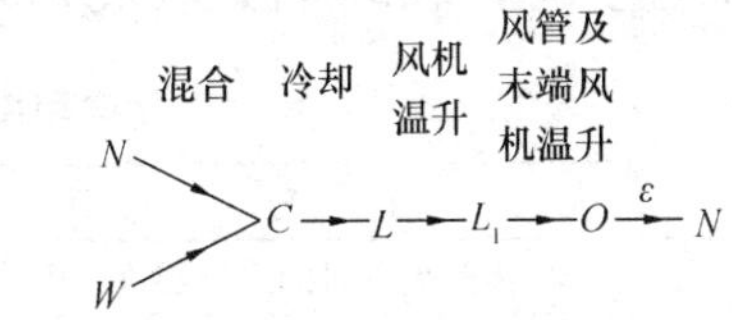 混合　冷却　风机温升　风管及末端风机温升 $N \atop W \searrow \nearrow C \to L \to L_1 \to O \xrightarrow{\varepsilon} N$
	分别设置空调器和新风机组,新风送至空调末端装置出风管	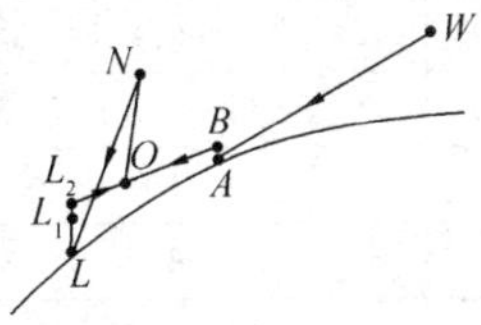	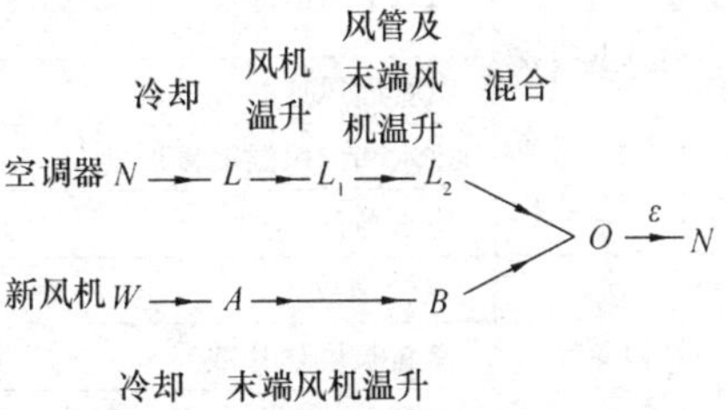 冷却　风机温升　风管及末端风机温升　混合 空调器 $N \to L \to L_1 \to L_2$ 新风机 $W \to A \to B$ $\searrow \nearrow O \xrightarrow{\varepsilon} N$ 冷却　末端风机温升
	分别设置空调器和新风机组,新风送至各分区	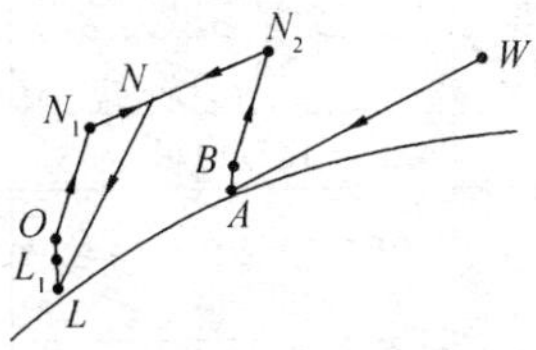	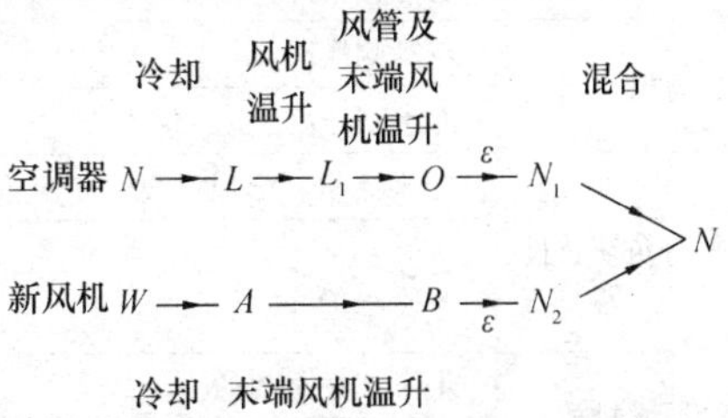 冷却　风机温升　风管及末端风机温升　混合 空调器 $N \to L \to L_1 \to O \xrightarrow{\varepsilon} N_1$ 新风机 $W \to A \to B \xrightarrow{\varepsilon} N_2$ $\searrow \nearrow N$ 冷却　末端风机温升

在低温送风系统设计时,必须对每个空调系统的温度和湿度等参数进行焓湿图分析。这种分析对于合理地确定系统的设计要求,尤其是进入冷却盘管的空气状态是十分重要的。通过焓湿图的分析,可以准确地确定离开冷却盘管的空气参数、送入房间的最终送风温度、系统送风量、进入空调器的回风参数、进入冷却盘管的混合空气参数以及冷却盘管的总冷负荷。

4. 冷却盘管参数确定

低温送风系统冷却盘管的许多设计参数与常温空调系统的设计参数有很大差异。在设计选型时，设计人员应对这种差异予以充分关注。

（1）低温送风系统冷却盘管的基本特点

与常温系统冷却盘管相比，低温送风系统冷却盘管具有下列特点：

1）进入盘管的冷水温度和离开盘管的空气温度较低，盘管的进水温度和出风温度比较接近，冷水（或二次冷媒）的温升较大；

2）冷却盘管的排数和单位长度翅片数较多；

3）通过冷却盘管的面风速较低；

4）通过冷却盘管水侧和空气侧的压降变化范围较大；

5）在部分负荷条件下，尤其在进水温度和出风温度非常接近和大温差水系统中，冷水侧的流量小、流速低，有可能转变成层流。此时，盘管的传热性能会急剧降低，导致出风温度上升。与此同时，控制系统又使水阀开大，冷水流动又从层流转变成紊流，使出风温度下降，最终造成系统出风温度不稳定；

6）盘管冷凝水量大，在叠放式盘管之间需设置中间冷凝水盘。由于冷凝水量较大，具有一定清洗效果，减少了尘埃和污垢在盘管上积聚。

常温空调系统和低温送风系统冷却盘管性能及技术参数的比较见表 24.3-11。

冷却盘管性能及技术参数比较表　　　表 24.3-11

	内　　容		常温空调系统	低温送风系统
盘管选型参数	离开盘管时的空气温度	（℃）	12～16	4～11
	进入盘管时的冷水温度	（℃）	5～8	1～6（低于1℃时应采用乙二醇溶液或其他二次冷媒）
	盘管面风速	（m/s）	2.3～2.8	1.5～2.3
	进水和出风温度接近度	（℃）	5.5～7.5	2.2～5.5
	冷水温升	（℃）	5～8.8	7～13
结构参数	盘管排数		4～6	6～12
	单位长度翅片数	（片/mm）	0.32～0.55	约 0.55
	盘管传热率		可不修正	需进行修正
盘管压降	空气侧压降	（Pa）	125～250	150～320
	冷水侧压降	（kPa）	18～60	27～90
部分负荷特性	冷水流量，出风温度		比较稳定	可能出现波动
	解决方法		—	采用较小管径铜管或分回路盘管，强化传热
凝水排放	上下式叠加盘管		无需设中间凝水盘	需设中间凝结水盘
	凝结水量		较　少	较　大

（2）冷却盘管的排数与冷水温差的关系

低温送风系统空调器的冷却盘管的排数及冷水供、回水温差与离开冷却盘管的空气温度、冷水进水温度有关。表 24.3-12～表 24.3-15 为在不同的送风温度和冷水供水温度下冷却盘管所需排数与冷水温差的关系。

4℃送风时冷却盘管所需排数与冷水温差的关系   表 24.3-12

冷却盘管排数		进入盘管冷水温度				
		−2℃	−1℃	0℃	1℃	2℃
6 排	送风温度 4℃	☆	☆	☆	×	×
	冷水温差（℃）	△	△	△	♯	♯
8 排	送风温度 4℃	☆	☆	☆	×	×
	冷水温差（℃）	△	△	△	♯	♯
10 排	送风温度 4℃	☆	☆	☆	○	×
	冷水温差（℃）	△	△	△	5.3~6.1	♯
12 排	送风温度 4℃	☆	☆	☆	○	○
	冷水温差（℃）	△	△	△	6.1~9.5	7.1~8.2

注：表 24.3-12～表 24.3-15 中的技术数据由美国 TRANE 公司提供，表中各符号代表意义如下：
1. 符号☆表示需采用乙烯乙二醇溶液或其他二次冷媒；
2. 符号×表示不能满足要求；
3. 符号○表示可以满足要求；
4. 符号♯表示无法得到所要求的冷水温差；
5. 符号△表示经过冷却盘管的冷媒温差需经空调器厂家专门计算。

7℃送风时冷却盘管所需排数与冷水温差的关系   表 24.3-13

冷却盘管排数		进入盘管冷水温度				
		0℃	1℃	2℃	3℃	4℃
6 排	送风温度 7℃	☆	○	×	×	×
	冷水温差（℃）	△	3.6~4.2	♯	♯	♯
8 排	送风温度 7℃	☆	○	○	○	○
	冷水温差（℃）	△	3.2~9.4	3.2~7.9	4.6~6.3	2.9~5.7
10 排	送风温度 7℃	☆	○	○	○	○
	冷水温差（℃）	△	4.9~10.7	4.1~9.2	3.4~6.9	3.0~8.1
12 排	送风温度 7℃	☆	○	○	○	○
	冷水温差（℃）	△	7.3~16.5	6.0~7.0	4.5~6.2	4.5~10.0

9℃送风时冷却盘管所需排数与冷水温差的关系   表 24.3-14

冷却盘管排数		进入盘管冷水温度				
		2℃	3℃	4℃	5℃	6℃
6 排	送风温度 9℃	○	○	○	○	○
	冷水温差（℃）	2.8~11.1	2.8~9.6	2.6~9.0	2.7~7.2	2.7~5.0
8 排	送风温度 9℃	○	○	○	○	○
	冷水温差（℃）	7.4~14.2	6.8~12.7	6.4~12.2	3.4~10.2	2.7~8.0
10 排	送风温度 9℃	○	○	○	○	○
	冷水温差（℃）	9.4~16.4	8.4~14.8	8.9~14.0	5.2~12.2	4.0~10.0
12 排	送风温度 9℃	○	○	○	○	○
	冷水温差（℃）	11.0~17.9	11.0~16.2	10.8~15.4	9.0~13.5	8.0~11.5

11℃送风时冷却盘管所需排数与冷水温差的关系　　　　　表 24.3-15

冷却盘管排数		进入盘管冷水温度				
		4℃	5℃	6℃	7℃	8℃
6排	送风温度 11℃	○	○	○	○	×
	冷水温差（℃）	9.5～15.8	8.0～15.1	9.5～14.2	9.5～12.2	#
8排	送风温度 11℃	○	○	○	○	○
	冷水温差（℃）	12.9～18.6	10.5～17.9	11.9～17.2	10.5～16.3	10.5～13.9
10排	送风温度 11℃	○	○	○	○	○
	冷水温差（℃）	12.6～20.3	14.9～19.7	14.3～18.9	13.6～18.1	11.4～17.1
12排	送风温度 11℃	×	○	○	○	○
	冷水温差（℃）	#	16.7～20.7	16.0～20.1	15.2～19.0	14.3～18.5

在低温送风系统的冷却盘管选型计算时，可参照表 24.3-12～表 24.3-15 中的数据，选择合适的技术参数。当选型数据超出表中数值时，应调整室内设计参数，重新在焓湿图上计算盘管的各项技术数据，直到满足要求时为止。此外，也可请空调器生产厂家进行盘管选型，选择经济、合理、可靠的空调器。

5. 风管保冷和隔汽

（1）绝热材料

绝热材料应是一种轻质、憎水、绝热性能优良的材料。在工程上，通常把室温下导热系数低于 0.2W/(m·K) 的材料称为绝热材料。对于设备和管道的绝热，相关国家标准规定：当用于保温时，其绝热材料及制品在平均温度小于 623K（350℃）时，导热系数不得大于 0.12W/(m·K)；当用于保冷时，其绝热材料及制品在平均温度小于等于 300K（27℃）时，导热系数不得大于 0.064W/(m·K)。

绝热材料的基本性能包括结构性能、力学性能、化学性能、物理性能等。根据材料使用对象的不同，对其性能的要求会有所不同，但通常都以材料密度小、机械强度高、导热系数小、化学稳定性好、能长期承受工作温度为其必须具备的性能。其中导热系数是绝热材料最重要的性能指标。用作保冷时，如敷设的绝热材料厚度相同，导热系数越小，冷损失就越小，则保冷效率就越高。

保冷材料的选择是决定保冷结构的基础，选择保冷材料的性能要求见表 24.3-16。

保冷材料的性能要求　　　　　表 24.3-16

项目名称	性 能 要 求
导热系数	在平均温度低于 27℃时，导热系数≤0.064W/(m·K)
密度	≤200kg/m³
抗压强度	硬质材料≥0.15MPa
质量含水率	≤1%
防火性能	不低于难燃 B1 级
耐腐蚀性能	化学性能稳定，对金属无腐蚀作用

（2）风管保冷计算

低温送风管道保冷的目的是为了减少风管内低温送风的得热量以及防止风管周围空气中的水汽在风管外表面上凝露。在低温送风空调系统中，由于送风温度比常温系统低，风管内低温空气与周围空气的温差较大，从而提高了对风管的保冷要求。

为了防止周围空气中的水汽在风管外表面上凝露，风管保冷必须满足以下条件：

1）保冷层厚度足以使风管保冷材料外表面温度高于周围空气的露点温度；

2）保冷层必须覆盖所有可能被冷却到低于周围空气露点温度的风管表面；

3）必须做好完整有效的隔汽防潮层，以防止空气中的水汽进入保冷材料，并在保冷材料中冷凝，使保冷功能降低甚至失效。

在给定条件下，为防止水汽在风管外表面凝露所要求的保冷层厚度可以通过传热计算来确定。

低温送风管保冷层外表面温度可以根据（24.3-8）计算：

$$T_s = T_{sa} + \left[(T_a - T_{sa}) \frac{R_i}{R_i + R_s} \right] \quad (24.3\text{-}8)$$

低温送风管道最小保冷热阻可以通过式（24.3-9）计算：

$$R_i = R_s \frac{T_{dp} - T_{sa}}{T_a - T_{dp}} \quad (24.3\text{-}9)$$

根据计算出的管道最小保冷热阻可以通过式（24.3-10）计算管道保冷绝热材料的最小厚度。

$$t_i = K_i R_i \quad (24.3\text{-}10)$$

式中　T_s——风管保冷层外表面温度，℃；

　　　T_{sa}——送风温度，℃；

　　　T_a——风管周围空气的干球温度，℃；

　　　T_{dp}——风管周围空气的露点温度，℃；

　　　R_i——风管保冷绝热材料热阻，$m^2 \cdot K/W$；

　　　R_s——表面对流换热热阻，$0.109 m^2 \cdot K/W$；

　　　K_i——保冷层导热系数，$W/(m \cdot K)$；

　　　t_i——保冷层厚度，m。

保冷层厚度计算应按照下列要求进行：

1）对于设置在空调房间内的风管，保冷层厚度可以依据限制风管得热量所需要的保温层厚度确定，同时还要校核风管保冷层外表面温度，使其高于周围空气的露点温度。

2）对于设置在非空调房间内的风管，保冷层厚度应根据可能遇到的最不利条件来确定。

3）对于设置在某些非空调、高湿度环境（如用室外空气通风的机房、经受较高渗透率的吊平顶）内的风管，应以该干球温度与相对湿度为90%时的露点温度为设计露点温度来计算保冷层厚度。

4）回风管中的空气温度一般高于风管周围空气的露点温度，但预计到可能会低于周围空气的露点温度时，则也需要对回风管作保冷计算。

计算保冷层厚度时，要依据风管内的送风温度、风管周围的空气露点温度外，还应考虑保冷材料的使用年限，使保冷材料在整个设计使用年限内能保证其外表面不结露。

对于低温送风管，保冷材料的内外壁两侧始终存在着温差和湿度差，在水蒸气压力差的持续作用下，水汽会慢慢地渗入保冷材料内部，随着使用时间的延长，材料的导热系数会逐渐增大，使按初始导热系数选定的保冷层厚度变得不足而产生凝露。因此，应选用湿阻因子大、吸水性小的材料作保冷材料，计算保冷层厚度时必须考虑材料导热系数的增大幅度，确保材料在使用年限内保持其应用性能。

工程中使用的保冷材料除了需要有详细的热工性能参数外，还应具备国家有关材料标准的性能试验证明，如允许使用温度、不燃性、难燃性、吸水性、吸湿性、憎水性等，对硬质材料还需提供材料的收缩率数据。

选用保冷材料时，可按生产厂家提供的工程厚度进行选择，必要时应进行验算，在确保保冷效果的情况下尽可能节省材料用量。

保冷材料必须覆盖所有可能结露的风管和设备表面。采用硬质材料作保冷时，应考虑材料的热胀冷缩，保持保冷材料的连续性。风管法兰须作特殊的保冷处理。相应的吊架也应有绝热措施，防止出现冷桥现象。

低温送风系统风管的保冷材料大多采用带铝箔的离心玻璃棉、酚醛泡沫、橡塑材料等，在不同的环境温度和典型送风温度条件下，上述三种材料的保冷层厚度见表24.3-17。

低温送风管道保冷层厚度（mm） 表24.3-17

材料名称	加筋铝箔离心玻璃棉[1]				酚醛泡沫[2]				橡塑材料[3]			
典型送风温度	4℃	7℃	9℃	11℃	4℃	7℃	9℃	11℃	4℃	7℃	9℃	11℃
37℃，90%	130	117	109	101	82	75	69	64	124	112	104	97
36℃，90%	126	114	106	98	80	72	67	62	120	108	100	93
35℃，90%	122	109	101	93	77	69	64	59	116	104	97	89
34℃，90%	117	106	98	88	69	63	58	52	112	100	93	85
33℃，90%	114	101	93	85	72	64	59	54	108	97	89	81
32℃，90%	109	98	88	80	69	62	56	51	104	93	85	77
31℃，90%	114	101	92	84	72	64	59	52	107	96	87	79
30℃，90%	109	96	88	79	64	56	51	46	97	85	77	69
30℃，85%	74	64	58	52	52	46	42	38	84	73	67	60
28℃，85%	71	61	55	48	46	39	36	33	68	59	52	47
28℃，80%	44	37	34	29	28	24	21	19	42	36	32	28
27℃，85%	72	61	55	48	46	39	36	33	69	59	52	46
27℃，80%	44	37	32	29	28	24	22	19	42	36	32	38
27℃，75%	34	29	26	23	23	19	16	9	34	39	26	23
26℃，85%	69	60	52	45	43	38	33	29	65	56	50	42
26℃，80%	42	36	31	26	26	23	20	17	39	33	29	25
25℃，80%	40	34	31	26	29	24	21	19	52	45	39	33

（风管所处环境条件）

(1) 加筋铝箔离心玻璃棉：密度48kg/m³，导热系数0.033W/(m·℃)，不燃材料；
(2) 酚醛泡沫：密度50kg/m³，导热系数0.0257W/(m·℃)，难燃B1级；
(3) 橡塑材料：密度40~95kg/m³，导热系数0.0387W/(m·℃)，湿阻因子3.5×10³，难燃B1级。

(a) 保冷材料外表面计算温度确定：室内空气相对湿度大于等于90%，露点温度加0.5℃；室内空气相对湿度小于90%大于等于80%，露点温度加1.0℃；室内空气相对湿度小于80%大于等于70%，露点温度加1.5℃

(b) 保冷材料使用年限考虑10年，保冷层厚度应按10年后保冷材料的导热系数进行计算或按初始保冷材料计算的保冷层厚度乘一系数：酚醛泡沫和橡塑材料乘以1.3，加筋铝箔离心玻璃棉乘以1.6

当实际工程应用中所使用的保冷材料及其性能参数、风管所处的环境温度与湿度、空调送风温度等与表 24.3-17 所列的计算条件不同时，实际保冷材料厚度应按公式 (24.3-8)、(24.3-9) 和 (24.3-10) 计算确定。

(3) 保冷材料的隔汽防潮

为了防止水汽渗入保冷层并在里面凝结，降低材料保冷效果，对非闭孔的保冷材料必须设置隔汽防潮层。当风管进行内保冷时，风管壁面必须具有隔汽防潮层的作用，施工时必将风管的所有连接和焊接处加以密封，防止水汽进入风管；当风管进行外保冷时，保冷绝热材料外必须设一层连续、无破裂或穿孔的隔汽防潮层。

在空调机房内和防潮层损坏可能性比较大的场合，应选用对水汽的渗透不是很敏感的闭孔材料作风管或设备的保冷材料。防潮层材料的性能要求见表 24.3-18。

防潮层材料性能要求 表 24.3-18

项目名称	性能要求
防潮性能	有抗水汽渗透、防水和防潮性能，吸水率≤1%
防火性能	不低于难燃 B1 级
化学稳定性能	化学性能稳定、无毒、耐腐蚀，不对保冷层和保护层产生腐蚀和溶解作用
耐气候性能	低温使用时不脆化、不开裂、不脱落、夏季不软化、不起泡、不流淌
涂抹型防潮层	软化温度不低于 65℃，粘接强度不小于 0.15MPa，挥发物不大于 30%

隔汽防潮层材料和做法可参照国标 98R419《管道及设备保冷》。

低温送风系统常常采用带铝箔的绝热材料进行低温送风管的保冷。由于铝箔的蒸汽渗透系数约为 1.63×10^{-7}g/(m·s·Pa)，可以作为理想的隔汽防潮材料。当采用铝箔做隔汽防潮层时，应尽量减少铝箔的接缝，接缝处必须用热敏胶带密封，不得产生任何缝隙。风管施工及设备安装时铝箔一旦受损，应及时修补，以免水汽渗入非闭孔的保冷材料内，造成保冷失效。

6. 末端装置

低温送风系统常结合变风量空调技术一起应用。变风量末端装置一般设置在房间送风散流器前的送风支管上，用于调节送风量。末端装置根据需要控制低温送风量，或者调节低温送风量与吊顶回风量的比例，使空调房间人员活动区的室内参数保持在设计要求的舒适范围内。

变风量末端装置主要的型式有：单风道节流型末端装置、风机动力型末端装置和诱导型末端装置三种类型。低温送风系统中使用最多的是单风道节流型和风机动力型两种型式。

单风道节流型与风机动力型末端装置的基本特点见表 24.3-19。

单风道节流型与风机动力型末端装置的基本特点 表 24.3-19

	单风道节流型	风机动力型	
		串联式	并联式
主要部件	箱体、室温传感器、风速传感器、调节风阀	箱体、室温传感器、风速传感器、调节风阀、串联风机	箱体、室温传感器、风速传感器、调节风阀、并联风机
外形	矩形、圆形	矩形	矩形

续表

	单风道节流型	风机动力型	
		串联式	并联式
风速传感器	超声波型、风车型、毕托管	毕托管	毕托管
进风接管风速	超声波等≤8m/s 毕托管 5~16m/s	5~16m/s	5~16m/s
进风接管长度	超声波等≥2D 毕托管 4~5D	4~5D	4~5D
风机运行及 风机风量	—	供冷、供热连续运行；风机风量：约为设计一次风量的130%或按送风温度计算确定	最小风量供冷及供热时运行；风机风量：约为设计一次风量的60%或按送风温度计算确定
末端送风量	变化	一次风量变化，末端风量恒定	变化
系统阻力	送回风管、末端装置、装置下游风管及风口阻力均由AHU承担	AHU承担末端装置前的送风管以及回风管的阻力，装置下游风管及风口阻力由串联风机承担	送回风管、末端装置、装置下游风管及风口阻力均由AHU承担
配合风口	低温送风口	普通风口或低温送风口	低温送风口

各种变风量末端装置的结构形式和选型方法详见第23章"变风量空调系统"。

由于系统特性的差异，低温送风系统末端装置选型与常温空调系统的末端装置选型有所不同。因此，在参照第23章"变风量空调系统"进行末端装置选型时，还需注意下列几点：

(1) 一次风最大送风量按末端装置所服务区域的最大显热冷负荷计算；

(2) 一次风最小送风量：单风道节流型末端装置可以按照最大送风量的30%确定；风机动力型末端装置可以按照最大送风量的40%确定。在实际设计时，需考虑空调区域的新风均匀性，尤其对于单风道节流型末端装置和并联式风机动力型末端装置，还需结合送风散流器的性能及室内气流组织确定装置的最小送风量；

(3) 风机动力型末端装置的内置风机风量：串联型一般按一次风最大送风量的130%确定；并联型一般按照一次风最大送风量的60%确定。在实际设计时，需结合送风散流器的型式，校核送风温度，保证风口不产生凝露现象。

7. 低温送风散流器选择

低温送风系统送风散流器的形式应根据所采用的末端装置的类型确定。当系统采用串联式风机动力型末端装置时，可以使用常温散流器；当系统采用单风道节流型末端装置、并联式风机动力型末端装置或诱导型末端装置时，需采用适合低温送风的散流器。适合低温送风的散流器主要有保温型散流器、电热型散流器及高诱导比低温散流器。前两种散流器也被称之为防结露风口，适用于送风温度较高的低温送风系统，也常被使用在室内干球温度较高、相对湿度较大常温空调系统。

送风散流器的表面温度是处于送风温度与房间空气温度之间的某个中间温度上。当送风散流器的表面温度等于或低于室内空气的露点温度时，散流器表面将出现凝露现象。表24.3-20表示了几种不同送风散流器所适合的送风温度及适用场合。

几种送风散流器适合的送风温度及适用场合　　　　　表 24.3-20

散流器类型	适合的送风温度	适用场合
普通金属散流器	13℃以上	常温空调系统
塑料散流器	10℃以上	较高温度的低温送风、室内干球温度较高湿度较大的场合
保温型散流器		
电热型散流器		
高诱导比低温送风散流器	3.3~7.2℃	送风温度在 4~10℃ 的低温送风系统

　　金属送风散流器的室内空气侧表面温度一般比送风温度高 2℃ 左右；塑料送风散流器的温差可高达 6℃；高诱导比低温送风散流器的送风温度可以更低。对于常温定风量空调系统，可较容易地在夏季供冷设计工况下确保冷气流不很快下落；冬季供热设计工况下弱化热气流的上浮特性，使全年的室内气流组织得到保证。而对于低温送风变风量空调系统，既要保持比常温空调系统大的送风温差，又要节省空调系统送风机的能耗。因此，低温送风变风量空调系统的气流组织比常温定风量空调系统复杂得多。因为所选择的低温送风散流器不但在输送最大风量时使冷气流不下落，而且在输送最小风量时也应有较好的流态。低温送风气流分布及风口选择时，必须在较大的温度和风量范围内解决好低温一次风与空调区内空气的混合、气流的贴附长度和风口噪声等问题。

　　低温送风散流器一般布置在吊顶上或接近吊顶的侧墙上，因此有吊顶式和墙置式低温送风散流器两种类型。吊顶式低温送风散流器可以分为低温送风系统特殊设计和制作的射流型高诱导比散流器、高性能条缝型散流器和高诱导比旋流型散流器等型式。墙置式低温送风散流器，向吊顶射出多股高速射流，能使冷空气沿着吊顶扩散。

　　低温送风散流器的选型方法与常温送风散流器的选型方法基本相同。目前存在几种低温送风散流器的选型方法，它们是：按噪声标准（NC）或（RC）、低温射流分布图、射流分离点距离、舒适性标准（ADPI）以及综合分析法等。以下介绍《ASHRAE Handbook——基础篇》（ASHRAE 2005）第 33 章"房间空气分布"所推荐的一种低温送风散流器选型方法。具体选型步骤与方法见表 24.3-21。

低温送风散流器选型步骤与方法　　　　　表 24.3-21

步　骤	方　法
1. 确定最大与最小风量	房间最大送风量根据房间尖峰显热冷负荷、设计送风温差确定，其计算公式为：$Q = \dfrac{q}{C_1(T_r - T_o)}$；最小风量应按最小冷负荷计算，并校核该风量下系统新风量是否满足卫生标准
2. 选择散流器类型及布置位置	根据建筑师与业主爱好和室内装修情况以及房间形状确定低温送风散流器的类型；依据照明灯具的型式、外窗位置、所选散流器的类型确定布置位置
3. 确定房间特征长度 L	房间特征长度取决于散流器的位置和到墙面或对称面的距离。根据散流器的布置方式确定房间的特征长度 L；房间特征长度参照"图 24.3-2 散流器的房间特征长度"与"表 24.3-22 房间特征长度"选取
4. 选择推荐的射程/特征长度比值（T/L）	根据选定的散流器类型与计算的房间负荷，参照"表 24.3-23 散流器空气扩散性能指数选择表"确定所推荐的射程/特征长度（T/L）值
5. 计算射程 T	根据步骤 3 求得的特征长度 L，乘以步骤 4 确定的 T/L 值，求得所需要的射程

续表

步骤	方法
6. 选择散流器的型号	根据散流器厂家提供的散流器的射程和风量范围，确定某种规格的散流器。条缝形散流器的长度总和，应是安装散流器的墙面长度的30%~70%
7. 计算射流的分离点距离，并与房间特征长度比较	根据 $x_s = aC_s K^{1/2} \left(\dfrac{\Delta T}{T}\right)^{-1/2} Q^{1/4} \Delta P^{3/8}$ 计算最大风量和最小风量下的射流的分离点距离。将计算的分离点距离与散流器的房间特征长度比较，如最小风量时的分离点距离大于散流器的房间特征长度，则此散流器是可接受的
8. 检查其他技术参数	根据所选的散流器的技术参数，检查其是否满足噪声指标和静压要求
9. 如需要、重新确定	散流器选择是一个反复迭代过程。一次计算难以使散流器的类型与数量与特定的房间负荷和通风要求相匹配

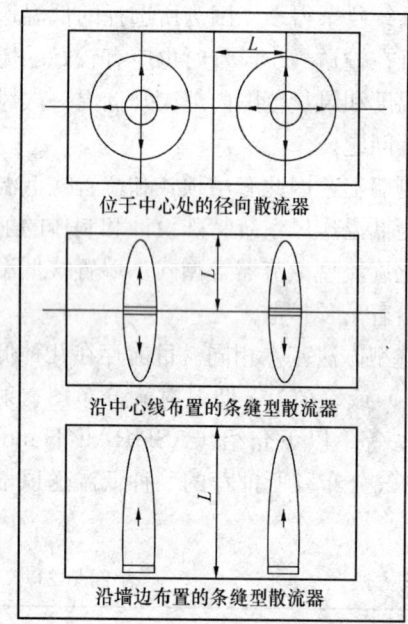

图 24.3-2 散流器的房间特征长度

表 24.3-21 中
Q——房间送风量，L/s；
q——房间显热负荷，W；
C_1——空气密度与比热之乘积，1.23kJ/(m³·℃)；
T_r——房间内空气的平均温度，℃；
T_0——散流器出口空气温度，℃；
x_s——射流分离点距离，m；
C_s——分离系数，1.2；
a——常数，0.0689；
K——散流器速度衰减系数，无因次。见表 24.3-24；
ΔT——射流温差，℃；
T——房间平均热力学温度，K；
ΔP——散流器静压降，Pa。

房间特征长度　　　　表 24.3-22

散流器类型	特征长度
条缝形散流器	至墙的距离或至风口之间中间面的距离
径向散流器	至最近的墙或相交射流的距离

散流器空气扩散性能指数选择表　　　　表 24.3-23

散流器类型	末端风速 (m/s)	房间负荷 (W/m²)	最大 ADPI 时的 T/L 值	最大 ADPI	ADPI 应大于的数值	T/L 范围
条缝形	0.50	252	0.3	85	80	0.3~0.7
		189	0.3	88	80	0.3~0.8
		126	0.3	91	80	0.3~1.1
		63	0.3	92	80	0.3~1.5
	0.25	126	1.0	91	80	0.5~3.3
		63	1.0	91	80	0.5~3.3

续表

散流器类型	末端风速 (m/s)	房间负荷 (W/m²)	最大 ADPI 时的 T/L 值	最大 ADPI	ADPI 应大于的数值	T/L 范围
圆形	0.25	252	0.8	76	70	0.7~1.3
		189	0.8	83	80	0.7~1.2
		126	0.8	88	80	0.7~1.5
		63	0.8	93	90	0.7~1.3
穿孔板	0.25	35~160	2.0	96	90	1.4~2.7
					80	1.0~3.4

散流器速度衰减系数选择　　　　表 24.3-24

散流器类型	K 值	散流器类型	K 值
圆形	1.1	射流	7.0
条缝形	5.5	穿孔板	3.7~4.9

散流器设计选型实例：

为某办公室选择低温送风散流器。该办公室是一个 4.5m×9m 的房间。空调最大设计显热冷负荷为 4860W(120W/m²)(出现时间中午 12 时)，最小设计显热冷负荷为 3300W (出现时间早晨 8 时)；需要新风量 180m³/h；室内空气设计干球温度 24℃；离开散流器的空气温度为 10℃。

散流器选择按表 24.3-21 的步骤进行：

步骤 1：确定房间最大送风量与最小送风量

房间最大送风量按最大设计显热冷负荷计算：

$$Q_{max} = \frac{4860}{1.23 \times (24-10)} = 282 \text{L/s}(1016\text{m}^3/\text{h})$$

房间最大送风量时房间新风比为 18%，当系统新风比小于计算房间新风比，需增加房间最大送风量的数值，直至新风量满足设计要求。

房间最小送风量按最小设计显热冷负荷计算：

$$Q_{min} = \frac{3300}{1.23 \times (24-10)} = 192 \text{L/s}(690\text{m}^3/\text{h})$$

房间最小送风量时房间新风比为 26%，如此时系统新风比小于房间新风比，增加房间最小送风量的数值，直至满足新风量设计要求。

步骤 2：选择散流器类型及布置位置

根据房间平面布置及外窗位置，选择条缝型低温送风散流器。散流器布置在离内墙 300mm 处。

步骤 3：确定房间特征长度

参照图 24.3-2 与表 24.3-22，本例中房间的特征长度 L 为 4.5m。

步骤 4：选择推荐的射程/特征长度比值（T/L）

根据散流器类型与计算房间负荷，查表 24.3-23 得到推荐的射程/特征长度（T/L）比值，其数值为 0.5~3.3。

步骤 5：计算射程 T 范围

$$T = 0.5L \sim 3.3L \text{ 即 } 2.25\text{m} \sim 14.85\text{m}。$$

步骤 6：选择条缝型散流器型号与数量

根据低温送风散流器的样本，查某条缝型低温送风散流器。散流器的有效长度为 1200mm、单侧出风。采用三个散流器，每个散流器送风 338m³/h。散流器总有效长度 3.6m，占内墙面长度 40%。散流器最大风量时射程为 7.01m，风口静压差为 74.7Pa；最小风量时射程为 6.4m，风口静压差为 29.88Pa。参考步骤 5 得到的推荐射程范围，计算结果满足要求。

步骤 7：计算分离点距离

分离点距离与送风量的四分之一次方成正比，风量越大，分离点距离越长。最短的分离点距离将发生在输送最小送风量时。Q_{min} 应为 192L/s÷3＝64L/s（该房间设有 3 个条形散流器），因此，分离点距离为

$$X_s = 0.0689 \times 1.2 \times 5.5^{\frac{1}{2}} \times \left(\frac{14}{297}\right)^{-\frac{1}{2}} \times (64)^{\frac{1}{4}} \times (29.88)^{\frac{3}{8}} = 8.9\text{m}$$

计算的分离点距离 8.9m 大于房间的特征长度 4.5m，所选散流器满足要求。

步骤 8：校核其他参数

该散流器最大需求静压差为 74.7Pa，校核系统是否有足够的压头克服风口的阻力，如不满足则需重新进行散流器选型。

查表 24.3-25，当散流器输送最大风量时，其风口噪声指标为 NC33，可以满足办公室噪声要求。如噪声超标，需重新进行散流器选型。

散流器选型完成。

关于专门设计和制造的低温送风散流器，在我国使用较多的是热芯高诱导比低温送风口。以下介绍该类风口的特点及设计要求。

热芯高诱导比低温送风口的关键部件是内部喷射核。喷射核四周均布小喷口，送风时，一次风通过风管直接送入喷射核，然后从喷口喷出形成贴附射流，并大量诱导室内空气，在离开风口喷嘴 115mm 处其混风比已达 2.35∶1。由于多个独立的圆截面射流具有较高的密度和风速，故在整个射流过程中能保持良好的诱导效果。低温送风在离开风口十几厘米后，送风温度便可升高到室内空气的露点温度以上，避免产生低温空气在空调区下降的现象。典型的高诱导比低温送风散流器主要有平板型、孔板型及条缝型三种形式。

图 24.3-3 为热芯高诱导比低温送风口原理图

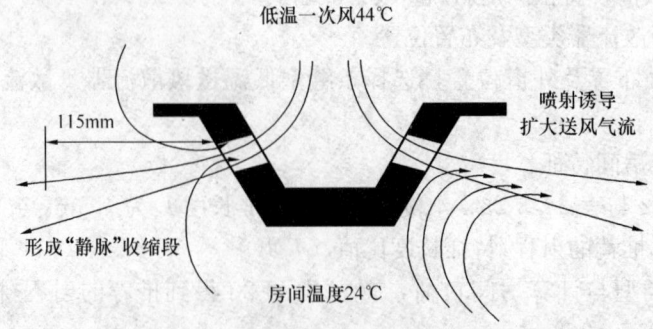

图 24.3-3　热芯高诱导比低温送风口原理

表 24.3-25、表 24.3-26 分别为某公司生产的条缝型与方型高诱导比低温送风散流器的技术参数。条缝型散流器从形式上可分为单侧送风和双侧送风；从风量方面可分为标准风量风口和高风量风口；风口长度又有 600mm 和 1200mm 两种。方形低温送风散流器可分为双向送风和四向送风两种形式。

选择低温送风口时，设计人员必须通过比较送风散流器的射程、贴附长度与空调房间特征长度等参数，确定最优的性能参数，并应对射流的贴附长度予以重视。在考虑射程的同时，还应使送风散流器的贴附长度大于空调房间的特征长度，避免出现人员活动区有吹风感。设计过程中，设计人员还可请专业的低温送风散流器生产厂家帮助进行气流组织计算和风口选型。

某型号条缝型低温送散流器技术参数　　表 24.3-25

风量 (m^3/h)	静压 (Pa)	全压 (Pa)	射程 (m)			0.75m/s 处诱导比	噪声指标 (NC)	有效送风面积 (cm^2)	进风口尺寸 (mm)(圆形)
	600mm 单侧出风								
85	17.43	17.43	2.74	3.66	5.18	16:1	<20	38.09	150
128	42.33	44.82	3.66	4.27	6.40	24:1	25	38.09	150
170	74.70	79.68	4.27	5.18	7.01	33:1	33	38.09	150
196	107.07	107.07	4.57	5.49	7.32	37:1	35	38.09	150
	600mm 双侧出风								
85	2.49	2.49	1.83	2.74	3.66	8:1	<20	76.18	150
128	9.96	9.96	2.44	3.35	4.27	12:1	<20	76.18	150
170	17.43	22.41	2.74	3.66	5.18	16:1	<20	76.18	150
213	29.88	37.35	3.35	3.96	6.10	20:1	<20	76.18	150
255	42.33	44.82	3.66	4.27	6.40	24:1	25	76.18	200
298	59.76	64.74	3.96	4.88	6.71	28:1	29	76.18	200
340	74.70	79.68	4.27	5.18	7.01	33:1	33	76.18	200
383	97.11	102.09	4.57	5.49	7.32	37:1	35	76.18	200
	1200mm 单侧出风								
85	2.49	2.49	1.83	2.74	3.66	8:1	<20	76.18	150
170	17.43	22.41	2.74	3.66	5.18	16:1	<20	76.18	150
255	42.33	44.82	3.66	4.27	6.40	24:1	25	76.18	150
340	74.70	79.68	4.27	5.18	7.01	33:1	33	76.18	200
391	102.09	109.56	4.57	5.49	7.32	37:1	25	76.18	200
	1200mm 双侧出风								
170	2.49	2.49	1.83	2.74	3.66	8:1	<20	152.36	150
255	9.96	12.45	2.44	3.35	4.27	12:1	<20	152.36	150
340	17.43	22.41	2.44	3.66	5.18	16:1	<20	152.36	150
425	29.88	37.35	3.35	3.96	6.10	20:1	<20	152.36	150
510	42.33	47.31	3.66	4.27	6.40	24:1	25	152.36	200
595	59.76	67.23	3.96	4.88	6.71	28:1	29	152.36	200
680	74.70	82.17	4.27	5.18	7.01	33:1	33	152.36	200
765	97.11	107.07	4.57	5.49	7.32	37:1	35	152.36	200

说明：
1. 射程中从左到右的三列数值是指射流末端速度为 0.76m/s、0.51m/s 和 0.25m/s 处的距离；
2. 诱导比为射流末端速度为 0.76m/s 处的总风量与一次风量之比；
3. 噪声指标 NC 值为考虑房间吸声 10dB，在第 2 至第 7 倍频程中最大声压指标。

某型号方形低温送风散流器技术参数　　　表 24.3-26

风量 (m³/h)	静压 (Pa)	全压 (Pa)	射程 (m)			气流模式	0.75m/s 处诱导比	(NC)	有效送风面积 (cm²)	进口尺寸 (mm)(圆形)
85	14.94	14.94	1.52	2.13	3.35	双向	15:1	<20	42.73	150
128	42.33	44.82	2.13	2.44	3.66	双向	22:1	23	42.73	150
170	72.21	77.19	2.44	3.35	4.57	双向	29:1	33	42.73	150
213	27.39	29.88	1.83	2.44	3.66	四向	18:1	<20	85.46	200
255	42.33	44.82	2.13	2.44	3.66	四向	22:1	23	85.46	200
298	54.78	59.76	2.44	2.74	4.27	四向	25:1	28	85.46	200
340	72.21	77.19	2.44	3.35	4.57	四向	29:1	33	85.46	200
383	54.78	57.27	2.74	3.05	4.27	四向	33:1	32	85.46	255
425	69.72	72.21	2.74	3.35	4.57	四向	36:1	35	85.46	255

说明：
1. 射程中从左到右的三列数值是指射流末端速度为 0.76m/s、0.51m/s 和 0.25m/s 处的距离；
2. 诱导比为射流末端速度为 0.76m/s 处的总风量与一次风量之比；
3. 噪声指标 NC 值为考虑房间吸声 10dB，在第 2 至第 7 倍频程中的最大声压值。

热芯高诱导比低温送风散流器选型和布置时需注意下列几点：
(1) 确定空调区最大和最小送风量；
(2) 根据房间的形状和特征长度确定送风散流器的形式；
(3) 按低温送风散流器标定风量的 80%～100% 进行选型，根据需要可堵塞部分喷嘴；
(4) 均匀地布置低温送风散流器，避免在空调房间内出现死角；
(5) 与迎面风口送风气流相碰处的风速不应大于 0.76m/s；
(6) 风口送出的气流遇到邻近墙壁时的风速为 0.25m/s～0.76m/s；
(7) 风口布置时，风口侧边至墙壁的距离，应为风口对应于射流速度为 0.25m/s 处的射程乘以 0.404 或更小的数值；相邻两个风口侧边间的距离，应为风口对应于射流速度为 0.25m/s 处的射程乘以 0.808 或更小的数值；
(8) 检查风口的噪声值和静压值是否满足设计要求；
(9) 如果不满足要求，重新选择送风散流器的大小。

24.4 低温送风空调器选型及机房布置

24.4.1 空调器选型

低温送风空调水系统大多采用大温差系统，在整个空调水系统中所连接的各空调器或末端装置均需按照大温差进行选型。空调器选型要求如下：

1. 室内设计参数：低温送风系统室内设计干球温度一般在 23～28℃ 之间，相对湿度在 30%～50% 范围内，比常温空调系统低 10% 左右。其室内设计参数要根据房间舒适性要求、空调区的热湿比线和冷水供水温度作适当调整。热湿比较小（热湿比线较倾斜）的系统，室内设计状态点的相对湿度应该偏大些，而热湿比较大（热湿比线接近垂直）的系统，室内设计状态点的相对湿度可以偏小些，有的系统的室内空气相对湿度可接近30%。

2. 机组型式：低温送风系统所用的空调器基本上采用组合式空调器。当外区的末端装置设有再热盘管或电加热器以及采用其他周边加热措施时，空调器可以采用单冷盘管，也可以采用四管制冷、热两组盘管，而热水盘管只在建筑物热启动时或冬季间歇运行情况下每天早晨使空调区升温时使用。

3. 冷却盘管：低温送风空调器冷却盘管一般为8～12排，冷水通过盘管的温升在10℃左右或者更大些；盘管的面风速一般在1.8～2.3m/s范围内，最大不超过2.8m/s。

4. 空气过滤器：空调器空气过滤采用粗效和中效过滤器。粗效过滤器过滤效率为计重法90%以上，中效过滤器过滤效率为比色法60%以上。

5. 机外静压：空调器机外静压值应根据采用何种末端装置、送风散流器型式以及送、回风管沿程和局部阻力确定。当送风系统有低温送风散流器时，应考虑低温送风散流器的阻力损失；当送风系统采用单风道VAV末端装置及并联型FPB末端装置加低温送风散流器时，应考虑末端装置和低温送风散流器的阻力。对于采用风车型、超声波型等风速传感器的矩形接管的单风道VAV末端装置，装置本身的全开阻力可考虑50Pa；对于采用毕托管型风速传感器的圆形接管的单风道VAV末端装置或并联型FPB末端装置，装置设计风量下的阻力需考虑250Pa左右；而对于采用串联型FPB末端装置的系统，空调器的余压只承担末端装置上游风管及末端装置入口风阀的阻力和系统回风管的阻力，末端装置下游风管及风口的阻力由串联型FPB末端装置的内置风机承担。

6. 凝结水盘及水封高度：对于叠加式冷却盘管，需设中间凝结水盘。低温送风系统的空气冷凝水量可能比常温空调系统大2倍左右，空气冷凝水接管管径需比常温系统大一到二档。接出空调器冷凝水管水封的高度应不小于盘管处空调器箱体内外压差的1.5倍。

7. 机组箱体：低温送风空调器箱体保冷材料的厚度应比常温空调机组的保温层更厚，漏风量更小。对于采用压出式风机的空调器，其箱体结构比常温空调器更应结实。

此外，空调器的设计参数和技术要求必须在设计图纸中详细地描述，便于业主招标采购和设备供应商选型计算。

24.4.2 空调机房布置要求

空调机房布置宜靠近空调区域。就大多数办公建筑而言，空调机房常设置在建筑芯筒内或靠近非主要立面的外区部位。当空调机房设置在建筑芯筒内时，新风一般由设在技术层的新风机组处理后通过垂直风管引到各层空调机房，回风管从空调区域接到空调机房，空调器从机房内直接吸取新风和回风的混合空气；当空调机房设置在所服务层面的外部区域时，新风从机房外墙百叶就地吸入，新风管和回风管必须直接连接到空调器的新风和回风接口。新风直接连接可防止在冬季室外空气温度低于0℃时使空调机房内管道冻裂，在夏季可以免除室外潮湿空气使机房内管道和空调设备外表面产生凝露。空调机房四周应贴吸声材料，与空调区域相邻的隔墙上的送、回风道与预留洞口之间的缝隙用不燃材料密封，机房门为隔声门，消声器尽可能设在机房内。为空调器提供新风的集中新风机组的送风状态点应视各空调系统要求而定。大多数情况下，新风机组将室外空气处理到室内空气状态的等焓值；当空调系统需要新风机组承担部分室内空调负荷时，可将新风的送风状态处理到室内空气设计状态点的等焓值以下。空调机房布置应紧凑，留出维护保养和检修的空间，电动调节阀、防火阀执行机构等部件应设置在易于检修的位置。

24.5 低温送风空调系统运行

低温送风空调系统的运行方式与常温变风量空调系统的运行方式基本相同，但低温送风空调系统对运行和控制的要求更高。

24.5.1 低温送风系统的软启动

空调系统初始运行时或者经过夜晚、周末节假日等长时间停止运行后的重新启动，应考虑采用软启动。在空调停止运行期间，房间内温度和湿度的变化将取决于停机时间的长短、内外环境条件、围护结构的防潮隔汽和建筑物门窗的气密性等因素。较高的室内空气湿度在低温送风空调系统刚运行时易在风口表面产生结露现象。因此，低温送风系统开始运行时不能很快地降低送风温度，而应采用调节空调冷水流量或温度、设定冷风温度下调时间表、逐步减少末端加热量等措施实现软启动，使送风温度随室内空气相对湿度的降低而逐渐降低。表24.5-1为某一送风温度为7℃的空调系统开始运行时使送风温度缓慢下调时间表实例，具有一定的代表性。

温度缓慢下调的实例　　　　　　　　　　　　　　　　　　　　　表24.5-1

时间	风量限制	送风温度
上班前两小时	最大风量的40%	13℃
上班前一小时	最大风量的65%	10℃
工作时间	100%最大风量	7℃

如果低温送风系统采用串联型FPB末端装置，当一次风与回风混合后的送风温度接近或高于常温空调系统的送风温度时，可以不采取软启动措施。

24.5.2 送风温度的再设定

变风量空调控制系统的一个主要控制参数是送风温度，低温送风系统更是如此。送风温度能够满足系统中任何一个变风量末端装置的空调要求。随着空调负荷的减少，送风量也跟着减少，直到达到最小送风量。如果负荷再进一步减小，为了保证空调区的气流组织和新风要求，送风量就应保持在最小值。某些负荷低的末端就需启动再热装置，以补偿低温送风系统多送入该分区的冷量，形成冷热抵消，造成能量浪费。

为了减少能耗，低温送风系统要求系统的送风温度在运行中根据实际情况能重新设定。设定范围为设计低温送风温度到常温空调系统的送风温度之间，使末端再热装置开启时间最短、制冷机的用能降到最低。但低温送风系统的送风温度的提高有一个上限，使系统对低负荷、高湿度的环境仍具有除湿能力。

24.5.3 利用自然冷源节能运行

空调系统运行过程中当室外空气焓值低于回风焓值时，可利用室外空气不经机械冷却处理而送至空调房间，使机械制冷的用能量降低，达到利用自然冷源进行节能运行的目的。由于低温送风系统所服务房间空气干球温度和相对湿度都比常温空调系统的数值低，也就是焓值较低。因此，在系统运行期间的某些时段，常温系统可以直接从室外空气中获得一些冷量，而低温送风系统却得不到冷量。

低温送风系统利用自然冷源进行节能运行，需要采用焓值传感器或干球温度转换控制。

焓值控制是利用焓值传感器直接获得室外空气的焓值或者采用干、湿球温度传感器的测定值进行焓值计算。当室外空气的焓值低于回风的焓值时，控制系统可以利用室外空气进行节能运行。

所谓转换温度，就是与回风相同焓值时的室外空气干球温度。干球温度转换控制就是在大量统计各个地区的不同月份室外空气干球温度和湿球温度的关系，得出不同月份某些时段的室外空气湿球温度值等于室内空气的湿球温度值时相应的干球温度，当室外空气的干球温度值低于或等于相应的干球温度值后，低温送风系统便可进入节能运行状态。当然，焓值控制和干球温度转换控制方法也可实现对常温空调系统的节能运行控制。

第25章 气 流 组 织

25.1 气流组织的基本要求及分类

空气调节区的气流组织（又称为空气分布），是指合理地布置送风口和回风口，使得经过净化、热湿处理后的空气，由送风口送入空调区后，在与空调区内空气混合、置换并进行热湿交换的过程中，均匀地消除空调区内的余热和余湿，从而使空调区（通常是指离地面高度为2m以下的空间）内形成比较均匀而稳定的温湿度、气流速度和洁净度，以满足生产工艺和人体舒适的要求。同时，还要由回风口抽走空调区内空气，将大部分回风返回到空气处理机组（AHU）、少部分排至室外。

影响空调区内空气分布的因素有：送风口的型式和位置、送风射流的参数（例如，送风量、出口风速、送风温度等）、回风口的位置、房间的几何形状以及热源在室内的位置等，其中送风口的型式和位置、送风射流的参数是主要影响因素。

空调区的气流组织，应根据建筑物的用途对空调区内温湿度参数、允许风速、噪声标准、空气质量、室内温度梯度及空气分布特性指标（ADPI）的要求，结合建筑物特点、内部装修、工艺（含设备散热因素）或家具布置等进行设计、计算。其基本要求见表25.1-1。

气流组织的基本要求 表25.1-1

空调类型	室内温湿度参数	送风温差（℃）	每小时换气次数	风速（m/s） 送风出口	风速（m/s） 空气调节区	可能采取的送风方式	备注
舒适性空调	冬季18～24℃ $\phi=30\%\sim60\%$ 夏季22～28℃ $\phi=40\%\sim65\%$	送风口高度$h\leqslant 5m$时，不宜大于10；送风口高度$h>5m$时，不宜大于15	不宜小于5次，但对高大空间，应按其冷负荷通过计算确定	应根据送风方式、送风口类型、安装高度、室内允许风速、噪声标准等因素确定。消声要求较高时，采用2～5	冬季≤0.2 夏季≤0.3	1. 侧向送风 2. 散流器平送或向下送 3. 孔板上送 4. 条缝口上送 5. 喷口或旋流风口送风 6. 置换通风 7. 地板送风	

续表

空调类型	室内温湿度参数	送风温差（℃）	每小时换气次数	风速（m/s）		可能采取的送风方式	备注
				送风出口	空气调节区		
工艺性空调	温湿度基数根据工艺需要和卫生条件确定。室温允许波动范围如下： (1) 大于±1℃ (2) 等于±1℃	小于等于15 6~9	不小于5次（高大房间除外）	应根据送风方式、送风口类型、安装高度、室内允许风速、噪声标准等因素确定。消声要求较高时，采用2~5	冬季不宜大于0.3；夏季宜采用0.2~0.5；当室内温度高于30℃时，可大于0.5	1. 侧送宜贴附 2. 散流器平送	洁净室空调多采用垂直单向流或水平单向流
	(3) 等于±0.5℃	3~6	不小于8次			1. 侧送应贴附 2. 孔板上送不稳定流型	
	(4) 等于±0.1~0.2℃	2~3	不小于12次（工作时间内不送风的除外）				

注：当夏季采用大温差送风时，应防止送风口结露。

根据文献[3]，空调区的气流组织方式，按照机理不同可分为：

1) 上（顶）部混合系统，又称头部以上混合系统（Overhead Mixing Systems）；
2) 置换通风系统（Displacement Ventilation System）；
3) 单向流通风系统（Unidirectional Airflow Ventilation System）；
4) 地板送风系统（Underfloor Air Distribution System）；
5) 岗位/个人环境调节系统（Task/Ambient Conditioning System）等。

按照送风口在空调空间内所处的位置不同可分为：上（顶）部送风和下部送风两大类。

上部送风就是常规的上（顶）部混合（OHM）系统（又称混合式送风系统），是目前工程上用得最多的气流分布方式。上部送风的常用方式有侧向送风、孔板上送风、散流器上送风、喷口送风、条缝口上送风和旋流风口上送风等。

下部送风有置换通风（DV）系统、地板送风（UFAD）系统和岗位/个人环境调节（TAC）系统等。有关置换通风的基本原理以及该系统的设计计算，详见本手册第10章。

单向流通风（UAV）系统，这种方式的通风或者①空气从吊顶送出，通过地面排走，反之亦然；或者②空气从侧墙送出，通过对面墙上的回风口排走。送风口被均匀地布置在吊顶、地面或者侧墙上，以提供低紊流度的"活塞流"横掠过整个房间。这种方式的系统主要应用于洁净室的通风，其主要任务是从房间内除去污染物微粒。有关洁净室的气流组织，详见本手册第27章。

25.2 侧向送风

25.2.1 侧向送风的送、回风口布置形式及适用条件

采用百叶风口等进行侧向送风时，其送、回风口的布置形式有：
(1) 单侧上送下回
(2) 单侧上送上回
(3) 单侧上送、走廊回风
(4) 双侧上送下回
(5) 双侧上送上回

- 仅为夏季降温服务的空调系统，且建筑层高较低时，可采用上送上回方式。
- 以冬季送热风为主的空调系统，且建筑层高较高时，宜采用上送下回方式。
- 全年使用的空调系统一般根据气流组织计算来确定采用上送上回或上送下回方式。
- 建筑层高较低、进深较大的房间宜采用单侧或双侧送风，贴附射流。
- 温湿度相同、对净化和噪声控制无特殊要求的多房间的工艺性空调系统，可采用单侧上送、走廊回风方式。

25.2.2 侧送百叶送风口的最大送风速度（见表25.2-1）

侧送百叶送风口的最大送风速度（m/s）　　　表25.2-1

建筑物类别	最大送风速度	建筑物类别	最大送风速度
播音室	1.5～2.5	电影院	5.0～6.0
住宅、公寓	2.5～3.8	一般办公室	5.0～6.0
旅馆客房	2.5～3.8	个人办公室	2.5～4.0
会　堂	2.5～3.8	商　店	5.0～7.5
剧　场	2.5～3.8	医院病房	2.5～4.0

25.2.3 侧送气流组织的设计计算

1. 工艺性空调——室温允许波动范围≤±0.5℃时

(1) 设计计算步骤

1) 根据空调区的夏季冷负荷、热湿比和送风温差，绘制空气处理过程的 $h-d$ 图，计算夏季空调总送风量 L_S（m³/h）和换气次数 n（1/h）：

$$L_S = \frac{3.6Q}{1.2(h_N - h_S)} \tag{25.2-1}$$

或者
$$L_S = \frac{3.6Q_X}{1.2 \times 1.01(t_N - t_S)} = \frac{3.6Q_X}{1.2 \times 1.01 \times \Delta t_S} \tag{25.2-2}$$

$$n = \frac{L_S}{A \times B \times H} \tag{25.2-3}$$

式中　Q、Q_X——空调区的全热冷负荷和显热冷负荷，W；
　　　h_N、h_S——室内空气和送风状态空气的比焓值，kJ/kg；
　　　t_N、t_S——室内空气温度和送风温度，℃；
　　　Δt_S——送风温差，℃，按表 25.1-1 选取；
　　　A——沿射流方向的房间长度，m；
　　　B——房间宽度，m；
　　　H——房间高度，m。

2) 确定送风口的出口风速 v_S（m/s）：

$$v_S \leq 371 \frac{BHk}{L_S} \quad (25.2\text{-}4)$$

式中，k 为送风口的有效面积系数，对于可调式双层百叶风口，根据测定可取为 0.72。并按表 25.2-2 最后确定满足风速衰减和防止噪声的送风口的出口风速。

推荐的送风口出口风速（m/s）　　　　　表 25.2-2

射流自由度 $\sqrt{F}/d_S$	5	6	7	8	9	10	11	12	13	15	20	25	30
最大允许出口风速 $v_S=0.36\sqrt{F}/d_S$	1.8	2.16	2.52	2.88	3.24	3.6	3.96	4.32	4.68	5.4	7.2	9.0	10.8
建议的出口风速	2.0				3.5				5.0				

3) 计算射流自由度 $\sqrt{F}/d_S$，并根据 $\dfrac{\Delta t_x}{\Delta t_S}\dfrac{\sqrt{F}}{d_S}$ 值，从图 25.2-1 所示的非等温受限射流

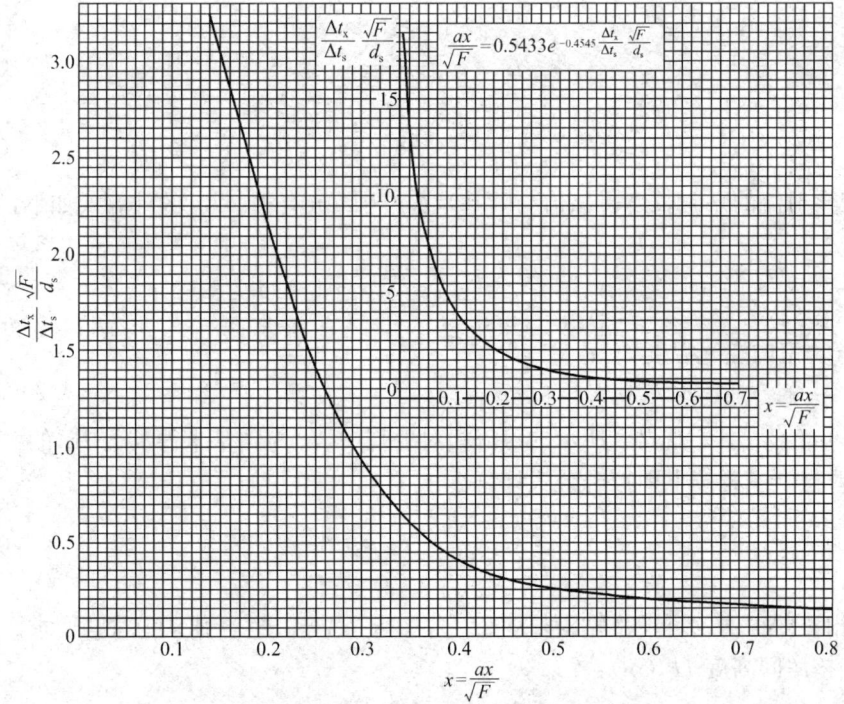

图 25.2-1　非等温受限射流轴心温度差衰减曲线

轴心温差衰减曲线,查得无因次距离 $\overline{x} = \dfrac{ax}{\sqrt{F}}$ 值。

射流自由度的计算式为:

$$\frac{\sqrt{F}}{d_S} = 53.2\sqrt{\frac{BHv_S k}{L_S}} \tag{25.2-5}$$

或者按下列拟合公式计算无因次距离 $\overline{x}$:

$$\frac{ax}{\sqrt{F}} = 0.5433 e^{-0.4545 \frac{\Delta t_x}{\Delta t_S}\frac{\sqrt{F}}{d_S}} \tag{25.2-6}$$

式中 F——每个风口所负担的房间横断面积,m^2;

d_S——圆形送风口的直径,或矩形送风口的等面积当量直径,m;

x——贴附射流的射程,m,取 $x = A - 0.5$;

a——送风口的紊流系数;

Δt_x——射流进入空调区时,室温与轴心温度之差。计算时,可采用室温允许波动范围值。

4) 确定送风口的个数 N

$$N = \frac{BH}{\left(\dfrac{ax}{\overline{x}}\right)^2} \tag{25.2-7}$$

5) 计算送风口面积 f_S (m^2),确定送风口长和宽尺寸,或等面积当量直径,选取风口型号。

$$f_S = \frac{L_S}{3600 v_S N k} \tag{25.2-8}$$

$$d_S = 1.128\sqrt{f_S} \tag{25.2-9}$$

6) 校核射流的贴附长度,该值与阿基米德准数 Ar 有关。Ar 的计算式如下:

$$Ar = \frac{g\Delta t_S d_S}{v_S^2 (t_n + 273)} \tag{25.2-10}$$

式中 t_n——室内空气温度,℃;

g——重力加速度,取为 $9.81 m/s^2$。

根据 Ar 值,由图 25.2-2 所示的射流相对射程 x/d_S 与阿基米德准数 Ar 的关系曲线,求得相对射程,或者按下列拟合公式计算:

$$\frac{x}{d_S} = 53.291 e^{-85.53 Ar} \tag{25.2-11}$$

根据相对射程值,可求得贴附长度 x。若 $x > (A - 0.5)$,则认为符合要求。

7) 校核房间高度 H (m):

$$H = h + S + 0.07x + 0.3 \tag{25.2-12}$$

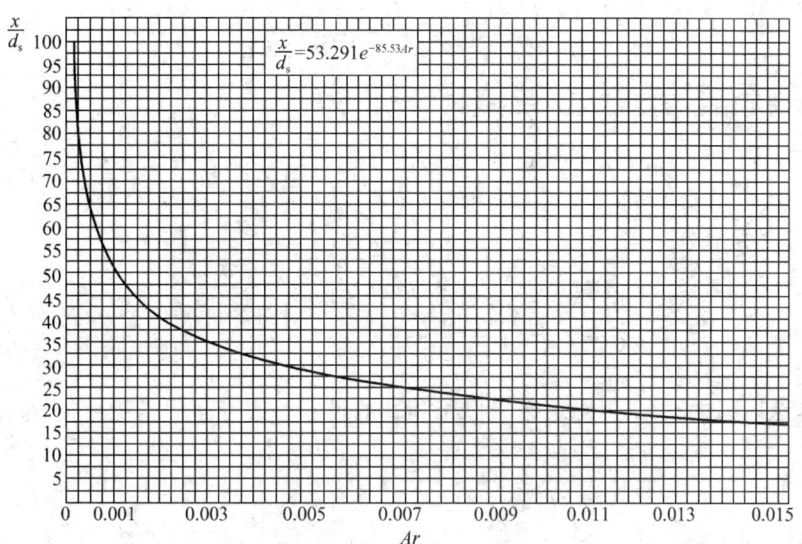

图 25.2-2 相对射程 x/d_s 与阿基米德准数 Ar 的关系

式中 h——工作区（空调区）的高度，一般为2m以下；

S——风口底边至吊顶的距离，m；

0.3——安全系数。

若房间高度不能满足要求时，应适当调整风口布置和高度，重新计算。

(2) 计算举例

【例 25-1】 某空调房间室温要求 20 ± 0.5℃，房间长为 $A=5.5$m，宽为 $B=3.6$m，高为 $H=3.2$m。室内显热冷负荷 $Q_x=1586$W，试进行侧送气流组织计算。

【解】 ①选用可调式双层百叶风口，紊流系数 $a=0.14$，有效面积系数 $k=0.72$，风口布置在房间宽度方向上。射流射程 $X=A-0.5=5.5-0.5=5.0$m。侧送贴附射流流型如图 25.2-3 所示。

②按表 25.1-1 选定送风温差 $\Delta t_S=5$℃，计算送风量 L_S 并校核换气次数 n：

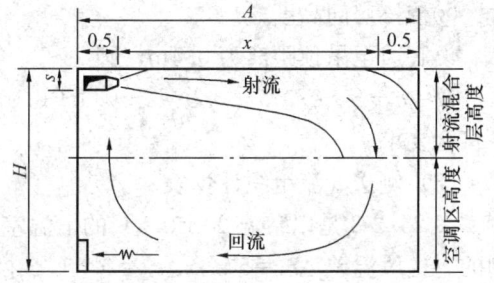

图 25.2-3 侧送贴附射流流型

$$L_S = \frac{3.6Q_x}{1.2\times1.01\times\Delta t_S} = \frac{3.6\times1586}{1.2\times1.01\times5} = 942 \text{m}^3/\text{h}$$

$$n = \frac{L_S}{A\times B\times H} = \frac{942}{5.5\times3.6\times3.2} = 14 \text{ 1/h}，换气次数大于8,满足要求。$$

③按式（25.2-4）确定送风速度：

$$v_S = 371\frac{BHk}{L_S} = \frac{371\times3.6\times3.2\times0.72}{942} = 3.27 \text{m/s}$$

④按式（25.2-5）计算射流自由度：

$$\frac{\sqrt{F}}{d_S} = 53.2\sqrt{\frac{BHv_Sk}{L_S}} = 53.2\sqrt{\frac{3.6\times3.2\times3.27\times0.72}{942}} = 9.0$$

⑤计算满足轴心温度衰减要求的送风口个数 N：

$$\frac{\Delta t_x}{\Delta t_S}\frac{\sqrt{F}}{d_S} = \frac{0.5}{5}\times 9.0 = 0.9$$，查图 25.2-1，得无因次距离 $\bar{x} = \frac{ax}{\sqrt{F}} = 0.3$，并代入式 (25.2-7)：

$$N = \frac{BH}{\left(\frac{ax}{\bar{x}}\right)^2} = \frac{3.6\times 3.2}{\left(\frac{0.14\times 5}{0.3}\right)^2} = 2.13,\text{取 } N = 2 \text{ 个}$$

⑥计算送风口面积 f_S、确定送风口长和宽的尺寸，或等面积当量直径 d_S：

$$f_S = \frac{L_S}{3600 v_S Nk} = \frac{942}{3600\times 3.27\times 2\times 0.72} = 0.055 \text{m}^2$$

选定长宽尺寸为 250mm×200mm 双层百叶风口，等面积当量直径为

$$d_S = 1.128\sqrt{f_S} = 1.128\sqrt{0.25\times 0.2} = 0.252 \text{m},\text{实际的送风速度 } v_S = 3.63 \text{m/s}$$

⑦校核贴附射流长度

$$Ar = \frac{g\Delta t_S d_S}{v_S^2(t_n+273)} = \frac{9.81\times 5\times 0.252}{3.63^2\times(20+273)} = 0.0032$$

查图 25.2-2，得 $x/d_S = 33$，因而 $x = d_S\times 33 = 0.252\times 33 = 8.3 \text{m} > 5.0 \text{m}$，满足贴附长度要求。

⑧校核房间高度

设底边至吊顶距离为 0.4m，则

$H = h + S + 0.07x + 0.3 = 2 + 0.4 + 0.07\times 5 + 0.3 = 3.05 \text{m}$，该值小于 3.2m，房间高度符合要求。

(3) 侧送气流组织计算表

表 25.2-3 是以室温 20±0.5℃ 的恒温室为对象，针对工程上常见的房间建筑尺寸来编制的。送风温差 $\Delta t_S = 5$℃，$\Delta t_x = 0.5$℃，换气次数均大于 8 次/h，选用可调式双层百叶风口（配对开式风量调节阀），有效面积系数为 0.72，风口的紊流系数 a 取 0.14。若采用其他紊流系数时，由表 25.2-3 查得的送风口个数，应按下式换算 $N' = N\frac{(0.14)^2}{a^2}$，风口沿房间宽度 B 方向布置。

2. 工艺性空调——室温允许波动范围 $\geqslant \pm 1$℃ 时

(1) 设计计算步骤

1) 按公式 (25.2-1) 和 (25.2-2)，确定房间的总送风量和换气次数。

2) 根据要求的室温允许波动范围 Δt_x 与选取的送风温差 Δt_S 之比值，查图 25.2-4 求得相对射程 x/d_S，或按下列拟合公式计算：

$$\frac{x}{d_S} = 47.77e^{-6.2797\frac{\Delta t_x}{\Delta t_S}} \tag{25.2-13}$$

例如，$\Delta t_x = 1℃$，$\Delta t_S = 6℃$，从该图查得 $x/d_S = 17$；$\Delta t_x = 1℃$，$\Delta t_S = 8℃$，则 $x/d_S = 23.5$。

3) 按表 25.2-1 选取送风口速度，计算风口直径 d_S 和风口断面积 f_S，选取风口型号和尺寸，进而求得每个送风口的送风量 l_S（m³/h·个）。

$$d_S = \frac{x}{(x/d_S)} \tag{25.2-14}$$

$$f_S = \frac{\pi}{4}d_S^2 = 0.785 d_S^2 \tag{25.2-15}$$

$$l_S = 3600 k f_S v_S \tag{25.2-16}$$

4) 计算送风口的个数 N

$$N = \frac{L_S}{l_S} \tag{25.2-17}$$

取整数后，再重新计算送风口的速度。

5) 按式（25.2-10）计算 Ar 数，查图 25.2-4 或按公式（25.2-13）求得相对射程 x/d_S，校核射流的贴附长度，看是否满足要求。不然，调整风口个数，重新计算直到符合要求为止。

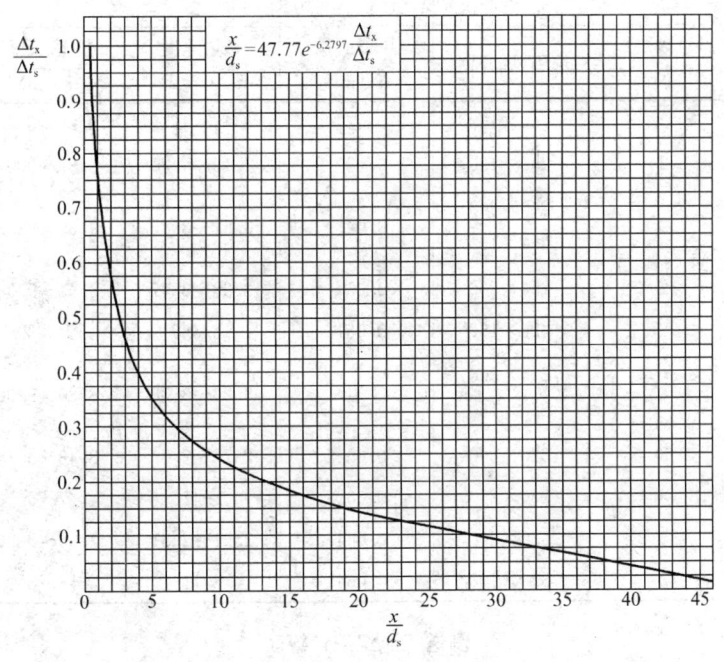

图 25.2-4 非等温受限射流轴心温差衰减曲线

(2) 侧送气流组织计算表

表 25.2-4 是以室温 $20±1℃$ 的恒温室为对象，针对工程上常见的房间建筑尺寸来编制的。送风温差 $\Delta t_S = 6℃$，$\Delta t_x = 1℃$，换气次数均大于 5 次/h，风口沿房间长度 A 方向布置。其他的与表 25.2-3 相同。对于室温为 $22±1℃$、$23±1℃$ 等恒温房间也可参照采用。因为室温基数的变化，只影响 Ar 数和射流的贴附长度，其误差可忽略不计。

侧送气流组织计算表 表 25.2-3（A）

$t_n=20\pm0.5℃$，送风温差 $\Delta t_s=5℃$，$\Delta t_x=0.5℃$，房间换气次数大于 8 次/h

选用国产可调式双层百叶风口，有效面积系数 $k=0.72$

风量 L_s (m³/h)	空调房间 $A\times B\times H=3.6\times3.3\times3.2$					备注
	风口数目 N	选用风口尺寸	风口面积 F (m²)	送风速度 v_s (m/s)	贴附长度 x (m)	
300～350	3	160×120	0.0192	2.0～2.34	4.79～5.54	
400～450	4	160×120	0.0192	2.0～2.26	4.79～5.38	
500	4	200×120	0.024	2.0	5.01	
550	5	160×120	0.0192	2.21	5.27	
600～650	5	200×120	0.024	1.93～2.09	4.75～5.25	
700	6	200×120	0.024	1.88	4.57	
750	7	200×120	0.024	1.72	4.00	

侧送气流组织计算表 表 25.2-3（B）

$t_n=20\pm0.5℃$，送风温差 $\Delta t_s=5℃$，$\Delta t_x=0.5℃$，房间换气次数大于 8 次/h

选用国产可调式双层百叶风口，有效面积系数 $k=0.72$

风量 L_s (m³/h)	空调房间 $A\times B\times H=6.0\times3.6\times3.2$					备注
	风口数目 N	选用风口尺寸	风口面积 F (m²)	送风速度 v_s (m/s)	贴附长度 x (m)	
550～600	2	160×160	0.0256	4.14～4.52	8.28～8.48	
650～700	2	250×120	0.03	4.18～4.50	8.87～9.07	
750～800	2	200×200 250×160	0.04	3.61～3.86	9.39～9.68	
850～900	2	250×200	0.05	3.28～3.47	9.61～9.96	
950	2	320×160	0.0512	3.58	10.22	
1000～1050	3	200×200 250×160	0.04	3.22～3.38	8.80～9.06	
1100～1150	3	320×160	0.0512	2.76～2.89	8.43～8.78	
1200	3	250×250	0.0625	2.47	7.75	
1250～1300	3	320×200	0.064	2.51～2.61	7.96～8.36	
1350	3	320×200	0.064	2.71	8.73	

侧送气流组织计算表 表 25.2-3（C）

$t_n=20\pm0.5℃$，送风温差 $\Delta t_s=5℃$，$\Delta t_x=0.5℃$，房间换气次数大于 8 次/h

选用国产可调式双层百叶风口，有效面积系数 $k=0.72$

风量 L_s (m³/h)	空调房间 $A\times B\times H=6.0\times3.9\times3.2$					备注
	风口数目 N	选用风口尺寸	风口面积 F (m²)	送风速度 v_s (m/s)	贴附长度 x (m)	
600	2	160×160	0.0256	4.52	8.48	
650～700	2	250×120	0.03	4.18～4.50	8.87～9.07	
750～800	2	200×160	0.032	4.52～4.82	9.34～9.50	

续表

风量 L_s (m³/h)	风口数目 N	空调房间 $A\times B\times H=6.0\times 3.9\times 3.2$				备注
		选用风口尺寸	风口面积 F (m²)	送风速度 v_s (m/s)	贴附长度 x (m)	
850	2	200×200 250×160	0.04	4.09	9.92	
900~950	3	200×160	0.032	3.62~3.82	8.62~8.82	
1000~1050	3	200×200 250×160	0.04	3.22~3.38	8.79~9.06	
1100~1150	3	200×200 250×160	0.04	3.54~3.70	9.29~9.49	
1200	3	250×200	0.05	3.09	9.20	
1250	3	250×250	0.0625	2.57	8.16	
1300~1350	4	320×160	0.0512	2.45~2.54	7.40~7.73	
1400	4	320×160	0.0512	2.64	8.04	
1450	4	250×250	0.0625	2.24	6.71	
1500	4	320×200	0.064	2.26	6.84	

侧送气流组织计算表　　　　　　　　　　　　　　　　　　　　　　表 25.2-3 (D)

$t_n=20\pm 0.5℃$，送风温差 $\Delta t_s=5℃$，$\Delta t_x=0.5℃$，房间换气次数大于 8 次/h

选用国产可调式双层百叶风口，有效面积系数 $k=0.72$

风量 L_s (m³/h)	风口数目 N	空调房间 $A\times B\times H=6.0\times 4.2\times 3.2$				备注
		选用风口尺寸	风口面积 F (m²)	送风速度 v_s (m/s)	贴附长度 x (m)	
650	2	160×160	0.0256	4.90	8.64	
700~750	2	250×120	0.03	4.50~4.82	9.07~9.23	
800	2	200×160	0.032	4.82	9.50	
850~950	3	200×160	0.032	3.42~3.82	8.40~8.82	
1000~1100	3	200×200 250×160	0.04	3.22~3.54	8.80~9.29	
1150~1200	3	200×200 250×160	0.04	3.70~3.86	9.49~9.68	
1250~1300	4	250×200	0.05	2.41~2.51	7.22~7.57	
1350~1400	4	320×160	0.0512	2.54~2.64	7.73~8.04	
1450	4	250×250	0.0625	2.24	6.71	
1500~1550	4	320×200	0.064	2.26~2.34	6.84~7.19	
1600~1650	4	320×200	0.064	2.41~2.49	7.53~7.85	

侧送气流组织计算表   表 25.2-3（E）

$t_n = 20 \pm 0.5℃$，送风温差 $\Delta t_s = 5℃$，$\Delta t_x = 0.5℃$，房间换气次数大于 8 次/h

选用国产可调式双层百叶风口，有效面积系数 $k = 0.72$

风量 L_s (m³/h)	风口数目 N	选用风口尺寸	风口面积 F (m²)	送风速度 v_s (m/s)	贴附长度 x (m)	备注
空调房间 $A \times B \times H = 7.2 \times 6.0 \times 3.2$						
1050~1150	2	250×200	0.05	4.05~4.44	10.79~11.19	
1200~1250	2	320×200	0.064	3.62~3.77	11.13~11.41	
1300~1350	3	250×200	0.05	3.34~3.47	9.73~9.96	
1400~1500	3	320×160	0.0512	3.52~3.77	10.12~10.52	
1550~1600	3	320×160	0.0512	3.89~4.02	10.69~10.85	
1650~1750	3	250×250	0.0625	3.40~3.60	10.58~11.00	
1800	4	250×250	0.0625	2.78	8.91	
1850~1900	4	320×200	0.064	2.79~2.89	8.99~9.24	
1950~2000	4	320×200	0.064	2.94~3.01	9.48~9.70	
2050~2150	4	320×250 400×200	0.08	2.47~2.59	8.04~8.62	
2200~2300	4	320×250 400×200	0.08	2.65~2.77	8.88~9.39	
2350~2400	4	400×250 500×200	0.10	2.27~2.31	7.03~7.32	
2450~2500	4	400×250 500×200	0.10	2.36~2.41	7.62~7.90	
2550~2600	4	320×320	0.1024	2.40~2.45	7.85~8.13	
2650~2700	4	320×320	0.1024	2.50~2.54	8.39~8.65	

侧送气流组织计算表   表 25.2-3（F）

$t_n = 20 \pm 0.5℃$，送风温差 $\Delta t_s = 5℃$，$\Delta t_x = 0.5℃$，房间换气次数大于 8 次/h

选用国产可调式双层百叶风口，有效面积系数 $k = 0.72$

风量 L_s (m³/h)	风口数目 N	选用风口尺寸	风口面积 F (m²)	送风速度 v_s (m/s)	贴附长度 x (m)	备注
空调房间 $A \times B \times H = 7.8 \times 6.0 \times 3.2$						
1200~1350	2	320×200	0.064	3.62~4.07	11.13~11.88	
1400~1450	2	320×250 400×200	0.08	3.38~3.50	11.39~11.70	
1500~1600	2	320×250 400×200	0.08	3.62~3.86	11.99~12.51	
1650~1750	2	400×250 500×200	0.10	3.18~3.38	11.48~12.14	
1800~1850	3	400×250 500×200	0.10	2.31~2.38	7.32~7.71	
1900~2000	3	320×320	0.1024	2.39~2.51	7.76~8.48	
2050~2150	3	320×320	0.1024	2.57~2.70	8.82~9.47	
2200~2250	3	320×320	0.1024	2.76~2.83	9.77~10.07	
2300~2400	3	500×250	0.125	2.37~2.47	7.66~8.33	
2450~2550	3	500×250	0.125	2.52~2.62	8.65~9.27	
2600~2700	3	400×320	0.128	2.61~2.71	9.22~9.80	
2750~2850	3	400×320	0.128	2.76~2.86	10.08~10.63	
2900~3000	3	630×250	0.1575	2.37~2.45	7.60~8.20	

侧送气流组织计算表 表 25.2-4（A）

空调房间尺寸 $A \times B \times H$：$3.3 \times 5.4 \times 3.3$，$6.6 \times 5.4 \times 3.3$，$9.9 \times 5.4 \times 3.3$，$13.2 \times 5.4 \times 3.3$，$16.5 \times 5.4 \times 3.3$，$t_n = 20 \pm 1℃$，送风温差 $\Delta t_s = 6℃$，$\Delta t_x = 1℃$，送风口沿长度布置，射程 $x = 4.9$m，选用风口尺寸 320×200，风口面积 0.064m^2，$k = 0.72$

风量 L_s (m³/h)	风口个数 N	送风速度 v_s (m/s)	贴附长度 x' (m)	风量 L_s (m³/h)	风口个数 N	送风速度 v_s (m/s)	贴附长度 x' (m)
800~900	2	2.41~2.71	6.54~7.81	4400~4500	11	2.41~2.47	6.54~6.79
950~1000	2	2.86~3.01	8.36~8.87	4550~4650	11	2.49~2.55	6.91~7.15
1050~1150	3	2.11~2.31	5.05~6.07	4700~4750	11	2.58~2.60	7.26~7.38
1200~1300	3	2.41~2.61	6.54~7.41	4800~4900	12	2.41~2.46	6.54~6.77
1350~1450	3	2.71~2.91	7.81~8.54	4950~5050	12	2.49~2.54	6.88~7.10
1500~1600	4	2.26~2.41	5.83~6.54	5100~5150	12	2.56~2.59	7.21~7.31
1650~1750	4	2.49~2.64	6.88~7.52	5200~5300	13	2.41~2.46	6.54~6.75
1800~1850	4	2.71~2.79	7.81~8.09	5350~5450	13	2.48~2.53	6.86~7.06
1900~2000	5	2.29~2.41	5.97~6.54	5500~5550	13	2.55~2.57	7.16~7.25
2050~2150	5	2.47~2.59	6.82~7.33	5600~5700	14	2.41~2.45	6.54~6.74
2200~2250	5	2.65~2.71	7.58~7.81	5750~5850	14	2.48~2.52	6.83~7.02
2300~2400	6	2.31~2.41	6.07~6.54	5900~6000	14	2.54~2.58	7.11~7.30
2450~2550	6	2.46~2.56	6.77~7.21	6050~6150	15	2.43~2.47	6.64~6.82
2600~2650	6	2.61~2.66	7.41~7.62	6200~6300	15	2.49~2.53	6.90~7.08
2700~2800	7	2.33~2.41	6.14~6.54	6350~6400	15	2.55~2.57	7.16~7.25
2850~2950	7	2.45~2.54	6.74~7.11	6450~6550	16	2.43~2.47	6.63~6.80
3000~3100	7	2.58~2.67	7.30~7.64	6600~6700	16	2.49~2.52	6.88~7.05
3150~3250	8	2.37~2.45	6.37~6.71	6750~6800	16	2.54~2.56	7.13~7.21
3300~3400	8	2.49~2.56	6.88~7.21	6850~6950	17	2.43~2.46	6.62~6.78
3450~3500	8	2.60~2.64	7.36~7.52	7000~7100	17	2.48~2.52	6.86~7.02
3550~3650	9	2.38~2.44	6.39~6.70	7150~7250	17	2.54~2.57	7.09~7.24
3700~3800	9	2.48~2.55	6.84~7.13	7300~7400	18	2.44~2.48	6.70~6.84
3850~3900	9	2.58~2.61	7.28~7.41	7450~7550	18	2.49~2.53	6.92~7.06
3950~4050	10	2.38~2.44	6.40~6.68	7600~7650	18	2.55~2.56	7.13~7.21
4100~4200	10	2.47~2.53	6.82~7.08	7700~7750	19	2.44~2.46	6.69~6.76
4250~4350	10	2.56~2.62	7.21~7.45				

侧送气流组织计算表 表 25.2-4（B）

空调房间尺寸 $A \times B \times H$：$3.3 \times 6.0 \times 3.3$，$6.6 \times 6.0 \times 3.3$，$9.9 \times 6.0 \times 3.3$，$13.2 \times 6.0 \times 3.3$，$16.5 \times 6.0 \times 3.3$，$6.0 \times 6.0 \times 3.3$，$12 \times 6.0 \times 3.3$，$18 \times 6.0 \times 3.3$，$24 \times 6.0 \times 3.3$，$30 \times 6.0 \times 3.3$

$t_n = 20 \pm 1℃$，送风温差 $\Delta t_s = 6℃$，$\Delta t_x = 1℃$，送风口沿长度布置，射程 $x = 5.5$m，选用风口尺寸 320×250 或 400×200，风口面积 0.08m^2，$k=0.72$

风量 L_s (m³/h)	风口个数 N	送风速度 v_s (m/s)	贴附长度 x' (m)	风量 L_s (m³/h)	风口个数 N	送风速度 v_s (m/s)	贴附长度 x' (m)
800~900	1	3.86~4.34	11.77~12.71	5900~5950	11	2.59~2.61	7.49~7.60
950~1050	2	2.29~2.53	5.98~7.23	6000~6100	12	2.41~2.45	6.62~6.83
1100~1200	2	2.65~2.89	7.80~8.83	6150~6250	12	2.47~2.51	6.93~7.13
1250~1350	2	3.01~3.26	9.30~10.14	6300~6450	12	2.53~2.59	7.23~7.52
1400~1500	3	2.25~2.41	5.76~6.62	6500~6600	13	2.41~2.45	6.62~6.81
1550~1650	3	2.49~2.65	7.03~7.80	6650~6750	13	2.47~2.50	6.91~7.09
1700~1800	3	2.73~2.89	8.16~8.83	6800~6950	13	2.52~2.58	7.18~7.45
1850~1950	4	2.23~2.35	5.65~6.31	7000~7100	14	2.41~2.45	6.62~6.80
2000~2100	4	2.41~2.53	6.62~7.23	7150~7250	14	2.46~2.50	6.89~7.06
2150~2300	4	2.59~2.77	7.52~8.34	7300~7400	14	2.51~2.55	7.15~7.31
2350~2450	5	2.27~2.36	5.85~6.37	7450~7500	14	2.57~2.58	7.40~7.48
2500~2600	5	2.41~2.51	6.62~7.11	7550~7650	15	2.43~2.46	6.71~6.87
2650~2750	5	2.56~2.65	7.35~7.80	7700~7800	15	2.48~2.51	6.95~7.11
2800~2850	5	2.70~2.75	8.02~8.23	7850~8000	15	2.52~2.57	7.19~7.42
2900~3000	6	2.33~2.41	6.19~6.62	8050~8150	16	2.43~2.46	6.70~6.85
3050~3150	6	2.45~2.53	6.83~7.23	8200~8300	16	2.47~2.50	6.93~7.08
3200~3350	6	2.57~2.69	7.42~7.98	8350~8450	16	2.52~2.55	7.16~7.30
3400~3500	7	2.34~2.41	6.26~6.62	8500~8550	16	2.56~2.58	7.38~7.45
3550~3650	7	2.45~2.51	6.80~7.15	8600~8700	17	2.44~2.47	6.77~6.91
3700~3850	7	2.55~2.65	7.31~7.80	8750~8850	17	2.48~2.51	6.98~7.13
3900~4000	8	2.35~2.41	6.31~6.62	8900~9050	17	2.52~2.57	7.20~7.40
4050~4150	8	2.44~2.50	6.78~7.08	9100~9200	18	2.44~2.46	6.76~6.90
4200~4300	8	2.53~2.59	7.23~7.52	9250~9350	18	2.48~2.51	6.96~7.10
4350~4400	8	2.62~2.65	7.66~7.80	9400~9550	18	2.52~2.56	7.16~7.36
4450~4550	9	2.38~2.44	6.48~6.76	9600~9700	19	2.44~2.46	6.75~6.88
4600~4700	9	2.46~2.52	6.90~7.16	9750~9850	19	2.47~2.50	6.95~7.07
4750~4900	9	2.55~2.63	7.29~7.68	9900~10000	19	2.51~2.54	7.14~7.26
4950~5050	10	2.39~2.44	6.50~6.75	10050~10100	19	2.55~2.56	7.32~7.38
5100~5200	10	2.46~2.51	6.87~7.11	10150~10250	20	2.45~2.47	6.81~6.93
5250~5400	10	2.53~2.60	7.23~7.58	10300~10400	20	2.48~2.51	6.99~7.11
5450~5550	11	2.39~2.43	6.51~6.74	10450~10600	20	2.52~2.56	7.17~7.35
5600~5700	11	2.46~2.50	6.85~7.07	10650~10750	21	2.45~2.47	6.80~6.92
5750~5850	11	2.52~2.56	7.18~7.39				

侧送气流组织计算表　　　　　　　　　　　　　　　　　　表 25.2-4（C）

空调房间尺寸 $A\times B\times H$：$3.3\times6.6\times3.3$，$6.6\times6.6\times3.3$，$9.9\times6.6\times3.3$，$13.2\times6.6\times3.3$，$16.5\times6.6\times3.3$ $t_n=20\pm1℃$，送风温差 $\Delta t_s=6℃$，$\Delta t_x=1℃$，送风口沿长度布置，射程 $x=6.1m$，选用风口尺寸 400×250 或 500×200，风口面积 $0.10m^2$，$k=0.72$

风量 L_s (m³/h)	风口个数 N	送风速度 v_s (m/s)	贴附长度 x' (m)	风量 L_s (m³/h)	风口个数 N	送风速度 v_s (m/s)	贴附长度 x' (m)
1000～1100	1	3.86～4.24	12.59～13.53	5200～5300	8	2.51～2.56	7.17～7.44
1150～1200	1	4.44～4.63	13.93～14.28	5350～5500	8	2.58～2.65	7.57～7.95
1250～1350	2	2.41～2.60	6.62～7.70	5550～5650	9	2.38～2.42	6.44～6.69
1400～1500	2	2.70～2.89	8.20～9.14	5700～5800	9	2.44～2.49	6.81～7.05
1550～1650	2	2.99～3.18	9.58～10.38	5850～5950	9	2.51～2.55	7.17～7.41
1700～1800	2	3.28～3.47	10.75～11.44	6000～6150	9	2.57～2.64	7.53～7.87
1850～1950	3	2.38～2.51	6.44～7.17	6200～6300	10	2.39～2.43	6.51～6.74
2000～2100	3	2.57～2.70	7.53～8.20	6350～6450	10	2.45～2.49	6.85～7.06
2150～2250	3	2.76～2.89	8.53～9.14	6500～6600	10	2.51～2.55	7.17～7.39
2300～2400	3	2.96～3.09	9.44～9.99	6650～6800	10	2.57～2.62	7.49～7.80
2450～2550	4	2.36～2.46	6.34～6.90	6850～6950	11	2.40～2.44	6.57～6.78
2600～2700	4	2.51～2.60	7.17～7.70	7000～7100	11	2.46～2.49	6.88～7.07
2750～2850	4	2.65～2.75	7.95～8.45	7150～7250	11	2.51～2.54	7.17～7.37
2900～3000	4	2.80～2.89	8.68～9.14	7300～7450	11	2.56～2.61	7.46～7.75
3050～3150	5	2.35～2.43	6.29～6.74	7500～7600	12	2.41～2.44	6.62～6.81
3200～3300	5	2.47～2.55	6.96～7.39	7650～7750	12	2.46～2.49	6.90～7.08
3350～3450	5	2.58～2.66	7.60～8.00	7800～7900	12	2.51～2.54	7.17～7.35
3500～3600	5	2.70～2.78	8.20～8.59	7950～8050	12	2.56～2.59	7.44～7.61
3650～3750	6	2.34～2.41	6.24～6.62	8100～8200	13	2.40～2.43	6.58～6.75
3800～3900	6	2.44～2.51	6.81～7.17	8250～8350	13	2.45～2.48	6.84～7.00
3950～4050	6	2.54～2.60	7.35～7.70	8400～8500	13	2.49～2.52	7.09～7.26
4100～4200	6	2.64～2.70	7.87～8.20	8550～8700	13	2.54～2.58	7.34～7.58
4250～4350	7	2.34～2.40	6.22～6.54	8750～8850	14	2.41～2.44	6.62～6.78
4400～4500	7	2.45～2.48	6.70～7.02	8900～9000	14	2.45～2.48	6.86～7.02
4550～4650	7	2.51～2.56	7.17～7.48	9050～9150	14	2.49～2.52	7.10～7.25
4700～4850	7	2.59～2.67	7.63～8.06	9200～9350	14	2.54～2.58	7.33～7.55
4900～5000	8	2.36～2.41	6.34～6.62	9400～9500	15	2.42～2.44	6.66～6.81
5050～5150	8	2.44～2.48	6.76～7.04	9550～9600	15	2.46～2.47	6.88～6.96

侧送气流组织计算表　　　　　　　　　表 25.2-4 (D)

空调房间尺寸 $A \times B \times H$：$6.0 \times 6.9 \times 3.3$，$12 \times 6.9 \times 3.3$，$18 \times 6.9 \times 3.3$，$24 \times 6.9 \times 3.3$，$30 \times 6.9 \times 3.3$ $t_n = 20 \pm 1℃$，送风温差 $\Delta t_s = 6℃$，$\Delta t_x = 1℃$，送风口沿长度布置，射程 $x = 6.4$m，选用风口尺寸 400×250 或 500×200，风口面积 0.1m^2，$k = 0.72$

风　量 L_s (m^3/h)	风口个数 N	送风速度 v_s (m/s)	贴附长度 x' (m)	风　量 L_s (m^3/h)	风口个数 N	送风速度 v_s (m/s)	贴附长度 x' (m)
1300～1400	2	2.51～2.70	7.17～8.20	6250～6350	10	2.41～2.45	6.62～6.85
1450～1550	2	2.80～2.99	8.68～9.58	6400～6500	10	2.47～2.51	6.96～7.17
1600～1700	2	3.09～3.28	9.99～10.75	6550～6650	10	2.53～2.57	7.28～7.49
1750～1800	2	3.38～3.47	11.10～11.44	6700～6800	10	2.58～2.62	7.60～7.80
1850～1950	3	2.38～2.51	6.44～7.17	6850～6950	11	2.40～2.44	6.57～6.78
2000～2100	3	2.57～2.70	7.53～8.20	7000～7100	11	2.46～2.49	6.88～7.07
2150～2250	3	2.76～2.89	8.53～9.14	7150～7250	11	2.51～2.54	7.17～7.37
2300～2450	3	2.96～3.15	9.44～10.25	7300～7450	11	2.56～2.61	7.46～7.75
2500～2600	4	2.41～2.51	6.62～7.17	7500～7600	12	2.41～2.44	6.62～6.81
2650～2750	4	2.56～2.65	7.44～7.95	7650～7750	12	2.46～2.49	6.90～7.08
2800～2900	4	2.70～2.80	8.20～8.68	7800～7900	12	2.51～2.54	7.17～7.35
2950～3050	4	2.85～2.94	8.92～9.36	7950～8050	12	2.56～2.59	7.44～7.61
3100～3200	5	2.39～2.47	6.51～6.96	8100～8200	13	2.40～2.43	6.58～6.75
3250～3350	5	2.51～2.58	7.17～7.60	8250～8350	13	2.45～2.48	6.84～7.00
3400～3500	5	2.62～2.70	7.80～8.20	8400～8500	13	2.49～2.52	7.09～7.26
3550～3700	5	2.74～2.85	8.40～8.96	8550～8700	13	2.54～2.58	7.34～7.58
3750～3850	6	2.41～2.48	6.62～6.99	8750～8850	14	2.41～2.44	6.62～6.78
3900～4000	6	2.51～2.57	7.17～7.53	8900～9000	14	2.45～2.48	6.86～7.02
4050～4150	6	2.60～2.67	7.70～8.04	9050～9150	14	2.49～2.52	7.10～7.25
4200～4300	6	2.70～2.76	8.20～8.53	9200～9350	14	2.54～2.58	7.33～7.55
4350～4450	7	2.40～2.45	6.54～6.86	9400～9500	15	2.42～2.44	6.66～6.81
4500～4600	7	2.48～2.54	7.02～7.33	9550～9650	15	2.46～2.48	6.88～7.03
4650～4750	7	2.56～2.62	7.48～7.77	9700～9800	15	2.49～2.52	7.10～7.24
4800～4950	7	2.65～2.73	7.92～8.34	9850～10000	15	2.53～2.57	7.32～7.53
5000～5100	8	2.41～2.46	6.62～6.90	10050～10150	16	2.42～2.45	6.69～6.83
5150～5250	8	2.48～2.53	7.04～7.31	10200～10300	16	2.46～2.48	6.90～7.04
5300～5400	8	2.56～2.60	7.44～7.70	10350～10450	16	2.50～2.52	7.11～7.24
5450～5550	8	2.63～2.68	7.83～8.08	10500～10650	16	2.53～2.57	7.31～7.50
5600～5700	9	2.40～2.44	6.56～6.81	10700～10800	17	2.43～2.45	6.72～6.85
5750～5850	9	2.46～2.51	6.93～7.17	10850～10950	17	2.46～2.49	6.92～7.05
5900～6000	9	2.53～2.57	7.29～7.53	11000～11100	17	2.50～2.52	7.11～7.24
6050～6200	9	2.59～2.66	7.64～7.98	11150～11250	17	2.53～2.55	7.30～7.42

侧送气流组织计算表　　　　　　　　　　　　　　　　　　　　　表 25.2-4（E）

空调房间尺寸 $A \times B \times H$：$3.6 \times 7.2 \times 4.2$，$7.2 \times 7.2 \times 4.2$，$10.8 \times 7.2 \times 4.2$，$14.4 \times 7.2 \times 4.2$，$18 \times 7.2 \times 4.2$ $t_n = 20 \pm 1$℃，送风温差 $\Delta t_s = 6$℃，$\Delta t_x = 1$℃，送风口沿长度布置，射程 $x = 6.7$m，选用风口尺寸 500×250，风口面积 0.125m^2，$k = 0.72$

风量 L_s (m³/h)	风口个数 N	送风速度 v_s (m/s)	贴附长度 x' (m)	风量 L_s (m³/h)	风口个数 N	送风速度 v_s (m/s)	贴附长度 x' (m)
1200~1300	1	3.70~4.01	12.90~13.89	6200~6350	7	2.73~2.80	8.50~8.87
1350~1450	1	4.17~4.48	14.32~15.09	6400~6500	8	2.47~2.51	6.91~7.15
1500~1550	1	4.63~4.78	15.44~15.75	6550~6650	8	2.53~2.57	7.27~7.50
1600~1700	2	2.47~2.62	6.91~7.85	6700~6800	8	2.58~2.62	7.62~7.85
1750~1850	2	2.70~2.85	8.31~9.17	6850~6950	8	2.64~2.68	7.97~8.19
1900~2000	2	2.93~3.09	9.58~10.35	7000~7150	8	2.70~2.76	8.31~8.64
2050~2150	2	3.16~3.32	10.72~11.41	7200~7300	9	2.47~2.50	6.91~7.12
2200~2350	2	3.40~3.63	11.73~12.62	7350~7450	9	2.52~2.55	7.23~7.44
2400~2500	3	2.47~2.58	6.91~7.54	7500~7600	9	2.57~2.61	7.54~7.75
2550~2650	3	2.62~2.73	7.85~8.45	7650~7750	9	2.62~2.66	7.85~8.06
2700~2800	3	2.78~2.88	8.74~9.31	7800~7950	9	2.67~2.73	8.16~8.45
2850~2950	3	2.93~3.03	9.58~10.10	8000~8100	10	2.47~2.50	6.91~7.10
3000~3150	3	3.09~3.24	10.35~11.07	8150~8250	10	2.52~2.55	7.20~7.39
3200~3300	4	2.47~2.55	6.91~7.39	8300~8400	10	2.56~2.59	7.48~7.67
3350~3450	4	2.58~2.66	7.62~8.08	8450~8550	10	2.61~2.64	7.76~7.94
3500~3600	4	2.70~2.78	8.31~8.74	8600~8750	10	2.65~2.70	8.04~8.31
3650~3750	4	2.82~2.89	8.96~9.38	8800~8900	11	2.47~2.50	6.91~7.08
3800~3950	4	2.93~3.05	9.58~10.16	8950~9050	11	2.51~2.54	7.17~7.34
4000~4100	5	2.47~2.53	6.91~7.29	9100~9200	11	2.55~2.58	7.43~7.60
4150~4250	5	2.56~2.62	7.48~7.85	9250~9350	11	2.60~2.62	7.68~7.85
4300~4400	5	2.65~2.72	8.04~8.39	9400~9550	11	2.63~2.68	7.94~8.18
4450~4550	5	2.75~2.81	8.57~8.96	9600~9700	12	2.47~2.49	6.91~7.07
4600~4750	5	2.84~2.93	9.09~9.58	9750~9850	12	2.51~2.53	7.15~7.31
4800~4900	6	2.47~2.52	6.91~7.23	9900~10000	12	2.55~2.57	7.39~7.54
4950~5050	6	2.55~2.60	7.39~7.70	10050~10150	12	2.58~2.61	7.62~7.78
5100~5200	6	2.62~2.67	7.85~8.16	10200~10250	12	2.62~2.64	7.85~7.93
5250~5350	6	2.70~2.75	8.31~8.60	10300~10400	13	2.45~2.47	6.76~6.91
5400~5550	6	2.78~2.85	8.74~9.17	10450~10550	13	2.48~2.50	6.98~7.13
5600~5700	7	2.47~2.51	6.91~7.18	10600~10700	13	2.52~2.54	7.20~7.35
5750~5850	7	2.54~2.58	7.32~7.59	10750~10850	13	2.55~2.58	7.42~7.57
5900~6000	7	2.60~2.65	7.72~7.98	10900~11050	13	2.59~2.62	7.64~7.85
6050~6150	7	2.67~2.71	8.11~8.37	11100~11150	14	2.45~2.46	6.77~6.84

侧送气流组织计算表　　　　　　　表 25.2-4 (F)

空调房间尺寸 $A\times B\times H$：$6.0\times7.5\times3.3$，$12\times7.5\times3.3$，$18\times7.5\times3.3$，$24\times7.5\times3.3$，$30\times7.5\times3.3$，$6.0\times7.5\times3.6$，$12\times7.5\times3.6$，$18\times7.5\times3.6$，$24\times7.5\times3.6$，$30\times7.5\times3.6$
$t_n=20\pm1℃$，$\Delta t_s=6℃$，$\Delta t_x=1℃$，送风口沿长度布置，射程 $x=7.0$m，选用风口尺寸 400×320，风口面积 0.128m^2，$k=0.72$

风量 L_s (m^3/h)	风口个数 N	送风速度 v_s (m/s)	贴附长度 x' (m)	风量 L_s (m^3/h)	风口个数 N	送风速度 v_s (m/s)	贴附长度 x' (m)
2000~2100	2	3.01~3.16	10.03~10.76	7100~7200	8	2.67~2.71	8.16~8.38
2150~2250	2	3.24~3.39	11.11~11.77	7250~7350	8	2.73~2.77	8.49~8.71
2300~2450	2	3.47~3.69	12.08~12.93	7400~7450	8	2.79~2.81	8.81~8.92
2500~2600	3	2.51~2.61	7.16~7.78	7500~7600	9	2.51~2.55	7.16~7.37
2650~2750	3	2.66~2.76	8.09~8.67	7650~7750	9	2.56~2.60	7.48~7.68
2800~2900	3	2.81~2.91	8.95~9.50	7800~7900	9	2.61~2.65	7.78~7.99
2950~3050	3	2.96~3.06	9.77~10.28	7950~8050	9	2.66~2.70	8.09~8.28
3100~3250	3	3.11~3.27	10.52~11.22	8100~8250	9	2.71~2.76	8.38~8.67
3300~3400	4	2.49~2.56	7.00~7.48	8300~8400	10	2.50~2.53	7.10~7.29
3450~3550	4	2.60~2.67	7.71~8.16	8450~8550	10	2.55~2.58	7.38~7.57
3600~3700	4	2.71~2.79	8.38~8.81	8600~8700	10	2.59~2.62	7.66~7.85
3750~3850	4	2.83~2.90	9.02~9.44	8750~8850	10	2.64~2.67	7.94~8.12
3900~4000	4	2.94~3.01	9.64~10.03	8900~9000	10	2.68~2.71	8.21~8.38
4050~4100	4	3.05~3.09	10.22~10.40	9050~9100	10	2.73~2.74	8.47~8.56
4150~4250	5	2.50~2.56	7.10~7.48	9150~9250	11	2.51~2.53	7.14~7.31
4300~4400	5	2.59~2.65	7.66~8.03	9300~9400	11	2.55~2.58	7.39~7.56
4450~4550	5	2.68~2.74	8.21~8.56	9450~9550	11	2.59~2.62	7.65~7.81
4600~4700	5	2.78~2.83	8.73~9.07	9600~9700	11	2.63~2.66	7.89~8.06
4750~4850	5	2.86~2.92	9.23~9.56	9750~9850	11	2.67~2.70	8.14~8.30
4900~4950	5	2.95~2.98	9.71~9.87	9900~9950	11	2.71~2.72	8.38~8.46
5000~5100	6	2.51~2.56	7.16~7.48	10000~10100	12	2.51~2.54	7.16~7.32
5150~5250	6	2.59~2.64	7.63~7.94	10150~10250	12	2.55~2.57	7.40~7.55
5300~5400	6	2.66~2.71	8.09~8.38	10300~10400	12	2.59~2.61	7.63~7.78
5450~5550	6	2.74~2.79	8.53~8.81	10450~10550	12	2.62~2.65	7.86~8.01
5600~5750	6	2.81~2.89	8.95~9.37	10600~10750	12	2.66~2.70	8.09~8.31
5800~5900	7	2.50~2.54	7.07~7.34	10800~10900	13	2.50~2.53	7.12~7.26
5950~6050	7	2.56~2.61	7.48~7.74	10950~11050	13	2.54~2.56	7.33~7.48
6100~6200	7	2.63~2.67	7.87~8.13	11100~11200	13	2.57~2.60	7.55~7.69
6250~6350	7	2.69~2.73	8.26~8.51	11250~11350	13	2.61~2.63	7.76~7.90
6400~6500	7	2.76~2.80	8.63~8.87	11400~11500	13	2.64~2.67	7.97~8.11
6550~6600	7	2.82~2.84	8.99~9.11	11550~11600	13	2.68~2.69	8.18~8.25
6650~6750	8	2.51~2.54	7.13~7.36	11650~11750	14	2.51~2.53	7.14~7.28
6800~6900	8	2.56~2.60	7.48~7.71	11800~11950	14	2.54~2.57	7.34~7.54
6950~7050	8	2.62~2.66	7.82~8.05				

侧送气流组织计算表 表 25.2-4 (G)

空调房间尺寸 $A \times B \times H$：$6.0 \times 9.0 \times 4.2$，$12 \times 9.0 \times 4.2$，$18 \times 9.0 \times 4.2$，$24 \times 9.0 \times 4.2$，$30 \times 9.0 \times 4.2$ $t_n = 20 \pm 1℃$，送风温差 $\Delta t_s = 6℃$，$\Delta t_x = 1℃$，送风口沿长度布置，射程 $x = 8.5$m，选用风口尺寸 500×400，风口面积 $0.20 m^2$，$k = 0.72$

风量 L_s (m³/h)	风口个数 N	送风速度 v_s (m/s)	贴附长度 x' (m)	风量 L_s (m³/h)	风口个数 N	送风速度 v_s (m/s)	贴附长度 x' (m)
2500~2650	1	4.82~5.11	18.52~19.30	7600~7700	5	2.93~2.97	9.81~10.07
2700~2850	1	5.20~5.49	19.53~20.18	7750~7850	5	2.99~3.03	10.20~10.45
2900~3000	2	2.80~2.89	8.88~9.55	7900~8000	5	3.05~3.09	10.57~10.82
3050~3150	2	2.94~3.04	9.87~10.51	8050~8150	5	3.11~3.14	10.95~11.19
3200~3300	2	3.09~3.18	10.82~11.43	8200~8300	5	3.16~3.20	11.31~11.54
3350~3450	2	3.23~3.32	11.72~12.29	8350~8500	5	3.22~3.28	11.66~12.00
3500~3600	2	3.38~3.47	12.57~13.10	8550~8650	6	2.75~2.78	8.54~8.74
3650~3750	2	3.52~3.62	13.36~13.86	8700~8800	6	2.80~2.83	8.88~9.10
3800~3900	2	3.67~3.76	14.10~14.57	8850~8950	6	2.85~2.88	9.21~9.44
3950~4050	2	3.81~3.91	14.80~15.23	9000~9100	6	2.89~2.93	9.55~9.77
4100~4250	2	3.95~4.10	15.45~16.05	9150~9250	6	2.94~2.97	9.87~10.09
4300~4400	3	2.76~2.83	8.65~9.10	9300~9400	6	2.99~3.02	10.20~10.41
4450~4550	3	2.86~2.93	9.33~9.77	9450~9550	6	3.04~3.07	10.51~10.72
4600~4700	3	2.96~3.02	9.98~10.41	9600~9700	6	3.09~3.12	10.82~11.03
4750~4850	3	3.05~3.12	10.62~11.03	9750~9850	6	3.13~3.17	11.13~11.33
4900~5000	3	3.15~3.22	11.23~11.62	9900~9950	6	3.18~3.20	11.43~11.53
5050~5150	3	3.25~3.31	11.82~12.20	10000~10100	7	2.76~2.78	8.59~8.78
5200~5300	3	3.34~3.41	12.38~12.75	10150~10250	7	2.79~2.82	8.88~9.07
5350~5450	3	3.44~3.50	12.92~13.27	10300~10400	7	2.84~2.87	9.17~9.36
5500~5600	3	3.54~3.60	13.44~13.78	10450~10550	7	2.88~2.91	9.45~9.64
5650~5700	3	3.63~3.67	13.94~14.10	10600~10700	7	2.92~2.95	9.73~9.92
5750~5850	4	2.77~2.82	8.70~9.05	10750~10850	7	2.96~2.99	10.01~10.20
5900~6000	4	2.85~2.89	9.21~9.55	10900~11000	7	3.00~3.03	10.29~10.47
6050~6150	4	2.92~2.97	9.71~10.04	11050~11150	7	3.05~3.07	10.56~10.73
6200~6300	4	2.99~3.03	10.20~10.51	11200~11350	7	3.08~3.13	10.82~11.08
6350~6450	4	3.06~3.11	10.67~10.98	11400~11500	8	2.75~2.77	8.54~8.71
6500~6600	4	3.13~3.18	11.13~11.43	11550~11650	8	2.79~2.81	8.79~8.96
6650~6750	4	3.21~3.26	11.57~11.86	11700~11800	8	2.82~2.85	9.05~9.21
6800~6900	4	3.28~3.33	12.00~12.29	11850~11950	8	2.86~2.88	9.30~9.46
6950~7100	4	3.35~3.42	12.43~12.84	12000~12100	8	2.89~2.92	9.55~9.71
7150~7250	5	2.75~2.80	8.61~8.88	12150~12250	8	2.93~2.95	9.79~9.95
7300~7400	5	2.82~2.85	9.01~9.28	12300~12450	8	2.97~3.00	10.04~10.28
7450~7550	5	2.87~2.91	9.41~9.68				

3. 舒适性空调侧送气流组织

设计计算步骤如下：

(1) 按公式 (25.2-1) 或 (25.2-2)，计算房间的总送风量。

(2) 根据总送风量和房间的建筑尺寸，确定百叶风口的型号、个数，并进行布置。送风口最好贴顶布置，以获得贴附气流。送冷风时，可采取水平送出；送热风时，可调节风口外层叶片的角度，向下送出。

(3) 按下式计算射流到达空调区时的最大速度 v_x (m/s)，校核其是否满足要求：

$$v_x = \frac{m v_S k_B k_C \sqrt{F_S}}{x} \tag{25.2-18}$$

式中 F_S——送风口的计算面积，m^2；

m——送风口的速度衰减系数，对于单层百叶风口可取为 4.5，双层的取 3.4；

k_B——射流股数修正系数，取 1～3；

k_C——受限系数，取决于相对射程 $\bar{x}$，一般为 0.1～1.0。

贴附射流的总长度可近似按下式计算：

$$x = A + (H - h) \tag{25.2-19a}$$

或者，按下式求得准确的结果：

$$x = x_t + (H - h) \tag{25.2-19b}$$

式中 x_t——贴附射流从出口到脱离顶棚的距离，m，并按下式计算：

$$x_t = 0.62 \sqrt{\frac{m^2 F_S}{n A r_0}} \tag{25.2-20}$$

n——送风口的温度衰减系数，对单层百叶风口取 3.2，双层的取 2.4；

Ar_0——射流出口处的阿基米德数，即

$$Ar_0 = 11.1 \frac{\Delta t_S \sqrt{F_S}}{v_S^2 (t_n + 273)} \tag{25.2-21}$$

25.2.4 侧向送风的设计要求及注意事项

1. 当空调房间内的工艺设备对侧送气流有一定的阻挡，或者单位面积送风量过大、致使空调区的气流速度超出要求范围时，不应采用侧向送风方式。

2. 侧送风口的设置，宜沿房间平面中的短边分布；当房间的进深很长时，宜选择双侧对送，或沿长边布置侧送风口。回风口宜布置在送风口同一侧的下部。

3. 对工艺性空调，当室温允许波动范围≥±1℃时，侧送气流宜贴附；当室温允许波动范围≤0.5℃时，侧送气流应贴附。

4. 设计贴附侧送气流流型时，应采用水平与垂直方向均可调节的双层百叶送风口，配有对开式风量调节阀。当双层百叶送风口的上缘离吊顶距离较大时，可将它的外层横向叶片调节成向上呈 10°～20° 的仰角，以加强贴附，增加射程。而它的内层竖向叶片可使射流轴线不致于发生左右偏斜。

5. 对于舒适性空调，当采用双层百叶风口进行侧向送风时，应选用横向叶片（可调的）在外、竖向叶片（固定的）在内的风口，并配有对开式风量调节阀。根据房间供冷和供暖的不同要求，通过改变横向叶片的安装角度，可调整气流的仰角或俯角。例如，送冷

风时若空调区风速太大,可将横向叶片调成仰角;送热风时若热气流浮在房间上部下不来,可将横向叶片调成俯角。

25.3 孔板送风

25.3.1 孔板送风及其适用条件

孔板送风是利用吊顶上面的空间为稳压层,空气由送风管进入稳压层后,在静压作用下,通过在吊顶上开设的具有大量小孔的多孔板,均匀地进入空调区的送风方式,而回风口则均匀地布置在房间的下部。

根据孔板在吊顶上的布置形式不同,可分为全面孔板送风和局部孔板送风两类,前者空调区的气流为直流或不稳定流型;而后者为不稳定流型。当空调房间的层高较低(例如 3~5m),且有吊平顶可供利用,单位面积送风量很大,而空调区又需要保持较低的风速,或对区域温差有严格要求时,应采用孔板送风。孔板送风出口速度为 3~5m/s,对于送风均匀性要求高或送热风时,宜取较大值。

25.3.2 孔板送风的设计计算

1. 设计计算步骤

(1) 确定孔板送风的型式,是全面孔板还是局部孔板。若是后者,还需要确定它在吊顶的位置,并与局部热源的分布相适应。

(2) 确定孔板送风出口风速 v_S,也可按下式进行估算:

$$v_S = \frac{1500v}{d_S} \tag{25.3-1}$$

式中 d_S——孔口直径(一般取 4~10mm),m;
v——空气的运动黏度,对于标准空气,其运动黏度为 15.06×10^{-6},m^2/s。

(3) 根据房间的显热冷负荷和选取的送风温差,按公式(25.2-2)计算送风量 L_S。

(4) 根据送风速度 v_S 和送风量 L_S,计算孔口总面积 f_k 及净孔面积比 K:

$$f_k = \frac{L_S}{3600 v_S \alpha} \tag{25.3-2}$$

$$K = \frac{f_k}{f} \tag{25.3-3}$$

式中 α——孔口流量系数,$\alpha=0.74\sim0.82$,取 0.78;
f——孔板面积,m^2。

对于全面孔板,f 为吊顶面积扣除布置照明灯具占用部分,而对局部孔板则为开孔的孔板总面积。

(5) 确定孔口中心距 l(m)和孔口数目 n:

$$l = d_S \sqrt{\frac{0.785}{K}} = 0.886 \frac{d_S}{\sqrt{K}} \tag{25.3-4}$$

对于边长为 $a \times b$ 的孔板,其孔口总数为

$$n = n_a \times n_b = \frac{a}{l} \times \frac{b}{l} \tag{25.3-5}$$

式中 n_a、n_b——分别表示孔板长度、宽度方向的孔口数。

(6) 校核工作区的最大风速,并使其小于或等于工作区的允许风速。孔板送风气流中心最大风速可按下式计算:

$$\frac{v_x}{v_S} = \frac{\sqrt{\alpha K}}{\frac{v_p}{v_x}\left(1 + \sqrt{\pi}\,\mathrm{tg}\theta\,\frac{x}{\sqrt{f}}\right)} \tag{25.3-6}$$

式中 v_x——距孔板为 x 处气流中心的最大速度,m/s;
v_p——距孔板为 x 处气流的平均速度,m/s;
θ——孔板送风气流的扩散角,一般 θ 为 $10°\sim13°$。

对于全面孔板,由于气流受壁面限制,$\theta=0°$,$\mathrm{tg}\theta=0$,$v_p/v_x\approx1$,故上式可简化为:

$$v_x = v_S\sqrt{\alpha K} \tag{25.3-7}$$

对于局部孔板,为简化计算,可近似地按图 25.3-1 所示的实验曲线确定。

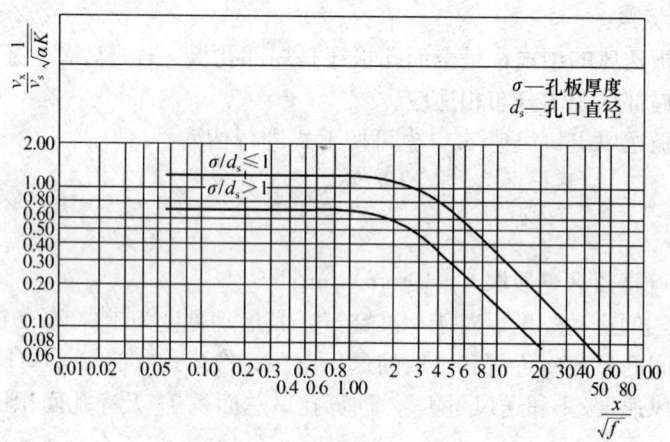

图 25.3-1 $\dfrac{v_x}{v_S}\dfrac{1}{\sqrt{\alpha K}}$ 与 $\dfrac{x}{\sqrt{f}}$ 关系曲线

(7) 校核工作区最大轴心温差 Δt_x,并使该值小于或等于室温允许波动范围:

$$\Delta t_x = \frac{v_x}{v_S}\Delta t_S \tag{25.3-8}$$

(8) 稳压层高度 h_w

空调房间单位面积送风量 L_d ($\mathrm{m^3/m^2 \cdot h}$) 为

$$L_d = \frac{L_S}{F} \tag{25.3-9}$$

稳压层净高 h

$$h = \frac{0.0011SL_d}{v_S} \tag{25.3-10}$$

若稳压层内有与气流流向垂直的梁,此稳压层高度应为:

$$h_w = h + b \tag{25.3-11}$$

式中 F——空调房间面积,m^2;
　　S——稳压层内有孔板部分的气流最大流程,m;
　　b——梁的高度,m。

【例 25-2】 某空调房间的尺寸为长 6m× 宽 3.6m× 高 4m,要求室内温度为 20 ± 0.5℃,空调区的气流速度不超过 0.25m/s,夏季空调区最大显热冷负荷为 754W,试确定采用全面孔板上送风时各有关参数。

【解】
① 确定孔板送风出口的风速 v_S,设孔口直径 $d_S = 6$mm

$$v_S = \frac{1500v}{d_S} = \frac{1500 \times 15.06 \times 10^{-6}}{6 \times 10^{-3}} = 3.76 \text{m/s},取 v_S = 4\text{m/s}.$$

② 根据空调区的显热冷负荷和选取的送风温差,按式(25.2-2)计算送风量,取 $\Delta t_S = 4$℃。

$$L_S = \frac{3.6Q_x}{1.2 \times 1.01 \times \Delta t_S} = \frac{3.6 \times 754}{1.2 \times 1.01 \times 4} = 560 \text{m}^3/\text{h}$$

③ 计算孔口总面积 f_k 及净孔面积比 K

$$f_k = \frac{L_S}{3600 \times v_S a} = \frac{560}{3600 \times 4 \times 0.78} = 0.05 \text{m}^2$$

$$K = \frac{f_k}{f} = \frac{0.05}{6 \times 3.6 \times 0.9} = 0.0026(扣除 10\% 的吊顶面积供布置照明灯具用)$$

④ 确定孔口中心距 l (m) 和孔口数目 n:

$$l = d_S \sqrt{\frac{0.785}{K}} = 0.006 \times \sqrt{\frac{0.785}{0.0026}} = 0.104\text{m},取 l = 105\text{mm}$$

对于长 6m× 宽 3.6m 的孔板,其孔口总数为:

$$n = n_a \times n_b = \frac{a}{l} \times \frac{b}{l} = \frac{6}{0.105} \times \frac{3.6}{0.105} \approx 57 \times 34 \approx 1938 \text{个}$$

⑤ 校核空调区的最大风速 v_x:

$$v_x = v_S \sqrt{aK} = 4 \times \sqrt{0.78 \times 0.0026} = 0.18 \text{m/s} < 0.25 \text{m/s}$$

⑥ 校核空调区最大轴心温差 Δt_x:

$$\Delta t_x = \frac{v_x}{v_S} \Delta t_S = \frac{0.18}{4} \times 4 = 0.18℃,满足要求。$$

⑦稳压层净高 h

空调房间单位面积送风量 L_d ($m^3/m^2 \cdot h$):

$$L_d = \frac{L_S}{F} = \frac{560}{6 \times 3.6} = 25.9 m^3/(m^2 \cdot h)$$

稳压层净高

$$h = \frac{0.0011 S L_d}{v_S} = \frac{0.0011 \times 6 \times 25.9}{4} = 0.042 m$$

考虑建筑结构及施工维护的方便,取稳压层高于 0.2m。

2. 全面孔板送风计算表

表 25.3-1 为全面孔板送风计算表,它是以室温 20±0.5℃的恒温室为对象,针对工程上常见的建筑尺寸编制的。在确定吊顶上孔口总数时,已扣除了 10%的吊顶面积供布置照明灯具用。孔口直径采用 6mm 和 8mm 两种。对其他的非恒温工程或一般工程,也可参照使用。

25.3.3 孔板送风的设计要求及注意事项

1. 孔板上部应保持较高而稳定的静压,稳压层的高度应通过计算确定,但净高不应小于 0.2m;稳压层内的围护结构应严密,表面应光滑。
2. 稳压层内的送风速度,宜保持 3~5m/s。
3. 除了送风长度特别长的以外,稳压层内可不设送风分布支管;但在进风口处宜设防止气流直接吹向孔板的导流片或挡板。
4. 孔板的布置应与室内局部热源的分布相适应。
5. 孔板的材料,宜选用镀锌钢板、铝板或不锈钢板等金属材料。

全面孔板送风计算表 表 25.3-1 (A)

空调房间 $A \times B \times H = 3.6 \times 3.3 \times 3.2$, $t_n = 20 \pm 0.5℃$, $\Delta t_s = 5℃$, $\Delta t_x = 0.5℃$

换气次数不小于 8 次。$a = 0.78$

风量 L_s (m^3/h)	送风速度 v_s (m/s)	孔口中心距 l (m)	孔板上孔口总数 n (个)	工作区最大风速 v_x (m/s)	工作区最大轴心温差 Δt_x (℃)	稳压层净高 h (m)	备注
$d_s = 6mm$							
300~350	3.40~3.26	0.11~0.10	868~1054	0.15~0.156	0.22~0.238	0.029~0.036	
400~450	3.73~3.33	0.10~0.09	1054~1330	0.19~0.18	0.255~0.27	0.036~0.045	
500~550	3.70~3.22	0.09~0.08	1330~1677	0.211~0.193	0.285~0.299	0.045~0.057	
600~650	3.52~3.31	0.08~0.075	1677~1932	0.219~0.215	0.312~0.325	0.057~0.066	
700~750	3.12~3.34	0.07	2205	0.21~0.233	0.337~0.349	0.075	
$d_s = 8mm$							
300~350	3.14~3.10	0.14~0.13	528~624	0.139~0.148	0.221~0.238	0.032~0.038	
400~450	3.04~2.87	0.12~0.11	728~868	0.155	0.255~0.27	0.044~0.052	
500~550	2.62~2.89	0.10	1054	0.149~0.172	0.285~0.299	0.063~0.064	
600~650	3.15~3.03	0.10~0.095	1054~1188	0.196~0.197	0.31~0.324	0.064~0.072	
700~750	2.91~3.12	0.09	1330	0.196~0.217	0.337~0.349	0.08	

全面孔板送风计算表　　　　　　　　　表 25.3-1 (B)

空调房间 $A \times B \times H = 6 \times 3.6 \times 3.2$，$t_n = 20 \pm 0.5℃$，$\Delta t_s = 5℃$，$\Delta t_x = 0.5℃$

换气次数不小于 8 次，$d_s = 6mm$，$a = 0.78$

风量 L_s (m³/h)	送风速度 v_s (m/s)	孔口中心距 l (m)	孔板上孔口总数 n (个)	工作区最大风速 v_x (m/s)	工作区最大轴心温差 Δt_x (℃)	稳压层净高 h (m)	备注
550~600	2.79~3.04	0.10	1938	0.124~0.141	0.22~0.23	0.06	
650~700	2.96~3.19	0.095	2160	0.143~0.159	0.24~0.25	0.067	
750~800	3.08~3.28	0.09	2394	0.159~0.176	0.26~0.267	0.074	
850~900	3.12~2.90	0.085~0.08	2680~3053	0.171~0.164	0.276~0.284	0.083~0.095	
950~1000	3.06~3.22	0.08	3053	0.178~0.192	0.291~0.299	0.095	
1050~1100	2.95~3.09	0.075	3496	0.18~0.194	0.306~0.313	0.109	
1150~1200	3.23~2.97	0.075~0.07	3496~3969	0.207~0.195	0.32~0.327	0.109~0.123	
1250~1300	3.10~3.22	0.07	3969	0.207~0.219	0.334~0.34	0.123	
1350	3.34	0.07	3969	0.232	0.347	0.123	

全面孔板送风计算表　　　　　　　　　表 25.3-1 (C)

空调房间 $A \times B \times H = 6 \times 3.6 \times 3.2$，$t_n = 20 \pm 0.5℃$，$\Delta t_s = 5℃$，$\Delta t_x = 0.5℃$

换气次数不小于 8 次，$d_s = 8mm$，$a = 0.78$

风量 L_s (m³/h)	送风速度 v_s (m/s)	孔口中心距 l (m)	孔板上孔口总数 n (个)	工作区最大风速 v_x (m/s)	工作区最大轴心温差 Δt_x (℃)	稳压层净高 h (m)	备注
550~600	3.09~2.90	0.14~0.13	984~1144	0.137~0.134	0.22~0.231	0.054~0.063	
650~700	3.14~3.38	0.13	1144	0.151~0.169	0.241~0.25	0.063	
750~800	3.15~2.74	0.12~0.11	1316~1612	0.163~0.147	0.259~0.267	0.073~0.089	
850~900	2.92~3.09	0.11	1612	0.161~0.175	0.276~0.284	0.089	
950~1000	2.71~2.85	0.10	1938	0.158~0.170	0.291~0.299	0.107	
1050~1100	3.00~3.14	0.10	1938	0.183~0.197	0.306~0.313	0.107	
1150~1200	2.94~3.07	0.095	2160	0.189~0.201	0.32~0.327	0.119	
1250~1300	3.20~3.00	0.095~0.09	2160~2394	0.214~0.205	0.334~0.34	0.119~0.132	
1350	3.12	0.09	2394	0.217	0.347	0.132	

全面孔板送风计算表　　　　　　　　　表 25.3-1 (D)

空调房间 $A \times B \times H = 6 \times 3.9 \times 3.2$，$t_n = 20 \pm 0.5℃$，$\Delta t_s = 5℃$，$\Delta t_x = 0.5℃$

换气次数不小于 8 次，$d_s = 6mm$，$a = 0.78$

风量 L_s (m³/h)	送风速度 v_s (m/s)	孔口中心距 l (m)	孔板上孔口总数 n (个)	工作区最大风速 v_x (m/s)	工作区最大轴心温差 Δt_x (℃)	稳压层净高 h (m)	备注
600~650	2.80~3.03	0.10	2109	0.124~0.14	0.222~0.231	0.061	
700~750	3.26~3.15	0.10~0.095	2109~2340	0.157	0.24~0.249	0.061~0.067	
800~850	3.04~3.23	0.09	2583	0.156~0.171	0.257~0.265	0.074	
900~950	3.00~3.17	0.085	2948	0.163~0.177	0.272~0.28	0.085	
1000~1050	3.00~3.16	0.08	3266	0.173~0.1861	0.287~0.294	0.094	
1100~1150	3.31~3.04	0.08~0.075	3266~3724	0.199~0.187	0.30~0.308	0.094~0.107	
1200~1250	3.17~3.30	0.075	3724	0.199~0.211	0.315~0.321	0.107	
1300~1350	2.98~3.09	0.07	4293	0.195~0.206	0.327~0.334	0.123	
1400~1450	3.21~2.84	0.07~0.065	4293~5016	0.218~0.196	0.34~0.345	0.123~0.144	
1500	2.94	0.065	5016	0.207	0.352	0.144	

全面孔板送风计算表　　　　表 25.3-1 (E)

空调房间 $A \times B \times H = 6 \times 3.9 \times 3.2$，$t_n = 20 \pm 0.5℃$，$\Delta t_s = 5℃$，$\Delta t_x = 0.5℃$

换气次数不小于 8 次，$d_s = 8$mm，$a = 0.78$

风量 L_s（m³/h）	送风速度 v_s (m/s)	孔口中心距 l (m)	孔板上孔口总数 n（个）	工作区最大风速 v_x (m/s)	工作区最大轴心温差 Δt_x（℃）	稳压层净高 h（m）	备注
600～650	3.11～3.17	0.14～0.135	1066～1134	0.138～0.147	0.222～0.231	0.054～0.058	
700～750	3.14～3.37	0.13	1232	0.151～0.167	0.24～0.25	0.063	
800～850	3.04～3.23	0.12	1457	0.156～0.170	0.257～0.265	0.074	
900～950	2.81～2.97	0.11	1768	0.153～0.166	0.272～0.28	0.09	
1000～1050	2.62～2.75	0.10	2109	0.151～0.161	0.287～0.294	0.107	
1100～1150	2.88～3.01	0.10	2109	0.174～0.186	0.301～0.307	0.107	
1200～1250	3.15～2.95	0.10～0.095	2109～2340	0.198～0.187	0.315～0.321	0.107～0.119	
1300～1350	3.07～3.19	0.095	2340	0.201～0.213	0.327～0.334	0.119	
1400～1450	3.00～3.10	0.09	2583	0.204～0.215	0.340～0.346	0.132	
1500	3.21	0.09	2583	0.226	0.352	0.132	

全面孔板送风计算表　　　　表 25.3-1 (F)

空调房间 $A \times B \times H = 6.0 \times 4.2 \times 3.2$，$t_n = 20 \pm 0.5℃$，$\Delta t_s = 5℃$，$\Delta t_x = 0.5℃$

换气次数不小于 8 次，$d_s = 6$mm，$a = 0.78$

风量 L_s（m³/h）	送风速度 v_s (m/s)	孔口中心距 l (m)	孔板上孔口总数 n（个）	工作区最大风速 v_x (m/s)	工作区最大轴心温差 Δt_x（℃）	稳压层净高 h（m）	备注
650～700	2.80～3.02	0.10	2280	0.125～0.14	0.223～0.231	0.061	
750～800	3.23～3.12	0.10～0.095	2280～2520	0.155～0.154	0.24～0.247	0.061～0.067	
850～900	3.01～3.19	0.09	2772	0.154～0.168	0.255～0.262	0.074	
950～1000	3.37～3.12	0.09～0.085	2772～3149	0.182～0.173	0.270～0.277	0.074～0.084	
1050～1100	2.91～3.05	0.08	3550	0.165～0.177	0.284～0.29	0.095	
1150～1200	3.18～2.93	0.08～0.075	3550～4028	0.189～0.178	0.297～0.303	0.095～0.107	
1250～1300	3.05～3.17	0.075	4028	0.189～0.20	0.309～0.315	0.107	
1350～1400	2.87～2.98	0.07	4617	0.185～0.195	0.321～0.327	0.123	
1450～1500	3.09～3.19	0.07	4617	0.206～0.216	0.333～0.339	0.123	
1550～1600	3.30～3.41	0.07	4617	0.227～0.238	0.344～0.350	0.123	

全面孔板送风计算表　　　　表 25.3-1 (G)

空调房间 $A \times B \times H = 6.0 \times 4.2 \times 3.2$，$t_n = 20 \pm 0.5℃$，$\Delta t_s = 5℃$，$\Delta t_x = 0.5℃$

换气次数不小于 8 次，$d_s = 8$mm，$a = 0.78$

风量 L_s（m³/h）	送风速度 v_s (m/s)	孔口中心距 l (m)	孔板上孔口总数 n（个）	工作区最大风速 v_x (m/s)	工作区最大轴心温差 Δt_x（℃）	稳压层净高 h（m）	备注
650～700	3.13～3.07	0.14～0.135	1148～1260	0.14～0.142	0.223～0.231	0.054～0.060	
750～800	3.04～3.00	0.13～0.125	1364～1472	0.146～0.149	0.24～0.247	0.065～0.07	
850～900	3.03～3.20	0.12	1551	0.155～0.168	0.255～0.262	0.073	
950～1000	3.06～2.95	0.115～0.11	1715～1872	0.165～0.163	0.27～0.277	0.081～0.089	
1050～1100	3.10～2.67	0.11～0.10	1872～2280	0.176～0.155	0.284～0.29	0.089～0.108	
1150～1200	2.79～2.91	0.10	2280	0.165～0.176	0.297～0.303	0.108	
1250～1300	3.03～3.15	0.10	2280	0.188～0.198	0.309～0.315	0.108	
1350～1400	2.96～3.07	0.095	2520	0.19～0.20	0.321～0.327	0.119	
1450～1500	3.18～2.99	0.095～0.09	2520～2772	0.211～0.202	0.333～0.338	0.119～0.131	
1550～1600	3.09～3.19	0.09	2772	0.213～0.223	0.344～0.35	0.131	

全面孔板送风计算表 表 25.3-1 (H)

空调房间 $A \times B \times H = 7.2 \times 6 \times 3.2$，$t_n = 20 \pm 0.5℃$，$\Delta t_s = 5℃$，$\Delta t_x = 0.5℃$

换气次数不小于 8 次，$d_s = 8mm$，$a = 0.78$

风量 L_s（m³/h）	送风速度 v_s（m/s）	孔口中心距 l（m）	孔板上孔口总数 n（个）	工作区最大风速 v_x（m/s）	工作区最大轴心温差 Δt_x（℃）	稳压层净高 h（m）	备注
1100~1150	3.03~3.16	0.14	2009	0.134~0.143	0.222~0.227	0.067	
1200~1250	3.10~2.96	0.135~0.13	2142~2332	0.143~0.14	0.231~0.236	0.071~0.077	
1300~1350	3.08~2.95	0.13~0.125	2332~2530	0.149~0.145	0.241~0.246	0.077~0.084	
1400~1450	3.06~3.17	0.125	2530	0.153~0.161	0.25~0.254	0.084	
1500~1550	3.10~3.20	0.12	2679	0.16~0.168	0.259~0.263	0.089	
1600~1650	3.06~3.16	0.115	2891	0.164~0.171	0.267~0.271	0.096	
1700~1750	2.92~3.00	0.11	3224	0.161~0.168	0.276~0.28	0.107	
1800~1850	3.09~3.17	0.11	3224	0.175~0.182	0.284~0.287	0.107	
1900~1950	2.99~3.07	0.105	3510	0.174~0.181	0.291~0.295	0.116	
2000~2050	3.15~2.92	0.105~0.10	3510~3876	0.188~0.177	0.299~0.302	0.116~0.129	
2100~2150	3.00~3.07	0.10	3876	0.183~0.19	0.306~0.31	0.128~0.129	
2200~2250	3.14~3.21	0.10	3876	0.197~0.203	0.313~0.317	0.129	
2300~2350	2.94~3.00	0.095	4320	0.189~0.195	0.32~0.324	0.143	
2400~2450	3.07~3.14	0.095	4320	0.201~0.207	0.327~0.331	0.143	
2500~2550	2.89~2.94	0.09	4788	0.193~0.199	0.334~0.337	0.159	
2600~2650	3.00~3.06	0.09	4788	0.205~0.21	0.341~0.344	0.159	

25.4 散流器送风

25.4.1 散流器送风及其适用条件

散流器上送风是利用设在吊顶内的圆形或方（矩）形散流器，将空气从顶部向下送入房间空调区的送风方式。根据散流器的类型不同，有方（矩）形散流器、圆形多层锥面散流器、圆形凸型散流器和盘式散流器，其气流流型为平送贴附型；自力式温控变流型散流器，夏季送冷风时为平送贴附流型；冬季送热风时自动切换成垂直下送流型。送回（吸）两用型散流器，具有同时送风和回风的双重功能。

当建筑物层高较低，单位面积送风量较大，且有吊平顶可供利用时，宜采用圆形或方形散流器进行平送，回风口宜布置在房间下部。如果将回风口布置在吊顶上，则回风口的位置应避开散流器的送风方向。

25.4.2 散流器送风的最大送风速度，见表 25.4-1

散流器颈部最大送风速度（m/s）　　　　　表 25.4-1

建筑物类别	允许噪声(dB)	室内的净高度（m）				
		3	4	5	6	7
广播室	32	3.9	4.2	4.3	4.4	4.5
剧场、住宅、手术室	33～39	4.4	4.6	4.8	5.0	5.2
旅馆、饭店、个人办公室	40～46	5.2	5.4	5.7	5.9	6.1
商店、银行、餐厅、百货公司	47～53	6.2	6.6	7.0	7.2	7.4
公共建筑：一般办公、百货公司底层	54～60	6.5	6.8	7.1	7.5	7.7

25.4.3 散流器送风的设计计算

1. 散流器平送时气流分布计算公式

P.J. 杰克曼（Jackman）对圆形多层锥面型散流器或盘式散流器进行实验，实验时将单个散流器设置于房间的平顶中央（与平顶齐平），气流水平吹出，不受阻挡。房间呈方形或接近方形。综合实验结果，提出散流器射流速度的衰减方程式：

$$\frac{v_x}{v_S} = \frac{K\sqrt{F}}{x + x_0} \tag{25.4-1}$$

式中　v_x——距散流器中心水平距离为 x 处的最大风速，m/s；

　　　v_S——散流器的送风速度，m/s；

　　　K——送风口常数，多层锥面型散流器为 1.4；平盘式散流器为 1.1；

　　　F——散流器的有效面积，m²；

　　　x_0——自散流器中心算起到射流外观原点的距离，对于多层锥面型为 0.07m。

因送风速度 $v_S = \frac{L_S}{F}$，式（25.4-1）可改写成：

$$\frac{v_x}{L_S} = \frac{K}{\sqrt{F}(x + x_0)} \tag{25.4-2}$$

室内平均风速 v_{Pj}（m/s）与房间尺寸和主气流射程有关，并按下式计算：

$$v_{Pj} = \frac{0.381nA}{\left[\frac{A^2}{4} + H^2\right]^{0.5}} \tag{25.4-3}$$

式中　A——空调房间（或分区）长度，m；

　　　H——空调房间（或分区）高度，m；

　　　n——射程与房间（或分区）长度之比，中心处设置的散流器其射程为至每个墙面距离的 0.75。

2. 圆形散流器送风计算表

P.J. 杰克曼（Jackman）根据公式（25.4-1）～（25.4-3）编制了房间（或分区）长度 A 分别为 3.0，4.0，5.0，6.0，7.0，8.0，9.0 和 10.0m 等 8 个计算表（见表 25.4-2）。

在使用计算表明，要注意以下问题：

①本表适用于方形或接近方形的房间，如需要用于矩形房间时，其长宽比不得大于

1.5。对于建筑尺寸较大的房间,可将其分割成相等的方块(区域),在每个方块(区域)中央设一个散流器,每个方块可当作单独房间对待。

②室内平均风速是房间尺寸和主气流射程的函数。根据房间(或分区)的水平长度 A 和房间高度 H,便可查得 v_{Pj} 值。该风速是在等温条件下求得的。送冷风时,v_{Pj} 加大 20%,即从表上查得数值乘以 1.2;送热风时,v_{Pj} 减少 20%,即从表上查得数值乘以 0.8。

③在制表时对其他设计参数,例如允许噪声,没有考虑进去。如果噪声超过允许值,则将房间多划分为一些方块(区域),增加散流器的个数。

为制约噪声,对送风口颈部风速的最大值建议参照表 25.4-1 采用。

3. 设计计算步骤

(1) 按照房间(或分区)的尺寸选取相应的散流器送风计算表,并查出室内平均风速 v_{Pj}。设计时应区分送热风和送冷风的情况,对 v_{Pj} 值进行修正。

(2) 根据房间(或分区)中的显热冷负荷(或热负荷) q (kW) 和送风温差 Δt_S,按下式计算送风量 L_S (m³/s):

$$L_S = \frac{q}{\rho c_P \Delta t_S} = \frac{q}{1.2 \times 1.01 \Delta t_S} \approx \frac{0.83q}{\Delta t_S} \tag{25.4-4}$$

(3) 确定送风速度和散流器的尺寸大小

按已选出的计算表,在第一列查出与 L_S 相近的风量值,并在这一行中顺序查得送风速度 v_S、散流器有效面积 F 和颈部直径 D。

(4) 将选到的参数按其他方面的要求,例如允许噪声,进行检验。若噪声超过(主要表现在出口风速太大),则增加散流器的个数,并重复以上步骤。

(5) 按所计算出的参数和尺寸,查产品样本选取散流器的型号,并校核其射程。

【**例 25-3**】 某办公室 $A \times B \times H = 5m \times 5m \times 2.75m$,最大热负荷为 1.4kW,送风温差 $\Delta t_S = 6℃$,试选出圆形多层锥面型散流器。

【**解**】 将散流器布置在办公室平顶的中央(见图 25.4-1),根据空调房间长度 $A = 5.0m$,选用表 25.4-2,在 $A = 5m$、$H = 2.75m$ 的栏内,查得室内平均风速 $v_{Pj} = 0.19m/s$。

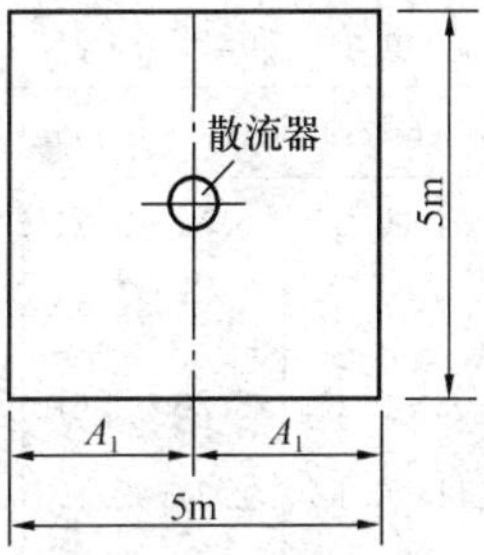

图 25.4-1 散流器布置在房间平顶的中央

也可按公式 (25.4-3) 计算室内的平均风速:

$$v_{Pj} = \frac{0.381nA}{\left[\dfrac{A^2}{4} + H^2\right]^{0.5}} = \frac{0.381 \times 0.375 \times 5}{\left[\dfrac{5^2}{4} + 2.75^2\right]^{0.5}} = 0.19 \text{m/s}(与查表结果相符)$$

$\left(\text{上式中,散流器射程 } x = 0.75A_1 = 0.75 \times 2.5 = 1.875\text{m},n = \dfrac{x}{A} = \dfrac{1.875}{5} = 0.375\right)$

对于送热风,$v_{Pj} = 0.8 \times 0.19 = 0.152 \text{m/s} < 0.2 \text{m/s}$。

按公式 (25.4-4) 计算送风量:

$$L_S = \frac{0.83q}{\Delta t_S} = \frac{0.83 \times 1.4}{6} = 0.194 \text{m}^3/\text{s}$$

在同一张表上找到相近送风量 $L_S=0.19\text{m}^3/\text{s}$，$v_S=3.81\text{m/s}$，$F=0.05\text{m}^2$，$D=250\text{mm}$。

对办公室来说，散流器的送风速度 3.81m/s 是允许的，不会产生较大的噪声。

从圆形散流器性能表（表 25.8-4），选取颈部名义直径 $D=250\text{mm}$ 的散流器，风量在 $750\text{m}^3/\text{h}$（$0.208\text{m}^3/\text{s}$）时的射程为 2.34m，相当于从散流器中心至墙面距离的 0.94 倍，满足要求。

【例 25-4】 有一间大办公室的内区拟用圆形散流器送风来实现空调，其建筑尺寸为 $A\times B\times H=24\text{m}\times20\text{m}\times4\text{m}$，显热冷负荷均匀分布，每 m^2 为 50W，送风温差 $\Delta t_S=6℃$。

【解】 将整个大办公室划分为 12 个小方区，即长度方向划分为 4 等分，每等分为 6m；宽度方向划分为 3 等分，每等分为 6.7m。这样，每个小方区为 $6.7\text{m}\times6\text{m}$。将散流器设置在小方区的中央，每个小方区可当作单独房间看待（见图 25.4-2）。

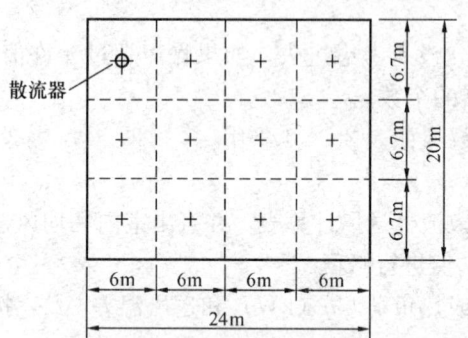

图 25.4-2 散流器在大办公室平顶上的布置

按表 25.4-2，在 $A=6.0\text{m}$，$H=4.0\text{m}$ 的栏内，查得室内平均风速 $v_{pj}=0.17\text{m/s}$。

圆形散流器送风计算表　　　　　　　　　　　表 25.4-2

空调房间（区域）长度 $A=3.0\text{m}$					空调房间（区域）长度 $A=5.0\text{m}$				
H (m)	2.75　3.00	3.25　3.50	4.00　5.00		H (m)	2.75　3.00	3.25　3.50	4.00　5.00	
v_{pj} (m/s)	0.14　0.13	0.12　0.11	0.10　0.08		v_{pj} (m/s)	0.19　0.18	0.17　0.17	0.15　0.13	
L_s (m³/s)	v_s (m/s)	F (m²)	D (mm)		L_s (m³/s)	v_s (m/s)	F (m²)	D (mm)	
0.04～0.05	6.52～5.21	0.006～0.010	100		0.06～0.07	12.07～10.35	0.005～0.007	100	
0.06～0.07	4.35～3.72	0.014～0.019	150		0.08～0.09	9.05～8.05	0.009～0.011	100	
0.08～0.10	3.26～2.61	0.025～0.038	200		0.10～0.11	7.24～6.58	0.014～0.017	150	
0.11～0.12	2.37～2.17	0.046～0.055	250		0.12～0.13	6.04～5.57	0.020～0.023	150	
0.13	2.01	0.065	300		0.14～0.16	5.17～4.53	0.027～0.035	200	
空调房间（区域）长度 $A=4.0\text{m}$					0.17～0.18	4.26～4.02	0.040～0.045	250	
H (m)	2.75　3.00	3.25　3.50	4.00　5.00		0.19～0.20	3.81～3.62	0.050～0.055	250	
v_{pj} (m/s)	0.17　0.16	0.15　0.14	0.13　0.11		0.21～0.22	3.45～3.29	0.061～0.067	300	
L_s (m³/s)	v_s (m/s)	F (m²)	D (mm)		0.23～0.24	3.15～3.02	0.073～0.080	300	
0.05～0.07	9.27～6.62	0.005～0.011	100		0.25～0.26	2.90～2.79	0.086～0.093	350	
0.08～0.10	5.79～4.64	0.014～0.022	150		0.27～0.28	2.68～2.59	0.101～0.108	350	
0.11～0.13	4.21～3.57	0.026～0.036	200		0.29～0.30	2.50～2.41	0.116～0.124	400	
0.14～0.16	3.31～2.90	0.042～0.055	250		0.31～0.32	2.34～2.26	0.133～0.141	400	
0.17～0.19	2.73～2.44	0.062～0.078	300		0.33～0.35	2.19～2.07	0.150～0.169	450	
0.20～0.22	2.32～2.11	0.086～0.104	350		0.36	2.01	0.179	500	
0.23	2.02	0.114	400						

续表

空调房间（区域）长度 A=6.0m				空调房间（区域）长度 A=8.0m			
H (m)	2.75　3.00　3.25　3.50　4.00　5.00			H (m)	2.75　3.00　3.25　3.50　4.00　5.00		
v_{pj} (m/s)	0.21　0.20　0.19　0.19　0.17　0.15			v_{pj} (m/s)	0.24　0.23　0.22　0.22　0.20　0.18		
L_s (m³/s)	v_s (m/s)	F (m²)	D (mm)	L_s (m³/s)	v_s (m/s)	F (m²)	D (mm)
0.08～0.10	13.04～10.43	0.006～0.010	100	0.14	13.24	0.011	100
0.12～0.14	8.69～7.45	0.014～0.019	150	0.16～0.20	11.59～9.27	0.014～0.022	150
0.16～0.20	6.52～5.21	0.025～0.038	200	0.22～0.26	8.43～7.13	0.026～0.036	200
0.22	4.74	0.046	250	0.28～0.32	6.62～5.79	0.042～0.055	250
0.24	4.35	0.055	250	0.34	5.45	0.062	300
0.26	4.01	0.065	300	0.36	5.15	0.070	300
0.28	3.72	0.075	300	0.38	4.88	0.078	300
0.30	3.48	0.086	350	0.40	4.64	0.086	350
0.32	3.26	0.098	350	0.42	4.41	0.095	350
0.34	3.07	0.111	400	0.44	4.21	0.104	350
0.36	2.90	0.124	400	0.46	4.03	0.114	400
0.38	2.74	0.138	400	0.48	3.86	0.124	400
0.40	2.61	0.153	450	0.50	3.71	0.135	400
0.42	2.48	0.169	450	0.52	3.57	0.146	450
0.44	2.37	0.186	500	0.54～0.56	3.43～3.31	0.157～0.169	450
0.46	2.27	0.203	500	0.58～0.62	3.20～2.99	0.181～0.207	500

空调房间（区域）长度 A=7.0m				空调房间（区域）长度 A=9.0m			
H (m)	2.75　3.00　3.25　3.50　4.00　5.00			H (m)	2.75　3.00　3.25　3.50　4.00　5.00		
v_{pj} (m/s)	0.22　0.22　0.21　0.20　0.19　0.16			v_{pj} (m/s)	0.24　0.24　0.23　0.23　0.21　0.19		
L_s (m³/s)	v_s (m/s)	F (m²)	D (mm)	L_s (m³/s)	v_s (m/s)	F (m²)	D (mm)
0.10～0.12	14.19～11.83	0.007～0.010	100	0.20	11.73	0.017	150
0.14～0.18	10.14～7.89	0.014～0.023	150	0.25～0.30	9.39～7.82	0.027～0.038	200
0.20～0.22	7.10～6.45	0.028～0.034	200	0.35～0.40	6.70～5.87	0.052～0.068	250～300
0.24	5.91	0.041	250	0.45～0.50	5.21～4.69	0.086～0.107	350
0.26	5.46	0.048	250	0.55～0.60	4.27～3.91	0.129～0.153	400～450
0.28	5.07	0.055	250	0.65～0.70	3.61～3.35	0.180～0.209	500
0.30	4.73	0.063	300	空调房间长度 A=10.0m			
0.32	4.44	0.072	300	H (m)	2.75　3.00　3.25　3.50　4.00　5.00		
0.34	4.17	0.081	300	v_{pj} (m/s)	0.25　0.25　0.24　0.23　0.22　0.20		
0.36	3.94	0.091	350	L_s (m³/s)	v_s (m/s)	F (m²)	D (mm)
0.38	3.74	0.102	350	0.20～0.25	14.48～11.59	0.014～0.022	150
0.40	3.55	0.113	400	0.30	9.66	0.031	200
0.42	3.38	0.124	400	0.35～0.40	8.28～7.24	0.042～0.055	250
0.44	3.23	0.136	400	0.45～0.55	6.44～5.27	0.070～0.104	300～350
0.46～0.50	3.09～2.84	0.149～0.176	450	0.60～0.70	4.83～4.14	0.124～0.169	400～450
0.52～0.54	2.73～2.63	0.190～0.205	500	0.75	3.86	0.194	500

气流射程 $x=0.75A_1=0.75\times\dfrac{6.7}{2}=2.51\mathrm{m}$，$n=\dfrac{x}{A}=\dfrac{2.51}{6.7}=0.375$，将这些数值代入公式（25.4-3），可求得室内平均风速：

$$v_{\mathrm{Pj}}=\dfrac{0.381nA}{\left[\dfrac{A^2}{4}+H^2\right]^{0.5}}=\dfrac{0.381\times0.375\times6}{\left[\dfrac{6^2}{4}+4^2\right]^{0.5}}=0.17\mathrm{m/s}（与查表结果相符）$$

按送冷风情况，$v_{\mathrm{Pj}}=1.2\times0.17=0.2\mathrm{m/s}<0.3\mathrm{m/s}$，说明合适。
按式（25.4-4）计算每个小方区的送风量：

$$L_{\mathrm{S}}=\dfrac{0.83q}{\Delta t_{\mathrm{S}}}=\dfrac{0.83\times50\times6.7\times6}{6\times1000}=0.278\mathrm{m^3/s}$$

在同一张表中，查得 $L_{\mathrm{S}}=0.28\mathrm{m^3/s}$，$v_{\mathrm{S}}=3.72\mathrm{m/s}$，$F=0.075\mathrm{m^2}$，$D=300\mathrm{mm}$，其出口风速是允许的。

查圆形散流器性能表（表25.8-4），选用颈部名义直径 $D=300\mathrm{mm}$ 的散流器。当风量为 $1070\mathrm{m^3/h}$（$0.297\mathrm{m^3/s}$）时，射程为 2.80m，相当于小方区宽度的一半 3.35m 的 0.84 倍。射流搭接符合要求。整个大办公室需要设置 12 个这种型号的散流器。

25.4.4 散流器送风的设计要求及注意事项

1. 散流器平送的布置原则

（1）应有利于送风气流对周围空气的诱导，避免产生死角，并充分考虑建筑结构的特点，在散流器平送方向不应有阻挡物（如柱子）。
（2）宜按对称均匀布置或梅花形布置，散流器中心与侧墙间的距离，不宜小于 1.0m。
（3）每个圆形或方形散流器所服务的区域，最好为正方形或接近正方形。
（4）如果散流器服务区的长宽比大于 1.25 时，宜选用矩形散流器。

2. 吊顶上部应有足够的空间，以便安装风管和散流器的风量调节阀。

3. 采用圆形或方形散流器时，应配置对开式多叶风量调节阀或双（单）开板式风量调节阀；有条件时，在散流器的颈部上方配置带风量调节阀的静压箱。

4. 散流器（静压箱）与支风管的连接，宜采用柔性风管，以便于施工安装。

25.5 喷 口 送 风

25.5.1 喷口送风及其适用条件

喷口送风是依靠喷口吹出的高速射流实现送风的方式，主要适用于高大厂房或层高很高的公共建筑（例如，会堂、体育馆、影剧院等）空间的空气调节场所。喷口送风既可采用喷口侧向送风，也可以采用喷口垂直向下（顶部）送风，但以前者应用较多。当采用喷口侧向送风时，将喷口和回风口布置在同一侧，空气以较高的速度、较大的风量集中由设置在空间上部的若干个喷口射出，射流行至一定路程后折回，使整个空调区处于回流区，然后由设在下部的回风口抽走返回空调机组。它的特点是，送风速度高、射程远，射流带动室内空气进行强烈混合，速度逐渐衰减，并在室内形成大的回旋气流，从而使空调区获得较均匀的温度场和速度场。

所以，对于空间较大的公共建筑和室温允许波动范围大于或等于±1.0℃的高大厂房，宜采用喷口侧向送风或垂直向下（顶部）送风。

25.5.2 喷口送风的设计计算

1. 喷口侧向送风的设计计算

（1）单股非等温自由射流计算

侧向送风射流轴心轨迹（见图25.5-1）可按下式计算：

$$\frac{y}{d_S} = \frac{x}{d_S}\text{tg}\beta + Ar\left(\frac{x}{d_S\cos\beta}\right)^2\left(0.51\frac{ax}{d_S\cos\beta} + 0.35\right) \tag{25.5-1}$$

射流轴心速度衰减可按下式计算：

$$\frac{v_x}{v_S} = \frac{0.48}{\frac{ax}{d_S} + 0.145} \tag{25.5-2}$$

式中 y——射流轨迹中心距风口中心的垂直落差，m；

x——射流的射程，m；

d_S——喷口直径，m；

β——喷口倾角；

a——喷口的紊流系数，对于带收缩口的圆喷口，$a=0.07$；对圆柱形喷口，$a=0.08$。

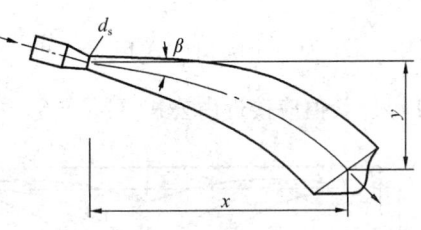

图 25.5-1 喷口侧向送风射流轨迹

设计计算步骤如下：

1) 根据空调区的显热冷负荷 Q_x 和送风温差 Δt_S，按公式（25.2-2）计算总送风量 L_S。

2) 假设喷口直径 d_S、喷口倾角 β、喷口安装高度 h，计算相对落差 y/d_S 和相对射程 x/d_S。

3) 根据要求达到的气流射程 x 和垂直落差 y，按下列公式计算阿基米德数 Ar：

①当 $\beta=0$ 且送冷风时

$$Ar = \frac{y/d_S}{(x/d_S)^2\left(0.51\frac{ax}{d_S} + 0.35\right)} \tag{25.5-3}$$

②当 β 角向下且送冷风时

$$Ar = \frac{\dfrac{y}{d_S} - \dfrac{x}{d_S}\text{tg}\beta}{\left(\dfrac{x}{d_S\cos\beta}\right)^2\left(0.51\dfrac{ax}{d_S\cos\beta} + 0.35\right)} \tag{25.5-4}$$

③当 β 角向下且送热风时

$$Ar = \frac{\dfrac{x}{d_S}\text{tg}\beta - \dfrac{y}{d_S}}{\left(\dfrac{x}{d_S\cos\beta}\right)^2\left(0.51\dfrac{ax}{d_S\cos\beta} + 0.35\right)} \tag{25.5-5}$$

4) 按公式 (25.2-10) 计算喷口送风速度 v_S：

$$v_S = \sqrt{\frac{gd_S\Delta t_S}{Ar(t_n+273)}} \quad (25.5-6)$$

5) 按公式 (25.5-2) 计算射流末端轴心速度 v_x 和射流平均速度 v_p：

$$v_x = v_S \frac{0.48}{\frac{ax}{d_S}+0.145} \quad (25.5-7)$$

$$v_P = \frac{1}{2}v_x \quad (25.5-8)$$

空调区的气流平均风速 v_P 按表 25.1-1 规定，送风速度 v_S 不应大于 10m/s。否则应重新计算，增大 d_S 或减少 β，可相应降低 v_P 和 v_S 值。

6) 计算喷口个数 n

$$n = \frac{L_S}{L_d} \quad (25.5-9)$$

式中，L_d 为单个喷口的送风量，即 $\frac{\pi}{4}d_S^2 v_S 3600$。计算出的 n 值应取其整数，再算出实际的 v_S，其值应接近由公式 (25.5-6) 求得的数值，否则应予重新计算。

【例 25-5】 某空调房间的尺寸为 $A\times B\times H = 30m\times 12m\times 7m$，室内要求夏季温度 $t_n = 28℃$，空调区的显热冷负荷 $Q_x = 32300W$，采用安装在 6m 高处的圆形喷口对喷，气流以水平方向从喷口送出（$\beta = 0°$）并从下部回风，如图 25.5-2 所示。试进行喷口侧向送风气流分布计算。

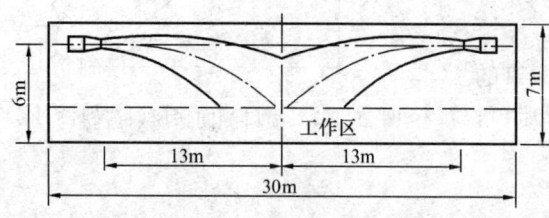

图 25.5-2 喷口侧向送风例题图

【解】①选取送风温差 $\Delta t_S = 8℃$，按式 (25.2-2) 计算总送风量：

$$L_S = \frac{3.6Q_x}{1.2\times 1.01\times \Delta t_S} = \frac{3.6\times 32300}{1.2\times 1.01\times 8} = 11993 m^3/h$$

由于采用对喷，则一侧的总送风量取为 $6000 m^3/h$。

②设喷口直径 $d_S = 0.26m$，工作区的高度为 2.7m，要求每股射流的射程 $x = 13m$，落差 $y = 6-2.7 = 3.3m$。计算相对落差和相对射程：

$$\frac{y}{d_S} = \frac{3.3}{0.26} = 12.69, \quad \frac{x}{d_S} = \frac{13}{0.26} = 50$$

③按公式 (25.5-3) 计算阿基米德数 Ar：

$$Ar = \frac{y/d_S}{(x/d_S)^2\left(0.51\frac{ax}{d_S}+0.35\right)} = \frac{12.69}{50^2\times\left(0.51\times\frac{0.07\times 13}{0.26}+0.35\right)} = 0.00237$$

④按公式 (25.5-6) 计算喷口的送风速度 v_S：

$$v_S = \sqrt{\frac{gd_S\Delta t_S}{Ar(t_n+273)}} = \sqrt{\frac{9.81\times 0.26\times 8}{0.00237\times(28+273)}} = 5.34 m/s$$

⑤校核射流末端的轴心速度 v_x (m/s) 和平均速度 v_P (m/s)：

$$v_x = v_S \times \frac{0.48}{\frac{ax}{d_S} + 0.145} = 5.34 \times \frac{0.48}{\frac{0.07 \times 13}{0.26} + 0.145} = 0.7 \text{m/s}$$

$$v_P = \frac{1}{2} v_x = 0.5 \times 0.7 = 0.35 \text{m/s}$$

⑥确定喷口个数 n：

$$n = \frac{L_S}{L_d} = \frac{L_S}{\frac{\pi}{4} d_S^2 v_S 3600} = \frac{6000}{0.785 \times 0.26^2 \times 5.34 \times 3600} = 5.8 \text{个}$$

每侧采取 $d_S = 0.26$m 的圆形喷口 6 个，喷口的实际送风速度 v_S：

$$v_S = \frac{6000}{0.785 \times 0.26^2 \times 6 \times 3600} = 5.23 \text{m/s}$$

此外，射流末端的轴心速度 v_x 和气流平均速度 v_P：

$$v_x = \frac{5.23 \times 0.48}{\frac{0.07 \times 13}{0.26} + 0.145} = 0.69 \text{m/s}$$

$$v_P = \frac{1}{2} v_x = 0.5 \times 0.69 = 0.345 \text{m/s}$$

这个气流平均速度对于夏季以降温为主的工艺性空调工程是满足要求的。对于舒适性空调只能大体上符合要求。如与所要求的平均风速差距较大，需增大 d_S 重新进行计算。

(2) 多股平行非等温射流计算

当多个喷口平行布置且彼此相距较近（例如，5～10d）时，射流达到一定射程(10～20d)后会互相重叠而汇合成一片气流，并使射程加长。这种多股平行射流的特点是，射流汇合后的射流断面周界要小于汇合前各单股射流的断面周界，因此，射流扩展和速度衰减均减慢，在同样的末端速度时，其射程比单股射流要长，落差要小。

对于这种多股平行非等温射流的计算，可按中国建筑科学研究院空气调节研究所通过模型试验提出的实验公式进行。实验时采用的风口有圆喷口、扁喷口、圆形或矩形风口等。当风口高宽比小于 1:10 时为矩形风口；当风口高宽比为 1:10～1:20 时为扁喷口。

1) 圆喷口的轴心轨迹及轴心速度衰减按下列公式计算：

$$y/d_S = (x/d_S) \text{tg}\beta + 0.812 Ar^{1.158} (x/d_S \cos\beta)^{2.5} \tag{25.5-10}$$

$$v_x/v_S = 3.347 Ar^{-0.147} (x/d_S \cos\beta)^{-1.151} \tag{25.5-11}$$

当水平送风时（$\beta = 0$），则

$$y/d_S = 0.812 Ar^{1.158} (x/d_S)^{2.5} \tag{25.5-12}$$

$$v_x/v_S = 3.347 Ar^{-0.147} (x/d_S)^{-1.151} \tag{25.5-13}$$

将式 (25.5-12) 和式 (25.5-13) 联立求解，并将 $Ar = \frac{g \Delta t_S d_S}{v_S^2 T_n}$ 代入，可得出：

$$d_S = 0.064 (T_n/\Delta t_S)^{0.615} x^{-0.302} y^{0.687} v_x^{1.23} \tag{25.5-14}$$

$$v_S = 4.295 (T_n/\Delta t_S)^{-0.591} x^{1.124} y^{-0.533} v_x^{-0.182} \tag{25.5-15}$$

2) 矩形或圆形风口的轴心轨迹及轴心速度衰减按下列公式计算：

$$y/d_f = 3.069 Ar^{1.158}(x/d_f)^{2.5} a^{0.5} \quad (25.5\text{-}16)$$

$$v_x/v_S = 3.347 Ar^{-0.147}(x/d_f)^{-1.151} \quad (25.5\text{-}17)$$

式中 d_f——矩形风口的等面积当量直径，$d_f = 1.128\sqrt{f_S}$，m；

a——风口的紊流系数，圆风口 $a=0.07$，矩形风口（1∶3）$a=0.1$。

多股平行非等温射流计算，主要适用于高大建筑物分层空调，其计算步骤详见本手册第 22 章。

2. 喷口垂直向下送风的设计计算

(1) 非等温射流轴心速度衰减（图 25.5-3）、轴心温度衰减可分别按下列公式计算：

$$\frac{v_x}{v_S} = K_P \frac{d_S}{x}\left[1 \pm 1.9 \frac{Ar}{K_P}\left(\frac{x}{d_S}\right)^2\right]^{\frac{1}{3}} \quad (25.5\text{-}18)$$

$$\frac{\Delta t_x}{\Delta t_S} = 0.83 \frac{v_x}{v_S} \quad (25.5\text{-}19)$$

式中 x——喷口垂直向下送风的射程，m；

K_P——射流常数，对于圆形和矩形喷口，当 $v_S = 2.5\sim 5$ m/s 时，$K_P = 5.0$；当 $v_S \geqslant 10$ m/s 时，$K_P = 6.2$。

式（25.5-18）中的正、负号按以下规定选取：送冷风时取正（+）号，送热风时取负（－）号。

(2) 设计计算步骤

1) 根据空调区的显热冷负荷和送风温差，计算总送风量。

2) 根据建筑平面特点布置送风喷口，确定每个喷口的送风量。

3) 假设喷口出口直径 d_S，求得喷口送风速度 v_S，按公式（25.5-18）计算射流到达工作区（空调区）的风速 v_x。如果 v_x 符合设计要求的风速，则进行下一步计算；如果不符合要求，需要重新假定 d_S 或重新布置喷口，再进行计算。

4) 按公式（25.5-19）校核区域温差 Δt_x 是否符合要求，如果不符合要求，也需要重新假定 d_S 或重新布置喷口。

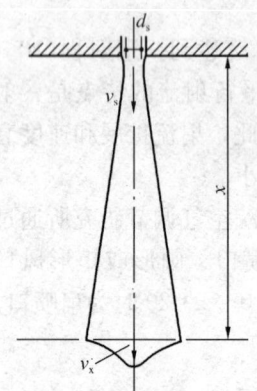

图 25.5-3　喷口垂直向下送风射流

喷口垂直向下送风的气流分布计算，先按照夏季送冷风的工况进行设计。对于定风量系统，冬季送热风工况时要关掉若干个喷口，再进行校核计算。

【例 25-6】 某机场候机大厅，净高 8.75m，夏季室内温度为 28℃，经计算得每个柱网单元夏季空调显热冷负荷为 10100W，根据夏季空气处理过程的焓湿图，取送风温差为 7.5℃。冬季室内温度为 20℃，对定风量系统，根据冬季空气处理过程的焓湿图，求得冬季送风温度为 32℃。现采用圆形喷口从顶部垂直向下送风，试进行气流分布计算。

【解】

(1) 对于夏季工况

①按照公式（25.2-2）计算总送风量：

$$L_S = \frac{3.6 Q_x}{1.2 \times 1.01 \times \Delta t_S} = \frac{3.6 \times 10100}{1.2 \times 1.01 \times 7.5} = 4000 \text{m}^3/\text{h}$$

②根据建筑平面特点,在每个柱网单元布置 8 个圆形喷口,每个喷口的送风量为 $500\text{m}^3/\text{h}$。要求气流射程 $x = 8.75 - 2 = 6.75\text{m}$。

③假定喷口直径 $d_S = 0.26\text{m}$,计算各相关参数:

$$\text{令}\ \bar{x} = \frac{x}{d_S} = \frac{6.75}{0.26} = 25.96,\ v_S = \frac{500}{3600 \times 0.785 \times 0.26^2} = 2.62 \text{m/s}$$

$$Ar = \frac{g \Delta t_S d_S}{v_S^2 (t_n + 273)} = \frac{9.81 \times 7.5 \times 0.26}{2.62^2 \times (28 + 273)} = 0.00926$$

④将上述数值代入公式(25.5-18),取圆喷口的 $K_P = 5.0$,则

$$\frac{v_x}{v_S} = \frac{K_P}{\bar{x}} \left[1 + 1.9 \frac{Ar}{K_P} \bar{x}^2\right]^{\frac{1}{3}} = \frac{5.0}{25.96} \left[1 + 1.9 \times \frac{0.00926}{5.0} \times 25.96^2\right]^{\frac{1}{3}} = 0.288$$

射流末端的轴心风速 $v_x = v_S \times 0.288 = 2.62 \times 0.288 = 0.75 \text{m/s}$

平均风速 $v_P = \frac{1}{2} v_x = 0.5 \times 0.75 = 0.375 \text{m/s}$,基本符合要求。

(2)对于冬季工况

总送风量 $L_S = 4000 \text{m}^3/\text{h}$,送风温差 $\Delta t_S = 12℃$。为使热风能到达空调区,拟关闭 4 个喷口,这样每个喷口的送风量为 $1000 \text{m}^3/\text{h}$,此时喷口的送风速度 v_S:

$$v_S = \frac{1000}{3600 \times 0.785 \times 0.26^2} = 5.23 \text{m/s}$$

阿基米德数 Ar:

$$Ar = \frac{g \Delta t_S d_S}{v_S^2 (t_n + 273)} = \frac{9.81 \times 12 \times 0.26}{5.23^2 \times (20 + 273)} = 0.0038$$

按公式(25.5-18)计算射流轴心速度衰减值:

$$\frac{v_x}{v_S} = \frac{K_P}{\bar{x}} \left[1 - 1.9 \frac{Ar}{K_P} \bar{x}^2\right]^{\frac{1}{3}} = \frac{5.0}{25.96} \left[1 - 1.9 \times \frac{0.0038}{5.0} \times 25.96^2\right]^{\frac{1}{3}} = 0.058$$

射流末端的轴心风速:

$$v_x = v_S \times 0.058 = 5.23 \times 0.058 = 0.30 \text{m/s}$$

平均风速 $v_P = \frac{1}{2} v_x = 0.5 \times 0.30 = 0.15 \text{m/s}$,符合要求。

25.5.3 喷口送风的设计要求及注意事项

1. 喷口侧向送风的风速宜取 $4 \sim 8 \text{m/s}$,若风速太小不能满足射程的要求,风速过大在喷口处会产生较大的噪声。当空调区内对噪声控制要求不十分严格时,风速最大值可取为 10m/s。

2. 喷口侧向送风应使人员的活动区处于射流的回流区。

3. 喷口有圆形和扁形两种型式。圆形喷口的收缩段长度,宜取喷口直径的 1.6 倍,其倾斜度不宜大于 $15°$;扁形喷口的高宽比为 $1:10 \sim 1:20$。但工程上以圆形喷口用得最多。

4. 圆形喷口的直径及数量应通过计算确定。喷口的安装高度,不宜低于空调空间高

度的 1/2。

5. 对于兼作热风供暖的喷口送风系统，为防止热射流上浮，应考虑使喷口能够改变射流出口角度的可能性，也就是说，喷口的倾角应设计成可任意调节的。

6. 喷口送风的送风速度要均匀，且每个喷口的风速要接近相等，因此安装喷口的风管应设计成变断面的均匀送风风管，或起静压箱作用的等断面风管。

25.6 条缝口送风

25.6.1 条缝口送风及其适用条件

条缝口送风是通过设置在吊顶上（或侧墙上部）的条缝型送风口（其宽长比大于1∶20）将空气送入空调区的送风方式。条缝型送风口有单条缝、双条缝和多条缝等型式。安装在吊顶上的条缝型送风口，应与吊顶齐平。对于具有固定斜叶片的条缝型送风口，可使气流以水平方向向两侧送出或者使气流朝一侧送出，成为平送贴附流型；对于固定直叶片的条缝型送风口，可实现垂直下送流型；而对于可调式的条缝型送风口，其调节气流流型的功能比较全面。通过调节叶片的位置，可将气流调成向两侧水平送风（即左右出风），或向一侧水平送风（即左出风或右出风），或垂直向下送风，或者将条缝口关闭，停止送风。回风口通常设置在房间下部或顶部。

条缝口送风的特点是，气流轴心速度衰减较快，适用于空调区允许风速为 0.25～0.5m/s 的舒适性空调。当建筑物层高较低，单位面积送风量较大，且有吊平顶可供利用时，宜采用条缝型送风口进行平送或垂直下送。

25.6.2 条缝口送风的设计计算

1. 条缝风口的速度衰减计算公式

P. J. 杰克曼（Jackman）在实验时，将长度等于房间宽度的单个条缝风口（或双条缝风口），设置在房间的中央，条缝口与吊顶齐平，气流以水平方向向两侧送出，横掠过吊顶表面；或者将单条缝风口（或双条缝风口）设置在距外墙 150mm 处，气流以水平方向横掠过整个吊顶表面。上述两种方式均分别进行送热风和送冷风的试验。

条缝风口的速度衰减可按下列公式计算：

$$\frac{v_x}{v_S} = K \left[\frac{b}{x+x_0} \right]^{\frac{1}{2}} \tag{25.6-1}$$

式中 v_x——距条缝风口水平距离为 x 处的最大风速，m/s；

v_S——条缝风口的送风速度，m/s；

K——送风口常数，对条缝风口为 2.35；

b——条缝口的有效宽度，m；

x_0——自条缝口中心起到主气流外观原点的距离，对条缝口 $x_0=0$。

因 $v_S = \dfrac{L_{S1}}{b}$，其中 L_{S1} 为单位长度条缝口的送风量（m³/s·m），式（25.6-1）可改写为：

$$\frac{v_x}{L_{S1}} = \frac{K}{b^{\frac{1}{2}}} \left[\frac{1}{x+x_0} \right]^{\frac{1}{2}} \tag{25.6-2}$$

或者
$$\left[\frac{L_{S1}}{v_x}\right]^2 = \frac{b}{K^2}(x+x_0) \tag{25.6-3}$$

室内平均风速 v_{Pj} 是房间尺寸和主气流射程 (x) 的函数，可按下式求出：

$$v_{Pj} = 0.25 A_1 \left[\frac{n}{A_1^2 + H^2} \right]^{\frac{1}{2}} \tag{25.6-4}$$

式中 H——房间高度，m；

n——系数，$n = \dfrac{x}{A_1}$；

A_1——与射程有关的房间长度（见图 25.6-1），m；

A——房间（或区域）长度，m；即与条缝口主轴相垂直的房间尺寸（图 25.6-1）。

对于安装在房间或区域中央（图 25.6-1，a）的条缝口，$A_1 = \dfrac{1}{2} A$。

对于安装在房间侧墙一端（图 25.6-1，b）的条缝口，$A_1 \approx A$。

若条缝口设在房间或区域中央，其射程采取到每个端墙距离的 0.75，即 $x = 0.75 A_1$，则 $n = 0.75$。

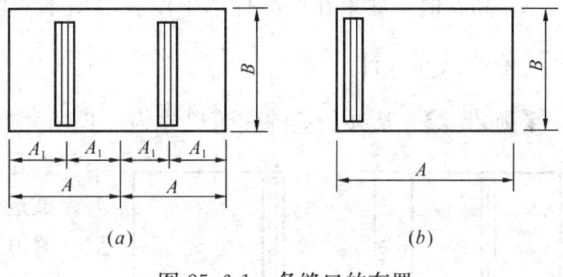

图 25.6-1 条缝口的布置
(a) 条缝口安装在房间（或区域）的中央；
(b) 条缝口安装在房间的一端

2. 条缝口送风计算表

根据条缝风口的速度衰减计算公式和室内平均风速公式，P.J. 杰克曼编制了条缝口送风计算表（参见表 25.6-1），该表的房间或区域长度 A 分别为 3.0、4.0、5.0、6.0、7.0、8.0、9.0、和 10.0（m）。表中室内平均风速 v_{Pj} 按房间长度和高度查出，该值是按等温条件下求得的。送冷风时应乘以修正系数 1.2，送热风时应乘 0.8。

3. 设计计算步骤

(1) 当条缝口设在房间吊顶的中央时

1) 按照与实际房间（或区域）的长度（即与条缝口主轴相垂直的尺寸）最接近的 A 值，来选取条缝口送风计算表，并查得室内平均风速 v_{Pj}。

2) 根据房间（或分区）的显热冷负荷（或热负荷）q 和送风温差 Δt_S，按下式计算每 m 长条缝风口的送风量 L_{S1} （m³/s·m）：

$$L_{S1} = \frac{q}{l \times 1.2 \times 1.01 \Delta t_S} \approx \frac{0.83 q}{l \Delta t_S} \tag{25.6-5a}$$

取条缝风口的有效长度 l 等于房间宽度 B，则

$$L_{S1} \approx \frac{0.83 q}{B \Delta t_S} \tag{25.6-5b}$$

3) 确定送风口速度和条缝口尺寸。

按已选出的计算表，在第 1 列找到与计算送风量相近的风量值，并在该行中顺序查得相应的送风速度 v_S 和条缝口的有效宽度 b。

4) 将选出的各个参数,按其他设计要求(例如允许噪声)进行检验。若某些值超出规定的范围,则应考虑将室内划分小些,以增加条缝口的数目,并重复以上步骤。

5) 按算得的参数,查产品样本,最后选取条缝风口的型号,并校核在设计风量下的射程,是否处在从条缝口到端墙或分区边界距离的 0.65 至 0.85 范围内。

如果在产品样本中没有给出条缝口的有效宽度时,则对向两个方向送出的条缝风口 $b=500\dfrac{L_{S1}}{v_S}$,单位以 mm 计,并取整数。

(2) 当条缝口设在房间的一端时

当条缝口被安装在房间一端的吊顶上,用来向一个方向送风时,可采用前面概括的设计步骤,但必须进行以下修正:

表内所用的 A 值应等于房间的实际长度的 2 倍即 $2A$。

表内所用的 L_{S1} 值应是实际的 L_{S1} 的 2 倍即 $2L_{S1}$,用乘以 2 后的 A 和 L_{S1} 值去选取 v_{Pj}、v_S 和 b 值。如果在产品样本中没有给出条缝口的有效宽度时,可用下式确定 $b=1000\dfrac{L_{S1}}{v_S}$,单位以 mm 计。

【例 25-7】 某办公室的建筑尺寸为:长 $A=4\mathrm{m}$,宽 $B=4\mathrm{m}$,高 $H=2.75\mathrm{m}$,室内最大显热冷负荷为 2kW,送风温差为 10℃,试选用条缝口送风进行空调。现设计两种布置方案:(a) 条缝口设在房间的中央;(b) 条缝口设在房间的一端,如图 25.6-2 所示。

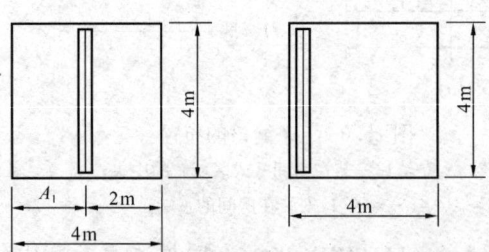

图 25.6-2 条缝口在房间内的两种布置方案

【解】 (1) 方案一:条缝口设在房间的中央

①确定计算参数

$A=4\mathrm{m}$,$A_1=2\mathrm{m}$,$H=2.75\mathrm{m}$。气流射程 $x=0.75A_1=0.75\times2=1.5\mathrm{m}$

$$n=\frac{x}{A_1}=\frac{1.5}{2}=0.75$$

②按公式 (25.6-5b) 计算每 m 长条缝口的送风量:

$$L_{S1}=\frac{0.83q}{B\Delta t_S}=\frac{0.83\times2}{4\times10}=0.0415\mathrm{m^3/(s\cdot m)}$$

③按公式 (25.6-4) 或查表 25.6-1,求得室内平均风速 v_{Pj}:

$$v_{Pj}=0.25A_1\left[\frac{n}{A_1^2+H^2}\right]^{\frac{1}{2}}=0.25\times2\left[\frac{0.75}{2^2+2.75^2}\right]^{\frac{1}{2}}=0.127\mathrm{m/s}$$

或者查表 25.6-1,在房间长度 $A=4\mathrm{m}$,$H=2.75\mathrm{m}$ 的栏内,查得室内平均风速 $v_{Pj}=0.13\mathrm{m/s}$,送冷风时 $v_{Pj}=1.2\times0.13=0.156\mathrm{m/s}$,说明用两种方法求得的室内平均风速是一致的。

④确定送风速度 v_S 和条缝口宽度 b:

查表 25.6-1,按房间长度 $A=4\mathrm{m}$,$L_{S1}=0.0415\mathrm{m^3/(s\cdot m)}$,找到最接近的风量值 $L_{S1}=0.042\mathrm{m^3/(s\cdot m)}$,$v_S=3.23\mathrm{m/s}$,$b=7\mathrm{mm}$(每条缝宽)。该送风速度对办公室是允许的。

在有关生产厂家的样本上,可找到风量$\frac{0.04}{2}$m³/(s·m)的双条缝风口,每个条缝的风速为3.25m/s,射程为1.5m,该值相当于从条缝口至房间端头距离的0.75。

⑤按公式(25.6-1)校核v_x:

$$v_x = v_S K \left[\frac{b}{x}\right]^{\frac{1}{2}} = 3.23 \times 2.35 \left[\frac{0.007}{1.5}\right]^{\frac{1}{2}} = 0.52 \text{m/s},\text{基本符合要求}。$$

(2) 方案二:条缝口设在房间一端

①确定计算参数

$A = 4\text{m}, A_1 \approx A = 4\text{m}$,气流射程$x = 0.75 \times 4 = 3\text{m}, n = \frac{x}{A_1} = \frac{3}{4} = 0.75$

②按公式(25.6-4)或查表25.6-1,求得室内平均风速v_{Pj}:

$$v_{Pj} = 0.25 A_1 \left[\frac{n}{A_1^2 + H^2}\right]^{\frac{1}{2}} = 0.25 \times 4 \left[\frac{0.75}{4^2 + 2.75^2}\right]^{\frac{1}{2}} = 0.178 \text{m/s}$$

送冷风时,室内平均风速$v_{Pj} = 1.2 \times 0.178 = 0.213$m/s。

由于条缝口设在房间的一端,因此在查表25.6-1时,A值应等于房间的实际长度的2倍,即$A = 2 \times 4 = 8$m,$H = 2.75$m,查得室内平均风速$v_{Pj} = 0.18$m/s。送冷风时,应乘以修正系数1.2,此时$v_{Pj} = 1.2 \times 0.18 = 0.216$m/s。

③确定送风速度v_S和条缝口宽度b:

查表25.6-1时,应查$A = 8$m、L_{S1}值应是实际的L_{S1}的2倍即$2 \times 0.0415 = 0.083$m³/(s·m)表中的数值。查得最接近的风量为0.085m³/(s·m),相应的送风速度$v_S = 3.19$m/s,条缝口宽度$b = 13$mm。

从生产厂家产品样本查到单面送风条缝口,风量为0.04m³/(s·m),射程为3m,是房间长度的0.75,满足要求。

④按公式(25.6-1)校核v_x:

$$v_x = v_S K \left[\frac{b}{x}\right]^{\frac{1}{2}} = 3.19 \times 2.35 \left[\frac{0.011}{3}\right]^{\frac{1}{2}}$$
$$= 0.45 \text{m/s},\text{符合要求}。$$

【例25-8】 有一间大办公室,房间的尺寸为$A \times B \times H = 25\text{m} \times 30\text{m} \times 3.3\text{m}$,拟采用条缝风口送风进行空调,室内显热冷负荷均匀分布,其最大值为75kW,要求送风速度不大于4m/s。试进行条缝口送风的选择计算。

【解】 将房间长度25m划分为三等分,即每等分为8.33m,共划分为三个区,每个区承担的显热冷负荷为25kW,在每个区内中间位置安装条缝口,共设三个双条缝风口,如图25.6-3所示。

查表25.6-1,当$A = 8$m,$H = 3.3$m时,查得室内平均风速$v_{Pj} = 0.17$m/s。也可按公式(25.6-4)求得室内平均风速:

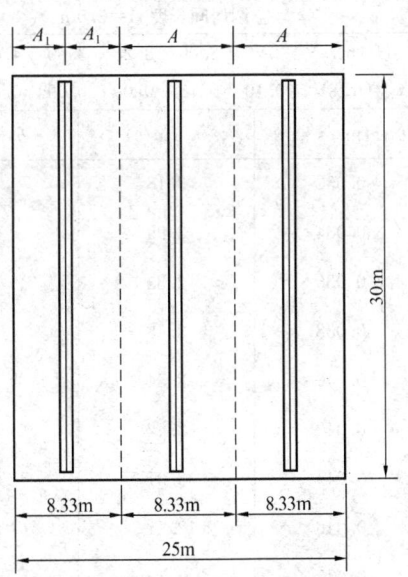

图25.6-3 某大办公室的条缝口布置

$$v_{\text{Pj}} = 0.25 A_1 \left[\frac{n}{A_1^2 + H^2}\right]^{\frac{1}{2}} = 0.25 \times 4.16 \left[\frac{0.75}{4.16^2 + 3.3^2}\right]^{\frac{1}{2}} = 0.17 \text{m/s}$$

由于要求送风速度 v_S 不大于 4m/s，从上表可知，与 $v_S=3.87$m/s 相对应的送风量 $L_{Sl}=0.070$m³/（s·m）。

于是，将 $L_{Sl}=0.070$m³/（s·m）和显热冷负荷 $q=25$kW 代入公式（25.6-5b）中，即 $L_{Sl}=\dfrac{0.83q}{B\Delta t_S}$，$0.070=\dfrac{0.83\times 25}{30\times \Delta t_S}$，由此求得送风温差 $\Delta t_S=9.88℃\approx 10℃$，这个送风温差对办公室来说是合适的。

在同一张表上，当 $L_{Sl}=0.070$m³/（s·m），$v_S=3.87$m/s 时的条缝宽度 $b=9$mm（每条）。

从生产厂家产品样本查到适合上述条件的为双条缝风口，每条风量为 0.07m³/（s·m），送风速度为 3.5m/s，相应射程为 3m。这种条缝口其长度为 30m，总共设 3 条可满足大办公室的空调要求。

按公式（25.6-1）校核 v_x：

$$v_x = v_S K \left[\frac{b}{x}\right]^{\frac{1}{2}} = 3.5 \times 2.35 \left[\frac{0.009}{3}\right]^{\frac{1}{2}} = 0.45 \text{m/s}，符合要求。$$

25.6.3 条缝口送风的设计要求及注意事项

1. 条缝口的最大送风速度为 2~4m/s，风口安装位置高，或人员活动区允许有较大风速时，宜取上限值。

2. 采用条缝口送风时，在条缝型送风口的上方，必须配置入口处带风量调节阀的静压箱，以保证送风均匀；静压箱与支风管的连接，宜采用柔性风管，以便于施工安装。

条缝口送风计算表 表25.6-1

空调房间长度 $A=3.0$m						空调房间长度 $A=4.0$m					
H (m)	2.75	3.00	3.25	3.50	4.00	5.00	H (m)	2.75	3.00	3.25	3.50	4.00	5.00
v_{pj} (m/s)	0.10	0.10	0.09	0.09	0.08	0.06	v_{pj} (m/s)	0.13	0.12	0.11	0.11	0.10	0.08
L_{sl} (m³/s·m)	v_s (m/s)		b (mm)				L_{sl} (m³/s·m)	v_s (m/s)		b (mm)			
0.032	3.18		5				0.036	3.77		5			
							0.038	3.57		5			
0.034	2.99		6				0.040	3.39		6			
0.036	2.83		6				0.042	3.23		7			
							0.044	3.08		7			
0.038	2.68		7				0.046	2.95		8			
							0.048	2.83		8			
0.040	2.54		8				0.050	2.71		9			
0.042	2.42		9				0.052	2.61		10			
							0.054	2.51		11			
0.044	2.31		10				0.056	2.42		12			
0.046	2.21		10				0.058	2.34		12			
							0.060	2.26		13			
0.048	2.12		11				0.062	2.19		14			
							0.064	2.12		15			
0.050	2.03		12				0.066	2.05		16			

续表

空调房间长度 $A=5.0$m						
H (m)	2.75	3.00	3.25	3.50	4.00	5.00
v_{pj} (m/s)	0.15	0.14	0.13	0.13	0.11	0.10
L_{sl} (m³/s·m)	v_s (m/s)			b (mm)		
0.040~0.042	4.24~4.04			5		
0.044~0.046	3.85~3.68			6		
0.048~0.050	3.53~3.39			7		
0.052	3.26			8		
0.054~0.056	3.14~3.03			9		
0.058	2.92			10		
0.060~0.062	2.83~2.73			11		
0.064	2.65			12		
0.066	2.57			13		
0.068~0.070	2.49~2.42			14		
0.072	2.35			15		
0.074	2.29			16		
0.076	2.23			17		
0.078	2.17			18		
0.080	2.12			19		
0.082	2.07			20		
0.084	2.02			21		

空调房间长度 $A=7.0$m						
H (m)	2.75	3.00	3.25	3.50	4.00	5.00
v_{pj} (m/s)	0.17	0.16	0.16	0.15	0.14	0.12
L_{sl} (m³/s·m)	v_s (m/s)			b (mm)		
0.05	4.75			5		
0.055	4.31			6		
0.060	3.96			8		
0.065	3.65			9		
0.070	3.39			10		
0.075	3.16			12		
0.080	2.97			13		
0.085	2.79			15		
0.090	2.64			17		
0.095	2.50			19		
0.100	2.37			21		
0.105	2.26			23		
0.110	2.16			25		
0.115	2.06			28		

空调房间长度 $A=6.0$m						
H (m)	2.75	3.00	3.25	3.50	4.00	5.00
v_{pj} (m/s)	0.16	0.15	0.15	0.14	0.13	0.11
L_{sl} (m³/s·m)	v_s (m/s)			b (mm)		
0.044~0.046	4.62~4.42			5		
0.048~0.050	4.24~4.07			6		
0.052~0.054	3.91~3.77			7		
0.056~0.058	3.63~3.51			8		
0.060~0.062	3.39~3.28			9		
0.064	3.18			10		
0.066~0.068	3.08~2.99			11		
0.07	2.91			12		
0.072~0.074	2.83~2.75			13		
0.076~0.078	2.68~2.61			14~15		
0.080~0.084	2.54~2.42			16~17		
0.086~0.088	2.37~2.31			18~19		
0.090~0.092	2.26~2.21			20~21		
0.094	2.16			22		
0.096	2.12			23		
0.098	2.08			24		
0.100	2.03			25		

空调房间长度 $A=8.0$m						
H (m)	2.75	3.00	3.25	3.50	4.00	5.00
v_{pj} (m/s)	0.18	0.17	0.17	0.16	0.15	0.13
L_{sl} (m³/s·m)	v_s (m/s)			b (mm)		
0.050~0.055	5.42~4.93			5~6		
0.060	4.52			7		
0.065	4.17			8		
0.070	3.87			9		
0.075	3.62			10		
0.080	3.39			12		
0.085	3.19			13		
0.090	3.01			15		
0.095	2.85			17		
0.100	2.71			18		
0.105	2.58			20		
0.110	2.47			22		
0.115	2.36			24		
0.120	2.26			27		
0.125	2.17			29		
0.130	2.09			31		
0.135	2.01			34		

续表

空调房间长度 $A=9.0$m				空调房间长度 $A=10.0$m		
H (m)	2.75 3.00 3.25 3.50 4.00 5.00			H (m)	2.75 3.00 3.25 3.50 4.00 5.00	
v_{pj} (m/s)	0.18 0.18 0.18 0.17 0.16 0.14			v_{pj} (m/s)	0.19 0.19 0.18 0.18 0.17 0.15	
L_{sl} (m³/s·m)	v_s (m/s)	b (mm)		L_{sl} (m³/s·m)	v_s (m/s)	b (mm)
0.055~0.060	5.55~5.09	5~6		0.060~0.065	5.65~5.22	5~6
0.065~0.070	4.69~4.36	7~8		0.070~0.075	4.84~4.52	7~8
0.075~0.080	4.07~3.81	9~10		0.080~0.085	4.24~3.99	9~11
0.085	3.59	12		0.090~0.095	3.77~3.57	12~13
0.090	3.39	13		0.100~0.105	3.39~3.23	15~16
0.095	3.21	15		0.110	3.08	18
0.100	3.05	16		0.115	2.95	20
0.105	2.91	18		0.120	2.83	21
0.110	2.77	20		0.125	2.71	23
0.115	2.65	22		0.130	2.61	25
0.120	2.54	24		0.135	2.51	27
0.125	2.44	26		0.140	2.42	29
0.130	2.35	28		0.145	2.34	31
0.135	2.26	30		0.150	2.26	33
0.140	2.18	32		0.155	2.19	35
0.145	2.10	34		0.160	2.12	38
0.150	2.03	37		0.165	2.05	40

25.7 下部送风

25.7.1 下部送风的类型、特征及与其他送风方式的对比

1. 下部送风的类型、特征及与其他送风方式的对比（见表 25.7-1）。

下部送风的类型、特征及与其他送风方式的对比 表 25.7-1

类 型	基 本 特 征	与其他送风方式的对比
置换通风（DV）系统	● 处理后的新风或混合风，以低风速小温差经由置换通风器送入人员活动区。在送风气流及室内热源形成的对流气流共同作用下，携带污染物和热量从顶部排（回）风口排出，形成了自地板至吊顶的全面空气流动。 ● 上部区的空气，不会再循环进入下部区。空间内垂直方向产生温度梯度，室内空气形成热力分层，在上、下部之间存在一个分界面，见图 25.7-1。 ● 设计时控制分界面位于头部以上，使人员活动区的空气温度、风速和污染物浓度符合热舒适和卫生标准要求。 ● DV 系统能改善室内空气品质，减少向空间供冷的能量消耗，获得较高的通风效率。DV 系统应优先用于供冷工况。 ● 当利用置换通风器送热风时，系统就变成为 OHM 系统，它的性能及设计与 OHM 系统的供暖方式相同	● 就消除污染物而言，DV 系统通过空气置换，OHM 系统则借助于稀释。 ● 在设计目标上，DV 系统仅保持人员活动区的空气品质。OHM 系统则考虑整个空间。 ● 在气流动力和分布上，DV 系统为浮力控制、气流扩散浮力提升，气流分层。OHM 系统则为动量控制、气流强烈掺混、上下分布均匀。 ● 在措施上，DV 系统采用小温差、低风速，气流流型为下送上回。OHM 系统采用大温差、高风速，气流流型为上送上回或者上送下回。 ● 在效果上，DV 系统消除人员活动区负荷，空气品质接近送风。OHM 系统消除整个房间负荷，空气品质接近回风。 ● DV 系统的送风温度一般不低于 18℃，OHM 系统的送风温度一般为 13℃，前者较后者节省供冷能耗，且为利用低品位能源以及更多时间采用新风"免费供冷"创造了条件。 ● DV 系统所处理的冷负荷一般不宜大于 120W/m²。否则，不仅需要很大的送风量，而且置换通风器所需的进口面积也较大，此时应采用 UFAD

续表

类 型	基 本 特 征	与其他送风方式的对比
地板送风（UFAD）系统	● 利用地板静压箱（层），将处理后的空气经由地板送风口（地板散流器），送到人员活动区内。在供冷工况下，向空调房间送冷风，在吊顶或接近吊顶处回风，见图25.7-2。 ● 与DV系统一样，由于受热源产生的浮力的驱动，形成了自地板向吊顶流动的气流流型，这种流动能更有效地排除热量和污染物。 ● UFAD系统在房间内产生垂直温度梯度和热力分层，当散流器射程低于分层高度时，房间空气分布（图25.7-3）可划分为低（混合）区、中（分层）区和高（混合）区。当散流器射程高于分层高度时，高（混合）区已不存在（图25.7-4）。一旦房间内空气上升到分层面以上时，就不会再进入分层面以下的低区。设计时应将分层高度维持在室内人员呼吸区之上，一般为1.2~1.8m。 ● UFAD系统通过热力分层为供冷工况提供良好的节能机会，在人员活动区，保持热舒适和良好的空气品质，而让温度和浓度高的空气处在头部以上的非人员活动区	UFAD系统的主要优点： ● 通过每位室内人员对局部热环境进行控制，可满足自身热舒适要求。 ● 改善通风效率与室内空气品质。 ● 在UFAD条件下，在分层高度处或该高度以上的对流热源将会上升，不进入分层面以下的低区，而是从吊顶高度处被排走，因此，消除人员活动区负荷所需的风量可相应减少。 ● UFAD系统送风温度一般不低于16~18℃，减少了供冷能量消耗。 ● 建筑物寿命周期费用减少。 ● UFAD系统与DV系统的相似之处在于：在供冷工况下，在地板或接近地板处向空调房间送冷风，在吊顶或接近吊顶处回风，形成自地板向吊顶流动的气流流型，房间内产生温度梯度和热力分层。 ● UFAD系统与DV系统的主要差别：①前者以较高的风速（动量较大）从尺寸较小的地板散流器送出，形成强烈的混合；后者以很低的风速（低动量）从设在房间低位侧墙处的置换通风器送出，依靠气流扩散和浮力的提升作用，形成自下向上的空气流动。 ②前者通常采用较大的送风量，能够满足较大的冷负荷要求。而后者要增大送风量往往受到布置大面积置换通风器的制约。 ③前者的局部送风状态处在室内人员的控制之下，使舒适条件得到优化
岗位/个人环境调节（TAC）系统	● 利用地板静压箱（层）提供处理后的空气，用柔性风管输送到装在家具、隔断上的主动型TAC送风口，向室内人员提供岗位空调。TAC系统的特点是可以在不影响周围人员要求的前提下，让每个人能控制自己所处的局部环境。绝大多数TAC系统，采用地板送风系统提供的风量，利用设在家具或隔断上的送风口，为邻近的室内人员提供有效的个人控制。而对固定工作岗位以外的周围空间的环境条件，仍然自动保持可接受的环境状态。典型的办公空间TAC系统，如图25.7-5所示。 ● 与UFAD系统一样，TAC系统形成空气整体地由人员活动区向吊顶流动的气流流型，并从回风口排出。 ● 由于TAC系统送出的空气来自于地板静压箱（层），它可以看作是配有主动型送风口、具备个人控制能力的UFAD系统，是UFAD系统功能的延伸。这两种密切相关的空气分布系统，就其设计、施工和运行方面来说，有着许多共同的特点	● 与OHM系统相比，TAC系统除了具有UFAD系统的优点外，主要是更加合理地为人员活动区改善空气流动状况、提供良好的通风，特别是能满足室内人员对舒适感的不同要求，进行择优通风。 ● TAC系统有别于UFAD系统之处在于： ①它利用特定设置的送风口进行较高程度的个人舒适性控制。不仅可以调节风速大小和送风方向，有时也可以调节送风温度，进而调节供冷量。例如，利用设在办公桌上和工作站隔断中的由风机驱动（主动型）的喷射式送风口，配带送风方向调节部件，通过增大风速来实现直接快速供冷。 ②对于建筑物内的其他周围空间（例如，走廊、开放使用的房间和固定工作岗位以外的区域），在地板上或接近地板处设置被动型地板散流器或旋流地板散流器，通过地板送风来体现与工作岗位送风的不同空调要求。 ③由于TAC送风口能利用增大风速对人员进行供冷，能更直接地影响局部的热舒适性，与UFAD系统的送风温度不低于16~18℃相比，还可以采用更高一些的送风温度，从而达到节省能量的目的

续表

类型	基本特征	与其他送风方式的对比
上（顶）部混合（OHM）系统	● 将处理后的空气，以大大超过人员舒适性所能接受的风速从空间上（顶）部送出。根据供冷、供暖负荷情况，送风温度可以比要求的室内温度设定值低些、高些或者相等。送风射流从上部送风口送出后，通过卷吸作用与射流周围的室内空气进行充分混合，在进入人员活动区前，将气流速度降低到可接受值（一般为 0.2~0.3m/s），并使送风温度迅速接近于整个房间的空气温度。活动区既可以通过衰减了的空气射流直接通风，也可以利用射流形成的回流来通风。 ● OHM 系统，在人员活动区内形成比较均匀的空气流速、温度和湿度。室内的污染物，利用足量的新风加以稀释，以使室内保持可接受的空气品质，然后从回风口排出。传统的顶部混合送风系统见图 25.7-6。混合式送风，在建筑物的各个区域内，提供单一、均匀的热环境和通风环境，不能满足室内人员对不同热环境的选择与偏爱	

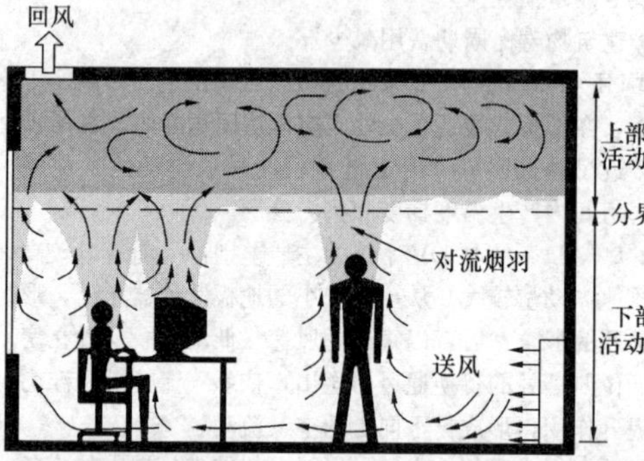

图 25.7-1 置换通风系统

图 25.7-2 地板送风系统

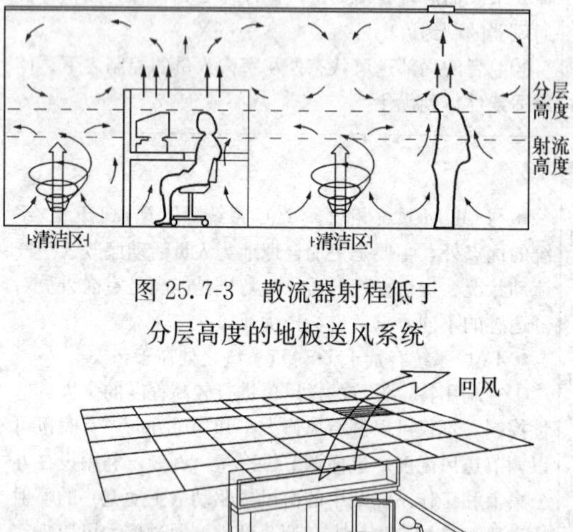

图 25.7-3 散流器射程低于分层高度的地板送风系统

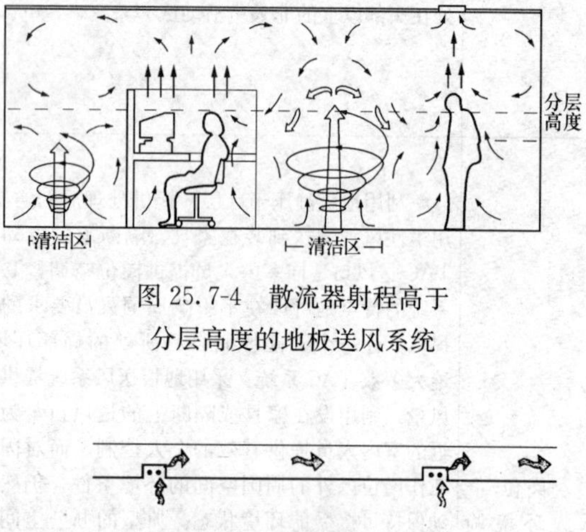

图 25.7-4 散流器射程高于分层高度的地板送风系统

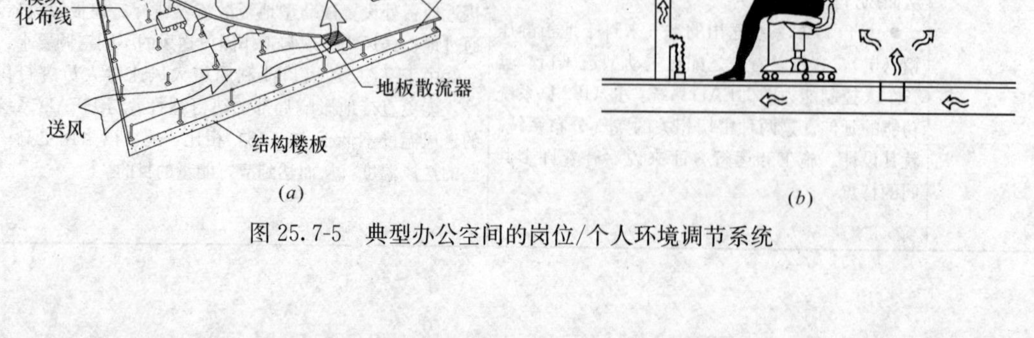

(a) (b)

图 25.7-5 典型办公空间的岗位/个人环境调节系统

2. 地板送风与岗位/个人环境调节系统的主要特点

与传统的上（顶）部混合送风系统相比，UFAD 和 TAC 系统不仅具有室内空气品质与热舒适性好、通风效率高和建筑物寿命周期费用少等优点，还能大幅度的节省能量。

UFAD 和 TAC 系统的节能途径主要是：

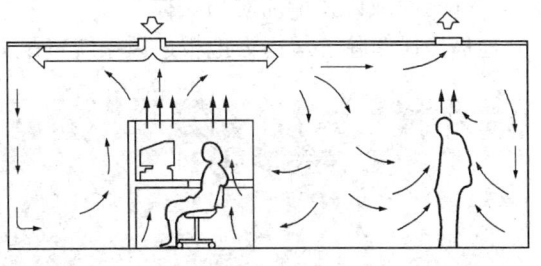

图 25.7-6　传统的上（顶）部混合式送风系统

- 供冷时 UFAD 系统可采用较高的送风温度（一般为 16～18℃），TAC 系统由于能增大风速来供冷，其送风温度还可提高；而混合式送风系统的送风温度较低（一般为 13℃）。随着送风温度的提高，冷水机组的出水温度和 COP 值相应提高，这对于处在气候温和且干燥的地区，节能效果显著（而在炎热和潮湿的气候地区，由于有除湿要求，冷水机组的出水温度仍需降低，节能效果不很明显）。

- 在过渡季节，当室外空气温度低于要求的送风温度时，直接利用新风提供"免费供冷"的时段较混合式送风系统长，相应缩短了冷水机组的运行时间。为了在静压箱内保持适当的湿度（特别是在夜间运行时）并防止结露，推荐采用"焓值控制"。

- 采用 UFAD 系统时，室内存在热力分层，在上部"非人员活动区"，热源中的大多数对流得热量直接上升至平顶处，从回风口排走，送风量仅用来消除下部"人员活动区"的负荷，因而减少了总送风量（详见第 25.7.3）；UFAD 和 TAC 系统，利用地板静压箱（层）而不是用分支风管来输送处理后的空气，在地板静压箱（层）内，空气流速很小，因此集中式风机所需的静压较低。

25.7.2　地板送风静压箱（层）

利用地板静压箱将处理后的空气直接输送到建筑物人员活动区，是区分地板送风系统与上（顶）部混合式送风系统的基本特征之一。设计地板送风静压箱时，主要目标是要确保送出所需的风量和保持要求的送风温度与湿度，且在建筑物地板面以上的任何地方都达到所需的最小通风空气量。

1. 地板静压箱的构造与功能

地板静压箱是混凝土结构楼板与架空（可检视）地板体系底面之间供布置服务设施用的可开启空间（图 25.7-7），它由架空地板平台构建而成。

架空地板平台是一般由尺寸为 0.6m×0.6m、灌注了混凝土的钢板地板块所组成；为了获得较高的刚性，通常是把镀锌钢板埋入轻质混凝土板中，使钢材的抗拉强度与混凝土的抗压强度相结合。地板块互相贴紧，每块地板的四个角的下面用可调支座支撑着，可调支座则粘接在混凝土楼板上。该支座应有水平支撑，若静压箱高度较高（通常

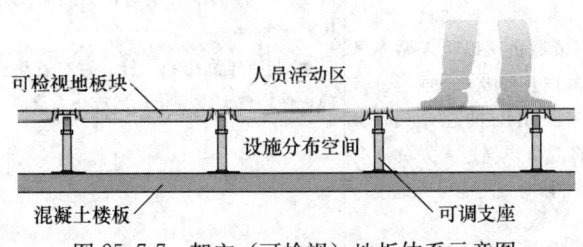

图 25.7-7　架空（可检视）地板体系示意图

在 0.45m）时或许要增加对角支撑。

地板静压箱除了承担为地板送风系统输配处理后空气的功能外，还可作为电力、语音和数据通信电缆系统的布线与维修通道，以及配置大楼的其他服务设施，如火灾探测与灭火、安保监控等。

图 25.7-8　敞开式办公室内的架空地板体系

兼有送风和布置电缆、服务设施等双重功能的静压箱，从结构楼板面到架空地板顶面的静压箱高度的典型值为 0.3~0.45m。按照架空地板块的典型厚度，地板静压箱的净高比静压箱高度低 33mm。

图 25.7-8 所示为一个敞开式办公平面内移去了地板块后所展现的典型地板静压箱。

2. 地板静压箱的类型及配置

利用静压箱输配空气有三种基本类型，见表 25.7-2。

静压箱的类型及其配置　　　表 25.7-2

类　型	基　本　特　征	备　注
有压静压箱	● 通过对空气处理机组（AHU）风机送风量的控制，使静压箱内维持（相对于空调房间）一个微小的正压值（一般为 12.5~25Pa）。 ● 在静压箱压力的作用下，将箱内空气通过设在架空地板平台上的各种被动式地板送风口（例如，格栅风口、旋流地板散流器和可调型散流器等）输送到室内人员活动区；也可以将箱内空气通过设在地板上的主动式风机动力型末端装置，或者利用柔性风管接到设在桌面和隔断中的主动式送风末端装置输送到室内人员活动区	● 存在着不受控制的空气渗漏问题，特别是在检视静压箱移去地板块时，往往会影响到气流特性。 ● 空气流经静压箱时，与混凝土楼板、架空地板之间产生热交换，使空气温度变化，会形成热力衰减
零压静压箱	● AHU 将处理后的空气（或者是新风）送入静压箱内。由于静压箱内与房间内的压力几乎相等，因此需要就地设置风机动力型（主动式）末端装置，将空气送入室内人员活动区。就地的风机动力型送风口，在温控器或个人的控制下，能在较大的范围内按需要控制送风状况，以满足热舒适性和个人对局部环境的偏爱。 ● 在有些系统中，会使静压箱内形成微负压以吸入循环风（一般是通过明露的地板格栅风口在房间内直接吸入，或通过竖井从吊平顶处吸入），并在静压箱内与来自 AHU 的送风（新风）相混合。然后，由风机动力型送风口将混合空气送入人员活动区。因此，即使在 AHU 停止运行进行维修时，仍能可靠地维持一定的供冷效果	● 没有不受控制的空气渗漏，检视静压箱、移动地板块时，不会影响送风气流特性。 ● 与有压静压箱一样，存在着热交换，使空气温度变化，形成热力衰减

续表

类　型	基　本　特　征	备　注
风管与空气通道	● 在某些情况下，利用设置在静压箱内的风管与空气通道（AirHighways），将处理后的空气直接输送到特定部位的被动式送风口或主动式风机动力型末端装置。它是控制静压箱内温度变化的另一种常用方法，因为通过风管来输送空气，可以隔绝气流的热力衰减。 ● 所谓"空气通道"是指以地板块的底面作为顶部，混凝土楼板作为底部，再以密封的钢板作为两个侧面而制作的矩形风道，其宽度一般为 1.2m，相当于两块地板块的宽度。当然，采用空气通道来输送空气，仍然受到来自楼板和地板块的传热影响，在长距离的空气通道中会出现热力衰减	在静压箱内安装空气通道时，应特别注意空气通道的密封问题，因为被输送的空气压力比静压箱大，如果密封不好，会产生较大的漏风

虽然零压静压箱具有不渗漏的优点，但工程实践中使用得还不多，目前实际使用最多的是有压静压箱。在工程设计中，采用混合配置方式可能是较好的方案。例如，在一个寻常的有压静压箱设计中，内区采用被动式送风口；在外区或负荷变化快的特殊区域内采用主动式风机动力型送风口，在地板静压箱内还需要配有一定数量的风管用来输送空气。

3. 地板静压箱设计中的有关问题（见表 25.7-3）

地板静压箱设计中的有关问题　　　　表 25.7-3

序号	项目	问题及要点	相关措施
1	空气渗漏	● 静压箱密封和施工质量差而渗漏。 ● 架空地板块之间的渗漏。 ● 检视静压箱而移去地板块时出现的渗漏。由于是暂时性的，设计时一般可不考虑	设计时往往按 10%～30%考虑漏风量。其实如果在施工时采取严格的密封措施，如采用企口法铺设地板并在表面铺设地毯的方法，可使漏风量保持在 0.5～1.0L/（m²·s）范围内
2	热力衰减	● 楼板与静压箱内空气之间的换热（从楼板下面吊顶回风静压箱传给楼板的热量）。 ● 地板块与静压箱内空气之间的换热（从房间传来的热量）。 ● 静压箱内空气温度随着流经静压箱的距离而变化。 ● 楼板与地板块的蓄热性能	静压箱内的空气与周围建筑构件之间的热交换导致空气温度的变化，限制送风温度的变化量被称为热力衰减度，其主要过程如左所列。由于换热过程很复杂，根据目前初步的研究结果，在设计工作中，建议按照空气每流过 1m 直线距离的温升为 0.1～0.3℃ 来进行估算，至于更准确的计算尚有待作深入的研究
3	静压箱进风口	静压箱进风口位置的数量，取决于控制区域的大小、建筑物内可获得的检视点、地板下所用的输配风管的数量和其他与设计相关问题。有压静压箱可以在一个单一的控制区域内维持相对恒定的压力，这样，可确保同样规格的被动式送风口（风门开度一样）向房间送入相等的风量	静压箱进风点与空气进入房间的出风点之间的最大实际距离，可按下列因素决定： ● 空气流动到送风口所引起的热力衰减度。 ● 经过处理后的空气在可开启的地板空间内滞留的时间。 如按照空气每流过 1m 直线距离的温升为 0.1～0.3℃ 考虑，从静压箱入口到房间送风口之间的最大有效距离应为 15～18m。在静压箱的入口处，出于防止噪声考虑，推荐风速 $v \leqslant 7.6$m/s

续表

序号	项目	问题及要点	相关措施
4	静压箱内水平输送风道	静压箱内的水平风管系统和空气通道,可用作沟通静压箱进风口到最远送风口之间的桥梁。如果采用风管与空气通道,则风速的最大值应限制在6.0~7.5m/s的范围内。为了优化分配静压箱内的空气,送风口可以沿着风管(或空气通道)长度布置。然而,通过这些较小送风口的出风速度应限制在4~5m/s。为了避免静压箱分布风管内的压力差异,还应考虑在这些送风口处设置平衡风阀	地板静压箱内的输送风管可以是标准的矩形风管或圆形风管,但其最大宽度或直径应符合架空地板支座之间格档的要求,不得超过560mm。考虑到地板块的厚度,风管的高度必须比完工后的地板高度低50mm
5	静压箱分隔	为了划分空调房间平面并在地板下的面积范围内形成一些分隔的区域,一般用竖向定位的钢板立在静压箱内而形成的隔断。设置分隔是为了应对区域负荷差别很大的情况。设计时必须首先确定温度控制区域,然后根据该区域的情况决定是否需要在地板下设置分隔	从优化系统的性能和效率出发,应尽量减少在地板静压箱内设置分隔和其他形式的障碍,这样可以使静压箱在其他服务设施(如电缆布线)重新定位时,有助于保持很大的灵活性和可检视性。地板下需要定期维护的设备应安放在易于检视的地方,如走廊下,不要放置在房间家具和隔断的下方
6	静压箱防结露	在气候潮湿地区,当空气被送入地板静压箱之前,必须对新风(或新风与一部分回风的混合风)进行除湿,否则在静压箱的结构楼板和地板块冷表面上会出现结露	对地板送风来说,既要获得所需的较高送风温度(16~18℃),又要让温度为10~13℃的冷却盘管对新风和一部分回风进行除湿。这时,可采用回风旁通控制策略,即让新风和一部分回风经过冷却盘管,而其余的大部分回风旁通过AHU,然后这两股空气相混合,以达到所需的送风温度

25.7.3 地板送风系统设计中的问题

1. 房间空调负荷的确定

地板送风系统的室内冷负荷和热负荷的计算方法与上(顶)部混合式送风系统相同。但在确定供冷所需送风量时,考虑到地板送风系统在室内形成空气分层的特点,它与传统方法有所不同。

(1) 房间冷负荷计算

● 将得热量分配到人员活动区与非人员活动区,热源的实际位置总是处在人员活动区或非人员活动区。例如,悬挂在吊顶下的照明灯具位于非人员活动区,放置在桌面上的计算机位于人员活动区。图25.7-9所示为办公室内的典型负荷图。来自热源的热量不一定只散发在负荷实际所在的人员活动区或非人员活动区。对于室内热源,还必须根据它的对流成分和辐射成分所占的比例进行分配。表25.7-4提供了典型办公室内一些热源的辐射热成分和对流热成分。

● 将灯具散发的对流热量部分分配给非人员活动区,但是辐射传热部分仍需分配给人员活动区。至于计算机，可以假设负荷中的有一定量的对流传热和辐射传热进入非人员活动区或人员活动区。设计师需要根据自己对负荷和房间实际特性的理解来合理地进行分配。如果过于保守，将过多的负荷分配给人员活动区，将会使送风量超过实际需要量。

● 考虑房间通过地板向静压箱（层）传热，这部分传热量可能会占该区域所需冷量中的很大一部分。根据最近实验室试验报告表明，铺设地毯片的架空地板的传热量在 6.4～13W/m² 范围内。由于房间和静压箱的空气温度是受控的，所以房间热量中应扣去这部分地板传热量，也就减少了向区域的送风量。如果不考虑通过地板向静压箱传热，将会造成人员活动区"过冷"。

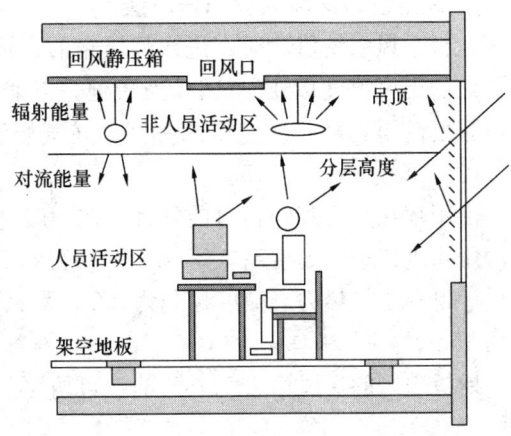

图 25.7-9　办公室内典型负荷分为对流热量和辐射热量

(2) 房间热负荷计算

在大多数情况下，只有在建筑物的外区，冬季时由于围护结构存在耗热量才需要供热。另外，建筑物内区的顶层，在人员较少的时段（如晚上和周末），也需要供热。

当从近地板高度、混合速度快的地板送风口处送出热风时，能非常有效地向房间传热。由于浮力作用，在供冷运行时所具有的热力分层特性，已被混合良好、温度均匀的气流分布所代替，此时该系统就变成为混合式系统。因此，热负荷计算方法与上（顶）部送风系统相同。

典型办公室热源的辐射热成分和对流热成分　　　　　表 25.7-4

热　源	辐射部分（%）	对流部分（%）
透射太阳光，没有内遮阳	100	0
通过玻璃窗的太阳光，有内遮阳	63	37
被窗吸收的太阳光	63	37
吊式荧光灯，不通风	67	33
嵌入式荧光灯，热量经通风进入回风中	59	41
嵌入式荧光灯，热量经通风进入回风与送风中	19	81
白炽灯	80	20
人员，办公室工作强度中等	38	62
导热，外墙	63	37
导热，屋面	84	16
渗入空气和通风	0	100
机械设备和装置	20～80	80～20

2. 确定区域送风温度和送风量

地板送风系统供冷时,进入静压箱的送风温度应保持在 16~18℃ 范围内,而地板散流器处的出风温度以 17~18℃ 为最佳,以避免附近人员感到过冷。在部分负荷情况下,送风温度甚至还可再设定得高一些。在气候温和、干燥的地区,可以延长新风"免费供冷"(经济器运行)的时间。

由于存在热力衰减,目前估计,在一般送风量情况下,如果地板静压箱内的楼板温度比静压箱进口空气温度高 3℃,送风在静压箱内每通过 10m 距离,空气的温升为 1℃。如果设计目标是将热力衰减度控制为 2℃,那么,最远散流器离静压箱最近进口的最大距离约为 15m。

地板送风的送风量 L_s (m^3/h),可仿照公式 (25.2-2) 的形式进行计算:

$$L_s = \frac{3.6 Q_x}{1.2 \times 1.01 \times \Delta t_s} \tag{25.7-1}$$

式中 Q_x ——人员活动区的显热冷负荷,W;

Δt_s ——房间设定温度与送风温度之温差,℃。

3. 内区系统

所谓内区一般是指距离外墙 5m 以上的区域(或空间)。由于内区房间(顶层房间除外)不直接受到建筑围护结构产生的负荷的影响,室内负荷相对稳定并且较小,几乎需要全年供冷。通常,内区采用定风量控制策略完全能够满足要求(或在有压系统中的定压控制策略)。由于室内人员能对每个散流器进行微小的局部调节,所以减少了对这些大区域实施动态控制的需求。这种配置形式可使地板下的分隔数量最少。

然而,由于现代办公设备的能效较高以及人员变化的参差性大,可以认为内区的负荷仍然有可能波动较大,故系统设计和控制策略应考虑能适应这些情况。例如,采用变风量策略能得到与上(顶)部系统相同的优点。此外,还需考虑内区与外区之间的交互作用。

4. 外区系统

所谓外区一般是指距离外墙 5m 范围内的区域。由于受到气候和室外条件的影响,外区的房间热负荷和冷负荷都需要加以特殊考虑。而且这些负荷与内区的负荷差别很大且变化很快,这是因为受到如太阳辐射得热、围护结构得热以及热损失等因素的影响。

外区的最大负荷一般出现在建筑物的外围护结构处。由于这些区域受气候变化的影响,供暖和供冷需求变化很大,而峰值负荷也只是在一天内出现几个小时,在一年内也只出现几天。因此,应对外区的过大负荷的办法,就是采用规范规定的节能围护结构设计。

设置外区系统的目的是:

- 抵消外围护结构的负荷,将外区与内区系统分隔开,避免冬季时因内区需要供冷、外区需要供热而出现"矛盾现象"。
- 对几乎所有的建筑物的外区都需要供热。
- 提供自动控制以对负荷的变化作出迅速反应。

外区系统的可能选择方案,见表 25.7-5。

25.7 下部送风

外区系统的可能选择方案 表 25.7-5

序号	系统名称	特 征	备 注
1	两管制定速风机盘管系统	在两管制系统中，只给风机盘管提供热水。它有两种布置方式，都是由集中空调系统向这两种系统提供通风和供冷空气。 ● 将加热用的风机盘管布置在房间吊顶静压箱内、靠近外墙处，送风沿着窗玻璃由上向下吹出（图 25.7-10a），供冷与通风用空气通过地板下一个压力相关型可调风门送入区域内。地板下风门设在静压箱隔断上。在供热模式时，风门处于最小位置，风机盘管的风机运行，使回风在房间内循环。如需要更多供热量，则让加热盘管工作。 ● 在靠近外墙的地板静压箱内布置风机盘管，送风由地板面沿着窗玻璃向上吹出（图 25.7-10b），风机箱的进风口配有一个风门，它使风机箱在供热模式下从房间内取风或在供冷模式下从静压箱取风。当供冷需求量变化时，可采用室外空气或热水盘管来加热送到房间内的供冷空气。在供热模式时，进风风门处于最小位置，在保持循环空气量的同时达到最小通风量。如果需要，可通过再热盘管进行加热	这种风机盘管在定风量下的运行方案，其能效相对不高。系统的价格与其他系统相比也较贵。在设计时还必须关注风机产生的噪声
2	水环热泵系统	可将水环热泵设置在空调区上方的吊顶内，或者设在空调区域以下的地板静压箱内。热泵从系统抽取通风用空气，并从两管制热泵环路中吸取热量，或将热量排至环路中。有关水环热泵的工作原理及设计，参见本手册第 30 章 30.3 节	价格虽贵但能效高。须注意机组检视、保养和压缩机噪声问题
3	带再热的变风量或风机动力型变风量系统	该外区系统方案基本上相当于将上（顶）部送风变风量系统设置在架空地板静压箱内。一般来说，这种方案不能利用静压箱作为低压空气分布通道的优点，大量的设备和风管置于静压箱中，严重限制了静压箱空间的灵活使用。 该系统通常采用传统的 13℃ 送风温度，如围护结构负荷，特别是太阳辐射负荷较大时，采用这种系统是必需的。在围护结构负荷很大的情况下，地板送风系统 17～18℃ 的典型送风温度可能太高，不能有效地消除负荷，但采用 13℃ 或更低送风温度的地板下常规变风量系统能够处理很大负荷	这种方案的系统效率和费用，和标准的顶部送风系统相比不相上下，把架空地板的费用加在一起可能较贵
4	变风量散流器供冷，风机盘管仅用于供热的系统	这种方案改变了供冷和供热的运行模式（图 25.7-11）。在供冷时，风机盘管机组关闭，受温控器控制的变风量散流器进行调节，输送来自静压箱的冷风，以维持室内温度设定值。 供热时，相同的散流器与仅供热用的风机盘管结合使用。有些散流器通过改变其风门的位置，成为风机盘管的回风口，吸入来自室内的回风。其他散流器根据风门位置的改变，成为热风出风口，将热风送入室内。最小通风量由供热进风口散流器上的机械限位装置完成，向室内提供来自静压箱的最小通风空气量。 图 25.7-12 所示为用于外区的、带变风量散流器的供热用风机末端装置	风机盘管仅在供热模式下运行。由于利用房间内回风加热而不是加热来自静压箱的冷风，该系统减少了再热量

续表

序号	系统名称	特征	备注
5	风机动力型送风口系统	在采用风机动力型送风口的外区系统中,将就地风机镶嵌在一个0.6m×0.6m的一块标准地板块的单元内。风机由在其上方的室内人员控制,且控制程度很高。该系统的优点是与零压静压箱一起使用,使集中式风机的能耗很低。但外区小风机的固有效率较低,而且送风口的价格很贵	
6	对流式或护墙板式散热器供热结合集中地板送风系统供冷	在这种系统方案中,供冷与通风用空气由集中式系统提供。如图25.7-13所示,在每个空调区域下面的静压箱中对外区进行细分。压力相关型调节风门,根据房间温度传感器的信号改变送入空调区的风量。 在供热时,风门处于最小位置,由设在不向静压箱开口的沟槽内的对流散热器,或者安装在架空地板上的护墙板式散热器工作时,向空调区域供热	
7	变速风机盘管系统	该方案使地板下变速风机盘管成为外区的主要设备(图25.7-14)。如外区需要供热,机组可配两管制的热水盘管或电阻式加热器。进风口处不接风管的风机箱设置在每个外区的地板下。变速风机可根据空调区的要求增加或减少风量。 供热时,风机按最低转速运行,热水盘管或电加热器按需要工作。这些风机受到经整流的电动机控制,它的效率高于小风机。 优点是风管和格栅风口数量少、费用低,供热和供冷时均使用同一散流器或格栅。缺点是,风机盘管有电力需求和能量消耗	风机盘管送风侧的风管需要保温。该方案与其他一些外区系统方案相比灵活性差
8	变风量转换式空气处理机系统	该系统又称变风量与变温度系统,在外区每一个朝向设置一台变风量变温度的空气处理机,将处理后的空气通过一段风管接至不带再热盘管的变风量箱,向整个建筑物外围护结构侧输送单一温度值的空气。如果建筑物的形状和立面足够大,可证明该系统所需的费用是合理的,并不贵。图25.7-15所示为这种系统的原理图	

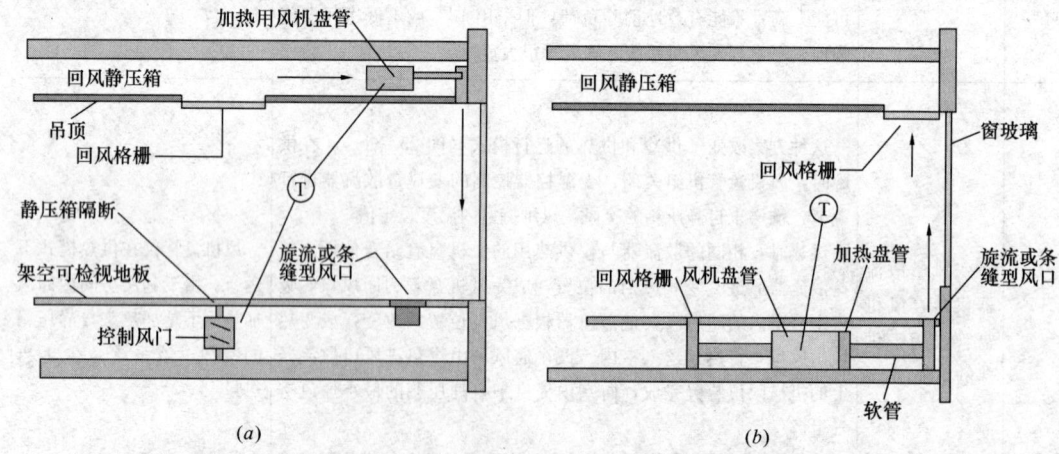

图 25.7-10 用于外区的两管制风机盘管系统
(a) 两管制吊顶风机盘管;(b) 两管制地板下风机盘管

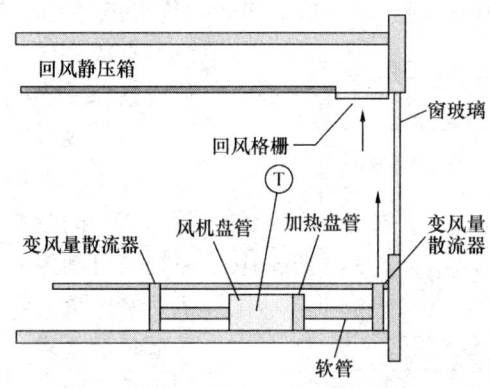

图 25.7-11 变风量散流器配用仅供热用的风机盘管

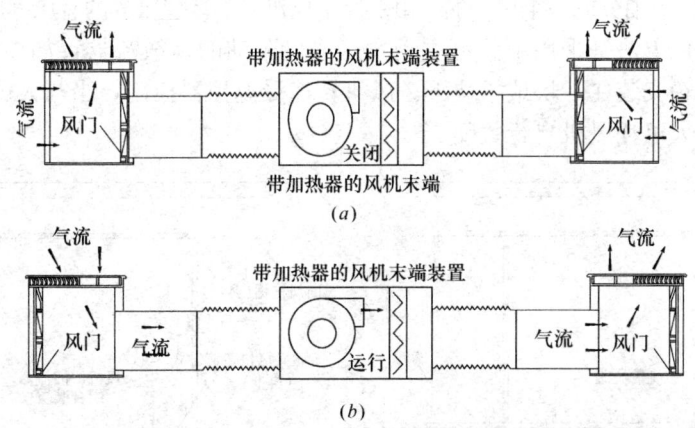

图 25.7-12 外区带变风量散流器的供热用风机末端装置
(a) 全供冷模式；(b) 全供热模式

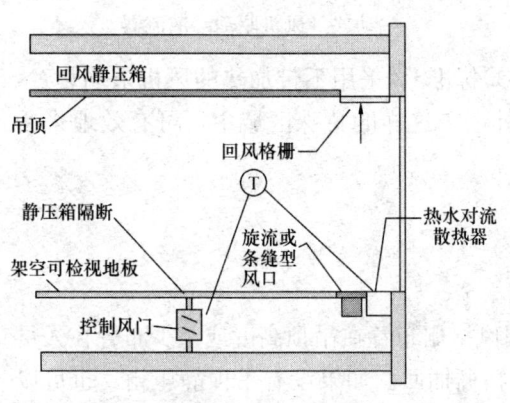

图 25.7-13 集中系统供冷，
外区用热水对流散热器供热

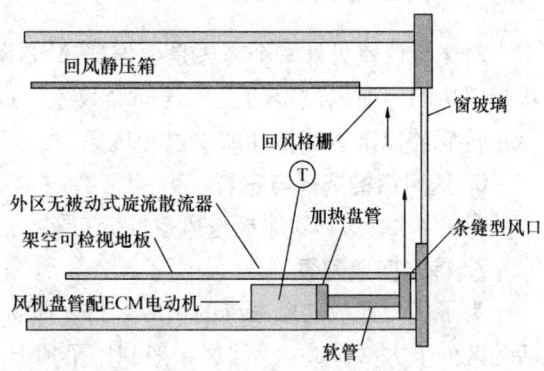

图 25.7-14 带再热盘管
的变速风机盘管

5. 其他特殊区域

当会议室设在建筑物内区时，由于这类房间的负荷变化大而迅速，所以设计时一般让它们自成一区。事实上，前面介绍的任何方法都适用于会议室或特殊空调区域。在这些区域内，需要对地板静压箱进行分隔。为特殊区域服务的地板下风管（道）的规格应按峰值冷负荷选择。系统的自动控制是不可少的，它应既能满足峰值负荷，又能满足人员少时段内的低负荷要求。当然，有些系统也可采用手动控制。

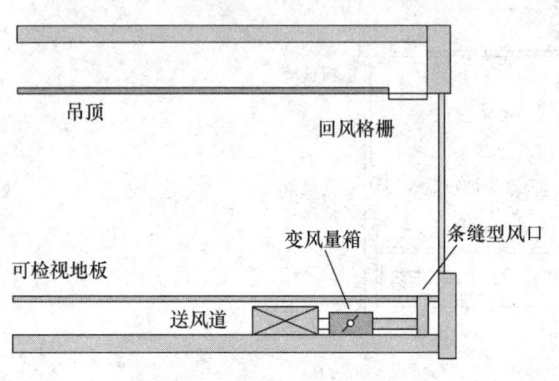

图 25.7-15　外区变风量变温度（VVT）系统

一种常用的方法是采用不带再热盘管的地板下变风量风机末端装置，如图 25.7-16 所示。在空调区下细分成一个单一的、由变风量风机末端装置服务的有压静压箱小区域。

另外一种常用方法是采用单元型主动式（风机驱动的）散流器，如图 25.7-17 所示。将一台变速风机箱安装在一块地板块下。风机转速受温控器控制，当与人员传感器结合使用时，室内若无人可让风机自行关闭。

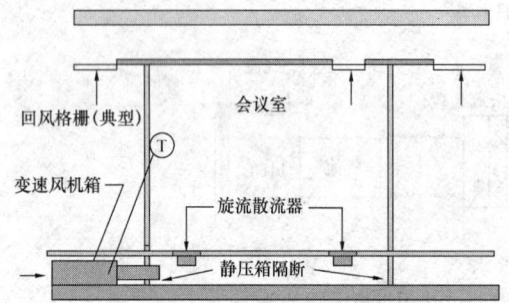

图 25.7-16　服务于会议室的
变速风机末端装置

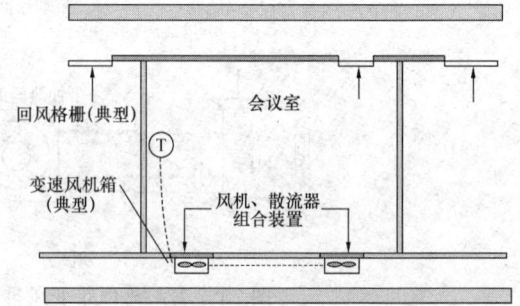

图 25.7-17　服务于会议室的
主动式（风机驱动）散流器

对于会议室另外一个考虑是，根据 ASHRAE 标准 62 采用不带加热的风机末端装置，将相邻房间内通风过量的空气送向会议室。此外，在这样的特殊区域中，可有效地采用 CO_2 传感器以节省能量和减少过冷现象。

6. 送风口的选择与布置

参见本章 25.8.3 地板送风空气分布器。

7. 确定回风配置

为了优化地板送风系统的供冷运行，应将回风格栅布置在吊顶高度或至少布置在人员活动区的上方（1.8m）。回风一般利用吊顶上的格栅抽回。如果没有吊顶静压箱，也可以通过位于侧墙高处的格栅回风。这种布置有助于形成自地板至吊顶的气流流型，从而更有效地带走室内热量和污染物。

如前所述，在气候潮湿地区，为了获得所需送风温度和良好的湿度控制，在空气处理机组处理空气时，可采用回风旁通控制策略。

在某些情况下，一定比例的回风可以通过邻近吊顶的竖井或吊顶静压箱直接回到地板静压箱内。

当风机动力型就地送风口需要的送风量大于来自集中空气处理机组的风量时，从敞开的地板格栅风口进入静压箱内的回风也可作为零压静压箱的补风。

8. 选择和确定一次风的暖通空调设备

地板送风系统中，湿度控制是选择空气处理机组和制冷装置的一个主要考虑因素。因此，集中式空气处理机组的配置上必须设有可供回风通过的旁通风管。

在建筑物内有地板送风系统和上（顶）部送风系统时，每一种系统应分别选择单独的空气处理机组和制冷装置。如果两种系统使用同一冷水机组和空气处理机组，将会导致地板送风系统效率降低。例如，在气候温和地区，需要一个单独的冷水机组为上（顶）部送风系统服务，以提供较低的送风温度，而此时地板送风系统，可采用较高的送风温度，可能不需要供冷。

此外，还需考虑空气处理机组是否需要设置加热盘管。在早晨预热时或在寒冷季节最小新风量情况下，为了取得较高的送风温度，或许需要加热盘管。

9. 蓄热机会

地板送风系统，应通过对混凝土楼板采用蓄热控制策略，可以节约能量和运行费用。在气候温和的条件下，可以将夜间凉风送入地板静压箱内，通宵对楼板进行有效冷却。在第二天供冷运行时，可以采用较高的送风温度来满足供冷需求，这样至少可以在一天中的部分时间内减少冷负荷。这种24h蓄热控制策略能从非峰值时段电价中得到好处，且延长了经济器的工作时间。

当然，实际实施起来也有一定的难度。首先要准确了解未来的天气情况，其次必须采用以焓值为基础的经济器控制，以维持夜间进风有合适的湿度，防止在静压箱内产生结露现象。该系统的一个缺点是，如果因某些原因造成在一夜预冷以后次日早晨又需要预热时，这时原本蓄冷的建筑体块就对供热系统起相反的作用，于是就需要更多的加热能耗。这就是许多供热设计用风管来输送热风，并与静压箱内的建筑蓄热体相分隔的原因。

25.8 空 气 分 布 器

25.8.1 常用空气分布器的型式、特征及适用范围

在通风空调工程中，通常将各种类型的送风口称为空气分布器（就广义而言，也可将回风口或排风口包括在内）。目前常用的空气分布器有：百叶风口、散流器、喷射式送风口、条形送风口、旋流送风口以及地板送风口等。

按照国标《空气分布器性能试验方法》（GB 8070—87）的规定，对于各类送风口的空气动力性能的测定内容，就工程应用而言，主要包括全压损失和气流射程两个部分，而气流射程是指送风射流的轴心速度下降到 0.5m/s 时，该点至风口的水平（或垂直）距离。所以，对送风口来说，由各生产厂家提供的该类风口的空气动力性能技术数据，应包括在不同颈部风速（或出口风速）下的风量、全压损失和气流射程；对于各类回风口，只

需测定或给出在不同颈部风速下的全压损失和风量即可。

空气分布器的材质主要有钢制和铝合金两类。

常用空气分布器的型式、特征及适用范围，见表25.8-1。

常用空气分布器的型式、特征及适用范围　　　　表25.8-1

空气分布器类型	送风口名称	型式	特征及调节性能	适用范围	备注
百叶风口	格栅风口	叶片固定和叶片可调两种，不带风量调节阀	1. 既可作送风口（属于圆射流），也可作回风口。 2. 叶片可调格栅，可根据需要调节上、下倾角或扩散角。 3. 不能调节风口风量	用作侧送风口的性能较差，多数情况下用作回风口	固定斜叶片的侧壁格栅风口除用于回风口外，也可作新风进风口
	单层百叶风口	叶片横装为H式，竖装为V式，均带有对开式多叶调节阀	1. 属圆射流。 2. H式可调节竖向的仰角或俯角，V式可调节水平方向扩散角。 3. 能调节风口风量	用作全空气系统的侧送风口时，其空气动力性能比双层百叶风口差一些，仅用于一般空调工程。多数情况下用作回风口	单层百叶风口与铝合金网式过滤器或尼龙过滤网配套使用可作回风口
	双层百叶风口	由双层叶片组成，前面一层叶片是可调的，后面一层叶片是固定的。外层叶片横装，内层叶片竖装为HV式；外层叶片竖装，内层叶片横装为VH式。两种型式均带有对开式多叶调节阀	1. 属圆射流。 2. 对HV式可调节竖向的仰角或俯角；对VH式可调节水平方向扩散角。 3. 能调节风口风量	适用于全空气系统的侧送风口，既用于公共建筑的舒适性空调也可用于精度较高的工艺性空调	叶片可调成A、B、C、D四种吹出角度
	固定百叶斜送风口	由固定叶片组成，可分为单向斜送风（A型）和双向斜送风（B型）两种形式。根据需要，可配对开式多叶调节阀	安装在吊顶上，并与吊顶齐平，或者安装在吊顶静压箱上，形成向下的斜送气流	适用于公共建筑的舒适性空调	

续表

空气分布器类型	送风口名称	型 式	特征及调节性能	适用范围	备 注
散流器	方（矩）形散流器	按送风方向分为单面送风、两面送风、三面送风和四面送风等多种型式，以四面送风用得最多。可与对开式多叶调节阀配套使用	1. 平送贴附流型。 2. 能调节送风量。 3. 对矩形散流器，由于散流片向各个方向倾斜，使散流器被分割部分面积所占比例不同，因而能按要求的比例向各个送风方向分配风量	适用于公共建筑舒适性空调	
	圆形多层锥面型散流器	散流器扩散圈是由多层锥面组成，在颈部装双开板式（或单开板式）风量调节阀	1. 平送流型。 2. 能调节送风量	适用于公共建筑舒适性空调	
	圆盘型散流器	圆盘呈倒蘑菇形，并伸出吊顶表面，拆装方便。可与双开板式（或单开板式）调节阀配套使用	1. 圆盘挂在上面一挡时，呈下送流型，挂在下面一挡时呈平送贴附流型。 2. 能调节送风量	适用于公共建筑舒适性空调	
	圆形凸型散流器	多层锥面扩散圈位置固定，并伸出吊顶表面。可加装双开板式调节阀	1. 平送贴附流型。 2. 能调节送风量		
	送回（吸）两用型散流器（图25.8-1）	兼有送风和回风的双重功能。散流器的外圈为送风，中间为回风，上部为静压箱	1. 通常安装在层高较高的空调房间吊顶上，并分别布置送风风管和回风风管，利用柔性风管与该散流器相连接。 2. 下送流型		
	自力式温控变流型散流器（图25.8-2）	将热动元件温控器安装在圆形或方形散流器内，通过感受空调系统送风温度的高低来改变送风气流的流型，即水平送风或垂直下送	1. 夏季送风温度≤17℃时，自动改变为水平送风；冬季送风温度≥27℃时，自动变为垂直下送。 2. 送风流型的控制与切换无需消耗任何能量	适用于高大空间采用顶部送风、下部回风的舒适性空调	

续表

空气分布器类型	送风口名称	型式	特征及调节性能	适用范围	备注
喷射式送风口	圆形喷口	出风口前带较小的收缩角度（6.5°），收缩管长度为1.6d	属于圆射流，不能调节风量	适用于公共建筑舒适性空调和高大厂房的一般空调	
	球形旋转式送风口	在球形壳体上带有圆形短喷嘴。转动风口的球形壳体，可使喷嘴呈上下左右变动，从而改变气流送出方向，同时可调节喷嘴阀板的开启度	属于圆射流，既能调节气流方向，又能调节送风量	适用于空调或工业通风的岗位送风	另有一种带长喷嘴（长度为180~350mm）的球形旋转风口，可调节风量，射程较远
	妥思（Trox）球形射流喷口（图25.8-3）	射流喷口的基本部件是沿轴向逐渐缩小的圆弧形喷嘴。它有两种基本型式：将喷嘴直接安装在送风风管上，成为固定式结构DUK-F型；将它安装在球形壳体内，就成为手动可调式结构DUK-V型，其最大调节角度为30°	1. 固定式喷嘴可安装在短风管出口处，也可安装在送风风管的侧面，其气流方向不可调节。 2. 可调式射流喷口，可安装在短风管上，也可安装在墙上。 3. 在手动可调式射流喷口的基础上，配备电动或气动式旋转执行器，可以远距离地使喷嘴进行上下范围自动调节，借以改变送出气流方向； 4. 射程远、噪声低，能根据送风温度的变化，来调节喷嘴向上或向下的角度	适用于高大空间公共建筑空调工程。例如，体育馆、国际会展中心、机场候机大厅等	
	射流消声风口	将具有消声功能的射流消声元件，按照一定的间距和排数，安装在矩形（或条形）、圆形（或半球形）的壳体内，构成矩形（或条形）、圆形（或半球形）的消声风口；或者将球形消声喷嘴安装在圆锥形短管内，构成球形消声喷口。 按送风方式不同，可分为侧送和顶送两大类	射流元件消声体，运用了声波全反射临界角、90°角的相位延迟频率和喉部声阻抗的消声机理。 当空气通过射流元件消声体时，构成了一种类似声闭塞状态的气流通道，使噪声波受到较大的损耗和过滤，而气流则以较小的阻力并以较高的速度送出，无二次噪声产生，消声效果显著，且具有气流射程远的特点	适用于高大空间的公共建筑或工业厂房的空调工程，可以采用侧送，也可采用顶部下送方式	

续表

空气分布器类型	送风口名称	型 式	特征及调节性能	适用范围	备 注
喷射式送风口	射流消声风口	①矩形（条形）消声风口，或条形消声风口的两短边呈圆弧型，通常有2排或3～4排射流元件，见图25.8-4	在每个射流元件的出口处，安装固定式小喷嘴；或者采用Ω形射流元件，具有18°角的球面转动特性，可调气流方向	适用于高大空间的公共建筑或工业厂房的空调工程，可以采用侧送，也可采用顶部下送方式	
		②圆形（半球形）消声风口，将不同类型的射流元件布置在圆形或半球形的表面上，见图25.8-5	1. ADC型消声风口，作顶部送风时，在射流元件出口处安装锥形导流片，使部分气流平送，部分气流下送，以调节空调区的风速。 2. ΩC型、ΩDC型，采用Ω型射流元件，可调气流方向。 3. ADD型旋转式消声风口，采用Ω型射流元件，以气流本身为动力旋转，使气流有动感		
		③射流消声球形喷口，将具有消声功能的球形喷嘴安装在圆锥形的短管内，在进风口处装有蜂窝式整流器，见图25.8-6（a）	主要用于侧送，射程远，球形喷嘴可实现上下30°倾角的调节，分手动和电动两种调节方式	适用于高大空间的公共建筑或工业厂房的空调工程	
		④射流诱导通风器，由带整流器的半圆形进风口、轴流通风机和具有一定消声功能的球形可调喷管组成，见图25.8-6（b）	用于地下停车库内无风管诱导通风系统。诱导通风器从新风口附近吸取空气，通过射流卷吸、诱导作用，在车库内形成气体的接力传递和定向输送，从而将废气集结到排风出口处，然后排至室外。喷口方向可调，射程远	适用于各类地下停车库	

续表

空气分布器类型	送风口名称	型式	特征及调节性能	适用范围	备注
条形风口	条缝形百叶风口	长宽比大于10，叶片横装可调格栅风口，或者与对开式多叶调节阀组装在一起的条缝百叶风口	1. 属于平面射流。 2. 根据需要可调节上下倾角。 3. 必要时也可调节风量	可作风机盘管出风口，也可用于一般的空调工程	
	固定直叶片条形风口	由固定直叶片组成的条形风口，通常安装在吊顶上，可平行于侧墙断续布置，也可连续布置或布置成环状	1. 属于平面射流。 2. 该风口最大连续长度为3m，根据安装需要，可以制成单一段（两端有框）、中间段（两端无框）、端头段（一端有框）和角度段等多种形式。 3. 既可用于送风口，也可作为回风口。用于送风时，风口上方需设静压箱，以确保垂直送气流分布均匀	适用于公共建筑的舒适性空调	
	可调式活叶条形风口	长宽比十分大，在槽内采用两个可调叶片来控制气流方向，有单一段、中间段、尾段和角形段等形式，有单组型和多组型，安装在吊顶上	1. 既可调成平送流型，又可调成垂直下送流型。 2. 对单组型，可使气流朝一侧送出（左出风或右出风），也可朝两侧送出（左右出风），或者根据需要调成向下送风。 3. 对多组型，可调成左出风、右出风或左右出风，或者向下送风。 4. 可以关闭出风口	适用于公共建筑的舒适性空调	
旋流送风口	无芯管旋流送风口（图25.8-7）	由风口壳体和无芯管起旋器，按照不同的要求和功能组装而成。按风口壳体的型式不同可分为：①旋流凸缘散流器，其扩散器部分凸出在吊顶下面（图25.8-7a）；②旋流吸顶散流器，其下沿与吊顶齐平（图25.8-7b）；③圆柱形旋流送风口，壳体为圆柱形，并伸出吊顶下表面，起旋器下降到最低位置（图25.8-7c）	1. 旋流凸缘散流器，可调成吹出流型、散流型和贴附流型。 2. 旋流吸顶散流器，可调成冷风吹出型、贴附型和热风吹出型。 3. 圆柱形旋流送风口，可调成冷风或热风向下吹出型。 4. 特点是诱导比大，送风速度衰减快，送风流型可调，适应各种不同送风射程要求	适用于公共建筑（影剧院，体育馆等）和各类工业厂房的空调工程	

续表

空气分布器类型	送风口名称	型　　式	特征及调节性能	适用范围	备　　注
旋流送风口	内部诱导型旋流送风口	由圆形外筒与内筒以及两筒之间若干叶片组成，设有一次风形成旋转气流通道和吸引二次风到内筒的条形通道。内筒一端被一锥形帽封住，见图25.8-8	1. 一次风由锥形帽一端进入环形空间，沿内筒外表面旋转，利用旋转气流产生的负压，将外部空气（即二次风）由条形通道吸入到内筒。一、二次风混合后一起旋转喷出。 2. 喷出的旋转射流仍具有很高的扩散性能，其速度和温度衰减快。 3. 特点是，在向室内送风之前就混入了室内空气，提高了夏季的送风温度，对低温送风系统有利；因在室内就地回风，减少了系统总送风量，缩小风管尺寸	适用于各类建筑的空调空间，既可用于顶送和侧送，也可用于地板面送风	
	妥思（Trox）旋流送风口	通常由静压箱、固定式或可调式导流叶片和进风短管等组成。主要类型有：①固定式导流叶片旋流送风口，采用固定式径向排列的导流片面板，风口面板有方形和圆形两种，进风方式有侧面进风和顶部进风。进风短管上设有调节阀，见图25.8-9	1. 具有送风量大而噪声低的特点，出风形式为水平旋流送风，诱导比高，送风与室内空气迅速混合。 2. 可以调节送风量。 3. 风口与吊顶平齐安装	适用于公共建筑和工业建筑的空调工程，其层高为2.60～4.00m的空调空间	
		②可调式导流叶片旋流送风口，导流叶片采用径向排列，风口面板有圆形和方形两种，侧面进风见图25.8-10	1. 特点与上面相同。能手动调节导流叶片，随时更改气流方向，以适应建筑物布局的变化。 2. 室内隔墙位置变化时，可通过手动调节旋流风口相应叶片的位置，来实现气流方向的调整	适用于公共建筑和工业建筑的空调工程，其层高为2.60～4.00m的空调空间	

续表

空气分布器类型	送风口名称	型 式	特征及调节性能	适用范围	备 注
旋流送风口	妥思(Trox)旋流送风口	③旋流叶片下方接方形或圆形散流圈的旋流送风口,见图25.8-11	1. 直径较小,空气以螺旋状送出,诱导比高,噪声极小。 2. 既可与吊顶平齐安装,也可悬挂在建筑构件上。安装在封闭式吊顶的送风管上,也可安装在敞开式格栅吊顶内	适用于公共建筑和工业建筑的空调工程,其层高为2.60~4.00m的空调空间	
		④风向可调的旋流送风口,有侧面进风和顶部进风两种,见图25.8-12	1. 根据室内空调负荷的变化,在需要送冷风、等温风或热风时,通过调节叶片的送风角度可达到最佳送风效果,见图25.8-13。 2. 对叶片的调整可通过手动、气动或电动装置来完成	适用于层高在3.80m以上的工业厂房和公共建筑空调工程	

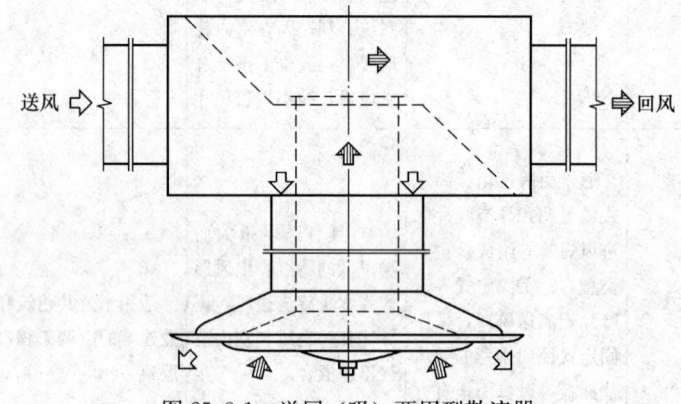

图 25.8-1 送回(吸)两用型散流器

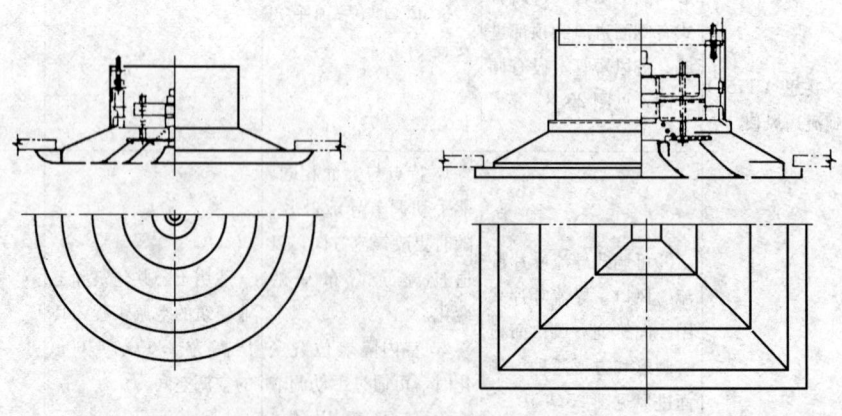

图 25.8-2 自力式温控变流型散流器
(a) 圆形散流器;(b) 方形散流器

25.8 空气分布器　1949

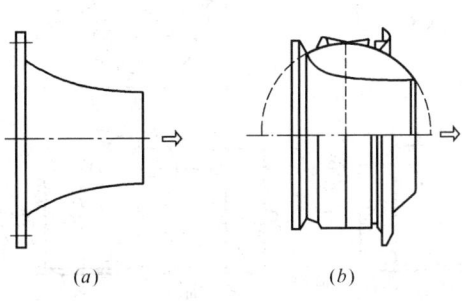

图 25.8-3　妥思射流喷口的两种基本型式
(a) 固定式结构；(b) 手动可调式结构

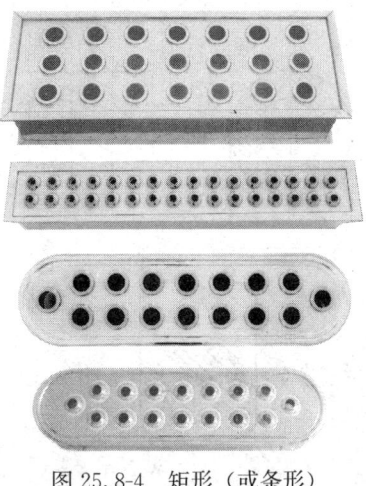

图 25.8-4　矩形（或条形）射流消声风口

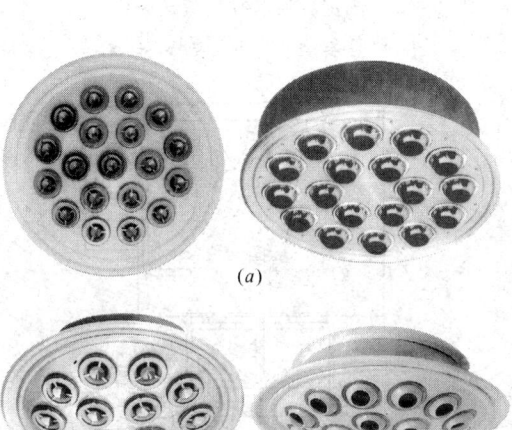

图 25.8-5　圆形（半球形）射流消声风口
(a) 圆形消声风口；(b) 半球形消声风口

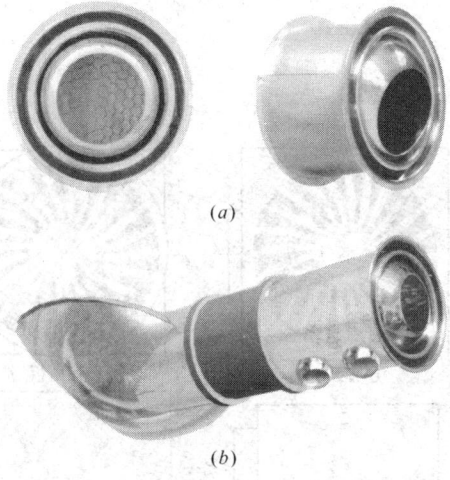

图 25.8-6　射流球形喷口和诱导通风器
(a) 射流消声球形喷口；(b) 射流诱导通风器

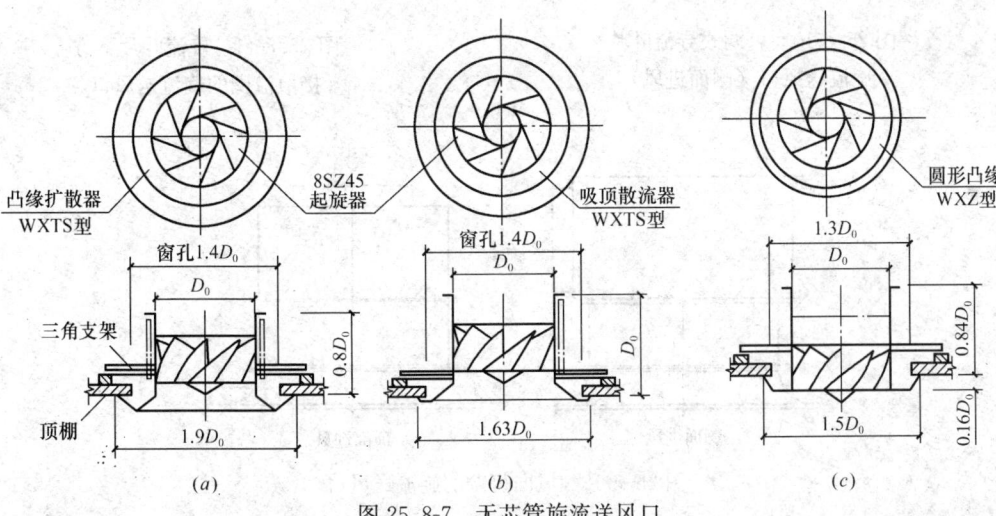

图 25.8-7　无芯管旋流送风口

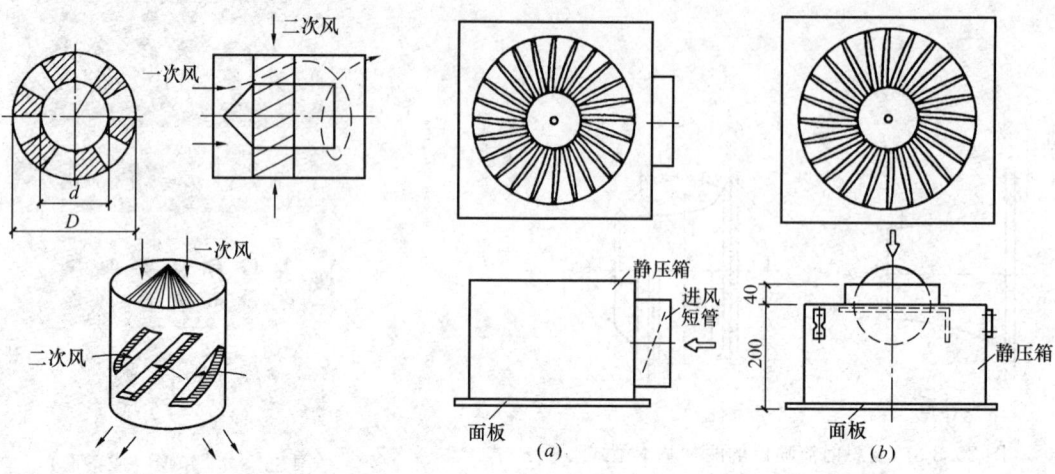

图 25.8-8　内部诱导型旋流送风口

图 25.8-9　固定导流叶片旋流送风口
(a) 侧面送风；(b) 顶部送风

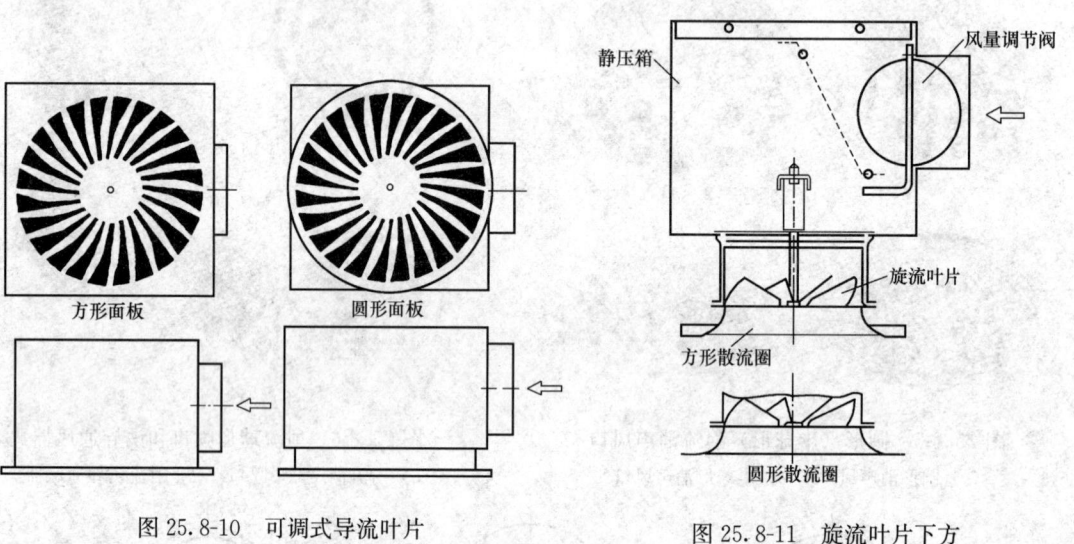

图 25.8-10　可调式导流叶片旋流送风口（侧面进风）

图 25.8-11　旋流叶片下方接散流圈的旋流送风口

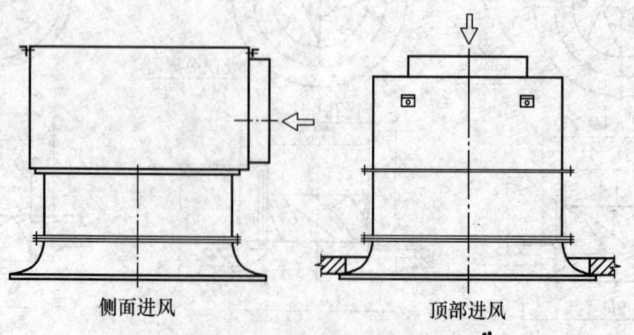

图 25.8-12　风向可调的旋流送风口

(a)　　　　　　　　　(b)　　　　　　　　　(c)

图 25.8-13　风口在不同送风方向时的叶片状态

(a) 横向送风（供冷风）；(b) 送风方向呈 45°（等温送风）；(c) 垂直方向送风（供热风）

25.8.2　常用空气分布器的选用简表

1. 双层百叶风口性能表（表 25.8-2）
2. 方形散流器性能表（表 25.8-3）
3. 圆形（多层锥面型）散流器性能表（表 25.8-4）
4. 送回（吸）两用型散流器性能表（表 25.8-5）
5. 自力式温控变流型圆形散流器性能表（表 25.8-6）

25.8.3　地板送风的空气分布器

1. 分类

● 按照散流器的工作原理不同，可分为被动式散流器和主动式散流器两大类。

被动式散流器是指依靠有压地板静压箱，将空气输送到建筑物空调房间内的送风散流器；主动式散流器是指依靠就地风机，将空气从零压静压箱或有压静压箱输送到建筑物空调房间内的送风散流器。

● 按照散流器送出的风量是否变化，可分为定风量散流器和变风量散流器。

● 按照散流器安装部位不同，可分为安装在地板上的散流器、桌面（下）散流器和隔断上的散流器等。

图 25.8-14 所示为在典型工作场所内，送风散流器有 5 种可能的布置位置和型式。图中安装在地面上的有矩形喷射型地板散流器、圆形旋流地板散流器；安装在桌面和

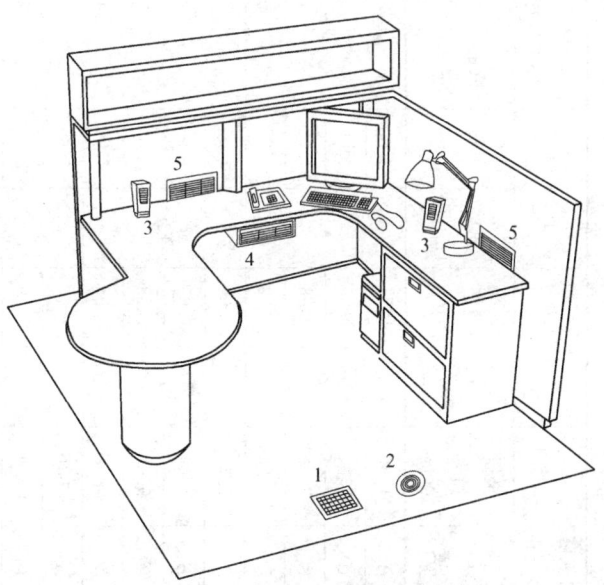

图 25.8-14　工作站内地板送风与岗位/
个人环境调节散流器的设置位置

1—矩形喷射型地板散流器；2—圆形旋流地板散流器；
3—桌面散流器；4—桌面下散流器；5—隔断上散流器

表 25.8-2 双层百叶风口性能表

风口规格 (mm×mm)	吹出角度	全压损失 (Pa)	120×120 风量 (m³/h)	120×120 射程 (m)	160×120 风量 (m³/h)	160×120 射程 (m)	200×120 / 160×160 风量 (m³/h)	200×120 / 160×160 射程 (m)	250×120 / 200×160 风量 (m³/h)	250×120 / 200×160 射程 (m)	250×200 / 320×160 风量 (m³/h)	250×200 / 320×160 射程 (m)	200×200 / 250×160 风量 (m³/h)	200×200 / 250×160 射程 (m)	250×250 / 320×200 风量 (m³/h)	250×250 / 320×200 射程 (m)	320×250 / 400×200 风量 (m³/h)	320×250 / 400×200 射程 (m)
颈部风速 1.0 (m/s) 动压 (0.60) (Pa)	A	1.90	52	1.74	69	2.00	86	2.24	108	2.51	144	2.89	180	3.24	225	3.62	288	4.09
	B	2.01		0.95		1.09		1.22		1.37		1.58		1.76		1.97		2.23
	C	2.32		0.88		1.02		1.14		1.28		1.47		1.65		1.84		2.08
	D	2.85		0.62		0.72		0.80		0.89		1.03		1.15		1.29		1.46
2.0 (2.41)	A	7.59	104	2.64	138	3.05	173	3.41	216	3.81	288	4.40	360	4.92	450	5.50	576	6.22
	B	8.04		1.67		1.93		2.15		2.41		2.78		3.11		3.47		3.93
	C	9.29		1.58		1.82		2.03		2.27		2.63		2.94		3.28		3.71
	D	11.41		0.95		1.09		1.22		1.36		1.58		1.76		1.97		2.23
3.0 (5.42)	A	17.07	156	3.17	207	3.66	259	4.09	324	4.57	432	5.28	540	5.91	675	6.60	864	7.47
	B	18.10		2.09		2.41		2.70		3.02		3.48		3.89		4.35		4.92
	C	20.91		1.98		2.29		2.56		2.86		3.30		3.69		4.13		4.67
	D	25.68		1.14		1.31		1.47		1.64		1.89		2.12		2.37		2.68
4.0 (9.63)	A	30.34	207	3.54	276	4.09	346	4.58	432	5.12	576	5.91	720	6.60	900	7.38	1152	8.35
	B	32.17		2.39		2.76		3.08		3.45		3.98		4.45		4.98		5.63
	C	37.18		2.27		2.62		2.93		3.27		3.78		4.22		4.72		5.34
	D	45.66		1.27		1.47		1.64		1.83		2.12		2.37		2.65		3.00
5.0 (15.05)	A	47.41	259	3.84	346	4.43	432	4.95	540	5.54	720	6.39	900	7.15	1125	7.99	1440	9.04
	B	50.27		2.62		3.03		3.38		3.78		4.37		4.88		5.46		6.18
	C	58.09		2.49		2.87		3.21		3.59		4.15		4.64		5.19		5.87
	D	71.34		1.38		1.59		1.78		1.99		2.29		2.56		2.87		3.24

续表

颈部风速(m/s)动压(Pa)	风口规格(mm×mm)吹出角度	全压损失(Pa)	400×250 / 500×200 / 320×320 风量(m³/h)	射程(m)	500×250 / 400×320 风量(m³/h)	射程(m)	630×250 / 400×400 / 500×320 风量(m³/h)	射程(m)	500×400 / 630×320 风量(m³/h)	射程(m)	630×400 / 800×320 风量(m³/h)	射程(m)	800×400 / 1000×320 风量(m³/h)	射程(m)	1000×400 风量(m³/h)	射程(m)
1.0 (0.60)	A	1.90	360	4.58	450	5.12	567	5.74	720	6.47	907	7.26	1152	8.19	1440	9.15
	B	2.01		2.50		2.79		3.13		3.53		3.96		4.46		5.00
	C	2.32		2.33		2.60		2.92		3.29		3.70		4.17		4.66
	D	2.85		1.63		1.83		2.05		2.31		2.59		2.92		3.27
2.0 (2.41)	A	7.59	720	6.96	900	7.78	1134	8.73	1440	9.84	1815	11.05	2304	12.45	2880	13.92
	B	8.04		4.39		4.91		5.52		6.22		6.98		7.86		8.79
	C	9.29		4.15		4.64		5.21		5.87		6.59		7.43		8.30
	D	11.41		2.49		2.79		3.13		3.52		3.95		4.46		4.98
3.0 (5.42)	A	17.07	1080	8.35	1350	9.34	1700	10.48	2160	11.81	2722	13.26	3456	14.94	4320	16.70
	B	18.10		5.51		6.16		6.91		7.79		8.74		9.85		11.01
	C	20.91		5.22		5.83		6.55		7.38		8.28		9.33		10.44
	D	25.68		2.99		3.35		3.76		4.23		4.75		5.35		5.99
4.0 (9.63)	A	30.34	1440	9.34	1800	10.44	2268	11.72	2880	13.21	3629	14.83	4608	16.71	5760	18.68
	B	32.17		6.29		7.04		7.90		8.90		9.99		11.26		12.59
	C	37.18		5.97		6.68		7.50		8.45		9.48		10.69		11.95
	D	45.66		3.35		3.74		4.20		4.74		5.32		5.99		6.70
5.0 (15.05)	A	47.41	1800	10.11	2250	11.30	2835	12.68	3600	14.29	4536	16.04	5760	18.08	7200	20.21
	B	50.27		6.91		7.72		8.67		9.77		10.96		12.35		13.81
	C	58.09		6.56		7.34		8.23		9.28		10.42		11.74		13.12
	D	71.34		3.63		4.05		4.55		5.13		5.76		6.49		7.25

表 25.8-3 方形散流器性能表

规格尺寸 $W\times H$ (mm×mm)	全压损失 (Pa)	颈部风速 (m/s) (动压 (Pa))	120×120 风量 (m³/h)	120×120 射程 (m)	150×150 风量 (m³/h)	150×150 射程 (m)	180×180 风量 (m³/h)	180×180 射程 (m)	200×200 风量 (m³/h)	200×200 射程 (m)	240×240 风量 (m³/h)	240×240 射程 (m)	250×250 风量 (m³/h)	250×250 射程 (m)	300×300 风量 (m³/h)	300×300 射程 (m)
	14.93	2.0 (2.41)	104	1.78	162	2.22	233	2.67	288	2.97	415	3.67	450	3.92	648	5.54
	23.33	2.5 (3.76)	130	2.09	202	2.62	290	3.14	360	3.49	518	4.21	563	4.38	810	5.16
	33.59	3.0 (5.42)	156	2.35	243	2.94	350	3.52	432	3.91	622	4.65	675	4.85	972	5.67
	45.72	3.5 (3.37)	180	2.56	284	3.21	408	3.85	504	4.27	726	5.03	788	5.24	1134	6.10
	59.72	4.0 (9.63)	207	2.75	324	3.44	467	4.13	576	4.59	830	5.35	900	5.57	1296	6.47
	75.58	4.5 (12.19)	233	2.92	365	3.65	525	4.38	648	4.86	933	5.64	1012	5.87	1458	6.80
	93.91	5.0 (15.05)	260	3.07	405	3.83	583	4.60	720	5.11	1036	5.89	1125	6.14	1620	7.10
	112.91	5.5 (18.21)	285	3.20	446	4.00	642	4.80	792	5.33	1140	6.12	1238	6.38	1782	7.36
	134.37	6.0 (21.67)	310	3.32	486	4.15	700	4.98	864	5.53	1244	6.33	1350	6.60	1944	7.61

续表

规格尺寸 W×H (mm×mm)	360×360		400×400		420×420		480×480		500×500		540×540		600×600	
颈部风速 (m/s) (动压(Pa)) / 全压损失(Pa)	风量 (m³/h)	射程 (m)	风量 (m³/h)	射程 (m)	风量 (m³/h)	射程 (m)	风量 (m³/h)	射程 (m)	风量 (m³/h)	射程 (m)	风量 (m³/h)	射程 (m)	风量 (m³/h)	射程 (m)
2.0 (2.41) / 14.93	933	5.44	1152	4.75	1270	4.99	1659	5.70	1800	5.94	2100	6.41	2592	7.13
2.5 (3.76) / 23.33	1166	6.19	1140	5.33	1588	5.60	2074	6.40	2250	6.67	2624	7.20	3240	8.00
3.0 (5.42) / 33.59	1400	6.80	1728	5.81	1905	6.10	2488	6.97	2700	7.26	3149	7.84	3888	8.71
3.5 (3.37) / 45.72	1633	7.32	2016	6.21	2222	6.52	2903	7.45	3150	7.76	3674	8.38	4536	9.31
4.0 (9.63) / 59.72	1866	7.77	2304	6.56	2540	6.89	3318	7.87	3600	8.20	4199	8.85	5184	9.84
4.5 (12.19) / 75.58	2100	8.16	2592	6.86	2858	7.21	3732	8.24	4050	8.58	4724	9.27	5832	10.30
5.0 (15.05) / 93.91	2332	8.52	2880	7.14	3175	7.50	4147	8.57	4500	8.92	5249	9.64	6480	10.71
5.5 (18.21) / 112.81	2566	8.84	3168	7.39	3492	7.76	4562	8.87	4950	9.23	5774	9.97	7128	11.08
6.0 (21.67) / 134.37	2799	9.13	3456	7.61	3810	8.00	4977	9.14	5400	9.52	6298	10.28	7776	11.42

隔断上的有桌面散流器、桌面下散流器和隔断上散流器等，而后面3种适用于岗位/个人环境调节系统，是就地风机驱动的喷射型散流器，它们位于靠近人体的家具上。这种配置易于由室内人员控制送风方向和送风量，满足个人热舒适要求。

圆形（多层锥面型）散流器性能表　　　　　　　　　　　　　　　表 25.8-4

颈部风速 (m/s)	2		3		4		5		6		7	
动 压 (Pa)	2.41		5.42		9.63		15.05		21.67		29.50	
全压损失 (Pa)	7.28		16.37		28.27		45.45		65.44		89.09	
颈部名义直径 D (mm)	风量 L_s (m³/h)	射程 x (m)	风量 L_s (m³/h)	射程 x (m)	风量 L_s (m³/h)	射程 x (m)	风量 L_s (m³/h)	射程 x (m)	风量 L_s (m³/h)	射程 x (m)	风量 L_s (m³/h)	射程 x (m)
120	90	0.58	140	0.81	190	1.17	240	1.46	280	1.73	330	1.88
150	130	0.69	200	0.97	270	1.40	340	1.74	400	2.06	470	2.25
200	240	0.92	360	1.29	480	1.87	590	2.32	710	2.75	830	2.99
250	370	1.16	560	1.62	750	2.34	930	2.90	1120	3.44	1310	3.75
300	540	1.39	800	1.94	1070	2.80	1340	3.48	1610	4.13	1880	4.50
350	720	1.60	1080	2.24	1430	3.24	1790	4.02	2150	4.77	2510	5.20
400	930	1.83	1400	2.56	1860	3.69	2330	4.59	2800	5.44	3260	5.93
450	1180	2.06	1770	2.88	2360	4.16	2950	5.16	3540	6.12	4130	6.67
500	1160	2.29	2190	3.20	2920	4.62	3650	5.72	4380	6.81	5110	7.42

送回（吸）两用型散流器性能表　　　　　　　　　　　　　　　　表 25.8-5

规 格 代 号	25		32		36		40	
接管直径 D (mm)	250		320		360		400	
接管风速 (m/s)	送风全压损失 (Pa)	回风全压损失 (Pa)	风量 (m³/h)	扩散半径 (m)	风量 (m³/h)	扩散半径 (m)	风量 (m³/h)	扩散半径 (m)	风量 (m³/h)	扩散半径 (m)
1.0	7.77	7.30	177	0.67	290	0.86	366	0.97	452	1.07
1.5	14.47	16.42	265	1.06	434	1.36	550	1.52	679	1.69
2.0	31.06	29.18	353	1.33	579	1.71	733	1.92	905	2.13
2.5	48.54	45.60	442	1.55	724	1.98	916	2.23	1130	2.47
3.0	69.89	65.67	530	1.72	869	2.20	1099	2.48	1357	2.75
3.5	95.13	89.38	619	1.87	1013	2.39	1283	2.69	1583	2.99
4.0	124.25	116.74	707	1.99	1153	2.55	1466	2.87	1810	3.19
4.5	157.26	147.75	795	2.11	1303	2.70	1649	3.03	2036	3.37
5.0	194.15	182.41	884	2.21	1448	2.82	1832	3.18	2262	3.53

自力式温控变流型圆形散流器性能表

表 25.8-6

公称直径 (mm)	风口喉部风速 (m/s)			2.0	2.5	3.0	3.5	4.0	4.5	5.0	6.0
φ125	风量 (m³/h)			90	115	135	160	180	205	230	275
	静压损失	H	(Pa)	10.9	17.3	24.6	33.7	43.8	55.6	68.4	98.5
		V		13.9	22.0	31.2	42.8	55.5	70.5	86.7	124.8
	全压损失	H	(Pa)	13.3	21.1	30.0	41.1	53.4	67.8	83.4	120.1
		V		16.3	25.8	36.6	50.2	65.1	82.7	101.7	146.4
	扩散半径	H	(Pa)	0.3	0.4	0.6	0.9	1.1	1.2	1.4	1.5
	射程	V		1.6	2.0	2.3	2.7	2.9	3.2	3.3	3.4
φ150	风量 (m³/h)			130	165	195	230	260	295	325	390
	静压损失	H	(Pa)	10.9	17.3	24.6	33.7	43.8	55.6	68.4	98.5
		V		13.9	22.0	31.2	42.8	55.5	70.5	86.7	124.8
	全压损失	H	(Pa)	13.3	21.1	30.0	41.1	53.4	67.8	83.4	120.1
		V		16.3	25.8	36.6	50.2	65.1	82.7	101.7	146.4
	扩散半径	H	(Pa)	0.3	0.5	0.8	1.0	1.3	1.5	1.6	1.8
	射程	V		1.9	2.4	2.8	3.2	3.5	3.8	4.0	4.1
φ200	风量 (m³/h)			230	290	345	405	460	520	575	690
	静压损失	H	(Pa)	10.9	17.3	24.6	33.7	43.8	55.6	68.4	98.5
		V		13.9	22.0	31.2	42.8	55.5	70.5	86.7	124.8
	全压损失	H	(Pa)	13.3	21.1	30.0	41.1	53.4	67.8	83.4	120.1
		V		16.3	25.8	36.6	50.2	65.1	82.7	101.7	146.4
	扩散半径	H	(Pa)	0.4	0.7	1.0	1.4	1.7	2.0	2.2	2.4
	射程	V		2.5	3.1	3.7	4.3	4.7	5.0	5.3	5.5
φ250	风量 (m³/h)			360	450	540	630	720	805	895	1075
	静压损失	H	(Pa)	10.9	17.3	24.6	33.7	43.8	55.6	68.4	98.5
		V		13.9	22.0	31.2	42.8	55.5	70.5	86.7	124.8
	全压损失	H	(Pa)	13.3	21.1	30.0	41.1	53.4	67.8	83.4	120.1
		V		16.3	25.8	36.6	50.2	65.1	82.7	101.7	146.4
	扩散半径	H	(Pa)	0.5	0.9	1.3	1.8	2.1	2.5	2.8	3.0
	射程	V		3.1	3.9	4.6	5.3	5.8	6.3	6.6	6.8
φ300	风量 (m³/h)			515	645	775	905	1030	1160	1290	1545
	静压损失	H	(Pa)	10.9	17.3	24.6	33.7	43.8	55.6	68.4	98.5
		V		13.9	22.0	31.2	42.8	55.5	70.5	86.7	124.8
	全压损失	H	(Pa)	13.3	21.1	30.0	41.1	53.4	67.8	83.4	120.1
		V		16.3	25.8	36.6	50.2	65.1	82.7	101.7	146.4
	扩散半径	H	(Pa)	0.6	1.1	1.6	2.1	2.6	3.0	3.3	3.6
	射程	V		3.7	4.7	5.6	6.4	7.0	7.6	7.9	8.2

续表

公称直径 (mm)	风口喉部风速 (m/s)			2.0	2.5	3.0	3.5	4.0	4.5	5.0	6.0
ϕ350	风量（m³/h）			700	875	1050	1225	1400	1575	1750	2100
	静压损失	H	(Pa)	10.9	17.3	24.6	33.7	43.8	55.6	68.4	98.5
		V		13.9	22.0	31.2	42.8	55.5	70.5	86.7	124.8
	全压损失	H	(Pa)	13.3	21.1	30.0	41.1	53.4	67.8	83.4	120.1
		V		16.3	25.8	36.6	50.2	65.1	82.7	101.7	146.4
	扩散半径	H	(Pa)	0.7	1.3	1.8	2.4	3.0	3.5	3.8	4.2
	射程	V		4.3	5.5	6.5	7.5	8.2	8.8	9.2	9.6
ϕ375	风量（m³/h）			805	1005	1205	1405	1605	1810	2010	2410
	静压损失	H	(Pa)	10.9	17.3	24.6	33.7	43.8	55.6	68.4	98.5
		V		13.9	22.0	31.2	42.8	55.5	70.5	86.7	124.8
	全压损失	H	(Pa)	13.3	21.1	30.0	41.1	53.4	67.8	83.4	120.1
		V		16.3	25.8	36.6	50.2	65.1	82.7	101.7	146.4
	扩散半径	H	(Pa)	0.8	1.4	2.0	2.6	3.2	3.7	4.1	4.5
	射程	V		4.6	5.9	6.9	8.0	8.8	9.4	9.9	10.2

注：①H—送风气流为水平流型，V—送风气流为垂直流型。
②扩散半径、射程的末端风速取 0.5m/s（JG/T 20—1999 规定）。

2. 地板送风散流器的型式、特征及适用范围（见表 25.8-7）

地板送风散流器的型式、特征及适用范围　　表 25.8-7

散流器类型	散流器名称	特征及适用范围	备注
被动式散流器	旋流型散流器（图 25.8-15）	来自静压箱的空调送风，经由圆形旋流地板散流器，以旋流状的气流流型送至人员活动区，并与室内空气充分混合。室内人员通过转动散流器或打开散流器并调节流量控制风门，便可对送风量进行有限度的控制。大多数型号的地板散流器都配备有收集污物和溅液的集污盆。 散流器的格栅面板有两种形式，一种是采用放射状条缝，形成标准的旋涡气流流型；另一种是部分放射状条缝（形成旋涡气流流型）、部分环形条缝（形成斜射流气流流型），如图 25.8-16 所示	定风量散流器
	可变面积散流器（图 25.8-17）	该散流器为变风量空调系统而设计，采用自动（或手动）的内置风门来调节散流器的可活动面积。当风量减少时，它通过一个自动的内置风门使出风速度大致维持为定值。 空气是通过地板上的方形条缝格栅以射流方式送出。室内人员可以调节格栅的方向来改变射流的方向，也可以通过区域温控器进行风量控制，或者由使用者单独调节送风量。 图 25.8-18 所示为安装在架空地板下面、配置有圆形旋流散流器的 VAV 地板送风箱。送风可以直接从地板静压箱进入送风箱，也可以接风管从风机动力型末端装置输送到送风箱	

续表

散流器类型	散流器名称	特征及适用范围	备注
被动式散流器	条缝型地板格栅	条缝型格栅风口带有多叶调节风门,送风射流呈平面状,为了不让人们进行频繁的调节,一般不适合于人员密集的内区。应将它布置在外区靠近外窗的地板面上。 通常,设在静压箱内的风机盘管机组,通过风管将空气输送到外区的格栅风口处,并送入人员活动区	
主动式散流器	地板送风单元	在单一的地板块上安装多个射流型出风格栅。格栅内固定叶片的倾斜角度为40°,可以转动格栅来调节送风方向。风机动力型末端装置被直接安装在送风格栅下面,利用风机转速组合控制器来控制风机的送风量	
	桌面送风柱	在桌面的后部位置上有两根送风柱,可以调节送风量和送风方向。空气一般由混合箱送出。混合箱悬挂在桌子后部或转角处的膝部高度,然后再用柔性风管接至相邻的两个桌面送风口。 在混合箱中,利用小型变速风机将空气从地板静压箱内抽出,并通过桌面送风口以自由射流形式送出。 图25.8-19所示为桌面上的岗位/个人调节送风装置(桌子下面有一块200W热辐射板),这种装置有一个台式控制盘,使用者能够控制桌面送风口的风速和热辐射板的温度,见图25.8-20	
	桌面下散流器	它是一个或多个能充分调节气流方向的格栅风口,安装在桌面稍下处,正好与桌面的前缘齐平(其他位置也可)。风机驱动单元既可邻近桌面,也可设在地板静压箱内,通过柔性风管将空气输送到格栅风口	
	隔断散流器	送风格栅安装在紧靠桌子的隔断上。空气通过集成在隔断内的通道送到可控制的送风格栅。格栅风口的位置可正好在桌面之上,也可在隔断顶部之下。	

图 25.8-15 旋流地板散流器

图 25.8-16 旋流地板散流器组件

图 25.8-17　被动式可变面积散流器

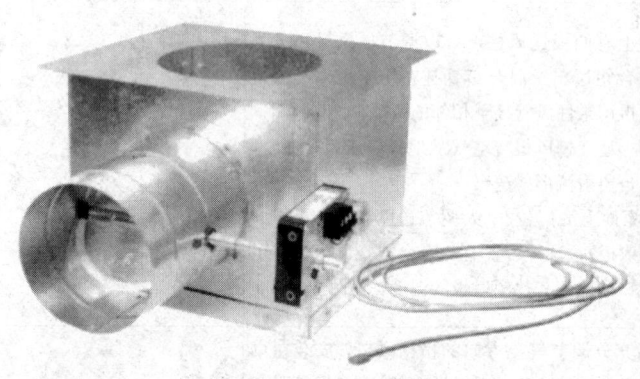

图 25.8-18　配以旋流散流器的
VAV 地板送风箱

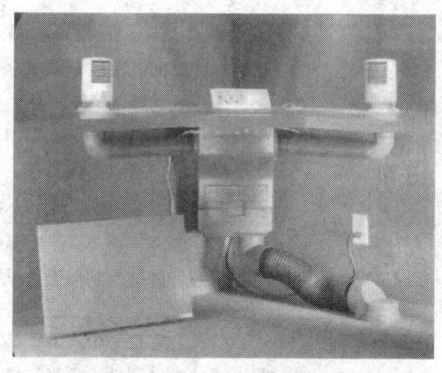

图 25.8-19　桌面上的岗位/
个人环境调节送风装置

图 25.8-20　使用者可以通过台式控制盘控制局部环境

图 25.8-21 所示为可供选择的岗位/个人环境调节送风口的配置。

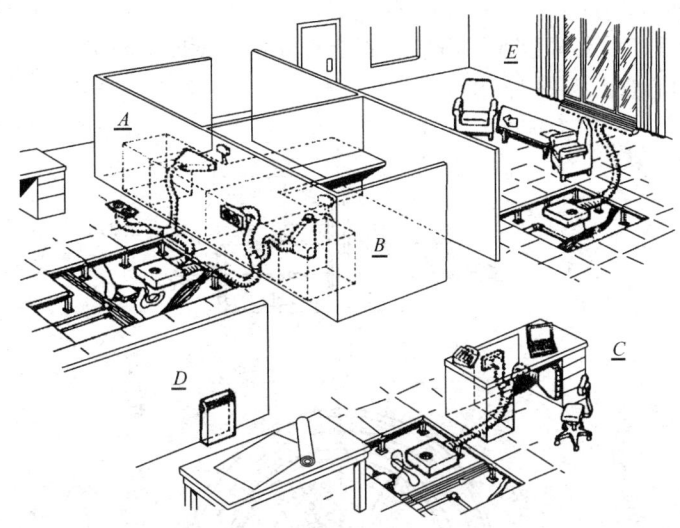

图 25.8-21 可供选择的岗位/个人环境调节送风口配置
A—办公桌/地板送风末端装置；B、C—办公桌送风末端装置；D—隔断上送风末端装置；E—外区送风末端装置

地板送风系统的一个主要优势，是在可以移动的地板块上灵活地安装送风散流器，可以方便地挪动风口位置，以便与房间的负荷分布紧密匹配。在敞开办公室内的每个工作岗位处，非常需要安装一个"岗位"散流器，供每位人员单独控制。

25.9 回 风 口

25.9.1 回风口的布置方式及吸风速度

1. 回风口的布置方式及要求

(1) 回风口不应设在射流区内和人员长时间停留的地点。

(2) 室温允许波动范围 $\Delta t_x = \pm 0.1 \sim 0.2℃$ 的空调房间，宜采用双侧多风口均匀回风；$\Delta t_x = \pm 0.5 \sim 1.0℃$ 的空调房间，回风口可布置在房间同一侧；$\Delta t_x > \pm 1℃$，且室内参数相同或相近似的多房间空调系统，可采用走廊回风。

(3) 采用侧送时，回风口宜设在送风口的同侧；采用孔板或散流器送风时，回风口宜设在下部；采用顶棚回风时，回风口宜与照明灯具结合成一整体。

(4) 回风口的回风量应能调节，可采用带有对开式多叶阀的回风口，也可采用设在回风支管上的调节阀。

2. 回风口的吸风速度（见表 25.9-1）

表 25.9-1 回风口的吸风速度

回风口的位置		最大吸风速度（m/s）
房间上部		≤4.0
房间下部	不靠近人经常停留的地点时	≤3.0
	靠近人经常停留的地点时	≤1.5

25.9.2 常用回风口的型式

单层百叶风口、活动箅板式回风口、固定百叶格栅风口、网板风口、箅孔和孔板风口以及蘑菇型回风口（图25.9-1）等。

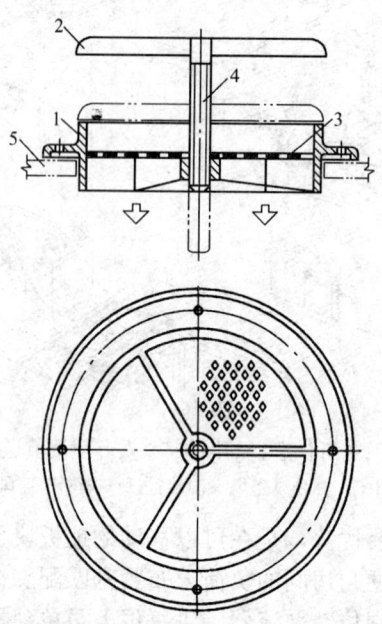

图 25.9-1 蘑菇型回风口
1—风口主体；2—钢制圆盘；3—铝板网；4—可旋转螺杆；5—地面

表 25.9-2（A）箅孔、孔板、网板回风口规格和风量表

箅孔、孔板、网板回风口规格和风量表						表 25.9-2（A）
风口规格 （mm×mm）	200×200	250×200	250×250	400×200	500×200 400×250	500×250 630×200
连接风管速度 （m/s）	风　　量（m³/h）					
1.0	144	180	225	288	360	450
1.5	216	270	338	432	540	675
2.0	288	360	450	576	720	900
2.5	360	450	563	720	900	1125
3.0	432	540	675	864	1080	1350
3.5	504	630	788	1008	1260	1575
4.0	576	720	900	1152	1440	1800
4.5	648	810	1013	1296	1620	2025
5.0	720	900	1125	1440	1800	2250

续表

风口规格 (mm×mm)	630×250 400×400 800×200	500×400 800×250 1000×200	500×500 1000×250 630×400	1250×250 630×500 800×400	630×630 800×500 1000×400 1600×250	1000×500 1250×400
连接风管速度 (m/s)	风量 (m³/h)					
1.0	568	720	900	1135	1440	1800
1.5	850	1080	1350	1700	2160	2700
2.0	1135	1440	1800	2270	2880	3600
2.5	1420	1800	2250	2835	3600	4500
3.0	1700	2160	2700	3400	4320	5400
3.5	1985	2520	3150	3970	5040	6300
4.0	2270	2880	3600	4540	5760	7200
4.5	2550	3240	4050	5105	6480	8100
5.0	2835	3600	4500	5670	7200	9000

表 25.9-2 (B) 箅孔、孔板、网板回风口全压损失表

箅孔、孔板、网板回风口全压损失表　　　　表 25.9-2 (B)

风口名称	箅孔回风口		孔板回风口		网板回风口	
局部阻力系数	多叶阀全开	不装多叶阀	多叶阀全开	不装多叶阀	多叶阀全开	不装多叶阀
	8.41	8.20	10.84	10.61	4.31	3.96
连接风管速度 (m/s)	全压损失 (Pa)					
1.0	5.06	4.94	6.53	6.39	2.59	2.38
1.5	11.39	11.11	14.68	14.37	5.84	5.36
2.0	20.25	19.75	26.10	25.55	10.38	9.51
2.5	31.64	30.85	40.79	39.92	16.22	14.90
3.0	45.57	44.43	58.73	57.48	23.35	21.46
3.5	62.02	60.47	79.94	78.24	31.78	29.20
4.0	81.01	78.98	104.41	102.20	41.51	38.14
4.5	102.52	99.96	132.15	129.34	52.54	48.27
5.0	126.57	123.41	163.14	159.68	64.87	59.60

表25.9-3 蘑菇型回风口性能表

蘑菇型回风口性能表　　　　表25.9-3

规格代号						16	20	25	28
连接风管直径 D (mm)						160	200	250	280
连接风管断面 F (m²)						0.020	0.031	0.049	0.062
连接管风速 (m/s)	动压 (Pa)	全压损失				风量 (m³/h)			
		$x=30$ (Pa)	$x=40$ (Pa)	$x=60$ (Pa)					
1.0	0.60	8.38	5.13	2.69		92	137	206	254
1.5	1.35	18.85	11.54	6.05		137	205	309	382
2.0	2.41	33.52	20.52	10.76		183	274	412	509
2.5	3.76	52.37	32.06	16.82		229	342	515	636
3.0	5.42	75.42	46.16	24.22		275	411	618	763
3.5	7.37	102.65	62.83	32.96		321	479	721	890
4.0	9.63	134.08	82.06	43.06		366	547	824	1018
4.5	12.19	169.69	103.86	54.49		412	616	928	1145
5.0	15.05	209.50	128.23	67.27		458	684	1031	1272
5.5	18.21	253.49	155.15	81.40		504	753	1134	1400
6.0	21.67	301.67	184.65	96.87		550	821	1237	1527
6.5	25.43	354.05	216.70	113.69		595	890	1340	1654

注：x 代表蘑菇型回风口钢制圆盘升起的高度（mm），风口的局部阻力系数与 x 有关。当 $x=30$mm，$\zeta=13.92$；$x=40$mm，$\zeta=8.52$；$x=60$mm，$\zeta=4.47$。

第 26 章 空调水系统

26.1 空调水系统分类

空调水系统包含冷水(习称冷冻水)和冷却水两部分,根据配管形式、水泵配置、调节方式等的不同,可以设计成各种不同的系统类型,详见表 26.1-1。

水系统的类型及其优缺点　　　　　　表 26.1-1

类型	特征	优点	缺点
开式	管路系统与大气相通	与水蓄冷系统的连接相对简单	系统中的溶解氧多,管网和设备易腐蚀;需要增加克服静水压力的额外能耗;输送能耗高
闭式	管路系统与大气不相通或仅在膨胀水箱处局部与大气有接触	氧腐蚀的几率小;不需要克服静水压力,水泵扬程低,输送能耗少	与水蓄冷系统的连接相对复杂
同程式(顺流式)	供水与回水管中水的流向相同,流经每个环路的管路长度相等	水量分配比较均匀;便于水力平衡	需设回程管道,管路长度增加,压力损失相应增大;初投资高
异程式(逆流式)	供水与回水管中水的流向相反,流经每个环路的管路长度不等	不需设回程管道,不增加管道长度;初投资相对较低	当系统较大时,水力平衡较困难,应用平衡阀时,不存在此缺点
两管制	供冷与供热合用同一管网系统,随季节的变化而进行转换	管网系统简单,占用空间少;初投资低	无法同时满足供冷与供热的要求
三管制	分别设供冷与供热管路,但冷、热回水合用同一条管路	能同时满足供冷与供热要求;管道系统较四管制简单;初投资居中	冷、热回水流入同一管路,能量有混合损失;占用建筑空间较多
四管制	供冷与供热分别设置两套管网系统,可以同时进行供冷或供热	能满足同时供冷或供热的要求;没有混合损失	管路系统复杂,占用建筑空间多;初投资高
分区两管制	分别设置冷、热源并同时进行供冷与供热运行,但输送管路为两管制,冷、热分别输送	能同时对不同区域(如内区和外区)进行供冷和供热;管路系统简单,初投资和运行费省	需要同时分区配置冷源与热源

续表

类 型	特 征	优 点	缺 点
定流量	冷（热）水的流量保持恒定，通过改变供水温度来适应负荷的变化	系统简单，操作方便；不需要复杂的控制系统	配管设计时，不能考虑同时使用系数；输送能耗始终处于额定的最大值，不利于节能
变流量	冷（热）水的供水温度保持恒定，通过改变循环水量来适应负荷的变化	输送能耗随负荷的减少而降低；可以考虑同时使用系数，使管道尺寸、水泵容量和能耗都减少	系统相对要复杂些；必须配置自控装置；单式泵时若控制不当有可能产生蒸发器结冰事故
单式泵（一次泵）	冷、热源侧与负荷侧合用一套循环水泵	系统简单，初投资低；运行安全可靠，不存在蒸发器结冻的危险	不能适应各区压力损失悬殊的情况；在绝大部分运行时间内，系统处于大流量、小温差的状态，不利于节约水泵的能耗
复式泵（二次泵）	冷、热源侧与负荷侧分成两个环路，冷源侧配置定流量循环泵即一次泵，负荷侧配置变流量循环泵即二次泵	能适应各区压力损失悬殊的情况，水泵扬程有把握可能降低；能根据负荷的需求调节流量；由于流过蒸发器的流量不变，能防止蒸发器发生结冰事故，确保冷水机组出水温度稳定；能节约一部分水泵能耗	总装机功率大于单式泵系统；自控复杂，初投资高；易引起控制失调的问题；在绝大部分运行时间内，系统处于大流量、小温差的状态，不利于节约水泵的能耗

26.2 水系统的承压及设备布置

26.2.1 水系统的承压

1. 系统的最高压力点

水系统的最高压力，一般位于水泵出口处的"A"点，如图 26.2-1 所示。

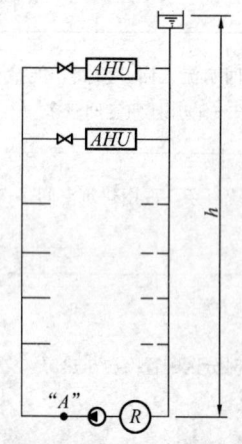

图 26.2-1 水系统的静水压力图

通常，系统运行有下列三种状态：

（1）系统停止运行时：系统的最高压力 P_A（Pa）等于系统的静水压力，即

$$P_A = \rho h g \qquad (26.2\text{-}1)$$

（2）系统开始运行的瞬间：水泵刚启动的瞬间，由于动压尚未形成，出口压力 P_A（Pa）等于该点静水压力与水泵全压 P（Pa）之和，即

$$P_A = \rho h g + P \qquad (26.2\text{-}2)$$

（3）系统正常运行时：出口压力等于该点静水压力与水泵静压之和，即

$$P_A = \rho h g + P - P_d \qquad (26.2\text{-}3)$$
$$P_d = v^2 \rho / 2$$

式中 ρ——水的密度,kg/m³;

g——重力加速度,m/s²;

h——水箱液面至叶轮中心的垂直距离,m;

P_d——水泵出口处的动压,Pa;

v——水泵出口处水的流速,m/s。

2. 承压能力

(1) 冷水机组、空气冷却器、水泵等的额定工作压力 P_W:

普通型冷水机组 ········· $P_W=1.0MPa$

加强型冷水机组 ········· $P_W=1.7MPa$

特加强型冷水机组 ········· $P_W=2.0MPa$

气冷却器、风机盘管机组 ········· $P_W=1.6MPa$

水泵壳体:采用填料密封时 ········· $P_W=1.0MPa$

　　　　　采用机械密封时 ········· $P_W=1.6MPa$

(2) 管材和管件的公称压力 PN(MPa):

低压管道 ········· $PN=2.5MPa$

中压管道 ········· $PN=4\sim6.4MPa$

高压管道 ········· $PN=10\sim100MPa$

低压阀门 ········· $PN=1.6MPa$

中压阀门 ········· $PN=2.5\sim6.4MPa$

高压阀门 ········· $PN=10\sim100Mpa$

(有关阀门的分类与选择等的详细介绍,参见本手册第1章1.8)

普通焊接钢管 ········· $PN=1.0MPa$

加厚焊接钢管 ········· $PN=1.6MPa$

直缝、螺旋缝焊接钢管 ········· $PN=1.6MPa$

无缝钢管 ········· $PN>1.6MPa$

3. 管材选择

(1) 管材选择,可按表26.2-1进行。

管 材 选 择 表　　　　　　　　　　表26.2-1

序号	用　途	适 用 管 材 种 类
1	输送 $t>95℃$ 的热水或蒸汽	焊接钢管、无缝钢管、镀锌钢管
2	输送 $t\leqslant95℃$ 的热水	焊接钢管、无缝钢管、镀锌钢管、铝塑复合管(XPAP1、XPAP2、RPAP5)、PB管、PE-X管
3	输送 $t\leqslant60℃$ 的热水或冷水	焊接钢管、无缝钢管、镀锌钢管、PP-R塑铝稳态管、铝塑复合管(XPAP1、XPAP2、RPAP5)、PB管、PE-X管、PE-RT管、PP-R管
4	冷却水供、回水管	焊接钢管、无缝钢管、镀锌钢管、球墨铸铁管
5	排水管	PVC管、UPVC管
6	冷凝水管	镀锌钢管、PE管、PVC管、UPVC管

注:有关铝塑管、热塑性塑料管(PB、PE-X、PE-RT、PP-R)的详细资料,见本手册第1章1.7节。

(2) 工程实践中，空调冷热水的输送，宜优先采用摩擦阻力小、节能性好、耐腐蚀、不结垢、不渗氧、能热熔连接的聚丙烯（PP-R）塑铝稳态复合管。

(3) 采用镀锌钢管时，在焊接法兰处，必须进行二次热镀锌。

(4) 在已经有焊接钢管或无缝钢管的同一个管路系统中，不宜同时再采用镀锌钢管。

4. 管道支架的间距

所有管道都必须有可靠的支（吊）架，支吊架应固定在建筑物中允许承力的构件上，如梁、柱、楼板、墙等；管道支架的推荐间距如表 26.2-2 所示。

管道支架的推荐间距　　　　　　表 26.2-2

公称直径（mm）	标准重量的钢管（水）(m)	铜管（水）(m)	吊杆直径（mm）
15	2.50	1.70	6
20	2.50	1.70	6
25	2.50	2.00	6
40	3.10	2.80	10
50	3.50	2.80	10
65	3.80	3.10	10
80	4.20	3.50	10
100	4.90	4.20	13
150	5.90	4.90	13
200	6.60	5.60	16
250	7.00	6.30	20
300	8.00	6.60	22
350	6.70		25
400	9.40		25
450	9.70		32
500	10.00		32

注：本表引自 Shan K. Wang. Handbook of Air Conditioning and Refrigeration (Second Edition). McGraw-Hill. 2000

26.2.2 设备布置

在多层建筑中，习惯上把冷、热源设备都布置在地下层的设备用房内；若没有地下层，则布置在一层或室外专用的机房（动力中心）内。

在高层建筑中，为了降低设备的承压，通常可采用下列布置方式：

(1) 冷热源设备布置在塔楼外裙房的顶层（冷却塔设于裙房屋顶上），如图 26.2-2 所示。

(2) 冷热源设备布置在塔楼中间的技术设备层内，如图 26.2-3 所示。

(3) 冷热源设备布置在塔楼的顶层，如图 26.2-4 所示。

(4) 在中间技术设备层内，布置水—水换热器，使静水压力分段承受，如图 26.2-5 和图 26.2-6 所示。

（5）当高区超过设备承压能力部分的负荷不太大时，上部几层可以单独处理，如采用自带冷源的单元式空调器，如图 26.2-6 所示。

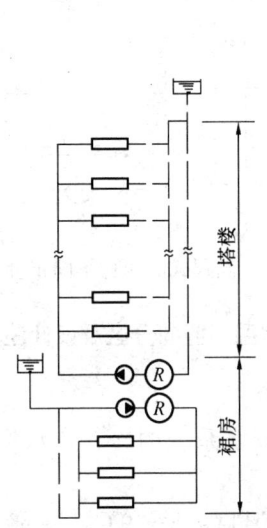

图 26.2-2　冷、热源设备布置在裙房顶层

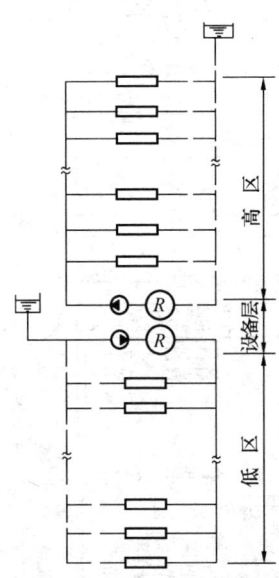

图 26.2-3　冷、热源设备布置在中间设备层

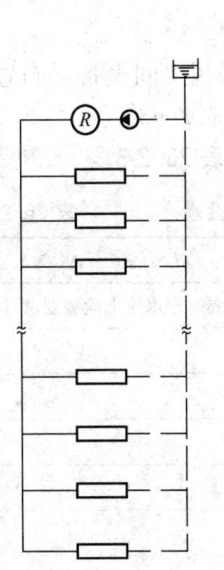

图 26.2-4　冷、热源设备布置在塔楼顶层

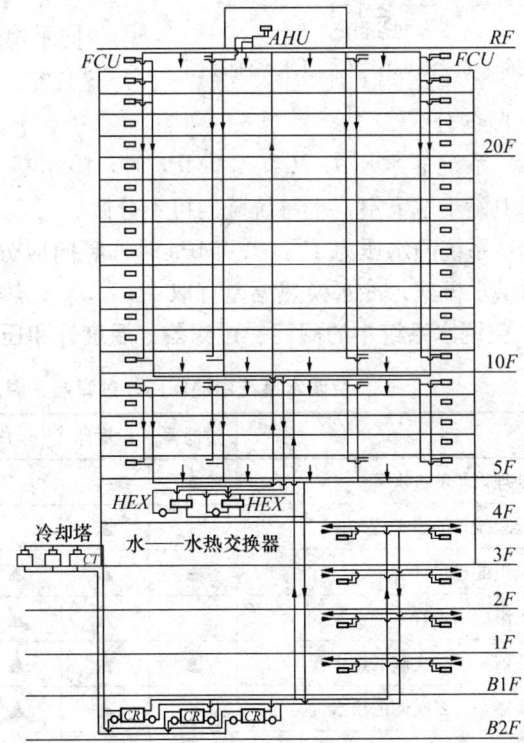

图 26.2-5　北京香格里拉饭店的水系统图

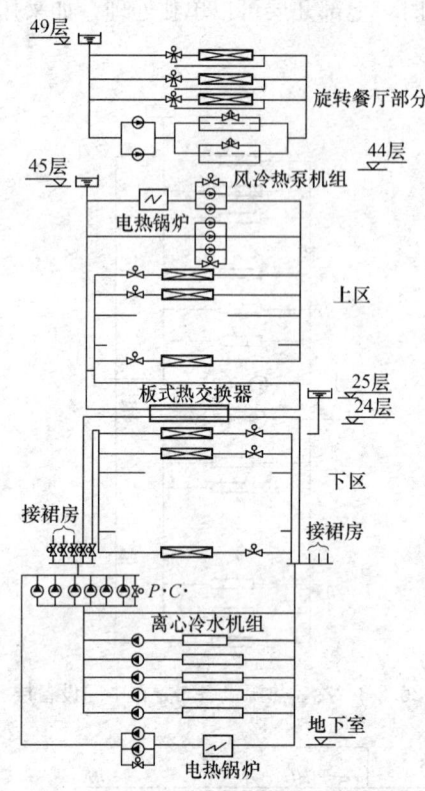

图 26.2-6 深圳国贸大厦水系统简图

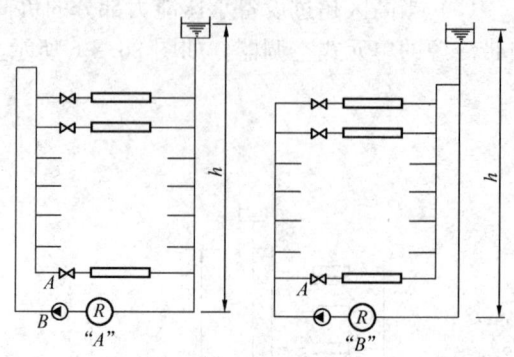

图 26.2-7 同程式的两种不同布置

26.2.3 水系统的水温、竖向分区及设计注意事项

1. 冷、热水温度

一般舒适性空调水系统的冷、热水温度，可按下列推荐值采用：

（1）冷水供水温度：5～9℃，一般取 7℃；供、回水温度差：5～10℃，一般取 5℃。

（2）热水供水温度：40～65℃，一般取 60℃；供、回水温度差：4.2～15℃，一般取 10℃；宜加大至 15℃。

2. 竖向分区

（1）系统静水压力 $P_s \leqslant 1.0$ MPa 时，冷水机组可集中设于地下室，水系统竖向可不分区。

（2）系统静水压力 $P_s > 1.0$ MPa 时，竖向应分区。一般宜采用中间设备层布置热交换器的供水模式；冷水换热温差宜取 1～1.5℃；热水换热温差宜取 2～3℃。

3. 空调水系统中的阀门、过滤器、温度计和压力表的设置（表 26.2-3）。

空调水系统中的阀门、过滤器、温度计和压力表的设置　　　表 26.2-3

部　位	过滤器	温度计	压力表	阀门	备　注
空气处理设备的进水管	▲			▲	必要时进水管上应装温度计
空气处理设备的出水管		▲		▲	
冷水机组的进水管	▲	▲	▲	▲	
冷水机组的出水管		▲	▲	▲	
热交换器一、二次侧的进水管	▲	▲	▲	▲	
热交换器一、二次侧的出水管		▲	▲	▲	
分、集水器本体上		▲	▲		
分、集水器的进、出水干管				▲	
集水器分路阀门前的管道上			▲		

续表

部　位	过滤器	温度计	压力表	阀门	备　注
水泵的出水管		▲	▲	▲	闭式系统、并联水泵及开式系统在阀前还应设止回阀
水泵的进水管			▲	▲	
过滤器的进、出口			▲		
与立管连接的水平供回水干管				▲	水平分配系统
与水平干管连接的供回水立管				▲	垂直分配系统

4. 设计注意事项

(1) 当冷源设备布置在楼面上时，必须充分考虑并妥善地解决设备的隔振和防止噪声传播问题。

(2) 设备层设于中间楼层里时，宜优先考虑采用风冷式冷水机组。

(3) 在同程式水系统中，图 26.2.7 中"A"式布置时的承压小于"B"式。

运行时："A"式 A 点的承压为：　　$P_A = \rho \cdot g \cdot h + P_d - \Delta P_{B-A}$

　　　　　"B"式 A 点的承压为：$P_A = \rho \cdot g \cdot h + P - P_d$

式中　ΔP_{B-A}——水泵出口至 A 点的压力损失，Pa。

(4) 确定空调水系统（尤其是高层建筑水系统）的压力时，必须保持系统压力不大于冷水机组、末端设备、水泵及管道部件的承压能力。

(5) 设备、管道及管道部件等承受的压力，应按系统运行时的压力考虑。

(6) 一般情况下，冷水循环水泵宜安装在冷水机组进水端。

(7) 当冷水机组进水端承受的压力大于冷水机组的承压能力，但系统静水压力（包括机组所在地下层建筑高度）小于冷水机组的承压能力时，可将冷水循环水泵安装在冷水机组的出水端，水系统在竖向可不分区。

(8) 当将冷水循环水泵安装在冷水机组的出水端，而定压点设在冷水机组的进水端时，若机组阻力较大，建筑和膨胀水箱高度较低，则水泵吸入口有可能产生负压。

(9) 当水系统的静水压力大于标准型冷水机组的承压能力（电动压缩式冷水机组一般为 1.0MPa；吸收式冷水机组一般为 0.8MPa）时，应选择采用工作压力更高的加强型机组，或对水系统进行竖向分区。

(10) 采用复式泵时，由于总压力损失由一次泵与二次泵分别承担，所以，能有效地降低设备的承压。但是，复式泵系统的 P_P/P_C 值（P_P—水泵的电耗；P_C—冷水机组的电耗），比单式泵系统的 P_P/P_C 要大 15%～25% 左右；因此，在一般情况下，采用单式泵（一次泵）系统更节能。

26.3　空调水系统的形式、管路特性及流量变化

26.3.1　水系统的典型形式

根据表 26.1-1 所列类型，可组成图 26.3-1～图 26.3-13 所示的各种不同水系统形式。

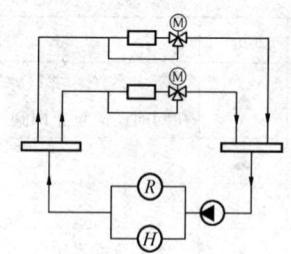
图 26.3-1 单式泵定流量系统

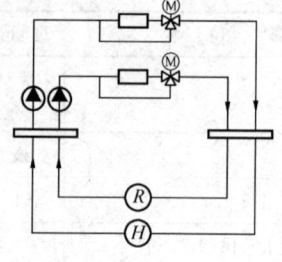
图 26.3-2 分区单式泵定流量系统

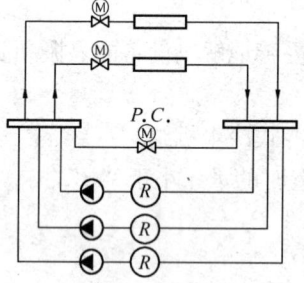
图 26.3-3 单式泵变流量系统（一）

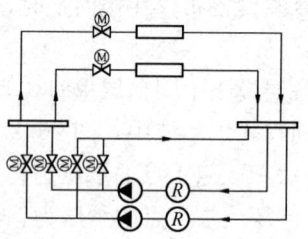
图 26.3-4 单式泵变流量系统（二）

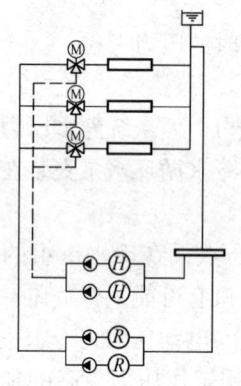
图 26.3-5 三管制水系统

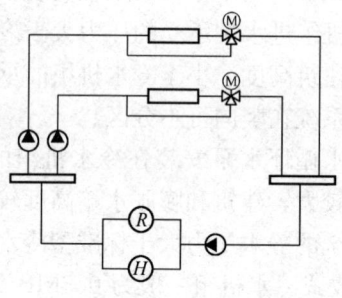
图 26.3-6 复式泵定流量系统

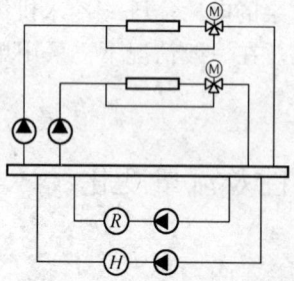
图 26.3-7 复式泵共集管系统

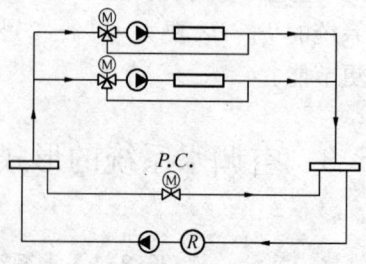
图 26.3-8 复式泵分区增压系统

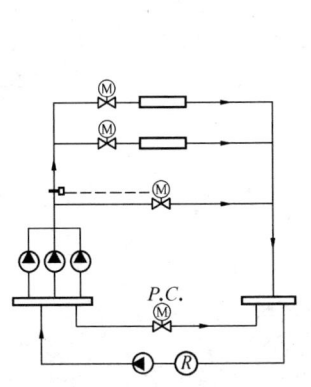

图 26.3-9 复式泵台数控制式水系统

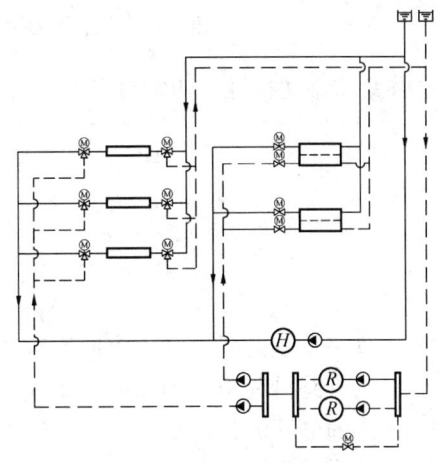

图 26.3-10 四管制水系统

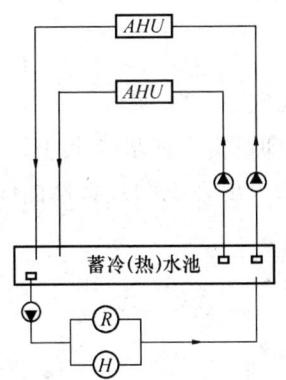

图 26.3-11 单池开式水系统

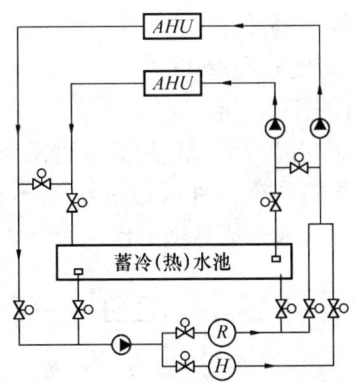

图 26.3-12 开、闭式循环系统（全自动变换）

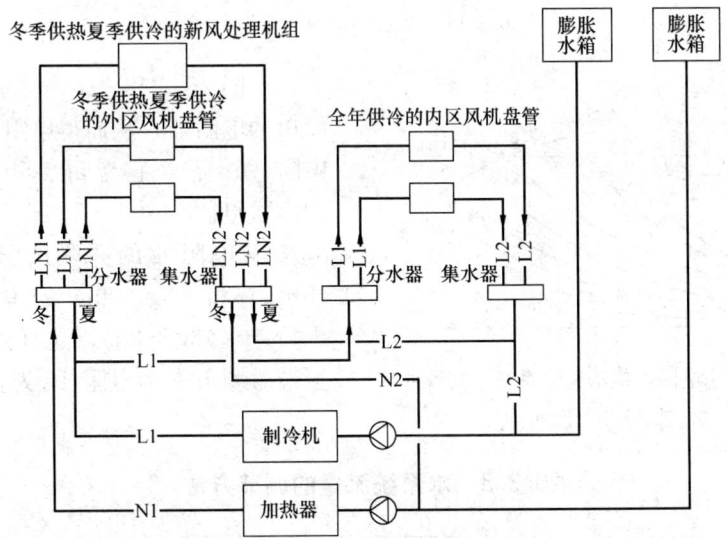

图 26.3-13 分区两管制风机盘管加新风系统

26.3.2 水系统的管路特性曲线

水系统管路的流动特性,通常可以用下式表:

$$\Delta P = S \cdot Q^2 \tag{26.3-1}$$

$$S = \frac{8 \times \left(\lambda \cdot \dfrac{l}{d} + \Sigma \zeta\right) \cdot \rho}{\pi \cdot d^4} \tag{26.3-2}$$

式中 ΔP——管路系统的阻力(压力损失),Pa;
S——与管路沿程阻力和几何形状有关的综合阻力系数,kg/m^7;
Q——水的体积流量,m^3/s;
λ——管道的摩擦阻力系数;
d——管径,m;
ζ——局部阻力系数;
ρ——水的密度,kg/m^3;
l——管道的长度,m。

将以上关系绘制在以 Q 和 ΔP 组成的直角坐标系图上,即可得出管路特性曲线。

对于较复杂的管路系统,可以利用各部分的特性曲线来求出系统的总特性曲线。通常,可采用电路模拟法来完成这项工作,如图 26.3-14 所示。

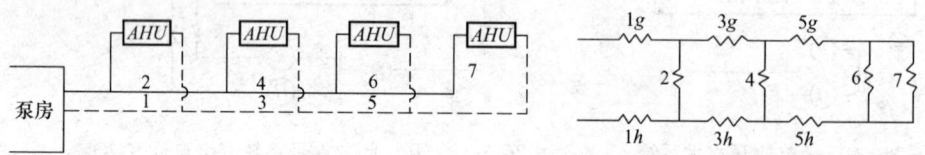

图 26.3-14 多支环路的电路模拟图

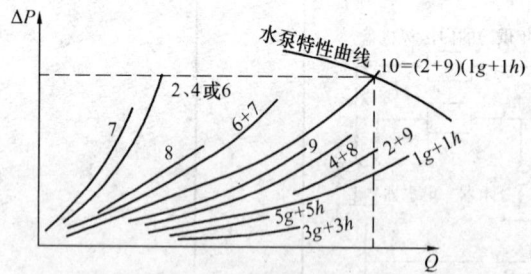

图 26.3-15 用电路模拟法绘制系统总特性曲线

在图 26.3-14 中,把管路简化为一个简单的电阻器,从而得电阻 6 和 7 的并联电阻(6+7),它与 5g、5h 或(5g+5h)的串联电阻为(6+7)+(5g+5h)= 8,8 与电阻 4 的并联电阻为(8+4),(8+4) 和 (3g+3h) 的串联电阻为 (8+4) + (3g+3h),这样继续累加,直至最后剩下一个电阻 10 为止,这就是系统总特性曲线,如图 26.3-15 所示。

26.3.3 水系统流量的调节方法

空调负荷的分布,在一年之内是极不均匀的,设计负荷的运行时间,一般仅占空调总运行时间的 6%~8%,其分布情况大致如表 26.3-1 所示。

26.3 空调水系统的形式、管路特性及流量变化

空调负荷的全年分布   表 26.3-1

冷负荷率（%）	75～100	50～75	25～50	<25
占总运行时间的百分率（%）	10	50	30	10

注：本资料引自美国制冷协会 ARI-880 标准。

空调系统中冷水循环泵的耗电量，一般约占空调系统总耗能量的 15%～20%。为了节省能耗，适应冷水系统供冷量随空调负荷的变化而改变的需求，冷水系统和冷水循环泵宜采用变流量调节方式。

调节水泵流量的方法很多，常用的如表 26.3-2 所示。

调节水泵流量的方法   表 26.3-2

方法	特 征	效 果	特性图
节流调节	改变水泵出口管路上阀门的开度，使工作状态点由 1 变化至 2，利用节流过程的压力损失 ΔP（$\Delta P = P_2 - P_1$）使流量由 Q_1 减少至 Q_2	水泵效率由 η_1 降低至 η_2，输送单位流量的功耗增大	见图 26.3-16
变速调节	根据水泵流量 Q、压力 P（扬程）、转速 n 和功率 N 间的下列关系： $$\frac{n_1}{n_2} = \frac{Q_1}{Q_2} = \frac{\sqrt{P_1}}{\sqrt{P_2}} = \frac{\sqrt[3]{N_1}}{\sqrt[3]{N_2}}$$ 改变水泵转速，使流量适应空调负荷变化的要求	水泵效率不变，功率大幅度下降，节能效果显著	见图 26.3-17
台数调节	通过压差、流量或能量等参数的控制，改变运行水泵的数量。 压差控制时，若流量减少，工作状态点 1 左移，当达到压力上限点 2 时，自动停泵 1 台；这时，工作状态点移至点 3；若流量继续减少，则工作状态点继续左移，直至压力上限点 4 时，又自动停泵一台。反之，当流量增大时，工作状态点由点 5 右移，到达压力下限点 5′时，自动增泵一台；这时，工作状态点移至 4′若流量继续增加，则工作状态点继续右移，直至压力下限点 3′又自动增泵一台……	不但节省能耗，且能大幅度减少每台水泵的运行时间，延长使用寿命。 运行中水泵效率有升有降，无效能耗较少	见图 26.3-18
台数调节加变速调节	采用定速泵和变速泵并联运行，当流量不太大时，仅变速泵运行，流量增至 Q_3 时，定速泵自动投入运行，由于流量增大，变速泵的转速自动降低，保持总流量为 Q_4；若流量继续增加，则变速泵的转速自动增高，直至两者的流量和等于设计总流量 Q_6 为止	运行过程中，变速泵的效率不变，定速泵的效率有升有降；兼收台数调节与变速调节的主要优点，节能效果明显	见图 26.3-19

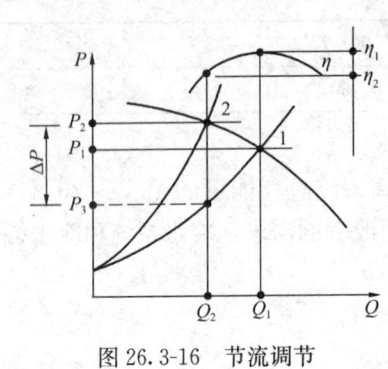
图 26.3-16　节流调节

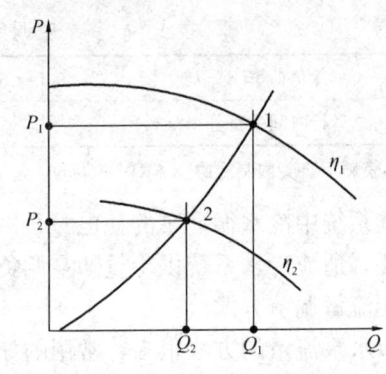
图 26.3-17　变速调节

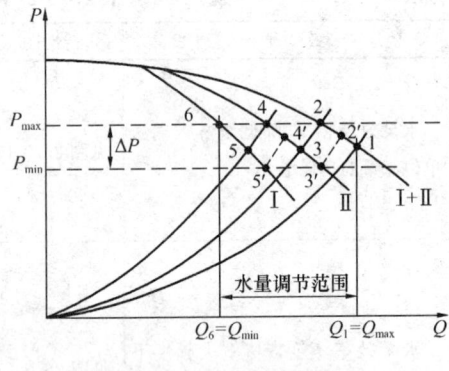
图 26.3-18　台数调节

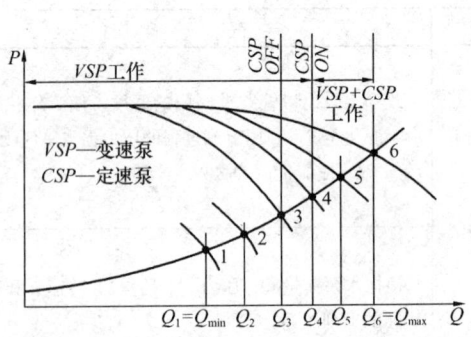
图 26.3-19　台数调节与变速调节相结合

采用台数调节与变速调节相结合方式时，流量的变化关系大致如下：

$$Q_1 = 0.8Q_{VSP} \quad (26.3\text{-}3)$$

$$Q_2 = 0.9Q_{VSP} \quad (26.3\text{-}4)$$

$$Q_3 = Q_{VSP} \quad (26.3\text{-}5)$$

$$Q_4 = 0.8Q_{VSP} + Q_{CSP} \quad (26.3\text{-}6)$$

$$Q_5 = 0.9Q_{VSP} + Q_{CSP} \quad (26.3\text{-}7)$$

$$Q_6 = Q_{VSP} + Q_{CSP} \quad (26.3\text{-}8)$$

式中　Q_{VSP}——变速泵的流量，m^3/h；

Q_{CSP}——定速泵的流量，m^3/h。

采用台数调节与变速泵相结合的调节方式时，应给定速泵的启停预留一定的提前和延迟时间，以避免水泵启停过分频繁；这样，也有利于防止变速泵在小流量区工作时进入不稳定区。

26.4　PP-R 塑铝稳态管在空调水系统中的应用

26.4.1　概　　述

PP-R 塑铝稳态管的全称是"无规共聚聚丙烯（PP-R）塑铝稳态复合管"，是一种内层为 PP-R，外层包敷铝层及塑料保护层，各层间通过热熔胶粘接而成五层结构的复合管

(见图 26.4.1)。

PP-R 塑铝稳态管是一种与常规铝塑管完全不同的新型管材（参见本手册第 1.7.3 节），它具有以下的特点：

1. 线性膨胀系数小

线性膨胀系数是普通 PP—R 管的 1/5 [普通 PP-R 管为 0.15mm/(m·K)]，可减少支架设置。

2. 不渗氧、耐腐蚀

由于内管外表面覆裹了合金铝箔，与外部空气完全隔绝，所以能有效地阻止氧气渗入管内；从而可防止系统内金属设备的氧化、腐蚀。

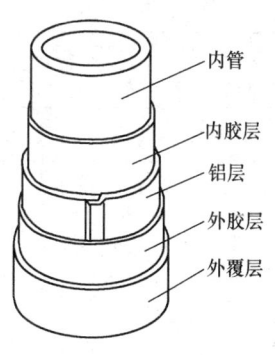

图 26.4-1 PP-R 稳态管结构示意图

3. 抗压强度高，耐温性好

与纯塑 PP-R 管相比，PP-R 塑铝稳态管由于加入了金属层，增加了管材的刚性，降低了管材的蠕变性，从而增强了它的抗压强度和耐温性能。

4. 热熔连接，不渗漏

PP-R 塑铝稳态管采用热熔连接方式，连接前用专用卷削工具剥去外覆铝塑复合层，然后与同材质的 PP-R 管件进行热熔连接，管材和管件熔为一体，接头密封性能好，强度高。

5. 具有很好的节能特性

PP-R 塑铝稳态管的当量粗糙度 $k=0.0014\sim0.002$mm，在同样的水流速度下，PP-R 稳态管的单位长度摩擦压力损失比钢管小得多，因此，可节省大量输送能耗。

PP-R 塑铝稳态管的导热系数 $\lambda=0.24$W/(m·K)，只有钢管的 4/1000 左右 [钢管 $\lambda\approx60$W/(m·K)]；因此，在相同条件下，其冷/热损失比钢管少得多。

6. 可省去外表面的防腐处理费

由于 PP-R 稳态管具有良好的耐腐蚀性能，所以，管外不必作防腐处理。

26.4.2 PP-R 稳态管的适用范围、规格尺寸与连接方式

1. 适用范围

PP-R 塑铝稳态管，适用于输送空调水系统中工作压力 $p\leqslant1.6$MPa，温度 $t=5\sim65$℃ 的冷/热水介质。

2. 规格、尺寸与连接方式

PP-R 塑铝稳态管的规格尺寸，应符合城镇建设行业标准《无规共聚聚丙烯（PP-R）塑铝稳态管》(CJ/T 210—2005) 的要求。

管材规格以管系列 S、公称直径 d_N 及内管公称壁厚 e_n 表示，PP-R 塑铝稳态管的公称直径、平均外径、计算内径、计算壁厚，应符合表 26.4-1 的规定。

管材管系列和规格尺寸 (mm) 表 26.4-1

公称直径	平均外径		计 算 内 径				计 算 壁 厚			
	最小值	最大值	S5	S4	S3.2	S2.5	S5	S4	S3.2	S2.5
20	21.6	22.1	—	15.4	14.4	13.2	—	3.2	3.7	4.3
25	26.8	27.3	20.4	19.4	18.0	16.6	3.4	3.9	4.6	5.3

续表

公称直径	平均外径 最小值	平均外径 最大值	计算内径 S5	计算内径 S4	计算内径 S3.2	计算内径 S2.5	计算壁厚 S5	计算壁厚 S4	计算壁厚 S3.2	计算壁厚 S2.5
32	33.7	34.2	26.2	24.8	23.2	21.2	3.9	4.6	5.5	6.4
40	42.0	42.6	32.6	31.0	29.0	26.6	4.8	5.6	6.7	7.8
50	52.0	52.7	40.8	38.8	36.2	33.4	5.7	6.7	8.0	9.4
63	65.4	66.2	51.4	48.8	45.8	42.2	7.1	8.4	10.0	11.8
75	77.8	78.7	61.4	58.2	54.4	50.0	8.0	9.6	11.5	13.8
90	93.3	94.3	73.6	69.8	65.4	60.0	9.6	11.5	13.7	16.4
110	114.0	115.1	90.0	85.4	79.8	73.4	11.4	13.7	16.6	19.8
160	165.5	167.0	130.8	124.2	116.2	106.8	17.4	20.7	24.7	29.4
200	207.5	209.5	163.6	155.6	146.0	133.4	22.1	26.0	30.8	37.1

3. PP-R 塑铝稳态管的连接方式

(1) 热熔连接：这是 PP-R 塑铝稳态管采用的主要连接方式。材质相同的管材、管件的插口与承口互相连接时，借助专用热熔工具将连接部位表面加热熔融，承插冷却后即连接成为一个整体。图 26.4-2 所示是热熔连接后的结构示意图。

(2) 法兰与丝扣连接：对于需要拆卸的部位，如与设备、阀门等的接口，可采用法兰连接、丝扣连接。

法兰连接的结构示意见图 26.4-3。

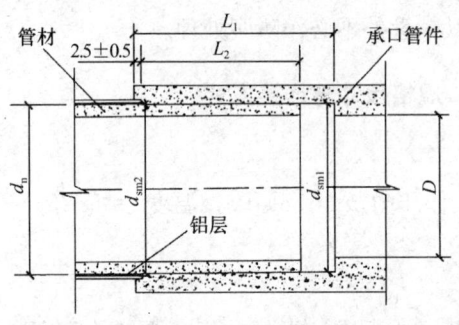

图 26.4.2 PP-R 稳态管热熔连接结构示意图

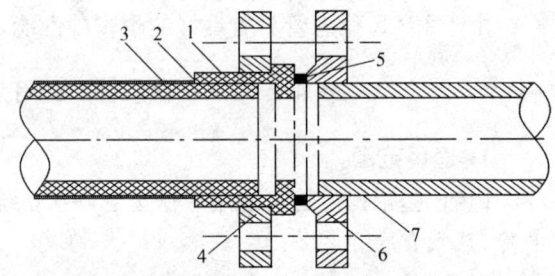

图 26.4.3 法兰连接示意
1—专用法兰连接件；2—熔插于连接件的铝层；
3—PP-R 塑铝稳态管；4—专用金属法兰盘；
5—密封垫圈；6—金属管道用金属法兰盘；
7—钢管或钢阀门

26.4.3 设计与选用

1. 根据国际标准 ISO 10508 规定的方法，按照空调水系统的使用情况确定 A 和 B 两个使用条件级别（见表 26.4-2）。每个级别均对应一个特定的应用范围及 50 年的使用寿命。

空调用 PP-R 塑铝稳态管的使用条件级别　　　　表 26.4-2

使用条件级别	T_D (℃)	在 T_D 下的使用时间 (a)	T_{max} (℃)	在 T_{max} 下的使用时间 (a)	T_{mal} (℃)	在 T_{mal} 下的使用时间 (h)	典型应用范围
A	20	47.5	30	2.5	—	—	空调水系统的冷水输送
B	20 60	25 22.5	65	2.5	100	100	空调水系统冷热水输送

注：T_D—设计温度，℃；T_{max}—最高设计温度，℃；T_{mal}—故障温度，℃

2. 空调用 PP-R 塑铝稳态管管系列 S 的选用，应根据使用条件级别和设计压力（P_D）选择对应的 S 值，见表 26.4-3。

空调用 PP-R 塑铝稳态管管系列 S 值的选择　　　　表 26.4-3

设计压力 P_D (MPa)	管　系　列　S	
	级别 A（$\sigma_D=7.35$ MPa）	级别 B（$\sigma_D=3.59$ MPa）
0.6	5	5
0.8	5	4
1.0	5	3.2
1.2	5	2.5
1.4	5	2.5
1.6	4	—

3. 当按其他使用年限、工作压力、工作温度设计时（如：空调冷却水、凝结水等），可参考表 26.4-4 选择管系列 S。

空调用 PP-R 塑铝稳态管管系列 S 值的选择　　　　表 26.4-4

工作温度 (℃)	使用年限 (a)	S5	S4	S3.2	S2.5	工作温度 (℃)	使用年限 (a)	S5	S4	S3.2	S2.5
		允许工作压力 (MPa)						允许工作压力 (MPa)			
20	5	1.71	2.14	2.69	3.39	40	25	1.14	1.43	1.81	2.27
	10	1.66	2.08	2.62	3.30		35	1.13	1.41	1.78	2.23
	15	1.62	2.03	2.54	3.26		50	1.11	1.39	1.76	2.21
	25	1.61	2.01	2.53	3.18	60	5	0.87	1.09	1.37	1.73
	35	1.58	1.97	2.46	3.15		10	0.84	1.05	1.33	1.67
	50	1.57	1.96	2.45	3.10		15	0.82	1.03	1.30	1.63
40	5	1.23	1.54	1.93	2.43		25	0.81	1.01	1.28	1.61
	10	1.19	1.49	1.88	2.36		35	0.79	0.99	1.24	1.58
	15	1.16	1.45	1.84	2.31		50	0.78	0.98	1.23	1.55

4. 水泵出口处与主立管等处使用 PP-R 塑铝稳态管时，应符合下列条件：

（1）实际采用的管系列 S，应比按设计压力选用的管系列 S 提高一档，如：按使用条件级别和设计压力，可选择管系列 S3.2，则实际应选用 S2.5 的 PP-R 塑铝稳态管；

（2）系统工作压力不应大于 1.6MPa；

(3) 采用有效的防水锤作用的技术措施。

26.4.4 管道布置及敷设原则

1. 一般规定

(1) 管道不应布置在热水器、烟囱等热设备附近，特别是上方。

(2) 管道敷设时应设置支、吊架，对安装距离较长的管道，应充分利用转弯等自由臂补偿管道的伸缩，当不能利用时，应设置方型补偿器；当不能设置补偿器时，可采用连续的固定支架来限制变形，进行无补偿敷设，支架最大间距不得超过表26.4-6的规定。

(3) 方形补偿器的尺寸和安装位置应通过计算确定；固定支架的位置及结构形式应适应现场的具体条件。

2. 管道支架

(1) 自然补偿管道的敷设，其支架间的最大间距（固定支架与滑动支架、滑动支架与滑动支架）应符合表26.4-5的要求。

自然补偿管道支架之间的最大间距（mm） 表26.4-5

公称直径 d_n		20	25	32	40	50	63	75	90	110	160	200
横管	冷水管	800	900	1000	1100	1300	1400	1500	1700	1900	2300	2700
	冷热水管	600	700	800	900	1000	1200	1300	1500	1600	1900	2300

(2) 由于稳态管的热膨胀力仅为钢管的1/10，因此安装时可采用连续的固定支架，限制管道膨胀，进行无补偿敷设。其支架形式及支架间的最大间距应符合表26.4-6的要求。

连续的固定支架之间的最大间距（mm） 表26.4-6

公称直径 d_n		20	25	32	40	50	63	75	90	110	160	200
立管		700	800	900	1000	1100	1200	1300	1400	1500	1800	2200
横管	冷水管	700	800	900	1000	1200	1400	1500	1700	1800	2200	2600
	冷热水管	500	600	700	800	900	1100	1200	1400	1500	1800	2200

(3) 固定支架的常见形式有两种：简易固定支架和标准固定支架。做法参见图26.4-4和图26.4-5。

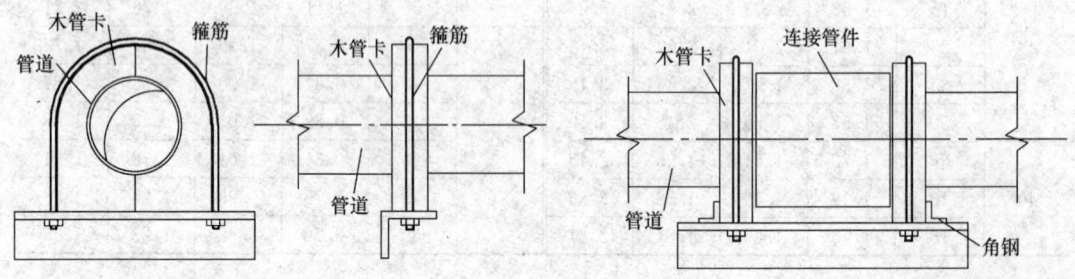

图26.4.4 简易固定支架示意图　　　图26.4-5 标准固定支架示意图

标准固定支架，可以作为主固定支架，设置在受力较大位置。简易固定支架可作为次固定支架，设置在标准固定支架之间。标准固定支架之间的最大间距，一般应控制在40m

以内。

1) 支管与干管、支管与设备或干管与设备连接时，不宜采用T形顶头三通，应保证管道伸缩时能有一定的补偿余地。

2) 支架的设置不应影响管道的正常位移和使用，同时，应能保证管道在给定方向上进行伸缩，并把管道的最大位移量控制在允许的范围内。

3. 管道的变形计算和补偿措施

(1) 管道因温差引起的轴向伸缩量 ΔL（mm），应按下式计算确定。

$$\Delta L = a \cdot \Delta t \cdot L \qquad (26.4\text{-}1)$$

$$\Delta t = t_2 - t_1 \qquad (26.4\text{-}2)$$

式中　a——线膨胀系数，取 $a=0.03$mm/(m·℃)；
　　　L——管道长度，m；
　　　Δt——计算温差，℃；
　　　t_1——管道安装时的温度，℃；
　　　t_2——管道内水的最高（低）温度，℃。

(2) 当采用自由臂补偿形式时（图26.4-6），自由臂的最小长度 L_z（mm）可按下式确定：

$$L_z = k \cdot \sqrt{\Delta L \cdot d_N} \qquad (26.4\text{-}3)$$

式中　k——材料常数，取20；
　　　ΔL——自固定点起管道伸缩长度（mm）；
　　　d_N——管道的公称直径，mm。

(3) 采用方形补偿器时，方形补偿器应设在两固定支架的中间位置（图26.4-7）。自由臂的最小长度按公式（26.4-3）确定。

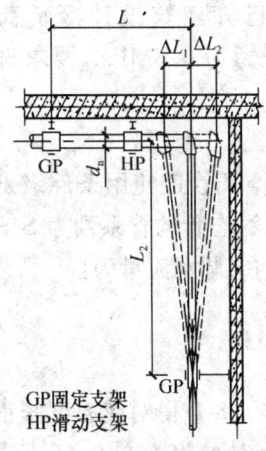

图26.4-6　利用自由臂补偿管道伸缩示意

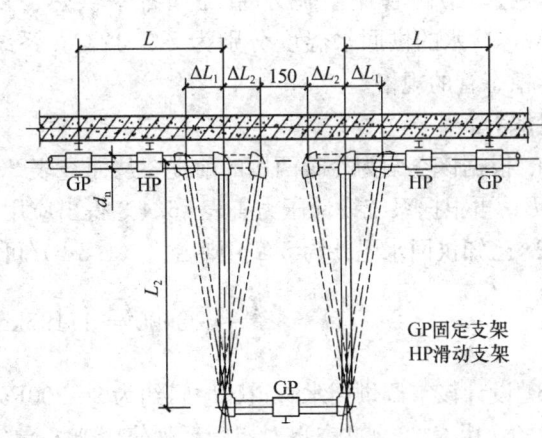

图26.4-7　利用方形补偿器补偿管道伸缩示意

(4) 采用其他形式补偿器补偿管道的热变形时，支架的布置应满足该补偿器的技术要求。

26.4.5 管道水力计算

1. 比摩阻

管道单位长度的摩擦压力损失 i（kPa/m）：

冷水管道 $\qquad i_L = 0.0112 \cdot d_N^{-4.87} \cdot G^{1.85}$ (26.4-4)

热水管道 $\qquad i_R = 0.0089 \cdot d_N^{-4.87} \cdot G^{1.85}$ (26.4-5)

式中 i_L——冷水管单位长度摩擦压力损失，kPa/m；

$\quad i_R$——热水管单位长度摩擦压力损失，kPa/m；

$\quad d_N$——管道的计算内径，m；

$\quad G$——设计流量，m^3/s。

2. 水力计算表

根据式（26.4-4）即可编制出如表 26.4-7 所示的水力计算表。

3. 修正系数

（1）当水温不同时，应将按表 26.4-7 查得的 i 值乘以水温修正系数 k_1。水温修正系数见表 26.4-8。

（2）采用不同的管系列时，由于管道的内径不同，所以，应将由表 26.4-7 查得的 i 值乘以管系列修正系数 k_2。管系列修正系数见表 26.4-9。

4. 流速

管道内水的流速 v（m/s），宜符合以下规定：

公称直径 $d_N \leqslant 32mm$ 时，$v \leqslant 1.5m/s$；

公称直径 $d_N = 40mm \sim 63mm$ 时，$v \leqslant 2.0m/s$；

公称直径 $d_N > 63mm$ 时，$v \leqslant 3.0m/s$。

【例】 某两管制空调水系统（冬季供热、夏季供冷），已知建筑设计冷负荷为 100kW，冷水的供回水温度分别为 7℃/12℃，系统设计工作压力为 0.8MPa。要求选择 PP-R 稳态管的规格。

【解】

1. 根据该空调为冷暖两用的前提，从而查表 26.4-2 得出该空调管道使用条件级别为级别 B；再根据系统设计压力查表 26.4-3 得出应用于该处 PP-R 稳态管的管系列为 S4；

2. 已知供回水温差为 5℃，则由式（1.5-6）可求出其相应的空调水流量为：

$$G = \frac{Q}{c \cdot \Delta t} \cdot 3600 = 17197 kg/h \approx 17.2 m^3/h$$

3. 设计该空调供回水管道比摩阻约为 $i=300Pa/m$，由表 26.4-8 查得对应温度修正值 $k_1=1.0$；由表 26.4-9 查得对应管系列修正值 $k_2=0.733$；则当量比摩阻为：

$$i' = i/(k_1 \cdot k_2) = 300/(1.0 \times 0.733) = 409 Pa/m$$

4. 根据计算得出的 G 及 i' 值，查表 26.4-7 得出管道公称直径为 90mm。即供回水主管应选择 S4 $d_N=90mm$ 规格的 PP-R 稳态管。

表 26.4-7

空调水系统用 PP-R 塑铝稳态管水力计算表(水温 $t=10℃$,S3.2 管系列)

不同公称直径 d_N(mm)时的流速 v(m/s)和流量 G(m³/s)

i (Pa/m)	20		25		32		40		50		63		75		90		110		160		200	
	v	G	v	G	v	G	v	G	v	G	v	G	v	G	v	G	v	G	v	G	v	G
20	0.12	0.07	0.14	0.13	0.16	0.25	0.19	0.45	0.22	0.80	0.25	1.48	0.28	2.33	0.31	3.79	0.36	6.40	0.45	17.21	0.52	31.40
40	0.18	0.10	0.20	0.18	0.24	0.36	0.27	0.65	0.31	1.16	0.36	2.16	0.41	3.40	0.46	5.51	0.52	9.31	0.66	25.04	0.76	45.66
60	0.22	0.13	0.25	0.23	0.29	0.45	0.34	0.81	0.39	1.45	0.45	2.69	0.51	4.23	0.57	6.86	0.64	11.59	0.82	31.17	0.94	56.85
80	0.25	0.15	0.29	0.27	0.34	0.52	0.40	0.94	0.46	1.69	0.53	3.14	0.59	4.94	0.66	8.02	0.75	13.54	0.95	36.42	1.10	66.42
100	0.29	0.17	0.33	0.30	0.39	0.59	0.45	1.06	0.51	1.91	0.60	3.54	0.67	5.57	0.75	9.05	0.85	15.28	1.08	41.09	1.24	74.93
120	0.32	0.19	0.37	0.33	0.43	0.65	0.49	1.17	0.57	2.10	0.66	3.91	0.74	6.15	0.83	9.99	0.94	16.86	1.19	45.34	1.37	82.70
140	0.34	0.20	0.40	0.36	0.47	0.71	0.54	1.28	0.62	2.29	0.72	4.25	0.80	6.68	0.90	10.85	1.02	18.33	1.29	49.28	1.49	89.88
160	0.37	0.22	0.43	0.39	0.50	0.76	0.58	1.37	0.66	2.46	0.77	4.57	0.86	7.18	0.97	11.67	1.09	19.70	1.39	52.97	1.60	96.61
180	0.39	0.23	0.45	0.42	0.53	0.81	0.61	1.46	0.71	2.62	0.82	4.87	0.92	7.66	1.03	12.43	1.17	20.99	1.48	56.45	1.71	102.96
200	0.42	0.25	0.48	0.44	0.57	0.86	0.65	1.55	0.75	2.77	0.87	5.15	0.97	8.10	1.09	13.16	1.23	22.22	1.57	59.76	1.81	108.99
220	0.44	0.26	0.51	0.46	0.60	0.91	0.69	1.63	0.79	2.92	0.92	5.42	1.03	8.53	1.15	13.86	1.30	23.40	1.65	62.92	1.91	114.76
240	0.46	0.27	0.53	0.49	0.62	0.95	0.72	1.71	0.83	3.06	0.96	5.69	1.07	8.94	1.20	14.52	1.36	24.52	1.73	65.95	2.00	120.28
260	0.48	0.28	0.55	0.51	0.65	0.99	0.75	1.78	0.86	3.20	1.00	5.94	1.12	9.34	1.25	15.17	1.42	25.61	1.80	68.86	2.09	125.60
280	0.50	0.29	0.58	0.53	0.68	1.03	0.78	1.86	0.90	3.33	1.04	6.18	1.16	9.72	1.31	15.79	1.48	26.65	1.88	71.68	2.17	130.73
300	0.52	0.31	0.60	0.55	0.70	1.07	0.81	1.93	0.93	3.45	1.08	6.41	1.21	10.09	1.36	16.39	1.54	27.67	1.95	74.40	2.25	135.70
320	0.54	0.32	0.62	0.57	0.73	1.11	0.84	1.99	0.97	3.58	1.12	6.64	1.25	10.45	1.40	16.97	1.59	28.65	2.02	77.04	2.33	140.52
340	0.56	0.33	0.64	0.59	0.75	1.15	0.87	2.06	1.00	3.70	1.16	6.86	1.29	10.80	1.45	17.53	1.65	29.60	2.09	79.61	2.41	145.20
360	0.57	0.34	0.66	0.61	0.78	1.18	0.89	2.13	1.03	3.81	1.19	7.08	1.33	11.14	1.50	18.08	1.70	30.53	2.15	82.11	2.49	149.76
380	0.59	0.35	0.68	0.62	0.80	1.22	0.92	2.19	1.06	3.92	1.23	7.29	1.37	11.47	1.54	18.62	1.75	31.44	2.22	84.54	2.56	154.20
400	0.61	0.36	0.70	0.64	0.82	1.25	0.95	2.25	1.09	4.03	1.26	7.49	1.41	11.79	1.58	19.14	1.80	32.32	2.28	86.92	2.63	158.53
420	0.62	0.37	0.72	0.66	0.84	1.28	0.97	2.31	1.12	4.14	1.30	7.69	1.45	12.10	1.63	19.65	1.84	33.19	2.34	89.24	2.70	162.77
440	0.64	0.38	0.74	0.68	0.87	1.32	1.00	2.37	1.15	4.25	1.33	7.89	1.48	12.41	1.67	20.15	1.89	34.03	2.40	91.52	2.77	166.92
460	0.66	0.38	0.76	0.69	0.89	1.35	1.02	2.43	1.17	4.35	1.36	8.08	1.52	12.71	1.71	20.64	1.94	34.86	2.46	93.74	2.84	170.97
480	0.67	0.39	0.77	0.71	0.91	1.38	1.04	2.48	1.20	4.45	1.40	8.27	1.56	13.01	1.75	21.12	1.98	35.67	2.51	95.92	2.90	174.95
500	0.69	0.40	0.79	0.72	0.93	1.41	1.07	2.54	1.23	4.55	1.43	8.45	1.59	13.30	1.79	21.60	2.03	36.47	2.57	98.06	2.97	178.86

水温修正系数 k_1 表 表 26.4-8

水　温（℃）	5	10	20	30	40	50	55	60	65
水温修正系数 k_1	1.037	1	0.943	0.895	0.856	0.822	0.808	0.793	0.781

管系列修正系数 k_2 表 表 26.4-9

管　系　列	S5	S4	S3.2	S2.5
管系列修正系数 k_2	0.573	0.733	1	1.553

26.4.6　管　道　试　压

1. 强度试验

试验压力：当工作压力不大于 1.0MPa 时，为工作压力的 1.5 倍，但不得小于 0.9MPa；当工作压力大于 1.0MPa 时，为工作压力加 0.5MPa。

试验时间为 1h。

(1) 压力表应安装在管道系统的最低点，加压泵宜设在压力表附近；

(2) 管道内充满清水，彻底排净管道内空气；

(3) 用加压泵将压力增至试验压力，然后每隔 10min 重新加压至试验压力，重复两次；

(4) 记录最后一次泵压后 10min 及 40min 时的压力，它们的压差不得大于 0.06MPa。

2. 严密性试验

(1) 在强度试验合格后，应立即将压力降至严密性试验压力，进行系统严密性试验；

(2) 试验压力：为工作压力的 1.15 倍，但不得小于 0.9MPa；

(3) 试验时间 2h；

(4) 记录试验 2h 后的压力，此压力比试验规定的压力下降不应超过 0.02MPa。

3. 管道水压试验应符合下列规定

(1) 管道安装完毕，外观检查合格后，方可进行试压；

(2) 热熔承插连接的管道，水压试验应在连接完成 24h 后进行；

(3) 试压介质为常温水。当管道系统较大时，应分层、分区试压。

26.5　水系统的水力计算

26.5.1　沿　程　阻　力

沿程阻力也称摩擦阻力 ΔP_m（Pa），可按下式计算：

$$\Delta P_m = \lambda \cdot \frac{l}{d} \cdot \frac{\rho \cdot v^2}{2} \tag{26.5-1}$$

当直管段长度 $l=1\mathrm{m}$ 时，$R = \frac{\lambda}{d} \cdot \frac{\rho \cdot v^2}{2}$ (26.5-2)

则

$$\Delta P_m = R \cdot l \tag{26.5-3}$$

根据本手册第 1 章（1.4.3）的资料，对于紊流过渡区的摩擦阻力系数 λ，可按下列 Colebrook 公式计算：

$$\frac{1}{\sqrt{\lambda}} = -2.0 \lg \left(\frac{k}{3.71d} + \frac{2.5}{Re\sqrt{\lambda}} \right) \quad (26.5\text{-}4)$$

雷诺数
$$Re = \frac{v \cdot d}{\upsilon} \quad (26.5\text{-}5)$$

式中　R——单位长度直管段的摩擦阻力（习称比摩阻），Pa/m；

　　　λ——摩擦阻力系数，m；

　　　ρ——水的密度，kg/m³；

　　　v——水的流速，m/s；

　　　υ——运动黏度，m²/s。

　　　k——管内表面的当量绝对粗糙度，m；闭式循环水系统：$k=0.2$mm；开式循环水系统：$k=0.5$mm；冷却水系统：$k=0.5$mm；

　　　d——管道直径，m。

取水温 $t=20$℃，则根据式（26.5-2）和式（26.5-4），可计算得出冷水管道的摩擦阻力计算表，如表 26.5-1 所示。

冷水管道的摩擦阻力计算表　　　表 26.5-1

流速 (m/s)	动压 (Pa)	DN=15mm			DN=20mm			DN=25mm			DN=32mm		
		G	R_c	R_o	G	R_c	R_o	G	R_c	R_o	G	R_c	R_o
0.20	20	0.04	68	85	0.07	45	56	0.11	33	40	0.20	23	27
0.30	45	0.06	143	183	0.11	95	120	0.17	69	86	0.30	48	59
0.40	80	0.08	244	319	0.14	163	209	0.23	111	150	0.40	82	102
0.50	125	0.10	371	492	0.18	248	323	0.29	180	231	0.50	125	158
0.60	180	0.12	525	702	0.21	351	460	0.34	255	330	0.60	176	225
0.70	245	0.14	705	948	0.25	471	622	0.40	343	446	0.70	237	304
0.80	319	0.16	911	1232	0.28	609	808	0.45	443	580	0.80	306	395
0.90	404	0.18	1142	1553	0.32	764	1019	0.51	555	731	0.90	384	498
1.00	499	0.19	1400	1912	0.35	936	1254	0.57	681	900	1.00	471	613
1.10	604	0.21	1685	2307	0.39	1126	1513	0.63	819	1086	1.10	566	739
1.20	719	0.23	1995	2739	0.42	1334	1797	0.69	970	1289	1.20	671	878
1.30	844	0.25	2331	3208	0.46	1595	2105	0.74	1134	1510	1.30	784	1029
1.40	978	0.27	2693	3714	0.50	1801	2437	0.80	1310	1748	1.40	906	1191
1.50	1123	0.29	3082	4258	0.53	2061	2793	0.86	1499	2004	130	1036	1365
1.60	1278	0.31	3496	4838	0.57	2338	3174	0.91	1701	2277	1.60	1176	1551
1.70	1422	0.33	3937	5456	0.60	2633	3579	0.97	1915	2568	1.70	1324	1749
1.80	1617	0.35	4404	6110	0.64	2945	4009	1.03	2142	2876	1.80	1481	1959
1.90	1802	0.37	4896	6802	0.67	3274	4462	1.09	2382	3202	1.90	1647	2181
2.00	1996	0.39	5415	7531	0.71	3621	4940	1.14	2634	3545	2.00	1821	2415
2.10	2201							1.20	2899	3905	2.10	2004	2660
2.20	2416							1.26	3177	4283	2.20	2196	2918
2.30	2640												
2.40	2875												
2.50	3119												
2.60	3374												
2.70	3639												
2.80	3913												
2.90	4198												
3.00	4492												

续表

流速 (m/s)	动压 (Pa)	DN=40mm			DN=50mm			DN=65mm			DN=80mm		
		G	R_c	R_o	G	R_c	R_o	G	R_c	R_o	G	R_c	R_o
0.20	20	0.20	19	23	0.44	14	16	0.73	10	11	1.03	8	9
0.30	45	0.40	40	49	0.66	29	35	1.09	21	25	1.54	17	20
0.40	80	0.53	63	85	0.88	49	60	1.45	36	43	2.06	28	34
0.50	125	0.66	101	131	1.10	75	93	1.81	54	67	2.57	43	53
0.60	180	0.79	147	187	1.32	106	132	2.18	77	95	3.09	61	76
0.70	245	0.92	193	253	1.54	142	179	2.54	103	129	3.60	82	102
0.80	319	1.05	256	328	1.76	183	233	2.90	133	167	4.12	106	133
0.90	404	1.19	321	414	1.93	230	293	3.26	167	210	4.63	134	167
1.00	499	1.32	394	509	2.20	282	361	3.63	205	259	5.14	164	206
1.10	604	1.45	473	614	2.42	339	435	3.99	246	313	5.66	197	248
1.20	719	1.53	561	729	2.64	402	517	4.35	292	371	6.17	233	295
1.30	844	1.71	655	854	2.86	470	605	4.71	341	435	6.69	273	345
1.40	978	1.85	757	989	3.08	543	701	5.08	394	503	7.20	315	400
1.50	1123	1.98	867	1134	3.30	621	803	5.44	451	577	7.72	361	458
1.60	1278	2.11	983	1289	3.52	705	913	5.80	512	656	8.23	409	521
1.70	1422	2.24	1107	1453	3.74	794	1029	6.16	576	739	8.74	461	587
1.80	1617	2.37	1238	1627	3.96	888	1153	6.53	644	828	9.26	515	658
1.90	1802	2.50	1377	1812	4.18	987	1284	6.89	717	922	9.77	573	732
2.00	1996	2.64	1523	2006	4.40	1092	1421	7.25	793	1021	10.3	634	811
2.10	2201	2.77	1676	2210	4.62	1202	1566	7.61	872	1124	10.8	698	893
2.20	2416				4.85	1317	1717	7.98	956	1233	11.3	765	979
2.30	2640				5.07	1437	1875	8.34	1043	1347	11.8	835	1070
2.40	2875							8.70	1135	1466	12.4	907	1164
2.50	3119							9.06	1230	1590	12.9	984	1263
2.60	3374										13.4	1063	1365
2.70	3639										13.9	1145	1471
2.80	3913												
2.90	4198												
3.00	4492												

续表

流速 (m/s)	动压 (Pa)	DN=100mm			DN=125mm			DN=150mm			DN=200mm		
		G	R_c	R_o	G	R_c	R_o	G	R_c	R_o	G	R_c	R_o
0.20	20												
0.30	45	2.35	13	15	3.68	10	11						
0.40	80	3.14	22	26	4.90	16	20	7.06	13	15	13.4	9	10
0.50	125	3.92	33	40	6.13	25	30	8.82	20	24	16.8	13	16
0.60	180	4.70	47	57	7.35	35	43	10.6	28	34	20.2	9	22
0.70	245	5.49	63	73	8.50	48	58	12.4	38	40	23.5	25	30
0.80	319	6.27	81	101	9.80	61	75	14.1	49	60	23.9	33	40
0.90	404	7.06	102	127	11.0	77	95	15.9	61	75	30.2	41	50
1.00	499	7.84	125	153	12.3	95	117	17.6	75	92	33.6	50	61
1.10	604	8.62	151	188	13.5	114	141	19.4	90	112	37.0	61	74
1.20	719	9.41	179	224	14.7	135	163	21.2	107	132	40.3	72	88
1.30	844	10.2	209	262	15.9	157	196	22.9	125	155	43.7	84	103
1.40	978	11.0	241	304	17.2	182	227	24.7	145	180	47.0	97	119
1.50	1123	11.8	276	348	18.4	208	260	26.5	166	206	50.4	111	136
1.60	1278	12.5	313	395	19.6	236	296	28.2	188	234	53.8	126	155
1.70	1422	13.3	353	446	20.8	266	334	30.0	212	264	57.1	142	175
1.80	1617	14.1	394	499	22.1	298	374	31.8	237	295	60.5	158	196
1.90	1802	14.9	439	556	23.3	331	416	33.5	263	329	63.8	176	218
2.00	1996	15.7	485	615	24.5	366	461	35.3	291	364	67.2	195	241
2.10	2201	16.5	534	678	25.7	403	508	37.0	320	401	70.6	214	266
2.20	2416	17.3	585	744	27.0	441	557	38.8	351	440	73.9	235	292
2.30	2640	18.0	639	812	28.2	482	608	40.6	383	481	77.3	256	318
2.40	2875	18.8	694	884	29.4	524	662	42.3	417	523	80.6	279	347
2.50	3119	19.6	753	959	30.6	568	718	44.1	452	567	84.0	302	376
2.60	3374	20.4	813	1036	31.9	614	776	45.9	488	613	87.3	327	406
2.70	3639	21.2	876	1117	33.1	661	836	47.6	526	661	90.7	352	438
2.80	3913	22.0	941	1201	34.3	710	899	49.4	565	711	94.1	378	471
2.90	4198	22.7	1009	1288	35.5	761	964	51.2	605	762	97.4	405	505
3.00	4492	23.5	1079	1378	36.8	814	1031	52.9	647	815	101	433	540

续表

流速 (m/s)	动压 (Pa)	DN=250mm			DN=300mm			DN=350mm			DN=400mm		
		G	R_c	R_o	G	R_c	R_o	G	R_c	R_o	G	R_c	R_o
0.20	20												
0.30	45												
0.40	80												
0.50	125	26.3	10	12	37.4	8	10						
0.60	180	31.6	14	17	44.9	11	14	63.7	9	11			
0.70	245	36.8	19	23	52.4	13	15	74.3	12	15	91.4	11	13
0.80	319	42.1	25	30	59.9	20	24	84.9	16	19	104.4	14	17
0.90	404	47.3	31	37	67.4	25	30	95.6	20	24	117	18	21
1.00	499	52.6	38	46	74.9	31	37	106	25	30	131	22	26
1.10	604	57.9	46	56	82.3	37	44	117	30	36	144	26	31
1.20	719	63.1	54	66	89.8	44	53	127	35	42	157	31	37
1.30	844	68.4	63	77	97.3	51	62	138	41	50	170	36	44
1.40	978	73.6	73	90	105	59	72	149	48	58	183	42	51
1.50	1123	78.9	84	103	112	67	82	159	54	66	196	48	58
1.60	1278	84.2	95	117	120	77	93	170	62	75	209	54	66
1.70	1422	89.4	107	132	127	86	105	180	70	85	222	61	74
1.80	1617	94.7	120	147	135	96	118	191	78	95	235	69	83
1.90	1802	99.9	133	164	142	107	131	201	87	105	248	76	93
2.00	1996	105	148	182	150	119	145	212	96	117	261	84	103
2.10	2201	110	162	200	157	131	160	223	105	129	274	93	113
2.20	2416	116	178	219	165	143	176	234	115	144	287	102	124
2.30	2640	121	194	240	172	156	192	244	126	154	300	111	135
2.40	2875	126	211	261	180	170	209	255	137	168	313	121	147
2.50	3119	131	229	283	187	184	226	265	149	182	326	131	160
2.60	3374	137	247	306	195	199	245	276	161	196	339	141	173
2.70	3639	142	266	330	202	214	264	287	173	212	352	152	186
2.80	3913	147	286	354	210	230	284	297	186	228	365	164	200
2.90	4198	153	307	380	217	247	304	308	199	244	378	175	215
3.00	4492	158	328	406	225	264	325	319	213	261	392	188	230

表 26.5-1 中：

G——冷水流量，L/s；

R_C——闭式水系统（当量绝对粗糙度 $k=0.2$mm）的比摩阻，Pa/m；

R_O——开式水系统（当量绝对粗糙度 $k=0.5$mm）的比摩阻，Pa/m。

计算管段的冷水流量 G(L/s)，可按下式计算：

$$G = \frac{\sum_{i=1}^{n} q_i}{1.163 \Delta t} \tag{26.5-6}$$

式中 $\sum_{i=1}^{n} q_i$——计算管段的空调冷负荷，W；

Δt——供回水温差，℃。

确定计算管段的冷水量 $\sum_{i=1}^{n} q_i$ 时，可以根据管路所连接末端设备（如 AHU、FCU 等）的额定流量进行计算（叠加）。但必须注意，当总水量达到与系统总流量（水泵流量）相等时，干管的水量不应再增加。

计算管道沿程阻力时，单位长度摩擦压力损失（比摩阻）宜控制在 100~300Pa/m，通常，最大不应超过 400Pa/m。

26.5.2 局 部 阻 力

1. 局部阻力及局部阻力系数

水在管内流动过程中，当遇到各种配件如弯头、三通、阀门等时，由于摩擦和涡流而导致能量损失，这部分能量损失称为局部压力损失，习惯上简称为局部阻力。局部阻力 P_j（Pa）可按下式计算：

$$\Delta P_j = \zeta \cdot \frac{\rho \cdot v^2}{2} \tag{26.5-7}$$

式中 ζ——管道配件的局部阻力系数；

v——水流速度，m/s；

ρ——水的密度，kg/m³。

常用管道配件的局部阻力系数，可由表 26.5-2 和表 26.5-3 查得。

常用管道配件的局部阻力系数 表 26.5-2

序号	名称		局 部 阻 力 系 数 ζ					
1	截止阀：	DN	15	20	25	32	40	50
	直杆式	ζ	16.0	10.0	9.0	9.0	8.0	7.0
	斜杆式	ζ	1.5	0.5	0.5	0.5	0.5	0.5
2	止回阀：	DN	15	20	25	32	40	50
	升降式	ζ	16.0	10.0	9.0	9.0	8.0	7.0
	旋启式	ζ	5.1	4.5	4.1	4.1	3.9	3.4
2	旋塞阀（全开时）	DN	15	20	25	32	40	50
		ζ	4.0	2.0	2.0	2.0	—	—

续表

序号	名称		局部阻力系数 ζ						
4	蝶阀（全开时）		0.1~0.3						
5	闸阀（全开时）	DN	15	20~50	80	100	150	200~250	300~450
		ζ	1.5	0.5	0.4	0.2	0.1	0.08	0.07
6	变径管：渐缩		0.10（对应小断面的流速）						
	渐扩		0.30（对应小断面的流速）						
7	焊接弯头：	DN	80	100	150	200	250	300	350
	90°	ζ	0.51	0.63	0.72	0.72	0.78	0.87	0.89
	45°	ζ	0.26	0.32	0.36	0.36	0.39	0.44	0.45
8	普通弯头：	DN	15	20	25	32	40	50	65
	90°	ζ	2.0	2.0	1.5	1.5	1.0	1.0	1.0
	45°	ζ	1.0	1.0	0.8	0.8	0.5	0.5	0.5
9	弯管（煨弯）（R—	D/R	0.5	1.0	1.5	2.0	3.0	4.0	5.0
	弯曲半径；D—直径）	ζ	1.2	0.8	0.6	0.48	0.36	0.30	0.29
10	括弯	DN	15	20	25	32	40	50	
		ζ	3.0	2.0	2.0	2.0	2.0	2.0	
11	水箱接管 进水口		1.0						
	出水口		0.50（箱体上的出水管在箱内与壁面保持平直，无凸出部分）						
	出水口		0.75（箱体上的出水管在箱内凸出一定长度）						
12	水泵入口		1.0						
13	过滤器		2.0~3.0						
14	除污器		4.0~6.0						
15	吸水底阀 无底阀		2.0~3.0						
	有底阀	DN	40	50	80	100	150	200	250	300	500
		ζ	12	10	8.5	7	6	5.2	4.4	3.7	2.5

三通的局部阻力系数 ζ   表26.5-3

序号	形式简图	流向	局部阻力系数 ζ	序号	形式简图	流向	局部阻力系数 ζ
1		2→3	1.5	6		2→1,3	1.5
2		1→3	0.1	7		2→3	0.5
3		1→2	1.5	8		3→2	1.0
4		1→3	0.1	9		2→1	3.0
5		1,3→2	3.0	10		3→1	0.1

2. 局部阻力当量长度

局部阻力也可以用相同管径直管段的长度来表示，称为局部阻力当量长度 l_d（m）：

$$l_d = \zeta \cdot \frac{d}{\lambda} \tag{26.5-8}$$

式中　ζ——局部阻力系数；
　　　λ——摩擦阻力系数；
　　　d——管径，m。

各种阀门和管道配件的局部阻力当量长度，可由表 26.5-4、表 26.5-5、表 26.5-6 和表 26.5-7 查得。

阀门的局部阻力当量长度（m）　　　　表 26.5-4

公称直径		球阀	60°斜柄阀	45°斜柄阀	角阀	闸阀	摆动式止回阀	升降式止回阀
mm	in							
15	1/2	5.5	2.74	2.13	2.13	0.21	1.83	
20	3/4	6.7	3.35	2.74	2.74	0.27	2.44	
25	1	8.8	4.57	3.66	3.66	0.31	3.05	
32	1¼	11.6	6.10	4.57	4.57	0.46	4.27	
40	1½	13.11	7.32	5.49	5.49	0.55	4.88	球形升降式与球阀相同
50	2	16.76	9.14	7.32	7.32	0.70	6.10	
65	2½	21.03	10.67	8.84	8.84	0.85	7.62	
75	3	25.60	13.11	10.67	10.67	0.98	9.14	
90	3½	30.48	15.24	12.50	12.50	1.22	10.67	
100	4	36.58	17.68	14.33	14.33	1.37	12.19	角形升降式与角阀相同
125	5	42.67	21.64	17.68	17.68	1.83	15.24	
150	6	51.82	26.82	21.34	21.34	2.13	18.29	
200	8	67.06	35.05	25.91	25.91	2.74	24.38	
250	10	85.34	44.20	32.00	32.00	3.66	30.48	
300	12	97.54	50.29	39.62	39.62	3.96	36.58	提升式Y形止回阀，可采用60°斜柄阀的当量长度数值
350	14	109.73	56.39	47.24	47.24	4.57	41.15	
400	16	124.97	64.01	54.86	54.86	5.18	45.72	
450	18	140.21	73.15	60.96	60.96	5.79	50.29	
500	20	158.50	83.82	71.63	71.63	6.71	60.96	
600	24	185.93	97.54	80.77	80.77	7.62	73.15	

注：①本资料引自《Handbook of air conditioning system design》Carrier air conditioning company。
　　②所列局部阻力当量长度，系阀门处于全开位置时的数据。
　　③旋塞全开时的局部阻力，相当于闸阀。

配件的局部阻力当量长度（m）　　　　　表 26.5-5

公称直径		平滑弯头（Smooth bend elbows）						平滑三通（Smooth bend tees）			
		90°标准弯头	90°长半径弯头	90°短半径弯头	45°标准弯头	45°短半径弯头	180°标准弯头	分流	直流		
mm	in								不变径	变径 3/4	变径 1/2
15	1/2	0.49	0.31	0.75	0.24	0.40	0.76	0.91	0.31	0.43	0.49
20	3/4	0.61	0.43	0.98	0.27	0.49	0.98	1.22	0.43	0.58	0.61
25	1	0.79	0.52	1.25	0.40	0.64	1.25	1.52	0.52	0.70	0.79
32	1¼	1.01	0.70	1.71	0.52	0.91	1.71	2.13	0.70	0.95	1.01
40	1½	1.22	0.79	1.92	0.64	1.04	1.92	2.44	0.79	1.13	1.22
50	2	1.52	1.01	2.50	0.79	1.37	2.50	3.05	1.01	1.43	1.52
65	2½	1.83	1.25	3.05	0.98	1.59	3.05	3.66	1.25	1.71	1.83
75	3	2.29	1.52	3.66	1.22	1.95	3.66	4.57	1.52	2.13	2.29
90	3 1/2	2.74	1.80	4.57	1.43	2.23	4.57	5.49	1.80	2.44	2.74
100	4	3.05	2.04	5.18	1.59	2.59	5.18	6.40	2.04	2.74	3.05
125	5	3.96	2.50	6.40	1.98	3.35	6.40	7.62	2.50	3.66	3.96
150	6	4.88	3.05	7.62	2.41	3.96	7.62	9.14	3.05	4.27	4.88
200	8	6.09	3.96	—	3.05	—	10.06	12.19	3.96	5.49	6.10
250	10	7.62	4.88	—	3.96	—	12.80	15.24	4.88	7.01	7.62
300	12	9.14	5.79	—	4.88	—	15.24	18.29	5.79	7.93	9.14
350	14	10.36	7.01	—	5.49	—	16.76	20.73	7.01	9.14	10.36
400	16	11.58	7.93	—	6.10	—	18.90	23.77	7.92	10.67	11.58
450	18	12.80	8.84	—	7.01	—	21.34	25.91	8.84	12.19	12.80
500	20	15.24	10.06	—	7.93	—	24.69	30.48	10.06	13.41	15.24
600	24	18.29	12.19	—	9.14	—	28.65	35.05	12.19	15.24	18.29

注：① 本资料引自《Handbook of air conditioning system design》Carrier air conditioning company。
② 除 90°长半径弯头的 $R/D=1.5$ 外，其他弯头的 $R/D=1.0$（R—弯曲半径；D—管道直径）。

焊接弯头的局部阻力当量长度（m）　　　　　表 26.5-6

公称直径		90°	60°	45°	30°
mm	in				
15	1/2	0.91	0.40	0.21	0.12
20	3/4	1.22	0.49	0.27	0.15
25	1	1.52	0.64	0.31	0.21
32	1¼	2.13	0.91	0.46	0.27
40	1½	2.44	1.04	0.55	0.34
50	2	3.05	1.37	0.70	0.40
65	2½	3.66	1.59	0.85	0.52
75	3	4.57	1.95	0.98	0.61

续表

公称直径		90°	60°	45°	30°
mm	in				
90	3½	5.49	2.23	1.22	0.73
100	4	6.40	2.59	1.37	0.82
125	5	7.62	3.35	1.83	0.98
150	6	9.14	3.96	2.13	1.22
200	8	12.19	5.18	2.74	1.56
250	10	15.24	6.40	3.66	2.20
300	12	18.29	7.62	3.96	2.44
350	14	20.73	8.84	4.57	2.74
400	16	23.77	9.45	5.18	3.05
450	18	25.91	11.28	5.79	3.35
500	20	30.48	12.50	6.71	3.96
600	24	35.05	14.94	7.62	4.88

注：本资料引自《Handbook of air conditioning system design》Carrier air conditioning company。

特殊配件的局部阻力当量长度（m）　　　　表 26.5-7

公称直径		突然扩大：d/D			突然缩小：d/D			胀管		凸出管	
		1/4	1/2	3/4	1/4	1/2	3/4	入口	出口	入口	出口
mm	in										
15	1/2	0.55	0.34	0.12	0.27	0.21	0.12	0.55	0.31	0.55	0.46
20	3/4	0.76	0.46	0.15	0.37	0.31	0.15	0.85	0.43	0.85	0.67
25	1	0.98	0.61	0.21	0.49	0.37	0.21	1.13	0.55	1.13	0.82
32	1¼	1.43	0.91	0.31	0.70	0.55	0.31	1.62	0.79	1.62	1.28
40	1½	1.77	1.10	0.37	0.88	0.67	0.37	2.01	1.01	2.01	1.52
50	2	2.44	1.46	0.49	1.22	0.91	0.49	2.74	1.34	2.74	2.07
65	2½	3.05	1.86	0.61	1.52	1.16	0.61	3.66	1.71	3.66	2.65
75	3	3.96	2.44	0.79	1.98	1.49	0.79	4.27	2.20	4.27	3.35
90	3½	4.57	2.80	0.91	2.35	1.83	0.91	5.18	2.59	5.18	3.96
100	4	5.18	3.35	1.16	2.74	2.07	1.16	6.10	3.05	6.10	4.88
125	5	7.32	4.57	1.52	3.66	2.74	1.52	7.23	4.27	8.23	6.10
150	6	8.84	6.71	1.83	4.57	3.35	1.83	8.23	5.79	10.06	7.62
200	8		7.62	2.59		4.57	2.59	14.33	7.32	14.33	10.67
250	10		9.75	3.35		6.10	3.35	18.29	8.84	18.29	17.37
300	12		12.50	3.96		7.62	3.96	22.25	11.28	22.25	20.12
350	14			4.88			4.88	26.21	13.72	26.21	23.47
400	16			5.49			5.49	29.26	15.24	29.26	27.43
450	18			6.10			6.10	35.05	17.68	35.05	32.92
500	20							43.28	21.34	43.28	39.62
600	24							49.68	25.30	49.68	

注：①本资料引自《Handbook of air conditioning system design》Carrier air conditioning company。
②表内的局部阻力当量长度，均以小直径"d"计。

26.5.3 部分设备压力损失的参考值

各种设备的压力损失,因设备型号和运行条件、工况等的不同而有很大差异,其值通常应由制造商提供。当缺乏这方面的数据时,可按表 26.5-8 数值进行估算。

部分设备的压力损失值　　　　　　　　　　表 26.5-8

设备名称	压力损失 (kPa)	备　注	设备名称	压力损失 (kPa)	备　注
离心式冷水机组: 　蒸发器 　冷凝器	 30～80 50～80		吸收式冷热水机组: 　蒸发器 　冷凝器	 40～100 50～140	
螺杆式冷水机组: 　蒸发器 　冷凝器	 30～80 50～80		热交换器	20～50	
			风机盘管机组	10～20	随机组容量的 增大而增大
冷热水盘管	20～50	水流速度: $v=0.8\sim1.5\text{m/s}$	自动控制调节阀	30～50	
			冷却塔	20～80	

26.5.4 水击的防止与水流速度的选择

1. 管道中的水击

(1) 水击现象　水击又称水锤,它是压力流管道中由于某种原因(如阀门启闭、水泵停运等)使水流速度突然变化而引起的压强大幅度波动的一种现象。水击引起的压强升高,可能达管道正常工作压强的几倍甚至几百倍,具有极大的破坏性,可导致管道系统强烈振动、噪声,造成阀门破坏,甚至管道爆裂等事故。

兹以水管末端阀门突然关闭为例,说明水击发生的原因:

设阀门关闭前流速(恒定流动)为 v_0,假定沿程各断面的压强相等(忽略沿程损失),以 p_0 表示,则各断面的压强水头均为 $\dfrac{p_0}{\rho \cdot g}=H$。阀门突然关闭时,紧靠阀门的水流突然停止流动($v_0=0$);根据质点系的动量定理,该段水动量的变化,等于外力的冲量,这个外力是阀门的作用力。因外力作用,水的应力(即压强)增至 $p_0+\Delta p$,增高的压强 Δp 称为水击压强。

很高的水击压强 Δp,使停止流动的水层压缩,管壁膨胀;后面的水层要在进占前面一层因体积压缩、管壁膨胀而余出的空间后才停止流动;同时压强增高,体积压缩,管壁膨胀,如此持续向管道进口传播。由此可见,阀门瞬时关闭,管中的水并不是在同一时刻停止流动,压强也并不是在同一时刻增高 Δp,而是以波的形式由阀门断面处传向管道进口。

(2) 水击波的传播过程

水击以波的形式传播,称为水击波。水击波的典型传播过程可分为四个阶段:

1) 第一阶段 $\left(0<t<\dfrac{L}{c} \text{至} t=\dfrac{L}{c}\right)$ (L—管道长度;c—水击波的传播速度):增压波从阀门向管道进口传播。

设阀门在 $t=0$ 时瞬时关闭,增压波从阀门向管道进口传播,波到之处水流停止流动,压强增至 $p_0+\Delta p$;未传到之处,水流仍以 v_0 流动,压强为 p_0。如以 c 表示水击波的传播速度,在 $t=L/c$ 时,水击波传到管道进口,全管压强均为 $p_0+\Delta p$,处于增压状态。

2) 第二阶段 $\left(\dfrac{L}{c}<t<\dfrac{2L}{c} \text{至} t=\dfrac{2L}{c}\right)$:减压波从管道进口向阀门传播。

时间 $t=L/c$(第一阶段末,第二阶段开始),管内压强 $p_0+\Delta p$ 大于进口外侧静水压强 p_0,在压强差 Δp 作用下,管道内紧靠进口的水流以流度 $-v_0$(负号表示与原流动方向相反)向回倒流。同时,压强恢复为 p_0,从而又与管内相邻的水体出现压强差;这个过程相当于第一阶段的反射波,在 $t=2L/c$ 时,减压波传至阀门断面处,全管压强为 p_0,恢复原来状态。

3) 第三阶段 $\left(\dfrac{2L}{c}<t<\dfrac{3L}{c} \text{至} t=\dfrac{3L}{c}\right)$:减压波从阀门向管道进口传播。

时间 $t=2L/c$,因惯性作用,水继续倒流,因阀门处无水补充,紧靠阀门处的水停止流动,流速由 $-v_0$ 变为零,同时压强降低 Δp,随之后续各层相继停止流动,流速由 $-v_0$ 变为零,压强降低 Δp。在 $t=3L/c$,减压波传至管道进口,全管压强为 $p_0-\Delta p$,处于减压状态。

4) 第四阶段 $\left(\dfrac{3L}{c}<t<\dfrac{4L}{c} \text{至} t=\dfrac{4L}{c}\right)$:增压波从管道进口向阀门传播。

时间 $t=3L/c$,管道进口外侧静水压强 p_0 大于管内压强 $p_0-\Delta p$,在压强差 Δp 作用下,水以速度 v_0 向管内流动,压强自进口起逐层恢复为 p_0。在 $t=4L/c$ 时,增压波传至阀门断面处,全管压强为 p_0,恢复为阀门关闭前的状态。此时因惯性作用,水继续以流速 v_0 流动,受到阀门阻止,于是与第一阶段开始时,阀门瞬时关闭的情况相同,发生增压波从阀门向管道进口传播,重复上述四个阶段。

至此,水击波的传播完成了一个周期。在一个周期内,水击波由阀门传到进口,再由进口传到阀门,共往返两次,往返一次所需时间 $t=2L/c$ 称为相或相长。

由于实际管道中总存在阻力,所以,水击波在传播过程中,能量不断损失,水击压强迅速衰减。

(3) 水击压强的计算

1) 直接水击 实际上阀门的关闭总有一个过程,如关闭时间小于一个相长($T_z<2L/c$),那么最早发出的水击波的反射波回到阀门以前,阀已已完全关闭;这时阀门处的水击压强与阀门瞬时关闭相同,这种水击称为直接水击。

设水击波的传播速度为 c,在微小时段 Δt,水击波由断面 2-2 传至 1-1。水击波通过前,原流速为 v_0,压强 p_0,密度 ρ,过流断面面积 A;水击波通过后,流速降至 v,压强、密度、过流断面面积分别增至 $p+\Delta p$、$\rho+\Delta \rho$、$A+\Delta A$。

根据质点系动量定理,可得

$$[p_0 A-(p_0+\Delta p)(A+\Delta A)] \cdot \Delta t=(\rho+\Delta \rho)(A+\Delta A) \cdot c \cdot \Delta t \cdot v-\rho \cdot A \cdot \Delta t \cdot v_0$$

考虑到 $\Delta \rho$ 和 ΔA 远小于 ρ 和 A,因此可得出下列直接水击压强的计算公式:

$$\Delta p=\rho \cdot c \cdot (v_0-v) \qquad (26.5\text{-}9)$$

阀门瞬时完全关闭时,$v=0$,则可得最大水击压强:

$$\Delta p=\rho \cdot c \cdot v_0 \qquad (26.5\text{-}10)$$

或以压强水头表示如下：

$$\frac{\Delta p}{\rho \cdot g} = \frac{c \cdot v_0}{g} \qquad (26.5\text{-}11)$$

2) 间接水击 如阀门关闭时间 $T_z > 2L/c$，则开始关闭时发出的水击波的反射波，在阀门尚未完全关闭前已返回阀门断面处，随即变为负的水击波向管道进口传播；由于正、负水击波相叠加，所以阀门断面处的水击压强小于直接水击压强，这种水击称为间接水击。

间接水击压强，一般可按下式计算：

$$\Delta p = \rho \cdot c \cdot v_0 \cdot \frac{T}{T_z} \qquad (26.5\text{-}12)$$

或

$$\frac{\Delta p}{\rho \cdot g} = \frac{c \cdot v_0}{g} \cdot \frac{T}{T_z} = \frac{v_0}{g} \cdot \frac{2L}{T_z} \qquad (26.5\text{-}13)$$

式中　v_0——水击发生前的断面平均流速；
　　　T——水击波相长，$T = 2L/c$；
　　　T_z——阀门关闭时间。

3) 传播速度 水击波的传播速度 c，一般可按下式计算：

$$c = \frac{c_0}{\sqrt{1 + \frac{K}{E} \cdot \frac{d}{\delta}}} \qquad (26.5\text{-}14)$$

式中　c_0——水中声波的传播速度，$c_0 = 1435$m/s（压强为 1～25 大气压力，水温 10℃ 左右）；
　　　K——水中体积模量，$K = 2.1 \times 10^9$N/m²；
　　　E——管壁材料的弹性模量，钢管 $E = 20.6 \times 10^{10}$Pa，铸铁管 $E = 9.8 \times 10^{10}$Pa；
　　　d——管道直径；
　　　δ——管壁厚度。

对于普通钢管，$d/\delta \approx 100$，$K/E \approx 1/100$，代入式（26.5-14），可得 $c = 1000$m/s，如阀门关闭前流速为 1.5m/s，则由式（26.5-10）可得：

$$\Delta p = \rho \cdot c \cdot v_0 \approx 1000 \times 1000 \times 1.5 = 1.5 \times 10^6 \text{Pa} = 1.5 \text{MPa}$$

由此可见，直接水击压强是较大的。

(4) 防止水击危害的措施

1) 限制水流速度：由式（26.5-10）和式（26.5-12）可知，水击压强的大小，与水流速度成正比。降低流速，可减小水击压强。因此，水管中的水流速度，一般应限制在 $v_0 < 3$m/s。

2) 控制阀门的启、闭时间：控制阀门的启、闭时间，可以避免直接水击，也可降低间接水击压强。

3) 缩短管道长度：缩短管道长度，即缩短了水击波的相长，可使直接水击变为间接水击；也可降低间接水击压强。

4) 采用弹性模量较小的管材：采用弹性模量较小的管材，使水击波的传播速度减缓，从而降低直接水击压强。

5) 设置安全阀：利用安全阀，作为水击过载保护。

(5) 设计计算步骤

1) 根据管道的直径 d、壁厚 δ、材料等，确定管壁的允许拉应力 $[\sigma]$；

2) 依据管壁的允许拉应力，计算管道允许的水击压强：

$$\Delta p \cdot d = 2[\sigma] \cdot \delta$$

$$\Delta p = \frac{2[\sigma] \cdot \delta}{d}$$

3) 按式（26.5-14）计算水击波的传播速度；

4) 根据式（26.5-10）计算限制流速 v_0：

$$v_0 = \frac{\Delta p}{\rho \cdot c}$$

2. 流速的推荐值

(1)《室外给水设计规范》GBJ 13—86（1997 版）的推荐值（见表 26.5-9）。

GBJ 13—86 推荐流速 (m/s)　　　表 26.5-9

管道种类	管道公称直径 DN（mm）				
	$DN<250$	$DN=250\sim1000$	$DN=250\sim1600$	$DN>1000$	$DN>1600$
水泵吸水管	1.0~1.2	1.2~1.6	—	1.5~2.0	—
水泵出水管	1.5~2.0	—	2.0~2.5	—	2.0~3.0

(2)《建筑给水排水设计规范》GB 50015—2003 的给水管道流速推荐值：

1) 生活给水管道水流速度的推荐值，见表 26.5-10。

GB 50015—2003 生活给水管道推荐流速　　　表 26.5-10

公称直径（mm）	15~20	25~40	50~70	≥80
推荐流速（m/s）	≤1.0	≤1.2	≤1.5	≤1.8

2) 冷却塔循环管道水流速度的推荐值，见表 26.5-11。

冷却塔循环管道水推荐流速　　　表 26.5-11

循环干管直（mm）	$DN\leqslant250$	$500>DN>250$	$DN\geqslant250$
推荐流速（m/s）	1.5~2.0	2.0~2.5	2.5~3.0

当循环水泵从冷却塔集水池中吸水时，吸水管的流速宜采用 1.0~1.2m/s；当循环水泵直接从循环管道吸水时，推荐流速（v）如下：

①吸水管 $DN\leqslant250$mm 时，$v=1.0\sim1.5$m/s；

②吸水管 $DN>250$mm 时，$v=1.5\sim2.0$m/s；

③水泵出水管的流速可采用循环干管下限流速。

(3) Carrier：《Handbook of Air Conditioning System Design》中的推荐流速表26.5-12列出的推荐流速，是建立在噪声与腐蚀均保持在允许水平时的最大值。

Carrier HandBook 推荐流速（m/s）　　　　表 26.5-12

管道种类	推荐流速	管道种类	推荐流速
水泵吸水管	1.2～2.1	集管（header）	1.2～4.5
水泵出水管	2.4～3.6	排水管	1.2～2.0
一般输水管	1.5～3.0	接自城市供水管网的供水管	0.9～2.0
室内供水立管	0.9～3.0		

(4) 管内的最大水流速度　表 26.5-13 系 Carrier：《Handbook of Air Conditioning System Design》提供的保持最小腐蚀的最大水流速度。

管内的最大水流速度　　　　表 26.5-13

正常运行时间（h）	1500	2000	3000	4000	6000	8000
水流速度（m/s）	3.7	3.5	3.4	3.0	2.7	2.4

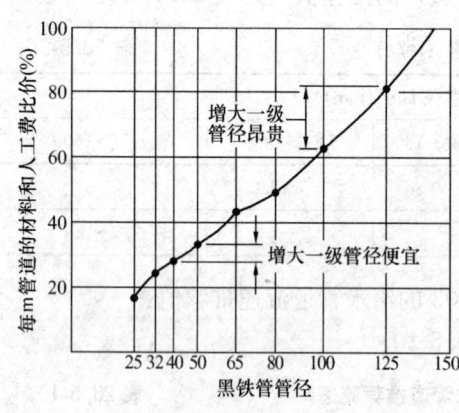

图 26.5-1　不同直径管道和管件的比价

3. 不同直径管道和管件的比价

图 26.5-1 给出了不同直径管道和管件的比价，由图可知，随着管道直径的增大，管道本身和阀门等配件的价格以及安装费用都急剧增加。因此，为了节省投资，对于直径较大的管道，不应选择采用较低的流速。

26.5.5　冷凝水管的设计

在空气冷却处理过程中，当空气冷却器的表面温度等于或低于处理空气的露点温度时，空气中的水气便将在冷却器表面冷凝。因此，诸如单元式空调机、风机盘管机组、组合式空气处理机组、新风机组等设备，都设置有冷凝水收集装置和排水口。为了能及时、顺利地将设备内的冷凝水排走，必须配置相应的冷凝水排水系统。

设计冷凝水排水系统时，应注意下列事项：

1. 水平干管必须沿水流方向保持不小于 2/1000 的坡度；连接设备的水平支管，应保持不小于 1/100 的坡度。

2. 当冷凝水收集装置位于空气处理装置的负压区时，出水口处必须设置水封；水封的高度，应比凝水盘处的负压（相当于水柱高度）大 50% 左右。水封的出口，应与大气相通；一般可通过排水漏斗与排水系统连接。

3. 由于冷凝水在管道内是依靠位差自流的，因此，极易腐蚀。管材宜优先采用塑料管，如 PVC、UPVC 管或钢衬塑管，避免采用金属管道。

4. 设计冷凝水系统时，必须结合具体环境进行防结露验算；若表面有结露可能时，应对冷凝水管进行绝热处理。

5. 冷凝水立管的直径，应与水平干管的直径保持相同。
6. 冷凝水立管的顶部，应设置通向大气的透气管。
7. 设计冷凝水系统时，应充分考虑对系统定期进行冲洗的可能性。
8. 冷凝水管的管径，应根据冷凝水量和敷设坡度通过计算确定。一般情况下，每 1kW 冷负荷，每 1h 约产生 0.4kg 左右冷凝水；在潜热负荷较高的场合，每 1kW 冷负荷，每 1h 可能要产生 0.8kg 冷凝水。
9. 通常，可根据冷负荷（kW）接表 26.5-14 选择确定冷凝水管的公称直径 DN（mm）。

冷凝水管的管径选择表　　　　　　　　　　　表 26.5-14

冷负荷 （kW）	公称直径 （mm）	冷负荷 （kW）	公称直径 （mm）	冷负荷 （kW）	公称直径 （mm）
7	20	101～176	40	1056～1512	100
7.1～17.6	25	177～598	50	1513～12462	125
17.7～100	32	599～1055	80	>12462	150

注：本资料引自美国 MCQUAY 公司《水源热泵空调设计手册》。

26.6 水力平衡及平衡阀

26.6.1 水力失调和水力平衡理念

1. 水力失调

水力失调是由于水力失衡而引起运行工况失调的一种现象，供暖与空调水系统通常均存在水力失调现象，因此，必须重视水系统的初调节和运行过程中的调节与控制问题。水力失调可分为静态与动态两种类型：

（1）静态水力失调　静态水力失调是水系统自身固有的，它是由于管路系统特性阻力系数的实际值偏离设计值而导致的。

（2）动态水力失调　动态水力失调不是水系统自身固有的，是在系统运行过程中产生的。它是因某些末端设备的阀门开度改变，在导致流量变化的同时，管路系统的压力产生波动，从而引起互扰而使其他末端设备流量偏离设计值的一种现象。

2. 水力平衡

水系统水力失调导致的表面现象是：室内热环境差，如系统内冷热不匀、温、湿度达不到设计值……。实际上还隐含着系统和设备效率的降低，以及由此而引起的能源消耗的增加。

图 26.6-1 给出了由于系统不平衡而导致室内温度偏离所造成的能耗附加百分率。

平衡阀的出现，为从根本上克服水力失调现象创造了条件。正因为如此，同程式系统的应用，现在国内外都已经越来越少。

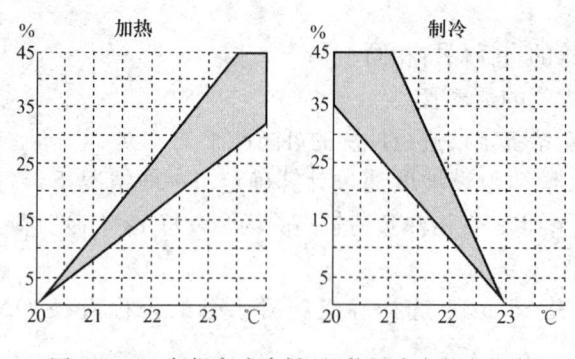

图 26.6-1　每提高或降低 1℃ 能量成本的变化率

工程设计中，对水力平衡的基本要求是：

①在设计工况下所有末端设备必须都能够达到设计流量；

②系统中任何一组末端设备进行调节时，不会影响其他末端设备的正常运行；

③控制阀两端的压差不能有太大的变化；

④二次环路的水流量必须兼容。

根据水力失调类型的不同，水力平衡对应的可分为下列两种形式：

（1）静态水力平衡　若系统中所有末端设备的温度控制阀门（如温控阀和电动调节阀等）均处于全开位置，所有动态水力平衡设备也都设定在设计参数位置（设计流量或压差），这时，如果所有末端设备的流量均能达到设计值，则可以认为该系统已达到了静态水力平衡，使用手动平衡阀和自动流量平衡阀都可以实现静态水力平衡。

（2）动态水力平衡　对于变流量系统来说，除了必须达到静态水力平衡外，还必须同时较好地实现动态水力平衡，即在系统运行过程中，各个末端设备的流量均能达到随瞬时负荷改变的瞬时要求流量；而且各个末端设备的流量只随设备负荷的变化而变化，而不受系统压力波动的影响。

由于变流量系统常常是通过两通调节阀（控制阀）来实现的，因此，调节阀的表现往往代表着动态水力平衡的效果。国际上普遍以阀权度这一概念作为判断调节阀表现的标准，阀权度的定义是：

$$S = \Delta P_{min}/\Delta P_o$$

式中　ΔP_{min}——控制阀全开时的压力损失；

ΔP_o——控制阀所在串联支路的总压力损失。

阀权度小，说明通过调节阀两端的压差变化较大，调节阀本身的特性会产生较大的偏离与震荡，从而影响其使用效果；同时也说明回路间的互扰现象比较严重。采用不同的平衡手段，则调节阀会得到不同的阀权度，也代表着变流量系统不同的平衡效果。

严格地说，在变流量系统中，只有当所有调节阀的阀权度都等于 1 时，互扰现象完全消除后，系统才可能实现绝对意义上的动态水力平衡。当然，实际上这是不可能的，实践中，基于实际需要和"节能/投资比"的考虑，也没有必要盲目追求过高的阀权度。

两通调节阀的阀权度，国际上通行的控制标准是 $S=0.25\sim0.50$。一般宜取：$0.30\leqslant S\leqslant 0.50$。

阀权度小，说明通过控制阀两端的压差变化较大，控制阀本身的特性会产生较大的偏离与震荡，从而影响其使用效果；同时也说明回路间的互扰现象比较严重。采用不同的平衡手段，则控制阀会得到不同的阀权度，也代表着变流量系统不同的平衡效果。

严格地说，在变流量系统中，只有当所有控制阀的阀权度都等于1时，互扰现象完全消除后，系统才可能实现绝对意义上的动态水力平衡。当然，实际上这是不可能的，实践中，基于实际需要和"节能/投资比"的考虑，也没有必要盲目追求过高的阀权度。

两通控制阀的阀权度，国际上通行的控制标准是0.25~0.50。其中：0.25为最低值，0.50为推荐值。

静态与动态水力平衡，可以通过多种平衡方式来实现，平衡装置的选择或组合，应根据系统的具体状况而定，不应简单化和绝对化。类似"用静态平衡阀解决静态失调，用动态平衡阀解决动态失调"的说法是不确切的。

应该指出，采用二次泵时，必须重视"一、二次环路水流量应兼容"这个原则，二次回路的流量要小于或等于一次回路，否则会在一、二次回路的结合处产生混合点，从而降低系统的效率，造成能量损失，所以必须采取平衡措施。

26.6.2 平衡阀的类型

根据结构特性，平衡阀可以分为手动平衡阀、自动流量平衡阀和多功能平衡阀三个大类，它们的分类如表26.6-1所示：

平衡阀的类型 表26.6-1

类 型	功 能 与 特 性	说 明
手动平衡阀（manual balancing valve 也称为静态平衡阀）	通过改变开度，从而使阀门的流动阻力发生相应变化来调节流量。因此，实际上是一个局部阻力可以人工改变的阻力元件。 调节性能一般包括接近线性线段和对数特性曲线线段，见图26.6-2。 手动平衡阀必须具有开度指示、机械记忆（数字锁定）装置、压差及流量测试点等（图26.6-3）	应用手动平衡阀的系统，在完成初调节后，各个平衡阀的开度被固定，其局部阻力也被固定。若总流量不改变（定流量系统），则该系统始终处于平衡状态。 如果是变流量系统，在负荷变化不大的情况下，该阀仍能起到一定的分配作用，但当负荷变化较大时，其阀权度会变得很小，单独使用手动平衡阀就不适合了。但如果将它与自力式压差控制器配合使用，将构成一种较为经济而理想的方案
自动流量平衡阀（automatic balancing valve），也称动态流量平衡阀、流量控制阀、动态平衡阀	自动流量平衡阀是通过自动改变阀芯的过流面积、适应阀前后压力的变化，来控制通过阀门流量的。它的流量可以在生产厂里设定，也可以在现场设定，或根据要求电控调定。 自动流量平衡阀，实际上是一种保持流量不变的定流量阀。其功能是：当系统内有些末端设备如风机盘管机组、新风机组等的调节阀，随着空调负荷的变化进行调节而导致管网中压力发生改变时，使其他末端设备的流量保持不变，仍然与设计值相一致。 根据设定流量方式的不同，自动流量平衡阀可分为固定流量型和现场设定流量型两大类：

续表

类　型	功　能　与　特　性	说　　明
自动流量平衡阀(automatic balancing valve)，也称动态流量平衡阀、流量控制阀、动态平衡阀	**固定流量型** 过流面积变化： 　阀体内置有定流量元件——阀胆（Cartridge），当作用在阀前后的压差发生变化时，在弹簧的作用下，阀胆产生位移，流体的过流面积改变，从而保持流量不变。 　当压差 ΔP 由 ΔP_{min} 变化至 ΔP_{max} 时，阀的流通面积与流量将发生如下变化： 　1. $\Delta P < \Delta P_{min}$ 时，阀胆处于静止状态，弹簧未被压缩，流通面积最大，阀胆如一个固定的节流元件，流量与压差成正比。 　2. $\Delta P_{min} < \Delta P < \Delta P_{max}$ 时，阀胆随时随压差的变化而移动，弹簧被压缩的程度、流通面积和局部阻力都随时改变，流量 q 保持恒定。 　3. $\Delta P > \Delta P_{max}$ 时，阀胆完全被压缩，流通面积最小，阀胆又成为一个固定的节流元件，流量与压差成正比。 　这种流量特性关系如图 26.6-5 所示 过流面积固定： 　在系统压差发生变化时，通过弹簧、薄膜的作用，依靠阀芯的调节，维持节流圈前后的压差始终不变，由于节流圈的流通面积 A 是固定的，所以，$A\sqrt{\Delta P} = \text{const}$，因此，流量 q 始终保持定值，其结构如图 26.6-6 所示。 　当阀前后压差大于最小压差 ΔP_{min} 时，流量可以控制在给定的数值范围内；当外界变化时，流量不会超过设计值，起到了限制流量的作用。	自动流量平衡阀，通常也称为最大流量限制器或限流阀，一般应用于需要限定最大流量的场合。 　由流体力学知，对于不可压缩流体： $$q = k \cdot A \cdot \sqrt{\Delta P} \quad (26.6\text{-}1)$$ 式中　q——流经平衡阀的流量； 　　　k——与开度有关的系数； 　　　A——阀芯的过流面积； 　　　ΔP——阀门进出口的压力差。 　若 $A \cdot \sqrt{\Delta P}$ 保持不变，则流量 q 也保持不变。压差 Δp 增大时，阀胆向内移动，开度相应减小，A 值变小。根据压差的不同，弹簧能自动调节阀胆的过流面积，保持 $A \cdot \sqrt{\Delta P}$ 不变，从而使流量 q 保持为定值。 　对于大口径的阀门，通常内置有若干个阀胆同时起调节作用，如图 26.6-4 所示。 　与手动平衡阀相比，自动流量平衡阀的优点在于只需根据每个末端或分支环路的设计流量，选择相同流量的自动流量平衡阀就可以了，不需要对系统进行初调节，在运行过程中，它能进行动态调节，使流量始终保持为设计的要求值。
	可设定流量型 　上列两种类型的平衡阀，其流量都是固定的，当流量不同时，必须更换阀胆或重新设定弹簧。 　可设定流量型自动流量平衡阀的作用原理，实质上与固定流量型的相同，只是当流量不同时，无需更换阀胆，可在现场用专用工具对手动可调孔板重新设定流量。 　可设定流量型自动流量平衡阀，一般有两种类型：一种是内置式；另一种为外置式。 　图 26.6-7 所示为外置式可设定流量型的结构图； 　图 26.6-8 是其工作原理简图	由图 26.6-8 可知，可设定流量型自动流量平衡阀的阀芯，由可调部分和水力自动调节两部分组成。可调部分实际上是一个手动可调孔板（进水口）；自动调节部分则是一个水力自动调节孔板（出水口）。系统调整时，可按照制造厂提供的参数表借助工具在现场根据设计流量设定可调部分的开度。一旦设定，水力调节部分就能够自动适应系统压差的变化，调节出水口的过流面积，维持设定的流量

续表

类　型	功　能　与　特　性	说　明
压差控制器（differential pressure controller）也称自力式压差平衡阀或自动压差平衡阀	在变流量系统中，特别是2管制供热/冷系统中，负荷变化一般会比较大，由于回路或者末端上的压差会以更大的幅度变化，使调节型控制阀的工作范围急剧变窄，阀权度变小，其调节特性趋向于开关型控制阀；回路间的互扰也较为严重，同时还会经常出现噪声和控制阀难以关闭的现象。这时，使用压差控制阀是一种较好的解决方案。 目前常用的是自力式压差控制器（图26.6-9），它具有一定的比例压差控制范围，可以在一定流量范围内（q_{min}～q_{max}）使所需控制回路的压差保持基本恒定。 由图26.6-9及26.6-10可知，压力A通过与手动平衡阀的泄水口（或测量接口）和压差控制器的出水口③相连的毛细管传导，压力B作用于阀芯隔膜⑥的另一侧，当作用于阀芯隔膜⑥的压差AB大于设定弹簧拉力时，阀门将逐渐关小直至新的平衡点。 图26.6-11所示系压差控制器的调节特性	使用自力式压差控制器，具有下列优点： 1. 回路间不再互相扰动； 2. 每一个回路都可以独立调试，使调试大为简化； 3. 当系统回路增加或减少时，不需要对已有回路重新进行调节。 自力式压差控制器应归属于自动平衡阀的范畴。工程界往往也把它称为自力式压差平衡阀或自动压差平衡阀；在与手动平衡阀配合使用时，又被称作流量/压差平衡阀组或流量/压差调节单元，也有企业把它称为动态平衡阀组，或自动压差平衡阀组
多功能平衡阀	随着平衡阀应用的发展，平衡阀与很多功能性阀门与设备的配合使用日益增多，出于空间以及性能组合优化的考虑，结合了这些产品特性的平衡阀应运而生，如 1. 手动平衡阀（或自动流量平衡阀）与电动二通阀功能结合为一体的电动平衡两通阀（终端平衡阀）（图26.6-12）； 2. 自动平衡阀与电动调节阀功能结合为一体的动态平衡电动调节阀（图26.6-13）； 3. 与止回阀功能结合为一体的止回关断平衡阀； 4. 水泵、控制阀、平衡阀、球阀以及止回阀结合组成的平衡控制单元等	
	电动平衡两通阀：电动平衡两通阀是合手动平衡阀或自动流量平衡阀与电动二通阀（开关型）功能为一体的阀门，其作用与两阀分开时是相同的，流量需要先设定	适用于风机盘管机组和水环热泵机组等小口径（$DN=15$～$20mm$）接口的末端设备。这种组合方式可以有效地节省安装空间
	动态平衡电动调节阀：动态平衡电动调节阀是电动两通比例积分调节阀与动态平衡阀的组合，是一种动态平衡与电动调节同步执行的阀门，其阀芯由可调部分和水力自动调节部分两个部分组成。可调部分的开度依实际需要随时进行电动调节；水力自动调节部分可根据不同的压差来自动调节阀芯的开度，即出水端过流面积的大小，而使通过阀门的流量恒定在可调部分的设定值上。 当电动调节阀接到来自控系统的指令后进行调节时，结果会停留在某一开度处，这相当于随时设定流量，动态平衡阀则保持此流量不变。当指令改变时，电动调节阀又进行新的调节，随之调节至新的设定流量，动态平衡阀又保持此流量不变。通过如此不断地依据实际需要，随时进行电动调节；同时，根据不同的压差自动调节平衡阀并保持此流量不变。这样，就可不受外界影响，保持该末端装置要求的流量，使系统保持稳定，从而使通过阀门的水量恒定在可调部分的设定值上	动态平衡电动调节阀，是自动流量平衡阀和电动调节阀（比例积分型）组合为一体的阀门，与自控系统配合使用，适用于变流量水系统的空气处理机组和集中供暖系统。 动态平衡电动调节阀的功能相当于自力式压差控制器与电动调节阀的结合。 图26.6-14所示，是动态平衡电动调节阀的流量随压差的变化的曲线图。 其结构如图26.6-13所示。 该阀可用在空气处理机组水路上，也可用于集中供暖系统
平衡控制单元	一种根据特定的功能需求，由水泵、平衡阀、控制阀以及管路等组合形成的控制单元，如图26.6-15所示，可以根据要求分别形成变流量或定流量的一次泵系统及变流量或定流量的二次泵系统	主要特点：一是在工厂内预制预调，省却了现场的调试工作并避免了现场安装调试中容易产生的问题；二是在满足设计、技术参数及功能要求的前提下，部件型号、尺寸的选择可以最为合理，技术特性和经济特性均较理想

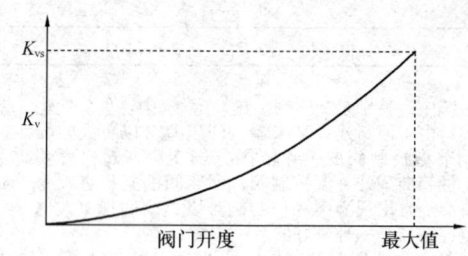

图 26.6-2 开度-流量特性曲线示例

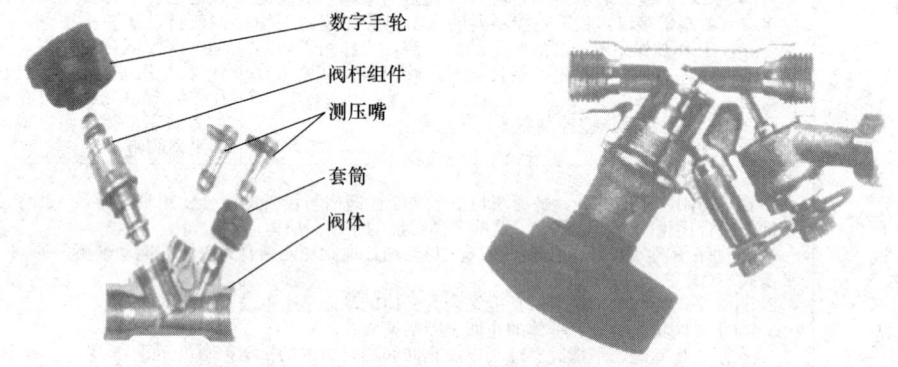

图 26.6-3 典型手动平衡阀的结构及外形示意图

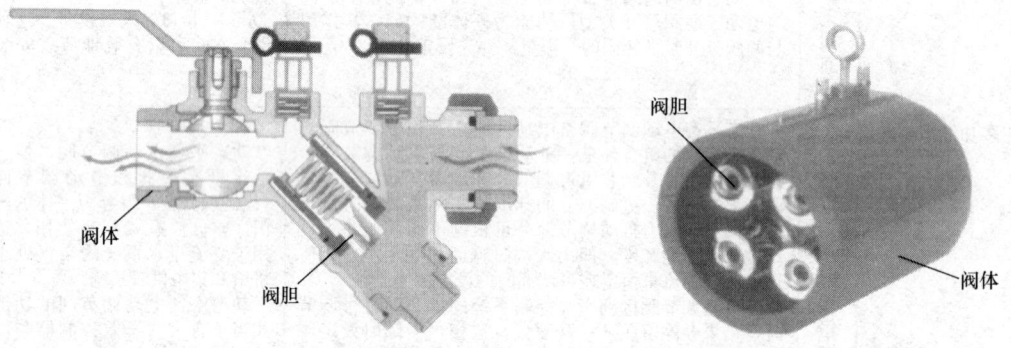

图 26.6-4 自动流量平衡阀的结构及外形示意图

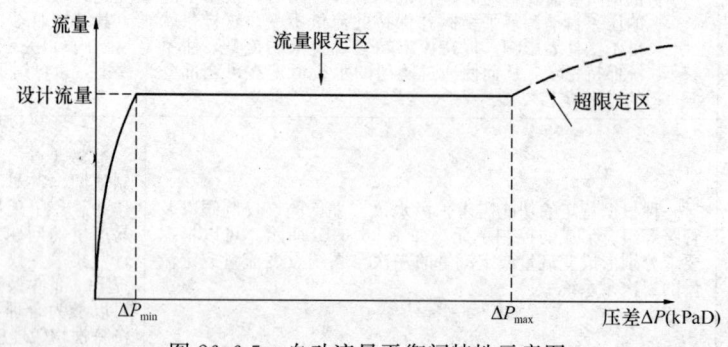

图 26.6-5 自动流量平衡阀特性示意图

26.6 水力平衡及平衡阀

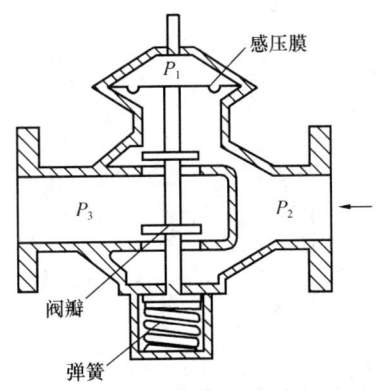

图 26.6-6 过流面积固定型自动流量
平衡阀的结构示意图

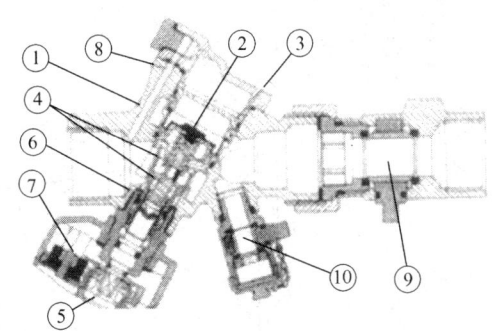

图 26.6-7 可设定流量型
自动流量平衡阀的结构图
①—阀体；②—调整隔膜；③—调节装置；
④—调整弹簧；⑤—调整轴；⑥—调整装置；
⑦—齿轮驱动显示器；⑧—毛细管；⑨—关断球阀；
⑩—泄水阀

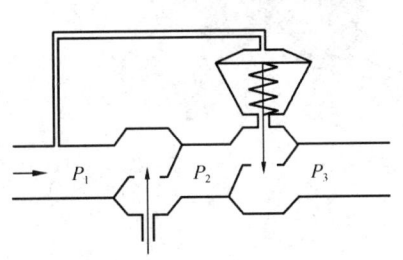

图 26.6-8 可设定流量型自动
流量平衡阀的工作原理图

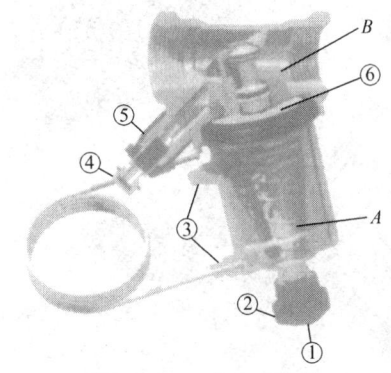

图 26.6-9 自力式压差
控制器结构及外形示意图
①—压差设定点；②—关断手轮；③—毛细管连接点；
④—出水口测量点；⑤—泄水元件连接点；⑥—阀芯隔膜

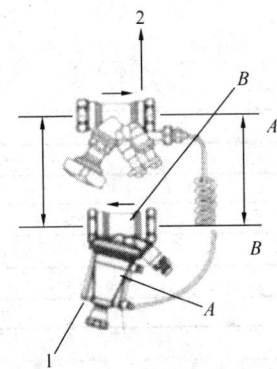

系统具有可预设定阀时的连接方式

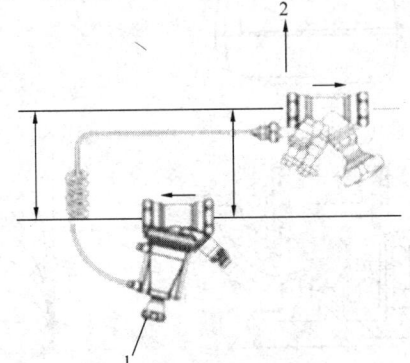

系统没有可预设定阀时的连接方式

图 26.6-10 自力式压差控制器连接方式示意图
1—自力式压差控制器；2—手动平衡阀（或测量接口）

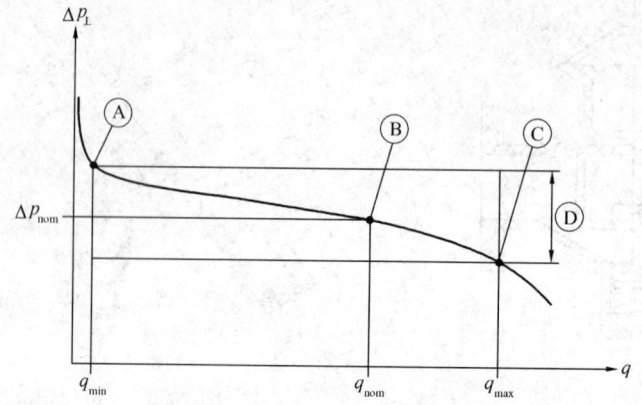

图 26.6-11 自力式压差控制器的调节特性
A—最小可控 K_V 值；B—正常可控 K_V 值；C—最大可控 K_V 值；D—比例压差控制范围

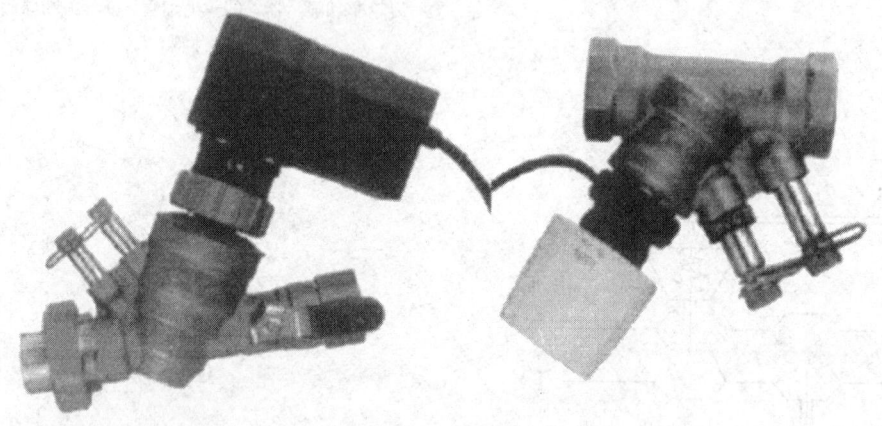

图 26.6-12 电动平衡两通阀

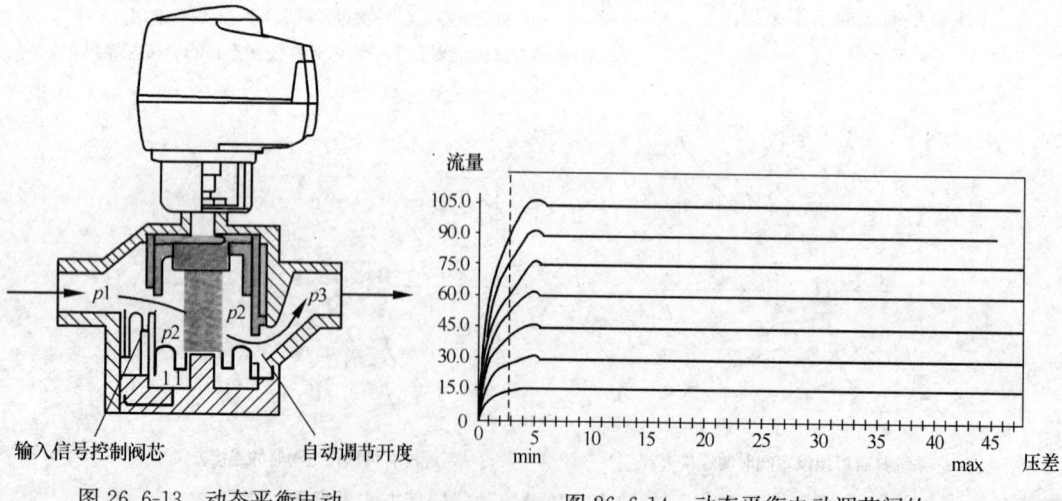

图 26.6-13 动态平衡电动调节阀结构示意图

图 26.6-14 动态平衡电动调节阀的流量随压差的变化曲线图

26.6.3 水力平衡装置的设置原则

空调水系统的水力平衡，一般应符合下列要求：

(1) 尽可能通过系统布置和管径选择，减少并联环路之间压力损失的差额；

(2) 因密度差引起的重力水头，计算中可予以忽略；

(3) 异程式水系统中并联环路的压力损失计算差额大于 15% 时，必须设调节装置。

调节装置的设置，可按表 26.6-2 的原则确定。

图 26.6-15 平衡控制单元 (TA Shunt)

调节装置的设置 表 26.6-2

系统及部位	调节装置	理由与原因说明
多台并联的定流量冷水和冷却水循环泵	宜设置自动流量平衡阀	并联冷水和冷却水循环泵之间的初次平衡较易通过管路和管径选择达到，但多台定流量泵并联时，水泵运行台数减少后，如管路特性不向增加阻力的方向变化，或者变化较小（例如水泵与热交换器之间、或与冷却塔之间共用集管连接，水泵运行台数减少时，不关闭停止使用的相应支路或设备的阀门），运行的水泵流量会增加较大，水泵的电机有可能超负荷，因此宜设置自动流量平衡阀
需要用阀门调节进行平衡的水系统	每个并联支环路均设置可测量数据的调节装置	并联环路的某支路进行调节时，其他支路将会受到影响，因此不论采用何种调节阀门，均应在每个支路设置，且应采用智能仪表测量每支路的阻力特性，才能进行调节。 若平衡阀的支路内各并联末端设备形成的小环路未设置调节手段，则应通过调整管径保持差额≤15%
空调末端设备采用电动两通阀的变流量水系统	仅要求初调节时保持平衡	可在空调末端设备设置电动两通阀，需要用阀门调节平衡的各并联支环路采用手动平衡阀，不应设置自动流量平衡阀※
	需要进行双位调节的设备（如 FCU）	必要时可设置双位调节的动态平衡电动两通阀
	需要连续调节的设备（如 AHU）	可设置动态平衡电动调节阀
	末端设备设置动态平衡电动两通阀或调节阀	不应再设置电动两通阀。 动态平衡电动两通阀在开启时保持设计流量，并可受温控启闭；动态平衡电动调节阀根据需要自动改变设定流量，并不受其他支路影响使设定流量恒定；但目前价格较高，可根据工程具体情况确定

※ 具有动态平衡功能的阀门由工厂一次设定其最大设计流量，在一定的压差范围内能不受外界干扰，动态地维持流量恒定。但自动流量平衡阀如设置在变流量系统的支路中，当一些末端设备需要小流量时，自动流量平衡阀在一定压差范围内仍维持设定的流量；例如当一些 FCU 自控阀门关闭时，由于支路总流量恒定，正在使用的 FCU 的流量会增加，会引起 FCU 控制阀的频繁启闭，因此不应采用

注：AHU-空气处理机组；FUC-风机盘管机组。

26.6.4 手动平衡阀的设计排布及选型

1. 典型的设计排布（图 26.6-16）

（1）应分级安装，即干管、立管、支管路上均应安装；

（2）各个并联支管路上应同时安装；

（3）必须根据阀门系数（流通能力）（值）进行选型；

（4）手动平衡阀既可安装在供水侧，也可安装在回水侧，但出于避免气蚀与噪声等的考虑，建议安装于回水侧。

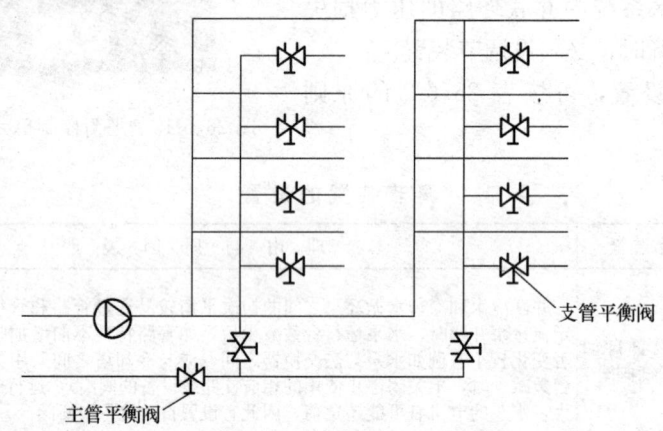

图 26.6-16 手动平衡阀的典型设计排布原则

2. 设计选型原则

手动平衡阀的选型，分为表选与图选法两种方法，但随着计算机技术的发展，很多厂家已经开发出了专用选型软件，使选型变得更加简捷与精确，下面以图选法为例予以介绍：

【例】 支路流量为 $27m^3/h$，两端压差为 25kPa，要求选择确定平衡阀的直径与开度。

【解】 应用列线图（图 26.6-18），找到 $\Delta p=25$ kPa 及流量为 $27m^3/h$ 的两点，作一条连线，该连线与阀门系数纵坐标交于点 $Kv=54$ 处，从 $Kv=54$ 的点作水平线，可以发现 $DN65$，$DN80$，$DN100$ 都可选用，其中与 $DN65$ 阀门开度线交于 5 圈，根据如图 26.6-17 所示的手动平衡阀开度—流量精度关系曲线，阀门开度最好在位于 50%～100% 开度范围内精度最高，因而从精度和经济性考虑，都宜选择 $DN65$ 的平衡阀。

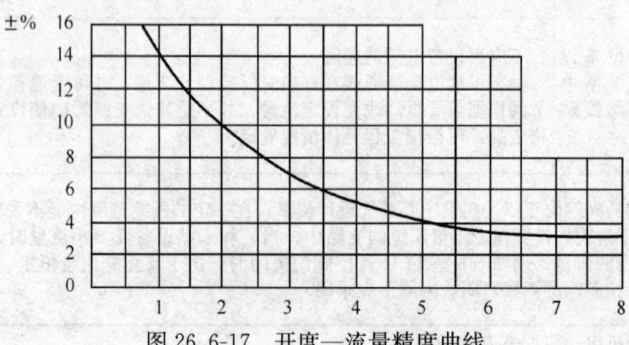

图 26.6-17 开度—流量精度曲线

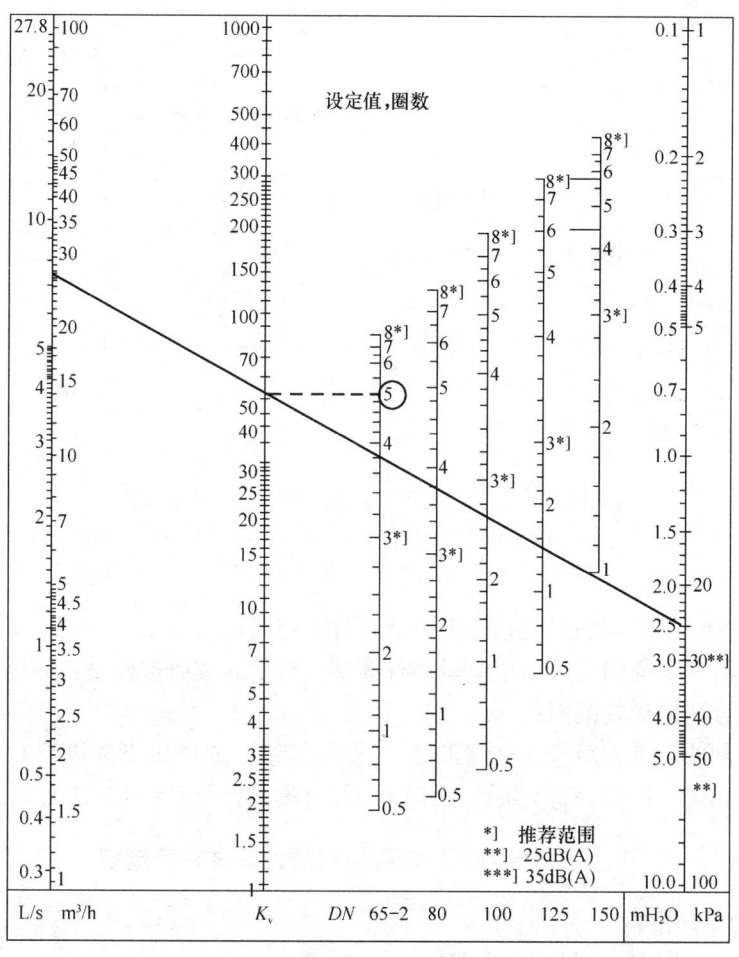

图 26.6-18 手动平衡阀选型列线图例（$DN=65\sim150$mm）

26.6.5 自动流量平衡阀的设计排布及选型

1. 典型的设计排布

自动流量平衡阀，一般应用于流量固定的场合，其具体布置与排列如图 26.6-19 所示。进行设计布排时，应注意以下原则：

（1）自动流量平衡阀必须根据设计流量进行选型；

（2）宜安装在末端装置如风机盘管和空气处理机组上，一般安装于回水侧；

（3）自动流量平衡阀不必逐级安装，即在末端安装了自动流量平衡阀的系统，在支路和立管处不需要再安装自动流量平衡阀；

（4）冷水机组、锅炉出口、热水器等所有需要限制流量的设备，宜安装自动流量平衡阀，以避免这些设备过流。

2. 设计选型原则

根据生产厂家提供的技术参数图表，遵循以下原则进行选型：

（1）在表中选取所需的控制压差；

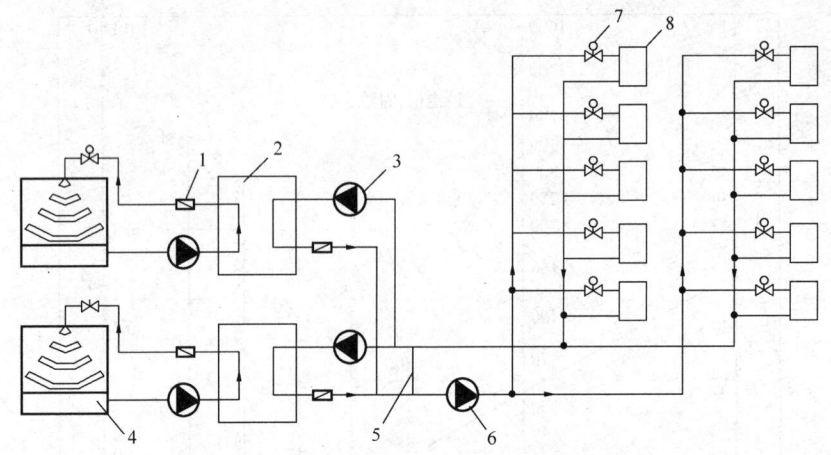

图 26.6-19 自动流量平衡阀的典型设计排布原则
1—自动流量平衡阀；2—冷水机组；3——次泵；4—冷却塔；5—旁通管；
6—二次变频泵；7—电动调节阀；8—风机盘管或空气处理机

(2) 自动流量平衡阀的口径宜与管道公称直径相同；

(3) 自动流量平衡阀必须根据流量进行选型，流量需按照被控设备的设计流量确定；

(4) 确定合适的压差范围；

(5) 被控制的设备为组合式空调机组、(新风机组) 或风机盘管机组时，阀门的流量应与设备流量相等。被控设备为冷水机组时，阀门流量宜取 $q=$ 设备流量$\times 1.05$。

26.6.6 自力式压差控制器的设计排布及选型

1. 典型的设计排布

自力式压差控制器应用方式，如图 26.6-20 所示：

a. 用于稳定立管间的压差；

b. 用于稳定支路间的压差；

c. 用于稳定控制阀上的压差。

自力式压差控制器不应重叠设置，即在使用了自力式压差控制器的上端回路，不再需要设置任何平衡装置；

以上三种应用中，从平衡效果的角度看，*c* 方案优于 *b* 方案，*b* 方案又优于 *a* 方案，如果系统中每个控制阀都与一个自力式压差控制器相联，从控制的观点看，这是最好的解决方案，因为控制阀的阀权度接近于 1；而从性能价格比的角度看，*b* 方案的应用为最多。

自力式压差控制器并非必须与手动平衡阀配套使用，在 *c* 类应用中，如果现场情况与设计情况较为吻合、控制阀的选型准确且有其他流量测定工具时，可以不需要手动平衡阀而仅需配测量接口；但在实际应用中，为了便于整个系统的故障诊断和调试，自力式压差控制器通常多数是与手动平衡阀配套使用的。在 *a*、*b* 两种情况下，手动平衡阀除了和自力式压差控制器配合外，还可以作为下级手动平衡阀的合作阀来使用。

2. 设计选型原则

根据生产厂家提供的技术参数图表，应遵循以下原则进行选型：

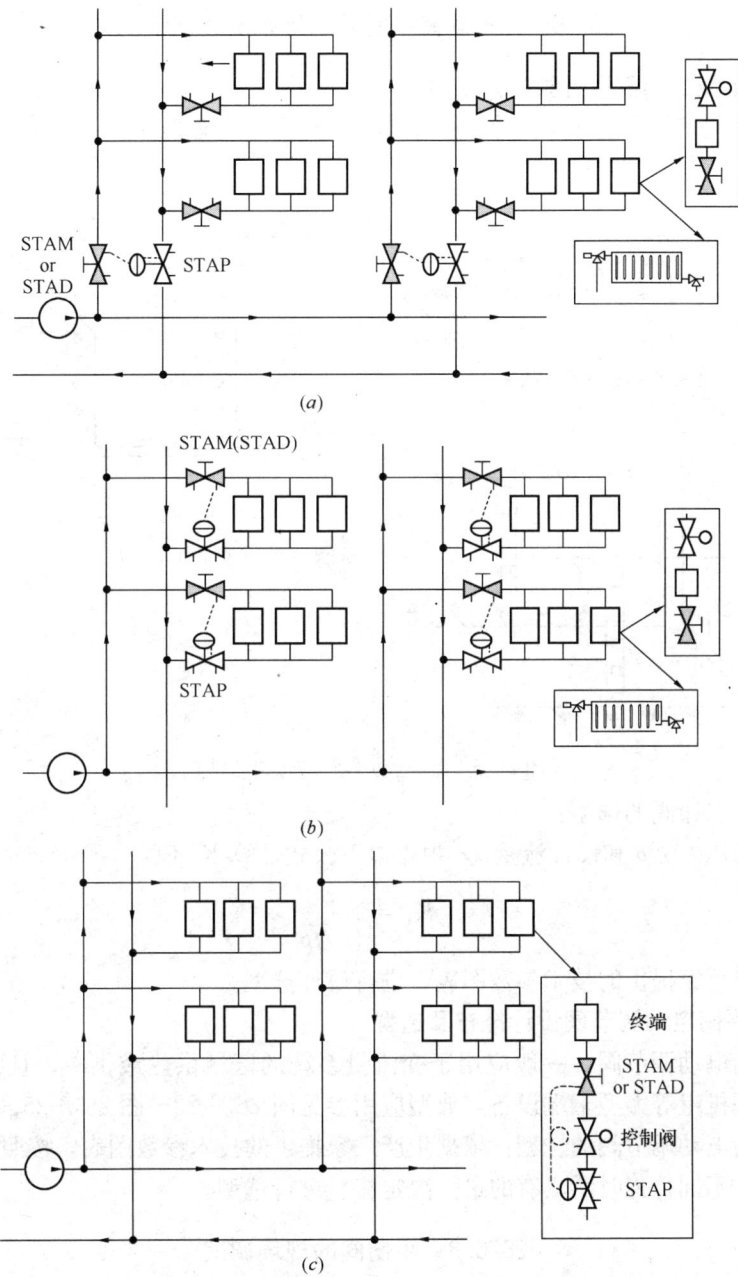

图 26.6-20 手动平衡阀与自力式压差控制器的配合应用方式
图中 STAP—自力式压差控制器；STAD/STAM/STAF—手动平衡阀或测量接口
(a) 稳定立管间的压差；(b) 稳定支路间的压差；(c) 稳定控制阀上的压差

(1) 在表中选取所需的控制压差；
(2) 尽量选取与管路同尺寸的阀门；
(3) 确定所需流量是否小于 q_{max}，如果不是，则选择最为接近的较大尺寸，或是较大的控制压差。

26.6.7 多功能平衡阀的排布及选型示例

1. 电动平衡二通阀设计排布及选型

电动平衡二通阀一般用于水系统中小型末端设备上,如散热器、风机盘管等,参见图 6.26-21。

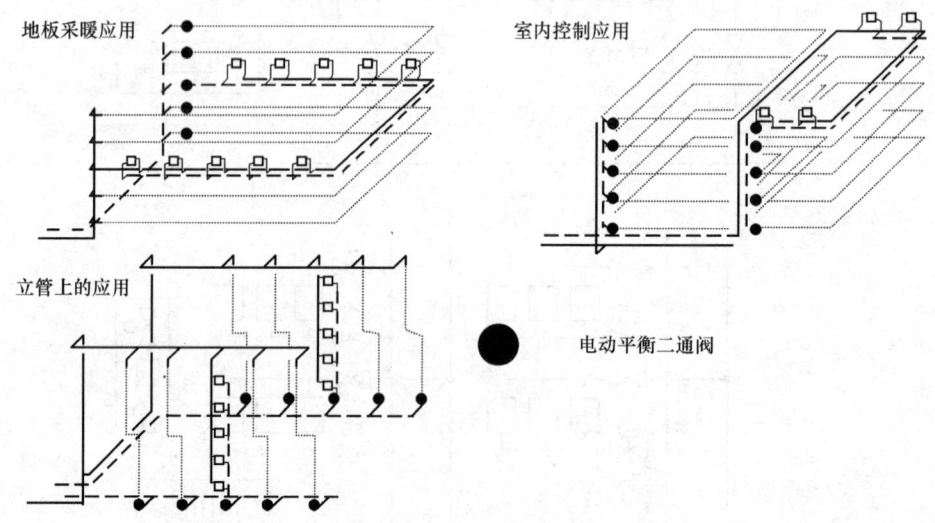

图 26.6-21 电动平衡二通阀的排布

电动平衡二通阀的选型:

如果已知压差 Δp 和设计流量 q,根据以下公式计算 K_v 值:

$$K_v = \frac{q}{\sqrt{\Delta p}}$$

根据生产厂家提供的技术参数图表,进行设计选型。

2. 动态平衡电动调节阀设计排布及选型

动态平衡电动调节阀,一般应用于变流量系统的区域供热或供冷,且常用于新风机组、空气处理机组等大型末端设备,典型应用参见图 26.6-23～图 26.6-25。

动态平衡电动调节阀的选型:依据生产厂家提供的技术参数图表,按照电动调节阀在不同的口径、不同行程时所具有的最大限定流量进行选型。

26.6.8 平衡阀的现场调试

1. 概述

(1) 在设计条件下,将所有末端设备的流量,调节至设计值(所有的控制阀均处于全开状态),同时建立最小的附加压降,这一点非常关键,否则平衡阀的使用意义将大为降低。可以肯定,不经过调试的手动平衡阀,对于系统实际上没有任何正面作用。

(2) 由于现场状况和设计参数的差异性,所以,不能单纯地依靠线图预先计算确定开度位置后就直接装用(不进行现场调试)。只有通过现场调试,才能够获得正确的设计流量。而且,通过调试还能够根据负荷变化,将新的水量按照设计比例平衡地分配,即各个支路的流量同增同减。值得注意的是,在最不利回路产生的附加压降不宜大于 5kPa。

(3) 在调试中手动平衡阀还有一个独特的用途：即可以对系统进行"故障诊断"并作为系统的日常监视与维护手段，而且调试后还可以提供水泵的最佳设定点。

2. 手动平衡阀的调试方法

手动平衡阀的调试，通常有以下两种方法：

(1) 比例法：一个回路两端的压差发生变化时，会使回路终端中的流量按相同比例发生改变。这个基本原理是比例法的基础。其操作特点是要不断地进行测试和计算，操作较为繁复，不仅费工费时，而且对工作人员的要求较高。

(2) 补偿法：补偿方法是比例法的进一步发展，它可以用较少的时间给出较好的结果。

补偿法的调节的步骤如图 26.6-22 所示。先调整最不利用户，使其流量调节至设计值，并将其设为基准阀；同时，用智能仪表监测基准阀门处的压降值。在调试上游方向的平衡阀时，基准阀门压降会增大，这时，

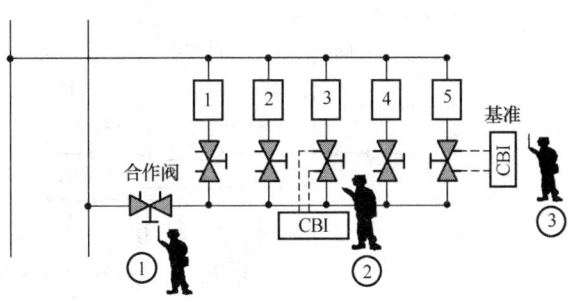

图 26.6-22 补偿法

可以通过调小上一级平衡阀的开度的方法，保持基准阀处的压降值不变（上一级平衡阀通常称为合作阀）。按照同样方法调整其他用户至设计流量。应用补偿法，每个平衡阀只需测量一次。其不足是仍然要求两台测试设备和三个测试人员，而且无法自动寻找最不利回路。

(3) TA 平衡法

此方法仅需一个调试人员、携带一部计算机调试装置，即可完成对系统中全部平衡设备的调试。其装置能根据现场工况和设计要求，自动计算出各个平衡阀的开度，并能自动找到最不利回路，而且最不利回路的附加压降很小（3kPa）。当平衡调试结束时，可以直接在主平衡阀上读取水泵过大的数据，从而可相应地减小水泵扬程，能节省大量能源，这是目前最为简捷、准确的平衡调试方法。

(4) 自动流量平衡阀的现场调试

固定流量型自动流量平衡阀由于其定流量特性，一般由生产厂家在出厂前根据要求设定好，根据安装要求进行安装即可，现场不需要调试。

现场可设定流量型自动流量平衡阀的现场设定，应使用生产厂家的专用设备，通过图表或测试设备完成调试。

(5) 自力式压差控制器的现场调试

其调试方式非常简单：参看图 26.6-20 自力式压差控制器的不同应用方式，在下级手动平衡阀系统调试完毕后，将连接自力式压差控制器的手动平衡阀重新打开并预设成最小的测量压降（如 TA 为 3kPa），然后调节其设置点，以便在获得设计压差的同时获得设计流量。

26.6.9 平衡阀设计应用示例

详见图 26.6-23，图 26.6-24 和图 26.6-25。

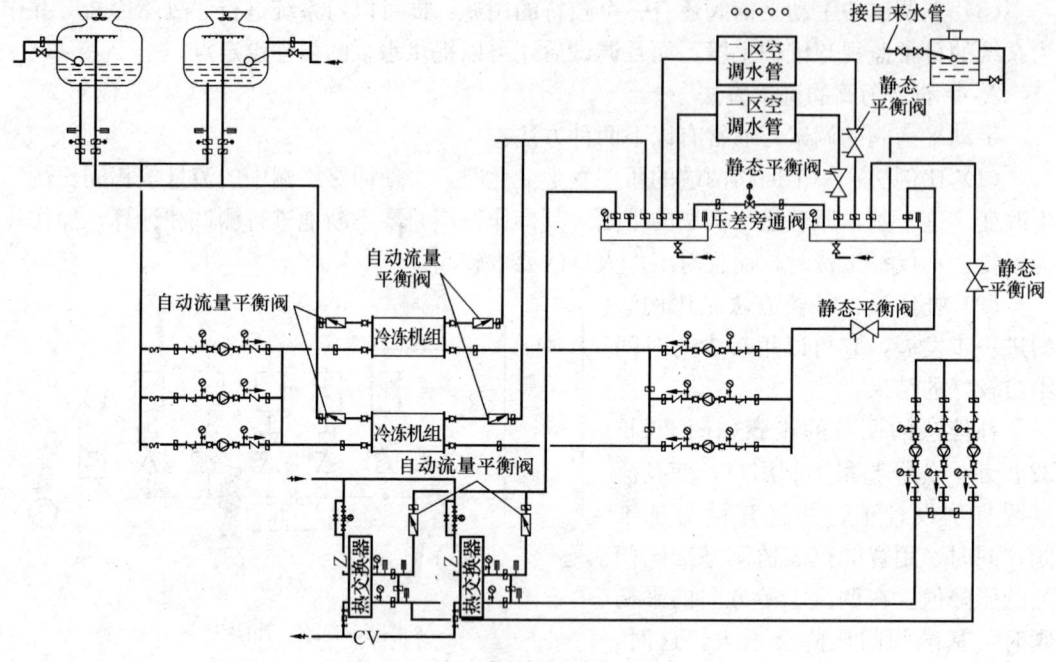

图 26.6-23 平衡阀设计应用示例 1

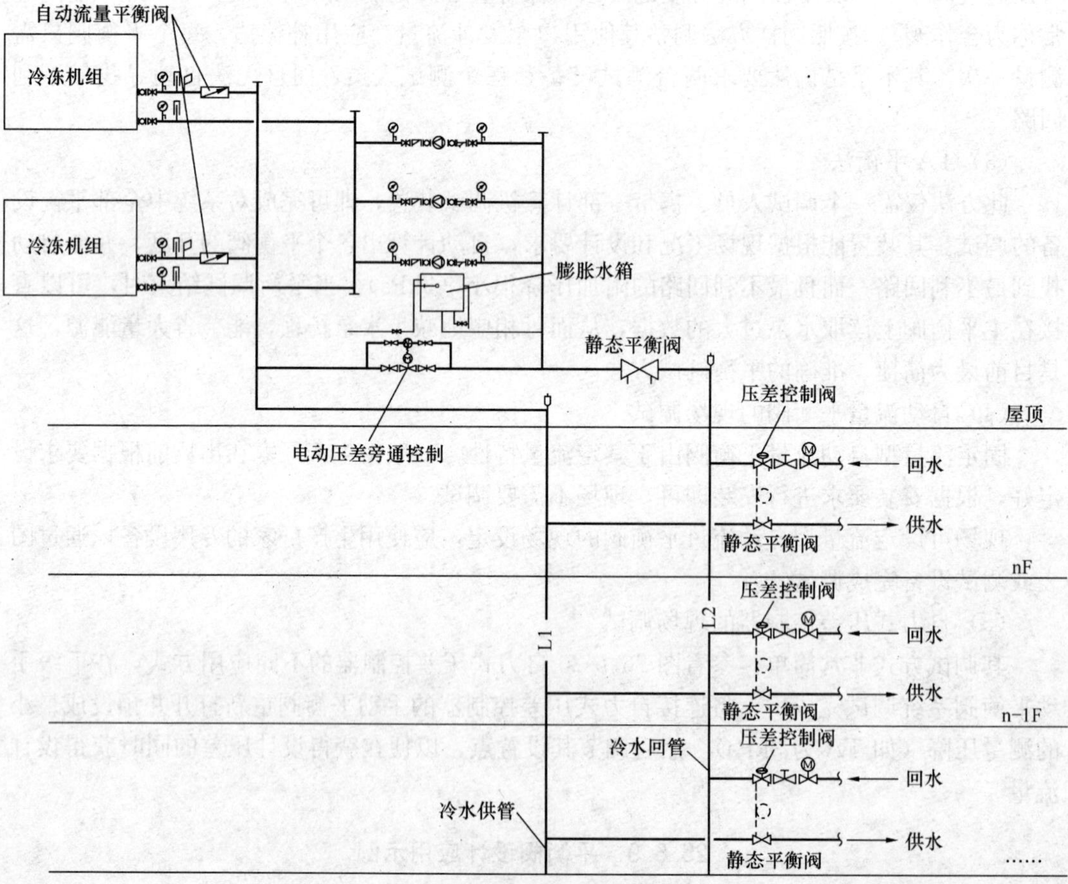

图 26.6-24 平衡阀设计应用示例 2

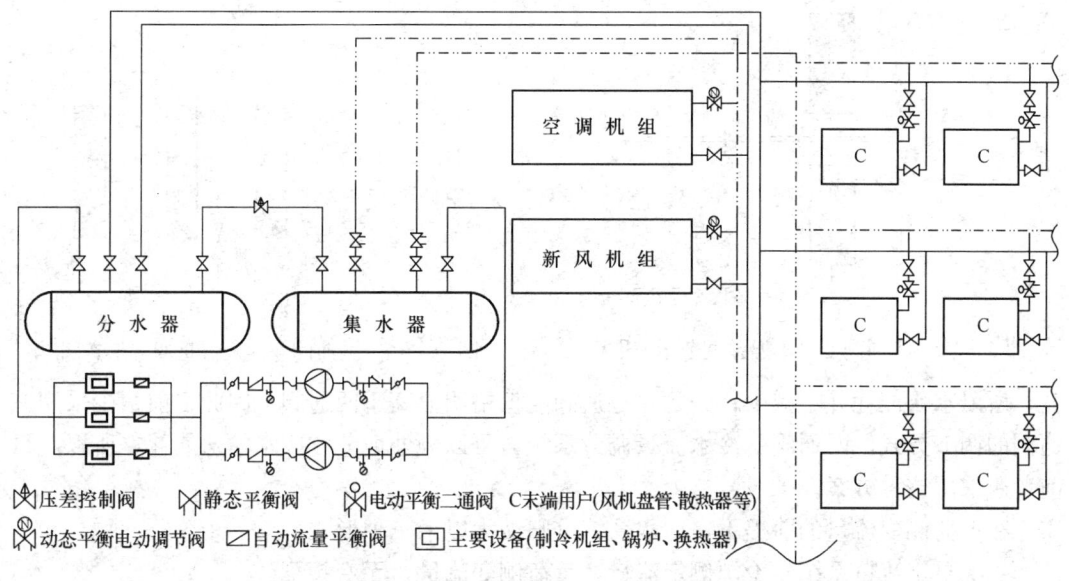

图 26.6-25 平衡阀设计应用示例 3

26.7 变流量空调水系统设计

26.7.1 概　　述

空调系统的运行费用，主要取决于整个空调系统的能耗，因此不仅需要提高空调设备本身的效率，而且还要优化空调系统的设计。冷水系统是空调系统的主要组成部分，它一般包括冷水机组、冷却塔、冷水循环泵及冷却水循环泵等几个主要的耗能设备。在过去的 30 年内，冷水机组的效率提高了近一倍，使冷水机组的能耗在冷水系统能耗中所占的比例降低了 20% 左右，而冷却塔和水泵能耗的比例相对大幅度升高（见图 26.7-1），显然，节约冷却塔和水泵的能耗是当务之急。

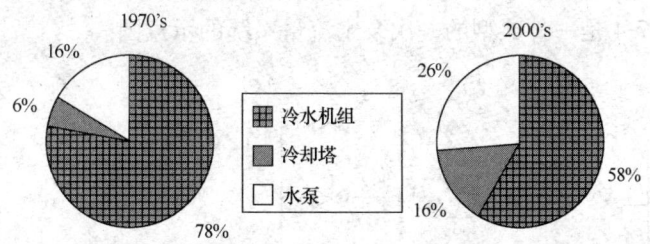

图 26.7-1 过去 30 年内冷水系统能耗百分比的变化

常规的空调系统设计，大都是按照设计工况来配置冷水机组、管网及循环水泵等设备的。实际上，绝大部分时间空调系统是在 40%～80% 负荷范围内运行的，为了适应这种情况，冷源侧的冷水机组一般需要通过卸载降低能耗，负荷侧则需要采用变冷水温差或变冷水流量调节来适应空调末端负荷变化的需求（见图 26.7-2 和图 26.7-3）。

采用三通阀变冷水温差调节的系统，在空调负荷变化时，负荷侧的冷水流量保持不

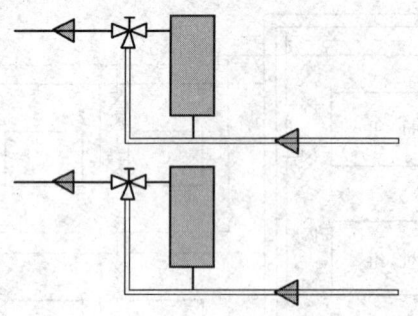
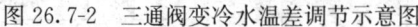
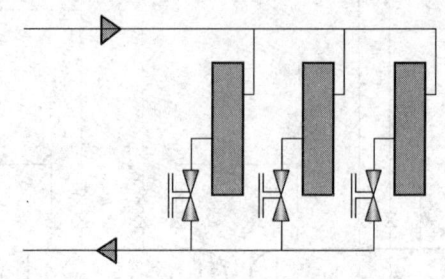

图 26.7-2　三通阀变冷水温差调节示意图　　　图 26.7-3　二通阀变冷水流量调节示意图

变,所以水泵能耗并不减少;并且,三通阀的价格明显高于两通阀,因此目前很少采用三通阀的调节方式。两通阀变冷水流量调节系统,可以额外地节省冷水输送能耗,所以,目前普遍采用这种方案。

在负荷侧变流量的前提下,冷水系统可归纳为以下三种形式:

一次泵定流量系统:冷源侧定流量,负荷侧变流量,无变频泵

二次泵变流量系统:冷源侧定流量,负荷侧变流量,负荷侧采用变频泵

一次泵变流量系统:冷源侧变流量,负荷侧变流量,冷源侧与负荷侧采用同一个变频泵

26.7.2　一次泵定流量系统

1. 概述

一次泵定流量系统是国内工程设计中应用较多的一种系统形式。尽管习惯上普遍认为它不属于变流量系统范畴,然而,实质上它是一个简化的二次泵变流量系统,这种系统存在的问题与二次泵变流量系统大致相同。

一次泵定流量系统的特点:是通过蒸发器的冷水流量不变,因此蒸发器不存在发生结冰的危险。当系统中负荷侧冷负荷减少时,通过减小冷水的供、回水温差来适应负荷的变化,所以在绝大部分运行时间内,空调水系统处于大流量、小温差的状态,不利于节约水泵的能耗。图 26.7-4 是一种典型的一次泵定流量系统的示意图。

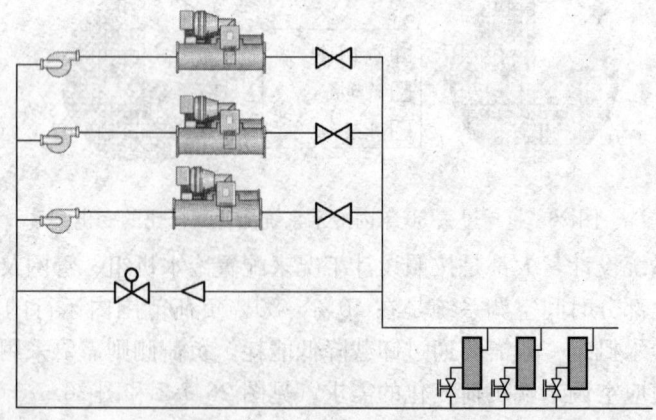

图 26.7-4　一次泵定流量系统

一次泵定流量系统中一台冷水机组配置一台冷水泵,水泵和机组联动控制。加机时先启动对应的冷水泵,再开启冷水机组;减机时,先关闭冷水机组,再关闭对应的冷水泵。

末端冷却盘管的回水管路上,安装有两通调节阀,在末端负荷变化时进行变流量调节。旁通管则起到平衡一次水和二次水系统水量的作用。旁通管上装有压差旁通阀,可根据最不利环路压差变化来调节压差旁通阀开度,从而调节旁通水量,旁通水仅有一个流动方向,即从供水总管流向回水总管。

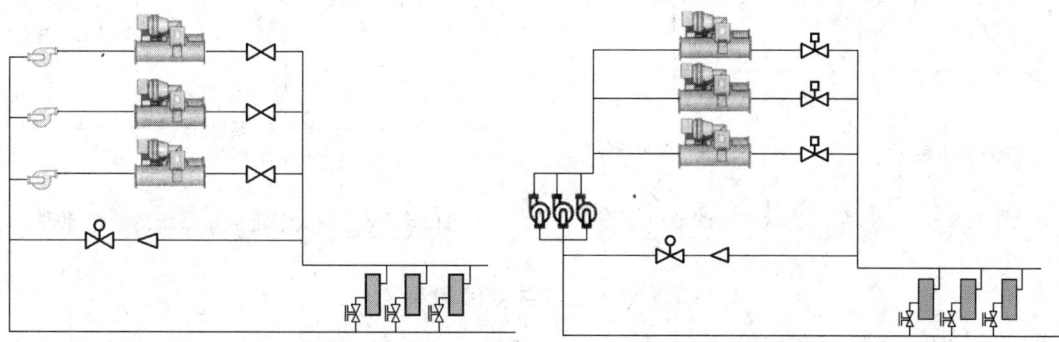

图 26.7-5　先串后并式连接方式　　　　图 26.7-6　先并后串式连接方式

根据水泵与冷水机组连接方式的不同,可分为先串后并和先并后串两种形式,见图 26.7-5 和图 26.7-6。先串后并连接方式的特点是水泵与冷水机组启停一一对应,水系统结构简单,但水泵/冷水机组不能互为备用。先并后串连接方式的特点是水泵/冷水机组可互为备用,机房内管路较简单,但需在水泵与冷水机组之间增加截止阀。

2. 系统配置和设计要求

一次泵定流量系统的配置和设计要求,如表 26.7-1 所示。

一次泵定流量系统的配置和设计要求　　　　表 26.7-1

项　目	系统配置和设计要求	备　注
冷水循环泵	冷水泵应根据整个系统的设计阻力(包括冷水机组、末端、阀门、管路等)及设计流量选择	
旁通管与压差旁通阀	旁通管和压差旁通阀的设计流量为最大单台冷水机组的额定流量	
冷水机组的加机	以系统供水设定温度 T_{ss} 为依据,当供水温度 $T_{sl}>T_{ss}+$ 误差死区时,并且这种状态持续 10~15min,另一台冷水机组就会启动	见图 26.7-7 所示 10%~20% 作为误差死区
冷水机组的减机	以旁通管的流量为依据,当旁通管内的冷水从供水总管流向回水总管,并且流量达到单台冷冻机设计流量的 110%~120%,如果这种状态持续 10~20min,控制系统会关闭一台冷冻机	见图 26.7-8 所示
水泵控制	水泵与冷水机组一一对应,联动控制	
压差旁通阀控制	负荷侧流量变化时,根据压差变化,调节压差旁通阀的开度,从而调节旁通水量	

一次泵定流量系统的加机和减机的原理图分别见图 26.7-7 和图 26.7-8，图中数据仅起示意作用。

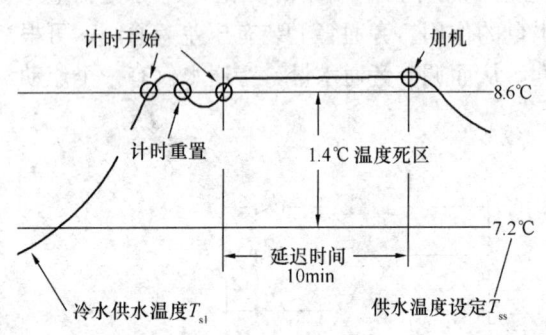

图 26.7-7　一次泵定流量系统的加机原理

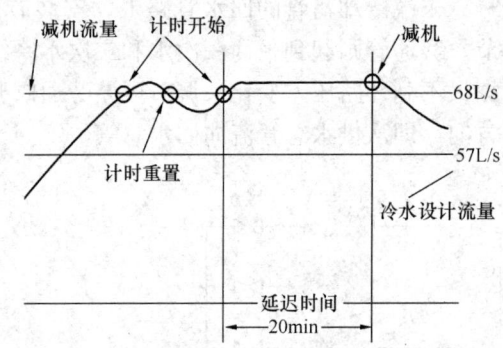

图 26.7-8　一次泵定流量系统的减机原理

26.7.3　二次泵变流量系统

1. 概述

二次泵变流量系统，是在冷水机组蒸发器侧流量恒定的前提下，把传统的一次泵分解为两级，它包括冷源侧和负荷侧两个水环路，如图 26.7-9 所示。

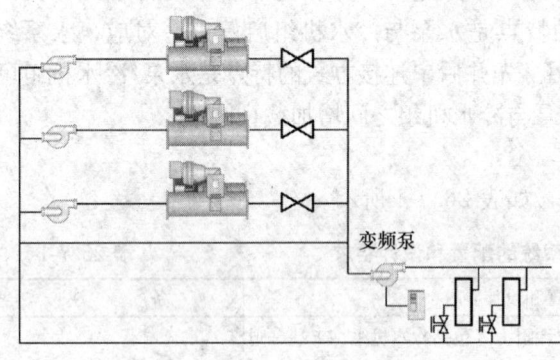

图 26.7-9　二次泵变流量系统

二次泵变流量系统的最大特点，在于冷源侧一次泵的流量不变，二次泵则能根据末端负荷的需求调节流量。对于适应负荷变化能力较弱的一些冷水机组产品来说，保证流过蒸发器的流量不变是很重要的，只有这样才能防止蒸发器发生结冰事故，确保冷水机组出水温度稳定。由于二次泵能根据末端负荷需求调节流量，与一次泵定流量系统相比，能节约相当一部分水泵能耗。

二次泵变流量系统中一次泵的位置与一次泵定流量系统相同，采用一机对一泵的形式，水泵和机组联动控制。在空调系统末端，冷却盘管回水管路上安装两通调节阀，使二次水系统在负荷变化时能进行变流量调节。通常，二次泵宜根据系统最不利环路的末端压差变化为依据，通过变频调速来保持设定的压差值。

平衡管起到平衡一次和二次水系统水量的作用。当末端负荷增大时，回水经旁通管流向供水总管；当末端水流量减小时，供水经旁通管流向回水总管。平衡管是水泵扬程的分界线，由于一次泵和二次泵是串联运行，需要根据管道阻力确定各自的扬程，在设计状态下平衡管的阻力为零或尽可能小。

由于某些冷水系统末端空调负荷特性或管路阻力差异较大，因此冷水系统设计又衍生出图 26.7-10 和图 26.7-11 所示的两种特殊形式。

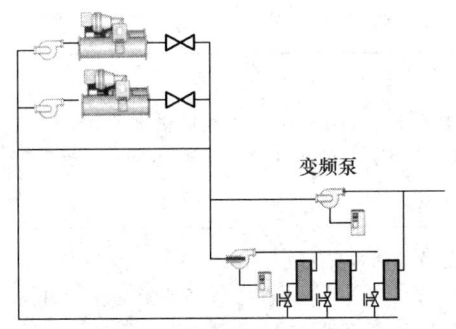
图 26.7-10 复合型二次泵变流量系统

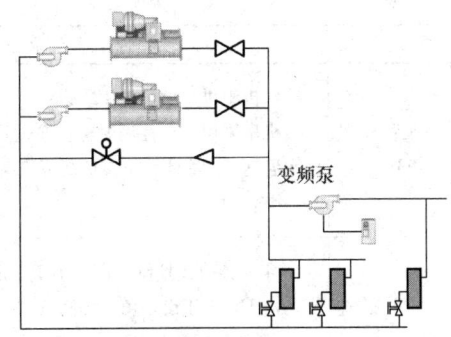
图 26.7-11 一次泵定流量复合二次泵子系统

复合型二次泵变流量系统在不同支路上分别采用变频泵，满足不同支路之间末端空调负荷特性或管路阻力的特点，与普通二次泵变流量系统相比，能进一步节省变频水泵的能耗，但水系统控制更复杂。

一次泵定流量复合二次泵子系统在特殊支路上采用变频泵，满足不同支路之间末端空调负荷特性或管路阻力的特点，与普通一次泵定流量系统相比，能节省变频水泵的能耗，但水系统控制更复杂。

2. 系统配置和设计要求

二次泵变流量水系统的配置和设计要求，如表 26.7-2 所示。

二次泵变流量水系统的配置和设计要求　　　　表 26.7-2

项　目	系统配置和设计要求	备　注
冷水循环泵	一次泵的扬程：克服冷水机组蒸发器到平衡管的一次环路的阻力 二次泵的扬程：克服从平衡管到负荷侧的二次环路的阻力	
平衡管	平衡管流量一般不超过最大单台冷水机组的额定流量	平衡管管径一般与空调供、回水总管管径相同，其长度超过 2 米，减少水管弯头处湍流现象
冷水机组的加机	1. 以压缩机运行电流为依据：若机组运行电流与额定电流的百分比大于设定值（如 90%），并且持续 10~15min，则开启另一台机组 2. 以空调负荷为依据：测量负荷侧的流量和供、回水温差，计算空调负荷。若空调负荷大于冷水机组提供的最大负荷，且此状态持续 10~15min，则开启另一台冷水机组	
冷水机组的减机	1. 旁通管的流量为依据：当旁通管内的冷水从供水总管流向回水总管，并且流量达到单台冷冻机设计流量的 110%~120%，如果这种状态持续 10~15min，则关闭一台冷水机组 2. 以空调负荷为依据：测量负荷侧的流量和供、回水温差，计算空调负荷。若减少某台冷水机组后，剩余机组提供的最大负荷满足空调负荷要求，且此状态持续 10~15min，则关闭该台冷水机组	见图 26.7-8 所示

续表

项　目	系统配置和设计要求	备　注
冷水机组的负荷调节	冷水机组供水设定温度重设：当机房采用自动控制时，会通过系统供水设定温度 T_{ss}、机组回水温度 T_{RI} 等计算出该负荷下机组最佳的出水设定温度，也就是一个新的 T_{cs}	冷水机组的供水设定温度 T_{cs}，可以人工设定，也可以自动设定
水泵变速控制	1. 定压差方式控制：压差小于设定值，则提高二次泵的转速；反之，压差大于设定值，则降低二次泵的转速。 2. 变定压差方式控制：根据负荷侧末端两通阀开度，重新设定控制压差，尽量降低二次泵的转速，以便最大限度节能	宜取二次泵环路中最不利环路上代表性的压差信号

26.7.4　一次泵变流量系统

1. 概述

一次泵变流量系统选择可变流量的冷水机组，使蒸发器侧流量随负荷侧流量的变化而改变，从而最大限度地降低水泵的能耗。与一次泵定流量系统相比，显然把定频水泵改为变频水泵，故水系统设计和运行调节方法不同，控制更复杂，但节能效果更明显。

（1）系统组成

一次泵变流量系统的典型配置如图 26.7-12 所示。与二次泵变流量系统相比，一次侧配置变频泵，冷水机组配置自动截止阀，冷水机组和水泵的台数不必一一对应，启停可分开控制。旁通管上多了一个控制阀，当负荷

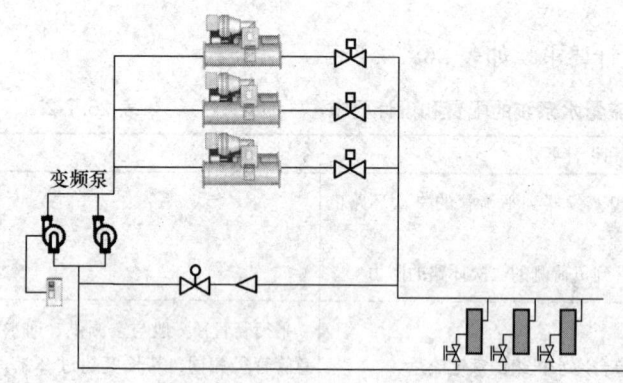

图 26.7-12　一次泵变流量系统

侧冷水量小于单台冷水机组的最小允许流量时，旁通阀打开，使冷水机组的最小流量为负荷侧冷水量与旁通管流量之和，最小流量由流量计或压差传感器测得。负荷侧的二次泵取消，系统末端仍然安装两通调节阀。变频水泵的转速一般由最不利环路的末端压差变化来控制。

（2）对冷水机组及其控制器的要求

对于可变流量的冷水机组，机组的流量变化范围和允许变化率，是两项重要性能指标，机组的流量变化范围越大，越有利于冷水机组的加、减机控制，节能效果越明显；机组的允许流量变化率越大，则冷水机组变流量时出水温度波动越小。先进的冷水机组控制器，不仅具有反馈控制功能（常规功能），还具有前馈控制功能。因此不仅能根据冷水机组出水温度变化调节机组负荷，而且还能根据冷水机组进水温度变化来预测和补偿空调负荷变化对出水温度的影响。采用不同控制器的冷水机组的运行效果比较如图 26.7-13、图 26.7-14 所示。

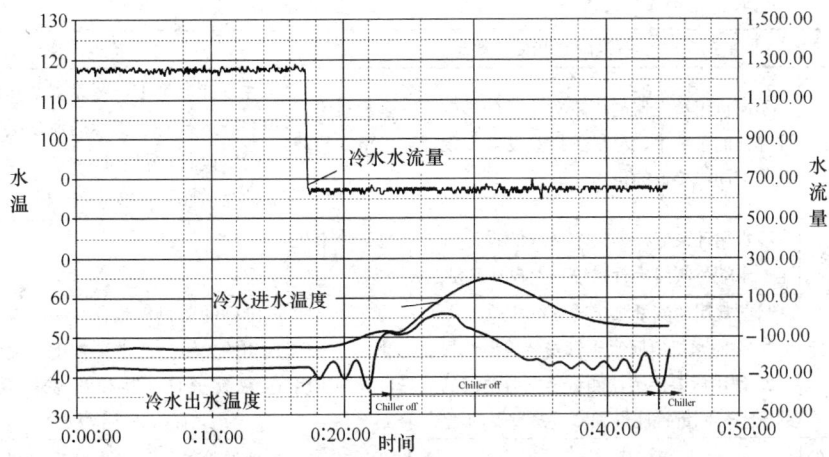

图 26.7-13 无前馈控制和变流量补偿功能，机组出水温度不稳定

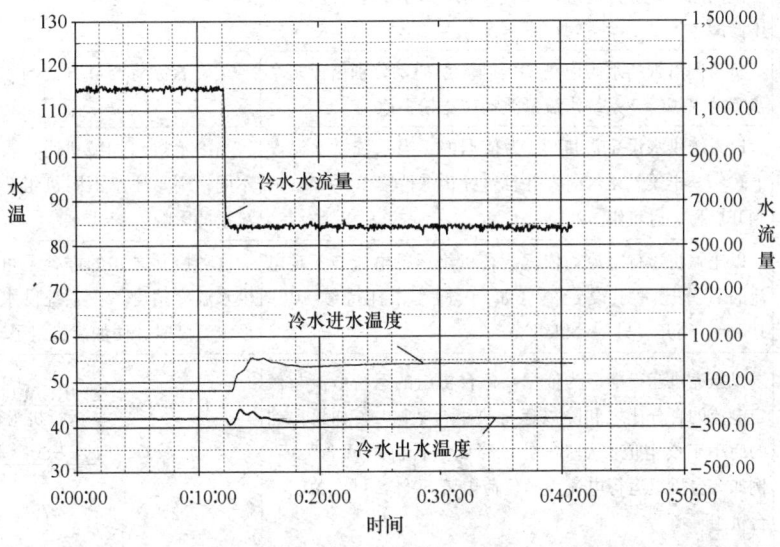

图 26.7-14 有前馈控制和变流量补偿功能，机组出水温度稳定

2. 系统配置和设计要求

一次泵变流量系统的配置和设计要求，如表 26.7-3 所示。

一次泵变流量系统的配置和设计要求　　　　　表 26.7-3

项　目	系统配置和设计要求	备　注
冷水机组	冷水机组的最大流量：考虑蒸发器最大许可的水压降和水流对蒸发器管束的侵蚀	流量范围为额定流量的 30%～130% 为佳，最小流量宜小于额定流量的 45%
	冷水机组的最小流量：影响到蒸发器换热效果和运行安全性等	
	允许流量变化率：推荐的机组允许流量变化率是至少每分钟 25%～30%，以确保冷水机组出水温度稳定	允许流量变化率：机组所能承受的每分钟最大流量变化量。一般来说，这个值越大越好

续表

项 目	系统配置和设计要求	备 注
冷水机组	不同机组蒸发器的压降对流量的影响：在多台机组并联连接的系统中，尽量选择蒸发器在设计流量下水压降基本相同或接近的机组	在设计流量下，蒸发器的压降不同的机组并联运行时，实际的流量会偏离机组选型时的设计流量。这种情况会增加系统控制的复杂性，导致系统不稳定
冷水循环泵	冷水循环泵应根据整个系统的设计阻力（包括冷水机组、末端、阀门、管路等）及设计流量选择	
流量测定装置	目前常用的流量测定装置有两种： 1. 在冷水机组回水干管安装流量计测量流量 2. 使用压差传感器测量蒸发器两侧的压降，根据机组的压差—流量特性得到流过蒸过器的流量	准确的流量测量，是一次泵变流量系统成功的关键。通常高精度的流量计宜采用电磁流量计，其校准后的精度可达到±0.5%，而且校零次数少
旁通管的设计	旁通管的流量是最小单台冷冻机的最小允许流量	旁通管的作用是保证冷水机组的蒸发器流量不低于其最小流量
旁通阀的选择	阀门的流量和开度应成线性关系；并且在设计压力下不渗漏	
负荷调节	负荷侧盘管的水阀应是"慢开"型的，分别启停多个盘管的水阀时，系统水流量波动应比较平稳	正确的负荷调节方法与水系统设计同等重要
冷水机组加机	以系统供水设定温度 T_{ss} 为依据：当系统供水温度 $T_{sl} > T_{ss}$ +误差死区时，并且这种状态持续 10～15min，则开启另一台机组	当冷水机组加减机时，若蒸发器的规格不同，则要注意不同机组蒸发器的压降对流量的影响
	以压缩机运行电流为依据：若机组运行电流与额定电流的百分比大于设定值（如 90%），并且持续 10～15min，则开启另一台机组	这种控制方式的好处是可以维持很高的供水温度精度，在系统供水温度尚未偏离设定温度时，便加载机组了
冷水机组减机	以压缩机运行电流为依据：每台机组的运行电流与额定电流的百分比之和除以运行机组台数减 1，如果得到的商小于设定值（如 80%），那么一台机组就会关闭。例如 3 台机组运行电流为满负荷电流 50%，可以关闭一台机组	$80\%剩余 \geqslant \dfrac{\Sigma\%RLA(运行机组)}{运行机组台数-1}$ $80\% \geqslant \dfrac{50\%+50\%+50\%}{3-1}$ $80\% \geqslant 75\%$

一次泵变流量系统是目前冷水系统最佳的配置形式，其主要特点如下：

(1) 冷水机组和水泵台数不必一一对应，它们的台数变化和启停可分别独立控制。

(2) 与二次泵变流量系统相比，一次泵变流量系统省去了一次泵（定速水泵），节省了初投资，节省了机房面积。

(3) 能根据末端负荷的变化，调节负荷侧和冷水机组蒸发器侧的流量，从而最大限度地降低变频水泵的能耗。

(4) 可以消除一次泵定流量和二次泵系统的"低温差综合症"，使冷水机组高效运行。

(5) 能充分利用冷水机组的超额冷量，减少并联的冷水机组和冷却水泵的全年运行时数和能耗。

冷水机组是按照设计工况选择的，当冷却水进水温度低于设计工况时，冷水机组满负荷运行的制冷量通常大于其设计冷量（额定冷量）。由于一次泵变流量系统的冷水机组和水泵台数不是一一对应，因此通过加大冷水机组蒸发器的流量，可充分利用冷水机组的超额冷量,不必开启另一台冷水机组和相应的冷却水泵,从而减少并联的冷水机组和冷却水泵的全年运行时数和能耗。

26.7.5 "低温差综合症"

1. 概述

"低温差综合症"是二次泵变流量系统和一次泵定流量水系统中最常见、也是最容易引起控制失调的问题。它的主要症状是:

(1) 系统的供回水温差小,导致负荷侧流量高于设计值;

(2) 冷水机组加、减机失调,机组的运行效率降低;

(3) 系统供水和回水混合,导致供水温度升高、空调末端去湿能力降低,房间的温、湿度偏高。

例如三台冷水机组并联的水系统,每台冷水机组的额定流量为300m^3/h,供、回水设定温差为5℃。当末端负荷下降到62.2%时,理论上二台冷水机组运行提供冷量即可。但实际上,由于"低温差综合症"存在,导致负荷侧流量加大,供、回水温差减小。采用二次泵变流量系统或一次泵定流量水系统时,由于冷水机组定流量,不得不使用三台冷水机组,使每台机组在62%左右负荷范围内运行,不仅机组运行效率不高,而且多开一套冷水泵、冷却水泵、冷却塔等,浪费能耗。若采用一次泵变流量系统,由于冷水机组变流量,可使用二台冷水机组,使每台机组在93.3%左右负荷范围内运行,运行效率高,但此时冷水机组流量超过额定流量16.6%,见表26.7-4。

"低温差综合症"对水系统能耗的影响   表26.7-4

比较内容	理论值	二次泵变流量系统或 一次泵定流量系统	一次泵变流量系统
负荷侧供回水温差	5℃	4℃	4℃
负荷侧流量	560m^3/h	700m^3/h	700m^3/h
冷水机组总流量	600m^3/h	900m^3/h	700m^3/h
冷水机组运行台数	2	3	2
冷水机组运行负荷	93.3%	62%	93.3%
备注	额定流量: 每台300m^3/h	定流量,每台300m^3/h 旁通流量200m^3/h	变流量,每台350m^3/h超过额定流量16.6% 旁通流量0m^3/h

二次泵变流量系统也可采用运行2台冷水机组的方案,但会提高水系统的供水温度,造成空调房间的温湿度偏高。因为2台冷水机组定流量运行,冷源侧提供600m^3/h冷水,需旁通100m^3/h负荷侧回水,才能满足700m^3/h的负荷侧流量需求。

2. 形成"低温差综合症"的原因

(1) 末端设备中换热器的换热能力不足,可能是系统设计不合理,或者是系统长期运行后换热器传热效果降低,如空气冷却器(盘管)内部结垢,空气过滤器积尘过多。

(2) 控制阀关闭不严,阀座漏水,控制失调。

(3) 温度传感器、控制阀等选型不当,如末端设备的电动控制阀门选择偏大。

3. 克服"低温差综合症"的途径

(1) 确保空气冷却器（盘管）具有足够的换热能力，使空气冷却器（盘管）的水温差最大，避免采用大流量小温差的方法获得换热能力。

(2) 系统设计合理，系统负荷计算准确、选择合理的末端设备电动控制阀门。

(3) 在一次泵定流量系统中适当增大一次泵的容量。

当冷冻机的进出水温差小于设定值时，会造成系统供冷不足，系统可能需要加机。但此时冷水机组并没有达到其最大制冷量，因此加大一次泵的装机容量，使经过蒸发器的流量增大，以满足末端的冷负荷要求。

(4) 在二次泵变流量系统的一次泵上安装变频器或在平衡管上增加止回阀。

在一次泵上安装变频器，一次侧水量能根据二次侧水量改变而改变，此时二次泵变流量系统也就成为"一次泵变流量"系统。

在平衡管上增加止回阀，确保二次侧水量不能超过一次侧水量。当出现"低温差综合症"且二次侧水量将超过一次侧水量时，止回阀会使二次泵与一次泵处于串联运行，流经一次泵和冷水机组的流量将会增加，冷水机组的出力增加

26.7.6 变流量水系统比较

针对系统配置、初投资及运行费用等，二次泵变流量系统与一次泵变流量系统的对比见表 26.7-5。

一次泵变流量和二次泵变流量的比较　　　　表 26.7-5

项　目	二次泵变流量系统	一次泵变流量系统
一次泵	水泵与机组运行相对应，联动控制 根据一次侧水系统压力降，选择水泵扬程，水泵扬程相对较小 一次泵定流量运行，不节能	水泵与机组的运行相互独立 根据全程压力降选择水泵扬程 最不利末端压差控制 一次泵变流量运行，系统全程节能
二次泵	根据二次侧压力降选择水泵扬程 最不利末端压差控制 二次泵变流量运行，系统部分节能	无
冷水机组	蒸发器流量恒定	蒸发器流量可变
变频装置	仅二次泵配备，功率较小	一次泵配备，功率较大
平衡管/旁通管	最大单台冷水机组的设计流量 无控制阀	最小单台冷水机组的最小流量 有控制阀
流量测量	旁通流量 负荷侧回水干管流量	蒸发器压差换算 冷水机组回水干管流量
加减机依据	二次侧供水温度或空调负荷计算	二次侧供水温度或机组运行电流
初投资	大	小，节省一次泵及配套的电机、管线
机房面积	大，需两套水泵	小，一套水泵
运行费用	大	小，比二次泵省 6%～12% 比一次泵定流量省 20%～30%

26.7.7 一次泵变流量水系统设计注意事项

1. 机组选择

(1) 选择蒸发器许可流量变化范围大，最小流量尽可能低的冷水机组（如离心机 30%～130%，螺杆机 40%～120%）。

(2) 选择适应冷水流量快速变化的冷水机组。

(3) 选择多台冷水机组时，选择蒸发器压降接近的冷水机组。

(4) 了解冷水机组控制器的加减载特性。

2. 旁通管

(1) 选择精度高、调节性能好的控制阀门。

(2) 选择精度高的流量计。

(3) 尽可能减少控制延迟时间。

3. 机组群控（加减机）

(1) 加机以系统供水温度为判断依据或以压缩机运行电流为依据。

(2) 减机以压缩机运行电流为依据。

(3) 在加机前先对原运行机组卸载。

(4) 机组的隔离阀应缓慢动作，避免加减机时流量瞬间变化太大。

(5) 合理的群控方案避免频繁加减机。

4. 空调水系统配置

(1) 一台机组仍可用一次泵变流量系统。

(2) 水泵与机组的运行相互独立，利于机组提供"超额冷量"。

(3) 重视对流量瞬间变化的控制。

5. 负荷侧设备控制

(1) 多台设备的启停时间错开。

(2) 阀门缓慢调节冷水流量。

26.7.8 含热回收机组的冷水系统设计

由于热回收机组的主要目的是供冷，将冷凝器的散热量回收，用于工艺水、生活水、空调水预热则是次要目的。因此要获得较多的热回收量，必须有充足的冷负荷，通常机组在 70%～90% 的负荷范围内运行。热回收机组一般与多台单冷机组共同使用，确保足够的冷负荷提供给热回收机组。但在舒适性空调系统中，热量需求多时，冷量需求通常会减少，由于热回收机组的供冷量不足，从而减少热回收的供热量。常规的二次泵变流量系统见图 26.7-15。若把二次泵变流量系统稍加改进，采用以下两种方案，就可获得最多的热回收量。

1. 优先并联方案

当一台热回收机组设置在平衡管的另一侧，将会充分利用它的制冷能力，因为它的冷水回水温度最高，不受平衡管分流的影响（见图 26.7-16）。同时它不会降低其他冷水机组的回水温度。在整个空调供冷季节，通常该机组优先启动，最后停机，以获得最多的冷负荷和最长的运行时间，产生最多的热回收量。若冷水系统的供水温度要求恒定，与常规的二次泵变流量系统相比（如图 26.7-15 所示），则热回收机组可提供更多的热回收量。

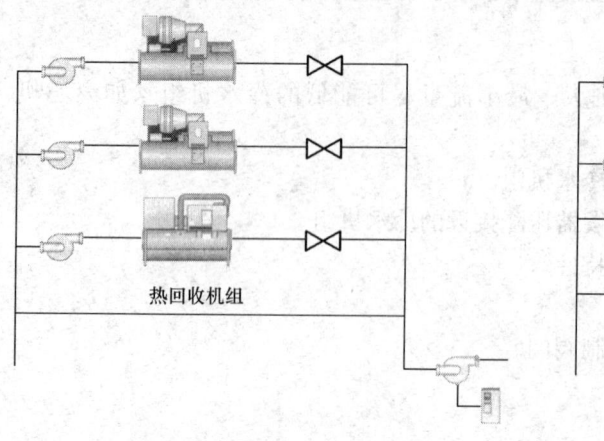

图 26.7-15 常规方案　　　　图 26.7-16 优先并联方案

2. 优先旁通方案

当一台热回收机组设置在平衡管的另一侧，并且将该机组的供、回水接在多台单冷机组的回水管上（见图 26.7-17），它的冷水回水温度最高，而且不受冷水系统负荷大小的影响。通过设定合适的冷水出水温度，可以使热回收机组满负荷运行，提供最大的热回收量。该热回收机组提供的制冷量可预冷其他单冷机组的回水温度，又可减少其他单冷机组的冷负荷。

由于热回收机组的制冷效率比常规单冷机组低，因此只要调节它的出水温度，满足所需的热回收量即可，让其他单冷机组承担更多的空调系统冷负荷。

3. 三种设计方案的比较

某空调系统采用一台单制冷冷水机组（额定冷量 1758kW）和一台热回收冷水机组（额定冷量 703kW）提供所需的 1934kW 冷量和 585kW 热量，水系统供水温度 4.4℃，回水温度 13.3℃。采用三种冷水系统设计方案对热回收机组的运行参数的影响见表 26.7-6。

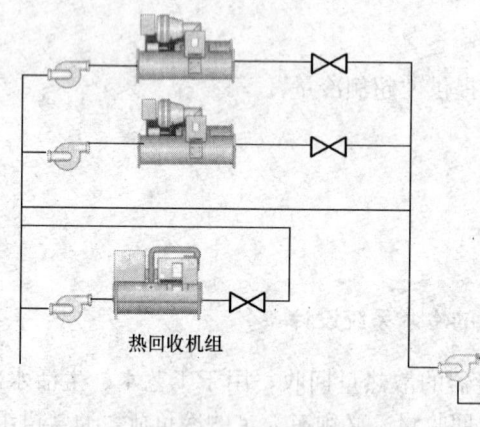

图 26.7-17 优先旁通方案

三种冷水系统设计方案对热回收机组的运行参数的影响　　　表 26.7-6

比　较　项　目	二次泵变流量方案	优先并联方案	优先旁通方案
单制冷冷水机组冷量（kW）	1382	1231	1347
热回收冷水机组冷量（kW）	552	703	587
热回收冷水机组的冷水供水温度（℃）	4.4	4.4	5.9
热回收量（kW）	555	705	585
需补充的热量（kW）	30	−120	0

从表 26.7-6 中看出：三种冷水系统设计方案中的二台冷水机组共提供 1934kW 冷量，恰好满足制冷需求。但是提供的热回收量不同，与所需的 585kW 热量相比，二次泵变流

量方案缺少 30kW 热量需补充,优先并联方案多余 120kW 热量需排放,优先旁通方案恰好满足供热要求。由于优先旁通方案中热回收冷水机组的冷水供水温度比其他两种方案高 1.5℃,故热回收冷水机组的性能系数 COP 较高。但是整个系统的供水温度仍为 4.4℃,因为热回收冷水机组的供、回水接在多台单冻机组的回水管上,它的冷水回水温度最高,而且不受冷水系统负荷大小的影响,见图 26.7-17。

26.8 水系统的附件、设备及配管

26.8.1 集管及分、集水器

1. 集管(Header) 集管也称母管,是一种利用一定长度、直径较粗的短管,焊上多根并联接管接口而形成的并联接管设备,习惯上称为分/集水器(Manifold);在蒸汽系统中则称为分汽缸。

设置集管的目的:一是为了便于连接通向各个并联环路的管道;二是均衡压力,使汇集在一起的各个环路具有相同的起始压力或终端压力,确保流量分配均匀。

分/集水器的直径 D (mm),应保持 $D \cdot 2d_{max}$ (d_{max} ——最大连接管的直径,mm)。通常可按并联接管的总流量通过集管断面时的平均流速 $v_m=0.5\sim1.5$m/s 来确定;流量特别大时,流速允许适当增大,但最大不应大于 $v_{m \cdot max}=4.0$m/s。

【例】 分/集水器上拟连接 4 条 $DN=80$mm 的管道,这些管道内的平均流速为 2.0m/s,试确定集管的直径。

【解】 $DN=80$mm 钢管的内径为:$d_n=81$mm;其断面积为:

$$A = \frac{1}{4} \cdot \pi \cdot d^2 = \frac{1}{4} \times 3.1416 \times 81^2 = 5153 \text{mm}^2$$

连接管的断面积为:$\Sigma A = 5153 \times 4 = 20612 \text{mm}^2$

取 $v_m = 1.2$m/s

则分/集水器应有的断面积为:

$$A' = 20612 \times \frac{2.0}{1.2} = 34353 \text{mm}^2$$

相应的直径应为:

$$d_n = \sqrt{\frac{4 \times 34353}{3.1416}} = 209 \text{mm}$$

选择 $DN=219\times5$mm 钢管。

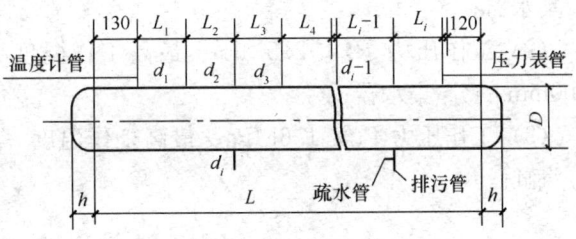

图 26.8-1 分/集水器的排布尺寸

分/集水器的长度 L (m)可根据图 26.8-1 按下式计算:表 26.8-1 确定。

$$L = 130 + L_1 + L_2 + \cdots\cdots + L_i + 120 + 2h \quad (26.8-1)$$

式中 $L_1, L_2, L_3, \cdots\cdots L_i$ ——接管中心距,mm,按表 26.8-1 确定。

接管中心距 (mm)　　　　　　表 26.8-1

L_1	L_2	L_3	$L\cdots\cdots$	L_i
d_1+120	d_1+d_2+120	d_2+d_3+120	......	$(d_i-1)+120$

注:d——接管的外径(含绝热层厚度),如接管无绝热层,则接管中心距必须大于 d_1+d_2+80 (d_1、d_2 为两相邻接管的外径)

2. 分/集水器筒体和封头 分/集水器筒体和封头的壁厚,可按表26.8-2选用。

分/集水器筒体和封头的壁厚 (mm)　　　　表26.8-2

筒体直径 (mm)	工作压力 P_w (MPa)							
	0.25	0.60	0.80	1.00	1.20	1.60	2.00	2.50
材质:无缝钢管(20号钢)								
159	4	4	4	4	4	4	4	4
219	5	5	5	5	5	5	5	5
273	6	6	6	6	6	6	6	8
325	6	6	6	6	6	6	6	8
377	6	6	6	6	6	6	8	8
426	6	6	6	6	6	8	8	10
材质:Q235B (JB/T 4736)							20R	
500	6	6	6	6	8	8	10	10
600	6	6	6	6	8	8	10	12
700	6	6	8	8	8	10	10	12
800	6	6	8	8	10	10	12	14
900	6	6	8	10	8	12	12	14
1000	6	8	8	10	10	12	14	16

注:封头的材质和壁厚与筒体相同,腐蚀裕度取1mm,钢板厚度负偏差取0mm。

表26.8-2的适用条件为:

(1) 工作压力 $P_w \leqslant 2.5$MPa、最高工作温度 $t_{max} < 100$℃ 和筒体直径 $D \leqslant 1000$mm 的分/集水器;

(2) 工作压力 $P_w \leqslant 2.5$MPa、最高工作温度 100℃ $\leqslant t_{max} \leqslant 150$℃ 和筒体直径 $D \leqslant 1000$mm 的分/集水器;

(3) 工作压力 $P_w \leqslant 1.6$MPa、最高工作温度 $t_{max} < 150$℃ 和筒体直径 $D \leqslant 1000$mm 的分/汽缸。

26.8.2 水 过 滤 器

空调冷水和冷却水系统中的水泵、换热设备、热计量装置等的入口管路上,均应设置水过滤器,用以防止杂质进入水系统,污染或阻塞这些设备。

水过滤器的类型很多,由于Y形过滤器的结构紧凑、外形尺寸小、安装清洗方便,所以在空调水系统中应用十分广泛。

Y形过滤器的结构如图26.8-2和图26.8-3所示。过滤器的本体,一般为铸钢件,滤芯为不锈钢网,$DN \leqslant 25$mm 的过滤器,多数为铜质或不锈钢产品。公称直径 $DN \leqslant 25$mm 时采用丝扣连接;$DN > 25$mm 时采用法兰连接。

Y形过滤器的结构尺寸,见表26.8-3。

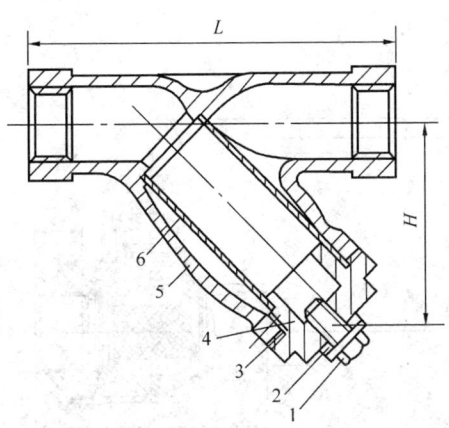

图 26.8-2　Y-15~Y-25 过滤器
1—螺栓；2、3—垫片；4—封盖；
5—阀体；6—网片

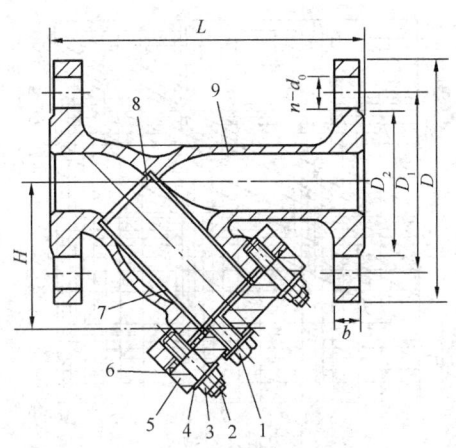

图 26.8-3　Y-32~Y-400 过滤器
1—螺钉；2—螺栓；3—螺母；4—、6—垫片；
5—封盖；7—网片；8—框架；9—阀体

Y形过滤器的结构尺寸　　　　表 26.8-3

公称直径 (mm)	结构尺寸 (mm)							$n-d_0$	连接螺纹
	L	H	D	D_1	D_2	b			
15	110	56	—	—	—	—	—	ZG1/2"
20	120	60	—	—	—	—	—	ZG3/4"
25	140	70	—	—	—	—	—	ZG1"
32	190	85	135	100	80	18	4-17.5	—
40	220	90	145	110	85	18	4-17.5	—
50	240	100	160	125	100	20	4-17.5	—
65	280	120	180	145	125	20	4-17.5	—
80	320	145	195	160	135	22	8-17.5	—
100	350	165	215	180	155	24	8-17.5	—
125	400	195	250	210	180	26	8-17.5	—
150	500	230	285	240	210	28	8-22	—
200	600	320	340	295	265	30	8-22	—
250	700	370	395	350	320	30	12-22	—
300	800	450	445	400	370	32	12-22	—
350	900	500	505	460	430	32	16-22	—
400	1000	620	565	515	480	32	16-26	—

Y形过滤器的阻力（压力损失），一般由生产企业提供，当缺乏相关资料时，建议按图 26.8-4 或表选取。

过滤球阀是近年我国研制出来的一种合过滤与球阀功能于一体的新型铜质阀门，其结构详见图 26.8-5，其构造尺寸如表 26.8-4 所示。

过滤球阀的特点是体积小、流阻低、多功能，不仅安装省时省工，且排污简便，由于结构紧凑，可以节省空间，具有推广价值。

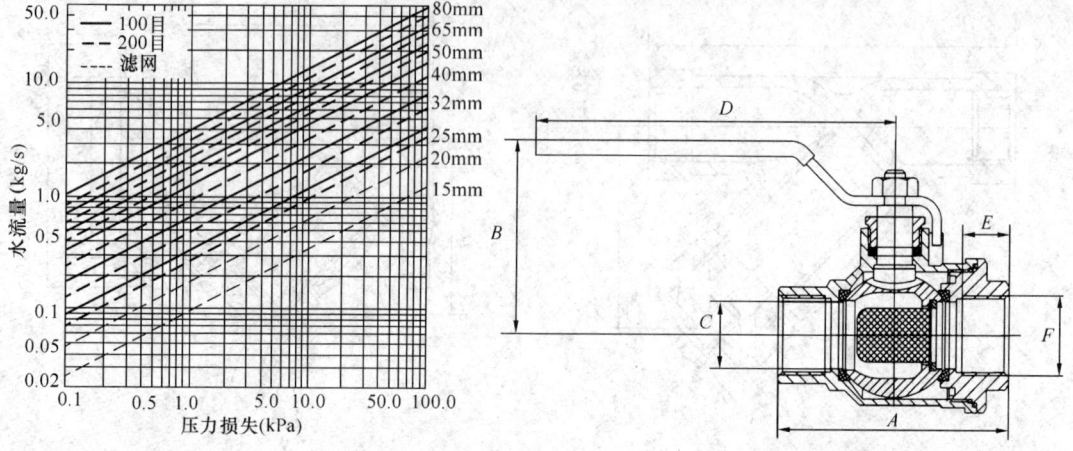

图 26.8-4　Y形过滤器的阻力（压力损失）图　　　图 26.8-5　过滤球阀

过滤球阀的流阻曲线如图 26.8-6 所示。

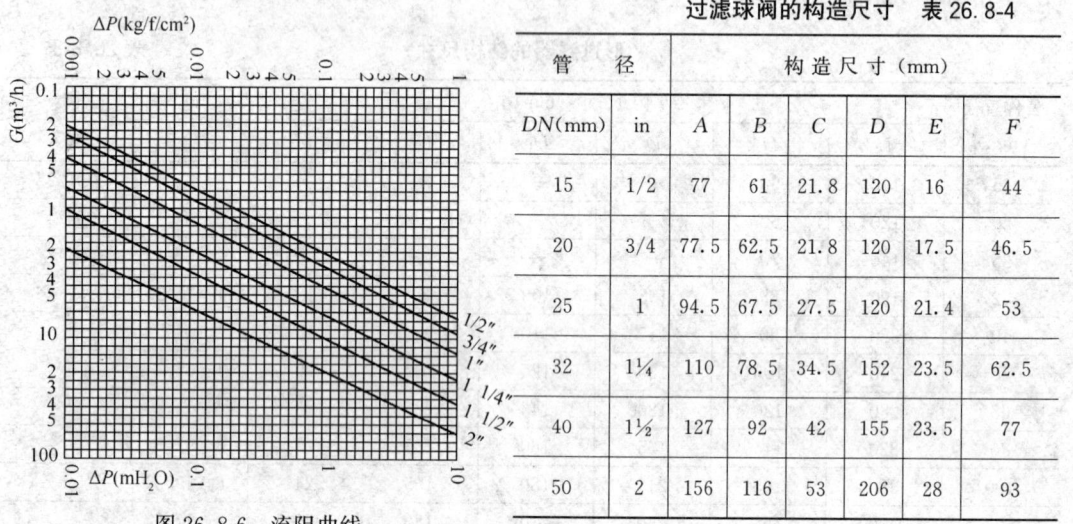

图 26.8-6　流阻曲线

过滤球阀的构造尺寸　　表 26.8-4

管径		构造尺寸 (mm)					
DN(mm)	in	A	B	C	D	E	F
15	1/2	77	61	21.8	120	16	44
20	3/4	77.5	62.5	21.8	120	17.5	46.5
25	1	94.5	67.5	27.5	120	21.4	53
32	1¼	110	78.5	34.5	152	23.5	62.5
40	1½	127	92	42	155	23.5	77
50	2	156	116	53	206	28	93

26.8.3　循环水系统的补水、定压与膨胀

1. 水系统的补水

水系统的补水设计，应遵循下列原则：

（1）循环水系统的小时泄漏量，可按系统水容量 V_C 的 1% 计算（V_C 值见表 26.8-6）。系统的补水量，宜取系统水容量的 2%。

（2）空调水系统的补水，应经软化处理。仅夏季供冷使用的单冷空调系统，可采用电磁水处理器。补水软化处理系统宜设软化水箱，补水箱的贮水容积，可按补水泵小时流量的 0.5～1.0 配置（系统较小时取上限，系统较大时取下限）。补水箱或软水箱的上部，应留有能容纳相当于系统最大膨胀水量的泄压排水容积。

（3）循环水系统的补水点，宜设在循环水泵的吸入侧；当补水压力低于补水点的压力时，应设置补水泵。仅夏季使用的单冷空调系统，如未设置软化设备，且市政自来水压力大于系统的静水压力时，则可不设补水泵而用自来水直接补水。

（4）补水泵的选择与设置，可按下列要求进行：

1）各循环水系统宜分别设置补水泵。

2）补水泵的扬程，一般应比系统补水点的压力高 30～50kPa；当补水管的长度较长时，应注意校核计算补水管的阻力。

3）补水泵的小时流量，宜取系统水容量的 5%，不应大于 10%。

4）水系统较大时，宜设两台补水泵，平时使用一台，初期上水或事故补水时，两台泵同时运行。

5）冷/热水合用的两管制水系统，宜配置备用泵。

（5）循环水系统的补水、定压与膨胀，一般可通过膨胀水箱来完成。水系统的定压与膨胀，可按下列原则进行设计：

1）系统的定压点，宜设在循环水泵的吸入侧。

2）水温（t）95℃≥t>60℃的水系统：定压点的最低压力可取系统最高点的压力高于大气压力 10kPa。

3）水温 t≤60℃水系统：定压点的最低压力可取系统最高点的压力高于大气压力 5kPa。

4）系统的膨胀水量应能回收。

5）膨胀管上禁止设置阀门。

6）膨胀管的公称直径，可按表 26.8-5 确定：

膨胀管的公称直径　　　　　　　　表 26.8-5

膨胀水量（L）	空调冷水	<150	150～290	291～580	>580
	空调热水或供暖水	<600	600～3000	3001～5000	>5000
膨胀管的公称直径（mm）		25	40	50	70

（6）闭式空调水系统的定压与膨胀方式，应结合具体建筑条件确定。条件允许时，特别是当系统静水压力接近冷热源设备能承受的工作压力时，应优先考虑采用高位开式膨胀水箱定压。当缺乏安装开式膨胀水箱条件时，可考虑采用补水泵和气压罐定压。

2. 膨胀水箱

膨胀水箱的容积 V_t（m³），可根据不同的膨胀水箱型式按下列公式计算：

有气/水分界面的闭式膨胀水箱：

$$V_t = V_s \cdot \frac{[(v_2/v_1)-1]-3\alpha \cdot \Delta t}{(p_a/p_1)-(p_a/p_2)} \tag{26.8-2}$$

有气/水分界面的开式膨胀水箱：

$$V_t = 2V_s \cdot \left[\left(\frac{v_2}{v_1}-1\right)-3\alpha \cdot \Delta t\right] \tag{26.8-3}$$

有隔膜的膨胀水箱：

$$V_t = V_s \cdot \frac{[(v_2/v_1)-1]-3\alpha \cdot \Delta t}{1-(p_1/p_2)} \tag{26.8-4}$$

式中 V_s——系统中水的容积，m^3；

Δt——水温变化幅度，$\Delta t = t_2 - t_1$；

t_1——较低的水温（水的初温），℃；

t_2——较高的水温（水的终温），℃；

p_1——对应于 t_1 时的压力，kPa；

p_2——对应于 t_1 时的压力，kPa；

v_1——对应于 t_1 时水的比容，m^3/kg；

v_2——对应于 t_2 时水的比容，m^3/kg；

α——线膨胀系数，$\alpha = 11.7 \times 10^{-6}$ m/(m·℃)（钢）；$\alpha = 17.1 \times 10^{-6}$ m/(m·℃)（铜）。

国内应用比较广泛的是开式膨胀水箱与隔膜式膨胀水箱，兹根据国家建筑标准设计图集 05K210 提供的选择应用方法，分别介绍如下：

(1) 开式膨胀水箱

开式膨胀水箱定压，不仅设备简单、控制方便，而且水力稳定性好，初投资低，因此，在 HVAC 水系统中应用比较普遍。

开式膨胀水箱的有效容积 V（m^3）可按下式计算：

$$V = V_t + V_p \tag{26.8-5}$$

式中 V_t——水箱的调节容量，m^3，一般不应小于 3min 平时运行的补水泵流量，且保持水箱调节水位高差不小于 200mm；

V_p——系统最大膨胀水量，m^3；

$$\text{供热时}: V_p = V_c \cdot \left(\frac{\rho_0}{\rho_m} - 1\right) \tag{26.8-6}$$

$$\text{供冷时}: V_p = V_c \cdot \left(1 - \frac{\rho_0}{\rho_m}\right) \tag{26.8-7}$$

V_s——系统水容量，m^3；

ρ_0——水的起始密度，kg/m^3；供热时可取水温 $t_0 = 5$℃时对应的密度值；供冷时可取 $t_0 = 35$℃时对应的密度值；

ρ_m——系统运行时水的平均密度，kg/m^3；按 $\frac{\rho_s + \rho_r}{2}$ 取值。

ρ_s——设计供水温度下水的密度，kg/m^3；

ρ_r——设计回水温度下水的密度，kg/m^3。

一般情况下，V_p/V_c 值可按表 26.8-6 取值。

V_p/V_s 的参考值 表 26.8-6

系　　统	空调冷水	热　水	供　　暖	
供/回水温度（℃）	7/12	60/50	85/60	95/70
水的起始温度（℃）	35	5	5	5
膨胀水量　V_p/V_c	0.0053	0.01451	0.02422	0.03066

膨胀水量 $V_p(m^3)$，也可按下式估算：

$$V_p = a\Delta t V_c = 0.0006 \times \Delta t V_s \tag{26.8-8}$$

式中　a——水的体积膨胀系数，$a=0.0006$L/℃；

　　　Δt——最大的水温变化值，℃；

　　　V_s——系统的水容量，m^3，可近似按表 26.8-7 确定。

方案设计时，膨胀水量也可按下列数据估计：冷水系统取 0.1L/kW；热水系统取 0.3L/kW。

系统的水容量（L/m^2 建筑面积）　　　　　　　　表 26.8-7

运行制式	系 统 型 式	
	全空气系统	空气—水空气系统
供　冷	0.40~0.55	0.70~1.30
供暖（热水锅炉）	1.25~2.00	1.20~1.90
供暖（热交换器）	0.40~0.55	0.70~1.30

（2）开式膨胀水箱设计注意事项

1）膨胀水箱的安装高度，应保持水箱中的最低水位高于水系统的最高点 1m 以上。

2）在机械循环空调水系统中，为了确保膨胀水箱和水系统的正常工作，膨胀水箱的膨胀管应连接在循环水泵的吸入口前（该接点即为水系统的定压点）。在重力循环系统中，膨胀管应连接在供水总立管的顶端。

3）两管制空调水系统，当冷、热水共用一个膨胀水箱时，应按供热工况确定水箱的有效容积。

4）水箱高度 $H \geqslant 1500$mm 时，应设内、外人梯；$H \geqslant 1800$mm 时，应设两组玻璃管液位汁。

5）膨胀水箱上必须配置供连接各种功能用管的接口，详见图 26.8-7、图 26.8-8 和表 26.8-8 所示。

膨胀水箱的配管　　　　　　　　表 26.8-8

序号	名称	功　能	说　明
1	膨胀管	膨胀水箱与水系统之间的连通管，通过它将系统中因膨胀而增加的水量导入水箱；在水冷却时，通过它将水箱中的水导入系统	接管入口应略高于水箱底面，防止沉积物流入系统。膨胀管上不应装置阀门
2	循环管	防止冬季水箱内的水冻结，使水箱内的存水在两接点压差的作用下能缓慢地流动。不可能结冻的系统可不设此管	循环管必须与膨胀管连接在同一条管道上，两条管道接口间的水平距离应保持 1.5~3.0m
3	溢流管	供出现故障时，让超过水箱容积的水，有组织的间接排至下水道	必须通过漏斗间接相连，防止产生虹吸现象
4	排污管	供定期清洗水箱时排除污水	应与下水相连
5	补水管	自动保持膨胀水箱的恒定水位	必须与给水系统相连；如采用软化水，则应与该系统相连
6	通气管	使水箱和大气保持相通，防止产生真空	

6) 计算出膨胀水箱有效容积后，可以从国家建筑标准设计图集 05K210 选择确定膨胀水箱的规格、型号及配管的直径（见表 26.8-9）。

膨胀水箱的规格型号及配管尺寸　　　　表 26.8-9

形式	型号	公称容积 (m^3)	有效容积 (m^3)	长×宽或内径 (mm)	高 (mm)	配管公称直径 (mm)					水箱自重 (kg)
						溢流	排水	膨胀	信号	循环	
方形	1	0.5	0.6	900×900	900	50	32	40	20	25	200
	2	0.5	0.6	1200×700	900						209
	3	1.0	1.0	1100×1100	1100						288
	4	1.0	1.1	1400×900	1100						302
	5	2.0	2.0	1400×1400	1200						531
	6	2.0	2.2	1800×1200	1200						580
	7	3.0	3.1	1600×1600	1400						701
	8	3.0	3.4	2000×1400	1400						743
	9	4.0	4.2	2000×1600	1500	70	32	50	20	25	926
	10	4.0	4.2	1800×1800	1500						916
	11	5.0	5.0	2400×1600	1500						1037
	12	5.0	5.1	2200×1800	1500						1047
圆形	1	0.5	0.5	900	1000	50	32	40	20	25	169
	2	0.5	0.6	1000	900						179
	3	1.0	1.0	1100	1300						255
	4	1.0	1.1	1200	1200						269
	5	2.0	1.9	1500	1300						367
	6	2.0	2.0	1400	1500						422
	7	3.0	3.2	1600	1800						574
	8	3.0	3.3	1800	1500						559
	9	4.0	4.1	1800	1800	70	32	50	20	25	641
	10	4.0	4.4	2000	1600						667
	11	5.0	5.1	1800	2200						724
	12	5.0	5.0	2000	1800						723

注：水箱顶部通气管直径均为 32mm；液面计接口尺寸均为 20mm。

（3）开式膨胀水箱配管示意

开式膨胀水箱有补水泵补水和浮球阀补水两种方式，如图 26.8-7 和图 26.8-8 所示。

图 26.8-7 和图 26.8-8 中：1—冷热源装置；2—末端用户；3—循环水泵；4—补水泵；5—补水箱；6—软水设备；7—膨胀水箱；8—液位计；9—膨胀管；10—循环管；11—溢水管；12—排水管；13—浮球阀；14—倒流防止器；15—水表。图中标注的 h_t、h_p、h_b，分别表示与开式膨胀水箱的调节容积、最大膨胀水量和补水量对应的水位高差，h_t 不得小于 200mm。

3. 气压罐定压

气压罐定压适用于对水质净化要求高、对含氧量控制严格的 HVAC 循环水系统，气压罐定压的优点是易于实现自动补水、自动排气、自动泄水和自动过压保护，缺点是需设

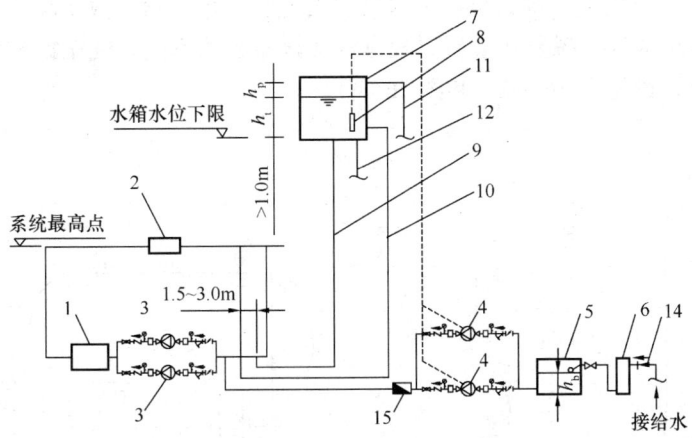

图 26.8-7 补水泵补水

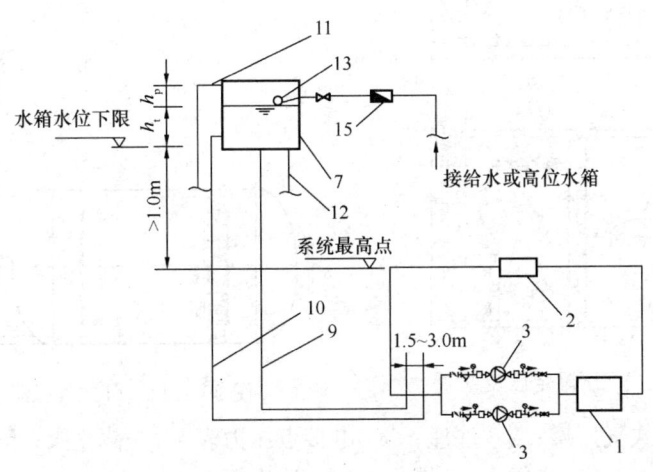

图 26.8-8 浮球阀补水

置闭式（补）水箱，所以初投资较高。

(1) 气压罐定压原理图：详见图 26.8-9。图中标注的 h_b 和 h_p，分别表示与系统补水量和最大膨胀水量对应的水位高差。

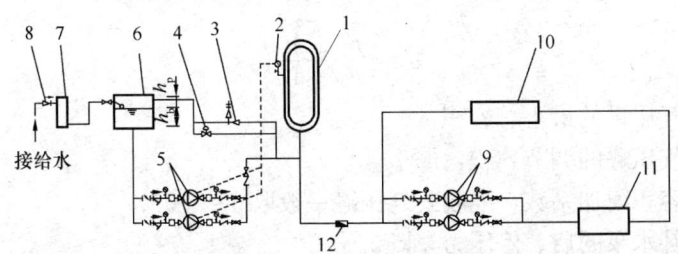

图 26.8-9 气压罐定压原理图
1—囊式气压罐；2—电接点压力表；3—安全阀；4—泄水电磁阀；
5—补水泵；6—软化水箱；7—软化设备；8—倒流防止器；9—循环水泵；
10—末端用户；11—冷、热源；12—水表

（2）气压罐定压装置 将气压罐、水泵、安全阀、止回阀、截止阀等通过管路系统组合在一起，即可组成气压罐定压装置。根据气压罐布置的不同，气压罐定压装置分为立式与卧式两种型式，详见图 26.8-10 和图 26.8-11。

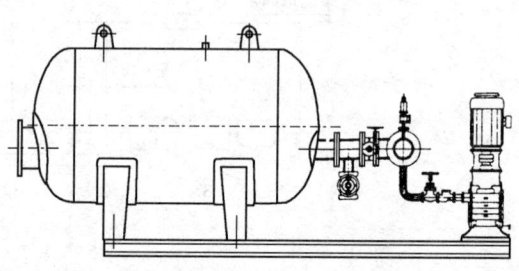

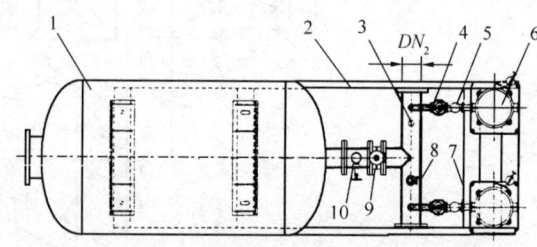

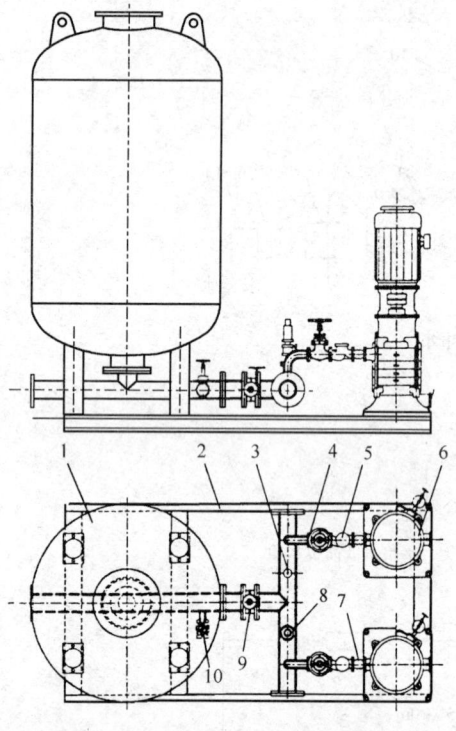

图 26.8-10　立式气压罐定压装置　　　　图 26.8-11　卧式气压罐定压装置（1）

图中：1—囊式气压罐；2—底座；3—电接点压力表；4—截止阀；5—止回阀；6—水泵；7—橡胶软接；8—安全阀；9—蝶阀；10—泄水阀。

图 26.8-11 中的囊式气压罐旋转 90°布置，则可组成另一种型式的卧式气压罐定压装置，如图 26.8-12 所示。

（3）气压罐的实际总容积 V（m³）的确定：

$$V \geqslant V_{min} = \frac{\beta \cdot V_t}{1-\alpha} \tag{26.8-9}$$

$$\alpha = \frac{p_1 + 100}{p_2 + 100} \tag{26.8-10}$$

式中　V_{min}——气压罐的最小总容积，m³；

　　　V_t——气压罐的调节容积，m³；

　　　β——容积附加系数，隔膜式气压罐一般取 $\beta=1.05$；

　　p_1、p_2——补水泵的启、停压力，kPa。

α 的取值，应综合考虑气压罐容积和系统的最高运行工作压力等因素，宜取 0.65～0.85，必要时可取 0.50～0.90。

（4）气压罐的工作压力值：

1）安全阀的开启压力 P_4；以确保系统的工作压力不超过系统内管网、阀门、设备等的承压能力为原则。

2) 膨胀水量开始流回补水箱时电磁阀的开启压力 P_3,可取 $P_3=0.9P_4$。

3) 补水泵的启动压力 P_1,在满足定压点最低要求压力的基础上,增加 10kPa 的裕量。

4) 补水泵的停泵压力 P_2,可取 $P_2=0.9P_3$。

4. 变频补水泵定压

变频补水泵定压方式运行稳定,适用于耗水量不确定的大规模空调水系统($\geqslant$2500 kW),不适用于中小规模的系统。

(1) 变频补水泵定压的原理:变频补水泵定压的原理,如图 26.8-13 所示。

图中标注的 h_b 和 h_p 分别表示与系统补水量和最大膨胀水量对应的水位高差。

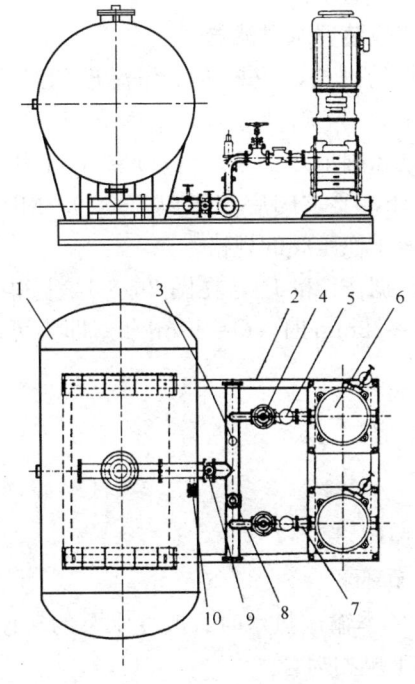

图 26.8-12 卧式气压罐定压装置 (2)

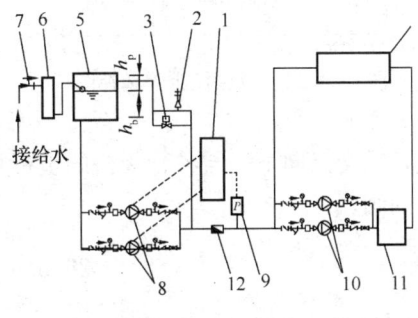

图 26.8-13 变频补水泵定压原理图
1—变频控制器;2—安全阀;3—泄水电磁阀;
4—末端用户;5—软化水箱;6—软化设备;
7—倒流防止器;8—补水泵;9—压力传感器;
10—循环水泵;11—冷热源;12—水表

(2) 变频补水泵的设计选型

1) 补水泵的总小时流量,可按系统水容量的 5% 采用;最大不应超过 10%。水泵宜设置两台,一用一备;补期充水或事故补水时,两泵同时运行。

2) 补水泵的扬程,可按补水压力比系统补水点压力高 30~50Pa 确定。

26.8.4 减压稳压阀

减压稳压阀,是一种通过改变流通截面(开度)使阀后压力相应地改变且稳定在某个数值上的减压装置,不仅如此,它还能在无水流过时立即关闭,从而隔断系统中静水压力的传递。管内水的流动一旦恢复,该阀能立即打开,减压稳压功能也随之恢复。由于该阀既能减低动压,又能隔断静压,所以,习惯上也称为静压减压阀。

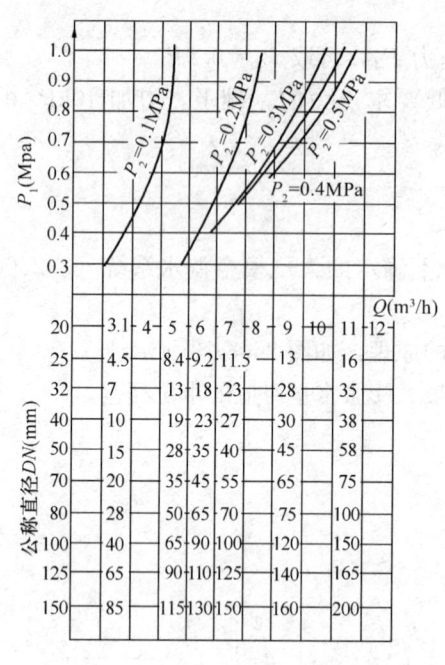

图 26.8-14 减压稳压阀选择图

在高层建筑中,若在立管的适当部位(某个高度)安装减压稳压阀,即可大幅度的减低阀后高度范围内管路与设备所承受的静水压力,从而起到替代竖向分区的作用。

使用减压稳压阀时,必须注意以下事项:

(1) 水的流动方向必须与阀体上箭头所示方向保持一致。

(2) 设定和调整阀门的工作压力时,必须在静水压力状态下进行(动静压差 0.1MPa)。

(3) 减压稳压阀既可水平安装在横管上,也可垂直安装在立管上。

(4) 阀前应装置水过滤器。

(5) 阀门的规格,应根据工作流量和阀前、后压力由图 26.8-14 确定。

【例】 已知阀前压力 $P_1=0.6$MPa,工作流量 $Q=19$m³/h,要求阀后的压力 $P_2=0.2$MPa,试选择确定减压稳压阀的规格。

【解】 根据 P_1 和 P_2,在图 26.8-14 上得一交点,顺交点向下,与各种规格的坐标相交;当 $DN=32$mm 时,$Q=19$m³/h。即为可以选择的阀。

26.8.5 循 环 水 泵

1. 循环水泵的设计与配置

空调水系统循环水泵的设计与配置,应遵循以下原则:

(1) 两管制空调水系统,宜分别设置冷水和热水循环泵。

(2) 如果冷水循环泵要兼作热水循环泵使用时,冬季输送热水时宜改变水泵的转速,使水泵运行的台数和单台水泵的流量、扬程与系统的工况相吻合。

(3) 复式泵系统中的一次泵,宜与冷水机组的台数和流量相对应,即"一机对一泵",一般不设备用泵。

(4) 复式泵系统中二次泵的台数,应按系统的分区和每个分区的流量调节方式确定,每个分区的水泵数量不宜少于两台。

(5) 热水循环泵的台数不应少于两台,应考虑设备用泵,且宜采用变频调速。

(6) 选择配置水泵时,不仅应分析和考虑在部分负荷条件下水泵运行和调节的对策,特别是非24h连续使用的空调系统,如办公楼、教学楼等,还应考虑每天下班前能提前减少流量、降低扬程的可能性。

(7) 根据减振要求宜在水泵底座下设置具有较大质量的钢筋混凝土板惰性块,再在板下配置减振器。

(8) 应用在高层建筑中的循环水泵,必须考虑泵体所能承受的静水压力,并提出对水泵的承压要求。

(9) 冷水系统的循环水泵，宜选择低比转数的单级离心泵；一般可选用端吸泵，流量 $G>500\text{m}^3/\text{h}$ 时，宜选用双吸泵。

(10) 在水泵的进出水管接口处，应安装减振接头。

(11) 在水泵出水管的止回阀与出口阀之间宜连接泄水管。

(12) 水泵进水和出水管上的阀门，宜采用截止阀或蝶阀，并应装置在止回阀之后。

(13) 在循环水泵的进、出水管之间，应设置带止回阀的旁通管。旁通管的管道截面积，应大于或等于母管截面积的 1/2；止回阀的流向应与水泵的水流方向一致。在循环水泵的进水管段上，应设置安全阀，并宜将超压泄水引至给水箱或排水沟。

2. 循环水泵的扬程

循环水泵的扬程，可按下列方法计算确定：

(1) 单式泵系统

1) 闭式系统：应取管路、管件、自控调节阀、过滤器、冷水机组的蒸发器（或热交换器）、末端设备换热器等的阻力和。

2) 开式系统：除应取上列闭式系统的阻力和外，还应增加系统的静水压力（从蓄水池或蓄冷水池最低水位至末端设备换热器之间的高差）。

(2) 复式泵系统

1) 闭式系统：

一次泵的扬程应取一次管路、管件、自控调节阀、过滤器与冷水机组蒸发器等的阻力和。

二次泵的扬程应取二次管路、管件阻力、自控调节阀、过滤器阻力与末端设备换热器阻力之和。

2) 开式系统：

一次泵的扬程除应取一次管路、管件阻力、自控调节阀、过滤器阻力与冷水机组蒸发器阻力之和外，还应增加系统的静水压力（从蓄水池或蓄冷水池最低水位至蒸发器之间的高差）。

二次泵的扬程除应取冷水机组蒸发器二次管路、管件、自控调节阀、过滤器与冷水机组蒸发器等的阻力和外，还应包括从蓄水池或蓄冷水池最低水位至末端设备换热器之间的高差，如设喷水室，末端设备换热器的阻力应以喷嘴前需要保证的压力替代。

(3) 两管制水系统输送热水时的总阻力 H_r（kPa），可近似的根据输送冷水时的阻力按下式进行估算：

$$H_r = \alpha \cdot \left(\frac{G_r}{G_l}\right)^2 \cdot H_l + H_j \tag{26.8-11}$$

式中　α——在相同水量与管径条件下，考虑由于冷热水粘滞系数差异等因素的修正系数，可取 $\alpha=0.90\sim0.95$；

G_r——空调热水流量，m^3/h；

G_l——空调冷水流量，m^3/h；

H_l——输送空调冷水时的管路阻力（不包括冷水机组蒸发器的阻力），kPa；

H_j——空气加热器的阻力，kPa。

(4) 安全系数：选择循环水泵时，宜对计算流量和计算扬程附加 5%～10% 的裕量。

3. 输送能效比

(1) 输送能效比 ER 的限值

选择空调水系统循环水泵时,必须根据《公共建筑节能设计标准》(GB 50189—2005)的有关规定,校核其输送能效比 ER,确保符合节能原则。

空调冷热水系统的输送能效比 ER,不应大于表 26.8-10 规定的限值。ER 值可按下式计算:

$$ER = \frac{0.002342 \cdot H}{\eta \cdot \Delta t} \tag{26.8-12}$$

式中 H——设计水泵扬程,m;

η——水泵在设计工作点的效率,%;

Δt——供回水温差,℃。

空调冷热水系统的 ER 限值 表 26.8-10

管路制式及类型	空调冷媒水管	4 管制热水管	位于下列地区的 2 管制热水管		
			严寒	寒冷/夏热冬冷	夏热冬暖
ER 值	0.0241	0.00673	0.00577	0.00433	0.00865

注:1. 2 管制热水管栏中的 ER 值,不适用于采用直燃式冷热水机组作为热源的空调热水系统。
2. 适用于独立建筑物内空调冷、热水系统,最远环路总长度在 200~500m 范围以内。

(2) ER 限值的导出

1) 单冷/热水系统:设计计算条件见表 26.8-11。

单冷/热水系统 表 26.8-11

系统	水温差(℃)	阻力 (m)					水泵扬程(m)	水泵效率(%)	ER 计算值
		冷水机组或换热器	水过滤器	机房局部阻力	管道阻力	末端设备及控制阀			
冷水	5	7	3	3	14	9	36	70	0.0241
热水	15	6	2	2	12	6	28	65	0.00673

注:管道阻力包括摩擦阻力与局部阻力,管道总长度按 500m 计算。

2) 两管制冷/热水系统:设计计算条件:见表 26.8-12。

由于管道的管径是按冷水流量选择的,输送热水时若流量过小,会给末端设备的控制造成困难,甚至导致失控。所以,表 26.8-12 中冷、热水流量比最小控制为 1:1/3。在夏热冬暖地区,由于冬季负荷很小,当流量比为 1:1/3 时,供、回水温差只能为 7.5℃。

两管制冷/热水系统 表 26.8-12

地区	冷热水温差(℃)	冷/热负荷比	冷/热水流量比	阻力 (m)				水泵效率(%)	ER 计算值
				管道	机组过滤器	末端及控制阀	总阻力		
严寒	5/15	1:2	1:2/3	8	10	6	24	65	0.00577
寒冷/夏热冬冷	5/15	1:1	1:1/3	2	10	6	18	65	0.00433
夏热冬暖	5/7.5	1:0.5	1:1/3	2	10	6	18	65	0.00865

(3) 满足 ER 限值要求的最大水泵扬程

根据表 26.8-10 规定的限值，给定供回水温度差和水泵设计工作点的效率，即可计算出满足 ER 限值要求前提下允许的最大水泵扬程（m），详见表 26.8-13。根据表 26.8-13 确定水泵扬程，就能确保 ER 值不会超过限值。

满足 ER 限值要求的最大水泵扬程　　　　表 26.8-13

管路制式		供回水温度差（℃）	不同水泵效率时的最大水泵扬程（m）					
			0.60	0.65	0.70	0.75	0.80	0.85
两/四管制的冷水管		5	31	34	36	39	41	44
		6	37	40	43	46	49	53
		7	43	47	50	54	58	61
两管制热水管	严寒地区	10	15	16	17	19	20	21
		15	22	24	26	28	30	32
	寒冷/夏热冬冷地区	10	11	12	13	14	15	16
		15	17	18	19	21	22	23
	夏热冬暖地区	5	11	12	13	14	15	16
		7.5	17	18	19	21	22	24
四管制的热水管		10	17	19	20	22	23	25
		15	26	28	30	33	35	37

4. 降低输送能耗的主要途径

由表 26.8-13 可知，要保持空调水系统的输送能效比 ER 符合规定的限值，是有一定难度的；它必须通过改变传统的观念与设计方法，采取一些具体的技术措施，有效地降低水泵扬程的途径来实现。例如

(1) 加大供回水温度差：加大供回水温度差，能大幅度减少循环水量，使系统的压力损失相应减少。例如：供暖时的供回水温差 Δt，由传统的 $\Delta t_h = 10℃$ 增大至 $\Delta t_h = 15℃$。供冷时的供回水温差，由传统的 $\Delta t = 5℃$ 增大至 $\Delta t = 7℃$，在保持管道摩阻的控制量不变的情况下，管路长度可以增加 40% 左右。

(2) 适当放大管道的管径：管道控制摩阻降低 30%，相当于管道长度增加了 43% 左右。

(3) 选用工作效率较高的水泵：随着技术的不断发展，水泵效率也在逐步提高；因此，将会有更大的设计选择的空间，目前市场上实际已经出现了工作效率 $\eta \geqslant 0.85$ 的产品。

(4) 选择高效率、低阻力空调设备：冷水机组、热交换器、组合式空调机组、新风机组………等产品的效率与阻力值，相互间差异很大，选型时应进行认真比较，尽可能选用能效高、水阻小的产品。

26.8.6 排气阀

由亨利定律可知：在给定压力下，空气的溶解与温度成反比；在给定温度下与压力成正比。图 26.8-15 具体说明适用于水的亨利定律。由图可知，水温较低、压力较高时，空气的溶解度较高。

闭式水循环系统中空气的存在，会带来很多问题，如使氧腐蚀加剧，产生噪声，水泵形成涡空、气蚀……等。如不及时地将这些气体从管路中予以排除，它们还会逐渐地积聚至管路的某些制高点，并进一步形成"气塞"，破坏系统的循环。

设计水系统时，防止产生"气塞"的主要措施是：

(1) 妥善地安排管道的坡度与坡向，避免产生气体积聚；

(2) 保持管内的水流速度 $v > 0.25 \text{m/s}$；

(3) 在可能形成气体积聚的管路上，安装性能可靠的自动排气阀。

自动排气阀是一种排除空气的理想设备，目前国内外普遍应用的自动排气阀如图 26.8-16 所示。

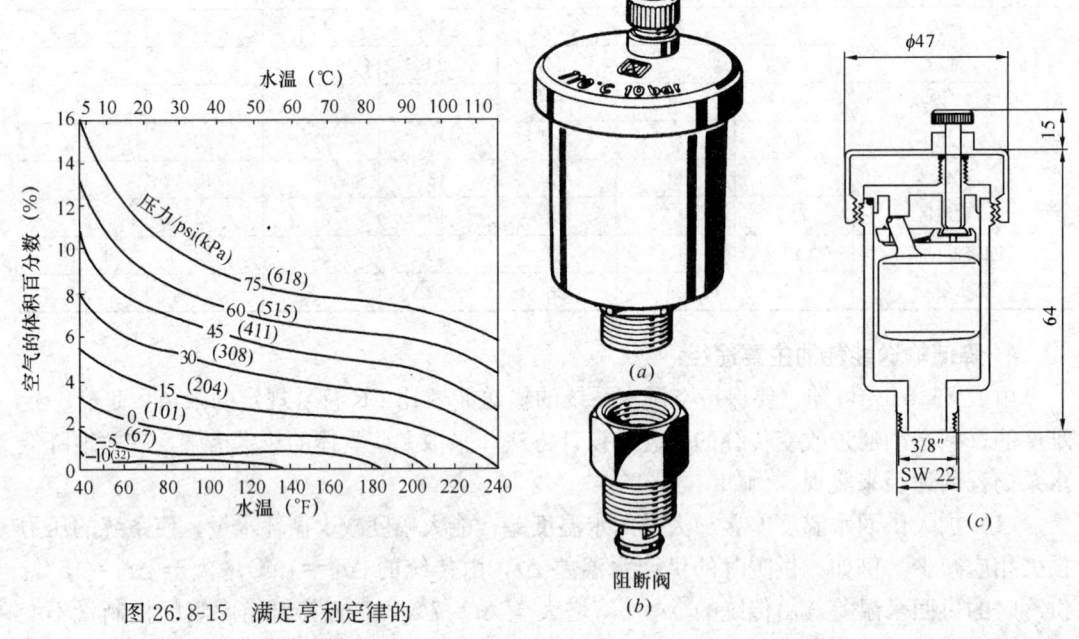

图 26.8-15 满足亨利定律的空气在水中的溶解度

图 26.8-16 自动排气阀

由图可知，自动排气阀由阀体（a）与阻断阀（b）两部分组成，一般均采用黄铜制作，阀体内配有用耐高温合成材料加工而成的浮球及相应的杠杆连动机构，顶部则装有受杠杆机构控制的针型排气阀。为了便于安装连接和维修，阀体下部配有阻断阀，当拧下阀体时，阻断阀能自动封闭管路，维护后重新拧上阀体时，阻断阀即自动开启。

系统运行时，气体经阻断阀进入阀体，通过浮球与阀体内壁之间的空隙上升至浮球上部，随着空气量的逐步增加，迫使浮球向下运动，杠杆机构则使顶部的针型阀开启，将空气排出；这时，浮球上部空间的压力下降，在水的浮力作用下，浮球上升，排气阀被关闭。

排气阀的规格有 DN15 和 DN20 两种，其最大工作压力为 0.1MPa；最高工作温度为 110℃。

排气阀的排气量随压力而改变，详见表 26.8-14。

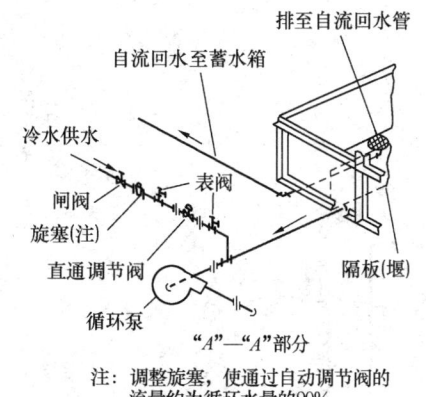

图 26.8-32 应用直通调节阀的喷水室

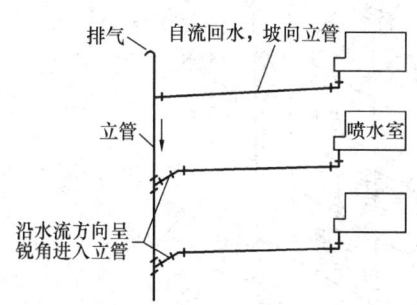

图 26.8-33 不同楼层喷水室回水管的连接法

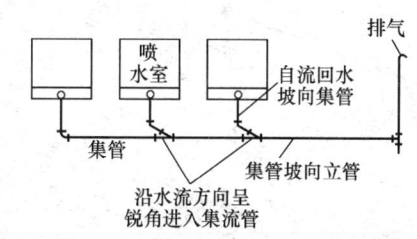

图 26.8-34 同一层喷水室回水管的连接法

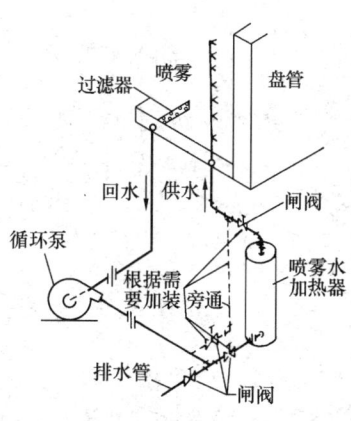

图 26.8-35 具有热水器的喷水盘管

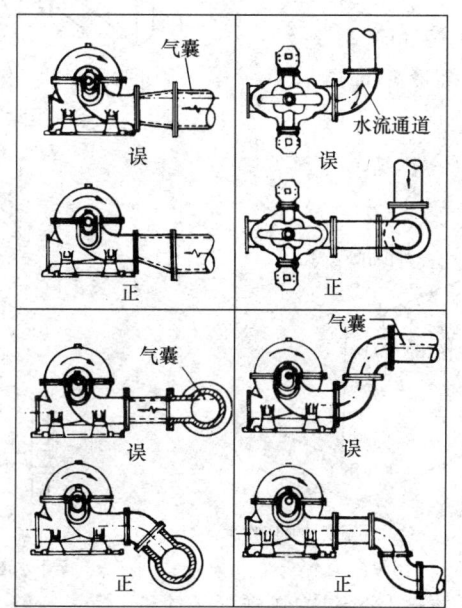

图 26.8-36 水泵吸入管的连接

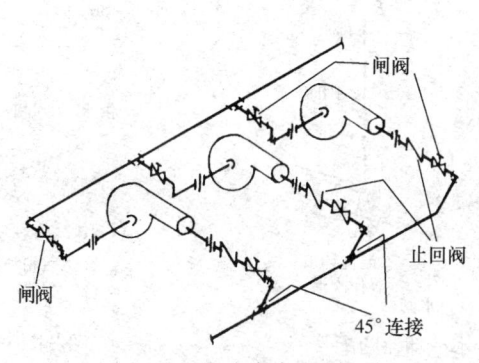

图 26.8-37 多台水泵的连接

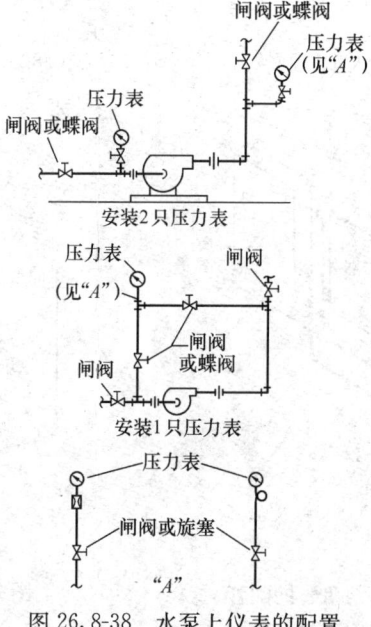

图 26.8-38 水泵上仪表的配置

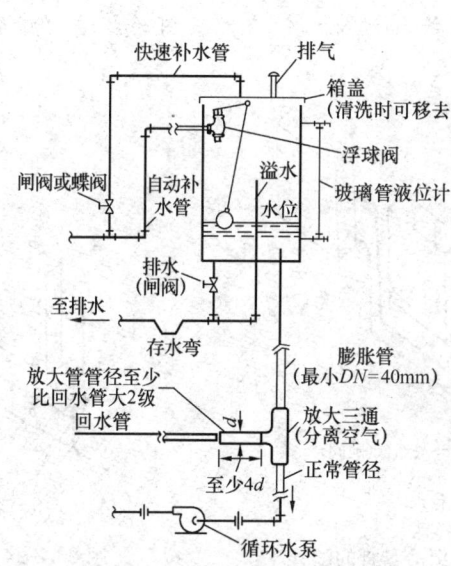

图 26.8-39 开式膨胀水箱配管

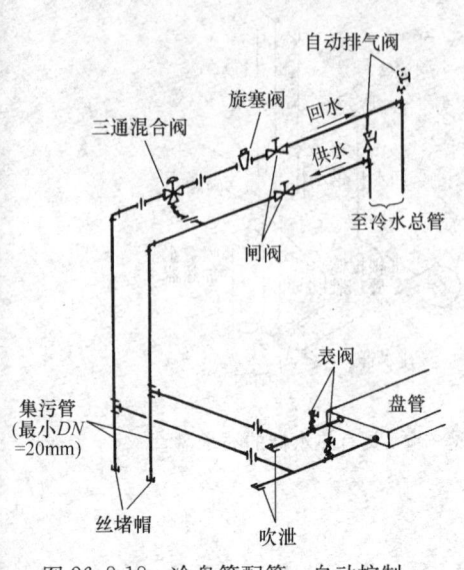
图 26.8-18 冷盘管配管—自动控制

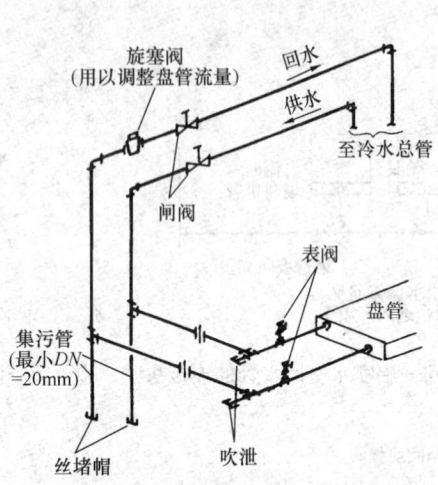
图 26.8-19 冷盘管配管—人工控制

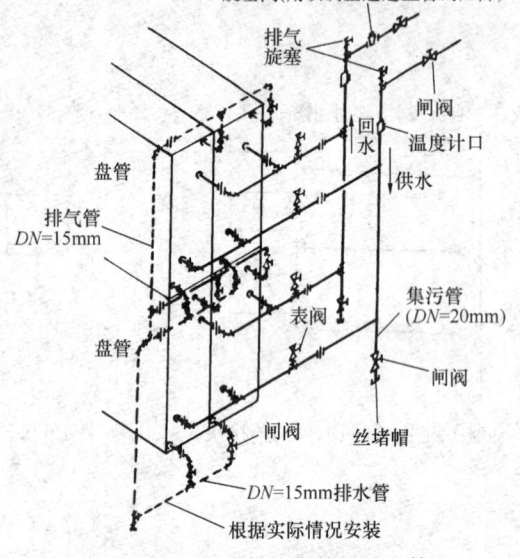
图 26.8-20 多排冷盘管时的配管

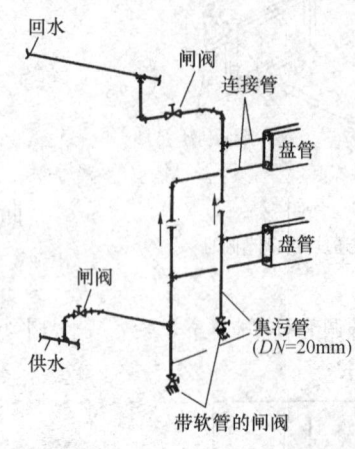
图 26.8-21 竖向多组冷盘管的配管

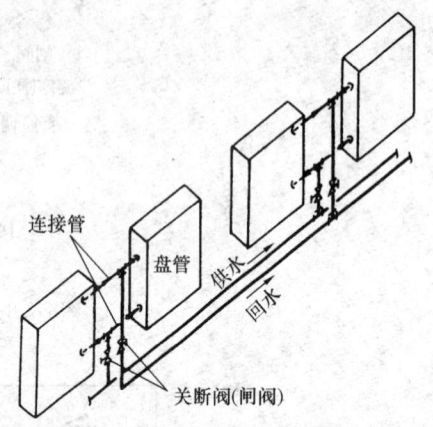
图 26.8-22 横向多组冷盘管的配管
（4 组盘管、4 个关断阀）

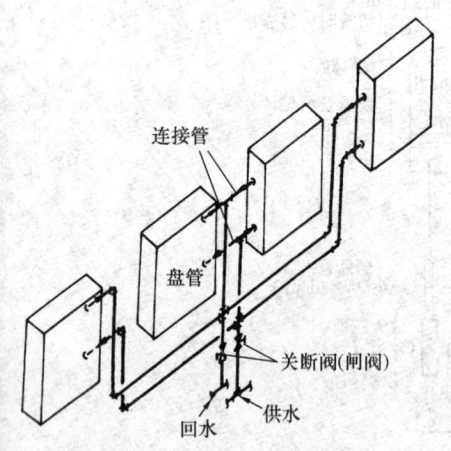
图 26.8-23 横向多组冷盘管的配管
（4 组盘管、2 个关断阀）

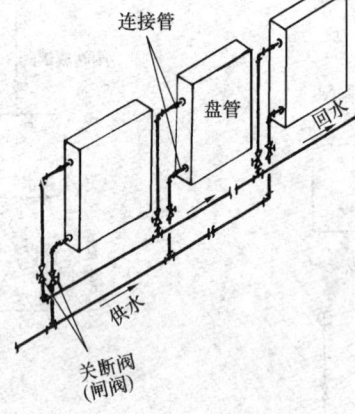
图 26.8-24 横向多组盘管的配管
（3 组盘管、6 个关断阀）

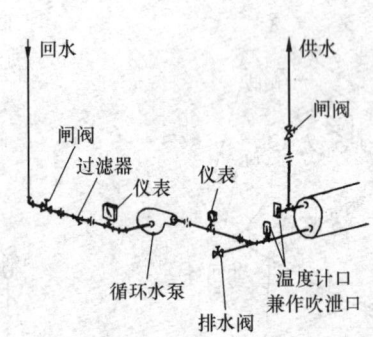
图 26.8-25 水冷却器的配管

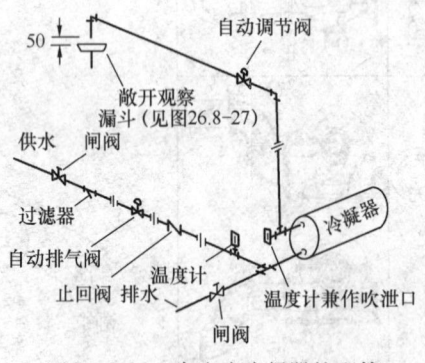
图 26.8-26 直流式冷凝器的配管

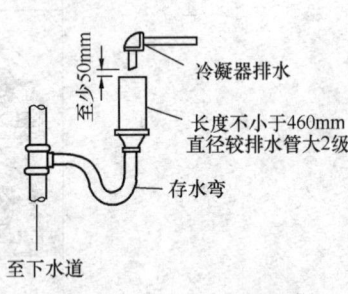
图 26.8-27 排水管的连接

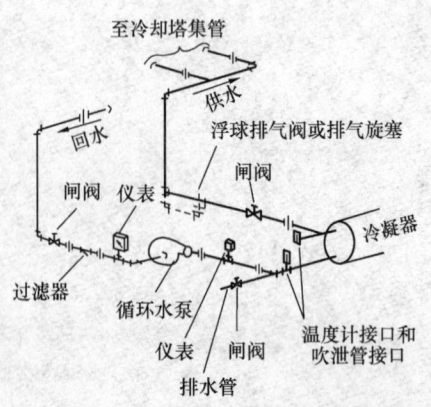
图 26.8-28 再循环式冷凝器的配管

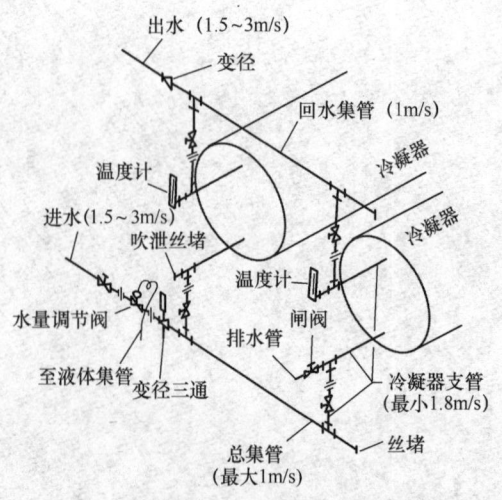
图 26.8-29 再循环式多台冷凝器的配管

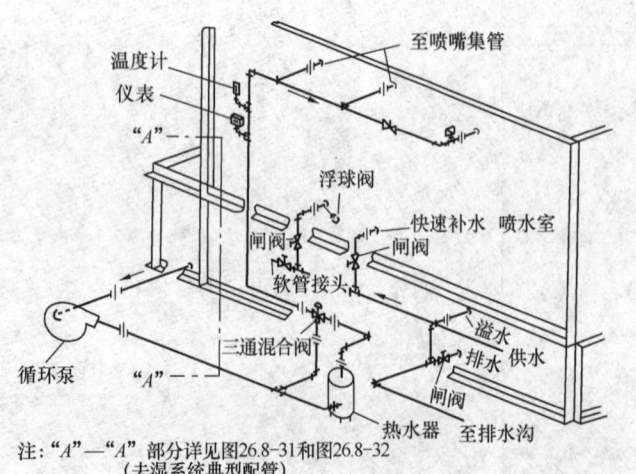
图 26.8-30 喷水室配管

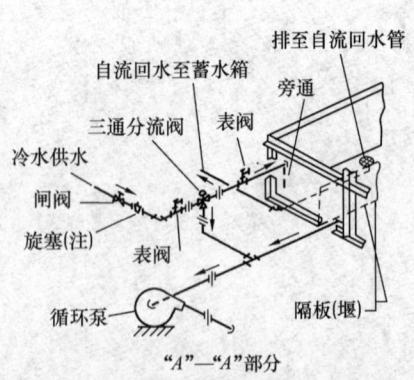
图 26.8-31 应用三通调节阀的喷水室

排气阀的排气量							表 26.8-14
系统压力(MPa)	0.05	0.10	0.20	0.30	0.40	0.50	0.60
排气量(m³/h)	0.90	1.50	3.20	4.20	5.10	5.80	6.30

为了增强排气效果,在较大水系统的循环水泵入口水管上,设置如图 26.8-17 所示的旋流式空气分离器是十分有益的。

旋流式空气分离器在容器内产生涡流,其中心为低压区,使空气呈气泡状从水中分离出来,分离出的空气上升至顶部(顶部连接有自动排气阀),然后通过排气阀排出。

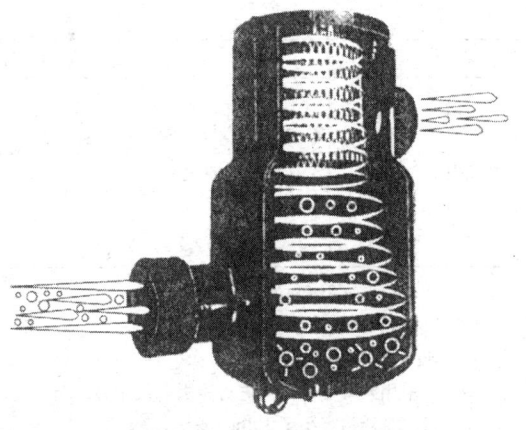

图 26.8-17 旋流式空气分离器

26.8.7 设备的配管

1. 空气冷却器(冷盘管)的配管:见图 26.8-18 至图 26.8-24;水冷却器的配管见图 26.8-25。
2. 冷凝器的配管(图 26.8-26 至图 26.8-29)
3. 喷水室的配管(图 26.8-30 至图 26.8-35)
4. 水泵的配管(图 26.8-36 至图 26.8-38)
5. 膨胀水箱的配管(图 26.8-39)

26.9 水系统的水处理

26.9.1 循环冷却水的主要水质指标

开式系统循环冷却水的水质标准可参考国家标准 GB 50050—95,详见表 26.9-1。

开式系统循环冷却水的水质标准			表 26.9-1
项 目	单位	要求和使用条件	允许值
悬浮物	mg/L	根据生产工艺要求确定	≤20
	mg/L	换热设备为板式、翅片管式、螺旋板式	≤10
pH		根据药剂配方确定	7.0~9.2
甲基橙碱度	mg/L	根据药剂配方及工况条件确定	≤500
Ca^{2+}	mg/L	根据药剂配方及工况条件确定	30~200
Fe^{2+}	mg/L		<0.5
Cl^-	mg/L	碳钢换热设备	≤1000
		不锈钢换热设备	≤300
SO_4^{2-}	mg/L	$[SO_4^{2-}]$ 与 $[Cl^-]$ 之和	≤1500
		对系统中混凝土材质的要求按现行的《岩土工程勘察规范》GB 50021-2001 的规定执行	

续表

项 目	单位	要求和使用条件	允 许 值
硅酸	mg/L		≤175
		[Mg^{2+}] 与 [SiO_2] 的乘积	<15000
游离氯	mg/L	在回水总管处	0.5～1.0
石油类	mg/L		<5（此值不应超过）
		炼油企业	<10（此值不应超过）

注：1. 甲基橙碱度以 $CaCO_3$ 计；
  2. 硅酸以 SiO_2 计；
  3. Mg^{2+} 以 $CaCO_3$ 计。
  4. 当采用磷系复合药剂进行阻垢和缓蚀处理时，尚应满足下列要求：
   （1）悬浮物宜小于 10mg/L；
   （2）甲基橙碱度宜大于 50mg/L（以 $CaCO_3$）计；
   （3）钙硬度宜大于 1.5mge/L，但不宜超过 8mge/L；
   （4）正磷酸盐含量（以 PO_4^{3-} 计）宜小于或等于磷酸盐含量（以 PO_4^{3-} 计）的 50%。
  5. 当采用全有机药剂配方时，尚应满足下列要求：
   （1）pH 应大于 8.0；
   （2）钙硬度应大于 60mg/L；
   （3）甲基橙碱度应大于 100mg/L（以 $CaCO_3$ 计）。
  6. 在缺水区及水源区建议采用低磷或无磷的复合水处理剂进行阻垢和缓蚀处理，避免造成富营养化污染，同时可适当提高浓缩倍数，浓缩倍数的确定应依不同的系统而定，一般应控制在 3～5 倍。

26.9.2 结垢与腐蚀倾向的预测

1. 兰吉勒（Langelier）饱和指数（LSI）：

$$LSI = \mathrm{pH} - \mathrm{pH_b} \tag{26.9-1}$$

式中 pH——测试得出的 pH；
   $\mathrm{pH_b}$——碳酸钙饱和时的计算 pH。

根据 LSI 值，由表 26.9-2 可以预测结垢和腐蚀的倾向。

兰吉勒饱和指数预测表   表 26.9-2

LSI	倾 向	LSI	倾 向
+2.0	形成结垢，实用上可以认为无腐蚀	−0.5	无结垢，轻微腐蚀
+0.5	轻微结垢，轻微腐蚀	−2.0	严重腐蚀
0.0	饱和平衡，无结垢，可能有点状腐蚀		

2. 雷那（Ryznar）稳定指数（RSI）：

$$RSI = 2\mathrm{pH_b} - \mathrm{pH} \tag{26.9-2}$$

根据 RSI 值，由表 26.9-3 也可以预测结垢和腐蚀的影响。

雷那稳定指数预测表   表 26.9-3

RSI	倾 向	RSI	倾 向
4.0～5.0	重结垢	7.0～7.5	轻腐蚀
5.0～6.0	轻结垢	7.5～9.0	重腐蚀
6.0～7.0	微结垢	>9.0	严重腐蚀

26.9.3 阻垢措施（盐垢）与现场监测

1. 阻垢措施

(1) 排污法　适用于水质的碳酸盐硬度较低且水量小或水源丰富的地区。阻垢所需的排污量占循环水量的百分比 P_3(%)可按下式计算：

$$P_3 = \frac{H_z(P_1+P_2) - H_{jz}P_2}{H_{jz} - H_z} \quad (26.9\text{-}3)$$

式中　P_3——排污量占循环水量的百分比，%；
　　　H_z——补充水的碳酸盐硬度，mge/L；
　　　H_{jz}——循环水的极限碳酸盐硬度，mge/L；
　　　P_1——蒸发损失占循环水量的百分比，%；
　　　P_2——风吹损失占循环水量的百分比，%。

当 P_3 为负值时，表明不需排污。通常，P_3 值不宜超过 3%～5%。

(2) 酸化法　当补充水的碳酸盐硬度较大时，可采用加酸措施，控制 pH 等于 7.2～7.8。硫酸为常采用的酸类（酸化后生成的硫酸钙应小于其相应水温时的溶解度），加酸量可按下式计算：

$$G = \frac{E(H_z - H'_z)Q_b}{1000a} \quad (26.9\text{-}4)$$

$$H'_z = H_{jz}/N$$

式中　G——加酸量，kg/h；
　　　E——酸当量（H_2SO_4 为 49，HCl 为 36.5）；
　　　H'_z——补充水加酸处理后的碳酸盐硬度，mge/L；
　　　Q_b——补充水量，m³/h；
　　　a——酸浓度，代表工业酸纯度；
　　　N——浓缩倍数；

$$N = \frac{Q_b}{Q_b - Q_1} = \frac{Q_b}{Q_p + Q_f} = \frac{P_b}{P_b - P_1} \quad (26.9\text{-}5)$$

　　　Q_1——蒸发损失水量，m³/h；
　　　Q_p——排污和渗漏损失水量，m³/h；
　　　Q_f——风吹损失水量，m³/h；
　　　P_b——补充水量占循环水量的百分比，%。

(3) 软化法　见第 8 章的有关部分。

(4) 投加阻垢剂　见表 26.9-4。

2. 沉积物的现场监测

冷却水系统中沉积物的现场监测，主要是测定由水垢、淤泥、腐蚀产物和微生物黏泥等沉积物引起的污垢热阻或压力降，以及由冷却水在热交换器中产生的沉积物量、沉积物层厚度及其组成等。目前，沉积物现场检测的常用方法有：监测换热器法，电热式污垢热阻监测仪法，压力降法，钙离子浓度，污垢热阻在线监测，其中污垢热阻在线监测法可实现在线监测结垢情况及控制阻垢剂的投加量，实现加药管理智能化。

常见阻垢、分散剂汇总表　　　　　　　　　　　表26.9-4

类别	名　称	极限碳酸盐硬度 (mge/L)	加药量	备　注
聚磷酸盐	六偏磷酸钠 ($Na_6P_6O_{18}$)	$H=6-0.15H'$ (H'——补充水的非碳酸盐硬度，mge/L)	1～5 (P_2O_2 含量>50%)	pH=6.5～7.5 $t<45℃$，药品在水中的停留时间不大于50h
	三聚磷酸钠 ($Na_5P_3O_{10}$)	5	2～5 (以100%计)	
膦酸盐	氨基三亚甲基膦酸盐 （ATMP）	9	1～5	有阻垢、缓蚀双重作用，对铜有腐蚀性，热稳定性和抗氧化性良好
	乙二胺四亚甲基膦酸盐 （EDTMP）	8	1～5	
	1-羟基亚乙基-1,1二膦酸盐 （HEDP）	8	1～5	
聚羧酸	聚丙烯酸 聚甲基丙烯酸 聚马来酸		1～5	pH=7～8.5，浓度高于5mg/L时会形成聚丙烯酸钙的沉淀

26.9.4 腐蚀控制

1. 影响腐蚀的因素　见表26.9-5。

主要腐蚀因素一览表　　　　　　　　　　　表26.9-5

腐蚀因素	与腐蚀的关系	备　注
悬浮物	引起浸蚀和机械磨蚀，或沉积于金属表面而形成局部腐蚀	
溶解固体	影响水的电导率，含盐浓度增加时，水的电导率也增加，腐蚀加速	
氯离子	破坏金属表面的氧化膜保护层而造成腐蚀，碳钢的腐蚀速度与氯离子浓度的高低成正比	
pH	pH<4.3时，腐蚀速度加快	pH=4.3～10时，一般不影响腐蚀程度
溶解气体	氧：作为去极剂促进腐蚀；作为钝化剂时能促使金属表面形成钝化膜而起保护作用 二氧化碳：溶于水而生成碳酸，使pH下降，在HCO_3分解时，生成很多小气泡，造成局部浓差电池 氨：对铜及以铜为主的合金有腐蚀作用 硫化氢：加速酸腐蚀，促进电偶化腐蚀	pH=6～7时，溶解氧无助于钝化膜的形成；腐蚀速度随氧的浓度增加而加速
温度	水温升高时，水的黏滞性降低，氧的扩散速度加快，腐蚀将加剧	金属部件内部温度差异，也会导致腐蚀
流速	流速增大时，氧的扩散速度增高，腐蚀也随之加快；流速增大时，对金属表面的冲刷磨蚀也增大	对有缓蚀剂的系统，适当加大流速，一般不会出现问题
微生物	污泥覆盖的金属表面，会形成贫氧区，从而形成氧浓差电池，产生局部腐蚀；微生物的繁殖会造成特殊的腐蚀环境	

2. 阻垢缓蚀剂 常用阻垢缓蚀剂见表 26.9-6 和表 26.9-7。

阻垢缓蚀剂，一般可根据雷那稳定指数由图 26.9-1 选定。

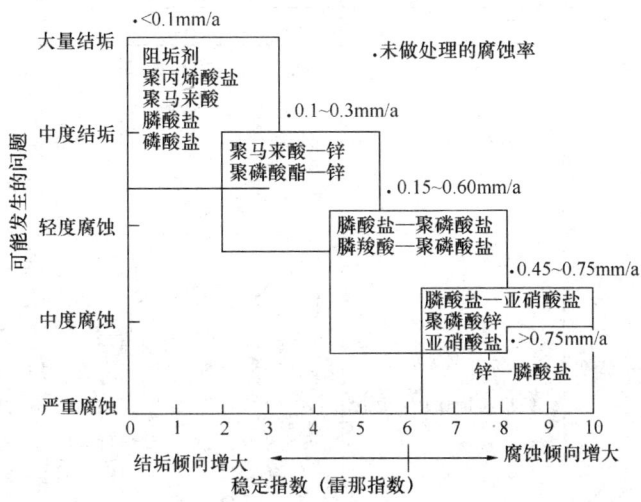

图 26.9-1 阻垢缓蚀剂选择图

常用阻垢缓蚀剂一览表   表 26.9-6

系列	种类	特性	pH 范围	温度范围	投加浓度 (mg/L)	备注
1	2	3	4	5	6	7
聚磷酸盐	六偏磷酸钠 三聚磷酸钠	有阻垢、缓蚀双重作用；有明显的表面活性；易与钙生成络合物；是阴极缓蚀剂，在金属阴极表面以电沉积生成耐久的保护膜	<7.5	<50℃	用于阻垢为1~5；用于缓蚀为20~25	易于水解成正磷酸盐，作缓蚀使用要控制钙离子浓度>50mg/L，是微生物营养源
膦酸盐	氨基三亚甲基膦酸盐（ATMP）；乙二胺四亚甲基膦酸盐（EDTMP）；1-羟基亚乙基-1,1二膦酸盐（HEDP）	有缓蚀、阻垢的双重作用；有良好的表面活性、化学稳定性和耐高温性；不易水解和降解；有溶限效应和协同效应，用药量小；作为缓蚀剂是阴极性缓蚀剂，作为阻垢是和许多金属离子形成络合物；无毒	7.0~8.5	50℃	用于阻垢为1~5 用于缓蚀为20~50	与聚磷酸盐同时使用有增效作用；由于使用中 pH 偏高，水结垢倾向增加，要注意分散剂的配合；铜制换热器要注意加强缓蚀措施
聚羧酸类聚合物	聚丙烯酸 聚甲基聚丙烯酸	系金属离子优异的螯合剂	7.0~8.5	45~50℃	1~3	要控制一定的分子量范围，聚丙烯酸以1000左右为好；PMA与锌盐复合使用阻垢性能好，且沉积物是软垢
	聚马来酸（PMA）	对碳酸有分散作用，耐温度性能好，无毒				
钼酸盐	钼酸钠 杂聚钼酸盐	低毒，毒性比铬酸盐约低1000倍；不会引起微生物滋生	8~8.5	温度80℃仍有90%缓蚀率	复合使用量100	与有机酸盐复合可减少剂量，$Cl^- + SO_4^{2-} \leq 400mg/L$，价格贵

续表

系列	种类	特性	pH范围	温度范围	投加浓度（mg/L）	备注
1	2	3	4	5	6	7
锌盐	硫酸锌 氯化锌	阴极缓蚀剂；成膜快	不大于8		2～4	对水生物有毒性，pH＞8 有沉淀，复合使用有明显增效作用
硅酸盐	硅酸钠	阳极缓蚀作用；成膜慢；无毒	6.5～7.5		开始用较高浓度，正常维持 30～40（以 SiO_2 计）	当镁硬度＞250mg/L 时一般不用硅酸盐；要求一定高的 SiO_2 浓度，但要小于175mg/L；与氯化锌配合效果好；严格控制用量，否则生成硅垢很难处理，宜复合使用
亚硝酸盐	亚硝酸钠 亚硝酸铵	是有效的金属钝化剂；在金属表面形成氧化膜，铁表面上形成 r-Fe_2O_3 氧化膜	3.9～10		300～500	在开式循环冷却水系统中不宜采用，多用于密闭式系统；水中 Cl^-、SO_4^{2-} 离子过高，会促使腐蚀；会促使水中硝化细菌繁殖，与非氧化性杀生剂配合使用
巯基苯并噻唑(MBT)	杂环化合物	与铜离子及铜原子有化学吸附作用、螯合作用，形成保护膜，是铜及铜合金最有效的缓蚀剂	3～10		1～2	在磷系配方中使用时需加锌，否则会损害聚磷酸盐的缓蚀作用；氧化剂氯和铬酸盐会破坏MBT，用碱性溶液投加
苯并三唑（BTA）	杂环化合物	其负离子和亚铜离子形成极稳定的络合物，并吸附在金属表面上，形成稳定而有惰性的保护膜，耐氧化	5.5～10		1	加氯也会使缓蚀率降低，不损害聚磷缓蚀作用；价格贵，货源少

缓蚀阻垢剂的复合配方 表 26.9-7

序号	配方	加药量 (mg/L)	pH 控制范围	备注
1	膦酸盐＋钼酸盐＋稀土元素＋锌盐＋BTA		7.0～8.5	含磷量低，减少环境污染，对不同水质适应性强有较好的缓蚀阻垢效果
2	聚天冬氨酸＋稀土元素＋钼酸盐＋乙二胺四乙酸＋苯并三唑＋锌盐		7.0～8.5	无膦配方，对环境无污染，对不同水质适用范围广
3	聚磷酸盐＋锌		中性 7.0～7.5	成膜快，且较牢固一般锌占20%
4	三聚磷酸钠＋EDTMP＋聚丙烯酸钠		7.0～7.5	使用效果稳定，操作方便
5	HEDP＋聚马来酸		不调节	缓蚀阻垢效果好，加药量少，成本低，药剂稳定，药剂停留时间长，没有因药剂引起的菌藻问题
6	钼酸盐＋葡萄糖酸盐＋锌盐＋聚丙烯酸盐		8.0～8.5	对不同水质适应性强，有效好的缓蚀阻垢效果，耐热性好，克服了用聚磷酸盐存在而促进菌藻繁殖的缺点 要求 $Cl^- + SO_4^{2-} < 400 mg/L$
7	硅酸钠＋聚丙烯酸钠（30%）		不调节	对环境污染小，价格便宜
8	钼酸盐＋聚磷酸盐＋聚丙烯酸盐＋BZT	10～15	不调节	对不同水质适应性较强，操作简单，价格便宜

磷酸盐系列的水处理缓蚀剂仍是国内外应用较广泛的品种，较多的配方是和锌盐复合使用以提高其缓蚀效果。但从今后长远的发展看，由于磷酸盐系富营养化组分，磷酸盐含量增高，会促使水域菌藻繁殖而产生一种公害——赤潮，故近几年欧洲一些国家已提出限制使用磷的要求。目前国内外均致力于开发非铬、非磷的低毒无公害的水处理剂，如国外公司开发的羟基膦羧酸（又称 Belcor 575）等新型全有机系缓蚀剂、钼系配方水处理药剂；国内公司研究开发的含 ECH 稀土元素系列水处理药剂等。

3. 投药量 循环水中阻垢缓蚀剂的投药量按下式计算：

$$G = (P_3 + P_2)QC\frac{1}{a} \tag{26.9-6}$$

$$P_3 = \frac{P_1 - P_2(N-1)}{N-1} \tag{26.9-7}$$

式中 G——投药量，g/h；

P_3——排污量占循环水量的百分比，%；

P_3——风吹损失占循环水量的百分比，%；

Q——循环水量，m³/h；

C——循环水中阻垢剂的浓度，mg/L（有效成分）；

a——阻垢剂的纯度；

N——循环水的浓缩倍数。

循环水中药剂浓度随着时间的增加将减小，它们的关系为：

$$C_t = C_0 e^{-\frac{(Q_p + Q_f)(t - t_0)}{V}} \tag{26.9-8}$$

式中　C_t——t 小时后循环水中药剂的浓度，mg/L；

C_0——加药完全混合（t_0）时循环水中药剂的浓度，mg/L；

Q_p——排污和渗漏损失水量，m³/h；

Q_f——风吹损失水量，m³/h；

V——循环水系统中的水容量，m³。

投加阻垢缓蚀剂时，必须先用水溶解或稀释，配成浓度为 1%～5% 的水溶液，然后均匀地加入系统内。所以，在水系统管路设计时，应预留加药口并配置加药装置。人工加药方法投药为间断性、冲击性，投加均匀度差，无法直接根据系统中的水质参数精确计算所需投药量。随着信息技术的发展，在水处理过程控制中，采用在线控制的全自动智能化加药装置可克服这一缺点。

26.9.5　腐蚀鉴定及监测

1. 腐蚀鉴定

（1）腐蚀试验装置　见图 26.9-2。

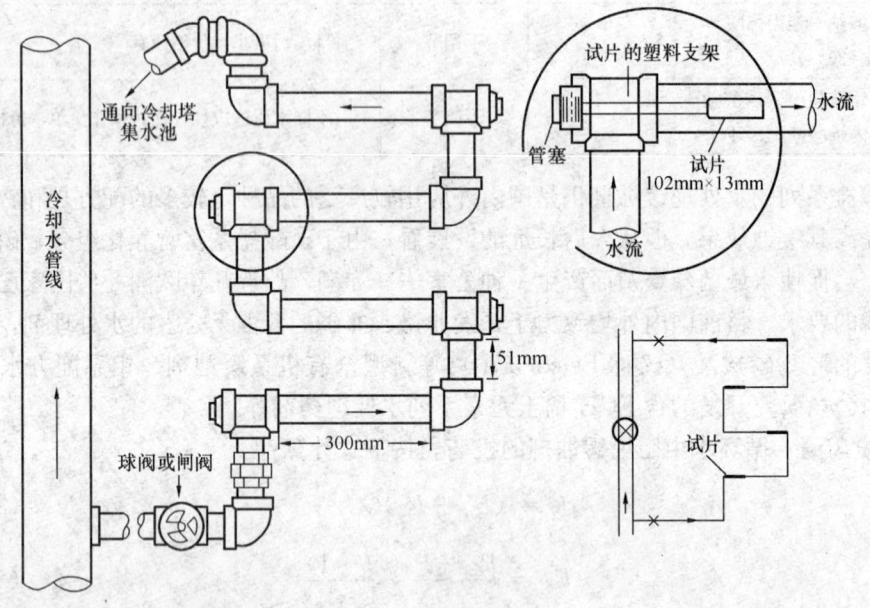

图 26.9-2　腐蚀取样管安装

（2）腐蚀鉴定　腐蚀控制鉴定值，详见表 26.9-8。

（3）注意事项

- 试样的材质必须与被鉴定对象的材质相同。
- 试验周期不应少于 30 天。
- 取样管壁厚假设为 6mm，若小于此厚度时，腐蚀率应按比例减少。
- 对于铜管，年腐蚀率必须小于 0.03mm。
- 取样管必须与水流保持平行，该处的水流速度宜保持在 1m/s 左右。

- 安装前，取样管应经试验干燥并精确称重，然后密封包装。从取样装置上取出后，也必须经试验室干燥、称重，再根据其表面积和密度等计算出年腐蚀率。

腐蚀控制鉴定值　　　　　　　　　表26.9-8

年腐蚀率（mm）	腐蚀控制	年腐蚀率（mm）	腐蚀控制
>0.13	不良	<0.05	优
0.05～0.13	良		

注：表列值系指均匀腐蚀率；点状腐蚀时，即使<0.05，也应认为属于腐蚀控制不良。

2. 腐蚀在线监测控制

在线智能腐蚀测试仪采用先进的计算机技术，可在短时间内测出流体对金属材料的瞬时腐蚀速率、点蚀指数、平均腐蚀速率，可测定金属的实时腐蚀速度，并将结果转化为电信号传输到智能控制系统实现加药控制。

26.9.6 微生物污染的控制

1. **常见的细菌、真菌、藻类及其危害** 见表26.9-9
2. **生物污染控制的主要途径** 见表26.9-10
3. **常用杀生剂及其特性** 见表26.9-11

常见的细菌、真菌、藻类及其危害　　　　　　　　　表26.9-9

分类	类型	生长条件 温度（℃）	生长条件 pH	危害
细菌	好氧性荚膜细菌	20～40	4～8（7.4最佳）	形成严重的细菌黏泥
	好氧芽孢细菌	20～40	5～8	产生难以消灭的细菌黏液芽孢
	好氧硫细菌	20～40	0.6～6	氧化硫化物为硫或硫酸
	厌氧硫酸盐还原菌	20～40	4～8	在好氧菌黏泥下生长，引起腐蚀导致硫化氢的形成
	铁细菌	20～40	7.4～9.5	在细菌的外膜沉淀氢氧化铁，形成大量黏泥沉积物
真菌	丝状型	0～38	2～8	木材质表面腐烂，细菌状黏泥
	酵母型	0～38	2～8	产生细菌状黏泥，使水变色
	担子型	0～38	2～8	木材内部腐烂
藻类	绿藻	30～35	5.5～8.9	附着于壁面或浮在水中
	蓝藻	32～40	6.0～8.9	在壁面形成覆盖物，使水恶臭
	硅藻	18～36	5.5～8.9	形成水花
	裸藻			出现裸藻，说明水中含氮量增加，作指示生物

微生物污染控制的主要途径　　　　　　　　　表26.9-10

序号	措施	方法与效果
1	防晒	在开式水池上部加盖，避免阳光照射
2	旁滤	部分水经过旁滤池过滤，除去浊度、藻类
3	前处理	对补给水进行前处理，除去悬浮物和部分浮游生物及细菌
4	杀生剂	向水中投加杀生剂，杀灭各种微生物

常用杀生剂及其特性　　　　　　　表 26.9-11

类型	名称	特性
氧化型	氯、次氯酸钠、次氯酸钙	pH=6.5～7.0时杀生效果好，能与多种阻垢缓蚀剂配合作用，价廉；水中应保持一定的余氯量（0.5～1.0mg/L），含油量大时不宜采用
	氯胺	使用浓度一般为半小时加20mg/L；能抑制微生物的后期生长；对皮肤、黏膜的刺激小
	三氯异氰尿酸	杀生特点高效、广谱。其杀生效果为氯气的100倍，并能适应循环冷却水系统的碱性水处理环境，它对各种菌、藻都有优异的杀灭作用。
非氧化型	季胺盐类	易溶于水，不溶于非极化溶液；毒性低，对黏泥有剥离作用；浓度10～20mg/L时，能达到杀生99%的效果
	异噻唑啉酮	广谱迅速的杀菌性能，对pH适用范围广，配伍性好，低浓度下有效，药效长，能有效阻止黏泥的形成，毒性低，对环境无害
	氯酚类	对杀灭细菌、真菌、藻类均有效；对黏泥有较好的剥离作用。其衍生物杀生率可达99.9%；对水生动物和哺乳动物有害，易污染环境
	二硫氰基甲烷MT	对黏泥有剥离作用，可与一般药剂共存；在高温和高pH时不稳定，pH>8时迅速水解；加入非离子表面活性剂后，效果更好
	大蒜素	一种含硫化合物，杀生效果好，浓度300mg/L时杀生效果达99%，有蒜味污染
	a-甲胺基甲酸萘酯	对水的溶解性差，使用时需配合一定的溶剂和分散剂；杀生有广谱性，与一般药品可共存；对哺乳动物与水生动物的毒性很低
	烯醛类	杀生效果好，在水中能长期稳定存在，无毒性积累问题。

26.9.7　物理水处理方法

物理水处理方法对水系统的防垢、除垢有一定的作用，物理水处理器主要有磁水处理器、静电水处理器、电子水处理器、射频水处理器等。各种水处理器比较见表26.9-12。

水处理器比较　　　　　　　表 26.9-12

种类	工作原理	特点
磁水处理器	利用永磁或电磁的磁场磁化作用，使水多分子缔合体解体，增加钙、镁盐类的溶解度，缩小垢晶颗粒粒径	1. 磁水处理器前应安装过滤器以过滤含铁物质； 2. 工作温度小于80℃； 3. 水流速控制在0.5～1.0m/s之间
静电水处理器	在高压静电场作用下，水分子偶极矩增大，并按正、负次序排列，水中盐类的正、负离子被数个偶极水分子包围，使之不能靠近器壁，阻止水垢形成	1. 采用高压直流电源，正电极外套聚四氟乙烯； 2. 工作温度小于80℃； 3. 适用水质总硬度不大于700mg/L（以$CaCO_3$计）
电子水处理器	在高频电场作用下，增强水分子的极性，增大水分子的偶极矩，提高水分子对钙镁离子、碳酸根离子等成垢组分的水合能力，起到阻止水垢形成的作用。同时，原有的水垢结晶体逐渐变得松软、脱落，从而达到除垢之目的	1. 采用低压稳压电源，正极直接与水接触； 2. 工作水温为105℃； 3. 适用水质总硬度不大于550mg/L（以$CaCO_3$计）
射频水处理器	原理同电子水处理器，其电磁波频率可根据不同水质进行调整	1. 用低压稳压电源，正极直接与水接触； 2. 工作水温为100℃； 3. 适用水质总硬度不大于700mg/L（以$CaCO_3$计）

26.10 冷却塔

26.10.1 冷却塔类型

1. 冷却塔的分类及其特点（表 26.10-1）

冷却塔的分类及其特点 表 26.10-1

通风方式	名　称	特　点	备　注
自然通风	逆流湿式冷却塔	热水由管道通过竖管（竖井）送入热水分配系统。然后通过喷溅设备，将水洒到填料上；经填料后成雨状落入蓄水池，冷却后的水抽走重新使用。塔筒底部为进风口，用人字柱或交叉柱支承。在塔内外空气密度差的作用下，塔外空气从进风口进入塔体，穿过填料下的雨区，和热水流动成相反方向流过填料，受热后通过收水器回收空气中的水滴后，再从塔筒出口排出	电力部门使用最多，这种塔型的通风筒常采用双曲线形，用钢筋混凝土浇制，俗称双曲线塔
	横流湿式冷却塔	填料设置在塔筒外，热水通过上水管，流入配水池，池底设布水孔，下连喷嘴，将热水洒到填料上冷却后，进入塔底水池，抽走重复使用。空气从进风口水平方向穿过填料，与水流方向正交，故称横流式。空气出填料后，通过收水器，从塔筒出口排出	
机械通风	逆流湿式冷却塔	机械通风逆流湿式冷却塔有方形和圆形两种。热水通过上水管进入冷却塔，通过配水系统，使热水沿塔平面成网状均匀分布，然后通过喷嘴，将热水洒到填料上，穿过填料通过空气分配区，落入雨状冷却后的水待重复使用。空气从进风口进入塔内，穿过填料下的雨区，与热水成相反方向（逆流）穿过填料，通过收水器、抽风机，从风筒排出	机械通风逆流湿式冷却塔分鼓风式和抽风式两种。鼓风式从塔底部进风口用风机向塔内鼓风，现使用不多
	横流湿式冷却塔	横流湿式冷却塔的主要原理和自然通风横流式冷却塔一样，只是用风机来通风。配水用盘式，盘底打孔，装喷嘴将热水洒向填料，然后流入底部水池	
	多风机湿式冷却塔	多风机冷却塔即一座塔上安装多台风机，分横流式冷却塔和逆流式，其原理与单风机塔相同	
	干式冷却塔（密闭式冷却塔）	热水在散热翅管内流动，靠与管外空气的温差，形成接触传热而冷却。特点是：①没有水的蒸发损失，也无风吹和排污损失，所以干式冷却塔（密闭式冷却塔）适合于缺水地区。②水的冷却靠接触传热，冷却极限为空气的干球温度，效率低，冷却水温高	需要大量的金属管（钢管、铝管或铜管），因此造价同容量湿式塔贵得多
	干湿式冷却塔（密闭式冷却塔）	冷却水在密闭盘管中进行冷却，管外循环水蒸发冷却对盘管间换热。另有一种是干部在上，湿部在下，采用这种塔的目的，是为了消除从塔出口排出的饱和空气的凝结	需要大量的金属管（钢管、铝管或铜管），因此造价同容量湿式塔贵4~6倍

2. 空调制冷常用的冷却塔

冷却塔的类型很多，表 26.10-2 汇集了空调制冷常用的冷却塔类型。通常，在民用建筑和小型工业建筑空调制冷中，宜采用湿式冷却塔，但在冷却水水质要求很高的场所或缺水地区，则宜采用干式冷却塔。

空调制冷常用的冷却塔分类表　　　　　表 26.10-2

分类	型式	结构特点	性能特点	适用范围
湿式机械通风型	逆流式（圆形、方形）（抽风式、鼓风式）（图 26.10-1） 普通型	1. 空气与水逆向流动，进出风口高差较大； 2. 圆形塔比方形塔气流组织好；适合单独布置、整体吊装，大塔可现场拆装；塔稍高，湿热空气回流影响小； 3. 方形塔占地较少，适合多台组合，可现场组装； 4. 当循环水对风机的侵蚀性较强时，可采用鼓风式	1. 逆流式冷效优于其他形式；可实现较高的供回水温差； 2. 噪声较大； 3. 空气阻力较大； 4. 检修空间小，维护困难； 5. 喷嘴阻力大，水泵扬程高； 6. 造价较低； 7. 占地面积较横流塔少	1. 对环境噪声要求不太高的场所； 2. 温差要求在10℃以上的建筑
	低噪声型（阻燃型）	1. 冷却塔采用降低噪声的结构措施； 2. 阻燃型系在玻璃钢中掺加阻燃剂	1. 噪声值比普通型低4～8dB（A）； 2. 空气阻力较大； 3. 检修空间小，维护困难； 4. 喷嘴阻力大，水泵扬程高； 5. 阻燃型有自熄作用，氧指数不低于28，造价比普通型贵10%左右	1. 对环境噪声有一定要求的场所； 2. 阻燃型对防火有一定要求的建筑
	超低噪声型（阻燃型）	1. 在低噪声型基础上增强减噪措施； 2. 阻燃型系在玻璃钢中掺加阻燃剂	1. 噪声比低噪声型低3～5dB（A）； 2. 空气阻力较大； 3. 检修空间小，维护困难； 4. 喷嘴阻力大，水泵扬程高； 5. 阻燃型自熄作用氧指数不低于28，造价比低噪声型贵30%左右	1. 对环境噪声有较严格要求的场所； 2. 阻燃型对防火有一定要求的建筑
	横流式（抽风式）（图 26.10-2） 普通型 低噪声型	1. 空气沿水平方向流动，冷却水流垂直于空气流向； 2. 与逆流式相比，进出风口高差小，塔稍矮； 3. 维修方便； 4. 长方形，可多台组装，运输方便； 5. 占地面积较大	1. 冷效比逆流式差，回流空气影响稍大； 2. 有检修通道，日常检查、清理、维修便利； 3. 布水阻力小，水泵所需扬程低，能耗小； 4. 进风风速低、阻力小、塔高小、噪声较同水量逆流塔低	1. 建筑立面和布置有要求的场所； 2. 适用于温差要求在10℃以内、噪声控制要求较严的场所
引射式	横流式（图 26.10-3） 无风机型	1. 高速喷水引射空气进行换热； 2. 取消风机，设备尺寸较大	1. 噪声、振动较低，省水，故障少； 2. 水泵扬程高，能耗大； 3. 喷嘴易堵，对水质要求高； 4. 造价高	对环境噪声要求较严的场所
干湿式机械通风型	密闭式（图 26.10-4） 蒸发型	冷却水在密闭盘管中进行冷却，管外循环水蒸发冷却对盘管间接换热	1. 冷却水全封闭，不易被污染； 2. 盘管阻大，冷却水泵扬程高，电耗大，为逆流塔的4.5～5.5倍； 3. 重量重，占地大； 4. 盘管内宜采用经特殊处理的洁净水	要求冷却水很干净的场所，如小型水环热泵

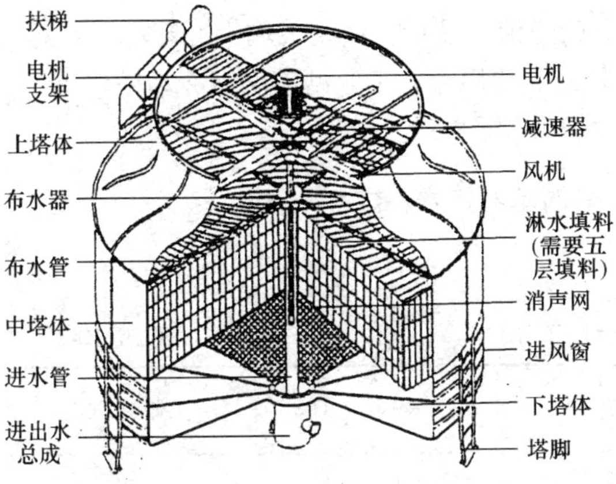

图 26.10-1 逆流式冷却塔

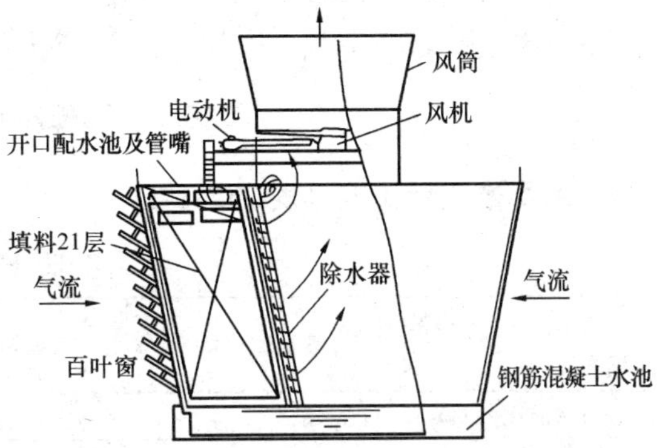

图 26.10-2 横流式冷却塔

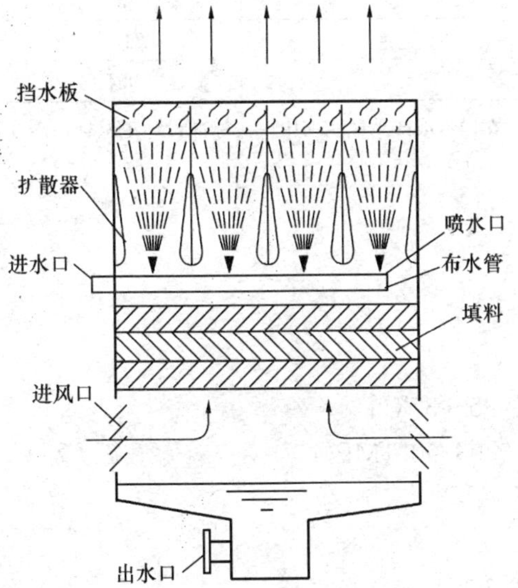

图 26.10-3 引射式冷却塔

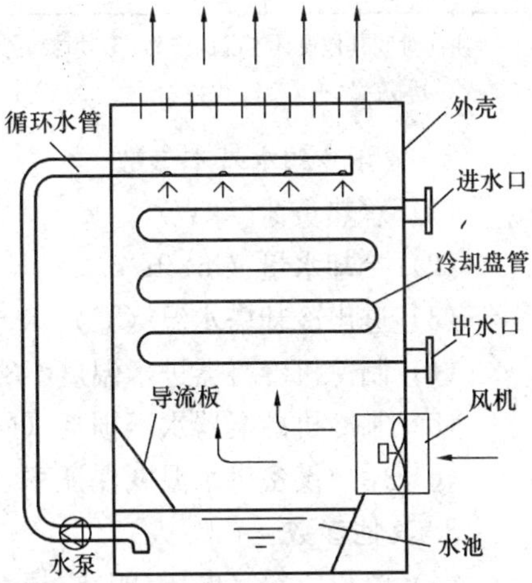

图 26.10-4 闭式冷却塔

26.10-2 冷却塔产品标记

冷却塔的标记为：

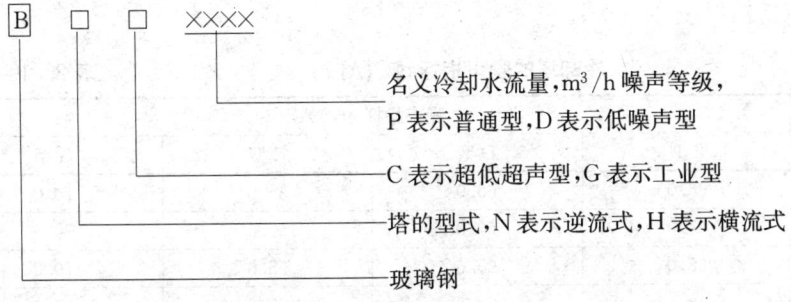

示例：
BNC-50　表示名义冷却水流量为 50m³/h 的逆流、超低噪声型玻璃钢冷却塔
BHG-1000　表示名义冷却水流量为 1000m³/h 的横流、工业型玻璃钢冷却塔
注：B 为国标标记符号，但目前在一些主要厂家均未贯彻采用。

26.10.3　选择冷却塔的基本技术参数

1. 标准设计工况（表 26.10-3）

标 准 设 计 工 况　　　　表 26.10-3

标准设计 \ 塔型	普通型（P）	低噪声型（D）	超低噪声型（C）	工业型（G）
进水温度（℃）		37		43
出水温度（℃）		32		33
设计温差（℃）		5		10
湿球温度（℃）		28		28
干球温度（℃）		31.5		31.5
大气压力（hPa）		994		994

注：对取其他设计工况的产品，必须换算到标准设计工况，并在样本或产品说明书中，按标准设计工况标记冷却水流量。

2. 循环冷却水基本参数

(1) 总热负荷（kW）；
(2) 冷却水量（m³/h）；
(3) 进出冷却塔水温（℃）；
(4) 制冷机冷凝器进水温度≤32℃，出水温度 35～37℃；
(5) 制冷机冷凝器水压损耗（MPa），一般为 0.08～0.1MPa；
(6) 用户设备供水温度保证率（即设计频率）。

3. 其他参数

(1) 电机资料（电压/相数/频率及是否双速或变频）；
(2) 塔安装可使用的面积及周围场地状况；
(3) 配套何种系统。

26.10.4　冷却塔的噪声及噪声控制

冷却塔的噪声指标见表 26.10-4。

冷却塔的噪声指标 dB（A）　　　　表 26.10-4

名义冷却水流量（m³/h）	噪声指标 dB（A）			
	P 型	D 型	C 型	G 型
8	66.0	60.0	55.0	70.0
15	67.0	60.0	55.0	70.0
30	68.0	60.0	55.0	70.0
50	68.0	60.0	55.0	70.0

续表

名义冷却水流量（m³/h）	噪声指标 dB（A）			
	P 型	D 型	C 型	G 型
75	68.0	62.0	57.0	70.0
100	69.0	63.0	58.0	75.0
150	90.0	63.0	58.0	75.0
200	71.0	65.0	60.0	75.0
300	72.0	66.0	61.0	75.0
400	72.0	66.0	62.0	75.0
500	73.0	68.0	62.0	78.0
700	73.0	69.0	64.0	78.0
800	74.0	70.0	67.0	78.0
900	75.0	71.0	68.0	78.0
1000	75.0	71.0	68.0	78.0

注：1. 介于两流量间时，噪声指标按线性插值法确定。

2. 对 G 型塔的噪声指标有特殊要求时，由供需双方商定。

3. 噪声的标准测点为：上测点在出风口 45°方向，离风筒为一倍出风口直径，当出风口直径大于 5m 时，测定距离取 5m。下测点在塔进风口方向，离塔壁水平距离为一倍塔体直径。当塔体直径小于 1.5m 时，取 1.5m；当塔形为方形或矩形时，取塔体的当量直径：$D_m = 1.13\sqrt{LW}$，式中 L、W 分别为塔的长度与宽宽。

冷却塔运行时，会产生一定的噪声，设计布置冷却塔时，必须充分考虑并注意防止产生噪声对周围环境造成污染。

冷却塔所产生的噪声为多声源的综合性噪声，一般包括：风机噪声、电机噪声、减速机噪声、淋水噪声、壳体振动噪声、冷却水泵噪声、输水管道振动噪声等，最基本的是风机产生的噪声。

下列综合措施能有效地降低噪声对环境的影响：

(1) 在冷却塔布置时，尽量远离办公楼和居民住户窗口。冷却塔噪声的传播，与距离的增加成平方反比规律自然衰减。

(2) 采用阔叶大弦长型风机叶片，风机叶轮周速保持 $u \leqslant 40 \text{m/s}$，采用变频风机或多极变速电动机。

(3) 采用电磁噪声和轴承噪声较低的低噪声、低速、轻型电动机。

(4) 降低水滴下落速度、避免水滴直接冲击水面和采用透水消声垫。

(5) 冷却水泵移至室内。设备与水管之间安装减振接头。

(6) 冷却塔基础设隔振装置。降低管内水流速，防止管内空气积聚，并设隔振设施。

(7) 增加风筒高度，筒壁和出口采取消声措施。

(8) 在冷却塔四周加装消声百叶围栏。

26.10.5 冷却塔的选型

1. 冷却塔选型须根据建筑物功能、周围环境条件、场地限制与平面布局等诸多因素综合考虑。对塔型与规格的选择还要考虑当地气象参数、冷却水量、冷却塔进出水温、水质以及噪声、散热和水雾对周围环境的影响,最后经技术经济比较确定。也就是说选择冷却塔时主要考虑热工指标、噪声指标和经济指标。

2. 对冷却塔的要求:

(1) 制造厂须提供经试验实测的热力性能曲线。

(2) 风机和电机匹配良好,无异常振动与噪声,运行噪声达到标准要求。

(3) 重量轻。

(4) 电耗较低,G型塔的实测耗电比不应大于0.06kW(m³·h),其他型塔不应大于0.04kW(m³·h)。电动机的电流值不应超过额定电流值。

(5) 对有阻燃要求的冷却塔,玻璃钢氧指数不应低于28。

(6) 布水均匀,不易堵塞,壁流较少,除水效率高,水滴飞溅少,没有明显的飘水现象,底盘积水深度应确保在水泵启动时至少一分钟内不抽空。

(7) 塔体结构稳定。

(8) 维护管理方便。

3. 冷却水量 $G(kg/s)$ 的确定:

$$G = \frac{kQ_0}{c(t_{w1} - t_{w2})} \quad (26.10\text{-}1)$$

式中　Q_0——制冷机冷负荷,kW;

　　　k——制冷机制冷时耗功的热量系数:对于压缩式制冷机,取1.2~1.3左右;对于溴化锂吸收式制冷机,取1.8~2.2左右;

　　　c——水的比热容 kJ/(kg·℃),取4.19;

t_{w1}、t_{w2}——冷却塔的进、出水温度,℃;(t_{w1}、t_{w2}):压缩式制冷机取4~5℃,溴化锂吸收式制冷机取6~9℃(采用 $\Delta t \geq 6$℃时,最好选用中温塔);当地气候比较干燥,湿球温度较低时,可采用较大的进出水温差。

方案设计时,冷却水量 $G'(t/h)$ 可按下式估算:

$$G' = aQ \quad (26.10\text{-}2)$$

式中　Q——制冷机制冷量,kW;

　　　a——单位制冷量的冷却水量,压缩式制冷机 $a=0.22$,溴化锂吸收式制冷机 $a=0.3$;

选用冷却塔时,冷却水量应考虑1.1~1.2安全系数。

4. 冷却塔的补水量,包括风吹飘逸损失、蒸发损失、排污损失和泄漏损失。一般按冷却水量的1%~2%作为补水量。不设集水箱的系统,应在冷水塔底盘处补水;设置集水箱的系统,应在集水箱处补水。

5. 为了节水和防止对环境的影响,应严格控制冷却塔飘水率,宜选用飘水率为0.01%~0.005%的优质冷却塔。

6. 当运行工况不符合标准设计工况时,可以根据生产厂产品样本所提供的热力性能曲线或热力性能表进行选择。

7. 冷却塔的容量控制调节,宜采用双速风机或变频调速采实现。

8. 冷却塔的材质应具有良好的耐腐蚀性和耐老化性能,塔体、围板、风筒、百叶格宜采用玻璃钢(FRP)制作,钢件应采用热浸镀锌,淋水填料、配水管、除水器采用聚氯乙烯（PVC），喷溅装置采用ABS工程塑料或PP改性聚丙烯制作。

26.10.6 冷却塔的布置

1. 为节约占地面积和减少冷却塔对周围环境的影响，通常宜将冷却塔布置在裙房或主楼的屋顶上，冷水机组与冷却水泵布置在地下室或室内机房。

2. 冷却塔应设置在空气流通、进出口无障碍物的场所。有时为了建筑外观而需设围挡时，必须保持有足够的进风面积（开口净风速应小于2m/s）。

3. 冷却塔的布置应与建筑协调，并选择较合适的场所。充分考虑噪声与飘水对周围环境的影响；如紧挨住宅和对噪声要求较严的地方，应考虑消声和隔声措施。

4. 布置冷却塔时，应注意防止冷却塔排风与进风之间形成短路的可能性；同时，还应防止多个塔之间互相干扰。

5. 冷却塔宜单排布置，当必须多排布置时，长轴位于同一直线上的相邻塔排净距不小于4m，长轴不在同一直线上的、相互平行布置的塔排之间的净距离不小于塔的进风口高度的4倍。每排的长度与宽度之比不宜大于5∶1。

6. 冷却塔进风口侧与相邻建筑物的净距不应小于塔进风口高度的2倍，周围进风的塔间净距不应小于塔进风口高度的4倍，才能使进风口区沿高度风速分布均匀和确保必需的进风量。

7. 冷却塔周边与塔顶应留有检修通道和管道安装位置，通道净宽不宜小于1m。

8. 冷却塔不应布置在热源、废气和油烟气排放口附近。

9. 冷却塔设置在屋顶或裙房顶上时，应校核结构承压强度。并应设置在专用基础上，不得直接设置在屋面上。

26.10.7 冷却水系统设计

1. 冷却水系统应符合下列要求：
(1) 具有过滤、缓蚀、阻垢、杀菌、灭藻等水处理功能；
(2) 冷却塔补水总管上设置水流量计量装置。

2. 多台冷却塔并联安装时，为了确保多台冷却塔流量分配与水位的平衡，可以采取以下措施：
(1) 各个塔进水与出水系统布置时，力求并联管路阻力平衡；
(2) 每台冷却塔的进出水管上可设电动调节阀，并与水泵和冷却塔风机连锁控制；
(3) 各冷却塔（包括大小不同的冷却塔）的水位应控制在同一高度，高差不应大于30mm，设计时应以集水盘高度为基准考虑不同容量冷却塔的底座高度。在各塔的底盘之间安装平衡管，并加大出水管共用管段的管径。一般平衡管可取比总回水管的管径加大一号。

3. 校核冷却塔集水盘的容积，确定浮球阀控制的上限水位。集水盘的水容积应满足以下要求：
(1) 水泵抽水不出现空蚀现象；
(2) 保持水泵吸入口正常吸水的最小淹没深度，以避免形成旋涡而使空气进入吸水管中，该值与吸水管流速有关。

(3) 能容纳停泵时重力流入的水容量。

(4) 冷却水间歇运行时需满足冷却塔部件（填料）由基本干燥到润湿成正常运转情况所附着的全部水量，逆流塔按总水量的1.5%估算，横流塔为2%。如果集水盘容积不能满足以上要求，可增设冷却水箱或集水池，对于多台冷却塔并联的大型空调系统，首先就要考虑采用集水池。

4. 为了防止关闭冷却塔后产生溢流现象，除必须接至冷却塔上部布水的进水管以外，所有冷却塔的出水管必须低于冷却塔操作水位，同时确保水泵启动时能正常运行。冷却塔集水盘在运行时必须保持一定的水位，以防止空气进入水管，集水盘运行水位与溢流水位之间必须留有足够的高度，以便在冷却塔启动时冷却水能充满立管与分配管，使冷却塔能顺利启动，当增设冷却水箱或集水池时尤其要注意干管与水位间的高度差。所有水管的支管与干管连接时应保持管顶相平。

5. 为了确保在运行过程中能对每台冷却塔单独进行维修，必须安装能完全切断每台冷却塔进出水管路的阀门。

6. 冷却水系统的布置形式：

重力回流式 水泵设置在冷水机组冷却水的出口管路上，经冷却塔冷却后的冷却水借重力流经冷水机组，然后经水泵加压后送至冷却塔进行再冷却。冷凝器只承受静水压力。

压力回流式 水泵设置在冷水机组冷却水的入口管路上，经冷却塔冷却后的冷却水借水泵压力流经冷水机组，然后再进入冷却塔进行再冷却。冷凝器的承压为系统静水压力和水泵全压之和。

7. 对冬季或过渡季存在一定量供冷需求的建筑，经技术经济分析合理时，应利用冷却塔提供空调冷水。

8. 冷却水系统应满足下列基本控制要求，使冷却塔的人机监控界面比较完善、方便：

(1) 冷水机组运行时，冷却水最低回水温度的控制；

(2) 根据每台冷却塔集水盘温度决定每台冷却塔的风机运行台数或风机调速控制；

(3) 根据冷水机组的使用台数，自动匹配冷却塔的使用台数，且使每台冷却塔的使用时间较为平均；

(4) 采用冷却塔直接供应空调冷水时供水温度的控制；

(5) 排污控制；

(6) 进入冬季时，可以测量每台冷却塔集水盘的温度，当水温逼近0℃时自动开启电加热器，使集水盘中的冷却水保持液态，防止结冰；

(7) 当有的冷却塔在检修或存在故障时，把该台冷却塔排除在使用队列之外。要求电气设计在每台冷却塔边设置就地防水检修开关。

26.10.8 冷却水系统的防冻

冬季有些建筑物要求冷却塔直接提供空气调节冷水时，或者在冬季冷却塔冷却水系统停运时，都有可能因室外气温过低而引起冷却塔、阀门、水管、水泵、主机的某些部位结冰，必须采取有效防冻措施。

1. 冷却塔与冷却水系统结冰的危害性

冷却塔进风口结成冰帘，减小了进风口的有效面积；填料表面结冰，降低了填料的散热效果；都会直接影响冷却塔的冷却效果。

阀门、水管、水泵、主机内因存水而结冰，体积膨胀 9%，导致阀门、水管、水泵、主机冻裂。

2. 冬季防冻措施

（1）在寒冷地区冬季使用冷却塔时，集水盘内可增设防冻电加热器，冷却水管保温层内加设电伴热设施。

（2）冷却塔进风口上增设一圈防冻管和进水管连接，进水向下喷，可防止结冰。

（3）冷却塔的进水管上加接通往集水盘的旁通管，冷却水系统开始启动或停机时，将循环水直接送往集水盘，待正常运行后，关闭旁通管。也可由旁道管调节进水量，从而调节集水盘水温，确保在零度以上。

（4）运行时使冷却塔风机倒转，将"热空气"从塔的进风口排出塔外。

（5）调节冷却塔进风口处百叶格角度，以调节进风量，避免结冰。

（6）防止冷却水系统结冰，首先对室外管道和构件要做好保温，要有足够厚度的保温层，特别对易吸潮的保温材料，更要做好防潮层，密封完善，不允许雨水渗入保温材料。同时对冬季停止运行的系统，及时打开系统最低点的放水阀，将积水放尽；打开集水盘的排污阀，使雨水及时排掉；同时关闭冷却塔出水阀。

（7）冬季机房内温度低于 0℃时，要将主机和水泵的积水排净。

第27章 空 气 洁 净

27.1 洁净空调技术的应用

洁净空调技术也称洁净室技术。除满足空调房间的温湿度常规要求外，通过工程技术方面的各种设施和严格管理，使室内微粒子含量、气流、压力等也控制在一定范围内，这种特定空间称洁净室。该技术在世界上已经历了半个多世纪的发展。在我国是20世纪60年代中期开始发展的。随着工业生产、医疗事业、高科技的发展，其应用范围愈加广泛，而且技术要求也更为复杂。目前它的代表性应用主要是在微电子工业、医药卫生及食品工业等。

27.1.1 微电子工业

微电子工业是当前对洁净室要求最高的行业。大规模和超大规模集成电路（LSI、和ULSI）以及液晶显示器（LCD）的生产与发展，对微尘控制要求越来越高。集成电路制造工艺中，集成度越大，则图形尺寸（以线宽为代表）越细，从而对洁净室控制粒径的尺寸也越小，且含尘量也要求越低。此外，如现代工业中的液晶、光纤等的生产，同样均有很高的洁净度的要求。

27.1.2 医 药 卫 生

1. 药品生产 制药厂的生产环境对药品的生产质量、人体健康有重大关系。我国《药品生产管理规范》（即GMP）早已在全国范围内实施，对生产环境提出了相应于工艺过程的不同洁净级别要求。对于原料药制备、粉剂、针剂、片剂、大输液的生产、灌装等工艺，均已制定了洁净区和控制区的洁净标准。除了限定空气中尘埃粒子的含量外，对生物粒子（细菌数）也有明确的限制。

2. 医院 白血病的治疗室、烧伤病房、急性传染病的预防、外科手术室，也必须根据具体条件采用洁净技术，以防止空气中细菌感染，对治疗起到环境的保障作用。

3. 医学科学实验 对于实验动物的饲养、遗传工程等医学科学实验过程，亦需配备洁净环境，才能取得有效的成果。为此，以洁净技术为重要手段的生物安全技术也得到有力的推动。

27.1.3 食 品 工 业

食品的无菌包装（如软包装鲜果汁、牛乳等），在保持食品色、香、味、营养等方面大大优于用高温杀菌的罐装食品。所谓无菌包装，就是在洁净环境中完成包装工艺。我国已开始在某些食品行业内引入并推进《危害性临界控制点》(HACCP)的法规制定。其内容也与生产过程中洁净控制有关。

27.1.4 其他

其他如宇航工业、精密机械工业、仪器仪表工业、精细化学工业等，均广泛地应用了洁净技术。

27.2 污染物质

洁净室技术的主要控制对象就是对室内洁净环境产生影响的室外污染物质。空气中的污染物质有粉尘、烟、烟雾、各种气体、微生物等。

27.2.1 污染物的分类

按常规或环境卫生学的分类见表27.2-1。空气洁净技术中的大气尘就包括了固态和液态微粒，它与现代测尘技术是相适应的，因为通过光电技术测得的大气尘的含量或个数，是同时包括固态和液态微粒子的。

空气中污染物的分类　　　　　表27.2-1

	分类	特征
常规	粉尘	固态微粒
	烟	固态微粒和液态微粒凝集而成的微粒（<0.5μm），如香烟、木材的烟、油烟和煤烟等
	烟雾	包括液态和固态，大小从十分之几μm到几十μm，如大气中烟与雾的混合物、钢厂氧化铁的烟雾
	化学污染物	SO_2、NO_x等
	微生物	指活性微粒，如细菌（一般>0.5μm），病毒（0.02~0.3μm）
按环境卫生学	总悬浮（TSP）	悬浮在空气中，空气动力学当量直径≤100μm的颗粒
	可吸入尘（IP或PM_{10}）	悬浮在空气中，空气动力学当量直径≤10μm的颗粒
	沉降尘	一定时间内沉积在暴露平面上的落下尘埃
按存在状况	大气尘	空气中由自然现象（包括所在地区的生产和生活环境影响）形成的尘埃，城市与郊外不同
	人工尘	因生产需要对不同物料专门加工而成的颗粒物质。对洁净技术而言，是指人工生产的含不同成分（如包括纤维）的人工尘（用于过滤器试验）

27.2.2 污染物的浓度

对大气而言，所含污染物中以颗料物质为代表的大气尘的浓度，随测尘方法不同而有不同的计量方法。

1. 质量浓度（单位为mg/m^3）是指单位体积空气中所含粒子的质量。常用于一般环境的计量。

2. 计数浓度（单位为粒/L）是指单位体积空气中所含污染粒子的颗粒数，同时必须限定为某一粒径（一般指 0.5μm）或大于、等于某一粒径作为计数范围。它用于洁净室计量。

3. 沉降量［单位为 g/(m²·周) 或 t/(km²·月)］是指在单位面积上自然沉降下来的微粒质量。可用于城市大气质量监测。

对大气尘来说，其中小于 1μm 的粒子数约占总粒子数的 99%，但其质量分数约占 3%；10μm 以上的粒子数量很少，而其质量分数可达 80%。一般要求的洁净室关注的是 0.5μm 的粒子，故其浓度的检别只能采用计数方法。

27.2.3 污染物的来源和发尘量

1. 室外环境的尘源 影响洁净室的室外尘源，实际上就是大气尘（经空调系统进入室内或渗透进入室内）。在洁净技术中，对大多数生产工艺和生物医药领域，迄今为止，最常用的是以含 ≥0.5μmr 的微粒浓度作为控制对象的。由于各个地方包含在空气中的自然尘和人工尘源不同，故其计数浓度差别很大，即使同一个地点，随着时间不同也有很大的变化，这比空气温度、湿度的参数变化复杂得多。只能根据大量的实测数据作出粗略的分档。表 27.2-2 便是室外大气尘按不同地域、不同计量方法所得出的浓度。

微生物粒子也是大气环境中的污染源，但其不可见，且附着在尘粒上，故可使它们沉降或采集到培养皿上，经培养（24 小时、37℃）后计数，（由肉眼可见的细菌繁殖形成的菌落单元数 CFU (Colony Forming-Unit)，与尘埃的计量相似，可分为细菌计数浓度和沉降浓度，单位为［CFU/m³ 和 CFU/(皿·min)］。

大气中的细菌含量同样是随地点、季节等而异。表 27.2-3 列出不同环境的大气中含菌量的参考数值。

不同计量方法所得大气尘浓度的比较　　　　表 27.2-2

浓　度	工业城市	市　郊	农　村
≥0.5μm 计数浓度（粒/L）	≤3×10⁵	≤2×10⁵	≤1×10⁵
质量浓度（mg/m³）	0.3～1.0	0.1～0.3	<0.1
沉降浓度［t/(km²·月)］	>15	<15	<5

大气中的含菌量　　　　表 27.2-3

环　境	大气含菌量（粒/m³）	环　境	大气含菌量（粒/m³）
清净环境（山区等）	60～130	城市街道中心区	1400～4000
环境良好的住宅区	250～400		

2. 室内环境的尘源和发尘量 室内发尘量主要包括人和建筑表面、工艺设备运转等的发尘。在洁净室中，人的发尘量是相当主要的。人活动时的发尘量比静止时大好几倍。一般洁净室的发尘量也是对 ≥0.5μm 的尘粒来说的。表 27.2-4 列出人体发尘量的实测数据。在我国制订的洁净室计算方法中，建议用室内单位容积发尘量作为计算依据，根据对我国工程所作的实测，经整理后建议采用如图 27.2-1 所示的数值。可由室内人员密度查出，图中右边的标尺为单位容积发尘量的动静比（动态发尘与静态发尘之比，参见 27.3 节），可按劳动强度和工艺设备运转程度选定动静比 3、5 或 7。

作业人员发尘量（≥0.5μm）[粒/（人·min）]　　　　表27.2-4

序号	人员动作	普通工作服	洁净工作服	
			分套型	全套型
1	立	339000	113000	5580
2	坐	302000	112000	7420
3	臂上下运动	2980000	298000	18600
4	上体前屈	2240000	538000	24200
5	臂自由运动	2240000	298000	20600
6	头部运动	631000	151000	11000
7	上体转动	850000	266000	14900
8	屈身	3120000	605000	37400
9	跑步	2800000	861000	44600
10	步行	2920000	1010000	56000

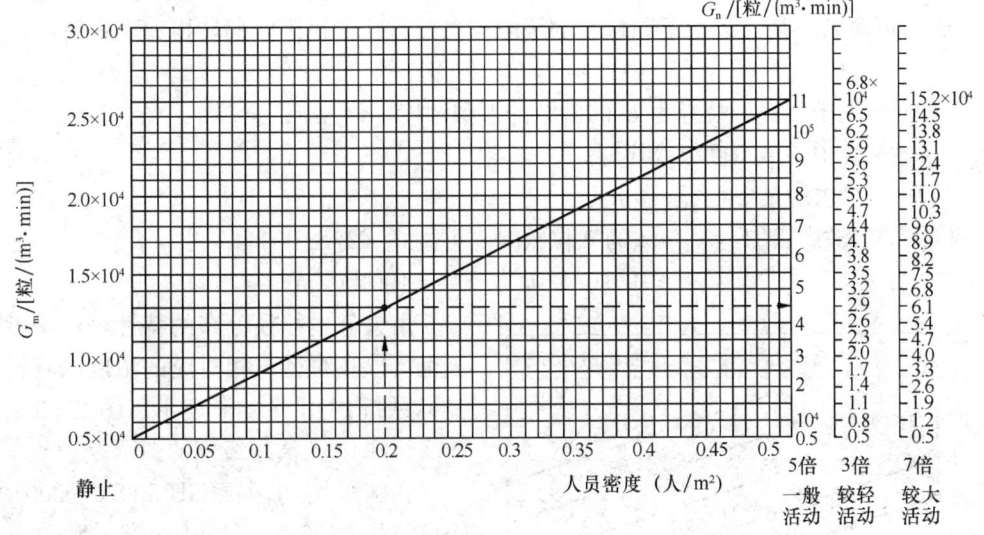

图27.2-1　洁净室单位容积发尘量计算图

对于民用公共建筑的室内发尘量按质量计，如办公室可按表27.2-5参考采用。

办公室人员发尘量（按计质浓度）　　　　表27.2-5

数据出处	发尘量[mg/(h·人)]
藤井正一	5～7[mg/(h·人)]（会议室为该值的2倍）
东京都卫生局	6.5～15.2（平均10）
日本空气清净学会	9.4～17.3（平均14.5）

室内发菌量可由不同场合下菌尘相关关系（经大量实测整理）转化而来。如发菌量与发尘量之比一般约在1：500～1：1000的范围内。由于试验的局限性，所以设计时应注意提供这些试验的具体条件。分析国外实验资料也可以直接参考以下数据：洁净室内当工作人员穿无菌服时，静止时发菌量在10～300粒/（人·min）范围内；一般活动时在150～1000粒/（人·min）范围内；快步行走时在900～2500粒/（人·min）范围内。穿非无菌服时在3300～6200粒/（人·min）。国内手术人员发菌量实测数据<1000粒/（人·min），这与国外的数据相接近。所以静态发菌量（穿无菌衣）可采用<1000粒/（人·min）的数据。

27.3 洁净室的洁净度等级标准

27.3.1 室内尘粒的级别标准

洁净室的洁净度一般是指洁净室内空气中大于、等于某一粒径的浮游粒子浓度（单位空气体积内的粒子颗数）。洁净室洁净度等级，各国均有各自的标准规定，是不完全相同的。最早标准出自美国1966年所颁布的联邦标准FS—209A，以后相继修订到1992年，改成FS—209E。

为了推动洁净技术标准的国际化，国际污染控制学会联盟（ICCCS）协同国际标准化组织（ISO）就关于洁净室分级标准已完成了标准制订工作，该标准ISO—14644—1（表27.3-1）的等级划分、命名及级限。它以$0.1\mu m$的粒子为参照，取此粒径的级限对数（10为底）值命名。某等级下不同粒径的级限与参照粒径的级限间的转换如下式所示：

$$C_n = 10^n(0.1/D)^{2.08} \qquad (27.3\text{-}1)$$

式中 C_n——大于、等于粒径为D的微粒的上限浓度，粒$/m^3$；

n——表中的洁净度级别序号；

D——欲求的某一粒径，μm。

例如：求ISO2级的$\geqslant 0.1\mu m$的微粒数时，可按式（27.3-1）

$$C_n = 10^2(0.1/0.1)^{2.08} = 100 \text{ 粒}/m^3$$

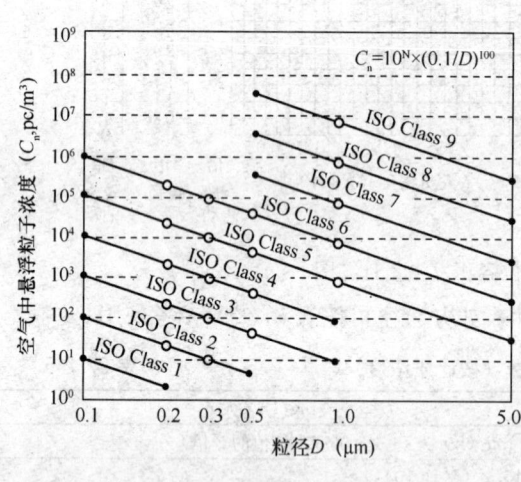

图 27.3-1 ISO 14644—1 规定的级别

由大气尘粒径分布的特性，洁净度等级也可以在粒径与相对应的浓度的双对数坐标系统内用直线来表示。图27.3-1即ISO 14644—1洁净级别的图示。

我国采用的国标GB 50073—2001洁净室级别标准是与ISO标准一致的，表27.3-1中右方则列出了对应于过去采用的国标GBJ 73—84的等级。

应该指出洁净室内空气的洁净度在不同状态下是不同的，现行国标GB 50073—2001中，对洁净室状态作出如下定义：

（1）空态。设施已经建成，所有动力接通并运行，但无生产设备、材料及人员。

（2）静态。设施已经建成，生产设备已经安装，并按业主及供应商同意的状态运行，但无生产人员。

（3）动态。设施以规定的状态动行，有规定的人员在场，并在商定的状况下工作。

这些规定也与国际标准ISO 14644—1中的有关定义完全一致。

显然，对于已建成的净化空调系统，"动态"情况下室内的空气中悬浮粒子的浓度往往最大。从前面介绍计算洁净室发尘量时已可看出。

国标规定在测试空气洁净度时所处的"状态"应与业主协商确定。而国际标准 ISO 14644—1 特地指明："空态"只适用于新建成的或新改造的洁净室或洁净区，待"空态"测试完毕，还应进一步作"静态"或"动态"（或同时做两种）测试。并且对洁净度的表达方式应说明其等级级别、所处状态以及所考虑的粒径。例如 ISO 4 级、动态、$0.2\mu m$（2370 颗/m^3）、$1\mu m$（83 颗/m^3）。设计时所考虑的粒径应由业主和承包商协商确定。

ISO 14644—1 洁净室及洁净区空气中悬浮粒子洁净度等级
(GB 50073—2001 等同)   表 27.3-1

空气洁净度等级（N）	大于或等于表中粒径的最大浓度限值 PC/m^3						对应于国标 GBJ73—84 的等级
	$0.1\mu m$	$0.2\mu m$	$0.3\mu m$	$0.5\mu m$	$1\mu m$	$5\mu m$	
(ISO) 1	10	2					
(ISO) 2	100	24	10	4			
(ISO) 3	1000	237	102	35	8		
(ISO) 4	10000	2370	1020	352	83		
(ISO) 5	100000	23700	10200	3520	832	29	100
(ISO) 6	1000000	237000	102000	35200	8320	293	1000
(ISO) 7				352000	83200	2930	10000
(ISO) 8				3520000	832000	29300	100000
(ISO) 9					8320000	293000	

注：①每个采样点应至少采样 3 次。
②本标准不适用于表征悬浮粒子的物理性、化学性、放射性及生命性。
③根据工艺要求确定 1~2 种粒径。
④各种要求粒径 D 的粒子最大允许浓度 C_n 由公式（27.3-1）确定，要求的粒径在 $0.1\mu m$~$5\mu m$ 范围，包括 $0.1\mu m$ 及 $5\mu m$。

民用与公共建筑同样对室内尘粒浓度有限制，主要由卫生要求所确定。例如我国卫生标准规定室内含尘浓度不大于 $0.15mg/m^3$（$10\mu m$ 以下尘粒）。

27.3.2 室内细菌浓度的级别标准

生物洁净室是在工业洁净室的基础上发展起来的，所以其标准也往往以工业洁净室标准为基础。通常的办法是在参照工业洁净室对空气中悬浮粒子的允许浓度制定洁净室级别的同时，再规定空气中允许的微生物浓度。现有标准中所允许细菌浓度，包括浮游菌浓度和沉降菌浓度两种。

国际上第一个有关微生物净化级别的标准是美国航空与航天管理局（NASA）制定的 NHB5340.2《洁净室和洁净工作台微生物控制标准》，至今仍被广泛应用于各国的相关标准和相关行业。其洁净室级别可参照表 27.3-2。

由于该标准是针对宇航工业，因而偏严。随着生物洁净室就用日益广泛，各国又陆续制定出许多针对不同应用场合的标准。例如在药品生产领域非常著名的 GMP 标准等。

美国宇航局（NASA）标准 NHB5340.2　　　　表 27.3-2

级别	微粒					生物微粒	
	粒径	最大数量	浮游最大数量			最大沉降量	
	(μm)	(粒/ft³)	(粒/L)	(个/ft³)	(个/L)	[个/(ft²·周)]	[个/(m²·周)]
FS100	≥0.5	100	3.5	0.1	0.0035	1200	12900
FS10000	≥0.5	10000	350	0.5	0.0176	6000	64600
	≥5.0	65	2.5				
FS100000	≥0.5	100000	3500	2.5	0.0884	30000	323000
	≥5.0	700	25				

所谓 GMP（Good Manufacturing Practice）是药品生产质量管理规范的简称。自美国 1962 年率先颁布了 GMP 后，各国相继颁布实施 GMP 制度。1982 年，由我国医药工业部门首先颁布 GMP，通过实施，经多次修订于 1999 年由国家药品监督管理局正式发布了我国现行的 GMP 标准（表 27.3-3）。必须指出：虽然作为质量管理规范的 GMP 标准，并不仅仅是针对空气洁净技术和等级的标准，但空气洁净技术是 GMP 实施的一个必要条件。

GMP（1998）洁净室（区）空气洁净度级别　　　　表 27.3-3

对应于国标 GB 50073—2001（或 ISO）的等级	洁净度级别（原 FS 洁净等级）	尘粒最大允许数/m³		微生物最大允许数	
		≥0.5μm	≥5μm	浮游菌/m³	沉降菌/m³
5	100 级	3500	0	5	1
7	10000 级	350000	2000	100	310
8	100000 级	3500000	20000	500	15
	3000000 级	10500000	60000	—	

除此以外，还有针对洁净手术室、生物安全洁净室（实验室）、动物饲养房等众多标准，需要了解相关标准的具体情况，可以参阅专门文献，例如对生物洁净手术室在本章后面将单独列出。

27.3.3　工业洁净室的分子态污染物（AMC）有关标准

上述介绍的级别标准规定了不同级别的洁净室空气中的粒子允许浓度和微生物允许浓度。随着电子工业的发展，超大规模集成电路生产过程进一步对空气中的分子态污染物 AMC 提出了控制要求，相关组织也制定了有关的标准。例如，由 SEMI（Semiconductor Equipment and Materials International）制定的标准 SEMI Standard F21—1995《AMC Classification Scheme》给出了 AMC 的分类方案，将其分成 A、B、C、D 四类：

A—Acids 酸性物质，如溴化氢、氟化氢、氯化氢、氮、磷、硫等；
B—Bases 碱性物质，如氨及其衍生物甲基胺等；
C—Condensables 可冷凝物质，如硅酮、碳氢化合物等；
D—Dopants 掺杂物，如砷、硼、磷等。

以上述四类物质为控制对象的洁净度等级标准见表 27.3-4。

控制化学污染的洁净度等级　　　　　表 27.3-4

洁净度 污染物	体积浓度（10^{-12}）				
	1	10	100	1000	10000
酸性气体	MA-1	MA-10	MA-100	MA-1000	MA-10000
碱性气体	MB-1	MB-10	MB-100	MB-1000	MB-10000
可凝聚化合物	MC-1	MC-10	MC-100	MC-1000	MC-10000
掺杂气体	MD-1	MD-10	MD-100	MD-1000	MD-10000

按照此标准，例如 MB-100 级别就意味着洁净室空气中碱性气体的允许体积浓度为 10^{-10}。要求控制的 AMC 种类及浓度是与工艺过程及要求加工精度密切相关的，故不作详述。

洁净度标准是洁净室设计的依据，同时也是工程验收的标准。对于测定各级别所需的测点数量、采样量，都根据统计规律做出具体规定，在标准中大多提出了确定级别用的测定数据处理方法。

27.3.4 各种行业的洁净标准参考

各种行业要求的环境洁净度级别可参照表 27.3-5 所示的级别采用。实际上一个产品制造是由不同工艺过程来实现的，随着加工过程的不同，对洁净度的要求有高低之分。具体要求（洁净度和温湿度等）均必要由业主方提供。

各种行业的洁净度级别参考　　　　　表 27.3-5

产业分类			清净度级别（ISO）							
			1	2	3	4	5	6	7	8
工业洁净室	半导体	硅晶片（芯片基材）								
		前工程								
		后工程								
	液晶									
	磁盘									
	精密机械									
	掩膜									
	印刷线路基板									
生物洁净室	医药品	注射液								
		制剂包装									
	病院	无菌病室								
		无菌手术室								
	食品	牛乳								
		盒饭、面包								
	实验动物	无菌动物								
		SPF 动物								

27.4 洁净室的原理、构成与分类

27.4.1 洁净室的原理

从洁净室如何满足工艺使用要求来看,当以实现"洁净空间"为首要目标。为建立和维持该空间的洁净水平,应该按如图 27.4-1 所标的四个基本原则进行工程的设计、施工和运行管理。

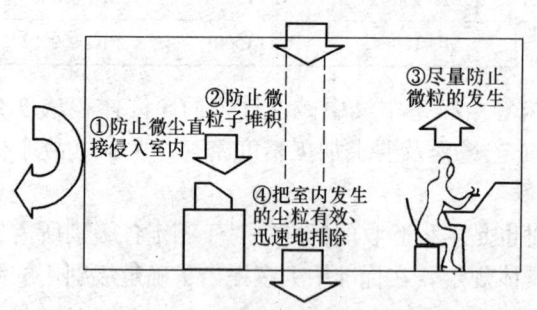

图 27.4-1 洁净工程设计的四个基本原则

1. **防止微尘直接侵入室内**,可通过以下途径来解决:

(1) 室内维持正压,防止洁净度比该洁净室低的周围空气直接渗入。

(2) 经高效过滤后的空气,不得被送风口等再污染,同时注意高效过滤器与安装的密封设施,以免未经高效过滤的空气渗漏入室。

(3) 应防止操作人员、工艺设备等进入洁净室时带入灰尘,故需经过人、物净化设施。

2. **防止微粒堆积,应注意:**

(1) 室内建筑内表面不应有凸出物和沟缝,以免堆积尘埃。

(2) 设备、管路、家具等应易于清扫。

(3) 设置真空清扫系统或真空扫除机,定期清扫。

3. **尽量防止微粒的发生**这可由以下途径来达到:

(1) 易发尘的建筑材料、家具、用具不能使用。

(2) 人员的个人卫生、洁净服、操作(动作)均遵循洁净规程,以减少发尘。

(3) 提高工艺过程的机械化、自动化程度,这对高级别洁净室尤为重要。

4. **把室内发生的尘粒有效、迅速地排除**,其方法如下:

(1) 利用经超净(高效过滤)的空调空气排除室内发尘,可以采用"稀释冲淡"或"活塞置换"的手段来排除室内的发尘;

(2) 必须比常规空调有足够的风量和合理的气流组织来实现尘粒的排除。气流组织要考虑到室内工艺设备和发尘点的位置等实际情况。

由此可知,洁净室技术是由土建、工艺、空调净化、设备等多方面共同配合才能达到要求的。

27.4.2 洁净室的构成

图 27.4-2 示出洁净室的构成。从构成洁净室整体的硬件来说,有以下几部分:

(1) 洁净室围护结构 由土建材料现场构筑或工厂预制的构件构筑。除了合理的平剖面规划布置外,为满足洁净要求的建筑构造节点的设计和制作,也是重要的构成部分。

(2) 空调净化系统 在空调装置的基础上,强化空气过滤设施(三级过滤),控制正

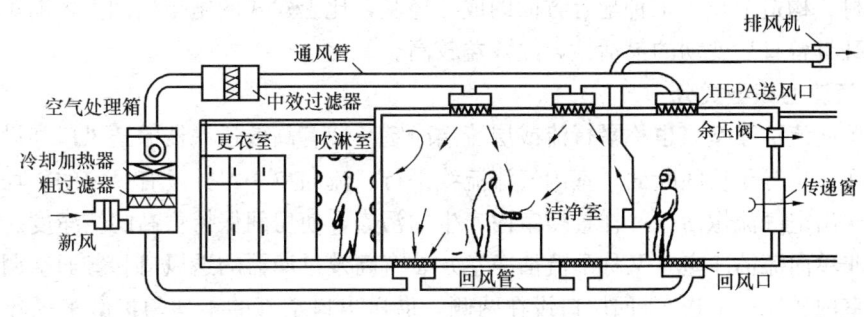

图 27.4-2 洁净室的构成

压,保证足够的风量。末级过滤器的性能对洁净室具有关键作用,末端高效过滤器安装的密封性也不可忽视。

(3) 附属设备 为保证洁净室的使用要求,应具有良好的人、物净化设施,如空气吹淋、传递窗、余压阀……等。此外,用于监测洁净室洁净度级别的尘粒计数器等也是不可缺少的设备。

27.4.3 洁净室的分类

1. 按洁净室用途分

(1) 工业洁净室 以控制室内尘埃粒子数为目的的洁净室,如精密仪器、微电子、集成电路生产的洁净室。

(2) 生物洁净室 以控制室内微生物粒子数为目的的洁净室,如医院洁净手术室、生物制品生产用的洁净室。

这两种洁净室的一般比较见表 27.4-1。

工业洁净室与生物洁净室的一般比较　　　　　　　表 27.4-1

洁净室类型	工业洁净室	生物洁净室
受控的对象	灰尘等非生物粒子	微生物等生物粒子
应用范围	微电子、光学、化工、精密机械、航天、航空、核工业等部门各行业	医疗、制药、食品、生物工程、动物饲养等部门和行业
污染影响	人和建筑设备等发尘	主要是人体发菌
空气过滤	一般需除去≥0.5μm 的尘粒	以除菌效率为准
运　行	定期作一般清扫(如利用真空吸尘系统)	定期消毒灭菌(因细菌可繁殖增生)
备　注	参见表 27.9-1	

2. 按洁净室构造分

(1) 土建式洁净室 洁净室的构筑均在现场进行,要求工程设计图纸详尽,但满足洁净要求的材料构造节点往往不易实现。施工过程的工种配合要求高,工程周期长,效益欠佳。

(2) 装配式洁净室 在外围护结构完成的基础上,由专业生产厂家按工艺生产具有一定模数的隔断构件(如双层钢板,中间为保温材料)进行现场装配。由于专业厂家的批量生产和用材、构造节点、工种配合方面的成熟经验,比土建式的施工周期大大缩短。工程投产快,又具备日后变动的灵活性,故效益较高。

3. 按气流组织型式分

(1) 单向流洁净室(也称平行流或层流洁净室)装有高效过滤器的送风口和设在下部的回风口面积均等于房间断面,室内气流流线平行、流向单一,并且有一定的、均匀的断面风速。送出空气流像活塞一样置换室内产生的污染,使房间保持很高的洁净度。

(2) 非单向流洁净室(又称乱流洁净室)装有高效过滤器的送风口和普通空调送风方式那样向室内送风(上送),回风口设在两侧,借送出口空气的不均匀扩散来稀释室内的发尘量,以保持室内的洁净度。这两种型式的主要区别如表27.4-2。

单向流与非单向流洁净室的比较　　　　　表27.4-2

洁净室类型	单向流洁净室	非单向流洁净室
图式	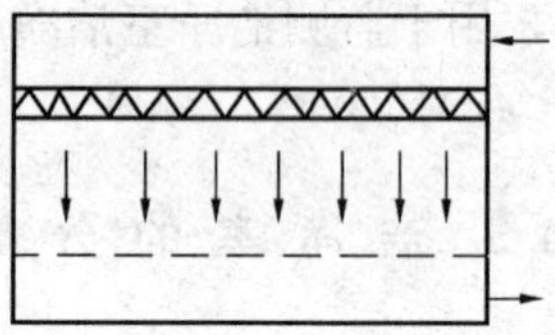	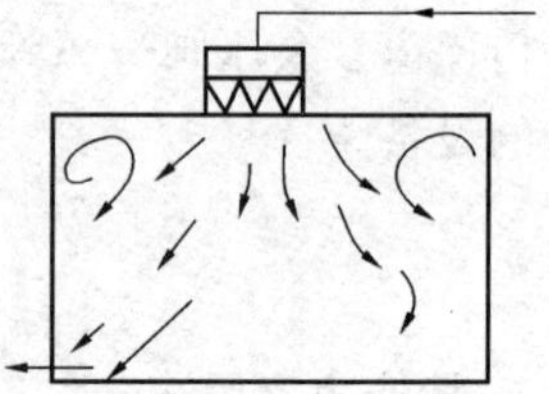
作用原理	活塞作用、置换空气	稀释作用
适用洁净级别	<5级	6~9级
换气次数(次/h)	500~250	80~15
气流组织	用高效过滤器满布(满布率为60%~90%),垂直或水平平行流	普通空调送、回风方式
送风量	$q_{v,r} \ll q_{v,j}$	$q_{v,r} < q_{v,j}$
循环空气	两次回风+净化循环回风机	一次或两次回风方式
自净时间(min)	2~5	20~30
噪声水平[db(A)]	60~65	55~60
造价(元/m²)	4500~7500	约1500~3000
运行能耗(kW/m²)	1.2~1.8	0.1~0.2

注: $q_{v,r}$—热湿处理的风量; $q_{v,j}$—净化要求风量。

4. 按洁净设备的装置方式分

(1) 全室型洁净室　这种洁净室一般利用集中式净化空调系统,向全室送风,使整个房间获得相同的等级。

(2) 局部型洁净室　利用局部净化装置,在车间内工艺有专门需要的地方提供洁净空气,使局部区域获得要求的洁净度。

(3) 结合型洁净室　实际情况下,为经济计,可利用集中净化系统使房间获得一定的洁净度。现代洁净室的发展大多利用这种手段,灵活地、经济地通过两者合理结合的方式获得各种使用要求。

27.5 空气过滤器的特性指标和分类

27.5.1 过滤器的特性指标

1. 过滤器的效率和穿透率 当被过滤空气中的含尘浓度以质量浓度来表示时,则效率为计质效率;以计数浓度来表示时,则为计数效率。以其他物理量作相对应的表示时,则有比色效率或浊度效率等。

最常用的表示方法是用过滤器进出口空气中的尘粒浓度表示的计数效率:

$$\eta = (N_1 - N_2)/N_1 = 1 - N_2/N_1 \tag{27.5-1}$$

式中 N_1、N_2——过滤器进出口气流中的尘粒浓度,个/L。

在过滤器的性能试验中,往往用效率的反义词穿透率 $K(100\%)$ 来表示:

$$K = (1-\eta) \times 100\% \tag{27.5-2}$$

对不同效率 η 的过滤器串联工作时,其总效率 η 表示为

$$\eta_z = 1 - (1-\eta_1)(1-\eta_2)\cdots(1-\eta_n) \tag{27.5-3}$$

式中 η_1、$\eta_2\cdots\eta_n$——第1个、第2个、⋯、第 n 个过滤器的效率。

2. 过滤效率和测试方法 在确定过滤效率时,粉尘含量的度量有各种方法。实用中,有粉尘质量、粒子数量;有单分散相粒子(粒径均一)的量、多分散相粒子的量;有被粉尘污染的滤纸的光通量;有计量瞬时量;有试验过程的平均量等,即效率值与测试方法紧密相关。对同一台过滤器,测试方法不同,其效率值就不同,且有时相差很大。

表 27.5-1 简单列举不同效率的含义、应用场合和相关标准。

空气过滤器过滤效率的检测方法　　表 27.5-1

名　称	方法概要	适用性	相关标准
计重效率法 (Arestance)	采用高浓度的人工尘,粒径大于大气尘,其成分有尘土、碳黑和短纤维,按一定比例构成,在过滤器前、后测出其含尘重量后计算效率	粗效过滤器	ANSI/ASHRAE52.1—1992 欧洲 CEN 779 中国 GB 12218—1989
比色法 (Dust spot)	一般用大气尘做试验,按试件前后采样滤纸上积尘后的透光率(光通量),转化为电量以计算效率	一般用通风过滤器	ANSI/ASHRAE52.1—1992 欧洲 CEN779 (我国不用此方法)
粒径计数法 (Particle Efficiency)	测量光源为低浓度、多分散相标准人工尘,仪器为激光粒子计数器,测量试件前后空气中微粒的粒径及数量	一般通风过滤器及高效过滤器	欧洲 EUROVENT T419—1993 美国 ASHRAE52.2P—1996 (表决稿)
计数法粒径	采用多分散相气溶胶,并使用光学粒子计数器在过滤器上、下游测量粒子总数的同时也测量粒径分布,得到最低效率对应的粒径MPPS。再将MPPS相对应的单分散相试验气溶胶,在额定风量下对过滤器进行渗漏试验(扫描法得到局部效率值)和总效率试验	高效与超高效过滤器(HEPA;UL-PA)	NE—1881;1998 NE—1882;1998 NE—1883;1998 NE—1884;2000 NE—1885;2000

续表

名称	方法概要	适用性	相关标准
大气尘径限计数法	自然大气尘,以光学粒子计数器测量试件前后空气中大于某粒径限度全部粒子的个数	一般通风过滤器及高效过滤器	美国 BS3928 中国 GB 6165—1985
钠焰法 (Sodum Flame)	尘源为单分散相氧化钠粒子(约 $0.44\mu m$)按粒子在 H_2 中的燃烧生成的光焰 $5.89\times 10^{-7}m$ 的强度转化为电量以计算效率	高效过滤器	
DOP 法	尘源为 DOP(邻苯二甲酸二辛酯)粒子 $(0.3\mu m)$,根据试件前后采样空气的浓度(DOP 粒子浓度)计算效率,仪器为浊度计	高效过滤器	美国军用标准 MIL—STD—282
油雾法 (Oilmist)	尘源为油雾(粒径为 $0.3\sim 0.5\mu m$ 的石蜡油雾),根据试件前后采样空气计算效率	高效过滤器	德国:DIN24184—1990 中国:GB 6165—1985

3. 最大穿透率粒径(MPPS)问题 过滤器的粒径计数效率对洁净室设计关系最重要,洁净室设计中的过滤器效率均指计数效率。由于过滤器的过滤作用是在多种物理机理下完成的,对于比较小的微粒,由扩散作用而在纤维上沉积,当粒径由小到大时,扩散效率逐渐减弱;比较大的微粒则在"拦截"和"惯性"作用下被捕集,所以当粒径由小变大时,拦截和惯性效率逐渐增加,因此,与粒径相关的总效率曲线就有个最低点,它所对应的粒径效率最低(最低效率径 d_p),故又称为最大穿透率粒径 MPPS,图 27.5-1 (a) 就是这种机理的表示,图 27.5-1 (b) 是过滤器的实测例子。

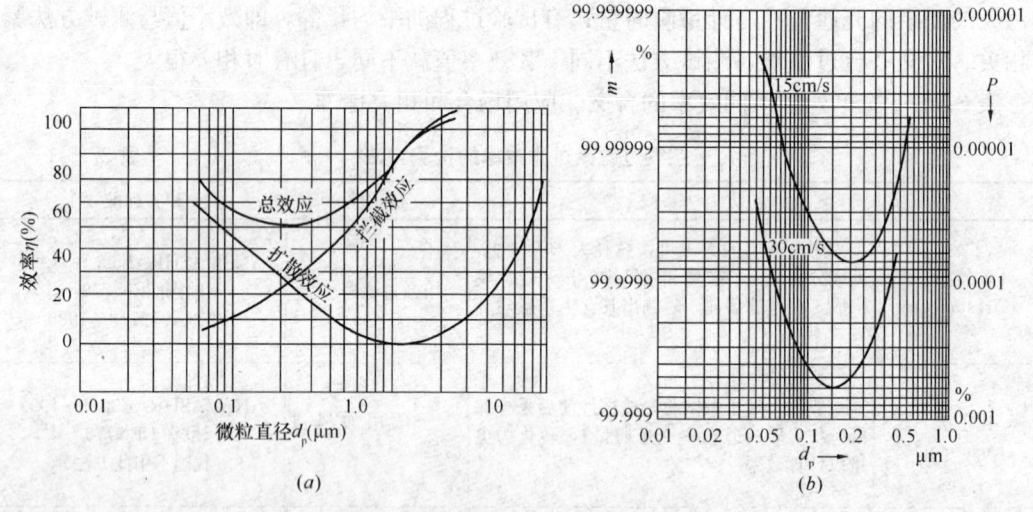

图 27.5-1 纤维过滤器的过滤特性
(a) 纤维空气过滤器机理;(b) 粒径和穿透率的关系

d_p 不是定值,对于不同性质的微粒、不同的纤维直径、不同的过滤速度,d_p 值就不同。由此可知计数效率和粒径有密切关系,美国等国均以 DOP 粒子(接近单分散相、粒径为 $0.3\mu m$)作为普通高效过滤器的试验尘。随着新型超高效过滤器的问世,试验尘的粒径也就随之而变。例如测量超低穿透率过滤器(ULPA)时,国外用 $0.1\sim 0.2\mu m$ 粒子检验效率。因该值即为其 MPPS,故其所得结果亦可能称为 MPPS 效率。

4. 效率的转换 为了掌握过滤器各效率之间的关系。可借助图 27.5-2 作近似的转换。

例如：大气尘比色法效率为50%时，DOP效率仅20%，而人工计质法效率达90%；当大气尘比色法效率为85%时，DOP效率为55%，而人工尘计质法效率达95%。此外，在图27.5-3中实际上也反映了各种效率之间的对比关系。

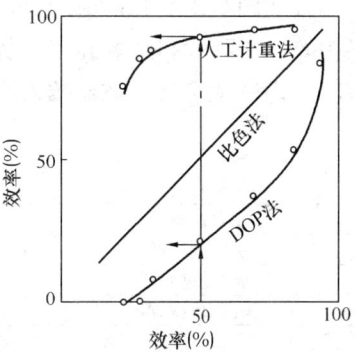

图 27.5-2　效率转换曲线

5. 过滤器的面速和滤速　面速 U 是指过滤器断面上的通过气流的速度，一般以 m/s 来表示。面速反映过滤器的通过能力和安装面积，采用过滤器的面速越大，安装过滤所需面积越小，所以过滤器面速是反映其结构特性的主要参数之一。通常用下式表达：

$$U = \frac{Q}{F \times 3600} \quad (27.5\text{-}4)$$

式中　Q——风量，m^3/h；

　　　F——过滤器截面积即迎风面积，m^2。

滤速 v 是指滤面积上通过气流的速度，一般以 $L/(cm^2 \cdot min)$ 或 cm/s 表示，过滤器的滤速反映滤料的通过能力，特别是反映滤料的过滤性能，过滤器采用的滤速越低，越可获得较高的过滤效率。滤速可用式（27.5-5）或式（27.5-6）表达。

$$v = \frac{Q \times 10^3}{f \times 10^4 \times 60} = 1.67 \frac{Q}{f} \times 10^{-3} \quad (L/cm^2 \cdot min) \quad (27.5\text{-}5)$$

或

$$v = \frac{Q \times 10^6}{f \times 10^4 \times 3600} = 0.028 \frac{Q}{f} \quad (cm/s) \quad (27.5\text{-}6)$$

式中　f——滤料净面积，m^2。

滤速直接影响到过滤效率和阻力，通常粗效过滤器的滤速量级为 m/s；中效、高中效过滤器为 dm/s，而高效过滤器仅为 2～3cm/s。

6. 过滤器的阻力　过滤器的阻力包括滤料阻力（与滤速有关）和结构阻力（与框架结构形式和迎风面的风速有关）。对已定结构和滤材的过滤器，阻力取决于通过风量的大小，高效过滤器的阻力随风量的增加是接近线性的。

过滤器初始使用时的阻力称为初阻力；因积尘而影响使用（风量不足）需要更换时的阻力称为终阻力。一般把达到初阻力一定倍数时的阻力定为终阻力。高效过滤器的倍数为2，而中效过滤器和粗效过滤器可取较大的倍数，因为其初阻力较小，积尘后对系统风量的影响比高效过滤器为小。

7. 容尘量　过滤器容尘量是和使用期限有直接关系的指标。通常将运行中的过滤器的终阻力为初阻力的某一倍值时，或效率下降到初始效率的85%以下时（对某些预过滤器来说）的过滤器积尘量，作为该过滤器的容尘量。滤材性质对容尘量关系较大。例如用超细玻璃纤维制作的额定风量为 $1000m^3/h$ 的高效过滤器，在终阻力达400Pa（初阻力为200Pa）时的容尘量约400～500g。

27.5.2　过滤器的分类

过滤器可以按效率、构造形式、滤材等分类，但最本质的分类，应按过滤效率来分，而过滤效率又是在特定的测试方法下测定的。

按我国GB/T 14295—1993和GB 13554—1992两个标准,把过滤器分为粗效、中效、高中效、亚高效和高效五类。从粗效到亚高效等级的过滤器,又称为一般空气过滤器。表27.5-2即一般空气过滤器按效率与阻力的分类。

一般空气过滤器分类　　　　　　　　　　　　表27.5-2

过滤器名称	额定风量下的计数效率 η（%）	阻力（Pa）
粗效过滤器	$80 > \eta \geqslant 20$（粒径$\geqslant 5\mu m$）	$\leqslant 50$
中效过滤器	$70 > \eta \geqslant 20$（粒径$\geqslant 1\mu m$）	$\leqslant 80$
高中效过滤器	$99 > \eta \geqslant 70$（粒径$\geqslant 1\mu m$）	$\leqslant 100$
亚高效过滤器	$99.9 > \eta \geqslant 95$（粒径$\geqslant 0.5\mu m$）	$\leqslant 120$

美国也采用计数效率对过滤器进行分类。如表27.5-3所示,把过滤器分为粗、低、中、高效诸类别,在粗效类提出了与计重效率的对照。欧洲分类方法,如表27.5-4及表27.5-5所示。

美国新标准提案52.2—1999对过滤器的分级方法
（以分级计数效率为基础）　　　　　　　　表27.5-3

分级（按最低效率值）	平均分级计数效率（%）			按Std.52.1方法的平均计重效率（%）	最小终阻力（Pa）
	$0.3 \sim 1.0 \mu m$	$1.0 \sim 3.0 \mu m$	$3.0 \sim 10.0 \mu m$		
1	n/a	n/a	$E_3 < 20$	$A_m < 65$	75
2	n/a	n/a	$E_3 < 20$	$65 \leqslant A_m < 70$	75
3	n/a	n/a	$E_3 < 20$	$70 \leqslant A_m < 75$	75
4	n/a	n/a	$E_3 < 20$	$75 \leqslant A_m$	75
5	n/a	n/a	$20 \leqslant E_3 < 35$	n/a	150
6	n/a	n/a	$35 \leqslant E_3 < 50$	n/a	150
7	n/a	n/a	$50 \leqslant E_3 < 70$	n/a	150
8	n/a	n/a	$70 \leqslant E_3 < 85$	n/a	150
9	n/a	$E_3 < 50$	$85 \leqslant E_3$	n/a	250
10	n/a	$50 \leqslant E_2 < 65$	$85 \leqslant E_3$	n/a	250
11	n/a	$65 \leqslant E_2 < 80$	$85 \leqslant E_3$	n/a	250
12	n/a	$80 \leqslant E_2 < 90$	$85 \leqslant E_3$	n/a	250
13	$E_1 < 75$	$90 \leqslant E_2$	$90 \leqslant E_3$	n/a	350
14	$75 \leqslant E_1 < 85$	$90 \leqslant E_2$	$90 \leqslant E_3$	n/a	350
15	$85 \leqslant E_1 < 95$	$90 \leqslant E_2$	$90 \leqslant E_3$	n/a	350
16	$95 \leqslant E_1$	$95 \leqslant E_2$	$95 \leqslant E_3$	n/a	350

注:1.终阻力应$\geqslant$两倍初阻力;2. n/a—不合适;E—平均分级计数效率;A_m—平均计重效率。

按EN779对空气过滤器分级　　　　　　　　表27.5-4

级别	终阻力（Pa）	人工尘平均计重效率（A_m）%	对$0.4\mu m$粒子的平均效率（E_m）%
G1	250	$50 \leqslant A_m < 65$	—
G2	250	$65 \leqslant A_m < 80$	—
G3	250	$80 \leqslant A_m < 90$	—
G4	250	$90 \leqslant A_m$	—
F5	450	—	$40 \leqslant E_m < 60$
F6	450	—	$60 \leqslant E_m < 80$
F7	450	—	$80 \leqslant E_m < 90$
F8	450	—	$90 \leqslant E_m < 95$
F9	450	—	$95 \leqslant E_m$

按 EN1822 对 HEPA 与 ULPA 过滤器分级　　　　表 27.5-5

过滤器级别	总值		局部效率（局部效率值）	
	效率（%）	透过率（%）	效率（%）	透过值（%）
H10	85	15	—	—
H11	95	5	—	—
H12	99.5	0.5	—	—
H13	99.95	0.05	99.75	0.25
H14	99.995	0.005	99.975	0.025
U15	99.9995	0.0005	99.9975	0.0025
U16	99.99995	0.00005	99.99975	0.00025
U17	99.999995	0.000005	99.9999	0.0001

图 27.5-3 给出了各国空气过滤器效率规格和分类的对比情况。其中也反映了与效率相关的测试方法。对于常用的欧洲标准 G4～F8 其计数粒径分效率如图 27.5-4 所示。

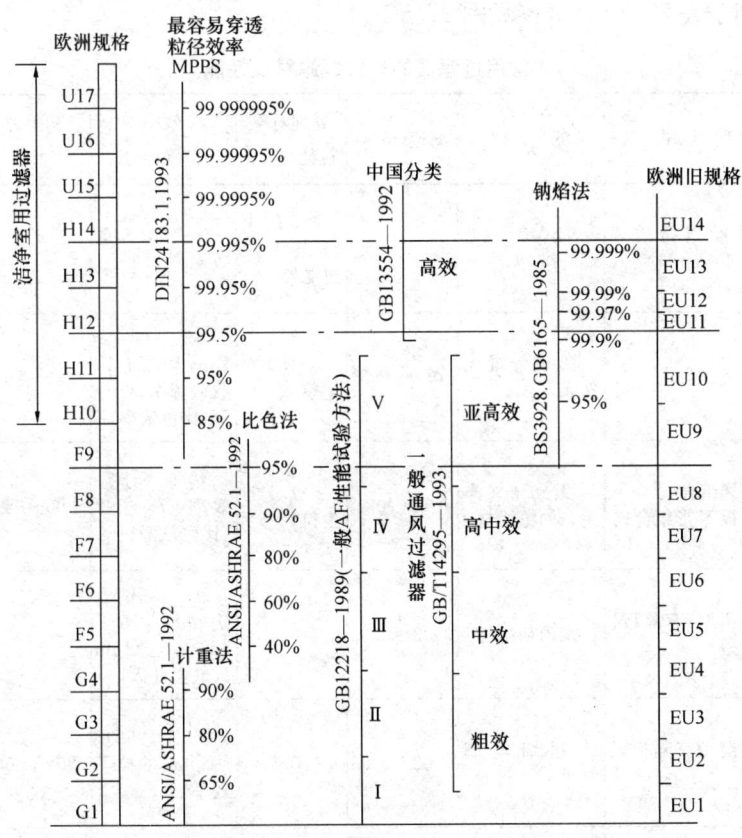

图 27.5-3　各国空气过滤器效率和分类的对比

为了适应我国空气洁净技术的发展，有关空气过滤器的分级标准在参考国外分级的基础上正进行修订中。

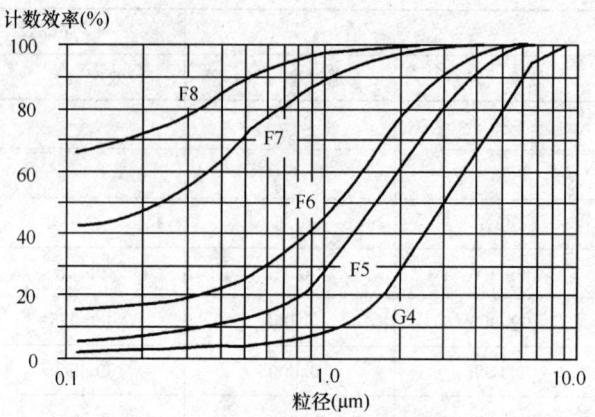

图 27.5-4 过滤器的计数效率曲线例

27.5.3 空气过滤器的滤材和型式结构

过滤器的滤材、型式结构都与过滤器要求的效率有关。常用的各种过滤器滤材，型式及适用性等列于表 27.5-6，并参见图 27.5-5。

常用过滤器的型式、滤材及性能　　　　　　表 27.5-6

分类	型式	滤材	滤速(m/s)	处理对象粒径/(μm)	效率范围(%)	初阻力(Pa)	备注
粗效	平板型稀褶式(25~100mm)卷绕式	锦纶编织,玻璃纤维,无纺布	1~2	≥5 的尘粒作为预过滤器	50~90(计重效率)	≤50	预过滤器保护中效
中效	扁袋组合式	玻璃纤维无纺布	0.2~0.5	≥1.0 的尘粒	35~70≥1μm尘粒的(计数效率),35~75(比色效率)	30~50	保护末级过滤器
高中效	扁袋组合式 平板V形组合式	无纺布(涤纶):丙纶滤材	0.05~0.1	≥1.0 的尘粒	约95(计数效率)75~92(比色效率)	90~95	一般洁净要求的末级过滤器
亚高效	密褶型(有隔板)多管型	聚丙烯滤材	0.02~0.03	≥0.5	90~99(钠焰法效率),75~92≥80(≥1μm大气尘计数)	≤90	≥8 级的洁净室的过滤器
高效	密褶型有隔板无隔板	超细玻璃纤维	0.02~0.03	≥0.5	≥99.97(0.3μm的粒子效率)	200~250	普通5级洁净室的末级过滤器
超高效	密褶型(无隔板)	超细玻璃纤维 PTF	0.01~0.015	≥0.1	≥99.9999(0.1μm的粒子效率)	150~200	0.1μm10级或1级(FS)洁净室的末级过滤器

27.5 空气过滤器的特性指标和分类

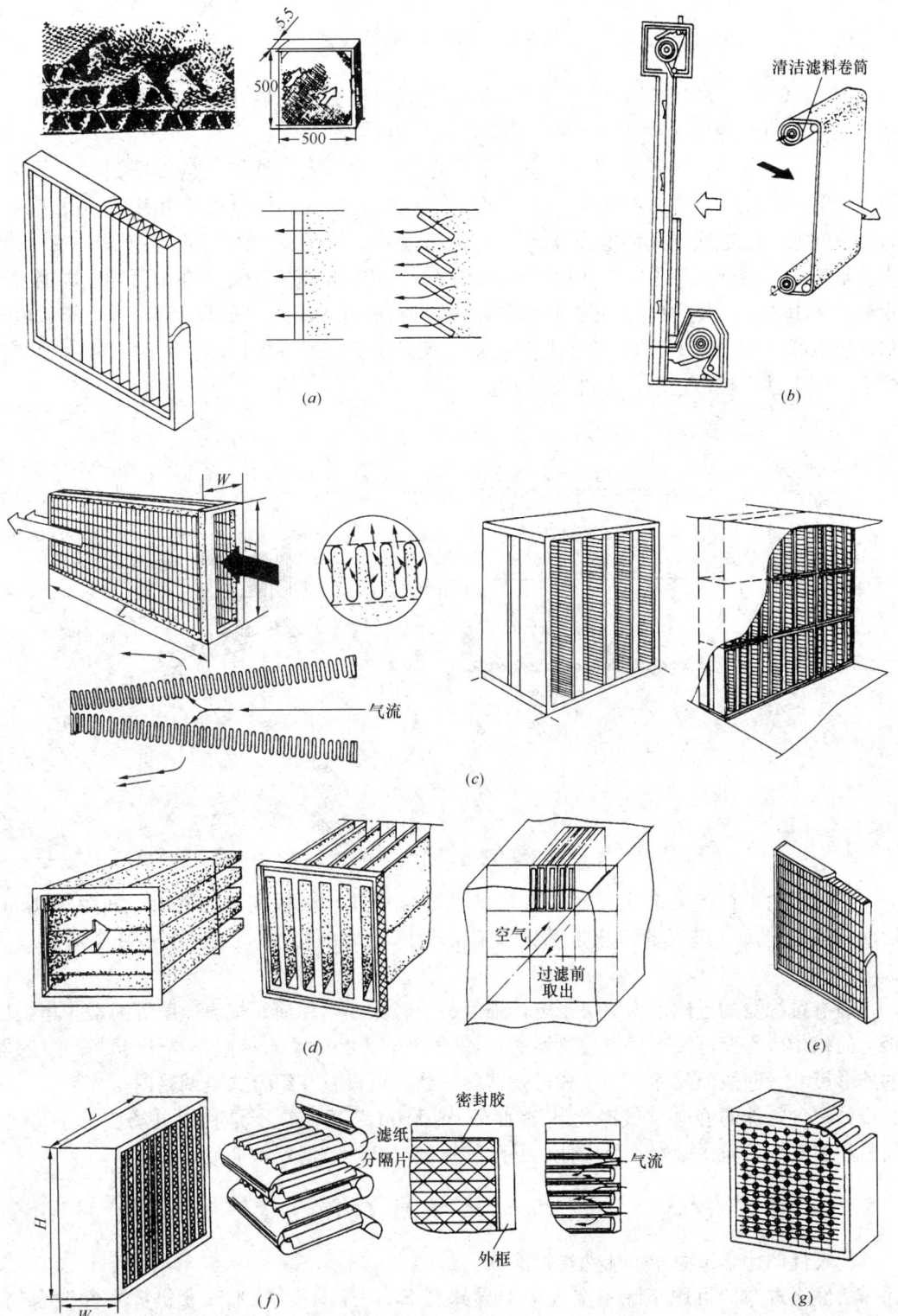

图 27.5-5 各种纤维材料过滤器的形式
(a)普通平板型；(b)卷绕型；(c)密褶平板 V 形组合式；(d)袋式；(e)无隔板型；(f)有隔板型；(g)管式

27.5.4 静电空气过滤器

表 27.5-6 中所列的过滤器多属利用纤维过滤机理的过滤器（又称介质过滤）。此外，还有利用静电作用净化空气的装置，称静电过滤器。

在空调工程中，用于处理送风空气的常用二段式静电过滤器结构如图 27.5-6 所示。第一段为电离段，是一系列等距离的平行的流线形管柱状接地电极（也有呈平板状的），管柱之间布有放电线（又称电晕极，是 0.2mm 左右的钨丝）。放电线上加有 10～12kV 的直流电压，与接地极板之间形成电位梯度很强的不均匀电场。因此，在金属导线周围就产生电晕放电现象，使空气经过放电线时被电离，在放电线周围均充满正离子和电子。电子移向放电线（其为正电压），并在上面中和，而正离子在遇有中性的尘粒时，就附着在灰尘上，使中性尘粒带正电，并进入集尘段。

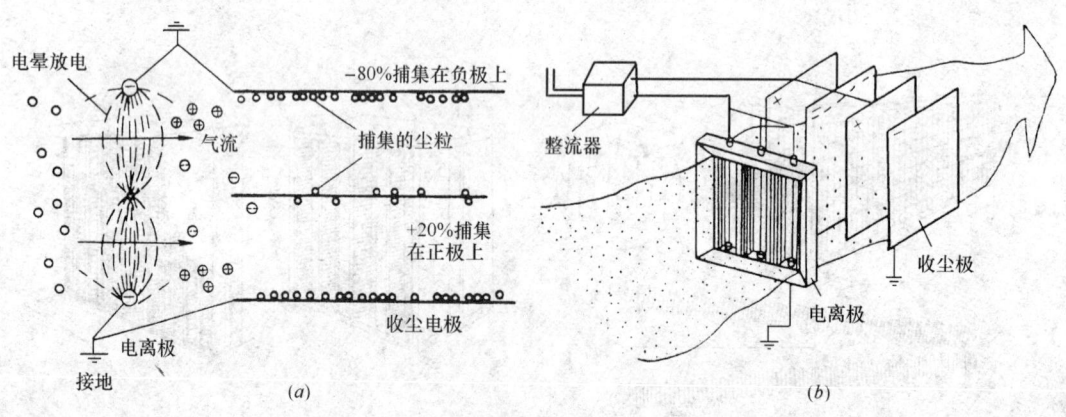

图 27.5-6　二段式静电过滤器
(a) 集尘原理；(b) 结构示意

集尘段由平行的高电压（一般为 5000V 直流电压）极板和接地极板（间距约 1cm）形成一均匀电场。进入的带正电荷的尘粒，受库仑力的作用，大部分被附着到接地极板上。

静电过滤器的过滤效率取决于电场强度、尘粒大小与性质、气流速度等因素。集尘极板上的积尘应定期清洗。静电过滤器的过滤效率（DOP 效率）一般不高于 95%。过滤器的外形尺寸（迎风面尺寸）与块式过滤器相一致，可设置在组合式空调箱内。

另一种特殊的静电空气净化装置如 Cosa/Tron 装置。它不是利用电场使粒子荷电，而是利用电场使粒子凝聚，呈中性，并随气流经过纤维过滤器被捕集。

27.5.5 化 学 过 滤 器

代表性的化学过滤器为活性炭过滤器。

活性炭过滤器可用于除去空气中的异味和 SO_2、NH_3、VOC（有机挥发性混合物）等污染物，故又称除臭过滤器。在医药、食品工业以及电子工业、核工业等类型建筑以及大型公共建筑均有此需求。

活性炭材料的表面有大量微孔，绝大部分孔径 < 5nm。单位重量活性炭材料微孔的总

内表面（比表面积）高达 $700\sim2300m^2/g$。由于物理作用（分子间的引力），有害气体被活性炭所吸附。当活性炭被某种化学物质浸渍后，增加了化学吸附作用，可对某种特定的有害气体产生良好的吸附作用。

活性炭过滤器对有机气体的除去率一般可达 90% 以上。

活性炭材料有颗粒类和纤维类两种。颗粒类原料为木炭、椰壳炭等。纤维类用含炭有机纤维为基材（酚醛树脂、植物纤维等）加工而成，其孔径细微，大多数孔直接开口于纤维表面。因此吸附速度快，吸附容量亦大。颗粒状活性炭过滤器可做成板（块）式和多筒式，而纤维活性炭过滤器可做成与多褶型过滤器相同的型式。图 27.5-7 即两种活性炭过滤器的形式。对不同气体，活性炭吸附能力不同。一般对分子容量大或沸点高的气体易吸附，挥发性有机气体比无机小分子气体易吸附。化学吸附比物理吸附选择性强。选用活性炭过滤器时，应了解污染物种类、浓度（上游浓度和下游允许浓度）、处理风量等条件，来确定所需活性炭的种类和规格，同时也应考虑其阻力和安装空间。在使用过程中，活性炭过滤器的阻力变化不大，但重量会增加。当下游浓度超过规定数值时，应进行更换。活性炭过滤器的上、下游，均需装效率良好的纤维型过滤器，前者可防止灰尘堵塞活性炭材料，后者过滤掉活性炭本身可能产生的发尘量。

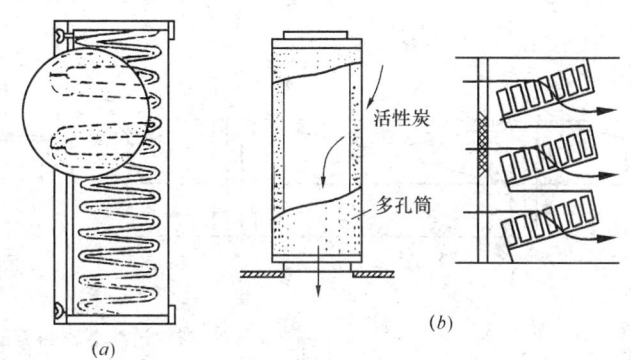

图 27.5-7　两种活性炭过滤器的形式
(a) W形；(b) 圆筒形

在空气处理箱中增设喷淋（水）段亦可对化学气体污染物具有一定的涂污效率，当入口浓度为 $50\sim100ppb$ 时，对 NH_3 的去除效率为 90%~99%，对 SO_x 为 85%~95%，对 NO_x 为 35%~45%。

27.5.6　高效过滤器的安装

洁净室中高效过滤器的安装密封，是确保洁净室洁净度的关键因素之一，因此，在洁净室设计时，应该选择先进的密封技术和可靠的密封方法。

1. 接触填料密封　密封用填料有固体密封垫（如：氯丁橡胶板，闭孔海绵橡胶板等）和液体密封胶（如硅橡胶、氯丁橡胶、天然橡胶）。固体密封垫一般采用螺栓螺母机械压紧的密封方法。

2. 液槽刀口密封　在槽形框架中注入一定高度的非牛顿密封液体（如：氯异丁烯等），高效过滤器的刀口插入密封液里，使两侧的空气通路受到阻隔，达到密封目的。这种密封方法可靠性强，过滤器拆装方便，通常应用于 5 级、4 级和更高级别洁净度的洁净室密封。

3. 负压漏泄密封　这种密封方法的原理是正压空间泄漏的污染空气，人为疏导到工作区外的负压空间，确保工作区不受污染。这种密封方法通常用于小规格的洁净室的密封。各种密封方法的示意图见图 27.5-8。

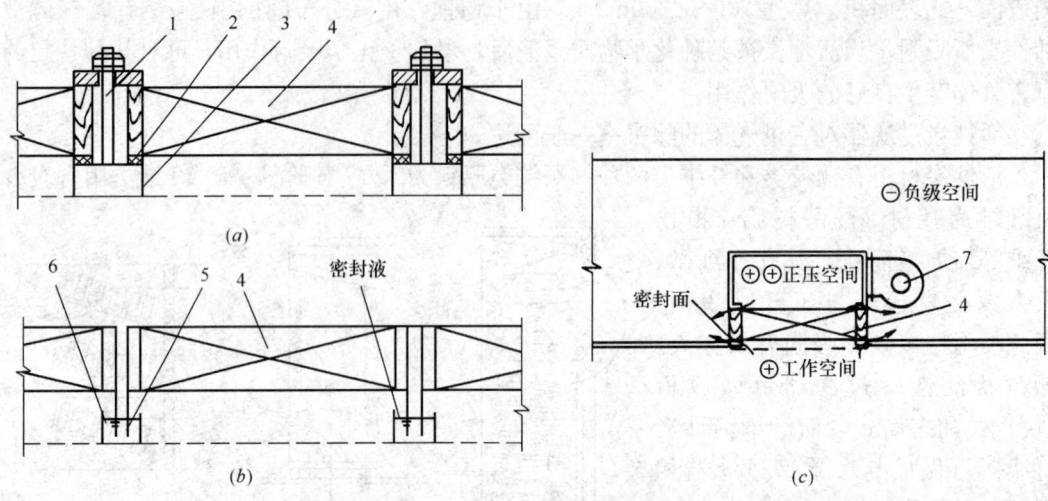

图 27.5-8 高效过滤器密封方法示意图
(a) 接触式填料密封；(b) 液槽刀口密封；(c) 负压漏泄密封
1—压紧装置；2—橡胶密封垫；3—过滤器支承框架；4—高效过滤器；5—刀口；6—液槽；7—风机

27.5.7 关于过滤器的选择

过滤器选择首先要满足效率，其次要重视阻力和容尘量等因素，前者与运行费有关，后者与维护费（更换）等有关，以阻力与能耗的关系来看：

$$E = \frac{q \times \Delta p \times n}{\eta \times 1000} \quad \text{(kWh)} \tag{27.5-7}$$

式中　q——风量，m^3/s；
　　　Δp——阻力，Pa；
　　　n——年运行时间，h；
　　　η——风机效率，0.6～0.7。

例如对 $1m^3/s$ 的风量，流过过滤器的压损为120P、$\eta=0.7$，则全年能耗为1500kWh，为此评价过滤器的经济性时应注意及寿命周期成本（LCC）。

空气过滤器寿命周期成本（LCC）　　　　表 27.5-7

	费用项目	百分比(%)		费用项目	百分比(%)
1	初投资	4.5	3	LCC_2（维护）	14.2
2	LCC_1（能耗）	80.8	4	LCC_3（废弃处理）	0.5

欧洲过滤器协会曾对 $1m^3/s$ 过滤器风量在平均压损为200Pa时，以10年为寿命周期，并根据当地的初投资与能源费用作出了如表 27.5-7 所示的寿命周期成本结果。说明 1、3 两项仅占20%左右，而能耗费用占约80%，说明选择过滤器时应采用较低的阻力（包括面风速不宜过高）为宜。

27.6 局部净化设备及洁净室附属设备

27.6.1 局部净化设备的应用和围挡

洁净室除了过滤器及净化空调系统,还需要各种局部净化设备及附属设备。

局部净化设备是在特定的局部空间内造成高洁净度状态的装置。由于它控制区域小,所以最有效、节能。工艺许可的话,应尽量采用它,但送出的洁净气流不断被周围空气污染,洁净区域越来越小。洁净送风气流浓度场变化的大致趋向见图 27.6-1。说明沿气流方向,洁净范围逐步减小为了保护设备送出的洁净气流免受周围空气污染,可采用全壁方式(即把局部空间用板壁全部围挡)、部分壁方式(即部分围挡)和空气幕方式(用空气幕作围由)。围挡越长,洁净区域延伸得越长,但空间自由度越小,对工艺适应能力越差。有时为了适应工艺需要不得不采用无壁方式。图 27.6-2 表示了无壁与部分壁的洁净控制范围。

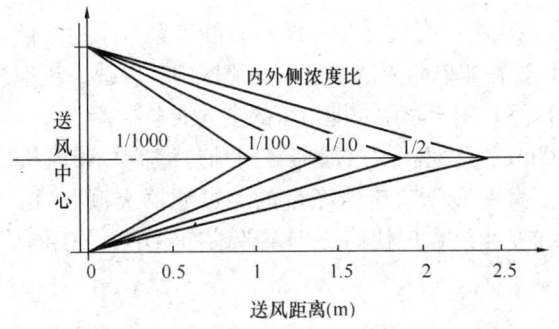

图 27.6-1 洁净送风气流浓度场变化

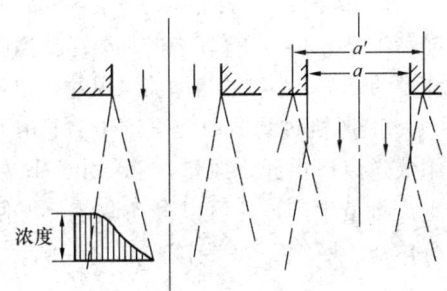

图 27.6-2 无壁与部分壁浓度场

27.6.2 各种局部净化设备

利用高效过滤器和风机,可以组合成各种局部净化设备。

1. 净化工作台 净化工作台是一种具有代表性的局部净化设备,它可在局部造成 5 级或更高级别的洁净环境。从气流型式上分,净化工作台通常又可分为垂直单向流型和水平单向流型;从气流再循环方面,可分为直流式工作台和再循环式工作台;从工作台面大小,可分为单座工作台和双座工作台。各种不同型工式的工作台都必须配合不同用途选择使用。

净化工作台主要由预过滤器,高效过滤器、风机机组、静压箱、外壳、台面和配套的电器元器件组成。典型的结构如图 27.6-3 所示。

净化工作台的一般性能见表 27.6-1所示。为了检验其实际性能,都必须遵循统一的性能测试标准。

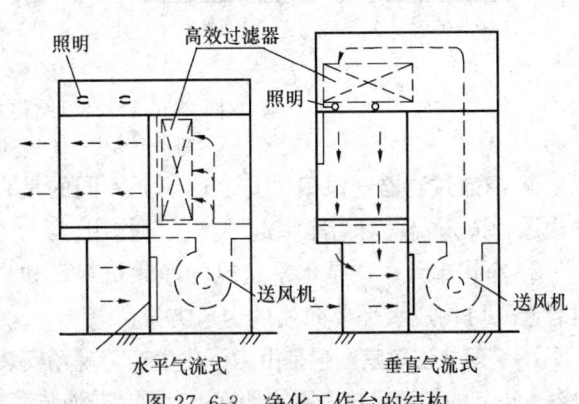

图 27.6-3 净化工作台的结构

净化工作台的性能　　　　　　　　　　　　　　表 27.6-1

项　目	内　容
洁净度级别	空态 4 级、5 级，不允许有 $\geqslant 5\mu m$ 粒子
操作区截面平均风速（m/s）	初始：0.4~0.5；经常：$\geqslant 0.3$，$\leqslant 0.6$；有空气幕时可允许略小
空气幕风速（m/s）	1.5~2
风速均匀度	平均风速的±20%之内
噪声 [dB (A)]	65 以下，最好在 62 以上
台面振动量（μm）	5 以下，最好在 2 以下（均指 X、Y、Z 三个方向）
照度（lx）	300lx 以上，避免眩光
运行	使用前空运行 15min 以上

2. 层流罩　它也是一种常用的局部净化设备，能形成单向流气流。以造成 5 级或更高级别的局部洁净环境，它同样是构成一定洁净空间的基本单元设备。

层流罩主要由外壳、预过滤器、高效过滤器、风机机组、静压箱和配套的电器元件组成。从结构形式上，层流罩有前回风型和后回风型，有气幕型和无气幕型；从安装方式上有吊装式和支撑式。

3. 自净器　自净器是一种可移动的空气净化机组，有过滤型自净器和静电型自净器。自净器主要用于：①操作点的临时净化措施；②设置在非单向流洁净室中涡流区内，以减少灰尘滞留的可能。小型的自净器（风量在 500m³/h 以下）用于家用，即市售的空气清净器。

4. 风机过滤器单元（FFU：Fan Filter Unit）是把高效过滤器（附预过滤器）和风机组成送风口单元，风量在 2000m³/h 左右。作为大型单向流洁净室的"过滤器天棚"、由工厂批量生产，并可以自动调速，方便设计和安装。在现代高级别工业洁净室中，使用十分广泛。图 27.6-4 为该产品之一例。

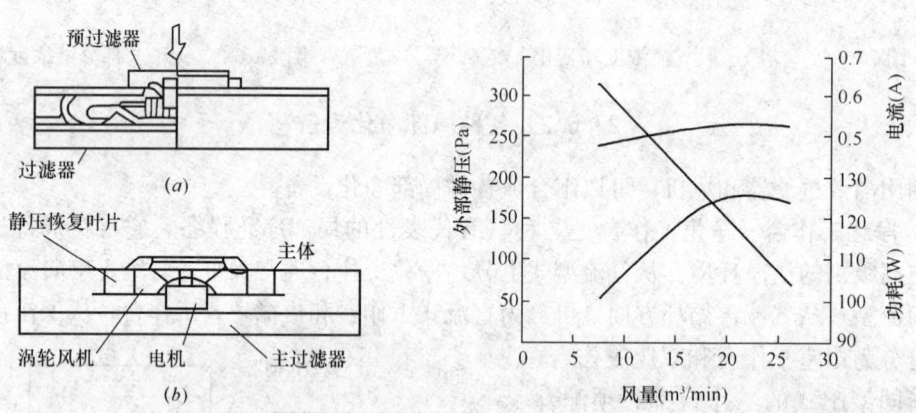

图 27.6-4　FFU 结构及其性能
(a) 带消声结构；(b) 不带消声材料

5. 高效过滤器送风口　与上述单元不同的是它不具备风机，都用于非单向流洁净室的送风管道末端，对洁净室起"把关"作用。

6. 净化单元　这是水平送风的净化机组，和自净器不同的是送风面积大（风量大），组合起来可构成水平单向流的送风方式。

7. 装配式洁净室　它是由工厂化生产，现场安装而构成所需洁净空间的不同规模的洁净设备。小型的装配式洁净室（计算机存放，药液装灌等专用）可以作为成套产品订购。

中型的装配式洁净室由标准模数的高效过滤器吊顶系统、地板回风系统和固定的周边围挡（墙板）系统等部分组成。非标准部分必须按设计图纸特殊定货加工。与土建式洁净室相比，它具有工厂加工精度高、质量好，现场安装进度快，并且能拆装易地，因此被广泛使用。这种洁净室的结构由壁板和框架构成，其板材为彩色夹心钢板，夹心层为阻燃的保温材料，总厚度约为 50mm。装配式洁净小室亦有水平流和垂直流两种气流方式。此外，还有自备空调设备（如柜式，风冷机组）和不带空调设备的两种。

8. 净化空调机组 这是一种装有粗、中、高效过滤器的空调机组，可与装配洁净室配套使用，也可单独使用。对于有足够余压而装有粗、中效两级过滤器的中效净化空调机组通过管道与高效送风口、回风口相接，可以较为容易地组装成一个提供温湿度控制的非单向流净化空间。

27.6.3 洁净室的附属设备

1. 吹淋室 吹淋室是一种人身或物料的净化设备。其原理是用高速（≥25m/s）的洁净气流，吹落欲进入洁净室内人身服装或物料表面上附着的灰尘。同时，吹淋室的两个门又相互连锁，不能同时打开，也起气闸的作用。人员吹淋时间大约 30s/人。吹淋的空气温度最好在 30℃左右。

吹淋室又分小室式和通道式两种。小室式又有单人式和双人式。小室式吹淋室设置的数量不能过多，如果需通过吹淋的人数很多时，可考虑设置通道式吹淋室。图 27.6-5 示出吹淋室的结构。

2. 气闸室 气闸室通常设置在洁净度不同的两个相通的洁净区，或洁净区和非洁净区之间。气闸室具有两扇不能同时开启的门，其目的是隔断两个不同洁净环境的空气，防止污染空气进入洁净区，还可防止交叉污染。气闸室有送风和不送风之分。要求严格的生物洁净室的气闸室，都有净化空调送风。

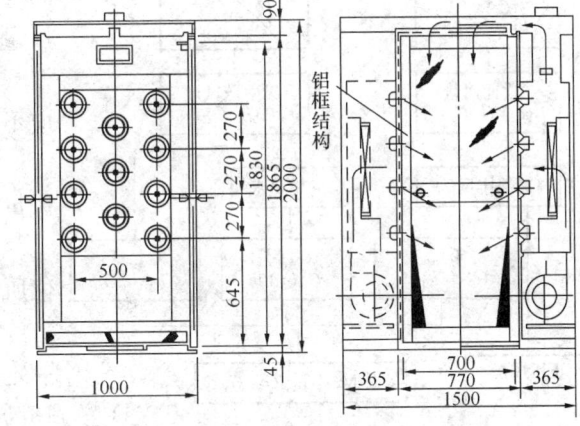

图 27.6-5 吹淋室结构

3. 传递窗 它设置在不同级别的洁净区，以及洁净区和非洁净区之间的隔墙上，通过传递窗，可把物品、工件、产品等相互传送。它设有两扇不能同时开启的窗，可将两边的空气隔断，防止污染空气进入洁净区。

4. 余压阀 用于保持洁净室内稳定正压，它设置在洁净室气流下风侧的墙上。国内最常用的为机械式。

5. 清扫装置 洁净室需定期清扫，清扫周期随级别而异。清扫有小型移动式真空吸尘器和集中式真空吸尘系统。移动式真空吸尘器排出端设高效过滤器，故风机压头高，噪声也大。集中式真空吸尘系统设固定的管道和吸尘点（可接软管），以及真空吸尘泵、集尘器等，并设在专门的机房内，每个吸尘点的风量可取 150～180m³/h。在大型高级别的洁净车间中，常采用集中式真空吸尘系统。

27.7 洁净室的风量确定与气流组织

27.7.1 非单向流洁净室的风量确定

1. 洁净室风量确定的原则 洁净室风量确定包括送风量、回风量、排风量与新风量。这些风量主要取决于洁净要求和温湿度要求。因此,洁净室的送风量可按下列两项数值进行比较,取其中之大值。

(1) 按尘埃负荷发尘量所确定的风量,用以保证室内的洁净级别。

(2) 按热湿负荷所确定的风量,用以保证室内的温湿度。

对于洁净室,从洁净要求的风量往往远大于温湿度要求所需的风量,而通过空调处理手法(如两次回风方式),可使洁净度和温湿度两者均获得满足,此外,从房间空气平衡出发,送风量必须大于局部排风量。

2. 新风量 洁净室的新风量,其数量应不小于下列三项风量中的最大值。

(1) 保证室内每人 30~40m³/h 的新风量。

(2) 补偿局部设备排风量和保持正压值所需的新风量。

(3) 从经验出发,保持净化空调系统一定的新风比,对非单向流洁净室为 15%~30%,对单向流洁净室为 2%~4%。

新风量的确定及它与送风量之间的关系可见图 27.7-1。

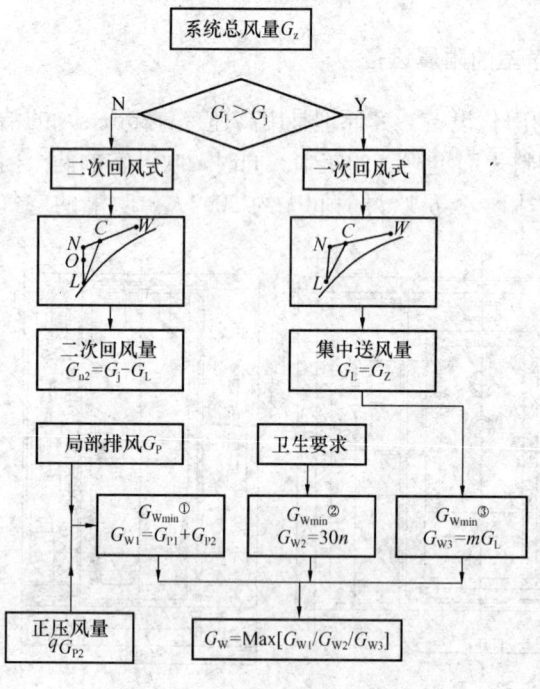

图 27.7-1 洁净系统风量和新风量的确定
G_z—系统总风量;G_L—由室内冷热负荷确定的风量;
G_j—由洁净要求确定的风量;G_w—新风量

3. 非单向流洁净室的风量计算 根据图 27.7-2 所示的非单向流洁净室的系统模型,由进入和流出洁净室的灰尘量平衡的原理,可导出计算式如下:

稀释室内灰尘的送风量

$$L = KV \tag{27.7-1}$$

$$K = \frac{60G \times 10^{-3}}{N[1-S(1-\eta_h)] - M(1-S)(1-\eta_x)} \tag{27.7-2}$$

式中 K——换气次数,次/h;

V——洁净室体积,m³;

G——洁净室的单位容积发尘量,个/(m³·min),由图 27.2-1 查得;

N——洁净室的含尘浓度,个/L;

M——室外空气的含尘浓度,个/L;
S——回风比,回风量与送风量之比;
η_h——回风通路上过滤器的总效率,$\eta_h=1-(1-\eta_1)(1-\eta_3)$;
η_x——新风道路上过滤器之总效率,$\eta_x=1-(1-\eta_1)(1-\eta_2)(1-\eta_3)$。

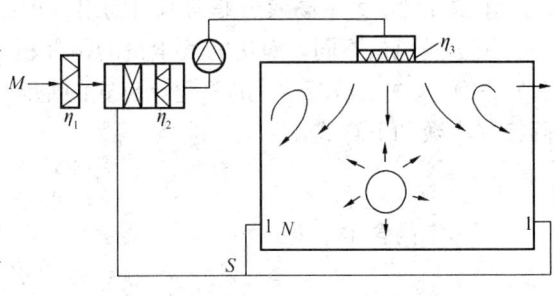

图 27.7-2 非单向流洁净室模型

对于一般的洁净室,上式中所有与尘粒有关之参数,均指对 $\geqslant 0.5\mu m$ 的尘粒而言的。例如:高效过滤器效率 $\eta_3=0.99999$,玻璃纤维中效过滤器的效率 $\eta_2=0.4\sim0.5$,粗效过滤的 $\eta_1=0.1\sim0.3$,若取大气尘浓度为 10^6 个/L,系统新风比 $(1-S)$ 为 30%,$(1-\eta_1)(1-\eta_2)=0.5$,$\eta_3=0.99999$,取不同的容积发尘量,可作出 $N-K$ 的关系曲线,如图 27.7-3 所示。利用图 27.7-3 当然也可以从洁净室风量查出室内含尘浓度 N,因为式(27.7-2)的另一种形式即

$$N=\frac{60G\times10^{-3}+MK(1-S)(1-\eta_x)}{K[1-S(1-\eta_h)]}\approx N_s+\frac{60G+10^{-3}}{K} \qquad (27.7\text{-}3)$$

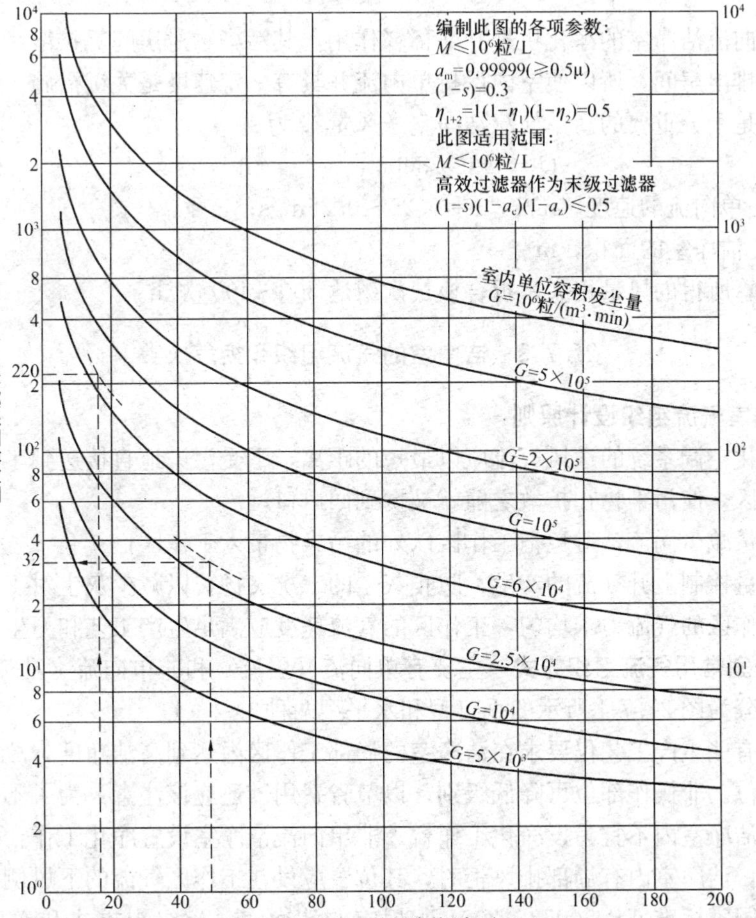

图 27.7-3 高效空气净化系统室内含尘浓度换气次数计算图

上式中 N_s 为带高效过滤器风口的出口浓度。

由于送风量不同,对房间发尘量的稀释程度不同,尘粒量不均匀扩散。因此,可在式(27.7-2)及式(27.7-3)的简化计算式的基础上,计入修正系数(不均匀系数)ψ,得实际换气次数如下算式:

$$K_r = \psi \frac{60G \times 10^{-3}}{N - N_s} = \psi K \qquad (27.7-4)$$

实际室内含尘浓度

$$N_r = \psi\left(N_s + \frac{60G \times 10^{-3}}{K}\right) = \psi N \qquad (27.7-5)$$

上式中送入室内空气浓度 N_s,可由新风比 $(1-S)$ 确定,当新风比 $(1-S)=0.2$,$N_s=1$ 个/L;$(1-S)=0.5$,$N_s=2.5$ 个/L;$(1-S)=1.0$,$N_s=5$ 个/L;不均匀系数 ψ 可由表 27.7-1 查得。

不 均 匀 系 数　　　　　　　　表 27.7-1

K	10	20	40	60	80	100	120	140	160	180	200
ψ	1.5	1.22	1.16	1.06	0.99	0.9	0.65	0.51	0.51	0.43	0.43

27.7.2 单向流洁净室的风量确定

由于单向流洁净室的净化机理并非稀释作用,其污染物对房间无扩散污染。污染物是由活塞作用排出房间,所以使室内保持单向流并具有一定速度是关键措施,此外出风面风速均一性亦是十分重要的。单向流洁净室送风量 Q 为

$$Q = vA \times 3600 \quad (m^3/h) \qquad (27.7-6)$$

式中　　v——单向流的速度,m/s,$v=0.25\sim0.35$m/s;

　　　　A——洁净室的面积,m^3。

按此计算所得的风量很大,折合换气次数达 $300\sim400$ 次/h。

27.7.3 洁净室的气流组织和换气次数

1. 洁净室气流组织设计原则

(1) 净化空调系统的送风气流应以最短的距离,不受污染地直接送到工作区,并且尽量覆盖工作区,使污染物在扩散之前就被携到回风口;

(2) 尽量减少涡流,避免把工作区以外的污染物带入工作区;

(3) 尽量控制上升气流的产生,防止灰尘的二次飞扬,以减少灰尘对工件的污染;

(4) 工作区的气流力求均匀,工作区的气流速度应满足生产工艺和卫生要求。

2. 洁净室常用气流组织方式　主要有单向流(层流)和非单向流(乱流)两种方式。单向流又可分为图 27.7-4 所示的垂直型和水平型两种。

此外,有些生产工艺仅要求在洁净室的局部工作区内达到高洁净度,故使洁净气流先经该操作部位。非操作部位可降低级别,以节省费用。还应该注意:为了不干扰正常的气流,单向流洁净室内不宜另设净化工作台;非单向流洁净室设置净化工作台时,其位置应远离回风口;洁净室内有局部排风柜时,其位置应设在工作区气流的下风侧。

按我国国家标准 GB 50073—2001 所规定的洁净室气流组织方式和送风量(换气次数)可见表 27.7-2。

表 27.7-2 气流组织和送风量

序号	等级名称 ISO标准	等级名称 FS209E	气流流型	气流组织型式 送风主要方式	气流组织型式 回风主要方式	送风量 断面风速 (m/s)	送风量 换气次数 (次/h)	风速 (m/s) 送风口	风速 (m/s) 回风口
1	1	M1.0	垂直单向流	顶棚满布高效空气过滤器（满布率≥80%）	1. 格栅地面满布格栅回风口 2. 相对两侧墙下部均匀布置回风口	≥0.40	—	—	≤2.0
2	2	M1.5							
3	3	M2.0							
4	4	M2.5							
5	5	M3.0	垂直单向流	1. 顶棚满布高效空气过滤器（满布率≥80%） 2. 侧布高效空气过滤器；顶棚设阻尼层送风 3. 全孔板顶棚送风	1. 格栅地面回风 (1) 满布 (2) 均匀局部布置回风口 2. 相对两侧墙下部均匀布置回风口	≥0.25	—	孔板孔口：3～5	≤3.0
		M3.5	水平单向流	送风墙满布高效空气过滤器（满布率≥40%）	1. 回风墙布置回风口 2. 相对两墙下部均匀布置回风口	≥0.35	—	孔板孔口：3～5	≤1.5
6	6	M4	非单向流	1. 孔板顶棚送风 2. 条形布置高效空气过滤器顶棚送风 3. 同隔布置带扩散板高效空气过滤器顶棚送风	1. 相对两侧墙下部布置回风口 2. 洁净室面积较大时，可采取地面均匀布置回风口	—	≥80	1. 侧送风口 2. 贴附射流 2～5 (1) 贴附射流 1.5～2.5, 对侧下部回风 1.0～1.5 (2) 非贴附射流 1.0～1.5	1. 洁净室内回风口：≤2.0 2. 走廊内回风口≤4.0
		M4.5	非单向流	1. 局部孔板送风 2. 带扩散板高效空气过滤器顶棚送风 3. 上侧墙送风	1. 单侧墙下部布置回风口 2. 当采用走廊回风时，在走廊内均匀布置回风口 或走廊内集中设置回风口	—	≥50		
7	7	M5	非单向流			—	≥30		
		M5.5	非单向流			—	≥25	1. 侧送风口 2. 贴附射流 2～5 (1) 贴附射流 1.5～2.5, 对侧下部回风 1.0～1.5 (2) 非贴附射流 1.0～1.5	1. 洁净室内回风口：≤2.0 2. 走廊内回风口≤4.0
8	8	M6	非单向流	1. 带扩散板高效空气过滤器顶棚送风 2. 上侧墙送风	1. 单侧墙下部布置回风口 2. 当采用走廊回风时，在走廊内均匀布置回风口 或走廊内集中设置回风口	—	15		
9	9	M6.5	非单向流						
		M7	非单向流			—	10	侧送风口 (1) 贴附射流 1.5～2.5, 对侧下部回风 1.0～1.5 (2) 非贴附射流 1.0～1.5	1. 洁净室内回风口：≤2.0 2. 走廊内回风口≤4.0

注：FS209E 为实行 ISO 标准前的分级标准

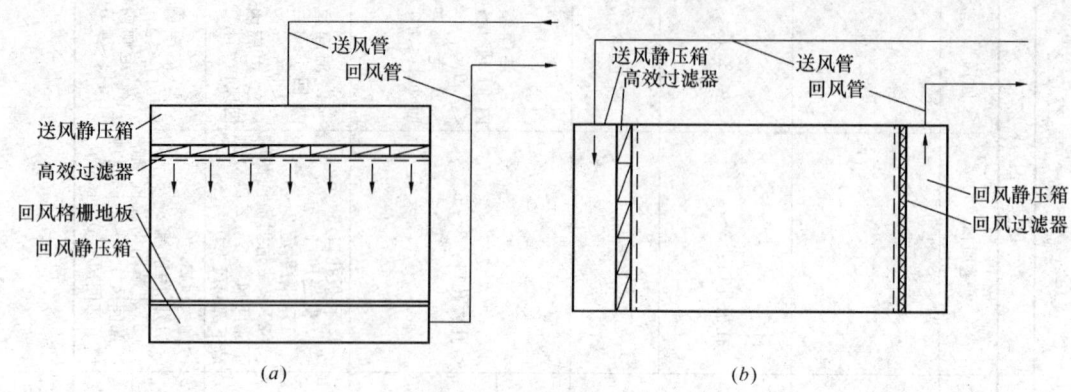

图 27.7-4 不同型式的单向流
(a) 垂直型；(b) 水平型

按美国 IEST 建议的洁净室气流流型平均风速与换气次数可参见表 27.7-3 表中 N、M 和 U 分别表示非单向流、混合流和单向流。

洁净室的平均风速与换气次数（按美国 IEST RP（CC012） 表 27.7-3

等级（FS级别）	气流流型	平均风速（m/s）	换气次数（次·h^{-1}）
ISO8（100000）	N/M	0.005～0.04	5～48
ISO7（10000）	N/M	0.005～0.07	60～90
ISO6（1000）	N/M	0.125～0.2	150～240
ISO5（100）	U/N/M	0.2～0.4	240～480
ISO4（10）	U	0.25～0.45	300～540
ISO3（1）	U	0.3～0.45	360～540
高于 ISO3（1）	U	0.3～0.5	360～600

27.8 净化空调系统设计

27.8.1 净化空调系统的特点

1. **风量大** 按国外统计，一般办公楼建筑和工业洁净室（半导体工厂）、生物洁净室（制药）的送风量远较民用建筑为大（参见表 27.10-1）。

2. **风机风压高** 因系三级空气过滤系统，比一般空调系统风机风压高 400Pa 以上。故其空气输送能耗较大。此外，随着过滤器阻力的增加，系统风量会变化，所以要设定风量装置等恒定风量。

3. **空调冷负荷大、负荷因素特殊** 办公楼、旅馆、单位面积冷负荷在 100～130W/m^2 范围内，而半导体厂的冷负荷高达 500～1000W/m^2。同时其负荷构成也较特殊，主要为工艺设备、新风和输送能耗（参见图 27.10-1 及表 27.10-2）。此外，由于洁净室往往 24h 运行，故其耗能（换算成一次能）也比其他建筑物为大。

4. 正压控制严 洁净室要保持恒定的正压,才能防止邻室不同级别的空气对它产生干扰。通常经合理的风量平衡设计和设置余压阀等来保持。

5. 采用两次回风方式 因洁净所需风量远远大于空调控制冷热的风量,大多可通过两次回风方式或短循环方式,以满足此要求。

27.8.2 实现各种不同级别洁净室的系统方式

1. 单向流洁净室空气流程分析

(1) 短循环的应用。单向流的换气次数为 300~400 次/h,空调系统一般采用两次回风方式。当空气处理机组(AHU)与洁净室有一定距离时,空气输送的能耗很大,若能在洁净室就地再循环(短循环),则可大大减少能耗。表 27.8-1 说明了这两者的区别。

单向流洁净室的短循环应用　　　　　　表 27.8-1

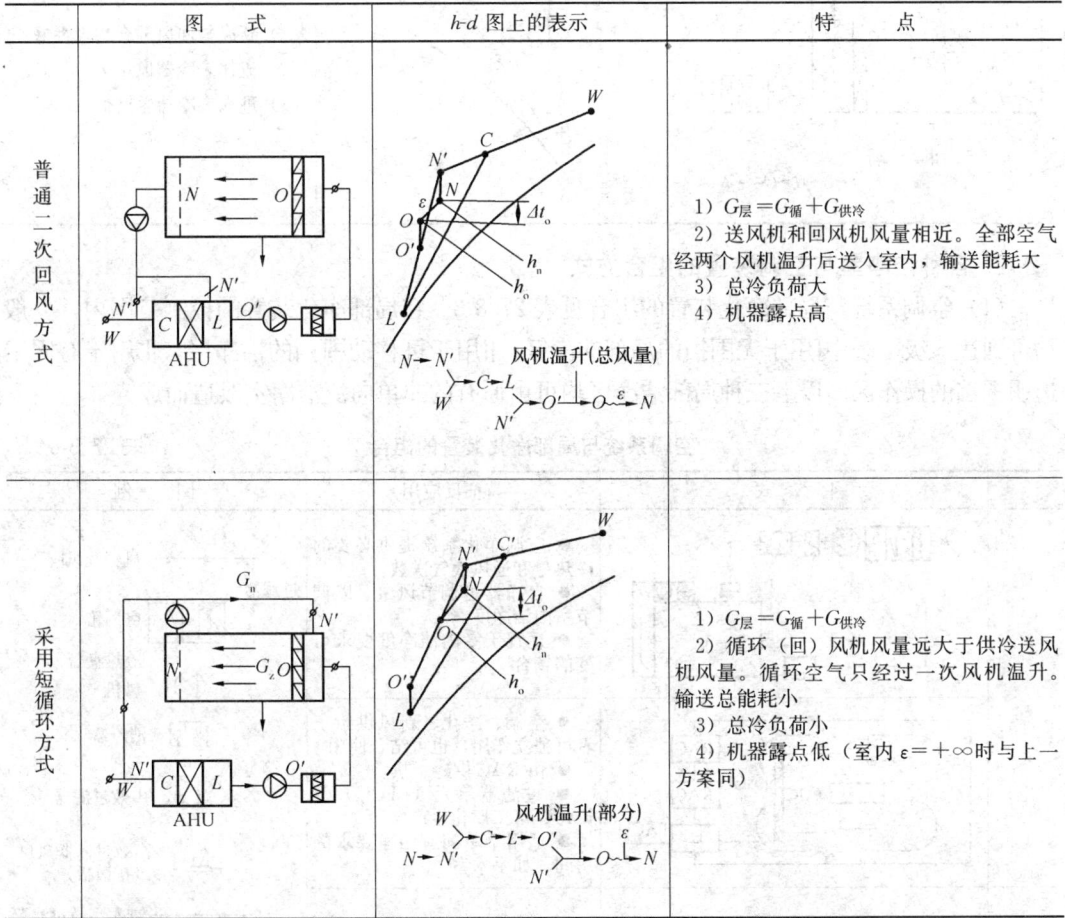

	图 式	h-d 图上的表示	特 点
普通二次回风方式			1) $G_总 = G_循 + G_供冷$ 2) 送风机和回风机风量相近。全部空气经两个风机温升后送入室内,输送能耗大 3) 总冷负荷大 4) 机器露点高
采用短循环方式			1) $G_总 = G_循 + G_供冷$ 2) 循环(回)风机风量远大于供冷送风机风量。循环空气只经过一次风机温升。输送总能耗小 3) 总冷负荷小 4) 机器露点低(室内 $\varepsilon = +\infty$ 时与上一方案同)

(2) 显热盘管的应用。由于电子工业洁净室室内负荷主要是显热,即热湿比为 $+\infty$,故可以采用新风集中处理大幅度去湿后与经显热冷却盘管的室内空气相混合。这样,对大量循环风的处理,可用水温较高的冷水,而少量新风则用低温去湿盘管处理,在经济上比较有利。采用这种处理的方式的见表 27.8-2 所列的两种,即新、回风在末端混合和新、回风在显热盘管前混合。从总冷负荷看并无区别。

显热盘管的应用 表27.8-2

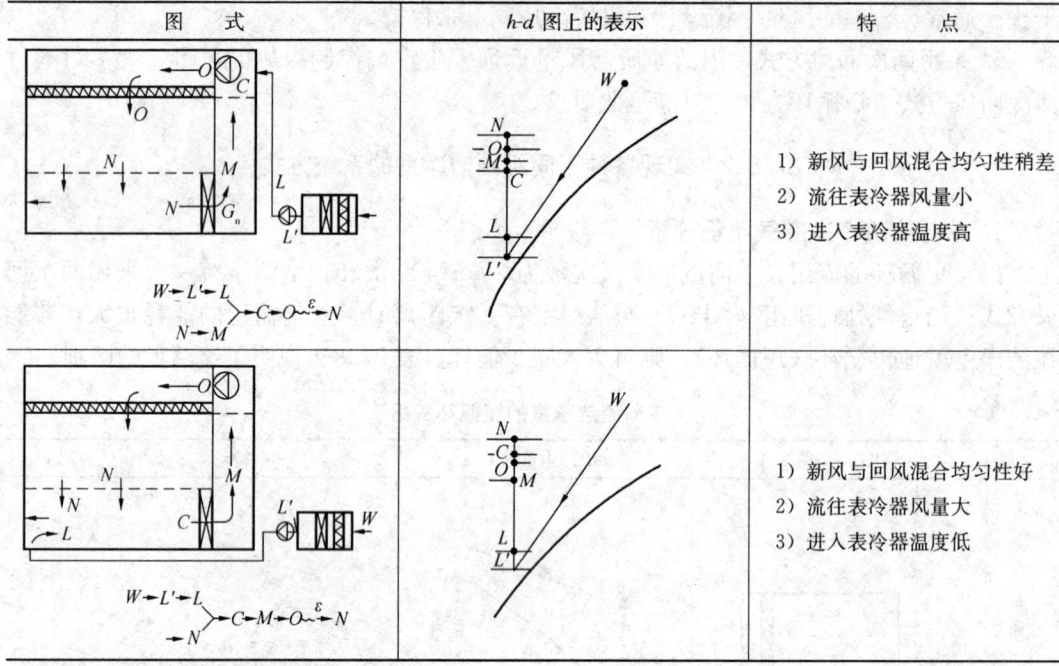

图式	h-d 图上的表示	特点
(上图)	(上图)	1) 新风与回风混合均匀性稍差 2) 流往表冷器风量小 3) 进入表冷器温度高
(下图)	(下图)	1) 新风与回风混合均匀性好 2) 流往表冷器风量大 3) 进入表冷器温度低

2. 各种洁净室与空调装置的组合方式

(1) 空调系统与局部净化装置的组合见表27.8-3。在局部净化装置的控制范围内,一般均可到达5级。表中Ⅰ用于无围挡的局部洁净区,Ⅱ用于可移动围挡的洁净区,Ⅲ用于有固定透明围挡的操作区。以上三种局部洁净区均可由原有的非单向流洁净室改造而成。

空调系统与局部净化装置的组合 表27.8-3

	图式	特征反应用	图例	
Ⅰ		● 空调净化系统提供必要的冷热量和通风换气次数。 ● 自净器可调节风量,以调节室内洁净度 ● 适宜于室内洁净度要求可变的场合	─▷◁─	风管及风阀
			⊠	空调箱
				冷热盘管
			Ⓟ	风机
Ⅱ		● 空调、净化、新风供给三者可独立作用,也可结合使用 ● 由 RAC 供冷、热 ● 过滤器单元 (LFCU) 及 FACU 可工厂化生产 ● 适用于单间有洁净要求的房间,如手术室	⊟	消声器
			⊠	中效过滤器
			⊻	高效过滤器风口 (扩散板)
Ⅲ		● 在原有净化空调系统中,通过洁净室内增设自净器(风机+过滤器单元)及围挡、造成工作台空间范围内的高洁净度 ● 适用于工艺操作点固定,原有空调房间作净化改造的场合	▦	满布高效过滤器 (孔板风口)
			↑	正压排风
			----	孔板风口
			⌇	格栅风口

(2) 非单向流洁净室与空调系统的组合见表 27.8-4。一般均可实现 6 级~8 级的洁净度。Ⅰ 为两次回风方式；对于要求 24 小时运行的洁净室，风机可采用变频控制以适应晚间运行的负荷并维持正压。Ⅱ 适用于多个系统集中新风处理的方式。

非单向流洁净室与空调系统的组合　　　　　表 27.8-4

	图　片	特　征　及　应　用
Ⅰ	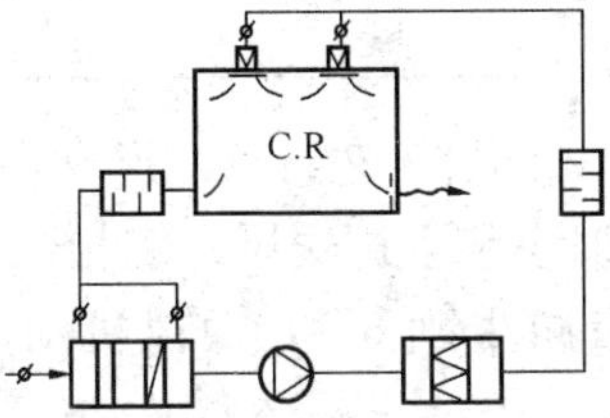	● 采用高效过滤器风口送风，两次回风方式，回风口设粗效过滤器，中效过滤器设在送风机的压出段，根据噪声要求设置消声器，用余压阀控制室内正压 ● 适用于一般级别的洁净室
Ⅱ	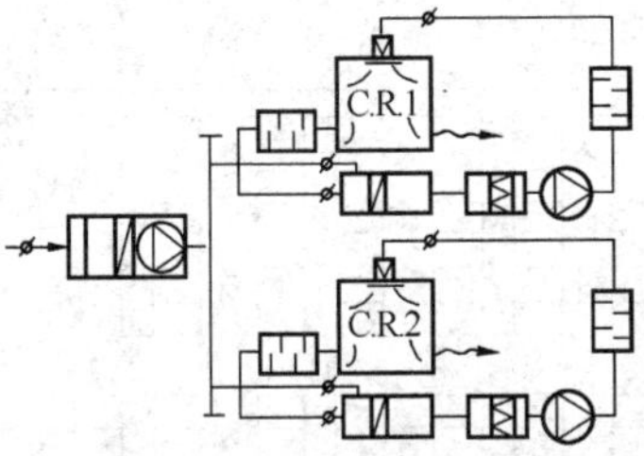	● 新风集中独立处理，并自备风机，有利于强化新风的过滤和管理，新风可进行热湿预处理 ● 适用于多个空调系统设在同一机房内时

(3) 单向流洁净室与空调装置的组合见表 27.8-5 所示。表中 Ⅰ 为单风机全风量运行方式（两次回风）；Ⅱ 为短循环方式；Ⅲ、Ⅳ 为利用空调机组的洁净室空调方式。表中各方式大多适用于小规模的单个洁净室。大型单向流洁净在后面实例中介绍。

单向流洁净室与空调装置的组合　　　　　表 27.8-5

	图　式	特　征　及　应　用
Ⅰ	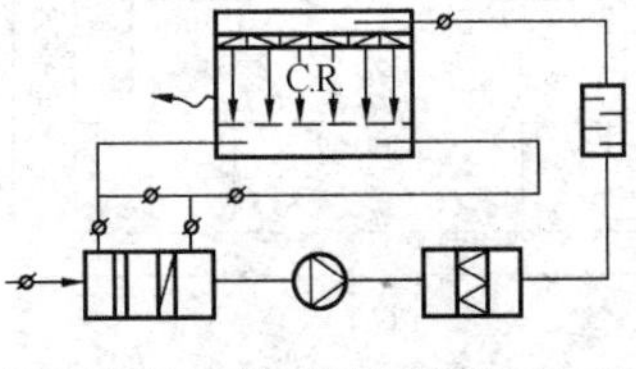	● 适用于近旁无法设置机房时
Ⅱ	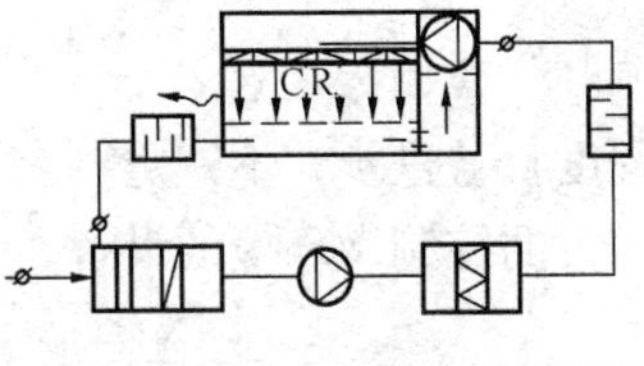	● 利用多台高效率小风机构成短循环（二次回风），有利于节约风机输送能耗。 ● 室内噪声应注意控制 ● 当空调机房与洁净室相距较远时，有显著的经济性
Ⅲ	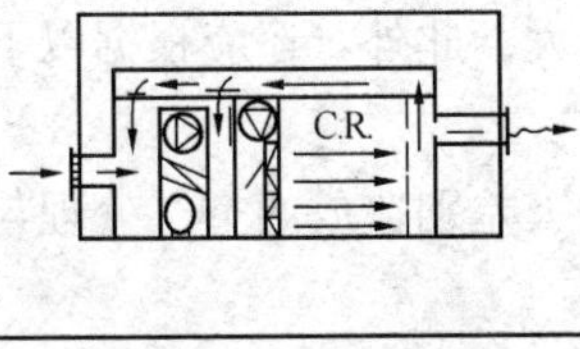	● 采用由过滤器—风机构成的净化单元所组成的装配式洁净室。 ● 可设于原有的车间内，空调机组设在相邻机房内

图 式	特征及应用
IV 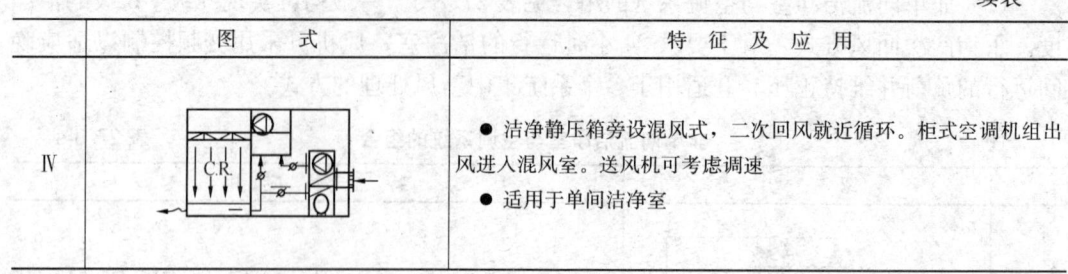	● 洁净静压箱旁设混风式，二次回风就近循环。柜式空调机组出风进入混风室。送风机可考虑调速 ● 适用于单间洁净室

(4) 洁净隧道方式。在微电子工业中，从经济考虑，结合工艺特点，形成了一种特定的净化方式，称为洁净隧道，图 27.8-1 表示洁净空间缩小和空调送风系统相适应的演变过程，这样从方式 I 变到 III，可使集中机房的供风量减少到 5%，通风机动力减少到 50%。以及设备费用减少 60%。

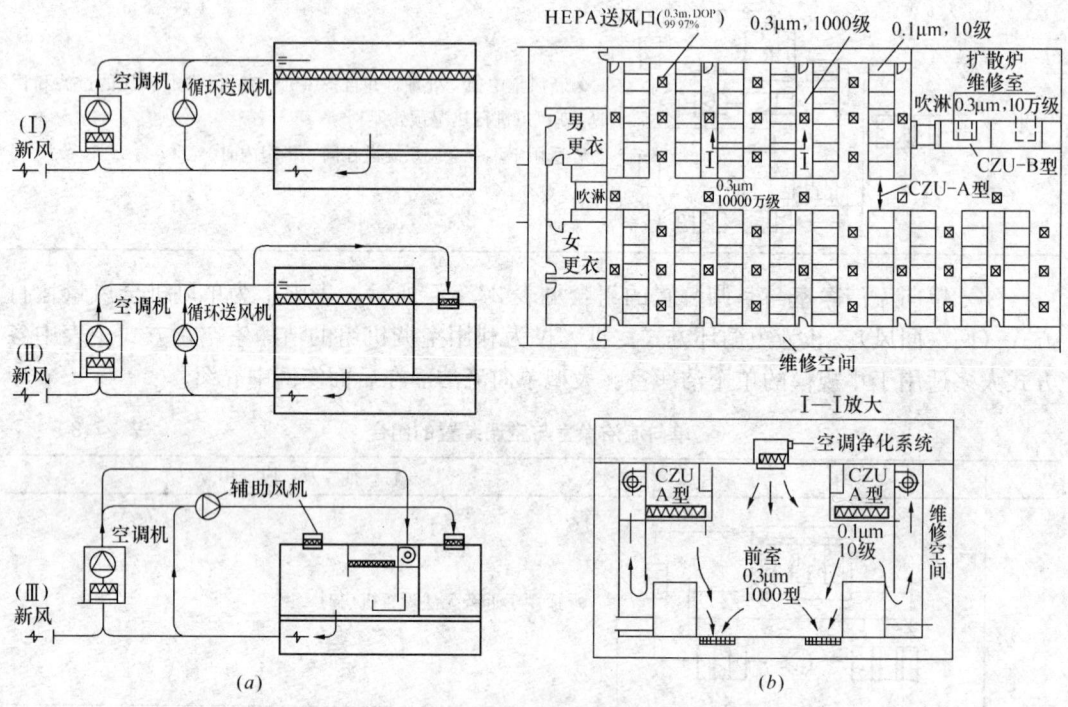

图 27.8-1 洁净隧道方式
(a) 方式的形成；(b) 平剖面图

随着超大规模集成电路制造的发展，工艺自动化程度日益进步，不一定要求在大面积的厂房全面实现高级别的净化，而创造了与工艺密切相关的控制微环境的设备。在该设备中实施高级别的净化环境。

3. 净化空调系统的划分 净化空调系统风量比普通空调系统大，因此应根据建筑空间布置等情况合理划分，使风道断面和输送长度不致过大。此外，还应根据以下原则考虑系统的划分：

(1) 单向流系统与非单向流宜分开。这是从净化等级差别造成的空气处理与控制方式的不同而考虑的。

(2) 三级过滤净化系统与一般空调系统（或两级过滤净化系统）应分开设置。

(3) 温度、湿度精度差别大的系统要分开设置。

(4) 运行班次、运行规律不同的系统要分开设置。

(5) 新风比不同的系统应分开设置。

(6) 产生有毒、有害、易燃、易爆物的系统，与一般系统要分开设置。

4. 洁净室的正压控制 洁净室外部空气的渗入是污染干扰洁净室洁净度的重要原因之一。因此，必须保持一定的压差，不同等级的洁净室及洁净区，与非洁净区之间的压差，应大于或等于5Pa，洁净区与室外的压差应大于等于10Pa。相反，工艺过程产生大量粉尘、有毒物质、易燃、易爆物质的工艺区，其操作室与其他房间之间应保持相对负压。

由于净化空调系统中，过滤器阻力的变化及室内可能有排风柜的排风，因此，维持一定的正压必须有相应的措施和控制。通常用余压阀、回风口阻尼层，以及用手动或自动控制回风阀来维持室内正压。对一般空调房间，维持室内正压的渗出风量与各风量 $L_{渗}$ 之间的关系为 $L_{渗(正压)} = L_{送} - L_{回} - L_{局排}$。正压渗透风量可根据房间结构密封性能来确定（每米缝隙在一定压差下通过的风量），一般可按房间换气次数2~6次/h取值。但由于洁净室房间建筑比较严密，且正压要求严格，所以采用余压阀或差压式电动风门调节阀较为可靠。

表27.8-6为洁净室正压控制方法比较。

洁净室正压控制方法比较　　　　　　　　　　　表27.8-6

控制方法	特　点	备　注
回风口或支风管上装调节阀	结构简单、经济；调节精确度不高	适用于各种洁净室，最好用对开式多叶调节阀
回风口装空气阻尼层	结构简单、经济；起一定过滤作用；室内正压有些变化，随着阻尼层阻力逐渐增加而有些上升	仅适用于走廊或套间回风方式 阻尼层一般用厚5~8mm泡沫塑料或无纺布制作 一般1~2个月清洗一次，以维持室内正压不致过高
余压阀	灵敏度较高、安装简单；长期使用后，关闭不严	当余压阀全关闭时，室内正压仍低于预定值，则无法控制。一般设在洁净室下风侧的墙上
差压式电动风量调节器	灵敏度高、可靠性强；设备较复杂，主要用于控制回风阀和排风阀	当正压低于或高于预定值时，可自动调节回风阀或排风阀，使室内正压保持稳定

图27.8-2为利用余压阀控制正压的示意图。图27.8-3为利用压差变送器控制回风量

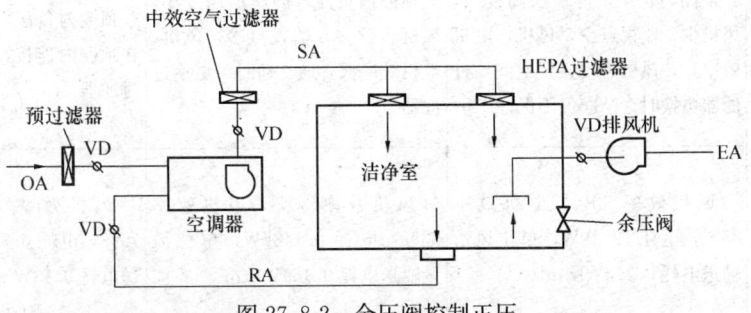

图27.8-2　余压阀控制正压

与新风量以控制新风量的原理。对于多房间系统，则根据各室不同压差要求，利用微机控制。

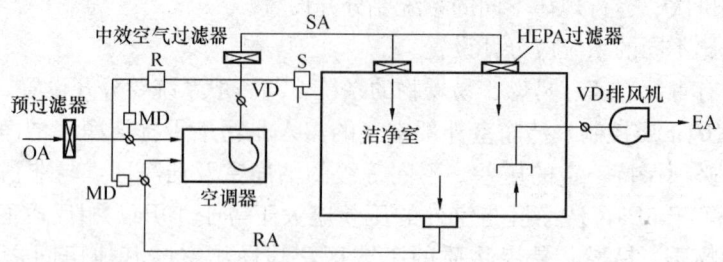

图 27.8-3 差压变送器控制正压
MD—执行机构；S—差压变送器；R—转换器

27.8.3 工业净化空调方式应用例

1. 大型微电子工业洁净室的应用 大型微电子工业在单向流应用方面最具代表性，且不断为提高其经济性而创造了不同空气净化方式，表 27.8-7 即三种方式的比较。表 27.8-8 则列出了四个大型微电子工业洁净室的实例，其特点和适用性已在表中说明。对于采用 FFU—新风 AHU 和平盘管表冷器的微电子工业洁净室，新风处理的空气净化的要求特别严格。图 27.8-4 表示一个新风 AHU 的处理全过程。图 27.8-5 则表示实现干盘管的必要的水系统。

大规模单向流洁净车间净化通风方式　　　　　　表 27.8-7

方　式	集中方式	FFU 方式	半集中方式（过滤箱方式）
示意图			
典型部件构成	轴流风机（大型），1500m³/min，600Pa，消声器，干盘管（集中），高效过滤器，液槽密封	FFU，15m³/min，200Pa，干盘管（集中），过滤器，垫料密封	高效过滤器箱，90m³/min，250Pa，分散干盘管，过滤器，垫料密封
特点	顶棚内正压，静压层高度大，风机少，监视点少，风机、电机效率高，风机需要设置空间，过滤器更换时，洁净度不保证	顶棚内负压，静压层高度小，风机台数多，监视点多，风机、电机效率低，通常动时可更换滤器	顶棚内负压，风管与过滤箱要在顶棚内连接，通常动时可更换过滤器
运行费分析	风机效率 90%，电机效率 85%，电耗 19.2kW，单位风量输送电耗 0.213Wh/m³	风机效率 33%，电机效率 33%，电耗 0.148kW，单位风量输送电耗 0.165Wh/m³	风机效率 70%，电机效率 75%，电耗 0.7kW，单位风量输送电耗 0.13Wh/m³

若干微电子工业洁净室的净化方式 表 27.8-8

序号	方式	简图	结构特点	实例 项目名称	年份	备注
1	用离心风机的集中循环方式（设显热盘器）		主循环用 AHU，设在地面机房内，回风与新风（来自 FAAHU）混合后，进入送风静压箱	先进半导体公司（第一期）	1991	HEPA 0.5μm100 级（FS）
				贝林半导体公司	1989	HEPA 0.5μm100 级（FS）
				首钢-NEC 半导体公司	1994	HEPA 0.5μm100 级（FS）
2	分散布置中型 AHU 方式（设显热盘管）		三层结构，洁净室顶部为主循环用中型 AHU 机房，新风 AHU 出风送入该机房，与回风相混合。厂房占地面积少，但厂房高度高，顶部设 AHU 有水患	华晶半导体公司	1993	0.1μm10 级
				华越半导体公司	1998	0.1μm10 级（FS）
3	风机-过滤器单元+显热盘管		顶部用 FFU 回风，静压室内设干盘管、新风经 FAAHU 送入送风静压室	华虹 NEC 半导体（第二期）	1999	0.1μm1 级（FS）
				先进半导体公司（第二期）	1996	0.1μm1 级（FS）（微环境）
4	标准厂房改建洁净室		采用 FFU，送风与回风静压层均约 0.75m。回风经玻璃垂直通道进入静压箱，干盘管水平安装在通道顶部。新风经 FAAHU 送入送风静压层，高度小，经济	Seagate 公司	1997	0.5μm10 级（FS）

2. 制药厂的洁净室系统例 制药厂生产工艺中，关键性的洁净生产部分空间有限，大多在 7 级（或更低）的洁净室中，用层流罩构成封闭的高洁净度环境。此外，在回风口

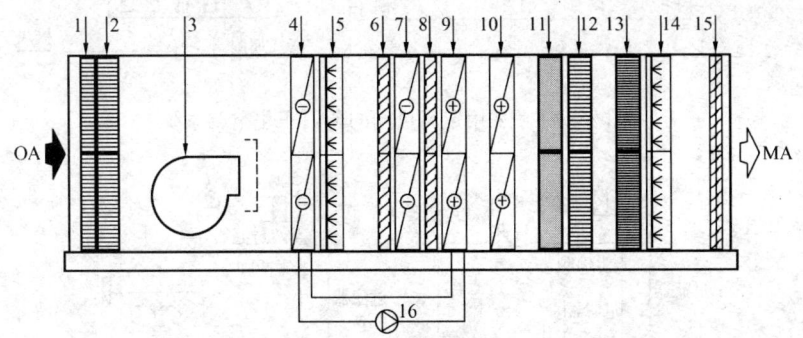

图 27.8-4 微电子工厂洁净室新风 AHU 的处理流程例

1—预过滤器；2—中效过滤器；3—风机；4—预冷盘管；5—淋水段；6、8—挡水板；
7—冷却盘管；9—再热盘管（回收冷量）；10—再热盘管；11—化学过滤器；
12—中效过滤器；13—HEPA；14—蒸汽加湿器；15—风门；16—水泵

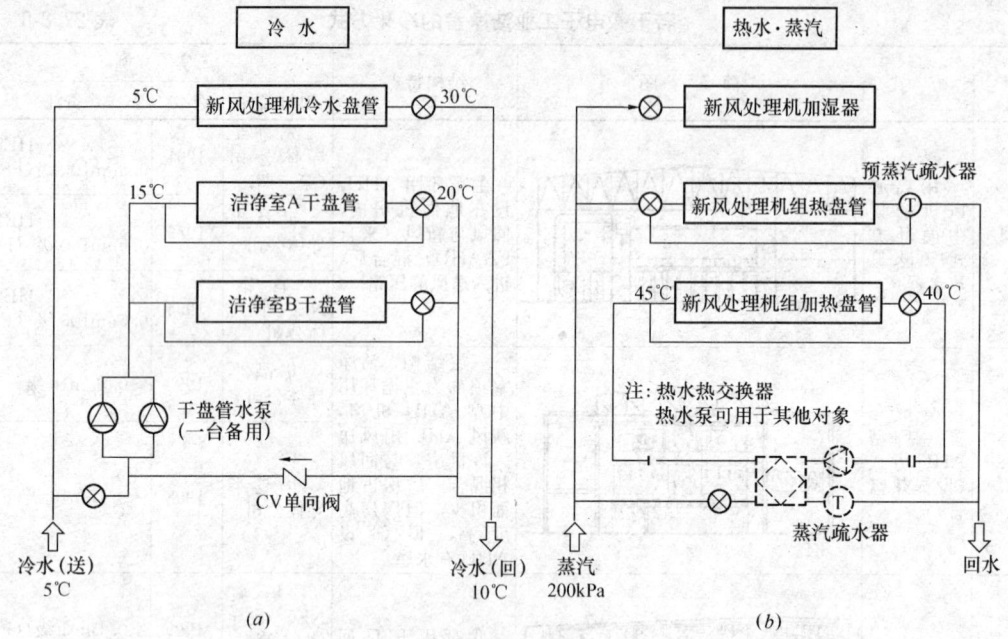

图 27.8-5 干盘管的水系统例

设有空气过滤器,对粉剂进行过滤后,空气进入空气处理箱。以避免车间之间交叉污染,在送风管路上。可设如图 27.8-6 所示的定风量装置,以维持恒定的送风量。对于车间内产尘(药粉)的操作点,可设置如图 27.8-7（a）所示的局部自循环的吸尘机组,以及图 27.8-7（b）所示的集中式的吸尘系统。通过过滤器,使洁净室空气返回车间。

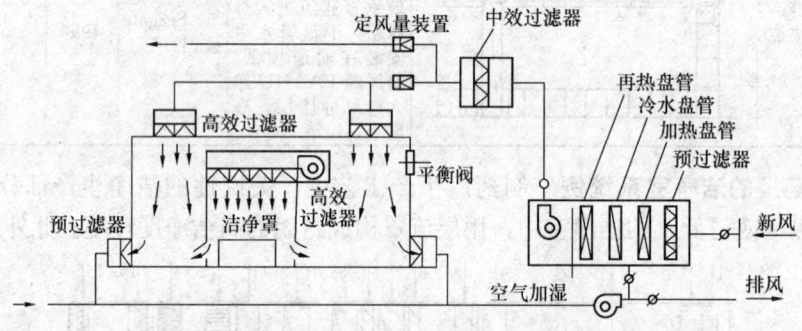

图 27.8-6 采用定风量阀的药厂净化空调系统

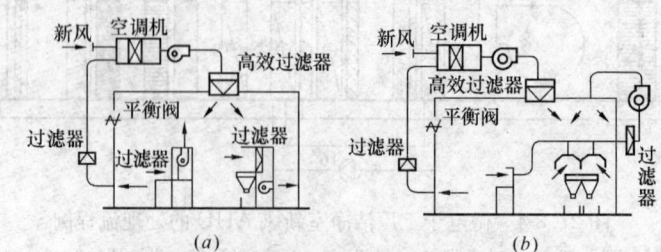

图 27.8-7 设局部吸尘装置的净化系统
(a) 局部自循环吸尘系统；(b) 集中式吸尘系统

27.9 生物洁净室的设计

生物洁净室技术的控制对象为空气中生物污染粒子，主要包括细菌、真菌、病毒等。用空气过滤的物理方法同样可有效清除空气中生物污染粒子。但除此以外，在系统中防止细菌等的生存条件以避免二次污染（细菌繁殖）同样是十分重要的手段。所以生物洁净技术应重视无菌控制的综合措施，以构成一套保障体系。

27.9.1 生物洁净室与工业洁净室的主要区别（表 27.9-1）

生物洁净室与工业洁净室的主要区别　　　　　　　　　　表 27.9-1

	比较项目	生物洁净技术	工业洁净技术
原理方面	控制思路	更重视从根本上消除细菌滋生的条件，抑制或降低细菌发生，切断系统所有潜在的污染传播途径	三级空气过滤（保证送风中无尘）、换气次数（稀释或排除室内污染）、正压控制（避免室外污染气流渗入）
	微粒性质	微生物为活的粒子会繁殖。在空气中形成带菌粒子，当量粒径较大	受控的尘埃粒径更小，浓度更高。有的工艺还注重尘埃的化学性质
	系统特征	系统产生的一次污染易诱发二次污染	系统产生一次污染由末端过滤除掉
	微粒控制目标	控制微生物及其代谢物的浓度，更注重消除微生物污染或危害	控制尘埃的粒径与浓度（或洁净度级别），注重工艺生产的保护
	微粒控制要求	由质量控制体系要求来确定空气中容许微生物浓度（净化措施只是手段）	控制粒径一般考虑为特征线宽的 1/3 或更小
	微粒对工艺影响	生物微粒要达到一定的浓度才能构成危害	关键部位的一颗微粒就能毁掉整个集成电路
	控制微粒的特性	是一种累积性危害微粒（Progressive Failure Particle）	能引起工艺致命损害的"杀伤粒子"（killer particles）的最小粒径
	控制特点	室内发湿量较大，湿度优先控制，温湿度控制有要求	室内发热量较大，发湿量较小。温度优先控制，温湿度控制精度高
技术方面	粒子去除方法	除了过滤的方法之外，还必须用高温、药物、紫外线方法灭菌	主要是过滤方法。采用粗、中、高效过滤器三级过滤
	室内装修材料	室内需定期用药物消毒灭菌，故装修材料和家具均应有一定的耐水、耐腐蚀性	室内装修材料以不产尘为原则。清扫时只需经常擦试以免积尘
	入室的人和物的处理	入室的人员、材料、器皿、设备等应经消毒灭菌处理	入室的人员、材料、器皿、设备等均应经过吹淋或纯水擦试
	检测方法	室内的含菌浓度不能瞬时测得，必须经过一定时间的培养后才能得到	室内的含尘浓度可瞬时测得，还可以连续测试和自动记录

有代表性的生物洁净室为医院手术室、实验动物试验室等。此外生物安全实验室、烈性呼吸道传染隔离病房等同样属于生物洁净的重要领域，并称之为"生物安全技术"。

27.9.2 医院洁净手术室设计

我国已颁布实施《医院洁净手术部建设技术规范》（GB 5033—2002），对医院洁净手术室用房分级及其相应的洁净度级别、空气洁净度和细菌浓度等如表 27.9-2 及表 27.9-3 所示。

手术室的洁净度等级 表27.9-2

等级	手术室名称	适用手术内容
I	特殊洁净手术部	烧伤、关节置换、器官移植、脑外科、眼科、整容、外科及心脏外科等无菌手术
II	洁净手术室	胸外科、整形外科、泌尿外科、肝胆胰外科、骨外科及取卵等无菌手术
III	一般洁净手术室	普通外科、皮肤科及腹外科等手术
IV	准洁净手术室	产科、肛肠外科等手术

手术室的洁净标准 表27.9-3

等级	手术室分类	沉降(浮游)细菌最大平均浓度		手术区最大细菌污染度	表面最大染菌密度(个/cm²)	空气洁净度级别	
		手术区	周边区			手术区	周边区
I	特别洁净手术室	0.2个/30min, φ90mm皿 (5个/m³)	0.4个/30min, φ90mm皿 (10个/m³)	0.5	5	100级 (ISO5级)	1000级 (ISO6级)
II	洁净手术室	1个/30min, φ90mm皿 (30个/m³)	2个/30min, φ90mm皿 (60个/m³)	0.5	5	1000级 (ISO6级)	10000级 (ISO7级)
III	一般洁净手术室	2个/30min, φ90mm皿 (75个/m³)	4个/30min, φ90mm皿 (150个/m³)	0.5	5	10000级 (ISO7级)	100000级 (ISO8级)
IV	准洁净手术室	6个/30min, φ90mm皿 (175个/m³)			5	300000级	

注：I级手术室的手术区，是指手术台两侧边各外推0.9m、两边各外推0.4m后，包括手术台的区域，室内其他区域为周边区；II级手术室的手术区，是指手术台两侧边各外推0.6m，两边各外推0.4m后，包括手术台的区域，室内其他区域为周边区；III、IV级手术室的手术区，是指手术台四边各外推0.4m后，包括手术台的区域，室内其他区域为周边区。

各国在手术室净化空调技术的发展过程中曾因地制宜地采用过许多种，其所达到的级别、投资费用和运行的经济性各不相同。主要形式如图27.9-1~图27.9-7。

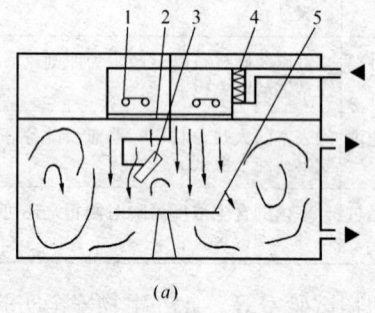 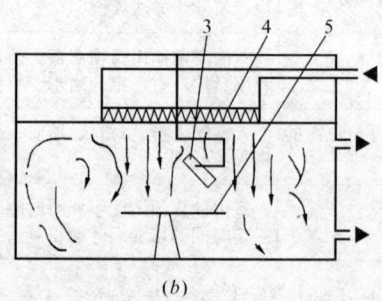

图27.9-1 手术区垂直单向流
(a) 高效过滤器设在静压箱前；(b) 高效过滤器满布手术操作区
1—紫外线杀菌灯；2—阻尼层；3—无影灯；4—高效过滤器；5—手术台

根据我国的实践，结合国情，对手术室净化空调系统建议应采用如下原则：
(1) I级、II级洁净手术室采用独立设置的净化空调机组；III、IV级手术室允许2~

27.9 生物洁净室的设计　2101

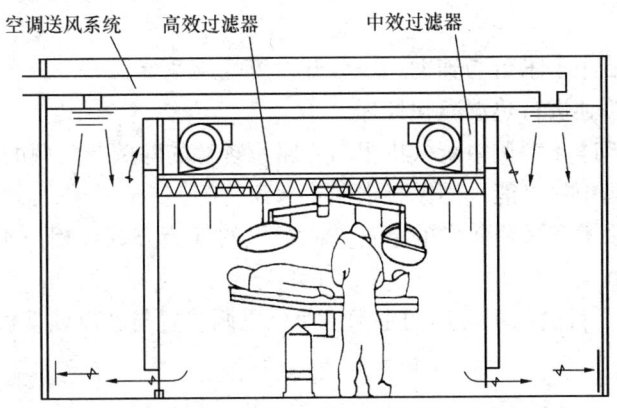

图 27.9-2　单元式垂直单向流（手术室）

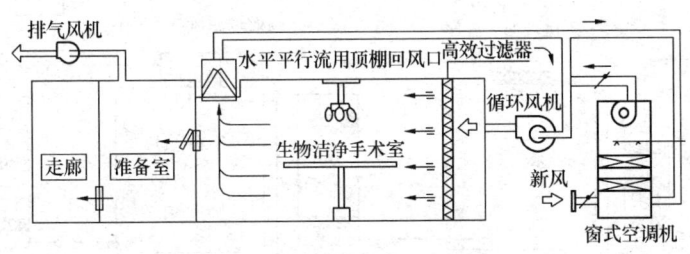

图 27.9-3　固定水平单向流

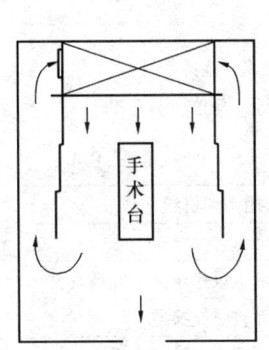

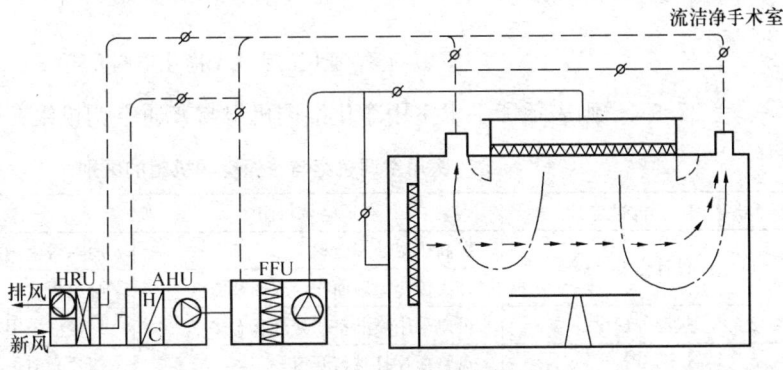

图 27.9-4　单元式水
平单向流洁净手术室

图 27.9-5　可转换的垂直/
水平单向流手术室

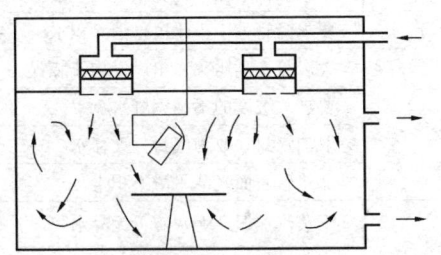

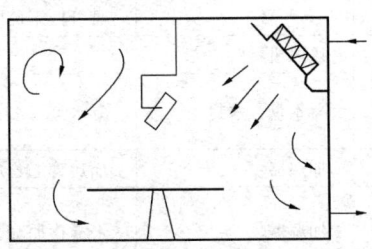

图 27.9-6　HEPA 送风口
非单向流手术室

图 27.9-7　斜侧送非单
向流洁净手术室

3间使用一个系统。

（2）手术部中洁净手术台与辅助用房分开设置空调系统。

（3）新风系统单独进行热湿净化处理。

（4）重视手术部净化空调系统（机组与管路系统）的除菌与防菌的综合措施。例如在手术室的净化空调箱中尽可能采用无凝水的冷却盘管等。

（5）高级别的手术室采用集中的垂直方向送风的气流方式，相当于局部垂直单向流，回风设在下部两侧墙上。

图27.9-8表示了目前我国常用的手术室净化空调装置与新风处理机组的流程图。

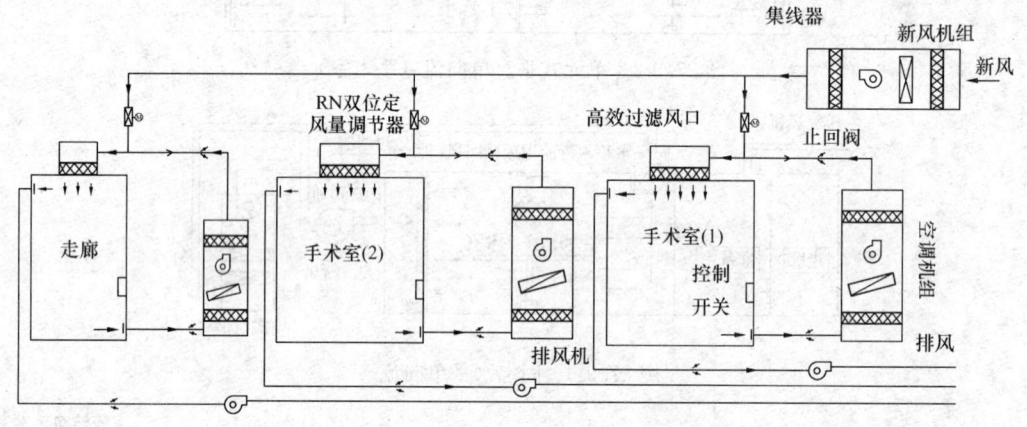

图27.9-8　通用的手术部净化空调方式

表27.9-4则表示了手术室用净化空调机组与普通空调机组在构造方面的区别。

医用空调机组与普通空调机组的区别　　　　　　　　　　　表27.9-4

序号	机组类别	普通空调机组	医用空调机组
1	设计出发点	提高热湿处理效率	消除微生物污染
		加大传热传湿面积与表面紊流度	避免积尘、存水，采用难滋生细菌基材
2	热湿处理设备	可以采用喷淋室，处理状态多	只容许采用表面式热交换器
3	冷却去湿盘管	盘管翅片打皱与开窗	翅片光洁平滑不积尘、涂亲水膜
		提高断面风速、减少机组断面积	降低断面风速、扩大换热面积
			盘管前要求设置中效过滤器
		采用挡水板，降低带水量	不采用挡水板，避免积尘滋生细菌
		盘管处于负压段，热湿交换充分	要求盘管处于正压段，消除积水
4	送风机		大风量、高压头、出风设均流装置
5	凝水盘、水封	凝水盘、水封能保证排出凝水	要求大坡度的不锈钢凝水盘
			取消水封，改为气封，无存水
6	加热器	加热管加翅片，提高效率	加热管表面光洁平滑不积尘
7	加湿器	水雾化加湿、加湿量大	干蒸汽加湿，无水滴，无凝水
			水质要求达到饮用水标准
8	空气过滤器	要求设置粗效过滤器	避免粗、中效过滤器受潮滋生细菌
			高效过滤器前送风湿度不大于75%

续表

序号	机组类别	普通空调机组	医用空调机组
9	箱体	内表面材料不生锈	内表面光滑、材料不易滋生细菌
			内表面和内置件耐消毒药品腐蚀
		内表面接缝无要求	至少要求底部交角为圆角
		箱体的漏风率不应大于3%	洁净度不低于1000级的系统，箱体的漏风率不应大于1%，洁净度低于1000级的系统，箱体的漏风率不应大于2%

27.9.3 无菌病房与隔离病房

医院建筑中除手术部以外，还有无菌病房和隔离病房等设施，其与洁净空调技术方面都有相关性。两种病房在设计原则方面应该注意两者的区别（表27.9-5）。

无菌病房与隔离病房通风空调系统区别　　　　表27.9-5

	无 菌 病 房	隔 离 病 房
保护对象	患者	医护人员
对象微生物	所有悬浮菌	特定致病菌
患者产生气溶胶	对他人与环境无害	对他人对环境有害
送风处理	充分除菌处理	无特别处理要求
排风处理	无特别处理要求	充分除菌处理
末端过滤器	高效过滤器设置在送风末端	高效过滤器设置在室内排风口
室内气流	使患者处于洁净无菌的气流	确保气流先通过医务人员再到病人，使病人产生的气溶胶在最短的距离，最快的速度排走
室内压力	保持正压	保持负压
系统要求	设双风机送风	设双风机排风

在设计中应注意区域压差控制以形成从清洁区流向污染区的气流；通过室内气流控制，使在隔离病房中形成气流从医护人员流向病人的定向气流；无菌病房应采用垂直单向流或水平单向流将病人控制在无菌气流中；充分注意净化空调系统的防噪措施以避免空调噪声对病人的干扰；无菌病房要求有较高的净化级别，可使用垂直或水平型单向流，隔离病房的空调宜采用带净化装置的风机盘管（干盘管）方式，另加经热湿净化处理的新风系统。此外，由于有病人较长时间入住，不应采用散发有害气体粘结材料的HEPA过滤器。

27.9.4 实验动物洁净设施设计

1. 环境标准　实验动物饲养设施的标准，应遵照我国颁布的《实验动物管理实施细则》中的规定，按表27.9-6采用。

按照上述要求，可将实验动物设施作洁净分区。相应的人、物净化设施、空气过滤、房间差压要求等，列于表27.9-7。

实验动物环境指标 表 27.9-6

项目	指标			
	开放系统（普通）	简易屏障系统	屏障系统（SPF）	隔离系统（无菌）
温度（℃）	18～29	18～29	18～29	18～29
相对湿度（%）	40～70	40～70	40～70	40～70
换气次数（次/h）	—	10～20	10～20	按断面风速计算
气流速度（m/s）	—	0.18	0.18	—
压差（Pa）	—	20～50	20～50	20～50
洁净度（ISO 级别）	—	8	7	5
下菌数［个/皿·h］	—	12.2	2.45	0.49
氨浓度（mg/m³）	15	15	15	15
噪声［dB］(A)	≤60	≤60	≤60	≤60
照度（lx）	150～300	150～300	150～300	150～300

实验动物设施的洁净度分级 表 27.9-7

名 称	概 念	人、物的出入	空气过滤器	差压	应用例
洁净区	符合无菌洁净室	充分灭菌、消毒、所穿衣服全换、淋浴等	用 HEPA 过滤器处理送风	+++ ++	屏障系统的洁净侧
清洁区	要求较低的洁净	简易灭菌、消毒、换上衣等	用准高效过滤处理送风	+	简易屏障系统的洁净侧、屏障系统的污染侧
普遍区	一般	根据需要消毒洗涤、穿白衣等	与一般居室同	±	开放系统的洁净侧、简易屏障系统的污染侧
不洁净区	不洁净但无特殊危险	穿工作服退出时，适当地清除污染	处理排气	—	开放系统的污染侧
污染区	有感染危险	穿防护衣、严格清除污染、灭菌、焚烧等	用 HEPA 过滤器处理排气、高热等	—	感染饲养室、输入野生动物检疫室

2. 饲养设施方式 一般采用的饲养方式见表 27.9-8。

实验动物的饲养方式 表 27.9-8

方式	特 点
隔离式	在带有操作手套的箱体中饲养，箱体内达到 5 级洁净度，房间及操作人员不需无菌处理，此方式适用于少量动物短期饲养
屏障式	主要用于实验动物长期饲养和繁殖，适用于 7～8 级无菌洁净室
简易屏障式	适用于清洁式动物饲养，放宽对人和物的管理
层流架式	由分层柜式箱体、高效过滤器和风机组成，可放置在半屏障式房间内，洁净度可根据过滤器的效率及换气次数大小决定
开放式	对人、物、空气进出房间不施行处理，但进行一般的清洁管理

实验动物饲养室要求 24h 连续运行，为排除动物臭气需大量新风（宜用全新风），送入空气和排出空气均需处理（排气应除臭）。为节省运行费用，应设热回收装置，图

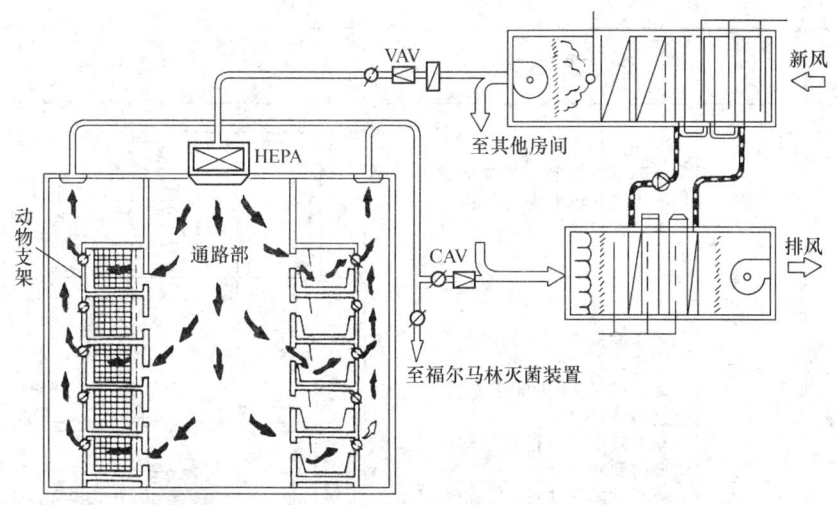

图 27.9-9 设有专用饲养柜的屏障式饲养系统图

27.9-9 所示是一个设有专用饲养柜的屏障式饲养系统,其空调是全新风系统,并采用了热回收装置。图 27.9-10 是一般饲养室的平面布置图。

27.9.5 生物安全技术

生物安全技术实际上属于隔离式生物洁净室。

1. 生物安全试验室

按我国规定:根据生物因子对于人的个体和群体危害程度分为 4 级(Ⅰ级—Ⅳ级,第Ⅳ级为最高)。相应规定了安全水平的等级。根据我国国标 GB 19489—2004《实验室 生物安全通用要求》对生物安全防护水平分为 4 级,Ⅰ级防护水平最低,Ⅳ级为最高,以 BSL—1～BSL—4 表示实验室的相应生物安全防护水平。

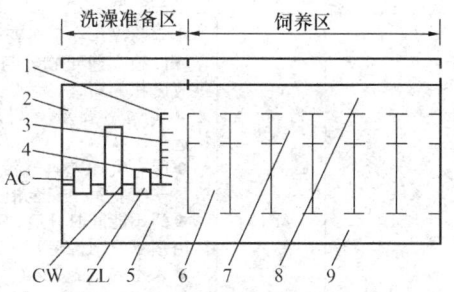

图 27.9-10 一般饲养室平面布置
1—更衣室;2—洗涤室;3—淋浴室;4—穿衣室;
5—洁净设备室;6—饲养室;7—后室;
8—污染走廊;9—洁净走廊;
AC—高压灭菌器;CW—笼具洗涤机;
ZL—灭菌气闸

并对各级实验室提出了相应的设计要求:表 27.9-9 简单表示了该类安全实验室的设备和系统要求。

生物安全实验室的设备和系统要求　　　表 27.9-9

生物安全等级 (实验室等级)	隔离 等级	设备要求	参考简图
BSL1	(P1)	●普通微生物学实验室 ●穿着实验服 ●设洗手设备 ●限制入室人员	

续表

生物安全等级 （实验室等级）	隔离 等级	设 备 要 求	参 考 简 图
BSL2	(P2)	●限于气溶胶多的实验操作，手用Ⅰ级或Ⅱ级生物安全柜 ●设置自动灭菌箱	
BSL3	(P3)	●实验操作在Ⅰ级或Ⅱ级安全柜内进行，它内部可排风 ●二道门不能同时开启或用气闸，使之与外界隔离 ●实验室内全部负压确保气流流向自内到外 ●通过排气过滤器以除菌 ●实验室内表面的选材和构造应考虑到消毒 ●搬运物应经自动灭菌器杀菌或消毒灭菌	
BSL4	(P4)	●实验操作在Ⅲ级安全柜内进行 ●设独立建筑物，与其他区域及供应区相隔离 ●实验室要求有耐水性和气密构造 ●应有气压差，气流按外部→供应区→实验室→安全柜方向流动 ●门不能同时开启，应设更衣室、沐浴室（气闸构造） ●入室内全身更衣 ●向实验室供气用一级HEPA，排气除全柜系统外另设排气系统（设HEPA） ●两面型自动灭菌器 ●排水经120℃加热灭菌	

图27.9-11为生物安全实验室布置原理图。该平面表示了生物安全室二次隔离的模式。

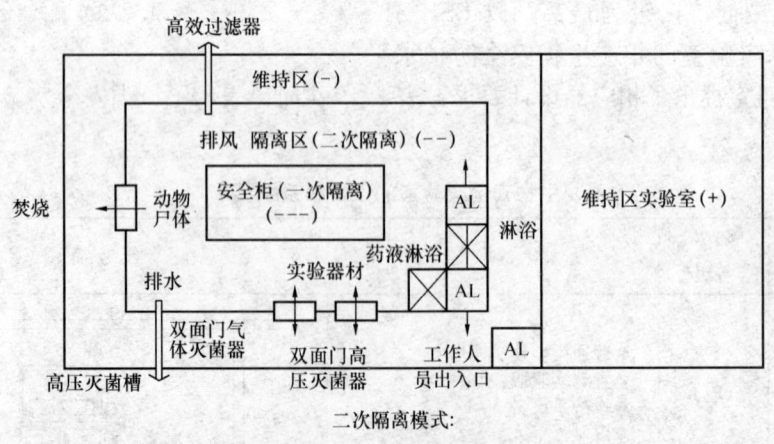

二次隔离模式：
图中+——常压；-、--、---——负压程度；AL——气闸。

图27.9-11　生物安全实验的布置

2. 生物安全柜

与表 27.9-9 中各级安全实验室相配套的重要设备为生物安全柜，它也称为"一次隔离"的基本设备。生物安全柜的分类、结构与性能如表 27.9-10 所示。典型的生物安全柜构造如图 27.9-12 所示（ⅡA 级生物安全柜）。虽其基本构件与一般净化设备相似，但其性能必须保证操作人员与柜内物品之间的互不污染；柜内物品左右两侧的互不污染。故其气流设计，密封设施、出厂试验等均有非常严格要求。

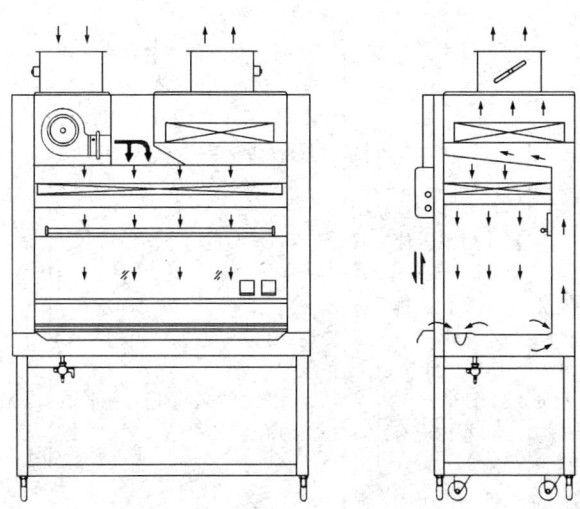

图 27.9-12 Ⅱ-A 级生物安全柜

生物安全柜的分类、结构、性能　　　　表 27.9-10

级别	适用	目的	构造	性能	图式
Ⅰ	P1~P3	1. 对实验人员的保护	1. 柜前面有固定式的开口部分 2. 排气侧附有 HEPA 3. 柜内的空气不循环	1. 从前面开口处吸气的风速为 0.4m/s 以上 2. 密闭性的标准为： 关闭开口部和排气口时， a) 与外部附加 500Pa 压差时，用肥皂涂抹表面要求不产生气泡 b) 内部用 F-12 加压到 500Pa，气体泄漏量（在距表面 5mm 处）应小于 $10^4 cm^3/s$	0.38m/s HEPA 排气
Ⅱ-A	P1~P3	1. 对实验人员的保护 2. 对实验试料的保护（细胞培养、培养基制作等）	1. 同上 1 2. 同上 2 3. 一部分空气再循环经 HEPA 而成垂直层流（下降气流） 4. 工作台前沿有条状格栅，可在台前形成气幕	1. 同上 1 2. 同上 2 3. 从上部吹下的气流应 >0.2m/s 4. 循环空气为 70%，排出空气为 30% 5. 气体、蒸汽状毒物、放射性物质、引火性物均不可使用 6. 通过 HEPA 排气可放在室内或室外	70% 0.38m/s 0.38m/s 30%

续表

级别	适用	目的	构造	性能	图式
Ⅱ-B	P1~P3	1. 同上 1 2. 同上 2	1. 柜前开口有下活动门 2. 同上 2 3. 同上 3 4. 同上 4	1. 从前面流入空气风速为 0.5m/s 2. 同上 2 3. 同上 3 4. 循环空气为 30%，排出空气为 70% 5. 通过 HEPA 排气排至室外 6. 气体、蒸汽状毒物、放射性物质、引火性物等之危险性已具备解除对策者可以使用	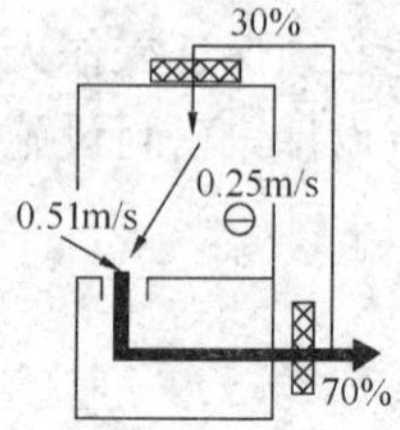
Ⅲ	P4	1. 实验人员与实验试料间完全隔离 2. 实验人员与实验试料均有保护作用	1. 构造完全密闭操作用固定伸入式手套 2. 送风、排风分开，送风装一级HEPA，排风设二级 HEPA 3. 柜内应有消毒可能 4. 柜内应有-12.7mm 水柱负压（装压差计）	1. 柜内外应保持 130~150Pa 负压 2. 试料出入柜子通过附设在柜上的消毒液封	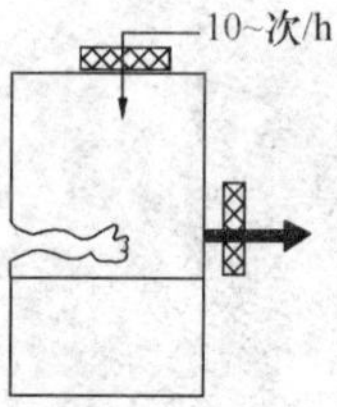

27.10 洁净室的节能

洁净室具有风量大，空调系统风压高，运行时间长等特点，故其能耗比一般建筑为大。因此，在设计中应全方位地考虑节能措施。

27.10.1 能耗特点

国外对普通办公楼与一般洁净厂房的风量作比较，其大致数值见表 27.10-1。

洁净室与一般办公楼送风量的比较 [$m^3/(m^2 \cdot h)$]　　　　表 27.10-1

建筑类型	一般办公楼	工业洁净室（半导体厂房）	生物洁净室（药厂）GMP10000
送风量	20	1100	54
新风量	5	40	12

普通民用空调（如办公楼、旅馆）单位建筑面积的冷负荷在 100~130W，而半导体厂房的冷负荷可能高达 500~1000W/m^2。

从负荷因素来看：微电子生产车间的空调能耗中工艺设备负荷、输送负荷以及新风负荷为主体，一般均占 90% 以上，图 27.10-1 为某芯片（ϕ300mm）生产厂房冷负荷的成分组成。表 27.10-2 还给出了不同级别洁净室的负荷组成供参考。

不同净化级别空调负荷组成比例 表27.10-2

级 别	ISO5级	ISO6级	ISO7级
风机得热负荷（%）	30.6	20.0	15.3
室内负荷（%）	24.2	41.7	56.6
新风负荷（%）	45.2	38.3	28.1

另一个特点是：从全年来看所有季节均存在冷却负荷，即其供冷季节长，这也是从整体上讲其能耗大的原因。图27.10-2即芯片生产厂房前工艺车间全年冷热负荷一例。

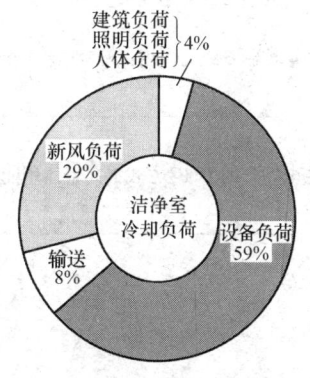

图27.10-1 芯片车间冷负荷因素分析

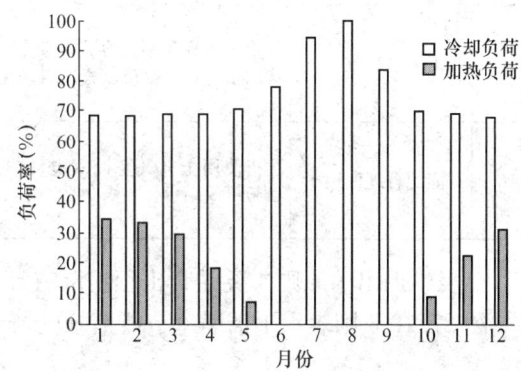

图27.10-2 芯片厂全年冷热负荷图

27.10.2 节能措施

表27.10-3列出了洁净室可采用的若干节能措施。

洁净室的若干节能措施 表27.10-3

序号	节能项目	具体内容	备 注
1	AHU变风量运行	夜间或假日室内无人时，空气处理机组降低风量运行，大大节约动力费用	风机定律：$(n_1/n_2)^3 = N_1/N_2$，一天中第3班停止运行，设风机功率为65kW，则第3班风机功率 $55/8 \approx 7$kW，一年节能138000kW·h
2	尽可能减少风机温升负荷	用低阻过滤器，减少主循环通路上的阻力，可减少风机功率转化热量对系统的影响	风机温升决定于风机压头
3	空调机AHU冷水盘管的功能分离	在主循环气流中设干盘管，在新风处理箱中设去湿盘管	去湿盘管为大焓降，而干盘管为小焓降，故可采用不同的冷水温度
4	新风量的限制	在满足卫生和正压要求的条件下，尽可能减少排风量	新风冷负荷可能占总冷负荷的40%~60%；排风与新风采用连锁装置；排风柜不工作时，新风量减少；采用节能型排风柜
5	提高设备效率以降低功率消耗	采用高效率的风机、水泵；采用单位功率制冷量大的冷冻机；采用合理、节能的调节手段	与VWV台数控制相结合，使用变频器是发展方向
6	热回收利用	排气热回收，废水热回收，冷冻机排热，锅炉排热回收	用于新风AHU的冷热处理

续表

序号	节能项目	具体内容	备注
7	自然能利用	太阳能利用，用井水预热、预冷，冬季利用冷却塔制冷水	用于新风 AHU 的冷热处理，用于冬季循环风的 AHU 冷却空气
8	蓄冷	利用非工作班时蓄冷（冰蓄冷、水蓄冷），可以节电移峰，对短时间的故障有备用作用	用电"分时计价制"实施后，对非全天生产者有很大经济意义
9	工艺过程改善	生产流程和净化方式的协调；发热机器的水冷化，生产流程的自动化	微环境控制系统的应用；SMIF 系统的实施
10	能源合理使用	指使用全电气空调（电动热泵），还是与煤气结合	用热电联产的 DHC 方式提高整体用能效率

上表中提出的原则，要结合工程实际有针对性地具体应用。

图 27.10-3 则表示了洁净室节能措施的若干手法。

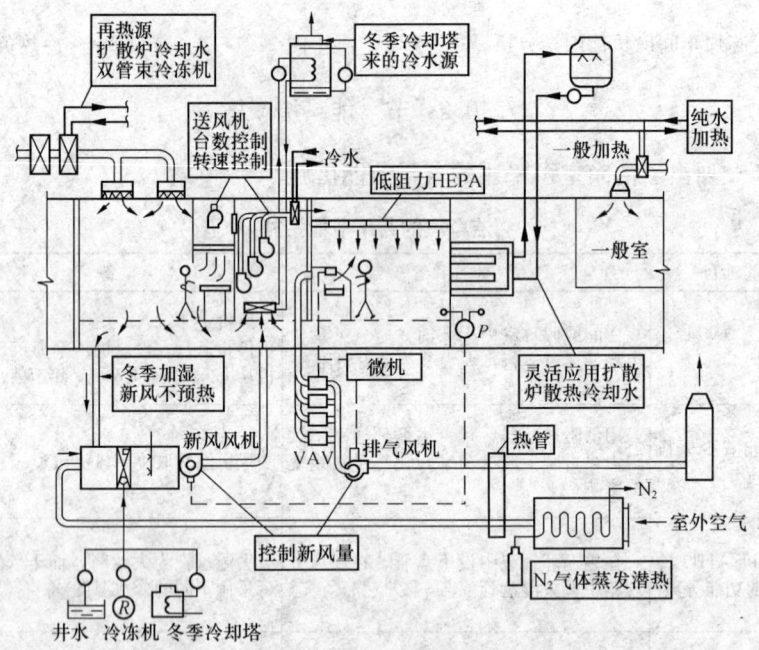

图 27.10-3 洁净室节能措施的若干手法

27.11 洁净室设计的综合要求与规划原则

洁净室是一种系统工程，是一综合性技术，一个成功的设计，不仅只考虑空调净化装置和设施，而且要求与建筑规划设计和工艺设备、流程等有密切的配合。

27.11.1 洁净室建筑设计的综合原则

洁净室设计的综合原则参见表 27.11-1。

洁净室设计的综合原则　　　　　表 27.11-1

项目名称	原　则
洁净工程选址	1) 周围环境较清洁和绿化较好 2) 远离铁路、公路、机场（尤其是有防振要求的洁净室） 3) 若受条件限制，必须位于工业污染或其他人为灰尘较严重的地区时，应处于全年最多风向的上风侧 4) 厂区路面尽量选用坚固、起尘少的材料
工艺布置	1) 在不影响生产情况下，应尽量将洁净度要求相同的洁净室安排在一起 2) 洁净室内只布置必要的工艺设备，容易产生灰尘和有害气体的工艺设备尽量布置在洁净室的外部 3) 工艺用的易燃、易爆等气体容器不要设在洁净室内 4) 在同一洁净室内，尽量将洁净度要求高的工作布置在洁净气流首先到达的区域 5) 容易产生污染的工序，布置在靠近回、排风口的位置 6) 洁净室的设备及家具采用表面光滑、不容易起尘的材料制作
建筑处理	1) 洁净室的位置要尽量设在人流少的地方，人流方向要由低洁净度的洁净室到高洁净度的洁净室，随着洁净度的提高，人流密度逐渐降低 2) 若工艺无特殊要求，洁净车间一般采用有密闭的厂房 3) 洁净室净高尽量降低，一般以 2.5m 左右为宜，水平单向流洁净室的净高不宜低于 2.4m，垂直单向流洁净室不宜低于 2.1m 4) 洁净度级别较高的洁净室，宜沿外墙设技术走廊 5) 洁净室的构造应尽可能密闭，平面形状尽量简单，室内表面及配件要尽量减少凹凸面和缝隙 6) 门、窗及穿过洁净室管线的接缝处均要求严密 7) 洁净室的构造要有利于生产工艺或实验过程的变更，为此隔墙尽可能要用轻型结构
建筑材料	1) 质地坚硬、耐磨、不起尘 2) 表面坚硬、容易擦拭和清洁 3) 在温、湿度变化及振动等作用下变形小、物理化学稳定性好 4) 地面材料具有较好的防腐蚀性 5) 防火性能好
其他	1) 洁净室要根据具体情况设置事故照明、安装电话、紧急电铃、烟感器等设施 2) 一旦事故发生时，可发出信号、切断风机电源等装置 3) 洁净室内各种固定技术设施发生矛盾时，应优先考虑净化空调的要求

对于洁净室建筑和设备的综合要求可归纳如表 27.11-2。

洁净室建筑和设备的综合要求　　　　　表 27.11-2

	建筑方面	设备方面
环境条件	1) 具有合理的人、材料、机器的流动路线（包括满足人、物净化要求） 2) 工艺区域和维修区域的明确划分 3) 外部环境对室内污染防止的手段 4) 确保室内设计参数（温湿度、洁净度等）的建筑措施	1) 确保满足空气洁净度的技术措施 2) 温湿度控制与洁净度控制手段的一致性 3) 为维持室内正压要求，合理确定送、排风量 4) 有害气体的排放与处理 5) 振动与噪声的防止问题

	建 筑 方 面	设 备 方 面
灵活性	1) 适应工艺的发展与扩大 2) 工艺区域与维修区域有调整的可能性 3) 建筑间隔的变更与洁净空间调整的可能性	1) 管道等公用设施具有足够的可变性 2) 工程变更中对工艺的影响程度应最小 3) 在冷热设备等方面均应遵照工艺的发展
安全性	1) 安全通路的设计 2) 建筑材料的防尘要求 3) 有毒药物的存放	1) 排出废水、废气的处理设施是否完备 2) 排烟设备、消防设备的设置与报警
运转条件	1) 防止振动的设计要求 2) 防止噪声的设计要求	1) 有无备用设备（对24h连续运行者） 2) 防止瞬间停电产生不良后果 3) 维护和检修的方便性 4) 节能运行措施

27.11.2 洁净室的人、物净化流程设计

1. 一般要求

(1) 人身净化用室的入口处，应设净鞋器。
(2) 存外衣室和洁净工作室应分别设置。
(3) 盥洗室应设洗手和烘干设备，水龙头应按最大班人数每10人设一个。
(4) 洁净区内不得设厕所。人身净化用室内的厕所应设前室。
(5) 空气吹淋室应设在洁净区人员入口处，并与洁净工作服室相邻。单人空气吹淋室按最大班人数每30人设一台。当仅为高级别的垂直单向流洁净室时，可设气闸室，不必用吹淋方式。洁净区工作人员超过5人时，室气吹淋室一侧应设旁通门。

2. 洁净室的人身净化流程

一般工业洁净室与生物洁净室人身净化流程如图 27.11-1 (a)、(b)、(c) 所示。建筑设计时必需充分满足此要求。图中虚线框内的设施可根据需要设置。

洁净厂房的人员净化用室和生活用室的建筑面积一般可按洁净区设计人数平均每人 $4 \sim 6m^2$ 确定。

27.11.3 其 他 问 题

1. 洁净室的防排烟问题

洁净室的防排烟问题专业设计人员和消防主管部门共同协商确定。由于目前尚缺乏具体的设计规范，仅能参照普通建筑或高层建筑防水排烟规范并结合生产工艺的特殊性作设计方案。即采用所谓性能化（Performance-based）防火设计，许多国家都允许在消防设计中采用此设计方法。该方法的主要特点是容许有一点灵活性和强调能实现的使用目的，例如：延长可用于救灾的时间、减少人员逃生所需要的时间、系统的高可靠性、优化和节约投资等。这样的设计在前期要投入一定的科研，如运用相关的数学模型（如火灾模型、人群疏散模型等）及 CFD 技术等。

2. 防微振问题

对于高级别半导体生产厂房微振动会严重影响产品成品率，所以在建筑、结构上采用

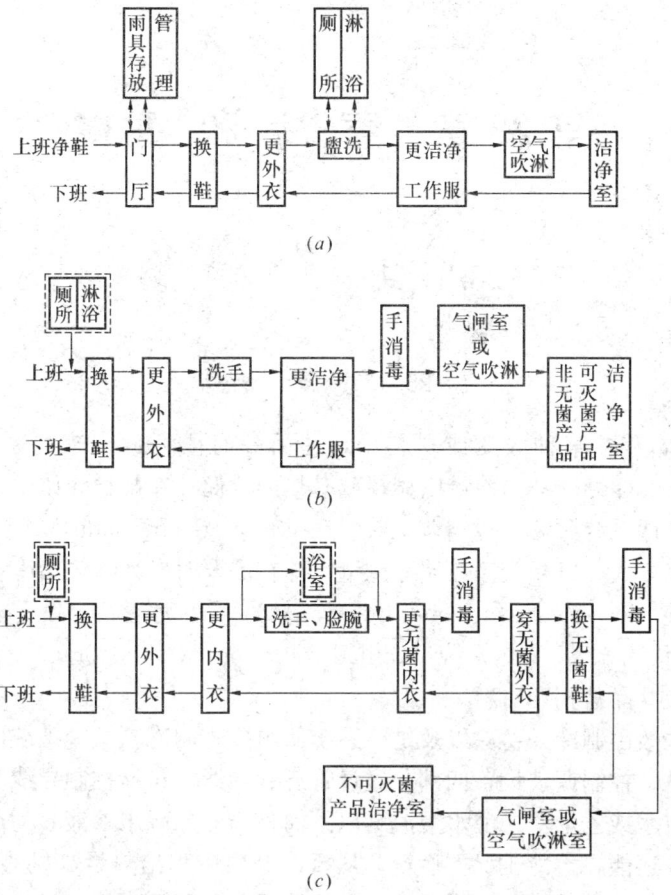

图 27.11-1 洁净室的人身净化流程
(a) 工业洁净室人员净化程序；(b) 非无菌产品、可灭菌产品洁净室人员净化程序；
(c) 不可灭菌产品洁净室人员净化程序

了大量措施，甚至采用了主动抗振装置等。净化空调系统本身设备及气流引起的振动控制也必须十分重视。

3. 防静电问题

由于洁静室内较低的相对湿度及大量使用绝缘材料，很容易产生静电积聚。静电会导致产品与设备表面的微粒污染，并损坏耐压较低的电子元件。防静电的主要方式有将导体接地、采用静电保护罩及使用空气离子发生器等。

第28章 蓄冷和蓄热

28.1 基本概念

28.1.1 概述

将冷/热量储存在某种介质或材料中,在另一时段释放出来的系统称为蓄能系统(thermal storage system);当冷量以显热或潜热形式储存在某种介质中,并能够在需要时释放出冷量的空调系统称为蓄冷空调系统(cool storage air-condition system),简称蓄冷系统;通过制冰方式,以相变潜热储存冷量,并在需要时融冰释放出冷量的空调系统称为冰蓄冷空调系统(ice storage air-condition system),简称冰蓄冷系统;利用水的显热储存冷/热量的系统称为水蓄冷/热系统(chilled-water/hot-water storage system)。蓄冷介质通常有水、冰及共晶盐相变材料等。

蓄冷系统一般由制冷、蓄冷以及供冷系统所组成。制冷、蓄冷系统由制冷设备、蓄冷装置、辅助设备、控制调节设备四部分通过管道和导线(包括控制导线和动力电缆等)连接组成。通常以水或乙烯乙二醇水溶液(以下简称为乙二醇水溶液)为载冷剂,除了能用于常规制冷外,还能在蓄冷工况下运行,从蓄冷介质中移出热量(显热和潜热),待需要供冷时,可由制冷设备单独制冷供冷,或蓄冷装置单独释冷供冷,或二者联合供冷。

供冷系统以空调为目的,是空气处理、输送、分配以及控制其参数的所有设备、管道及附件、仪器仪表的总称。其中包括空调末端设备、输送载冷剂的泵与管道、输送空气的风机、风管和附件以及控制和监控的仪器仪表等。

28.1.2 蓄冷系统的计量

在常规的空调系统设计中,冷负荷的量是建筑物各项逐时冷负荷的综合最大值,计量为某时刻的冷负荷量,单位采用 W 或 kW;国际上也常采用 RT。但是,蓄冷系统或冰蓄冷系统通常是按一个蓄冷—释冷周期(通常以 24h 为一个周期)内的冷负荷量来计量,单位采用 kW·h;国际上也常采用 RT·h。

图 28.1-1 表示 100kW 持续 10h 降温的一个理论上的冷负荷,即 1000kW·h 的冷负荷。图上 100 个方格中的每一格代表 10kW·h。

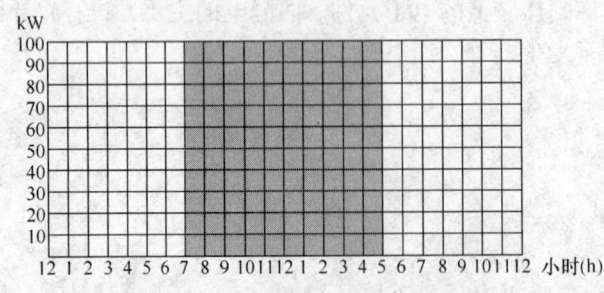

图 28.1-1 制冷机的满负荷运行图

事实上，建筑物的空调冷负荷是随时间而变化的，在夏季全天的"制冷周期"中，制冷机不可能都以100%的容量运行。空调冷负荷的高峰一般出现在14：00～16：00之间，图28.1-2表示了一幢建筑物在一个设计日中的空调冷负荷曲线图。由图28.1-2可知，100kW制冷机的满负荷制冷能力仅占10h的"制冷周期"中的2h，其他8h都在"部分负荷"中运行。图中方格总数为75个，每一格代表10kW·h，即建筑物在设计日的实际总冷负荷为75kW×10h=750kW·h。对于常规空调系统，为了满足空调瞬时冷负荷的峰值，即建筑物各项逐时冷负荷的综合最大值（简称建筑物空调冷负荷或冷负荷），就必须选用100kW的制冷机。

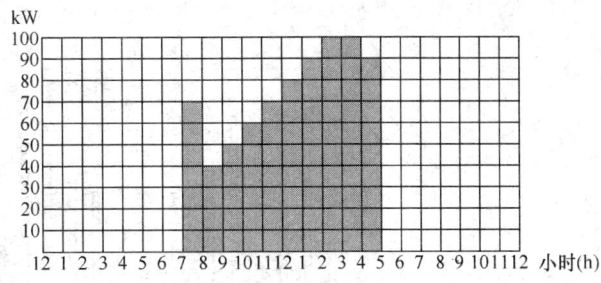

图28.1-2　建筑物空调冷负荷图

通常将实际设计日空调冷负荷总量Q_d(kW·h)与蓄、释冷周期内制冷机总制冷能力Q_T(kW·h)之比称为制冷机的参差率R_u(%)，即：

$$R_u = \frac{Q_d}{Q_T} \tag{28.1-1}$$

因此，图28.1-2中制冷机的参差率为：

$$R_u = \frac{750}{1000} \times 100\% = 75\%$$

即制冷机能提供1000kW·h总的制冷量，而空调系统仅需要750kW·h的冷负荷量。参差率R_u越小，系统的投资效率越低。

28.1.3　系统的运行及控制策略

1. 运行策略

蓄冷空调系统的运行策略是：以设计周期内空调冷负荷的特点为依据，同时考虑制冷的一次能源（电、蒸汽、燃油及燃气等）价格结构，合理安排制冷、蓄冷的容量以及释冷、供冷运行的优化，以达到投资和运行费用的最佳状态。运行策略通常有全负荷蓄冷和部分负荷蓄冷两种模式：

（1）全负荷蓄冷：蓄冷装置承担设计周期内全部空调冷负荷，制冷机在夜间非用电高峰期启动进行蓄冷，当蓄冷量达到周期内所需的全部冷负荷量时，关闭制冷机；在白天用电高峰期，制冷机不运行，由蓄冷系统将蓄存的冷量释放出来供给空调系统使用。

此方式可以最大限度地转移高峰电力用电负荷（对于通常一次能源采用电而言）。由于蓄冷设备要承担空调系统的全部冷负荷，故蓄冷设备的容量较大，初投资较高，但运行费用最省。全蓄冷一般适用于白天供冷时间较短或要求完全备用冷量以及峰、谷电价差特别大的情况，图28.1-3是典型的全蓄冷的负荷及系统运行图。

（2）部分负荷蓄冷：蓄冷装置只承担设计周期内的部分空调冷负荷，制冷机在夜间非用电高峰期开启运行，并储存周期内空调冷负荷中所需要释冷部分的冷负荷量；在白天空

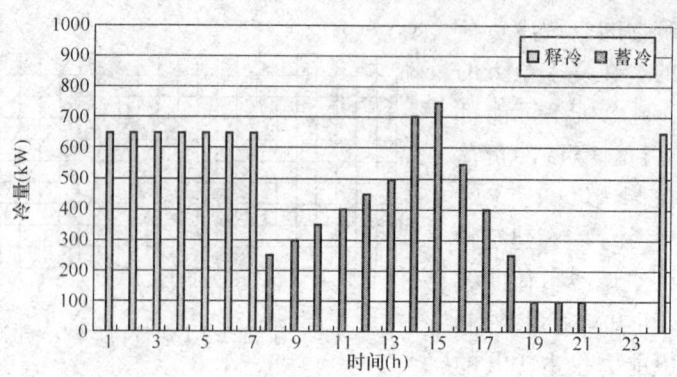

图 28.1-3 全蓄冷运行策略示意图

调冷负荷的一部分由蓄冷装置承担,另一部分则由制冷机直接提供。部分蓄冷通常又可分为负荷均衡蓄冷和用电需求限制蓄冷,两者之间的区别及特点见表 28.1-1。图 28.1-4 和图 28.1-5 分别表示负荷均衡蓄冷和用电需求限制蓄冷的负荷及系统运行图。

两种部分负荷蓄冷的区别及特点　　　　表 28.1-1

对比项目	负荷均衡蓄冷	用电需求限制蓄冷
供冷模式	制冷机在设计周期内连续(蓄冷或供冷)运行,负荷高峰时蓄冷装置同时释冷提供	制冷机在限制用电或电价峰值期内停机或限量开,不足部分由蓄冷装置释冷提供
特　点	制冷机利用率最高,蓄冷装置需要容量较小,系统初投资最低,节省运行费用较少	制冷机利用率较低,蓄冷装置通常需要容量较大,系统初投资较高,节省运行费用较多
使用条件	有合理分时峰、谷电价差地区的空调系统	有严格的限制用电(时间段和量)或分时峰、谷电价差特别大的地区

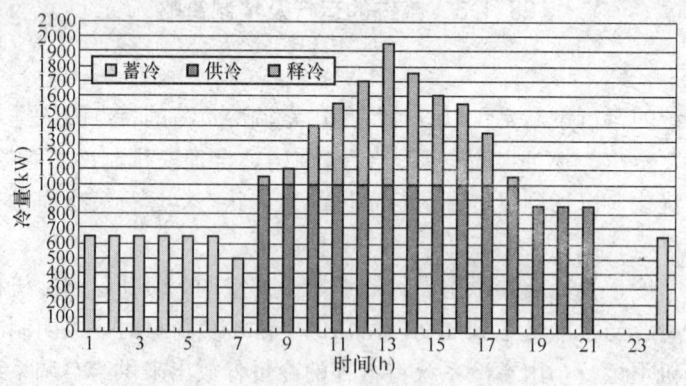

图 28.1-4 负荷均衡蓄冷运行策略示意图

2. 控制策略

蓄冷空调系统的控制策略是:控制和设定制冷机、蓄冷装置、泵、阀门等的运行状态,满足某种运行模式的技术要求,以达到系统经济运行的最优化。蓄冷系统的控制策略,是针对部分蓄冷运行而言,水蓄冷系统和全蓄冷系统无需系统运行最优化的控制策略。

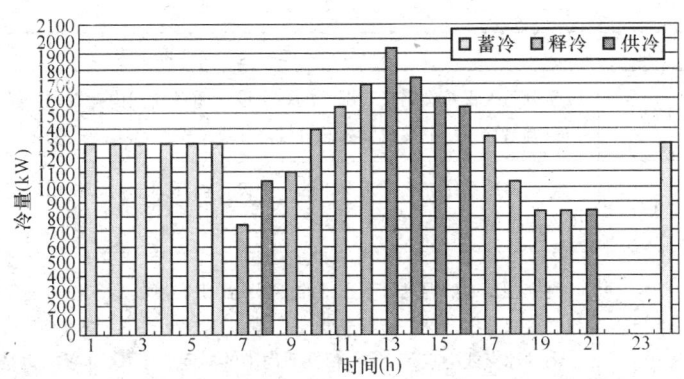

图 28.1-5 用电需求限制蓄冷运行策略示意图

控制策略通常有两种形式，即制冷机优先运行（简称冷机优先）和蓄冷装置优先运行（简称释冷优先），两者之间的区别及特点见本手册 28.4.5 节。为了降低蓄冷系统的初投资和最大限度地减少系统的运行费用，设计中通常宜采用蓄冷空调系统设计工况下的冷机优先控制策略和非设计工况下（即平时空调冷负荷小于设计日冷负荷的状况）的释冷优先控制策略。

蓄热系统的计量、运行及控制策略，与以上蓄冷部分基本类似，因此不再重复介绍。

28.1.4 蓄冷常用术语

蓄冷系统常用术语及其定义，如表 28.1-2 所示。

蓄冷系统常用术语及其定义   表 28.1-2

序号	术 语	定 义 与 说 明
1	蓄冰率 IPF_1（%） (Ice Packing Factor)	蓄冰率是确定蓄冰槽大小的主要参数，其定义为：蓄冰槽内所蓄冰的容积 V_i（m³）与蓄冰槽总容积 V（m³）之比，即 $$IPF_1 = (V_i/V) \times 100\% \quad (28.1-2)$$ 目前各种蓄冰设备的蓄冰率，见表 28.1-3
2	冰充填率 IPF_2（%） (Ice Packing Factor)	冰充填率是蓄冰率的另一种表示方式，其定义为：蓄冰槽内水的最大制冰量 W_i（kg）与充满蓄冰槽容积的总水量 W（kg）之比，即 $$IPF_2 = (W_i/W) \times 100\% \quad (28.1-3)$$
3	蓄冷周期	将冷量充入蓄冷装置所需的时间
4	释冷周期	将冷量从蓄冷装置中取出所需的时间
5	蓄冷—释冷周期	蓄冷空调系统经一个蓄冷—释冷循环所运行的时间
6	融冰能力	蓄冰槽中冰融化后，可实际用于蓄冰空调系统的量
7	融冰效率	蓄冰槽中实际可用于空调冷负荷的融冰量与总蓄冰量的比值
8	蓄冷效率	蓄冷装置中实际释冷量与蓄冷量的比值
9	释冷特性	在空调蓄冷系统名义工况下，单位时间释冷量（kW）随时间变化的规律

续表

序号	术语	定义与说明
10	蓄冷性能系数 COP_{ice}	空调蓄冷系统在名义工况下的一个设计循环周期内,以同一单位表示名义蓄冷量与空调蓄冷系统制冷机输入总电量之比
11	净可利用蓄冷量 Q_d	空调蓄冷系统在名义工况下的一个设计循环周期内,供用户送水温度在≤可利用供冷温度时,实际提供的最大释冷量:$Q_d \leqslant Q_{ice}$
12	过冷及过冷度	凝固相变起始温度低于正常的凝固或融点温度的现象称为过冷;凝固或融化温度与过冷温度之差称之为过冷度。 水的冰点或融点是 0℃,但并非周围的温度低于 0℃水就可以结冰,在稳定的状态下纯净水初始结冰的温度可以下降至 -6℃,一旦开始结冰,其结冰温度又可以恢复至 0℃,然后维持在 0℃继续结冰。过冷度不仅与相变材料分子结构有关,还与许多其他因素有关,如溶液中成核剂的种类、多少、传热器壁接触的温度、传热速率和器壁表面特性等,净水结冰的过冷度约 6℃。过冷度对蓄冷空调影响极大,若制冷机初始蒸发温度不能低于相变材料过冷度之下,相变蓄冷就不能进行。如果设法提高成核温度,减少过冷度,就要添加成核剂,但使用不同的成核剂配方,效果也各不相同
13	运行模式	蓄冷空调系统本身所能实现的各种运行工况
14	控制策略	控制和设定制冷机、蓄冷装置、泵、阀门等的运行状态,以满足某种运行模式的技术要求
15	载冷剂	蓄冷系统中,输送制冷机、蓄冷装置所产生冷量的液体
16	蓄冷介质	利用物质的蓄冷特性,以显热、潜热形式储存制冷机所产生的冷量。常用的蓄冷介质有水、冰等

各种冰蓄冷装置的蓄冰率 IPF_1 和冰充填率 IPF_2 表 28.1-3

类型	非完全结冻式冰盘管型	完全结冻式冰盘管型	冰片滑落式	冰晶或冰泥	冰球封装式
蓄冰率 IPF_1	20%~50%	50%~70%	40%~50%	45%以上	50%~60%
冰充填率 IPF_2	30%~60%	70%~90%	—	—	90%以上

28.2 空调蓄冷系统的分类和蓄冷介质

28.2.1 蓄冷系统的分类与蓄冷介质的选择

1. 蓄冷系统的分类(见图 28.2-1)

2. 蓄冷介质的选用

(1)水:利用水的温度变化储存显热量[4.184kJ/(kg·℃)],蓄冷温差一般采用6~10℃,蓄冷温度通常为 4~6℃。水蓄冷方式的单位蓄冷能力较低(7~11.6kW·h/m³),蓄冷所占的容积较大。

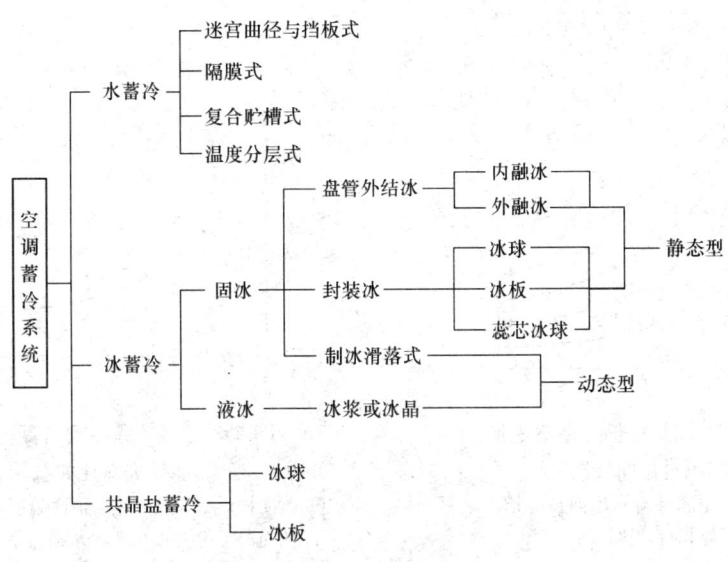

图 28.2-1 空调蓄冷系统的分类图

(2) 冰：利用冰的溶解潜热储存冷量（335kJ/kg），冰蓄冷方式的单位蓄冷能力较大（40～50kW·h/m^3），蓄冷所占的容积较水蓄冷方式小，制冰温度一般采用-4～-8℃。

(3) 共晶盐：无机盐与水的混合物称为共晶盐，常用共晶盐的相变温度一般为5～7℃。该蓄冷方式的单位蓄冷能力约为20.8kW·h/m^3，一般制冷机可按常规空调工况运行。

28.2.2 各类蓄冷空调系统的性能、价格对比

1. 水蓄冷与冰蓄冷空调系统的性能比较（见表28.2-1）。

水蓄冷与冰蓄冷空调系统的性能比较　　　　表28.2-1

序号	项　目	冰　蓄　冷	水　蓄　冷	备　注
1	蓄冷槽容积	较小（为水蓄冷槽的10%～35%）	较大	见图28.2-2
2	冷水温度	1～3℃	4～6℃	可获得的最低温度
3	制冷压缩机型式	以往复、螺杆式为佳	任选	
4	制冷机耗电	较　高	较　低	
5	蓄冷系统初投资	较　高	较　低	
6	设计与运行	技术要求高，运行费较高	技术要求低，运行费较低	
7	蓄冷槽热能损耗	小（为水蓄冷的20%左右）	大	见图28.2-3
8	制冷性能系数（COP）	低（比水蓄冷降低10%～20%）	高	
9	空调水系统	冷水温度低、温差大，可用闭式系统，冷量输送能耗低	冷水温度高、温差小，冷量输送能耗高	
10	对旧建筑适应性	好	差	
11	蓄冷槽的冬季供暖	有些蓄冷槽可以，但大多数不行	差	
12	蓄冷槽制造	定型化、商品工业化生产，可采用现场混凝土槽	现场制作	

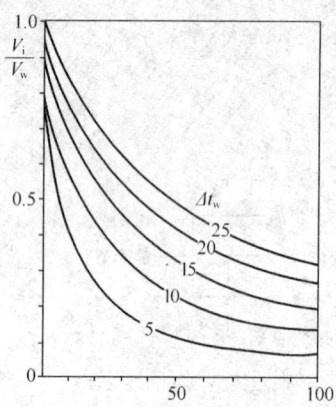

图 28.2-2 冰蓄冷槽与蓄冷水槽
容积对比曲线图

注：蓄冰率 IPF—制冰量与制冰前蓄冷槽内水量的体积百分比，%；
　　V_i—冰蓄冷槽容积，m^3；
　　V_w—蓄冷水槽容积，m^3；
　　Δt_w—蓄冷水槽冷水利用温度，℃；
例如：$\Delta t_w = 5$℃，即冷水温度由 7℃升至 12℃，此时冰蓄冷槽冷水利用温差为 12℃，即冷水温度由 0℃上升至 12℃。

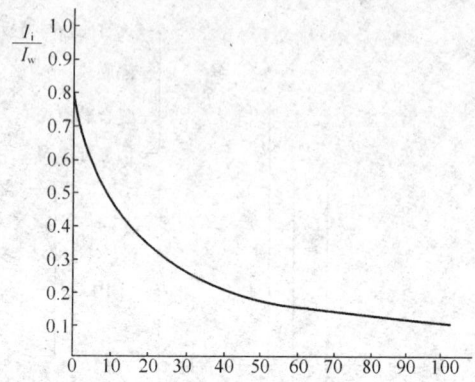

图 28.2-3 冰蓄冷槽与蓄冷水槽
热能损失对比曲线图

注：1) 蓄冷槽形状为立方体，顶面温度为 30℃，底面和侧面温度为 15℃；蓄冷水槽内平均温度为 9.5℃，冰蓄冷槽内平均温度为 $18/[20(IPF)+3]$℃；蓄冷水槽与冰蓄冷槽的热阻均相同；
　　2) I_i—冰蓄冷槽热能损失，W；
　　I_w—蓄冷水槽热能损失，W。

2. 水蓄冷与冰蓄冷系统的耗能对比（见表 28.2-2）。

冰蓄冷与水蓄冷系统耗能对比（kW/kW）　　　表 28.2-2

项　目	冰 蓄 冷	水 蓄 冷
制冷压缩机	0.370	0.240
一次冷冻水泵	—	0.006
二次冷冻水泵	0.068	0.068
冷凝器冷却水泵	—	0.011
冷却塔风机	—	0.024
蒸发式冷凝器风机	0.024	—
蒸发式冷凝器水泵	0.003	—
搅拌器	0.014	—
总　计	0.479	0.349

注：表内的比值是——耗电量（kW）/制冷量（kW）。

3. 各类蓄冷空调系统的性能、特点对比（见表 28.2-3）。

各类蓄冷空调系统的性能、特点及价格对比　　　表 28.2-3

内　容	水蓄冷	冰片滑落式	冰盘管外融冰	冰盘管内融冰	封装冰	共晶盐
制冷（冰）方式	静态	动态	静态	静态	静态	静态
制冷机	标准单工况	分装或组装式	直接蒸发式或双工况	双工况	双工况	标准单工况
蓄冷槽容积 [$m^3/(kW·h)$]	0.089~0.169	0.024~0.027	0.03	0.019~0.023	0.019~0.023	0.048
蓄冷温度（℃）	4~6	−9~−4	−9~−4	−6~−3	−6~−3	5~7

续表

内容	水蓄冷	冰片滑落式	冰盘管外融冰	冰盘管内融冰	封装冰	共晶盐
释冷温度（℃）	4~7	1~2	1~3	2~6	2~6	7~10
释冷速率	中	快	快	中	中	慢
释冷载冷剂	水	水	水或二次冷媒	二次冷媒	二次冷媒	水
制冷机蓄冷效率（COP值）	5.0~5.9	2.7~3.7	2.5~4.1	2.9~4.1	2.9~4.1	5.0~5.9
蓄冷槽形式	开式	开式	开式	开式	开式或闭式	开式
蓄冷系统形式	开式	开式	开式或闭式	闭式	开式或闭式	开式
特点	可用常规制冷机，水池可兼做消防	瞬时释冷速率高	瞬时释冷速率高	模块化槽体，可适用于各种规模	槽体外形设置灵活	可用常规制冷机
适用范围	空调	空调、食品加工	空调、工艺制冷	空调	空调	空调

28.3 水 蓄 冷

28.3.1 水蓄冷空调系统

1. 水蓄冷系统组成 水蓄冷系统一般由如下几部分组成：
（1）常规制冷空调系统：包括冷水机组、冷水泵、冷却水泵、冷却塔等设备；
（2）蓄/释冷系统：包括冷水机组、蓄冷水泵、释冷水泵、换热器等设备和蓄冷水槽。在某些特定条件下，水蓄冷系统也可不配置中间换热器，而直接供冷。

2. 常规水蓄冷系统 常用的水蓄冷系统及连接见图28.3-1。

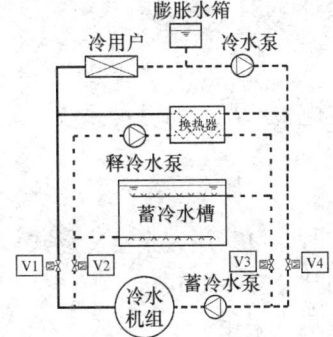

不同工况下各阀门状态

工况	V1	V2	V3	V4
模式1：冷水机组蓄冷	关	开	开	关
模式2：冷水机组供冷	开	关	关	开
模式3：蓄冷水槽释冷	关	关	关	关
模式4：冷水机组供冷+水槽释冷	开	关	关	开
模式5：冷水机组蓄冷+冷水机组供冷	关	开	开	关

图 28.3-1 水蓄冷系统及连接图

由图28.3-1可见，水蓄冷系统通过阀门的转换，一般可以完成以下五种运行模式：
（1）冷水机组蓄冷的运行模式；
（2）冷水机组供冷的运行模式；
（3）蓄冷水槽蓄冷的运行模式；
（4）冷水机组供冷、蓄冷水槽蓄冷的运行模式；
（5）冷水机组蓄冷、冷水机组供冷的运行模式。

3. 高位式蓄冷水槽系统

蓄冷水槽高于空调用户末端系统最高点的系统，称为高位式蓄冷水槽系统。它的最大特点是省去了中间换热器和释冷水泵（见图28.3-2）。

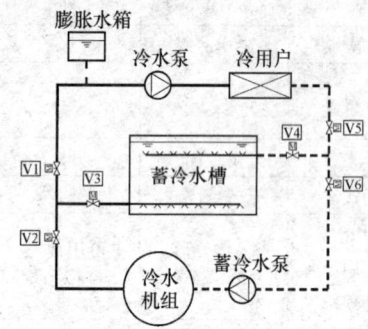

工况	V1	V2	V3	V4	V5	V6
模式1：冷水机组供冷	开	开	关	关	开	开
模式2：冷水机组蓄冷	关	开	开	开	关	开
模式3：蓄冷水槽释冷	开	关	开	开	开	关
模式4：冷水机组供冷+水槽释冷	开	开	开	开	开	开
模式5：冷水机组蓄冷+冷水机组供冷	开	开	开	开	开	开

图28.3-2　高位式蓄冷水槽系统

由图28.3-2可以看出，该类用户处于较低的水蓄冷系统，其可通过阀门的转换实现如下5种运行模式：

(1) 冷水机组供冷的运行模式；

(2) 冷水机组蓄冷的运行模式；

(3) 蓄冷水槽释冷的运行模式；

(4) 冷水机组供冷、蓄冷水槽释冷的运行模式；

(5) 冷水机组蓄冷、冷水机组供冷的运行模式。

膨胀水箱定压点应与蓄冷水槽水位高度相一致，冷冻水供水温度一般为4℃；冷水泵可采用变频。

28.3.2　水蓄冷空调系统设计

1. 水蓄冷系统的蓄能形式

根据空调冷负荷的特点和用户所在地区的分时峰、谷电价状况，水蓄冷系统一般可分为：全蓄冷、负荷均衡蓄冷、用电需求限制蓄冷三种形式。

通常可按以下原则选择蓄冷形式：

(1) 设计日尖峰负荷远大于平均负荷，而且条件允许时，可采用完全蓄冷形式；

(2) 设计日尖峰负荷与平均负荷相差不大时，可采用部分蓄冷形式；

(3) 完全蓄冷系统的投资较高，占地面积较大，一般不宜采用；

(4) 如果完全蓄冷的经济效益与社会效益都好，且条件允许时，应该提倡采用完全蓄冷；

(5) 部分蓄冷系统的初期投资与常规空调系统相差不大（制冷设备及其辅助设备减少，以及相应的高低压配电及电缆减少，与增加蓄冷设备，二者相差不大），运行费用大幅度下降，这种水蓄冷形式应该推广采用。

2. 水蓄冷空调系统的设计步骤

(1) 设计者需掌握的基本资料：当地电价政策、建筑物的类型及使用功能、可利用的空间（设置蓄水装置）等；

(2) 确定建筑物设计日的空调逐时冷负荷；

(3) 根据建筑物的条件，确定蓄冷水槽的形状与大小；
(4) 确定蓄冷系统形式和运行模式与控制策略；
(5) 确定冷水机组和蓄冷设备的容量；
(6) 选择其他配套设备；
(7) 进行技术经济分析，计算出水蓄冷系统的投资回收期。

3. 水蓄冷系统主要设备的容量计算

(1) 水蓄冷槽的体积 V (m³)：

$$V = \frac{3600 \cdot Q_{st}}{\Delta t \cdot \rho \cdot c_p \cdot FOM \cdot \alpha_v} \tag{28.3-1}$$

式中 ρ——蓄冷水的密度，一般取 1000kg/m³；
c_p——冷水的比热容，取 4.187kJ/(kg·℃)；
Q_{st}——蓄冷量，kW·h；
Δt——释冷回水温度与蓄冷进水温度间的温度差，一般可取 10℃；
FOM——蓄冷水槽的完善度，考虑混合和斜温层等因素的影响，一般取 85%～90%；
α_v——蓄冷水槽的体积利用率，考虑配水器的布置和蓄冷水槽内其他不可用空间等的影响，一般取 95%。

(2) 冷水机组的容量 Q(kW) 为：

1) 全蓄冷时：

$$Q = \frac{Q_d \cdot k}{t} \tag{28.3-2}$$

式中 Q_d——设计日总冷量，kW·h；
k——冷损失附加率，一般根据蓄冷水槽的大小、水槽的保温情况与冷水存放的时间决定，一般取 1.01～1.03（水槽大的取小值，水槽小的取大值）；
t——蓄冷运行时间，h。

2) 部分蓄冷时：

全削峰释冷时：除去释冷时间之外的最大小时负荷，即为冷水机组的容量（用电高峰与空调冷负荷高峰不重叠，则为全天最大空调冷负荷）。

非削峰释冷时：

$$Q = \frac{Q_d - Q_{st}}{t'} \tag{28.3-3}$$

式中 Q_{st}——蓄冷量，kW·h；
t'——释冷后制冷机的运行时间，h。

(3) 换热器：换热器的计算主要是确定换热器的换热量、两侧温度确定换热器的面积、阻力等参数。

换热器的换热量可根据下列原则确定：全蓄冷时，取最大时刻的冷负荷；削峰蓄冷时，取高峰时段最大时刻的冷负荷。一般全蓄冷的换热量不小于削峰蓄冷时的换热量。

(4) 蓄冷水泵：
流量：一般与蓄冷制冷机配套，但当蓄冷空调系统与制冷机的温差不相等时除外。
扬程：主要是克服冷水机组、蓄冷水槽和蓄冷管道的阻力。

(5) 释冷水泵：
流量：通常与供冷水泵流量相配套，主要依据蓄冷与供冷的温差确定。
扬程：主要是克服板式换热器、蓄冷水槽和释冷管道的阻力（一般释冷水泵的扬程较小）。

4. 水蓄冷空调系统的管道连接方式

水蓄冷空调系统的管道连接方式一般有下列三种形式：

(1) 冷水机组上游串联：冷水机组位于蓄冷水槽的上游，如图 28.3-3 所示。

(2) 冷水机组下游串联：冷水机组位于蓄冷水槽的下游，如图 28.3-4 所示。

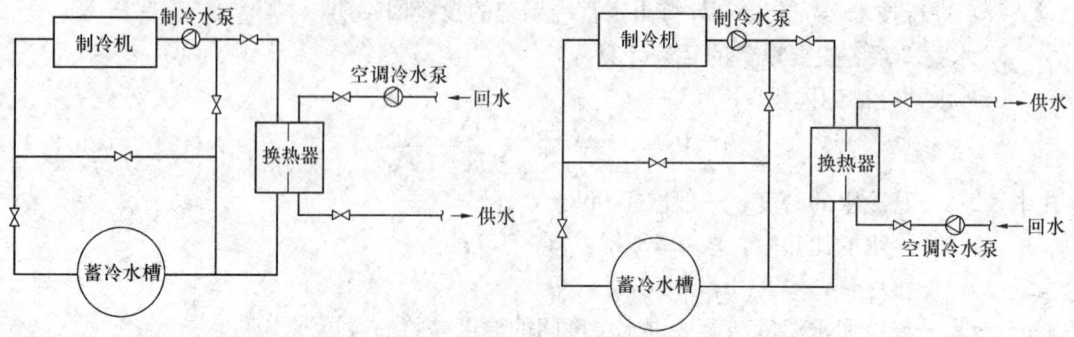

图 28.3-3　冷水机组在蓄冷水槽上游的串联形式图

图 28.3-4　冷水机组在蓄冷水槽下游的串联形式图

(3) 冷水机组与蓄冷水槽并联：如图 28.3-5 所示。

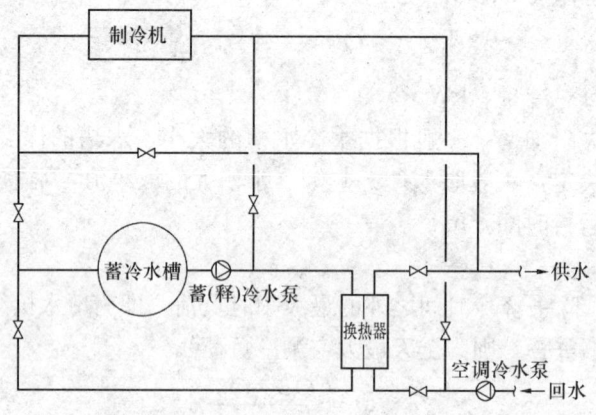

图 28.3-5　冷水机组与蓄冷水槽并联形式图

5. 减少水蓄冷空调系统运行电耗的措施

(1) 蓄冷水槽的进、出水温差应尽量选取较大值，根据槽内水的自然分层、热力特性和蓄、释冷时水的流态要求，蓄冷水的温度以 4℃ 最合适。

(2) 对于一般的民用建筑及以降温为目的的工业建筑，蓄冷温差可取 10℃ 或 10℃ 以上。如果蓄冷温差为 10℃，则蓄冷水槽的进、出水温度分别为 14℃ 和 4℃。

(3) 为了制取 4℃ 的冷水，制冷机在蓄冷工况下的蒸发温度通常为 −1℃ 左右，比常规空调制冷工况的蒸发温度（2℃）低 3℃。在冷凝温度相同的条件下，蓄冷工况时功耗要大于空调工况。

(4) 为了减少蓄冷工况时的电耗，冷水机组可串联连接，每一级降温 5℃。第一级的出水温度取 9℃，其蒸发温度高于空调工况；第二级的出水温度为 4℃，其蒸发温度低于空调工况。

28.3.3 水蓄冷系统的控制

1. 控制目的

室外温度的变化，决定了空调冷负荷的大小、系统的运行模式和冷水机组的运行台数。通常水蓄冷空调系统可提供以下五种不同的供冷模式：

(1) 冷水机组蓄冷的运行模式；
(2) 冷水机组供冷的运行模式；
(3) 蓄冷装置释冷的运行模式；
(4) 冷水机组供冷、蓄冷装置释冷的运行模式；
(5) 冷水机组蓄冷、冷水机组供冷、蓄冷装置释冷的运行模式。

水蓄冷控制系统通过对冷水机组、蓄冷水槽、板式换热器、水泵、冷却塔、系统管路电动调节阀等设备的运行进行监测和控制，调整适合的蓄冷系统的运行模式，在安全、可靠和经济的条件下，给空调末端系统提供稳定的供水温度。

2. 控制功能

(1) 根据季节和机器运行情况，进行工况自动转换。
(2) 按编排的时间顺序，结合空调冷负荷预测软件，控制冷水机组、及外围设备的启停的数量及监测设备的工作状况与运行参数，如：

- 冷水机组启停、状态、故障报警
- 冷水机组运行参数、工况转换
- 蓄冷、释冷水泵启停、状态、故障报警
- 冷却水泵启停、状态、故障报警
- 压差旁通管的压差测量与显示
- 板式换热器进出水量与温度
- 冷却塔风机启停、状态、故障报警
- 冷却塔供/回水温度、显示
- 蓄冷水槽进、出口温度遥测、显示
- 电动阀开关、调节与阀位显示
- 室外温、湿度遥测、显示
- 蓄冷量测量与显示

(3) 对一些监测点进行整年趋势性记录，将整年的冷负荷和设备运转状况进行记录，所有监测点和计算的数据均能自动定时打印。
(4) 控制系统能灵活地进行手动/自动转换。
(5) 系统兼容：通过给楼宇弱电系统预留通信接口，实现与楼宇控制系统完全兼容。
(6) 计算机智能分析与优化控制：建立计算机数学模型，根据室外温度、天气预报、气象趋势、历史记录……，自动推荐系统运行模式。在满足末端负荷要求的前提下，充分发挥水蓄冷空调系统的优势，选择最佳的系统运行模式，从而达到节约运行费用的目的。
(7) 对蓄冷水槽的温度场，进行动态监测。
(8) 操作人员可进行人机对话，操作界面完全中文化，具有提示、帮助、参数设置、密匙设置、故障查询、历史记录等功能。

(9) 远程监控：控制系统预留网络接口，与水蓄冷专业公司的专家检测和诊断系统相连接，进行运行监控和提供及时的服务。

28.3.4 蓄冷水槽

1. 蓄冷水槽的种类

(1) 蓄冷水槽的形式和特点

根据一年中蓄冷水槽使用温度的不同，一般可分为五种形式（见表28.3-1）。

蓄冷水槽的分类及特点　　　　　　　　　　表 28.3-1

名称	系统概要	系统特征	建筑物冷、热特性	适合的建筑物规模	注意事项
冷水槽	仅蓄冷水供夏季蓄冷空调系统应用	由于只是蓄冷，不蓄热水，所以保温较简单。且没有用热水槽，腐蚀等问题就轻些，系统具有较高的可靠性	全年冷负荷尖峰条件下的瞬态冷负荷	较大型的办公楼（20000m^2以上）如广播电台、报社、印刷厂等区域供冷	在利用二层的夹层蓄冷时，仅在蓄冷水槽的上层部分设计防结露
热水槽	仅蓄热水	一般用作供暖和生活热水	供热负荷和供热水负荷比较大；存在放热、用热的情况	利用太阳能集热的建筑物（住宅、宿舍等）	蓄热水槽周围都需要绝热保温
冷热水槽	夏季水槽用作蓄冷水，冬季用作蓄热水	一年中蓄冷水槽有两次冷水和热水的更换，一般情况下，不可同时用作供暖和供冷	夏季需用冷量、冬季需用热量的建筑物；全年中冷、热负荷基本相同的建筑物	中、小规模的办公楼（建筑面积约在8000m^2以下）	为了减少冷热水更换时的热损失，设计时需要考虑蓄冷水槽的闲置期限，蓄冷水槽周围全部要保温
冷热水槽＋冷水槽	夏季时，水槽都当作蓄冷水槽使用，在冬季一部分蓄冷水槽用于蓄热水	全年可以同时供暖、供冷，在同时有冷水槽和热水槽的蓄热系统中，可以使槽容积最小，在冬季时可以回收利用余热	夏季和冬季都有冷负荷的建筑物；在夏季基本上没有加热负荷的建筑物	大规模的办公大楼（建筑面积约为20000m^2以上）；大规模多用途建筑（如广播电台、商场等）	作为可以蓄冷水或热水使用的蓄冷水槽，槽周围需要严格保温，由于在低温下热应力的降低，冷水槽和热水槽在地下梁等狭小处不能直接连接（在其间应设有接缝）
冷水槽＋热水槽	冷水和热水各自有独立的蓄水槽，供暖和空调供冷可以独立运行	无需供冷供热间切换，蓄冷水槽周围的管道布置简单，在冬季可以回收余热	全年中均需要冷负荷、热负荷以及生活热水的建筑；全年中供冷负荷比供热负荷高很多的建筑物	大规模的办公大楼（建筑面积约为20000m^2以上）；大规模多用途建筑（如广播电台、商场等）	由于在低温下热应力的降低，冷水槽和热水槽在地下梁等狭小处不能直接连接（在其间应设有接缝）

(2) 按蓄冷水槽的混合特性分类

根据槽内温度差和混水程度的不同，蓄冷水槽通常可分为完全混合型和温度分层型两种类型。蓄冷水槽的基本要求是尽量保证温度不同的水不相互混合。

1) 混合型蓄冷水槽

完全混合型蓄冷水槽是由一个个蓄冷单槽并排排列连结组成，单槽内的水完全混合，这样从蓄冷槽的整体看，对水的混合起到了抑制作用。

图 28.3-6 所示为完全混合型蓄冷水槽在单水槽内的初始温度为 0℃，并向内注入有 1℃温差的水时，蓄冷水槽的出口水温随时间变化的计算值。当水槽数为一个时，流入的水温马上就影响到出口水温，而使出口水温有所上升。随着水槽数的增加，出口水温增加的延迟时间越来越长。在无因次换水时间为 1 时水温才上升（无因次换水时间为 1 时，意味着水槽内的水正好更换了一回）。这就是说，水槽数的增加，在整体蓄冷水槽中水的混合被抑制了。一般情况下，在水槽数为 20 以上时，具有较强的抑制混合作用，和下面介绍的温度成层型蓄冷水槽有着相似的特性。

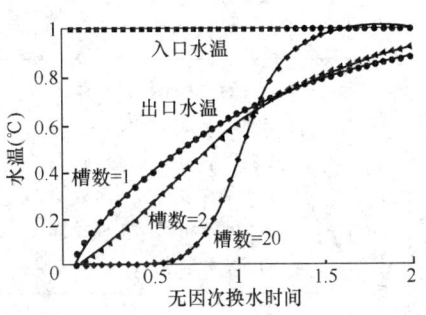

图 28.3-6 完全混合型蓄冷水槽出水温度和水槽数与无因次换水时间的关系图

2) 温度成层型蓄冷水槽

温度成层型蓄冷水槽是针对单个槽内水的混合而进行了抑制，故蓄冷水槽的热性能与连接水槽数量通常无关，即蓄冷水槽整体的热性能可由单水槽的性能而定。由于温度成层型蓄冷水槽在单水槽串联数量较少的情况下也能发挥出它的优势，当水槽数较多时，其性能与混合型蓄冷水槽基本接近。

(3) 槽内混合及蓄冷量

图 28.3-7 给出了水槽内混合比较强的蓄冷水槽与比较平稳的蓄冷水槽内的水温分布图。图的纵轴表示蓄冷水槽内各部位，横坐标表示温度，图中的虚线表示不同时刻下的水温。空调供冷被启动后从二次侧机器返回的是水温较高（约 15℃）的冷水，因此，图中从上部开始水温上升。然而，(a) 图表示，由于水槽内的混合比较强烈，因此，水槽内水温一起开始升高。从释冷结束时的水温分布来看，如果蓄

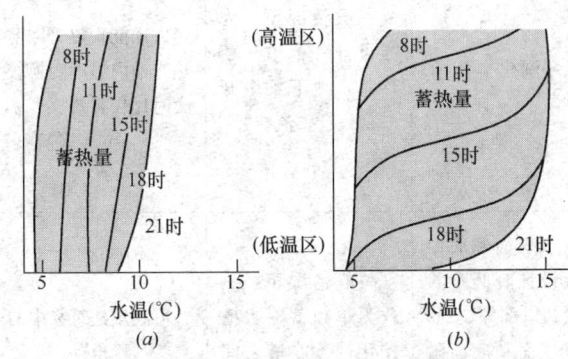

图 28.3-7 蓄冷水槽内部水的温度分布图
(a) 混合较强的蓄冷水槽；(b) 混合较弱的蓄冷水槽

相同的冷量，采用混合抑制措施的蓄冷水槽的设计水槽容量可以更小一些。

(4) 温度成层型蓄冷水槽（见表 28.3-2）

1) 水平串联式

温度成层型蓄冷水槽的分类及其特征　　　　表 28.3-2

名　称		方式（流路）	流出/吸入口形状	地下梁开口部形状	特　征
水平式	串联式	设计的连通管穿过地下梁，把很多个蓄冷水槽串联起来组成水流路方式	潜流折流式 圆盘状带状开口部；浮子式开口部	潜流折流式 S形连通管	做防水比较困难，不便采用多蓄冷槽 与潜流折流式比较，防水较易，槽数多时也不利
	并联式 内部水连管式	在蓄冷水槽内设计两个分别用于排出和流入水的水连管，通过在水连管上开设的许多开口与多数的蓄冷水槽相连，实现并排的排水和进水	蓄冷水槽内横向引出水连管以及开口	潜流折流式；S形连通管	采用简单的平面形状比较有效，对蓄冷水槽容量来说，在流量比较大时排水口和进水口可以减小设计尺寸
	并联式 外部水连管式	在蓄冷水槽的外部（二重夹层中间空出的缝隙空间）设计排出或流入的水连管，从水连管引出与各蓄冷水槽相连接的管	圆盘状带状开口部；TEP 管等（塑料管）	一般情况下，因为不作为串联式蓄冷水槽使用，所以没有必要	在需要较少蓄冷水槽时比较有效。可独立使用，维修较易。因水位变化小，可减小蓄冷水槽上部的余留空间
	多流路方式	蓄冷水槽在地下梁中设计有一个大的开口，尽管有地下梁，但槽内仍然可以看作一个槽	圆盘状带状开口部	一般情况下地下梁内开口部不设计整流装置	地下梁上若能开设有大的开口，可节省费用。在有地下梁很多时不宜采用
	平衡式	在蓄冷水槽外部设计立式的平衡水连管，水连管与蓄冷水槽通过很多的连接管路连接起来，根据槽内水温和入流水温的不同，进行蓄水，维持槽内温度成层	水平圆孔	一般情况下，为了设计一个单一蓄冷槽，地下梁中开口部设计整流装置	太阳能集热管网蓄热冷槽内温度变换较大时比较有效
垂直式		在建筑物内设计有立式的圆筒体，在其内设计有钢制的水位较深的蓄冷水槽。有时也把立式圆筒进行防水处理作为蓄冷水槽的情况	在水表面和底面附近设计有圆盘状带状开口部等装置，在水表面和底面附近设计有开口的孔板形成的空间	一般情况下，只作为单独蓄冷水槽使用，蓄冷槽之间不设计整流装置	可利用建筑物中的一些"死角"

　　水平串联式是完全混合型和温度成层型蓄冷水槽中常用的一种形式（见图 28.3-8），通常称为潜流折流板型。相邻的蓄冷水槽的隔墙里面的水中有两种折流板（潜流折流板、溢流折流板）。在折流板的作用下，成为温度成层型水槽。

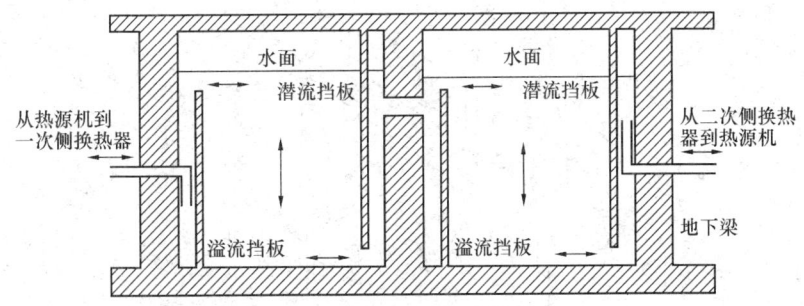

图 28.3-8　潜流折流板型蓄冷水槽示意图

图 28.3-9 中把折流板的形状进行了调整，连通管、整流装置、连接缝中的防水材料都采用聚氯乙烯。在水表面的开口部分，顶部设有浮子的情况下，外筒管应设计成可移动式。因为蓄冷水槽内的水通过管子流动时，受流量的影响，水位会有所变化。这一装置具有以下作用，在设有浮子时，可把管道的开口部分安放在水面以下，从而获得稳定的流动，保障蓄冷水槽内形成温度层。

图 28.3-9　水平温度成层型蓄冷水槽（S形连通管）示意图

2) 水平并联式

水平并联式蓄冷水槽，可分为内部水连管式和外部水连管式两种形式，前者的水连管在蓄冷水槽内部（图 28.3-10）；后者的水连管在蓄冷水槽外部（图 28.3-11）。

内部水连管式　如图 28.3-10 所示，水连管分别设计成向上开口和向下开口，温度升高后的回水，通过向上开口流入蓄冷水槽，进入蓄冷水槽的回水与未使用的低温冷水不混合，即在形成温度成层的状态下慢慢下降。在到达该水槽的底部后，通过整流装置流到相邻水槽的上部。相邻水槽内的水也一样，在不混合的状态下慢慢下降，因此在开口向下的水连管处，冷水的温度能够维持较长的时间。由于并联式的水流，通过每个整流装置流过

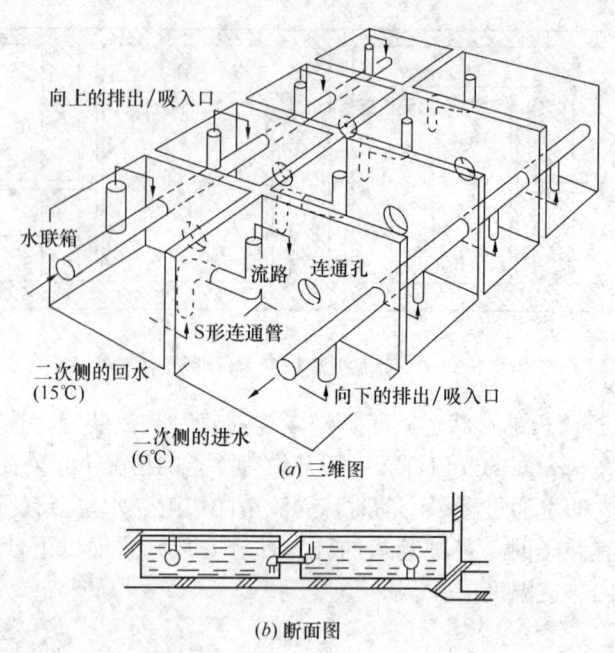

图 28.3-10 并联式（内部连通管）蓄冷水槽的示意图

的水量与串联式相比较少，因此每个单蓄冷水槽内的水位差的变化很小。同时，整流装置的外形也较小。另一方面，由于采用了多个开口，设计时要注意保持水槽之间水量的均匀分配。同时，为了使各水槽间的水位相差不要太大，相邻水槽间需要设计连通口。

外部水连管式 如图 28.3-11 所示，水连管设在蓄冷水槽的外部，并通过水连管向各个蓄冷水槽引入进、出水管。为了使水槽内水不相混合，在管的末端专门设计了开口部。这种方式的优点是：可以把所有的蓄冷水槽集中起来，作为一个大的蓄冷水槽而使用；每个蓄冷水槽的绝热保温、防水施工等更加简单易行；同时，整流装置的数目有所减少，而且对单个蓄冷水槽可以单独吸水排水，维护和运行可同时进行。其缺点是蓄冷水槽外部要增加很多配管。

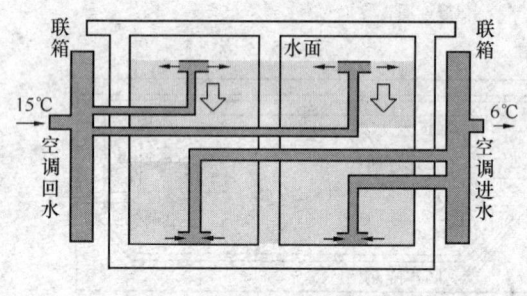

图 28.3-11 并联式（外部连通管）蓄冷水槽的示意图

3) 平衡式（图 28.3-12）

平衡式蓄冷水槽综合利用了水平并列式和立式蓄冷水槽两种形式的特点，改善了由于二次侧及回水温度不稳定所引发的一系列弊端。在蓄冷水槽的外部，设计了立式水连管；通过这些连管，蓄冷水槽把更多的连通管线连接起来。这样设计的目的是：即使在高温下蓄冷水槽也能维持其温度成层特性。也就是说，向蓄冷水槽内蓄入的流体，可以根据它的温度来确定其流入水槽的部位（上部、中部、还是下部），从而保证水槽内的温度成层。

4) 水平多流路方式

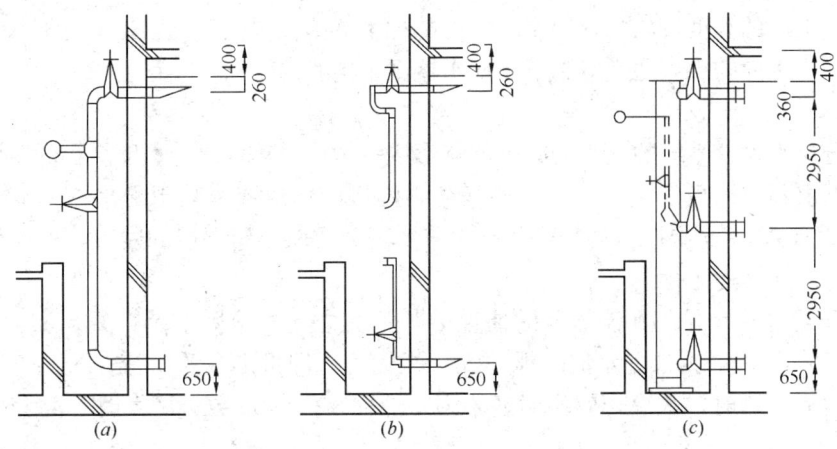

图 28.3-12 平衡式蓄冷水槽图
(a) 一次侧入口，二次侧出口；(b) 一次侧出口；(c) 二次侧平衡式输入

图 28.3-13 是水平方式蓄冷水槽的一个特例，在地下梁上设计一个很大的开口，这样整个水槽就像一个大的蓄冷水槽一样，其蓄热效果也相同。

2. 自然分层蓄冷水槽的设计原则

(1) 水槽容量：依据公式(28.3-1)计算确定。

(2) 水槽的形状：从减少蓄冷水槽的冷、热损失和投资的角度考虑，蓄冷水槽的面积与体积之比越小越好。球状槽的面积与体积之比虽然最小，但温度分层效果不佳，所以实际应用较少。与正方体或长方体蓄冷水槽相比，在同样的容量下圆柱体的面积与体积之比较

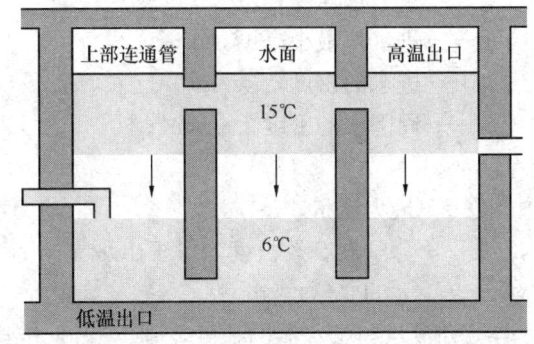

图 28.3-13 多流路式温度成层蓄冷水槽的示意图

小，故自然分层的蓄冷水槽的结构形状通常采用直立的平底圆柱体。由于正方体和长方体形状的蓄冷水槽建造方便，而且可与建筑物结构结合在一起，从而节省建设投资，所以该形状水槽也得到广泛的应用。

(3) 水槽安装位置、材料及结构

水蓄冷采用的是显热蓄存冷量，因此，水槽的体积比相变蓄冷要大得多，设计布置蓄冷水槽时，应与土建设计密切配合，做到与建筑结构一体化，以降低投资；蓄冷水槽宜布置于建筑物的地下层内，位置应尽量靠近制冷装置。

常用的蓄冷水槽有焊接钢槽、装配式预应力混凝土槽和现浇混凝土槽，可根据工程具体情况确定。

(4) 水槽内配水器的设计

配水器（有时也称分配器）在自然分层蓄冷水槽中是用于引导水在自身重力的作用下缓慢地流入槽内，形成并保持一个斜温层。蓄冷过程中，自然分层的驱动力是底层温度低、密度大的冷水，依靠水的密度差而非惯性作用在靠近水槽的底流入，再水平推进到整个水槽底平面。在释冷过程中，自然分层是借助于水槽上部的分配器，同样形成一股缓慢

移动并浮于上部的温度较高的热回水区。上部配水器的位置确定一般是：将配水器设置于水面以下，与水面的距离通常等于下部配水器至水槽底的距离，并且上、下配水器的形状要求相同。

自然分层水蓄冷系统的配水器必须能够形成一个冷、热水混合程度最小的斜温层，还要保证斜温层不被以后发生的扰动所破坏。斜温层的形成要依赖于配水器（根据适宜的Froude数设计），并选择配水器合适的孔口来实现。要减小斜温层的衰减，就应设计适当的雷诺数并确保合理运行。

Froude数是一个作用在流体上的惯性力与浮力之比的无因次量。Yoo et al. 证明了Froude数 $Fr \leqslant 1$ 时，入口处水流的浮力大于惯性力，即可形成重力流；$Fr > 1$ 时，重力流形成，但 $Fr > 2$ 时，水混合效应明显增强。然而，Froude数再增大时，混合效应却增强不多。

Froude数的表达形式如下：

$$Fr_i = \frac{q}{[gh_i^3(\rho_i - \rho_a)]^{0.5}} \tag{28.3-4}$$

式中　q——单位分配器长度的体积流量，$m^3/(m \cdot s)$；
　　　g——重力加速度，m/s^2；
　　　h_i——进水口最小高度，m；
　　　ρ_i——进水的密度，kg/m^3；
　　　ρ_a——周围水的密度，kg/m^3。

且

$$q = Q/L \tag{28.3-5}$$

式中　Q——最大流量，m^3/s；
　　　L——分配器有效长度（对于出水方向为180度的配水器，其有效长度等于实际尺寸的2倍)，m。

若已知流量与配水器的长度，则Froude准则数可用于确定适宜的进水孔口高度。进水口最小高度 h_i 的定义是：进入蓄冷水槽或离开配水器时的密度流所占有的垂直距离。对于一个靠近槽底的配水器，此高度即为水槽底至配水器进水口顶部间的距离。进水口高度应该依据 $Fr = 1$ 选择。

在斜温层之上/下发生混合，会导致斜温层的衰减，而对它产生影响的是单位长度配水器的进水流量和进水雷诺数。进水雷诺数的计算式为：

$$Re_i = q/\upsilon \tag{28.3-6}$$

式中　q——单位长度配水器的水流量，$m^3/(m \cdot s)$；
　　　υ——水的运动黏度，m^2/s。

对于某给定流量，所需的雷诺数可通过调整配水器的有效总长度来确定；通过设计适当的配水器可以达到降低雷诺数目的，从而使水混合减弱至最小，蓄冷量增加至最大。

雷诺数的下限值取决于水槽的构造，不同构造时雷诺数 Re 的推荐下限为：

对于很短的水槽或侧壁倾斜的水槽 ·················· $Re = 200$；
对于深度大于5m的水槽 ·················· $Re = 400 \sim 800$；

对于深度大于12m的水槽，进水口的雷诺数 $Re \geqslant 2000$，此时蓄冷水槽中具有可接受的分层状态，设计应采用的 $Re_{max} = 2000$，推荐的下限值为 $Re = 850$。

沿着配水器长度方向上的出水均匀性，对形成重力流是十分必要的。配水器孔口的流量不均匀将导致水槽内产生涡流。出自一个分配器孔口的高速水流会干扰与减弱斜温层。实现均匀的出流速度，必须保持整个分配器管内静压的均衡。若能使任意一根配水器支管上的孔口总面积不大于支管端面积的一半，即可以近似满足要求。

蓄冷水槽内的配水器应设计在对称于水槽的垂直轴和水平面的中心线上，它能在各种负荷下保证支管上任何两个相应点处的压力均衡，而且还具有自平衡能力。Fiorino 给出了一个自平衡、双八角形分配器的设计。配水管路的设计流速在水到达分配器的孔口前应小于 0.3m/s，因为在孔口处减小流体的动压及动量，有助于在配水管内保持静压均匀。配水器上的孔口定位方向应该使进入水槽内的流体朝着邻近的水槽底或稍高的水槽表面流出，让它以很低的流速撞击水槽壁，然后水平地与相邻孔口流出的流体汇合在一起，此时重要的一点是不能有向上的动量传递给从较低配水器流出的流体，或在较高配水器处，水流不能有向下的动量。如果使孔口间的距离略小于孔口高度的 2 倍，并限制通过孔口的流速，则能使水混合的程度减至最小，通常孔口出口的流速在 0.3~0.6m/s 的范围内。

经过验证，八角形、水平连续条缝形、径向圆盘形和 H 形配水器具有良好的自然分层性能。八角形与径向圆盘形从几何形状来说适用于圆柱形水槽，而水平条缝形与 H 形最适合用于方形水槽。按单个、两个或多个八角形配置的供水集管有一个进水口。八角形配水器由八根带 135°弯头的直管段组成。一串尺寸、形状、间距、开口方向相同的条缝孔口位于直管段的顶部，构成上部（热回水）配水器；若位于管道底部，则成为下部（冷水）配水器，如图 28.3-14 所示。

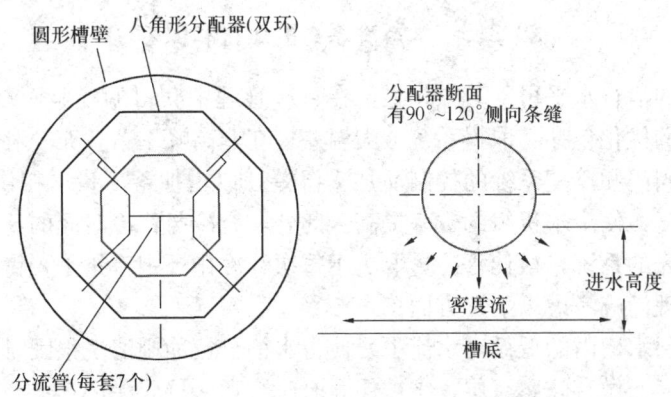

图 28.3-14 八角形配水器和管路图

在配水器管路的垂直中心面上，将弧形条缝口对中，能保证水流离开配水器管路时，在径向的里、外方向上都能均衡分流，配水器的有效长度加倍，雷诺数和 Froude 数减小 50%。在下部配水器管路上或上部配水器管路上钻圆口也能使流体的混合程度减弱。在此情况下，对于下部分配器，h_i 为管底至槽底的距离。

Joyce 和 Bahnfleth 给出了一个容量为 15000m³、配以八角形配水器的蓄冷水槽，它的分配器设计为双管形式。内管输送水，外管的长度方向上有槽口。这种双管设计能在配水器的长度上单独控制流量的均匀性和出水速率。然而，若按照前述指导原则设计单管配水器，则能提供良好的分层性能，且材料与人工费用较少。

水平连续条缝孔口配水器典型的安装位置是在方形或矩形槽平面的中心。在大型水槽

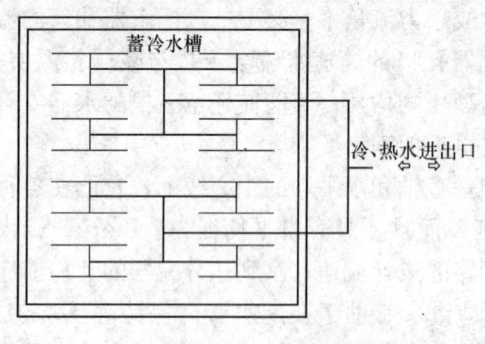

图 28.3-15　H 形配水器布置图

中，一根单一长条形配水器可能在长度上不能满足雷诺准则数的要求。此时，安排 H 形配水器或许能够提供必要的长度。如图 28.3-15 为 H 形配水器的布置图。

径向圆盘形配水器由两个间距很近，且与水槽底平行安装的圆盘组成，进水在圆盘间流动，水平地进入水槽内。由于水离开径向圆盘时的方向均向外，故在相同周边上，圆盘形配水器的雷诺数比八角形散流器大。虽然雷诺数可以通过增大分配器周边长度使之减小，但圆盘形配水器的面积不应大于水槽平面面积的 50%。出水孔口的高度不应超过水槽深的 10%，优先考虑的最大值为 5%。

3. 蓄冷水槽的绝热和防结露

对蓄冷水槽进行绝热处理，是保持其蓄冷能力的重要措施之一。在进行绝热处理时，应注意保持由底部传入的热量必须小于从侧壁传入的热量，否则可能会形成水温分布的逆转，诱发对流，破坏水的自然分层。对于露天布置的蓄冷水槽，绝热层外还需覆盖防潮层、防护层。为了减少太阳辐射的影响，防护层应采用反射效果强的材料或涂层。

进行蓄冷水槽的绝热设计时，槽内水温可取 4℃；并要求绝热层的表面温度不低于周围环境空气的露点。

28.3.5　水蓄冷系统的运行和保养

水蓄冷系统的运行水平可随着操作人员在系统管理中获得的经验而逐步改善与提高。对于水蓄冷系统的优化包括：取得系统最大温差；在非高峰季节，充分利用蓄冷系统。通过改善对冷盘管阀门和输配系统的控制而加大温差，以增加蓄冷量。在供冷非高峰季节，可以提高充冷温度，使冷水机组的效率提高。此外，充冷与释冷时间的长短也可调整，特别是对于蓄冷优先的系统，最佳蓄冷量取决于每次释冷循环中冷量是否得以充分释放。

系统的水处理尚应考虑以下几方面：

(1) 自然分层水槽内的低循环水流量，使得水槽自然冲刷清洗很困难；

(2) 水槽内表面做有防腐涂层，维护保养时应注意保护此涂层；

(3) 水蓄冷空调系统中使用的水量一般比常规系统大，故需要处理的水量通常也较大。

28.4　冰　蓄　冷

28.4.1　冰蓄冷空调系统的适用条件和要求

1. 电力制冷冰蓄冷空调系统的适用条件：

(1) 执行峰谷电价，且差价较大的地区；

(2) 空调冷负荷高峰与电网高峰时段重合，且在电网低谷时段空调负荷较小的空调工程；

(3) 在一昼夜或某一周期内，最大冷负荷高出平均负荷较多，并经常处于部分负荷运行的空调工程；

(4) 电力容量或电力供应受到限制的空调工程；

(5) 要求部分时段备用制冷量的空调工程；

(6) 要求供低温冷水，或要求采用低温送风的空调工程；

(7) 区域性集中供冷的空调工程。

2. 冰蓄冷空调系统及设备的性能要求见表28.4-1。

冰蓄冷空调系统的性能要求 表 28.4-1

项目	性能要求	项目	性能要求
系统	● 全年高效运行； ● 系统可连续运行； ● 充分利用夜间电力； ● 兼顾夏季空调和冬季供暖	换热器	● 良好的耐腐蚀性能，寿命在15年以上； ● 良好的耐热、冷和耐压性能； ● 造价便宜，加工与安装方便； ● 良好的热交换性能
制冷机	● 制冷设备经常满负荷高效率运行； ● 制冷时，尽量提高蒸发温度；充分利用夜间大气冷却能力，降低冷凝温度，提高制冷机产冷量和性能系数（COP）； ● 既能制冷又能供热的热泵机组； ● 制冷与供热保持平衡	二次侧设备	● 利用冷冻水温度低和水温差大的特点，减小水量、水管管径和输送动力； ● 防止低温冷水造成的结露现象
		自动控制	● 尽可能地提高系统运行效率； ● 最大限度地利用夜间电力
蓄冷槽	● 良好的保温隔热和密封性能； ● 造价便宜； ● 良好的耐热、耐冷性能； ● 维修管理方便； ● 系列化商品化生产	经济性	● 按设计要求满足控制精度； ● 综合考虑初投资和运行费的经济性； ● 增加投资的回收年限尽量短

28.4.2 冰蓄冷空调系统制冰与蓄冷方式

1. 分类（见表28.4-2）

冰蓄冷空调系统的分类 表 28.4-2

序号	分类依据	方 式
1	冷源	载冷剂（乙烯乙二醇水溶液等）循环式；制冷剂直接蒸发式；冷水直接循环式
2	制冰形态	静态型——在换热器上结冰与融冰；最常用的为浸水盘管的外制、内融冰方式； 动态型——将生成的冰连续或间断地剥离；最常用的是在若干平行板内通以冷媒，在板面上喷水并使其结冰，待冰层达到适当厚度，再加热板面，使冰片剥离
3	蓄冰装置	冰盘管型（内融冰、外融冰）；封装式；冰片滑落式；冰晶式
4	冷水输送方式	二次侧冷（冻）水输送方式；一次侧载冷剂输送方式
5	装置组成	制、蓄冷装配型；制、蓄冷整装型
6	制冰换热器	螺旋管式；蛇管式；壳管式；板式

2. 四种常用冰蓄冷装置的技术特点（见表 28.4-3）。

四种常用冰蓄冷装置的技术特点　　　表 28.4-3

名称	系统特点	制冷机	制冰方式	优　点	缺　点
冰盘管蓄冰	外融冰采用直接蒸发式制冷，开式蓄冷槽	采用压缩机制冷配蒸发式冷凝器	盘管换热器浸入水槽。管内通制冷剂，管外结冰最大厚度一般为36mm	● 直接蒸发式系统可采用 R22 或氨作为制冷剂； ● 供应冷水温度可低至 0～1℃； ● 瞬时释冷速率高； ● 组合式制冷效率高	● 制冰蒸发温度低； ● 耗电量较高； ● 系统制冷剂量大，对管路的密封性要求高； ● 空调供冷系统通常为开式或需采用中间换热形成闭式
冰盘管蓄冰	外融冰采用乙二醇水溶液作为载冷剂，开式蓄冷槽	活塞式、螺杆式、离心式（串联或多级）	盘管换热器浸入水槽。管内通低温乙二醇水溶液作为载冷剂，管外结冰最大厚度一般为36mm	● 常采用乙二醇水溶液作为载冷剂； ● 供应冷水温度可低至 1～2℃左右； ● 瞬时释冷速率高； ● 塑料盘管耐腐蚀性较好	● 制冰蒸发温度低； ● 耗电量高； ● 系统制冷剂充量少，但需充载冷剂量； ● 空调供冷系统通常为开式或采用中间换热形成闭式
冰盘管蓄冰	内融冰采用乙二醇水溶液作为载冷剂，多数为开式蓄冷槽	活塞式、涡旋式、螺杆式、离心式（串联或多级）	钢或塑料材料的盘管换热器浸入水槽。管内通低温乙二醇水溶液，管外结冰厚度10～23mm，或采用完全结冰	● 常采用乙二醇水溶液作为载冷剂； ● 供应冷水温度可低至 2～4℃； ● 塑料盘管耐腐蚀性较好	● 制冰蒸发温度稍低； ● 多一个热交换环节； ● 系统充制冷剂量少，充载冷剂量较大
封装式蓄冰	冰球、蕊心冰球、冰板，容器内充有去离子水，采用乙二醇水溶液作为载冷剂，开式或闭式蓄冷槽	活塞式、螺杆式、多级离心式	容器浸沉在充满乙二醇水溶液的贮槽（罐）内，容器内的去离子水随乙二醇水溶液的温度变化——结冰或融冰	● 维修费低； ● 故障少； ● 供应冷水温度开始可低至3℃； ● 耐腐蚀； ● 槽（罐）形状设置灵活	● 蒸发温度稍低； ● 载冷剂（乙二醇溶液）需要量大； ● 蓄冷容器可为承压或非承压型，空调供冷系统可采用开式或闭式； ● 释冷后期通常供冷温度>3℃
动态制冰	片冰滑落式采用直接蒸发，蒸发板内通制冷剂，蒸发板外淋冷水，结冰后，冰块贮于槽内	螺杆式	制冷剂在蒸发时吸收蒸发板外水的热量而在蒸发板外结冰，冰厚至 5～9mm 时，用热气式除霜使冰层剥落后再继续制冰	● 占地面积小，但高度一般要求 ≥4.5m 空间； ● 供冷温度为1～2℃； ● 瞬时释冷速率高； ● 贮冰槽在冬季也可作为蓄热水槽用	● 冷量损失大； ● 通常用于规模较小的蓄冷系统； ● 系统维护、保养技术要求较高
共晶盐	间接蒸发式	往复式、螺杆式、离心式	利用无机盐或有机物质提高冷水冰点，使盐水在较高温度时结冰	● 蒸发温度与性能系数较高，耗电量较少； ● 更利于原有空调制冷机的改造利用	● 使用寿命短，一般相变次数≤2500 次； ● 长时间使用通常相变性能会逐渐衰减，且产生结晶； ● 设计与管理的技术要求较高

28.4.3 各种冰蓄冷装置的性能、特点和选用

1. 冰盘管型

冰盘管型蓄冷装置可分为冰盘管外融冰和冰盘管内融冰两种类型。它们的特点是均为盘管外结冰,其工作原理是由沉浸在充满水的贮槽中的金属/塑料盘管(圆管或椭圆管)作为蓄冷介质(水或冰)的换热表面。在蓄冷装置充冷时,制冷剂或载冷剂在盘管内循环,吸收贮槽中水的热量,直至盘管外形成冰层。

图 28.4-1 为盘管外结冰过程的示意图,其传热过程可用圆柱坐标的传热方程式表示,如忽略轴向传热,其方程式为:

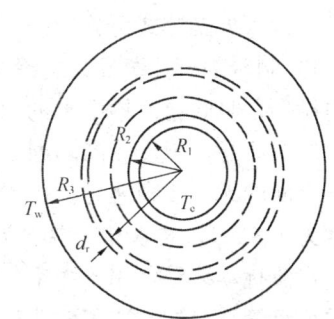

$$\rho \times c \times \frac{\partial r}{\partial \tau} = \frac{\lambda}{r} \times \frac{\partial}{\partial r}\left(r \times \frac{\partial T}{\partial r}\right) \quad (28.4\text{-}1)$$

式中,如图 28.4-1 所示的边界条件为:$r=R_1$,$T=T_e$; $r=R_3$,$T=T_w$。

图 28.4-1 盘管外结冰过程示意图

冰水界面能量方程式为:$\rho_i \times h_i \dfrac{dr}{d\tau} = \lambda_i \dfrac{dT}{dr} = \lambda_w \dfrac{dT}{dr}$ (28.4-2)

式中 ρ——密度,kg/m³;
  c——比热容,kJ/(kg·℃);
  τ——冻结时间,h;
  ρ_i——冰的密度,920kg/m³;
  h_i——冰的冻结潜热,334.4kJ/kg;
  λ_i——冰的导热系数,2.25W/(m·℃);
  λ_w——水的导热系数,当 0℃时为 0.569W/(m·℃),随温度升高略有升高;
  T_e、T_w——载冷剂和水的温度,℃;
  R_1、R_2——盘管的内径和外径,m。

图 28.4-2 所示为冰层厚度与冻结时间的关系曲线图。图 28.4-3 所示为不同的盘管材料,每米长度传热量与冰层厚度的关系,从图中可看出采用聚乙烯管与采用铜管的传热量基本相同。图中是以外径均为 16mm,壁厚为 1mm 的铜管和壁厚为 2mm 的聚乙烯管为例,且管内乙二醇水溶液温度为 -2.5℃,管外水温 0℃时的结冰状况特性。

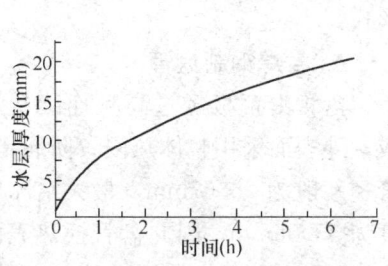

图 28.4-2 冰层厚度与冻结时间的关系

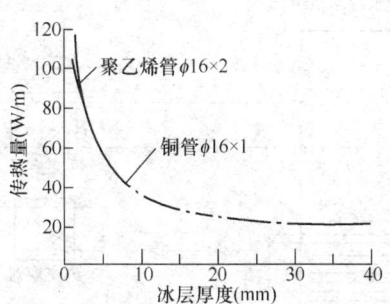

图 28.4-3 不同管材传热量与冰层厚度的关系

(1) 冰盘管外融冰式

冰盘管外融冰式（简称外融冰）的特点是在盘管外结冰过程中，开始时管外冰层较薄，其传热过程很快，随着冰层厚度的增加，冰的导热热阻增大，结冰速度将逐渐降低，到蓄冰后期基本上处于饱和状态，这时控制系统将自动停止蓄冰过程，以保护制冷机组安全运行。

冰盘管外融冰式可分为制冷剂直接蒸发蓄冷式和载冷剂蓄冷式两种系统形式：

1) 制冷剂直接蒸发式蓄冷系统：将制冷机的蒸发器直接放入蓄冷槽中，制冷剂在盘管内循环，吸收蓄冷槽中水的热量，直至盘管外形成冰层。其系统示意图如图 28.4-4 所示。外融冰是由温度较高的回水或载冷剂直接进入结满冰的盘管外储槽内循环流动，使盘管外表面的冰层逐渐融化。由于空调回水可与冰直接接触，因而融冰速率高，可得到冷水温度为 1~2℃，要求充冷温度为 -4~-9℃。为了防止盘管外结冰不均匀，在储槽内设置了水流扰动装置，用压缩空气鼓泡，加强水流扰动，使换热均匀。图 28.4-5 所示为外融式冰盘管系统的蓄冰和融冰过程。由于直接蒸发式蓄冷系统采用的是制冷剂直接循环蓄冷，通常制冷剂用量大，且不允许有泄漏。所以该系统常用于较小或特殊的蓄冷空调系统。

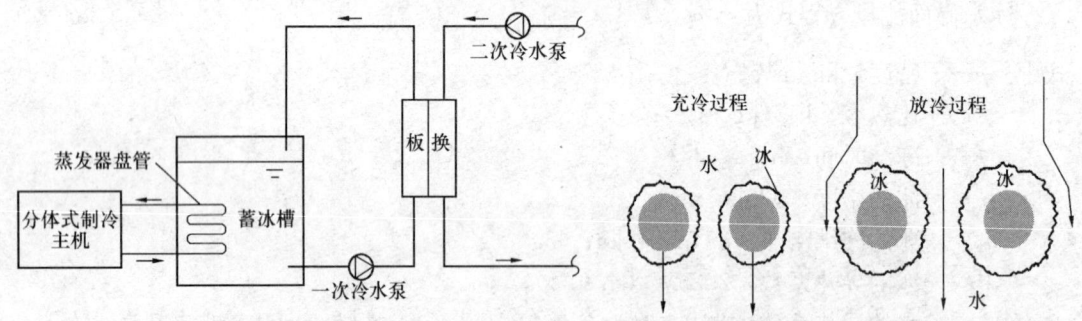

图 28.4-4　外融式冰盘管蓄冷系统　　图 28.4-5　外融式冰盘管系统的蓄冰和融冰过程

2) 载冷剂蓄冷式系统：将制冷机制出的低温载冷剂，送入蓄冷槽中的盘管内循环，吸收蓄冷槽中水的热量。直至盘管外形成所需要的冰层厚度。其系统示意图如图 28.4-6 所示。其蓄冰和融冰过程可见图 28.4-5 所示。

外融冰蓄冷装置通常有以下几种形式：

A. 卷焊钢制盘管

盘管由钢板经过高频连续卷焊而成，外表面采用整体热浸锌防腐措施。管径一般为 26.67mm，最大结冰层厚度为 35.56mm，因此盘管换热表面积为 $0.137m^2/(kW \cdot h)$，冰表面积为 $0.502m^2/(kW \cdot h)$，制冰率 $IPF=$

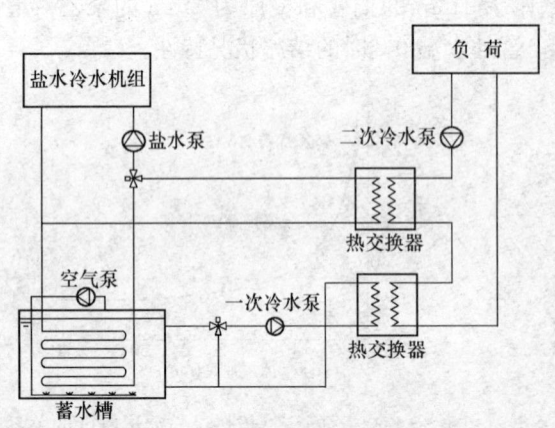

图 28.4-6　外融式冰盘管蓄冷系统

40%~60%。融冰过程中，冰由外向内融化，温度较高的冷冻水回水与冰直接接触，可以在较短的时间内制出大量的低温冷冻水，出水温度与要求的融冰时间长短有关。这种系统特别适合于短时间内要求冷量大、供冷温度低且稳定的场所，如一些工业加工过程、区域供冷及低温送风空调系统。外融冰式冰盘管的释冷特性见图 28.4-7 所示。该类钢制蓄冰盘管及装置的产品规格、性能及外形见表 28.4-4、表 28.4-5 和图 28.4-8、图 28.4-9。

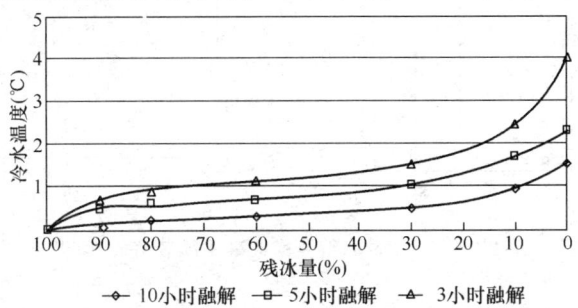

图 28.4-7 卷焊钢制外融冰式冰盘管的释冷特性图

外融冰整装式标准蓄冰装置（BAC产品）　　　　表 28.4-4

型号		TSU-364B	TSU-402B	TSU-424B	TSU-536B	TSU-612B	TSU-728B	TSU-804B
蓄冷容量（kW·h）		1420	1567	1658	2092	2386	2835	3129
蓄冰（潜热）容量（kW·h）		1280	1410	1491	1885	2152	2560	2827
净重量（kg）		8830	9420	10560	12240	13430	15580	16890
工作重量（kg）		33930	36920	40500	49450	55520	65030	71130
冰槽内水容量（m³）		24.04	26.34	28.66	35.65	40.33	47.33	51.93
盘管内溶液容量（m³）		1.00	1.10	1.20	1.48	1.68	2.00	2.20
冷水管尺寸（mm）		150	150	150	150	150	150	150
设备尺寸（mm）	W	3040	3040	3040	3040	3040	3040	3040
	L	5060	5540	6020	7458	8418	9857	10817
	H	2150	2150	2150	2150	2150	2150	2150
	A	150	150	150	150	150	150	150
	F	1170	1170	1170	1170	1170	1170	1170
冷水接管数量（组）		2	2	4	4	4	4	4

注：其中标准蓄冰槽外形见图 28.4-8 所示。

外融冰散装式标准蓄冰盘管（BAC产品）　　　　表 28.4-5

型号		TSC-75B	TSC-96B	TSC-106B	TSC-134B	TSC-153B	TSC-182B	TSC-201B
蓄冰（潜热）容量（kW·h）		264	338	373	471	538	640	707
净重量（kg）		900	1050	1200	1400	1530	1790	1950
盘管内溶液容量（m³）		220	270	300	370	420	500	550
接管尺寸（mm）		50	50	50	50	50	80	80
设备尺寸（mm）	W	956	956	1349	1349	1349	1349	1349
	L	2677	3397	2677	3397	3876	4596	5076
	H	1569	1569	1569	1569	1569	1569	1569
接管数量（组）		2	2	2	2	2	1	1

注：其中标准蓄冰盘管外形见图 28.4-9 所示。

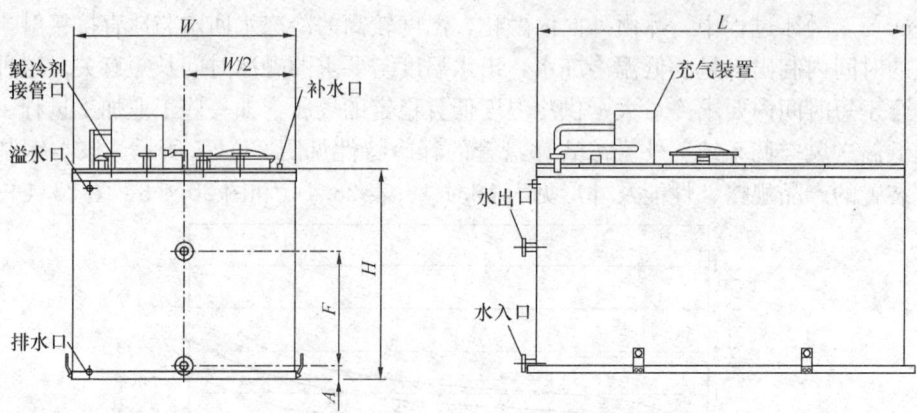

图 28.4-8 外融冰整装式标准蓄冰装置外形图

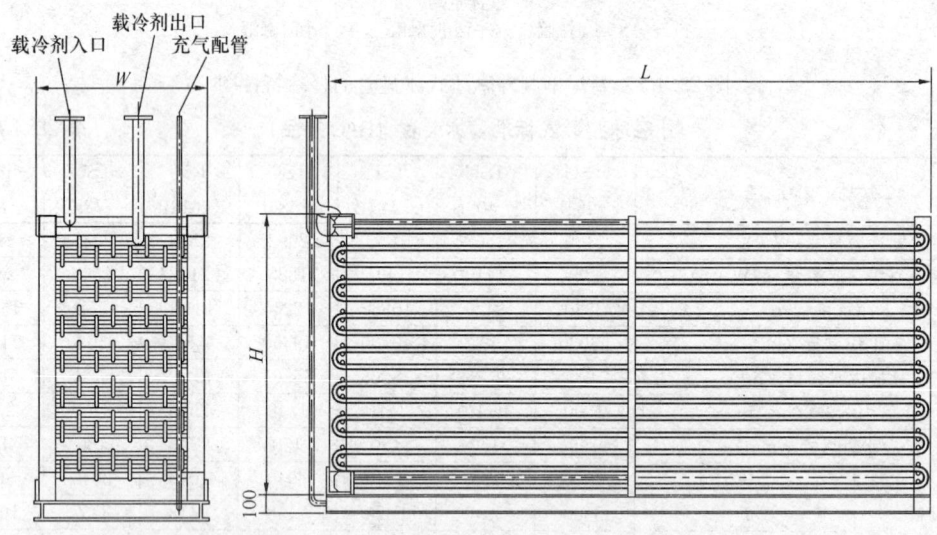

图 28.4-9 外融冰散装式标准蓄冰盘管外形图

B. 闭式（壳管式）外融冰装置及系统

该蓄冰装置结合壳管式换热器与闭式冰槽而形成的结构，主要有单通道闭式冰槽（图 28.4-10）与多通道闭式冰槽（图 28.4-11）两种，蓄冷空调系统原理见图 28.4-12。在闭

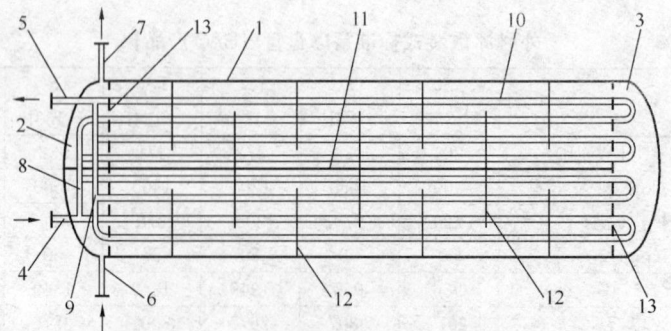

图 28.4-10 单通道闭式冰槽结构简图
1—壳体；2—左封头；3—右封头；4—载冷剂进口；5—载冷剂出口；
6—空调入水管；7—空调出水管；8—载冷剂分液管；9—载冷剂集液管；
10—冰盘管；11—水道隔板；12—折流板；13—管板布水器

式外融冰装置中安装有阻容式冰厚传感器，该传感器能准确测量冰槽内的蓄冰率，保证冰槽安全且最佳的制冰量。

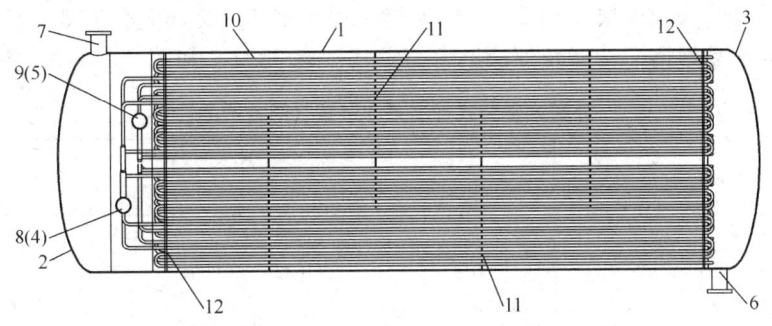

图 28.4-11　多通道闭式冰槽结构图
1—壳体；2—左封头；3—右封头；4—载冷剂进口；5—载冷剂出口；
6—空调入水管；7—空调出水管；8—载冷剂分液管；9—载冷剂集液管；
10—盘管；11—折流板；12—管板布水器

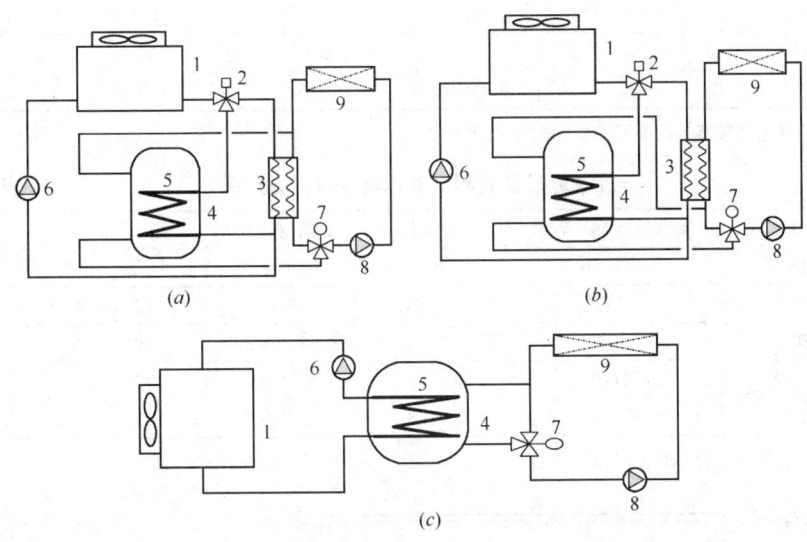

图 28.4-12　闭环外融冰蓄冷空调系统原理图
(a) 并联型式；(b) 串联型式；(c) 无板式换热器型式
1—制冷机；2—电磁三通阀；3—板式换热器；4—闭式冰槽；5—冰盘管；
6—载冷剂泵；7—电动三通阀；8—水泵；9—空调末端

此系统具有以下特点：空调水与蓄冷水连通，不会出现停泵后的空调水倒灌现象；同时电磁阀与电动调节阀两侧承受的水体静压减小，开启与调节容易；取消了蓄冷水与空调水之间的隔离换热器，可以减少了二次换热环节，使取冷水温明显降低，有利于实现低温送风，降低蓄冷系统的运行能耗；利用取冷水流量和入口温度调节壳管式蓄冰槽的取冷速率，以实现快速取冷和制备低温水；闭式（壳管式）蓄冰槽可以向空调供冷系统提供 1～4℃的低温水，当空调回水温度为 12℃ 时，水泵将比常规系统运行降低能耗 37.5%～58.3%；蓄冰槽承载水的静压一般≤1MPa。

C. 无缝钢盘管

盘管采用无缝钢管，经连续焊接而成为蛇形蓄冰钢盘管，钢盘管外表面采用热浸锌的防腐措施。该盘管采用单根长约100m的换热流程，使其热交换充分有效。该类钢制蓄冰盘管及装置的产品规格、性能及外形见表28.4-6、表28.4-7和图28.4-13、图28.4-14。

外融冰整装式标准蓄冰装置（同方产品）　　　　　表28.4-6

项　目	型　号	RH-ICTW			
		200	400	600	800
蓄冰（潜热）容量	kW·h	703	1406	2110	2814
蓄冷容量	kW·h	844	1632	2434	3222
盘管内溶液量	m³	0.5	1.0	1.5	2.0
槽内水容量	m³	12.4	25.6	36.8	48.0
冰盘管组数	组	1	2	3	4
净重量	kg	5040	9880	14720	18760
运行重量	kg	16940	3298	48120	62960
长度（L）	mm	6380	6380	6380	6380
宽度（W）	mm	1730	2928	4126	5324
高度（H）	mm	2480	2480	2480	2480
接管尺寸	mm	2×DN65	4×DN65	6×DN65	8×DN65

注：其中标准蓄冰装置外形见图28.4-13所示。

外融冰散装式标准蓄冰盘管（同方产品）　　　　　表28.4-7

型　号	蓄冰（潜热）容量	长（L）	宽（W）	高（H）	接管尺寸
单　位	kW·h	mm	mm	mm	mm
RH-ICU200W	703	6073	1198×1	1915	2×DN65
RH-ICU400W	1406	6073	1198×2	1915	4×DN65
RH-ICU600W	2110	6073	1198×3	1915	6×DN65
RH-ICU800W	2814	6073	1198×4	1915	8×DN65

注：其中标准蓄冰盘管外形见图28.4-14所示。

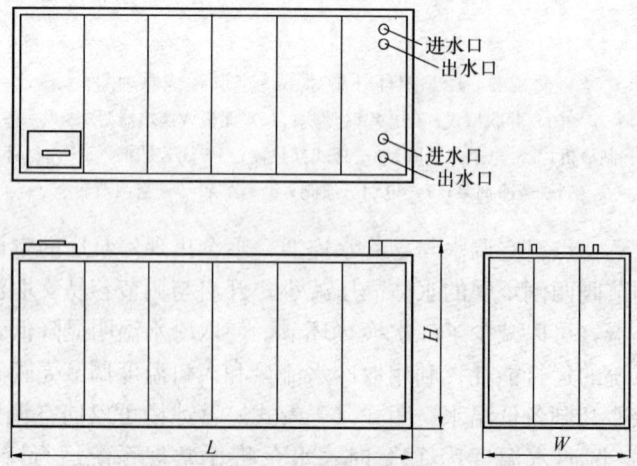

图28.4-13　外融冰整装式标准蓄冰装置外形图

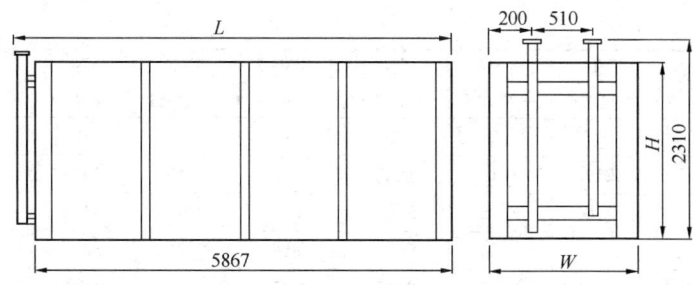

图 28.4-14　外融冰散装式标准蓄冰盘管外形图

(2) 冰盘管内融冰式

冰盘管内融冰系统是由沉浸在充满水的贮槽中的金属盘管或塑料盘管构成结冰载体的蓄冰系统。常用的内融冰盘管主要有蛇形盘管、圆筒形盘管和 U 形立式盘管等多种形式。采用的材料主要有钢材和塑料，其主要有以下几种类型：

1) 圆形卷焊钢制盘管

盘管由钢板经过高频连续卷焊后，加工成为蛇形钢盘管，外表面采用热浸锌防腐。盘管管外径为 26.67mm，结冰厚度通常控制在 23mm 左右，虽然是属于内融冰方式，但冰与冰之间仍有极小的间隙，以便在融冰过程中，结在盘管周围的冰存在少量的活动空间，使得钢管与冰始终存在有直接接触的部位，因此导热较好，在整个融冰过程中蓄冰槽的出口二次冷媒温度始终可保持在 2~3℃，系统温差可达 10℃，并使冰几乎全部被融化用来供冷。该类钢制蓄冰盘管及装置的产品规格、性能及外形见表 28.4-8、表 28.4-9 和图 28.4-15 与图 28.4-16。

内融冰整装式标准蓄冰装置（BAC 产品）　　表 28.4-8

型　号		TSU -237M	TSU -476M	TSU -594M	TSU -761M	TSU -L184M	TSU -L370M	TSU -L462M	TSU -L592M
蓄冰（潜热）容量 （kW·h）		960	1674	2089	2676	647	1301	1625	2082
净重量（kg）		4420	7590	9150	10990	3760	6400	7710	9200
工作重量（kg）		17730	33530	42200	51610	14196	26674	33634	40886
冰槽水容量（m³）		11.32	22.11	28.25	34.64	8.82	17.26	22.03	27.03
盘管内溶液量（m³）		0.985	1.876	2.350	2.994	0.800	1.480	1.960	2.310
接管尺寸（mm）		50	75	75	75	50	75	75	75
尺寸 （mm）	W	2400	2400	2980	3600	2400	2400	2980	3600
	L	3240	6050	6050	6050	3240	6050	6050	6050
	H	2440	2440	2440	2440	2000	2000	2000	2000

其中标准蓄冰装置外形可见图 28.4-15 所示。

内融冰散装式标准蓄冰盘管（BAC 产品）　　表 28.4-9

型　号	TSC -119M	TSC -238M	TSC -297M	TSC -380M	TSC -L92M	TSC -L185M	TSC -L231M	TSC -L296M
蓄冰（潜热）容量 （kW·h）	419	837	1045	1336	324	651	812	1041
净重量（kg）	1362	2450	2994	3770	1089	1937	2372	2990
盘管内溶液量（m³）	0.493	0.938	1.175	1.497	0.400	0.740	0.915	1.150

续表

型号		TSC −119M	TSC −238M	TSC −297M	TSC −380M	TSC −L92M	TSC −L185M	TSC −L231M	TSC −L296M
接管尺寸（mm）		50	75	75	75	50	75	75	75
尺寸 (mm)	W	1019	1019	1268	1619	1019	1019	1268	1619
	L	2740	5508	5508	5508	2740	5508	5508	5508
	L1	2760	5523	5523	5628	2760	5693	5693	5693
	H	2075	2075	2075	2075	1643	1643	1643	1643
	W1	359	359	359	510	359	359	359	510
	W2	301	301	551	600	301	301	551	600

注：其中标准蓄冰盘管外形如图 28.4-16 所示。

2）无缝钢制盘管

盘管采用无缝钢管，经高科技焊接而成为蛇形蓄冰钢盘管，钢盘管外表面采用热浸锌的防腐措施。该类钢制蓄冰盘管及装置的产品规格、性能及外形见表 28.4-10、表28.4-11 和图 28.4-15、图 28.4-16。RH-ICU 蓄冰盘管的制冰曲线是按乙二醇水溶液进入盘管的入口温度不同蓄冷时间不同（见图 28.4-17），通常根据允许的蓄冷时间确定运行温度和乙二醇水溶液的浓度值。

内融冰整装式标准蓄冰装置（同方产品）　　　　　表 28.4-10

项目	型号	RH-ICT			
		200	400	600	800
蓄冰（潜热）容量	kW·h	703	1406	2110	2814
蓄冷容量	kW·h	802	1597	2381	3172
盘管内溶液量	m³	0.5	1.0	1.5	2.0
槽内水容量	m³	11.9	23.1	33.4	44.2
冰盘管组数	组	1	2	3	4
净重量	kg	5040	9880	14720	18760
运行重量	kg	16940	32980	48120	62960
长度（L）	mm	6100	6100	6100	6100
宽度（W）	mm	1210	2150	3030	3940
高度（H）	mm	2150	2150	2150	2150
接管尺寸	mm	2×DN65	4×DN65	6×DN65	8×DN65

注：其中标准蓄冰装置外形可见图 28.4-15 所示。

内融冰散装式标准蓄冰盘管（同方产品）　　　　　表 28.4-11

型号	蓄冰（潜热）容量 (kW·h)	长（mm）	宽（mm）	高（mm）	接管尺寸（mm）
RH-ICU200	703	5826	910×1	1805	2×DN65
RH-ICU400	1406	5826	910×2	1805	4×DN65
RH-ICU600	2110	5826	910×3	1805	6×DN65
RH-ICU800	2814	5826	910×4	1805	8×DN65

注：其中标准蓄冰盘管外形如图 28.4-16 所示。

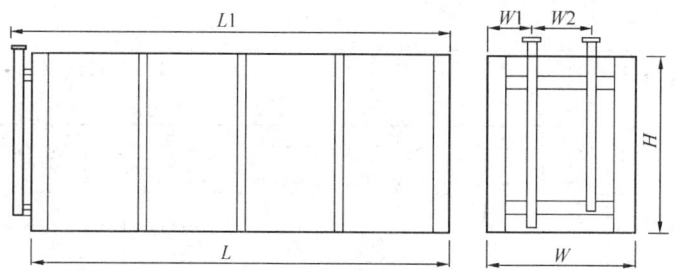

图 28.4-15 内融冰整装式标准蓄冰装置外形图

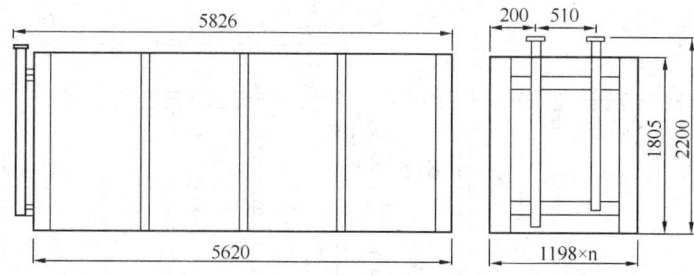

图 28.4-16 内融冰散装式标准蓄冰盘管外形图

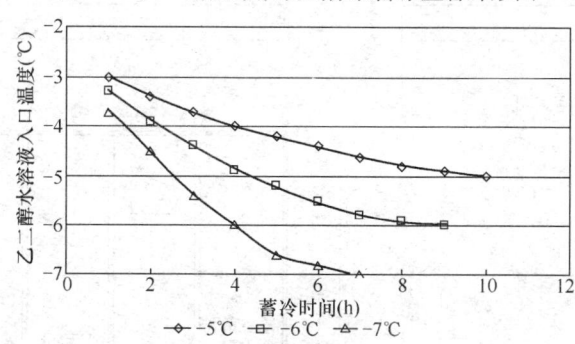

图 28.4-17 单组盘管蓄冷过程温度曲线

3) 导热塑料盘管

盘管是采用在塑料中添加导热助剂和强度助剂后，配制而成的导热塑料作为其换热元件。该盘管的主要特点是：重量轻、导热性能好、机械强度高、不腐蚀、使用寿命长；每台蓄冰盘管可自带槽体及保温，安装方便，布置紧凑，节省空间。该类盘管通常用作内融冰，有时也可用于外融冰系统。导热塑料蓄冰盘管的主要性能特性及外形见图 28.4-18、图 28.4-19、图 28.4-20、图 28.4-21 及表 28.4-12、表 28.4-13。

整装式导热塑料蓄冰装置型号及性能参数（杭州华源产品） 表 28.4-12

型号 参数	HYCPC -290	HYCPC -355	HYCPC -454	HYCPC -555	HYCPC -642	HYCPC -707	HYCPC -765	HYCPC -842
蓄冷容量（kW·h）	1020	1249	1597	1952	2258	2487	2691	2961
净重（kg）	4.01	4.62	5.12	5.91	6.50	7.08	7.96	8.57
运行重量（kg）	17.96	21.50	27.19	32.64	37.06	40.47	43.83	47.85
盘管内溶液量（m³）	0.84	1.02	1.31	1.61	1.86	2.04	2.21	2.43
L（m）	3.76	3.76	4.19	4.19	5.19	5.19	6.70	6.70

续表

参数 \ 型号	HYCPC-290	HYCPC-355	HYCPC-454	HYCPC-555	HYCPC-642	HYCPC-707	HYCPC-765	HYCPC-842
W (m)	2.50	2.98	2.50	2.98	2.74	2.98	2.74	2.98
H (m)	2.23	2.23	2.94	2.94	2.94	2.94	2.70	2.70
h (m)	2.17	2.17	2.9	2.9	2.9	2.9	2.66	2.66
D (m)	2.98	2.98	3.26	3.26	4.26	4.26	5.77	5.77
接管尺寸（mm）	DN100	DN100	DN150	DN150	DN150	DN150	DN150	DN150

注：其中标准蓄冰装置外形如图 28.4-18 所示。

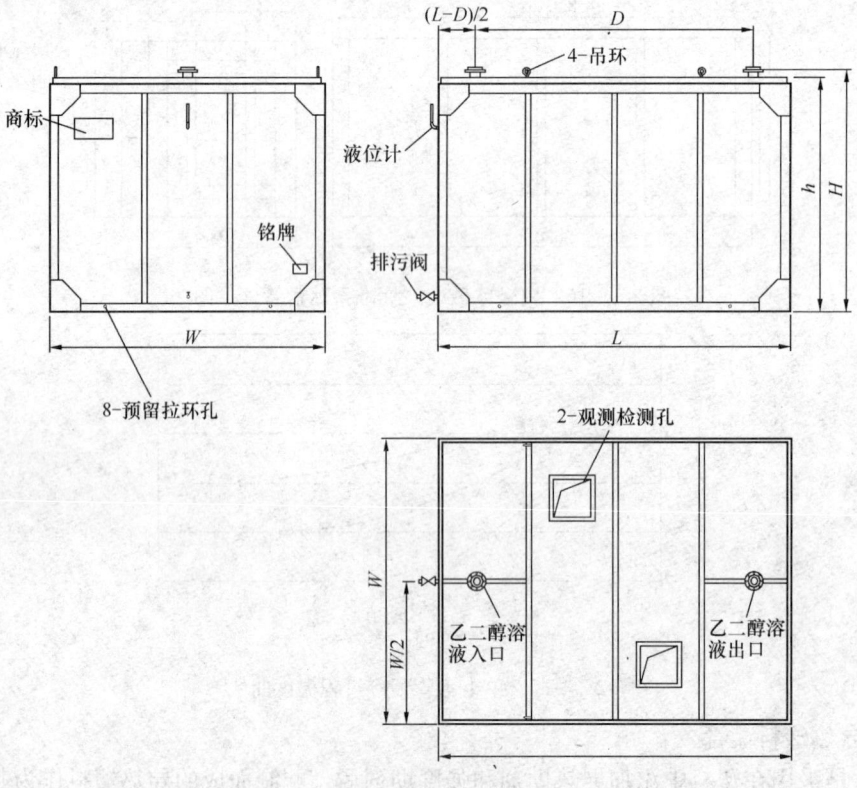

图 28.4-18 导热塑料蓄冰装置外形图

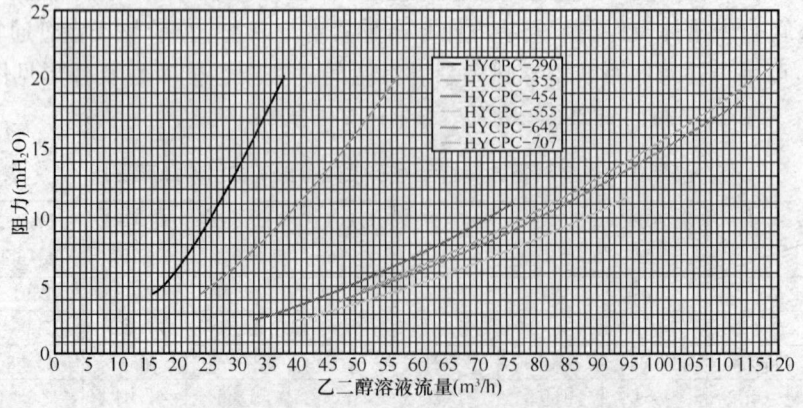

图 28.4-19 导热塑料蓄冰盘管阻力性能曲线图

散装式导热塑料蓄冰盘管外形尺寸（杭州华源产品）　　表 28.4-13

型　号	HYCPC-290	HYCPC-355	HYCPC-454	HYCPC-555	HYCPC-642	HYCPC-707	HYCPC-765	HYCPC-842
L (m)	3.54	3.54	3.97	3.97	4.97	4.97	6.48	6.48
W (m)	2.28	2.76	2.28	2.76	2.52	2.76	2.52	2.76
H (m)	2.13	2.13	2.84	2.84	2.84	2.84	2.60	2.60
h (m)	1.79	1.79	2.50	2.50	2.50	2.50	2.26	2.26
D (m)	2.98	2.98	3.26	3.26	4.26	4.26	5.77	5.77
接管尺寸 (mm)	DN100	DN100	DN150	DN150	DN150	DN150	DN150	DN150

注：其中标准蓄冰盘管外形如图 28.4-21 所示。

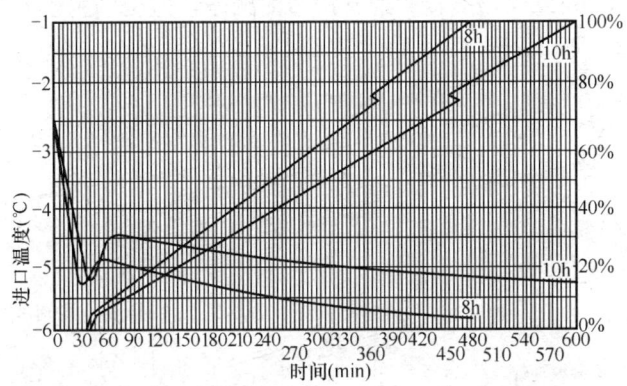

图 28.4-20　导热塑料蓄冰盘管结冰性能曲线图

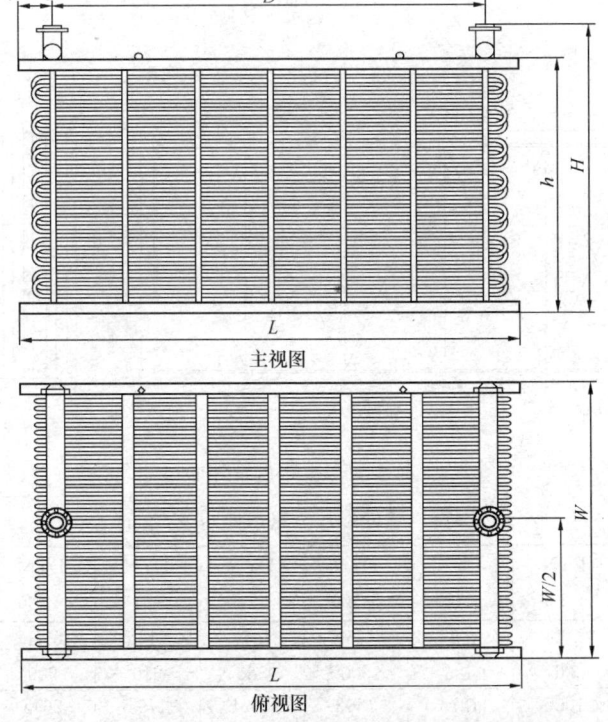

图 28.4-21　导热塑料蓄冰盘管外形图

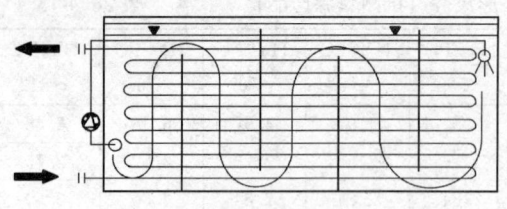

图 28.4-22 动态蓄冰盘管流程示意图

另一种也由导热塑料蓄冰盘管做成的蓄冰装置，因蓄冰槽内设有内循环泵系统，该系统有时亦称为动态蓄冰盘管装置。该蓄冰装置流程示意见图 28.4-22，盘管的主要性能特性及外形见图 28.4-23、图 28.4-24、图 28.4-25 及表 28.4-14。

4）椭圆卷焊钢制盘管

盘管采用椭圆形钢管制作，其钢管由钢带连续卷焊成，椭圆形钢管（见图 28.4-26a）外表面采用热浸镀锌。盘管布置采用逆流循环回路方式，形成圆锥形冰层（见图28.4-26b），其制冰最大厚度可达 25mm。该类盘管通常用于内融冰，但也可用于外融冰系统，盘管的主要性能特性见表 28.4-15、表 28.4-16。

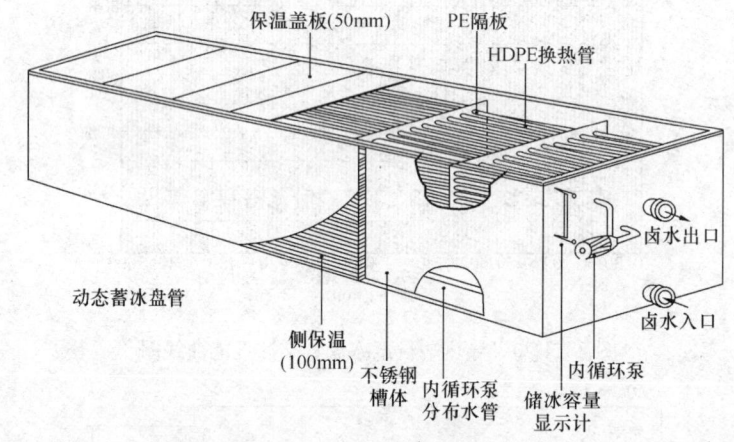

图 28.4-23 动态蓄冰盘管外形图

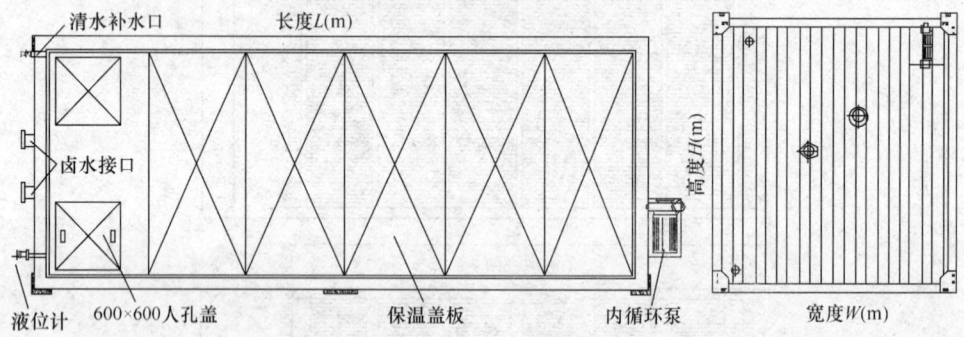

图 28.4-24 动态蓄冰盘管外形尺寸图

标准蓄冰槽外形尺寸（广州贝龙产品）　　　　　　　　表 28.4-14

型号 参数	DYN-335	DYN-425	DYN-500	DYN-560	DYN-610	DYN-900	DYN-960	DYN-1420
蓄冷容量	1178	1485	1759	1970	2145	3165	3376	4994
(kW·h)/(RT·h)	335	425	500	560	610	900	960	1420
潜热蓄冷量	1002	1273	1502	1674	1794	2645	2831	4185
(kW·h)/(RT·h)	285	362	427	476	510	752	805	1190

续表

型号 参数	DYN -335	DYN -425	DYN -500	DYN -560	DYN -610	DYN -900	DYN -960	DYN -1420
净重（kg）	1450	1860	2080	2360	2560	3540	3760	5500
运行重量（kg）	16250	21540	23750	26680	28980	42450	45260	65490
盘管内溶液量（m³）	0.69	0.88	1.05	1.20	1.32	1.88	2.00	3.00
长 L（m）	3.95	4.95	4.95	5.55	5.95	6.60	6.00	9.00
宽 W（m）	2.20	2.20	2.20	2.20	2.20	2.50	2.80	2.80
高 H（m）	2.05	2.05	2.40	2.40	2.40	2.80	3.00	3.20
溶液回路数	3	4	4	4	4	5	5	5
标准水量压降（mH₂O）	4.3	3.6	3.8	4.3	3.8	4.8	4.8	5.6
接管尺寸（mm）	DN80	DN80	DN100	DN100	DN100	DN125	DN125	DN150
内循环泵	1HP	1HP	2HP	2HP	2HP	3HP	3HP	3HP

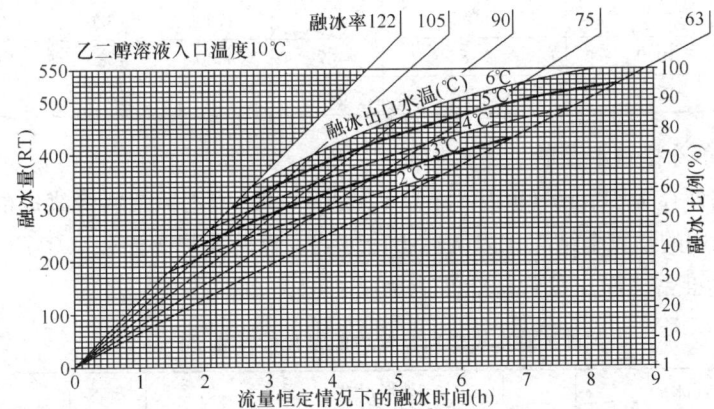

图 28.4-25　标准 DYN-560 型蓄冰盘管的融冰性能曲线（25％乙二醇）

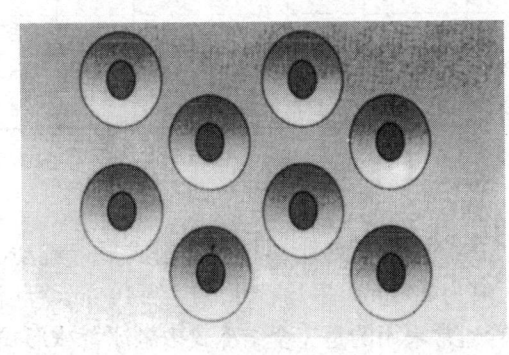

图 28.4-26a　椭圆形盘管结冰图

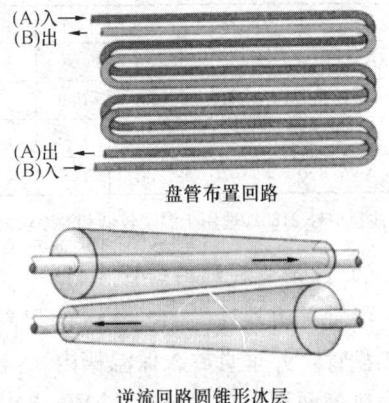

图 28.4-26b　圆锥形盘管回路结冰图

钢制椭圆形整装式蓄冰装置性能及尺寸（益美高产品） 表28.4-15

型号	蓄冷容量 (kW·h)	盘管内溶液量 (m³)	长 (mm)	宽 (mm)	高 (mm)	接管尺寸 (mm)
ICE-184T	647	0.849	3500	2480	2630	50
ICE-260T	914	1.188	4410	2580	2630	50
ICE-486T	1709	2.207	6540	2880	2630	75
ICE-546T	1920	2.433	5320	3860	2630	75
ICE-620T	2181	2.773	5930	3860	2630	75
ICE-730T	2567	3.282	6850	3860	2630	75

钢制椭圆形散装式蓄冰盘管性能及尺寸（益美高产品） 表28.4-16

型号	蓄冰容量 (kW·h)	盘管内溶液量 (m³)	重量 (kg)	长 (mm)	宽 (mm)	高 (mm)	接管尺寸 (mm)
ICE-51709	324	0.425	1634	2900	940	1940	50
ICE-51812	457	0.594	2052	3810	990	1940	50
ICE-52119	855	1.104	3627	5940	1140	1940	75
ICE-53015	960	1.217	4294	4720	1630	1940	75
ICE-53017	1090	1.387	4678	5330	1630	1940	75
ICE-53020	1284	1.641	5253	6250	1630	1940	75

5）圆筒形蓄冷槽塑料盘管

盘管是采用外径为16mm（也有13mm或19mm）的聚乙烯塑料管绕成的螺旋形盘管。此类盘管通常采用的是完全结冻式内融冰蓄冷方式，盘管换热表面积0.317 m²/(kW·h)，并作成整体式标准蓄冰筒，盘管蓄冷性能及尺寸见表28.4-17。

圆筒形蓄冷槽塑料盘管性能及尺寸（高灵产品） 表28.4-17

型号	蓄冷容量 (kW·h)	蓄冰 (潜热) 容量 (kW·h)	最高工作温度 (℃)	工作压力 (MPa)	试验压力 (MPa)	外形尺寸 (mm)		重量 (kg)		水容积 (m³)	盘管内溶液量 (m³)	管束管径 (mm)	共通管管径 (mm)	连接管管径 (mm)
						直径	高度	净重	运行重量					
1082A	341	288	38	0.6	1.0	1880	2083	387	3373	3.11	0.296	16	50	50
1098A	405	345	38	0.6	1.0	2261	1727	482	4518	3.71	0.341	16	50	65
1170A	598	510	38	0.6	1.0	2261	2366	677	7021	6.80	0.621	16	50	65
2150A	654	559	38	0.6	1.0	2261	2566	764	7614	7.21	0.774	16	50	65
1190A	670	570	38	0.6	1.0	2261	2566	705	7614	6.14	0.561	16	50	65

注：型号2150A适用于温度较低和温差较大的蓄冷系统。

6）U形立式塑料盘管

盘管是由外径为6.35mm的耐高、低温度的聚烯烃石蜡脂塑料管，制成平行流动的换热盘管，并垂直放入保温槽内。盘管间隔距离为20mm，平均蓄冰厚度为10mm，盘管的换热表面积为0.345m²/(kW·h)，此类盘管通常采用的是完全结冻式内融冰蓄冰形式。塑料盘管通常设置于钢制或玻璃钢制成的标准槽体内，非标散装式盘管有时也可设置于土建混凝土槽体内或建筑物筏基内，盘管蓄冷性能及尺寸见表28.4-18和表28.4-19。

F、U形立式塑料盘管标准槽性能及尺寸（华富可产品）　　　表28.4-18

规　格	140型	280型	420型	590型	880型	1180型
蓄冷容量（kW·h）	486	970	1456	1941	2911	3882
蓄冰（潜热）容量（kW·h）	440	879	1319	1758	2637	3516
有效传热面积（m²）	182	364	546	728	1092	1456
水容积（m³）	4.8	9.4	14.2	19.5	29.3	39.0
盘管内溶液量（m³）	0.066	0.133	0.199	0.265	0.398	0.53
最大工作压力（kPa）	620	620	620	620	620	620
净重量（kg）	910	1450	2175	2730	4095	5450
运行重量（kg）	5960	11470	17205	23400	35100	46800
长L（mm）	1661	3032	4607	5979	6250	6250
宽W（mm）	2423	2423	2423	2423	2670	2670
高H（mm）	2083	2083	2083	2083	2990	4220
接管尺寸（mm）	76.2	76.2	76.2	76.2	76.2	76.2

F、U形立式塑料散装盘管性能及尺寸（华富可产品）　　　表28.4-19

规　格	HXR-8	HXR-10	HXR-12	HXR-14	HXR-16	HXR-18	HXR-20	HXR-22	HXR-24
盘管高度（m）	1.22	1.53	1.83	2.14	2.44	2.75	3.05	3.36	3.66
蓄冰（潜热）容量（kW·h）	24.3	30.2	36.6	42.9	49.2	55.6	61.9	67.9	74.2
有效传热面积（m²）	10.0	12.6	15.2	17.8	20.5	23.1	25.7	28.2	30.8
盘管内溶液量（m³）	0.0036	0.0046	0.0055	0.0066	0.0074	0.0085	0.0094	0.0102	0.0113
单片盘管重量（kg）	12.5	15.7	18.9	22.6	26.3	29.1	31.5	34.9	38.5
最高工作温度（℃）	38	38	38	38	38	38	38	38	38
最大工作压力（kPa）	620	620	620	620	620	620	620	620	620
盘管外径（mm）	6.4	6.4	6.4	6.4	6.4	6.4	6.4	6.4	6.4
冰槽内净高（m）	1.7	2.0	2.3	2.8	3.3	3.7	4.0	4.3	4.5

2. 封装式蓄冰（板）

封装式蓄冰是将封闭在一定形状塑料容器内的水制成固态冰的过程（见图28.4-27）。按塑料容器形状可分为圆冰球形和冰板形，冰球又可分为圆形冰球、表面有凹凸波纹形冰球、蕊芯冰球等。内部充满去离子水的塑料容器沉浸在充满载冷剂的储槽内，容器内的水随着载冷剂温度的变化而结冰或融冰。封装式蓄冰的充冷温度一般为−3～−6℃，储槽通常采用钢板或钢筋混凝土制成，通常为密闭式，但也可以采用开式。蓄冷槽可设计成圆形或方形，卧式或立式；可设置于室外、室内或建筑物地下。为了使槽内的载冷剂能均匀地流过蓄冰塑料容器，

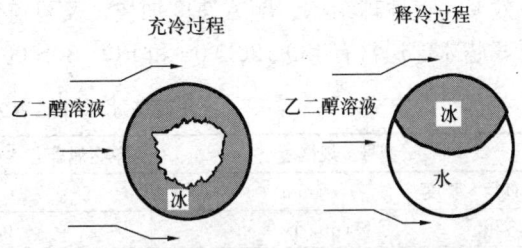

图28.4-27　封装式蓄冰的结冰和融冰过程

载冷剂进、出口处应设置集管。封装式蓄冰的塑料容器及其特性如下：

（1）圆形冰球

冰球外壳由高密度聚乙烯（HDPE）材料制成，球壳厚度1.5mm，球内注满去离子水，相变温度一般为0℃。为了加快结冰和融冰的速度并提高结冰温度，在冰球内的水中通常添加有成核剂。在结冰和融冰过程中，冰球通常浮在槽体内。按冰球直径可分为77mm（S27型）和96mm（AC00型）两种，性能参数见表28.4-20，常用蓄冰槽（罐）体外形及尺寸见图28.4-28和表28.4-21。

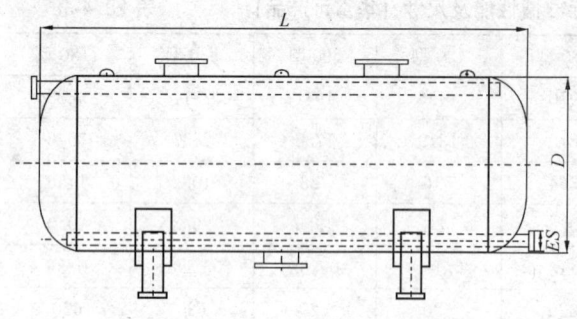

图28.4-28 钢制卧式蓄冰槽（罐）外形图

圆形冰球性能参数（西亚特产品）　　表28.4-20

冰球类型	直径 (mm)	相变温度 (℃)	潜热 (kW·h/m³)	重量 (kg/m³)	换热面积 [m²/(kW·h)]	数量 (个/m³)	用途
S27	77	27.0	44.5	867	1.0	2550	工业冷却
AC00	96	0	48.4	560	0.8	1320	空调制冷

钢制卧式蓄冰槽（罐）外形尺寸　　表28.4-21

体积 (m³)	罐体直径 D (mm)	总长度 L (mm)	保温面积 (m²)	接管尺寸 ES (mm)	支脚数量 n (个)	罐体净重 (kg)	载冷剂容量 (m³)
2	950	2980	10	40	2	850	0.77
5	1250	4280	18	50	2	1250	1.94
10	1600	5240	29	80	2	1990	3.88
15	1900	5610	37	100	2	2900	5.82
20	1900	7400	47	125	3	3700	7.77
30	2200	8285	61	150	3	4700	11.64
50	2500	10640	89	175	4	6900	19.40
70	3000	10425	106	200	4	7300	27.16
100	3000	14770	147	250	6	12700	38.80

（2）金属蕊芯冰球

金属蕊芯冰球外壳是由高密度聚乙烯PE材料制成，其球体内置有金属蕊芯的配重，且球内液体中95%为溶液、5%为促凝剂（ICAR）。冰球内金属蕊芯的采用，既提高了传热效率，使冰球结冰、融冰速度加快，又可避免了开式系统中冰球结冰后的上浮现象。金属蕊芯冰球通常有BQ 130D-00和BQ 130S-00两种型号，性能参数见表28.4-22。

金属蕊芯冰球性能参数（杭州华源产品）　　表28.4-22

型号、规格	单金属蕊芯冰球——BQ 130D-00	双金属蕊芯冰球——BQ 130S-00
直径×长度　　（mm）	$\phi130\times140$	$\phi130\times246$
容积　　（m³/个）	0.0011	0.0025
重量　　（kg/个）	1.20	2.65

续表

型号、规格		单金属蕊芯冰球——BQ 130D-00	双金属蕊芯冰球——BQ 130S-00
热容量	(kW·h/个)	0.100	0.221
相变温度	(℃)	0	0
金属配重——蕊芯		铝合金齿状蕊芯	中空金属蕊芯
单位热容个数	[个/(kW·h)]	9.95 [35个/(RT·h)]	4.55 [16个/(RT·h)]
结冰时平均传热系数	[kW/(m²·℃)]	≥1.20	≥1.38
融冰时平均传热系数	[kW/(m²·℃)]	≥1.90	≥2.22
单位热容体积	[m³/(kW·h)]	≤0.0199	≤0.0213

（3）表面有多处凹凸的波纹冰球

该冰球是由美国 CRYOGEL 公司采用高密度聚乙烯（HDPE）材料制成，球体直径约103mm，球壁厚度小于1.2mm，冰球表面设计有16个直径约为25.4mm 的凹坑。水结冰时，凹坑向外运动而容纳膨胀的量；冰融化时，又恢复到原来的形状。在冰球内的去离子水中添加有成核剂，以加快结冰和融冰速度，提高结冰时的温度。冰球外形见图28.4-29，蓄冰性能见图28.4-30和图28.4-31。

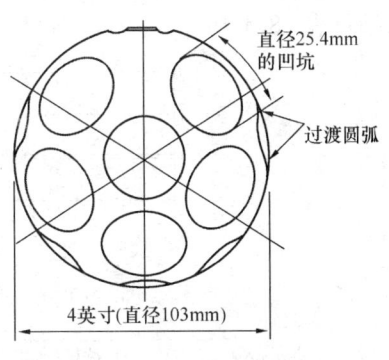

图 28.4-29 凹面冰球图

（4）冰板

冰板是由高密度聚乙烯材料制成，里面充满了去离子水，然后整齐得像砖块一样填满在钢制的蓄冰罐内，冰板的性能参数见表28.4-23。

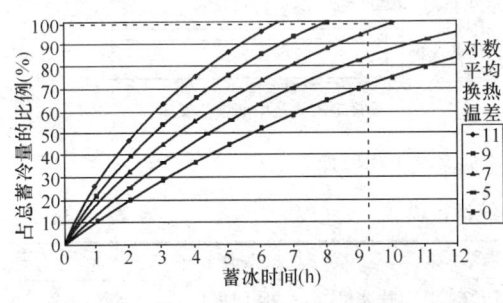

图 28.4-30 凹面冰球的蓄冰性能曲线图

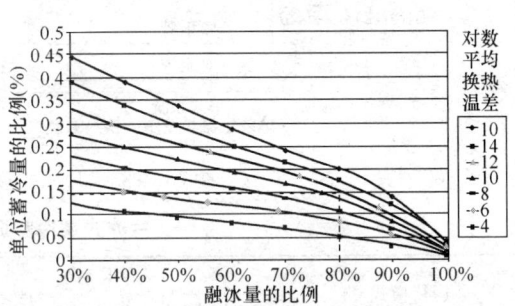

图 28.4-31 凹面冰球的释冷性能曲线图

冰板性能及参数　　　　表 28.4-23

规　格		大冰板	小冰板
尺寸	长度 (mm)	815	815
	宽度 (mm)	304	90
	高度 (mm)	51	51
	体积 (m³)	0.0085	0.0027
重量	去离子水 (kg)	8.5	2.7
	冰板净重 (kg)	1.022	0.367
蓄冷量	显热 (kW)	141.7	45.1
	潜热 (kW)	793.5	252.7
	总和 (kW)	935.2	297.8
单位体积蓄冷量	(kW·h/m³)	6.45	6.45

3. 动态制冰

（1）片冰滑落式

片冰滑落式（或简称片冰式）又称收冰式，是一种采用在制冷机的板式蒸发器表面上不断冻结薄冰片，然后滑落至蓄冰槽内储存冷量的蓄冷方式。某些制冰机同时也可以作为冷水机组，在制冷期间将空调回水在进入蓄冰槽之前先经过蒸发器预冷。蓄冰槽内的片状冰可以实现快速融冰，24h蓄存的冰 30min 可以全部融化，较适用于尖峰空调负荷集中的建筑，系统的融冰曲线见图 28.4-32。片冰式蓄冷空调系统通常有单泵和双泵两种系统形式，如图 28.4-33 所示。表 28.4-24 列出了系统的运行模式。片冰式蓄冰装置的性能技术参数见表 28.4-25。

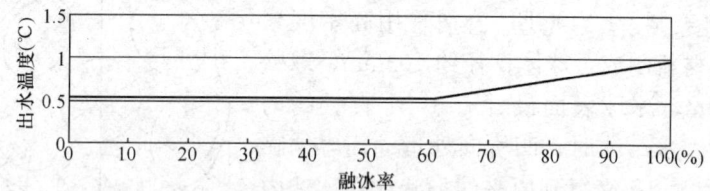

图 28.4-32　片冰机/冷水机组蓄冰系统的融冰曲线

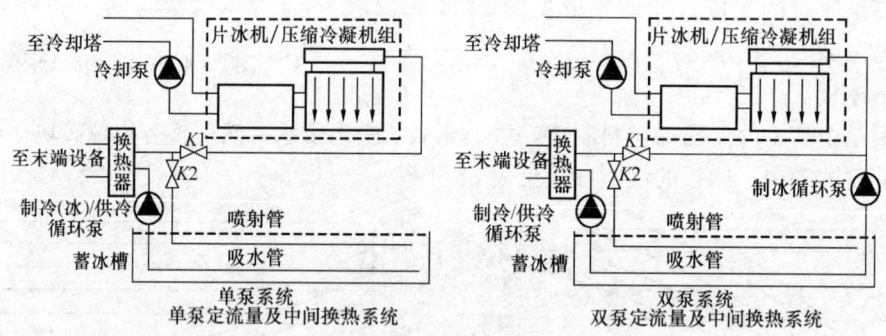

图 28.4-33　片冰式蓄冷空调系统工作原理

片冰式蓄冷空调系统运行模式　　　　　　　　　　表 28.4-24

运行模式	单泵系统			双泵系统		
	片冰机	阀门 $K1$	阀门 $K2$	片冰机	阀门 $K1$	阀门 $K2$
制冰	开	开	关	开	关	开
融冰、供冷	关	关	开	关	关	开
融冰、制冷、供冷	开	开	关	开	开	关

片冰式蓄冰装置性能技术参数（Mueller 产品）　　　　　　　　　　表 28.4-25

参数\项目	IH/C 170-4	IH/C 213-5	IH/C 255-6	IH/C 298-7	IH/C 340-8	IH/C 383-9	IH/C 426-10	IH/C 468-11	IH/C 510-12
制冷工况制冷量（kW）	879	1101	1319	1540	1759	1980	2201	2420	2638
蓄冰工况制冷量（kW）	598	746	897	1048	1196	1347	1498	1456	1794
压缩机 类型	半封闭螺杆式压缩机								
压缩机 功率(kW) 制冷工况	173	216	260	303	346	388	431	474	518
压缩机 功率(kW) 蓄冰工况	157	196	236	275	314	353	392	431	471

续表

参 数\项 目		IH/C 170-4	IH/C 213-5	IH/C 255-6	IH/C 298-7	IH/C 340-8	IH/C 383-9	IH/C 426-10	IH/C 468-11	IH/C 510-12
蒸发器	形式				滑落式片冰蒸发板					
	水阻力（kPa）				40～50					
	流量（m³/h）	151	189	227	265	303	340	378	416	454
冷凝器	形式				三维螺旋异流高效桶式换热器					
	水阻力（kPa）				50～60					
	流量（m³/h）	185	232	280	331	370	420	464	510	557
制冷主机	长（mm）	3680	3680	3680	4680	4680	3680	4680	4680	4680
	宽（mm）		1800				2200			
	高（mm）				2300					
	运行重量（kg）	5600	6300	7000	7900	8600	9500	10200	11100	11800
蒸发机组	长（mm）	3400	4140	4880	5840	6580	7320	8280	9020	9760
	宽（mm）				2260					
	高（mm）				2550					
	运输重量（kg）	4900	6100	7300	8550	9750	10950	12200	13400	14600
	运行重量（kg）	6500	8100	9700	11550	13350	15150	18200	20000	21800

（2）冰晶或冰泥

冰晶式蓄冷装置是将低浓度载冷剂冷却至0℃以下，产生细小而均匀的冰晶，与载冷剂形成泥浆状的物质蓄存在蓄冷槽内的蓄冷方式。冰晶是直径约为100μm的冰粒与水的混合物，类似一种泥浆状的液冰，通常可以采用泵输送。冰晶式蓄冷装置的系统组成可见图28.4-34。

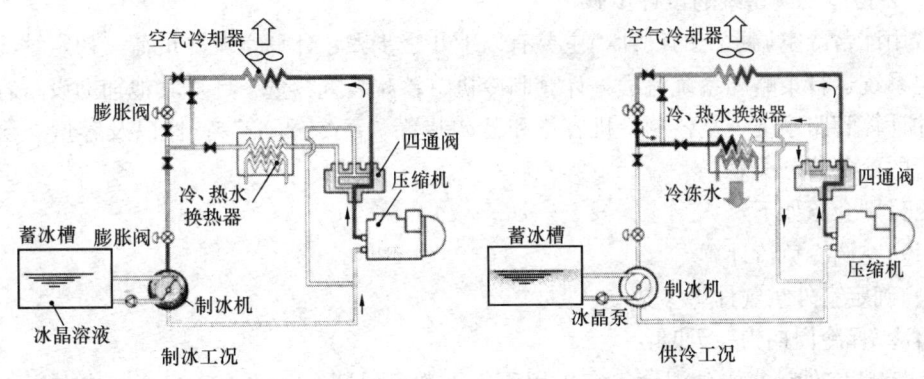

图28.4-34 冰晶式蓄冷系统运行图

4. 共晶盐

共晶盐是一种由无机盐（通常主要成分为硫酸钠无水化合物）以及水和添加剂调配而成的混合物，它在一定的温度下能从液态变为固态。在实际使用时将该混合物封装在高密度聚乙烯板式容器中，再把容器堆积在蓄冷槽内。水作为传热介质流经充填有共晶盐的容器之间，通过循环进行能量输送与传递（充冷/释冷）。

（1）共晶盐蓄冷系统的特点：

1）蓄冷用的制冷机可采用标准常规工况；

2) 可任意选择相变温度，通常具有较高的蓄冷和释冷温度（常用温度为8.3℃）；

3) 单位蓄冷量所需的蓄冷体积约为 $0.048m^3/(kW \cdot h)$；

4) 共晶盐相变时容器不发生膨胀和收缩。

(2) 蓄冷用共晶盐应具备以下性能：

1) 不过冷—准确地在冻结点结晶；

2) 不层化—通常优态盐在过饱和状态溶解时，一部分的无机盐会沉淀在容器底部，而相对有一部分液体浮在容器的上方；

3) 有可靠性、稳定性、耐久性等特性；

4) 用于蓄冷空调系统时，还应满足以下要求：无毒、不燃；完全为无机物，不会产生气体；相变过程中优态盐密度不变，不会使盛装容器反复胀缩；蓄冷的潜热容量不发生变化和不衰减。

28.4.4 冰蓄冷空调系统的设计

1. 设计方法和一般原则（表28.4-26）

冰蓄冷空调系统的设计方法和一般原则　　　　表28.4-26

设 计 方 法	一 般 原 则
● 方案设计前期的经济、技术分析（评价）； ● 选择蓄冷系统合理的运行、控制策略； ● 选择成熟、合理的冰蓄冷装置； ● 蓄冷系统的整体优化	● 应能满足空调末端系统的需要； ● 系统运行安全、可靠； ● 系统维护和管理简单、方便； ● 系统整体的经济性好，初投资合适；运行费用低

2. 冰蓄冷空调系统的设计步骤

常用冰蓄冷空调系统的设计，主要有以下几个步骤：计算空调冷负荷→初定蓄冷方式→确定系统运行策略和系统流程→计算制冷机、蓄冰装置容量→计算其他辅助设备容量→设计并计算管路系统→复核制冷机容量和蓄冰装置"蓄冷/释冷"特性以及容量→绘制系统运行的冷负荷分配表。

兹分别介绍如下：

(1) 空调冷负荷计算

1) 确定室外空气计算参数

蓄冷/释冷周期为一天时：

● 空调室外计算干球温度：宜采用历年平均不保证20h的干球温度，或在历年平均不保证50h的干球温度基础上，提高1～3℃。

● 空调室外计算湿球温度：宜采用历年平均不保证20h的湿球温度，或在历年平均不保证50h的湿球温度基础上，提高1～3℃。

● 空调室外日平均温度：宜采用历年平均不保证2d的日平均温度；或在历年平均不保证5d的日平均温度基础上，提高1～2℃。

蓄冷/释冷周期为一周时：应采用历年某一周内连续5天（或2～3天）出现全年最高温度作为设计日的室外空气计算参数。

2) 蓄冷/释冷周期：冰蓄冷空调系统的冷负荷是按一个蓄冷/释冷周期为负荷计算单

元。最常见的蓄冷/释冷周期是24h，也有以一星期为周期，还有更长或更短的周期。本手册以下的计算是按24h为一个蓄冷/释冷周期，其他可参照此进行计算。蓄冷/释冷周期应根据冷负荷的循环周期、电网峰谷规律等因素经过技术经济比较后确定。

3）空调区（即建筑物）设计日逐时冷负荷：空调区内的典型设计日逐时冷负荷的计算方法与常规空调系统相同，具体计算见本手册第20章。

4）附加冷负荷：冰蓄冷空调系统的冷负荷除应包含空调区（即建筑物）内的冷负荷外，还应包含以下各项：
- 新风冷负荷；
- 空气通过风机、风管的温升引起的冷负荷；
- 冷水通过水泵、水管、水箱等设备的温升引起的冷负荷；
- 空气处理过程产生的冷负荷；
- 蓄冷装置的温升引起的冷负荷，一般可按当日蓄冷量的1%～5%计入。但蓄冰槽内置空气泵时，空气泵发热量应计入蓄冰槽的冷损失；
- 间歇运行状态下，室内空气调节系统的初始降温冷负荷；
- 采用低温送风空气调节系统时，建筑物室内渗透空气所引起的潜热冷负荷。

各项附加冷负荷应通过计算得出。当各项附加冷负荷的详细计算有困难时，可按空调区内的设计日逐时冷负荷的7%～10%进行估算。

5）其他计算冷负荷：在方案设计或初步设计阶段，建议采用集中空调供冷区域的整体冷负荷计算法、平均法或系数法，见《采暖通风与空气调节设计规范》（GB 50019）中条文说明第7.5.2条对逐时冷负荷进行估算。对于改造的工程，冰蓄冷空调系统的冷负荷建议采用冷负荷实测和理论计算相结合的方法得出。

6）冷负荷分布图：根据空气调节区内的设计日逐时冷负荷加上相应的各项附加冷负荷或估算出冷负荷后，按一个蓄冷-释冷周期为时间段，绘制出冰蓄冷空调系统的冷负荷分布曲线图。

（2）选择蓄冷介质和蓄冷方式

用于冰蓄冷空调系统的蓄冷介质和蓄冷方式，应结合空调系统的末端需求、蓄冷装置的特性、运行模式及控制策略、工程现场条件、工程初投资以及运行费用等综合考虑。具体选择可依据流程图28.4-35，并结合蓄冷介质和蓄冷方式的各自特点选择确定。

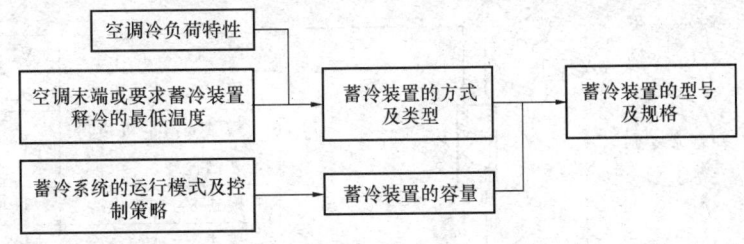

图28.4-35 冰蓄冷空调系统蓄冷装置选型流程图

（3）选择冰蓄冷空调系统的运行、控制策略和系统流程

冰蓄冷空调系统的设计应在技术、经济合理的条件下，选择系统的运行策略、控制策略以及系统流程。需考虑的主要方面有：

1）运行策略

①系统的蓄冷容量——主要有全负荷蓄冷和部分负荷蓄冷。部分蓄冷又可分为:"负荷均衡"蓄冷和"需求限定"蓄冷两种;

②基载负荷的提供方式——采用双工况制冷机或基载制冷机提供;

③蓄冷系统的运行工况——制冷机和蓄冰装置在各时段的运行组合方式,主要有:制冷机蓄冷、制冷机单独供冷、蓄冰装置单独供冷、制冷机蓄冷并同时供冷、制冷机与蓄冰装置联合供冷以及待机 6 个运行工况;

④蓄、释冷周期——系统在一个蓄、释冷周期内所花费的时间,通常应根据冷负荷的特点选择,一般采用 24h 为一个蓄、释冷周期。

2) 控制策略

①制冷机与蓄冰装置的运行——制冷机与蓄冰装置优先运行的次序,直接影响着蓄冷系统的初投资和运行费用。为有效地降低其费用,设计中通常采用设计工况下的制冷机运行优先(简称冷机优先)以及非设计工况下的蓄冰装置运行优先(简称释冷优先)的策略;

②蓄冷时间(或速率)的控制——为降低运行费用,系统蓄冷时间(或速率)的确定一般以整个低谷电价时段作为制冷机蓄冷的工作时间;

③系统流程:通常可按以下几方面进行划分和选择:

A. 制冷机与蓄冰装置的相互关系——依据选择的冰蓄冷方式和空调末端要求的进、出水温及温差,确定系统的串联或并联形式;

B. 制冷主机与蓄冰装置的位置关系——在串联形式中,依据选择的冰蓄冷方式的特性和系统运行的经济性,确定制冷机的上游或下游设置方式;

C. 水泵的设置——依据冷负荷容量大小和系统运行的经济性,确定各功能水泵的设置是单泵、双泵还是多泵等形式;

D. 蓄冷系统与空调末端系统的连接方式——依据系统的容量大小和空调末端的使用和连接特性,选择直接或间接两种连接方式;

E. 基载制冷机与蓄冷系统的连接方式——基载制冷机与蓄冷系统在空调水系统中可有串联或并联两种连接方式。

3) 冰蓄冷空调系统常用的流程、布置及各工况的运行状况(见图 28.4-36~图 28.4-42)。

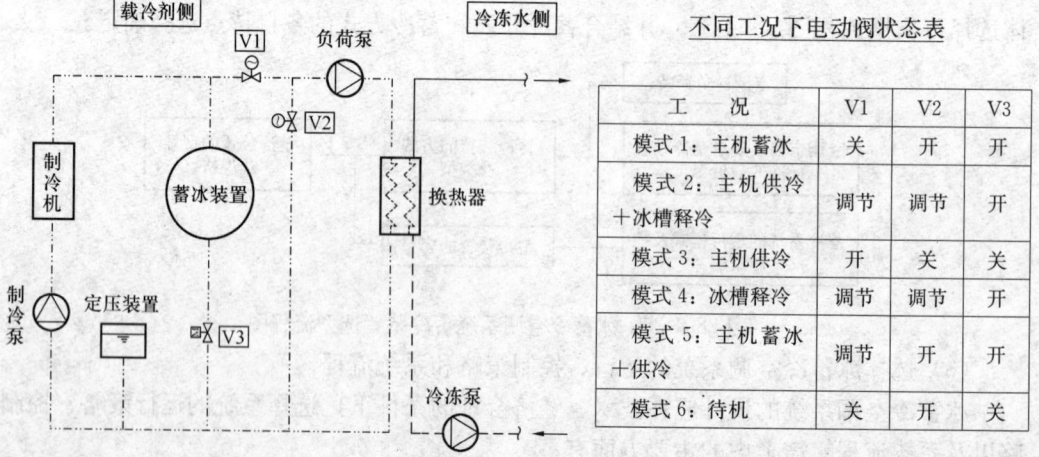

图 28.4-36 蓄冰装置与制冷机并联系统(一)

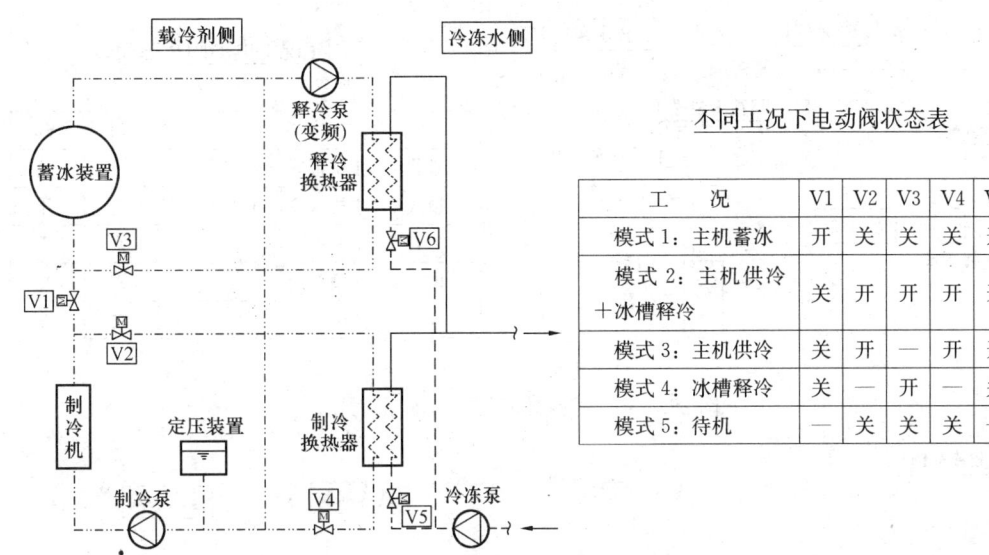

图 28.4-37　蓄冰装置与制冷机并联系统（二）

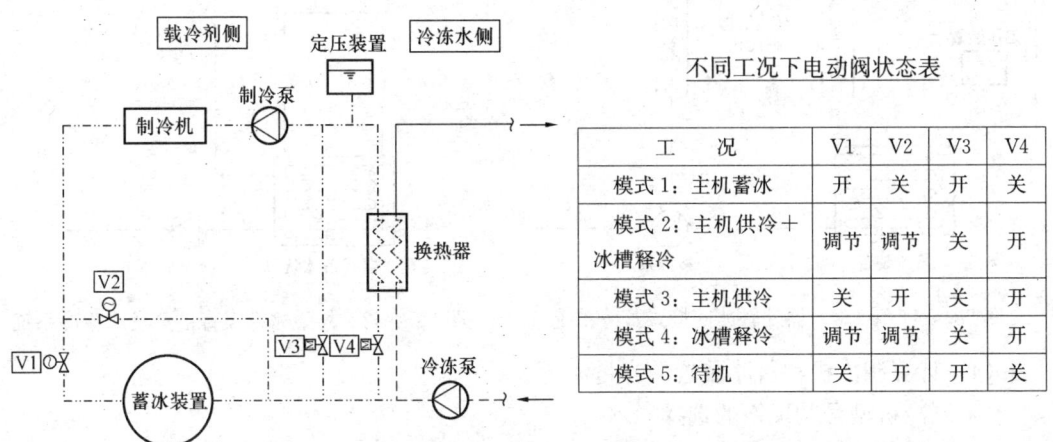

图 28.4-38　蓄冰装置与制冷机（上游）串联系统

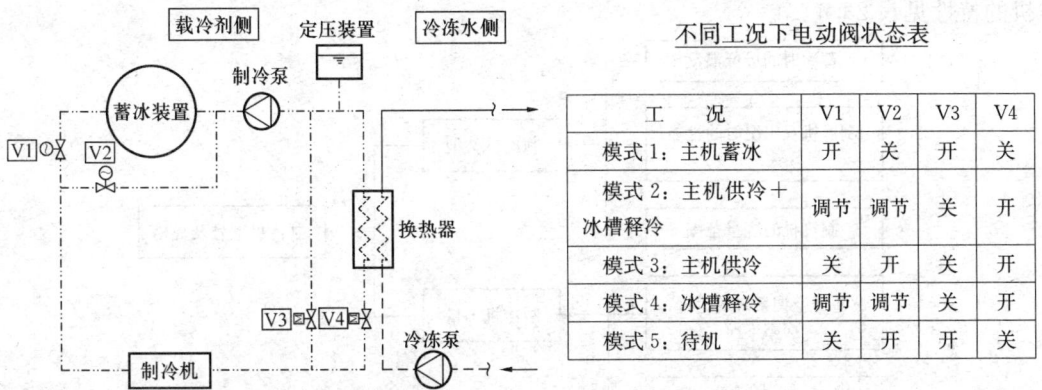

图 28.4-39　蓄冰装置与制冷机（下游）串联系统

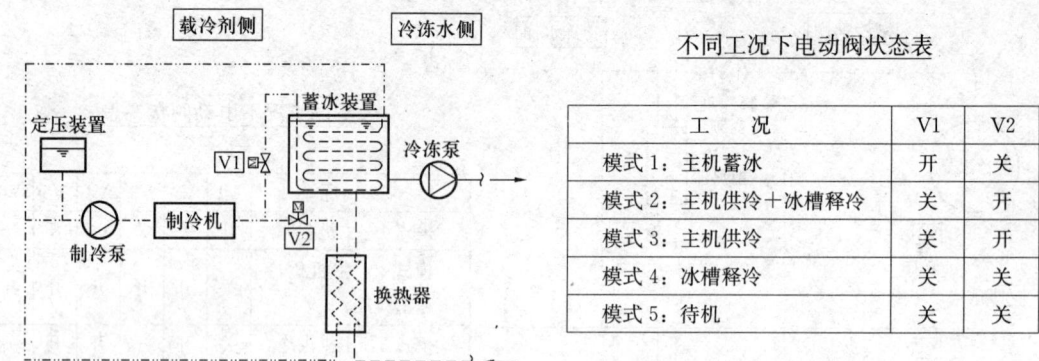

图 28.4-40 外融冰间接式蓄冷系统

不同工况下电动阀状态表

工 况	V1	V2
模式1：主机蓄冰	开	关
模式2：主机供冷+冰槽释冷	关	开
模式3：主机供冷	关	开
模式4：冰槽释冷	关	关
模式5：待机	关	关

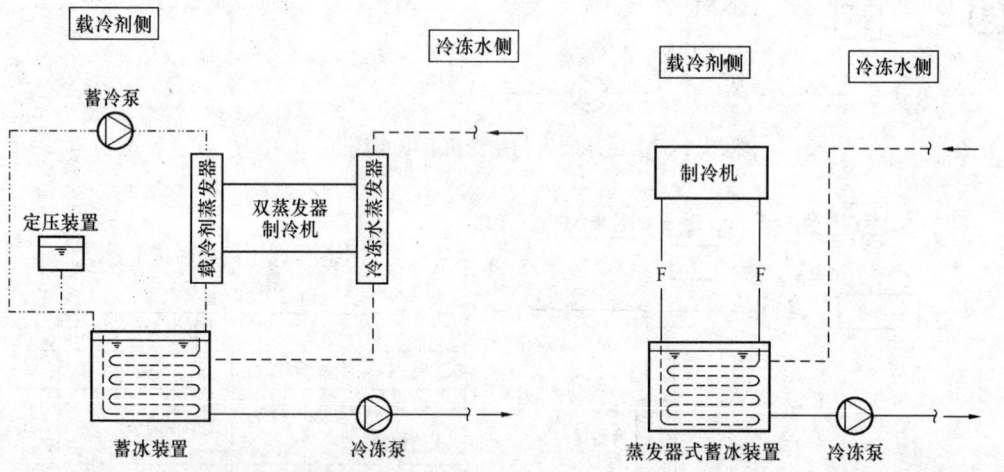

图 28.4-41 双蒸发器外融冰间接式蓄冷系统　　图 28.4-42 外融冰冷媒直接蒸发式蓄冷系统

(4) 计算制冷机和蓄冰装置的容量

1) 制冷机型号及规格的选择

冰蓄冷空调系统的制冷机型号、规格的选择，通常按图 28.4-43 进行确定。用于冰蓄冷空调系统的制冷机在蓄冷时的工作温度一般为 $-9 \sim -3$ ℃，可用于蓄冷的各种类型制冷机的特性见表 28.4-27。

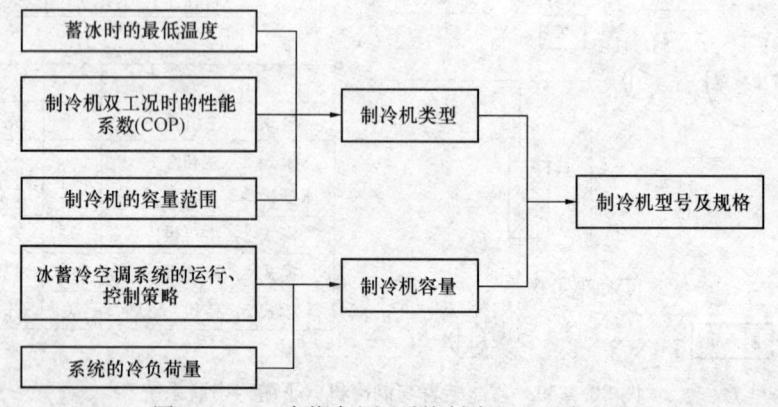

图 28.4-43 冰蓄冷空调系统制冷机选型流程图

蓄冷制冷机的一般特性 表 28.4-27

冷水机组	最低供冷温度 (℃)	制冷机性能系数 (COP)		典型选用容量范围	
		空调工况	蓄冷工况	(kW)	(RT)
往复式	−12~−10	4.1~5.4	2.9~3.9	90~530	25~150
螺杆式	−12~−7	4.1~5.4	2.9~3.9	180~1800	50~500
离心式	−6.0	5~5.9	3.5~4.1	700~7000	200~2000
涡旋式	−9.0	3.1~4.1	1.2~1.3	70~210	20~60
吸收式	4.4	0.65~1.23	—	700~5600	200~1600

2) 全负荷蓄冷

蓄冰装置有效容量 Q_s(kW·h) 为:

$$Q_s = \sum_{i=1}^{24} q_i = n_1 \cdot c_f \cdot q_c \tag{28.4-3}$$

蓄冰装置名义容量 Q_{so}(kW·h) 为:

$$Q_{so} = \varepsilon \cdot Q_s \tag{28.4-4}$$

制冷机标定(空调工况下)制冷量 q_c(kW) 为:

$$q_c = \frac{\sum_{i=1}^{24} q_i}{n_1 \cdot c_f} \tag{28.4-5}$$

式中 q_i——冰蓄冷空调系统的逐时冷负荷,kW;

n_1——夜间制冷机在制冰下运行的小时数,h;

c_f——制冷机制冰时制冷能力的变化率,实际制冷量与标定制冷量的比值。一般情况下:活塞式制冷机 $c_f=0.60~0.65$

螺杆式制冷机 $c_f=0.64~0.70$

离心式(中压)制冷机 $c_f=0.62~0.66$

离心式(三级)制冷机 $c_f=0.72~0.80$;

ε——蓄冰装置的实际放大系数(无因次)。

3) 部分负荷的"负荷均衡"蓄冷:该蓄冰方式将使冰蓄冷空调系统的制冷机容量和投资最少,其容量为:

蓄冰装置有效容量 Q_s(kW·h) 为:

$$Q_s = n_1 \cdot c_f \cdot q_c \tag{28.4-6}$$

蓄冰装置名义容量 Q_{so}(kW·h) 为:

$$Q_{so} = \varepsilon \cdot Q_s \tag{28.4-7}$$

制冷机标定制冷量 q_c(kW) 为:

$$q_c = \frac{\sum_{i=1}^{24} q_i}{n_2 + n_1 \cdot c_f} \tag{28.4-8}$$

式中 n_2——白天制冷机在空调工况下运行的小时数,h。

当白天制冷机在空调工况下运行时，如果计算得到的制冷机标定制冷量 q_c 大于该时段内的 n 个小时的逐时冷负荷 q_j、q_k、…，则应对白天制冷机在空调工况下运行的小时数 n_2 进行实际修正变为 n_2'，并将其代入式（28.4-8）。n_2 的实际修正值 n_2'，（h）可按以下公式计算：

$$n_2' = (n_2 - n) + \frac{q_j + q_k + \cdots}{q_c} \tag{28.4-9}$$

4) 部分负荷的"需求限定"蓄冷

为满足限电要求，蓄冰装置有效容量：

$$Q_s \cdot \eta_{max} \geq q_{imax}' \tag{28.4-10}$$

为满足限电要求，蓄冰装置所需名义容量：

$$Q_s' = \frac{q_{imax}'}{\eta_{max}} \tag{28.4-11}$$

为满足限电要求，修正后的制冷机标定制冷量

$$q_c' = \frac{Q_s'}{n_1 \cdot c_f} \tag{28.4-12}$$

式中 Q_s'——为满足限电要求，蓄冰装置所需的容量，kW·h；

η_{max}——所选蓄冰装置的最大小时取冰率；

q_{imax}'——限电时段蓄冷空调系统的最大小时冷负荷，kW；

q_c'——修正后的制冷机标定制冷量，kW·h。

5) 制冷机容量选择的要求

a. 在选择具体厂商的制冷机规格及容量时，宜在以上计算所得出的制冷机标定制冷量的基础上附加 5%～10% 的富裕量。

b. 当冰蓄冷空调系统的载冷剂为 25%～30%（质量比）的乙二醇水溶液时，因与水的密度、黏度以及比热不同，一般双工况制冷机的制冷量将比标定制冷量降低约 2%～3%。

c. 因室外温度昼、夜通常有一定差别，所以双工况制冷机白天（空调工况）和夜间（蓄冰工况）可采用两种不同冷凝温度。当无具体的室外气象参数值时，进、出冷凝器的温度可取：白天为 32℃/37℃；夜间为 30℃/35℃。

d. 一般按制冰工况选择制冷机的容量，但同时应满足空调工况下的运行容量。

(5) 换热器的选择与计算

由于板式换热器的传热效率高、结构紧凑、承受压力高、端温差接近、初投资低、维修简便、减扩容方便、滞留液量少等优点，所以在蓄冷空调系统中，一般都采用板式换热器。

板式换热器一般由波纹金属板片、密封垫片、金属固定框架等组成。各种材质的适用流体条件见表 28.4-28。各种密封垫片的适用流体及使用条件见表 28.4-29。各种板式换热器型式的适用条件见表 28.4-30。

板式换热器台数的选择通常不宜少于 2 台，并且尽可能与冰蓄冷装置以及双工况制冷机的数量相匹配。

金属板片材质的适用流体　　　　　　　　　　　　表 28.4-28

金属板片材质	适用流体
不锈钢（AISl 304，AISl 306 等）	自来水、河流水、食用及矿物油
钛、钛钯合金（Ti、Ti—Pd）	海水、盐水及盐类化合物
铬（Cr）20，镍（Ni）18，钼（Mo）6 合金（254 SMO）	稀硫酸、稀盐化物水溶液、无机水溶液
镍（Ni）	高温及高浓度的苛性钠
哈氏合金（Hastelloy—C276，D205，B2G）	浓硫酸、盐酸、磷酸
石墨（Diabon F100）	中浓度硫酸、盐酸、磷酸、氟酸

密封垫片材质的适用流体及使用条件　　　　　表 28.4-29

密封垫片材质	使用温度（℃）	适用流体
丁腈橡胶（NBR）	-15～110	水、海水、盐水、矿物油
高温丁腈橡胶（HNBR）	-15～140	高温矿物油、高温水
三元乙丙胶（EPDM）	-25～160	热水、蒸汽、酸、碱
氟橡胶（FPM or VITON）	-5～130	酸、碱

板式换热器型式的适用条件　　　　　　　　　　表 28.4-30

使用条件		标准型	大间隙型	双壁板型	双板焊接型	石墨型	蒸发型	钎焊型
工作压力（MPa）		2.5	0.6	1.6	2.5	0.7	0.6	3.0
工作温度（℃）		-25～160	-25～160	-25～160	-30～160	0～160	-10～160	-25～160
用途	液/液	合适	合适	合适	合适	合适	一般	合适
	凝结、蒸发器	一般	一般	一般	一般	一般	合适	一般
	加热、制冷（压缩气体）	合适	合适	合适	合适	合适	合适	合适
	加热、制冷（低压气体蒸发）	一般	合适	一般	一般	一般	合适	一般
	严禁内漏	一般	一般	合适	合适	一般	一般	一般
流体特性	黏性流体	合适	合适	合适	合适	合适	合适	合适
	热敏性流体	合适	合适	合适	合适	合适	合适	合适
	含纤维流体	不合适	合适	不合适	不合适	不合适	不合适	不合适
	含固形物流体	一般	合适	一般	一般	一般	一般	不合适
	易污染流体	合适	合适	合适	一般	一般	一般	一般
	浸蚀金属流体	不合适	不合适	不合适	不合适	合适	不合适	不合适
	浸蚀密封流体	不合适	不合适	不合适	合适	不合适	不合适	不合适
维护和检修	全面检查	容易	容易	容易	一般	一般	一般	困难
	化学清洗	容易	容易	容易	容易	容易	容易	容易
	拆开清洗	容易	容易	容易	容易	一般	一般	困难
	增、减板片	容易	容易	容易	容易	容易	容易	困难
	现场修理	容易	容易	容易	容易	容易	容易	困难

板式换热器的传热面积 $F(\mathrm{m}^2)$，可按下式计算：

$$F = \frac{Q}{\beta \cdot K \cdot \Delta t_{\mathrm{pj}}} \tag{28.4-13}$$

式中 Q——换热器的换热量,即总传热量,W;
　　　β——传热面上的污垢修正系数,一般$\beta=0.7\sim1.0$;
　　　　　当汽—水换热时:$\beta=0.85\sim0.9$;
　　　　　当水—水换热时:钢板换热器:$\beta=0.7$,铜换热器:$\beta=0.75\sim0.8$;
　　　Δt_{pj}——传热介质与被传热介质的对数平均温度差,℃;
　　　K——传热系数,W/(m²·℃),一般由生产厂商提供。

当载冷剂为25%~30%（质量比）的乙二醇水溶液时,由于密度、黏度及比热与水不同,板式换热器的传热系数通常将降低10%左右。

对数平均温度差 Δt_{pj}(℃),可按下式计算:

$$\Delta t_{pj} = \frac{\Delta t_a - \Delta t_b}{\ln\dfrac{\Delta t_a}{\Delta t_b}} \tag{28.4-14}$$

式中 Δt_a,Δt_b——传热介质与被传热介质间的最大、最小温度差,℃。

换热器压力降 ΔP(kPa),可按下式计算:

$$\Delta P = Eu \frac{G^2}{\rho \cdot g} 10^{-2} \tag{28.4-15}$$

式中 ΔP——压力降,kPa;
　　　Eu——欧拉数;
　　　G——质量流量,kg/(m²·h);
　　　ρ——流体密度,kg/m³,水的密度$\rho=1000$kg/m³,乙二醇水溶液密度可由表28.4-35查得;
　　　g——重力加速度,m/s²,g=9.807m/s²。

通常换热器的压力降由生产厂商提供。

(6) 循环泵的选择与计算

1) 循环泵的设置

对于间接连接的冷水侧和冷却水部分,通常与常规空调制冷系统无太大的差别,泵的计算和选型可参见本手册第26章。但在冰蓄冷空调系统中,由于采用了换热器间接连接,冷水侧部分可采用连续的变流量运行。

冰蓄冷空调系统的供冷载冷剂（通常为乙二醇水溶液）侧,循环泵的设置与常规系统相差较大。蓄冷系统按各回路的功能通常分为:制冷机的制冷循环回路;蓄冰装置的蓄、释循环回路;用户侧的负荷循环回路。系统中的循环泵按各回路设置的数量通常分为:单泵、双泵以及多泵等各种形式的循环泵系统（有时也按系统回路功能分别命名,如制冷循环泵、蓄、释冷循环泵、负荷循环泵等）。

循环泵的设置原则为:蓄冷系统（或负荷）较小时,采用合泵设置,即单泵系统;蓄冷系统（或负荷）较大时,采用分泵设置,即双泵或多泵系统。分泵设置时,运行能耗低（特别是在除制冷循环以外的回路系统中,采用变频调速泵以后,节能更加明显）,但机房占地面积和初投资将有所增加。

2) 循环泵的流量 L(m³/h),可按下式计算:

$$L = \frac{3600 \times Q_o}{\rho_1 \cdot c_{p1} \cdot t_1 - \rho_2 \cdot c_{p2} \cdot t_2} \tag{28.4-16}$$

式中 Q_o——循环泵输送的最大负荷,kW;

ρ_1、ρ_2——溶液供、回液温度时的密度,kg/m³,可由表 28.4-35 查得;

c_{p1}、c_{p2}——溶液供、回液温度时的比热,kJ/(kg·℃),可由表 28.4-35 查得;

t_1、t_2——溶液供、回液温度,℃。

由于 $\Delta t = t_2 - t_1$ 一般都不大,因此式 (28.4-16) 可简化为:

$$L = \frac{3600 \times Q_o}{\rho \cdot c_p \cdot \Delta t} \tag{28.4-17}$$

当循环泵的输送流体为 25%~30%(质量比)的乙二醇水溶液时:

$$L \approx \frac{Q_o}{1.0639 \cdot \Delta t} \tag{28.4-18}$$

当循环泵的输送流体为常规空调冷冻水时:

$$L \approx \frac{Q_o}{1.1639 \cdot \Delta t} \tag{28.4-19}$$

式中 ρ——溶液的密度,kg/m³,可根据供、回液平均温度由表 28.4-35 查得;

c_p——溶液的比热,kJ/(kg·℃),可根据供、回液平均温度由表 28.4-35 查得;

Δt——溶液供、回液温度差,℃。

3) 循环泵的扬程 H(m),可按下式计算:

$$H = (\Delta P_c + \Delta P_s + \Delta P_{cs} + \Delta P_o + H_h) \times 0.1 \tag{28.4-20}$$

式中 H_h——开式系统中循环泵的提升扬程,m,闭式系统中 $H_h = 0$;

ΔP_c——蒸发器的压力降,一般为 40~100kPa,具体数据应由厂商提供;

ΔP_s——蓄冰装置的压力降,kPa,一般为 30~100kPa,具体数据应由厂商提供;

ΔP_o——板式换热器的压力降,kPa,一般为 50~100kPa,具体数据应由厂商提供或通过计算获得;

ΔP_{cs}——水泵循环管道回路的压力降,kPa;由计算获得,方案设计时可按 0.04~0.07kPa/m 压力降估算。

4) 循环泵所需的功率 N(kW),可按下式计算:

$$N = \frac{3600 \cdot L \cdot H \cdot \rho}{\eta_p \cdot \eta_m} \tag{28.4-21}$$

式中 H——循环泵的扬程,m;

L——循环泵的计算流量,m³/h;

ρ——溶液的密度,kg/m³,可根据供、回液平均温度由表 28.4-35 查得;

η_p——循环泵的效率;

η_m——循环泵的电动机效率。

5) 循环泵选择注意事项

a. 循环泵宜选用低比转速、机械密封的单级离心泵;一般选用端吸离心泵,但当流量大于 500m³/h 时宜选用双吸离心泵。

b. 通过制冷机的各种循环泵系统，一般单台流量采用制冷机要求的恒定值；通过蓄冰装置和用户侧的各种循环泵系统，宜选用变频调速泵，变流量运行。

c. 循环泵应与制冷机（双工况）一对一匹配设置，通常供冷载冷剂侧建议设置备用泵。

d. 对于开式的冰蓄冷空调系统，循环泵应设置在蓄冰槽的底部，确保水泵所需要的临界气蚀余量。

e. 由于循环泵选取的流量和扬程，是设计日最大小时冷负荷条件的计算值，并且通常又要兼顾多种工况中的最不利状况（即流量和系统的阻力都最大），为使系统在低流量和低阻力工况下水泵的运行富余量不致过大，循环泵的流量和扬程的选取不建议采用常规空调制冷系统的裕量附加。

f. 对于采用单、双泵（或称为合泵）的蓄冷系统，由于循环泵是在蓄、释几种运行工况下的最不利条件下选出的，所以初选后的循环泵应对有可能出现的其他运行状况进行工况校核，以免水泵工作超出正常的流量和扬程范围。

g. 针对循环泵的设置和选用，条件允许时应做技术、经济比较后确定。

(7) 溶液系统的膨胀及定压装置

1) 冰蓄冷系统的膨胀与常规系统的差别

a. 由于冰蓄冷系统在蓄冷和供冷的过程中，温度变化范围较大，并且乙二醇水溶液的膨胀系数又远远大于水；在蓄/释冷过程中，蓄冷装置有时又有相变发生（如封装蓄冰系统），所以冰蓄冷系统的膨胀量将远大于常规空调制冷系统。

b. 由于冰蓄冷空调系统的载冷剂（通常为乙二醇）溶液价格较昂贵且有一定的毒性，所以系统膨胀时的载冷剂溶液应考虑回收。

c. 系统中的载冷剂——二醇类产品（含乙二醇水溶液）遇空气后易降解或分解，所以载冷剂采用二醇类产品时，管路系统建议采用闭式循环和定压补液系统。

2) 溶液膨胀及定压的形式

闭式系统的溶液膨胀装置：形式与常规空调制冷系统基本相同，差别在于系统设置有可存放一定容量载冷剂的补液箱（或称为储液箱）。该类系统的定压主要可采用以下三种形式：膨胀水箱定压、隔膜膨胀罐定压以及补液泵变频定压。冰蓄冷空调系统常用的有膨胀水箱（见图 28.4-4）定压和隔膜膨胀罐（见图 28.4-45）定压两种形式；系统补液采用水泵补液形式。

对于开式系统，为使系统的回液管不致倒空影响系统的正常运行，管路系统最高点应维持适当的静压值。开式系统的静压控制主要有以下三种：蓄冰槽液面的最高设置法、换热器的中间隔离法以及恒压阀维持法。恒压阀维持法是在蓄冰槽的回液管上设置一台或两台（静压较大）自力式恒压阀，阀前压力 P 应≥最高点静压+35kPa。

3) 闭式系统溶液膨胀及补液装置的容积计算

无相变（盘管式蓄冰）系统溶液膨胀装置的有效容积 $V(\text{m}^3)$，可按下列公式计算：

隔膜膨胀罐：

$$V = \frac{\beta V_s (\rho_1/\rho_2 - 1)}{1 - \dfrac{P_1}{P_2}} \tag{28.4-22}$$

开式膨胀水箱：
$$V = V_s(\rho_1/\rho_2 - 1) \quad (28.4\text{-}23)$$

式中 V_s——系统载冷剂的容量，m³；

ρ_1——最低温度 t_1 时，载冷剂的密度，kg/m³，可由表 28.4-35 查得；

ρ_2——最高温度 t_2 时，载冷剂的密度，kg/m³，可由表 28.4-35 查得；

β——容积附加系数，隔膜式膨胀取 1.05；

P_1——最低压力，一般为系统最高工作点静压 +35kPa（即补水泵启动压力），kPa；

P_2——最高压力，系统承受的最高工作压力（即补水泵停泵压力），kPa。

有相变（封装式蓄冰）系统溶液膨胀装置的有效容积 $V(m^3)$，可按下列公式计算：

隔膜式膨胀罐：

$$V = \frac{1.2 \cdot 0.09 \cdot n \cdot V_c}{1 - \dfrac{P_1}{P_2}} \quad (28.4\text{-}24)$$

开式膨胀水箱：

$$V = 0.09 \cdot n \cdot V_c \quad (28.4\text{-}25)$$

式中 V_c——封装蓄冰装置内单元容积的体积，m³/个；

n——封装蓄冰装置内单元容积的数量，个；

1.2——系统余量系数；

0.09——相变凝固时的体积膨胀系数。

在有相变的冰蓄冷空调系统中，由于载冷剂溶液温差引起的膨胀与蓄冰体（如冰球）相变所产生的膨胀相比，量较小，并且膨胀、收缩过程相反，所以在有相变的系统中温差膨胀可以不予考虑。

4）系统补液泵的计算及选用

载冷剂的补充通常采用水泵补液形式，泵的参数计算及选取见表 28.4-31。

系统补液泵的计算及运行参数选取　　　表 28.4-31

冰蓄冷系统形式	无相变的冰蓄冷系统（盘管式蓄冰）		有相变的冰蓄冷系统（封装式蓄冰）	
定压形式	隔膜膨胀罐	膨胀水箱	隔膜膨胀罐	膨胀水箱
补液泵扬程 H (kPa)	P_2+30～50	水箱高液位 +30～50	P_2+30～50	水箱高液位 +30～50
补液泵启动压力 P_1(kPa)	系统最高工作点 静压+35	低液位	系统最高工作点 静压+35	低液位
补液泵停泵压力 P_2(kPa)	系统承受的最高 工作压力	高液位	系统承受的最高 工作压力	高液位
补液量 L_1(m³/h)	系统载冷剂容量的2%		系统载冷剂膨胀容量 V 的50%	
补液泵流量 L_2(m³/h)	补液量的2.5～5倍		补液量的2.5～5倍	

5）膨胀装置和储液箱容量的确定，见表 28.4-32。

系统膨胀装置和储液箱的容量选取　　　　表 28.4-32

冰蓄冷系统形式		无相变的冰蓄冷系统	有相变的冰蓄冷系统	
			系统规模较小	系统规模较大
膨胀装置	隔膜膨胀罐	按公式（28.4-22）计算	按公式（28.4-24）计算	≥公式（28.4-22）计算结果
	膨胀水箱	按公式（28.4-23）计算	按公式（28.4-25）计算	≥公式（28.4-23）计算结果
载冷剂储液箱		0.5～1.0h 补水泵的水量或 2～3 倍系统膨胀的容积之中的大值	0.5～1.0h 补水泵的水量或 2～3 倍系统膨胀的容积之中的大值	按公式（28.4-24）或（28.4-25）计算的系统膨胀容积并附加 1.2～1.5 的余量系数

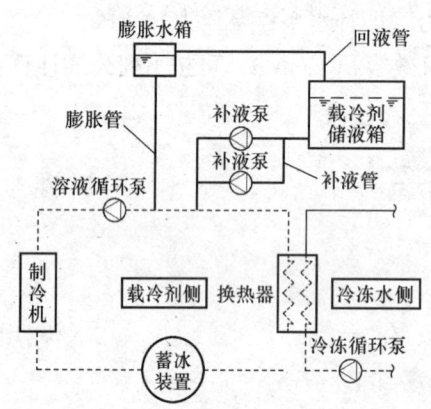

图 28.4-44　膨胀水箱膨胀及补液系统图

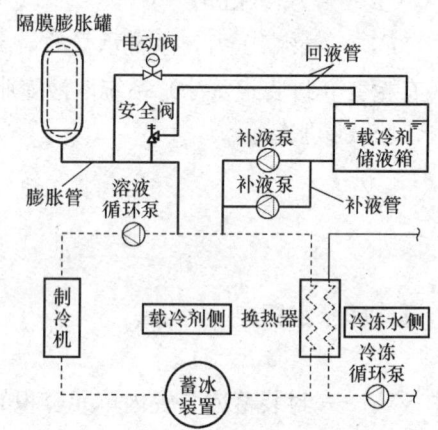

图 28.4-45　隔膜膨胀罐膨胀及补液系统图

6）选用要点：

a. 由于安全阀和电动阀存在泄漏的可能性，且日常维护量较大，在有相变且规模较大的冰蓄冷系统中，应尽可能采用膨胀水箱定压系统（见图 28.4-44）。

b. 系统补液装置设计时应设备用泵。

c. 隔膜式膨胀罐定压系统中安全阀的设计开启压力为：补液泵停泵压力＋30～60kPa。

d. 隔膜式膨胀罐定压系统（见图 28.4-45）中电动阀的设计开启压力为：补液泵停泵压力＋20～40kPa。无相变的冰蓄冷系统电动阀可选用开关型电动阀或电磁阀；在有相变的冰蓄冷系统中，由于系统溶液通常膨胀量大、连续且时间较集中，宜选用电动调节阀。

e. 隔膜式膨胀罐定压系统中安全阀和电动阀接出的回液管，应接入载冷剂储液箱内。

f. 储液箱不应采用镀锌材料制作。对于有相变的冰蓄冷系统中的储液箱及管道，应进行保温。

3. 载冷剂

（1）常用载冷剂及其优缺点（表 28.4-33）

载冷剂的优、缺点比较　　　　表 28.4-33

溶液名称	适用温度范围	优　点	缺　点
乙二醇溶液	＋5～－25℃	热容量大、传热性好、无沉淀、腐蚀性弱、稳定性好、使用方便	黏度较高、有一定毒性、成本适中
丙三醇溶液	＋5～－25℃	性能基本同乙二醇溶液，但与其相比热容量大、黏度高、传热性略差	黏度高、成本高
盐水（NaCl、CaCl$_2$、MgCl$_2$）	≤－25℃	热容量大、黏度低、成本低	有沉淀、腐蚀性强、对人皮肤有伤害、使用不方便

(2) 乙二醇水溶液的特性：冰蓄冷空调系统一般都采用浓度为 25%～30%（质量比）的乙二醇水溶液作为载冷剂。乙二醇的化学分子式为 $CH_2OH \cdot CH_2OH$，分子量为 62.069。其水溶液无色、无味、无电解性，它的挥发性和腐蚀性都不高。在不同的浓度下，乙二醇水溶液的特性如表 28.4-34 和表 28.4-35 所示。

乙二醇水溶液凝固点、沸点　　　　　　　　　表 28.4-34

溶液浓度 (%)	质量比	0.0	5.0	10.0	15.0	20.0	23.0	25.0	28.0	30.0	32.0	35.0	40.0
	容积比	0.0	4.4	8.9	13.6	18.1	21.0	22.9	25.8	27.7	29.6	32.6	37.5
凝固点(℃)		0.0	-1.4	-3.2	-5.4	-7.8	-9.5	-10.7	-12.7	-14.1	-15.4	-17.9	-22.3
沸点 1007kPa 下(℃)		100.0	100.6	101.1	101.7	102.2	102.8	103.3	103.9	104.4	104.4	105.0	105.6

乙二醇水溶液密度、比热、导热系数、动力黏度　　　　　　　　　表 28.4-35

溶液温度(℃)	物理特性		溶液容积百分比浓度 (%)								
			10		20		30		40		50	
-25	密度	动力黏度	—	—	—	—	—	—	—	—	1088	30.50
	比热	导热系数	—	—	—	—	—	—	—	—	3.107	0.339
-20	密度	动力黏度	—	—	—	—	—	—	1072	15.75	1087	22.07
	比热	导热系数	—	—	—	—	—	—	3.334	0.371	3.126	0.344
-15	密度	动力黏度	—	—	—	—	—	—	1071	11.74	1086	16.53
	比热	导热系数	—	—	—	—	—	—	3.351	0.377	3.145	0.349
-10	密度	动力黏度	—	—	—	—	1054	6.19	1070	9.06	1084	12.74
	比热	导热系数	—	—	—	—	3.560	0.415	3.367	0.383	3.165	0.354
-5	密度	动力黏度	—	—	1037	3.65	1053	5.03	1068	7.18	1083	10.05
	比热	导热系数	—	—	3.757	0.460	3.574	0.422	3.384	0.389	3.184	0.359
0	密度	动力黏度	1019	2.08	1036	3.02	1052	4.15	1067	5.83	1081	8.09
	比热	导热系数	3.937	0.511	3.769	0.468	3.589	0.429	3.401	0.395	3.203	0.364
5	密度	动力黏度	1018	1.79	1034	2.54	1050	3.48	1065	4.82	1079	6.63
	比热	导热系数	3.946	0.520	3.780	0.476	3.603	0.436	3.418	0.400	3.223	0.368
10	密度	动力黏度	1016	1.56	1033	2.18	1049	2.95	1063	4.04	1077	5.50
	比热	导热系数	3.954	0.528	3.792	0.483	3.617	0.442	3.435	0.405	3.242	0.373
15	密度	动力黏度	1015	1.37	1031	1.89	1047	2.53	1062	3.44	1075	4.63
	比热	导热系数	3.963	0.537	3.803	0.490	3.631	0.448	3.451	0.410	3.261	0.377
20	密度	动力黏度	1013	1.21	1030	1.65	1045	2.20	1060	2.96	1073	3.94
	比热	导热系数	3.972	0.545	3.815	0.497	3.645	0.453	3.468	0.415	3.281	0.380
25	密度	动力黏度	1012	1.08	1028	1.46	1043	1.92	1058	2.57	1071	3.39
	比热	导热系数	3.981	0.552	3.826	0.503	3.660	0.459	3.485	0.419	3.300	0.384
30	密度	动力黏度	1010	0.97	1026	1.30	1041	1.69	1055	2.26	1069	2.94
	比热	导热系数	3.989	0.559	3.838	0.509	3.674	0.464	3.502	0.424	3.319	0.387
40	密度	动力黏度	1006	0.80	1022	1.06	1037	1.34	1051	1.77	1064	2.26
	比热	导热系数	4.007	0.572	3.861	0.520	3.702	0.473	3.535	0.431	3.358	0.394
50	密度	动力粘度	1002	0.67	1017	0.88	1032	1.09	1045	1.43	1058	1.78
	比热	导热系数	4.024	0.583	3.884	0.529	3.730	0.481	3.569	0.438	3.396	0.399
70	密度	动力黏度	991	0.50	1006	0.64	1020	0.76	1033	0.97	1045	1.17
	比热	导热系数	3.059	0.600	3.930	0.544	3.787	0.494	3.636	0.449	3.474	0.408
90	密度	动力黏度	979	0.39	994	0.49	1007	0.56	1019	0.70	1031	0.82
	比热	导热系数	4.094	0.610	3.976	0.553	3.844	0.501	3.703	0.455	3.551	0.414

注：密度单位为 kg/m^3、比热单位为 $kJ/(kg \cdot ℃)$、导热系数单位为 $W/(m \cdot ℃)$、动力黏度单位为 $Pa \cdot s$。

(3) 乙二醇水溶液的使用要求

乙二醇与锌接触时会发生化学反应,所以冰蓄冷空调系统中不应采用含锌的材料。低于20%的二醇类水溶液易引起细菌孳生;超过60%的二醇类水溶液将使传热效率显著降低,并且溶液的凝固点温度不再降低。乙二醇水溶液的浓度通常由制冷机和蓄冰装置生产厂商根据蓄冰时的温度综合推荐确定。

乙二醇管道系统的设计与阀门的配置,应遵循以下原则:

1) 当冰蓄冷空调的载冷剂系统采用闭式时,系统管路上应设置安全阀,其泄液管不得随意排放,应接至载冷剂储液箱内回收利用。

2) 当冰蓄冷系统采用开式系统时,应在接入蓄冰槽之前的回液管上设置自力式恒压阀或将回液管抬高后再接入系统,以免系统倒空影响正常运行。

3) 当蓄冰装置由多台并联连接运行时,在每个蓄冰装置的支管路上应设置平衡阀,以保持流经每台蓄冰装置的溶液流量相同。

4) 在载冷剂系统管路的最低点,应设置排液管和阀门,以便系统维护或其他原因需临时排放时,排入储液箱内。

5) 对于仅设置有综合泵等的冰蓄冷空调系统,因溶液泵在系统各工况下的运行需要扬程相差较大,为避免水泵配置的电机运行过载,建议在系统的适当位置处设置自力式限流阀。

6) 乙二醇水溶液有一定的毒性,且价格较贵,因此,系统中使用的阀门及管件应具有较高的严密性、不允许有渗漏。

7) 冰蓄冷空调的载冷剂系统除不应采用镀锌钢管外,其余管材的选用均与常规空调水系统相同,详见本手册第26章。

(4) 载冷剂管路设计

冰蓄冷空调系统管路的水力计算,与常规空调水系统相同。乙二醇水溶液管路系统的水力计算,也可按常规水系统的计算方法进行,但其流量和管道阻力应按表28.4-36的系数进行修正。

乙烯乙二醇水溶液管道的流量和阻力修正系数 表28.4-36

质量浓度(%)	相变温度(℃)	流量修正系数	管道阻力修正系数	
			溶液温度5℃时	溶液温度-5℃时
25.0	-10.7	1.08	1.220	1.360
30.0	-14.1	1.10	1.257	1.386

4. 制冷机和蓄冰装置的最终复核

(1) 确定具体品牌产品的型号和规格

根据以上计算得到的蓄冰装置名义容量、制冷机标定制冷量以及一定量的附加后,选择并确定具体品牌厂商的产品型号和规格。

(2) 具体规格容量的复核

针对具体选定的制冷机和蓄冰装置的容量,进行设计周期内的系统性能的模拟,使蓄冷系统各设备能完全匹配并满足每小时的冷负荷量,绘出冰蓄冷空调系统设计周期内供冷运行的各时刻段冷负荷分配图表。

(3) 具体规格特性的复核

在选定的制冷机、蓄冰装置的容量和蓄、释冷的温度条件下，对设计周期内蓄、释冷的速率和量进行复核，以满足各时段冷量的产、需平衡。

28.4.5 蓄冰空调系统的设计注意事项

1. 由于蓄冰空调系统长期在较低的温度（通常最低为－6℃）下运行，所以必须对管道和设备采取可靠的绝热措施，最大限度地减少冷损失。蓄冷系统的管路和设备的保温材料和厚度，应根据经济厚度法核算确定，保温材料宜采用闭孔橡塑制品。对于露天布置的蓄冰槽，在保温层外需覆盖隔汽、防潮层及防护层，为了减少太阳辐射的影响，外部应设热反射效果强的护壳或涂层。蓄冰槽可采用内防水和外防水，但均应达到"零渗漏"。

2. 蓄冰空调系统可提供较低温度的冷水（最低可达1.5℃），所以应优先考虑采用大温差低温送风（送风温度≤10℃）的空调系统。

3. 蓄冰空调系统与空气调节末端设备的连接方式，可参考以下原则选择：

(1) 冷负荷大于1800kW（500RT）时，采用中间设板式换热器进行间接供冷；

(2) 冷负荷小于700kW（200RT）时，采用载冷剂直接供冷；

(3) 冷负荷在1800kW（500RT）～700kW（200RT）之间时，系统形式应依据现场特点及条件确定。

4. 中间设置板式换热器进行间接供冷时，空调水侧应采取如下的防冻保护措施：

(1) 在载冷剂侧设置关闭或旁通阀；

(2) 设置自控环节，当载冷剂侧水温<2℃时，自动开启冷水侧的循环泵。

5. 蓄冷槽可采用钢板槽、钢筋混凝土槽或塑料槽，一般应依据现场条件和初投资确定。钢筋混凝土槽可采用预制或现浇。预制槽应选用预应力钢筋混凝土制作；现浇槽可选用预应力钢筋混凝土制作。蓄冰装置的使用寿命应大于15年。

6. 蒸发器和冷凝器的进出水温度的高低，对制冷机的能耗影响较大，冷水出水温度每降低1℃，设备电耗将增加2%～3%；冷却水进水温度每降低1℃，制冷机的产冷量将提高1%～2%。

7. 冰蓄冷空调系统的配置，可依据表28.4-37和表28.4-38进行选择。

蓄冰空调系统串、并联优、缺点　　　　表28.4-37

制冷机与冰槽连接方式	优 点	缺 点
串联系统	● 适用于各种温差的系统，特别是大温差（$\Delta t \geq 8℃$）； ● 出水温度易控制且运行稳定	● 系统温差较小（$\Delta t = 5℃$）时的溶液泵运行能耗较高
并联系统	● 系统可兼顾制冷机与蓄冰槽的容量和效率； ● 单释冷供冷时，溶液泵能耗明显较低	● 出水温度和出水量控制复杂； ● 存在高、低水温掺混，不节能； ● 不适用于温差大于6℃的系统

蓄冰空调系统制冷主机上、下游优、缺点　　　表28.4-38

制冷机在系统中的位置	优　点	缺　点
主机上游系统	● 因进、出水温度较高,制冷机的运行效率较高,能耗较低; ● 制冷机的初投资小	● 冰槽释冷温度和融冰效率均较低,对释冷的特性以及系统运行要求较高; ● 系统出水温度控制复杂; ● 蓄冷装置初投资大
主机下游系统	● 系统出水温度控制简单; ● 对冰槽的释冷特性以及系统运行要求较低; ● 蓄冷装置初投资小	● 因进、出水温度较低,制冷机的运行效率较低,能耗较高; ● 制冷机初投资大

8. 冰蓄冷空调系统具有初投资高、运行费用低的特点。所以,冰蓄冷空调系统的投资回收期是衡量系统经济性的主要指标。系统经济性分析主要集中在冰蓄冷空调系统与常规制冷空调系统的经济对比方面,常用的经济评价方法有静态法和动态法。在方案设计阶段,系统的对比评价可采用简单的静态法;在设计的实施阶段,系统的对比评价建议采用动态法。

9. 系统的施工、运行和保养

(1) 混凝土槽蓄冷槽在初次使用时,应经过几天使槽内水温慢慢地降到设计工况,以免槽内水的温度骤变引起裂缝、渗漏水。

(2) 蓄冷空调系统使用的乙二醇应选配有缓蚀剂、呈碱性且有防泡沫添加剂的工业级缓蚀性乙二醇(非缓蚀性乙二醇较一般自来水对金属水管的腐蚀性大两倍)。

(3) 蓄冷空调系统的乙二醇水溶液应在使用后的每年进行一次抽样测试分析,使系统中乙二醇浓度、缓蚀剂量和碱度满足要求。

28.4.6 冰蓄冷空调系统的运行、控制策略和自动控制

1. 冰蓄冷空调自控系统的基本功能

冰蓄冷空调系统因其自身的特点对自控系统有一定的依赖性,这种依赖决定了自控系统的基本功能,通常有如下两个基本要求:

(1) 工况切换和设备的启停控制

自控系统在进行工况切换时需对以下几个因素提供调控手段:

1) 参与本工况运行的设备及系统中各阀门的状态;

2) 各设备的启、停顺序,一般的启动顺序为:阀门—>水泵—>机组;而冷却塔风扇往往由自控系统在运行中根据冷却水的温度来决定启停;

3) 各组设备启动(停机)的时间间隔,在启动时要有足够的时间使阀门彻底打开后再启动水泵;在停机时机组关闭后各组水泵应继续运行足够的时间,使机组的冷凝器和蒸发器的温度恢复。

(2) 融冰速度控制

为保证空调冷冻水的水温稳定在设计要求的范围内,自控系统应对冰蓄冷系统的融冰速度进行控制,控制融冰速率的方法有很多,但大体可归纳为变水温度和变水流量两类形式。如果以换热器为蓄冰装置的负荷用户,前者改变的是冷媒水换热器侧的入水温度,后者改变的是冷媒入换热器侧水的流量。

2. 暖通设计人员在设备选型时,从自控角度应注意的事项

(1) 除由动力柜进行控制的设备外,其他设备需具备远程控制接口(主要为制冷机、变频控制器等),供自控系统控制其启停和其他操作。常见的远程接口有开关量接口和 RS485 接口两种:前者通过开关信号对设备实现远程控制,简单可靠,但功能有限;后者除实现控制外,还能实现各种参数的交互,但实现起来较为复杂。

(2) 由动力柜进行控制的设备,在动力柜上要设有远程和本地(也称自动和手动)切换开关,当切换到远程(自动)时要能接受自控系统的远程控制指令。同时,电控柜应能向自控系统提供设备状态的返回信号。一般从主接触器的辅助触点上提取设备的运行状态信号,从热保护继电器上提取设备的故障信号。

(3) 自控系统只是对冰蓄冷中央空调机房做系统级的控制,系统中各设备仍应具备完善的自身内部的控制(也即设备级的控制)。如冷水机组对压缩机的加载和卸载控制、电热锅炉对发热管的加载/卸载自控装置等。

(4) 自控系统只是对冰蓄冷中央空调机房系统级的安全负责,系统中各设备自身的安全保护仍应由设备承担,如冷水机组的高压保护等。

3. 暖通设计人员应向自控设计人员提供的资料

(1) 系统的工艺流程图

若甲方有特别的指定或系统有特殊的要求,暖通设计人员需对工艺流程图中的变频控制器和电动阀门做部分和全部指定。否则,这部分工作也可交由自控设计人员来做。

(2) 系统工况的文字描述

该描述应包括各工况下管道系统的组成和参与运行的设备及各设备的启停顺序,以及针对该工况的特殊控制要求,如"当蓄冰装置两端温差持续 300s 小于 0.5℃时,自动结束本工况进入系统待机状态"等。

(3) 系统自控目标的文字描述

这部分描述往往分为两类,一类是控制目标,如"根据补液箱液面高度对补液水泵的启停实现自动控制"等。另一类是对计算机辅助管理提出的要求,如"在低谷电时段结束时(可设置)系统应能自动停止蓄冰进入待机状态"等。自控设计人员据此设计受控设备和检测点,且在工程结束时,该文字说明应作为自控系统验收的标准之一。

(4) 机房设备与管道布置图

自控设计人员在确定了受控设备和检测点后,需要在该图上标出各点的位置。如果要求自控设计人员对控制信号线缆做出报价的,暖通设计人员还需在该图标出具体的尺寸。

(5) 动力设备清单

该清单应包括注明每个动力设备的功率,及就该设备而言在控制上是否有特殊要求(如有的冷机是采用 RS485 接口与自控系统实现数据交换,有的电热锅炉是通过开关量信号来接受自控系统的指令等)。如果同时要求自控系统设计人员对动力柜进行设计时,还应在动力柜的启动和保护方式等方面提出要求。

4. 逐时负荷预测

逐时负荷预测对冰蓄冷空调有着重要的意义,是操作人员合理调配两个冷源之间关系的重要依据。为了尽量减少高价峰电的使用,操作者需要对当天的逐时负荷有所了解,从而制定出操作策略,力求在峰电时段少使用冷机,并尽可能使蓄冰量能在峰电时段内完全

释放。缺少严格制定的操作策略时，往往会产生这样的情况：或者预留了过多的蓄冷量从而在峰电时段结束时仍有较多的剩余；或者过早地将蓄冷量释放而不得不在峰电时段多使用冷机。制定操作策略的意义还在于能合理安排蓄冰量的使用，除了给峰电时段预留外，还能在其他有特殊要求的情况下以蓄冰装置为主进行供冷。

必须指出，时至今日，逐时负荷预测方法尚处于理论阶段，大多数采用回归预测法，即对历史数据库作二元（预报气温和天气情况）回归或多元（可细分至室内外的干球温度、湿度）回归的方法。由于影响逐时负荷的不确定因素很多，因此预测的结果只能给操作人员制定控制策略作为参考，而不适合直接由自控系统依照预测结果去自动执行。同时，由于目前的逐时负荷预测方法大都离不开系统运行的历史数据，而获得和维护一个完整的历史数据库在操作上有一定的难度。因此，要使逐时负荷的预测功能变得切实可行，这一方面有待于可以不借助历史数据库的预测方法，同时也有待于更简便可行的维护和建立历史数据库的手段。

5. 自控系统的常见形式及在冰蓄冷空调控制中的应用

自控系统不同的结构形式，在性能和投资方面都有较大的差异。很多情况下，暖通设计人员需要根据工程的具体情况（如资金和对控制功能的要求）对自控系统的形式作出建议。

当前，冰蓄冷空调自控系统较常见的结构形式有直接数字控制系统（DDC）、集散型控制系统（DCS）和现场总线控制系统（FCS），分述如下：

（1）直接数字控制系统（DDC）

该系统为单级控制系统，由控制计算机取代传统的模拟调节和控制仪表对空调系统进行控制，是计算机控制技术最初级的形式，多用于较为简单的控制场合，或作为高级控制系统的执行级。直接数字控制系统使用计算机的分时系统来实现多个点的控制功能，实际上属于用控制机离散采样、实现离散多点控制。

直接数字控制系统已成为当前计算机控制系统中主要控制形式之一，其优点是结构紧凑、造价低廉、有较高的性价比，尤其适用于中小规模的中央空调机房的自动控制。如果不考虑自控系统的技术先进性和今后的扩展，一般在数十个回路的控制规模下，直接数字控制系统不失为理想的选择。

（2）集散型控制系统（DCS）

该系统又称分布式控制系统，是相对于计算机数字直接控制系统而言的一种新型计算机控制系统，是在数字直接控制的基础上发展而来的。集散型控制系统的特点在于"集中管理分散控制"，以规避和释放故障风险。采用上位机和下位机两级结构，由下位机实现信息的采集，而上位机实现信息的处理和利用；由下位机构成底层的控制回路，而上位机实现各控制回路间的交互。上位机和下位机各司其职从而减少硬件的冗余，同时又有利于释放系统的故障风险。

冰蓄冷中央空调的机房由于设备比较集中且数量不多，因此很多工程在实施时都采用了一台上位机对一台下位机的形式，而不是标准的DCS系统那样一对多的形式。针对冰蓄冷中央空调的机房设备控制的特点，在只设一台下位机时DCS的意义并不在于"集散"与"分布"，而在于让上位机和下位机各司其职，使系统的结构更为合理。此外，上位机还承担着数据库管理、计算机辅助决策等功能，并且在人机交互上，上位机能提供出更友好、更直观的界面。

（3）现场总线控制系统（FCS）

现场总线控制系统是顺应数字传感器和智能现场仪表而发展起来的，它的本质就是用数字通信代替以往的模拟传输技术。现场总线技术因其系统的开放性、可扩展性、以及现场设备的智能化与功能自治性和系统结构的高度分散性，使其在问世后得到迅速发展，并很快成为自控领域的后起之秀。

对冰蓄冷中央空调的机房自控来说，FCS能真正实现控制的分散性，因为它把集散的层面下沉至I/O层而不是控制层，这就避免了采用DCS系统由于控制规模不大而只一台下位机，从而失去了分散的意义，因此从释放故障风险的角度说，就冰蓄冷中央空调的机房自控而言，FCS真正实现了分散控制集中管理的技术目标，在释放故障风险和系统的扩展性上都能比采用DCS做得更好。同时，由于把集散的层面下降至I/O层，而具备了很好的扩展特性，更适合中大规模的机房自控系统。

现场总线的前提是现场设备的数字化、智能化，这在现阶段势必会提高系统造价。因此尽管这项新技术前景诱人，因此在采用时还是要在成本和性能之间权衡考虑。此外，作为现场总线技术核心的数字通信协议，当前还没有统一的国际标准，这就使设备的投资具有一定的风险。因此在选用现场总线技术时应慎重，也可以局部选用。

（4）三种自控系统结构形式的比较见表28.4-39。

三种自控系统结构形式及特点　　　　　　表28.4-39

结构形式	描 述	特 点	适用范围
直接数字控制系统	由计算机直接进行控制、由计算机中的板卡实现检测和控制信号的模/数与数/模的转换	结构紧凑、造价低廉、功能相对较为简单	中小规模的机房控制系统
集散型控制系统	由下位机实现信息的采集，而上位机实现信息的处理和利用；由下位机构成底层的控制回路，而上位机实现各控制回路间的交互	上位机和下位机各司其职从而减少硬件的冗余度，同时有利于释放系统的故障风险	中大规模的机房控制系统
现场总线控制系统	把集散的层面下降至I/O层，能真正实现分散控制的技术目标，并具备更好的开放性和扩展性	使系统的故障风险得到最彻底释放，同时有很好的扩展特性，但在现阶段造价较高	适合中大规模的机房自控系统或较高级的应用场合

28.4.7 冰蓄冷技术在其他领域中的应用

冰蓄冷技术也常用于除舒适性空调制冷以外的工艺性冷却过程以及工艺性应急冷源系统，其应用主要有以下几方面：

奶制品工业：用于奶牛场鲜奶急速冷却设备、乳品加工厂的生产过程冷却等，以保持牛奶及其制品的新鲜为目的，与传统机械制冷方法比，可节省投资和运行费用。

屠宰厂：用于冷却肉（将猪肉胴体温度由37℃迅速冷却到4℃左右，质量优于热鲜肉和冷冻肉）的生产，目的是移峰填谷节约运行费用。

冷藏链：用于汽车、火车、轮船的冷藏运输，其比机械冷藏车投资与使用成本低，比普通保温车效果好，与传统冰盐冷却车相比寿命长、无污染。我国目前有冰盐冷却机车约5000辆，面临淘汰与更新，而采用封装冰式蓄冰装置替换原冰盐直接混合装置，不但可以使这部分车辆重新投入使用，使保鲜温度更精确，同时也可以利用夜间谷电蓄冷降低使用费用。

中心厨房：中心厨房，就是设立一个集中加工的主厨房（又叫加工厨房、配送中心），负责所有经营产品的原料加工和切割、配份的场所。为保证食品质量和人员舒适，需要冷却工艺。采用冰蓄冷技术可达到移峰填谷的目的，从而节约运行费用。

制药工业：用于生产过程工艺冷却和洁净厂房空气调节，目的移峰填谷，节约费用。

制瓶厂：用于玻璃成型冷却，目的移峰填谷，节约费用。

酿造业：用于生产过程工艺冷却，目的移峰填谷，节约费用。

溜冰场：利用夜间谷电蓄存冷量，白天维持溜冰场所需冷量，目的移峰填谷，节约费用。

肉加工业：工艺冷却用，目的移峰填谷，节约费用。

应急冷源：包括重要计算机数据中心、手术室、重要剧院、电视台演播厅、电话交换中心、弹药贮存、重要物资的冷藏等，目的是在主空调系统因故停止运转时，继续供应冷量。

燃气轮机进气冷却：燃气轮机（燃油或燃气）由于启动快、调节性好、污染低、综合效率高等优点，已成为发达国家主要的发电工具。但燃气轮机有一个主要缺点：其做功过程需要大量空气，环境气温越高，其出力与效率也越低，因此，利用冰蓄冷技术夜间储冰，白天高温时冷却燃气轮机的进气温度，以提高此时发电机组的功率。一般可增加20%的发电量，并且可减少7%的燃料消耗。

28.5 蓄热系统

蓄热技术是指采用适当的方式，利用特定的装置，将暂时不用或多余的热量通过一定的蓄热材料储存起来，需要时再释放出来加以利用的方法。

28.5.1 蓄热系统的形式与分类

各种蓄热系统的工作原理及其优缺点，详见表28.5-1。

各种蓄热系统的工作原理及优缺点　　　　表28.5-1

依据	分类	工作原理	优点	缺点
蓄热热源	电能蓄热系统	在电力低谷期间，利用电作为能源来加热蓄热介质，并将其储藏在蓄热装置中；在用电高峰期间将蓄热装置中的热能释放出来满足供热需要	● 平衡电网峰谷荷差，减轻电厂建设压力； ● 充分利用廉价的低谷电，降低运行费用； ● 系统运行的自动化程度高； ● 无噪声，无污染，无明火，消防要求低	● 受电力资源和经济性条件的限制，系统的采用需进行技术经济比较； ● 自控系统较复杂
	太阳能蓄热系统	太阳能蓄热是解决太阳能间隙性和不可靠性，有效利用太阳能的重要手段，满足用能连续和稳定供应的需要。太阳能蓄热系统利用集热器吸收太阳辐射能转换成热能，将热量传给循环工作的介质如水，并储藏起来	● 清洁、无污染，取用方便 ● 节约能源； ● 安全	● 集热器装置大； ● 应用受季节和地区限制
	工业余热或废热蓄热系统	利用余热或废热通过换热装置蓄热，需要时释放热量	● 缓解热能供给和需求失配的矛盾； ● 廉价	用热系统受热源的品位、场所等限制

续表

依据	分类	工作原理	优点	缺点
蓄热介质	水蓄热	将水加热到一定的温度，使热能以显热的形式储存在水中；当需要用时时，将其释放出来提供采暖用热需要	● 方式简单； ● 清洁、成本低廉	● 储能密度较低，蓄热装置体积大； ● 释放能量时，水的温度发生连续变化，若不采用自控技术难以达到稳定的温度控制
蓄热介质	相变材料蓄热	蓄热用相变材料一般为共晶盐，利用其凝固或溶解时释放或吸收的相变热进行蓄热。适用于建筑物供暖及空调用的有关相变蓄热材料的热物性见表28.5-2	● 蓄热密度高，装置体积小； ● 在释放能量时，可以在稳定的温度下获得热能	● 价格较贵； ● 需考虑腐蚀、老化等问题
蓄热介质	蒸汽蓄热	将蒸汽蓄成过饱和水的蓄热方式	蒸汽相变潜热大	● 造价高； ● 需采用高温高压装置
用热系统	供暖系统	供暖系统的供回水温度通常为95℃/70℃；一般蓄热温度为130℃		
用热系统	空调系统	空调系统的供回水温度通常为60℃/50℃；一般蓄热温度为90~95℃，也可采用高于100℃的高温蓄热系统		
用热系统	生活热水	生活热水供水温度通常为60~70℃；若采用蓄热罐直接供热，一般蓄热温度等于供水温度；也可采用较高的蓄热温度，利用换热器换热后供热		

适用于建筑物供暖及空调用的相变蓄热材料的热物性　　表 28.5-2

材料	熔点（℃）	熔融热（kJ/kg）	密度 (kg/m³)		比热容 [kJ/(kg·℃)]		导热系数 [kW/(m·℃)]		蓄热密度 (MJ/m³)
			固相	液相	固相	液相	固相	液相	
冰	0	334	920	1000	1.26	4.21	0.62	2.26	308
$CaCl_2·6H_2O$	27	190	1800	1560	0.35	0.51	1.09	0.54	296
$Na_2SO_4·10H_2O$	32	225	1460	1330	0.42	0.79	2.25	—	300
$Na_2SO_4·5H_2O$	48	209	1650	—	0.35	0.57	0.57	—	345
$MgCl_2·6H_2O$	120	169	1560	—	0.38	0.54	—	—	250

28.5.2 蓄热系统及设备的性能和特点

1. 电热锅炉

（1）电热锅炉的原理

电热锅炉是将电能转换成热能，并将热能传递给介质的能量转换装置，一般由两个环节组成：

1）将电能转换成热能：通常有以下三种方式：

a. 电阻式—电流通过电热器中电阻丝产生热量，电阻丝放置在紫铜或镍基合金套管中，套管中充满氧化镁绝缘层。电阻式电热转换元件的结构简单，同时由于是纯电阻型，在转换中没有损失,所以,被普遍采用于电热锅炉中。

b. 电磁感应式—利用电流流过带有铁芯的线圈产生交变磁场,在不同的材料中产生涡流电磁感应而发生热量。这种转换方式由于存在感抗,转换中产生无功功率,功率因数<1,一般用在较小容量的电热设备上。

c. 电极式—利用电极之间介质的导电电阻,在电极通电时直接加热介质本身。这种形式多用于冶炼金属行业,在电锅炉中较少采用。

2)将热能传递给介质:电热元件通电后,不断地产生出热量,并被介质不断地吸收带走,以保持热量平衡。在电热锅炉中,用户一般需要热水或蒸汽,而且水是一种廉价的商品,所以一般电热锅炉的介质是水。电热元件直接浸没在水中,水被加热后直接取用,或水被加热后变成蒸汽,送到需要蒸汽的场合。电锅炉传热的主要方式是采用导热和对流,其传递的热功率Q(W)为:

$$Q = K \cdot A \cdot \Delta t \tag{28.5-1}$$

式中 K——传热系数,W/(m^2·℃);

A——传热面积,m^2;

Δt——传热物体间的温差,℃。

(2) 电热锅炉的分类和参数

1) 电热锅炉的分类(见表28.5-3)

电热锅炉的分类　　　　表28.5-3

序号	分类依据	类 型	备 注
1	电加热元件	电热管式电锅炉、感应式电锅炉、电极式电锅炉、电热板式电锅炉、电热棒式电锅炉等	通常应用的大多数为电热管式电锅炉
2	提供介质	电热水锅炉和蒸汽锅炉	
3	外形的形式	立式和卧式	立式电锅炉的功率一般较小,卧式电锅炉功率较大
4	结构形式	整体蓄热式和即热式电锅炉	整体蓄热式通常有一个较大的储水容器,在容器底部设置有电热元件,锅炉的控制元件和本体组为一体,其加热功率一般较小。即热式通常无储水容器,其通常具有水容量较小、加热功率大以及外形尺寸较小,即热式也用于蓄热系统

2) 电热锅炉的参数及外形尺寸:分别见图28.5-1、图28.5-2和表28.5-4、表28.5-5、表28.5-6、表28.5-7。

立式电热水锅炉技术参数　　　　表28.5-4

产品型号	输入功率(kW)	供热量(kW)	外形尺寸(mm)			接管直径(mm)	重量(kg)	
			B	W	H		运输	运行
LDZO-060-0.7/95/70	60	58.2	710	1060	1690	DN65	350	490
LDZO-090-0.7/95/70	90	87.2	710	1060	1690	DN65	360	500
LDZO-120-0.7/95/70	120	116.3	710	1060	1690		370	510
LDZO-180-0.7/95/70	180	174.5	800	1150	1870	DN80	535	805
LDZO-225-0.7/95/70	225	221.0	800	1150	1870		550	820

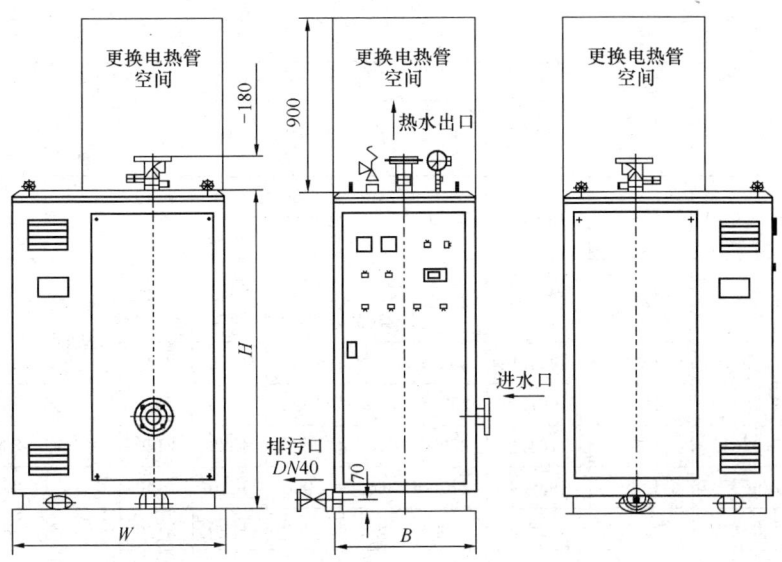

图 28.5-1 立式电热水锅炉外形及尺寸图

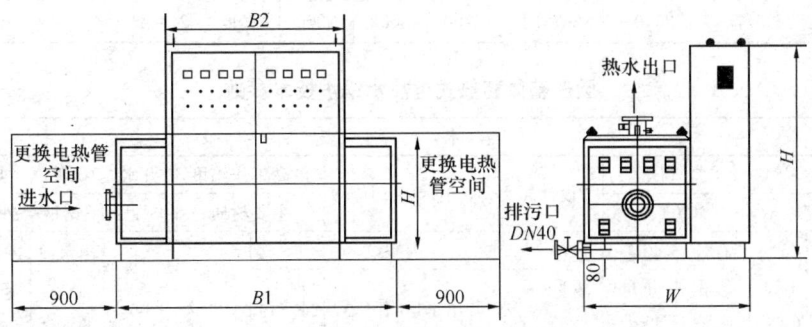

图 28.5-2 卧式电热水锅炉外形及尺寸图

卧式电热水锅炉外形及尺寸　　　　表 28.5-5

产品型号	输入功率(kW)	供热量(kW)	外形尺寸（mm）					接管直径(mm)	重量（kg）	
			B1	B2	W	H	H'		运输	行运
WDZ0.270-0.7/95/70	270	265.2	1700	1200	1300	1060	1590	DN200	1026	1346
WDZ0.315-0.7/95/70	315	308.2	1700	1200	1300	1060	1590		1041	1361
WDZ0.360-0.7/95/70	360	352.4	2370	1500	1300	1060	1740	DN125	1159	1649
WDZ0.450-0.7/95/70	450	440.8	2370	1600	1300	1060	1940		1189	1679
WDZ0.540-0.7/95/70	540	529.2	2370	1600	1300	1060	1940		1219	1709
WDZ0.630-0.7/95/70	630	617.6	2400	1600	1550	1270	1940		1520	2410
WDZ0.720-0.7/95/70	720	705.9	2400	1600	1550	1270	1940		1550	2440
WDZ0.810-0.7/95/70	810	794.3	2400	1600	1550	1270	1940		1883	2773
WDZ0.900-0.7/95/70	900	882.7	2400	1550	1270	1940		DN150	1913	2803
				2700	1700	1270	2140			
WDZ0.990-0.7/95/70	990	969.9	2400	1550	1270	1940			1943	2833
				2700	1700	1270	2140			
WDZ1.035-0.7/95/70	1035	1014.1	2400	1550	1270	1940			1958	2848
				2700	1700	1270	2140			

续表

产品型号	输入功率(kW)	供热量(kW)	外形尺寸 (mm)					接管直径(mm)	重量 (kg)	
			B1	B2	W	H	H′		运输	行运
WDZ1.080-70.7/95/70	1080	1058.3	2550	2400	1750	1470	1940	DN200	2323	3723
				2700	1900	1470	2140			
WDZ1.260-0.7/95/70	1260	1235.1	2550	3000	1750	1470	1940		2450	3850
				2700	1900	1470	2140			
WDZ1.440-0.7/95/70	1440	1411.9	2550	2700	1900	1470	2140		2510	3910
WDZ1.620-0.7/95/70	1620	1587.5	2550	2700	1900	1470	2140		2570	3970
WDZ1.800-0.7/95/70	1800	1764.3	2700	2700	2000	1570	2140		2660	4410
WDZ1.980-0.7/95/70	1980	1950.4	2700	3600	2000	1570	2140		2720	4470
WDZ2.160-0.7/95/70	2160	2128.3	2700	3600	2200	1790	2140	DN250	3200	5740
WDZ2.340-0.7/95/70	2340	2305.1	2700	3600	2200	1790	2140		3260	5800
WDZ2.520-0.7/95/70	2520	2483.0	2700	3600	2200	1790	2140		3320	5860
WDZ2.610-0.7/95/70	2610	2571.4	2700	3600	2200	1790	2140		3350	5890

圆形整体蓄热式电热水锅炉技术参数　　　表28.5-6

技 术 特 性 表

工作压力	常压	设计压力	常压			最高工作温度	开水≤100℃ 热水≤70℃			
设计温度	100℃					主要材质	内胆:不锈钢　外壳:不锈钢			

型号	总功率(kW)	有效容积(m³)	设备重量(kg)	运行重量(kg)	内螺纹				直径(mm)	高度(mm)	出水口高度(mm)	进水口高度(mm)	排水口高度(mm)
					进水口	出水口	排气口	排水口					
YDKS0.5-10	10	0.5	250	~1000	DN20	DN40	DN25	DN20	960	1420	180	50	50
YDRS0.S-5	5												
YDKS1.0-15	15	1.0	320	~1500	DN20	DN40	DN25	DN20	1260	1420	180	50	50
YDRS1.0-10	10												
YDKS1.5-25	25	1.5	400	~2000	DN20	DN40	DN25	DN20	1360	1620	180	50	50
YDRS1.5-15	15												
YDKS2.0-30	30	2.0	500	~2500	DN20	DN50	DN25	DN20	1560	1700	180	50	50
YDRS2.0-20	20												
YDKS3.0-45	45	3.0	620	~3500	DN25	DN50	DN32	DN25	1660	2030	180	50	50
YDRS3.0-30	30												
YDKS4.0-60	60	4.0	750	~4500	DN25	DN50	DN32	DN25	1900	2030	180	50	50
YDRS4.0-40	40												
YDKS5.0-70	70	5.0	880	~6000	DN25	DN50	DN32	DN25	2070	2080	180	50	50
YDRS5.0-50	50												
YDKS6.0-85	85	6.0	1000	~7000	DN25	DN65	DN32	DN25	2160	2250	180	50	50
YDRS6.0-60	60												

方形整体蓄热式电热水锅炉技术参数　　　　表 28.5-7

技 术 特 性 表

工作压力	常压	设计压力	常压	最高工作温度		开水≤100℃　热水≤70℃					
设计温度	100℃			主要材质		内胆：不锈钢　外壳：不锈钢					
型　号	总功率 (kW)	有效容积 (m³)	设备重量 (kg)	运行重量 (kg)	内螺纹			长 (mm)	宽 (mm)	高 (mm)	出水口高度 (mm)	进水口高度 (mm)	排水口高度 (mm)
					进水口	出水口	排气口	排水口						

型号	总功率(kW)	有效容积(m³)	设备重量(kg)	运行重量(kg)	进水口	出水口	排气口	排水口	长(mm)	宽(mm)	高(mm)	出水口高度(mm)	进水口高度(mm)	排水口高度(mm)
FDKS0.5-10	10	0.5	270	~1000	DN20	DN40	DN25	DN20	960	750	1540	180	50	50
FDRS0.5-5	5													
FDKS1.0-15	15	1.0	350	~1500	DN20	DN40	DN25	DN20	1260	1100	1540	180	50	50
FDRS1.0-10	10													
FDKS1.5-25	25	1.5	450	~2000	DN20	DN40	DN25	DN20	1380	1360	1540	180	50	50
FDRS1.5-15	15													
FDKS2.0-30	30	2.0	550	~2500	DN20	DN50	DN25	DN20	1460	1260	1820	180	50	50
FDRS2.0-20	20													
FDKS3.0-45	45	3.0	680	~3500	DN25	DN50	DN32	DN25	1660	1460	1970	180	50	50
FDRS3.0-30	30													
FDKS4.0-60	60	4.0	800	~4500	DN25	DN50	DN32	DN25	1760	1660	2150	180	50	50
FDRS4.0-40	40													
FDKS5.0-70	70	5.0	920	~6000	DN25	DN50	DN32	DN25	1960	1760	2150	180	50	50
FDRS5.0-50	50													
FDKS6.0-85	85	6.0	1050	~7000	DN25	DN65	DN32	DN25	1960	1760	2500	180	50	50
FDRS6.0-60	60													
FDKS8.0-115	115	8.0	1200	~9000	DN32	DN65	DN40	DN32	2160	1860	2760	180	50	50
FDRS8.0-80	80													
FDKS10-140	140	10	1500	~11500	DN32	DN65	DN40	DN32	2360	2160	2760	180	50	50
FDRS10-95	95													
FDKS12-170	170	12	1800	~14000	DN32	DN80	DN40	DN32	2560	2360	2760	180	50	50
FDRS12-115	115													
FDKS15-210	210	15	2300	~17000	DN40	DN100	DN50	DN40	3160	2260	2760	70	70	70
FDRS15-145	145													
FDKS20-280	280	20	3000	~22000	DN40	DN100	DN50	DN40	3660	2660	2760	180	70	70
FDRS20-190	190													

2. 电蓄热供暖系统的分类及特点

(1) 并联和串联流程（见图 28.5-3、图 28.5-4 和表 28.5-8）

电锅炉蓄热并联和串联流程　　　　表 28.5-8

类型	原理	优点	缺点
并联	见图 28.5-3	控制相对简单	蓄热装置的热利用率较低；初投资较大
串联	见图 28.5-4	蓄热装置的热利用率较高；可以提供稳定的供水温度	控制复杂，控制元件的初投资较大

(2) 高温蓄热和常压蓄热（见表 28.5-9）

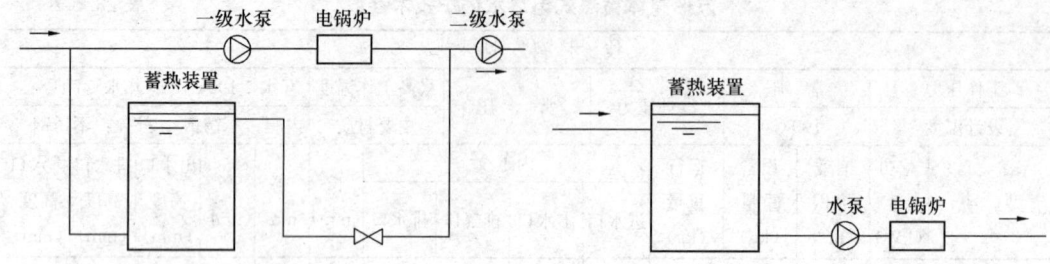

图 28.5-3　电蓄热并联供暖流程图　　　图 28.5-4　电蓄热串联供暖流程图

高温蓄热和常压蓄热　　　　　　　　表 28.5-9

类型	原理	优点	缺点	适用场所
高温蓄热	蓄热温度高于常压下水的沸点温度,一般为120~140℃	蓄热温度高,蓄热装置可利用温差大; 运行费用低廉	蓄热装置有压,加工要求高; 控制和保护系统复杂; 初投资较高	采暖系统 空调系统
常压蓄热	蓄热温度低于常压下水的沸点温度,一般为90~95℃	常压工作,蓄热装置加工要求一般; 控制和保护系统要求一般; 初投资较低	蓄热温度有限	空调系统

3. 生活热水蓄热系统

(1) 电蓄热式生活热水系统

通常生活热水系统的蓄热温差较大,因此,采用电蓄热方式可降低部分能耗和运行费用。表 28.5-10 列出了电蓄热生活热水系统的分类和适用场所。

电蓄热式生活热水系统的分类和适用场所　　　表 28.5-10

类型	系统原理图	适用场所
屋顶蓄热式	图 28.5-5	● 机房位置小,屋顶能承受电锅炉及蓄热装置等设备的重量的场所; ● 蓄热量较小的场所
集中低位水箱蓄热式	图 28.5-6	● 蓄热量较大的场所; ● 供水系统分散(如居民小区或公寓式集体宿舍等)的场所
集中高位水箱蓄热式	图 28.5-7	● 屋顶能部分承受蓄热装置的重量,且底层有电锅炉机房位置的场所; ● 蓄热系统较大的场所; ● 供水系统较集中的场所

(2) 太阳能蓄热式生活热水系统

太阳能蓄热式生活热水系统,主要由集热器、蓄热水箱、管路和辅助热源以及自控系统构成,系统原理见图 28.5-8 所示。

1) 集热器

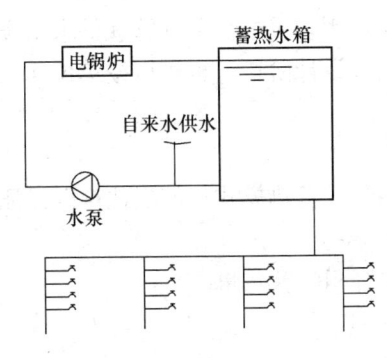

图 28.5-5 屋顶蓄热式

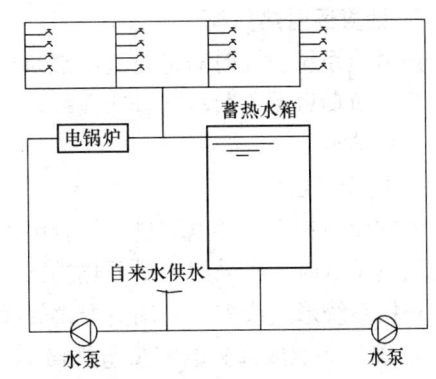

图 28.5-6 集中低位水箱蓄热式

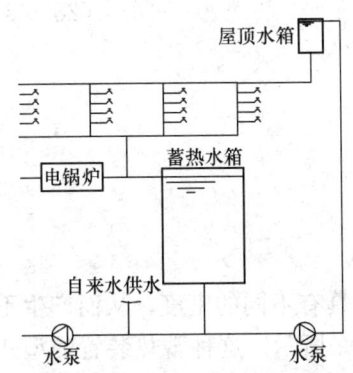

图 28.5-7 集中高位水箱蓄热式

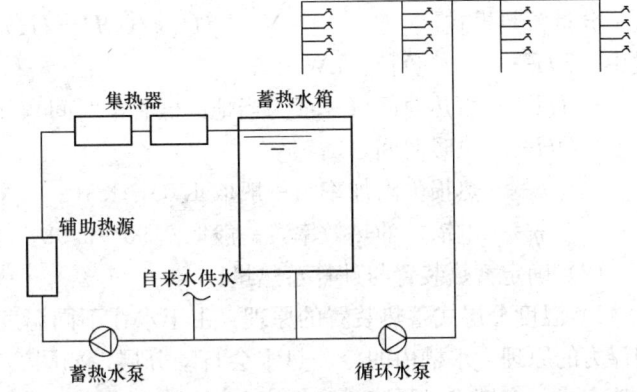

图 28.5-8 太阳能蓄热生活热水系统原理图

集热器的主要功能是将太阳辐射能转换成热能，然后将热量传给循环工作的水，是太阳能蓄热系统的关键设备，目前常用的集热器形式有平板式、真空管式和抛物面式等三种。

2) 蓄热水箱

因为太阳能的不稳定性，由集热器产生的热水需要暂时储存，以供使用需要。蓄热水箱需要保温。

3) 管路和辅助热源

在实际应用中，根据工程情况安装管路，同时，通常考虑将太阳能集热器与电锅炉、燃气锅炉或其他辅助热源并联或串联连接。集热器若出口水温达到要求，直接使用；若水温偏低，则仅起预热作用，水需再经辅助热源加热后使用。

4) 控制系统

太阳能蓄热生活热水控制系统一般包括温度及时间控制，依据温度设定或所选时间使蓄热水箱的温度达到设定值。若系统有辅助供热系统，则在日射量不足时启动辅助供热系统，达到设定的温度。

28.5.3 电蓄热供暖和空调系统的设计

电蓄热供暖和空调系统的设计，一般可按下列步骤进行：

1. 计算逐时热负荷

电蓄热系统设计时需进行逐时热负荷计算,因此应采用相关的负荷计算软件求出设计日的日总负荷以及负荷时间分布曲线;在方案设计和初步设计阶段,也可以按单位面积指标法进行估算。

2. 选择蓄热模式

考虑设备初投资和电容量等综合因素,一般宜采用分量蓄热模式;如当地难以保证白天的供热用电时,应采用全量蓄热模式。

根据系统形式或需要采用高温蓄热模式以增加单位容积的蓄热量。

3. 确定各组成部分的容量与规格

(1) 计算确定电热锅炉的功率 $N(\mathrm{kW})$:

全量蓄热模式:
$$N = TH \cdot k / IH / \eta \tag{28.5-2}$$

分量蓄热模式:
$$N = TH \cdot k / (OH + IH) / \eta \tag{28.5-3}$$

式中 TH——日总负荷,$kW \cdot h$;

IH——蓄热时间(一般为当地的低谷电时间),h;

OH——供暖时间,h;

k——热损失附加率,一般取 1.05~1.10;

η——电锅炉的热效率,一般取 0.95~0.98。

(2) 确定蓄热装置与计算蓄热量

1) 温度分层式蓄热装置的原理:由于水在不同温度下具有不同的密度,从而产生不同浮力的原理,水槽内的冷、热水会自动分层,如图 28.5-9 所示。这种蓄热装置的型式有迷宫式、多槽式、隔膜式和温度分层式等,详见本章水蓄冷部分。

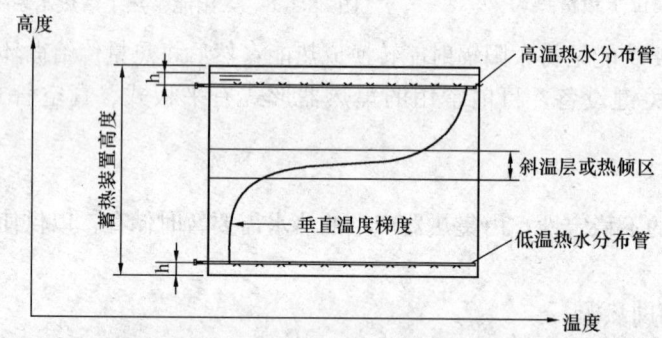

图 28.5-9 温度自动分层蓄热装置原理图

2) 温度分层式蓄热装置的进水分布管设计

设计原则:控制进出水在最低流速,以维持最大浮力,使密度大的水在槽下部向下流动,而密度小的水则向上流动。

为了减少蓄热装置内高低温热水的混合,设计时应使 $Fr \leqslant 2$,一般取 $Fr = 1$。另外,布水器设计时应尽量作到布置均匀和对称,孔口水流速度一般为 0.3~0.6m/s,孔中心间距应小于 $2h$。有时,也可设计成均流板的形式降低蓄热装置内水的扰动。

3) 计算蓄热装置的有效容积 $V(\mathrm{m}^3)$:
$$V = \frac{860 \cdot N \cdot IH \cdot \eta}{1000 \cdot \Delta t} \tag{28.5-4}$$

式中 N——电锅炉的功率,kW;
  η——电热锅炉的热效率,一般取 0.95~0.98;
  IH——蓄热时间,h;
  Δt——蓄热温差,℃。

蓄热温差应根据不同的用热系统和蓄热形式确定,一般可采用下列数值:

1) 60℃/50℃的空调系统,一般蓄热系统的蓄热温度为90℃,若采用板式换热器与末端隔开,则热水侧的供回水温度为90℃/55℃,蓄热装置的可利用温差最高为35℃;

2) 60℃/50℃的空调系统,高温蓄热系统的蓄热温度为130℃,若采用板式换热器与末端隔开,则热水侧的供回水温度为130℃/55℃,蓄热装置的可利用温差最高为75℃;

3) 90℃/70℃的供暖系统,高温蓄热系统的蓄热温度为130℃,若采用板式换热器与末端隔开,则热水侧的供回水温度为130℃/75℃,蓄热装置的可利用温差最高为55℃。

(3) 换热器

一般将蓄热系统与用热系统通过热交换器进行隔离,蓄热系统中一般采用板式换热器以提高系统的效率。板式换热器的换热量取供暖或空调尖峰热负荷,用户侧热水供回水温度根据系统需求选取,蓄热侧热水供回水温度选取见蓄热温差 Δt 选择。

(4) 循环水泵

蓄热循环水泵选用时应特别注意水泵的工作温度,应采用热水专用泵。

4. 设计举例

某办公楼的尖峰热负荷为 1000kW,总负荷为 7200kW·h,逐时热负荷分布图如28.5-10所示,低谷电段为 22:00~8:00 共10h,采用分量蓄热模式,求需配置的电热锅炉容量和蓄热装置的有效容积。

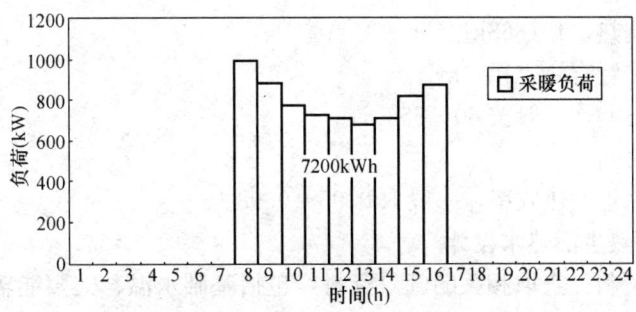

图 28.5-10 办公楼逐时热负荷分布图

【解】

(1) 分量蓄热模式的运行分布图(见图 28.5-11)。

(2) 电热锅炉的功率 N(kW):

$$N = TH \cdot k/(OH + IH)/\eta = 7200 \times 1.08/(9+10)/0.97 = 426\text{kW}$$

查阅相关电锅炉的样本,选定电锅炉的功率为 450kW。

(3) 蓄热装置的有效容积 V(m³):

空调热水供回水温度为 60℃/50℃,选取蓄热温度为 90℃,蓄热温差采用 35℃。

$$V = \frac{860 \cdot N \cdot IH \cdot \eta}{1000 \cdot \Delta t} = \frac{860 \times 450 \times 10 \times 0.97}{1000 \times 35} = 107\text{m}^3$$

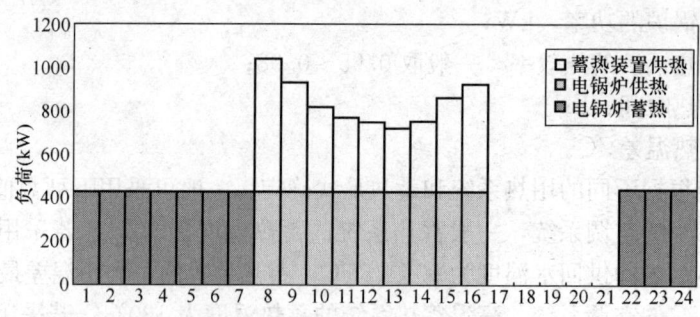

图 28.5-11 分量蓄热运行分布图

28.5.4 蓄热生活热水系统的设计

电蓄热生活热水系统的蓄热温差较大，为降低运行费用一般宜采用全量蓄热方式。

(1) 蓄热装置有效容积 $V(\mathrm{m}^3)$：

$$V = \frac{\sum_{i=1}^{n} m_i \cdot q_{ri}}{1000} \tag{28.5-5}$$

式中 m_i——用水量单位数，人或床；

q_{ri}——热水用水定额，m^3/人或床，应参阅相关规范获得；

n——人数或床位数。

(2) 电热锅炉的功率 $N(\mathrm{kW})$：

$$N = c \cdot V \cdot 1000 \cdot \Delta t / 3600 / IH / \eta \tag{28.5-6}$$

式中 c——水的比热，$4.1868\mathrm{kJ/(kg \cdot ℃)}$；

V——蓄热装置有效容积，m^3；

Δt——蓄热温差，一般按 60~65℃ 计；

IH——蓄热时间，h；

η——电热锅炉的热效率，一般取 0.95~0.98。

(3) 太阳能蓄热生活热水设计

1) 提供气象资料：查取相关的气象资料，包括基础水温、太阳能辐照资料以及地理位置等。

2) 蓄热水箱有效容积 $V(\mathrm{m}^3)$ 计算：根据用户条件计算，同电蓄热生活热水系统。

3) 集热器采光面积 $A_c(\mathrm{m}^2)$：

$$A_c = \frac{Q_w C_w (t_{end} - t_i) f}{J_t \eta_{cd} (1 - \eta_L)} \tag{28.5-7}$$

式中 Q_w——日均用水量，kg；

t_{end}——蓄热水箱内水的终止温度（蓄热温度），一般取 60~70℃；

C_w——水的定压比热容，$4.18\mathrm{kJ/(kg \cdot ℃)}$；

t_i——水的初始温度，℃；

J_t——集热器受热面上的辐照量，$\mathrm{kJ/m}^2$；

f——太阳能保证率,无量纲,一般取 0.8;
η_{cd}——集热器全日集热效率,通常从使用产品的样本中获得;
η_L——管路及储水箱热损失率,一般取 0.1。

(4) 据工程需要选择电热锅炉或燃气锅炉等形式的辅助热源。

28.5.5 蓄热系统的控制

1. 电蓄热系统控制（见表 28.5-11）

电蓄热系统的控制类别及内容　　　　　　表 28.5-11

控制类别	控制内容
保护性控制	电锅炉应设置超温、超压、过流、短路、漏电、过电压和缺相等多重保护
电蓄热供暖系统控制	1. 电锅炉的启停、状态及故障报警（必须）; 2. 水泵启停及故障报警（必须）; 3. 供水温度的控制（必须）; 4. 蓄热装置进出口温度遥测及显示（可选）; 5. 采暖热水供/回水温度遥测及显示（可选）; 6. 板式热交换器蓄热水侧进出口温度遥测及显示（可选）; 7. 采暖热水回水流量及显示（可选）; 8. 末端热负荷和蓄热量等数据（可选）; 9. 远程监控（可选）; 10. 系统扩展（可选）
电蓄热生活热水系统控制	1. 电锅炉启停、状态及故障报警（必须）; 2. 水泵启停、状态及故障报警（必须）; 3. 蓄热装置低液位时补水并电锅炉加热（必须）; 4. 蓄热装置高液位时停止供水并电锅炉停止加热（必须）; 5. 蓄热装置进出口温度遥测及显示（可选）; 6. 蓄热装置的水温低于设定值时,循环加热直至达到设定温度（可选）; 7. 蓄热水量显示（可选）

2. 太阳能蓄热系统控制（见表 28.5-12）

太阳能蓄热系统的控制类别及内容　　　　　　表 28.5-12

控制类别	控制内容
保护性控制	1. 防冻循环：当蓄热水箱温度低于设定温度如 5℃,管道循环泵启动; 2. 防冻加热：当蓄热水箱温度低于设定温度如 5℃,管道循环泵和辅助热源启动; 3. 自动/手动上水与停水
系统控制	1. 温度显示：蓄热水箱、集热器水温显示; 2. 温度控制：蓄热水箱温度达到设定值,停止加热; 3. 时间控制：根据时间设定控制加热; 4. 辅助热源控制：自动启停

28.5.6 蓄热系统的施工、运行和保养

1. 蓄热装置一般宜采用钢制,形式可以因地制宜采用矩形或圆形,有卧式和立式,

一般要求蓄热装置有一定的高度以利于温度分层。

2. 蓄热装置的保温应尽量减少热损失。因蓄热装置的表面积一般都较大，建议工程上可采用聚氨酯发泡保温。在室内、外的保温厚度分别可取 60mm 和 80mm，保温层外保护层采用铝板或彩钢板。

3. 电锅炉房的布置应满足锅炉房设计以及相关的规范、规定等的要求。

4. 开式系统的蓄热温度应低于 95℃，以免发生汽化；蓄热温度高于沸点温度的高温蓄热装置，施工及运行应遵守相关的压力容器的安全技术等规程、规定，其系统应考虑相应的保护措施。

5. 采暖系统宜单独设计蓄热装置，生活热水系统可采用整体式。

6. 大型蓄热系统最好采用负荷预测，进行优化控制以节约运行费用。

7. 一般宜采用蓄热与末端系统用热交换器隔开的形式。

第29章 空调冷源

29.1 空调冷源选择基本原则

29.1.1 空调冷源的种类及其特点

空调冷源包括天然冷源和人工冷源。天然冷源利用自然界存在的冰、深井水等来制冷；人工冷源应用现代制冷技术来制冷。目前常用的空调人工冷源设备有电动压缩式冷水机组和溴化锂吸收式冷水机组两大类，其特点见表29.1-1。

常用空调人工冷源特点比较表　　　　　　表 29.1-1

冷源设备	电动压缩式冷水机组	溴化锂吸收式冷水机组
制冷机的工作形式	涡旋式、往复式、螺杆式、离心式	热水型、蒸汽型、直燃型
特　点	体积小、重量轻	制冷剂的环保性好、耗电量小、可以利用余热

29.1.2 空调冷源选择基本原则

1. 空气调节系统的冷源应首先考虑采用天然冷源。无条件采用天然冷源时，可采用人工冷源。

2. 冷水机组的选型应根据建筑物空气调节规模、用途、冷负荷、所在地区的气象条件、能源结构、政策、价格及环保规定等情况，按下列原则通过综合论证确定：

(1) 冷水机组的选型，一般应作方案比较，宜包括电动压缩式冷水机组和溴化锂吸收式冷水机组的比较；

(2) 如果有余热可以利用，应考虑采用热水型或蒸汽型溴化锂吸收式冷水机组供冷；

(3) 具有多种能源地区的大型建筑，可采用复合式能源供冷；当有合适的蒸汽热源时，宜用汽轮机驱动离心式冷水机组，其排汽作为蒸汽型溴化锂吸收式冷水机组的热源，使离心式冷水机组与溴化锂吸收式冷水机组联合运行，提高能源的利用率。

(4) 对于电力紧张或电价高，但有燃气供应的情况，应考虑采用燃气直燃型溴化锂吸收式冷水机组；

(5) 夏热冬冷地区、干旱缺水地区的中、小型建筑可考虑采用风冷式或地下埋管式地源冷水机组供冷；

(6) 有天然水等资源可以利用时，可考虑采用天然水作为冷水机组的冷却水；

(7) 全年需进行空气调节，且各房间或区域负荷特性相差较大，需长时间向建筑物同时供冷和供热时，经技术经济比较后，可考虑采用水环热泵空气调节系统供冷、供热；

(8) 在执行分时电价、峰谷电价差较大的地区，空气调节系统采用低谷电价时段蓄冷能取得明显的综合经济效益时，应考虑采用蓄冷空调系统供冷。

3. 需设空气调节的商业或公共建筑群，有条件适宜采用热、电、冷联产系统或设置集中供冷站。

4. 下列情况宜采用分散设置的风冷、水冷式或蒸发冷却式空气调节机组：
 (1) 空气调节面积较小，采用集中供冷系统不经济的建筑；
 (2) 需设空气调节的房间布置过于分散的建筑；
 (3) 设有集中供冷系统的建筑中，使用时间和要求不同的少数房间；
 (4) 需增设空气调节，而机房和管道难以设置的原有建筑；
 (5) 居住建筑。

5. 选择冷水机组时，不仅要考虑机组在额定工况或名义工况下的性能，还应考虑机组的综合部分负荷的性能，以使冷水机组在工作周期内的能耗最低。具体要求如下：
 (1) 电动压缩式冷水（热泵）机组，在额定制冷工况和规定条件下，性能系数（COP）不应低于表 29.1-2 的规定。

冷水（热泵）机组制冷性能系数　　　　表 29.1-2

类型		额定制冷量（kW）	性能系数（W/W）
水冷	活塞式/涡旋式	<528 528~1163 >1163	3.80 4.00 4.20
	螺杆式	<528 528~1163 >1163	4.10 4.30 4.60
	离心式	<528 528~1163 >1163	4.40 4.70 5.10
风冷或蒸发冷却	活塞式/涡旋式	≤50 >50	2.40 2.60
	螺杆式	≤50 >50	2.60 2.80

(2) 电动压缩式冷水（热泵）机组的综合部分负荷性能系数（IPLV）不宜低于表 29.1-3 的规定。

冷水（热泵）机组综合部分负荷性能系数　　　　表 29.1-3

类型		额定制冷量（kW）	综合部分负荷性能系数（W/W）
水冷	螺杆式	<528 528~1163 >1163	4.47 4.81 5.13
	离心式	<528 528~1163 >1163	4.49 4.88 5.42

注：① IPLV 值是基于单台主机运行工况。
② 电动压缩式冷水（热泵）机组的综合部分负荷性能系数（IPLV）宜按下式计算和检测条件检测：
$$IPLV = 2.3\% \times A + 41.5\% \times B + 41.6\% \times C + 10.1\% \times D$$
式中　A——100%负荷时的性能系数（W/W），冷却水进水温度 30℃；
　　　B——75%负荷时的性能系数（W/W），冷却水进水温度 26℃；
　　　C——50%负荷时的性能系数（W/W），冷却水进水温度 23℃；
　　　D——25%负荷时的性能系数（W/W），冷却水进水温度 19℃。

(3) 名义制冷量大于 7100W、采用电驱动压缩机的单元式空气调节机、风管送风和屋顶式空气调节机组时，在名义制冷量和规定条件下，其能效比（EER）不应低于表29.1-4的规定。

单元式机组能效比　　　　　　　　　　　　　表 29.1-4

类	型	能效比（W/W）
风冷式	不接风管	2.60
	接风管	2.30
水冷式	不接风管	3.00
	接风管	2.70

(4) 溴化锂吸收式冷（热）水机组应选用能量调节装置灵敏、可靠的机型，在名义制冷工况下的性能参数应符合表 29.1-5 的规定。

溴化锂吸收式机组性能参数　　　　　　　　　表 29.1-5

机型	名义工况			性能参数		
	冷（温）水进/出口温度（℃）	冷却水进/出口温度（℃）	蒸汽压力（MPa）	单位制冷量蒸汽耗量 [kg/(kW·h)]	性能系数（W/W）	
					制冷	供热
蒸汽双效	18/13	30/35	0.25	≤1.40		
	12/7		0.40			
			0.60	≤1.31		
			0.80	1.28		
直燃	12/7	30/35			≥1.10	≥0.90
	供热出口 60					

注：直燃机的性能系数为：制冷量（供热量）/［加热源消耗量（以低位热值计）+电力耗量（折算成一次能）］。

6. 电动压缩式冷水机组的总装机容量，可按本手册第 20 章介绍方法计算的冷负荷选定，不应另作附加。

7. 电动压缩式冷水机组的台数及单机制冷量的选择，应满足空气调节负荷变化规律及部分负荷运行的调节要求，一般不宜少于两台；当小型工程仅设一台时，应选用调节性能及部分负荷性能优良的机型。

8. 选择电动压缩式冷水机组时，其制冷剂必须符合有关环保要求；采用过渡制冷剂时，其使用年限不得超过中国禁用时间表的规定。

29.2　制　冷　剂

29.2.1　制冷剂的种类及编号方法

任何制冷循环都要依靠一种工作物质（工质）来达到制冷的目的，蒸气压缩制冷系统中循环所用的工质，称为制冷剂或冷媒。

为了书写方便，ASHRAE Standard 34 规定了各种制冷剂的编号规则，我国国家标准 GB 7778—87 也采纳了这种方法。

ASHRAE制冷剂的编号规则规定：以字母R和它后面的一组数字与字母作为制冷剂的简写编号，字母R作为制冷剂（Refrigerant）的代号，后面的数字或字母则根据制冷剂的种类及分子组成按一定的规律进行编写。例如：

1. 无机化合物 属于无机化合物的制冷剂有氨、水、二氧化碳等。无机化合物的序号以700表示，化合物的分子量（取整数部分）加上700就是该制冷剂的编号。例如氨（NH_3）分子量的整数部分为17，其编号则为R-717。水（H_2O）和二氧化碳（CO_2）的编号分别为R-718和R-744。

2. 氟烃 包含氟原子的"卤烃"，包括氯氟烃（CFC）、氢氯氟烃（HCFC）、氢氟烃（HFC）和全氟代烃（PFC）。卤烃是包含碳原子、一个或多个卤素如氯（Cl）、氟（F）、溴（Br）和碘（I）原子的化合物。完全卤化的氟烃只包含碳原子和卤素原子，而部分卤化的卤烃还包含氢（H）原子。用作制冷剂的主要是甲烷（CH_4）、乙烷（C_2H_6）、丙烷（C_3H_8）系的卤化物质，详见表29.2-1所示。

氟烃物质的划分　　　　　　　表29.2-1

序号	系列名称	示例			置换情况
		制冷剂编号	分子式	化学名称	
1	全氟代烃 (PFC)	R-14 R-116	CF_4 C_2F_6	四氟甲烷 全氟乙烷	饱和碳氢化合物中的氢完全被氟置换
2	氯氟烃 (CFC)	R-11 R-12	CCl_3F CCl_2F_2	三氯氟甲烷 二氯二氟甲烷	饱和烃中的氢元素完全被氯元素和氟元素置换
3	氢氟烃 (HFC)	R-32 R-134a	CH_2F_2 CH_2FCF_3	二氟甲烷 四氟乙烷	饱和烃中的氢元素只有部分被氟元素置换
4	氢氯氟烃 (HCFC)	R-22 R-123	$CHClF_2$ $C_2HCl_2F_3$	一氯二氟甲烷 二氯三氟乙烷	饱和烃中的氢元素被氯、氟置换

饱和碳氢化合物分子式的通式为：C_mH_{2m+2}。氟烃的分子通式为：$C_mH_nF_xCl_yBr_z$，其原子数m、n、x、y、z之间有下列关系：

$$2m+2 = n+x+y+z$$

化合物中不含有溴原子，即$z=0$时，其编号为R×××，其中字母R后面的第一位数字是化合物中碳（C）原子数减1的数，即（$m-1$），当该数字为零时，则略去；第二位数字是化合物中氢（H）原子数加1的数，即（$n+1$）；第三位数字是化合物中氟（F）原子数，即x。例如（HCF_2Cl）的编号表示为R-22。

如在化合物中溴部分或全部代替氯，仍采用同样的编号规则，但在原来氯-氟化合物的编号后面加字母B，表示溴（Br）的存在；字母B后的数字表示溴原子个数。例如三氟一溴甲烷，分子式为CF_3Br，$m-1=0$，$n+1=1$，$x=3$，$z=1$，编号表示为R-13B1。

环状衍生物的编号采用同一规则，但在字母后加一个字母C。例如八氟环丁烷，分子式为C_4F_8，$m-1=3$，$n+1=1$，$x=8$，编号表示为RC-318。

乙烷系同分异构体都具有相同的编号，但最对称的一种编号后面不带任何字母，而随着同分异构体变得愈来愈不对称时，就加a、b、c等字母。例如四氯二氟乙烷，分子式为CCl_2FCCl_2F，编号表示为R-112；其同分异构体分子式为CCl_3CClF_2，编号表示为 R112a。

必须指出，目前有不少人误解或误用"氟利昂"这个名词，甚至出现了"我国在 2010 年前要淘汰氟利昂"的错误报道。其实，氟利昂来自英文"Freon"的音译，是杜邦（Dupont）公司注册的氟产品系列，包括 R-11、R-12、R-22 等。常用的 R-123 和 R-134a 制冷剂并不属于氟利昂系列，而是归属于"舒瓦"（Suva）系列（资料来源：www.dupont.com），而我国正在淘汰的并不是氟利昂，而是 CFC（氯氟烃）。

3. 碳氢化合物 主要有饱和碳氢化合物（甲烷、乙烷、丙烷等）和非饱和碳氢化合物（乙烯、丙烯等），甲烷、乙烷、丙烷的编号方法与氟烃相同，例如甲烷的分子式为 CH_4，$m-1=0$，$n+1=5$，$x=0$，编号表示为 R-50。乙烯、丙烯等烯烃的编号规则中，字母后面的第一位数字是 1，后面的数字组合方法与氟烃相同，例如乙烯的分子式为 C_2H_4，编号表示为 R-1150。

4. 混合制冷剂 混合制冷剂是由两种或两种以上制冷剂按一定比例溶解而成的一种混合物。要了解混合制冷剂，必须明确以下术语：

- 始沸点（Bubble Point），或饱和液体温度，是指（恒压下）开始蒸发的温度。
- 结露点（Dew Point），或饱和气体温度，是指（恒压下）开始凝结的温度。
- 始沸点及结露点是相当于单一制冷剂的沸点及凝结点，在蒸发或凝结时混合制冷剂温度改变，所以不适合用沸点和凝结点。
- 分馏（Fractionation）是指混合制冷剂在始沸点与结露点之间的成分常变，因为各组分的液化或气化速度不一样，易挥发组分优先蒸发，或不易挥发组分优先凝结（图 29.2-1）。
- 滑移（Clide）是指分馏引致混合制冷剂在蒸发器出入口的温差（图 29.2-1）。

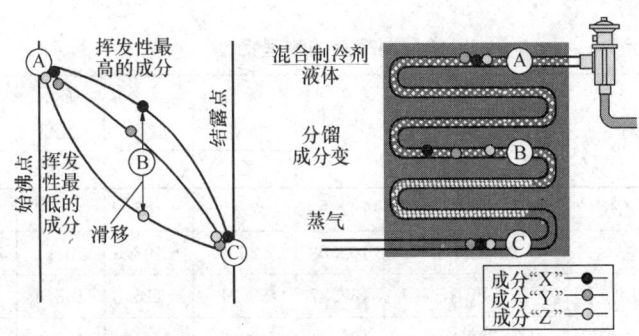

图 29.2-1 混合制冷剂的分馏与滑移

混合制冷剂分为下列三种：

（1）共沸（Azeotropic）混合制冷剂 在一定压力下具有一个共同的沸点，因此液化或气化过程的温度不发生滑移。共沸混合制冷剂以 500 系列命名，如 R-500、R-502 等。

（2）接近共沸（Near-Azeotropic）混合制冷剂 由于沸点不一样引致有少许滑移，最多 2℃，例子：R-410A（R32/R125）（50/50 质量%）。

（3）非共沸（Zeotropic）混合制冷剂 在一定压力下没有共沸点，液化或气化过程的温度滑移较大，最少 4℃。非共沸（及接近共沸混合制冷剂）以 400 系列命名，如 R-407C（R32/R125/R134a）（23/25/52 质量%）。

由于非共沸混合制冷剂没有共同的沸点，液化或气化过程的温度将相应变化，因此在变温热源的制冷循环中使用时，能减少蒸发器和冷凝器中的传热温差，提高制冷装置的运行性能。不过，当泄漏发生时，由于各组分的泄漏速度不同，故不能像常规制冷剂如R-22那样作补充性充注，必须先回收剩余的制冷剂，然后再（以液态）重新充注。

29.2.2 制冷剂的分类、特性及评价指标

1. 制冷剂的分类

根据制冷剂在标准大气压下的饱和温度 t_z（简称标准蒸发温度或沸点）和30℃时的冷凝压力 p_1 的高低，可分为高温（低压）、中温（中压）、低温（高压）三大类，详见表29.2-2所示：

制冷剂的分类　　　　表29.2-2

类别	温度范围	压力范围	制冷剂编号	主要用途
高温制冷剂 （低压制冷剂）	$t_z>0℃$	$p_1≤0.3MPa$	R-11, R-21, R-113, R-114, R-123	空调系统离心式冷水机组
中温制冷剂 （中压制冷剂）	$t_z=-60\sim0℃$	$p_1=0.3\sim2MPa$	R-12, R-22, R-717, R-134a, R-142b	空调系统冷水机组及-70℃以上单级、两级压缩制冷装置
低温制冷剂 （高压制冷剂）	$t_z≤-60℃$	$p_1≥2MPa$	R-13, R-14, R-23, R-1150, R-290	低于-70℃的低温制冷或复叠式制冷装置的低温部分

2. 常用制冷剂的物理特性

制冷剂的种类很多，在普冷范围（-120～5℃）所应用的制冷剂约有十多种，它们的物理特性如表29.2-3所示。

常用制冷剂的物理特性　　　　表29.2-3

编号	名称	分子式	分子量 M	标准沸点 ℃	凝固温度 ℃	临界温度 ℃	临界压力 MPa	临界比容 $10^{-3}m^3/kg$
R-123	三氟二氯乙烷	CF_3CHCl_2	152.93	27.82	-107.2	183.7	3.66	1.818
R-134a	四氟乙烷	CF_3CH_2F	102.03	-26.07	-103.3	101.1	4.06	1.953
R-11	一氟三氯甲烷	$CFCl_3$	137.37	23.71	-110.5	198.0	4.41	1.805
R-12	二氟二氯甲烷	CF_2Cl_2	120.91	-29.75	-157.1	112.0	4.14	1.770
R-22	二氟一氯甲烷	CHF_2Cl	86.47	-40.81	-157.4	96.1	4.99	1.908
R-113	三氟三氯乙烷	CCl_2FCClF_2	187.38	47.59	-36.2	214.1	3.39	1.786
R-114	四氟二氯乙烷	$CClF_2CClF_2$	170.92	3.59	-94.2	145.7	3.26	1.724
R-115	五氟一氯乙烷	$CClF_2CF_3$	154.47	-38.94	-99.4	80.0	3.12	1.631
R-142b	二氟一氯乙烷	$CClF_2CH_3$	100.50	-9.15	-130.4	137.1	4.70	2.242
R-152a	二氟乙烷	CHF_2CH_3	66.05	-24.02	-118.6	113.3	4.51	2.717
R-32	二氟甲烷	CH_2F_2	52.02	-51.65	-136.8	78.1	5.78	2.358
R-407C	R32/R125/R134a (23/25/52)	—	86.20	-43.63		86.0	4.63	2.065

续表

编号	名称	分子式	分子量 M	标准沸点 ℃	凝固温度 ℃	临界温度 ℃	临界压力 MPa	临界比容 $10^{-3} m^3/kg$
R-410A	R32/R125 (50/50)	—	72.59	−51.44	—	71.4	4.90	2.176
R-500	R12/R152a (73.8/26.2)	—	99.30	−33.60	—	102.1	4.17	2.020
R-502	R22/R115 (48.8/51.2)	—	111.63	−45.17	—	80.1	3.92	1.767
R-290	丙烷	C_3H_8	55.10	−42.09	−187.7	96.7	4.247	4.577
R-600	丁烷	C_4H_{10}	58.12	−0.55	−138.3	152.0	3.80	4.389
R-600a	异丁烷	C_4H_{10}	58.12	−11.67	−159.6	134.7	3.64	4.457
R-717	氨	NH_3	17.03	−33.33	−77.7	132.3	11.33	4.444
R-718	水	H_2O	18.02	99.97	0.0	374.0	22.06	3.106
R-729	空气	—	28.96	−194.25	—	−140.6	3.79	2.977
R-744	二氧化碳	CO_2	44.01	−78.40	−56.6	31.0	7.38	2.139

3. 制冷剂的评价指标

(1) 制冷剂的环境评价指标

关于保护臭氧层和抑制全球气候变暖方面的内容，将在 29.2.5 节进行详细介绍。

表 29.2-4 给出了四个主要的环境评价指标，其中几个相关的术语说明如下：

a. 全球变暖潜值（Global Warming Potential）（GWP） 比较一种温室气体排放相对于等量二氧化碳排放所产生的气候影响的指标。GWP 被定义为在固定时间范围内 1kg 物质与 $1kgCO_2$ 的脉冲排放引起的时间累积（如：100年）的辐射力的比率。

b. 等效增暖影响总量（Total Equivalent Warming Impact）（TEWI） 对设备运行期间以及使用期限结束时运行工质废弃期间相关温室气体总排放的全球增暖总体影响的度量。TEWI 考虑工质直接排放（包括所有泄漏和耗损）及设备运行期间所产生的间接排放，TEWI 一般用 $kg \cdot CO_2$ 当量的单位来度量。

c. 消耗臭氧层物质（Ozone Depleting Substances）（ODS） 已知的消耗平流层臭氧的物质，包括哈龙、CFC、HCFC、甲基溴（CH_3Br）、四氯化碳（CCl_4）、等等。平流层臭氧（即「臭氧层」）在平流层的辐射平衡中起主要作用。

d. 消耗臭氧层潜值（Ozone Depletion Potential），（ODP） 比较一种 ODS 体排放相对于 CFC-11 排放所产生的臭氧层消耗的指标。

e. 大气寿命任何物质排放到大气层被分解一半（数量）所需的时间。

f. 寿命周期气候变化性能（Life Cycle Climate Performance）（LCCP）一种对基于整个生命周期内相关温室气体总排放的设备的全球增暖总体影响的度量。LCCP 是对 TEWI 的扩充，考虑了制造期间产生的直接逃逸排放以及与其所包含能源相关的温室气体排放。

g. 理论 COP 在不受设备或运行工况影响下，工质理想制冷循环的性能表现（即 COP），以每一个单位的能耗给出多少单位的制冷量计算。

常用制冷剂的环境评价指标 表 29.2-4

压力	制冷剂名称	ODP	$GWP_{100}Y$	大气寿命	理论 COP
低压	CFC-11（R-11）	1.0	4680	45.0	7.57
	HCFC-123（R-123）	0.012	76	1.3	7.44
中压	CFC-12（R-12）	1.0	10720	100.0	7.06
	HFC-134a（R-134a）	~0	1320	14.0	6.94
高压	HCFC-22（R-22）	0.034	1780	12.0	6.98
	HFC-125（R-125）	~0	3450	29.0	6.08
	HFC-32（R-32）	~0	543	4.9	6.74
混合制冷剂	R-410A（R32/R125）	~0	1674	—	6.56
	R-407C（R32/R125/R134a）	~0	1997	—	6.78

注：①ODP、GWP、大气寿命数据：联合国《蒙特利尔议定书》臭氧层科学评估报告书，2003。
②理论 COP：REFPROP program from NIST，1994（工况：蒸发温度 40°F，冷凝温度 100°F饱和条件）。

(2) 制冷剂的安全性

表 29.2-5 列出了安全性方面常见的一些指标及其定义。

毒性、可燃性方面的一些名词术语 表 29.2-5

名词术语	定义	备注
有毒（Toxic） 高毒性（HighlyToxic）	LC_{50}（1h）≤2000ppm LC_{50}（1h）≤200ppm	国际通用的定义，对毒性最基本判断
LC_{50}：50%动物致命浓度（Lethal Concentration for 50% of tested animals）	在此浓度环境中，持续 4h 或 1h，有 50%的动物死亡	一般用老鼠做实验。1h 的 LC_{50} 大约为 4h 的 LC_{50} 的两倍
对生命和健康有危险的极限（IDLH）（Immediately dangerous to life and health）	人们可以在 30min 内脱离的最高浓度	没用任何呼吸器，不会产生伤害症状或对健康有不可恢复的影响
允许暴露极限（PEL）（Permissible exposure limit）最低可燃极限（燃烧下限）（LFL）（Lower Flammable Limit）	在 8h 一天工作和 40h 一周工作，日复一日地人可以耐受且无有害影响的时间加权平均（TWA）浓度	这些极限值表示可以安全耐受的最大值
	相同定义的其他术语：安全阈值（TLV）（Threshold Limit Value）、可接受的暴露极限（AEL）（Allowable Exposure Limit）、工作环境可暴露极限（WEEL）（Workplace Environmental Exposure Limit）	
	在特定试验条件下，可燃制冷剂在它与空气的均匀混合气中能够维持火焰传播的最低比例（体积比或摩尔比）	LFL 一般以制冷剂在空气中的体积分数表示，也可用 kg/m^3 来表示（换算关系：在 25°C 和 101 kPa 时，体积百分数乘以 0.0004141 和制冷剂的摩尔质量）
	相同定义的其他术语：最低可爆极限（爆炸下限）（LEL）（Lower Explosive Limit）	

续表

名词术语	定义	备注
最高可燃极限（燃烧上限）(UFL)（Upper Flammable Limit）	在特定试验条件下，可燃制冷剂在它与空气的均匀混合气中能够维持火焰传播的最高比例	在空气中可燃的范围为从 LFL 到 UFL，浓度低于 LFL 或高于 UFL 则不能维持火焰传播
燃烧热 (HOC)（Heat of Combustion）	1kg 可燃制冷剂，在 25℃和 101kPa 条件下，完全燃烧且燃烧生成物均处于气相状态时所放出的热量（kJ）	
可燃性的最不利分馏成分	在分馏（fractionation）时气相或液相易燃组分最高浓度时的构成	
毒性的最不利分馏成分	在分馏（fractionation）时气相或液相最高浓度时的构成	这时：TLV-TWA<400ppm
ppm（parts per million）	气体浓度单位，每百万分中占了几分（$\times 10^{-6}$）	一般在 25℃和标准大气压力下的空气

表 29.2-6 说明我国标准与相关国际标准如何对制冷剂安全性划分等级。

表 29.2-7 给出了常用制冷剂的安全性数据与安全等级。

ANSI/ASHRAE 15-2001 标准对制冷剂毒性分类，只用相对性"较低"和"较高"来划分（见图 29.2.2）。A、B 不是无毒、有毒或低毒性、高毒性的意思；制冷剂的毒性划分的根据，主要是制冷剂的 TLV-TWA（Threshold Limit Value-Time-Weighted Average）指标。TLV-TWA 指标是一个表明对长期不断地暴露在该浓度下——每周工作 40h、终生在此环境中工作员工的健康没有不良影响的临界极限时间计权平均值，详见表 29.2-6 和表 29.2-7。

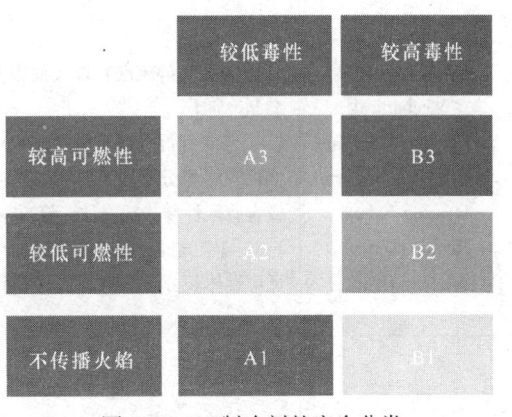

图 29.2-2 制冷剂的安全分类
（ANSI/ASHRAE15-2001）

制冷剂的安全等级划分　　　　表 29.2-6

依 据 标 准	安 全 等 级 分 类	备 注
AS 1677.1：1998 "Refrigerating Systems —Part 1: Refrigerant Classification" （澳大利亚标准局）	可 燃 性 分 类 1. 不可燃 2. LFL≥3.5%体积分数 3. LFL<3.5%体积分数 毒 性 分 类 A. LC_{50}≥10000ppm B. LC_{50}<10000ppm	可燃性分类根据制冷剂在气压 101kPa 和温度 21℃的空气中的试验。 毒性分类根据 4h 的 LC_{50} 老鼠实验。 安全等级共 6 个，参照英国的 BS 4434：1995、美国的 ANSI/ASHRAE 34-1992 和 ISO 817 制定

续表

依据标准	安全等级分类	备注
ANSI/ASHRAE 34-2001 "Designation and Safety Classification of Refrigerants" （美国国家标准）	可燃性分类 （制冷剂在气压101.3kPa和温度21℃的空气中试验时） 1. 无火焰传播； 2. LFL＞0.1kg/m^3，且燃烧热 HOC＜19000kJ/kg 3. LFL≤0.1kg/m^3，或燃烧热 HOC≥19000kJ/kg 毒性分类 A. 基于制冷剂毒性指标 TLV-TWA≤400ppm B. 基于制冷剂毒性指标 TLV-TWA＞400ppm	该标准为最多国家和国际标准编制时的参照文件。 安全分类由毒性和可燃性两个特征符组成，从而制冷剂分成了6个独立的安全等级，如图29.2-2所示。 LFL值应按照ASTM（美国试验和材料协会）的E681-85的方法测定。 燃烧热的计算是假设燃烧生成物都是气相，并处于它们的最稳定状态 ANSI/ASHRAE 34-2001标准在安全分类方面提出了：不论是共沸混合物抑非共沸混合物，只要在分馏过程中可燃性或毒性特征随成分变化发生了变化，它的安全分类都将基于分馏后的最不利情况，根据纯制冷剂的相同标准来决定其安全分类
ISO 5149：1993 "Mechanical Refrigeration Systems used for Cooling and Heating-Safety Requirements" （国际标准化组织）	1. 对人类健康没有较大危害的不可燃制冷剂； 2. 与空气混合的可燃性试验中，最低可燃体积分数不小于3.5%的有毒或有腐蚀性制冷剂（如：氨）； 3. 与空气混合的可燃性试验中，最低可燃体积分数小于3.5%的制冷剂	该标准编制时参照 ASHRAE 34-1989 版的标准，当时安全分类只有1-2-3级。 国标 GB 9237—2001《制冷和供热用机械制冷系统安全要求》对照此 ISO 标准
EN 378-1：2000 "Refrigeration Systems and Heat Pumps-Safety and Environmental Requirements" （欧洲标准委员会）	可燃性分类 1. 气相时任何浓度与空气混合均不可燃； 2. 与空气的混合物的最低可燃体积分数≥3.5%； 3. 与空气的混合物的最低可燃体积分数＜3.5%； 毒性分类 A. 当制冷剂的时间加权平均浓度≥400ppm时，对长期在此环境中每天工作8h，每周工作40h的职工身体没有不利影响的制冷剂； B. 当制冷剂的时间加权平均浓度＜400ppm时，对长期在此环境中每天工作8h，每周工作40h的职工身体没有不利影响的制冷剂	该标准对制冷剂的选择规定最低的 ODP、GWP/TEWI 值及良好的系统能效。 对于制冷剂混合物，分馏过程中其可燃性或毒性特性可能发生变化，需要把名义配比和最不利分馏成分时的分类特性表示出来，中间用"/"分开

常用制冷剂的安全性数据与安全等级　　　　　表 29.2-7

制冷剂编号	LC$_{50}$（4h）(ppm)	TLV-TWA (ppm)	LFL kg/m³	LFL %v/v	UFL kg/m³	UFL %v/v	HOC (MJ/kg)	澳	美	欧	ISO
R-11	26200	1000	—	—	—	—	0.9	A1	A1	A1	1
R-12	800000	1000	—	—	—	—	−0.8	A1	A1	A1	1
R-22	220000	1000	—	—	—	—	2.2	A1	A1	A1	1
R-32	760000	1000	0.270	12.7	0.710	33.4	9.4	A2	A2	A2	※
R-123	32000	50	—	—	—	—	2.1	A1	B1	B1	※
R-124	262500		—	—	—	—	0.9	A1	A1	A1	※
R-125	800000	1000	—	—	—	—	−1.5	A1	A1	A1	※
R-134a	567000	1000	—	—	—	—	4.2	A1	A1	A1	※
R-141b	61647	500	0.268	5.6	0.847	17.7	9.8	A2	※	A2	※
R-142b	128000	1000	0.247	6.0	0.740	18.0	10.3	A2	A2	A2	※
R-152a	383000	1000	0.137	5.1	0.462	17.1	17.4	A2	A2	A2	※
R-290	—	1000	0.038	2.1	0.171	9.6	50.3	A3	A3	A3	3
R-600	280000	800	0.036	1.5	0.202	10.1	49.5	A3	A3	A3	3
R-600a	520000	800	0.043	1.7	0.202	9.7	49.4	A3	A3	A3	3
R-404A	500000	1000	—	—	—	—	−6.6	A1/A1	A1	A1/A1	※
R-405A			—	—	—	—		A1/A1	※	A1/A1	※
R-407C			—	—	—	—	−4.9	A1/A1	A1	A1/A1	※
R-410A			—	—	—	—	−4.4	A1/A1	A1	A1/A1	※
R-411A			wff	wff	wff	wff		A1/A2	A2	A1/A2	※
R-411B			wff	wff	wff	wff	6.5	A1/A2	A2	A1/A2	※
R-502	200000	1000	—	—	—	—		A1	A1	A1	1
R-717	4067	25	0.104	15.0	0.195	28.0		B2	B2	B2	2

注：① 带※者表示标准制定时，该制冷剂的研究还未完成。
② wff 表示最不利分馏成分时是可燃的。
③ 澳＝AS 1677.1：1998；美＝ANSI/ASHRAE 34−2001；欧＝EN 378−1：2000；ISO＝ISO 5149：1993。

必须指出，对制冷剂安全性的评估，仅考虑其毒性和可燃性是不够全面的，还必须具体分析和考察其相关的物理性能。

低压制冷剂如 R-123，由于其沸点较高（27.82℃），压力较低；正常运行时，设备内的压力低于大气压力，制冷剂一般不会漏出，相反只会有空气流进去。因此，尽管其可接受的暴露极限 AEL 仅为 50ppm，但通常不可能达到此浓度。测试证明，即使在最不利的条件下——R-123 不断地从钢瓶中向没有通风的机房里泄漏，室内的最高浓度也只能达到 12ppm。而且，钢瓶一旦搬离现场，室内浓度很快就降到无法测量的水平。而在正常情况下，R-123 冷水机组机房内的浓度值低于 0.5ppm。

相反，中、高压制冷剂由于沸点很低（如 R-22 为 −40.81℃，R-134a 为 −26.07℃），压力较高，一旦泄漏，室内浓度会很快超越其安全浓度上限。由于制冷剂的相对密度大于空气，所以能很快的取代室内空气占有的容积；这时，室内人员将会因窒息而导致死亡。

表 29.2-8 给出了一些关于不同压力冷媒泄漏时间的实例。

冷水机组泄漏一半制冷剂所需时间   有 29.2-8

制冷剂	高 压 侧		停 机		低 压 侧	
	压力 (kPa)	泄漏时间 (min)	压力 (kPa)	泄漏时间 (min)	压力 (kPa)	泄漏时间 (min)
R-11	61	22	-6	—	-55	—
R-123	42	25	-19	—	-63	—
R-12	808	4	502	9	243	11
R-134a	856	5	511	7	228	13
R-22	1351	3	867	4	452	8
R-410A	2183	2	1428	3	786	5

注：①500冷吨水冷主机，约680kg制冷剂。
②裂缝大小或孔洞直径：2.5cm（阀门或连接管道）。

为了确保安全，美国制冷系统安全设计标准（ANSI/ASHRAE Standard 15-2001）第8.11.2.1条规定：不论属于哪个安全分组的制冷剂，在制冷机房内均需设置与安装和所使用制冷剂相对应的泄漏检测器及报警装置。对于A1组制冷剂，应选用含氧量传感器和报警装置。

我国有的文献在引用该标准时，提出规定："B1工质制冷机房应设监视器（含氧量传感器和制冷剂传感器）和事故报警器"。言下之意，似乎A1组制冷剂机房就可以不设置泄漏侦测器及报警系统。显然，这误解了ANSI/ASHRAE-15标准的原意。

该文献还提出："建议制冷机房（指应用B1类工质的制冷机房—编者注）与主体建筑分开，与周围建筑距离大于6m"。这样的要求，很难令人信服。因为照此规定，应用B1类工质（如R-123）的机房就应与主体建筑分开；而应用A1类工质（例如危险性比低压制冷剂R-123更大的中压制冷剂R-22）的机房，反而可以与主体建筑不分开，显然，这是不合适的。

关于事故通风量的确定，ANSI/ASHRAE 15标准并没有区分制冷剂的安全分组，不管采用哪一种制冷剂，事故通风量Q（L/s）统一按下列公式计算：

$$Q = 70 \times G^{0.5} \qquad (29.2-1)$$

式中 G——机房中最大制冷系统灌注的制冷剂重量，kg。

设计制冷机房时，在安全性方面还应考虑以下三点：

a. 根据不同的制冷剂，选择采用不同的检漏报警装置，并与机房内的通风系统连锁，测头应安装在制冷剂最易泄漏的部位。

b. 各台制冷机组的安全阀出口或安全爆破膜出口，应用钢管并联起来，并接至室外，以便发生超压破裂时将制冷剂引至室外上空释放，确保冷冻机房运行管理人员的人身安全。

c. 在冷冻机房两个出口门门外侧，应设置紧急手动启动事故通风的按钮。

29.2.3 制冷剂的选用原则与技术要求

1. 对制冷剂特性的要求

（1）制冷剂选择与研发的历程（表29.2-9）

制冷剂选择与研发的历程　　　　　　　　　　　　　　　　　　　　表 29.2-9

阶　段	主要工作与过程	认识及结果
19 世纪 30 年代至 20 世纪 20 年代末	主要从自然界的无机化合物与碳氢化合物中选择制冷剂。 开始选择制冷剂主要考虑其是否具有合适的热力学性能，能否与研发的压缩机配套工作，获得较好的制冷效果	在此期间，曾先后采用过的制冷剂有：乙醚、丙烷、二氯乙烯、二氧化碳、氨、二氧化硫、氯甲烷等。但在这 100 年的实践中，这些制冷剂的毒性与可燃性始终是困扰与干扰着制冷技术发展的一大隐患，人们逐渐认识到选择制冷剂时安全性的重要程度
20 世纪 30 年代至 20 世纪 80 年代末	自 1931 年人工合成 CCl_2F_2（R-12）之后，R-11 于 1932 年，R-114 于 1933 年，R-113 于 1934 年，R-22 于 1936 年，R-13 于 1945 年，R-14 于 1955 年相继问世	CFC 的优良热力学性能和不燃无毒的安全性，能适用于不同温度区域中作蒸气压缩循环的工作流体，所以很快替代了几乎所有的原来这些无机化合物与碳氢化合物的制冷剂，开创了制冷领域的"氟利昂(Freon)"时代。被认为较彻底地解决了上世纪遗留下来的安全性问题
20 世纪 90 年代初开始	1990 年与 1992 年国际上先后通过个《蒙特利尔议定书》的伦敦修正案与哥本哈根修正案，制冷空调业广泛使用的 CFCs 与 HCFCs 制冷剂被列为要控制并限期淘汰的物质；1997 年《京都议定书》又把 HFCs 与 PFCs 列为 6 种要减少排放的温室气体之一。而 HFCs 制冷剂当时又是被制冷空调行业看作为替代 CFCs 与 HCFCs 的主要替代物。	在这种保护臭氧层与防止全球气候变暖的要求下，欧洲制冷界又提出了重新启用已被弃用的所谓"天然工质"（即：氨、氢烃、CO_2 等），主张大力推行采用"环境友善性"制冷剂
结　论	过去 180 年制冷剂发展史告诉人们：既具有优良的热力学性能，使用又十分安全，对环境又全面友善的理想制冷剂，实际上是不存在的。关键在于如何去认识和处理好对三者的要求：热力学性能、安全性与环境友善性之间的辩证关系	

注：6 种要减少排放的温室气体为：CO_2、CH_4、N_2O、HFC、PFC、SF_6。PFC 即全氟代烃，见表 29.2-1。

(2) 制冷剂的热力学特性、安全性与环境友善性的辩证关系（表 29.2-10）

制冷剂的热力学特性、安全性与环境友善性的辩证关系　　　　表 29.2-10

项　目	重要性	说　明
热力学性能	热力学性能是基础	热力学性能的优劣，不但直接影响到设备与系统的能效，而且还影响到空调制冷设备的间接温室气体排放，所以是基础。研究表明，空调制冷设备的直接温室气体排放约占 5%～15%，而间接排放要占 95%～85%，因此，热力学性能的好坏也关系到保护全球环境问题
安全性	安全性是保证	确保安全是制冷空调系统运行的保证，但是，有条件的启用那些易燃、易爆的制冷剂，并不意味着忘记了过去血的教训。 正如 ASHRAE 15 标准所规定，采用任何安全级别的制冷剂，就必须在外部使用条件上增加更严格的限制，以弥补制冷剂本身在安全性上的缺陷。这些条件是：(1) 系统必须密闭；(2) 严格规定确保安全的充液量；(3) 大容量制冷空调设备必须远离人群密集场所；(4) 采用复叠式系统或二次载冷剂系统；(5) 在制冷机房内必须装有完善的报警与安全排放系统
环境友善性	环境友善性是条件	地球是我们人类赖以生存的唯一星球，保护全球环境是各个国家、各种行业的共同责任，研发与制造制冷空调设备时，也必须履行保护全球环境的责任，所以在选用与使用任何制冷剂时，必须把其环境友善性作为一种必要的制约条件来考虑

(3) 政治与政策方面的问题

《蒙特利尔议定书》与《京都议定书》之所以能得到大广发展中国家的核准与参与，成为拥有 100 多个缔约国的国际条约，关键在于发达国家承认了：在对待保护臭氧层与防止全球气候变暖的两大全球环境问题上，发展中国家与发达国家负有"相同而又有区别的责任"这个大原则。此原则包含了两层含义：

a. 在淘汰 ODSs 时间表上，应给予发展中国家 10 年的宽容期，以便不影响这些国家的发展与工业化的进程；

b. 发达国家应给予发展中国家技术上与经济上的无偿援助。

但在实际执行的过程中，一些发达国家往往不愿承认这种差别，要求发展中国家承担更多的责任。例如：欧盟等国已多次要求修改发展中国家淘汰 HCFCs 的时间表；不愿提供技术援助，只愿提供经济援助（在经济援助中又要求你用援助款项去购买他们的技术装备）；美国政府，为逃避承担原定的温室气体减排指标，借口中国没有减排责任而退出了《京都议定书》。因此，我们应清醒地看到执行贯彻《蒙特利尔议定书》与《京都议定书》过程中存在着尖锐的斗争。

(4) 必须澄清的一些认识

在淘汰消耗臭氧层物质和选用替代制冷剂问题上，目前国内存在一些模糊和混乱的认识。这种现象的产生，主要是对政策的宣传不到位和有些企业有意进行混淆是非的宣传分不开的。为了还事实的本来面貌，必须予以澄清。

a. 混淆淘汰物质，淘汰阶段，淘汰时间表。例如：1999 年我国政府颁布的《中国逐步淘汰消耗臭氧层物质国家方案》，由于当时我国政府只是核准与参加了《蒙特利尔议定书》伦敦修正案，尚未核准与参加哥本哈根修正案，故该《国家方案》所指的消耗臭氧层物质（ODSs）仅指氯氟烃（CFCs），并不包括氢氯氟烃（HCFCs），并且明确规定了采用 HCFCs 技术淘汰 CFCs 的技术路线，只规定了在 2010 年全部终止 CFCs 的生产与消费。但是国内的某些企业非要把淘汰 CFCs 说成是要淘汰"氟利昂"，把"氟"说成是破坏臭氧层的罪魁祸首，甚至别有用心地鼓动某些省市地方政府出台政府文件，提前淘汰"氟利昂"，搞"无氟省市"。前文已经指出：我国要淘汰的是 CFC，而不是"氟利昂"。

b. 利用"环保制冷剂"与"绿色制冷剂"的名称与概念，模糊与混淆我们发展中国家现阶段的环保责任与环保政策。国内某些企业不愿用含有混合配比的科学编号名称，而只公布其商品名，并冠以"环保制冷剂"与"绿色制冷剂"的美称来宣传推广；而国外一些拥有 HFCs 及其混合制冷剂专利权的化学公司和空调制冷设备制造商，则竭力模糊发展中国家与发达国家的区别，大力宣传唯有采用其 HFCs 制冷剂或其混合制冷剂的设备才是"环保的"与"绿色的"。

其实，我国《环境标志产品技术要求》[HJBZ 41—2001 消耗臭氧层物质（ODS）替代产品]标准中早已明确规定：凡是 ODP 值小于等于 0.11 的制冷剂，在现阶段都是环保的。其中当然就包括了我们目前常用的 HCFC-22（R-22）与 HCFC-123（R-123）。

c. 有意散播中国要提前淘汰 HCFCs 制冷剂的舆论。以大型空调制冷设备的使用寿命长达 20~30 年为理由，宣传大型工程与标志性建筑必须选择采用氢氟烃（HFCs）类制冷剂的空调设备，否则到 2020 年后就买不到所需要补充的 HCFCs 制冷剂了。从商业上的竞争演变发展到歪曲政策与谣言惑众的地步。

实际上，《蒙特利尔议定书》及其后来的修正案与调整案，对发展中国家淘汰 HCFCs 的时间表早有明确规定：到 2016 年，把 HCFCs 的生产量与消费量冻结在 2015 的水平上；到 2040 年，停止其全部新的 HCFCs 的生产与消费。也就是说，在 2015 年以前，不但不限制发展中国家继续生产与消费 HCFCs，而且还允许自由发展和有所增长。这里需要指出：在《蒙特利尔议定书》官方文件中，所谓"消费"是指新生产制冷剂的泄漏，释放与排放排空，或补充。并不限制或禁止采用回收再生的 ODSs，让原有的 CFC 或 HCFC 制冷空调设备能继续使用。这种政策完全符合发展中国家的国家利益和实际的工业技术发展水平。

(5) 专业（行业）特点

作为制冷空调行业，是把 ODSs 当作制冷剂来使用的。它与发泡剂、清洗剂、灭火剂等的使用方法与功能有本质上的区别。前者都是在密闭系统中循环使用，而后者大都是开放性使用。制冷空调设备的充液量是一种库存量，并不等于其消费用量；实际消费量仅仅是设备经过泄漏、释放、排放后需要补充才能恢复正常运行的补液量。因此，在制冷空调系统中，通过改善与提高设备和系统的密闭性，不但可减少 ODSs 与温室气体的直接排放，保护全球环境；同时还能提高系统的安全性与经济性。为此，国际制冷界提出了"零排放"的目标口号，制定了负责任使用制冷剂的下列共同约定：

a. 提高设备与系统的密闭性，降低泄漏率；
b. 减少设备与系统中的充液量；
c. 健全设备的维修回收与退役报废回收制度，严禁任意排放排空；
d. 组建回收，循环处理再利用与再生的体制与体系。

此四项共同约定，对制冷空调行业来说，符合多、快、好、省原则，是比寻找新的替代制冷剂可能更有效、更现实、更根本的环保措施。

(6) 与科学发展，技术进步的关系

科学研究与大气观测在不断地监测全球平流层的臭氧损耗与臭氧空洞，并且，已发现和确定了全球气候变暖与温室气体排放的关系，从而在全球范围内开展了淘汰 ODSs 的行动和温室气体的减排行动。

大气科学研究已经证明：气候变化与臭氧消耗是两个相互关联的全球问题，全球气候的变暖会推迟臭氧空洞的恢复速度，各种消耗臭氧的化合物对于全球气候变暖又具有不同的正的、负的辐射力影响，具有不同的大气寿命周期。因此，一些大气学专家和诺贝尔奖获得者认为在寻找与筛选替代制冷剂时，应尽量选用大气寿命短的，ODP 值接近于零的，GWP 值低的化合物。切忌片面性、简单化和绝对化，极端地采取 ODP=0 的政策来淘汰所有的 HCFCs，采取 GWP=0 的政策，淘汰所有的 HFCs，盲目要求采用天然工质，回归自然。

目前在筛选与推荐替代制冷剂的时候，国内往往存在着一些片面性或本位主义倾向，有些部门只考虑履行《蒙特利尔议定书》的责任，ODP≠0 的物质都淘汰，不管其大气寿命有多长和其 GWP 值有多高，只要采用 ODP=0 的 HFCs 替代 CFCs 与 HCFCs 制冷剂就是环保。我国汽车空调在 2002 年全部停止了 R-12 汽车空调器的生产，改用 R-134a 制冷剂；而现在欧盟各国已规定在 2010 年后汽车空调不准再使用 R-134a，推荐采用 R-152a、CO_2 与氢烃。原因是 R-134a 的大气寿命为 13.4 年，GWP 值达 1300。

另外，还需看到，即使在制冷空调行业内部，在上世纪中，普遍认为 R-407C 是替代 R-22 的最佳替代制冷剂，因为它的热力学特性最接近于 R-22，原有制冷空调设备设计不经重大修改就可以使用。但是经过近 10 年的实践证明，它与 R-410A 相比，存在着能效低，容积大，温度滑移大等缺点，因而很快将被 R-410A 全面替代。

从使用功能上讲，制冷剂的科学选择与合理使用，直接影响制冷空调设备整个使用寿命期的能效与能耗量，而且由于寿命期的间接温室气体排放量远高于其直接排放量，因此在比较与衡量某种替代制冷剂或替代技术方案对全球气候变暖影响时，不但要看其 ODP

和 GWP，更重要的是要比较它们的大气寿命和理想循环 COP，以及温室气体的直接与间接排放综合指标——总当量变暖影响 TEWI（Total Equivalent Warming Impact）和寿命周期气候变化性能 LCCP（Life Cycle Climate Performance）。几种常用制冷剂的 TEWI 和 LCCP 值的比较结果，可参见图 29.2-16 和图 29.2-17。

2. 选择制冷剂的具体技术要求

选择制冷剂时，除必须从通用选择原则上考虑其特性要求，正确处理好热力学特性、安全性及环境友善性三者的辩证关系外，还应认真考虑以下各项具体技术要求：

（1）冷凝压力与蒸发压力之比不要过大，以免压缩机排气温度过高、输气系数过低。

（2）制冷剂的临界温度要高，以便于利用常温水或空气进行冷却（凝）。

（3）制冷剂的凝固温度要适当低一些，以便得到较低的蒸发温度。

（4）制冷剂的单位容积制冷量要大，这样可以减小压缩机的尺寸。

（5）制冷剂的热导率要高，这样可以提高换热器的传热系数，减少传热面积，使换热设备的金属耗量减少。

（6）密度和黏度都小，这样有利于减少在系统中的流动阻力。

（7）制冷剂对金属设备、管路和附件没有腐蚀和浸蚀作用。

（8）稳定性好，在高温下不分解，不改变其物理-化学性能，与润滑油不起化学作用。

（9）不燃、不爆，不具毒性和刺激性，对人的生命和健康无危害。

（10）易于取得，且价格便宜。

应该指出，完全满足以上要求的制冷剂是没有的，在实践中只能根据用途和工作条件，在保证满足主要要求的前提下，对于其他不足之处，则采取其他措施予以弥补。

3. 空调用"天然"制冷剂

为了解决和克服臭氧层消耗、全球变暖等环境问题，近年来古老的天然制冷剂重新引起了制冷界的关注。所谓"天然"是指"源于自然界"的意思，这种制冷剂通常有：空气（R-729）、水（R-718）、二氧化碳（R-744）、氨（R-717）以及烃类物质，如：丙烷（R-290）、丙烯（R-1270）、丁烷（R-600）、异丁烯（R-600a）等。

其实，这些制冷剂并不全都真正是天然的，如氨，是由人工制造的化学品；又如烃类物质，源于石油。还应该看到，天然制冷剂（工质）并不一定就更环保。

天然制冷剂的概况，可汇总如表 29.2-11 所示。

天然制冷剂的概况汇总　　　　　　表 29.2-11

名 称	特 性	应 用 情 况	前 景
碳氢化合物（HC）	可燃易爆	北欧国家开始应用于家用电冰箱，美国只允许在充注量小于 50g 的设备中使用，欧盟标准规定为 150g 以下	不大可能用于大中型空调制冷系统
二氧化碳（CO_2）	理论循环效率低、工作压力高；具有良好的传热性能、较低的流动阻力、相当大的单位容积制冷量	由于它的临界温度低，采用跨临界制冷循环，是目前国内外的研究热点。高的工作压力和高的蒸气密度可以导致系统主要部件尺寸小型化的紧凑设计，紧凑式逆流换热器的换热性能良好，有助改进实际的 COP 值。高压侧大的温度变化，可使进口空气温度与 CO_2 排气温度非常接近，因而可减少不可逆传热损失	由于在热泵方面的特殊优越性，可以解决现代汽车冬天不能向车厢提供足够热量的缺陷。德国已有民用汽车采用 CO_2 工质。高压侧具有 80~100℃ 的温度变化，特别适合用于热水的加热，这种系统还可以回收余热。日本研制成功了家用 CO_2 热泵水加热器

续表

名 称	特 性	应 用 情 况	前 景
氨（NH_3）	可燃、有毒性，但价廉、传热性能好、含水量余地大、管径小	由于其腐蚀性，不能用铜的换热器，传热性能受到影响。氨还具有特殊味道，给工作人员比较容易检漏，这种难受的味道也成为民用空调的障碍	在低温（$-40℃\sim-10℃$）下效率是很高的在民用空调的应用主要取决于设备的密封性；氨制冷系统常应用于较大的工业场合，如食物处理和冷库储存
水（H_2O）		正常沸点高，在制冷领域的温度范围内，具有极低的蒸气压。这种热物性导致压缩机的压比很高	比容积很大，要求设备尺寸大
空 气	理论循环效率低、噪声大	在整体制冷过程中，空气通常能保持气体的形态，因此，空气循环的能效比比常规蒸气压缩循环大	在空中和地面运输、建筑物和食品冷冻方面，空气作为制冷剂已有一些实际应用

4. 吸收式制冷剂

在吸收式制冷系统中，一般都需应用氨或溴化锂（LiBr）的水溶液，但必须注意，氨和溴化锂溶液并不是制冷剂而是吸收剂（水才是制冷剂）。有关吸收式制冷系统的详细介绍，见本手册第 29.8 节。

国内有些城市，由于电力供应不足，要采取限电措施，这时，吸收式制冷是一种满足空调需求的方案，但不一定是环保的解决途径。吸收式制冷只是溶液循环泵用电，相比容积式蒸气压缩制冷，省电很多。不过，如果采用燃气进行加热，它的全球变暖效应将远远超过容积式蒸气压缩制冷系统（见图 29.2-18），如果利用废热进行加热，则的确是环保的。

29.2.4 常用制冷剂的热力特性及压焓图

本节列出了 R-12、R-22、R-32、R-123、R-125、R-134a、R-245fa、R-404A、R-407C、R-410A 和 R-717 共计 11 种制冷剂的热力特性及其压焓图，详见表 29.2-12 和图 29.2-3、表 29.2-13 和图 29.2-4、表 29.2-14 和图 29.2-5、表 29.2-15 和图 29.2-6、表 29.2-16 和图 29.2-7、表 29.2-17 和图 29.2-8、表 29.2-18 和图 29.2-9、表 29.2-19 和图 29.2-10、表 29.20 和图 29.2-11、表 29.2-21 和图 29.2-12、表 29.2-22 和图 29.2-13。

上列制冷剂的热力特性及其压焓图，引自 2005 ASHRAE Handbook；图表的刊出，得到了 ASHRAE 的同意与授权。

表 29.2-12　R-12 制冷剂在饱和状态下的热力特性
表 29.2-13　R-22 制冷剂在饱和状态下的热力特性
表 29.2-14　R-32 制冷剂在饱和状态下的热力特性
表 29.2-15　R-123 制冷剂在饱和状态下的热力特性
表 29.2-16　R-125 制冷剂在饱和状态下的热力特性
表 29.2-17　R-134a 制冷剂在饱和状态下的热力特性
表 29.2-18　R-245fa 制冷剂在饱和状态下的热力特性
表 29.2-19　R-404A 制冷剂在饱和状态下的热力特性
表 29.2-20　R-407C 制冷剂在饱和状态下的热力特性
表 29.2-21　R-410A 制冷剂在饱和状态下的热力特性
表 29.2-22　R-717 制冷剂在饱和状态下的热力特性

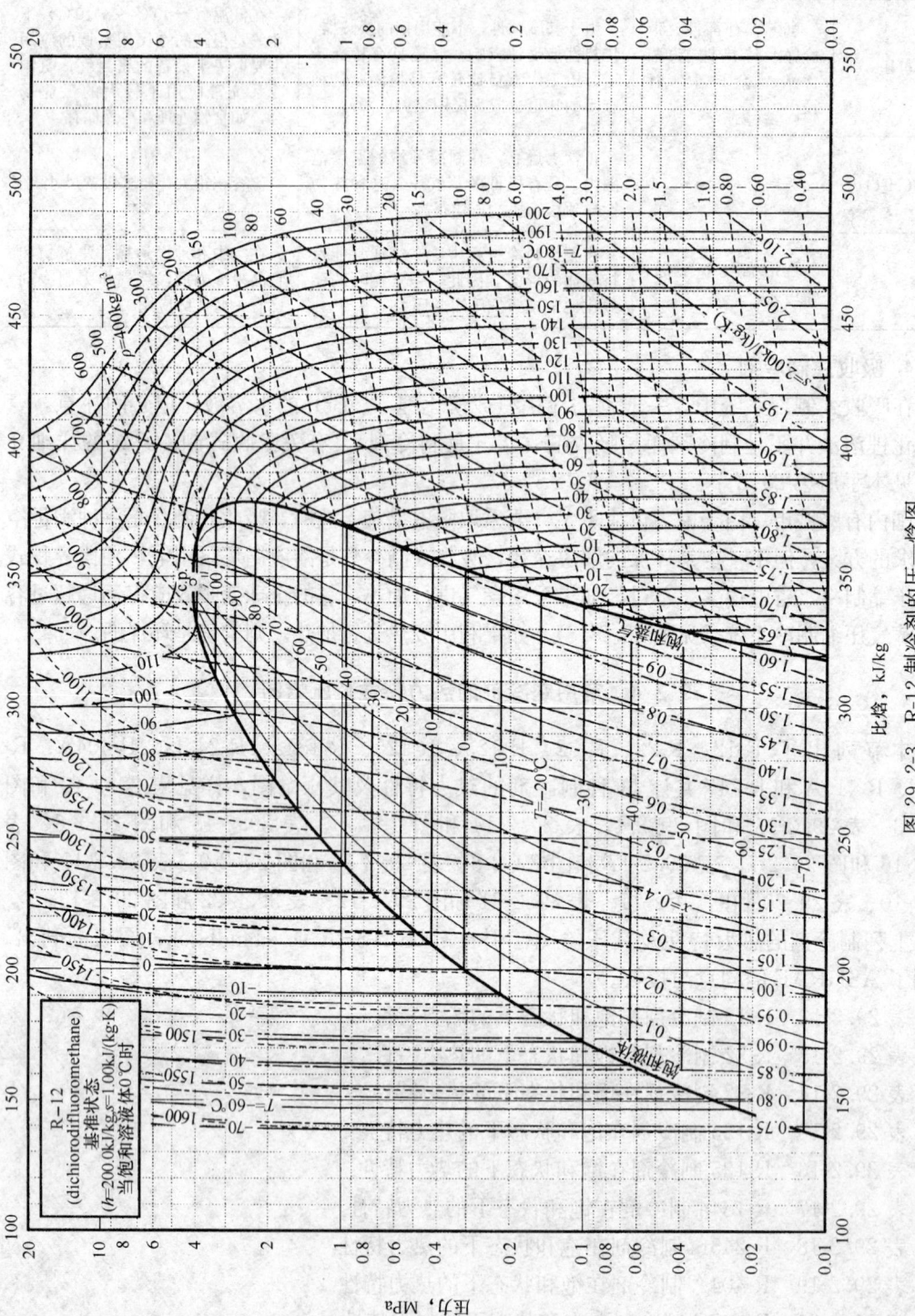

图 29.2-3 R-12 制冷剂的压—焓图

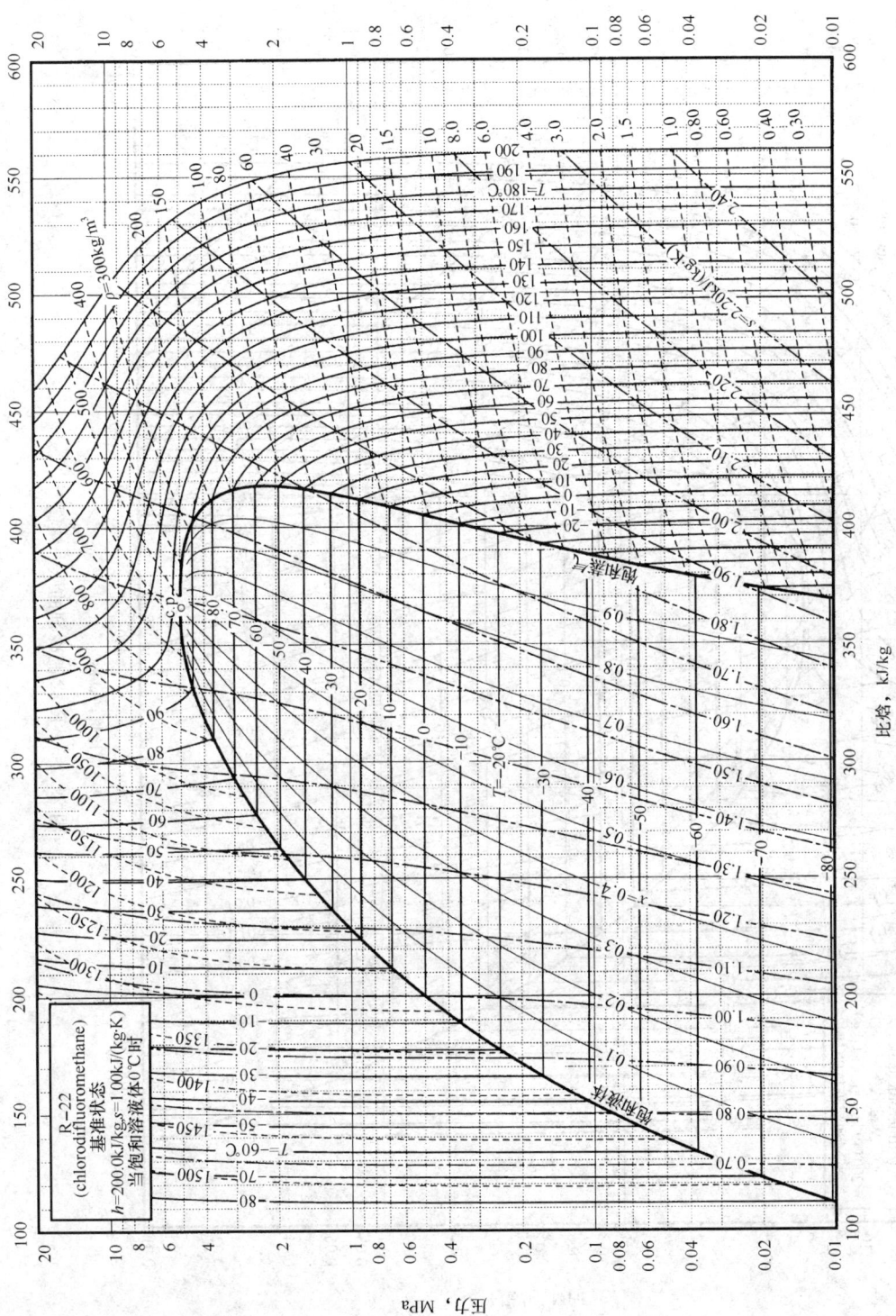

图 29.2-4 R-22 制冷剂的压—焓图

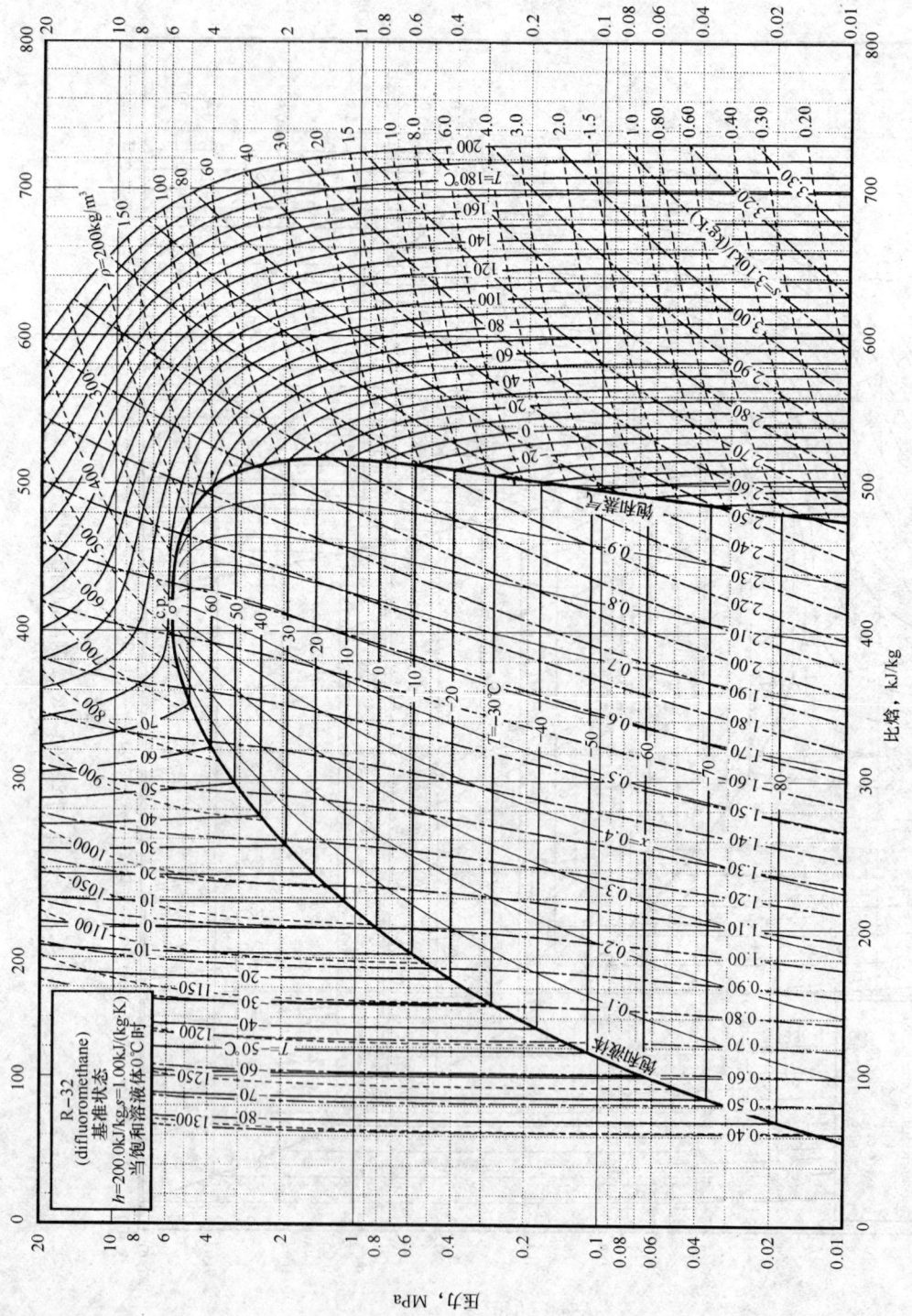

图 29.2-5 R-32 制冷剂的压—焓图

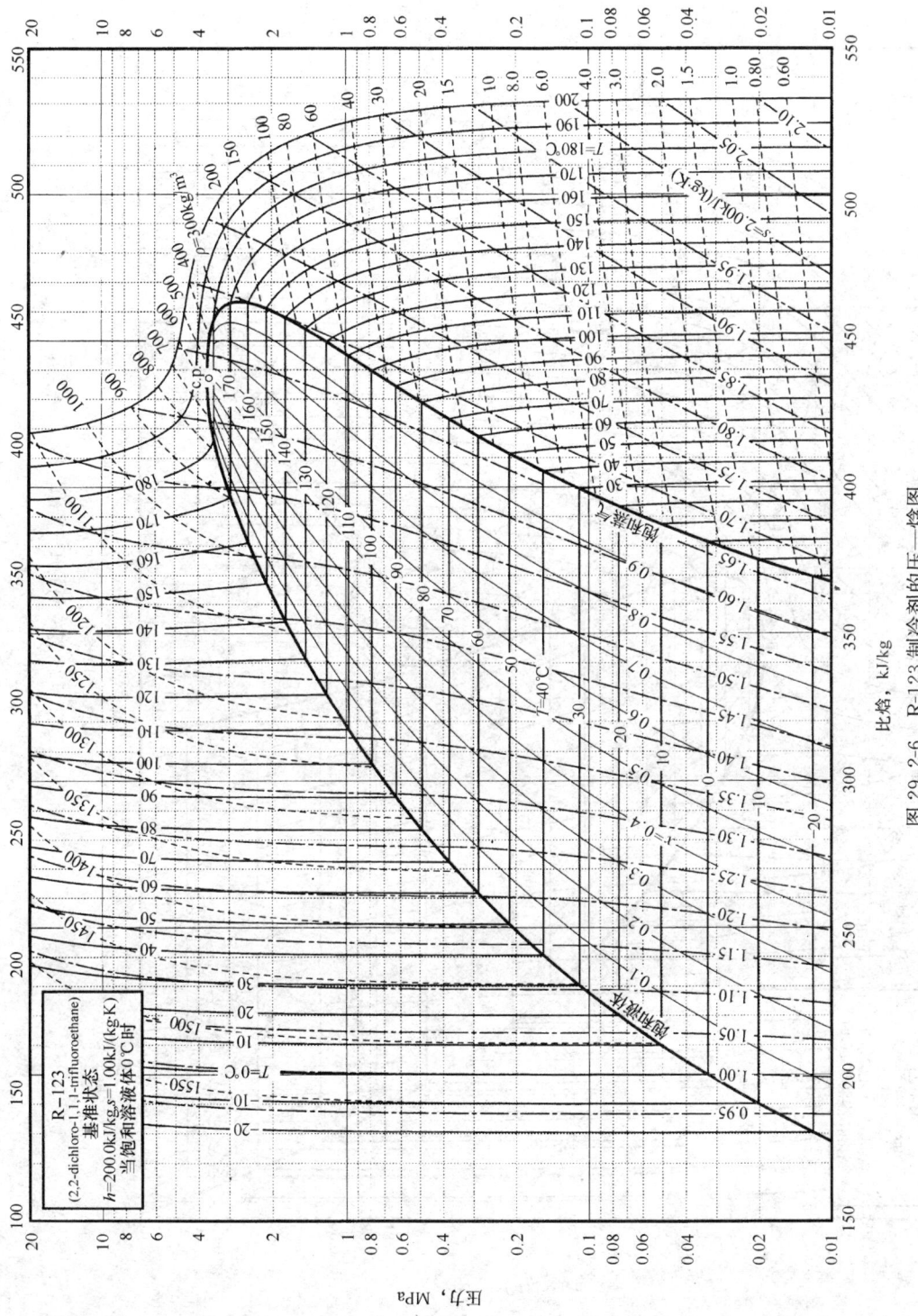

图 29.2-6 R-123 制冷剂的压-焓图

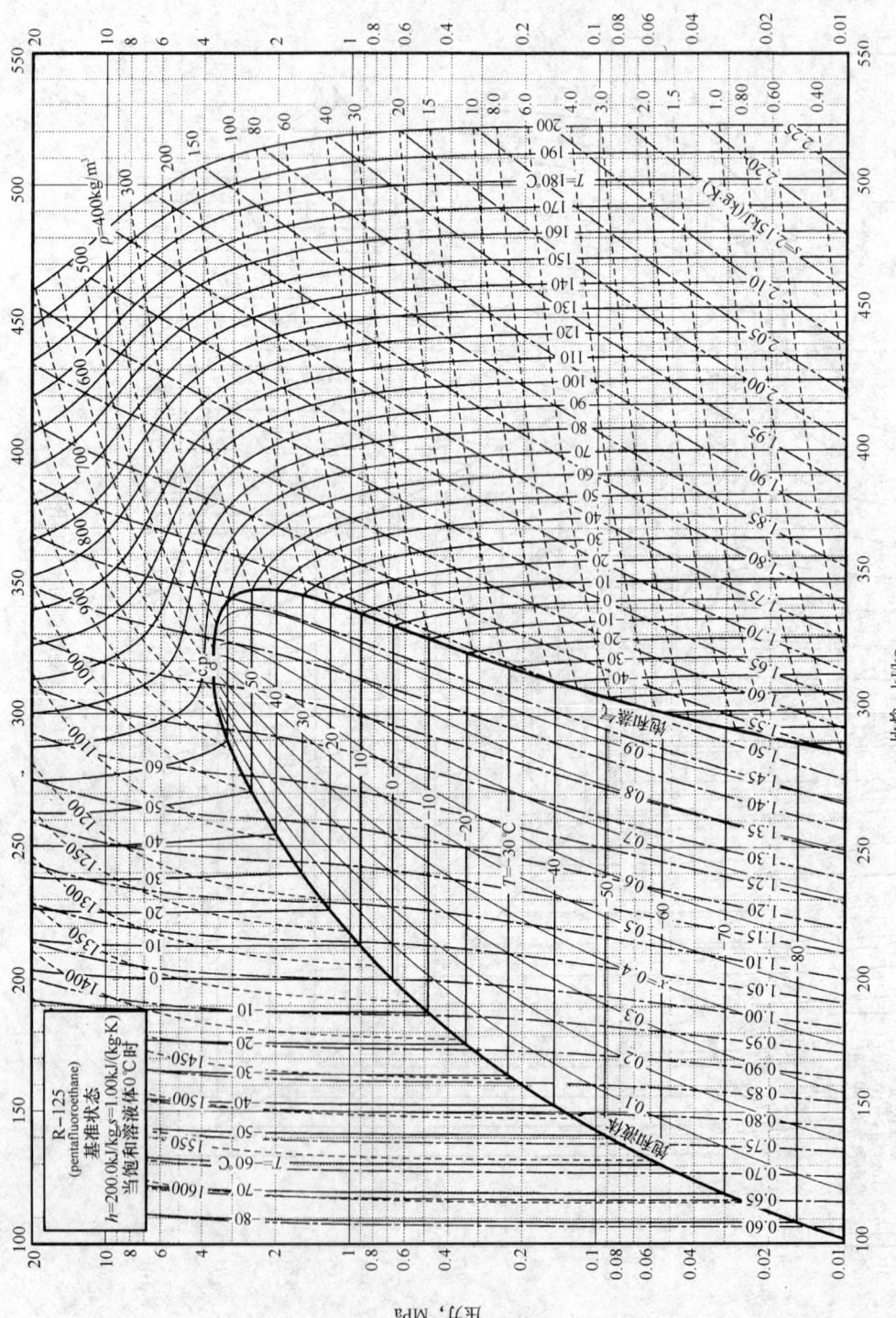

图 29.2-7 R-125 制冷剂的压—焓图

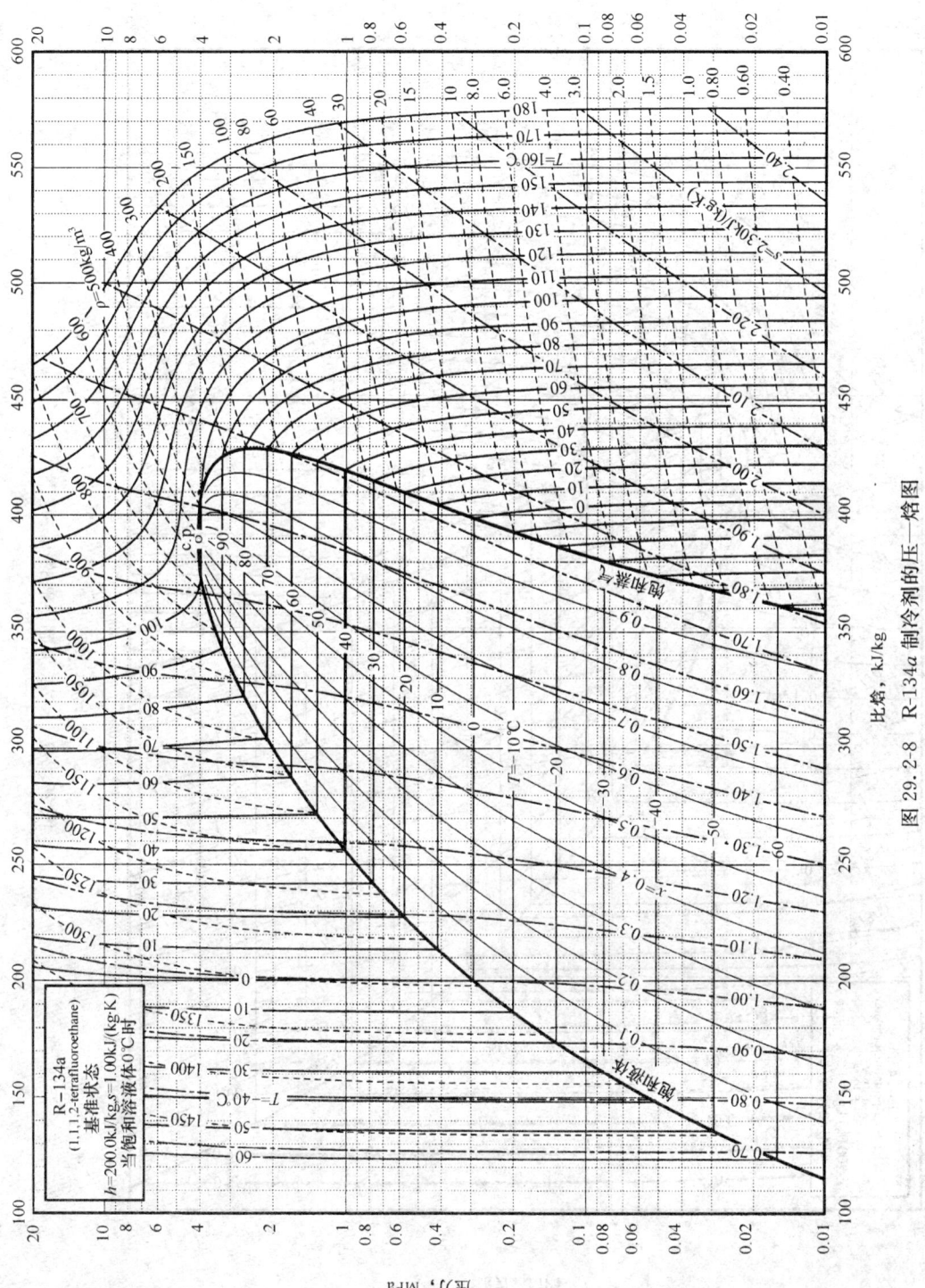

图 29.2-8 R-134a 制冷剂的压-焓图

2212　第29章　空调冷源

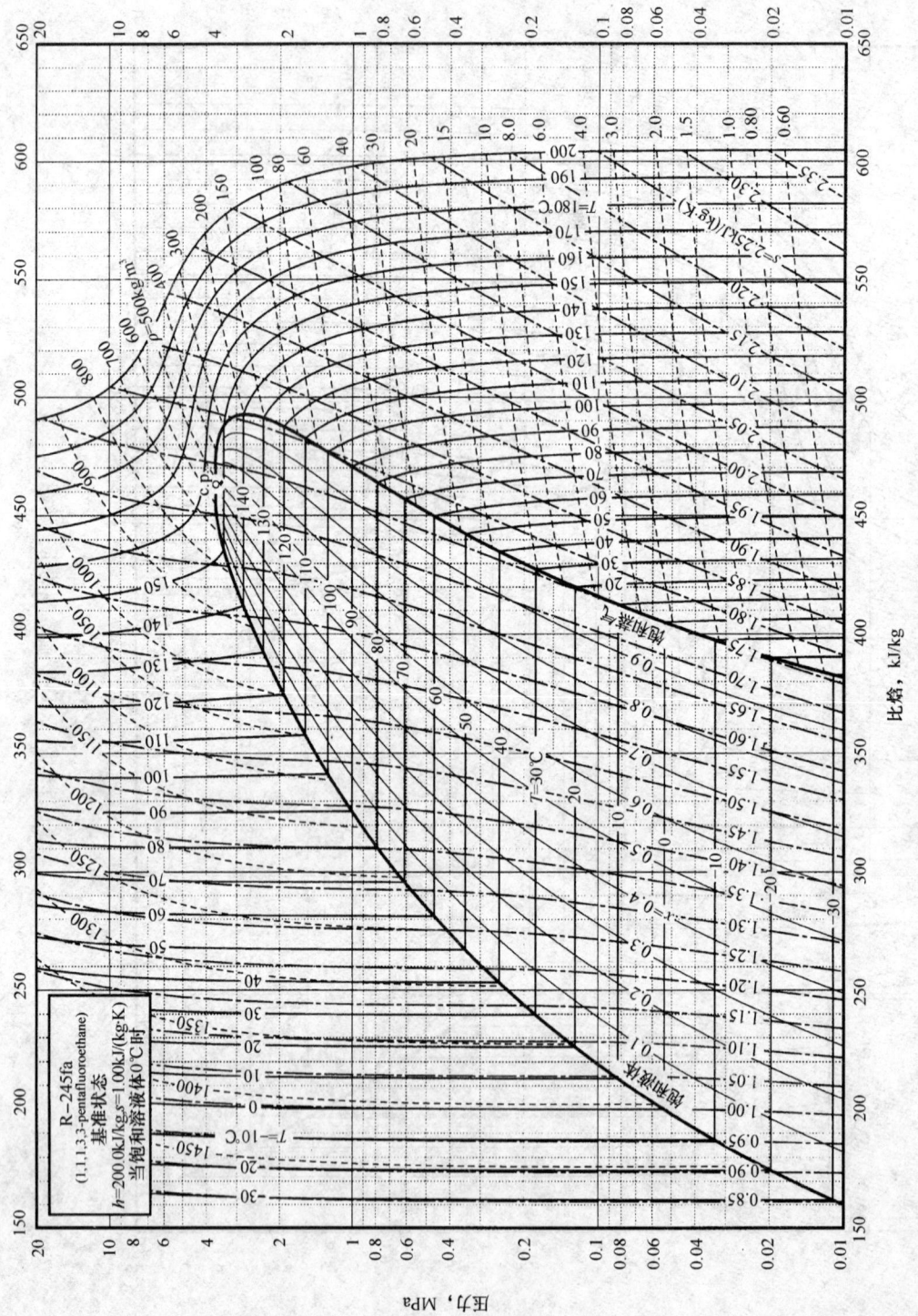

图29.2-9　R-245fa制冷剂的压-焓图

29.2 制冷剂 2213

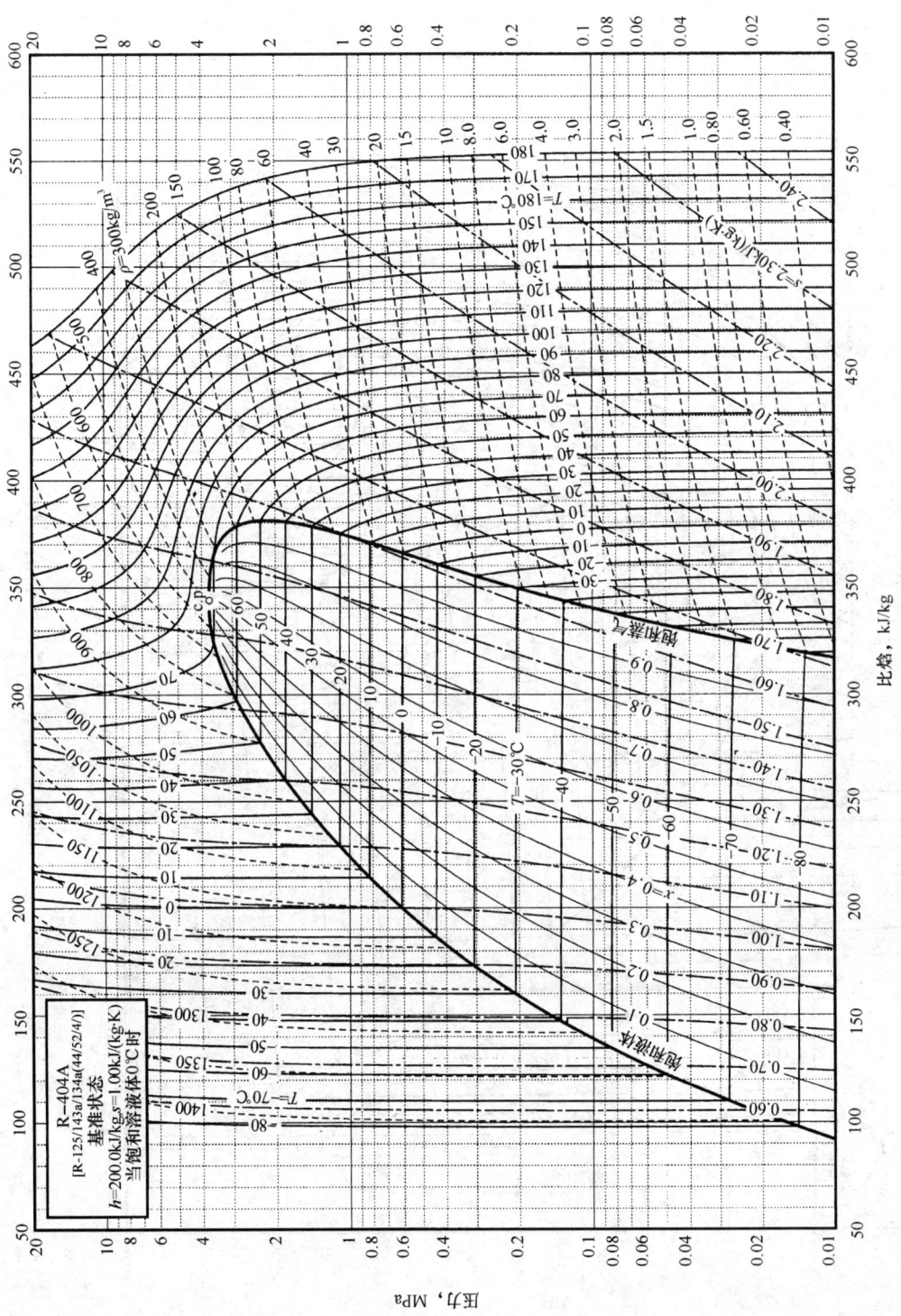

图 29.2-10 R-404A 制冷剂的压—焓图

第29章 空调冷源

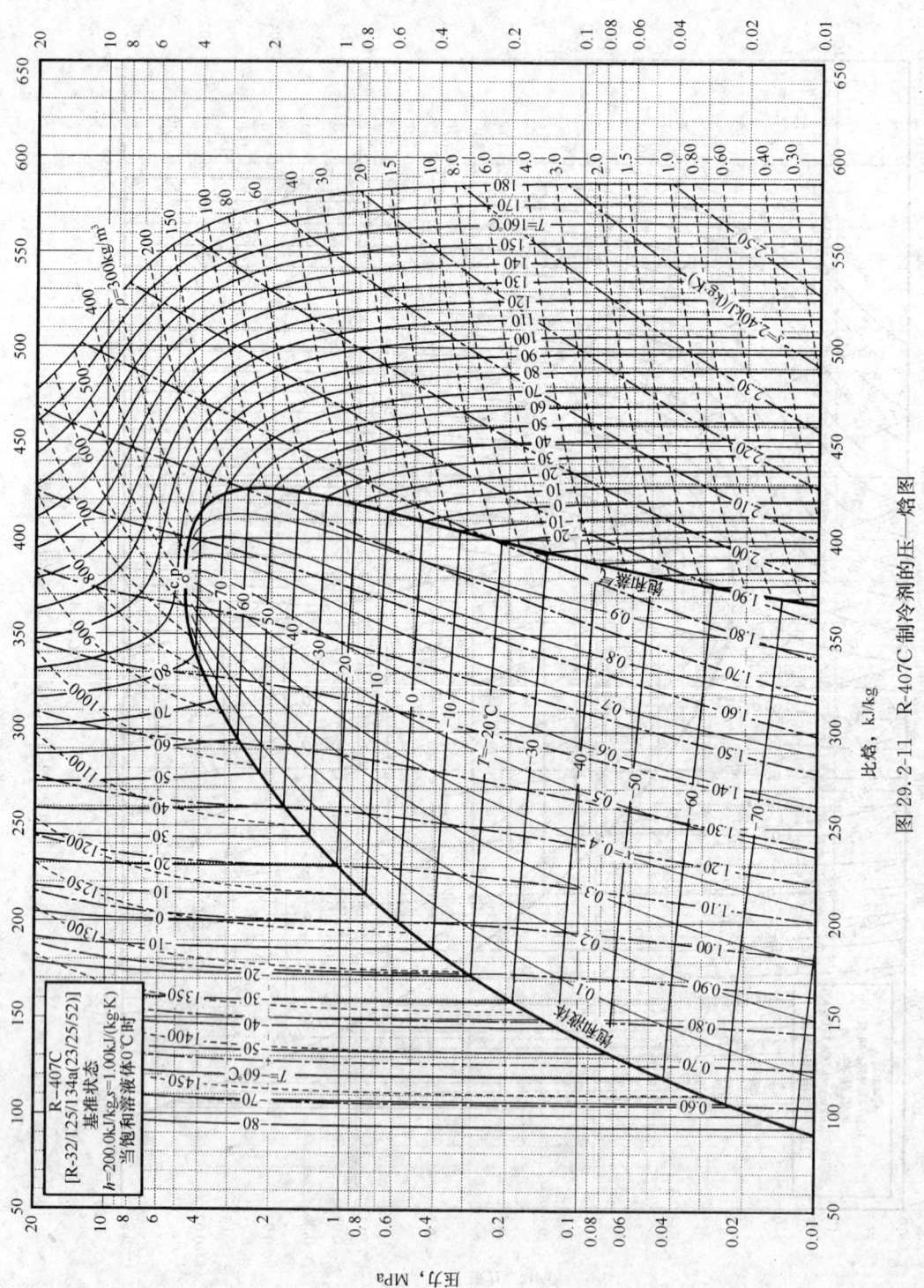

图29.2-11 R-407C制冷剂的压—焓图

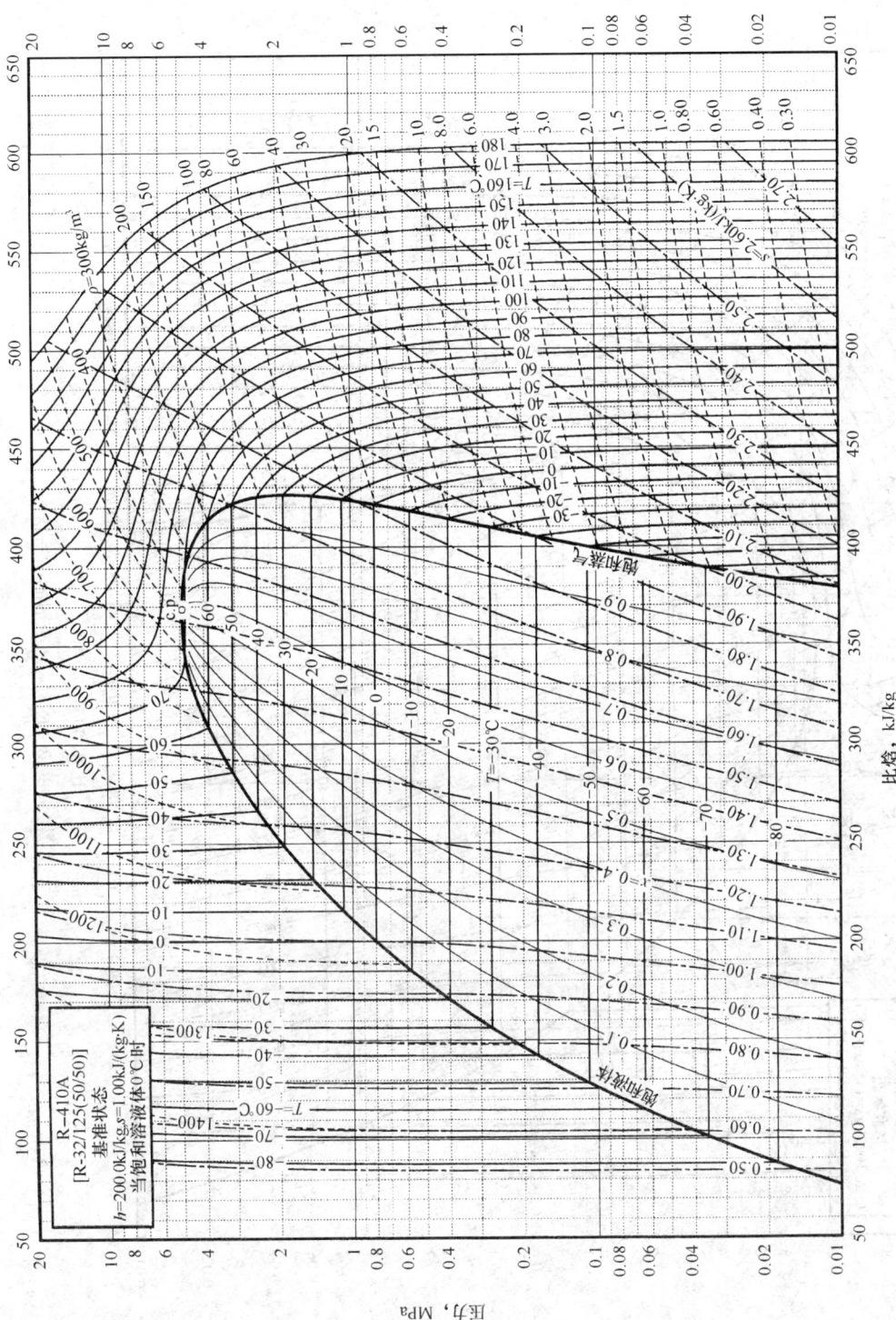

图 29.2-12 R-410A 制冷剂的压—焓图

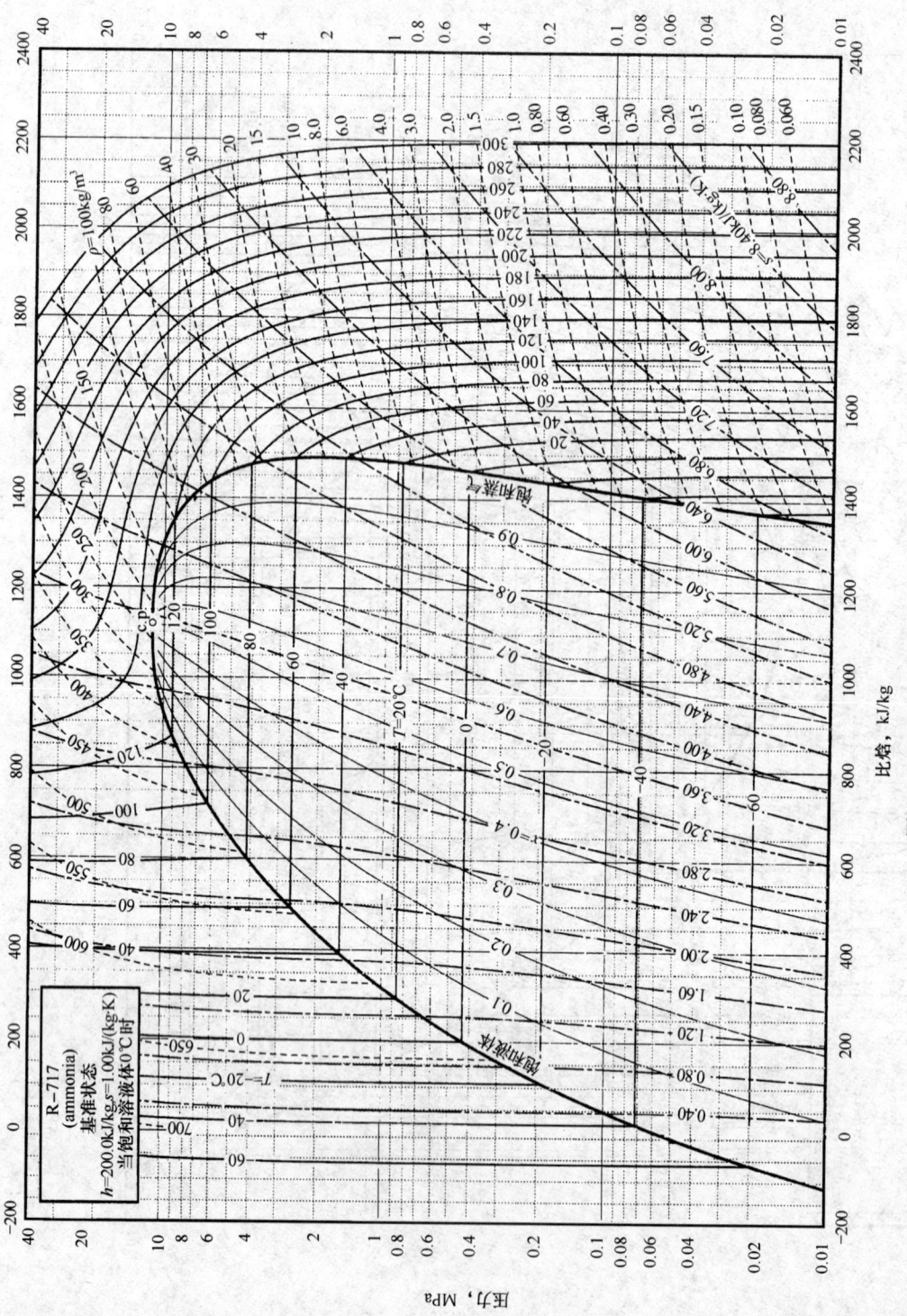

图 29.2-13 R-717 制冷剂的压—焓图

常用制冷剂热力特性表

表 29.2-12 R-12 制冷剂在饱和状态下的热力特性

温度 (℃)	压力 (MPa)	液体密度 (kg/m³)	蒸气比容 (m³/kg)	比焓 (kJ/kg) 液体	比焓 蒸气	比熵 [kJ/(kg·K)] 液体	比熵 蒸气	比热容 c_p [kJ/(kg·K)] 液体	比热容 蒸气	蒸气 c_p/c_v	声速 (m/s) 液体	声速 蒸气	黏度 (Pa·s) 液体	黏度 蒸气	热导率 [mW/(m·K)] 液体	热导率 蒸气	表面张力 (mN/m)	温度 (℃)
-100.00	0.00119	1679.1	10.0040	113.32	306.09	0.6077	1.7210	0.819	0.449	1.182	1035	118.5	1005.0	6.78	116.7	4.27	26.48	-100.00
-90.00	0.00286	1652.8	4.3948	121.53	310.59	0.6538	1.6861	0.824	0.465	1.176	990	121.4	819.0	7.18	112.0	4.67	24.90	-90.00
-80.00	0.00619	1626.3	2.1355	129.81	315.19	0.6978	1.6576	0.831	0.481	1.172	945	124.1	684.9	7.58	107.4	5.08	23.35	-80.00
-70.00	0.01228	1599.5	1.1286	138.17	319.87	0.7400	1.6344	0.840	0.497	1.168	902	126.7	584.0	7.97	103.0	5.50	21.81	-70.00
-60.00	0.02261	1572.3	0.63992	146.62	324.61	0.7806	1.6156	0.850	0.513	1.166	859	129.1	505.1	8.37	98.8	5.93	20.30	-60.00
-50.00	0.03911	1544.7	0.38494	155.18	329.39	0.8197	1.6004	0.861	0.530	1.165	816	131.2	441.8	8.76	94.7	6.38	18.81	-50.00
-40.00	0.06409	1516.5	0.24342	163.86	334.18	0.8577	1.5882	0.873	0.548	1.166	775	133.0	389.8	9.16	90.7	6.84	17.35	-40.00
-30.00	0.10026	1487.7	0.16057	172.67	338.94	0.8946	1.5784	0.886	0.566	1.169	733	134.5	346.2	9.55	86.9	7.32	15.91	-30.00
-29.75[b]	0.10133	1487.0	0.15900	172.89	339.06	0.8955	1.5782	0.887	0.567	1.169	732	134.5	345.2	9.56	86.8	7.33	15.88	-29.75
-28.00	0.10910	1481.9	0.14841	174.44	339.89	0.9019	1.5767	0.889	0.570	1.170	725	134.7	338.3	9.63	86.1	7.41	15.63	-28.00
-26.00	0.11854	1476.0	0.13736	176.23	340.83	0.9091	1.5751	0.892	0.574	1.171	717	135.0	330.6	9.71	85.3	7.51	15.35	-26.00
-24.00	0.12860	1470.1	0.12731	178.02	341.78	0.9163	1.5735	0.895	0.578	1.171	709	135.2	323.2	9.79	8.16	7.61	15.06	-24.00
-22.00	0.13931	1464.1	0.11815	179.81	342.72	0.9234	1.5720	0.898	0.582	1.172	701	135.4	316.0	9.87	83.8	7.71	14.78	-22.00
-20.00	0.15070	1458.1	0.10978	181.62	343.65	0.9305	1.5706	0.901	0.586	1.174	693	135.6	309.0	9.95	83.1	7.80	14.50	-20.00
-18.00	0.16279	1452.1	0.10213	183.42	344.59	0.9376	1.5693	0.904	0.590	1.175	684	135.8	302.2	10.03	82.4	7.90	14.23	-18.00
-16.00	0.17562	1446.1	0.09512	185.24	345.52	0.9447	1.5680	0.907	0.594	1.176	676	136.1	295.6	10.10	81.6	8.01	13.95	-16.00
-14.00	0.18920	1440.0	0.08870	187.06	346.44	0.9517	1.5667	0.910	0.598	1.178	668	136.1	289.2	10.18	80.9	8.11	13.67	-14.00
-12.00	0.20358	1433.8	0.08280	188.89	347.37	0.9587	1.5655	0.913	0.602	1.179	660	136.3	283.0	10.26	80.2	8.21	13.40	-12.00
-10.00	0.21878	1427.6	0.07737	190.72	348.29	0.9656	1.5644	0.917	0.607	1.181	652	136.4	276.9	10.34	79.4	8.31	13.12	-10.00
-8.00	0.23483	1421.4	0.07237	192.56	349.20	0.9726	1.5633	0.920	0.611	1.183	644	136.5	271.0	10.42	78.7	8.41	12.85	-8.00
-6.00	0.25176	1415.1	0.06777	194.41	350.11	0.9795	1.5623	0.923	0.616	1.184	636	136.6	265.2	10.50	78.0	8.52	12.58	-6.00
-4.00	0.26960	1408.8	0.06352	196.27	351.01	0.9863	1.5613	0.927	0.620	1.186	628	136.6	259.6	10.58	77.3	8.62	12.31	-4.00
-2.00	0.28839	1402.5	0.05959	198.13	351.91	0.9932	1.5603	0.930	0.625	1.189	620	136.7	254.1	10.66	76.6	8.73	12.04	-2.00

续表

温度 (℃)	压力 (MPa)	液体密度 (kg/m³)	蒸气比容 (m³/kg)	比焓 (kJ/kg) 液体	比焓 (kJ/kg) 蒸气	比熵 [kJ/(kg·K)] 液体	比熵 [kJ/(kg·K)] 蒸气	比热容 cp [kJ/(kg·K)] 液体	比热容 cp [kJ/(kg·K)] 蒸气	蒸气 cp/cv	声速 (m/s) 液体	声速 (m/s) 蒸气	黏度 μ (Pa·s) 液体	黏度 μ (Pa·s) 蒸气	热导率 [mW/(m·K)] 液体	热导率 [mW/(m·K)] 蒸气	表面张力 (mN/m)	温度 (℃)
0.00	0.30815	1396.1	0.05595	200.00	352.81	1.0000	1.5594	0.934	0.630	1.191	612	136.7	248.7	10.74	75.9	8.84	11.77	0.00
2.00	0.32891	1389.6	0.05258	201.88	353.69	1.0068	1.5586	0.938	0.635	1.193	604	136.7	243.5	10.82	75.1	8.95	11.51	2.00
4.00	0.35071	1383.5	0.04946	203.76	354.57	1.0136	1.5577	0.942	0.640	1.196	596	136.7	238.4	10.90	74.4	9.06	11.24	4.00
6.00	0.37358	1376.5	0.04656	205.65	355.45	1.0203	1.5569	0.946	0.645	1.199	588	136.7	233.4	10.98	73.7	9.17	10.98	6.00
8.00	0.39756	1369.9	0.04386	207.56	356.32	1.0270	1.5561	0.950	0.650	1.202	580	136.6	228.6	11.07	73.0	9.28	10.71	8.00
10.00	0.42267	1363.2	0.04135	209.46	357.18	1.0337	1.5554	0.954	0.656	1.205	572	136.5	223.8	11.15	72.3	9.39	10.45	10.00
12.00	0.44895	1356.5	0.03901	211.38	358.03	1.0404	1.5547	0.958	0.661	1.208	564	136.5	219.1	11.23	71.6	9.51	10.19	12.00
14.00	0.47643	1349.7	0.03683	213.31	358.88	1.0471	1.5540	0.962	0.667	1.211	556	136.3	214.6	11.31	70.9	9.62	9.94	14.00
16.00	0.50514	1342.8	0.03480	215.24	359.71	1.0537	1.5533	0.967	0.672	1.215	548	136.2	210.1	11.40	70.2	9.74	9.68	16.00
18.00	0.53513	1335.9	0.03290	217.18	360.54	1.0603	1.5527	0.971	0.678	1.219	540	136.1	205.7	11.48	69.6	9.86	9.42	18.00
20.00	0.56642	1328.9	0.03112	219.14	361.36	1.0669	1.5521	0.976	0.685	1.223	532	135.9	201.4	11.57	68.9	9.98	9.17	20.00
22.00	0.59905	1321.8	0.02946	221.10	362.17	1.0735	1.5515	0.981	0.691	1.228	524	135.7	197.2	11.65	68.2	10.10	8.92	22.00
24.00	0.63305	1314.6	0.02790	223.07	362.97	1.0801	1.5509	0.986	0.697	1.232	516	135.5	193.1	11.74	67.5	10.23	8.67	24.00
26.00	0.66846	1307.4	0.02643	225.05	363.76	1.0866	1.5503	0.991	0.704	1.237	508	135.2	189.0	11.83	66.8	10.36	8.42	26.00
28.00	0.70531	1300.1	0.02506	227.04	364.54	1.0932	1.5498	0.997	0.711	1.242	499	134.9	185.0	11.92	66.1	10.49	8.17	28.00
30.00	0.74365	1292.7	0.02377	229.04	365.31	1.0997	1.5492	1.002	0.718	1.248	491	134.7	181.1	12.01	65.4	10.62	7.92	30.00
32.00	0.78350	1285.2	0.02256	231.06	366.07	1.1062	1.5487	1.008	0.726	1.254	483	134.3	177.3	12.10	64.8	10.75	7.68	32.00
34.00	0.82491	1277.6	0.02142	233.08	366.81	1.1127	1.5481	1.014	0.734	1.260	475	134.0	173.5	12.19	64.1	10.89	7.43	34.00
36.00	0.86791	1269.9	0.02034	235.12	367.54	1.1192	1.5476	1.020	0.742	1.267	467	133.6	169.8	12.28	63.4	11.03	7.19	36.00
38.00	0.91253	1262.2	0.01933	237.16	368.26	1.1257	1.5470	1.026	0.750	1.274	459	133.2	166.1	12.38	62.7	11.18	6.95	38.00
40.00	0.95882	1254.3	0.01838	239.22	368.96	1.1322	1.5465	1.033	0.759	1.282	450	132.8	162.5	12.48	62.1	11.33	6.72	40.00
42.00	1.00680	1246.3	0.01748	241.29	369.65	1.1387	1.5459	1.040	0.768	1.290	442	132.4	159.0	12.57	61.4	11.48	6.48	42.00
44.00	1.05660	1238.1	0.01662	243.38	370.33	1.1451	1.5454	1.048	0.778	1.299	434	131.9	155.5	12.67	60.7	11.63	6.25	44.00

续表

温度 (℃)	压力 (MPa)	液体密度 (kg/m³)	蒸气比容 (m³/kg)	比焓 (kJ/kg) 液体	比焓 (kJ/kg) 蒸气	比熵 [kJ/(kg·K)] 液体	比熵 [kJ/(kg·K)] 蒸气	比热容 c_p [kJ/(kg·K)] 液体	比热容 c_p [kJ/(kg·K)] 蒸气	蒸气 c_p/c_v	声速 (m/s) 液体	声速 (m/s) 蒸气	黏度 μ (Pa·s) 液体	黏度 μ (Pa·s) 蒸气	热导率 [mW/(m·K)] 液体	热导率 [mW/(m·K)] 蒸气	表面张力 (mN/m)	温度 (℃)
46.00	1.10810	1229.9	0.01582	245.47	370.98	1.1516	1.5448	1.055	0.788	1.308	426	131.4	152.0	12.78	60.0	11.79	6.01	46.00
48.00	1.16140	1221.5	0.01505	247.59	371.62	1.1580	1.5443	1.063	0.798	1.318	417	130.9	148.6	12.88	59.4	11.96	5.78	48.00
50.00	1.21660	1213.0	0.01433	249.71	372.24	1.1645	1.5437	1.072	0.810	1.329	409	130.3	145.3	12.99	58.7	12.13	5.55	50.00
52.00	1.27370	1204.4	0.01365	251.85	372.85	1.1710	1.5431	1.081	0.821	1.340	400	129.7	141.9	13.10	58.0	12.31	5.33	52.00
54.00	1.33270	1195.6	0.01300	254.01	373.43	1.1774	1.5425	1.090	0.834	1.353	392	129.1	138.7	13.21	57.3	12.49	5.10	54.00
56.00	1.39380	1186.6	0.01238	256.18	373.99	1.1839	1.5418	1.100	0.847	1.366	383	128.4	135.4	13.33	56.7	12.68	4.88	56.00
58.00	1.45680	1177.5	0.01180	258.38	374.53	1.1904	1.5411	1.111	0.861	1.381	375	127.7	132.2	13.45	56.0	12.87	4.66	58.00
60.00	1.52190	1168.1	0.01124	260.58	375.05	1.1969	1.5404	1.122	0.876	1.397	366	127.0	129.1	13.57	55.3	13.08	4.44	60.00
62.00	1.58920	1158.6	0.01071	262.81	375.54	1.2033	1.5397	1.135	0.892	1.414	357	126.3	125.9	13.70	54.7	13.29	4.23	62.00
64.00	1.65860	1148.9	0.01021	265.06	376.00	1.2099	1.5389	1.148	0.910	1.433	348	125.5	122.8	13.83	54.0	13.51	4.01	64.00
66.00	1.73020	1139.0	0.00973	267.33	376.44	1.2164	1.5381	1.162	0.929	1.453	339	124.6	119.7	13.96	53.3	13.75	3.80	66.00
68.00	1.80410	1128.8	0.00927	269.62	376.84	1.2229	1.5372	1.177	0.949	1.476	330	123.8	116.7	14.11	52.6	13.99	3.59	68.00
70.00	1.88020	1118.3	0.00883	271.94	377.22	1.2295	1.5363	1.193	0.971	1.501	321	122.9	113.6	14.26	52.0	14.25	3.39	70.00
75.00	2.08110	1090.9	0.00782	277.84	377.99	1.2461	1.5337	1.241	1.037	1.576	298	120.4	106.1	14.66	50.3	14.96	2.88	75.00
80.00	2.29750	1061.4	0.00691	283.94	378.48	1.2629	1.5306	1.302	1.122	1.677	274	117.7	98.6	15.11	48.7	15.80	2.40	80.00
85.00	2.53040	1029.1	0.00608	290.27	378.64	1.2801	1.5268	1.384	1.239	1.817	249	114.7	91.1	15.65	47.2	16.82	1.93	85.00
90.00	2.78080	993.2	0.00533	296.91	378.35	1.2978	1.5220	1.501	1.410	2.026	224	111.4	83.4	16.29	45.9	18.11	1.49	90.00
95.00	3.05010	952.2	0.00463	303.95	377.45	1.3163	1.5159	1.679	1.683	2.362	197	107.8	75.6	17.11	45.1	19.81	1.07	95.00
100.00	3.33990	903.8	0.00396	311.58	375.60	1.3360	1.5076	1.996	2.192	2.990	169	103.7	67.3	18.20	45.7	22.27	0.69	100.00
105.00	3.65350	842.2	0.00330	320.24	372.08	1.3581	1.4952	2.754	3.458	4.544	139	99.3	58.1	19.87	51.7	26.34	0.35	105.00
110.00	3.99240	742.7	0.00252	331.82	363.95	1.3874	1.4712	7.81	11.440	14.140	105	94.0	46.3	23.46	113.7	39.46	0.07	110.00
111.97	4.13610	565.0	0.00177	347.76	347.76	1.4283	1.4283	∞	∞	∞	0	0.0	—	—	∞	∞	0.00	111.97

温度按 ITS-90 分度 正常沸点 临界点

表 29.2-13 R-22 制冷剂在饱和状态下的热力学特性

温度 (℃)	压力 (MPa)	液体密度 (kg/m³)	蒸气比容 (m³/kg)	比焓 (kJ/kg) 液体	比焓 (kJ/kg) 蒸气	比熵 [kJ/(kg·K)] 液体	比熵 [kJ/(kg·K)] 蒸气	比热容 c_p [kJ/(kg·K)] 液体	比热容 c_p [kJ/(kg·K)] 蒸气	蒸气 c_p/c_v	声速 (m/s) 液体	声速 (m/s) 蒸气	黏度 μ (Pa·s) 液体	黏度 μ (Pa·s) 蒸气	热导率 [mW/(m·K)] 液体	热导率 [mW/(m·K)] 蒸气	表面张力 (mN/m)	温度 (℃)
−100.00	0.00201	1571.3	8.26600	90.71	358.97	0.5050	2.0543	1.061	0.497	1.243	1127	143.6	845.8	7.25	143.1	4.46	28.12	−100.00
−90.00	0.00481	1544.9	3.64480	101.32	363.85	0.5646	1.9980	1.061	0.512	1.237	1080	147.0	699.4	7.67	137.8	4.84	26.36	−90.00
−80.00	0.01037	1518.2	1.77820	111.94	368.77	0.6210	1.9508	1.062	0.528	1.233	1033	150.3	591.0	8.09	132.6	5.25	24.63	−80.00
−70.00	0.02047	1491.2	0.94342	122.58	373.70	0.6747	1.9108	1.065	0.545	1.231	986	153.3	507.6	8.52	127.6	5.68	22.92	−70.00
−60.00	0.03750	1463.7	0.53680	133.27	378.59	0.7260	1.8770	1.071	0.564	1.230	940	156.0	441.4	8.94	122.6	6.12	21.24	−60.00
−50.00	0.06453	1435.6	0.32385	144.03	383.42	0.7752	1.8480	1.079	0.585	1.232	893	158.3	387.5	9.36	117.8	6.59	19.58	−50.00
−48.00	0.07145	1429.9	0.29453	146.19	384.37	0.7849	1.8428	1.081	0.589	1.233	884	158.7	377.8	9.45	116.9	6.69	19.25	−48.00
−46.00	0.07894	1424.2	0.26837	148.36	385.32	0.7944	1.8376	1.083	0.594	1.234	875	159.1	368.6	9.53	115.9	6.79	18.92	−46.00
−44.00	0.08705	1418.4	0.24498	150.53	386.26	0.8039	1.8327	1.086	0.599	1.235	865	159.5	359.6	9.62	115.0	6.89	18.59	−44.00
−42.00	0.09580	1412.6	0.22402	152.70	387.20	0.8134	1.8278	1.088	0.603	1.236	856	159.9	351.0	9.70	114.0	6.99	18.27	−42.00
−40.81[b]	0.10132	1409.2	0.21260	154.00	387.75	0.8189	1.8250	1.090	0.606	1.236	851	160.1	346.0	9.75	113.5	7.05	18.08	−40.81
−40.00	0.10523	1406.8	0.20521	154.89	388.13	0.8227	1.8231	1.091	0.608	1.237	847	160.3	342.6	9.79	113.1	7.09	17.94	−40.00
−38.00	0.11538	1401.0	0.18829	157.07	389.06	0.8320	1.8186	1.093	0.613	1.238	838	160.6	334.5	9.87	112.2	7.19	17.62	−38.00
−36.00	0.12628	1395.1	0.17304	159.27	389.97	0.8413	1.8141	1.096	0.619	1.239	828	160.9	326.7	9.96	111.2	7.29	17.30	−36.00
−34.00	0.13797	1389.1	0.15927	161.47	390.89	0.8505	1.8098	1.099	0.624	1.241	819	161.2	319.1	10.04	110.3	7.40	16.98	−34.00
−32.00	0.15050	1383.2	0.14682	163.67	391.79	0.8596	1.8056	1.102	0.629	1.242	810	161.5	311.7	10.12	109.4	7.51	16.66	−32.00
−30.00	0.16389	1377.2	0.13553	165.88	392.69	0.8687	1.8015	1.105	0.635	1.244	800	161.8	304.6	10.21	108.5	7.61	16.34	−30.00
−28.00	0.17819	1371.1	0.12528	168.10	393.58	0.8778	1.7975	1.108	0.641	1.246	791	162.0	297.7	10.29	107.5	7.72	16.02	−28.00
−26.00	0.19344	1365.0	0.11597	170.33	394.47	0.8868	1.7937	1.112	0.646	1.248	782	162.3	291.0	10.38	106.6	7.83	15.70	−26.00
−24.00	0.20968	1358.9	0.10749	172.56	395.34	0.8957	1.7899	1.115	0.653	1.250	772	162.5	284.4	10.46	105.7	7.94	15.39	−24.00
−22.00	0.22696	1352.7	0.09975	174.80	396.21	0.9046	1.7862	1.119	0.659	1.253	763	162.7	278.1	10.55	104.8	8.06	15.07	−22.00
−20.00	0.24531	1346.5	0.09268	177.04	397.06	0.9135	1.7826	1.123	0.665	1.255	754	162.8	271.9	10.63	103.9	8.17	14.76	−20.00
−18.00	0.26479	1340.3	0.08621	179.30	397.91	0.9223	1.7791	1.127	0.672	1.258	744	163.0	265.9	10.72	103.0	8.29	14.45	−18.00

续表

温度 (℃)	压力 (MPa)	液体密度 (kg/m³)	蒸气比容 (m³/kg)	比焓 (kJ/kg) 液体	比焓 (kJ/kg) 蒸气	比熵 [kJ/(kg·K)] 液体	比熵 [kJ/(kg·K)] 蒸气	比热容 c_p [kJ/(kg·K)] 液体	比热容 c_p [kJ/(kg·K)] 蒸气	蒸气 c_p/c_v	声速 (m/s) 液体	声速 (m/s) 蒸气	黏度 μ (Pa·s) 液体	黏度 μ (Pa·s) 蒸气	热导率 [mW/(m·K)] 液体	热导率 [mW/(m·K)] 蒸气	表面张力 (mN/m)	温度 (℃)
−16.00	0.28543	1334.0	0.08029	181.56	398.75	0.9311	1.7757	1.131	0.678	1.261	735	163.1	260.1	10.80	102.1	8.40	14.14	−16.00
−14.00	0.30728	1327.6	0.07485	183.83	399.57	0.9398	1.7723	1.135	0.685	1.264	726	163.2	254.4	10.89	101.1	8.52	13.83	−14.00
−12.00	0.33038	1321.2	0.06986	186.11	400.39	0.9485	1.7690	1.139	0.692	1.267	716	163.3	248.8	10.98	100.2	8.65	13.52	−12.00
−10.00	0.35479	1314.7	0.06527	188.40	401.20	0.9572	1.7658	1.144	0.699	1.270	707	163.3	243.4	11.06	99.3	8.77	13.21	−10.00
−8.00	0.38054	1308.2	0.06103	190.70	401.99	0.9658	1.7627	1.149	0.707	1.274	697	163.4	238.1	11.15	98.4	8.89	12.91	−8.00
−6.00	0.40769	1301.6	0.05713	193.01	402.77	0.9744	1.7596	1.154	0.715	1.278	688	163.4	233.0	11.24	97.5	9.02	12.60	−6.00
−4.00	0.43628	1295.0	0.05352	195.33	403.55	0.9830	1.7566	1.159	0.722	1.282	679	163.4	227.9	11.32	96.6	9.15	12.30	−4.00
−2.00	0.46636	1288.3	0.05019	197.66	404.30	0.9915	1.7536	1.164	0.731	1.287	669	163.4	223.0	11.41	95.7	9.28	12.00	−2.00
0.00	0.49799	1281.5	0.04710	200.00	405.05	1.0000	1.7507	1.169	0.739	1.291	660	163.3	218.2	11.50	94.8	9.42	11.70	0.00
2.00	0.53120	1274.7	0.04424	202.35	405.78	1.0085	1.7478	1.175	0.748	1.296	650	163.2	213.5	11.59	93.9	9.56	11.40	2.00
4.00	0.56605	1267.8	0.04159	204.71	406.50	1.0169	1.7450	1.181	0.757	1.301	641	163.1	208.9	11.68	93.1	9.70	11.10	4.00
6.00	0.60259	1260.8	0.03913	207.09	407.20	1.0254	1.7422	1.187	0.766	1.307	632	163.0	204.4	11.77	92.2	9.84	10.81	6.00
8.00	0.64088	1253.8	0.03683	209.47	407.89	1.0338	1.7395	1.193	0.775	1.313	622	162.8	200.0	11.86	91.3	9.99	10.51	8.00
10.00	0.68095	1246.7	0.03470	211.87	408.56	1.0422	1.7368	1.199	0.785	1.319	613	162.6	195.7	11.96	90.4	10.14	10.22	10.00
12.00	0.72286	1239.5	0.03271	214.28	409.21	1.0505	1.7341	1.206	0.795	1.326	603	162.4	191.5	12.05	89.5	10.29	9.93	12.00
14.00	0.76668	1232.2	0.03086	216.70	409.85	1.0589	1.7315	1.213	0.806	1.333	594	162.2	187.3	12.14	88.6	10.45	9.64	14.00
16.00	0.81244	1224.9	0.02912	219.14	410.47	1.0672	1.7289	1.220	0.817	1.340	584	161.9	183.2	12.24	87.7	10.61	9.35	16.00
18.00	0.86020	1217.4	0.02750	221.59	411.07	1.0755	1.7263	1.228	0.828	1.348	575	161.6	179.2	12.33	86.8	10.77	9.06	18.00
20.00	0.91002	1209.9	0.02599	224.06	411.66	1.0838	1.7238	1.236	0.840	1.357	565	161.3	175.3	12.43	85.9	10.95	8.78	20.00
22.00	0.96195	1202.3	0.02457	226.54	412.22	1.0921	1.7212	1.244	0.853	1.366	555	161.0	171.5	12.53	85.0	11.12	8.50	22.00
24.00	1.01600	1194.6	0.02324	229.04	412.77	1.1004	1.7187	1.252	0.866	1.375	546	160.6	167.7	12.63	84.1	11.30	8.22	24.00
26.00	1.07240	1186.7	0.02199	231.55	413.29	1.1086	1.7162	1.261	0.879	1.385	536	160.2	163.9	12.74	83.2	11.49	7.94	26.00
28.00	1.13090	1178.8	0.02082	234.08	413.79	1.1169	1.7136	1.271	0.893	1.396	527	159.7	160.3	12.84	82.3	11.69	7.66	28.00

续表

温度 (℃)	压力 (MPa)	液体密度 (kg/m³)	蒸气比容 (m³/kg)	比焓 (kJ/kg) 液体	比焓 (kJ/kg) 蒸气	比熵 [kJ/(kg·K)] 液体	比熵 [kJ/(kg·K)] 蒸气	比热容 c_p [kJ/(kg·K)] 液体	比热容 c_p [kJ/(kg·K)] 蒸气	蒸气 c_p/c_v	声速 (m/s) 液体	声速 (m/s) 蒸气	黏度 μ (Pa·s) 液体	黏度 μ (Pa·s) 蒸气	热导率 [mW/(m·K)] 液体	热导率 [mW/(m·K)] 蒸气	表面张力 (mN/m)	温度 (℃)
30.00	1.19190	1170.7	0.01972	236.62	414.26	1.1252	1.7111	1.281	0.908	1.408	517	159.2	156.7	12.95	81.4	11.89	7.38	30.00
32.00	1.25520	1162.6	0.01869	239.19	414.71	1.1334	1.7086	1.291	0.924	1.420	507	158.7	153.1	13.06	80.5	12.10	7.11	32.00
34.00	1.32100	1154.3	0.01771	241.77	415.14	1.1417	1.7061	1.302	0.940	1.434	497	158.2	149.6	13.17	79.6	12.31	6.84	34.00
36.00	1.38920	1145.8	0.01679	244.38	415.54	1.1499	1.7036	1.314	0.957	1.448	487	157.6	146.1	13.28	78.7	12.54	6.57	36.00
38.00	1.46010	1137.3	0.01593	247.00	415.91	1.1582	1.7010	1.326	0.976	1.463	478	157.0	142.7	13.40	77.8	12.77	6.30	38.00
40.00	1.53360	1128.5	0.01511	249.65	416.25	1.1665	1.6985	1.339	0.995	1.480	468	156.4	139.4	13.52	76.9	13.02	6.04	40.00
42.00	1.60980	1119.6	0.01433	252.32	416.55	1.1747	1.6959	1.353	1.015	1.498	458	155.7	136.1	13.64	76.0	13.28	5.77	42.00
44.00	1.68870	1110.6	0.01360	255.01	416.83	1.1830	1.6933	1.368	1.037	1.517	448	155.0	132.8	13.77	75.1	13.55	5.51	44.00
46.00	1.77040	1101.4	0.01291	257.73	417.07	1.1913	1.6906	1.384	1.061	1.538	437	154.2	129.5	13.90	74.1	13.83	5.25	46.00
48.00	1.85510	1091.9	0.01226	260.47	417.27	1.1997	1.6879	1.401	1.086	1.561	427	153.4	126.3	14.04	73.2	14.13	5.00	48.00
50.00	1.94270	1082.3	0.01163	263.25	417.44	1.2080	1.6852	1.419	1.113	1.586	417	152.6	123.1	14.18	72.3	14.45	4.74	50.00
52.00	2.03330	1072.4	0.01104	266.05	417.56	1.2164	1.6824	1.439	1.142	1.614	407	151.7	120.0	14.32	71.4	14.78	4.49	52.00
54.00	2.12700	1062.3	0.01048	268.89	417.63	1.2248	1.6795	1.461	1.173	1.644	396	150.8	116.9	14.47	70.4	15.14	4.24	54.00
56.00	2.22390	1052.0	0.00995	271.76	417.66	1.2333	1.6766	1.485	1.208	1.677	386	149.8	113.8	14.63	69.5	15.52	4.00	56.00
58.00	2.32400	1041.3	0.00944	274.66	417.63	1.2418	1.6736	1.511	1.246	1.714	375	148.8	110.7	14.80	68.6	15.92	3.75	58.00
60.00	2.42750	1030.4	0.00896	277.61	417.55	1.2504	1.6705	1.539	1.287	1.755	364	147.7	107.6	14.98	67.6	16.36	3.51	60.00
65.00	2.70120	1001.4	0.00785	285.18	417.06	1.2722	1.6622	1.626	1.413	1.881	337	144.9	100.0	15.46	65.3	17.61	2.92	65.00
70.00	2.99740	969.7	0.00685	293.10	416.09	1.2945	1.6529	1.743	1.584	2.056	309	141.7	92.4	16.02	62.9	19.16	2.36	70.00
75.00	3.31770	934.4	0.00595	301.46	414.49	1.3177	1.6424	1.913	1.832	2.315	280	138.1	84.6	16.70	60.6	21.16	1.82	75.00
80.00	3.66380	893.7	0.00512	310.44	412.01	1.3423	1.6299	2.181	2.231	2.735	249	134.2	76.6	17.55	58.6	23.87	1.30	80.00
85.00	4.03780	844.8	0.00434	320.38	408.19	1.3690	1.6142	2.682	2.984	3.532	215	129.7	68.1	18.71	57.4	27.82	0.83	85.00
90.00	4.44230	780.1	0.00356	332.09	401.87	1.4001	1.5922	3.981	4.975	5.626	177	124.6	58.3	20.48	59.3	34.55	0.40	90.00
95.00	4.88240	662.9	0.00262	349.56	387.28	1.4462	1.5486	17.31	25.29	26.43	128	118.0	44.4	24.76	83.5	59.15	0.05	95.00
96.15c	4.99000	523.8	0.00191	366.90	366.90	1.4927	1.4927	∞	∞	∞	0	0.0	—	—	∞	∞	0.00	96.15

温度按 ITS-90 分度　　　正常沸点　　　临界点

表 29.2-14 R-32 制冷剂在饱和状态下的热力特性

温度 (℃)	压力 (MPa)	液体 密度 (kg/m³)	蒸气 比容 (m³/kg)	比焓 (kJ/kg) 液体	比焓 (kJ/kg) 蒸气	比熵 [kJ/(kg·K)] 液体	比熵 [kJ/(kg·K)] 蒸气	比热容 c_p [kJ/(kg·K)] 液体	比热容 c_p [kJ/(kg·K)] 蒸气	c_p/c_v 蒸气	声速 (m/s) 液体	声速 (m/s) 蒸气	黏度 μ (Pa·s) 液体	黏度 μ (Pa·s) 蒸气	热导率 [mW/(m·K)] 液体	热导率 [mW/(m·K)] 蒸气	表面张力 (mN/m)	温度 (℃)
−136.81[a]	0.00005	1429.3	453.850	−19.07	444.31	−0.1050	3.2937	1.592	0.660	1.321	1414	169.6	1226.0	5.70	242.9	6.95	39.01	−136.81
−130	0.00013	1412.7	174.360	−8.26	448.77	−0.0276	3.1651	1.583	0.665	1.318	1378	173.6	1023.0	5.97	240.6	6.97	37.47	−130
−120	0.00048	1388.4	51.1840	7.52	455.33	0.0790	3.0030	1.573	0.674	1.315	1326	179.2	811.8	6.39	236.1	7.02	35.23	−120
−110	0.00145	1363.8	17.9070	23.20	461.86	0.1782	2.8668	1.565	0.686	1.312	1273	184.5	664.6	6.80	230.6	7.12	33.02	−110
−100	0.00381	1339.0	7.22200	38.83	468.31	0.2711	2.7515	1.560	0.703	1.310	1221	189.5	556.1	7.22	224.3	7.27	30.83	−100
−90	0.00887	1313.9	3.27210	54.42	474.61	0.3586	2.6529	1.559	0.725	1.310	1169	194.1	472.6	7.64	217.4	7.45	28.68	−90
−80	0.01865	1288.4	1.63160	70.02	480.72	0.4415	2.5679	1.561	0.754	1.311	1118	198.3	406.4	8.06	210.0	7.68	26.56	−80
−70	0.03607	1262.4	0.88072	85.66	486.57	0.5204	2.4939	1.566	0.790	1.314	1066	202.2	352.7	8.48	202.2	7.96	24.48	−70
−60	0.06496	1235.7	0.50786	101.38	492.11	0.5958	2.4289	1.576	0.833	1.320	1014	205.1	308.2	8.91	194.2	8.28	22.42	−60
−51.65[b]	0.10133	1212.9	0.33468	114.59	496.45	0.6565	2.3805	1.587	0.875	1.328	971	207.4	276.7	9.26	187.4	8.60	20.74	−51.65
−50	0.11014	1208.4	0.30944	117.22	497.27	0.6683	2.3714	1.589	0.883	1.329	962	207.7	271.0	9.33	186.0	8.66	20.41	−50
−40	0.17741	1180.2	0.19743	133.23	502.02	0.7382	2.3200	1.608	0.940	1.343	910	209.7	239.4	9.75	177.8	9.10	18.44	−40
−38	0.19409	1174.4	0.18134	136.45	502.91	0.7519	2.3103	1.612	0.952	1.347	900	210.1	233.6	9.84	176.1	9.19	18.05	−38
−36	0.21197	1168.6	0.16680	139.69	503.78	0.7655	2.3008	1.616	0.965	1.350	889	210.4	228.1	9.92	174.5	9.29	17.66	−36
−34	0.23111	1162.8	0.15365	142.93	504.63	0.7791	2.2916	1.621	0.977	1.354	879	210.6	222.6	10.01	172.8	9.39	17.27	−34
−32	0.25159	1156.9	0.14173	146.18	505.47	0.7926	2.2824	1.626	0.990	1.358	868	210.9	217.4	10.09	171.2	9.50	16.89	−32
−30	0.27344	1151.0	0.13091	149.45	506.27	0.8060	2.2735	1.631	1.004	1.363	858	211.1	212.3	10.18	169.5	9.60	16.50	−30
−28	0.29675	1145.0	0.12107	152.72	507.06	0.8193	2.2647	1.637	1.017	1.367	847	211.3	207.4	10.26	167.9	9.71	16.12	−28
−26	0.32157	1138.9	0.11211	156.01	507.83	0.8326	2.2561	1.642	1.031	1.372	837	211.4	202.6	10.35	166.3	9.83	15.74	−26
−24	0.34796	1132.9	0.10393	159.31	508.57	0.8458	2.2476	1.648	1.045	1.377	826	211.5	197.9	10.43	164.6	9.95	15.36	−24
−22	0.37600	1126.7	0.09646	162.62	509.28	0.8589	2.2392	1.654	1.060	1.383	816	211.6	193.3	10.52	163.0	10.07	14.99	−22
−20	0.40575	1120.6	0.08963	165.94	509.97	0.8720	2.2310	1.661	1.075	1.389	805	211.7	188.9	10.61	161.3	10.19	14.61	−20
−18	0.43728	1114.3	0.0837	169.28	510.64	0.8850	2.2229	1.668	1.090	1.395	794	211.7	184.6	10.70	159.7	10.32	14.24	−18

续表

温度 (℃)	压力 (MPa)	液体密度 (kg/m³)	蒸气比容 (m³/kg)	比焓 (kJ/kg) 液体	比焓 (kJ/kg) 蒸气	比熵 [kJ/(kg·K)] 液体	比熵 [kJ/(kg·K)] 蒸气	比热容 c_p [kJ/(kg·K)] 液体	比热容 c_p [kJ/(kg·K)] 蒸气	蒸气 c_p/c_v	声速 (m/s) 液体	声速 (m/s) 蒸气	黏度 μ (Pa·s) 液体	黏度 μ (Pa·s) 蒸气	热导率 [mW/(m·K)] 液体	热导率 [mW/(m·K)] 蒸气	表面张力 (mN/m)	温度 (℃)
−16	0.47067	1108.0	0.07762	172.63	511.28	0.8979	2.2149	1.675	1.106	1.401	784	211.7	180.5	10.78	158.1	10.46	13.87	−16
−14	0.50597	1101.7	0.07234	175.99	511.89	0.9109	2.2070	1.682	1.122	1.408	773	211.7	176.4	10.87	156.5	10.60	13.50	−14
−12	0.54327	1095.2	0.06749	179.37	512.47	0.9237	2.1992	1.690	1.139	1.416	762	211.6	172.4	10.96	154.9	10.74	13.14	−12
−10	0.58263	1088.8	0.06301	182.76	513.02	0.9365	2.1915	1.698	1.156	1.423	751	211.5	168.5	11.05	153.2	10.89	12.77	−10
−8	0.62414	1082.2	0.05889	186.18	513.54	0.9493	2.1839	1.706	1.174	1.432	741	211.4	164.8	11.14	151.6	11.04	12.41	−8
−6	0.66786	1075.6	0.05508	189.60	514.03	0.9620	2.1764	1.715	1.192	1.440	730	211.2	161.1	11.23	150.0	11.21	12.05	−6
−4	0.71388	1068.9	0.05155	193.05	514.49	0.9747	2.1690	1.725	1.211	1.450	719	211.0	157.5	11.32	148.4	11.38	11.69	−4
−2	0.76226	1062.1	0.04829	196.52	514.91	0.9874	2.1616	1.735	1.231	1.460	708	210.8	154.0	11.42	146.8	11.55	11.34	−2
0	0.81310	1055.3	0.04527	200.00	515.30	1.0000	2.1543	1.745	1.251	1.470	697	210.5	150.6	11.51	145.3	11.73	10.99	0
2	0.86647	1048.3	0.04246	203.50	515.65	1.0126	2.1471	1.756	1.272	1.481	686	210.2	147.3	11.61	143.7	11.93	10.63	2
4	0.92245	1041.3	0.03986	207.03	515.96	1.0252	2.1399	1.767	1.294	1.493	675	209.8	144.0	11.70	142.1	12.13	10.29	4
6	0.98113	1034.2	0.03743	210.58	516.24	1.0377	2.1327	1.779	1.317	1.506	664	209.4	140.8	11.80	110.5	12.34	9.94	6
8	1.04260	1027.0	0.03518	214.15	516.47	1.0503	2.1256	1.792	1.341	1.519	652	209.0	137.7	11.90	139.0	12.56	9.60	8
10	1.10690	1019.7	0.03308	217.74	516.66	1.0628	2.1185	1.806	1.367	1.534	641	208.5	134.6	12.00	137.4	12.79	9.25	10
12	1.17420	1012.2	0.03112	221.36	516.80	1.0753	2.1114	1.820	1.393	1.549	630	208.0	131.6	12.10	135.9	13.04	8.91	12
14	1.24450	1004.7	0.02929	225.01	516.90	1.0878	2.1043	1.835	1.421	1.565	618	207.5	128.7	12.48	134.3	13.29	8.58	14
16	1.31790	997.1	0.02758	228.68	516.95	1.1003	2.0972	1.851	1.450	1.583	607	206.9	125.8	12.60	132.8	13.56	8.24	16
18	1.39460	989.3	0.02598	232.39	516.95	1.1128	2.0902	1.868	1.481	1.602	595	206.3	123.0	12.73	131.2	13.85	7.91	18
20	1.47460	981.4	0.02448	236.12	516.90	1.1253	2.0831	1.886	1.514	1.622	584	205.6	120.3	12.86	129.7	14.16	7.59	20
22	1.55790	973.3	0.02307	239.89	516.79	1.1378	2.0760	1.905	1.548	1.644	572	204.9	117.5	13.00	128.2	14.48	7.26	22
24	1.64480	965.2	0.02175	243.69	516.62	1.1503	2.0688	1.926	1.585	1.668	560	204.1	114.9	13.14	126.6	14.83	6.94	24
26	1.73530	956.8	0.02051	247.53	516.39	1.1629	2.0616	1.948	1.624	1.693	548	203.3	112.2	13.28	125.1	15.19	6.62	26
28	1.82950	948.3	0.01935	251.40	516.09	1.1755	2.0544	1.972	1.667	1.721	536	202.4	109.7	13.43	123.6	15.59	6.30	28

续表

温度 (℃)	压力 (MPa)	液体 密度 (kg/m³)	蒸气 比容 (m³/kg)	比焓 (kJ/kg) 液体	比焓 (kJ/kg) 蒸气	比熵 [kJ/(kg·K)] 液体	比熵 [kJ/(kg·K)] 蒸气	比热容 c_p [kJ/(kg·K)] 液体	比热容 c_p [kJ/(kg·K)] 蒸气	蒸气 c_p/c_v	声速 (m/s) 液体	声速 (m/s) 蒸气	黏度 μ (Pa·s) 液体	黏度 μ (Pa·s) 蒸气	热导率 [mW/(m·K)] 液体	热导率 [mW/(m·K)] 蒸气	表面张力 (mN/m)	温度 (℃)
30	1.92750	939.6	0.01826	255.32	515.72	1.1881	2.0471	1.997	1.712	1.750	524	201.5	107.1	13.58	122.1	16.01	5.99	30
32	2.02940	930.7	0.01722	259.28	515.29	1.2007	2.0397	2.025	1.760	1.783	512	200.6	104.6	13.74	120.6	16.46	5.68	32
34	2.13530	921.7	0.01625	263.28	514.77	1.2134	2.0322	2.055	1.813	1.819	499	199.6	102.1	13.90	119.1	16.95	5.37	34
36	2.24540	912.4	0.01533	267.34	514.17	1.2262	2.0246	2.088	1.870	1.858	487	198.5	99.7	14.07	117.6	17.47	5.07	36
38	2.35970	902.8	0.01447	271.45	513.49	1.2391	2.0169	2.124	1.933	1.901	474	197.4	97.3	14.25	116.1	18.04	4.77	38
40	2.47830	893.0	0.01365	275.61	512.71	1.2520	2.0091	2.163	2.001	1.948	461	196.2	94.9	14.44	114.6	18.65	4.47	40
42	2.60140	883.0	0.01287	279.84	511.82	1.2650	2.0011	2.206	2.077	2.001	448	194.9	92.5	14.64	113.1	19.32	4.18	42
44	2.72920	872.6	0.01214	284.13	510.83	1.2781	1.9929	2.255	2.160	2.060	435	193.6	90.2	14.84	111.6	20.05	3.89	44
46	2.86160	861.9	0.01144	288.50	509.72	1.2914	1.9845	2.309	2.254	2.126	421	192.3	87.8	15.06	110.1	20.85	3.61	46
48	2.99890	850.8	0.01078	292.95	508.48	1.3048	1.9759	2.369	2.358	2.201	408	190.8	85.5	15.29	108.6	21.73	3.33	48
50	3.14120	839.3	0.01015	297.49	507.10	1.3183	1.9670	2.439	2.477	2.287	394	189.3	83.2	15.54	107.0	22.69	3.06	50
52	3.28870	827.3	0.00955	302.12	505.57	1.3321	1.9578	2.518	2.613	2.385	379	187.7	80.8	15.80	105.5	23.77	2.79	52
54	3.44150	814.8	0.00897	306.87	503.86	1.3461	1.9482	2.609	2.771	2.499	365	186.0	78.5	16.09	104.0	24.97	2.52	54
56	3.59970	801.7	0.00843	311.74	501.95	1.3603	1.9382	2.717	2.956	2.633	350	184.3	76.1	16.39	102.5	26.31	2.26	56
58	3.76350	787.9	0.00790	316.75	499.82	1.3749	1.9277	2.845	3.175	2.793	335	182.4	73.8	16.73	100.9	27.83	2.01	58
60	3.93320	773.3	0.00740	321.93	497.44	1.3898	1.9166	3.001	3.441	2.987	320	180.4	71.4	17.09	99.4	29.55	1.76	60
62	4.10890	757.8	0.00691	327.30	494.76	1.4052	1.9048	3.193	3.771	3.228	304	178.3	68.9	17.49	97.8	31.54	1.52	62
64	4.29090	741.1	0.00644	332.90	491.73	1.4211	1.8922	3.438	4.190	3.535	288	176.1	66.4	17.95	96.3	33.85	1.29	64
66	4.47930	723.0	0.00598	338.78	488.26	1.4377	1.8785	3.761	4.743	3.938	271	173.7	63.8	18.46	94.8	36.59	1.06	66
68	4.67450	703.2	0.00553	345.02	484.25	1.4553	1.8634	4.207	5.508	4.495	254	171.2	61.1	19.06	93.3	39.90	0.85	68
70	4.87680	680.9	0.00508	351.73	479.52	1.4740	1.8464	4.865	6.639	5.316	236	168.4	58.2	19.76	92.0	44.04	0.64	70
75	5.41680	605.9	0.00391	372.39	461.72	1.5314	1.7880	10.130	15.600	11.720	186	159.6	49.5	22.56	91.5	62.91	0.19	75
78.11c	5.78200	424.0	0.00236	414.15	414.15	1.6486	1.6486	—	—	—	0.0	0.0	—	—	∞	∞	0.00	78.11

温度按 ITS-90 分度　　　　正常沸点　　　　临界点

表 29.2-15　R-123 制冷剂在饱和状态下的热力特性

温度 (℃)	压力 (MPa)	液体 密度 (kg/m³)	蒸气 比容 (m³/kg)	比焓 (kJ/kg)		比熵 [kJ/(kg·K)]		比热容 c_p [kJ/(kg·K)]		蒸气 c_p/c_v	声速 (m/s)		黏度 μ (Pa·s)		热导率 [mW/(m·K)]		表面张力 (mN/m)	温度 (℃)
				液体	蒸气	液体	蒸气	液体	蒸气		液体	蒸气	液体	蒸气	液体	蒸气		
-80.00	0.00013	1709.6	83.6670	123.92	335.98	0.6712	1.7691	0.924	0.520	1.117	1133	108.3	2093.0	6.68	107.4	3.22	28.42	-80.00
-70.00	0.00034	1687.4	32.8420	133.17	341.25	0.7179	1.7422	0.927	0.537	1.113	1091	110.8	1680.0	7.09	104.8	3.79	27.09	-70.00
-60.00	0.00081	1665.1	14.3330	142.46	346.66	0.7625	1.7206	0.932	0.553	1.110	1049	113.3	1383.0	7.50	102.0	4.35	25.78	-60.00
-50.00	0.00177	1642.6	6.84600	151.81	352.21	0.8054	1.7034	0.939	0.569	1.107	1006	115.6	1160.0	7.91	99.1	4.92	24.48	-50.00
-40.00	0.00358	1620.0	3.53190	161.25	357.88	0.8468	1.6901	0.948	0.585	1.105	964	117.9	986.4	8.31	96.1	5.49	23.19	-40.00
-30.00	0.00675	1597.0	1.94700	170.78	363.65	0.8868	1.6800	0.958	0.601	1.103	923	120.0	848.0	8.70	93.0	6.05	21.92	-30.00
-20.00	0.01200	1573.8	1.13640	180.41	369.52	0.9256	1.6726	0.968	0.617	1.102	881	122.0	735.4	9.09	89.8	6.61	20.66	-20.00
-10.00	0.02025	1550.1	0.69690	190.15	375.45	0.9633	1.6675	0.979	0.634	1.102	841	123.8	642.4	9.47	86.7	7.18	19.41	-10.00
0.00	0.03265	1526.1	0.44609	200.00	381.44	1.0000	1.6642	0.990	0.651	1.102	801	125.4	564.6	9.84	83.7	7.74	18.18	0.00
2.00	0.03574	1521.3	0.40991	201.98	382.64	1.0072	1.6638	0.993	0.654	1.103	793	125.7	550.6	9.91	83.1	7.86	17.94	2.00
4.00	0.03907	1516.4	0.37720	203.97	383.84	1.0144	1.6634	0.995	0.658	1.103	785	126.0	537.0	9.99	82.5	7.97	17.70	4.00
6.00	0.04264	1511.5	0.34759	205.97	385.05	1.0216	1.6631	0.997	0.661	1.103	777	126.3	523.8	10.06	81.9	8.08	17.45	6.00
8.00	0.04647	1506.6	0.32075	207.96	386.25	1.0287	1.6628	0.999	0.665	1.103	769	126.6	511.1	10.13	81.3	8.20	17.21	8.00
10.00	0.05057	1501.6	0.29637	209.97	387.46	1.0358	1.6626	1.002	0.668	1.104	761	126.8	498.8	10.20	80.7	8.31	16.97	10.00
12.00	0.05495	1496.7	0.27420	211.97	388.66	1.0428	1.6625	1.004	0.672	1.104	754	127.1	486.8	10.28	80.1	8.43	16.73	12.00
14.00	0.05963	1491.7	0.25401	213.99	389.87	1.0499	1.6624	1.006	0.675	1.104	746	127.3	475.3	10.35	79.5	8.54	16.49	14.00
16.00	0.06463	1486.7	0.23559	216.00	391.08	1.0569	1.6623	1.009	0.679	1.105	738	127.6	464.0	10.42	79.0	8.66	16.25	16.00
18.00	0.06995	1481.7	0.21877	218.02	392.29	1.0638	1.6623	1.011	0.682	1.105	730	127.8	453.2	10.49	78.4	8.77	16.01	18.00
20.00	0.07561	1476.6	0.20338	220.05	393.49	1.0707	1.6624	1.014	0.686	1.106	723	128.0	442.6	10.56	77.8	8.89	15.77	20.00
22.00	0.08163	1471.5	0.18929	222.08	394.70	1.0776	1.6625	1.016	0.690	1.106	715	128.2	432.4	10.63	77.3	9.01	15.53	22.00
24.00	0.08802	1466.4	0.17637	224.12	395.91	1.0845	1.6626	1.018	0.693	1.107	707	128.4	422.4	10.70	76.7	9.12	15.30	24.00
26.00	0.09480	1461.3	0.16451	226.16	397.12	1.0913	1.6628	1.021	0.697	1.107	700	128.6	412.8	10.77	76.1	9.24	15.06	26.00
27.82[b]	0.10133	1456.6	0.15453	228.03	398.22	1.0975	1.6630	1.023	0.701	1.108	693	128.7	404.2	10.84	75.6	9.35	14.84	27.82

续表

温度 (℃)	压力 (MPa)	液体 密度 (kg/m³)	蒸气 比容 (m³/kg)	比焓 (kJ/kg)		比熵 [kJ/(kg·K)]		比热容 c_p [kJ/(kg·K)]		蒸气 c_p/c_v	声速 (m/s)		黏度 μ (Pa·s)		热导率 [mW/(m·K)]		表面张力 (mN/m)	温度 (℃)
				液体	蒸气	液体	蒸气	液体	蒸气		液体	蒸气	液体	蒸气	液体	蒸气		
28.00	0.10198	1456.2	0.15360	228.21	398.32	1.0981	1.6630	1.023	0.701	1.108	692	128.7	403.4	10.84	75.6	9.36	14.82	28.00
30.00	0.10958	1451.0	0.14356	230.26	399.53	1.1049	1.6633	1.026	0.705	1.109	684	128.9	394.3	10.91	75.0	9.48	14.59	30.00
32.00	0.11762	1445.8	0.13431	232.31	400.73	1.1116	1.6635	1.028	0.709	1.109	677	129.0	385.4	10.98	74.5	9.60	14.35	32.00
34.00	0.12611	1440.6	0.12577	234.38	401.93	1.1183	1.6639	1.031	0.712	1.110	669	129.1	376.8	11.05	74.0	9.72	14.12	34.00
36.00	0.13507	1435.4	0.11789	236.44	403.14	1.1250	1.6642	1.033	0.716	1.111	662	129.3	368.4	11.12	73.4	9.84	13.89	36.00
38.00	0.14452	1430.1	0.11060	238.51	404.34	1.1317	1.6646	1.036	0.720	1.112	654	129.4	360.3	11.19	72.9	9.96	13.66	38.00
40.00	0.15447	1424.8	0.10385	240.59	405.54	1.1383	1.6651	1.038	0.724	1.113	647	129.5	352.4	11.26	72.4	10.08	13.43	40.00
42.00	0.16495	1419.4	0.09759	242.67	406.73	1.1449	1.6655	1.041	0.728	1.114	639	129.5	344.7	11.33	71.8	10.20	13.20	42.00
44.00	0.17597	1414.1	0.09179	244.76	407.93	1.1515	1.6660	1.044	0.732	1.115	632	129.6	337.2	11.40	71.3	10.32	12.97	44.00
46.00	0.18755	1408.7	0.08641	246.86	409.12	1.1581	1.6665	1.046	0.736	1.116	624	129.7	329.9	11.46	70.8	10.45	12.74	46.00
48.00	0.19971	1403.3	0.08140	248.95	410.31	1.1646	1.6670	1.049	0.741	1.117	617	129.7	322.8	11.53	70.3	10.57	12.51	48.00
50.00	0.21246	1397.8	0.07674	251.06	411.50	1.1711	1.6676	1.052	0.745	1.119	610	129.7	315.9	11.60	69.8	10.70	12.28	50.00
52.00	0.22584	1392.3	0.07240	253.17	412.69	1.1776	1.6682	1.055	0.749	1.120	602	129.7	309.1	11.67	69.3	10.82	12.05	52.00
54.00	0.23985	1386.8	0.06836	255.28	413.87	1.1840	1.6688	1.058	0.753	1.121	595	129.7	302.6	11.74	68.8	10.95	11.83	54.00
56.00	0.25451	1381.2	0.06458	257.41	415.05	1.1905	1.6694	1.060	0.758	1.123	588	129.7	296.2	11.80	68.3	11.08	11.60	56.00
58.00	0.26985	1375.6	0.06106	259.53	416.23	1.1969	1.6701	1.063	0.762	1.124	580	129.7	289.9	11.87	67.8	11.21	11.38	58.00
60.00	0.28589	1370.0	0.05777	261.67	417.40	1.2033	1.6707	1.066	0.767	1.126	573	129.6	283.9	11.94	67.3	11.34	11.16	60.00
62.00	0.30264	1364.3	0.05469	263.81	418.57	1.2096	1.6714	1.069	0.771	1.127	566	129.5	277.9	12.01	66.8	11.47	10.93	62.00
64.00	0.32013	1358.6	0.05180	265.95	419.73	1.2160	1.6721	1.072	0.776	1.129	558	129.4	272.1	12.07	66.3	11.61	10.71	64.00
66.00	0.33838	1352.8	0.04910	268.10	420.89	1.2223	1.6728	1.076	0.781	1.131	551	129.4	266.5	12.14	65.9	11.74	10.49	66.00
68.00	0.35740	1347.0	0.04656	270.26	422.05	1.2286	1.6735	1.079	0.785	1.133	544	129.3	261.0	12.21	65.4	11.88	10.27	68.00
70.00	0.37722	1341.2	0.04418	272.42	423.20	1.2349	1.6743	1.082	0.790	1.135	536	129.2	255.6	12.28	64.9	12.01	10.05	70.00
72.00	0.39787	1335.3	0.04195	274.60	424.35	1.2411	1.6750	1.085	0.795	1.137	529	129.0	250.4	12.35	64.5	12.15	9.84	72.00

续表

温度 (℃)	压力 (MPa)	液体 密度 (kg/m³)	蒸气 比容 (m³/kg)	比焓 (kJ/kg)		比熵 [kJ/(kg·K)]		比热容 c_p [kJ/(kg·K)]		蒸气 c_p/c_v	声速 (m/s)		黏度 μ (Pa·s)		热导率 [mW/(m·K)]		表面张力 (mN/m)	温度 (℃)
				液体	蒸气	液体	蒸气	液体	蒸气		液体	蒸气	液体	蒸气	液体	蒸气		
74.00	0.41936	1329.3	0.03985	276.77	425.50	1.2474	1.6758	1.089	0.800	1.139	522	128.9	245.2	12.42	64.0	12.29	9.62	74.00
76.00	0.44171	1323.4	0.03787	278.96	426.63	1.2536	1.6766	1.092	0.806	1.142	515	128.7	240.2	12.49	63.5	12.44	9.40	76.00
78.00	0.46494	1317.3	0.03601	281.15	427.77	1.2598	1.6774	1.096	0.811	1.144	507	128.5	235.3	12.55	63.1	12.58	9.19	78.00
80.00	0.48909	1311.1	0.03426	283.35	428.89	1.2660	1.6781	1.100	0.816	1.147	500	128.3	230.5	12.63	62.6	12.73	8.97	80.00
82.00	0.51416	1305.1	0.03261	285.55	430.01	1.2722	1.6789	1.103	0.822	1.150	493	128.1	225.9	12.70	62.2	12.87	8.76	82.00
84.00	0.54019	1298.9	0.03105	287.77	431.13	1.2783	1.6797	1.107	0.827	1.152	486	127.8	221.3	12.77	61.7	13.02	8.55	84.00
86.00	0.56720	1292.6	0.02958	289.99	432.23	1.2845	1.6806	1.111	0.833	1.156	478	127.6	216.8	12.84	61.3	13.17	8.34	86.00
88.00	0.59520	1286.3	0.02819	292.22	433.33	1.2906	1.6814	1.115	0.839	1.159	471	127.3	212.5	12.91	60.8	13.33	8.13	88.00
90.00	0.62423	1279.9	0.02687	294.45	434.43	1.2967	1.6822	1.120	0.845	1.162	464	127.0	208.2	12.98	60.4	13.48	7.92	90.00
92.00	0.65430	1273.5	0.02563	296.70	435.51	1.3028	1.6830	1.124	0.851	1.166	457	126.6	204.0	13.06	59.9	13.64	7.71	92.00
94.00	0.68544	1266.9	0.02445	298.95	436.59	1.3089	1.6838	1.129	0.858	1.169	449	126.3	199.9	13.14	59.5	13.80	7.50	94.00
96.00	0.71768	1260.3	0.02334	301.21	437.66	1.3150	1.6846	1.133	0.864	1.173	442	125.9	195.9	13.21	59.1	13.96	7.30	96.00
98.00	0.75103	1253.7	0.02228	303.49	438.72	1.3211	1.6854	1.138	0.871	1.177	435	125.5	191.9	13.29	58.6	14.13	7.09	98.00
100.00	0.78553	1246.9	0.02128	305.77	439.77	1.3271	1.6862	1.143	0.878	1.182	427	125.1	188.1	13.37	58.2	14.29	6.89	100.00
110.00	0.97603	1211.9	0.01697	317.32	444.88	1.3572	1.6902	1.172	0.917	1.208	391	122.8	169.9	13.80	56.0	15.17	5.88	110.00
120.00	1.19900	1174.4	0.01361	329.15	449.67	1.3872	1.6938	1.207	0.964	1.243	354	119.8	153.4	14.29	53.9	16.14	4.91	120.00
130.00	1.45780	1133.6	0.01094	341.32	454.07	1.4173	1.6969	1.254	1.026	1.294	317	116.0	138.1	14.89	51.7	17.22	3.98	130.00
140.00	1.75630	1088.3	0.00879	353.92	457.94	1.4475	1.6992	1.318	1.111	1.369	279	111.5	123.8	15.65	49.5	18.44	3.09	140.00
150.00	2.09870	1036.8	0.00703	367.10	461.05	1.4782	1.7003	1.415	1.240	1.493	239	106.0	110.2	16.68	47.2	19.87	2.24	150.00
160.00	2.49010	975.7	0.00555	381.13	463.01	1.5101	1.6991	1.584	1.473	1.726	198	99.3	96.8	18.19	44.8	21.63	1.45	160.00
170.00	2.93720	896.9	0.00425	396.61	462.89	1.5443	1.6939	1.979	2.033	2.309	154	91.1	82.7	20.71	42.3	24.05	0.74	170.00
180.00	3.45060	765.9	0.00292	416.22	456.82	1.5867	1.6763	4.549	5.661	6.158	102	80.6	64.3	26.59	39.7	28.82	0.15	180.00
183.68ᶜ	3.66180	550.0	0.00182	437.39	437.39	1.6325	1.6325	∞	∞	∞	0	0.0	—	∞	∞	∞	0.00	183.68

温度按ITS-90分度　　　　　正常沸点　　　　　临界点

表 29.2-16 R-125 制冷剂在饱和状态下的热力特性

温度 (℃)	压力 (MPa)	液体密度 (kg/m³)	蒸气比容 (m³/kg)	比焓 液体 (kJ/kg)	比焓 蒸气 (kJ/kg)	比熵 液体 [kJ/(kg·K)]	比熵 蒸气 [kJ/(kg·K)]	比热容 c_p 液体 [kJ/(kg·K)]	比热容 c_p 蒸气 [kJ/(kg·K)]	蒸气 c_p/c_v	声速 液体 (m/s)	声速 蒸气 (m/s)	黏度 μ 液体 (Pa·s)	黏度 μ 蒸气 (Pa·s)	热导率 液体 [mW/(m·K)]	热导率 蒸气 [mW/(m·K)]	表面张力 (mN/m)	温度 (℃)
−100.63[a]	0.00291	1690.7	4.08800	87.13	277.39	0.4902	1.5931	1.035	0.569	1.142	933	116.4	1155.0	7.82	116.0	5.23	21.79	−100.63
−100	0.00309	1688.7	3.87090	87.78	277.74	0.4940	1.5911	1.035	0.570	1.141	929	116.6	1136.0	7.85	115.7	5.28	21.69	−100
−90	0.00729	1656.2	1.73030	98.18	283.36	0.5524	1.5634	1.045	0.592	1.138	878	119.4	894.0	8.26	111.0	5.92	20.08	−90
−80	0.01547	1623.4	0.85534	108.70	289.06	0.6082	1.5421	1.058	0.615	1.136	827	121.9	723.9	8.66	106.3	6.58	18.50	−80
−70	0.03008	1589.9	0.45942	119.36	294.83	0.6620	1.5257	1.074	0.639	1.136	779	124.1	598.2	9.06	101.6	7.25	16.94	−70
−60	0.05432	1555.7	0.26432	130.19	300.60	0.7140	1.5135	1.091	0.664	1.138	731	126.0	501.8	9.46	96.8	7.92	15.41	−60
−58	0.06066	1548.7	0.23836	132.38	301.75	0.7242	1.5114	1.095	0.669	1.138	721	126.3	485.2	9.53	95.9	8.06	15.11	−58
−56	0.06758	1541.7	0.21542	134.57	302.91	0.7343	1.5095	1.099	0.675	1.139	712	126.6	469.3	9.61	95.0	8.20	14.81	−56
−54	0.07511	1534.7	0.19510	136.78	304.06	0.7444	1.5077	1.103	0.680	1.140	702	126.9	454.2	9.69	94.0	8.33	14.51	−54
−52	0.08329	1527.6	0.17706	138.99	305.20	0.7544	1.5060	1.107	0.686	1.141	693	127.2	439.6	9.77	93.1	8.47	14.21	−52
−50	0.09216	1520.5	0.16100	141.21	306.35	0.7644	1.5044	1.111	0.692	1.142	683	127.4	425.7	9.85	92.2	8.61	13.91	−50
−48.09[b]	0.10132	1513.6	0.14728	143.34	307.44	0.7739	1.5030	1.115	0.697	1.143	674	127.6	413.0	9.92	91.3	8.74	13.63	−48.09
−48	0.10177	1513.3	0.14668	143.44	307.49	0.7743	1.5029	1.115	0.697	1.143	674	127.6	412.4	9.92	91.3	8.75	13.61	−48
−46	0.11214	1506.0	0.13387	145.68	308.63	0.7842	1.5016	1.119	0.703	1.144	664	127.8	399.6	10.0	90.3	8.89	13.32	−46
−44	0.12332	1498.8	0.12240	147.92	309.77	0.7940	1.5003	1.123	0.709	1.145	655	128.0	387.4	10.08	89.4	9.03	13.02	−44
−42	0.13536	1491.4	0.11209	150.18	310.90	0.8037	1.4991	1.128	0.715	1.146	645	128.2	375.6	10.16	88.5	9.17	12.73	−42
−40	0.14830	1484.0	0.10283	152.44	312.03	0.8134	1.4980	1.132	0.722	1.148	636	128.3	364.3	10.23	87.6	9.32	12.44	−40
−38	0.16218	1476.6	0.09448	154.71	313.16	0.8231	1.4969	1.137	0.728	1.150	627	128.5	353.4	10.31	86.7	9.46	12.15	−38
−36	0.17705	1469.1	0.08693	157.00	314.28	0.8327	1.4960	1.142	0.734	1.151	617	128.6	342.9	10.39	85.7	9.61	11.86	−36
−34	0.19295	1461.5	0.08011	159.29	315.40	0.8423	1.4951	1.146	0.741	1.153	608	128.7	332.8	10.47	84.8	9.75	11.57	−34
−32	0.20994	1453.8	0.07393	161.59	316.51	0.8519	1.4943	1.151	0.748	1.155	599	128.7	323.1	10.55	83.9	9.90	11.29	−32
−30	0.22806	1446.1	0.06831	163.90	317.61	0.8614	1.4935	1.157	0.755	1.157	589	128.7	313.7	10.63	83.0	10.05	11.00	−30
−28	0.24735	1438.4	0.06321	166.22	318.71	0.8708	1.4928	1.162	0.762	1.160	580	128.7	304.6	10.7	82.1	10.20	10.72	−28

续表

温度 (°C)	压力 (MPa)	液体密度 (kg/m³)	蒸气比容 (m³/kg)	比焓 (kJ/kg) 液体	比焓 (kJ/kg) 蒸气	比熵 [kJ/(kg·K)] 液体	比熵 [kJ/(kg·K)] 蒸气	比热容 c_p [kJ/(kg·K)] 液体	比热容 c_p [kJ/(kg·K)] 蒸气	蒸气 c_p/c_v	声速 (m/s) 液体	声速 (m/s) 蒸气	黏度 μ (Pa·s) 液体	黏度 μ (Pa·s) 蒸气	热导率 [mW/(m·K)] 液体	热导率 [mW/(m·K)] 蒸气	表面张力 (mN/m)	温度 (°C)
−26	0.26787	1430.5	0.05855	168.56	319.80	0.8802	1.4922	1.167	0.769	1.162	570	128.7	295.8	10.78	81.2	10.35	10.44	−26
−24	0.28968	1422.6	0.05431	170.90	320.88	0.8896	1.4916	1.173	0.776	1.165	561	128.7	287.4	10.86	80.3	10.50	10.15	−24
−22	0.31281	1414.5	0.05043	173.26	321.96	0.8990	1.4911	1.178	0.784	1.167	552	128.6	279.2	10.95	79.4	10.65	9.88	−22
−20	0.33733	1406.4	0.04688	175.62	323.03	0.9083	1.4906	1.184	0.791	1.170	542	128.5	271.2	11.03	78.5	10.81	9.60	−20
−18	0.36328	1398.3	0.04363	178.00	324.09	0.9176	1.4901	1.190	0.799	1.173	533	128.4	263.6	11.11	77.7	10.96	9.32	−18
−16	0.39072	1390.0	0.04064	180.39	325.14	0.9268	1.4897	1.196	0.807	1.177	523	128.2	256.1	11.19	76.8	11.12	9.05	−16
−14	0.41970	1381.6	0.03789	182.80	326.19	0.9361	1.4894	1.203	0.815	1.181	514	128.0	248.9	11.28	75.9	11.29	8.78	−14
−12	0.45028	1373.1	0.03536	185.21	327.22	0.9453	1.4890	1.209	0.824	1.184	505	127.8	241.9	11.36	75.0	11.45	8.50	−12
−10	0.48252	1364.5	0.03303	187.64	328.24	0.9544	1.4887	1.216	0.832	1.189	495	127.5	235.2	11.45	74.1	11.62	8.23	−10
−8	0.51646	1355.8	0.03088	190.08	329.25	0.9636	1.4884	1.223	0.841	1.193	486	127.3	228.6	11.54	73.3	11.79	7.97	−8
−6	0.55218	1347.0	0.02890	192.54	330.25	0.9727	1.4882	1.231	0.850	1.198	476	126.9	222.2	11.63	72.4	11.96	7.70	−6
−4	0.58972	1338.1	0.02706	195.01	331.23	0.9818	1.4879	1.238	0.860	1.203	467	126.6	215.9	11.72	71.6	12.14	7.44	−4
−2	0.62915	1329.0	0.02535	197.50	332.20	0.9909	1.4877	1.246	0.870	1.209	457	126.2	209.9	11.82	70.7	12.32	7.17	−2
0	0.67052	1319.8	0.02377	200.00	333.16	1.0000	1.4875	1.255	0.880	1.215	448	125.8	204.0	11.91	69.8	12.50	6.91	0
2	0.71390	1310.5	0.02230	202.52	334.10	1.0091	1.4873	1.263	0.890	1.222	439	125.3	198.2	12.01	69.0	12.69	6.65	2
4	0.75935	1301.0	0.02093	205.05	335.02	1.0181	1.487	1.273	0.902	1.229	429	124.9	192.6	12.11	68.1	12.88	6.40	4
6	0.80694	1291.3	0.01966	207.60	335.92	1.0272	1.4868	1.282	0.913	1.237	420	124.3	187.2	12.21	67.3	13.08	6.14	6
8	0.85672	1281.5	0.01848	210.17	336.80	1.0362	1.4866	1.292	0.926	1.246	410	123.8	181.8	12.32	66.5	13.29	5.89	8
10	0.90875	1271.5	0.01737	212.76	337.66	1.0452	1.4863	1.303	0.939	1.255	400	123.2	176.6	12.43	65.6	13.50	5.64	10
12	0.96312	1261.3	0.01634	215.37	338.50	1.0542	1.4860	1.314	0.954	1.265	391	122.5	171.6	12.55	64.8	13.72	5.39	12
14	1.01990	1250.9	0.01537	218.00	339.31	1.0633	1.4857	1.326	0.969	1.277	381	121.9	166.6	12.67	64.0	13.95	5.14	14
16	1.07910	1240.3	0.01447	220.65	340.10	1.0723	1.4854	1.339	0.986	1.289	371	121.1	161.7	12.79	63.1	14.18	4.90	16
18	1.14080	1229.4	0.01362	223.32	340.85	1.0813	1.4850	1.352	1.003	1.303	362	120.4	156.9	12.92	62.3	14.43	4.66	18

续表

温度 (℃)	压力 (MPa)	液体密度 (kg/m³)	蒸气比容 (m³/kg)	比焓 (kJ/kg) 液体	比焓 (kJ/kg) 蒸气	比熵 [kJ/(kg·K)] 液体	比熵 [kJ/(kg·K)] 蒸气	比热容 c_p [kJ/(kg·K)] 液体	比热容 c_p [kJ/(kg·K)] 蒸气	蒸气 c_p/c_v	声速 (m/s) 液体	声速 (m/s) 蒸气	黏度 μ (Pa·s) 液体	黏度 μ (Pa·s) 蒸气	热导率 [mW/(m·K)] 液体	热导率 [mW/(m·K)] 蒸气	表面张力 (mN/m)	温度 (℃)
20	1.20520	1218.3	0.01283	226.02	341.58	1.0904	1.4846	1.367	1.023	1.318	352	119.6	152.3	13.06	61.5	14.69	4.42	20
22	1.27220	1206.9	0.01208	228.74	342.28	1.0995	1.4842	1.382	1.044	1.334	342	118.7	147.7	13.20	60.7	14.96	4.18	22
24	1.34200	1195.3	0.01138	231.49	342.95	1.1085	1.4836	1.399	1.067	1.352	332	117.8	143.2	13.35	59.8	15.25	3.95	24
26	1.41460	1183.3	0.01072	234.26	343.57	1.1176	1.4831	1.417	1.093	1.372	322	116.8	138.8	13.51	59.0	15.55	3.72	26
28	1.49010	1171.0	0.01010	237.07	344.16	1.1268	1.4824	1.436	1.121	1.395	312	115.8	134.4	13.67	58.2	15.87	3.49	28
30	1.56850	1158.4	0.00951	239.91	344.71	1.1359	1.4817	1.457	1.152	1.420	302	114.8	130.1	13.85	57.4	16.21	3.26	30
32	1.65010	1145.4	0.00895	242.78	345.22	1.1452	1.4809	1.481	1.186	1.448	292	113.7	125.9	14.04	56.6	16.58	3.04	32
34	1.73470	1131.9	0.00843	245.69	345.67	1.1544	1.4799	1.507	1.224	1.480	282	112.5	121.7	14.24	55.8	16.97	2.82	34
36	1.82260	1117.9	0.00793	248.64	346.07	1.1637	1.4789	1.536	1.267	1.516	272	111.3	117.6	14.46	54.9	17.40	2.60	36
38	1.91380	1103.5	0.00746	251.63	346.42	1.1731	1.4778	1.568	1.316	1.558	261	109.9	113.5	14.70	54.1	17.87	2.39	38
40	2.00850	1088.4	0.00702	254.67	346.69	1.1826	1.4764	1.605	1.372	1.606	251	108.6	109.5	14.95	53.3	18.37	2.18	40
42	2.10670	1072.7	0.00659	257.76	346.90	1.1921	1.4750	1.647	1.436	1.662	240	107.1	105.5	15.23	52.5	18.94	1.97	42
44	2.20840	1056.2	0.00619	260.92	347.02	1.2018	1.4733	1.697	1.511	1.728	229	105.6	101.5	15.54	51.7	19.56	1.77	44
46	2.31400	1038.9	0.00580	264.14	347.05	1.2116	1.4714	1.755	1.600	1.808	218	104.0	97.4	15.88	50.9	20.26	1.57	46
48	2.42340	1020.6	0.00543	267.44	346.96	1.2216	1.4692	1.824	1.708	1.906	207	102.3	93.4	16.26	50.1	21.06	1.38	48
50	2.53680	1001.1	0.00507	270.83	346.75	1.2318	1.4667	1.910	1.842	2.029	196	100.5	89.4	16.68	49.3	21.97	1.19	50
52	2.65440	980.2	0.00472	274.33	346.38	1.2422	1.4638	2.019	2.014	2.187	184	98.6	85.3	17.17	48.5	23.03	1.01	52
54	2.77630	957.5	0.00439	277.95	345.82	1.2529	1.4604	2.162	2.241	2.398	172	96.6	81.1	17.74	47.7	24.30	0.84	54
56	2.90270	932.6	0.00406	281.75	345.00	1.2641	1.4563	2.359	2.559	2.695	159	94.5	76.7	18.41	46.9	25.84	0.67	56
58	3.03390	904.5	0.00373	285.77	343.85	1.2758	1.4512	2.652	3.036	3.142	146	92.2	72.2	19.23	46.3	27.80	0.51	58
60	3.17030	872.1	0.00340	290.10	342.21	1.2884	1.4448	3.139	3.833	3.889	132	89.8	67.3	20.28	45.8	30.43	0.36	60
62	3.31210	832.4	0.00305	294.95	339.79	1.3024	1.4362	4.120	5.435	5.389	116	87.3	61.9	21.71	45.9	34.34	0.22	62
64	3.46020	777.5	0.00265	300.86	335.77	1.3195	1.4230	7.170	10.290	9.900	100	84.4	55.1	23.99	47.7	41.72	0.09	64
66.02ᶜ	3.61770	573.6	0.00174	318.06	318.06	1.3696	1.3696	∞	∞	∞	0	0.0	—	—	∞	∞	0.00	66.02

温度按 ITS-90 分度　　　正常沸点　　　临界点

表 29.2-17 R-134a 制冷剂在饱和状态下的热力特性

温度 (℃)	压力 (MPa)	液体密度 (kg/m³)	蒸气比容 (m³/kg)	比焓 [kJ/kg] 液体	比焓 [kJ/kg] 蒸气	比熵 [kJ/(kg·K)] 液体	比熵 [kJ/(kg·K)] 蒸气	比热容 c_p [kJ/(kg·K)] 液体	比热容 c_p [kJ/(kg·K)] 蒸气	蒸气 c_p/c_v	声速 (m/s) 液体	声速 (m/s) 蒸气	黏度 μ (Pa·s) 液体	黏度 μ (Pa·s) 蒸气	热导率 [mW/(m·K)] 液体	热导率 [mW/(m·K)] 蒸气	表面张力 (mN/m)	温度 (℃)
−103.30[a]	0.00039	1591.1	35.4960	71.46	334.94	0.4126	1.9639	1.184	0.585	1.164	1120	126.8	2175.0	6.46	145.2	3.08	28.07	−103.30
−100.00	0.00056	1582.4	25.1930	75.36	336.85	0.4354	1.9456	1.184	0.593	1.162	1103	127.9	1893.0	6.60	143.2	3.34	27.50	−100.00
−90.00	0.00152	1555.8	9.7698	87.23	342.76	0.5020	1.8972	1.189	0.617	1.156	1052	131.0	1339.0	7.03	137.3	4.15	25.79	−90.00
−80.00	0.00367	1529.0	4.2682	99.16	348.83	0.5654	1.8580	1.198	0.642	1.151	1002	134.0	1018.0	7.46	131.5	4.95	24.10	−80.00
−70.00	0.00798	1501.9	2.0590	111.20	355.02	0.6262	1.8264	1.210	0.667	1.148	952	136.8	809.2	7.89	126.0	5.75	22.44	−70.00
−60.00	0.01591	1474.3	1.0790	123.36	361.31	0.6846	1.8010	1.223	0.692	1.146	903	139.4	663.1	8.30	120.7	6.56	20.80	−60.00
−50.00	0.02945	1446.3	0.60620	135.67	367.65	0.7410	1.7806	1.238	0.720	1.146	855	141.7	555.1	8.72	115.6	7.36	19.18	−50.00
−40.00	0.05121	1417.7	0.36108	148.14	374.00	0.7956	1.7643	1.255	0.749	1.148	807	143.6	472.2	9.12	110.6	8.17	17.60	−40.00
−30.00	0.08438	1388.4	0.22594	160.79	380.32	0.8486	1.7515	1.273	0.781	1.152	760	145.2	406.4	9.52	105.8	8.99	16.04	−30.00
−28.00	0.09270	1382.4	0.20680	163.34	381.57	0.8591	1.7492	1.277	0.788	1.153	751	145.4	394.9	9.60	104.8	9.15	15.73	−28.00
−26.07[b]	0.10133	1376.7	0.19018	165.81	382.78	0.8690	1.7472	1.281	0.794	1.154	742	145.7	384.2	9.68	103.9	9.31	15.44	−26.07
−26.00	0.10167	1376.5	0.18958	165.90	382.82	0.8694	1.7471	1.281	0.794	1.154	742	145.7	383.8	9.68	103.9	9.32	15.43	−26.00
−24.00	0.11130	1370.4	0.17407	168.47	384.07	0.8798	1.7451	1.285	0.801	1.155	732	145.9	373.1	9.77	102.9	9.48	15.12	−24.00
−22.00	0.12165	1364.4	0.16006	171.05	385.32	0.8900	1.7432	1.289	0.809	1.156	723	146.1	362.9	9.85	102.0	9.65	14.82	−22.00
−20.00	0.13273	1358.3	0.14739	173.64	386.55	0.9002	1.7413	1.293	0.816	1.158	714	146.3	353.0	9.92	101.1	9.82	14.51	−20.00
−18.00	0.14460	1352.1	0.13592	176.23	387.79	0.9104	1.7396	1.297	0.823	1.159	705	146.4	343.5	10.01	100.1	9.98	14.21	−18.00
−16.00	0.15728	1345.9	0.12551	178.83	389.02	0.9205	1.7379	1.302	0.831	1.161	695	146.6	334.3	10.09	99.2	10.15	13.91	−16.00
−14.00	0.17082	1339.7	0.11605	181.44	390.24	0.9306	1.7363	1.306	0.838	1.163	686	146.7	325.4	10.17	98.3	10.32	13.61	−14.00
−12.00	0.18524	1333.4	0.10744	184.07	391.46	0.9407	1.7348	1.311	0.846	1.165	677	146.8	316.9	10.25	97.4	10.49	13.32	−12.00
−10.00	0.20060	1327.1	0.09959	186.70	392.66	0.9506	1.7334	1.316	0.854	1.167	668	146.9	308.6	10.33	96.5	10.66	13.02	−10.00
−8.00	0.21693	1320.8	0.09242	189.34	393.87	0.9606	1.7320	1.320	0.863	1.169	658	146.9	300.6	10.41	95.6	10.83	12.72	−8.00
−6.00	0.23428	1314.3	0.08587	191.99	395.06	0.9705	1.7307	1.325	0.871	1.171	649	147.0	292.9	10.49	94.7	11.00	12.43	−6.00
−4.00	0.25268	1307.9	0.07987	194.65	396.25	0.9804	1.7294	1.330	0.880	1.174	640	147.0	285.4	10.57	93.8	11.17	12.14	−4.00

续表

温度 (℃)	压力 (MPa)	液体密度 (kg/m³)	蒸气比容 (m³/kg)	比焓 (kJ/kg) 液体	比焓 (kJ/kg) 蒸气	比熵 [kJ/(kg·K)] 液体	比熵 [kJ/(kg·K)] 蒸气	比热容 c_p [kJ/(kg·K)] 液体	比热容 c_p [kJ/(kg·K)] 蒸气	蒸气 c_p/c_v	声速 (m/s) 液体	声速 (m/s) 蒸气	黏度 μ (Pa·s) 液体	黏度 μ (Pa·s) 蒸气	热导率 [mW/(m·K)] 液体	热导率 [mW/(m·K)] 蒸气	表面张力 (mN/m)	温度 (℃)
-2.00	0.27217	1301.4	0.07436	197.32	397.43	0.9902	1.7282	1.336	0.888	1.176	631	147.0	278.1	10.65	92.9	11.34	11.85	-2.00
0.00	0.29280	1294.8	0.06931	200.00	398.60	1.0000	1.7271	1.341	0.897	1.179	622	146.9	271.1	10.73	92.0	11.51	11.56	0.00
2.00	0.31462	1288.1	0.06466	202.69	399.77	1.0098	1.7260	1.347	0.906	1.182	612	146.9	264.3	10.81	91.1	11.69	11.27	2.00
4.00	0.33766	1281.4	0.06039	205.40	400.92	1.0195	1.7250	1.352	0.916	1.185	603	146.8	257.6	10.90	90.2	11.86	10.99	4.00
6.00	0.36198	1274.7	0.05644	208.11	402.06	1.0292	1.7240	1.358	0.925	1.189	594	146.7	251.2	10.98	89.4	12.04	10.70	6.00
8.00	0.38761	1267.9	0.05280	210.84	403.20	1.0388	1.7230	1.364	0.935	1.192	585	146.5	244.9	11.06	88.5	12.22	10.42	8.00
10.00	0.41461	1261.0	0.04944	213.58	404.32	1.0485	1.7221	1.370	0.945	1.196	576	146.4	238.8	11.15	87.6	12.40	10.14	10.00
12.00	0.44301	1254.0	0.04633	216.33	405.43	1.0581	1.7212	1.377	0.956	1.200	566	146.2	232.9	11.23	86.7	12.58	9.86	12.00
14.00	0.47288	1246.9	0.04345	219.09	406.53	1.0677	1.7204	1.383	0.967	1.204	557	146.0	227.1	11.32	85.9	12.77	9.58	14.00
16.00	0.50425	1239.8	0.04078	221.87	407.61	1.0772	1.7196	1.390	0.978	1.209	548	145.7	221.5	11.40	85.0	12.95	9.30	16.00
18.00	0.53718	1232.6	0.03830	224.66	408.69	1.0867	1.7188	1.397	0.989	1.214	539	145.5	216.0	11.49	84.1	13.14	9.03	18.00
20.00	0.57171	1225.3	0.03600	227.47	409.75	1.0962	1.7180	1.405	1.001	1.219	530	145.1	210.7	11.58	83.3	13.33	8.76	20.00
22.00	0.60789	1218.0	0.03385	230.29	410.79	1.1057	1.7173	1.413	1.013	1.224	520	144.8	205.5	11.67	82.4	13.53	8.48	22.00
24.00	0.64578	1210.5	0.03186	233.12	411.82	1.1152	1.7166	1.421	1.025	1.230	511	144.5	200.4	11.76	81.6	13.72	8.21	24.00
26.00	0.68543	1202.9	0.03000	235.97	412.84	1.1246	1.7159	1.429	1.038	1.236	502	144.1	195.4	11.85	80.7	13.92	7.95	26.00
28.00	0.72688	1195.2	0.02826	238.84	413.84	1.1341	1.7152	1.437	1.052	1.243	493	143.6	190.5	11.95	79.8	14.13	7.68	28.00
30.00	0.77020	1187.5	0.02664	241.72	414.82	1.1435	1.7145	1.446	1.065	1.249	483	143.2	185.8	12.04	79.0	14.33	7.42	30.00
32.00	0.81543	1179.6	0.02513	244.62	415.78	1.1529	1.7138	1.456	1.080	1.257	474	142.7	181.1	12.14	78.1	14.54	7.15	32.00
34.00	0.86263	1171.6	0.02371	247.54	416.72	1.1623	1.7131	1.466	1.095	1.265	465	142.1	176.6	12.24	77.3	14.76	6.89	34.00
36.00	0.91185	1163.4	0.02238	250.48	417.65	1.1717	1.7124	1.476	1.111	1.273	455	141.6	172.1	12.34	76.4	14.98	6.64	36.00
38.00	0.96315	1155.1	0.02113	253.43	418.55	1.1811	1.7118	1.487	1.127	1.282	446	141.0	167.7	12.44	75.6	15.21	6.38	38.00
40.00	1.0166	1146.7	0.01997	256.41	419.43	1.1905	1.7111	1.498	1.145	1.292	436	140.3	163.4	12.55	74.7	15.44	6.13	40.00
42.00	1.0722	1138.2	0.01887	259.41	420.28	1.1999	1.7103	1.510	1.163	1.303	427	139.7	159.2	12.65	73.9	15.68	5.88	42.00

续表

温度 (℃)	压力 (MPa)	液体密度 (kg/m³)	蒸气比容 (m³/kg)	比焓 (kJ/kg) 液体	比焓 (kJ/kg) 蒸气	比熵 [kJ/(kg·K)] 液体	比熵 [kJ/(kg·K)] 蒸气	比热容 c_p [kJ/(kg·K)] 液体	比热容 c_p [kJ/(kg·K)] 蒸气	蒸气 c_p/c_v	声速 (m/s) 液体	声速 (m/s) 蒸气	黏度 μ (Pa·s) 液体	黏度 μ (Pa·s) 蒸气	热导率 [mW/(m·K)] 液体	热导率 [mW/(m·K)] 蒸气	表面张力 (mN/m)	温度 (℃)
44.00	1.1301	1129.5	0.01784	262.43	421.11	1.2092	1.7096	1.523	1.182	1.314	418	138.9	155.1	12.76	73.0	15.93	5.63	44.00
46.00	1.1903	1120.6	0.01687	265.47	421.92	1.2186	1.7089	1.537	1.202	1.326	408	138.2	151.0	12.88	72.1	16.18	5.38	46.00
48.00	1.2529	1111.5	0.01595	268.53	422.69	1.2280	1.7081	1.551	1.223	1.339	399	137.4	147.0	13.00	71.3	16.45	5.13	48.00
50.00	1.3179	1102.3	0.01509	271.62	423.44	1.2375	1.7072	1.566	1.246	1.354	389	136.6	143.1	13.12	70.4	16.72	4.89	50.00
52.00	1.3854	1092.9	0.01428	274.74	424.15	1.2469	1.7064	1.582	1.270	1.369	379	135.7	139.2	13.24	69.6	17.01	4.65	52.00
54.00	1.4555	1083.2	0.01351	277.89	424.83	1.2563	1.7055	1.600	1.296	1.386	370	134.7	135.4	13.37	68.7	17.31	4.41	54.00
56.00	1.5282	1073.4	0.01278	281.06	425.47	1.2658	1.7045	1.618	1.324	1.405	360	133.8	131.6	13.51	67.8	17.63	4.18	56.00
58.00	1.6036	1063.2	0.01209	284.27	426.07	1.2753	1.7035	1.638	1.354	1.425	350	132.7	127.9	13.65	67.0	17.96	3.95	58.00
60.00	1.6818	1052.9	0.01144	287.50	426.63	1.2848	1.7024	1.660	1.387	1.448	340	131.7	124.2	13.79	66.1	18.31	3.72	60.00
62.00	1.7628	1042.2	0.01083	290.78	427.14	1.2944	1.7013	1.684	1.422	1.473	331	130.5	120.6	13.95	65.2	18.68	3.49	62.00
64.00	1.8467	1031.2	0.01024	294.09	427.61	1.3040	1.7000	1.710	1.461	1.501	321	129.4	117.0	14.11	64.3	19.07	3.27	64.00
66.00	1.9337	1020.0	0.00969	297.44	428.02	1.3137	1.6987	1.738	1.504	1.532	311	128.1	113.5	14.28	63.4	19.50	3.05	66.00
68.00	2.0237	1008.3	0.00916	300.84	428.36	1.3234	1.6972	1.769	1.552	1.567	301	126.8	109.9	14.46	62.6	19.95	2.83	68.00
70.00	2.1168	996.2	0.00865	304.28	428.65	1.3332	1.6956	1.804	1.605	1.607	290	125.5	106.4	14.65	61.7	20.45	2.61	70.00
72.00	2.2132	983.8	0.00817	307.78	428.86	1.3430	1.6939	1.843	1.665	1.653	280	124.0	102.9	14.85	60.8	20.98	2.40	72.00
74.00	2.3130	970.8	0.00771	311.33	429.00	1.3530	1.6920	1.887	1.734	1.705	269	122.6	99.5	15.07	59.9	21.56	2.20	74.00
76.00	2.4161	957.3	0.00727	314.94	429.04	1.3631	1.6899	1.938	1.812	1.766	259	121.0	96.0	15.30	59.0	22.21	1.99	76.00
78.00	2.5228	943.1	0.00685	318.63	428.98	1.3733	1.6876	1.996	1.904	1.838	248	119.4	92.5	15.56	58.1	22.92	1.80	78.00
80.00	2.6332	928.2	0.00645	322.39	428.81	1.3836	1.6850	2.065	2.012	1.924	237	117.7	89.0	15.84	57.2	23.72	1.60	80.00
85.00	2.9258	887.2	0.00550	332.22	427.76	1.4104	1.6771	2.306	2.397	2.232	207	113.1	80.2	16.67	54.9	26.22	1.14	85.00
90.00	3.2442	837.8	0.00461	342.93	425.42	1.4390	1.6662	2.756	3.121	2.820	176	107.9	70.9	17.81	52.8	29.91	0.71	90.00
95.00	3.5912	772.7	0.00374	355.25	420.67	1.4715	1.6492	3.938	5.020	4.369	141	101.9	60.4	19.61	51.7	36.40	0.33	95.00
100.00	3.9724	651.2	0.00268	373.30	407.68	1.5188	1.6109	17.59	25.35	20.81	101	94.0	45.1	24.21	59.9	60.58	0.04	100.00
101.06ᶜ	4.0593	511.9	0.00195	389.64	389.64	1.5621	1.5621	∞	∞	∞	0	0.0	—	—	∞	∞	0.00	101.06

温度按 ITS-90 分度　　　　　　　　　　　正常沸点　　　　　　　　　　　临界点

表 29.2-18　R-245fa 制冷剂在饱和状态下的热力特性

温度 (℃)	压力 (MPa)	液体密度 (kg/m³)	蒸气比容 (m³/kg)	比焓 [kJ/kg]		比熵 [kJ/(kg·K)]		比热容 c_p [kJ/(kg·K)]		蒸气 c_p/c_v	声速 (m/s)		黏度 μ (Pa·s)		热导率 [mW/(m·K)]		表面张力 (mN/m)	温度 (℃)
				液体	蒸气	液体	蒸气	液体	蒸气		液体	蒸气	液体	蒸气	液体	蒸气		
-50	0.00286	1523.5	4.82330	137.62	368.35	0.7482	1.7822	1.196	0.718	1.097	1054	122.8	1495.0	7.71	115.1	8.61	23.48	-50
-40	0.00582	1500.5	2.47050	149.72	375.45	0.8012	1.7694	1.221	0.740	1.095	987	125.1	1168.0	8.05	111.5	9.25	22.26	-40
-30	0.01104	1477.1	1.35460	162.03	382.69	0.8529	1.7604	1.240	0.763	1.094	929	127.3	946.2	8.40	108.0	9.90	21.03	-30
-20	0.01967	1453.3	0.78751	174.52	390.03	0.9032	1.7545	1.257	0.787	1.094	877	129.3	785.7	8.75	104.5	10.58	19.78	-20
-10	0.03324	1428.9	0.48155	187.18	397.45	0.9522	1.7513	1.273	0.811	1.094	829	131.0	664.6	9.09	101.2	11.28	18.52	-10
0	0.05358	1404.0	0.30757	200.00	404.93	1.0000	1.7502	1.290	0.837	1.095	783	132.5	570.1	9.42	97.9	12.00	17.25	0
2	0.05866	1399.0	0.28251	202.59	406.43	1.0094	1.7503	1.294	0.842	1.096	774	132.7	553.7	9.49	97.3	12.14	17.00	2
4	0.06411	1393.9	0.25988	205.18	407.93	1.0188	1.7504	1.297	0.848	1.096	765	133.0	537.9	9.56	96.6	12.29	16.74	4
6	0.06995	1388.8	0.23939	207.78	409.44	1.0281	1.7505	1.301	0.853	1.097	756	133.2	522.8	9.62	96.0	12.44	16.48	6
8	0.07622	1383.7	0.22083	210.39	410.94	1.0374	1.7508	1.305	0.859	1.097	747	133.4	508.3	9.69	95.3	12.59	16.23	8
10	0.08293	1378.5	0.20397	213.00	412.45	1.0467	1.7511	1.309	0.864	1.098	738	133.6	494.4	9.76	94.7	12.74	15.97	10
12	0.09009	1373.3	0.18865	215.63	413.95	1.0559	1.7514	1.312	0.870	1.098	729	133.8	481.1	9.82	94.1	12.89	15.72	12
14	0.09774	1368.1	0.17469	218.26	415.46	1.0651	1.7518	1.316	0.875	1.099	721	134.0	468.1	9.89	93.4	13.04	15.46	14
14.90[b]	0.10133	1365.7	0.16885	219.44	416.13	1.0692	1.7520	1.318	0.878	1.099	717	134.1	462.5	9.92	93.2	13.11	15.34	14.9
16	0.10589	1362.8	0.16197	220.90	416.97	1.0742	1.7523	1.320	0.881	1.100	712	134.2	455.7	9.96	92.8	13.19	15.20	16
18	0.11457	1357.5	0.15035	223.54	418.47	1.0833	1.7528	1.324	0.887	1.100	703	134.3	443.8	10.02	92.2	13.34	14.95	18
20	0.12380	1352.2	0.13973	226.20	419.98	1.0924	1.7534	1.328	0.893	1.101	695	134.4	432.3	10.09	91.6	13.50	14.69	20
22	0.13360	1346.9	0.13000	228.86	421.48	1.1014	1.7540	1.332	0.899	1.102	686	134.6	421.2	10.16	90.9	13.65	14.43	22
24	0.14400	1341.5	0.12108	231.54	422.99	1.1104	1.7547	1.337	0.905	1.103	677	134.7	410.5	10.22	90.3	13.81	14.18	24
26	0.15502	1336.1	0.11289	234.22	424.49	1.1194	1.7554	1.341	0.911	1.104	669	134.7	400.2	10.29	89.7	13.97	13.92	26
28	0.16670	1330.6	0.10536	236.91	425.99	1.1283	1.7562	1.345	0.917	1.105	660	134.8	390.2	10.36	89.1	14.13	13.66	28
30	0.17904	1325.1	0.09843	239.60	427.50	1.1372	1.7570	1.350	0.923	1.106	652	134.9	380.5	10.42	88.5	14.29	13.41	30
32	0.19209	1319.6	0.09205	242.31	428.99	1.1461	1.7578	1.354	0.929	1.107	643	134.9	371.1	10.49	87.9	14.45	13.15	32

续表

温度 (℃)	压力 (MPa)	液体密度 (kg/m³)	蒸气比容 (m³/kg)	比焓(kJ/kg) 液体	比焓(kJ/kg) 蒸气	比熵[kJ/(kg·K)] 液体	比熵[kJ/(kg·K)] 蒸气	比热容c_p[kJ/(kg·K)] 液体	比热容c_p[kJ/(kg·K)] 蒸气	蒸气 c_p/c_v	声速(m/s) 液体	声速(m/s) 蒸气	黏度μ(Pa·s) 液体	黏度μ(Pa·s) 蒸气	热导率[mW/(m·K)] 液体	热导率[mW/(m·K)] 蒸气	表面张力 (mN/m)	温度 (℃)
34	0.20586	1314.0	0.08616	245.03	430.49	1.1549	1.7587	1.359	0.936	1.108	635	134.9	362.1	10.56	87.2	14.61	12.89	34
36	0.22038	1308.4	0.08072	247.75	431.99	1.1637	1.7597	1.364	0.942	1.110	626	134.9	353.3	10.62	86.6	14.77	12.64	36
38	0.23568	1302.7	0.07569	250.49	433.48	1.1725	1.7606	1.368	0.949	1.111	618	134.9	344.8	10.69	86.0	14.94	12.38	38
40	0.25179	1297.0	0.07103	253.24	434.97	1.1813	1.7616	1.373	0.956	1.112	609	134.9	336.5	10.76	85.4	15.10	12.13	40
42	0.26873	1291.2	0.06672	255.99	436.46	1.1900	1.7626	1.378	0.962	1.114	601	134.8	328.5	10.83	84.8	15.27	11.87	42
44	0.28653	1285.4	0.06271	258.76	437.95	1.1987	1.7637	1.383	0.969	1.115	592	134.7	320.7	10.89	84.2	15.44	11.62	44
46	0.30523	1279.6	0.05899	261.53	439.43	1.2074	1.7648	1.388	0.976	1.117	584	134.6	313.1	10.96	83.6	15.61	11.36	46
48	0.32485	1273.7	0.05554	264.32	440.91	1.2160	1.7659	1.394	0.984	1.119	575	134.5	305.8	11.03	83.0	15.78	11.11	48
50	0.34541	1267.7	0.05232	267.11	442.38	1.2246	1.7670	1.399	0.991	1.121	567	134.4	298.6	11.10	82.4	15.96	10.85	50
52	0.36695	1261.7	0.04933	269.92	443.85	1.2333	1.7682	1.405	0.998	1.122	559	134.2	291.6	11.17	81.8	16.13	10.6	52
54	0.38951	1255.6	0.04653	272.74	445.32	1.2418	1.7694	1.410	1.006	1.125	550	134.0	284.8	11.24	81.2	16.31	10.35	54
56	0.41310	1249.5	0.04393	275.57	446.78	1.2504	1.7706	1.416	1.013	1.127	542	133.8	278.2	11.32	80.6	16.49	10.10	56
58	0.43776	1243.3	0.04149	278.41	448.24	1.2590	1.7718	1.422	1.021	1.129	533	133.6	271.8	11.39	80.0	16.67	9.84	58
60	0.46352	1237.0	0.03922	281.26	449.69	1.2675	1.7730	1.428	1.029	1.131	525	133.4	265.5	11.46	79.4	16.86	9.59	60
62	0.49042	1230.7	0.03709	284.13	451.13	1.2760	1.7743	1.434	1.038	1.134	516	133.1	259.4	11.54	78.8	17.04	9.34	62
64	0.51848	1224.3	0.03509	287.01	452.57	1.2845	1.7756	1.441	1.046	1.137	508	132.8	253.4	11.61	78.2	17.23	9.09	64
66	0.54774	1217.8	0.03323	289.90	454.0	1.2930	1.7768	1.447	1.055	1.140	500	132.5	247.5	11.69	77.6	17.43	8.85	66
68	0.57822	1211.3	0.03147	292.80	455.43	1.3014	1.7781	1.454	1.063	1.143	491	132.1	241.8	11.77	77.0	17.62	8.60	68
70	0.60997	1204.7	0.02983	295.71	456.85	1.3099	1.7794	1.461	1.072	1.146	483	131.8	236.2	11.85	76.4	17.82	8.35	70
72	0.64301	1198.0	0.02828	298.64	458.26	1.3183	1.7807	1.468	1.082	1.149	474	131.4	230.8	11.93	75.8	18.02	8.10	72
74	0.67738	1191.2	0.02682	301.59	459.66	1.3267	1.7820	1.476	1.091	1.153	466	131.0	225.4	12.01	75.2	18.23	7.86	74
76	0.71312	1184.3	0.02545	304.55	461.05	1.3351	1.7834	1.483	1.101	1.157	457	130.5	220.2	12.10	74.6	18.44	7.61	76
78	0.75025	1177.3	0.02416	307.52	462.43	1.3435	1.7847	1.491	1.111	1.161	449	130.0	215.1	12.18	74.0	18.65	7.37	78

续表

温度 (℃)	压力 (MPa)	液体 密度 (kg/m³)	蒸气 比容 (m³/kg)	比焓 (kJ/kg) 液体	比焓 蒸气	比熵 [kJ/(kg·K)]	比热容 c_p [kJ/(kg·K)] 液体	比热容 蒸气	蒸气 c_p/c_v	声速 (m/s) 液体	声速 蒸气	黏度 μ (Pa·s) 液体	黏度 蒸气	热导率 [mW/(m·K)] 液体	热导率 蒸气	表面张力 (mN/m)	温度 (℃)
80	0.78881	1170.3	0.02295	310.50	463.80	1.3519	1.7860	1.499	1.122	1.165	441	129.5	210.0	12.27	73.4	18.87	7.13	80
82	0.82884	1163.1	0.02180	313.51	465.16	1.3603	1.7873	1.508	1.133	1.169	432	129.0	205.1	12.36	72.9	19.09	6.89	82
84	0.87038	1155.8	0.02072	316.53	466.51	1.3687	1.7886	1.517	1.144	1.174	424	128.4	200.3	12.46	72.3	19.32	6.65	84
86	0.91346	1148.4	0.01970	319.56	467.85	1.3770	1.7899	1.526	1.156	1.180	415	127.8	195.5	12.55	71.7	19.56	6.41	86
88	0.95812	1140.9	0.01873	322.61	469.17	1.3854	1.7912	1.535	1.168	1.185	407	127.2	190.9	12.66	71.1	19.80	6.17	88
90	1.00440	1133.3	0.01782	325.68	470.48	1.3938	1.7925	1.545	1.180	1.191	398	126.5	186.3	12.72	70.5	20.03	5.94	90
92	1.05230	1125.6	0.01695	328.77	471.77	1.4021	1.7938	1.556	1.194	1.198	390	125.9	181.8	12.83	69.9	20.28	5.70	92
94	1.10190	1117.7	0.01613	331.88	473.05	1.4105	1.7950	1.567	1.208	1.205	381	125.1	177.4	12.93	69.2	20.55	5.47	94
96	1.15330	1109.7	0.01535	335.00	474.31	1.4189	1.7962	1.578	1.222	1.212	373	124.4	173.1	13.04	68.6	20.82	5.24	96
98	1.20640	1101.5	0.01461	338.15	475.55	1.4272	1.7974	1.590	1.237	1.220	364	123.6	168.8	13.16	68.0	21.10	5.01	98
100	1.26140	1093.1	0.01391	341.31	476.77	1.4356	1.7986	1.603	1.254	1.229	356	122.7	164.6	13.28	67.4	21.39	4.79	100
105	1.40690	1071.5	0.01231	349.33	479.73	1.4566	1.8014	1.638	1.299	1.255	334	120.5	154.3	13.61	65.9	22.17	4.23	105
110	1.56480	1048.7	0.01089	357.50	482.53	1.4777	1.8040	1.679	1.352	1.286	312	117.9	144.4	13.97	64.4	23.04	3.68	110
115	1.73570	1024.4	0.00962	365.85	485.13	1.4989	1.8062	1.729	1.416	1.327	290	115.1	134.7	14.40	62.8	24.02	3.15	115
120	1.92050	998.4	0.00849	374.40	487.49	1.5203	1.8079	1.790	1.497	1.381	267	112.0	125.3	14.89	61.2	25.16	2.64	120
125	2.12000	970.1	0.00748	383.19	489.54	1.5420	1.8091	1.868	1.603	1.455	244	108.5	116.0	15.47	59.6	26.50	2.15	125
130	2.33510	939.0	0.00656	392.29	491.19	1.5642	1.8095	1.975	1.749	1.560	221	104.6	106.8	16.18	58.0	28.13	1.68	130
135	2.56710	904.0	0.00571	401.79	492.30	1.5869	1.8087	2.131	1.967	1.723	196	100.2	97.5	17.07	56.4	30.16	1.24	135
140	2.81720	863.4	0.00492	411.85	492.60	1.6108	1.8062	2.389	2.330	2.002	170	95.4	87.9	18.25	54.9	32.84	0.84	140
145	3.08740	813.4	0.00416	422.82	491.58	1.6364	1.8008	2.908	3.070	2.581	143	89.8	77.6	19.94	53.8	36.72	0.47	145
150	3.38020	743.2	0.00336	435.71	487.81	1.6661	1.7892	4.562	5.407	4.431	113	83.5	65.4	22.84	54.0	43.70	0.17	150
154.05c	3.64000	517.0	0.00193	463.06	463.06	1.7294	1.7294	∞	∞	∞	0	0.0	—	—	∞	∞	0.00	154.05

温度按ITS-90分度 正常沸点 临界点

表 29.2-19 R-404A 制冷剂在饱和状态下的热力特性

温度 (°C)	压力 (MPa)	液体密度 (kg/m³)	蒸气比容 (m³/kg)	比焓 (kJ/kg) 液体	比焓 (kJ/kg) 蒸气	比熵 [kJ/(kg·K)] 液体	比熵 [kJ/(kg·K)] 蒸气	比热容 c_p [kJ/(kg·K)] 液体	比热容 c_p [kJ/(kg·K)] 蒸气	蒸气 c_p/c_v	声速 (m/s) 液体	声速 (m/s) 蒸气	黏度 μ (Pa·s) 液体	黏度 μ (Pa·s) 蒸气	热导率 [mW/(m·K)] 液体	热导率 [mW/(m·K)] 蒸气	表面张力 (mN/m)	温度 (°C)
−93.70	0.005	1447.1	3.05794	81.16	311.61	0.4716	1.7532	1.220	0.640	1.163	998	132.9	764.9	7.32	122.5	6.15	17.78	−92.50
−91.48	0.006	1440.6	2.57690	83.85	312.92	0.4865	1.7450	1.218	0.646	1.162	980	133.6	727.8	7.41	121.2	6.28	17.58	−90.32
−89.56	0.007	1434.9	2.22992	86.19	314.06	0.4993	1.7382	1.216	0.651	1.161	966	134.1	697.9	7.48	120.1	6.40	17.40	−88.42
−87.86	0.008	1429.9	1.96748	88.26	315.07	0.5106	1.7324	1.215	0.655	1.161	953	134.6	673.0	7.55	119.2	6.50	17.24	−86.74
−86.32	0.009	1425.4	1.76182	90.13	315.99	0.5206	1.7273	1.214	0.660	1.160	942	135.0	651.7	7.61	118.3	6.60	17.09	−85.22
−84.93	0.01	1421.3	1.59620	91.83	316.83	0.5296	1.7229	1.214	0.663	1.160	933	135.4	633.3	7.66	117.5	6.68	16.96	−83.84
−75.05	0.02	1392.4	0.83425	103.81	322.78	0.5917	1.6953	1.215	0.691	1.159	870	137.9	523.7	8.04	112.2	7.31	16.00	−74.08
−63.85	0.04	1359.4	0.43619	117.48	329.58	0.6587	1.6707	1.225	0.725	1.159	807	140.4	431.3	8.47	106.4	8.05	14.85	−62.97
−56.57	0.06	1337.7	0.29837	126.44	334.00	0.7007	1.6578	1.234	0.749	1.161	770	141.7	383.8	8.74	102.8	8.55	14.08	−55.75
−51.03	0.08	1321.0	0.22779	133.31	337.36	0.7320	1.6494	1.243	0.767	1.163	742	142.6	352.7	8.95	100.1	8.93	13.48	−50.25
−46.50	0.1	1307.1	0.18467	138.97	340.08	0.7571	1.6434	1.251	0.784	1.166	719	143.2	329.8	9.12	98.0	9.25	12.98	−45.74
−46.22[b]	0.10132	1306.3	0.18240	139.31	340.25	0.7586	1.6430	1.252	0.785	1.166	718	143.2	328.5	9.13	97.8	9.27	12.95	−45.47
−42.63	0.12	1295.1	0.15551	143.83	342.40	0.7783	1.6387	1.259	0.798	1.169	700	143.6	311.9	9.26	96.2	9.53	12.55	−41.90
−39.24	0.14	1284.5	0.13443	148.12	344.41	0.7967	1.6349	1.266	0.811	1.171	684	143.9	297.3	9.39	94.6	9.78	12.17	−38.53
−36.20	0.16	1275.0	0.11846	151.97	346.20	0.8130	1.6318	1.273	0.823	1.174	669	144.1	285.0	9.50	93.2	10.01	11.82	−35.51
−33.45	0.18	1266.2	0.10592	155.49	347.81	0.8277	1.6292	1.279	0.834	1.177	656	144.2	274.4	9.60	91.9	10.21	11.51	−32.78
−30.93	0.2	1258.0	0.09581	158.73	349.28	0.8411	1.6270	1.285	0.844	1.179	644	144.3	265.1	9.69	90.8	10.40	11.21	−30.27
−28.59	0.22	1250.4	0.08748	161.75	350.63	0.8534	1.6250	1.291	0.855	1.182	633	144.4	256.9	9.78	89.7	10.58	10.94	−27.94
−26.42	0.24	1243.3	0.08049	164.57	351.88	0.8649	1.6233	1.297	0.864	1.185	623	144.4	249.5	9.86	88.7	10.75	10.69	−25.78
−24.37	0.26	1236.5	0.07454	167.23	353.04	0.8755	1.6217	1.303	0.873	1.188	613	144.3	242.8	9.94	87.8	10.91	10.45	−23.75
−22.45	0.28	1230.1	0.06941	169.75	354.13	0.8855	1.6203	1.308	0.882	1.190	604	144.3	236.7	10.01	87.0	11.06	10.22	−21.83
−20.62	0.3	1223.9	0.06494	172.14	355.15	0.8950	1.6190	1.313	0.891	1.193	595	144.2	231.1	10.08	86.2	11.21	10.01	−20.02

续表

温度 (°C)	压力 (MPa)	液体密度 (kg/m³)	蒸气比容 (m³/kg)	比焓 (kJ/kg) 液体	比焓 (kJ/kg) 蒸气	比熵 [kJ/(kg·K)] 液体	比熵 [kJ/(kg·K)] 蒸气	比热容 c_p [kJ/(kg·K)] 液体	比热容 c_p [kJ/(kg·K)] 蒸气	蒸气 c_p/c_v	声速 (m/s) 液体	声速 (m/s) 蒸气	黏度 μ (Pa·s) 液体	黏度 μ (Pa·s) 蒸气	热导率 [mW/(m·K)] 液体	热导率 [mW/(m·K)] 蒸气	表面张力 (mN/m)	温度 (°C)
0.32	−18.89 / −18.29	1218.0	0.06101	174.43	356.12	0.9039	1.6179	1.319	0.899	1.196	587	144.1	225.9	10.15	85.4	11.34	9.81	0.32
0.34	−17.24 / −16.65	1212.4	0.05752	176.61	357.03	0.9125	1.6168	1.324	0.907	1.199	579	144.0	221.1	10.21	84.7	11.48	9.61	0.34
0.36	−15.66 / −15.08	1206.9	0.05441	178.71	357.90	0.9206	1.6158	1.329	0.915	1.202	572	143.9	216.6	10.27	84.0	11.61	9.42	0.36
0.38	−14.15 / −13.57	1201.6	0.05162	180.73	358.72	0.9283	1.6149	1.334	0.923	1.205	565	143.8	212.4	10.33	83.3	11.73	9.24	0.38
0.4	−12.69 / −12.12	1196.5	0.04909	182.68	359.51	0.9358	1.6141	1.339	0.931	1.208	558	143.7	208.4	10.39	82.7	11.85	9.07	0.4
0.42	−11.29 / −10.73	1191.6	0.04680	184.56	360.26	0.9429	1.6133	1.344	0.938	1.211	551	143.5	204.7	10.44	82.1	11.97	8.90	0.42
0.44	−9.94 / −9.39	1186.7	0.04471	186.38	360.98	0.9498	1.6125	1.349	0.946	1.214	545	143.4	201.2	10.49	81.5	12.08	8.74	0.44
0.46	−8.64 / −8.09	1182.0	0.04279	188.15	361.67	0.9564	1.6118	1.353	0.953	1.217	538	143.2	197.8	10.55	81.0	12.19	8.58	0.46
0.48	−7.37 / −6.83	1177.5	0.04103	189.86	362.33	0.9628	1.6112	1.358	0.960	1.220	532	143.1	194.6	10.60	80.4	12.30	8.43	0.48
0.5	−6.15 / −5.61	1173.0	0.03940	191.53	362.96	0.9690	1.6105	1.363	0.967	1.223	527	142.8	191.6	10.65	79.9	12.41	8.28	0.5
0.55	−3.24 / −2.72	1162.3	0.03584	195.51	364.45	0.9837	1.6091	1.374	0.984	1.231	513	142.4	184.6	10.77	78.7	12.66	7.93	0.55
0.6	−0.53 / −0.02	1152.0	0.03284	199.26	365.81	0.9973	1.6078	1.386	1.001	1.239	500	141.9	178.2	10.88	77.5	12.91	7.61	0.6
0.65	2.02 / 2.52	1142.3	0.03029	202.81	367.06	1.0101	1.6066	1.397	1.018	1.247	488	141.3	172.5	10.99	76.5	13.16	7.30	0.65
0.7	4.42 / 4.91	1132.9	0.02809	206.18	368.21	1.0222	1.6055	1.409	1.034	1.256	476	140.8	167.2	11.10	75.5	13.41	7.01	0.7
0.75	6.70 / 7.18	1123.8	0.02618	209.41	369.28	1.0336	1.6044	1.420	1.051	1.264	465	140.2	162.4	11.20	74.5	13.65	6.74	0.75
0.8	8.87 / 9.34	1115.1	0.02449	212.49	370.27	1.0444	1.6035	1.432	1.067	1.274	455	139.6	157.9	11.30	73.6	13.89	6.48	0.8
0.85	10.94 / 11.40	1106.5	0.02300	215.46	371.19	1.0547	1.6025	1.443	1.084	1.283	445	139.0	153.6	11.40	72.8	14.12	6.23	0.85
0.9	12.92 / 13.37	1098.2	0.02166	218.32	372.05	1.0646	1.6016	1.455	1.100	1.293	435	138.3	149.7	11.50	72.0	14.35	5.99	0.9
0.95	14.81 / 15.26	1090.2	0.02046	221.09	372.85	1.0741	1.6007	1.466	1.117	1.303	426	137.7	146.0	11.59	71.2	14.59	5.76	0.95
1.0	16.64 / 17.08	1082.2	0.01937	223.77	373.59	1.0832	1.5999	1.478	1.134	1.313	417	137.1	142.5	11.69	70.4	14.82	5.54	1.0
1.1	20.09 / 20.52	1066.9	0.01749	228.89	374.94	1.1005	1.5982	1.503	1.169	1.336	400	135.7	136.1	11.88	69.0	15.29	5.13	1.1
1.2	23.32 / 23.73	1052.0	0.01590	233.75	376.12	1.1166	1.5965	1.528	1.206	1.360	384	134.4	130.2	12.07	67.7	15.76	4.75	1.2

续表

温度 (℃)	压力 (MPa)	液体密度 (kg/m³)	蒸气比容 (m³/kg)	比焓 (kJ/kg) 液体	比焓 (kJ/kg) 蒸气	比熵 [kJ/(kg·K)] 液体	比熵 [kJ/(kg·K)] 蒸气	比热容 c_p [kJ/(kg·K)] 液体	比热容 c_p [kJ/(kg·K)] 蒸气	蒸气 c_p/c_v	声速 (m/s) 液体	声速 (m/s) 蒸气	黏度 μ (Pa·s) 液体	黏度 μ (Pa·s) 蒸气	热导率 [mW/(m·K)] 液体	热导率 [mW/(m·K)] 蒸气	表面张力 (mN/m)	温度 (℃)
1.3	26.35	1037.5	0.01455	238.37	377.14	1.1318	1.5949	1.554	1.244	1.386	368	133.0	124.9	12.26	66.5	16.23	4.39	1.3
1.4	29.22	1023.4	0.01338	242.81	378.02	1.1462	1.5932	1.582	1.285	1.414	354	131.6	119.9	12.45	65.3	16.71	4.06	1.4
1.5	31.93	1009.5	0.01236	247.07	378.78	1.1599	1.5914	1.611	1.329	1.445	340	130.1	115.3	12.65	64.2	17.21	3.75	1.5
1.6	34.51	995.7	0.01146	251.19	379.42	1.1730	1.5896	1.643	1.376	1.478	327	128.7	111.0	12.84	63.1	17.72	3.45	1.6
1.7	36.97	982.1	0.01066	255.17	379.95	1.1856	1.5878	1.676	1.426	1.515	314	127.2	107.0	13.05	62.1	18.24	3.17	1.7
1.8	39.33	968.6	0.00994	259.05	380.38	1.1977	1.5858	1.712	1.481	1.556	301	125.7	103.2	13.25	61.2	18.80	2.91	1.8
1.9	41.58	955.1	0.00930	262.83	380.70	1.2095	1.5838	1.751	1.541	1.601	289	124.1	99.5	13.47	60.2	19.37	2.66	1.9
2.0	43.75	941.6	0.00871	266.52	380.92	1.2208	1.5817	1.794	1.607	1.652	277	122.6	96.1	13.70	59.3	19.98	2.43	2.0
2.1	45.84	928.1	0.00817	270.14	381.05	1.2319	1.5794	1.841	1.681	1.709	266	121.0	92.7	13.93	58.5	20.62	2.21	2.1
2.2	47.85	914.4	0.00768	273.70	381.08	1.2427	1.5770	1.893	1.763	1.774	254	119.4	89.5	14.18	57.6	21.31	2.00	2.2
2.3	49.80	900.6	0.00723	277.20	381.01	1.2532	1.5745	1.952	1.856	1.847	243	117.8	86.5	14.44	56.8	22.04	1.80	2.3
2.4	51.68	886.5	0.00680	280.66	380.83	1.2635	1.5718	2.019	1.962	1.932	232	116.2	83.5	14.72	56.0	22.83	1.61	2.4
2.5	53.50	872.2	0.00641	284.09	380.55	1.2737	1.5689	2.095	2.085	2.032	222	114.5	80.5	15.02	55.3	23.69	1.43	2.5
2.6	55.26	857.5	0.00604	287.50	380.15	1.2837	1.5658	2.183	2.229	2.149	211	112.9	77.7	15.34	54.5	24.62	1.26	2.6
2.7	56.97	842.4	0.00569	290.89	379.62	1.2937	1.5624	2.288	2.401	2.289	200	111.2	74.9	15.69	53.8	25.65	1.10	2.7
2.8	58.63	826.8	0.00536	294.29	378.96	1.3036	1.5587	2.414	2.609	2.459	190	109.5	72.1	16.07	53.2	26.79	0.94	2.8
2.9	60.24	810.5	0.00505	297.70	378.14	1.3135	1.5547	2.569	2.868	2.672	179	107.7	69.3	16.49	52.6	28.06	0.80	2.9
3.0	61.81	793.4	0.00475	301.15	377.15	1.3234	1.5503	2.765	3.197	2.944	169	106.0	66.5	16.95	52.0	29.51	0.67	3.0
3.2	64.82	755.6	0.00417	308.25	374.49	1.3438	1.5397	3.381	4.233	3.797	148	102.3	60.9	18.09	51.2	33.17	0.43	3.2
3.4	67.67	709.8	0.00361	315.97	370.45	1.3657	1.5255	4.771	6.536	5.689	126	98.5	54.7	19.68	51.3	38.73	0.23	3.4
3.729c	72.05	486.5	0.00206	343.92	343.92	1.4455	1.4455	—	—	—	—	—	—	—	—	—	0.00	3.72921

温度按ITS-90分度　　　　　正常沸点　　　　　临界点

表 29.2-20 R-407C 制冷剂在饱和状态下的热力特性

温度 (℃)	压力 (MPa)	液体密度 (kg/m³)	蒸气比容 (m³/kg)	比焓 (kJ/kg) 液体	比焓 (kJ/kg) 蒸气	比熵 [kJ/(kg·K)] 液体	比熵 [kJ/(kg·K)] 蒸气	比热容 c_p [kJ/(kg·K)] 液体	比热容 c_p [kJ/(kg·K)] 蒸气	蒸气 c_p/c_v	声速 (m/s) 液体	声速 (m/s) 蒸气	黏度 (Pa·s) 液体	黏度 (Pa·s) 蒸气	热导率 [mW/(m·K)] 液体	热导率 [mW/(m·K)] 蒸气	表面张力 (mN/m)	温度 (℃)
0.01	−82.45 / −74.81	1495.5	1.89703	90.48	366.78	0.5259	1.9471	1.281	0.668	1.182	1008	149.1	779.8	8.43	151.5	6.94	24.75	0.01
0.02	−72.50 / −65.02	1466.7	0.99017	103.24	372.75	0.5910	1.9104	1.283	0.694	1.181	953	151.8	632.8	8.83	145.4	7.52	22.93	0.02
0.04	−61.25 / −53.95	1433.7	0.51705	117.72	379.47	0.6612	1.8761	1.291	0.727	1.182	893	154.6	513.1	9.28	138.5	8.19	20.91	0.04
0.06	−53.96 / −46.79	1412.0	0.35346	127.17	383.77	0.7050	1.8573	1.299	0.750	1.184	856	156.1	453.1	9.57	134.1	8.64	19.62	0.06
0.08	−48.42 / −41.34	1395.3	0.26975	134.39	386.99	0.7374	1.8445	1.306	0.769	1.187	828	157.1	414.4	9.79	130.7	8.99	18.65	0.08
0.1	−43.90 / −36.90	1381.5	0.21865	140.31	389.59	0.7635	1.8349	1.312	0.786	1.190	806	157.8	386.2	9.97	128.1	9.28	17.87	0.1
0.10132[b]	−43.63 / −36.63	1380.7	0.21595	140.67	389.75	0.7650	1.8343	1.312	0.787	1.190	804	157.8	384.6	9.98	127.9	9.29	17.82	0.10132
0.12	−40.05 / −33.11	1369.7	0.18411	145.39	391.78	0.7854	1.8273	1.318	0.800	1.193	787	158.3	364.3	10.12	125.8	9.52	17.21	0.12
0.14	−36.67 / −29.79	1359.1	0.15916	149.86	393.68	0.8043	1.8210	1.324	0.813	1.196	770	158.7	346.6	10.25	123.8	9.75	16.63	0.14
0.16	−33.65 / −26.83	1349.7	0.14025	153.86	395.36	0.8211	1.8156	1.329	0.825	1.199	755	159.0	331.8	10.37	122.0	9.94	16.12	0.16
0.18	−30.92 / −24.15	1341.0	0.12542	157.51	396.86	0.8362	1.8110	1.334	0.837	1.201	742	159.3	319.1	10.48	120.4	10.13	15.66	0.18
0.2	−28.41 / −21.69	1333.0	0.11347	160.87	398.22	0.8499	1.8069	1.339	0.848	1.204	730	159.5	308.0	10.57	119.0	10.29	15.24	0.2
0.22	−26.09 / −19.41	1325.5	0.10362	163.99	399.47	0.8625	1.8033	1.344	0.858	1.207	719	159.6	298.2	10.66	117.6	10.45	14.86	0.22
0.24	−23.93 / −17.29	1318.4	0.09536	166.91	400.62	0.8742	1.8000	1.349	0.868	1.210	708	159.7	289.5	10.75	16.4	10.60	14.50	0.24
0.26	−21.90 / −15.31	1311.8	0.08833	169.65	401.69	0.8851	1.7970	1.354	0.877	1.213	698	159.8	281.6	10.83	115.2	10.74	14.16	0.26
0.28	−19.99 / −13.43	1305.5	0.08227	172.24	402.69	0.8954	1.7942	1.358	0.886	1.216	689	159.8	274.4	10.90	114.2	10.87	13.85	0.28
0.3	−18.19 / −11.66	1299.5	0.07699	174.71	403.62	0.9050	1.7917	1.362	0.895	1.219	680	159.8	267.8	10.97	113.1	10.99	13.56	0.3
0.32	−16.47 / −9.98	1293.5	0.07235	177.06	404.49	0.9141	1.7894	1.367	0.903	1.222	672	159.8	261.8	11.04	112.2	11.11	13.28	0.32
0.34	−14.83 / −8.38	1288.2	0.06824	179.30	405.32	0.9228	1.7872	1.371	0.911	1.224	664	159.8	256.1	11.11	111.2	11.23	13.01	0.34
0.36	−13.27 / −6.85	1282.9	0.06457	181.45	406.10	0.9310	1.7851	1.375	0.919	1.227	656	159.8	250.9	11.17	110.4	11.35	12.76	0.36
0.38	−11.77 / −5.38	1277.8	0.06127	183.52	406.85	0.9389	1.7832	1.379	0.927	1.230	649	159.7	246.0	11.23	109.5	11.46	12.52	0.38
0.4	−10.33 / −3.97	1272.8	0.05830	185.52	407.55	0.9465	1.7814	1.383	0.934	1.233	642	159.7	241.4	11.28	108.7	11.57	12.29	0.4

续表

温度 (°C)	压力 (MPa)	液体密度 (kg/m³)	蒸气比容 (m³/kg)	比焓 (kJ/kg) 液体	比焓 (kJ/kg) 蒸气	比熵 [kJ/(kg·K)] 液体	比熵 [kJ/(kg·K)] 蒸气	比热容c_p [kJ/(kg·K)] 液体	比热容c_p [kJ/(kg·K)] 蒸气	蒸气 c_p/c_v	声速 (m/s) 液体	声速 (m/s) 蒸气	黏度μ (Pa·s) 液体	黏度μ (Pa·s) 蒸气	热导率 [mW/(m·K)] 液体	热导率 [mW/(m·K)] 蒸气	表面张力 (mN/m)	温度 (°C)
0.42	−8.94	1268.0	0.05559	187.44	408.23	0.9537	1.7796	1.387	0.942	1.236	635	159.6	237.1	11.34	107.9	11.68	12.07	0.42
0.44	−7.61	1263.4	0.05313	189.30	408.87	0.9607	1.7780	1.391	0.949	1.239	629	159.5	233.0	11.39	107.2	11.78	11.85	0.44
0.46	−6.31	1258.8	0.05087	191.11	409.48	0.9674	1.7764	1.395	0.956	1.242	622	159.4	229.1	11.45	106.5	11.88	11.65	0.46
0.48	−5.06	1254.4	0.04879	192.86	410.07	0.9739	1.7750	1.399	0.963	1.245	616	159.3	225.4	11.50	105.8	11.98	11.45	0.48
0.5	−3.85	1250.1	0.04687	194.56	410.64	0.9801	1.7735	1.403	0.970	1.248	610	159.2	221.9	11.54	105.1	12.08	11.26	0.5
0.55	−0.98	1239.8	0.04267	198.61	411.95	0.9950	1.7702	1.413	0.987	1.255	596	158.9	213.9	11.66	103.5	12.31	10.81	0.55
0.6	1.70	1230.0	0.03915	202.42	413.15	1.0087	1.7672	1.422	1.004	1.262	583	158.6	206.7	11.77	102.1	12.54	10.40	0.6
0.65	4.22	1220.7	0.03615	206.02	414.25	1.0216	1.7644	1.432	1.020	1.270	571	158.2	200.1	11.88	100.7	12.75	10.01	0.65
0.7	6.60	1211.7	0.03356	209.44	415.25	1.0338	1.7618	1.441	1.036	1.278	559	157.8	194.1	11.98	99.4	12.96	9.64	0.7
0.75	8.85	1203.1	0.03131	212.71	416.18	1.0452	1.7594	1.451	1.052	1.286	548	157.4	188.6	12.08	98.2	13.17	9.30	0.75
0.8	11.00	1194.9	0.02933	215.83	417.03	1.0561	1.7571	1.460	1.067	1.294	537	157.0	183.6	12.17	97.1	13.37	8.98	0.8
0.85	13.04	1186.8	0.02757	218.83	417.83	1.0665	1.7550	1.469	1.082	1.302	527	156.6	178.8	12.26	96.0	13.58	8.67	0.85
0.9	15.00	1179.1	0.02600	221.71	418.57	1.0764	1.7529	1.479	1.098	1.310	518	156.1	174.4	12.35	94.9	13.78	8.38	0.9
0.95	16.88	1171.5	0.02460	224.50	419.25	1.0859	1.7509	1.488	1.113	1.319	508	155.6	170.3	12.44	93.9	13.98	8.11	0.95
1.0	18.69	1164.1	0.02332	227.19	419.89	1.0950	1.7491	1.498	1.128	1.327	499	155.2	166.4	12.52	93.0	14.18	7.84	1.0
1.1	22.11	1149.9	0.02111	232.34	421.03	1.1122	1.7455	1.517	1.159	1.346	482	154.2	159.2	12.68	91.1	14.59	7.35	1.1
1.2	25.30	1136.2	0.01926	237.20	422.03	1.1283	1.7421	1.537	1.190	1.365	466	153.2	152.8	12.84	89.5	14.99	6.89	1.2
1.3	28.30	1123.0	0.01768	241.82	422.89	1.1434	1.7389	1.557	1.222	1.385	451	152.1	146.9	13.01	87.9	15.39	6.47	1.3
1.4	31.14	1110.2	0.01631	246.24	423.63	1.1577	1.7358	1.578	1.255	1.406	436	151.0	141.5	13.15	86.4	15.80	6.07	1.4
1.5	33.83	1097.7	0.01512	250.48	424.27	1.1713	1.7328	1.600	1.289	1.428	423	150.0	136.5	13.31	85.0	16.22	5.70	1.5
1.6	36.39	1085.5	0.01408	254.57	424.80	1.1843	1.7298	1.622	1.324	1.452	409	148.8	131.8	13.47	83.7	16.64	5.35	1.6

续表

温度 (℃)	压力 (MPa)	液体密度 (kg/m³)	蒸气比容 (m³/kg)	比焓 (kJ/kg) 液体	比焓 (kJ/kg) 蒸气	比熵 [kJ/(kg·K)] 液体	比熵 [kJ/(kg·K)] 蒸气	比热容 c_p [kJ/(kg·K)] 液体	比热容 c_p [kJ/(kg·K)] 蒸气	蒸气 c_p/c_v	声速 (m/s) 液体	声速 (m/s) 蒸气	黏度 (Pa·s) 液体	黏度 (Pa·s) 蒸气	热导率 [mW/(m·K)] 液体	热导率 [mW/(m·K)] 蒸气	表面张力 (mN/m)	温度 (℃)
1.7	38.84	1073.5	0.01315	258.51	425.25	1.1967	1.7269	1.645	1.361	1.477	397	147.7	127.5	13.62	82.4	17.07	5.02	1.7
1.8	41.18	1061.7	0.01231	262.33	425.61	1.2086	1.7241	1.669	1.400	1.504	385	146.6	123.4	13.78	81.2	17.52	4.71	1.8
1.9	43.43	1050.0	0.01157	266.05	425.89	1.2200	1.7212	1.695	1.440	1.533	373	145.4	119.6	13.94	80.1	17.98	4.42	1.9
2.0	45.59	1038.5	0.01089	269.66	426.10	1.2311	1.7184	1.722	1.483	1.564	361	144.2	115.9	14.10	78.9	18.45	4.14	2.0
2.1	47.67	1027.1	0.01027	273.19	426.23	1.2418	1.7155	1.750	1.529	1.597	350	143.0	112.5	14.27	77.9	18.94	3.87	2.1
2.2	49.68	1015.7	0.00971	276.64	426.29	1.2522	1.7126	1.780	1.577	1.633	339	141.8	109.2	14.44	76.8	19.45	3.62	2.2
2.3	51.63	1004.4	0.00919	280.02	426.28	1.2624	1.7097	1.813	1.629	1.671	329	140.6	106.0	14.62	75.8	19.98	3.38	2.3
2.4	53.51	993.1	0.00871	283.34	426.20	1.2723	1.7068	1.847	1.684	1.713	318	139.4	103.0	14.79	74.9	20.54	3.15	2.4
2.5	55.34	981.8	0.00827	286.60	426.06	1.2819	1.7038	1.884	1.744	1.758	308	138.2	100.0	14.98	73.9	21.12	2.93	2.5
2.6	57.11	970.5	0.00786	289.82	425.85	1.2914	1.7007	1.924	1.810	1.808	298	136.9	97.2	15.17	73.0	21.73	2.72	2.6
2.7	58.83	959.0	0.00747	292.99	425.57	1.3006	1.6976	1.968	1.881	1.863	288	135.6	94.5	15.37	72.1	22.38	2.52	2.7
2.8	60.51	947.5	0.00711	296.12	425.21	1.3097	1.6944	2.016	1.958	1.923	279	134.4	91.9	15.58	71.3	23.06	2.33	2.8
2.9	62.14	935.9	0.00677	299.23	424.79	1.3187	1.6911	2.069	2.044	1.990	269	133.1	89.3	15.80	70.4	23.79	2.14	2.9
3.0	63.73	924.1	0.00645	302.31	424.29	1.3276	1.6877	2.128	2.139	2.065	259	131.7	86.8	16.03	69.6	24.56	1.96	3.0
3.2	66.80	899.9	0.00587	308.43	423.06	1.3450	1.6805	2.268	2.365	2.243	240	129.1	81.9	16.53	68.1	26.26	1.63	3.2
3.4	69.73	874.6	0.00533	314.54	421.46	1.3622	1.6726	2.451	2.657	2.475	222	126.4	77.1	17.09	66.6	28.22	1.33	3.4
3.6	72.53	847.6	0.00484	320.71	419.45	1.3795	1.6639	2.701	3.050	2.789	203	123.6	72.5	17.75	65.2	30.54	1.05	3.6
3.8	75.22	818.1	0.00439	327.02	416.91	1.3970	1.6540	3.065	3.613	3.239	184	120.7	67.7	18.52	64.0	33.33	0.79	3.8
4.0	77.82	785.1	0.00395	333.64	413.66	1.4152	1.6424	3.647	4.486	3.935	165	117.7	62.9	19.48	63.1	36.86	0.56	4.0
4.2	80.32	746.0	0.00352	340.83	409.34	1.4348	1.6281	4.726	6.029	5.159	146	114.6	57.6	20.75	62.7	41.59	0.36	4.2
4.63	86.03	484.2	0.00207	378.48	378.48	1.5384	1.5384	—	—	—	—	—	—	—	—	—	0.00	4.62941

温度按ITS-90分度　　　　　正常沸点　　　　　临界点

表 29.2-21　R-410A 制冷剂在饱和状态下的热力特性

温度 (℃)	压力 (MPa)	液体密度 (kg/m³)	蒸气比容 (m³/kg)	比焓 [kJ/kg] 液体	比焓 [kJ/kg] 蒸气	比熵 [kJ/(kg·K)] 液体	比熵 [kJ/(kg·K)] 蒸气	比热容 c_p [kJ/(kg·K)] 液体	比热容 c_p [kJ/(kg·K)] 蒸气	蒸气 c_p/c_v	声速 (m/s) 液体	声速 (m/s) 蒸气	黏度 μ (Pa·s) 液体	黏度 μ (Pa·s) 蒸气	热导率 [mW/(m·K)] 液体	热导率 [mW/(m·K)] 蒸气	表面张力 (mN/m)	温度 (℃)
0.01	−88.23	−88.14	1460.6	2.09888	76.56	378.76	0.4588	2.0927	1.344	0.668	1.227	1004	159.7	669.9	8.29	177.3	7.44	24.72	0.01
0.02	−78.79	−78.70	1432.9	1.09659	89.26	384.25	0.5258	2.0432	1.345	0.696	1.228	958	162.8	552.9	8.71	170.8	7.79	22.91	0.02
0.04	−68.12	−68.04	1401.1	0.57309	103.64	390.29	0.5978	1.9956	1.351	0.734	1.231	906	165.8	454.8	9.17	163.3	8.21	20.90	0.04
0.06	−61.22	−61.14	1380.0	0.39193	113.00	394.10	0.6426	1.9687	1.358	0.762	1.235	872	167.5	404.6	9.47	158.3	8.50	19.62	0.06
0.08	−55.98	−55.90	1363.9	0.29918	120.14	396.92	0.6758	1.9500	1.364	0.785	1.239	847	168.7	371.8	9.70	154.6	8.73	18.66	0.08
0.1	−51.70	−51.62	1350.5	0.24256	125.99	399.17	0.7024	1.9358	1.369	0.805	1.243	826	169.5	347.8	9.88	151.5	8.93	17.88	0.1
0.10132[b]	−51.44	−51.36	1349.7	0.23957	126.34	399.31	0.7040	1.9350	1.370	0.807	1.244	824	169.5	346.4	9.90	151.3	8.94	17.84	0.10132
0.12	−48.06	−47.98	1339.0	0.20427	130.99	401.05	0.7247	1.9243	1.375	0.823	1.247	808	170.1	329.0	10.04	148.9	9.11	17.23	0.12
0.14	−44.87	−44.79	1328.8	0.17661	135.39	402.67	0.7441	1.9147	1.380	0.839	1.251	792	170.6	313.8	10.18	146.6	9.26	16.65	0.14
0.16	−42.02	−41.94	1319.6	0.15565	139.34	404.09	0.7612	1.9065	1.385	0.854	1.255	778	170.9	300.9	10.30	144.6	9.40	16.15	0.16
0.18	−39.44	−39.36	1311.2	0.13921	142.93	405.36	0.7766	1.8993	1.390	0.868	1.259	765	171.2	289.9	10.41	142.8	9.53	15.69	0.18
0.2	−37.07	−36.99	1303.4	0.12595	146.23	406.50	0.7905	1.8928	1.395	0.881	1.263	753	171.5	280.3	10.51	141.1	9.66	15.27	0.2
0.22	−34.89	−34.80	1296.2	0.11503	149.29	407.53	0.8034	1.8871	1.399	0.893	1.266	743	171.6	271.8	10.61	139.5	9.77	14.89	0.22
0.24	−32.85	−32.76	1289.4	0.10587	152.15	408.49	0.8153	1.8818	1.404	0.904	1.270	732	171.8	264.2	10.70	138.1	9.88	14.54	0.24
0.26	−30.94	−30.85	1283.0	0.09807	154.84	409.36	0.8264	1.8770	1.408	0.916	1.274	723	171.9	257.2	10.78	136.7	9.98	14.21	0.26
0.28	−29.14	−29.05	1276.9	0.09135	157.38	410.18	0.8368	1.8726	1.413	0.926	1.277	714	172.0	251.0	10.86	135.5	10.08	13.90	0.28
0.3	−27.44	−27.35	1271.1	0.08550	159.80	410.94	0.8466	1.8685	1.417	0.936	1.281	705	172.0	245.2	10.93	134.3	10.18	13.60	0.30
0.32	−25.82	−25.73	1265.5	0.08035	162.10	411.65	0.8558	1.8647	1.421	0.946	1.285	697	172.1	239.8	11.00	133.10	10.27	13.33	0.32
0.34	−24.28	−24.19	1260.2	0.07579	164.29	412.32	0.8646	1.8611	1.426	0.956	1.288	689	172.1	234.9	11.07	132.10	10.36	13.06	0.34
0.36	−22.81	−22.72	1255.0	0.07172	166.40	412.95	0.8703	1.8577	1.430	0.965	1.292	682	172.1	230.3	11.13	131.00	10.46	12.81	0.36
0.38	−21.40	−21.31	1250.1	0.06806	168.43	413.54	0.8810	1.8545	1.434	0.975	1.295	675	172.0	226.0	11.19	130.10	10.55	12.57	0.38
0.4	−20.04	−19.95	1245.3	0.06476	170.38	414.10	0.8887	1.8514	1.438	0.983	1.299	668	172.0	221.9	11.25	129.10	10.64	12.35	0.40

29.2 制冷剂 2245

续表

温度 (℃)	压力 (MPa)	液体密度 (kg/m³)	蒸气比容 (m³/kg)	比焓 (kJ/kg) 液体	比焓 (kJ/kg) 蒸气	比熵 [kJ/(kg·K)] 液体	比熵 [kJ/(kg·K)] 蒸气	比热容 c_p [kJ/(kg·K)] 液体	比热容 c_p [kJ/(kg·K)] 蒸气	蒸气 c_p/c_v	声速 (m/s) 液体	声速 (m/s) 蒸气	黏度 μ (Pa·s) 液体	黏度 μ (Pa·s) 蒸气	热导率 [mW/(m·K)] 液体	热导率 [mW/(m·K)] 蒸气	表面张力 (mN/m)	温度 (℃)
0.42	−18.74	−18.65	1240.6	0.06176	172.26	414.64	0.8960	1.8486	1.443	0.992	1.303	661	172.0	218.1	11.31	128.20	10.73	12.13	0.42
0.44	−17.48	−17.39	1236.1	0.05902	174.08	415.14	0.9031	1.8458	1.447	1.001	1.306	655	171.9	214.5	11.36	127.30	10.82	11.92	0.44
0.46	−16.27	−16.18	1231.8	0.05652	175.84	415.63	0.9099	1.8432	1.451	1.009	1.310	649	171.8	211.1	11.42	126.50	10.91	11.71	0.46
0.48	−15.10	−15.00	1227.5	0.05421	177.55	416.09	0.9165	1.8407	1.455	1.017	1.313	643	171.8	207.8	11.47	125.70	10.99	11.52	0.48
0.5	−13.96	−13.86	1223.3	0.05209	179.21	416.53	0.9228	1.8383	1.459	1.025	1.317	637	171.7	204.7	11.52	124.90	11.08	11.33	0.50
0.55	−11.26	−11.16	1213.4	0.04743	183.17	417.54	0.9379	1.8326	1.469	1.045	1.326	623	171.4	197.6	11.64	123.10	11.28	10.89	0.55
0.6	−8.74	−8.64	1203.9	0.04352	186.89	418.46	0.9518	1.8275	1.479	1.064	1.335	610	171.2	191.2	11.75	121.40	11.48	10.47	0.60
0.65	−6.38	−6.28	1194.9	0.04019	190.40	419.28	0.9649	1.8227	1.489	1.083	1.344	597	170.9	185.3	11.86	119.70	11.68	10.09	0.65
0.7	−4.15	−4.05	1186.3	0.03732	193.74	420.03	0.9772	1.8183	1.499	1.101	1.354	586	170.5	180.0	11.96	118.20	11.88	9.73	0.70
0.75	−2.04	−1.93	1178.1	0.03482	196.92	420.71	0.9888	1.8141	1.509	1.119	1.363	574	170.2	175.1	12.06	116.80	12.07	9.39	0.75
0.8	−0.03	0.08	1170.1	0.03262	199.96	421.33	0.9998	1.8102	1.519	1.136	1.373	564	169.8	170.6	12.15	115.50	12.26	9.07	0.80
0.85	1.89	1.99	1162.4	0.03068	202.88	421.89	1.0103	1.8065	1.529	1.154	1.382	554	169.4	166.4	12.24	114.20	12.45	8.77	0.85
0.9	3.72	3.83	1154.9	0.02894	205.69	422.41	1.0204	1.8030	1.540	1.171	1.392	544	169.0	162.4	12.33	113.00	12.64	8.48	0.90
0.95	5.48	5.58	1147.6	0.02738	208.40	422.88	1.0300	1.7996	1.550	1.188	1.402	535	168.6	158.7	12.41	111.80	12.82	8.21	0.95
1.0	7.17	7.27	1140.5	0.02596	211.02	423.31	1.0392	1.7964	1.560	1.205	1.413	525	168.1	155.3	12.49	110.70	13.01	7.95	1.00
1.1	10.36	10.47	1126.8	0.02351	216.03	424.07	1.0567	1.7903	1.581	1.239	1.434	508	167.2	148.8	12.65	108.60	13.39	7.46	1.10
1.2	13.34	13.46	1113.7	0.02145	220.76	424.68	1.0730	1.7846	1.603	1.274	1.457	492	166.3	143.1	12.81	106.70	13.79	7.01	1.20
1.3	16.15	16.26	1101.0	0.01970	225.26	425.19	1.0883	1.7792	1.624	1.31	1.481	477	165.4	137.8	12.95	104.80	14.19	6.59	1.30
1.4	18.79	18.91	1088.8	0.01819	229.56	425.59	1.1027	1.7741	1.647	1.347	1.506	462	164.4	133.0	13.12	103.10	14.60	6.20	1.40
1.5	21.30	21.41	1076.9	0.01687	233.68	425.89	1.1165	1.7691	1.670	1.385	1.532	448	163.4	128.5	13.23	101.50	15.03	5.83	1.50
1.6	23.68	23.80	1065.2	0.01571	237.65	426.11	1.1296	1.7644	1.694	1.424	1.560	435	162.4	124.3	13.38	99.98	15.46	5.49	1.60

续表

温度 (°C)	压力 (MPa)	液体密度 (kg/m³)	蒸气比容 (m³/kg)	比焓 (kJ/kg) 液体	比焓 (kJ/kg) 蒸气	比熵 [kJ/(kg·K)] 液体	比熵 [kJ/(kg·K)] 蒸气	比热容 c_p [kJ/(kg·K)] 液体	比热容 c_p [kJ/(kg·K)] 蒸气	蒸气 c_p/c_v	声速 (m/s) 液体	声速 (m/s) 蒸气	粘度 μ (Pa·s) 液体	粘度 μ (Pa·s) 蒸气	热导率 [mW/(m·K)] 液体	热导率 [mW/(m·K)] 蒸气	表面张力 (mN/m)	温度 (°C)
1.7	25.96	1053.8	0.01468	241.48	426.25	1.1421	1.7597	1.719	1.465	1.590	422	161.4	120.4	13.52	98.53	15.91	5.16	1.70
1.8	28.13	1042.6	0.01376	245.19	426..31	1.1542	1.7552	1.745	1.509	1.621	410	160.3	116.8	13.66	97.15	16.38	4.86	1.80
1.9	30.22	1031.6	0.01293	248.79	426.31	1.1657	1.7508	1.772	1.555	1.655	398	159.3	113.3	13.81	95.82	16.86	4.57	1.90
2.0	32.22	1020.7	0.01218	252.29	426.24	1.1769	1.7464	1.800	1.603	1.690	386	158.2	110.1	13.95	94.56	17.36	4.29	2.00
2.1	34.16	1009.9	0.0115	255.71	426.10	1.1878	1.7421	1.830	1.655	1.728	375	157.1	107.0	14.10	93.34	17.88	4.03	2.10
2.2	36.02	999.2	0.01088	259.05	425.90	1.1983	1.7379	1.861	1.709	1.769	364	156.0	104.0	14.25	92.17	18.42	3.78	2.20
2.3	37.82	988.6	0.01031	262.32	425.64	1.2085	1.7336	1.894	1.768	1.813	353	154.9	101.2	14.40	91.05	18.99	3.54	2.30
2.4	39.56	978.0	0.00978	265.52	425.33	1.2185	1.7294	1.929	1.831	1.860	343	153.8	98.5	14.55	89.96	19.58	3.31	2.40
2.5	41.25	967.5	0.00929	268.67	424.95	1.2282	1.7251	1.967	1.898	1.911	332	152.6	95.9	14.71	88.91	20.21	3.10	2.50
2.6	42.89	957.0	0.00883	271.77	424.51	1.2377	1.7209	2.008	1.971	1.966	322	151.5	93.4	14.87	87.89	20.87	2.89	2.60
2.7	44.48	946.4	0.00841	274.82	424.02	1.2470	1.7166	2.052	2.050	2.026	313	150.3	91.0	15.03	86.91	21.56	2.69	2.70
2.8	46.02	935.8	0.00802	277.84	423.47	1.2561	1.7123	2.100	2.136	2.091	303	149.1	88.6	15.21	85.96	22.29	2.50	2.80
2.9	47.53	925.2	0.00764	280.82	422.85	1.2651	1.7079	2.153	2.230	2.163	293	147.9	86.3	15.38	85.04	23.07	2.31	2.90
3.0	48.99	914.5	0.00729	283.78	422.18	1.2740	1.7035	2.211	2.333	2.243	284	146.7	84.1	15.57	84.14	23.89	2.14	3.00
3.2	51.81	892.6	0.00665	289.62	420.62	1.2913	1.6944	2.348	2.575	2.429	265	144.2	79.9	15.96	82.42	25.70	1.81	3.20
3.4	54.49	870.0	0.00607	295.43	418.78	1.3085	1.6849	2.522	2.879	2.663	247	141.7	75.7	16.39	80.81	27.77	1.50	3.40
3.6	57.05	846.3	0.00555	301.26	416.60	1.3254	1.6747	2.752	3.276	2.970	229	139.0	71.7	16.87	79.29	30.17	1.22	3.60
3.8	59.50	821.0	0.00506	307.16	414.03	1.3425	1.6638	3.070	3.815	3.386	210	136.3	67.7	17.43	77.90	33.02	0.97	3.80
4.0	61.85	793.5	0.00460	313.24	410.97	1.3600	1.6517	3.541	4.596	3.987	192	133.4	63.7	18.08	76.68	36.48	0.74	4.00
4.2	64.10	762.6	0.00417	319.65	407.24	1.3783	1.6380	4.306	5.826	4.929	173	130.4	59.4	18.87	75.77	40.86	0.53	4.20
4.903c	71.36	459.5	0.00218	368.55	368.55	1.5181	1.5181	—	—	—	—	—	—	—	—	—	0.00	4.90287

温度按 ITS-90 分度　　　　正常沸点　　　　临界点

表 29.2-22 R-717 制冷剂在饱和状态下的热力特性

温度 (℃)	压力 (MPa)	液体密度 (kg/m³)	蒸气比容 (m³/kg)	比焓 (kJ/kg) 液体	比焓 (kJ/kg) 蒸气	比熵 [kJ/(kg·K)] 液体	比熵 [kJ/(kg·K)] 蒸气	比热容 c_p [kJ/(kg·K)] 液体	比热容 c_p [kJ/(kg·K)] 蒸气	蒸气 c_p/c_v	声速 (m/s) 液体	声速 (m/s) 蒸气	黏度 μ (Pa·s) 液体	黏度 μ (Pa·s) 蒸气	热导率 [mW/(m·K)] 液体	热导率 [mW/(m·K)] 蒸气	表面张力 (mN/m)	温度 (℃)
−77.65a	0.00609	732.9	15.602	−143.15	1341.23	−0.4716	7.1213	4.202	2.063	1.325	2124	354.1	559.6	6.84	819.0	19.64	62.26	−77.65
−70.00	0.01094	724.7	9.0079	−110.81	1355.55	−0.3094	6.9088	4.245	2.086	1.327	2051	360.5	475.0	7.03	792.1	19.73	59.10	−70.00
−60.00	0.02189	713.6	4.7057	−68.06	1373.73	−0.1040	6.6602	4.303	2.125	1.330	1967	368.4	391.3	7.30	757.0	19.93	55.05	−60.00
−50.00	0.04084	702.1	2.6277	−24.73	1391.19	0.0945	6.4396	4.360	2.178	1.335	1890	375.6	328.9	7.57	722.3	20.24	51.11	−50.00
−40.00	0.07169	690.2	1.5533	19.17	1407.76	0.2867	6.2425	4.414	2.244	1.342	1816	382.2	281.2	7.86	688.1	20.64	47.26	−40.00
−38.00	0.07971	687.7	1.4068	28.01	1410.96	0.3245	6.2056	4.424	2.259	1.343	1802	383.4	273.1	7.92	681.4	20.73	46.51	−38.00
−36.00	0.08845	685.3	1.2765	36.88	1414.11	0.3619	6.1694	4.434	2.275	1.345	1787	384.6	265.3	7.98	674.6	20.83	45.75	−36.00
−34.00	0.09795	682.8	1.1604	45.77	1417.23	0.3992	6.1339	4.444	2.291	1.347	1773	385.8	257.9	8.03	667.9	20.93	45.00	−34.00
−33.33b	0.10133	682.0	1.1242	48.76	1418.26	0.4117	6.1221	4.448	2.297	1.348	1768	386.2	255.5	8.05	665.7	20.97	44.75	−33.33
−32.00	0.10826	680.3	1.0567	54.67	1420.29	0.4362	6.0992	4.455	2.308	1.349	1759	387.0	250.8	8.09	661.3	21.04	44.26	−32.00
−30.00	0.11943	677.8	0.96396	63.60	1423.31	0.4730	6.0651	4.465	2.326	1.351	1744	388.1	244.1	8.15	654.6	21.15	43.52	−30.00
−28.00	0.13151	675.3	0.88082	72.55	1426.28	0.5096	6.0317	4.474	2.344	1.353	1730	389.2	237.6	8.21	648.0	21.26	42.78	−28.00
−26.00	0.14457	672.8	0.80614	81.52	1429.21	0.5460	5.9989	4.484	2.363	1.355	1716	390.2	231.4	8.27	641.5	21.38	42.05	−26.00
−24.00	0.15864	670.3	0.73896	90.51	1432.08	0.5821	5.9667	4.494	2.383	1.358	1702	391.2	225.5	8.33	634.9	21.51	41.32	−24.00
−22.00	0.17379	667.7	0.67840	99.52	1434.91	0.6180	5.9351	4.504	2.403	1.360	1687	392.2	219.8	8.39	628.4	21.63	40.60	−22.00
−20.00	0.19008	665.1	0.62373	108.55	1437.68	0.6538	5.9041	4.514	2.425	1.363	1673	393.2	214.4	8.45	622.0	21.77	39.88	−20.00
−18.00	0.20756	662.6	0.57428	117.60	1440.39	0.6893	5.8736	4.524	2.446	1.365	1659	394.1	209.2	8.51	615.5	21.90	39.16	−18.00
−16.00	0.22630	660.0	0.52949	126.67	1443.06	0.7246	5.8437	4.534	2.469	1.368	1645	395.0	204.2	8.57	609.1	22.05	38.45	−16.00
−14.00	0.24637	657.3	0.48885	135.76	1445.66	0.7597	5.8143	4.543	2.493	1.371	1631	395.8	199.3	8.63	602.8	22.19	37.74	−14.00
−12.00	0.26782	654.7	0.45192	144.88	1448.21	0.7946	5.7853	4.553	2.517	1.375	1616	396.7	194.7	8.69	596.4	22.35	37.04	−12.00
−10.00	0.29071	652.1	0.41830	154.01	1450.70	0.8293	5.7569	4.564	2.542	1.378	1602	397.5	190.2	8.75	590.1	22.50	36.34	−10.00
−8.00	0.31513	649.4	0.38767	163.16	1453.14	0.8638	5.7289	4.574	2.568	1.382	1588	398.2	185.9	8.81	583.9	22.67	35.65	−8.00

续表

温度 (℃)	压力 (MPa)	液体 密度 (kg/m³)	蒸气 比容 (m³/kg)	比焓 (kJ/kg)		比熵 [kJ/(kg·K)]		比热容 c_p [kJ/(kg·K)]		蒸气 c_p/c_v	声速 (m/s)		黏度 μ (Pa·s)		热导率 [mW/(m·K)]		表面张力 (mN/m)	温度 (℃)
				液体	蒸气	液体	蒸气	液体	蒸气		液体	蒸气	液体	蒸气	液体	蒸气		
-6.00	0.34114	646.7	0.35970	172.34	1455.51	0.8981	5.7013	4.584	2.594	1.385	1574	398.9	181.7	8.87	577.7	22.83	34.96	-6.00
-4.00	0.36880	644.0	0.33414	181.54	1457.81	0.9323	5.6741	4.595	2.622	1.389	1559	399.6	177.7	8.93	571.5	23.00	34.27	-4.00
-2.00	0.39819	641.1	0.31074	190.76	1460.06	0.9662	5.6474	4.606	2.651	1.393	1545	400.2	173.8	8.99	565.3	23.18	33.59	-2.00
0.00	0.42938	638.6	0.28930	200.00	1462.24	1.0000	5.6210	4.617	2.680	1.398	1531	400.8	170.1	9.06	559.2	23.37	32.91	0.00
2.00	0.46246	635.8	0.26962	209.27	1464.35	1.0336	5.5951	4.628	2.710	1.402	1516	401.4	166.5	9.12	553.1	23.55	32.24	2.00
4.00	0.49748	633.1	0.25153	218.55	1466.40	1.0670	5.5695	4.639	2.742	1.407	1502	401.9	162.9	9.18	547.1	23.75	31.57	4.00
6.00	0.53453	630.3	0.23489	227.87	1468.37	1.1003	5.5442	4.651	2.774	1.412	1487	402.4	159.5	9.24	541.1	23.95	30.91	6.00
8.00	0.57370	627.5	0.21956	237.20	1470.28	1.1334	5.5192	4.663	2.807	1.417	1473	402.8	156.2	9.30	535.1	24.15	30.24	8.00
10.00	0.61505	624.6	0.20543	246.57	1472.11	1.1664	5.4946	4.676	2.841	1.422	1458	403.2	153.0	9.36	529.1	24.37	29.59	10.00
12.00	0.65866	621.8	0.19237	255.95	1473.88	1.1992	5.4703	4.689	2.877	1.428	1443	403.6	149.9	9.43	523.2	24.58	28.94	12.00
14.00	0.70463	618.9	0.18031	265.37	1475.56	1.2318	5.4463	4.702	2.913	1.434	1429	403.9	146.9	9.49	517.3	24.81	28.29	14.00
16.00	0.75303	616.0	0.16914	274.81	1477.17	1.2643	5.4226	4.716	2.951	1.440	1414	404.2	144.0	9.55	511.5	25.04	27.65	16.00
18.00	0.80395	613.1	0.15879	284.28	1478.70	1.2967	5.3991	4.730	2.990	1.446	1399	404.4	141.1	9.61	505.6	25.27	27.01	18.00
20.00	0.85748	610.2	0.14920	293.78	1480.16	1.3289	5.3759	4.745	3.030	1.453	1384	404.6	138.3	9.68	499.9	25.52	26.38	20.00
22.00	0.91369	607.2	0.14029	303.31	1481.53	1.3610	5.3529	4.760	3.071	1.460	1370	404.8	135.6	9.74	494.1	25.77	25.75	22.00
24.00	0.97268	604.3	0.13201	312.87	1482.82	1.3929	5.3301	4.776	3.113	1.468	1355	404.9	133.0	9.80	488.4	26.03	25.12	24.00
26.00	1.03450	601.3	0.12431	322.47	1484.02	1.4248	5.3076	4.793	3.158	1.475	1340	404.9	130.4	9.87	482.7	26.29	24.50	26.00
28.00	1.09930	598.2	0.11714	332.09	1485.14	1.4565	5.2853	4.810	3.203	1.484	1324	405.0	127.9	9.93	477.0	26.57	23.89	28.00
30.00	1.16720	595.1	0.11046	341.76	1486.17	1.4881	5.2631	4.828	3.250	1.492	1309	404.9	125.5	10.00	471.4	26.85	23.28	30.00
32.00	1.23820	592.1	0.10422	351.45	1487.11	1.5196	5.2412	4.847	3.299	1.501	1294	404.8	123.1	10.06	465.7	27.14	22.67	32.00
34.00	1.31240	589.0	0.09840	361.19	1487.95	1.5509	5.2194	4.867	3.349	1.510	1279	404.7	120.7	10.13	460.1	27.43	22.07	34.00
36.00	1.39000	585.8	0.09296	370.96	1488.70	1.5822	5.1978	4.888	3.401	1.520	1263	404.5	118.4	10.19	454.6	27.74	21.47	36.00
38.00	1.47090	582.6	0.08787	380.78	1489.36	1.6134	5.1763	4.909	3.455	1.530	1248	404.3	116.2	10.26	449.1	28.05	20.88	38.00

续表

温度 (℃)	压力 (MPa)	液体密度 (kg/m³)	蒸气比容 (m³/kg)	比焓 [kJ/kg] 液体	比焓 [kJ/kg] 蒸气	比熵 [kJ/(kg·K)] 液体	比熵 [kJ/(kg·K)] 蒸气	比热容 c_p [kJ/(kg·K)] 液体	比热容 c_p [kJ/(kg·K)] 蒸气	蒸气 c_p/c_v	声速 (m/s) 液体	声速 (m/s) 蒸气	黏度 μ (Pa·s) 液体	黏度 μ (Pa·s) 蒸气	热导率 [mW/(m·K)] 液体	热导率 [mW/(m·K)] 蒸气	表面张力 (mN/m)	温度 (℃)
40.00	1.55540	579.4	0.08310	390.64	1489.91	1.6446	5.1549	4.932	3.510	1.541	1232	404.0	114.0	10.33	443.5	28.38	20.29	40.00
42.00	1.64350	576.2	0.07863	400.54	1490.36	1.6756	5.1337	4.956	3.568	1.553	1216	403.7	111.9	10.39	438.0	28.71	19.71	42.00
44.00	1.73530	572.9	0.07445	410.48	1490.70	1.7065	5.1126	4.981	3.628	1.565	1201	403.3	109.8	10.46	432.6	29.06	19.13	44.00
46.00	1.83100	569.6	0.07052	420.48	1490.94	1.7374	5.0915	5.007	3.691	1.577	1185	402.9	107.8	10.53	427.1	29.41	18.56	46.00
48.00	1.93050	566.3	0.06682	430.52	1491.06	1.7683	5.0706	5.034	3.756	1.591	1169	402.4	105.8	10.60	421.7	29.78	17.99	48.00
50.00	2.03400	562.9	0.06335	440.62	1491.07	1.7990	5.0497	5.064	3.823	1.605	1153	401.9	103.8	10.67	416.3	30.16	17.43	50.00
55.00	2.31110	554.2	0.05554	466.10	1490.57	1.8758	4.9977	5.143	4.005	1.643	1112	400.3	99.0	10.86	402.9	31.16	16.04	55.00
60.00	2.61560	545.2	0.04880	491.97	1489.27	1.9523	4.9458	5.235	4.208	1.687	1070	398.3	94.5	11.05	389.6	32.26	14.69	60.00
65.00	2.94910	536.0	0.04296	518.26	1487.09	2.0288	4.8939	5.341	4.438	1.739	1028	396.0	90.1	11.25	376.4	33.47	13.37	65.00
70.00	3.31350	526.3	0.03787	545.04	1483.94	2.1054	4.8415	5.465	4.699	1.799	984	393.3	85.9	11.47	363.2	34.80	12.08	70.00
75.00	3.71050	516.2	0.03342	572.37	1479.72	2.1823	4.7885	5.610	5.001	1.870	940	390.1	81.9	11.70	350.2	36.30	10.83	75.00
80.00	4.14200	505.7	0.02951	600.34	1474.31	2.2596	4.7344	5.784	5.355	1.955	895	386.5	78.0	11.95	337.1	38.00	9.61	80.00
85.00	4.61000	494.5	0.02606	629.04	1467.53	2.3377	4.6789	5.993	5.777	2.058	848	382.5	74.2	12.23	324.1	39.95	8.44	85.00
90.00	5.11670	482.8	0.02300	658.61	1459.19	2.4168	4.6213	6.250	6.291	2.187	800	377.9	70.5	12.55	311.0	42.24	7.30	90.00
95.00	5.66430	470.2	0.02027	689.19	1449.01	2.4973	4.5612	6.573	6.933	2.349	751	372.7	66.8	12.91	297.9	44.99	6.20	95.00
100.00	6.25530	456.6	0.01782	721.00	1436.63	2.5797	4.4975	6.991	7.762	2.562	701	367.0	63.2	13.32	284.8	48.36	5.15	100.00
105.00	6.89230	441.9	0.01561	754.35	1421.57	2.6647	4.4291	7.555	8.877	2.851	649	360.5	59.6	13.82	271.5	52.65	4.15	105.00
110.00	7.57830	425.6	0.01360	789.68	1403.08	2.7533	4.3542	8.360	10.46	3.26	594	353.3	56.0	14.42	258.1	58.33	3.20	110.00
115.00	8.31700	407.2	0.01174	827.74	1379.99	2.8474	4.2702	9.630	12.91	3.91	538	345.0	52.3	15.19	244.6	66.28	2.31	115.00
120.00	9.11250	385.5	0.00999	869.92	1350.23	2.9502	4.1719	11.940	17.21	5.04	477	335.4	48.3	16.21	231.2	78.40	1.50	120.00
125.00	9.97002	357.8	0.00828	919.68	1309.12	3.0702	4.0483	17.660	27.00	7.62	411	323.6	43.8	17.73	219.1	100.01	0.77	125.00
130.00	10.89770	312.3	0.00638	992.02	1239.32	3.2437	3.8571	54.210	76.49	20.66	334	306.6	37.3	20.63	221.9	160.39	0.18	130.00
132.25*	11.33300	225.0	0.00444	1119.22	1119.22	3.5542	3.5542	∞	∞	∞	0	0.0	—	—	∞	∞	0.00	132.25

温度按ITS-90分度 正常沸点 临界点

29.2.5 有关"保护臭氧层和抑制全球气候变暖"方面的资料摘编

1. 1974 年美国科学家 Mario Molina, F. Sherwood Rowland 和 Paul Crutzen 从研究中发现，一些含氯物质挥发到大气中以后很长时间不会被自然分解，一直扩散至平流层（Stratosphere），在 20~50km 高度处与臭氧层相遇，在强烈的紫外线照射下，含氯的氟烃分子便分解出游离氯原子，而氯原子可以催化分解臭氧分子；在反应中氯原子不断地放出，所以分解反应不断进行，以致引起臭氧浓度的剧烈降低，臭氧层被破坏。

以 R-11 为例，其化学反应式为：

$$CCl_3F \xrightarrow{紫外线照射} CCl_2F + Cl$$

$$O_2 \xrightarrow{紫外线照射} O + O$$

$$Cl + O_3 \longrightarrow ClO + O_2$$

$$ClO + O \longrightarrow Cl + O_2$$

$$Cl + O_3 \longrightarrow ClO + O_2$$

由于连锁反应，1 个 Cl 离子能破坏 100000 个臭氧分子（美国环保署网页资料）。

为此，1976 年以后，联合国环境规划署（UNEP）组织召开了一系列国际会议，并于 1985 年制定了《关于消耗臭氧层物质的蒙特利尔议定书》，1989 开始逐步淘汰 CFC 及哈龙等"消耗臭氧层物质 ODS（Ozone Depleting Substances）"。

2. 《关于消耗臭氧层物质的蒙特利尔议定书》规定的受控物质（见表 29.2-23）。

消耗臭氧层的受控物质　　　　　表 29.2-23

编号	分类	分子式	大气压下沸点（℃）	ODP (R11=1)	GWP (CO_2=1)
R-11	CFC	CCl_3F	23.82	1	1500
R-12	CFC	CCl_2F_2	−28.79	1	4500
R-22	HCFC	$CHClF_2$	−40.78	0.05	510
R-32	HFC	CH_2F_2	−58.81	0	
R-113	CFC	$C_2Cl_3F_3$	47.57	0.8	2100
R-114	CFC	$C_2Cl_2F_4$	3.81	1.0	5500
R-115	CFC	C_2ClF_5	−39.11	0.8	7400
R-123	HCFC	$C_2HCl_2F_3$	27.81	0.02	29
R-124	HCFC	C_2HClF_4	−12.00	0.02	150
R-125	HFC	C_2HF_5	−48.50	0	860
R-134a	HFC	$C_2H_2F_4$	−28.5	0	420
R-141b	HCFC	$C_2H_3Cl_2F$	32.00	0.08	150
R-142b	HCFC	$C_2H_3ClF_2$	−9.78	0.08	540
R-143a	HFC	$C_2H_3F_3$	−47.71	0	1800
R-152a	HFC	$C_2H_4F_2$	−25.00	0	47
R-500	CFC/CFC	R12/R152a	−33.50	0.74	3333
R-502	HCFC/CFC	R22/R115	−45.44	0.33	4038
H-1211	哈龙	$CClF_2Br$		3.0	7
H-1301	哈龙	CF_3Br		10.0	5800
H-2402	哈龙	$C_2F_4Br_2$		6.0	7

3. 1990年伦敦会议上，对《关于消耗臭氧层物质的蒙特利尔议定书》作出了增加受控物质的修订，详见表 29.2-24 所示。

伦敦会议通过的受控物质表　　　　表 29.2-24

附件 A　控制物质			附件 C　过渡性物质	
类　别	物　质	消耗臭氧潜能值	类　别	物　质
第一类			第一类	
$CFCl_3$	CFC-11	1.0	$CHFCl_2$	HCFC-21
CF_2Cl_2	CFC-12	1.0	CHF_2Cl	HCFC-22
$C_2F_3Cl_3$	CFC-113	0.8	CH_2FCl	HCFC-31
$C_2F_4Cl_2$	CFC-114	1.0	C_2HFCl_4	HCFC-121
C_2F_5Cl	CFC-115	0.8	$C_2HF_2Cl_3$	HCFC-122
第二类			$C_2HF_3Cl_2$	HCFC-123
CF_2BrCl	Halon-1211	3.0	C_2HF_4Cl	HCFC-124
CF_3Br	Halon-1301	10.0	$C_2H_2FCl_3$	HCFC-131
$C_2F_4Br_2$	Halon-2402	6.0	$C_2H_2F_2Cl_2$	HCFC-132
附件 B　控制物质			$C_2H_2F_3Cl$	HCFC-133
类　别	物　质	消耗臭氧潜能值	$C_2H_3FCl_2$	HCFC-141
第一类			$C_2H_3F_2Cl$	HCFC-142
CF_3Cl	CFC-13	1.0	C_2H_4FCl	HCFC-151
C_2FCl_5	CFC-111	1.0	C_3HFCl_6	HCFC-221
$C_2F_2Cl_4$	CFC-112	1.0	$C_3HF_2Cl_5$	HCFC-222
C_3FCl_7	CFC-211	1.0	$C_3HF_3Cl_4$	HCFC-223
$C_3F_2Cl_6$	CFC-212	1.0	$C_3HF_4Cl_3$	HCFC-224
$C_3F_3Cl_5$	CFC-213	1.0	$C_3HF_5Cl_2$	HCFC-225
$C_2F_4Cl_4$	CFC-214	1.0	C_3HF_6Cl	HCFC-226
$C_2F_5Cl_3$	CFC-215	1.0	$C_3H_2FCl_5$	HCFC-231
$C_3F_6Cl_2$	CFC-216	1.0	$C_3H_2F_2Cl_4$	HCFC-232
C_3F_7Cl	CFC-217	1.0	$C_3H_2F_3Cl_3$	HCFC-233
第二类			$C_3H_2F_4Cl_2$	HCFC-234
CCl_4	四氯化碳	1.1	$C_3H_2F_5Cl$	HCFC-235
第三类			$C_3H_3FCl_4$	HCFC-241
			$C_3H_3F_2Cl_3$	HCFC-242
			$C_3H_3F_3Cl_2$	HCPC-243
			$C_3H_3F_4Cl$	HCFC-244
			$C_3H_4FCl_3$	HCFC-251
			$C_3H_4F_2Cl_2$	HCFC-252
			$C_3H_4F_3Cl$	HCFC-253
			$C_3H_5FCl_2$	HCFC-261
$C_2H_3Cl_3$	1，1，1-三氯乙烷	0.1	$C_3H_5F_2Cl$	HCFC-262
			C_3H_6FCl	HCFC-271

4. 执行逐步淘汰的时间表，发达国家和发展中国家是有区别的，详见表 29.2-25 所示。

发展中国家缔约国受控制进程表　　　表 29.2-25

附件 A　第一类物质	附件 A　第二类物质
1. 控制基准 1995 年至 1997 年消费量的年平均数或按年人均 0.3kg，取其数值较低者作为控制基准。 2. 生产和消费的计算数量 　（1）生产量：每一种受控物质的年产量分别乘以该物质的消耗臭氧潜能值之和。 　（2）消费量：每一种受控物质的生产量和进口量减出口之和（均按消耗臭氧潜能值折算）。 3. 控制进程 　（1）2001 年 7 月 1 日至 2002 年 12 月 31 日期间生产和消费量不超过控制基准的 150%。 　（2）2003 年 1 月 1 日起，每年的生产量和消费量不超过控制基准。 　（3）2005 年 1 月 1 日起，每年的生产量和消费量不超过控制基准的 50%。 　（4）2007 年 1 月 1 日起，每年的生产量和消费量不超过控制基准的 15%。 　（5）2010 年 1 月 1 日起停止生产和消费	1. 控制基准 同附件 A 第一类物质 2. 生产和消费的计算方法 同附件 A 第一类物质 3. 控制进程 　（1）2002 年 1 月 1 日起，每年的生产量和消费量不超过控制基准。 　（2）2005 年 1 月 1 日起，生产量和消费量不超过控制基准量的 50%。 　（3）2010 年 1 月 1 日起停止生产和消费
附件 B　第一类物质	附件 B　第二类物质
1. 控制基准 1998 年至 2000 年消费的年平均数或按计算数量人均 0.2kg，取其数值较低者作为控制基准。 2. 生产和消费的计算数量同附件 A 第一类物质。 3. 控制进程 　（1）2003 年 1 月 1 日起，每年的生产和消费数量不超过控制基准的 80%。 　（2）2007 年 1 月 1 日起，每年的生产和消费数量不超过控制基准的 70%。 　（3）2010 年 1 月 1 日起停止生产和消费	1. 控制基准 同附件 B 第一类物质。 2. 生产和消费的计算数量同附件 A 第一类物质。 3. 控制进程 　（1）2005 年 1 月 1 日起，每年的生产和消费数量不超过控制基准的 15%。 　（2）2010 年停止生产和消费
附件 B　第三类物质	
1. 控制基准 同附件 B 第一类物质。 2. 生产和消费的计算数量同附件 A 第一类物质。 3. 控制进程 　（1）2003 年 1 月 1 日起，每年的生产和消费数量不超过控制基准。 　（2）2005 年 1 月 1 日起，每年的生产和消费数量不超过控制基准的 70%。 　（3）2010 年 1 月 1 日起，每年的生产和消费数量不超过控制基准的 30%。 　（4）2015 年停止生产和消费	

5. 1992年11月在哥本哈根"蒙特利尔议定书缔约国第四次会议"上,鉴于当时发现几乎全球都存在臭氧层被破坏的现象,因此,会议推翻了原受控物质的削减计划,通过了哥本哈根修正案。决定全面禁止CFCs的使用期限由2000年1月1日提前至1996年1月1日,而且,把所有HCFC(hydrochlorofluorocarbon)列入了淘汰之列。

修正案对HCFC(第二类受控物质)制订了逐步淘汰时间表(见表29.2-26),发达国家要在2030年前全面淘汰,发展中国家相应可比发达国家推后10年即至2040年一次性淘汰。

"蒙特利尔议定书(1992年修正案)"对发达国家限制CFCs及HCFCs的时间表　　　　　　表29.2-26

制冷剂类别	限制时间	限制产量	备注
CFCs	1993年1月1日 1994年1月1日 1995年1月1日 1996年1月1日	为1986年产量的50% 为1986年产量的25% 为1986年产量的25% 为1986年产量的0%	
HCFCs	1996年1月1日 2004年1月1日 2010年1月1日 2015年1月1日 2020年1月1日 2030年1月1日	限制产量基数的100% 限制产量基数的65% 限制产量基数的35% 限制产量基数的10% 限制产量基数的0.5% 限制产量基数的0%	HCFCs的产量限制自1996年1月1日始,以1986年的CFCs消耗量的3.1%加上1989年HCFCs的消耗量作为基数(皆以ODP计)

6. 我国政府于1993年1月1日批准的《中国消耗臭氧层物质逐步淘汰国家方案》中,制定了2010年完成淘汰消耗臭氧层物质(ODS)的实施方案,在"政府行动计划"中作出了以下规定:

(1) 1992~1996年:禁止新建使用ODS生产电冰箱、制冷空调设备、泡沫材料等的生产企业。

(2) 1997~2000年:禁止新建生产ODS装置。

(3) 2001~2010年:禁止ODS及用ODS生产(或含有ODS)的产品进口,禁止在维修含ODS产品时,任意排放。

2001年7月26日,国家环保总局在上海召开了CFCs工质替代工作会议。会议通报了我国CFCs替代的国家方案:

(4) 自1997年7月1日起,将CFCs的年生产和消费量分别冻结在1995~1997年三年的平均水平上(冻结水平);

(5) 自2003年1月1日起,削减冻结水平的20%;

(6) 自2005年1月1日起,削减冻结水平的50%;

(7) 自2007年1月1日起,在冻结水平上将CFCs的生产和消费削减85%;

(8) 自2010年1月1日起完全停止CFCs的生产和消费。

在我国"实施逐步淘汰的技术路线"中明确指出:工业、商业、制冷行业将采用国际上经过商业化证明的替代技术;在透平式制冷机中将以HCFC-123及HFC-134a替代

CFC-11 及 CFC-12；在制冷量较大的冷水机组中，将以 HCFC-22 替代 CFC-12。

在经国务院批准的《中国逐步淘汰消耗臭氧层物质国家方案（修订稿）》中，又再次对工商制冷行业中制冷剂的替代技术作了以下明确的规定：

a. 对于透平式制冷机，则选择 HCFC-123 或 HFC-134a 替代 CFC-11；

b. 对于单元式空调机中制冷量为 22～140kW 的中型半封闭制冷压缩机，选择 HCFC-22 替代 CFC-12；

c. 对于在用的工商制冷设备，采取预防泄漏、加强回收、鼓励以混合工质制冷剂（或过渡物质）更换 CFC 制冷剂的技术路线。

7. 为了加快淘汰 CFC 的进程，目前我国的首要任务是全面贯彻落实上述以 HCFC-123 替代 CFC-11 的技术路线。按照这条技术路线，在 2015 年之前，设计中应尽量选用以 R-22 和 R-123 为制冷剂的高效冷水机组产品，这不仅有利于节能，也有利于抑制温室气体的排放。值得指出的是 HFC-134a 属于温室气体，是地球生态圈中本来设有的物质，大量生产应用会从何种层面破坏生态平衡，前景并不明朗。制冷剂的更新和替代应按"逐级替代"的原则分步实施。从长远考虑，任何地球上本来不存在的物质被大量应用，都会造成地球生态和环境的破坏。表 29.2-27 列出了部分旧的制冷剂及其过渡和长远的替代。

老的工质与新的制冷剂　　　　　　　　　表 29.2-27

原制冷剂	现有设备		新设备
R-11	R123	(R123)	R245fa
R-12，R-500	R134a　R401A　R401B　R401C　R405A R406A　R407D　R-409B　R-412A R413A　R414A　R414B　R415A R416A　R420A	(R134a) R245fa R415B	R227ea (HCs)
R-22	R407C　R411A　R411C　R417A R418A　R419A	(R134a) (R410A) (R410A)	R407E R410B R425A
R-502	R402A　R402B　R403A　R403B R404A　R407A　R407B　R408A R409A　R411B　R411C　R507A	(R404A) R507A HCs	R407A R509A
R-114，R-400	R124　R236fa　E245cbl　R401A	R236fa	E245cbl
R-13B1	R410A　R410B	(R410A)	R410B
R-13，R-503	R23　R508B	R23 R508A	(R170) R508B

注：由参考文献资料整理结合国内外对制冷剂的各种应用状况综合得出，而表中用括号粗体字表示的制冷剂是专家从各种环保因素评估并认为可持续使用的制冷剂。（参考文献第六项）。

8. 根据哥本哈根修正案的要求,HCFC、HBFC、溴化甲基等第二类受控物质的逐步淘汰时间表如图 29.2-14 所示。按时间表规定,发达国家应在 2030 年前全面淘汰,发展中国家相应可比发达国家推后 10 年(一次性淘汰)。由图 29.2-16 可见,美国的实际情况,即使 1996 年开始冻结,但 HCFC 的消费并没有因此停顿,却继续增长到接近 CAP。对于实施《蒙特利尔议定书》,实际上步调也各不相同,欧洲国家比较激进,对 HCFC 采取了"一刀切"的方式。美国和日本则比较理性,采取了区别对待的原则,将 HCFC 类中 ODP 值较高的如:HCFC-141b 和 HCFC-142b 等先行淘汰,而继续发展 ODP 值较低、能效高的过渡性制冷剂如 R-123。由于 HCFC 类中各种制冷剂的 ODP 值相差很大,这样做无疑是正确的。

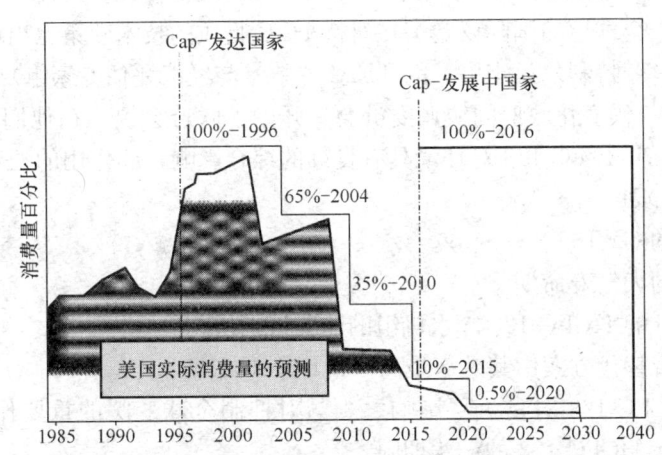

发达国家消费限额(Cap)=1989年2.8%CFC消费量+
1989年100%HCFC消费量(按ODP权重计)
发展中国家消费限额(Cap)=2015年100%HCFC消费量(按ODP权重计)

图 29.2-14 《蒙特利尔议定书》HCFC 的淘汰基制

正因为如此,近年来国际上一些著名科学家如因发表了关于臭氧层消耗的理论而获得诺贝尔奖项的 Mario Molina 教授和 F. S. Rowland 博士都提出了一些新的见解,例如:

Mario Molina 教授在联合国科学研讨会"挑战与展望——保护臭氧层"(2004 年 11 月 19 日,捷克布拉格)中就指出:"藉着加速淘汰的步伐,我们可以进一步保护臭氧层。然而,加速可造成温室气体的累增……,例如可以保留 HCFC-123 在一些空调(指离心式冷水机组)中应用,特别是那些能源效率高和确保制冷剂泄漏接近零的设备"。

F. S. Rowland 博士在 "Speaker commends on recent article",ASHRAE J. 1993,35(10):14 中谈到 HCFC-123 时就明确表示:"我对蒙特利尔议定书的另一条意见是,虽然它正在很好地发挥作用,但是,此议定书如果对 HCFC 类中大气寿命短的物质如 HCFC-123 的使用时间允许再延长一些,也许能得到改进。"

9. 随着《京都议定书》从 2005 年 2 月分开始实行,人民对全球变暖的意识也越来越强。CFC 等物质的排放,随着在大气中浓度的增加,产生的另一个副作用是"温室效应。"地球表面的温室效应的典型来源本来是 CO_2(人类大规模的工业活动和航空航天装置,向大气排放了大量的废气,导致 CO_2 浓度逐年增加),但大多数氟烃也有类似的特性。有报导指出,目前的气候变暖因素中,有 20%~25% 是 CFC 物质作用的结果。

温室效应使地球表面的温度上升，引起全球气候反常，两极的冰山不断融化缩小、海平面上升淹没农田、土地沙化等等，对人类构成了很大的威胁。

温室效应的大小，通常以全球变暖潜能值 GWP（Global Warming Potential）表示。是指制冷剂对温室效应的贡献大小，有两种计算方式，分别以 R-11 和 CO_2 的温室效应为基准值 1。

关于温室效应问题，已引起世界各国的关注，1997 年 12 月在日本京都召开了《联合国气候变化框架公约缔约国第三次会议》（UNFCCC），通过了旨在限制发达国家温室气体排放量以抑制全球变暖的《京都议定书》从保护地球、抑制全球气候变暖角度出发，把 HFC 列入了要限制的六种温室气体（CO_2、CH_4、N_2O、HFC 和 SF_6）的一揽子计划。其中 HFC 是"蒙特利尔议定书"所要管制的一些 ODS 的物质的替代物质。

很明显，两个全球性的国际议定书在对待 HFC 物质的技术政策上出现了"矛盾"。

为此，负责《蒙特利尔议定书》的 TEAP（技术与经济评估专家组）和负责《京都议定书》的 IPCC（气候变化政府间协调委员会）开始了联合会议，在他们的评估报告中已明确指出："制冷剂 HCFC-123 对环境具有良好的综合影响，起作用的五个因素是：

(1) 很低的 ODP；
(2) 非常低的 GWP；
(3) 非常短的大气寿命期；
(4) 现在设计的 HCFC-123 冷水机组的泄漏特别低；
(5) 所有现行替代方案中其效率最高（Cal98，Cal100）。

基于权衡 HCFC-123 对臭氧层影响之少与对抑制全球变暖的重要作用的综合评价，这些研究推荐免除 HCFC-123 的淘汰期限。"

由于 HCFC-123 有类似于 CFC-11 的性能，使它成为了 CFC-11 的关键替代物，不需要对现有设备与机房过多的修改就可以替代新的与现有冷水机组的 CFC-11。

10. 随着对全球气候变暖研究的深入，在评价制冷剂方面，提出了替代制冷剂对全球气候变暖影响应包括：

(1) 制冷剂泄漏量与无意排放造成的直接影响；
(2) 制冷机使用过程消耗电能带来的 CO_2 排放造成的间接影响。

近几年来，人们的认识已逐步统一到进行更加科学比较的基础之上，为此：

a. GWP 的比较基准，由原来的 CFC-11 改为 CO_2；

b. 累计的时间基准 ITH（Integration Time Horizons）由 500 年缩短至 100 年；

c. 定义了制冷剂的总当量变暖影响（TEWI）的计算公式：

$$TEWI = GWP \cdot L \cdot N + GWP \cdot m(1-\alpha_{rec}) + N \cdot E_{ann} \cdot \beta$$

式中 m——用于设备中的制冷剂量，kg；

α_{rec}——回收的制冷剂分数；

L——制冷剂全年的泄漏或损耗，kg/a；

N——设备的寿命，a；

E_{ann}——全年的能耗，$kW \cdot h/a$；

β——生产每度电排放的 CO_2（$kg \cdot CO_2/kW \cdot h$）。

图 29.2-15 是一美国亚特兰大的办公楼实例。间接排放（深灰色部分）远超过制冷剂

的直接排放（淡灰色部分）。另外，一台典型 350RT 冷水机组，以 10 年计，减少 100% 直接排放只相当于 TEWI 值下降 2%；而能效提升 10% 则改善 TWEI 值 7% 之多。

由于 TEWI 指标中没有考虑到制冷剂及空调制冷设备本身制造过程消耗量而每年所排放的 CO_2 数量，因此又提出了寿命周期气候变化性能 LCCP（Life Cycle Climate Performance）：一种对基于整个寿命周期内相关温室气体总排放的设备的全球增暖总体影响的度量。

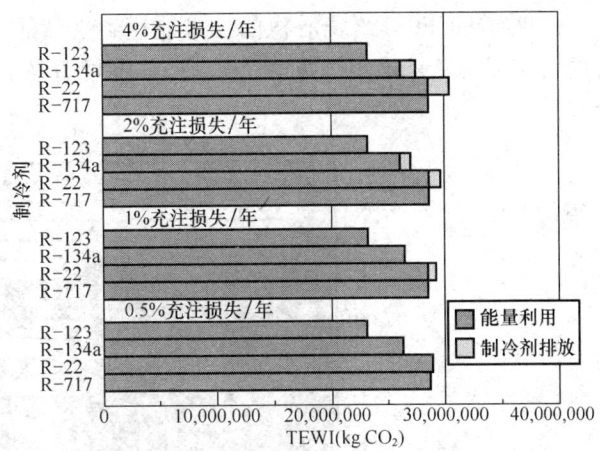

图 29.2-15 美国亚特兰大的办公楼实例

LCCP 是对 TEWI 的扩充，考虑了制造期间产生的直接逃逸排放以及与其所包含能源相关的温室气体排放。计算公式如下：

$$LCCP = TEWI + O_r \cdot (EE + FE) + D_r \cdot (EE + FE)$$

式中　O_r、D_r——设备运行中、寿命终止时的制冷剂排放量

　　　EE、FE——制造期间产生的直接逃逸排放，以其所包含能源相关的温室气体排放，以每单位制冷剂 $kg \cdot CO_2$ 当量表示。

图 29.2-16 对几种常用制冷剂的 LCCP 值进行了比较。

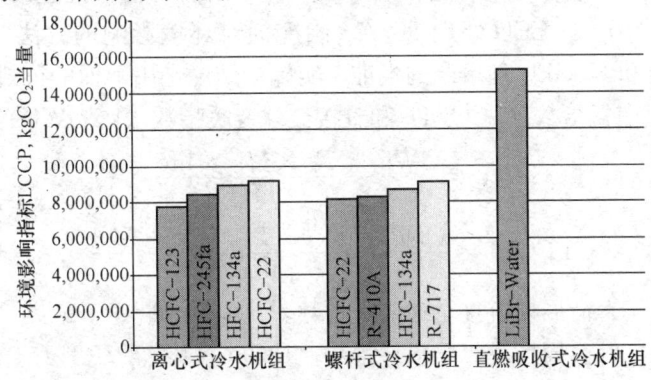

图 29.2-16 常用制冷剂对环境影响（LCCP）的比较

11. 联合国环境规划署（UNEP）科学评价委员会联合主席 Mègic. G 在他的 "The Scientific Intelink between the Montreal and Kyoto Protocols" 报告中，提出了下列新的见解："由于臭氧消耗与气候变化问题，从科学上和技术上讲，是相互关联的，所以 UNFCCC 的缔约方与蒙特利尔议定书缔约方采取了类似行动。因为臭氧变化影响到地球的气候，而温度、温室气体的排放与气候的变化，又影响到臭氧层，因此消耗臭氧层和全球变暖是休戚相关的环境问题。

把 ODP 和 GWP 并列在一起比较（见图 29.2-17），可以明显地看出：CFC 类的 ODP 和 GWP 值都很高，所以应该尽快淘汰；HFC 虽然是零 ODP，但 GWP 偏高；R-152a 看来很理想，可惜它是易燃的；HCFC 类当中的 HCFC-123 的 ODP 和 GWP 值都很低；此

外，也只有 HCFC-123 离心机的技术能达到最高的效率和最低的排放量，而且制冷剂本身的大气寿命又是最短（见表 29.2-3），不可否认它是目前离心式冷水机组最适宜的制冷剂。

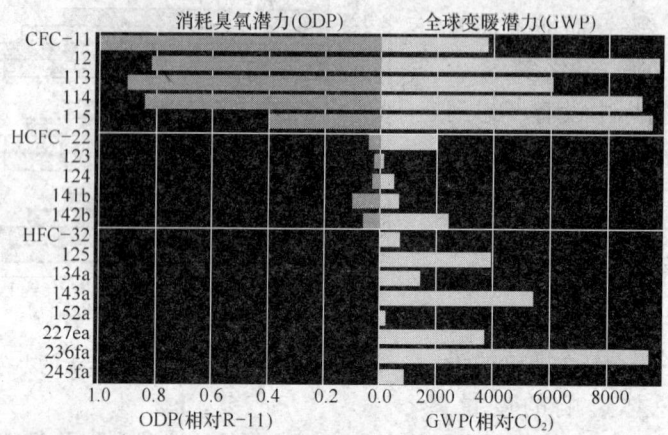

图 29.2-17 ODP 和 GWP 并列比较图

12. 美国绿色建筑协会（USGBC）的认证标准—LEED 中，包含一条对制冷剂的评分。以前是单纯看 ODP，有 ODP 就没分，没 ODP 就有分。为了完善这方面的评分，USGBC 的 LEED 指导委员会责令技术和科学咨询委员会（TASC）研究由于空调设备中使用卤烃给大气带来的环境影响，并且推荐一套 LEED 评分方法。经过两年多时间的研究，于 2004 年 9 月公布了"LEED 处理 HVAC 制冷剂对环境影响的方法"，并随后得到了 LEED 指导委员会和 USGBC 理事会的批准、实施。结论是用下面的公式计算基于性能的寿命周期之臭氧层消耗指数（LCODI）和直接全球变暖指数（$LCGWI_d$）：

$$LCGWI_d = \frac{GWP_r \times R_c \times (L_r \times \text{life} + M_r)}{\text{life}}$$

$$LCODI = \frac{ODP_r \times R_c \times (L_r \times \text{life} + M_r)}{\text{life}}$$

式中 $LCGWI_d$——寿命周期直接全球变暖指数，$1bCO_2$ 当量/RT-a；

$LCODI$——寿命周期臭氧层消耗指数，1bCFC-11 当量/RT-a；

GWP_r——制冷剂的全球变暖潜值指数，$0 < GWP_r < 12000$ $1bCO_2$ 每 1b 制冷剂；

R_c——制冷剂充注量，1b 制冷剂/RT（制冷能力）；

L_r——制冷剂泄漏率，%充注量/a（建议默认值：1%）；

life——设备寿命，a（建议默认值：30）；

M_r——寿命终止时的制冷剂损耗率，%充注量（建议默认值：3%）；

ODP_r——制冷剂的臭氧层消耗潜值，$0 < ODP_r < 0.2$ 1b CFC-11 每 1b 制冷剂。

可接受条件为：

$$LCGWI_d + 100000 \times LCODI \leqslant 100$$

图 29.2-18 是报告以实例计算，在 100 线下的都可得分，里面包括少数 R-22 的系统，关键在于密封性要好。

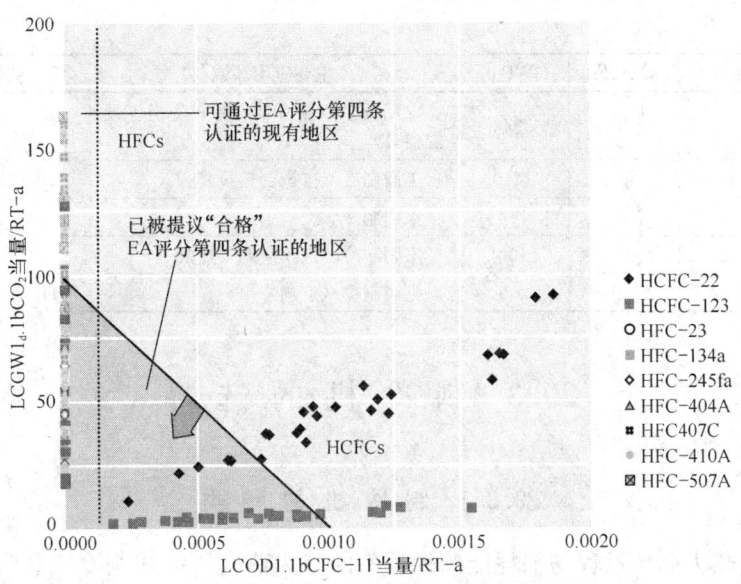

图 29.2-18 LEED 标准对制冷剂的新评分法

13. 2007 年 6 月国家环保总局发布了《消耗臭氧层物质（ODS）替代品推荐目录（修订）》，兹将常用制冷剂部分摘引如下：

《消耗臭氧层物质（ODS）替代品推荐目录（修订）》（摘要）

替代品名称	ODP 值	GWP 值	主要应用领域	被替代的 ODS
HCFC-22	0.055	1780	工商制冷（冷库冷柜机组、运东同州制冷机组、建筑空调等）	CFC-12、R502
HFC-134a	0	1320	家用、汽车及工商制冷（汽车空调器、冰箱冰柜机组、运输制冷机组、离心式制冷机、建筑空调等）	CFC-12、CFC-11、R500
HFC-152a	0	122	家用制冷、汽车空调、工商制冷（小型设备）	CFC-12
R600a	0	≈20	家用及工商制冷（冰箱冷柜机组）	CFC-12
HCFC-123	0.02	76	工商制冷（离心式制冷机）	CFC-11
氨	0	<1	工商制冷	CFC-11、CFC-12
R407C	0	1674	家用及工商制冷（空调设备）	HCFC-22
R410A	0	1997	家用及工商制冷（空调设备）	HCFC-22
R411A R411B	≈0.03 ≈0.032	1500 1600	工商制冷	R502、HCFC-22
R404A	0	3800	工商制冷（低温）	R502
R507A	0	3900	工商制冷（低温）	R502
R425A	0	960	工商制冷	HCFC-22、R502
LXR2a	0	1930	工商制冷和建筑空调	CFC-12
HTRO1	0.032	620	工商制冷（高温热泵）	CFC-114
R421A	0	1200	家用空调及工商制冷	HCFC-22、CFC-12
R417A	0	1950	工商制冷（空调设备维修）	HCFC-22
CZI-7	0	1220	家用及工商制冷（空调）	HCFC-22
CZI-8	0	1370	工商制冷（空调、热泵）	HCFC-22

续表

替代品名称	ODP 值	GWP 值	主要应用领域	被替代的 ODS
CZI-9	0	2840	家用及工商制冷（冷库、冷柜等低温器具）	R502
CZI-10	0	1410	工商制冷（空调、热泵）	HCFC-22
CZI-12	0	114	家用制冷	CFC-12
CO_2	0	0	家用制冷、汽车空调及热泵	
R290	0	≈0	家用制冷（空调）	HCFC-22

29.3 制冷机的选择

29.3.1 制冷机的种类

制冷机按热力循环过程与消耗能源种类不同分为蒸气压缩式制冷机和吸收式制冷机。前者采用电作能源，后者以热能（或油、天然气）作为加热源来完成这种非自发过程。

蒸气压缩式制冷机是使制冷剂在压缩机、冷凝器、膨胀阀和蒸发器等热力设备中进行压缩、冷凝、节流和蒸发四个主要热力过程的制冷循环。靠的是消耗机械功（或电能）使热量从低温物体向高温物体转移。

吸收式制冷机是利用液态制冷剂在低温低压下气化，以达到制冷的目的。吸收式制冷机主要由发生器、冷凝器、蒸发器和吸收器四个热交换设备组成，形成制冷剂循环与吸收剂循环两个循环环路。靠的是消耗热能来完成热量从低温物体向高温物体转移。

蒸气压缩式制冷机按工作原理分为容积式和离心式两大类。

1. 制冷机分类（表 29.3-1）

制冷机分类　　　　　　　表 29.3-1

分 类				主要用途	特 点
蒸气压缩式	容积式	往复活塞式	活塞式		1. 使用简单 2. 品种齐全 3. 价格便宜 4. 不适合大容量
			开启式	制冷装置热泵、汽车空调	
			半封闭式	制冷装置热泵、汽车空调	
			全封闭式	空调器、电冰箱	
			斜盘式		
			开启式	汽车空调	汽车空调专用
		回转式	滚动转子式		1. 容量小 2. 转速高
			开启式	汽车空调	
			全封闭式	空调器、电冰箱	
			滑片式		
			开启式	汽车空调	
			全封闭式	空调器、电冰箱	
			涡旋式		
			开启式	汽车空调	
			全封闭式	空调器	
		双螺杆式			1. 适合于高压缩比场合 2. 正向封闭式方向发展
			开启式	制冷装置、空调、热泵	
			半封闭式	制冷装置、空调、热泵	
		单螺杆式			
			开启式	制冷装置、空调、热泵	
			半封闭式	制冷装置、空调、热泵	
	离心式		开启式		1. 适用于容量大 2. 不适合于高压缩比
			半封闭式	制冷装置、空调	

续表

分类			主要用途	特点
吸收式	直燃型		空调冷热源、卫生热水	1. 可一机多用和露天设置 2. 一次能源
	蒸汽型	单效	空调冷源	二次能源（蒸汽）
		双效		
	热水型	单效	空调冷源	废热利用
		双效		

2. 常用制冷机的特性及适宜的单机容量（表 29.3-2）

常用制冷机的特性及适宜的单机容量　　　　　表 29.3-2

种类		特性及用途	适宜单机名义制冷量（kW）
蒸气压缩式	离心式	通过叶轮离心力作用吸入气体和对气体进行压缩，容量大、体积小，可实现多级压缩，以提高效率和改善调节性能。适用于大容量的空调制冷系统，不宜用于高压缩比场合	≤2000
	螺杆式	双螺杆通过转动的两个阴阳螺旋形转子相互啮合，单螺杆通过一个螺旋形转子与两个星轮相互啮合而吸入气体和压缩气体。利用滑阀调节气缸的工作容积来调节负荷。转速高，适合于高压缩比场合，排气压力脉冲性小，容积效率高，适用于制冷装置及大、中型空调制冷系统和热泵系统	>580
	活塞式	通过活塞的往复运动吸入气体和压缩气体，适用于中、小容量的空调制冷与热泵系统	<580
	涡旋式	由静涡盘和动涡盘组成，气态制冷剂从静涡盘的外部吸入，在静涡盘与动涡盘所形成的月牙形空间中压缩，被压缩的高压气态制冷剂，从静盘中心排出，完成吸气与压缩过程，与活塞式比，容积效率与绝热效率均提高了，噪声振动降低了，体积缩小了，重量减轻了，单机容量小，适合小型热泵系统	<116
吸收式	直燃型	利用燃烧重油、煤气或天然气等作为热源。分为冷水、冷温水机组两种。原理与蒸汽热水型相同。由于减少了中间环节的热能损失，效率提高。冷温水机组可一机两用、一机三用，节约机房面积。有条件的场所均可使用	单机容量可达：23290kW
	蒸汽型	适于有集中供热，特别是有余热和废热利用的场所	最大容量可达：11630kW

29.3.2　空调用制冷机的优缺点比较

常用制冷机的优缺点比较，参见表 29.3-3。

表 29.3-3 常用制冷机的优缺点比较

型式	蒸气压缩式				吸收式	
	涡旋式	活塞式	螺杆式	离心式	单效或双效 热水型	直燃型
动力	电能				热能	
					蒸汽型或热水型	
常用制冷剂	R-22 R407C R410A	R-22 R407C R410A	R134a R-22 R407C R410A	R123 R22 R134a	制冷剂—水	吸收剂—溴化锂
主要优点	1. 效率高;吸气、压缩和排气过程基本是连续进行的,吸入气体基本没有害过热,没有余隙容积,吸气压力损失和排气压力损失小。压缩机的封闭式喷腔两侧的压力差较小连续压缩过程线形成的压力差高、密封系数高,容积效率高。总效率比往复式高,滚动转子式高约30%,绝热效率提高约10%。 2. 振动小、噪声低;制冷机在一组涡旋体内几个月牙形空间中同时且连续进行压缩过程,曲轴转矩变化小,压缩机运转平稳,进、排气压力脉动很小,振动和噪声低。比往复式噪声降低了约5dB(A) 3. 结构简单可靠性高,零部件数量少。只有往复式的七分之一、重量轻15%,体积小40%,无进、排气阀组,易损件少,采用了轴向和径向间隙造成的柔性调节机构,可避免液击造成的损失和破坏,在高转速下都能保持高效率和高可靠性	1. 在空调制冷比较进行的范围内压缩比较小,一般小于4,其容积效率仍比较高 2. 系统装置仿制简单 3. 用材为普通金属材料,加工容易,造价低 4. 采用多机头,多缸,短行程,缸径后容量可得到所增大,性能可得到改善	1. 与活塞式相比,结构简单,运动部件少,无往复运动的惯性力,平衡,振动小、重量轻。 2. 单机制冷量较大。无气缸余隙容积,排气阀片,因此具有较高的容积效率。单级活塞式压缩比常不大于8,且螺杆式压缩比的增加而急剧下降,而螺杆式容积效率高,压缩比可达20,且容积效率的变化不大。COP高 3. 易损件少,零部件仅为活塞式的十分之一,运行可靠,易于维修 4. 对湿冲程,不敏感,允许少量液滴入缸,无液击危险 5. 调节方便,制冷量可通过滑阀进行无级调节	1. COP 高 2. 叶轮转速高,单机容量大。结构紧凑、重量轻、机输气量大,相同容量下比活塞式小80%以上。占地面积小 3. 叶轮作旋转运动。振动小、噪声低。制冷剂中不混有润滑油,蒸发器和冷凝器的传热性能好 4. 调节方便。在15%~100%的范围内能较经济地实现多级无级调节,当采用多级压缩时,可提高效率10%~20%和改善低负荷时的喘振现象 5. 无气阀、填料、活塞等易损失,工作比较可靠	1. 加工简单、操作方便,制冷量调节范围大,可实现无级调节 2. 运动部件少,噪声低、振动小。对臭氧层无破坏作用 3. 热水型和单效蒸汽型对能源要求不高,可利用余热、废热及其他低品位热能 4. 直燃型吸收式制冷机由于与锅炉结合为一体,减少了许多中间环节,消耗减少10%。与单效蒸汽型直接供冷和供热相比它少、安全性比锅炉要求严格。直燃型在部分负荷下运行时,相应的热效率不会下降 5. 吸收式制冷机的运行费用低。能安装在室外 6. 以天然气为能源的直燃型,制冷机(按煤电计)比,减少的污染物排放量所产生的环境效益是非常突出的。天然气是清洁能源,电力能源从全局观点上来说,属非清洁能源 7. 采用燃气作为空调既削减了电力高峰负荷,夏季又起到了为天然气填谷的作用,二者有很好的互补性。有利于降低运行成本

续表

型式	蒸气压缩式				吸收式	
	涡旋式	活塞式	螺杆式	离心式	单效或双效热水型	直燃型
动力	电能					
制冷剂	R-22 R407C R410A	R-22 R407C R410A	R-22 R407C R410A	R123 R22 R134a	蒸汽型或热水型	吸收剂-水 制冷剂-水
主要缺点	1. 对加工设备和装配技术精度要求高 2. 单机容量较小。(模块化组合可提高机组总容量)	1. 往复运动的惯性力大，转速不能太高、振动较大 2. 单位制冷量重量指标较大 3. 单机容量不宜过大 4. 当转速不变时，只能通过改变气缸数实现跳跃式的分级调节	1. 单机容量比离心式小 2. 转速比较庞大和复杂，耗油量比离心式高 3. 要求加工精度和装配精度高	1. 由于转速高，对材料强度、加工精度和制造质量要求严格 2. 当运行工况偏离设计工况时效率下降较快，制冷量随蒸发温度降低减少；且减少的幅度比活塞式快。单级压缩机在低负荷下，容易发生喘振 3. 单级压缩量随转速数降低而下降	1. 蒸汽型或热水型使用寿命比压缩式短，耗汽量大。热效率低，数单效约为 0.7～0.8，双效约为 1.2～1.30，可达 1.5 左右（对一次能源蒸汽而言） 2. 直燃型热力系数为 1.3。（对一次能源） 3. 如果专门修建锅炉，或扩容至降压供制冷机的低位能蒸汽（甚至降压供用）有时一次投资、运行费用显著比较合算。但是按化学角度出发所产生的是高温位的能源，从能源的利用角度出发是不合理的。因为燃料燃烧所产生的是高温位能量。如果从高温位先经过汽轮机进行发电，变成高级能——电能，把测余的低温位热能再提供吸收式制冷机利用，即按质制冷供应较为合理	1. 蒸汽、热水机或有余热利用的场合 11630kW，有余热或废热利用可达23290kW（用电极少） 2. 直燃机单机容量可达23290kW
使用范围	单机容量 ≤116kW	单机容量 ≤582kW	单机容量 >582kW	单机容量 ≤2000kW		

29.3.3 各类制冷机的名义工况条件

1. 蒸气压缩循环冷水（热泵）机组

（1）名义工况适应的制冷机名称及功能

名　称	功　能
水冷式	水冷单冷式
水—水热泵	水冷式制冷及水热源热泵制热
风冷式	风冷单冷式
空气—水热泵	风冷式制冷及空气热源热泵制热
蒸发冷却式	蒸发冷却单冷式

（2）名义工况条件

项　目		使用侧		热源侧（或放热侧）					
		冷、热水		水冷式		风冷式		蒸发冷却式	
		进口水温	出口水温	进口水温	出口水温	干球温度	湿球温度	干球温度	湿球温度
制冷（℃）		12	7	30	35	35	—	—	24
热泵制热（℃）		40	45	15	7	7	6	—	—
污垢系数（$m^2 \cdot K/kW$）		0.086		0.086		—		—	
额定电压	单相交流	220V　50Hz							
	三相交流	380V、3000V、6000V 或 10000V　50Hz							
大气压力（kPa）		101							

2. 直燃型溴化锂吸收式冷（温）水机组

（1）名义工况适应的制冷机型式

适应于按使用性能分类的单冷型、冷暖型，按制冷循环分类的双效型、单/双效型，按燃料分类的燃气式、燃油式和按安装场所分类的室内型、室外型。

（2）名义工况条件

项　目	条　件	冷水、温水（℃）		冷却水（℃）	
		进口温度	出口温度	进口温度	出口温度
制　冷		12	7	30（32）	35（37.5）
供　热		—	60	—	—
污垢系数（$m^2 \cdot K/kW$）		0.086			
电　源		三相交流，380V、50Hz（单相交流 220V、50Hz）或用户所在国供电电源			
燃料标准	燃　气	人工煤气	标准按 GB 13612	燃料种类、热值及压力（燃气）以用户和厂家协议为准	
		天然气	标准按 GB 17820		
		液化石油气	标准按 GB 11174		
	燃　油	轻柴油	标准按 GB 252		
		重柴油	标准按 GB 445		

注：①括号内温度为可供选择的参考值。
　　②直燃机一般不使用重柴油。
　　③蒸汽型和热水型溴化锂吸收式冷水机组。

(1) 名义工况条件适应的制冷机型式

适应于按加热源分类的蒸汽型、热水型和按制冷循环分类的单效型、双效型。

(2) 名义工况条件

类 型	加热源		冷水出口温度（℃）	冷水进、出口温差（℃）	冷却水进口温度（℃）	冷却水出口温度（℃）	单位制冷量加热源耗量 [kg/(h·kW)]
	蒸汽（饱和）压力（MPa）	热 水（℃）					
蒸汽单效型	0.1	—	7	5	30 (32)	35 (40)	2.35
蒸汽双效型	0.25	—	13	5	30 (32)	35 (38)	1.40
	0.4		7				
			10				1.31
	0.6		7				
			10				1.28
	0.8		7				
热水型	—	[th₁（进口）/th₂（出口）]	—				—
污垢系数 (m²·K/kW)			冷水、冷却水侧均为 0.086				
电源			三相交流，额定电压为 380V，50Hz				

注：① 蒸汽压力系指发生器或高压发生器蒸汽进口管箱处压力。
② 热水进出口温度由制造厂和用户协商确定。
③ 表中括号内温度参数值为应用名义工况值。

29.4 活塞式制冷压缩机及冷水机组

29.4.1 活塞式制冷压缩机的构造原理及特点

1. 活塞式制冷压缩机的构造原理

(1) 基本原理和主要部件

活塞式制冷压缩机利用气缸中的活塞的往复运动来压缩气体，通常是利用曲柄连杆机构将原动机的旋转运动转变为活塞的往复直线运动，所以也称为往复式压缩机。活塞式制冷压缩机主要由机体、气缸、活塞、连杆、曲轴和气阀等部件组成。

(2) 分类（见表 29.4-1）

活塞式制冷压缩机分类表　　　　　　　　　　　　表 29.4-1

分　类		构　造　形　式	技　术　特　点
按压缩机的密封方式	开启式	压缩机的曲轴功率输入端伸出机体之外，通过传动装置与原动机连接，气缸盖可拆卸	可维修性好，但密封性差，原动机可利用系统外的空气冷却
	半封闭式	半封闭压缩机的机体与电动机外壳铸成一体，构成密闭的机身，气缸盖可拆卸。	密封性和可维修性介于全封闭压缩机和开启式压缩机之间，电动机由系统内的低压低温回气冷却

续表

分类		构造形式	技术特点
按压缩机的密封方式	全封闭式	全封闭式压缩机的机体与电动机共同装在一个封闭壳体内，上下机壳接合处采用焊接封闭	密封性好，但可维修性差，电动机由系统内的低压低温回气冷却
按气缸布置形式	卧式	压缩机的气缸呈水平设置	属老式压缩机，现基本不采用
	立式	压缩机的气缸为垂直设置，气缸数目多为两个	目前在工程中已很少采用
	角度式	压缩机的气缸轴线在垂直于曲轴轴线的平面内呈一定的夹角，见图29.4-1	具有结构紧凑、质量小、运转平稳等特点，广泛应用于中小型高速多缸压缩机系列之中。目前中小型空调工程中多采用角度式压缩机

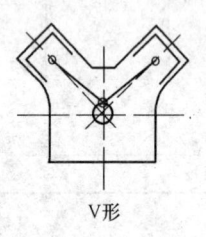 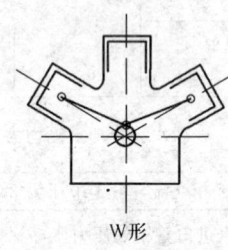 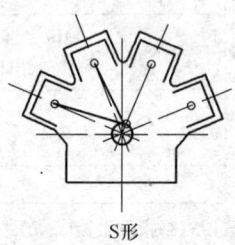

V形　　　　W形　　　　S形

图 29.4-1　角度式压缩机的各种形式

(3) 工作过程

1) 理想工作过程

压缩机的理想工作过程假设：压缩机没有余隙容积，在吸、排气过程中没有阻力损失，在吸、排气过程中与外界没有热交换，没有制冷剂的泄漏。压缩机的理想工作过程分为进气、压缩、排气三个过程。

2) 实际工作过程

压缩机的实际工作过程与理想工作过程存在着较大的区别。理想过程假设不存在的因素均存在于实际过程之中。由于存在余隙容积，排气之后必须等残余气体膨胀之后才能进入吸气过程；由于存在阻力，吸、排气过程的压力会随着过程的进展而降低；由于存在热交换，过程中会出现吸热或放热。所以，压缩机的实际过程由膨胀、吸气、压缩、排气四个工作过程组成。

(4) 性能

1) 压缩机的输气系数

由于各种因素的影响，压缩机的实际输气量 V_s 总是小于理论输气量 V_h。实际输气量 V_s 与理论输气量 V_h 之比成为输气系数，用 λ 表示（$\lambda = V_s/V_h, \lambda < 1$）。$\lambda$ 的大小反映了实际工作过程中诸多引述的对压缩机输气量的影响，也表示了压缩机气缸工作容量的有效程度，故也称为压缩机的容积效率。输气系数综合了4个主要因数，即余隙容积、吸排气阻力、吸气过热和泄漏对压缩机输气量的影响，具体见表29.4-2。

影响输气系数的主要因素及其作用 表 29.4-2

影响因素	影 响 作 用
余隙容积	排气过程不能将余隙容积内的高压气体排出气缸;在吸气之前,这部分高压气体首先膨胀,占据一部分气缸的工作容积,从而减少了气缸的有效工作容积。相对余隙容积和压缩比(即排气压力与吸气压力之比)越大,余隙容积的影响越大
吸排气阻力	在压缩机吸、排气过程中,气态制冷剂流经吸气腔、排气腔、通道及阀门等处都会有流动阻力;阻力的存在势必导致气体的压力降低,从而使吸气压力低于吸气管内压力,排气压力高于排气管内压力,增大了吸排气压力差,使得压缩机的实际吸气量减小。吸排气阻力的大小主要取决于压缩机吸排气通道、阀片的结构和弹簧力的大小
吸气过热	压缩机实际工作时,从蒸发器出来的低温蒸气在流经吸气管、吸气腔、吸气阀进入气缸之前会吸热,从而使温度升高、比容增大;由于气缸容积是一定的,蒸气比容增大必然导致实际吸入蒸气的质量减小。为了减小吸气过热的影响,除吸气管道应做好隔热外,还应尽量降低压缩比,使气缸壁的温度下降,同时改善压缩机的冷却状况。全封闭压缩机吸气过热的影响最严重,半封闭压缩机次之,开启式压缩机吸气过热的影响较小
泄漏	气体的泄漏主要是压缩后的高压气体通过气缸壁与活塞之间的缝隙向曲轴箱内泄漏;此外,由于吸排气阀关闭不严和关闭滞后也会造成泄漏;这些都会使压缩机的实际排气量减小。为了减小泄漏,应提高压缩机的零件加工精度和装配精度,控制适当的压缩比

从表 29.4-2 可以看出,影响压缩机输气系数 λ 的因数包括两个方面,一是压缩机的构造、加工装配精度,二是压缩机的使用工况(即压缩比或冷凝、蒸发温度)。当压缩机结构类型和制冷剂确定以后,运行工况的压缩比(或冷凝、蒸发温度)是影响压缩机输气系数 λ 的最主要因数。压缩机制造厂一般会提供其各类产品的输气系数随压缩比(或冷凝、蒸发温度)变化曲线图,供设计选型使用。

2) 压缩机的功率和效率(见表 29.4-3)

压缩机的功率和效率的计算、取值表 表 29.4-3

序号	符号	定 义	计算公式获取值方法
1	N_e	轴功率,由原动机传到压缩机主轴上的功率	$N_e = N_i + N_m$ $N_e = \dfrac{V_h \lambda}{v_1} \dfrac{h_2 - h_1}{\eta_i \eta_m}$
2	N_i	指示功率,由原动机传到压缩机主轴上的功率中直接用于压缩气体的部分	$N_i = \dfrac{V_h \lambda}{v_1} \dfrac{h_2 - h_1}{\eta_i}$
3	N_m	摩擦功率,由原动机传到压缩机主轴上的功率中用于克服运动构件的摩擦阻力和带动油泵工作的部分	$N_m = \dfrac{(1 - \eta_m) N_i}{\eta_m}$
4	V_h	理论输气量	制冷压缩机制造厂提供
5	λ	输气系数	制冷压缩机制造厂提供
6	h_1、h_2	气态制冷剂压缩初、终态的焓	可利用制冷剂热力性质图表查得
7	v_1	气态制冷剂压缩初态的比容	可利用制冷剂热力性质图表查得
8	η_i	指示效率,主要与运行工况、多变指数、吸排气压力损失等多种因数有关	取值范围为 0.6~0.8,压缩比较大的工况取低值
9	η_m	机械效率,即压缩机指示功率 N_i 与轴功率 N_e 之比	取值范围为 0.8~0.9,气缸数多的压缩机的机械效率要相对高些

续表

序号	符号	定义	计算公式获取值方法
10	COP	实际制冷性能系数,单位轴功率(开启式制冷压缩机)或输入功率(封闭式制冷压缩机)的制冷量	$COP=\varepsilon_0\eta_i\eta_m$(开启式制冷压缩机)
			$COP=\varepsilon_0\eta_i\eta_m\eta_{m0}$(封闭式制冷压缩机)
11	ε_0	理论循环制冷性能系数	可根据工况,利用制冷剂热力性质图表计算求得
12	η_{m0}	电动机效率	一般在 0.6~0.95 之间。大功率电动机的 η_{m0} 值高,小功率电动机的 η_{m0} 值低;三相电动机的 η_{m0} 值高,单相电动机的 η_{m0} 值低

(5) 能量调节

活塞式制冷压缩机一般采用油压顶杆启阀片式卸载机构改变压缩机工作气缸数量来进行能量调节。油压顶杆启阀片式卸载机构工作原理是:当需要卸载时,利用油压推动拉杆机构克服弹簧力将吸气阀片顶起,使阀片在活塞作往复运动时始终处于开启状态,吸入的气体未经压缩(即未获取能量)又从吸气口排出,活塞不做功;当需要增载时,降低油压,拉杆机构在弹簧力的作用下复位,阀片的动作恢复正常,即在吸气过程中开启,在压缩、排气过程中关闭,活塞正常做功。活塞式制冷压缩机卸载机构除了可以调节制冷量外,还可用于压缩机的卸载启动,以减少启动转矩,简化电动机的启动设施和操作程序。

2. 活塞式制冷压缩机的特点

活塞式制冷压缩机由于曲轴连杆机构的惯性力及阀片的寿命,活塞的运动速度和气缸的容积受到了限制,故排气量不能太大。目前国产活塞压缩机的转速一般为 500~3000r/min,标准制冷量小于 600kW,属于中、小型制冷机。活塞式制冷压缩机的制冷性能系数要低于螺杆式制冷压缩机和离心式制冷压缩机的制冷性能系数。然而由于生产工艺简单,产品的规格型号多而且价格便宜,活塞式制冷压缩机在制冷工程和空调工程中仍被广泛应用。

29.4.2 活塞式冷水机组

1. 活塞式冷水机组简介

活塞式冷水机组的制冷量范围为 75kW~930kW,冷却形式有水冷式和风冷式两种类型,制冷压缩机的数量(根据机组制冷量配置)最多可达 8 台,制冷系统的回路有单制冷回路和双制冷回路两种形式。双制冷回路冷水机组具有两组相互独立的制冷回路,当一组保护停机或发生故障时,另一组仍能继续运行,特别适合要求机组可靠运行的场所。

活塞式冷水机组的能量调节有改变压缩机工作气缸数量[见 29.4.1-1 (5)]和改变工作压缩机数量两种方式。两种方式组合使用,可以增加能量调节范围,使冷水机组对空调负荷变化的适应性更好。

活塞式冷水机组的主要部件有活塞式制冷压缩机、水冷或风冷冷凝器、节流装置、蒸发器等,典型流程(示意)如图 29.4-2 所示。

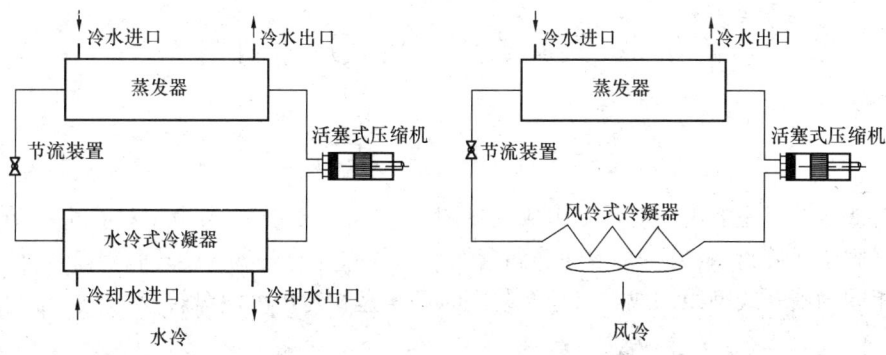

图 29.4-2　活塞式冷水机组典型流程示意图

2. 活塞式冷水机组的典型接线和接管

水冷冷水机组的典型接线和接管如图 29.4-3 所示，风冷冷水机组的典型接线和接管如图 29.4-4 所示。

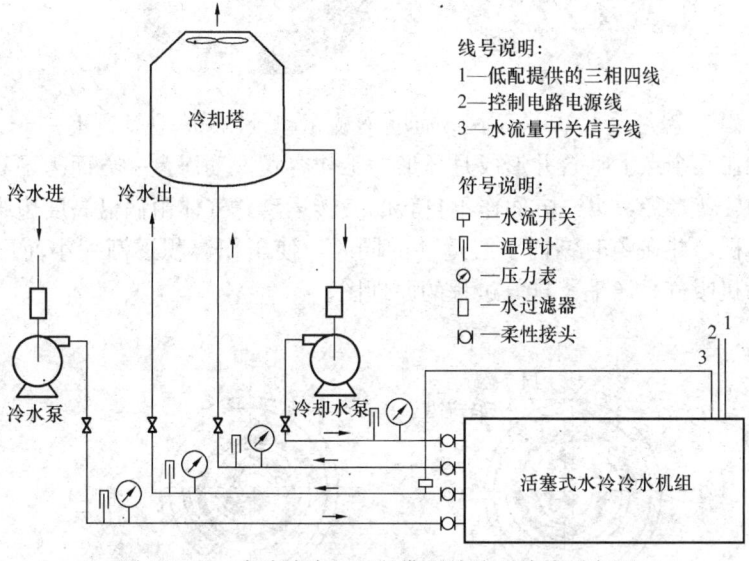

图 29.4-3　水冷冷水机组的典型接线和接管示意图

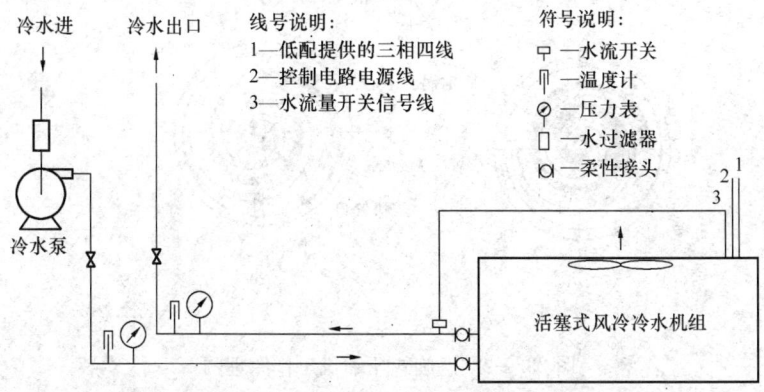

图 29.4-4　风冷冷水机组的典型接线和接管示意图

29.5 涡旋式压缩机及冷水机组

29.5.1 工作过程

涡旋式压缩机主要由一对涡盘组成（见图29.5-1），其中一个为相对静止不动的称为静涡盘（固定涡旋盘），另一个跟随静涡盘作平动的称为动涡盘（旋转涡旋盘）。两个涡盘一般为相同的渐开线型线构成，只是在装配时动涡盘相对于静涡盘转动了180°而已。

图 29.5-1　涡旋式压缩机的静涡盘（左）和动涡盘（右）图

两个涡盘在几个点上啮合并形成月牙形的工作容积。动涡盘一方面为了与静涡盘啮合而保持不变的旋转半径，另一方面作不自转的旋转运动，气体由涡盘高度边缘吸入，进入月牙形工作容积，并在顺时针向中心运动的同时，使工作容积逐渐缩小而压缩气体。图29.5-2为压缩机吸气、压缩、排气过程的原理图。

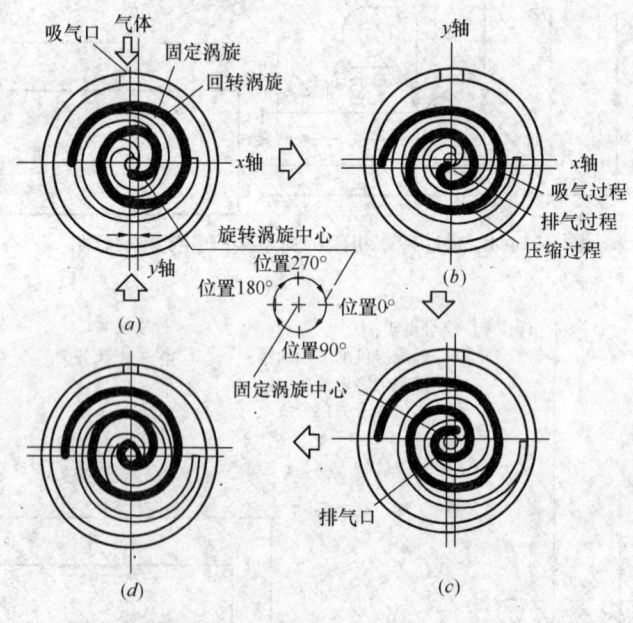

图 29.5-2　涡旋式压缩机工作原理图
(a) 旋转涡旋中心位置 0°；(b) 90°；(c) 180°；(d) 270°

在图 29.5-2 中：(a) 表示正好吸气结束的位置，动涡盘中心在 0°位置；图 (b) 示出动涡盘中心在 90°位置，涡旋边缘为吸气过程，中间容积为压缩过程，中心处容积处于排气过程。以后旋转至 180°（图 c）、270°（图 d）连续而同时进行吸气、压缩、排气过程。整个过程就是这样周而复始地进行。

图 29.5-3 详细地给出了动涡盘相对于静涡盘在一次循环过程中所处的不同位置，相互之间围成的月牙形容积体积逐渐缩小，形成压缩过程。气体从外侧吸入，完成压缩后从中心排出。

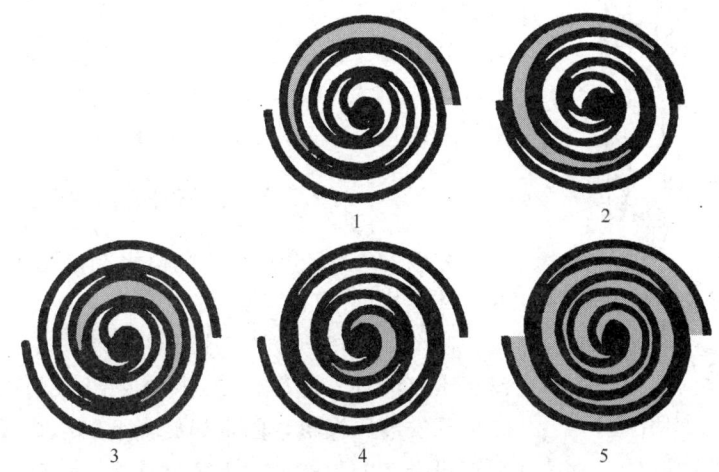

图 29.5-3　涡旋式压缩机压缩过程的气体流动

图 29.5-3 中：
1. 静涡盘和动涡盘的相对运动形成压缩腔，气体从外侧吸入；
2. 吸气完成后，吸气腔闭合；
3. 动涡盘的运动，使气体得到进一步的压缩；
4. 当气体到达涡盘中心时，气体达到排气压力而被排出；
5. 所有的压缩腔都在压缩，形成连续的吸、排气过程。

29.5.2　涡旋式压缩机的特点

由上述的工作原理可知，涡旋式压缩机的压缩部件非常紧凑，因此它具有下列显著的特点：
1. 涡旋式压缩机的零件数量比往复式压缩机少 60% 左右，因此使用寿命更长，运行更可靠。
2. 两个涡盘之间的回转半径很小，一般仅几毫米，所以机体可以做得比较小。
3. 一对涡体中几对月牙形的空间可以同时进行压缩，使得曲轴转矩变化小，压缩机运行时整机的振动较小。
4. 涡旋式压缩机为回转容积式设计，余隙容积小，摩擦损失小，运行效率高。
5. 由于多个工作腔同时压缩，相邻压缩腔之间的压差较小，所以气体泄漏少。
6. 引入了轴向和径向的柔性密封，又在涡旋体壁面之间采用油膜密封的技术，使涡盘之间的密封效果不会因摩擦和磨损而降低，而且还能有效的提高抗液击能力。

7. 由于以上诸多特点的存在，使涡旋式压缩机在高速运转时也能保持较高的效率和很好的可靠性。变频机就是利用了这一特点，使在高负荷时电机会在110Hz附近运行。

8. 涡旋式压缩机的吸气、压缩和排气过程，是连续进行的，所以排气的脉动较小，排气引起的噪声也相对较小。

9. 涡盘在加工方面的精度要求很高，必须采用专用的加工设备和装配技术，高形位公差的要求限制了它的普及。

10. 出于强度方面的考虑，涡旋壁的高度不能做得太高，所以大排量涡旋式压缩机需要直径较大的涡盘，机体相应也需增大，这将失去其结构紧凑的特点。

29.5.3 压缩机的结构简介

兹以500RH全封闭压缩机为例，说明涡旋式压缩机的总体结构（图29.5-4）。

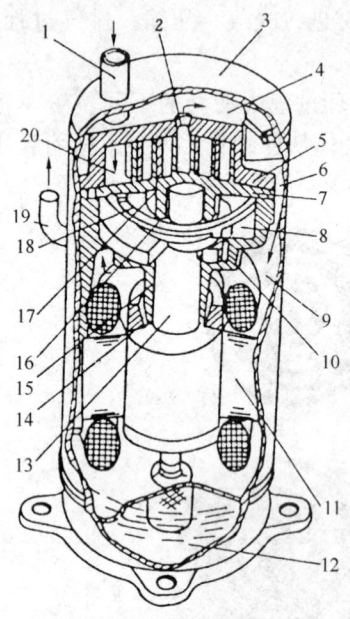

图29.5-4 全封闭涡旋式压缩机剖面图

1—吸气管；2—排气口；3—密封外壳；4—排气腔；5—固定涡旋盘；6—排气通道；7—旋转涡旋盘；8、17—背压腔；9—电动机腔；10—支架；11—电动机；12—油；13—曲轴；14—轴承；15—密封；16—轴承；18—十字滑环；19—排气管；20—吸气腔

由图29.5-4可知，压缩机主要是由静涡盘、动涡盘、十字滑环、曲轴、支架、机壳等部件组成。机壳3的上部安装压缩机，固定涡旋盘5和电机11的定子，安装在机壳3的内壁上。十字滑环18是在上下两面设置互相垂直两对凸键的圆环；上面凸键装在动涡盘7背面的键槽内，下面的凸键装在支架10的键槽内。在动涡盘下设有一个背压腔8，背压腔由动涡盘底盘上的小孔引入中压气体，使气腔压力支撑着动涡盘，同时，在动涡盘顶部装有可调的轴向密封，使动涡盘可以轴向移动，借以补偿运行过程中产生的逐渐磨损；同时，也能防止液击或压缩腔中间润滑油过多时引起的过载。

在曲柄销轴承处和曲轴通过支架处，装有转动密封，以保证背压腔与机壳之间的气密性。

29.5.4 压缩机的输气量、制冷量及电机功率

1. 渐开线涡盘涡旋式压缩机的结构参数

渐开线式涡旋式压缩机涡盘（单一涡圈的涡盘）的结构参数，主要包括（图29.5-5）：

r_b——基圆半径；

t——涡圈（涡旋体）壁厚；

$d\phi$——渐开线的起始角度；

m——涡旋圈数；

P_t——涡圈（涡旋体）节距；

H——涡圈（涡旋体）高度；

ϕ_E——涡圈（涡旋体）渐开线最终展角。

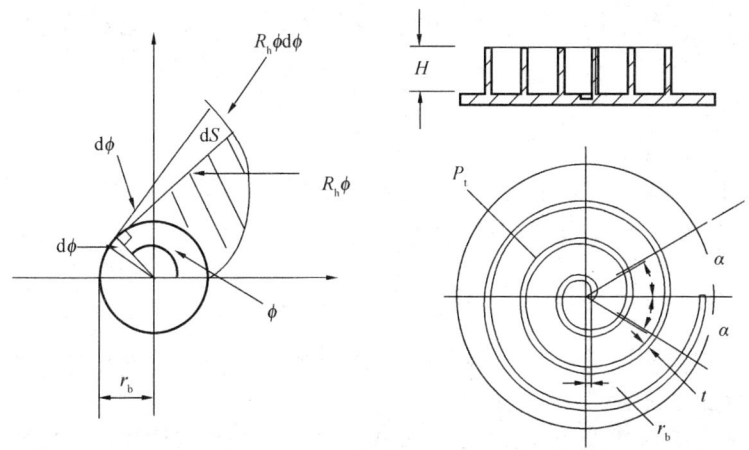

图 29.5-5 圆的渐开线及其参数

2. 压缩机的输气量

涡旋式压缩机的输气量 q_V (m³/h)，可按下式计算：

$$q_V = 60\lambda \cdot n \cdot \pi \cdot P_t \cdot (P_t - 2t)(2N-1)H \tag{29.5-1}$$

式中 λ ——输气系数，一般可由产品样本中查得，也可按图 29.5-6 确定；
n ——转速，r/min；
P_t ——涡圈节距，$P_t = 2\pi r_b$，m；
r_b ——基圆半径，m；
t ——涡圈壁厚，$t = 2\pi \cdot \alpha$，m；
α ——渐开线起始角，°；
N ——压缩腔室数，$N=3$；
H ——涡圈高度，m。

3. 压缩机的制冷量

涡旋式压缩机的制冷量 Q (kW)，可按下式计算：

$$Q = \frac{q_V \cdot q_v}{3600} = 2.78 \times 10^{-4} \times q_V \cdot q_v \tag{29.5-2}$$

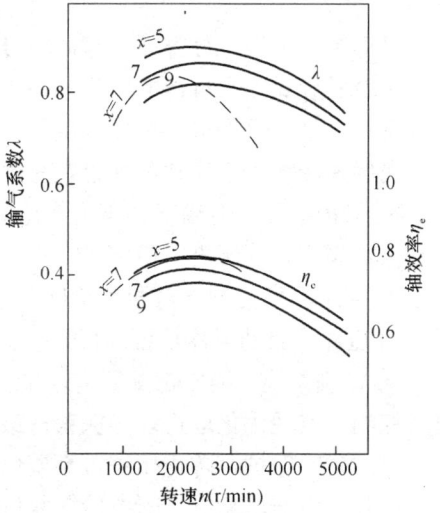

图 29.5-6 输气系数及轴功率（R22）

式中 q_V ——容积输气量，m³/h；
q_v ——单位容积制冷量，kJ/m³。

4. 电机功率

涡旋式压缩机的所需的电机功率 P (kW)，可按下式计算：

$$P = q_m \cdot \frac{h_2 - h_1}{3600 \cdot \eta_{el}} \tag{29.5-3}$$

式中 h_1 ——压缩机吸气状态下的比焓，J/kg；
h_2 ——压缩机排气状态下的比焓，J/kg；

q_m——压缩机的质量输气量，kg/h；

η_{el}——电效率，一般取同一制冷剂在相同工况下活塞式压缩机电效率的 1.1 倍；

$$\eta_{el} = \eta_i \cdot \eta_m \cdot \eta_{mo} = \eta_{ad} \cdot \eta_{mo}$$

η_i——压缩机的指示效率；

η_m——机械效率，一般 $\eta_m = 0.95 \sim 0.98$；

η_{ad}——压缩机的等熵效率，通常可取 $\eta_{ad} = 0.72 \sim 0.85$；

η_{mo}——电机效率，一般 $\eta_{mo} = 0.85 \sim 0.95$。

29.5.5 涡旋式冷水机组

涡旋式压缩机的单机制冷量较小，所以涡旋式冷水机组的容量不大；目前单机制冷量最大约为 84kW，两台并联则可增至 168kW。

涡旋式压缩机的变容量技术的发展，如数码涡旋技术，变频涡旋技术，为扩大涡旋机在冷水机组方面的应用创造了积极的条件。同时，由于涡旋压缩机本身具有高容积率、高能效和低噪声等优势，只要能解决增大排量问题，在冷水机组的应用上将具有很强的竞争力。

根据冷水机组冷凝器冷却方式的不同，涡旋式冷水机组分为水冷式和风冷式两类：

水冷涡旋式冷水机组的冷凝器一般选择壳管式，并采用两个串联的结构形式。蒸发器采用 AISI 316 不锈钢板式换热器。制冷设备全部置于以钢板制成的箱体内，所有箱体面板均可拆卸，维修十分方便。箱体经过防水设计，机组可以安装在室外。

风冷涡旋式冷水机组的冷凝器一般由铜管串套铝翅片构成，装有液体过冷器，风机选用轴流式，且带保护罩。风冷涡旋式冷水机组与热泵型两类。

涡旋式冷水机组通常都配置有完善的自动控制系统，如：

● 保护装置 对温度、压力实施有效的控制，对负荷过载、频繁启停、电源反相等具有保护作用，确保机组稳定运行。

● 回水温度控制 对回水温度及水量进行监测，通过回水温度与设定值的比较，通过 PID 运算，启动或停止压缩机。

● 控制系统 通常都配置有功能强大的微电脑控制装置，对出水温度、冷凝压力等进行控制，实现优化运行，确保获得最佳的性能系数（COP）。此外，还有

(1) 延时保护，防止压缩机频繁启停。

(2) 失电记忆功能，断电后恢复供电时自动启动。

(3) 自动均衡压缩机的启停次数及运转时间。

(4) 预留水泵控制接点，等等。

29.5.6 冷水机组的制冷、制热循环过程及外部水管系统连接图

1. 冷水机组的制冷与制热过程（图 29.5-7）

图中：①涡旋式压缩机；②冷凝器；③过冷器；④板式换热器；⑤贮液器；⑥四通换向阀；⑦制热膨胀阀；⑧排气温度保护；⑨干燥过滤器；⑩制冷膨胀阀；⑪电磁阀；⑫视液镜；⑬单向阀；⑭电磁阀；⑮安全阀；⑯制冷高压开关；⑰制热高压开关；⑱压力传感器

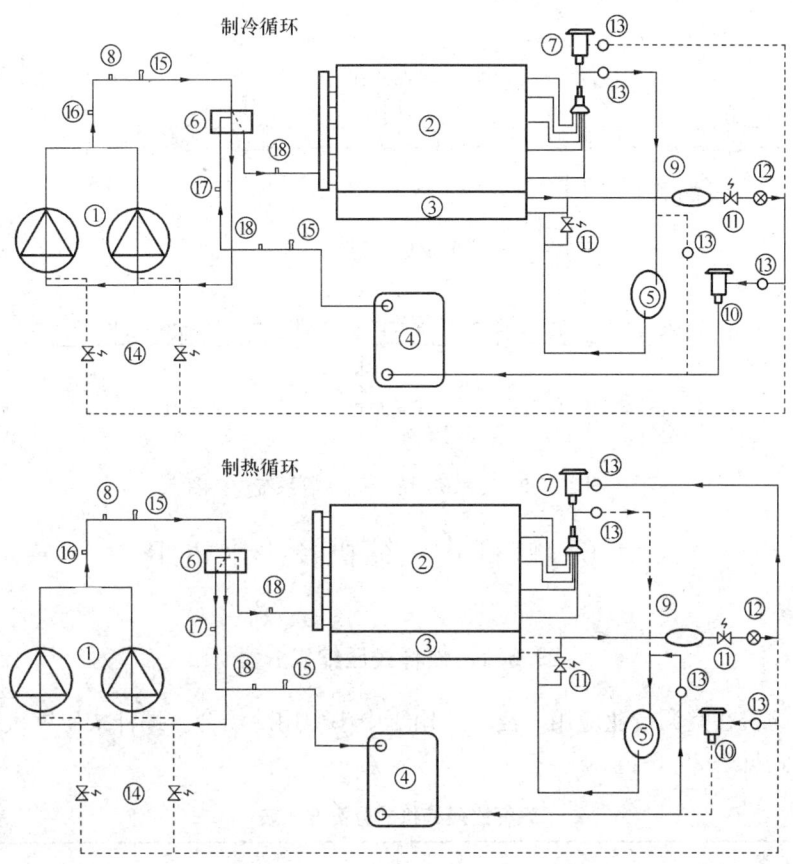

图 29.5-7　冷水机组的制冷与制热过程

2. 涡旋式压缩机冷水机组外貌图（图 29.5-8）

图 29.5-8　涡旋式压缩机冷水机组外貌图

3. 冷水机组的外部水管系统连接图（图29.5-9）

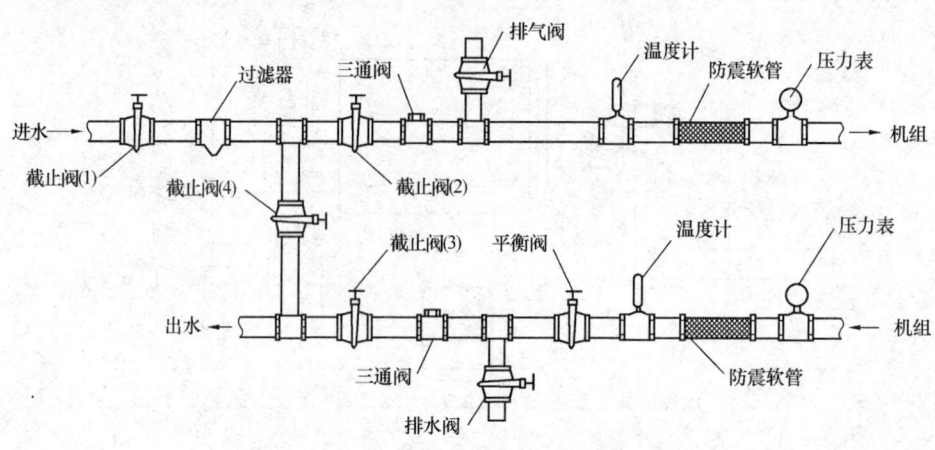

图29.5-9　冷水机组的外部水管系统连接图

29.6　螺杆式压缩机及冷水机组

29.6.1　螺杆式压缩机分类

螺杆压缩机在空调行业应用广泛，适用于中小型用冷场合。螺杆式压缩机按照结构不同的分类方式见表29.6-1。

螺杆式压缩机的分类方式表　　　表29.6-1

分类方式	分　类	分类方式	分　类
转子形式	单螺杆	能量调节方式	有级
	双螺杆		无级
压缩机与电机连接方式	开启式	驱动方式	齿轮箱驱动
	封闭式		电机与压缩机直联

1. 双螺杆与单螺杆压缩机

双螺杆与单螺杆压缩机的转子形式不同，结构差别较大，代表两种不同的发展方向，由于双螺杆具有技术成熟、结构简单、运行可靠等优点，成为空调市场的主流产品。

（1）双螺杆压缩机

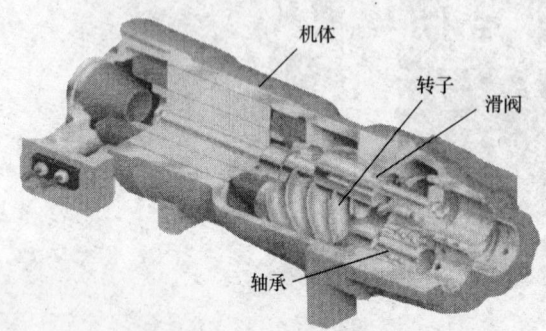

图29.6-1　双螺杆压缩机结构示意图

1）双螺杆压缩机的组成

双螺杆压缩机由机体、两个转子、轴承、能量调节机构（滑阀）组成。如图29.6-1。

转子的齿型是螺杆压缩机设计的核心问题。它会影响压缩机的效率、噪声等重要性能参数。螺杆压缩机的齿型技术发展已经经历了"非对称齿型→对称齿型→非对称齿型"的设计变化。常见的非对称齿型为阳、阴转子齿数比 5∶6 或 5∶7 等。螺杆压缩机的性能参数不仅与齿型有关，还与齿型的加工设备、工艺流程密切相关。

2）双螺杆压缩机的工作过程

通常电机直接驱动压缩机的阳转子，阳转子带动阴转子转动。在转动过程中阳转子的齿逐渐侵入阴转子的齿槽使被压缩的制冷剂体积逐渐减少，压力逐渐升高，并最终被排出压缩机，从而完成压缩过程。工作过程如图 29.6-2 所示。

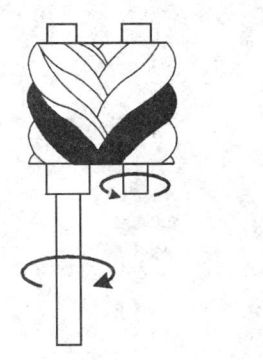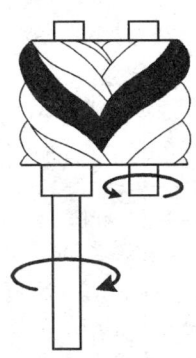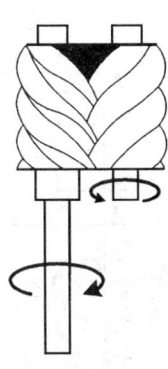

图 29.6-2　双螺杆压缩机的工作过程图

由于每个转子通常有 5～7 个齿，在某一瞬时有些齿槽在吸气状态，有些齿槽在压缩状态，有些齿槽在排气状态，因此压缩机的排气是接近连续而脉动的。

3）双螺杆压缩机的能量调节

通常采用滑阀调节，滑阀沿着转子的轴线方向移动，使部分压缩机阴阳螺杆转子的齿间容积与压缩机吸气口相连通，减少了螺杆转子的有效压缩长度，从而调节了参与压缩的制冷剂气体的循环量，以达到调节能量的作用。

采用滑阀调节一般分为无级调节和有级调节两种，二者比较见表 29.6-2、图 29.6-3。

无级调节和有级调节对比表　　　　　　　　　　　　　　　　表 29.6-2

无 级 调 节	有 级 调 节
在部分负荷运行时，能从 15%～100% 连续调节机组的制冷量，使系统所需负荷与机组提供的负荷在任何时间内都能匹配	在部分负荷运行时只能分阶段调节机组的制冷量，如 25%、50%、75%、100%
通常应用于单机头大容量的机组	通常应用于多机头小容量的机组，机头越多，越接近无级调节，但故障率增加
部分负荷耗电少	部分负荷耗电多

4）双螺杆压缩机电机与压缩机的驱动方式

电机与压缩机的驱动方式分为直接驱动和齿轮驱动两种，二者比较见表 29.6-3，直接驱动封闭式压缩机见图 29.6-4。

直接驱动与齿轮驱动对比表　　　　　　　　　　　　　　　　表 29.6-3

直 接 驱 动	齿 轮 驱 动
电机转子直接驱动压缩机转子，转子转速低	电机转子与压缩机转子轴之间通过齿轮箱连接，提高转子转速

续表

直接驱动	齿轮驱动
直接驱动减少运转部件，降低压缩机的噪声与振动，可靠性高，能耗减少6%左右	齿轮驱动可靠性差，能耗增加6%左右
分封闭式、开启式两种类型	通常为封闭式压缩机

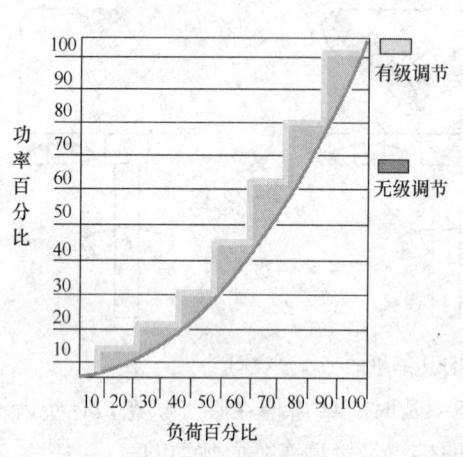

图 29.6-3　无级调节与有级调节的能耗对比图

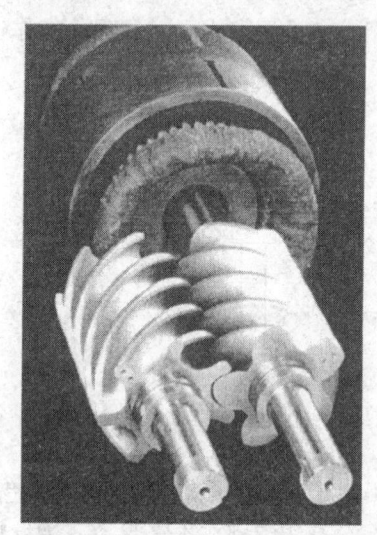

图 29.6-4　直接驱动封闭式压缩机

(2) 单螺杆压缩机

目前冷水机组中单螺杆压缩机的制冷量较小，通常采用多机头冷水机组的设计模式，一般采用有级调节。单螺杆压缩机具有制冷量小、噪声低等特点，逐渐应用到空调行业中。

1) 单螺杆压缩机的部件组成

单螺杆压缩机通常由一个转子、两个星轮、机体、两套能量调节机构组成。与双螺杆压缩机相比，单螺杆压缩机减少了一个转子，增加了两个星轮，因此有三个运转部件。转子与星轮齿型啮合较难加工，故星轮通常采用工程塑料，以减少钢性磨损。星轮结构有整体式、浮动式、弹性式三种，比较常见的是浮动式。

2) 单螺杆压缩机的工作过程

如图 29.6-5 所示，螺杆转子齿槽与星轮齿不断啮合与分离，使螺杆齿槽内制冷剂气体与压缩机吸气腔或排气腔相连与隔离，从而周而复始地完成吸气过程、压缩过程、排气

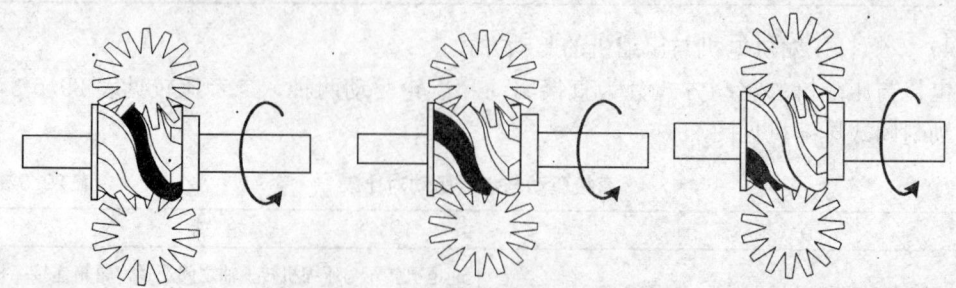

图 29.6-5　单螺杆压缩机的工作过程图

过程。

3) 单螺杆压缩机的能量调节机构

单螺杆压缩机的能量调节机构主要有滑阀式、转动环式与薄膜式三种。目前比较常用的是滑阀式，其滑阀原理与双螺杆基本相同。双螺杆压缩机仅需要一个滑阀，而单螺杆压缩机由于有两个星轮形成两套独立的密封系统，因此需要两个滑阀来控制压缩机的加减载。

2. 开启式与封闭式螺杆压缩机

按照电机与压缩机的相对位置不同，螺杆压缩机大致可分为开启式、半封闭与全封闭三种，三者之间的比较，见表29.6-4。

开启式与封闭式螺杆压缩机的比较　　　　表 29.6-4

	开启式压缩机	半封闭压缩机	全封闭压缩机
特征	电机位于压缩机的机体之外。压缩机的转子轴伸出机体，通过联轴器与电机轴相连接	电机位于压缩机内部，通常被安装在阳转子的轴上。机体通常采用可拆卸的结构，方便压缩机的维护与维修	电机位于压缩机内部，通常被安装在阳转子的轴上。机体被焊接为一体。不能维修压缩机
泄漏	压缩机内需设计、安装轴封以防止制冷剂与润滑油通过转子轴与机体的间隙泄漏到空气中去	电机被密封在压缩机的机体内，制冷剂与润滑油不会从压缩机泄漏到空气中去，也不需要设计与安装轴封	电机被密封在压缩机的机体内，制冷剂与润滑油不会从压缩机泄漏到空气中去，也不需要设计与安装轴封
电机冷却	通常采用空气冷却，很少选用水冷却的电机	通常利用液态制冷剂或气态制冷剂冷却	通常利用气态制冷剂冷却
优点	电机便于维修，当电机出现故障时无需拆卸压缩机便可以修理或更换压缩机	结构紧凑、噪声小、振动低、对机房使用环境要求低，没有轴封，无制冷剂泄漏	结构紧凑、噪声小、振动低、对机房使用环境要求低，没有轴封，无制冷剂泄漏
缺点	采用轴封结构，因此存在着制冷剂与润滑油的泄漏可能。轴封易磨损，其使用寿命与轴封的质量、装配的工艺、机组找正密切相关，需定期更换轴封外置电机的振动通常比较大，由于电机采用风冷结构，噪声也比较大 机房环境要求高。电机一般通过空气冷却，机房需通风或空调降温，防止电机过热。机房需相对清洁，否则会造成电机滤网堵塞，影响电机换热	压缩机出现故障时，增加维修成本 电机不是易损件，其故障率小于0.1%，先进的机组有电机绕组温度测量，防止电机过热	压缩机出现故障时，增加维修成本 电机采用排气冷却方式，夏季电机容易过热
应用	石油、化工、轻纺行业等	公共建筑、民用建筑、电子及医药行业等	公共建筑、民用建筑、电子及医药行业等

29.6.2 螺杆式冷水机组

螺杆式冷水机组主要由冷凝器(风冷或水冷)、压缩机、蒸发器(水冷)、节流机构以及控制系统组成。根据冷凝器结构不同,冷水机组可分为风冷式冷水机组与水冷式冷水机组;根据一台机组内采用的压缩机的数量,冷水机组也可分为单机头冷水机组与多机头冷水机组。

1. 单机头与多机头螺杆冷水机组

(1) 多机头螺杆冷水机组

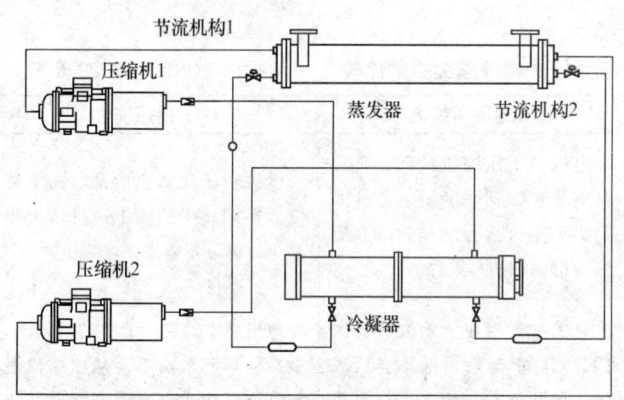

图 29.6-6 多机头螺杆冷水机组的原理

近年来,多机头螺杆式冷水机组取得了很大的发展,其使用制冷量范围为 240kW～1500kW。多机头冷水机组的制冷系统可分为共用制冷系统和独立制冷系统两种形式。由于多台压缩机共用一个制冷系统容易造成压缩机回油不均等问题,因此独立制冷系统形式较常见。图 29.6-6 所示的机组为独立制冷系统形式,共有两套独立的制冷剂系统,共用冷凝器与蒸发器的水路系统。冷凝器被分成两个壳体,通过法兰连接,壳侧制冷剂系统相互独立,管侧冷却水系统共用。蒸发器的管程被隔离成两个独立的制冷剂系统,管侧冷水系统共用。

(2) 机组可靠性分析

根据美国 ASHRAE 协会 1999 年的应用手册第 37.2 条,机组的可靠性可用式 (29.6-1) 来表示:

$$R = R1 \times R2 \times R3 \tag{29.6-1}$$

其中 R1、R2、R3 代表关键零部件可靠性。

如表 29.6-5 所示,一台机组上使用的压缩机数量越多,运转件越多,机组的可靠性越低。因此单机头螺杆冷水机组的可靠性要高于多机头冷水机组。

不同机头的冷水机组可靠性对比表   表 29.6-5

	1台压缩机/机组	2台压缩机/机组	3台压缩机/机组
每个转子可靠性		99.90%	
每个滑阀可靠性		99.90%	
机组转子数量	2	4	6
机组滑阀数量	1	2	3
机组可靠性%	99.70%	99.40%	99.10%

(3) 单机头与多机头螺杆冷水机组比较

单机头与多机头螺杆冷水机组的比较见表 29.6-6。

单机头与多机头螺杆冷水机组的比较 表 29.6-6

	单机头螺杆冷水机组	多机头螺杆冷水机组
优点	结构简单，运行件与易损件少，故障率低 多数采用无级调节，部分负荷效率高，在部分负荷时可有效利用冷凝器与蒸发器的换热面积，使机组冷凝温度有效降低，蒸发温度有效升高，进一步提高冷水机组的运行效率 部分负荷运行平滑，不存在多机头冷水机组在某一部分负荷时压缩机的频繁启停	维修方便，有备用压缩机的功能 采用多机头逐台启动，降低了机组的启动电流 逐台关闭压缩机，机组卸载方便，最小运行负荷较低
缺点	启动电流大 最小运行负荷有限，低负荷不利于压缩机回油	结构复杂，运行件与易损件多，故障率高多机头通常采用有级调节，部分负荷效率低。在部分负荷某一区域存在压缩机频繁启停的现象。例如当系统所需负荷为52%时，双机头冷水机组则由于单台压缩机无法在小于10%的负荷运行从而出现了一台压缩机频繁启停的状况

2. 螺杆式冷水机组的特殊功能

（1）水冷热回收螺杆式冷水机组

目前热回收螺杆冷水机组有排气热回收与冷却水热回收两种方式。

1) 冷却水热回收是在冷却水出水管路中加装一个热回收换热器，如图29.6-7所示，这样可以使"热水"从冷却水出水中回收一部分热量。虽然热水的出水温度小于冷却水的出水温度，但是冷水机组的制冷量与效率基本不变。

2) 采用排气热回收的冷水机组通常采用增加热回收冷凝器，在冷凝器中增加热回收管束以及在排气管上增加换热器的方法。目前常见的是采用热回收冷凝器，如图29.6-8所示，从压缩机排出的高温、高压的制冷剂气体会优先进入到热回收冷凝器中将热量释放给被预热的水。冷凝器的作用是将多余的热量通过冷却水释放到环境中去。值得注意的是热水的出水温度越高，冷水机组的效率就越低，制冷量也会相应的减少。

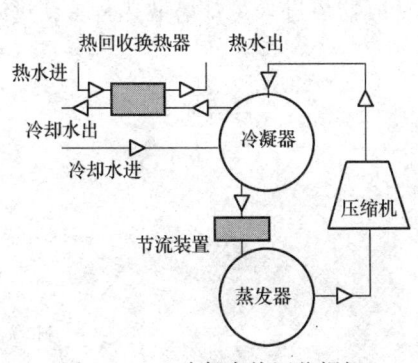

图 29.6-7 冷却水热回收螺杆冷水机组的原理

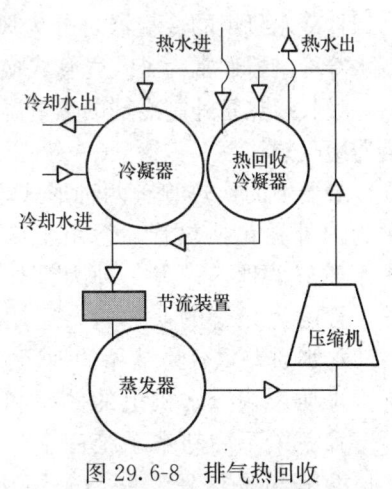

图 29.6-8 排气热回收螺杆冷水机组的原理

(2) 冰蓄冷螺杆式冷水机组

冰蓄冷系统利用峰谷电价差别，通过"夜间制冰，白天融冰"方式，把不能储存的电能转化为冷量储存起来，满足空调制冷需求，同时实现电力需求削峰填谷的目的。冰蓄冷系统组成如图 29.6-9 所示。

在目前的冰蓄冷市场中，螺杆式冷水机组用于冰蓄冷的项目最多，这与中、小型冰蓄冷项目较多，螺杆式冷水机组允许的制冰温度较低有关。但由于螺杆式冷水机组与离心式冷水机组相比，具有冷量小和效率低的特点，因此在一些大、中型冰蓄冷项目中应用受到限制。螺杆式冷水机组在双工况下的性能比较见表 29.6-7。

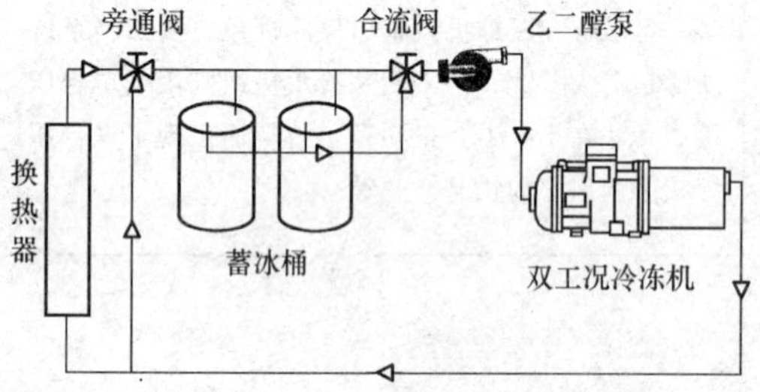

螺杆式冷水机组在双工况下的性能比较　　表 29.6-7

运行工况	比较内容	双工况螺杆机
空调工况	制冷量 kW	180～1900
	性能系数 COP	4.1～5.4
制冰工况	制冷量 kW	120～1300
	性能系数 COP	2.9～3.9
制冰制冷量/空调制冷量		63%～72%
制冰 COP/空调 COP		65%～70%

注：空调工况：乙二醇溶液 7/12℃，冷却水 32/37℃；
制冰工况：乙二醇溶液出液－5.5℃，冷却水进水 30℃。

图 29.6-9　蓄冰系统原理图

由于夜间制冰时，螺杆式冷水机组的制冷量和性能系数 COP 下降 30%～35% 左右，因此建议选用性能系数 COP 高的冷水机组，对于蓄冷量较大的冰蓄冷项目，可选择制冷量较大的螺杆式冷水机组或离心式冷水机组，避免冷水机组台数过多，增加控制系统成本。

3. 螺杆式冷水机组的换热器及节流装置

螺杆冷水机组中的冷凝器与蒸发器都是换热器。传统的冷凝器与蒸发器均为卧式壳管式换热器。近年来，一些中小型的冷水机组也开始采用板式换热器。

(1) 螺杆冷水机组的冷凝器

螺杆冷水机组的冷凝器可分为风冷冷凝器与水冷冷凝器两种，本书仅介绍水冷冷凝器。水冷冷凝器通常为卧式壳管式换热器，如图 29.6-10 所示。冷却水从水室进入到冷凝器后，吸收换热管外制冷剂的热量温度升高，流出冷凝器后进入冷却塔散热，重新进入到冷凝器中吸热。

冷凝器中的换热管有两种形式，一种为内外强化换热管，适用于冷却水水质好的地区；另一种为管外强化，管内为光管的换热管，适用于冷却水水质差，容易结垢的地区。冷却水水质影响冷水机组的效率和运行寿命。关于冷却水系统的水处理，请参见 26.9 章节。

(2) 螺杆式冷水机组的蒸发器

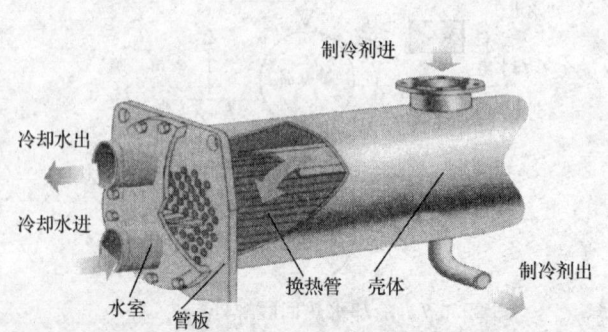

图 29.6-10　卧式壳管式冷凝器结构示意图

螺杆式冷水机组的蒸发器基本以卧式壳管式换热器为主，主要分为干式蒸发器、满液式蒸发器以及降膜式蒸发器。

1) 干式蒸发器

干式蒸发器是螺杆冷水机组中比较常用的蒸发器之一，如图29.6-11所示，制冷剂流经换热管内部进行换热，冷水则流经换热管外进行换热。

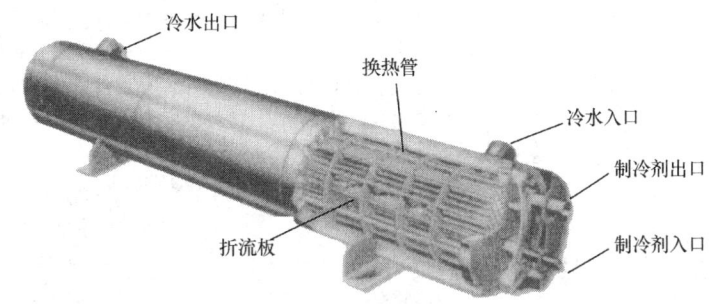

图 29.6-11　干式蒸发器结构示意图

2) 满液蒸发器

满液蒸发器因为其结构简单，效率高等优点目前被广泛地应用到螺杆冷水机组与离心冷水机组中。如图29.6-12，制冷剂液体从蒸发器的底部进入到蒸发器的壳程中进行换热。吸收热量后被蒸发成气体的制冷剂蒸气从蒸发器的顶部被吸入到压缩机中。在管程，冷水流经换热管内将热量释放到制冷剂中，从而降低温度。

3) 降膜蒸发器

降膜蒸发器是某公司近年来研制成功的蒸发器。它结合了满液蒸发器与干式蒸发器的优点，其原理如图29.6-13所示。制冷剂液体从蒸发器的上部进入到分液器中，然后均匀地向下喷洒到换热管上进行换热。冷水流经换热管内部将热量释放到制冷剂中，温度降低后进入到空调系统中继续循环。蒸发后的制冷剂气体从壳程的两侧进入到蒸发器的吸气管中；少许未蒸发的制冷剂液体与少部分油在蒸发器底部通过专用的回油装置被抽回到压缩机中去。

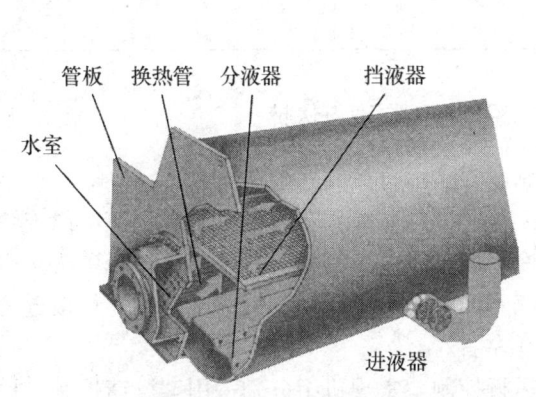

图 29.6-12　满液蒸发器结构示意图

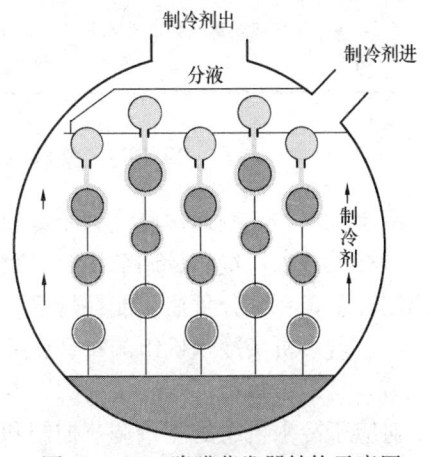

图 29.6-13　降膜蒸发器结构示意图

4) 蒸发器性能比较（见表29.6-8）

螺杆式冷水机组的蒸发器性能比较　　　　表 29.6-8

	干式蒸发器	满液蒸发器	降膜蒸发器
优点	制冷剂充注量少 回油顺畅，制冷剂在换热管内流动，易于把润滑油重新带回到压缩机中去 对振动不敏感，适合于船用机组	换热效率高，可提高制冷剂的蒸发温度，提高机组的能效比可实现制冷剂"零过热"，提高蒸发器的利用效率。 冷水进/出水管在蒸发器侧面，与冷却水接管方向相同，节省机房空间 容易清除冷水污垢，适合于冷水水质差的场合	与满液蒸发器相比，蒸发器的制冷剂充注量少，效率提高5%～10%，节省了运行费用 与干式蒸发器相比，冷水进/出水管在蒸发器侧面，与冷却水接管方向相同，节省机房空间 容易清除冷水污垢，适合于冷水水质差的场合
缺点	换热效率低 清除冷水污垢难	制冷剂充注量多	价格贵

(3) 螺杆冷水机组的节流装置

冷水机组节流装置通常有孔板、热力膨胀阀、电子膨胀阀三种形式，三者比较见表29.6-9。

三种节流装置的比较　　　　表 29.6-9

	孔　板	热力膨胀阀	电子膨胀阀
功能	孔板节流	膨胀阀的感温包被固定在压缩机吸气口上，通过吸气温度的变化来调节制冷剂供液量的大小	由步进电机、螺杆、套筒等组成。步进电机带动阀杆，通过扩大或缩小制冷剂的阀口来控制流量
优点	没有运动部件，结构简单，不容易损坏	成本较低、价格便宜	控制精度高、可靠性高
缺点	对部分负荷与变工况的调节能力差，无法充分利用蒸发器的面积，提高机组的效率	控制精度差，故障点多	成本高
应用	多用于满液式蒸发器的冷水机组上	多用于干式蒸发器的冷水机组上	多用于满液式蒸发器的冷水机组上

29.6.3　螺杆式冷水机组的控制原理与保护

冷水机组的控制通常可分为能量调节控制和安全运行控制两种。

螺杆式冷水机组能量调节按照级数分为无级调节与有级调节两种，无级调节可以连续输出制冷量，在部分负荷时能耗较低，并且冷水出水温度控制精确，因此常用于单机头冷水机组。若多机头冷水机组的每台压缩机有三到四档有级控制，则该冷水机组运行接近无级调节，且最小负荷可达满负荷的 $1/8 \sim 1/10$ 左右。

对应于冷水机组的能量调节控制和安全运行控制，常规机组分别采用"反馈控制"模式和"停机保护"模式，而先进的冷水机组相应地增加了"前馈控制"模式和"自适应控制"模式，见表 29.6-10。

能量调节控制和安全运行控制模式分类　　　　表 29.6-10

控 制 模 式	能量调节控制	安全运行控制
常规控制模式	反馈控制	停机保护
先进控制模式	前馈控制＋反馈控制	自适应控制＋停机保护

1. 能量调节控制

（1）常规的"反馈控制"模式

常规的螺杆式冷水机组一般采用"反馈控制"方式，通过监控冷水机组出水温度，实现冷水机组的加减载。也就是比较冷水出水温度的测量值与设定值，通过调节压缩机的滑阀，提供不同的冷量满足空调系统的需求。冷水机组的控制通常采用 PID（比例积分微分）调节方式。

（2）先进的"前馈控制＋反馈控制"模式

当空调系统的负荷变化较快或冷水机组出水温度的控制精度要求高时，常规的"反馈控制"模式就不能满足要求。因为冷水机组回水温度最先反映空调系统的负荷变化，因此增加回水温度测量点，根据回水温度的变化率，由"前馈控制"决定冷水机组的加载或减载的幅度，就能更快地控制冷水机组的负荷，更精确地控制冷水机组出水温度。而常规的"反馈控制"的主导作用是决定冷水机组是加载或减载。

2. 安全运行控制

（1）常规的"停机保护"模式

为确保冷水机组安全可靠地运行，常规的冷水机组设置了以下安全保护措施：

1）压缩机吸气压力或蒸发器压力过低，报警停机保护；

2）压缩机排气压力或冷凝器压力过高，报警停机保护；

3）压缩机排气温度过高，报警停机保护；

4）油压差保护；

5）冷水、冷却水断流保护；

6）过电压、欠电压保护；

7）缺相、断相保护；

8）过电流保护；

9）电机绕组温度过高保护。

大多数冷水机组将上述保护设定成"切断保护"。当机组的参数达到设定切断值时机组能报警并自动停机。如此控制虽然可以有效地保护冷水机组，但是对于运行工况的短暂变化无法适应，可能造成冷水机组频繁停机。

（2）先进的"自适应控制"模式

先进的冷水机组具有"自适应控制"功能，可有效地防止冷水机组频繁停机。当机组的运行工况发生变化，影响冷水机组正常运行的时候，冷水机组会调节自身的运行参数来继续运行，不间断地提供冷量，及时解决冷水机组不正常的运行状况。此控制模式有效地提高机组的适应能力，最大限度满足用户的供冷需求。

29.6.4 螺杆式冷水机组选用指南

1. 螺杆式冷水机组的选择要点

满足使用功能和高效、可靠地运行是选用螺杆式冷水机组的要点。由于冷水机组及其部件的不同特征决定了冷水机组的性能和质量，因此简明扼要地回顾螺杆式冷水机组各部件的特点，有助于全面、清晰地了解其性能和质量。螺杆式冷水机组的选择要点见表29.6-11。

螺杆式冷水机组的选择要点　　　　　　　　　　表29.6-11

序号	项目	部件特征及技术参数		备注
1	制冷参数	冷水进出口温度 冷却水进出口温度 制冷量 输入功率	性能系数COP 制冷剂 卸载范围	机组的运行工况影响机组的制冷量、性能系数COP
2	压缩机	双螺杆/单螺杆、直接驱动/齿轮传动 无级调节/有级调节、开启式/封闭式单机头/多机头 负荷调节范围		压缩机的不同型式影响其可靠性、能效比、负荷调节范围
3	电动机	冷媒冷却/空气冷却 电机功率 电源380V/50Hz/3P 星/三角启动等 断路器		电源功率及启动方式决定电动机启动电流，影响启动柜的价格 电动机的冷却方式影响电动机的可靠性，安装断路器方便电源切换
4	控制器	能否提供运行状况报告，即四种程序报告（压缩机、制冷剂、冷水机组、客户指定报告） 可否与本公司的自控系统通信，也可与其他品牌楼宇自控系统联系 对潜在的过载、超压、结冰等情况，是否采取积极措施，不会立即停机		控制器功能影响冷水机组的安全性和能量调节性能、自控功能实现、空调需求满足
5	蒸发器	冷冻水量 冷冻水压降 水侧承压 污垢系数 水管回程数	干式蒸发器 满液式蒸发器 降膜式蒸发器	蒸发器水侧参数影响冷水泵的流量、扬程 水管回程数影响水管的接管方向和安装空间 蒸发器的类型影响其换热效率
6	冷凝器	冷却水量 冷却水压降 水侧承压 污垢系数 水管回程数	卧式壳管式	冷凝器水侧参数影响冷却水泵的流量、扬程 水管回程数影响水管的接管方向和安装空间 换热管类型与冷却水水质有关
7	其他部件	油过滤器、检修阀、安全阀、高低压力表、高低压力开关、防冻开关、温度控制开关、蒸发器和冷凝器水流开关、电机过载保护、冷凝器高压保护、蒸发器低压保护等影响冷水机组的安全运行		
8	出厂检测 安装简便	出厂前进行100%的性能测试，保障了机组的可靠性，并确保制冷量、输入功率等相关性能参数符合相关标准、样本与合同要求。机组在出厂前充注制冷剂与润滑油，方便了机组的安装，节省了用户的安装与调试费用		

为了确保螺杆式冷水机组的性能和质量，还应根据螺杆式冷水机组部件明细表，确认部件的品牌和产地，见表 29.6-12。

螺杆式冷水机组部件明细表　　　　　　　　　　　　表 29.6-12

序号	名　　称	说　　明	序号	名　　称	说　　明
1	压缩机总成（包括电动机）	品牌，产地	11	水流开关	品牌，产地
2	微电脑控制中心	品牌，产地	12	压力传感器	品牌，产地
3	星-三角启动器	品牌，产地	13	温度传感器	品牌，产地
4	干燥过滤器	品牌，产地	14	各种继电器/空气开关	品牌，产地
5	油过滤器	品牌，产地	15	隔振垫片	品牌，产地
6	冷媒过滤器	品牌，产地	16	保温材料	品牌，产地
7	油冷却器	品牌，产地	17	电磁阀	品牌，产地
8	蒸发器冷凝器高效换热管	品牌，产地	18	接线端子	品牌，产地
9	换热管支撑板	品牌，产地	19	球阀	品牌，产地
10	换热器外壳	品牌，产地	20	角阀	品牌，产地

2. 螺杆式冷水机组的典型接线和接管示意图

（1）常规螺杆式冷水机组的典型接线和接管示意图与图 29.4-3 相同。

（2）热回收螺杆式冷水机组典型接管示意图见图 29.6-14。

（3）"双工况"螺杆冷水机组在冰蓄冷系统中的接管示意图见图 29.6-9。

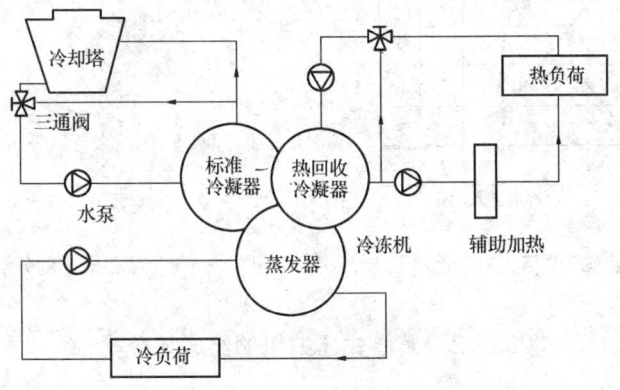

图 29.6-14　排气热回收螺杆冷水机组典型接管示意图

29.7　离心式压缩机及冷水机组

1922 年美国开利博士发明了世界上第一台整体式空调用离心机组，首次将离心机应用在空调领域中。1938 年世界上第一台封闭式、电机直接驱动压缩机的离心式冷水机组问世，由于淘汰了压缩机内部的齿轮箱，因此进一步提高了机组的可靠性和性能系数。1981 年三级压缩、封闭式、直接传动的离心式冷水机组研制成功，使机组的可靠性和性能系数显著提高。1958 年我国第一台离心式冷水机组试制成功。

过去30年中,离心式冷水机组的性能系数提高近一倍,目前三级压缩离心式冷水机组在 ARI 工况下的性能系数 COP 高达 7.3W/W。追求冷水机组性能系数更高、冷媒泄漏率更低、可靠性更高已经成为离心式冷水机组的主流方向。

29.7.1 离心式压缩机的原理

与活塞压缩机与螺杆压缩机不同,离心式压缩机是一种速度型压缩机。如图 29.7-1 所示,它将从吸气口进入到压缩机的制冷剂气体加速,然后再通过扩压管降低气体的速度,使制冷剂气体的动能转换成势能,从而完成将制冷剂从低压气体升高到高压气体的过程。

由于离心式压缩机是一种速度型压缩机,在部分负荷较小时,会发生"喘振"现象。

如图 29.7-2 所示,离心压缩机出口的速度 V 可分解为切向速度 V_t 与径向速度 V_r。切向速度 V_t 取决于叶轮的直径与叶轮的转速,径向速度与制冷剂的流量成正比。若速度 V 与切向速度 V_t 夹角的减小到一定值时,压缩机的气体无法被压出,在叶轮内造成涡流,此时冷凝器中的高压气体会倒流进叶轮,使压缩机内的气体在瞬间增加,气体被排出,然后气体又会倒流进叶轮,如此往复循环。此时压缩机进入了"喘振"状态,将严重损害压缩机。

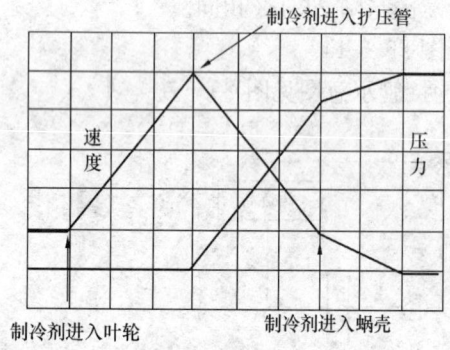

图 29.7-1 典型离心压缩速度与压力变化示意图

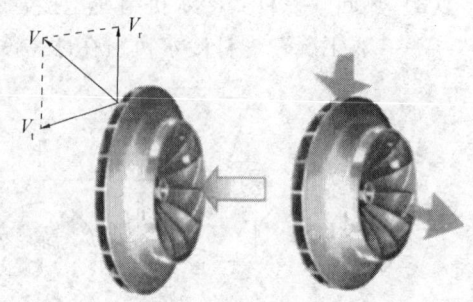

图 29.7-2 离心机速度分解与喘振分析示意图

29.7.2 离心式压缩机的组成与分类

离心式压缩机按照结构不同的分类方式划分,有以下几种类型,见表 29.7-1。

离心式压缩机的分类 表 29.7-1

分类方式	压缩机的类型	
叶轮数量	单级压缩	多级压缩
电机位置	开启式	封闭式
驱动方式	齿轮驱动	直接驱动

1. 单级压缩机与多级压缩机

(1) 单级压缩机

在空调用离心式冷水机组中,单级压缩机通常使用齿轮箱提高叶轮的速度。单级压缩机的性能系数不如多级压缩机高,部分负荷时的卸载范围小。

图 29.7-3 为典型的单级离心式压缩机的剖面图。该压缩机由叶轮、轴、轴承、齿轮箱、导流叶片组成。低速旋转的电机通过齿轮箱增速,带动叶轮高速旋转,为制冷剂加速。其关键部件的作用见表 29.7-2。

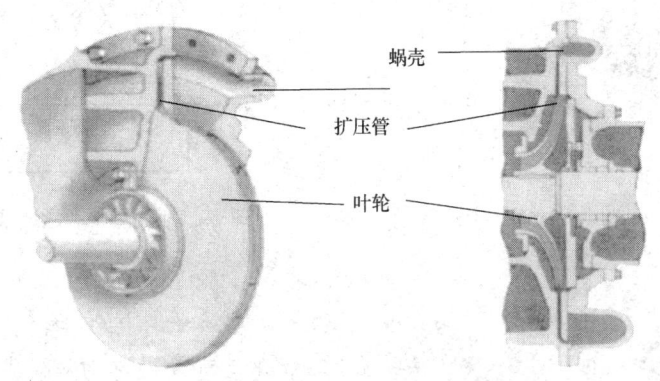

图 29.7-3 离心式压缩机剖面示意图

单级离心式压缩机简介 表 29.7-2

项 目	简 介
导流叶片	在部分负荷时,通过改变导流叶片开度来调节制冷剂气体的流量,从而调整压缩机的制冷量。采用步进电机来带动导流叶片,可精确调节制冷量
齿轮箱	为叶轮提速,提高压缩机的进出口压差。目前常用的是一对平行轴齿轮,齿轮的齿型通常采用渐开线
润滑油系统	齿轮箱中齿轮的啮合与滑动轴承高速运转需要充足的润滑油来润滑,因此油系统的安全性对单级压缩机十分重要。一般来说,单级压缩机需要有油泵系统和非正常停机紧急润滑系统,防止轴承失效
电机冷却	封闭式单级离心式压缩机的电机一般由液态制冷剂冷却 开启式单级离心式压缩机的电机一般由外部空气冷却

单级压缩机的能量调节方式主要有导流叶片调节、热气旁通调节、变频调节三种,三者之间的比较见表 29.7-3,示意图见图 29.7-4 和图 29.7-5。

单级压缩机的能量调节方式比较 表 29.7-3

型 式	特 征	优 点	缺 点
导流叶片	通过改变制冷剂气体进入叶轮的方向以及制冷剂气体流量来调节压缩机的容量	简便有效	单级压缩机一般卸载到 30%~40%,易发生喘振
热气旁通	在部分负荷时,一部分制冷剂气体从冷凝器旁通到压缩机的吸气口,维持一定流量的制冷剂进入压缩机	压缩机在较低的负荷平稳运行,有效避免了压缩机的"喘振"发生	部分负荷耗电量大,因为部分制冷剂气体在压缩机内压缩耗功而不制冷
变频调节	在部分负荷时,改变电机的频率,使压缩机的转速下降	当压缩机转速降低时,压缩机功耗下降较多,从而达到部分负荷节能的效果	因变频器耗能,故在满负荷时变频机组的耗能比普通机组大 变频机组价格高,维修困难 部分负荷时电机散热受影响

图 29.7-4　导流叶片组件图

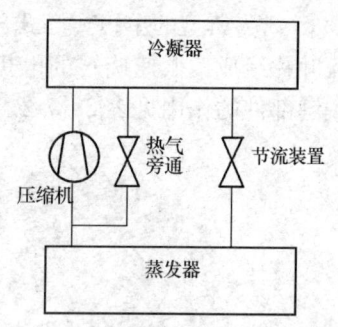

图 29.7-5　热气旁通调节原理示意图

(2) 多级离心式压缩机

一台压缩机中含有两个或两个以上的叶轮时被称为两级或多级离心式压缩机。多级压缩机以前仅被用在工业场合及需要较低蒸发温度的制冷场合。由于多级压缩机具有耗电量低、可以在10%左右部分负荷下运行的优点，现已广泛应用于空调用离心式冷水机组领

图 29.7-6　多级离心压缩示意图

域。多级离心式压缩机简介见表 29.7-4，其示意图见图 29.7-6。

多级离心压缩机简介　　　　　　　　　　　　　表 29.7-4

项　目	简　介
原理	重复单级压缩的过程，即从第一级压缩（叶轮提速、扩压管减速升压）到第二级压缩，直至最后一级压缩，显著提高制冷剂气体速度和压力
节能特征	通过经济器有效地提高压缩机的制冷量和性能系数，在三级压缩机中增加二级经济器可有效提高性能系数 5%~8% 左右
最小负荷	三级压缩机能够在10%负荷下运行而不会发生"喘振"，而单级压缩机不发生"喘振"的最小负荷为 30%~40% 多级压缩机是分多次来完成制冷剂提速再升压的接力过程，每一级压缩所要克服的制冷剂压差明显小于单级压缩机，制冷剂不易"回流"造成"喘振"
常见形式	齿轮驱动的二级压缩，电机直联的三级压缩

(3) 单级离心式压缩机与多级离心式压缩机比较见表 29.7-5。

单级离心式压缩机与多级离心式压缩机比较　　　　　　　表 29.7-5

型式	单级离心式压缩机	多级离心式压缩机
特征	单个叶轮，一般通过齿轮传动增速，叶轮的转速高	多个叶轮固定在轴承上，完成对制冷剂提速再增压的接力过程。 电机直接驱动的三级压缩机较常见，叶轮的转速低，仅有一个运转部件。 多级压缩机常与经济器结合

续表

型式	单级离心式压缩机	多级离心式压缩机
优点	压缩机体积较小，制造成本低	压缩机提供的压差较大，性能系数 COP 较高，变工况调节性能较好，卸载范围大，低至 10%左右，不易发生喘振 二级经济器提高 COP 约 5%~8%左右
缺点	压缩机提供的压差较小，性能系数 COP 较低，变工况调节性能较差，卸载范围小	压缩机体积较大，制造成本高

2. 开启式与半封闭式离心压缩机

按照电机与压缩机的相对位置不同，离心压缩机大致可分为开启式、半封闭式两种，二者之间比较见表 29.7-6，封闭式压缩机示意图见图 29.7-7。

开启式与半封闭式离心压缩机比较 表 29.7-6

型 式	开启式离心压缩机	半封闭式离心压缩机
特征	压缩机的转子轴伸出机体，通过联轴器与电机轴相连接 压缩机内安装轴封，防止制冷剂与润滑油通过齿轮轴与机体的间隙泄漏到空气中去 电机的冷却通常采用空气冷却，对于有特殊要求的场合也可以选用水冷却的电机	电机被密封在压缩机的机体内，为了便于压缩机的维护与维修，机体通常采用剖分的可拆卸的结构 不需要设计与安装轴封 电机通常通过液体制冷剂冷却
优点	电机便于维修。由于电机外置，与制冷剂没有接触，因此当电机出现故障时无需拆卸压缩机便可以修理或更换电机 便于采用燃气气轮机、内燃机等其他驱动装置	结构紧凑，振动和噪声明显低于开启式压缩机没有轴封，不存在制冷剂与润滑油的泄漏，维修、维护工作少
缺点	噪声大与振动较大 要求机房内相对清洁，否则会造成电机滤网堵塞，影响电机散热 维护保养工作量大，需定期更换轴封，避免制冷剂与润滑油泄漏	电机维修不方便。但电机不是易损件，需要拆卸封闭式压缩机修理的电机故障率只有 0.1%左右
应用	石油、化工、轻纺等领域	公共建筑、电子、医药等领域

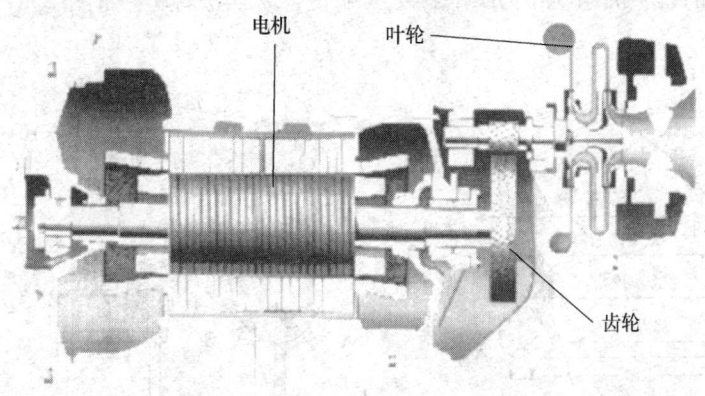

图 29.7-7 典型半封闭式压缩机示意图

图 29.7-7 所示,半封闭式压缩机电机腔与齿轮(或叶轮压缩)腔通过迷宫式密封隔离开,以防止齿轮腔内的润滑油进入到制冷剂系统中去。电机通过独立的液态制冷剂系统来冷却。在电机腔中吸热蒸发的制冷剂气体通常会被抽回到压缩机或蒸发器中。

3. 齿轮驱动式与直接驱动式离心压缩机

按照驱动方式不同,离心压缩机大致可分为齿轮驱动式与直接驱动式两种,二者之间的比较见表 29.7-7。

齿轮驱动式与直接驱动式离心压缩机比较　　　　表 29.7-7

型　式	齿轮驱动式离心压缩机	直接驱动式离心压缩机
特　征	通过齿轮箱提高压缩机的转速,比电机的转速高 3～6 倍。运转部件多达 6～8 组	电机直接驱动压缩机,仅有一个运转部件,压缩机转速低
优　点	增加压缩机的转速,使压缩机提供的压差增大	直接驱动方式仅有一个运转部件,可靠性高与齿轮箱传动相比,能耗减少 5% 左右,部分负荷时更节能
缺　点	齿轮传动运转部件多,可靠性差 维护保养工作量大,高速运转的轴承及齿轮需要润滑,长期运转后有磨损的可能 齿轮箱传动能耗增加 5% 左右,部分负荷时能耗更大	转速低,制冷剂选用受限制

29.7.3 离心式冷水机组

按照压缩机级数不同,离心式冷水机组可以分为单级压缩与多级压缩离心式冷水机组。单级压缩离心式冷水机组由压缩机、冷凝器、蒸发器与节流装置等主要部件组成。多级压缩离心冷水机组会有多套节流装置和经济器。

离心式冷水机组的主要功能是提供冷量。目前市场上出现了具有不同特殊功能的离心式冷水机组,成为空调行业环保节能的新亮点:如热回收功能、冰蓄冷功能、免费取冷功能等。

1. 单级与多级压缩离心式冷水机组

(1) 多级压缩离心式冷水机组的原理

以三级压缩冷水机组为例介绍多级压缩冷水机组原理,如图 29.7-8 和表 29.7-8 所示。

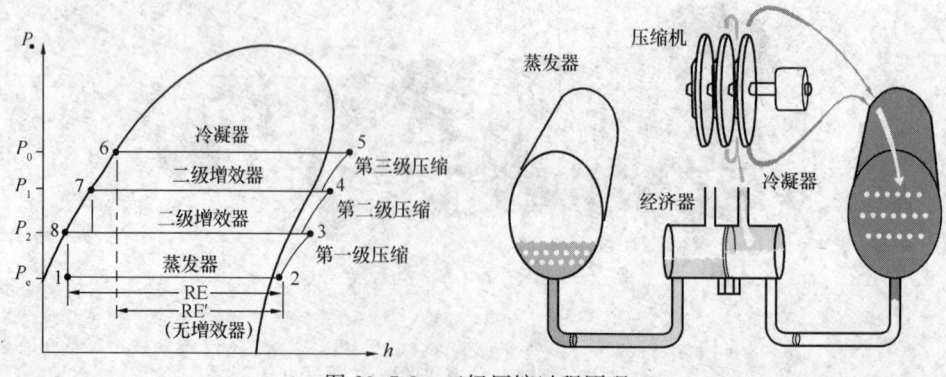

图 29.7-8　三级压缩过程原理

三级压缩离心式冷水机组原理简介   表 29.7-8

项目	简 介
压缩过程	第一级压缩：气态制冷剂从蒸发器中被吸入到压缩机的第一级中，第一级叶轮将其加速，制冷剂气体的温度与压力相应提高。压缩过程为状态点 2 到状态点 3 第二级压缩：从第一级压缩机出来的气态制冷剂和来自二级经济器低压侧的制冷剂相混合，然后进入到第二级叶轮中。第二级叶轮将制冷气体加速，进一步提高制冷剂的压力与温度到状态点 4 第三级压缩：从第二级来的制冷剂气体和来自第二级经济器的制冷剂气体相混合，进入到第三级叶轮中加速，压缩到状态点 5。这样制冷剂气体在压缩机中完成了压缩过程
冷凝过程	状态点 5 的高温高压的制冷剂气体进入到冷凝器，将热量传给冷凝器中的冷却水，使制冷剂气体冷凝到状态点 6
节流过程	该冷水机组设置了三级节流装置和二级经济器 第一个孔板节流：状态点 6 制冷剂节流后进入经济器高压级一侧，由于部分制冷剂闪蒸，使制冷剂到达状态点 7 第二个孔板节流：状态点 7 制冷剂节流后进入经济器低压级一侧，由于部分制冷剂再次闪蒸，使制冷剂到达状态点 8 第三个孔板节流：节流后进入蒸发器，到达状态点 1
蒸发过程	从第三级节流装置出来液态制冷剂由状态点 1 进入到蒸发器后吸热，蒸发为气体后到达状态点 2，被吸入到压缩机中去

三级压缩过程与单级压缩过程相比，由于有二级经济器，故压缩机做功量较少、制冷量较大。

(2) 单级压缩与三级压缩离心式冷水机组比较

综合前面介绍的离心式压缩机的特征，比较市场上常见的三种离心式冷水机组的特点，见表 29.7-9。

常见的三种离心式冷水机组比较   表 29.7-9

项目	三级压缩半封闭式	单级压缩开启式	单级压缩半封闭式
可靠性	较高 电机直接驱动叶轮 压缩机半封闭式 液态制冷剂冷却电机	适中 增速齿轮驱动叶轮 压缩机开启式 机房空气冷却电机	适中 增速齿轮驱动叶轮 压缩机半封闭式 液态制冷剂冷却电机
机械特性	较好 结构简单，叶轮转速低 三级压缩，电机直接驱动，仅一个运动部件	适中 结构复杂，叶轮转速高 单级压缩，齿轮传动 运转部件多达 6~8 组	适中 结构复杂，叶轮转速高 单级压缩，齿轮传动 运转部件多达 6~8 组
性能系数 COP	COP 高于单级压缩 15%~20% 三级压缩、二级经济器 无齿轮传动能耗损失	COP 低于多级压缩 15%~20% 单级压缩、无经济器 齿轮传动能耗损失	COP 低于多级压缩 15%~20% 单级压缩、无经济器 齿轮传动能耗损失
卸载范围	大，不易"喘振" 最小负荷 10% 左右	小，易"喘振" 最小负荷 30%~40% 除非热气旁通或变频	小，易"喘振" 最小负荷 30%~40% 除非热气旁通或变频

注：三级压缩离心式冷水机组能够较好地实现热回收功能、冰蓄冷功能和免费取冷功能，并已有产品问世。

2. 水冷离心式冷水机组的特殊功能

（1）热回收离心式冷水机组

水冷冷水机组不仅提供冷水，同时还产生高温冷却水。通常通过冷却塔散热，把空调系统中的热量传递到大气中去，造成热量散失。若回收此散失的热量，用于空调水或风的预热、工业用水加热等，既可节约能源，又可减少冷却塔的运行噪声。此项技术适用于同时需要冷量和热量的项目。

1）热回收的原理

图 29.7-9 为某公司双冷凝器的热回收冷水机组，它利用从压缩机排出的高温气态制冷剂向低温处散热的原理，提高标准冷凝器的水温，促使高温气态制冷剂流向热回收冷凝器，将热量散给热回收冷凝器的水流中。通过控制标准冷凝器的冷却水温度或冷却塔供回水流量，可以调节热回收量的大小。值得注意的是热水的出水温度越高，冷水机组的能效比就越低，制冷量也会相应地减少。二个冷凝器可以保证热回收水

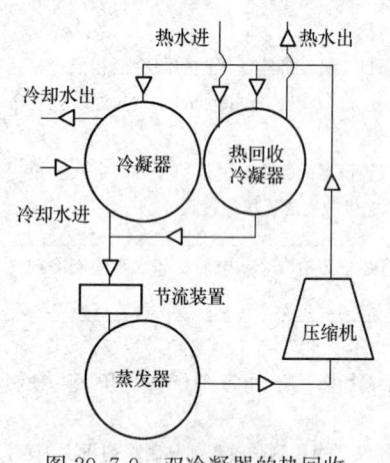

图 29.7-9 双冷凝器的热回收冷水机组原理图

管路与冷却水管路彼此独立，避免热回收侧增加热交换器，隔离受冷却塔"污染"的冷却水。

2）热回收冷水机组关注点见表 29.7-10

热回收冷水机组关注点   表 29.7-10

项 目	简 介
最大热回收量	热回收冷水机组的热回收量在理论上是制冷量和压缩机做功量之和，某些机组最大热回收量可达总冷量的 100%。在部分负荷下运行时，其热回收量随冷水机组的制冷量减少而减少
最高热水温度	热回收冷水机组以制冷为主，供热为辅。热水温度越高，则冷水机组的 COP 越低，甚至会使机组运行不稳定。一般需加其他热源提高热水温度
热水温度/热量的控制	热水回水温度控制方案：机组在部分负荷下运行时，热回收量减少，热水的回水温度不变而出水温度降低，使热水（冷却水）的平均温度降低，减少冷凝器与蒸发器压差，冷水机组制冷能效比相对较高 热水供水温度控制方案：效果相反，可能导致冷水机组运行不稳定

（2）"免费取冷"离心式冷水机组

适用于秋冬季仍需要供冷的项目，并且冷却水温度低于冷冻水温度。"免费取冷"离心式冷水机组可提供 45% 的名义制冷量，无需启动压缩机，机组能耗接近 0kW/t，性能系数 COP 接近无穷大。若室外湿球温度超过 10℃时，则返回到常规制冷模式。应用场合为宾馆、医院、办公楼、超市、工业生产等。

1）"免费取冷"的原理

根据制冷剂会流向系统最冷部分的原理，若流过冷却塔的冷却水水温低于冷水水温，则制冷剂在蒸发器中的压强高于其在冷凝器中的压强。此压差导致已蒸发的制冷剂从蒸发器流向冷凝器中，被冷却的液态制冷剂靠重力从冷凝器流向蒸发器，从而完成"免费取冷"的循环。蒸发器与冷凝器的温差决定制冷剂流量，温差越大，则制冷剂流量越多。

"免费取冷"一般需有 2.2℃～6.7℃温差,并相应提供 10%～45%的名义制冷量,但其冷水水温无法控制,基本上由冷却水温度和空调系统冷负荷决定。"免费取冷"的原理示意图见图 29.7-10。

2)"免费取冷"冷水机组的特性

"免费取冷"冷水机组与常规冷水机组稍有区别,主要是增加了储液罐、制冷剂充注量、气态和液态制冷剂旁通管及电动阀门、运行模式转换控制功能等,用户既可购买"免费取冷"冷水机组,又可在工地现场改造常规冷水机组。

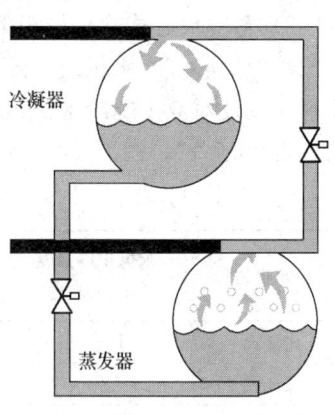

图 29.7-10 "免费取冷"原理示意图

"免费取冷"冷水机组的水路接管与常规冷水机组相同,无需增加板式热交换器等额外的换热设备,维护工作量较少和维护费用较低。

3)"免费取冷"冷水机组的注意事项

① "免费取冷"不能与热回收同时使用,因为提供热回收热量的冷水机组同时正在机械制冷,而"免费取冷"时压缩机不运转。

② "免费取冷"技术不适用于湿度控制要求高的空调系统(如计算机机房空调等),因为其提供的冷水水温稍高。

③ "免费取冷"可避免户外冷却水结冰,不仅提高冷却水水温,而且保持冷却水流动。但建议用户采用一些防冻措施以防不测:如户外冷却水水管保温、冷却塔底部增加电加热器、低温时段开水泵等。

(3) 冰蓄冷离心式冷水机组

冰蓄冷系统利用峰谷电价差别,通过"夜间制冰,白天融冰"方式,把不能储存的电能转化为冷量储存起来,满足空调制冷需求,同时实现电力需求削峰填谷的目的。

1) 蓄冷离心式冷水机组的特殊要求

在目前的冰蓄冷市场中,螺杆式冷水机组用于冰蓄冷的项目较多。除了中、小型冰蓄冷项目较多和螺杆式冷水机组允许的制冰温度较低外,冰蓄冷的特殊要求对离心式冷水机组提出挑战,而三级压缩离心式冷水机组能较好地满足冰蓄冷的要求,见表 29.7-11。

冰蓄冷离心式冷水机组的特殊要求 表 29.7-11

项 目	冰蓄冷的要求	三级压缩离心式
乙二醇溶液最低温度	比空调工况低 12.5℃左右,压缩机需克服蒸发器与冷凝器之间的压差比空调工况显著增加	分三次完成制冷剂提速再升压的接力过程,每一级压缩需克服的制冷剂压差相对较小,制冷剂不易"回流",无"喘振"现象
负荷调节范围	夜间制冰阶段,机组满负荷运行;白天供冷阶段,由于通常采用融冰优先模式,故机组通常是部分负荷运行。双工况运行转换,需要更大的负荷调节范围	通过加大叶轮直径和改变进气导流叶片角度,合理调节三个叶轮的状态,能满足双工况运行转换的要求
性能系数 COP	空调工况的 COP 与常规机组相当;制冰工况的 COP 降低幅度不大	空调工况的 COP 与常规离心式冷水机组相当;制冰工况的 COP 比双工况螺杆式冷水机组高

2) 蓄冷离心式冷水机组的特性

蓄冷离心式冷水机组一般具有冷量大、能效比高的优点，因此多用于大、中型冰蓄冷项目，以及对双工况冷水机组能效比要求高的项目。蓄冷空调系统常用的冷水机组特性对比见表29.7-12。

蓄冷空调系统常用的冷水机组特性表　　　　　　　表29.7-12

冷水机组	最低供冷温度 (℃)	制冷机性能系数 (COP)		典型选用容量范围	
		空调工况	蓄冷工况	(kW)	(RT)
往复式	−12～−10	4.1～5.4	2.9～3.9	90～530	25～150
螺杆式	−12～−7	4.1～5.4	2.9～3.9	180～1800	50～500
离心式	−6.0	5～5.9	3.5～4.5	700～7000	200～2000
涡旋式	−9.0	3.1～4.1	1.2～1.3	70～210	20～60
吸收式	4.4	0.65～1.23	—	700～5600	200～1600

蓄冷离心式冷水机组的缺点是乙二醇溶液最低温度不宜过低，否则会导致离心式冷水机组喘振。制冰温度高低与冰蓄冷方案、系统控制技术、蓄冰装置特性、冷水机组与蓄冰装置匹配有关。由于冷水机组的制冰温度越低，则冷水机组的制冷量和能效比减少越多，不利于节省冰蓄冷项目的初投资和运行费，故一般冷水机组的制冰温度为−5.56℃左右较合适。

3）三级压缩离心式冷水机组特性

三级压缩离心式冷水机组可以在较低的制冰温度下保持较高的性能系数COP。如额定冷量为2285kW、2637kW、4570kW的冰蓄冷机组可以在乙二醇溶液最低温度为−6.5℃时，机组COP高达4.4；在空调工况时，机组COP高达5.75，与常规三级压缩离心式冷水机组的COP相当。

3. 离心式冷水机组的换热器

(1) 冷凝器

与水冷螺杆冷水机组的冷凝器一样，离心冷水机组也通常采用卧式管壳式冷凝器，由于其结构与螺杆冷水机组的冷凝器基本相同，故可参见29.6.2的介绍。

(2) 蒸发器

离心冷水机组通常采用满液式蒸发器与降膜式蒸发器，由于其结构与螺杆冷水机组的蒸发器基本相同，故可参见29.6.2的介绍。

(3) 经济器

经济器是多级压缩离心式冷水机组的一个重要节能部件。三级压缩离心式冷水机组的二级经济器可提高机组COP约5%～8%。图29.7-11所示的二级经济器，制冷剂在蒸发器和冷凝器之间的二个中间压力下闪蒸，闪蒸的气体冷却压缩机级间气体，明显提高冷水机组的

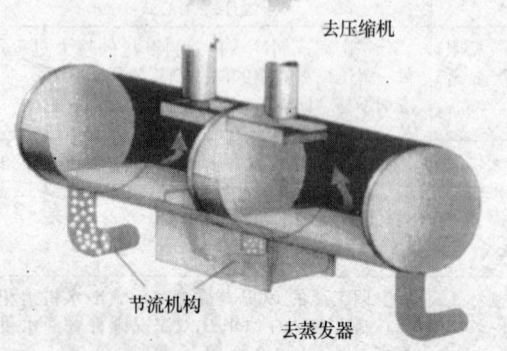

图29.7-11　二级经济器示意图

能效比。

(4) 节流装置

节流装置通常有孔板、线性浮球阀等形式。

1) 孔板

大多数离心冷水机组使用孔板，并与满液式蒸发器相匹配。由于没有运动部件，其优点是结构简单，不易损坏。孔板的缺点是对部分负荷与变工况的调节能力差。而三级压缩离心式冷水机组有三个孔板，与二级经济器相匹配，可有效提高对部分负荷与变工况的调节能力。

2) 线性浮球阀

线性浮球阀的优点是对部分负荷与变工况的调节能力强。由于是运动部件，其缺点是结构复杂，可靠性差。线性浮球阀采用滤网防止混入液体中的杂质（如锈粉、污垢等），但在长期运行过程中，若维护保养不当，运动部件容易被杂质卡住，使节流部件失灵，影响机组正常运行。

29.7.4 离心式冷水机组的控制原理与保护

离心式冷水机组的控制通常可分为能量调节控制和安全运行控制两种，常规机组分别采用"反馈控制"模式和"停机保护"模式，而先进的冷水机组相应地增加了"前馈控制"模式和"自适应控制"模式，见表29.7-13。

能量调节控制和安全运行控制模式分类　　　　表29.7-13

控 制 模 式	能量调节控制	安全运行控制
常规控制模式	反馈控制	停机保护
先进控制模式	前馈控制＋反馈控制	自适应控制＋停机保护

1. 能量调节控制

(1) 常规的"反馈控制"模式

常规的离心式冷水机组一般采用"反馈控制"方式，通过监控冷水机组出水温度，实现冷水机组的加减载。也就是比较冷水出水温度的测量值与设定值，通过调节压缩机的导流叶片开度，控制进入压缩机的制冷剂流量，提供不同的冷量满足空调系统的需求。冷水机组的控制通常采用PID（比例积分微分）调节方式。

(2) 先进的"前馈控制＋反馈控制"模式

当空调系统的负荷变化较快或冷水机组出水温度的控制精度要求高时，常规的"反馈控制"模式就不能满足要求。因为冷水机组回水温度最先反映空调系统的负荷变化，因此增加回水温度测量点，根据回水温度的变化率，由"前馈控制"决定冷水机组的加载或减载的幅度，就能更快地控制冷水机组的负荷，更精确地控制冷水机组出水温度。而常规的"反馈控制"的主导作用是决定冷水机组是加载或减载。

2. 安全运行控制

(1) 常规的"停机保护"模式

为确保冷水机组安全可靠地运行，常规的冷水机组设置了以下安全保护措施：

1) 压缩机吸气压力或蒸发器压力过低，报警停机保护；

2)压缩机排气压力或冷凝器压力过高,报警停机保护;
3)压缩机排气温度过高,报警停机保护;
4)油压差保护;
5)冷水、冷却水断流保护;
6)过电压、欠电压保护;
7)缺相、断相保护;
8)过电流保护;
9)电机绕组温度高保护。

大多数冷水机组将上述保护设定成"切断保护"。当机组的参数达到设定切断值时机组能报警并自动停机。如此控制虽然可以有效的保护冷水机组,但是对于运行工况的短暂变化无法适应,可能造成冷水机组频繁停机。

(2)先进的"自适应控制"模式

先进的冷水机组具有"自适应控制"功能,可有效地防止冷水机组频繁停机。当机组的运行工况发生变化,影响冷水机组正常运行的时候,冷水机组会调节自身的运行参数来继续运行,不间断地提供冷量,及时解决冷水机组不正常的运行状况。此控制模式有效地提高机组的适应能力,最大限度满足用户的供冷需求。

29.7.5 离心式冷水机组的选用指南

1. 离心式冷水机组的选择要点

满足使用功能和高效、可靠地运行是选用离心式冷水机组的要点。由于冷水机组及其部件的不同特征决定了冷水机组的性能和质量,因此简明扼要地回顾离心式冷水机组各部件的特点,有助于全面、清晰地了解其性能和质量。离心式冷水机组的选择要点见表29.7-14。

离心式冷水机组的选择要点 表29.7-14

序号	项目	部件特征及技术参数		备注
1	制冷参数运行工况	冷水进出口温度	性能系数COP	机组的运行工况影响机组的制冷量、性能系数COP
		冷却水进出口温度	制冷剂	
		制冷量	卸载范围	
		输入功率		
2	压缩机	单级压缩/多级压缩,半封闭/开启式 直接驱动/齿轮传动 负荷调节范围		压缩机的不同型式影响其可靠性、能效比、负荷调节范围
3	电动机	电源 380V/3kV/6kV/10kV 电机功率 低压启动: 星/三角启动、固态启动、变频启动 高压启动: 直接启动、自耦启动、初级阻抗 冷媒冷却/空气冷却 断路器		电源功率及高、低压启动方式决定电动机启动电流,影响启动柜的价格 电动机的冷却方式影响电动机的可靠性,安装断路器方便电源切换

续表

序号	项 目	部件特征及技术参数		备 注
4	控制器	能否提供运行状况报告，即四种程序报告（压缩机、制冷剂、冷水机组、客户指定报告），是否中文显示 可否与本公司的自控系统通信，也可与其他品牌楼宇自控系统联系 对潜在的过载、超压、结冰等情况，是否采取积极措施，不会立即停机		"前馈控制＋反馈控制"模式 精确地控制冷水机组出水温度 "自适应控制"模式在非正常情况下，可继续供冷，不会保护性停机
5	蒸发器	冷水水量 冷水水压降 水侧承压 污垢系数 水管回程数	满液式蒸发器 降膜式蒸发器	蒸发器水侧参数影响冷水泵的流量、扬程 水管回程数影响水管的接管方向和安装空间 蒸发器的类型影响其换热效率
6	冷凝器	冷却水水量 冷却水水压降 水侧承压 污垢系数 水管回程数	卧式壳管式	冷凝器水侧参数影响冷却水泵的流量、扬程 水管回程数影响水管的接管方向和安装空间 换热管类型与冷却水水质有关

为了确保离心式冷水机组的性能和质量，还应根据离心式冷水机组部件明细表，确认部件的品牌和产地，见表 29.7-15。

离心式冷水机组部件明细　　　　　表 29.7-15

序号	名 称	说 明	序号	名 称	说 明
1	压缩机总成（包括电动机）	品牌，产地	11	换热器外壳	品牌，产地
2	微电脑控制中心	品牌，产地	12	水流开关	品牌，产地
3	星-三角启动器	品牌，产地	13	压力传感器	品牌，产地
4	干燥过滤器	品牌，产地	14	温度传感器	品牌，产地
5	油过滤器	品牌，产地	15	各种继电器/空气开关	品牌，产地
6	冷媒过滤器	品牌，产地	16	隔振垫片	品牌，产地
7	油冷却器	品牌，产地	17	保温材料	品牌，产地
8	排气装置	品牌，产地	18	电磁阀	品牌，产地
9	蒸发器冷凝器高效换热管	品牌，产地	19	球阀	品牌，产地
10	换热管支撑板	品牌，产地	20	角阀	品牌，产地

2. 离心式冷水机组的典型接线和接管示意图

(1) 常规离心式冷水机组的典型接线和接管示意图与图 29.4-3 相同。

(2) "免费取冷"的离心式冷水机组典型接线和接管示意图与图 29.4-3 相同。

(3)"双工况"离心式冷水机组在冰蓄冷系统中的接管示意图见图29.7-12。

(4)可热回收的离心式冷水机组典型接管示意图见图29.7-13。

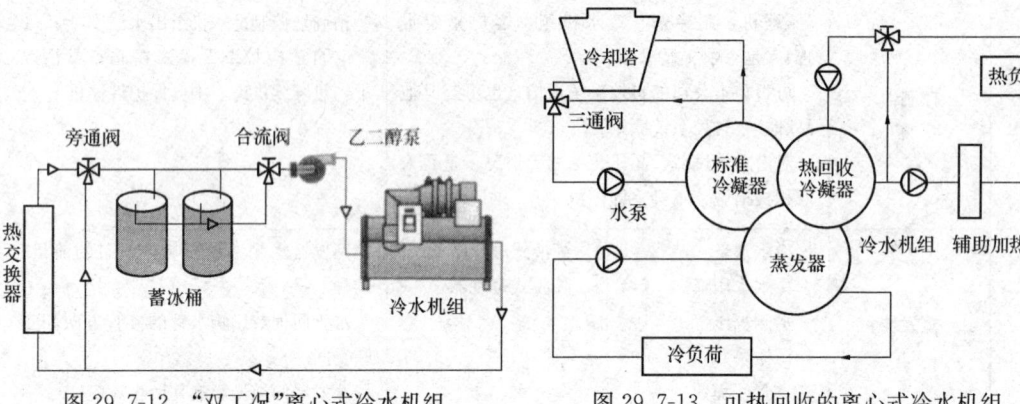

图29.7-12 "双工况"离心式冷水机组接管示意图

图29.7-13 可热回收的离心式冷水机组典型接管示意图

29.7.6 离心式冷水机组的运行规律

只有了解离心式冷水机组的运行规律，才能使冷水机组高效、可靠地运行。由于冷水系统一般包括冷水机组、冷却塔、水泵等主要部件，大多数建筑物都是使用两台（或两台以上）的冷水机组供冷，冷水机组在大部分时间内在部分负荷下运行，因此介绍与此相关的以下内容，有助于了解冷水机组的运行规律，有关冷水系统设计见第26章的介绍。

(1)冷却水温度的优化控制

(2)冷水机组部分负荷的能效比特点

(3)多台冷水机组并联运行规律

1. 冷却水温度的优化控制

(1)冷却水温度的优化点确定

冷水机组提供冷量的同时还产生热量，通过冷却塔散热。冷却水温度变化后，冷水机组能耗和冷却塔能耗的变化趋势却相反，见表29.7-16。

冷却水的温度对冷却塔和冷水机组能耗的影响　　　表29.7-16

要求	机械通风式冷却塔	冷水机组
冷却水的温度降低	风扇转速升高，耗电增加	冷凝器进水温度降低，耗电减少
冷却水的温度升高	风扇转速降低，耗电减少	冷凝器进水温度升高，耗电增加

故把冷却塔能耗与冷水机组能耗相加，可以寻找冷却水温度的优化点，对应于总能耗曲线上的最低点。如图29.7-14所示，某项目1000冷吨的冷水机组运行时所确定的最低点为28℃，此最低点称为冷却塔与冷水机组运行的冷却水温度优化点。

(2)冷却水温度优化点随运行工况变化而改变

实际上，冷却水温度优化点取决于很多参数，如冷却负荷、空气的湿球温度或环境状

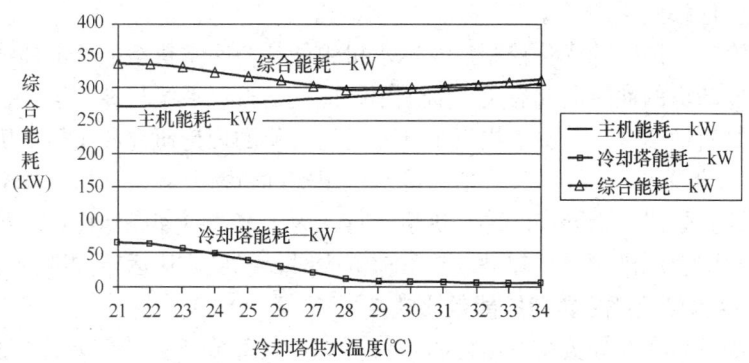

图 29.7-14 冷却塔供水温度与能耗关系图

态等。冷水机组和冷却塔的综合能耗最低点不是对应于恒定的冷却水温度点,如图 29.7-15 所示。

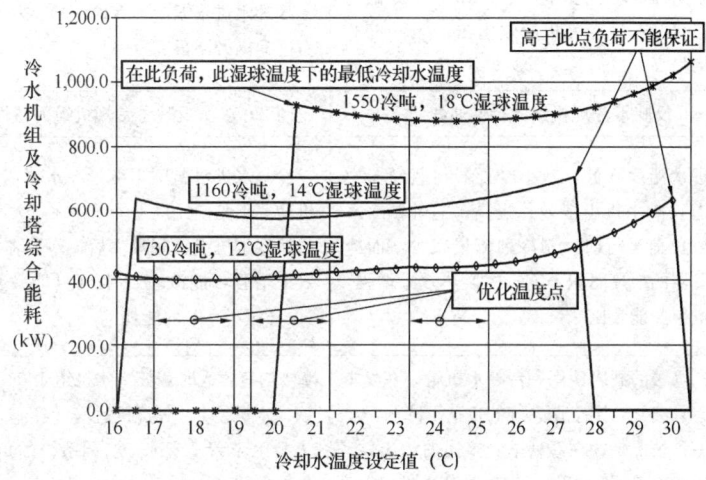

图 29.7-15 系统负荷变化与冷却水最优化温度点关系图

假如在室外湿球温度 18℃时,一台 1550 冷吨的离心式冷水机组满负荷的工作状态曲线如图 29.7-15,它表明在此负荷、此湿球温度下,随着冷却水温度的不同,冷水机组和冷却塔的总能耗也随之不同。但我们能找出在此状态下的冷却水的优化温度 24℃,对应于总能耗曲线上的最低点。当随着负荷减少,室外湿球温度的下降,这冷却水的优化温度也会随之发生变化。如图 29.7-15 在冷水机组荷载到达 1160 冷吨时,湿球温度在 14℃的条件下,冷却水的优化点移到了 21℃,也就是说,不同的湿球温度,不同的冷水机组荷载会产生出不同的优化温度点。同理,当冷水机组在 730 冷吨,湿球温度在 12℃时,

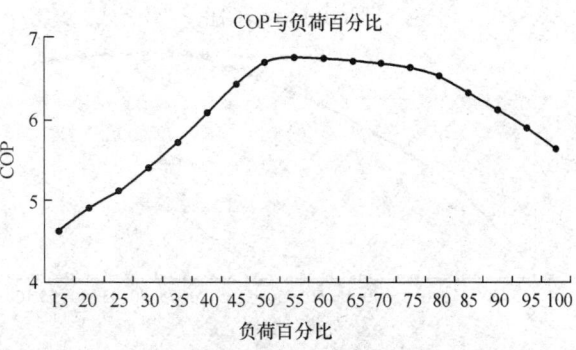

图 29.7-16 冷却水进水温度与机组负荷同步变化

优化温度就相应地移到了18℃。

如何寻找冷却水温度的优化控制点？冷水机组能耗与冷水机组的性能曲线有关，而冷却塔能耗的与冷却塔的性能曲线有关，需采用智能化的控制系统将冷却塔运行控制与冷水机组运行控制紧密地结合。某冷水机组生产商经过7年的理论研究和实验，确定冷却水温度的优化点与室外湿球温度及其设计值、冷水机组实际负荷及其设计值、冷却水单位冷量的流量有关的计算公式，指导实际冷水机组运行。为了节约冷却塔能耗，冷却塔一般采用双速风机或变频调速风机，在冷却塔散热负荷减少时，风机低速运转，进行节能控制。

2. 离心式冷水机组部分负荷的能效比特点

离心式冷水机组在部分负荷下运行的条件不同，其部分负荷的能效比变化趋势不同，以冷却水进水温度变化为例，介绍冷水机组在部分负荷时的运行规律，见表29.7-17。

冷却水进水温度对冷水机组部分负荷的能效比影响　　　　　　　表29.7-17

项目	冷却水进水温度与机组负荷同步变化	冷却水进水温度不变，机组负荷变化
特征	冷却水进水温度与空调系统负荷同步变化时（受太阳得热影响），冷冻机能效比在55%～65%区间内效率最高	冷却水进水温度不变时，冷冻机能效比在80%左右区间内效率最高
图示	图29.7-16反映了常规机组的特性曲线	图29.7-17反映了常规机组的特性曲线
原因	冷却水进水温度降低，减小冷凝器与蒸发器中制冷剂压差，冷水机组能效比提高。另外，冷水机组在部分负荷运行时，制冷剂流量减少，而冷凝器和蒸发器的换热面积不变，故换热效果增强，提高冷水机组的能效比	冷却水进水温度不变，冷水机组负荷减少时，电机功率不是同比例下降，存在"大马拉小车"现象。虽然冷水机组负荷减少后，冷凝器和蒸发器的换热效果增强，能改善冷水机组能效比，但不能弥补"大马拉小车"的能耗
典型事例	例如某二幢楼的酒店使用一台冷水机组，在夏季二幢楼均有客人时，该冷水机组100%负荷运行。若其中一幢楼客人离开，则空调系统的负荷下降为50%，该冷水机组50%负荷运行，但冷却水进水温度基本不变。另一种情况是，在春秋季二幢楼的酒店住满客人，由于天气变凉，空调系统的负荷下降为50%，该冷水机组50%负荷运行，但此时冷却水进水温度比夏季低很多	

冷水机组是按照设计工况选择的，当冷却水进水温度低于设计工况时，冷水机组的满负荷制冷量可能会大于其设计冷量（额定冷量）。超额冷量一般是5%左右，它不仅受到"压缩机过电流保护"的限制，而且受到冷凝器与蒸发器的压差不宜过低的限制。另外，在冷水机组负荷相同的条件下，若冷却水进水温度降低，则冷水机组的COP会升高。

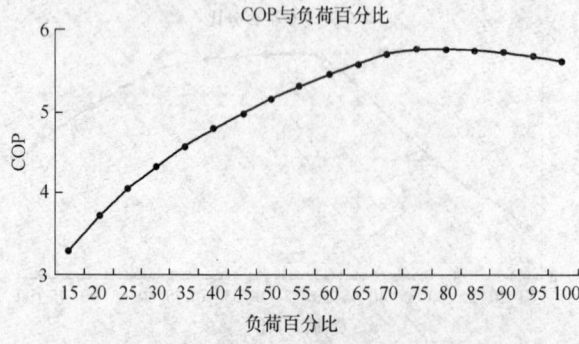

图29.7-17　冷却水进水温度不变，机组负荷变化

冷水机组在非设计工况下，仍可能满负荷运行。在多台冷水机组运行管理中，空调系统负荷逐步减少时，会关闭部分冷水机组，使剩余的冷水机组在较高负荷区域满负荷运行。因此在设计选型时适当增加冷水机组台数，在空调系统部分负荷时，减少冷水机组的运行台数是节能的措施之一。另外，在空调

系统部分负荷时，若能提高冷水出水温度，也可提高冷水机组运行能效比。

3. 多台离心式冷水机组并联运行规律

据统计只有15%左右的建筑物使用单台冷水机组供冷，而85%左右的建筑物都是使用两台（或以上）的冷水机组供冷。为了让每台冷水机组运行在高能效的较高负荷区域，冷水机组的群控方案应确保每台冷水机组绝大部分时间运行在50%以上负荷范围内，以达到既节约冷水机组运行费用，又节约与之相对应的水泵、冷却塔的运行时间及电费的目的。当建筑物中的冷水机组的数量越多时，每台机组接近满负荷运行的概率越大。

以空调系统负荷为3600kW，采用4种冷水机组的运行方案为例，分析单机负荷与空调系统负荷的关系，见表29.7-18。

单机负荷与系统负荷对应表　　　　　　　　　　　　表 29.7-18

系统负荷（kW）		0	600	900	1200	1800	2400	2700	3600
方　案	单机冷量	不同组合的冷水机组运行方案							
方案 1	3600kW	0	600	900	1200	1800	2400	2700	3600
方案 2	1800kW	0	600	900	1200	1800	1200	1350	1800
	1800kW	0	0	0	0	0	1200	1350	1800
方案 3	1200kW	0	600	900	1200	0	900	1200
	2400kW	0	0	0	0	1800	2400	1800	2400
方案 4	1200kW	0	600	900	1200	900	1200	900	1200
	1200kW	0	0	0	0	900	1200	0	1200
	1200kW	0	0	0	0	0	0	900	1200

方案 1：采用 1 台 3600kW 冷水机组

方案 2：采用 2 台 1800kW 冷水机组

方案 3：采用 1 台 1200kW 和 1 台 2400kW 冷水机组

方案 4：采用 3 台 1200kW 冷水机组

与表29.7-18对应的单机负荷百分比与系统负荷百分比的对比见表29.7-19。

单机负荷百分比与系统负荷百分比对应表　　　　　　表 29.7-19

系统负荷（百分比）		0	17%	25%	33%	50%	67%	75%	100%
方　案	单机冷量	不同组合的冷水机组运行方案							
方案 1	3600kW	0	17%	25%	33%	50%	67%	75%	100%
方案 2	1800kW	0	33%	50%	66%	100%	66%	75%	100%
	1800kW	0	0	0	0	0	66%	75%	100%
方案 3	1200kW	0	50%	75%	100%	0	0	75%	100%
	2400kW	0	0	0	0	75%	100%	75%	100%
方案 4	1200kW	0	50%	75%	100%	75%	100%	75%	100%
	1200kW	0	0	0	0	75%	100%	0	100%
	1200kW	0	0	0	0	0	0	75%	100%

对比以上四种运行方案，可以发现：

(1) 当单机负荷为50%时，对应的系统负荷分别为50%、25%、17%、17%，表明冷水机组的台数越多，则相同单机负荷百分比对应的系统负荷百分比越小。

(2) 单机负荷为100%的次数分别为1次、3次、4次、6次，表明冷水机组的台数越多，则单机负荷达到100%的机会越多。

上述单机负荷与系统负荷对应的冷水机组运行规律，也能从图29.7-18中反映。图中直线（折线）表示单台或数台冷水机组运行负荷百分比。

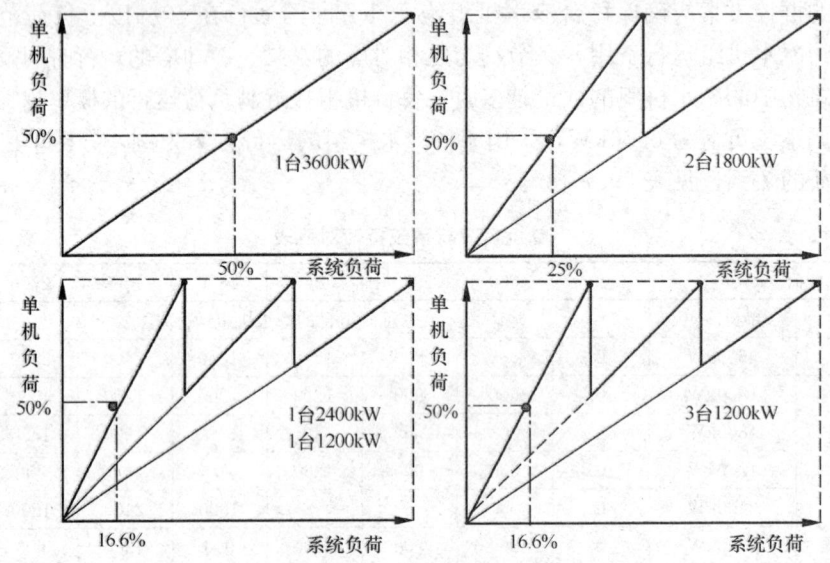

图 29.7-18　单机负荷百分比与系统负荷百分比对应图

根据以上案例分析和工程经验，获得以下多台冷水机组运行规律：

1) 采用多台冷水机组的项目，单机在高负荷区（65%以上）运行的时间百分比随台数增加而增大，明显超过用一台冷水机组提供空调系统负荷的情况。

2) ARI推出的适用于一台冷水机组提供空调系统负荷的NPLV、IPLV公式推广到多台机组制冷时，式中A、B、C、D的权重（运行时间百分比）将向高负荷区偏移，偏移程度与冷水机组台数、单机制冷量分配有关，见图29.7-19。

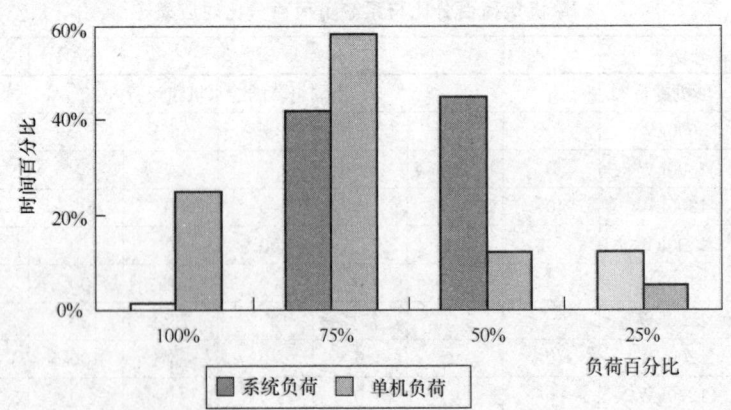

图 29.7-19　单机负荷与系统负荷的差异

据统计：采用2~3台冷水机组的常规项目中，单机在50%负荷以上区间运行的时间百分比超过87.2%。上海某项目使用三台冷水机组（一台冷量1055kW，二台冷量

2110kW)，单机累计运行 16734 小时，其中在 50%负荷以上区间运行的时间为 15395 小时，时间百分比为 92%。

综上所述，由于大部分建筑物都是使用两台（或两台以上）的冷水机组供冷，并且冷水机组的群控方案基本保证每台冷水机组绝大部分时间运行在 50%以上负荷范围内，因此在选择离心式冷水机组时，需注意：

（1）离心式冷水机组的 NPLV 值不能真实反映多台冷水机组运行时的实际能耗情况，因此可采取比较离心式冷水机组的 COP 为主，比较其 NPLV 值为辅的方式，评估多台冷水机组运行时的实际能耗情况。

（2）合理选择冷水机组的台数，综合考虑二方面因素：虽然设计的冷水机组台数增加，在空调系统负荷减少时，减少冷水机组的运行台数，是节能运行的措施之一；但是由于冷水机组台数增加，导致冷水机组的单机制冷量减少，对于同一系列的机组而言，单机制冷量越小，其 COP 值也相对较小，对冷水机组节能运行不利。

（3）从实际出发选择冷水机组的台数和单机制冷量。一般工程以 3～5 台冷水机组为宜，基本上是多台同一冷量的冷水机组加一台小冷量的冷水机组。这样既考虑离心式冷水机组在不同冷量范围的性价比和 COP 值，又考虑冷水机组、水泵、冷却塔的互为备用，还考虑冷水机组的群控系统的复杂程度及其成本。冷水机组台数过多，会相应增大冷水机房面积，因为每一台冷水机组都需要维修空间，并且水泵、冷却塔所需的空间也相应增大。

29.8 溴化锂吸收式冷(热)水机组

溴化锂吸收式冷(热)水机组是一种以热能为动力，溴化锂溶液为工质对，制取冷(热)源的设备（一般制取 5℃以上冷水）。其显著优点是：无需耗用大量的电能，能利用各种低品位热源和余汽；运动部件少，振动、噪声小，运行安静；在真空状态下运行，无臭、无毒、无爆炸危险，安全可靠；负荷可实行无级调节，性能稳定；操作简单，维护保养方便，故被广泛应用于会堂、宾馆、医院、办公楼、工厂等场所的空调和厂矿工艺流程的冷却。

29.8.1 吸收式制冷原理及工质

1. 溴化锂吸收式制冷原理

（1）单效溴化锂吸收式制冷循环

图 29.8-1 所示是单效溴化锂吸收式制冷循环。发生器与冷凝器压力较高，布置在一个筒体内，称为高压筒；吸收器与蒸发器压力较低，布置在另一个筒体内，称为低压筒。高压筒与低压筒之间通过节流装置如 U 形管连接，以保持两筒间压差。循环过程如下：吸收器内稀溶液由溶液泵通过溶液热交换器送入发生器。稀溶液由于热源的加热发生出冷剂蒸汽，进入冷凝器内被冷凝成冷剂水，经 U 形管流入蒸发器。冷剂水吸收管内冷水

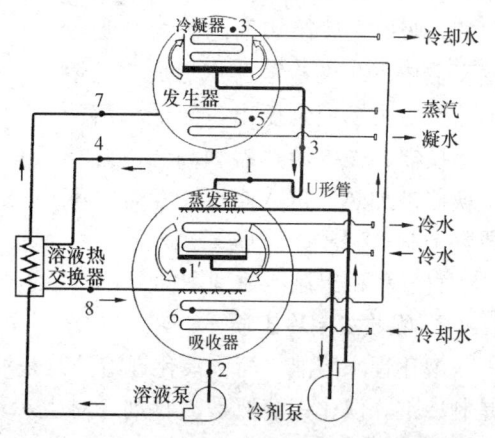

图 29.8-1 单效溴化锂吸收式制冷循环

的热量，使冷水温度降低，成为低温水，同时自身蒸发成蒸汽，进入吸收器被浓溶液吸收成为稀溶液。如此循环不已，达到连续制冷目的。溶液热交换器的作用是将发生器来的高温浓溶液加热从吸收器来的稀溶液，回收内部热量以提高循环的性能系数。

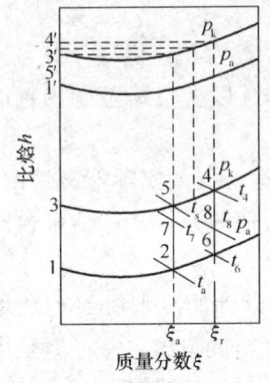

图 29.8-2　单效吸收式制冷循环在 h-ξ 图上的表示

单效溴化锂吸收制冷循环在 h-ξ 图上的表示见图 29.8-2。图中 2 点相应于吸收器出口稀溶液。2—7 为稀溶液经溶液热交换器的升温过程。7—5—4 为发生过程，其中 7—5 为稀溶液在发生器中的预热过程，在 p_k 压力下达到汽液相平衡状态点 5；5—4 为稀溶液在发生器中的发生过程。与发生过程开始（点 5）和终了（点 4）相对应的蒸汽分别处于纵坐标的点 5′和 4′（该二点仅表示状态点的比焓值），通常用 t_5 和 t_4 的平均温度作为发生器出来的蒸汽温度，点 3′表示在 p_k 压力下发生器发生的冷剂蒸汽状态。4—8 表示浓溶液在溶液热交热器中的降温过程。8—6 为浓溶液进入吸收器后的闪发降温过程，6—2 为溶液吸收冷剂蒸汽的过程。

热水单效型机组制冷原理图同上。

(2) 双效溴化锂吸收式制冷循环

图 29.8-3 所示为双效型溴化锂吸收制冷循环。双效循环与单效循环相比，多了一个高压发生器，一个高温溶液热交换器和一个凝水换热器。其工作原理如下：在高压发生器中稀溶液被高压蒸汽加热而产生冷剂蒸汽，稀溶液浓缩成中间溶液。冷剂蒸汽进入低压发生器作为热源，加热由高压发生器经高温溶液热交换器流至低压发生器中的中间溶液，使之在冷凝压力下再次产生冷剂蒸汽，中间溶液浓缩成浓溶液。高压蒸汽的能量在高、低压发生器中得到两次利用，故称为双效循环，其热效率比单效循环高得多。

高压发生器的冷剂蒸汽在低压发生器内放热后凝结成冷剂水，经节流后与低压发生器产生的冷剂蒸汽一同进入冷凝器被冷凝成水，经 U 形管流入蒸发器，喷淋在管簇上吸取管内冷水的热量，使之温度降低，达到制冷目的。吸收器管簇表面的浓溶液吸收蒸发器中产生的冷剂蒸汽后成为稀溶液，然后由溶液泵压出，经低温溶液热交换器、凝水换热器和高温溶液热交换器被加热后进入高压发生器，完成整个制冷循环。

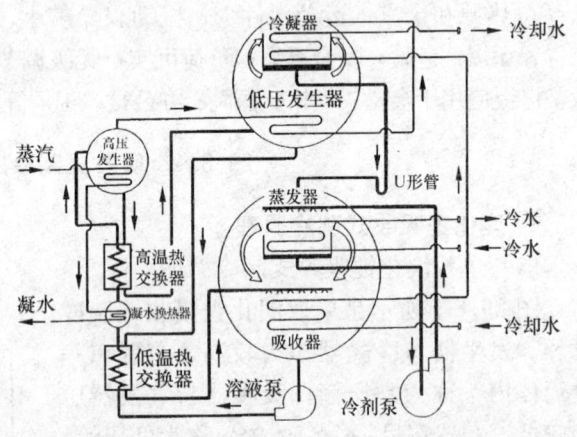

图 29.8-3　双效溴化锂吸收式制冷循环

直燃型机组制冷原理图同上，但系统中无凝水换热器。

2. 吸收式制冷工质

溴化锂水溶液（简称溴化锂溶液）是溴化锂吸收式冷（热）水机组的工质对，其中水是制冷剂，溴化锂溶液是吸收剂，对生态环境无破坏作用（ODP、GWP=0），但对金属有腐蚀性。

(1) 溴化锂溶液的技术要求

溴化锂与氯化钠类似,由碱金属元素锂(Li)和卤族元素溴(Br)两种元素组成,是一稳定的物质,极易溶解于水,常温下是无色晶体,无毒、无臭、有咸苦味。溴化锂吸收式冷(热)水机组的溴化锂溶液应符合 GB/T 18362—2001 规定的技术要求,见表 29.8-1。

溴化锂溶液技术要求　　　　　　表 29.8-1

项　目	铬酸锂缓蚀剂系列	钼酸锂缓蚀剂系列
溴化锂 LiBr(或氯化锂 LiCl)	50%~55%(可根据需要调整)	
铬酸锂 Li_2CrO_4	0.10%~0.30%	0
钼酸锂 Li_2MoO_4	0	0.01%~0.02%
pH 或碱度	pH 9~10.5	LiOH 0.01~0.2mol/L
硫酸根 SO_4^{2-}	<0.02%	
氯离子 Cl^-	<0.05%(氯化锂或混合溶液无限制)	
钾钠合计 $K^+ + Na^+$	<0.02%	
氨 NH_3	<0.001%	
钙 Ca^{2+}	<0.001%	
镁 Mg^{2+}	<0.001%	
钡 Ba^{2+}	<0.001%	
铜 Cu^{2+}	<0.0001%	
总铁 Fe	<0.0001%	
硫化物 S^{2-} 试验	无反应	
溴酸盐 BrO_3^- 试验	无反应	
有机物试验	无反应(添加剂辛醇等除外)	

(2) 溴化锂溶液的物理性质

1) 溶解度

溶解度是饱和溶液中的溴化锂质量分数。常温下饱和溶液中 LiBr 的质量分数可达 60% 左右。图 29.8-4 所示为溶解度曲线,也称结晶线,其左上方为液相区,右下方是固相区。机组必须在液相区运行。表 29.8-2 列出不同溴化锂质量分数下的结晶温度。

国产溴化锂溶液的结晶温度　　　　　　表 29.8-2

LiBrξ(%)	55.0	55.5	56.0	56.5	57.0	57.5	58.0	58.5
结晶温度 t_s(℃)	-29.7	-21.6	-14.9	-8.3	-2.5	2.5	6.9	10.8
LiBrξ(%)	59.0	59.5	60.0	60.5	61.0	61.5	62.0	62.5
结晶温度 t_s(℃)	14.4	17.9	21.3	24.5	27.4	30.2	32.7	34.8
LiBrξ(%)	63.0	63.5	64.0	64.5	64.86	65.0	65.5	66.0
结晶温度 t_s(℃)	36.9	38.8	40.6	42.3	43.2	47.0	56.3	63.7

续表

LiBr ξ (%)	66.5	67.0	67.5	68.0	68.5	69.0	69.5	70.0
结晶温度 t_s (℃)	70.0	75.9	81.7	87.2	92.7	97.7	102.4	107.3

2) 密度

溴化锂溶液的密度与温度和质量分数有关。当温度一定时，随着质量分数增大，其密度也增大；如质量分数一定，则随着温度的升高，其密度减小。

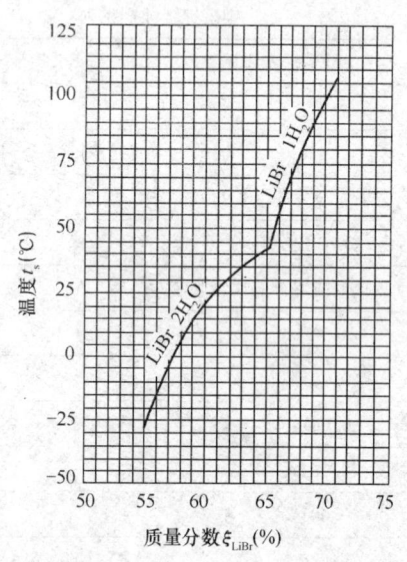

图 29.8-4 溴化锂溶液的结晶曲线

3) 质量定压热容

溴化锂溶液的质量定压热容随温度的升高而增大，随质量分数的增大而减少，且比水小得多。

4) 黏度

溴化锂溶液动力黏度在一定温度下，随着质量分数增加而急剧增大；在一定质量分数下，随着温度降低，黏度增大。

5) 表面张力

溴化锂溶液的表面张力与温度和质量分数有关。质量分数不变时，随着温度升高而降低；温度不变时，随质量分数增大而增大。

6) 热导率

溴化锂溶液热导率在一定温度下随质量分数的增大而减小；在一定的质量分数下，随着温度的增高而增大。

(3) 溴化锂溶液的腐蚀性和缓蚀剂

氧气是导致溴化锂溶液对金属腐蚀的主要因素，因此隔绝氧气是最根本的防腐措施。此外，对金属腐蚀的因素还有：

1) 溶液温度

当溶液温度超过 165℃ 时，溶液对金属的腐蚀急剧增大。

2) 溶液酸碱度

溶液的酸碱度可用 pH 值表示。当 pH 值在 9.0～10.5 范围内，对金属腐蚀率最小。

3) 溶液中 LiBr 的质量分数

在常压下稀溶液腐蚀性比浓溶液大；在高真空下对金属的腐蚀率几乎与溶液质量分数无关。

为了防止溴化锂溶液对金属的腐蚀，添加各种缓蚀剂可有效地抑制溶液对金属的腐蚀。常用的缓蚀剂有铬酸锂 Li_2CrO_4 和钼酸锂 Li_2MoO_4，前者的质量分数应在 0.10%～0.30% 之间；后者的质量分数应在 0.01%～0.02% 之间。通常，首次前者加到 0.20%、后者加到 0.015%，运行一段时间后，根据情况逐步添加。

(4) 溴化锂溶液的热力图表

溴化锂溶液的热力图表对溴化锂吸收式冷（热）水机组的理论分析和设计计算都非常

重要。以下介绍两种主要的热力参数图，即压力—温度（p-t）图（见图29.8-5）和比焓—质量分数（h-ξ）图（见图29.8-6）。

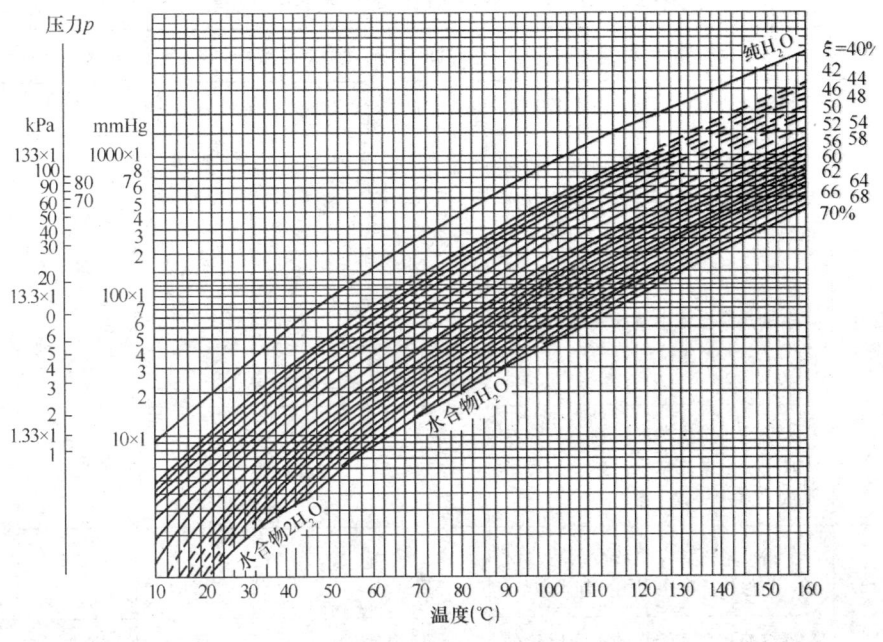

图29.8-5　溴化锂溶液的 p-t 图

1) 溴化锂溶液的 p-t 图

溴化锂溶液的 p-t 图表示处于气液相平衡状态下溴化锂溶液的质量分数 ξ、饱和蒸汽压力 p 和温度 t 三者之间的关系，只要知道任何两个参数，即可通过 p-t 图来确定另一个参数。如图29.8-5所示，已知溴化锂溶液的温度为82.5℃、水蒸汽压力为7.73kPa，便可在 p-t 图上，由横坐标82.5℃、纵坐标7.33kPa的交点，确定质量分数 ξ 为58%。

2) 溴化锂溶液的 h-ξ 图

图29.8-6是溴化锂溶液的 h-ξ 图的示意图。它表示溶液处于相平衡的水蒸汽压力 p、溶液温度 t、质量分数 ξ 和比焓 h 这4个参数之间的关系。图中上半区为与溶液处于相平衡的汽相区，一系列斜线为辅助等压线，其上状态点的纵坐标表示水蒸汽的比焓，横坐标表示与水蒸汽处于相平衡下溶液的质量分数。图中下半区为液相区，由一系列等温线和等压线组成。

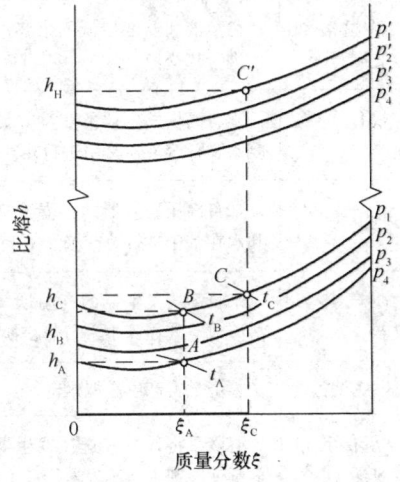

图29.8-6　溴化锂溶液的 h-ξ 示意图

29.8.2　蒸汽和热水型溴化锂吸收式冷水机组

溴化锂吸收式冷(热)水机组由若干个热交换器及屏蔽泵和阀件等组成，根据功能要求，组合成不同型式的机组，其主要部件及功能见表29.8-3。机组名义工况和性能参数见表29.8-4（GB/T 18431—2001）。机组分类见表29.8-5。

溴化锂吸收式冷（热）水机组的主要部件及功能　　　　表29.8-3

部件名称	部件的功能	蒸汽单效型	蒸汽双效型	热水型	热水二段型	直燃型
蒸发器	冷剂水在其中蒸发，使冷水降温	○	○	○	○	○
吸收器	浓溶液在其中吸收冷剂蒸汽以保持蒸发压力，溶液稀释，用冷却水散热	○	○	○	○	○
高压发生器（发生器）	驱动热源在其中直接加热溶液使之浓缩，并产生冷剂蒸气		○			○
低压发生器	来自高压发生器的冷剂蒸汽在其中加热溶液使之浓缩，并产生冷剂蒸汽	○	○			○
冷凝器	使溶液浓缩时发生的冷剂蒸汽凝结，为保持冷凝压力用冷却水散热	○	○			○
高温溶液热交换器	稀溶液和温度较高的中间质量分数的溶液或浓溶液在其中进行热交换		○			○
低温溶液热交换器	稀溶液和温度较低的浓溶液在其中进行热交换	○	○	○	○	○
凝水换热器	来自高压发生器的驱动热源蒸汽凝水和稀溶液在其中进行热交换		○			
热水器	来自高压发生器的高温冷剂蒸汽和水在其中进行热交换					△
烟气热回收器	来自高压发生器的高温烟气和稀溶液或空气在其中进行热交换					△
燃烧设备	燃烧燃料产生高温烟气					○
溶液泵和冷剂泵	溶液泵将稀溶液送往发生器，冷剂泵使冷剂水在蒸发器管束上喷淋	○	○	○	○	○
抽气装置	抽除机组内的不凝性气体	○	○	○	○	○
自动控制装置	根据负荷控制机组的制冷量和能量消耗	○	○	○	○	○
安全保护装置	保证机组安全运转	○	○	○	○	○

注：○表示有项目；△表示根据情况配备。

蒸汽和热水型溴化锂吸收式冷水机组名义工况和性能参数　　　　表 29.8-4

型式	名义工况					性能参数
	加热源		冷水出口温度（℃）	冷水进、出口温度差（℃）	冷却水进口温度（℃）	冷却水出口温度（℃）	单位制冷量加热源耗量 [kg/(h·kW)]
	蒸汽（饱和）(MPa)	热水（℃）					
蒸汽单效型	0.1	—	7	5	30（32）	35（40）	2.35
蒸汽双效型	0.25	—	13	5	30（32）	35（38）	1.40
	0.4	—	7				
			10				1.31
	0.6	—	7				
			10				1.28
	0.8	—	7				
热水型	—	[th_1（进口）/th_2（出口）]	—	5	30（32）	35（38）	

注：① 冷水、冷却水侧污垢系数为 0.086 m²·℃/kW。
② 电源为三相交流，额定电压为 380V，额定频率为 50Hz。
③ 蒸汽压力系指发生器或高压发生器蒸汽进口管箱处压力。
④ 热水进出口温度由制造厂和用户协商确定。
⑤ 表中括号内的参数值为应用名义工况值。

溴化锂吸收式冷水机组分类　　　　表 29.8-5

	蒸汽（MPa）		热水进/出口温度（℃）	
驱动热源	0.1（适用范围 0.05～0.12）	0.6（适用范围 0.4～0.8）	根据用户情况确定	120/68
驱动热源利用方式	单效	双效	单效	二段
结构型式	单筒、双筒	双筒、三筒	单筒、双筒	双筒
制冷量范围（kW）	350～11630	350～23260	350～5820	350～4650
冷水进/出口温度（℃）	12/7 或 14/7	12/7 或 14/7	12 或 14/7	12/7 或 14/7
冷却水进/出口温度（℃）	32/40	32/37.5 或 32/38	32/38	32/38
单位冷量冷却水循环量 [m³/(h·kW)]	0.299	0.245（32/38 工况）		0.334
热源单耗 [kg/(h·kW)]	2.129	1.077（32/38 工况）		22.012
技术特征	结构简单，性能系数 COP 约 0.72	结构较复杂，性能系数 COP 最高达 1.39	结构简单，性能系数 COP 约 0.70	相当于二个单效热水型机组组成，性能系数 COP 约 0.75
适用场合	有低压蒸汽或工艺流程产生余汽场所	自备锅炉或有管网蒸汽场所	有余热或工艺流程产生热水场所	有余热或集中供冷供热场所

29.8.3 直燃型溴化锂吸收式冷热水机组

直燃型溴化锂吸收式冷热水机组以燃料的燃烧热为驱动热源，一般按双效制冷循环制取冷水（制冷循环参见图 29.8-3），直接利用冷剂蒸汽的冷凝热制取热水。

1. 机组分类

根据其功能可分成多种型式：制冷供热专用型、同时制冷和供热型、单制冷型、供热增大型、制冷或供热同时提供卫生热水型（三用机）和冷却塔一体型直燃型溴化锂吸收式冷热水机组。机组名义工况和性能参数见表 29.8-6，燃料标准见表 29.8-7（GB/T 18362—2001）。机组分类见表 29.8-8。

直燃型溴化锂吸收式冷热水机组名义工况和性能参数　　表 29.8-6

	冷水、温水		冷却水		性能系数
	进口温度	出口温度	进口温度	出口温度	
制冷	12℃	7℃	30℃（32℃）	35（37.5℃）	≥1.10
供热		60℃			≥0.90
污垢系数	0.086m²·K/kW				
电源	三相交流，380V，50Hz（单相交流，220V，50Hz）；或用户所在国供电电源				

注：表中（ ）内数值为可供选择的参考值。

直燃机燃料标准　　表 29.8-7

热源种类		燃料标准	其他
燃气	人工煤气	GB 13612	燃料种类、热值及压力（燃气）以用户和厂家的协议为准
	天然气	GB 17820	
	石油液化气	GB 11174	
燃油	轻柴油	GB 252	
	重柴油	GB 445	

直燃型溴化锂吸收式冷热水机组分类　　表 29.8-8

驱动热源	天然气 46055kJ/Nm³	人工煤气 14654kJ/Nm³	轻油 43543kJ/kg		
驱动热源利用方式	双效				
结构型式	双筒、三筒				
制冷量范围（kW）	350～23260				
冷（热）水进/出口温度（℃）	12/7 或 14/7；(55/60) 或 (50/60)				
冷却水进/出口温度（℃）	32/37.5 或 32/38				
单位冷量冷却水循环量 [m³/(h·kW)]	0.242（32/38 工况，下同）				
制冷/供热热源单耗 [m³/(h·kW)] [kg/(h·kW)]	0.0578/0.0820	0.1817/0.2576	0.0612/0.0867		
机组功能	制冷供热专用型	同时制冷和供热型	单制冷型	供热增大型	制冷或供热同时提供卫生热水型（三用机）	冷却塔一体型

续表

驱动热源	天然气 46055kJ/Nm³		人工煤气 14654kJ/Nm³		轻 油 43543kJ/kg	
技术特征	标准机型，性能系数COP：制冷约1.34 供热约0.93	在高压发生器上增设热水器及热水回路，控制较复杂	结构及控制较简单	主体为标准机型，高压发生器加大	在高压发生器上增设卫生热水器及热水回路，结构及控制最复杂	标准机型与冷却塔、水泵及管路组成一体
适用场合	夏季制冷、冬季供热场所	计算机房和高档宾馆等	仅需制冷场所	热负荷比冷负荷大得多的场所	宾馆、医院等	中小型商场、办公楼等

注：①供热量是制冷量的80%。
②三种燃料适用于各种功能的机组。

2. 制冷(热)循环流程

制冷供热专用机采用冷水和热水同一回路的结构，交替供应冷水和热水。机组运行时只处于制冷或供热工况，通过切换阀门实现工况的转换。在夏季，制冷供热专用机的工作即为冷水机组，制取冷水用于空调；在冬季，高压发生器产生的冷剂蒸汽进入蒸发器，在传热管簇上冷凝，制取热水用于采暖。机组制冷和供热循环流程见图29.8-7。

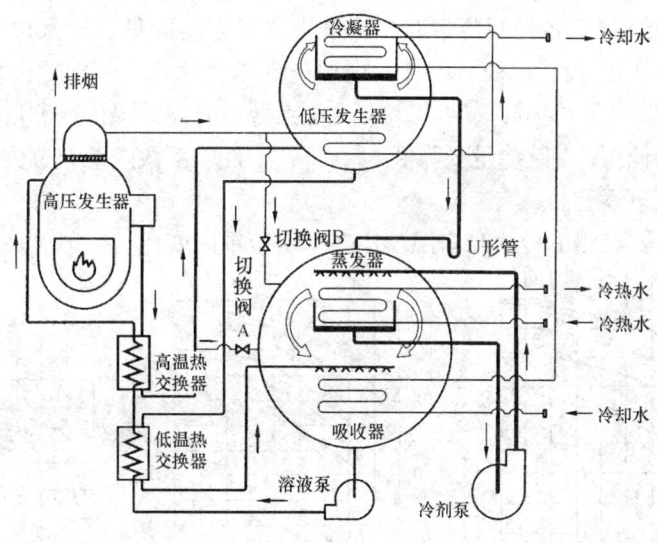

图 29.8-7 制冷供热专用机循环流程图

制冷工况：切换阀A和B关闭。溶液按串联流动：吸收器流出的稀溶液由溶液泵送出，经过低、高温热交换器后进入高压发生器，初次浓缩后的中间溶液经高温热交换器进入低压发生器，再次浓缩后的浓溶液经过低温热交换器，降温后进入吸收器，吸收冷剂蒸汽后成为稀溶液。冷却水按串联流程流动即先后进吸收器和冷凝器。蒸发器制取冷水。

供热工况：切换阀A和B开启。稀溶液由溶液泵送出，经低、高热交换器（不参与热交换）进入高压发生器，浓缩后的溶液直接进入吸收器，与从蒸发器水盘溢出的冷剂水混合成稀溶液。高压发生器产生高温冷剂蒸汽进入蒸发器，被冷凝成水滴入水盘，同时制取了热水。冷却水和冷剂水回路停止运行。

29.8.4 溴化锂吸收式冷（热）水机组选用指南

溴化锂吸收式冷（热）水机组名义工况下的性能指标是各制造商根据相关国家标准和自身的技术水准确定的，但是机组在实际运行时，由于气候、负荷和热源参数等外界条件的变化，使机组不能在名义工况下工作，并引起机组的制冷量、热源耗量和性能系数等性能指标发生变化。

外界条件通常指冷水出口温度、冷却水进口温度、热源温度、水量以及传热管的结垢情况等。

掌握它们的变化对机组性能的影响，特别是掌握机组的变工况特性，对合理选用机组，确保机组稳定、经济运行具有重要意义。

1. 外部条件变化对机组性能影响

前提条件是当某一外界条件变化而其他运行条件不变时，所引起的机组性能的变化而得出变工况性能曲线图。

（1）冷水出口温度影响

外界空调负荷随季节或对象经常变化，这就要求机组的制冷量与之相匹配。若机组的其他运行条件——冷却水进口温度与水量、热源温度、冷水水量和稀溶液循环量为定值，当外界空调负荷低于机组名义制冷量时，冷水进口温度将降低，冷水出口温度也随之下降。由图 29.8-8 可见：当其他外界条件、内部条件不变时，在一定范围内，冷水出口温度每升高 1℃，则制冷量约提高 3%～5%，性能系数也升高，单位耗能量下降。反之，当冷水出口温度每降低 1℃，制冷量要降低 5%～7%，性能系数降低，单位耗能量上升，机组处在不经济状况下运行。

值得注意的是：机组的冷水出口温度应在一定范围内变化。一般名义工况冷水出口温

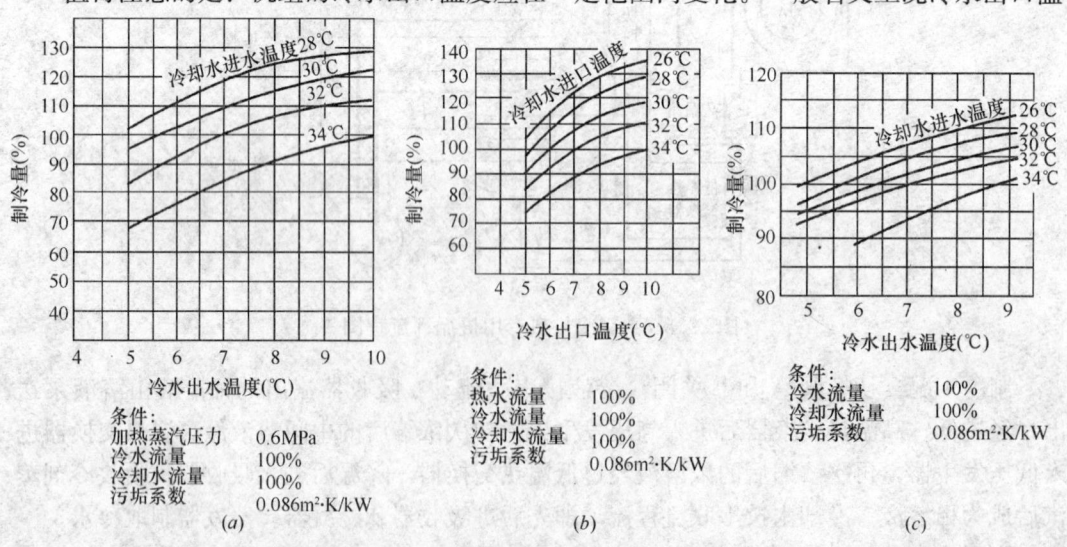

图 29.8-8 冷水出口温度与制冷量的关系
(a) 蒸汽双效型机组；(b) 热水二段型机组；(c) 直燃型机组

度为7℃的机组，变化范围5～10℃；10℃出水机组，变化范围8～13℃。

(2) 冷却水进口温度的影响

在使用冷却塔的冷却水系统中，冷却水进口温度随季节而变。当其他外界和内部条件不变而冷却水进口温度变化时，制冷量也随之发生变化。由图29.8-8可知，若其他外界条件、内部条件不变时，在一定范围内冷却水进口温度每升高1℃，制冷量下降4%～6%。此时单位耗能量上升。机组处于不经济的运行工况。反之，当冷却水进口温度每下降1℃，制冷量上升3%～5%。此时单位耗能量下降，机组处于高效率下运转。

值得注意的是：冷却水进口温度应在一定范围内变化，一般控制在18～34℃。

(3) 冷却水量的影响

冷却水量变化对制冷量的影响与冷却水进口温度变化对制冷量的影响相似。当冷却水量增加，则吸收器和冷凝器出口冷却水温度下降，吸收器与发生器质量分数差增大，制冷量上升。

由图29.8-9可知，在其他条件不变情况下，冷却水量减少10%，制冷量下降3%左右；反之，制冷量上升，GB/T 18431—2001、GB/T 18362—2001中规定冷却水量不超过名义值120%，否则将引起水侧的冲刷腐蚀，影响机组的使用寿命；同时会使阻力损失明显增大，水泵功耗急剧上升。水泵的功耗在整个空调系统中所占比例较大，采用变频方式控制冷却水泵转速，这是目前常采用的一种节电措施。在低负荷时，降低冷却水泵转速使冷却水量与之相适应，此时水量可比设计值低得多，但仍能保持机组正常运行。

(4) 冷水量的影响

当冷水出口温度恒定时，冷水量变化对制冷量的影响较冷却水量变化要小。在一定范围内变化，制冷量几乎不变，如图29.8-10所示。

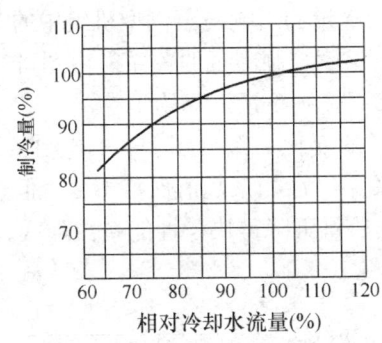

图 29.8-9　冷却水量与制冷量的关系

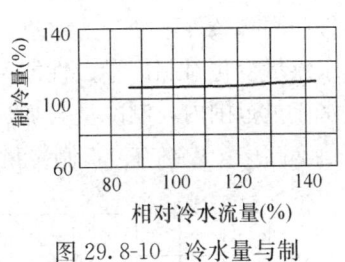

图 29.8-10　冷水量与制冷量的关系

必须注意的是：冷水量过分降低除了使制冷量下降外严重时还会导致传热管冻裂。故冷水量不应低于名义值的60%。

(5) 热源温度的影响

1) 蒸汽型机组

蒸汽型机组的热源温度即为加热蒸汽压力对应的饱和蒸汽温度，因而可看作加热蒸汽压力对制冷量的影响。

图29.8-11表示了加热蒸汽压力与制冷量的关系。当其他外界条件、内部条件不变时，对蒸汽单效型机组，加热蒸汽压力每提高0.01MPa，制冷量增加3%～5%；对蒸汽

双效型机组,加热蒸汽压力降低0.01MPa时,制冷量降低10%~12%。此时机组的性能系数下降,单位耗汽量增加。

提高加热蒸汽压力是提高机组制冷量的主要方法。但是随着加热蒸汽压力提高,浓溶液的质量分数升高,易产生结晶危险。因此GB/T 18341—2001规定蒸汽压力的变化范围。蒸汽单效型机组为±0.02MPa;蒸汽双效型机组0.6MPa(表)时为+0.05/-0.10MPa,0.8MPa(表)时为+0.05/-0.15MPa。

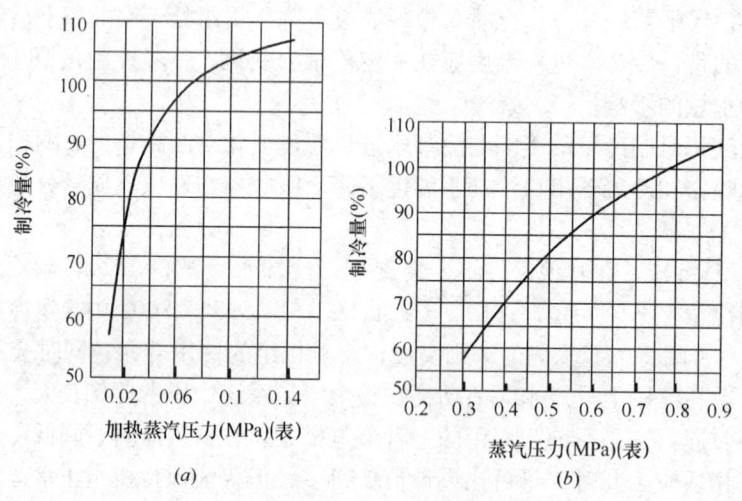

图29.8-11　加热蒸汽压力与制冷量的关系
(a)蒸汽单效型机组;(b)蒸汽双效型机组

2) 热水型机组

热水温度作为热水型机组的热源温度,对制冷量的影响与蒸汽型机组中的蒸汽压力相似。图29.8-12表示了热水二段型机组热水进口温度与制冷量的关系。由图可知,若其他外界条件和内部条件不变,热水进口温度降低5℃,制冷量下降约10%。

热水流量变化对制冷量、性能系数及加热量的变化关系见图29.8-13。曲线表明在一定的热水流量范围内,制冷量与加热量成比例关系,性能系数值保持不变。但热水流量低于一定值(图中70%左右),制冷量的下降比加热量下降得快,性能系数降低。

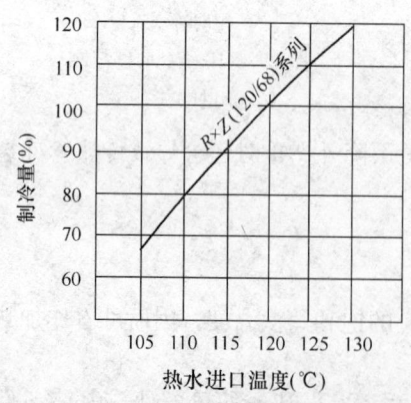

图29.8-12　热水进口温度与制冷量的关系

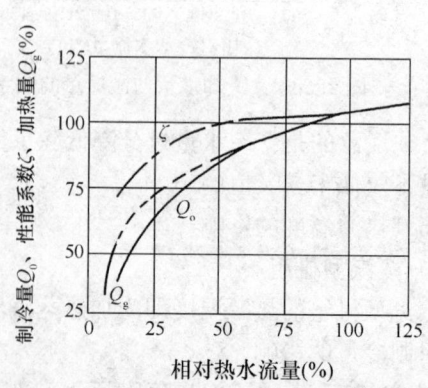

图29.8-13　热水流量与机组性能的关系

3) 直燃型机组

直燃型溴化锂吸收式冷热水机组中影响加热量的主要是燃料的消耗量与高压发生器的热效率。供热量与热水出口温度的关系见图 29.8-14。由图可见，供热量随热水出口温度升高而降低。热水出口温度不宜过高，否则将使高压发生器的压力升高。GB/T 18362—2001规定热水出口温度为 60℃，因此宜控制在 65℃以下。

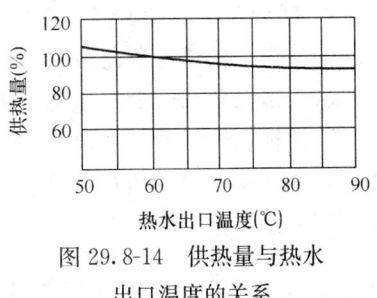

图 29.8-14 供热量与热水出口温度的关系

(6) 污垢系数的影响

溴化锂吸收式冷（热）水机组运行一段时间后，在水侧传热管内壁逐渐形成了一层污垢。污垢系数对机组制冷量、供热量的影响见表 29.8-9。经清洁、钝化处理的新机组换热管内水侧污垢系数为 $0.043 m^2 \cdot K/kW$。因此出厂机组试验时的制冷量应为名义制冷量（污垢系数 $0.086 m^2 \cdot K/kW$）的 1.07 倍，供热量应为 1.03 倍。

污垢系数对制冷量、供热量的影响 表 29.8-9

污垢系数/($m^2 \cdot K/kW$)		0.043	0.086	0.172	0.258	0.344
制冷量（%）	冷却水侧	104	100	92	85	79
	冷水侧	103		94	—	—
供热量（%）	热水侧	103		94	—	—

水侧污垢系数的形成取决于管内流动的水质。水质的优劣对机组性能有较大影响，尤其是冷却水，除了使机组结垢，增加能耗，制冷量下降，还产生腐蚀，影响到机组的正常运行使用寿命。表 29.8-10 列出了国家标准对水质的要求。

冷却水、补给水水质标准 表 29.8-10

指　　标	冷却水标准值	补给水标准值	超标可能形成的危害	
			腐 蚀	结 垢
pH (25℃)	6.5～8.0	6.0～8.0	○（过低）	○（过高）
电导率 (25℃)（$\mu S/cm$）	<800	<200	○	—
氯化物 Cl^- （$mg Cl^-/L$）	<200	<50	○	—
硫酸根 SO_4^{2-} （$mg CaSO_4^{2-}/L$）	<200	<50	○	—
酸消耗量 $pH^{4.8}$ （$mg CaCO_3/L$）	<100	<50	—	○
总硬度 （$mg CaCO_3/L$）	<200	<50	—	○
铁 Fe （$mg Fe/L$）	<1.0	<0.3	○	○
硫离子 S^{2-} （$mg S^{2-}/L$）	不得检出	不得检出	○	—
铵离子 NH_4^+ （$mg NH_4^+/L$）	<1.0	<0.2	○	—
溶解硅酸 SiO_2 （$mg SiO_2/L$）	<50	<30	—	○

注：○ 表示超标存在此危害；— 表示超标不存在此危害。
① 为防止冷却水系统的腐蚀、结垢和产生黏液，可适当添加水处理剂。
② 为防止杂质浓缩，需排放部分冷却水；根据需要也可全部更换冷却水。
③ 冷（热）水的水质，可参照本表。

2. 部分负荷时的性能

部分负荷的性能就是部分负荷时制冷量和供热量与热源耗量的关系。

(1) 部分负荷时制冷量与热源耗量的关系

溴化锂吸收式冷(热)水机组在实际运行中,满负荷时的使用时间很少,尤其是用于舒适性空调系统。空调负荷随季节变化,大多数时间在部分负荷下运行。此时热源单耗减少,热力系数上升。从图29.8-15中可以看出,相对制冷量80%时能耗量约70%。

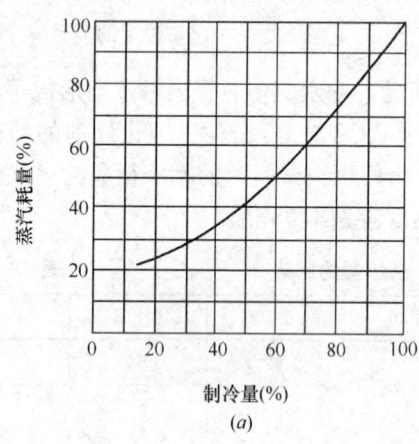 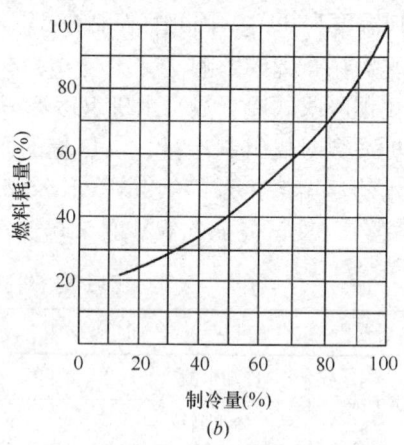

图 29.8-15 制冷量与能耗量的关系
(a) 蒸汽双效型机组; (b) 直燃型机组

(2) 部分负荷时供热量与燃料耗量的关系

机组在供热工况运行时只有高压发生器和蒸发器(或热水器)参与工作。当供热量降低时高压发生器产生的蒸汽量减少,燃料耗量也下降,热效率略有提高。见图29.8-16。

3. 溴化锂吸收式冷(热)水机组选型要点

溴化锂吸收式冷(热)水机组有蒸汽型、热水型和直燃型三大系列上百种规格的产品,应根据使用场所的环境气候、空调负荷和热源(含燃料)状况选用相应的机型。

(1) 热源确定

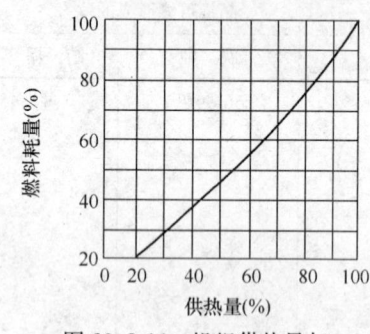

图 29.8-16 机组供热量与燃料耗量的关系

根据热源供应的稳定性、可靠性及价格等因素确定机型:蒸汽压力 0.05~0.12MPa (表)选用蒸汽单效型机组;蒸汽压力≥0.4MPa (表)选用蒸汽双效型机组;热水温度 120℃左右,进出温差大的选用热水二段型机组、否则选用普通型机组;燃料品种不同选用相应的直燃机。可用于直燃机的燃料有:天然气、人工煤气、液化石油气、轻油等。天然气是用户应优先采用的最清洁能源。

(2) 功能确定

直燃型机组按功能不同分为制冷供热专用型、同时制冷供热型等多种型式。采用制冷或供热同时提供卫生热水型机组(三用机)时应完全满足冷(热)水与生活热水日负荷变化和季节负荷的要求并达到实用、经济、合理。当生活热水负荷大、波动大或使用要求高时，应另设专用热水器供给生活热水。

(3) 温度确定

根据空调系统对水量、温差和出水温度要求，大温差、低流量是节省水泵电耗的良方，提高冷水出口温度也可降低能耗。

(4) 容量确定

以制冷负荷、供热负荷作为直燃型机组选型的依据。如供热量不能满足，不应用加大机型的方式增大供热量，当通过技术经济比较合理时，可选高压发生器加大型，但高压发生器加大量不宜超过本机原供热量的50%。

(5) 台数确定

根据负荷大小、负荷分区、建筑物使用功能、安装场地空间和经济性等综合因素确定规格和台数。

(6) 机组承压

机组水系统承压>0.8MPa时应根据经济技术综合分析是否采用高压型机组，还是实行分区或二次供水系统。不宜选择超高压型机组。

(7) 控制功能确定

标准型机组都具有主要参数检测、主要故障检测、制冷量调节和安全保护等功能，其他如楼宇控制、集中控制、冷却水变频和电话联网控制等功能根据空调系统自控要求另加选择。

4. 设计安装概要

(1) 机房

由于机组具有运转部件少、振动噪声较小、运行安全平稳等特点，机房场地可选择在地下室、地面、楼层中以及楼顶等，但应方便机组安装就位及维修保养等。机房设计应遵循建筑设计防火规范、燃油燃气供应设计规范及其他规范、标准和规定。应具备防止火灾、水灾的条件。机组与水泵不宜同置一室。

(2) 管道系统

1) 水系统

机组冷却水进出口温差在5.5~8.0℃之间，有别于水冷螺杆制冷机和离心式制冷机，二者均为5℃，且单位冷量的冷却水循环量约为后二者的1.2倍，在选用冷却水泵及冷却塔时应予注意。水泵吸入口应设过滤器，冷水进机组端应设过滤网。

2) 蒸汽系统

A. 蒸汽的给水水质应符合 GB 12145—89、GB 1576—2001 要求；

B. 管道设计和安装应按《压力容器安全技术监测规程》及其他有关规定执行；

C. 过热蒸汽最高温度不得超过180℃，否则应安装降温装置；

D. 蒸汽干度<1时应设汽液分离器。

3) 蒸汽型机组、直燃型机组和冷却塔一体型机组的系统配管分别见图29.8-17、图29.8-18、图29.8-19。图中虚线方框以外的管线及设备，按用户需要自行配置。

4) 直燃型机组供油和供气管路见图29.8-20。燃料和排烟系统详见29.11.2直燃型溴化锂吸收式冷（热）水机组的机房设计一节。

(3) 电气系统

1) 机组电源为三相五线 380V 50Hz，其动力线的规格必须满足机组配电功率要求。

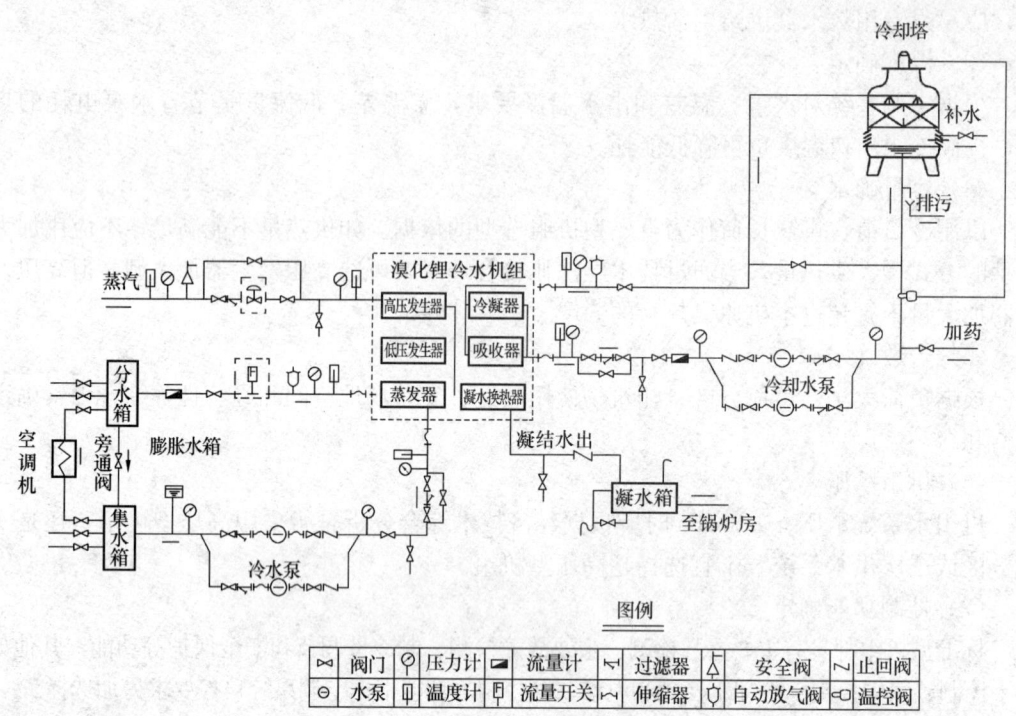

图 29.8-17　蒸汽型机组系统配管示意图

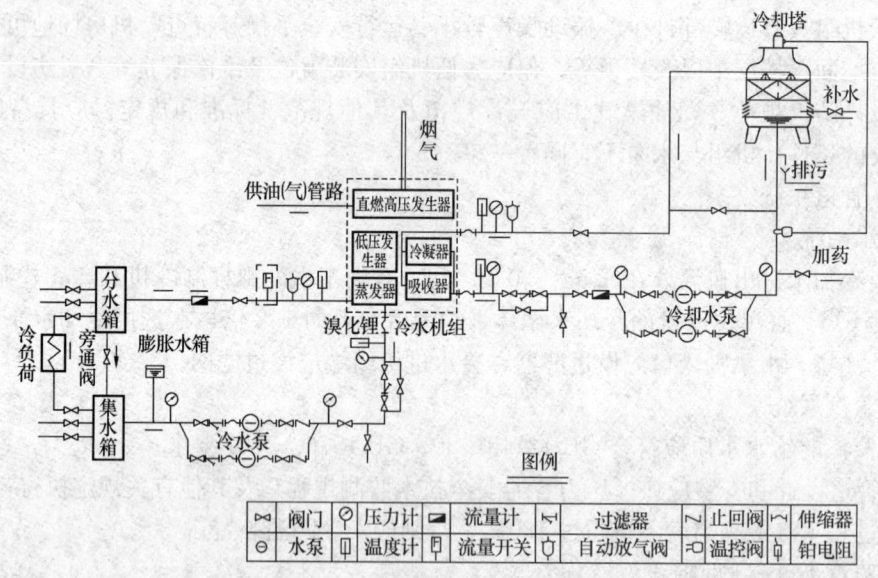

图 29.8-18　直燃型机组系统配管示意图

2) 用户配电屏内应预留辅机联动端子给机组进行水泵的联动控制,由用户敷设线截面为 0.75mm^2 的导线,每台机组 14 根并做好标志。

3) 用户远控启停信号及监视信号,由用户按要求敷设,线截面为 0.75mm^2。

4) 送至机组的动力线及控制线应分管敷设,由用户引线至机组电控柜下方,柜内接线由制造商负责。

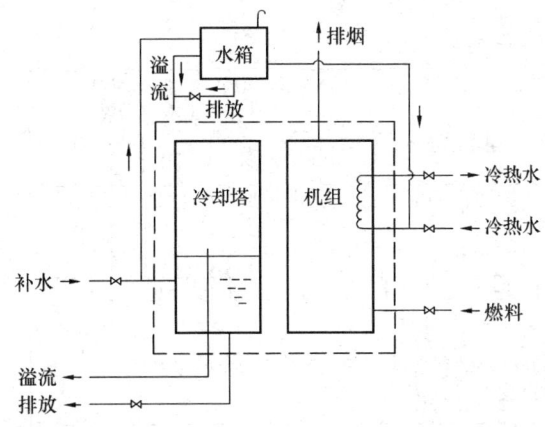

图 29.8-19　冷却塔一体型直燃型机组系统配管示意图

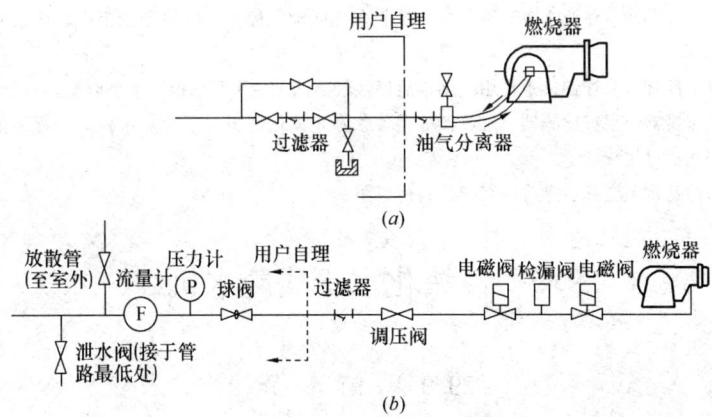

图 29.8-20　直燃机供油和供气管路示意图
(a) 供油管路；(b) 供气管路

5) 机组及所有电气设备均应可靠接地，接地电阻小于 10Ω。
6) 机组配电见图 29.8-21、外部联动及控制信号配线见图 29.8-22。

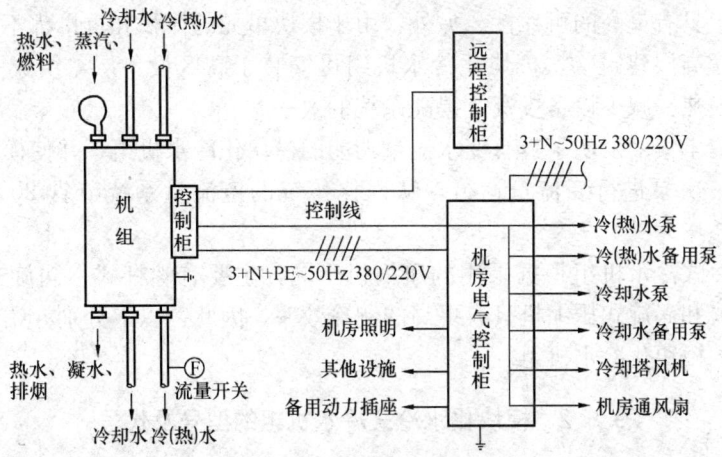

图 29.8-21　机组配电示意图

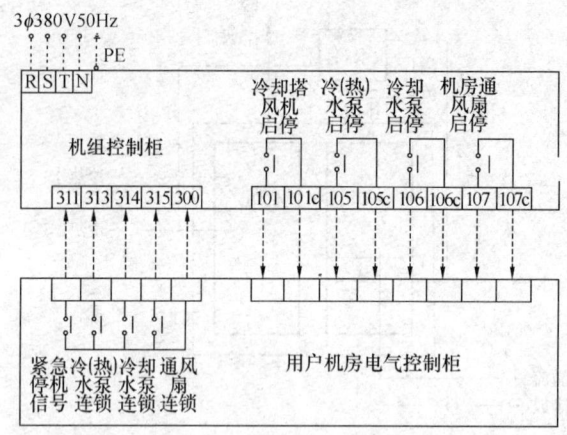

图 29.8-22 外部联动及控制信号配线示意图

注：①机组控制系统必须和冷（热）水泵、冷却水泵控制系统联动和停止。机组控制柜中启停信号输出端子的额定负载为 250V，0.5A。
②冷（热）水泵、冷却水泵连锁接点是用户水泵启停接触器的无源常开触点，水泵启动后闭合。
③用户漏气检测报警器、火灾检测器、感震器等需紧急停止溴化锂吸收式冷热水机组运行的信号，应接至机组控制盘紧急停止信号接线端子。
④如需由机组对冷却水泵变频器进行控制，请另行说明。

29.9 模块化水冷式冷水机组

29.9.1 简　介

模块化冷水机组是捷丰集团的专利产品，1985 年发明于捷丰集团澳大利亚 Multistack 工厂。

模块化冷水机组的主要特点是：可以根据负荷需要选择模块单元的规格和数量进行组合，使机组的负荷与实际需要得到最佳配合。而且，模块化冷水机组还具有部分负荷下的效率优势，可以有效地节省机组全年的运行能耗。同时，由于每个模块都是独立的制冷单元，因此，机组具有最高的可靠性。另外，由于模块单元的体积和重量都不大，便于运输和搬运，对于超高层建筑物，模块化冷水机组可安装于高区设备层，组成一个独立的系统，省却二次换热，减少设备投资，提高系统的效率。

近几年，捷丰集团发明了具有变水流量功能的模块化冷水机组，并使模块化冷水机组可以直接利用一次泵进行变流量运行，从而比传统的定流量系统节省 20% 以上的电力消耗。

模块化水冷式冷水机组根据采用的压缩机不同，主要有螺杆式、涡旋式和活塞式三种，由于螺杆式和涡旋式压缩机具有更高的制冷效率，因此，以下分别介绍采用螺杆式和涡旋式压缩机的模块化冷水机组。

29.9.2 模块化水冷式冷水机组的型号及代号

模块化冷水机组的型号和代号表述，包括了机组的类型、压缩机型式、工作方式、电

源条件、制冷剂、构成机组的模块单元的数量等等信息（见表29.9-1）。例如

M	SC	W	400	C	V	F	A	-6
1	2	3	4	5	6	7	8	9

模块化冷水机组的型号和代号表述的意义　　　　　　　　　表29.9-1

代号	符号说明
1	机组形式：M——模块化类型的冷水机组
2	压缩机类型：SC——螺杆式压缩机；SR——涡旋式压缩机
3	冷凝方式：W——水冷型冷水机组；A——风冷型冷水机组
4	模块单元规格参数
5	制冷与热泵：C——单制冷型冷水机组；H——热泵型冷（热）水机组
6	定水量与变水量型别：V——具有VWF功能的机组；不具有VWF功能的机组省略这个代号
7	制冷剂：E——R134A；F——R22；R——R407C
8	电源：A——AC380-420V/50Hz/3Ph；C——AC440-480V/60Hz/3Ph
9	组合成机组的模块单元数量

29.9.3 模块化水冷式冷水机组性能参数

1. 模块化螺杆式冷水机组性能参数（表29.9-2）

模块化螺杆式冷水机组性能参数（每个模块单元）　　　　　　　表29.9-2

		MSCW400Ⅱ(V)		MSCW210(V)	
	名义制冷量(kW)	445	438	206	203
	名义功率(kW)	95.7	95.2	47.2	46.8
压缩机	形式	半封闭螺杆式制冷压缩机			
	数量	1	1	1	1
	压缩机调节级数	0,50%,75%,100%			
	电源	AC380V/50Hz/3Ph			
	名义工况运行电流(A)	162	161	82	81
	允许最大工作电流(A)	246	246	128	128
	每台压缩机启动电流(A)	655	655	290	290
	制冷剂	R22	R407C	R22	R407C
	制冷剂充注量(kg)	46.5	44.5	21.5	20.0
冷水	蒸发器形式	AISI316 不锈钢钎焊板式热交换器			
	额定流量[m³/h(L/s)]	77(21.3)	75(20.9)	35(9.8)	35(9.7)
	额定阻力(kPa)	58	56	58	56
	水侧污垢系数(m²·K/kW)	0.043			
	接管规格	8″	8″	8″	8″
冷却水	冷凝器形式	AISI316 不锈钢钎焊板式热交换器			
	额定流量[m³/h(L/s)]	93(25.8)	91(25.4)	44(12.1)	43(11.9)
	额定阻力(kPa)	55	53	55	53
	水侧污垢系数(m²·K/kW)	0.086			
	接管规格	8″			

续表

	MSCW400Ⅱ(V)	MSCW210(V)
外形尺寸 L×W×H(mm)	950×2030×1895	550×2030×1895
运行重量(kg)	2200	1240
机组可组合模块单元数量	普通型:1～10;VWF 型:5～10	普通型:1～15;VWF 型:5～15

2. 模块化涡旋式冷水机组性能参数（表 29.9-3）

模块化涡旋式冷水机组性能参数（每个模块单元） 表 29.9-3

		MSRW075		MSRW135		MSRW160	
	名义制冷量（kW）	73	71	132	129	156	154
	名义功率（kW）	16.6	16.5	29.4	29.0	34.6	34.2
压缩机	形式	全封闭涡旋式制冷压缩机					
压缩机	数量	2	2	2	2	2	2
压缩机	电源	AC380V/50Hz/3Ph					
压缩机	名义工况运行电流（A）	2×15.5	2×15.5	2×26.4	2×26.3	2×30.1	2×29.5
压缩机	允许最大工作电流（A）	2×21.0	2×21.0	2×38.0	2×38.0	2×43.0	2×43.0
压缩机	每台压缩机启动电流（A）	120	120	240	240	270	270
	模块单元制冷量调节	0，50%，100%					
	制冷剂	R22	R407C	R22	R407C	R22	R407C
	制冷剂充注量（kg）	7.4	7.0	11.0	10.0	13.0	12.0
冷水	蒸发器形式	AISI316 不锈钢钎焊板式热交换器					
冷水	额定流量(m³/h(L/s))	13 (3.5)	12 (3.4)	23 (6.3)	22 (6.2)	27 (7.5)	27 (7.4)
冷水	额定阻力（kPa）	55	55	55	55	55	55
冷水	水侧污垢系数（m²·K/kW）	0.043					
冷水	接管规格	6″	6″	8″	8″	8″	8″
冷却水	冷凝器形式	AISI316 不锈钢钎焊板式热交换器					
冷却水	额定流量（m³/h (L/s)）	15 (4.3)	15 (4.2)	28 (7.7)	27 (7.6)	33 (9.1)	32 (9.0)
冷却水	额定阻力（kPa）	50	50	50	50	50	50
冷却水	水侧污垢系数（m²·K/kW）	0.086					
冷却水	接管规格	6″	6″	8″	8″	8″	8″
	外形尺寸 L×W×H（mm）	550×1250×1622		550×1650×1800		550×1650×1800	
	运行重量（kg）	355		620		680	
	机组可组合模块单元数量	1～16		1～16		1～16	

注：1. 名义工况：冷却水温度：进水 30℃、出水 35℃；冷水温度：进水 12℃、出水 7℃。
  2. 普通型和可变水流量模块化冷水机组，为了保证机组的出力，水流量不应低于额定流量的 80%。

29.9.4 模块化水冷式冷水机组不同工况下的制冷性能

1. 模块化螺杆式冷水机组(表 29.9-4)

模块化螺杆式冷水机组性能表 (kW)　　　　　表 29.9-4

冷却水出水温度(℃)	冷水出水温度(℃)										
	5		6		7		8		10		12	
	CAP	PI	CAP	PI	CAP	PI	CAP	PI	CAP	PI	CAP	PI
MSCW400Ⅱ R22												
30	439	85.3	450	86.8	459	87.9	467	89.0	478	90.2	486	91.3
35	422	93.0	434	94.4	445	95.7	452	96.8	466	98.1	474	99.2
40	394	101.9	406	103.5	417	104.8	426	106.0	440	107.4	450	108.3
45	361	112.8	374	114.5	385	116.1	393	117.2	408	118.8	418	119.7
MSCW400Ⅱ R407C												
30	432	84.9	443	86.4	452	87.5	460	88.6	470	89.7	478	90.8
35	415	92.5	427	93.9	438	95.2	445	96.3	459	97.6	466	98.7
40	388	101.4	400	103.0	410	104.3	419	105.5	433	106.8	443	107.7
45	355	112.2	368	113.9	379	115.5	387	116.6	401	118.2	411	119.1
MSCW210 R22												
30	203	42.1	208	42.8	212	43.3	216	43.9	221	44.5	225	45.0
35	195	45.8	201	46.5	206	47.2	209	47.7	216	48.4	219	48.9
40	182	50.2	188	51.0	193	51.7	197	52.3	203	52.9	208	53.4
45	167	55.6	173	56.4	178	57.2	182	57.8	188	58.6	193	59.0
MSCW210 R407C												
30	200	41.7	205	42.4	209	42.9	213	43.5	218	44.1	222	44.6
35	192	45.4	198	46.1	203	46.8	206	47.3	213	48.0	216	48.5
40	179	49.8	185	50.6	190	51.3	194	51.9	200	52.5	205	53.0
45	164	55.2	170	56.0	175	56.8	179	57.4	185	58.2	190	58.6

注:①CAP 为制冷量,kW。
②PI 为输入功率,kW。

2. 模块化涡旋式冷水机组(表 29.9-5)

模块化涡旋式冷水机组性能表 (kW)　　　　　表 29.9-5

冷却水出水温度(℃)	冷水出水温度(℃)										
	5		6		7		8		10		12	
	CAP	PI	CAP	PI	CAP	PI	CAP	PI	CAP	PI	CAP	PI
MSRW075 R22												
30	72	15.2	74	15.3	77	15.4	80	15.6	84	15.8	87	16.0
35	69	16.3	71	16.5	73	16.6	76	16.7	80	16.8	84	16.8
40	65	18.4	68	18.5	70	18.6	73	18.6	76	18.8	79	19.0
45	62	20.4	64	20.5	66	20.5	69	20.6	72	20.6	75	20.8

续表

冷却水出水温度（℃）	冷水出水温度（℃）											
	5		6		7		8		10		12	
	CAP	PI	CAP	PI	CAP	PI	CAP	PI	CAP	PI	CAP	PI
MSRW075 R407C												
30	71	15.1	73	15.2	76	15.3	79	15.5	83	15.7	86	15.9
35	68	16.2	70	16.3	72	16.4	75	16.6	79	16.7	83	16.7
40	64	18.2	67	18.3	69	18.4	72	18.4	75	18.6	77	18.8
45	60	20.1	62	20.2	64	20.2	67	20.4	70	20.4	73	20.6
MSRW135 R22												
30	125	26.6	130	26.7	135	26.7	140	26.7	148	26.8	156	26.8
35	122	29.3	127	29.4	132	29.4	137	29.6	144	29.7	152	29.8
40	115	32.8	119	32.8	124	32.9	128	33.0	135	33.0	143	33.1
45	109	36.4	113	36.5	117	36.4	122	36.4	129	36.5	136	36.6
MSRW135 R407C												
30	122	26.2	127	26.3	132	26.3	137	26.3	145	26.4	153	26.4
35	119	28.9	124	29.0	129	29.0	134	29.3	141	29.3	149	29.4
40	112	32.4	116	32.4	121	32.5	125	32.5	132	32.7	140	32.7
45	106	36.0	110	36.1	114	36.1	119	36.1	126	36.1	133	36.2
MSRW160 R22												
30	152	31.6	157	31.6	163	31.6	169	31.6	178	31.7	196	31.8
35	145	34.5	151	34.6	156	34.6	162	34.8	171	35.0	180	35.2
40	139	38.5	144	38.5	149	38.6	155	38.7	164	38.8	173	38.9
45	132	42.6	137	42.6	142	42.7	147	42.7	156	42.8	164	42.9
MSRW160 R407C												
30	150	31.2	155	31.2	161	31.2	167	31.2	176	31.3	194	31.4
35	143	34.1	149	34.2	154	34.2	160	34.4	169	34.6	178	34.8
40	137	38.1	142	38.1	147	34.2	153	38.5	162	38.4	171	38.5
45	130	42.2	135	42.2	140	42.3	145	42.5	154	42.4	162	42.5

3. 模块化冷水机组低温运行性能修正系数

模块化冷水机组可应用于出水温度−10℃以上的低温制冷，适用于冰蓄冷的制冰运行，或者工业生产的工艺过程控制。当应用于低温制冷时，根据使用温度的不同，应当使用乙二醇或其他凝固点较低的溶液作为载冷剂，但不能够使用盐水等对铜或不锈钢有腐蚀性的溶液，以避免损坏板式热交换器。表29.9-6是在不同的工作温度下推荐的乙二醇水溶液浓度。

乙二醇工作浓度表 表29.9-6

乙二醇的质量浓度	(%)	0	5	10	15	20	25	30	35
冰点温度	(℃)	0	−1.4	−3.2	−5.4	−7.8	−10.7	−14.1	−17.9
最低工作温度	(℃)	5.0	4.0	2.0	0.0	−2.0	−5.0	−8.0	−12.0
制冷性能修正系数	C_1	1.000	0.997	0.992	0.988	0.985	0.982	0.980	0.978
运行功率修正系数	C_3	1.000	0.999	0.997	0.996	0.995	0.994	0.993	0.993
蒸发器水侧阻力修正系数	C_5	1.00	1.050	1.102	1.220	1.305	1.423	1.536	1.740

使用乙二醇溶液作为载冷剂时,由于乙二醇的物理性质不同于水,因此,应当根据使用温度和乙二醇的浓度,对机组的制冷量、运行功率和蒸发器水侧阻力进行修正。

(1) 实际制冷量=名义工况制冷量×$C1$×$C2$;

(2) 实际运行功率=名义工况运行功率×$C3$×$C4$;

(3) 蒸发器实际水侧阻力=0%浓度溶液的水侧阻力×$C5$。

以上修正系数分别见表 29.9-6、表 29.9-7。

制冷量修正系数 $C2$ 和运行功率修正系数 $C4$　　　　表 29.9-7

冷却水出水温度 (℃)	冷水出水温度 (℃)							
	−10	−8	−6	−4	−2	0	2	4
	制冷量修正系数 $C2$							
30	0.521	0.566	0.614	0.663	0.726	0.794	0.883	0.962
35	0.484	0.531	0.580	0.632	0.688	0.732	0.861	0.916
40	0.462	0.505	0.553	0.607	0.658	0.714	0.791	0.869
45	0.433	0.480	0.528	0.577	0.624	0.672	0.732	0.822
	运行功率修正系数 $C4$							
30	0.727	0.754	0.781	0.805	0.833	0.852	0.876	0.902
35	0.778	0.805	0.831	0.858	0.884	0.903	0.932	0.992
40	0.820	0.851	0.892	0.923	0.954	0.987	1.107	1.112
45	0.866	0.879	0.936	0.980	1.011	1.196	1.204	1.231

29.9.5　换热器水侧阻力及修正

模块化冷水机组采用板式热交换器分别作为蒸发器和冷凝器,计算机组实际水侧阻力损失时,应当对机组的实际流量和单元组合数量引起的阻力变化进行修正。

蒸发器或冷凝器实际水侧阻力损失=$K×\zeta×$额定流量水侧阻力

其中　K——与模块单元组合数量有关的阻力修正系数,见表 29.9-8;

ζ——与实际水流量有关的阻力修正系数,见图 29.9-1。

使用图 29.9-1 时,应当首先计算实际流量与额定流量的百分比 B,根据 B 值,在图 29.9-1 上查找修正系数 ζ。

$$B = \frac{实际水流量}{额定水流量} \times 100\%$$

与模块单元组合数量有关的阻力修正系数 K　　　　表 29.9-8

N	1	2	3	4	5	6	7	8	9	10	11	12	13	14	15	16
MSRW075	1.00	1.00	1.00	1.02	1.02	1.04	1.05	1.06	1.07	1.08	1.10	1.12	1.14	1.16	1.18	1.20
MSRW135	1.00	1.00	1.00	1.00	1.00	1.01	1.01	1.01	1.02	1.02	1.03	1.03	1.04	1.05	1.06
MSRW160	1.00	1.00	1.00	1.01	1.01	1.02	1.03	1.03	1.04	1.04	1.05	1.06	1.07	1.08	1.09
MSCW210	1.00	1.00	1.01	1.01	1.02	1.02	1.03	1.03	1.04	1.05	1.06	1.07	1.08	1.09	1.11	1.14
MSCW400	1.00	1.00	1.01	1.02	1.03	1.05	1.07	1.10	1.13	1.17	—	—	—	—	—	—

N—模块单元数量。

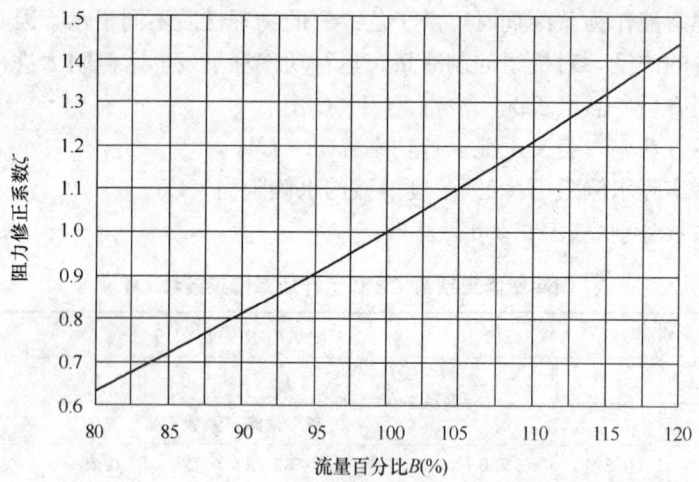

图 29.9-1　换热器不同流量时阻力修正曲线（每单元）

29.9.6　可变水量运行的模块化冷水机组

捷丰集团（Multistack）在模块化技术的基础上，结合变水量控制技术，发明了变水量型的模块化冷水机组专利产品，其工作原理是在每个模块单元内安装了冷水和冷却水流量控制阀，这个控制阀和模块单元的压缩机同步工作，当模块单元压缩机投入运行时，模块单元上的流量控制阀同步开启，反之，压缩机关闭时，流量控制阀同步关闭。因此，使冷水机组的工作流量和压缩机的制冷输出同步调节，在低负荷运行时，不仅能够节省冷水机组的运行耗电，还能够大幅度节省水泵的运行耗电。更为重要的是，传统的变流量应用必须采用二次泵系统，即冷水机组侧的一次泵是定流量的，负荷侧的二次泵才是变流量的。二次泵系统由于冷水机组侧定流量运行，因此，不是一个纯粹的变水量系统，不能完全起到节省水泵电力的目的。而变水量型模块化冷水机组由于机组本身可以适应变水量运行，因此，通过一次泵就可以实现全系统的变水量工作，不仅使系统变得简单，而且能够最大幅度地节省水泵的耗电量。

水冷型的变水量模块化冷水机组分别控制冷却水和冷水的变流量运行。在冷水侧，模块化冷水机组的电脑控制器分别检测机组侧和负荷侧的供回水压差信号，根据压差的变化控制冷水变频水泵的工作频率。在冷却水侧，模块化冷水机组的电脑控制器检测机组冷却水供回水的压力差，根据压力差的变化，控制冷却水变频水泵的工作频率。

当使用变水量型的模块化冷水机组时，必须注意以下事项：

（1）负荷侧的空气处理机组（包括风机盘管）必须安装比例调节阀或开关阀，以确保负荷侧变水量工作；

（2）必须使用变频水泵用于冷水和冷却水的输送循环；变频水泵可以采用全变频的水泵或水泵组，也可以采用定频泵和变频泵的组合，前者由于水泵最低工作频率的限制，不能够在全部区域内变水量，并且水泵低频运行时效率降低，因此，不能最大限度地发挥变水量系统的节能效果。后者可以在比较大的范围内改变系统的流量，并且缩小了水泵低频工作区，能够起到更好的节能效果。定频泵和变频泵组合时，应当选择全频性能一致的水泵，并且，水泵的特性应当尽可能在低速运行时保持压头；

(3) 冷水系统负荷侧的供回水压差传感器尽可能安装在最不利环路上,以便最大限度地起到节省水泵功率的作用;

(4) 由于一些冷却塔的布水器依靠水的动力旋转布水,当冷却水低流量运行时,可能旋转式布水器不能够工作,因此,建议选择非旋转布水器的冷却塔,例如方形冷却塔等。

29.9.7 模块化冷水机组的安装与进出水管的连接

1. 外形与安装尺寸

(1) MSCW210 和 MSCW400 螺杆式模块化冷水机组外形与安装尺寸,见图 29.9-2。

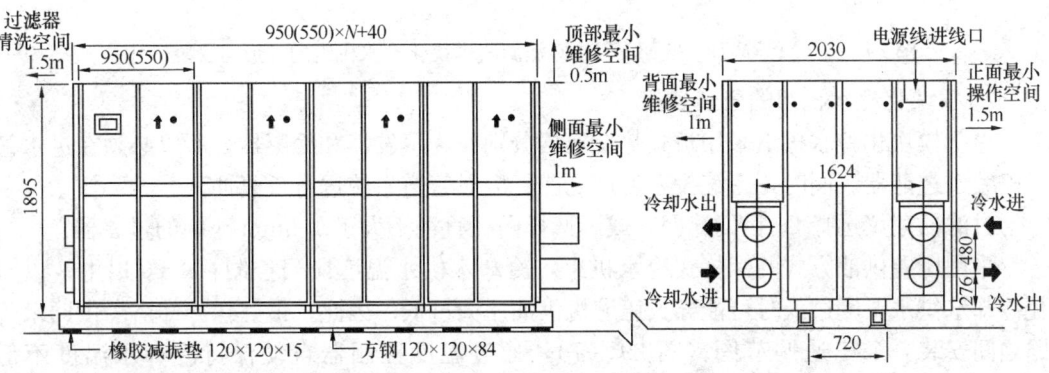

图 29.9-2 MSCW210 和 MSCW400 螺杆式模块化冷水机组外形与安装尺寸

安装说明:

1) N 为模块单元数量;

2) 括号内的尺寸为 MSCW210;

3) 橡胶减振垫的安装间隔距离约为 500mm。

(2) MSRW075 涡旋式模块化冷水机组的外形与安装尺寸,见图 29.9-3。

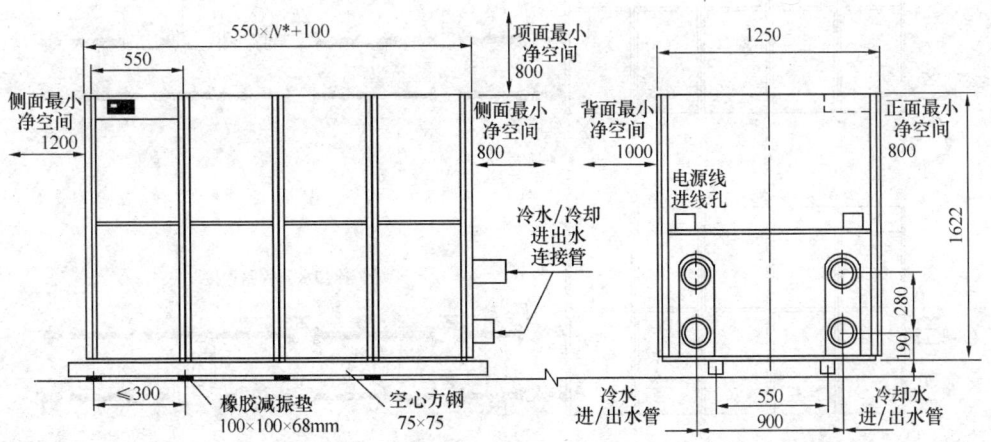

图 29.9-3 MSRW075 涡旋式模块化冷水机组的外形与安装尺寸

(3) MSRW135 和 MSRW160 涡旋式模块化冷水机组的外形与安装尺寸,见图 29.9-4。

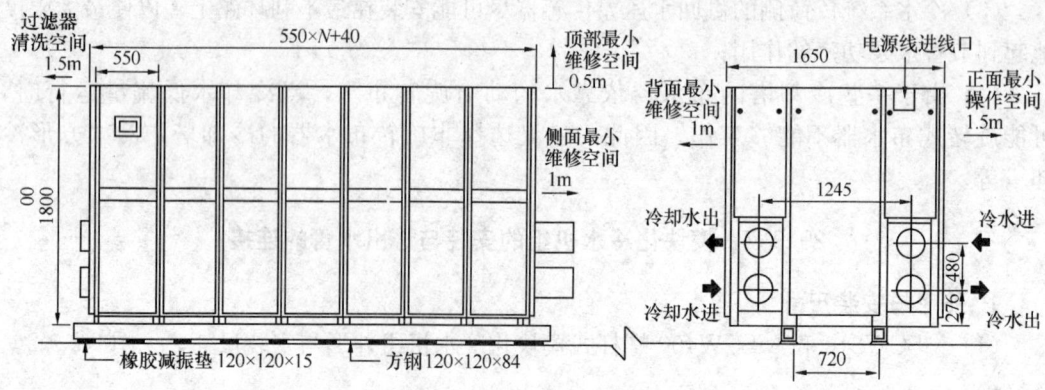

图 29.9-4　MSRW135 和 MSRW160 涡旋式模块化冷水机组的外形与安装尺寸

2. 模块化冷水机组的管道连接

由于模块化冷水机组采用板式热交换器分别作为蒸发器和冷凝器，所以必须在进水管上安装水过滤器。同时，系统投入使用之前，应对管道系统进行反复冲洗。

过滤器建议选择 20 目的滤网，或者选择网孔直径不大于 1.5mm 滤网的过滤器。

采用压差供油方式的螺杆式冷水机组，冷却水供水温度应当控制在 25℃ 以上，以避免冷却水供水温度过低时可能导致压缩机供油压力过低。因此，最好在冷却塔的供回水管路之间安装一个三通调节阀（图 29.9-7），通过温度控制器自动保持冷却水温度不低于 25℃。

（1）普通型的模块化冷水机组的管道连接

普通型模块化冷水机组的管路连接如图 29.9-5，配管见表 29.9-9。

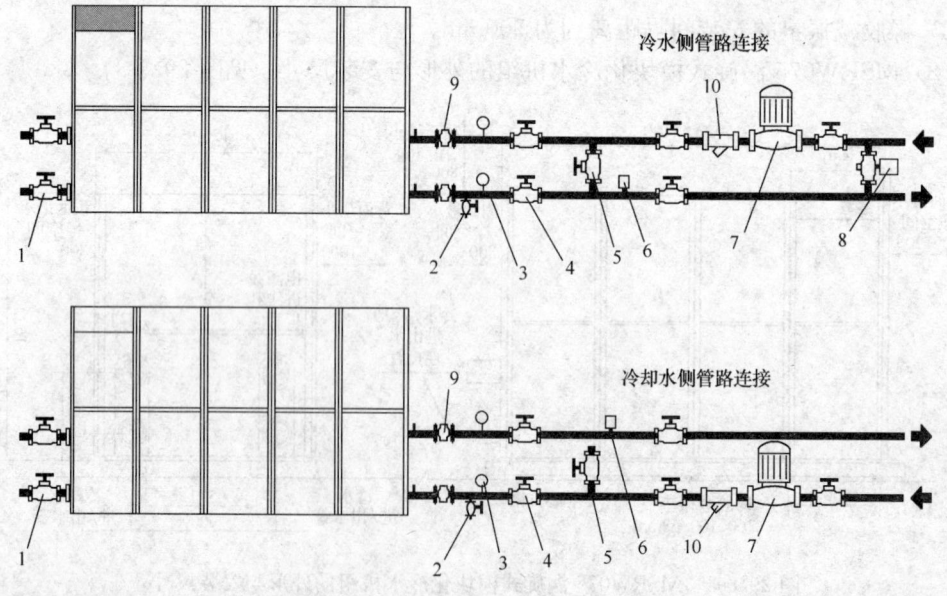

图 29.9-5　模块化冷水机组的管路连接

普通型模块化冷水机组的管路连接　　　　　　　　　表 29.9-9

序号	名称	备注	序号	名称	备注
1	排水阀 DN50		6	水流开关	应当确保水流量不低于额定流量的80%
2	泄水阀		7	水泵	
3	水压表		8	压差旁通阀	
4	截止阀		9	软接头	
5	反冲旁通阀	建议按照主管道直径设计	10	"Y"形过滤器	滤网规格为20目不锈钢丝网

(2) 可变水量运行的模块化冷水机组的管道连接

1) 冷水系统的管路连接如图 29.9-6，配管见表 29.9-10。

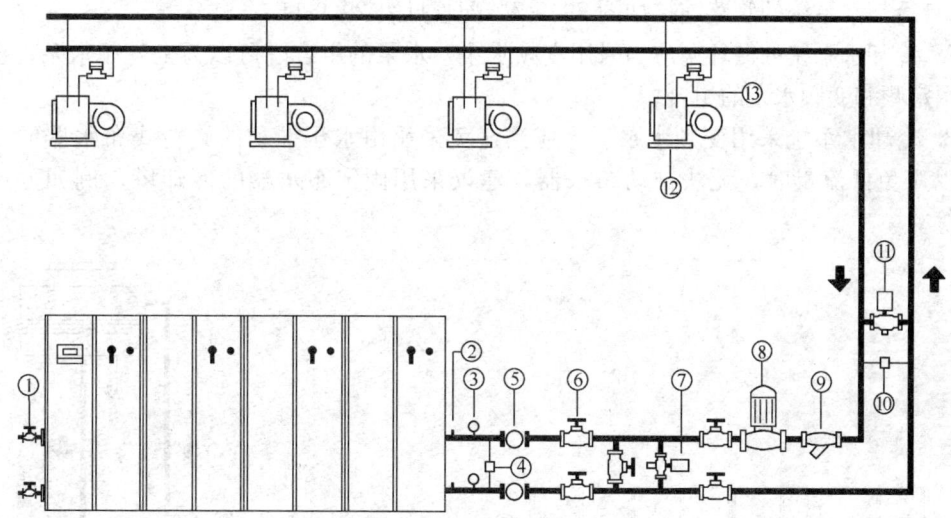

图 29.9-6　变水量冷水系统的管路连接

变水量冷水系统的管路连接　　　　　　　　　表 29.9-10

序号	名称	备注	序号	名称	备注
1	排水阀 DN50		8	变频水泵	
2	冷水温度传感器	随机组提供	9	"Y"形过滤器	滤网规格为20目不锈钢丝网
3	水压表				
4	机组侧供回水压差传感器	随机组提供	10	负荷侧供回水压差传感器	随机组提供
5	减振接头		11	负荷侧压差旁通阀	
6	截止阀		12	空气处理机组	
7	机组侧压差旁通阀		13	比例调节阀或电动阀	

A. 冷水系统的循环泵应当采用变频水泵，水泵的组合既可以为全变频水泵，也可以采用定频和变频的水泵组合。

B. 冷水系统建议安装两个压差旁通阀，分别是图 29.9-6 中的⑦和⑪。

压差旁通阀⑦的作用在于，当负荷则需要的流量高，而机组侧需要的流量低时，例如,环境负荷较低的过渡季节,机组侧供回水之间较高的压差导致旁通阀打开,使部分水流被旁通,保证负荷侧流量供应。压差旁通阀⑦的开启压差设定值应当比机组换热器阻力高 50~100kPa,不能够低于机组的阻力,以免过早旁通导致机组的水流量不足。

压差旁通阀⑪的作用在于,当机组侧需要的流量高,而负荷侧需要的流量低时,例如刚刚启动机组的运行,而负荷侧还没有投入工作,负荷侧较高的供回水压差导致旁通阀打开,使部分水流被旁通,保证机组运行所需要的流量。压差旁通阀⑪的开启压差设定值需要根据压差旁通阀的安装位置,应当注意避免设定值较低时,旁通阀被提前打开,导致水泵运行流量大于系统实际需要的流量。

C. 冷水系统有两个供回水压差传感器,这两个压差传感器控制水泵的运行流量。机组侧的压差传感器④安装在机组的供回水管之间,负荷侧的压差传感器⑩安装位置根据系统情况选择,通常应当安装在最不利环路上,这样可以取得最佳的节能效果,但这个环路应当在任何时候都能够反映系统负荷侧需要流量的变化,以保证对水泵的正确控制。

2) 冷却水系统的管路连接如图 29.9-7,配管见表 29.9-11。

A. 冷却水系统的循环泵应当采用变频水泵,水泵的组合既可以为全变频水泵,也可以采用定频和变频水泵的组合。

B. 冷却水系统采用变频水泵后,应当避免采用由水压推动的旋转式布水器的冷却塔,以避免低流量时,无法推动布水器,建议采用固定布水器的冷却塔,例如方形冷却塔等。

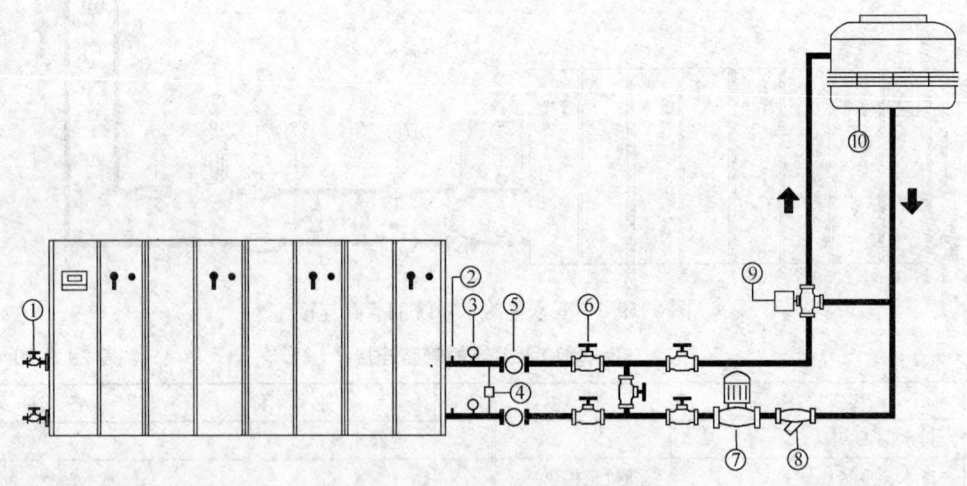

图 29.9-7 冷却水系统的管路连接

冷却水系统的管路连接　　　　　　表 29.9-11

序号	名称	备注	序号	名称	备注
1	排水阀 DN50		6	截止阀	
2	冷却水温度传感器	随机组提供	7	变频水泵	
3	水压表		8	"Y"形过滤器	滤网规格为 20 目不锈钢丝网
4	机组侧供回水压差传感器	随机组提供	9	三通比例调节阀	螺杆式冷水机组用于控制冷却水供水温度
5	减振接头		10	冷却塔	

29.9.8 选 型 示 例

1. 条件：选择满足以下条件的冷水机组

(1) 冷水回水温度 $t_r=12.5℃$；

(2) 冷水出水温度 $t_s=7℃$；

(3) 冷水流量 $W=440m^3/h=122.2L/s$；

(4) 冷却塔出水温度 $t_{w1}=30℃$；

(5) 冷却塔进水温度 $t_{w2}=35℃$；

(6) 使用 R22 冷媒；

(7) 工作电源 AC380V/50Hz/3Ph；

(8) 定水流量的常规系统。

2. 选型计算

(1) 计算制冷量 Q (kW)：
$$Q = W \times c_p \times (t_r - t_s) = 122.2 \times 4.185 \times (12.5-7) = 2813 kW$$

(2) 选择模块单元型号和数量

当冷水出水温度7℃，冷却水出水温度35℃时，MSCW400ⅡFA 每单元制冷量为 445kW；MSCW210FA 每单元制冷量为 206kW；机组主要由 MSCW400ⅡFA 组成，不足部分安装 MSCW210FA。

1) 选择需要安装的 MSCW400ⅡFA 模块单元数量：2813÷445=6.3

取 MSCW400ⅡFA 模块单元数量为 6，不足制冷量为：
$$\Delta Q = 2813 - 6 \times 445 = 143 kW$$

2) 选择需要安装的 MSCW210FA；机组不足制冷量为 143kW

机组中再安装一个 MSCW210FA 模块单元

3) 机组型号为：MSCW400Ⅱ(210)FA-6(1)；机组总制冷量为：
$$Q = 6 \times 445 + 1 \times 206 = 2876 kW$$

机组裕量为：(2876-2813)÷2813×100%=2.2%

机组制冷量选型合理

(3) 计算冷水阻力

1) 机组额定冷水流量=6×21.3+1×9.8=137.6L/s

额定流量下冷水侧阻力 58kPa。

2) 计算实际水侧阻力

冷水实际流量百分比=122.2÷137.6=89%

根据图 29.9-1 查找换热器阻力修正系数，得到当流量百分比为 89%时，阻力修正系数 ζ 为 0.80。

根据表 29.9-8 查 K 值表得到，当 MSCW400 组和模块单元数量为 6 时，K 为 1.05，机组冷水侧实际阻力为：0.80×58×1.05=49kPa。

(4) 计算冷却水流量和阻力

1) 冷却水流量 6×25.8+1×12.1=166.9L/s=600m³/h

2) 冷却水侧阻力

额定流量时模块单元冷却水侧阻力为55kPa。

根据表29.9-8得：当MSCW400组的模块单元数量为6时，K为1.05，则冷却水侧实际阻力为：$55 \times 1.05 = 58$ kPa。

29.10 制冷系统的管道设计与配管

29.10.1 氟制冷系统管道设计与配置

氟利昂能溶解不同数量的润滑油，在管路设计与配置时必须解决两个问题：

- 润滑油能顺利地由吸气管返回制冷机曲轴箱。
- 当多台制冷机并联运行时，润滑油能均匀地回到每台制冷机。

1. 吸气管的配置

（1）水平管应有不小于0.01的坡度（坡向制冷机）；在上升管下部应设存油弯，如图29.10-1。

（2）蒸发器的不同组合与制冷机相对位置不同时，吸气管线的配置详见图29.10-2。

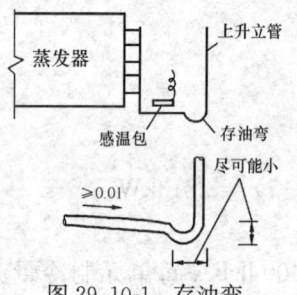

图29.10-1 存油弯

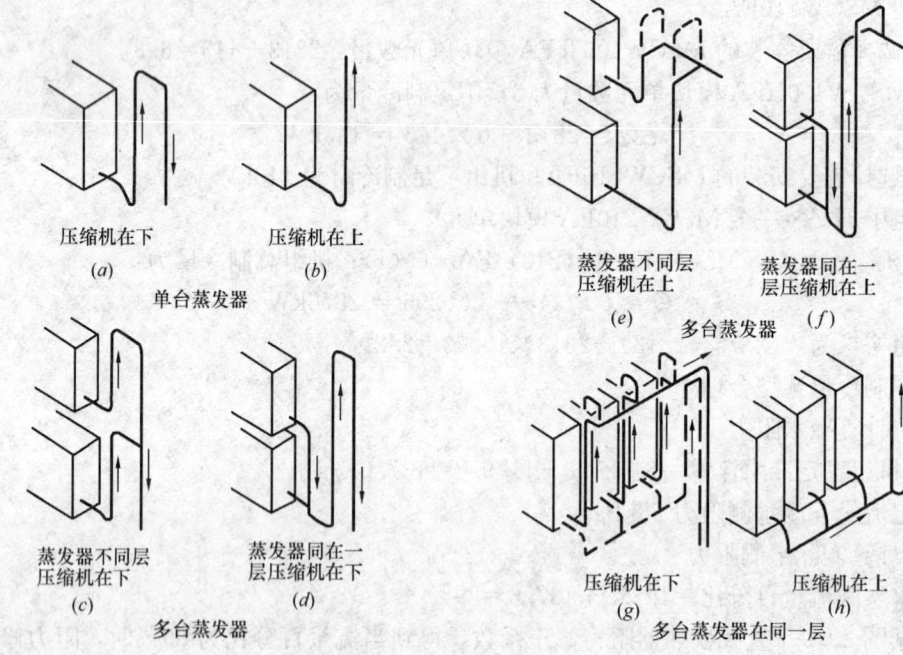

图29.10-2 氟吸气管线的布置

图 号	图 面 说 明
图29.10-2a	制冷机位于单台蒸发器下，在吸气管上有一倒U形环路，最高点应高过蒸发器，以防止停用时液体冷媒流入制冷机
图29.10-2b	单台蒸发器位于制冷机下，此式不用倒U形环路，因蒸发器本身即可容纳所有液体冷媒

图 号	图 面 说 明
图 29.10-2c	在不同楼层的多台蒸发器位于制冷机之上,每个蒸发器的吸气管必须先升至该器之顶上后,再接至共同吸气管上,以防止停用时液体冷媒流入制冷机
图 29.10-2d	同一层楼的重叠蒸发器连在一起或是两只蒸发器共同使用一个供液电磁阀而制冷机在下方者,此式配管只需一个倒U形环路即可
图 29.10-2e	在不同楼层的多台蒸发器位于制冷机之下,各有独立的供液电磁阀,则每台蒸发器也应有独立的吸气上行管,以便有最好的回油效果
图 29.10-2f	为同一层楼的重叠蒸发器位于制冷机之下方时的配管
图 29.10-2g	同一平面的多台蒸发器位于制冷机之上,每一吸气管均引向上经一倒U形环路接到共同的吸气管;或者每一吸气管均向下接到共同的吸气管,然后再引向上经一倒U形环路接入制冷机(图中用虚线表示)
图 29.10-2h	为多台蒸发器位于制冷机之下时的配管。

(3) 制冷机吸气管的配置,见图 29.10-3。

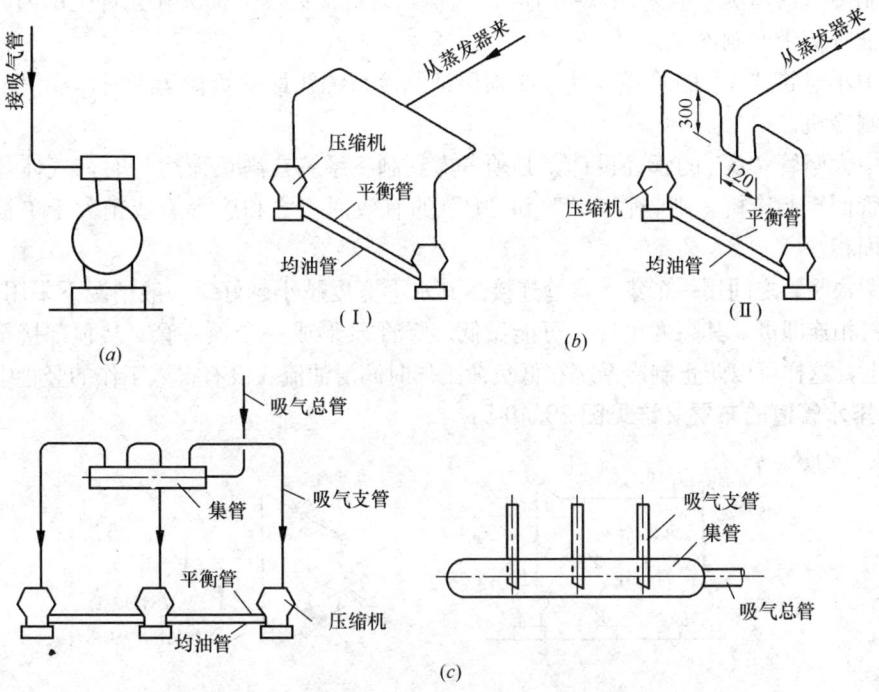

图 29.10-3 多台制冷机并联时吸气管道布置

(a) 单台制冷机吸气管道连接示意图;(b) 两台制冷机并联时吸气管道连接示意图;
(c) 多台制冷机并联时吸气管道连接示意图

图 号	图 面 说 明
图 29.10-3a	单台制冷机时,在其入口处不装设集油弯管,否则停机后再启动时,会有大量的润滑油进入制冷机,致使产生不良效果
图 29.10-3b	两台制冷机并联接管时,方式有两种:(Ⅰ)吸气管对称布置,使两台制冷机的阻力近乎相等;(Ⅱ)直联接管,设置U形集油弯,用以防止当一台制冷机停机,另一台制冷机运行时润滑油流进停用的制冷机吸气管道入口处。同时曲轴箱油面上部与下部均应装设平衡管与均油管
图 29.10-3c	三台或多台制冷机并联连接时,应设置一个集气管,且使吸入气体能够顺利地流入集气管;吸气支管应插到集气管的底部,端部设计成45°斜口

(4) 双吸气管：连接形式见图 29.10-4。

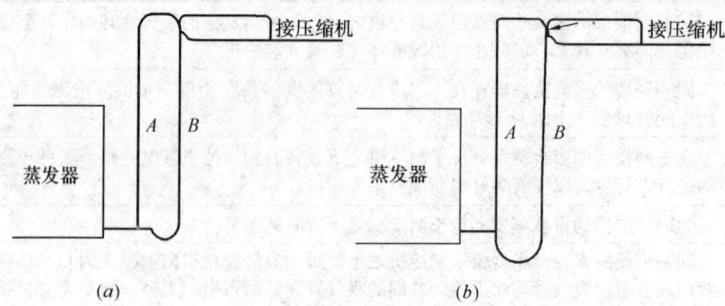

图 29.10-4 双吸气竖管的两种连接形式

一般情况下吸气管道按制冷机的最大工作容量设计成单管。对于有能量调节的制冷机或多台制冷机的情况，应采用双吸气管。这样，既可保证压力损失在允许范围内，又可使润滑油被气流带回制冷机。

图中小竖管"A"的管径设计，必须保证制冷系统在最低负荷运行时，润滑油能被气流带回制冷机。

图中大竖管"B"的管径设计，必须考虑到制冷系统在满负荷运行时，气体是通过双吸气竖管回至制冷机，则竖管"A"和"B"的有效面积之和应等于或稍大于单根竖管时的有效面积。

在两根竖管之间用一个集油弯管连接。其水平宽度越小越好，一般情况下采用两个 90°弯头紧密相连即可，其高度也应尽可能做低。竖管 B 形成一个顶弯管，从顶部接至水平吸气管道上，这样可以防止制冷系统在低负荷工作时润滑油流入没有投入工作的竖管中去。

2. 排水管道的布置（详见图 29.10-5）

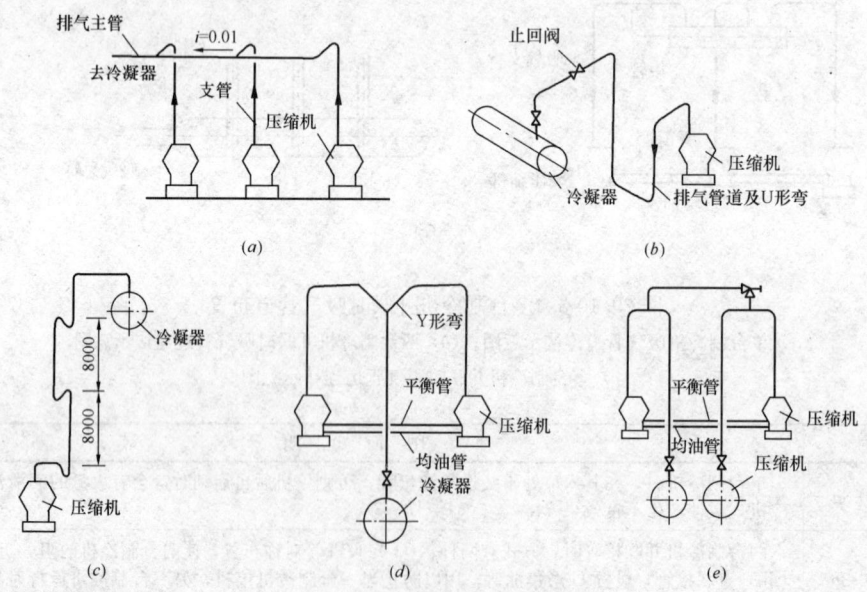

图 29.10-5 排气管道的布置（一）
(a) 制冷机至冷凝器或油分离器之间的管道连接示意图；(b) 排气管道 U 形弯管道连接示意图；(c) 长排气竖管管道连接示意图；(d) Y 形管道连接示意图；(e) 多台制冷机与设在下部之冷凝器的管道连接

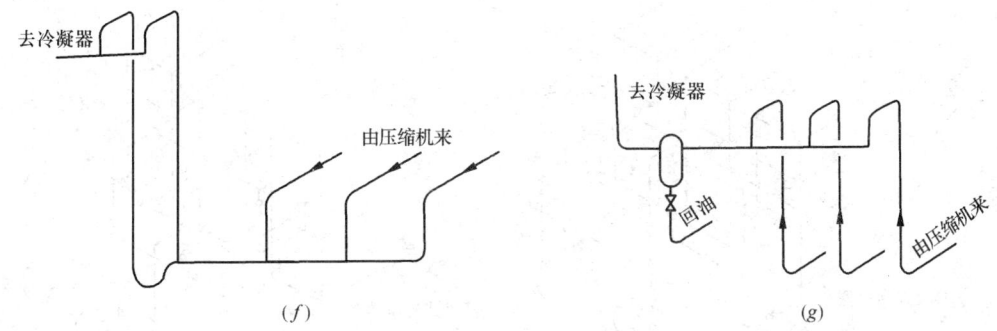

图 29.10-5　排气管道的布置（二）

(f) 双排气竖管管道连接示意图；(g) 装设油分离器的排气竖管管道连接示意图

图 号	图 面 说 明
图 29.10-5a	排气管应保持大于或等于 0.01 的坡度，且必须坡向油分离器或冷凝器，确保竖管中的润滑油均匀地随制冷剂气体一起流向油分离器或冷凝器
图 29.10-5b	对于不设油分离器的制冷机，当制冷机位于冷凝器下方时，应将排气管道靠近制冷机先向下弯至地面处，然后再向上接往冷凝器形成 U 形弯，这样可以防止冷凝的液体制冷剂及润滑油反流回制冷机，避免再次开车时造成液击事故
图 29.10-5c	当制冷机排气管道的竖向长度超过 3m 时，在靠近制冷机处的管段上设一集液弯管，然后再每隔 8m 设一集液弯管
图 29.10-5d	当两台制冷机合用一台冷凝器，且冷凝器位于制冷机之下时，用 45°Y 形三通连接，能防止一台制冷机运行时，润滑油流入另一台制冷机
图 29.10-5e	当制冷机和冷凝器均在两台以上，而且制冷机位于冷凝之上时，排气管道的直径应与制冷机的排气管道上的阀门直径相同
图 29.10-5f	对有能量调节的制冷机，应考虑排气竖管在制冷系统的低负荷运行时，能将润滑油从竖管中带出
图 29.10-5g	装设油分离器的排气竖管应如图所示连接。油分离器回收的润滑油应均匀地送回各台正在运行的制冷机

3. 冷凝器至贮液器之间的管道配置（见图 29.10-6）

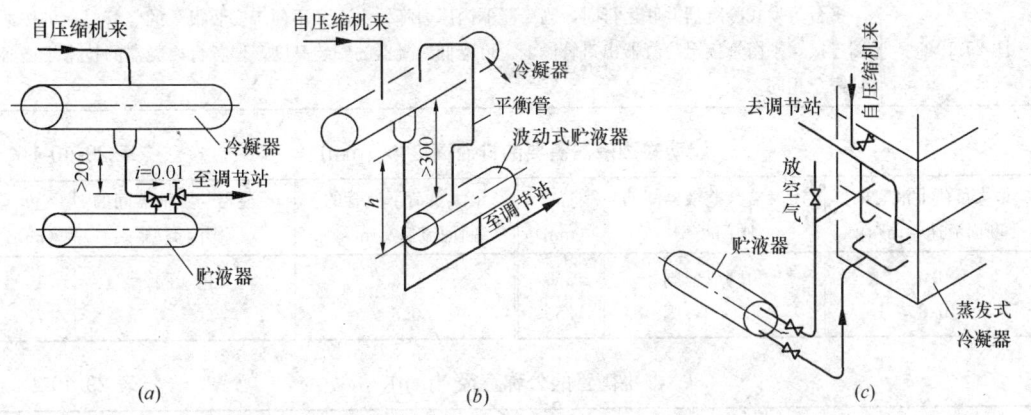

图 29.10-6　冷凝器至贮液器间的管道配置（一）

(a) 卧式冷凝器至贮液器间管道连接示意图；(b) 波动式贮液器管道连接示意图；

(c) 蒸发式冷凝器至贮液器之间的管道连接示意图

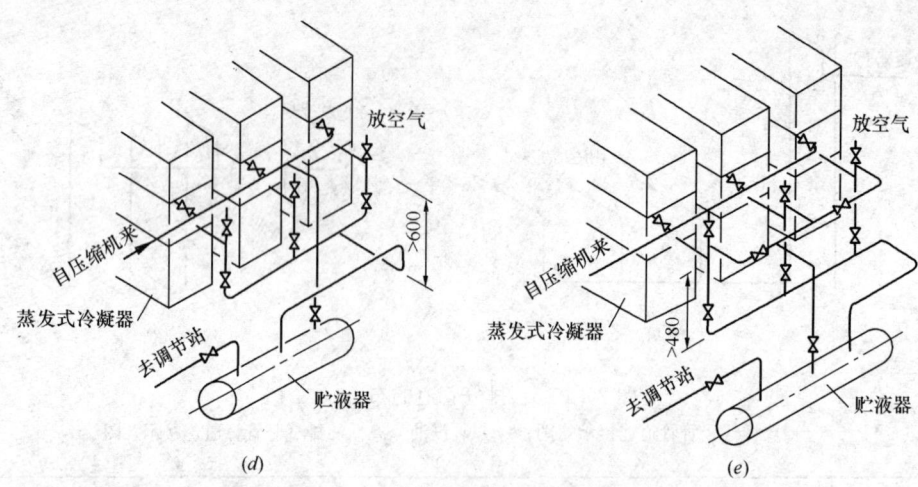

图 29.10-6 冷凝器至贮液器间的管道配置（二）
(d) 多台蒸发式冷凝器与贮液器间管道连接示意图之一；
(e) 多台蒸发式冷凝器与贮液器间管道连接示意图之二

图 号	图 面 说 明
图 29.10-6a	壳管式冷凝器配有重力排液到高压贮液器顶部入口的排液管，应保证冷凝器出液管至角阀中心的高度不小于 200mm，管内液体流速在满负荷运行时不超过 0.5m/s，敷设坡度不小于 0.01，坡向贮液器。这时可不设外部平衡管
图 29.10-6b	当室内环境温度高于冷凝温度时，为了保持制冷循环的过冷温度或当冷媒流速大于 0.5m/s（不应超过 0.8m/s），应采用波动式贮液器。此时，冷凝器与贮液器之间应设平衡管，且均从顶部引出接管。排液高度 h 和平衡管的公称直径见表 29.10-1 和表 29.10-2
图 29.10-6c	为蒸发式冷凝器至贮液器之间的配管图。液体流速应小于 0.5m/s
图 29.10-6d	多台蒸发式冷凝器并联运行时，冷凝器的液体出口和贮液器进液水平管之间的垂直距离不小于 600mm，液体流速应小于 0.5m/s，且应有 0.02 的坡度，坡向贮液器。必须设计平衡管，从贮液器接至冷凝器进气总管处
图 29.10-6e	多台蒸发式冷凝器并联运行时，当冷凝器内压力降较大而又不便于安装很长的竖管时，可按本图连接。平衡管接至冷凝器出口管段上，可降低冷凝器的安装高度，但各台冷凝器的技术规格必须完全相同

波动式贮液器需要的排液高度 h (mm)　　　表 29.10-1

最大负荷下液管的断面流速 (m/s)	冷凝器与贮液器间的阀门类型	h (mm)	最大负荷下液管的断面流速 (m/s)	冷凝器与贮液器间的阀门类型	h (mm)
0.5	角阀或球阀	350	0.8	角 阀	400
0.8	无 阀	350	0.8	球 阀	700

平衡管的公称直径 (mm)　　　表 29.10-2

公称直径 (mm)		15	20	25	32	40	50
最大负荷 (kW)	R-12	125	245	420	695	965	1583
	R-22	175	315	515	890	1250	2050

4. 冷凝器或贮液器至蒸发器的管道配置

(1) 管道的连接示意见图 29.10-7。

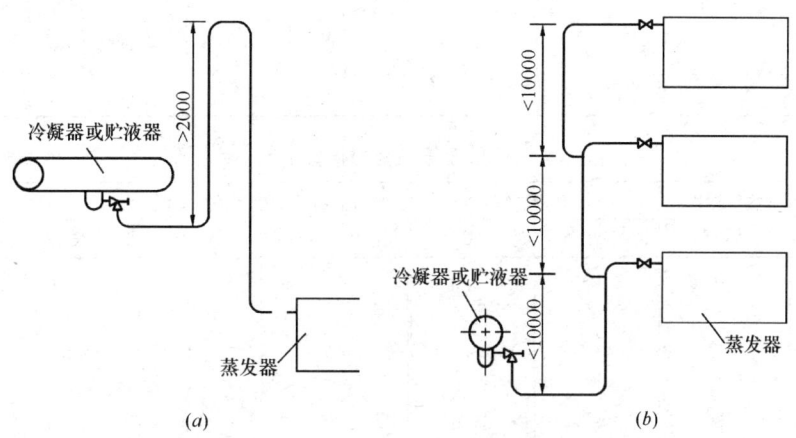

图 29.10-7 冷凝器或贮液器至蒸发器的管道配置
(a) 蒸发器在冷凝器或贮液器下面时的管路连接示意图；
(b) 蒸发器在冷凝器或贮液器上面时的管路连接示意图

图 示	图 面 说 明
图 29.10-7a	蒸发器位于冷凝器或贮液器下方时，在液体管道上要设计成倒"U"形液封，高度不小于 2m。当液体管道上装有电磁阀时，可不设置倒"U"液封
图 29.10-7b	多台蒸发器在冷凝器或贮液器上方，且不能避免闪发气体时，管道连接要注意三点： ● 尽可能避免闪发气体 ● 应在膨胀阀前选定准确的压力降 ● 当液体管道的环境温度高于冷凝温度时，管道应进行保温

(2) 应保持适当的过冷度，以防冷剂气化。一般可设回热式热交换器或并联一个直接蒸发式热交换器来实现，见图 29.10-8。

(3) 应考虑液管升高时，液柱静压力对冷剂气化的影响，详见表 29.10-3。

(4) 低压液管的阻力倍数，见表 29.10-4。

(5) 冷剂为 R-12 时冷却盘管的允许串联长度，可按图 29.10-9 和图 29.10-10 确定。

(6) 冷剂为 R-22 时冷却盘管的允许串联长度，可按图 29.10-11 和图 29.10-12 确定。

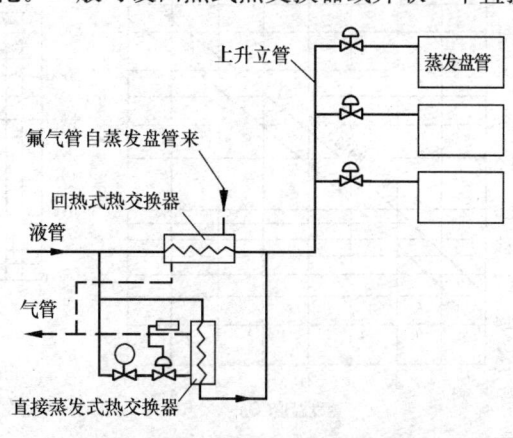

图 29.10-8 闪发气体的防止示意图

每1m液柱的静压差及相应的饱和温度降　　　　　表 29.10-3

参 数	制 冷 剂 种 类							
	R-12					R-22		
冷凝温度（℃）	50	45	40	35	30	40	35	30
冷凝压力（MPa）	1.24	1.10	0.98	0.86	0.76	1.58	1.39	1.23
液柱静压差（MPa）	0.012	0.012	0.013	0.013	0.013	0.011	0.012	0.012
饱和温度降（℃）	0.44	0.47	0.53	0.59	0.67	0.29	0.33	0.37

低压液管的阻力倍数　　　　　表 29.10-4

膨胀阀前的液温（℃）	蒸发温度（℃）	阻力倍数		膨胀阀前的液温（℃）	蒸发温度（℃）	阻力倍数	
		R-12	R-22			R-12	R-22
30	10	14.0	12.0	40	10	19.0	17.0
	0	21.5	18.5		0	29.0	24.5
	−10	33.5	28.5		−10	43.0	35.5
	−20	52.0	43.5		−20	61.0	51.0
	−30	76.5	64.0		−30	93.0	77.0

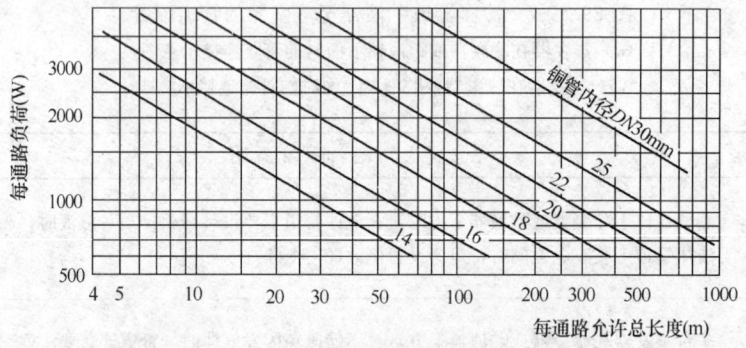

图 29.10-9　R-12 冷却盘管允许串联长度

（蒸发温度−20℃，膨胀阀前液温 30℃，允许压力降相应于饱和蒸发温度降 2℃）

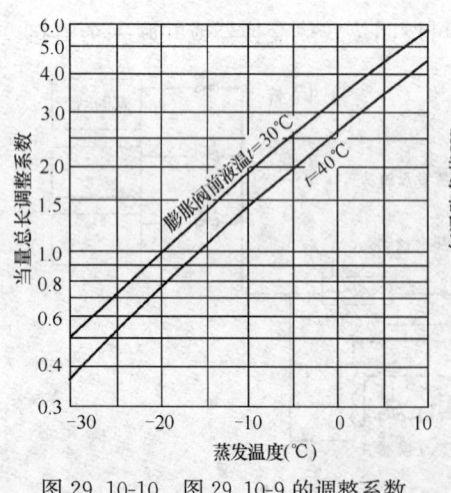

图 29.10-10　图 29.10-9 的调整系数

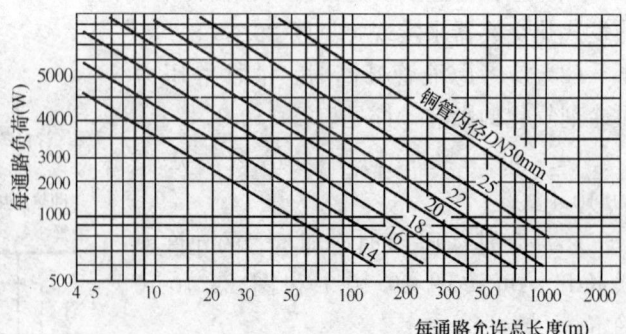

图 29.10-11　R-22 冷却盘管允许串联长度

（蒸发温度−20℃，膨胀阀前的液温 30℃，允许压力降相应于饱和蒸发温度降 1℃）

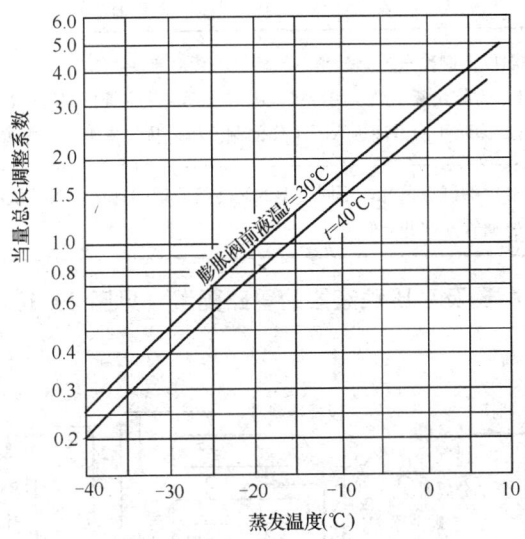

图 29.10-12　图 29.10-11 的调整系数

29.10.2　氨制冷系统管道设计与配置

氨有毒性，且有爆炸危险；润滑油不能溶解在氨液中。因此在设计时必须解决两个问题：
- 要确保系统的安全运行，减少泄漏，设备之间须设置阀门；
- 润滑油的排放和回收。

1. 氨制冷机吸气、排气管道的配置（见图 29.10-13）

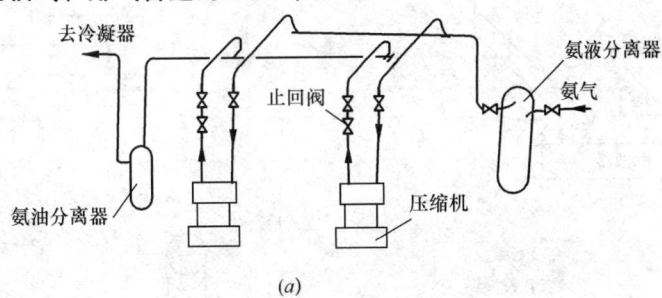

(a)

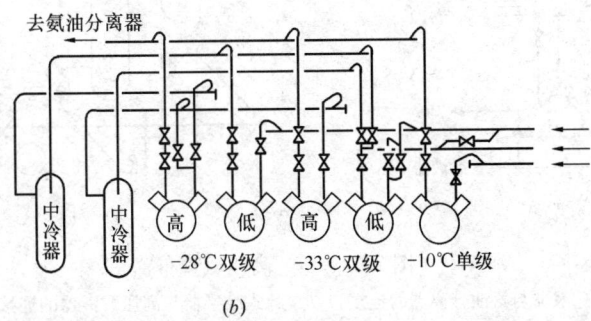

(b)

图 29.10-13　氨制冷机吸排气管道布置
(a) 压缩机吸排气管路；(b) 三个蒸发温度系统压缩机管路连接

图 号	图 面 说 明
图 29.10-13a	单一蒸发温度的制冷系统单级制冷压缩机的管道连接： ● 吸气管：为防止液体吸入制冷机，吸气支管应从主管顶部接出； ● 排气管：为防止润滑油进入不工作的制冷机，排气支管应从主管顶部或斜角接出
图 29.10-13b	三个蒸发温度的制冷系统，不同类型的制冷机管道的连接，为了机组之间能互相备用，管路系统中增加了旁通管和"共同"管

2. 氨油分离器、冷凝器及高压贮液器的管路配置（见图 29.10-14）

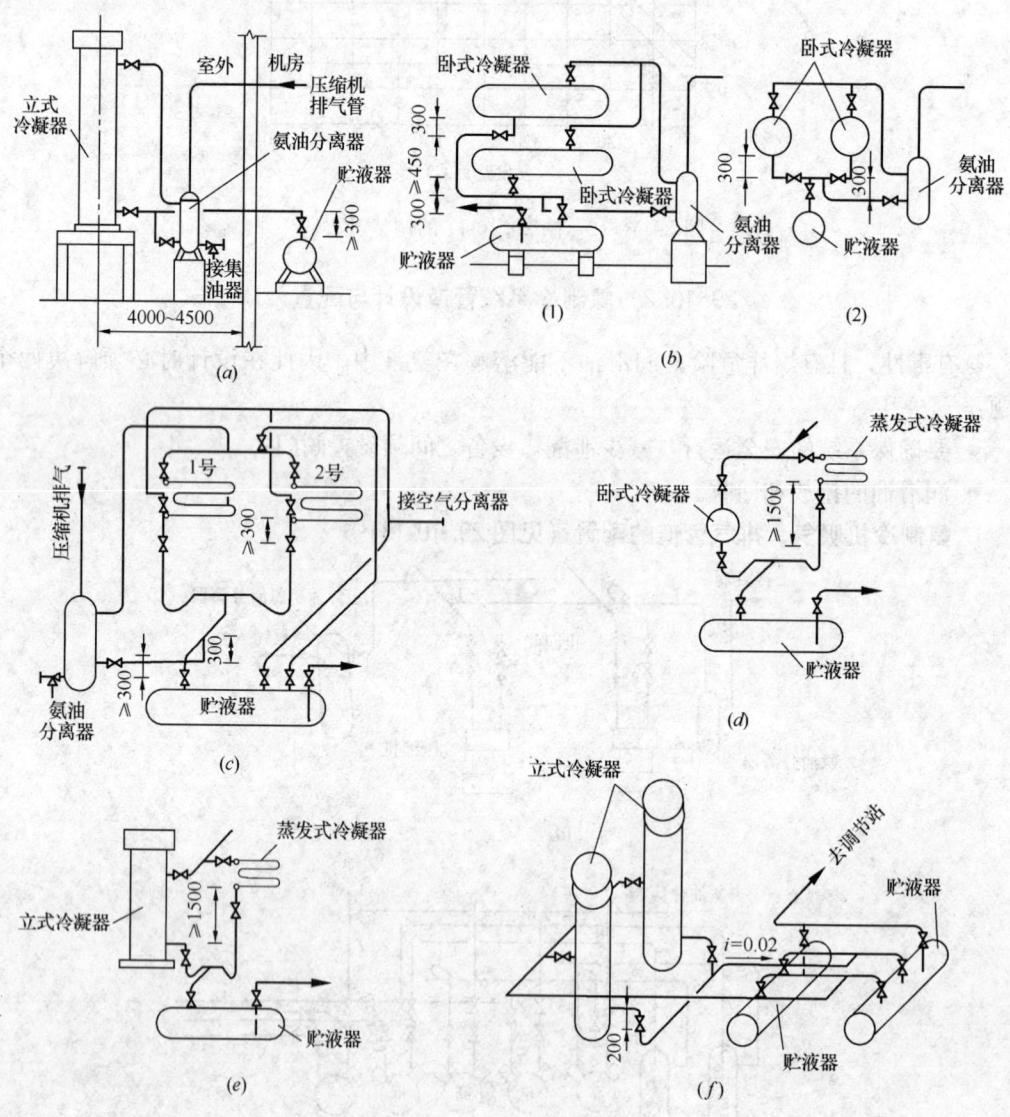

图 29.10-14 高压氨管布置

(a) 立式冷凝器、贮液器与氨油分离器的连接；(b) 卧式冷凝器与高压贮液器的连接；(c) 蒸发式冷凝器与贮液器的连接；(d) 蒸发式冷凝器与卧式冷凝器并联；(e) 蒸发式冷凝器与立式冷凝器并联；(f) 多台立式冷凝器至贮液器间管道连接示意图

3. 排油管路的配置

由于润滑油的密度大于液体氨的密度，所以系统中的油都积聚在冷凝器、贮液器及蒸发器的底部，油管均应从设备底部接出，见图 29.10-15。

4. 浮球调节阀的管路配置

见图 29.10-16。

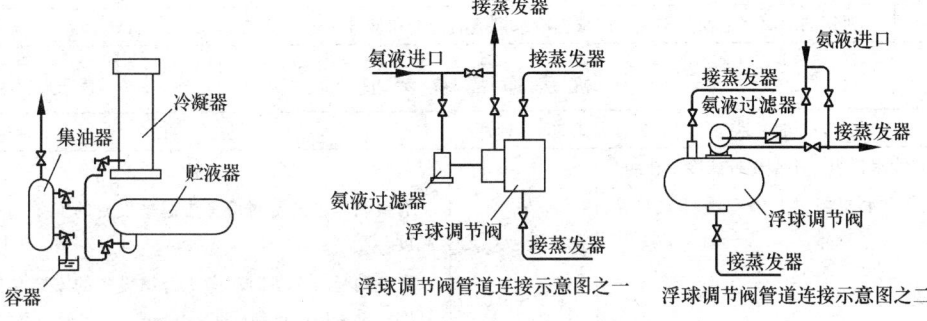

图 29.10-15 集油器放油管路连接

图 29.10-16 浮球调节阀的管路布置

5. 热氨融霜系统管路配置

见图 29.10-17。

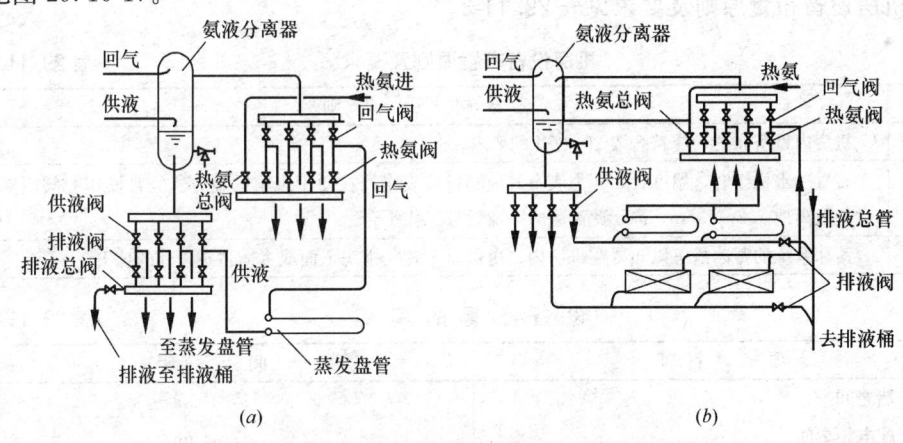

图 29.10-17 热氨融霜系统管路配置
(a) 热氨融霜、加压排液调节站；(b) 热氨融霜、重力排液调节站

29.11 制冷机房设计

29.11.1 制冷机房设计原则及要求

1. 机房土建设计原则及要求见表 29.11-1。

机房土建设计原则及要求　　　　表 29.11-1

序号	要求及原则
1	机房的位置应尽可能靠近冷负荷中心，以缩短输送管道。机房宜设置在建筑物的地下室；对于超高层建筑，可设置在设备层或屋顶

续表

序号	要求及原则
2	机房宜设置观察控制室、维修间及洗手间
3	机房内的地面和设备基座应采用易于清洗的面层
4	机房应考虑预留可用于机房内最大设备运输、安装的孔洞和通道；最好在机房上部预留起吊最大部件的吊钩或设置电动起吊设备
5	机房的净高（地面到梁底）应根据冷水机组的种类和型号而定，参考值见表29.11-2

机房净高参考值   表29.11-2

设备种类	净高（m）	备注
活塞式冷水机组、小型螺杆式冷水机组	3.0~4.5	
离心式冷水机组、大中型螺杆式冷水机组	4.5~5.0	有电动起吊设备时应考虑起吊设备的安装和工作高度
吸收式冷水机组	4.5~5.0	有电动起吊设备时应考虑起吊设备的安装和工作高度；设备最高点到梁底≥1.5m
辅助设备	3.0	

注：蓄冰系统机房净高与同类别冷水机组机房的净高相同。如果制冰滑落式设备的蓄冰槽布置在机房内，机房的净高应根据所选设备的样本适当加高。

2. 机房设备布置原则及要求见表29.11-3。

机房设备布置原则及要求   表29.11-3

序号	要求及原则
1	机房内设备布置，应符合表29.11-4的要求
2	布置冷水机组时，温度计、压力表及其他测量仪表应设在便于观察的地方。经常操作的阀门安装高度一般离地1.2~1.5m，高于此高度时，应设置工作平台
3	蓄冰系统的蓄冰槽可以布置在机房内，也可以布置在机房下面或主体建筑以外的地下

设备布置的间距   表29.11-4

项目	间距（净距）
机组与墙之间	≥1.0m
机组与配电柜之间	≥1.5m
机组与机组或其他设备之间	≥1.2m
蒸发器、冷凝器、低温发生器的维修距离	≥蒸发器、冷凝器、低温发生器的长度
机组与其上方的管道、烟道、电缆桥架之间	≥1.0m
主要通道的宽度	≥1.5m

3. 机房供暖通风、给水排水及电器的设计原则及要求见表29.11-5。

机房供暖通风、给水排水及电器设计原则及要求   表29.11-5

序号	要求及原则
1	机房内应有良好的通风设施；地下层机房应设机械通风设施，必要时设置事故通风设施；控制室、维修间宜设空气调节装置。设置机械通风设施的机房的换气次数参见表29.11-6
2	设置集中供暖的机房，其室内温度不宜低于16℃
3	机房应设电话及照度不小于100lx的事故照明装置；测量仪表集中处应设局部照明

机房换气次数 表29.11-6

机房种类	换气次数(次/时)	备注	机房种类	换气次数(次/时)	备注
燃气吸收式制冷机房	≥12	事故时	燃油吸收式制冷机房	≥6	事故时
	≥6	工作期间		≥3	工作期间
	≥3	非工作期间	氨制冷机房	≥8	
			其他	4～6	

4. 氨制冷机房应满足下列要求：

(1) 机房应单独设置，净高不小于4.8m，且远离建筑群；
(2) 机房应有良好的自然通风条件；
(3) 机房的自动控制室或操作人员值班室应与机器间隔开，并设置固定密封观察窗；
(4) 机房应有两个或两个以上的出入口，其中一个出入口的宽度不小于1.5m；
(5) 机房内严禁采用明火供暖；
(6) 设置事故排风装置，换气次数不小于8次时，排风机选用防爆型；
(7) 制冷机泄压口应高于周围50m范围内最高建筑屋脊5m，并采取防止雷击、防止雨水或杂物进入泄压管的措施；
(8) 设置紧急泄氨装置，在紧急情况下，能将机组氨液溶于水中（每1kg/min的氨至少提供17L/min的水）排至经有关部门批准的贮罐或水池。

29.11.2 直燃型溴化锂吸收式冷(热)水机组的机房设计

1. 燃气直燃型溴化锂吸收式冷(热)水机组机房的设计除应符合29.11.1中相关的原则和要求外，还应符合表29.11-7中规定的原则和要求。

燃气直燃型溴化锂吸收式冷(热)水机组机房的设计原则及要求 表29.11-7

序号	要求及原则
1	机房应设置独立的燃气表间
2	机房、燃气表间应分别独立设置防爆排风机、燃气浓度报警器，并有进风措施；防爆排风机与燃气浓度报警器连锁，当燃气浓度达到爆炸下限1/4时报警并启动风机排风
3	燃气管上应设能自动关闭、现场人工开启的自动切断阀
4	机组排放烟气的烟道宜单独设置；当两台或两台以上机组需要合用一个总烟道时，应在每台机组的排烟支管上设置截断阀；排烟管道应考虑热膨胀补偿；水平烟道应有0.01坡向机组的坡度
5	燃气管道上应设置放散管、取样口和吹扫口；放散管应引至室外，放散管口应高出屋脊1m以上，并采取防止雨雪进入管道和吹扫散物进入房间的措施

2. 燃油直燃型溴化锂吸收式冷（热）水机组机房的设计除应符合29.11.1中相关的原则和要求外，还应符合表29.11-8中规定的原则和要求。

燃油直燃型溴化锂吸收式冷（热）水机组机房的设计原则及要求 表29.11-8

序号	要求及原则
1	机房应设置独立的日用油箱间
2	机房、日用油箱间应分别独立设置防爆排风机，并有进风措施

续表

序号	要 求 及 原 则
3	燃油管上应设能自动关闭、现场人工开启的自动切断阀
4	日用油箱有效容积不应大于 $1.0m^3$
5	日用油箱应有火灾时能够紧急泄油的措施；油箱中的油可直接泄入室外油罐，或泄入日用油箱间专用的砂池中
6	室外油罐可以采取直埋或置于室外地下油罐室；当直埋布置时，应设置检查井，井内布置泄油、排污以及各种阀门部件等
7	油罐、日用油箱应设置直通大气的通气管，并应有接地防静电设施；通气管上设置阻火器和防雨设施
8	油罐不宜临空布置，与建筑物的间距（指离建筑物最近的油罐外壁与建筑物之间的距离）见表29.11-9、表29.11-10
9	日用油箱、油罐、非自吸式离心油泵三者的相对高度应为：日用油箱高于油罐，油罐高于油泵。当采用自吸式离心油泵或齿轮油泵时，油泵可以高于油罐，但高差应小于油泵的吸上高度
10	油泵可以布置在日用油箱间或室外地下油罐室内
11	机组排放烟气的烟道宜单独设置；当两台或两台以上机组需要合用一个总烟道时，应在每台机组的排烟支管上设置截断阀；排烟管道应考虑热膨胀补偿；水平烟道应有0.01坡向机组的坡度

油罐与高层建筑及其裙房的间距　　　　　　　　　　　表 29.11-9

油罐有效容积 V（m^3）	间 距（m）		备 注
	高层建筑	裙房	
$V \leqslant 15$（直埋）	不受限制	不受限制	4m 范围内建筑物外墙为防火墙
$15 < V < 150$（直埋）	17.5	15	
$V < 150$（非直埋）	35	30	

油罐与其他建筑的间距（m）　　　　　　　　　　　表 29.11-10

耐火等级 油罐有效容积（m^3）	一、二级	三 级	四 级
5～250	12	15	20

第30章 热 泵

30.1 空气源热泵机组

30.1.1 概 述

空气源热泵机组具有节能、冷热兼供、无需冷却水和锅炉等优点，特别适合用于我国夏热冬冷地区作为集中空调系统的冷热源。随着技术的进步，目前应用范围有向寒冷地区扩展的趋势。

热泵的功能是把热从低位势（低温端）抽升到高位势（高温端）排放。空气源热泵就是利用室外空气的能量通过机械作功，使能量从低位热源向高位热源转移的制冷/热装置。它以冷凝器放出的热量来供热，以蒸发器吸收的热量来供冷。

就热力学循环过程而言，制冷机和热泵都是基于逆循环而实现其功能的。由于这种装置在运行过程中，总是一侧吸热（制冷），另一侧排热（制热）；所以，一台装置伴生并兼具制冷和制热两种功能。因此制冷机实质上也就是热泵。两者的主要区别在于：

● 着眼点不同：如果仅着眼于利用低温端的吸热效应，习惯上就称为制冷机；如果只着眼于其高温端放热效应的利用，或者除用于制冷外，还定期通过切换而利用其高温端的放热效应，则习惯上便称为热泵。

● 工作温度区间不同：上述的所谓高温热源或低温热源都是相对于环境温度而言，由于两者的目的不同，空气源热泵制热是把环境温度作为低温热源，而空气源热泵制冷则是将环境温度作为高温热源。

对于能同时实现制热与制冷功能的空气源热泵机组，也可以配置成热回收型，例如利用冷凝热来提供生活热水。

30.1.2 热泵机组的种类与特点

空气源热泵机组的分类方法很多，表30.1-1列出了两种具有特征的分类结果。

热 泵 机 组 的 分 类　　　　　　表30.1-1

分类依据	类型	机 组 特 征	机 组 型 式
供冷/热方式	空气-水热泵机组	利用室外空气作热源，依靠室外空气侧换热器（此时作蒸发器用）吸取室外空气中的热量，把它传输至水侧换热器（此时作冷凝器），制备热水作为供暖热媒。在夏季，则利用空气侧换热器（此时作冷凝器用）向外排热，于水侧换热器（此时作蒸发器用）制冷水。制冷/热所得冷/热量，通过水传输至较远的用冷/热设备。通过换向阀切换，改变制冷剂在制冷环路中的流动方向，实现冬、夏工况的转换	● 整体式热泵冷热水机组 ● 组合式热泵冷热水机组 ● 模块式热泵冷热水机组

续表

分类依据	类型	机组特征	机组型式
供冷/热方式	空气-空气热泵机组	按制热工况运行时，都是循着室外空气→制冷剂→室内空气的途径，吸取室外空气中的热量，以热风型式传送并散发于室内	● 窗式空调器 ● 家用定/变频分体式空调器 ● 商用分体式空调器 ● 一台室外机拖多台室内机组 ● 变制冷剂流量多联分体式机组 ● 屋顶式空调器
采用压缩机的类型	往复式制冷压缩机组	由电动机或发动机驱动，通过活塞的往复式运动吸入和压缩制冷剂气体。适用于中、小容量的热泵系统	
	螺杆式制冷压缩机组	气缸中的一对螺旋齿转子相互啮合旋转，造成由齿型空间组成的基元容积的变化，实现对制冷剂气体的吸入和压缩。它利用滑阀调节气缸的工作容积来调节负荷，转速高，允许压缩比高，排气压力脉冲性小，容积效率高，适用于大、中容量的热泵机组	
	涡旋式制冷压缩机组	利用涡旋定子的啮合，形成多个压缩室，随着涡旋转子的平动回转，使各压缩室的容积不断变化来压缩制冷剂气体。加工精度和安装技术要求高，适用于小容量的热泵机组	

空气-空气热泵机组中的变制冷剂流量多联分体式空调系统，本手册第22章22.6节中有专门的介绍，故以下仅介绍空气-水热泵机组。

30.1.3 空气-水热泵机组

1. 机组主要特点

(1) 整体性好，安装方便，可露天安装在室外，如屋顶、阳台等处，不占有效建筑面积，节省土建投资；

(2) 一机两用，夏季供冷，冬季供热，冷热源兼用，省去了锅炉房；

(3) 夏季采用空气冷却，省去了冷却塔和冷却水系统，包括冷却水泵、管路及相关的附属设备；

(4) 机组的安全保护和自动控制集成度较高，运行可靠，管理方便；

(5) 夏季依靠风冷冷却，冷凝压力比水冷时高，COP值比水冷式机组低；

(6) 由于输出的有效热量总大于机组消耗的功率，所以比直接电热供暖节能；

(7) 价格较水冷式机组高；

(8) 机组常年暴露在室外，运行环境差，使用寿命比水冷机组短；

(9) 机组的噪声与振动易对环境形成污染；

(10) 机组的制冷制热性能随室外气候变化明显。制冷量随室外气温升高而降低，制热量随室外气温降低而减少；

(11) 机组是以室外空气作为冷却介质（供冷时）或热源（供热时），由于空气比热容小以及室外侧换热器的传热温差小，故所需风量较大，机组的体积也较大；

(12) 冬季室外温度处于-5~5℃范围内时，蒸发器常会结霜，需频繁的进行融霜，供热能力会下降。

2. 机组额定工况

(1) 国家标准《蒸气压缩循环冷水（热泵）机组工商业用和类似用途的冷水（热泵）机组》（GB/T 18430.1—2001）和《蒸气压缩循环冷水（热泵）机组户用和类似用途的冷水（热泵）机组》（GB/T 18430.2—2001），规定的名义工况时的温度条件、制冷性能系数和噪声限值分别见表 30.1-2、表 30.1-3 与表 30.1-4。

机组名义工况时的温度条件　　　　表 30.1-2

项 目	使 用 侧		热源侧（或放热侧）	
	冷、热水		风 冷 式	
	进口水温（℃）	出口水温（℃）	干球温度（℃）	湿球温度（℃）
制 冷	12	7	35	—
热泵制热	40	45	7	6

机组名义工况时的制冷性能系数与噪声限值（声压级）　　　　表 30.1-3

名义制冷量（kW）	制冷性能系数（风冷式）	噪声值 [dB（A）]
<8	2.30	65
≥8～16	2.35	67
≥16～31.5	2.40	69
≥31.5～50	2.45	71

机组名义工况时的制冷性能系数　　　　表 30.1-4

压缩机类型	往 复 式		涡 旋 式		螺 杆 式		
机组制冷量（kW）	>50～116	>116	>50～116	>116	≤116	116～230	>230
性能系数	2.48	2.57	2.48	2.57	2.46	2.55	2.64

(2) 机组变工况性能（表 30.1-5）

变工况性能温度范围　　　　表 30.1-5

项 目	使 用 侧		热泵侧（或放热侧）	
	冷、热水		风 冷 式	
	进口水温（℃）	出口水温（℃）	干球温度（℃）	湿球温度（℃）
制 冷	—	5～15	21～43	—
热泵制热	—	40～50	−7～21	—

30.1.4 机组的变工况特性

1. 环境温度、冷水出水温度对机组性能的影响

确定热泵机组名义制冷量的工况为：环境空气温度为 35℃，出水温度为 7℃，蒸发器侧污垢系数为 $0.086 m^2 \cdot ℃/kW$。在实际使用中，当工况改变时，机组的制冷量、功耗将随环境温度和出水温度的变化而改变，如图 30.1-1 所示。

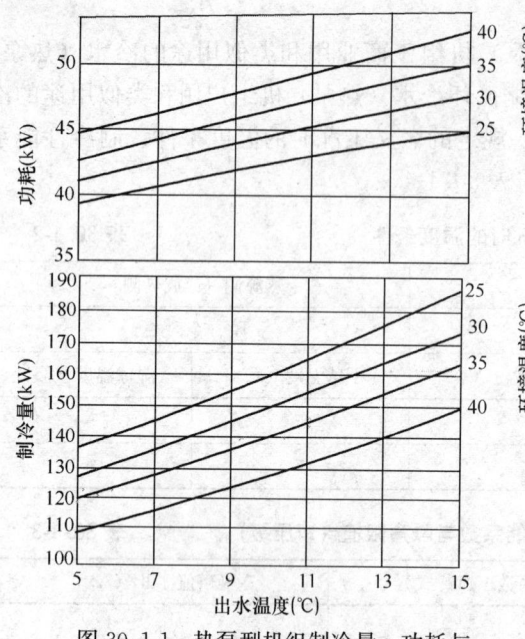

图 30.1-1 热泵型机组制冷量、功耗与环境温度和冷水出水温度的关系

由图 30.1-1 可以看出：

(1) 空气源热泵冷水机组的制冷量随冷水出水温度的升高而增加，随环境温度的升高而减少。这主要是由于冷水出水温度升高时，系统的蒸发压力提高，压缩机的吸气压力也提高，系统中的制冷剂流量增加了，因此制冷量增大。反之，当环境温度升高时，系统中的冷凝压力提高，压缩机的排气压力也提高，使系统中的制冷剂流量减少，制冷量也相应减少。

(2) 机组的功耗随出水温度的升高而增加，随环境温度的升高而增加。这主要是由于出水温度升高时蒸发压力提高，如果此时环境温度不变，则压缩机的压缩比减小，虽然单位质量制冷剂的耗功减少了，但由于系统中制冷剂的流量增加，因而压缩机的耗功仍然增大。当环境温度升高时，系统的冷凝压力升高，导致压缩机的压缩比增加，单位质量制冷剂的耗功也增加，此时虽由于冷凝压力提高使系统中的制冷剂流量略有减少，但压缩机的耗功仍然是增加的。

(3) 空气源热泵机组的制冷量和输入功率大体上与冷水出水温度和环境温度成线性关系。

2. 环境温度、热水出水温度对机组性能的影响

确定热泵机组名义制热量的工况为：环境空气干球温度为 7℃，湿球温度为 6℃，进水温度为 40℃，出水温度为 45℃，冷凝器侧的污垢系数为 0.086m²·℃/kW。实际使用中，当工况改变时，机组的制热量、功耗将随环境温度和出水温度的变化而改变，如图 30.1-2 所示。

由图 30.1-2 可以看出：

(1) 空气源热泵型冷热水机组的制热量，随热水出水温度的升高而减少，随环境温度的降低而减少。这主要是由于机组在制热时，如果要求出水温度提高，则冷凝压力必然相应提高，并导致系统的制冷剂流量减少，制热量也相应减少。此外，当环境温度降低至 0℃ 左右时，空气侧换

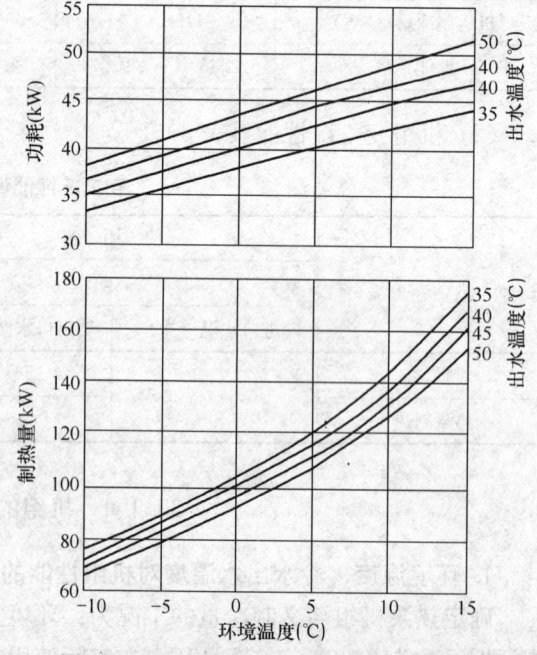

图 30.1-2 热泵型机组的制热量、功耗与环境温度和热水出水温度的关系

热器表面结霜加速,蒸发温度下降速率增加,机组制热量下降加剧,同时,必须周期地进行除霜,机组才能正常工作。

(2)机组在制热工况下的输入功率,随热水的出水温度升高而增加,随环境温度的降低而减少。这主要是由于热水出水温度升高时要求的冷凝压力相应提高,如果环境温度不变,则压缩机压缩比增加,压缩机对单位质量制冷剂的耗功增加,导致压缩机的输入功率增加。当环境温度降低时,系统中的蒸发温度降低,使压缩机的制冷剂流量减小,特别是环境温度降低到0℃以下时,由于空气侧换热器表面结霜,传热温差增大,此时流量减小更快,使压缩机相应的输入功率减小。

30.1.5 空气源热泵系统设计与机组容量确定

1. 热泵机组容量

空气—水热泵机组的容量,应根据空调系统的冷、热负荷综合考虑后确定,一般取决于冷、热负荷中的较大者。如前所述,机组的制冷/供热量,除与环境空气温度有密切关系外,还与除霜情况有关。

必须注意,生产企业提供的机组变工况性能或特性曲线中的制热量,一般为标准工况下的名义制热量,是瞬时值,并未考虑如融霜等所引起的制热量损失。因此,确定机组冬季时的实际制热量 Q (kW) 时,应根据室外空调计算温度和融霜频率按下式进行修正:

$$Q = qK_1K_2 \tag{30.1-1}$$

式中 q——机组的名义制热量,kW;

K_1——使用地区的室外空调计算干球温度的修正系数,按产品样本选取;

K_2——机组融霜修正系数,每小时融霜一次取0.9,两次取0.8。

机组的融霜次数,可按所选机组的融霜控制方式、冬季室外计算温度、湿度选取;也可要求生产企业提供。

此外,表30.1-6列出了部分城市采用空气源热泵时供热量随室外空气相对湿度不同而需乘以的修正系数。故设计选用热泵机组时,除按式(30.1-1)进行修正外,还需考虑这一修正系数。

部分城市采用空气源热泵时供热量随室外空气相对湿度不同而需乘以的修正系数　　　表30.1-6

序号	城市	最冷月平均相对湿度(%)	日平均温度≤8℃(8℃)		修正系数	辅助加热
			天数	平均温度		
1	西安	67	101 (127)	1.0 (2.1)	0.76	需要
2	宝鸡	63	104 (130)	1.4 (2.4)	0.77	需要
3	郑州	60	102 (125)	1.6 (2.6)	0.78	需要
4	济南	54	106 (124)	0.9 (1.8)	0.74	需要
5	青岛	64	111 (141)	0.9 (2.2)	0.75	需要
6	武汉	76	67	3.7	0.87	
7	合肥	75	75	3.1	0.86	
8	南京	73	83	3.2	0.86	
9	上海	75	62	4.1	0.89	
10	杭州	77	61	4.2	0.90	

续表

序号	城市	最冷月平均相对湿度（%）	日平均温度≤8℃（8℃） 天数	日平均温度≤8℃（8℃） 平均温度	修正系数	辅助加热
11	长沙	81	45	4.6	0.91	
12	南昌	74	35	5.0	0.90	
13	成都	80	(80)	(6.5)	0.94	
14	重庆	82	(32)	(7.5)	0.96	
15	贵阳	78	42	4.9	0.91	
16	南宁	75	0	—	0.97	
17	桂林	71	(41)	(7.9)	0.93	
18	昆明	68	44	7.7	0.93	
19	福州	74	0	—	0.97	
20	台北	82	(0)	—	1.00	
21	香港（澳门）	71	(0)	—	0.96	

注：引自：任金禄、蒋家明：空气源热泵机组的特性. 全国热泵和空调技术交流会论文集，2001

2. 系统辅助加热

空气源热泵机组的供热量随着环境空气温度的降低而减少，但此时建筑物的供暖热负荷却增大。当供热量小于热负荷时，两者之间的差值即为所需的辅助加热量。

辅助加热量可通过绘制热泵机组的供热特性线与建筑物热负荷特性线来确定，如图30.1-3所示。

图30.1-3为空气源热泵机组的制热量和建筑物热负荷与室外温度的关系图。该图以室外温度为横坐标，以机组的制热量和建筑物供暖热负荷为纵坐标。根据不同的室外温度，可得出与该温度相对应的机组制热量和建筑物的供暖热负荷，连接各点即可分别得出图中所示的AB和CD两线。图中AB为建筑物的供暖热负荷曲线；CD为热泵机组的制热量曲线。AB与CD线的交点O，称为平衡温度点。在此温度下，热泵机组的供热量等于建筑物的

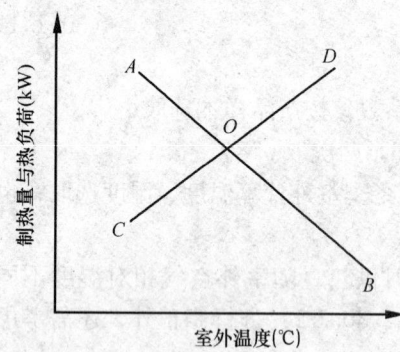

图30.1-3 空气源热泵机组的制热量和建筑物热负荷与室外温度的关系

耗热量。当环境温度高于平衡温度点时，热泵供热量有余；当环境温度低于平衡温度点时，热泵供热量不足，不足部分通常应由辅助加热设备提供。

辅助加热的热源可以是电、蒸汽或热水等，其中最常用的为电加热，一般设在供水侧。电加热器宜分档设置，按室外环境温度低于平衡点的不同幅度，自动调节。

3. 空气源热泵辅助加热量计算

（1）蒸发器从室外空气中获得的热量 Q_z（W）：

$$Q_z = K_z \cdot F_z \cdot \left(\frac{t_1 + t_2}{2} - t_z\right) \tag{30.1-2}$$

$$Q_z = c \cdot L \cdot (t_1 - t_2) \tag{30.1-3}$$

或

$$Q_z = k \cdot (t_1 - t_z) \tag{30.1-4}$$

$$k = \frac{K_z \cdot F_z}{1 + [(K_z \cdot F_z)/(2c \cdot L)]}$$

式中 K_z——蒸发器的传热系数,W/(m²·℃);

F_z——蒸发器的传热面积,m²;

t_1、t_2——空气的进、出口温度,℃;

t_z——蒸发温度,℃;

c——空气的比热容,J/(kg·℃);

L——空气的质量流量,kg/s。

(2) 具体设计计算步骤:

1) 根据规定的供暖时间,求出该时段内室外空气的平均温度 t_p (℃),并计算出对应于 t_p 的供暖负荷 Q_p (W):

$$Q_p = Q_w \cdot \frac{t_n - t_p}{t_n - t_w} \tag{30.1-5}$$

式中 t_n——室内供暖温度,℃;

t_w——供暖室外计算温度,℃;

Q_w——对应 t_w 的建筑物设计热负荷,W。

2) 确定蒸发温度 t_z 和冷凝温度 t_l:一般取蒸发温度 $t_z = t_w - 10 \sim 15$℃;冷凝温度 $t_l = 40 \sim 50$℃。

3) 根据 t_z 和 t_l 值,在制冷剂的 $\lg p$-h 图上画出热力过程,并计算出 q_z 和 q_l,以及 q_z 和 q_l 的比值 $k_c = \frac{q_l}{q_z}$。表 30.1-7 列出了 R-22 制冷剂的 k_c 值。

q_z——蒸发温度时单位制冷剂流量的制冷量,W;

q_l——冷凝温度时单位制冷剂流量的冷凝热量,W。

R-22 制冷剂的 k_c 值 表 30.1-7

t_z (℃)	t_l (℃)						
	25	30	35	40	45	50	55
−30	1.193	1.216	1.237	1.256	1.280	1.304	1.334
−25	1.169	1.188	1.207	1.226	1.248	1.268	1.293
−20	1.142	1.159	1.179	1.195	1.217	1.234	1.257
−15	1.124	1.142	1.158	1.174	1.193	1.209	1.230
−10	1.105	1.122	1.136	1.151	1.169	1.185	1.203
−5	1.087	1.103	1.115	1.130	1.148	1.163	1.180
0	1.068	1.085	1.094	1.107	1.124	1.137	1.152
+5	1.051	1.064	1.075	1.088	1.104	1.116	1.132

注:本表系按 R-22 的 $\lg p$-h 图算出,未考虑过冷或过热。

4) 计算平均制冷能力 Q_{zp} (W):

$$Q_{zp} = \frac{Q_p}{k_c} \tag{30.1-6}$$

5) 确定通过蒸发器的室外空气量 L (kg/s):空气量大时,蒸发器所需的传热面积少，但风机的动力消耗增多。表 30.1-8 中引用了国外文献中的数据。

空气量的参考数据　　　　表 30.1-8

压缩机类型	设计条件		空气量/供热量 $[(m^3/h)/kW]$	压缩机功率/供热量 $[kW/kW]$
	室外空气温度	热空气出口温度		
往复式	7℃	45℃	390～520	0.28～0.38
螺杆式	-2℃	45℃	690～770	0.41～0.46

注：国际制冷学会节能组 G. Nuss baum 提出：每 1kW 供热量的空气量宜取 1200m³/h，这样有可能在 $t_w=3\sim4℃$ 时，实现无霜运行。

6) 由式 (30.1-3)，可求出蒸发器出口的空气温度 t_2：

$$t_2 = t_p - \frac{Q_{ZP}}{c \cdot L} \tag{30.1-7}$$

7) 以 Q_p 和 t_p 分别代入式 (30.1-2) 中的 Q_z 和 t_1，并求出传热面积 F_z。考虑到蒸发器表面的结霜因素，一般应对传热系数 K_z 乘以 0.8 修正系数。

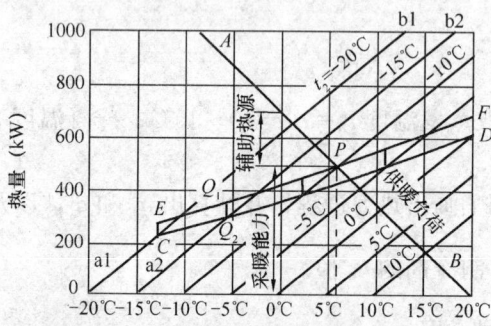

图 30.1-4　空气源热泵的加热能力曲线

8) 对应 t_z 和 t_l，选定能力为 Q_{zp} 热泵机组，并绘制如图 30.1-4 所示的热泵加热能力曲线，从而求出温度为 t_w 时的加热能力 Q_l。

9) 加热能力的不足部分为 Q_F (W)：

$$Q_F = Q_w - Q_l \tag{30.1-8}$$

这部分热量应由辅助加热设备提供。

【例】 根据下列条件设计计算空气源热泵：供暖室外计算温度 $t_w=0℃$，室内设计温度 $t_n=20℃$，建筑物设计热负荷 $Q_w=700kW$，供暖时间为 8～17 点，该时段内室外空气的平均温度 $t_p=6℃$。

【解】

1) 根据式 (30.1-5)，计算对应于 t_p 的供暖负荷：

$$Q_p = Q_w \cdot \frac{t_n - t_p}{t_n - t_w} = 700 \times \frac{20-6}{20-0} = 490kW$$

2) 确定蒸发温度与冷凝温度：

$$t_z = t_w - 10 = 0 - 10 = -10℃$$
$$t_l = 45℃$$

3) 当采用 R-22 制冷剂时，$k_c=1.169$，由式 (30.1-6) 得：

$$Q_{zp} = \frac{Q_p}{k_c} = \frac{490000}{1.169} = 419160W$$

4) 取(空气量)/(供热量)= 490(m³/h)/kW，则蒸发器所需的空气质量流量为：

$$L = 1.2 \times 490 \times \frac{490000}{1000 \times 36000} = 80kg/s$$

5) 蒸发器的空气出口温度为：

$$t_2 = t_p - \frac{Q_{zp}}{cL} = 6 - \frac{419160}{1005 \times 80} = 0.8℃$$

6) 取传热系数 $K_z=30\text{W}/(\text{m}^2 \cdot ℃)$，结霜修正系数取 0.8，实际传热系数为：

$$K_z = 30 \times 0.80 = 24\text{W}/(\text{m}^2 \cdot ℃)$$

实际传热面积为：

$$F_z = \frac{Q_{zp}}{K_z\left(\frac{t_1+t_2}{2} - t_z\right)} = \frac{419160}{24 \times \left(\frac{6+0.8}{2} + 10\right)} = 1303\text{m}^2$$

7) 根据 $t_z=-10℃$、$t_1=45℃$ 和 $Q_{zp}=419160\text{W}$ 选择机组。

8) 根据式（30.1-4）求 Q_z（W）：

$$k = \frac{K_z \cdot F_z}{1+[(K_z \cdot F_z)/(2c \cdot L)]} = \frac{24 \times 1303}{1+[(24 \times 1303)/(2 \times 1005 \times 80)]} = 26180$$

所以， $\qquad Q_z = 26180 \times (t_1 - t_z)$

以不同的 t_1 和 t_z 值代入上式，则可得出如图 30.1-4 所示的 a_1b_1、a_2b_2……等一组直线。同时，根据所选定的压缩机性能资料，列出对应的 Q_z 值如下：

t_z（℃）	－20	－15	－10	－5	0	5
Q_z（kW）	220	290	380	490	620	780
Q_l/Q_z	1.217	1.193	1.169	1.148	1.124	1.104
Q_l（kW）	268	346	444	562	697	861

在图 30.1-4 中的 a_1b_1、a_2b_2 线上点出与 t_z 对应的 Q_z 值，在该点的上方定出 Q_l 值的点，分别连接各点，即得出 Q_z 和 Q_l 曲线；表示 Q_l 的曲线 EF 与供暖负荷线 AB 交于 P 点，这时 $t_w=5.9℃$，热量为 492800W；而 $t_w=0℃$ 时，$Q_z=353070\text{W}$。

9) 由下列热平衡方程可求出蒸发器出口的空气温度 t_2 与蒸发温度之差 $\Delta t'$：

$$Q_z = c \cdot L \cdot (t_w - t_z - \Delta t')$$

$$\Delta t' = t_2 - t_z = \frac{-Q_z}{c \cdot L} + t_w - t_z = \frac{-353070}{1005 \times 80} + 0 - (-10) = 5.6℃$$

$\Delta t'=5.6℃>2℃$，可以认为满意。

10) $t_w=0℃$ 时，冷凝器的加热能力由图得：$Q_l=414670\text{W}$。因此，必须提供的辅助加热能力为：

$$Q_F = Q_w - Q_l = 700000 - 414670 = 285330\text{W}$$

4. 机组的布置要求

(1) 布置热泵机组时，必须充分考虑周围环境对机组进风与排风的影响。应布置在空气流通好的环境中，保证进风流畅，排风不受遮挡与阻碍；同时，应注意防止进排风气流产生短路。

(2) 机组进风口处的气流速度（v_i），宜保持 $v_i = 1.5 \sim 2.0\text{m/s}$；排风口处的气流速度（$v_0$），宜保持 $v_0 \geqslant 7\text{m/s}$。进、排风口之间的距离应尽可能大。

（3）应优先考虑选用噪声低、振动小的机组。

（4）机组宜安装在主楼屋面上，因其噪声对主楼本身及周围环境影响小；如安装在裙房屋面上，要注意防止其噪声对主楼房间和周围环境的影响。必要时，应采取降低噪声措施。

（5）机组与机组之间应保持足够的间距，机组的一个进风侧离建筑物墙面不应过近，以免造成进风受阻。机组之间的间距一般应大于2m，进风侧离建筑物墙面的距离应大于1.5m。

（6）机组放置在周围以及顶部既有围挡又有开口的地方，易造成通风不畅，排风气流有可能受阻后形成部分回流。

（7）若机组放置在高差不大、平面距离很近的上、下平台上，供冷时低位机组排出的热气流上升，易被高位机组吸入；供热时高位机组排出的冷气流下降，易被低位机组吸入。在这两种工况下，机组的运行性能都会受到影响。

（8）多台机组分前后布置时，应避免位于主导风上游的机组排出的冷/热气流对下游机组吸气的影响。

（9）机组的排风出口前方，不应有任何受限，以确保射流能充分扩展。

（10）当受条件限制，机组必须装置在室内时，宜采用下列方式：

1）将设备层在高度方向上分隔成上、下两层，机组布置在下层，在下层四周的外墙上设置进风百叶窗，让室外空气经百叶窗进入室内，而后再进入机组；机组的排风通过风管与分隔板（隔板或楼板）相连，排风通过风管排至被分隔的上层内，在该上层的四周外墙上，设置排风百叶窗，排风经此排至室外。

2）将机组布置在设备层内，该层四周的外墙上设有进风百叶窗，而机组上部的排风通过风管连接至加装的轴流风机，通过风机再排至室外。

【注】香港中环广场采用的是上列的方式1），其机组分别布置在5层与6层、44层与45层、70层与71层以及72层（共7个设备层）。在夏季使用过程中，测得的机房内进风百叶窗处的温度，比无排风口处的室外空气温度高，说明有部分排风被吸入了机房，即有短路现象。

香港中银大厦采用的是上述的方式2），进风百叶窗处的空气温度与室外空气温度基本相同，未发现有短路现象。

30.1.6　季节性能系数

空气源热泵的性能，与室外空气温度的变化有着密切的依赖关系，从而导致了它性能上的"逆反效应"。在夏季，当室外空气温度升高时，空调冷负荷增大，而热泵机组的制冷量与效率却随之减少与降低；在冬季，当室外空气温度降低时，空调的热负荷增大，而热泵机组的供热量与效率却随之减少与降低。因此，实践中不能简单地以某一指定工况（甚至名义工况）下的 EER（energy efficiency ratio）或 COP（coefficient of performance）来评价热泵机组性能的优劣。

由于各地区全年8760h中温湿度的频率小时数的分布都是不同的，即使在同一城市，对于不同类型的建筑，也会因机组运行时间表的不同而导致室外温度频数分布的不同。同时，对用户来说，关心的不应该是某一工况下的效率，而应该是全年的运行效率。

为此，为了评价空气源热泵机组运行的热力经济性与能效特性，必须应用供冷季节能效比 $SEER$（season energy efficiency ratio）和供热季节性能系数 $HSPF$（Heating seasonal performance factor）。显然，这也是选择空气源热泵机组的主要技术经济指标。

供热季节性能系数 $HSPF$ 的定义如下：

$HSPF =$（供暖期的总供热量）/（供暖期的总输入能量）

$=$（供暖期的总供热量＋辅助电加热量）/（供暖期热泵运行耗电量＋辅助电加热量）

有研究结果指出：

1. 对于选定的空气源热泵机组，当建筑物的热负荷较大时，平衡温度点将向右移动（图 30.1-3）。这将导致整个供暖期的辅助加热量增加，从而导致 $HSPF$ 降低。

2. 当建筑物的热负荷较小时，平衡温度点将向左移动（图 30.1-3），这将寻致整个供暖期辅助加热量减小。但由于负荷减小，机组有更多时间处于负荷下运行，因此，$HSPF$ 先是增大，然后会有所降低。

3. 随着平衡点温度的增大，热泵机组的 $HSPF$ 值先是增大，后又随着平衡点温度的增大而减小，其中存在一个极大值。

4. 不同的室外气候条件时，对于相同的平衡点温度，不同地区使用热泵机组具有不同的 $HSPF$ 值。

5. 一般情况下，仅白天运行和使用的空气源热泵机组的 $HSPF$ 值，高于 24h 连续使用的机组。

30.1.7 噪声与振动控制

空气源热泵机组的噪声与振动来源于风机与压缩机。由于室外侧换热器的风量大，风机的转速是影响噪声的主要因素之一。目前采用的风机转速多数为 960r/min，少数为 720r/min，其中 720r/min 的噪声明显较低。压缩机的型式较多，其中半封闭往复式压缩机的噪声较大。就机组整体的噪声而言，由低转速风机与全封闭型压缩机或带隔声箱的螺杆型压缩机配置而成的机组的噪声最低，表 30.1-9 提供了一些机型实测的总声压级噪声值，表 30.1-10 提供了各种机型噪声频率特性实测值，可供参考。

几种机型噪声总声压级实测汇总表　　　表 30.1-9

序号	热泵机组和冷水机组型号	名义制冷能量(kW)	实测总声级（dB）				样本总声级（dB）	
			机组进风口		机组排风口		机组进风口	
			A	C	A	C	A	C
1	SQFR-325 型热泵机组	321	74	80	73	81	72.6	
2	30GQ-120 型热泵机组	335	80	92	79	91	75	
3	30GQ-100 型热泵机组	262	79	90	78	89	74	
4	30GQ-120 型热泵机组	314	82	91	81	91	75	
5	30DQ-120 型热泵机组	350	79	83	77	82		
6	30GT-190 型冷水机组	633	84	88	83	89		
7	30GB-150 型冷水机组	527	85	90	85	91		

续表

序号	热泵机组和冷水机组型号	名义制冷能量 (kW)	实测总声级 (dB) 机组进风口 A	实测总声级 (dB) 机组进风口 C	实测总声级 (dB) 机组排风口 A	实测总声级 (dB) 机组排风口 C	样本总声级 (dB) 机组进风口 A	样本总声级 (dB) 机组进风口 C
8	AWHC-L200 型热泵机组	674	90	95	90	96		
9	YDAJ99MW9 型冷水机组	1540	92	95	91	97		
10	ECXAD211R 型热泵机组	294	84.5	91	80	88		
11	RHU120ASY 型热泵机组	325	75	83	74	82	67.2（消声室中测量）	
12	RCU120ASY3 型冷水机组	318	77	84	76.5	83.5		
13	MCU1201AH 型热泵机组	325	73	80	74	82	67	
14	UWY3550A 型热泵机组	315	84	89.5	85	92	67	
15	UWY120MD 型热泵机组	325	79	90	77	87	69（电气控制屏前面）	
16	REVERSO.A，STD，300S2 型热泵机组	286	78	84	75	82	72.8	
17	REVERSO.A，STD，376S4 型热泵机组	370	75	80.5	76	81	81.2	
18	REVERSO.A，STD，480S4 型热泵机组	504	82	86	78	84	80.4	
19	REVERSO.A，ELN，600S4 型热泵机组	575	76	84	79	86	66.5	
20	KAPPA.V/HP-240 型热泵机组	720	85	90.5	85	91	71	
21	BCROE4.7VBR 型热泵机组	690	81.5	88	81	85	63（离机组 10m）	

风冷式热泵机组（含风冷式冷水机组）噪声频率特性实测汇总表　　表 30.1-10

序号	机型	测点号	倍频程中心频率(Hz) 31.5	63	125	250	500	1000	2000	4000	8000	总声级(dB) A	C
1	SQFR-325 型热泵机组	1	74	72	70	76	71	69	67	57	50	74	80
		2	77	73	72	74	71	71	64	56	50	73	81
2	30GQ-120 型热泵机组	1	86	87	88	83	80	76	71	63	56	80	92
		2	87	86	88	83	78	75	68	60	53	79	91
	30GQ-100 型热泵机组	1	82	89	83	82	79	73	64	55	47	79	90
		2	78	88	82	82	76	72	64	54	44	78	89
	30GQ-120 型热泵机组	1	80	85	83	83	81	73	68	65		82	91
		2	82	87	86	83	81	76	72	67	63	81	91
	30DQ-120 型热泵机组	1	71	74	74	74	74	73	70	63	66	79	83
		2	72	75	74	73	72	72	68	61	62	77	82
	30GT-190 型冷水机组	1	71	80	82	82	81	80	75	72	70	84	88
		2	72	82	84	82	79	79	73	68	66	83	89
	30GB-150 型冷水机组	1	77	83	84	82	81	81	77	71	71	85	90
		2	81	82	84	83	82	80	75	71	68	85	91

续表

序号	机型	测点号	倍频程中心频率(Hz)									总声级(dB)	
			31.5	63	125	250	500	1000	2000	4000	8000	A	C
3	AWHC-L200型热泵机组	1	77	80	87	89	92	86	80	73	63	90	85
		2	78	82	88	90	92	86	79	72	62	90	96
	YDAJ99MW9型冷水机组	1	79	82	87	86	90	86	82	78	75	92	95
		2	83	87	91	90	90	86	82	80	76	91	97
4	ECXAD211R型热泵机组	1	75	84	87	84	83	81	75	65	58	84.5	91
		2	73	88	82	82	79	76	69	59	51	80	88
5	RHU120ASY型热泵机组	1	74	79	75	74	73	72.5	66	58	49	75	83
		2	73	79	75	74	72	70.5	63	56.5	48	74	82
	RCU120ASY3型冷水机组	1	76	81	76	75	73	73	67	50	50	77	84
		2	78	79	76	76	73	72	65	57	49	76.5	83.5
6	MCU1201AH	1	74	78	74	71	71	70	63	59	53	73	80
		2	75	80	76	72	71	71	62	55	46	74	82
7	UWY3550A型	1	75	81.5	84	82	82.5	79.5	73.5	63	54	84	89.5
		2	75	83	86	86	84	80	75	66	54	85	92
	UWY120MD型	1	88	86	80.5	79	78.5	74	69.5	58	49	79	90
		2	84	83	81	79	77	70	63	54	43	77	87
8	RCA.STD.300S2	1	72	83	78	75	76	75	65	60	50	78	84
		2	69	79	79	74	71	72	63	56	45	75	82
	RCA.STD.376S4	1	72	73	74.5	74.5	74	72	67	61	50	75	80.5
		2	69	77	76	76	74	72	67	61	50	76	81
	RCA.STD.480S4	1	72	78	82	80	78	75	72	68	61	82	86
		2	70	76	80	78	74	72	74	69	65	78	84
	RCA.STD.600S4	1	73	81	78	77	75	72	68	62	49	76	84
		2	76	86	81	77	73	72	65	57	46	79	86
9	KAPPA.V/HP-240	1	74	79	85.5	87.5	85	80.5	74	65	52	85	90.5
		2	71	79	87	88	84	81	73	63	51	85	91
10	BCROE4.7VBR	1	76	83	79	82	79	77	72	66.5	57.5	81.5	88
		2	73	75	78	81	79	78	74	66	57	87	85

注：①表30.1-9、表30.1-10中的实测数据，测试日期1998年6月，被测的机组型号与规格仅为实测时所见，所测值不适用于该产品以后在性能上的改进。

②测试条件为：测点1离进风面1m、离地高1.5m处；测点2离出风口45°方向1m处。

机组的噪声还来源于机组的振动。这类噪声是通过建筑物的围护结构如墙、楼板等传递的，设计时应注意做好机组的隔振，避免固体传声。

安装在屋面上的机组，不应将机组直接固定在屋面上，宜在屋面上设置与柱子相连且架空在屋面上的钢梁或钢筋混凝土梁，保持机组荷载由承载屋面的钢筋混凝土柱或墙来承担。在机组与支承梁之间应设置减振橡胶垫或弹簧减振器。机组与水管的连接处，应采取如装置双节型橡胶接头或金属软管等减振措施。此外，还需注意屋面上空调水管支架的隔振。有关机组隔振的详细内容见本手册第17章（噪声与振动控制）。

30.1.8 设计注意事项

1. 空气-水热泵机组定压点的设置

空气-水热泵机组一般设置在建筑物的屋面上，循环水泵则布置在地下室或屋面水泵房内。

由于闭式膨胀水箱控制要求较严格，造价也高，所以，水系统的定压，应优先采用开式膨胀水箱。

开式膨胀水箱与循环水泵设置在屋面上时，应注意膨胀管连接点（定压点）的位置。由于开式膨胀水箱（补水由屋顶给水箱提供）内水面与水系统最高点的高差（定压值）较小，通常仅有1~2m，若定压点接在回水总管上的过滤器前（见图30.1-5），当定压点后的阀门、受堵水过滤器后的阻力大于定压值时，则水泵入口前的压力可能会出现负压，使空气进入系统，破坏系统正常运行。所以定压点宜接至水泵入口（见图30.1-6）可确保水系统在正压下运行。

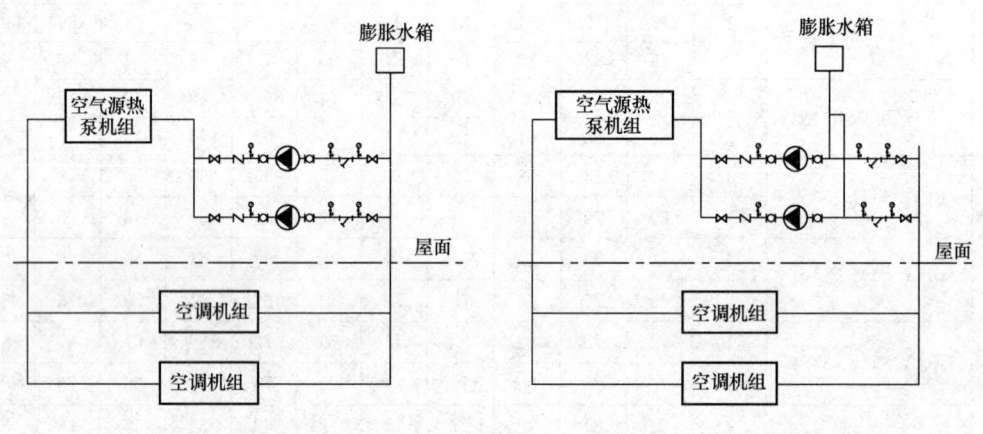

图 30.1-5 膨胀水箱定压点接至回水总管示意图　　图 30.1-6 膨胀水箱定压点接至水泵入口处示意图

2. 末端设备热量校核

常规舒适性空调系统的热媒水温度为60℃，所有末端设备的名义供热量也是据此给出的。对于空气-水热泵机组，其名义制热量是基于进水温度40℃，出水温度45℃，温差5℃。由于热媒参数不同，因此，选择末端设备时，必须对其供热量进行校核与修正，以确保满足室内热负荷的要求。

3. 机组水侧换热器型式

空气-水热泵机组的水侧换热器，大多数为壳管式，仅少数产品采用板式换热器。板式换热器的传热系数大，热效率高，外形尺寸小，值得推广应用；但板式换热器对水质要求较高，设计时不仅应在板式换热器前设置水过滤器，还应对系统中的热媒水进行有效的处理。

4. 热回收型机组的应用

(1) 工作原理 带热回收功能的空气-水热泵机组的工作原理如图 30.1-7 所示。

从图 30.1-7 中可知，当机组供冷时，被压缩机压缩后的气态制冷剂先经热回收板式换热器，在被生活热水取走部分冷凝热量后再进入常规型冷凝器，由室外空气带走剩余的热量。由于生活热水一般贮存在生活水箱中且需求量经常在变化，当热水量满足要求时，可通过自动控制使冷凝热量仍全部由室外空气带走，即系统以常规模式运行，冷凝器起着稳定冷凝压力的作用。这种能提供生活热水的热回收系统是非常实用的，尤其在夏热冬冷地区，可为旅馆、医院、度假村等热水用户节省大量能量。

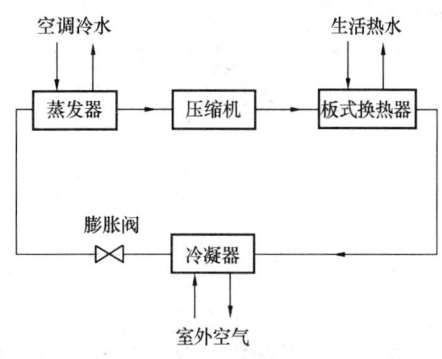

图 30.1-7 热回收型工作原理图

(2) 运行模式 带热回收的空气-水热泵机组运行模式有：

1) 机组仅提供空调冷水，全部冷凝热风冷排放；

2) 机组提供空调冷水，部分冷凝热量回收提供生活热水，另部分冷凝热风冷排放；

3) 机组的部分冷凝热量提供空调热水，另一部分冷凝热量提供生活热水。部分冷凝热量回收用于生活热水的原理，如图 30.1-8 所示。

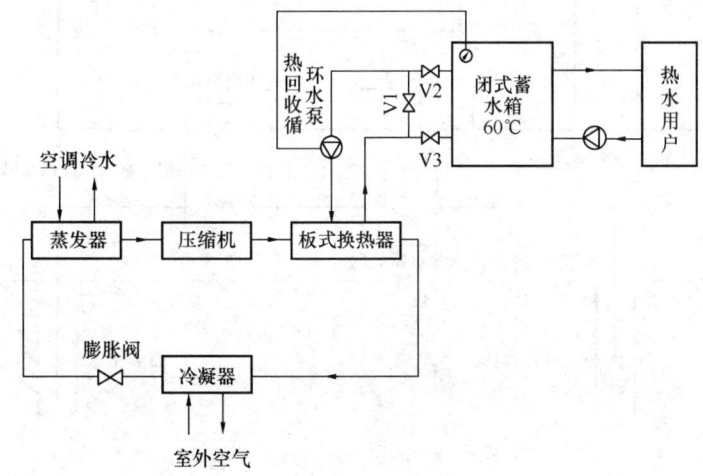

图 30.1-8 部分热回收用于生活热水原理图

注：① 温度控制器的作用：当蓄水箱温度达到 60℃ 时热回收循环水泵停止运行废热全部通过风冷冷凝器排出。

② V1 开、V2、V3 关，注入药水，打清洗机组。

③ 对生活热水要求不高，可以采用开式蓄热水箱。

(3) 应用热回收型空气-水热泵机组的注意事项：

1) 当机组提供空调冷水时，所获得的生活热水的能量，完全是属能量回收，是将原来排到空气中的热量部分地转移到生活热水中，因此是很好的节能措施；

2) 当机组在冬季提供空调热水时，也可同时提供生活热水，但此时生活热水所获得

的热量是占用了空调热水所取的冷凝热,故它不是热回收,也不是节能运行;

3)机组提供的生活热水温度达不到规范要求值60℃时,还应有其他热源进行辅助加热;

4)生活热水一般是给排水工种的设计范围,所以热回收系统应由暖通与给排水两工种配合才能达到良好效果。

30.2 地下水式水源热泵

30.2.1 概 述

地下水式水源热泵空调系统,是一种以水体为低位热源,利用地下水式水源热泵机组为空调系统制备与提供冷/热水,再通过空调末端设备实现房间空气调节的系统形式。作为低位热源的水体,可以利用温度合适的地下水、地表水(含海水、湖水、江河水等)、再生水(城市生活污水、工业废水、矿山废水、油田废水和热电厂冷却水等人工利用后排放且经过处理的水源)等。

地下水式水源热泵空调系统的组成,如图30.2-1所示。其优缺点如表30.2-1所示。

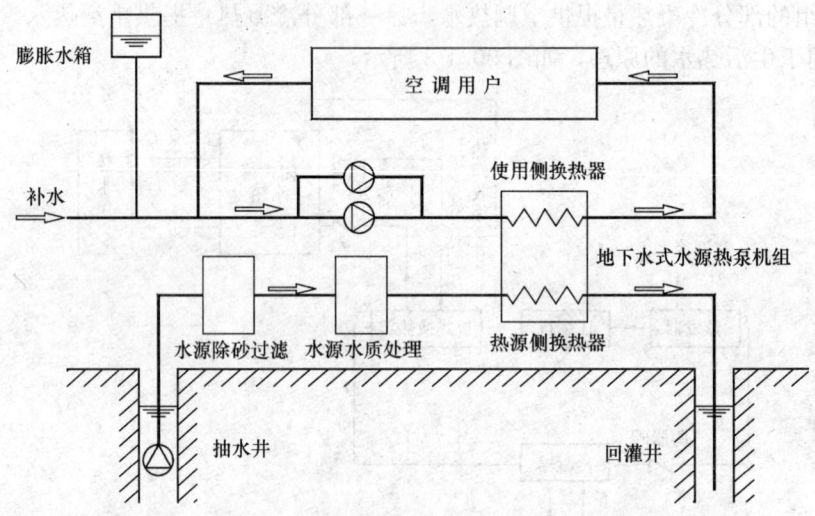

图 30.2-1 地下水式水源热泵空调系统

选择采用地下水式水源热泵空调系统时,应注意以下几点:

1. 必须确保当地的水文资料,如水源的水量、水温、水质等条件全部符合和满足热泵机组的使用要求。

2. 对取水构筑物和水源系统所增加的初投资和空调系统所带来的效益进行技术、经济比较,确定空调系统的合理性。

3. 应符合当地的水资源管理政策并经水源主管部门批准。

4. 使用地下水作为水源时,应严格根据水文地质勘察资料进行设计,同时,必须采取可靠的回灌措施,确保置换冷量或热量后的地下水能全部回灌到同一含水层;不得对地下水资源造成浪费及污染。

5. 系统投入运行后,应对抽水量、回灌量、及其水质进行有效的监测。

地下水式水源热泵空调系统的特点　　　　　　表 30.2-1

优缺点	特　点	说　　　明
优点	节能	能效比高; 可以充分利用地下水、地表水、海水、城市污水等低品位能源
优点	环保	不向空气排放热量,缓解城市热岛效应; 无污染物排放
优点	多功能	制冷、制热、制取生活热水,可按需要设计
优点	系统运行稳定	系统运行时,主机运行工况变化较小
优点	运行费用低	耗电量少,运行费用可大大降低
优点	投资适中	在水源水容易获取、取水构筑物投资不突出的情况下,空调系统的初投资适中
缺点	水质需处理	当水源水质较差时,水质处理比较复杂
缺点	取水构筑物繁琐	地下水打井、地表水取水构筑物受地质条件约束较大,施工比较繁琐
缺点	使用地下水时,很难确保100%回灌	地下水回灌须针对不同的地质情况,采用相应的保证回灌的措施

30.2.2 地下水式水源热泵机组

地下水式水源热泵机组（groud-water heat pump）是一种使用从水井、湖泊或河流中抽取的水为冷（热）源,制取空调或生活用冷（热）水的设备;它包括压缩机、使用侧换热器、热源侧换热器、膨胀阀等部件,具有制冷或制冷/热功能。

1. 工作原理

制冷时,水源水进入热泵机组冷凝器,吸热升温后排出;空调回水进入机组蒸发器,放热降温后供到空调末端设备。制热时,水源水进入机组蒸发器,放热降温后排出;空调回水进入机组冷凝器,吸热升温后供到空调末端设备。

依据机组内部制冷系统转换的不同,地下水式水源热泵机组可分为下列两种方式:

外转换机组　外转换机组是通过安装在管道上的A、B两类阀门,实现冬/夏季使用侧和水源侧在蒸发器与冷凝器之间的切换的,如图 30.2-2 所示。

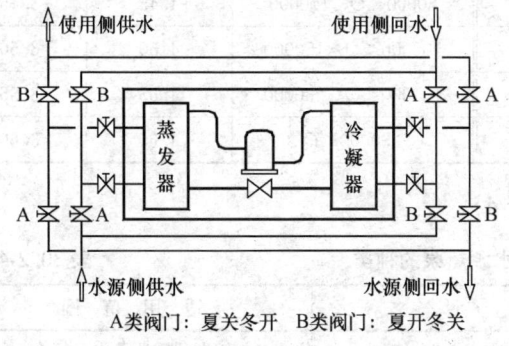

图 30.2-2　外转换地下水式
水源热泵机组工作原理

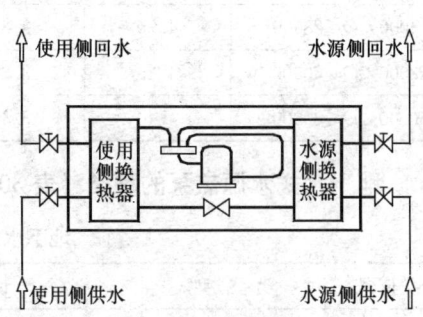

图 30.2-3　内转换地下水式
水源热泵机组工作原理

内转换机组 内转换机组是通过制冷系统中的四通换向阀,实现冬/夏季的蒸发器与冷凝器在使用侧和水源侧之间的切换的。夏季制冷运行时,蒸发器即为使用侧制冷换热器;冬季制热运行时,冷凝器为使用侧制热换热器,如图30.2-3所示。

2. 工况参数(见表30.2-2)

国家标准《水源热泵机组》GB/T 19409—2003 中规定的实验工况　　表 30.2-2

实验条件		环境空气状态	使用侧 进水/出水温度	热源侧 进水/出水温度
制冷 运行	名义制冷	15～30℃	12/7℃	18/29℃
	最大运行		30/_ª℃	25/_ª℃
	最小运行		12/_ª℃	10/_ª℃
	变工况运行		12～30/_ª℃	10～25/_ª℃
制热 运行	名义制热	15～30℃	40/_ª℃	15/_ª℃
	最大运行		50/_ª℃	25/_ª℃
	最小运行		15/_ª℃	10/_ª℃
	变工况运行		15～50/_ª℃	10～25/_ª℃

注：_ª 为采用名义工况制冷量确定的水流量时的实测出水温度

为保证机组正常工作,通常,地下水式水源热泵机组的进口水源水温度范围应保持:

制冷运行时,水源水温度≥10℃;

制热运行时,水源水温度≤25℃。

3. 能效比(EER)和性能系数(COP)

地下水式水源热泵机组在名义工况下的能效比(EER)和性能系数(COP)不应小于表30.2-3中的规定值。能效比为制冷运行时的实际制冷量与实际消耗功率之比;性能系数为制热运行时的实际制热量与实际消耗功率之比。

地下水式水源热泵机组的能效比(EER)和性能系数(COP)　　表 30.2-3

机组名义制冷量 Q(W)	能效比 (EER)	性能系数 (COP)	机组名义制冷量 Q(W)	能效比 (EER)	性能系数 (COP)
$Q \leqslant 14000$	4.25	3.25	$80000 < Q \leqslant 100000$	4.45	3.45
$14000 < Q \leqslant 28000$	4.30	3.30	$100000 < Q \leqslant 150000$	4.50	3.50
$28000 < Q \leqslant 50000$	4.35	3.35	$150000 < Q \leqslant 230000$	4.55	3.55
$50000 < Q \leqslant 80000$	4.40	3.40	$230000 < Q$	4.60	3.60

4. 地下水式水源热泵的种类(表30.2-4)

地下水式水源热泵的种类　　表 30.2-4

分类依据	类　型	说　明	适 用 范 围
水源类别	地下水型	以打井抽取地下水为水源	便于利用地下水的场合
	地表水型	以湖泊、河流水、城市污水为水源	便于利用地表水的场合
	海 水 型	以海水为水源	便于利用海水的场合

续表

分类依据	类型	说明	适用范围
热泵转换	内转换式	制冷、制热由内部四通阀切换	小型热泵机组
	外转换式	供冷、供热由外部水系统阀门切换	中大型热泵机组
冷凝热	回收型	带有冷凝热回收装置	有热水需求
	不回收型	不带冷凝热回收装置	无热水需求
制热供水温度	高温型	供热时热水供水温度60℃以上	末端设备供水温度要求高
	标准型	供热时热水供水温度40～60℃	末端设备供水温度要求适中
压缩机形式	涡旋式	采用涡旋式压缩机	
	活塞式	采用活塞式压缩机	
	螺杆式	采用螺杆式压缩机	

30.2.3 热泵机组与水源的连接使用方式

热泵机组与水源的连接使用方式，有直接使用与间接使用两种类型，如下列表30.2-5与表30.2-6所示。

机组直接使用水源　　　　　　　　　　　表30.2-5

使用方式		基本图示	适用条件	系统特点
直流式	机组并联	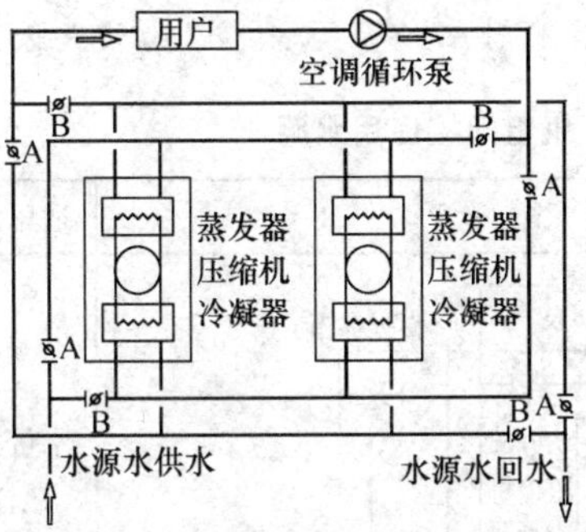	水量充足 水温适中 水质适宜	管道系统较简单 机组运行高效 水源水用量大
	机组串联	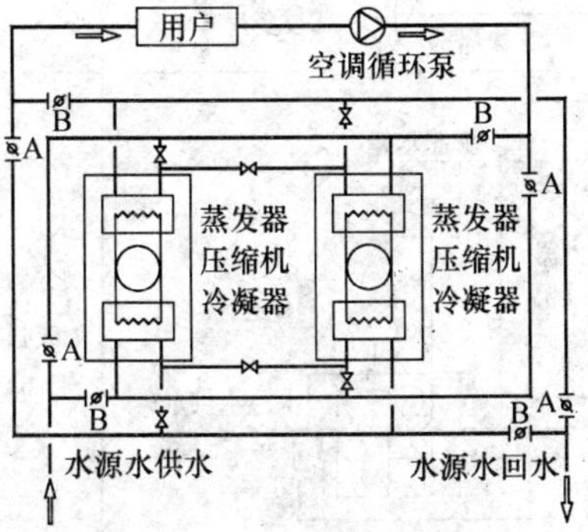	水量不足 水温适中 水质适宜	管道系统复杂 机组效率降低 水源水用量小 操作维修复杂

续表

使用方式		基 本 图 示	适用条件	系统特点
混水式	混水器混水	（图示：用户、空调循环泵、蒸发器压缩机冷凝器×2、混水器、控制器、水源水供水、水源水回水）	水量不足 水温适中 水质适宜	管道系统复杂 机组效率降低 水源水用量小 操作控制复杂 初投资增加
	混水池混水	（图示：用户、空调循环泵、蒸发器压缩机冷凝器×2、混水池、排污管、水源水供水、排砂口、水源水回水）	水量不足 水温适中 水质适宜	管道系统复杂 机组效率降低 节水、蓄能 可结合消防水池 水中含氧量增加

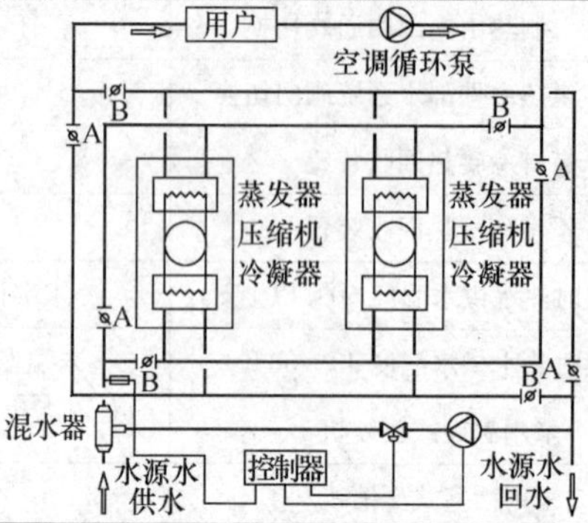

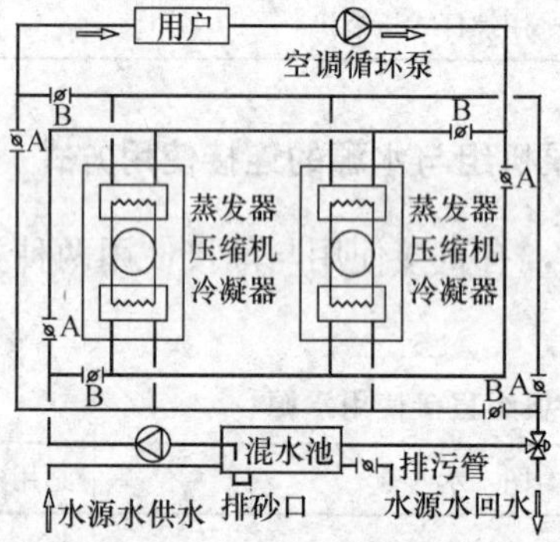

注：图示中均为外转换机组，阀门使用方式：阀门 A，冬开夏关；阀门 B，冬关夏开。

机组间接使用水源　　　　　　　　　　　表 30.2-6

设换热器	基 本 图 示	适用条件	系统特点
水源水质要求	（图示：用户、空调循环泵、膨胀水箱、蒸发器压缩机冷凝器×2、换热器、水源水供水、水源水回水）	水量充足 水温适中 水质很差	管道系统较复杂 机组效率降低 避免复杂水质处理 初投资增加
水源水温要求	（图示：用户、空调循环泵、膨胀水箱、蒸发器压缩机冷凝器×2、换热器、水源水供水、水源水回水）	水量充足 水温过高或过低 水质适宜	管道系统较复杂 机组效率降低 运行维护复杂 初投资增加

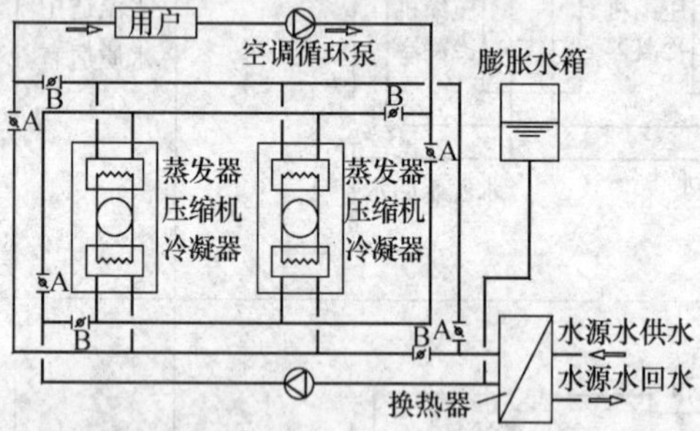

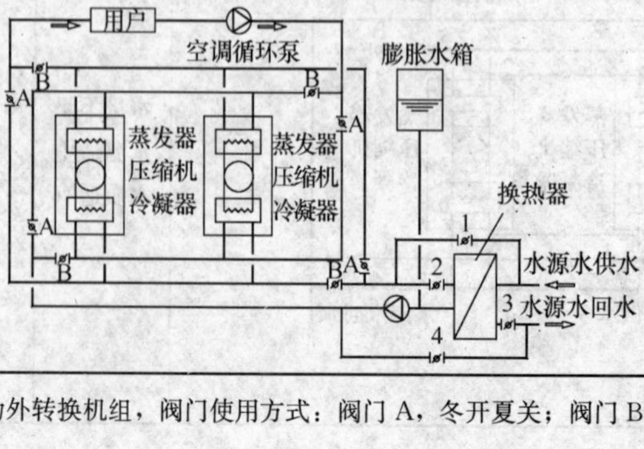

注：图示中均为外转换机组，阀门使用方式：阀门 A，冬开夏关；阀门 B，冬关夏开。

30.2.4 机房系统设计

地下水式水源热泵空调系统分为使用侧和水源侧,前者由机组的使用侧换热器、连接管道、末端装置、及空调水系统组成,它的设计计算,可按常规方法进行。

水源侧系统,一般可按下列步骤与方法进行设计计算:

1. 水源侧系统的设计步骤 见图 30.2-4。

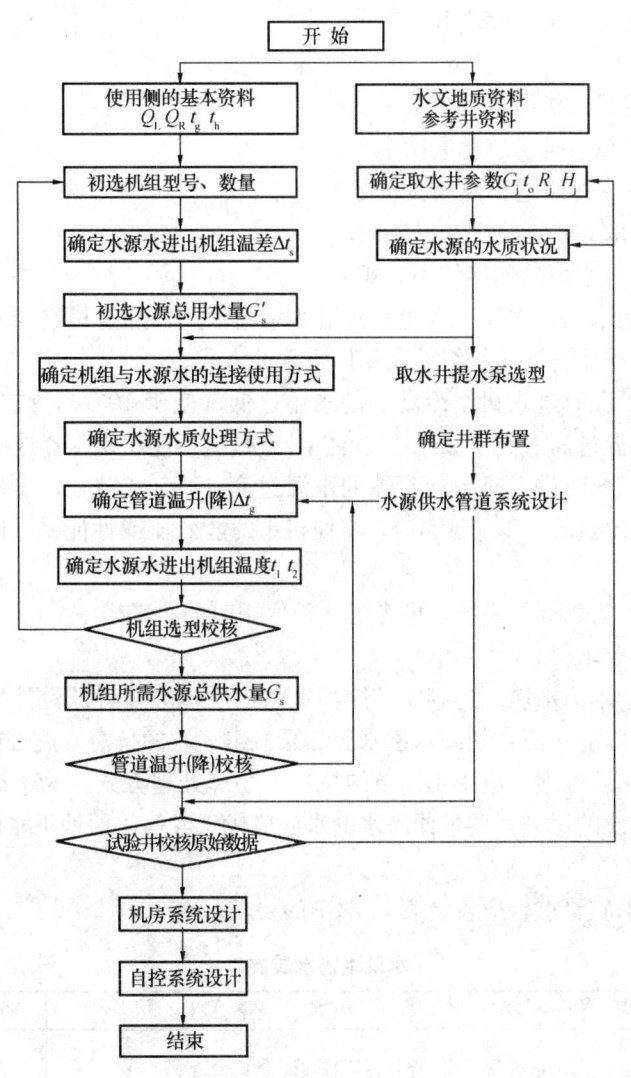

图 30.2-4 水源侧系统设计步骤

Q_L—总制冷量;Q_R—总制冷量;t_g—使用侧供水温度;t_h—使用侧回水温度;
G_j—管井出水量;t_o—抽水井出水温度;R_j—抽水影响半径;H_j—抽水井水位埋深

2. 水源侧系统的设计要点及注意事项

(1) 水源水进出机组温差 Δt_s 的取值范围:一般可取 $\Delta t_s = 5 \sim 11℃$。温差的取值应与热泵机组标准工况相同,否则应采取相应的处理措施。

(2) 水源总用水量的确定

夏季水源总用水量 G_{S1}（m³/h）按下式计算：

$$G_{S1}=0.86(Q_L+N)/\Delta t_S \qquad (30.2\text{-}1)$$

式中 Q_L——水源热泵机组总制冷量，kW；

　　　N——水源热泵机组总耗电功率，kW；

　　　Δt_S——夏季水源水进出热泵机组温差，℃。

冬季水源总用水量 G_{S2}（m³/h）按下式计算：

$$G_{S2}=0.86(Q_R-N)/\Delta t_S \qquad (30.2\text{-}2)$$

式中 Q_R——水源热泵机组总制热量，kW；

　　　N——水源热泵机组总耗电功率，kW；

　　　Δt_S——冬季水源水进出热泵机组温差，℃。

水源总用水量取 G_{S1} 与 G_{S2} 中的较大者。

(3) 确定机组与水源的连接使用方式

1) 根据水源的水温、水质、水量和机组的总用水量，确定机组与水源的连接使用方式。一般应尽可能采用直流、机组并联使用水源的方式。

2) 夏季制冷工况时进入机组冷凝器的水温过低（低于10℃），或冬季制热工况时进入机组蒸发器的水温过高（高于25℃），可能导致机组不能正常工作或严重故障。

3) 夏季制冷工况时进入机组冷凝器的水温过高（高于25℃），或冬季制热工况时进入机组蒸发器的水温过低（低于10℃），将使机组的能效比或性能系数降低，空调系统能耗增加。

4) 使用地表水为水源的系统，应考虑冬季使用时的防冻措施。

(4) 水质处理要求

1) 进入机组的水源水质应达到循环冷却水的水质标准。特殊设计的水源热泵机组可以直接使用某些特殊的水源，如海水型水源热泵机组，它的抗海水腐蚀能力有很大提高。

2) 地下水的水质处理，应采用简单的机械、物理处理方式。为了确保回灌后不会引起区域性地下水水质的污染，要求回灌水的水质应优于或等于原地下水的水质，因此，严禁采用化学处理方式。

3) 回灌水的水质要求，应符合表30.2-7的要求。

水源水的水质要求　　　　　　　　　　　表30.2-7

水质指标	单位	允许值	危害性	处理方式
含砂量		1/20万	对机组和管道、阀门会造成磨损	旋流除砂器 沉砂池
悬浮物	mg/L	≤10	用于地下水回灌会造成含水层堵塞	机械过滤器
酸碱度		7.0~9.2	腐蚀机组、管道	电子水处理器
Ca^{2+}	mg/L	30~200	硬度大，易结垢	
Fe^{2+}	mg/L	<0.5	腐蚀机组、管道	间接使用水源 或采用特殊设计的机组
Cl^-	mg/L	≤1000	对金属管道的腐蚀破坏	
SO_4^{2-}	mg/L	≤1500	腐蚀机组、管道	
游离氯	mg/L	0.5~1.0	腐蚀机组、管道	

(5) 管道温升

管道温升的计算可参照本手册第19章提供的方法进行计算。

地下水系统的管道温升 Δt_g 一般应控制在 $\Delta t_g \leqslant 2℃$。如管道温升数值较大,应采取必要的绝热措施。

(6) 确定水源水进/出机组的温度

水源水在机组进口处温度 t_1（℃）按下式计算：

$$t_1 = t_{01} + \Delta t_h + \Delta t_g \tag{30.2-3}$$

式中 t_{01}——抽水井的出水温度,℃；可按式（30.2-4）计算；

Δt_h——地下水回灌附加温升,℃；一般可取 $\Delta t_h = 0.5 \sim 1.5℃$,抽水井与回灌井的距离较大时取小值,同井抽灌的情况除外；

Δt_g——地下水管道温升,℃。

当采用混水方案时,再按混水比例计算机组进口水温。

(7) 机组选型校核

按机组进口水温和机组的变工况性能校核机组选型。如不能保证空调系统负荷,应重新进行选型计算。

(8) 系统设计注意事项

1) 机房部分

a. 地下水式水源热泵机组必须按照变工况性能表或曲线选型,因为在使用侧温度和水源侧温度变化时,机组的制冷量、制热量、耗电量等参数均有较大变化。

b. 多台机组并联使用水源水时,应设置水力平衡装置,或将水管路设计成同程式,以确保各机组进水流量均匀。

c. 当系统具有短时间的尖峰负荷时,可采用辅助加热或辅助冷却的方式来满足尖峰负荷,以减小系统设备规格。

d. 进入机组的水流量应达到机组名义工况下的额定流量,流量减小会使机组性能下降。

e. 水系统必须设置过滤除污设备,机组进水管应设有滤网目数不小于30目的过滤器。

f. 管道系统应选用质地优良、严密性可靠的阀门,以保证制冷制热切换方便、水流不掺混。

g. 在冬季、夏季的功能转换阀门上,应有明显的标识。

h. 热泵机组直接使用水源水时,应在水系统上预留机组清洗用旁通管。

i. 保证机组的操作、维护、保养必要的空间。

j. 管道系统间距、走向应简洁、合理；用于切换的阀门应便于操作、检修、更换。

2) 空调末端设备

从地下水式水源热泵机组的工况参数可以看出：在制冷工况时,空调系统末端设备的运行性能,能与机组的标准工况相适应；但在制热工况时,末端设备的实际运行工况通常偏离其标准工况,实际供热量会小于其额定供热量。因此,应对空调系统的末端设备进行选型校核,确保在实际运行工况下的供热量满足热负荷的要求。

30.2.5 地下水源系统设计

地下水源系统的设计流程参见图 30.2-4。

1. 收集水文地质资料

（1）合理利用地下水资源

目的、原则：利用地下水水温相对稳定的特性，发挥地下水资源最大的效益，防止因超量开采地下水产生的水位下降、水质污染、水源枯竭、地面沉降等不良的环境水文地质现象及地质灾害。开采条件下，以不产生地下水产水量减少、不污染地下水源、在开采影响半径范围内对温度场影响较小为原则。

为合理利用地下水资源，应采取如下措施：

1）制定经水行政主管部门认可的开采方案；
2）设计合理的开采量及回灌量，确保采与补的平衡；
3）制定地下水动态监测措施。

（2）资料收集

1）当地的水文地质资料：包括地质构造、地层分布、含水层岩性、钻孔柱状图等。
2）单井出水量、单位涌水量、地下水水质、水温、开采现状，水源地周边污染状况等资料。
3）地下水水位下降漏斗区范围、漏斗中心区水位埋深，丰、平、枯期水位埋深，地下水流向等相关资料。
4）当地的气象资料。
5）参考井的资料。

（3）现场勘察

1）了解现场施工条件，如三通一平、施工排浆、排水等；
2）确定抽水井和回灌井位置及施工场地；
3）地下水水位动态变化。

2. 确定抽水井参数

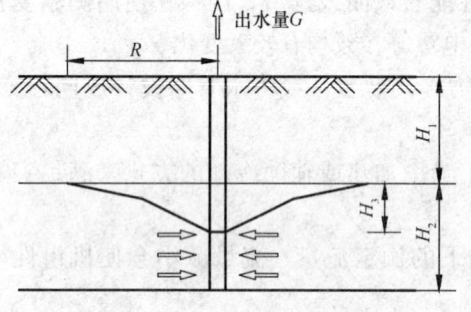

图 30.2-5　管井抽水原理图

（1）管井抽水原理：管井抽水原理图见图 30.2-5。

图中：H_1——含水层静水位埋深；

　　　H_2——含水层厚度；

　　　H_3——在出水量为 G 时动水位降深，一般不应大于 5m；

　　　R——在出水量为 G 时的影响半径。

一般情况下，对于同一眼井，随着出水量的加大，动水位的降深 H_3 和影响半径 R 会增大；随着出水量的减少，动水位的降深 H_3 和影响半径会减小。

管井的出水量取决于含水层的厚度和渗透系数 K (m/d)。含水砂层的厚度越大、颗粒越粗、渗透系数越大，则管井的出水量也越大。

抽水井的各参数：出水量 G_j、出水温度 t_{o1}、静水位埋深 H_1、动水位降深 H_3、影响半径 R 等，可依据当地水文地质资料按参考井的数据选用，再经过试验井进行校核后确定。

(2) 抽水井的出水量（见表 30.2-8）

地下水取水构筑物的类型及适用条件　　　　表 30.2-8

类型	尺寸和深度	出水量	适用条件
管井	管径一般为 150～600mm 浅井深度 100m 以内 深井可达 1000m 以上	单井出水量一般为： 200～6000m^3/d	1. 抽水设备性能允许的条件下，不受地下水位埋深的限制 2. 含水层厚度大于 5m 或多层含水层 3. 不受地层岩性限制
大口井	井径一般为 4～10m 井深一般为 10～15m 当加设辐射管时，辐射管管径常用 75～150mm	单井出水量一般为 500～10000m^3/d	1. 适用于砂、卵石、砾石含水层，含水层渗透系数宜大于 20m/d 2. 地下水埋深小于 10m 3. 含水层较薄，且不含漂石时，可加设辐射管
渗渠	集水管管径常用 600～1000mm 埋深一般在 10m 以内	出水量一般为 10～30m^3/(d·m)	1. 地下水埋深较浅，一般在 2m 以内 2. 含水层较薄，一般在 5m 以内 3. 河段为非冲刷段或非淤积段 4. 集取河床渗透水

(3) 抽水井的出水温度

抽水井的出水温度 t_{01}（℃）按下式计算：

$$t_{01} = t_0 + \Delta t_0 \tag{30.2-4}$$

式中　t_0——地下水的原始温度，℃；t_0 应经实测确定。当不具备实测条件时，可按式（30.2-5）或式（30.2-6）计算；

Δt_0——地下水抽水温升，℃；Δt_0 应经实测确定或按井深和潜水泵功率选取，通常，可取：$\Delta t_0 = 0.1 \sim 0.5$℃。

(4) 地下水原始温度的计算方法：

地下水的原始温度与其所处的地下土壤原始温度相同，有深层和浅层的区别。

浅层土壤原始温度的变化主要取决于地层表面温度 t_d 的变化，而地层表面温度 t_d 的变化，就平原地区而言，是由于太阳辐射及长波辐射所致。

温度波在向地层深处传递时，由于地层土壤的作用而使其衰减和延迟。根据温度波的衰减情况，一般以 $\frac{3}{2}\pi$ 周期地面温度波传递的深度为浅地层，对一般湿度土壤而言，大致为 15m（2π 约为 19m）。

浅地层的土壤原始温度 t_0（℃）可按下式计算：

$$t_0 = t_d + A_d e^{-y\sqrt{\frac{\Omega}{2a}}} \cos\left(\Omega\tau - y\sqrt{\frac{\Omega}{2a}}\right) \tag{30.2-5}$$

式中　t_d——土壤表面年平均温度（查当地气象资料），℃；

A_d——地面温度波幅（查当地气象资料），℃；

y——土壤深度，m；

a——土壤的导温系数，m^2/h；

Ω——温度波的波动频率，rad/h；

$$\Omega = 2\pi/8760 = 0.000717 \text{rad/h}$$

τ——计算时间，7月份，$\tau=0$；1月份，$\tau=8760/2=4380$。

在4m以下的浅地层中，夏季的土壤温度略低于土壤表面年平均温度，冬季相反。所以，在水源热泵系统设计时，浅地层的土壤原始温度按土壤表面年平均温度 t_d 取值是较为可靠的。

深地层的土壤原始温度 t_0（℃）可按下式计算：

$$t_0 = t_d + \Delta t_t (y - 15) \tag{30.2-6}$$

式中　t_d——土壤表面年平均温度，表30.2-9给出了我国部分主要城市的土壤表面年平均温度值；

Δt_t——平均地热增温率（查当地资料），℃；一般可按照0.02~0.03℃/m取值；

y——土壤深度，m。

我国部分主要城市的土壤表面年平均温度 t_d（℃）　　　　表30.2-9

北京	天津	上海	重庆	哈尔滨	长春	沈阳	呼和浩特
13.1	13.5	17.0	19.9	4.6	5.8	8.5	7.9
包头	济南	青岛	兰州	西宁	西安	石家庄	太原
8.7	15.7	14.2	11.6	8.9	15.7	14.6	11.3
南京	蚌埠	杭州	厦门	郑州	武汉	长沙	南宁
17.2	17.8	18.1	24.3	16.0	18.9	19.3	24.1
广州	海口	成都	昆明	贵阳	和田	乌鲁木齐	拉萨
24.6	27.0	18.6	18.0	16.5	14.6	6.6	11.2

注：表中数据是1982年以前的气象资料。

3. 确定水源的水质状况

取参考井或实验井的水质进行化验确定。

4. 抽水井抽水泵选型

(1) 抽水井抽水泵选型，首先要考虑水质情况选择水泵类型。

(2) 根据总供水量和单井出水量确定井泵的流量和数量。

(3) 抽水泵的扬程 H（m）：

$$H = H_1 + H_3 + (\Delta P_g + \Delta P_j + \Delta P_0)/10 \tag{30.2-7}$$

式中　H_1——地下水静水位埋深，m；

H_3——抽水时的水位降深，H_3 的取值，按抽水试验确定，最大值为5m；

ΔP_g——阀门、管道的阻力，kPa；

ΔP_j——机组的阻力，kPa；

ΔP_0——出口余压，通常取：$\Delta P_0 = 20$~50kPa。

(4) 抽水泵的扬程，应考虑10%~15%的安全系数。

5. 井群布置

当所需供水量较大，需要建造多个管井时，井群布置可参照下述原则进行：

(1) 傍河取水，宜平行于河流；远河地区，宜垂直地下水流向布置。

(2) 井孔位置应远离高压电线，与建筑物的距离不应小于20m，与埋地电缆、上下水管道等埋地管线的距离不小于10m。

(3) 大厚度含水层或多层含水层，可分段或分组布置抽水井组。

(4) 基岩地区，宜根据蓄水构造及地貌条件布置于蓄水地段。

(5) 抽水井与回灌井的距离应小于影响半径 R，两抽水井距离应大于 R。

(6) 抽水井总出水量应能达到机组总用水量的 110%～120%。

(7) 宜考虑设置观测孔，以监测地下水动态。

6. 水源供水管道系统设计

(1) 所有灌井的距离应小于水井内都安装抽水泵，以便使抽水井与回灌井能方便地转换。

(2) 抽水管和回灌管上应设排气装置、水样采集口及监测口。

(3) 管道一般应埋地敷设，埋深应在冻土层以下 0.6m，且距地面不宜小于 1.5m。

(4) 采用金属管道时，管道应作防腐处理。

(5) 管道宜进行绝热处理，以减小管道温升（降）。

(6) 井口应设置检查井，以方便水泵检修和阀门调节。

(7) 抽水井和回灌井应安装计量水表。

(8) 管道系统应力求简短。

7. 试验井校核原始数据

试验井在成井后应及时洗井，洗井结束后进行抽水和回灌试验。试验应包括以下内容：

- 抽水试验
- 回灌试验
- 测量出水水温
- 取分层水样并化验分析分层水质
- 水流方向试验
- 渗透率计算

测定试验井的各项参数：如出水量 G、出水温度 t_{01}、静水位埋深 H_1、动水位降深 H_3、影响半径 R、抽水量与回灌水量之比等。

根据实验井的参数校核原始水文地质资料和数据，如差距较大，则应按试验井数据重新进行设计计算。

8. 设计及运行中的注意问题

(1) 节水、节能措施

供水系统宜采用变流量设计。

单台机组时，应使机组与井水泵连锁，开泵—开机，停机—停泵。

多台机组时，宜在机组水源进水管上安装电动阀门，井水泵采用变频控制，停机—关阀—停部分井水泵，达到节水、节电的目的。

(2) 热源井的设计与施工

热源井的设计与施工应符合《供水管井技术规范》GB 50296 的规定。

井身，即是由钻机钻凿形成的"孔身"，开采段井径应根据管井设计出水量、允许井壁进水速度、含水层埋深等因素确定。

井管是井壁管、过滤管、沉淀管的总称。井壁管是起支撑井壁和封闭作用的无孔管，过滤管是过滤器的骨架管,沉淀管是位于井管底部用于沉积井内砂粒和沉淀物的无孔管。井管的管材常用钢管、铸铁管。

安泵段井管内径应满足抽水设备的安装和正常运转,并要考虑到井管连接和管井投产后可能产生的偏斜,因此,其内径应比选用的抽水设备标定的最小井管内径大50mm。

为了防止地表污水渗入管井,井口外围必须封闭,封闭深度不应小于3m;管井下部水质不良含水层也应进行封闭。

(3) 地下水的回灌(人工补给)

为了保护地下水资源,维持地下水储量平衡,保持含水层水头压力,防止地面沉降,保证地下水水源热泵系统长期安全运行,必须采取回灌措施。为此,通常借助工程措施,将地面水注入地下含水层中去,即回灌(地下水人工补给)。回灌水水质必须优于或等于当地的地下水水质,防止污染地下水。

回灌量大小与水文地质条件、成井质量、回灌方法等有关,其中水文地质条件是影响回灌量的主要因素。一般说,出水量大的井回灌量也大。

不同水文地质条件时回灌量的变化大致如下:

● 在基岩裂隙含水层和岩溶含水层中回灌,在一个回灌年度内,回灌水位和单位回灌量变化都不大;

● 在砾卵石含水层中,单位回灌量约为单位出水量的80%以上;在粗砂含水层中,单位回灌量约为单位出水量的50%~70%;

● 中细砂含水层中,单位回灌量约为单位出水量的30%~50%。

抽灌水量之比是确定抽灌井数的主要依据。

(4) 回扬

"回扬"是预防和处理井管堵塞的主要方法与途径,所谓回扬,实际上就是在回灌井中开泵进行抽水;其目的是通过抽水清除堵塞含水层和井管的杂质。通常,在发现回灌量明显减少时,必须进行回扬。

每口回灌井的回扬次数和回扬持续时间,主要取决于含水层的地质构造,如颗粒的大小、渗透性等。通常可按照以下原则处理:

● 在岩溶裂隙含水层进行管井回灌,长期不回扬,回灌能力仍能维持现状;

● 在松散粗大颗粒含水层进行管井回灌,回扬时间约为每周1~2次;

● 在水、细颗粒含水层里进行管井回灌,回扬间隔时间应缩短;对细颗粒含水层来说,回扬尤为重要。

通过实验证实:在几次回灌之间进行回扬与连续回灌不进行回扬相比,前者能恢复回灌水位,保证回灌井正常工作。在回灌过程中,掌握适当回扬次数和时间,才能获得好的回灌效果,如果怕回扬多占时间,少回扬甚至不回扬,结果管井和含水层受堵,反而得不偿失。回扬持续时间以浑浊度为准,达到清澈透明为止。

30.2.6 其他水源系统设计

水源热泵的类型很多,它们的设件可参照地下水水源系统的设计步骤和方法进行。

在设计时,应充分注意和考虑不同水源的相应特点;常见的水源类型及它们的特点,如表30.2-10所示。

不同类型水源热泵的特点 表30.2-10

水源类型	特点
海水	温度变化较大、水质较差、腐蚀性严重、易产生藻类、易产生附着生物 取水构筑物投资大，小型系统可采用在近海地带打井取用海水的方式 宜采用海水型水源热泵机组
江河、湖水	温度变化较大、水质较差、易产生藻类 确保水量的稳定性 取水构筑物需审批、投资较大
城市污水	温度在不同季节有变化、水质较差、有一定腐蚀性 宜设换热器间接使用，换热器设置应合理高效 确保水量的稳定性 取水构筑物需审批

30.3 水 环 热 泵

30.3.1 概 述

闭式水环路热泵（Water Loop Heat Pump）空气调节系统简称水环热泵空调系统（WLHP），是水—空气热泵的一种应用方式。它通过一个双管封闭的水环路将众多的水—空气热泵机组并联起来，热泵机组将系统中的循环水作为吸热（热泵工况）的"热源"或排热（制冷工况）的"热汇"，形成一个以回收建筑物内部余热为主要特征的空调系统。

为维持系统循环水温度在一定范围内（一般为15～35℃），水环热泵系统内通常需连接辅助加热装置和冷却装置。辅助加热装置一般采用锅炉、换热器等加热源，冷却装置一般采用开式或闭式冷却塔。也可以采用太阳能、工业废水、地下水或者土壤换热器等作为辅助冷、热源。

1. 水环热泵空调系统的特点

水环热泵空调系统的优、缺点分别见表30.3-1、表30.3-2。

水环热泵空调系统优点 表30.3-1

优 点	说 明
节 能	1）通过系统中水的循环及热泵机组的工作可以实现建筑物内热量的转移，最大程度地减少外界供给能量 2）水源式热泵机组能效比高 3）可以应用各种低品位能源作为辅助热源，如地热水、工业废水、太阳能等 4）各房间自主控制，不使用时可以关机 5）部分负荷时仅开冷却塔、辅助热源、循环泵等少数设备即可维持系统运行；当只有极少数用户短时间使用时，依靠循环水的蓄热（冷）量，还可维持系统正常供热或供冷 6）易于分户计量，使用户养成主动节约能源的习惯 7）系统增加蓄热水箱，可以利用夜间低谷电力，进一步节约运行费用，同时减少辅助热源的装机容量

续表

优 点	说 明
舒适	水环热泵机组独立运行,用户可根据自己的需要任意设定房间温度,达到四管制风机盘管空调系统的效果
可靠	1) 水环热泵机组分散运行,某台机组发生故障,不影响其他用户正常使用 2) 机组自带控制装置,自动运行,简单可靠
灵活	1) 可先安装水环热泵的主管和支管,热泵机组可在用户装修时按实际需要来配置 2) 不需建造主机房 3) 容易满足用户房间二次分隔要求
节省投资	1) 免去了集中的制冷、空调机房,降低了锅炉或加热设备的容量 2) 管内水温适中,不会产生冷凝水或散失大量热量,水管不必保温 3) 所需风管小,可降低楼层高度 4) 不需复杂的楼宇自控系统
设计简单	1) 水系统一般为定流量 2) 风系统小而独立 3) 分区容易 4) 控制系统简单
施工容易	1) 管道数量少,且不需保温 2) 无大型设备 3) 调试工作量小
管理方便	1) 操作人员数量少,技术要求低 2) 计费方便

水环热泵空调系统缺点　　　　　　　　表 30.3-2

缺 点	说 明
噪声较大	水环热泵机组自带压缩机、风机,通常直接安装于室内,噪声较大
新风处理困难	水环热泵机组对进风温度有要求,夏季处理新风时负荷太大,机组的除湿能力不足;冬季新风温度过低时,可能造成机组停机
过渡季节难以利用室外新风"免费供冷"	除了采用大型机组集中处理空气的系统外,小型机组直接安装在房间内,过渡季节无法利用室外新风"免费供冷"
配电容量大	小型热泵机组能效比远低于大型蒸气压缩式水冷机组,因此总的配电容量较大
用能方式不合理	当内区余热不足以补充外区需热量且缺乏合适的低品位能源时,需采用集中供热、电、燃油、燃气等高品位能源进行辅助加热时,则用能方式不合理,有时甚至比常规空调系统能耗还高

2. 典型的水环热泵系统形式

图 30.3-1 是一个典型的水环热泵系统。

3. 水环热泵空调系统适用范围

应用水环热泵空调系统应注意其适用范围,一般来说,水环热泵空调系统典型的应用场合如下:

(1) 有明显的内区和外区划分,冬季内区余热量较大或者建筑物内有较大量的工艺余

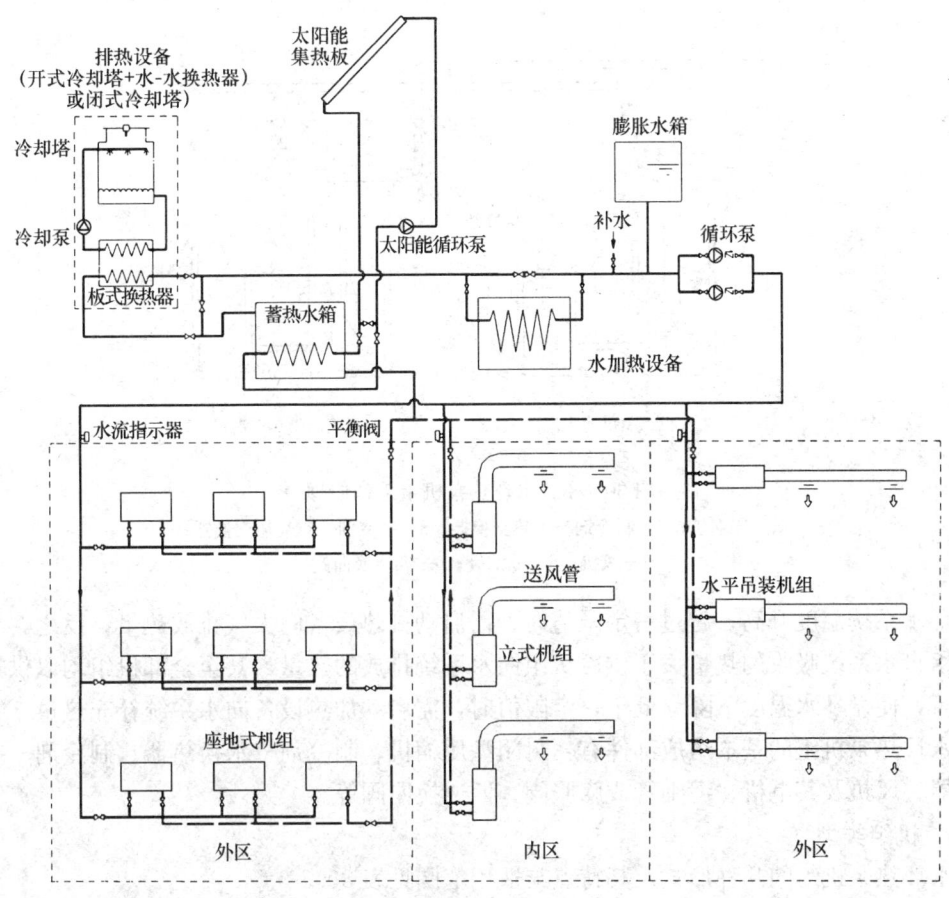

图 30.3-1 典型的水环热泵空调系统

热；当采用电、燃油、燃气等高品位能源作为冬季辅助热源时，辅助加热量不宜超过水环热泵机组的耗电量；

(2) 有同时供热、供冷需求；

(3) 有分别计费要求；

(4) 以冬季供暖为主、有合适的低品位辅助热源（如工厂废热、地热尾水等）；

(5) 空调负荷波动率较大；

(6) 与地热水源结合为地源水环热泵系统；

(7) 采用能效比高的水环热泵机组。

30.3.2 水环热泵机组

1. 工作原理

水环热泵机组的工作原理如图 30.3-2 所示：

供冷时，热量从空调房间中排向循环水系统；供热时，空调房间内的空气从循环水中吸取热量。当供冷机组向循环水排放的热量与同时工作的供热机组自水系统吸收的热量相等时，系统既不需加热也不需冷却，从而理想地实现了热量的转移和回收。当供冷机组向水系统排放的热量大于供热机组自水系统吸收的热量，甚至全部机组均以供冷状态运行，

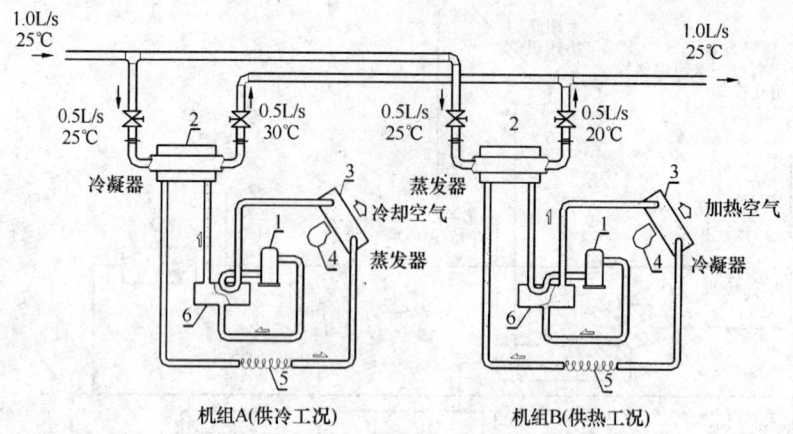

图 30.3-2 水环热泵机组工作原理
1—压缩机；2—制冷剂—水热交换器；3—制冷剂—空气热交换器；
4—风机；5—毛细管；6—四通换向阀

使循环水系统温度升高，超过一定限值时，需启动排热设备向大气排放热量；反之，当供热机组自水系统吸收的热量大于供冷机组向水系统排放的热量，甚至全部机组均以供热状态运行，使循环水温度下降，低于一定限值时，需启动加热设备向水系统补充热量。

水环热泵机组的基本组成部件有：封闭型压缩机、制冷剂—水换热器、制冷剂—空气换热器、风机及其电机、毛细管或膨胀阀、四通换向阀等。

2. 机组类型

水环热泵机组的几种形式及其特点与适用范围见表 30.3-3。

水环热泵机组类型　　　　　　　　　　表 30.3-3

形　式	特　点	适 用 范 围
坐地式机组	1) 暗装或明装，类似于立式风机盘管机组 2) 不接风管	1) 周边区空间靠外墙安装 2) 不分隔的独立房间 3) 独立或多个固定内区空间
立柱式机组	1) 占地面积小 2) 安装、维修、管理方便；需接风管 3) 通常安装在作为回风小室的机房内	公寓、单元式住宅楼、办公楼内区等，一般在墙角处安装
水平卧式机组	1) 吊顶内安装，不占地面面积 2) 需接风管	有吊顶空间，对噪声要求不严格的各种场所
大型立式机组	1) 冷热负荷大 2) 送风余压高 3) 可接新风 4) 需设机房	大空间空调场所
屋顶式机组	1) 室外屋顶安装 2) 需接风管 3) 噪声易于处理	通常用于工业建筑或作为新风处理机组

续表

形 式	特 点	适 用 范 围
分体式机组	1）压缩机、制冷剂—水换热器（外机）与风机、制冷剂—空气换热器（内机）分开布置，用制冷剂管道连接，利于处理噪声 2）可用一台外机连接多台（一般1～3台）内机，布置灵活	对噪声要求严格的空调场所
全新风机组	1）处理全新风 2）初投资较高	对新风处理要求较高的场所
水—水式热泵机组	1）利用空调系统提供40℃左右热水 2）回收空调系统冷凝热 3）初投资较高	1）有少量卫生热水需要的建筑 2）用于冬季预热新风
独立空气加热器机组	1）也称双盘管机组 2）制冷剂—空气换热器仅用于夏季供冷 3）内置独立的空气加热器，用于冬季连接低温热水供热 4）不能实现同时供冷供热以及建筑物内部热回收	用于冬季采用集中供热、锅炉等商品位能源作热源的场合

3. 额定工况性能

水环热泵机组额定工况见表 30.3-4。

水环热泵机组额定工况性能　　　　　表 30.3-4

序号	性 能	美国空调和制冷协会 ARI-320 标准	国家标准 《水源热泵机组》19409—2003
1	制冷量	t_d=26.7℃，t_w=19.4℃，t_1=29.4℃	t_d=27℃，t_w=19℃，t_1/t_2=30/35℃
2	制热量	t_d=21.1℃，t_w=15.6℃，t_1=21.1℃	t_d=20℃，t_w=15℃，t_1=20℃
3	送风量	额定制冷工况下的送风量	
4	耗电量	分别为额定制冷、制热工况下的耗电量	

表中：

t_d——进风干球温度；

t_w——进风湿球温度；

t_1——冷却水（制冷工况）或热媒水（制热工况）进水温度；

t_2——冷却水（制冷工况）或热媒水（制热工况）出水温度。

4. 变工况性能

当水环热泵机组的进水温度、水流量、进风干湿球温度、风量等条件不同时，机组制冷量、制热量、输入功率、制冷系数、制热系数的相应变化见表 30.3-5。

图 30.3-3 和图 30.3-4 表示了制冷量、制冷系数、制热量、制热系数随进水温度 t_1 变化的相对修正系数 a。

图 30.3-5、图 30.3-6 为水流量对水环热泵空调机组性能的影响。

水环热泵机组变工况性能 表30.3-5

影响因素		制 冷 工 况	制 热 工 况
进水参数	进水温度 t_1	$t_1(-)$,制冷量(+),制冷系数(++),输入功率(-)	$t_1(+)$,制热量(++),制热系数(+),输入功率(+)
	水流量 G	$G(+)$,制冷量(+),制冷系数(++),输入功率(-)	$G(+)$,制热量(+),输入功率(+)
进风参数	湿球温度 t_w	$T_W(+)$,制冷量(+),输入功率(+)	$T_W(+)$,制热量(+),输入功率(+)
	干球温度 t_d	$t_d(+)$,显热冷量比例(+)	
	风量 L	$L(+)$,制冷量(+),输入功率(+),显热冷量增幅大于总冷量	$L(+)$,制热量(+),输入功率(+)

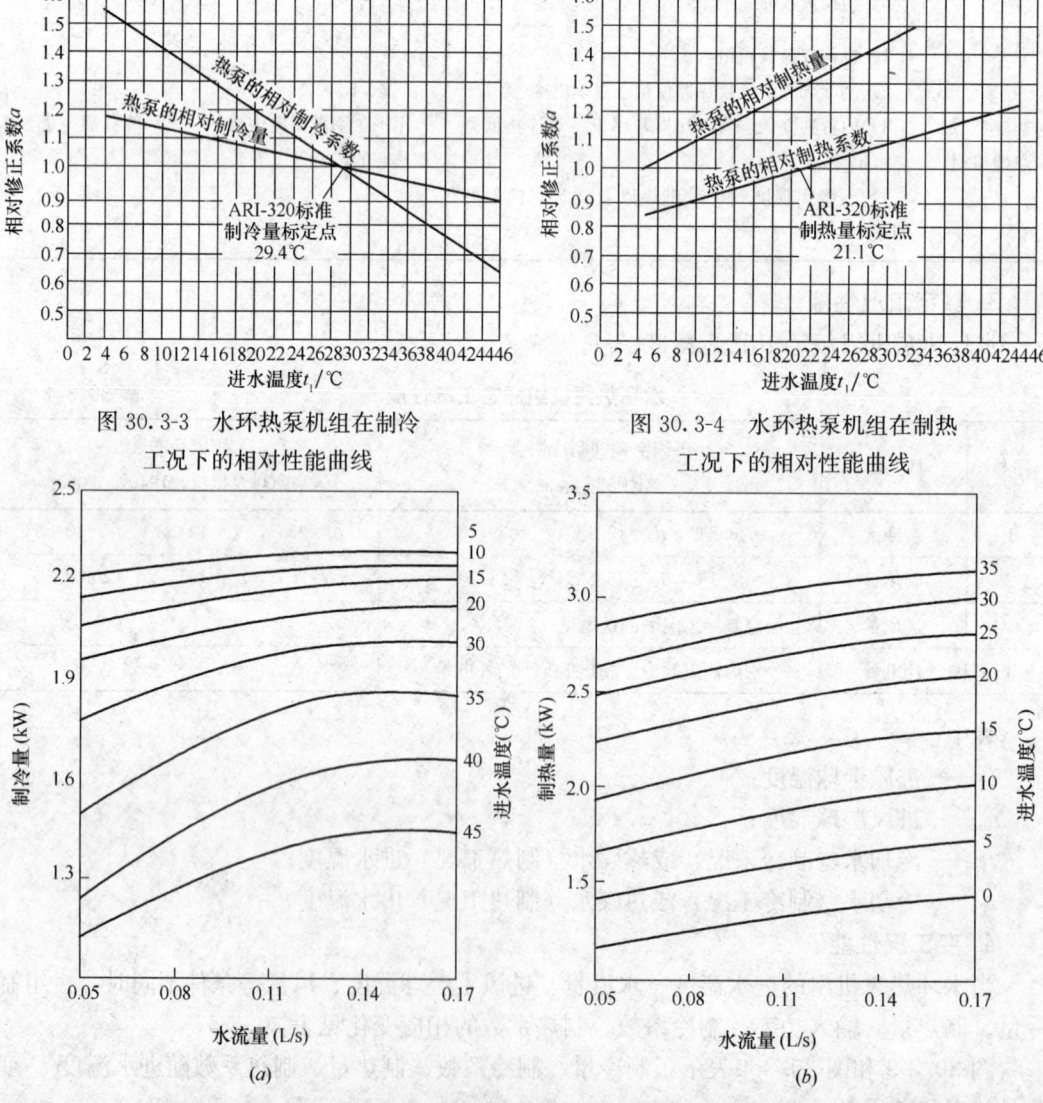

图 30.3-3 水环热泵机组在制冷工况下的相对性能曲线

图 30.3-4 水环热泵机组在制热工况下的相对性能曲线

图 30.3-5 水流量和进水温度对水环热泵机组制冷量和制热量的影响
(a) 制冷工况；(b) 制热工况

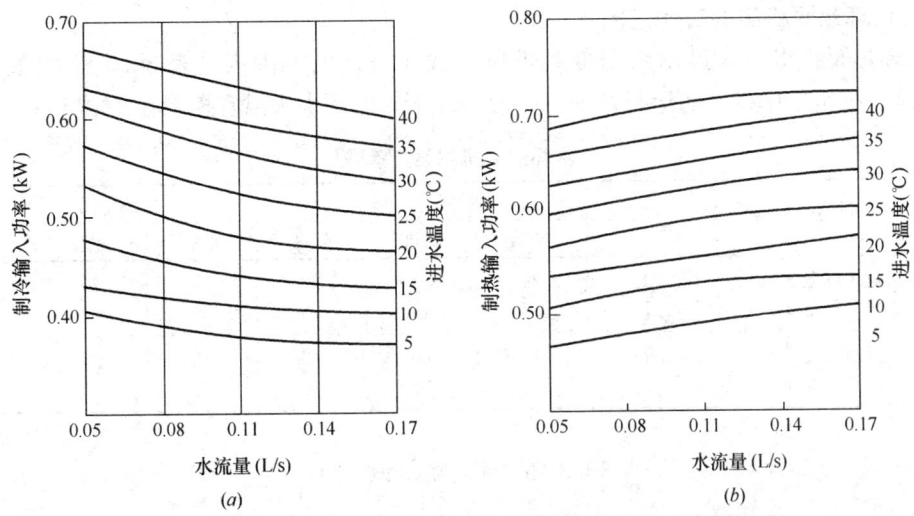

图 30.3-6 水流量和进水温度对水环热泵机组输入功率的影响
(a) 制冷工况;(b) 制热工况

表 30.3-6 为 GEHA 系列水环热泵机组的制冷量、制热量和输入功率受进风参数变化的影响。

表 30.3-7 为 GEHA 系列水环热泵机组的制冷量、制热量和输入功率受风机风量变化的影响。

进风参数对水环热泵机组的制冷量、制热量和输入功率的影响　　　　表 30.3-6

进风湿球温度(℃)	供冷							供热		
	全热冷量	显热冷量					耗电	进风湿球温度(℃)	供热量	耗电
		干球温度(℃)								
		19	21	24	27	30				
10	0.76	—	—	—	—	—	0.95	12	1.05	0.93
14	0.83	0.79	1.01	—	—	—	0.97	14	1.04	0.96
16	0.90	0.62	0.73	1.04	—	—	0.99	17	1.02	0.98
17	0.94	0.50	0.71	0.92	1.13	—	1.00	20	1.00	1.00
19	1.00	0.37	0.57	0.79	1.00	1.21	1.03	23	0.98	1.02
22	1.10	—	—	0.53	0.74	0.95	1.05	26	0.97	1.05
25	1.20	—	—	—	0.51	0.73	1.08	28	0.95	1.07

风机风量对水环热泵机组制冷量、制热量和输入功率的影响　　　　表 30.3-7

风量变化(%)	供冷			供热	
	全热冷量	显热冷量	耗电量	供热量	耗电量
80	0.97	0.89	0.96	0.97	1.03
85	0.98	0.92	0.97	0.98	1.02
90	0.99	0.95	0.98	0.99	1.02
95	0.99	0.97	0.98	0.99	1.01
100	1.00	1.00	1.00	1.00	1.00
110	1.01	1.05	1.02	1.01	0.98
115	1.02	1.08	1.03	1.02	0.98
120	1.03	1.10	1.04	1.03	0.97

5. 水环热泵机组的工作范围

水环热泵机组要求进出水温度和进风参数在一定的范围内，表 30.3-8 为国家标准《水源热泵机组》中规定的运行范围。一般情况下，循环水水温宜控制在 15~35℃。

水环热泵机组运行参数   表 30.3-8

参 数		供冷工况（℃）			供热工况（℃）		
		最低	标准	最高	最低	标准	最高
进风干球温度	T_d	21	27	32	15	20	27
进风湿球温度	T_w	15	19	23	—	—	—
进水温度	T_1	20	30	40	15	20	30
出水温度	T_2	—	—	35	—	—	—

30.3.3 系 统 设 计

图 30.3-7 给出了水环热泵空调系统的设计步骤。

图中：

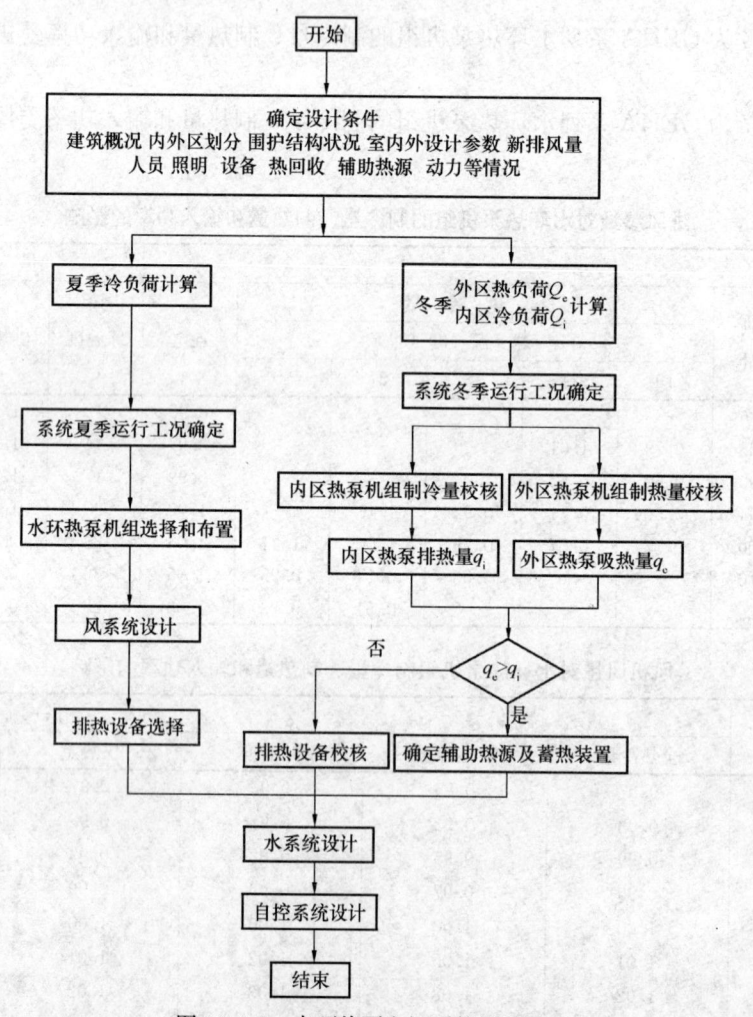

图 30.3-7 水环热泵空调系统设计步骤

$$q_e = \frac{COP_H - 1}{COP_H} \cdot Q_e \tag{30.3-1}$$

$$q_i = \frac{COP_C + 1}{COP_C} \cdot Q_i \tag{30.3-2}$$

式中 Q_e——外区热负荷，kW；

Q_i——内区冷负荷，kW；

q_e——制热运行的热泵自水环路的吸热量，kW；

q_i——制冷运行的热泵向水环路的排热量，kW；

COP_H——水环热泵机组制热系数；

COP_C——水环热泵机组制冷系数。

1. 空调分区

水环热泵空调系统最主要的特点是跟踪负荷的能力强，机组可随时调整运行状况，实现建筑内的热量回收。合理有效的空调分区是实现节能的前提。

与变风量系统不同之处在于，水环热泵空调系统中的空调分区不考虑系统划分的因素，除了空调房间的使用功能、使用时间、设计参数等常规系统中也需考虑的因素外，水环热泵系统主要以房间的负荷特性及独立温控区域为分区依据。大空间建筑应考虑内外区划分，外区进深一般为3~5m。

2. 负荷计算

夏季工况：分区计算空调区逐时冷负荷，计算方法与常规空调系统相同。分区空调逐时冷负荷的最大值用于选择水环热泵机组。

冬季工况：分别计算外区热负荷和内区冷负荷，然后根据式（30.3-1）、式（30.3-2）计算各区自水环路的吸热量或排热量。

根据系统的同时使用情况，各空调区逐时冷、热负荷最大值的代数和并考虑了负荷参差系数即为空调系统的设计冷、热负荷，用于选择排热设备和辅助加热设备。

空调冷负荷参差系数推荐值：

系统循环水流量小于13L/s时，取0.9；

系统循环水流量为13~19L/s时，取0.85；

系统循环水流量大于19L/s时，取0.8。

对于某些特殊建筑物，可取0.65~0.7，甚至更低。

空调热负荷参差系数取1。

3. 系统运行工况确定

选择和校核水环热泵机组前，必须首先确定系统运行工况，主要是循环水的供回水温度。

（1）夏季工况

国标《水源热泵机组》中水环热泵机组的额定进出水温度为30/35℃。水环热泵空调系统中，夏季冷却水温度应通过经济比较确定。常规空调用冷却塔的出水温度为32℃，开式冷却塔还应加上1~2℃的板式换热器传热温差。降低冷却水温度，可提高水环热泵机组的效率，但须加大冷却塔型号。

（2）冬季工况

随着水温升高，水环热泵机组制热能力增大，辅助热源容量减小，但同时制热系数降低，耗电量增大。因此，在制热量满足负荷要求的前提下，应尽可能降低冬季循环水的供水温度。国标《水源热泵机组》中水环热泵机组的额定进水温度为20℃。另外，为了保证系统水力工况稳定，应使循环水流量恒定，冬、夏季取相同的进出水温差。

4. 水环热泵机组选择

（1）一般情况下，根据夏季冷负荷进行机组选型，并对冬季制热量或制冷量（内区需制冷的机组）进行校核。

（2）对于需要冬季供冷的机组，应注意其制冷量应为冬季工况下的制冷量。

（3）根据机组实际的进水温度、进风干湿球温度、循环水流量（当有差异时）等工况条件进行机组选型修正，必要时，应重新选择机组型号或调整系统运行工况。

（4）根据空调区的使用功能、装修需要、分区情况等选择水环热泵机组的型式，其选择要点有：

1）吊顶暗装机组可节约安装空间，但应充分注意其噪声影响。一般适合于小容量的机型，单台机组容量不大于35.2kW（10RT），并尽量布置在走廊、贮藏室、卫生间等非主要功能区域，机组之间相距2.4m以上，防止产生噪声叠加。

2）尽量避免选用明装式机组。

3）立式机组宜设在壁柜形式的小室内，小室隔墙采用隔声性能好的材料。

4）分体式机组的外机设于吊顶内时，与吊顶暗装机组同样要求。集中布置在机房内时，应注意机房的隔声处理。以及因内、外机间制冷剂管路长度引起的冷热量修正。

5. 风系统设计

风系统设计包括水环热泵机组送回风管路设计和空调新风系统设计两部分，前者需要注意对噪声的控制，后者根据新风处理方式有以下几种：

（1）新回风混合系统

新风自室外通过风管送至每台水环热泵机组的回风静压箱，与回风混合后进入机组，此时机组承担空调房间包括新风负荷在内全部的冷热负荷。该方式适用于写字楼、宾馆、公寓、住宅等新风量较小的建筑。新、回风混合后的温度一般可以满足水环热泵机组对进风参数的要求。此类房间室内余热余湿比一般为10000～20000kJ/kg，对水环热泵机组来说有足够的除湿能力。

（2）独立新风系统

与风机盘管加新风系统类似，新风由单独设置的新风机组处理，水环热泵机组处理循环风，只负担空调房间的冷、热负荷。该方式适用于商场、餐厅、娱乐、会议室等新风量较大、冬季工况下新、回风混合后的温度可能不满足机组对进风参数要求的场合。此类房间余热余湿比一般为5000～8000kJ/kg，由于一般水环热泵机组自身除湿能力不足，故仍需新风机组负担夏季空调房间部分湿负荷。

独立新风系统中新风的处理方式：

1）常规冷热源加普通新风机组。常规冷热源指普通水冷冷水机组、风冷热泵冷（热）水机组、风冷整体式机组、锅炉等常见冷热源形式；

2）全新风水环热泵机组。采用专门设计的水环热泵机组，并联接入水环系统内，自循环水中吸收或排放热量。它仅用于处理室外新风。

(3) 新风预热系统

新风经预热器预热后直接送入室内或送入水环热泵机组回风口处。根据预热器的能力不同，水环热泵机组要负担部分新风负荷。

新风预热方式有：

1) 采用普通新风空调机组并联接入水环热泵环路，利用循环水对新风进行冬季预热、夏季预冷，寒冷地区不宜采用；

2) 采用各种全热或显热空气热回收装置回收排风的热量同时预热、预冷新风；

3) 新风管道内设置预热装置，一般仅冬季使用，可采用电力、燃气或其他能源。

6. 水系统设计

(1) 水系统形式

表 30.3-9 列出了水环热泵空调系统各种系统形式。

水环热泵空调水系统形式　　　　　　　　　　表 30.3-9

系统形式	系 统 特 点
开式系统	1) 采用开式冷却塔直接冷却循环水，循环水与大气相通 2) 不另设水—水换热器、一次冷却水泵、定压膨胀装置等，造价低 3) 不存在间接冷却的传热温差，冷却水温度低，热泵机组效率高 4) 水系统开式运行，水质不易保证，管道腐蚀、结垢、脏堵严重 5) 不适于冬季设辅助热源的全年空调系统
闭式系统	1) 开式冷却塔加水—水板式换热器 　　a. 存在换热温差 　　b. 需另设换热器、一次冷却水泵、定压膨胀装置等设备 　　c. 综合造价高于开式系统但低于闭式冷却塔 2) 闭式循环蒸发式冷却塔 　　a. 不存在换热温差 　　b. 不另设换热器、一次冷却水泵 　　c. 耗水量低 　　d. 可室内安装，适于冬季也需排热的系统 　　e. 重量大 　　f. 生产厂家少，价格高
同程系统	易于实现水力平衡，一般不需流量平衡阀
异程系统	为保证机组水量，宜设流量平衡阀
定流量系统	机组不依靠改变水流量调节负荷，一般采用定流量系统，保证机组水量不变
变流量系统	机组设电磁阀或二通式电动阀，与压缩机联动，压缩机启停的同时水流相应通断，系统的循环流量相应改变 供回水干管应设压差控制器，循环泵进行变流量控制

(2) 排热设备选择

1) 排热设备形式

①开式冷却塔直供

②开式冷却塔加水—水换热器（一般为板式换热器）

③闭式循环蒸发式冷却塔

④地表水、地下水、土壤换热器等

2) 冷却塔选型

①循环水量：等于所有水环热泵机组额定水量的代数和。

②出水温度：对于闭式冷却塔，为热泵机组的进水温度；对于开式冷却塔，为热泵机组的进水温度减去 1～2℃板式换热器传热温差。

③进水温度：根据排热负荷确定。排热设备的负荷为系统需要排除的最大热量，一般按考虑负荷参差系数后的系统冷负荷。

④由循环水量、冷却塔进出水温度、当地湿球温度查冷却塔选型曲线即得冷却塔规格（冷却塔额定流量）。

3) 换热器选型

①供回水温差：在开式冷却塔＋板式换热器系统中，一次水为冷却水，其供回水温差即为冷却塔进出水温差；二次水为循环水，供回水温差按系统温差计算，一般为 5℃ 左右。

②循环流量：一、二次水的循环流量相同，为系统的循环流量（注意与所选冷却塔额定流量区别开）。

③传热温差：一般采用 1～2℃。

④由一、二次水供回水温度、循环流量，利用选型软件可计算出换热器的换热面积。

⑤地表水、地下水、土壤换热器等的计算见本章相关内容。

(3) 辅助加热设备选择

1) 加热设备形式

①水侧辅助加热设备：电热锅炉，燃油、燃气锅炉，汽—水、水—水换热器，太阳能集热系统，空气源热源，各种工业余热、废热等。

②空气侧加热器：一般为电加热器。当环路水温降至低限温度值时，机组压缩机关闭，开启电加热器供热。此时，按供冷方式运行的内区热泵机组继续运行，向水环路排热。

③热水盘管加热：采用独立空气加热器的双盘管水环热泵机组，冬季制冷系统处于"休眠"状态，系统采用外接热源，一般为 60℃ 低温热水，整个机组相当于一台风机盘管机组。内区机组不能以制冷方式运行。

2) 加热设备容量

根据系统热负荷、是否采用夜间回置、是否设置蓄热水箱等因素确定辅助水加热设备的容量。

所谓"夜间回置"，是指夜间无人时由控制系统将室内温度设定值自动调低。采用夜间回置时，空调系统从早晨开机到升温至设计温度需要更多的热量，该热量的大小与建筑物的蓄热特性以及设计温度与回置温度的温差等有关。一般采用关闭新风、提前开机的方式，降低对辅助加热设备额外容量的需求。辅助加热设备容量按下式计算：

$$q = q_e - q_i \tag{30.3-3}$$

式中 q_e——冬季设计工况下，制热运行的水环热泵机组自水环路吸收的热量，式 (30.3-1)；

q_i——冬季设计工况下,制冷运行的水环热泵机组向水环路排出的热量,式(30.3-2)。

采用封闭型冷却塔的系统,循环水流经冷却塔盘管,应考虑该部分热损失。冷却塔宜设置旁通管路,当系统需辅助加热时,使循环水不流经冷却塔。

(4) 蓄热水箱

在水环热泵空调系统中常设置低温蓄热水箱(13~32℃)或高温蓄热水箱(60~82℃),以改善系统的运行特性。

低温蓄热水箱用于实现建筑物内多余热量在时间上的转移,也就是说,内区的制冷机组向环路中释放的热量与周边区的制热机组从环路吸取的热量可以在一天内或更长的时间周期内实现热量平衡。设置低温蓄热水箱,可以减小早晨预热所需的辅助加热设备的容量,降低用电负荷,从而降低了冷却塔和加热设备的年耗能量。但考虑恶劣天气可能会持续一段时间,要求冷却塔或水加热器必须按最大负荷运行,冷却塔和加热设备的容量不能减小。

高温蓄热水箱用于采用辅助电加热设备的水环热泵空调系统中,它利用夜间电力低谷时段将水加热后蓄存起来,白天电力高峰时段供给系统使用,在有峰谷分时电价的地区,可以降低辅助加热的运行费用。高温蓄热水箱与环路并联,通过三通混合阀维持环路水的温度。

高温蓄热水箱的设计可以参见水蓄热相关章节。低温蓄热水箱设计有如下几种方案:
① 蓄存冬季设计日工作时间内所产生的余热,但不超过次日夜间所需热量;
② 蓄存早晨预热所需热量;
③ 上述两种方法的折衷方案。

蓄热水箱容积根据装机容量取 10~20L/kW 较为合适。

以下按照蓄存早晨预热所需热量介绍低温蓄热水箱的设计步骤:

1) 假设水环热泵空调系统的供水温度为 28℃,供冷运行时进出水温差为 7℃,供热运行时进出水温差为 4℃。系统中有 45% 的机组供冷,有 55% 的机组供热。

2) 水系统回水温度 $=0.45\times(28+7)+0.55\times(28-4)=29℃$。

3) 早晨预热时系统供水温度取 15℃,则蓄热水箱可以利用的温差 $\Delta t=29-15=14℃$。

4) 蓄热水箱蓄热量

假设水环路系统单位负荷水容量为 12.8L/kW,则单位装机容量蓄热水箱的蓄热量为

$$Q = 12.8\text{L/kW} \times 14℃ \times \frac{4.187\text{kJ/L}\cdot℃}{3600\text{s/h}} = 750\text{kJ/kW} = 0.208\text{kWh/kW}$$

(30.3-4)

每 L 水蓄热量 $1.63\times10^{-2}\text{kWh}$

5) 水系统蓄热量可供热的时间

系统单位装机容量、单位时间内吸热量:

$$Q_0 = 1\text{kW} \times \frac{COP_H - 1}{COP_H}$$

(30.3-5)

取 $COP_H=3.5$,水系统蓄热量可供热的时间为:

$$\tau = \frac{Q}{Q_0} = \frac{0.208\text{kWh}}{0.71\text{kW}} = 0.3\text{h}$$

(30.3-6)

6) 满足早晨预热的蓄热水箱所需容积

若早晨预热时间为 1.5h，满足早晨预热尚需蓄存 1.5－0.3＝1.2h 的热量按每 kW 装机容量计，所需容积为：

$$0.71 \text{kW/kW} \times 1.2 \text{h} \div 1.63 \times 10^{-2} \text{kWh/L} = 52 \text{L/kW}$$

即每 kW 装机容量所需的蓄热水箱容积为 52L，此时，无需增加辅助设备容量即可满足系统预热需要。

(5) 集中水泵站

水环热泵空调系统中，循环水泵、冷却水泵、换热设备、补水定压设备、水处理设备等通常集中设置在室内，称作集中水泵站。有地下室时，集中水泵站应尽量设置在地下室。

1) 循环水泵

在定流量系统中，循环水泵的流量，取所有水环热泵机组额定流量的绝对值之和，估算时可按每 kW 制冷量 0.04～0.06L/s 确定。在变流量系统中，可按空调系统的总负荷确定循环流量。

循环水泵扬程的计算，与常规空调水系统相同。当系统冬季添加乙二醇防冻液时，应计入因流体密度增加对水泵扬程及功率的影响。

不同厂家生产的水环热泵机组的额定流量差别较大，提高循环水流量可以提高机组效率，但循环水泵功率也将增加。对水环热泵机组而言，流量的少许变化对性能的影响不大，因此，在满足系统运行稳定的前提下，不必加大水泵流量，以降低能耗。

2) 冷却水泵

与常规系统相同。

循环水泵、冷却水泵应设置备用泵。

3) 补水定压设备

采用闭式冷却塔的循环水系统以及开式冷却塔加板式换热器的循环水系统，其补水定压设备与常规空调系统的循环水系统相同。

4) 水质与水处理设备

采用闭式冷却塔或开式冷却塔加板式换热器的循环水侧，其水质要求及水处理设备与常规空调循环水系统相同；采用开式系统或开式冷却塔加板式换热器的冷却水侧，其水质要求及水处理设备与常规空调冷却水系统相同。

(6) 管路设计

1) 设计要点

①循环水系统管路应尽量按同程布置。

②优先选用闭式冷却塔或开式冷却塔加板式换热器，实现水环系统闭式循环。

③循环水系统补水宜采用软化水或经其他化学处理；冷却水系统应采取防腐、防垢、抑藻、排污、过滤等综合处理措施。

④水泵、换热器、冷却塔等设备配置应充分考虑检修和清洗。

⑤管路应设置水流开关，与机组进行连锁控制。

⑥各段管路的设计流量等于该段管路所服务的所有热泵机组的流量总和，按此流量计算管径和压力损失。

⑦水系统应设置必要的过滤除污设备。水环热泵机组进水管应设有滤网目数不低于

50 目的 Y 型过滤器。

⑧水环热泵机组的流量调节对于定流量系统可采用手动调节阀、静态平衡阀或定流量平衡阀，对于变流量系统设置电动二通阀。

⑨一般情况下，水环路的水温全年均在室内空气露点以上，管道不需进行防结露保温。

2) 设备配管

①冷却塔、冷却水泵、换热器配管，与常规系统相同。

②辅助加热设备配管见图 30.3-8～图 30.3-12。

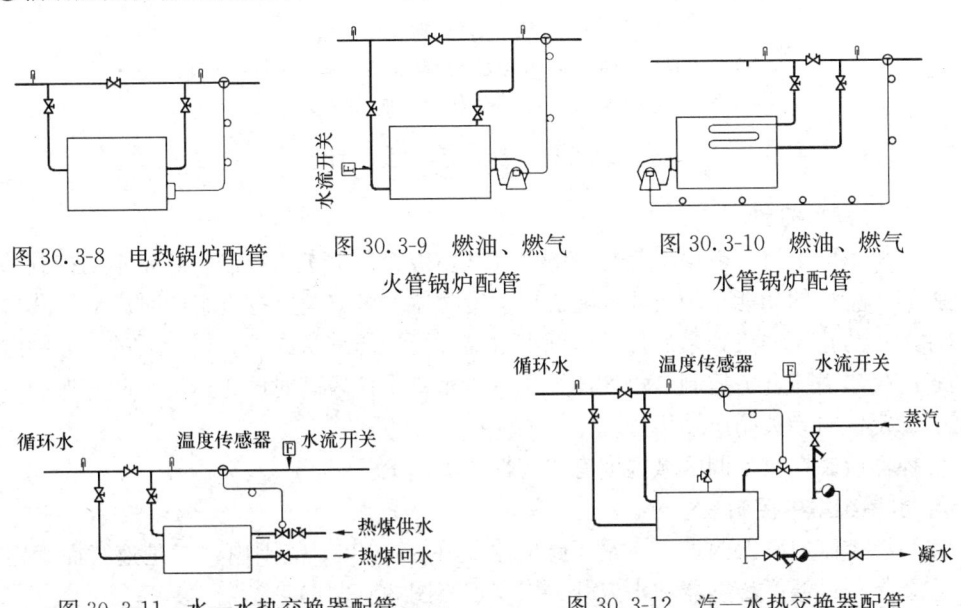

图 30.3-8　电热锅炉配管　　图 30.3-9　燃油、燃气火管锅炉配管　　图 30.3-10　燃油、燃气水管锅炉配管

图 30.3-11　水—水热交换器配管　　图 30.3-12　汽—水热交换器配管

水环热泵空调系统循环水为大流量小温差低温运行方式，一般加热设备不能直接使用。如管壳式换热器流量增大将使压降剧增；燃油火管锅炉出水温度过低，使得烟气温度过低，烟气冷凝造成腐蚀，故燃油锅炉出水温度一般不低于 60℃。故通常如图所示设置一个带平衡阀的旁通管，使部分循环水流经加热设备。当加热设备允许时，也可取消旁通管。

③蓄热水箱配管见图 30.3-13～图 30.3-14。

④水环热泵机组配管见图 30.3-15。

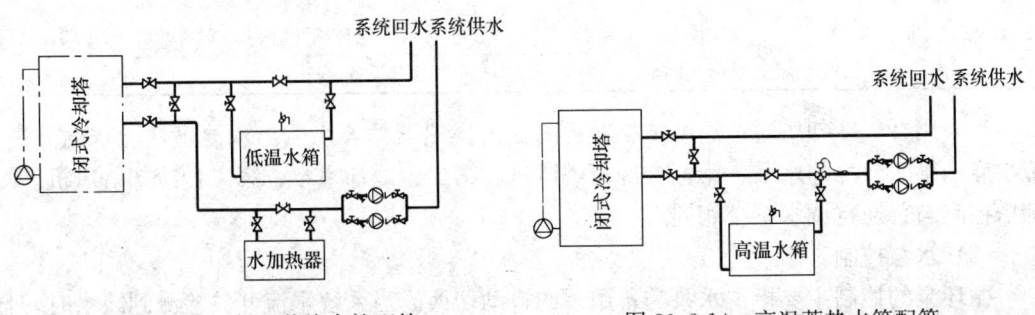

图 30.3-13　低温蓄热水箱配管　　图 30.3-14　高温蓄热水箱配管

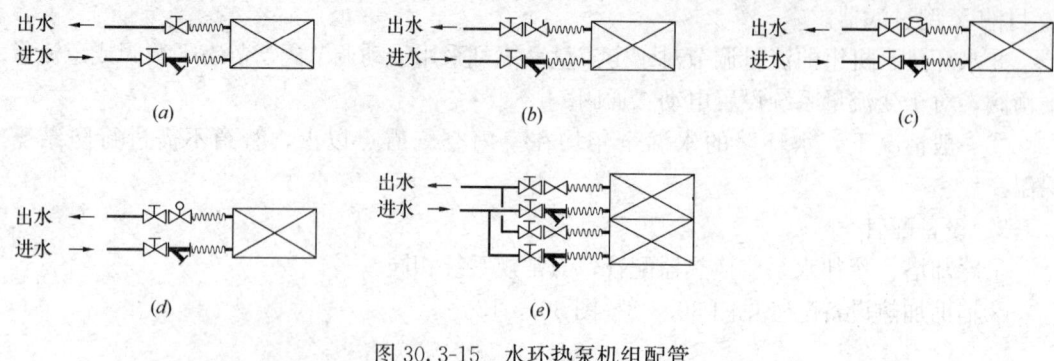

图 30.3-15 水环热泵机组配管
(a) 设手动调节阀；(b) 设静态平衡阀；(c) 设动态流量平衡阀；
(d) 设电动阀；(e) 带独立空气加热器双盘管机组

30.3.4 自控设计

1. 热泵机组控制

热泵机组的运行一般由机组配带的壁挂式室温控制器进行控制，其基本的控制功能为温度控制。可选的功能有 10~40s 随机启动定时器，可避免所有机组同时启动，减少对电网的冲击；防止压缩机频繁启停的时间继电器，可使压缩机在停止运行后的几分钟内不再启动；冷凝水溢流开关控制，可使压缩机在凝水盘水位较高时停止运转；防冻保护，当水温低于设定值时，关闭压缩机。

温控器应装在对空调区域温度有代表性的墙面上。

2. 水系统集中控制

水系统控制应确保两点：一是环路的水温在 15~35℃ 范围内；二是连续而稳定的流量。主要是通过温度传感器和水流开关来实现（图 30.3-16）。

（1）温度控制

一般在循环水泵进口处设温度传感器，并与锅炉或换热器保持一定的距离。温度传感器探测冷却塔出水温度或锅炉（换热器）后的混合水温，由控制系统根据设定值对冷却塔风机、水泵或锅炉的运行及换热器热媒的供给进行控制。表 30.3-10 为一个采用闭式冷却塔的系统水温控制实例。

水温控制实例　　　　　表 30.3-10

水温（℃）	14	15~20	24	29	31	32	34	40
控制要点	报警	加热设备开启	中点	阀门开启	淋水泵开启	第一台冷却塔风机开启	第二台冷却塔风机开启	报警
				冷却设备运行				

当采用开式冷却塔时，温度传感器检测板式换热器循环水侧出水温度，随水温升高，依次启动第一台冷却水泵、第一台冷却塔风机、第二台冷却水泵、第二台冷却塔风机。冷却塔控制与普通空调水系统相同。

（2）水泵控制

循环泵的控制主要指主水泵与备用泵的自动切换。当系统水流开关检测到缺水时，自动由主水泵切换到备用泵，并发出报警信号。若几秒钟内水流不能恢复正常，将会使系统

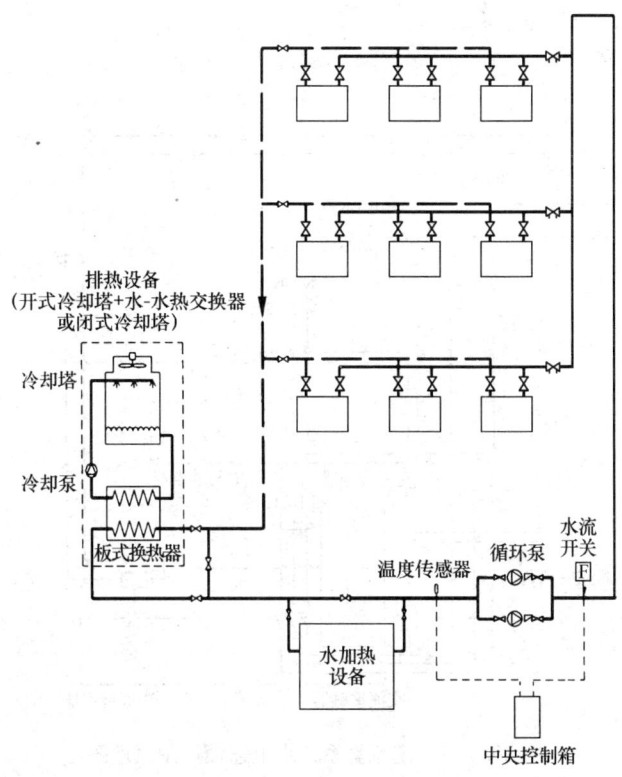

图 30.3-16 水环热泵空调系统典型控制原理图

停机。

当系统采用变流量运行时，循环泵应采取相应的变流量措施，如变频调速等，与常规系统相同。

(3) 水电连锁控制

定流量系统：在对应的水电连锁区域的回水总管上，设置靶式水流开关（图 30.3-17）。

变流量系统：在对应的水电连锁区域的供回水管之间设置压差开关（图 30.3-18）。

设置水电连锁的区域，可以是整个系统，也可以是一个楼层或一个水系统分区等，根据设计确定。当水系统的水流开关或压差开关闭合时，对应区域的空调总电源才能供电，否则，自动切断空调电源。一些厂家的产品，在每台机组的控制器上均设有水流开关（或压差开关）输入接口，当此开关闭合时，机组才能启动；当此开关断开时，机组自动关闭或无法启动。当不安装水流开关（或压差开关）时，输入接口短接，连锁功能取消。

3. 中央控制系统

根据工程具体情况可设置 DDC 中央控制系统。采用 DDC 控制可以加强中央控制系统与个别机组的配合，除前述对每台机组的控制之外，还可增加以下功能：

1) 夜间回置和设定；
2) 长期运行记录；
3) 水泵循环（工作或非工作）；
4) 系统水温度记录；
5) 系统水流检测：系统水流、水质、缺水、高水温、低水温、供热设备水流、排热

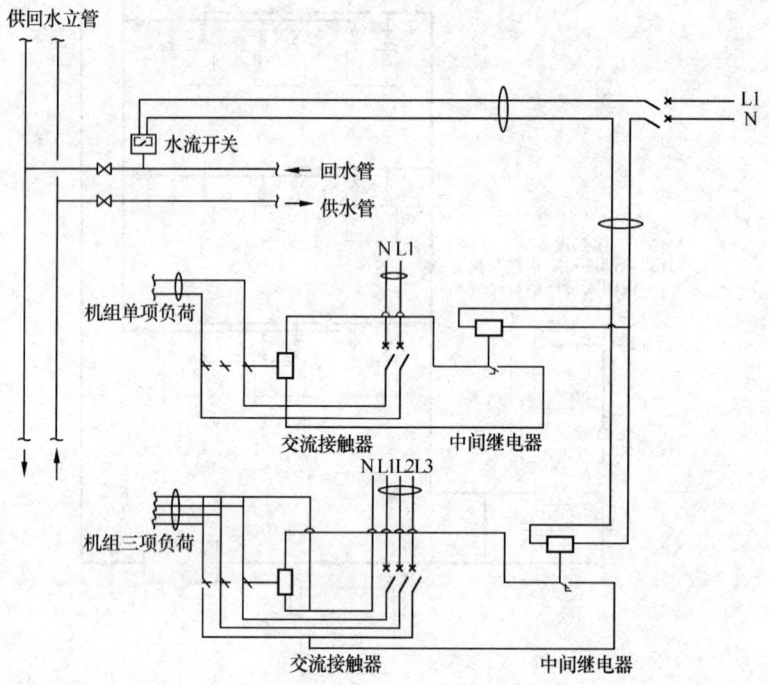

图 30.3-17 定流量系统水电连锁控制原理图

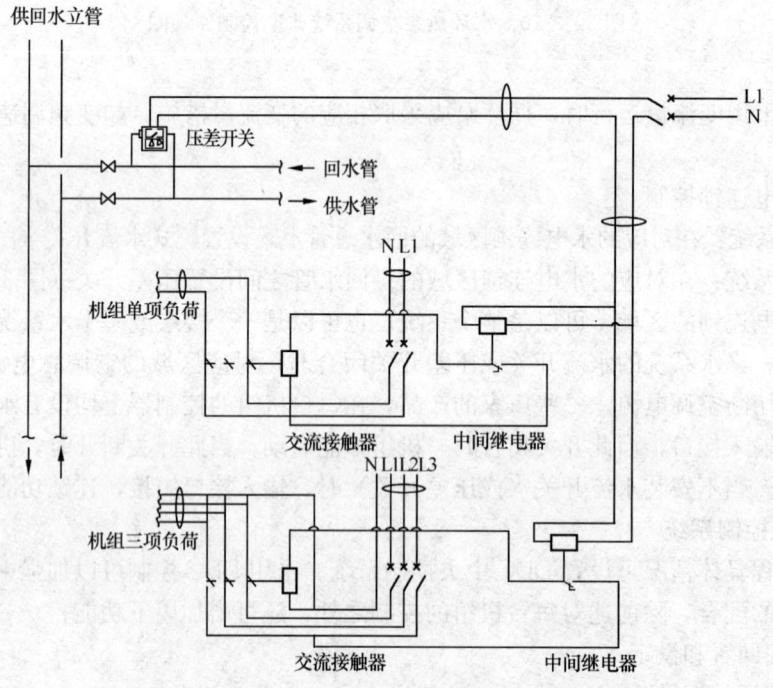

图 30.3-18 变流量系统水电连锁控制原理图

设备水流和循环泵水流等；

6）维修报告：水环热泵机组的高低压、出水温度、空气过滤器状况、送风温度等。

30.3.5 安装与噪声控制

水环热泵机组的噪声源主要是热泵机组内部的压缩机和风机。水环热泵机组采用的压缩机主要有滚动转子式、活塞式和涡旋式三种,其中活塞式噪声较高,滚动转子式和涡旋式噪声较低。水环热泵机组通常直接安装在空调区域,设备及系统安装时应对噪声控制引起足够的重视。表30.3-11列出了水环热泵空调系统的安装注意事项与噪声控制措施。图30.3-19~图30.3-21给出几种常用的安装示意图。

水环热泵空调系统安装与噪声控制措施　　　　　表 30.3-11

项　目	安装要点及噪声控制措施
机组安装	1) 10kW 以上的机组应避免设置在人员工作或生活区上部的吊顶内,尽量置于走廊、贮藏间、卫生间及其他不经常使用的房间吊顶内 2) 吊装机组应使用带弹簧或氯丁橡胶减振器的吊架 3) 立式机组应安装在高密度吸声材料制成的垫子上,垫子边长超出机组底座 75mm,厚度 10~15mm;垫子材料有橡胶、软木、背贴橡胶的地毯等 4) 机组周围应留有一定的检修空间 5) 吊装机组附近的吊顶上应留有大小适当的检修孔 6) 机组间距不小于 2.5m,防止噪声叠加 7) 避免安装在有二面或二面以上反射面的位置,最好使噪声作球状传播 8) 吊顶机组的下方设吸声板,吸声板面积大于机组底部面积的二倍,吸声板厚度 25mm 9) 安装机组的房间,吸声系数不低于 0.20 10) 安装吊顶机组处的吊顶应采用具有一定密度、隔声、吸声性能好的材料,避免采用透空吊顶 11) 吊顶龙骨吊架不应与机组、风管、水管等接触 12) 采用分体式机组 13) 必要时安装隔声罩
风系统安装	1) 机组进出口与风管之间采用具有消声功能的软连接,尽量避免采用帆布软连接 2) 不可采用无风管直接送风,应采用至少带有一个弯头的风管送风 3) 弯头采用 90°外方内圆或内斜做法,不宜采用圆弯头 4) 送风管内贴吸声材料或采用具有吸声功能的风管材料,吸声材料一般采用 25mm 高密度离心玻璃棉,无纺布或穿孔铝箔覆面 5) 尽量采用风管回风,做法同送风管;当采用自由回风时,回风口位置距离机组不小于 2m 6) 避免在主风管上直接安装送风口 7) 当采用软管连接送风口时,软管长度不小于 3 倍直径 8) 主风管内风速应低于 5m/s,送风口处的风速不应超过 2.5m/s 9) 送风机出口保持气流的畅通,避免阻力增加、产生二次噪声 10) 安装于小室内的机组,回风口处应有消声措施 11) 弯头、三通和阀门等风管管件之间应有 4~5 倍风管直径或风管长边边长的距离 12) 必要时设置风管消声器
水系统安装	1) 连接机组的水管和电线导管应采用软接头或软管 2) 系统的最高点以及冷却塔和主管的顶端应设自动排气阀,低点应设泄水阀 3) 系统应设置除污器 4) 卧式、吊顶式、立式机组应设置冷凝水存水弯

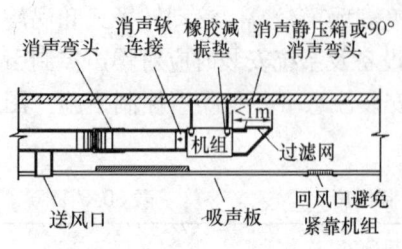
图 30.3-19 卧式机组安装（一）

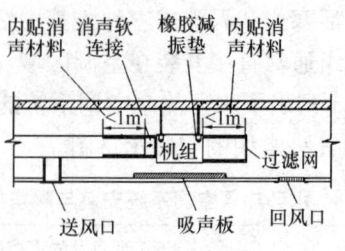
图 30.3-20 卧式机组安装（二）

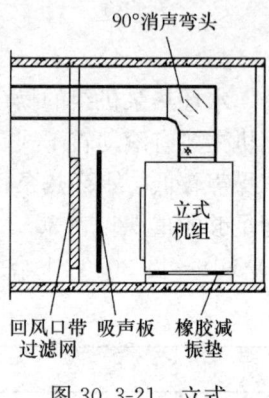
图 30.3-21 立式机组安装

30.4 地源热泵

30.4.1 简 介

1. 概述

地源热泵系统（ground source heat pump system），是一种以岩土体、地下水或地表水为低温热源，由水源热泵机组、地热能交换系统、建筑物内系统组成的供热空调系统。根据地热能交换系统形式的不同，地源热泵系统分为地埋管地源热泵系统、地下水地源热泵系统和地表水地源热泵系统。

有关地下水地源热泵系统和地表水地源热泵系统，本手册第 30.2 节中已作了详细介绍，所以，本节主要介绍地源热泵系统中的地埋管地源热泵系统。

地埋管地源热泵空调系统，一般由地埋管换热器（ground heat exchanger），水源热泵机组（水—水热泵或水—空气热泵机组）和室内空调末端系统三部分组成。在夏季，地埋管内的传热介质（水或防冻液）通过水泵送入冷凝器，将热泵机组排放的热量带走并释放给地层（向大地排热，地层为蓄热）；蒸发器中产生的冷水，通过循环水泵送至空调末端设备对房间进行供冷。在冬季，热泵机组通过地下埋管吸收地层的热量（向大地吸热，地层为蓄冷），冷凝器产生的热水，则通过循环水泵送至空调末端设备对房间进行供暖。

在特定的条件下，夏季也可利用地下换热器进行直接供冷。

2. 系统特点

地埋管地源热泵空调系统的特点见表 30.4-1。

地埋管地源热泵空调系统的特点 表 30.4-1

优缺点	特 点	说 明
优点	可再生性	地源热泵利用地球地层作冷热源，夏季蓄热、冬季蓄冷，属可再生能源
	系统 COP 值高，节能性好	地层温度稳定，夏季地温比大气温度低，冬季地温比大气温度高，供冷供热成本低，在寒冷地区和严寒地区供热时优势更明显； 末端如采用辐射供暖/冷系统，夏天较高的供水温度和冬季较低的供水温度，可提高系统的 COP 值

续表

优缺点	特点	说　　明
优点	环保	与地层只有能量交换，没有质量交换，对环境没有污染； 与燃油燃气锅炉相比，减少污染物的排放
	系统寿命长	地埋管寿命可达 50 年以上
缺点	占地面积大	无论采用何种形式，地源热泵系统均需要有可利用的埋设地下换热器的空间，如道路、绿化地带、基础下位置等
	初投资较高	土方开挖、钻孔以及地下埋设的塑料管管材和管件、专用回填料等费用较高

3. 设计要求与适用条件

（1）地埋管地源热泵系统设计前，必须对工程现场进行详细的调查，并对岩土体地质条件进行勘察，取得下列资料：
- 岩土层的结构；
- 岩土体的热物性；
- 岩土体的温度；
- 地下水静水位、水温、水质及分布；
- 地下水径流方向、速度；
- 冻土层厚度。

（2）建筑物周围有可供埋设地下换热器的较大面积的绿地或其他空地；
（3）建筑物全年有供冷和供热需求，且冬、夏季的负荷相差不大；
（4）如建筑物冷热负荷相差较大，应有其他辅助补热或排热措施，保证地下热平衡。

4. 地源热泵机组的类型（表 30.4-2）

地源热泵机组的类型　　　　表 30.4-2

型式	特　　点	适用范围
水-水式地源热泵机组	机组集中设置在机房，运行管理方便； 按冬夏季系统转换方式不同，可分为外转换式和内转换式两种型式（工作原理参见图 30.2-2 和图 30.2-3）	大、中、小型空调系统均适用
水-空气式地源热泵机组	机组型式与水环热泵相同； 机组分散布置在空调房间内； 便于单独控制和计量	有独立控制和计量要求的中小型系统

30.4.2 地埋管换热器系统的形式与连接

1. 地埋管换热器的埋管方式

地埋管换热器有水平和竖直两种埋管方式。水平地埋管换热器（horizontal ground heat exchanger）是在浅地层中水平埋设；竖直地埋管换热器（vertical ground heat exchanger）是在地层中垂直钻孔埋设。通常，大多数采用竖直埋管方式；只有当建筑物周围有很多可利用的地表面积，浅层岩土体的温度与热物性受气候、雨水、埋设深度影响较小时，或受地质构造限制时才采用水平埋管方式。

（1）水平埋管

1）形式：水平地埋管的敷设方式，通常有单或双环路、双或四环路、三或六环路以及垂直排圈式、水平排圈式、水平螺旋式等形式，如图30.4-1和图30.4-2所示。

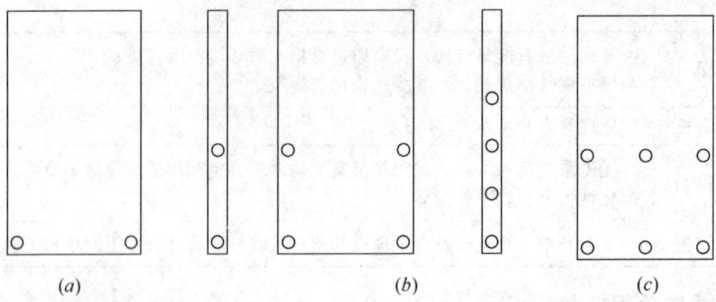

图30.4-1 几种常见的水平地埋管换热器形式
(a) 单或双环路；(b) 双或四环路；(c) 三或六环路

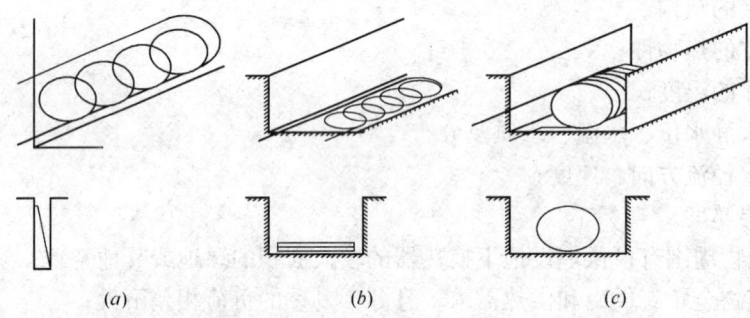

图30.4-2 几种新近开发的水平地埋管换热器形式
(a) 垂直排圈式；(b) 水平排圈式；(c) 水平螺旋式

2) 特点：水平埋管换热器具有下列特点：
- 埋深浅，一般仅3~15m。
- 地下岩土冬夏热平衡好，可充分利用地层的自然恢复能力（冬夏交替），保持地层温度的稳定。
- 初投资低，开挖费用及埋管费用均低于竖直埋管系统。

(2) 竖直埋管

1) 形式：竖直埋管通常有单U形管、双U形管、小直径螺旋管、大直径螺旋管、立柱状、蜘蛛状和套管式等7种形式，如图30.4-3所示。

根据埋管深度H的不同，竖直地埋管可分为以下三种类型：

浅埋型：$H \leqslant 30m$

中埋型：$H = 31 \sim 80m$

深埋型：$H > 80m$

在没有合适的室外用地时，竖直地埋管换热器还可以利用建筑物的混凝土基桩埋设，即将U形管捆扎在基桩的钢筋网架上，然后浇灌混凝土，使U形管固定在基桩内。

由于U形管换热器占地少、施工简单、换热性能好、管路接头少、不易泄漏等原因，所以，目前使用最多的是单U形管和双U形管。具体做法是：

钻孔：孔径一般为110~200mm，井深一般为20~100m。

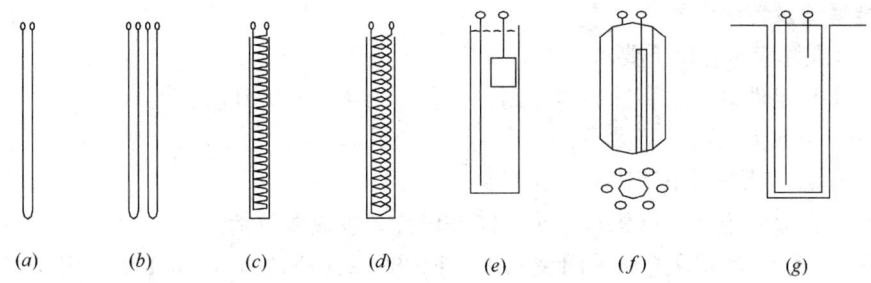

图 30.4-3 竖直地埋管换热器形式
(a) 单 U 形管；(b) 双 U 形管；(c) 小直径螺旋管；(d) 大直径螺旋管；
(e) 立柱状；(f) 蜘蛛状；(g) 套管式

安装 U 形管：在钻孔内安装的 U 形管（必须采取措施保证 U 形管不变形），管径一般在 $\Phi50$mm 以下（主要是流量不宜过大所限）。

回填：将 U 形管与井壁之间的孔隙填实，回填材料应具有较高的导热系数。

同样工程条件下，双 U 形管比单 U 形管换热性能提高 15%～30% 左右，故可减少钻孔成本，在工程中得到了广泛的应用。

2) 特点：
- 初投资高，钻孔费用高，中埋和深埋需要采用高承压的塑料管；
- 占地面积少；
- 需注意冬夏季热平衡，由于深层岩土温度场受地面温度影响很小，因此必须注意冬季吸热和夏季排热量的平衡，否则将影响地源热泵的长期使用效果。

2. **地埋管换热器的连接方式**（表 30.4-3）：

地下换热器的连接方式　　　　表 30.4-3

型式	图示	特点
串联方式	供给线、回流线、环路、U形套管	● 一个回路具有单一流通通路，管内积存的空气容易排出； ● 每个环路的传热量不同； ● 由于系统管径大，在冬季气温低地区，系统内需充注的防冻液（如乙二醇水溶液）多； ● 管路系统不能太长，否则系统阻力损失太大； ● 浅埋管采用串联方式的多
并联方式	供给集管、同程回流管、回流集管、环路、U形套管	● 由于可用较小管径的管子，因此成本较串联方式低； ● 每个环路的传热量相同； ● 所需防冻液少； ● 各并联管道的长度尽量一致（偏差应≤10%），以保证每个并联回路有相同的流量； ● 中、深埋管采用并联方式者居多

3. 地埋管及传热介质

(1) 地埋管应符合以下要求：

- 化学稳定性好、耐腐蚀、承压高（公称压力 $P \geqslant 1.0$MPa）；
- 导热系数大、流动阻力小；
- 工作温度范围不小于$-20\sim 50$℃；
- 埋地部分管道不应有机械接头，能按设计要求成卷供货。

目前，工程中大多数选择采用聚乙烯（PE-80 或 PE-100）或聚丁烯（PB）塑料管作为地埋管。从性价比考虑，应优先采用聚乙烯塑料管。

聚乙烯（PE）塑料管的外径及公称壁厚，应符合表 30.4-4 的规定。

聚丁烯（PB）塑料管的外径及公称壁厚，应符合表 30.4-5 的规定。

聚乙烯（PE）管的外径及公称壁厚　　　　表 30.4-4

公称外径 de (mm)	平均外径 (mm)		公称壁厚 (mm)/材料等级		
			公称压力（MPa）		
	最小	最大	1.00	1.25	1.60
20	20	20.3	—	—	—
25	25	25.3	—	$2.3^{+0.5}$/PE80	—
32	32	32.3	—	$3.0^{+0.5}$/PE80	$3.0^{+0.5}$/PE100
40	40	40.4	—	$3.7^{+0.6}$/PE80	$3.7^{+0.6}$/PE100
50	50	50.5	—	$4.6^{+0.7}$/PE80	$4.6^{+0.7}$/PE100
63	63	63.6	$4.7^{+0.8}$/PE80	$4.7^{+0.8}$/PE100	$5.8^{+0.9}$/PE100
75	75	76.7	$4.5^{+0.7}$/PE100	$5.6^{+0.9}$/PE100	$6.8^{+1.1}$/PE100
90	90	90.9	$5.4^{+0.9}$/PE100	$6.7^{+1.1}$/PE100	$8.2^{+1.3}$/PE100
110	110	111.0	$6.6^{+1.1}$/PE100	$8.1^{+1.3}$/PE100	$10.0^{+1.5}$/PE100
125	125	126.2	$7.4^{+1.2}$/PE100	$9.2^{+1.4}$/PE100	$11.4^{+1.8}$/PE100
140	140	141.3	$8.3^{+1.3}$/PE100	$10.3^{+1.6}$/PE100	$12.7^{2.0}$/PE100
160	160	161.5	$9.5^{+1.5}$/PE100	$11.8^{+1.8}$/PE100	$14.6^{+2.2}$/PE100
180	180	181.7	$10.7^{+1.7}$/PE100	$13.3^{+2.0}$/PE100	$16.4^{/+3.2}$PE100
200	200	201.8	$11.9^{+1.8}$/PE100	$14.7^{+2.3}$/PE100	$18.2^{+3.6}$/PE100
225	225	227.1	$13.4^{+2.1}$/PE100	$16.6^{+3.3}$/PE100	$20.5^{+4.0}$/PE100
250	250	252.3	$14.8^{+2.3}$/PE100	$18.4^{+3.6}$/PE100	$22.7^{+4.5}$/PE100
280	280	282.6	$16.6^{+3.3}$/PE100	$20.6^{+4.1}$/PE100	$25.4^{+5.0}$/PE100
315	315	317.9	$18.7^{+3.7}$/PE100	$23.2^{+4.6}$/PE100	$28.6^{+5.7}$/PE100
355	355	358.2	$21.1^{+4.2}$/PE100	$26.1^{+5.2}$/PE100	$32.2^{+6.4}$/PE100
400	400	403.6	$23.7^{+4.7}$/PE100	$29.4^{+5.8}$/PE100	$36.3^{+7.2}$/PE100

聚丁烯（PB）管的外径及公称壁厚   表 30.4-5

公称外径 de (mm)	平均外径 (mm)		公称壁厚 (mm)	公称外径 de (mm)	平均外径 (mm)		公称壁厚 (mm)
	最小	最大			最小	最大	
20	20.0	20.3	$1.9^{+0.3}$	75	75.0	75.7	$6.8^{+0.8}$
25	25.0	25.3	$2.3^{+0.4}$	90	90.0	90.9	$8.2^{+1.0}$
32	32.0	32.3	$2.9^{+0.4}$	110	110.0	111.0	$10.0^{+1.1}$
40	40.0	40.4	$3.7^{+0.5}$	125	125.0	126.2	$11.4^{+1.3}$
50	49.9	50.5	$4.6^{+0.6}$	140	140.0	141.3	$12.7^{+1.4}$
63	63.0	63.6	$5.8^{+0.7}$	160	160.0	161.5	$14.6^{+1.6}$

（2）地埋管换热器的传热介质应符合以下要求：
- 价格低廉、易于购买；
- 腐蚀性弱、安全可靠、易于运输与贮存；
- 有良好的传热特性；
- 黏度低、流动阻力小；
- 冰点低（在有可能冻结的地区，传热介质中应添加防冻液；防冻液的冰点宜低于介质设计最低运行温度 3～5℃）。

工程实践中，一般应优先选择水作为传热介质。

30.4.3 设计方法及步骤

1. 设计基础数据

影响地埋管换热器设计的主要因素如表 30.4-6 所示：

影响地埋管换热器设计的主要因素   表 30.4-6

影响因素	单位	说明	影响因素	单位	说明
t_∞	℃	埋管区域岩土体的初始温度	α	W/(m²·K)	传热介质与 U 形管内壁的对流换热系数
λ_s	W/(m·K)	岩土体的导热系数			
λ_b	W/(m·K)	回填料的导热系数	土层深度	m	用于确定埋管深度
Q	kW	地源热泵系统的负荷	可埋管面积	m²	用于确定埋管方式

2. 测试岩土体的初始温度及导热系数

岩土体的初始温度及岩土体的导热系数，是设计地源热泵地埋管换热器的关键参数，必须通过现场测试取得的平均值作为设计计算的依据；测试工作一般应在测试埋管安装完毕 72h 后（埋管状况稳定后）进行。

表 30.4-7 列出了几种典型土壤、岩石及回填料的热物理特性，可供方案设计时估算参考。

几种典型土壤、岩石及回填料的热物理特性   表 30.4-7

项目		参数 导热系数 λ_e [W/(m·K)]	扩散率 a 10^{-6} (m²/s)	密度 ρ (kg/m³)
土壤	致密黏土（含水量15%）	1.4～1.9	0.49～0.71	1925
	致密黏土（含水量5%）	1.0～1.4	0.54～0.71	1925
	轻质黏土（含水量15%）	0.7～1.0	0.54～0.64	1285

续表

项目	参数	导热系数 λ_e [W/(m·K)]	扩散率 a 10^{-6} (m²/s)	密度 ρ (kg/m³)
土壤	轻质黏土（含水量5%）	0.5~0.9	0.65	1285
	致密砂土（含水量15%）	2.8~3.8	0.97~1.27	1925
	致密砂土（含水量5%）	2.1~2.3	1.10~1.62	1925
	轻质砂土（含水量15%）	1.0~2.1	0.54~1.08	1285
	轻质砂土（含水量5%）	0.9~1.9	0.64~1.39	1285
岩石	花岗岩	2.3~3.7	0.97~1.51	2650
	石灰岩	2.4~3.8	0.97~1.51	2400~2800
	砂岩	2.1~3.5	0.75~1.27	2570~2730
	湿页岩	1.4~2.4	0.75~0.97	—
	干页岩	1.0~2.1	0.64~0.86	—
回填料	膨润土（含有20%~30%的固体）	0.73~0.75	—	—
	含有20%膨润土、80%SiO₂砂子的混合物	1.47~1.64	—	—
	含有15%膨润土、85%SiO₂砂子的混合物	1.00~1.10	—	—
	含有10%膨润土、90%SiO₂砂子的混合物	2.08~2.42	—	—
	含有30%混凝土、70%SiO₂砂子的混合物	2.08~2.42	—	—

3. 负荷计算

全年冷、热负荷平衡失调，会导致地埋管区域岩土体温度持续升高或降低，从而影响地埋管换热器的换热性能，使效率降低。因此，设计地埋管换热系统时，必须考虑全年冷热负荷的影响。

地源热泵系统负荷计算主要包含以下几个方面：

（1）建筑设计冷热负荷：是用来确定系统设备（如热泵）的大小和型号，以及根据设计负荷设计室内末端系统。设计负荷的计算方法，详见本手册第20章。

（2）全年动态负荷：地埋管换热系统设计应进行全年动态负荷计算，最小计算周期宜为一年。在计算周期内，地源热泵系统的总释热量与总吸热量宜相平衡。

（3）地源热泵系统的最大释热量 Q (kW)：地源热泵系统的最大释热量，与空调设计冷负荷相对应。供冷工况下释放至循环水中的总热量，包括：

1）各空调分区内水源热泵机组释放到循环水中的热量（空调负荷和机组压缩机耗功）Q_1 (kW)；

2）循环水在输送过程中得到的热量 Q_2 (kW)；

3）水泵释放到循环水中的热量 Q_3 (kW)。

上列三项热量之和，即为供冷工况下释放至循环水的总热量 Q(kW)：

$$Q = Q_1 + Q_2 + Q_3 = \Sigma\left[q_1 \cdot \left(1 + \frac{1}{EER}\right)\right] + Q_2 + Q_3 \tag{30.4-1}$$

式中 q_1——各分区的空调冷负荷，kW；

EER——机组的能效比。

(4) 地源热泵系统的最大吸热量 Q' (kW)：地源热泵系统的实际最大吸热量，与空调设计热负荷相对应。供热工况下循环水的总吸热量包括：

1) 各空调分区内水源热泵机组或集中式水源热泵机组从循环水中吸收的热量（空调热负荷，并扣除机组压缩机的耗功）Q'_1 (kW)；

2) 循环水在输送过程中的失热量 Q'_2 (kW)；

3) 水泵释放至循环水中的热量 Q'_3 (kW)。

上述三项热量的代数和，即为供热工况下循环水的总吸热量 Q' (kW)：

$$Q' = Q'_1 + Q'_2 - Q'_3 = \Sigma\left[q'_1 \cdot \left(1 - \frac{1}{COP}\right)\right] + Q'_2 - Q'_3 \tag{30.4-2}$$

式中 q'_1——各分区的空调热负荷，kW；

COP——机组的性能系数。

(5) 地埋管换热器的设计负荷：最大吸热量与最大释热量相差不大时，可分别计算供热与供冷工况下地埋管换热器的长度，按其大者进行地埋管换热器的设计。当两者相差较大时，应通过技术经济比较，通过增加辅助热源或增加冷却塔辅助散热的方式来解决。

(6) 最大吸热量与最大释热量相差较大时，也可以通过水源热泵机组间歇运行来调节；还可以采用热回收机组，降低供冷季节的释热量，增大供热季节的吸热量。

4. 热泵系统及设备选择

(1) 系统选择

热泵系统的选择中存在一个问题，那就是选择依据究竟是热负荷还是冷负荷。热力循环原理表明同一热泵不可能同时满足冷热两种负荷。我国地域广阔，例如，在北方地区，由冷负荷选定的热泵通常不能满足冬季供热需要；而由热负荷选定的热泵对夏季冷负荷来说，其容量过剩。在南方，则反之，由热负荷选定的热泵通常不能满足夏季供冷需要；而由冷负荷选定的热泵对冬季热负荷来说，其容量过剩。

通常，初步选择系统形式时，可参考以下原则：

1) 对于别墅等小型低密度建筑（每栋建筑的占地面积较大，但建筑负荷较小）：宜取冷/热负荷中的高值作为热泵机组的选型依据，不必采用其他辅助冷热源。必要时，可根据冬/夏季负荷的不平衡情况，适当调整地下换热器的间距。

2) 对于中型建筑：如设计热负荷高于设计冷负荷，宜按冷负荷来选配热泵机组，夏季仅采用地下环路式水源热泵机组来供冷，冬季采用地下环路式水源热泵机组和辅助热源联合供热；若设计冷负荷高于设计热负荷，宜按热负荷来选配热泵机组，冬季仅采用地下环路式水源热泵机组供暖，夏季采用地下环路式水源热泵机组和常规制冷方式联合供冷。

3) 大型建筑：由于设计冷热峰值负荷出现的时间短，按设计冷热负荷匹配，会导致机组容量和系统投资增加。为保证系统的安全可靠和降低系统投资，宜采用复合式系统。即地埋管式水源热泵系统承担基本负荷，常规系统承担峰值负荷。

系统形式的选择应在全年能耗分析的基础上，全面考虑系统的初投资和运行费用，最终以寿命周期费用来作为判断的依据。

(2) 热泵机组的选择：

1) 热泵机组工作的冷（热）源温度范围（引自《水源热泵机组》GB/T 19409—2003）：

$$制冷时\cdots\cdots\cdots\cdots\cdots\cdots\cdots\cdots 10\sim40℃；$$
$$制热时\cdots\cdots\cdots\cdots\cdots\cdots\cdots\cdots -5\sim25℃。$$

2) 当水温达到设定温度时，热泵机组应能减载或停机。

3) 不同项目地下流体温度相差较大，设计时应按实际温度参数进行设备选型。末端设备选择时应适应水源热泵机组供回水温度的特点，提高地下环路式水源热泵系统的效率和节能性。

4) 夏季运行时，空调水进入机组蒸发器，冷源水进入机组冷凝器。冬季运行时，空调水进入机组冷凝器，热源水进入机组蒸发器。冬、夏季节的功能转换阀门应性能可靠，严密不漏。

5. 地埋管换热器的设计计算

地埋管换热器的设计计算，包括其形式和结构的选取。对于给定的建筑物场地条件设计应使得以最低的成本得到最好的运行性能。由于没有哪种形式或结构是最好的，因此，设计时必须进行多方案比较。

(1) 地埋管长度应能满足地源热泵系统最大释热量和最大吸热量要求，还应同时满足热泵机组长期运行的要求，也就是累计释热量和吸热量要求。

地埋管换热器设计计算是地源热泵空调系统设计所特有的内容，由于地埋管换热器换热效果受岩土体热物性及地下水流动情况等地质条件影响非常大，使得不同地区，甚至同一地区不同区域岩土体的换热特性差别都很大。因此，不应简单地根据经验数据来确定地下换热器的数量。

地埋管换热器的设计计算，一般应采用专用软件进行计算；同时，该软件应具有以下功能：

- 能计算或输入建筑物全年动态负荷；
- 能计算当地岩土体平均温度及地表温度波幅；
- 能计算岩土体、传热介质及换热管的热物性；
- 能模拟和计算岩土体与换热管间的热传递及岩土体长期储热效果；
- 能计算地下流体长期运行的温度；
- 能对所设计系统的地埋管换热器的结构进行模拟（如钻孔直径、换热器类型、回填情况等）。

目前，在国际上比较认可的地埋管换热器的计算软件为瑞典 Lund 大学开发的 g-functions 算法。根据程序界面的不同主要有：Lund 大学开发的 EED 程序；美国 Wisconsin-Madison 大学 Solar Energy 实验室 (SEL) 开发的 TRNSYS 程序；美国 Oklahoma 大学开发的 GLHEPRO 程序。国内有些院校也对地埋管换热器的设计计算进行了研究并编制了计算软件，但尚未普及。

(2) 根据工程现场情况和工程大小，埋管可沿建筑物周围布置成任意形状，如线形、方形、矩形、圆弧形等。但为了防止埋管间的热干扰，必须保证埋管之间有一定的间距。

该间距的大小与运行状况、埋管的布置形式等有关。为避免换热短路，钻孔彼此之间应保持一定间距，一般间距宜为3~6m（最好通过计算确定）。

(3) 垂直地埋管换热器的设计计算，也可以按以下方法进行（本计算的基础是单个钻孔的传热分析，在多个钻孔情况下，可在单孔的基础上运用叠加原理加以扩展）：

1) 传热介质与U形管内壁的对流换热热阻 R_f (m·K/W)，可按下列公式计算：

$$R_f = \frac{1}{\pi \cdot d_i \cdot k} \tag{30.4-3}$$

式中　d_i——管道的内径，m；
　　　k——传热介质与U形管内壁的对流换热系数，W/(m²·K)。

2) U形管的管壁热阻 R_{pe} (m·K/W)，可按下列公式计算：

$$R_{pe} = \frac{1}{2\pi \cdot \lambda_p} \ln \left[\frac{d_e}{d_e - (d_o - d_i)} \right] \tag{30.4-4}$$

$$d_e = \sqrt{n} \cdot d_0 \tag{30.4-5}$$

式中　λ_p——U形管导热系数，W/(m·K)；
　　　d_o——U形管的外径，m；
　　　d_e——U形管的当量直径，m；对单U形管，$n=2$；对双U形管，$n=4$。

3) 钻孔回填材料的热阻 R_b (m·K/W)，可按下列公式计算：

$$R_b = \frac{1}{2\pi \cdot \lambda_b} \ln \left(\frac{d_b}{d_e} \right) \tag{30.4-6}$$

式中　λ_b——回填材料导热系数，W/(m·K)；
　　　d_b——钻孔的直径，m。

4) 地层热阻，即从孔壁到无穷远处的热阻 R_s (m·K/W)，可按下列公式计算：

a. 对于单个钻孔：

$$R_s = \frac{1}{2\pi \cdot \lambda_s} \cdot I \cdot \left(\frac{r_b}{2\sqrt{a \cdot \tau}} \right) \tag{30.4-7}$$

指数积分：

$$I(u) = \frac{1}{2} \int_u^\infty \frac{e^{-s}}{s} ds \tag{30.3-8}$$

b. 对于多个钻孔（由 n 个平行钻孔组成集群的U形地埋管换热器）：

$$R_s = \frac{1}{2\pi \cdot \lambda_s} \left[I \cdot \left(\frac{r_b}{2\sqrt{a\tau}} \right) + \sum_{i=2}^n I \cdot \left(\frac{x_i}{2\sqrt{a\tau}} \right) \right] \tag{30.4-9}$$

式中　I——指数积分公式；
　　　λ_s——岩土体的平均导热系数，W/(m·K)；
　　　a——岩土体的热扩散率，m²/s；
　　　r_b——钻孔的半径，m；
　　　τ——运行时间，s；
　　　x_i——第 i 个钻孔与所计算钻孔之间的距离，m。

5) 短期连续脉冲负荷引起的附加热阻 R_{sp} (m·K/W)：

$$R_{sp} = \frac{1}{2\pi \cdot \lambda_s} \cdot I \cdot \left(\frac{r_b}{2\sqrt{a\tau_p}} \right) \tag{30.4-10}$$

式中 τ_p——短期脉冲负荷连续运行的时间,例如8h。

6) 垂直地埋管换热器钻孔的长度计算,应符合下列要求:

a. 制冷工况下,竖直地埋管换热器钻孔的长度 L_c(m),可按下列公式计算:

$$L_c = \frac{1000Q_c[R_f + R_{pe} + R_b + R_s \times F_c + R_{sp} \times (1-F_c)]}{(t_{max} - t_\infty)} \cdot \left(\frac{EER+1}{EER}\right)$$

(30.4-11)

$$F_c = T_{c1}/T_{c2}$$ (30.4-12)

式中 Q_c——水源热泵机组的额定冷负荷,kW;

EER——水源热泵机组的制冷性能系数;

t_{max}——制冷工况下,地埋管换热器中传热介质的设计平均温度,通常取 $t_{max}=37℃$;

t_∞——埋管区域岩土体的初始温度,℃;

F_c——制冷运行份额;

T_{c1}——一个制冷季中水源热泵机组的运行小时数,当运行时间取一个月时,T_{c1}为最热月份水源热泵机组的运行小时数,h;

T_{c2}——一个制冷季的小时数,当运行时间取一个月时,T_{c2}为最热月份的小时数,h。

b. 供热工况下,竖直地埋管换热器钻孔的长度 L_h(m),可按下列公式计算:

$$L_h = \frac{1000Q_h[R_f + R_{pe} + R_b + R_s \times F_h + R_{sp} \times (1-F_h)]}{(t_\infty - t_{min})} \cdot \left(\frac{COP-1}{COP}\right)$$

(30.4-13)

$$F_h = T_{h1}/T_{h2}$$ (30.4-14)

式中 Q_h——水源热泵机组的额定热负荷,kW;

COP——水源热泵机组的供热性能系数;

t_{min}——供热工况下,地埋管换热器中传热介质的设计平均温度,通常取 $t_{min} = -2 \sim 5℃$;

F_h——供热运行份额;

T_{h1}——一个供热季中水源热泵机组的运行小时数;当运行时间取一个月时,T_{h1}为最冷月份水源热泵机组的运行小时数,h;

T_{h2}——一个供热季中的小时数,当运行时间取一个月时,T_{h2}为最冷月份的小时数,h。

必须指出,计算地埋管长度时,环路集管的长度,不应包括在地埋管换热器之内。

(4) 经验数据

在进行地下环路式水源热泵系统的方案设计或初步设计时,可参考下列数据进行估算。应该指出,在施工图设计阶段,必须应用地下换热器计算软件作详细计算。

表30.4-8引自《地源热泵设计与施工指南》(Ground-source heat pump engineering manual),表中单位为英制,可按下列关系换算:1ft=0.3048m;1in = 0.0254m;1ft² = 0.0929m²;1RT=3517W。

热交换器初步设计指南　　　　　　　　　　表 30.4-8

项目	环路构造	水平式环路					
		北方 (ft/RT)	南方 (ft/RT)	北方 (ft/RT)	南方 (ft/RT)	北方 (ft²/RT)	南方 (ft²/RT)
环路选型	串联单管/管沟：1¼in 或 2inCTS 聚乙烯管	350		350		350	
	串联双管/管沟：1½inIPS 聚乙烯管，1¼in 或 2inCTS 聚乙烯管	450	750	225	375	2000	3500
	并联双管/管沟：1inIPS 聚乙烯管，3/4in 或 1¼inCTS 聚乙烯管	500	830	250	415	2000	3500
	并联四管/管沟：1inIPS 聚乙烯管，3/4in 或 1¼inCTS 聚乙烯管	600	1000	150	250	1500	2400
	并联六管/管沟：1inIPS 聚乙烯管，3/4in 或 1¼inCTS 聚乙烯管	720	1170	120	195	1500	2400
管沟与障碍物的推荐最小间距	与其他管沟的最小距离	5ft					
	环路最小埋设深度（以最上端管道为准）	2ft					
	与公用设施和其他管路间的最小距离	5ft					
	与场地边线、基础、排水沟、井、污水坑、饲养场、潟湖、厕所、渗流坑、化粪池和下水管网间的最小距离	10ft					

项目	环路构造	垂直式环路					
		北方 (ft/RT)	南方 (ft/RT)	北方 (ft/RT)	南方 (ft/RT)	北方 (ft²/RT)	南方 (ft²/RT)
环路选型	并联单对管/竖井：1inIPS 聚乙烯管，3/4in 或 1¼inCTS 聚乙烯管	300	500	150	250	275	275
竖井与现场障碍物的推荐最小间距	与相邻竖井的最小距离	15ft					
	与场地边缘、公共设施、基础、排水沟的最小间距	10ft					
	与非公用井的最小间距	20ft					
	与化粪池的最小间距	50ft					
	与公用井、污水坑、饲养场、潟湖、厕所、渗流坑和下水管网的最小距离	100ft					

6. 传热介质的选择及流量计算

（1）地埋管换热器传热介质的选择

根据地埋管换热器的匹配情况，利用软件对传热介质的温度进行模拟计算，如果冬季地下埋管进水温度在5℃以上，可采用水作为工作流体；当进水温度低于5℃时，应使用防冻液。通常，大都采用乙烯乙二醇溶液；有关乙二醇溶液的物理性能及应用注意事项，详见本手册第28章。

在计算水泵扬程的时候，一定要考虑流体的黏度影响。具体的修正系数取决于防冻液的类型。在进行循环泵设计的时候需要厂家进行系数的修正。

（2）地下侧流量的计算：

水源热泵系统循环水泵的选型，对热泵的季节性能系数有直接影响；循环流量的选择，一般应遵循以下原则：

- 蒸发器的进、出口水温差 ·· $\Delta t \leqslant 4℃$
- 冷凝器的进、出口水温差 ·· $\Delta t \leqslant 5℃$

夏季地下侧总流量 G_s（m³/h），可按下式计算：

$$G_s = 0.86(Q_L + N)/\Delta t_{s.x} \tag{30.4-15}$$

式中 Q_L——地源热泵机组总制冷量，kW；
N——地源热泵机组总耗电功率，kW；
$\Delta t_{s.x}$——夏季地源水进出热泵机组温差，℃。

冬季地下侧水量 G'_s（m³/h），可按下式计算：

$$G'_s = 0.86(Q_R + N)/\Delta t_{s.d} \tag{30.4-16}$$

式中 Q_R——地源热泵机组总制热量，kW；
N——地源热泵机组总耗电功率，kW；
$\Delta t_{s.d}$——冬季地源水进出热泵机组温差，℃。

地下侧流量取 G_s 和 G'_s 中的较大者。

由于冬夏季地下流体流量相差较大，地埋管换热系统宜根据建筑负荷变化进行流量调节，可以节省运行电耗。

地下流体温差的取值与热泵机组标准工况不同时，应对机组进行冷热量的校核。

30.4.4 设计注意事项

1. 热泵的运行结果很大程度上取决于热能利用系统与热源系统之间的温度差。因此，冬季系统的供水温度越低越好，夏季系统的供水温度越高越好。地源热泵系统宜与辐射系统结合使用，这样，可以最大限度的提高系统的季节性能系数。

2. 设计水平地埋管换热器时，最上层埋管的顶部，应在冻土层以下400mm，且距地面不应少于800mm；沟槽内的管间距及沟槽间的距离，除应满足换热需要外，还应考虑挖掘机械施工的需要。

3. 竖直地埋管换热器的埋管深度应大于20m；水平连接管的深度应在冻土层以下600mm，且距地面不宜小于1500mm。

4. 地埋管环路两端应分别与供、回水环路集管相连接，且宜同程布置，每对供、回水环路集管连接的地埋管环路数宜相等。供、回水环路集管的间距不应小于600mm。

5. 竖直地埋管环路也可以采取分/集水器连接方式，一定数量的地埋管环路供、回水管分别接入相应的分/集水器，但分/集水器应有平衡和调节各地埋管环路流量的措施。

6. 通过空调水路系统进行冷、热工况转换的系统，应在水系统管路上设置冬/夏季节工况转换的阀门，转换阀的性能应可靠，并确保严密不漏。

7. 地埋管换热器管内的介质，应保持为紊流流动状态（$Re>2300$）；通常，管内介质的流速 v 宜采用：单 U 形管 $v \geqslant 0.6$m/s；双 U 形管 $v \geqslant 0.4$m/s。水平环路集管的坡度，不应小于2‰。

8. 地埋管换热器的安装位置，应远离水井及室外排水设施，且宜靠近机房或以机房为中心设置。敷设供、回水集管的管沟应分开布置。

9. 地埋管换热系统应根据地质特征确定回填料的配方，回填料的导热系数应大于或等于钻孔外或沟槽外岩土体的导热系数。

10. 地埋管换热系统应设置自动充液及泄漏报警装置，并配置反冲洗系统，冲洗流量可取工作流量的两倍。

11. 地埋管换热系统宜采用变流量调节方式，每1kW供冷/热量的循环水泵耗电量不应大于43kW。

12. 若室内系统的压力超过地埋管换热器的承压能力时，应设置中间换热器，将地埋管换热器与室内系统隔开。

13. 地埋管换热器的换热量，应满足计算周期内地源热泵系统实际最大吸/释热量的要求。当最大吸释热量相差较大时，应设置辅助热源或冷源，与地埋管换热器并联运行。

14. 地埋管道应采用热熔或电熔连接。竖直地埋管换热器的U形弯管接头，应选用定型的U形成品弯头。

15. 铺设水平地埋管换热器前，沟底部应先铺设厚度相当于管径的细砂。

16. 竖直地埋管换热器的U形管，应在钻孔完成且孔壁固化后立即进行。下管过程中，U形管内宜充满水，并采取可靠措施，使U形管的两条管道处于分开状态。

17. 竖直地埋管换热器的U形管安装完毕后，应立即进行灌浆、回填、封孔。当埋管深度超过40m时，灌浆回填应在周围临近钻孔均钻凿完毕后进行。

18. 竖直地埋管换热器的泥浆回填料，宜采用膨润土和细砂（或水泥）的混合浆或专用泥浆材料。当地埋管换热器设在密实或坚硬的岩土体中时，宜采用水泥基料泥浆回填。

19. 地埋管安装前后，应进行冲洗。

20. 环境温度低于0℃时，不宜进行地埋管换热器施工。

30.4.5 地埋管的水力计算

1. 确定流量 G（m³/h）：见式（30.4-15）和式（30.4-16）。

2. 计算管道的断面积 A（m²），确定管道的内径 d_i（m）：

$$A = \frac{G}{v \cdot 3600} \tag{30.4-17}$$

$$d_i = \sqrt{\frac{4A}{\pi}} \tag{30.4-18}$$

3. 计算与校核雷诺数 Re：保持 $Re > 2300$。

$$Re = \frac{\rho \cdot v \cdot d_i}{\mu} = \frac{v \cdot d_i}{\nu} \tag{30.4-19}$$

式中 μ——流体的动力黏度，Pa·s；
ν——流体的运动黏度，m²/s。

4. 计算管道的压力损失 ΔP（Pa）：

$$\Delta P = \Delta P_m + \Delta P_j \tag{30.4-20}$$

(1) 管道的摩擦压力损失 ΔP_m（Pa），可按下式计算：

$$\Delta P_m = \Delta p_m \cdot L \tag{30.4-21}$$

单位管长度的摩擦压力损失 Δp_m（Pa/m），可按下式计算：

$$\Delta p_m = 0.158 \cdot \rho^{0.75} \cdot \mu^{0.25} \cdot d_i^{1.25} \cdot v^{1.75} \tag{30.4-22}$$

式中 ρ ——流体的密度，kg/m^3；

　　　d_i ——管道的内径，m；

　　　v ——流体的流速，m/s。

聚乙烯塑料管的单位长度摩擦压力损失 Δp_m（Pa/m），详见表 30.4-9。制表时管道的内径采用表 30.4-10 的数值。

聚乙烯塑料管的单位长度摩擦压力损失 Δp_m（Pa/m）　　　表 30.4-9

流量	DN20mm		DN25mm		DN32mm		DN40mm		DN50mm		DN65mm		DN75mm		DN90mm		DN100mm	
	v	Δp_m	v	Δp_m	v	Δp_m	v	Δp_m	v	Δp_m	v	Δp_m	v	Δp_m	v	Δp_m	v	Δp_m
m³/h	m/s	Pa/m	m/s	Pa/m	m/s	Pa/m	m/s	Pa/m	m/s	Pa/m	m/s	Pa/m	m/s	Pa/m	m/s	Pa/m	m/s	Pa/m
0.10	0.17	52.8																
0.15	0.26	107.3																
0.20	0.34	177.5																
0.25	0.43	262.3	0.21	50.2														
0.30	0.51	361.0	0.25	69.0														
0.35	0.60	472.7	0.30	90.4														
0.40			0.34	114.2														
0.50			0.42	168.7	0.26	53.3												
0.60			0.51	232.1	0.31	73.3												
0.70			0.59	304.0	0.37	96.1												
0.80			0.68	384.0	0.42	121.3												
0.90			0.76	471.9	0.47	149.1	0.30	50.9										
1.00					0.52	179.3	0.33	61.2										
1.20					0.63	246.7	0.40	84.2										
1.40					0.73	323.1	0.47	110.3										
1.60					0.84	408.1	0.53	139.4										
1.80							0.60	171.3	0.39	62.6								
2.00							0.67	205.9	0.44	75.2								
2.20							0.73	243.3	0.48	88.9								
2.40							0.80	283.3	0.52	103.5								
2.60							0.87	325.9	0.57	119.0								
2.80							0.93	371.1	0.61	135.5								
3.00							1.00	418.7	0.65	152.9								
3.20									0.70	171.2								

续表

流量	DN20mm		DN25mm		DN32mm		DN40mm		DN50mm		DN65mm		DN75mm		DN90mm		DN100mm	
	v	Δp_m	v	Δp_m	v	Δp_m	v	Δp_m	v	Δp_m	v	Δp_m	v	Δp_m	v	Δp_m	v	Δp_m
m³/h	m/s	Pa/m	m/s	Pa/m	m/s	Pa/m	m/s	Pa/m	m/s	Pa/m	m/s	Pa/m	m/s	Pa/m	m/s	Pa/m	m/s	Pa/m
3.40									0.74	190.4	0.46	59.9						
3.60									0.78	210.4	0.48	66.2						
3.80									0.83	231.3	0.51	72.8						
4.00									0.87	253.0	0.54	79.7						
4.20									0.91	275.5	0.56	86.8						
4.40									0.96	298.9	0.59	94.1						
4.60									1.00	323.1	0.62	101.7						
4.80									1.05	348.1	0.64	109.6						
5.00									1.09	373.9	0.67	117.7						
5.50									1.20	441.7	0.74	139.1	0.52	60.7				
6.00											0.80	162.0	0.57	70.7				
6.50											0.87	186.3	0.61	81.3				
7.00											0.94	212.1	0.66	92.6				
7.50											1.00	239.3	0.71	104.5				
8.00											1.07	267.9	0.76	117.0				
8.50											1.14	297.9	0.80	130.1				
9.00											1.20	329.3	0.85	143.7	0.59	59.8		
9.50											1.27	361.9	0.90	158.0	0.62	65.8		
10.00											1.34	395.9	0.94	172.8	0.65	72.0		
10.50													0.99	188.2	0.69	78.4		
11.00													1.04	204.2	0.72	85.0		
11.50													1.09	220.7	0.75	91.9		
12.00													1.13	237.8	0.78	99.0		
12.50													1.18	255.4	0.82	106.3		
13.00													1.23	273.6	0.85	113.9		
13.50													1.27	292.2	0.88	121.7		
14.00													1.32	311.4	0.91	129.6		
14.50													1.37	331.2	0.95	137.9		
15.00													1.42	351.4	0.98	146.3		
15.50													1.46	372.2	1.01	154.9		
16.00													1.51	393.4	1.04	163.8	0.70	63.0
16.50													1.56	415.2	1.08	172.8	0.72	66.5

续表

流量 m³/h	DN20mm v m/s	DN20mm Δpₘ Pa/m	DN25mm v m/s	DN25mm Δpₘ Pa/m	DN32mm v m/s	DN32mm Δpₘ Pa/m	DN40mm v m/s	DN40mm Δpₘ Pa/m	DN50mm v m/s	DN50mm Δpₘ Pa/m	DN65mm v m/s	DN65mm Δpₘ Pa/m	DN75mm v m/s	DN75mm Δpₘ Pa/m	DN90mm v m/s	DN90mm Δpₘ Pa/m	DN100mm v m/s	DN100mm Δpₘ Pa/m
17.00															1.11	182.1	0.74	70.0
17.50															1.14	191.6	0.76	73.7
18.00															1.18	201.3	0.79	77.4
18.50															1.21	211.1	0.81	81.2
19.00															1.24	221.2	0.83	85.1
19.50															1.27	231.5	0.85	89.0
20.00															1.31	242.0	0.87	93.1
21.00															1.37	263.6	0.92	101.4
22.00															1.44	285.9	0.96	110.0
24.00															1.50	309.1	1.05	128.1
26.00															1.57	333.0	1.14	147.3
28.00															1.63	357.6	1.22	167.7
30.00															1.70	383.0	1.31	189.2
32.00															1.76	409.2	1.40	211.9
34.00															1.83	436.1	1.48	235.6
36.00																	1.57	260.4
38.00																	1.66	286.2
40.00																	1.75	313.1
42.00																	1.83	341.0
44.00																	1.92	369.9
46.00																	2.01	399.8

管道的计算内径 d_i 表 30.4-10

公称直径	mm	20	25	32	40	50	65	80	90	100
公称直径	in	3/4	1	5/4	3/2	2	5/2	3	7/2	4
计算内径 d_i (mm)		14.4	20.4	26.0	32.6	40.3	51.4	61.2	73.6	90.0

表 30.4-9 是根据水为传热介质而编制的，当介质不同时，其摩擦阻力也不同。当采用乙二醇溶液作为传热介质时，其流量与阻力均应进行修正；修正方法参见本手册第 28 章 28.4.4 节。

（2）局部压力损失 ΔP_j（Pa）：水流动过程中遇到弯头、三通及其他配件时，因摩擦及涡流耗能而产生的局部阻力为：

$$\Delta P_j = \zeta \cdot \frac{\rho \cdot v^2}{2} \tag{30.4-23}$$

局部阻力可用某一长度、相同管径的直管道阻力来取代，称为局部阻力当量长度 L_e (m)：

$$L_e = \frac{\zeta}{\lambda} \cdot d_i \tag{30.4-24}$$

式中　ζ——配件的局部阻力系数；
　　　λ——管道的摩擦系数。

常用管道配件的当量长度，见表 30.4-11。

常用管道配件的当量长度　　　　　　　　　　表 30.4-11

公称直径 (mm)	弯头				T形三通			
	90°标准型	90°长半径	45°标准型	180°标准型	旁流三通	直流三通	直流三通后缩小1/4	直流三通后缩小1/2
10	0.4	0.3	0.2	0.7	0.8	0.3	0.4	0.4
12	0.5	0.3	0.2	0.8	0.9	0.3	0.4	0.5
20	0.6	0.4	0.3	1.0	1.2	0.4	0.5	0.6
25	0.8	0.5	0.4	1.3	1.5	0.5	0.7	0.8
32	1.0	0.7	0.5	1.7	2.1	0.7	0.9	1.0
40	1.2	0.8	0.6	1.9	2.4	0.8	1.1	1.2
50	1.5	1.0	0.8	2.5	3.1	1.0	1.4	1.5
63	1.8	1.3	1.0	3.1	3.7	1.3	1.7	1.8
75	2.3	1.5	1.2	3.7	4.6	1.5	2.1	2.3
90	2.7	1.8	1.4	4.6	5.5	1.8	2.4	2.7
110	3.1	2.0	1.6	5.2	6.4	2.0	2.7	3.1
125	4.0	2.5	2.0	6.4	7.6	2.5	3.7	4.0
160	4.9	3.1	2.4	7.6	9.2	3.1	4.3	4.9
200	6.1	4.0	3.1	10.1	12.2	4.0	5.5	6.1

30.4.6　地埋管换热系统的检验

1. 检验内容

(1) 管材、管件等材料的直径、壁厚等应符合国家现行标准、规范的规定；
(2) 钻孔、水平埋管的位置、直径和深度等符合设计要求；
(3) 回填料及其配比，应符合设计要求；
(4) 各环路的流量应平衡，且符合设计要求；
(5) 循环水的流量、进/出水温差均符合设计要求；
(6) 防冻液和防腐剂的特性与浓度符合设计要求；
(7) 水压试验合格。

2. 水压试验要求与步骤

（1）水压试验要求：

1）系统工作压力 $P_W \leqslant 1.0$ MPa 时，试验压力 P_T（MPa）取：$0.6 < P_T = 1.5 P_W$；

2）系统工作压力 $P_W > 1.0$ MPa 时，试验压力 P_T（MPa）取：$P_T = P_W + 0.5$。

（2）试验步骤：

1）水平地埋管换热器放入沟槽前，应做第一次水压试验：在试验压力下，至少稳压 15min，稳压后压力降不应大于 3%，且应无渗漏现象。

2）竖直地埋管换热器插入钻孔前，应做第一次水压试验：在试验压力下，至少稳压 15min，稳压后压力降不应大于 3%，且应无渗漏现象；

将其密封后，在有压状态下插入钻孔，完成灌浆后保压 1h。

3）水平或竖直地埋管换热器与环路集管装配完成后，回填前应进行第二次水压试验：在试验压力下，至少稳压 30min，稳压后压力降不应大于 3%，且应无渗漏现象。

4）环路集管与机房分集水器连接完成后，回填前应进行第三次水压试验：在试验压力下，至少稳压 2h，且应无渗漏现象。

5）地埋管换热系统全部安装完毕，且冲洗、排气及回填完成后，应进行第四次水压试验：在试验压力下，至少稳压 12h，稳压后压力降不应大于 3%。

（3）试验方法：水压试验应采用手动泵缓慢升压，升压过程中应随时注意观察与检查，不得有渗漏，不得以气压试验代替水压试验。

30.4.7 设 计 举 例

1. 已知设计条件

（1）别墅建筑，面积 300m²，气象资料从略。

（2）全年地表面平均温度 $t_d = 11.4$℃。

（3）地质条件：竖埋管，深度 100m。

（4）室内为辐射供暖/冷空调系统，夏季供回水温度 16/19℃，冬季供回水温度 32/28℃。

2. 埋管地层原始温度与土的导热系数

利用热响应装置测得的数据如下：

土的导热系数　　　　　　　$\lambda_b = 2.081$ W/(m·K)

埋管地层原始温度　　　　　$t_\infty = 15.345$℃

3. 计算空调负荷 Q_L（Q_r）：

按本手册第 20 章进行计算，结果如下：

夏季总冷负荷　　　　　　　$Q_L = 16.0$ kW

冬季总热负荷　　　　　　　$Q_R = 12.5$ kW

循环水量：　　　$G_L = \dfrac{0.86 Q_L}{\Delta t} = \dfrac{0.86 \times 16}{19 - 16} = 4590$ kg/h

地源热泵机组夏季性能系数 $EER = 6.2$，冬季性能系数 $COP = 4.15$

最大释热量：$Q_{L.\max} = Q_L \times \left(1 + \dfrac{1}{EER}\right) = 16.0 \times \left(1 + \dfrac{1}{6.2}\right) = 18.58$ kW

最大吸热量：$Q_{R.max}=Q_R\times\left(1-\dfrac{1}{COP}\right)=12.5\times\left(1-\dfrac{1}{4.15}\right)=9.49\text{kW}$

4. 确定地埋管换热器型式

根据地质及环境条件，确定采用竖埋管形式，埋管深度100m，孔Φ160mm，双U形管，管径Φ32mm。

5. 计算埋管地层原始温度 t_0

(1) 热响应装置实测得：$t_\infty=15.345\text{℃}$

(2) 估算：按地层深度的温升温度为3℃/100m估算得：$t_\infty=11.4+3=14.4\text{℃}$

6. 选热泵机组

按1、2、3所得数据：选择 HLRSW18B 机组：

制冷量 18 kW，$N=2.9\text{kW}$，蒸发器19/16℃，冷凝器30/35℃。

制热量 13.7kW，$N=3.3\text{kW}$，冷凝器28/32℃，蒸发器15/11℃。

空调侧水量：$G_L=\dfrac{18\times0.86}{19-16}=5.16\text{m}^3/\text{h}\approx5.2\text{m}^3/\text{h}$

地热侧水量：$G_d=\dfrac{(18+2.9)\times0.86}{35-30}=3.60\text{m}^3/\text{h}$

7. 地热换热量计算及布置

按地下换热器设计软件进行计算：4孔，孔Φ160mm，双U管Φ32mm，$H=100\text{m}$，间距6m。

8. 地下侧水力计算

(1) 确定地热管接管方式为同程并联式接管，地下换热器管内流速为：0.37m/s

$$\dfrac{5.2}{4\times2\times3600\times(3.14\times0.0125^2)}=0.37\text{m/s} \quad \text{（式中4为井数）}。$$

本工程采用水作为地下换热器内循环介质。

(2) 按本章所述方法计算

地下侧总阻力（包括机房内配管及热泵机组）$=1.64\times10^5\text{Pa}$

空调侧总阻力$=1.56\times10^5\text{Pa}$

(3) 选择循环水泵

根据循环水量和总阻力，分别选择：

空调侧循环水泵：$G=5.6\text{m}^3/\text{h}$（考虑附加8%），$H=18\text{m}$（考虑附加15%）；

地热侧循环水泵：$G=4\text{m}^3/\text{h}$（考虑附加10%），$H=18\text{m}$（考虑附加15%）。

9. 计算热泵进出口温度

(1) 管道温升和循环泵温升

地埋管系统的管道温升和循环泵温升Δt_g一般应控制在2℃以内。如管道温升数值较大，应采取必要的保温（冷）措施。

(2) 确定地埋管介质进出机组温度

地埋管介质在机组进口处温度t_1（℃）按下式计算：

$$t_1=t_2+\Delta t_g \tag{30.4-25}$$

式中 t_2——地埋管出水温度，℃；

Δt_g——地埋管管道温升和水泵温升，℃。

(3) 机组选型校核

按机组进口水温和机组的变工况性能校核机组选型。如不能保证空调系统负荷，重新选型计算。

10. 地下热平衡计算

供冷期（5月15日～9月15日）：累计释热量为186MWh；

供暖期（11月15日～3月15日）：累计吸热量为164MWh。

第25年地下流体温度和25年期间地下流体温度，分别详见图30.4-4和图30.4-5。

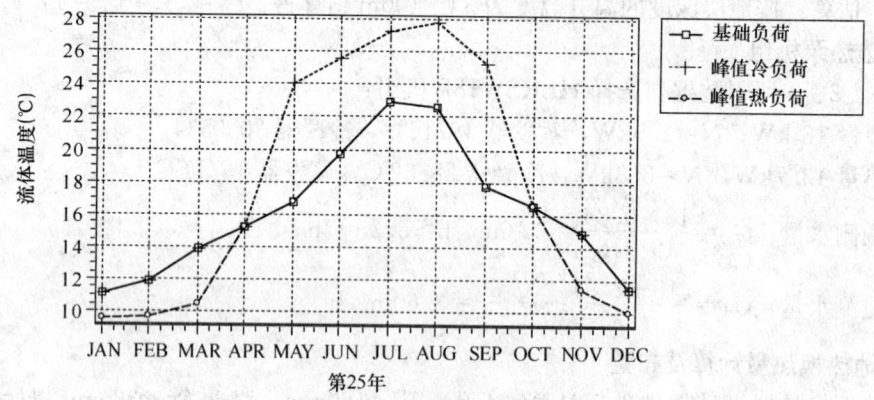

图30.4-4 第25年地下流体温度

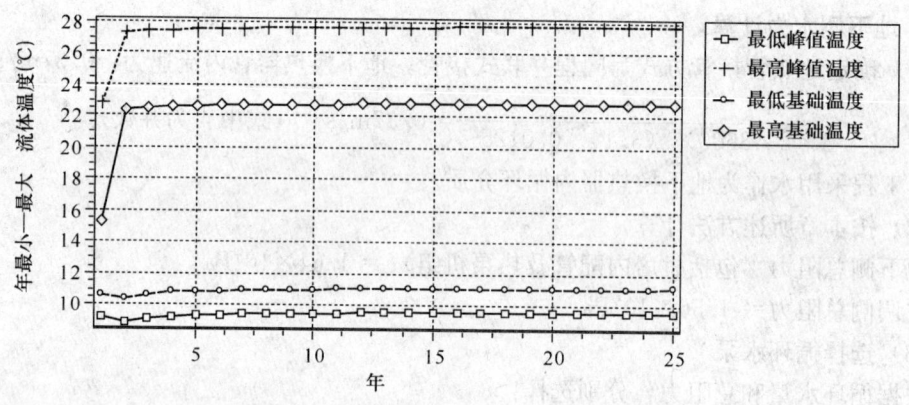

图30.4-5 25年期间地下流体温度

第31章 户式集中空调

31.1 概　　述

31.1.1 户式集中空调分类

户式集中空调，习称家用中央空调、住宅中央空调等，是指以户为单位的集中式空调系统。

户式集中空调一般配置有集中的冷、热源设备，并通过一定的介质将冷、热量输送到空调房间，使室内的热环境保持在满足舒适性要求的范围之内。户式集中空调系统的冷热源设备，单机制冷量一般为 7~80kW，可负担的建筑面积在 80~600 m^2 左右（多居室公寓，别墅，甚至小型办公楼及小型商业用房均可使用）。

根据热源、热汇的不同，户式集中空调系统的冷、热源通常有空气源热泵机组、水源热泵机组（冷/热风型、冷/热水型、水环式、地下水式、地下环路式）等类型，应用最普遍的为空气源热泵机组。当采用循环水管道把这些冷热源设备连接时，就能为更大的空调面积服务。这部分内容详见本书第30章。

户式集中空调设备绝大多数采用冷热源主机与室内末端装置分开的型式，通过制冷剂管道和电气管线进行连接。根据冷凝方式与空调房间输送介质的不同，常用的有以下几种系统型式（见表31.1-1）。

常用的空气源户式集中空调系统分类　　　表31.1-1

依据	系统型式	特　　征	备　　注
供冷方式	风管式全空气空调系统	空气为输送介质。将集中进行冷热处理后的空气通过风管送入各个空调区域	采用空气冷却冷凝制冷剂的方式（直接膨胀制冷）
	水—空气式空调系统	水为输送介质。将集中进行冷热处理后的水通过管道送至各空调区域的末端装置	
	变制冷剂流量多联分体式空调系统	制冷剂为输送介质。一台（组）室外机通过制冷剂管路向多台室内机输送制冷剂	大多数采用变频调速改变制冷剂流量的调节方式，详见第22章
冷凝方式	蒸发冷凝式空调系统	通过蒸发冷凝式制冷机组提供冷水，通过水管路系统分送至各空调区域的末端装置	大多采用水为输送介质将冷热量送至各末端装置；个别国外厂家已有采用制冷剂为输送介质

31.1.2 户式集中空调的特点

户式集中空调除具有一般空调系统的特点外，还有以下一些自己的特点：

1. 个性化特性强

户式集中空调所服务对象大多是居民,每个人对室内空气参数的要求不会相同,差异有时会很大。同时,主观期望比较高,往往希望开启空调后能很快达到设定温度。

2. 负荷变化率大、同时使用系数低

由于户式集中空调的使用时间和使用房间数随意性很大,因此它的空调负荷变化率大,同时使用系数低。

3. 房间负荷相对较大

因为户式集中空调通常是间歇使用(白天关闭,下班使用),在空调投入运行后,由于房间内的墙体、家具等的蓄热作用,会成为一部分空调负荷,俗称"拉下负荷",这部分负荷量和作用时间均不容忽视。

4. 内部温差传热量占有一定比例

住宅中的空调,一般不会像办公楼的空调那样上班时全开,下班后全关。在住宅中,往往是部分房间使用空调,还有部分房间不使用空调。这样,使用空调房间与未使用空调房间之间就不可避免的会有温差传热。这部分传热量,在空调总负荷中占有不小的比例。

以上这些特点,在负荷计算与设备选择时均应予以考虑。

31.2 负荷计算

空调负荷计算所运用的基础数据、计算公式和计算方法等详见本手册第20章,这里不再重复。

31.2.1 室内设计参数选用

表31.2-1列举了部分应用户式集中空调系统场所(含商住楼中的小型商店、办公、餐饮等)的室内设计参数。

室内设计参数表 表31.2-1

房间名称		夏 季		冬 季		新风量 [m³/(h·人)]	噪声级 NC (dB)
		干球温度 (℃)	相对湿度 (%)	干球温度 (℃)	相对湿度 (%)		
公寓别墅	一般	25~27	70	18~20	—	30	40
	高级	24~26	60	20~22	35	50	35
餐饮	一级	24~26	65	18~20	30	35	40
	二级	25~28	65	18~20	30	30	50
办公	一般	25~27	65	18~20	—	30	40
	高级	24~26	60	20~22	35	35	35
商店		26~28	65	16~18	30	30	50
娱乐场所		24~27	65	18~21	35	30	50

31.2.2 夏季空调负荷计算

户式集中空调系统的负荷计算包括两部分:各空调房间的负荷和整个系统的负荷。前

者用于选择末端装置，后者用于确定冷、热源设备容量。不同的新风补充方式会影响上述负荷的计算结果和设备容量的选择。

1. 空调房间冷负荷计算的注意事项

由于户式集中空调的一些特殊性，在其负荷计算和设备选择上应注意下列要求：

(1) 对于高层建筑，特别是超高层建筑，外表面放热系数会受室外风速的影响，随建筑物高度的增加而增大。当围护结构热阻较小（如单层玻璃窗），或窗墙比数值较大时，传热系数必须修正。对于建筑高度在100m以下且窗墙比数值较小的高层建筑，风速对空调负荷的影响可以忽略不计。

(2) 在民用建筑中，使用较多的是家用电器和办公用电子设备。对于住宅来说，其中厨房内有煤气灶、微波炉、冰箱、热水器、电烤箱、电子消毒柜等。由于厨房内设有排烟罩，可排掉一部分散热量；设在卧室、客厅中的散热设备有电视机、个人电脑、传真机等，这些设备同时使用系数较低，须注意适当选择。对于办公、商场而言，同时使用系数较高，应按公共建筑考虑。家用电器设备的散热量和散湿量可以参考表31.2-2。办公室中的设备散热量，也可根据设备厂商提供的数据进行计算。

(3) 住宅中的餐厅平时用餐人数很少，时间也短，食物散热形成的冷负荷可以忽略不计。对于营业性餐厅，食物散热形成的显热、潜热冷负荷应加以考虑。

家用器具的散热量和散湿量　　　　　　表 31.2-2

家用器具类型	设备功率 (W)	设备散湿量 (g/h)	设备散热量 (W) 显热散热量	设备散热量 (W) 全热散热量
电炉	3000	2100	1450	3000
	5000	3600	2500	5000
洗衣机	3000	2100	1450	3000
	6000	4200	2900	6000
吸尘器	200	—	50	50
冰箱	100	—	300	300
	175	—	500	500
电熨斗	500	400	230	500
电视机	175	—	175	175
电咖啡壶	500	100	180	250
	3000	500	1200	1500
电吹风	500	120	175	250
	1000	240	350	500
电子消毒柜	1000	500	175	500
电子灶	2320		2320	2320
烤箱（600mm×500mm×350mm）	2000	300	800	1000
双眼煤气灶	—	—	700	700

续表

家用器具类型	设备功率（W）	设备散湿量（g/h）	设备散热量（W）	
			显热散热量	全热散热量
12L煤气咖啡壶	—	500	1020	1460
PC终端	—	—	200	200
复印机	—	—	300	300
打印机	—	—	300	300

（4）在根据空调房间计算冷负荷选用末端设备时，对于间歇使用空调的房间，如前所述，应考虑间歇负荷系数，间歇负荷系数可按1.10～1.25选取。但该部分附加负荷可不计入空调系统负荷中。住宅中，还应考虑邻室无空调时温差传热所引起的负荷。

2. 新风冷负荷

（1）采用户式集中空调系统的建筑，其新风补充方式主要有以下几种：
- 门、窗的自然渗透；
- 新风未经处理，由小型风机直接送风；
- 新风经新风空调箱处理后，送入室内；
- 室外新风经热回收装置处理后送入室内。

（2）新风未经处理直接进入室内　通过门窗自然渗透的新风和由小型风机直接送风的新风都没有经过热回收装置处理，也没有经过专用新风空调箱处理，其负荷全部由室内末端设备负担。

渗透冷负荷计算按式（31.2-1）进行，其负荷全部由房间空调末端设备负担。

$$Q = 0.28 q_V \rho (h_w - h_n) \quad (31.2\text{-}1)$$

式中　q_V——新风量（或渗入新风量），m^3/h；
　　　ρ——夏季空调室外干球温度下的空气密度，一般可取$1.13kg/m^3$；
　　　h_w——夏季室外计算参数时的比焓，kJ/kg；
　　　h_n——夏季室内计算参数时的比焓，kJ/kg。

（3）新风经新风空调箱处理　如果新风能处理到室内空气状态的等焓值，处理新风的负荷全部由新风空调箱负担，同样可按式（31.2-1）进行计算，而房间末端设备不负担新风负荷；如果不能处理到室内空气等焓值，还需要由房间末端设备再处理到室内空气状态的焓值，这部分负荷则由房间末端设备负担。

（4）新风经热回收装置处理　经热回收装置处理的新风往往达不到室内空气状态的等焓点。当这部分新风直接送入房间或通过空调末端设备送入房间，部分新风负荷由室内末端设备承担；如果是通过专门的新风空调箱处理，则由该空调箱承担。

常用的热回收设备有转轮式全热换热器、板式显热换热器、板翅式全热换热器、中间热媒式换热器和热管换热器等，有关热回收装置的选择，详见本《手册》第32.4节。

3. 空调系统建筑物计算冷负荷

在房间空调的六项冷负荷中，除了新风负荷外，其余五项负荷均与房间空调的使用与否有关，系空调房间内的负荷；对于供给多个房间的空调系统来说，这五项负荷可称为"空调系统建筑物冷负荷"。

空调系统建筑物计算冷负荷应按下列情况确定：

(1) 当空调系统未设自控时，应采用同时使用的各房间逐时冷负荷最大值之和。

(2) 当空调系统设有自控时，应将同时使用的各个房间逐时冷负荷累加，得出建筑物冷负荷的逐时值，取其中的最大值。

(3) 在无法确定同时使用的各个房间时，可以按所有房间的逐时冷负荷的综合最大值，再考虑同时使用系数。

由于住宅主要由卧室、客厅、餐厅、厨房和卫生间组成，厨房和卫生间一般不设空调。根据居民的一般生活习惯，客厅是主要活动场所，晚上睡眠之前使用空调的时间较多，睡眠时则使用卧室空调，就餐时才开启餐厅空调。因此系统的同时使用系数较低，一般可按 0.5~0.7 选取。当然，由于使用习惯和使用要求的不同，若需要所有房间的空调同时使用，这时同时使用系数为 1.0。

4. 空调系统计算冷负荷

空调系统计算冷负荷由建筑物计算冷负荷、新风冷负荷及风系统、水系统的附加冷负荷组成。对于户式集中空调系统，由于系统规模均很小，风系统、水系统的近似温升为 0.1~0.2℃，导致的冷量损失为 2%~4%。

31.2.3 冬季空调负荷计算

对于夏季使用单冷空调、冬季使用其他采暖设备的寒冷地区及严寒地区，应进行冬季采暖负荷计算。

对于冬季也使用空调设备的夏热冬暖地区、温和地区、夏热冬冷地区及部分寒冷地区，应进行冬季空调热负荷计算。由于上述地区夏季的冷负荷一般大于冬季热负荷，因此冬季热负荷计算结果在空调设备选用时作校核用。

冬季空调负荷计算与冬季采暖负荷计算方法及步骤基本相同，主要区别是：

(1) 当空调房间有组织地送入新风而维持室内一定的正压时，冷风渗透引起的热负荷可以不予计算；

(2) 采用的室外计算温度不同；

(3) 外围护结构传热系数不同。

空调热负荷主要由围护结构热负荷、新风热负荷或渗透空气带入室内的热负荷和外门开启时冷风侵入的耗热量三部分组成。热负荷计算运用的基础数据、计算公式和计算方法等可详见本手册第 5 章。

31.3 风管式集中空调系统的设计

31.3.1 系 统 特 点

整体式机组的冷量范围一般为 9~69kW。机组通常安装于室外屋顶上，室内仅布置送回风管；回风大多数采用集中方式。其特点是不需要布置冷凝水管路，不需要专用机房，噪声处理较容易，过渡季节可送全新风。

分体式机组冷量范围一般为 8.5~60kW。室外机可安装于屋顶、阳台、墙面或地面上，室内机可以水平吊装，亦可立式落地安装，机组采用集中回风方式。一台室外机连接一台室内机，双压缩机室外机可以连接两台室内机。室内、外机制冷剂管长度一般为30m，最长可达70m。

上述两种机组的安装形式如图 31.3-1 所示。

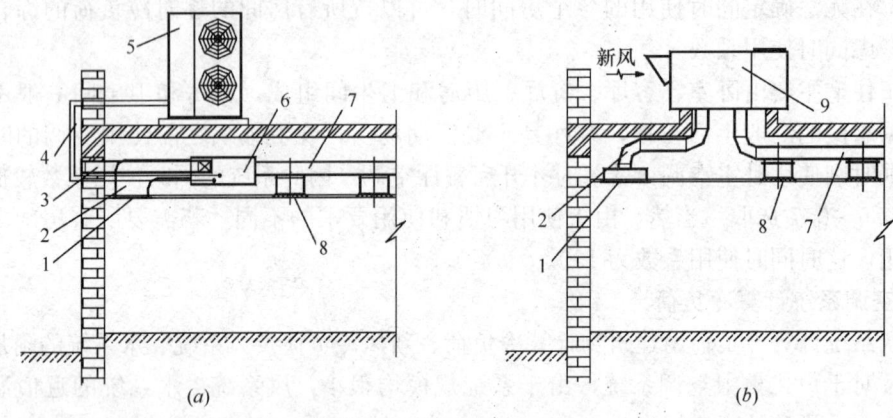

图 31.3-1 空气源风管式热泵机组
(a) 空气源风管式分体型热泵机组；(b) 空气源风管式整体型热泵机组
1—回风口；2—回风管道；3—新风管道；4—制冷剂管道；
5—室外机；6—室内机；7—送风管道；8—送风口；9—整体式机组

31.3.2 系统总负荷的确定

风管式空调系统的负荷调节能力较差，机组只能根据回风参数控制压缩机的启停。机组送风量一般不能随房间空调负荷变化而变化，当一个房间需要送风时，其他不需要空调的房间同样有风送入，故系统总冷、热量应为所有空调房间最大负荷之和。当部分房间采用电动风阀分别控制风量时，则应对其可行性与可靠性作仔细分析。

31.3.3 设备选用与布置

设备选用时，一般以夏季总冷量为选型依据，并以冬季总热负荷作校核依据。设备选用步骤如下：

1. 根据夏季总冷量和夏季室内外温、湿度参数及风量（该风量应满足换气次数大于$5h^{-1}$），经过各种修正后，选择机组型号，确定机组的总冷量、显冷量。

2. 根据风量和风管系统布置，确定系统所需的机外静压。

3. 计算机组的净冷量并与夏季总冷量比较，如小于夏季总冷量则应重新选型。机组的净冷量为机组的制冷量与风机电动机的发热量之差（风机电动机的发热量可根据机组风量和机外静压从产品样本中查得）。

4. 根据所选机组和冬季室内外温、湿度参数及风量，确定机组制热量，并与冬季总热量比较。如机组制热量不能满足要求，应选配辅助电加热器或其他加热设备。

整体式机组应尽量靠近服务区域布置，使送回风管尽量短直。由于空气处理设备置于整体式机组内，新风引入非常方便。对于层高较低的空调区域，如住宅，主风管尽量布置在走廊、客厅周边，以便于装饰处理，支管上均应设风量调节阀。送风口以侧送双层百叶风口为主，也可根据装潢需要，采用顶送散流器或条缝型风口等。

分体式机组的室内机可立式落地安装，也可水平式吊顶安装。立式室内机置于专用机房内，在住宅中一般置于储藏室内；水平式室内机则吊装于卫生间吊顶内；新风通过新风管送至室内机回风箱。当室内机组噪声较大时，主风管上应设消声器。

31.3.4 风管系统的设计

风管系统设计主要包括风管材料的选用、风管形状及尺寸的确定和风管阻力的计算及噪声控制。

1. 风管材料选用

户式集中空调系统常用的风管材料有镀锌钢板、复合玻纤板风管、双面压花铝箔闭孔酚醛泡沫复合风管、双面压花铝箔聚氨酯发泡复合风管等。

必须指出，镀锌钢板和复合玻纤板风管为不燃型，而闭孔酚醛泡沫复合风管和聚氨酯发泡复合风管为难燃型。而防火规范中规定风管应为不燃材料。因此，使用难燃型风管时，必须得到消防部门的认可。

复合玻纤板风管，也称超级复合风管，其主体材料为密度 $64kg/m^3$ 的超细玻璃纤维板，外复带夹筋铝箔，内表面涂有防吹散的聚合物涂层，板厚度一般为 25mm。复合玻纤板风管的优点是重量轻、使用寿命长、安装方便、不需保温，并具有良好的吸声性能，在户式集中空调系统中，一般不需另设消声装置，从而节省吊顶空间。双面压花铝箔闭孔酚醛泡沫复合风管、双面压花铝箔聚氨酯发泡复合风管也具有重量轻、使用寿命长、安装方便、不需保温的优点。以上三种风管，均可在现场进行剪裁、拼装，具有较大的灵活性。

2. 风管形状及尺寸的确定

风管形状一般采用圆形或矩形，圆形风管强度大、耗材少、风阻小，但占用空间高度大、装潢配合难度大。矩形风管易布置，易加工，容易保证吊顶高度，因而得到广泛的应用。矩形风管的宽高比不宜大于 6，否则风阻过大。

要确定风管尺寸，应先确定风速，风速的确定与初投资、系统运行费用和气流噪声有关。风速可参照表 31.3-1 选用。

风管内风速选用　　　　　　　　　表 31.3-1

室内允许噪声 dB（A）	主管风速（m/s）	支管风速（m/s）	风口风速（m/s）
25~35	3~4	2	2
35~50	4~7	2~3	2~3
50~65	6~9	2~5	2~3

3. 风管的水力计算

风管的水力计算，可参照本手册第 11 章进行。

4. 噪声控制

风管式集中空调机组噪声较大，空调送回风管均应进行消声处理，尤其应重视回风侧的消声。

31.3.5 系统控制

整体式机组的新风阀门大多采用固定比例形式，为降低初投资，不设自控。当设有自控时，新风阀门可根据室外温度或焓差信号自动控制新风比例，以达到节能的目的。

机组根据室内温度信号控制压缩机启停。

31.4 水管式集中空调系统的设计

31.4.1 系统的组成与特点

水管式集中空调系统常采用空气源热泵机组作主机，机组一般由压缩机、冷凝器、蒸

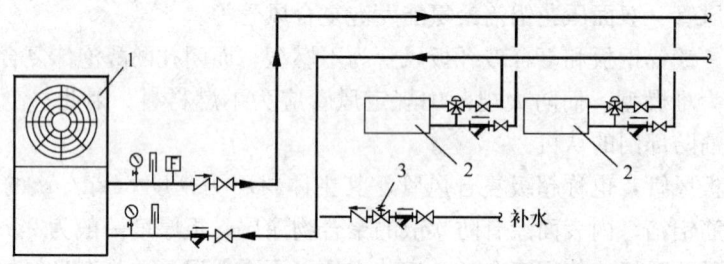

图 31.4-1 空气源冷热水机组系统简图（膨胀水箱内置）
1—空气源冷热水机组；2—空调末端设备；3—自动补水阀

发器、循环水泵等组成。压缩机分为定速和变速两种。对于定速冷热水机组，室内负荷变化容易造成压缩机频繁启、停，因此系统中宜设蓄能水箱，或加大供、回水温差的设定值。膨胀水箱分内置和外置两种，见图 31.4-1 和图 31.4-2。系统补水方式与膨胀水箱的设置方式有关。对于冬季间歇运行，并且室外气温较低因而使系统容易结冰的地区，可以将蒸发器及循环水泵与室外主机分开而组成室内辅机。室内辅机与室外主机用制冷剂管连接。在寒冷

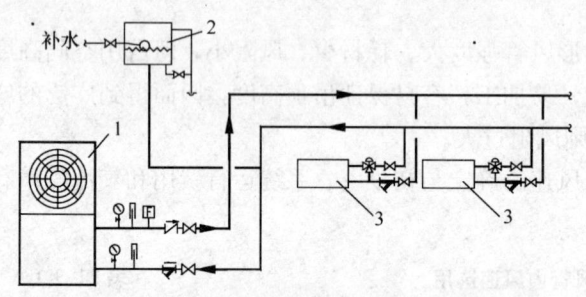

图 31.4-2 空气源冷热水机组系统简图（膨胀水箱外置）
1—空气源冷热水机组；2—高位膨胀水箱；3—空调末端设备

地区，冬季室外温度较低，根据夏季冷负荷选用冷热水机组，其冬季供热量常常不能满足冬季热负荷的要求，此时应考虑选用辅助电加热来增加供热量。

31.4.2 系统负荷确定

水管式集中空调系统的末端空调设备，均能根据室温变化进行控制调节。在住宅中，所有末端设备同时使用的可能性很小，在计算系统的总冷负荷时，应考虑同时使用系数。

31.4.3 设备选择

1. 末端设备选择

室内末端设备一般为风机盘管和空调箱。

风机盘管的选择步骤如下:

(1) 根据装饰要求确定风机盘管的形式。

(2) 根据房间的冷负荷(包括全热和显热),一般按风机盘管的中档风速时的供冷量来选择风机盘管型号,也可按高档风速时供冷量的 $80\%\sim85\%$ 来选择。

(3) 校核冬季加热量是否满足房间冬季供热要求。

空调箱应根据空气处理过程的计算结果(风量和冷量)进行选择。住宅中,大多采用薄型吊式空调箱,以节省有限的空间。

2. 冷热源选择

冷热源的选择应考虑以下因素:

(1) 本地区的气象条件。

(2) 本地区的供电、供热、燃油、燃气等能源情况。

(3) 主机的使用范围和使用条件。

(4) 用户的要求。

选用空气源热泵型冷热水机组时,其规格一般按夏季总冷负荷来确定,同时应校核计算该机组冬季工况的实际制热量,如制热量小于冬季热负荷,应考虑配置辅助电加热器。当冬季室外气温较低时,机组盘管表面将结霜,辅助电加热器还可用来补偿除霜过程中的部分热量损失,使水温相对保持稳定,以免影响室内温度的稳定。当选用定速热泵机组时,机组靠启、停压缩机来调节系统负荷。由于水系统规模小,水容量小,应考虑系统的热稳定性要求,以免造成部分负荷时压缩机频繁启、停。

如果空调系统是采用单冷机组+燃油(燃气)热水炉或城市热网冬季供热方式,则应按冬季热负荷选择燃油(燃气)炉容量或热网供热量,并应配置热水循环泵。热水炉在供暖的同时还可提供卫生热水,但应了解兼用时的性能和控制功能。

户式燃气空调机组在制冷或供热的同时,也可提供卫生热水,该种系统还具有良好的负荷调节功能。

3. 蓄能水箱选择

热泵机组的压缩机为定速压缩机时,空调水系统将存在热稳定性问题。配有定速压缩机的系统,能量调节一般通过启、停来实现。部分负荷下,压缩机运行很短时间,系统水温就达到设定温度,此时压缩机停机;当水系统容量较小时,过很短时间,系统水温就偏离设定温度范围,压缩机必须开机,从而造成压缩机频繁开、停,影响使用寿命;而且,冬季除霜时造成系统水温降过大,影响供暖效果,造成吹冷风的现象。

系统的水容量越大,则系统的热稳定性越好,反之,系统的热稳定性越差。因此,水系统设计时,应校核计算系统水容量是否满足系统热稳定性要求。

(1) 系统水容量计算

系统的水容量 M_1 (kg) 为管道水容量与设备水容量之和,即

$$M_1 = M_g + M_s \tag{31.4-1}$$

式中 M_g——为管道水容量，kg；
　　　M_s——为设备水容量，kg。
管道水容量按下式计算：

$$M_g = \sum_{i=1}^{n} q_i l_i \tag{31.4-2}$$

式中 q_i——某管径水管每米长的水容量，kg/m（见表31.4-1）；
　　　l_i——某管径水管的长度，m。

常 用 水 管 数 据　　　　　　　表31.4-1

管径 (mm)	最大流速 (m/s)	摩阻 (Pa/m)	流量 (m³/h)	$\Delta t = 4$℃时负荷 (kW)	$\Delta t = 5$℃时负荷 (kW)	水容量 (kg/m)
DN15	0.5	390	0.35	1.63	2.04	0.196
DN20	0.6	370	0.77	3.58	4.48	0.356
DN25	0.7	360	1.44	6.70	8.37	0.572
DN32	0.7	249	2.53	11.77	14.71	1.007
DN40	0.9	360	4.28	19.91	24.89	1.320
DN50	1.0	290	7.94	36.94	46.17	1.964
DN70	1.1	260	14.38	66.90	83.62	3.421
DN80	1.3	290	23.82	110.81	138.4	5.153

（2）系统热稳定性要求

综合室内环境的舒适度、主机的使用寿命、系统造价和工程实施的可能性等因素，户式集中空调系统热稳定性的要求为：

1) 夏季运行时，主机停机10min，供水温度允许升高不大于5℃。
2) 冬季运行时，主机除霜时间为3min时，系统供水温度允许降低不大于3℃。

（3）系统要求的最小水容量

根据热平衡方程和热稳定性要求，可按下式分别计算冬、夏季空调系统要求的最小水容量 M_2(kg) 为：

$$M_2 = Q\hat{o} / (c_p \Delta t) \tag{31.4-3}$$

式中 Q——末端设备的供冷或供热量，kW；
　　　$\hat{o}$——热稳定性要求的时间（夏季 $\hat{o}=10\times60$s，冬季 $\hat{o}=3\times60$s）；
　　　c_p——水的定压比热容，kJ/(kg·K)；
　　　Δt——水的温度波动要求值（夏季 $\Delta t=5$℃，冬季 $\Delta t=3$℃）。

冬、夏季系统水容量的计算结果中，数值较大者即为空调系统对水容量的最小要求值。如 $M_1 < M_2$，应加大水管管径并重新计算其水容量，直至满足要求，或增加一个蓄能水箱。

31.4.4 水管系统设计

水管系统设计主要包括管材的选用、水管管径的确定和水管阻力的计算。

1. 管材选用

空调系统中，常用的水管有无缝钢管、焊接钢管、镀锌钢管、铜管、PP-R 塑铝稳态复合管等。

无缝钢管、焊接钢管常用于空调冷热水管路，在使用前，应进行除锈、刷防锈漆的处理，无缝钢管的工作压力可达 2.5MPa，普通焊接钢管的工作压力为 1.0MPa，加厚焊接钢管的工作压力为 1.6MPa，一般采用焊接或法兰连接。

镀锌钢管的特点是不易生锈，常用于空调冷热水管路和冷凝水管路，工作压力在 1.0MPa 以下，适用于管径小于 DN100 的场合（DN>50mm 时，一般需采用法兰连接，这时必须进行二次热镀锌处理）。

铜管的特点是不易腐蚀，使用寿命长，但价格较贵，可用于高档住宅、别墅。

PP-R 塑铝稳态复合管，与金属管道相比具有承压高（1.6MPa）、不生锈、不腐蚀、阻力小、耐酸、耐氯化物、能热力连接等优点，特别适合作为空调系统输送冷热水的管道。

2. 水管管径确定

要计算水管管径，首先需合理确定管内流速。流速过小，管路阻力小，水泵运行能耗小，但管径大，管道、保温方面的投资大，占用的吊顶空间也大。流速过大，管径变小，虽然管道、保温方面的投资会小，但管路阻力大，水泵运行能耗大，并且将带来管道噪声、振动等方面的影响。表 31.4-1 中列有不同管径的最大流速值，可供管径计算时选用。

3. 水管阻力计算

户式集中空调系统中水管的沿程压力损失，可按表 31.4-2 进行快速计算。单位管长沿程压力损失值一般宜控制在 100~300Pa/m。

水管沿程压力损失计算表 表 31.4-2

速度 (m/s)	上行：水量（m³/h）；下行：单位摩擦阻力（Pa/m）							
	DN15	DN20	DN25	DN32	DN40	DN50	DN70	DN80
0.30	0.21	0.38						
	145	103						
0.35	0.25	0.45						
	204	136						
0.40	0.28	0.51	0.51					
	261	174	174					
0.45	0.32	0.57	0.57	1.63				
	324	217	217	109				
0.50	0.35	0.64	1.03	1.81				
	394	263	191	132				
0.55		0.7	1.13	1.99				
		315	229	158				
0.6		0.77	1.24	2.17	2.85	4.77		
		370	269	186	155	111		

续表

速度 (m/s)	上行：水量 (m³/h)；下行：单位摩擦阻力 (Pa/m)							
	DN15	DN20	DN25	DN32	DN40	DN50	DN70	DN80
0.65			1.34	2.35	3.09	5.16	8.5	
			313	216	181	129	94	
0.7			1.44	2.53	3.33	5.56	9.15	
			360	249	208	149	108	
0.75				2.71	3.56	5.96	9.81	
				283	237	170	123	
0.8					3.80	6.35	10.46	14.66
					268	192	139	112
0.85					4.04	6.75	11.11	15.57
					301	216	156	126
0.9					4.28	7.15	11.77	16.5
					335	240	174	141
0.95						7.55	12.42	17.41
						267	194	156
1.0						7.94	13.07	18.32
						294	214	172
1.05							13.73	19.24
							235	189
1.1							14.38	20.15
							256	207
1.15								21.07
								225
1.2								21.99
								244
1.25								22.90
								265

4. 水管设计注意事项

（1）水系统一般采用两管制，舒适性要求特别高的高档住宅可采用四管制。由于系统规模小，水管路大多采用异程式。

（2）空调水管的水流速主要与经济性和噪声两因素有关，管内流速建议按表31.4-1选用。

（3）应对水管路进行阻力计算，校核主机所配水泵扬程是否满足要求。

（4）采用外置式高位膨胀水箱时，系统补水由膨胀水箱内的浮球阀来控制；采用内置式膨胀水箱时,在机组进水管上应装设一只自动补水阀,当机组进水管处水压低于设定压力时,补水阀自动开启进行补水。膨胀水箱应进行保温处理。

(5) 为避免空气滞留于管内,水管的最高处应设自动排气阀。

(6) 机组与水管连接处应配软管,以减少机体的振动对室内管道的影响。

(7) 机组与空调水管的连接处,应装设温度计和压力表,以便于日常运转时检查。

(8) 机组进水口应设有 Y 形水过滤器,以防堵塞机组内的换热器。

(9) 机组的位置应避免噪声对用户自身和周围环境造成的影响。

31.4.5 系 统 控 制

1. 末端设备控制

风机盘管机组的室温控制有风量控制和水量控制。风量控制一般有两种方式:一是采用三档风速手动转换开关来控制;二是采用自动调速装置来控制。

水量控制一般有三种方式:

①变流量方式(见图 31.4-3)变流量方式是由室内温控器控制风机盘管出水管上电动双位阀的开启或关闭;当风机盘管停止运行时,该阀关闭。空调水总管上装设压差旁通调节阀,以稳定进入机组的水流量。

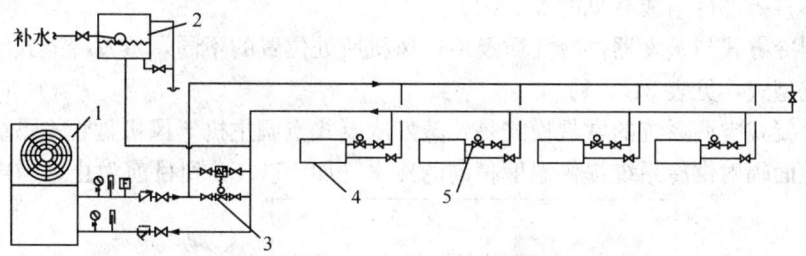

图 31.4-3 变流量方式系统图
1—空气源冷热水机组;2—高位膨胀水箱;3—压差旁通调节阀;
4—空调末端设备;5—电动双位阀

②定流量方式(见图 31.4-1 或图 31.4-2)定流量方式是由室内温控器控制机组出水管上电动三通阀的开启或关闭;

③处于定流量与变流量之间的混合方式(见图 31.4-4)该种方式中,离主机近的部分机组采用电动双位阀,其他机组则采用电动三通阀,此时可省掉压差旁通阀。采用此种方

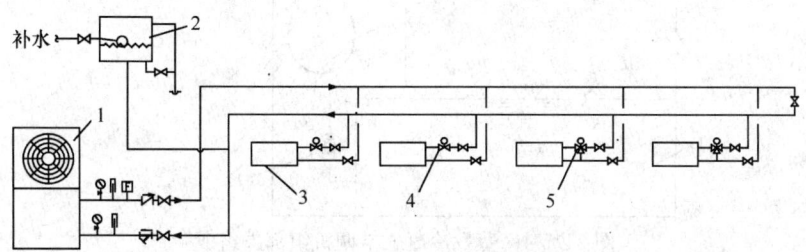

图 31.4-4 混合方式系统图
1—空气源冷热水机组;2—高位膨胀水箱;3—空调末端设备;
4—电动双位阀;5—电动三通阀

式时,应根据室外主机所需的最低流量来配备双位阀与三通阀的数量。三通阀数量过少,有可能导致主机因水流量过低而停机。

空调箱的室温控制一般为水量控制,温控器根据回风温度,按比例调节回水管上的电动阀的开启度。

2. 主机控制

(1) 主机具有必备的自动保护功能,如低水温保护、防冻保护等。
(2) 根据设定的回水温度来控制压缩机的运行。
(3) 主机出口接管上装有水流开关,当水流量过低时关闭主机。
(4) 当室内机运行时,主机与之连锁自动运行。

31.5 蒸发冷凝式空调系统

31.5.1 机组分类

蒸发冷凝式空调系统一般由冷源侧和负荷侧两部分组成。冷源侧实际上就是一套蒸发冷凝机组,通常由压缩机、蒸发冷却式冷凝器、板式蒸发器、热力膨胀阀、冷却水贮箱及冷却水循环泵等部件组成(见图31.5-1)。

根据制冷方式与蒸发器供冷介质及冷却风机所处位置的不同,蒸发冷凝式空调机组有不同的组成型式,见表31.5-1。

蒸发冷凝式空调系统的常规模式是:蒸发冷凝式空调主机+风机盘管水系统;也可以为平顶或地面辐射供冷系统提供温度稍高的冷水(如16℃)。到目前为止,国内尚无供住

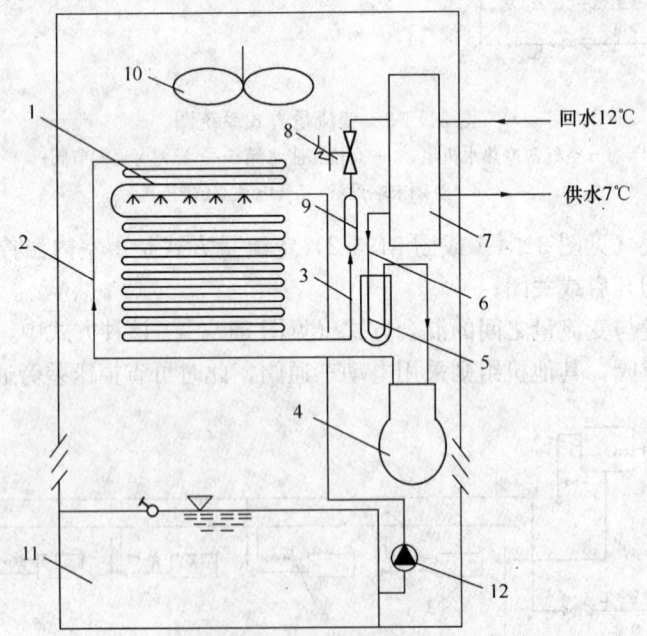

图 31.5-1 蒸发冷凝式空调机组部件组成

1—蒸发式冷凝器; 2—热的冷媒蒸气; 3—液体冷媒; 4—压缩机; 5—气液分离器;
6—低温冷媒蒸气; 7—板式蒸发器; 8—热力膨胀阀; 9—干燥过滤器; 10—风机;
11—冷却水水箱; 12—冷凝器喷淋泵

宅应用、直接膨胀制冷的蒸发冷凝式空调机组。

蒸发冷凝式空调系统一般为单冷型,冬季室内供暖可以利用该系统的风机盘机组,但需另配热源。

蒸发冷凝式空调系统通常应另行配置新风系统;新风系统一般宜采用带排风热回收的换气机。

蒸发冷凝式空调机组的分类 表 31.5-1

依据	系统	特征	备注
供冷方式	蒸发冷凝式直接膨胀制冷	不用中间载冷剂,通过制冷剂在空气冷却器内直接膨胀,由空气冷却器(蒸发器)直接冷却室内循环空气	国内尚无供住宅使用的产品
	蒸发冷凝式冷水机组	以水作为输送冷量的介质,空调机组载冷剂侧流动的是水,向室内空调末端直接提供冷却后的冷水	
冷却风机所处位置	吸出式	冷凝器处于风机的吸入侧,处于负压状态;空气能均匀地流过冷凝盘管,传热效果好	风机电机的工作条件相对恶劣
	压入式	冷凝器处于风机的压出侧,处于正压状态;空气流过冷凝盘管时,气流分布不如吸入式均匀,传热效果相对较差	压送式风机安装在冷凝器冷却空气的上游,风机电机的工作条件相对较好

31.5.2 主要技术性能

蒸发冷凝式空调机组的技术性能,如表 31.5-2 和表 31.5-3 所示(际高集团公司产品)。

蒸发冷凝式空调机的主要技术性能(一) 表 31.5-2

型号	制冷量 (kW)	输入功率 (kW)		冷水循环泵			蒸发器水阻力 (mH_2O)	风机	
		单相	三相	流量 (m^3/h)	扬程 (m)	设置		风量 (m^3/h)	余压 (Pa)
HLZ(D)6.0	6.0	1.8	1.8	0.9	7	内置或外置	≤3.5	800	40
HLZ(D)7.1	7.1	2.1	2.1	1.2				850	
HLZ(D)9.1	9.1	2.5	2.5	1.7				900	
HLZ(D)11	11	2.76	2.76	1.9				1000	
HLZ(D)14	14	3.52	3.52	2.4				1200	
HLZ31	31	—	6.2	3.7	15			1900	50
HLZ25	25	—	7.0	4.2				3100	
HLZ30	30	—	9.0	5				2600	
HLZ35	35	—	1.04	6	—	外置(用户选配)		3200	
HLZ35	35	—	1.04	6	—			3200	
HLZ50	50	—	1.3	8.5	—			4000	

注:①测试条件:进风干球温度35℃,湿球温度24℃;冷水供水温度7℃,回水温度12℃。
②噪声:风量$L≤1200m^3/h$时,≤55dB(A);$L=1600～3200m^3/h$时,≤60dB(A);$L=4000m^3/h$时,≤65dB(A)。

蒸发冷凝式空调机的主要技术性能（二） 表 31.5-3

型 号	制冷量(kW)	输入功率(kW)	冷水泵 流量(m^3/h)	冷水泵 扬程(m)	冷水泵 设置	蒸发器水阻力(mH_2O)	风机 风量(m^3/h)	风机 余压(Pa)	噪声 dB（A）
HLZ10B	10	2.25	2.9				950		
HLZD10B	10	2.25	2.9				950		≤55
HLZ14B	14	3.20	4.0				1200		
HLZD14B	14	3.20	4.0				1200		
HLZ18B	18	4.45	5.2	15	内置	<6.0	1600	50	
HLZD18B	18	4.20	5.2				1600		≤60
HLZ31B	31	5.50	6.3				1900		
HLZ25B	25	6.60	7.2				3100		
HLZ35B	35	8.60	10.0				3200		
HLZ50B	50	11.25	14.4	—	外置（用户选配）		4000		≤65

31.5.3 系统特点

与风冷式空调器相比，在住宅建筑中应用蒸发冷凝式空调系统具有显著的节能优势。特别是在冬季不需供暖的夏热冬暖地区和供暖期较短的夏热冬冷地区，优势更加明显。

蒸发冷凝式空调系统的主要特点是：

1. 蒸发式冷凝器，主要靠水蒸发带走冷凝热量，所以受室外空气干球温度的影响较小，供冷性能比较稳定。
2. 由于可以获得较低的冷凝温度，因此能效比高，节能性好。
3. 结构紧凑体积小，布置灵活，占用空间很少；既可安装在封闭阳台内，也可安装在室内非重要房间内，只要通过尺寸不大的风管与室外连通。
4. 使用灵活、方便，操作简单，能满足不同用户个性化调控的要求。
5. 空调费用可通过分户电表和水表计量，既简单方便，又公平合理。
6. 噪声低。
7. 能回收室内风机盘管的冷凝水，供冷却冷凝器用，不仅节约了耗水量，同时也避免了冷凝水室外排放产生的问题。

31.5.4 系统设计方法及注意事项

1. 除蒸发冷凝式空调主机选择外，住宅建筑的负荷计算、用户末端设备选择与冷水管道的计算、选型与布置等见本手册有关章节。
2. 当蒸发冷凝式空调系统为分多室使用时，一般应考虑同时使用系数0.75～0.85，即取计算空调冷负荷的75%～85%作为空调主机选型的负荷依据。
3. 蒸发冷凝式空调主机放置在室内或封闭阳台上时，可以不考虑空调系统管路的冷量损失。
4. 冬季热源温度t_r≤65℃时，供热水管道可直接接入风机盘管机组的水系统中；当t_r>65℃或压力超过系统管道的承压能力时，在供热管道与风机盘管机组的水系统管路之间应设板式换热器，采取间接供热方式。

5. 选择蒸发冷凝式空调机组时，必须考虑环境空气湿球温度对制冷量的影响；环境空气湿球温度对空调主机制冷量的影响见图 31.5-2。

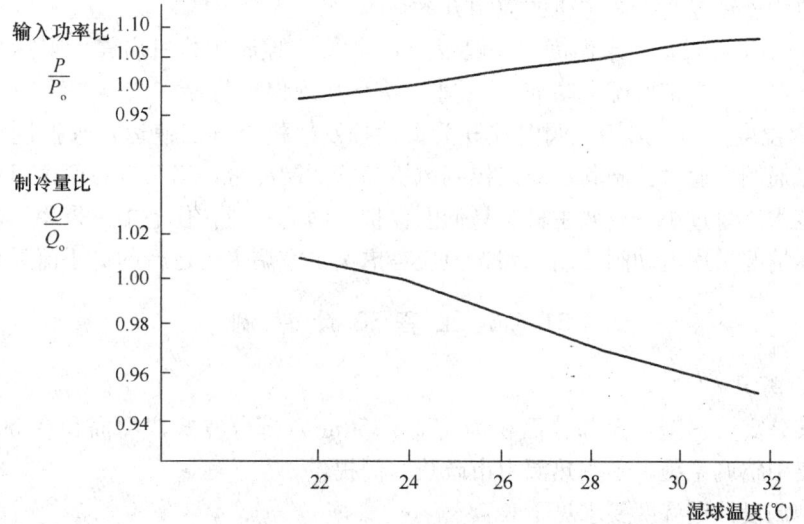

图 31.5-2 制冷量和输入功率与室外湿球温度的关系

注：①机组名义工况为冷冻水供回水温度 7/12℃，进风干球温度为 35℃，湿球温度 24℃。
②Q_0，P_0 为机组名义工况时制冷量、输入功率；Q，P 为待求工况下的制冷量、输入功率。

6. 空调主机处需设排水地漏；地漏的规格，宜取 $DN50$；

7. 空调主机处应设 $DN15$ 补水管，供空调冷水系统和冷凝器冷却水系统补水之用。

8. 空调末端装置的冷凝水，应予以回收并接至蒸发冷凝式空调主机内的贮水箱内；凝水管宜采用硬塑料管（如 PVC 管）或镀锌钢管。

9. 空调主机宜安装在封闭阳台上；这时，必须设置进、排风口；若安装在开敞的空间内，宜做简单的遮雨措施。排风口须设防护网，防止异物进入机组。

10. 蒸发冷凝式空调主机安装在封闭空间时，排风管上应设置调节阀；进风口应设置手动风阀，以避免冬季主机不用时冷风倒灌。

11. 蒸发冷凝式空调主机的前面板前和机组顶部应分别至少留出 550mm 的检修空间；水管侧至少留出 240mm 的安装空间。

12. 在冬季气温低于 0℃ 的地区，空调主机放置在室外时，需注意防冻处理；简单而可靠的方法是将主机内的水排空。

31.5.5 控制系统设计

1. 空调主机启停控制有两种方式：一种是用主机面板进行就地控制；另一种是通过室内温控开关联动控制。

联动控制的功能：在主机启动按钮已按下的情况下，任一个温控开关处于启动（风机盘管运行）的位置时，空调主机即处于运行状态；当所有温控开关关闭时，空调主机才停止运行。因此，在夏季只需对空调主机的启动按钮操作一次，以后无需对主机再进行直接操作。

2. 空调主机的工作模式，分为单台与多台并联运行两种。单台运行时，可采用上述控制方式；多台并联时，采用模块化集中控制器控制：通过控制总回水温度（或供水温度），自动启动或关闭相应数量的空调主机，最多可同时并联16台机组（一般不采用每个房间温控器均连锁控制空调主机的控制方案）。

3. 空调主机可根据回水温度（一般设定在12℃）控制压缩机启停，来达到节能控制的目的。空调主机自带低温（防冻）、缺水、高低压等保护装置。

4. 室内温度控制：采用无阀温控开关自动控制风机盘管三速运行来控制室温。如果采用电动二通阀，通过控制其通断来控制风机盘管的制冷量，当只有一两个风机盘管运行时，系统冷水流量过小，空调主机容易低温保护，因此一般在住宅中不采用。较大的系统可根据实际情况采用电动阀控制水路，但应考虑满足空调主机运行的最小流量要求。

31.5.6 工程设计举例

1. 工程概况

北京某公寓，户型：大部分面积为170～250m^2，部分复式户型面积在300m^{2}左右；采用分户集中空调系统，冬季热源由市政热力网提供。

室内空调设计温湿度要求见下表：

房间名称	夏 季	冬 季
起居室、卧室、餐厅	$t=24\sim26℃$，$\phi=40\%\sim65\%$	$t=18\sim20℃$
厨 房	$t=26\sim28℃$，$\phi=40\%\sim65\%$	$t=16\sim18℃$

2. 实施方案

空调系统的末端设备全部采用风机盘管机组，冬夏共用。夏季由蒸发冷凝式空调主机提供7/12℃冷水，冬季由小区锅炉房提供60℃热水。

风机盘管机组选择超薄型卧式贴顶暗装，直接用膨胀螺栓吊挂，吊点连接处加10mm厚橡胶隔振垫。风机盘管机组布置在厨房或卫生间、走廊等次要房间上面的吊顶内，气流组织采用侧送方式。

冷水系统采用两管制异程式，供回水管采用PP-R塑铝稳态复合管，冷凝水管采用PVC塑料管，水管保温采用橡塑套管，外包白色塑料胶带。系统补水口在空调主机上，采用自来水补水，在补水管上设有过滤器和电动补水阀（采用安装在空调水管路上的电接点压力表控制）。空调回水管上设有椭圆型囊式膨胀罐。在空调主机回水立管上设有自动排气阀，水管路系统见图31.5-3。

校核空调主机自带冷水循环泵的扬程：HLZ9.1型空调主机自带冷水循环泵的扬程为7m，根据计算，只要流速取0.8～1.5m/s，冷水循环泵的扬程可以满足工程需要。

小区锅炉房提供的热水是90/75℃，进入各楼的地下室后分为两路，一路直接供给有外窗卫生间的散热器，另一路供给空调水系统。可以采用二次循环水泵的方法，将这一路热水和系统回水混合，通过电动旁通阀控制混合后供水温度为60℃，供给风机盘管水系统。

3. 空调主机选型及布置

以建筑面积为190m^{2}的户型为例，由计算得各房间的逐时冷负荷最大值为13.0kW，同时使用系数取0.7，得该户型的设计冷负荷为9.1kW，根据此负荷确定主机型号为HLZ9.1，该主机单台制冷量为9.1kW。

空调主机布置在起居室或厨房外的封闭阳台上，在主机侧面的外板上开小百叶窗，百

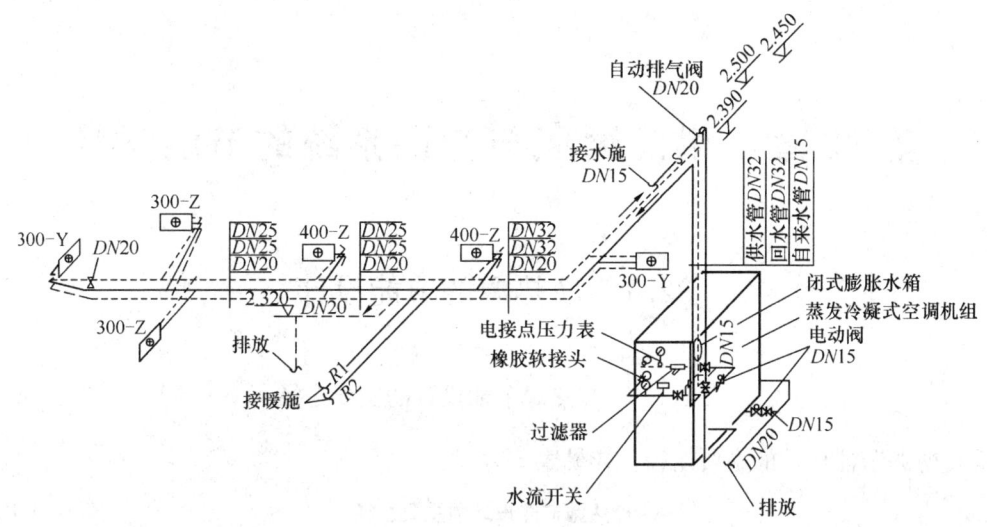

图 31.5-3 某户型空调水系统图

叶窗室内侧用镀锌板封住,在板上开两个 260×300 的方洞作为空调主机的进、排风口,并设可关闭风阀(冬季用),空调主机排风口到百叶窗排风口采用镀锌钢板和帆布连接。为了进一步降低空调主机噪声可能对用户的影响,宜采用中空玻璃把主机空间和室内其他空间隔开。

4. 系统的供配电与控制:

主机电源采用 380V,空调配电箱设在空调主机附近的阳台内墙上,配电箱内有三相电表、空气开关和联动继电器,风机盘管电源取自该配电箱。

空调主机启停控制是采用两种方式,一种是主机面板就地控制,另一种是采用室内温控开关联动控制,如图 31.5-4 所示。

空调主机可根据回水温度(一般设定在 12℃)控制主机压缩机启停。目前市场上户式冷水主机主要是采用压缩机启停控制,来达到节能控制的目的。空调主机自带低温保护、缺水保护、高低压保护等功能。

室内温度控制:采用无阀温控开关自动控制风机盘管三速运行来控制室温。

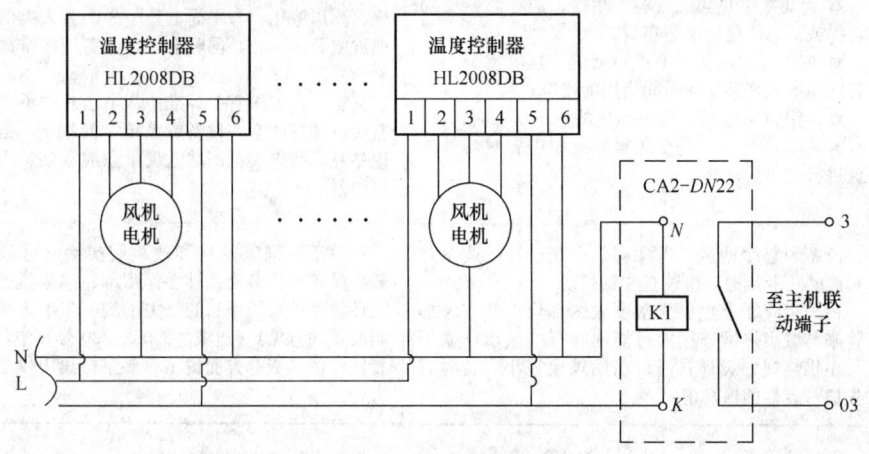

图 31.5-4 控制原理图

第32章 供暖通风与空调系统的节能设计

32.1 冷热源的节能设计

32.1.1 冷热源节能设计的主要途径

冷热源节能设计的主要途径，详见表32.1-1。

冷热源节能设计的主要途径　　　　　　表32.1-1

序号	节 能 措 施	说　　　明
1	集中供热系统的热源型式，应符合以下原则： ● 在城市集中供热范围内时，应优先采用城市热网提供的热源； ● 有条件时，宜采用冷、热、电联供系统； ● 集中锅炉房的供热规模应根据燃料确定，采用燃气时，供热规模不宜过大，采用燃煤时供热规模不宜过小； ● 在工厂区附近时，应优先利用工业余热和废热； ● 有条件时应积极利用可再生能源，如太阳能、地热能等	集中供热系统热源型式的选择，涉及到国家能源与环保政策，受到工程状况、投资情况、使用要求等多种因素的影响和制约。为此，必须根据本条给出的这些原则，客观全面地对热源方案进行多方案比较，认真地进行技术经济分析，经充分的论证后合理确定。 2006年我国已对可再生能源的利用提出了明确的要求，到2020年要使可再生能源占能源供应的比重达到15%左右，因此建筑用能也应积极提倡利用可再生能源
2	除了符合下列情况之一外，不得采用电热锅炉、电热水器作为直接供暖与空调系统的热源： ● 电力充足、供电政策支持和电价优惠地区的建筑； ● 以供冷为主，供暖负荷较小，且无法利用热泵提供热源的建筑； ● 无集中供热与燃气源，用煤、油等燃料受到环保或消防严格限制的建筑； ● 夜间可利用低谷电进行蓄热，且电锅炉不在日间用电高峰和平段时间启用的建筑； ● 利用可再生能源发电地区的建筑； ● 内、外区合一的变风量系统中需要对局部外区进行加热的建筑	合理利用能源、提高能源利用率、节约能源是我国的基本国策，用高品位的电能直接转换为低品位的热能进行供暖或空调，不仅热效率低，而且运行费用高，是不合适的。 应该明确，不能笼统地认为电能是清洁能源；燃煤发电对大气环境会造成严重的污染，特别是温室气体的大量排放，直接影响到全球气候变暖，土地沙漠化、冰川溶化、海平面上升……，对人类的生存造成严重威胁。为此，国际上已对温室气体排放提出了明确的限制。 其实，在我国有关标准中，早已有"不得设计采用直接电加热的空调设备或系统"的规定。近年来，无论冬夏，我国大范围缺电现象愈演愈烈，为此应该严格限制
3	严寒和寒冷地区，当没有热电联产、工业余热和废热可利用时，应建集中锅炉房。 锅炉房应靠近热负荷密度大的部位；并应考虑将来与城市热网连接的可能性（有些城市已做了集中供热规划设计，但目前的规模较小，暂时宜先搞过渡性的锅炉房）	建设部、国家发展和改革委员会、财政部、人事部、民政部、劳动和社会保障部、国家税务总局、国家环境保护总局颁布的《关于进一步推进城镇供热体制改革的意见》（建城[2005]220号）中，在优化配置城镇供热资源方面提出"要坚持集中供热为主"的方针

续表

序号	节 能 措 施	说　　明
4	集中燃煤锅炉房中单台锅炉的容量，不宜小于7.0 MW。对于规模较小的住宅区，锅炉的单台容量可适当降低，但不宜小于4.2 MW	燃煤锅炉单台容量越大效率越高，为了提高热源效率，应尽量采用较大容量的锅炉
5	锅炉房的总装机容量 Q_B （W），应按下式确定：$$Q_B=\frac{Q_0}{\eta}$$式中　Q_0——锅炉负担的采暖设计热负荷（W）；η——室外管网输送效率，目前的技术和管理水平，可以达到92%～93%，考虑技术及管理上的差异，室外管网的输送效率一般可取 $\eta=0.92$	热水管网热媒输送到各热用户的过程中需要减少下述损失： ● 管网向外散热造成散热损失； ● 管网上附件及设备漏水和用户放水而导致的补水耗热损失； ● 通过管网送到各热用户的热量由于网路失调而导致的各处室温不等造成的多余热损失。 管网的输送效率是反映上述各个部分效率的综合指标。提高管网的输送效率，应从减少上述三方面损失入手
6	锅炉的热效率必须满足《工业化锅炉节能监测方法》（GB/T 15317—94）规定的合格指标（见表32.1-2）； 锅炉的实际运行效率，不应低于表32.1-3的规定。 为了满足以上要求，锅炉的最低设计效率，应符合表32.1-4的规定	锅炉运行效率是以长期、监测和记录数据为基础，统计时期内（整个采暖季）全部瞬时效率的平均值。它是反映各单位锅炉运行管理水平的重要指标。它既和锅炉及其辅机的状况有关，也和运行制度等因素有关。锅炉运行效率，要达到70%的要求，首先要保证所选用锅炉的最低设计效率不应低于73%
7	新建燃煤锅炉房的锅炉台数，不应多于5台，通常宜采用2～3台。并应符合下列要求： ● 单台锅炉的容量，应确保在最大热负荷和低谷热负荷时都能高效运行； ● 在低于设计运行负荷条件下多台锅炉联合运行时，单台锅炉的运行负荷不应低于额定负荷的60%； ● 中、小型规模的建筑，如设置1台锅炉能满足负荷和检修需要时，可设置1台	采用较大容量锅炉有利于提高能效；同时，锅炉台数过多会导致锅炉房面积加大、控制复杂、投资增加等问题，因此宜对设置台数进行一定的限制。 当多台锅炉联合运行时，为了提高单台锅炉的运行效率，其负荷率应有所限制，避免出现多台锅炉同时运行但负荷率都很低而导致的效率较低的现象。锅炉的经济运行负荷区通常为70%～100%；允许运行负荷区则为60%～70%和100%～105%
8	燃气锅炉房的设计，应符合下列规定： ● 锅炉房的供热半径不宜大于150 m。当受条件限制供热面积较大时，应经技术经济比较，采用分区设置热力站的间接供热系统； ● 模块式组合锅炉房，宜以楼栋为单位设置；数量宜为4～8台，不应多于10台； ● 每个锅炉房的供热量宜在1.4MW以下。总供热面积较大，且不能以楼栋为单位设置时，锅炉房也应分散设置； ● 燃气锅炉直接供热系统的锅炉供、回水温度和流量的限定值，与负荷侧在整个运行期对供、回水温度和流量的要求不一致时，应按热源侧和用户侧配置两次泵水系统	燃气锅炉的效率与容量的关系不太大，供热规模不宜太大是为了在保持锅炉效率不降低的情况下减少供热用户，缩短供热半径，有利于室外供热管道的水力平衡，减少由于水力失调形成的无效热损失，同时降低管道散热损失和水泵的输送能耗。 模块式组合锅炉燃烧器的调节方式均采用一段式启停控制，变负荷调节只能通过改变台数来实现；台数过少易偏离负荷曲线，调节性能不好，8台模块式锅炉已可满足调节的需要。模块式锅炉的燃烧器一般采用大气式，效率较低，比非模块燃气锅炉效率低不少，对节能和环保均不利。以楼栋为单位来设置模块式锅炉房，因为没有室外供热管道，弥补了燃烧效率低的不足
9	一、二次循环水泵应选用高效、节能、低噪声的调速泵；台数宜采用2台（一用一备）	系统容量较大时，可合理增加台数，但必须避免"大流量、小温差"的运行方式。系统停运时，锅炉、外网及室内系统，应进行湿法保护

续表

序号	节 能 措 施	说 明
10	锅炉房设计时应充分利用锅炉产生的各种余热： ● 热媒供水温度不高于60℃的低温供热系统，应设烟气余热回收装置； ● 散热器采暖系统宜设烟气余热回收装置； ● 有条件时，应选用冷凝式燃气锅炉，当选用普通锅炉时，应另设烟气余热回收装置	低温供热时，如地面辐射供暖系统，回水温度低，热回收效率较高，技术经济很合理。散热器供暖系统回水温度虽然比地面辐射供暖系统高，但仍有热回收价值。 冷凝式锅炉价格高，对一次投资影响较大，但因热回收效果好，锅炉效率很高，有条件时应选用
11	锅炉房和热力站的一/二次水总管上，必须设置计量总供热量的热量表。 集中供暖系统中建筑物的热力入口处，必须设置楼前热量表，作为度量该建筑物采暖耗热量的依据	八部委文件《关于进一步推进城镇供热体制改革的意见》（建城[2005]220号）明确提出，"新建住宅和公共建筑必须安装楼前热计量表……"。楼前热表可以理解为是与供热单位进行热费结算的依据；楼内住户可以依据不同的方法（设备）进行室内参数测量，然后，结合楼前热表的测量值对全楼的耗热量进行住户间分摊
12	有条件采用集中供热或在楼栋内集中设置燃气热水机组（锅炉）的高层建筑中，不宜采用户式燃气供暖炉（热水器）作为供暖热源。必须采用户式燃气炉作为热源时，应设置专用的进气及排烟通道，并应符合下列要求： ● 燃气炉自身必须配置有完善且可靠的自动安全保护装置； ● 燃气热风供暖炉的额定热效率不低于80%； ● 燃气热水供暖炉的额定热效率不低于89%，部分负荷下的热效率不低于85%； ● 具有同时自动调节燃气量和燃烧空气量的功能，并配置有室温控制器； ● 配套供应的循环水泵的工况参数，与供暖系统的要求相匹配	对于户式供暖炉，在供暖负荷计算中，应该包括户间传热量，在此基础上可以再适当留有余量。但是设备容量选择过大，会因为经常在部分负荷条件下运行而大幅度地降低热效率，并影响采暖舒适度。 燃气供暖炉大部分时间只需要部分负荷运行，如果单纯进行燃烧量调节而不相应改变燃烧空气量，会由于过剩空气系数增大使热效率下降。因此宜采用具有自动同时调节燃气量和燃烧空气量功能的产品。 为保证锅炉运行安全，应安装在专用小室内（如封闭阳台上），并要求户式供暖炉设置专用的进气及排气通道
13	集中供热系统应采用计算机控制技术，实现以下各项功能： ● 实时检测参数，及时了解工况：随时掌握各热力站或热用户的温度、压力、流量、热量等； ● 根据实际需热量的多少，进行按需分配流量，消除冷热不均； ● 合理匹配工况，保证按需供热：根据实测的室外温度变化，预测当天热负荷，制定最佳运行工况，能达到最大限度的节能； ● 及时诊断故障，确保安全运行； ● 健全运行档案，建立各种信息数据库，能够对运行过程中的各种信息数据进行分析，根据需要打印出运行日志、水压图、水耗、电耗、供热量等运行数据和控制指标，实现量化管理	供热系统采用计算机控制技术，能提高管理水平，实施现代科学管理，在保证供暖质量和降低运行成本的基础上，最大限度地节约能源，取得明显的社会效益和经济效益。 ● 随时掌握各项参数，可以使热网运行人员及时掌握系统的水力工况（水压图）、流量分配和温度分布，了解各热力站的运行工况。 ● 供热系统在运行过程中，供热量随室外温度而变化，温度和流量需经常的调节。通过计算机监测与控制管理系统，实时测量热力站或热用户的供、回水温度，按照预先设定的程序，可以使温度和流量达到按需分配的调节要求，进而消除冷热不均的现象。 ● 热源的供热量与热用户的耗热量不匹配时，会造成全网平均室温偏高或偏低。 ● 配置故障诊断专家系统后，通过对系统的运行参数进行分析，即可对管网、热力站（热用户）中发生的泄漏、堵塞等故障进行及时诊断，并指出可能发生故障的设备和位置，以便及时检查、检修并采取相应的保护措施，防止事故进一步扩大，保证系统安全运行

续表

序号	节 能 措 施	说　　明
14	锅炉房、热力站的动力用电、水泵用电和照明用电应分别计量	动力用电、水泵用电和照明用电进行分别计量，目的便于核算热费成本
15	对于不采用计算机进行自动监测与控制的小型锅炉房和热力站，应设置气候补偿器	设置气候补偿器后，可以实现根据室外温度变化，调节二次系统供水温度和流量，达到按需供热；在时间控制器上设定不同时间段的不同室温，节省供热量；合理地匹配供水流量和供水温度，节省水泵电耗，保证恒温阀等调节设备正常工作；还能够控制一次水回水温度，防止回水温度过低减少锅炉寿命
16	冷水机组的单台容量及台数的选择，应能适应空调负荷全年变化的规律，满足季节及部分负荷要求。 当空调负荷 $Q>528\text{kW}$ 时，冷水机组的数量不宜少于 2 台。如因特定条件仅能设置 1 台时，则应选择采用多台压缩机分路联控的机型	机组的台数和容量，应根据冷/热负荷大小及变化规律确定，单台机组制冷量的大小应合理搭配，当单机容量调节下限的制冷量大于空调最小负荷时，可选 1 台适合最小负荷的冷水机组，供最小负荷时应用。 $Q>528\text{kW}$ 时，相当于 $3000\sim6000\text{m}^2$ 建筑面积，一般应配置 2 台或 2 台以上机组，这样既有利于节能运行，还可提高系统的安全性与可靠性
17	采用分体式空气调节器（含风管机、多联机）时，室外机的安装位置必须符合下列规定： ● 能通畅地向室外排放空气和自室外吸入空气； ● 在排出空气与吸入空气之间不会发生明显的气流短路； ● 可方便地对室外机的换热器进行清扫； ● 对周围环境不造成热污染和噪声污染； ● 支架稳固，不存在安全隐患	分体式空调器的能效除与空调器的性能有关外，与室外机的合理布置也有很大关系。为了保证室外机功能和能力的发挥，应将它设置在通风良好的地方，不应设置在通风不良的建筑竖井或封闭的或接近封闭的空间内。 如果室外机设置在阳光直射的地方，或有墙壁等障碍物使进、排风不畅和短路，都会影响室外机能力的发挥，使空调器的能效降低。 实际工程中，因清洗不便，室外机换热器被灰尘堵塞，造成能效下降甚至不能运行的情况很多。因此，在确定安装位置时，要保证室外机有清洗的条件
18	吸收式冷热水机组不宜频繁启停，供暖热源设备应连续运行； 24h 使用的舒适性空调系统，夜间宜根据负荷变化启停； 间歇空调系统冷源的启停时间，应保持 $0.5\sim2.0\text{h}$ 的提前量	设计冷热源设备的调控策略时，必须妥善安排设备的运行时间。 合理安排运行时间和方式，可以防止设备长期在低负荷条下运行，避免频繁启停，提高系统的运行效率，减少能源消耗
19	当设计采用多台冷水机组并联运行模式时，每台冷水机组的冷水和冷却水进出水管上应设置电动关闭阀	设置关闭阀后，可以在运行过程中根据需要关闭不运行机组的进出水，防止产生短路旁通
20	冷源设备宜根据室外气候和建筑使用状况，设计采取变水温控制环节，及时调节供水温度	变水量调节系统中，若同时对供水温度进行预调设定，可以取得更好的节能效果
21	对冷源设备，应设计蒸发器的蒸发温度与冷水出口温度、冷凝器的冷凝温度与冷却水出口温度的温差监控装置	在额定流量下，温差一般应保持小于 $1.5℃$；如果发现超过 $1.5℃$，应能发出声光信号，以便引起管理人员的注意，及时检查清洗蒸发器和冷凝器

续表

序号	节 能 措 施	说　　明
22	利用"供热系统综合能效指标 ξ"评价、考核和控制供热能耗： $$\xi = \frac{\Sigma Q_l}{\Sigma Q_z} \cdot R$$ 式中　ΣQ_z——系统年耗能量，包括热源的燃料消耗量与系统用电设备电力消耗的折合热量； 　　　R——室温合格率； 　　　$R \cdot \Sigma Q_l$——达到热用户要求室温的年有效热量。 注：所谓有效热量，是指把建筑物室温加热到用户需求的室温所消耗的热量。室温过热部分的热量、锅炉燃烧和热网输送过程损耗的热量统统称为无效热量	供热系统综合能效指标，考虑了系统的总耗能量，包括燃料消耗量和电力消耗量，从而把耗煤量和水输送系数两个指标统一了起来。 在总耗能量中包括电力消耗，可以遏制大流量运行，防止循环流量控制指标超标。目前在推广水源热泵技术过程中，常常只给出制冷机的 COP，而不提供水源提取和回灌的电耗量。提出系统综合能效指标就可以更全面的了解水源热泵系统的真实节能效果。 在系统综合能效指标中提出了系统有效热量的概念。有效热量的提出，能准确反映冷热不均消除的程度，能全面显示锅炉、热网的热效率以及用户室温合格率

锅炉热效率的合格指标（GB/T 15317—94）　　　　表 32.1-2

额定蒸发量(MW)	额定供热量(GJ/h)	热效率(%)	额定蒸发量(MW)	额定供热量(GJ/h)	热效率(%)
0.7	2.5	≥55	4.2	15	≥70
1.4	5	≥60	7	25	≥72
2.8	10	≥65	≥14	≥50	≥74

工业锅炉热效率[①]（GB/T 17954—2000）　　　　表 32.1-3

锅炉额定热功率(MW)	运行级别	使用不同燃料时的热效率(%)									
		劣质煤[②]	烟　煤			贫　煤	无烟煤			褐　煤	油/气
			Ⅰ	Ⅱ	Ⅲ		Ⅰ	Ⅱ	Ⅲ		
0.7	一	61	68	79	72	68	60	58	64	67	83
	二	56	63	65	67	64	56	54	58	63	79
	三	52	59	61	63	60	51	50	53	60	75
1.4	一	63	70	72	74	70	63	62	67	70	85
	二	59	65	68	70	67	60	58	63	67	82
	三	55	63	65	67	65	56	54	59	65	78
2.8~5.6	一	67	72	75	77	73	66	64	72	74	87
	二	64	70	72	74	71	64	62	69	72	83
	三	62	68	70	72	70	63	60	66	70	80
7~14	一	69	74	76	78	77	72	69	75	77	88
	二	66	72	75	77	75	69	66	72	75	85
	三	64	71	74	76	74	67	64	70	74	82
>14	一	71	76	78	81	79	74	71	77	79	89
	二	68	74	76	79	77	71	68	75	77	86
	三	66	72	75	77	75	69	66	73	75	83

① 表中所列为锅炉额定负荷运行时的热效率值。
② 指收到基灰分 $A_{ar}=50\%$，收到基低位发热量 $Q_{net.v.ar}=1440$kJ/kg 的煤。

锅炉的最低设计效率（%） 表 32.1-4

锅炉类型、燃料种类及发热值		在下列锅炉容量（MW）下的设计效率（%）					
		0.7	1.4	2.8	4.2	7.0	14.0	>28.0
燃煤	烟煤 Ⅱ（15500~19700kJ/kg）	—	—	73	74	78	79	80
	Ⅲ（>19700kJ/kg）	—	—	74	76	78	80	82
燃油、燃气		86	87	87	88	89	90	90

32.1.2 供热系统循环水泵的选择

供热系统热水循环泵的耗电输热比 EHR，应符合下式要求：

$$EHR = \frac{N}{Q\eta} \tag{32.1-1}$$

$$EHR \leqslant \frac{A \cdot (20.4 + a \cdot \Sigma L)}{\Delta t} \tag{32.1-2}$$

式中　N——水泵在设计工况点的轴功率，kW；
　　　Q——建筑供热负荷，kW；
　　　η——电机和传动部分的效率，按表 32.1-5 选取；
　　　Δt——设计供回水温度差，℃，按照设计要求选取；
　　　A——与热负荷有关的计算系数，按表 32.1-5 选取；
　　　ΣL——室外主干线（包括供回水管）总长度，m；
　　　a——与 ΣL 有关的计算系数：
　　　　　　当 $\Sigma L \leqslant 400$m 时，$a=0.0115$；
　　　　　　当 $400 < \Sigma L < 1000$m 时，$a=0.003833 + 3.067/\Sigma L$；
　　　　　　当 $\Sigma L \geqslant 1000$m 时，$a=0.0069$。

电机和传动效率及 EHR 计算系数 表 32.1-5

Q （kW）		<2000	≥2000
η	直联	0.88	0.9
	联轴器连接	0.87	0.89
A		0.00556	0.005

不同供回水温度差和管道长度时的 EHR 限值，可由表 32.1-6 查出。

不同供回水温度差和管道长度时的 EHR 限值 表 32.1-6

ΣL (m)	供、回水设计温度差（℃）						
	10	15	20	25	40	50	60
400	0.0139	0.00927	0.00695	0.00556	0.00348	0.00278	0.00232
	0.0125	0.00833	0.00625	0.00500	0.00313	0.00250	0.00208
450	0.0140	0.00933	0.00700	0.00560	0.00351	0.00280	0.00234
	0.0126	0.00840	0.00630	0.00504	0.00315	0.00252	0.00210
500	0.0130	0.00867	0.00650	0.00520	0.00325	0.00260	0.00217
	0.0117	0.00780	0.00585	0.00468	0.00293	0.00234	0.00195

续表

ΣL (m)	供、回水设计温度差（℃）						
	10	15	20	25	40	50	60
550	0.0142	0.00947	0.00710	0.00568	0.00355	0.00284	0.00237
	0.0128	0.00853	0.00640	0.00512	0.00320	0.00256	0.00213
600	0.0143	0.00953	0.00715	0.00572	0.00358	0.00286	0.00238
	0.0129	0.00860	0.00645	0.00516	0.00323	0.00258	0.00215
650	0.0144	0.00960	0.00720	0.00576	0.00360	0.00288	0.00240
	0.0130	0.00867	0.00650	0.00520	0.00325	0.00260	0.00217
700	0.0145	0.00967	0.00725	0.00580	0.00363	0.00290	0.00242
	0.0131	0.00873	0.00655	0.00524	0.00328	0.00262	0.00218
750	0.0147	0.00980	0.00735	0.00588	0.00368	0.00294	0.00245
	0.0132	0.00880	0.00660	0.00528	0.00330	0.00264	0.00220
800	0.0148	0.00987	0.00740	0.00592	0.00370	0.00296	0.00247
	0.0133	0.00887	0.00665	0.00532	0.00333	0.00266	0.00222
850	0.0149	0.00993	0.00745	0.00596	0.00373	0.00298	0.00248
	0.0134	0.00893	0.00670	0.00536	0.00335	0.00268	0.00223
900	0.0150	0.0100	0.00750	0.00600	0.00375	0.00300	0.00250
	0.0135	0.0090	0.00675	0.00540	0.00338	0.00270	0.00225
950	0.0151	0.0101	0.00755	0.00604	0.00378	0.00302	0.00252
	0.0136	0.00907	0.00680	0.00544	0.00340	0.00272	0.00227
1000	0.0152	0.01010	0.00760	0.00608	0.00380	0.00304	0.00253
	0.0137	0.00913	0.00685	0.00548	0.00343	0.00274	0.00228

注：上行适用于建筑供热负荷 $\Sigma Q < 2000$kW；下行适用于建筑供热负荷 $\Sigma Q \geq 2000$kW。

32.1.3 室外热力网的节能设计

1. 室外热力网节能设计的有效措施（见表 32.1-7）。

室外热力网节能设计的有效措施　　　　表 32.1-7

序号	节能措施	说明
1	系统规模较大时，宜采用间接连接的一、二次水系统，以提高热源的运行效率，减少输配电耗。一次水侧的设计供水温度宜采用115～130℃，回水温度应取 70～80℃。热力站的设计规模，一般不宜大于100000m²	目的在于避免出现"大马拉小车"的现象。有些设计人员从安全考虑，片面加大设备容量，使每吨锅炉的供热面积仅在 5000～6000m² 左右，锅炉运行效率很低。根据集中供热的要求和锅炉的生产状况，锅炉房的单台容量宜控制在 7.0～28.0MW 范围内。系统规模较大时，采用间接连接，可提高热源的运行效率，减少输配能耗，便于运行管理和控制

续表

序号	节能措施	说明
2	设计一、二次热水管网时，应采用经济合理的敷设方式。对于庭院管网和二次网，宜采用直埋管敷设。对于一次管网，当管径较大且地下水位不高时可采用地沟敷设	庭院管网和二次网，管径一般较小，采用直埋管敷设，投资较小，运行管理也比较方便。对于一次管网，可根据管径大小经过经济比较确定采用直埋或地沟敷设
3	在热用户与热力网之间宜设置集流罐（也有资料称均压罐），让热网的供水先流入集流罐，然后返回热网回水管路；热用户的供水由集流罐引出，经用户循环水泵送入用户系统，热用户的回水则返回集流罐。有关集流罐的详细介绍，见第8.5.5节	设置集流罐后，用户与热网之间并不是绝对分离，尽管热网水与用户系统的水在集流罐处发生掺混，但热用户与热网之间的水力工况互不影响。当热网提供的供水温度高于热用户系统的供水温度或满足热用户的要求时，均可采用这种连接方式。这种连接方式可以改善热水网路的运行水力失调状况，增强热水网路的水力稳定性，同时可以减少系统的运行能耗
4	室外热力网的输送效率不应低于92%	室外热力网的输送效率是反映热管道向外散热、管道附件及设备漏水而导致的补水耗热损失以及管路系统失调而导致的各处室温不等造成的多余热损失等的综合指标，为了节能，热媒输送过程中应尽量减少这些损失
5	根据供热系统水力工况要求，在热网的供水或回水主管路上设置加压泵，与循环水泵串联运行，一起驱动全系统供热介质循环，并通过管网把热量分配给用户。加压泵站的位置、泵站数量和加压泵的扬程等，应在管网水力计算和对管网水压图详细分析的基础上，通过技术经济比较确定	合理设置热网加压泵，能有效降低系统压力和减少运行电耗。减少运行电耗系数范围是1~0.5，即：若加压泵设置在空载（上段无用户热负荷）的主管路上，其运行电耗系数为1，不节省运行电耗；若加压泵设置在非空载（上段有用户热负荷）的热网主管路上，其运行电耗系数范围小于1，会减少运行电耗，且随加压泵站数目增多，其运行电耗系数降低，但建设费用随加压泵站数目增多而增加，不过一般投资回收期不会超过4年
6	条件合适时，宜推广应用具有显著节能效果的"分布式变频供热输配系统"	详见本节第2小节的介绍
7	室外管网应进行严格的水力平衡计算，各并联环路之间的压力损失差值，不应大于15%。热力站和建筑物热力入口应设置水力平衡设备，用于消除管网的剩余压头；应设置流量控制阀或压差控制阀，以保证各个用热终端的用热需求	水力不平衡是造成供热能耗浪费的主要原因之一，同时，水力平衡又是保证其他节能措施能够可靠实施的前提，因此对系统节能而言，首先应该做到水力平衡，而且必须强制要求系统达到水力平衡（环路压力损失差意味着环路的流量与设计流量有差异，也就是说，各环路房间的室温有差异）

2. 分布式变频供热输配系统

在传统的供热枝状管网系统中，一般是在热源处或换热站内设置循环水泵，根据管网系统的流量和最不利环路的阻力选择循环泵的流量、扬程及台数；管网系统各用户末端设手动调节阀或自力式流量控制阀等调节设备，以消耗掉该用户的剩余压头，达到系统内各用户之间的水力平衡；个别既有热网由于用户热负荷的变化，如资用压头不够时，则增装供水或回水加压泵，但由于不易调节，往往对上游或下游用户产生不利的影响。

传统的供热输配方式，存在下列致命的问题，如表32.1-8所示。

传统供热输配方式存在的问题　　表32.1-8

序号	问题	现象	原因
1	无法避免产生大量的无效能量损失	供热系统近端（靠近热源处）的热用户，资用压头过多，远端热用户则压力太低	为了满足近端热用户循环流量，必须设置流量调节阀，将多余的资用压头消耗掉
2	极易形成冷热不均现象	由于近端热用户出现过多的资用压头，在没有很好的调节手段的情况下，很难避免近端热用户流量超标	这种近端流量超标，必然又带来远端流量不足，形成供热系统冷热不均现象
3	易导致"大流量、小温差"的运行方式	在出现冷热不均现象的同时，系统的末端必然出现供回水压差过小即热用户资用压头不足的现象（形成喇叭形的水压图）	为改善供热效果，往往采用加大循环水泵（增加末端热用户的资用压头）或末端增设加压泵的作法，从而使供热系统的循环流量超标，进而形成大流量小温差运行方式
4	供热系统的能效水平低	供热系统的能效高低，取决于无效热量的多少（包括锅炉热损失、外网热损失和系统冷热不均引起的无效热量）与管网热媒输送中的无效电能的数量	根据统计计算，冷热不均产生的无效热量约占系统总供热量的30%~40%。输送管网的无效电耗约占30%~60%

分布式变频供热系统，将循环水泵的功能分离为：热源循环泵、热网循环泵和热用户循环泵的三泵模式，或单独设热源循环泵，而让热网循环泵兼作热用户循环泵的两泵模式。

在理论上分布式变频供热系统可以取消管网中的调节设备，代之以可调速的水泵，在管网的适当节点设置，以满足其后的水力工况要求。如果控制管网中适当节点的压差（该点称之为压差控制点），对于主循环泵的选择，只要能够满足流量和热源到压差控制点的阻力即可，这样可大大降低循环泵的扬程，使主循环泵的电机功率大幅度下降；经济控制点之后的每个用户设置相应分布变频泵，成为分布式变频泵系统，节省了原来阀门节流所消耗的能量。由于水泵可用变频器调速，主循环泵可大大降低电能消耗，理论上可省去调节设备，同时供热系统可在较低的压力水平下工作，从而更加安全。

热源处的循环泵在总流量下，只提供部分动力（扬程），其他动力（扬程）是在沿途加压循环泵的分流量下实现的。因此，分布式变频供热系统循环水泵的输送功率小于传统的供热方式。同时，虽然新方式采用了较多的水泵，但各个加压循环泵的总功率却减少了，因此，这种供热输配模式值得推广采用。

有资料指出[*]：一个有10个用户的供热系统，供、回水温度为85℃/70℃，每户的流量为30t/h，用户资用压力为10mH$_2$O，根据水泵的不同配置，一般可设计成6种方案模式，如表32.1-9所示。

---

[*] 本节资料摘引自：王红霞、石兆玉、李德英."分布式变频供热输配系统的应用研究"．《区域供热》2005.1期。

32.1 冷热源的节能设计

分布式变频系统设计方案 表 32.1-9

方 案	系 统 组 成	示意图	说　　明
M1	沿途供、回水变频加压泵与主循环泵配套	图 32.1-1	只要按需提供了热源、外网的所需压头和热用户的资用压头，而没有剩余压头，循环水泵可节电 30% 左右
M2	沿途供水变频加压泵与主循环泵配套	图 32.1-2	
M3	沿途供、回水变频加压泵、热用户变频加压泵与主循环泵配套	图 32.1-3	
M4	只有热用户加压泵	图 32.1-4	从理论上讲，热源处可以不设循环泵，完全由外网加压泵（循环泵）和热用户加压泵（循环泵）代替；热媒的输送由原来的压出变成抽吸。但实际上难以实现。因为这样意味着热源失去了对供热系统的控制，不利于系统的安全运行
M5	沿途加压泵，热用户混水加压泵与主循环泵配套	图 32.1-5	由于采用了混水降温，其节电率可达 75% 左右。之所以这么突出，主要原因是降低了外网循环流量，进而减少了热源、外网的输送压头，从而降低了多级循环泵系统的电机功率。M5 属于直供系统，对于间接系统，其一次网的供回水设计温差，通常比二次网大，其节电效果与 M5 类似
M6	利用集流罐、热用户混水加压泵与主循环泵配套	图 32.1-6	与 M5 类似，都采用热用户混水加压泵的形式，但二者间既有联系，又有区别。区别在于 M5 采用的是主网与用户不同温差的运行方式，而 M6 则是通过集流罐来实现更好的运行与管理

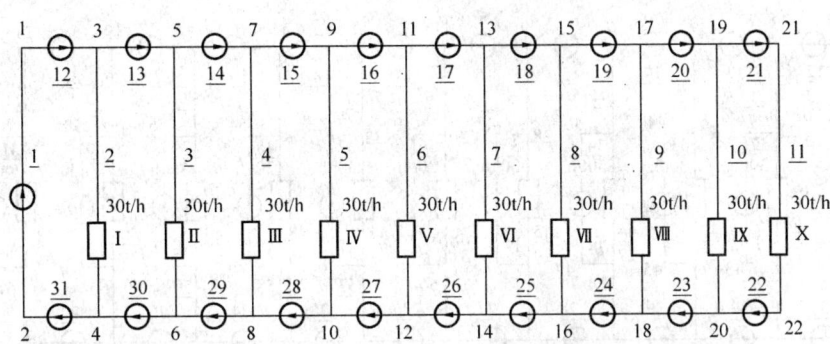

图 32.1-1　M1 模式——沿途供、回水变频加压泵示意图

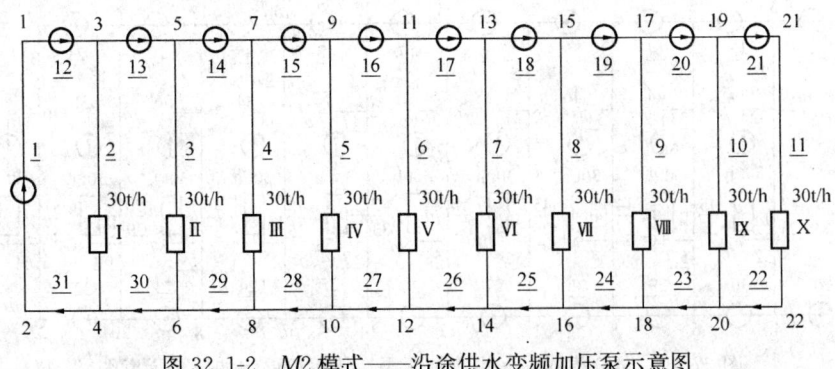

图 32.1-2　M2 模式——沿途供水变频加压泵示意图

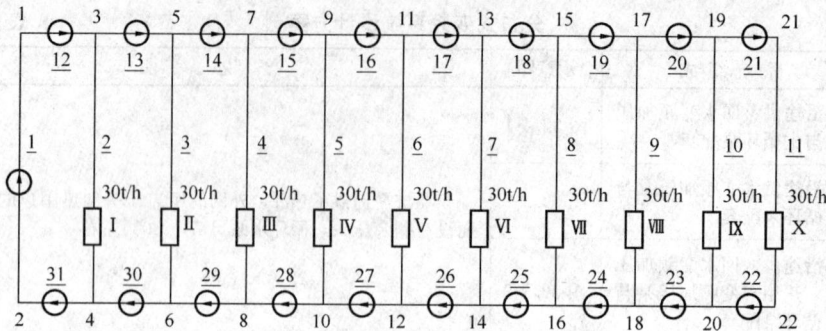

图 32.1-3 M3 模式——沿途供、回水变频加压泵与用户变频加压泵相结合的系统示意图

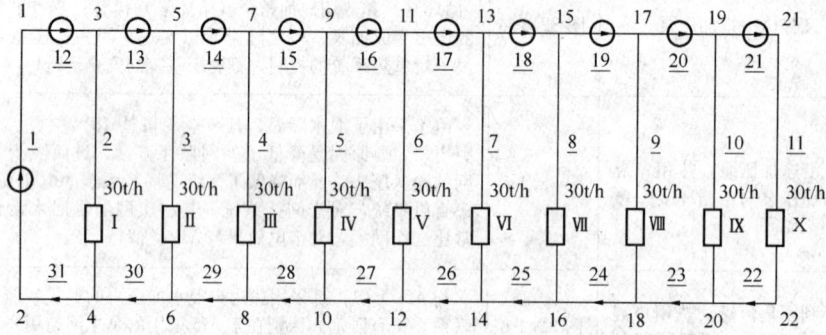

图 32.1-4 M4 模式——热用户变频加压泵示意图

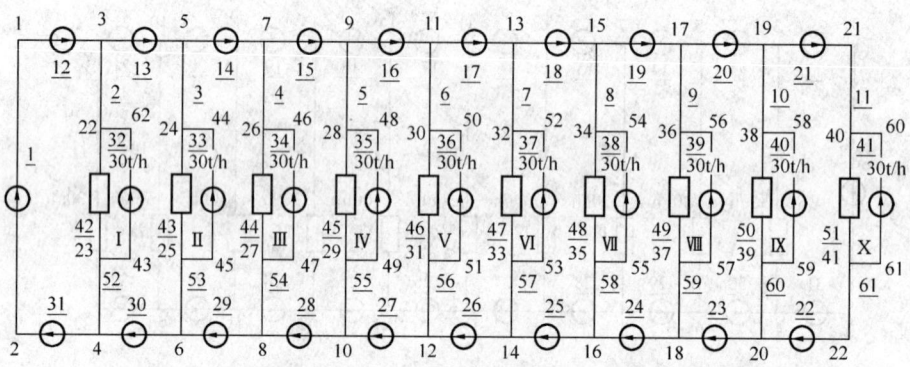

图 32.1-5 M5 模式——沿途加压泵、热用户混水变频加压泵示意图

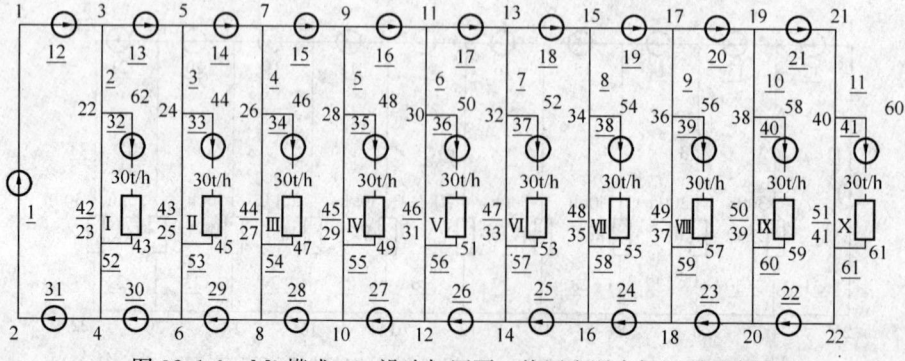

图 32.1-6 M6 模式——沿途加压泵、热用户混水加压泵示意图

应用供热系统水力工况分析软件 HFS 对上述设计模型进行模拟计算和可行性分析，结果表明：计算结果恰好满足用户和管网的需求，且没有无效能耗。各方案的能耗比较如表 32.1-10 所示。

各方案的能耗比较   表 32.1-10

方 案 号	0	1	2	3	4	5	6
循环水泵总电耗（kW）	93.43	61.90	61.90	61.90	61.90	22.57	61.90
电耗节约量（kW）	0	31.53	31.53	31.53	31.53	70.86	31.53
节电百分比（%）	0	33.75	33.75	33.75	33.75	75.84	33.75

注：方案号 0 代表传统的供热设计方案。

各方案的经济分析与比较，详见图 32.1-7、图 32.1-8、图 32.1-9 和图 32.1-10。图中横坐标 1 对应于传统设计方案，即表 32.1-10 中的 0 号方案；横坐标 2~7 分别对应代表方案 M1~M6。

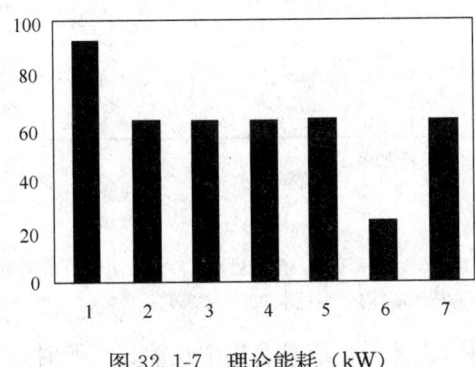

图 32.1-7 理论能耗（kW）

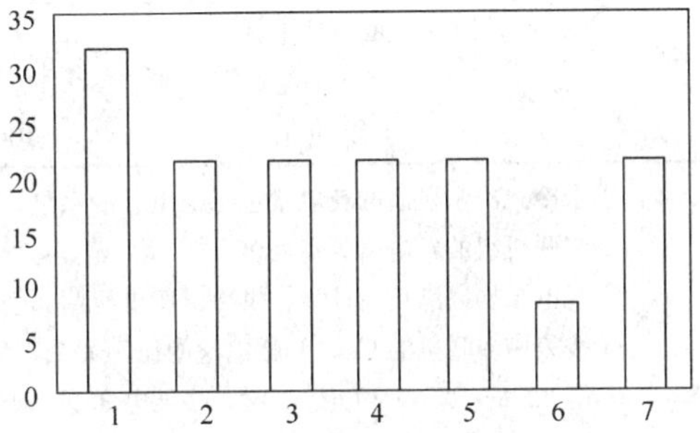

图 32.1-8 供暖季电费（万元）

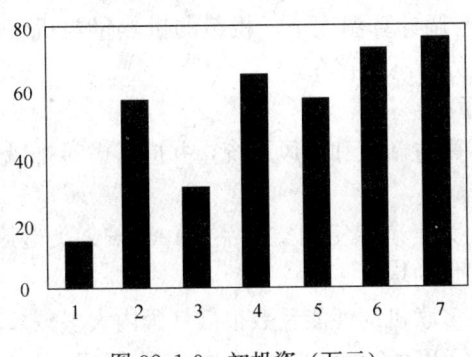

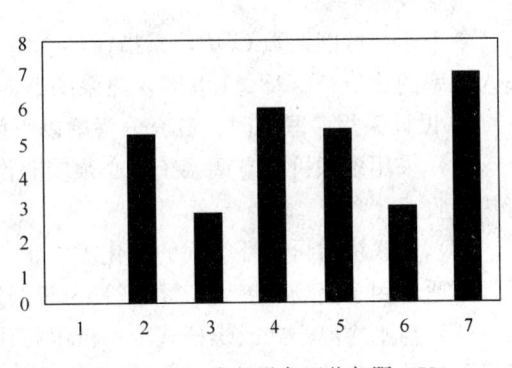

图 32.1-9 初投资（万元）

图 32.1-10 变频设备回收年限（Y）

32.1.4 空气源热泵机组应用需知

1. 空气源热泵冷、热水机组的选择，应根据不同气候区按下列原则确定

（1）较适用于夏热冬冷地区的中、小型公共建筑（详细比较见表 32.1-9）；

（2）夏热冬冷地区采用空气源热泵时，应按热负荷进行选型；不足冷量可由水冷式冷水机组提供；

办公建筑采用水冷式冷水机组与多联分体机组的能耗比较　　表 32.1-9

建筑面积 (m^2)	耗电量 (kW)	水冷式冷水机组	多联分体机组 (COP=3.6)	多联分体机组 (COP=2.4)
5000	每小时耗电	122	140	196
	供冷季耗电	175680	201600	282240
	耗电比	100%	114%	161%
10000	每小时耗电	244	280	382
	供冷季耗电	351360	403200	550080
	耗电比	100%	115%	157%
20000	每小时耗电	423	513	706
	供冷季耗电	622080	738720	1016640
	耗电比	100%	121%	167%
30000	每小时耗电	634	769	1058
	供冷季耗电	912960	1107360	1523520
	耗电比	100%	121%	169%
40000	每小时耗电	816	979	1323
	供冷季耗电	1175040	1409760	1905120
	耗电比	100%	120%	162%

注：① 水冷式冷水机组的耗电量包括机组、冷水泵、冷却水泵及冷却塔。
② 多联机组的耗电量为室外机。
③ 耗电量均以满负荷计算，供冷量按供冷期 6 个月计算。
④ 按表中多联机的 COP 和耗电量的比例关系，可测算出：COP=2.8 时，多联机比水冷式冷水机组系统多耗电 42%～53%；COP=3 时，多耗电 35%～45%；COP=3.3 时，多耗电 25%～33%。

（3）在寒冷地区，当冬季运行性能系数 COP<1.8 时，或具有集中热源、气源时，不应采用空气源热泵。

冬季运行性能系数 COP，系指在冬季室外空调计算温度下，机组的供热量与机组的输入功率的比值；COP<1.8 时，热泵的节能优势已不复存在。

2. 设计采用多联机时，应充分考虑以下问题：

（1）采用多联机的空调系统，必须同时设计配置新风和排风系统，并应考虑对排风进行热回收。

（2）多联机对再循环空气的净化能力很差，为了确保室内空气品质，保护人类健康，通常不适合用于商场、展厅、候车等人员比较密集的场所。

（3）与水冷离心式或螺杆式冷水机组相比，多联机的性能系数很低（国内大多数多联机目前的性能系数 COP=2.3～2.9，少数机型 COP=3.3～3.6，个别机型 COP=4.1），所以，不宜在大型公共建筑（如建筑面积≥20000m^2）特别是办公建筑中采用。

（4）随着冷媒管道的加长，若管径不变，则吸气压力将降低，过热度势必增加；通常过热度每增加 1℃，能效比将降低 3% 左右，因此不应盲目增加多联机冷媒输送管道的长度。

注：多联机的 COP 不高，其高效区集中在负荷的 30%～70% 区间；如用于住宅或旅馆，且采取 24h 连续运行方式时，将能取得很好的节能效果（特别在夜间）。若用于办公建筑，且集中在白天高负荷时段运行，非但不节电，反而会给电力负荷高峰"火上浇油"。

32.2 供暖系统的节能设计

表 32.2-1 汇总列出了室内供暖系统设计方面的一些具体节能措施,这些措施都是经实践验证为行之有效的。由于我国幅员辽阔,各地差异很大,因此,在进行供暖系统节能设计时,应尽可能因地制宜的选择采用,以资节约能源的消耗。

供暖设计的节能措施 表 32.2-1

序号	节 能 措 施	说 明
1	在确定供暖负荷时,应计算室内固定设备的稳定散热量	如不扣除室内固定设备的稳定散热量,供暖时,室内会出现过热,既不舒适,又浪费能量
2	在满足热环境要求的前提下,不盲目提高供暖室内计算温度	室内供暖计算温度每降低 1℃,供暖能耗可减少 5%~10%左右
3	除方案设计和初步设计阶段外,不得应用热负荷指标来估算供暖热负荷。施工图设计时,必须对每个房间进行热负荷计算	供暖热负荷指标是一种统计数据,是供方案设计或初步设计阶段估算供暖负荷用的。由于具体工程的情况千差万别,因此在施工图设计时,必须按照规范的规定对每个房间进行详细的负荷计算
4	严格贯彻国家节能指令第四号的规定,采用热水作为集中供暖系统的热媒	热水供暖能够提供较好的供热品质,在采用了相关的控制措施(如散热器恒温阀、热力入口控制、热源气候补偿控制等)的条件下,可以实现按需供应和分配,从而减少热源的装机容量,提高热源效率,避免能源的浪费
5	对于居住建筑,热水供暖系统应按照连续供暖模式进行设计,确定供暖负荷时,不应计算间歇附加	从卫生学角度考虑,晚间人们处于睡眠状态时,适当降低供暖室内计算温度,更符合健康与舒适要求;一般认为可接受的降幅为 2~4℃
6	对于仅要求在使用时间保持供暖计算温度的建筑,如办公、教室、商店、展馆、教堂等建筑,供暖系统应按照间歇供暖模式进行设计	这类建筑在非使用时段里,室温允许自然下降,因此,应按间歇供暖进行设计。 在确定供暖设备容量时,应根据需要保证室温的时间等因素计算确定间歇附加值
7	严寒地区的建筑物,冬季不宜采用空调系统热风供暖,宜另设热水集中供暖系统。寒冷地区则应经技术经济综合比较后确定	严寒地区的建筑物,冬季采用热水集中供暖系统进行供热,比利用空调系统进行热风供暖更经济、更节能
8	散热器集中供暖系统的供水温度 t (℃)与供、回水温差 Δt (℃),应符合下列规定: 采用金属管道时: $t \leqslant 95$, $\Delta t \geqslant 25$; 采用铝塑复合管时: $t \leqslant 90$, $\Delta t \geqslant 25$; 采用热塑性塑料管时: $t \leqslant 80$, $\Delta t \geqslant 20$; 地面辐射供暖时: $t \leqslant 60$℃, $\Delta t \geqslant 10$℃ (热泵机组供水时不受此限制)	限定供水温度,有利于在管材选择上贯彻"以塑代钢"的方针,有利于延长塑料管材的使用寿命,也有利于提高室内的舒适度。 保持较大的供回水温差,不仅能显著的节省输送能耗,初投资也能相应降低。 铝塑复合管应采用 XPAP 1 (PE/铝合金/PE-X)、XPAP 2 (PE-X/铝合金/PE-X)或 RPAP 5 (PE-RT/铝合金/PE-RT)(详见第 1 章表 1.7-10)
9	供暖系统宜南北向分环布置,并按朝向分别设置调控装置(南、北向各选定 2~3 个标准间,取其平均温度,作为控制对象,通过温度调节器自动改变该环路的供水量或供水温度)	实践和实测一致证明:南北向分环布置,不仅可以节省能耗,而且可有效地平衡南北向房间的室温差异,从根本上克服'北冷南热'现象。标准间应选择位于建筑物中间的房间,不应选顶层、底层或端头房间

续表

序号	节 能 措 施	说　　　明
10	选择散热器时，必须考核和比较其单位散热量的价格和金属热强度等指标	金属热强度（散热器在热媒平均温度与室内空气温度差为1℃，每1kg重金属每小时的散热量），是衡量同材质散热器节能性和经济性的主要指标
11	散热器的外表面应刷非金属性涂料	实验证明：刷非金属性涂料时，其散热量比刷金属涂料时约可增加10%左右
12	散热器应明装（不包括幼儿园、托儿所等有防烫伤要求的场合）	散热器暗装，既费钱、又费能。因为，暗装后不仅因遮挡而使散热量大幅度下降；而且，由于罩内空气温度远远高于室内空气温度，从而使室内墙体的温差传热损失大大增加
13	采用散热器供暖时，应在每组散热器的进水支管上装置散热器恒温控制阀。双管系统应采用高阻力阀；单管跨越式系统应选用低阻力阀。 恒温控制阀必须水平安装，且应避免受到阳光照射	分室控温，是供暖节能的基础；安装散热器恒温控制阀后，不仅能充分发挥行为节能的作用，进行个性化的室温设定，达到根据设定温度自动调节进入散热器的水量的目的；而且，还能充分利用室内的自由热（如照明、家电、太阳辐射等产生的热量），从而达到最大限度地节省能耗（约10%～15%左右）
14	在计算确定散热器数量时，必须扣除室内明露管道的散热量	室内明露的供、回水立管及连接散热器的支管，都稳定地向室内散发热量；在公共建筑中，有时其散热量约占基本耗热量的15%～30%左右
15	散热器应优先考虑布置在外窗下；当房间进深较大或相对两面都有外窗时，应分别在房间两面布置散热器	散热器安装在外窗下时，自然对流相对强烈，散热效率比安装在内墙上要高
16	具有高大空间的车间和公共建筑，如大堂、候车（机）室、展览厅等，宜采用高温红外线辐射供暖，充分利用辐射的作用，以节约能源消耗，提高供暖效率和舒适性； 居住建筑有条件时，宜采用低温地面辐射供暖系统，但每户建筑面积小于80m²的住宅，不宜采用低温地面辐射供暖系统	高大空间采用常规对流供暖方式供暖时，室内的垂直温度梯度很大，不但能耗加大，热的有效利用率低，还影响热环境的质量。无论高温抑低温辐射供暖，都能减小室内竖向的温度梯度和降低上部围护结构的内表面温度，较大幅度地降低能耗（约减少15%左右） 小面积户型住宅的地面遮蔽率较高，会影响加热管的布置，因此不宜采用地面辐射供暖
17	建筑物的供暖热力入口，必须设计装置楼前热量表，用以计量该楼栋的供暖耗热量，作为热费结算的依据	集中供暖系统中建筑物热力入口处的热量表，是确定该建筑物供暖耗热量的依据，所以必须安装。不过，为了减少投资，也可以根据具体情况，采取几个入口或整栋建筑合用一块热表的方案
18	集中供暖系统，必须具备住户分户热费分摊的条件；设计时应设置分户热费分摊装置或预留安装该装置的位置	量化管理是节能的重要措施，通过量化管理，可以有效地促进行为节能。 由于各地区经济条件差异很大，所以应区别对待
19	供暖热费的按户分摊，可通过下列任一途径来实现： 1) 温度法：户内主要房间设置温度传感器，通过测量室内温度，结合楼栋供热量、建筑面积等进行热费分摊。 2) 热量表法：按户设置热量表（流量表），通过测量流量和供、回水温差进行热量计量。 3) 分配表法：每组散热器设置蒸发式或电子式分配表，通过对散热器表面温度的监测结合楼栋热量表测出的供热量进行热费分摊。 4) 面积法：根据热力入口处楼前热量表的热量、结合各户面积进行热费分摊。 5) 热水表法：与方式2) 类似，但仅装水表，只测水量	"分户计量"的实质是分户热费分摊。通常，宜按下列原则考虑： 对于1～3层的别墅型独立住宅或联体住宅，以及采用地面辐射供暖系统的建筑，宜按户设置户用热量表，做到一户一表。 对于多层和高层建筑的供暖系统，宜采用温度法、热量表或热费分配表法进行热量计量； 采用分配表时，每年都需入室更换玻璃蒸发管，因此宜优先采用温度法。 入口处装设楼前热量表，楼内住户结合建筑面积进行分摊热费，这种方式的持点是简单易行、成本低、且有一定的公正性和公平性，但不利于行为节能，适宜于经济欠发达地区采用。 不论采用何种热费分摊方式，在建筑物的热力入口处，都必须装置楼前热量表，且宜采用超声波热量表

续表

序号	节 能 措 施	说 明
20	室内供暖系统的制式，宜采用双管系统。如采用单管系统，应带跨越管，或装置分配阀（H阀） 选择确定供暖制式时，应尽可能确保散热器具有较高的散热效率	选择供暖系统的制式时，应把握的原则主要是确保通过散热器的水量能够调节，能满足此基本原则的系统制式，都是可以应用的。 散热器进出水管的连接方式，对柱型、柱翼型等散热器的散热效率有较大影响，实验证明，同侧上进下出时效率最高
21	热水供暖系统各并联环路之间（不包括公共管段）计算阻力的相对差额，不应大于15%；在供回水管路上，宜安装平衡阀	水系统设置平衡装置后，可以通过对系统水力分布的调整与设定，保持系统的水力平衡，获得预期的供暖效果，减少能源浪费
22	设计机械循环热水供暖系统时，应按设计状态下供、回水温度计算水在散热器内冷却而产生的自然循环压力，一般宜取自然循环压力的2/3计算	计算水在散热器内冷却产生的自然循环压力，不仅可以减少所需的水泵扬程，降低能耗；而且，可以避免水力失调
23	热水供暖系统的水质，与供暖系统的供热效率、使用寿命和安全运行等有着密切的关系。供暖系统的水质应符合本手册第5章5.7节中的规定；在供暖入口、换热设备等的供水管上，均应设置水过滤器	建筑物热力入口的供水总管上，宜设置两级过滤装置，初级过滤器的滤径宜采用3mm；二级滤径宜采用0.65~0.75mm。 采用户用热表的居住建筑，在热表前应再设置一道滤径为0.65~0.75mm的过滤器
24	在满足系统布置、水力平衡和热量计量（分摊）的前提下，应尽可能减少建筑物供暖热力入口的数量	减少热力入口数量，不仅可以降低初投资，还能有效地减少管网压力损失

32.3 空调系统的节能设计

32.3.1 空调系统的节能措施

公共建筑的全年能耗中，暖通空调消耗的能量，大约占到50%~60%。所以，设计供暖、通风和空调系统时，应该把节能设计放到重要位置。

表32.3-1汇总列出了一些有效的节能措施和途径，设计中应结合工程具体情况因地制宜地予以推荐应用。

空调系统的节能措施　　　　　表32.3-1

序号	节 能 措 施	说 明
1	除方案设计和初步设计阶段外，不应利用负荷指标来估算空调冷/热负荷。施工图设计阶段，必须对每个房间进行热负荷与逐项逐时的冷负荷计算	供暖热负荷指标是一种统计数据，是供方案设计或初步设计阶段估算供暖负荷用的。由于具体工程的情况千差万别，因此在施工图设计时，必须按照规范的规定对每个房间进行详细的负荷计算
2	使用时间或温度、湿度等要求条件不同的空调区，不应划分在同一个空调系统中	若把使用时间或温、湿度要求不同的空调区划分在同一个空调系统中，不仅会给运行和调节造成困难；而且，不可避免地会使能耗增大

续表

序号	节 能 措 施	说 明
3	房间面积或空间较大、人员较多、或有必要集中进行温、湿度控制与管理的空调区（如大型商场、影剧院、展览厅、候机/车室等建筑），应采用全空气空调系统。 为了保证人体健康，确保室内空气品质满足国家标准《室内空气质量标准》（GB/T 18883—2002）的要求，在上列这些场合，不应采用风机盘管机组加新风的空调方式，更不适合采用变制冷剂流量多联分体式（VRV）空调系统	风机盘管机组和变制冷剂流量多联分体式空调系统，对再循环空气都缺乏有效和可靠的过滤净化功能，很难保证室内空气质量完全满足室内空气质量标准的要求，尤其是对可能吸入颗粒物的控制，缺乏有效的手段。 全空气系统不仅易于集中处理噪声和过滤净化空气，确保空气质量符合标准的各项要求，而且能方便地实现温、湿度的集中调控与管理，还能充分地利用新风的自然冷却能力，实现"免费供冷"，获得最大的节能效益、经济效益和环境效益
4	如功能上无特殊要求，全空气空调系统的空气输送，应采用单风管。	可少占用建筑空间、减少初投资、不会产生混合损失，通过风管产生的温升/温降也可减至最少
5	设计全空气空调系统时，应充分考虑新风比可调和实现全新风或最大新风量运行的可能性；且应设计相应的排风系统。新风比的控制，宜通过新回风的焓值比较实现工况自动转换	充分利用室外空气的自然冷却能力，空调系统实现全新风运行，不仅可以有效地改善空调区内空气的品质，更重要的是可以充分的利用"免费供冷"，大量节省空气处理的能耗量和运行费用。 设计相应的排风系统，是为了确保风量的平衡
6	空调系统空气处理机组的新风进口，应选择布置在无污染的环境里，在进口处必须设置能严密关闭的风阀	设置进风阀后，在非全新风运行工况下，可通过关闭风阀后对系统进行预冷或预热运行，缩短启动时的运行时间，并减少处理负荷和节省能耗
7	风机盘管机组应该具有一定的冷、热量调控能力；这样，既便于调节与控制室内温湿度，满足个性化的要求，也更有利于节能。 变流量系统宜采用电动温控阀和三档风速开关相结合的控制模式	在变水量系统中，单独采用三速开关是不合适的。因为，只有采用温控阀时，才能实现"按需供水"，实现整个水系统的变水量运行。 定流量系统可单独采用温控器直接控制风机转速的控制模式
8	采用风机盘管机组加新风空调系统时，新风应直接送入空调区，不应经过风机盘管机组后再送出	要求新风直接送入房间并分配到人员停留位置，不仅可以确保室内空气的循环次数，而且，可以有效地缩短新风的'空气龄'和提高机组的效率
9	对于每层面积较大的建筑，应结合建筑进深、朝向、分隔等因素，因势利导地划分内区（核心区）和外区（周边区），分别设计和配置空调系统；同时，要注意防止冬季室内冷、热空气的混合损失。 冬季内区的冷却，应尽量利用室外低温空气作为冷源	建筑物内区和外区的负荷特性不同，外区因有外围护结构，空调负荷随季节改变有较大的变化；内区一般需要常年供冷；因此，应分别设计和配置空调系统。这样，既便于运行管理，获得最佳的空调效果；又能够避免冷热抵消，节省能耗，降低运行费用
10	对于有较大内区，且常年稳定散发余热，而余热量又大于周边区建筑热负荷总量的1/2的建筑物，宜采用水环热泵空调系统（最新研究认为，在夏热冬暖地区，水环热泵系统也有良好的应用前景）	水环热泵空调系统，具有在建筑物内进行冷热量转移的特点，所以，在冬季可以将内区的余热转移至外区，来平衡外区的热损失。但必须注意热量的平衡，必要时应设置辅助加热装置

续表

序号	节 能 措 施	说　　明
11	人员密度较大，且变化较大的房间，设计采用新风需求控制；通常宜根据CO_2浓度对新风需求进行优化控制。在新风量变化的同时，排风量必须相应改变	优化控制的目的，是送最少的新风量来确保空调区内CO_2浓度不超标；如果新风量不随排风量相应改变，会导致空调区内压力过高或过低，造成新风不能如数送入，或室外空气侵入室内的现象
12	空调房间内局部热源的散热量，应尽可能通过局部排热系统就地排除； 空调系统不宜从吊顶内直接回风，尤其是位于顶层的房间，更不应该如此	通过就地排热，可以防止由于局部热源散热带来不必要的空调负荷； 直接由吊顶内回风，容易造成污染物交叉传播，还可能增大空调系统的能耗，尤其是顶层房间
13	当建筑物内区需常年供冷；或在同一个空调系统中，各空调区的冷、热负荷差异和变化大、低负荷运行时间较长，且需要分别控制各空调区参数时，宜采用变风量（VAV）空调系统	变风量空调系统具有控制灵活、卫生、节能等特点，它既能根据空调负荷的变化，自动调节送风量，减少空气处理能耗；同时，随着风量的减少，输送能耗也相应减少，所以，具有双重的节能作用。一般情况下，VAV系统可比CAV系统节能50%左右
14	设计变风量空调系统时，输送空气的通风机，应采用变频调速的调节方式	通风机变风量的途径和方法很多，从节能效果来衡量，最理想的是变频调速方式
15	建筑物空间高度$H \geqslant 10m$、体积$V > 10000m^3$时，宜采用分层空调系统	分层空调系统，仅对室内下部空间进行空调，所以，供冷时所需的冷量，比常规全空气空调系统可以节省30%左右；而且，初投资也可降低
16	条件合适时，空调系统的空气分布，应推广采用下送风方式，如置换通风和地板送风模式，且应充分利用室外空气进行免费供冷	下送风时，特别是置换通风型送风模式，具有送风效率高、空气龄短、送风温度高等特点，其制冷能耗费用比混合式通风可节省20%~50%
17	空调系统输送空气的动力，与压力和流量的乘积成正比，而压力与流速的平方成正比，流量与温差则成反比。因此，在根据h-d图的处理过程确定送风温差Δt_s时，通常应取可能的最大值，而空气流速则不宜过大。 采用上送风方式时，一般可按以下规定采用： 当送风高度≤5m时，$\Delta t_s \geqslant 5℃$； 当送风高度>5m时，$\Delta t_s \geqslant 10℃$	送风温差加大一倍，送风量可减少一半，风系统的材料消耗和投资可减少40%左右。在$\Delta t_s = 4$~$8℃$时，每增加1℃，送风量可减少10%~15%左右。因此，应降低一些湿度要求，加大送风温差，这样能取得很好的节能效果。 不过应该注意，加大送风温差，往往涉及冷水机组的运行工况、气流组织及温度场的分布等问题，设计时应进行综合分析与比较
18	同一个空气处理系统中，除特殊需要外（如多区域再热和恒温恒湿空调系统），应避免同时有加热和冷却过程出现	同时有加热和冷却过程出现，必然存在冷热抵消现象，因此，肯定是既不经济，又不节能的，设计中应该尽量避免
19	空调系统不应采用土建风道作为送、回风管道来输送空气	土建风道不仅热容量大，且存在很多隐患，特别是漏风和通过风道壁的热质传递都很严重，不仅浪费能量，而且影响空调效果
20	符合下列条件之一时，宜设计排风热回收装置： ● 送风量≥3000m^3/h的直流式空调系统，且新风与排风的温度差≥8℃时； ● 新风量≥4000m^3/h的空调系统、且新风与排风的温度差≥8℃时； ● 设有独立新风与排风的系统	排风中所含能量十分可观，回收利用可取得很大的经济效益和环境效益。 对热量回收，不应单纯地从经济因素方面考虑，必须提高到减少温室气体排放，保护地球、造福子孙这个高度

续表

序号	节能措施	说明
21	热回收装置额定的冬季显热回收效率,在名义工况条件下不应低于60%	根据实测,不论是在南方沿海地区,还是"三北"地区,热回收效率能达到65%~70%左右
22	间歇运行的空调系统,应设置根据预定时间进行最优启停功能的控制装置;一般宜根据室内外条件和房间特性自动决定启停时间,以便达到最大限度的节能	最常见的启停时间控制方式,是在系统预定使用前30min启动空气处理机组,同时关闭新风风阀,进行预冷(热),预冷(热)结束后,开启新风风阀;预定结束使用时间之前15~30min关闭机组,停止运行
23	有人员长时间停留但未设置集中新风、排风系统的空调区,若采用再循环空气处理机组如分体机、多联机时,宜在各空调区内分别设置带热回收功能的双向换气装置	根据《室内空气质量标准》的规定,必须按要求提供新风,如要向室内送入新风,就必须从室内排出相应数量的空气,否则新风就不可能如数送入。采用双向换气装置,可同时解决新风、排风和热回收问题
24	空气过滤器的选配,应遵循以下要求: ● 粗效:初阻力=50Pa(粒径5μm,效率:80%>E>20%),终阻力=100Pa; ● 中效:初阻力=80Pa(粒径1μm,效率:70%>E>20%),终阻力=160Pa	参数引自《空气过滤器》(GB/T 14295—1993)。对于全空气空调系统,选配空气过滤器时,必须注意空气过滤器的过风面积,应能满足全新风节能运行时的需要
25	在气候比较干燥的西部和北部地区如新疆、青海、西藏、甘肃、宁夏、内蒙古、黑龙江的全部、吉林的大部分地区、陕西、山西的北部、四川、云南的西部等地,空气的冷却过程,应优先采用直接蒸发冷却、间接蒸发冷却或直接蒸发冷却与间接蒸发冷却相结合的二级(三级)冷却方式。 有关蒸发冷却空调系统与冷水机组的详细介绍,见本手册第21.10.4、22.4、22.8节	利用间接蒸发冷却供冷装置,通过采用逆流换热、逆流传质减小不可逆损失,从而得到较低的供冷温度和较大的供冷量。提供低于空气湿球温度的冷水,作为消除室内余热(降温)的高温(低于20℃)冷却介质。 在理想情况下,间接蒸发冷却装置冷水的出口温度可接近进口空气的露点温度,而不是湿球温度。 在实际情况下,由于受室外空气含湿量与换热面积等因素的制约,冷水温度会比露点温度高
26	为了最大限度地节省输送能耗,空调系统划分不应过大,且应尽可能以水代气进行能量的传输	在标准状态下,水的比热是空气的4.2倍左右,而水的比容只有空气的1/773左右,即每1m³水能比同容积的空气多携带3000多倍冷热量
27	空调冷水系统,应尽可能采用闭式循环	闭式循环水系统,不仅初投资比开式系统低,输送能耗也少,而且,由于与空气隔绝,所以不易腐蚀
28	只要求按季节进行供冷或供热转换的空调系统,应采用2管制水系统	2管制水系统不仅初投资低,而且,能耗也比4管制省得多
29	当建筑物内有些空调区需常年供冷,有些空调区则随季节改变、供冷和供热交替转换时,宜采用分区2管制水系统。 有关"分区2管制"的系统模式,请参见本手册第26章26.3.1节	'分区2管制',是一种根据建筑物的负荷特性,在冷热源机房内预先将空调水系统分为专供冷冻水和冷热合用的两个2管制系统,分别送至空气处理器的供水方式。其初投资、运行费和能耗量都低于4管制系统
30	通常,复式泵水系统的能耗都高于单式泵水系统,所以,空调系统的冷/热水输配系统,应尽量优先采用单式泵(一次泵)供水系统模式	大量调查和统计表明:冷水系统的水泵耗电量(P_P)与电制冷冷水机组的耗电量(P_R)之比,单式泵系统$P_P/P_R=20\%\sim37\%$左右;复式泵系统$P_P/P_R=31\%\sim55\%$左右。复式泵系统比单式泵系统平均高18%左右,因此,应尽量采用单式泵系统

续表

序号	节 能 措 施	说 明
31	在确保系统运行安全、可靠的前提下,空调水系统可采用一次泵变流量模式;冷水循环水泵采用变频调速方式。 设计一次泵变流量系统时,必须与冷水机组生产企业进行密切合作	随着制冷技术的改进和控制技术的发展,通过冷水机组的水量,已由过去的必须保持恒定发展至允许有较大幅度的变化,从而,为一次泵变流量运行创造了条件;变频调速则可获得最大的节能效益
32	空调水系统的定压和膨胀,应优先采用高位水箱方式	高位水箱定压,不仅最经济、可靠,而且,也是最节能的方法
33	当有低温冷源(水温 $t<7℃$)可利用时,应采用低温送风空调系统	采用低温送风空调系统时,风系统的输送能耗可节省30%~40%左右;占用的建筑面积和空间大幅度减少,并有可能减少建筑层高
34	在不明显降低冷机效率的前提下,应尽可能加大供、回水温度差,如由常规的 $\Delta t=5℃$,加大至 $\Delta t=7\sim10℃$	供、回水温度差越大,循环水量越小,水泵能耗也越少
35	应综合考虑冷却塔回水温度设定值对冷水机组耗电和冷却塔风机的影响(吸收式冷水机组尚需考虑防结晶要求)	冷却塔的出水温度应接近室外空气的湿球温度,进入冷却塔的空气湿球温度,一般不应高于室外环境湿球温度1℃
36	多台冷却塔并联运行时,应力求使水量在各冷却塔之间均匀分布;同时,冷却塔风机宜采用变风量调节	冷却塔风机全部采用变风量调节,多开启冷却塔风机,保持低速运行,能充分利用冷却塔的换热面积
37	多台冷却塔并联使用且采用风机台数控制时,每台冷却塔应设置水阀	设置水阀后,可以关闭不工作冷却塔的水路,防止冷却水在不工作的冷却塔旁通
38	对具有需要全年供冷内区的水—空气(风机盘管加新风)空调系统,在室外空气的焓值低于室内空气设计焓值的时段里,可利用冷却塔为空调系统提供冷水,提前停运冷水机组	在长江以北地区利用冷却塔供冷,节能效果十分明显,节能率可达到10%~25%左右。 利用冷却塔为空调系统提供冷水的方法,一般有直接供冷与间接供冷两种模式,其系统图如图32.3-1和图32.3-2所示
39	集中空调系统,应采用计算机监控技术,其内容包括参数检测、参数与设备运行状态显示、自动调节与控制、工况自动转换、能量计量、中央监控与管理……	采用计算机控制技术,能提高管理水平,实现科学管理,在保证空调环境质量和降低运行成本的基础上,最大限度地节约能源,取得明显的社会效益和经济效益
40	面积大于20000m²的全空气空调建筑,空调系统、通风系统以及冷、热源系统,宜采用直接数字控制(DDC)系统	DDC系统在设备及系统控制、运行管理等方面有较大的优越性,同时,能够取得很好的节能效果。DDC系统的控制功能很强,将其他机电设备的监控纳入同一系统,能对整个建筑机电系统的运行管理带来方便
41	间歇运行的空调系统,宜设自动启停控制装置;控制装置应具备按预定时间进行最优化启停的功能	为了达到最大限度的节省能,在保证使用期间满足要求的前提下,应尽量提前系统运行的停止时间,推迟系统运行的启动时间
42	空调风系统应满足下列基本控制要求: ● 空气温、湿度的监测与控制; ● 变新风比的焓值控制; ● 过滤器超压报警或显示; ● 设备运行状态的监测与故障报警; ● 盘管的防冻保护	空气温、湿度控制和监测,是空调风系统的基本要求。 为了充分利用新风的冷却去湿能力,应设计采用变新风比的控制策略。通过对室内、外空气焓值的比较,调节新风、回风和排风风阀的开度,控制和改变新风比

续表

序号	节 能 措 施	说 明
43	空调冷却水系统应满足下列基本控制要求： ● 冷水机组运行时，冷却水最低回水温度的控制； ● 冷却塔风机运行台数或风机转速的控制； ● 利用冷却塔供应空调冷水时（冷水机组停止运行）的供水温度控制； ● 通过控制离子浓度法或定时法，实现排污控制	冷却水的进水温度越低，冷水机组的能效比越高，越有利于节能。但是，为了保证冷水机组的正常运行，冷却水有最低温度的限制，为此，必须对冷却水水温实施控制。控制方法通常有调节冷却塔风机的运行台数、调节冷却塔风机的转速或调节旁通流量（在供回水总管间设置旁通电动调节阀）等
44	空调冷、热源系统，应满足下列控制要求： ● 对系统冷/热量的瞬时值和累计值进行监测，冷水机组优先采用由冷量优化控制运行台数的方式； ● 冷水机组/热交换器、水泵、冷却塔等设备的连锁启停； ● 对供、回水温度及压差进行监测、控制； ● 设备运行状态的监测与故障报警； ● 有条件时，对冷水机组的出水温度进行优化设定	目前多数工程采用总回水温度来控制机组的运行台数，由于冷水机组的最高效率点通常位于机组的某一部分负荷区段，因此采用冷量控制的方式比采用温度控制的方式更有利于机组在高效率区段运行而节能，是当前最合理和节能的方式。 台数控制的基本原则是： ● 设备在高效率区运行； ● 相同型号设备的运行时间基本相等； ● 满足负荷侧低负荷运行的需求。 当楼宇自控系统与冷水机组控制系统可实施集成时，可根据室外空气状态在一定范围内对冷水机组的出水温度进行再设定优化控制
45	装机容量较大、数量较多、规模较大的工程项目，当多台冷、热源设备并联运行时，应设计采用根据负荷变化实行合理的群控措施，使每台冷热源设备均在合理的负载率下运行	机房群控是冷、热源设备节能运行的一种有效方式。由于有些冷水机组在某部分负荷段运行时的效率高于设计工作点的效率，因此简单地按容量大小来确定运行台数并不一定是最节能的方式
46	根据建筑使用规律和具体情况，周期性的自动改变室内温度的设定值，对室内温度进行自动再设定调节	例如晚上睡眠时、午餐和午休时，适当升高（供冷时）或降低（供暖时）室内温度；尤其是下午临近下班时，设定值可从设计值开始逐渐向接近室外温度方向变化，这样，可取得显著的节能效果
47	室内温湿度基数不需要保持全年固定不变的舒适性空调系统，可采用变设定值的控制方式 冬季加热加湿至舒适区下限，夏季冷却去湿至舒适区上限，在过渡季节里，采用设定区控制方式 — 室内温湿度在舒适区的上、下限范围内浮动	详见图32.3-3所示
48	为了最大限度地满足和保持舒适效果，并节省能源消耗，舒适性空调系统宜采用以室内温度设定值为主，根据室外气象参数来修正室内温度设定值的再设方式	再设控制的室内设定温度，与室外气象参数有确定的关系，如图32.3-4所示。 由于湿度对人体舒适感的影响比温度小，所以，通常只要限定夏季：$\phi \leqslant 60\% \sim 70\%$；冬季：$\phi \geqslant 30\% \sim 40\%$，湿度不必考虑再设
49	根据室外温度的变化，对室内温度的设定值进行优化调节和浮动控制	室内温度不保持固定值，而根据室外温度的变化，在舒适区域内浮动，可以节省能耗15%～20%左右

续表

序号	节 能 措 施	说　　明
50	必要时，可采取对新风进行集中除湿处理，使其含湿量降至等于室内空气的含湿量	传统的恒温恒湿空调系统，几乎无例外的都是采用"露点温度控制加再加热"模式，若按本条措施执行，则可以节省由于再加热而造成的能耗
51	由于排除室内余湿与排除 CO_2、异味所需要的新风量与变化趋势相一致，因此，可以通过新风同时满足排除余湿、CO_2 与异味的要求；排除室内余热的任务则通过其他的系统实现。 在条件适合时，可采用温、湿度独立控制空调系统（采用温度与湿度两套独立的空调系统，分别控制、调节室内的温度与湿度），从而避免常规空调系统中温、湿度联合处理带来的能量损失，并能充分的利用和发挥高温冷水、天然冷源、"免费"供冷等节能优势	温湿度独立控制空调系统的基本组成是：处理显热的系统与处理湿度的系统，两个系统独立调节，分别控制室内的温度与湿度。 处理显热的系统包括：高温冷源、消除余热的末端装置，以水作为媒介。由于不承担除湿任务，供水温度可提高至 16～18℃ 左右。 处理余湿的系统（同时承担去除 CO_2、异味）由新风处理机组、送风末端装置组成，以新风作为输送能量的媒介。 典型的配置模式如"平顶辐射供冷/热＋新风"
52	采用复式泵的空调水系统，其二次泵应采用变频调速控制，转速宜通过定压差方式进行控制。 变频水泵的配置，宜采用"一泵多机"模式，即一台水泵对应数台冷水机组	采用变速控制比台数控制更节能。压差信号可取二次环路中主供、回水管道的压力信号；也可取二次环路中各个远端支管上有代表性的压力信号，前者距离近，易实现，后者的压差更接近末端的使用要求，节能效果更好
53	地下停车库通风系统，宜根据使用情况对通风机设置启停或运行台数控制；或根据 CO_2 浓度进行自动控制（CO_2 浓度可取 $3\sim5\times10^{-6}\mathrm{m}^3/\mathrm{m}^3$）	对居住区、办公楼等车辆出入有明显峰谷的车库，宜采用按时间程序控制风机启停的方式；峰谷不明显的车库，宜采用根据 CO_2 浓度自动控制风机的启停或运行台数
54	排除余热为主的通风系统，宜设置温控装置，根据室内温度控制通风设备的运行台数或转速	做到按实际需要进行通风排热，避免运行上的盲目性
55	采用集中空调系统的建筑，宜分建筑、分楼层、分区域、分用户或分室的实现热量计量	实行量化管理，不仅能降低能耗，还能够大大提高能源管理水平
56	采用冷凝温度控制法，以冷凝器出水温度作为控制变量，间接控制冷凝温度，对冷却水循环泵进行变流量调节	在冷却水出口处安装温度传感器，将此温度与保证机组安全运行所需的出水温度上限值进行比较，在保证流量不小于允许最小流量的前提下，尽可能减少水量
57	空调系统冷/热水的输送，应优先采用无规共聚聚丙烯（PP-R）塑铝稳态复合管	PP-R 塑铝稳态管的沿程阻力小，管壁热阻大，应用塑铝稳态管可以有效地减少系统的沿程阻力，减少无效热损失
58	采用分散式房间空调器进行空调和采暖时，应优先选择采用能效等级为 1 级和 2 级的产品，不应采用低于 4 级的产品（详见本手册第 19.4.2 节）	国家标准《房间空气调节器能源效率限定值及节能评价值》（GB 12021.3—2004）中规定，能效等级 1 级和 2 级的产品为节能型产品，5 级为将要淘汰的产品
59	设计采用制冷量大于 7000W、电机驱动压缩机的单元式空调机（热泵）、风管送风式和屋顶式空调（热泵）机组时，应优先选择采用能效等级为 1 级和 2 级的节能型产品，不应采用低于 4 级的产品（详见本手册 19.4.2 节）	国家标准《单元式空气调节机能源效率限定值及能效等级》（GB 19576—2004）中规定，能效等级 1 级和 2 级的产品为节能型产品，5 级为将要淘汰的产品

续表

序号	节 能 措 施	说　　　明
60	水冷式、风冷式或蒸发冷却式冷水机组，应优先选择采用能效等级为1级和2级的节能型产品，不应采用低于4级的产品（详见本手册第19.4.2节）	国家标准《冷水机组能效限定值及能源效率等级》（GB 19577—2004）中规定的能效等级1级和2级的产品为节能型产品，5级为将要淘汰的产品
61	为了保持各房间的温度可调，在满足使用要求的基础上，避免部分房间的过冷或过热而带来的能源浪费。 采用全空气直接膨胀风管式空调机时，宜按房间设计配置风量调控装置	当投资允许时，可以考虑变风量系统的方式（末端采用变风量装置，风机采用变频调速控制）；当经济条件不允许时，各房间可配置方便人工使用的手动（或电动）调节装置，风机是否调速则需要根据风机的性能分析来确定
62	加强对设备和风管的绝热处理，并应做好隔汽层和保护层 注：当绝热层采用自身带有隔汽性的闭孔材料时，可以不必再做隔汽层和保护层	风管表面积比水管要大得多，其管壁传热引起的冷热量损失通常超过送风冷量的5%以上，因此，必须加强绝热处理
63	空调系统的用电量，宜分项单独计量，一般应按下列对象分项： ● 电制冷冷水机组的用电量； ● 空调冷水系统循环泵的用电量； ● 冷却水系统循环泵的用电量； ● 冷却塔风机的用电量； ● 空气处理机组风机的用电量； ● 供暖系统循环泵的用电量； ● 单台功率大于3kW的送、排风机等设备的用电量。 空调系统分项用电量的数据，应录入分项计量统计数据库	分项单独计量，有利于分别核算能耗和对制冷机的运行性能系数、水泵的运行效率、风机的运行效率、水系统的输送系数、全空气系统的输送系数和冷站能效比等进行评价与考核。 分项计量的方法： 直接计量　用电能表直接计量，固定时间间隔记录用电量； 间接计量　记录各设备运行时间和平均用电功率，计算该设备的用电量； 时间分段　对于以电驱动制冷为主的蓄冷空调系统，应采用分时（即峰、谷、平时段）电价的计量方法

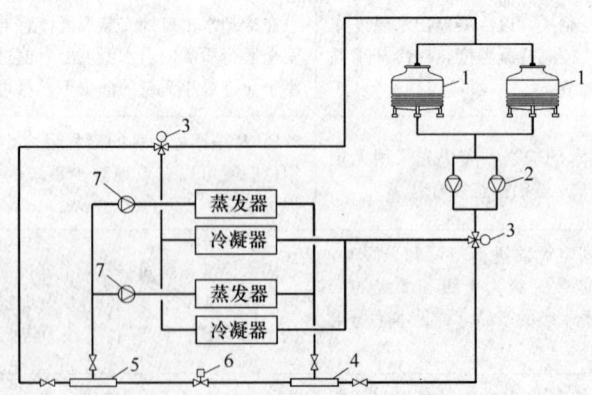

图32.3-1　冷却塔直接供冷系统
1—冷却塔；2—冷却水泵；3—电动三通调节阀；4—分水器；
5—集水器；6—压差控制阀；7—冷水循环泵

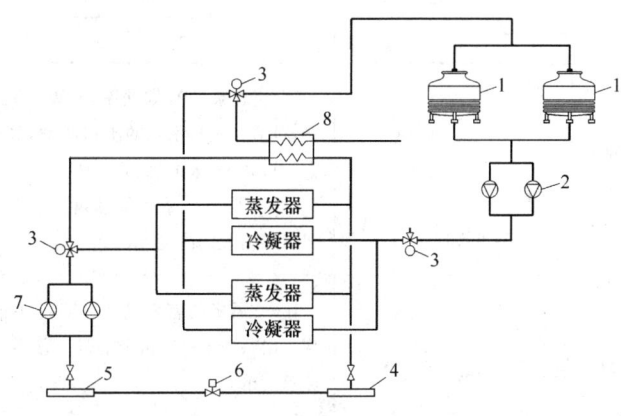

图 32.3-2 冷却塔间接供冷系统
1—冷却塔；2—冷却水泵；3—电动三通调节阀；4—分水器；
5—集水器；6—压差控制阀；7—冷水循环泵；8—板式换热器

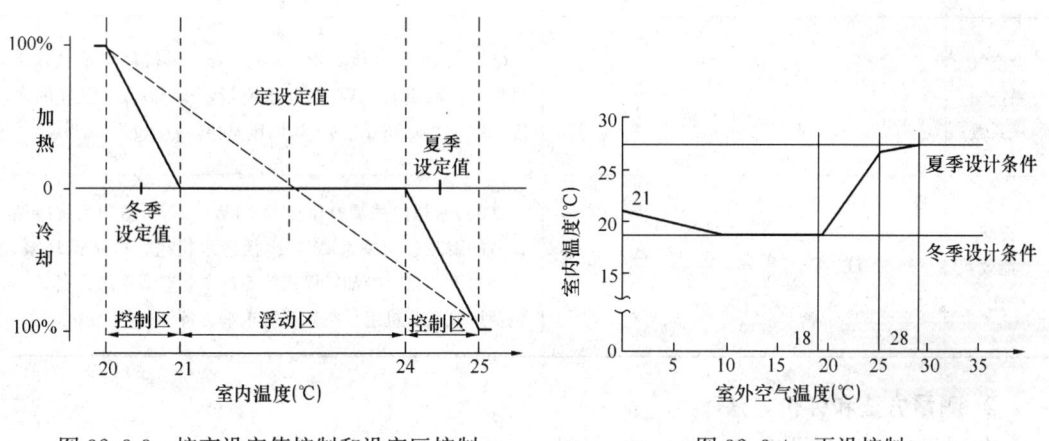

图 32.3-3 按变设定值控制和设定区控制　　　图 32.3-4 再设控制

32.3.2 空调系统的节能评价指标及评价方法

1. 评价指标

空调系统的评价指标，主要有制冷机的运行性能系数、水泵的运行效率、风机的运行效率、水系统的输送系数、全空气系统的输送系数和冷站能效比等，它们的定义、计算公式见表 32.3-2。

空调系统的评价指标及其定义　　　　　表 32.3-2

指标	定义及计算公式	备注
运行性能系数	在运行工况下制冷量与其消耗能量之比： $$COP = \frac{c_p \cdot \rho \cdot G \cdot \Delta t}{N_c \cdot 3600}$$	c_p—水的比热，取 4.187kJ/(kg·℃)；ρ—水的密度，取 1000kg/m³；G—冷水瞬时流量，m³/h；Δt—冷水的供回水温差，℃；N_c—冷机的输入能量，kW

续表

指标	定义及计算公式	备注
水泵运行效率	$\eta_p = \dfrac{W_p}{N_p}$ $= \dfrac{(p_o - p_i + \rho \cdot g \cdot \Delta z)G}{3.6 \times 10^6 N_p} \times 100\%$ $\dfrac{p_o - p_i}{g} + \Delta z = H$（水泵扬程）	W_p—水泵的有效功率，kW；N_p—水泵电机的输入功率，kW；p_o—水泵的出口压力，Pa；p_i—水泵的进口压力，Pa；ρ—水的密度，取1000kg/m³；G—冷水瞬时流量，m³/h；g—重力加速度，取9.81m/s²；Δz—水泵进出口压力表的高度差，m
风机运行效率	$\eta_F = \dfrac{W_F}{N_F}$ $= \dfrac{\Delta P \cdot L}{3.6 \times 10^6 N_F} \times 100\%$	W_F—风机的有效功率，kW；N_F—风机电机的输入功率，kW；ΔP—风机前后的全压差，Pa；L—风机的体积流量，m³/h
水系统输送系数	$ATF = \dfrac{Q}{N_p}$ $Q = \dfrac{\rho \cdot G \cdot \Delta h}{3600}$	Q—水系统干管输配的总冷（热）量，kW；N_p—水系统干管循环水泵的耗电量，kW；G—循环水的瞬时流量，m³/h；Δh—供回水焓差，kJ/kg
全空气系统输送系数	$ATF = \dfrac{Q}{N_F}$ $Q = \dfrac{\rho \cdot L \cdot \Delta h}{3600}$	Q—输配的冷（热）量，kW；N_F—风机耗电量（含送风机、排风机），kW；L—送风量，m³/h；ρ—空气的密度，取1.2kg/m³；Δh—送回风焓差，kJ/kg
冷站能效比	$ECP = \dfrac{Q}{\Sigma N} = \dfrac{c_p \rho \cdot G \cdot \Delta t}{3600 \times \Sigma N}$	Q—冷水机组的瞬时供冷量，kW；ΣN—空调系统冷站设备的瞬时总功率，kW，包括冷水机组、冷水循环泵、冷却水循环泵、冷却塔风机等冷站主要空调系统设备，不包括风机盘管机组、空调箱等末端设备

2. 测量方法和评价方法

各项指标的测量要求和评价方法，详见表32.3-3。

各项指标的测量要求和评价方法　　　表32.3-3

指标	测量要求	评价方法
运行性能系数	Q：冷水侧的瞬时能量，可直接由热量表测得，也可由G和Δt算出； G：用超声波流量计在冷水总管上测出冷水的瞬时流量； Δt：在冷水供回水总管上分别测出供回水温度，然后相减； N_c：对于电制冷，可用分项计量电表或电功率计测量其瞬时耗电量。对于热力制冷，应测量其瞬时热介质或燃料量，并按热值折算出瞬时热量消耗量	遵照《冷水机组能效限定值及节能评价》（GB 10577—2004）进行，参见本手册表19.4-6。 为了核定测量的准确性，应测量冷却水侧热量，进行能量平衡校核。当不平衡率$\delta < 10\%$时，可以认为测量结果可靠。 $\delta = \dfrac{Q_c - Q - N_c}{Q_c} \times 100\%$ 冷却水侧的瞬时能量（也可直接由热量表测得）：$Q_c = \dfrac{c_p \cdot \rho \cdot G_c \cdot \Delta t_c}{3600}$ G_c—冷却水的瞬时流量，m³/h； Δt_c—冷却水的供回水温差，℃

续表

指标	测 量 要 求	评 价 方 法
全空气系统输送系数	Q：直接由热量表测得，或由 G 和 Δt 计算求得； N_F：通过分项计量的电量表或功率计测得； Δh：在送回风管路上分别测量空气的焓值，然后相减得出； L：风机流量，应采用压差计或热球风速仪在气流稳定的风管中测得断面平均风速，再乘以风管截面积得到	全空气系统的输送系数，是衡量输送能耗高低的重要指标，主要与送回风焓差和风机的实际工作效率相关。它反映了全空气系统输配能耗的大小，输送系数越大，说明运行调节越好。 供冷时，对变频风机，该指标的理想值为15；对定速风机，该指标的理想值为8
风机运行效率	应保持各处风阀开度正常的情况下进行测量。如风机可变频，且无法测量全工况的平均值，则应在定频状况下测量	推荐值为50%与风机额定效率的0.85倍之间的低值，风机运行效率偏低说明风机与风系统阻力特性不匹配，或者风机与电机间的传动系统效率偏低，应予以调整或更换
水系统输送系数	Q：直接由热量表测得，或由 G 和 Δt 计算求得； G：用超声波流量计在空调水管上测得； Δt：在供回水管上分别测出供回水温度，然后相减； N_P：通过分项计量的电量表或由功率计测得	水系统输送系数，是衡量输送能耗高低的重要指标，主要与循环水的控制温差、水泵的实际工作效率相关。它反映了空调水系统输配能耗的大小，其值越大，说明运行调节越好。 供冷时，对可变频的水泵，该指标的参考值为30~55；对定速泵，该指标的参考值为25~40
水泵运行效率	如无法测量全工况的平均值，可在典型工况下（即实际运行过程中最常出现的冷水机组开启台数、水泵开启台数、工作频率及各处水阀开度下的工况）进行测量。 若水泵为变频调速泵，则测量应在定频状态下进行	推荐值为60%与水泵额定效率的0.85倍之间的低值，水泵运行效率偏低说明水泵与水系统阻力特性不匹配，应调整或更换
冷站能效比	Q：参见冷水机组性能系数（COP）的测量要求； ΣN：采用分项计量电表或电功率计，读取冷水机组、冷水循环泵、冷却水循环泵、冷却塔风机等冷站主要空调系统设备瞬时功率，相加得出； 若冷源为热力制冷，则其功率包括机组耗电与热量/燃料消耗率折合成等效发电量两部分。 不同热介质/燃料折合等效发电量系数，见表32.3-4	冷站能效比，是衡量空调系统效率高低的重要指标，它综合反映了所有制冷和输配设备在系统中的表现。瞬时空调系统能效比在合理的范围，说明在典型工况下空调系统整体运行效率较高；全制冷季空调系统能效比在合理的范围，说明空调系统在部分负荷下也有较好的表现。 冷站能效比的参考值为2.2~4.0

不同热介质/燃料折合等效发电量系数　　　　　表 32.3-4

热介质/燃料	蒸汽/热水	天然气	柴 油
单 位	kg	m³	kg
折合等效电/度	热源不同，应回溯一次能源，再按发电效率折算	5.0	5.93

3. 注意事项

由于受实际使用状况、内热扰与气候条件、空调系统的构成等诸多因素的影响，实际建筑物中空调系统的运行工况是复杂而多变的，因此，评价、衡量与考核一个空调系统实际运行状况的好坏，不应该只取一个点的工况进行判断，而应综合考虑全工况下的运行情况。为此，各项指标均应取一个完整供冷季的平均值进行评价。由于各项指标给出的只是瞬时值的测算方法，其平均值应按等时间间隔的连续的瞬时值或各类计量表测得的积分值计算。

为了便于操作，一般可把指标的取值时间定为一段连续时间，如一天、一周或一个月，或者测量几个时间点取其平均值。

32.3.3 风机的单位风量耗功率

为了提高空调风系统的输送效率，风机的最大单位风量耗功率（W_S）必须小于表32.3-5的规定值。

风机的最大单位风量耗功率（W_S） 表32.3-5

系统型式	办公类建筑		商业、旅馆类建筑	
	粗效过滤	粗、中效过滤	粗效过滤	粗、中效过滤
两管制定风量空调系统	0.42	0.48	0.46	0.52
四管制定风量空调系统	0.47	0.53	0.51	0.58
两管制变风量空调系统	0.58	0.64	0.62	0.68
四管制变风量空调系统	0.63	0.69	0.67	0.74
普通机械通风系统	0.32			

注：① 普通机械通风系统中，不包括厨房等需要特定过滤装置的通风系统。
② 严寒地区需增加空气预加热器时，或采用低温送风空调系统时（由于往往需要采用8排的空气冷却器），单位风量耗功率可增加 0.035W/（m³·h^{-1}）。
③ 当AHU内采用湿膜加湿器时，单位风量耗功率可增加 0.053W/（m³·h^{-1}）。

要达到表32.3-5的要求，应关注以下要点：

- 空调机房应尽可能靠近服务区域，以缩短风管的长度。
- 风系统的服务区域不宜过大，办公建筑中，空调风管的长度不应超过90m；商场与旅馆建筑中，空调风管的长度不应超过120m。
- 风机的全压必须通过计算确定，严禁不负责任的估算，避免输送能量的浪费。
- 空气通过空气冷却器和空气加热器的面风速不宜超过2.5m/s；风速过大，不仅风阻增大，而且，空气冷却器后还必须增设挡水板，又要额外增加阻力。
- 有条件时，应尽可能选择采用直联驱动的通风机，因为这时的传动效率为100%。
- 选择采用高效率的通风机和电动机。
- 采用低阻力的空气过滤器，同时，确保过滤器有足够的过滤面积，特别是要注意校核最大新风比时所需的过滤面积。

32.4 能量回收装置

32.4.1 概述

1. 主要名词术语

空气—空气能量回收通风装置（air-to-air energy recovery ventilation equipment）带有独立的风机、空气过滤器，可以单独完成通风换气、能量回收功能，也可以与空气输送系统结合完成通风换气、能量回收功能的装置，习称能量回收机组或热回收机组。

空气—空气热交换器（air-to-air heat exchanger）将排风中的热（冷）量传递给送风的热转移设备，习惯称热回收器，也称能量回收部件（air-to-air energy recovery components）。

新风出风（leaving supply airflow）经过热交换器之后的送风气流。

新风进风（entering supply airflow）进入热交换器之前的送风气流。

排风进风（entering exhaust airflow）进入热交换器之前的排（回）风气流。

排风出风（leaving exhaust airflow）经过热交换器之后的排（回）风气流。

压力降（pressure drop）（Δp）新风进口气流与新风出口气流之间的静压差，也称静压损失。

2. 设置能量回收装置的目的

- 减小供热（冷）装置的容量；
- 减少诸多设备如制冷和供热设备、空气处理设备、水泵、管路等的投资；
- 减少全年的能源消耗量；
- 降低运行费用；
- 减少对环境的污染，减少温室气体的排放，保护环境，保护地球。

《公共建筑节能设计标准》（GB 50189—2005）明确规定：设有集中排风的建筑，在新风与排风的温差 $\Delta t \geqslant 8℃$ 时：当新风量 $L_0 \geqslant 4000 m^3/h$ 的空调系统，或送风量 $L_S \geqslant 3000 m^3/h$ 的直流式空调系统，以及设有独立新风和排风的系统，宜设置排风热回收装置。并规定排风热回收装置的额定热回收效率不应低于60%。

利用热回收装置回收排风中的热能，能取得显著的节能效益、经济效益和环境效益。应用不同型式热回收器时的经济分析如表32.4-1所示。

采用不同型式热回收器时的经济分析（万元/年）　　　表32.4-1

热回收装置的类型	初投资	效率（%）	风机电费	年维护费用	年节省费用	回收年限（年）
板翅式	204.00	60	0	0	88.44	2.31
转轮式	331.50	70	12.00	0.8	137.01	2.51
热管式	214.20	65	0	0	95.24	2.25

注：引自赵建成、周哲．排风热回收系统在工程中的应用．《建筑科学》2006年第22卷第6期 p.70。

根据最新的研究（殷平：新型板式全热交换器研制 — 经济分析．《暖通空调》2006

年第36卷第3期p.53），得出的结论为："当全热交换器的全热交换效率超过60%，单位风量的价格低于RMB 8元/(m³/h)时，空调系统增设全热交换器的总投资不会增加，甚至可能减少，经济效益显著"。

3. 能量回收装置的型号与规格 — 国标通用型号表示法

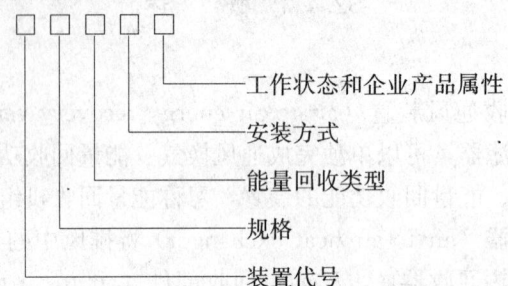

标准规定具体装置规格型号内容应不少于本规定，顺序可调整。

示例：

- 装置代号—热回收装置（AERVE）；热回收器（AEREE）。
- 规格—热回收装置采用名义风量，m³/h；热回收器采用外形尺寸。
- 能量回收类型—全热型（QR）；显热型（XR）。
- 安装方式—落地式（LD）、吊装式（DZ）、壁挂式（BG）。
- 能量回收形式—旋转式：转轮式（XZ-Z）、通道轮式（XZ-T）。静止式：板式（JZ-B）、板翅式（JZ-C）、热管式（JZ-R）、液体循环式（JZ-Y）、溶液吸收式（JZ-X）。

4. 能量回收装置的分类（表 32.4-2）

能量回收装置的分类　　　　　表 32.4-2

依 据	分 类	特 征
风 量	小 型	名义新风量 $L \leqslant 250\text{m}^3/\text{h}$
	中 型	名义新风量 $250\text{m}^3/\text{h} < L \leqslant 5000\text{m}^3/\text{h}$
	大 型	名义新风量 $L > 5000\text{m}^3/\text{h}$
能量回收类型	全 热 型	通过传热与传质过程，同时回收排风中的显热与潜热
	显 热 型	通过表面传热，回收排风中的显热量
工作状态	静 止 式	装置自身没有转动部件
	旋 转 式	装置自身带有转动部件如转轮，在旋转过程中将排风中的显热与潜热转移给新（进）风
热交换器类型	转 轮 式	采用经特殊加工的纸、喷涂氯化锂的金属或非金属膜等加工成蜂窝状转轮，通过传动装置使转轮不停地低速旋转，并让进、排风分别流过转轮的上、下半部，进行全热交换
	液体循环式	利用分别安装在进、排风管中的盘管换热器，借助水泵与中间热媒，通过不停地循环，将排风中的显热传递给新风
	板 式	进、排风之间以隔板分隔为三角形、U 形等不同断面形状的空气通道，进、排风通过板面进行显热交换，是一种典型的显热型热回收装置

续表

依据	分类	特征
热交换器类型	板翅式	与板式基本相同,区别仅在于作为进、排风之间分隔与热交换用的材质不同,板式热回收器一般采用仅能进行显热交换的铝箔,而板翅式通常采用经特殊加工的纸或膜
	溶液吸收式	以具有吸湿、放湿特性的盐溶液(溴化锂、氯化锂、氯化钙及混合溶液)为循环介质,通过溶液的吸湿和蓄热作用在新风和排风之间传递能量和水蒸气,实现全热交换
	热管式	利用热管元件,通过其不断的蒸发—冷凝过程,将排风中的能量传递给进风,实现不断的显热交换

5. 热回收装置的性能比较(表 32.4-3)

空气—空气热回收装置的性能比较　　　　表 32.4-3

项目	热回收装置的类型					
	转轮式	液体循环式	板式	热管式	板翅式	溶液吸收式
能量形式	显热或全热	显热	显热	显热	全热	全热
芯体材质	金属或非金属	金属	金属	金属	非金属	溶液
效率种类	温度或焓	温度	温度	温度	焓	焓
热交换效率(%)	50～85	55～65	50～80	45～65	50～70	50～85
迎面风速(m/s)	2.0～5.0	1.5～3.0	1.0～5.0	2.0～4.0	1.0～3.0	1.5～2.5
压力损失(Pa)	100～300	150～500	100～1000	150～500	100～500	150～370
排风泄漏量(%)	0.5～10	0	0～5	0～1	0～5	0
初投资	中	低	中	高	较低	较高
运动部件	有	有	无	无	无	有
适用风量	较大	中等	较小	中等	较小	中等
维护保养	较难	容易	较难	容易	困难	适中
对气体含尘的要求	较高	中	较高	中	高	低
对气体的其他要求	温度及腐蚀性	一般	腐蚀性	一般	温度	溶解和化学反应
适用对象	风量较大且允许排风与新风间有适量渗漏的系统	新风与排风热回收点较多且比较分散的系统	仅有显热可以回收的一般通风系统	含有轻微灰尘或温度较高的通风系统	需要回收全热且气体较清洁的系统	需回收全热并对气体有除尘和净化作用的系统

6. 热交换效率

能量回收装置性能的优劣，一般以其处理风量、静压损失、出口静压、输入功率、热交换效率、有效换气率、内/外部漏风率等性能指标来评价，其中最主要的指标是热交换效率。

有关效率问题，ARI Standard 1060-2005 规定：用于空气—空气能量回收通风装置中的空气—空气热交换器的显热、潜热或全热效率，可用下列通式描述：

$$\eta = \frac{G_s \cdot (X_1 - X_2)}{G_{\min} \cdot (X_1 - X_3)} \tag{32.4-1}$$

式中 G——质量流率，kg/s；

X——干球温度（显热效率），℃、绝对湿度比（潜热效率），kg/kg 或比焓（全热效率），J/kg；

min——排风与送风的最小值；

s——送风；

1、2、3——所处位置的编号。

显然，热交换效率（热回收效率）就是：气流在热回收器中实际获得的工况改变量与理论上最大可能改变量的比值。

若假设新风量等于排风量，并令：

t——温度，℃；

d——含湿量，kg/kg；

h——比焓，kJ/kg；

11——能量回收装置进口处排风进风的工况；

12——能量回收装置出口处排风出风的工况；

21——能量回收装置进口处新风进风的工况；

22——能量回收装置出口处新风出风的工况。

根据以上假设及图 32.4-1 所示，可列出热交换效率的下列三种表达形式：

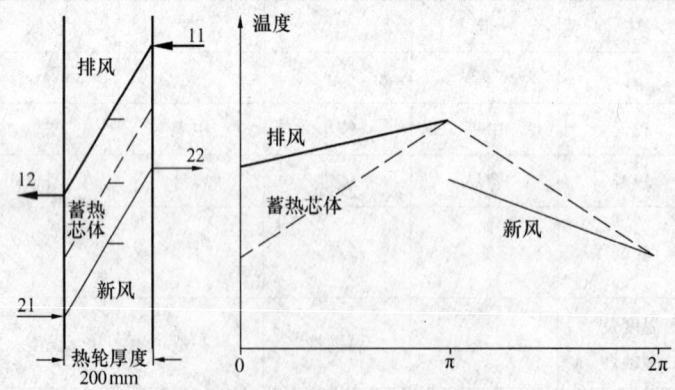

图 32.4-1 温度的变化状态

（1）显热（温度）效率 η_t（%）：对应新、排风风量下，新风进、出口温度差与新、排风进口温度差的比值，即

$$\eta_t = \frac{t_{22} - t_{21}}{t_{11} - t_{21}} \times 100\% = \frac{t_{21} - t_{22}}{t_{21} - t_{11}} \times 100\% \tag{32.4-2}$$

(2) 潜热（湿度）效率 η_d（%）：对应新、排风风量下，新风进、出口含湿量差与新、排风进口含湿量差的比值，即

$$\eta_d = \frac{d_{22} - d_{21}}{d_{11} - d_{21}} \times 100\% = \frac{d_{21} - d_{22}}{d_{21} - d_{11}} \times 100\% \quad (32.4\text{-}3)$$

(3) 全热（焓）效率 η_h（%）：对应新、排风风量下，新风进、出口焓差与新、排风进口焓差的比值，即

$$\eta_h = \frac{h_{22} - h_{21}}{h_{11} - h_{21}} \times 100\% = \frac{h_{21} - h_{22}}{h_{21} - h_{11}} \times 100\% \quad (32.4\text{-}4)$$

在已知处理新风量 G_x（kg/s）的条件下，根据热回收装置前、后新风的比焓差，可按下式求出回收的冷/热量 Q（kW）：

夏季 $\qquad Q = G_x \cdot (h_{21} - h_{22})$ \qquad (32.4-5)

冬季 $\qquad Q = G_x \cdot (h_{22} - h_{21})$ \qquad (32.4-6)

7. 名义工况（Ratingcondition）

热回收装置（器）的性能参数，一般是根据名义工况确定的，名义工况的条件如表 32.4-4 所示。

空气—空气热回收器的名义工况　　　　　表 32.4-4

项　目		排风进口		新风进口	
		干球温度（℃）	湿球温度（℃）	干球温度（℃）	湿球温度（℃）
供冷工况的热回收效率		27.0	19.5	35.0	28.0
供热工况的热回收效率		21.0	13.0	5.0	2.0
风量、输入功率		14~27	—	14~27	—
静压损失、出口静压		14~27	—	14~27	—
凝露	供冷工况	22	17	35	29
	供热工况	20	14	−5	14
	供热工况※	20	14	−15	

32.4.2 转轮式热回收器

1. 转轮式热回收器的构造及工作原理

(1) 构造　转轮式热回收器的外形结构如图 32.4-2 所示。

转轮式热回收器的核心部件是转轮，它以特殊复合纤维或铝合金箔作载体，覆以蓄热吸湿材料而构成；并加工成波纹状和平板状形式，然后按一层平板、一层波纹板相间卷绕成一个圆柱形的蓄热芯体。在层与层之间形成了许多蜂窝状的通道，这就是空气流道（见图 32.4-3）。在流道中，气流呈层流流动状态，所以，空气中携带的干燥污染物和颗粒物不易沉淀在转轮中。另外，通过气流方向不断地交替改变，也保证了自我清洁达到最佳效果。

转轮固定在箱体的中心部位，通过减速传动机构传动，以 10r/min 的低转速不断地旋转，在旋转过程中让以相逆方向流过转轮的排风与新风，相互间进行传热、传质，完成能量的交换过程。

空气过滤器的设置，应根据空气质量确定；如排风中含有非常粗糙的粒子、尘状黏性

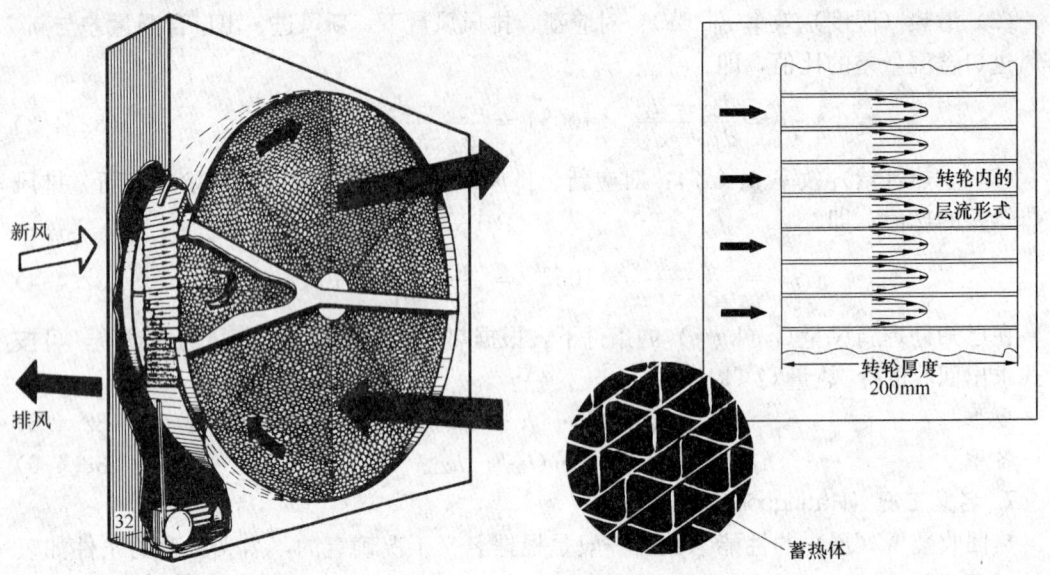

图 32.4-2 转轮式热回收器　　　　图 32.4-3 空气流道

和油污的污染颗粒时,应在转轮排风侧的上游设置空气过滤器。

转轮热回收器可以用压缩空气、水、蒸气和特殊清洗剂进行清洗。

(2) 双清洁扇面　为了确保气流的分开,并防止气体、细菌、颗粒物等在转轮转动中从排风混流至新风中,标准的热回收器装有双清洁扇面,如图 32.4-4 所示。

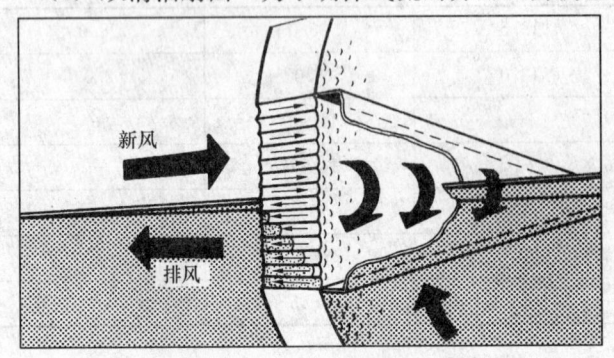

图 32.4-4　双清洁扇面

测试表明:采用双清洁扇面后,运行时排风混流至新风的比率为 0.013%。为了确保清洁扇面的正常运行,新风和排风之间的压力差至少应保持 200Pa。

在更小压力差、负压或全年有回风的系统中,可以不用双清洁扇面。

在转速为 10r/min、额定迎面风速 2.5m/s 时,空气的泄漏量大约为 2%~4%。

2. 分类及性能特点（表 32.4-5、表 32.4-6）

转轮式热回收器的分类　　　　表 32.4-5

分类依据		分 类 内 容
回收能量形式		显热、全热
芯体材质	非金属类	全热型:难燃纸质、纤维体、离子树脂 显热型:陶瓷
	金属类	● 覆吸湿涂层的抗腐蚀铝合金箔（ET 型） ● 耐腐蚀、耐高温铝合金箔（PT 型） ● 覆塑料涂层的耐腐蚀铝合金箔（KT 型） ● 纯铝箔（RT 型） ● 铝合金或不锈钢箔（EH 型） ● 覆吸湿剂的铝金箔（PT 型）

续表

分类依据	分 类 内 容
耐腐蚀级别	普通型、耐腐蚀型、强耐腐蚀型
转轮用途	以热回收为主的转轮采用有/无吸湿能力的吸附剂 以除湿为主的转轮采用吸湿能力强的吸附剂，如氯化锂、分子筛、活性硅胶等
组成功能	直流式（仅回收）、新风式（回收处理）、空调式（回收加回风再处理）

注：摘引自德国 GEF Thermal Division Rototherm GmbH 产品技术手册。

转轮式热回收器的性能特点　　　　　表 32.4-6

转轮类型	ET 型	RT 型	PT 型	KT 型
吸湿性能	有	无	无	无
回收能量形式	全热	显热（潜热）	显热	显热（潜热）
热回收量	高	低	低	低
耐腐蚀性	差	一般	较好	好
适用温度	≤70℃	≤70℃	≤300℃	≤160℃
适用场所	常规舒适性通风空调系统	人员密集公共场所的舒适性通风空调及普通工业通风系统	高温通风系统，如厨房、印染、干燥等场所	腐蚀通风系统，如游泳馆、电镀车间等

注：①表中的潜热，是指当排风温度低于露点温度时才存在的潜热量。
②摘引自德国 GEF Thermal Division Rototherm GmbH 产品技术手册。

3. 运行方式

（1）转轮作为蓄热芯体，新风通过显热型转轮的一个半圆，排风同时逆向通过转轮的另一个半圆。排风将热量释放给蓄热芯体，排风温度降低，芯体的温度升高。

（2）冷的新风接触到热的蓄热芯体时，由于存在温度差，芯体将热量释放给新风，新风温度升高。

（3）夏季降温运行时，处理过程相反。

（4）在全热型转轮热回收器中，在热转移的同时，还有湿转移。这是因为排风中水蒸气的分压力，高于蓄热芯体表面涂层的分压力，所以，排风中的水蒸气被涂层吸附。

（5）随着转轮的旋转，吸湿后的转轮芯体转入转轮的另一半圆部分（新风进入段），由于新风的水蒸气分压力低于芯体表面涂层，因此，水蒸气由芯体涂层向新风转移。

4. 转轮式热回收器的控制

通过不同的配置，可以实现各种控制功能；表 32.4-7 列举了四种典型的控制方式：

转轮式热回收器的典型控制方式　　　　　表 32.4-7

序号	控制方式	实 施 途 径	备 注
1	恒定送风温度	温度传感器②检测到的送风温度，在比例式温度控制器中与设定值进行比较，根据比较结果通过 rotomatic①（转轮控制器）调节转轮传动电机的转速，使送风温度保持恒定	见图 32.4-5
2	恒定露点温度	温度传感器②检测到的喷水室后的空气露点温度，在比例式温度控制器中与设定值进行比较，根据比较结果通过 rotomatic①（转轮控制器）调节转轮传动电机的转速，使露点温度保持恒定	见图 32.4-6

续表

序号	控制方式	实施途径	备注
3	通过温度比较进行能量回收	在热回收器的新风和排风入口处,分别设置温度传感器②;在夏季当新风温度高于排风温度时(冬季状况则相反),温差控制器通过rotomatic①(转轮控制器)指挥热回收器以最大转速投入运行	见图32.4-7
4	通过焓值比较进行能量回收	在热回收器的新风和排风入口处,设置焓值传感器③,分别测量排风与进风的焓值,在夏季当新风焓值高于排风焓值时(冬季状况则相反),焓值控制器②通过rotomatic①(转轮控制器)指挥热回收器以最大转速投入运行	见图32.4-8

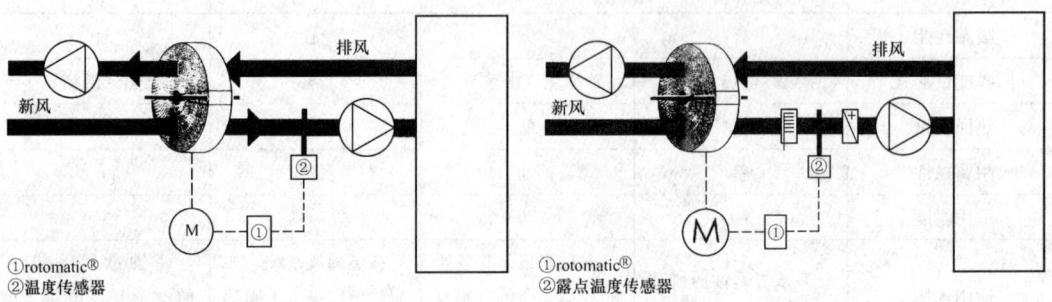

图32.4-5 恒定送风温度　　　　　图32.4-6 恒定露点温度

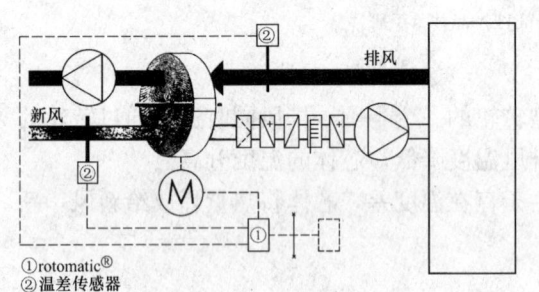 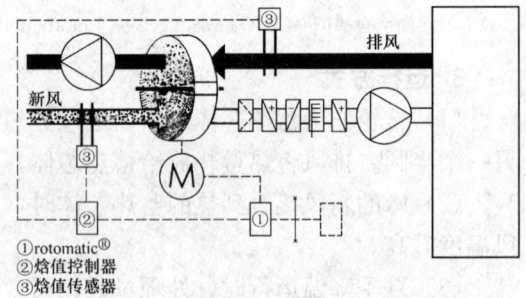

图32.4-7 通过温度比较进行能量回收　　　图32.4-8 通过焓值比较进行能量回收

5. 转轮式热回收器的选择要点

(1) 由图32.4-9可知,空气流过转轮的迎面风速越大,热回收效率越低;反之,效率越高。一般认为应保持迎面风速 $v_y = 2 \sim 3 \text{m/s}$。

(2) 由图32.4-9还可以看出,转轮式热回收器的热回收效率,随着转轮转速的降低而降低;当转速 $n \geq 10 \text{r/min}$ 时,显热效率几乎已不再变化;而且,潜热(湿度)效率的变化与显热(温度)效率的变化并不一致。通常宜取 $n = 10 \text{r/min}$。

(3) 转轮单位体积的换热表面积,称为比表面积。比表面积愈大,热回收效率愈高。不过,随着比表面积的增大,空气流过转轮时的阻力也增大,一般认为经济的比表面积为 $2800 \sim 3000 \text{m}^2/\text{m}^3$。

(4) 为了做到经济合理,新风量和排风量宜相等。若排风量大于新风量20%以上时,宜采用旁通风管调节。

(5) 过渡季节热回收器不运行的系统,应设置旁通风管,以减少压力损失,节省

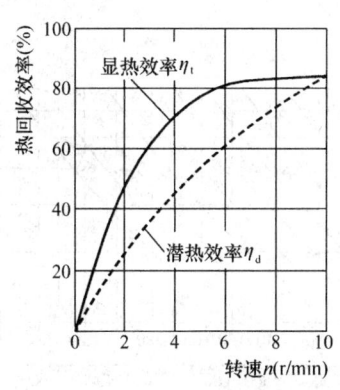 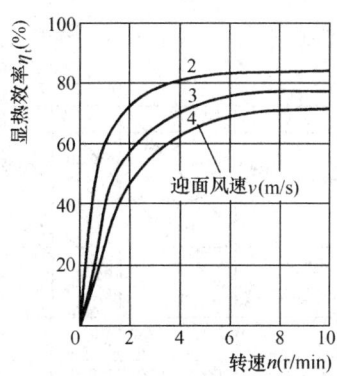

图 32.4-9 转速、迎面风速与热回收效率的关系

能耗。

（6）转轮的空气入口处，宜设计装置空气过滤器。

（7）在严寒和寒冷地区应用时，必须对转轮芯体内是否会结霜、结冰进行校核。一般认为，若 $(t_{11}+t_{21})/2 \geqslant 0℃$，则不会发生结霜、结冰现象。

（8）新风机和排风机的位置，可以有四种布置形式，不同布置形式时的特点如表 32.4-8 所示。

新风机和排风机的不同布置及其特点　　表 32.4-8

布置形式	风机位置		特点说明
	新风机	排风机	
1	出风侧	出风侧	进入热回收器的气流分布十分均匀；可确保新、排风之间的正确的压差，泄漏风量最少；必要时，可在转轮上游的排风管上设置一节流风阀，用以控制压力差
2	进风侧	出风侧	泄漏风量多，但不存在排风漏入新风中的危险；为了防止过多的空气通过双清洁扇面而增加不必要的风机输出功率，应避免压力差过高；这时，宜减小双清洁扇面的尺寸（采用这种布置时，有滑封是有益的）
3	进风侧	进风侧	泄漏风量比（2）少，比（1）多；通常只有在允许回风漏入新风中时才采用；很难获得足够的压力差来确保双清洁扇面的最佳运行
4	出风侧	进风侧	泄漏风量多，一般仅限于在所有运行中，允许排风泄漏入新风中时才采用；不需要双清洁扇面

（9）当风机布置在不同位置时，所需风量如图 31.4-10 所示。

（10）扫气量标准值包括了泄漏风量，作为新风入口处（P21）和排风出口处（P12）压力差的函数，它可由图 32.4-11 查得。

（11）转轮的自洁效果，是通过新风入口（P21）与排风出口（P12）间的压力差来保证的。为了确保双清洁扇面的正

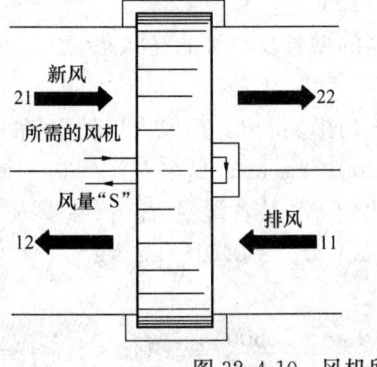

所需风机风量
风机布置在21处　OA+S
风机布置在22处　OA
风机布置在11处　EA
风机布置在12处　EA+S

OA=正常新风量
EA=正常排风量
S=所需增加的扫气量和泄漏量

图 32.4-10　风机所需风量

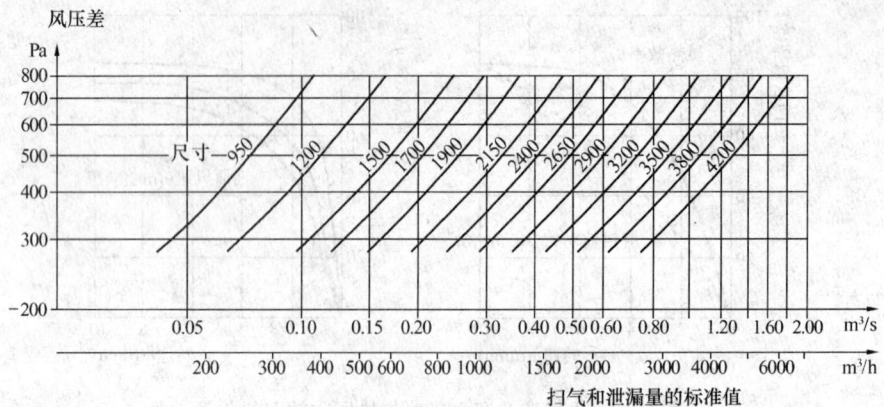

图 32.4-11　不同压差时扫气量的标准值

常运行,要求保持:(P21)-(P12)≥200Pa。不过,压力差也不能太大,压力差过大了,会使过多的空气流过双清洁扇面,导至风机输出功率的增加。

(12) 转轮长期不工作时,会因局部吸湿过量而导致转轮芯体的不平衡;因此,宜设计定时控制,使转轮每间隔一定时段,自动启动作短暂运行。

6. 转轮式热回收器的选择计算步骤

(1) 根据排风和新风的特点,选择合适的热回收器类型;

(2) 依据新风量结合推荐的迎面风速 v_y,通过选型图(图 32.4-12、图 32.4-13 或图 32.4-14)或性能表(表 32.4-9)选择确定热回收器的规格及外形尺寸;

(3) 按照所选定热回收器的规格及计算风量比 R,查取所选热回收器的热交换效率 η 与转轮的压力损失 ΔP;

(4) 根据迎面风速 v_y 和热回收效率 η,确定转轮的转速 n;

(5) 根据热回收效率 η,计算处理后空气的参数;

(6) 计算回收的热量;

(7) 计算并选择确定热回收装置的其他配套设备如送风机、排风机、过滤器等。

7. 转轮式热回收器的选用示例

【例】　已知条件:大气压力 $P=101.33$kPa;排风量 $L_p=55500$m³/h;排风温度 t_{11} 及相对湿度 φ_{11}:冬季 $t_{11}=26℃,\varphi_{11}=70\%$;夏季 $t_{11}=27℃,\varphi_{11}=70\%$;新风量 $L_x=50000$m³/h;新风温度 t_{21}、相对湿度 φ_{21} 及湿球温度 t'_{21};冬季 $t_{21}=-5℃,\varphi_{21}=67\%$;夏季 $t_{21}=35.2℃,t'_{21}=26℃$。

要求:确定热回收器的型号及空气的终状态。

【解】

(1) 由湿空气的 $h-d$ 图,得出:新风入口处空气的比焓 h_{21} 及含湿量 d_{21}:冬季 $h_{21}=-0.92$kJ/kg,$d_{21}=0.0017$kg/kg;夏季 $h_{21}=80.34$kJ/kg,$d_{21}=0.0175$kg/kg。

排风入口处空气的比焓 h_{11} 及含湿量 d_{11}:冬季 $h_{11}=63.96$kJ/kg,$d_{11}=0.0148$kg/kg;夏季 $h_{11}=67.34$kJ/kg,$d_{11}=0.0157$kg/kg。

(2) 确定计算风量比:

$$R=\frac{L_p}{L_x}=\frac{55500}{50000}=1.11,\quad \frac{1}{R}=\frac{1}{1.11}=0.90$$

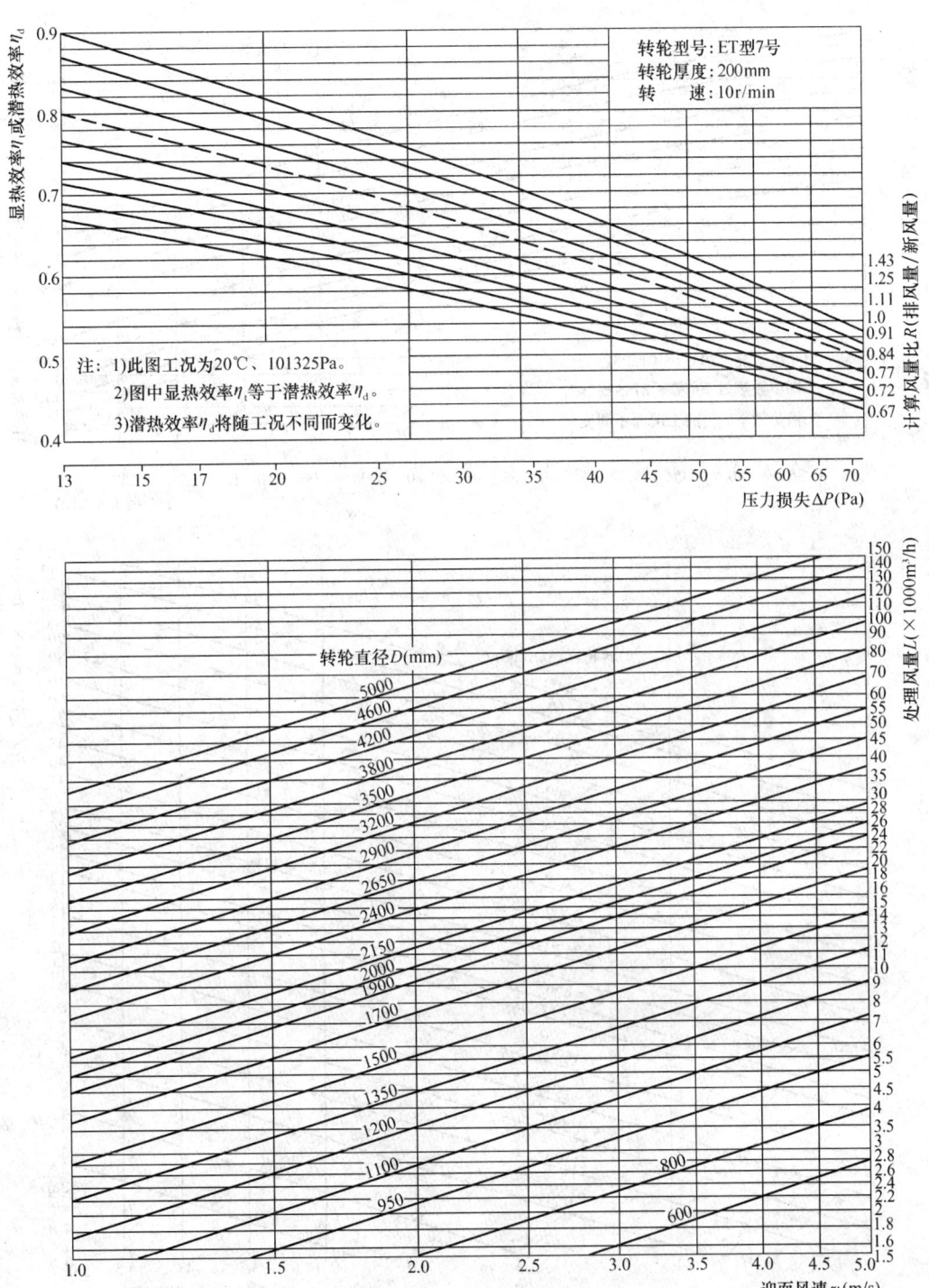

图 32.4-12　RotothermET 型 7 号转轮热回收装置选型图

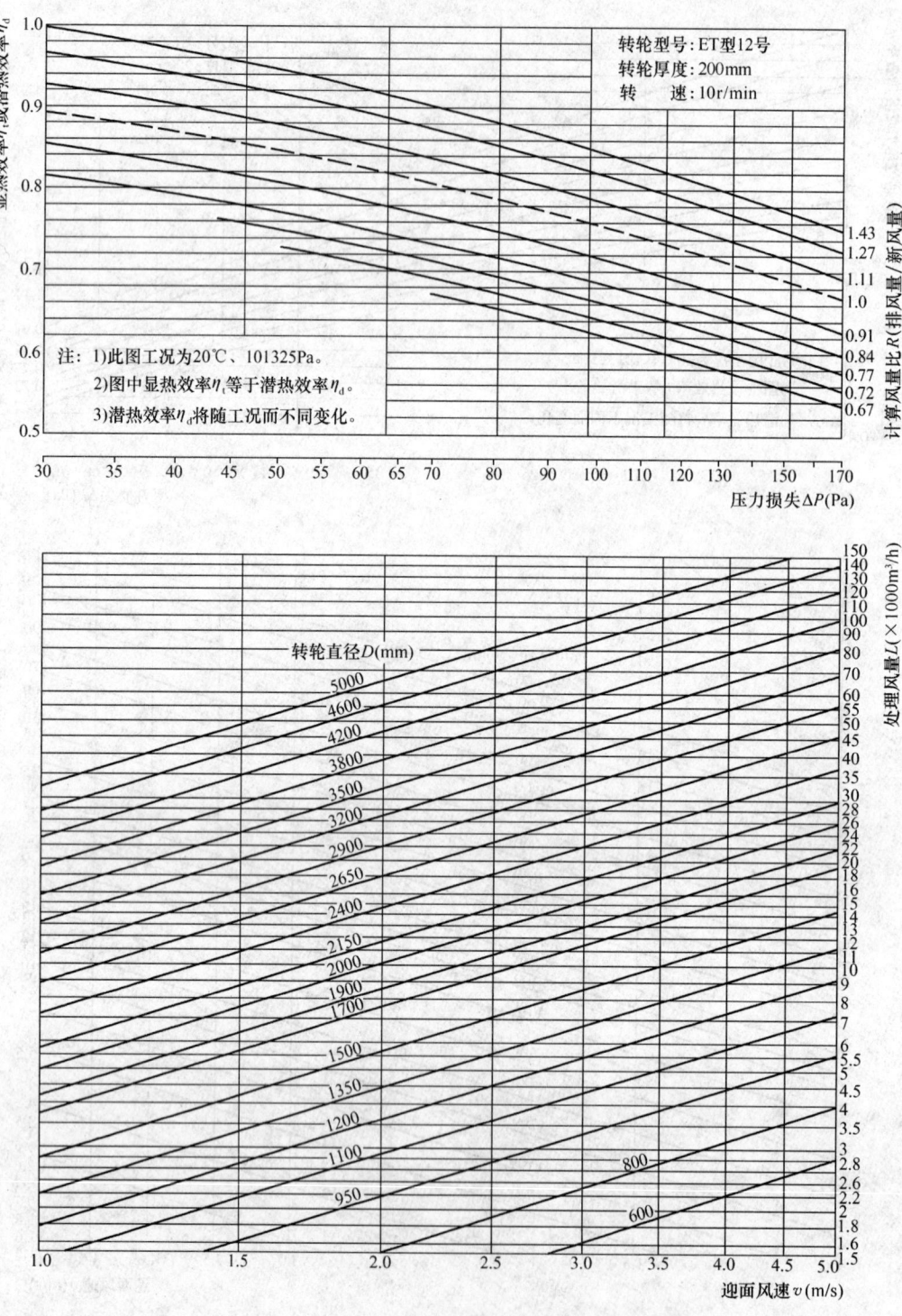

图 32.4-13　Rototherm ET 型 12 号转轮热回收装置选型图

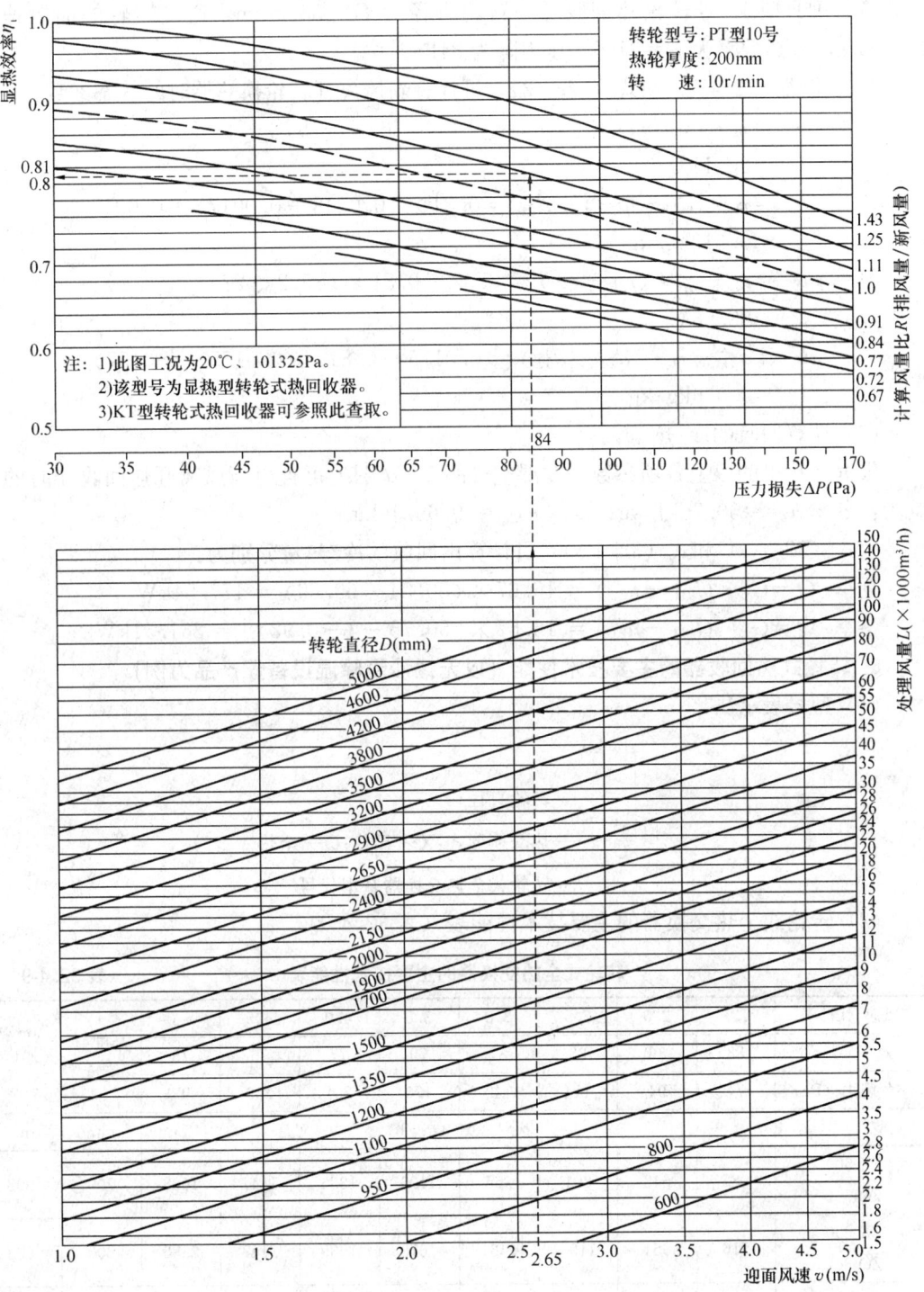

图 32.4-14 Rototherm PT 型 10 号转轮热回收装置选型图

(3) 根据新风量、推荐的迎面风速和求出的风量比 $1/R=0.90$，由图 32.4-14 可知，可以选择 PT 型 10 号转轮热回收器：转轮直径为 $D=3800\mathrm{mm}$，通过转轮的面风速为 $2.65\mathrm{m/s}$，显热效率为 $\eta_t=81\%$，压力降为 84Pa。

(4) 由式（32.4-1）和式（32.4-2），可计算新风离开转轮换热器时的状态参数：

冬季 $t_{22} = \eta_t \cdot (t_{11} - t_{21}) + t_{21} = 0.81 \times [26-(-5)] + (-5)$
$= 20.11℃$

$d_{22} = \eta_t \cdot (d_{11} - d_{21}) + d_{21} = 0.81 \times (0.0148 - 0.0017) + 0.0017$
$= 0.012 \mathrm{kg/kg}$

夏季 $t_{22} = t_{21} - \eta_t \cdot (t_{21} - t_{11}) = 35.2 - 0.81 \times (35.2 - 27)$
$= 28.56℃$

$d_{22} = d_{21} - \eta_t \cdot (d_{21} - d_{11}) = 0.0175 - 0.81 \times (0.0175 - 0.0157)$
$= 0.016 \mathrm{kg/kg}$

(5) 计算回收的冷/热量：

根据计算出的以上各项参数，在湿空气的 $h-d$ 图上可查得新风离开热回收器时的比焓为：冬季 $h_{22}=50.76\mathrm{kJ/kg}$；夏季 $h_{22}=69.69\mathrm{kJ/kg}$。

由式（32.4-4）和式（32.4-5），可计算出回收的冷/热量分别为：

夏季 $Q = G_x \cdot (h_{21} - h_{22}) = 16.67 \times (80.34 - 69.69) = 177.54 \mathrm{kW}$

冬季 $Q = G_x \cdot (h_{22} - h_{21}) = 16.67 \times [50.76 - (-0.92)] = 861.51 \mathrm{kW}$

8. 转轮式热回收器的主要技术性能（以无锡沙漠除湿设备厂产品为例）

(1) 型号表示法

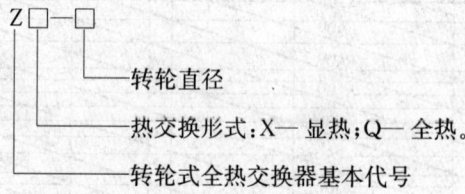

(2) 转轮式全热交换器的主要技术性能表（表 32.4-9）

转轮式全热交换器的主要技术性能表　　　　表 32.4-9

风速 (m/s)	1.5	2.0	2.5	3.0	3.5	4.0	4.5	5.0	高度与宽度	厚度
效率 (%)	88	86	83	81	79	77	76	75		
空气阻力 (Pa)	74	94	114	142	170	201	239	300		
型 号	\multicolumn{8}{c}{风 量 (m³/h)}	mm	mm
ZX-500 ZQ-500	482	643	804	965	1126	1286	1447	1608	700	508
ZX-600 ZQ-600	716	954	1193	1431	1670	1909	2147	2386	800	508
ZX-700 ZQ-700	991	1322	1652	1983	2313	2644	2974	3305	850	508
ZX-800 ZQ-800	1309	1746	2182	2619	3055	3492	3928	4365	950	508

续表

型号	风量 (m³/h)								mm	mm
ZX-900 ZQ-900	1670	2227	2783	3340	3897	4453	5010	5567	1030	508
ZX-1000 ZQ-1000	2073	2764	3455	4146	4837	5528	6219	6910	1130	508
ZX-1100 ZQ-1100	2518	3358	4197	5036	5876	6715	7555	8394	1230	508
ZX-1200 ZQ-1200	3006	4008	5010	6012	7014	8016	9018	10020	1330	508
ZX-1300 ZQ-1300	3536	4715	5893	7072	8251	9430	10608	11787	1430	508
ZX-1400 ZQ-1400	4109	5478	6848	8217	9587	10956	12326	13695	1530	508
ZX-1500 ZQ-1500	4724	6298	7873	9447	11022	12596	14171	15745	1630	508
ZX-1600 ZQ-1600	5831	7175	8968	10762	12556	14394	16143	17937	1730	533
ZX-1700 ZQ-1700	6081	8108	10132	12162	14190	16215	18242	20269	1830	533
ZX-1800 ZQ-1800	6823	9097	11372	13646	15920	18195	20469	22743	1930	533
ZX-1900 ZQ-1900	7608	10143	12679	15215	17751	20287	22823	25359	2030	533
ZX-2000 ZQ-2000	8435	11246	14058	16869	19681	22492	25304	58115	2130	533
ZX-2200 ZQ-2200	10216	13621	17026	20432	23837	27242	30648	34053	2330	533
ZX-2400 ZQ-2400	12167	16222	20278	24334	28389	32445	36500	40556	2630	584
ZX-2600 ZQ-2600	14287	19066	23812	28575	33337	38100	42862	47625	2830	584
ZX-2800 ZQ-2800	16578	22104	27629	33155	38681	44207	49733	55269	3000	584
ZX-3000 ZQ-3000	19038	25383	31729	38075	44421	50767	57113	63458	3200	584
ZX-3200 ZQ-3200	21667	28889	36112	43334	50556	57779	65001	72223	3400	584

续表

型号	风量（m³/h）							mm	mm
ZX-3400 ZQ-3400	24466	32622	40777	48932	57088	65243	73399	81554	3600	584
ZX-3600 ZQ-3600	27435	36580	45725	54870	64015	73160	82305	91450	3800	584
ZX-3800 ZQ-3800	30573	40765	50956	61147	71338	91529	91720	101912	4000	584
ZX-4000 ZQ-4000	33882	40175	56469	67763	79057	90351	101645	112939	4200	584
ZX-4200 ZQ-4200	37359	49812	62266	74719	87172	99625	112078	124531	4400	584
ZX-4400 ZQ-4400	41007	54676	68345	82013	95682	109351	123020	136689	4600	584
ZX-4600 ZQ-4600	44824	59765	74706	89648	104589	119530	134471	149413	4800	584
ZX-4800 ZQ-4800	48810	65081	81351	97621	113891	130161	146431	162702	5000	584
ZX-5000 ZQ-5000	52967	70622	88278	105934	123589	141245	158900	176556	5200	584

注：摘引自无锡沙漠除湿设备厂样本。

32.4.3 液体循环式热回收器

1. 工作原理与流程

液体循环式热回收器，习惯上也称为中间热媒式热回收器或组合式热回收器，它是由装置在排风管和新风管内的两组"水—空气"热交换器（空气冷却/加热器）通过管道的连接而组成的系统。为了让管道中的液体不停地循环流动，管路中装置有循环水泵。

在冬季，由于排风温度高于循环水的温度，空气与水之间存在温度差；所以，当排风流过"水—空气"换热器时，排风中的显热向循环水传递，因此，排风温度降低，水温升高；这时，由于循环水的温度高于新风的进风温度，水又将从排风中获得的热量传递给新风，新风因得热而温度升高。

在夏季，工艺流程相同，但热传递的方向相反。液体一般为水，在严寒和寒冷地区，为了防止结霜、结冰，宜采用乙烯乙二醇水溶液；并应根据当地室外温度的高低和乙烯乙二醇的凝固点，选择采用不同的浓度。

液体循环式热回收装置的溶液流程，如图 32.4-15 所示。

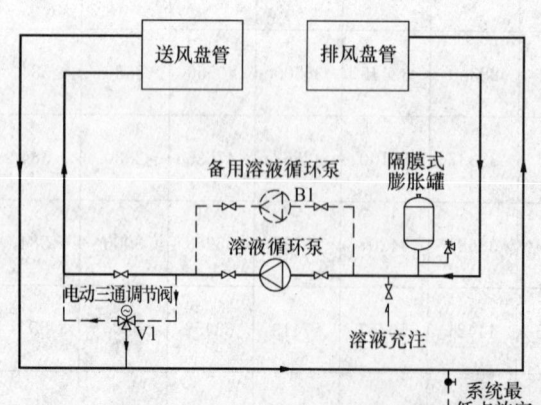

图 32.4-15　液体循环式热回收装置溶液系统流程

2. 液体循环式热回收的优缺点（见表 32.4-10）

液体循环式热回收的优缺点　　　　表 32.4-10

优　点	缺　点
1. 新风与排风互不接触，不会产生任何交叉污染 2. 供热侧与得热侧之间通过管道连接，对位置无严格要求，且占用空间少 3. 供热侧与得热侧可以由数个分散在不同地点的对象组成，布置灵活、方便 4. 热交换器和循环水泵，均可采用常规的通用产品 5. 寿命长、运行成本低	1. 换热器一般采用铜管铝片，设备费较高 2. 必须配置循环水泵，需要额外消耗电力 3. 只能回收显热，无法回收潜热 4. 由于需要通过中间热媒传热，有温差损失 5. 热回收效率稍低，一般不高于 60%

3. 液体循环式热回收的模式系统

液体循环式热回收系统，一般有以下两种典型模式：
(1) 带水量调节装置的液体循环式热回收（图 32.4-16）；
(2) 带风量调节装置的液体循环式热回收（图 32.4-17）。

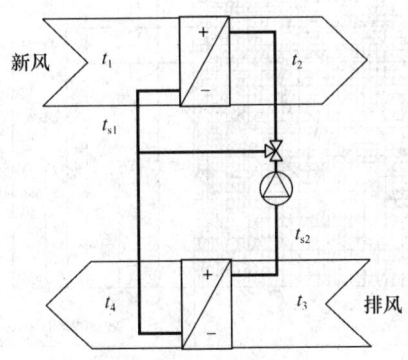 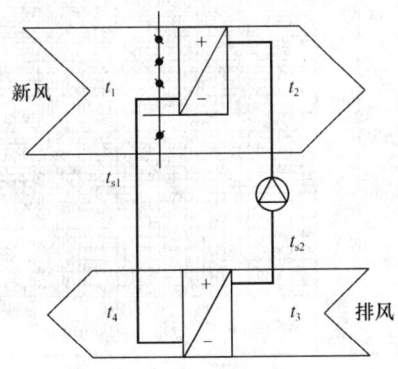

图 32.4-16　带水量调节装置的
液体循环式热回收

图 32.4-17　带风量调节装置的
液体循环式热回收

4. 液体循环式热回收系统的设计与计算

(1) 确定循环液体：一般可采用水；如需考虑防冻，则宜采用乙二醇水溶液。溶液的质量百分比，通常可按乙二醇水溶液的凝固点低于当地冬季最低室外空气干球温度 4～6℃ 确定（有关乙二醇水溶液的性能参数，详见本手册第 28.4.4 节）。

(2) 选择合适的送风和排风换热器：
- 换热器的排数，宜采用 6～8 排。
- 空气通过换热器表面的迎面风速，宜保持 $v_y = 2.0 \sim 2.5 \text{m/s}$。
- 换热器管内溶液的流速，宜保持 $v_l = 0.6 \sim 1.0 \text{m/s}$。

(3) 进行热回收装置的热工计算：
实践中通常可将设计参数提供给换热器生产企业，通过换热器选型程序计算确定。
如需进行手算，下列方法可供设计参考（表 32.4-11）。

热回收装置的热工计算　　　　　　表32.4-11

步骤	项目	方法与过程
1	确定新风、排风换热器（盘管）	根据系统的新风量和排风量，确定新风和排风换热器的类型、规格（见表32.4-12）
2	确定新风换热器和排风换热器的显热效率 η_x、η_p	根据确定的新风换热器和排风换热器的规格，由图32.4-18确定新风换热器和排风换热器的计算温度效率
3	根据新风与排风的流量，确定显热效率修正值 $\Delta\eta_1$	根据新风流量 L_X 与排风的质量流量 L_P，求出流量比 $R=L_X/L_P$，由图32.4-19确定求出显热效率修正值 $\Delta\eta_1$
4	确定新风、排风温、湿度对显热效率的修正值 $\Delta\eta_2$	根据系统的新风、排风温度及排风含湿量，由图32.4-19查出新风、排风温度及排风含湿量对显热效率的修正值 $\Delta\eta_2$
5	计算热回收装置的显热效率 η_t（%）	$\eta_t = 0.5 \cdot (\eta_x + \eta_p) + \Delta\eta_1 + \Delta\eta_2$ （32.4-7）
6	计算热回收装置的回收热量 Q（W）	$Q = L_X \cdot \rho \cdot c_p \cdot \eta_t \cdot (t_{11} - t_{21})$ （32.4-8）
7	计算换热器后新风的送风温度 t_{22}（℃）	$t_{22} = t_{21} + \eta_t \cdot (t_{11} - t_{21})$ （32.4-9）

式中：ρ—空气的密度，kg/m^3；c_p—空气的定压质量比热，$kJ/(kg \cdot K)$；L_X—新风量，m^3/h；L_P—排风量，m^3/h

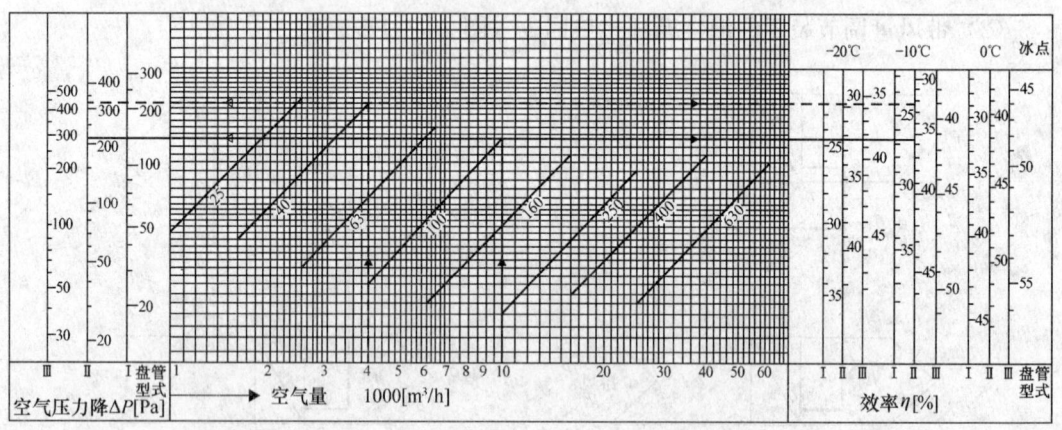

图32.4-18　新风、排风的显热效率 η_x、η_p

换热器的型号、性能及规格　　　　　　表32.4-12

型号	风量 (m³/h)	尺寸（mm）				重量（kg）		
		宽	高	长（新风）	长（排风）※	Ⅰ型	Ⅱ型	Ⅲ型
25	2500	500	500	300	500	11	12	15
40	4000	630	630	300	500	16	19	22
63	6300	800	800	300	500	24	32	40
100	10000	1000	1000	340	540	35	49	59
160	16000	1250	1250	340	540	54	91	97
250	25000	1600	1600	340	540	115	128	156
400	40000	1900	1900	340	540	170	205	255
630	63000	2400	2400	460	700	235	310	380

注：①Ⅰ、Ⅱ、Ⅲ为盘管的三种型式，排数 $n=6$，阻力、传热量和水容量依次增大。
　　②※表示带挡水板和滴水盘。
　　③普通换热器（表冷器）可选择Ⅰ型。

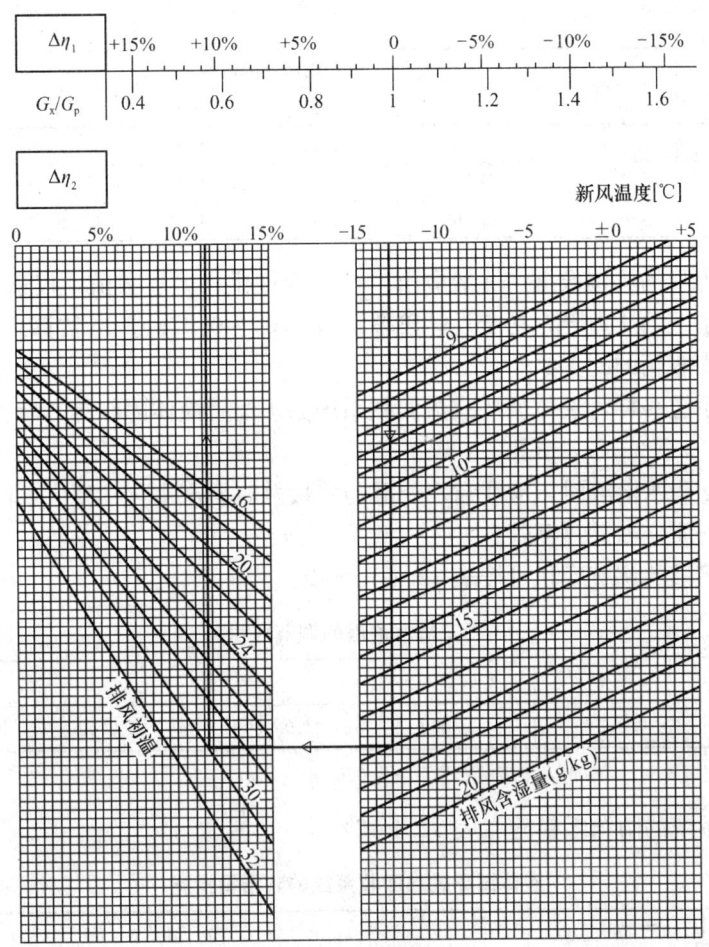

图 32.4-19 显热效率修正 $\Delta\eta_1$、$\Delta\eta_2$

(4) 确定液体循环量：

液体循环量一般可按水气比 μ 确定：$n=6$ 排时，$\mu=0.3$；$n=8$ 排时，$\mu=0.25$。若供热侧与得热侧的风量不相等时，液体循环量应按数值大的风量确定。

(5) 确定液体循环泵的扬程：

液体循环泵的扬程 H（m）可按下式计算：

$$H = [1.2 \times (\Delta p_1 + \Delta p_2 + \Delta p_3) \cdot k] \times 0.1 \quad (32.4-10)$$

式中 Δp_1——排风换热器的压力降，一般为 10~30kPa；

Δp_2——新风换热器的压力降，一般为 10~30kPa；

Δp_3——液体循环管路系统的压力降，kPa；

k——乙二醇水溶液管道压力降修正系数，见表 32.4-13。

乙二醇水溶液管道压力降修正系数　　　　表 32.4-13

溶液的质量百分比（%）	管道内溶液的流速（m/s）					
	0.4	0.6	0.8	1.0	1.2	1.4
10	1.61	1.48	1.40	1.34	1.30	1.27
20	1.72	1.58	1.49	1.42	1.38	1.34

续表

溶液的质量百分比（%）	管道内溶液的流速（m/s）					
	0.4	0.6	0.8	1.0	1.2	1.4
30	1.83	1.68	1.58	1.51	1.45	1.41
40	1.97	1.79	1.68	1.60	1.54	1.50
50	2.11	1.92	1.80	1.71	1.64	1.59

换热器压力降的具体数据，一般应由生产企业提供；上述数值，仅适用于初步估算。液体循环管路系统的压力降，初步设计阶段可按 0.04～0.07kPa/m 估算。

（6）液体膨胀箱的配置：

与空调水系统一样，液体循环式热回收系统必须配置液体膨胀箱，有关膨胀水箱的设计，可参阅第 26 章 26.8.3 节。

当采用乙二醇水溶液时，应注意乙二醇与锌接触时会产生化学反应，因此，系统中不得使用含锌的材质，如镀锌钢管。

乙二醇水溶液的调节容积可按表 32.4-14 确定。

乙二醇水溶液的调节容积　　　　表 32.4-14

系统容积（m³）	<0.1	0.1～1	1～2	2～4	4～8
调节容积（m³）	0.003	0.030	0.060	0.120	0.240

注：溶液使用温度-30～50℃时，溶液的膨胀系数为 0.0006。

（7）确定系统的防结霜措施（表 32.4-15）

液体循环式热回收系统的防结霜措施　　　　表 32.4-15

序号	措施	特点	控制方案
1	设电动三通调节阀	灵活、简便，系统运行稳定	在循环液体供回水管之间设电动三通调节阀，根据排风换热器的回水温度和新风换热器的出风温度确定三通调节阀的阀位（开度）
2	设电动风量调节阀	占用空间大，混合温度不易均匀	在新风换热器及旁通管上设置电动调节风阀，根据排风换热器的回水温度和新风换热器的出风温度确定风阀的阀位（开度）
3	设新风预热器	便于控制，效果好，但需解决自身的防冻问题	在新风换热器前的新风管内，设置新风加热器，通过对设定的新风临界温度的检测，对新风进行预加热

注：新风临界温度—新风换热器的溶液出口温度等于排风换热器排风出口温度时对应的新风温度。

5. 液体循环式热回收系统的控制（图 32.4-20、表 32.4-16）

控制要求及说明　　　　表 32.4-16

序号	项目	控制要求及说明
1	概况	带新、排风空气过滤、旁通、新风预热、再热、液体旁通调节、过滤器压差控制（报警）等功能的热回收系统
2	控制要求	根据不同运行工况，以最大限度的节省能耗为目标，对新风、排风、旁通风等风阀实施调节与控制； 液体的防霜冻控制

续表

序号	项 目	控 制 要 求 及 说 明
3	控制对象	风机的启停、电动风阀的阀位调节、电动两通和三通调节阀的阀位
4	控制方法	● 有旁通的热回收系统：排风温度高于或低于新风温度设定值时，关闭送排风旁通风阀，开启主风道风阀与溶液循环泵，否则，开启旁通风阀并关闭主风道风阀与循环泵。 ● 有防霜冻需求的热回收系统：根据新风温度、排风盘管进口溶液温度控制电动三通调节阀的旁通量、预热器的加热量或送风旁通风阀的开度； ● 有回风的空调系统：根据系统需要通过控制送排风电动风阀的开度调节新风比； ● 有再热的系统：根据加热器后的送风温度控制再热盘管电动两通阀的开度
5	监测内容	新风温度、排风温度、新风预热盘管和再热盘管后的温度；液体进、出送、排风盘管的温度；送、排风机和液体循环泵的启停及工作状态
6	连 锁	送、排风机后的电动风阀与送、排风机的启停连锁；送风盘管后的送风温度低于设定值时，连锁切断送风机电源
7	报 警	风机启动后，若进、出口两侧压差低于设定值时，自动报警； 空气过滤器两侧压差大于设定值时，自动报警

图 32.4-20 所示为典型的液体循环式热回收装置控制原理图。图中：

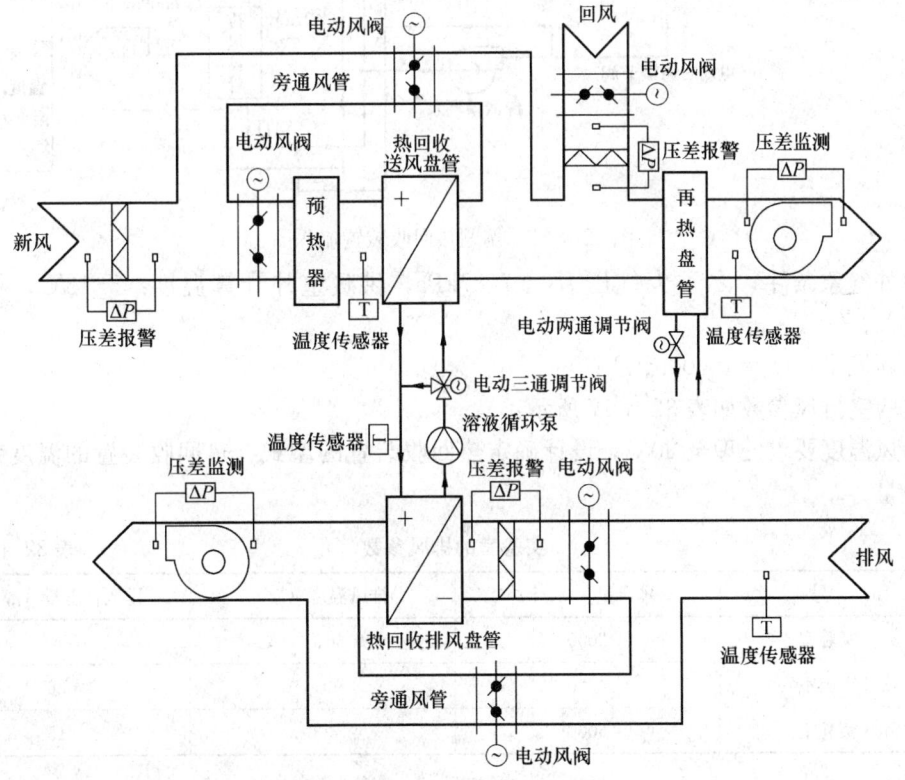

图 32.4-20 液体循环式热回收装置控制原理图

- 图示系通用做法，当无回风、无旁通时，可参考应用；
- 要求较低或风量较小的热回收系统，控制可适度简化；
- 绘出了三种防结霜的方法，实践中只需选择其中之一；

- 热回收装置的启停,应通过新风与排风的温差或焓差比较来确定。

6. 液体循环式热回收系统的设计选用示例

【例】 化学实验室排风热回收系统(详见图 32.4-21),已知条件如下:

说明:本实例为溶液循环式热回收装置在分散排风集中回收多对一的典型应用,集中排风分散回收一对多,或分散排风异地分散回收多对多,均适合应用溶液循环式热回收装置,其相应的设计计算可按本实例步骤进行,并可参考对应步骤的计算内容。
本图每个电动三通调节阀设置与否是根据对应排风盘管是否会结霜来判定。

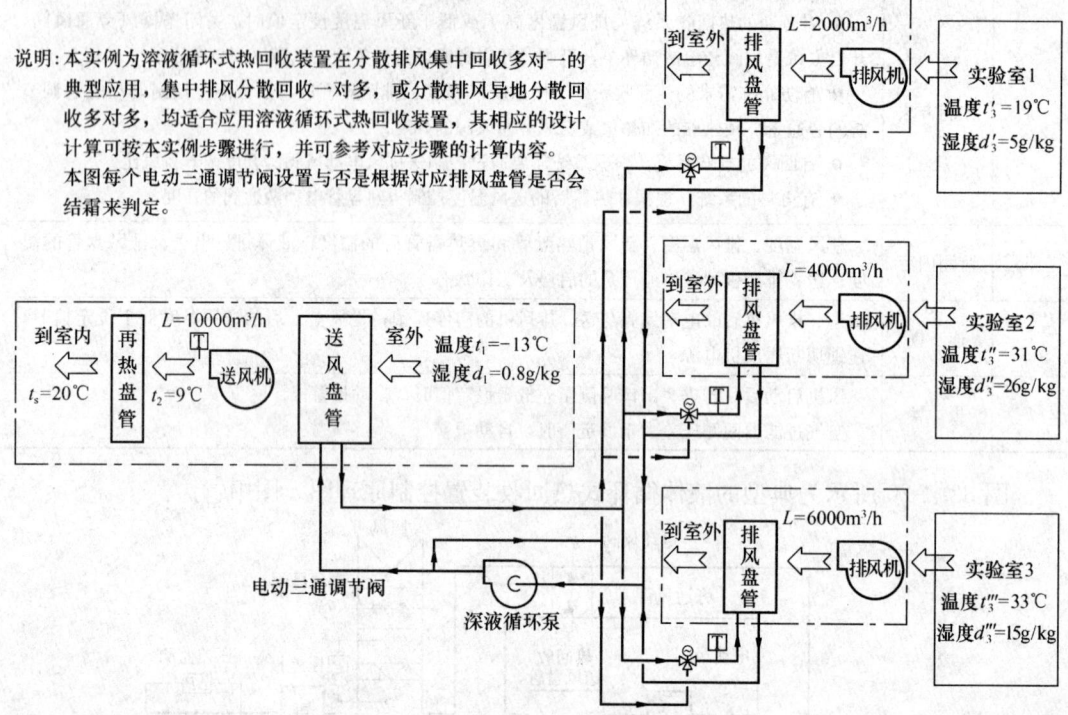

图 32.4-21 例题热回收装置流程图

室外气象条件 冬季大气压力:97.87kPa,供暖室外计算温度:−13℃,相对湿度:58%;

总新风量:$L_x = 10000 \text{m}^3/\text{h}$;

实验室排风参数如表 32.4-17 所示:

新风温度要求处理至 20℃,设计确定热回收装置的型式、热回收装置的温度效率和回收热量。

实验室的排风参数 表 32.4-17

编 号	排风量 (m³/h)	排风温度 (℃)	排风含湿量 (g/kg)
No.1 实验室	2000	19	5
No.2 实验室	4000	31	26
No.3 实验室	6000	33	15

【解】
(1) 选择液体循环式热回收装置,采用乙二醇水溶液作为循环介质,按凝固点(t_f)低于供暖室外计算温度($t_o = -13℃$)5℃确定乙二醇水溶液的质量百分比:即

$$t_f = t_o - 5 = -13 - 5 = -18℃$$

由表 28.4-34 可知,应选择质量比为 35% 的乙二醇水溶液。

(2) 选择 $n=6$ 排的排风换热器（盘管），取水气比 $\mu=0.30$，

总排风量为：$L_p=2000+4000+6000=12000\text{m}^3/\text{h}$

总送风量为：$L_x=10000\text{m}^3/\text{h}$，由于排风量大于送风量，即 $L_p>L_x$，因此应按排风量确定液体循环量：
$$G=12000\times1.2\times0.3=4320\text{kg/h}$$

(3) 根据所占排风量的比例分配流经各个排风换热器的液体流量，并取换热器的迎面风速 $v_y=2.0\text{m/s}$，管内液体流速 $v=0.8\text{m/s}$，则可得表 32.4-18 所列结果。

计算结果汇总　　　　　　　　　　　　　表 32.4-18

项　目	新　风	排　风		
		1:1	1:2	1:3
溶液的质量流量（kg/h）	4320	720	1440	2160
换热器的规格	K100-Ⅱ型	K25-Ⅱ型	K40-Ⅱ型	K63-Ⅱ型
换热器水侧的压力降（kPa）	11	7	8	10
换热器的存水量（L）	14	3	5	9

(4) 根据送、排风量由图 32.4-18 确定送、排风的显热效率，按风量计算排风的平均效率、温度及含湿量，计算结果详见表 32.4-19。

计　算　结　果　　　　　　　　　　　　表 32.4-19

项　目	新　风	排　风			
		1:1	1:2	1:3	平均
温度（℃）	-13	19	31	33	30
含湿量（g/kg）	0.8	5	26	15	17
温度效率（%）	36	32	35	35	34

(5) 计算风量比：$R=L_p/L_x=12000/10000=1.2$，$1/R=1/1.2=0.83$

(6) 根据 $1/R=0.83$ 和上表的数值，由图 32.4-19 可得出显热效率修正值：$\Delta\eta_1=0.04$；$\Delta\eta_2=0.12$。

(7) 根据表 32.4-11 的公式，计算热回收装置的显热效率 η_t：
$$\eta_t=0.5\cdot(\eta_x+\eta_p)+\Delta\eta_1+\Delta\eta_2=0.5\times(0.34+0.36)+0.04+0.12=0.51$$

回收热量 Q (W)：
$$Q=L_x\cdot\rho\cdot c_p\cdot\eta_t\cdot(t_{11}-t_{21})=10000\times1.2\times1.01\times0.51\times(30+13)=265792$$

送风温度 t_{22} (℃)：
$$t_{22}=t_{21}+\eta_t\cdot(t_{11}-t_{21})=13+0.51\times(30+13)=9\text{℃}$$

(8) 将空气温度再加热至 20℃，则再热负荷为 Q_r (kW)：
$$Q_r=L_x\cdot\rho\cdot c_p\cdot(20-t_{22})/3600=10000\times1.2\times1.01\times(20-9)/3600=37\text{kW}$$

(9) 根据溶液管路系统进行水力计算，选择溶液循环泵、配置密闭式膨胀水箱……等（略）。

32.4.4 板式显热回收器

1. 板式显热回收器的工作流程及优缺点

板式显热回收器的工作流程,如图 32.4-22 所示。

板式显热回收器的主要优缺点,如表 32.4-20 所示。

板式显热回收器的主要优缺点　　　　表 32.4-20

优　　点	缺　　点
1. 结构简单,设备费低、初投资少; 2. 不用中间热媒,没有温差损失; 3. 不需传动设备,自身不消耗能量; 4. 运行安全、可靠	1. 只能回收显热,效率相对偏低; 2. 设备体积偏大,占用建筑面积和空间较多; 3. 接管位置固定,布置时缺乏灵活性

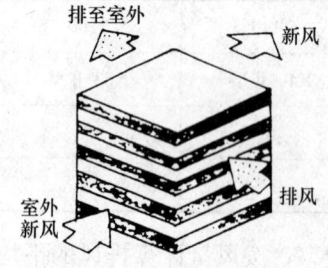

图 32.4-22　板式显热回收器的工作流程

减湿冷却

2. 设计计算

(1) 换热效率 η:

$$\eta = \frac{t_{22} - t_{21}}{t_{11} - t_{21}} = f(NTU, R_f) \quad (32.4-11)$$

考虑到排风相对湿度影响后,实际效率 η_0:

$$\eta_0 = \varepsilon \cdot \eta \quad (32.4-12)$$

$$\varepsilon = 1 + 0.2\left(\frac{\varphi_3}{100} - 0.3\right)$$

预冷新风时,会遇到两种情况:

等湿冷却 $\quad\quad\quad \eta_0 = \eta \quad (32.4-13)$

$\quad\quad\quad\quad \eta_0 = R_f \varepsilon \eta \quad (32.4-14)$

$\quad\quad\quad\quad R_f = G_x / G_P \quad (32.4-15)$

式中　NTU——换热器的单元数;

　　　t_{21}、t_{22}——新风的初、终温,℃;

　　　t_{11}——排风的初温,℃;

　　　G_x——新风量,kg/s;

　　　G_P——排风量,kg/s;

　　　φ_3——排风的相对湿度,%。

设计时必须注意以下事项:

● 新风温度一般不宜低于 -10℃,否则,排风侧会出现结霜。

● 新风温度低于 -10℃时,新风在进入换热器之前,应进行预热。

● 新风在进入换热器之前,必须先进行净化处理;一般情况下,排风也应该进行过滤处理;但当排风比较干净时,则可以不必再进行处理。

● 换热效率值,也可以根据 NTU 和 R_f 值由图 32.4-23 求出。

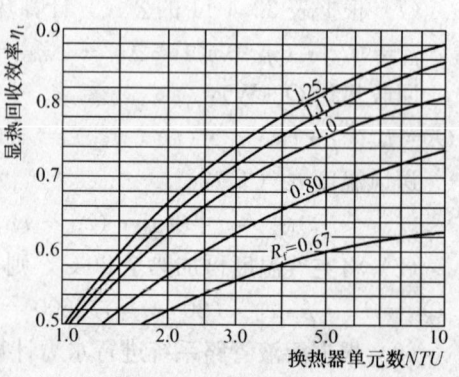

图 32.4-23　换热效率计算图

(2) 传热系数 k [W/(m².)]:

$$k = \frac{1}{\frac{1}{\alpha_x} + \frac{\delta}{\lambda} + \frac{1}{\alpha_p}} \quad (32.4\text{-}16)$$

或近似的按下式计算:
$$k = \frac{\alpha_x \cdot \alpha_p}{\alpha_x + \alpha_p} \quad (32.4\text{-}17)$$

式中　α_x——新风侧的换热系数,W/(m²·℃);

α_p——排风侧的换热系数,W/(m²·℃);

δ——板厚;

λ——板的导热系数,W/(m·℃)。

换热系数可近似按下式计算:
$$\alpha = 49 v_y^{0.6} \quad (32.4\text{-}18)$$

式中　v_y——新风或排风入口处的迎面风速,一般取 $v_y = 2.0 \sim 3.5 \text{m/s}$。

不同迎面风速时的换热系数,如表 32.4-21 所示。

不同迎面风速v_y(m/s) 时的换热系数 α (W/m²·℃)　　表 32.4-21

v_y	α	v_y	α	v_y	α
2.0	74.27	2.6	86.93	3.2	98.47
2.1	76.48	2.7	88.92	3.3	100.30
2.2	78.64	2.8	90.89	3.4	102.11
2.3	80.77	2.9	92.82	3.5	103.91
2.4	82.86	3.0	94.73	3.6	105.68
2.5	84.91	3.1	96.61	3.7	107.43

(3) 换热器的单元数 NTU:

$$NTU = \frac{kF}{G_x \cdot c_p} \quad (32.4\text{-}19)$$

$$F = 2ab \cdot \frac{c}{s + c_p} \quad (32.4\text{-}20)$$

式中　F——换热器的总面积,m²;

c_p——新风的比热容;

s——板间距;

a、b、c——换热器的长、宽、高,m。

(4) 压力损失 ΔP (Pa):

$$\Delta p = 17 v_y^{1.75} \quad (32.4\text{-}21)$$

为了方便应用,表 32.4-22 给出了在不同迎面风速 v_y (m/s) 时的压力损失 ΔP (Pa)。

不同迎面风速v_y(m/s) 时的压力损失 ΔP (Pa)　　表 32.4-22

v_y	ΔP	v_y	ΔP	v_y	ΔP
2.0	57.18	2.6	90.50	3.4	130.16
2.1	62.28	2.7	96.68	3.3	137.36
2.2	67.56	2.8	103.03	3.4	144.72
2.3	73.03	2.9	109.56	3.5	152.25
2.4	78.67	3.0	116.25	3.6	159.95
2.5	84.50	3.1	123.12	3.7	167.80

当换热器表面出现冷凝水时（湿工况），由式（32.4-21）计算或查表得出的压力损失值，应乘以 1.20~1.30 湿工况系数。

湿工况系数可按以下原则取值：迎面风速小时，取下限；迎面风速大时，取上限。

3. 选择计算步骤

（1）计算迎风面面积 F_y（m²）：

$$F_y = L/3600 \times v_y \quad (32.4\text{-}22)$$

式中 L——风量，m³/h。

（2）根据式（32.4-17）和式（32.4-19）分别计算传热系数 k 和换热器单元数 NTU。

（3）根据 NTU 和 R_f，由图 32.4-23 求出换热效率；同时，根据具体情况进行修正。

（4）计算新风出口温度 t_{22} 或比焓 h_{22}：

冬季：
$$t_{22} = t_{21} + \varepsilon \cdot \eta \cdot (t_{11} - t_{21}) \quad (32.4\text{-}23)$$

夏季：等湿冷却时
$$t_{22} = t_{21} - \eta \cdot (t_{21} - t_{11}) \quad (32.4\text{-}24)$$

减温冷却时
$$h_{22} = h_{21} - \frac{G_p}{G_x} \cdot c_p \cdot \eta_0 (t_{21} - t_{11}) \quad (32.4\text{-}25)$$

（5）回收热量 Q（W）：

冬季
$$Q = G_x \cdot c_p \cdot (t_{22} - t_{21}) \quad (32.4\text{-}26)$$

夏季
$$Q = G_x \cdot (h_{22} - h_{21}) \quad (32.4\text{-}27)$$

（6）根据迎面风速 v_y，由表查出空气通过换热器时的压力损失 ΔP。

32.4.5 板翅式全热回收器

1. 结构与工作流程

板翅式全热回收器的结构和工作流程，与板式显热回收器基本相同，见图 32.4-24。

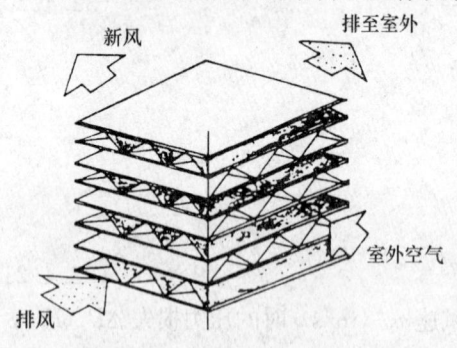

图 32.4-24 板翅式全热回收器的结构示意图

板翅式全热回收器没有传动装置，自身无需动力，所以是一种静止式热回收器。

板翅式全热回收器一般是采用多孔纤维性材料如经特殊加工的纸作为基材，对其表面进行特殊处理后制成带波纹的传热传质单元，然后将单元体交叉叠积，并用胶将单元体的峰谷与隔板粘结在一起，再与固定框相连接而组成一个整体的全热回收器。

热回收器内部的高强度滤纸，厚度一般小于 0.10mm，从而保证了其良好的热传递，温度效率与金属材料制成的热交换器几乎相等。滤纸经过特殊处理，纸表面的微孔用特殊高分子材料阻塞，以防止空气直接透过。热交换器的湿传递，是依靠纸张纤维的毛细作用来完成的。

当热回收器中隔板两侧气流之间存在温度差和水蒸气分压力差时，两者之间就将产生热质传递过程，从而完成排风与新风之间全热交换。

2. 热回收器型号的表示法

以上海惠林空调设备有限公司产品为例进行具体介绍。

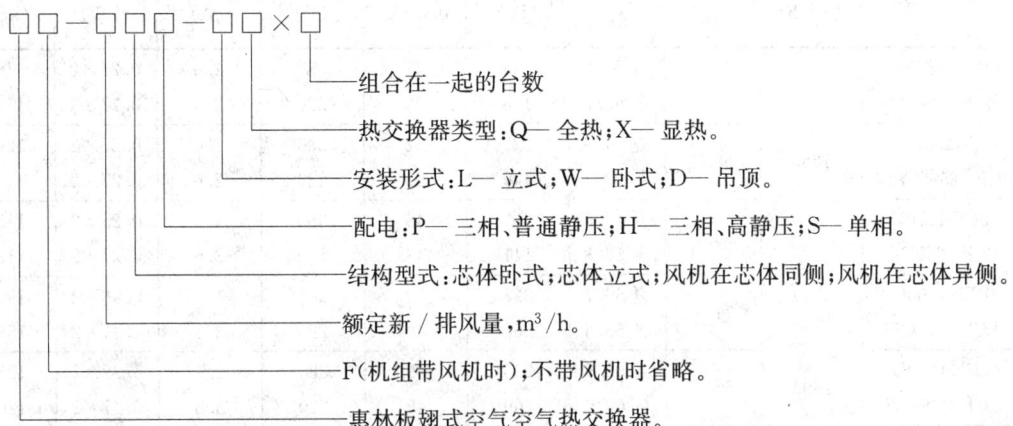

3. 板翅式热回收器性能表（以上海惠林空调设备有限公司产品为例）（表 32.4-23、表 32.4-24、表 32.4-25、表 32.4-26）。

板翅式热回收器性能表　　表 32.4-23

型 号	额定风量 (m^3/h)	热回收效率（%）		机外余压 (Pa)	噪声 dB (A)	电压 (V)	运行电流 (A)	输入功率 (kW)	运行重量 (kg)
		温度	焓						
BCF-250F	250	63.2	夏 51.2	73	36		0.4	0.04×2	37
BCF-250F-H			冬 59.0	91	38				
BCF-320F	320	61.3	夏 50.0	112	38		0.6	0.06×2	45
BCF-320F-H			冬 57.3	131	40			0.07×2	46
BCF-400F	400	60.1	夏 49.3	104	38	220	0.7	0.07×2	49
BCF-400F-H			冬 56.3	126	40			0.07×2	50
BCF-500F	500	58.6	夏 48.3	81	38		0.7	0.08×2	52
BCF-500F-H			冬 54.9	107	40			0.08×2	53
BCF-600E	600	66.4	夏 53.2	136	40		1.0	0.09×2	67
BCF-600E-H			冬 61.8	162	40		1.3	0.14×2	68
BCF-800E	800	65.3	夏 52.6	152	44	380	0.7	0.14×2	98
BCF-800E-S			冬 60.8	153	42	220	1.6	0.17×2	96
BCF-1000D		68.3	夏 54.4	93	44	380	0.8	0.16×2	112
BCF-1000D-S			冬 63.4	112	42	220	1.8	0.25×2	110
BCF-1000DA-L	1000	68.3	夏 54.4	106	44	380	0.8	0.16×2	110
BCF-1000DA-SL			冬 63.4	140	42	220	1.9	0.20×2	102
BCF-1000E		63	夏 51.1	101	44	380	0.8	0.16×2	108
BCF-1000E-S			冬 58.8	120	42	220	1.8	0.20×2	108

续表

型 号	额定风量 (m³/h)	热回收效率（%）		机外余压 (Pa)	噪 声 dB（A）	电 压 (V)	运行电流 (A)	输入功率 (kW)	运行重量 (kg)
		温度	焓						
BCF-1250D	1250	68.5	夏 54.6	194	52	380	1.0	0.25×2	118
BCF-1250D-S			冬 63.6	118	50	220	2.6	0.27×2	114
BCF-1250DA-L		68.5	夏 54.6	225	52	380	1.0	0.25×2	120
BCF-1250DA-SL			冬 63.6	149	50	220	2.6	0.27×2	116
BCF-1250E		60.7	夏 49.6	202	46	380	1.0	0.25×2	115
BCF-1250E-S			冬 56.8	141	44	220	2.5	0.27×2	113
BCF-1600C	1600	71.9	夏 56.7	227	50	380	1.5	0.36×2	159
BCF-1600C-S			冬 66.5	260	49	220	3.8	0.41×2	155
BCF-1600D		65.5	夏 52.6	236	49	380	1.4	0.32×2	125
BCF-1600D-S			冬 60.9	269	49	220	3.8	0.41×2	120
BCF-1600DA-L		65.5	夏 52.6	267	50	380	1.5	0.36×2	132
BCF-1600DA-SL			冬 60.9	300	49	220	3.8	0.41×2	128
BCF-2000B	2000	74.4	夏 58.3	192	51	380	1.7	0.43×2	189
BCF-2000B-S			冬 68.7	158	49	220	4.7	0.52×2	185
BCF-2000D		62.9	夏 51.0	207	49	380	1.7	0.43×2	135
BCF-2000D-S			冬 58.7	173	49	220	4.7	0.52×2	130
BCF-2000DA-L		62.9	夏 51.0	256	51	380	1.7	0.43×2	142
BCF-2000DA-SL			冬 58.7	222	50	220	4.7	0.52×2	138
BCF-2500C	2500	66.3	夏 53.2	229	50	380	3.3	0.55×2	185
BCF-2500C-S			冬 61.7	116	50	220	5.8	0.63×2	182
BCF-2500D		68.5	夏 54.6	279	51	380	2.3	0.55×2	230
BCF-2500D-S			冬 63.6	166	51	220	5.8	0.63×2	224
BCF-2500CA-L		66.3	夏 53.2	260	52	380	2.3	0.55×2	175
BCF-2500CA-SL			冬 61.7	148	51	220	5.8	0.63×2	172
BCF-3200BA-L	3200	68.1	夏 54.3	154	54	380	3.1	0.6×2	205
BCF-3200BA-HL			冬 63.2	282	57		3.3	0.87×2	203
BCF-3200C		71.9	夏 56.7	191	52	380	3.1	0.60×2	310
BCF-3200C-H			冬 66.5	319	56		3.3	0.87×2	322
BCF-3200D		65.5	夏 52.6	200	52	380	3.1	0.60×2	242
BCF-3200D-H			冬 60.9	328	56	380	3.3	0.87×2	254
BCF-4000B	4000	74.4	夏 58.3	168	53	380	3.5	0.81×2	350
BCF-4000B-H			冬 68.7	304	57		4.5	1.3×2	360
BCF-4000BA-L		66.8	夏 53.5	149	55	380	3.5	0.81×2	226
BCF-4000BA-HL			冬 62.1	285	58		4.5	1.3×2	220
BCF-4800C		71.9	夏 56.7	201	54	380	4.0	1.0×2	440
BCF-4800C-H			冬 66.5	597	58		7.1	2.0×2	453
BCF-4000D		62.9	夏 51.0	181	53	380	3.5	0.81×2	256
BCF-4000D-H			冬 58.7	317	57		4.5	1.3×2	266

续表

型号	额定风量 (m³/h)	热回收效率（%） 温度	热回收效率（%） 焓	机外余压 (Pa)	噪声 dB(A)	电压 (V)	运行电流 (A)	输入功率 (kW)	运行重量 (kg)
BCF-5000BA-L	5000	64.4	夏52.0	106	57	380	4.1	1.1×2	305
BCF-5000BA-HL			冬60.0	406	60		7.2	2.1×2	318
BCF-5000C	5000	66.3	夏53.2	158	54	380	4.1	1.1×2	368
BCF-5000C-H			冬61.7	459	58		7.2	2.1×2	379
BCF-6000B	6000	74.4	夏58.3	121	55	380	5.7	1.3×2	530
BCF-6000B-H			冬68.7	357	59		8.3	2.4×2	543
BCF-6000D	6000	62.9	夏51.0	154	55	380	5.7	1.3×2	382
BCF-6000D-H			冬58.7	390	59		8.3	2.4×2	393
BCF-7500C	7500	66.3	夏53.2	261	57	380	8.4	2.0×2	458
BCF-7500C-H			冬61.7	506	61		11.0	3.2×2	470

注：焓回收效率所处工况为：

夏季室外干球温度35℃，湿球温度28℃，室内干球温度27℃，湿球温度19.5。

冬季室外干球温度5℃，湿球温度2℃，室内干球温度21℃，湿球温度13℃。

整体型板翅式热回收器性能表   表 32.4-24

型号	额定风量 (m³/h)	热回收效率（%） 温度	热回收效率（%） 焓	机外余压 (Pa)	噪声 dB(A)	电压 (V)	运行电流 (A)	输入功率 (kW)	运行重量 (kg)
BCF-150EC	150	65.3	夏52.6 冬60.8	82	36	220	0.4	0.04×2	18
BCF-200DC	200	69.9	夏55.4 冬64.7	70	36	220	0.4	0.04×2	20
BCF-250DC	250	65.6	夏52.7 冬61.0	69	36	220	0.4	0.04×2	20
BCF-300CC	300	70.0	夏55.5 冬64.9	56	37	220	0.5	0.04×2	28
BCF-400CC	400	64.6	夏52.1 冬60.2	42	37	220	0.6	0.06×2	28
BCF-500CC	500	64.0	夏51.7 冬59.6	73	38	220	0.7	0.07×2	34
BCF-600CC	600	64.1	夏51.8 冬59.8	104	39	220	1.0	0.10×2	38
BCF-800BC	800	67.9	夏54.1 冬63.0	106	40	220	1.6	0.17×2	48
BCF-1000BC	1000	66.3	夏53.2 冬61.7	91	41	220	1.8	0.20×2	52

组合式（自带风机）板翅式热回收器性能表　　　　　表32.4-25

芯体型号	型号	额定风量 (m^3/h)	热回收效率（%）		机外余压 (Pa)	噪声 dB(A)	输入功率 (kW)	运行电流 (A)
			温度	焓				
A系列	BCF-4500A×n BCF-4500A-H×n	4500	78.5	夏61.9 冬72.6	91 179	50+n×3 54+n×3	0.94×2×n 1.5×2×n	4.0×n 5.1×n
	BCF-6000A×n BCF-6000A-H×n	6000	78.5	夏61.9 冬72.6	108 536	52+n×3 56+n×3	1.2×2×n 2.5×2×n	4.9×n 8.8×n
B系列	BCF-3500B×n BCF-3500B-H×n	3500	73	夏57.3 冬67.4	155 265	50+n×3 53+n×3	0.66×2×n 1.0×2×n	3.3×n 3.6×n
	BCF-4500×n BCF-4500B-H×n	4500	72	夏56.7 冬66.6	146 234	51+n×3 55+n×3	0.94×2×n 1.5×2×n	4.0×n 5.1×n

注：n表示组合在一起的台数。

组合式（不带风机）板翅式热回收器性能表　　　　　表32.4-26

芯体型号	型号	额定风量 (m^3/h)	热回收效率（%）		阻力 (Pa)	运行重量 (kg)
			温度	焓		
A系列	BC-4500A×n	4500×n	78.5	夏61.9；冬72.6	218	155×n+15
	BC-6000A×n	6000×n	78.5	夏61.9；冬72.6	218	200×n+20
	BC7500A×n	7500×n	78.5	夏61.9；冬72.6	218	245×n+25
	BC-9000A×n	9000×n	78.5	夏61.9；冬72.6	218	290×n+30
B系列	BC-3500B×n	3500×n	73.0	夏57.3；冬67.4	139	115×n+15
	BC-4500B×n	4500×n	72.0	夏56.7；冬66.6	149	145×n+20

4. 设计选用注意事项

（1）板翅式全热回收器，适用于一般通风空调工程，若回风中含有有毒、有异味等有害气体时，不应采用。

（2）过渡季节不运行热回收器的系统，应设置旁通风管，以减少压力损失，节省能源消耗。

（3）在旁通管和连接热回收器的风管上，都应设置密闭性好的风阀。

（4）新风和排风风机的布置，可以有以下三种模式，如图32.4-25所示。通常，宜采用A式或B式，而A式更好些。对于送风空气质量有严格要求的场合，推荐采用C式。

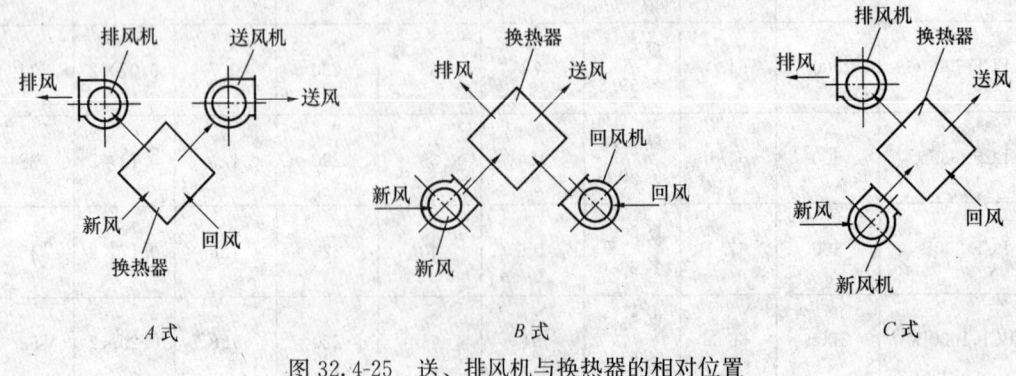

图32.4-25　送、排风机与换热器的相对位置

(5) 空气入口处，应设计装置空气过滤器，确保进入热回收器的空气的尘浓度低于产品的限定值。

(6) 新风进口温度低于－10℃时，应校核计算排风侧是否有可能出现结霜，如有可能时，应对新风进行预加热处理。

(7) 为了提高热回收器的热回收效率，必要时可采取串联多回程配置形式。

(8) 通常，热回收器的热回收效率是根据新风量与排风量的比值 $R_f = G_x/G_p = 1$ 确定的，当 $R_f \neq 1$ 时，热回收效率应乘以修正系数 ξ，修正系数可按图 32.4-26 确定。

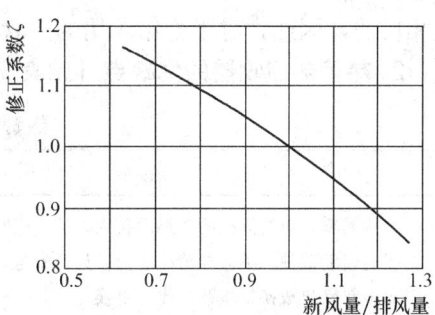

图 32.4-26　板翅式热回收效率修正图

32.4.6　热管热回收器

1. 概述

热管是一种应用工质如氨的相变进行热交换的换热元件，其结构示意如图 32.4-27 所示。

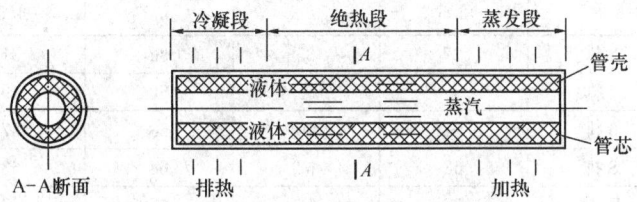

图 32.4-27　热管元件的结构示意

由图 32.4-27 可知，当热管的一端（蒸发段）被加热时，管内工质因得热而气化，吸热后的气态工质，沿管流向另一端（冷凝段），在这里将热量释放给被加热介质，气态工质因失热而冷凝为液态，在毛细管和重力的作用下回流至蒸发段，从而完成一个热力循环。

热管热回收器一般由多根热管元件组成。为了增大换热面积，热管元件外壁通常都附加有翅片，翅化比通常为 10～25；沿气流方向的热管排数一般为 4～10 排（常用的为 6～8 排）。热管热回收器的外形如图 32.4-28 所示。

为了避免排风与新风之间发生渗漏，分隔板的密封是十分重要的。

为了保证液态工质能依靠重力回流至蒸发段，必须使热管向蒸发段保持一定的倾斜度（一般为 5°～7°）；由于冷却与加热时，热管元件内液态工质的流向

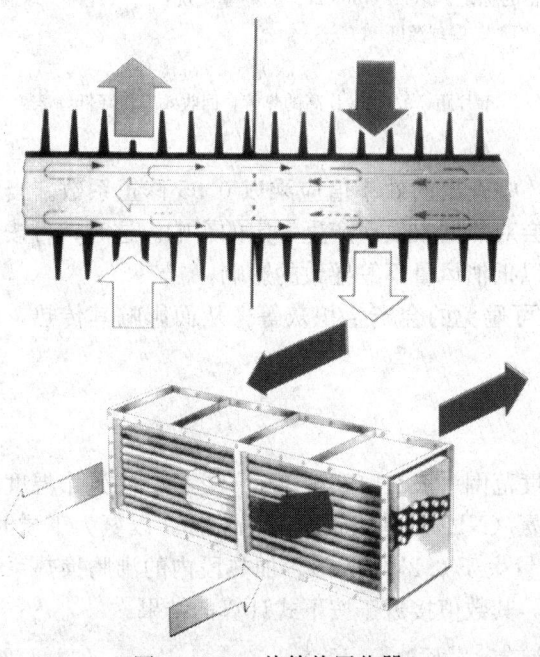

图 32.4-28　热管热回收器

是相反的，因此，对于全年应用的热管热回收器，必须配置能改变倾斜方向的支架。

2. 热管热回收器的优缺点（见表 32.4-27）

热管热回收器的优缺点　　　　　　表 32.4-27

主　要　优　点	主要缺点
1. 结构紧凑，单位体积的传热面积大； 2. 没有转动部件，不额外消耗能量；运行安全可靠，使用寿命长； 3. 每根热管自成换热体系，便于更换； 4. 热管的传热是可逆的，冷、热流体可以变换； 5. 冷、热气流间的温差较小时，也能取得一定的回收效率； 6. 本身的温降很小，近似于等温运行，换热效率较高；10 排时效率可达 70%以上； 7. 新、排风间不会产生交叉污染	1. 只能回收显热，不能回收潜热； 2. 接管位置固定，缺乏配管的灵活性； 3. 全年应用时，需要改变倾斜方向

3. 热管热回收器的回收效率与压力损失

热管热回收器的热回收效率与压力损失，见表 32.4-28。

热回收器的热回收效率与压力损失　　　　表 32.4-28

	迎面风速（m/s）	2.5	3.2	3.8	4.5	5.0
回收效率（%）	2 排	37	35	32	31	30
	4 排	54	52	50	49	48
	6 排	62	60	58	57	56
	8 排	68	66	64	63	62
	10 排	72	70	68	67	66
压力损失（Pa）	每排	15	20	30	45	55

注：①测试环境：温度为 20℃，大气压力为 101.3kPa，空气密度为 1.2kg/m³。
②测试工况：按《空气空气能量回收通风设备的标定》（ARI1060-2005）冬季工况：新风进风干球温度 1.7℃，湿球温度 0.6℃；排风进风干球温度 21℃，湿球温度 14℃。
③计算风量比：$R=1.0$。
④热管的片距 2.1mm，片高 9.5mm。如采用 2.4mm 片距、9.5mm 片高的热管，回收效率将降低约 2%，压力损失将减少 3～5Pa/排。

当应用于夏季热回收时，由表 32.4-28 中查出的效率值应乘以 0.95 修正系数。当流经热回收器的新风量与排风量不相等时，会对热回收效率产生一定的影响。这时，可按风量较小侧的迎面风速来确定热回收效率，以抵消风量不等导致的影响。

考虑到实际使用过程中，热管表面不可避免的会产生积灰等，从而影响其传热，因此，建议对回收效率乘以 0.90 修正系数。

4. 热管热回收器的设计计算

（1）工质及回收温度范围

空调系统进行排风热回收时，使用温度范围一般在 $-30 \sim +60$℃之间。在这个温度范围内，可供应用的工质很多，但一般认为氨（NH_3）是比较合适的选择。以氨为工质时，管内一般处于稳定的核状沸腾状态（热流量大于 0.2W/cm²）。加热段内的沸腾换热系数随输入热流和工质饱和压力的增大而升高，其数值接近于按下式计算的结果：

$$Nu = 0.082 \, Pr_y^{-0.45} \cdot Kq^{0.7} \cdot Ku^{\frac{1}{3}} \tag{32.4-28}$$

$$Kq = \frac{r \cdot \rho_q \cdot q}{T_b \cdot \lambda_y \cdot (\rho_y - \rho_q) \cdot g} \tag{32.4-29}$$

$$Ku = \frac{T_b \cdot c_y \cdot \sigma \cdot \rho_y}{r^2 \cdot \rho_q^2 \cdot \delta} \tag{32.4-30}$$

特征尺寸(m):
$$\delta = \left[\frac{\sigma}{g \cdot (\rho_y - \rho_q)}\right]^{\frac{1}{2}} \tag{32.4-31}$$

式中 Nu ——努谢尔特准则,$Nu = \frac{\alpha_z' \cdot \delta}{\lambda_y}$;

Pr_y ——饱和液体的普兰德准则;

r ——工质的气化潜热,J/kg;

ρ_q、ρ_y ——饱和蒸气、饱和液体的密度,kg/m³;

q ——热流密度,W/m²;

T_b ——饱和温度,℃;

λ_y ——工质液态时的导热系数,W/(m·℃);

g ——重力加速度,m/s²;

c_y ——工质液态时的比热,J/(kg·℃);

σ ——液—气界面的表面张力,N/m;

α_z' ——大空间沸腾换热系数的理论值,W/(m²·℃)。

冷凝段的凝结换热系数 α_n (W/m²·℃),对于垂直状态:

$$\frac{\alpha_n}{\alpha_n'} = 1.51 \cdot \left(\frac{P_q}{P_l}\right)^{0.14} \tag{32.4-32}$$

$$\alpha_n' = 0.943 \cdot \frac{\lambda_y}{l_n} \cdot \left\{\frac{l_n^3 \cdot \rho_y (\rho_y - \rho_q) \cdot g}{\mu_y \cdot \lambda_y (T_q - T_l)} \cdot [r + 0.68 c_y (T_q - T_l)]\right\}^{\frac{1}{4}} \tag{32.4-33}$$

式中 α_n' ——层流膜状凝结换热系数的理论值,W/(m²·℃);

P_q ——工质蒸气的压力,Pa;

P_l ——工质的临界压力,Pa;

l_n ——冷凝段的长度,m;

μ_y ——工质液体的黏度,N·s/m²;

T_q ——工质蒸气温度,℃;

T_l ——工质的临界温度,℃。

在计算 α_n' 时,定性温度取:
$$T = T_l + 0.31 \cdot (T_q - T_l) \tag{32.4-34}$$

(2) 传热计算

热管的传热过程,可应用电路模拟法简化为如图 32.4-29 所示的模型,假设通过热管壁的轴向传热忽略不计,在稳定情况下,热管元件(单根热管)的传热量 q_g 为:

$$q_g = \frac{1}{R_g}(t - t') \tag{32.4-35}$$

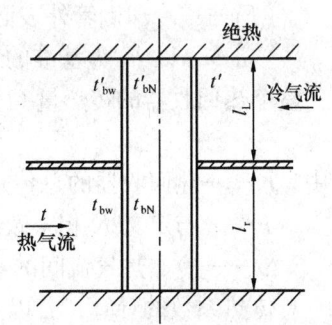

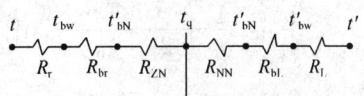

图 32.4-29 热管换热器的传热计算模型

$$R_g = R_r + R_{br} + R_{zn} + R_{nn} + R_{bl} + R_l \tag{32.4-36}$$

$$R_r = \frac{1}{\alpha_r F_r} \tag{32.4-37}$$

$$R_{br} = \frac{1}{2\pi\lambda_b l_r}\ln\left(\frac{D}{d}\right) \tag{32.4-38}$$

$$R_{zn} = \frac{1}{\alpha_{zn} F_{rn}} \tag{32.4-39}$$

$$R_{nn} = \frac{1}{\alpha_{nn} F_{ln}} \tag{32.4-40}$$

$$R_{bl} = \frac{1}{2\pi\lambda_b l_l}\ln\left(\frac{D}{d}\right) \tag{32.4-41}$$

$$R_l = \frac{1}{\alpha_l F_l} \tag{32.4-42}$$

式中　R_g——热管的传热阻；

R_l、R_r——热管外表面与冷、热气流的对流换热热阻；

R_{br}、R_{bl}——热、冷管壁的径向导热热阻；

R_{zn}、R_{nn}——管内蒸发、凝结热阻；

F_r——加热侧管外表面积（含翅片面积）；

α_r——以 F_r 为基准的对流换热系数；

λ_b——管壁的导热系数；

l_r——加热侧的长度；

D——光管的外径；

d——光管的内径；

F_{rn}——加热侧管内表面积；

α_{zn}——以 F_{rn} 为基准的管内蒸发换热系数；

F_{ln}——冷却侧管内表面积；

α_{nn}——以 F_{ln} 为基准的管内凝结换热系数；

l_l——冷却侧的长度；

F_l——冷却侧管外表面积（含翅片面积）；

α_l——以 F_l 为基准的对流换热系数。

整个热回收器的传热量 Q 为：

$$Q = \Sigma q_g = F \cdot K \cdot \Delta t \tag{32.4-43}$$

式中　K——热回收器的总传热系数；

F——与定义 K 相一致的传热面积；

Δt——冷、热气流间的对数平均温度差。

总传热系数的计算：若以热气流侧单根热管的管外表面积 F_r 为基准：

$$\frac{1}{K_r} = \frac{1}{\alpha_r} + \frac{F_r}{2\pi \cdot \lambda_b \cdot l_r}\ln\left(\frac{D}{d}\right) + \frac{1}{\alpha_{zn}} \cdot \frac{F_r}{F_{rn}} + \frac{1}{\alpha_{nn}} \cdot \frac{F_r}{F_{ln}} + \frac{F_r}{2\pi\lambda_b l_l}\ln\left(\frac{D}{d}\right) + \frac{1}{\alpha_l} \cdot \frac{F_r}{F_l} \tag{32.4-44}$$

当冷热两侧完全对称时，两侧的管内表面积和单位长度的翅片数均相等，这时，式（32.4-44）可简化为：

$$\frac{1}{K_{\mathrm{r}}} = \frac{1}{\alpha_{\mathrm{r}}} + \frac{F_{\mathrm{r}}}{\pi \cdot \lambda_{\mathrm{b}} \cdot l_{\mathrm{r}}} \ln\left(\frac{D}{d}\right) + \left(\frac{1}{\alpha_{\mathrm{zn}}} + \frac{1}{\alpha_{\mathrm{nn}}}\right) \frac{F_{\mathrm{r}}}{F_{\mathrm{rn}}} \cdot \frac{1}{\alpha_{\mathrm{l}}} \tag{32.4-45}$$

若以光管外表面积 F_S 为基准，则总传热系数 K_S 为：

$$\frac{1}{K_S} = \frac{1}{\alpha_{\mathrm{rg}}} + \frac{D}{\lambda_{\mathrm{b}}} \ln\left(\frac{D}{d}\right) + \left(\frac{1}{\alpha_{\mathrm{zn}}} + \frac{1}{\alpha_{\mathrm{nn}}}\right) + \frac{1}{\alpha_{\mathrm{lg}}} \tag{32.4-46}$$

式中 α_{lg}、α_{rg}——以 F_{g} 为基准的冷、热气流的对流换热系数。

热管热回收器中气流横向绕过管束的对流换热系数，一般通过实验确定；也可以利用已有的经验公式，求出翅片效率为1、以管外总表面积 $F_{\mathrm{c}} + F'_{\mathrm{g}}$ 为基准的管外换热系数 α_{o}、再根据翅片效率 η_{c} 加以折算，得出所需要的管外换热系数 α_{w}。

表 32.4-29 为计算不同翅片型式管外换热系数的一些经验公式，可供设计选用。

计算不同翅片型式时管外换热系数的一些经验公式   表 32.4-29

翅片形式	经 验 公 式	备 注
挤压或套装圆翅片管	$\alpha_{\mathrm{o}} = 0.1887 \left(\frac{\alpha'_{\mathrm{n}}}{D}\right)\left(0.8 + 0.1 \times \frac{s_{\mathrm{T}}}{D}\right) Re^{0.685} \cdot Pr^{\frac{1}{3}} \cdot \left(\frac{s}{h}\right)^{0.304}$ (32.4-47) $\alpha_{\mathrm{w}} = \alpha_{\mathrm{o}} \cdot \frac{\eta_{\mathrm{c}} F_{\mathrm{c}} + F'_{\mathrm{g}}}{F_{\mathrm{c}} F'_{\mathrm{g}}}$ (32.4-48)	适用于排数无限的圆翅片管，$S_{\mathrm{T}}/D = 2 \sim 3$，$S/h = 0.2 \sim 0.45$，$Re = 5 \times 10^3 \sim 5 \times 10^4$（引自原《上海机械学院学报》1981年第三期）
锯齿形翅片管	$\alpha_{\mathrm{o}} = 0.4 \times \left(\frac{\lambda}{D}\right) Re^{0.59} \cdot Pr^{\frac{1}{3}}$ (32.4-49) $\alpha_{\mathrm{w}} = \alpha_{\mathrm{o}} \cdot \frac{\eta_{\mathrm{c}} F_{\mathrm{c}} + F'_{\mathrm{g}}}{F_{\mathrm{c}} + F'_{\mathrm{g}}}$ (32.4-50)	引自《化工炼油机械》1981.3
绕整体缠翅片管	$\alpha_{\mathrm{o}} = b \cdot \left(\frac{\lambda}{D}\right) \cdot Re^{0.6} \cdot Pr^{\frac{1}{3}}$ (32.4-51) $\alpha_{\mathrm{w}} = \alpha_{\mathrm{o}} \cdot \frac{\eta_{\mathrm{c}} F_{\mathrm{c}} + F'_{\mathrm{g}}}{F'_{\mathrm{g}}}$ (32.4-52)	以光管外表面积 F_{g} 为基准面积

λ—气体的导热系数；s_{T}—管的横向间距；s—翅顶距；h—翅高；F_{c}—翅片面积；F'_{g}—光管的裸露面积。

(3) 加热段与冷却段长度比的选择

为了得到单位热管外表面积的最大传热量，应该使热管在一定的冷、热流体温差下的总传热系数为最大。一般可按下式确定：

$$\frac{l_{\mathrm{r}}}{l_{\mathrm{l}}} = \sqrt{\frac{K_{\mathrm{lg}}}{K_{\mathrm{rg}}}} \tag{32.4-53}$$

若忽略管壁、管内蒸发和冷凝热阻，则可简化为：

$$\frac{l_{\mathrm{r}}}{l_{\mathrm{l}}} = \sqrt{\frac{\alpha_{\mathrm{lg}}}{\alpha_{\mathrm{rg}}}} \tag{32.4-54}$$

式中 l_{r}——加热段的长度；

l_{l}——冷却段的长度；

K_{lg}——以冷却段光管面积为基准的总传热系数；

K_{rg}——以加热段光管面积为基准的总传热系数；

α_{lg}——以冷流体侧光管面积为基准的对流换热系数；

α_{rg}——以热流体侧光管面积为基准的对流换热系数。

(4) 热管的压力损失

冷、热气流流经热管热回收器管束时的压力损失 ΔP，可根据翅片形式选择不同的经验公式计算确定。

表 32.4-30 列出了不同翅片形式热管热回收器的压降计算公式。

不同翅片形式的压降计算公式　　　　　表 32.4-30

翅片形式	经验公式	备注
圆形挤压或套装圆翅片管	$\Delta P = f \cdot \dfrac{nG^2}{2\rho \cdot g}$ (32.4-55) $f = 37.86 \times \left(\dfrac{GD}{\mu}\right)^{-0.316} \cdot \left(\dfrac{S_T}{D}\right)^{-0.927} \cdot \left(\dfrac{S_T}{S_L}\right)^{0.515}$ (32.4-56)	适用于排数无限的管束： $2000 \leqslant \dfrac{GD}{\mu} \leqslant 50000$ $1.8 \leqslant \dfrac{S_T}{D} \leqslant 4.6$
锯齿形翅片管	$\Delta P = f \cdot \dfrac{G^2 L}{2\rho \cdot g D_v} \left(\dfrac{\mu}{\mu_p}\right)^{-0.14} \left(\dfrac{D_v}{S_T}\right)^{0.4} \left(\dfrac{S_L}{S_T}\right)^{0.6}$ (32.4-57) $f = 0.58\, Re^{-0.13}$; $Re = GD_v/\mu$ (32.4-58)	D_v—容积当量直径； μ_p—平均壁温下气体的动力黏度
绕整体缠翅片管	$\Delta P = f \cdot \dfrac{G^2 L}{2\rho \cdot g D_v} \left(\dfrac{\mu}{\mu_p}\right)^{-0.14} \left(\dfrac{D_v}{S_T}\right)^{0.4} \left(\dfrac{S_L}{S_T}\right)^{0.6}$ (32.4-57) $f = 1.92\, Re^{-0.145}$ (32.4-59) 或 $\Delta P = f \cdot \dfrac{G^2 L}{2\rho \cdot g D_v} \left(\dfrac{\mu}{\mu_p}\right)^{-0.14} \left(\dfrac{D_v}{S_T}\right)^{0.4} \left(\dfrac{S_L}{S_T}\right)^{0.6}$ (32.4-57) $f = 3.38\, Re^{-0.25}$ (32.4-60)	

n—沿气流方向的管排数；G—质量流率；S_L—管的纵向间距；L—气流流过长度；S_T—管的横向间距；ρ—气体的密度

5. 热管热回收器的选择计算

工程设计中，通常主要是选择和计算能量回收装置；这时，下列参数一般为已知值：

排风进风参数：温度 t_{11}（℃），含湿量 d_{11}（kg/kg），比焓 h_{11}（kJ/kg）；

新风进风参数：温度 t_{21}（℃），含湿量 d_{21}（kg/kg），比焓 h_{21}（kJ/kg）；

排风量 L_p（m³/h）和新风量 L_x（m³/h）；

当地冬、夏季的大气压力。

需要选择确定适宜的热回收器并计算出下列各项参数：

- 热回收器热回收效率及压力损失；
- 新风和排风出风的状态参数；
- 热回收器实际能回收的热/冷量。

目前，热管热回收器的生产单位，国内主要有无锡北溪空调设备有限公司和北京德天节能设备有限公司两个企业，前者的产品型号为 HKL，后者则以 KLS 命名。

兹结合这两种产品具体介绍其选择计算方法。

(1) HKL 型热管热回收器的选择计算（根据无锡北溪空调设备有限公司资料编写）：

1) 根据风量、压力损失、效率等因素，进行综合考虑后，按图 32.4-30 选取热管换热器型号。

2) 根据选择型号的片距、片高和排数，由图 32.4-31 和图 32.4-32 求显热效率 η（%）

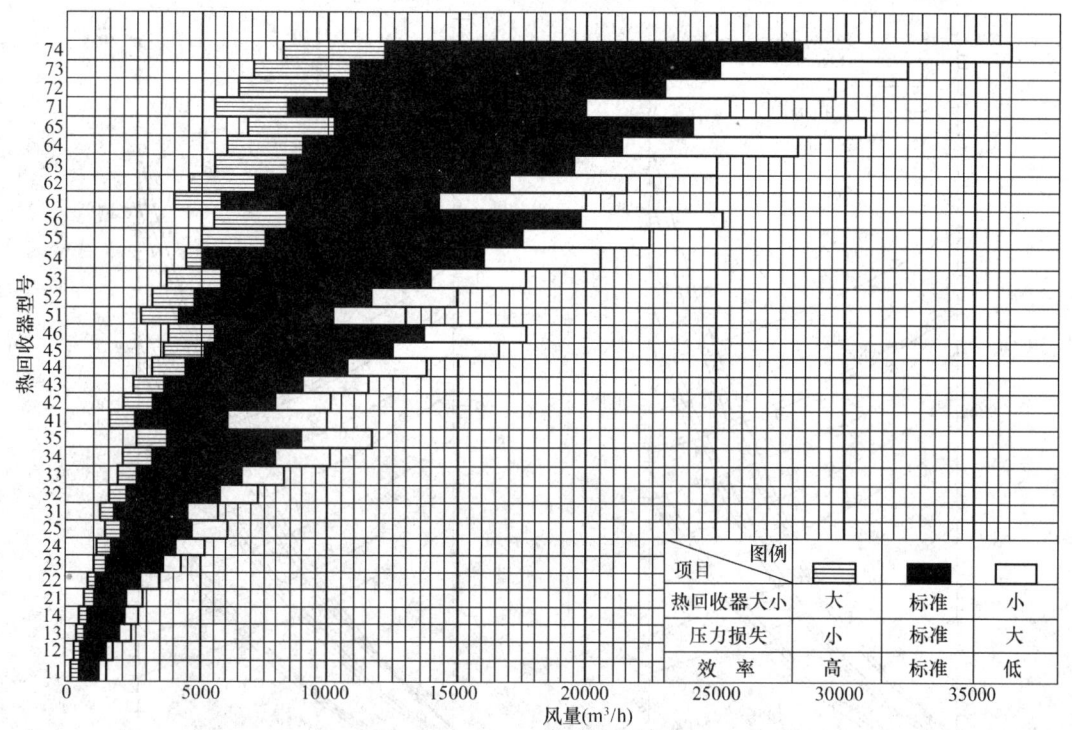

图 32.4-30 热管热回收器型号选择图

和压力损失 ΔP (Pa)。

3) 求新风出风温度 t_{22}（℃）：

$$t_{22} = t_{21}\mu \frac{\eta_t \cdot (t_{21} - t_{11})}{100} \tag{32.4-61}$$

4) 计算回收冷量 Q_l（kW）：

$$Q_l = L \cdot \rho \cdot c \cdot (t_{21} - t_{22}) \cdot \frac{1}{3600} \tag{32.4-62}$$

5) 计算回收热量 Q_r（kW）：

$$Q_r = L \cdot \rho \cdot c \cdot (t_{22} - t_{21}) \cdot \frac{1}{3600} \tag{32.4-63}$$

式中 ρ——新风的平均密度，kg/m^3；

c——新风的平均比热容，$kJ/(kg \cdot K)$。

【例】 已知条件：

排风进风温度：夏季 $t_{11} = 28$℃；冬季 $t_{11} = 22$℃；

新风进风温度：夏季 $t_{21} = 35$℃；冬季 $t_{21} = -10$℃；

新风量 L_x 和排风量 L_p （m^3/h）：$L_x = L_p = 10000 m^3/h$

【解】 根据无锡北溪空调设备有限公司产品进行选型。

1) 当新风和排风风量 $L_x = L_p = 10000 m^3/h$ 时，由图 32.4-30 选择 HKL-45 型热管热回收器。

2) 根据选定的型号（HKL-45）和已知的风量，选定 1.8mm 片距、11mm 片高和 8 排的结构型式，则由图 32.4-32 可查得：热管热回收器的压力损失 $\Delta P = 142Pa$；相应的热

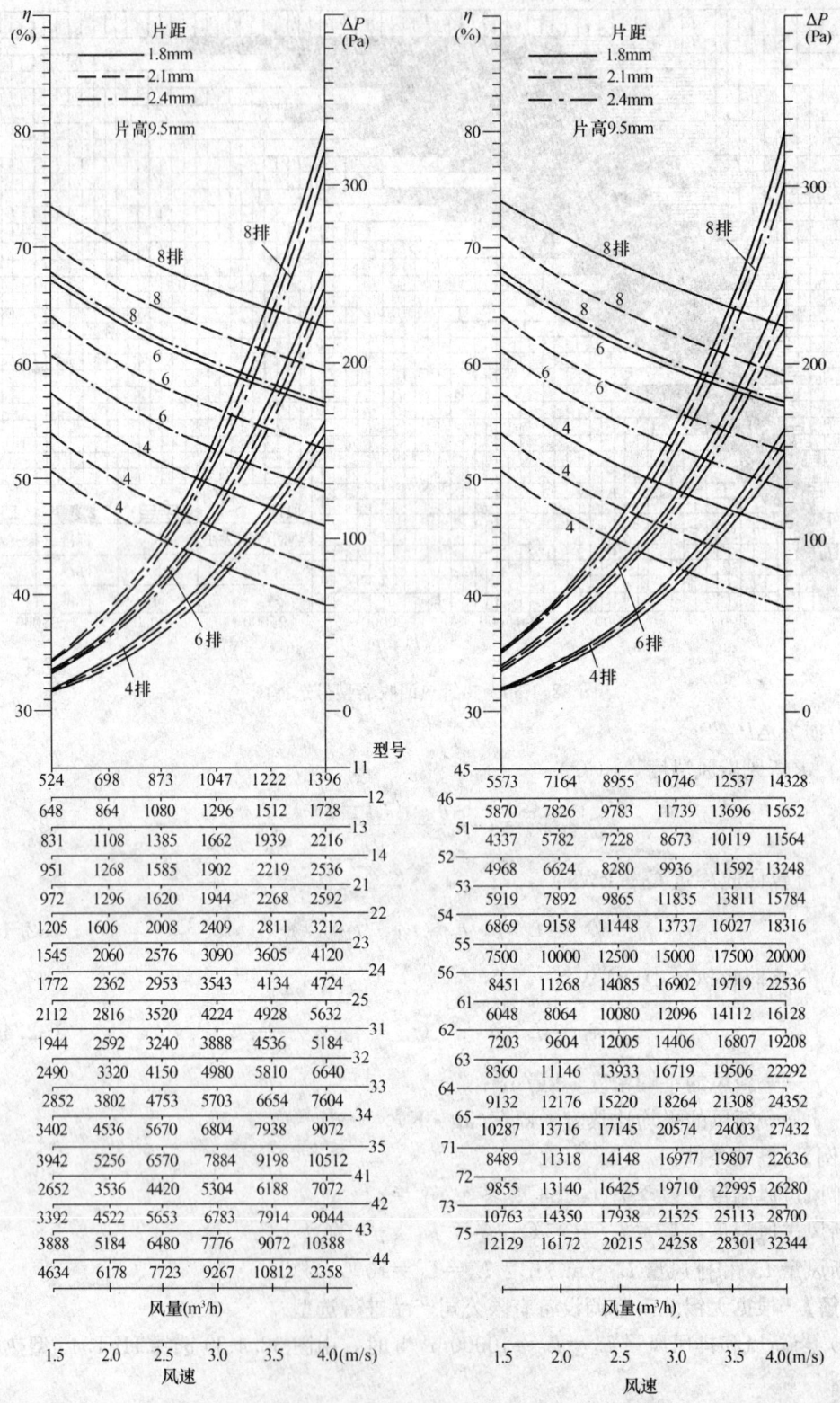

图 32.4-31 热管热回收器的效率和压力损失（片高 9.5mm）

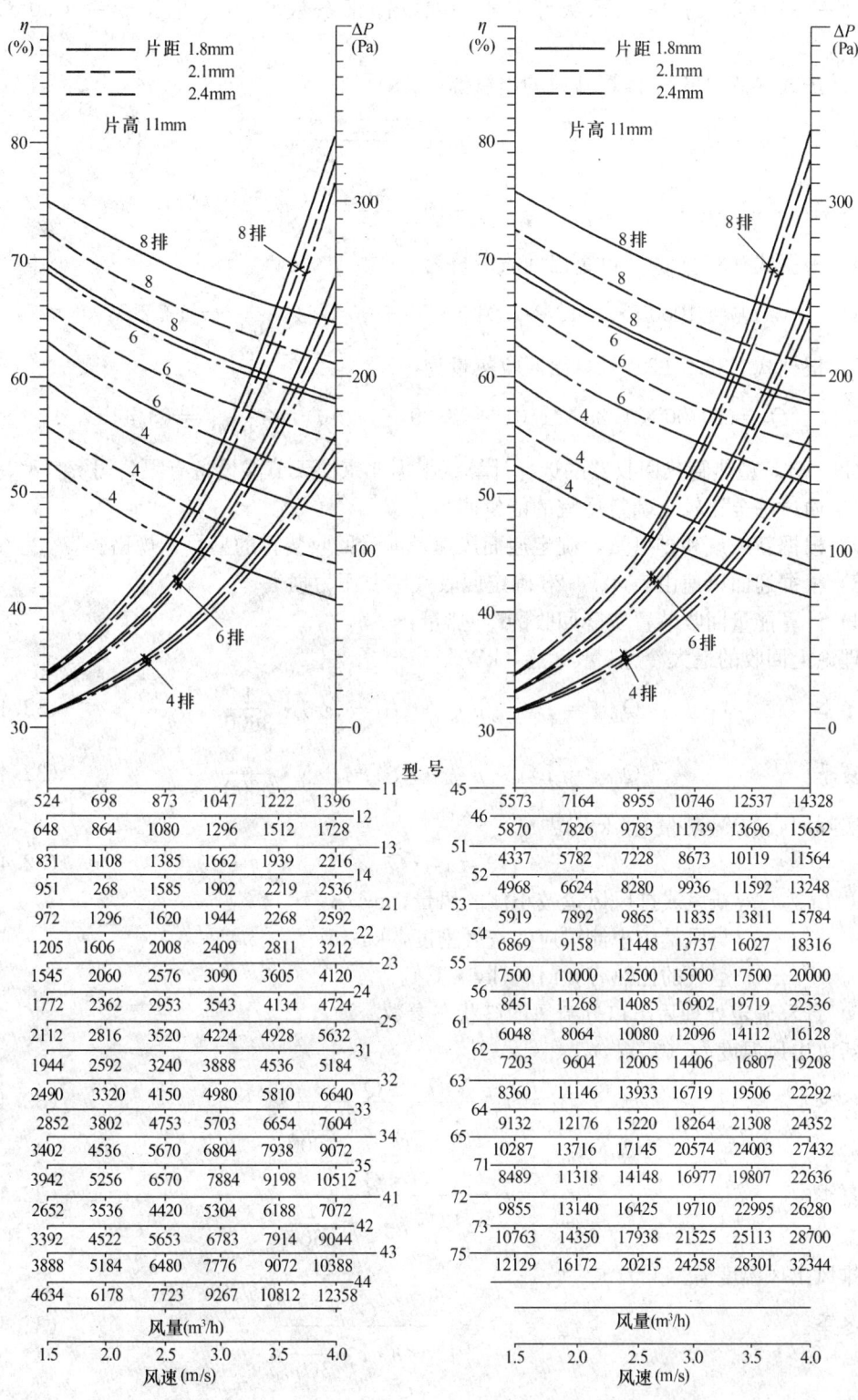

图 32.4-32 热管热回收器的效率和压力损失（片高 11mm）

回收效率 $\eta_t = 67\%$；考虑积灰等因素，乘以修正系数 0.90，实际 $\eta_t = 0.90 \times 67\% = 60.3\%$。

3) 按式（32.4-61）计算新风的出风温度：

夏季： $t_{22} = t_{21}\mu \dfrac{\eta_t \cdot (t_{21} - t_{11})}{100} = 35 - \dfrac{60.3 \times (35 - 28)}{100} = 30.8℃$

冬季： $t_{22} = t_{21}\mu \dfrac{\eta_t \cdot (t_{21} - t_{11})}{100} = -10 + \dfrac{60.3 \times (22 + 10)}{100} = 8.09℃$

4) 根据式（32.4-62）可算出回收冷量为：

$$Q_l = 10000 \times 1.12 \times 1.01 \times (35 - 30.8) \times \dfrac{1}{3600} = 13.2\text{kW}$$

5) 根据式（32.4-63）可算出回收热量为：

$$Q_r = 10000 \times 1.25 \times 1.01 \times [8.09 - (-10)] \times \dfrac{1}{3600} = 63.44\text{kW}$$

(2) KLS 型热管热回收器的选择计算（根据北京德天节能设备有限公司资料编写）

1) 通过综合比较，确定适宜的能量回收装置。
2) 根据新风量和排风量，确定迎面风速及能量回收装置的型号、规格。
3) 根据迎面风速由表 32.4-28 确定回收效率及压力损失。
4) 计算能量回收装置实际回收的冷/热量：

理论上回收的最大冷/热量 $Q_{\max}$（kW）：

冬季 $\qquad\qquad Q_{\max} = L_{\min} \cdot \rho \cdot c \cdot (t_{11} - t_{21}) \cdot \dfrac{1}{3600}$ \hfill (32.4-64)

夏季 $\qquad\qquad Q_{\max} = L_{\min} \cdot \rho \cdot c \cdot (t_{21} - t_{11}) \cdot \dfrac{1}{3600}$ \hfill (32.4-65)

实际回收的冷/热量 Q（kW）：

$$Q = \eta_t \cdot Q_{\max} \qquad\qquad (32.4\text{-}66)$$

式中 $L_{\min}$——新风或排风风量较小侧的风量，m^3/h；

$\qquad\quad \rho$——与风量较小侧对应的空气密度，kg/m^3；

$\qquad\quad c$——空气的比热容，$kJ/(kg \cdot ℃)$。

5) 计算确定处理后出口处新风的终状态参数。

新风出风温度 t_{22}（℃）：

冬季 $\qquad\qquad t_{22} = t_1 + \dfrac{Q}{L_x \cdot \rho \cdot c \cdot \dfrac{1}{3600}}$ \hfill (32.4-67)

夏季 $\qquad\qquad t_{22} = t_1 - \dfrac{Q}{L_x \cdot \rho \cdot c \cdot \dfrac{1}{3600}}$ \hfill (32.4-68)

排风出风温度 t_{12}（℃）：

冬季 $\qquad\qquad t_{12} = t_{11} - \dfrac{Q}{L_x \cdot \rho \cdot c \cdot \dfrac{1}{3600}}$ \hfill (32.4-69)

夏季 $\qquad\qquad t_{12} = t_{11} + \dfrac{Q}{L_x \cdot \rho \cdot c \cdot \dfrac{1}{3600}}$ \hfill (32.4-70)

【例】 已知条件：当地大气压力 978.70hPa（冬季）；959.20hPa（夏季）；
新风进风参数：冬季 $t_{21}=-8℃$，$d_{21}=0.0012$kg/kg，$h_{21}=-4.8$kJ/kg；
　　　　　　　夏季 $t_{21}=35.2℃$，$d_{21}=0.0189$kg/kg，$h_{21}=83.8$kJ/kg；
排风进风参数：冬季 $t_{11}=20℃$，$d_{11}=0.0061$kg/kg，$h_{11}=35.6$kJ/kg；
　　　　　　　夏季 $t_{11}=26℃$，$d_{11}=0.0124$kg/kg，$h_{11}=57.8$kJ/kg；
设计新风量 $L_x=11000$m³/h，排风量 $L_P=10000$m³/h。

【解】 根据北京德天节能设备有限公司产品进行选型。
1) 确定采用热管式热回收器。
2) 确定迎面风速及能量回收装置的型号、规格：
设迎面风速 $v_y=3.0$m/s，则可求出需要的迎风面积为：

$$F_y = \frac{L_x}{v_y \cdot 3600} = \frac{11000}{3.0 \times 3600} = 1.02 \text{m}^2$$

由表 32.4-32 可见，可选择的型号为：KLS2089×1417，其迎风面积为：$F_y=1.05$m²，8 排，2.1mm 片距。

3) 求热回收器的回收效率及压力损失：
选择 KLS2089×1417 热管热回收器时，实际面风速为：

$$v_y = \frac{11000}{1.05 \times 3600} = 2.91 \text{m/s}$$

按表 32.4-28 进行内插，可分别求得：回收效率 $\eta_t=66\%$；压力损失 $\Delta p=188$Pa
考虑积灰等影响因素的修正后，实际热回收效率为：

$$\eta_t = 0.9 \times 0.95 \times 66\% = 56.4\%$$

4) 通过热回收器回收的热量 Q_r：

$$Q_{max} = L_p \cdot \rho \cdot c \, (t_{11}-t_{21}) \cdot \frac{1}{3600} = 10000 \times 1.05 \times 1.01 \times (20+8) \times \frac{1}{3600}$$
$$= 94.7 \text{kW}$$
$$Q_r = \eta_t \cdot Q_{max} = 56.4\% \times 94.7 = 53.4 \text{kW}$$

5) 通过热回收器回收的冷量 Q_l：

$$Q_{max} = L_p \cdot \rho \cdot c \, (t_{21}-t_{11}) = 10000 \times 1.175 \times 1.01 \times (35.2-26) \times \frac{1}{3600}$$
$$= 30.4 \text{kW}$$
$$Q_l = \eta_t \cdot Q_{max} = 56.4\% \times 30.4 = 17.1 \text{kW}$$

6) 确定新风出风和排风出风的状态参数

冬季：
$$t_{22} = t_{21} + \frac{Q_r}{L_x \cdot \rho \cdot c \cdot \frac{1}{3600}} = (-8) + \frac{53.4}{11000 \times 1.332 \times 1.01 \times \frac{1}{3600}}$$
$$= 5.0℃$$

$$t_{12} = t_{11} - \frac{Q_r}{L_p \cdot \rho \cdot c \cdot \frac{1}{3600}} = 20 - \frac{53.4}{10000 \times 1.205 \times 1.01 \times \frac{1}{3600}} = 4.2℃$$

由湿空气的焓湿图可知，排风的露点温度为 6℃左右，因此，排风侧必然会有凝水。
排风出风的比焓为：

$$h_{12} = h_{11} - \frac{Q_r}{L_p \cdot \rho \cdot \frac{1}{3600}} = 35.6 - \frac{53.4}{10000 \times 1.205 \times \frac{1}{3600}} = 20.2 \text{kJ/kg}$$

离开热回收器时空气的相对湿度，一般可按 $\varphi = 90\%$ 考虑，因此，由焓湿图可得出排风出风温度为 5.5℃。

夏季：
$$t_{22} = t_{21} - \frac{Q_l}{L_x \cdot \rho \cdot c \cdot \frac{1}{3600}} = 35.2 - \frac{17.1}{11000 \times 1.146 \times 1.01 \times \frac{1}{3600}}$$
$$= 30.4℃$$

$$t_{12} = t_{11} + \frac{Q_l}{L_p \cdot \rho \cdot c \cdot \frac{1}{3600}} = 26 + \frac{17.1}{10000 \times 1.175 \times 1.01 \times \frac{1}{3600}} = 31.2℃$$

6. 设计注意事项

（1）设计布置热回收器时，应保持新风入口与排风出口在同一侧，即保持冷、热气流为逆流流向。

（2）换热器可以垂直安装，也可水平安装；水平安装时，必须有 5°～7°的斜度，并保持向蒸发段倾斜。

（3）气流通过换热器时的迎面风速，宜保持 2.0～3.0m/s。

（4）换热器冷、热端之间的分隔板，宜采用双层结构，以防渗风造成交叉污染。

（5）选型时，应优先考虑翅片比高的换热器型号。

（6）在热回收器的新风和排风入口处，必须设置空气过滤器。

（7）冬、夏季均使用的热回收器，应配置可转动支架；同时，在热回收器与风管之间必须设置长度不少于 500mm 的柔性过渡接头，以保证换热器可以转动。

（8）热管热回收器既可以几个并联安装，也可以串联安装。

（9）当新风出口温度低于露点温度或热气流的含湿量较大时，应考虑设计安装凝水排除装置。

（10）当热管热回收器的冷却端处于湿工况时，加热端的效率将增高，即回收的热量增加；增加的热量，一般可作为安全裕量。如需确定冷却端（热气流）的终状态参数，则可按处理后的相对湿度为 90%考虑，计算确定其比焓。

（11）启动热回收器时，应使冷、热气流同时流动，或使冷气流先流动；停止时，应使冷、热气流同时停止，或先停止热气流。

7. 热管换热器的构造尺寸

（1）HKL 型热管热回收器的构造尺寸（无锡北溪空调设备有限公司产品）（表32.4-31）

HKL 型热管热回收器的构造尺寸　　　　表 32.4-31

型号	排数	长 (mm)	高 (mm)	宽 (mm)	迎风面积 (m^2)	不同片距时的传热面积（m^2）			根数	重量 (kg)
						1.8mm	2.1mm	2.4mm		
HKL-11	4	600	443	193	0.097	11.52	9.60	8.64	32	47
	6	600	443	281	0.097	17.28	14.40	12.96	48	65
	8	600	443	369	0.097	23.04	19.20	17.28	64	83

续表

型号	排数	长(mm)	高(mm)	宽(mm)	迎风面积(m^2)	不同片距时的传热面积(m^2)			根数	重量(kg)
						1.8mm	2.1mm	2.4mm		
HKL-12	4	600	545	193	0.12	14.40	12.00	10.80	40	58
	6	600	545	281	0.12	21.60	18.00	16.20	60	81
	8	600	545	369	0.12	28.80	24.00	21.60	80	100
HKL-13	4	600	698	193	0.154	18.72	15.60	14.04	52	73
	6	600	698	281	0.154	28.08	23.40	21.06	78	101
	8	600	698	369	0.154	37.44	31.20	28.08	104	129
HKL-14	4	600	800	193	0.176	21.60	18.00	16.20	60	83
	6	600	800	281	0.176	32.40	27.00	24.30	90	115
	8	600	800	369	0.176	43.20	36.00	32.40	120	147
HKL-21	4	1000	443	193	0.18	19.20	16.00	14.40	32	78
	6	1000	443	281	0.18	28.80	24.00	21.60	48	108
	8	1000	443	369	0.18	38.40	32.00	28.80	64	137
HKL-22	4	1000	545	193	0.223	24.00	20.00	18.00	40	92
	6	1000	545	281	0.223	36.00	30.00	27.00	60	126
	8	1000	545	369	0.223	48.00	40.00	36.00	80	164
HKL-23	4	1000	698	193	0.286	31.20	26.00	23.40	52	117
	6	1000	698	281	0.286	46.80	39.00	35.10	78	160
	8	1000	698	369	0.286	62.40	52.00	46.80	104	204
HKL-24	4	1000	800	193	0.328	36	30	27.00	60	129
	6	1000	800	281	0.328	54	45	40.50	90	181
	8	1000	800	369	0.328	72	60	54.00	120	233
HKL-25	4	1000	953	193	0.391	43.2	36	32.40	72	151
	6	1000	953	281	0.391	64.8	54	48.60	108	212
	8	1000	953	369	0.391	86.4	72	64.80	144	273
HKL-31	4	1500	545	193	0.360	36	30	27.00	40	135
	6	1500	545	281	0.360	54	45	40.5	60	189
	8	1500	545	369	0.360	72	60	54	80	243
HKL-32	4	1500	698	193	0.461	46.8	39	35.1	52	219
	6	1500	698	281	0.461	70.2	58.5	52.65	78	248
	8	1500	698	369	0.461	93.6	78	70.2	104	294
HKL-33	4	1500	800	193	0.528	54	45	40.5	60	182
	6	1500	800	281	0.528	81	67.5	60.75	90	257
	8	1500	800	369	0.528	108	90	81	120	333

续表

型号	排数	长(mm)	高(mm)	宽(mm)	迎风面积(m^2)	不同片距时的传热面积(m^2)			根数	重量(kg)
						1.8mm	2.1mm	2.4mm		
HKL-34	4	1500	953	193	0.630	64.8	54	48.6	72	213
	6	1500	953	281	0.630	97.2	81	72.9	108	302
	8	1500	953	369	0.630	129.6	108	97.2	144	392
HKL-35	4	1500	1106	193	0.730	75.6	63	56.7	84	244
	6	1500	1106	281	0.730	113.4	94.5	85.05	126	347
	8	1500	1106	369	0.730	151.2	126	113.4	168	451
HKL-41	4	2000	545	193	0.491	48	40	36	40	119
	6	2000	545	281	0.491	72	60	54	60	247
	8	2000	545	369	0.491	96	80	72	80	315
HKL-42	4	2000	698	193	0.628	62.4	52	46.8	52	213
	6	2000	698	281	0.628	93.6	78	70.2	78	293
	8	2000	698	369	0.628	124.8	104	93.6	104	383
HKL-43	4	2000	800	193	0.720	72	60	54	60	240
	6	2000	800	281	0.720	108	90	81	90	336
	8	2000	800	369	0.720	144	120	108	120	444
HKL-44	4	2000	953	193	0.858	86.4	72	64.8	72	280
	6	2000	953	281	0.858	129.6	108	97.2	108	395
	8	2000	953	369	0.858	172.8	144	129.6	144	522
HKL-45	4	2000	1106	193	0.995	100.8	84	75.6	84	327
	6	2000	1106	281	0.995	151.2	126	113.4	126	463
	8	2000	1106	369	0.995	201.6	168	151.2	168	599
HKL-46	4	2000	1208	193	1.087	110.4	92	82.8	92	354
	6	2000	1208	281	1.087	165.6	138	124.2	138	502
	8	2000	1208	369	1.087	220.8	184	165.6	184	650
HKL-51	4	2500	698	193	0.803	78	65	58.5	52	272
	6	2500	698	281	0.803	117	97.5	87.75	78	378
	8	2500	698	369	0.803	156	130	117	104	486
HKL-52	4	2500	800	193	0.92	90	75	67.5	60	305
	6	2500	800	281	0.92	135	112.5	101.25	90	427
	8	2500	800	369	0.92	180	150	135	120	549
HKL-53	4	2500	953	193	1.096	108	90	81	72	354
	6	2500	953	281	1.096	162	135	121.5	108	499
	8	2500	953	369	1.096	216	180	162	144	644

32.4 能量回收装置　2505

续表

型号	排数	长 (mm)	高 (mm)	宽 (mm)	迎风面积 (m^2)	不同片距时的传热面积（m^2）			根数	重量 (kg)
						1.8mm	2.1mm	2.4mm		
HKL-54	4	2500	1106	193	1.272	126	105	94.5	84	404
	6	2500	1106	281	1.272	189	157.5	141.75	126	572
	8	2500	1106	369	1.272	252	210	189	168	739
HKL-55	4	2500	1208	193	1.389	138	115	103.5	92	436
	6	2500	1208	281	1.389	207	172.5	155.25	138	617
	8	2500	1208	369	1.389	276	230	207	184	803
HKL-56	4	2500	1361	193	1.565	156	130	117	104	486
	6	2500	1361	281	1.565	234	195	175.5	156	692
	8	2500	1361	369	1.565	312	260	234	208	898
HKL-61	4	3000	800	193	1.12	108	90	81	60	359
	6	3000	800	281	1.12	162	135	121.5	90	506
	8	3000	800	369	1.12	216	180	162	120	650
HKL-62	4	3000	953	193	1.334	129.6	108	97.2	72	417
	6	3000	953	281	1.334	194.4	162	145.8	108	589
	8	3000	953	369	1.334	259.2	216	194.4	144	763
HKL-63	4	3000	1106	193	1.548	151.2	126	113.4	84	476
	6	3000	1106	281	1.334	226.8	189	170.1	125	677
	8	3000	1106	369	1.334	302.4	252	226.8	168	877
HKL-64	4	3000	1208	193	1.691	165.6	138	124.2	92	515
	6	3000	1208	281	1.691	248.4	207	186.3	138	734
	8	3000	1208	369	1.691	331.2	276	248.4	184	953
HKL-65	4	3000	1361	193	1.905	187.2	156	140.4	104	574
	6	3000	1361	281	1.905	280.8	234	210.6	156	820
	8	3000	1361	369	1.905	374.4	312	280.8	208	1066
HKL-71	4	3500	953	193	1.572	151.2	126	113.4	72	480
	6	3500	953	281	1.572	226.8	189	170.1	108	682
	8	3500	953	369	1.572	302.4	252	226.8	144	822
HKL-72	4	3500	1106	193	1.825	176.4	147	132.3	84	548
	6	3500	1106	281	1.825	264.6	220.5	198.45	126	780
	8	3500	1106	369	1.825	352.8	294	264.6	168	1013
HKL-73	4	3500	1208	193	1.993	193.2	161	144.9	92	592
	6	3500	1208	281	1.993	289.8	241.5	217.35	138	846
	8	3500	1208	369	1.993	386.4	322	289.8	184	1100

续表

型号	排数	长 (mm)	高 (mm)	宽 (mm)	迎风面积 (m^2)	不同片距时的传热面积 (m^2)			根数	重量 (kg)
						1.8mm	2.1mm	2.4mm		
HKL-74	4	3500	1361	193	2.246	218.4	182	163.8	104	660
	6	3500	1361	281	2.246	327.6	273	245.7	156	945
	8	3500	1361	369	2.246	436.8	364	327.6	208	1232

(2) KLS型热管热回收器的构造尺寸（北京德天节能设备有限公司产品）（表32.4-32）

型号表示法：

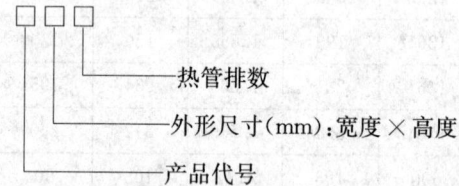

热管排数
外形尺寸(mm)：宽度×高度
产品代号

示例：KLS2089×1519-8 表示宽度为2089mm，高度为1519mm的8排管低温热管换热器。

KLS型热管热回收器的构造尺寸　　　　　表32.4-32

型号	下列风速（m/s）下的风量（m^3/h）			迎风面积 (m^2)	每列根数	重量 (kg)		
	2.5	3.0	3.5			4排	6排	8排
KLS670×600	990	1188	1386	0.11	8	60	81	98
KLS670×700	1260	1512	1764	0.14	10	67	92	113
KLS1075×630	1791	2149	2507	0.20	8	78	108	137
KLS1075×730	2205	2646	3087	0.25	10	92	126	164
KLS1075×883	2826	3391	3956	0.31	13	117	160	204
KLS1075×985	3240	3888	4536	0.36	15	129	181	233
KLS1075×1138	3861	4633	5405	0.43	18	151	212	243
KLS1075×1291	4482	5378	6275	0.50	21	210	239	310
KLS1075×1444	5103	6124	7144	0.57	24	182	274	365
KLS1572×784	3438	4126	4813	0.38	10	135	189	243
KLS1592×957	4401	5281	6161	0.49	13	210	248	294
KLS1592×1059	5040	6048	7056	0.56	15	182	257	333
KLS1592×1212	6003	7204	8404	0.67	18	213	292	392
KLS1592×1365	6966	8359	9752	0.77	21	244	347	451
KLS1592×1518	7929	9515	11100	0.88	24	257	386	515
KLS1592×1671	8982	10778	12575	1.0	27	284	439	579
KLS2089×856	4662	5594	6527	0.52	10	119	247	315
KLS2089×1009	5967	7160	8354	0.66	13	213	293	385

续表

型 号	下列风速（m/s）下的风量（m³/h)			迎风面积 (m²)	每列根数	重 量 (kg)		
	2.5	3.0	3.5			4 排	6 排	8 排
KLS2089×1111	6840	8208	9576	0.76	15	240	436	444
KLS2089×1264	8145	9774	11403	0.91	18	280	395	522
KLS2089×1417	9459	11351	13243	1.05	21	327	463	599
KLS2089×1519	10332	12398	14465	1.15	23	354	502	650
KLS2089×1672	11637	13964	16292	1.29	26	367	551	734
KLS2089×1825	12942	15530	18119	1.44	29	409	614	819
KLS2089×1978	13860	16632	19404	1.54	32	452	678	904
KLS2586×1121	7470	8964	10458	0.83	13	272	387	486
KLS2586×1223	8640	10368	12096	0.96	15	305	427	549
KLS2586×1376	10296	12355	14414	1.14	18	354	499	644
KLS2586×1529	11943	14332	16720	1.33	21	404	572	739
KLS2586×1631	13050	15660	18270	1.45	23	436	617	803
KLS2586×1784	14697	17636	20576	1.63	26	486	692	898
KLS2586×1937	16353	19624	22894	1.82	29	501	752	1002
KLS2586×2090	18000	21600	25200	2.0	32	553	829	1106
KLS2586×2243	19656	23587	27518	2.18	35	605	907	1210
KLS3084×1276	10440	12528	14616	1.16	15	359	506	650
KLS3084×1429	12438	14726	17413	1.38	18	417	589	783
KLS3084×1582	14436	17323	20210	1.61	21	476	677	877
KLS3084×1676	15660	18792	21924	1.74	23	516	734	953
KLS3084×1837	17757	21308	24860	1.97	26	574	820	1066
KLS3084×1990	19710	23652	27594	2.19	29	592	892	1189
KLS3084×2143	21753	26104	30454	2.42	32	656	984	1312
KLS3084×2296	23715	28458	33201	2.64	35	718	1076	1476
KLS3084×2449	25749	30899	36049	2.86	38	779	1169	1599
KLS3581×1481	14580	17496	20412	1.62	18	480	682	882
KLS3581×1634	16920	20304	23688	1.88	21	548	780	1013
KLS3581×1728	18486	22183	25880	2.06	23	592	846	1100
KLS3581×1889	21069	25283	29497	2.34	26	660	945	1232
KLS3581×2042	23166	27799	32432	2.57	29	687	1031	1374
KLS3581×2195	25506	30607	35708	2.83	32	758	1137	1516
KLS3581×2348	27846	33415	38984	3.10	35	829	1243	1658

续表

型　号	下列风速（m/s）下的风量（m³/h）			迎风面积 (m²)	每列根数	重　量（kg）		
	2.5	3.0	3.5			4排	6排	8排
KLS3581×2501	30186	36223	42260	3.35	38	900	1350	1800
KLS3581×2654	32526	39031	45536	3.62	41	971	1457	1943
KLS3581×2807	34866	41840	48812	3.87	44	1042	1564	2085
KLS3581×2960	37206	44647	52087	4.14	47	1114	1670	2227
KLS3581×3113	39555	47466	55377	4.40	50	1185	1777	2369
KLS3581×3266	41985	50382	58779	4.67	53	1256	1884	2511
KLS4078×2094	25889	31067	36245	2.88	29	832	1224	1570
KLS4078×2247	28506	34207	39908	3.17	32	918	1350	1732
KLS4078×2400	31122	37346	43571	3.46	35	1003	1478	1894
KLS4078×2553	33738	40486	47234	3.75	38	1090	1583	2057
KLS4078×2706	36355	43626	50896	4.04	41	1265	17101	2220
KLS4078×2859	38971	46765	54559	4.33	44	1358	1857	2382
KLS4078×3012	41587	49905	58222	4.62	47	1450	1985	2545
KLS4078×3165	44204	53044	61885	4.91	50	1542	2112	2707
KLS4078×3318	46820	56184	65548	5.20	53	1635	2238	2869
KLS4078×3471	49436	59323	69211	5.49	56	1729	2365	3033
KLS4078×3624	53460	64152	74844	5.93	59	1768	2420	3102
KLS4575×2299	32256	38708	45159	3.58	32	1130	1520	1949
KLS4575×2452	35217	42260	49304	3.91	35	1236	1663	2132
KLS4575×2605	38178	45813	53449	4.24	38	1342	1805	2314
KLS4575×2758	41138	49366	57593	4.57	41	1449	1948	2498
KLS4575×2911	44099	52918	61738	4.90	44	1553	2092	2681
KLS4575×3064	47059	56471	65883	5.23	47	1660	2232	2863
KLS4575×3217	50020	60024	70028	5.56	50	1767	2387	3046
KLS4575×3370	52980	63576	74172	5.89	53	1872	2518	3228
KLS4575×3523	55941	67129	78317	6.22	56	1979	2661	3412
KLS4575×3676	58901	70682	82462	6.55	59	2024	2722	3490
KLS4575×3829	63297	75956	88616	7.03	62	2078	2795	3583
KLS5073×2352	36007	43209	50410	4.00	32	1256	1690	2166
KLS5073×2505	39312	47174	55037	4.37	35	1375	1848	2369
KLS5073×2658	42617	51140	59664	4.76	38	1492	2006	2571
KLS5073×2811	45922	55106	64290	5.10	41	1611	2165	2776

续表

型 号	下列风速（m/s）下的风量（m³/h）			迎风面积 (m²)	每列根数	重 量（kg）		
	2.5	3.0	3.5			4 排	6 排	8 排
KLS5073×2964	49226	59072	68917	5.47	44	1728	2323	2979
KLS5073×3117	52531	63037	73544	5.84	47	1849	2482	3181
KLS5073×3270	55836	67003	78170	6.21	50	1962	2639	3384
KLS5073×3423	59141	70969	82797	6.57	53	2080	2798	3587
KLS5073×3576	62446	74935	87424	6.94	56	2198	2957	3791
KLS5073×3729	65750	78900	92051	7.31	59	2249	3025	3878
KLS5073×3882	70497	84596	98696	7.83	62	2326	3128	4010
KLS5570×2404	39758	47710	55661	4.42	32	1381	1858	2382
KLS5570×2557	43407	52088	60770	4.83	35	1510	2032	2605
KLS5570×2710	47056	56467	65878	5.23	38	1641	2207	2829
KLS5570×2863	50705	60846	70987	5.63	41	1770	2381	3053
KLS5570×3016	54354	65225	76096	6.04	44	1900	2556	3276
KLS5570×3169	58003	69604	81204	6.45	47	2030	2730	3500
KLS5570×3322	61652	73983	86313	6.85	50	2160	2906	3723
KLS5570×3475	65301	78362	91422	7.26	53	2287	3078	3946
KLS5570×3628	68950	82740	96530	7.66	56	2419	3253	4171
KLS5570×3781	72599	87119	101639	8.07	59	2473	3326	4265
KLS5570×3934	76248	91498	106748	8.47	62	2540	2416	4379
KLS6067×2609	47502	57002	66503	5.28	35	1650	2220	2842
KLS6067×2762	51495	61794	72093	5.72	38	1790	2410	3086
KLS6067×2915	55489	66586	77684	6.16	41	1935	2600	3331
KLS6067×3068	59482	71378	83275	6.61	44	2075	2790	3574
KLS6067×3221	63475	76170	88865	7.05	47	2215	2980	3818
KLS6067×3374	67469	80962	94456	7.50	50	2360	3170	4061
KLS6067×3527	71462	85754	100047	7.94	53	2500	3360	4305
KLS6067×3680	75455	90546	105637	8.34	56	2640	3550	4550
KLS6067×3833	79448	95338	111228	8.83	59	2700	3630	4653
KLS6067×3986	84870	101844	118818	9.43	62	2795	3755	4812

注：换热器的长度（顺气流方向）L 为：4 排管：340mm；6 排管：440mm；8 排管：540mm。

32.4.7 溶液吸收式全热回收装置

1. 回收原理

溶液吸收式全热回收装置，是以具有吸湿、放湿特性的盐溶液（溴化锂、氯化锂、氯化钙及混合溶液）为循环介质，通过溶液的吸湿和蓄热作用在新风和排风之间传递能量和水蒸气，实现全热交换。

常温情况下，一定浓度的溶液，其表面蒸汽压低于空气中的水蒸气分压力，水蒸气由空气向溶液转移，空气的湿度降低，吸收了水分和吸附热的溶液浓度降低，温度升高。溶液浓度降低，温度升高后，其表面蒸汽压升高，当溶液表面蒸汽压大于空气中水蒸汽分压力时，溶液中的水分就蒸发到空气中，实现对空气的加湿过程。利用盐溶液的吸、放湿特性，可以实现新风和室内排风之间热量和水分的传递过程。

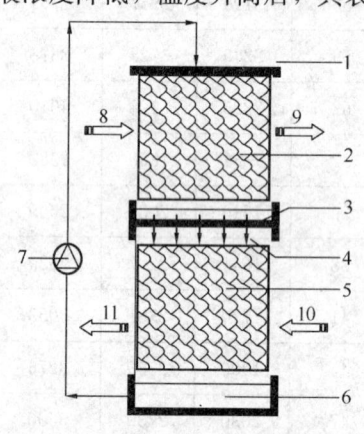

图 32.4-33 溶液全热回收装置工作原理图（单级）

1—全热交换器；2、5—填料；3—隔板；4—管路；6—底部溶液槽；7—溶液泵；8—回风；9—排风；10—新风；11—送风

2. 溶液全热回收装置的组成（图 32.4-33）

溶液全热回收装置主要由热交换器和溶液泵组成。热交换器由填料和溶液槽组成，填料用于增加溶液和空气的有效接触面积，溶液槽用于蓄存溶液。溶液泵的作用是将溶液从热交换器底部的溶液槽内中输送至顶部，通过喷淋使溶液与空气在填料中充分接触。

溶液全热回收装置分为上下两层，分别连接在通风或空调设备的排风与新风侧。冬季，排风的温湿度高于新风，排风经过热交换器时，溶液温度升高，水分含量增加，当溶液再与新风接触时，释放出热量和水分，使新风升温增湿。夏季与之相反，新风被降温除湿，排风被加热加湿。

多个单级全热回收装置可以串连起来，组成多级溶液全热回收装置。新风和排风逆向流经各级并与溶液进行热质交换，可进一步提高全热交换效率。

溶液式全热回收装置，实际上是溶液调湿式空调系统中进行热回收的一个环节，其详细的构造、装置及应用方法，详见本手册第 22.9 节。

3. 溶液全热回收装置特点（表 32.4-33）

溶液全热回收装置的优缺点　　　　表 32.4-33

优　　点	缺　　点
1. 全热回收效率高，可达到 60%～90%。 2. 全热回收效果不会随使用时间的延长而衰减。 3. 喷洒溶液可去除空气中大部分的微生物、细菌和可吸入颗粒物，有效净化空气。 4. 内置溶液过滤器，保持溶液清洁。 5. 新风和排风之间完全独立，无交叉污染。 6. 构造简单，易于维护，运行稳定可靠。 7. 无需防冻措施，溶液在-20℃不会冻结	1. 设备体积大，占用建筑面积和空间多。 2. 对于室内产生有毒有害气体的场合，如果有毒有害物质会溶解于溶液中且随溶液喷淋时产生挥发，则不应或不宜采用。 3. 若回风中含有能与溴化锂溶液发生反应的场合，不应采用

4. 溶液全热回收装置结构（图 32.4-34）

溶液全热回收装置采用模块化设计，单个模块的迎风面积为 300（宽）×500（高）。沿宽度方向，可并联多个模块以处理不同的风量，形成不同模数组合。沿气流方向，可串联多个模块以提高热回收的效率，形成不同级数组合。溶液全热回收装置分上、下两层风道，每层可由不同模数和级数组合而成。其中，M 代表模数，$M=2，3，4，\cdots\cdots$；N 代表级数，$N=1，2，3，\cdots\cdots$。

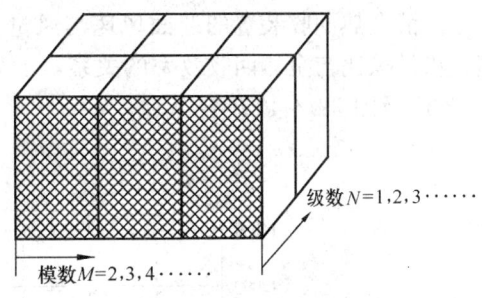

图 32.4-34 溶液全热回收装置结构示意图（单层风道）

5. 溶液全热回收装置外形尺寸

溶液全热回收装置的外形尺寸如图 32.4-35 以及表 32.4-34 和表 32.4-35 所示。

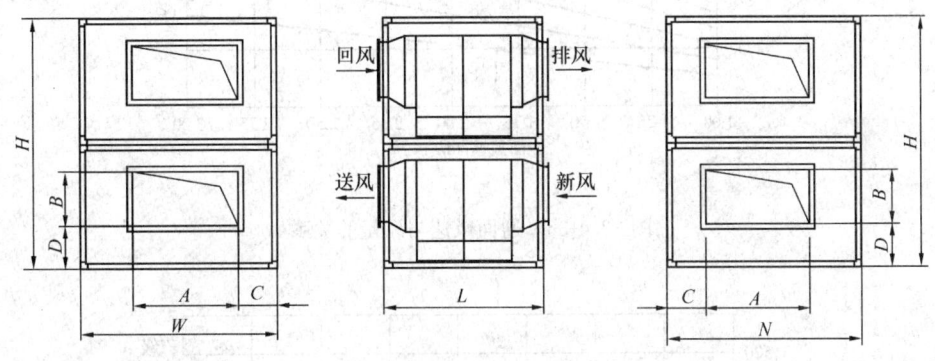

图 32.4-35 溶液全热回收装置外形图

溶液热回收装置外形尺寸　　　表 32.4-34

迎风面积 S (mm×mm)	外 形 尺 寸		
	W (mm)	L (mm)	H (mm)
(300·M)×500	M×300+400	N×360+400	1900

注：M 代表模数，$M=2，3，4，\cdots\cdots$；N 代表级数，$N=1，2，3，\cdots\cdots$。

风　口　尺　寸　　　表 32.4-35

模数 M	A	B	C	D
	M×300−200	400	200	420

6. 溶液全热回收装置性能

溶液全热回收装置的额定风量，是其模数的函数，详见表 32.4-36 所示。

模数与额定风量的关系表　　　表 32.4-36

额定风量 (m³/h)	2000	3000	4000	5000	6000	7000	8000	10000
模数 M	2	3	4	4	5	6	7	8

溶液全热回收装置的迎面风速与风量的关系、迎面风速与风阻的关系、以及迎面风速、供排风比与全热回收效率的关系，可分别按图 32.4-36、图 32.4-37、图 32.4-38、图 32.4-39 及图 32.4-40 确定。

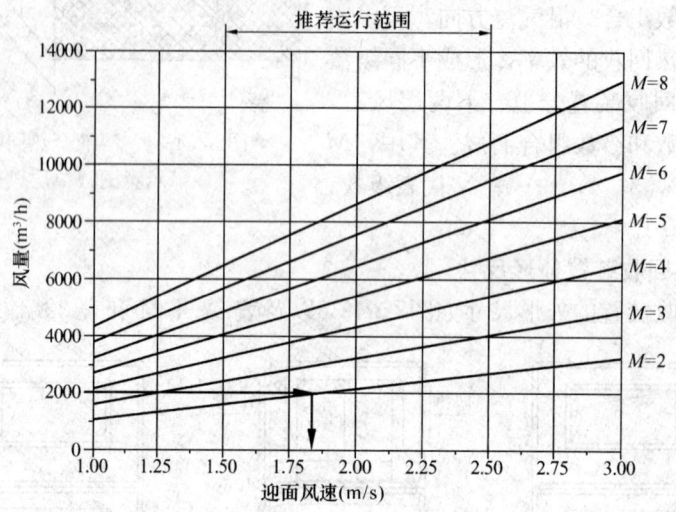

图 32.4-36　迎面风速与风量的关系

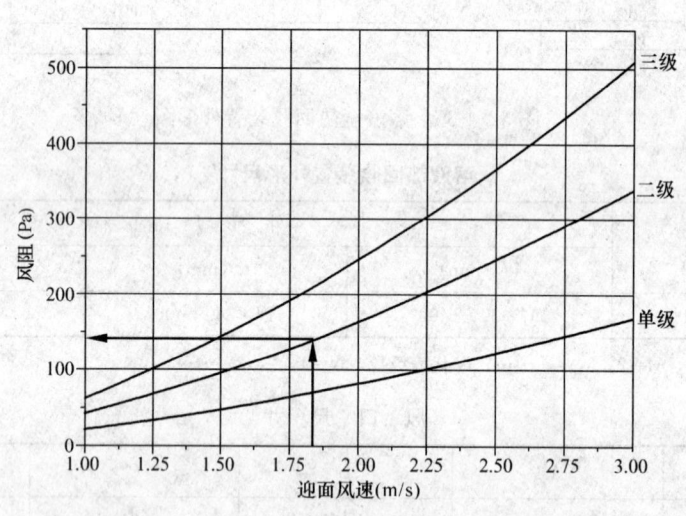

图 32.4-37　迎面风速与风阻的关系

7. 选用注意事项

（1）为了提高热回收装置的回收效率，一般应多级串联应用，常用级数为 2～3 级。三级之后，级数的增加对总效率已无太大影响。

（2）对于多级热回收系统，当各级的热回收效率均相同时，其全热交换效率 η 应按下式计算：

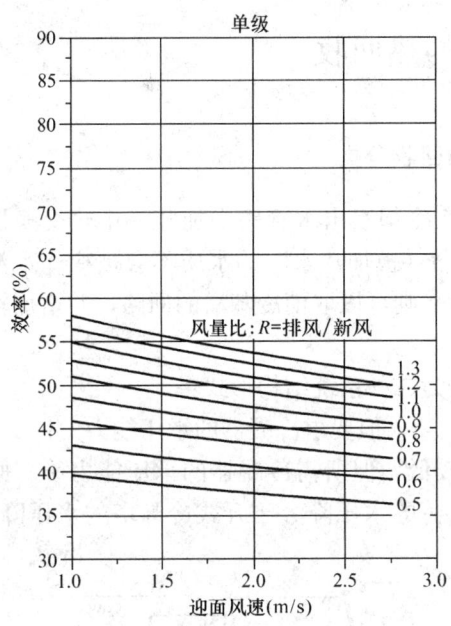

图 32.4-38 迎面风速、供排风比与全热
回收效率的关系（单级）

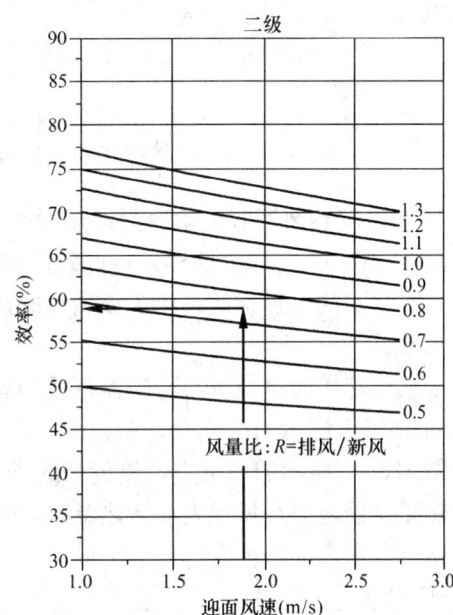

图 32.4-39 迎面风速、供排风比与全热
回收效率的关系（二级）

$$\eta = \frac{n \cdot \eta'}{1 + (n-1) \cdot \eta'} \times 100\%$$
(32.4-71)

式中 η'——单级热回收装置的全热交换效率，%；

n——热回收装置的级数。

(3) 全热回收装置入口处，宜装设空气过滤器。

(4) 一般情况下，全热回收装置宜布置在负压段，即送、排风机均采用抽吸式布置方式，能使进入装置的气流速度均匀。

(5) 在过渡季节利用全新风或冬季新风供冷时，不使用全热回收装置，需设旁通风管和阀门，以便关闭装置，使空气旁通。

(6) 迎面风速不宜过大，通常风速宜控制在 1.5~2.5m/s 之间。

(7) 溶液式热回收装置，不适用于与溶液会发生化学反应，或处理有毒、有害的气体。

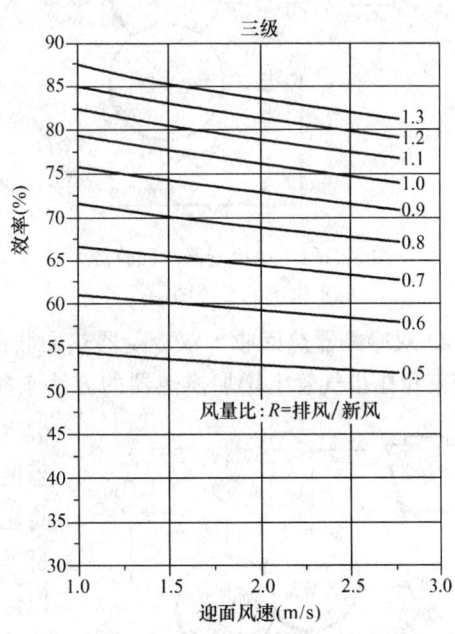

图 32.4-40 迎面风速、供排风比与全热
回收效率的关系（三级）

32.5 冷水机组的热回收

32.5.1 冷水机组热回收分类

1. 单冷凝器热回收 单冷凝器热回收是通过在冷却水出水管路中加装一个热交换器来实现的（图 32.5-1）。这样，可以确保热负荷回路（被加热水）的水质不会被冷却水污染。当冷却水的供热量始终小于该项目的热负荷时，则可以取消冷却塔的回路，并增加辅助加热器。

根据冷却塔回路是否与冷凝器直接相连，可分为二种系统结构形式：

图 32.5-1 所示的系统中，热负荷的进水温度较高，但要求冷凝器的承压能力大；

图 32.5-2 所示的系统中，热负荷的进水温度较低，但所需冷凝器的承压能力小。原因是热交换器造成热量损失和传热温差，通常热负荷的水压降大于开式冷却塔的水压降，水回路所需水泵的扬程高。

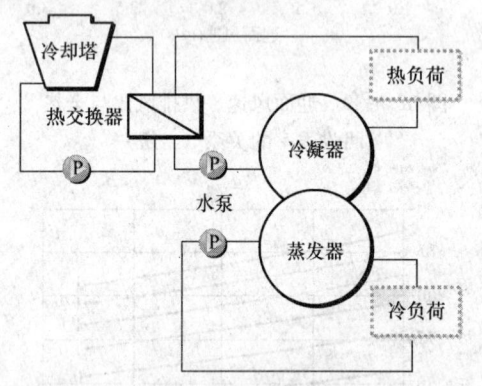

图 32.5-1 单冷凝器热回收冷水机组的系统图一

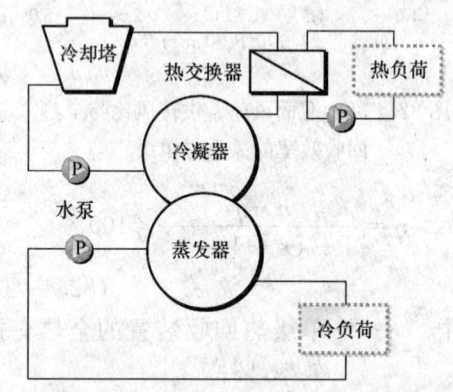

图 32.5-2 单冷凝器热回收冷水机组的系统图二

2. 双冷凝器热回收 双冷凝器热回收的冷水机组，通常是通过在冷凝器中增加热回收管束和在排气管上增加换热器的方法来实现的（图 32.5-3）。它利用从压缩机排出的高温气态制冷剂向低温处散热的原理，提高标准冷凝器的水温，促使高温气态制冷剂流向热回收冷凝器，将压缩机的产热量传递给热回收冷凝器。通过控制标准冷凝器的冷却水温度或冷却塔供回水流量，可以调节热回收量的大小。两个冷凝器可以保证热回收水管路与冷却水管路彼此独立，避免热回收侧增加热交换器，隔离受冷却塔污染的冷却水。

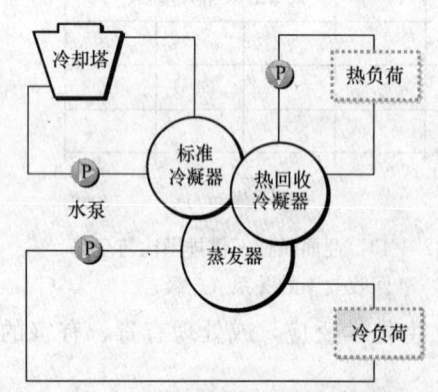

图 32.5-3 双冷凝器热回收冷水机组的系统图

32.5.2 热回收冷水机组的特点

1. 典型的制冷循环

热回收冷水机组与单制冷冷水机组的典型制冷

循环，如图32.5-4所示。

（1）热回收冷水机组克服的冷凝器与蒸发器之间的压差远大于其在单制冷时克服的压差。

（2）热回收冷水机组的产热量比单制冷时大。

（3）由于冷凝器与蒸发器之间的压差增大，压缩机单位制冷量的做功量增加，热回收冷水机组的性能系数COP比单制冷时小。

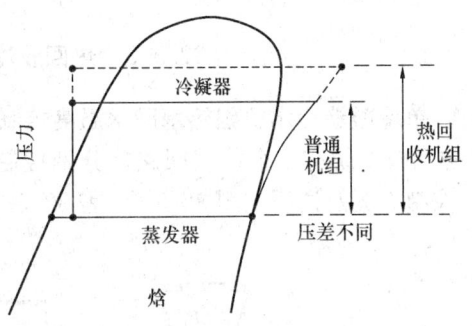

图32.5-4　冷水机组制冷循环示意图

2. 热回收冷水机组的关注点（表32.5-1）

热回收冷水机组的关注点　　　　表32.5-1

关 注 点	简　　　介
最大热回收量	在理论上，热回收量是制冷量和压缩机做功量之和，某些离心式冷水机组最大热回收量可达总冷量的100%。在部分负荷下运行时，其热回收量随冷水机组的制冷量减少而减少
最高热水温度	热回收冷水机组以制冷为主，供热为辅。热水温度越高，则冷水机组的COP越低，制冷量越少，甚至造成机组运行不稳定。一般需加辅助热源提高热水温度
热水温度/热量的控制	热水供水温度控制方案：可应用于螺杆式、涡旋式、活塞式冷水机组的热回收系统，不宜应用于离心式冷水机组的热回收系统。提供较少的制冷量及较低的COP 热水回水温度控制方案：可应用于螺杆式、涡旋式、活塞式、离心式冷水机组的热回收系统，在机组部分负荷情况下，离心式冷水机组可避免喘振

3. 热水回水/供水温度控制方案比较

热水回/供水温度控制方案比较如图32.5-5所示，其说明如下：

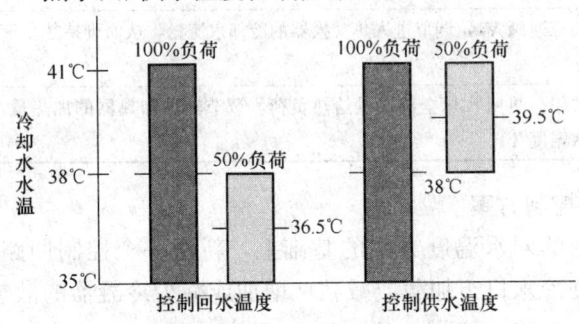

图32.5-5　热水回水/供水温度控制方案比较

（1）在100%负荷时，冷却水的供、回水温度为41℃/35℃，其温差为6℃，平均温度为38℃。

（2）在50%负荷时，冷却水的流量不变，供、回水温差是100%负荷时温差的50%，即为3℃。

（3）热水回水温度控制方案：冷却水的回水温度恒定为35℃，由于供、回水温差为3℃，故冷却水的供水温度变为38℃，供、回水的平均温度为36.5℃，比100%负荷时低1.5℃。冷水机组COP相对较高，冷水机组运行稳定性好。

（4）热水供水温度控制方案：冷却水的供水温度恒定为41℃，由于供、回水温差为3℃，故冷却水的回水温度变为38℃，供、回水的平均温度为39.5℃，比100%负荷时高1.5℃。冷水机组COP相对较低，可能导致冷水机组运行不稳定。

32.5.3 热回收冷水机组的运行控制

1. 单冷凝器冷水机组热水回水温度控制方案

热回收系统有二个控制回路，分别控制冷凝器的进水温度 T2 与热负荷的出水温度 T1，控制方案及说明如图 32.5-6、表 32.5-2。

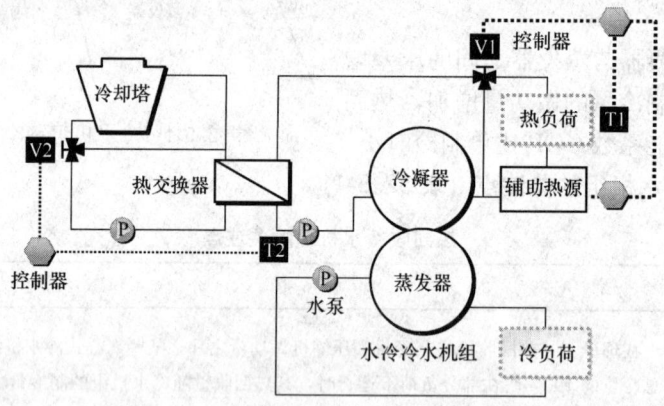

图 32.5-6 单冷凝器冷水机组热水回水温度控制方案

单冷凝器冷水机组热水回水温度控制方案　　　　表 32.5-2

控制目标	热负荷	室外温度	控 制 方 案
冷凝器的进水温度 T2	无	合适	冷凝器的散热量全部通过热交换器，传递给冷却塔。因此热交换器的设计容量应大于冷凝器的散热量
		太低	调节与冷却塔相连的三通阀 V2，旁通一部分冷却水，使冷凝器的进水温度 T2 不会继续下降
	有		调节与冷却塔相连的三通阀 V2 和冷却塔风扇的启停或转数，调节进入热交换器的冷却水温度，从而维持冷凝器的进水温度 T2 为设定值
热负荷的出水温度 T1	无		不控制热负荷的出水温度 T1
	偏高		调节与热负荷相连的三通阀 V1，调节进入热交换器的冷却水流量，从而维持热负荷的出水温度 T1
	偏低		冷却塔回路的水泵关闭，热回收量全部提供给热负荷，调节辅助加热器的加热量，从而维持热负荷的出水温度 T1

2. 单冷凝器冷水机组热水供水温度控制方案

图 32.5-7 所示为在上述控制冷凝器的回水温度方案的基础上，新增一个控制回路：调整蒸发器的出水温度 T3 的设定值，使冷水机组加载或减载，增加或减少冷凝器的散热量，从而维持冷凝器的出水温度 T4 为设定值。控制方案如表 32.5-3

单冷凝器冷水机组热水供水温度控制方案　　　　表 32.5-3

控制目标	与设定值比较	控制方案	控 制 结 果
冷凝器的出水温度 T4	偏低	降低蒸发器的出水温度 T3，冷水机组加载	制冷量增加，导致冷凝器的散热量增加，提高了冷凝器的出水温度 T4，趋近设定值
	偏高	提高蒸发器的出水温度 T3，冷水机组卸载	制冷量减少，导致冷凝器的散热量减少，降低了冷凝器的出水温度 T4，趋近设定值

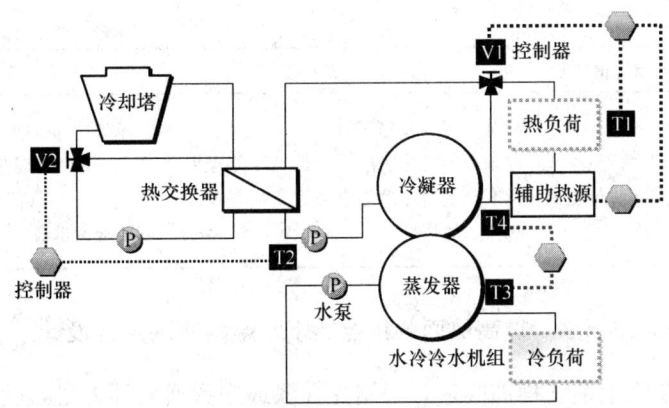

图 32.5-7　单冷凝器冷水机组热水供水温度控制方案示意图

调节冷水机组的负荷,维持冷凝器的出水温度恒定的控制方案,可应用于螺杆式冷水机组、涡旋式冷水机组、活塞式冷水机组的热回收系统,不宜应用于离心式冷水机组的热回收系统,因为用于热回收的冷水机组的冷凝器出水温度较高,冷凝器与蒸发器之间的压差较大,普通的离心式冷水机组可能会发生喘振。

3. 双冷凝器冷水机组热水回水温度控制方案

图 32.5-8 所示的热回收系统有两个控制回路,分别控制冷凝器的回水温度 T2 与热负荷的进水温度 T1,控制方案如表 32.5-4。

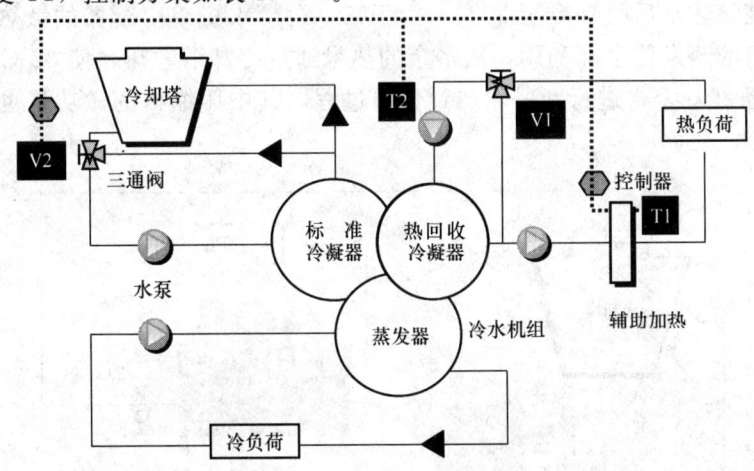

图 32.5-8　双冷凝器冷水机组热水回水温度控制方案示意图

双冷凝器冷水机组热水回水温度控制方案　　　　表 32.5-4

控制目标	与设定值比较	控 制 方 案	控 制 结 果
热回收冷凝器的回水温度 T2	过低且热负荷偏大	冷却塔回路的水泵关闭增加辅助加热器的加热量	热回收量全部提供给热回收冷凝器;提高 T2,不断接近设定值
	偏 低	调节与冷却塔相连的三通阀 V2 和冷却塔风扇的启停或转数,提高进入标准冷凝器的冷却水温度	提高压缩机向热回收冷凝器放热比例,从而使 T2 提高,不断接近设定值
	偏 高	调节与冷却塔相连的三通阀 V2 和冷却塔风扇的启停或转数,降低进入标准冷凝器的冷却水温度	减少压缩机向热回收冷凝器放热比例,从而使 T2 降低,不断接近设定值

续表

控制目标	与设定值比较	控 制 方 案	控 制 结 果
热负荷的进水温度 T1（如工艺性空调）	热负荷虽少，但 T1 设定值高	调节与冷却塔相连的三通阀 V2 和冷却塔风扇的启停或转数，降低进入标准冷凝器的冷却水温度增加辅助加热器的加热量	减少压缩机向热回收冷凝器放热比例，一部分热量传递给冷却塔 提高了热负荷的进水温度 T1，不断接近设定值

32.5.4 提高热回收机组热水水温的冷水系统设计

若把二次泵变流量系统稍加改进，采用先并联或先旁通两种方案，就可获得更多的回收热量。有关这部分的介绍，详见本手册第 26.7.8 节。

采用二台冷水机组叠加串联的方式，可以提高热回收的热水温度至 57℃ 左右，基本不降低冷水机组的 COP，并且冷水机组运行稳定。此方案克服单台热回收机组的冷却水温度过高，造成冷水机组的冷凝器与蒸发器压差过大，导致冷水机组运行不稳定或无法运行现象。

图 32.5-9 所示为第一台冷水机组提供冷量，将冷负荷中热量转移到冷凝器中，流过冷却塔的 29℃ 冷水流经冷凝器后温升至 35℃，进入第二台冷水机组的蒸发器后，被降温至 32℃，冷水中热量被转移到冷凝器中，使冷凝器中热水从 52℃ 升至 57℃，为热负荷提供高温热水后，降温至 52℃。由于第一台冷水机组冷凝器的散热量，未被第二台冷水机组的蒸发器全部利用，故多余的热量通过冷却塔散热，使 32℃ 的水流过冷却塔后降温至 29℃，再进行新一轮热量传递过程，其中压缩机的做功量也传递给冷水机组的冷凝器。

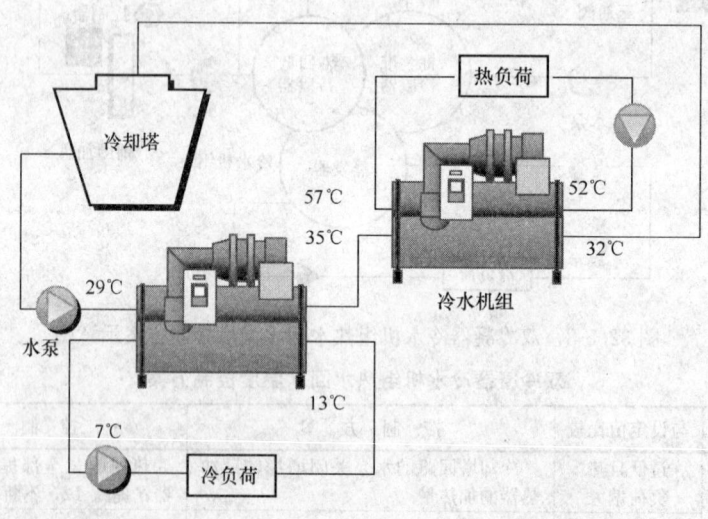

图 32.5-9 冷水机组叠加串联水系统方案原理图

当冷负荷和热负荷的需求量不匹配时，冷却塔可以调节二台冷水机组之间多余的热量传递。提供 57℃ 高温热水的第二台冷水机组与常规冷水机组的运行工况不同，通过对普通冷水机组的技术改造，可以使其运行更稳定，COP 更高。

32.6 游泳馆的热能回收与利用

32.6.1 游泳馆的特殊性

游泳馆一般具有下列特殊性：

1. 室内空气温度 t_n（℃）高于普通空调房间，一般室内温度为：$t_n=24\sim28℃$。
2. 泳池表面和潮湿地面不断地向室内蒸发水分，因此，室内有较大的湿负荷。
3. 为了排除多余的湿分，需要很大的通风量；ASHRAE 建议排风量按保持 $1.3\sim3.8mmH_2O$ 负压考虑。
4. 由于室内温度较高，因此热负荷比普通房间大，而冷负荷则会小一些。
5. 要求保持较多的换气次数 n（h^{-1}），所以总送风量较大；ASHRAE 推荐值：
   - 没有观众的游泳馆……………………………$n=4\sim6h^{-1}$；
   - 有观众的水上表演和比赛馆……………………$n=6\sim8h^{-1}$。
6. 新风量较大，ASHRAE 推荐值：按每位观众 $25.5m^3/h$ 或每 $1m^2$ 泳池湿区面积 $8.5m^3/h$ 计算。
7. 室内表面特别是顶部不允许出现冷凝水。
8. 室内空气的相对湿度比普通房间高，泳池水表面蒸发出来的含氯水汽，对建筑结构、金属风管、设备等有腐蚀性。
9. 供暖、通风和空调、制冷的能耗大于普通建筑。

32.6.2 游泳馆的能源再生系统

游泳馆的排风量很大，因此，必须应用各种方法对排风中的能量进行回收。最简单的方式是选择采用第 32.4 节中介绍的各种热回收装置将排风中的能量转移给新风，对新风进行预冷或预热处理。

保温良好的游泳池，水的热能损失，95%是通过泳池水表面蒸发造成的；室内空间中含氯湿空气对建筑物的腐蚀，几乎 100%来源于池水的蒸发。

能源再生系统的设计理念，是"免费"能源与环境保护的充分结合。通过把蒸发到空气中的水蒸气回收利用，一方面回收热量对池水加温，同时也可以给空气回热；另一方面通过降低温度至露点，使水蒸气冷凝成水，既干燥了空气，达到除湿效果，又可以回收蒸发掉的水分送至泳池，减少泳池的补充水，从而达到恒温、恒湿、节能、节水、环保的效果，同时，可大大延长建筑物的使用寿命。

实施除湿的方法很多，本手册第 21.7 节已作了详细介绍；必须指出的是不同的方法适用于不同的条件与场合，设计时应结合工程具体情况进行认真地技术经济分析与比较后再选择确定。图 32.6-1 所示，是通过冷冻除湿途径进行能源综合利用的一个典型的游泳馆专用的能源再生系统。

系统的运行过程：
- 位置1：回风通过冷却盘管1时，将热量传递给制冷剂，空气的含湿量和温度都下降；

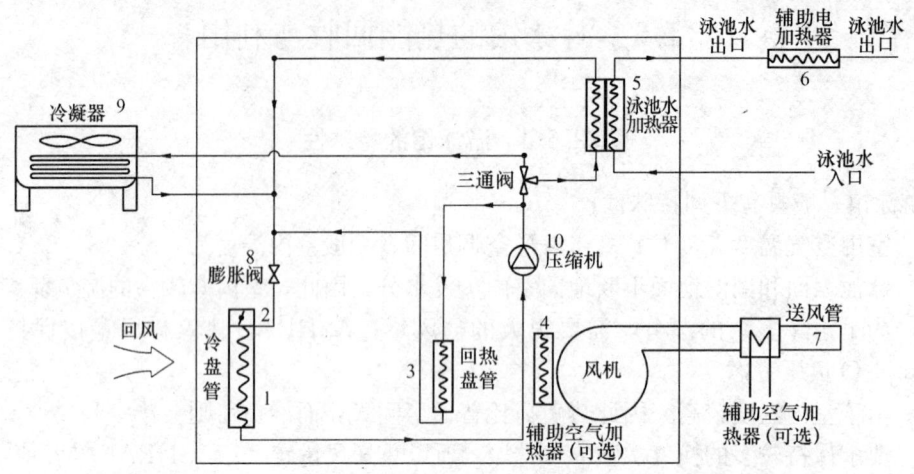

图 32.6-1　能源再生系统流程图

1—冷盘管（空气冷却器）；2—旁通风阀；3—回热盘管（空气加热器）；4—辅助空气加热器；5—泳池水加热器；6—辅助电加热器；7—送风辅助加热器；8—膨胀阀；9—冷凝器；10—压缩机

- 位置2：根据具体运行需要，部分空气可不经过冷却盘管而通过旁通风阀2直接送入（迂回过冷却盘管）。
- 位置3：利用制冷剂从冷却盘管1处获得的部分热量，将经过降温减湿后的空气经回热盘管3再加热至舒适温度。
- 位置4/7：通过送风机将符合舒适要求的空气送入室内；如温度偏低时，辅助加热器4和7将自动启动对送风进行升温。
- 位置5：泳池水加热器利用制冷剂从冷却盘管1处获得的部分热量，加热泳池的水，使其达到适当的温度。
- 位置6：如水温达不到要求，辅助电加热器6自动投入运行，确保出水温度达到要求值。
- 位置8：膨胀阀通过节流，控制制冷剂的流量，使制冷剂在空气冷却盘管内充分气化吸热；并保持系统持续循环。
- 位置9：当室内有过多的热量时，可通过冷凝器将过多的热量排至室外。
- 位置10：压缩机压缩制冷剂，使其携带的热量达到可以利用的状态。

由以上运行过程可知，本系统是通过把空气中的水蒸气回收利用，一方面用回收热量加热池水，同时也可以再热空气；另一方面，通过降温使空气达到露点温度，使空气中的水蒸气冷凝成水。这样，既除去了空气中的水分，使室内空气的相对湿度符合要求，还可以将蒸发掉的池水以冷凝水的形式重新回收并补充至泳池；从而达到恒温、恒湿、节能、节水、环保的多重效果。

32.6.3　控制运行的温度模式

结合表 32.6-1，可给出下列计算机控制运行温度模式：

计算机控制运行温度模式　　　　　　　　　表 32.6-1

季节	运行模式					温　度（℃）						
	除湿	水加热	空调	空气加热	辅助加热	1	2	3	4	5	6	7
初次加热	＋	＋	○	＋	＋	8	15～28	12～18	20～36	18～36	36	36
最冷季节	＋	＋	○	＋	＋	8	28	18	35	25～36	36	36
一般冬季	＋	＋	○	＋	○	8	28	18	35	36	—	36
春秋季节	＋	＋	○	＋	○	8	28	18	35	36	—	35
夏季为主	＋	＋	＋	○	○	8	28	18	19	36	—	19

32.6.4 运　行　模　式

能源再生系统有下列四种基本运行模式（图 32.6-2）：

除湿　当相对湿度超过设定值时，压缩机自动启动，进行除湿。压缩机的排气直接进入再热盘管，加热空气，或送至泳池水加热器，加热池水。

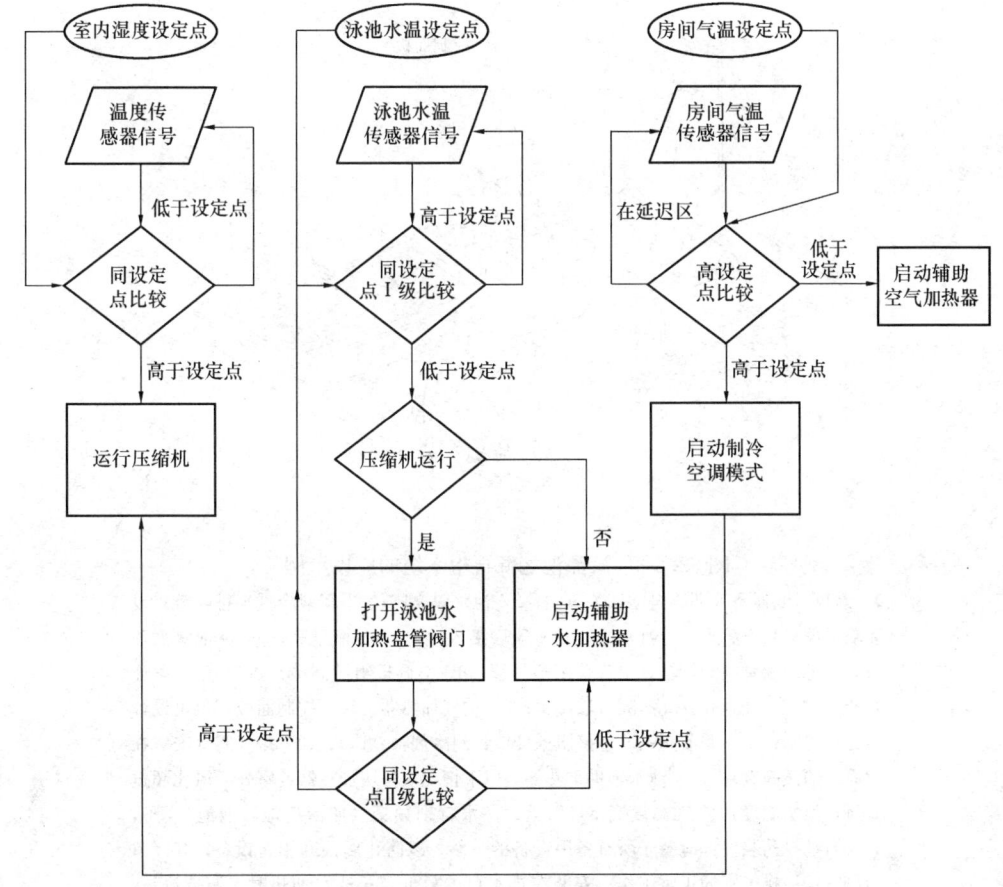

图 32.6-2　运行模式原理

泳池水加热　如压缩机已运行（除湿或进行空气调节），其热量直接用来加热池水，如果相对湿度低于设定值，则利用辅助加热器加热池水。

供暖　当室内温度低于设定值时，辅助空气加热器自动启动，对送风进行加热。
供冷　当室内温度高于设定值时，压缩机自动启动，通过冷凝器将热量由室内排至室外。

32.6.5　再生系统应用示例

图 32.6-3 所示，系室内游泳池能源再生系统的应用示例：

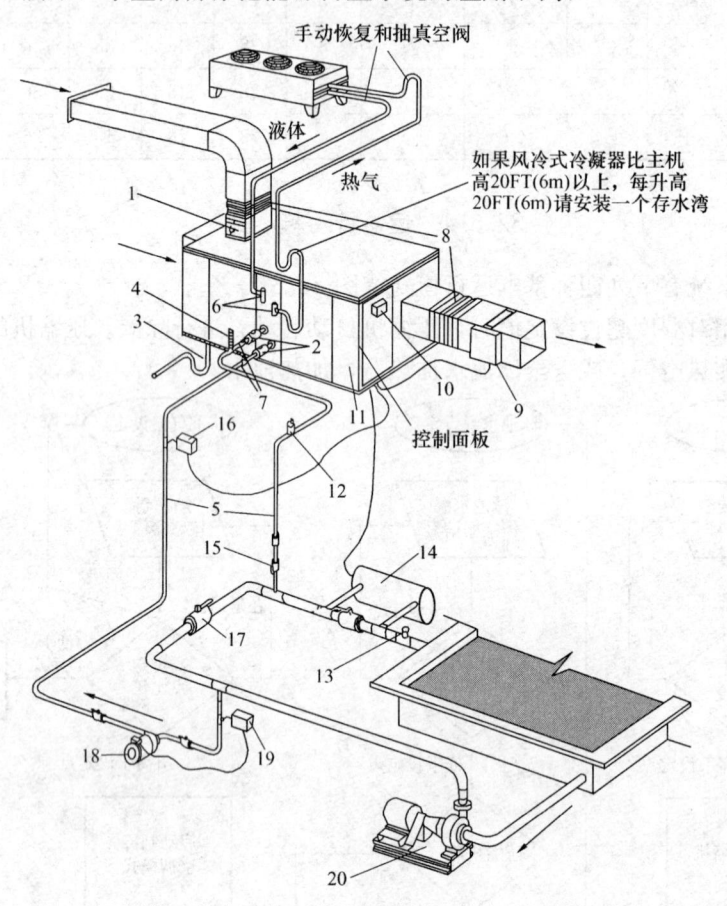

图 32.6-3　游泳池能源再生系统的应用示例

1—新风过滤器及手动或自动调节风阀；2—池水隔离阀；3—P 型冷凝水排除管，设备启动前必须充满水；冷凝水通过除渣器后接入泳池；4—流量表；5—泳池水循环管，应选用耐腐蚀的管材，推荐采用塑料管；6—空调机组的制冷剂进出管；7—连接压力/温度计的阀门；8—隔振软接头；9—空气加热器；10—控制面板，也可设计成远程控制；11—调节阀站（连接服务接口、制冷剂补充口）；12—排气阀（安置在水系统的最高点）；13—池水辅助加热器，以下情况需备用加热器：室外新风比超过 15%；池水温度比空气温度高 3℃ 以上；换水特别频繁（如治疗池、泡泡池等）；14—自动投药装置，应装于所有备用设备的下游，以防止腐蚀和损害设备；15—节流阀（保证排气阀的正常工作；安装在排水口的最低点；池水加热时，调节流量，直至回水温度比出水温度高 8～11℃）；16—水压阀；17—旁通阀；18—第二循环泵；19—水压阀；20—泳池水过滤循环泵

第33章 供暖与空调系统的自动控制

33.1 基础知识

随着现代建筑技术的发展，人们对环境要求逐渐提高，供暖与空调等机电设备的规模不断扩大，能源及运行效率问题日益突出，自动控制技术在传统上主要由人工运行操作或只配有简单参数监测的供暖与空调领域已获得了广泛应用。自动控制系统已被列为建筑设计中的基本要求之一。

33.1.1 基本概念

在自动控制系统设计时常涉及以下一些基本术语：

1. 输入/输出（Input/Output）

输入输出（I/O）是控制器与外界电气回路的接口。输入模块将电信号变换成数字信号进入控制器，输入暂存器反映输入信号状态；输出模块将数字信号变换成电信号以控制外部设备，输出锁存器反映输出信号状态。I/O通常分为（表33.1-1）：

DI：开关量输入（Digital Input），输入信号为开和关（1和0）两种状态。

DO：开关量输出（Digital Output），输出信号为开和关（1和0）两种状态。

AI：模拟量输入（Analog Input），输入信号为连续变化量，有电流型（4~20mA，0~20mA）、电压型（0~5V，0~10V）。

AO：模拟量输出（Analog Output），输出信号为连续变化量，有电流型（4~20mA，0~20mA）、电压型（2~10V，0~5V，0~10V等）。

常用I/O信号类型　　　　表33.1-1

序号	名称	信号状态	信号类型	典型应用
1	DI	0，1	220VAC，24VAC 24VDC，10VDC 等	风机、水泵运行状态 过滤器压差、风机故障报警
2	DO	0，1	220VAC，24VAC 24VDC，10VDC 等	风机、水泵启停 通断阀门控制
3	AI	满量程的0~100%	0~20mA，4~20mA 0~10V，0~5V 等	温湿度、水道压力、流量、风道微压传感器
4	AO	满量程的0~100%	0~20mA，4~20mA 0~10V，0~5V，2~10V 等	电动调节阀控制 变频器频率控制

除了上述通用I/O外，还有特殊I/O模块，如热电阻、热电偶、脉冲等模块。

I/O点数确定模块规格及数量，I/O模块可多可少，但其最大数受控制器配置能力的限制。

2. 组态软件

组态软件为自动控制系统提供了一种工程化的软件开发方法,与传统软件开发过程比较见表33.1-2。组态软件将各种功能封装为标准化的功能模块,软件系统开发过程变为组态(Configuration)过程,即根据具体的控制对象和控制目的,选取合适的功能模块进行编程组合。

组态软件与传统软件开发过程比较　　表 33.1-2

开发过程	开发周期	产品可靠性	可移植性	功能	对开发人员要求
传统软件开发	长,从底层作起	低,与开发人员能力相关	低	较少	要求熟悉工艺并具有软件编程语言能力
组态软件	短,直接模块调用	高,采用通用标准化模块	高	丰富	熟悉工艺

3. 前馈、反馈控制系统

前馈、反馈控制是控制系统的两种结构形式。在前馈控制系统中,控制器与被控对象之间只有正向控制作用,输出对输入信号没有影响,是一种开环结构。在反馈控制系统中,系统的输出量会反馈到输入端,由输入信号和输出信号的偏差对系统进行控制,是一种闭环结构。

前馈系统反映迅速,缺点是控制精度低,抗干扰能力差。反馈系统由于反馈通道的存在,利用偏差信号作用于控制器,有助于消除偏差,系统抗干扰能力强,控制精度较高。

供暖与空调系统常具有大的延迟特性,采用单纯反馈控制系统结构时,存在控制参数整定难、过渡过程时间长、系统易振荡等问题,可采用前馈和反馈复合控制系统模式,利用前馈控制反应迅速的优点,由前馈控制克服主要干扰;利用反馈控制抗干扰能力强、控制精度高的特点,由反馈控制克服其他次要的干扰并监控前馈控制产生的效果,使控制品质提高。

33.1.2 自控系统的结构与功能

自20世纪70年代以来,自动控制系统吸收了计算机技术、控制技术、网络通信技术的最新发展成果,数据处理能力更强、应用软件功能更丰富、通信快速可靠。新一代自动控制系统以智能控制器为核心,结合现代控制理论来解决供暖与空调系统多变量、多耦合、大滞后等难题。

供暖与空调的控制系统经历了单回路调节、集中控制系统,发展为集散控制系统。集散控制以分散控制、集中管理为主要特点,典型集散控制系统由中央管理站、通信网络、现场控制设备几部分组成,系统结构示意见图33.1-1。

1. 中央管理站

中央管理站是系统监控调度管理中心,由服务器、工作站及相关外设等组

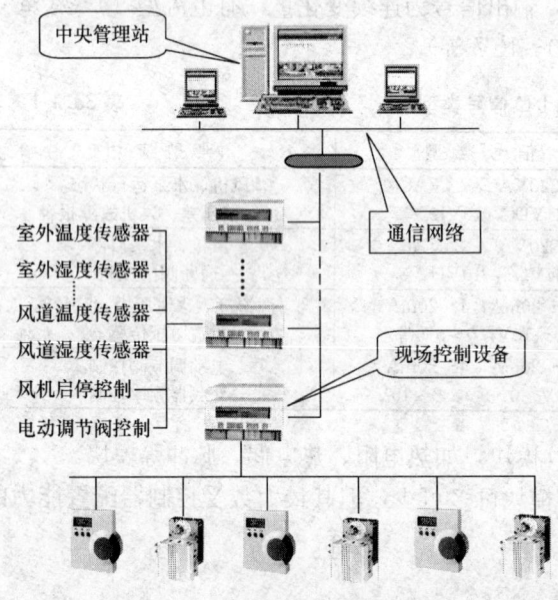

图 33.1-1　集散控制系统结构图

成。中央管理站处于系统最高端,接受来自现场的实时数据,为用户提供实时运行操作界面,提供如下功能:
- 实时收集数据信息,建立实时、历史数据库
- 提供数据共享及历史数据查询功能
- 显示设备运行状态及实时动态参数
- 提供历史曲线及运行参数趋势图
- 提供参数设置及远动控制操作界面
- 能源管理策略优化
- 根据要求,统一调度和协调各站点控制目标
- 接收系统故障报警,并进行相关连锁控制
- 根据用户要求,输出生产运行报表及管理统计报表
- 采用多种安全权限级别
- 支持多种标准通信协议,提供标准数据交换接口如 DDC、OPC 等,便于系统集成

2. 通信网络

通信网络是控制系统的重要组成部分,以具有通信能力的控制器、智能传感器、中继器、路由器、网关为网络节点,通过传输介质,实现多点通信,完成运行参数、状态、故障信息、控制命令等数据连接和信息共享。

网络的拓扑结构、传输介质特性、通信协议等是影响系统性能的重要因数。

(1) 网络的拓扑结构

拓扑结构是指网络中节点的互连形式。拓扑结构及特点见表 33.1-3。

拓扑结构图与特点　　　　　　　　　　　　　　　　　　　　　　表 33.1-3

拓扑名称	拓扑结构图	特　　点
环形	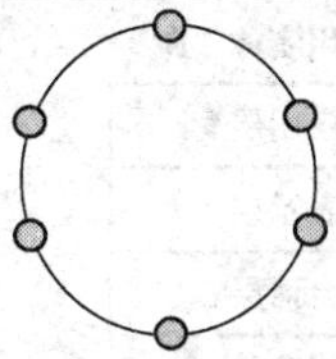	通过对网络节点的点对点链路连接,构成一个封闭的环路。信号在环路上从一个设备到另一个设备单向传输,直到信号传输到达目的地为止。每个设备中有一个中继器,中继器之间可使用高速链路(如光纤),因此吞吐量较大,缺点是单个设备的故障会导致整个网络瘫痪,重要场合使用双环
星形	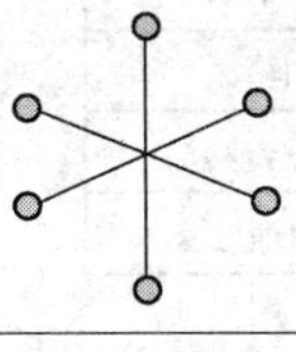	各个节点分别与中央节点相连,节点之间的通信通过中央节点进行。星形拓扑便于实现数据通信量的综合处理,终端节点只承担较小的通信量,常用于终端密集的地方。典型应用如通过 hub 连接的局域网
总线形	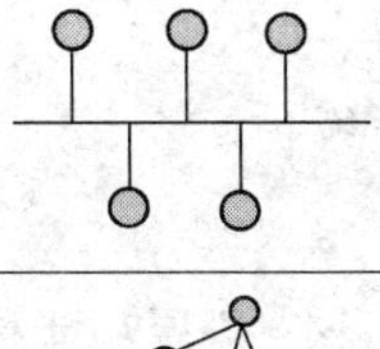	采用一条主干电缆作为传输介质(总线),各网络节点直接挂接在总线上。每一时刻只允许一个节点发送信息,总线拓扑允许发送广播报文,多个节点可同时接收。总线拓扑由于便于安装和节约电缆,在工业控制中应用广泛
树形	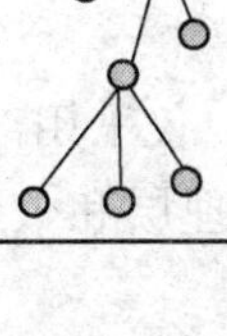	树形拓扑的传输介质是不封闭的分支电路,是星形拓扑和总线拓扑的扩展形式。多个总线形或星形网连在一起,连接到一个大型机或环网上,就形成了树形拓扑结构

实际应用中,通常将不同拓扑结构的子网结合在一起,形成混合型拓扑的更大网络。

(2) 传输介质

通信网络中常见的传输介质有双绞线、同轴电缆、光导纤维线缆、无线通信,主要特性比较见表 33.1-4。

常用通信介质特性比较　　　　　　　　表 33.1-4

介质名称	抗干扰性	传输距离	工程造价	常见应用场合
双绞线	较高	低速时可达 1200m 以上；高速以太网连接时,最远 100m	低	在空调控制系统中广泛使用
同轴电缆	较高	<1800m	中	以太网、有线电视
光纤	高,几乎不受电磁干扰	6~8km	高	常用于网络主干部分
无线通信	较高	几十公里	高	常用于站点少,距离远

(3) 标准通信协议 (PROTOCOL)

通信协议规定通信双方数据的格式、物理层及数据链路层特性。目前获得广泛应用的通信协议如 Lonworks 通信协议、BACNet 标准协议、HART、PROFIBUS、MODBUS、CAN、工业以太网、DeviceNet 等。

由于历史的原因,在不同行业甚至同行业应用中出现多种通信标准广泛共存的局面。为实现不同厂家设备之间的互连操作和数据交换,国际标准化组织 ISO/TC97 建立了"开放系统互连"分技术委员会,制定了开放系统互连参考模型 OSI (Open System Interconnection)。

OSI 参考模型把开放系统的通信网络划分为 7 个层次,相应地称之为物理层、数据链路层、网络层、传输层、会话层、表示层和应用层,见图 33.1-2。

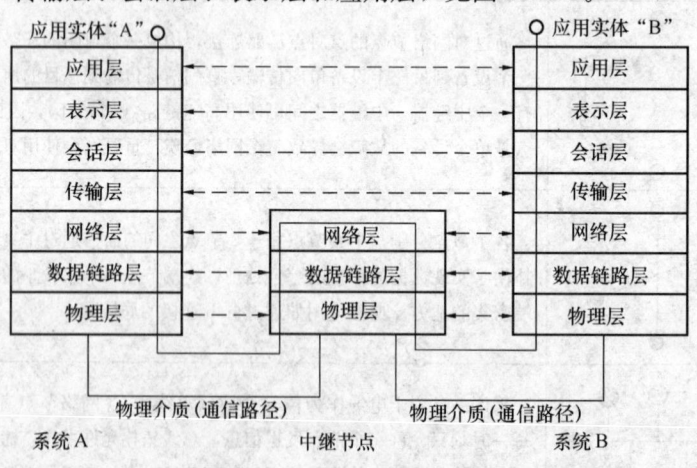

图 33.1-2　开放互连网络模型

其中 1~3 层功能称为低层功能 (LLF),即通信传送功能,4~7 层功能称为高层功能 (HLF),即通信处理功能。

在通信网络中,为提高效率,通常采用简化型 OSI 通信模型,仅采用部分通信协议。如作为欧洲标准 EN50170 的 PROFIBUS,仅采用 OSI 模型的物理层和数据链路层,其

DP 型隐去了第 3~7 层；也有如 Lonworks 采用 OSI 全部 7 层通信协议，被誉为通用通信网络。

3. 现场控制设备

检测装置、执行器、控制器 (Controller) 称为现场控制设备。

(1) 现场输入装置

现场输入装置大都为检测装置，一般由测量传感器、变送器和显示装置三部分组成。

测量传感器也叫测量元件或敏感元件，它是仪表与被测对象直接发生联系的部分，将决定整个仪表的测量质量。测量传感器的作用是感受被测量值的变化，并将感受到的参数信号或能量形式转换成某种能被显示装置所接收的信号。测量传感器的输出信号与参数信号之间应有单值连续函数关系，最好是线性关系。

变送器：为了将测量传感器的输出信号进行远距离传送，需要用变送器对测量传感器的输出信号作必要的加工处理，如放大、线性化或变化统一标准信号等。压力表中的传动机构、差压式流量计中的电动差压变送器、开方器等都是变送器。

显示装置的作用是向观测者显示被测量的值。显示可以是瞬时量指示，累计指示或越限指示等，也可以是相应的记录或数字显示。

对于一些简单仪表来说，上述三个部分不是都能明确划分的，而是构成一套检测仪表。

传感器感应出所测量的物理量，经过变送器成为电信号送入计算机输入通道中。根据信号形式的不同，主要有如下两种通道连接：

1) 模拟量输入通道 AI (Analogy Input)，此时变送器输出的可以是电流信号，例如 0~10mA，也可以是电压信号，如 0~2V，0~5V 或 0~10V。如果变送器的输出为电压信号，则变送器至控制器之间的导线上很容易受到环境电场和磁场的干扰，叠加上其他的电压，导致测量误差很大乃至无效。当变送器为电流输出时，长线输送抗干扰的能力较强。

2) 开关量输入通道 DI (Digital Input)，此时计算机只能判断 DI 通道上电平高/低两种状态，直接将其转换为数字量 1 或 0，进而对其进行逻辑分析和计算。对于以开关状态作为输出的传感器（如水流开关、风速开关或压差开关）就可以直接连接到 DI 通道上。除了测量开关状态，DI 通道还可直接对脉冲信号进行测量，测量脉冲频率，测量其高电平或低电平的脉冲宽度，或对脉冲个数进行计数。

(2) 现场输出装置

现场输出装置直接安装在设备或输送管道上，接受控制器的输出信号，实现对系统的调整、控制和启停等操作，大都称为执行器。控制器通过两类输出通道与该装置连接：

1) 开关量输出通道 DO (Digital Output)。

2) 模拟量输出通道 AO (Analogy Output)。输出的信号是 0~5V、0~10V 间的电压或 0~20mA、4~20mA 间的电流。

供暖与空调领域控制系统中的现场输出装置主要有风阀、水阀、交流接触器等设备。交流接触器是启停风机、水泵及压缩机等设备的执行器，通过控制器的 DO 输出通道带动继电器，再由继电器的触头带动交流接触器线包，实现对设备的启/停控制。变频器及可控硅类执行器是直接对电量进行调整，改变供电频率以改变风机、水泵的电机转速，一般都与控制器的模拟量输出口 AO 相连。

阀门执行器按使用的能源种类可分为气动、电动、液动 3 种。其中，气动执行器具有结构简单、工作可靠、价格便宜、维护方便、防火防爆等优点，可以在较恶劣的环境下运行，在许多控制系统中获得了广泛的应用。而电动执行器的优点是能源取用方便、信号传输速度快、便于远传，特别适合建筑设备自动化系统。液动执行器的推力最大，但目前使用门不多。电动阀门由阀体和执行机构组成，执行机构的基本结构如图 33.1-3 所示。

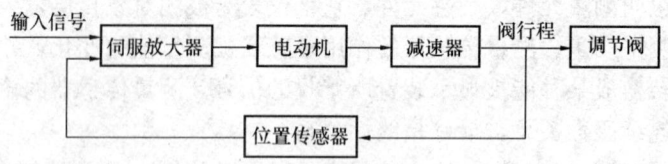

图 33.1-3　电动执行器的结构图

(3) 控制器 (Controller)

控制器以 8 位、16 位或 32 位 CPU 为核心，配以适当的 RAM、EPROM 和先进的 Flash 存储器及 I/O 接口，构成可编程的智能控制器。CPU 是控制器的核心，起神经中枢的作用，每套控制器至少有一个 CPU，它按系统程序赋予的功能接收并存贮用户程序和数据，用扫描的方式采集由现场输入装置送来的状态或数据，并存入规定的寄存器中，进入运行后，从用户程序存贮器中逐条读取指令，经分析后再按指令规定的任务产生相应的控制信号，去指挥有关的控制电路。

控制器安装在被控对象的附近，可独立工作，也可以通过网络接受中央管理站的监督指导，控制器与其所控系统内的传感器、执行器及被控设备组成了一个相对独立的控制单元。在系统网络出现故障时仍具有独立工作能力。

33.1.3　供暖与空调自控系统的设计

供暖与空调自控系统设计分为系统初步设计（系统规划）和施工图设计两个阶段。

1. **系统初步设计包括以下主要内容：**
- 系统功能；
- 系统网络结构；
- 现场控制设备的主要技术规格书；
- 与其他设备之间的标准接口。

2. **施工图设计的主要内容包括：**
- 监控点表的编制；
- 中央管理站选型及布局；
- 控制器（包括 I/O 模块）的型号、数量、安装部位；
- 传感器、执行器的型号、数量、安装部位；
- 网络设备的型号、数量、安装部位；
- 组态软件选型与配置；
- 电源线、信号线、控制线、通信线缆选型；
- 管路线缆敷设方式及路由设计。

3. 系统设计原则：
- 使系统设备能够可靠、高效运行，减轻人员的劳动强度；
- 确保建筑物内部环境舒适；
- 提供系统优化运行和能耗控制方案，进行节能管理；
- 及时提供设备运行的有关信息，并进行统计与分析，作为设备管理决策的依据，方便运行维护管理。

33.1.4 供暖与空调专业的设计范围

- 设置就地观测仪表；
- 确定各系统的控制方案，配合编制各系统的控制软件；
- 确定监测控制点及联动连锁环节；
- 确定和提供传感器和执行器的设置位置；
- 配合选择和设置传感器、控制器、执行器，进行水路和蒸汽自动控制阀的计算和选择，或向自动控制阀的生产厂提供自动控制阀的选型参数；
- 提供典型设备及典型系统的控制原理图及监控要求，包括工况转换分析及边界条件、控制点设计参数值等；
- 提供运行管理的节能控制方案。

33.2 常用传感器

33.2.1 温度传感器

1. 主要类型

表 33.2-1 给出了常用温度传感器的种类、测温范围及特点。

常用温度传感器的种类、测温范围及特点　　　表 33.2-1

种类	基本原理	测温范围（℃）	主要特点
双金属温度计	热膨胀效应	$-100 \sim +600$	机械强度大，能记录、报警和自控，用于双位控制和简单的恒温控制
热电阻	热阻变换 金属电阻值随温度变化	铜：$-50 \sim +150$ 铂：$-200 \sim +850$ 镍：$-100 \sim +300$	精度高，热惰性较大。能用作远距离、多点测量和记录、报警、自控，适于供暖空调系统测量温度的平均值（非瞬态值），有利于提高自控系统的稳定性
热敏电阻	热阻变换 半导体电阻值随温度变化	$-50 \sim +450$	精度高，反应灵敏，体积小、热惯性小、耐腐蚀、结构简单、寿命长；线性度和互换性差
热电偶	热电变换 两个金属材料的热电势差随温度变化	铂铑 10—铂：$0 \sim +1300$（1600） 铂铑 30—铂铑 6：$300 \sim +1600$（1800） 镍铬—镍硅：$0 \sim +1300$ 铜—康铜：$-200 \sim +400$	精度高，热惰性小，能用作远距离、多点测量和记录、报警、自控，测温范围宽，造价低廉；需冷端补偿

续表

种 类	基 本 原 理	测温范围（℃）	主 要 特 点
红外温度计	物体的红外辐射强度与温度有一定关系	0～200 100～2000	非接触测量，误差较大
半导体二极管	PN结电压变化	-150～$+1500$	线性度较好，灵敏度高，体积小
集成电路	将传感元件、放大电路、温度补偿电路等功能集成在一块极小芯片上	-55～$+150$	线性度好、灵敏度高、体积小、稳定性好、输出信号大

2. 设计选用原则

(1) 温度传感器的量程即测温的上、下限值应为测点温度范围的1.2～1.5倍。

(2) 根据使用目的和工艺参数的误差要求确定仪表种类和精度等级：
通常采用接触式检测方式，在结构上有多种类型，如图33.2-1所示。

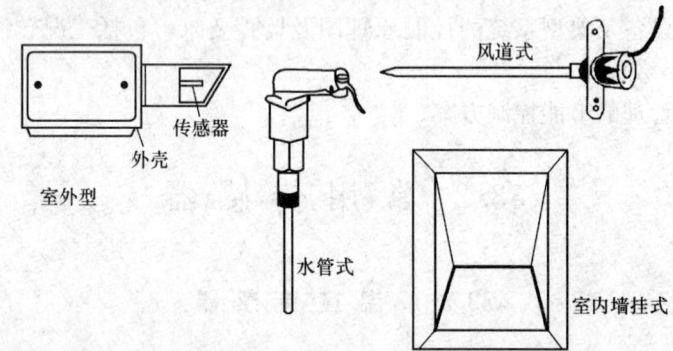

图33.2-1 供暖空调自动化系统中温度检测仪表的结构

传感器的精度应与二次仪表匹配，并高于工艺要求的控制和测量精度。

(3) 风道内空气含有易燃易爆物质时，应采用本安型温度传感器。

(4) 仪表选型应力求操作方便、运行可靠、经济、合理，并在同一工程中尽量减少仪表的品种和规格。

3. 安装与使用要点

(1) 测温点的选择和仪表的安装位置要使测得温度具有代表性：

测量管道中流体的温度时，测温元件的工作段应处于管道中流速最大处即管道中心位置，且应迎着介质流向插入或与流向垂直。风/水管内温度传感器应保证插入深度，不得在探测头与管外侧形成冷桥。

壁挂式空气温度传感器应安装在空气流通、能反映被测房间空气状态的位置，一般在气流稳定的回流区，且要避免阳光直射和送风气流干扰。

机器露点温度传感器应安装在挡水板后有代表性的位置，应避免辐射热、振动、水滴及二次回风的影响。

室外（新风）温度传感器应按照气象测量要求设置在防辐射和风速影响的百叶箱内。

(2) 应尽量避免热传导和辐射引起的测温误差，可采用的措施有：

包绝热层,加装防辐射罩,在套管之间加装传热良好填充物,注意安装孔的密封。
(3) 应保证测温元件有足够的机械强度。
(4) 测温元件的安装位置应便于仪表工作人员的维护、校验和拆装。

33.2.2 湿度传感器

测量空气相对湿度的常用仪表及主要特点见表33.2-2。

常用空气湿度检测仪表的分类及性能　　　　表33.2-2

类型	原理结构	量程与精度	特点及应用
干湿球湿度计	两只温度计,一只为干球测空气温度,一只保持湿润测湿球温度,干湿球温差反映相对湿度	环境温度0~40℃ 相对湿度20%~100% 测量精度±2%~5%RH	可远传、自动记录和控制 需要有维持湿球温度的措施,如水、纱布和容器等
电容式湿度计	极板电容量正比于极板间介质的介电常数,空气介质的介电常数与空气的相对湿度成正比	环境温度<180℃ 相对湿度0~100% 测量精度±2%~5%RH	测量范围宽、精度高、体积小、惯性小、线性及重复性好、响应快、寿命长、抗污染稳定性强,舒适性空调系统中使用量最大;但在高湿度时湿滞现象严重
氯化锂电阻式湿度计	氯化锂吸湿量与空气的相对湿度有关,吸湿后氯化锂电阻减小,用热敏电阻既作为温度补偿又用来测量温度,成为温湿度传感器	环境温度0~50℃ 相对湿度15%~95% 测量精度±1%RH	结构简单、体积小、响应快、灵敏度高、互换性差、易老化、受环境温度影响大,怕污染常用于高精度的湿度自控系统
磺酸锂电阻式湿度计	磺酸锂感湿基片两面涂上碳电极,基片两极间的电阻值随空气相对湿度而发生变化	相对湿度0~100%	测量范围宽、不怕污染,寿命长,稳定性好,响应快,但年变化率较大(2.5%RH/年)
氯化锂露点式湿度计	氯化锂露点传感器测露点温度,热电阻测空气温度,据露点温度和空气温度得相对湿度	环境温度0~50℃ 相对湿度15%~90% 测量精度±2%~5%RH	结构简单、体积小、响应快、灵敏度高、互换性差、易老化、受环境温度影响大,需温度补偿
自动光电露点计	利用光敏元件反复接受电光源光束,感温元件测出的镜面温度而测得气体露点	露点范围-40~100℃ 测量精度±1%~2%RH	可用来连续测量非腐蚀性气体的露点

注:湿度传感器的测量范围和精度均与温度关系密切。

设计注意事项:
① 湿度传感器应安装在空气流通、能反映被测房间或风管内空气状态的位置,安装位置附近不应有热源及水滴。
② 易燃易爆环境应采用本安型湿度传感器。

33.2.3 压力/压差传感器

1. 主要类型

常用压力或差压传感器及变送器的主要类型和特点见表33.2-3。

常用压力（压差）检测仪表的分类及性能　　　　　表 33.2-3

类别 名称	分类	基本原理	精度	测量范围	特点及应用
弹性式	弹簧管式、膜片式、膜盒式、波纹管式、板簧式	弹性元件在压力作用下产生弹性变形	0.1%～2.5%	-0.1～0MPa ± 80～± 40kPa 0～60kPa 0～1000MPa	结构简单、使用方便、价廉、测量范围宽，用来测量压力及真空度，可就地指示、远传、控制、记录或报警
电气式	电位器式、应变片式、电感式、霍尔片式、振频式、压阻式、压电式、电容式	将压力转换成电阻、电容、电感和电势等电量	0.2%～2.5%	7×10^{-5}～500MPa	反应快、测量范围广、便于远传其中电位器式由于存在摩擦，仪表的可靠性差 应变片具有较好的动态特性，适用于快速变化的压力测量

2. 设计选用原则

（1）仪表的量程范围应该符合工艺要求：

压力（压差）传感器的工作压力（压差）应大于该点可能出现的最大压力（压差）的 1.5 倍；量程应为该点压力（压差）正常变化范围的 1.2～1.3 倍。一般被测压力的最小值应不低于仪表全程的 1/3 为宜。

（2）仪表精度等级的选取是根据工艺生产上所允许的最大测量误差来确定的。

我国测压仪表是按系列生产的，其标尺上限刻度值为 1，16，25，4，6.0·10^nMPa，其中 n 为整数（可为正负值）。精度等级由高到低有 0.0005，0.02，0.1，0.2，0.35，0.5，1.0，1.5，2.5，4.0，5.0 等。一般 0.35 等级以上的表为校验用的标准表，现场大多采用 1.0 等级以下的压力表。

3. 安装与使用要点

（1）测压点要选在直管段上，不能形成旋涡的地方。测量液体时，取压点应在管道下部；测量气体时，取压点应在管道上部。

（2）导压管应与介质流动方向垂直，管口与器壁应平齐。引压管内径一般为 6～10mm，长度应尽可能短，最长不得超过 50m。

引压管水平安装时，应保证有 1∶10～1∶20 的倾斜度。当测量液体压力时，在引压系统最高处应装设集气器；当测量气体压力时，在最低处应装设水分离器，当被测介质有可能产生沉淀物析出时，在仪表前应加装沉降器。

（3）在同一建筑层的同一水系统上安装的压力（压差）传感器的取压点应处于同一标高；如无法满足要求，应该考虑静压修正。

（4）压力（差压）表应安装在能满足规定的使用环境条件和易于观察检修的地方，应力求避免振动和高温的影响，并针对被测介质的不同性质采取相应的防温、防腐、防冻、防堵等措施。

33.2.4 流量计

1. 主要类型

流量分为瞬时流量和总流量，可以用体积单位表示为体积流量，如 m³/h，也可用质量单位表示为质量流量，如 kg/h。测量流体流量的仪表一般叫流量计，测量流体总量的仪表常称为计量表。两者并不是截然划分的，在流量计上配以累计机构，也可以读出总流量。由于目前使用的流量计有上百种，测量原理、方法和结构特性各不相同，选择时考虑因素较多，常用的流量计参见表 33.2-4。

常用流量计的分类和特点　　　　　　　表 33.2-4

类别名称	分类	基本原理	适用介质	测量范围	主要特点	应用条件
差压式	标准节流装置：孔板 喷嘴 文丘里管	节流原理 测量流体流经节流装置时产生的压力差	空气，蒸汽，水（液体）	使用管径（mm）：$D \geq 50$ $D \geq 50$ $100 \leq D \leq 800$ 测量精度 $\pm 2\%$	成熟、常用，加工制作和安装简单，价格低廉 压力损失较大（从上到下依次减小）	流态处于紊流区 节流装置中心应与管道中心重合，端面垂直，流向不得装反，引压管的安装同 33.2.3
转子式	远传式转子流量计	节流原理 恒定压差下，测量流通截面积的变化	空气，蒸汽，水（液体）	最小可检测流量为 10L/h 测量精度 $\pm 2\%$	适合小流量测量	应垂直安装，不许倾斜 被测介质的流向应由下向上，不能装反
动压式	毕托管	利用测量流体的全压和静压之差即动压来测量流速和流量	空气，蒸汽，水（液体）		测点流速	测量低速时输出灵敏度很低，要求全压孔直径上的 $Re > 200$ 感测头应正对气流方向
动压式	动压平均管		空气，蒸汽，水（液体）		测截面平均流速	
速度式	涡轮流量计	利用流体冲击涡轮的叶片使其发生旋转，由涡轮的转数测得流量值	空气，蒸汽，水（液体）	测量精度：普通型为 $\pm 0.5\% \sim \pm 1\%$，精密型达 $\pm 0.1\% \sim \pm 0.2\%$	精度高，复现性好，压力损失小，量程比较宽，惯性较小，便于远传及控制	流态处于紊流区 必须水平安装，仪表前应装过滤器
速度式	涡街流量计	利用流体自然振动原理，测量流体通过柱体后产生的漩涡数	空气，蒸汽，水（液体）	测量精度 $\pm 1\%$ 液体 $0.3 \sim 7$m/s，气体 $4 \sim 50$m/s，蒸汽 $5 \sim 70$m/s	无机械可动部件，可靠性强，准确度高，重复性好，压力损失小，检定周期长	流态处于紊流区 必须水平安装，仪表前应装过滤器
超声波流量计	时差法	利用超声波脉冲在通过液体顺逆两方向上传播速度之差，来求圆管内液体的流量	水（液体）	测量精度 $\pm 1\%$	非接触式测量，无压力损失，低流速测量精度较高，适应管径范围广，便于远传及控制，价格与管径无关	管壁结垢等对测量信号和精度有影响对于固定仪表，一般选择插入式安装，注意密封、防水和防垢等处理
超声波流量计	多普勒式	通过测量管道内反射超声波的频移量得到流速（或流量）			专门适用于含大量固体颗粒及气泡的流体介质	

续表

类别名称	分类	基本原理	适用介质	测量范围	主要特点	应用条件
电磁流量计		利用导电体在磁场中运动会产生感应电压的原理，通过外加磁场测量感应电压来得到流体的流速	导电液体	测量精度：±0.2%～±2%	非接触式测量，无机械活动部件，压力损失小，性能可靠；管径越大，价格越高	应垂直于流动方向安装，不许倾斜安装处应无电磁干扰，否则需做防磁保护 不能用于软化水和纯水的测量

2. 设计选用注意事项

（1）被测介质应充满全部管道界面连续地流动，管道内的流动状态应该是稳定的；
（2）流量传感器量程应为管道最大工作流量的 1.2～1.3 倍；
（3）流量传感器安装位置前后应有保证产品所要求的直管段长度；
（4）应选用具有瞬态值输出的流量传感器；
（5）应根据需要检测的质量/体积流量范围选取流量计，必要时对介质进行密度修正；
（6）如选取仪表的管径与工艺管道不符，应进行变径处理并留出相应的直管段。

33.2.5 液 位 计

常用的各种液位检测方法和仪表的种类及特点如表 33.2-5 所示。

液位检测仪表的种类及特点　　　　表 33.2-5

测量方式	流量计类型	测量原理	测量方式	主要特点
静压式	玻璃管式	连通器液柱静压平衡原理	连续	结构简单、价廉，易损坏，读数不明显
	压力表式	液位高度与液柱静压成正比	连续	适于敞口容器、使用简单
	差压式	液位升降时造成液柱差	连续	敞口或密闭容器
浮力式	浮标（子）式	液体浮力使浮标随液面升降	定点连续	结构简单、价廉
	浮筒式	浮筒在液体中受浮力产生位移，随液位而变化	连续	结构简单、价廉
电气式	电容式	液位变化反映为介电质变化，使电容量变化	定点连续	体积小、测量滞后小，线路复杂、价高
	电接点式	电极与金属容器间通过导电液体形成的回路通断	阶梯式	结构简单、性能可靠、使用方便，适于腐蚀性介质的液位报警和控制
超声波式液位计		超声波在气体和液体中的衰减程度、穿透能力和辐射声阻抗等各不相同	定点连续	非接触测量、准确性高、惯性小，成本高、使用和维护不便
光电式液位开关		光在不同介质中折射率不同，由红外线发光二极管和光接收器组成	定点	非接触测量、准确性高、惯性小

说明：一般情况下，水箱液位根据需要选择几个定点输出的液位开关即可；由于供暖空调领域使用的水箱高度较大（2～4m），对连续输出的液位计探头要求较长，价格很高，只有蓄冰槽等特殊需要才选用连续输出型的液位计。

33.2.6 气体成分传感器

1. 室内空气品质传感器

随着对室内空气品质的关注程度不断提高,空调系统的新风量需要根据情况采用量化标准进行调节,室内空气品质传感器的应用越来越多。其主要原理是利用混合气体中某些气体具有选择性地吸收红外辐射能这一特性,来连续自动分析气体中各组分的百分含量,使用方便,反应迅速,对非检测组分的抗干扰能力强,测量范围可从几个 ppm 至 100%,可检测成分有 CO_2(最常用)、CO、苯、甲醛、氢、碳氢化合物、氮氧化合物等。

可以选用检测单一成分的传感器,也可以选择可检测几种成分的传感器。输出信号有标准的连续量(AI),也有根据检测到的空气成分进行报警的开关量(DI)。常用的有:CO_2 传感器、CO 传感器和空气质量传感器(可同时检测多种成分,检测结果为折合的总 VOC 含量,具体情况需参阅产品说明)。

2. 烟气成分传感器

在供热与燃气工程中,为了确保燃烧设备的安全经济运行,提高能源利用率,准确地掌握燃烧状况和燃烧设备的性能,必须用成分分析仪对燃烧过程的燃烧产物成分及其含量进行分析。常用的燃烧产物成分自动检测仪表有氧化锆氧量计和红外线气体分析器等,其中后者与室内空气品质传感器原理相同。

氧化锆氧量计是利用氧化锆固体电介质作为检测元件来检测混合气体中的含氧量。它具有结构简单、反应速度快,安装维护工作量小等优点,而且氧量计比二氧化碳表反应快,所以多作为锅炉燃烧自动控制系统的检测信号。

33.2.7 人员进出检测器

随着自动化水平的提高,房间内的空调末端装置——风机盘管或变风量末端可以通过检测房间内是否有人进出来自动启停。红外探测器或双鉴探测器主要用于智能楼宇的安(全)防(护)系统,主要原理是通过检测人体发出的红外线或红外线和微波(减少误报)来判断有人进入或离开。采用该方式,也可用来降低建筑(空调和照明)的能耗,但同时也需要整个大楼的综合管理水平较高,安防与空调自控系统能够通信,同时尽量减少不必要的人员出入以免设备启停频繁。

传感器设计选择注意事项:

当用于安全保护和设备状态监视为目的时,宜选择以开关量形式输出的传感器,如温度开关、压力开关、压差开关、风流开关、水流开关、水位开关等,不宜使用连续量输出的传感器。

33.3 常用执行器

33.3.1 电磁阀

电磁阀是用电磁铁推动阀门的开启与关闭动作的电动执行器,主要优点是体积小,动作可靠,维修方便,价格便宜,通常用于口径在 40mm 以下的两位式控制中,尤其多用于接通、切断或转换气路、液路等,例如季节或时间变化时的工况转换。

电磁阀的型号可根据工艺要求选择,其通径可与工艺管路直径相同。需要注意根据工艺要求选择常开或常闭型。

33.3.2 电加热器的控制设备

在采用电加热的空调温度自动调节系统中,执行元件是电气控制设备,主要控制设备见表33.3-1。由暖通设计人员根据温度波动范围提出分级/连续控制要求,以及调节的最小电容量。

常用电加热器控制设备的形式和主要特点　　　　　　　　　　　表33.3-1

调节需求	使用方法	主要特点
位式调节	晶闸管(可控硅 SCR)交流开关	特性近于开关特性,组成交流开关基本电路容易,具有无触点、动作迅速、寿命长和几乎不用维护等优点,没有通常电磁式开关的拉弧、噪声和机械疲劳等缺点,已获得广泛应用
	继电器/接触器固体开关	其输入端相当于继电器(接触器)的线圈,输出端则相当于触点与负载串联后接到交流电源上,使用十分方便,而且封为一体,体积小,工作频率高,对工作环境的适应性也强
连续温度自动调节	晶闸管交流调压器和调功器	根据功率要求,选用单相或三相交流调节器或调功器与自控系统配套,接收0~10mADC或4~20mADC(1~5VDC)控制信号,改变晶闸管的导通状态,以控制电加热的功率

设计注意事项:

空气调节系统的电加热器应与送风机连锁,并应设无风断电、超温断电保护装置;电加热器的金属风管应接地。

33.3.3 电动机的控制设备

1. 电动机的启动

供暖和空调领域风机和水泵使用的是 Y 型鼠笼式电动机,采用的启动方式见表33.3-2。

常用电动机的启动方式和主要特点　　　　　　　　　　　表33.3-2

启动方式		主要特点
全压启动	(直接启动)	最简单最可靠最经济的启动方式,但是启动电流大,对配电系统引起的电压下降也大
降压启动	星—三角	启动电流小,启动转矩也小,比较经济,但可靠性略差 启动过程有一种级差,适用电机功率不能过大
	自耦变压器	启动电流小,启动转矩较大,一般启动过程有两~三个级差,价格较贵
软启动		启动过程可以达到无级调节,可靠性较高。可以带动多个电动机,实现启动过程的顺序甩切,价格相对较低。 (也同时可以实现软停)

设计注意事项：

(1) 鼠笼式电动机启动方式的选择，应遵守下列规定：

1) 当符合下列条件时，电动机应全压启动：

机械能承受电动机全压启动的冲击转矩；

电动机启动时，其端子的电压应符合相关电气要求；

电动机启动时，应不影响其他负荷的正常运行；

制造厂对电动机的启动方式无特殊要求。

2) 当不符合全压启动条件时，电动机应降压启动，宜采用切换绕组接线或采用自耦变压器、软启动等方式启动。

3) 当机械有调速要求时，电动机的启动方式应与调速方式相配合。

(2) 由城市低压网络直接受电的场合，电动机允许全压启动的容量应与地区供电部门的规定协调。如对允许鼠笼式电动机全压启动容量无明确规定时，可按下述条件确定：

1) 由公用低压网络供电时，容量在 11kW 及以下者，可全压启动。

2) 由居住小区配变电所低压配电装置供电时，容量在 15kW 及以下者可全压启动。

(3) 由建筑内自用配变电所低压配电装置供电时，当电动机不与其他对电压波动敏感的负荷合用一台变压器，满足全压启动的基本要求，容量在与其对应的变压器额定容量 5% 以下的电动机可采用直接启动方式。

(4) 由自备发电机直接供电的电动机在启动时应考虑自备发电机的输出功率。

(5) 对于频繁启动的电动机，宜采用软启动装置，其选择应根据电动机的功率、启动或停止时间的长短及模式、限制启动电流的倍数等因素来确定。

(6) 对启动时间和启动转矩有特殊要求的电动机，宜采用交流变频器作为启动装置。

2. 变频器

变频器不仅可以保证电动机的软启、软停，而且运行过程可无级调速。从控制性、操作性、维护性、安装的容易性和效率高低等方面综合情况来看，目前风机和水泵采用变频调速方法已成为首选的调节方法，尤其是随着变频装置价格的不断降低，这一趋势会越来越明显。

变频器与 BA 系统的连接主要有两种方式：(1) 通过标准的通信接口例如 RS485，配以适配器后可直接连接到 BA 系统的主计算机，由设备厂商提供公开的协议后，可以直接读取参数、控制其运行；可读取和控制的参数非常全面，需要 BA 系统编程人员对变频器的运行调节非常了解；(2) 通过模拟量和数字量接口 DI、AI、DO、AO 与 BA 系统连接，可以读取运行状态和控制其启停及调节；设备厂商可提供的接口个数详见样本等技术资料中，根据实际情况进行选用，不需要也不能对变频器的所有参数进行监测和控制。

(1) 变频泵/风机的特性曲线变化

1) 泵与风机的比例定律

当电机转速在一定范围内变化时，其流量扬程和轴功率同转速有如下关系，即泵与风机的比例定律：

$$Q/Q_e = n/n_e$$

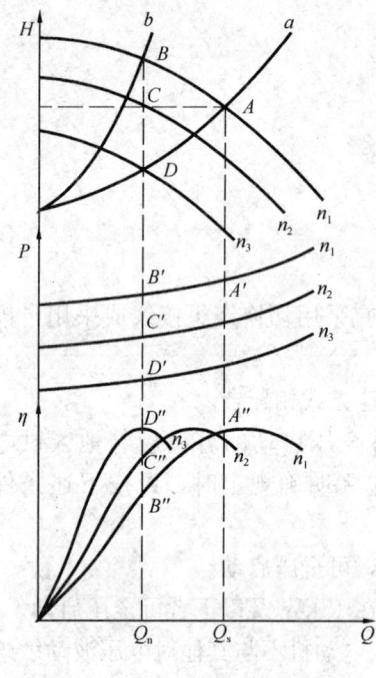

图 33.3-1 变频泵/风机性能曲线

$$H/H_e = (n/n_e)^2$$
$$P/P_e = (n/n_e)^3$$

式中，Q、H、P、n 分别表示流量、扬程、功率和频率，下标 e 表示额定频率。

2) 泵与风机特性曲线的变化

一般生产厂家给出的 Q-H、Q-P 和 Q-η 特性曲线一般都是为电机额定转速的情况下给出的，当改变电机的转速，由泵与风机的比例定律得到特性曲线的变化如图 33.3-1 所示。

随着水泵转速的降低，水泵效率的最大值也将逐渐向流量减小处移动，而且水泵工作点在曲线上的位置也逐渐向曲线的左边移动。曲线 n_1、n_2、n_3 的运行频率逐渐减小。

(2) 变频器的控制方式与节能效果

为了控制过程快速、稳定，通常选用压力或压差信号来进行控制采用恒压和变压两种方式，主要特点见表 33.3-3，泵/风机的性能曲线变化见图 33.3-1。

不同控制方式下变频的性能与特点　　表 33.3-3

方式	基本原理	过程分析	主要特点
恒压	通过调速，使水泵/风机出口后某点压力保持恒定来达到节能的目的	需要最大流量 Q_S 时，泵出口扬程达到 H_S 即能满足最大需求，额定转速 n_1，管网阻力特性为曲线 a，工作点为 A，功率点为 A'，效率点为 A''。 定频泵/风机：当需要水量减小至 Q，调节阀门使管网阻力特性为曲线 b，额定转速 n_1，工作点为 B，功率点为 B'，效率点为 B''。 恒压控制：当需要水量减小至 Q，以 H_S 值为恒压控制值，调节转速至 n_2，工作点为 C，功率点为 C'，效率点为 C'。	节能效果变压优于恒压。 恒压比变压控制简单且容易实现。 采用恒压控制时测压点放在出口或管网上压力稳定段即可。测压点离泵/风机越近，控制越容易稳定但节能效果越差。测压点离泵/风机较远，则安装和布线（或通信方式）会有一定的难度。 采用变压控制时，如测压点设在水泵/风机出口，必须了解管网特性，由于实际管网特性复杂只能近似实现。
变压	通过调速来满足管网在不同流量时的要求	变压控制：当需要水量减小至 Q，管网阻力特性不变仍为曲线 a，调节转速至 n_3，工作点为 D，功率点为 D'，效率点为 D''。 转速：$n_3(D) < n_2(C) < n_1(A=B)$ 效率：$\eta_D > \eta_C$；$\eta_A > \eta_B$ 功率：$P_D < P_C < P_B < P_A$	

注：实际运行中需要流量的改变时，常用阀门调节来实现，因此管路特性会有变化，D 只是理论上的点，实际变压控制达到的运行工作点应该在 C 与 D 之间。

(3) 设计注意事项

1) 变频器的规格型号应按照负载的负荷特性和电机的额定电流选取。

首先根据负载特性确定变频器的序列：运行过程中转矩恒定的设备称为重载，例如锅炉房内的炉排、斗式提升机和输煤皮带；运行过程中转矩改变的设备称为轻载，供暖与空调系统中常用的循环风机/水泵均为此类。

然后按照额定电流选择变频器的型号：必须按照单元的最大负载情况下的电机电流选择变频器，使变频器的额定输出电流高于等于电机所需电流。

2）并联运行的风机/水泵应同时设置变频器，而且频率应同步调节。

3）变频器对电网会产生谐波干扰（低频），可选配电抗器以减小干扰，使电压波形的畸变率、谐波电压和谐波电流达到国标 GB/T 14549—93《电能质量公用电网谐波》的要求。

4）变频器对无线电或电子设备会产生电磁干扰（高频），可选配滤波器以减小干扰，使其无线电发射、传导性发射满足电磁兼容的国际标准（例如 EN55011 标准的 A、B 级）。

5）为达到良好的电磁兼容性，变频器应安装在金属的壳体内。

33.3.4 电动调节阀

设计时对调节阀特性及口径的选择正确与否将直接影响系统的稳定性和调节质量。

1. 电动调节阀的构成

电动调节阀由电动执行机构和调节阀两大部分组成，电动执行机构的主要结构见图 33.1-3。

调节阀因结构、安装方式及阀芯形式的不同可分为多种类型。以阀芯形式分类，有平板形、柱塞形、窗口形和套筒型等。不同的阀芯结构，其调节阀的流量特性也不一样。调节阀主要由上下阀盖、阀体、阀芯、阀座、填料及压板等部件组成，结构形式和主要特点见表 33.3-4。

常用调节阀的结构形式和主要特点　　　　表 33.3-4

类型	分类	结构形式	主要特点
两通阀	单座	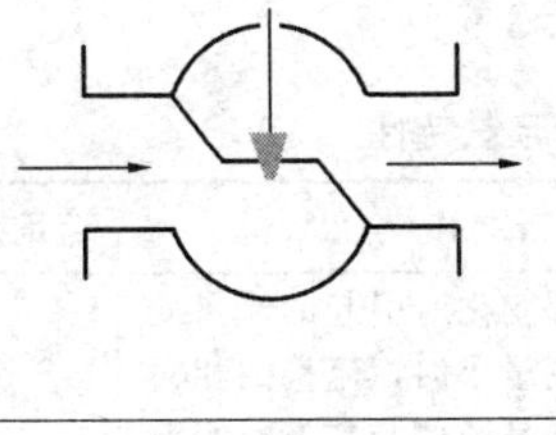	结构简单、价廉，关闭时泄漏量很小，阀座前后存在的压差对阀芯产生的不平衡力较大，适用于低压差的场合
	双座	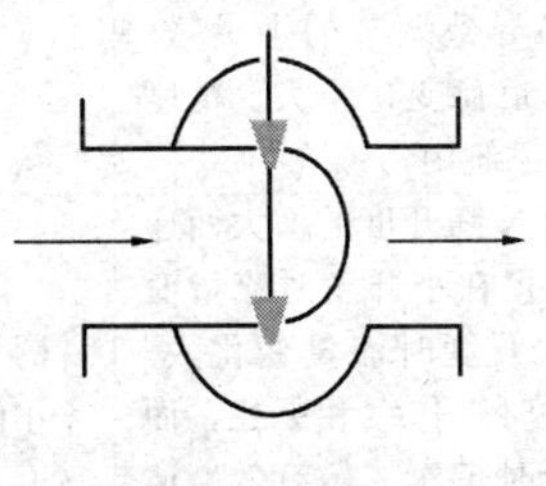	有两个阀芯阀座，结构复杂，阀芯所受的不平衡力非常小，适用于阀前后压差较大的场合 与单座阀的口径相同时，流通能力更大

续表

类型	分类	结构形式	主要特点
三通阀	分流	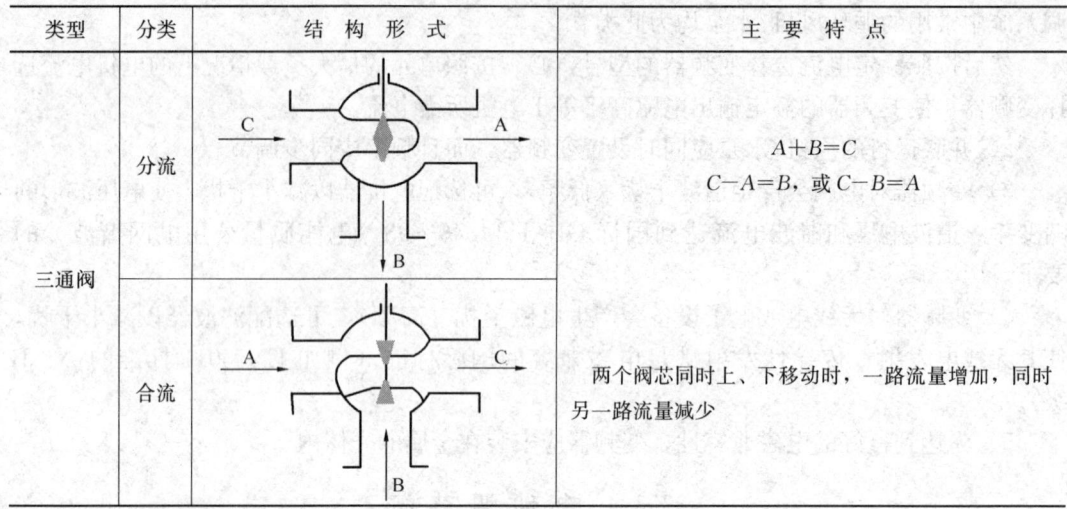	$A+B=C$ $C-A=B$，或 $C-B=A$
	合流		两个阀芯同时上、下移动时，一路流量增加，同时另一路流量减少

2. 调节阀的流量特性

调节阀的流量特性反映了调节阀的相对流量与相对行程之间的关系，即

$$Q/Q_{max} = f(l/l_{max}) \tag{33.3-1}$$

式中 Q——调节阀在某一开度时的流量；

　　Q_{max}——调节阀在全开状态时的流量；

　　l——调节阀在某一开度时阀芯的行程；

　　l_{max}——调节阀在全开状态时阀芯的行程。

（1）理想流量特性

调节阀在前后压差恒定的情况下得到的流量特性称为理想流量特性，有时也叫固有流量特性。典型的理想流量特性有直线流量特性、等百分比（对数）流量特性、快开流量特性和抛物线流量特性，各种特性主要取决于阀芯曲面的形状。这四种理想流量特性的主要特点见表 33.3-5，特性曲线见图 33.3-2，阀芯形状见图 33.3-3；当可调比 R＝30 时，不同相对行程（相对开度）下的相对流量见表 33.3-6。

调节阀的理想流量特性　　　　　　　　　　表 33.3-5

特性	数学表达式	性能特点	流量特性曲线	阀芯形状
直线型	$\dfrac{d(Q/Q_{max})}{d(l/l_{max})} = K$ $\dfrac{Q}{Q_{max}} = \dfrac{1}{R}\left[1+(R-1)\dfrac{l}{l_{max}}\right]$	单位行程变化所引起的流量变化相等。流量小时，流量的相对变化大，不易微调与控制；而流量大时，流量的相对变化小，不易反应，易导致调节的不灵敏。适用于调节负荷变化不大、精度要求不高的系统中	图 33.3-2 中的（1）	图 33.3-3 中的（1）、（6）
等百分比型	$\dfrac{d(Q/Q_{max})}{d(l/l_{max})} = K(Q/Q_{max})$ $\dfrac{Q}{Q_{max}} = R^{(\frac{l}{l_{max}}-1)}$	放大系数 K 随开度的增大而递增，同样行程在小开度时流量变化小，在大开度时流量变化大。在接近全关时工作缓和平稳，而在接近全开时工作灵敏有效。适用于负荷变化大的系统中	图 33.3-2 中的（2）	图 33.3-3 中的（2）、（5）

续表

特性	数学表达式	性能特点	流量特性曲线	阀芯形状
快开型	$\dfrac{\mathrm{d}(Q/Q_{\max})}{\mathrm{d}(l/l_{\max})} = K(Q/Q_{\max})^{-1}$ $\dfrac{Q}{Q_{\max}} = \dfrac{1}{R}\left[1+(R^2-1)\dfrac{l}{l_{\max}}\right]^{1/2}$	行程较小时，流量就比较大；随着行程的增大，流量很快就达到最大。阀的有效行程 $<d_{\mathrm{g}}/4$（d_{g} 为阀座直径），行程再增大时不起调节作用。适用于双位调节或程序控制中	图 33.3-2 中的（3）	图 33.3-3 中的（3）
抛物线型	$\dfrac{\mathrm{d}(Q/Q_{\max})}{\mathrm{d}(l/l_{\max})} = K(Q/Q_{\max})^{\frac{1}{2}}$ $\dfrac{Q}{Q_{\max}} = \dfrac{1}{R}\left[1+(\sqrt{R}-1)\dfrac{l}{l_{\max}}\right]^{2}$	流量特性是一条二次抛物线，介于直线特性和等百分比特性之间。适用于冷、热水的三通调节阀	图 33.3-2 中的（4）	图 33.3-3 中的（4）

其中：K——调节阀的放大系数。

R——可调比，即调节的最大流量与最小流量之比值。

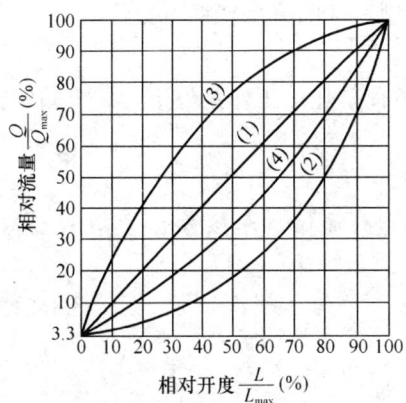

图 33.3-2 调节阀的理想流量
特性（$R=30$）
（1）直线；（2）等百分比；（3）快开；
（4）抛物线

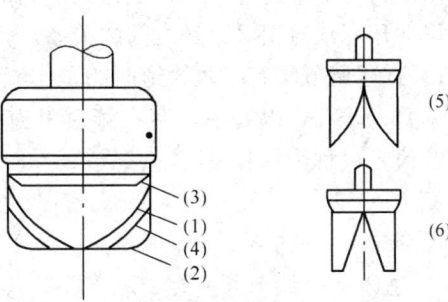

图 33.3-3 阀芯形状
（1）直线特性阀芯；（2）等百分比特性阀芯；
（3）快开特性阀芯；（4）抛物线特性阀芯；
（5）等百分比特性阀芯（开口形）；（6）直线
特性阀芯（开口形）

需要着重说明的是，阀门调节的机械精度是由阀芯结构决定的。注意：阀门本身的特性曲线与阀杆上电位器输出的特性曲线并不完全相同，后者可以通过电输出信号进行修正，而前者直接影响阀门的调节精度。

各种流量特性下的相对流量 $Q/Q_{\max}$（%）　　表 33.3-6

阀门流量特性	相对开度 $l/l_{\max}$（%）										
	0	10	20	30	40	50	60	70	80	90	100
直线型	3.3	13.0	22.7	32.3	42.0	51.7	61.3	71.0	80.6	90.4	100
等百分比型	3.3	4.67	6.58	9.26	13.0	18.3	25.6	36.2	50.8	71.2	100
快开型	3.3	21.7	38.1	52.6	65.2	75.8	84.5	91.3	96.13	99.03	100
抛物线型	3.3	7.3	12	18	26	35	45	57	70	84	100

三通调节阀的流量特性及数学表达式均符合前述理想特性的一般规律。直线流量特性的三通调节阀在任何开度时流过上下两阀芯流量之和不变，即总流量不变，得到一平行于横轴的直线(1)，如图33.3-4所示。而抛物线流量特性（曲线(3)）的三通调节阀的总流量是变化的，在开度50%处总流量最小，向两边逐渐增大直至最大。当可调范围相同时，直线特性的三通调节阀较抛物线特性的总流量大，而等百分比特性（曲线(2)）三通调节阀的总流量最小。它们在开度50%时上下阀芯通过的流量相等。

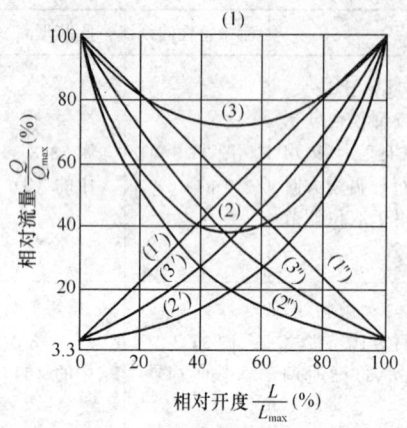

图 33.3-4 三通调节阀的理想流量特性
(1) 直线；(2) 等百分比；(3) 抛物线

三通调节阀分对称型和非对称型。对称型是指上、下两阀流量特性一致，如目前国内产品均为直线型或等百分比型。非对称型是上、下两阀分别为直线、等百分比型，两阀流量特性不一致。

(2) 工作流量特性

调节阀的工作流量特性，是指调节阀前后压差随负荷变化的工作条件下，调节阀的相对行程（开度）与相对流量之间的关系。

1) 直通调节阀有串联管道时的工作流量特性

见图33.3-5，以 Q_{100}（存在管道阻力时调节阀的全开流量）作参考值。其中压力损失比S值，也称为阀权度，应按式(33.3-2)确定：

$$S = \Delta P_{min}/\Delta P_o \tag{33.3-2}$$

式中　ΔP_{min}——调节阀全开时的压力损失，Pa；
　　　ΔP_o——调节阀所在串联支路的总压力损失，Pa。

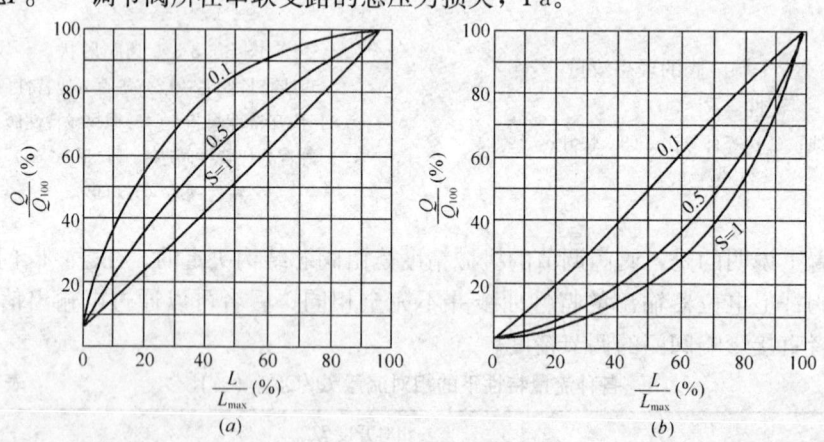

图 33.3-5　串联管道时调节阀的工作特性（以 Q/Q_{100} 作参考值）
(a) 直线特性；(b) 等百分比特性

由图可知：
- 当 $S=1$ 时，ΔP_o 全部降落在调节阀上，调节阀的工作特性与理想特性是一致的；
- 随着 S 值的减小，理想的直线特性趋向于快开特性，理想的等百分比特性趋向于直线特性；
- 在实际使用中，一般 S 值不宜小于 0.3。

2）直通调节阀有并联管道时的工作流量特性

见图 33.3-6，以 Q_{max}（管道阻力等于零时调节阀的全开流量）作参考值。

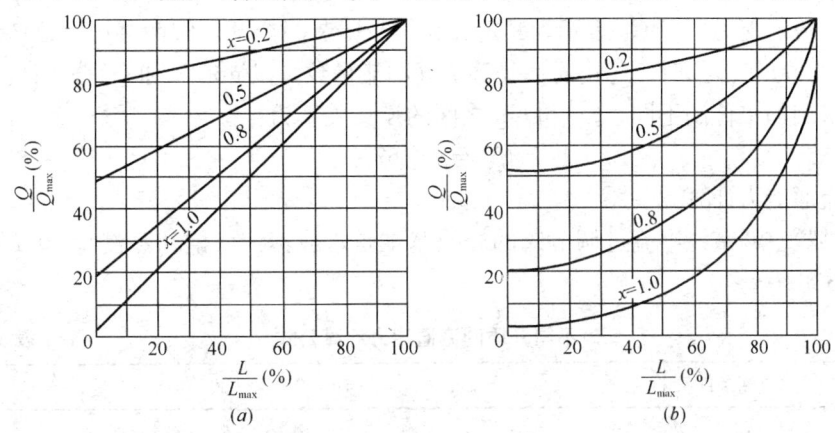

图 33.3-6　并联管道时调节阀的工作特性（以 Q/Q_{max} 作参考值）
（a）直线特性；（b）等百分比特性

图中 x 表示并联管道时阀全开流量与总管最大流量之比。由图可知：
- 当 $x=1$ 时，即旁路关死，调节阀的工作流量特性与理想流量特性是一致的；
- 随着 x 的减小，即旁路阀逐渐打开，虽然调节阀本身的流量特性没有变化，但系统的实际可调比 R 大大下降。

3）直通调节阀的实际可调比

由于调节阀上压差随着串联管路阻力改变或并联管道旁路打开，调节阀的可调比 R 将发生变化。调节阀实际所能控制的最大流量与最小流量的比值，称为实际可调比。图 33.3-7 和图 33.3-8 分别给出了 $R=30$ 时串联管道和并联管道的实际可调比。

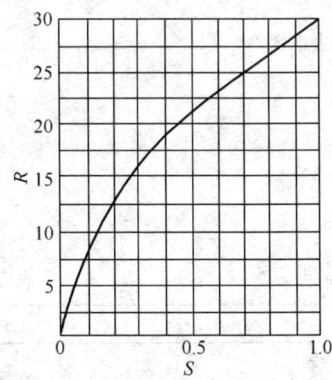 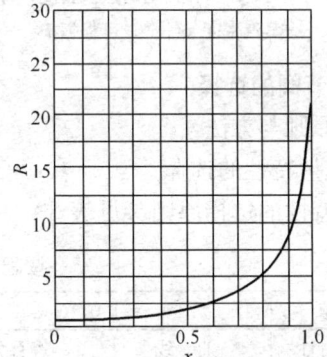

图 33.3-7　串联管道时的实际可调比　　图 33.3-8　并联管道时的实际可调比

由图可知：对于串联管道，S 值越小，实际可调比就越小。在实际使用中，为了保证调节阀有一定的可调比，调节阀上应有一定的压差。对于并联管道，实际可调比近似等于总管最大流量与旁路流量的比值。随着 x 值的减小，实际可调比迅速降低，因此，使用中应尽可能避免打开旁路。一般认为旁路流量最多只能是总流量的百分之十几，x 值不应低于 0.8。

3. 调节阀的流通能力

（1）流通能力定义

当调节阀全开，阀两端压差 $\Delta P=10^5\text{Pa}$、流体密度 $\rho=1\text{g/cm}^3$ 时，每小时流经调节阀的流量数，以 m^3/h 或 t/h 计。一般以符号 Kv 表示流通能力。

国外，流通能力常以 Cv 表示，其定义为：当调节阀全开，阀两端压差 $\Delta P=1$ 磅/英寸^2、介质为 60 ℉清水时，每小时流经调节阀的流量数，以 gpm（加仑/分）计。

由于采用的单位制不同，Cv 和 Kv 之间的换算关系为：

$$Cv = 1.167Kv$$

（2）流通能力计算

由于供暖空调系统中流过调节阀的介质基本是水或蒸汽（饱和蒸汽），其 Kv 值计算公式见表 33.3-7。

不同介质的流通能力计算公式　　　　　　　　　　　表 33.3-7

介 质	判断条件	计 算 公 式
一般液体（如水等非高黏度液体）		$Kv = \dfrac{316Q}{\sqrt{(P_1-P_2)/\rho}}$ （m³/h）
		$Kv = \dfrac{316M}{\sqrt{(P_1-P_2)\rho}}$ （kg/h）
饱和蒸汽	$P_2 \geq 0.5P_1$	$Kv = \dfrac{10M}{\sqrt{\rho_2(P_1-P_2)}}$
	$P_2 < 0.5P_1$	$Kv = \dfrac{10M}{\sqrt{\rho'_2(P_1-P_2)}} = \dfrac{10M}{\sqrt{\rho'_2(P_1-P_1/2)}} = \dfrac{14.14M}{\sqrt{\rho'_2 P_1}}$

其中：M——质量流量，kg/h。

P_1——调节阀前绝对压力，Pa。

P_2——调节阀后绝对压力，Pa。

ρ——调节阀处的流体密度，kg/m³。

ρ_2——阀后出口截面上的蒸汽密度，kg/m³。

ρ'_2——蒸汽密度 kg/m³，可根据 $P'_2=P_1/2$ 和蒸汽温度查表得到。

4. 调节阀的选择

（1）原则与方法

1）流量特性的选择

流量特性的选择原则参见表 33.3-8。

按配管情况选择阀的特性　　　　　　　　　　　表 33.3-8

配管状态	$S=1.0\sim0.6$		$S=0.6\sim0.3$		$S<0.3$
实际工作特性	直 线	等百分比	直 线	等百分比	控制不适合
所选流量特性	直 线	等百分比	等百分比	等百分比	

可见，等百分比特性的调节阀适用范围较广。为了避免通过阀门的水流速过高并尽量节省水泵功耗，宜使阀门工作状态的 $S \leq 0.7$。

2）结构形式的选择

调节阀的结构形式有直通单座阀、直通双座阀、角形阀和蝶阀等基本品种，各有其特点，在选用时要考虑被测介质的工艺条件、流体特性及生产流程。

直通单座阀的泄漏量小，但阀前后允许（或关闭）的压差也较小；双座阀承受的阀前后压差大，但泄漏量也较大。蒸汽的流量控制应选用单座阀。

当在大口径、大流量、低压差的场合工作时，应选蝶阀，但此时泄漏量较大。

当介质为高压时，应选高压调节阀。

为便于排污、防止阀门堵塞，可选角形调节阀。

3) 弹簧复位功能的选择

一般情况下，电动调节阀在无电信号时停在当时阀位状态。对于蒸汽阀，必须有复位关闭的功能，即在断电时能够停止蒸汽流入用汽设备。其他阀门根据使用情况确定。

4) 调节阀口径的选择

按流通能力 Kv 值来确定阀门口径。主要步骤如下：

调节阀口径的选择步骤　　　　表 33.3-9

步骤	计算参数	公　　式	说　　明
设计	最大工作流量	$Q_{max} = Q \times (1.0 \sim 1.1)$ Q 为设计负荷下的管路流量	
设计	工作压差	$\Delta P_{min} = \dfrac{S}{1-S}\Delta P$ 一般情况下选取：$S=0.3 \sim 0.6$（两通阀），$S=0.5$（三通阀，水量全部流过任一条通路时）	水系统： $\Delta P \geqslant \Delta P_o$ ΔP_o 为被控对象（如表面式换热器等）及所接附件的水流阻力 蒸汽系统： $\Delta P = 0.8(P_1 - P_b) \leqslant 0.5 P_1$ 其中 P_b 为疏水器的背压（凝水始点的绝对压力），一般 $P_b = 0.4 \sim 0.8 P_1$（因疏水器类型而异）
设计	最大流通能力	Kv_{max}，见表 33.3-7	
选型	产品额定流通能力	Kv	在产品样本中选取流通能力大于且最接近 Kv_{max} 值这一档的口径
验算	开　度	流量 Q_i 时的阀门开度 $K = \left.\dfrac{l}{l_{max}}\right\|_{Q=Q_i}$ 直线流量特性调节阀： $K = \left[\dfrac{1.03}{\sqrt{S + \left(\dfrac{Kv^2 \Delta P/\rho}{Q_i^2} - 1\right)}} - 0.03\right] \times 100\%$ 等百分比流量特性调节阀： $K = \left[\dfrac{1}{1.48}\lg\sqrt{S + \left(\dfrac{Kv^2 \Delta P/\rho}{Q_i^2} - 1\right)} + 1\right] \times 100\%$	希望最大工作开度 $K_{max} \leqslant 90\%$，最小工作开度 $K_{min} \geqslant 10\%$
验算	可调比	$R = 10\sqrt{S}$	希望 R 在 10 左右 $R > Q_{max}/Q_{min}$ $S \geqslant 0.3$ 时，可不验算
调整		若调节阀不能满足设计最大流量、最小流量的调节要求时，可采用两个调节阀进行分程控制，也可选用一台可调比较大的特殊调节阀来满足使用要求	

5）执行机构输出力矩的选择

执行机构的输出力要足以克服介质的不平衡力、摩擦力和阀芯的重力等阻力，以避免阀门关不严或打不开、动作不自如等问题的出现。

不平衡力主要受阀的结构形式、压差、流量等因素影响，为简化计算，生产厂根据工作条件对常用阀门计算出允许压差［ΔP］，保证工作压差 ΔP 小于允许压差［ΔP］即可。如果计算有困难，建议将阀关闭时的最大工作压差提供给生产厂进行校核（包括选定弹簧范围等）。

（2）实例

国产直通单座、双座和三通调节阀产品的主要性能表参见表 33.3-10～表 33.3-12。

VP 型直通单座调节阀主要参数表　　　表 33.3-10

公称直径 DN (mm)	阀座直径 dg (mm)	额定流通能力 K_v	最大行程 L (mm)	薄膜有效面积 A_e (cm^2)	流量特性	公称压力 PN (MPa)	允许压差 (MPa)
3/4″	3	0.08	10	200	直线	1.0	≥1.35
	4	0.12					
	5	0.2					
	6	0.32					
	7	0.5					
	8	0.8					
20	10	1.2	16	280	直线、等百分比	1.6、4.0、6.4	
	12	2					
	15	3.2					
	20	5					
25	26	8					0.8
32	32	12					0.55
40	40	20	25	400			0.5
50	50	32					0.3
65	66	50	40	630			0.3
80	80	80					0.2
100	100	120					0.12
125	125	200					0.12
150	150	280	60	1000			0.08
200	200	450					0.05
250	250	700	100	1600			0.05
300	300	1100					0.035

VN型直通双座调节阀主要参数表 表33.3-11

公称直径 DN (mm)	阀座直径 d_g (mm) 下阀座	阀座直径 d_g (mm) 上阀座	额定流通能力 K_v	最大行程 L (mm)	薄膜有效面积 A_e (cm²)	流量特性	公称压力 PN (MPa)	允许压差 (MPa)
25	24	26	10	16	280	直线、等百分比	1.6、4.0、6.4	≥1.7
32	30	32	16					
40	38	40	25	25	400			
50	48	50	40					
65	64	66	63	40	630			
80	78	80	100					
100	98	100	160					
125	123	125	250	60	1000			
150	148	150	400					
200	198	200	630					
250	247	250	1000	100	1600			
300	297	300	1600					

VQ、VX型三通调节阀主要参数表 表33.3-12

公称直径 DN (mm)	阀座直径 d_g (mm)	额定流通能力 K_v 合流	额定流通能力 K_v 分流	最大行程 L (mm)	薄膜有效面积 A_e (cm²)	流量特性	公称压力 PN (MPa)	允许压差 (MPa)
25	26	8.5		16	400	直线、抛物线	1.6、4.0、6.4	≥0.2
32	32	13						
40	40	21		25				
50	50	34						
65	66	53		40	630			
80	80	85	85					
100	100	135	135					0.12
125	125	210	210	60	1000			0.12
150	150	340	340					0.08
200	200	535	535					0.05
250	250	800	800	100	1600			0.05
300	300	1280	1280					0.035

注：①VQ型为合流三通阀，VX型为分流三通阀。
②公称直径 DN<80mm 的分流阀可采用同口径合流阀代替。

1) 冷（热）水直通调节阀

【例33.3-1】 设计要求：最大流量 $Q_{max}=65 m^3/h$，对应最小压差 $\Delta P_{min}=0.5 \times 10^5 Pa$；最小流量 $Q_{min}=13 m^3/h$，对应最大压差 $\Delta P_{max}=5 \times 10^5 Pa$，确定直通调节阀的口径。

【解】 $Kv_{max} = Q_{max}\sqrt{\dfrac{\rho}{\Delta P_{min}}} = 65 \times \sqrt{\dfrac{1}{0.5}} = 92$

查直通双座调节阀产品性能表33.3-11，得 DN=80mm 时流通能力 C=100。
开度验算：

最大流量时阀门开度

$$K_{\max} = \left[1.03\sqrt{\dfrac{S}{S+\left(\dfrac{Kv^2 \Delta P_{\min}/\rho}{Q_{\max}^2}-1\right)}} - 0.03\right] \times 100\% = 85.1\%$$

最小流量时阀门开度

$$K_{\min} = \left[1.03\sqrt{\dfrac{0.5}{0.5+\left(\dfrac{100^2 \times 0.5/1}{13^2}-1\right)}} - 0.03\right] \times 100\% = 10.5\%$$

$K_{\max}<90\%$，$K_{\min}>10\%$，能满足要求。

可调比验算：

$$R = 10\sqrt{S} = 10 \times \sqrt{0.5} = 7$$

$$\dfrac{Q_{\max}}{Q_{\min}} = \dfrac{65}{13} = 5$$

$R_s > \dfrac{Q_{\max}}{Q_{\min}}$，能满足要求。

2) 蒸汽直通调节阀

【例 33.3-2】 设计要求：饱和蒸汽流量 350kg/h，阀前蒸汽绝对压力 $P_1=2.5\times 10^5$Pa，阀后蒸汽绝对压力 $P_2=1.5\times 10^5$Pa，确定直通调节阀的口径。

【解】 根据 $P_1=2.5\times 10^5$Pa，查饱和蒸汽表得饱和温度 $t_1=127$℃

设饱和蒸汽流过调节阀后的温度不变，根据 $t_2=127$℃，$P_2=1.5\times 10^5$Pa，查饱和蒸汽表得 $\rho_2=0.81$kg/m³

$$\beta = \dfrac{P_2}{P_1} = \dfrac{1.5 \times 10^5}{2.5 \times 10^5} = 0.6 > 0.5$$

由表 33.3-7 查得

$$Kv = \dfrac{10M}{\sqrt{\rho_2(P_1-P_2)}} = \dfrac{10 \times 350}{\sqrt{0.81 \times (2.5-1.5) \times 10^5}} = 12.3$$

查直通单座调节阀产品性能表 33.3-10，得 $DN=40$mm 时流通能力 $Kv=20$。

【例 33.3-3】 设计要求：饱和蒸汽流量 515kg/h，阀前蒸汽绝对压力 $P_1=5\times 10^5$Pa，阀后蒸汽绝对压力 $P_2=2\times 10^5$Pa，确定直通调节阀的口径。

【解】 根据 $P_1=5\times 10^5$Pa，查饱和蒸汽表得饱和温度 $t_1=151$℃

$$\beta = \dfrac{P_2}{P_1} = \dfrac{2 \times 10^5}{5 \times 10^5} = 0.4 < 0.5$$

根据 $t_2=151$℃，$P_2'=0.5P_1=2.5\times 10^5$Pa，查饱和蒸汽表得 $\rho_2'=1.279$kg/m³

由表 33.3-7 查得

$$Kv = \dfrac{14.14M}{\sqrt{\rho_2' \cdot P_1}} = \dfrac{14.14 \times 515}{\sqrt{1.279 \times 5 \times 10^5}} = 9.1$$

查直通单座调节阀产品性能表 33.3-10，得 $DN=32$mm 时流通能力 $Kv=12$。

3) 三通调节阀

三通阀的应用，一般有四种典型方式，如图 33.3-9（a）～（d）所示。对换热器来说，前两种为量调节，后两种为质调节。

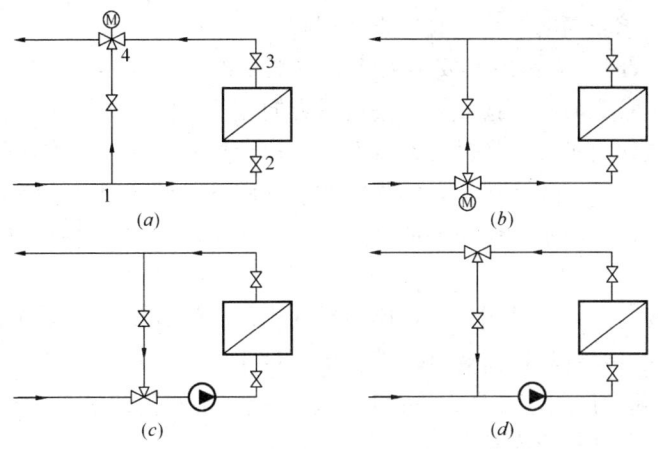

图 33.3-9
(a) 用于分流的合流阀；(b) 用于分流的分流阀；
(c) 用于合流的合流阀；(d) 用于合流的分流阀

由于定水量系统运行不节能，三通阀在实际应用上受到很大限制。较常使用的有两种情况：①设计供水温度与散热器要求水温一致，根据气候变化等改变水温设定值，调节混水量，如图 33.3-9 (a) 和 (b)。②设计供水温度与散热器要求水温不一致，根据散热器所需水温调节混水量，如图 33.3-9 (c) 和 (d)。

(3) 设计注意事项

1) 选择应用三通阀时，

(A) 由于规格有限，最大口径只到 DN150（详细规格与生产厂商有关），因此大口径管路的应用需采用两通阀替代。对于两个支路均需调节的情况，宜采用两通阀同步调节；若偏重某一个支路的调节，可在旁通或直通支路设置两通阀。

(B) 应注意使通过三通调节阀的压差 ΔP_f 与通过调节阀支路（如图 33.3-9 (a) 中的 1-2-3-4 环路）的压差 ΔP_z 保持相等，即 $\Delta P_f = \Delta P_z$，使 $S=0.5$。即：流量全部通过调节阀直通支路时，阀两端压差等于该串联环路中其他管路管件阻力，使直通 $S=0.5$；由于旁通支路没有被调设备，当流量全部旁通时，应设置手动调节法并调节阀门开度增加阻力，使旁通 $S=0.5$。三通阀大多为对称型阀门（直通和旁通支路特性相同），应选用抛物线流量特性；若采用非对称型阀门，应选用直通支路为等百分比特性、旁通支路为直线特性的，同时，被调设备如盘管或热交换器应接在三通阀的直通支路上。

2) 选择空调水（冷水或冷却水）系统的旁通阀，应按一台冷水机组允许的最小（冷水/冷却水）流量来确定管径和阀的流量，并在该通路上设置手动调节阀以增加阻力，使自动调节阀的 S 值最大为 0.7～0.9。否则，若设计管径过大会造成调节失效；而管径过小，通过阀的水流速很大会影响阀门使用寿命。该阀门的主要特点是串联环路两端承受的压差很大（为系统压差），而串联环路中管路阻力很小，因此 S 值很大，流通能力相对较小。一般宜选用直线型阀门；如阀门口径做适当放大，则宜采用等百分比阀或抛物线阀。

3) 其他应用情况下流量特性的选择：

(A) 用于风机盘管的电动水阀，宜选用双位式。

(B) 用于控制蒸汽的两通阀，应采用直线特性。用于蒸汽加湿时，若要求不高，可采用双位式；在要求较高的场合，宜用直线型阀门。

4）设置调节阀时，应考虑其安装要求：一般情况下，应尽可能安装在水平管路上，电动执行器向上，且介质必须按照阀体上所示方向流经阀体；阀杆必须垂直，电动执行器允许倾斜安装，具体要求参见产品安装说明书。执行机构应高于阀体，以防止水进入执行器。用于冷、热水盘管（或换热器）的水管调节阀应设于设备回水管路上，而蒸汽阀应放在进口管路上。用于控制水系统压差的旁通阀应设于总供、回水管路中压力（或压差）相对稳定的位置处。

现在大多数阀门厂可以采用电算程序进行选型，提供口径、型号和流通能力曲线和安装使用说明等详细技术资料，需要设计人员提供以下参数：调节介质，介质参数（温度、压力），设计流量和设计压差，最大流量和最小压差，最小流量和最大压差，最大关闭压差，是否复位（如是，复位为开/关）。

5. 电动调节风阀

电动调节风阀是空调系统中必不可少的设备，可以手动操作，也可实行自动调节。电动调节风阀也是由电动执行机构和风阀组成的。风阀的类型和简图参见本书第11.1.6节"风量调节阀和风量调节器"，主要特点见表33.3-13。

各种风阀的结构和主要特点　　　　　　　　　表33.3-13

类型		结构简图	机 理 与 特 点
单叶	蝶式	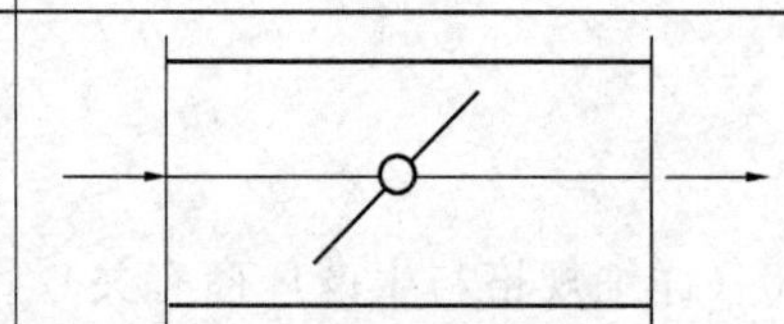	根据叶片遮挡面积调节风量，有圆形和方形分别适用于不同风管断面 结构简单，密封性能好，特别适用于低压差大流量的场合
单叶	菱形	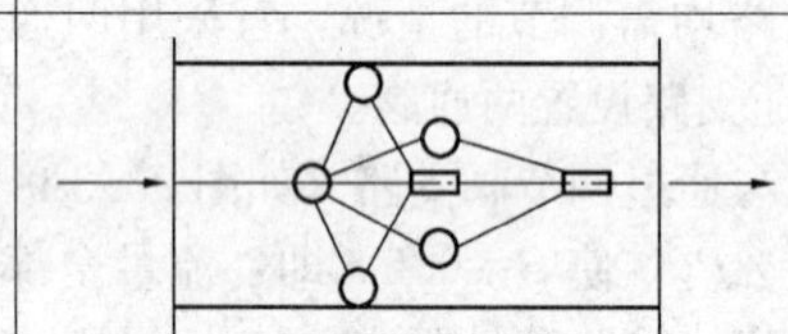	通过改变菱形叶片的张角来调节风量 具有工作可靠、调节方便和噪声小等优点，但结构上较复杂；应用在变风量系统中作为末端装置
多叶	平行	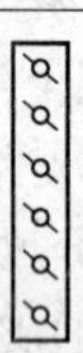	通过叶片转角大小来调节风量的，各叶片的动作方向相同
多叶	对开		通过叶片转角大小来调节风量的，相邻两叶片按相反方向动作
多叶	菱形		利用改变菱形叶片的张角来改变风量，工作中菱形叶片的轴线始终处在水平位置上

续表

类型		结构简图	机理与特点
多叶	复式		安装在风管内空气加热器旁，用来控制加热风与旁通风的比例 阀的加热部分与旁通部分叶片的动作方向相反

风量调节阀的工作流量特性与压降比 S 值有关，图 33.3-10 和图 33.3-11 分别给出了平行式和对开式多叶调节阀的特性。

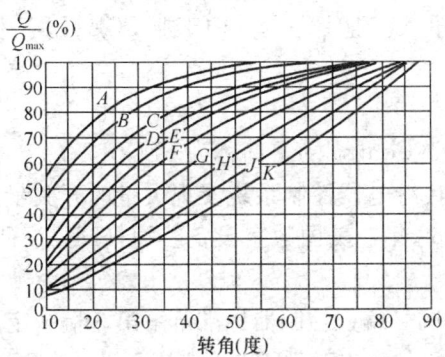

曲线号	S值
A	0.005~0.01
B	0.01~0.015
C	0.015~0.025
D	0.025~0.035
E	0.035~0.055
F	0.055~0.09
G	0.09~0.15
H	0.15~0.20
J	0.20~0.30
K	0.30~0.50

图 33.3-10 平行式多叶调节阀的工作流量特性

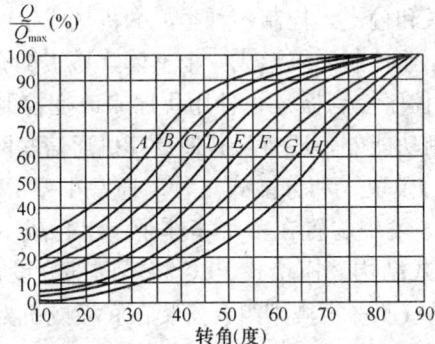

曲线号	S值
A	0.0025~0.005
B	0.005~0.0075
C	0.0075~0.015
D	0.015~0.025
E	0.025~0.055
F	0.055~0.135
G	0.135~0.225
H	0.225~0.375

图 33.3-11 对开式多叶调节阀的工作流量特性

为了获得接近线性的工作特性，对于平行式叶片风门，风阀全开时的 $S=0.3\sim0.5$，见图 33.3-10 中曲线 K；而对于对开式调节风门，全开时 $S=0.1$，见图 33.3-11 中曲线 F。从减少噪声和能量损失的观点看，对开式叶片风阀较平行式叶片风阀好。

设计注意事项：

(1) 由于实际设计中很少单独进行风阀尺寸的选择，因此风阀的压降比 S 均偏小，调节性能畸变较严重。

(2) 调节用风阀宜选用对开多叶调节阀。

(3) 必须根据截面积和风速等参数校核电动风阀执行器的力矩，尽量采用执行力矩大的执行器。对于较大断面的风管可能还需采用多个阀体，执行机构与其一一对应（避免执行力矩相互干扰），以便保证足够的风阀强度和执行力矩。

33.4 控制器及调节方法

33.4.1 控制器

控制器属于自动控制系统的现场控制设备，通过读取检测装置的输入信号，按照预定的控制策略，产生输出信号，控制相关设备，从而达到控制目的。随着计算机、数字通信及大规模集成电路技术的飞速发展，控制器成本逐年下降，性能却提高很快。根据发展及所采用技术的不同，目前控制器可大致分为可编程控制器（PLC）、直接数字控制器（DDC）、基于PC总线的工业控制计算机（工业PC），其中工业PC只用于中央站而且基本不在供暖与空调系统中使用。

1. 可编程控制器（PLC）

可编程控制器（Programmable Logic Controller）简称为PLC。

可编程控制器的产生最初是为了替代继电器控制系统实现大量的开关量的逻辑控制，满足灵活、快速柔性的制造业要求。1969年，美国数字设备公司（DEC）研制出了世界上第一台可编程控制器。

国际电工委员会（IEC）在1985年的可编程控制器标准草案第3稿中定义："可编程控制器是一种数字运算操作的电子系统，专为在工业环境下应用而设计。它采用可编程程序的存储器，用来在其内部存储执行逻辑运算、顺序控制、定时、计数、和算术运算等操作的指令，并通过数字式、模拟式的输入和输出，控制各种类型的机械或生产过程。可编程控制器及其有关设备，都应按易于使工业控制系统形成一个整体，易于扩充其功能的原则设计。"从上述定义可以看出，可编程程序控制器是一种用程序来改变控制功能的工业控制计算机，除了能完成各种各样的控制功能外，还有与其他计算机通信联网的功能。

从结构形式上看，PLC分为整体式、模块式和分散式三种。通常小型PLC采用整体式，CPU板、I/O板、显示面板、电源等集中配置在一个箱体中，组合成一个不可拆卸的整体；中大型PLC采用模块式或分散式结构。模块式PLC将不同部分设计成CPU模块、I/O模块、电源模块，这些模块可以按照一定规则组合安装在底板或机架上。分散式更加灵活，CPU模块、I/O模块可以异地放置，通过现场总线连接。

可编程控制器由继电器逻辑控制系统发展而来，在开关量处理、顺序控制方面具有很强优势。随着计算机技术的发展，可编程控制器在逻辑运算的基础上增加了数值运算和模拟量处理功能，现代可编程控制器不仅能实现对数字量的逻辑控制，还具有数字运算、数据处理、运动控制、模拟量PID控制、通信联网等多种功能。

2. 直接数字控制器DDC（Direct Digital Contoller）

DDC（Direct Digital Contoller），即直接数字控制器。直接数字控制器的"控制器"系指完成被控设备特征参数与过程参数的测量，并达到控制目标的控制装置；"数字"的含义是该控制器利用数字电子计算机实现其功能要求；"直接"意味着该装置在被控设备的附近，无需再通过其他装置即可实现上述全部测控功能。

在20世纪70年代，随着计算机应用的兴起，利用计算机代替传统模拟调节仪表实现多输入、多输出控制成为一种趋势，由此产生了直接数字控制器DDC。直接数字控制器DDC是利用计算机技术开发的面向工业控制对象的专用控制器,在配置和功能上与常规计算机有较大区别。直接数字控制器 DDC 采用标准总线结构,具有较强模拟量及浮点运算能力。

根据直接数字控制器 DDC 的 I/O 容量,可将直接数字控制器分为小型、中型、大型控制器。小型 DDC 的 I/O 点数一般不超过 16 点,采用整体式结构,CPU 与 I/O 组成一个整体,内存容量较小,主要针对控制逻辑简单的控制对象。中型 DDC 的 I/O 容量在 20~40 点左右,采用整体或模块式结构,内存容量有所加大,数据运算能力比较高,适合空调机组等有一定规模的控制对象。大型 DDC 的 I/O 点数容量可达数百点,采用模块式结构,内存容量大,数据运算能力强,适合冷热源等控制逻辑比较复杂的控制对象。

PLC 和 DDC 的相关特点比较见表 33.4-1。

PLC 和 DDC 特点比较   表 33.4-1

名称	特 点
PLC	主要针对工业顺序控制,有很强的开关量处理能力,浮点运算能力不突出,抗干扰能力强,软件编程多采用梯形图,硬件结构专用,随生产厂家而不同,易于构建集散式控制系统(DCS)、现场总线控制系统(FCS)
DDC	有较强的模拟量及浮点运算能力,软件编程采用组态软件,抗干扰能力较强,硬件方面采用标准化总线结构,兼容性强,易于构建集散式控制系统(DCS)、现场总线控制系统(FCS)

虽然 PLC、DDC 在发展基础和硬件结构上有一定差异,随着计算机和大规模集成电路等相关技术的发展,两者在功能上的差异性正在逐步缩小,呈现相互融合的态势。就控制器本身而言,在速度和数据处理能力等性能方面,两者皆能够满足供暖与空调系统的要求,合理的优化配置设计和合适的控制算法是自动控制系统成败的关键所在。

33.4.2 自动控制系统的结构形式

根据结构形式的特点,自动控制系统分为集中控制系统、集散控制系统、现场总线控制系统。

1. 集中控制系统

最初的控制系统采用仪表盘实现一些简单的就地控制,基本以手动操作为主。计算机的出现,为自动控制系统的发展带来了根本的变化。初期利用计算机代替仪表盘,将所有的传感器、执行器信号引至计算机,由计算机实现全部的计算及输入、输出及控制功能,形成了集中控制系统。

集中控制系统能实现多输入、多输出控制功能,同时也存在一些固有缺点。由于所有控制功能依赖单一的计算机,当计算机出现故障时,将导致全系统崩溃,风险过于集中,计算机负担太重,难以适应化工、石油、电厂等工艺要求较高的场合。

2. 集散控制系统 DCS (Distributed Control System)

在 1975 年,集散控制系统 DCS 问世,主要面向大型成套设备如化纤、乙烯、化肥、电力、石化、建材和冶金等项目的控制系统。

集散控制系统 DCS 以"分散控制、集中管理"为主要特点。系统设立多台智能控制器和专门中央管理站,控制器放置在被控对象附近,既能独立运行,又能通过通信网络将数据发至中央管理站,实现数据共享。集散控制系统这种"分散控制、集中管理"的特点,一方面使得系统风险降低,同时系统的规模更加灵活、整体功能更强。

PLC、DDC、工业 PC 皆能用于构建集散控制系统。

3. 现场总线控制系统 FCS (Field Control System)

随着现场总线技术的发展及 I/O 设备智能化的提高，将控制逻辑由集散控制器层下放至 I/O 层，真正实现分散控制的目标，由此产生了现场总线控制系统 FCS (Field Control System)。

根据 IEC61158 的定义，现场总线是安装在制造或过程区域的现场装置与控制室内的自动控制装置之间的数字式、双向传输、多分支结构的通信网络。现场总线使测控设备具备了数字计算和数字通信能力，提高了信号的测量、传输和控制精度，提高了系统与设备的功能、性能。

FCS (Field Control System) 将 PID 等控制方法彻底分散到现场设备（Field Device）中，是基于现场总线、全分散、全数字化、全开放和可互操作的新一代生产过程自动化系统。FCS 更适合数量众多、控制逻辑简单、位置分散的控制对象。

集中控制系统、集散控制系统、现场总线控制系统特点比较见表 33.4-2。

控制系统结构特点　　表 33.4-2

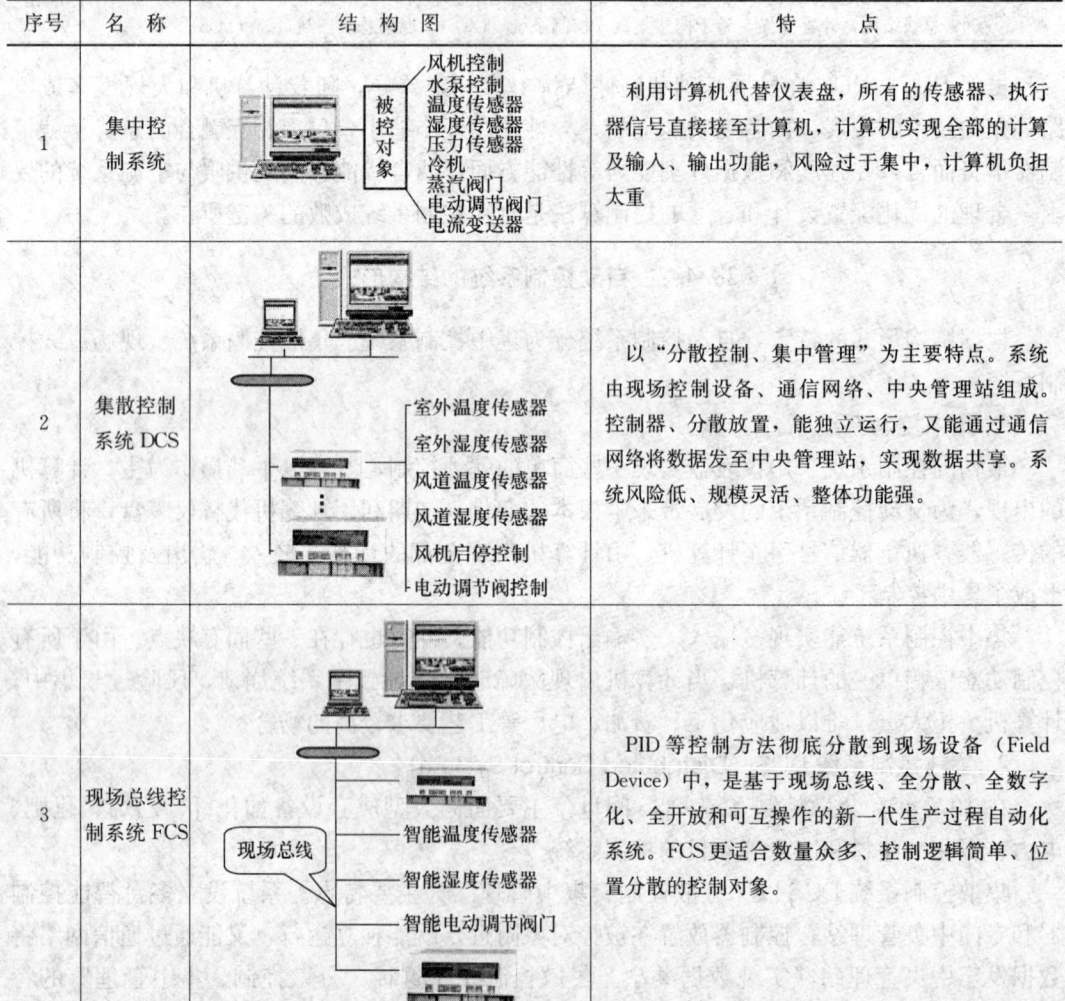

序号	名称	结构图	特点
1	集中控制系统	被控对象：风机控制、水泵控制、温度传感器、湿度传感器、压力传感器、冷机、蒸汽阀门、电动调节阀门、电流变送器	利用计算机代替仪表盘，所有的传感器、执行器信号直接接至计算机，计算机实现全部的计算及输入、输出功能，风险过于集中，计算机负担太重
2	集散控制系统 DCS	室外温度传感器、室外湿度传感器、风道温度传感器、风道湿度传感器、风机启停控制、电动调节阀控制	以"分散控制、集中管理"为主要特点。系统由现场控制设备、通信网络、中央管理站组成。控制器、分散放置，能独立运行，又能通过通信网络将数据发至中央管理站，实现数据共享。系统风险低、规模灵活、整体功能强。
3	现场总线控制系统 FCS	现场总线：智能温度传感器、智能湿度传感器、智能电动调节阀门	PID 等控制方法彻底分散到现场设备（Field Device）中，是基于现场总线、全分散、全数字化、全开放和可互操作的新一代生产过程自动化系统。FCS 更适合数量众多、控制逻辑简单、位置分散的控制对象。

33.4.3 控制规律

控制规律是指在控制系统中，由于控制调节算法的不同，输出信号随输入信号变化的规律。常见的控制调节算法包括：双位调节、分程控制、比例调节、比例积分调节、PID调节、串级控制，以及自适应控制、模糊控制等现代控制理论方法。

1. 双位调节

利用输出信号是全开或全关两种状态来实现被控对象的工艺参数处于上下限之间的一种调节方法，称为双位调节。

典型双位调节如膨胀水箱水位控制，当水箱液位低于低液位时，水泵开启，进行补水，当水箱液位高于高液位时，水泵停止补水。由于水泵的状态仅有运行和停止两种状态，水箱液位在上下限之间来回波动。

2. 分程控制

分程控制指利用一个输出信号对两个或两个以上的执行器进行分段控制的方式。采用分程控制时，一般将两个或多个执行器分别整定为不同的输入范围，各执行器同时接受控制信号，按照接受信号的大小分程动作。

随智能控制器的产生和硬件成本的下降，分程控制使用越来越少。

3. 比例调节

比例调节的方法是在调节过程中，当调节参数与给定值产生偏差时，调节器发出与偏差成比例的信号，即输出信号 u 与偏差信号额 e 有如下关系：

$$u = Ke \qquad (33.4\text{-}1)$$

式中　K——比例增益。

在上式中，调节器的输出 u 实际上是对其初始值 u_0 的增量。比例调节的特点是：调节速度快，稳定性好，不易产生过调现象，但存在残余偏差。比例调节的过渡过程见图33.4-1。

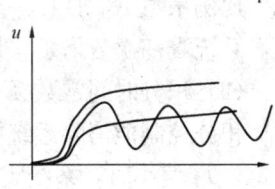

图 33.4-1　比例调节的过渡过程

4. 比例积分调节

比例调节存在的残余偏差可由积分调节进行消除，积分调节的输出信号是被控参数偏差的积分。比例积分调节输出信号 u 与偏差信号额 e 有如下关系：

$$u = Kc(e + 1/T_i \int e dt) \qquad (33.4\text{-}2)$$

式中　Kc——比例增益；
　　　T_i——积分时间。

从上式可知，在调节过程中，输出信号 u 和积分时间 T_i 成反比例关系，即积分时间愈长，积分作用越弱，当积分时间 $T_i \to \infty$，积分作用等于零，当积分时间 $T_i \to 0$，积分作用愈显著。

在比例调节系统中，在初始阶段比例调节部分所起的作用较大，残差的消除主要由积分环节来消除。

5. PID 调节

按偏差的比例（Proportional）、积分（Integral）和微分（Derivative）进行控制的调

节器（简称 PID 调节器）是连续系统中技术成熟、应用最为广泛的一种调节器，它结构简单，参数易于调整，模拟表达式为：

$$u(t) = K_P \left[e(t) + \frac{1}{T_I} \int_0^t e(t) \mathrm{d}t + T_D \frac{\mathrm{d}e(t)}{\mathrm{d}t} \right] \quad (33.4\text{-}3)$$

式中，$u(t)$ 为调节器的输出信号，$e(t)$ 为偏差信号，它等于给定量与输出量之差，K_p 为比例系数，T_i 为积分常数，T_d 为微分时间常数。PID 控制的简化框图见图 33.4-2。

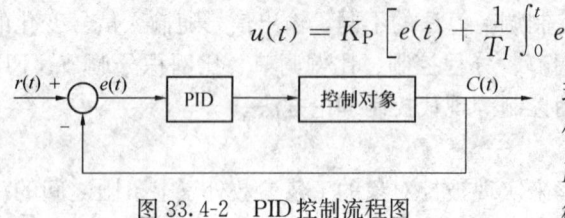

图 33.4-2　PID 控制流程图

计算机系统是一种采样系统，根据采样时刻的偏差值计算控制量，需将模拟表达式离散化，离散化的 PID 表达式为：

$$u_k = u_{k-1} + a_0 e_k - a_1 e_{k-1} + a_2 e_{k-2} \quad (33.4\text{-}4)$$

式中 $a_0 = K_p(1 + T/T_i + T_d/T)$
$a_1 = K_p(1 + 2T_d/T)$
$a_2 = K_p T_d/T$

u_k：第 k 次输出

e_k：第 k 次偏差

PID 控制器的参数，即比例系数 K_p、积分时间常数 T_i、微分时间常数 T_d 分别能对系统性能产生不同的影响。

(1) 比例系数 K_p

比例系数 K_p 加大，会使系统动作灵敏，速度加快；K_p 偏小，系统动作缓慢；K_p 偏大，系统震荡次数增多，调节时间长。K_p 太大时，系统趋于不稳定。

(2) 积分时间常数 T_i

积分控制能消除系统的稳态误差，提高控制系统的控制精度。T_i 太小时，系统将不稳定，T_i 偏小时，系统震荡次数增多。T_i 太大时，对系统性能影响减少。

(3) 微分时间常数 T_d

微分控制可以改善动态特性，减少超调量，缩短调节时间，允许加大比例控制，使稳态误差减少，提高控制精度。

当 T_d 偏大或偏小时，超调量较大，调节时间较长；只有 T_d 合适时，可以得到比较满意的过渡过程。

6. 串级控制

串级控制与简单控制的区别在于其结构中包含两个闭环，一个闭环在里面，称为内环或副环，在控制过程中起初调作用；另一个环在外面，称为外环或主环，在控制系统中最终保证被调量满足工艺的要求。串级控制结构见图 33.4-3。

串级控制特点：

(1) 由于副环的快速作用，它能有效克服二次扰动的影响。

(2) 由于副环起了改善对象动态特性作用，因此可加大主调节器的增益，提高系统的工作效益。

串级控制系统主要适用于对象延迟较大、时间常数大的场合，另外当干扰较大时也可

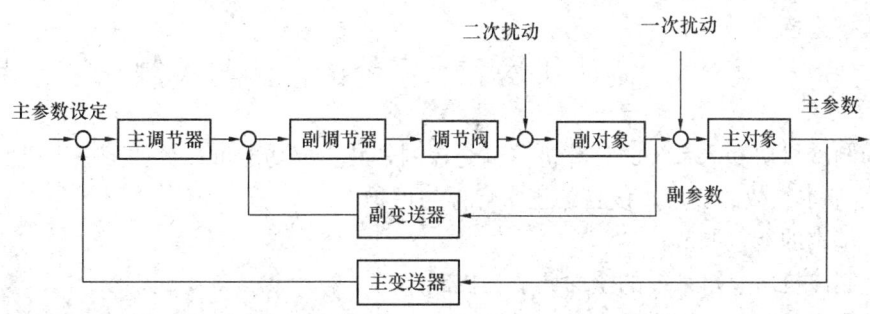

图 33.4-3　串级控制系统

提高抗干扰能力，改善控制品质。非常适用于空调系统的温、湿度控制和供热系统的变流量控制。

7. 模糊控制

模糊控制理论是一种表达不确切性或模糊性的理论，模糊性用模糊集合来表示。所谓模糊集合是指边界不明确的集合，是一种介于严格定量和定性之间的数学表达式。模糊集合的理论核心是复杂系统或过程建立一种语言分析的数学模式，使自然语言能够直接转化为计算机能够接受的算法语言。

模糊控制的过程是先将精确变量模糊化，即根据人工控制的经验，把收集到的各个变量信息形成一个概念，如"高""稍高""正好""低""稍低"等模糊量，经模糊集合处理后，再转变为精确量。如果概括的从输入输出看，就是根据偏差 E 及变化率的等级，按一定的规则决定控制作用的等级。

模糊控制包括以下三部分：

（1）把测量信息化为模糊量，其间需要模糊子集和隶属度概念；

（2）运用模糊推理规则，得出控制决策；

（3）将推理得出的控制作用精确化。

模糊控制是一种现代控制理论方法，智能控制器的出现为其提供较好实现载体，比较适合于难以确定数学模型的被控对象，在空调控制领域中获得较多应用。

8. 自适应控制

由于大多数被控对象的数学模型在事先难于确定，甚至工作状况、外界环境的变化也将引起参数的变化，从而导致系统方程的非线性化。对于这类对象，采用常规反馈控制将难以解决。为了使系统能自动保持在某种意义下的最优状态，产生了随参数变化而自动改变控制方式的自适应控制系统。

自适应控制系统必须能够及时发现过程和环境的变化，并可以自动校正，通常包括以下三部分：

（1）具有一个检测机构，能对环境和过程本身进行监视，并具有对检测数据进行分类，以及消除数据中噪声的能力。

（2）具有衡量本系统控制能力好坏的指标，并能判断系统是否偏离最优控制状态。

（3）具有自动调整规律的功能。

实质上自适应控制集辨识、优化和控制为一体，较常规反馈控制复杂。随着控制理论和计算机技术的飞速发展，自适应控制在生产中获得了很多成功的应用。

33.5 制冷机房和水系统的监测与控制

作为制冷机房和水系统的计算机监测与控制，其主要功能可以分如下三个层次：
（1）基本参数的测量，设备的正常启停与保护；
（2）基本的能量调节；
（3）制冷机房及水系统的全面调节与控制。

第一层次是使制冷机房及水系统能够安全正常运行的基本保证，因此，从某种意义上讲，对计算机监控系统来说，是最重要的层次，必须可靠地实现。

第三层次则是计算机系统发挥其可计算性的优势，通过合理的调节控制，节省运行能耗，产生经济效益的途径；也是计算机系统与常规仪表调节或手动调节的主要区别所在。

33.5.1 监测与控制内容

下面列出的各种设备控制功能是基于目前技术发展水平可以实现的功能，是否将其纳入 BAS 还要考虑投资能力的可接受性和管理体制的可操作性。在自控系统的功能设计上，必须根据业主的实际需求而定，既要考虑一定的先进性，又要经济实用，盲目求全未必是最佳方案。《智能建筑设计标准》GB/T 50314—2000 提供的不同等级建筑的监控功能分级见表 33.5-1。

建筑设备监控功能分级表　　　　表 33.5-1

设备名称	监控功能	甲级	乙级	丙级
压缩式制冷系统	1. 启停控制和运行状态显示	○	○	○
	2. 冷水进出口温度、压力测量	○	○	○
	3. 冷却水进出口温度、压力测量	○	○	○
	4. 过载报警	○	○	○
	5. 水流量测量及冷量记录	○	○	○
	6. 运行时间和启动次数记录	○	○	○
	7. 制冷系统启停控制程序的设定	○	○	○
	8. 冷水旁通阀压差控制（一次泵系统）	○	○	○
	9. 冷水温度再设定	○	×	×
	10. 台数控制	○	×	×
	11. 制冷系统的控制系统应留有通信接口	○	○	×
吸收式制冷系统	1. 启停控制和运行状态显示	○	○	○
	2. 运行模式、设定值的显示	○	○	○
	3. 蒸发器、冷凝器进出口水温的测量	○	○	○
	4. 制冷剂、溶液蒸发器和冷凝器温度、压力的测量	○	○	○
	5. 溶液温度压力、溶液浓度值及结晶温度的测量	○	○	×
	6. 启动次数、运行时间的显示	○	○	○
	7. 水流、水温、结晶保护	○	○	×
	8. 故障报警	○	○	○
	9. 台数控制	○	×	×
	10. 制冷系统的控制系统应留有通信接口	○	○	×

续表

设备名称	监控功能	甲级	乙级	丙级
蓄冰制冷系统	1. 运行模式（主机供冷、融冰供冷与优化控制）参数设置及运行模式的自动转换	○	○	×
	2. 蓄冰设备的融冰速度控制，主机供冷量调节，主机与蓄冰设备供冷能力的协调控制	○	○	×
	3. 蓄冰设备蓄冰量显示，各设备启停控制与顺序启停控制	○	○	×
冷水系统	1. 水流状态显示	○	×	×
	2. 水泵过载报警	○	○	×
	3. 水泵启停控制及运行状态显示	○	○	○
冷却水系统	1. 水流状态显示	○	×	×
	2. 冷却水泵过载报警	○	○	○
	3. 冷却水泵启停控制及运行状态显示	○	○	○
	4. 冷却塔风机运行状态显示	○	○	○
	5. 进出口水温测量及控制	○	○	○
	6. 水温再设定	○	×	×
	7. 冷却塔风机启停控制	○	○	○
	8. 冷却塔风机过载报警	○	○	×

注：○表示有此功能，×表示无此功能。

33.5.2 冷水机组的监测与控制

1. 冷水机组单元控制器

冷水机组设备本身通常都配有十分完善的计算机监控系统，能实现对机组各部件的状态参数的监测，实现故障报警、机组的安全保护和制冷量的自动调节。目前典型的压缩式冷水机组的监控内容包括：

（1）控制功能

机组启/停，远程设定电流值，设定冷水出水温度。

（2）运行状态

冷水出水温度	冷水回水温度	蒸发器压力	冷凝器压力
冷却出水温度	冷却回水温度	蒸发器饱和温度	冷凝器饱和温度
排气温度	油温	油压	限流设定值
冷水流开关状态	冷却水流开关状态	电机电流百分比	运行时间
压缩机启动次数	压缩机电机状态	油路电磁阀状态	启动开关状态
引射电磁阀状态	导叶开度（离心式）	滑阀位置（螺杆式）	油分离器低油位状态
防止重复启动时间	操作模式（本地/遥控/维修）		

（3）基本的能量调节

冷水机组自身的制冷量调节，机组根据水温自动调节导叶的开度或滑阀位置，使机组制冷量与系统的负荷相适应。同时电机电流随之改变，降低机组能耗。

2. 冷水机组单元控制器与外界的通信

大多数冷水机组都留有与外界的通信接口，形式有三种：（1）干触点接口，只能接受外部的启停控制（1XDI，1XDO），向外输出报警信号（+1XDI）等，功能相对简单；（2）通过标准的 RS232/RS485 等通信接口与现场控制机连接，根据固定的通信协议实现完全通信；（3）冷水机组控制单元通过专用网卡（调制/解调器等）/网关等直接上网，与 BA 系统实现完全通信。后两种方式 BA 系统都可以通过自行编制的程序对冷水机组控制单元内的数据进行读写操作，所有监控内容均可进入 BA 系统的软件点，可实现全面监视和控制。

3. 自控系统对冷水机组的监控

自动控制系统对这类自身已具有控制系统的设备的监控做法有三种：

（1）不与冷水机组单元控制器通信，而是采用干触点接口进行监控，实现功能简单，制冷机房还需有人常驻值班管理，只用于小型系统，实际使用越来越少。

（2）冷水机组厂商推出中央控制器，能够与自己的主机控制单元通信，从而根据负荷相应地改变启停台数实现群控。此时，辅助系统如冷却水泵、冷却塔风机、冷水泵等也一同由中央控制器统一控制。可以实现冷水机组、冷水泵、冷却水泵、冷却塔等设备的启停控制、故障检测报警、参数监视、能量调节与安全保护和多台主机的台数调节，以及冷冻机与辅助设备的程序开启控制。采用这种方式可提高控制系统的可靠性和简便性，但从优化的角度看由于冷冻站的控制还与空调水系统有关，把空调水系统与制冷机房分割开来控制难以很好地实现系统整体的理想的优化控制与调节。

（3）设法使主机的控制单元与主计算机系统通信，这是最彻底的解决方法，也是最终的发展方向。即采用本节 2. 后两种方法，需要配有相应的异型机接口装置或上网设备，并且制造厂商公开其协议，就可以实现两种通信协议间的转换，进行相应的通信处理及数据变换，实现系统整体的优化控制与调节。

33.5.3 冷却水系统的监测与控制

冷却水系统是通过冷却塔和冷却水泵及管道系统向冷水机组冷凝器提供冷却水，其监控系统的作用是：

（1）保证冷却塔风机、冷却水泵安全运行；
（2）确保冷水机组冷凝器侧有足够的冷却水通过；
（3）根据室外气候情况及冷负荷，调整冷却水运行工况，使冷却水温度在要求的设定温度范围内。

图 33.5-1 为有 3 台冷却塔、3 台冷水机组及 3 台冷却水循环泵（不设备用）的冷却水系统自控原理图，系统配置和功能参见表 33.5-2。

冷却水自控系统的配置　　　　　表 33.5-2

编号	名称	信号	功能及简要说明
1	温度传感器	1×AI	测量室外干球温度，选用和安装详见第 33.2 节
2	湿度传感器	1×AI	测量室外相对湿度，选用和安装详见第 33.2 节 可计算出湿球温度，是监测冷却塔运行的重要参数
3	温度传感器	1×AI	测量冷却塔出口/冷凝器进口水温，选用和安装详见第 33.2 节
4	水流开关	1×DI	测量冷凝器进口水流，水流低于限制值给出报警 可以监测水泵的运行状态并作为冷水机组的保护

续表

编号	名称	信号	功能及简要说明	
5	温度传感器	1×AI	测量冷凝器出口/冷却塔进口水温,选用和安装详见第33.2节	
6	冷却塔风机	3×DI 1×DO	监测风机手/自动状态、运行状态和故障状态 控制风机启停	启停和台数调节根据冷却水温度、冷却水泵开启台数来确定
7	水阀执行器	1×DI 1×DO	测量阀位反馈 控制阀门开闭	冷却塔进水管一般采用电动蝶阀,与冷却塔启停连锁
8	水阀执行器	1×AI 1×AO	测量阀位反馈 控制阀门开度	过渡季和冬季运行时,调节混水量以保证进入冷凝器的水温不致过低
9	冷却水循环泵	3×DI 1×DO	监测水泵手/自动状态、运行状态和故障状态 控制水泵启停	启停和台数调节应根据冷水机组开启台数来确定
10	水阀执行器	1×DI 1×DO	测量阀位反馈 控制阀门开闭	冷凝器出水管一般采用电动蝶阀,与冷水机组启停连锁

注:①配置表中的通道数针对单台设备,以下各表均相同。

②表中编号6~10的设备可采用信号1×DO或2×DO进行启停控制,用1×DO结合继电器互锁的方式更为经济可靠。以下各表均相同。

③冷水机组内部自带的保护装置含水流开关,设备4可取消,根据具体要求确定。

④当冷却塔无积水箱或连通水槽时,每台冷却塔的出水管上也应设置电动阀,且电动阀宜与对应的冷却水泵连锁。

⑤对于横流式等进水口无余压要求的冷却塔,可取消冷却塔进水管电动阀。

⑥当多台并联水泵合用1组冷却塔,且冷却塔进出水管上不设置与水泵对应的电动阀时,每台水泵进水或出水管上宜设置自力式定流量阀(动态流量平衡阀)。仅1台水泵运行时,管道阻力降低、流量增大较多,容易出现水泵电机超负荷,设控制阀可改变管路阻力特性,避免上述危险。

⑦若冷却水泵与冷凝器之间采用一对一连接时,可不设置与水泵连锁的电动阀,即设备10可取消。

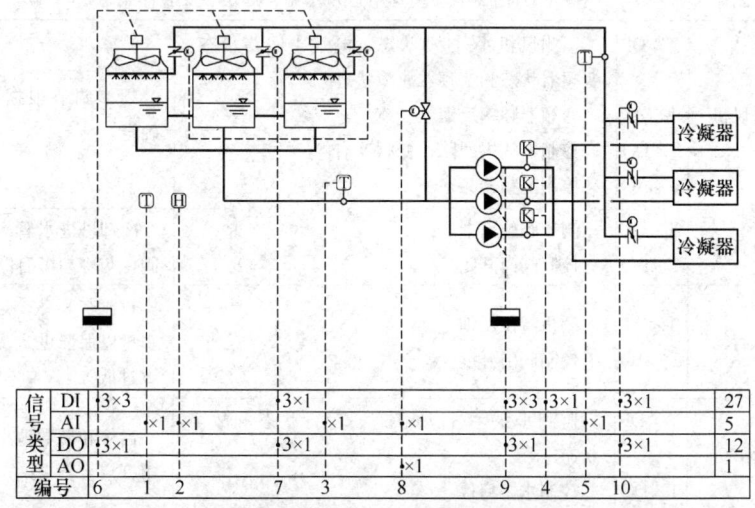

信号类型											
DI	3×3		3×1			3×3	3×1	3×1		27
AI		×1	×1		×1	×1			×1		5
DO	3×1			3×1			3×1		3×1		12
AO						×1					1
编号	6	1	2	7	3	8	9	4	5	10	

图 33.5-1 冷却水系统自控原理图

另一种比较常见的情况是冷却塔风机采用双速或变频电机,通过调整风机转速来改变冷却水温度,以适应外温及制冷负荷的变化。水泵与冷水机组一一对应,而冷却塔台数可不做调节(同时运行),冷却效果更好。自控系统也需作相应调整,见图33.5-2和表33.5-3。

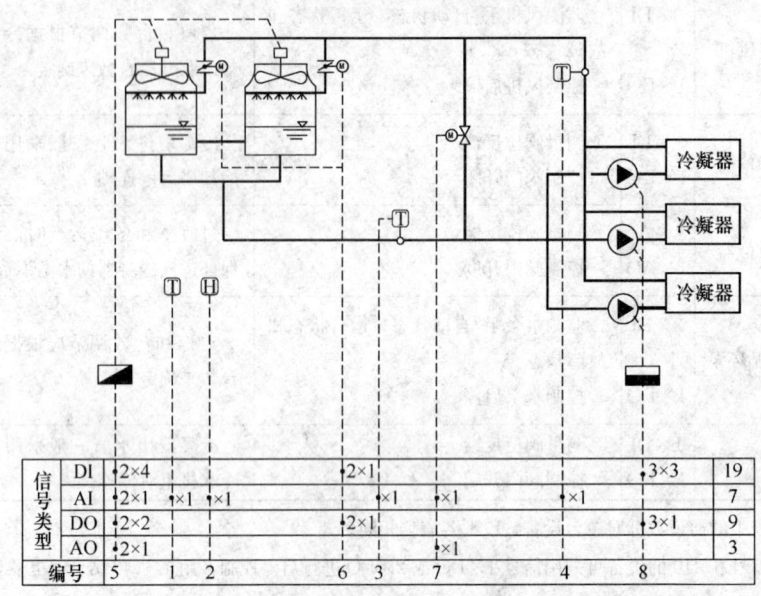

图33.5-2 变频风机冷却水系统自控原理图

冷却水自控系统的配置　　　　　　　　　　　　　　表33.5-3

编号	名称	信号	功能及简要说明	
1	温度传感器	1×AI	测量室外干球温度,选用和安装详见第33.2节	
2	湿度传感器	1×AI	测量室外相对湿度,选用和安装详见第33.2节 可计算出湿球温度,是监测冷却塔运行的重要参数	
3	温度传感器	1×AI	测量冷却塔出口/冷凝器进口水温,选用和安装详见第33.2节	
4	温度传感器	1×AI	测量冷凝器出口/冷却塔进口水温,选用和安装详见第33.2节	
5	冷却塔风机	4×DI 1×AI 2×DO 1×AO	监测风机手/自动状态、电气主回路状态、变频器状态和变频器故障状态 变频器频率反馈 控制电气主回路、变频器启停 控制变频器频率	频率调节根据冷却水温度来确定
6	水阀执行器	1×DI 1×DO	测量阀位反馈 控制阀门开闭	冷却塔进水管一般采用电动蝶阀,与冷却塔启停连锁
7	水阀执行器	1×AI 1×AO	测量阀位反馈 控制阀门开度	过渡季和冬季运行时,调节混水量以保证进入冷凝器的水温不致过低
8	冷却水循环泵	3×DI 1×DO	监测水泵手/自动状态、运行状态和故障状态 控制水泵启停	启停和台数调节应根据冷水机组开启台数来确定

关于冷却塔补水的补充说明：

根据给水形式的要求和规定确定补水的形式。如采用浮球阀补水系统，一般不进入集中监测系统；如采用液位传感器和电磁阀，可纳入自动控制系统。

33.5.4 冷水系统的监测与控制

冷水系统由冷水循环泵通过管道系统连接冷水机组蒸发器及用户各种用冷水设备（如空调机和风机盘管）而组成。监测与控制任务的核心是：

- 保证冷水机组蒸发器通过足够的水量以使蒸发器正常工作，防止冻坏；
- 向冷水用户提供足够的水量以满足使用要求；
- 在满足使用要求的前提下尽可能减少循环水泵电耗。

1. 一次泵系统

图33.5-3给出典型的一次泵系统自控原理，监测与控制点配置见表33.5-4。

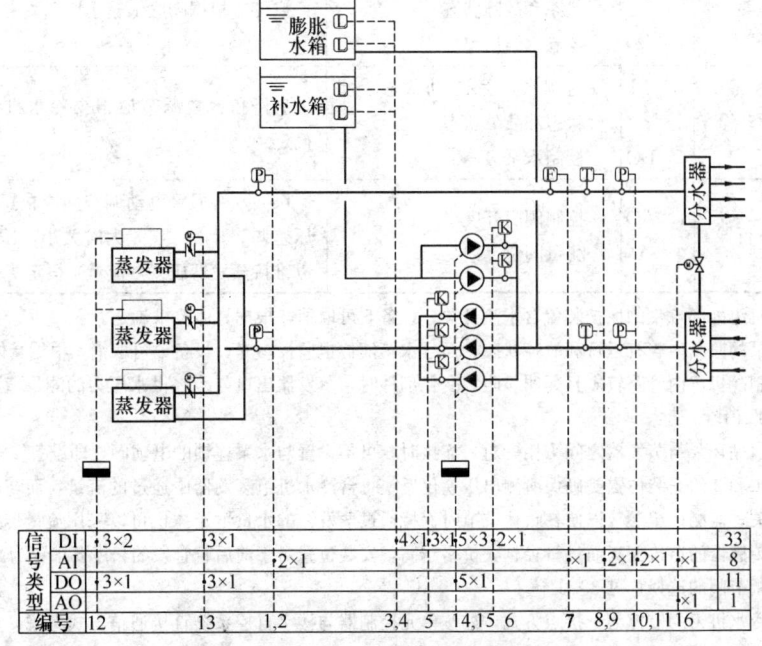

图 33.5-3 冷水一次泵系统自控原理图

冷水一次泵自控系统的配置　　　　表 33.5-4

编号	名称	信号	功能及简要说明
1	压力传感器	1×AI	测量蒸发器出口水压，选用和安装详见第33.2节
2	压力传感器	1×AI	测量蒸发器进口水压，选用和安装详见第33.2节
3	水位开关	1×DI	测量膨胀水箱的高低水位，选用和安装详见第33.2节
4	水位开关	1×DI	测量补水箱的高低水位，选用和安装详见第33.2节
5	水流开关	1×DI	测量蒸发器进口水流，水流低于限制值给出报警 可以监测冷水泵的运行状态并作为冷水机组的保护
6	水流开关	1×DI	测量补水水流，可以监测补水泵的运行状态

续表

编号	名称	信号	功能及简要说明	
7	流量传感器	1×AI	测量冷水的总流量，选用和安装详见第33.2节	
8	温度传感器	1×AI	测量冷水供水温度，选用和安装详见第33.2节	
9	温度传感器	1×AI	测量冷水回水温度，选用和安装详见第33.2节	
10	压力传感器	1×AI	测量冷水供水压力，选用和安装详见第33.2节	
11	压力传感器	1×AI	测量冷水回水压力，选用和安装详见第33.2节	
12	冷水机组	2×DI 1×DO	冷水机组启停状态和故障状态 控制冷水机组启停	
13	水阀执行器	1×DI 1×DO	测量阀位反馈 控制阀门开闭	蒸发器出水管一般采用电动蝶阀，与冷水机组启停连锁
14	补水泵	3×DI 1×DO	监测水泵手/自动状态、运行状态和故障状态 控制水泵启停	启停应根据膨胀水箱水位开关来确定
15	冷水循环泵	3×DI 1×DO	监测水泵手/自动状态、运行状态和故障状态 控制水泵启停	启停和台数调节应根据冷水机组开启台数来确定
16	水阀执行器	1×AO 1×AI	控制阀门开度 测量阀位反馈	供回水旁通管电动调节阀应根据蒸发器进出口压差调节开度，压差大时关小，压差下降时开大以维持蒸发器压差（流量）恒定

注：①冷水机组内部自带的保护装置含水流开关，设备5可取消，根据具体要求确定。
②补水泵的监测内容有运行和故障状态，而且水箱液位也监控参考，设备6可取消，根据具体要求确定。
③若在制冷机房内管路较短且无明显阻力变化部件时，蒸发器出口与冷水供水压力的测量值非常接近，设备10可取消。
④若冷水循环泵与蒸发器之间采用一对一连接时，可不设置与水泵连锁的电动阀，即设备13可取消。
⑤设备1和2的安装位置要确保所测出压差仅反映每台冷水机组蒸发器中通过的流量，而与冷水机组运行台数无关；监测该组参数以便在负荷调节时保持通过蒸发器的水量恒定。也可以采用流量传感器，但高精度流量传感器的造价偏高而且管径越大价格越贵，安装位置对于前后直管段的长度要求更为严格。
⑥旁通调节阀的选择详见33.3节。
⑦表中冷水机组的监控为干接点方式，如按单元控制器与楼宇自控系统直接通信方式考虑，可从其中选取信号进行监控，不同品牌、型号的冷水机组可取的信号不完全相同，应根据现场情况确定。
⑧冷水机组的开机过程：冷却水阀→冷却塔进水阀→冷却水泵（→冷却塔风机）→冷水阀→冷水泵→冷水机组。关机过程与开机过程相反。其中冷却塔风机的控制可相对独立。
冷水机组的开启必须在冷/冷却水路的水流开关打开后才可开启。

目前已出现一次泵加变频的冷水系统，系统形式简单、运行节能，详见第26.7节。其原理是利用冷水机组蒸发器允许通过的流量有较大变化范围（例如：冰蓄冷系统的冷水机组在空调与蓄冰两工况下的流量变化很大），一次水泵不必与冷水机组一一对应，而是按照用户侧流量需求进行调节。此时旁通管和阀门按蒸发器允许的最小流量设计，约为单台冷机额定流量的40%~60%。自控系统也须作出相应调整，需要冷水机组制造厂商、空调系统设计和自控系统设计以及运行人员共同协商。

2. 二次泵系统

图33.5-4给出典型的二次泵系统自控原理，监测与控制点配置见表33.5-5。

33.5 制冷机房和水系统的监测与控制

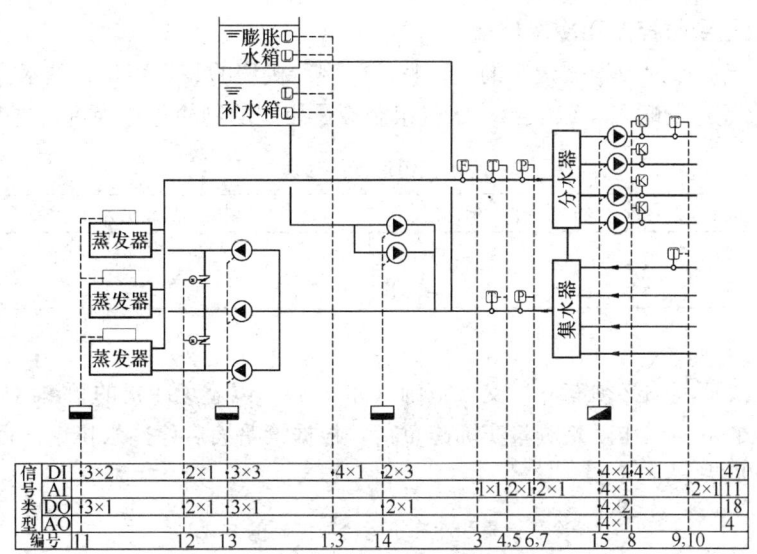

图 33.5-4 冷水二次泵系统自控原理图

冷水二次泵自控系统的配置 表 33.5-5

编号	名称	信号	功能及简要说明	
1	水位开关	1×DI	测量膨胀水箱的高低水位，选用和安装详见第 33.2 节	
2	水位开关	1×DI	测量补水箱的高低水位，选用和安装详见第 33.2 节	
3	流量传感器	1×AI	测量一次侧冷水的总流量，选用和安装详见第 33.2 节	
4	温度传感器	1×AI	测量一次侧冷水供水温度，选用和安装详见第 33.2 节	
5	温度传感器	1×AI	测量一次侧冷水回水温度，选用和安装详见第 33.2 节	
6	压力传感器	1×AI	测量一次侧冷水供水压力，选用和安装详见第 33.2 节	
7	压力传感器	1×AI	测量一次侧冷水回水压力，选用和安装详见第 33.2 节	
8	水流开关	1×DI	测量二次水流，可以监测二次水泵的运行状态	
9	温度传感器	1×AI	测量二次侧冷水供水温度，选用和安装详见第 33.2 节	
10	温度传感器	1×AI	测量二次侧冷水回水温度，选用和安装详见第 33.2 节	
11	冷水机组	2×DI 1×DO	冷水机组启停状态和故障状态 控制冷水机组启停	
12	水阀执行器	1×DI 1×DO	测量阀位反馈 控制阀门开闭	一般为常闭，某一水泵或冷水机组发生故障时可开启相邻设备作为备用
13	一次冷水循环泵	3×DI 1×DO	监测水泵手/自动状态、运行状态和故障状态 控制水泵启停	与冷水机组一一对应 启停和台数调节应根据冷水机组开启台数来确定
14	补水泵	3×DI 1×DO	监测水泵手/自动状态、运行状态和故障状态 控制水泵启停	启停应根据膨胀水箱水位开关来确定
15	二次冷水循环泵	4×DI 1×AI 2×DO 1×AO	监测水泵手/自动状态、电气主回路状态、变频器状态和变频器故障状态 变频器频率反馈 控制电气主回路、变频器启停 控制变频器频率	频率调节应根据用户需求来确定，常用方法为保证末端最不利回路的压差

注：①二次泵的监测内容有运行和故障状态，且可从系统压差等监测，设备 8 可取消，根据具体要求确定。
②供回水之间的旁通管路水流动可以双向，不能设置阀门。

3. 冷水机组台数控制和冷量计量

由空调系统设计人员根据建筑的负荷特性、制冷机房的装机容量、冷水机组台数和其COP曲线提出运行策略表,以三台冷水机组制冷量相同的制冷机房为例,见表33.5-6。

冷水机组运行策略表　　　　　　　　　　　　　表33.5-6

冷负荷/制冷机房装机容量(%)	运行台数	冷负荷/制冷机房装机容量(%)	运行台数
<40	1	65~100	3
35~70	2		

设计注意事项:

表中的冷负荷范围必须有一段交叉范围(如5%),以避免冷机的频繁启停。

自控系统的主要工作就是测量实际冷负荷,根据策略表启停冷水机组。目前采用的方式及主要特点见表33.5-7。

冷量计量和冷冻机组台数控制的方式　　　　　　　表33.5-7

测量仪表	原理	主要特点
水管温度传感器	根据实测的供回水温差和冷水泵的设计流量来计算制冷量	实施简便、价格低廉 水流量按设计流量计算,误差较大 只适用于定流量系统
水管温度传感器 水流量传感器	根据实测的供回水温差和冷水流量来计算制冷量	流量传感器的价格高,安装要求严格 适用于定流量和变流量系统
制冷压缩机的电机运行电流	根据冷水机组电机的实际运行电流与额定电流比较,确定是否达到满载	避免了以上两种方式中运行工况对冷机供水温度影响而产生的误差,控制精度高,对冷机保护好; 但需要与生产厂商协调参数的测量与协议取出,很难实现

设计注意事项:

用于冷量计量用的水管温度传感器的测量精度必须能够满足要求,如对于7/12℃冷冻水要求测量误差范围在±0.1℃以内,工程常用的温度传感器一般只能达到±0.3℃,需要选用一对同为正/负温度系数的温度传感器来提高对温差的测量精度。

33.6 空调系统的监测与控制

《智能建筑设计标准》GB/T 50314—2000提供的空调系统监控功能见表33.6-1,根据建筑等级和空调系统的设计状况进行选用。

建筑设备监控功能分级表　　　　　　　　　　　表33.6-1

设备名称	监控功能	设备名称	监控功能
新风机组	1. 风机状态显示	新风机组	8. 风管风压测量
	2. 风机启停控制		9. 冷、热水阀调节
	3. 风机转速控制		10. 加湿控制
	4. 风机过载报警		11. 风阀开关控制
	5. 室外参数和送风温度测量		12. 风机、风阀、调节阀之间的连锁控制
	6. 室内CO_2浓度监测		13. 寒冷地区换热器防冻控制
	7. 过滤器状态显示及报警		14. 风机与消防系统的联动控制

续表

设备名称	监 控 功 能	设备名称	监 控 功 能
空气处理机组	1. 风机状态显示	变风量(VAV)空调机组	1. 系统总风量调节
	2. 风机启停控制		2. 最小风量控制
	3. 风机转速控制		3. 最小新风量控制
	4. 风机过载报警		4. 再加热控制
	5. 送回风温度测量		5. 变风量末端（VAVBox）的控制装置应有通信接口
	6. 室内温、湿度测量		
	7. 室内 CO_2 浓度监测		
	8. 过滤器状态显示及报警	排风机	1. 风机状态显示
	9. 风管风压测量		2. 启停控制
	10. 冷、热水阀调节		3. 过载报警
	11. 加湿控制		
	12. 风阀调节	风机盘管	1. 室内温度测量
	13. 风机、风阀、调节阀之间的连锁控制		2. 冷、热水阀开关控制
	14. 寒冷地区换热器防冻控制		3. 风机变速与启停控制
	15. 送回风机与消防系统的联动控制		

33.6.1 风机盘管机组的监测与控制

一般情况下，风机盘管机组的自动控制装置设有温度控制器和电磁或电动的两通通断/三通调节水阀。控制方式有以下几种，见表 33.6-2。

风机盘管机组的主要控制方式　　　　表 33.6-2

控制方式	室内温度	冷/热转换	风机转速	水阀调节
就地/集中①	手动/自动设置	手动/自动设置	手动（高/中/低/停）/自动调节转速	自动调节（开关或开度）②/无（不安装水阀或不调节开度）③

①集中控制时要求控制器必须联网，可互相通信。
②水阀和风机转速的自动调节都是根据室内温度与设定温度的偏差进行，二者只能选一。
③不安装水阀时，没有"冷/热转换"功能。

设计注意事项：

（1）风机盘管采用二通阀时冷水为变水量系统。风机盘管不安装通断水阀，或安装电动三通阀时，冷水为定水量系统；目前三通阀的方式已基本不用。

风机盘管的水阀与风机电源连锁，可以在夜间无人模式下节省水泵的能耗。

（2）由于机组规格有限、水量调节范围很小，通常采用通断阀即可。

（3）风机盘管机组的群控需要根据使用要求与自控、电气等专业协调。

33.6.2 新风机组的监测与控制

1. 实现功能

图 33.6-1 为一台典型的新风机组。表面式空气——水换热器夏季通入冷水对新风降温除湿，冬季通入热水对空气加热；干蒸汽加湿器则在冬季对新风加湿。监控系统可以实现如下功能：

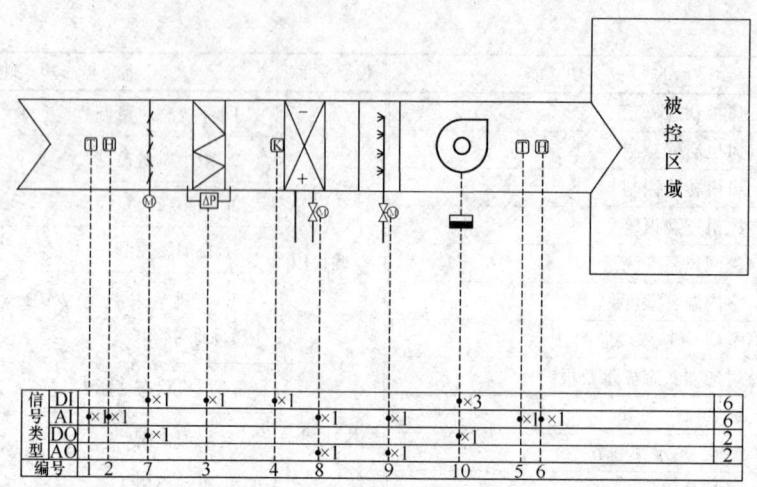

图 33.6-1 典型的新风机组

(1) 监测功能

1) 检查风机电机的工作状态,确定是处于"开"还是"关";
2) 测量风机出口空气温湿度参数,以了解机组是否将新风处理到要求的状态;
3) 测量新风过滤器两侧压差,以了解过滤器是否需要更换;
4) 检查新风阀状况,以确定其是否打开。

(2) 控制功能

1) 根据要求启/停风机;
2) 控制空气——水换热器水侧调节阀,以使风机出口空气温度达到设定值;
3) 控制干蒸汽加湿器调节阀,使冬季风机出口空气相对湿度达到设定值。

(3) 保护功能

北方地区,冬季防冻保护

(4) 集中管理功能:

一座建筑物内可能有若干台新风机组,通过通信网可将各新风机组的现场控制机与中央控制管理机相连。中央控制管理机应能实现如下管理:

1) 显示新风机组启/停状况,送风温湿度,风阀水阀状态;
2) 通过中央控制管理机启/停新风机组,修改送风参数的设定值;
3) 当过滤器压差过大、冬季热水中断、风机电机过载或其他原因停机时,通过中央控制管理机报警。

2. 硬件配置

为实现上述四大类功能,首先要选择合适的传感器、执行器,并配置相应的现场控制机。表 33.6-3 为可满足上述各功能的一种配置。

新风机组自控系统的配置　　　　　　　　　　表 33.6-3

编号	名称	信号	功能及简要说明
1	温度传感器	1×AI	测量新风温度,选用和安装详见第 33.2 节
2	湿度传感器	1×AI	测量新风湿度,选用和安装详见第 33.2 节

续表

编号	名　称	信号	功　能　及　简　要　说　明	
3	压差开关	1×DI	测量过滤器压差，堵塞时给出报警信号 成本低廉，可靠耐用 特殊场合可选用微压差测量传感器 1AO	
4	防冻开关	1×DI	测量表面式换热器的表面温度，低温时给出报警信号①	
5	温度传感器	1×AI	测量送风温度，选用和安装详见第 33.2 节	
6	湿度传感器	1×AI	测量送风湿度，选用和安装详见第 33.2 节	
7	风阀执行器	1×DO 1×DI	控制新风阀的开闭，测量阀位反馈 须与风机连锁，不需调节	
8	水阀执行器	1×AO 1×AI	调节阀门开度 测量阀位反馈	调节表面式换热器的冷/热量，保证送风温度；即根据送风实测温度与设定温度的偏差按 PID 规律调节阀门开度
9	蒸汽阀执行器	1×AO 1×AI	调节阀门开度 测量阀位反馈	调节加湿器的加湿量，保证送风湿度；即根据送风实测湿度与设定湿度的偏差按 PID 规律调节阀门开度②
10	风机	3×DI 1×DO	监测风机手/自动状态、运行状态和故障状态 控制风机启停	

注：①防冻保护功能：风机、风阀和水阀做连锁，当防冻开关给出低温报警信号时，应将风机和风阀关闭，水阀（此时水管内为热水）开度为最大。
②此例中加湿器为连续调节。不同加湿器的执行器不同，需要根据具体情况选用。例如：蒸汽、电极和电热加湿器根据控制精度要求有模拟量和开关量两种控制；高压喷雾加湿器控制喷雾泵的启停；湿膜加湿器控制水阀的开闭。控制信号也需做相应调整。
③必要时，可增设盘管水温传感器，以便监测盘管的供/回水温度。

设计注意事项：

(1) 防冻开关应该安装在表面式换热器水流容易出现死角的位置，或者沿水管全程安装，实际上难于做到，需要结合新风和送风温度进行判断以便进行防冻保护。

(2) 对于设有多台新风（空调）机组的一幢建筑物，新风温、湿度传感器不必每台机组设置，只需统一设置一到二组即可，并参考建筑物的高度、朝向等因素布置。

33.6.3 空调机组的监测与控制

1. 一次回风单风机空调机组

图 33.6-2 所示的空调机组为一次回风、单风机型，监测与控制点配置见表 33.6-4。系统实现的功能与 33.6.2 讨论的新风机组类似，此节不再介绍。与新风机组相比，从监测控制的角度看，有以下 3 点不同：

(1) 监测控制对象是房间内的温度、湿度，而不是送风参数；

(2) 要求房间的温湿度全年均处于舒适区范围内，同时还要研究系统省能的控制方法；

(3) 有回风回到空调机组，新回风比可以变化，因此可尽量利用新风降温，但这会引出许多新的问题。

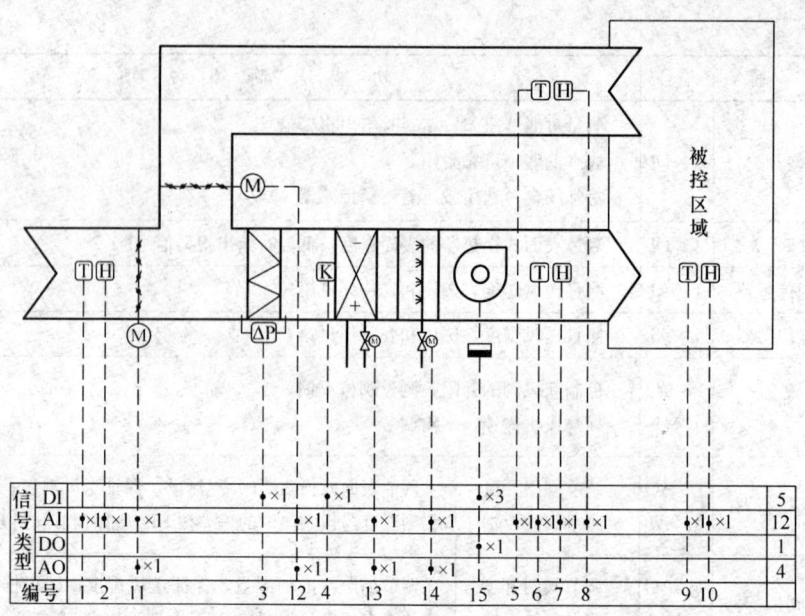

图 33.6-2 一次回风单风机空调机组及其测量控制通道

一次回风单风机空调机组自控系统的配置　　　　　　表 33.6-4

编号	名称	信号	功能及简要说明	
1	温度传感器	1×AI	测量新风温度，选用和安装详见第 33.2 节	
2	湿度传感器	1×AI	测量新风湿度，选用和安装详见第 33.2 节	
3	压差开关	1×DI	测量过滤器压差，堵塞时给出报警信号 成本低廉，可靠耐用	
4	防冻开关	1×DI	测量表面式换热器的表面温度，低温时给出报警信号	
5	温度传感器	1×AI	测量回风温度，选用和安装详见第 33.2 节	
6	温度传感器	1×AI	测量送风温度，选用和安装详见第 33.2 节	
7	湿度传感器	1×AI	测量送风湿度，选用和安装详见第 33.2 节	
8	湿度传感器	1×AI	测量回风湿度，选用和安装详见第 33.2 节	
9	温度传感器	1×AI	测量房间温度，选用和安装详见第 33.2 节	
10	湿度传感器	1×AI	测量房间湿度，选用和安装详见第 33.2 节	
11	新风阀执行器	1×AO 1×AI	调节阀门开度 测量阀位反馈	新风阀与回风阀动作相反（阀位和为 100%，总风量保持不变）。电动风阀与送风机连锁，风机关闭时，新、排风阀均关闭。新风阀有最小开度限制
12	回风阀执行器	1×AO 1×AI	调节阀门开度 测量阀位反馈	
13	水阀执行器	1×AO 1×AI	调节阀门开度 测量阀位反馈	调节表面式换热器的冷/热量，保证送风温度；即根据送风实测温度与设定温度的偏差按 PID 规律调节阀门开度
14	蒸汽阀执行器	1×AO 1×AI	调节阀门开度 测量阀位反馈	调节加湿器的加湿量，保证送风湿度；即根据送风实测湿度与设定湿度的偏差按 PID 规律调节阀门开度
15	风机	3×DI 1×DO	监测风机手/自动状态、运行状态和故障状态 控制风机启停	

设计注意事项:

(1) 对于重要房间需设置被调房间或区域内温湿度传感器。根据实际情况,可安装几组温湿度测点,以这些测点温湿度的平均值或其中重要位置的温湿度作为控制调节参照值。

(2) 不宜直接用回风参数作为被控房间的空气参数,只有系统很小、回风从室内直接引至机组以及温湿度要求不高的情况下采用。主要原因是回风管存在较大惯性,房间或走廊回风等方式使得回风空气状态不完全等同于室内平均空气状态。

(3) 一般不直接测量混合空气状态,而根据新、回风参数的测量通过计算得到。因为机组混合段空气流动混乱,温度场不均匀,很难测准。

(4) 对室内温、湿度可以采用串级控制,利用送风温、湿度调节电动水阀、蒸汽阀的开度,其滞后比用室内或回风参数较小,自控系统反应迅速。

(5) 过渡季能否加大新风量,与排风措施密切相关。若无排风措施,则新、回风阀可改为开关型,达到最小新风量即可。若有排风措施,需考虑与排风系统联动或连锁关系。

(6) 对于离心型风机,一般需设风流开关(测进出口压差),以便监测因皮带松开等原因导致风机丢转或不转;此时风机电机正常工作,风机的监测点无法发现此现象。

2. 一次回风双风机空调机组

图 33.6-3 所示的空调机组为一次回风双风机型,可以根据要求任意调节新回风比。监测与控制点配置见表 33.6-5。

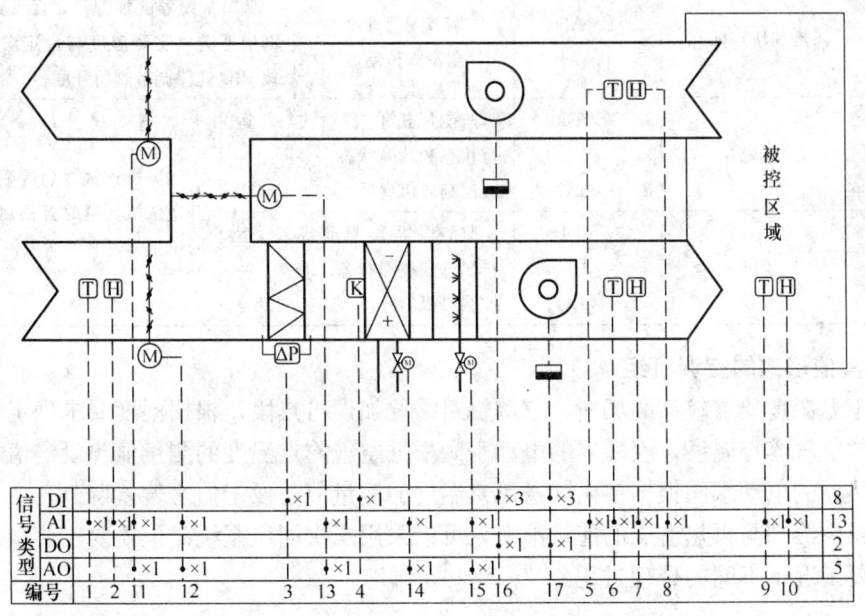

图 33.6-3 一次回风双风机空调机组及其测量控制通道

一次回风双风机空调机组自控系统的配置   表 33.6-5

编号	名称	信号	功能及简要说明
1	温度传感器	1×AI	测量新风温度,选用和安装详见第33.2节
2	湿度传感器	1×AI	测量新风湿度,选用和安装详见第33.2节
3	压差开关	1×DI	测量过滤器压差,堵塞时给出报警信号 成本低廉,可靠耐用

续表

编号	名称	信号	功能及简要说明	
4	防冻开关	1×DI	测量表面式换热器的表面温度，低温时给出报警信号	
5	温度传感器	1×AI	测量回风温度，选用和安装详见第33.2节	
6	温度传感器	1×AI	测量送风温度，选用和安装详见第33.2节	
7	湿度传感器	1×AI	测量送风湿度，选用和安装详见第33.2节	
8	湿度传感器	1×AI	测量回风湿度，选用和安装详见第33.2节	
9	温度传感器	1×AI	测量房间温度，选用和安装详见第33.2节	
10	湿度传感器	1×AI	测量房间湿度，选用和安装详见第33.2节	
11	排风阀执行器	1×AO 1×AI	调节阀门开度 测量阀位反馈	新、排风阀保持同步动作，与混风阀动作相反（新、混风阀阀位和为100%，总风量保持不变）。电动风阀与送、回风机连锁，风机关闭时，新、排风阀均关闭。根据新风、送风和室内焓值的比较，调节阀门开度。新风阀有最小开度限制。
12	新风阀执行器	1×AO 1×AI	调节阀门开度 测量阀位反馈	
13	混风阀执行器	1×AO 1×AI	调节阀门开度 测量阀位反馈	
14	水阀执行器	1×AO 1×AI	调节阀门开度 测量阀位反馈	调节表面式换热器的冷/热量，保证送风温度；即根据送风实测温度与设定温度的偏差按PID规律调节阀门开度
15	蒸汽阀执行器	1×AO 1×AI	调节阀门开度 测量阀位反馈	调节加湿器的加湿量，保证送风湿度；即根据送风实测湿度与设定湿度的偏差按PID规律调节阀门开度
16	回风机	3×DI 1×DO	监测风机手/自动状态、运行状态和故障状态 控制风机启停	双风机连锁，启停顺序为：先开送风机，延时开回风机；先关回风机，延时关送风机
17	送风机	3×DI 1×DO	监测风机手/自动状态、运行状态和故障状态 控制风机启停	

3. 其他形式的空调机组

对于温湿度要求较高的场所，空调机组需要加设再热段，根据湿度要求确定表冷器应处理到的空气露点温度，表冷器的电动水阀根据空气露点温度的测量值与设定值之偏差调节，再热器的电动水阀根据室内（送风）温度的测量值与设定值之偏差调节。

为减少冷却与再热造成的能量浪费，可以采用二次回风系统。但需要工艺设计时，确定冬、夏工况下不同的处理过程。

33.6.4 变风量系统空调机组的监测与控制

变风量系统需要增加变风量末端的控制环节。另外，与前一节相比，VAV系统又增加了新的控制问题：①由于各房间风量变化，空调机的总风量将随之变化，如何对送风机转速进行控制使之与变化的风量相适应？②如何调整回风机转速使之与变化了的风量相适应，从而不使各房间内压力出现大的变化？③如何确定空气处理室送风温湿度的设定值？④如何调整新回风阀，使各房间有足够的新风？

变风量系统的自控系统与空调系统的设计紧密相关，有关内容参见本手册第23章

"变风量空调系统"。

1. 自控系统的基本组成

变风量空调的控制系统包括以下几个基本的控制环节:

(1) 室温控制

由房间温度控制器、变风量末端控制器、变风量末端执行器和变风量末端组成,原理如图 33.6-4。

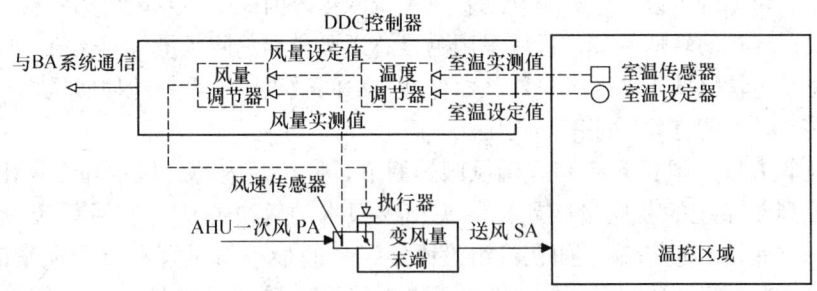

图 33.6-4 变风量末端控制原理图

VAV 末端控制器是与 VAV 末端装置配套的定型产品,它包括挂在室内墙壁上的温度设定器及安装在末端装置上的控制器两部分,设定器内装有温度传感器以测量房间温度。温度实测值与设定值之差被送到控制器中去修正风量设定值或直接控制风阀。重要的是要测准风速或风量,一般都需要在出厂前逐台标定,将标定结果设置到控制器中。有的末端控制器产品还要求在现场逐台标定,这在选用产品的订货时要十分注意。目前 VAV 末端控制器中具备通信功能的逐渐成为主流,可以方便地与空调机组的现场控制机进行通信。

(2) 送风量控制

根据对送风机频率调节的计算方法分为定静压法、变静压法和总风量法,主要逻辑算法参见本手册第 23 章"变风量空调系统"及本章 33.3,对比见表 33.6-6。

变风量空调不同控制方法的特点   表 33.6-6

控制方法	基本原理	难点与关键	对末端要求
定静压法	调节风机频率保持风管中某点的静压值不变	测压点的位置 经验值:总风管上距末端 1/3 处	—
总风量法	根据末端的风量需求总和来调节风机频率	风管水力特性对风量计算公式的修正	有通信功能
变静压法	根据实际运行情况(阀位反馈)不断调节风机频率	阀位达到限值的末端个数设定	有通信功能 带阀位反馈

节能效果从上到下递增,但实施难度也由上到下递增。变风量控制系统的调试过程也非常关键,计算方法中的一些系数必须通过调试进行设定或调整才能保证良好的空调效果。

静压测量点的位置是影响变风量控制系统运行稳定性和效果的关键,不仅静压控制法需要采用其作为控制目标,总风量法也常常用其作为监控对象。理论上分析,静压测量点要选在全年各运行工况下静压最稳定(波动最小)的位置;实际运行中测压点越接近风机,自控系统越稳定可靠,但风机节能效果就越差。经常采用的经验值是总风管上距末端1/3处(距风机2/3处),按设计风管阻力特性选择量程范围,另外还须遵照压力传感器安装的注意事项。

对于主风管有两个或多个分支的情况,静压传感器最好每一支路设置一个,增加"压力最低"的逻辑判断功能来选取控制的静压点。

(3) 新(回)风量控制

因为变风量系统可以在过渡季利用新风免费冷却,因此采用双风机的一次回风空调机组更有利。回风机的转速调节,最好采用测量总送风量和总回风量(回风机入口静压)的方法,使总回风量略低于总送风量,从而保证各房间微正压。简单地使回风机与送风机同步地改变转速,不能有效保证房间正压。

由于风阀开度、风机频率和末端风阀的调节,使房间内的新风量和新风比都可以改变,因此变风量系统的新风量问题比较突出。根本的解决办法是在风系统设计时需要加强重视,并采取相应措施,如在机组设固定风量的最小新风管和可变风量的新风管;最小新风管直接进入房间;等等。自控系统中,可以采取的措施有:在新风入口或各层新风干管上设定风量阀,保证总新风量满足要求;在新风管道上安装风速传感器,调节新风和排风阀,使总新风量在任何情况都不低于要求值;在重要房间安装CO_2或空气质量传感器,保证其新风量;各变风量末端的风阀也需要考虑最小新风量要求进行限位;等等。

(4) 送风温度控制

对于33.6.2节中讨论的定风量系统,总的送风参数可以根据实测房间温湿度状况确定。然而对于变风量系统,由于每个房间的风量都根据实测温度调节,因此房间内的温度高低并不能说明送风温度偏高还是偏低。变风量系统的送风参数一般根据设计计算或总结运行经验,根据建筑物使用特点、室内发热量变化情况及外温来确定设定值。检测出风机送风量最大、阀位全开而房间温度仍然过高(夏季)时,需要降低送风温度;反之,则提高送风温度,这必须靠与各房间变风量末端装置的通信来实现。

其中环节(1)由变风量末端控制器完成,环节(2)~(4)由空调机组的控制器完成。

2. 变风量空调自控系统实例

压力无关型变风量末端的主要控制功能如下:

(1) 室内人员可手动设定室内温度,有人/无人模式(末端的风阀/再热器/风机关闭);

(2) 自动检测室内温度和各末端风量;

(3) 根据室内温度检测值与设定值的比较,计算出房间/末端所需送风量的设定值;

(4) 根据末端风量检测值与设定值的比较,PID调节风阀开度;

(5) 再热器:根据室内温度检测值,风阀达到最小阀位时,启动再热器。一般情况下,电或水再热器为双位控制。

(6) 风机:串联型,常开,室内的总送风量恒定,以保证室内气流组织;

并联型,供热模式下开启,供冷模式下关闭(与单风管型变风量箱相同)。

一次回风双风机变风量空调机组的控制原理见图33.6-5,自控系统配置见表33.6-7。

33.6 空调系统的监测与控制

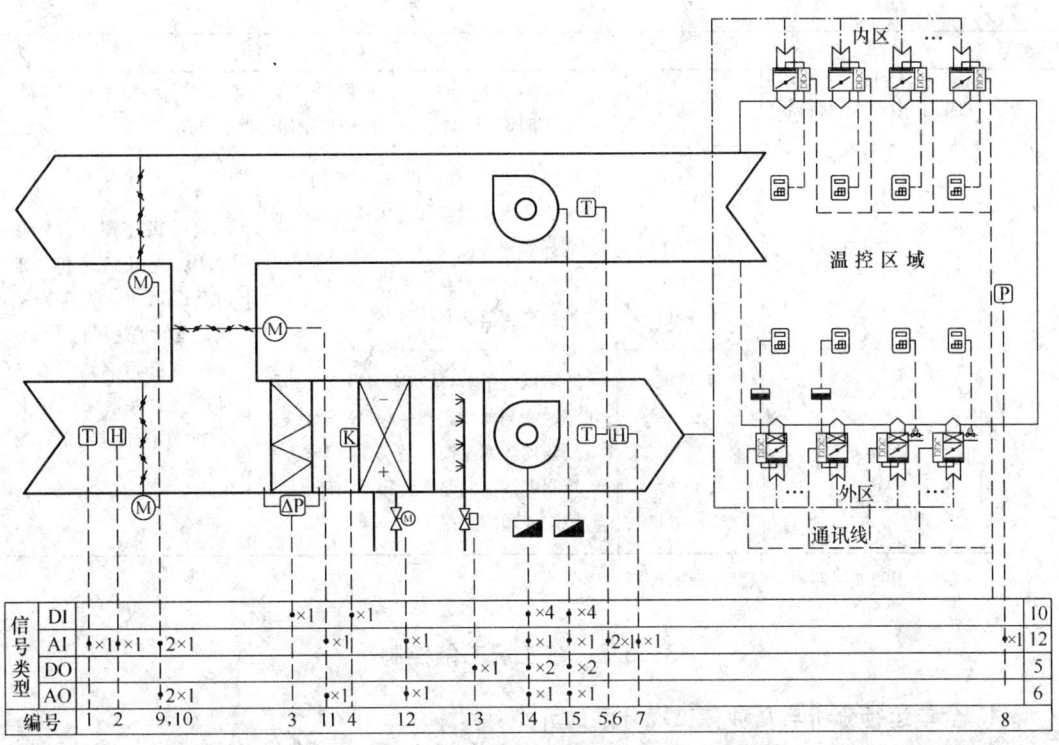

图 33.6-5 变风量空调机组及其测量控制通道

一次回风双风机变风量空调机组自控系统的配置　　表 33.6-7

编号	名称	信号	功能及简要说明	
1	温度传感器	1×AI	测量新风温度，选用和安装详见第 33.2 节	
2	湿度传感器	1×AI	测量新风湿度，选用和安装详见第 33.2 节	
3	压差开关	1×DI	测量过滤器压差，堵塞时给出报警信号 成本低廉，可靠耐用	
4	防冻开关	1×DI	测量表面式换热器的表面温度，低温时给出报警信号	
5	温度传感器	1×AI	测量回风温度，选用和安装详见第 33.2 节	
6	温度传感器	1×AI	测量送风温度，选用和安装详见第 33.2 节	
7	湿度传感器	1×AI	测量送风湿度，选用和安装详见第 33.2 节	
8	微压差传感器	1×AI	测量房间的微正压，选用和安装详见第 33.2 节	
9	排风阀执行器	1×AO 1×AI	调节阀门开度 测量阀位反馈	新、排风阀保持同步动作，与混风阀动作相反（新、混风阀阀位和为 100%，总风量保持不变）。电动风阀与送、回风机连锁，风机关闭时，新、排风阀均关闭。根据新风、送风和室内焓值的比较，调节阀门开度。新风阀有最小开度限制
10	新风阀执行器	1×AO 1×AI	调节阀门开度 测量阀位反馈	
11	混风阀执行器	1×AO 1×AI	调节阀门开度 测量阀位反馈	
12	水阀执行器	1×DO	控制阀门开闭	调节表面式换热器的冷/热量，保证送风温度；即根据送风实测温度与设定温度的偏差按 PID 规律调节阀门开度

编号	名称	信号	功能及简要说明	
13	加湿器电磁阀执行器①	1×DO	调节阀门开度 测量阀位反馈	根据送风实测湿度与设定湿度的偏差自动控制加湿器的开闭
14	送风机	4×DI 1×AI 2×DO 1×AO	监测风机手/自动状态、电气主回路状态、变频器状态和变频器故障状态 变频器频率反馈 控制电气主回路、变频器启停 控制变频器频率	双风机连锁，启停顺序为：先开送风机，延时开回风机；先关回风机，延时关送风机
15	回风机	4×DI 1×AI 2×DO 1×AO	监测风机手/自动状态、电气主回路状态、变频器状态和变频器故障状态 变频器频率反馈 控制电气主回路、变频器启停 控制变频器频率	送风机频率调节有三种控制方法，回风机频率调节保证房间的微正压

① 本机组采用的加湿器为湿膜型，通断控制。

33.6.5 多工况节能控制

1. 全年运行分析与几种多工况分区的介绍：

描写湿空气状态有 5 个参量，一个状态点可以用任两个参量作目标来达到同一个目的，因此要根据空调处理设备的具体情况选用调节控制的方案，如设备种类、可调控的手段等等。还要看具体空调要求控制的内容及等级而定。当然目的相同，即满足要求又节约能源。

空调系统的节能运行，是基于对空调系统全年运行工况的节能分析和运行控制，一般是在 h-d 图上，根据室内参数要求和室外空气参数的变化，利用某种参量划分为若干区，处在不同区域时，可采用不同处理方案以满足室内要求。

第一种：是根据室内要求，利用等焓线将室外空气参数划分为几个区，来实现分区控制。因为早期空调多为工业用空调系统，主要是利用井水或冷水喷淋处理空气参数，如果只用循环水喷淋，就是绝热处理过程，可方便实现等焓过程线。但焓值无法简单测出，要通过特制的焓控器运算，而且不直观。因此，目前只用于水喷淋的空调系统运行分区。

第二种：是根据室内要求，划出室内允许波动的温度与相对湿度线的范围，利用等温线和相对湿度线，将 h-d 图划分为相对几个区域用室内允许的最大与最小等 d 线作辅助线，进行分析运行，达到节能目的。因为不论新风是定量或可变量，如果外气状态点在某个区，混风状态点一般也在某个区，因而可以肯定处理方案，只要处理到送风状态附近，而以室内状态点的反馈作为标准进行细调节。

第三种：是根据前一时刻室内状态点（或依据允许室内平均状态点）与室外状态点的连线，以最小新回风比的混风点作为辅助点，利用等温与等湿线将 h-d 图分为几个区域，依据此刻送风状态点 S 落在何区，进而确定此刻应采用何种调控方式。由于它以逐时室内外空气状态点连线作为控制依据，因而控制品质好，可处理任何角系数的房间，而且最为节能，比前两种方法大约又可多节省能耗（20～25）%，而且可以从运行分析中得出何种方式控制最节能，因而也可帮助我们进一步确定空调箱设备的组成与应具有的控制手段，确定采用何种参数监测与控制执行机构，如风阀、水阀等。

2. 三种分区控制模式的实例

空调系统的主要扰动源，是一年四季以不同规律随机变化的气象条件和室内人员及设备的散热散湿状况，空调系统节能多工况分区应能自如地对付各种室内的随机扰量，将空调系统始终控制在理想状态下。常用分区控制方法如下：

(1) 用等焓线划分的室外气象包络图法

这种方法多用于空调系统中主要用喷淋水处理过程的情况。由于单纯控制喷淋水量调节效果不好，而且喷淋后往往还需要大量的再热量（主要是秋冬季），影响经济运行，故对不必全过程需要喷淋清洗的空调系统，也可加入干蒸汽加湿器，既可提高经济运行指标，又可更好保证运行参数。各区域的划分和控制策略分别见图 33.6-6 和表 33.6-8。

N_1，N_2——冬夏季允许的室内状态点

t_{w1}——冬季预热开启的外温点，一般取 $t_{w1}=1℃$

t_{N1}，ϕ_{N1}——室内允许的最低温、湿度值

t_{N2}，ϕ_{N2}——室内允许的最高温、湿度值

d_{N1}——室内允许最低温度时的最大的含湿量

d_{N2}——室内允许最高温度时的最大的含湿量

h_{N1}——ϕ_{N2} 与 t_{N1} 交点的焓值

h_{N2}——ϕ_{N2} 与 t_{N2} 交点的焓值

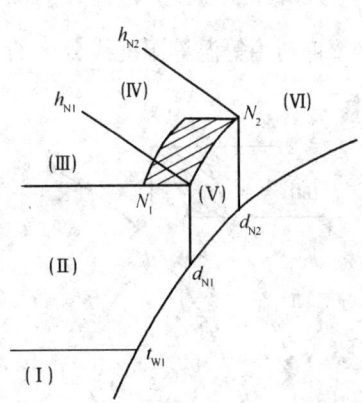

图 33.6-6 用等焓线划分控制模式图

用等焓线分区的控制策略　　表 33.6-8

运行分区	I	II	III	IV	V	VI
分区界限	$t_w \leq t_{w1}$	$t_{w1} < t_w \leq t_{N1}$ $d_w \leq d_{N1}$	$t_w > t_{N1}$ $h_w \leq h_{N1}$	$h_{N1} < h_w \leq h_{N2}$ $\phi_w \leq \phi_{N2}$	$\phi_w > \phi_{N2}$ $d_{N1} < d_w \leq d_{N2}$	$h_w > h_{N2}$ $d_w > d_{N2}$
空气处理过程	(图)	(1) (图) (2) 当再热量为零 (图)	(图)	(图)	(图)	(图)
调节控制量 t_N 室温	再热量控 t_{N1}	(1) 再热量控 t_{N1} (2) 新回风比控 t_{N1}	再热量控 t_{N1}	$t_{N1} < t_N \leq t_{N2}$	$t_{N1} < t_N \leq t_{N2}$	$t_N \leq t_{N2}$ 调喷冷水量

续表

运行分区		I	II	III	IV	V	VI
调节控制量	ϕ_N 室内相对湿度	喷蒸汽量控 ϕ_{N1}	喷蒸汽量控 ϕ_{N1}	调循环喷水量控 $\phi_{N1} \leq \phi_N \leq \phi_{N2}$	$\phi_{N1} < \phi_N \leq \phi_{N2}$ 调喷循环水量	$\phi_{N1} < \phi_N \leq \phi_{N2}$ 调再热量	$\phi_{N1} < \phi_N \leq \phi_{N2}$ 调再热量
	$t_W \leq 1℃$ 室外温度	预热量	—				
	新风量	最小新回风比	(1) 最小新回风比 (2) 再热量≥0 时调新回风比	全新风	全新风	全新风	最小新回风比

注：如果没有加湿装置，可将 I、II 区处理方案中加湿功能改为循环喷淋与再热控制喷淋水量以控制室内 ϕ_N。

(2) 利用等温等湿度线分区的方法

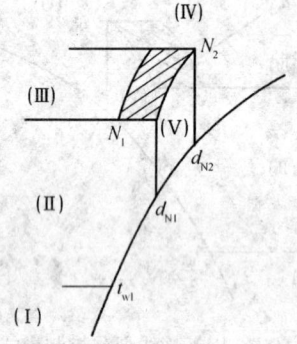

图 33.6-7 用等温等湿线划分控制模式图

此种分区法主要用在空气处理由表冷器降温或加热的空调系统中。各区域的划分和控制策略分别见图 33.6-7 和表 33.6-9。

t_{N1}，ϕ_{N1}——室内允许的最低温、湿度值

t_{N2}，ϕ_{N2}——室内允许的最高温、湿度值

t_{w1}——冬季预热开启的外温点，一般取 $t_{w1} = 1℃$

d_{N1}——室内允许的最低温度时的最大含湿量

d_{N2}——室内允许的最高温度时的最大含湿量

N_1，N_2——冬夏季允许的室内状态点

用等温等湿线分区的控制策略　　　　表 33.6-9

运行分区	I	II	III	IV	V
分区界限	$t_w \leq t_{w1}$	$t_{w1} < t_w \leq t_{N1}$ $d_w \leq d_{N1}$	$t_{N1} < t_w \leq t_{N2}$ $\phi_N \leq \phi_{N2}$	$t_w > t_{N2}$ $d_w > d_{N2}$	$d_{N1} < d_w \leq d_{N2}$ $\phi_w > \phi_{N2}$
空气处理过程	(图)	(1) (图) (2) 当再热量为零 (图)	(图)	(图)	(图)

续表

运行分区		I	II	III	IV	V
调节控制量	t_N 室温	再热量控 t_{N1}	(1) 再热量控 t_{N1} (2) 调新回风比控 t_{N1}	$t_{N1} < t_N \leq t_{N2}$ 调表冷器冷水量	调表冷器冷水量控 $t_N \leq t_{N2}$	调表冷器冷水量控 $t_{N1} < t_N \leq t_{N2}$
	ϕ_N 室内相对湿度	喷蒸汽量控 ϕ_{N1}	喷蒸汽量控 ϕ_{N1}	喷蒸汽量控 ϕ_{N1}	再热量控 $\phi_{N1} < \phi_N \leq \phi_{N2}$	再热量控 $\phi_{N1} < \phi_N \leq \phi_{N2}$
	$t_w \leq t_{w1}$ 室外温度	预热量	—	—	—	—
	新风量	最小新回风比	(1) 最小新回风比 (2) 再热量≥0 时,调新回风比	全新风	最小新回风比	全新风

(3) 最小能耗分区法

当然首先也要根据常规运行控制方法,将空调系统运行大概调节到基本稳定运行状态,而后投入自动控制系统。

以逐时室内外空气状态点连线 $\overline{OR}$ 为基准,根据逐时送风点 S 与 $\overline{OR}$ 的相对位置,选用最节能的、可行的处理过程,并从节能角度确定室内空气的最佳状态点。

1) 要求允许波动小的相对恒温恒湿房间,室内空气状态点可取最理想的设计状态点,即各种允许波动值的平均状态点,可使控制效果稳定性极好。

2) 舒适性空调允许室内空气参数在较大范围内波动,尽可能多用新风,使室内状态点随室外空气状态变化,这样既可最大限度地节能,又可提高室内空气品质和舒适程度。

3) 由于测控的 O、R 点参数在慢慢变化,使得各种分区控制线不是固定值,避免了前两种分区方法在跨越分区线时容易出现的控制死区或参数的较大波动现象。

根据送风状态点 S 在 $h-d$ 图上可能出现的所有位置,划分为 VI 个区见图 33.6-8,调节手段见表 33.6-10。

O——室外新风状态点
R——室内回风状态点
M——最小新回风比状态点
C——O 点的露点
F——机器露点(由表冷器及冷水温确定)
E——通过 F 点的等 d 线 EF
S——合适的某时刻送风状态点
通过 O, M, F 作等 d 线,$\overline{AOC}$, $\overline{BM}$, $\overline{EF}$;
D——通过 O 点的等温线上一点
G——通过 M 点的等温线上一点
(夏季情况:回风 d_R,t_N 均小于新风值)

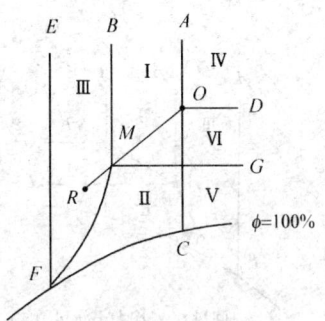

图 33.6-8 最小能耗法分区控制模式图

最小能耗分区的控制策略　　　　　　　　　　表 33.6-10

运行分区	分区界限（送风点 S 落入的区域）	最合理的调节方法
Ⅰ	$\overline{AO}$, $\overline{OM}$, $\overline{MB}$ 包围区	(1) 调湿：调新回风比，控制混风点的 d 值 (2) 调温：调再热量，控制送风点 S 的温度
Ⅱ	$\overset{\frown}{CF}$, $\overset{\frown}{MF}$, $\overline{OM}$, $\overline{OC}$ 包围区	(1) 调湿：调新回风比，使混风点在 O、M 之间移动 (2) 调温：调节表冷器的冷水调节阀
Ⅲ	$\overset{\frown}{MF}$, $\overline{EF}$, $\overline{BM}$ 包围区 正常情况 S 点不可能落在 EF 线的左侧，一旦落入，则需进一步降低冷水温度，否则应为"不可及区"，即一般空调不保证区	(1) 保持最小新回风比 (2) 调湿：调节表冷器冷水阀，使处理后的状态点 d 值与送风点 S 相同 (3) 调温：调再热使之达到理想的 S 值
Ⅳ	$\overline{AO}$, $\overline{OD}$ 线的右上方区	(1) 全新风 (2) 加湿控 S 点含湿量 (3) 再热控 S 点温度
Ⅴ	$\overline{OC}$, $\overline{MG}$ 线的右下方区	可用两种处理方法： (1) 全新风；调表冷器冷水将之降温处理至 S 点温度；加湿到 S 点理想含湿量。该方法用降温冷量大，但加湿蒸汽量小 (2) 回风比；调表冷水量降温至 S 点温度；加湿至 S 点理想含湿量。该方法用降温冷量小，但加湿蒸汽量大
Ⅵ	$\overline{OD}$, $\overline{OC}$, $\overline{MG}$ 包围区	(1) 全新风 (2) 调表冷器冷水量，降温至 S 点温度 (3) 调加湿，控制 S 点含湿量要求

注：在不同季节的空调系统中，送风点 S 可能主要出现在几个区域内，表中是全面考虑。

以上分析是基于新风状态点处于回风状态右上角时，即基本上是夏季工况。实际运行中常会出现各种状态，如图 33.6-9 所示，各分区内处理方案同样是根据节能的原则，按照不同设备的调节控制规律实施控制，不再赘述。

3. 逻辑量控制（辅助分量条件）

前面两种介绍的多工况分区调节控制方法，也称模拟量控制回路法，主要解决正常运行中在工况分区内的控制调节问题。但当分区条件模糊，如不同初始条件或在不同时刻首

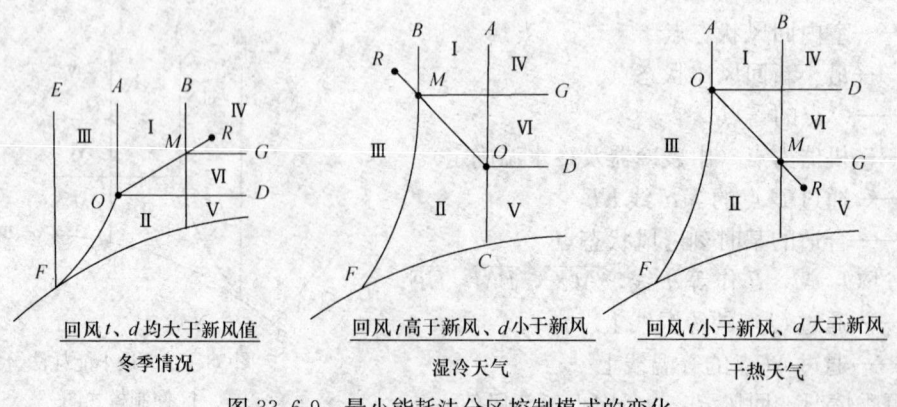

图 33.6-9　最小能耗法分区控制模式的变化

先需要有个工况识别确认问题，才能正确采用处理方法与处理标准。这就需要同时利用一些辅助分区条件，即逻辑量控制的加入。

(1) 参数法：如对一般需要冬季送热风，夏季送冷风的空调系统中，在秋冬季或冬春季的交界时间，可以利用表冷器水管内的水温度值来判断。若水温已等于或大于35℃，选用冬季室温标准，根据加热规律控制各类阀门的开度变化，反之选用减温规律来控制各类阀门开度变化。

参数法也常用于各类保护措施，如新风机冬季加热时对水加热器的防冻，冰蓄冷系统夜间制冰期对板式换热器的防冻，空气过滤器压差传感器超压值的报警等。

当室外气象参数处于或跨越控制分区线时，往往采用延时控制策略，以免引起室内参数的剧烈波动，甚至失控。

对要求不高的舒适空调，往往根据室外气象条件选用其合适的室内应控制到的标准，以更好满足节能的要求。

参数法的应用实例还有很多，这里不一一列举。

(2) 位置法：利用所测得的新、排风阀的开度，可以判断室外气象的变化，当新、排风阀开至最大，室内仍不满足要求时，过渡季结束，进入夏季或冬季的运行期，需将新、排风阀关至最小允许值，投入冷却或加热处理，开始按相应要求，调控各类阀门的开度。

对于前面介绍的第三种控制方法，也可以认为是一种逻辑控制，因为，在每次判断选择控制手段时，不单知道逐时室内外空气状态点，而且知道送风状态点在何区域，也就是已表明此刻空调系统的全部室内外的扰量情况，所以很容易按照节能的原则，依据正确逻辑选出最合适的控制方法。

4. 空调系统的节能控制

空调系统的节能控制是在满足空调系统对运行品质要求的前提下，应具备的功能，也是我们在设计和选择空调系统及其运行控制方案时应重点考虑的问题。

(1) 用室外新风：

首先，室外新鲜空气是改善空调房间空气品质的一项重要指标。在不增大运行能耗的前提下，应尽量采用。其次，新风随季节不同可为空调系统带来天然的，无偿的冷量或热量，应用合理还可节省相当量的人工能源。在调节新回风比时，既可解决温度问题，也可解决相对湿度问题。所以在一个空调系统中，充分考虑新风的应用和调节，是保证该空调系统能实现节能控制的先决条件之一，有着一举多得的好处。传统的空调设计思想，认为空调系统就应该全采用最小新风量运行是片面的，甚至是错误的。

(2) 要充分考虑空调系统允许的运行参数的波动范围，尤其是一般舒适空调其允许波动范围较大，不只是冬夏温度要求不同，相对湿度也不同。控制运行参数可以沿允许波动区的边界线取值，以节省任何可省约的能量。

(3) 设计中应同时考虑一个空调系统的全面运行控制条件

这是保证该空调系统能否实现节能控制运行的前提。不单是系统设备选择正确，还应同时考虑各种控制方法，设置必备的控制手段，如风阀、水阀、各种必须的传感器（温度、压力、流量等测点）。只有具备了节能控制手段，才能实现节能控制运行。

(4) 选择合理的节能控制方法：

随着不同种类空调系统，可以将空气参数处理的规律和参数不同，所以应选用不同的分区控制方法。

尤其在净化或恒温恒湿系统设计中，为了除去一定的含湿量，或要满足较小的送风温差时，往往要用大量的冷量来除湿降温，而后通过相当量再热，再去满足对送风状态的要求。这样冷热抵消的处理方法浪费了大量的能源。这些问题无法单纯从控制程序中去完全解决，而必须首先从系统设计中去改进，如选用二次回风系统；改用温湿度独立控制系统等等，可以节省大量能耗，甚至达到50%以上。

33.7 锅炉房的监测与控制

33.7.1 锅炉房监测与控制的任务

1. 供暖锅炉房监测与控制的内容

锅炉本体与冷水机组不同，尤其是燃煤锅炉，它的运行控制往往与锅炉房的整体运行控制同时设计完成，因此在锅炉房的运行控制中都包括炉体运行的控制内容。

供暖锅炉采用自动检测与控制的运行方式，为能有效地解决安全、经济运行的问题。概括起来，它需要满足如表33.7-1所列的五个方面的内容：

供暖锅炉房监测控制的内容表　　　　　表33.7-1

序号	任务	监 测 控 制 内 容
1	实时检测	通过计算机自动检测系统，全面、及时地了解锅炉的运行状况，如运行的温度、压力、流量等参数，避免凭经验调节和调节滞后。全面了解锅炉运行工况，是实施科学的调节控制的基础。
2	自动控制	在运行过程中，随室外气候条件和用户需求的变化，调节锅炉房供热量（如改变出水温度，或改变循环水量，或改变供汽量）是必不可少的，手动调节无法保证精度。 计算机自动监测与控制系统，则可随时测量室外的温度和整个热网的需求，按照预先设定的程序，通过调节投入燃料量（如炉排转速）等手段实现锅炉供热量调节，满足整个热网的热量需求，保证供暖质量。
3	按需供热	计算机自动监测与控制系统可通过软件开发，配置锅炉系统热特性识别和工况优化分析程序，根据前几天的运行参数、室外温度，预测该时段的最佳工况，进而实现对系统的运行指导，达到节能的目的。
4	安全保障	计算机自动监测与控制系统的故障分析软件，可通过对锅炉运行参数的分析，作出及时判断，并采取相应的保护措施，以便及时抢修，防止事故进一步扩大，设备损坏严重，保证安全供热。
5	健全档案	计算机自动监测与控制系统可以建立各种信息数据库，能够对运行过程中的各种信息数据进行分析，并根据需要打印各类运行记录，贮存历史数据，为量化管理提供了物质基础。

2. 供暖锅炉房监测与控制的意义

供暖锅炉房采用计算机自动监测与控制与常规检测与控制相比较具有如下优点：

(1) 提高系统的安全性，保证系统能够正常且经济运行；

(2) 全面监测并记录各运行参数，降低运行人员工作量，提高管理水平；

(3) 对燃烧过程和热水循环过程进行能有效的控制调节，提高并使锅炉在高效率运行，节省运行能耗，并减少大气污染。

（4）方便应用先进技术，及时根据室外气候条件和用户需求变化及时改变供热量，提高并保证供暖质量，降低供暖能耗和成本。

上述优点，说明计算机自动监测与控制在提高锅炉安全性、运行经济性和供暖质量等方面有着重要的意义。因此，在锅炉房设计时，除小型固定炉排的燃煤锅炉外，一般宜选择和设计计算机自动监测与控制。

33.7.2 供暖锅炉房检测参数和仪表

1. 供暖锅炉房热工仪表的设置

（1）燃煤锅炉房热工检测仪表设置标准见表33.7-2。
（2）燃气锅炉房热工检测仪表设置标准见表33.7-3。
（3）燃油锅炉房热工检测仪表设置标准见表33.7-4。

燃煤锅炉房热工检测仪表设置标准表　　　　　表33.7-2

序号	检测点及检测项目	蒸汽锅炉（t/h）			热水锅炉（MW）			仪表类型			报警信号
		≤4	6~10	≥20	≤2.8	4.2~7	≥14	指示	记录	积算	
	一、锅炉本体										
1	锅筒蒸汽压力	△	△	△				△	△		△过高
2	锅筒水位	△	△	△				△	△		△过低、过高
3	过热蒸汽压力、温度		△	△				△	△		△温度过低、过高
4	锅筒进口或省煤进出口水压	△	△	△				△			
5	省煤器进出口水温	△	△	△				△			△过高
6	锅炉进出口水温水压				△	△	△	△			△出口水温过高 △锅炉压力过低
7	锅炉循环水流量				△	△	△				
8	燃料耗量	△	△	△	△	△	△			△	
9	蒸汽流量	△	△	△				△	△	△	
10	给水流量	△	△	△				△	△	△	
11	排烟温度	△	△	△	△	△	△	△			
12	排烟含氧量或二氧化碳含量	(△)	△	△	(△)	△	△	△			
13	炉膛出口、对流受热面进出口、省煤器出口、空气预热器出口、湿式除尘器出口烟气温度		△	△		△	△	△			
14	空气预热器出口热风温度		△	△		△	△	△			

续表

序号	检测点及检测项目	燃煤锅炉热工检测仪表设置标准							报警信号
		蒸汽锅炉（t/h）			热水锅炉（MW）			仪表类型			
		≤4	6~10	≥20	≤2.8	4.2~7	≥14	指示	记录	积算	
15	炉膛，对流受热面进出口、省煤器出口，空气预热器出口，除尘器出口烟气压力		△	△		△	△	△			
16	一次风压及风室风压		△	△		△	△	△			
17	二次风压		△	△		△	△	△			
18	鼓、引风机负荷电流			△			△				
19	锅炉炉排										△故障停运
	二、锅炉房										
1	总供气量		△					△		△	
2	过热蒸汽温度		△					△	△		
3	总供热量					△		△		△	
4	燃料总耗量		△			△		△		△	
5	原水总耗量		△			△		△		△	
6	热水系统补给水量					△		△		△	
7	总电耗量		△			△		△		△	

注：①（△）表示有条件时可装设的仪表。
②对火管锅炉或水火管组合锅炉，当不便装设检测各段风、烟系统的压力和温度测点时，可不监测。

序号	辅机名称及检测点	检测项目					仪表类型			报警信号
		温度	压力	真空度	水位（液位）	流量	电流	指示	记录	积算	
1	水泵部分										
(1)	水泵出口		△			(△)	△				△连续给水调节时水泵故障
(2)	循环水泵进出口		△				△				△循环泵故障
(3)	汽泵蒸汽进口		△				△				
2	离子交换水处理部分										
(1)	交换器进水	(△)	△			△					
(2)	交换器出水（软水）		△			△		△			
(3)	再生液					△					
3	热力除氧及真空除氧部分										
(1)	除氧器工作压力		△					△			
(2)	除氧器进水					△					
(3)	除氧水箱内水	△			△			△			△水位过低过高
(4)	热力除氧蒸汽压力调节器		△					△			

续表

序号	辅机名称及检测点	检测项目						仪表类型			报警信号
		温度	压力	真空度	水位（液位）	流量	电流	指示	记录	积算	
4	热交换部分										
(1)	换热器加热及被加热介质进出口	△	△					△			△出水温过高
(2)	加热及被加热介质进出口总管	△	△			△		△		△	
5	水箱、容器部分										
(1)	水箱、油箱	△			△			△			
(2)	酸碱贮罐				△						
(3)	连续排污膨胀器		△		△						
(4)	蒸汽分汽缸		△		△						
(4)	蒸汽蓄热器	△	△		△						
6	减温减压部分										
(1)	高压侧蒸汽	△	△					△			
(2)	低压侧蒸汽	△	△					△	△		
(3)	减温水	△				△					
7	热水系统										
(1)	加压膨胀水箱		△		△						△过高或过低
(2)	供回水总管	△									

注：① 功率<20kW 的水泵可不装负荷电流表。
② 无加热过程的离子交换器可不装进水温度检测仪表。
③ 除氧器工作压力及除氧水箱水位，宜引至水处理控制室或锅炉控制室。

燃气锅炉房热工检测仪表设置标准表　　　　　　表 33.7-3

序号	检测点及检测项目	燃气锅炉热工检测仪表设置标准									备注
		蒸汽锅炉（t/h）			热水锅炉（t/h）			仪表类型			
		≤4	6~10	≥20	≤4	6~10	≥20	指示	记录	控制	
1	锅炉汽包压力	△	△	△				△			随设备带来
2	锅炉汽包水位	△	△	△				△		△	随设备带来
3	锅炉出口蒸汽流量	△	△	△				△			
4	锅炉出口蒸汽压力	△	△	△				△			
5	锅炉给水压力	△	△	△				△			随设备带来
6	锅炉给水温度	△	△	△				△			随设备带来
7	锅炉给水流量		△	△				△			
8	锅炉出口热水压力				△	△	△	△			随设备带来
9	锅炉出口热水温度				△	△	△	△		△	
10	锅炉出口热水流量				△	△	△	△			
11	锅炉进水压力				△	△	△	△			随设备带来
12	锅炉进水温度				△	△	△	△			
13	燃气压力	△	△	△	△	△	△	△			随设备带来

续表

序号	检测点及检测项目	燃气锅炉热工检测仪表设置标准						仪表类型			备注
		蒸汽锅炉（t/h）			热水锅炉（t/h）			指示	记录	控制	
		≤4	6~10	≥20	≤4	6~10	≥20				
14	燃气流量	△	△	△	△	△	△	△	△		
15	点火燃气压力	△	△	△	△	△	△	△			随设备带来
16	排烟温度		△	△		△	△	△			
17	排烟压力		△	△		△	△	△			
18	烟气含氧量			△			△	△			
19	燃气快速切断阀	△	△	△	△	△	△	△		△	随设备带来
20	燃气调节阀阀位	△	△	△	△	△	△	△			随设备带来
21	点火燃气阀位	△	△	△	△	△	△	△			随设备带来
22	风阀阀位	△	△	△	△	△	△	△		△	随设备带来
23	炉膛火焰	△	△	△	△	△	△	△			随设备带来
24	炉膛压力	△	△	△	△	△	△	△			随设备带来
25	炉膛出口烟气温度		△	△		△	△	△			随设备带来
26	鼓风压力	△	△	△	△	△	△	△			随设备带来
27	炉膛程序点火系统 炉膛熄火保护系统	△	△	△	△	△	△				随设备带来
28	燃烧器燃气泄漏检漏	△	△	△	△	△	△				随设备带来
29	燃气泄漏环境浓度检测	△	△	△	△	△	△	△			
30	风机	△	△	△	△	△	△	△	△	△	
31	补给水总管压力				△	△	△	△			
32	补给水总管温度				△	△	△	△			
33	热水总管压力、温度				△	△	△	△	△		
34	热水总管流量				△	△	△	△	△		
35	给水总管压力	△	△	△				△			
36	给水总管温度	△	△	△				△			
37	给水总管流量	△	△	△				△	△		
38	蒸汽总管压力	△	△	△				△			
39	蒸汽总管流量	△	△	△				△	△		
40	外网回水总管压力、温度	△	△	△	△	△	△	△			
41	外网回水总管流量	△	△	△	△	△	△	△	△		
42	燃气总管压力	△	△	△	△	△	△	△			
43	燃气总管流量	△	△	△	△	△	△	△	△		
44	燃气总管快速切断阀	△	△	△	△	△	△	△		△	
45	凝结水箱水位	△	△	△				△		△	
46	软化水箱水位	△	△	△	△	△	△	△		△	

燃油锅炉房热工仪表设置标准表

表 33.7-4

序号	检测点及检测项目	燃油锅炉热工检测仪表设置标准						仪表类型			备注
		蒸汽锅炉（t/h）			热水锅炉（t/h）			指示	记录	积算	
		≤4	6～10	≥20	≤4	6～10	≥20				
1	锅炉汽包压力	△	△	△				△	△		随设备带来
2	锅炉汽包水位	△	△	△				△	△	△	随设备带来
3	锅炉出口蒸汽流量	△	△	△				△	△		
4	锅炉出口蒸汽压力	△	△	△				△			
5	锅炉给水压力	△	△	△				△			随设备带来
6	锅炉给水温度	△	△	△				△			随设备带来
7	锅炉给水流量	△	△	△				△			随设备带来
8	锅炉出口热水压力				△	△	△	△			随设备带来
9	锅炉出口热水温度				△	△	△	△			随设备带来
10	锅炉出口热水流量				△	△	△	△			
11	锅炉进水压力				△	△	△	△			随设备带来
12	锅炉进水温度				△	△	△	△			随设备带来
13	供油压力	△	△	△	△	△	△	△			随设备带来
14	供油温度	△	△	△	△	△	△	△			随设备带来
15	供、回油流量	△	△	△	△	△	△	△			
16	回油压力	△	△	△	△	△	△	△			
17	点火燃气压力	△	△	△	△	△	△	△			随设备带来
18	排烟温度	△	△	△	△	△	△	△			
19	排烟压力		△	△		△	△	△			
20	烟气含氧量		△	△		△	△	△			
21	供油快速切断阀	△	△	△	△	△	△	△			随设备带来
22	供油调节阀阀位	△	△	△	△	△	△	△			随设备带来
23	点火燃气阀位	△	△	△	△	△	△	△			随设备带来
24	风阀阀位	△	△	△	△	△	△	△			随设备带来
25	炉膛火焰	△	△	△	△	△	△	△			随设备带来
26	炉膛压力	△	△	△	△	△	△	△			随设备带来
27	炉膛出口烟气温度	△	△	△	△	△	△	△			随设备带来
28	鼓风压力	△	△	△	△	△	△	△			随设备带来
29	炉膛程序点火系统 炉膛熄火保护系统	△	△	△	△	△	△	△			随设备带来
30	燃烧器燃油泄漏检漏	△	△	△	△	△	△	△			随设备带来
31	燃气泄漏环境浓度检测	△	△	△	△	△	△	△			
32	风机	△	△	△	△	△	△	△			
33	补给水总管压力	△	△	△				△			
34	补给水总管温度				△	△	△	△			
35	热水总管压力、温度				△	△	△	△			

续表

序号	检测点及检测项目	燃油锅炉热工检测仪表设置标准									备注
		蒸汽锅炉（t/h）			热水锅炉（t/h）			仪表类型			
		≤4	6~10	≥20	≤4	6~10	≥20	指示	记录	积算	
36	热水总管流量				△	△	△	△			
37	给水总管压力	△	△	△				△			
38	给水总管温度	△	△	△				△			
39	给水总管流量	△	△	△				△			
40	蒸汽总管压力	△	△	△				△			
41	蒸汽总管流量	△	△	△				△			
42	外网回水总管压力、温度	△	△	△	△	△	△				
43	外网回水总管流量	△	△	△							
44	供、回油总管压力	△	△	△							
45	供、回油总管流量	△	△	△							
46	供、回油总管温度	△	△	△							
47	燃油总管快速切断阀	△	△	△							
48	凝结水箱水位	△	△	△							
49	软化水箱水位	△	△	△							
50	日用油箱油位	△	△	△							

2. 供暖锅炉房监测与控制系统图及功能表

（1）燃煤热水锅炉

图 33.7-1 和图 33.7-2 分别表示链条锅炉计算机监控原理图和热水锅炉房计算机监控原理图。表 33.7-5 列出其基本检测参数的功能表。图 33.7-3 为燃煤蒸汽锅炉计算机监控

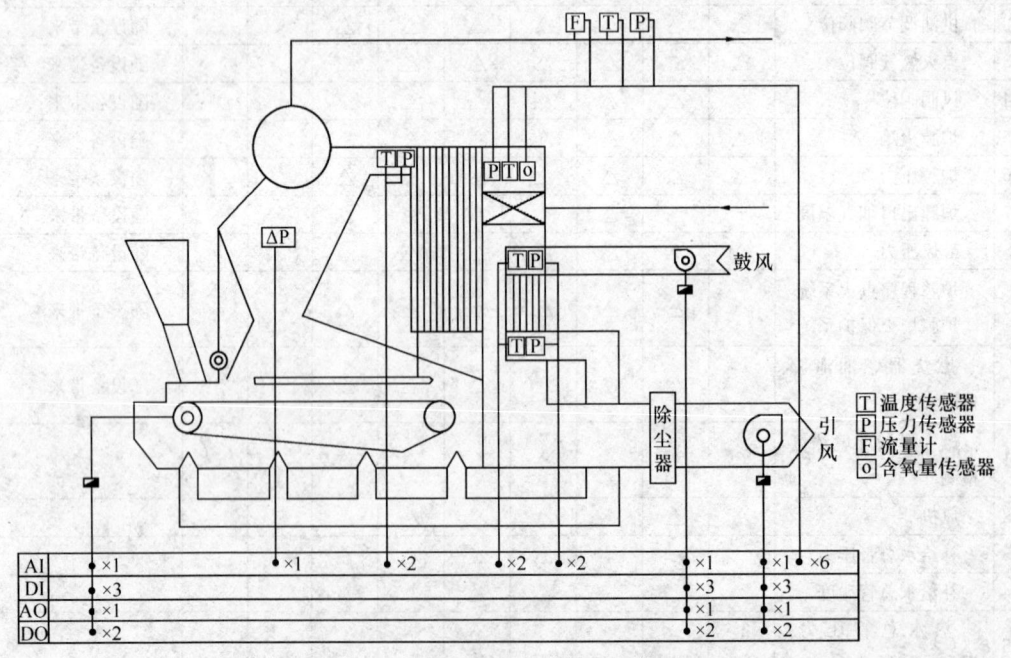

图 33.7-1 燃煤链条锅炉计算机监控原理图

原理图，图 33.7-4 为燃油热水锅炉计算机监控原理图，图 33.7-5 为燃油蒸汽锅炉、图 33.7-6 为燃气热水锅炉、图 33.7-7 为燃气蒸汽锅炉计算机监控原理图。

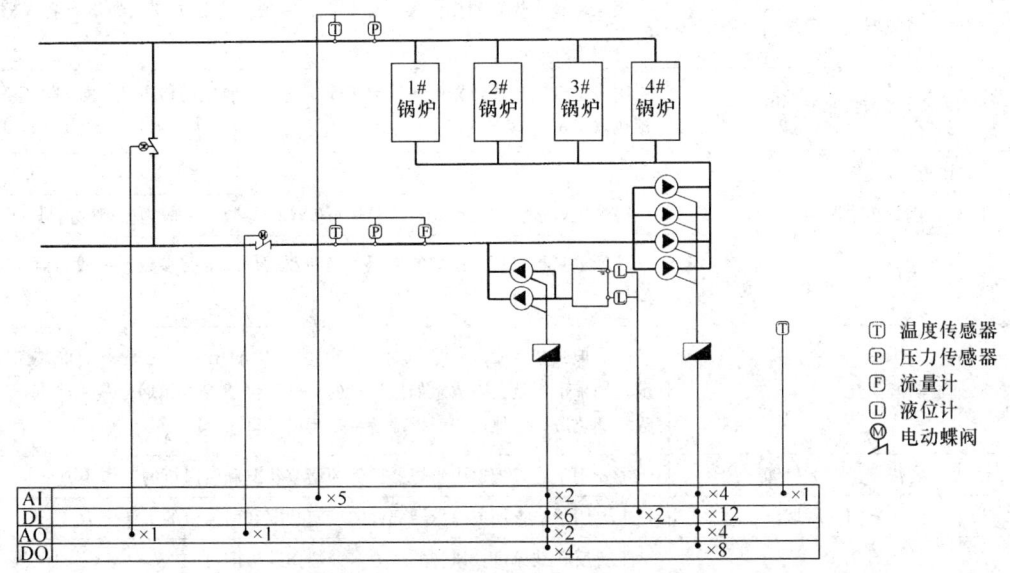

图 33.7-2　锅炉房计算机监控原理图

燃煤链条热水锅炉房基本检测参数的功能表　　　　　　　表 33.7-5

序号	参　　数	功　　能
一、温度（在热水锅炉计算机监控系统中，温度是主要的检测和控制参数）		
1.1	锅炉出水温度	每台锅炉出水管的温度，它的高低直接反映了锅炉燃烧的结果，是个主要参数
1.2	锅炉进水温度	每台锅炉进水管道的温度，是个主要巡检参数
1.3	供水温度	几台并列运行的锅炉公用供水通道的锅炉房供水温度，该温度反映几台锅炉综合燃烧的结果。 如果有热交换器的用户（热力站）也反映了进入热交换器一次侧的温度
1.4	回水温度	经过用户热交换后，由循环水泵打入公用回水通道的锅炉房回水温度。它的高低反映了用户用热量（热交换器吸热量）的大小，也部分反映了热交换器的效率
1.5	室外温度	客观反映环境气候的一个重要信号，也是锅炉供暖的依据，但它又是一个可测不可控的信号。 一般量测既不能安装在阴面，也不能安装在阳面，而应安装在一块空旷地的百叶箱内
1.6	炉膛出口温度	反映炉子燃烧状况的参数。如过低要歇火、过高可能造成能源的浪费和设备的损坏，一般为监视的信号
1.7	排烟温度	烟气流通过锅炉最后一个受热面的出口温度。如有空气预热器，就是空气预热器出口的烟气温度。不管有没有空气预热器，一般取除尘器前烟温作为排烟温度。这个温度是衡量一台锅炉燃烧热效率的一项重要指标。排烟温度过高，排烟热散失过大，锅炉的热效率就会降低；排烟温度过低，这种低负荷、低温在烟气中产生过量的 SO_2 会造成尾部受热面的低温腐蚀和对环境的污染

续表

序号	参 数	功 能
1.8	省煤器前、后烟温	用来检查省煤器的热传导工作状况，一般用巡检方式。如没有省煤器，可省略
1.9	空气预热器进、出口风温	用来检查空气预热器的热传导工作状况，一般用巡检方式。如没有空气预热器，可省略
二、压力		
2.1	锅炉出水压力	锅炉出口水管的水压力，涉及运行安全的参数，一般为监视的信号
2.2	锅炉进水压力	循环水泵将水打入锅炉的水压力，涉及运行安全的参数，一般为监视的信号
2.3	炉膛负压	锅炉炉膛在接受鼓、引风合成作用后产生的压力，也是一个重要控制量。如果正压就会喷火，如果过量的负压就会使炉墙和烟道漏风严重，导致排烟热散失增加，降低燃烧效率，污染环境
2.4	省煤器上、下口烟压	主要用于检查烟道中省煤器部件的堵塞状况和引风机的工作压力
2.5	除尘器前、后烟压	主要用于检查烟道除尘器部件的堵塞状况和引风机的工作压力
2.6	鼓风风压	主要反映鼓风机及风管的压力，一般作巡检即可
2.7	空气预热器，出口风压	主要用于检查烟道空气预热器部件的堵塞状况和引风机的工作压力
三、流量、热量		
3.1	锅炉出口水流量	锅炉出口水流量，计量锅炉供热量的重要的参数
3.2	锅炉进口水流量	锅炉进口水流量，计量锅炉供热量的重要的参数
3.3	总供水流量	总供水流量，计量总供热量的重要的参数
3.4	锅炉供热量	衡量锅炉出力（产热量）的重要参数
3.5	总供热量	衡量锅炉房出力（供热量）的重要参数
四、烟道残氧量		
4.1	烟道残氧量	这是一个间接反映过剩空气参数的量，氧量过高，反映风量太大，不是造成正压，就是由于过量的引风量与之平衡，而收走过多的热量，降低燃烧效率；氧量过低，煤得不到充分的燃烧，而造成煤渣过高的含碳量。本参数是微机燃烧控制中一个重要控制量
五、煤层厚度		
5.1	煤层厚度	反映给煤量的一个重要参数
六、速度		
6.1	给煤速度	在链条炉中也就是炉排速度，这是细调给煤量的参数。在微机监控系统中，这个量必须无级调速，因此采用变频调速技术
6.2	鼓风速度	反映鼓风量的重要参数。由于风量与速度是三次方函数关系，所以速度调节对鼓风量的变化最灵敏，也是微机监控系统中主要控制量
6.3	引风速度	反映引风量的重要参数。由于风量与速度是三次方函数关系，所以速度调节对引风量的变化最灵敏，也是微机监控系统中主要控制量
6.4	循环水泵速度	根据外网负荷的需求，自动调节系统循环水流量，按需供热

(2) 燃煤蒸汽锅炉

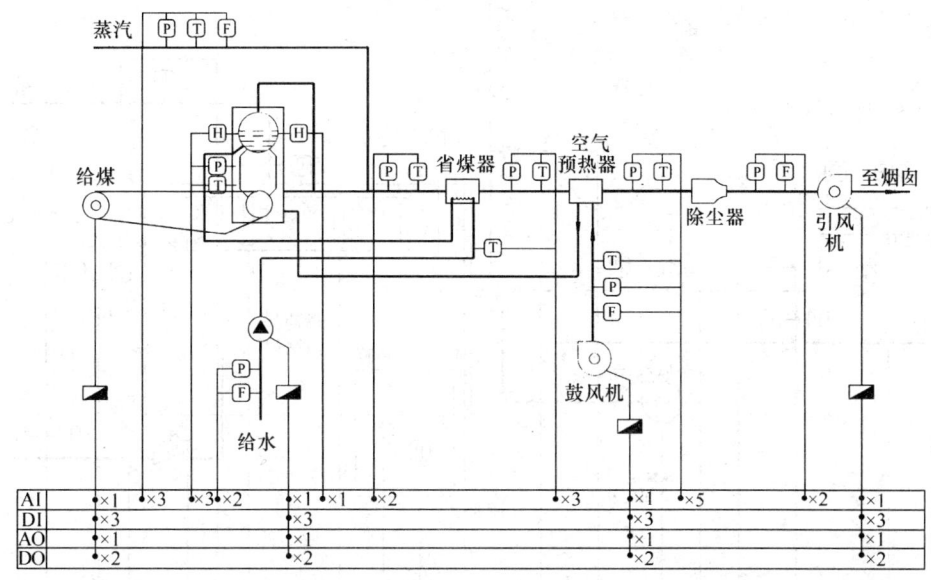

图 33.7-3 燃煤蒸汽锅炉计算机监控原理图

(3) 燃油热水锅炉

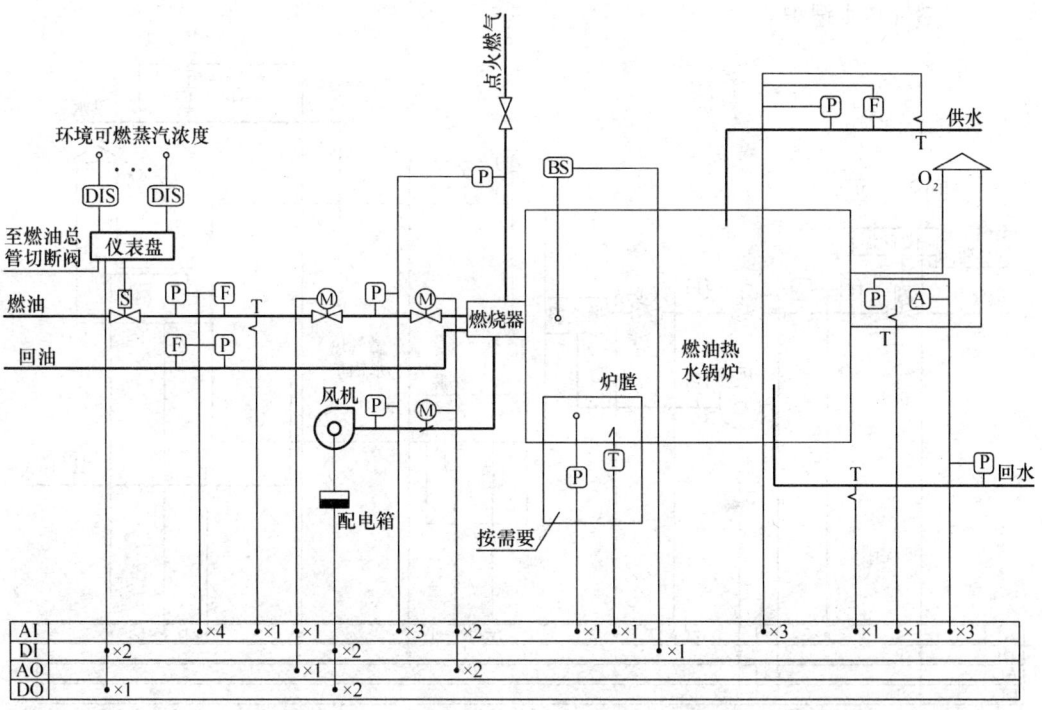

图 33.7-4 燃油热水锅炉计算机监控原理图

(4) 燃油蒸汽锅炉

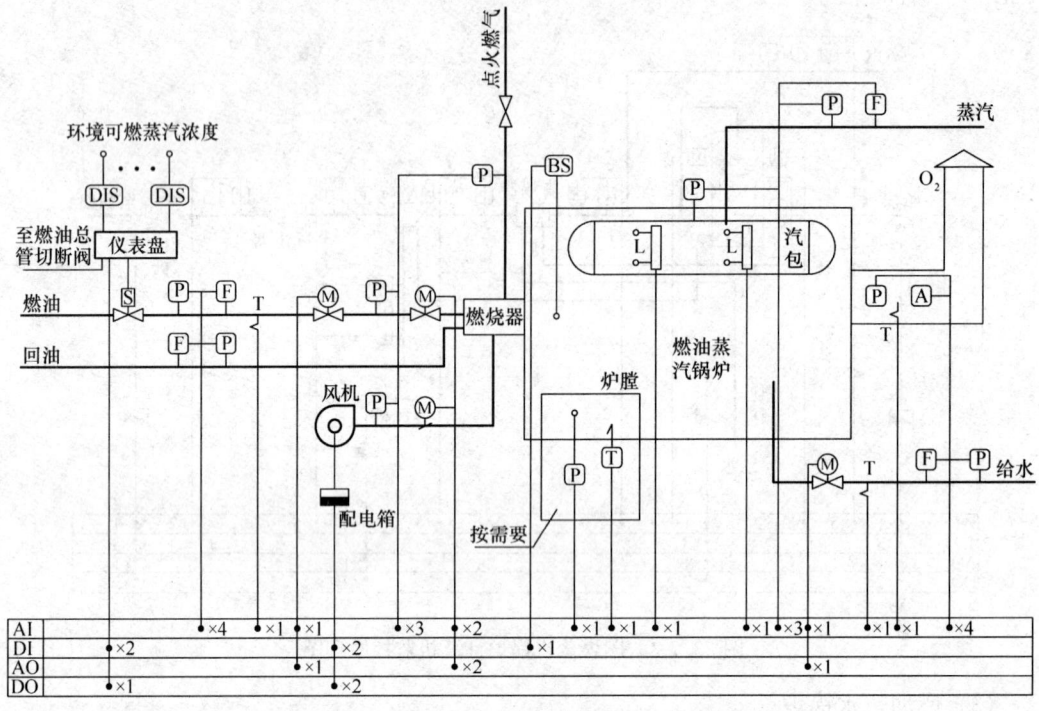

图 33.7-5 燃油蒸汽锅炉计算机监控原理图

(5) 燃气热水锅炉

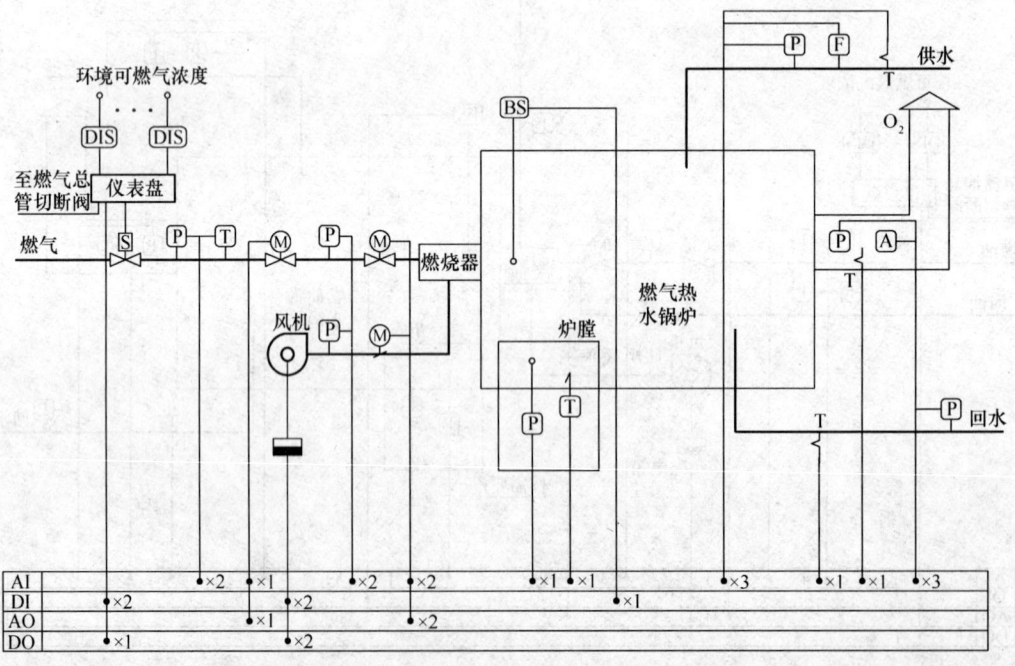

图 33.7-6 燃气热水锅炉计算机监控原理图

(6) 燃气蒸汽锅炉

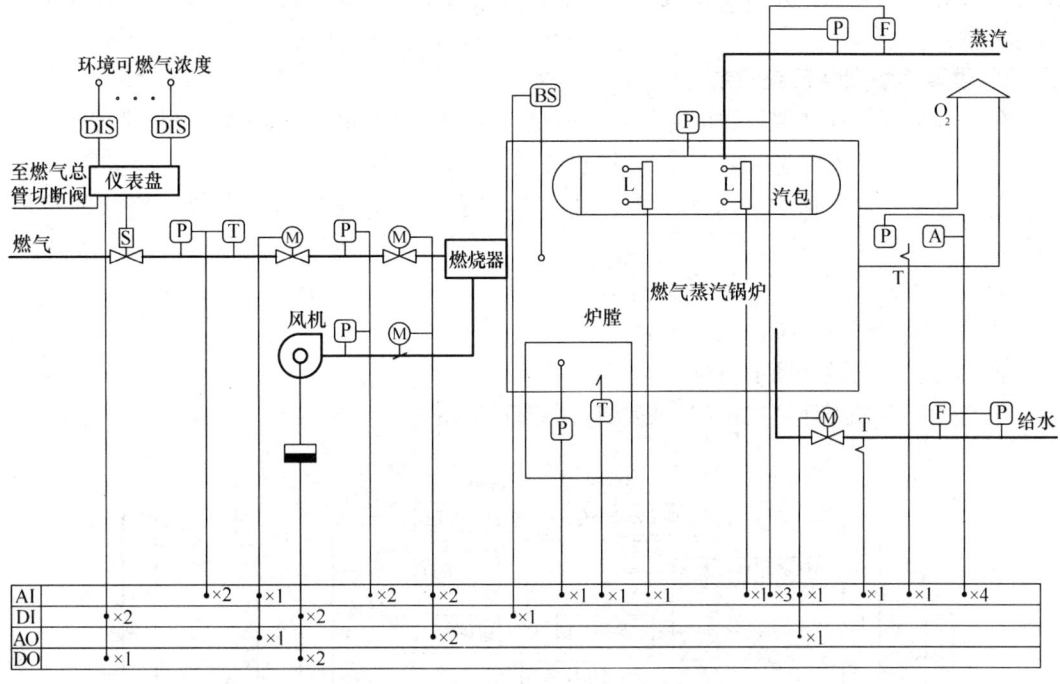

图 33.7-7 燃气蒸汽锅炉计算机监控原理图

33.7.3 供暖锅炉房的自动控制

1. 供暖锅炉房热负荷预测及调节方法

根据外温变化情况，预测负荷的变化，从而确定供热参数，即循环水量及泵的开启台数、供水温度、锅炉运行台数。负荷的预测可以根据测出的以往 24h 的平均外温 t_w 来确定：

$$Q = Q_0 \frac{t_w - 18}{t_0 - 18} \tag{33.7-1}$$

式中的 Q_0 为设计负荷，t_0 为设计状态下的室外温度，Q 为预测出的负荷。考虑到建筑物和管网系统的热惯性，采用时间序列的方法来预测实际需要的负荷，可能要更准确些。

式 (33.7-1) 中的 t_w 尽管每小时计算一次，但由于是取前 24h 的平均外温，因此它随时间变化很缓慢。每小时 Q 的变化 ΔQ 仅为：

$$\Delta Q = Q_0 \frac{t_{wt} - t_{wt-24}}{t_0 - 18} \cdot \frac{1}{24} \tag{33.7-2}$$

其中 $t_{wt} - t_{wt-24}$ 为两天间同一时刻温度之差，一般不会超过 5℃，因此 ΔQ 的变化总是小于 Q 的 1%，所以不会引起系统的频繁调节。

根据预测的负荷可以确定锅炉的开启台数 N_b：$N_b \geqslant Q/q_0$，其中 q_0 为每台锅炉的最大出力。由此还可确定循环水泵的开启台数。

要求的总循环量 $G = \max (Q/(\Delta t' c_p), G_{min})$，其中 G_{min} 为不产生垂直失调时要求的

最小系统流量，Δt 为设定的供回水温差。由于多台泵并联时，总流量并非与开启台数成正比，因此可预先在计算机中预置一个开启台数与流量的关系对应表，由此可求出要求的运行台数。

2. 供暖锅炉燃烧系统控制

供暖锅炉系统存在着较强的非线性、时变性和较大的随机干扰，燃烧过程机理较为复杂，是一个典型的多变量输入、输出的复杂系统。

对于燃油、燃气锅炉，采用蒸汽压力（出水温度）～燃料量、燃料～空气的比值调节；

对于≥20t/h（14MW）链条炉排锅炉，采用：

热量～风量调节系统；

含氧量校正的燃烧调节系统。

燃烧过程宜采用计算机控制。燃烧控制原理图见图33.7-8。

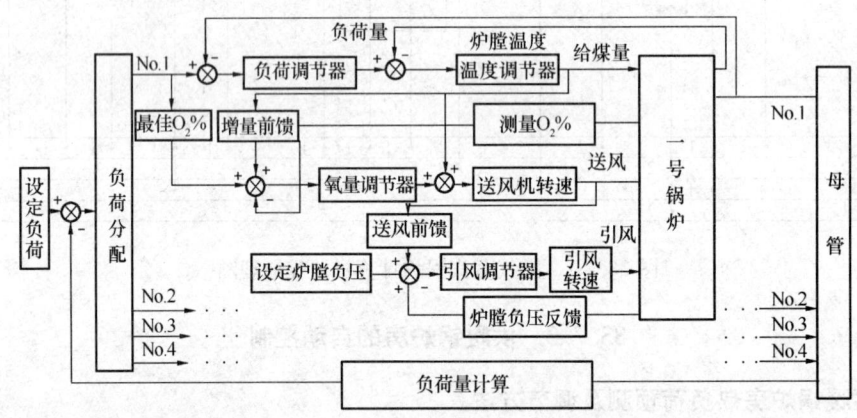

图33.7-8　燃烧控制原理图

（1）燃煤链条锅炉

对于链条式热水锅炉，燃烧过程控制的基本任务既要使供热量适应负荷的需要，还要保证燃烧的经济性和锅炉运行的安全性。

常采用为三回路、六参数的调节方案，即

——根据对产热量的负荷要求控制炉排链条速度，来调节给煤量；

——根据锅炉的负荷及排烟的含氧量调节鼓风机的转速以调节鼓风量使之随时与给煤量保持恰当的风煤比例，以保证完全的燃烧和最小的热损失，或者是在含氧量测量不准和故障时，利用专家处理系统；

——根据鼓风量，控制引风机的转速来调节引风量，以保持炉膛负压在合理的范围内。

1）给煤调节回路设计

在锅炉的燃烧系统中，给煤量调节是整个燃烧控制系统中重要环节，是节约能源，提高经济效益的主要实现途径。

在给煤量调节系统中，分为两调节环节：一是负荷主调节器，另一个是炉膛温度副调节器。主副调节器都采用模糊控制器。

由于系统在动态调节过程中，要求控制器具有较好的鲁棒性和快速性，相对讲对精度要求并不是十分高，因而采用常规的二维模糊控制器在实时控制过程中，模糊控制器的输入变量是锅炉的负荷分配及负荷的变化，输出的是链条炉的炉排的转速，即给煤量的调节。

为了使锅炉的炉膛温度控制在稳定的范围之内，提高锅炉的运行工况，缩小各锅炉之间的不平衡性，还要引入炉膛温度这一副调节器，对给煤量进行修正，以便使炉膛温度控制在一定的范围之内。对于炉膛温度修正副调节回路，取炉膛温度的偏差及偏差的变化为输入变量，修正给煤量为输出变量。

2) 含氧量调节回路设计

鼓风调节系统的主要任务是改变鼓风机的转速以调节鼓风量使之随时与给煤量保持恰当的比例，即风煤比，来保证完全的燃烧和最小的热损失。

由于到目前为止，还没有找到一种有效的方法能够准确的测量给煤量的信号，工程实际中一般以烟气含氧量作为给煤量的一种间接反馈信号，以最佳含氧量信号作为标识来控制系统的经济燃烧，含氧量信号具有时间延迟短，对是否充分燃烧反应快等优点，因此可以将鼓风调节系统直接看成氧量调节的过程。

氧量调节器有三个输入变量：最佳含氧量，含氧量的测量值以及给煤量的增量前馈。氧量调节器的主要目的是使锅炉烟气的含氧量稳定在最佳值附近，以保证煤完全的燃烧和最小的热损失。

在氧含量检测不准或出现故障时，氧量调节器这时可以自动切入燃烧控制专家系统，替代氧调节回路来实现优化燃烧的目标。以锅炉的负荷分配及变化，通过专家系统处理，指导调节鼓风机的转速，保证较合理的风煤比。

锅炉燃烧工况简单地分为平稳状态、负荷增减状态、异常变化状态（如煤质变化）三种。负荷平稳和增减工况，都属于正常燃烧工况，可根据负荷的需要调整给煤量，按照合理的风煤比自动调节鼓风和引风。但当燃烧过程出现异常波动时，这种常规控制却难以适应，此时专家处理系统往往会发挥更大的作用。依据对燃烧工况模式识别，结合实际经验，构造异常情况下锅炉燃烧控制规则，实现了对燃烧过程的智能控制。

在异常工况下，控制规则主要包括以下原则：

煤质变化量为+1时，适当降低炉排转速和鼓风量；

煤质变化量为-1时，适当降低炉排转速，提高鼓风量；

煤质变差，待调整平稳后，逐步提高炉排转速和风煤比等；

3) 引风调节回路设计

炉膛负压太小甚至偏正，局部地区容易喷火，不利于安全生产，也不利于环境卫生；如果负压太大会使大量冷空气漏入炉膛和烟道，增大引风机负荷和排烟带走的热损失，不利于经济燃烧。炉膛负压必须控制在一定范围，一般维持在-20Pa左右，通过调节引风变频器的频率来实现。为了及时消除鼓风对负压的影响，所以将鼓风量作为一个前馈量引入了炉膛负压调节回路。

(2) 燃气锅炉

燃气锅炉燃烧控制涉及燃气量、燃气与空气之比、燃气压力、炉膛温度与压力等多个参数。

1) 燃气热水锅炉

燃烧器的控制方式

燃气锅炉的燃烧器根据使用情况可分为一段火、二段火、双段滑动式和比例调节等四种火焰控制方式。

一段火燃烧器是指燃烧器点火后，只有一级出力，出力不能调节；

二段火燃烧器是指燃烧器有两级出力，点火后可以一级工作，当负荷增大时，第二级投入运行，两级共同工作，这种燃烧器虽然出力大小可以调整，但只能调整为两级，不能是无级调节；

滑动式两段可调节燃烧器是指燃烧器只有一个喷嘴，但喷嘴内有一针阀。当第二级加大燃烧时，使针阀后退，加大出气口尺寸，以加大燃烧出力；

比例调节燃烧器是指出力为连续调节的，即无级调节，从最小出力至最大出力；

燃烧器的启动过程

如果具备起炉条件，即当气源压力检测合格，循环水泵启动使炉内充满水后，则可接通燃烧器电源。然后启动鼓风机，并检测鼓风风压，同时进行燃气泄漏检测。鼓风清扫后，风门关闭，防止点火时吹灭。关闭风门后，进行电打火，形成电弧，然后通气，进行点火。

点火步骤一般分为两步，先点小火，点火后进行小火焰监视，监视 7s 后，确定点着了，打开主电磁阀，用小火点着大火。根据大火的热量和亮度，进行监视，确定大火点着了，则关闭电打火系统，关闭点火电磁阀。

当大火燃烧正常后，运行指示灯亮，锅炉进入正常燃烧状态，根据设定的出水温度自动调节燃烧和启停。

在起炉和运行中，任何环节出现故障，则关闭燃料供给，启动风机吹风清扫，程序恢复到起始位置，然后关闭燃烧器。

2) 燃气蒸汽锅炉

燃气蒸汽锅炉的燃烧器类型和控制与燃气热水锅炉相同。但起炉时的条件与燃气热水锅炉有所不同，即当气源压力检测合格、炉内水位在正常位置、蒸汽压力未超过最高工作压力，则可以接通燃烧器电源。

燃气蒸汽锅炉运行过程中，当负荷变化时，蒸汽压力会随之变化。当蒸汽压力变化时，说明锅炉燃烧过程的发热量与负荷之间不能平衡，因此，必须改变燃料供应量，使两者达到新的平衡，以使蒸汽压力恢复到规定值。

燃气蒸汽锅炉燃烧器运行程序框图如图 33.7-9。

（3）燃油锅炉

燃油锅炉的燃烧控制涉及油箱油位、燃烧器的回油量、油气比、炉膛温度、油温、炉膛内压力、烟温等多个参数。燃油锅炉燃烧器运行程序框图如图 33.7-10。

3. 供暖锅炉房其他系统控制

（1）锅炉房水系统的监测控制

水系统的计算机监测控制系统的主要任务是保证系统的安全性；对运行参数进行计量和统计；根据要求调整运行工况。其各项任务的功能见表 33.7-6。

33.7 锅炉房的监测与控制

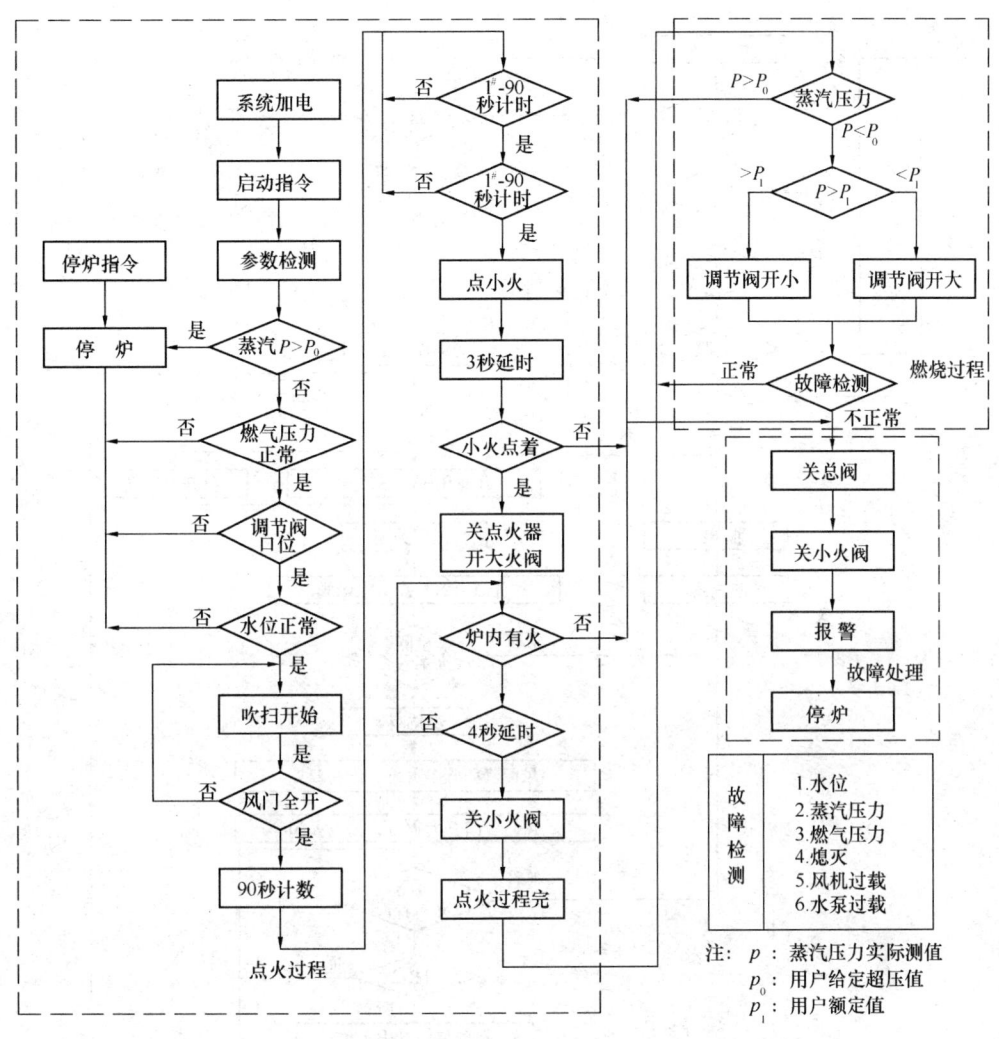

图 33.7-9 燃气蒸汽锅炉燃烧器运行程序框图

供暖热水锅炉水系统监控任务和功能表　　　　　　　　　　　　　表 33.7-6

序号	任务	功 能
1	安全性保证	热水锅炉房保证主循环泵的正常运行和补水泵的及时补水，使锅炉中循环水不会中断，也不会由于欠压缺水而汽化。 蒸汽锅炉房保证锅炉的给水泵正常运行，使锅炉汽包水位正常。 这是锅炉房安全运行的最主要的保证
2	计量和统计	热水锅炉房测定供回水温度和循环水量，以得到实际的供热量；测定补水流量，以得到累计补水量。供热量及补水量是考查锅炉房运行效果的主要参数。 蒸汽锅炉房测定蒸汽的温度和压力以及给水量
3	运行工况调整	根据要求改变循环水泵运行台数或改变循环水泵转速调整循环流量或改变供水温度，以适应供暖负荷的变化，节省运行电费。 根据要求改变蒸汽压力，调整供给的热量，适应供暖负荷的变化

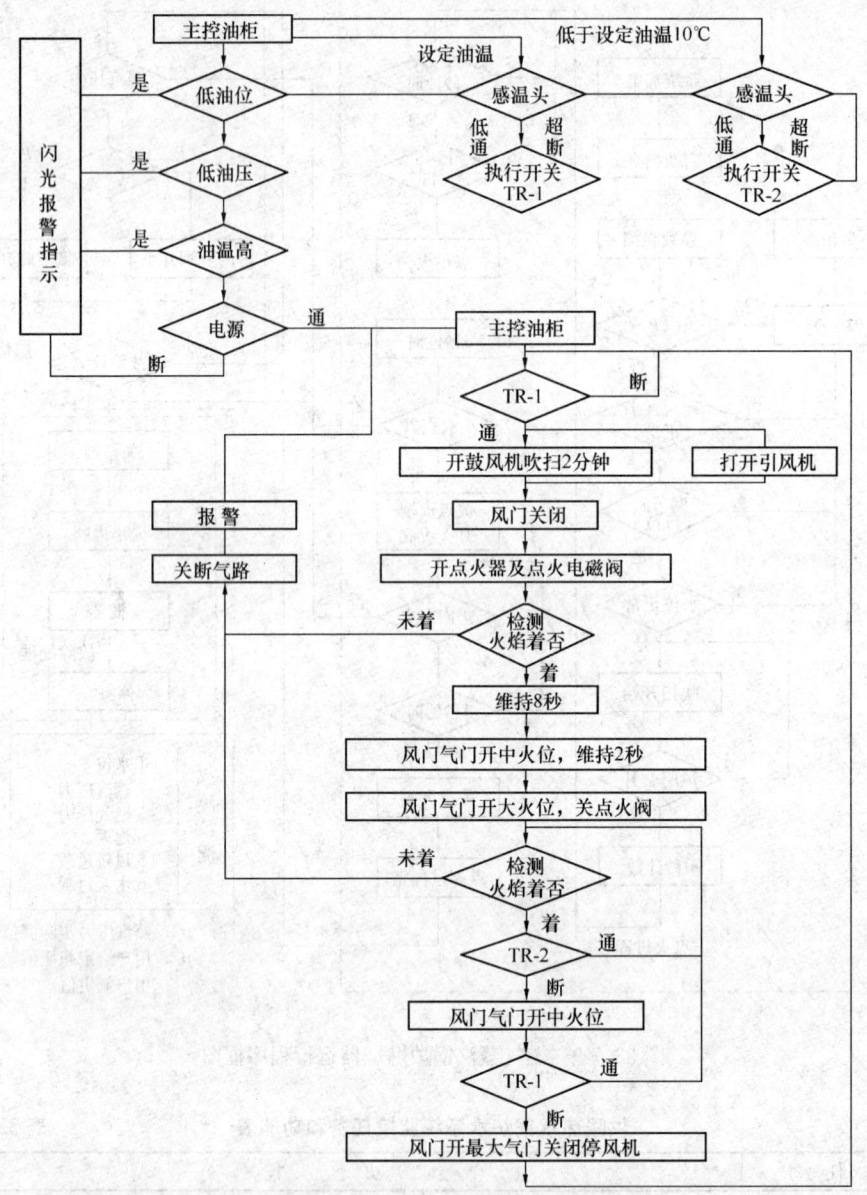

图 33.7-10 燃油锅炉燃烧器运行程序框图

1) 系统定压自动补水装置：目的是维持供暖系统压力稳定，防止产生汽化或倒空。

采用方式有：低位水箱＋补水泵、高位水箱＋补水泵和加压膨胀水箱。前两种方式用压力控制器或补水泵变频定压，推荐采用补水泵变频定压，有利于节能和压力稳定；后一种设置水位及压力自动调节。

同时，应设置超压时自动泄压装置和自动排气装置。

2) 炉水超温汽化自动保护装置：

对于燃油、燃气锅炉，自动切断燃料供应；

对于层燃锅炉，自动切断鼓、引风机；

33.7 锅炉房的监测与控制

当锅炉压力过低、炉水温超过规定值及系统主循环水泵故障停运时应发出报警信号,并打开自循环阀和循环水泵。

(2) 蒸汽锅炉水位自动调节

位式调节（≤4t/h）$\begin{cases}双位浮子式\\双位电极式\\双位电感式\end{cases}$

连续调节（≥6t/h）$\begin{cases}单冲量（水位）\\双冲量（水位、蒸汽流量）\\三冲量（水位、蒸汽流量、给水流量）\end{cases}$

汽包水位连续调节方式比较见表33.7-7。

要求：在司炉操作地点应设置手动控制装置；备用电动给水泵宜装设自动投入设施；应装设极限低水位保护及（≥6t/h）蒸汽超压（自动停炉）保护装置。

汽包水位连续调节方式比较 表33.7-7

序号	方式	原 理	特 点
1	单冲量	根据锅筒水位的高低调节给水阀的开度 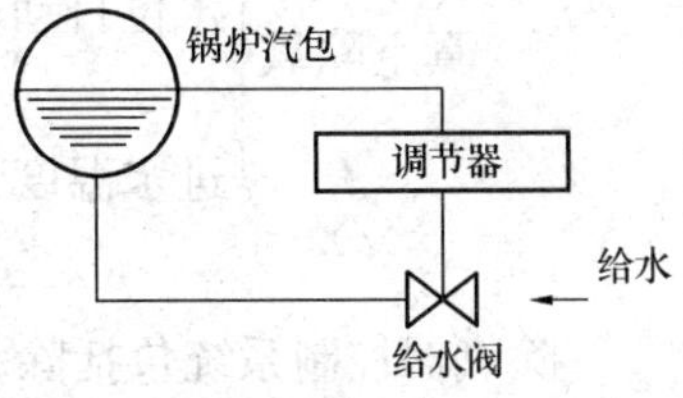	灵敏度低，延迟较大，仅适用于水容量较大并且负荷较稳定的场合
2	双重量	取锅筒水位和蒸汽流量两个冲量作为调节依据，调节给水阀的开度 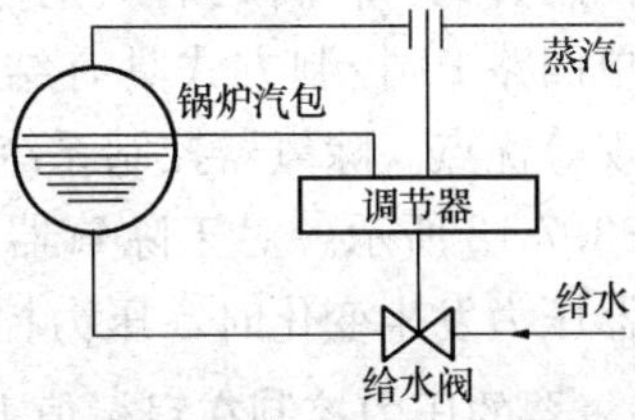	具有反馈信号，调节性能较单冲量方式精度要高
3	三冲量	取锅筒水位、蒸汽流量和给水流量三个冲量作为调节依据，调节给水阀的开度 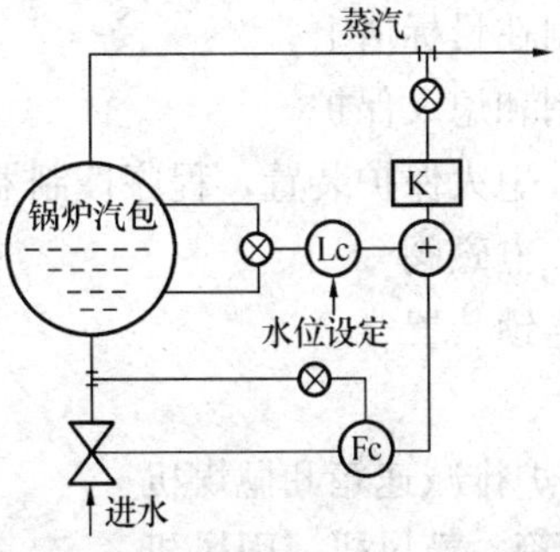	在给水流量反馈控制基础上引入蒸汽流量前馈冲量而构成的三冲量汽包水位控制系统（汽包水位，给水量，蒸汽量），基本可以克服扰动和虚假水位的现象，达到控制的目的

三冲量汽包液位控制包含给水流量控制回路和汽包水位控制回路两个控制回路,见图33.7-11。它实质上是蒸汽流量前馈与液位—流量串级系统组成的复合控制系统。当蒸汽流量变化时,锅炉汽包水位控制系统中的给水流量控制回路可迅速改变进水量以完成粗调,然后再由汽包水位调节器完成水位的细调。

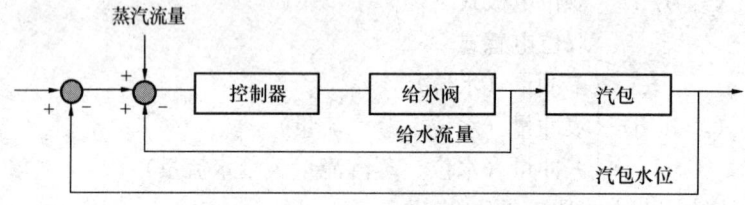

图33.7-11　三冲量汽包液位控制框图

采用三冲量串级调节系统,这一控制方案不仅可以克服假水位的影响,保证锅炉安全运行,还可避免三个信号静态配合不准引起的水位静态偏差。

(3) 热力、真空除氧自动调节

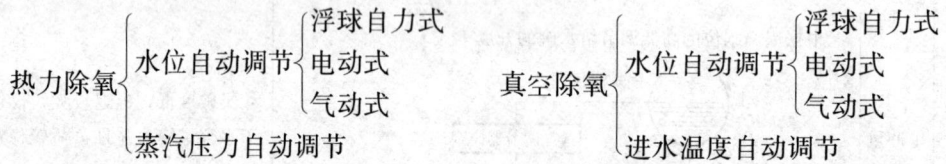

水位过高过低应发出报警信号。

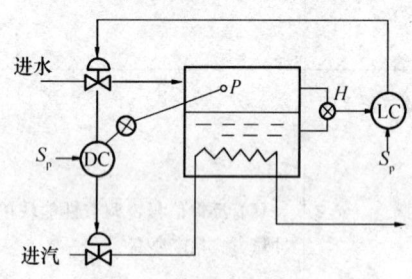

图33.7-12　除氧控制原理图

除氧器控制系统包括除氧器压力和液位两个控制子系统。在锅炉计算机控制系统中,除氧器压力控制系统和除氧器液位控制系统都设计为单回路PI控制方式。在满足锅炉生产的实际要求的前提下,单回路PI控制方式具有结构简单、容易整定和实现等优点。除氧器控制系统的控制方案示意图如图33.7-12所示。对于除氧器压力系统而言,当除氧器压力发生变化时,压力控制系统调节除氧器的进汽阀,改变除氧器的进汽量,从而将除氧器的压力控制在目标值上;同样,除氧器水位调节的目的就是控制给水维持水位稳定。一般采用单回路调节就可以满足控制要求。对于除氧器液位系统,当除氧器液位发生变化时,液位控制系统调节除氧器的进水阀,改变除氧器的进水量,从而将除氧器的液位控制在目标值上。

(4) 燃油、燃气锅炉点火程序控制和熄火保护

点火程序控制——电气点火装置、熄火保护装置,程序控制器

熄火保护装置——火焰监测装置,电磁阀

(5) 鼓、引风机及燃料供应电气连锁装置

对于层燃炉:

开炉程序——引风机、鼓风机、炉排减速箱和抛煤机

停炉程序——抛煤机、炉排减速箱、鼓风机、引风机

对于燃油、燃气锅炉：

$\begin{cases}引风机故障——自动切断鼓风机和燃料供应\\ 鼓风机故障——自动切断燃料供应\\ 燃料供应压力低于规定值——自动切断燃料供应\end{cases}$

要求：开炉、停炉程序工作应发出相应的信号；应设置解除连锁和就地操作的装置。

(6) 连续机械化运煤、除灰渣系统电气连锁装置

对于运煤、除灰渣系统：

$\begin{cases}顺序启动——逆物料输送方向依次启动\\ 顺序停车——顺物料输送方向依次停车，并设停车延时连锁\\ 事故停车——故障点以前的设备立即停车，故障点以后的设备继续运转将料卸空\\ 除灰渣机械过载保护停车\end{cases}$

对于运煤系统局部排风除尘装置：$\begin{cases}启动——先启动排风除尘装置\\ 停止——后停止排风除尘装置\end{cases}$

要求：应发出相应工作状态的信号、故障报警信号；除集中操作控制外，为方便单机试车，应设局部连锁和解除连锁装置；各设备岗位应设启动、运行、生产联系和事故信号。启动和生产运行联系信号必须有往返系统。

33.8 供热系统的监测与控制

33.8.1 供热监测与控制系统的设计

1. 供热系统监测与控制的功能

在供热系统中采用计算机控制技术能实施现代科学管理，最大限度地节约能源、提高管理水平、保证供暖质量和降低运行成本等，有着明显的社会效益和经济效益。

供热系统通过计算机自动监控运行，概括起来说，可以实现如下五个方面的功能：

(1) 实时检测参数，及时了解工况

实现计算机自动检测，可及时的测量各换热站（热用户）的温度、压力、流量、热量等参数。热网运行人员就可以及时掌握系统的水力工况（水压图）、流量分配和温度分布，了解各换热站的运行工况。

(2) 按需分配流量，消除冷热不均

对于大型而复杂的供热系统，消除每个换热站和二次网水力失调的工作，不能单靠系统投运前的一次性调节来完成。供热系统在运行过程中，供热量随室外温度而变化，温度和流量调节是经常性的，因此手动调节无法保证精度。计算机监测与控制管理系统实时测量热力站或热用户的供、回水温度，按照预先设定的程序，使温度和流量达到按需分配的调节要求，进而消除冷热不均的现象。

(3) 合理匹配工况，保证按需供热

热源的供热量与热用户的耗热量不匹配时，会造成全网平均室温偏高或偏低。当"供大于需"时，供热量浪费；当"需大于供"时，影响供热效果。

计算机监测与控制管理系统可以通过软件开发，根据实测的室外温度变化，预测当天热负荷，制定最佳运行工况，达到节能的目的。

(4) 及时诊断故障，确保安全运行

计算机监测与控制管理系统可以配置故障诊断专家系统，通过对系统的运行参数进行分析，即可对管网、换热站（热用户）中发生的泄漏、堵塞等故障进行及时诊断，并指出可能发生的故障设备和位置，以便及时检查、检修并采取相应的保护措施，防止事故进一步扩大，保证系统安全运行。

(5) 健全运行档案，实现量化管理

由于计算机监测与控制管理系统可以建立各种信息数据库，能够对运行过程中的各种信息数据进行分析，根据需要打印出运行日志、水压图、水耗、电耗、供热量等运行数据和控制指标，实现量化管理。

在推行"按热量计费"的过程中，计算机监测与控制管理系统还能对已有的供暖建筑物，可对按热力站计量收费、或按楼计量收费、或按热入口计量收费、或按用户计量收费提供相关数据。管理和研究人员还可以从数据库中随时调出供回水温度、室外温度、室内平均温度、压力、流量、故障记录等历史数据，以便查询、研究。

2. 供热检测与控制系统设计的基本要求

(1) 供热监测与控制系统的体系结构

按纵向分，供热监测与控制系统由调度监控中心、现场控制机、通信网络和与监控有关的仪表和执行器等部分组成。

按横向分，供热监测与控制系统由热源（首站）监控系统、热力站监控系统、中继泵站监控系统和节点监测系统（某些供热网还在管道的某些重要部分设置节点，采集其温度、压力和流量参数）组成。

供热监测与控制系统一般采用分布式计算机控制系统结构。目前在国内，对于供热系统的监测与控制系统有两种不同的思路，见表33.8-1。

供热系统监测与控制系统的不同思路与特点　　　　　表33.8-1

名称	采用中央集中式监控方法	采用中央与就地分工协作的方法
思路	中央独揽大全，现场控制机只是参数的下情上达和指令的上情下达，本身没有自动调控的决策功能	中央与就地分工协作监控方法，其供热量的自动调节决策功能完全"下放"给就地的现场控制机，中央只负责全网参数的监视及总供水温度、总循环流量的自动调控
特点	对软件的功能要求比较高，当出现"需大于供"时，能进行均匀调节，但灵活性差，局部故障容易影响全局的正常运行	比较灵活，故障率小，容易适应热网不同建设期的需要。概括起来为：中央监测。统一调度，现场控制

(2) 供热监测与控制系统的一般结构

供热系统的监测与控制的一般结构层次划分如图33.8-1。

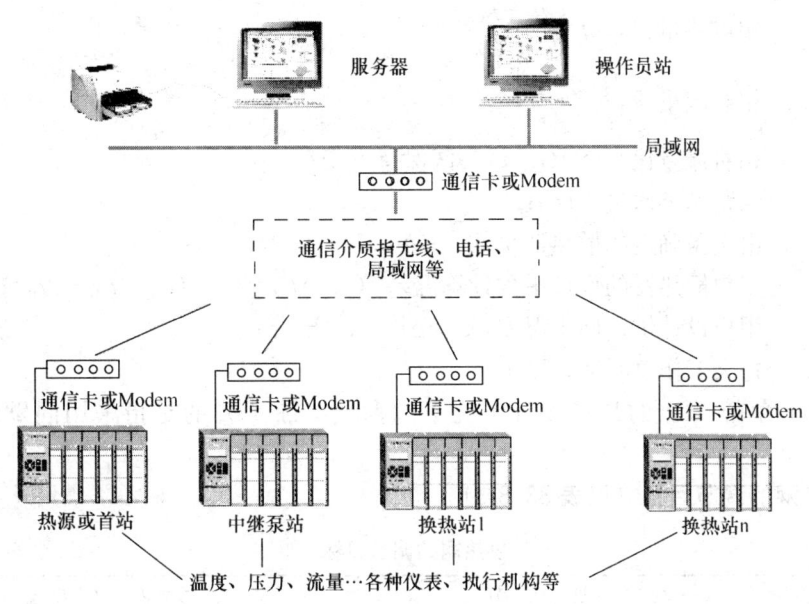

图 33.8-1 供热自动监控系统体系结构图

33.8.2 供热网的主要调节方法与目标

1. 供热网的主要调节方法（见表 33.8-2）

供热网的主要调节方法　　　　　表 33.8-2

序号	名称	计算公式	调节方法及特点
1	量调节	$\overline{G}\dfrac{t'_g+t'_h}{t_g-t_h}\overline{Q}$ $t_h=2t_n+(t'_g+t'_h-2t_n)\times\overline{Q}^{\frac{1}{1+B}}-t'_g$	1. 减少循环水流量，节省水泵电耗； 2. 负荷变化响应速度快； 3. 循环流量减少过多，会使供暖系统水力失调
2	质调节	$G=G'=$ 定值 $t_g=t_n+\Delta t'_s\cdot\overline{Q}^{\frac{1}{1+B}}+0.5\Delta t'_j\overline{Q}$ $t_h=t_n+\Delta t'_s\cdot\overline{Q}^{\frac{1}{1+B}}-0.5\Delta t'_j\overline{Q}$	1. 循环水量不变，仅改变供水温度，增加水泵电耗； 2. 网路水力稳定性好，运行管理方便； 3. 负荷变化响应速度慢，随着系统增大，影响越大
3	分阶段质—量综合调节	$t_g=t_n+\Delta t'_s\cdot\overline{Q}^{\frac{1}{1+B}}+0.5\dfrac{\Delta t'_j}{\Phi}\overline{Q}$ $t_h=t_n+\Delta t'_s\cdot\overline{Q}^{\frac{1}{1+B}}-0.5\dfrac{\Delta t'_j}{\Phi}\overline{Q}$ $G=\Phi\cdot G'$ 在每一区段保持定值	1. 有分阶段改变供水温度的质调节和分阶段改变流量的量调节两种方法，前者节能由于后者； 2. 具有上两种方式的优点，可以满足最佳工况要求
4	间歇调节	$n=24\dfrac{t_n-t_w}{t_n-t''_w}$	1. 在供暖初期或末期，不改变热网水流量和供水温度，而改变每天的供热时数来调节供热量； 2. 用户应有较好的蓄热能力

式中：

　　t_g、t_h——供、回水温度，℃；

　　t_n、t_w——供暖室内、外温度，℃；

$\overline{Q}$——相对热量比，$\overline{Q}=\dfrac{t_n-t_w}{t_n-t'_w}$；

$\overline{G}$——相对流量比，$\overline{G}=\dfrac{G}{G'}$；

Φ——相对流量比，$\Phi=\overline{G}$，每一区保持不变；

G——网路循环水量，t/h；

B——由实验确定的散热器系数，$B=0.14\sim0.37$；

$\Delta t'_s$——用户散热器的设计平均计算温差，℃，$\Delta t'_s=0.5(t'_g+t'_h-2t_n)$；

$\Delta t'_j$——用户设计供、回水温差，℃，$\Delta t'_j=t'_g-t'_h$；

n——每天工作总时数，h/d。

符号右上角带（'）的是指设计工况下的参数，带（"）的是指采用间歇调节时的参数。

2. 供热网的调节目标（见表 33.8-3）

供热网的调节目标　　　　　　　　　表 33.8-3

比较项目	均 匀 性 调 节	按 需 供 热
基本思想	将整个供热网系统分为热源和热网两个互为独立的调节子系统，热网以实现均匀供热为调节目的，热源通过动态预测的总需热量调节总供热量	用户将根据自己的需求调节室内散热器上的温控阀来控制室内温度，就是通过调节散热器的流量即散热器的供热量而控制室温。当众多用户调节流量后，整个热网的流量和供热量也将随之变化，因此需从热源调节一次网的供水温度和流量，以满足用户的绝对室温要求
调节依据	按照在线识别的供热特性参数进行调节	主要是设计参数
调节方法	热源：根据动态预测的热网负荷调节供热量和供热参数 热网：中央管理计算机统一给定各个换热站的调节目标	热源：按基于设计工况的静态调节公式调节。 热网：用户各自决定自己的调节目标，采用单回路或串级闭环控制
热源、热网相互影响	热源、热网调节回路基本独立，相互牵制小，适合热源、热网分级管理体制。	热源的调整及外温的变化都会导致用户的不断调整，用户独立控制也会对热源运行产生影响。热源、热网相互牵制

33.8.3　几种典型换热站自动监测与控制

完善的供暖系统调节与控制实际上应该是四个环节的控制：室内恒温控制、热力站（热入口）流量控制、热源供热控制及热力网最不利用户的供回水压差控制。

室内散热器入口支管上安装温控阀，调节与控制室内温度水平，消除室内系统的工况失调，详见室内热用户系统章节。

热力站（热入口）通过一次网的循环流量的调节，控制二次网的供回水温度（二次网供回水温度的给定值根据外温变化的水温调节曲线给定）。

通过对热源控制，实现供暖系统供水温度的调节，满足按需供热的要求。

通过实时监测一次网用户供回水压差，并与设定压差比较，调节循环泵（增压泵）水量（转数），实现热力网的供回水压差控制，保证用户足够的循环水量。

1. 首站的自动检测与控制

（1）首站计算机检测与控制原理

汽水交换首站为例的控制原理如图 33.8-2 所示。

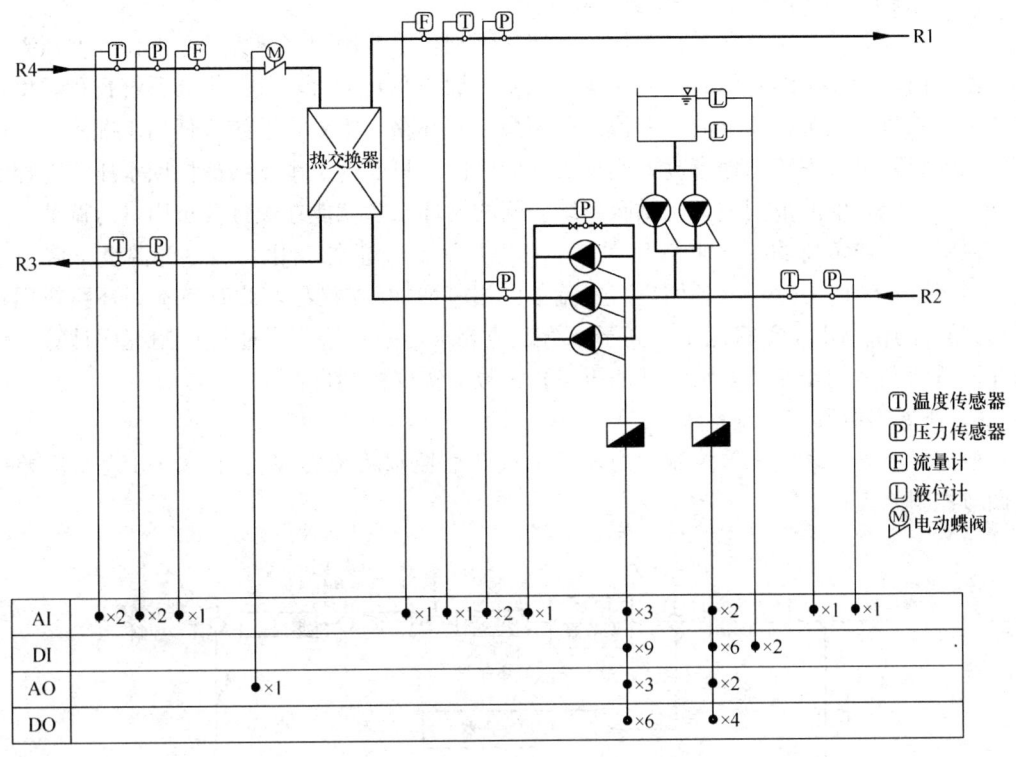

图 33.8-2 汽水交换的首站控制原理图

主要实现的功能：

1) 自动检测汽水交换器蒸汽侧管路的蒸汽温度、压力和流量，凝结水温度和压力等参数；

2) 自动检测汽水交换器水侧管路的供、回水温度、压力、流量等参数；

3) 自动检测软化水箱的上下液位；

4) 补水自动控制并自动检测恒压点处压力；

5) 根据室外温度及生产要求，进行负荷控制与调节，调节蒸汽电动调节阀的开度，控制供水温度；

6) 根据系统流量调节方式进行相应的循环水泵的转速调节、台数控制。

（2）首站变流量系统的调节控制

1）调节控制的参数

供暖系统热负荷变化是通过改变系统循环水温度和（或）水量来实现的。

质调节是通过调节换热器一次侧阀门开度改变进汽量，控制换热器二次侧供回水温度满足要求值。

量调节则不仅要调节换热器一次侧阀门开度改变进汽量，控制换热器二次侧供回水温度满足设定要求值，而且还要通过调节变速的循环水泵流量满足系统上任何热力站（热入口）要求值。

不同室外温度下，一级网的供回水温度和循环水量的要求值以及二级网的供回水温度由一、二级网的运行调节曲线（外温—水温曲线、外温—流量曲线）确定。

2）控制最不利环路压差的变流量调节

变流量控制的基本方法是控制供暖系统最不利环路热用户（热力站）的供回水压差不小于给定值。当小于给定值时，变速循环水泵（加压泵）加大转数，提高系统扬程，增加系统循环水量，以维持要求的压差值。所谓最不利环路，主要指系统（任何工况）最末端环路、比摩阻最大环路和地形高差变化最大的区段，只要这三个支线的供回水压差能控制在要求（给定）值的范围内，则供暖系统全网的循环水量就能在设计要求内进行调节。

供暖系统热负荷的变化来自热用户（热力站）热需求的变化。当室外温度下降（上升），热负荷增加（减少），各用户需要流量也相应增加（减少），此时最不利环路热用户（热力站）的供回水压差将低于（高于）给定值要求，中央管理机通过控制程序计算，优化并调整到合适的变速循环水泵（加压泵）转数，实现控制目标。

3）压差串级调节控制系统

变流量最不利环路压差控制可由压差串级调节控制系统实现。图33.8-3表示压差串级调节控制原理。

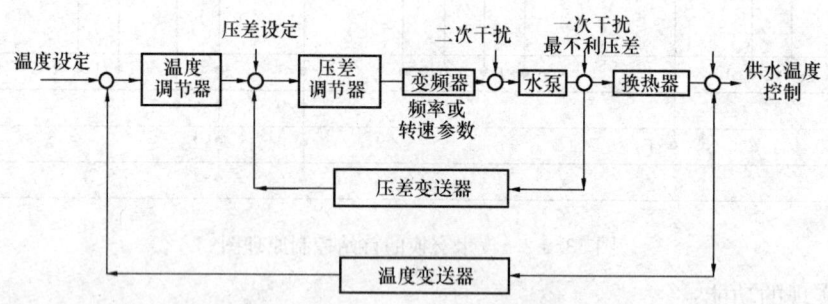

图33.8-3　压差串级调节控制原理

2. 中继加压泵站的自动检测与控制

（1）中继加压泵站合理设置和运行

根据供热系统水力工况要求，设置在热网主管路上的（增压）水泵。与循环水泵串联，一起驱动全系统供热介质循环，并通过管网把热量分配给用户。设置在系统供水主管路上的水泵称供水中继（加压）水泵；设置在系统回水主管路上的水泵称回水中继（加压）水泵。

合理设置热网中继（加压）水泵，能有效降低系统压力和减少运行电耗。由理论分析，可以得到：设置热网中继（加压）水泵减少运行电耗系数范围是1～0.5，即：若热网中继（加压）水泵设置在空载（上段无用户热负荷）的热网主管路上，其运行电耗系数为1，不节省运行电耗；若热网中继（加压）水泵设置在非空载（上段有用户热负荷）的热网主管路上，其运行电耗系数范围小于1，会减少运行电耗，且随中继（加压）水泵站数目增多，其运行电耗系数降低，但建设费用随中继（加压）水泵站数目增多而增加。

中继（加压）水泵站的位置、泵站数量和中继（加压）水泵扬程是由工艺在管网水力计算和对管网水压图详细分析的基础上，通过技术经济比较确定。

(2) 中继加压泵站参数检测及控制

图 33.8-4 表示中继泵站计算机监控原理。

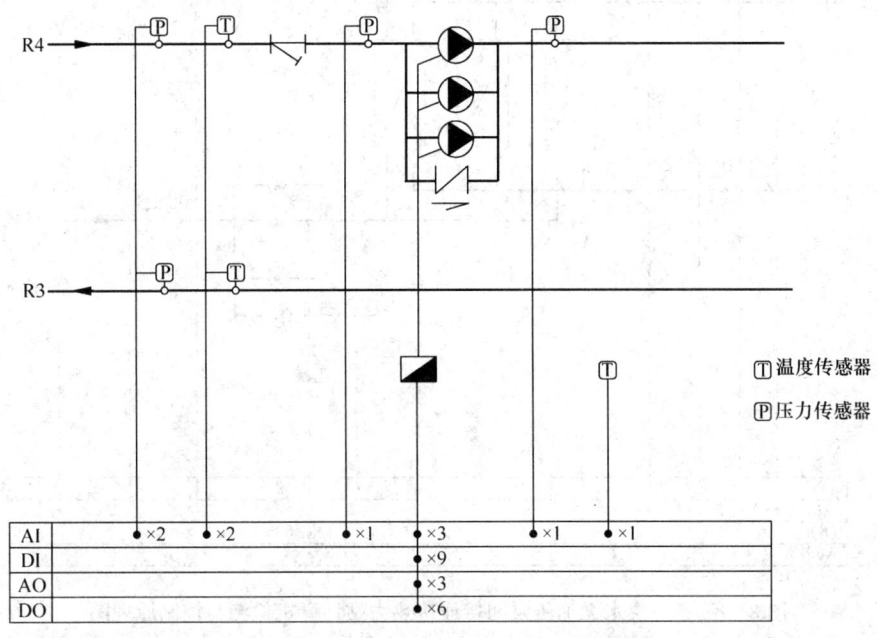

图 33.8-4 中继泵站计算机监控原理图

主要实现的功能：

1) 自动监测泵站进出口母管的温度、压力；
2) 自动监测每台水泵前后管路的压力；
3) 自动监测除污器前后的压力；
4) 自动监测泵的运行状态及频率反馈；
5) 在条件许可时，宜监测泵轴承温度和电机定子温度，并设报警。

中继泵的控制、连锁与调节应满足：

1) 工作泵与备用泵能自动切换，工作泵一旦发生故障，连锁装置应保证启动备用泵；
2) 上述控制与连锁动作应有相应的信号传至中央控制室的控制盘上或计算机上；
3) 保证其后热网每个热力站（热用户）有足够的资用压头，也就是说用最不利热用户（热力站）压差控制中继泵流量（水泵转速）。

3. 热力站自动检测与控制

热力站类型：

1) 间接连接：一次水通过换热器与室内系统（二次网）连接，又可根据是否设置加压泵细分为一次水无加压泵间接连接和一次水带加压泵间接连接。
2) 直接连接：一次水直接进入室内系统，又可根据是否设置混水泵细分为无混水泵直接连接和带混水（加压）泵直接连接。

(1) 一次水无加压泵间接连接热力站

一次水无加压泵间接连接热力站计算机检测与控制原理图见图 33.8-5。

1) 检测参数

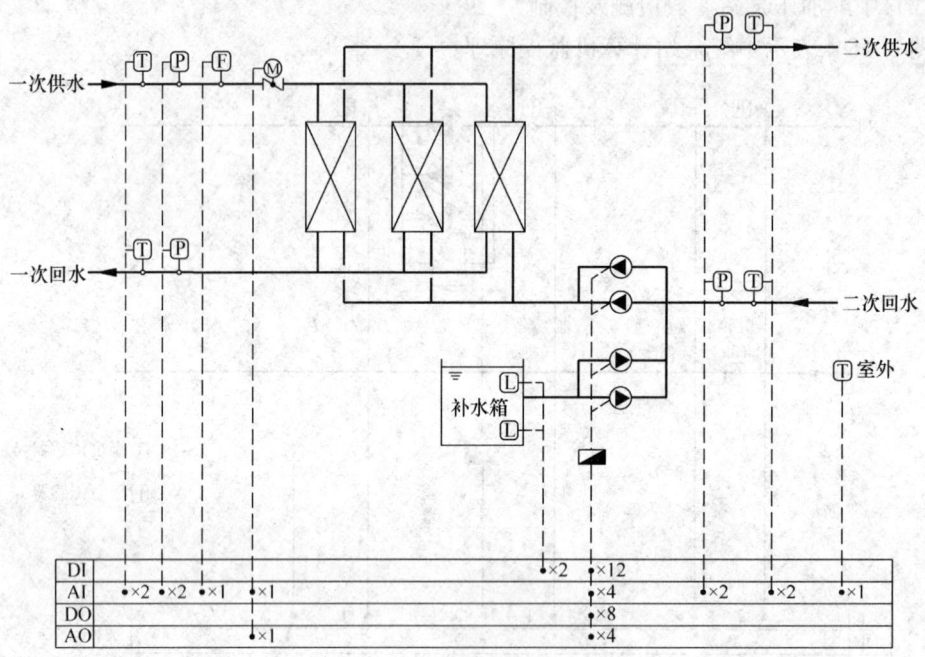

图 33.8-5　一次水无加压泵间接连接热力站计算机检测与控制原理图

室外气象温度，一次网供、回水温度，一次网供、回水压力，一次网流量，二次网供、回水温度，二次网供、回水压力，二次网补水水箱水位，循环水泵运行反馈，补水泵运行反馈。

2）控制对象

根据室外气象温度和二次网的供回水温度（供回水平均温度）调节一次网供水或回水管道上电动调节阀，从而改变一次网进入换热器的流量，保证二次网的供热量；

根据室外气象温度、二次网的供回水平均温度（供回水温度）、最不利用户供回水压力（压差）共5个参数，来通过变频器调整循环水泵的运行频率，从而改变二次网的运行流量；

根据恒压点的实测压力值与设定压力值的比较偏差，通过变频器改变补水泵电机的运行频率调节补水量，保证二次网恒压点的压力恒定。

(2) 一次水带加压泵间接连接热力站

一次水带加压泵间接连接热力站计算机检测与控制原理图见图 33.8-6。

若采用变频加压泵，可以根据二次网的温度要求直接控制水泵转速改变一次网的水量，实现负荷调节。这样，就不必设置电动调节阀。

(3) 无混水泵直接连接

无混水泵直接连接热力站如图 33.8-7 所示，为保证在任何时候都能满足所有用户的调节要求，把压差控制点确定在最不利用户 n 的入口处，该用户入口处的压差设定值 ΔP_n 为用户系统的资用压头。

根据室外气象温度按温度补偿曲线要求，闭环调节与控制供水温度；中央管理站根据用户压差数据按要求命令热源现场控制机控制循环水泵频率。

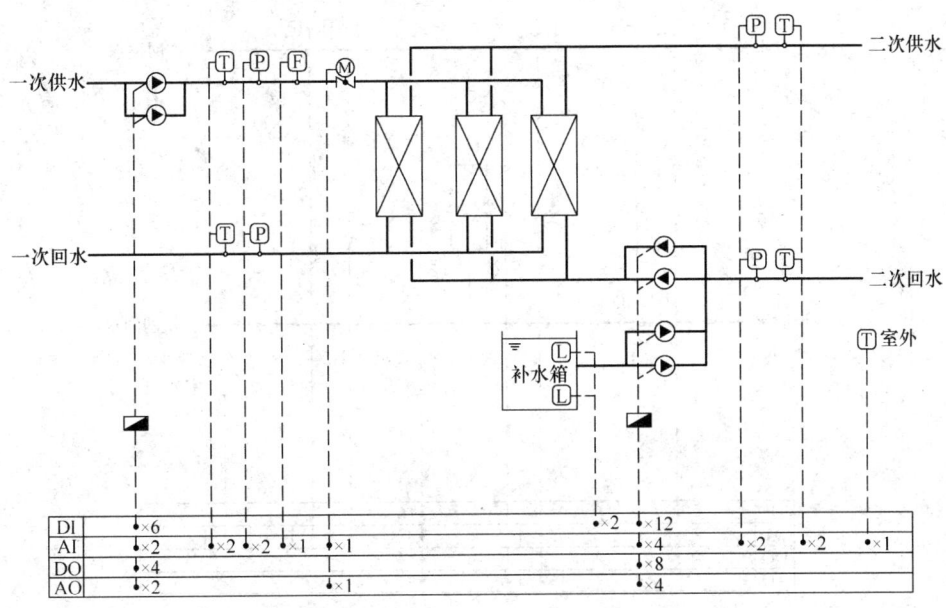

图 33.8-6 一次水带加压泵间接连接热力站计算机检测与控制原理图

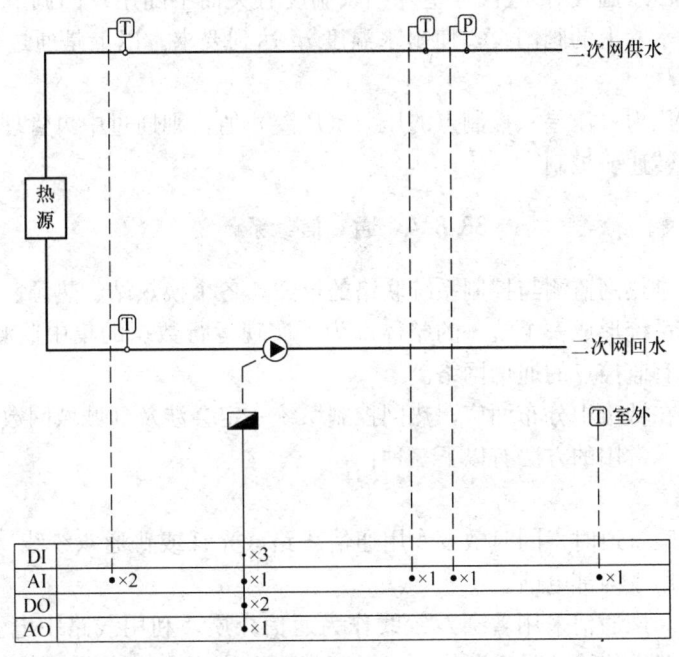

图 33.8-7 无混水泵直接连接热力站计算机检测与控制原理图

(4) 带混水（加压）泵直接连接

带混水泵直接连接压力控制如图 33.8-8 所示。带混水泵直接连接热力站的特点是：室内系统的供水由热网供水和回水得来的，其温度和流量与该处热网供水和回水的温度和混水比有关。当某一用户调节其流量后，混水后的流量即发生变化，为保证用户有足够的压力（压差），在用户处设置压力控制点 P_g，调节混水泵的转速，保持压力控制点 P_g 不

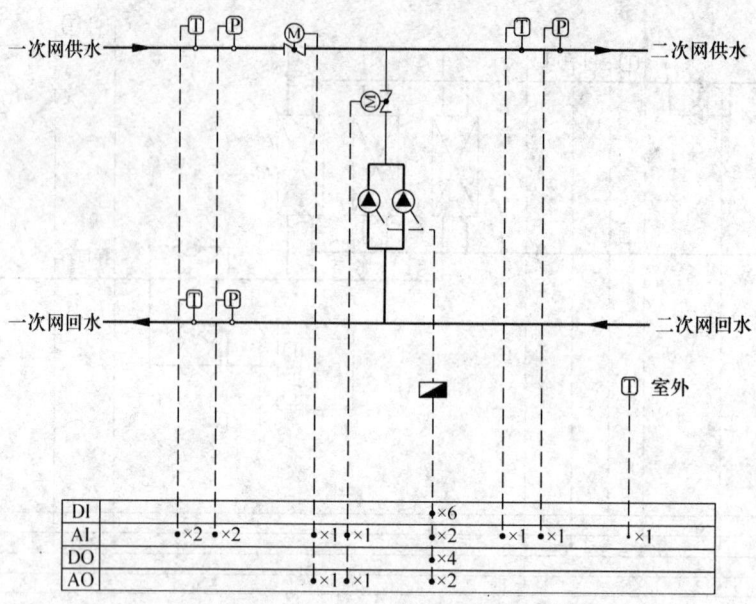

图 33.8-8 带混水泵直接连接热力站计算机检测与控制原理图

变。而混水后的出水温度 t_g 应仅与室外气象温度有关而不随用户的调节而变化，因此调节混水前热网供水管上的阀门 V，使出水温度 t_g 达到要求。以上是通过气象补偿仪就地闭环控制。

热力站热网压力（压差）控制点的压力（压差）值，则通过中央管理站下令，由热源处变频循环泵的转速所控制。

33.8.4 通信系统

通信是整个供热网监测与控制系统联络的枢纽，各个换热站、热源、管道监控点和给水泵站通过通信系统形成一个统一的整体。为了实现运行数据的集中监测、控制、调度，必须监测连接所有监控点的通信网络。

由于供热网在城市中分布面广，热网控制系统一定会涉及到城域网数据通信问题。要实现城域网通信，常用的方法有以下三种：

1. 专线通信

即在敷设供暖管道时，同时敷设专用通信线路（光纤或普通双绞线），既可用于专线数据通信，又可用于内部电话。

电流环通信，该通信采用普通双绞线作为通信介质，利用线路中电流的有无传递信息，由于电流环路中传输的是通断信号，因而其抗干扰能力比较强；该通信方案在 10km 以内速率为 300～1200bps。图 33.8-9 表示电流环通信系统原理图。

光纤局域网，该种通信方式对于新建项目较为适用，在一次管网敷设期间，沿主干线布好光纤，建立企业自己的通信网络，利用光纤可直接进行基带式数据通信，可以达到高速、实时的控制效果。该种通信方式传输稳定、抗干扰能力极强，适合高速网络和骨干网，运行费用基本上没有，但初投资较高，具体根据主干网结构和距离分析。

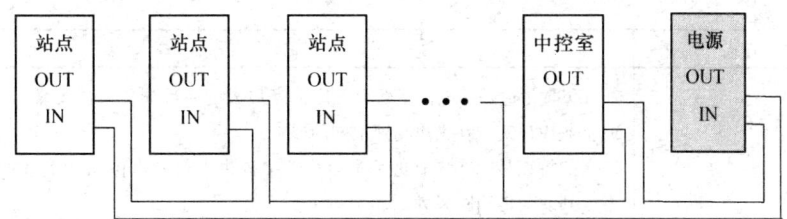

图 33.8-9 电流环通信系统原理图

2. 间接通信

利用现有电信网络、有线电视传输网和供电网进行通信。

图 33.8-10 表示公共电信间接通信系统原理图,间接通信不同方式特点比较列在表 33.8-4 中。

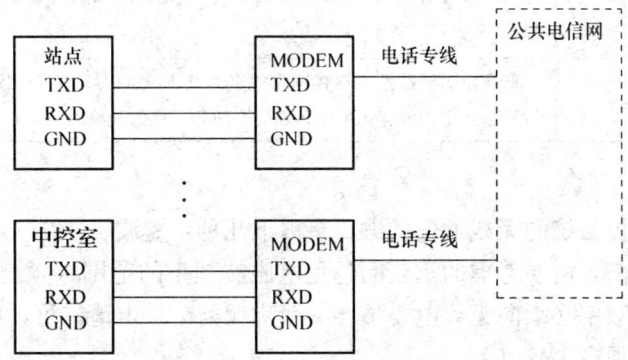

图 33.8-10 公共电信间接通信系统原理图

间接通信不同方式特点比较表　　　　　　　　　　表 33.8-4

序号	方式	特　点
1	普通市话系统	采用电话网,因市话是在物理线路上通过模拟信号传数据,涉及电话拨号,巡检一次约半个小时或更长,使检测周期过长
2	X.25 分组数据网	各站通过 Modem 与中央站实现通信。Modem 数据经 PAD(X.3/X.28/X.29)转换为 X.25 协议接口,然后由 X.25 网再经同样过程与上位机的 Modem 通信。当采用异步通信(SVC)时,用轮叫轮询方式完成数据通信。该通信方式涉及到呼叫冲突问题,速度可能受影响,但在通信信息量不大,且上网用户不太多时,这种影响很小;当采用同步通信(PVC)时,用户租用的是永久性虚拟电路,则不需呼叫即可进行通信,信号传输速率几乎可达到 X.25 的选定速率
3	ISDN(综合业务数字网)通信	特点是连接成网方便,只要在主机和各站装一PXB(2B+D)盒经 MODEM 就可实现通信,如租用专用带宽,则不需拨号,传输速度快。因利用高层网络协议传递数据,容错能力强,出错率低
4	DDN 通信	特点是点对点数据专线通信,不需呼叫建立过程,通信速度快、可靠,其速率 64kbps-2Mbps。但是此种通信月租费用过高,至少 1000 元/月

续表

序号	方式	特点
5	ADSL	ADSL 是这两年电信运营商推广力度最大的一种通信解决方案，主要面向个人或企业用户实现在家里高速上网的要求。 它的特点是能在现有的普通电话线上提供下行 8Mbps 和上行 1Mbps 的通信速率，其通信传输距离为 3km 到 5km。 其优势在于可以不需要重新布线，充分利用现有电话网络，只需在线路两端加装 ADSL 设备及可为用户提供高速宽带接入服务。 完全可满足供热网实时在线监控系统要求。对于众多的热力站来说，每个热力站申请一条 ADSL，监控中心必须申请一条固定 IP 地址的 ADSL（以利于数据的网上发布及远程浏览）。运行、开通费用需同当地电信部门联系
6	利用有线电视网进行通信	目前的有线电视节目传输所占用的带宽一般在 50～550MHz 范围内，其余的频带资源都没有利用，因此可以利用有线电视网络传输供热网监控系统的数据及信息
7	电力线载波通信	低压电力线载波是指在国家规定的低压（380V/220V）载波频率范围内进行载波通信。电力线作为能量传输的介质，又作为载波通信的介质

3. 无线通信

应用于热网监控系统的无线通信的方式有以下几种：短波、GPRS。

无线电短波通信，需要考虑的重要问题是电磁波频率的范围（频谱）是相当有限的，使用一个受管制的频率必须向无线电委员会（简称无委会）申请许可，如果使用未经管制的频率，则功率必须在 1W 以下。

GPRS 无线传输是一种新的移动数据通信方式，最大的特点是方便，随时随地，没有线路的烦扰，并且时时在线。此种通信方式作为重点介绍。

（1）GPRS 概述

GPRS 是通用分组无线业务（General Packet Radio Service）的英文简称，是在现有 GSM 系统上发展出来的一种新的承载业务，目的是为 GSM 用户提供分组形式的数据业务。GPRS 采用与 GSM 同样的无线调制标准、同样的频带、同样的突发结构、同样的跳频规则以及同样的 TDMA 帧结构，这种新的分组数据信道与当前的电路交换的语音业务信道极其相似。因此，现有的基站子系统（BSS）从一开始就可提供全面的 GPRS 覆盖。GPRS 允许用户在端到端分组转移模式下发送和接收数据，而不需要利用电路交换模式的网络资源。从而提供了一种高效、低成本的无线分组数据业务。特别适用于间断的、突发性的和频繁的、少量的数据传输，也适用于偶尔的大数据量传输。GPRS 理论带宽可达 171.2kbps，实际应用带宽大约在 10～70kbps，在此信道上提供 TCP/IP 连接，可以用于 INTERNET 连接、数据传输等应用。

GPRS 是一种新的移动数据通信业务，在移动用户和数据网络之间提供一种连接，给移动用户提供高速无线 IP。GPRS 采用分组交换技术，每个用户可同时占用多个无线信道，同一无线信道又可以由多个用户共享，资源被有效地利用，数据传输速率高达 160kbps。使用 GPRS 技术实现数据分组发送和接收，用户永远在线且按流量计费，迅速降低了服务成本。图 33.8-11 表示 GPRS 监控通信系统原理图。

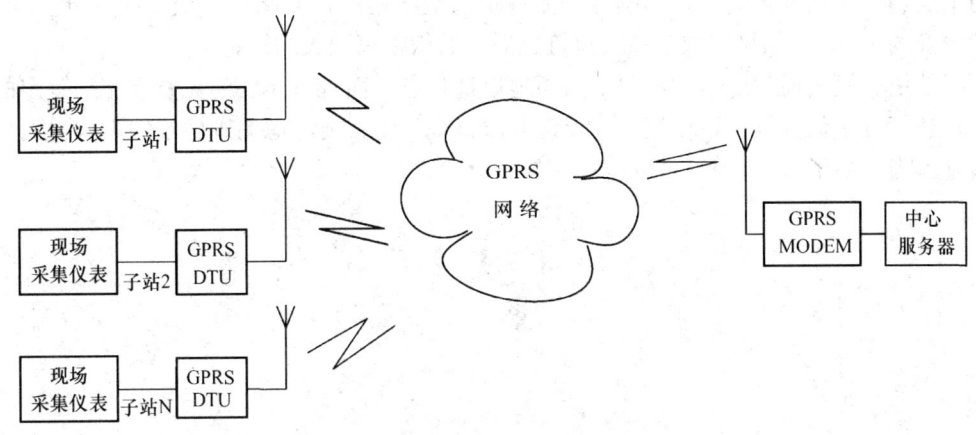

图 33.8-11　GPRS 监控通信系统原理图

(2) GPRS 与有线数据通信的比较

GPRS 与有线数据通信方式的比较见表 33.8-5。

GPRS 与有线数据通信方式比较表　　　　表 33.8-5

传输方式 比较内容	GPRS	有线拨号方式	有线专线方式	光纤	无线数传电台
覆盖范围	全国	全国	区域	区域	不大于20km
建设费用	一般	较低	较高	极高	高
施工难度	较低	一般	较高	极高	高
施工周期	较短	一般	较长	很长	长
计费方式	流量计费	时间+次数	租赁	租赁	占频费
运行费用	较低	高	较高	极高	一般
通信速率	较高	一般	较高	极高	1.2kbps
误码率	较低	高	较低	低	高
可靠性	较高	一般	较高	较高	低
实时性	较高	极低	较高	较高	较高
维护成本	较低	一般	较高	较高	较高
应用场合	分散、实时数据传输	对实时性要求不高的场合	较大数据实时传输	较大数据实时传输	分散

说明：

① 与光纤和有线专线相比，建设费用、运行费用和维护费用都很低，并且几乎近于免维护，因为 GPRS 网络的维护完全由中国移动来完成，企业不需支付任何费用，完全享受中国移动技术进步带来的效率；

② 在分散数据采集中，要求对各采集子站实时检测，有线拨号是做不到的。对多个子站轮回召测，周期太长，没有实时性可比；

③ 与各种无线数据传输的手段相比，GPRS 网络覆盖范围大、维护成本低。超短波无

线通信受通信体制和传输方式的制约,传输距离受限制;在开阔地一般20W的电台有效通信距离约20km,如果在城市高大建筑成群,通信距离大大缩短;

④使用超短波通信电台,不仅要向当地申请频点,而且每年要向无委会交纳一定的占频费;超短波通信的维护量相当大,建设要求苛刻,不仅要考虑周围建筑的影响,而且避雷措施不当容易引起电台和连接设备的损坏。

第34章 人工冰场设计

34.1 人工冰场的基本设计条件

34.1.1 冰场的类型

人工制冷冰场，简称人工冰场。根据使用功能的不同，可以分为速滑冰场、冰球场、溜石冰场、溜壶冰场、娱乐冰场等多种类型。随着使用功能的变化，冰场的场地尺寸、设计参数等都不相同，表34.1-1汇总了它们不同的特征。

冰场的类型及其特征　　　　　表34.1-1

序号	分类依据	名称	特性
1	用途	运动性冰场	供进行冰球、速度滑冰、花样滑冰……等冰上运动项目比赛用，对场地尺寸、冰面温度等都有严格要求
		训练性冰场	供各种冰上运动项目训练用，要求相对略低
		娱乐性冰场	供大众娱乐用，对场地尺寸无规定，可任意确定。特点是人员密度较大，一般每人约占1.5～2.8m²冰面（宜取大于1.5m²）
2	比赛项目	冰球	冰球场的尺寸：最小26m×56m（1456m²）；最大30m×61m（1830m²）；国际规格30m×56m（1680m²）；围墙高度（由冰面算起）：0.9～1.2m；围墙拐角处的弯曲半径：$R=7.0～8.5m$
		400m速度滑冰	一般设三条跑道，宽度分别为：里道（练习跑道）4m；中道与外道（比赛跑道）5m；直段长度111.98m；弯道的曲率半径（从里到外）分别为：21m、25m、30m、35m；冰面面积分别为：里道：1474m²；中道：1984m²；外道：2141m²。总面积：5599m²
		短道速滑	冰场面积为60m×30m，直道长28.85m，半径为8m，计算半径为8.5m，直道宽度（最小值）为7m，弧顶至板墙距离为7.57m
		花样滑冰	一般可在冰球场进行
		溜石/壶冰场	冰场尺寸为4.2m×41.82m，冰场面积为177.32m²
3	场地位置	室内冰场	冰场位于建筑物内，一般应设置空调系统，用以调控室内湿度，防止冰面起雾，避免顶棚结露
		室外冰场	冰场位于室外，因此，必须计算太阳辐射得热，并考虑灰尘对冰面的影响
4	冰场面层	钢筋混凝土面层	以140～150mm防冻钢筋混凝土作为面层，排管顶部保持20～40mm厚混凝土
		充砂面层	砂质面层的厚度为32～45mm，排管顶部保持10～25mm厚砂层（一般为15mm）
		裸管面层	排管完全裸露

续表

序号	分类依据	名称	特性
5	供冷方式	直接(膨胀)供冷人工冰场	把冰场排管作为制冷系统的蒸发器,通过氨泵让制冷剂在冰场供冷排管内循环流动(直接膨胀)
		间接供冷人工冰场	制冷剂在蒸发器内冷却载冷剂,通过水泵将已冷却的载冷剂送至冰场供冷排管,吸热后再返回蒸发器
6	地坪防冻	架空型冰场	用柱子、地梁或地坡墙将冰场架空
		加热型冰场	利用经过加热处理的空气或油(10号机油)对地层进行加热

34.1.2 冰场的设计参数

冰场的各项设计参数,见表34.1-2

冰场的各项设计参数　　　　表34.1-2

名称	单位	运动项目				
		冰球	400m速滑	花样滑冰	冰壶/溜石	娱乐性滑冰
冰面厚度	mm	混凝土面层:30 砂面层:50	混凝土面层:40 砂面层:30~50	混凝土面层:30 砂面层:50	混凝土面层:30	混凝土面层:30~40
冰面温度	℃	−6~−7	−5~−7	−3~−5	−4~−5	−2
冰面平均风速	m/s	1.0	1.5	0.7	1.0	1.0
面层材料及厚度	mm	30~40厚混凝土 32~45砂层(室外冰场)	30~40厚混凝土 32~45砂层	30~40厚混凝土	30~40厚混凝土	30~40厚混凝土
室内温度	℃	夏季:24~28(相对湿度$\phi \leqslant 65\%$);冬季:10~16				

34.2　人工冰场的场地构造与排管布置

34.2.1　冰场场地的构造形式

人工冰场的场地,一般应具有下列功能:
- 承受冰面的负载;
- 保证冰面温度均匀;
- 克服场地由于温度变化所产生的温度应力的影响;
- 防止水分进入场地绝热层,使冷损耗减至最少;
- 防止地面发生冻胀;
- 能顺利地进行排水。

通常,场地由面层、基层和防冻层三部分结构层组成:

1. 面层

面层的构造,通常有三种形式,如图34.2-1所示。裸管面层的最大优点是初投资低,但是,由于排管裸露,极易损伤;而且,在初冻时,浇水冻冰也很不方便。因此,实际工程中已很少应用。表34.2-1中罗列了钢筋混凝土和砂质面层的构造、特征及优缺点。

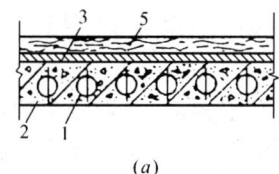 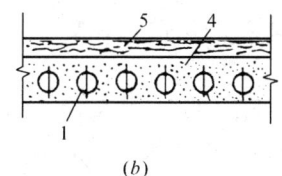 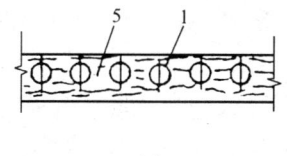

图 34.2-1 场地面层构造
(a) 钢筋混凝土面层；(b) 砂质面层；(c) 裸管面层
1—排管；2—现浇混凝土层；3—水磨石；4—砂；5—冰层

钢筋混凝土面层和砂质面层的构造、特征及优缺点　　　　表 34.2-1

项　目	钢筋混凝土面层	砂质面层
构造	混凝土厚度一般为 140～150mm，排管顶部应保持有 20～40mm 厚混凝土层，工程上常取 30mm 或 35mm	砂面层的厚度一般为 32～45mm，排管顶部应保持有 10～25mm 厚砂层，工程上常取 15mm
优点	1. 面层平整、稳定，便于清扫、划线 2. 制冰量少（仅为砂质面层时的 1/2 左右），初冻负荷小 3. 排管与管道支座均埋置在混凝土内，可避免碰撞损伤和外部腐蚀，使用寿命长 4. 表面如加白色处理，则冰面色泽淡雅，观感较好；而且，可减少太阳辐射吸热	1. 不存在面层开裂问题 2. 施工简便，初投资远远低于钢筋混凝土面层 3. 不存在解决温度应力导至的热胀冷缩问题 4. 便于对管道和部件进行维修管理
缺点	1. 初投资比砂质面层时高约 50%～70% 左右 2. 处理不当时，表面易出现龟裂 3. 要妥善处理因温度应力导致的热胀冷缩问题	1. 制冰量比混凝土面层时约多 1/2 左右，因此，初冻负荷大 2. 清扫不便 3. 管道容易发生外部腐蚀 4. 使用寿命短
适用场合	适用于多功能滑冰馆和大型冰上运动中心	当采用氨直接供冷时，不宜于室内冰场

2. 基层

基层通常由以下几部分构造层组成：

(1) 承载层　承载冰面荷载的支承板，一般采用 60mm 厚钢筋混凝土预制板（防冻混凝土）。

(2) 滑动层　用以消除冰场因温度变化而产生的温度应力。

通常有两种做法：

● 在面层和基层之间铺 30～50mm 厚干砂层作为滑动层；
● 用 150mm 厚预制水磨石架空支点，两水磨石光面相对，中间涂一层蓖麻油拌合的石墨粉作为滑动层。

(3) 防水层　用以阻挡水分进入绝热层、避免绝热材料受潮的构造层，过去基本上都用二毡三油或三毡四油等传统做法，近年来，一般已改用效果更好、施工更方便的聚氨酯防水涂料、三元乙丙丁基橡胶卷材或氯化聚乙烯橡胶共混卷材。

（4）绝热层 用以减少场地无效能量消耗、防止下部相邻房间顶板表面结露的构造层。

早年修建的冰场，由于受材料的限制，只能采用如加气混凝土等导热系数较大的低效保温材料，因此，需要的绝热层很厚。近年修建的冰场，一般都采用导热系数很小的高效保温材料如聚氨酯泡沫塑料板、模塑聚苯乙烯泡沫塑料板等，从而，绝热层厚度有了大幅度减薄。

3. 防冰层

设防冻层的目的，是为了防止土壤中的水分因遇冷而冻结，形成冰晶体，造成冰场"冻鼓：现象而影响使用。

常用防冻措施有两种：

（1）架空 把整个冰场架空；

（2）热油管加热 在绝热层下部设混凝土加热层，混凝土内埋置 $\phi 38 \times 3.0$ 无缝钢管，利用制冷系统的冷凝热加热油，热油在管内循环加热基层。

对于地下水位较低且不连续使用的冰场，经验算无冻鼓可能时，可以不设专门的防冻层。

4. 场地构造实例

图 34.2-2、图 34.2-3 和图 34.2-4 汇总了部分经实际使用证明效果较好的场馆的场地构造断面（图 34.2-2 的构造说明见 34.7.1 节）。

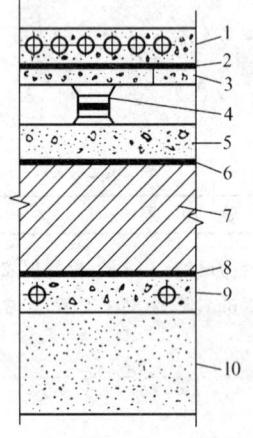

图 34.2-2 首都体育馆场地构造

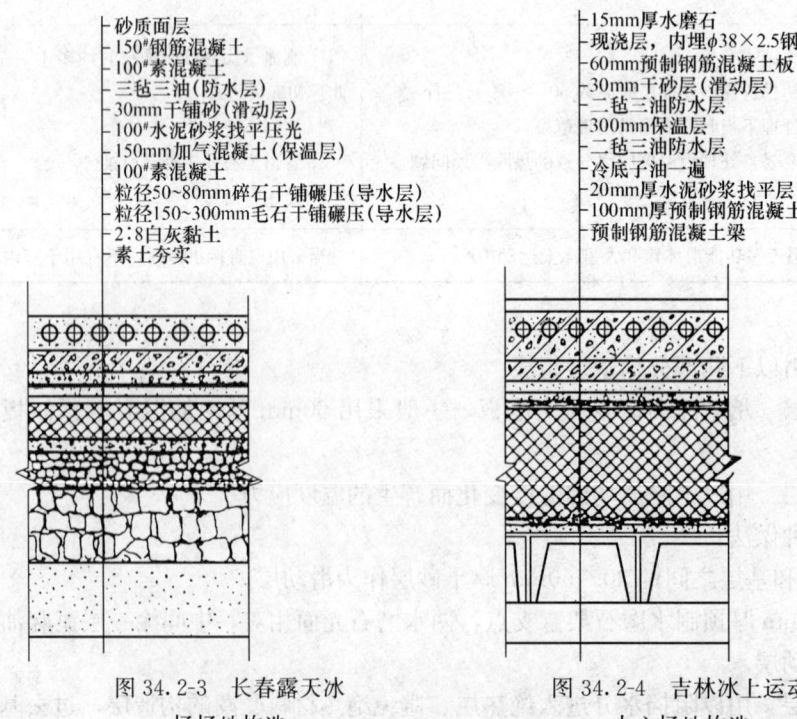

图 34.2-3 长春露天冰场场地构造　　图 34.2-4 吉林冰上运动中心场地构造

34.2.2 供冷排管设计

1. 排管的布置形式（表 34.2-2）

排管的布置形式　　　　　　　表 34.2-2

形式	排管布置	总供、回液管布置	回液方式	备　注
1	平行于冰场的长边	布置在冰场短边的同一侧	异程式	
2	平行于冰场的长边	布置在冰场短边的同一侧	同程式	
3	平行于冰场的长边	分别布置在冰场短边的两侧	异程式	
4	平行于冰场的长边	分别布置在冰场短边的两侧	同程式	
5	平行于冰场的长边	布置在冰场中间	中分供液	
6	平行于冰场的长边	布置在冰场中间	三联箱中分式交叉供液	图 34.7-4
7	平行于冰场的短边	布置在冰场长边的同一侧	异程式	
8	平行于冰场的短边	布置在冰场长边的同一侧	同程式	
9	平行于冰场的短边	分别布置在冰场长边的两侧	异程式	
10	平行于冰场的短边	分别布置在冰场长边的两侧	同程式	

2. 设计注意要点

- 实践证明，采用形式（1）直接供冷时，当 $\phi 38/32$ 排管的行程不超过 120m，其流动阻力不会对冰面温度分布造成过大的影响。
- 间接供冷时，宜采用形式（2）（同程式）；为了确保冰面温度均匀，应在每路回液支管上加平衡阀或截止阀。
- 形式（3）和形式（4）的布置方式，易造成冰面两端温度不均匀。
- 形式（6）经实际应用证明，冰面温度很均匀。
- 为了保证分液均匀，在排管与供、排液总管之间，应设置供、回液集管。将排管分组后分别与集管相连，通过集管再与总管连接，如图 34.2-5 所示。

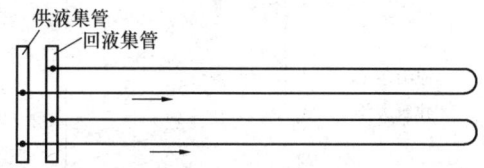

图 34.2-5　排管供液方式

- 为了保证在浇灌混凝土时排管不发生变形，必须将排管固定在支座上。$\phi 38/32$ 排管的支座的间距，以 2m 左右为宜。支座的顶部标高，应控制在 $\pm 2mm$ 范围内。
- 随着冰场的结冻和融解，管道将发生热胀冷缩，设计时应充分考虑和处理好管道的伸缩补偿问题。
- 在冰场的边缘处，如冰球场界墙处和室外冰场侧面与地面连接处，应适当增加布置一些排管，以保证冰场的全面质量。
- 设计间接供冷系统时，载冷剂的流速宜保持 $v=0.6\sim1.0m/s$；载冷剂的压力损失宜保持 $\Delta p=41\sim55kPa$。

3. 排管材料和排管的中心距

(1) 排管的材料

直接供冷系统：通常都采用金属管道，焊接连接，需要拆卸部位采用法兰连接（冰场范围内全部为焊接连接）。

间接供冷系统：过去，大都是采用无缝钢管。近年来，随着化学管材的发展，大多数都改用塑料管材（如聚乙烯管、聚丙烯管等）。由于氯化钙溶液和乙二醇水溶液对金属都有一定的腐蚀性，以塑代钢正好发挥了塑料管材耐腐蚀的优势。

(2) 排管的管径与中心距

对于排管的管径与中心距，国内外很多资料都给出了一些推荐值，表 34.2-3 摘引了部分数据，供设计参考。

排管管径与中心距的推荐值　　　　表 34.2-3

数据来源	管径（mm）	中心距（mm）	备　注
ASHRAE 手册	DN20	—	小型冰场应用
	DN25	89	大型冰场应用
		102	室内冰场应用
	DN32	≤102	大型冰场应用
日　本	27.2	80	钢管
	34.0	90	钢管
	42.7	100	钢管
	34.0	80～90	聚乙烯塑料管
原苏联	25～57	90～110	
英　国	13	300	直接供冷时应用
	39	100	间接供冷（钢管）
	26～28	70～100	间接供冷（塑料管）
原哈尔滨建筑大学	32	90～125	混凝土面层年运行时间 5 个月
	32	75～110	混凝土面层年运行时间 9 个月
	38	90～125	混凝土面层年运行时间 5 个月
	38	80～115	混凝土面层年运行时间 9 个月
	32	90～125	砂面层年运行时间 5 个月
	32	90～115	砂面层年运行时间 9 个月
	38	90～130	砂面层年运行时间 5 个月
	38	90～120	砂面层年运行时间 9 个月

(3) 部分已建成使用冰场的管径与管间距数据汇总（表 34.2-4）

部分已建成使用冰场的管径与管间距数据汇总　　　　表 34.2-4

名　称	用途	位置	供冷方式	管径（mm）	管中心距（mm）
吉林冰上运动中心：冰球场	比赛	室内	直接膨胀供冷	$\phi38\times2.5$	100
冰球场	训练	室内	直接膨胀供冷	$\phi38\times2.5$	100
速滑场	比赛	室外	直接膨胀供冷	$\phi38\times2.5$	85（里道）；80（中道）；75（外道）
黑龙江冰上基地：冰球场	比赛	室外	直接膨胀供冷	$\phi30\times2.5$	85
速滑场	比赛	室外	直接膨胀供冷	$\phi30\times2.5$	100

续表

名　　称	用途	位置	供冷方式	管径（mm）	管中心距（mm）
北京首都体育馆冰场	比赛	室内	直接膨胀供冷	$\phi38\times3.0$	90
长春南岭冰上基地：冰球场	比赛	室外	直接膨胀供冷	$\phi38\times3.0$	100
速滑场	比赛	室外	直接膨胀供冷	$\phi38\times3.5$	100
重庆建飞真冰滑冰场	娱乐	室内	间接供冷	$\phi38\times3.0$	85
莫斯科速滑跑道	比赛训练	室外	间接供冷	$\phi38\times3.0$	70（外道）；76（中道）；85（里道）
莫斯科苏军体育俱乐部冰场	比赛	室内	间接供冷	$\phi45\times3.0$	100
西安博敦文化娱乐有限公司	娱乐	室内	间接供冷	$\phi32\times2.0$	80

34.3　人工冰场的冷负荷计算

人工冰场的冷负荷，可分解为：

- 初冻负荷　对冰场进行预冷、浇水冻冰、至冻成一定厚度的冰面所需的制冷量。
- 维持负荷　维持一定温度、一定厚度的冰面以及整修冰面浇水冻冰所需的制冷量。

初冻负荷的弹性较大，可以采取延长初冻时间、选择晚间进行冻冰等措施来减少其负荷，所以，一般取最大维持负荷作为冰场的设计冷负荷。

目前还无法完全通过理论计算来确定人工冰场的冷负荷，在工程设计中，大都是根据经验数据和实测数据结合理论计算来确定。

确定负荷的方法，常用的有指标估算法、图表计算法和分项计算法三种，前两种方法比较粗糙，适用于工程中方案设计和初步设计阶段。兹分别介绍如下：

34.3.1　指标估算法

ASHRAE手册根据冰场类型，给出了单位面积冷负荷的概算指标，如表34.3-1所示。

冰场单位面积冷负荷的概算指标（W/m^2）　　表34.3-1

冰场类型	冷负荷概算指标（W/m^2）	冰场类型	冷负荷概算指标（W/m^2）
使用期：4～5个月（冬季）		比赛场	252～379
冰球场（室内）	108～252	冰球场、娱乐性冰场	216～291
冰球场（室外）	190～302	花样滑冰	205～280
娱乐性冰场（室内）	127～216	室外冰场	
娱乐性冰场（室外）	127～445	全年使用（有遮挡）	291～505
使用期：全年使用（室内）			

注：① 原文指标单位为$kcal/(m^2\cdot℃)$，换算时按四舍五入原则进行了取整。
②混凝土（砂层）面层厚度均不大于25.4mm，冰层厚度为38.1mm。

哈尔滨建筑大学通过实验研究，提出了室外冰场冷负荷推荐值，见表34.3-2。

室外冰场冷负荷推荐值（W/m²）

表 34.3-2

太阳辐射强度 (W/m²)	风速（m/s）	
	1.0	3.0
350	279～291	326～337
465	337～349	384～395
580	395～407	442～453

注：① 表列推荐值未考虑冰面整修负荷。
② 推荐值的适用范围：混凝土面层，冰层厚 30mm，t_w=10～15℃，ϕ_w<50%。

34.3.2 图表计算法

根据冰场的使用性质，由表 34.3-3 确定使用系数，再根据使用系数和湿球温度由图 34.3-1 求出单位面积的冷负荷。

使用系数　　表 34.3-3

冰场性质	使用系数
冰球场	7.5
娱乐性冰场（业务不忙）	7.5
娱乐性冰场（业务忙）	10
冰壶场	5
全年性花样滑冰场	2.5
比赛冰场	7.5
有遮阳的室外冰场	15～20

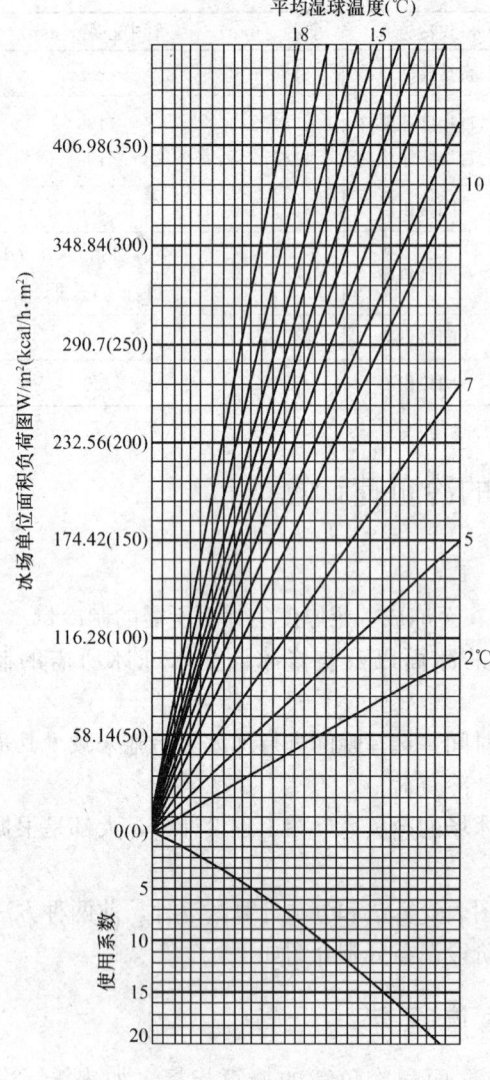

图 34.3-1　冰场负荷线算图

34.3.3 分项计算法

冰场冷负荷的分项计算方法与步骤，如表 34.3-4 所示。

冰场冷负荷分项计算表　　表 34.3-4

序号	负荷种类	计算公式	说明
1	对流放热负荷	$q_1 = \alpha(t_k - t_{b \cdot m})$ $\alpha = 2.583 v^{0.871}$	α—对流换热系数，冰球：2.58；速滑：3.68；花样滑冰：1.89；娱乐性：2.58；t_k—空气温度，℃；$t_{b \cdot m}$—冰面温度，℃；v—风速，m/s

续表

序号	负荷种类	计 算 公 式	说 明
2	对流传质负荷	$q_2 = \sigma(d_k - d_b) \times 10^{-3} \cdot r$ $\dfrac{\alpha}{\sigma \cdot c_p} = Le^{\frac{2}{3}} \approx 0.86^{\frac{2}{3}}$（在冰场设计温度范围内）	σ—传质系数，kg/(m³·s)；d_k—空气的含湿量，g/kg；d_b—冰温下饱和空气的含湿量，g/kg；r—凝结和凝固潜热，冰温−4℃时，水蒸气的汽化潜热和凝固潜热为2836×10³J/kg；c_p—空气的比热容，J/(kg·℃)；Le—刘易斯准则数。
3	辐射传热负荷	$q_3 = \varepsilon_b \varepsilon_p c \left[\left(\dfrac{t_k + 273}{100}\right)^4 - \left(\dfrac{t_{b \cdot m} + 273}{100}\right)^4 \right]$	ε_b—冰面的黑度（取水的黑度 $\varepsilon_b = 0.96$）；ε_p—顶棚和墙面的平均黑度；c—黑体的辐射系数，$c = 5.67$W/(m²·K⁴)
4	太阳辐射负荷	$q_4 = A J_p$ 室内冰场：$q_4 \approx 0$	A—冰层的吸收系数，推荐取 $A = 0.45 \sim 0.55$（室外灰沙较多地区取上限）；J_p—水平面的太阳辐射强度，W/m²
5	地面传热负荷	$q_5 = k(t_d - t_p); \dfrac{1}{k} = \sum\limits_{i=1}^{n} \dfrac{\delta_i}{\lambda_i}$	k—地面结构层的传热系数，W/(m²·℃)；t_d—地温，℃；t_p—排管的表面温度，℃；δ_i—地面层各层的厚度，m；λ_i—各层材料的导热系数，W/(m·℃)
6	整修冰面负荷	$q_6 = \delta \rho (\Delta h)/\tau$ 1kg水由80℃结成−4℃冰所释放出的热量： $\Delta h = 678 \times 10^3$ J/kg；	δ—每次浇冰的厚度，m；ρ—冰的密度，kg/m³；Δh—水冷却并结冰的热量，J/kg；τ—冻结时间，s；（一般用80℃的软化水浇冰）
7	照明负荷	$q_7 = 10$ W/m²	
8	人体负荷	$q_8 = 60 \sim 130$ W/m²	
	室外冰场单位面积维持负荷		$q = q_1 + q_2 + q_4 + q_5 + q_6$ (W/m²)
	室内冰场单位面积维持负荷		$q = q_1 + q_2 + q_3 + q_5 + q_6 + q_7$ (W/m²)
	室内娱乐性冰场单位面积维持负荷（白天）		$q = q_1 + q_2 + q_3 + q_5 + q_8$ (W/m²)
	室内娱乐性冰场单位面积维持负荷（晚间）		$q = q_1 + q_2 + q_3 + q_5 + q_6 + q_7$ (W/m²)

表34.3-5摘引了部分冰场维持负荷的数据，供设计参考。

部分冰场维持负荷数据汇总   表34.3-5

名 称	冰场基本情况			维持负荷（W）	单位面积维持负荷（W/m²）
	用途	类型	面积（m²）		
北京首都体育馆冰场	冰球比赛	室内	1830	493,023	269.5
长春南岭冰上基地	冰球场	室外	1830		
	速滑比赛	室外	5599	1,767,442	483.8
重庆建飞真冰滑冰场	娱乐性	室内	376	207,300	551.3
吉林市冰上运动中心	冰场馆	室内	1830×2	837,200	171.54[①]

续表

名　　称	冰场基本情况			维持负荷（W）	单位面积维持负荷（W/m²）
	用途	类型	面积（m²）		
吉林市冰上运动中心	速滑场	室外	3465[②]	1,732,560	502.38[①]
莫斯科速滑跑道	速滑场	室外	6000	3,488,372	505.9
日本国立屋内竞技冰场	娱乐性	室内	2730	1,054,883	336.1
日本箱根儿童村冰场	娱乐性	室内	722	232,556	332.1
日本大阪枚方公园京阪电铁冰场	娱乐性	室外	2000	988,361	494.2
英国斯布鲁克奥林匹克冰场	比赛	室外有蓬	10760	4,534,884	421.5
西安博敦文化娱乐公司	娱乐性	室内	1200	510,000	425

① 室外速滑场为10月份单位面积维持负荷，冰球场为冬季维持负荷。
② 10月份两条跑道冻冰。

34.4 人工冰场的制冷系统

34.4.1 人工冰场的供冷方式

人工冰场的供冷，通常有下列两种方式：

● 直接（膨胀）供冷　将冰场的冷却排管作为制冷循环中的蒸发器，制冷剂（一般为氨）通过输送机械设备——氨泵循环直接膨胀供冷。有关氨泵循环供液系统，参见第15.3.3节。

● 间接供冷　制冷系统先在蒸发器里冷却载冷剂，再用水泵将冷却后的载冷剂送至排管向冰场供冷。

两种方式的利弊比较，见表34.4.1

冰场供冷方式的优缺点比较　　　　　表34.4-1

供冷方式	优　点	缺　点
直接供冷	1. 利用排管作为蒸发器，制冷装置简单，系统的初投资低； 2. 冷量损失少，结冻速度快（8～20h）； 3. 在同样的冰面温度下，有较高的蒸发温度，制冷系数COP高，能耗量低； 4. 场地排管温度均匀，冰面质量高； 5. 输送能耗远远低于间接供冷系统； 6. 易于实现自动化	1. 制冷剂的充注量多，泄漏的机会也多； 2. 当采用氨作为制冷剂时，万一泄漏，会产生严重的危害； 3. 安全性差； 4. 系统的蓄冷能力小； 5. 必须采用钢管作为排管，钢材消耗量大； 6. 对施工质量要求高，施工周期长
间接供冷	1. 系统的水容量大，蓄冷能力也大； 2. 温度稳定，适应负荷变化的能力强，运行时容易达到设计要求； 3. 可以应用塑料管作排管，不仅节省金属，且能耐受乙二醇溶液的腐蚀； 4. 采用闭式循环系统时，管路与设备的腐蚀机会少，且载冷剂循环泵不需克服静水压力，水泵的功耗少； 5. 安全性和环保性好	1. 需要设中间的载冷剂冷却设备及系统，装置相对较复杂，初投资多（20%～25%）； 2. 蒸发温度比直接供冷低5～6℃，制冷系数COP低，能耗量高； 3. 冷量损失多，结冻时间长（>24h）； 4. 采用开式循环系统时，管路与设备易腐蚀，且循环泵需克服静水压力，水泵的功耗多

34.4.2 间接供冷系统

1. 概述

我国早期（七八十年代）建设的冰场，几乎全部采用氨泵循环直接供冷。近年来，随着人们对卫生、环保和安全问题认识的提高和重视，新建冰场特别是娱乐性冰场，基本上都采用间接供冷方式。

2. 载冷剂

(1) 载冷剂的选择原则：
- 冰点低（应比制冷剂的蒸发温度低4~8℃），在使用范围内不凝固、不气化。
- 比热容大，在使用过程中温度变化不大。
- 密度小，黏度低。
- 热导率大。
- 理化稳定性好，对系统的腐蚀性小。
- 无毒、无臭、不燃烧、不爆炸，对环境无公害。
- 易购买，价格适中。

(2) 常用载冷剂：工程中常用的载冷剂有乙烯乙二醇（简称乙二醇）水溶液、丙三醇水溶液和氯化钙（钠）（镁）水溶液等，它们的优缺点见表34.4-2。

常用载冷剂的优缺点　　　　　表34.4-2

溶液名称	适用温度（℃）	优　点	缺　点
乙二醇	5~-25℃	比热容大、传热性好、腐蚀性低、稳定性好、无沉淀、市场易购、价格适中、使用方便	黏度高 有一定毒性
丙三醇	5~-25℃	与乙二醇溶液基本相同，但比热容较乙二醇大，传热性比乙二醇差，黏度比乙二醇高	黏度高 价格高
盐分	低于-25℃	比热容大、黏度低、市场易购、价格低	腐蚀性强、有沉淀、对人的皮肤有损害、使用不方便

(3) 乙二醇水溶液的物理性质

相比之下，乙二醇水溶液具有显著的优势，所以，实际工程中多数采用乙二醇水溶液作为载冷剂。

乙二醇（$CH_2OH \cdot CH_2OH$）水溶液是一种无色、无味、无电解性、无燃烧性、挥发性与腐蚀性较低的载冷剂。乙二醇的分子量62.069，正常凝固点-12.7℃，溶液潜热187kJ/kg。

乙二醇水溶液的工作温度，一般为-10~-13℃，所以，溶液的质量浓度通常采用30%。

乙二醇水溶液的主要物理性质，见本手册第28章。

3. 供冷系统

间接供冷系统　图34.4-1是一个典型的间接供冷系统的流程图。

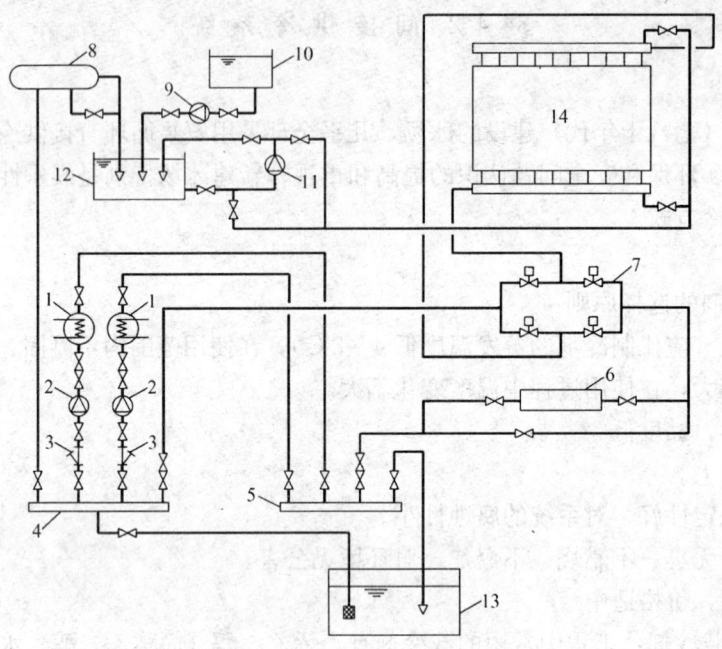

图 34.4-1 间接供冷系统流程图

1—蒸发器；2—载冷剂循环泵；3—过滤器；4—集水器；5—水分器；6—加热器；7—切换装置；8—膨胀箱；9—载冷剂供给泵；10—载冷剂配制箱；11—载冷剂补给泵；12—载冷剂贮槽；13—蓄冷槽；14—冰场供冷排管

4. 设计注意事项

- 乙二醇水溶液系统有开式和闭式两种，为了节省能源，一般不宜采用开式系统。
- 采用乙二醇水溶液闭式循环系统时，必须配置溶液膨胀箱，用以补偿温度变化时系统中溶液容积的变化。同时，通过膨胀箱可及时排除系统中的不凝性气体。
- 乙二醇分子式中含二个羟基，羟基中的氧原子与金属元素有较大的亲合力，会形成金属氧化物。所以，乙二醇水溶液对金属特别是镀锌材料有腐蚀性。为了减弱其腐蚀性，应在水溶液中添加缓蚀剂。添加量可控制在 1/1000 范围，使溶液呈碱性，pH＞7。
- 调配乙二醇溶液时，应采用软水，缓蚀剂可采用硝酸钠、磷酸钾、钼系列缓蚀剂。

注：有些企业可供应调配好浓度、添加过各种缓蚀剂和除泡剂的商品乙二醇，采用调配好的商品乙二醇，方便可靠，应该提倡。

- 为了确保供液均匀，可按每 4～6 组排管分为一组，设置一个集管；在每个集管的供液管路上（连接供液总管的支管），应设置平衡阀或截止阀。
- 膨胀箱的补液，必须采用调配好的（符合浓度要求、pH＞7、已添加缓蚀剂）乙二醇水溶液。
- 在管路系统的最高点，应设置自动排气阀；排气阀应选择带自闭式关断装置的产品。
- 在管路系统的最低点，应设置排液管和阀门，以便在必要时可将系统中的溶液排至溶液收集罐。
- 设计管路系统时，应设置乙二醇水溶液的进液管和阀门，以便能将经充分混合的溶液通过循环泵由此充入系统。

- 用于输送乙二醇水溶液的管道，宜采用无缝钢管（钢号：10，20）（GB 8163）；埋置在现浇混凝土层中的管道，宜采用符合使用条件要求的塑料管。
- 不同金属管道连接时，应采取有效的电气绝缘措施，防止产生电化学腐蚀。
- 为了确保乙二醇水溶液的质量，应在管路系统的不同管段设置取样口，以便取样监测其浓度和pH值等。
- 输送乙二醇水溶液的管道，应进行可靠的绝热处理，以防止产生结露。
- 在循环泵的吸入管道上，和热交换器等设备的入口管路上，应装置过滤器。

5. 乙二醇水溶液管道系统阀门的选择

对乙二醇水溶液管道系统阀门的主要要求是：密封性好、不泄漏，运行安全可靠，操作维修方便。具体选择可按表34.4-3进行。

乙二醇管道系统阀门的选择　　　　　　　　表34.4-3

名称	型号	规格 (mm)	工作条件 压力（MPa）	工作条件 温度（℃）	材料 阀体	材料 密封	用途
闸阀	Z41T-10,16 Z41H-16 Z41H-25	50～300 50～200 15～400	1.0, 1.6 1.6 2.5	≤200 ≤200 ≤425	灰铸铁 灰铸铁 碳钢	铜合金 合金钢 合金钢	切断管路和设备
截止阀	J41T-16 J41H-16 J41H-25	15～200 15～200 10～200	1.6 1.6 2.5	≤200 ≤200 ≤425	灰铸铁 灰铸铁 碳钢	铜合金 合金钢 合金钢	切断管路和设备，节流；Dn≥100mm时不使采用
球阀	CQ11F-25P Q41F-16P Q41F-25P	15～50 15～200 15～200	2.5 1.6 2.5	−40～180	阀体、球体 oCr18Ni9cF8（304） ZG1Cr18Ni9Ti	聚四氟乙烯	切断管路和设备，不能作为节流用；Dn≥100mm时不宜采用
球阀（三通）	Q44F-16,16P Q14F-16,16P	15～150 32～50	1.6 1.6				
旋塞阀	X13W-10 X43W-10 X44T-6	15～100 20～200 25～150	1.0 1.0 0.6	≤100 ≤120 ≤150	灰铸铁	—— 铜合金 铜合金	检修时切断管路和设备；泄气，放气
蝶阀	DID71F₁-10Z DTD71F₁-16C DID871F₁-16C（蜗轮调节）	40～150 40～150 200～600	1.0 1.6 1.6	−40～200	灰铸铁 铸钢 铸钢	聚四氟乙烯	断切管道和设备，也可作节流用；特别适用于Dn≥100mm管路
止回阀	H41H-10（升降式） H44T-10（旋启式） H44W-16P（旋启式）	15～100 50～600 20～150	1.0	≤100 ≤200 ≤100	灰铸铁 灰铸铁 铬镍钛钢	合金钢 铜合金 ——	防止管内介质倒流

6. 乙二醇管路系统的检漏和清洗步骤

(1) 在系统充灌乙二醇水溶液之前，必须正确清洗管道。在任何情况下都不准使用乙二醇水溶液检漏（若发现乙二醇水溶液泄漏应将其全部抽出），管清洗和检漏可同时进行。

(2) 供水管路应单独冲洗，避免铁锈、杂质等进入乙二醇管路系统。

(3) 用软化水或清洁淡水注入系统，开启管路上的阀门，使循环水高速重复冲洗。

(4) 循环水中加入化学清洗剂（一般为碱性洗涤剂和扩散剂的混合物），并确认清洗剂没有在系统中任何部位沉淀积聚。

(5) 经历 8~24h 循环清洗周期，在此期间应检查各过滤器滤网堵塞情况。

(6) 当水在系统内高速重复循环的后期，打开系统最低点的排水阀，使清洗液迅速排放，注意防止有固体沉淀在系统中较远的部位。

(7) 检查系统清洗效果，如不够彻底，则应重新注水进行重复清洗循环，直至合格。

(8) 清洗完成后，系统内应重新注入新鲜水，作反复循环漂洗，直至彻底消除化学清洗迹象为止。

(9) 系统处于清洁无保护状态，然后注入补给水并按钝化步骤进行，使所有金属管道表面形成保护膜。有关钝化要求，请参见其他手册。

34.4.3 制冷机及制冷机容量的确定

1. 附加系数

确定制冷机的制冷量时，必须考虑冷负荷的附加系数。通常，可按下列百分率附加：

(1) 直接（膨胀）供冷系统 ·· 7%

(2) 间接供冷系统（包括载冷剂循环泵冷损失）················· 12%~13%

2. 载冷剂的进出温度与蒸发温度

间接供冷系统中载冷剂的进出温度，可根据排管的表面温度 t_p（℃）确定，排管的表面温度则可根据下列公式进行计算。

每路排管的传热量 Q（W）为：

$$Q = S\lambda(t_b - t_p) \tag{34.4-1}$$

而

$$S = \frac{2\pi l}{\ln\left[\frac{2s}{\pi d} \cdot \mathrm{sh}\left(2\pi \frac{h}{d}\right)\right]} \tag{34.4-2}$$

式中　S——导热系统的形状系数；

λ——材料的导热系数，W/(m·℃)；

t_b——冰面温度，℃；

s——排管的中心距，m；

d——排管的直径，m；

h——排管中心至冰表面的距离，m；

l——管长，m。

载冷剂温度 t（℃），可按表 34.4-4 确定：

载冷剂温度 t（℃）的经验数据　　　　　　　　表 34.4-4

冰 场 性 质	载冷剂温度（℃）	冰面温度（℃）	制冷剂蒸发温度（℃）
冰球场	−10~−13	−4~−5	−15~−16
花样滑冰	−8~−10	−2~−3	−11~−13
娱乐性冰场	−10~−12	−2	−15~−16
冰场初冻过程	−10~−12.5		
冰场维持过程	−7.5~−8.5		
供、回水温度差（℃）		1~2	

表 34.4-5 摘引了四个冰场载冷剂的实际温度。

载冷剂的实际温度　　　　　　　　　　表 34.4-5

名　称	供水温度（℃）	回水温度（℃）	供回水温差（℃）
莫斯科速滑跑道	−12	−10	2
日本国立室内竞技场	−10	−8.35	1.65
重庆建飞真冰滑冰场	−12	−10	2
西安博登文化娱乐公司滑冰场	−10	−8	2

3. 冷水机组循环水量的调控

国产低温冷水机组，如螺杆式乙二醇机组、螺杆式盐水机组，设计工况下的供回水温差均为5℃，而人工冰场要求的供回水温差一般仅为1～2℃；这样，在相同的制冷量条件下，冰场所需的载冷剂循环量，远远大于冷水机组的额定流量。如果让冰场所需要的载冷剂循环量全部通过冷水机组的蒸发器，则必然造成载冷剂的流速过高，流动阻力太大，从而导致实际上无法运行的结果。

这时，最好的办法是通过手动或自动方式，对载冷剂进行旁流调节，如图 34.4-2 所示；或采用二次泵系统，如图 34.4-3 所示。

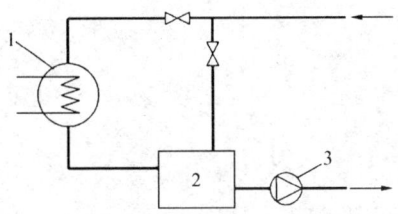

图 34.4-2　旁流调节
1—蒸发器；2—贮冷罐；3—乙二醇循环泵

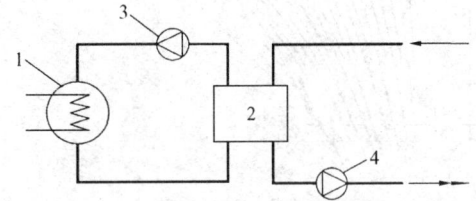

图 34.4-3　二次泵系统
1—蒸发器；2—贮冷罐；3——次泵；4—二次泵

34.5　消除雾气和防止结露

34.5.1　消除冰面雾气

冰面起雾，是人工冰场经常遇到的特殊问题。在设计冰场时，必须引起足够的重视。

常年使用的室内人工冰场，在炎热季节里，由于冰面吸热的结果，使临近冰面空气的温度，与冰面的温度十分接近。但在高度方向上，随着与冰面距离的增大，空气的温升很快。表 34.5-1 摘引了北京首都体育馆冰场的实测结果。

冰面上空气温度的变化（首都体育馆冰场的实测结果）　　　表 34.5-1

距冰面的高度（m）	0	0.5	1.8	3.0	观众席
空气温度（℃）	−4	10	18	22①	24②

注：① 空调系统未运行。
　　② 这时的相对湿度为75%。

当室内温度 $t_n=24℃$，相对湿度 $\phi_n=75\%$ 时，由 h-d 图可知，室内空气的露点温度 $t_l=19.5℃$ 左右。由表 34.5-1 可以看出，大约在冰面 2m 以下的区域，空气的温度都低于露点温度。如果冰面上的空气不流动，则冰面上就会出现雾区。随着空气与冰面之间质交换过程的不断进行，雾区将会消失。但实际上在大部分情况下，冰面附近的空气不断地与室内空气相混合，而混合点经常处于雾区范围，因此，冰面上就起雾。

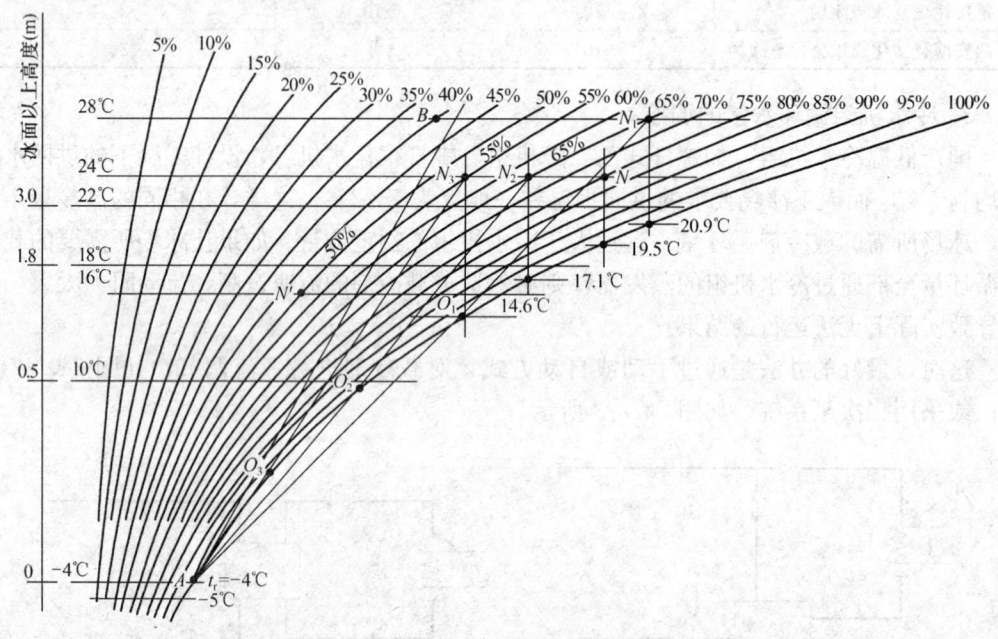

图 34.5-1 在 h-d 图上的变化过程

在湿空气的 h-d 图上（图 34.5-1），设 A 点为冰面附近的空气温度，N_1 为夏季室内状态点（$t=28℃$，$\phi=65\%$），N' 为冬季室内状态点（$t=16℃$，$\phi=50\%$），过 A 点作 $\phi=100\%$ 曲线的切线 AB，显然，凡位于 AB 线右侧的室内空气状态，与冰面空气混合时，其混合点均有落在雾区的可能性。

由图 34.5-1 可知：室内空气温度越高、相对湿度越大，就越容易形成雾区。为此，可采取下列技术措施，消除冰面的雾区。

(1) 采用顶送下回的气流组织形式向冰面送风，回风口尽可能接近冰面，以加剧室内空气与冰面附近空气的混合，使混合后的空气状态接近室内空气状态，远离露点。

(2) 减少室内湿源，主要是人和新风。

(3) 利用部分载冷剂的回水作为空气处理机的冷源，提高空气处理机的除湿能力，降低空气的露点温度。

(4) 室内装置除湿机。

34.5.2 防止顶棚结露

室外潮湿热空气进入室内后，使室内空气的露点温度升高；同时，在冷面冷辐射的作用下，顶棚的内表面温度往往会低于室内空气的露点温度，从而引起顶棚表面出现结露现象。顶棚结露的危害很大，它不但会腐蚀钢结构、破坏设置在顶棚内的音响设备，严重时还会影响冰面质量（凝水滴至冰面会形成"冰疙瘩"）。因此，设计时必须引起重视。

防止顶棚结露的措施有：

（1）采用铝合金吊顶，减少冰面冷辐射的影响。

（2）提高顶棚内表面温度，如向顶棚内送热风。

（3）室内设置除湿装置或空调系统。

值得指出的是：当建筑围护结构如外墙、顶棚、屋顶等都不作保温处理时，且冬季室内不设供暖装置，则顶棚内表面也不会出现结露现象。这是由于在夏季，在太阳辐射热作用下，屋顶内的温度很高，顶棚表面温度远远高于空气的露点温度，所以不会出现结露现象。在冬季，由于没有供暖，室内温度很低，所以顶棚内表面也不会出现结露现象。

34.6 人工冰场设计与施工的注意事项

1. 排管上部混凝土层的厚度，对冰面温度的影响很大（实验研究结果：混凝土厚度由 30mm 增至 50mm，冰面温度相应的由 $-5.7℃$ 升至 $-3.09℃$），因此，必须保持排管安装的水平，水平度的误差应严格控制在 $±2mm$ 范围内。

2. 冰层厚度对冰面温度的均匀性有很大影响（冰层厚度由 30mm 变化至 50mm 时，冰面温度相应地由 $-5.96℃$ 变化至 $-4.1℃$），为此，在浇冰时，要注意保持冰层厚度的一致性。

3. 冰场四周，应设计供排放融冰冰水的排水沟。

4. 冰面整修，如不采用冰面整修车时，一般可用 70~80℃ 热水经水泵加压后通过喷嘴进行喷洒；热水箱容积可按 $V=1.2～2.0 m^3/1000m^2$（冰面）考虑。

5. 间接供冷时，应保证供液的均匀性。回水集管应略高于场地排管，并设自动排气阀。

6. 为了保证流量分配均匀，应在回水管路上设平衡阀；当不设平衡阀时，管路布置宜采用同程式。

7. 当工程中同时有室内冰场和室外速滑场时，制冷系统宜分别设置。

8. 为了节省能耗，设计时应充分考虑冷凝废热的利用，如通过换热器制备加热整修冰面用的热水；又如与室内游泳池联合工作，由于冰场需要大量的冷量，而游泳池则需要大量的热量；完全可以利用热泵系统来同时供冷和供热。

9. 冰场混凝土的浇筑，必须在排管经过冲洗、试压、抽真空、检漏等合格后才能进行。浇筑前，还应清除掉排管外表面的铁锈和污泥。

10. 为了防止面层产生龟裂，混凝土面层内应架设钢丝网。

11. 当采用氨作为制冷剂时，应特别注意：

（1）选择确定贮液桶和排液桶容积时，应考虑在冰场不使用时，能将排管内的氨液贮存至上列设备中。

（2）氨属于易燃易爆制冷剂，必须特别注意安全问题，设计时必须遵循有关规范和标准的规定。

（3）向系统内充氨时，应分段进行。先充注少量氨液，然后进行检漏。如发现渗漏，应先将设备或管道中的氨抽尽，与其他设备隔断，并通大气后再进行修补。只有在确认系统无渗漏后，才允许大量充氨。

34.7 工程实例

34.7.1 首都体育馆冰场

1. 概况

1970年1月建成并投入使用,是我国建成的第一座人工冰场。经30多年使用,效果很好,目前仍能满足各项使用要求。

冰球场面积为:$61m \times 30m = 1830m^2$。

设计条件:(1) 室内温度 冬季 $t_n=16℃$;夏季 $t_n=28℃$;过渡季 $t_n=22℃$。

(2) 冰面温度 $t_b=-5℃$。

(3) 供冷方式 直接供冷 蒸发温度 $t_z=-15℃$。

(4) 结冻速度 12h(冰层厚度 $\delta=40mm$)。

2. 冰场构造(图 34.2-2)

冰场由10个构造层组成,总厚度为:1500mm,各层构造如下:

(1) 150mm 厚 C30 耐冻混凝土,内置供冷排管;

(2) 防水层(七层防水做法);

(3) 60mm 厚 1000mm×1000mm 预制架空板(C20 混凝土内加 0.75% 加气剂);

(4) 空气层和滑动层(石墨粉);

(5) 100mm 厚 C30 防冻混凝土板(3000mm×6000mm);

(6) 防水层(五层做法);

(7) 500mm 厚加气混凝土绝热层(强度 3MPa,密度 500kg/m^3,含湿量 20%,用热沥青砌筑,外包油毡防潮)

(8) 防水层(五层做法);

(9) 130mm C15 厚混凝土基层(水灰比<0.45,双向配筋,内置 $\phi38\times3$ 加热油管,间距 1500mm);

(10) 400mm 厚三七灰土(机器碾压,密实度要求 95%~98%)。

3. 负荷计算

冰场负荷按分项计算法进行计算,计算结果如表 34.7-1 所示。

冰场的计算负荷汇总表　　　　表 34.7-1

项 目	夏季负荷		过渡季负荷		冬季负荷	
	初冻	维持	初冻	维持	初冻	维持
对流传热负荷(W/m^2)	115.72	172.71	82.12	141.3	42.33	109.9
对流传质负荷(W/m^2)		199.45		111.07		54.31
辐射传热负荷(W/m^2)	114.79	153.52	82.57	121.3	52.92	91.64
地下传热负荷(W/m^2)	76.87	13.72	76.87	13.72	76.87	13.72
结冻负荷(W/m^2)	343.66		343.66		343.66	
单位面积负荷(W/m^2)	651.05	539.4	585.22	387.39	515.79	269.58
总负荷(W)	1,192,075	987,387	1,069,960	709,430	943,193	493,112

4. 制冷系统

(1) 系统　制冷剂为氨，采用氨泵循环供液的直接膨胀（蒸发）供冷系统。图 34.7-1 所示为该系统的制冷原理图。

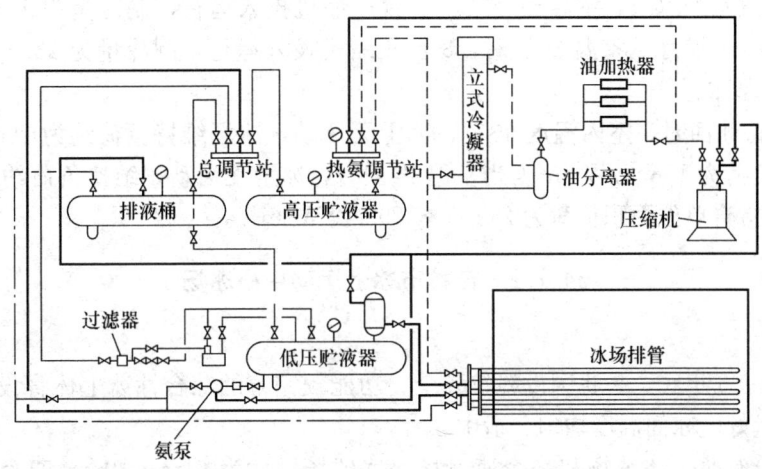

图 34.7-1　制冷原理图

(2) 系统的制冷量　根据冰场负荷计算中的最大值，并考虑 7% 的负荷附加系统，得：

$$Q = 1,192,075 \times 1.07 = 1,300,000W$$

选择 8AS17 氨压缩机，在 $t_l = 25℃$，$t_z = -15℃$ 工况下，制冷量为：$q_0 = 512,000W$。

配置 3 台 8AS17 压缩机，总制冷量为：$Q_0 = 512,000 \times 3 = 1,536,000W$。维持冰面预计有 2 台压缩机工作即可。

(3) 排管　冰场的排管采用 $\phi 38 \times 3.0mm$ 无缝钢管，管中心距 90mm，沿冰场长度方向布置，每路管长 120m（见图 34.7-2）。排管支座采用 5 号槽钢，间距 2000mm。

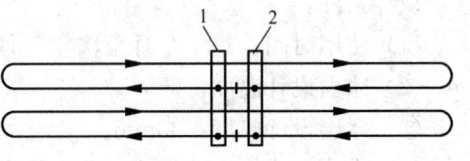

图 34.7-2　冰场排管供液方式
1—供液联箱；2—回液联箱

(4) 主要设备　见表 34.7-2。

主要设备表　　　　表 34.7-2

序号	名称	型号和规格	数量
1	制冷压缩机	8AS17	3 台
2	冷凝器	LN-150　$A = 149m^2$	3 台
3	高压贮液桶	ZA-3.0　$V = 3000L$	2 台
4	低压贮液桶	ZA-5.0　$V = 5000L$	3 台
5	排液桶	ZA-5.0　$V = 5000L$	2 台
6	油分离器	YF-100	3 台
7	氨液分离器	AF-150	3 台
8	氨泵	2CY5/4-1 型，$Q = 5m^3/h$，$H = 40m$，$N = 3kW$	6 台（其中一台为备用）
9	集油器	JF-300	2 台
10	空气分离器	KF-50	1 台

(5) 其他

● 系统充氨量约为 13t；

● 初冻时，先开 1 台压缩机预冷降温 5h（冬季），或开 2 台压缩机预冷降温 7h（夏季）。在开始泼水冻冰时，室温为 16℃，2 台压缩机投入运行，制冷量为 1046.7kW，每小时可冻约 3mm 厚冰。室温 26℃时，3 台压缩机投入运行，制冷量为 1395.6kW，每小时可冻 2mm 厚冰。

● 在维持冰面时，室内温度 13℃，冰上无活动，冰场维持负荷约为 290.75kW，折合单位面积负荷为 158.87W/m²。当室温 24℃时，冰上无活动，维持负荷约为 447.76～534.98kW，折合单位面积负荷为 244.69～292.38W/m²。

34.7.2 吉林市冰上运动中心冰场

1. 概况

建成于 1986 年底，是我国设施较齐全、功能较完善的综合性冰上体育设施，使用证明，冰的质量好，冰面温度均匀、适中。

本中心设有两个冰球场和一个速滑场。冰球场尺寸为 61m×30m，四个圆角半径为 8.5m。两个冰球场，一个建在建筑面积为 9000m²、有 3400 个固定坐席的多功能滑冰馆内；另一个建在建筑面积为 2400m² 的练习馆内。速滑场共设 3 条跑道，里道宽 4m，为练习跑道，中道和外道为各宽 5m 的比赛跑道；跑道直段长 111.95m，弯曲半径内径 21m，外径 35mm。

设计条件：

(1) 使用时间：每年 9 月至次年 5 月。

(2) 冰面设计温度：−5.5℃。

(3) 冰层设计厚度：30mm。

(4) 供冷方式：直接供冷 蒸发温度 $t_z = -20℃$。

2. 冰场构造

冰场采用了架空方式防止场地冻胀，详细构造如图 34.2-4 所示。

练习馆和速滑场的面层为白砂层。

3. 设计负荷

冰场设计负荷为：

冰球馆	457kW
练习馆	405kW
室外速滑场：	
里道	669kW
中道	900.2kW
外道	971kW

4. 制冷系统

(1) 系统 制冷剂为氨，采用氨泵循环供液的直接膨胀（蒸发）供冷系统。图 34.7-3 所示系该系统的制冷系统原理图。

(2) 系统的制冷量 总负荷 $Q=457+405+669+900.2+971=3402.2$kW。考虑附加

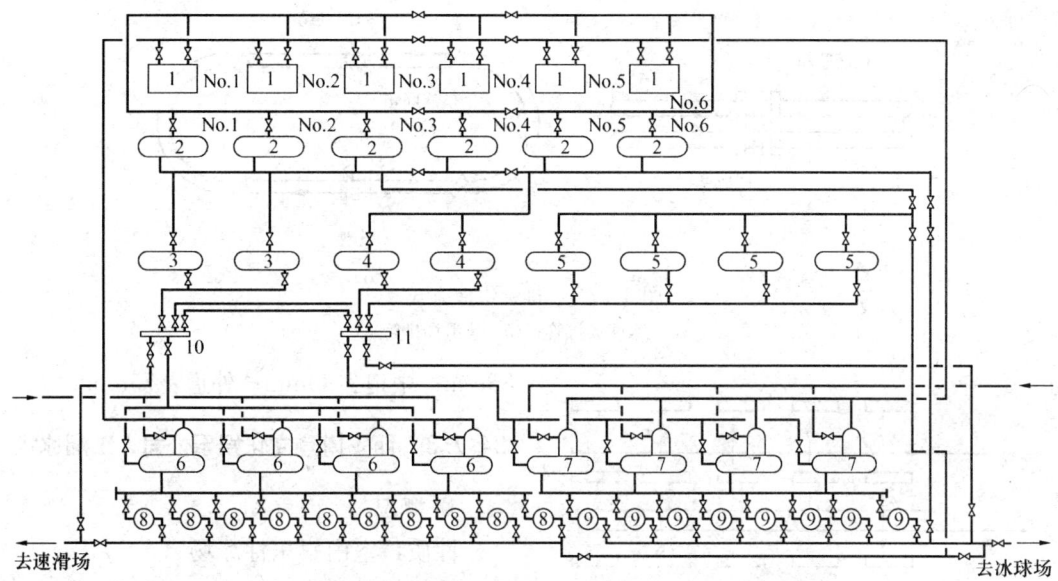

图 34.7-3 吉林市冰上运动中心冰场制冷系统原理图
1—螺杆式压缩机;2—冷凝器;3—室外速滑场系统的高压贮液桶;4—冰球场系统
的高压贮液桶;5—排液桶;6—速滑场系统的低压循环贮液桶;7—冰球场的低压
循环贮液桶;8—速滑场系统的循环氨泵;9—冰球场系统的循环氨泵;
10—速滑场系统的调节站;11—冰球场系统的调节站

系数后,制冷量为:$Q=3402.2\times 1.07=3640kW$。

选择 KA-20C 螺杆式压缩机,当蒸发温度 $t_z=-20℃$,冷凝温度 $t_l=28℃$ 时,制冷量 $q=465.2kW$;这样,应配置压缩机 7.8 台。

为了减少投资,采取了以下措施:10 月份只开 1 条速滑跑道,尔后根据气温情况,开 2 条或 3 条,在最冷月则利用自然冷势维持冰面。因此,速滑场制冷系统按 2 条跑道使用确定制冷机容量。这样,室内和室外冰场的总负荷 $Q=457+405+900.2+971=2733.2kW$。应配置压缩机 $2733.2/465.2=5.9≈6$ 台(按室外冰场 4 台,室内冰场 2 台配置)。

注:系统设有室内冰场和室外冰场两个独立运行的制冷系统,室外冰场制冷系统又可将其中一台压缩机和配套的冷凝器调入室内冰场制冷系统运行,根据负荷情况,室内冰场系统可以有 2~3 台压缩机联合工作。室外冰场系统可以有 3~4 台联合工作。

(3)排管 冰场全部采用 $\phi 38\times 2.5mm$ 无缝钢管作为供冷排管。冰球场排管中心距为 100mm,共布置 304 根。排管总长度为 18483m(每个冰球场);速滑场共用钢管 72800m。

为了确保冰面温度均匀,采取了以下三项措施:
- 三联箱(集管)中分式交叉换向供液(图 34.7-4);
- 同程式配管,如图 34.7-5 所示。冰球场供液联箱共 30 个;

供液联箱连接 5 路排管(有 2 个联箱连接 6 路),每个回液联箱连接 10 路(有 2 个联箱连接 11 路)。

- 里、中、外跑道由于面积和管长不相等,所以,采用变管中心距布置,里道:

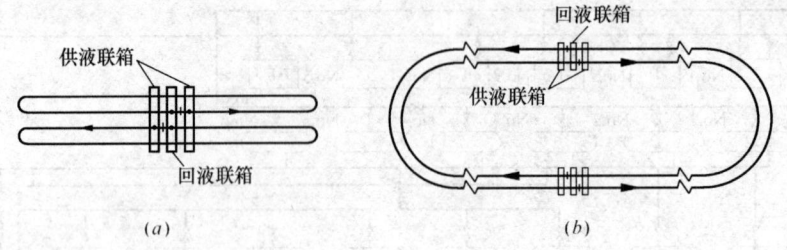

图 34.7-4 排管供液方式
(a) 冰球场排管；(b) 速滑场排管

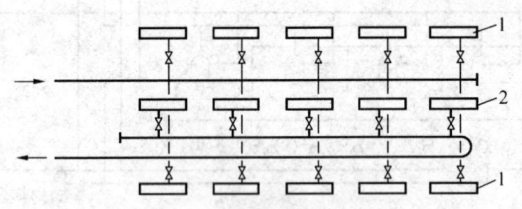

图 34.7-5 联箱供液示意图
1—供液联箱；2—回液联箱

85mm；中道：80mm；外道：75mm。

34.7.3 西安博登文化娱乐公司人工溜冰场

1. 概况

性质：室内娱乐性冰场。

冰场规模：30m×40m（1200m²）。

2. 设计条件

(1) 室内计算温度和相对湿度：夏季 t=26℃；冬季 t=16℃；室内相对湿度 ϕ=65%。

(2) 冰面厚度 40mm，冰面温度 －2℃。

(3) 最多人数：500 人（设计按 600 人计算）。

(4) 供冷方式：采用乙二醇水溶液间接供冷（乙二醇水溶液的浓度为 35%）。

3. 制冷系统

(1) 冷负荷：制冷 ΣQ=510kW。

(2) 制冷机：配置 R22 螺杆式乙二醇机组（YCLGF 300）

　　　　制冷量 Q=230kW　2 台；

　　　　制冷量 Q=110kW　1 台。

(3) 乙二醇循环泵：配置 IS-100-65 离心泵 3 台（其中一台为备用）。

水泵规格：流量 50m³/h；扬程 32m；转速 1450r/min；功率 7.5kW。

(4) 排管：ϕ32×2mm 聚乙烯管；排管中心距 80mm；沿冰场长度方向布管，供、回液总管布置在冰场的同一侧，同程式回水。

乙二醇水溶液的供水温度为 －10℃，回水温度为 －8℃。

(5) 制冷系统的流程，与图 34.4-1 相似。

第 35 章 暖通专业设计深度及设计与施工说明范例

35.1 方案设计深度的规定

35.1.1 设 计 说 明 书

1. 供暖通风与空气调节设计说明

(1) 供暖通风与空气调节的室外设计参数；
(2) 供暖通风与空气调节的室内设计参数及设计标准；
(3) 供暖通风与空气调节的设计方案要点；
(4) 供暖与空调负荷的估算数据；
(5) 冷、热源的选择及其参数；
(6) 供暖与空调系统的形式及控制方式；
(7) 通风系统描述；
(8) 防火、防烟及排烟系统简介；
(9) 新技术、新设备的应用情况；
(10) 节能与环保措施。

2. 热能动力设计说明

(1) 供热
1) 热源概况及供热范围；
2) 供热量的估算；
3) 供热方式、热力管道的布置方式与敷设原则；
4) 锅炉房及场区面积、换热站面积、位置及房高等要求；
5) 水源、水质及水压要求；
6) 节能、环保、消防及安全措施。

(2) 燃料供应
1) 燃料来源、种类及性能数据；
2) 燃料供应方式及供应范围；
3) 燃料消耗量；
4) 灰渣储存及运输方式；
5) 消防及安全措施。

3. 投资估算编制说明及投资估算表
(1) 投资估算编制说明：编制依据、编制方法、编制范围、主要技术经济指标等。
(2) 投资估算表。

35.1.2 设计图纸

1. 供暖通风与空气调节：方案设计阶段，供暖通风与空气调节原则上不出图。
2. 热能动力：当项目为城市集中供热、区域供热或燃气调压站时，应提供下列图纸：
(1) 主要设备平面布置图及主要设备表。
(2) 工艺系统图。
(3) 工艺管网平面布置图。

35.2 初步设计的深度规定

35.2.1 供暖通风与空气调节

供暖通风与空气调节初步设计，应有设计说明书，除小型和简单工程外，还应提供设计图纸、设备表和计算书。

1. 设计说明
(1) 设计依据
1) 与本专业有关的批准文件和业主的要求；
2) 本工程设计依据的主要法规、标准、规范和规程；
3) 其他专业提供的设计文件与资料。
(2) 设计范围
根据设计任务书、设计合同及有关设计资料，说明本专业设计的内容和具体的分工。
(3) 设计计算参数
1) 室外空气计算参数
2) 室内空气计算参数：见下表。

室内空气计算参数表

房间名称	夏 季		冬 季		新风量	噪声标准
	温度(℃)	相对湿度(%)	温度(℃)	相对湿度(%)	[$m^3/(h \cdot p)$]	[dB(A)]

注：温度与相对湿度采用基准值，有精度要求时，以"±℃、%"表示允许波动幅度。

(4) 供暖
1) 供暖热负荷；
2) 说明热源状况、参数、室外管网及系统补水与定压；
3) 供暖系统的形式及管道敷设方式；

4) 热计量及温控模式；
5) 供暖设备、散热器型式、管材、防腐及绝热处理。
(5) 空调
1) 空调冷负荷及热负荷；
2) 空调系统冷源及冷媒的选择，冷水及冷却水的参数；
3) 空调系统热源及热媒的选择，热媒参数及供给方式；
4) 空调风系统及水系统介绍；
5) 空气的热湿处理、室内的气流组织形式；
6) 空调系统的监测与控制；
7) 风管的材料、防腐与绝热处理，系统的防火措施；
8) 主要设备的选择。
(6) 通风
1) 需要通风的房间或部位；
2) 通风系统的形式、通风量和换气次数；
3) 通风系统设备的选择和风量平衡；
4) 排风系统的热回收；
5) 通风系统的防火措施。
(7) 防烟及排烟
1) 防烟及排烟方式及系统划分；
2) 防烟楼梯间及其前室、消防电梯前室或合用前室以及封闭式避难层（间）的防烟设施和设备选择；
3) 中庭、内走道、地下室等需要排烟房间的排烟设施和设备选择；
4) 防烟、排烟系统的风量确定，控制程序与模式。
(8) 需提请在设计审批时解决或确定的主要问题。

2. 设备表

列出主要设备的名称、型号、规格、数量等，详见下表。

主 要 设 备 表

设备编号	名　　称	型号与规格	单　位	数　量	备　注

3. 设计图纸

(1) 供暖通风与空气调节初步设计的图纸，一般包括图例、系统流程图、主要平面图。除较复杂的空调机房外，各种管道可绘成单线图。
(2) 系统流程图应表示热力系统、制冷系统、空调水系统、必要的空调风系统※、防排烟系统、排风与补风系统、热回收系统等的流程及上述系统的控制方式。
※：必要的空调风系统是指有较严格的净化和温湿度要求的系统。当空调风系统、防排烟系统、排

风与补风等系统跨越楼层不多，且在平面图中可以较完整地表示系统时，可只绘制平面图，不绘制流程图。

（3）供暖平面图：绘出散热器位置、供暖干管入口、走向及系统编号。

（4）通风、空调和冷、热源机房平面图：绘出设备位置管道走向、风口位置、设备编号及连接设备机房的主要管道等，大型复杂工程还应注出大风管的主要标高和尺寸，管道交叉复杂处需绘制局部剖面图。

4. 计算书（供内部校审用）

（1）供暖、通风与空调工程的热负荷、冷负荷计算；

（2）风量、空调冷热水量、冷却水量计算；

（3）管道与风管的水力计算；

（4）主要设备的选择计算。

35.2.2 热 能 动 力

在初步设计阶段，热能动力专业设计文件应有设计说明书、设计图纸、主要设备表及计算书。

1. 设计说明书

（1）设计依据

1）与本专业有关的批准文件和依据性资料（如水质分析、地质情况、冻土深度、地下水位等）；

2）其他专业提供的设计资料（如总平面布置图、供热分区及介质参数、热负荷及发展要求等）；

3）本工程依据的主要法规、标准、规范及规程。

（2）设计范围及内容

1）说明本专业需要设计的内容和具体分工；

2）供热和供汽的协作关系、计量方式、对今后发展或扩建的考虑；

3）改建、扩建工程，应说明对原有建筑、结构和设备等的利用情况；

4）节能、环保、消防、安全措施等。

（3）锅炉房

1）热负荷的确定及锅炉型式的选择：确定计算热负荷，列出各建筑物内部供热设施热负荷表；确定供热介质及参数；确定锅炉型式、规格、台数，并说明备用情况及冬季夏季运行台数。

2）热力系统及辅机选择：说明水处理系统、给水系统、蒸汽及凝结水系统、热水循环系统及其调节、定压补水方式、排污系统，各种水泵和加热设备等的台数及备用情况；对燃煤锅炉，还应说明烟气除尘、脱硫措施。

3）噪声防治措施。

4）燃料系统：说明燃料消耗量、燃料来源。当燃料为煤时，确定燃料的处理设备、计量和输送设备；当燃料为油时，说明油的来源、油罐大小、数量及位置、储存时间和运输方式；当燃料为燃气时，说明燃气来源、调压站位置及安全措施等。

5）简述锅炉房及附属间的组成，对扩建发展的考虑等。

6) 技术指标：列出主要设备名称、技术规格、建筑面积、供热量、燃料消耗量、灰渣排放量、软化水消耗量、自来水消耗量及电力消耗量等。

(4) 其他动力站房

1) 换热站：说明热介质的参数、供热负荷、供热介质及其参数，简述热力系统、水处理系统、补水定压方式，确定换热器及配套辅助设备。

2) 气体站房：说明各种气体的用途、用量和参数，供气系统，主要设备的选择。若为可燃气体站房，应明确有关安全措施。

3) 柴油发电机房：说明供油系统及排烟方式。

4) 燃气调压站：说明燃气用量、调压前后参数、调压器选择，有关安全措施。

5) 气体瓶组站：说明各种气体用量及其参数、调压和供气方式、瓶组数量。若为可燃气体，应明确有关安全措施。

(5) 室内管道：确定各种介质的负荷与参数、说明管道及附件的选用，管道敷设方式及绝热材料的选择，燃气管道的安全措施。

(6) 室外管道：确定各种介质的负荷与参数，说明管道的走向及敷设方式，明确主要管道管材及附件的选用，注明绝热、防腐方式及绝热材料的选择。

(7) 需要提请在设计审批时解决或确定的主要问题。

2. 设计图纸

(1) 锅炉房

1) 设备平面布置图：表示设备平面布置，绘出门、窗、楼梯、平台及地坑位置，注明房间名称、建筑轴线尺寸及标高；设备布置、定位尺寸及编号。

2) 热力系统图：表示出设备与汽、水管道（含管道附件）工艺流程；标明图例符号、管径、设备编号（与设备表编号一致）；就地安装测量仪表位置等。

(2) 其他动力站房：较大换热站参照锅炉房出图深度。其他动力站房初步设计阶段可不出图。

(3) 室内外动力管道：室内动力管道可不出图，室外动力管道根据需要绘制平面走向图。

3. 主要设备表

列出主要设备名称、规格、型号、技术参数、单位和数量。该表也可附于设计说明书中。

4. 计算书

负荷计算，主要设备选型计算，水电和燃料消耗量计算，主要管道水力计算，并将主要计算结果列入设计说明书中有关部分。

35.3　施工图设计的深度规定

35.3.1　供暖通风与空气调节

在施工图设计阶段，供暖通风与空气调节专业设计文件应包括图纸目录、设计与施工说明、设备表、设计图纸、计算书。

1. 图纸目录

先列新绘制的图纸，后列选用的标准图或重复利用图。

2. 设计说明与施工说明

(1) 设计说明：介绍设计概况和供暖通风与空调室内外设计参数；热源、冷源情况；热媒、冷媒参数；供暖热负荷、耗热量指标及系统总阻力；空调冷、热负荷、冷、热量指标，系统形式、划分和控制方法，必要时，需说明系统的使用操作要点，例如空调系统的季节转换，防排烟系统的风路转换。

(2) 施工说明：说明设计中使用的材料和附件，系统工作压力和试压要求；施工安装要求及注意事项。供暖系统尚应说明散热器型号。

(3) 图例。

(4) 当本专业的设计内容分别由两个或两个以上的单位承担设计时，应明确交接配合的设计分工范围。

3. 设备表（参见 35.2-1）

4. 平面图

(1) 绘出建筑轮廓、主要轴线号、轴线尺寸、室内外地面标高、房间名称。底层平面上应绘指北针。

(2) 供暖平面图应绘出散热器位置，注明片数或长度，供暖干管及立管位置、编号；管道的阀门、放气、泄水、固定支架、伸缩补偿器、入口装置（附热计量装置）、减压装置、疏水器、管沟及检查人孔；注明干管管径及标高。

(3) 二层以上的多层建筑，其建筑平面往往是相同的，这时，供暖平面二层至顶层可以合用一张图纸，散热器的数量应分层标注。

(4) 通风、空调平面应用双线绘出风管，单线绘出空调冷热水、凝结水等管道。标注风管尺寸、标高及风口尺寸（圆形风管标注管径，矩形风管标注宽×高），标注水管管径及标高；各种设备及风口安装的定位尺寸和编号；消声器、调节阀、防火阀等各种部件位置及风管、风口的气流方向。

(5) 当建筑装修未确定时，风管和水管可先出单线走向示意图，注明房间送、回风量或风机盘管数量、规格。建筑装修确定后，应按规定要求绘制平面图。

5. 通风、空调剖面图

(1) 风管或管道与设备连接交叉复杂的部位，应绘制剖面图或局部剖面。

(2) 绘出风管、水管、风口、设备等与建筑梁、板、柱、墙及地面的尺寸关系。

(3) 注明风管、水管、风口等的尺寸和标高，气流方向及详图索引编号。

6. 通风、空调、制冷机房平面图

(1) 机房图应根据需要增大比例，绘出通风、空调、制冷设备（如冷水机组、新风机组、空气处理机、冷热水循环泵、冷却水循环泵、通风机、消声器、水箱等）的轮廓位置及编号，注明设备和基础距离墙或轴线的尺寸。

(2) 绘出连接设备的风管、水管位置及走向；注明尺寸、管径、标高。

(3) 标注机房内所有设备、管道附件（各种仪表、阀门、柔性接头、过滤器等）的位置。

7. 通风、空调、制冷机房剖面图

(1) 当其他图纸不能表达复杂管道相对关系及竖向位置时，应绘制剖面图。

(2) 剖面图应绘出对应于机房平面图的设备、设备基础、管道和附件的竖向位置、竖向尺寸和标高。标注连接设备的管道位置尺寸；注明设备和附件编号以及详图索引编号。

8. 系统图、立管图

(1) 分户计量的户内供暖系统或小型供暖系统，当平面图不能表示清楚时，应绘制系统透视图，其比例宜与平面图一致，按 45°或 30°轴测投影绘制；多层、高层建筑的集中供暖系统，应绘制供暖立管图，并编号。上述图纸应注明管径、坡度、坡向、标高、散热器型号和数量。

(2) 热力、制冷、空调冷热水系统及复杂的风系统，应绘制系统流程图。系统流程图应绘出设备、阀门、控制仪表、配件，标注介质流向、管径及设备编号。流程图可不按比例绘制，但管分支应与平面图相符。

(3) 空调的供冷、供热分支水路采用竖向输送时，应绘制立管图，并编号，注明管径、坡度、坡向、标高及空气处理机组的型号与功能段的组成。

(4) 空调、制冷系统有监测与控制时，应绘制控制原理图，图中以图例绘出设备、传感器及控制元件位置；说明控制要求和必要的控制参数。

9. 详图

(1) 供暖、通风、空调、制冷系统的各种设备及零部件施工安装，应注明采用的标准图、通用图的图名及图号。凡无现成图纸可选，且需要交待设计意图的，均需绘制详图。

(2) 简单的详图，可就图引出，绘制局部详图；制作详图或安装复杂的详图，应单独绘出。

10. 计算书（供内部校审用）

(1) 计算书内容视工程繁简程度，按照国家有关规定、规范、规程、标准及本单位技术措施进行计算。

(2) 采用计算机计算时，应注明软件名称，附上相应的简图及输入数据。

(3) 供暖工程计算应包括以下内容：

1) 建筑围护结构的耗热量计算；
2) 散热器和供暖设备的选择计算；
3) 管道水力计算；
4) 供暖系统构件或装置的选择计算，如系统的补水与定压，补偿器、疏水器等。

(4) 通风与防烟、排烟计算应包括以下内容：

1) 通风量、局部排风量计算，排风装置的选择计算；
2) 空气量平衡和热量平衡计算；
3) 通风系统的设备选型计算；
4) 风系统的阻力计算；
5) 排烟量计算；
6) 防烟楼梯间及前室正压送风量计算；
7) 防排烟风机、风口的选择计算。

(5) 空调、制冷工程计算应包括以下内容：

1) 空调房间围护结构夏季、冬季的冷、热负荷计算；

2）空调房间人体、照明、设备的散热、散湿量以及新风负荷计算；

3）空调、制冷系统的冷水机组、冷热水泵、冷却水泵、冷却塔、水箱、水池、空气处理机组、消声器等设备的选型计算；

4）必要的气流组织设计与计算；

5）风系统的阻力计算；

6）空调冷热水、冷却水系统的水力计算。

35.3.2 热 能 动 力

在施工图设计阶段，热能动力专业设计文件应包括图纸目录、设计说明和施工说明、主要设备表、设计图纸、计算书。

1. 图纸目录（参见 35.3.1）

2. 设计说明和施工说明

（1）当施工图设计与初步（或方案）设计有较大变化时，应说明原因及调整内容。

（2）本工程各类供热负荷及供热要求。

（3）各种气体用量及燃料的用量。

（4）设计容量、介质运行参数（如压力、温度、低位热值、密度等）、系统运行的特殊要求及维护管理、需要特别注意的事项。

（5）管材及附件的选用，管道的连接方式，管道的安装坡度、坡向。

（6）管道滑动支吊架间距。

（7）设备和管道的防腐、绝热及涂色要求。

（8）管道补偿和建筑物入口装置。

（9）设备和管道与土建各专业配合要求。

（10）对施工安装质量及安全规程标准与设备、管道系统试压要求。

（11）安装与土建施工的配合及设备基础与到货设备尺寸的核对要求。

（12）设计所采用的图例符号说明及遵循的有关施工验收规范等。

3. 设计图纸

（1）锅炉房

1）热力系统图：应绘出设备、各种管道工艺流程，绘出就地测量仪表设置的位置。按本专业制图规定注明符号、管径及介质流向，并标注设备名称或设备编号。

2）绘出设备平面布置图，对规模较大的锅炉房，还应绘出主要设备剖面图，注明设备定位尺寸及设备编号。

3）绘出汽、水、风、烟等管道布置平面图，当规模较大、管道系统复杂时，应绘出管道布置剖面图，并注明管道阀门、补偿器、管道固定支架安装位置以及就地安装一次测量仪表的位置等。注明各种管道的管径尺寸及安装标高，必要时还应注明管道的坡度与坡向。

4）其他图纸，如机械化运输平、剖面布置图、设备安装详图、非标准设备制造图或制作条件图（如油罐等）应根据工程情况进行绘制。

（2）其他动力站房

1）管道系统图（或透视图）：对换热站，气体站房和柴油发电机房等，应绘制系统图，深度参照锅炉房。对燃气调压站和瓶组站绘制透视图，并注明标高。

2）设备管道平、剖面图：绘出设备及管道平面布置图，当管道系统较复杂时，应绘出管道布置剖面图，图纸内容及深度参照锅炉房平、剖面图的有关要求。

(3) 室内管道

1）管道平面布置图：按建筑平面图注出房间名称，主要轴线编号，各层平面的标高，并绘出有关用气（汽）设备外形轮廓尺寸及编号；按图例绘出全部动力管道附件及地沟布置等；注明管道的管径及建筑预留洞位置（宽×高）和洞底标高；绘出入口装置、节点、补偿器及固定支架安装位置（以图例表示）。

2）管道系统图（或透视图）：按图例注明管径、坡度、坡向及管道标高（透视图）。

3）安装详图（局部放大图）：管道安装采用标准图或通用图，应注明图册名称及索引的图名、图号，其他应绘制安装详图。

(4) 室外管网

1）管道平面布置图：一般工程应绘制管道平面布置图，工程较复杂时，可分别绘制管沟、管架平面布置图和管道平面布置图，图中表示出管道支架、补偿器、检查井等的定位尺寸或坐标，并分别注明编号，管道长度及规格，介质代号。

2）断面图（比例：纵向为1:500或1:1000；竖向为1:50）：管道纵断面展开图（主要用于地形较复杂的地区），应标出管段编号、管段平面长度，设计地面标高，沟底标高，管道标高，地沟断面尺寸，坡度与坡向，直埋敷设时，注明填砂沟底标高，架空敷设时，应注明柱顶标高。同时应表示出放气阀、泄水阀、疏水装置和就地安装测量仪表等。

简单项目及地势平坦处，可不绘制管道纵断面图而在管道平面图主要控制点直接标注或列表说明，设计地面标高、管道敷设高度（或深度）、管径、坡度、坡向、地沟断面尺寸等。

3）管道横断面图：管道系统简单时，可用检查井、管道平面布置图来表示；管道系统较复杂时，应绘制管道横断面图。管道横断面图应表示出管道直径、绝热层厚度、两管的中心距等，直埋敷设管道应标出填砂层厚度及埋深等。

4）节点详图：必要时应绘制检查井（或管道操作平台）、管道及附件的节点详图。

4. 主要设备表

列出主要设备的名称、规格与型号、各项技术参数、单位、数量等。

5. 计算书（供内部校审用）

(1) 锅炉房：各系统主要工艺设备的计算，管道水力计算，管道特殊支架或固定支架的推力计算，汽、水、燃料等消耗及贮存场地的计算，小型锅炉房计算可简化。

(2) 其他动力站房：根据各种介质负荷进行计算，主要设备选型计算，主要管道水力计算。

(3) 室内管道：管道水力计算，应有计算草图和计算书；系统较简单时，可仅在草图上计算，不另作计算书。对高温介质管道，应进行固定支架推力计算。

(4) 室外管网：计算草图及管道水力计算表（水力计算和热力管网水压图），调压装置的计算，架空敷设管道支架及地沟敷设时不平衡支架的受力计算，直埋敷设时固定墩推力计算，管道热膨胀及补偿器的选择和固定支架的确定。

35.4 供暖通风与空气调节初步设计说明范例

1. 室外设计气象参数

（1）地理纬度：北纬_____°_____′；

（2）大气压力：冬季_____hPa；夏季_____hPa；

（3）室外计算温度

冬季空调计算干球温度：_____℃；夏季空调计算干球温度：_____℃；

冬季通风计算干球温度：_____℃；夏季通风计算干球温度：_____℃；

冬季供暖计算干球温度：_____℃；

（4）夏季空调室外计算湿球温度：_____℃；

（5）冬季空调室外计算相对湿度（最冷月月平均相对湿度）：_____%；

（6）冬季最多风向及其频率：_____；

（7）冬季最多风向的平均风速：_____m/s；

（8）冬季室外平均风速：_____m/s；

（9）最大冻土深度：_____mm。

2. 设计范围及要求

本工程包括_____等建筑物（或房间）的供暖通风与空调系统的设计，各项目（房间）的具体设计内容如下表所示；

序号	项目（房间）名称	设 计 内 容				
		供暖	通风	空调	防排烟	冷源
1		△		△	△	
2		△	△		△	△
3		△	△	△	△	
4						
—						
—						

注：格中带△者表示需要进行设计的内容。

3. 室内空气的计算参数

序号	房间名称	室 内 计 算 参 数				新风量	平均风速		噪声级
		冬季		夏季			冬季	夏季	
		温度	相对湿度	温度	相对湿度				
		℃	%	℃	%	m³/h·p	m/s	m/s	dB（A）
1									
2									
3									
4									
—									

4. 供暖设计

(1) 供暖热负荷的估算

序号	建筑物（房间）名称	供暖建筑面积（m²）	供暖指标（W/m²）	供暖热负荷（W）	备 注
1					
2					
3					
4					
—					
—					

(2) 供暖热媒采用_____，由_____集中供应，通过室外热力网分送至各供暖建筑物；在建筑物的热力入口处，装置过滤器、平衡阀、热量表等设备。

(3) 室内采用双管热水顺流回水上行下给式供暖系统，供水干管敷设在_____，回水干管敷设在_____。

(4) 散热器采用_____型，每_____的散热面积为_____ m²，标准散热量（$\Delta T=64.5$℃）为_____ W。

(5) 散热器的承压能力应等于或高于_____ MPa。

(6) 在连接每组散热器的供水支管上，均装置散热器恒温阀，供用户自主设定室内供暖温度。在散热器的回水支管上，均装置铜质散热器回水阀。

(7) 供暖系统的干管及立管，均采用碳素钢管。公称直径 $DN \geqslant 50$mm 者，采用无缝钢管（GB 8163）；$DN<50$mm 者，采用普通焊接钢管（GB 3092）。

(8) 室内埋地管道，按下列原则选用：

1) 热媒温度 $t \leqslant 80$℃时，采用_____热塑性塑料管，管系列为_____；

2) 热媒温度 80℃$<t<$85℃时，采用铝塑复合管（列出不同直径要求的壁厚）。

注：①热塑性塑料管规格型号的选择，主要是根据系统工作压力、使用条件等级和管材系列计算最大值 $S_{cal.max}$，确定管材系列值 S 值。

②铝塑复合管是由聚乙烯和铝合金两种杨氏模量相差很大的材料组成的多层管，在承受压力时，厚度方向管环应力分布是不等值的，无法考虑各种使用温度的累积作用，所以，不能用 S 值来选择管材和确定其壁厚。通常，只能根据长期工作温度和允许工作压力进行选择。

③具体选择确定方法，参见本手册第 1 章第 1.7 节。

(9) 敷设供、回水干管时，应保持不小于 3/1000 的坡度，供水干管的坡向与供水流向相反；回水干管的坡向与回水流向相同。

(10) 供暖系统中管路的最高点和最低点，应分别设置自动排气阀和手动泄水阀。

(11) 防腐与绝热：

1) 所有明装的钢管及型钢支吊架，在完成表面除锈处理后，应刷防锈底漆一遍，干燥后再刷银粉漆或耐热调合漆两遍。

2) 表面需要进行绝热处理的钢管，在完成表面除锈处理后，应刷防锈底漆两遍。

3) 供暖总立管、安装在地沟或非供暖空间里的供暖供、回水干管,均应进行绝热保温处理。保温绝热材料采用_____,其厚度为_____mm,保温层外部应设置_____保护层。

5. 通风、除尘及防排烟设计

(1) 本工程的_____等房间,在生产(试验)过程中,放散_____等有害物,详见下表所示。

序号	房间名称	生产(试验)过程	放散有害物名称	备 注
1				
2				
3				
4				
5				
—				

(2) 有害物的处理措施

序号	有害物名称	允许浓度 (mg/m³)	处理方式及措施	排放浓度 (mg/m³)
1				
2				
3				
4				
—				

(3) 室内通风换气次数及方式

序号	房间名称	房间体积 (m³)	换气次数 (h⁻¹)	排风量 (m³/h)	送风量 (m³/h)	通风方式	备 注
1							
2							
3							
4							
—							

(4) 通风(除尘)系统的划分

系统编号	排风量 (m³/h)	净化设备			通风机			电动机			备注
		型号	规格	数量	型号	规格	数量	型号	规格	数量	
P-1											
P-2											
P-3											
—											
—											

(5) 风平衡与热平衡：为了防止室内温度和压力的大幅度波动，必须保持风量与热量的平衡。为此配置了相应的补风系统，详见下表。

系统编号	负担的排风系统	送风量 m³/h	供热量 kW	供冷量 kW	备 注
S-1					
S-2					
S-3					
—					
—					

(6) 风管

1) 风管系统按其工作压力，划分为低压、中压和高压三类，其规定如下表所示。

系统分类	工作压力（Pa）	密 封 要 求
低压系统	$P \leqslant 500$	接缝和接管连接处严密
中压系统	$500 < P \leqslant 1500$	接缝和接管连接处增加密封措施
高压系统	$P > 1500$	所有的拼接缝和接管连接处，均应采取密封措施

2) 镀锌钢板及各类有复合保护层的钢板，应采用咬口连接或铆接，不得采用焊接连接方法。

3) 本工程风管采用_____加工制作，钢板或镀锌钢板的厚度（mm），应符合下表规定：

风管直径 D 或长边尺寸 B（mm）	钢板或镀锌钢板风管			
	圆形风管	中、低压矩形	高压矩形	除尘系统风管
$D(B) \leqslant 320$	0.5	0.5	0.75	1.5
$320 < D(B) \leqslant 450$	0.6	0.6	0.75	1.5
$450 < D(B) \leqslant 630$	0.75	0.6	0.75	2.0
$630 < D(B) \leqslant 1000$	0.75	0.75	1.0	2.0
$1000 < D(B) \leqslant 1250$	1.0	1.0	1.0	2.0
$1250 < D(B) \leqslant 2000$	1.2	1.0	1.2	按设计
$2000 < D(B) \leqslant 4000$	按设计	1.2	按设计	按设计

注：① 螺旋风管的钢板厚度可减小10%～15%。
② 排烟系统风管的钢板厚度可按高压系统采用。
③ 特殊除尘系统风管的钢板厚度应符合设计要求。
④ 不适用于地下人防与隔墙的预埋管。

(7) 防腐：非镀锌钢板制作的普通钢板风管与配件，均需刷防锈底漆一遍，色漆两遍。

6. 空调与制冷

(1) 空调负荷估算

序号	房间名称	空调面积	供热		供冷	
			热指标	热负荷	冷指标	冷负荷
		m²	W/m²	W	W/m²	W
1						
2						
3						
4						
—						
—						

（2）空调系统的划分与组成

系统编号	服务对象（房间名称）	送风量（m³/h）	设计负荷（W）		气流组织	空调方式
			冬季	夏季		
K-1						
K-2						
K-3						
K-4						
—						
—						

（3）新风系统

系统编号	服务对象（房间名称）	送风量（m³/h）	加湿量（kg/h）	设计负荷（W）		气流组织	空调方式
				冬季	夏季		
S-1							
S-2							
S-3							
—							
—							

（4）空调设备的选择

1）组合式空调机组的选型

系统编号	机组型号	风量（m³/h）	供冷量（W）	供热量（W）	余压（Pa）	输入功率（kW）	数量（台）	备注
K-1								
K-2								
K-3								
—								
—								

2) 组合式空调机组功能段的组成

系统编号	组 成 功 能 段									
	混合段	粗效过滤	中间段	回风机	空气加热	空气冷却	送风机	中效过滤	空气加湿	出风段
K-1										
K-2										
K-3										
—										
—										

3) 风机组的选型

4) 风机盘管机组的选型

(5) 空调冷、热源

1) 空调冷源由冷机房的水冷离心式冷水机组集中供应，冷水供水温度为_____℃，回水温度为_____℃，总循环水量为_____ m³/h。

2) 冷水机组的选型如下表所示：

型号	冷媒水			冷却水			冷量	电动机		数量
	回水	供水	水量	回水	供水	水量		型号	功率	
	℃	℃	m³/h	℃	℃	m³/h	kW		kW	台
—										
—										

3) 空调热源由室外热力网集中供应110℃/70℃热水，通过设于机房内的板式换热器交换得60℃/50℃低温热水，作为空调热水供水与回水。总循环水量为_____ m³/h。

4) 空调水系统为两管制闭式机械循环，冷、热水的输送夏季与冬季使用同一条管道。

5) 空调水系统通过设置于_____实现水系统的补水与定压。

6) 冷水循环泵与热水循环泵分别配置，其型号及各项技术参数，详见下表所示。

型号	流量 (m³/h)	扬程 (mH₂O)	转速 (r/min)	效率 (%)	电动机		数量 (台)
					型号	功率（kW）	

7) 空调水管系统的最高点应设置自动排气阀，最低点应设置 $DN25mm$ 泄水管，并配置同口径铜球阀。

8) 冷水机组的进水管和冷水循环泵的进水管上，都应装置过滤器；出水管上应装置闸阀（或蝶阀）、压力表、温度计等。

9) 与水泵进、出水口连接的管路上，必须设置柔性（减振）接头；柔性接头不得强行对口连接，与其连接的管道应设置独立支架。

(6) 风管

1) 空调系统的送、回风管,均采用_____加工制作。

2) 所有冷、热设备及敷设在非空调房间内的风管,均应以_____进行保温绝热处理。

3) 普通钢板加工制作的风管、配件、型钢支吊架,均应进行除锈处理,并刷防锈底漆两遍。非保温部件,表面尚需刷色漆两遍。

7. 防火、防烟及排烟设计

(1) 通风、空调系统送、回风管道的下列部位,均应设置防火阀:

1) 穿越防火分区的隔墙和楼板处;

2) 穿越空调和通风机房及重要的或火灾危险性大的房间隔墙和楼板处;

3) 竖风管与每层水平支风管连接处的水平管段上;

4) 穿越变形缝风管的两侧。

(2) 防排烟系统的划分

系统编号	系统名称	服务对象(部位)	风量(m³/h)
Z-1	正压送风系统	防烟楼梯间、楼梯间前室	
Z-2	正压送风系统	防烟楼梯间、合用前室	
—			
P(Y)-1	排烟系统	中庭	
P(Y)-2	排烟系统	无窗内走道	
P(Y)-3	排烟系统	地下室的无窗房间	
—			
S-1	送风系统	地下室的无窗房间	
S-2	送风系统	地下室的无窗房间	
—			
—			

(3) 正压送风系统

1) 防烟楼梯间采用机械加压送风,送风量为_____ m³/h,每隔_____层设置一个常闭型加压送风口;发生火灾时,通过消防控制中心自动启动设于_____的加压风机,对楼梯间进行加压。

2) 每层楼梯间的前室均设机械加压送风口,送风量为_____ m³/h,风口采用常闭型多叶式;发生火灾时,通过消防控制中心自动开启着火层及与着火层相邻的上、下层前室的加压送风口并同时启动加压风机,进行加压送风。

(4) 排烟系统

1) 地下室的无窗房间,均设置机械排烟;防烟系统内共划分了_____个排烟分区,每个排烟分区内的排烟阀,平时常闭,当发生火警时,经消防控制中心确认后,自动或手动开启报警区内的排烟阀及该系统的排烟风机,进行排烟。

设置机械排烟的地下室,同时设置有机械送风系统,其送风量不小于排烟量的1/2。

2) 内走道均设置机械排烟系统,排烟量按_____ m³/h 计算,排烟风机设置于

_____，当任何一个常闭型排烟口自动或手动开启时，经消防控制中心确认后，排烟口及排烟风机即自动开启，进行排烟。

3) 中庭设有机械排烟系统，排烟量为_____ m³/h，排烟风机设置于_____，发生火警时，经消防控制中心确认后，排烟口及排烟风机即自动开启，进行排烟。

4) 在所有排烟风机的入口处，均设置 280℃ 防火阀，当烟气温度等于或高于 280℃ 时，防火阀即自动关闭，排烟风机也同时关闭。

5) 所有排烟口，均受烟（温）感器控制，并与排烟风机电源连锁。

(5) 加压风机与排烟风机的选择

系统编号	通风机				电动机		数量	备注
	型号	风量 m³/h	全压 Pa	转速 r/min	转向	型号	功率 kW	台	
Z-1									
Z-2									
—									
—									
P（Y）-1									
P（Y）-2									
—									
—									

8. 主要设备和材料明细表

编号	名　称	规格与型号	单　位	数　量	备　注
1					
2					
3					
4					
5					
—					
—					
—					
—					
—					

35.5　供暖通风与空气调节施工图设计说明范例

35.5.1　供暖工程施工图设计说明

1. 设计用室外气象参数

(1) 供暖室外计算干球温度为_____℃；

(2) 冬季通风室外计算干球温度为_____℃；

(3) 冬季室外平均风速为_____ m/s；
(4) 冬季最多风向及其频率为_____；
(5) 供暖期天数为_____ d。

2. **供暖室内计算温度**

序 号	房 间 名 称	计算温度（℃）	备 注
1			
2			
3			
4			
—			

3. **供暖热指标**

本项目供暖热负荷 $\Sigma Q=$_____ W，总供暖建筑面积 $\Sigma A=$_____ m^2，单位建筑面积的供暖热指标 $q=\Sigma Q/\Sigma A=$_____ W/m^2。

4. **热力入口**

(1) 供暖热媒采用_____，由_____集中供应。
(2) 建筑物分设 R1、R2、R3……Rn 共_____个热力入口，各入口的热负荷 Q (W)、循环水量 G (m^3/h) 和压力损失 ΔP (kPa) 分别为：

R1　$Q1=$_____ W；$G1=$_____ m^3/h；$\Delta P1=$_____ kPa；
R2　$Q2=$_____ W；$G2=$_____ m^3/h；$\Delta P2=$_____ kPa；
R3　$Q3=$_____ W；$G3=$_____ m^3/h；$\Delta P3=$_____ kPa；
Rn　$Qn=$_____ W；$Gn=$_____ m^3/h；$\Delta Pn=$_____ kPa；

(3) 每个热力入口的供水管道上，均装置平衡阀、Y型水过滤器及超声波热量表，具体配管参见_____标准详图集第_____页。

5. **散热器**

(1) 选择采用_____型_____散热器，每_____散热器的散热面积为_____ m^2，其标准散热量（$\Delta T=64.5℃$）为_____ W。
(2) 在连接每组散热器的供水支管上，均装置散热器恒温阀。回水支管上应安装全铜结构散热器回水阀。
(3) 散热器的承压能力应等于或高于_____ MPa。散热器的表面应涂刷非金属性面漆。
(4) 两组散热器串联连接安装时，其串联连接管的直径应等于散热器接口的直径；
(5) 散热器的配管，必须严格按照设计所指定的详图进行，水平支管严禁反坡。

6. **供暖系统形式**

供暖系统采用双管热水上行下给顺流（同程）回水式，供水干管暗敷在顶层平顶内，回水干管明敷于地下一层（汽车库）的楼板下。水平供水干管以 3/1000 的敷设坡度坡向总立管，干管末端（最高点），装置 $DN20mm$ 自动排气阀。水平回水干管以 3/1000 的坡度坡向供暖热力入口。在回水管的最低点处，设 $DN25mm$ 泄水管并配置同口径的铜球阀。

注：如果采用低温地面辐射供暖系统，序号 5 与 6 可合并，并应改写如下：

5. 供暖形式与施工要求

(1) 本工程采用低温地面辐射供暖形式进行供暖,利用室内地面作为供暖时的散热表面。

(2) 地面辐射供暖系统的供水温度为 _____℃;回水温度为 _____℃。循环水量为 $G=$ _____ m^3/h。

(3) 按户设置分、集水器,采用分户独立系统形式,进行分户热量计量。

(4) 地面构造如下(自下至上):钢筋混凝土楼板、绝热层、钢筋网、加热盘管、豆石混凝土填充层、水泥砂浆找平层、地板面层。

(5) 地面绝热层采用模塑聚苯乙烯泡沫塑料板(EPS板),其厚度规定如下:
- 楼层之间楼板上的绝热层 $\delta \geqslant 20mm$;
- 与土壤或不供暖地下室相邻的楼板上的绝热层 $\delta \geqslant 30mm$;
- 与室外空气相邻的楼板上的绝热层 $\delta \geqslant 40mm$。

(6) 模塑聚苯乙烯泡沫塑料板的技术指标,应符合下列规定:
- 表观密度 $\geqslant 20.0 kg/m^3$
- 压缩强度(10%形变下的压缩应力)$\geqslant 100kPa$
- 导热系数 $\leqslant 0.041 W/(m^2 \cdot K)$
- 吸水率(体积分数)$\leqslant 4\%$ (v/v)
- 70℃、48h 后尺寸变化率 $\leqslant 3\%$
- 烧结性(弯曲变形)$\geqslant 20mm$
- 水蒸气透过系数 $\leqslant 4.5 ng/(Pa \cdot m \cdot s)$
- 氧指数 $\geqslant 30\%$
- 燃烧分级 达到 B_2 级

(7) 加热管的选择及敷设要求:

1) 加热管采用 S5 管系列耐高温聚乙烯(PE-RT)管,公称外径 $\phi 20mm$,壁厚 2mm,工作压力为 0.6MPa。

2) 加热管采用尼龙扎带与网格相固定;钢筋网采用 $\phi 3$ 钢丝加工成 200×200mm 方格。固定点的间距,直管段宜保持 500~700mm;弯曲部分宜保持 200~300mm。

3) 加热管的弯曲半径,不应小于 6D(D—加热管的外径);进行弯管时,塑料管圆弧的顶端应加以限制(顶住),防止出现"死折"。

4) 加热管的敷设间距,应按符合设计图纸的规定,误差不应大于 10mm。

(8) 在填充层内的加热管上,不允许有接头。

(9) 填充层的材料,应采用传热性能好的豆石混凝土,强度可取 C15,豆石粒径不应大于 12mm。

(10) 伸缩缝的设置:

1) 在填充层与墙(含过门处)、柱等垂直构件的交接处,应预留宽度 $\geqslant 10mm$ 的不间断伸缩缝。

2) 地面面积超过 $30m^2$,或长度大于 6m 时,每间隔 5m 应设置宽度 $\geqslant 8mm$ 的伸缩缝。

3) 与内、外墙和柱子交接处的伸缩缝,应直至地面最后装饰层的上表面为止,保持整个截面隔开。

4) 所有伸缩缝,均应从绝热层的上表面开始,直至填充层的上表面为止。

浇捣混凝土填充层时,应采用"分仓跳格"法间隔进行。

(11) 室温自控:在各主要房间的加热盘管上,装置自力式恒温阀(加热管局部沿墙槽抬升至 1.4m 处),详见节点详图。

(12) 水压试验、调试及试运行

1) 系统冲洗合格后,方能进行水压试验。

2) 水压试验应分别在浇捣混凝土填充层前和填充层养护期满后分 2 次进行。

3) 试验压力应为工作压力的 1.5 倍,且不应小于 0.6MPa;在试验压力下,稳压 1h,其压力降不大于 0.05MPa 为合格。

4) 初始加热时，热水升温应平缓，供水温度应控制在比当时环境温度高 10℃ 左右，且不应高于 32℃；在此条件下，应连续运行 48h；此后，每隔 24h 水温升高 3℃，直至设计供水温度。在此温度下，对每组加热管路进行流量（压力）调整，直至符合设计温度要求为止。

7. 管材

(1) 室内埋地安装的管道的材质，按下列原则选用：

1) 供水温度 80℃＜t≤90℃ 时，采用铝塑复合管（XPAP1、XPAP2 或 RPAP5 管）；

2) 供水温度 t≤80℃ 时，采用热塑性塑料管。

(2) 除室内埋地安装的供回水管道外，均采用碳素钢管；公称直径 DN≥50mm 者，采用无缝钢管（GB 8163）；DN＜50mm 者，采用普通焊接钢管（GB 3092）。钢管的公称直径（DN）与管壁厚度，应符合下表规定：

低压流体输送用普通焊接钢管的壁厚及理论重量（GB 3092）

公称口径*		外 径		壁 厚		理论重量** (kg/m)
mm	in	公称尺寸 (mm)	允许偏差	公称尺寸 (mm)	允许偏差	
10	3/8	17.0	±0.50mm	2.25	±12% −15%	0.82
15	1/2	21.3		2.75		1.25
20	3/4	26.8		2.75		1.63
25	1	33.5		3.25		2.42
32	11/4	42.3		3.25		3.13
40	11/2	48.0		3.50		3.84
50	2	60.0		3.50		4.88
65	21/2	75.5	±1%	3.75		6.64
80	3	88.5		4.00		8.34
100	4	114.0		4.00		10.85
125	5	140.0		4.50		15.04
150	6	165.0		4.50		17.81

* 表中的公称口径系近似内径的名义尺寸，它不表示公称外径减去两个公称壁厚所得的内径。

** 钢管理论重量计算（钢的相对密度为 7.85）的公式为：

$$P = 0.02466 \times S(D-S) \text{ kg/m}$$

式中　D——钢管的公称外径，mm；

　　　S——钢管的公称壁厚，mm。

输送流体用一般无缝钢管（热轧）的壁厚及理论重量（GB 8163）

外径 (mm)	壁 厚 (mm)								
	3.5	4	4.5	5	5.5	6	6.5	7	7.5	8	9
	理 论 重 量 （kg/m）								
57	4.62	5.23	5.83	—	—	—	—	—	—	—
73	6.26	7.10	7.93	—	—	—	—	—	—	—
89	7.38	8.38	9.33	—	—	—	—	—	—	—
108	—	10.26	11.49	12.70	—	—	—	—	—	—
133	—	12.72	14.26	15.78	—	—	—	—	—	—

续表

外径 (mm)	壁厚 (mm)									
	3.5	4	4.5	5	5.5	6	6.5	7	7.5	8	9
	理论重量 (kg/m)									
159	—	—	17.14	18.99	20.82	—	—	—	—	—	—
219	—	—	—	—	—	31.52	34.06	36.60	—	—	—
273	—	—	—	—	—	—	—	42.72	45.92	49.10	—
325	—	—	—	—	—	—	—	—	58.72	62.54	66.34
377	—	—	—	—	—	—	—	—	—	—	81.67
426	—	—	—	—	—	—	—	—	—	—	92.55
480	—	—	—	—	—	—	—	—	—	—	108.97
530	—	—	—	—	—	—	—	—	—	—	131.17

8. **管道安装**

（1）图中所示管道的标高，均以管_____为准。

（2）供暖总立管、敷设于非供暖房间、地沟、屋顶间及管井内的管道，均采用_____进行保温，保温层厚度为_____mm；保温层外部应做_____保护层，做法详见_____图集。

（3）管道上应配置必要的支、吊、托架，具体形式由安装单位根据现场实际情况确定，做法参见国家标准图集。

（4）管道上的所有阀门，应设置在便于操作维修的部位，立管上部及下部的阀门，必须分别设置在平顶下和地面上便于操作与维修处。

（5）与水泵进、出水口连接的管路上，必须设置柔性（减振）接头；柔性接头不得强行对口连接，与其连接的管道应设置独立支架。

9. **防腐与绝热**

金属管道经除锈处理后，还应按以下原则进行油漆及保温处理：

（1）保温管道：刷防锈底漆两遍。

（2）非保温管道：刷防锈底漆两遍，耐热色漆或银粉漆两遍即可通热进行调试。调试的主要目的是使各环路的流量分配符合设计要求，各房间的供暖温度与设计温度基本一致。色漆颜色一般应与室内墙面颜色相一致。

10. **冲洗**

供暖系统安装竣工并经水压试验合格后，应对系统反复进行注水、排水，直至排出水中不含泥砂、铁屑等杂质，且水色不浑浊方为合格。

11. **调试**

系统经试压、冲洗合格后，即可通热进行调试。调试的主要目的是使各环路的流量分配符合设计要求，各房间的供暖温度与设计温度基本一致。

12. **其他**

其余有关事项，应严格遵守《建筑给水排水及采暖工程施工质量验收规范》（GB 50242—2002）及相关的现行其他规范、规程和标准的有关规定。

35.5.2 空调与制冷工程施工图设计说明

1. 设计用室外气象参数

(1) 冬季大气压力：_____ hPa；
(2) 夏季大气压力：_____ hPa；
(3) 海拔高度：_____ m；
(4) 冬季空调室外计算干球温度：_____ ℃；
(5) 夏季空调室外计算干球温度：_____ ℃；
(6) 夏季空调室外计算湿球温度：_____ ℃；
(7) 冬季空调室外计算相对湿度：_____ %。

2. 空调房间的设计参数

房间名称	夏 季			冬 季			新风量	噪声级	可吸入颗粒物浓度
	温度	相对湿度	平均风速	温度	相对湿度	平均风速			
	℃	%	m/s	℃	%	m/s	m³/h·p	dB (A)	mg/m³
—									
—									
—									
—									

3. 空调系统的划分与组成

(1) 全空气系统

系统编号	服务对象（房间名称）	送风量 (m³/h)	设计负荷（W）		气流组织	空调方式
			冬季	夏季		
K—1						
K—2						
K—3						
K—4						
—						

(2) 新风系统

系统编号	服务对象（房间名称）	送风量 (m³/h)	加湿量 (kg/h)	设计负荷（W）		气流组织	空调方式
				冬季	夏季		
S-1							
S-2							
S-3							
—							
—							

4. 负荷指标

本项目总空调面积为_____ m^2，夏季总设计冷负荷为_____ W；冬季总热负荷为_____ W；单位空调建筑面积的冷负荷指标为_____ W/m^2；单位空调建筑面积的热负荷指标为 W/m^2。

5. 各空调系统的设计运行工况

系统	参 数		单 位	不同工况下的运行参数				
K-1	室 外	干球温度	℃					
		湿球温度	℃					
	室 内	干球温度	℃					
		相对湿度	%					
	新 风 量		m^3/h					
	一次回风	混合点的温度	℃					
		混合点的比焓	J/kg					
		回 风 量	m^3/h					
	二次回风	混合点的温度	℃					
		混合点的比焓	J/kg					
		回 风 量	m^3/h					
	冷却后状态	温 度	℃					
		相对湿度	%					
	供水情况（冷水、热水、循环水）							
	加热后状态	一次加热后温度	℃					
		二次加热后温度	℃					
	加 湿 量		kg/h					
	送风状态	温 度	℃					
		相对湿度	%					
K-2	室 外	干球温度	℃					
		湿球温度	℃					
	室 内	干球温度	℃					
		相对湿度	%					
	新 风 量		m^3/h					
	一次回风	混合点的温度	℃					
		混合点的比焓	J/kg					
		回 风 量	m^3/h					
	二次回风	混合点的温度	℃					
		混合点的比焓	J/kg					
		回 风 量	m^3/h					
	冷却后状态	温 度	℃					
		相对湿度	%					
	供水情况（冷水、热水、循环水）							
	加热后状态	一次加热后温度	℃					
		二次加热后温度	℃					
	加 湿 量		kg/h					
	送风状态	温 度	℃					
		相对湿度	%					
K-n								

6. 风管

(1) 风管及管件材料，均采用镀锌钢板加工制作，加工风管的钢板厚度参见本手册第35.4节（6）款的规定采用。风管的加工要求，应符合《通风与空调工程施工质量验收规范》（GB 50243—2002）的规定。

(2) 设计图中所注风管的标高，圆形风管以管中心为准，矩形风管以管底为准。

(3) 在加工和安装风管时，施工安装单位必根据调试要求在风管的适当部位配置测量孔，测量孔的加工制作方法见_____图集。

(4) 风管穿越建筑沉降缝或变形缝时，两侧应设置柔性短管；设于沉降缝处的柔性短管，其长度应大于沉降缝的宽度。

(5) 风管与通风机、组合式空调机组、单元式空调器等带振动的设备相连接时，应设置长度为150~250mm的柔性短管；柔性短管可采用帆布、人造革、树脂玻璃布、软橡胶板等具有减振、防潮、不透气的柔性材料制作。柔性短管不得强行对口连接，与其连接的风管应设置独立支架。在柔性短管处风管禁止变径。

(6) 风管各管段间的连接，应采用可拆卸的形式，管段长度应保持1.8~4.0m。风管的可拆卸接口，不应设置于墙体或楼板结构内。

(7) 矩形风管边长大于或等于630mm和保温风管边长大于或等于800mm，且其管段长度大于1200mm时，均应采取加固措施。

对边长小于或等于800mm的风管，可采用楞筋、楞线的方法加固。

(8) 风管安装完毕后，应进行严密性抽检，抽检率为5%，但不得少于1个系统。在加工工艺得到保证的前提下，可采用漏光法检测。如检测不合格时，应按规定的抽检率做漏风量测试。

注：有关漏光法检测与漏风量测试的具体方法与要求，详见《通风与空调工程施工质量验收规范》（GB 50243—2002）附录A。

(9) 采用内弧形矩形弯管时，弯管中应配置导流片；导流片的制作应符合下列要求：

1) 导流片的材质与板材厚度，应与风管一致；

2) 导流片的弧度，应与弯管的角度相一致；

3) 导流片迎风侧的边缘应圆滑，同一弯管内导流片的弧长应一致；

4) 导流片在弯管中的的配置间距，可按下表确定：

边长	片数	导流片的间距（由弯管内弧侧向外排序），mm											
		R1	R2	R3	R4	R5	R6	R7	R8	R9	R10	R11	R12
500	4	95	120	140	165	—	—	—	—	—	—	—	—
630	4	115	145	170	200	—	—	—	—	—	—	—	—
800	6	105	125	140	160	175	195	—	—	—	—	—	—
1000	7	115	130	150	165	180	200	215	—	—	—	—	—
1250	8	125	140	155	170	190	205	220	235	—	—	—	—
1600	10	135	150	160	175	190	205	215	230	245	255	—	—
2000	12	145	155	170	180	195	205	215	230	240	255	265	280

(10) 所有水平或垂直的风管，必须配置必要的支、吊、托架；支、吊、托架的构造形式和具体位置，由安装单位根据牢固、可靠的原则结合现场实际情况依据_____图集

选择确定。

(11) 风管的支、吊、托架，应设置于风管保温层的外部，在管壁与支、吊、托架之间，应镶以垫木。同时，应避免在风管法兰、测量孔、调节风阀等部件处设置支吊架。

(12) 风管支吊架的间距应符合下列要求：

1) 直径或长边尺寸小于 400mm 的水平风管：间距不应大于 4000mm。

2) 直径或长边尺寸大于或等于 400mm 的水平风管：间距不应大于 3000mm。

3) 竖风管：间距不应大于 4000mm（每根立管的固定件不应少于 2 个）。

(13) 安装调节风阀、定风量阀时，必须注意确保调节手柄位于方便操作的部位。

(14) 安装防火阀和排烟阀时，应先认真检查其外观质量、动作的灵活性和可靠性。防火阀的安装位置必须与设计相符，气流方向务必与阀体上所标箭头相一致。

(15) 防火阀必须单独配置支吊架。

(16) 敷设在非空调空间里的送、回风管，均采用_____进行保温处理，保温层厚度为_____ mm；保温层外部覆以_____保护层，具体做法见_____图集。

7. 空调冷源

(1) 空调冷源采用_____型水（风）冷_____式冷水机组，共_____台。

(2) 冷水机组的运行工况及有关参数：

冷机编号	型号	台数	冷媒水			冷却水			输入功率	COP	IPLV
			初温 ℃	终温 ℃	水量 m³/h	初温 ℃	终温 ℃	水量 m³/h	kW		
R-1											
R-2											
—											

注：COP—冷水机组的性能系数；IPLV—冷水机组的综合部分负荷性能系数。

(3) 冷水机组的安装、清洗、试压、检漏、加油、抽真空、充注制冷剂及调试等事宜，不仅应严格遵守现行相关规范、标准及规程的各项规定。同时，应严格按照生产企业提供的《使用说明书》进行，调试时，生产企业必须派人参加。

(4) 冷水循环水泵

水泵编号	型 号	水泵			电动机		ER	台数
		流量 m³/h	扬程 mH₂O	效率 %	型号	功率 kW		
P-1								
P-2								
—								

注：ER—空调水系统的输送能效比。

8. 空调热源

(1) 空调热源为_____，由室外热网集中提供温度为_____℃的热水，在机房内设换热站，通过板式换热器交换为60℃/50℃热水，作为空调热媒水。

(2) 换热器选用_____型_____式，传热面积为_____ m²。

(3) 热水循环水泵

水泵编号	型号	水泵			电动机		ER	备注
		流量	扬程	效率	型号	功率		
		m³/h	mH₂O	%		kW		
P-1								
P-2								
—								

注：ER—空调水系统的输送能效比。

(4) 燃油管道系统必须设置可靠的防静电接地装置，其管道法兰应采用镀锌螺栓连接，或在法兰处用铜导线进行可靠的跨接。

(5) 燃气系统管道与机组的连接，必须采用金属软管。燃气管道的吹扫和压力试验，应采用压缩空气或氮气，严禁用水。

9. 空调水系统

(1) 本工程采用两管制二次泵顺流式水系统，冷、热水输送应用同一水管网。季节改变时，通过转换控制环节自动（或手动）切换运行工况。

(2) 水系统的补水定压，通过_____实现。

(3) 管道

1) 冷热水输送管道，可选择采用无规共聚聚丙烯（PP-R）塑铝稳态复合管（简称PP-R塑铝稳态管）、镀锌钢管或焊接钢管，从节能角度考虑，宜优先选择采用PP-R塑铝稳态管。

有关管道的规格，可分别见本手册第26.4节与第35.5.1节。

2) 采用镀锌钢管时，应采用螺纹连接。管径大于$DN100$mm时，可采用卡箍式、法兰或焊接连接，但应对焊缝及热影响区的表面进行防腐处理。

3) 焊接钢管和镀锌钢管，不得进行热煨弯。

4) 图中所示管道的标高，均以管_____为准。

5) 冷热水管道均采用_____进行保温，保温层厚度为_____ mm；保温层外部应做_____保护层，做法详见_____图集。

6) 管道上应配置必要的支、吊、托架；固定在建筑结构上的管道支吊架，应确保安全、可靠，且不影响结构的安全。具体形式由安装单位根据现场实际情况确定。具体做法参见_____标准图集。

7) 管井内的立管，每隔2～3层应设导向支架。在建筑结构负重允许的情况下，水平安装管道支、吊架的间距可按下表确定：

8) 管道上的所有阀门，应设置在便于操作维修的部位。冷水管道穿越墙体和楼板等结构时，其保温层不应间断；在墙体或楼板的两侧，应设置夹板，中间的空间应满填松散保温材料（玻璃棉或岩棉）。

公称直径 (mm)		15	20	25	32	40	50	70	80	100	125	150	200	250	300
最大间距 (m)	L_1	1.5	2.0	2.5	2.5	3.0	3.5	4.0	5.0	5.0	5.5	6.5	7.5	8.5	9.5
	L_2	2.5	3.0	3.5	4.0	4.5	5.0	6.0	6.5	6.5	7.5	7.5	9.0	9.5	10.5
		大于300mm的管道可参考300mm管道													

注：① 适用于工作压力不大于2.0MPa、不保温或保温材料密度不大于200kg/m³ 的管道系统。
② L_1 用于保温管道，L_2 用于不保温管道。

9) 为了防止振动输出，与水泵、冷水机组、组合式空调机组、新风机组等振动设备连接的进、出水管上，必须设置柔性（减振）接头；柔性接头不得强行对口连接，与其连接的管道应设置独立支架。接头选型，详见图示。

10) 水泵的进水管上，应安装过滤器、闸阀或蝶阀及压力表；在出水管上，顺水流方向应安装止回阀、压力表、带护套的角型温度计及闸阀或蝶阀。水泵供水集管与回水集管之间，应设置带止回阀的旁通管。

11) 安装水泵基座下的减振器时，必须仔细找平，务必保持基座四角的静态下沉度基本一致。

12) 水管路系统中的最高点，应装置自动排气阀；系统的最低点，应设置泄水管并安装同口径的铜球阀。

13) 管道安装竣工后，按照下列要求对管道系统进行水压试验：
- 系统工作压力 $P_w \leq 1.0$MPa 时，试验压力（P_t）取：0.6MPa$<P_t=1.5P_w$；
- 系统工作压力 $P_w > 1.0$MPa 时，试验压力（P_t）取：$P_t=0.5+P_w$；
- 对于垂直位差大的高层建筑或大型建筑，可采用分层、分区试压和系统试压相结合的方法，具体方法详见《通风与空调工程施工质量验收规范》（GB 50243—2002）第9.2.3条。

14) 冷凝水管道应采用硬聚氯乙烯（PVC-U）或聚丙烯管（PP-R）管；安装时应顺水流方向保持大于或等于8‰的坡度。安装竣工后，可采用充水试验，以不渗漏为合格。

(4) 冷热水管道系统安装竣工并经水压试验合格后，应对系统反复进行注水、排水，直至排出水中不含泥砂、铁屑等杂质，且水色不浑浊方为合格。

10. 监测与控制（略）

11. 系统调试

(1) 空调系统安装竣工并经试压、冲洗合格以后，应对系统进行必要的调试。

(2) 通风与空调工程系统的调试，应由施工安装单位负责、监理单位监督、设计单位与建设单位参加与配合。调试工作的实施，可以是施工企业本身，也可委托给具有调试能力的其他单位。

(3) 系统调试前，承包单位应编制调试方案，报送专业监理单位审核批准。

(4) 通风与空调系统无生产负荷的联合试运转及调试，应在制冷设备和通风与空调设备单机试运转合格后进行。空调系统带冷（热）源的正常联合试运转时间不应少于8h；当竣工季节与设计条件相差较大时，仅做不带冷（热）源试运转。通风、除尘系统的连续试运转时间不应少于2h。

(5) 系统调试应包括下列项目：

1) 设备单机试运转及调试;
2) 系统无生产负荷下的联合试运转及调试。

(6) 系统的具体调试要求,可遵照《通风与空调工程施工质量验收规范》(GB 50243—2002) 第 11 章进行,并应遵守其各项规定。

12. **其他**

(1) 安装单位应配合土建施工,对穿越墙体和楼板的水管进行钢套管预埋,钢套管的口径应比水管口径大 2~3 号。

(2) 设备定货前,应仔细核对设计图纸与设备表,确认无误后方可进行定货。

(3) 设备基础必须在设备到货并经核对无误后方可施工。

(4) 施工安装过程中,必须严格遵守国家发布的现行相关规范、标准和规程的有关规定。

参 考 文 献

第1章 基础理论

[1] 陆耀庆主编. 供暖通风设计手册. 北京：中国建筑工业出版社，1987
[2] 周谟仁主编. 流体力学泵与风机（第三版）. 北京：中国建筑工业出版社，1994
[3] 刘鹤年主编. 流体力学（第二版）. 北京：中国建筑工业出版社，2004
[4] 闻德荪主编. 工程流体力学（水力学）. 第二版. 北京：高等教育出版社，2004
[5] 赵荣义主编. 简明空调设计手册. 北京：中国建筑工业出版社，1998
[6]《数学手册》编写组. 数学手册. 北京：人民教育出版社，1979
[7] 2001 ASHRAE HANDBOOK. FUNDAMENTALS
[8] 2005 ASHRAE HANDBOOK. FUNDAMENTALS
[9] 中华人民共和国国家标准. 铝塑复合压力管（GB/T 18997—2003）
[10] 中华人民共和国行业标准. 无规共聚聚丙烯（PP-R）塑铝稳态复合管（CJ/T210—2005）
[11] Shan K. Wang. Handbook of Air-conditioning and Refrigeration (Second Edition). McGraw-Hill. 2000
[12] 章熙民等编. 传热学. 北京：中国建筑工业出版社，1985
[13] 蒋汉文主编. 热工学（第二版）. 北京：高等教高育出版社，1994
[14] 电子工业部第十设计研究院. 空气调节设计手册（第二版）. 北京：中国建筑工业出版社，1995
[15] 高振生，严应政，邓沪秋. 热水供暖管路比摩阻误差分析. 暖通空调，2005年第10期
[16] 尉迟斌主编. 实用制冷与空调工程手册. 北京：机械工业出版社，2001
[17] 北京市建筑设计研究院编. 北京市地方标准. 北京市建筑设计技术细则（设备专业）. 北京：2005
[18] 洪勉成等编. 阀门设计计算手册. 北京：中国标准出版社，1994
[19] 陆培文主编. 实用阀门设计手册. 北京：机械工业出版社，2002
[20] 黄翔主编. 纺织空调除尘手册. 北京：中国纺织出版社，2003
[21] 付祥钊主编. 流体输配管网（第二版）. 北京：中国建筑工业出版社，2005

第2章 法定计量单位及常用单位的换算关系

[1] 杜荷聪，陈维新编. 法定计量单位宣贯手册. 北京：国防工业出版社，1984
[2] 杜荷聪，陈维新等编. 计量单位及其换算. 北京：计量出版社，1982
[3] 陆耀庆主编. 供暖通风设计手册. 北京：中国建筑工业出版社，1987

第3章 室外空气的计算参数

[1] 中国气象局气象信息中心气象资料室，清华大学建筑技术科学系著. 中国建筑热环境分析专用气象数据集. 北京：中国建筑工业出版社，2005
[2] 中华人民共和国国家标准. 采暖通风与空气调节设计规范（GB 50019—2003）

第4章 建筑热工与节能

[1] 中华人民共和国国家标准. 民用建筑热工设计规范（GB 50176—93）
[2] 中华人民共和国行业标准. 外墙外保温技术规程（JGJ 144—2004）

[3] 沈韫元. 建筑材料热物理性能. 北京：中国建筑工业出版社，1981

[4] 陈启高. 建筑热物理基础. 西安：西安交通大学出版社，1991

[5] 陈福广等. 新型墙体材料手册（第二版）. 北京：中国建筑材料工业出版社，2001

[6] 杨斌. 建筑材料标准汇编（建筑墙体材料）. 北京：中国标准出版社，2001

[7] 中国标准出版社编. 建筑材料标准汇编（绝热.保温材料及应用工程）. 北京：中国标准出版社，

[8] 中国建筑材料工业出版社编. 现行建筑材料规范大全（修订缩印本）. 北京：中国建筑材料工业出版社，2001

[9] ISO 15099，Thermal performance of windows，doors and shading devices-Detailed calculations

[10] ISO 10077-1. Thermal performance of windows，doors and shutters-Calculation of thermal transmittance-Part 1：Simplified method

[11] ISO 10077-2. Thermal performance of windows，doors and shutters-Calculation of thermal transmittance—Part2：Numerical method for frames

[12] ISO 10211-1，Thermal bridges in building construction-Heat flow and surface temperatures，Part 1. General calculation methods

[13] ISO 10292，Glass in building-Calculation of steady state U-values（thermal transmittance）of multiple glazing

[14] ISO 9050. Glass in building-Determination of light transmittance，solar direct transmittance，total solar energy transmittance，ultraviolet transmittance and related glazing factors

第5章 供暖设计

[1] 陆耀庆主编. 供暖通风设计手册. 北京：中国建筑工业出版社，1987

[2] 陆耀庆主编. 实用供热空调设计手册. 北京：中国建筑工业出版社，1993

[3] 贺平，孙刚著. 供热工程（第三版）. 北京：中国建筑工业出版社，1993

[4] 中华人民共和国国家标准. 采暖通风与空气调节设计规范（GB 50019—2003）

[5] 全国民用建筑工程设计技术措施. 暖通空调·动力. 北京：中国计划出版社，2003

[6] 北京市建筑设计研究院编制. 北京市建筑设计技术细则 设备专业，2004

[7] 德国工程师协会. VDI 2035 Ⅱ：1998 Prevention of damage in water heating installations-Water corrosion in water heating installations

[8] 意大利标准. UNI 8065：1989 Water treatment for heating plant

[9] 奥地利标准. ÖNORM H 5195-1：2001 Prevention of damage by corrosion and scale formation in closed warm-water-heating systems up to 100℃ operating temperature

[10] 北京市地方标准. 供热采暖系统水质及防腐技术规程（DBJ 01-619-2004）

[11] 付祥钊主编. 流体输配管网（第二版）. 北京：中国建筑工业出版社，2005.

第6章 辐射供暖和供冷

[1] 2000 ASHRAE Handbook. HVAC Systems and Equipment

[2] 2001 ASHRAE Handbook. Fundamentals

[3] 2005 ASHRAE Handbook. Fundamentals

[4] Kilkis Ib. S. S. Sager and M. Uludag. 1994. A Simplified model for radiant heating and cooling panels. Simulation Practice and Theory Journal 2：61-76

[5] Chapman K. S. and P. Zhang. 1995. Radiant heat exchange calculations in radiantly heated and cooled enclosures. ASHRAE Transactions 101（2）：1236-47

[6] Jones B. W. and K. S. Chapmen. 1994. Simplified method to factor mean radiant temperature

(MRT) into building and HVAC system design. Final report of ASHRAE Research Project 657.

[7] B. W. Olesen. Possibilities and Limitation of Radiant Floor Cooling. ASHRAE Transactions 1997, 103 (1)

[8] Michel, E. and J. P. Isoardi. Cooling Floor. Proceedings of Clima. 2000, 1993

[9] J. D. Dale and M. Y. Ackerman. The Thermal Performance of a Radiant Panel Floor-Heating System. ASHRAE Transaction, ASHRAE Technique Paper 3624, 1991

[10] B. W. Olesen etc. Heat Exchange Coeficient Between Floor Surface and Space by Floor Cooling-Theory or Question of Definition. ASHRAE Transactions Symposia 2000, DA-00-8-2

[11] 周承禧. 煤气红外线辐射器. 北京: 中国建筑工业出版社, 1982

[12] R. D. 小哈得逊. 红外系统原理.《红外系统原理》翻译组译. 北京: 国防工业出版社, 1975

[13] 陆耀庆主编. 供暖通风设计手册. 北京: 中国建筑工业出版社, 1987

[14] 董重成等. 地面遮挡对地板辐射采暖散热量的影响研究. 全国暖通空调制冷2004年学术文集. 北京: 中国建筑工业出版社, 2004

[15] 孙丽颖, 马最良. 冷却吊顶空调系统的设计要点. 暖通空调新技术, 2000 (2)

[16] 王子介. 低温辐射供暖与供冷. 北京: 机械工业出版社, 2004

[17] 殷平, 杨芳, 刘敏. 新型辐射板研制. 全国暖通空调制冷2004年学术文集. 北京: 中国建筑工业出版社, 2004

[18] 邹瑜, 宋波, 孙宗宇. 热水地面辐射供暖系统设计中的几个问题. 建筑科学, V01.20.2004

[19] 日本地板供暖工业协会编辑出版. 温水地板供暖系统设计施工手册.（2000年第三次修订版）

[20] European Standard EN 1264-2. August 1997

[21] British Standard BS EN 1264-2. 1998

[22] F. 施泰姆勒. 戴茹译. 湿度控制和冷却顶棚. 暖通空调. 1998, 28 (2)

[23] 德国TROX兄弟有限公司. 吊顶冷却单元（WK-DUM系列）技术资料

[24] 森德散热器有限公司. Zehnder ZIP型吊顶辐射板技术说明书

[25] 际高集团公司. 毛细管辐射供暖（冷）技术资料

[26] 中华人民共和国国家标准. 采暖通风与空气调节设计规范（GB 50019—2003）

[27] 中华人民共和国行业标准. 地面辐射供暖技术规程（JGJ 142—2004）

第7章 热力网与区域供冷

[1] 中华人民共和国国家标准. 工业金属管道设计规范（GB 50316—2000）

[2] 中华人民共和国行业标准. 城市热力网设计规范（CJJ 34—2002）

[3] 李善化等编著. 集中供热设计手册. 1995

[4] 上海医药设计研究院. 拱形管道设计与施工. 1970

[5] 中国建筑西北设计院编. 动力管道设计资料集, 1978

[6] 第五机械工业部第六设计院. 动力管道设计手册. 1978

[7] 唐世杰. 供热调节方案及其图解. 1987年全国热能动力第四届学术年会论文集

[8] 侯辉编. 凝结水回收利用. 北京: 机械工业出版社, 1986

[9] 中华人民共和国行业标准. 城镇直埋供热管道工程技术规程（CJJ/T 81—96）

[10] 陆耀庆主编. 实用供热空调设计手册. 北京: 中国建筑工业出版社, 1993

[11] 日本空气调和卫生工学会编. 空气调和卫生工学便览

[12] 井上宇市. 空气调节手册. 北京: 中国建筑工业出版社, 1986

[13] 付祥钊主编. 流体输配管网（第二版）. 北京: 中国建筑工业出版社, 2005

第8章 锅 炉 房

[1] 中华人民共和国国家标准. 锅炉房设计规范（GB 50041—92）
[2] 中华人民共和国国家标准. 工业锅炉水质（GB 1576—2001）
[3] 中华人民共和国国家标准. 锅炉大气污染物排放标准（GB 13271—2001）
[4] 中华人民共和国国家标准. 污水综合排放标准（GB 8978—1996）
[5] 中华人民共和国国家标准. 建筑设计防火规范（GB 50016—2006）
[6] 中华人民共和国国家标准. 高层民用建筑设计防火规范（GB 50045—95）（2005年版）
[7] 中华人民共和国国家标准. 城镇燃气设计规范（GB 50028—93）（2002年版）
[8] 中华人民共和国劳动部. 蒸汽锅炉安全技术监察规程. 北京：中国劳动出版社，1996
[9] 中华人民共和国劳动部. 热水锅炉安全技术监察规程（1997年版）
[10] 中华人民共和国机械行业标准. 小型锅炉和常压热水锅炉技术条件（JB/T 7985—2002）
[11] 中华人民共和国机械行业标准. 工业锅炉通用技术条件（JB/T 10094—2002）
[12] 国家质量技术监督局. 小型锅炉和常压热水锅炉安全监察规定，2000年
[13] 航天工业部第七设计研究院. 工业锅炉房设计手册（第2版）. 北京：中国建筑工业出版社，1984
[14] 陈秉林、侯辉主编. 供热锅炉房及其环保设计技术措施. 北京：中国建筑工业出版社，1989
[15] 汤蕙芬、范季贤主编. 热能工程设计手册. 北京：机械工业出版社，1999
[16] 锅炉房实用设计手册编写组. 锅炉房实用设计手册. 北京：机械工业出版社，2001
[17] 燃油燃气锅炉房设计手册编写组. 燃油燃气锅炉房设计手册. 北京：机械工业出版社，2001
[18] 高强主编. 锅炉压力容器安装标准规范实务全书. 吉林：吉林人民出版社，2001
[19] 中国建筑标准设计研究院主编. 国家建筑标准设计. 动力专业标准图集
[20] 武汉水利电力学院电厂化学教研室主编. 热力发电厂水处理（修订本）. 北京：水利电力出版社，1987
[21] 解鲁生编著. 锅炉水处理原理与实践. 北京：中国建筑工业出版社，1997
[22] 刘德昌，陈汉平著. 锅炉改造技术. 北京：中国电力出版社，2001
[23] 李广超主编. 大气污染控制技术. 北京：化学工业出版社，2001
[24] 赵毅，李守信主编. 有害气体控制工程. 北京：化学工业出版社，2001
[25] 唐世杰. 关于炉内加药水处理若干技术经济问题的讨论. 陕西 工业锅炉技术，1982
[26] 李之光，王昌明. 不同压力型热水锅炉性能对比与无压热水锅炉的前景. 江苏锅炉，1990
[27] 王毅. 无压热水锅炉在供暖系统中耗电问题初探. 江苏锅炉，1991
[28] 李之光. 常压锅炉供暖系统的发展趋势与应注意的问题. 江苏锅炉，1993
[29] 中华人民共和国国家标准. 小型石油库及汽车加油站设计规范（GB 50156—92）
[30] 陈长荣. 常压热水锅炉及系统设计. 工业锅炉，2001

第9章 通风与除尘

[1] 陆耀庆主编. 供暖通风设计手册. 北京：中国建筑工业出版社，1987
[2] 陆耀庆主编. 实用供热空调设计手册. 北京：中国建筑工业出版社，1993
[3] 中华人民共和国国家标准. 采暖通风与空气调节设计规范（GB 50019—2003）
[4] 中华人民共和国国家标准. 人民防空地下室设计规范（GB 50038—94）（2003年版）
[5] 全国民用建筑工程设计技术措施. 暖通空调·动力. 北京：中国计划出版社，2003
[6] 全国民用建筑工程设计技术措施. 防空地下室. 建设部工程质量安全监督与行业发展司，2003

第10章 置换通风

[1] 中华人民共和国国家标准. 采暖通风与空气调节设计规范（GB 50019—2003）

[2] 中华人民共和国国家标准. 室内空气质量标准（GB/T 18883—2002）
[3] 中华人民共和国国家标准. 公共建筑节能设计标准（GB 50189—2005）
[4] 李强民. 置换通风原理、设计与应用. 暖通空调. 2000. 30（5）
[5] Hakon Skistad, etc. Displacement Ventilation in Non-industrial Premises. 2002 Norway
[6] Qingyan Chen, Leon Glicksman. System Performance Evaluation and Design Guidelines for Displacement Ventilation. American Society of Heating, Refrigerating and Air-conditioning Engineers, Inc. 2003
[7] Xia Xiong, Qing Yan Chen. A Critical Eview of Displacement Ventilation. ASHRAE Trans. 1998
[8] Fred, S. Bauman. Underfloor Air Distribution（UFAD）Design Guide. ISBN 1-931862-21-4 ASHRAE Inc. 2003
[9] Halton. Displacement Ventilation Design and Selection Guide，2000
[10] 妥思空调设备有限公司（TROX），置换通风技术—原理和设计说明，1997
[11] 李强民，邓峥. 置换通风在我国的应用. 暖通空调新技术. 北京：中国建筑工业出版社，1999
[12] 于松波，涂光备，那艳玲. 置换通风在办公建筑中的应用与分析. 暖通空调. 2003. 33（3）
[13] 章利君. 深圳文化中心音乐厅空调设计. 暖通空调. 2003. 33（3）
[14] 章利君. 深圳文化中心音乐厅空调通风方案比较. 暖通空调. 2002. 32（6）
[15] 张富成，刘览，任兵等. 上海大剧院空调设计. 暖通空调新技术. 北京：中国建筑工业出版社，1999
[16] 孙敏生. 万水娥. 国家大剧院观众厅空调系统和气流组织方式的设计和分析. 暖通空调. 2003. 33（3）
[17] 连之伟，王海英，陈坤荣. 下送风空调气流组织设计方法. 暖通空调. 2004. 34（2）
[18] 马仁民，连之伟. 置换通风几个问题的讨论. 暖通空调. 2000. 30（4）
[19] 谭洪卫，村田敏夫. 剧场空间置换空调系统的应用研究之一：地上侧送风方式. 暖通空调新技术. 2002
[20] 谭洪卫，潘毅群，白玮，村田敏夫. 剧场空间置换空调系统的应用研究之二：座椅送风方式. 2001年全国置换通风应用研讨会论文集
[21] 洪武开. 置换通风与低能耗健康建筑. 建筑热能通风空调. 2001. 25（6）
[22] 王建奎. 置换通风设计计算与室内设计温度. 2001年全国置换通风应用研讨会论文集

第11章 风管设计

[1] 中华人民共和国国家标准. 采暖通风与空气调节设计规范（GB 50019—2003）
[2] 中华人民共和国国家标准. 通风与空调工程施工质量验收规范（GB 50243—2002）
[3] 中华人民共和国行业标准. 通风管道技术规程（JGJ 141—2004）
[4] 2005 ASHRAE Handbook Fundamentals
[5] 建设部工程质量安全监督与行业发展司. 全国民用建筑工程设计技术措施. 暖通空调·动力. 2003
[6] 北京市设备安装公司等编. 全国通用通风管道计算表. 北京：中国建筑工业出版社，1977
[7] 上海市工业设备安装公司等编. 全国通用通风管道配件图表. 北京：中国建筑工业出版社，1979
[8] 陆耀庆主编. 供暖通风设计手册. 北京：中国建筑工业出版社，1987
[9] 孙一坚主编. 工业通风（第三版）. 北京：中国建筑工业出版社，1994
[10] 尉迟斌主编. 实用制冷与空调工程手册. 北京：机械工业出版社，2001
[11] 陆耀庆主编. 实用供热空调设计手册. 北京：中国建筑工业出版社，1993
[12] （日）井上宇市著. 空气调节手册. 北京：中国建筑工业出版社，1986
[13] 赵荣义主编. 简明空调设计手册. 北京：中国建筑工业出版社，1998
[14] 李娥飞编著. 暖通空调设计通病分析（第二版）. 北京：中国建筑工业出版社，2004

[15] 陆耀庆主编. 暖通空调设计指南. 北京：中国建筑工业出版社, 1996

[16] 汪兴华, 殷平. 通风空调管道的摩阻计算. 通风除尘. 1982 (4)

[17] 殷平. 多分支风道系统静压复得计算法的新方法. 暖通空调. 2001 (2)

[18] 殷平. 静压复得计算法的新计算公式算图. 通风除尘. 1983 (2)

[19] 蔡敬琅编著. 变风量空调设计. 北京：中国建筑工业出版社, 1997

[20] 付祥钊主编. 流体输配管网（第二版）. 北京：中国建筑工业出版社, 2005

[21] С. Е. Бутаков. Воздухопроводы и Вентиляторы Аэродинамика Вентиляторных Установок, Москва, 1958

[22] В. А. Кострюков. Сборник Примеров Расчёта По Отоплению и Вентиляции, Часть Ⅱ, Вентиляция, Москва, 1963

[23] П. Н. Каменев. Отопление и Вентиляция, Часть Ⅱ, Вентиляция, Москва, 1959

[24] В. А. Кострюков. Отопление и Вентиляция, Москва, 1965

[25] В. В. Батурин. Отопление, Вентиляция и Газоснабжение, Часть Ⅱ, Вентиляция, Москва, 1959

[26] А. Ф. Строй. Теплоснабжение и Вентиляция Селъскохозяйственных Зданий и Сооружений, Киев, 1983

第12章 水泵、通风机和电动机

[1] 王天富, 买宏金编著. 空调设备. 北京：科学出版社, 2003

[2] 陆耀庆主编. 供暖通风设计手册. 北京：中国建筑工业出版社, 1987

[3] 陆耀庆主编. 实用供热空调设计手册. 北京：中国建筑工业出版社, 1993

[4] 高等学校教材. 流体力学泵与风机（第四版）. 北京：中国建筑工业出版社,

第13章 建筑防火与防排烟

[1] 中华人民共和国国家标准. 高层民用建筑设计防火规范（GB 50045—95）. 2001年版

[2] 中华人民共和国国家标准. 建筑设计防火规范（GB 50016—2006）.

[3] 中华人民共和国国家标准. 汽车库、修车库、停车场设计防火规范（GB 50067—97）

[4] 中华人民共和国国家标准. 人民防空工程设计防火规范（GB 50098—98）. 2001年版

[5] 中华人民共和国国家标准. 采暖通风与空气调节设计规范（GB 50019—2003）

[6] 北京市建筑设计研究院编制. 北京市建筑设计技术细则设备专业. 北京市建筑设计标准化办公室, 2004

[7] 上海市建设和管理委员会. 民用建筑防排烟技术规程（DGJ 08—88—2000）

[8] 陆耀庆主编. 实用供热空调设计手册. 北京：中国建筑工业出版社, 1993

[9] 蒋永琨主编. 高层建筑防火设计手册. 北京：中国建筑工业出版社, 2000

[10] 钱以明编著. 高层建筑空调与节能. 上海：同济大学出版社, 1990

[11] 赵国凌编著. 防排烟工程. 天津：科技翻译出版公司, 1991

[12] 赵荣义主编. 简明空调设计手册. 北京：中国建筑工业出版社, 1998

[13] 孙一坚主编. 简明通风设计手册. 北京：中国建筑工业出版社, 1997

[14] 张树平主编. 建筑防火设计. 北京：中国建筑工业出版社, 2001

[15] 杨昌智等编. 暖通空调工程设计方法与系统分析. 北京：中国建筑工业出版社, 2001

[16] 张树平等编著. 现代高层建筑防火设计与施工. 北京：中国建筑工业出版社, 1998

[17] 王学谦等主编. 建筑防火设计手册. 北京：中国建筑工业出版社, 1998

[18] 龚延风等主编. 建筑消防技术. 北京：科学出版社, 2002

[19] 王天富等编. 空调设备. 北京：科学出版社, 2003

[20] 刘天川著. 超高层建筑空调设计. 北京：中国建筑工业出版社, 2004

[21] 游浩主编. 消防防灾工程. 北京：中国建材工业出版社，2003
[22] 万建武主编. 建筑设备工程. 北京：中国建筑工业出版社，2000
[23] 王学谦主编. 建筑防火. 北京：中国建筑工业出版社，2000
[24] 陆亚俊主编. 暖通空调. 北京：中国建筑工业出版社，2002
[25] 李根敬编著. 实用建筑防火. 西安：陕西科技出版社，2004
[26] 卜永芳主编. 气象学与气候学基础. 北京：高等教育出版社，1987
[27] 潘云钢编著. 高层民用建筑空调设计. 北京：中国建筑工业出版社，1999
[28] 2003 全国民用建筑工程设计技术措施. 暖通空调·动力. 北京：中国计划出版社，2003
[29] 刘朝贤. 加压送风防烟有关问题的探讨. 江苏暖通空调制冷，2003.3
[30] 刘朝贤. 防烟楼梯间及其前室（包括合用前室）两种加压防烟方案的可靠性探讨. 全国暖通空调制冷 1998 年学术年会论文集
[31] 刘朝贤. 防烟楼梯间及其前室加压防烟系统火灾疏散时开启门数量的探讨. 全国暖通空调制冷 1998 年学术年会论文集
[32] 刘朝贤. 防烟楼梯间及其前室（包括合用前室）只对着火层前室加压送风防烟的探讨. 四川制冷. 1998.3
[33] 刘朝贤. 与高层民用建筑设计防火规范防烟技术相关的边缘技术问题. 四川制冷. 1999 第 4 期
[34] 刘朝贤，徐亚娟. 高层建筑前室加压送风口全开时风量分配的研究. 2001 年西南地区暖通动力及空调制冷学术年会论文集
[35] 刘朝贤，徐亚娟. 只对着火层前室加压送风防烟漏风量的研究. 2001 年西南地区暖通动力及空调制冷学术年会论文集
[36] 刘朝贤，徐亚娟. 加压送风口气密性标准的研究. 2001 年西南地区暖通动力及空调制冷学术年会论文集
[37] 刘朝贤. 对如何执行高规第 8.4.2 条和第 8.1.5 条条文的探讨. 江苏暖通空调制冷，2004.2
[38] 刘朝贤. 对高层民用建筑设计防火规范加压送风量两个修正系数的探讨. 制冷与空调，2005.4
[39] 刘朝贤. 地上、地下共用防烟楼梯间加压送风防烟系统如何设置的探讨. 2006 年川、港建筑设备工程技术交流研讨会论文集
[40] 刘朝贤. 高层建筑防烟楼梯间自然排烟的可行性探讨. 2006 年全国暖通空调学术年会论文集
[41] 刘朝贤. 开向高层住宅建筑前室的户门数影响加压送风量对其修正系数如何确定的探讨. 制冷与空调，2006.1
[42] 郭盛友，严治军. 中庭建筑烟气控制措施分析. 1999 年西南地区暖通空调制冷学术年会论文集
[43] 张红. 消防电梯井加压送风防烟探讨. 1997 年西南地区暖通空调制冷学术年会论文集
[44] 白雪莲. 中庭排烟系统分析. 1997 年西南地区暖通空调制冷学术年会论文集
[45] 殷平. 中庭防排烟设计方法. 暖通空调，1996.5
[46] 王汉青主编. 通风工程. 北京：机械工业出版社，2005

第 14 章 小型冷藏库设计

[1] 日本菱和调温工业株式会社. 空调、卫生技术手册，1981
[2] 湖北工业建筑设计院冷藏库设计编写组. 冷藏库设计. 北京：中国建筑工业出版社，1980
[3] 陈沛霖，岳孝芳主编. 空调与制冷技术手册. 上海：同济大学出版社，1990
[4] 毛华仁. 关于室内装配式冷库冷负荷计算的看法. 上海制冷学会 1989 年年会论文集
[5] 贵州省建筑设计院主编. 食堂小冷库选用图集，1991
[6] 陆翔华. 我国低温食品市场和冷藏链流通的发展. 中国食品冷藏链新设备、新技术论坛文集，2003/11

[7] 杨富华，孟运蝉. 超低温冷藏系统. 中国食品冷藏链新设备、新技术论坛文集，2003/11
[8] 尉迟斌主编. 实用制冷与空调工程手册. 北京：机械工业出版社，2001
[9] 郭庆堂主编. 实用制冷工程设计手册. 北京：中国建筑工业出版社，1994
[10] 陆耀庆主编. 实用供热空调设计手册. 北京：中国建筑工业出版社，1993

第 15 章 气调贮藏和气调库设计

[1] 张祉祐主编. 气调贮藏和气调库—水果保鲜新技术. 北京：机械工业出版社，1994
[2] 华中农业大学主编. 蔬菜贮藏加工学. 北京：农业出版社，1981
[3] 李钰，盛其潮等编著. 蔬菜生理及气调技术. 上海：上海科学技术出版社，1984
[4] 北京农业大学主编. 果品贮藏加工学. 北京：农业出版社，1990
[5] 冯亦步编著. 果蔬气调贮藏与气调冷库. 哈尔滨：黑龙江科学技术出版社，1996
[6] 李振伟，潘士彬等. 果蔬气调冷库设计探讨. 冷藏技术，1997
[7] 赵家禄，黄清华，李彩琴编著. 小型菜蔬气调库. 北京：科学出版社，2000
[8] 梁殿佑主编. 果品蔬菜贮藏保鲜方法. 北京：宇航出版社，1989
[9] 桂耀林主编. 水果蔬菜贮藏保鲜技术. 北京：科学出版社，1990
[10] 蒙盛华，胡小松等编著. 水果蔬菜贮藏保鲜实用技术手册. 北京：科学普及出版社，1991
[11] （德）胡贝特·贝尔著. 水果蔬菜气调贮藏. 张鲁迪译. 北京：中国财政经济出版社，1981
[12] （澳）R. H. H. 威尔士等著. 果蔬保鲜. 聂勋丽译. 北京：轻工业出版社，1987
[13] R. M. Smock and G. D. Blanpied. Controlled Atmosphere Storage of Apples. Plant Sciences Pomology. (3) USA. 1972
[14] Jame A. Bartsch and G. Davied Blanpied. Refrigeration and Controlled Atmosphere Storage Horticultural Crops. Northeast Regional Agricultural Engineering USA. 1984

第 16 章 防腐与绝热

[1] 胡传炘，宋幼慧. 涂层技术原理及应用. 北京：化学工业出版社，2000
[2] 中华人民共和国国家标准. 工业设备及管道绝热工程设计规范（GB 50264）
[3] 中华人民共和国国家标准. 设备及管道保冷技术通则（GB/T 11790）
[4] 中华人民共和国国家标准. 设备及管道保冷技术导则（GB/T 15586）
[5] 上海满优断热技术有限公司. 保冷设计应用手册. 2005
[6] 上海能源绝热专业委员会. 绝热材料制品. 2005

第 17 章 噪声与振动控制

[1] 中国建筑科学研究院建筑物理研究所主编. 建筑声学设计手册. 北京：中国建筑工业出版社，1987
[2] 郑长聚主编. 环境工程手册—环境噪声控制卷. 北京：高等教育出版社，2000
[3] 严济宽. 机械振动隔离技术. 上海：上海科学技术文献出版社，1986
[4] 徐耀信著. 机械振动学. 杭州：浙江大学出版社，1991
[5] 戴德沛著. 阻尼技术的工程应用. 北京：清华大学出版社，1991
[6] 陆耀庆主编. 实用供热空调设计手册. 北京：中国建筑工业出版社，1993

第 18 章 能 耗 计 算

[1] 陆耀庆主编. 实用供热空调设计手册. 北京：中国建筑工业出版社，1993
[2] 钱以明编著. 高层建筑空调与节能. 上海：同济大学出版社，1990
[3] 江亿主编. "建筑节能技术与实践丛书". 清华大学 DeST 开发组著. 建筑环境系统模拟分析方法—

DeST. 北京：中国建筑工业出版社，2005

第 19 章 空调设计的基本资料

[1] 沈晋明等. 室内空气品质的新定义与新风直接入室的实验测试. 暖通空调. 1995 年 No. 6
[2] 沈晋明. 室内空气品质的评价. 暖通空调，1997 年 No. 4
[3] 李先庭，杨建荣，彦启森. 室内空气品质研究的发展与展望. 暖通空调新技术. 北京：中国建筑工出版社，1999
[4] 廖传善等编著. 空调设备与系统节能措施. 北京：中国建筑工出版社，1984
[5] 井上宇市. 空气调节手册. 北京：中国建筑工业出版社，1986
[6] 赵荣义主编. 简明空调设计手册. 北京：中国建筑工业出版社，1998
[7] 沈晋明. 合理确定通风空调系统中新风量. 空调设计（第 1 辑）. 湖南大学出版社，1997
[8] 沈晋明. 保障室内空气品质的通风空调设计新思路. 暖通空调，1996（2）
[9] D. A. 麦金太尔（英）. 室内气候. 上海：上海科学技术出版社，1998
[10] 金招芬等. 环境污染与控制. 北京：化学工业出版社，2001
[11] 金招芬，朱颖心主编. 建筑环境学. 北京：中国建筑工业出版社，2001
[12] 正子介编著. 低温辐射供暖与辐射供冷. 北京：机械工业出版社，2004
[13] ASHRAE Standard 62—1989. Ventilation for acceptable indoor air quality. Atlanta
[14] Steven. Taylor. Determining ventilation rates：Revisions to standard 62—1989. J. ASHRAE l996（2）
[15] P. O. Fanger, A. K. Melikov. Tubulence and draft，ASHRAE J. 1989（4）
[16] W. P. Jones. Air conditioning applications and design。1980
[17] Farghaly, Tarek A. Improving indoor air quality. AEJ-Alexandria Engineering Journal，2003，42（4）
[18] 耿世彬，杨家宝. 室内空气品质及相关研究. 建筑热能通风空调，2001，20（2）
[19] 刘建龙，张国强等. 室内空气品质评价综述. 制冷空调与电力机械，2004. 2
[20] 李先庭，杨建荣等. 室内空气品质研究现状与发展. 暖通空调，2000，30（3）
[21] 温建军，李安桂. 室内空气品质的影响因素与评价方法. 西部制冷空调与暖通. 2006 第 1 期
[22] 陆耀庆主编. 供暖通风设计手册. 北京：中国建筑工业出版社，1987
[23] 陈沛霖，岳孝芳. 空调与制冷技术手册. 上海：同济大学出版社，1990
[24] 陆耀庆主编. 实用供热空调设计手册. 北京：中国建筑工业出版社，1993
[25] 电子工业部第十设计研究院. 空气调节设计手册（第二版）. 北京：中国建筑工业出版社，1995
[26] Erik Nilsson. Achieving the Desired lndoor Climate. Energy Efficiency Aspects of System Design. IMI Indoor Climate and Studentliterature 2003
[27] Edward G. Pita. Airconditioning Principles and Systems. Prentice Hall，2002
[28] 全国民用建筑工程设计技术措施：暖通空调·动力. 北京：中国计划出版社，2003
[29] 俞炳丰主译. 供暖、通风及空气调节—分析与设计. 北京：化学工业出版社，2005
[30] 1999 ASHRAE Handbook HVAC Applications
[31] 2000 ASHRAE Handbook HVAC Systems and Equipment
[32] 2001 ASHRAE Handbook Fundamentals
[33] 2002 ASHRAE Handbook Refrigeration
[34] 2005 ASHRAE Handbook Fundamentals
[35] BjameW. Olsen. International development of standards for ventilation of buildings ASHRAE J，1997
[36] Michael J. Filardo Jr. Proper ventilation of offices and conference rooms ASHRAE J，1991，（9）
[37] ASHRAE Standard 62R-1989：Ventilation for acceptable indoor air quality

[38] ASHRAE Standard 62-2001：Ventilation for acceptable indoor air quality
[39] ASHRAE Standard 62-2004：Ventilation for acceptable indoor air quality
[40] 韩华，徐文华，范存养. 国外新风量标准设计指标的发展. 暖通空调. 2000（5）
[41] 日本 HASS 112-1993. 冷热负荷简易计算法（案）. 空气调和卫生工学，1993.（3）
[42] 单寄平主编. 空调负荷实用计算法. 北京：中国建筑工业出版社，1989
[43] 木村建一. 空气调节的科学基础. 单寄平译. 北京：中国建筑工业出版社，1981
[44] Marc E. Fountain, Edward A. Areas. Air Movement and Comfort. ASHRAE Journal, August 1993
[45] Fanger P. O. and B. Berg-Munch. 1983 Ventilation and body odor. Proceedings of an engineering foundation conference on management of atmospheres in tightly enclosed spaces，Atlanta：ASHRAE，Inc.
[46] Fanger P. O. A. Melikov. H. Hanzawa and J. Ring. Air Turbulence and Sensation of Draft. Energy & Buildings，1988（1）
[47] 刘泽华，彭梦珑，周湘江. 空调冷源工程. 北京：机械工业出版社，2005
[48] 中华人民共和国国家标准. 室内空气质量标准（GB/T 18883—2002）
[49] 赵荣义等. 空气调节（第三版）. 中国建筑工业出版社，1994
[50] 中华人民共和国国家标准. 单元式空气调节机能效限定值及能源效率等级（GB 19576—2004）
[51] 中华人民共和国国家标准. 冷水机组能效限定值及能源效率等级（GB 19577—2004）

第20章 空调负荷计算

[1] 中华人民共和国国家标准. 采暖通风与空气调节设计规范（GB 50019—2003）
[2] 中华人民共和国国家标准. 民用建筑热工设计规范（GB 50176—93）
[3] 中华人民共和国国家标准. 公共建筑节能设计标准（GB 50189—2005）
[4] 2003 全国民用建筑工程设计技术措施：暖通空调·动力
[5] 2005 ASHRAE Handbook Fundamentals
[6] 北京市地方标准. 公共建筑节能设计标准（DBJ 01—621—2005）
[7] 北京市地方标准. 居住建筑节能设计标准（DBJ 01—602—2004）
[8] 胡吉士，方子晋. 建筑节能与设计方法. 北京：中国计划出版社，2005
[9] 殷平. 人体散热散湿量. 冷冻与空调，1983，No.5
[10] 涂逢祥主编. 节能窗技术. 北京：中国建筑工业出版社，2003
[11] 中国气象局气象信息中心气象资料室、清华大学建筑技术科学系. 中国建筑热环境分析专用气象数据集. 北京：中国建筑工业出版社，2005
[12] 中华人民共和国国家标准. 中小型三相异步电动机能效限定值及节能评价值（GB 18613—2002）

第21章 空气处理和处理设备

[1] 中华人民共和国国家标准. 风机盘管机组（GB/T 19232—2003）
[2] 中华人民共和国国家标准. 组合式空调机组（GB/T 14294—93）
[3] 中华人民共和国国家标准. 采暖通风与空气调节设计规范（GB 50019—2003）
[4] 赵荣义，范存养，薛殿华，钱以明. 空气调节（第三版）. 中国建筑工业出版社，1994
[5] 尉迟斌主编. 实用制冷与空调工程手册. 北京：机械工业出版社，2001
[6] 陆耀庆主编. 实用供热空调设计手册. 北京：中国建筑工业出版社，1993
[7] 王天富，买宏金. 空调设备. 北京：科学出版社，2003
[8] 电子工业部第十设计研究院. 空气调节设计手册（第二版）. 北京：中国建筑工业出版社，1995

[9] 赵荣义主编. 简明空调设计手册. 北京：中国建筑工业出版社，1998
[10] 陈沛霖，岳孝方. 空调制冷技术手册（第二版）. 上海：同济大学出版社，1999
[11] 陆亚俊，马最良，邹平华. 暖通空调. 北京：中国建筑工业出版社，2002
[12] 郁履方，戴元熙. 纺织厂空气调节（第2版）. 北京：纺织工业出版社，1990
[13] 黄翔主编. 纺织空调除尘手册. 北京：中国纺织出版社，2003
[14] 黄翔主编. 空调工程. 北京：机械工业出版社，2002.
[15] （美）汪善国著. 空调与制冷技术手册. 李德英，赵秀敏等译. 北京：机械工业出版社，2006
[16] 江亿，李震，刘晓华等. 一种气液直接接触式全热换热装置. 专利号：ZL 03249068. 2，2003
[17] 李震，陈晓阳，江亿等. 利用溶液为媒介的全热交换装置. 专利号：ZL 03251151. 5，2003
[18] 李震，刘晓华，陈晓阳等. 一种溶液全热回收型新风空调机. 专利号：ZL 03 249067. 4，2003
[19] 刘晓华，江亿等著. 温湿度独立控制空调系统. 北京：中国建筑工业出版社，2006
[20] 徐学利，张立志等. 液体除湿研究与进展. 暖通空调，2004年第34卷第7期
[21] 杨英，李新刚等. 液体除湿特性的实验研究. 太阳能学报. 2002. 21（2）：155—159
[22] Zografos A. 1. Petroff C. A liquid desiccant dehumidifier performance model. ASHRAE Trans. 1991. 97
[23] Wikinson W. H. Evaporative cooling trade-offs in liquid desiccant systems. ASHRAE Trans. 1991. 97
[24] 铃木谦一郎，大矢信男 著. 除湿设计. 李先瑞译. 北京：中国建筑工业出版社，1980
[25] 张立志编著. 除湿技术. 北京：化学工业出版社，2005
[26] 江亿，李震，陈晓阳，刘晓华. 溶液式空调及其应用. 暖通空调. 2004. 34（11）：88-97
[27] 溶液调湿型空气处理机组综合手册. 北京华创瑞风空调科技有限公司. http://www.sinorefine.com.cn

第22章 空调系统

[1] 陆耀庆主编. 实用供热空调设计手册. 北京：中国建筑工业出版社，1993
[2] 尉迟斌主编. 实用制冷与空调工程手册. 北京：机械工业出版社，2001
[3] 赵荣义主编. 简明空调设计手册. 北京：中国建筑工业出版社，1998
[4] （美）汪善国著. 空调与制冷技术手册. 李德英，赵秀敏等译. 北京：机械工业出版社，2006
[5] 陆亚俊，马最良，邹平华. 暖通空调. 北京：中国建筑工业出版社，2002
[6] 黄翔主编. 空调工程. 北京：机械工业出版社，2002
[7] 郁履方，戴元熙. 纺织厂空气调节（第2版）. 北京：纺织工业出版社，1990
[8] 黄翔主编. 纺织空调除尘手册. 北京：中国纺织出版社，2003
[9] 赵荣义，范存养，薛殿华，钱以明. 空气调节（第三版）. 北京：中国建筑工业出版社，1994
[10] 王天富，买宏金. 空调设备. 北京：科学出版社，2003.
[11] 陈沛霖，岳孝方. 空调制冷技术手册（第二版）. 上海：同济大学出版社，1999
[12] 无锡小天鹅中央空调有限公司. 工程设计手册. 2005
[13] 株式会社富士通将军. V系列设计技术手册，2006
[14] 冯玉琪，王佳慧. 最新家用、商用中央空调技术手册. 北京：人民邮电出版社，2002
[15] 大金工业株式会社. VRVII技术资料，2005
[16] 秦琼，蒋立军等. 变制冷剂流量多联分体式空调系统设计方法. 制冷与空调，2005（4）
[17] 寿炜炜，姚国琦主编. 户式中央空调系统设计与工程实例. 北京：机械工业出版社，2005
[18] 邹月琴等. 分层空调热转移负荷计算方法的研究. 暖通空调，1983年第3期
[19] 邹月琴等. 分层空调气流组织计算方法的研究. 暖通空调. 1983年第2期

[20] 杨纯华等. 分层空调气流组织设计方法. 暖通空调. 1982
[21] 李志浩. 高大建筑物分层空调系统选择. 制冷. 1985年第1期
[22] 江亿，李震，薛志峰. 一种间接蒸发式供冷装置. 中国专利：02202739. 4，2002. 12. 11

第23章 变风量空调系统

[1] 空气调和·卫生工学会. 空气调和·卫生工学便览（第13版）. 2000
[2] 中原信生等. 空气调和におけゐ室内混合损失の防止に·する研究. 空气调和·卫生工学论文集. No. 33，1987. 2
[3] 中原信生. 空调シヌテムの最适设计：名古屋大学出版社，1997
[4] 汪训昌译. 低温送风系统设计指南. 北京：中国建筑工业出版社，1999
[5] Galifonia Energy Commission Advanced Variable Air Volume System Design Guide. 2003.
[6] ASHRAE，ANSI/ASHRAE/IESNA Standard 90. 1-2001
[7] ASHRAE. ANSI/ASHRAE Standard 62-2001
[8] 叶大法，杨国荣. 民用建筑空调负荷计算中应考虑的几个问题. 暖通空调. 2005-12
[9] 叶大法，杨国荣. 变风量空调系统的分区与气流混合. 暖通空调. 2006-6

第24章 低温送风空调系统

[1] AllanT. Kirkpatrick，James S. Elleson. 低温送风系统设计指南. 汪训昌译. 北京：中国建筑工业出版社，1999
[2] 杨国荣，胡仰耆. 低温送风系统空调器的选用及机房布置. 暖通空调. 2005年7月
[3] Ventilation for Acceptable Indoor Quality. ANSI/ASHRAE Standard 62-2001
[4] Charles E. Dorgan，James S. Elleson. Design Guide for Cold Thermal Storage. ASHRAE 1993
[5] 杨国荣，胡仰耆，叶大法. 浅谈低温送风空调系统设计. 制冷空调与电力机械. 2005年第3期
[6] 中华人民共和国国家标准. 设备及管道保冷技术通则（GB/T 11790-1996）
[7] 李鸿发. 设备及管道的保冷与保温. 北京：化学工业出版社，2002
[8] 中华人民共和国国家标准. 采暖通风与空气调节设计规范（GB 50019—2003）
[9] THERMAL CORE 热芯高诱导低温风口样本
[10] Cold Air Distribution Design Manual. DanInt-hout Reinhard Ratz TR106715 Research Report，1996

第25章 气流组织

[1] 中华人民共和国国家标准. 采暖通风与空气调节设计规范（GB 50019—2003）
[2] 建设部工程质量安全监督与行业发展司，中国建筑标准设计研究所编. 全国民用建筑工程设计技术措施 暖通空调·动力. 北京：中国计划出版社，2003
[3] 2005 ASHRAE Handbook—Fundamentals，Chapter 33 Space Air Diffusion
[4] 陆耀庆主编. 实用供热空调设计手册. 北京：中国建筑工业出版社，1993
[5] 电子工业部第十设计研究院主编. 空气调节设计手册（第二版）. 北京：中国建筑工业出版社，1995
[6] 陆耀庆主编. HVAC暖通空调设计指南. 北京：中国建筑工业出版社，1996
[7] （日）井上宇市著，范存养等译. 空气调节手册. 北京：中国建筑工业出版社，1986
[8] P. J. Jackman. HVRA Laboratory report No. 81. Air movement in rooms with ceiling-mounted diffusers. SupplementA. Design procedure for circular diffusers 1973
[9] P. J. Jackman. HVRA Laboratory report No. 81，Air movement in rooms with ceiling—mounted diffusers，Supplement B. Design procedure for linear diffusers 1973

[10] 范存养. 国外大空间建筑的空调设计. 暖通空调，1996（4）

[11] 范存养. 办公室下送风空调方式的应用. 暖通空调，1997（4）

[12] 范存养编著. 大空间建筑空调设计及工程实录. 北京：中国建筑工业出版社，2001

[13] 马仁民. 置换通风的通风效率及其微热环境评价. 暖通空调，1997（4）

[14] 李强民，邓峥. 置换通风在我国的应用. 暖通空调新技术（1）. 北京：中国建筑工业出版社，1999

[15] 李强民，邓伟鹏. 排除人员活动区内人体释放污染物的有效通风方式—置换通风. 暖通空调，2004（2）

[16] （美）弗雷德 S. 鲍曼（Fred S. Bauman）著. 杨国荣等译. 地板送风设计指南. 北京：中国建筑工业出版社，2006

[17] 李强民，孟广田等. 座椅送风系统的特性研究. 全国暖通空调制冷1998年学术文集. 北京：中国建筑工业出版社，1998

[18] 王天富，买宏金编著. 空调设备. 北京：科学出版社，2003

[19] 李强民. 置换通风原理、设计与应用. 暖通空调. 2000. 30（5）

第26章 空调水系统

[1] 陆耀庆主编. 实用供热空调设计手册. 北京：中国建筑工业出版社，1993

[2] 赵荣义主编. 简明空调设计手册. 北京：中国建筑工业出版社，1998

[3] 电子工业部第十设计研究院主编. 空气调节设计手册（第二版）. 北京：中国建筑工业出版社，1995

[4] 尉迟斌主编. 实用制冷与空调工程手册. 北京：机械工业出版社，2001

[5] （日）井上宇市. 空气调节手册. 北京：中国建筑工业出版社，1986

[6] Handbook of air conditioning system design. Carrier air conditioning company.

[7] Gil Avery. Improving the Efficiency of Chilled Qatar Plants. ASHRAE Journal. 2001

[8] Mick Schwedler. PE. Engineers Newsletter 2002 Volume 31No. 4

[9] 潘云钢. 高层民用建筑空调设计. 北京：中国建筑工业出版社，1999

[10] 施敏琪. 蒸发器侧冷水系统定流量和变流量的设计探讨. 特灵空调资料

[11] 吴刚. 一次泵变流量水系统. 特灵空调资料

[12] 国家建筑标准设计图集. 05K210及05K232. 中国建筑标准设计研究院，2005

[13] 全国民用建筑工程设计技术措施. 暖通空调. 动力. 北京：中国计划出版社，2003

[14] 北京市建筑设计研究院编制. 北京市建筑设计技术细则，设备专业. 2004

[15] Edward G. Pita. Aircoditioning Principles and Systems. Prentice Hall. 2002

[16] 2000 ASHRAE Handbook Systems and Equipment

[17] 2001/2005 ASHRAE Handbook Fundamentals

[18] 美国MCQUAY公司：水源热泵空调设计手册

[19] 公共建筑节能设计标准宣贯辅导教材. 北京：中国建筑工业出版社，2005

[20] 刘鹤年主编. 流体力学（第二版）. 北京：中国建筑工业出版社，2004

[21] 俞炳丰主译. 供暖、通风及空气调节—分析与设计. 北京：化学工业出版社，2005

[22] Shan K. Wang. Handbook of Air-conditioning Refrigeration（Second Edition）. McGraw-Hill. 2000

[23] 钱以明编著. 高层建筑空调与节能. 上海：同济大学出版社，1990

[24] Robert Petitjean. Total Hydronic Balancing. A handbook for design and trouble-shooting of hydronic HVAC systems（3 Edition）. Leif Andersson Copy Tech AB，2004

[25] Per Erik Nilsson. Achieving the desired Indoor Climate（丹麦）. Narayana Press, 2003
[26] 上海沪标工程建设咨询有限公司. 平衡阀应用技术规程. 上海市工程建设标准化办公室出版社, 2005
[27] 动态流量平衡阀. FlowCon-毅智科技发展有限公司技术资料
[28] 控制回路的平衡. Tour & Andersson 公司技术资料
[29] 分配系统的平衡. Tour & Andersson 公司技术资料
[30] 使用压差控制器进行水系统平衡. Tour & Andersson 公司技术资料
[31] TA AutoFlow 自动平衡. Tour & Andersson 公司技术资料
[32] 平衡阀. Tour & Andersson 公司技术资料
[33] 周本省. 工业水处理技术（第二版）. 北京：化学工业出版社, 2002
[34] 李先瑞. 供热空调系统运行管理、节能、诊断技术指南. 北京：中国电力出版社, 2003
[35] 潘云钢编著. 高层民用建筑空调设计. 北京：中国建筑工业出版社, 1999
[36] 中华人民共和国国家标准：采暖通风与空气调节设计规范（GB 50019—2003）

第27章 空气洁净

[1] 陈霖新等. 洁净厂房的设计与施工. 北京：化学工业出版社, 2003
[2] 张洁光等. 净化空调. 北京：国防工业出版社, 2003
[3] 尉迟斌主编. 实用制冷与空调工程手册. 北京：机械工业出版社, 2001
[4] 许钟麟著. 空气洁净技术原理（第三版）. 北京：科学出版社, 2003
[5] 范存养等. 微电子工业空气洁净技术厂的若干进展. 暖通空调. Vol. 31 No. 5, 2001
[6] 赵荣义主编. 简明空调设计手册. 北京：中国建筑工业出版社, 1998
[7] 沈晋明. 生物污染因子控制与生物洁净技术. 污染控制技术及应用文集, 2005
[8] 陆耀庆主编. 实用供热空调设计手册. 北京：中国建筑工业出版社, 1993
[9] 蔡杰著. 空气过滤. 北京：中国建筑工业出版社, 2002
[10] 陈沛霖主编. 建筑空调实用技术基础. 北京：中国电力出版社, 2004
[11] 日本空气清净协会编. 室内空气清净便览. オーム社, 2000
[12] W. Whyte. Cleanroom Technology John Wiley & Scons, LTD, 2001
[13] 日本空气清净协会编. クリーフルーム环境の计画と设计. オーム社, 2000

第28章 蓄冷和蓄热

[1] 方贵银编著. 蓄冷空调工程实用新技术. 北京：人民邮电出版社, 2000.
[2] 严德隆，张维君编著. 空调蓄冷应用技术. 北京：中国建筑工业出版社, 1997
[3] Charles E. Dorgan and James S. Elleson. ASHRAE'S new design guide for cool thermal storage. ASHRAE Journal 1994. May
[4] Shan K. Wang. Handbook of Air-conditioning Refrigeration (Second Edition). McGraw-Hill, 2000
[5] 中华人民共和国国家标准. 采暖通风与空气调节设计规范（GB 50019—2003）
[6] 中华人民共和国国家标准. 公共建筑节能设计标准（GB 50189—2005）
[7] 中华人民共和国国家标准. 室内空气质量标准（GB/T 18883—2002）
[8] 中华人民共和国国家标准. 电加热锅炉系统经济运行（GB/T 19065—2003）
[9] 胡仰耆. 蓄冷设计指南. 上海华东建筑设计研究院有限公司, 2001
[10] 张永铨，张彤. 蓄冷空调系统. 天津大学, 1998
[11] 叶水泉. 储能空调原理及工程应用. 国家电力公司电力需求侧管理指导中心, 2002
[12] 一种高效蓄热装置与系统鉴定报告. 浙经贸技鉴字［2003］268号

[13] 崔海亭，杨锋编著. 蓄热技术及其应用. 北京：化学工业出版社，2004
[14] 高月芬，魏兵. 热水温度分层型蓄热槽设计. 暖通空调. 2004
[15] 应晓儿，陈永林，叶水泉. 杭州凤起大厦电储热供暖及生活热水系统设计. 暖通空调. 2003
[16] 肖明东，余莉，滕力. 电锅炉蓄热技术在某供暖工程中的应用. 暖通空调. 2004

第29章 空调冷源

[1] Shan K. Wang·Handbook of Air-conditioning Refrigeration (Second Edition). McGraw-Hill，2000
[2] 2005 ASHRAE Handbook Fundamantals
[3] 2002 ASHRAE Handbook Refrigeration
[4] 朱明善. 环保制冷剂研究的现状和趋势《第二届全国制冷空调新技术研讨会论文集》上海：交通大学出版社，2003
[5] 国家环境保护总局. 中国逐步淘汰消耗臭氧层物质国家方案（修订稿）. 1999. 11. 22
[6] 康杰士著（汪训昌译）. 全面科学地实施对制冷剂的管制. 制冷与空调. 第4卷. 第2期，中国制冷空调工业协会 2004. 4
[7] 谢建宏. 制冷剂的机遇. 节约能源和拯救环境. 特灵工程师通讯，第34-2卷，特灵空调 2005. 3
[8] 余中海. 绿色建筑-暖通空调系统设计指南（袖珍版）. 上海：特灵空调 2004. 9
[9] 康杰土等著. R-22的替代现状. ASHRAE月刊，第46卷，第8期，2004. 8
[10] Arthur D. Little，Inc. 负责任的大气环境政策联盟最后报告书。美国剑桥市：2002. 3. 21
[11] 联合国世界气象组织（WMO）. 臭氧层消耗科学评估（第47号报告书）. 瑞士日内瓦：2003. 3
[12] 美国绿色建筑协会（USGBC）技术和科学咨询委员会（TASC）研究报告书最后批准稿. I EED 处理 HVAC 制冷剂对环境影响的方法. 华盛顿：2004. 11. 8
[13] Baxter V，Fischer S，and Sand J. R. Global Warming lmplications of Replacing Ozone-Depleting Refrigerants. ASHRAE Journal，September l998，pp. 23-30
[14] James M. Calm. Emissions and environmental impacts from air-conditioning and refrigeration systems. Joint IPCC/TEAP Expert meeting，Petten，The Netherlands，1999
[15] Rowland F. S. Speaker commends on recent article. ASHRAE J. 1993. 35（10）：14
[16] 联合国政府间气候变化专门委员会及技术与经济评估专家组（IPCC/TEAP）特别报告《保护臭氧层和全球气候系统：与氢氟碳化物和全氟化碳相关的问题》，参阅http://www. ipcc-wg3. org/docs/IPCCTEAP99/index. html（2006）
[17] 全国民用建筑工程设计技术措施. 暖通空调. 动力. 北京：中国计划出版社，2003
[18] 中华人民共和国国家标准. 采暖通风与空气调节设计规范（GB 50019—2003）
[19] 中华人民共和国国家标准. 公共建筑节能设计标准（GB 50198—2005）
[20] 中华人民共和国国家标准. 高层民用建筑设计防火规范（GB 50045—95）(2005年版)
[21] 中华人民共和国国家标准. 建筑设计防火规范（GBJ 16—87）(2001年版)
[22] 中华人民共和国国家标准. 城镇燃气设计规范（GB 50028—93）(2002年版)
[23] 电子工业部第十设计研究院主编. 空气调节设计手册（第二版）. 北京：中国建筑工业出版社，1995
[24] 中华人民共和国国家标准. 冷库设计规范（GB 50072—2001）
[25] 陆耀庆主编. 实用供热空调设计手册. 北京：中国建筑工业出版社出版，1993
[26] 彦启森等编著. 空气调节用制冷技术（第三版）. 北京：中国建筑工业出版社，2004
[27] 中华人民共和国国家标准. 蒸气压缩循环冷水（热泵）机组工商业用和类似用途的冷水（热泵）机组（GB/T18430. 1—2001）
[28] 中华人民共和国国家标准. 直燃型溴化锂吸收式冷（温）水机组（GB/T 18362—2001）

[29] 中华人民共和国国家标准. 蒸汽和热水型溴化锂吸收式冷水机组（GB/T 18431—2001）
[30] 周邦宁等. 空调用离心式制冷机培训教材
[31] 董天禄著. 离心式/螺杆式制冷机组及应用. 北京：机械工业出版社，2001
[32] 邢子文著. 螺杆压缩机—理论、设计及应用. 北京：机械工业出版社，2000
[33] 吴宝志著. 螺杆式制冷压缩机. 北京：机械工业出版社，1985
[34] EarthWise™ CenTra Vac™ Water-cooled Liquied Chillers, Trane literature CTV-PRC007-EN
[35] 施敏琪著. 对机组冷却水温度的优化控制的探讨. 中国制冷空调学术年会论文集，2004
[36] 贾晶著. 冷水机组的运行规律与制冷能效比. 中国制冷空调学术年会论文集，2004
[37] 戴永庆，郑玉清著. 溴化锂吸收式制冷机. 北京：国防工业出版社，1980
[38] 中华人民共和国国家标准. 火力发电机组及蒸汽动力设备水汽质量标准（GB 12145—89）
[39] 中华人民共和国国家标准. 工业循环冷却水处理设计规范（GB 50050—95）
[40] 戴永庆主编. 溴化锂吸收式制冷空调技术实用手册. 北京：机械工业出版社，1999
[41] 国家质量技术监督局主编. 压力容器安全技术监察规程. 北京：中国劳动社会保障出版社，1999
[42] 中华人民共和国国家标准. 工业锅炉水质（GB 1576—2001）
[43] 尉迟斌主编. 实用制冷与空调工程手册. 北京：机械工业出版社，2001
[44] 中华人民共和国国家标准. 溴化锂吸收式冷（温）水机组安全要求（GB/T 18361—2001）
[45] 戴永庆主编. 燃气空调技术及应用. 北京：机械工业出版社，1998
[46] 张祉祐主编. 制冷空调设备使用维修手册. 北京：机械工业出版社，2003

第30章 热　　泵

[1] 尉迟斌主编. 实用制冷与空调工程手册. 北京：机械工业出版社，2001
[2] 任金禄，蒋家明. 空气源热泵机组的特性. 全国热泵和空调技术交流会论文集，2001
[3] 计育根，夏源龙. 常用风冷式热泵机组、风冷式冷水机组的噪声、振动测量和分析报告. 华东建筑设计研究院，1998
[4] 特灵空调公司提供：R-22制冷剂的 k_c 值
[5] 陆耀庆主编. 实用供热空调设计手册. 北京：中国建筑工业出版社，1993
[6] 牟灵泉编著. 地道风降温计算与应用. 北京：中国建筑工业出版社，1982
[7] 聂梅生主编. 水资源及给水处理. 北京：中国建筑工业出版社，2001
[8] 中华人民共和国国家标准. 水源热泵机组（GB/T 19409—2003）
[9] 中华人民共和国国家标准. 供水管井技术规范（GB 50296）
[10] 中国人民共和国国家标准. 水源热泵机组（GB/T 19409—2003）（ISO 13256：1998）
[11] 李向东编著，牟灵泉审校. 现代住宅暖通空调设计. 北京：中国建筑工业出版社，2003
[12] 蒋能照主编. 空调用热泵技术及应用. 北京：机械工业出版社，1997
[13] 徐伟等译. 地源热泵工程技术指南. 北京：中国建筑工业出版社，2001
[14] 钱以明编著. 高层建筑空调与节能. 上海：同济大学出版社，1990
[15] 郎四维. 水环路热泵空调系统的特点和设计方法. 暖通空调，1996（6）
[16] 汪训昌. 水环热泵系统及其热回收特性. 制冷与空调，1997，（2）
[17] 叶瑞芳. 水环热泵中央空调系统在某工程中的应用. 暖通空调，1997（6）
[18] 姚杨，马最良. 水环热泵空调系统在我国应用中应注意的几个问题. 流体机械，2002，（9）
[19] 白贵平等. 水环热泵在夏热冬暖地区应用的节能性分析. 制冷空调与电力机械，2005，（2）
[20] 水源热泵应用设计手册. 美意（中国）有限公司
[21] 水源热泵空调系统设计手册. 美国特灵空调公司
[22] 中华人民共和国国家标准. 地源热泵系统工程技术规范（GB 50366—2005）

[23] 彦启森，赵庆珠著．冰蓄冷系统设计．
[24] CAN/CSA-C448.1. Design and Installation of Earth Energy System for Commercial and Institutional Buildings.

第31章 户式集中空调

[1] 蒋能照，张华．家用中央空调实用技术．北京：机械工业出版社，2002
[2] 寿炜炜，姚国琦．户式中央空调系统设计与工程实例．北京：机械工业出版社，2005

第32章 供暖通风与空调系统的节能设计

[1] 中华人民共和国国家标准．公共建筑节能设计标准（GB 50189—2005）．
[2] 中华人民共和国国家标准．单元式空气调节机能效限定值及能源效率等级（GB 19577—2004）
[3] 中华人民共和国国家标准．冷水机组能效限定值及能源效率等级（GB 19577—2004）
[4] 中华人民共和国国家标准．采暖通风与空气调节设计规范（GB 50019—2003）
[5] 陆耀庆主编．实用供热空调设计手册．北京：中国建筑工业出版社，1993
[6] 全国民用建筑工程设计技术措施．暖通空调·动力分册．北京：中国计划出版社出版，2003
[7] 北京市建筑设计研究院编制．北京市建筑设计技术细则·设备专业．北京市建筑设计标准化办公室，2004
[8] 电子工业部第十设计研究院主编．空气调节设计手册（第二版）．北京：中国建筑工业出版社，1995
[9] 公共建筑节能设计标准宣贯辅导教材．北京：中国建筑工业出版社，2005
[10] 李岱森．简明供热设计手册．北京：中国建筑工业出版社，1998
[11] 西亚庚，杨伟成编．热水供暖技术．北京：中国建筑工业出版社，1995
[12] 哈尔滨建筑工程学院等编．供热工程．北京：中国建筑工业出版社，1985
[13] 肖曰嵘．铸铁散热器表面对散热能力影响的研究．暖通空调（第1期），1987
[14] 李娥飞．暖通空调设计通病分析手册．北京：中国建筑工业出版社，1991
[15] 廖传善等编著．空调设备与系统节能控制．北京：中国建筑工业出版社，1988
[16] 孙格非．热回收回路的热工计算方法及性能分析．广东制冷，1985．1
[17] 季亨寒，华诚生等编著．热管设计与应用．北京：化学工业出版社，1987
[18] 庄骏，徐文政等．热管换热器的设计计算．化工炼油机械，1981．3
[19] 重庆大学热管科研组．热管基础及其应用．重庆：科学技术文献出版社重庆分社，1977
[20] 加拿大 Dectron．DRY-O-TRON 能源再生系统说明书
[21] 马最良，孙宇辉．冷却塔供冷技术在我国应用的模拟与预测分析．暖通空调，第30卷第2期．2000
[22] 秦慧敏，周清，潘毅群．利用冷却塔供冷节省制冷机冷量．全国暖通空调制冷年会论文集，1994
[23] 陈沛霖．板式空气空气热交换器去湿工况的通用计算法．暖通空调，1993．2期
[24] Waterside Heat Recovery in HVAC systems. Trane Engineering Manual, SYS-APM005-EN
[25] EarthWise CenTraVac Water-cooled Liquid Chillers, Trane literature, CTV-PRC007-EN
[26] Heat Recovery Centrifugal Chillers and Templifier Water Heaters, McQuary Brochure, A/SPHR (01/03)
[27] 李锐．设置均压罐的热用户与热网连接方式．暖通空调，2004年第34卷第5期
[28] 王红霞，石兆玉，李德英．分布式变频供热输配系统的应用研究．区域供热，2005．1期
[29] 石兆玉，陈弘．供热系统综合指标的探讨．区域供热，1994．2期
[30] 刘晓敏．分布式变频调节系统中泵的选择和应用．区域供热，2003．6期

[31] 刘晓华，江亿等著. 温湿度独立控制空调系统. 北京：中国建筑工业出版社，2006

第33章 供暖与空调系统的自动控制

[1] 阳宪惠. 工业数据通信与控制网络. 北京：清华大学出版社，2003
[2] 阎平凡. 人工神经网络与模拟进化计算. 北京：清华大学出版社，2005
[3] 殷宏义. 可编程控制器选择设计与维护. 北京：机械工业出版社，2003
[4] 徐学峰主编. 传感器变送器测控仪表大全. 北京：机械工业出版社，1998
[5] 陈章龙. 嵌入式技术与系统. 北京：北京航空航天大学出版社，2004
[6] 张子慧，黄翔，张景春编著. 制冷空调自动控制. 北京：科学出版社，1999
[7] 张九根，马小军，朱顺真等编著. 建筑设备自动化系统设计. 北京：人民邮电出版社，2003
[8] 陆耀庆主编. 实用供热空调设计手册. 北京：中国建筑工业出版社，1993
[9] 华东建筑设计院编著. 智能建筑设计技术. 上海：同济大学出版社，2002
[10] 江亿. 暖通空调系统的计算机控制管理. 暖通空调，1997年1-6期
[11] 金久忻，张青虎主编. 智能建筑设计与施工系列图集1 楼宇自控系统. 北京：中国建筑工业出版社，2002
[12] 李吉生，彦启森. 空调系统最小能耗控制. 制冷学报，1993.（1）
[13] 石兆玉. 供热系统运行调节控制. 北京：清华大学出版社，1994
[14] 陈兆祥，蔡启林. 线性规划法在热网初调方案中的应用. 清华大学学报（自然科学版），1999，第29卷增2期
[15] 贺平，孙刚著. 供热工程（第三版）. 北京：中国建筑工业出版社，1993
[16] 唐卫. 热力站自动监控系统基本思想与控制模式分析. 区域供热，2001年第5期
[17] 李善化，康慧等. 集中供热设计手册. 北京：中国电力出版社，1996
[18] 王维新，张超英. 分阶段变流量质调节方式探讨. 煤气与热力，1990 [4]
[19] 邢振河. 热力站量调节方法介绍. 区域供热，1992，（2）
[20] 李建兴，涂光备等. 量调节公式在计量供热系统中的应用. 暖通空调，2001，（6）
[21] 狄洪发，江亿. 热量计量收费后供热网的运行管理. 暖通空调，2000，（5）
[22] 李先瑞. 供热空调系统运行管理、节能、诊断技术指南. 北京：中国电力出版社，2004
[23] 涂光备. 供热计量技术. 北京：中国建筑工业出版社，2003
[24] 姜湘山. 燃油燃气锅炉及锅炉房设计. 北京：机械工业出版社，2004
[25] 燃煤锅炉房工程设计施工图集（99R500）. 北京：中国建筑标准设计研究所出版
[26] 燃气（油）锅炉房工程设计施工图集（02R110）. 北京：中国建筑标准设计研究所出版
[27] 换热站工程设计施工图集（05R103）. 北京：中国建筑标准设计研究所出版

第34章 人工冰场设计

[1] 路煜. 日本冰场建设近况. 哈尔滨建筑工程学院学报，No. 2，1983
[2] 路煜，陆亚俊，马最良. 吉林市冰上运动中心冰场制冷设计. 建筑设备，No. 11989
[3] 施绍男. 冰球体操综合训练馆的设计. 建筑设备，创刊号1986
[4] 北京市建筑设计院首都体育馆冰场制冷总结. 给水排水与采暖通风，No. 6，1983
[5] Smith. How to Design Install Iceskafing Rinks. Heating Piping and Airconditioning，Vol. 35 No. 11 1983
[6] 1971 ASHRAE Guide and Data book
[7] 陆亚俊，马最良，庞志庆. 制冷技术与应用. 北京：中国建筑工出版社，1992
[8] 严德隆，张维君主编. 空调蓄冷应用技术. 北京：中国建筑工业出版社，1997

[9] 马最良. 人工制冷冰场设计. 现代空调，北京：中国建筑工工出版社，1999

第35章　暖通专业设计深度及设计与施工说明范例

[1] 陆耀庆主编. 实用供热空调设计手册. 北京：中国建筑工业出版社，1993
[2] 中华人民共和国建设部. 建筑工程设计文件编制深度规定（建质［2003］84号）. 2003年版
[3] 中华人民共和国国家标准. 建筑给水排水及采暖工程施工质量验收规范（GB 50242—2002）
[4] 中华人民共和国国家标准. 通风与空调工程施工质量验收规范（GB 50243—2002）

"产品资讯"目录

1. 特灵空调(江苏)有限公司(2页)
2. 法国西亚特CIAT集团(2页)
3. 杭州华电华源环境工程有限公司(2页)
4. 富士通将军(无锡)有限公司(2页)
5. 际高建业有限公司(2页)
6. 欧文托普阀门系统(北京)有限公司(2页)
7. TA埃迈贸易(上海)有限公司
8. 浙江上风实业股份有限公司
9. 武汉金牛经济发展有限公司
10. 上海惠林空调设备有限公司
11. 捷丰集团
12. 皓欧(瑞士)有限公司北京代表处
13. 妥思空调设备(苏州)有限公司
14. 北京森德散热器有限公司
15. 无锡北溪空调设备有限公司
16. 潍坊科灵空调设备有限公司
17. 开利空调销售服务(上海)有限公司
18. 江森/约克
19. 上海富田空调冷冻设备有限公司
20. 广州贝龙环保热力设备股份有限公司
21. 昆山台佳机电有限公司
22. 陕西快特制冷工程有限责任公司
23. 清华同方股份有限公司
24. 上海涌华通风设备有限公司
25. BAC冷却系统(大连)有限公司
26. 上海乔治·费歇尔管路系统有限公司
27. 上海洗霸科技有限公司
28. 浙江省嵊州市防火材料厂
29. 新疆绿色使者空气环境技术有限公司
30. 烟台冰轮股份有限公司
31. Honeywell(霍尼韦尔)
32. 丹佛斯中国

33. 深圳市嘉力达实业有限公司
34. 山东鸿基水技术有限公司
35. 空研工业株式会社西安嘉翼空调设备有限公司
36. 北京德天节能设备有限公司
37. 天加空调设备有限公司
38. 深圳市戴思乐泳池设备有限公司
39. 上海毅智机电系统有限公司
40. 北京华创瑞风空调科技有限公司
41. 河北平衡阀门制造有限公司
42. 贝娜塔能源技术发展（天津）有限公司（1/2页）
43. 无锡市天兴净化空调设备有限公司（1/2页）
44. 山西晋城市泽州惠远散热器有限公司（1/2页）